2025 마더텅 수능기출문제집

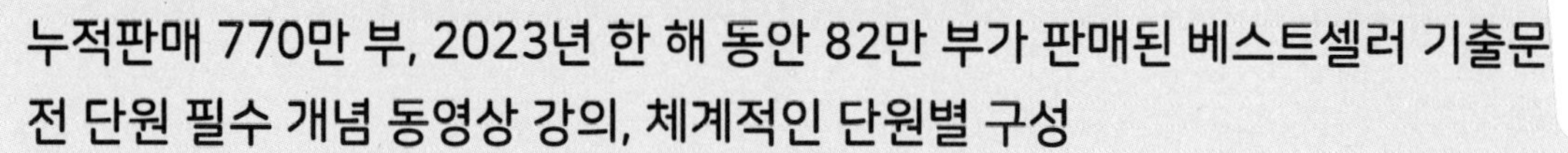
누적판매 770만 부, 2023년 한 해 동안 82만 부가 판매된 베스트셀러 기출문
전 단원 필수 개념 동영상 강의, 체계적인 단원별 구성

전 유형, 전 문항 동영상 강의 무료 제공 (2024.1.31 업로드 완료 예정)

- 수학 1등급을 위한 기출문제 정복 프로젝트
- 마더텅 기출문제집의 친절하고 자세한 해설에 동영상 강의를 더했습니다.

강의 구성 과목별로 유형 개념 설명과 문제 풀이 동영상 강의 제공 ※ 강의 수는 당사 사정에 따라 변경될 수 있습니다.

과목	수학 Ⅰ	수학 Ⅱ	확률과 통계	미적분	기하	합계
강의 수	1,424	1,275	1,079	1,252	795	5,825

개념의 수립은 정직하게!
사고의 힘은 강하게!
문제의 해결은 우아하게!

최희남 선생님

현 마더텅 수능수학 대표강사
현 메가스터디 러셀 강사
현 최희남 수학 연구소 대표
전 이투스 청솔학원 대입단과 강사
전 대치명인학원 대입단과 강사
이화여자대학교 사범대학 수학교육과 졸업
정교사 2급(수학)
마더텅 수능기출문제집 미적분 최고난도 문제 해설 집필
마더텅 수능기출문제집 수학 Ⅰ, 수학 Ⅱ, 확률과 통계, 미적분, 기하 해설 감수

응용력을 기르는 풀이!
오늘부터 수학에서 Free

우수종 선생님

현 마더텅 수학 인터넷 강사
현 베이스캠프학원 고등부
전 운정 우수학학원 원장
전 메가스터디학원 고등단과 강사
전 큰샘수학학원 고등부 대표강사
마더텅 수능기출문제집 수학 Ⅰ, 수학 Ⅱ, 확률과 통계, 미적분, 기하 해설 감수

믿고 따라온다면,
반드시 1등급으로
만들어 드리겠습니다.

손광현 선생님

현 마더텅 수학 인터넷 강사
현 지성학원 부원장
전 현앤장 수학학원 고등부
전 에이선 수학과 팀장
성균관대학교 교육대학원 수학교육과 졸업
정교사 2급(수학)
마더텅 수능기출문제집 수학 Ⅰ, 수학 Ⅱ, 확률과 통계, 미적분, 기하 해설 감수

동영상 강의 수강 방법

방법 1
교재 곳곳에 있는 QR 코드를 찍으세요!
교재에 있는 QR 코드가 인식이 안 될 경우
화면을 확대해서 찍으시면 인식이 더 잘 됩니다.

방법 2 유튜브 www.youtube.com에
[마더텅]+문항출처 또는
[마더텅]+유형명으로 검색하세요!

키워드 예시
[마더텅] 2023년 7월학평 기하 30번 OR [마더텅] 타원의 정의

방법 3 동영상 강의 전체 한 번에 보기

[휴대폰 등 모바일 기기] QR 코드
다음 중 하나를 찾아 QR을 찍으세요.
① 겉표지 QR ② 문제편 1쪽 동영상 광고 우측 상단 QR
③ 문제편 4쪽 첫 단원 우측 상단 QR
④ 해설편 1쪽 교재 소개 페이지 QR

[PC] 주소창에 URL 입력
다음 단계에 따라 접속하세요.
① www.toptutor.co.kr/mobile로 접속
② 무료 동영상 강의 클릭
③ 목록에서 학습 중인 도서 찾기
④ 원하는 단원 선택하여 강의 수강

문의전화 1661-1064 07:00~22:00 www.toptutor.co.kr 포털에서 마더텅 검색

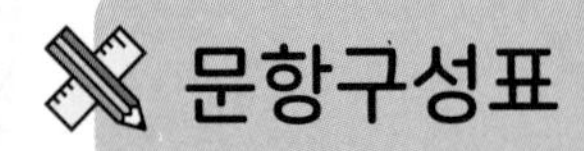

문항구성표

2025 마더텅 수능기출문제집 기하는
총 735문항을 단계적으로 구성하였습니다.

- 3개 대단원, 5개 중단원, 60개 유형으로 나누어 체계적 코너별 문제 배치
- 최신 5개년 (2019~2023 시행) 수능, 모의평가, 고3 학력평가 전 문항 수록
- 1993~2018 시행 수능, 평가원, 교육청 기출 우수 문항 수록
- 사관학교 기출 우수 문항 수록!

2024학년도 수능 분석 동영상 강의 QR

단원별 문항 구성표

단원	기본개념 문제	유형정복 문제	최고난도 문제	사관학교 기출문제	미니 모의고사	합계
Ⅰ-1단원	4	198	6	18	10	236
Ⅰ-2단원	4	69	3	8	5	89
Ⅱ-1단원	5	160	13	12	10	200
Ⅲ-1단원	4	78	11	12	7	112
Ⅲ-2단원	4	69	7	10	8	98
합계	21	574	40	60	40	735

2024학년도 6월/9월 모의평가 및 대학수학능력시험 기하 문항 배치표

6월 모의평가		9월 모의평가		수능	
문항 번호	수록 번호	문항 번호	수록 번호	문항 번호	수록 번호
23	p.6 **007**	23	p.175 **001**	23	p.177 **014**
24	p.95 **016**	24	p.81 **051**	24	p.76 **032**
25	p.108 **081**	25	p.127 **159**	25	p.107 **075**
26	p.26 **084**	26	p.181 **035**	26	p.157 **061**
27	p.38 **126**	27	p.10 **025**	27	p.17 **052**
28	p.113 **099**	28	p.192 **074**	28	p.167 **087**
29	p.44 **146**	29	p.37 **121**	29	p.46 **150**
30	p.102 **041**	30	p.110 **089**	30	p.97 **022**

연도별 문항 구성표

시행 년도	3월 교육청	4월 교육청	6월 평가원	7월 교육청	9월 평가원	10월 교육청	수능 평가원	예비수능 평가원	사관학교	연도별 문항 수
2023	8	8	8	8	8	8	8		8	64
2022	8	8	8	8	8	8	8		8	64
2021	8	8	8	8	8	8	8		8	64
2020								8		8
2019		3	6	6	5	7	6		6	39
2018		4	4	7	6	5	6		4	36
2017		3	5	6	7	6	6		4	37
2016		4	5	7	7	5	4		5	37
2015			3	5	5	5	4		3	25
2014			2	4	5	4	5		6	26
2013			3	5	4	5	4		4	25
2012			3	4	3	4	5	4	3	26
2011			3	1	5	2	5		1	17
2010					4	2	4		6	16
2009					3	3	3		5	14
2008					6	2	1		4	13
2007					5	4	3		5	17
2006					4	4	2		5	15
2006 이전		1	2		14	15	24	5	6	67
그 외 평가원, 교육청					6					
기출 예상 문제					119					
총 수록 문항 수										735

※ 예비수능은 평가원에서 수능이 변경될 때 출제 형식 등을 파악하도록 제공하는 수능예비평가, 수능예비시행, 수능예시문항을 가리킵니다.

목차

01 이차곡선

평가원 모의평가 (2003~2024학년도) **대학수학능력시험** (1994~2024학년도) **교육청 학력평가** (2001~2023년 시행) **사관학교 입학시험** (2003~2024학년도)

1. 포물선의 방정식 | 유형 01, 02, 03, 04, 05, 06, 13, 18

24, 23, 22, 19, 15, 13, 11, 08, 07 수능출제

(1) **포물선의 정의 :** 평면 위의 한 점 F와 이 점을 지나지 않는 한 직선 l로부터 같은 거리에 있는 점들의 집합을 포물선이라 한다. 점 F를 포물선의 초점, 직선 l을 포물선의 준선이라 하고, 포물선의 초점을 지나고 준선에 수직인 직선을 포물선의 축, 포물선과 축의 교점을 포물선의 꼭짓점이라 한다.

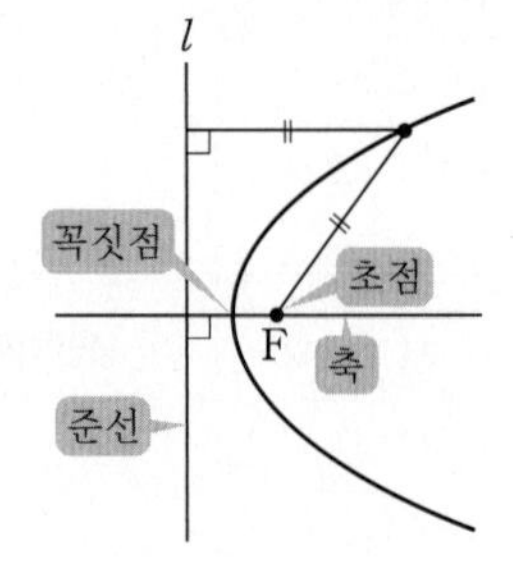

(2) **포물선의 방정식**

① 초점이 $F(p, 0)$, 준선이 $x=-p$인 포물선의 방정식은 $y^2=4px$ (단, $p\neq0$)

② 초점이 $F(0, p)$, 준선이 $y=-p$인 포물선의 방정식은 $x^2=4py$ (단, $p\neq0$)

2. 타원의 방정식 | 유형 07, 08, 09, 10, 11, 12, 13, 18

22, 20, 19, 18, 16, 15, 14, 12, 06, 05, 04, 03, 00 수능출제

(1) **타원의 정의 :** 평면 위의 두 점 F, F′에서의 거리의 합이 일정한 점들의 집합을 타원이라 하고, 두 점 F, F′을 타원의 초점이라 한다. 네 점 A, A′, B, B′을 타원의 꼭짓점, 선분 AA′을 타원의 장축, 선분 BB′을 타원의 단축, 장축과 단축의 교점을 타원의 중심이라 한다.

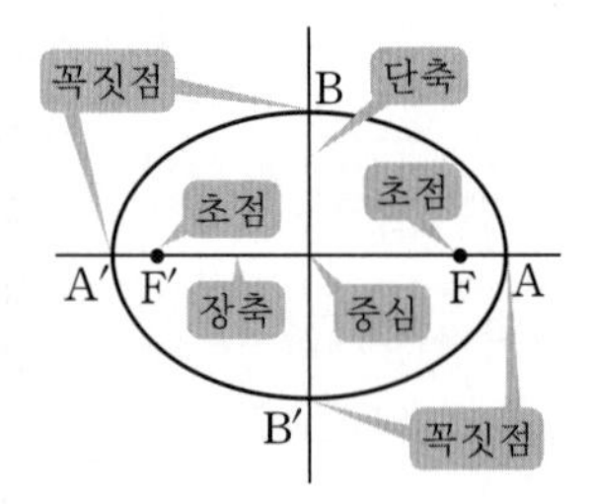

(2) **타원의 방정식**

① 두 초점 $F(c, 0)$, $F'(-c, 0)$으로부터 거리의 합이 $2a$인 타원의 방정식은

$\dfrac{x^2}{a^2}+\dfrac{y^2}{b^2}=1$ $(a>b>0, c=\sqrt{a^2-b^2})$, 장축의 길이 : $2a$, 단축의 길이 : $2b$

② 두 초점 $F(0, c)$, $F'(0, -c)$로부터 거리의 합이 $2b$인 타원의 방정식은

$\dfrac{x^2}{a^2}+\dfrac{y^2}{b^2}=1$ $(b>a>0, c=\sqrt{b^2-a^2})$, 장축의 길이 : $2b$, 단축의 길이 : $2a$

3. 쌍곡선의 방정식 | 유형 14, 15, 16, 17, 18, 19, 20

24, 23, 22, 20, 18, 17, 08, 06, 02 수능출제

(1) **쌍곡선의 정의 :** 평면 위의 두 점 F, F′에서의 거리의 차가 일정한 점들의 집합을 쌍곡선이라 하고, 두 점 F, F′을 쌍곡선의 초점이라 한다. 두 점 A, A′을 쌍곡선의 꼭짓점, 선분 AA′을 쌍곡선의 주축, 주축의 중점을 쌍곡선의 중심이라 한다.

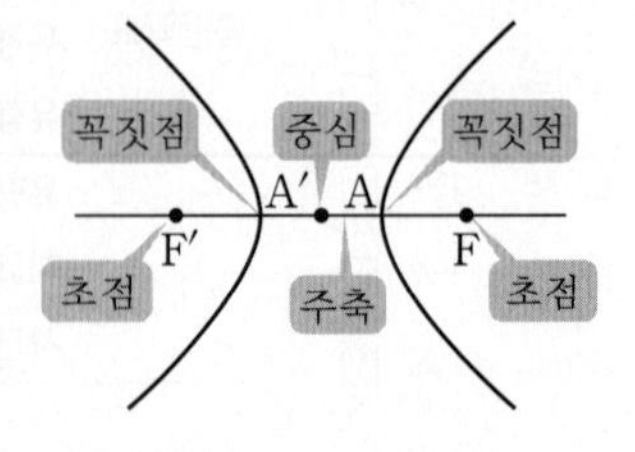

(2) **쌍곡선의 방정식** (① : $c>a>0$, $b^2=c^2-a^2$ / ② : $c>b>0$, $a^2=c^2-b^2$)

① 두 초점 $F(c, 0)$, $F'(-c, 0)$으로부터 거리의 차가 $2a$인 쌍곡선의 방정식은

$\dfrac{x^2}{a^2}-\dfrac{y^2}{b^2}=1$, 주축의 길이 : $2a$, 꼭짓점의 좌표 : $A(a, 0)$, $A'(-a, 0)$

② 두 초점 $F(0, c)$, $F'(0, -c)$로부터 거리의 차가 $2b$인 쌍곡선의 방정식은

$\dfrac{x^2}{a^2}-\dfrac{y^2}{b^2}=-1$, 주축의 길이 : $2b$, 꼭짓점의 좌표 : $B(0, b)$, $B'(0, -b)$

보충설명

• 포물선의 평행이동

① 포물선 $y^2=4px$를 x축의 방향으로 m만큼, y축의 방향으로 n만큼 평행이동한 포물선 : $(y-n)^2=4p(x-m)$

② 포물선 $x^2=4py$를 x축의 방향으로 m만큼, y축의 방향으로 n만큼 평행이동한 포물선 : $(x-m)^2=4p(y-n)$

• 타원의 평행이동

타원 $\dfrac{x^2}{a^2}+\dfrac{y^2}{b^2}=1$을 x축의 방향으로 m만큼, y축의 방향으로 n만큼 평행이동한 타원의 방정식은

$\dfrac{(x-m)^2}{a^2}+\dfrac{(y-n)^2}{b^2}=1$

• 쌍곡선의 평행이동

쌍곡선 $\dfrac{x^2}{a^2}-\dfrac{y^2}{b^2}=\pm1$을 x축의 방향으로 m만큼, y축의 방향으로 n만큼 평행이동한 쌍곡선의 방정식은

$\dfrac{(x-m)^2}{a^2}-\dfrac{(y-n)^2}{b^2}=\pm1$

• 쌍곡선의 점근선

쌍곡선 $\dfrac{x^2}{a^2}-\dfrac{y^2}{b^2}=\pm1$의 점근선의 방정식은 $y=\pm\dfrac{b}{a}x$

최신 기출로 확인하는

기본 개념 문제

249-1-1-Y00

문제 풀이 동영상 강의

001

1. 포물선의 방정식 2022년 3월학평 기하 23번

초점이 F인 포물선 $y^2=8x$ 위의 점 P와 y축 사이의 거리가 3일 때, 선분 PF의 길이는? (2점)

① 4 ② 5 ③ 6 ④ 7 ⑤ 8

002

2. 타원의 방정식 2021년 3월학평 기하 23번

타원 $\frac{x^2}{36}+\frac{y^2}{20}=1$의 두 초점을 F, F′이라 할 때, 선분 FF′의 길이는? (2점)

① 6 ② 7 ③ 8 ④ 9 ⑤ 10

003

3. 쌍곡선의 방정식 2019학년도 6월모평 가형 5번

쌍곡선 $\frac{x^2}{a^2}-\frac{y^2}{36}=1$의 두 초점 사이의 거리가 $6\sqrt{6}$일 때, a^2의 값은? (단, a는 상수이다.) (3점)

① 14 ② 16 ③ 18 ④ 20 ⑤ 22

004

3. 쌍곡선의 방정식 2023년 3월학평 기하 25번

한 초점이 F(3, 0)이고 주축의 길이가 4인 쌍곡선 $\frac{x^2}{a^2}-\frac{y^2}{b^2}=1$의 점근선 중 기울기가 양수인 것을 l이라 하자. 점 F와 직선 l 사이의 거리는? (단, a, b는 양수이다.) (3점)

① $\sqrt{3}$ ② 2 ③ $\sqrt{5}$ ④ $\sqrt{6}$ ⑤ $\sqrt{7}$

정답과 해설 001 p.2 002 p.2 003 p.2 004 p.2

어떤 유형이든 대비하는

유형 정복 문제

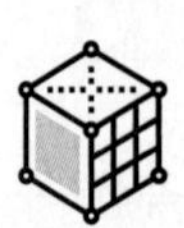

유형 01 포물선의 방정식

동영상강의

249-1-1-Y01

출제경향

포물선의 방정식을 이용하는 문제가 출제된다.

접근방법

포물선의 초점의 좌표와 준선의 방정식을 이용한다.

단골공식

(1) 포물선 $y^2=4px$의

① 꼭짓점의 좌표 : $(0, 0)$

② 초점 F의 좌표 : $(p, 0)$

③ 준선의 방정식 : $x=-p$

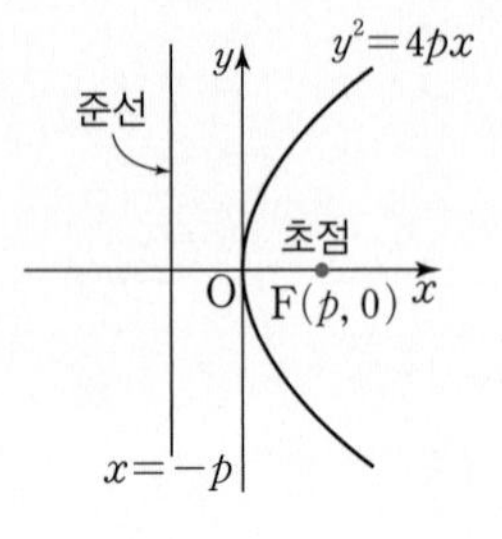

(2) 포물선 $x^2=4py$의

① 꼭짓점의 좌표 : $(0, 0)$

② 초점 F의 좌표 : $(0, p)$

③ 준선의 방정식 : $y=-p$

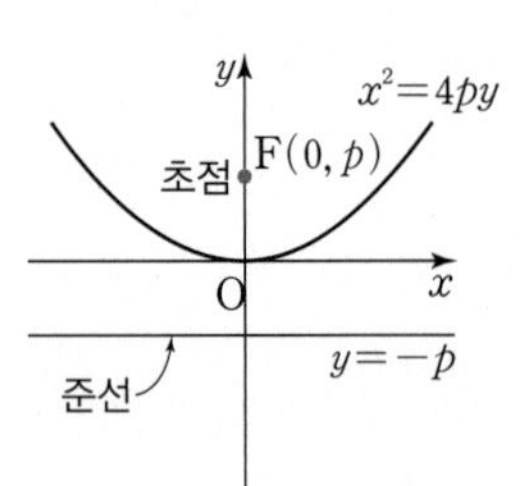

005 ★☆☆ 2023년 3월학평 기하 24번

포물선 $x^2=8y$의 초점과 준선 사이의 거리는? (3점)

① 4 ② $\frac{9}{2}$ ③ 5 ④ $\frac{11}{2}$ ⑤ 6

006 ★☆☆

포물선 $y^2=ax$의 초점에서 준선까지의 거리가 4일 때, 양수 a의 값은? (2점)

① 2 ② 4 ③ 8 ④ 16 ⑤ 32

007 ★☆☆ 2024학년도 6월모평 기하 23번

포물선 $y^2=-12(x-1)$의 준선을 $x=k$라 할 때, 상수 k의 값은? (2점)

① 4 ② 7 ③ 10 ④ 13 ⑤ 16

008 ★☆☆ 2023학년도 수능 기하 24번

초점이 $F\left(\frac{1}{3}, 0\right)$이고 준선이 $x=-\frac{1}{3}$인 포물선이 점 $(a, 2)$를 지날 때, a의 값은? (3점)

① 1 ② 2 ③ 3 ④ 4 ⑤ 5

009 ★★☆

그림과 같이 좌표평면의 두 정사각형이 포물선 $y^2=16x$와 각각 한 점에서 만나고 두 정사각형끼리도 포물선의 초점 F 한 점에서만 만난다. 한 변이 x축 위에 있는 두 정사각형의 넓이를 각각 S_1, S_2라 할 때, $\frac{S_2}{S_1}$의 값은? (3점)

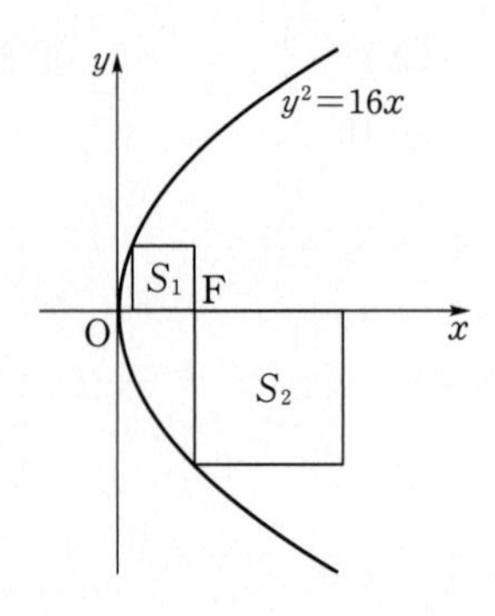

① $1+\sqrt{2}$ ② $1+\sqrt{3}$ ③ $2+\sqrt{2}$ ④ $2+\sqrt{3}$ ⑤ $3+2\sqrt{2}$

정답과 해설 005 p.3 006 p.3 007 p.3 008 p.3 009 p.4

010 ★★☆

포물선 $y^2=(a^2+1)x$에 대하여 [보기] 중 옳은 것만을 있는 대로 고른 것은? (단, a는 실수이다.) (3점)

[보기]
ㄱ. a의 값에 관계없이 항상 원점을 지난다.
ㄴ. $|a|$의 값이 커질수록 포물선은 y축에 가까워진다.
ㄷ. 포물선의 초점과 준선 사이의 거리의 최솟값은 $\frac{1}{2}$이다.

① ㄱ ② ㄷ ③ ㄱ, ㄴ
④ ㄴ, ㄷ ⑤ ㄱ, ㄴ, ㄷ

011 ★☆☆

그림과 같이 길이가 240 m인 다리에 연결된 케이블선은 포물선을 이루고 있고 다리의 양 끝의 높이가 90 m라 한다. 다리 위에 이 포물선의 초점의 위치까지 높이가 a m인 조각상을 만들려고 할 때, a의 값을 구하시오. (3점)

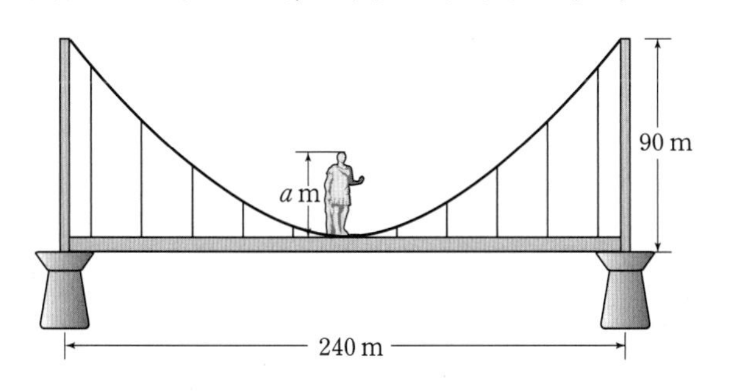

유형 02 포물선의 평행이동

동영상강의

출제경향

포물선의 평행이동을 이용하는 문제가 출제된다.

접근방법

포물선의 방정식을 평행이동한 형태를 이용하여 문제를 해결한다.

단골공식

(1) 포물선 $(y-n)^2=4p(x-m)$이
① 꼭짓점의 좌표 : (m, n)
② 초점의 좌표 : $(m+p, n)$
③ 준선의 방정식 : $x=m-p$

(2) 포물선 $(x-m)^2=4p(y-n)$의
① 꼭짓점의 좌표 : (m, n)
② 초점의 좌표 : $(m, n+p)$
③ 준선의 방정식 : $y=n-p$

012 ★☆☆

좌표평면의 한 점 P에서 점 F$(-3, 0)$에 이르는 거리와 직선 $x=1$에 이르는 거리가 서로 같을 때, 점 P가 나타내는 도형의 방정식은? (3점)

① $y^2=8(x+1)$ ② $y^2=-8(x+1)$
③ $y^2=8(x-1)$ ④ $y^2=-8(x-1)$
⑤ $y^2=4(x+1)$

013 ★★☆ 2021년 3월학평 기하 25번

꼭짓점이 점 $(-1, 0)$이고 준선이 직선 $x=-3$인 포물선의 방정식이 $y^2=ax+b$일 때, 두 상수 a, b의 합 $a+b$의 값은? (3점)

① 14 ② 16 ③ 18
④ 20 ⑤ 22

정답과 해설 010 p.4 | 011 p.5 | 012 p.5 | 013 p.6

014 ★☆☆ 2004년 10월학평 가형 20번

두 포물선 $(x-1)^2=4y$, $(y+2)^2=-8x$의 초점을 각각 F_1, F_2라고 할 때, $\overline{F_1F_2}^2$의 값을 구하시오. (3점)

015 ★☆☆

좌표평면에서 원점 O를 초점, 점 A$(-2, 0)$을 꼭짓점으로 하는 포물선과 원점 O를 초점, 점 B$(2, 0)$을 꼭짓점으로 하는 포물선이 만나는 두 점을 P, Q라 할 때, 선분 PQ의 길이는? (3점)

① 6　② 7　③ 8　④ 9　⑤ 10

016 ★☆☆ 2020학년도 6월모평 가형 8번

포물선 $y^2-4y-ax+4=0$의 초점의 좌표가 $(3, b)$일 때, $a+b$의 값은? (단, a, b는 양수이다.) (3점)

① 13　② 14　③ 15　④ 16　⑤ 17

017 ★☆☆

포물선 $y^2-x+4y+3=0$의 초점의 좌표는 (a, b), 준선의 방정식은 $x=c$일 때, 세 수 a, b, c의 합 $a+b+c$의 값은? (3점)

① -4　② -2　③ 0　④ 2　⑤ 4

018 ★☆☆ 2003학년도 사관학교 이과 19번

포물선 $y^2-4y-8x+28=0$의 축에 수직이고 초점을 지나는 현의 길이는? (3점)

① 2　② 4　③ 6　④ 8　⑤ 10

019 ★★☆

포물선 $y^2-4x+4a=0$에 대하여 [보기] 중 옳은 것만을 있는 대로 고른 것은? (단, a는 1보다 큰 상수이다.) (3점)

[보기]

ㄱ. 준선의 방정식은 $x=a-1$이다.
ㄴ. 초점과 준선 사이의 거리는 2이다.
ㄷ. 포물선 위의 점 P에서 초점까지의 거리가 a일 때, y축까지의 거리는 $2a-1$이다.

① ㄱ　② ㄷ　③ ㄱ, ㄴ　④ ㄴ, ㄷ　⑤ ㄱ, ㄴ, ㄷ

정답과 해설 014 p.6 | 015 p.6 | 016 p.7 | 017 p.7 | 018 p.7 | 019 p.8

유형 03 포물선의 정의

동영상강의 249-1-1-Y03

출제경향

포물선의 정의를 이용하는 문제가 출제된다.

접근방법

포물선 위의 한 점에서 포물선의 초점까지의 거리와 준선까지의 거리가 같음을 이용한다.

단골공식

포물선 위의 임의의 점 P와 초점 F, 임의의 점 P에서 준선에 내린 수선의 발 H에 대하여
$\overline{PH}=\overline{PF}$

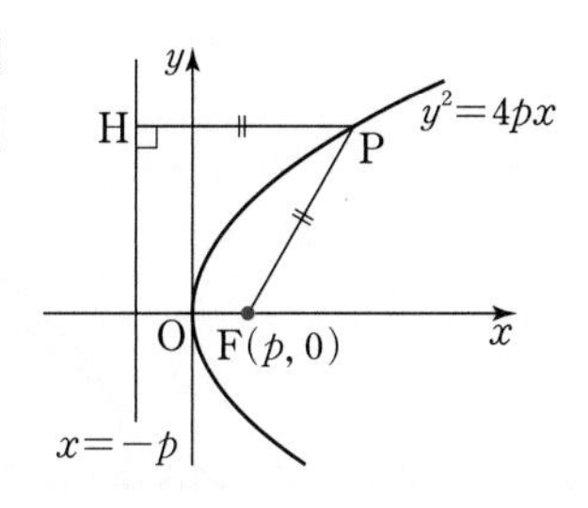

020 ★☆☆ 2019학년도 수능 가형 6번

초점이 F인 포물선 $y^2=12x$ 위의 점 P에 대하여 $\overline{PF}=9$일 때, 점 P의 x좌표는? (3점)

① 6 ② $\frac{13}{2}$ ③ 7 ④ $\frac{15}{2}$ ⑤ 8

021 ★★☆ 2007학년도 수능 가형 5번

초점이 F인 포물선 $y^2=x$ 위에 $\overline{FP}=4$인 점 P가 있다. 그림과 같이 선분 FP의 연장선 위에 $\overline{FP}=\overline{PQ}$가 되도록 점 Q를 잡을 때, 점 Q의 x좌표는? (3점)

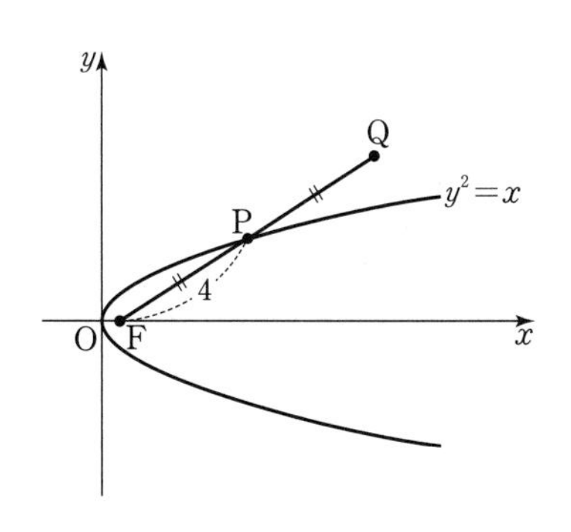

① $\frac{29}{4}$ ② 7 ③ $\frac{27}{4}$ ④ $\frac{13}{2}$ ⑤ $\frac{25}{4}$

022 ★☆☆ 2019년 4월학평 가형 26번

좌표평면에서 점 $P(-2, k)$와 초점이 F인 포물선 $y^2=8x$ 위의 점 Q에 대하여 $\overline{PQ}=\overline{QF}=10$일 때, 양수 k의 값을 구하시오. (4점)

023 ★☆☆ 2001년 6월학평 자연계 20번

오른쪽 그림과 같이 포물선 $y^2=4x$의 초점을 F라 하고 이 포물선 위의 두 점 A, B에서 y축에 내린 수선의 발을 각각 P, Q라 하자.
$\overline{AF}=a$, $\overline{BF}=a^3$, $\frac{\overline{BQ}}{\overline{AP}}=6$
일 때, 양수 a의 값은? (3점)

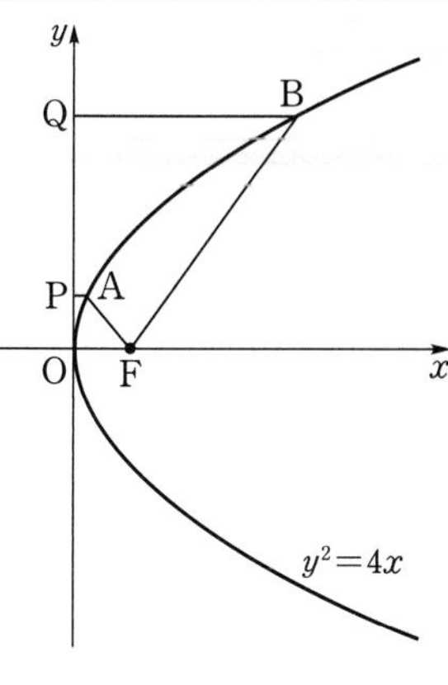

① 2 ② $-1+\sqrt{5}$ ③ $\frac{-1+\sqrt{20}}{2}$ ④ $\frac{-1+\sqrt{21}}{2}$ ⑤ $\frac{-2+\sqrt{21}}{2}$

이 문항은 7차 교육과정 이전에 출제되었지만 다시 출제될 수 있는 기본적인 문제로 개념을 익히는 데 도움이 됩니다.

024 ★★☆ 2014학년도 수능예비시행 B형 27번

포물선 $y^2=4px(p>0)$의 초점을 F, 포물선의 준선이 x축과 만나는 점을 A라 하자. 포물선 위의 점 B에 대하여 $\overline{AB}=7$이고 $\overline{BF}=5$가 되도록 하는 p의 값이 a 또는 b일 때, a^2+b^2의 값을 구하시오. (단, $a\neq b$이다.) (4점)

정답과 해설 020 p.8 | 021 p.9 | 022 p.9 | 023 p.9 | 024 p.10

025 ★★☆ 2024학년도 9월모평 기하 27번

양수 p에 대하여 좌표평면 위에 초점이 F인 포물선 $y^2=4px$가 있다. 이 포물선이 세 직선 $x=p$, $x=2p$, $x=3p$와 만나는 제1사분면 위의 점을 각각 P_1, P_2, P_3이라 하자. $\overline{FP_1}+\overline{FP_2}+\overline{FP_3}=27$일 때, p의 값은? (3점)

① 2 ② $\frac{5}{2}$ ③ 3 ④ $\frac{7}{2}$ ⑤ 4

026 ★★☆ 2022학년도 9월모평 기하 26번

초점이 F인 포물선 $y^2=4px$ 위의 한 점 A에서 포물선의 준선에 내린 수선의 발을 B라 하고, 선분 BF와 포물선이 만나는 점을 C라 하자. $\overline{AB}=\overline{BF}$이고 $\overline{BC}+3\overline{CF}=6$일 때, 양수 p의 값은? (3점)

① $\frac{7}{8}$ ② $\frac{8}{9}$ ③ $\frac{9}{10}$ ④ $\frac{10}{11}$ ⑤ $\frac{11}{12}$

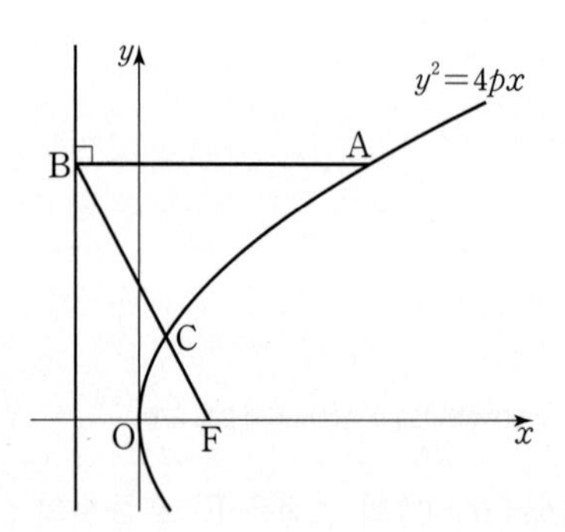

027 ★★☆ 2023년 10월학평 기하 26번

그림과 같이 초점이 F(2, 0)이고 x축을 축으로 하는 포물선이 원점 O를 지나는 직선과 제1사분면 위의 두 점 A, B에서 만난다. 점 A에서 y축에 내린 수선의 발을 H라 하자.

$$\overline{AF}=\overline{AH},\ \overline{AF}:\overline{BF}=1:4$$

일 때, 선분 AF의 길이는? (3점)

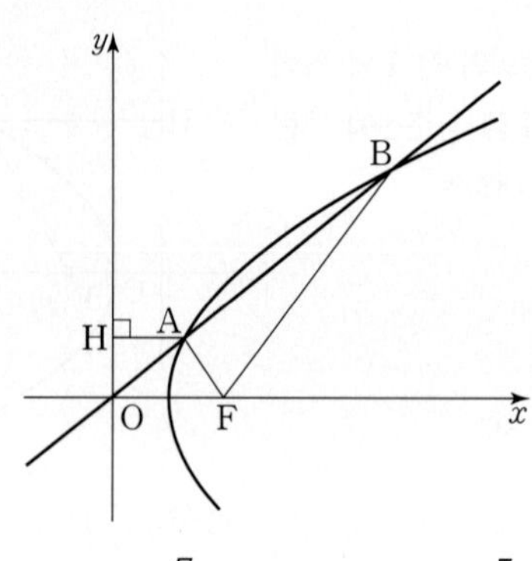

① $\frac{13}{12}$ ② $\frac{7}{6}$ ③ $\frac{5}{4}$ ④ $\frac{4}{3}$ ⑤ $\frac{17}{12}$

028 ★★☆ 2013학년도 6월모평 가형 20번

포물선 $y^2=4x$의 초점을 F, 준선이 x축과 만나는 점을 P, 점 P를 지나고 기울기가 양수인 직선 l이 포물선과 만나는 두 점을 각각 A, B라 하자. $\overline{FA}:\overline{FB}=1:2$일 때, 직선 l의 기울기는? (4점)

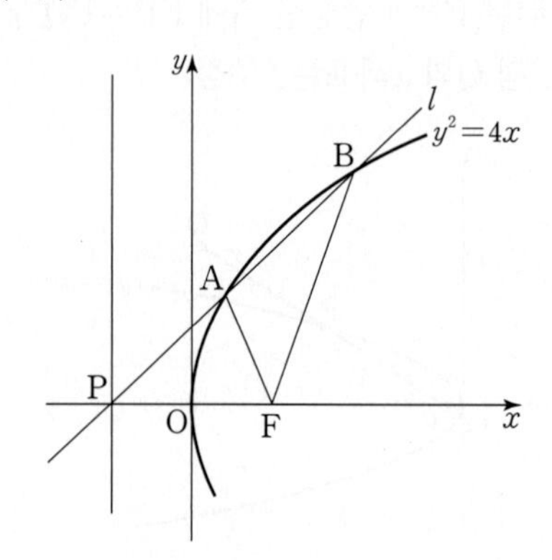

① $\frac{2\sqrt{6}}{7}$ ② $\frac{\sqrt{5}}{3}$ ③ $\frac{4}{5}$ ④ $\frac{\sqrt{3}}{2}$ ⑤ $\frac{2\sqrt{2}}{3}$

정답과 해설 025 p.10 | 026 p.11 | 027 p.11 | 028 p.12

029 ★☆☆ 2001년 10월학평 자연계 28번

점 A(3, 1)에 대하여 포물선 $y^2=8x$ 위의 임의의 한 점을 P, 초점을 F라 할 때, $\overline{\mathrm{AP}}+\overline{\mathrm{FP}}$의 최솟값을 m이라 한다. m^2의 값을 구하시오. (2점)

이 문항은 7차 교육과정 이전에 출제되었지만 다시 출제될 수 있는 기본적인 문제로 개념을 익히는 데 도움이 됩니다.

030 ★★☆ 2020학년도 9월모평 가형 27번

초점이 F인 포물선 $y^2=4x$ 위에 서로 다른 두 점 A, B가 있다. 두 점 A, B의 x좌표는 1보다 큰 자연수이고 삼각형 AFB의 무게중심의 x좌표가 6일 때, $\overline{\mathrm{AF}}\times\overline{\mathrm{BF}}$의 최댓값을 구하시오. (4점)

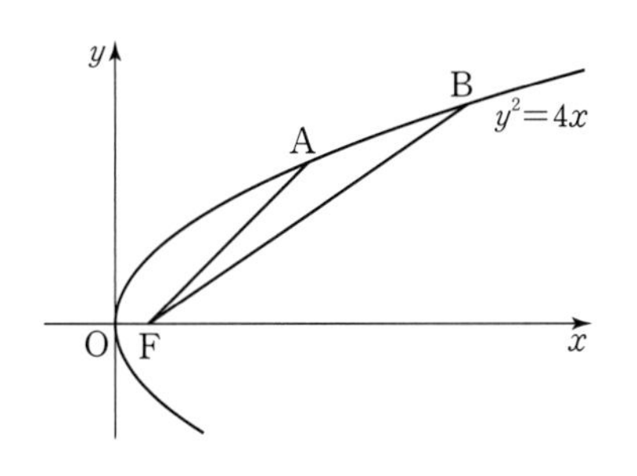

031 ★★☆ 2023학년도 9월모평 기하 28번

실수 $p(p\geq1)$과 함수 $f(x)=(x+a)^2$에 대하여 두 포물선

$$C_1 : y^2=4x,\ C_2 : (y-3)^2=4p\{x-f(p)\}$$

가 제1사분면에서 만나는 점을 A라 하자. 두 포물선 C_1, C_2의 초점을 각각 F_1, F_2라 할 때, $\overline{\mathrm{AF}_1}=\overline{\mathrm{AF}_2}$를 만족시키는 p가 오직 하나가 되도록 하는 상수 a의 값은? (4점)

① $-\frac{3}{4}$　② $-\frac{5}{8}$　③ $-\frac{1}{2}$
④ $-\frac{3}{8}$　⑤ $-\frac{1}{4}$

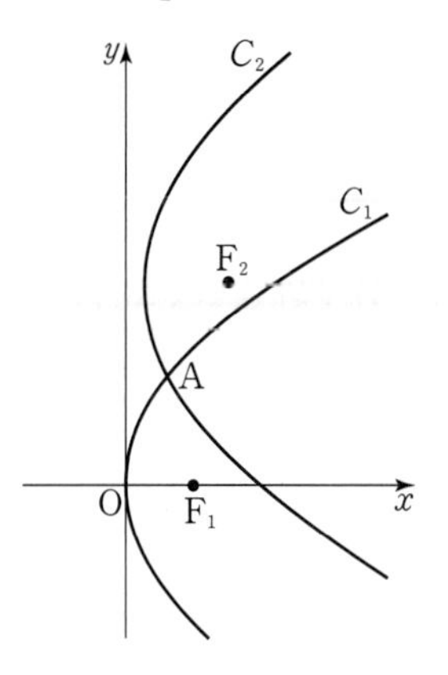

032 ★★☆

어떤 비행기 A는 그림과 같이 점 P를 초점으로 하고 착륙지점을 꼭짓점으로 하는 포물선 궤도를 그리며 착륙한다. 점 P에서 다가오는 비행기 A를 바라본 각이 60°일 때, 점 P에서 비행기 A까지의 거리는 100 m이었다. 비행기 A는 점 P로부터 몇 m 떨어진 지점에 착륙했는가?
(4점)

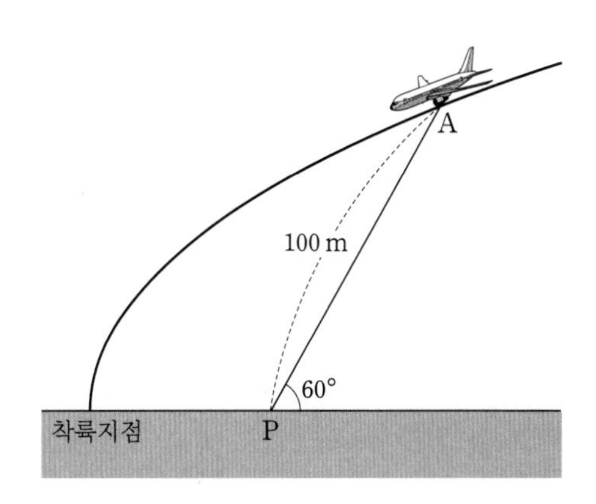

① 25 m　② 30 m　③ 35 m
④ 40 m　⑤ 50 m

정답과 해설 029 p.13 | 030 p.13 | 031 p.14 | 032 p.14

유형 04 포물선의 정의의 활용 – 도형의 길이와 넓이

동영상강의

249-1-1-Y04

출제경향

포물선의 정의를 이용한 다양한 문제가 출제된다.

접근방법

포물선의 초점에서 포물선 위의 한 점까지의 거리는 그 점에서 준선까지의 거리와 같음을 이용한다.

단골공식

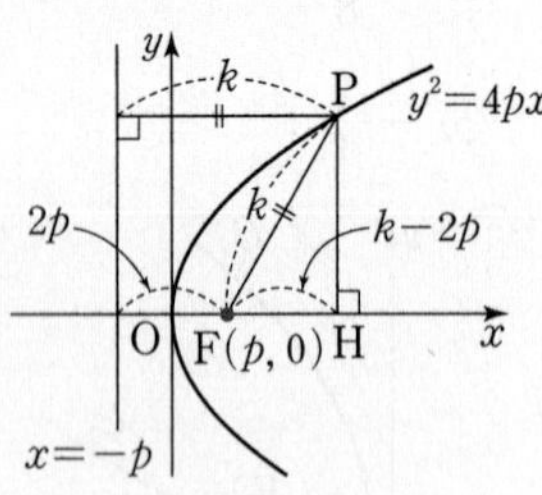

포물선 $y^2=4px\ (p>0)$ 위의 점 P와 초점 F 사이의 거리가 k일 때 점 P에서 x축에 내린 수선의 발을 H라 하면

$\overline{\mathrm{PH}}=\sqrt{\overline{\mathrm{PF}}^2-\overline{\mathrm{FH}}^2}=\sqrt{k^2-(k-2p)^2}$

033 ★☆☆ 2001년 4월학평 자연계 6번

그림의 사각형 ABCD는 직사각형이고, 곡선 AEB는 $\overline{\mathrm{AB}}$의 중점 F를 초점으로 하는 포물선의 일부분이다.
$\overline{\mathrm{BC}}=2\overline{\mathrm{EF}}$이고 $\overline{\mathrm{AB}}=60$일 때, $\overline{\mathrm{BC}}$의 길이는? (3점)

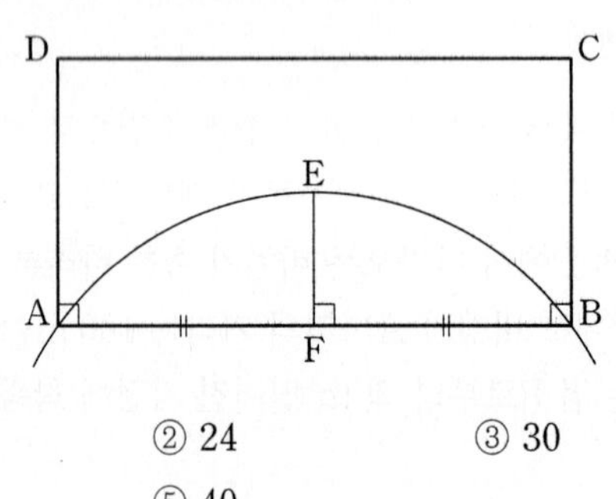

① 20 ② 24 ③ 30
④ 36 ⑤ 40

034 ★★☆ 2017학년도 9월모평 가형 25번

좌표평면에서 초점이 F인 포물선 $x^2=4y$ 위의 점 A가 $\overline{\mathrm{AF}}=10$을 만족시킨다. 점 B(0, −1)에 대하여 $\overline{\mathrm{AB}}=a$일 때, a^2의 값을 구하시오. (3점)

035 ★★☆ 2019년 10월학평 가형 11번

그림과 같이 점 F가 초점인 포물선 $y^2=4px$ 위의 점 P를 지나고 y축에 수직인 직선이 포물선 $y^2=-4px$와 만나는 점을 Q라 하자. $\overline{\mathrm{OP}}=\overline{\mathrm{PF}}$이고 $\overline{\mathrm{PQ}}=6$일 때, 선분 PF의 길이는? (단, O는 원점이고, p는 양수이다.) (3점)

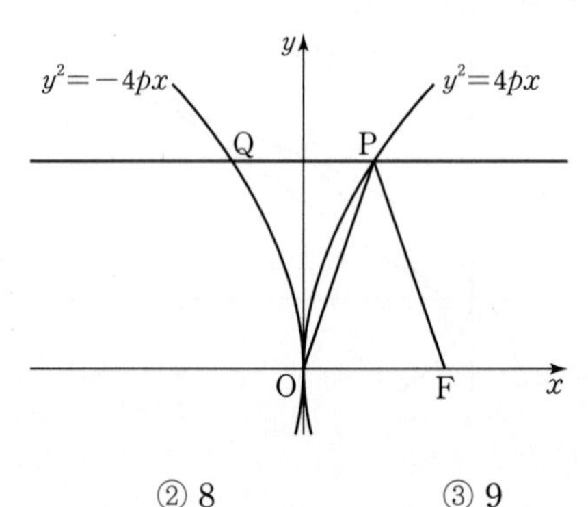

① 7 ② 8 ③ 9
④ 10 ⑤ 11

정답과 해설 033 p.15 034 p.15 035 p.16

036 ★★☆ 2016년 7월학평 가형 28번

두 양수 m, p에 대하여 포물선 $y^2=4px$와 직선 $y=m(x-4)$가 만나는 두 점 중 제1사분면 위의 점을 A, 포물선의 준선과 x축이 만나는 점을 B, 직선 $y=m(x-4)$와 y축이 만나는 점을 C라 하자. 삼각형 ABC의 무게중심이 포물선의 초점 F와 일치할 때, $\overline{AF}+\overline{BF}$의 값을 구하시오. (4점)

037 ★★☆ 2018년 10월학평 가형 27번

그림과 같이 원점을 꼭짓점으로 하고 초점이 $F_1(1, 0)$, $F_2(4, 0)$인 두 포물선을 각각 P_1, P_2라 하자.
직선 $x=k$ $(1<k<4)$가 포물선 P_1과 만나는 두 점을 A, B라 하고, 포물선 P_2와 만나는 두 점을 C, D라 하자.
삼각형 F_1AB의 둘레의 길이를 l_1, 삼각형 F_2DC의 둘레의 길이를 l_2라 하자. $l_2-l_1=11$일 때, $32k$의 값을 구하시오. (4점)

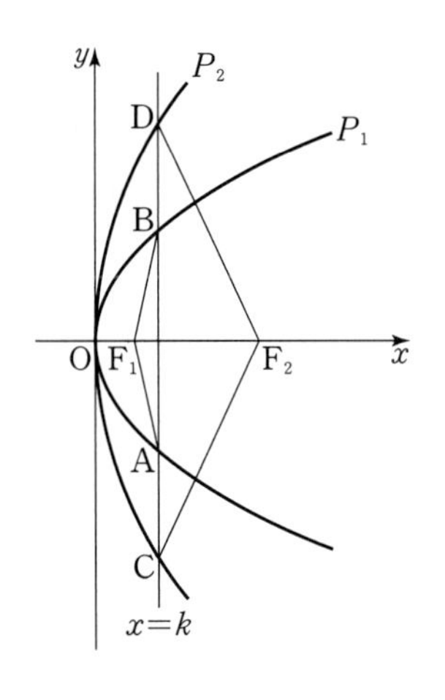

038 ★☆☆ 2017년 10월학평 가형 8번

그림과 같이 포물선 $y^2=4x$ 위의 점 A에서 x축에 내린 수선의 발을 H라 하자. 포물선 $y^2=4x$의 초점 F에 대하여 $\overline{AF}=5$일 때, 삼각형 AFH의 넓이는? (3점)

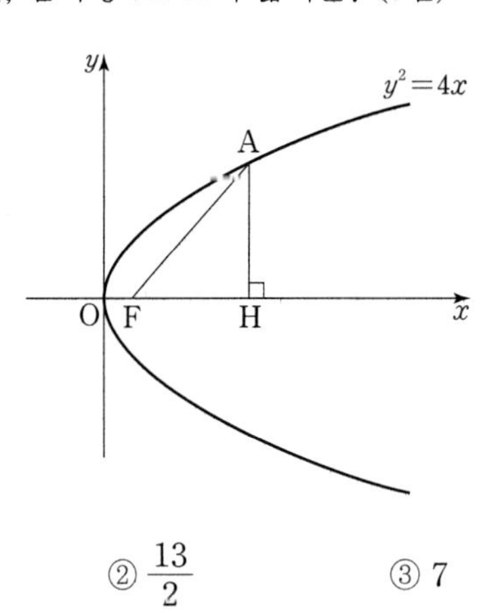

① 6　② $\frac{13}{2}$　③ 7　④ $\frac{15}{2}$　⑤ 8

039 ★★☆ 2021년 4월학평 기하 26번

그림과 같이 꼭짓점이 원점 O이고 초점이 $F(p, 0)(p>0)$인 포물선이 있다. 포물선 위의 점 A에서 x축, y축에 내린 수선의 발을 각각 B, C라 하자. $\overline{FA}=8$이고 사각형 OFAC의 넓이와 삼각형 FBA의 넓이의 비가 2 : 1일 때, 삼각형 ACF의 넓이는? (단, 점 A는 제1사분면 위의 점이고, 점 A의 x좌표는 p보다 크다.) (3점)

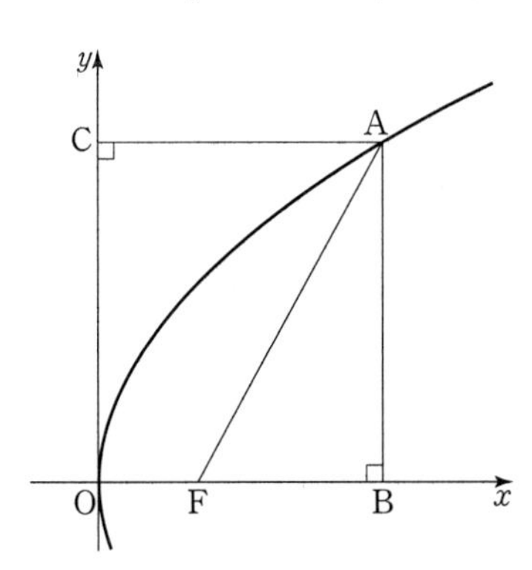

① $\frac{27}{2}$　② $9\sqrt{3}$　③ 18　④ $12\sqrt{3}$　⑤ 24

정답과 해설 036 p.16 | 037 p.17 | 038 p.17 | 039 p.18

040 ★★☆ 2016년 4월학평 가형 13번

그림과 같이 초점이 F인 포물선 $y^2=8x$ 위의 점 P에서 x축에 내린 수선의 발을 H라 하자. 삼각형 PFH의 넓이가 $3\sqrt{10}$ 일 때, 선분 PF의 길이는?

(단, 점 P의 x좌표는 점 F의 x좌표보다 크다.) (3점)

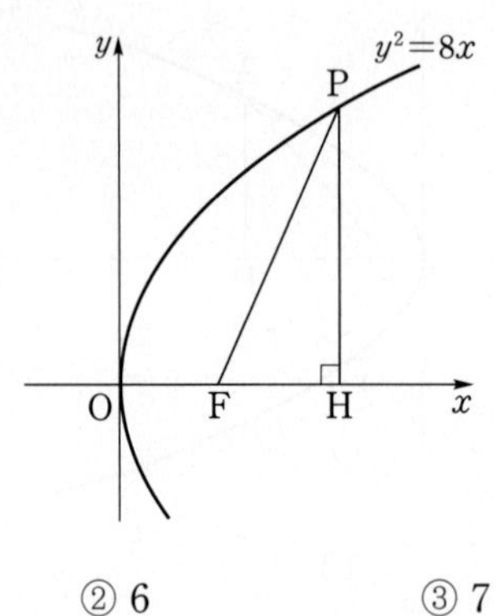

① 5 ② 6 ③ 7
④ 8 ⑤ 9

041 ★★☆ 2012학년도 6월모평 가형 29번

그림과 같이 한 변의 길이가 $2\sqrt{3}$인 정삼각형 OAB의 무게중심 G가 x축 위에 있다. 꼭짓점이 O이고 초점이 G인 포물선과 직선 GB가 제1사분면에서 만나는 점을 P라 할 때, 선분 GP의 길이를 구하시오. (단, O는 원점이다.) (4점)

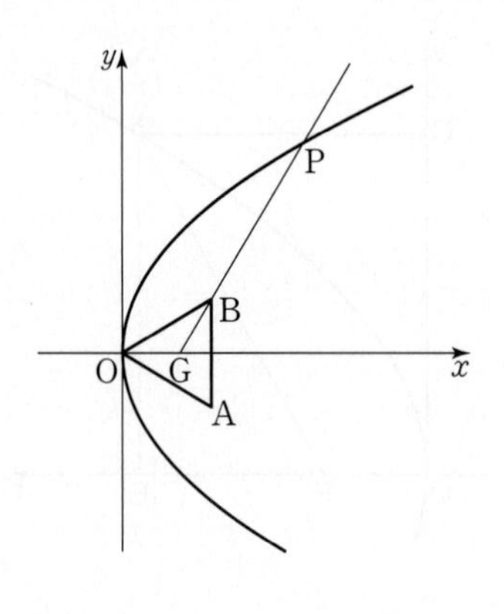

042 ★★☆ 2022년 3월학평 기하 27번

초점이 F인 포물선 $y^2=4px$ $(p>0)$ 위의 점 중 제1사분면에 있는 점 P에서 준선에 내린 수선의 발 H에 대하여 선분 FH가 포물선과 만나는 점을 Q라 하자. 점 Q가 다음 조건을 만족시킬 때, 상수 p의 값은? (3점)

> (가) 점 Q는 선분 FH를 1 : 2로 내분한다.
> (나) 삼각형 PQF의 넓이는 $\frac{8\sqrt{3}}{3}$이다.

① $\sqrt{2}$ ② $\sqrt{3}$ ③ 2
④ $\sqrt{5}$ ⑤ $\sqrt{6}$

043 ★★☆ 2022년 10월학평 기하 27번

양수 p에 대하여 두 포물선 $x^2=8(y+2)$, $y^2=4px$가 만나는 점 중 제1사분면 위의 점을 P라 하자. 점 P에서 포물선 $x^2=8(y+2)$의 준선에 내린 수선의 발 H와 포물선 $x^2=8(y+2)$의 초점 F에 대하여 $\overline{PH}+\overline{PF}=40$일 때, p의 값은? (3점)

① $\frac{16}{3}$ ② 6 ③ $\frac{20}{3}$
④ $\frac{22}{3}$ ⑤ 8

정답과 해설 040 p.18 | 041 p.19 | 042 p.20 | 043 p.20

044 ★★☆ 2011학년도 수능 가형 14번

그림과 같이 좌표평면에서 x축 위의 두 점 A, B에 대하여 꼭짓점이 A인 포물선 p_1과 꼭짓점이 B인 포물선 p_2가 다음 조건을 만족시킨다. 이때, 삼각형 ABC의 넓이는? (4점)

> (가) p_1의 초점은 B이고, p_2의 초점은 원점 O이다.
> (나) p_1과 p_2는 y축 위의 두 점 C, D에서 만난다.
> (다) $\overline{AB}=2$

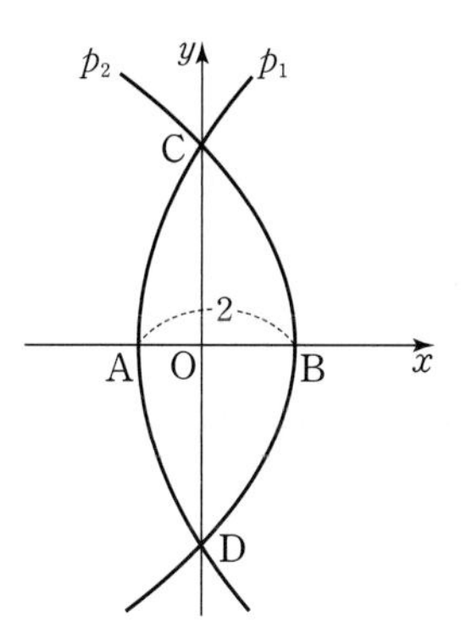

① $4(\sqrt{2}-1)$ ② $3(\sqrt{3}-1)$ ③ $2(\sqrt{5}-1)$
④ $\sqrt{3}+1$ ⑤ $\sqrt{5}+1$

045 ★★☆ 2015년 7월학평 B형 17번

그림과 같이 포물선 $y^2=8x$ 위의 네 점 A, B, C, D를 꼭짓점으로 하는 사각형 ABCD에 대하여 두 선분 AB와 CD가 각각 y축과 평행하다. 사각형 ABCD의 두 대각선의 교점이 포물선의 초점 F와 일치하고 $\overline{DF}=6$일 때, 사각형 ABCD의 넓이는? (4점)

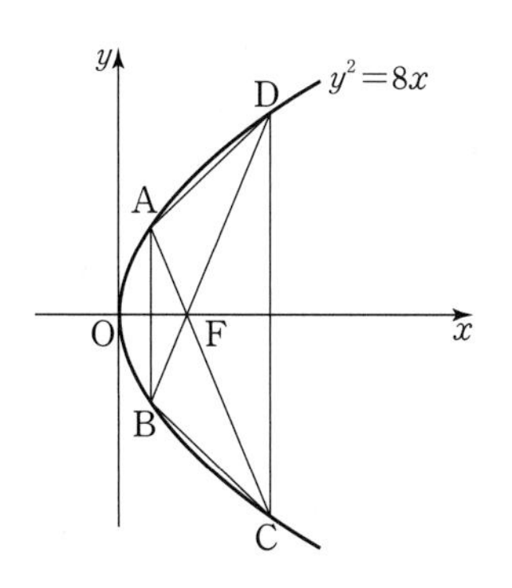

① $14\sqrt{2}$ ② $15\sqrt{2}$ ③ $16\sqrt{2}$
④ $17\sqrt{2}$ ⑤ $18\sqrt{2}$

046 ★★★ 2023학년도 6월모평 기하 29번

초점이 F인 포물선 $y^2=8x$ 위의 점 중 제1사분면에 있는 점 P를 지나고 x축과 평행한 직선이 포물선 $y^2=8x$의 준선과 만나는 점을 F′이라 하자. 점 F′을 초점, 점 P를 꼭짓점으로 하는 포물선이 포물선 $y^2=8x$와 만나는 점 중 P가 아닌 점을 Q라 하자. 사각형 PF′QF의 둘레의 길이가 12일 때, 삼각형 PF′Q의 넓이는 $\frac{q}{p}\sqrt{2}$이다. $p+q$의 값을 구하시오. (단, 점 P의 x좌표는 2보다 작고, p와 q는 서로소인 자연수이다.) (4점)

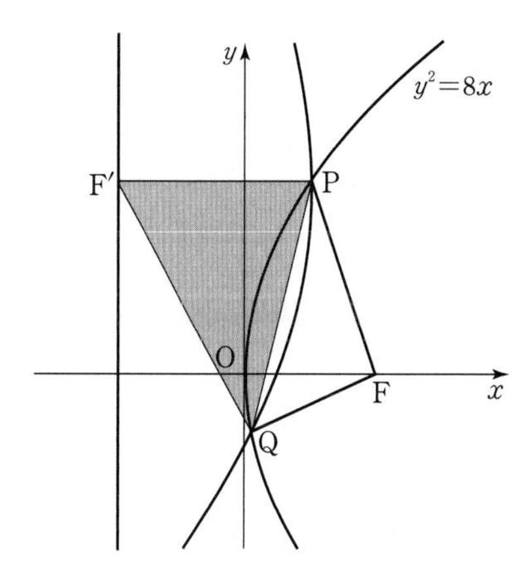

047 ★★☆ 2012년 10월학평 가형 13번

그림과 같이 초점이 F인 포물선 $y^2=12x$ 위에 $\angle OFA=\angle AFB=\frac{\pi}{3}$인 두 점 A, B가 있다. 삼각형 AFB의 넓이는? (단, O는 원점이고 두 점 A, B는 제1사분면 위의 점이다.) (4점)

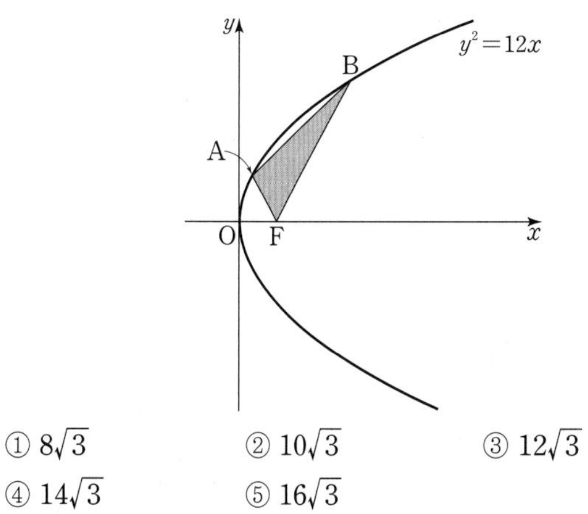

① $8\sqrt{3}$ ② $10\sqrt{3}$ ③ $12\sqrt{3}$
④ $14\sqrt{3}$ ⑤ $16\sqrt{3}$

048 ★★☆ 2021년 3월학평 기하 27번

점 A(6, 12)와 포물선 $y^2=4x$ 위의 점 P, 직선 $x=-4$ 위의 점 Q에 대하여 $\overline{AP}+\overline{PQ}$의 최솟값은? (3점)

① 12 ② 14 ③ 16
④ 18 ⑤ 20

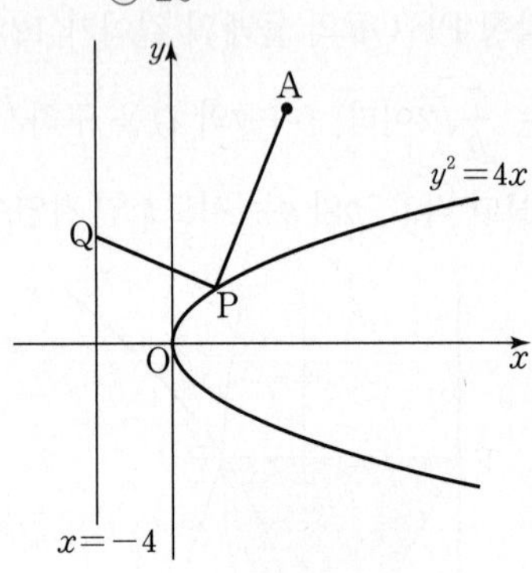

049 ★★★ 2021년 3월학평 기하 28번

자연수 n에 대하여 초점이 F인 포물선 $y^2=2x$ 위의 점 P_n이 $\overline{FP_n}=2n$을 만족시킬 때, $\sum_{n=1}^{8} \overline{OP_n}^2$의 값은?

(단, O는 원점이고, 점 P_n은 제1사분면에 있다.) (4점)

① 874 ② 876 ③ 878
④ 880 ⑤ 882

유형 05 포물선의 정의의 활용 - 초점을 지나는 직선

동영상강의

249-1-1-Y05

출제경향

포물선의 초점을 지나는 직선이 포물선과 만나는 점 사이의 관계에 대한 문제가 출제된다.

접근방법

포물선 위의 임의의 점 P와 포물선의 초점을 지나는 직선의 방정식을 구한다.

단골공식

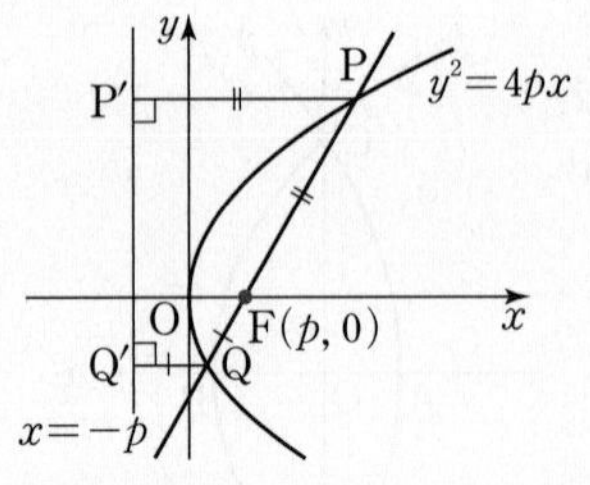

포물선 $y^2=4px$의 초점 F를 지나는 직선이 포물선과 만나는 두 점을 각각 P, Q라 하고 두 점 P, Q에서 준선에 내린 수선의 발을 각각 P′, Q′라 하면

$\overline{PQ}=\overline{PF}+\overline{QF}=\overline{PP'}+\overline{QQ'}$

050 ★★☆ 2015학년도 수능 B형 10번

그림과 같이 포물선 $y^2=12x$의 초점 F를 지나는 직선과 포물선이 만나는 두 점 A, B에서 준선 l에 내린 수선의 발을 각각 C, D라 하자. $\overline{AC}=4$일 때, 선분 BD의 길이는? (3점)

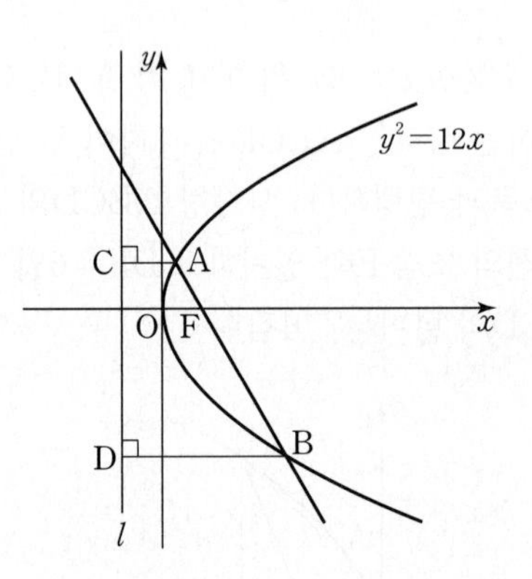

① 12 ② $\frac{25}{2}$ ③ 13
④ $\frac{27}{2}$ ⑤ 14

051 ★★☆ 2013학년도 사관학교 이과 11번

포물선 $y^2=8x$의 초점 F를 지나는 직선이 포물선과 만나는 두 점을 A, B라 하자. $\overline{AF}:\overline{BF}=3:1$일 때, 선분 AB의 길이는? (3점)

① $\frac{26}{3}$　② $\frac{28}{3}$　③ 10　④ $\frac{32}{3}$　⑤ $\frac{34}{3}$

052 ★★★ 2024학년도 수능 기하 27번

초점이 F인 포물선 $y^2=8x$ 위의 한 점 A에서 포물선의 준선에 내린 수선의 발을 B라 하고, 직선 BF와 포물선이 만나는 두 점을 각각 C, D라 하자. $\overline{BC}=\overline{CD}$일 때, 삼각형 ABD의 넓이는?

(단, $\overline{CF}<\overline{DF}$이고, 점 A는 원점이 아니다.) (3점)

① $100\sqrt{2}$　② $104\sqrt{2}$　③ $108\sqrt{2}$　④ $112\sqrt{2}$　⑤ $116\sqrt{2}$

053 ★★☆ 2023년 7월학평 기하 26번

포물선 $y^2=4px$ $(p>0)$의 초점 F를 지나는 직선이 포물선과 서로 다른 두 점 A, B에서 만날 때, 두 점 A, B에서 포물선의 준선에 내린 수선의 발을 각각 C, D라 하자. $\overline{AC}:\overline{BD}=2:1$이고 사각형 ACDB의 넓이가 $12\sqrt{2}$일 때, 선분 AB의 길이는?

(단, 점 A는 제1사분면에 있다.) (3점)

① 6　② 7　③ 8　④ 9　⑤ 10

054 ★★☆ 2011학년도 사관학교 이과 9번

좌표평면에서 포물선 $y^2=4px$ $(p>0)$의 초점을 F, 준선을 l이라 하자. 점 F를 지나고 x축에 수직인 직선과 포물선이 만나는 점 중 제1사분면에 있는 점을 P라 하자. 또, 제1사분면에 있는 포물선 위의 점 Q에 대하여 두 직선 QP, QF가 준선 l과 만나는 점을 각각 R, S라 하자. $\overline{PF}:\overline{QF}=2:5$일 때, $\frac{\overline{QF}}{\overline{FS}}$의 값은? (3점)

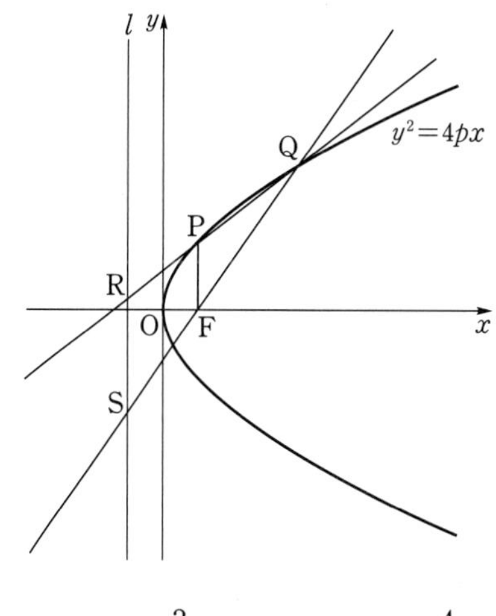

① $\frac{5}{3}$　② $\frac{3}{2}$　③ $\frac{4}{3}$　④ $\frac{5}{4}$　⑤ $\frac{6}{5}$

정답과 해설 051 p.25 052 p.26 053 p.26 054 p.27

055 ★★★ 2021년 7월학평 기하 28번

그림과 같이 좌표평면에서 포물선 $y^2=4x$의 초점 F를 지나고 x축과 수직인 직선 l_1이 이 포물선과 만나는 서로 다른 두 점을 각각 A, B라 하고, 점 F를 지나고 기울기가 $m(m>0)$인 직선 l_2가 이 포물선과 만나는 서로 다른 두 점을 각각 C, D라 하자. 삼각형 FCA의 넓이가 삼각형 FDB의 넓이의 5배일 때, m의 값은? (단, 두 점 A, C는 제1사분면 위의 점이고, 두 점 B, D는 제4사분면 위의 점이다.) (4점)

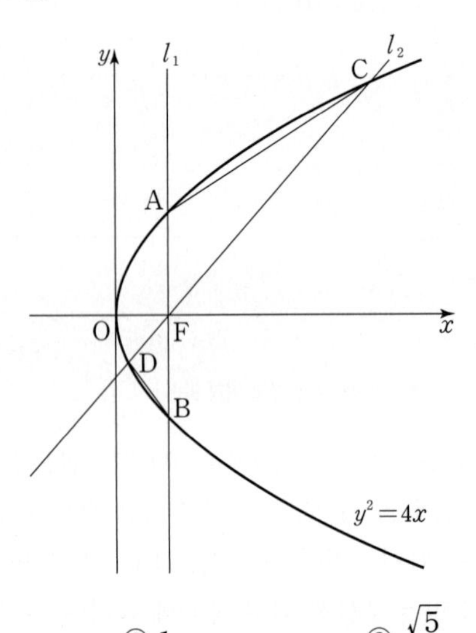

① $\frac{\sqrt{3}}{2}$ ② 1 ③ $\frac{\sqrt{5}}{2}$
④ $\frac{\sqrt{6}}{2}$ ⑤ $\frac{\sqrt{7}}{2}$

056 ★★★ 2013학년도 9월모평 가형 26번

그림과 같이 좌표평면에서 꼭짓점이 원점 O이고 초점이 F인 포물선과 점 F를 지나고 기울기가 1인 직선이 만나는 두 점을 각각 A, B라 하자. 선분 AF를 대각선으로 하는 정사각형의 한 변의 길이가 2일 때, 선분 AB의 길이는 $a+b\sqrt{2}$이다. a^2+b^2의 값을 구하시오.

(단, a, b는 정수이다.) (4점)

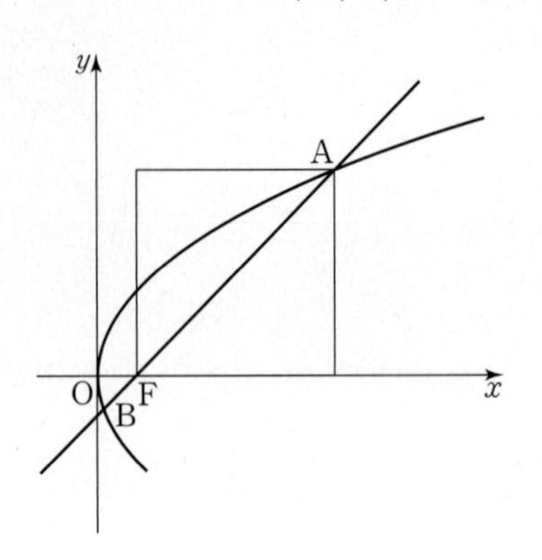

057 ★★☆ 2017년 4월학평 가형 25번

좌표평면에서 점 (2, 0)을 지나고 기울기가 양수인 직선이 포물선 $y^2=8x$와 만나는 두 점을 각각 P, Q라 하자. 선분 PQ의 길이가 17일 때, 두 점 P, Q의 x좌표의 합을 구하시오. (3점)

정답과 해설 055 p.27 | 056 p.28 | 057 p.29

058 ★★★ 2022학년도 6월모평 기하 29번

포물선 $y^2=8x$와 직선 $y=2x-4$가 만나는 점 중 제1사분면 위에 있는 점을 A라 하자. 양수 a에 대하여 포물선 $(y-2a)^2=8(x-a)$가 점 A를 지날 때, 직선 $y=2x-4$와 포물선 $(y-2a)^2=8(x-a)$가 만나는 점 중 A가 아닌 점을 B라 하자. 두 점 A, B에서 직선 $x=-2$에 내린 수선의 발을 각각 C, D라 할 때, $\overline{AC}+\overline{BD}-\overline{AB}=k$이다. k^2의 값을 구하시오. (4점)

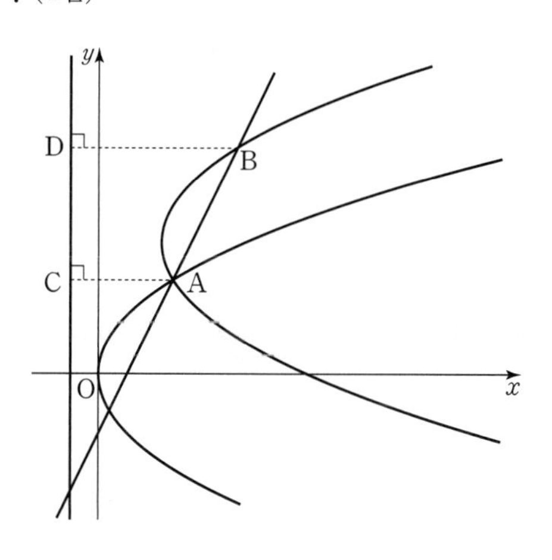

유형 06 포물선과 원

동영상강의

249-1-1-Y06

출제경향

원의 방정식과 포물선의 방정식을 이용한 문제가 출제된다.

접근방법

원의 성질을 이용한다.

단골공식

포물선 $y^2=4px$ 위의 한 점 P(a, b)를 중심으로 하고 포물선의 준선 $x=-p$에 접하는 원에 대하여

(1) 원의 반지름의 길이
$r=|a|+|p|$

(2) 원은 포물선의 초점 F$(p, 0)$을 지난다.

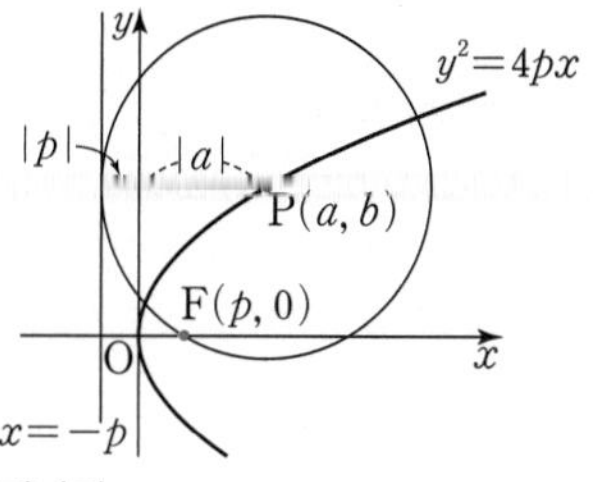

059 ★★☆ 2023년 3월학평 기하 26번

포물선 $y^2=4x+4y+4$의 초점을 중심으로 하고 반지름의 길이가 2인 원이 포물선과 만나는 두 점을 A(a, b), B(c, d)라 할 때, $a+b+c+d$의 값은? (3점)

① 1 ② 2 ③ 3
④ 4 ⑤ 5

060 ★★☆ 2014년 7월학평 B형 18번

그림과 같이 포물선 $y^2=4px$의 초점 F를 중심으로 하고 원점을 지나는 원 C가 있다. 포물선 위의 점 A와 점 B에 대하여 선분 FA와 선분 FB가 원 C와 만나는 점을 각각 P, Q라 할 때, 점 P는 선분 FA의 중점이고, 점 Q는 선분 FB를 2 : 5로 내분하는 점이다. 삼각형 AFB의 넓이가 24일 때, p의 값은?

(단, 점 A와 점 B는 제1사분면 위에 있다.) (4점)

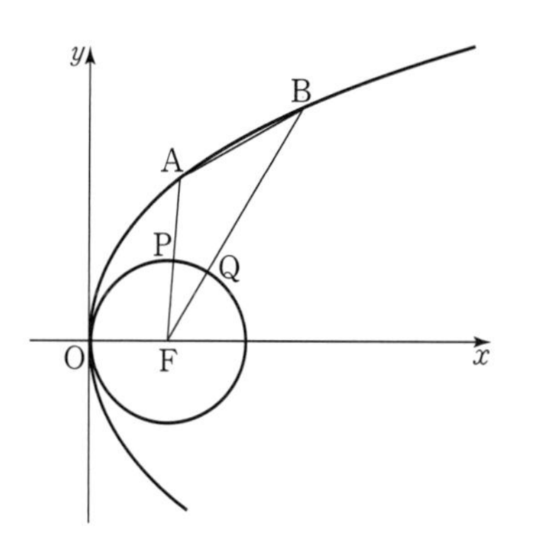

① 1 ② 2 ③ 3
④ 4 ⑤ 5

061 ★★☆ 2017학년도 사관학교 가형 10번

그림과 같이 포물선 $y^2=4x$ 위의 한 점 P를 중심으로 하고 준선과 점 A에서 접하는 원이 x축과 만나는 두 점을 각각 B, C라 하자. 부채꼴 PBC의 넓이가 부채꼴 PAB의 넓이의 2배일 때, 원의 반지름의 길이는? (단, 점 P의 x좌표는 1보다 크고, 점 C의 x좌표는 점 B의 x좌표보다 크다.) (3점)

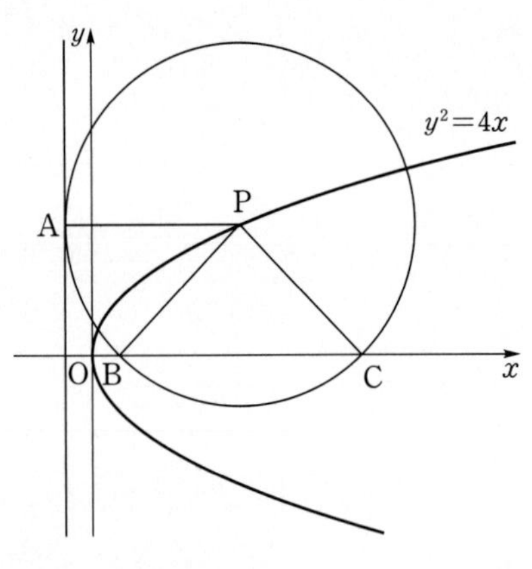

① $2+2\sqrt{3}$ ② $3+2\sqrt{2}$ ③ $3+2\sqrt{3}$
④ $4+2\sqrt{2}$ ⑤ $4+2\sqrt{3}$

062 ★★★ 2023년 3월학평 기하 29번

그림과 같이 꼭짓점이 원점 O이고 초점이 F$(p,\ 0)$ $(p>0)$인 포물선이 있다. 점 F를 지나고 기울기가 $-\frac{4}{3}$인 직선이 포물선과 만나는 점 중 제1사분면에 있는 점을 P라 하자. 직선 FP 위의 점을 중심으로 하는 원 C가 점 P를 지나고, 포물선의 준선에 접한다. 원 C의 반지름의 길이가 3일 때, $25p$의 값을 구하시오. (단, 원 C의 중심의 x좌표는 점 P의 x좌표보다 작다.) (4점)

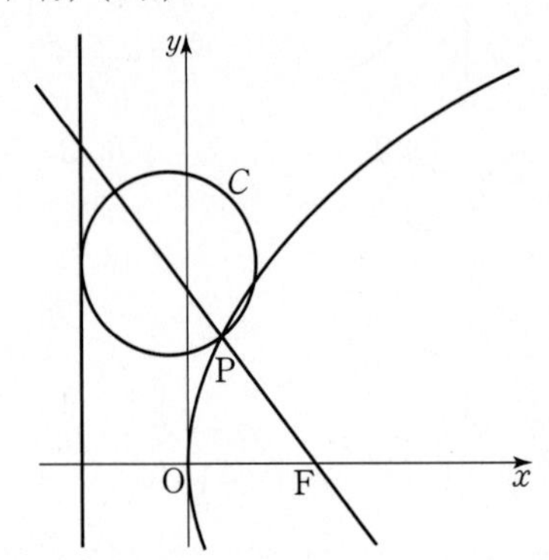

063 ★★★ 2023년 4월학평 기하 28번

초점이 F인 포물선 C : $y^2=4x$ 위의 점 중 제1사분면에 있는 점 P가 있다. 선분 PF를 지름으로 하는 원을 O라 할 때, 원 O는 포물선 C와 서로 다른 두 점에서 만난다. 원 O가 포물선 C와 만나는 점 중 P가 아닌 점을 Q, 점 P에서 포물선 C의 준선에 내린 수선의 발을 H라 하자. $\angle$QHP$=\alpha$, $\angle$HPQ$=\beta$라 할 때, $\frac{\tan\beta}{\tan\alpha}=3$이다. $\frac{\overline{\mathrm{QH}}}{\overline{\mathrm{PQ}}}$의 값은? (4점)

① $\frac{4\sqrt{6}}{7}$ ② $\frac{3\sqrt{11}}{7}$ ③ $\frac{\sqrt{102}}{7}$
④ $\frac{\sqrt{105}}{7}$ ⑤ $\frac{6\sqrt{3}}{7}$

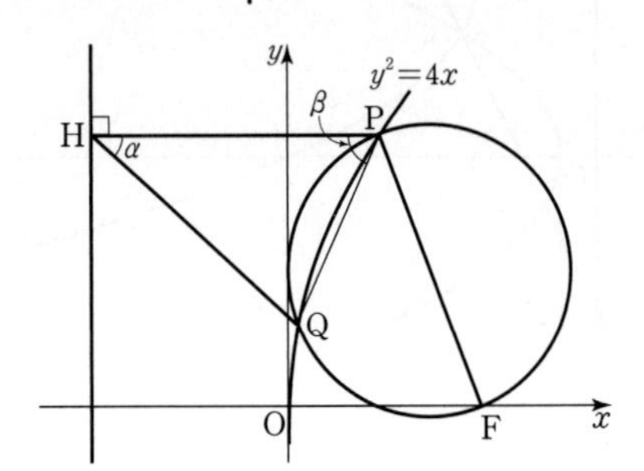

정답과 해설 061 p.31 062 p.31 063 p.32

유형 07 타원의 방정식

동영상강의

249-1-1-Y07

출제경향

타원의 방정식을 이용하는 문제가 출제된다.

접근방법

타원의 초점의 좌표와 장축, 단축의 길이 등을 이용하여 문제를 해결한다.

단골공식

타원 $\frac{x^2}{a^2}+\frac{y^2}{b^2}=1$에서

(1) $a>b>0$일 때

① 두 초점의 좌표 :

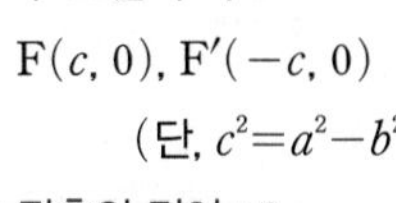

$\mathrm{F}(c, 0)$, $\mathrm{F}'(-c, 0)$

(단, $c^2=a^2-b^2$)

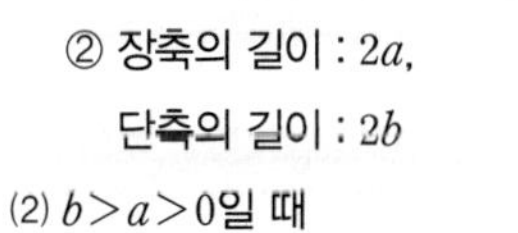

② 장축의 길이 : $2a$,

단축의 길이 : $2b$

(2) $b>a>0$일 때

① 두 초점의 좌표 :

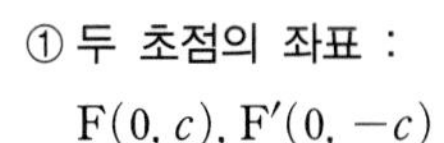

$\mathrm{F}(0, c)$, $\mathrm{F}'(0, -c)$

(단, $c^2=b^2-a^2$)

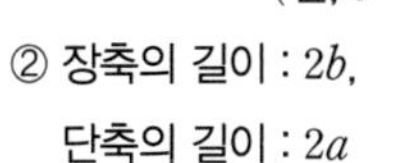

② 장축의 길이 : $2b$,

단축의 길이 : $2a$

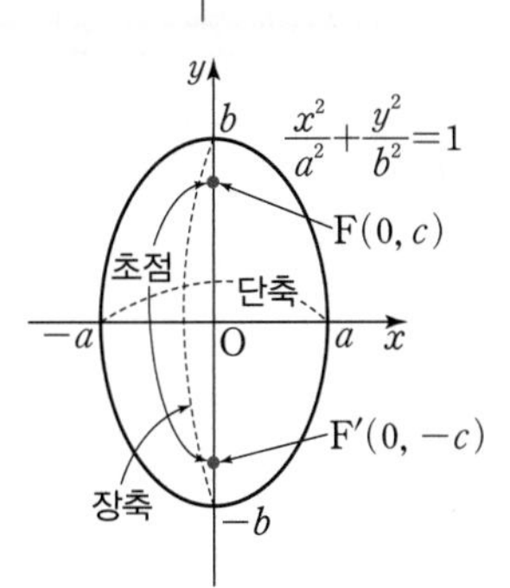

064 ★☆☆ 2023년 3월학평 기하 23번

타원 $\frac{x^2}{16}+\frac{y^2}{5}=1$의 장축의 길이는? (2점)

① $4\sqrt{2}$　② $2\sqrt{10}$　③ $4\sqrt{3}$　④ $2\sqrt{14}$　⑤ 8

065 ★☆☆ 2019년 4월학평 가형 3번

타원 $\frac{x^2}{16}+\frac{y^2}{7}=1$의 장축의 길이는? (2점)

① 4　② 6　③ 8　④ 10　⑤ 12

066 ★☆☆ 2008학년도 9월모평 가형 20번

타원 $x^2+9y^2=9$의 두 초점 사이의 거리를 d라 할 때, d^2의 값을 구하시오. (3점)

067 ★☆☆ 2017학년도 6월모평 가형 26번

타원 $4x^2+9y^2-18y-27=0$의 한 초점의 좌표가 (p, q)일 때, p^2+q^2의 값을 구하시오. (4점)

068 ★☆☆ 2018학년도 수능 가형 8번

타원 $\frac{(x-2)^2}{a}+\frac{(y-2)^2}{4}=1$의 두 초점의 좌표가 $(6, b)$, $(-2, b)$일 때, ab의 값은? (단, a는 양수이다.) (3점)

① 40　② 42　③ 44　④ 46　⑤ 48

정답과 해설 064 p.32 | 065 p.32 | 066 p.33 | 067 p.33 | 068 p.33

069 ★☆☆ 2022년 3월학평 기하 24번

두 초점의 좌표가 $(0,\ 3)$, $(0,\ -3)$인 타원이 y축과 점 $(0,\ 7)$에서 만날 때, 이 타원의 단축의 길이는? (3점)

① $4\sqrt{6}$　② $4\sqrt{7}$　③ $8\sqrt{2}$
④ 12　⑤ $4\sqrt{10}$

070 ★☆☆

점 $\mathrm{P}(1,\ 3)$을 지나고 두 초점이 $\mathrm{F}(1,\ 0)$, $\mathrm{F}'(-3,\ 0)$인 타원이 y축과 만나는 두 점을 A, B라 할 때, $\overline{\mathrm{AB}}^2$의 값을 구하시오. (3점)

071 ★☆☆ 2003학년도 수능 자연계 5번

그림과 같이 원점을 중심으로 하는 타원의 한 초점을 F라 하고, 이 타원이 y축과 만나는 한 점을 A라고 하자. 직선 AF의 방정식이 $y=\frac{1}{2}x-1$일 때, 이 타원의 장축의 길이는? (2점)

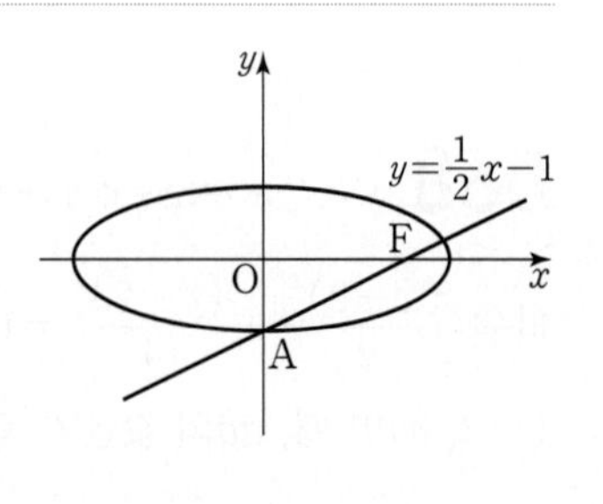

① $4\sqrt{2}$　② $2\sqrt{7}$　③ 5
④ $2\sqrt{6}$　⑤ $2\sqrt{5}$

이 문항은 7차 교육과정 이전에 출제되었지만 다시 출제될 수 있는 기본적인 문제로 개념을 익히는 데 도움이 됩니다.

072 ★★☆ 2008년 10월학평 가형 5번

그림과 같이 타원 $\frac{x^2}{a^2}+\frac{y^2}{b^2}=1\ (0<b<a)$에 내접하는 정삼각형 ABC가 있다. 타원의 두 초점 F, F′이 각각 선분 AC, AB 위에 있을 때, $\frac{b}{a}$의 값은?

(단, 점 A는 y축 위에 있다.) (3점)

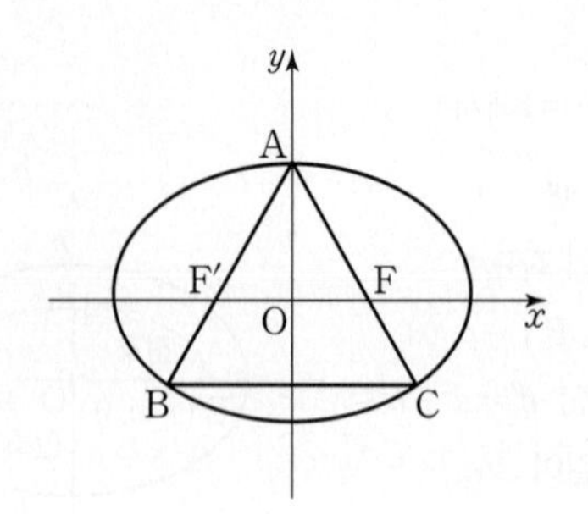

① $\frac{3}{5}$　② $\frac{2}{3}$　③ $\frac{3}{4}$
④ $\frac{\sqrt{3}}{3}$　⑤ $\frac{\sqrt{3}}{2}$

073 ★★☆ 2006학년도 수능 가형 7번

오른쪽 그림은 한 변의 길이가 10인 정육각형 ABCDEF의 각 변을 장축으로 하고, 단축의 길이가 같은 타원 6개를 그린 것이다. 그림과 같이 정육각형의 꼭짓점과 이웃하는 두 타원의 초점으로 이루어진 삼각형 6개의 넓이의 합이 $6\sqrt{3}$일 때, 타원의 단축의 길이는? (3점)

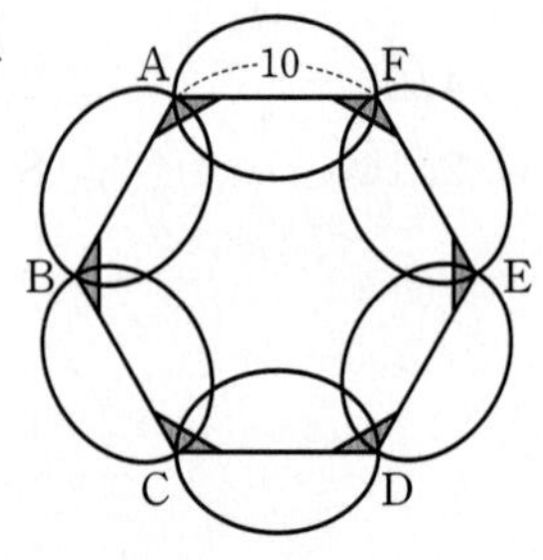

① $4\sqrt{2}$　② 6　③ $4\sqrt{3}$
④ 8　⑤ $6\sqrt{2}$

정답과 해설 069 p.33 | 070 p.34 | 071 p.34 | 072 p.35 | 073 p.35

074 ★★☆ 2013년 7월학평 B형 28번

[그림 1]과 같이 타원 $\frac{x^2}{a^2}+\frac{y^2}{b^2}=1$과 한 변의 길이가 2인 정삼각형 ABC가 있다. 변 AB는 x축 위에 있고 꼭짓점 A, C는 타원 위에 있다. 한 변이 x축 위에 놓이도록 정삼각형 ABC를 x축을 따라 양의 방향으로 미끄러짐 없이 회전시킨다. 처음 위치에서 출발한 후 변 BC가 두 번째로 x축 위에 놓이고 꼭짓점 C는 타원 위에 놓일 때가 [그림 2]이다. a^2+3b^2의 값을 구하시오. (4점)

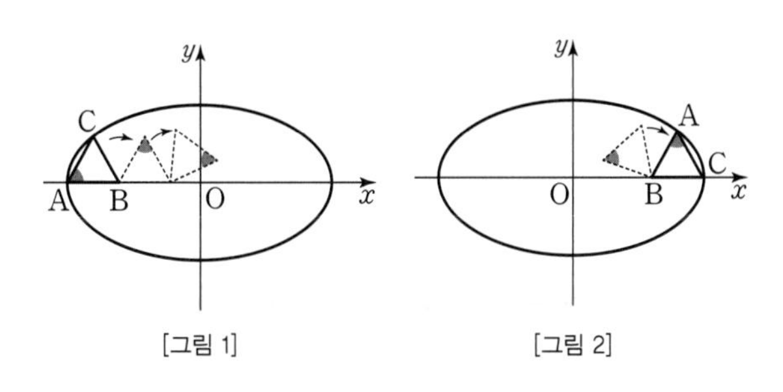

[그림 1] [그림 2]

075 ★★★ 2002년 10월학평 자연계 30번

다음 그림과 같이 폭이 12 m이고 높이가 5 m인 어떤 터널의 단면은 도로 면을 장축으로 하는 타원의 반과 같은 모양이다.

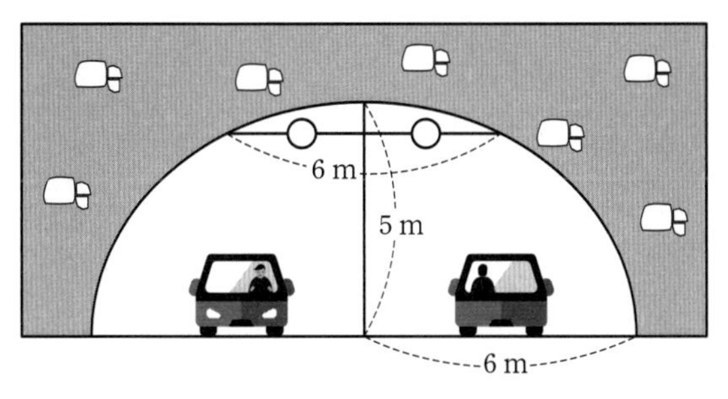

이 터널의 위쪽에 길이가 6 m인 철제빔이 수평으로 양쪽 벽에 고정되어 있고 그 위에 환풍기가 설치되어 있다. 이때, 도로 면에서 철제빔까지의 높이를 k m라 할 때, $4k$의 값을 구하시오. (단, 철제빔의 두께는 생각하지 않고, $\sqrt{3}=1.7$로 계산한다.) (3점)

유형 08 타원의 정의

동영상강의

출제경향

타원의 정의를 이용하는 문제가 출제된다.

접근방법

타원 위의 한 점에서 두 초점에 이르는 거리의 합이 장축의 길이와 같음을 이용한다.

단골공식

타원 위의 임의의 점 P와 두 초점 F, F′에 대하여
$\overline{PF}+\overline{PF'}$
$=$(타원의 장축의 길이)

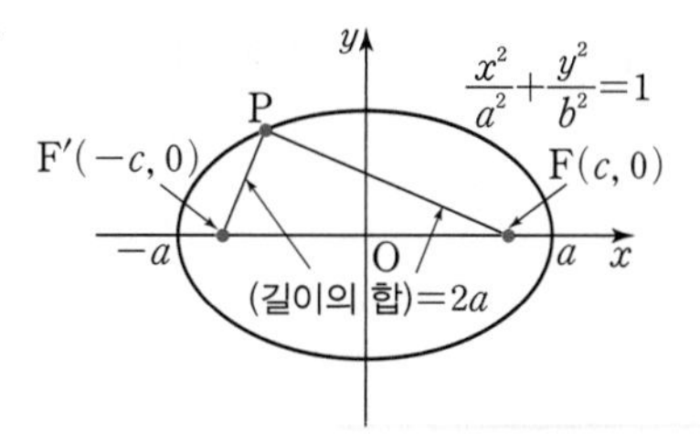

076 ★★☆ 2019년 7월학평 가형 7번

두 점 F(5, 0), F′(−5, 0)을 초점으로 하는 타원이 있다. 점 F′을 지나고 기울기가 양수인 직선과 타원의 교점을 각각 A, B라 하자. 삼각형 ABF의 둘레의 길이가 52일 때, 타원의 단축의 길이는? (3점)

① 16 ② 18 ③ 20
④ 22 ⑤ 24

정답과 해설 074 p.36 075 p.36 076 p.37

077 ★★☆ 2018년 4월학평 가형 12번

좌표평면 위에 두 점 $F(c, 0)$, $F'(-c, 0)$ $(c>0)$을 초점으로 하고 점 $A(0, 1)$을 지나는 타원 C가 있다. 두 점 A, F′을 지나는 직선이 타원 C와 만나는 점 중 점 A가 아닌 점을 B라 하자. 삼각형 ABF의 둘레의 길이가 16일 때, 선분 FF′의 길이는? (3점)

① 6 ② $4\sqrt{3}$ ③ $2\sqrt{15}$
④ $6\sqrt{2}$ ⑤ $2\sqrt{21}$

078 ★★☆ 2017년 4월학평 가형 14번

그림과 같이 타원 $\frac{x^2}{100}+\frac{y^2}{k}=1$ 위의 제1사분면에 있는 점 P와 두 초점 F, F′에 대하여 삼각형 PF′F의 둘레의 길이가 34일 때, 상수 k의 값은? (단, $0<k<100$) (4점)

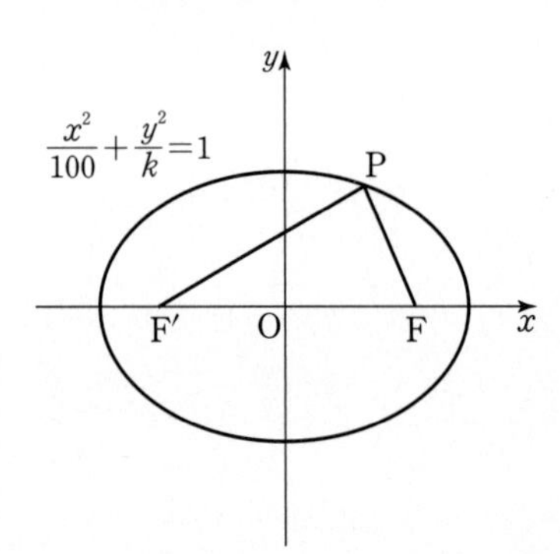

① 36 ② 41 ③ 46
④ 51 ⑤ 56

079 ★☆☆ 2023학년도 9월모평 기하 25번

타원 $\frac{x^2}{a^2}+\frac{y^2}{5}=1$의 두 초점을 F, F′이라 하자. 점 F를 지나고 x축에 수직인 직선 위의 점 A가 $\overline{AF'}=5$, $\overline{AF}=3$을 만족시킨다. 선분 AF′과 타원이 만나는 점을 P라 할 때, 삼각형 PF′F의 둘레의 길이는?

(단, a는 $a>\sqrt{5}$인 상수이다.) (3점)

① 8 ② $\frac{17}{2}$ ③ 9
④ $\frac{19}{2}$ ⑤ 10

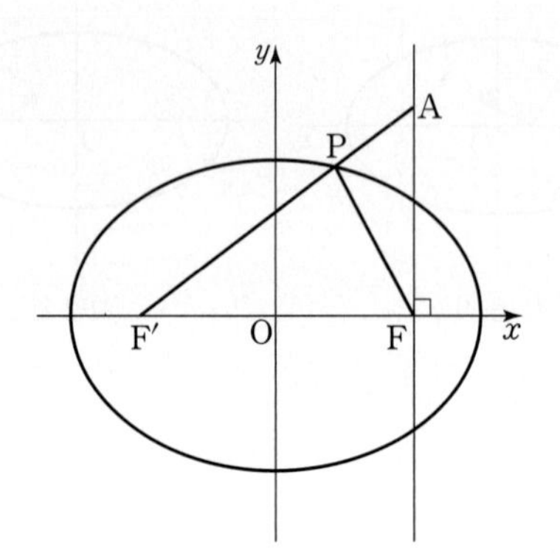

정답과 해설 077 p.37 078 p.38 079 p.38

080 ★★☆ 2015학년도 6월모평 B형 17번

그림과 같이 두 초점 F, F′이 x축 위에 있는 타원 $\frac{x^2}{49}+\frac{y^2}{a}=1$ 위의 점 P가 $\overline{\text{FP}}=9$를 만족시킨다. 점 F에서 선분 PF′에 내린 수선의 발 H에 대하여 $\overline{\text{FH}}=6\sqrt{2}$일 때, 상수 a의 값은? (4점)

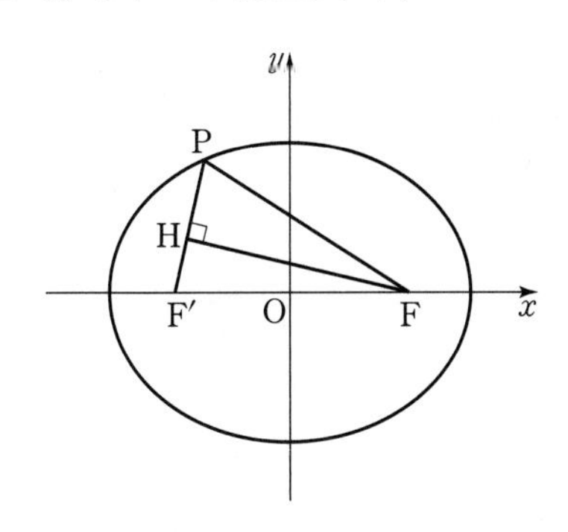

① 29　② 30　③ 31　④ 32　⑤ 33

081 ★★☆ 2016년 4월학평 가형 17번

그림과 같이 타원 $\frac{x^2}{a^2}+\frac{y^2}{b^2}=1$의 두 초점 중 x좌표가 양수인 점을 F, 음수인 점을 F′이라 하자. 타원 위의 점 P에 대하여 선분 PF′의 중점 M의 좌표가 (0, 1)이고 $\overline{\text{PM}}=\overline{\text{PF}}$일 때, a^2+b^2의 값은? (단, a, b는 상수이다.) (4점)

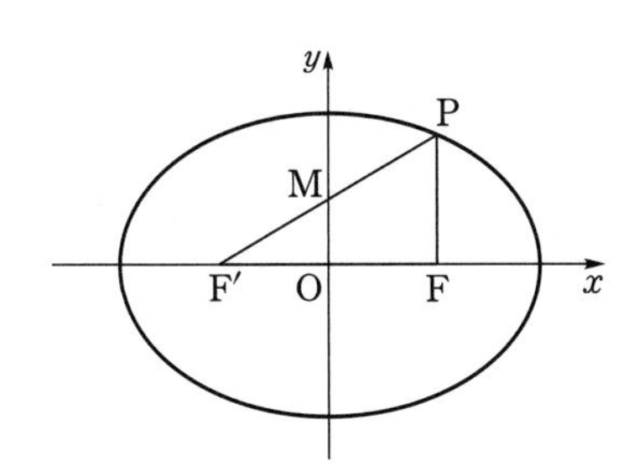

① 14　② 15　③ 16　④ 17　⑤ 18

082 ★★☆ 2018년 7월학평 가형 28번

그림과 같이 타원 $\frac{x^2}{a^2}+\frac{y^2}{b^2}=1$ $(a>b>0)$의 두 초점을 F$(c, 0)$, F′$(-c, 0)$ $(c>0)$이라 하고 점 F′을 지나는 직선이 타원과 만나는 두 점을 P, Q라 하자. $\overline{\text{PQ}}=6$이고 선분 FQ의 중점 M에 대하여 $\overline{\text{FM}}=\overline{\text{PM}}=5$일 때, 이 타원의 단축의 길이를 구하시오. (4점)

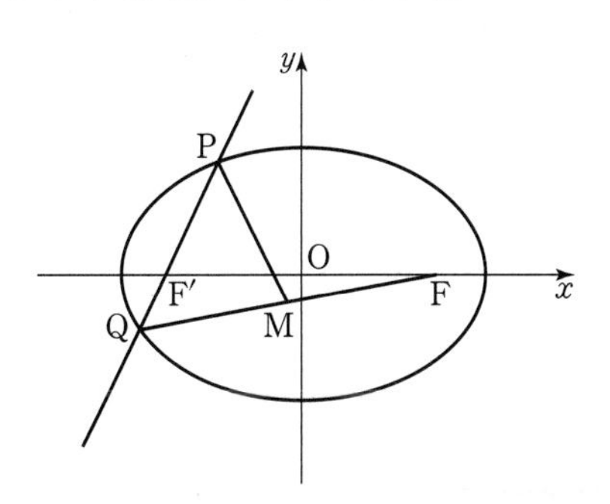

083 ★★☆ 2016학년도 수능 B형 26번

그림과 같이 두 초점이 F$(c, 0)$, F′$(-c, 0)$인 타원 $\frac{x^2}{a^2}+\frac{y^2}{b^2}=1$이 있다. 타원 위에 있고 제2사분면에 있는 점 P에 대하여 선분 PF′의 중점을 Q, 선분 PF를 1 : 3으로 내분하는 점을 R라 하자. $\angle\text{PQR}=\frac{\pi}{2}$, $\overline{\text{QR}}=\sqrt{5}$, $\overline{\text{RF}}=9$일 때, a^2+b^2의 값을 구하시오.

(단, a, b, c는 양수이다.) (4점)

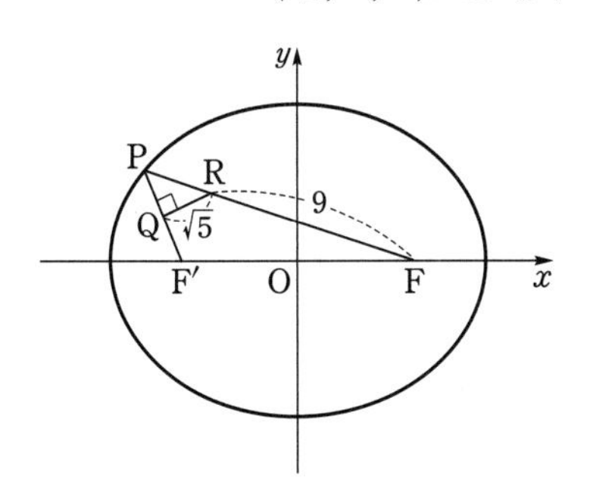

정답과 해설　080 p.39　081 p.39　082 p.40　083 p.40

084 ★★☆ 2024학년도 6월모평 기하 26번

두 초점이 F$(12,\ 0)$, F$'(-4,\ 0)$이고, 장축의 길이가 24인 타원 C가 있다. $\overline{\mathrm{F'F}}=\overline{\mathrm{F'P}}$인 타원 C 위의 점 P에 대하여 선분 F$'$P의 중점을 Q라 하자. 한 초점이 F$'$인 타원 $\dfrac{x^2}{a^2}+\dfrac{y^2}{b^2}=1$이 점 Q를 지날 때, $\overline{\mathrm{PF}}+a^2+b^2$의 값은?

(단, a와 b는 양수이다.) (3점)

① 46 ② 52 ③ 58
④ 64 ⑤ 70

085 ★★★ 2022년 4월학평 기하 28번

그림과 같이 두 점 F$(c,\ 0)$, F$'(-c,\ 0)$을 초점으로 하는 타원이 있다. 타원 위의 점 중 제1사분면에 있는 점 P에 대하여 직선 PF가 타원과 만나는 점 중 점 P가 아닌 점을 Q라 하자. $\overline{\mathrm{OQ}}=\overline{\mathrm{OF}}$, $\overline{\mathrm{FQ}}:\overline{\mathrm{F'Q}}=1:4$이고 삼각형 PF$'$Q의 내접원의 반지름의 길이가 2일 때, 양수 c의 값은?

(단, O는 원점이다.) (4점)

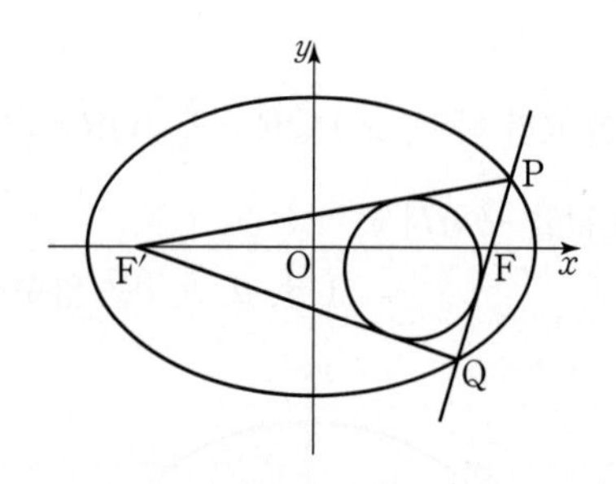

① $\dfrac{17}{3}$ ② $\dfrac{7\sqrt{17}}{5}$ ③ $\dfrac{3\sqrt{17}}{2}$
④ $\dfrac{51}{8}$ ⑤ $\dfrac{8\sqrt{17}}{5}$

086 ★★☆ 2022년 7월학평 기하 28번

그림과 같이 F$(6,\ 0)$, F$'(-6,\ 0)$을 두 초점으로 하는 타원 $\dfrac{x^2}{a^2}+\dfrac{y^2}{b^2}=1$이 있다. 점 A$\left(\dfrac{3}{2},\ 0\right)$에 대하여 $\angle$FPA$=\angle$F$'$PA를 만족시키는 타원의 제1사분면 위의 점을 P라 할 때, 점 F에서 직선 AP에 내린 수선의 발을 B라 하자. $\overline{\mathrm{OB}}=\sqrt{3}$일 때, $a\times b$의 값은?

(단, $a>0$, $b>0$이고 O는 원점이다.) (4점)

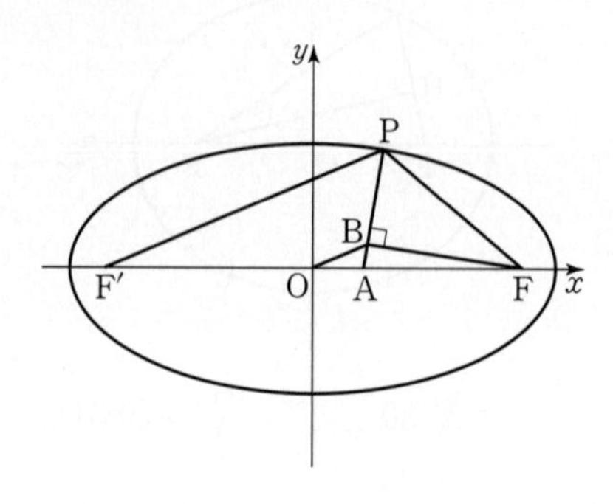

① 16 ② 20 ③ 24
④ 28 ⑤ 32

087 ★★★ 2013학년도 6월모평 가형 27번

두 점 F$(5,\ 0)$, F$'(-5,\ 0)$을 초점으로 하는 타원 위의 서로 다른 두 점 P, Q에 대하여 원점 O에서 선분 PF와 선분 QF$'$에 내린 수선의 발을 각각 H와 I라 하자. 점 H와 점 I가 각각 선분 PF와 선분 QF$'$의 중점이고, $\overline{\mathrm{OH}}\times\overline{\mathrm{OI}}=10$일 때, 이 타원의 장축의 길이를 l이라 하자. l^2의 값을 구하시오. (단, $\overline{\mathrm{OH}}\neq\overline{\mathrm{OI}}$) (4점)

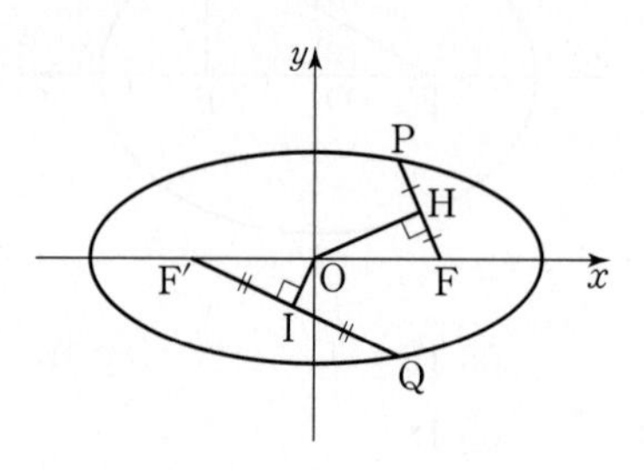

정답과 해설 084 p.41 | 085 p.41 | 086 p.42 | 087 p.42

유형 09 타원의 정의의 활용 – 삼각비

동영상강의 249-1-1-Y09

출제경향

타원의 정의를 이용하여 삼각비의 값을 묻는 문제가 출제된다.

접근방법

삼각비, 코사인법칙 등과 문제에서 주어진 조건을 이용하여 문제를 해결한다

088 ★★★ 2009학년도 사관학교 이과 17번

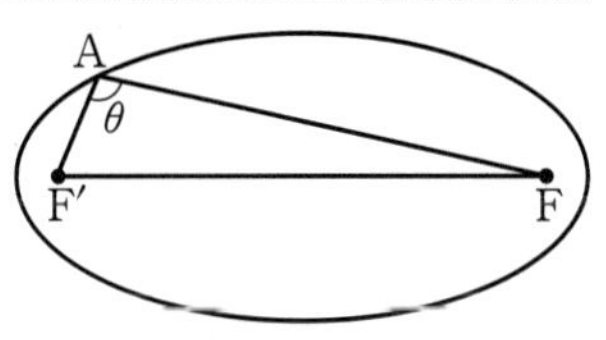

그림과 같이 장축의 길이가 4, 단축의 길이가 2인 타원이 있다. 이 타원의 두 초점 F, F′에 대하여 삼각형 AF′F의 넓이가 $\sqrt{2}$가 되도록 타원 위의 점 A를 정할 때, $\angle$F′AF$=\theta$라 하면 $\cos\theta$의 값은? (4점)

① $-\frac{1}{2}$　② $-\frac{1}{3}$　③ $-\frac{1}{4}$

④ $-\frac{1}{5}$　⑤ $-\frac{1}{6}$

유형 10 타원의 정의의 활용 – 도형의 길이와 넓이

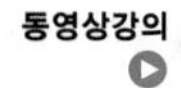

249-1-1-Y10

출제경향

타원의 정의를 이용하여 도형의 길이와 넓이를 묻는 문제가 출제된다.

접근방법

직각삼각형에서 타원의 정의를 활용하여 두 변의 길이를 하나의 문자로 표현하고 피타고라스 정리를 이용한다.

단골공식

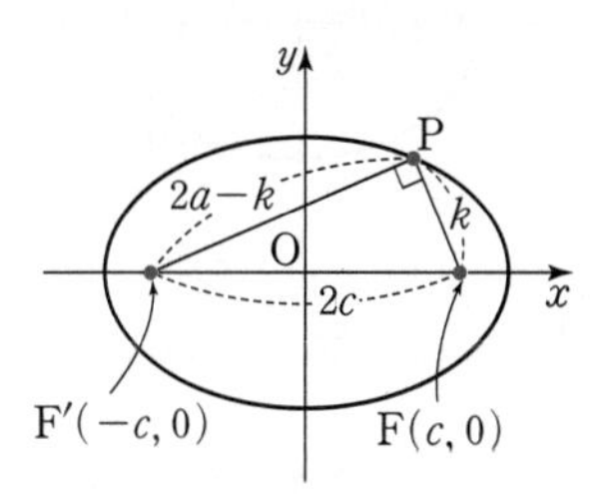

타원 $\frac{x^2}{a^2}+\frac{y^2}{b^2}=1\ (a>b>0)$ 위의 점 P와 두 초점 F, F′에 대하여 삼각형 PF′F가 직각삼각형일 때, $\overline{\text{PF}}=k$라 하면

$\overline{\text{PF}}^2+\overline{\text{PF}'}^2=\overline{\text{FF}'}^2$에서 $k^2+(2a-k)^2=(2c)^2$ (단, $c=\sqrt{a^2-b^2}$)

089 ★★☆ 2021년 4월학평 기하 25번

좌표평면 위에 두 초점이 F, F′인 타원 $\frac{x^2}{36}+\frac{y^2}{12}=1$이 있다. 타원 위의 두 점 P, Q에 대하여 직선 PQ가 원점 O를 지나고 삼각형 PF′Q의 둘레의 길이가 20일 때, 선분 OP의 길이는? (단, 점 P는 제1사분면 위의 점이다.) (3점)

① $\frac{11}{3}$　② 4　③ $\frac{13}{3}$

④ $\frac{14}{3}$　⑤ 5

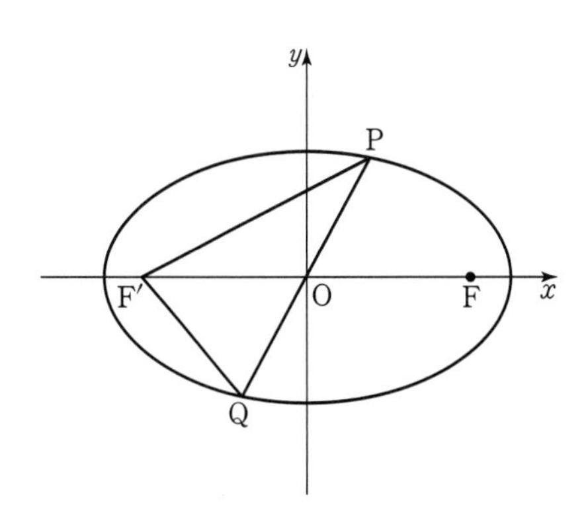

090 ★★☆ 2005년 10월학평 가형 23번

그림과 같이 두 점 $F(c, 0)$, $F'(-c, 0)$을 초점으로 하는 타원 $\frac{x^2}{a^2}+\frac{y^2}{16}=1$과 직선 $x=c$의 교점을 A, B라 하자. 두 점 $C(a, 0)$, $D(-a, 0)$에 대하여 사각형 ADBC의 넓이를 구하시오. (단, a와 c는 양수이다.) (4점)

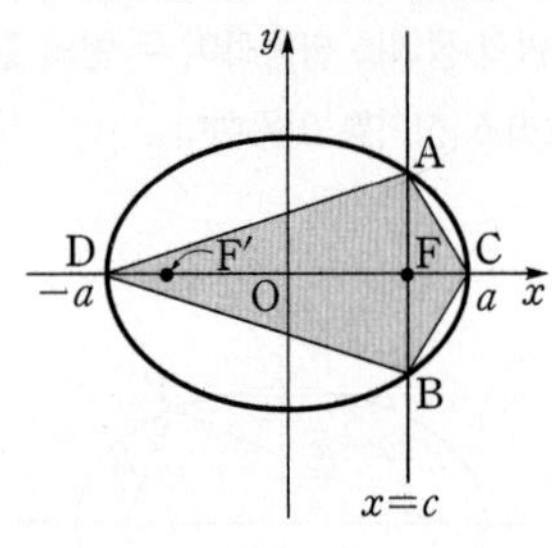

091 ★★☆ 2022년 3월학평 기하 26번

그림과 같이 두 초점이 F, F'인 타원 $\frac{x^2}{25}+\frac{y^2}{9}=1$ 위의 점 중 제1사분면에 있는 점 P에 대하여 세 선분 PF, PF', FF'의 길이가 이 순서대로 등차수열을 이룰 때, 점 P의 x좌표는? (단, 점 F의 x좌표는 양수이다.) (3점)

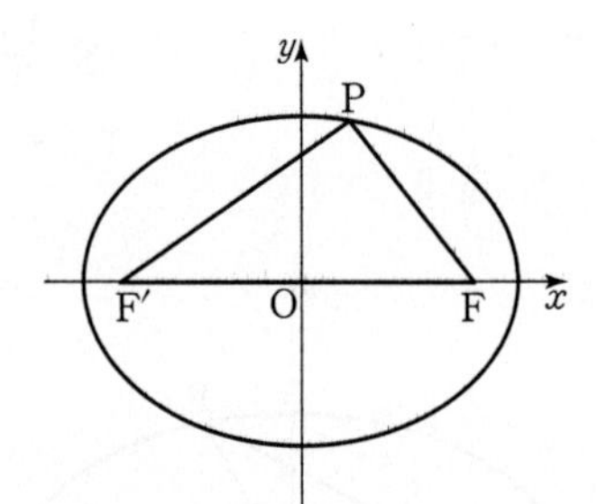

① 1　② $\frac{9}{8}$　③ $\frac{5}{4}$　④ $\frac{11}{8}$　⑤ $\frac{3}{2}$

092 ★★☆ 2023년 3월학평 기하 28번

장축의 길이가 6이고 두 초점이 $F(c, 0)$, $F'(-c, 0)$ $(c>0)$인 타원을 C_1이라 하자. 장축의 길이가 6이고 두 초점이 $A(3, 0)$, $F'(-c, 0)$인 타원을 C_2라 하자. 두 타원 C_1과 C_2가 만나는 점 중 제1사분면에 있는 점 P에 대하여 $\cos(\angle AFP)=\frac{3}{8}$일 때, 삼각형 PFA의 둘레의 길이는? (4점)

① $\frac{11}{6}$　② $\frac{11}{5}$　③ $\frac{11}{4}$　④ $\frac{11}{3}$　⑤ $\frac{11}{2}$

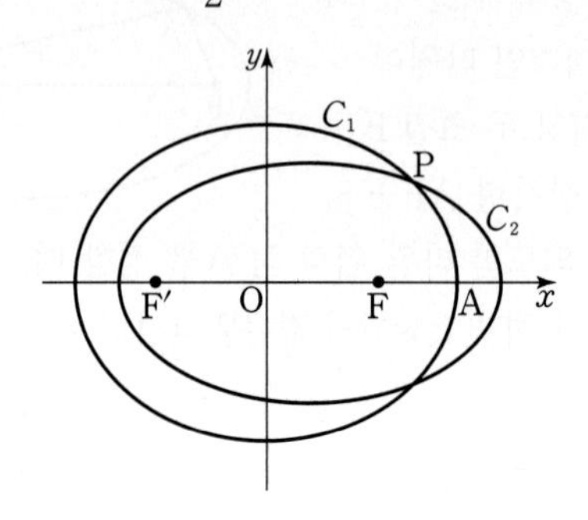

정답과 해설 090 p.45 | 091 p.45 | 092 p.46

093 ★★☆ 2020학년도 수능 가형 13번

그림과 같이 두 점 $\mathrm{F}(0, c)$, $\mathrm{F'}(0, -c)$를 초점으로 하는 타원 $\frac{x^2}{a^2}+\frac{y^2}{25}=1$이 x축과 만나는 점 중에서 x좌표가 양수인 점을 A라 하자. 직선 $y=c$가 직선 AF'과 만나는 점을 B, 직선 $y=c$가 타원과 만나는 점 중 x좌표가 양수인 점을 P라 하자. 삼각형 BPF'의 둘레의 길이와 삼각형 BFA의 둘레의 길이의 차가 4일 때, 삼각형 AFF'의 넓이는? (단, $0<a<5$, $c>0$) (3점)

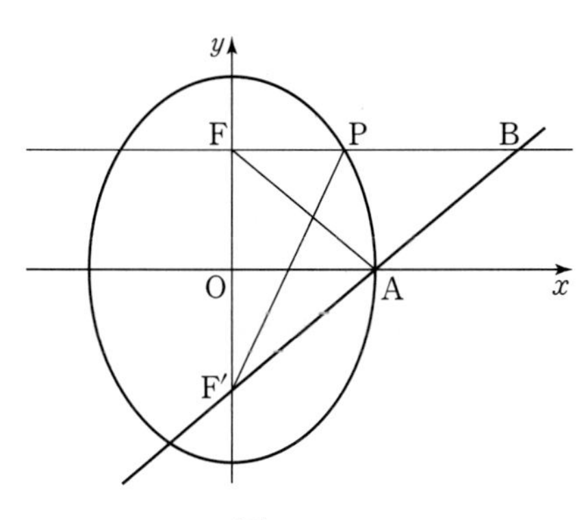

① $5\sqrt{6}$ ② $\frac{9\sqrt{6}}{2}$ ③ $4\sqrt{6}$
④ $\frac{7\sqrt{6}}{2}$ ⑤ $3\sqrt{6}$

094 ★★★ 2005학년도 수능 가형 22번

타원 $\frac{x^2}{36}+\frac{y^2}{20}=1$의 두 초점을 F와 F'이라 하고, 초점 F에 가장 가까운 꼭짓점을 A라 하자. 이 타원 위의 한 점 P에 대하여 $\angle \mathrm{PFF'}=\frac{\pi}{3}$일 때, $\overline{\mathrm{PA}}^2$의 값을 구하시오. (4점)

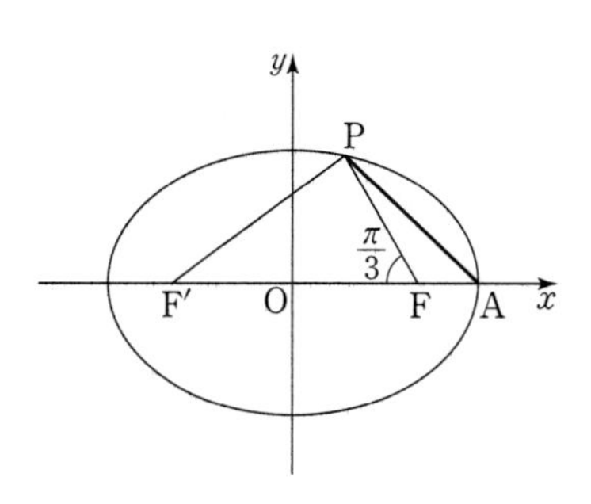

095 ★★☆ 2014학년도 9월모평 B형 9번

타원 $\frac{x^2}{a^2}+\frac{y^2}{b^2}=1$의 한 초점을 $\mathrm{F}(c, 0)$ $(c>0)$, 이 타원이 x축과 만나는 점 중에서 x좌표가 음수인 점을 A, y축과 만나는 점 중에서 y좌표가 양수인 점을 B라 하자.

$\angle \mathrm{AFB}=\frac{\pi}{3}$이고 삼각형 AFB의 넓이는 $6\sqrt{3}$일 때, a^2+b^2의 값은? (단, a, b는 상수이다.) (3점)

① 22 ② 24 ③ 26
④ 28 ⑤ 30

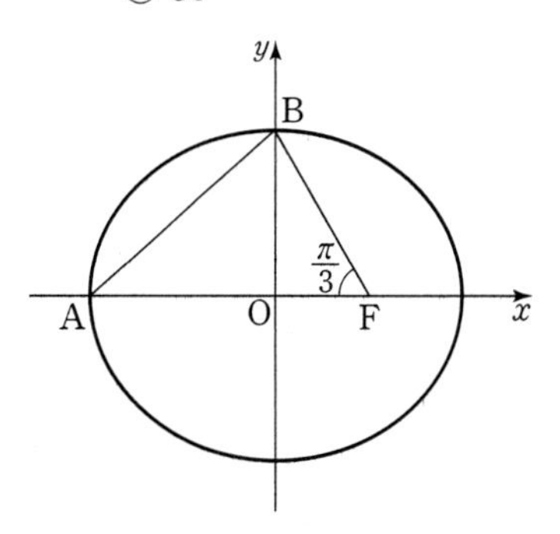

정답과 해설 093 p.46 | 094 p.47 | 095 p.48

096 ★★☆ 2015년 10월학평 B형 14번

그림과 같이 좌표평면에 x축 위의 두 점 F, F′과 점 P$(0, n)$ $(n>0)$이 있다. 삼각형 PF′F가 $\angle \mathrm{FPF'}=\frac{\pi}{2}$인 직각이등변삼각형일 때, 다음 물음에 답하시오.

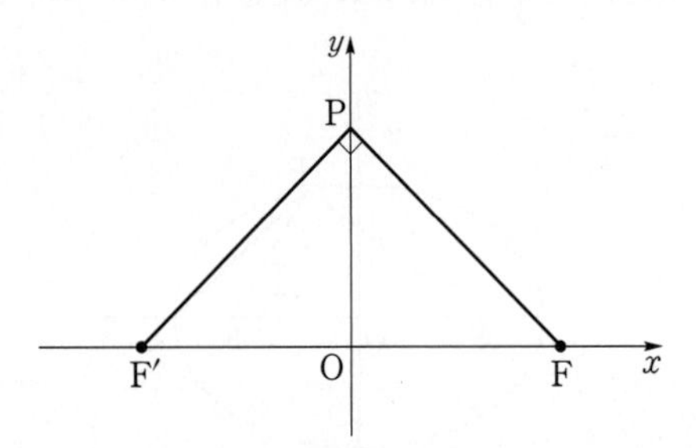

두 점 F, F′을 초점으로 하고 점 P를 지나는 타원과 직선 PF′이 만나는 점 중 점 P가 아닌 점을 Q라 하자. 삼각형 FPQ의 둘레의 길이가 $12\sqrt{2}$일 때, 삼각형 FPQ의 넓이는? (4점)

① 11　② 12　③ 13　④ 14　⑤ 15

097 ★★★ 2014학년도 수능 B형 27번

그림과 같이 y축 위의 점 A$(0, a)$와 두 점 F, F′을 초점으로 하는 타원 $\frac{x^2}{25}+\frac{y^2}{9}=1$ 위를 움직이는 점 P가 있다. $\overline{\mathrm{AP}}-\overline{\mathrm{FP}}$의 최솟값이 1일 때, a^2의 값을 구하시오. (4점)

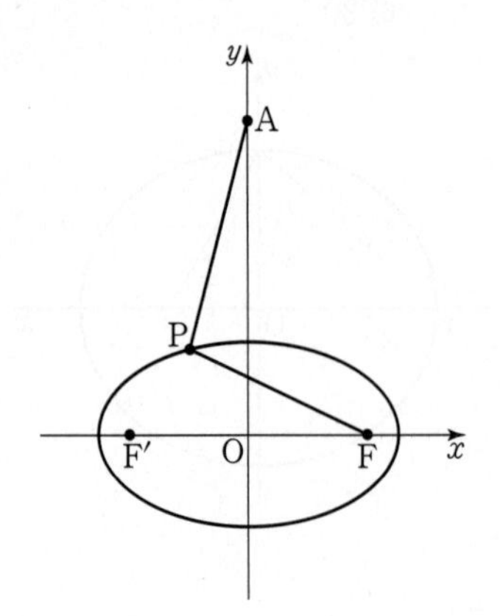

098 ★★☆ 2019학년도 9월모평 가형 27번

좌표평면에서 두 점 A$(0, 3)$, B$(0, -3)$에 대하여, 두 초점이 F, F′인 타원 $\frac{x^2}{16}+\frac{y^2}{7}=1$ 위의 점 P가 $\overline{\mathrm{AP}}=\overline{\mathrm{PF}}$를 만족시킨다. 사각형 AF′BP의 둘레의 길이가 $a+b\sqrt{2}$일 때, $a+b$의 값을 구하시오.

(단, $\overline{\mathrm{PF}}<\overline{\mathrm{PF'}}$이고 a, b는 자연수이다.) (4점)

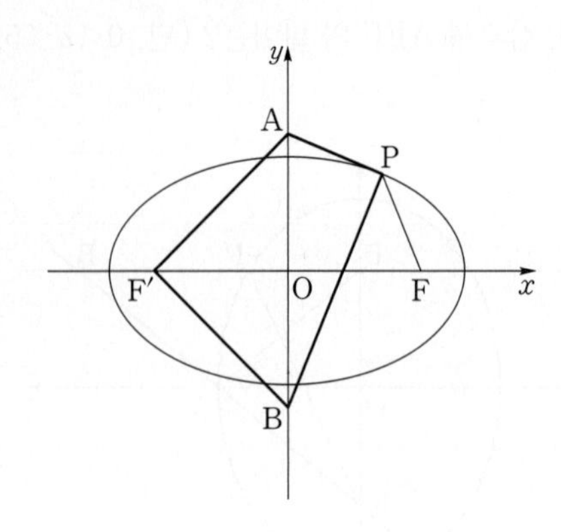

099 ★★☆ 2017학년도 9월모평 가형 27번

그림과 같이 타원 $\frac{x^2}{36}+\frac{y^2}{27}=1$의 두 초점은 F, F′이고, 제1사분면에 있는 두 점 P, Q는 다음 조건을 만족시킨다.

(가) $\overline{\mathrm{PF}}=2$
(나) 점 Q는 직선 PF′과 타원의 교점이다.

삼각형 PFQ의 둘레의 길이와 삼각형 PF′F의 둘레의 길이의 합을 구하시오. (4점)

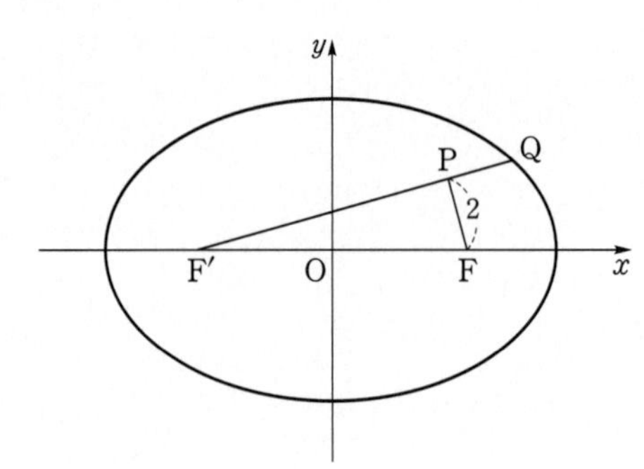

정답과 해설 096 p.48 | 097 p.49 | 098 p.49 | 099 p.50

100 ★★☆ 2016년 7월학평 가형 10번

타원 $\frac{x^2}{25}+\frac{y^2}{9}=1$의 두 초점을 F, F′이라 하자. 타원 위의 점 P가 $\angle FPF'=\frac{\pi}{2}$를 만족시킬 때, 삼각형 FPF′의 넓이는? (3점)

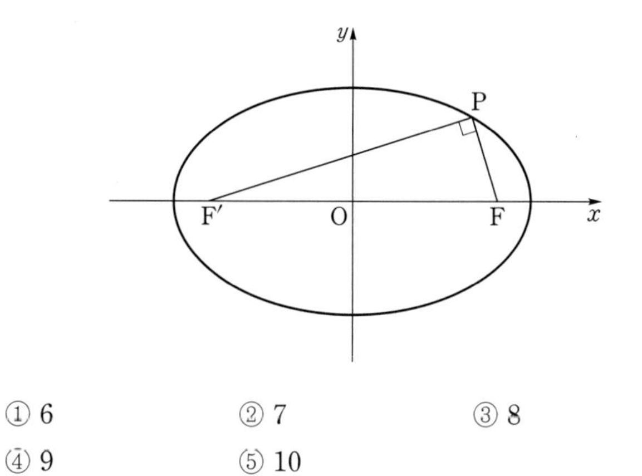

① 6 ② 7 ③ 8
④ 9 ⑤ 10

101 ★★☆ 2015학년도 수능 B형 27번

타원 $\frac{x^2}{9}+\frac{y^2}{4}=1$의 두 초점 중 x좌표가 양수인 점을 F, 음수인 점을 F′이라 하자. 이 타원 위의 점 P를 $\angle FPF'=\frac{\pi}{2}$가 되도록 제1사분면에서 잡고, 선분 FP의 연장선 위에 y좌표가 양수인 점 Q를 $\overline{FQ}=6$이 되도록 잡는다. 삼각형 QFF′의 넓이를 구하시오. (4점)

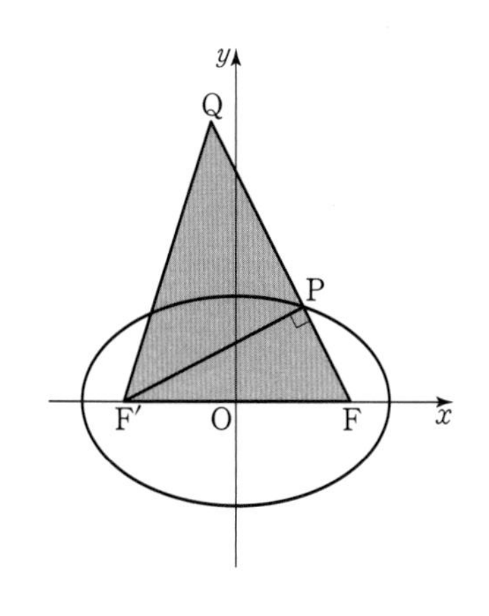

102 ★★☆ 2019학년도 사관학교 가형 15번

그림과 같이 타원 $\frac{x^2}{a}+\frac{y^2}{12}=1$의 두 초점 중 x좌표가 양수인 점을 F, 음수인 점을 F′이라 하자.
타원 $\frac{x^2}{a}+\frac{y^2}{12}=1$ 위에 있고 제1사분면에 있는 점 P에 대하여 선분 F′P의 연장선 위에 점 Q를 $\overline{F'Q}=10$이 되도록 잡는다. 삼각형 PFQ가 직각이등변삼각형일 때, 삼각형 QF′F의 넓이는? (단, $a>12$) (4점)

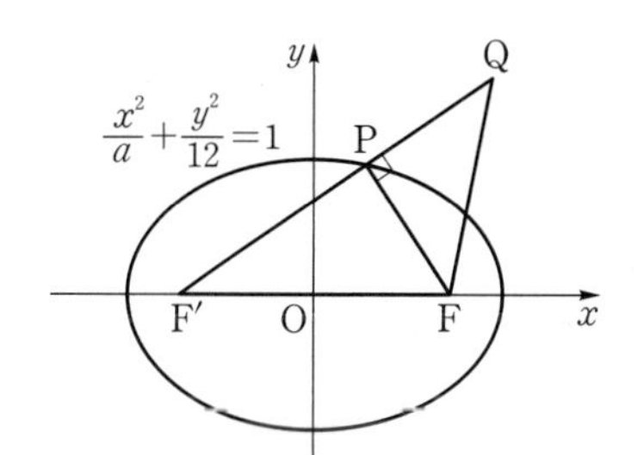

① 15 ② $\frac{35}{2}$ ③ 20
④ $\frac{45}{2}$ ⑤ 25

103 ★★☆ 2021년 7월학평 기하 26번

그림과 같이 두 점 F$(\sqrt{7}, 0)$, F′$(-\sqrt{7}, 0)$을 초점으로 하고 장축의 길이가 8인 타원이 있다.
$\overline{FF'}=\overline{PF'}$, $\overline{FP}=2\sqrt{3}$을 만족시키는 점 P에 대하여 점 F′을 지나고 선분 FP에 수직인 직선이 타원과 만나는 점 중 제1사분면 위의 점을 Q라 할 때, 선분 FQ의 길이는?
(단, 점 P는 제1사분면 위의 점이다.) (3점)

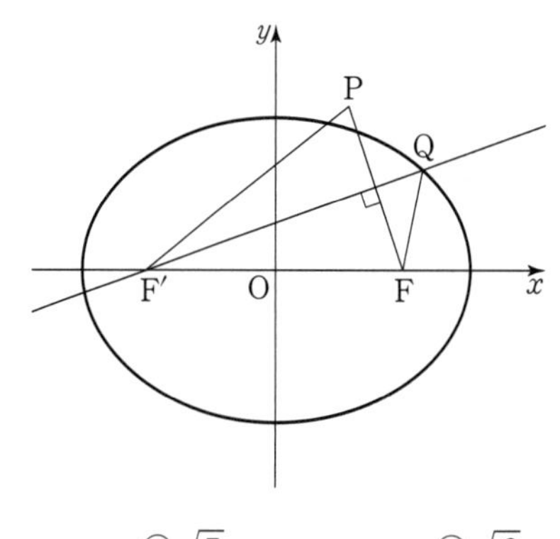

① 2 ② $\sqrt{5}$ ③ $\sqrt{6}$
④ $\sqrt{7}$ ⑤ $2\sqrt{2}$

정답과 해설 100 p.50 | 101 p.51 | 102 p.51 | 103 p.52

104 ★★☆ 2004년 10월학평 가형 23번

그림과 같이 타원 $\frac{x^2}{100}+\frac{y^2}{36}=1$의 장축을 10등분한 후 장축의 양 끝점을 제외하고 각 등분점에서 장축에 수직인 직선을 그어 x축 위쪽 부분에 있는 타원과의 교점을 차례로 P_1, P_2, P_3, $\cdots$, P_9라 하자. 타원의 한 초점을 F라고 할 때, $\sum_{k=1}^{9}\overline{\mathrm{FP}_k}$의 값을 구하시오. (4점)

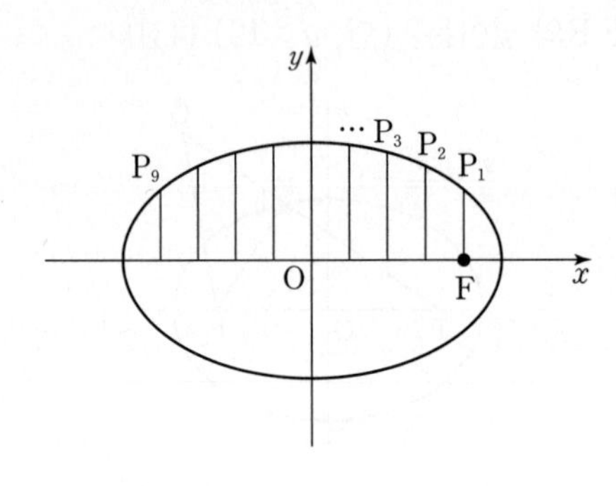

105 ★★☆ 2004학년도 9월모평 자연계 23번

케플러의 법칙에 의하여 다음 사실이 알려져 있다.

> 행성은 태양을 하나의 초점으로 하는 타원궤도를 따라 공전한다. 태양으로부터 행성까지의 거리를 r, 행성의 속력을 v라 하면 장축과 공전궤도가 만나는 두 지점에서 거리와 속력의 곱 rv의 값은 서로 같다.

두 초점 사이의 거리가 $2c$인 타원궤도를 따라 공전하는 행성이 있다. 단축과 공전궤도가 만나는 한 지점과 태양 사이의 거리가 a이다. 장축과 공전궤도가 만나는 두 지점에서의 속력의 비가 $3:5$일 때, $\frac{c}{a}$의 값은? (3점)

① $\frac{1}{2}$ ② $\frac{1}{3}$ ③ $\frac{1}{4}$
④ $\frac{1}{5}$ ⑤ $\frac{1}{6}$

이 문항은 7차 교육과정 이전에 출제되었지만 다시 출제될 수 있는 기본적인 문제로 개념을 익히는 데 도움이 됩니다.

유형 11 타원의 정의의 활용 – 여러 개의 타원이 주어질 때

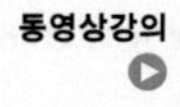

249-1-1-Y11

출제경향
두 타원이 주어진 문제가 출제된다.

접근방법
두 타원이 주어지면 두 타원의 초점의 좌표를 각각 구하고 타원의 정의를 활용한다.

106 ★★☆

두 타원 $\frac{x^2}{a^2}+\frac{y^2}{b^2}=1$, $\frac{x^2}{b^2}+\frac{y^2}{a^2}=1$의 교점 중의 한 점이 $(2,\ 2)$일 때, 두 타원의 교점을 이어서 만든 도형의 넓이는? (단, a, b는 상수이다.) (3점)

① 4 ② 8 ③ 12
④ 16 ⑤ 20

107 ★★☆ 2004학년도 수능 자연계 19번

두 타원이 점 F를 한 초점으로 공유하고 서로 다른 두 점 P, Q에서 만난다. 두 타원의 장축의 길이가 각각 16, 24이고, 두 타원의 나머지 초점을 각각 F_1, F_2라 할 때, $|\overline{\mathrm{PF}_1}-\overline{\mathrm{PF}_2}|+|\overline{\mathrm{QF}_1}-\overline{\mathrm{QF}_2}|$의 값은? (3점)

① 16 ② 14 ③ 12
④ 10 ⑤ 8

이 문항은 7차 교육과정 이전에 출제되었지만 다시 출제될 수 있는 기본적인 문제로 개념을 익히는 데 도움이 됩니다.

정답과 해설 104 p.52 | 105 p.53 | 106 p.53 | 107 p.53

108 ★★☆ 2007학년도 사관학교 이과 18번

그림과 같이 서로 합동인 두 타원 C_1, C_2가 외접하고 있다. 두 점 A, B는 타원 C_1의 초점, 두 점 C, D는 타원 C_2의 초점이고, 네 점 A, B, C, D는 모두 한 직선 위에 있다. 두 점 B, C를 초점, 선분 AD를 장축으로 하는 타원을 C_3이라 하고, 두 타원 C_1, C_3의 교점을 P라 하자. $\overline{AB}=8$이고 $\overline{BC}=6$일 때, $\overline{CP}-\overline{AP}$의 값은? (4점)

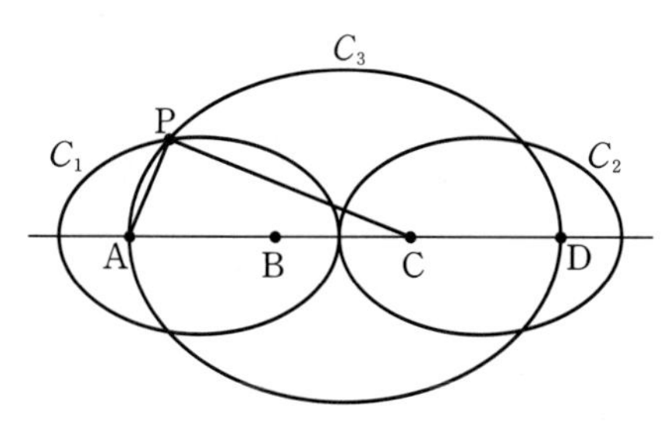

① 7　② 8　③ 9
④ 10　⑤ 11

유형 12 원과 타원

동영상강의 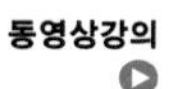 
249-1-1-Y12

출제경향

원과 타원이 동시에 주어진 문제가 출제된다.

접근방법

원과 타원의 교점의 개수에 따라 원의 반지름의 길이와 타원의 장축, 단축의 길이의 관계를 찾는다.

단골공식

(1) 원의 지름에 대한 원주각의 크기는 90°이다.

(2) 두 초점이 F, F′인 타원 $\dfrac{x^2}{a^2}+\dfrac{y^2}{b^2}=1\ (a>b>0)$과 선분 FF′을 지름으로 하는 원이 만나는 한 점 P에 대하여 삼각형 PF′F는 직각삼각형이다.

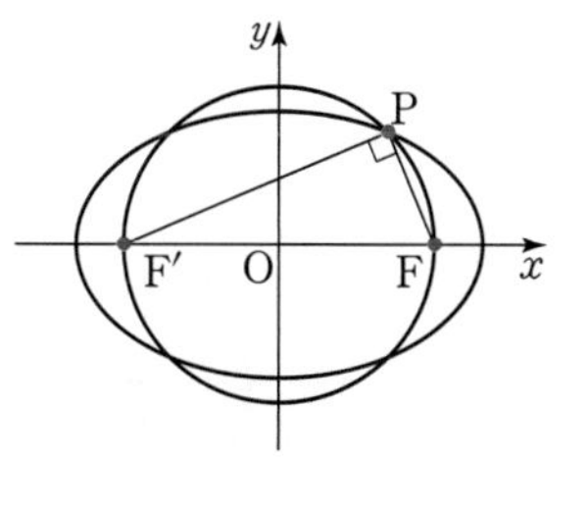

109 ★☆☆ 2012년 7월학평 가형 23번

원 $(x-6)^2+(y-5)^2=36$과 x축의 두 교점을 초점으로 하고, 원의 중심을 지나는 타원의 장축의 길이를 구하시오. (3점)

110 ★★☆ 2007년 10월학평 가형 21번

그림과 같이 좌표평면에 중심의 좌표가 각각 $(10,\ 0)$, $(-10,\ 0)$, $(0,\ 6)$, $(0,\ -6)$이고 반지름의 길이가 모두 같은 4개의 원에 동시에 접하고, 초점이 x축 위에 있는 타원이 있다.

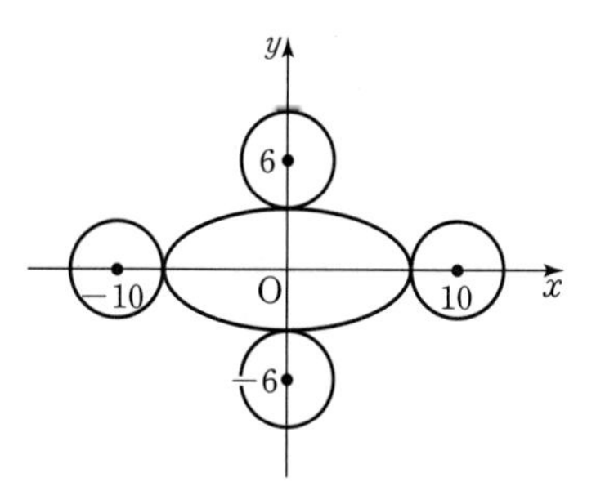

이 타원의 두 초점 사이의 거리가 $4\sqrt{10}$일 때, 장축의 길이를 구하시오. (단, 네 원의 중심은 타원의 외부에 있다.) (4점)

111 ★★☆ 2000학년도 수능 자연계 20번

이차곡선 $x^2-4x+9y^2-5=0$과 중심이 $(2,\ 0)$이고 반지름의 길이가 a인 원이 서로 다른 네 점에서 만날 때, a의 범위는? (3점)

① $0<a\le2$　② $1<a<3$　③ $2\le a<4$
④ $0<a<4$　⑤ $a\ge2$

이 문항은 7차 교육과정 이전에 출제되었지만 다시 출제될 가능성이 있어 수록하였습니다.

112 ★★☆ 2004학년도 6월모평 자연계 29번

그림과 같이 중심이 F(3, 0)이고 반지름의 길이가 1인 원과 중심이 F′(−3, 0)이고 반지름의 길이가 9인 원이 있다. 큰 원에 내접하고 작은 원에 외접하는 원의 중심 P는 F와 F′을 두 초점으로 하는 타원 $\frac{x^2}{a^2}+\frac{y^2}{b^2}=1$ 위를 움직인다. 이때, a^2+b^2의 값을 구하시오. (3점)

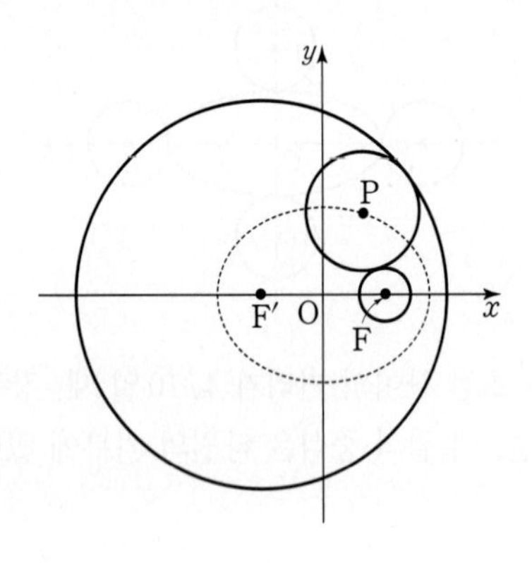

이 문항은 7차 교육과정 이전에 출제되었지만 최근 출제 경향에 맞는 문제입니다.

113 ★☆☆ 2003학년도 모평 자연계 26번

타원 $\frac{x^2}{100}+\frac{y^2}{36}=1$의 두 초점을 F와 F′이라 하고, 이 타원과 원 $(x+8)^2+y^2=9$와의 교점 중 하나를 P라 하자. 이때, 두 선분 PF와 PF′의 길이의 곱 $\overline{\mathrm{PF}}\times\overline{\mathrm{PF'}}$을 구하시오. (2점)

이 문항은 7차 교육과정 이전에 출제되었지만 다시 출제될 수 있는 기본적인 문제로 개념을 익히는 데 도움이 됩니다.

114 ★★☆ 2019학년도 수능 가형 28번

두 초점이 F, F′인 타원 $\frac{x^2}{49}+\frac{y^2}{33}=1$이 있다.
원 $x^2+(y-3)^2=4$ 위의 점 P에 대하여 직선 F′P가 이 타원과 만나는 점 중 y좌표가 양수인 점을 Q라 하자. $\overline{\mathrm{PQ}}+\overline{\mathrm{FQ}}$의 최댓값을 구하시오. (4점)

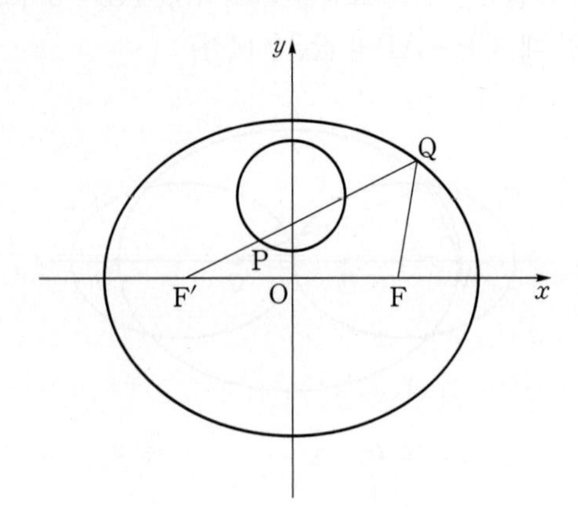

115 ★★☆ 2016학년도 6월모평 B형 12번

그림과 같이 두 점 F$(c, 0)$, F′$(-c, 0)$ $(c>0)$을 초점으로 하고 장축의 길이가 4인 타원이 있다. 점 F를 중심으로 하고 반지름의 길이가 c인 원이 타원과 점 P에서 만난다. 점 P에서 원에 접하는 직선이 점 F′을 지날 때, c의 값은? (3점)

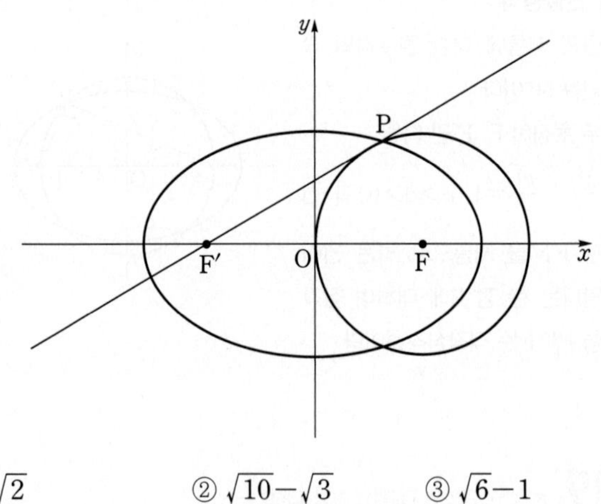

① $\sqrt{2}$ ② $\sqrt{10}-\sqrt{3}$ ③ $\sqrt{6}-1$
④ $2\sqrt{3}-2$ ⑤ $\sqrt{14}-\sqrt{5}$

정답과 해설 112 p.55 113 p.56 114 p.56 115 p.57

116 ★★★ 2022학년도 6월모평 기하 28번

두 초점이 F, F′이고 장축의 길이가 $2a$인 타원이 있다. 이 타원의 한 꼭짓점을 중심으로 하고 반지름의 길이가 1인 원이 이 타원의 서로 다른 두 꼭짓점과 한 초점을 지날 때, 상수 a의 값은? (4점)

① $\frac{\sqrt{2}}{2}$ ② $\frac{\sqrt{6}-1}{2}$ ③ $\sqrt{3}-1$

④ $2\sqrt{2}-2$ ⑤ $\frac{\sqrt{3}}{2}$

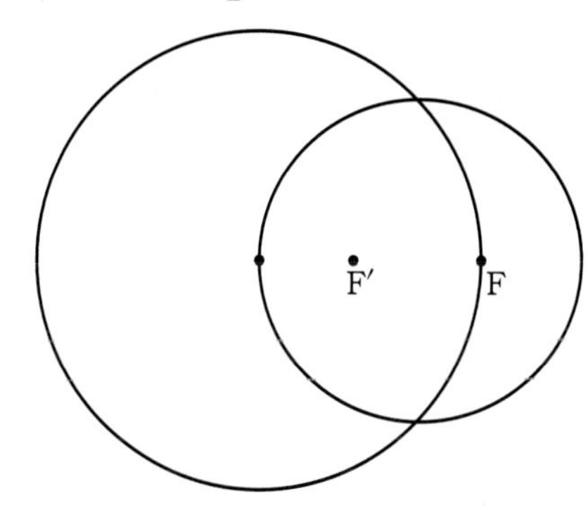

117 ★★☆ 2022학년도 수능 기하 26번

두 초점이 F, F′인 타원 $\frac{x^2}{64}+\frac{y^2}{16}=1$ 위의 점 중 제1사분면에 있는 점 A가 있다. 두 직선 AF, AF′에 동시에 접하고 중심이 y축 위에 있는 원 중 중심의 y좌표가 음수인 것을 C라 하자. 원 C의 중심을 B라 할 때 사각형 AFBF′의 넓이가 72이다. 원 C의 반지름의 길이는? (3점)

① $\frac{17}{2}$ ② 9 ③ $\frac{19}{2}$

④ 10 ⑤ $\frac{21}{2}$

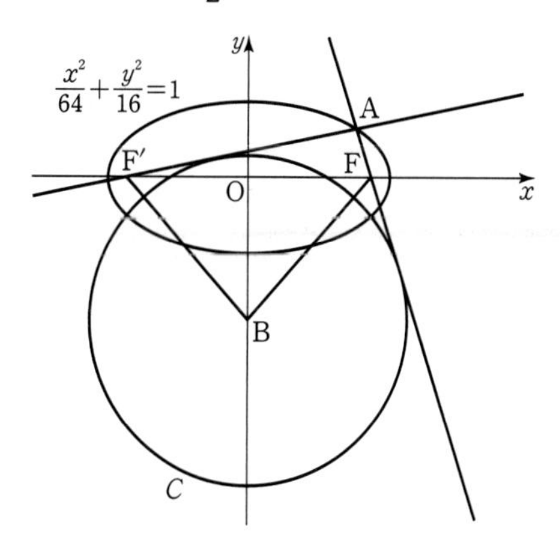

정답과 해설 116 p.57 117 p.58

118 ★★☆ 2023년 4월학평 기하 27번

그림과 같이 두 점 F(5, 0), F′(−5, 0)을 초점으로 하는 타원이 x축과 만나는 점 중 x좌표가 양수인 점을 A라 하자. 점 F를 중심으로 하고 점 A를 지나는 원을 C라 할 때, 원 C 위의 점 중 y좌표가 양수인 점 P와 타원 위의 점 중 제2사분면에 있는 점 Q가 다음 조건을 만족시킨다.

> (가) 직선 PF′은 원 C에 접한다.
> (나) 두 직선 PF′, QF′은 서로 수직이다.

$\overline{\mathrm{QF'}}=\frac{3}{2}\overline{\mathrm{PF}}$일 때, 이 타원의 장축의 길이는?

(단, $\overline{\mathrm{AF}}<\overline{\mathrm{FF'}}$) (3점)

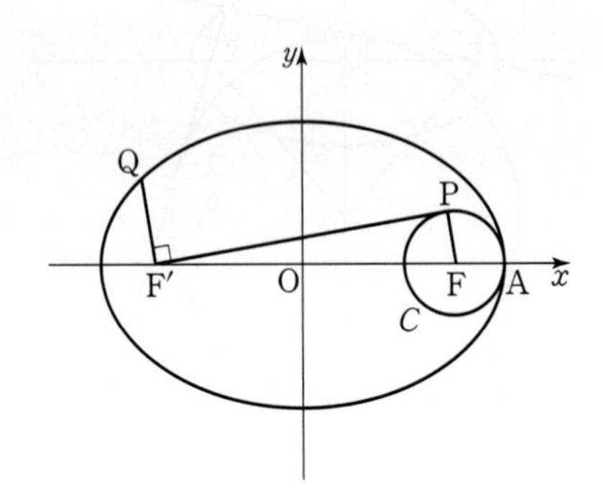

① $\frac{25}{2}$　② 13　③ $\frac{27}{2}$

④ 14　⑤ $\frac{29}{2}$

119 ★★★ 2013년 10월학평 B형 27번

그림과 같이 점 A(−5, 0)을 중심으로 하고 반지름의 길이가 r인 원과 타원 $\frac{x^2}{25}+\frac{y^2}{16}=1$의 한 교점을 P라 하자. 점 B(3, 0)에 대하여 $\overline{\mathrm{PA}}+\overline{\mathrm{PB}}=10$일 때, $10r$의 값을 구하시오. (4점)

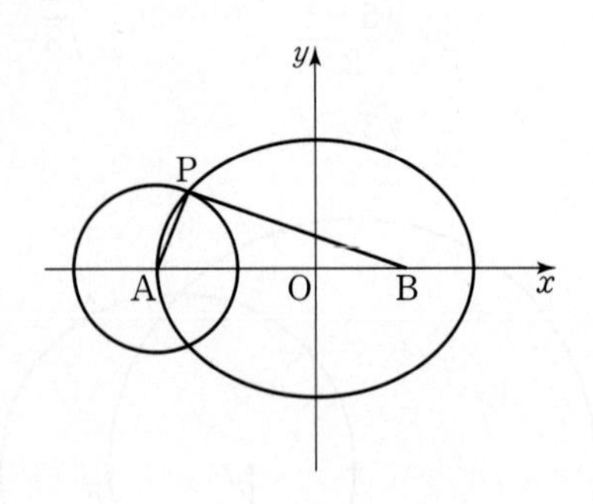

120 ★★☆ 2007학년도 9월모평 가형 22번

타원 $\frac{x^2}{36}+\frac{y^2}{16}=1$의 두 초점을 F, F′이라 하자. 이 타원 위의 점 P가 $\overline{\mathrm{OP}}=\overline{\mathrm{OF}}$를 만족시킬 때, $\overline{\mathrm{PF}}\times\overline{\mathrm{PF'}}$의 값을 구하시오. (단, O는 원점이다.) (4점)

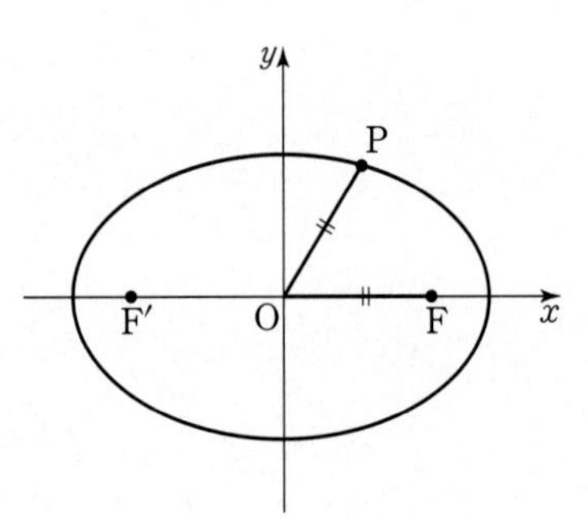

정답과 해설 118 p.58 | 119 p.59 | 120 p.60

121 ★★★ 2024학년도 9월모평 기하 29번

한 초점이 $F(c, 0)$ $(c>0)$인 타원 $\frac{x^2}{9}+\frac{y^2}{5}=1$과 중심의 좌표가 $(2, 3)$이고 반지름의 길이가 r인 원이 있다. 타원 위의 점 P와 원 위의 점 Q에 대하여 $\overline{PQ}-\overline{PF}$의 최솟값이 6일 때, r의 값을 구하시오. (4점)

122 ★★★ 2022년 3월학평 기하 28번

그림과 같이 타원 $\frac{x^2}{a^2}+\frac{y^2}{b^2}=1$의 두 초점 F, F′에 대하여 선분 FF′을 지름으로 하는 원을 C라 하자. 원 C가 타원과 제1사분면에서 만나는 점을 P라 하고, 원 C가 y축과 만나는 점 중 y좌표가 양수인 점을 Q라 하자. 두 직선 F′P, QF가 이루는 예각의 크기를 θ라 하자. $\cos\theta=\frac{3}{5}$일 때, $\frac{b^2}{a^2}$의 값은? (단, a, b는 $a>b>0$인 상수이고, 점 F의 x좌표는 양수이다.) (4점)

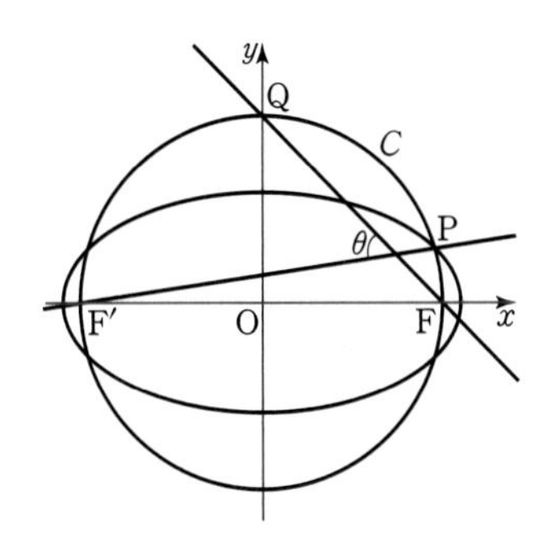

① $\frac{11}{64}$　② $\frac{3}{16}$　③ $\frac{13}{64}$　④ $\frac{7}{32}$　⑤ $\frac{15}{64}$

123 ★★★ 2014년 10월학평 B형 18번

중심이 $(0, 3)$이고 반지름의 길이가 5인 원이 x축과 만나는 두 점을 각각 A, B라 하자. 이 원과 타원 $\frac{x^2}{25}+\frac{y^2}{9}=1$이 만나는 점 중 한 점을 P라 할 때, $\overline{AP}\times\overline{BP}$의 값은? (4점)

① $\frac{41}{4}$　② $\frac{21}{2}$　③ $\frac{43}{4}$　④ 11　⑤ $\frac{45}{4}$

정답과 해설 | 121 p.60 | 122 p.60 | 123 p.61

124 ★★★ 2009학년도 9월모평 가형 8번

좌표평면에서 원 $x^2+y^2=36$ 위를 움직이는 점 $\mathrm{P}(a, b)$와 점 $\mathrm{A}(4, 0)$에 대하여 다음 조건을 만족시키는 점 Q 전체의 집합을 X라 하자. (단, $b\neq0$)

(가) 점 Q는 선분 OP 위에 있다.
(나) 점 Q를 지나고 직선 AP에 평행한 직선이 $\angle$OQA를 이등분한다.

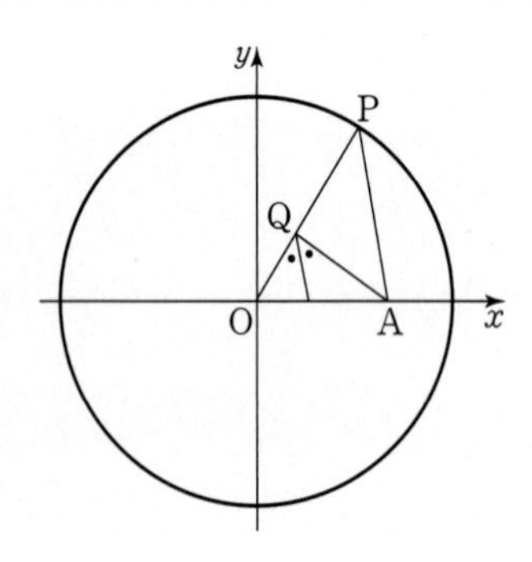

집합의 포함 관계로 옳은 것은? (4점)

① $X\subset\left\{(x, y)\,\middle|\,\frac{(x-1)^2}{9}-\frac{(y-1)^2}{5}=1\right\}$

② $X\subset\left\{(x, y)\,\middle|\,\frac{(x-2)^2}{9}+\frac{(y-1)^2}{5}=1\right\}$

③ $X\subset\left\{(x, y)\,\middle|\,\frac{(x-1)^2}{9}-\frac{y^2}{5}=1\right\}$

④ $X\subset\left\{(x, y)\,\middle|\,\frac{(x-1)^2}{9}+\frac{y^2}{5}=1\right\}$

⑤ $X\subset\left\{(x, y)\,\middle|\,\frac{(x-2)^2}{9}+\frac{y^2}{5}=1\right\}$

유형 13 포물선과 타원

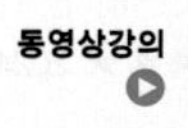

249-1-1-Y13

출제경향

포물선과 타원이 동시에 주어진 문제가 출제된다.

접근방법

타원과 포물선의 초점을 각각 구하고, 포물선의 정의와 타원의 정의를 활용한다.

단골공식

포물선 $y^2=4px$의 초점은 $\mathrm{F}(p, 0)$

125 ★★☆ 2015학년도 사관학교 B형 12번

좌표평면에서 두 점 $\mathrm{A}(-3, 0)$, $\mathrm{B}(3, 0)$을 초점으로 하고 장축의 길이가 8인 타원이 있다. 초점이 B이고 원점을 꼭짓점으로 하는 포물선이 타원과 만나는 한 점을 P라 할 때, 선분 PB의 길이는? (3점)

① $\frac{22}{7}$　② $\frac{23}{7}$　③ $\frac{24}{7}$
④ $\frac{25}{7}$　⑤ $\frac{26}{7}$

126 ★★☆ 2024학년도 6월모평 기하 27번

포물선 $(y-2)^2=8(x+2)$ 위의 점 P와 점 $\mathrm{A}(0, 2)$에 대하여 $\overline{\mathrm{OP}}+\overline{\mathrm{PA}}$의 값이 최소가 되도록 하는 점 P를 P_0이라 하자. $\overline{\mathrm{OQ}}+\overline{\mathrm{QA}}=\overline{\mathrm{OP_0}}+\overline{\mathrm{P_0A}}$를 만족시키는 점 Q에 대하여 점 Q의 y좌표의 최댓값과 최솟값을 각각 M, m이라 할 때, M^2+m^2의 값은? (단, O는 원점이다.) (3점)

① 8　② 9　③ 10
④ 11　⑤ 12

정답과 해설 124 p.62 | 125 p.63 | 126 p.64

127 ★★☆ 2022년 4월학평 기하 25번

그림과 같이 두 점 $\mathrm{F}(c,\ 0)$, $\mathrm{F}'(-c,\ 0)(c>0)$을 초점으로 하는 타원과 꼭짓점이 원점 O이고 점 F를 초점으로 하는 포물선이 있다. 타원과 포물선이 만나는 점 중 제1사분면 위의 점을 P라 하고, 점 P에서 직선 $x=-c$에 내린 수선의 발을 Q라 하자. $\overline{\mathrm{FP}}=8$이고 삼각형 FPQ의 넓이가 24일 때, 타원의 장축의 길이는? (3점)

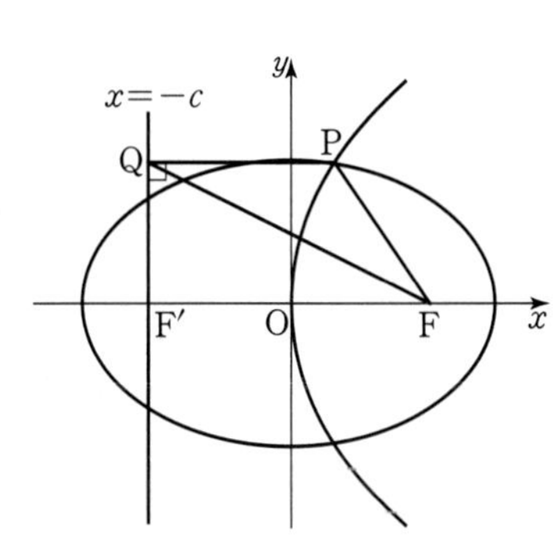

① 18　② 19　③ 20
④ 21　⑤ 22

128 ★★☆ 2011학년도 9월모평 가형 20번

좌표평면에서 두 점 $\mathrm{A}(5,\ 0)$, $\mathrm{B}(-5,\ 0)$에 대하여 장축이 선분 AB인 타원의 두 초점을 F, F′이라 하자. 초점이 F이고 꼭짓점이 원점인 포물선이 타원과 만나는 두 점을 각각 P, Q라 하자. $\overline{\mathrm{PQ}}=2\sqrt{10}$일 때, 두 선분 PF와 PF′의 길이의 곱 $\overline{\mathrm{PF}}\times\overline{\mathrm{PF'}}$의 값은 $\dfrac{q}{p}$이다. $p+q$의 값을 구하시오.

(단, p와 q는 서로소인 자연수이다.) (3점)

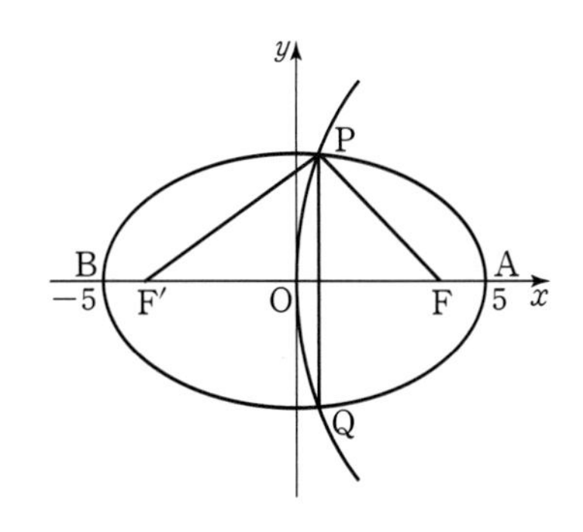

129 ★★★ 2018학년도 9월모평 가형 27번

좌표평면에서 초점이 $\mathrm{A}(a,\ 0)(a>0)$이고 꼭짓점이 원점인 포물선과 두 초점이 $\mathrm{F}(c,\ 0)$, $\mathrm{F}'(-c,\ 0)(c>a)$인 타원의 교점 중 제1사분면 위의 점을 P라 하자.

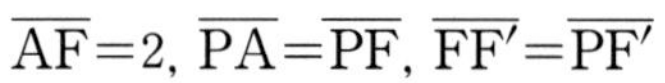
$$\overline{\mathrm{AF}}=2,\ \overline{\mathrm{PA}}=\overline{\mathrm{PF}},\ \overline{\mathrm{FF'}}=\overline{\mathrm{PF'}}$$

일 때, 타원의 장축의 길이는 $p+q\sqrt{7}$이다. p^2+q^2의 값을 구하시오. (단, p, q는 유리수이다.) (4점)

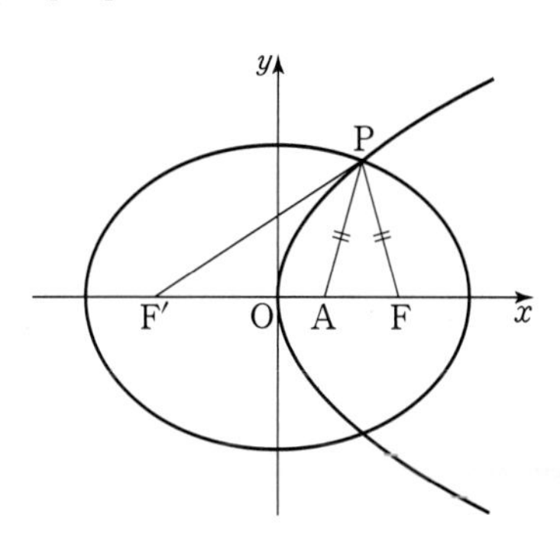

130 ★★★ 2021년 3월학평 기하 30번

그림과 같이 두 초점이 $\mathrm{F}(c,\ 0)$, $\mathrm{F}'(-c,\ 0)(c>0)$이고 장축의 길이가 12인 타원이 있다. 점 F가 초점이고 직선 $x=-k(k>0)$이 준선인 포물선이 타원과 제2사분면의 점 P에서 만난다. 점 P에서 직선 $x=-k$에 내린 수선의 발을 Q라 할 때, 두 점 P, Q가 다음 조건을 만족시킨다.

(가) $\cos(\angle\mathrm{F'FP})=\dfrac{7}{8}$
(나) $\overline{\mathrm{FP}}-\overline{\mathrm{F'Q}}=\overline{\mathrm{PQ}}-\overline{\mathrm{FF'}}$

$c+k$의 값을 구하시오. (4점)

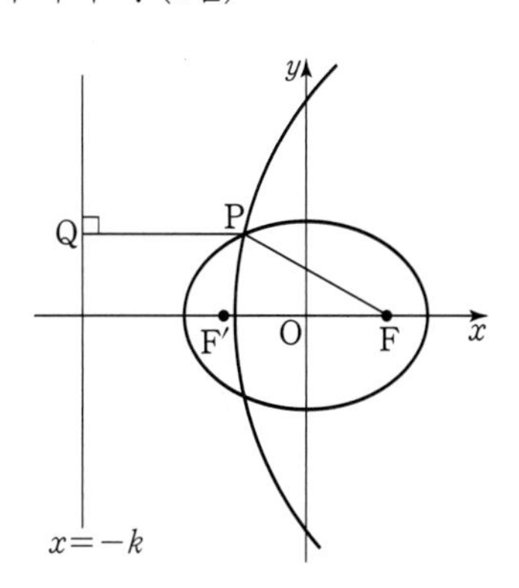

정답과 해설 127 p.65 | 128 p.65 | 129 p.66 | 130 p.66

유형 14 쌍곡선의 방정식

동영상강의 249-1-1-Y14

출제경향

쌍곡선의 방정식을 이용하는 문제가 출제된다.

접근방법

주어진 조건을 이용하여 쌍곡선의 방정식, 초점과 꼭짓점의 좌표, 주축의 길이를 구한다.

단골공식

(1) 쌍곡선 $\frac{x^2}{a^2}-\frac{y^2}{b^2}=1$의

① 두 초점의 좌표 :
$F(c, 0)$, $F'(-c, 0)$
(단, $c^2=a^2+b^2$)

② 두 꼭짓점의 좌표 :
$(a, 0)$, $(-a, 0)$

③ 주축의 길이 : $2a$

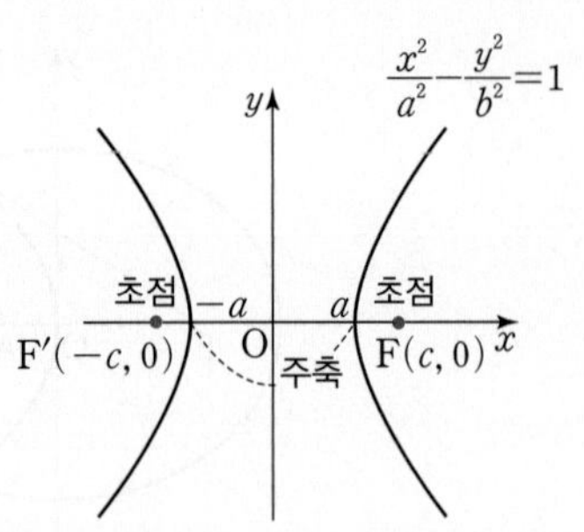

(2) 쌍곡선 $\frac{x^2}{a^2}-\frac{y^2}{b^2}=-1$

① 두 초점의 좌표 :
$F(0, c)$, $F'(0, -c)$
(단, $c^2=a^2+b^2$)

② 두 꼭짓점의 좌표 :
$(0, b)$, $(0, -b)$

③ 주축의 길이 : $2b$

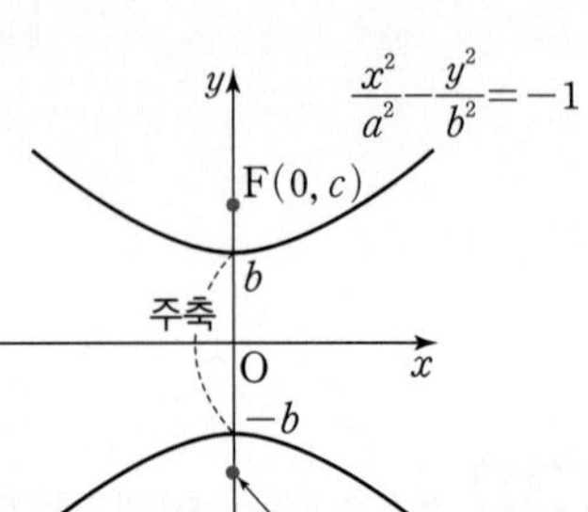

131 ★☆☆ 2022학년도 수능 기하 24번

한 초점의 좌표가 $(3\sqrt{2}, 0)$인 쌍곡선 $\frac{x^2}{a^2}-\frac{y^2}{6}=1$의 주축의 길이는? (단, a는 양수이다.) (3점)

① $3\sqrt{3}$　② $\frac{7\sqrt{3}}{2}$　③ $4\sqrt{3}$
④ $\frac{9\sqrt{3}}{2}$　⑤ $5\sqrt{3}$

132 ★☆☆

두 초점의 좌표가 $F(3, 0)$, $F'(-3, 0)$이고 주축의 길이가 4인 쌍곡선의 방정식이 $px^2-qy^2=20$일 때, $p-q$의 값은? (단, p, q는 상수이다.) (3점)

① 1　② 2　③ 3
④ 4　⑤ 5

133 ★★☆ 2006학년도 수능 가형 5번

쌍곡선 $\frac{x^2}{5}-\frac{y^2}{4}=1$의 두 초점을 각각 F, F′이라 하고, 꼭짓점이 아닌 쌍곡선 위의 한 점 P의 원점에 대한 대칭인 점을 Q라 하자. 사각형 F′QFP의 넓이가 24가 되는 점 P의 좌표를 (a, b)라 할 때, $|a|+|b|$의 값은? (3점)

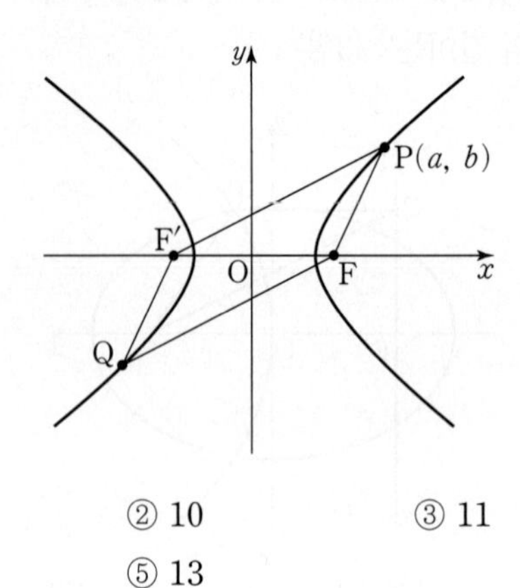

① 9　② 10　③ 11
④ 12　⑤ 13

134 ★☆☆ 2002학년도 수능 자연계 5번

방정식 $x^2-y^2+2y+a=0$이 나타내는 도형이 x축에 평행인 주축을 갖는 쌍곡선이 되기 위한 a의 값의 범위는? (2점)

① $a<-1$　② $a>-1$　③ $a<1$
④ $a>1$　⑤ $a>2$

이 문항은 7차 교육과정 이전에 출제되었지만 다시 출제될 수 있는 기본적인 문제로 개념을 익히는 데 도움이 됩니다.

정답과 해설 131 p.67 | 132 p.67 | 133 p.67 | 134 p.68

135 ★★☆

그림과 같이 원 $C_1 : (x+3)^2+y^2=4$와 외접하고 점 $(3, 0)$을 지나는 원 C_2의 중심이 나타내는 도형은? (3점)

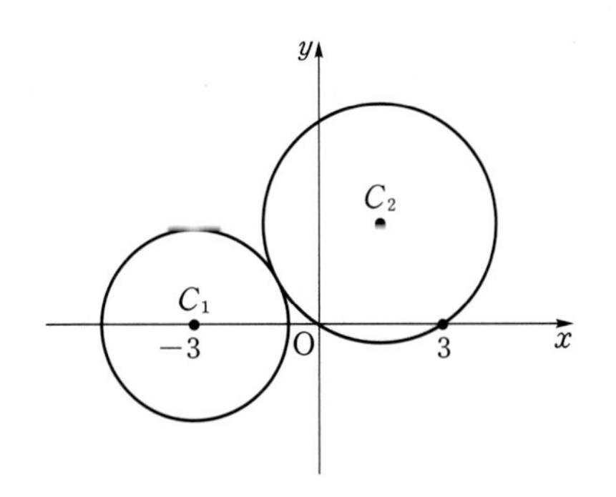

① 직선의 일부
② 원의 일부
③ 포물선의 일부
④ 타원의 일부
⑤ 쌍곡선의 일부

136 ★★☆ 2002년 6월학평 자연계 22번

비행기가 왼쪽에서 날아와 동수의 머리 위를 지나 오른쪽으로 날아갔다. 비행기가 왼쪽에서 나타난 지점으로부터 오른쪽으로 x(km)만큼 움직였을 때, 동수와 비행기 사이의 거리는 y(km)이다. 이때, x와 y의 관계를 나타내는 그래프의 개형은? (단, 비행기는 일정한 고도를 유지하면서 직선으로 비행하였고, 동수는 움직이지 않았다.) (3점)

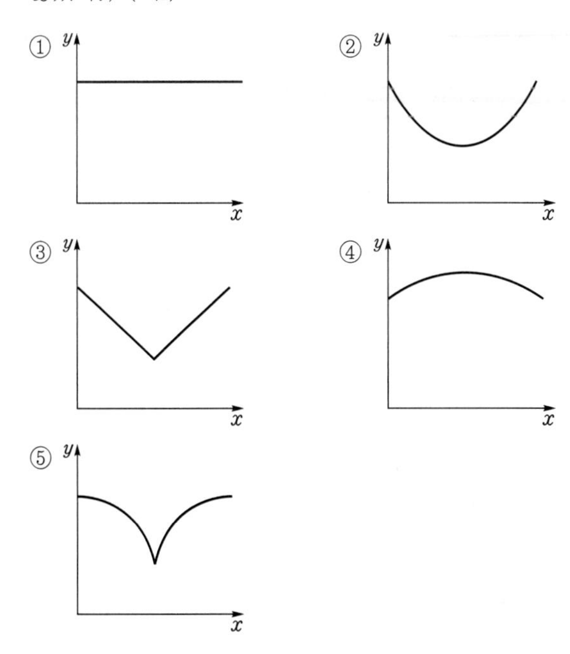

이 문항은 7차 교육과정 이전에 출제되었지만 다시 출제될 가능성이 있어 수록하였습니다.

137 ★★☆

좌표평면 위의 두 지점 $A(-5, 0)$, $B(5, 0)$에 레이더 기지가 있다. 바다를 항해하던 배가 두 레이더 기지에서 동시에 받은 신호를 조사하였더니 A지점이 B지점보다 배에서 6만큼 더 가까운 위치에 있음을 알 수 있었다. 이때 또 다른 지점 $C(0, 13)$, $D(0, -13)$에 있는 레이더 기지에서 그 배의 위치를 알아보았더니 C지점이 D지점보다 배에서 10만큼 더 가까운 위치에 있음을 알 수 있었다. 이때 배가 존재하는 사분면과 그 위치를 알 수 있는 연립방정식으로 옳은 것은? (4점)

① 제1사분면, $\begin{cases} 16x^2-9y^2=144 \\ 25x^2-144y^2=3600 \end{cases}$

② 제2사분면, $\begin{cases} 9x^2-16y^2=144 \\ 144x^2-25y^2=3600 \end{cases}$

③ 제2사분면, $\begin{cases} 16x^2-9y^2=144 \\ 25x^2-144y^2=-3600 \end{cases}$

④ 제3사분면, $\begin{cases} 16x^2-9y^2=144 \\ 25x^2-144y^2=-3600 \end{cases}$

⑤ 제3사분면, $\begin{cases} 9x^2-16y^2=144 \\ 144x^2-25y^2=-3600 \end{cases}$

138 ★★☆

점 $(0, 5)$에서 쌍곡선 $\frac{x^2}{4}-y^2=1$에 이르는 거리가 최소인 점을 (a, b)라 할 때, 점 (a, b)에서 x축의 양의 부분에 있는 꼭짓점 사이의 거리를 m이라 하자. $m^2=p+q\sqrt{2}$일 때, 두 정수 p, q의 합 $p+q$의 값을 구하시오.

(단, $a>0$, $b>0$) (3점)

유형 15 쌍곡선의 정의

동영상강의

249-1-1-Y15

출제경향

쌍곡선의 정의를 이용하는 문제가 출제된다.

접근방법

쌍곡선 위의 한 점에서 두 초점에 이르는 거리의 차가 주축의 길이와 같음을 이용한다.

단골공식

쌍곡선 위의 임의의 점 P와 두 초점 F, F′에 대하여

$|\overline{PF}-\overline{PF'}|$

$=$(쌍곡선의 주축의 길이)

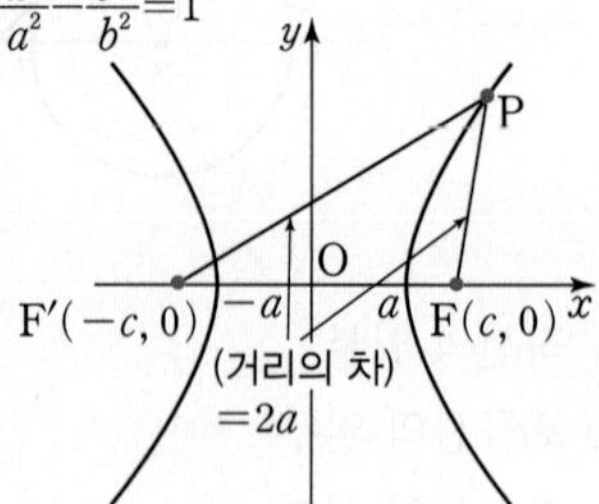

139 ★☆☆ 2017년 7월학평 가형 7번

쌍곡선 $\frac{x^2}{a^2}-\frac{y^2}{13}=1$의 두 초점을 $F(7, 0)$, $F'(-7, 0)$이라 하자. 쌍곡선 위의 점 P에 대하여 $|\overline{PF}-\overline{PF'}|$의 값은?

(단, $a>0$) (3점)

① 8 ② 9 ③ 10 ④ 11 ⑤ 12

140 ★☆☆

쌍곡선 $\frac{x^2}{16}-\frac{y^2}{9}=1$ 위의 한 점 P와 두 초점 F, F′에 대하여 $\overline{PF'}:\overline{PF}=3:1$일 때, $\overline{PF}+\overline{PF'}$의 값은? (3점)

① 12 ② 14 ③ 16 ④ 18 ⑤ 20

정답과 해설 137 p.69 138 p.69 139 p.70 140 p.70

141 ★★☆

그림과 같이 주축이 서로 수직이등분하는 두 쌍곡선 H_1, H_2가 있다. 쌍곡선 H_1의 주축의 길이는 4, 초점은 F_1, F_2이고 쌍곡선 H_2의 주축의 길이는 4, 초점은 F_3, F_4이다. 두 쌍곡선 H_1, H_2 위의 점 P, Q가 직선 F_1F_4 위의 점일 때, $|\overline{PF_1}-\overline{QF_3}|+|\overline{PF_2}-\overline{QF_4}|$의 값을 구하시오.

(단, $\overline{F_1F_2}=\overline{F_3F_4}$이다.) (3점)

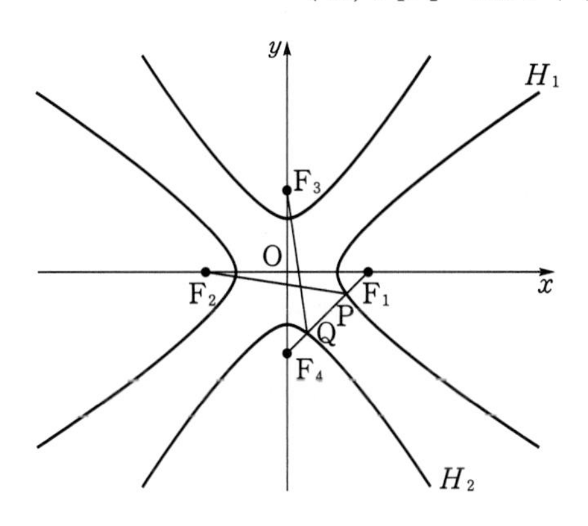

142 ★☆☆ 2008학년도 수능 가형 21번

그림과 같이 쌍곡선 $\dfrac{x^2}{16}-\dfrac{y^2}{9}=1$의 두 초점을 F, F′이라 하자. 제1사분면에 있는 쌍곡선 위의 점 P와 제2사분면에 있는 쌍곡선 위의 점 Q에 대하여 $\overline{PF'}-\overline{QF'}=3$일 때, $\overline{QF}-\overline{PF}$의 값을 구하시오. (3점)

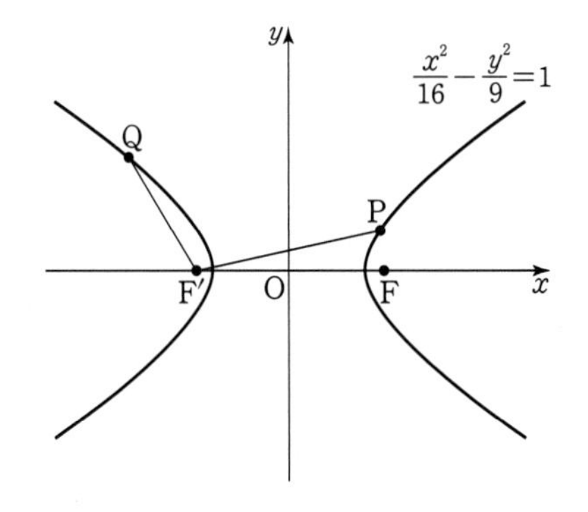

143 ★★☆ 2023년 3월학평 기하 27번

그림과 같이 두 초점이 $F(0, c)$, $F'(0, -c)$ $(c>0)$인 쌍곡선 $\dfrac{x^2}{12}-\dfrac{y^2}{4}=-1$이 있다. 쌍곡선 위의 제1사분면에 있는 점 P와 쌍곡선 위의 제3사분면에 있는 점 Q가

$$\overline{PF'}-\overline{QF'}=5,\ \overline{PF}=\frac{2}{3}\overline{QF}$$

를 만족시킬 때, $\overline{PF}+\overline{QF}$의 값은? (3점)

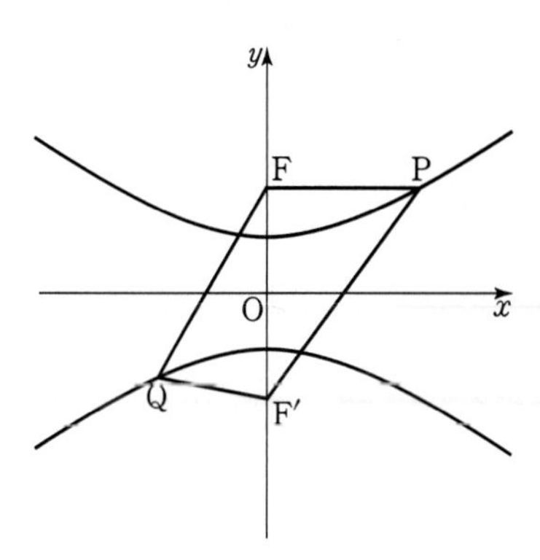

① 10 ② $\dfrac{35}{3}$ ③ $\dfrac{40}{3}$ ④ 15 ⑤ $\dfrac{50}{3}$

정답과 해설 141 p.70 | 142 p.71 | 143 p.71

144 ★★☆ 2022학년도 수능예시문항 기하 27번

그림과 같이 두 점 $\mathrm{F}(c,\ 0)$, $\mathrm{F}'(-c,\ 0)$ $(c>0)$을 초점으로 하는 쌍곡선 $\frac{x^2}{4}-\frac{y^2}{b^2}=1$이 있다. 점 F를 지나고 x축에 수직인 직선이 쌍곡선과 제1사분면에서 만나는 점을 P라 하고, 직선 PF 위에 $\overline{\mathrm{QP}}:\overline{\mathrm{PF}}=5:3$이 되도록 점 Q를 잡는다. 직선 F′Q가 y축과 만나는 점을 R라 할 때, $\overline{\mathrm{QP}}=\overline{\mathrm{QR}}$이다. b^2의 값은? (단, b는 상수이고, 점 Q는 제1사분면 위의 점이다.) (3점)

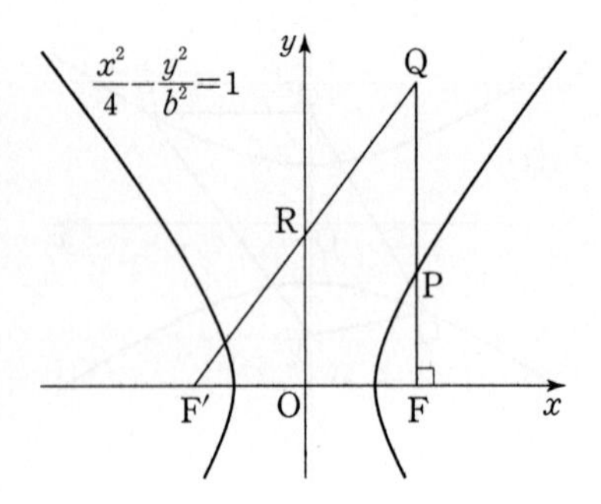

① $\frac{1}{2}+2\sqrt{5}$　② $1+2\sqrt{5}$　③ $\frac{3}{2}+2\sqrt{5}$
④ $2+2\sqrt{5}$　⑤ $\frac{5}{2}+2\sqrt{5}$

145 ★★☆ 2023년 4월학평 기하 26번

두 초점이 $\mathrm{F}(3\sqrt{3},\ 0)$, $\mathrm{F}'(-3\sqrt{3},\ 0)$인 쌍곡선 위의 점 중 제1사분면에 있는 점 P에 대하여 직선 PF′이 y축과 만나는 점을 Q라 하자. 삼각형 PQF가 정삼각형일 때, 이 쌍곡선의 주축의 길이는? (3점)

① 6　② 7　③ 8
④ 9　⑤ 10

146 ★★★ 2024학년도 6월모평 기하 29번

두 점 $\mathrm{F}(c,\ 0)$, $\mathrm{F}'(-c,\ 0)$ $(c>0)$을 초점으로 하는 두 쌍곡선

$$C_1 : x^2-\frac{y^2}{24}=1,\ C_2 : \frac{x^2}{4}-\frac{y^2}{21}=1$$

이 있다. 쌍곡선 C_1 위에 있는 제2사분면 위의 점 P에 대하여 선분 PF′이 쌍곡선 C_2와 만나는 점을 Q라 하자. $\overline{\mathrm{PQ}}+\overline{\mathrm{QF}}$, $2\overline{\mathrm{PF}'}$, $\overline{\mathrm{PF}}+\overline{\mathrm{PF}'}$이 이 순서대로 등차수열을 이룰 때, 직선 PQ의 기울기는 m이다. $60m$의 값을 구하시오. (4점)

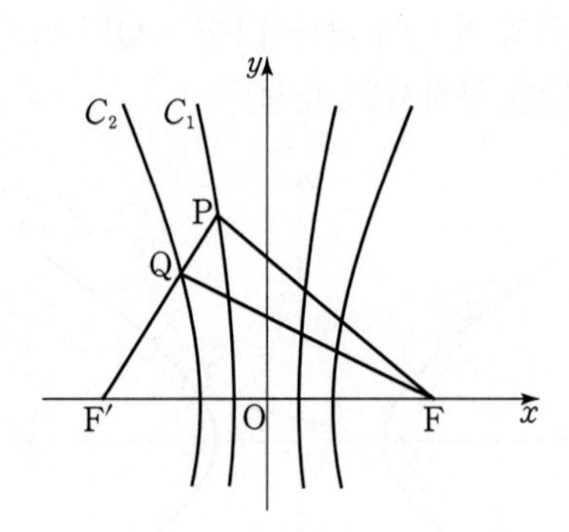

정답과 해설 144 p.72 145 p.72 146 p.73

유형 16 쌍곡선의 정의의 활용 – 도형의 길이와 넓이

출제경향

쌍곡선의 두 초점과 쌍곡선 위의 한 점으로 이루어진 도형의 둘레의 길이 또는 넓이를 묻는 문제가 출제된다.

접근방법

쌍곡선의 정의와 주어진 조건을 이용하여 문제를 해결한다.

147 ★★☆ 2020학년도 6월모평 가형 13번

그림과 같이 두 초점이 F$(c,\ 0)$, F$'(-c,\ 0)$ $(c>0)$이고 주축의 길이가 2인 쌍곡선이 있다. 점 F를 지나고 x축에 수직인 직선이 쌍곡선과 제1사분면에서 만나는 점을 A, 점 F$'$을 지나고 x축에 수직인 직선이 쌍곡선과 제2사분면에서 만나는 점을 B라 하자. 사각형 ABF$'$F가 정사각형일 때, 정사각형 ABF$'$F의 대각선의 길이는? (3점)

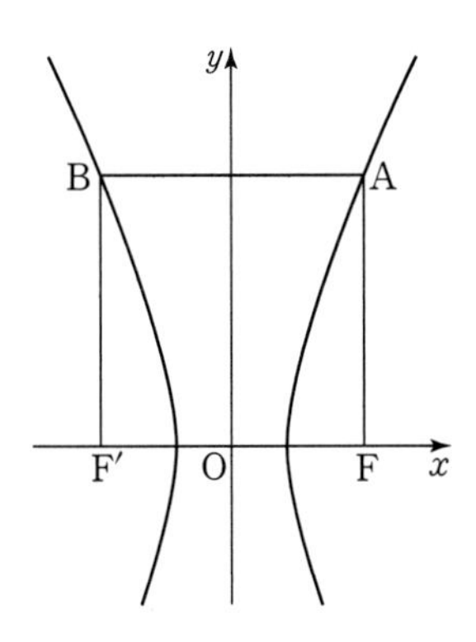

① $3+2\sqrt{2}$ ② $5+\sqrt{2}$ ③ $4+2\sqrt{2}$
④ $6+\sqrt{2}$ ⑤ $5+2\sqrt{2}$

148 ★★☆

그림과 같이 직선 $y=2x-4$는 쌍곡선 $x^2-\dfrac{y^2}{a^2}=1$의 한 초점 F를 지나고 $x\geq 0$에서 쌍곡선과 두 점 A, B에서 만난다고 한다. 쌍곡선의 다른 한 초점을 F$'$이라 할 때, 삼각형 ABF$'$의 둘레의 길이를 구하시오. (단, a는 상수이다.) (3점)

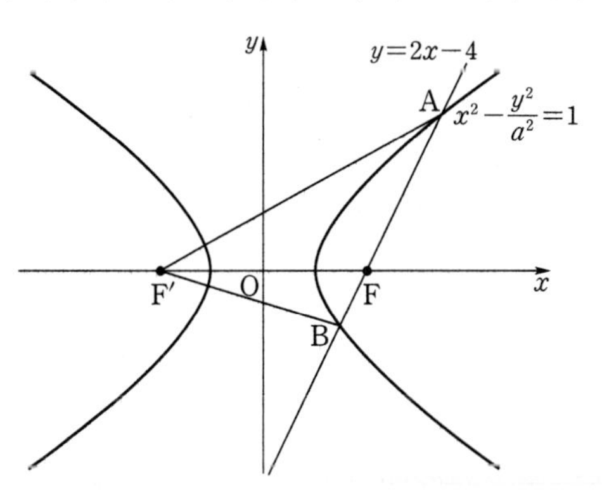

149 ★☆☆ 2022년 4월학평 기하 24번

그림과 같이 두 초점이 F$(c,\ 0)$, F$'(-c,\ 0)$ $(c>0)$인 쌍곡선 $\dfrac{x^2}{9}-\dfrac{y^2}{16}=1$이 있다. 쌍곡선 위의 점 중 제1사분면에 있는 점 P에 대하여 $\overline{\mathrm{FP}}=\overline{\mathrm{FF'}}$일 때, 삼각형 PF$'$F의 둘레의 길이는? (3점)

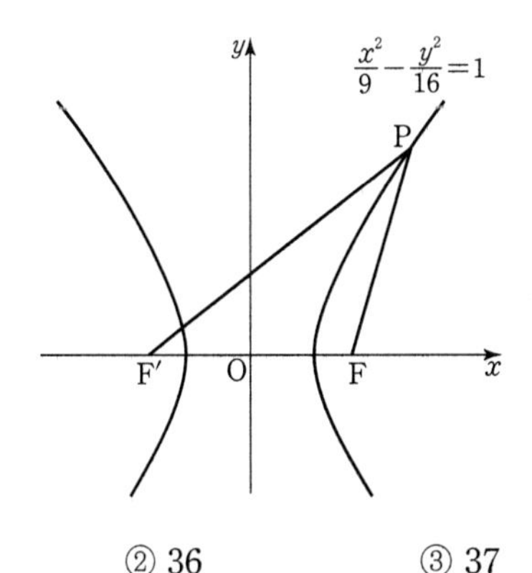

① 35 ② 36 ③ 37
④ 38 ⑤ 39

정답과 해설 147 p.73 148 p.74 149 p.74

150 ★★★ 2024학년도 수능 기하 29번

양수 c에 대하여 두 점 $\mathrm{F}(c,\ 0)$, $\mathrm{F}'(-c,\ 0)$을 초점으로 하고, 주축의 길이가 6인 쌍곡선이 있다. 이 쌍곡선 위에 다음 조건을 만족시키는 서로 다른 두 점 P, Q가 존재하도록 하는 모든 c의 값의 합을 구하시오. (4점)

> (가) 점 P는 제1사분면 위에 있고,
> 점 Q는 직선 PF′ 위에 있다.
> (나) 삼각형 PF′F는 이등변삼각형이다.
> (다) 삼각형 PQF의 둘레의 길이는 28이다.

151 ★★☆ 2021년 3월학평 기하 26번

그림과 같이 쌍곡선 $\frac{x^2}{9}-\frac{y^2}{16}=1$의 두 초점 F, F′과 쌍곡선 위의 점 A에 대하여 삼각형 AF′F의 둘레의 길이가 24일 때, 삼각형 AF′F의 넓이는?

(단, 점 A는 제1사분면의 점이다.) (3점)

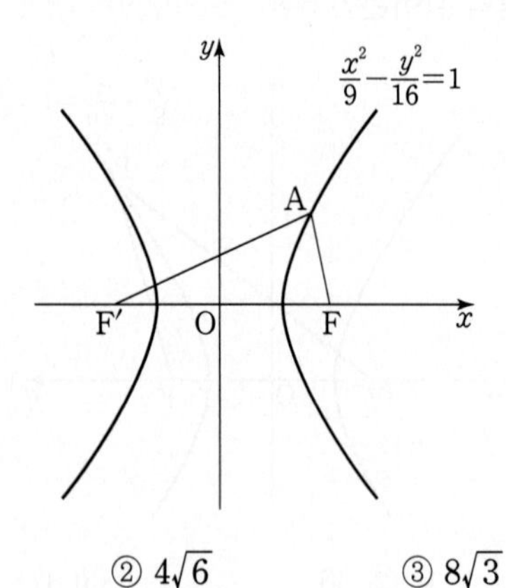

① $4\sqrt{3}$ ② $4\sqrt{6}$ ③ $8\sqrt{3}$
④ $8\sqrt{6}$ ⑤ $16\sqrt{3}$

152 ★★☆

그림과 같이 쌍곡선 $\frac{x^2}{4}-\frac{y^2}{5}=1$ 위의 두 점 P, Q와 두 초점 F, F′을 꼭짓점으로 하는 직사각형 PF′QF의 둘레의 길이는? (3점)

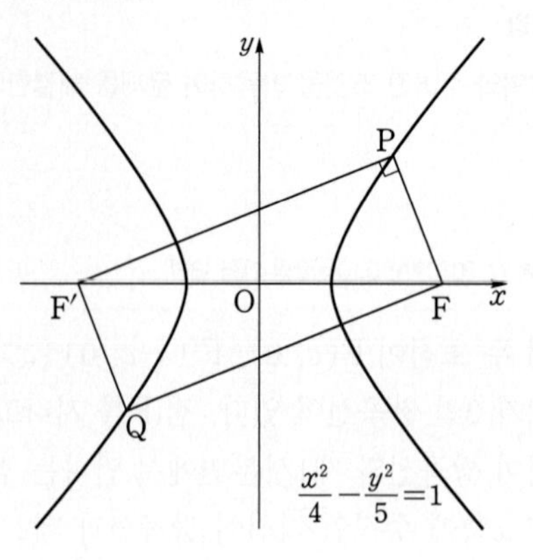

① $\sqrt{11}$ ② $4\sqrt{3}$ ③ $3\sqrt{13}$
④ $4\sqrt{14}$ ⑤ $5\sqrt{15}$

153 ★★★ 2020학년도 수능 가형 17번

평면에 한 변의 길이가 10인 정삼각형 ABC가 있다. $\overline{\mathrm{PB}}-\overline{\mathrm{PC}}=2$를 만족시키는 점 P에 대하여 선분 PA의 길이가 최소일 때, 삼각형 PBC의 넓이는? (4점)

① $20\sqrt{3}$ ② $21\sqrt{3}$ ③ $22\sqrt{3}$
④ $23\sqrt{3}$ ⑤ $24\sqrt{3}$

정답과 해설 150 p.75 151 p.75 152 p.76 153 p.76

154 ★★☆ 2016학년도 6월모평 B형 19번

그림과 같이 초점이 각각 F, F′과 G, G′이고 주축의 길이가 2, 중심이 원점 O인 두 쌍곡선이 제1사분면에서 만나는 점을 P, 제3사분면에서 만나는 점을 Q라 하자. $\overline{\text{PG}}\times\overline{\text{QG}}=8$, $\overline{\text{PF}}\times\overline{\text{QF}}=4$일 때, 사각형 PGQF의 둘레의 길이는?

(단, 점 F의 x좌표와 점 G의 y좌표는 양수이다.) (4점)

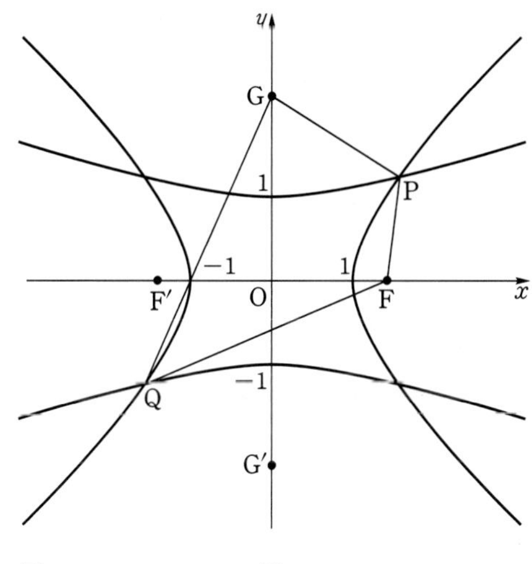

① $6+2\sqrt{2}$ ② $6+2\sqrt{3}$ ③ 10
④ $6+2\sqrt{5}$ ⑤ $6+2\sqrt{6}$

155 ★★★ 2022년 3월학평 기하 29번

두 점 F, F′을 초점으로 하는 쌍곡선 $\frac{x^2}{4}-\frac{y^2}{32}=1$ 위의 점 A가 다음 조건을 만족시킨다.

(가) $\overline{\text{AF}}<\overline{\text{AF'}}$
(나) 선분 AF의 수직이등분선은 점 F′을 지난다.

선분 AF의 중점 M에 대하여 직선 MF′과 쌍곡선의 교점 중 점 A에 가까운 점을 B라 할 때, 삼각형 BFM의 둘레의 길이는 k이다. k^2의 값을 구하시오. (4점)

156 ★★★ 2021년 10월학평 기하 29번

그림과 같이 두 초점이 F, F′인 쌍곡선 $x^2-\frac{y^2}{16}=1$이 있다. 쌍곡선 위에 있고 제1사분면에 있는 점 P에 대하여 점 F에서 선분 PF′에 내린 수선의 발을 Q라 하고, ∠FQP의 이등분선이 선분 PF와 만나는 점을 R라 하자. $4\overline{\text{PR}}=3\overline{\text{RF}}$일 때, 삼각형 PF′F의 넓이를 구하시오.

(단, 점 F의 x좌표는 양수이고, $\angle\text{F'PF}<90°$이다.) (4점)

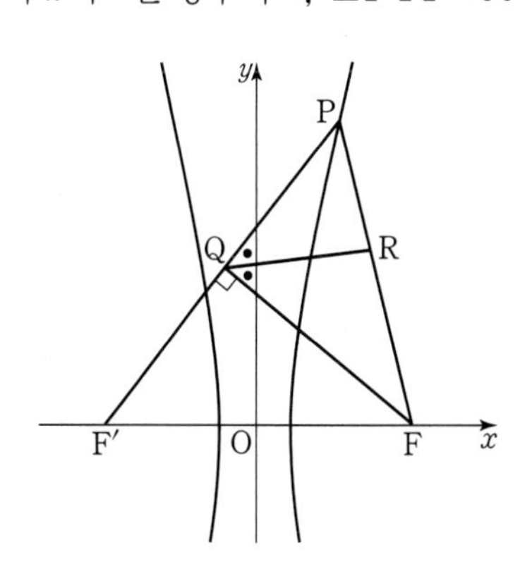

유형 17 원과 쌍곡선

동영상강의

249-1-1-Y17

출제경향

원과 쌍곡선이 동시에 주어진 문제가 출제된다.

접근방법

쌍곡선의 두 초점의 좌표를 구하고, 쌍곡선의 정의와 원의 정의를 이용한다.

단골공식

원 밖의 한 점 P에서 중심이 O인 원에 그은 접선의 접점을 A라 하면 $\angle PAO=90^\circ$

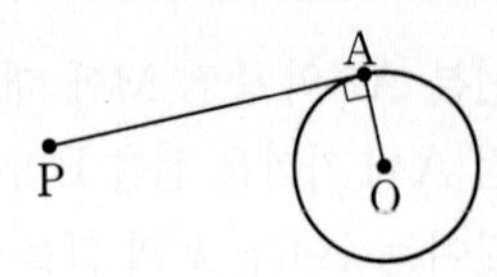

157 ★★☆

그림과 같이 쌍곡선 $\frac{x^2}{a^2}-\frac{y^2}{b^2}=1$의 제1사분면 위에 중심 C가 있고 쌍곡선의 초점 F에서 x축에 접하고 y축에도 접하는 반지름의 길이가 2인 원이 있다. 이때, 쌍곡선의 주축의 길이는? (3점)

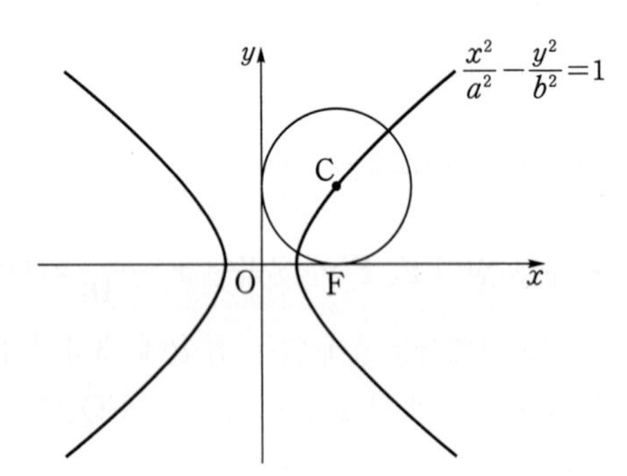

① $2(\sqrt{2}-1)$ ② $2(\sqrt{3}-1)$ ③ 2
④ $2(\sqrt{5}-1)$ ⑤ $2(\sqrt{6}-1)$

158 ★★☆ 2012학년도 6월모평 가형 13번

원 $(x-4)^2+y^2=r^2$과 쌍곡선 $x^2-2y^2=1$이 서로 다른 세 점에서 만나기 위한 양수 r의 최댓값은? (3점)

① 4 ② 5 ③ 6
④ 7 ⑤ 8

159 ★★☆ 2010년 10월학평 가형 8번

그림과 같이 쌍곡선 $\frac{x^2}{4}-\frac{y^2}{6}=1$의 두 초점을 $F(c,\ 0)$, $F'(-c,\ 0)$이라 하자. 두 점 F, F′을 지름의 양 끝점으로 하는 원과 쌍곡선 $\frac{x^2}{4}-\frac{y^2}{6}=1$이 제1사분면에서 만나는 점을 P라 할 때, $\cos(\angle PFF')$의 값은?

(단, c는 양수이다.) (4점)

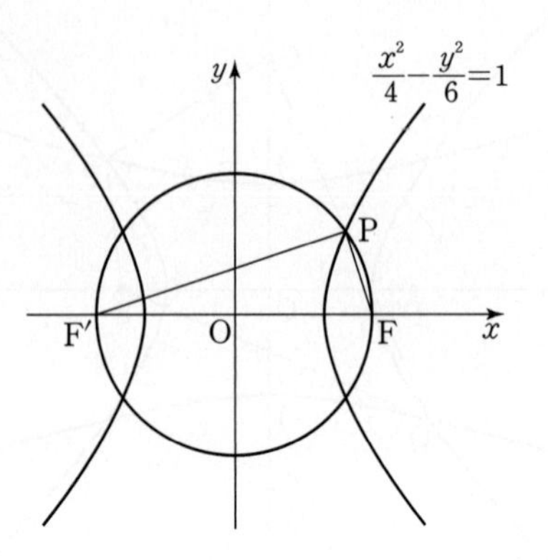

① $\frac{\sqrt{10}}{10}$ ② $\frac{\sqrt{10}}{15}$ ③ $\frac{2\sqrt{10}}{15}$
④ $\frac{\sqrt{10}}{5}$ ⑤ $\frac{3\sqrt{10}}{10}$

160 ★★☆ 2019년 4월학평 가형 15번

좌표평면 위에 두 점 $A(-4,\ 0)$, $B(4,\ 0)$과 쌍곡선 $\frac{x^2}{4}-\frac{y^2}{12}=1$이 있다. 쌍곡선 위에 있고 제1사분면에 있는 점 P에 대하여 $\angle APB=\frac{\pi}{2}$일 때, 원점을 중심으로 하고 직선 AP에 접하는 원의 반지름의 길이는? (4점)

① $\sqrt{7}-2$ ② $\sqrt{7}-1$ ③ $2\sqrt{2}-1$
④ $\sqrt{7}$ ⑤ $2\sqrt{2}$

정답과 해설 157 p.78 | 158 p.79 | 159 p.79 | 160 p.80

161 ★★☆ 2017학년도 6월모평 가형 18번

그림과 같이 쌍곡선 $\frac{x^2}{16}-\frac{y^2}{9}=1$의 두 초점을 F, F′이라 하고, 이 쌍곡선 위의 점 P를 중심으로 하고 선분 PF′을 반지름으로 하는 원을 C라 하자. 원 C 위를 움직이는 점 Q에 대하여 선분 FQ의 길이의 최댓값이 14일 때, 원 C의 넓이는? (단, $\overline{\mathrm{PF'}}<\overline{\mathrm{PF}}$) (4점)

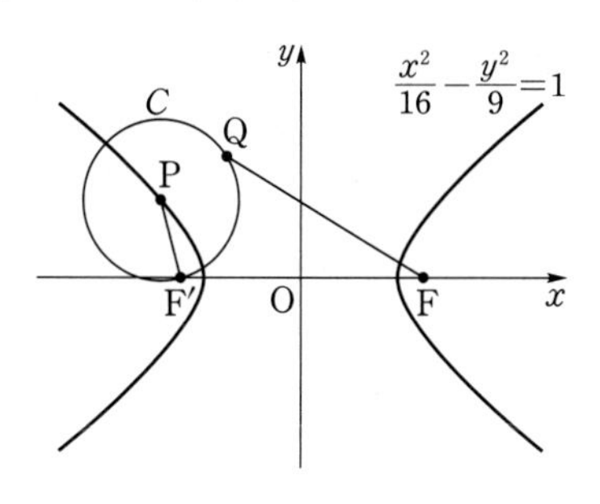

① 7π　② 8π　③ 9π
④ 10π　⑤ 11π

162 ★★☆ 2014학년도 6월모평 B형 12번

그림과 같이 쌍곡선 $\frac{4x^2}{9}-\frac{y^2}{40}=1$의 두 초점은 F, F′이고, 점 F를 중심으로 하는 원 C는 쌍곡선과 한 점에서 만난다. 제2사분면에 있는 쌍곡선 위의 점 P에서 원 C에 접선을 그었을 때 접점을 Q라 하자. $\overline{\mathrm{PQ}}=12$일 때, 선분 PF′의 길이는? (3점)

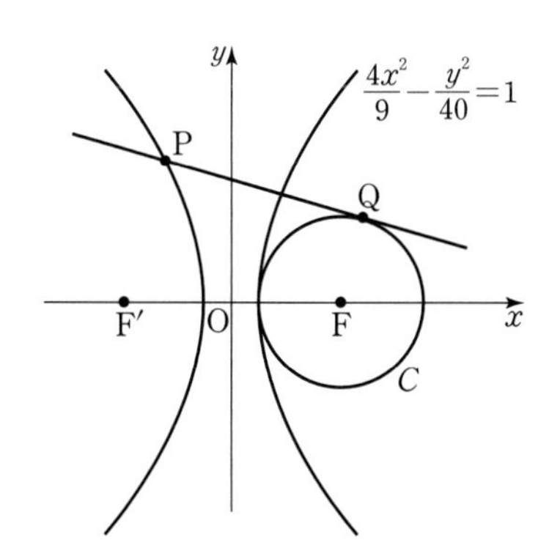

① 10　② $\frac{21}{2}$　③ 11
④ $\frac{23}{2}$　⑤ 12

163 ★★☆ 2019년 7월학평 가형 28번

그림과 같이 두 점 F, F′을 초점으로 하는 쌍곡선 $\frac{x^2}{9}-\frac{y^2}{16}=1$의 제1사분면 위의 점을 P라 하자. 삼각형 PF′F에 내접하는 원의 반지름의 길이가 3일 때, 이 원의 중심을 Q라 하자. 원점 O에 대하여 $\overline{\mathrm{OQ}}^2$의 값을 구하시오.
(단, 점 F의 x좌표는 양수이다.) (4점)

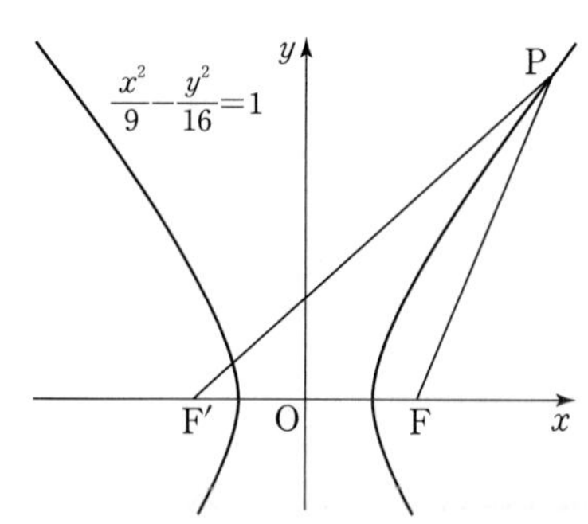

정답과 해설 161 p.80 | 162 p.81 | 163 p.81

164 ★★☆ 2023년 7월학평 기하 28번

두 초점이 $\mathrm{F}(c, 0)$, $\mathrm{F}'(-c, 0)$ $(c>0)$인 쌍곡선 $\frac{x^2}{a^2}-\frac{y^2}{b^2}=1$과 점 $\mathrm{A}(0, 6)$을 중심으로 하고 두 초점을 지나는 원이 있다. 원과 쌍곡선이 만나는 점 중 제1사분면에 있는 점 P와 두 직선 PF', AF가 만나는 점 Q가

$$\overline{\mathrm{PF}} : \overline{\mathrm{PF'}}=3 : 4,\ \angle \mathrm{F'QF}=\frac{\pi}{2}$$

를 만족시킬 때, b^2-a^2의 값은?

(단, a, b는 양수이고, 점 Q는 제2사분면에 있다.) (4점)

① 30　② 35　③ 40
④ 45　⑤ 50

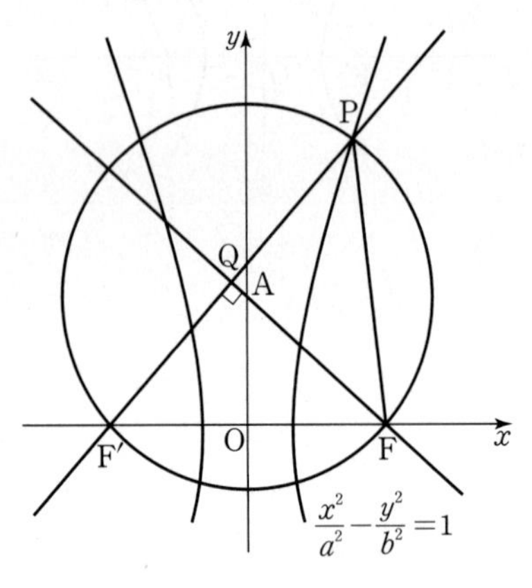

유형 18 타원과 쌍곡선, 포물선과 쌍곡선

동영상강의

출제경향

타원과 쌍곡선 또는 포물선과 쌍곡선이 동시에 주어진 문제가 출제된다.

접근방법

타원, 포물선의 정의와 쌍곡선의 정의를 활용하여 문제를 해결한다.

단골공식

(1) 타원 위의 임의의 한 점 P에서 두 초점 F, F'까지의 거리의 합은 일정하고, 그때의 거리의 합은 타원의 장축의 길이와 같다.
⇨ $\overline{\mathrm{PF}}+\overline{\mathrm{PF'}}$=(장축의 길이)

(2) 포물선 위의 임의의 한 점 P에서 초점 F까지의 거리와 준선 l에 이르는 거리는 같다.

165 ★☆☆

포물선 $y=x^2-2$가 쌍곡선 $\frac{x^2}{a^2}-y^2=1$의 두 초점을 지날 때, 쌍곡선의 주축의 길이는? (3점)

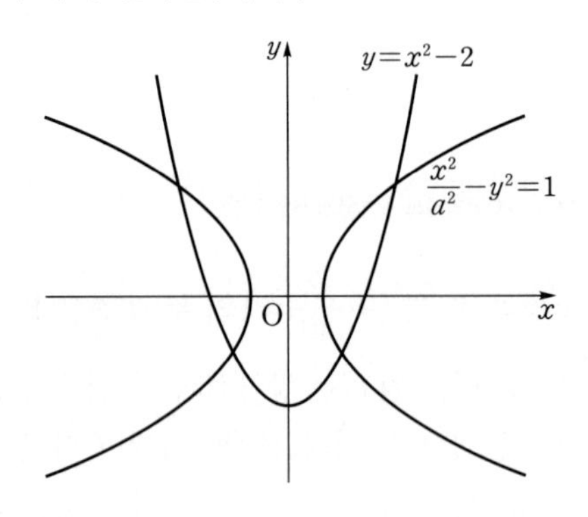

① 1　② 2　③ 3
④ 4　⑤ 5

정답과 해설 164 p.82 | 165 p.82

166 ★★☆ 2009년 10월학평 가형 8번

그림과 같이 두 점 F$(k, 0)$, F$'(-k, 0)$을 초점으로 하는 쌍곡선 $\frac{x^2}{a^2}-\frac{y^2}{b^2}=1$과 점 F를 초점으로 하는 포물선 $y^2=56(x+c)$가 있다.

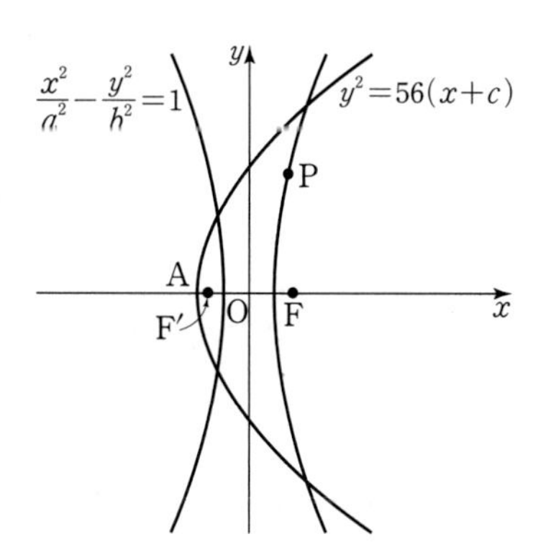

쌍곡선 위의 임의의 점 P에 대하여 $|\overline{\mathrm{PF}}-\overline{\mathrm{PF'}}|=10$이 성립하고, 포물선의 꼭짓점 A에 대하여 $\overline{\mathrm{AF'}}:\overline{\mathrm{FF'}}=1:6$이 성립한다. 이때, $\frac{c^2}{a^2-b^2}$의 값은? (단, $0<k<c$이다.) (4점)

① $\frac{53}{14}$　② $\frac{55}{14}$　③ $\frac{30}{7}$
④ $\frac{32}{7}$　⑤ $\frac{34}{7}$

167 ★★★ 2012년 7월학평 가형 20번

그림과 같이 F$(p, 0)$을 초점으로 하는 포물선 $y^2=4px$와 F$(p, 0)$과 F$'(-p, 0)$을 초점으로 하는 쌍곡선 $\frac{x^2}{a^2}-\frac{y^2}{b^2}=1(a>0, b>0)$이 제1사분면에서 만나는 점을 A라 하자. $\overline{\mathrm{AF}}=5$, $\cos(\angle\mathrm{AFF'})=-\frac{1}{5}$일 때, ab의 값은? (4점)

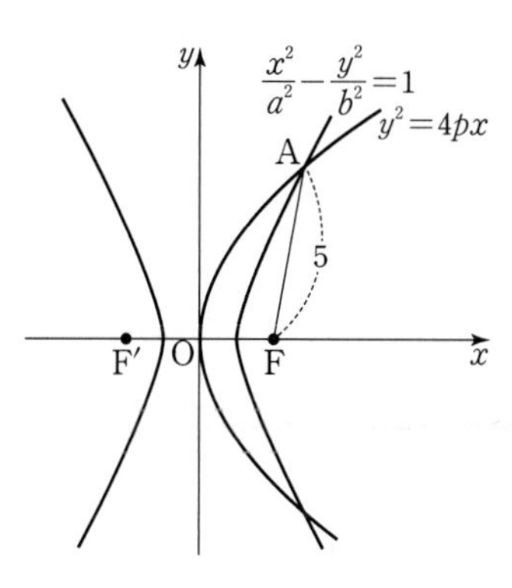

① 1　② $\sqrt{3}$　③ $\sqrt{5}$
④ $\sqrt{7}$　⑤ 3

168 ★☆☆ 2013학년도 6월모평 가형 5번

쌍곡선 $\frac{x^2}{a^2}-\frac{y^2}{9}=1$의 두 꼭짓점은 타원 $\frac{x^2}{13}+\frac{y^2}{b^2}=1$의 두 초점이다. a^2+b^2의 값은? (3점)

① 10　② 11　③ 12
④ 13　⑤ 14

정답과 해설 166 p.83 | 167 p.83 | 168 p.84

169 ★★☆

그림과 같이 두 점 F(4, 0), F′(−4, 0)을 초점으로 공유하는 타원 $\frac{x^2}{a^2}+\frac{y^2}{b^2}=1$과 쌍곡선 $\frac{x^2}{c^2}-\frac{y^2}{d^2}=1$이 제1사분면 위의 점 P(4, 6)에서 만날 때, ac의 값은?

(단, a, b, c, d는 양의 상수이다.) (3점)

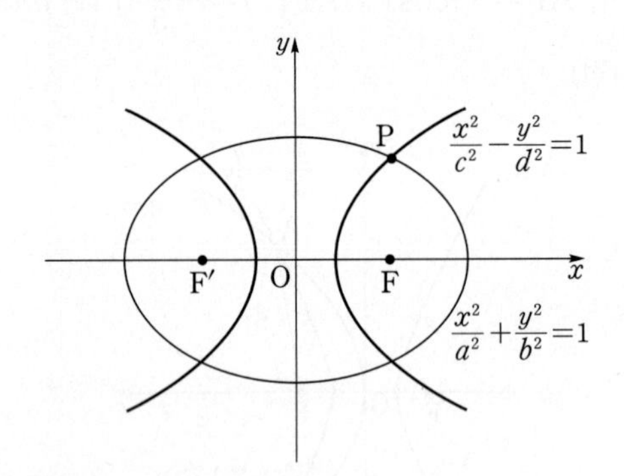

① 2 ② 4 ③ 8 ④ 16 ⑤ 32

170 ★★☆ 2021년 4월학평 기하 27번

그림과 같이 두 점 F(c, 0), F′($-c$, 0)($c>0$)을 초점으로 하는 타원 $\frac{x^2}{a^2}+\frac{y^2}{7}=1$과 두 점 F, F′을 초점으로 하는 쌍곡선 $\frac{x^2}{4}-\frac{y^2}{b^2}=1$이 제1사분면에서 만나는 점을 P라 하자. $\overline{PF}=3$일 때, a^2+b^2의 값은? (단, a, b는 상수이다.)

(3점)

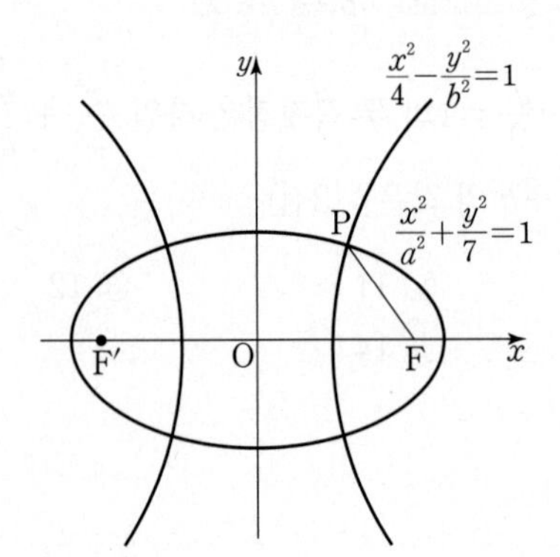

① 31 ② 33 ③ 35 ④ 37 ⑤ 39

171 ★★☆

그림과 같은 타원 $\frac{x^2}{a^2}+\frac{y^2}{b^2}=1$과 쌍곡선 $\frac{x^2}{a^2}-\frac{y^2}{b^2}=1$에서 점 A는 타원의 초점이고, 두 점 B, C는 타원의 꼭짓점이다. $\overline{AC}=2$, $\overline{BC}=\sqrt{5}$일 때, 쌍곡선의 두 초점 사이의 거리는?

(단, $a>0$, $b>0$) (4점)

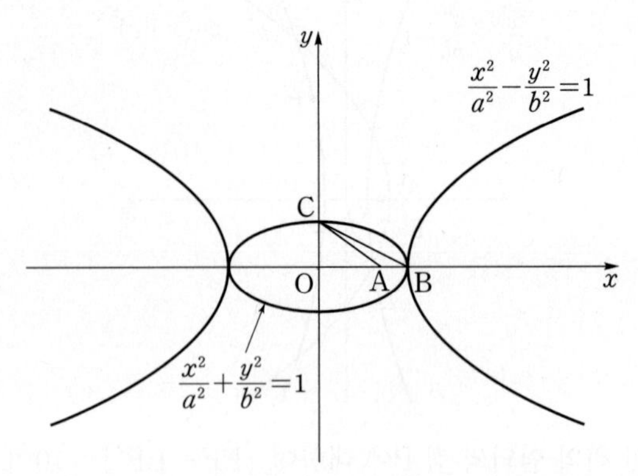

① $2\sqrt{3}$ ② 4 ③ $2\sqrt{5}$ ④ $2\sqrt{7}$ ⑤ $4\sqrt{2}$

정답과 해설 169 p.84 | 170 p.85 | 171 p.85

172 ★★★ 2023년 3월학평 기하 30번

그림과 같이 두 초점이 $\mathrm{F}(c, 0)$, $\mathrm{F}'(-c, 0)$ $(c>0)$인 타원 C가 있다. 타원 C가 두 직선 $x=c$, $x=-c$와 만나는 점 중 y좌표가 양수인 점을 각각 A, B라 하자.
두 초점이 A, B이고 점 F를 지나는 쌍곡선이 직선 $x=c$와 만나는 점 중 F가 아닌 점을 P라 하고, 이 쌍곡선이 두 직선 BF, BP와 만나는 점 중 x좌표가 음수인 점을 각각 Q, R라 하자.
세 점 P, Q, R가 다음 조건을 만족시킨다.

(가) 삼각형 BFP는 정삼각형이다.
(나) 타원 C의 장축의 길이와 삼각형 BQR의 둘레의 길이의 차는 3이다.

$60\times\overline{\mathrm{AF}}$의 값을 구하시오. (4점)

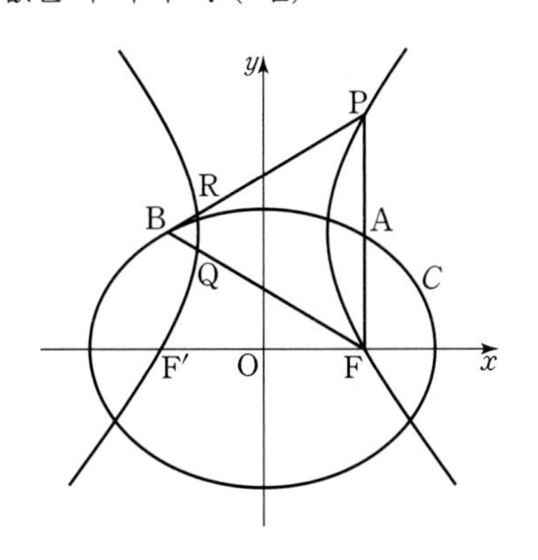

173 ★★★ 2021년 3월학평 기하 29번

두 초점이 $\mathrm{F}_1(c, 0)$, $\mathrm{F}_2(-c, 0)(c>0)$인 타원이 x축과 두 점 $\mathrm{A}(3, 0)$, $\mathrm{B}(-3, 0)$에서 만난다. 선분 BO가 주축이고 점 F_1이 한 초점인 쌍곡선의 초점 중 F_1이 아닌 점을 F_3이라 하자. 쌍곡선이 타원과 제1사분면에서 만나는 점을 P라 할 때, 삼각형 $\mathrm{PF}_3\mathrm{F}_2$의 둘레의 길이를 구하시오.

(단, O는 원점이다.) (4점)

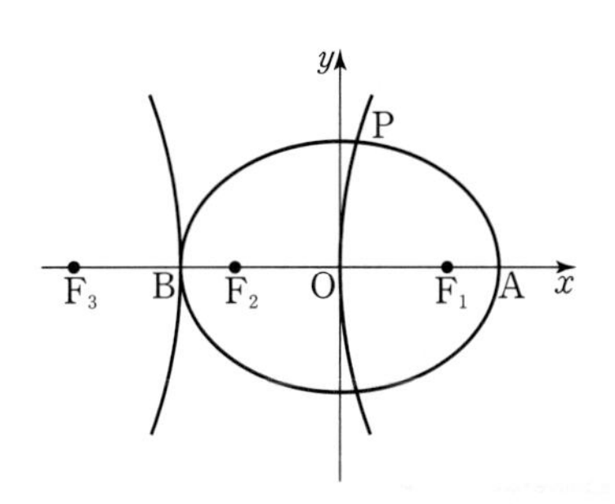

174 ★★☆ 2015학년도 9월모평 B형 25번

1보다 큰 실수 a에 대하여 타원 $x^2+\frac{y^2}{a^2}=1$의 두 초점과 쌍곡선 $x^2-y^2=1$의 두 초점을 꼭짓점으로 하는 사각형의 넓이가 12일 때, a^2의 값을 구하시오. (3점)

정답과 해설 172 p.86 173 p.86 174 p.86

유형 19 쌍곡선의 점근선

동영상강의

출제경향

쌍곡선의 점근선의 방정식을 구하는 문제가 출제된다.

접근방법

주어진 쌍곡선의 방정식을 이용하여 점근선의 방정식을 구한다.

단골공식

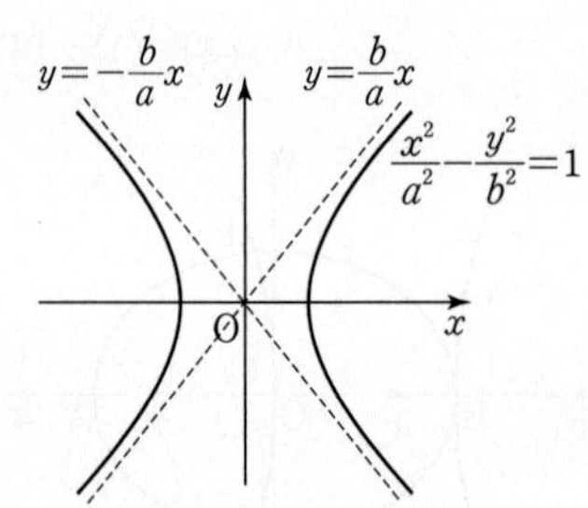

쌍곡선 $\frac{x^2}{a^2}-\frac{y^2}{b^2}=\pm 1$의 점근선의 방정식은

$y=\pm\frac{b}{a}x$

175 ★☆☆ 2018년 4월학평 가형 3번

쌍곡선 $\frac{x^2}{25}-\frac{y^2}{4}=1$의 점근선의 방정식이 $y=kx$, $y=-kx$이다. 양수 k의 값은? (2점)

① $\frac{1}{5}$　② $\frac{2}{5}$　③ $\frac{3}{5}$
④ $\frac{4}{5}$　⑤ 1

176 ★☆☆ 2022학년도 9월모평 기하 24번

쌍곡선 $\frac{x^2}{a^2}-\frac{y^2}{16}=1$의 점근선 중 하나의 기울기가 3일 때, 양수 a의 값은? (3점)

① $\frac{1}{3}$　② $\frac{2}{3}$　③ 1
④ $\frac{4}{3}$　⑤ $\frac{5}{3}$

177 ★☆☆ 2019년 10월학평 가형 5번

직선 $y=\frac{1}{2}x$가 쌍곡선 $\frac{x^2}{k}-\frac{y^2}{64}=1$의 한 점근선일 때, 이 쌍곡선의 주축의 길이는? (단, k는 양수이다.) (3점)

① 30　② 32　③ 34
④ 36　⑤ 38

178 ★☆☆ 2023년 10월학평 기하 24번

쌍곡선 $\frac{x^2}{a^2}-\frac{y^2}{27}=1$의 한 점근선의 방정식이 $y=3x$일 때, 이 쌍곡선의 주축의 길이는? (단, a는 양수이다.) (3점)

① $\frac{2}{3}$　② $\frac{2\sqrt{3}}{3}$　③ 2
④ $2\sqrt{3}$　⑤ 6

179 ★☆☆ 2023년 4월학평 기하 24번

쌍곡선 $\frac{x^2}{a^2}-\frac{y^2}{8}=1$의 한 점근선의 방정식이 $y=\sqrt{2}x$일 때, 이 쌍곡선의 두 초점 사이의 거리는?

(단, a는 양수이다.) (3점)

① $4\sqrt{2}$　② 6　③ $2\sqrt{10}$
④ $2\sqrt{11}$　⑤ $4\sqrt{3}$

정답과 해설 175 p.87 | 176 p.87 | 177 p.87 | 178 p.88 | 179 p.88

180 ★★☆ 2023학년도 6월모평 기하 24번

쌍곡선 $\frac{x^2}{a^2}-\frac{y^2}{b^2}=1$의 주축의 길이가 6이고 한 점근선의 방정식이 $y=2x$일 때, 두 초점 사이의 거리는?

(단, a와 b는 양수이다.) (3점)

① $4\sqrt{5}$ ② $6\sqrt{5}$ ③ $8\sqrt{5}$
④ $10\sqrt{5}$ ⑤ $12\sqrt{5}$

181 ★☆☆ 2016년 4월학평 가형 24번

쌍곡선 $\frac{x^2}{a^2}-\frac{y^2}{b^2}=1$이 점 $(5, 3)$을 지나고 두 점근선의 방정식이 $y=x$, $y=-x$이다. 이 쌍곡선의 주축의 길이를 구하시오. (단, a, b는 상수이다.) (3점)

182 ★☆☆ 2018학년도 6월모평 가형 10번

주축의 길이가 4인 쌍곡선 $\frac{x^2}{a^2}-\frac{y^2}{b^2}=1$의 점근선의 방정식이 $y=\pm\frac{5}{2}x$일 때, a^2+b^2의 값은?

(단, a와 b는 상수이다.) (3점)

① 21 ② 23 ③ 25
④ 27 ⑤ 29

183 ★☆☆ 2021년 3월학평 기하 24번

두 초점이 $\mathrm{F}(c, 0)$, $\mathrm{F'}(-c, 0)$이고 주축의 길이가 8인 쌍곡선의 한 점근선이 직선 $y=\frac{3}{4}x$일 때, 양수 c의 값은?

(3점)

① 5 ② 6 ③ 7
④ 8 ⑤ 9

184 ★☆☆

쌍곡선 $x^2-\frac{y^2}{2}=1$ 위의 임의의 점 P에서 이 쌍곡선의 두 점근선에 이르는 거리를 각각 d_1, d_2라 할 때, $d_1\times d_2$의 값은? (3점)

① $\frac{1}{2}$ ② $\frac{2}{3}$ ③ $\frac{3}{4}$
④ $\frac{4}{5}$ ⑤ $\frac{5}{6}$

185 ★☆☆ 2013년 7월학평 B형 24번

점근선의 방정식이 $y=\pm\frac{3}{4}x$이고, 한 초점의 좌표가 $(10, 0)$인 쌍곡선의 주축의 길이를 구하시오. (3점)

정답과 해설 180 p.88 | 181 p.88 | 182 p.89 | 183 p.89 | 184 p.89 | 185 p.90

186 ★☆☆ 2018학년도 9월모평 가형 9번

다음 조건을 만족시키는 쌍곡선의 주축의 길이는? (3점)

> (가) 두 초점의 좌표는 $(5,\ 0)$, $(-5,\ 0)$이다.
> (나) 두 점근선이 서로 수직이다.

① $2\sqrt{2}$ ② $3\sqrt{2}$ ③ $4\sqrt{2}$
④ $5\sqrt{2}$ ⑤ $6\sqrt{2}$

187 ★☆☆ 2005학년도 9월모평 가형 5번

두 초점을 공유하는 타원 $\frac{x^2}{5^2}+\frac{y^2}{4^2}=1$과 쌍곡선이 있다. 이 쌍곡선의 한 점근선이 $y=\sqrt{35}x$일 때, 이 쌍곡선의 두 꼭짓점 사이의 거리는? (3점)

① $\frac{1}{4}$ ② $\frac{1}{2}$ ③ $\frac{3}{4}$
④ 1 ⑤ $\frac{5}{4}$

188 ★★☆ 2013년 10월학평 B형 16번

그림과 같이 한 초점이 F이고 점근선의 방정식이 $y=2x$, $y=-2x$인 쌍곡선이 있다. 제1사분면에 있는 쌍곡선 위의 점 P에 대하여 선분 PF의 중점을 M이라 하자. $\overline{OM}=6$, $\overline{MF}=3$일 때, 선분 OF의 길이는? (단, O는 원점이다.) (4점)

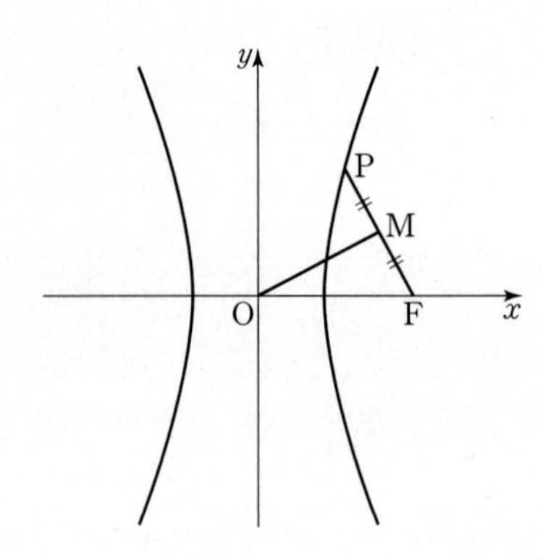

① $2\sqrt{10}$ ② $3\sqrt{5}$ ③ $5\sqrt{2}$
④ $\sqrt{55}$ ⑤ $2\sqrt{15}$

189 ★☆☆

포물선 $y^2=8\sqrt{2}x$의 초점과 한 초점을 공유하는 쌍곡선 $\frac{x^2}{a^2}-\frac{y^2}{b^2}=1$의 두 점근선이 서로 수직일 때, 두 상수 a, b에 대하여 $(ab)^2$의 값은? (3점)

① 16 ② 17 ③ 18
④ 19 ⑤ 20

정답과 해설 186 p.90 | 187 p.91 | 188 p.91 | 189 p.92

190 ★★☆

그림과 같이 초점이 F, F′인 쌍곡선 $\frac{x^2}{a^2}-\frac{y^2}{b^2}=1$ $(a>0,\ b>0)$ 위에 $\angle$F′PF$=90°$가 되도록 한 점 P를 잡으면 $\overline{\text{PF}'}=2\overline{\text{PF}}$가 성립한다. 이때, 쌍곡선 $\frac{x^2}{a^2}-\frac{y^2}{4b^2}=-1$의 점근선의 기울기를 m이라 할 때, m의 값은? (단, $m>0$이고 a, b는 상수이다.) (3점)

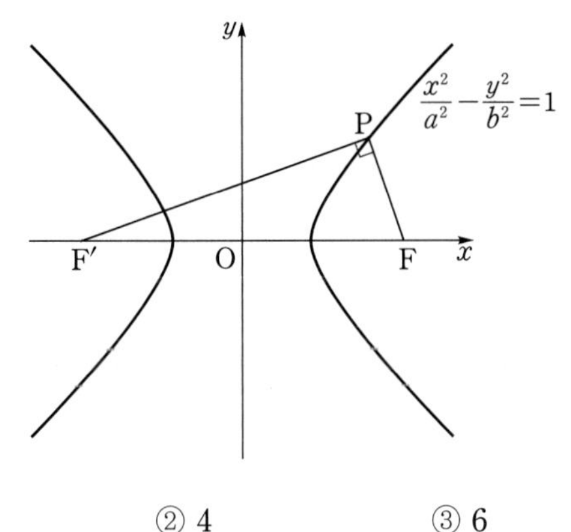

① 2 ② 4 ③ 6
④ 8 ⑤ 10

191 ★★☆ 2017학년도 수능 가형 28번

점근선의 방정식이 $y=\pm\frac{4}{3}x$이고 두 초점이 F$(c,\ 0)$, F′$(-c,\ 0)$ $(c>0)$인 쌍곡선이 다음 조건을 만족시킨다.

> (가) 쌍곡선 위의 한 점 P에 대하여 $\overline{\text{PF}'}=30$, $16\le\overline{\text{PF}}\le 20$이다.
> (나) x좌표가 양수인 꼭짓점 A에 대하여 선분 AF의 길이는 자연수이다.

이 쌍곡선의 주축의 길이를 구하시오. (4점)

유형 20 쌍곡선의 점근선의 활용

동영상강의

249-1-1-Y20

출제경향

직선과 쌍곡선 사이의 관계, 쌍곡선의 점근선의 도형에 활용 등 다양한 문제가 출제된다.

접근방법

(1) 원점을 지나는 직선과 쌍곡선이 만나는 점의 개수를 구할 때에는 그 직선의 기울기와 쌍곡선의 점근선의 기울기를 비교한다.

(2) 쌍곡선 $\frac{x^2}{a^2}-\frac{y^2}{b^2}=\pm1$의 두 점근선이 서로 수직이면 두 점근선의 방정식은 $y=\pm x$임을 이용한다.

192 ★★☆ 2022년 3월학평 기하 25번

쌍곡선 $4x^2-8x-y^2-6y-9=0$의 점근선 중 기울기가 양수인 직선과 x축, y축으로 둘러싸인 부분의 넓이는? (3점)

① $\frac{19}{4}$ ② $\frac{21}{4}$ ③ $\frac{23}{4}$
④ $\frac{25}{4}$ ⑤ $\frac{27}{4}$

193 ★☆☆ 2010학년도 9월모평 가형 12번

쌍곡선 $9x^2-16y^2=144$의 초점을 지나고 점근선과 평행한 4개의 직선으로 둘러싸인 도형의 넓이는? (3점)

① $\frac{75}{16}$ ② $\frac{25}{4}$ ③ $\frac{25}{2}$
④ $\frac{75}{4}$ ⑤ $\frac{75}{2}$

정답과 해설 190 p.92 | 191 p.93 | 192 p.93 | 193 p.93

194 ★★☆

그림과 같이 쌍곡선 $\frac{x^2}{a^2}-\frac{y^2}{b^2}=1$의 두 꼭짓점을 지나고 x축에 수직인 직선이 두 점근선과 만나는 교점을 P, Q, R, S라 할 때, $\overline{PQ}=2\sqrt{3}$, $\overline{QR}=2$이다.

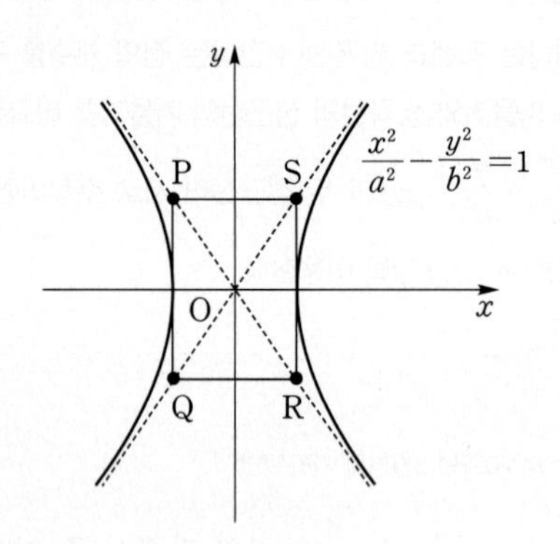

쌍곡선 $\frac{x^2}{a^2}-\frac{y^2}{b^2}=1$의 두 초점 사이의 거리는? (4점)

① 3　② 4　③ 5　④ 6　⑤ 7

195 ★★☆

직선 $x-\sqrt{3}y=0$, $x+\sqrt{3}y=0$을 점근선으로 하고 점 $(2\sqrt{3},\ 3)$을 지나는 쌍곡선 위의 한 점 P와 두 초점 F, F′에 대하여 삼각형 PFF′의 둘레의 길이가 $20\sqrt{5}$일 때, $|\overline{PF}^2-\overline{PF'}^2|$의 값을 구하시오. (3점)

196 ★★☆ 2015년 7월학평 B형 9번

원 $x^2+y^2=8$과 쌍곡선 $\frac{x^2}{a^2}-\frac{y^2}{b^2}=1$이 서로 다른 네 점에서 만나고 이 네 점은 원의 둘레를 4등분한다. 이 쌍곡선의 한 점근선의 방정식이 $y=\sqrt{2}x$일 때, a^2+b^2의 값은?
(단, a, b는 상수이다.) (3점)

① 4　② 5　③ 6　④ 7　⑤ 8

197 ★★★ 2023학년도 수능 기하 28번

두 초점이 $\mathrm{F}(c,\ 0)$, $\mathrm{F'}(-c,\ 0)(c>0)$인 쌍곡선 C와 y축 위의 점 A가 있다. 쌍곡선 C가 선분 AF와 만나는 점을 P, 선분 AF′과 만나는 점을 P′이라 하자.
직선 AF는 쌍곡선 C의 한 점근선과 평행하고

$$\overline{AP}:\overline{PP'}=5:6,\ \overline{PF}=1$$

일 때, 쌍곡선 C의 주축의 길이는? (4점)

① $\frac{13}{6}$　② $\frac{9}{4}$　③ $\frac{7}{3}$　④ $\frac{29}{12}$　⑤ $\frac{5}{2}$

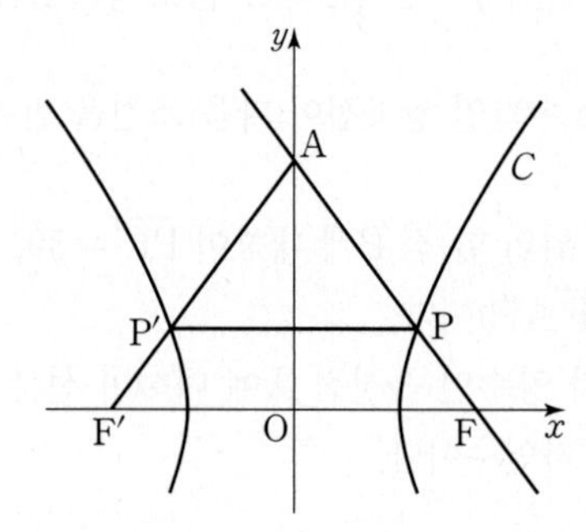

정답과 해설 194 p.94 | 195 p.94 | 196 p.95 | 197 p.95

198 ★★★ 2007학년도 9월모평 가형 9번

쌍곡선 $\frac{x^2}{9}-\frac{y^2}{3}=1$의 두 초점 $(2\sqrt{3},\ 0)$, $(-2\sqrt{3},\ 0)$을 각각 F, F′이라 하자. 이 쌍곡선 위를 움직이는 점 $\mathrm{P}(x,\ y)$ $(x>0)$에 대하여 선분 F′P 위의 점 Q가 $\overline{\mathrm{FP}}=\overline{\mathrm{PQ}}$를 만족시킬 때, 점 Q가 나타내는 도형 전체의 길이는? (4점)

① π　② $\sqrt{3}\pi$　③ 2π
④ 3π　⑤ $2\sqrt{3}\pi$

199 ★☆☆ 2005학년도 수능예비평가 가형 10번

점 $(0,\ 3)$을 지나고 기울기가 m인 직선이 쌍곡선 $3x^2-y^2+6y=0$과 만나지 않는 m의 범위는? (3점)

① $m\le -3$ 또는 $m\ge 3$
② $m\le -3$ 또는 $m\ge \sqrt{3}$
③ $m\le -\sqrt{3}$ 또는 $m\ge \sqrt{3}$
④ $-\sqrt{3}\le m\le \sqrt{3}$
⑤ $-3\le m\le 3$

200 ★☆☆ 2018년 10월학평 가형 10번

직선 $y=mx$가 두 쌍곡선 $x^2-y^2=1$, $\frac{x^2}{4}-\frac{y^2}{64}=-1$ 중 어느 것과도 만나지 않도록 하는 정수 m의 개수는? (3점)

① 2　② 4　③ 6
④ 8　⑤ 10

201 ★★☆ 2006년 10월학평 가형 8번

쌍곡선 $\frac{x^2}{2}-\frac{y^2}{18}=1$과 직선 $y=ax+b$ (a, b는 상수)의 교점의 개수에 대한 설명 중 옳은 내용을 [보기]에서 모두 고른 것은? (3점)

[보기]
ㄱ. $a=-4$이고 $b=0$일 때 교점은 없다.
ㄴ. $a=3$이고 $b>0$일 때 교점은 1개이다.
ㄷ. $a=\frac{1}{3}$이고 $b<0$일 때 교점은 2개이다.

① ㄱ　② ㄴ　③ ㄱ, ㄷ
④ ㄴ, ㄷ　⑤ ㄱ, ㄴ, ㄷ

202 ★★★

그림과 같이 쌍곡선 $\frac{x^2}{2}-\frac{y^2}{2}=1$의 점근선에 접하면서 중심이 y축 위에 있는 원 C의 중심인 점 C와 쌍곡선의 한 초점 F를 잇는 직선이 제1사분면에서 점근선 및 쌍곡선과 만나는 점을 각각 P, Q라 하자. 삼각형 CF′Q의 둘레의 길이를 l_1, 삼각형 QF′F의 둘레의 길이를 l_2라 할 때, l_1-l_2의 값은? (단, 점 P는 원 C와 점근선의 접점이다.) (4점)

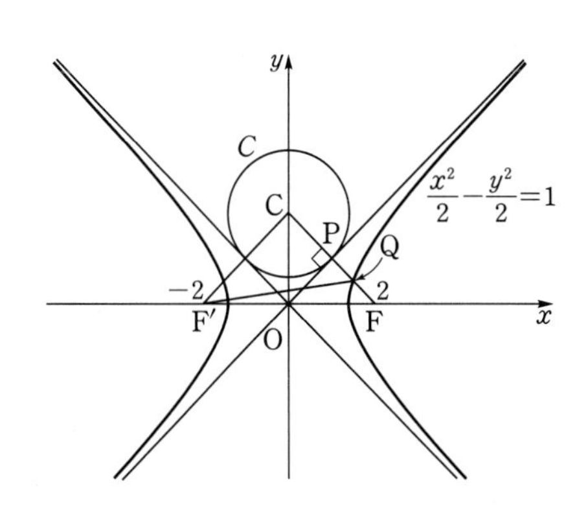

① $2\sqrt{3}$　② $2\sqrt{2}-3$　③ $3\sqrt{2}-4$
④ $4\sqrt{2}-4$　⑤ $4\sqrt{3}-5$

정답과 해설 198 p.96 | 199 p.97 | 200 p.97 | 201 p.97 | 202 p.98

1등급에 도전하는

최고난도 문제

문제 풀이 동영상 강의

203 ★★★★ 2022학년도 수능예시문항 기하 29번

그림과 같이 꼭짓점이 원점 O이고 초점이 $\mathrm{F}(p, 0)$ $(p>0)$인 포물선이 있다. 포물선 위의 점 P, x축 위의 점 Q, 직선 $x=p$ 위의 점 R에 대하여 삼각형 PQR는 정삼각형이고 직선 PR는 x축과 평행하다. 직선 PQ가 점 $\mathrm{S}(-p, \sqrt{21})$을 지날 때, $\overline{\mathrm{QF}}=\dfrac{a+b\sqrt{7}}{6}$이다. $a+b$의 값을 구하시오.
(단, a와 b는 정수이고, 점 P는 제1사분면 위의 점이다.)

(4점)

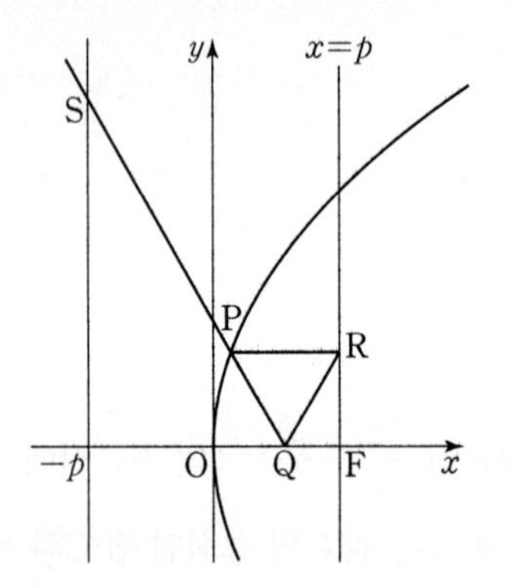

204 ★★★★ 2022학년도 수능 기하 28번

두 양수 a, p에 대하여 포물선 $(y-a)^2=4px$의 초점을 F_1이라 하고, 포물선 $y^2=-4x$의 초점을 F_2라 하자. 선분 $\mathrm{F}_1\mathrm{F}_2$가 두 포물선과 만나는 점을 각각 P, Q라 할 때, $\overline{\mathrm{F}_1\mathrm{F}_2}=3$, $\overline{\mathrm{PQ}}=1$이다. a^2+p^2의 값은? (4점)

① 6 ② $\dfrac{25}{4}$ ③ $\dfrac{13}{2}$ ④ $\dfrac{27}{4}$ ⑤ 7

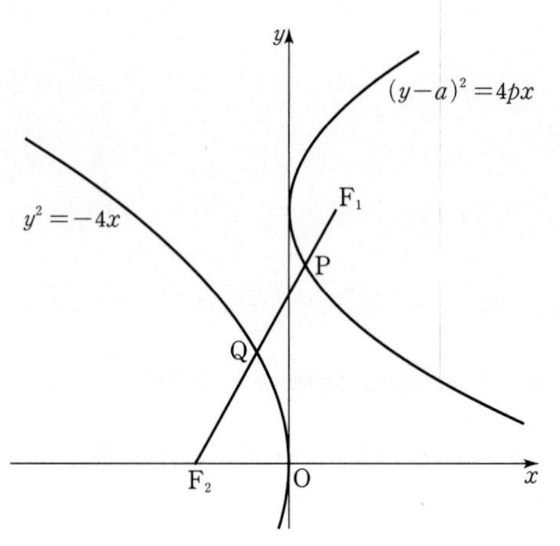

정답과 해설 203 p.98 | 204 p.99

205 ★★★★ 2022년 3월학평 기하 30번

그림과 같이 꼭짓점이 A_1이고 초점이 F_1인 포물선 P_1과 꼭짓점이 A_2이고 초점이 F_2인 포물선 P_2가 있다. 두 포물선의 준선은 모두 직선 F_1F_2와 평행하고, 두 선분 A_1A_2, F_1F_2의 중점은 서로 일치한다.
두 포물선 P_1, P_2가 서로 다른 두 점에서 만날 때 두 점 중에서 점 A_2에 가까운 점을 B라 하자. 포물선 P_1이 선분 F_1F_2와 만나는 점을 C라 할 때, 두 점 B, C가 다음 조건을 만족시킨다.

> (가) $\overline{A_1C}=5\sqrt{5}$
> (나) $\overline{F_1B}-\overline{F_2B}=\frac{48}{5}$

삼각형 BF_2F_1의 넓이가 S일 때, $10S$의 값을 구하시오.
(단, $\angle F_1F_2B<90°$) (4점)

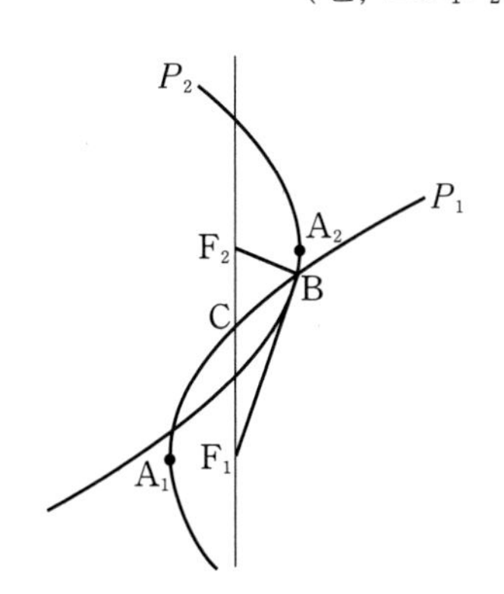

206 ★★★★ 2021년 4월학평 기하 30번

그림과 같이 두 초점이 F$(c, 0)$, F′$(-c, 0)(c>0)$인 타원 $\frac{x^2}{16}+\frac{y^2}{7}=1$ 위의 점 P에 대하여 직선 FP와 직선 F′P에 동시에 접하고 중심이 선분 F′F 위에 있는 원 C가 있다.
원 C의 중심을 C, 직선 F′P가 원 C와 만나는 점을 Q라 할 때, $2\overline{PQ}=\overline{PF}$이다. $24\times\overline{CP}$의 값을 구하시오.
(단, 점 P는 제1사분면 위의 점이다.) (4점)

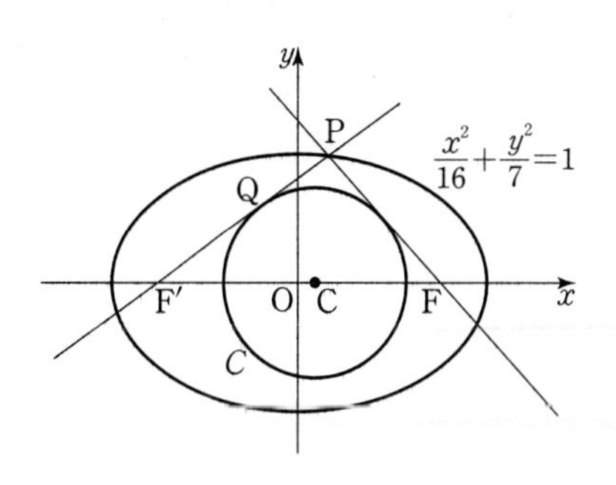

정답과 해설 205 p.100 206 p.101

207 ★★★★ 2017년 10월학평 가형 20번

쌍곡선 $x^2-y^2=1$ 위의 점 P와 x축 위의 점 A$(t, 0)$이 있다. $\overline{\text{AP}}$의 최솟값을 $f(t)$라 할 때, [보기]에서 옳은 것만을 있는 대로 고른 것은? (4점)

[보기]

ㄱ. $f(0)=1$

ㄴ. 방정식 $f(t)=\frac{1}{3}$의 실근의 개수는 4이다.

ㄷ. 함수 $f(t)$가 미분가능하지 않은 t의 값의 개수는 5이다.

① ㄱ ② ㄷ ③ ㄱ, ㄴ
④ ㄴ, ㄷ ⑤ ㄱ, ㄴ, ㄷ

208 ★★★★ 2018년 4월학평 가형 28번

그림과 같이 두 초점이 F$(c, 0)$, F$'(-c, 0)$ $(c>0)$이고, 주축의 길이가 6인 쌍곡선 $\frac{x^2}{a^2}-\frac{y^2}{b^2}=1$과 점 A$(0, 5)$를 중심으로 하고 반지름의 길이가 1인 원 C가 있다.
제1사분면에 있는 쌍곡선 위를 움직이는 점 P와 원 C 위를 움직이는 점 Q에 대하여 $\overline{\text{PQ}}+\overline{\text{PF}'}$의 최솟값이 12일 때, a^2+3b^2의 값을 구하시오. (단, a와 b는 상수이다.) (4점)

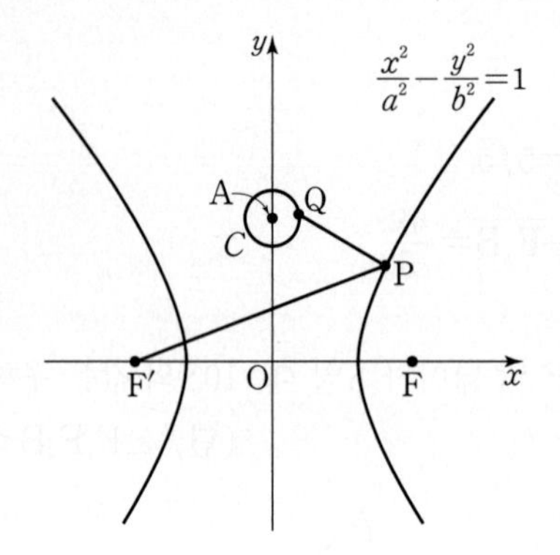

정답과 해설 207 p.102 208 p.103

사관학교 기출문제

문제 풀이 동영상 강의

209 ★☆☆ 2020학년도 사관학교 가형 6번

초점이 F인 포물선 $y^2=4x$ 위의 점 $P(a,\ 6)$에 대하여 $\overline{PF}=k$이다. $a+k$의 값은? (3점)

① 16　② 17　③ 18　④ 19　⑤ 20

210 ★★★ 2024학년도 사관학교 기하 29번

초점이 F인 포물선 $y^2=4px\ (p>0)$이 점 $(-p,\ 0)$을 지나는 직선과 두 점 A, B에서 만나고 $\overline{FA}:\overline{FB}=1:3$이다. 점 B에서 x축에 내린 수선의 발을 H라 할 때, 삼각형 BFH의 넓이는 $46\sqrt{3}$이다. p^2의 값을 구하시오. (4점)

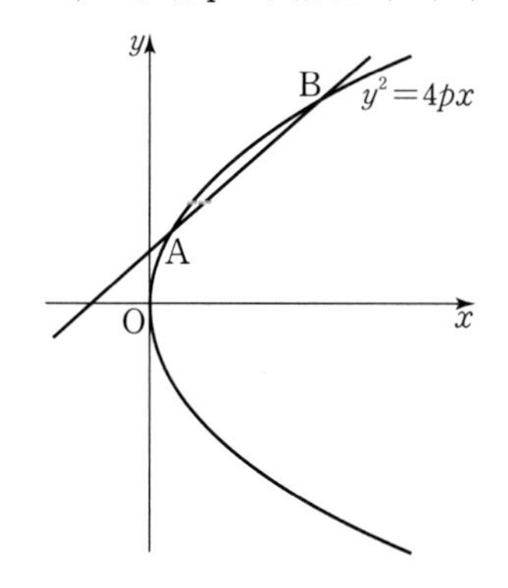

211 ★★☆ 2015학년도 사관학교 B형 9번

포물선 $y^2=8x$의 초점 F를 지나는 직선 l이 포물선과 만나는 두 점을 각각 A, B라 하자. $\overline{AB}=14$를 만족시키는 직선 l의 기울기를 m이라 할 때, 양수 m의 값은? (3점)

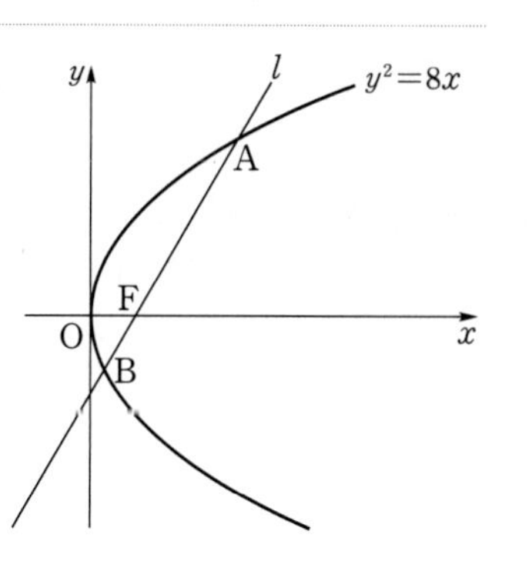

① 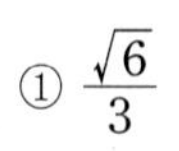 $\frac{\sqrt{6}}{3}$　② $\frac{2\sqrt{2}}{3}$　③ 1　④ $\frac{2\sqrt{3}}{3}$　⑤ 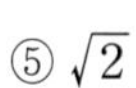 $\sqrt{2}$

정답과 해설 209 p.103 210 p.103 211 p.104

212 ★★★ 2023학년도 사관학교 기하 28번

점 F를 초점으로 하고 직선 l을 준선으로 하는 포물선이 있다. 포물선 위의 두 점 A, B와 점 F를 지나는 직선이 직선 l과 만나는 점을 C라 하자. 두 점 A, B에서 직선 l에 내린 수선의 발을 각각 H, I라 하고 점 B에서 직선 AH에 내린 수선의 발을 J라 하자. $\frac{\overline{BJ}}{\overline{BI}}=\frac{2\sqrt{15}}{3}$이고 $\overline{AB}=8\sqrt{5}$일 때, 선분 HC의 길이는? (4점)

① $21\sqrt{3}$ ② $22\sqrt{3}$ ③ $23\sqrt{3}$
④ $24\sqrt{3}$ ⑤ $25\sqrt{3}$

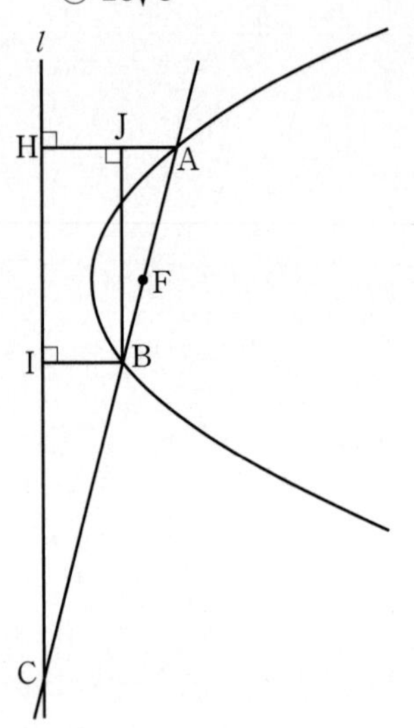

213 ★★☆ 2009학년도 사관학교 이과 14번

그림과 같이 포물선 $y^2=4x$의 초점 F를 지나는 직선이 포물선과 만나는 두 점을 각각 P, Q라 하고, 두 점 P, Q에서 준선에 내린 수선의 발을 각각 A, B라 하자. $\overline{PF}=5$일 때, 사각형 ABQP의 넓이는? (3점)

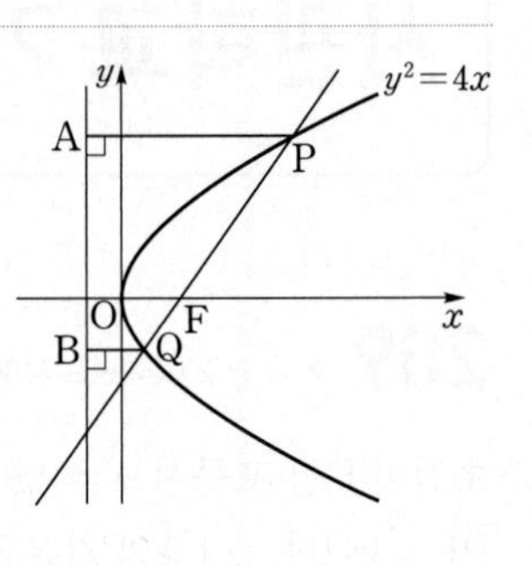

① $\frac{57}{4}$ ② $\frac{115}{8}$ ③ 15
④ $\frac{125}{8}$ ⑤ $\frac{135}{8}$

214 ★☆☆ 2016학년도 사관학교 B형 24번

타원 $2x^2+y^2=16$의 두 초점을 F, F′이라 하자. 이 타원 위의 점 P에 대하여 $\frac{\overline{PF'}}{\overline{PF}}=3$일 때, $\overline{PF}\times\overline{PF'}$의 값을 구하시오. (3점)

정답과 해설 212 p.105 213 p.105 214 p.106

215 ★★★ 2014학년도 사관학교 B형 25번

그림과 같이 타원 $\frac{x^2}{25}+\frac{y^2}{16}=1$의 두 초점을 각각 F, F′이라 하자. 타원 위의 한 점 P와 x축 위의 한 점 Q에 대하여 $\overline{\mathrm{PF}}:\overline{\mathrm{PF'}}=\overline{\mathrm{QF}}:\overline{\mathrm{QF'}}=2:3$일 때, $\overline{\mathrm{PQ}}^2$의 값을 구하시오.
(단, 점 Q는 타원 외부의 점이다.) (3점)

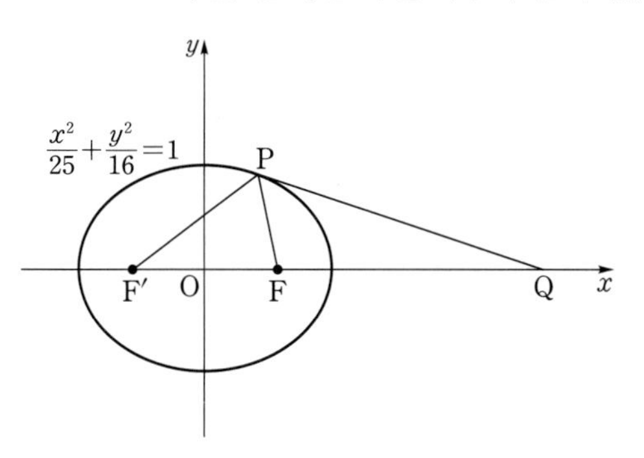

216 ★★☆ 2006학년도 사관학교 이과 10번

오른쪽 그림과 같이 편평한 땅에 거리가 10 m 떨어진 두 개의 말뚝이 있다. 두 개의 말뚝에 길이가 14 m인 끈을 묶고 이 끈을 팽팽하게 유지하면서 곡선을 그렸다. 두 말뚝을 지나면서 이 곡선에 접하는 직사각형 모양의 꽃밭을 만들었을 때, 이 꽃밭의 넓이는? (3점)

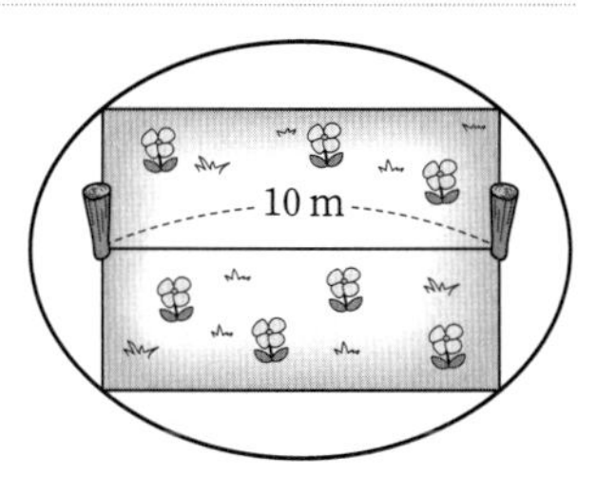

① $\frac{400}{7}$ m² ② $\frac{420}{7}$ m² ③ $\frac{440}{7}$ m²
④ $\frac{460}{7}$ m² ⑤ $\frac{480}{7}$ m²

217 ★★☆ 2018학년도 사관학교 가형 24번

좌표평면에서 타원 $\frac{x^2}{25}+\frac{y^2}{9}=1$의 두 초점을 F$(c, 0)$, F′$(-c, 0)$ $(c>0)$이라 하자. 이 타원 위의 제1사분면에 있는 점 P에 대하여 점 F′을 중심으로 하고 점 P를 지나는 원과 직선 PF′이 만나는 점 중 P가 아닌 점을 Q라 하고, 점 F를 중심으로 하고 점 P를 지나는 원과 직선 PF가 만나는 점 중 P가 아닌 점을 R라 할 때, 삼각형 PQR의 둘레의 길이를 구하시오. (3점)

218 ★★★ 2022학년도 사관학교 기하 29번

그림과 같이 포물선 $y^2=16x$의 초점을 F라 하자. 점 F를 한 초점으로 하고 점 A$(-2, 0)$을 지나며 다른 초점 F′이 선분 AF 위에 있는 타원 E가 있다. 포물선 $y^2=16x$가 타원 E와 제1사분면에서 만나는 점을 B라 하자. $\overline{\mathrm{BF}}=\frac{21}{5}$일 때, 타원 E의 장축의 길이는 k이다. $10k$의 값을 구하시오. (4점)

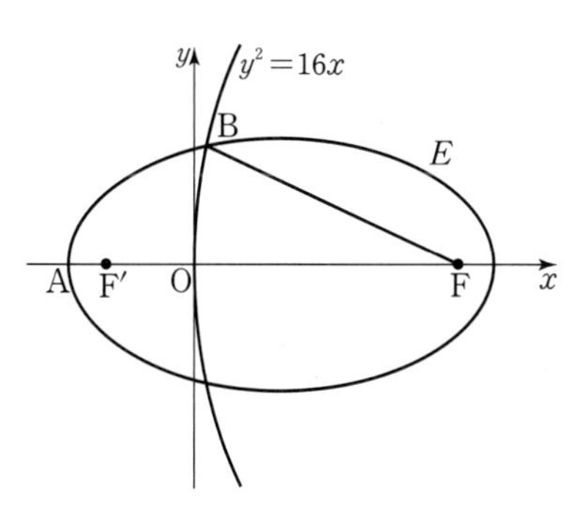

219 ★★☆ 2013학년도 사관학교 이과 12번

그림과 같이 쌍곡선 $\frac{x^2}{a^2}-\frac{y^2}{b^2}=1$의 한 초점 $\mathrm{F}(c,\ 0)$을 지나고 y축에 평행한 직선이 쌍곡선과 만나는 점을 각각 A, B라 하자. $\overline{\mathrm{AB}}=\sqrt{2}c$일 때, a와 b 사이의 관계식은?

(단, $a>0$, $b>0$, $c>0$) (3점)

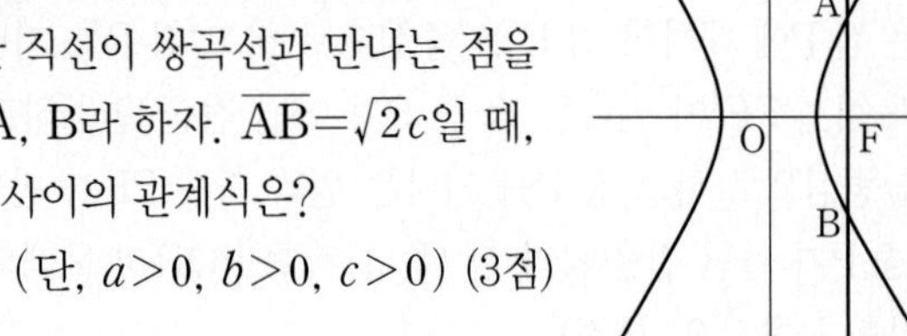

① $a=b$　② $a=\sqrt{2}b$　③ $2a=3b$　④ $a=\sqrt{3}b$　⑤ $a=2b$

220 ★★☆ 2023학년도 사관학교 기하 27번

그림과 같이 두 초점이 F, F′인 쌍곡선 $ax^2-4y^2=a$ 위의 점 중 제1사분면에 있는 점 P와 선분 PF′ 위의 점 Q에 대하여 삼각형 PQF는 한 변의 길이가 $\sqrt{6}-1$인 정삼각형이다. 상수 a의 값은? (단, 점 F의 x좌표는 양수이다.) (3점)

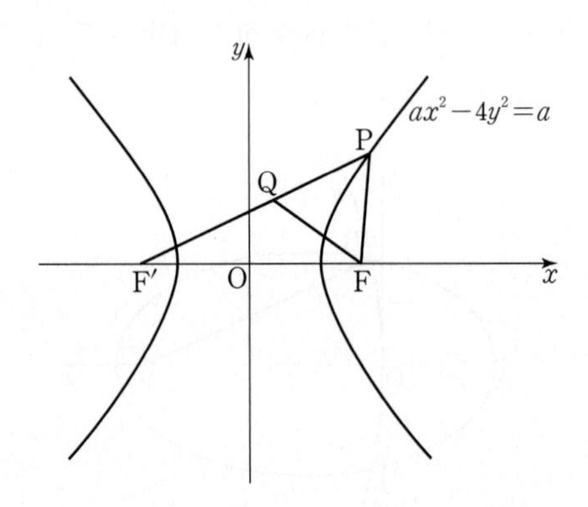

① $\frac{9}{2}$　② 5　③ $\frac{11}{2}$　④ 6　⑤ $\frac{13}{2}$

221 ★★☆ 2005학년도 사관학교 이과 25번

오른쪽 그림과 같이 y축 위의 점 P에서 원 $x^2+(y+k)^2=5$에 그은 두 접선이 쌍곡선 $\frac{x^2}{9}-\frac{y^2}{16}=1$과 만나는 교점을 각각 A, B와 C, D라 한다. $\overline{\mathrm{AB}}=10$일 때, $\overline{\mathrm{AB}}$와 x축과의 교점 $\mathrm{F}(5,\ 0)$에 대하여 $\overline{\mathrm{CF}}+\overline{\mathrm{DF}}$의 값을 구하시오. (3점)

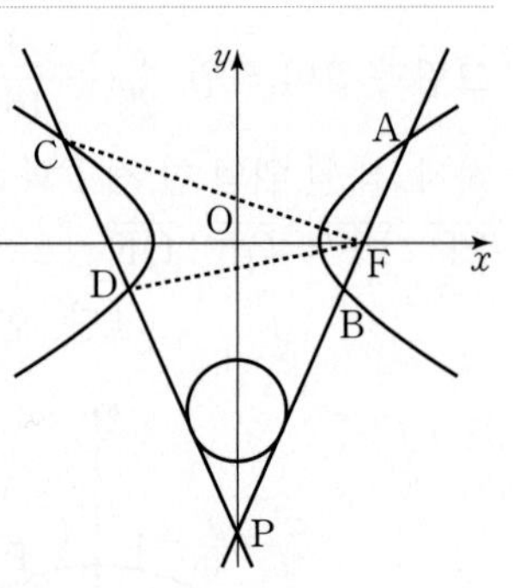

222 ★★☆ 2017학년도 사관학교 가형 24번

두 초점 F, F′을 공유하는 타원 $\frac{x^2}{a}+\frac{y^2}{16}=1$과 쌍곡선 $\frac{x^2}{4}-\frac{y^2}{5}=1$이 있다. 타원과 쌍곡선이 만나는 점 중 하나를 P라 할 때, $\left|\overline{\mathrm{PF}}^2-\overline{\mathrm{PF'}}^2\right|$의 값을 구하시오.

(단, a는 양수이다.) (3점)

정답과 해설 219 p.108 220 p.109 221 p.109 222 p.109

223 ★★☆ 2006학년도 사관학교 이과 7번

쌍곡선 $4x^2-9y^2=36$이 x축과 만나는 점을 각각 A, B라 하고, 직선 $x=t$(단, $t>3$)가 이 쌍곡선과 만나는 점을 각각 C, D라 하자. t의 값이 변함에 따라 두 직선 AC와 BD의 교점 P는 곡선을 그린다. 이때, 이 곡선의 두 초점 사이의 거리는? (4점)

① $2\sqrt{3}$ ② $2\sqrt{5}$ ③ $2\sqrt{13}$
④ $2\sqrt{15}$ ⑤ $4\sqrt{2}$

224 ★☆☆ 2024학년도 사관학교 기하 24번

두 쌍곡선

$$x^2-9y^2-2x-18y-9=0,\ x^2-9y^2-2x-18y-7=0$$

중 어느 것과도 만나지 않는 직선의 개수는 2이다. 이 두 직선의 방정식을 각각 $y=ax+b$, $y=cx+d$라 할 때, $ac+bd$의 값은? (단, a, b, c, d는 상수이다.) (3점)

① $\frac{1}{3}$ ② $\frac{4}{9}$ ③ $\frac{5}{9}$
④ $\frac{2}{3}$ ⑤ $\frac{7}{9}$

225 ★★☆ 2010학년도 사관학교 이과 6번

좌표평면에서 그림과 같이 직선 $x=2$ 위를 움직이는 점 A에 대하여 선분 OA가 원 $x^2+y^2=1$과 만나는 점을 B라 하자. 평면 위의 점 P가 다음 조건을 모두 만족시키며 움직이면 점 P가 나타내는 도형은 어떤 쌍곡선의 일부가 된다.

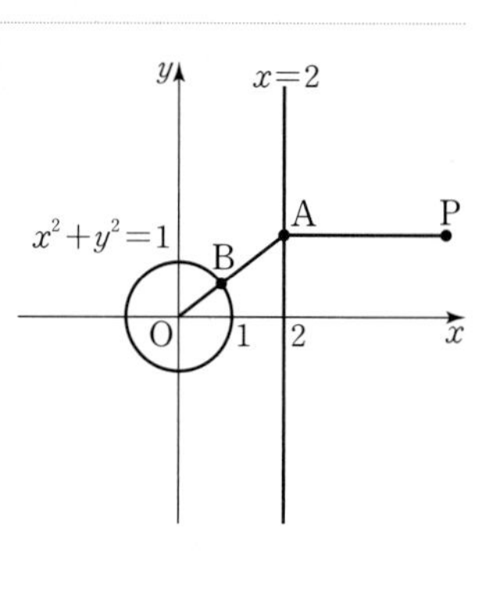

(가) $\overline{AP}=2\overline{AB}$
(나) 직선 AP는 직선 $x=2$와 수직이다.
(다) 점 P의 x좌표는 2보다 크다.

이때, 이 쌍곡선의 점근선 중 기울기가 양수인 점근선의 방정식은? (단, O는 원점이다.) (3점)

① $y=\frac{1}{3}x$ ② $y=\frac{\sqrt{2}}{3}x$ ③ $y=\frac{\sqrt{3}}{3}x$
④ $y=\frac{1}{2}x$ ⑤ $y=\frac{\sqrt{2}}{2}x$

226 ★★☆ 2020학년도 사관학교 가형 13번

쌍곡선 $\frac{x^2}{4}-y^2=1$의 꼭짓점 중 x좌표가 음수인 점을 중심으로 하는 원 C가 있다. 점 $(3, 0)$을 지나고 원 C에 접하는 두 직선이 각각 쌍곡선 $\frac{x^2}{4}-y^2=1$과 한 점에서만 만날 때, 원 C의 반지름의 길이는? (3점)

① 2 ② $\sqrt{5}$ ③ $\sqrt{6}$
④ $\sqrt{7}$ ⑤ $2\sqrt{2}$

정답과 해설 223 p.110 224 p.110 225 p.111 226 p.111

02 이차곡선과 직선

평가원 모의평가 (2003~2024학년도) 대학수학능력시험 (1994~2024학년도) 교육청 학력평가 (2001~2023년 시행) 사관학교 입학시험 (2003~2024학년도)

1. 포물선의 접선의 방정식 | 유형 01, 02, 03, 04

17, 16, 14, 12, 10 수능출제

(1) 접점의 좌표가 주어진 포물선의 접선의 방정식

포물선 $y^2=4px$ 위의 점 (x_1, y_1)에서의 접선의 방정식은 $y_1y=2p(x+x_1)$

포물선 $x^2=4py$ 위의 점 (x_1, y_1)에서의 접선의 방정식은 $x_1x=2p(y+y_1)$

(2) 기울기가 주어진 포물선의 접선의 방정식

포물선 $y^2=4px$에 접하고 기울기가 m인 접선의 방정식은

$y=mx+\dfrac{p}{m}$ (단, $m\neq0$)

포물선 $x^2=4py$에 접하고 기울기가 m인 접선의 방정식은

$y=mx-m^2p$

2. 타원의 접선의 방정식 | 유형 05, 06, 07, 08

24, 23, 11, 09 수능출제

(1) 접점의 좌표가 주어진 타원의 접선의 방정식

타원 $\dfrac{x^2}{a^2}+\dfrac{y^2}{b^2}=1$ 위의 점 (x_1, y_1)에서의 접선의 방정식은 $\dfrac{x_1x}{a^2}+\dfrac{y_1y}{b^2}=1$

(2) 기울기가 주어진 타원의 접선의 방정식

타원 $\dfrac{x^2}{a^2}+\dfrac{y^2}{b^2}=1$에 접하고 기울기가 m인 접선의 방정식은

$y=mx\pm\sqrt{a^2m^2+b^2}$

3. 쌍곡선의 접선의 방정식 | 유형 09, 10, 11, 12

13, 01 수능출제

(1) 접점의 좌표가 주어진 쌍곡선의 접선의 방정식

쌍곡선 $\dfrac{x^2}{a^2}-\dfrac{y^2}{b^2}=1$ 위의 점 (x_1, y_1)에서의 접선의 방정식은

$\dfrac{x_1x}{a^2}-\dfrac{y_1y}{b^2}=1$

쌍곡선 $\dfrac{x^2}{a^2}-\dfrac{y^2}{b^2}=-1$ 위의 점 (x_1, y_1)에서의 접선의 방정식은

$\dfrac{x_1x}{a^2}-\dfrac{y_1y}{b^2}=-1$

(2) 기울기가 주어진 쌍곡선의 접선의 방정식

쌍곡선 $\dfrac{x^2}{a^2}-\dfrac{y^2}{b^2}=1$에 접하고 기울기가 m인 접선의 방정식은

$y=mx\pm\sqrt{a^2m^2-b^2}\left(\text{단, } m^2>\dfrac{b^2}{a^2}\right)$

쌍곡선 $\dfrac{x^2}{a^2}-\dfrac{y^2}{b^2}=-1$에 접하고 기울기가 m인 접선의 방정식은

$y=mx\pm\sqrt{b^2-a^2m^2}\left(\text{단, } m^2<\dfrac{b^2}{a^2}\right)$

보 충 설 명

- 점 (x_1, y_1)을 지나고 기울기가 m인 직선의 방정식은
  $y-y_1=m(x-x_1)$

- 이차곡선의 방정식과 직선의 방정식을 연립하여 얻은 이차방정식의 판별식을 D라 할 때
  (1) $D>0$
  서로 다른 두 점에서 만난다.
  (2) $D=0$
  한 점에서 만난다. (접한다.)
  (3) $D<0$
  만나지 않는다.

- 곡선 밖의 점 (x_1, y_1)에서 곡선에 그은 접선의 방정식을 구하는 방법
  (1) 한 점 (x_1, y_1)을 지나고 기울기가 m인 직선의 방정식 $y=m(x-x_1)+y_1$을 곡선의 방정식에 대입하여 x에 대한 이차식으로 정리한 후, 판별식 D에 대하여 $D=0$임을 이용하여 기울기 m의 값을 구한다.
  (2) 접선의 기울기가 m일 때의 접선의 방정식을 세운 후 여기에 $x=x_1$, $y=y_1$을 대입하여 기울기 m의 값을 구한다.
  (3) 접점의 좌표가 (x_2, y_2)일 때의 접선의 방정식을 세운 후 $x=x_1$, $y=y_1$을 대입하여 점 (x_2, y_2)를 구한다.

최신 기출로 확인하는

기본 개념 문제

문제 풀이 동영상 강의

001

1. 포물선의 접선의 방정식 | 2018년 7월학평 가형 12번

포물선 $y^2=4(x-1)$ 위의 점 P는 제1사분면 위의 점이고 초점 F에 대하여 $\overline{PF}=3$이다. 포물선 위의 점 P에서의 접선의 기울기는? (3점)

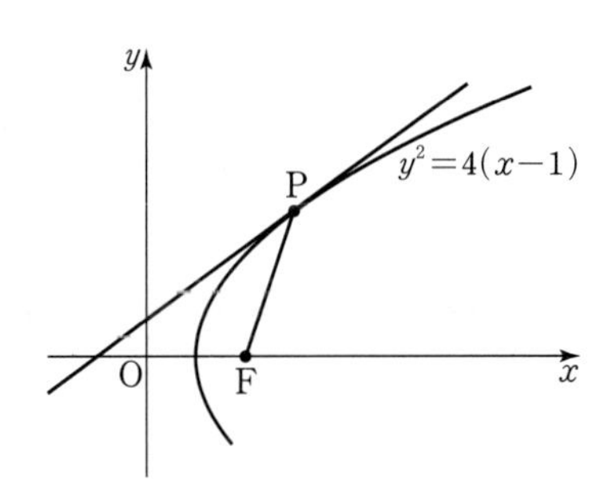

① $\frac{\sqrt{2}}{4}$ ② $\frac{3\sqrt{2}}{8}$ ③ $\frac{\sqrt{2}}{2}$
④ $\frac{5\sqrt{2}}{8}$ ⑤ $\frac{3\sqrt{2}}{4}$

002

1. 포물선의 접선의 방정식 | 2022년 7월학평 기하 24번

포물선 $y^2=4x$ 위의 점 $(9, 6)$에서의 접선과 포물선의 준선이 만나는 점이 (a, b)일 때, $a+b$의 값은? (3점)

① $\frac{7}{6}$ ② $\frac{4}{3}$ ③ $\frac{3}{2}$
④ $\frac{5}{3}$ ⑤ $\frac{11}{6}$

003

2. 타원의 접선의 방정식 | 2023년 4월학평 기하 25번

그림과 같이 타원 $\frac{x^2}{40}+\frac{y^2}{15}=1$의 두 초점 중 x좌표가 양수인 점을 F라 하고, 타원 위의 점 중 제1사분면에 있는 점 P에서의 접선이 x축과 만나는 점을 Q라 하자. $\overline{OF}=\overline{FQ}$일 때, 삼각형 POQ의 넓이는?

(단, O는 원점이다.) (3점)

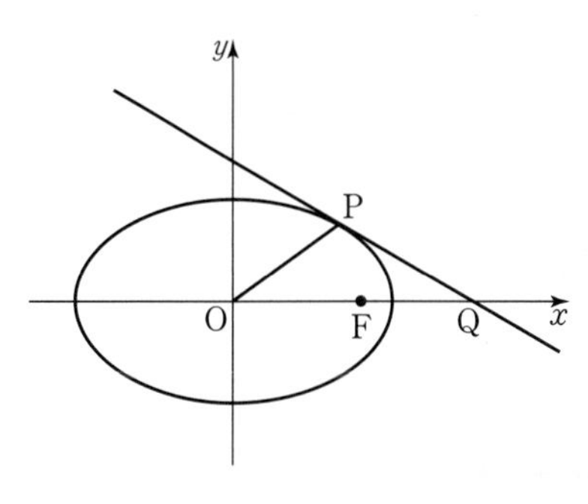

① 11 ② 12 ③ 13
④ 14 ⑤ 15

004

3. 쌍곡선의 접선의 방정식 | 2017년 4월학평 가형 19번

좌표평면에서 쌍곡선 $\frac{x^2}{a^2}-\frac{y^2}{b^2}=1$의 점근선의 방정식이 $y=\pm\frac{\sqrt{3}}{3}x$이고 한 초점이 $F(4\sqrt{3}, 0)$이다. 점 F를 지나고 x축에 수직인 직선이 이 쌍곡선과 제1사분면에서 만나는 점을 P라 하자. 쌍곡선 위의 점 P에서의 접선의 기울기는?

(단, a, b는 상수이다.) (4점)

① $\frac{2\sqrt{3}}{3}$ ② $\sqrt{3}$ ③ $\frac{4\sqrt{3}}{3}$
④ $\frac{5\sqrt{3}}{3}$ ⑤ $2\sqrt{3}$

정답과 해설 001 p.112 | 002 p.113 | 003 p.113 | 004 p.114

어떤 유형이든 대비하는

유형 정복 문제

유형 01 포물선의 접선의 방정식 – 접점을 알 때

동영상강의

249-1-2-Y01

출제경향

포물선 위의 점에서 접선의 방정식을 구하는 문제가 출제된다.

접근방법

포물선 위의 점에서 접선의 방정식 공식을 이용한다.

단골공식

(1) 포물선 $y^2=4px$ 위의 점 (x_1, y_1)에서의 접선의 방정식은
$y_1y=2p(x+x_1)$

(2) 포물선 $x^2=4py$ 위의 점 (x_1, y_1)에서의 접선의 방정식은
$x_1x=2p(y+y_1)$

005 ★★☆ 2012학년도 수능 가형 26번

포물선 $y^2=nx$의 초점과 포물선 위의 점 (n, n)에서의 접선 사이의 거리를 d라 하자. $d^2\geq40$을 만족시키는 자연수 n의 최솟값을 구하시오. (4점)

006 ★★☆ 2010학년도 수능 가형 4번

포물선 $y^2=4x$ 위의 점 $\mathrm{P}(a, b)$에서의 접선이 x축과 만나는 점을 Q라 하자. $\overline{\mathrm{PQ}}=4\sqrt{5}$일 때, a^2+b^2의 값은? (3점)

① 21 ② 32 ③ 45
④ 60 ⑤ 77

007 ★★☆ 2016학년도 9월모평 B형 12번

그림과 같이 초점이 F인 포물선 $y^2=4x$ 위의 한 점 P에서의 접선이 x축과 만나는 점의 x좌표가 -2이다.
$\cos(\angle\mathrm{PFO})$의 값은? (단, O는 원점이다.) (3점)

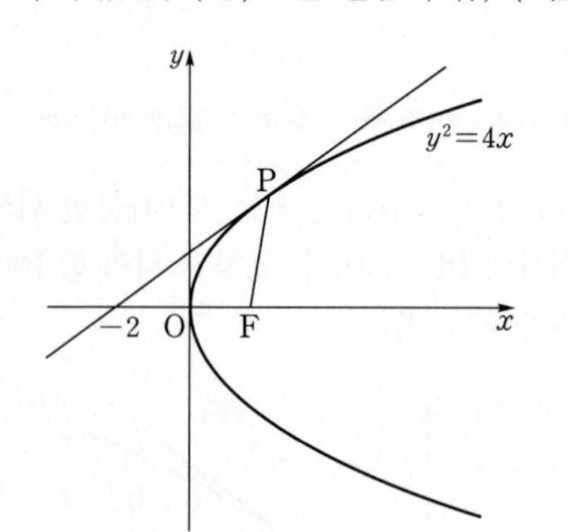

① $-\frac{5}{12}$ ② $-\frac{1}{3}$ ③ $-\frac{1}{4}$
④ $-\frac{1}{6}$ ⑤ $-\frac{1}{12}$

008 ★★☆

초점이 F인 포물선 $y^2=x$ 위의 점 $\mathrm{A}(a^2, a)$에서의 접선이 x축과 만나는 점을 B라 하자. 삼각형 AFB의 무게중심이 포물선 $y^2=x$ 위에 있을 때, a의 값은? (단, $a>0$) (3점)

① $\frac{1}{2}$ ② $\frac{\sqrt{2}}{2}$ ③ $\frac{\sqrt{3}}{2}$
④ 2 ⑤ $\frac{\sqrt{5}}{2}$

정답과 해설 005 p.114 | 006 p.115 | 007 p.115 | 008 p.115

009 ★★☆ 2005학년도 9월모평 가형 15번

다음은 포물선 $y^2=x$ 위의 꼭짓점이 아닌 임의의 점 P에서의 접선과 x축과의 교점을 T, 포물선의 초점을 F라고 할 때, $\overline{FP}=\overline{FT}$임을 증명한 것이다.

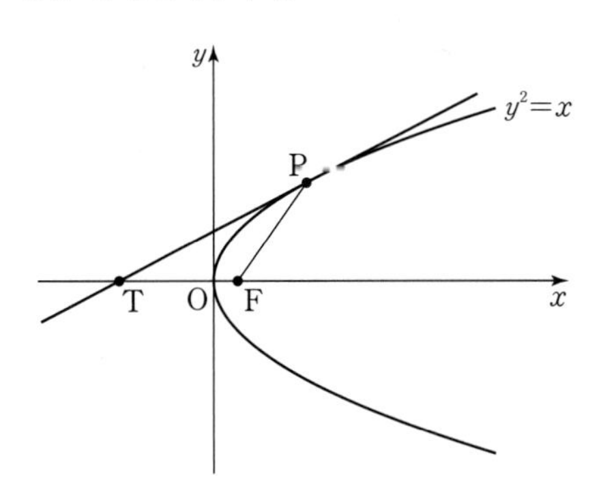

[증명]

점 P의 좌표를 (x_1, y_1)이라고 하면, 접선의 방정식은

(가)

이 식에 $y=0$을 대입하면 교점 T의 좌표는 $(-x_1, 0)$이다.

초점 F의 좌표는 (나) 이므로

$\overline{FT}=$ (다)

한편, $\overline{FP}=\sqrt{\left(x_1-\frac{1}{4}\right)^2+{y_1}^2}$

$=$ (다)

따라서 $\overline{FP}=\overline{FT}$이다.

위의 증명에서 (가), (나), (다)에 알맞은 것을 차례로 나열한 것은? (3점)

	(가)	(나)	(다)
①	$y_1y=\frac{1}{2}(x+x_1)$	$\left(\frac{1}{2}, 0\right)$	$x_1+\frac{1}{2}$
②	$y_1y=\frac{1}{2}(x+x_1)$	$\left(\frac{1}{4}, 0\right)$	$x_1+\frac{1}{4}$
③	$y_1y=\frac{1}{2}(x+x_1)$	$\left(\frac{1}{4}, 0\right)$	$x_1+\frac{1}{2}$
④	$y_1y=x+x_1$	$\left(\frac{1}{4}, 0\right)$	$x_1+\frac{1}{4}$
⑤	$y_1y=x+x_1$	$\left(\frac{1}{2}, 0\right)$	$x_1+\frac{1}{2}$

010 ★★★

그림과 같이 두 포물선 $y^2=8x$, $y^2=-8(x-2)$가 제1사분면에서 만나는 점을 P라 하자. 점 P에서 두 포물선에 접하는 두 접선이 이루는 예각의 크기를 θ라 할 때, $\tan\theta$의 값은? (4점)

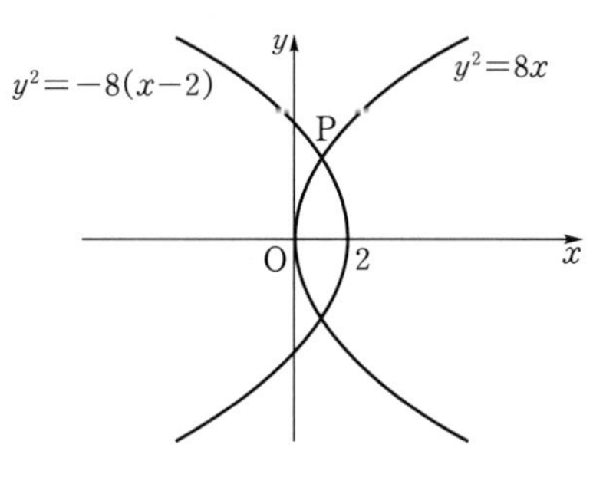

① $\frac{\sqrt{2}}{4}$ ② $\frac{\sqrt{2}}{2}$ ③ $\sqrt{2}$
④ $2\sqrt{2}$ ⑤ $4\sqrt{2}$

유형 02 포물선의 접선의 방정식 – 기울기를 알 때

동영상강의  

249-1-2-Y02

출제경향

기울기가 주어질 때 포물선의 접선의 방정식을 구하는 문제가 출제된다.

접근방법

기울기가 주어진 포물선의 접선의 방정식 공식을 이용한다.

단골공식

(1) 포물선 $y^2=4px$에 접하고 기울기가 m인 접선의 방정식은

$y=mx+\frac{p}{m}$ (단, $m\neq0$)

(2) 포물선 $x^2=4py$에 접하고 기울기가 m인 접선의 방정식은

$y=mx-m^2p$

011 ★☆☆ 2016학년도 6월모평 B형 24번

포물선 $y^2=20x$에 접하고 기울기가 $\frac{1}{2}$인 직선의 y절편을 구하시오. (3점)

정답과 해설 009 p.116 | 010 p.117 | 011 p.118

012 ★☆☆

포물선 $y^2=-4x$에 접하고 직선 $2x-y+1=0$에 평행한 접선의 y절편은? (3점)

① -1 ② $-\frac{1}{2}$ ③ $-\frac{1}{3}$
④ $-\frac{1}{4}$ ⑤ $-\frac{1}{5}$

013 ★☆☆ 1994학년도 수능 2차 6번

직선 $y=3x+2$를 x축의 방향으로 k만큼 평행이동시킨 직선이 포물선 $y^2=4x$에 접할 때, k의 값은? (2점)

① $\frac{5}{9}$ ② $\frac{4}{9}$ ③ $\frac{2}{9}$
④ $\frac{2}{3}$ ⑤ $\frac{1}{3}$

이 문항은 7차 교육과정 이전에 출제되었지만 다시 출제될 가능성이 있어 수록하였습니다.

014 ★☆☆ 2014학년도 수능 B형 8번

좌표평면에서 포물선 $y^2=8x$에 접하는 두 직선 l_1, l_2의 기울기가 각각 m_1, m_2이다. m_1, m_2가 방정식 $2x^2-3x+1=0$의 서로 다른 두 근일 때, l_1과 l_2의 교점의 x좌표는? (3점)

① 1 ② 2 ③ 3
④ 4 ⑤ 5

015 ★★☆ 2015학년도 9월모평 B형 11번

자연수 n에 대하여 직선 $y=nx+(n+1)$이 꼭짓점의 좌표가 $(0, 0)$이고 초점이 $(a_n, 0)$인 포물선에 접할 때, $\sum_{n=1}^{5} a_n$의 값은? (3점)

① 70 ② 72 ③ 74
④ 76 ⑤ 78

016 ★★☆ 2017년 7월학평 가형 28번

그림과 같이 초점이 F인 포물선 $y^2=12x$가 있다. 포물선 위에 있고 제1사분면에 있는 점 A에서의 접선과 포물선의 준선이 만나는 점을 B라 하자. $\overline{AB}=2\overline{AF}$일 때, $\overline{AB}\times\overline{AF}$의 값을 구하시오. (4점)

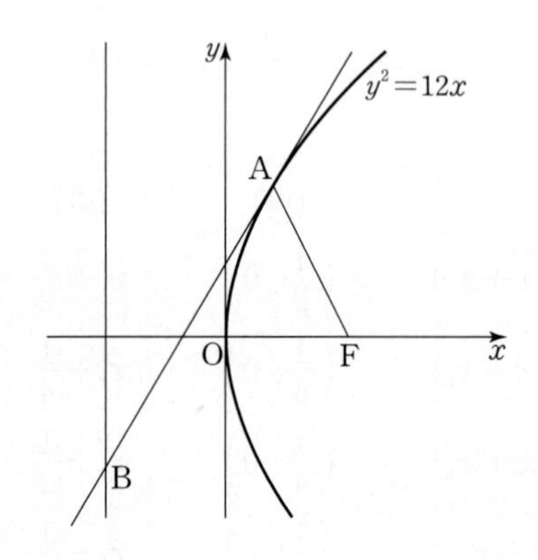

정답과 해설 012 p.118 013 p.119 014 p.119 015 p.119 016 p.120

유형 03 포물선의 접선의 방정식 – 밖의 점을 알 때

동영상강의 249-1-2-Y03

출제경향

포물선 밖의 점이 주어질 때 접선의 방정식을 구하는 문제가 출제된다.

접근방법

포물선 위의 접점의 좌표를 (x_1, y_1)과 같이 임의로 놓고 접점에서 접선의 방정식을 구한다.

단골공식

포물선 $y^2=4px$ 위의 접점을 (x_1, y_1)이라 하면

(1) 포물선이 점 (x_1, y_1)을 지나므로 $y_1{}^2=4px_1$

(2) 접선의 방정식은 $y_1y=2p(x+x_1)$

017 ★★☆ 2010학년도 사관학교 이과 3번

점 $\mathrm{A}(-2, 4)$에서 포물선 $y^2=4x$에 그은 두 접선의 기울기의 곱은? (2점)

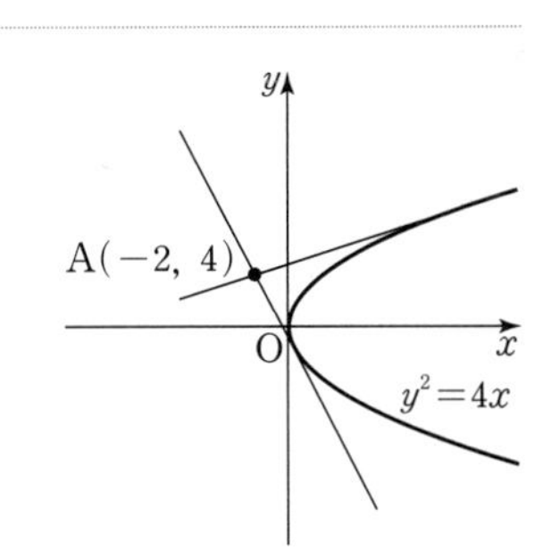

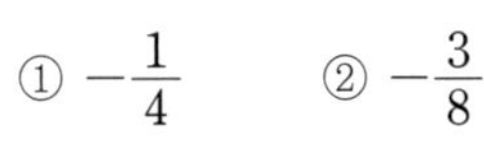

① $-\frac{1}{4}$　② $-\frac{3}{8}$

③ $-\frac{1}{2}$　④ $-\frac{5}{8}$

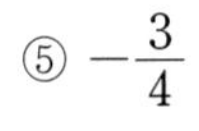

⑤ $-\frac{3}{4}$

018 ★★☆

점 $(0, 2)$에서 포물선 $y^2=8x$에 그은 접선 l_1, l_2와 초점 사이의 거리를 각각 d_1, d_2라 할 때, $d_1\times d_2$의 값은? (3점)

① $\sqrt{2}$　② $2\sqrt{2}$　③ $3\sqrt{2}$

④ $4\sqrt{2}$　⑤ $5\sqrt{2}$

019 ★★☆ 2014년 10월학평 B형 25번

자연수 n에 대하여 점 $(-n, 0)$을 지나고 제1사분면에서 포물선 $y^2=4x$에 접하는 직선의 기울기를 a_n이라 하자. $\sum_{n=1}^{10}\left(\frac{1}{a_n}\right)^2$의 값을 구하시오. (3점)

유형 04 포물선의 접선의 방정식의 활용

동영상강의

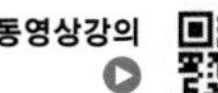

249-1-2-Y04

출제경향

포물선의 접선을 이용한 다양한 문제가 출제된다.

접근방법

주어진 조건을 이용하여 포물선의 접선의 방정식을 구한다.

020 ★☆☆ 2015년 10월학평 B형 25번

좌표평면에서 포물선 $y^2=16x$에 접하는 기울기가 $\frac{1}{2}$인 직선과 x축, y축으로 둘러싸인 삼각형의 넓이를 구하시오. (3점)

정답과 해설 017 p.121 | 018 p.121 | 019 p.122 | 020 p.122

021 ★★☆ 2018년 4월학평 가형 18번

그림과 같이 포물선 $y^2=16x$에 대하여 포물선의 준선 위의 한 점 A가 제3사분면에 있다. 점 A에서 포물선에 그은 기울기가 양수인 접선과 포물선이 만나는 점을 B, 점 B에서 준선에 내린 수선의 발을 H, 준선과 x축이 만나는 점을 C라 하자. $\overline{AC}\times\overline{CH}=8$일 때, 삼각형 ABH의 넓이는? (4점)

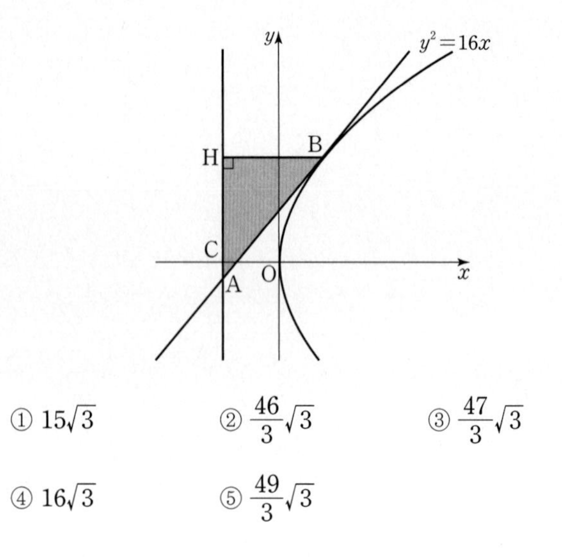

① $15\sqrt{3}$ ② $\frac{46}{3}\sqrt{3}$ ③ $\frac{47}{3}\sqrt{3}$

④ $16\sqrt{3}$ ⑤ $\frac{49}{3}\sqrt{3}$

022 ★★☆ 2011년 7월학평 가형 25번

그림과 같이 포물선 $y^2=4px$의 초점을 F라 하고, $\overline{FA}=10$을 만족하는 포물선 위의 점 $A(a, b)$에서의 접선이 x축과 만나는 점을 B라 하자. 삼각형 ABF의 넓이가 40일 때, ab의 값을 구하시오. (단, $a<p$이다.) (4점)

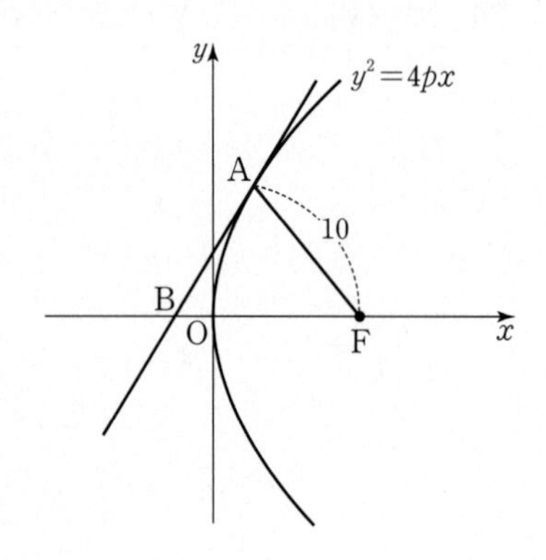

023 ★★★ 2022년 4월학평 기하 29번

초점이 F인 포물선 $y^2=4px\,(p>0)$에 대하여 이 포물선 위의 점 중 제1사분면에 있는 점 P에서의 접선이 직선 $x=-p$와 만나는 점을 Q라 하고, 점 Q를 지나고 직선 $x=-p$에 수직인 직선이 포물선과 만나는 점을 R라 하자. $\angle PRQ=\frac{\pi}{2}$일 때, 사각형 PQRF의 둘레의 길이가 140이 되도록 하는 상수 p의 값을 구하시오. (4점)

024 ★★☆ 1997학년도 수능 자연계 15번

포물선 $y=(x-a)^2+b$ 위의 두 점 $P(s+a, s^2+b)$와 $Q(t+a, t^2+b)$에서 각각 그은 이 포물선의 접선은 서로 수직이다. 이 두 접선과 위 포물선으로 둘러싸인 도형의 면적을 A라고 하자. 다음 [보기] 중 옳은 것을 모두 고르면? (단, $s<0<t$) (2점)

[보기]
ㄱ. s가 증가하면 t도 증가한다.
ㄴ. a가 증가하면 면적 A도 증가한다.
ㄷ. b가 변하면 면적 A도 변한다.

① ㄱ ② ㄴ ③ ㄷ

④ ㄱ, ㄷ ⑤ ㄴ, ㄷ

이 문항은 7차 교육과정 이전에 출제되었지만 다시 출제될 가능성이 있어 수록하였습니다.

정답과 해설 021 p.123 | 022 p.123 | 023 p.124 | 024 p.124

025 ★★★

포물선 $y^2=px$ $(p>0)$ 위의 점 $\mathrm{P}(4p,\ 2p)$에서 이 포물선의 준선까지의 거리가 17이다. 두 점 $\mathrm{A}(-1,\ 0)$, $\mathrm{B}(0,\ 2)$와 포물선 $y^2=px$ 위의 임의의 점 C를 꼭짓점으로 하는 삼각형 ABC의 넓이의 최솟값은? (4점)

① $\frac{3}{2}$ ② 1 ③ $\frac{3}{4}$
④ $\frac{3}{5}$ ⑤ $\frac{1}{2}$

026 ★★★ 2021년 4월학평 기하 28번

좌표평면에서 두 점 $\mathrm{F}\left(\frac{9}{4},\ 0\right)$, $\mathrm{F}'(-c,\ 0)(c>0)$을 초점으로 하는 타원과 포물선 $y^2=9x$가 제1사분면에서 만나는 점을 P라 하자. $\overline{\mathrm{PF}}=\frac{25}{4}$이고 포물선 $y^2=9x$ 위의 점 P에서의 접선이 점 F′을 지날 때, 타원의 단축의 길이는? (4점)

① 13 ② $\frac{27}{2}$ ③ 14
④ $\frac{29}{2}$ ⑤ 15

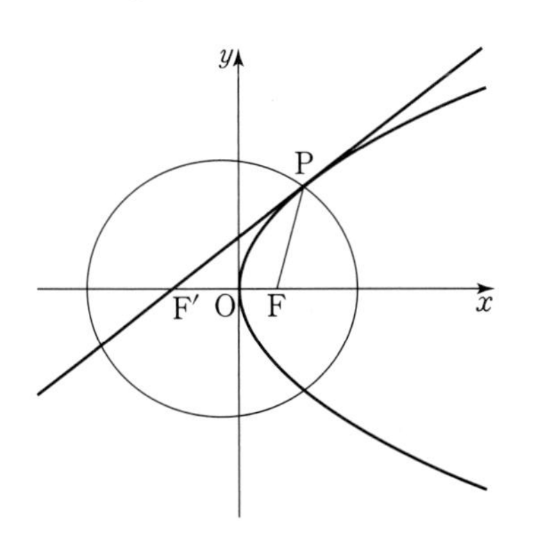

027 ★★☆ 2017학년도 수능 가형 19번

두 양수 k, p에 대하여 점 $\mathrm{A}(-k,\ 0)$에서 포물선 $y^2=4px$에 그은 두 접선이 y축과 만나는 두 점을 각각 F, F′, 포물선과 만나는 두 점을 각각 P, Q라 할 때, $\angle\mathrm{PAQ}=\frac{\pi}{3}$이다. 두 점 F, F′을 초점으로 하고 두 점 P, Q를 지나는 타원의 장축의 길이가 $4\sqrt{3}+12$일 때, $k+p$의 값은? (4점)

① 8 ② 10 ③ 12
④ 14 ⑤ 16

028 ★★★ 2022년 10월학평 기하 29번

두 점 $\mathrm{F}_1(4,\ 0)$, $\mathrm{F}_2(-6,\ 0)$에 대하여 포물선 $y^2=16x$ 위의 점 중 제1사분면에 있는 점 P가 $\overline{\mathrm{PF}_2}-\overline{\mathrm{PF}_1}=6$을 만족시킨다. 포물선 $y^2=16x$ 위의 점 P에서의 접선이 x축과 만나는 점을 F_3이라 하면 두 점 F_1, F_3을 초점으로 하는 타원의 한 꼭짓점은 선분 PF_3 위에 있다. 이 타원의 장축의 길이가 $2a$일 때, a^2의 값을 구하시오. (4점)

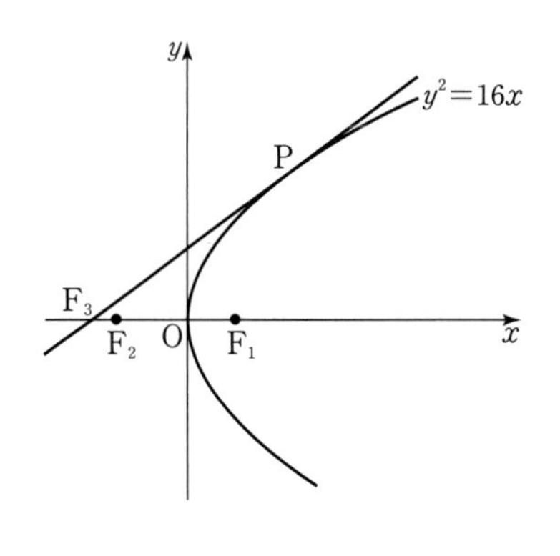

유형 05 타원의 접선의 방정식 – 접점을 알 때

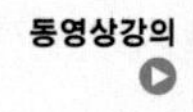

249-1-2-Y05

출제경향

타원 위의 점에서 타원의 접선의 방정식을 구하는 문제가 출제된다.

접근방법

타원 위의 점에서 접선의 방정식 공식을 이용한다.

단골공식

타원 $\frac{x^2}{a^2}+\frac{y^2}{b^2}=1$ 위의 점 (x_1, y_1)에서의 접선의 방정식은

$\frac{x_1x}{a^2}+\frac{y_1y}{b^2}=1$

029 ★☆☆ 2022학년도 6월모평 기하 24번

타원 $\frac{x^2}{8}+\frac{y^2}{4}=1$ 위의 점 $(2, \sqrt{2})$에서의 접선의 x절편은? (3점)

① 3 ② $\frac{13}{4}$ ③ $\frac{7}{2}$
④ $\frac{15}{4}$ ⑤ 4

030 ★☆☆ 2023학년도 수능 기하 25번

타원 $\frac{x^2}{a^2}+\frac{y^2}{b^2}=1$ 위의 점 $(2, 1)$에서의 접선의 기울기가 $-\frac{1}{2}$일 때, 이 타원의 두 초점 사이의 거리는?

(단, a, b는 양수이다.) (3점)

① $2\sqrt{3}$ ② 4 ③ $2\sqrt{5}$
④ $2\sqrt{6}$ ⑤ $2\sqrt{7}$

031 ★★☆

포물선 $y^2=-8x$와 한 초점을 공유하는 타원 $\frac{x^2}{a^2}+\frac{y^2}{b^2}=1$ 위의 점 $(\sqrt{3}, 1)$에서의 접선의 기울기는?

(단, a, b는 양의 상수이다.) (3점)

① $-\sqrt{3}$ ② $-\frac{\sqrt{3}}{2}$ ③ $-\frac{\sqrt{3}}{3}$
④ $-\frac{\sqrt{3}}{4}$ ⑤ $-\frac{\sqrt{3}}{5}$

032 ★☆☆ 2024학년도 수능 기하 24번

타원 $\frac{x^2}{a^2}+\frac{y^2}{6}=1$ 위의 점 $(\sqrt{3}, -2)$에서의 접선의 기울기는? (단, a는 양수이다.) (3점)

① $\sqrt{3}$ ② $\frac{\sqrt{3}}{2}$ ③ $\frac{\sqrt{3}}{3}$
④ $\frac{\sqrt{3}}{4}$ ⑤ $\frac{\sqrt{3}}{5}$

033 ★★☆ 2001년 9월학평 자연계 28번

오른쪽 그림과 같이 타원 위의 점 P에서 x축에 내린 수선의 발을 H, 점 P에서의 타원의 접선이 x축과 만나는 점을 Q라고 할 때, $\overline{OH}\times\overline{OQ}$의 값을 구하시오. (3점)

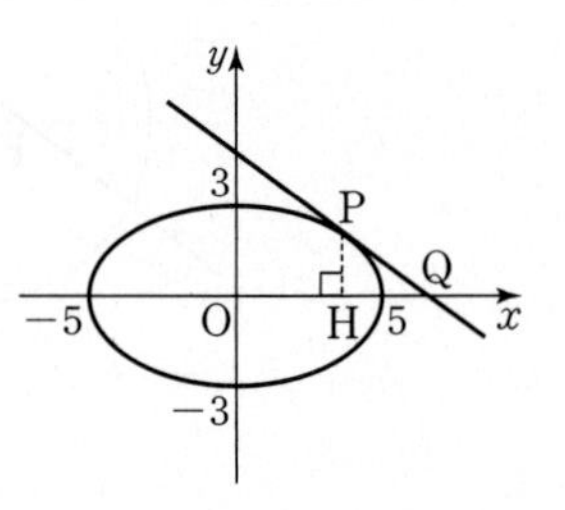

이 문항은 7차 교육과정 이전에 출제되었지만 다시 출제될 가능성이 있어 수록하였습니다.

정답과 해설 029 p.127 030 p.127 031 p.128 032 p.128 033 p.129

유형 06 타원의 접선의 방정식 – 기울기를 알 때

동영상강의 

출제경향

기울기가 주어질 때 타원의 접선의 방정식을 구하는 문제가 출제된다.

접근방법

기울기가 주어진 타원의 접선의 방정식 공식을 이용한다.

단골공식

타원 $\frac{x^2}{a^2}+\frac{y^2}{b^2}=1$에 접하고 기울기가 m인 접선의 방정식은

$y=mx\pm\sqrt{a^2m^2+b^2}$

034 ★☆☆ 2022년 10월학평 기하 24번

타원 $\frac{x^2}{16}+\frac{y^2}{8}=1$에 접하고 기울기가 2인 두 직선이 y축과 만나는 점을 각각 A, B라 할 때, 선분 AB의 길이는? (3점)

① $8\sqrt{2}$ ② 12 ③ $10\sqrt{2}$
④ 15 ⑤ $12\sqrt{2}$

035 ★★☆ 2013학년도 9월모평 가형 12번

좌표평면에서 쌍곡선 $\frac{x^2}{a^2}-\frac{y^2}{b^2}=1$의 한 점근선에 평행하고 타원 $\frac{x^2}{8a^2}+\frac{y^2}{b^2}=1$에 접하는 직선을 l이라 하자.
원점과 직선 l 사이의 거리가 1일 때, $\frac{1}{a^2}+\frac{1}{b^2}$의 값은? (3점)

① 9 ② $\frac{19}{2}$ ③ 10
④ $\frac{21}{2}$ ⑤ 11

036 ★★★

그림과 같이 타원 $\frac{x^2}{5}+y^2=1$의 한 초점 $\mathrm{F}(c, 0)(c>0)$과 한 꼭짓점 $\mathrm{A}(0, 1)$을 이은 선분 AF를 한 변으로 하고 타원 위의 점 $\mathrm{P}(a, b)$를 한 꼭짓점으로 하는 삼각형 PAF의 넓이가 최대일 때, $a+b$의 값은? (4점)

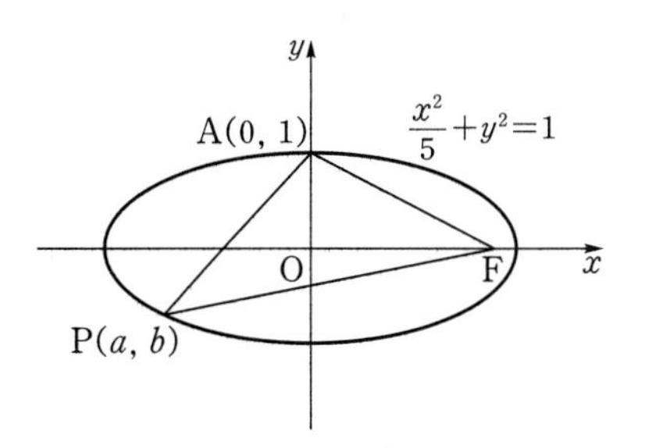

① -2 ② $-\frac{7}{3}$ ③ $-\frac{8}{3}$
④ -3 ⑤ $-\frac{10}{3}$

037 ★★☆ 2023년 10월학평 기하 28번

그림과 같이 두 초점이 $\mathrm{F}(c, 0)$, $\mathrm{F}'(-c, 0)(c>0)$인 타원 $\frac{x^2}{a^2}+\frac{y^2}{18}=1$이 있다. 타원 위의 점 중 제2사분면에 있는 점 P에서의 접선이 x축, y축과 만나는 점을 각각 Q, R라 하자. 삼각형 RF′F가 정삼각형이고 점 F′은 선분 QF의 중점일 때, c^2의 값은? (단, a는 양수이다.) (4점)

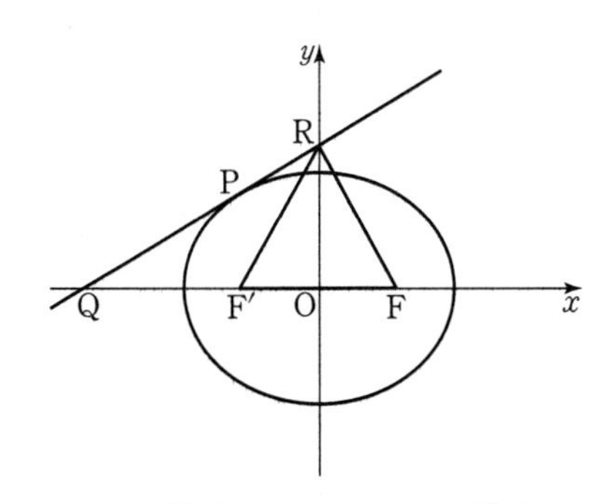

① 7 ② 8 ③ 9
④ 10 ⑤ 11

정답과 해설 034 p.129 035 p.129 036 p.130 037 p.130

038 ★★☆ 2023학년도 6월모평 기하 26번

좌표평면에서 타원 $\frac{x^2}{3}+y^2=1$과 직선 $y=x-1$이 만나는 두 점을 A, C라 하자. 선분 AC가 사각형 ABCD의 대각선이 되도록 타원 위에 두 점 B, D를 잡을 때, 사각형 ABCD의 넓이의 최댓값은? (3점)

① 2 ② $\frac{9}{4}$ ③ $\frac{5}{2}$ ④ $\frac{11}{4}$ ⑤ 3

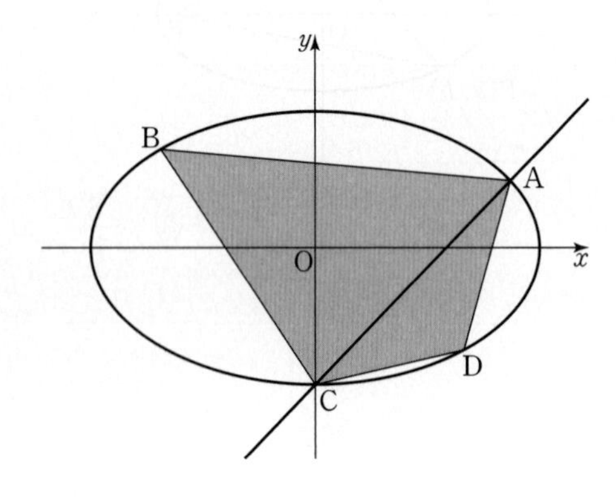

039 ★★☆ 2021년 10월학평 기하 25번

양수 a에 대하여 기울기가 $\frac{1}{2}$인 직선이 타원 $\frac{x^2}{36}+\frac{y^2}{16}=1$과 포물선 $y^2=ax$에 동시에 접할 때, 포물선 $y^2=ax$의 초점의 x좌표는? (3점)

① 2 ② $\frac{5}{2}$ ③ 3 ④ $\frac{7}{2}$ ⑤ 4

유형 07 타원의 접선의 방정식 – 밖의 점을 알 때

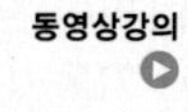

출제경향

타원 밖의 점이 주어졌을 때 접선의 방정식을 구하는 문제가 출제된다.

접근방법

타원 위의 접점 (x_1, y_1)을 잡아 접점에서 접선의 방정식 공식을 이용하거나 기울기 m을 미지수로 두고 공식을 이용한다.

단골공식

점 (a, b)를 지나고 기울기가 m인 직선의 방정식은

$y=m(x-a)+b$

040 ★☆☆ 2023년 7월학평 기하 24번

타원 $\frac{x^2}{32}+\frac{y^2}{8}=1$ 위의 점 중 제1사분면에 있는 점 (a, b)에서의 접선이 점 $(8, 0)$을 지날 때, $a+b$의 값은? (3점)

① 5 ② $\frac{11}{2}$ ③ 6 ④ $\frac{13}{2}$ ⑤ 7

041 ★★☆ 2012학년도 6월모평 가형 28번

점 $(0, 2)$에서 타원 $\frac{x^2}{8}+\frac{y^2}{2}=1$에 그은 두 접선의 접점을 각각 P, Q라 하고, 타원의 두 초점 중 하나를 F라 할 때, 삼각형 PFQ의 둘레의 길이는 $a\sqrt{2}+b$이다. a^2+b^2의 값을 구하시오. (단, a, b는 유리수이다.) (4점)

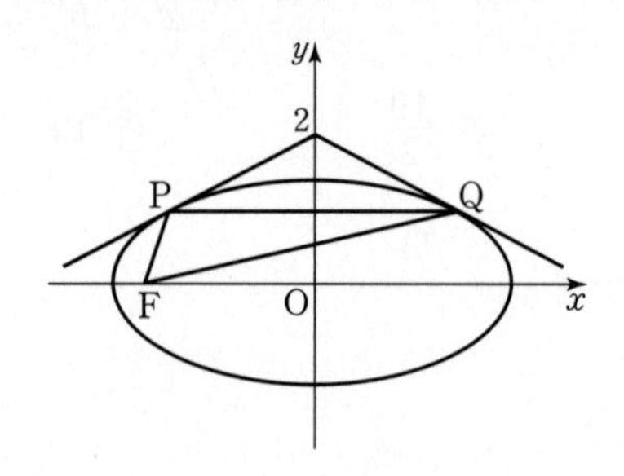

정답과 해설 038 p.131 039 p.131 040 p.132 041 p.132

유형 08 타원의 접선의 방정식의 활용

동영상강의 249-1-2-Y08

출제경향

타원의 접선의 방정식을 활용한 문제가 출제된다.

접근방법

주어진 조건에 따라 타원의 접선의 방정식을 구한다.

단골공식

타원 위의 두 접선의 방정식 $\frac{x_1x}{a^2}+\frac{y_1y}{b^2}=1$, $y=mx\pm\sqrt{a^2m^2+b^2}$은 타원의 초점이 x축 위에 있든, y축 위에 있든 상관없이 항상 성립한다.

042 ★★☆

타원 $\frac{x^2}{2}+\frac{y^2}{8}=1$ 위의 점 $(1, -2)$에서의 접선에 수직이고 점 $(4, 3)$을 지나는 직선과 x축, y축으로 둘러싸인 삼각형의 넓이는? (3점)

① 5 ② 10 ③ 15 ④ 20 ⑤ 25

043 ★★☆ 2019년 10월학평 가형 25번

점 $A(6, 4)$에서 타원 $\frac{x^2}{12}+\frac{y^2}{16}=1$에 그은 두 접선의 접점을 각각 B, C라 할 때, 삼각형 ABC의 넓이를 구하시오. (3점)

044 ★★☆ 2022년 4월학평 기하 26번

y축 위의 점 A에서 타원 $C : \frac{x^2}{8}+y^2=1$에 그은 두 접선을 l_1, l_2라 하고, 두 직선 l_1, l_2가 타원 C와 만나는 점을 각각 P, Q라 하자. 두 직선 l_1, l_2가 서로 수직일 때, 선분 PQ의 길이는? (단, 점 A의 y좌표는 1보다 크다.) (3점)

① 4 ② $\frac{13}{3}$ ③ $\frac{14}{3}$ ④ 5 ⑤ $\frac{16}{3}$

045 ★★★ 2009학년도 수능 가형 19번

타원 $\frac{x^2}{4}+y^2=1$의 네 꼭짓점을 연결하여 만든 사각형에 내접하는 타원 $\frac{x^2}{a^2}+\frac{y^2}{b^2}=1$이 있다. 타원 $\frac{x^2}{a^2}+\frac{y^2}{b^2}=1$의 두 초점이 $F(b, 0)$, $F'(-b, 0)$일 때, $a^2b^2=\frac{q}{p}$이다. $p+q$의 값을 구하시오. (단, p, q는 서로소인 자연수이다.) (3점)

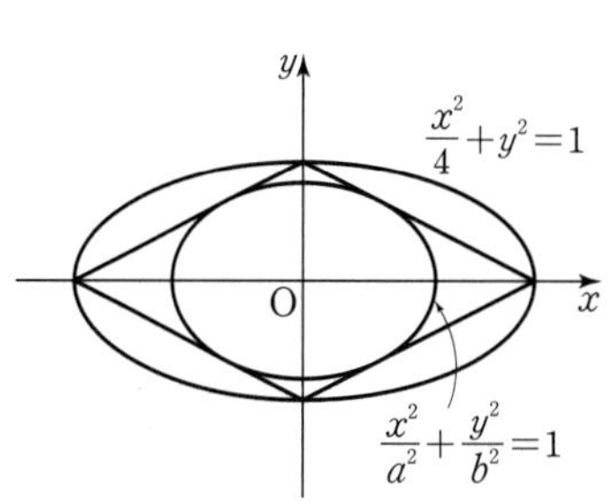

정답과 해설 042 p.132 | 043 p.133 | 044 p.133 | 045 p.134

046 ★★☆ 2014년 7월학평 B형 20번

그림과 같이 두 초점이 F, F′인 타원 $3x^2+4y^2=12$ 위를 움직이는 제1사분면 위의 점 P에서의 접선 l이 x축과 만나는 점을 Q, 점 P에서 접선 l과 수직인 직선을 그어 x축과 만나는 점을 R라 하자. 세 삼각형 PRF, PF′R, PFQ의 넓이가 이 순서대로 등차수열을 이룰 때, 점 P의 x좌표는? (4점)

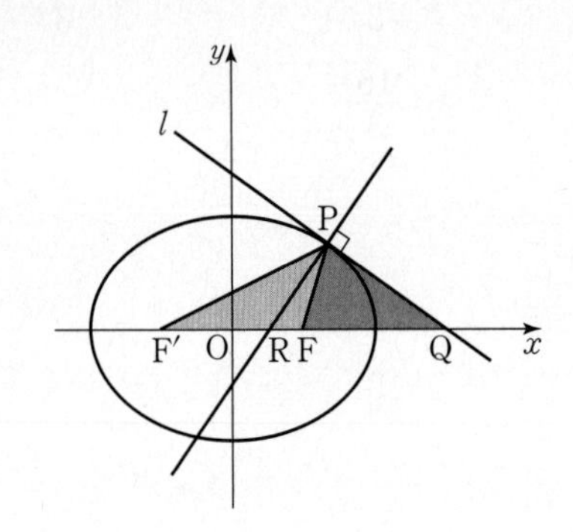

① $\frac{13}{12}$ ② $\frac{7}{6}$ ③ $\frac{5}{4}$

④ $\frac{4}{3}$ ⑤ $\frac{17}{12}$

047 ★★☆ 2022학년도 수능예시문항 기하 26번

좌표평면에서 타원 $x^2+3y^2=19$와 직선 l은 제1사분면 위의 한 점에서 접하고, 원점과 직선 l 사이의 거리는 $\frac{19}{5}$이다. 직선 l의 기울기는? (3점)

① $-\frac{2}{3}$ ② $-\frac{5}{6}$ ③ -1

④ $-\frac{7}{6}$ ⑤ $-\frac{4}{3}$

048 ★★★ 2022학년도 9월모평 기하 28번

그림과 같이 두 점 $\mathrm{F}(c,\ 0)$, $\mathrm{F'}(-c,\ 0)\ (c>0)$을 초점으로 하는 타원 $\frac{x^2}{16}+\frac{y^2}{12}=1$ 위의 점 $\mathrm{P}(2,\ 3)$에서 타원에 접하는 직선을 l이라 하자. 점 F를 지나고 l과 평행한 직선이 타원과 만나는 점 중 제2사분면 위에 있는 점을 Q라 하자. 두 직선 F′Q와 l이 만나는 점을 R, l과 x축이 만나는 점을 S라 할 때, 삼각형 SRF′의 둘레의 길이는? (4점)

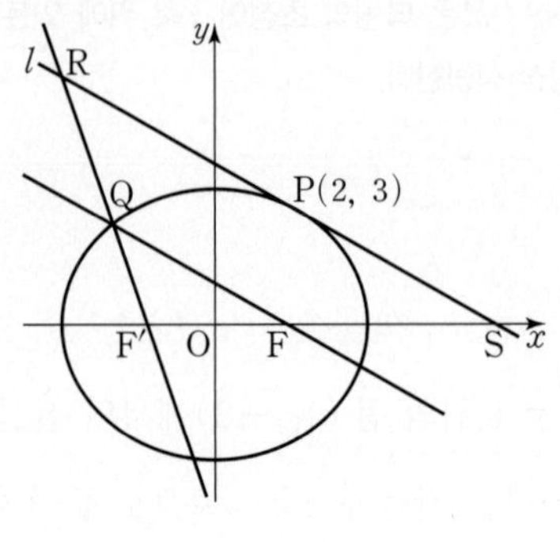

① 30 ② 31 ③ 32

④ 33 ⑤ 34

049 ★★★ 2016년 4월학평 가형 21번

닫힌구간 $[-2,\ 2]$에서 정의된 함수 $f(x)$는

$$f(x)=\begin{cases} x+2 & (-2\le x\le 0) \\ -x+2 & (0<x\le 2) \end{cases}$$

이다. 좌표평면에서 $k>1$인 실수 k에 대하여 함수 $y=f(x)$의 그래프와 타원 $\frac{x^2}{k^2}+y^2=1$이 만나는 서로 다른 점의 개수를 $g(k)$라 하자. 함수 $g(k)$가 불연속이 되는 모든 k의 값들의 제곱의 합은? (4점)

① 6 ② $\frac{25}{4}$ ③ $\frac{13}{2}$

④ $\frac{27}{4}$ ⑤ 7

정답과 해설 046 p.135 047 p.135 048 p.136 049 p.136

050 ★★★

두 집합

$A=\{(x, y)\,|\,x^2+2y^2=4,\ x, y\text{는 실수}\}$,

$B=\{(x, y)\,|\,y=mx+2,\ x, y\text{는 실수}\}$

에 대하여 $n(A\cap B)\le 1$일 때, 실수 m의 최댓값을 α, 최솟값을 β라 하자. $\alpha\beta$의 값은?

(단, $n(X)$는 집합 X의 원소의 개수이다.) (4점)

① $-\frac{1}{2}$　② $-\frac{2}{3}$　③ $-\frac{3}{4}$

④ $-\frac{5}{4}$　⑤ $-\frac{3}{2}$

유형 09 쌍곡선의 접선의 방정식 – 접점을 알 때

동영상강의 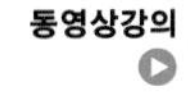 

249-1-2-Y09

출제경향

쌍곡선 위의 점에서의 접선의 방정식을 구하는 문제가 출제된다.

접근방법

쌍곡선 위의 점에서의 접선의 방정식 공식을 이용한다.

단골공식

(1) 쌍곡선 $\frac{x^2}{a^2}-\frac{y^2}{b^2}=1$ 위의 점 (x_1, y_1)에서의 접선의 방정식은

$\frac{x_1x}{a^2}-\frac{y_1y}{b^2}=1$

(2) 쌍곡선 $\frac{x^2}{a^2}-\frac{y^2}{b^2}=-1$ 위의 점 (x_1, y_1)에서의 접선의 방정식은

$\frac{x_1x}{a^2}-\frac{y_1y}{b^2}=-1$

051 ★☆☆ 2024학년도 9월모평 기하 24번

쌍곡선 $\frac{x^2}{7}-\frac{y^2}{6}=1$ 위의 점 $(7, 6)$에서의 접선의 x절편은? (3점)

① 1　② 2　③ 3

④ 4　⑤ 5

052 ★★☆ 2021년 4월학평 기하 24번

쌍곡선 $\frac{x^2}{2}-\frac{y^2}{7}=1$ 위의 점 $(4, 7)$에서의 접선의 x절편은? (3점)

① $\frac{1}{4}$　② $\frac{3}{8}$　③ $\frac{1}{2}$

④ $\frac{5}{8}$　⑤ $\frac{3}{4}$

053 ★☆☆ 2001학년도 수능 자연계 6번

쌍곡선 $\frac{x^2}{2}-y^2=1$ 위의 점 $(2, 1)$에서의 접선이 y축과 만나는 점의 y좌표는? (3점)

① -2　② -1　③ 0

④ 2　⑤ 3

이 문항은 7차 교육과정 이전에 출제되었지만 다시 출제될 수 있는 기본적인 문제로 개념을 익히는 데 도움이 됩니다.

054 ★☆☆ 2012년 10월학평 가형 5번

쌍곡선 $x^2-\frac{y^2}{3}=1$ 위의 점 $(2, 3)$에서의 접선이 y축과 만나는 점의 y좌표는? (3점)

① -1　② $-\frac{1}{2}$　③ 0

④ $\frac{1}{2}$　⑤ 1

정답과 해설 050 p.137 | 051 p.138 | 052 p.138 | 053 p.138 | 054 p.139

055 ★★☆ 2022년 7월학평 기하 26번

두 초점이 $\mathrm{F}(c,\ 0)$, $\mathrm{F}'(-c,\ 0)$ $(c>0)$인 쌍곡선 $\frac{x^2}{4}-\frac{y^2}{k}=1$ 위의 제1사분면에 있는 점 P에서의 접선이 x축과 만나는 점의 x좌표가 $\frac{4}{3}$이다. $\overline{\mathrm{PF}'}=\overline{\mathrm{FF}'}$일 때, 양수 k의 값은? (3점)

① 9 ② 10 ③ 11
④ 12 ⑤ 13

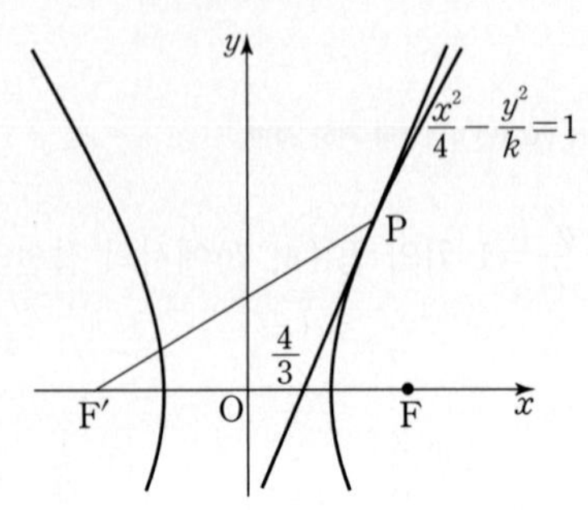

056 ★★☆ 2009학년도 9월모평 가형 20번

쌍곡선 $x^2-y^2=32$ 위의 점 $\mathrm{P}(-6,\ 2)$에서의 접선 l에 대하여 원점 O에서 l에 내린 수선의 발을 H, 직선 OH와 이 쌍곡선이 제1사분면에서 만나는 점을 Q라 하자. 두 선분 OH와 OQ의 길이의 곱 $\overline{\mathrm{OH}}\times\overline{\mathrm{OQ}}$를 구하시오. (3점)

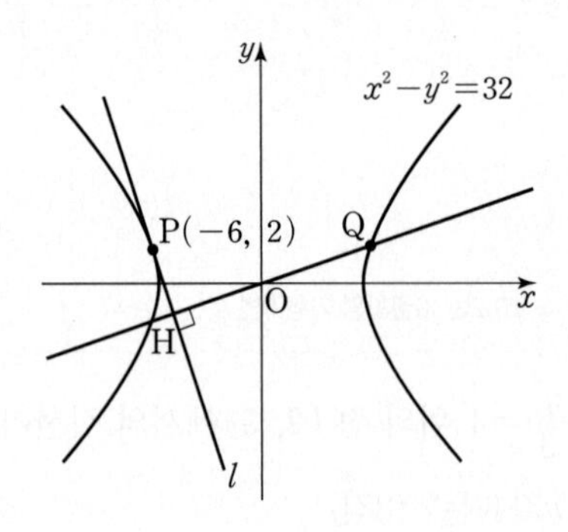

057 ★☆☆ 2021년 7월학평 기하 24번

쌍곡선 $x^2-y^2=1$ 위의 점 $\mathrm{P}(a,\ b)$에서의 접선의 기울기가 2일 때, ab의 값은?

(단, 점 P는 제1사분면 위의 점이다.) (3점)

① $\frac{1}{3}$ ② $\frac{2}{3}$ ③ 1
④ $\frac{4}{3}$ ⑤ $\frac{5}{3}$

058 ★☆☆ 2023학년도 9월모평 기하 24번

쌍곡선 $\frac{x^2}{a^2}-y^2=1$ 위의 점 $(2a,\ \sqrt{3})$에서의 접선이 직선 $y=-\sqrt{3}x+1$과 수직일 때, 상수 a의 값은? (3점)

① 1 ② 2 ③ 3
④ 4 ⑤ 5

정답과 해설 055 p.139 056 p.139 057 p.140 058 p.140

059 ★★☆ 2023년 4월학평 기하 29번

그림과 같이 두 초점이 $\mathrm{F}(c,\ 0)$, $\mathrm{F'}(-c,\ 0)$ $(c>0)$인 쌍곡선 $\dfrac{x^2}{a^2}-\dfrac{y^2}{27}=1$ 위의 점 $\mathrm{P}\left(\dfrac{9}{2},\ k\right)$ $(k>0)$에서의 접선이 x축과 만나는 점을 Q라 하자. 두 점 F, F′을 초점으로 하고 점 Q를 한 꼭짓점으로 하는 쌍곡선이 선분 PF′과 만나는 두 점을 R, S라 하자. $\overline{\mathrm{RS}}+\overline{\mathrm{SF}}=\overline{\mathrm{RF}}+8$일 때, $4\times(a^2+k^2)$의 값을 구하시오. (단, a는 양수이고, 점 R의 x좌표는 점 S의 x좌표보다 크다.) (4점)

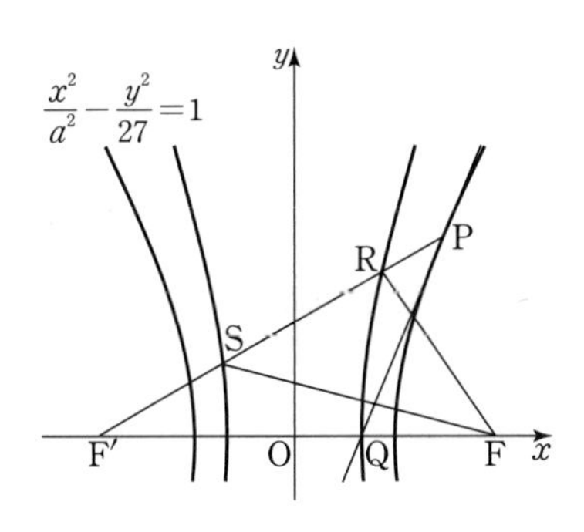

060 ★★☆ 2022학년도 6월모평 기하 27번

그림과 같이 쌍곡선 $\dfrac{x^2}{a^2}-\dfrac{y^2}{b^2}=1$ 위의 점 $\mathrm{P}(4,\ k)(k>0)$에서의 접선이 x축과 만나는 점을 Q, y축과 만나는 점을 R라 하자. 점 $\mathrm{S}(4,\ 0)$에 대하여 삼각형 QOR의 넓이를 A_1, 삼각형 PRS의 넓이를 A_2라 하자. $A_1 : A_2=9 : 4$일 때, 이 쌍곡선의 주축의 길이는?

(단, O는 원점이고, a와 b는 상수이다.) (3점)

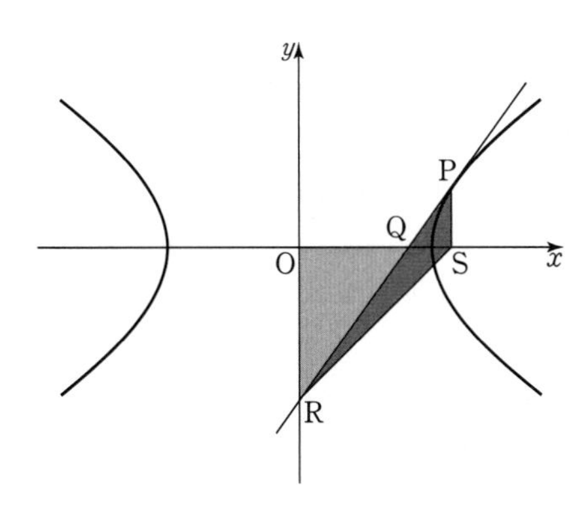

① $2\sqrt{10}$ ② $2\sqrt{11}$ ③ $4\sqrt{3}$
④ $2\sqrt{13}$ ⑤ $2\sqrt{14}$

유형 10 쌍곡선의 접선의 방정식 – 기울기를 알 때

동영상강의

출제경향

기울기가 주어질 때 쌍곡선의 접선의 방정식을 구하는 문제가 출제된다.

접근방법

기울기를 알 때 쌍곡선의 접선의 방정식 공식을 이용한다.

단골공식

(1) 쌍곡선 $\dfrac{x^2}{a^2}-\dfrac{y^2}{b^2}=1$에 접하고 기울기가 m인 접선의 방정식은

$y=mx\pm\sqrt{a^2m^2-b^2}$ $\left(단,\ |m|>\dfrac{b}{a}\right)$

(2) 쌍곡선 $\dfrac{x^2}{a^2}-\dfrac{y^2}{b^2}=-1$에 접하고 기울기가 m인 접선의 방정식은

$y=mx\pm\sqrt{b^2-a^2m^2}$ $\left(단,\ |m|<\dfrac{b}{a}\right)$

061 ★☆☆ 2006학년도 9월모평 가형 5번

직선 $y=3x+5$가 쌍곡선 $\dfrac{x^2}{a}-\dfrac{y^2}{2}=1$에 접할 때, 쌍곡선의 두 초점 사이의 거리는? (3점)

① $\sqrt{7}$ ② $2\sqrt{3}$ ③ 4
④ $2\sqrt{5}$ ⑤ $4\sqrt{3}$

062 ★★☆

쌍곡선 $\dfrac{3}{4}x^2-\dfrac{\left(y-\dfrac{2}{3}\right)^2}{a^2}=-1$에 직선 $y=\dfrac{1}{2}x+1$이 접할 때, 쌍곡선의 주축의 길이는? (단, a는 양의 상수이다.) (3점)

① $\dfrac{\sqrt{3}}{3}$ ② $\dfrac{2}{3}$ ③ $\dfrac{4}{3}$
④ $\sqrt{3}$ ⑤ $\dfrac{4\sqrt{3}}{3}$

정답과 해설 059 p.140 | 060 p.141 | 061 p.141 | 062 p.142

유형 11 쌍곡선의 접선의 방정식 – 밖의 점을 알 때

동영상강의

249-1-2-Y11

출제경향

쌍곡선 밖의 점이 주어졌을 때 쌍곡선의 접선의 방정식을 구하는 문제가 출제된다.

접근방법

쌍곡선 위의 접점 (x_1, y_1)을 임의로 잡고 쌍곡선 위의 점에서의 접선의 방정식 구하는 공식을 이용한다.

063 ★★☆ 2011학년도 9월모평 가형 4번

좌표평면 위의 점 $(-1, 0)$에서 쌍곡선 $x^2-y^2=2$에 그은 접선의 방정식을 $y=mx+n$이라 할 때, m^2+n^2의 값은? (단, m, n은 상수이다.) (3점)

① $\frac{5}{2}$ ② 3 ③ $\frac{7}{2}$ ④ 4 ⑤ $\frac{9}{2}$

유형 12 쌍곡선의 접선의 방정식의 활용

동영상강의

249-1-2-Y12

출제경향

쌍곡선의 접선의 방정식을 활용하는 문제가 출제된다.

접근방법

주어진 조건에 따라 쌍곡선의 접선의 방정식을 구해 문제를 해결한다.

064 ★☆☆ 2015학년도 6월모평 B형 12번

쌍곡선 $\frac{x^2}{8}-y^2=1$ 위의 점 $\mathrm{A}(4, 1)$에서의 접선이 x축과 만나는 점을 B라 하자. 이 쌍곡선의 두 초점 중 x좌표가 양수인 점을 F라 할 때, 삼각형 FAB의 넓이는? (3점)

① $\frac{5}{12}$ ② $\frac{1}{2}$ ③ $\frac{7}{12}$ ④ $\frac{2}{3}$ ⑤ $\frac{3}{4}$

065 ★☆☆ 1998학년도 수능 자연계 9번

쌍곡선 $\frac{x^2}{9}-\frac{y^2}{16}=1$ 위의 점 (a, b)에서의 접선과 x축, y축으로 둘러싸인 삼각형의 넓이는? (단, $a>0$, $b>0$) (3점)

① $\frac{36}{ab}$ ② $\frac{54}{ab}$ ③ $\frac{72}{ab}$ ④ $\frac{90}{ab}$ ⑤ $\frac{108}{ab}$

이 문항은 7차 교육과정 이전에 출제되었지만 다시 출제될 가능성이 있어 수록하였습니다.

066 ★★☆

쌍곡선 $x^2-\frac{y^2}{3}=1$ 위의 점 $(2, 3)$에서의 접선에 수직이고 점 $(2, 3)$을 지나는 직선 위의 점을 (a, b)라 할 때, a^2+b^2의 최솟값은? (4점)

① 12 ② $\frac{62}{5}$ ③ $\frac{64}{5}$ ④ $\frac{66}{5}$ ⑤ 14

067 ★★☆ 2012학년도 9월모평 가형 26번

쌍곡선 $\frac{x^2}{12}-\frac{y^2}{8}=1$ 위의 점 (a, b)에서의 접선이 타원 $\frac{(x-2)^2}{4}+y^2=1$의 넓이를 이등분할 때, a^2+b^2의 값을 구하시오. (4점)

정답과 해설 063 p.142 | 064 p.143 | 065 p.143 | 066 p.143 | 067 p.144

068 ★★☆

점 (0, 4)에서 쌍곡선 $\frac{x^2}{4}-\frac{y^2}{5}=1$에 그은 두 접선을 l, l'이라 할 때, 두 직선 l, l'과 x축으로 둘러싸인 삼각형의 넓이는? (3점)

① $\frac{32\sqrt{21}}{21}$ ② $\frac{11\sqrt{21}}{7}$ ③ $\frac{34\sqrt{21}}{21}$
④ $\frac{5\sqrt{21}}{3}$ ⑤ $\frac{12\sqrt{21}}{7}$

069 ★★☆

원 $x^2+(y-2)^2=1$ 위의 점 P와 쌍곡선 $x^2-y^2=1$ 위의 점 Q에 대하여 선분 PQ의 길이의 최솟값은? (3점)

① $\sqrt{3}-1$ ② $\sqrt{5}-2$ ③ $\sqrt{7}-2$
④ 1 ⑤ $\sqrt{10}-3$

070 ★★★ 2023학년도 6월모평 기하 28번

좌표평면에서 직선 $y=2x-3$ 위를 움직이는 점 P가 있다. 두 점 $A(c, 0)$, $B(-c, 0)(c>0)$에 대하여 $\overline{PB}-\overline{PA}$의 값이 최대가 되도록 하는 점 P의 좌표가 (3, 3)일 때, 상수 c의 값은? (4점)

① $\frac{3\sqrt{6}}{2}$ ② $\frac{3\sqrt{7}}{2}$ ③ $3\sqrt{2}$
④ $\frac{9}{2}$ ⑤ $\frac{3\sqrt{10}}{2}$

071 ★★☆ 2008학년도 9월모평 가형 9번

쌍곡선 $x^2-y^2=1$에 대한 옳은 설명을 [보기]에서 모두 고른 것은? (3점)

[보기]
ㄱ. 점근선의 방정식은 $y=x$, $y=-x$이다.
ㄴ. 쌍곡선 위의 점에서 그은 접선 중 점근선과 평행한 접선이 존재한다.
ㄷ. 포물선 $y^2=4px$ $(p\neq0)$는 쌍곡선과 항상 두 점에서 만난다.

① ㄱ ② ㄴ ③ ㄱ, ㄷ
④ ㄴ, ㄷ ⑤ ㄱ, ㄴ, ㄷ

072 ★★★

쌍곡선 $x^2-y^2-4x-2y-1=0$에 대하여 [보기] 중 옳은 것만을 있는 대로 고른 것은? (4점)

[보기]
ㄱ. 주축의 길이는 4이다.
ㄴ. 두 점근선의 교점은 $(2, -1)$이다.
ㄷ. 점 $(2, a)$ $(a\neq-1)$를 지나고 기울기가 양수 m인 직선이 쌍곡선에 접하면 $m>1$이다.

① ㄱ ② ㄷ ③ ㄱ, ㄴ
④ ㄴ, ㄷ ⑤ ㄱ, ㄴ, ㄷ

정답과 해설 068 p.144 | 069 p.145 | 070 p.145 | 071 p.145 | 072 p.146

073 ★★★ 2022년 4월학평 기하 30번

그림과 같이 두 점 $F(c,\ 0)$, $F'(-c,\ 0)(c>0)$을 초점으로 하는 쌍곡선 $\frac{x^2}{10}-\frac{y^2}{a^2}=1$이 있다. 쌍곡선 위의 점 중 제2사분면에 있는 점 P에 대하여 삼각형 F′FP는 넓이가 15이고 $\angle F'PF=\frac{\pi}{2}$인 직각삼각형이다. 직선 PF′과 평행하고 쌍곡선에 접하는 두 직선을 각각 l_1, l_2라 하자. 두 직선 l_1, l_2가 x축과 만나는 점을 각각 Q_1, Q_2라 할 때, $\overline{Q_1Q_2}=\frac{q}{p}\sqrt{3}$이다. $p+q$의 값을 구하시오. (단, p와 q는 서로소인 자연수이고, a는 양수이다.) (4점)

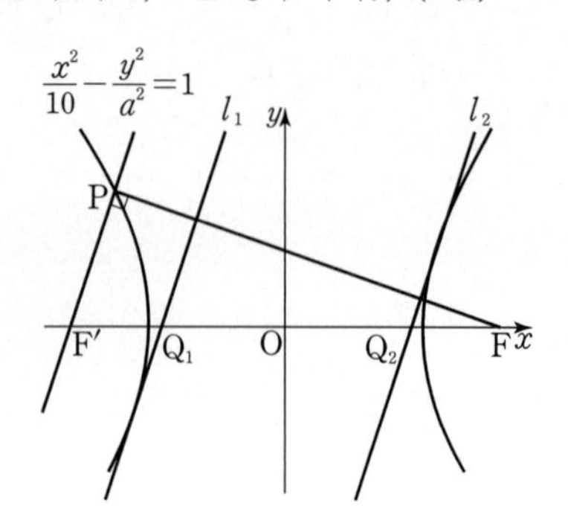

1등급에 도전하는

최고난도 문제

문제 풀이 동영상 강의

074 ★★★★ 2019학년도 6월모평 가형 19번

0이 아닌 실수 p에 대하여 좌표평면 위의 두 포물선 $x^2=2y$와 $\left(y+\frac{1}{2}\right)^2=4px$에 동시에 접하는 직선의 개수를 $f(p)$라 하자. $\lim_{p\to k+}f(p)>f(k)$를 만족시키는 실수 k의 값은? (4점)

① $-\frac{\sqrt{3}}{3}$　② $-\frac{2\sqrt{3}}{9}$　③ $-\frac{\sqrt{3}}{9}$

④ $\frac{2\sqrt{3}}{9}$　⑤ $\frac{\sqrt{3}}{3}$

정답과 해설 073 p.147 074 p.148

075 ★★★★ 2014학년도 6월모평 B형 29번

좌표평면에서 포물선 $y^2=16x$ 위의 점 A에 대하여 점 B는 다음 조건을 만족시킨다.

> (가) 점 A가 원점이면 점 B도 원점이다.
> (나) 점 A가 원점이 아니면 점 B는 점 A, 원점 그리고 점 A에서의 접선이 y축과 만나는 점을 세 꼭짓점으로 하는 삼각형의 무게중심이다.

점 A가 포물선 $y^2=16x$ 위를 움직일 때 점 B가 나타내는 곡선을 C라 하자. 점 $(3, 0)$을 지나는 직선이 곡선 C와 두 점 P, Q에서 만나고 $\overline{\mathrm{PQ}}=20$일 때, 두 점 P, Q의 x좌표의 값의 합을 구하시오. (4점)

076 ★★★★ 2020학년도 9월모평 가형 21번

좌표평면에서 두 점 $\mathrm{A}(-2, 0)$, $\mathrm{B}(2, 0)$에 대하여 다음 조건을 만족시키는 직사각형의 넓이의 최댓값은? (4점)

> 직사각형 위를 움직이는 점 P에 대하여 $\overline{\mathrm{PA}}+\overline{\mathrm{PB}}$의 값은 점 P의 좌표가 $(0, 6)$일 때 최대이고 $\left(\frac{5}{2}, \frac{3}{2}\right)$일 때 최소이다.

① $\frac{200}{19}$ ② $\frac{210}{19}$ ③ $\frac{220}{19}$ ④ $\frac{230}{19}$ ⑤ $\frac{240}{19}$

DAY 11 I 2. 이차곡선과 직선

정답과 해설 075 p.149 076 p.150

사관학교 기출문제

249-1-2-YGS

문제 풀이 동영상 강의

077 ★★☆ 2008학년도 사관학교 이과 27번

y축을 준선으로 하고 초점이 x축 위에 있는 두 포물선이 있다. 두 포물선이 y축에 대하여 서로 대칭이고, 두 포물선의 꼭짓점 사이의 거리는 4이다. 두 포물선에 동시에 접하고 기울기가 양수인 직선을 그을 때, 두 접점 사이의 거리를 d라 하자. d^2의 값을 구하시오. (3점)

078 ★★☆ 2011학년도 사관학교 이과 27번

좌표평면에서 타원 $\frac{x^2}{25}+\frac{y^2}{16}=1$ 위의 점 $\mathrm{P}\left(3,\ \frac{16}{5}\right)$에서의 접선을 l이라 하자. 타원의 두 초점 F, F′과 직선 l 사이의 거리를 각각 d, d'이라 할 때, dd'의 값을 구하시오. (3점)

079 ★★☆ 2023학년도 사관학교 기하 25번

타원 $\frac{x^2}{16}+\frac{y^2}{9}=1$과 두 점 $\mathrm{A}(4,\ 0)$, $\mathrm{B}(0,\ -3)$이 있다. 이 타원 위의 점 P에 대하여 삼각형 ABP의 넓이가 k가 되도록 하는 점 P의 개수가 3일 때, 상수 k의 값은? (3점)

① $3\sqrt{2}-3$ ② $6\sqrt{2}-7$ ③ $3\sqrt{2}-2$
④ $6\sqrt{2}-6$ ⑤ $6\sqrt{2}-5$

080 ★★☆ 2024학년도 사관학교 기하 27번

두 점 $\mathrm{F}(2,\ 0)$, $\mathrm{F'}(-2,\ 0)$을 초점으로 하고 장축의 길이가 12인 타원과 점 F를 초점으로 하고 직선 $x=-2$를 준선으로 하는 포물선이 제1사분면에서 만나는 점을 A라 하자. 타원 위의 점 P에 대하여 삼각형 APF의 넓이의 최댓값은?
(단, 점 P는 직선 AF 위의 점이 아니다.) (3점)

① $\sqrt{6}+3\sqrt{14}$ ② $2\sqrt{6}+3\sqrt{14}$ ③ $2\sqrt{6}+4\sqrt{14}$
④ $2\sqrt{6}+5\sqrt{14}$ ⑤ $3\sqrt{6}+5\sqrt{14}$

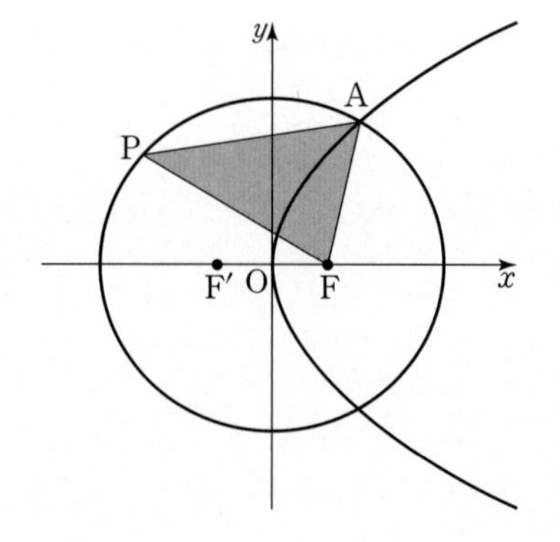

정답과 해설 077 p.151 078 p.152 079 p.152 080 p.153

081 ★☆☆ 2016학년도 사관학교 B형 5번

쌍곡선 $7x^2-ay^2=20$ 위의 점 $(2, b)$에서의 접선이 점 $(0, -5)$를 지날 때, $a+b$의 값은? (단, a, b는 상수이다.) (3점)

① 4 ② 5 ③ 6 ④ 7 ⑤ 8

082 ★★☆ 2022학년도 사관학교 기하 25번

쌍곡선 $x^2-\frac{y^2}{3}=1$ 위의 제1사분면에 있는 점 P에서의 접선의 x절편이 $\frac{1}{3}$이다. 쌍곡선 $x^2-\frac{y^2}{3}=1$의 두 초점 중 x좌표가 양수인 점을 F라 할 때, 선분 PF의 길이는? (3점)

① 5 ② $\frac{16}{3}$ ③ $\frac{17}{3}$ ④ 6 ⑤ $\frac{19}{3}$

083 ★★☆ 2012학년도 사관학교 이과 10번

그림과 같이 쌍곡선 $4x^2-y^2=4$ 위의 점 $\mathrm{P}(\sqrt{2}, 2)$에서의 접선을 l이라 하고, 이 쌍곡선의 두 점근선 중 기울기가 양수인 것을 m, 기울기가 음수인 것을 n이라 하자. l과 m의 교점을 Q, l과 n의 교점을 R라 할 때, $\overline{\mathrm{QR}}=k\overline{\mathrm{PQ}}$를 만족시키는 k의 값은? (3점)

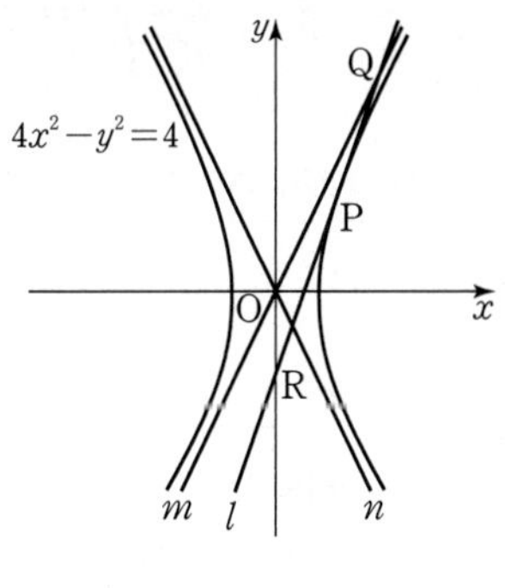

① $\sqrt{2}$ ② $\frac{3}{2}$ ③ 2 ④ $\frac{7}{3}$ ⑤ $1+\sqrt{2}$

084 ★★★ 2007학년도 사관학교 이과 17번

그림과 같이 쌍곡선 $x^2-y^2=1$ 위의 점 $\mathrm{P}(a, b)$ $(a>1, b>0)$에서의 접선이 x축과 만나는 점을 A, 쌍곡선의 점근선 중 기울기가 양수인 직선과 만나는 점을 B라 하자. 삼각형 OAB의 넓이를 $S(a)$라 할 때, $\lim_{a\to\infty}S(a)$의 값은?

(단, O는 원점이다.) (4점)

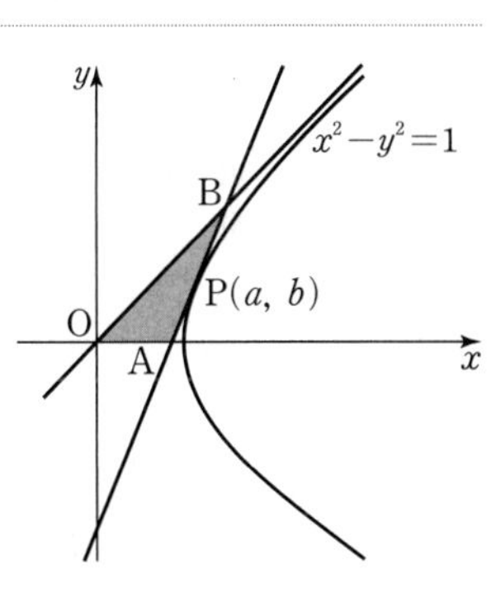

① 1 ② $\sqrt{2}$ ③ $\sqrt{3}$ ④ 2 ⑤ $2\sqrt{2}$

정답과 해설 081 p.153 | 082 p.153 | 083 p.154 | 084 p.154

Ⅱ. 평면벡터

01 평면벡터

평가원 모의평가 (2003~2024학년도) 대학수학능력시험 (1994~2024학년도) 교육청 학력평가 (2001~2023년 시행) 사관학교 입학시험 (2003~2024학년도)

1. 벡터의 연산 | 유형 01

24, 12 수능출제

(1) 벡터의 뜻

크기와 방향을 가지는 양을 벡터라 한다. 점 A에서 점 B로 향하는 방향과 크기가 주어진 선분 AB를 벡터 AB라 하며, 기호로 $\overrightarrow{AB}$와 같이 나타낸다. 이때 선분 AB의 길이를 벡터 $\overrightarrow{AB}$의 크기라 하고, 기호로 $|\overrightarrow{AB}|$와 같이 나타낸다.

(2) 벡터의 연산

① 벡터의 덧셈

두 벡터 $\vec{a}$, $\vec{b}$에 대하여 $\vec{a}=\overrightarrow{AB}$, $\vec{b}=\overrightarrow{BC}$일 때

$\vec{a}+\vec{b}=\overrightarrow{AB}+\overrightarrow{BC}=\overrightarrow{AC}$

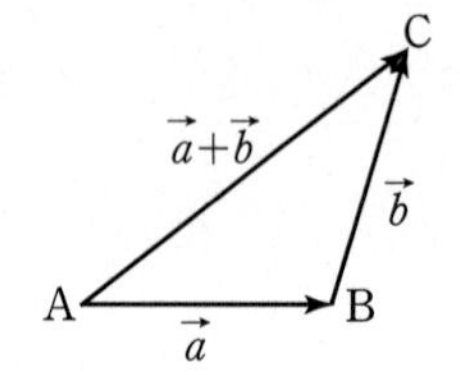

② 벡터의 뺄셈

두 벡터 $\vec{a}$, $\vec{b}$에 대하여 $\vec{a}=\overrightarrow{AB}$, $\vec{b}=\overrightarrow{AC}$일 때

$\vec{a}-\vec{b}=\overrightarrow{AB}-\overrightarrow{AC}=\overrightarrow{CB}$

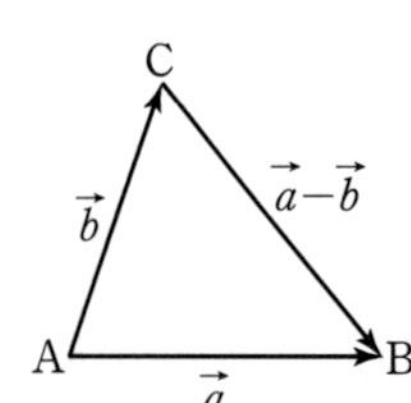

2. 벡터의 실수배와 평행 | 유형 01

12 수능출제

(1) 벡터의 실수배

임의의 실수 k와 벡터 $\vec{a}$에 대하여

① $\vec{a}\neq\vec{0}$일 때

㉠ $k>0$이면 $k\vec{a}$는 $\vec{a}$와 방향이 같고, 그 크기가 $k|\vec{a}|$인 벡터이다.

㉡ $k<0$이면 $k\vec{a}$는 $\vec{a}$와 방향이 반대이고, 그 크기가 $-k|\vec{a}|$인 벡터이다.

㉢ $k=0$이면 $k\vec{a}=\vec{0}$이다.

② $\vec{a}=\vec{0}$일 때, $k\vec{a}=\vec{0}$이다.

(2) 벡터의 평행

영벡터가 아닌 두 벡터 $\vec{a}$, $\vec{b}$에 대하여 $\vec{a}/\!/\vec{b} \Longleftrightarrow \vec{b}=k\vec{a}$ (단, k는 0이 아닌 실수)

3. 위치벡터 | 유형 03

22, 19, 12 수능출제

(1) 위치벡터를 이용한 벡터의 표현

두 점 A, B의 위치벡터를 각각 $\vec{a}$, $\vec{b}$라 하면

$\overrightarrow{AB}=\vec{b}-\vec{a}$

보충설명

- 벡터 $\overrightarrow{AB}$에서 점 A를 $\overrightarrow{AB}$의 시점, 점 B를 $\overrightarrow{AB}$의 종점이라고 한다.
- 여러 가지 벡터
  (1) 영벡터 : 시점과 종점이 일치하는 벡터로 크기는 0이고 $\vec{0}$으로 나타낸다.
  (2) 단위벡터 : 크기가 1인 벡터
  (3) $\vec{a}$와 크기가 같고 방향이 반대인 벡터를 $-\vec{a}$로 나타낸다.
- 벡터가 서로 같을 조건
  두 벡터 $\vec{a}$, $\vec{b}$의 크기가 같고 방향이 같다.
  $\Longleftrightarrow \vec{a}=\vec{b}$
- 벡터의 덧셈에 대한 연산법칙
  세 벡터 $\vec{a}$, $\vec{b}$, $\vec{c}$에 대하여
  ① 교환법칙 : $\vec{a}+\vec{b}=\vec{b}+\vec{a}$
  ② 결합법칙 : $(\vec{a}+\vec{b})+\vec{c}=\vec{a}+(\vec{b}+\vec{c})$
- 세 점 A, B, C가 한 직선 위에 존재하기 위한 조건
  서로 다른 네 점 O, A, B, C와 0과 1이 아닌 임의의 실수 k에 대하여
  $\overrightarrow{AC}=k\overrightarrow{AB}$
  $\Longleftrightarrow \overrightarrow{OC}-\overrightarrow{OA}=k(\overrightarrow{OB}-\overrightarrow{OA})$
  $\Longleftrightarrow \overrightarrow{OC}=k\overrightarrow{OB}+(1-k)\overrightarrow{OA}$
- 벡터의 실수배에 대한 연산법칙
  실수 k, l과 벡터 $\vec{a}$, $\vec{b}$에 대하여
  ① 결합법칙 : $k(l\vec{a})=(kl)\vec{a}$
  ② 분배법칙 : $(k+l)\vec{a}=k\vec{a}+l\vec{a}$
  $k(\vec{a}+\vec{b})=k\vec{a}+k\vec{b}$

(2) **선분의 내분점과 외분점의 위치벡터**

두 점 A, B의 위치벡터를 각각 $\vec{a}$, $\vec{b}$라 할 때

① 선분 AB를 $m:n\ (m>0,\ n>0)$으로 내분하는 점 P의 위치벡터 $\vec{p}=\dfrac{m\vec{b}+n\vec{a}}{m+n}$

② 선분 AB를 $m:n\ (m>0,\ n>0,\ m\neq n)$으로 외분하는 점 Q의 위치벡터

$\vec{q}=\dfrac{m\vec{b}-n\vec{a}}{m-n}$

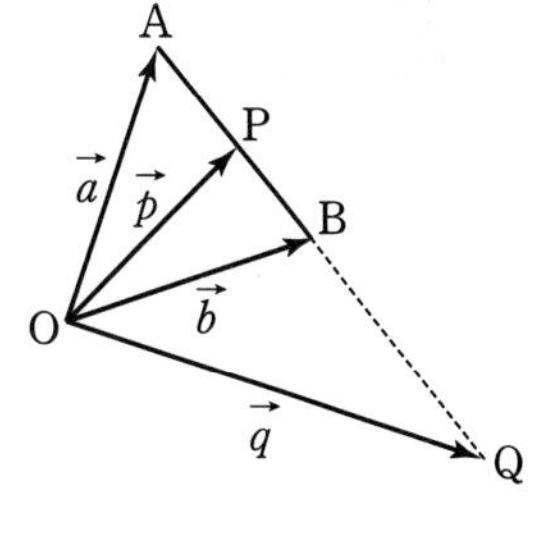

(3) **삼각형의 무게중심의 위치벡터**

세 점 A, B, C의 위치벡터를 각각 $\vec{a}$, $\vec{b}$, $\vec{c}$라 할 때, 삼각형 ABC의 무게중심 G의 위치벡터 $\vec{g}=\dfrac{\vec{a}+\vec{b}+\vec{c}}{3}$

4. 평면벡터의 성분 | 유형 05, 06

20, 19, 18, 17 수능출제

평면벡터의 크기와 서로 같을 조건, 연산

두 평면벡터 $\vec{a}=(a_1,\ a_2)$, $\vec{b}=(b_1,\ b_2)$에 대하여

① $|\vec{a}|=\sqrt{a_1^2+a_2^2}$　　② $\vec{a}=\vec{b} \Longleftrightarrow a_1=b_1,\ a_2=b_2$

③ $\vec{a}\pm\vec{b}=(a_1\pm b_1,\ a_2\pm b_2)$ (복호동순)　　④ $k\vec{a}=(ka_1,\ ka_2)$ (단, k는 실수)

5. 평면벡터의 내적 | 유형 07, 08, 09, 10, 11

24, 23, 22, 20, 13, 11, 10, 06, 03, 00 수능출제

(1) 영벡터가 아닌 두 평면벡터 $\vec{a}$, $\vec{b}$가 이루는 각의 크기가 $\theta\ (0\leq\theta\leq\pi)$일 때

$\vec{a}\cdot\vec{b}=|\vec{a}||\vec{b}|\cos\theta$

(2) 두 평면벡터 $\vec{a}=(a_1,\ a_2)$, $\vec{b}=(b_1,\ b_2)$에 대하여 $\vec{a}\cdot\vec{b}=a_1b_1+a_2b_2$

(3) **두 평면벡터가 이루는 각의 크기**

영벡터가 아닌 두 평면벡터 $\vec{a}=(a_1,\ a_2)$, $\vec{b}=(b_1,\ b_2)$가 이루는 각의 크기를 $\theta\ (0\leq\theta\leq\pi)$라 하면

$$\cos\theta=\frac{\vec{a}\cdot\vec{b}}{|\vec{a}||\vec{b}|}=\frac{a_1b_1+a_2b_2}{\sqrt{a_1^2+a_2^2}\sqrt{b_1^2+b_2^2}}$$

6. 평면벡터를 이용한 직선의 방정식 | 유형 13

22 수능출제

(1) 점 $A(x_1,\ y_1)$을 지나고 영벡터가 아닌 벡터 $\vec{u}=(l,\ m)$에 평행한 직선의 방정식은 $x=x_1+lt,\ y=y_1+mt$ (t는 실수) 또는 $\dfrac{x-x_1}{l}=\dfrac{y-y_1}{m}$ $(lm\neq0)$

(2) 점 $A(x_1,\ y_1)$을 지나고 영벡터가 아닌 벡터 $\vec{n}=(l,\ m)$에 수직인 직선의 방정식은 $l(x-x_1)+m(y-y_1)=0$

(3) 좌표평면에서 x, y에 대한 일차방정식 $ax+by+c=0$은 벡터 $\vec{n}=(a,\ b)$에 수직인 직선을 나타낸다.

(4) **좌표평면에서 두 직선이 이루는 각의 크기**

방향벡터가 각각 $\vec{u_1}=(a_1,\ b_1)$, $\vec{u_2}=(a_2,\ b_2)$인 두 직선 l_1, l_2가 이루는 각의 크기를 $\theta\left(0\leq\theta\leq\dfrac{\pi}{2}\right)$라 하면 두 방향벡터 $\vec{u_1}$, $\vec{u_2}$가 이루는 각의 크기는 θ 또는 $\pi-\theta$이므로

$$\cos\theta=\frac{|\vec{u_1}\cdot\vec{u_2}|}{|\vec{u_1}||\vec{u_2}|}=\frac{|a_1a_2+b_1b_2|}{\sqrt{a_1^2+b_1^2}\sqrt{a_2^2+b_2^2}}$$

7. 평면벡터를 이용한 원의 방정식 | 유형 14

23 수능출제

중심이 $C(x_1,\ y_1)$이고 반지름의 길이가 r인 원 위의 임의의 점 P에 대하여 두 점 C, P의 위치벡터를 각각 $\vec{c}$, $\vec{p}$라 하면 원의 벡터방정식은 $|\vec{p}-\vec{c}|=r$

보충설명

- 선분 AB의 중점 M의 위치벡터
  $\vec{m}=\dfrac{\vec{a}+\vec{b}}{2}$

- 영벡터가 아닌 두 평면벡터 $\vec{a}$, $\vec{b}$에 대하여
  (1) 평행 조건 :
  $\vec{a}/\!/\vec{b} \Longleftrightarrow \vec{a}\cdot\vec{b}=\pm|\vec{a}||\vec{b}|$
  (2) 수직 조건 : $\vec{a}\perp\vec{b} \Longleftrightarrow \vec{a}\cdot\vec{b}=0$

- $\vec{a}\cdot\vec{a}=|\vec{a}||\vec{a}|\cos 0$
  $=|\vec{a}|^2$

- 점 A를 지나고 영벡터가 아닌 벡터 $\vec{u}$에 평행한 직선 l 위의 한 점을 P라 하고 두 점 A, P의 위치벡터를 각각 $\vec{a}$, $\vec{p}$라 하면
  $\vec{p}=\vec{a}+t\vec{u}$ (단, t는 실수)
  이때 벡터 $\vec{u}$를 직선 l의 방향벡터라 한다.

- 두 점 $A(x_1,\ y_1)$, $B(x_2,\ y_2)$를 지나는 직선 l은 벡터 $\overrightarrow{AB}$에 평행하므로
  $l:\dfrac{x-x_1}{x_2-x_1}=\dfrac{y-y_1}{y_2-y_1}$
  (단, $x_1\neq x_2,\ y_1\neq y_2$)

- 두 점 $P(x,\ y)$, $C(x_1,\ y_1)$에 대하여
  $|\vec{p}-\vec{c}|=r$에서
  $(\vec{p}-\vec{c})\cdot(\vec{p}-\vec{c})=r^2$
  $(x-x_1,\ y-y_1)\cdot(x-x_1,\ y-y_1)=r^2$
  $\therefore\ (x-x_1)^2+(y-y_1)^2=r^2$

최신 기출로 확인하는

기본 개념 문제

249-2-1-Y00

▶ 문제 풀이 동영상 강의

001
2. 벡터의 실수배와 평행 | 2023학년도 6월모평 기하 23번

서로 평행하지 않은 두 벡터 $\vec{a}$, $\vec{b}$에 대하여 두 벡터

$$\vec{a}+2\vec{b},\ 3\vec{a}+k\vec{b}$$

가 서로 평행하도록 하는 실수 k의 값은? (단, $\vec{a}\neq\vec{0}$, $\vec{b}\neq\vec{0}$) (2점)

① 2 ② 4 ③ 6 ④ 8 ⑤ 10

002
4. 평면벡터의 성분 | 2023년 7월학평 기하 23번

두 벡터 $\vec{a}=(2,\ 3)$, $\vec{b}=(4,\ -2)$에 대하여 벡터 $2\vec{a}+\vec{b}$의 모든 성분의 합은? (2점)

① 10 ② 12 ③ 14 ④ 16 ⑤ 18

003
5. 평면벡터의 내적 | 2020학년도 사관학교 가형 2번

좌표평면 위의 네 점 $\mathrm{O}(0,\ 0)$, $\mathrm{A}(2,\ 4)$, $\mathrm{B}(1,\ 1)$, $\mathrm{C}(4,\ 0)$에 대하여 $\overrightarrow{\mathrm{OA}}\cdot\overrightarrow{\mathrm{BC}}$의 값은? (2점)

① 2 ② 4 ③ 6 ④ 8 ⑤ 10

004
6. 평면벡터를 이용한 직선의 방정식 | 2018학년도 수능 가형 25번

좌표평면 위의 점 $(4,\ 1)$을 지나고 벡터 $\vec{n}=(1,\ 2)$에 수직인 직선이 x축, y축과 만나는 점의 좌표를 각각 $(a,\ 0)$, $(0,\ b)$라 하자. $a+b$의 값을 구하시오. (3점)

005
7. 평면벡터를 이용한 원의 방정식 | 2022학년도 수능예시문항 기하 24번

좌표평면에서 점 $\mathrm{A}(4,\ 6)$과 원 C 위의 임의의 점 P에 대하여

$$|\overrightarrow{\mathrm{OP}}|^2-\overrightarrow{\mathrm{OA}}\cdot\overrightarrow{\mathrm{OP}}=3$$

일 때, 원 C의 반지름의 길이는? (단, O는 원점이다.) (3점)

① 1 ② 2 ③ 3 ④ 4 ⑤ 5

정답과 해설 001 p.155 | 002 p.155 | 003 p.155 | 004 p.155 | 005 p.156

어떤 유형이든 대비하는

유형 정복 문제

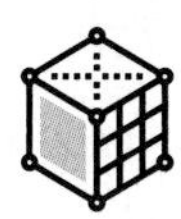

유형 01 평면벡터의 크기와 연산

동영상강의

249-2-1-Y01

출제경향

평면벡터의 연산을 기본으로 한 다양한 문제들이 출제된다.

접근방법

그림을 그려 해결하거나 벡터의 시점을 일치시켜 연산한다.

단골공식

(1) 평면벡터의 크기

→ $|\overrightarrow{AB}|=\overline{AB}$

(2) 평면벡터의 연산

① 덧셈 : 두 벡터 $\vec{a}$, $\vec{b}$에 대하여 $\vec{a}=\overrightarrow{AB}$, $\vec{b}=\overrightarrow{BC}$일 때,
$\vec{a}+\vec{b}=\overrightarrow{AB}+\overrightarrow{BC}=\overrightarrow{AC}$

② 뺄셈 : 두 벡터 $\vec{a}$, $\vec{b}$에 대하여 $\vec{a}=\overrightarrow{AB}$, $\vec{b}=\overrightarrow{AC}$일 때,
$\vec{a}-\vec{b}=\overrightarrow{AB}-\overrightarrow{AC}=\overrightarrow{CB}$

③ 실수배 : 두 벡터 $\vec{a}$, $\vec{b}$와 실수 k에 대하여 $\vec{b}=k\vec{a}$일 때

(i) $k>0$이면 $\vec{b}$는 $\vec{a}$와 방향이 같고 크기가 $\vec{a}$의 k배인 벡터이다.

(ii) $k<0$이면 $\vec{b}$는 $\vec{a}$와 방향이 반대이고 크기가 $\vec{a}$의 $-k$배인 벡터이다.

④ 평행 : 영벡터가 아닌 두 벡터 $\vec{a}$, $\vec{b}$에 대하여
$\vec{a}/\!/\vec{b}$이면 $\vec{b}=k\vec{a}$ 가 성립한다. (단, k는 0이 아닌 실수)

006 ★☆☆

영벡터가 아닌 두 벡터 $\vec{a}$, $\vec{b}$에 대하여 등식

$$3(\vec{a}-2\vec{b})=3\vec{b}-\frac{1}{2}\vec{a}$$

가 성립할 때, 벡터 $\dfrac{\vec{b}}{|\vec{a}|}$의 크기는? (3점)

① $\frac{1}{3}$ ② $\frac{7}{18}$ ③ $\frac{4}{9}$
④ $\frac{1}{2}$ ⑤ $\frac{5}{9}$

007 ★☆☆ 2021년 4월학평 기하 23번

영벡터가 아닌 두 벡터 $\vec{a}$, $\vec{b}$가 서로 평행하지 않을 때, $(2\vec{a}-m\vec{b})-(n\vec{a}-4\vec{b})=\vec{a}-\vec{b}$를 만족시키는 두 상수 m, n의 합 $m+n$의 값은? (2점)

① 6 ② 7 ③ 8
④ 9 ⑤ 10

008 ★☆☆

그림과 같은 정육각형 ABCDEF에서 $\overrightarrow{CB}=\vec{a}$, $\overrightarrow{ED}=\vec{b}$라 하자. 등식
$m(2\vec{a}+n\vec{b})=(2+n)\vec{a}+4\vec{b}$를 만족시키는 두 양수 m, n에 대하여 $m+n$의 값은? (3점)

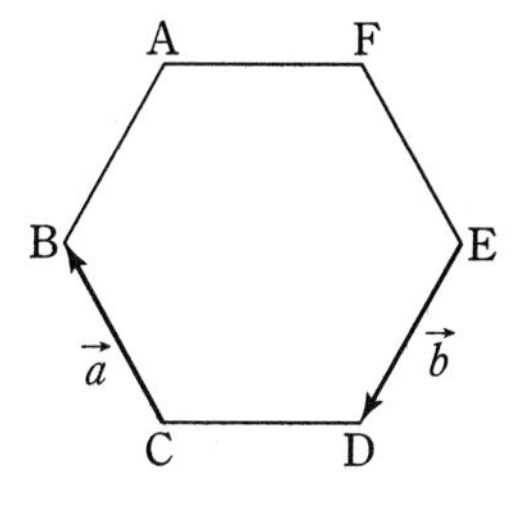

① 1 ② 2 ③ 3
④ 4 ⑤ 5

정답과 해설 006 p.156 | 007 p.156 | 008 p.157

009 ★☆☆ 2023년 4월학평 기하 23번

그림과 같이 한 변의 길이가 2인 정사각형 ABCD에서 두 선분 AD, CD의 중점을 각각 M, N이라 할 때, $|\overrightarrow{BM}+\overrightarrow{DN}|$의 값은? (2점)

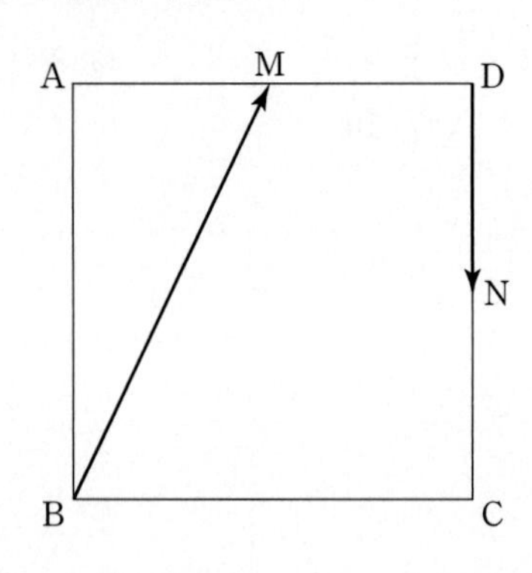

① $\frac{\sqrt{2}}{2}$　② 1　③ $\sqrt{2}$
④ 2　⑤ $2\sqrt{2}$

010 ★★☆ 2022학년도 6월모평 기하 26번

그림과 같이 한 변의 길이가 1인 정육각형 ABCDEF에서 $|\overrightarrow{AE}+\overrightarrow{BC}|$의 값은? (3점)

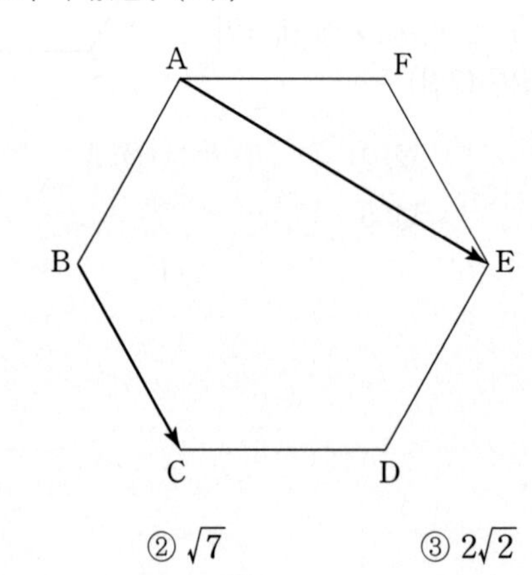

① $\sqrt{6}$　② $\sqrt{7}$　③ $2\sqrt{2}$
④ 3　⑤ $\sqrt{10}$

011 ★☆☆ 2022년 4월학평 기하 23번

그림과 같이 한 변의 길이가 1인 정육각형 ABCDEF에서 $|\overrightarrow{AD}+2\overrightarrow{DE}|$의 값은? (2점)

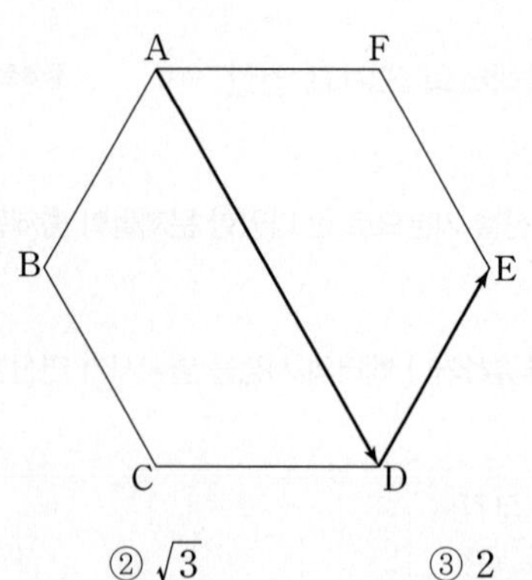

① 1　② $\sqrt{3}$　③ 2
④ 3　⑤ $2\sqrt{3}$

012 ★☆☆ 2004학년도 6월모평 자연계 6번

그림과 같이 한 평면 위에서 서로 평행한 세 직선 l_1, l_2, l_3가 평행한 두 직선 m_1, m_2와 A, B, C, X, O, Y에서 만나고 있다. $\overrightarrow{OA}=\vec{a}$, $\overrightarrow{OB}=\vec{b}$, $\overrightarrow{OC}=\vec{c}$라고 할 때, $\overrightarrow{AP}=(\vec{c}-\vec{b}-\vec{a})t$ (t는 실수)를 만족시키는 점 P가 나타내는 도형은? (2점)

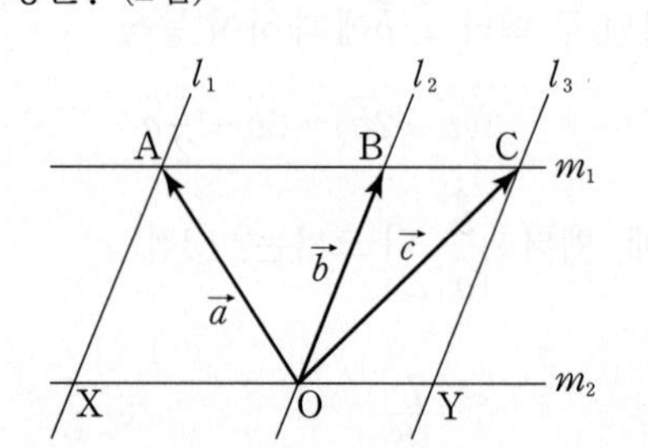

① 직선 AY　② 직선 AO　③ 직선 AX
④ 직선 AB　⑤ 직선 CX

이 문항은 7차 교육과정 이전에 출제되었지만 다시 출제될 수 있는 기본적인 문제로 개념을 익히는 데 도움이 됩니다.

정답과 해설 009 p.157 | 010 p.157 | 011 p.157 | 012 p.158

013 ★★☆

예각삼각형 ABC의 외접원의 중심을 O라 하자. 점 O를 두 선분 BC, CA에 대하여 대칭이동한 점을 각각 A′, B′이라 하고 $\overrightarrow{OA}=\vec{a}$, $\overrightarrow{OB}=\vec{b}$, $\overrightarrow{OC}=\vec{c}$라 할 때, 다음 중 벡터 $\overrightarrow{A'B'}$을 나타낸 것은? (3점)

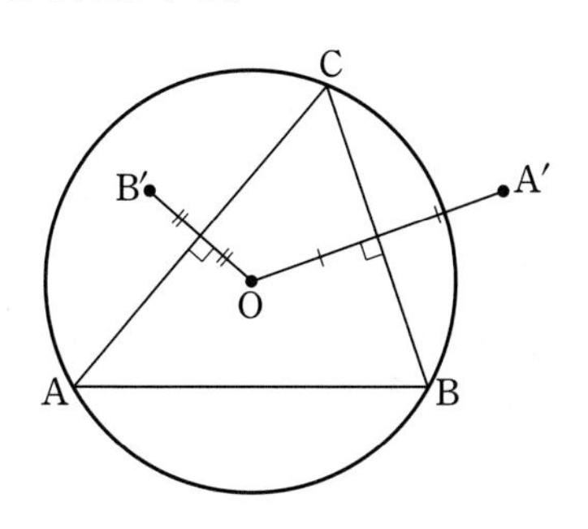

① $\vec{a}+\vec{b}$ ② $\vec{a}+\vec{c}$ ③ $\vec{b}+\vec{c}$
④ $\vec{a}-\vec{b}$ ⑤ $\vec{c}-\vec{a}$

014 ★★☆

평행하지 않은 두 벡터 $\overrightarrow{OA}=\vec{a}$, $\overrightarrow{OB}=\vec{b}$에 대하여 $|\vec{a}|=2$, $|\vec{b}|=4$가 성립할 때, 다음 중 두 벡터 $\vec{a}$, $\vec{b}$가 이루는 각을 이등분하고 크기가 1인 벡터는? (3점)

① $\dfrac{\vec{a}+\vec{b}}{2}$ ② $\dfrac{2\vec{a}+\vec{b}}{4}$ ③ $\dfrac{\vec{a}+2\vec{b}}{|\vec{a}+2\vec{b}|}$
④ $\dfrac{2\vec{a}+\vec{b}}{|2\vec{a}+\vec{b}|}$ ⑤ $\dfrac{\vec{a}+2\vec{b}}{|2\vec{a}+\vec{b}|}$

015 ★★☆

그림과 같은 직사각형 ABCD에서 변 CD의 중점을 M이라 하고 두 대각선의 교점을 O라 하자. $\overrightarrow{OA}=\vec{a}$, $\overrightarrow{OB}=\vec{b}$라 할 때, 다음 [보기] 중 옳은 것만을 있는 대로 고른 것은? (3점)

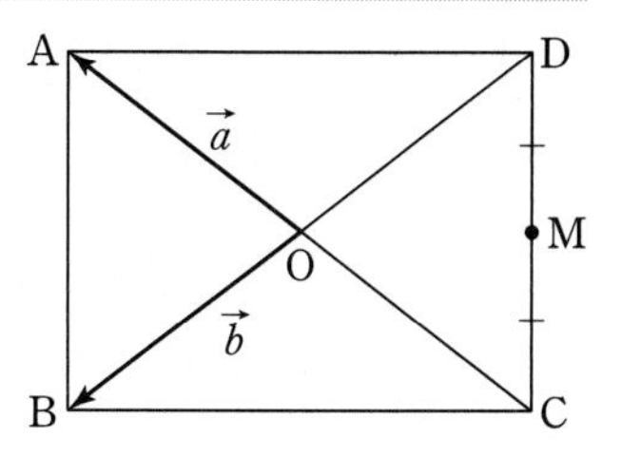

[보기]

ㄱ. $\overrightarrow{CD}=\vec{a}-\vec{b}$

ㄴ. $\overrightarrow{BC}=\vec{a}+\vec{b}$

ㄷ. $\overrightarrow{AM}=-\dfrac{3}{2}\vec{a}-\dfrac{1}{2}\vec{b}$

① ㄱ ② ㄴ ③ ㄱ, ㄷ
④ ㄴ, ㄷ ⑤ ㄱ, ㄴ, ㄷ

016 ★★☆ 2024학년도 6월모평 기하 24번

한 직선 위에 있지 않은 서로 다른 세 점 A, B, C에 대하여

$$2\overrightarrow{AB}+p\overrightarrow{BC}=q\overrightarrow{CA}$$

일 때, $p-q$의 값은? (단, p와 q는 실수이다.) (3점)

① 1 ② 2 ③ 3
④ 4 ⑤ 5

정답과 해설 013 p.158 | 014 p.158 | 015 p.159 | 016 p.159

017 ★★☆ 2022년 10월학평 기하 25번

평면 위의 네 점 A, B, C, D가 다음 조건을 만족시킬 때, $|\overrightarrow{AD}|$의 값은? (3점)

(가) $|\overrightarrow{AB}|=2$, $\overrightarrow{AB}+\overrightarrow{CD}=\vec{0}$
(나) $|\overrightarrow{BD}|=|\overrightarrow{BA}-\overrightarrow{BC}|=6$

① $2\sqrt{5}$ ② $2\sqrt{6}$ ③ $2\sqrt{7}$
④ $4\sqrt{2}$ ⑤ 6

018 ★★☆

$\overline{AB}=4$, $\overline{BC}=6$인 직사각형 ABCD가 있다. 이 직사각형과 같은 평면 위에 있는 점 P에 대하여

$$\overrightarrow{AP}+3\overrightarrow{PB}+2\overrightarrow{PD}=\overrightarrow{AB}$$

가 성립할 때, 삼각형 PBC의 넓이를 구하시오. (3점)

019 ★★☆ 2017학년도 9월모평 가형 16번

직사각형 ABCD의 내부의 점 P가

$$\overrightarrow{PA}+\overrightarrow{PB}+\overrightarrow{PC}+\overrightarrow{PD}=\overrightarrow{CA}$$

를 만족시킨다. [보기]에서 옳은 것만을 있는 대로 고른 것은? (4점)

[보기]
ㄱ. $\overrightarrow{PB}+\overrightarrow{PD}=2\overrightarrow{CP}$
ㄴ. $\overrightarrow{AP}=\frac{3}{4}\overrightarrow{AC}$
ㄷ. 삼각형 ADP의 넓이가 3이면 직사각형 ABCD의 넓이는 8이다.

① ㄱ ② ㄷ ③ ㄱ, ㄴ
④ ㄴ, ㄷ ⑤ ㄱ, ㄴ, ㄷ

020 ★★☆ 2022년 4월학평 기하 27번

쌍곡선 $\frac{x^2}{2}-\frac{y^2}{2}=1$의 꼭짓점 중 x좌표가 양수인 점을 A라 하자. 이 쌍곡선 위의 점 P에 대하여 $|\overrightarrow{OA}+\overrightarrow{OP}|=k$를 만족시키는 점 P의 개수가 3일 때, 상수 k의 값은?

(단, O는 원점이다.) (3점)

① 1 ② $\sqrt{2}$ ③ 2
④ $2\sqrt{2}$ ⑤ 4

정답과 해설 017 p.160 018 p.160 019 p.160 020 p.161

유형 02 평면벡터의 크기의 최대 · 최소

동영상강의

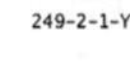

249-2-1-Y02

출제경향

평면벡터의 크기의 최댓값 또는 최솟값을 묻는 문제가 출제된다.

접근방법

평면벡터의 연산과 평행이동을 통해 식을 간단히 정리하여 문제를 해결한다.

단골공식

(1) 평면벡터의 크기 $|\overrightarrow{AB}|=\overline{AB}$

(2) 두 평면벡터 $\vec{a}$, $\vec{b}$의 크기가 일정할 때

① 두 벡터가 이루는 각의 크기가 최대일 때 $|\vec{a}+\vec{b}|$의 값은 최소가 된다.

② 두 벡터가 이루는 각의 크기가 최소일 때 $|\vec{a}+\vec{b}|$의 값은 최대가 된다.

021 ★☆☆ 2017년 10월학평 가형 10번

타원 $\frac{x^2}{9}+\frac{y^2}{5}=1$ 위의 점 P와 두 초점 F, F′에 대하여 $|\overrightarrow{PF}+\overrightarrow{PF'}|$의 최댓값은? (3점)

① 5 ② 6 ③ 7
④ 8 ⑤ 9

022 ★★★ 2024학년도 수능 기하 30번

좌표평면에 한 변의 길이가 4인 정삼각형 ABC가 있다. 선분 AB를 1 : 3으로 내분하는 점을 D, 선분 BC를 1 : 3으로 내분하는 점을 E, 선분 CA를 1 : 3으로 내분하는 점을 F라 하자. 네 점 P, Q, R, X가 다음 조건을 만족시킨다.

> (가) $|\overrightarrow{DP}|=|\overrightarrow{EQ}|=|\overrightarrow{FR}|=1$
> (나) $\overrightarrow{AX}=\overrightarrow{PB}+\overrightarrow{QC}+\overrightarrow{RA}$

$|\overrightarrow{AX}|$의 값이 최대일 때, 삼각형 PQR의 넓이를 S라 하자. $16S^2$의 값을 구하시오. (4점)

023 ★★☆ 2016년 10월학평 가형 18번

$\overline{AB}=8$, $\overline{BC}=6$인 직사각형 ABCD에 대하여 네 선분 AB, CD, DA, BD의 중점을 각각 E, F, G, H라 하자. 선분 CF를 지름으로 하는 원 위의 점 P에 대하여 $|\overrightarrow{EG}+\overrightarrow{HP}|$의 최댓값은? (4점)

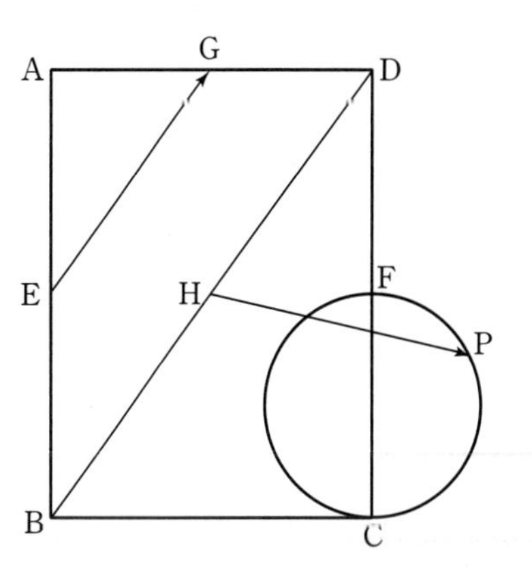

① 8 ② $2+2\sqrt{10}$ ③ $2+2\sqrt{11}$
④ $2+4\sqrt{3}$ ⑤ $2+2\sqrt{13}$

024 ★★★ 2013년 10월학평 B형 21번

그림과 같이 평면 위에 반지름의 길이가 1인 네 개의 원 C_1, C_2, C_3, C_4가 서로 외접하고 있고, 두 원 C_1, C_2의 접점을 A라 하자. 원 C_3 위를 움직이는 점 P와 원 C_4 위를 움직이는 점 Q에 대하여 $|\overrightarrow{AP}+\overrightarrow{AQ}|$의 최댓값은? (4점)

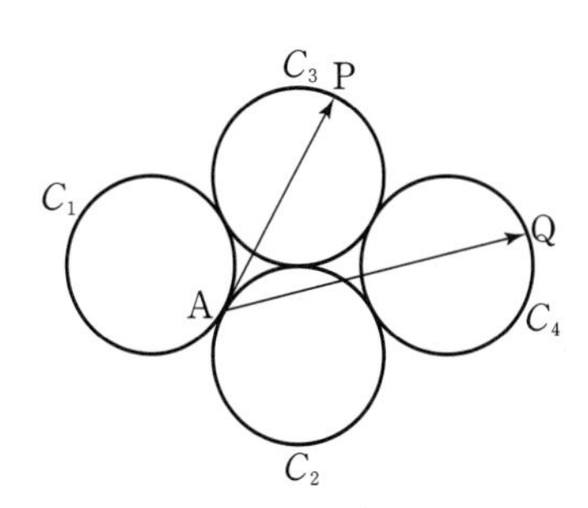

① $4\sqrt{3}-\sqrt{2}$ ② 6 ③ $3\sqrt{3}+1$
④ $3\sqrt{3}+\sqrt{2}$ ⑤ 7

025 ★★☆ 2020학년도 6월모평 가형 18번

좌표평면 위에 두 점 A(3, 0), B(0, 3)과 직선 $x=1$ 위의 점 P(1, a)가 있다. 점 Q가 중심각의 크기가 $\frac{\pi}{2}$인 부채꼴 OAB의 호 AB 위를 움직일 때 $|\overrightarrow{OP}+\overrightarrow{OQ}|$의 최댓값을 $f(a)$라 하자. $f(a)=5$가 되도록 하는 모든 실수 a의 값의 곱은? (단, O는 원점이다.) (4점)

① $-5\sqrt{3}$ ② $-4\sqrt{3}$ ③ $-3\sqrt{3}$
④ $-2\sqrt{3}$ ⑤ $-\sqrt{3}$

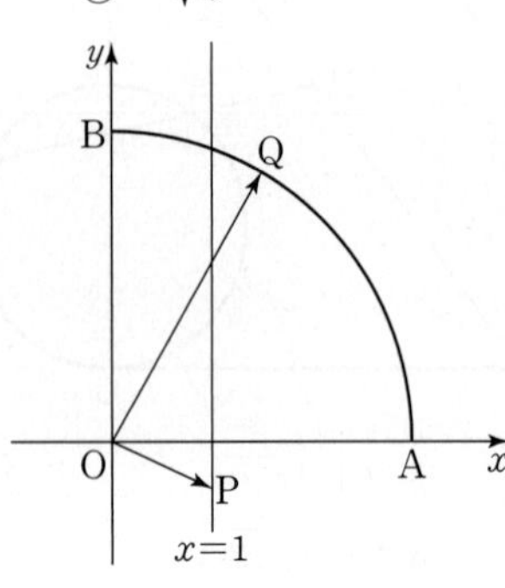

026 ★★☆

그림과 같이 마름모 ABCD의 선분 BC와 선분 CD의 중점을 각각 M, N이라 하자. $\overrightarrow{AB}=\vec{a}$, $\overrightarrow{AD}=\vec{b}$라 할 때, 다음 중 $\overrightarrow{AM}+\overrightarrow{AN}$을 $\vec{a}$와 $\vec{b}$로 옳게 나타낸 것은? (3점)

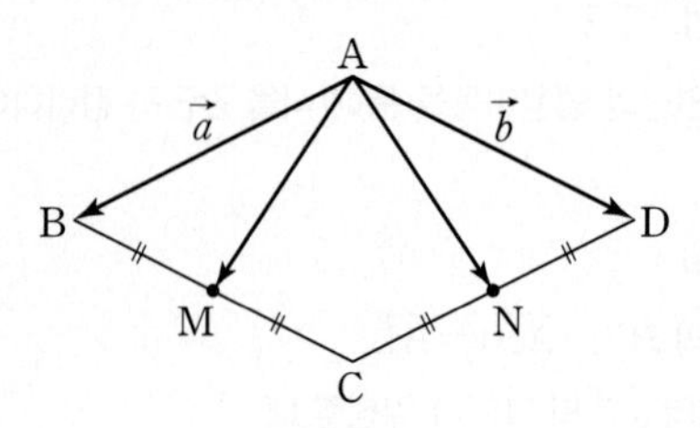

① $\frac{2\vec{a}+\vec{b}}{2}$ ② $\frac{\vec{a}+2\vec{b}}{2}$ ③ $\frac{3\vec{a}+3\vec{b}}{2}$
④ $\frac{4\vec{a}+3\vec{b}}{2}$ ⑤ $\frac{3\vec{a}+4\vec{b}}{2}$

027 ★★☆ 2023년 10월학평 기하 27번

사각형 ABCD가 다음 조건을 만족시킨다.

> (가) 두 벡터 $\overrightarrow{AD}$, $\overrightarrow{BC}$는 서로 평행하다.
> (나) $t\overrightarrow{AC}=3\overrightarrow{AB}+2\overrightarrow{AD}$를 만족시키는 실수 t가 존재한다.

삼각형 ABD의 넓이가 12일 때, 사각형 ABCD의 넓이는? (3점)

① 16 ② 17 ③ 18
④ 19 ⑤ 20

유형 03 내분점, 외분점과 평면벡터

동영상강의 249-2-1-Y03

출제경향

선분의 내분점과 외분점을 벡터로 나타내는 문제가 출제된다.

접근방법

주어진 벡터의 식을 간단한 꼴로 만들어 문제를 해결한다.

단골공식

평면 위의 서로 다른 세 점 A, B, C의 위치벡터가 각각 $\vec{a}$, $\vec{b}$, $\vec{c}$일 때

(1) 선분 AB를 $m:n(m>0,\ n>0)$으로 내분하는 점 P의 위치벡터 $\vec{p}$는 $\vec{p}=\frac{m\vec{b}+n\vec{a}}{m+n}$

(2) 선분 AB를 $m:n(m>0,\ n>0,\ m\neq n)$으로 외분하는 점 Q의 위치벡터 $\vec{q}$는 $\vec{q}=\frac{m\vec{b}-n\vec{a}}{m-n}$

(3) 선분 AB의 중점 M의 위치벡터 $\vec{m}$은 $\vec{m}=\frac{\vec{a}+\vec{b}}{2}$

(4) 삼각형 ABC의 무게중심 G의 위치벡터 $\vec{g}$는 $\vec{g}=\frac{\vec{a}+\vec{b}+\vec{c}}{3}$

정답과 해설 025 p.163 026 p.164 027 p.164

028 ★★☆ 2023학년도 사관학교 기하 26번

그림과 같이 정삼각형 ABC에서 선분 BC의 중점을 M이라 하고, 직선 AM이 정삼각형 ABC의 외접원과 만나는 점 중 A가 아닌 점을 D라 하자. $\overrightarrow{AD}=m\overrightarrow{AB}+n\overrightarrow{AC}$일 때, $m+n$의 값은? (단, m, n은 상수이다.) (3점)

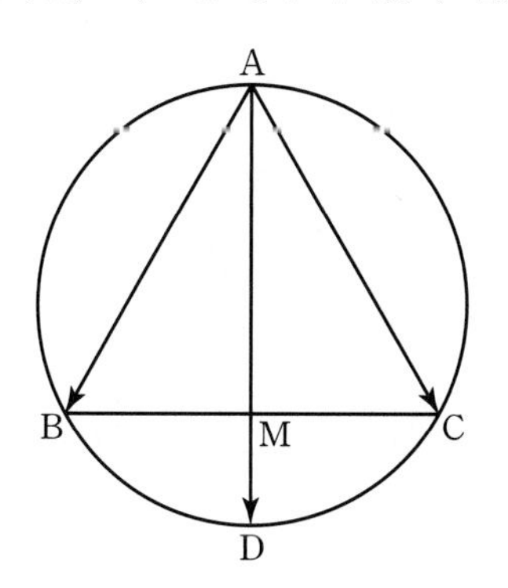

① $\frac{7}{6}$ ② $\frac{5}{4}$ ③ $\frac{4}{3}$
④ $\frac{17}{12}$ ⑤ $\frac{3}{2}$

029 ★★☆

평면 위의 서로 다른 네 점 O, A, B, C에 대하여 두 벡터 $\overrightarrow{OP}$, $\overrightarrow{OQ}$가 $\overrightarrow{OP}=\frac{3}{4}\overrightarrow{OA}+\frac{1}{4}\overrightarrow{OB}$, $\overrightarrow{OQ}=\frac{3}{2}\overrightarrow{OB}-\frac{1}{2}\overrightarrow{OC}$를 만족시키고 삼각형 ABC의 넓이가 8일 때, 삼각형 CPQ의 넓이는? (3점)

① 6 ② 7 ③ 8
④ 9 ⑤ 10

030 ★★★

그림과 같이 $\overline{AB}=3\sqrt{10}$, $\overline{BC}=4\sqrt{10}$, $\angle B=90°$인 직각삼각형 ABC가 있다. 점 P가 $\overrightarrow{PA}+2\overrightarrow{PB}-6\overrightarrow{PC}=\vec{0}$을 만족시킬 때, $|\overrightarrow{PC}|^2$의 값은? (4점)

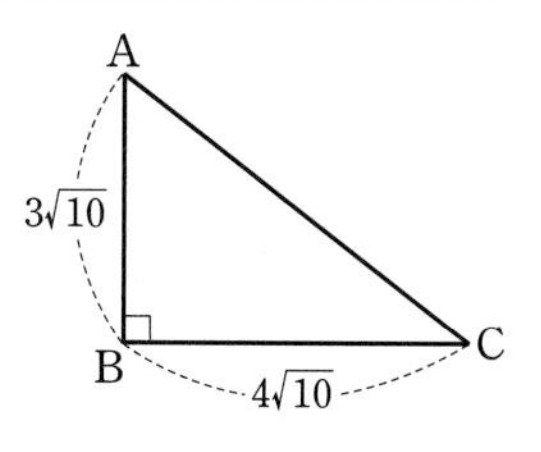

① 140 ② 150 ③ 160
④ 170 ⑤ 180

031 ★★☆ 2021년 10월학평 기하 26번

그림과 같이 변 AD가 변 BC와 평행하고 $\angle CBA=\angle DCB$인 사다리꼴 ABCD가 있다.

$$|\overrightarrow{AD}|=2,\ |\overrightarrow{BC}|=4,\ |\overrightarrow{AB}+\overrightarrow{AC}|=2\sqrt{5}$$

일 때, $|\overrightarrow{BD}|$의 값은? (3점)

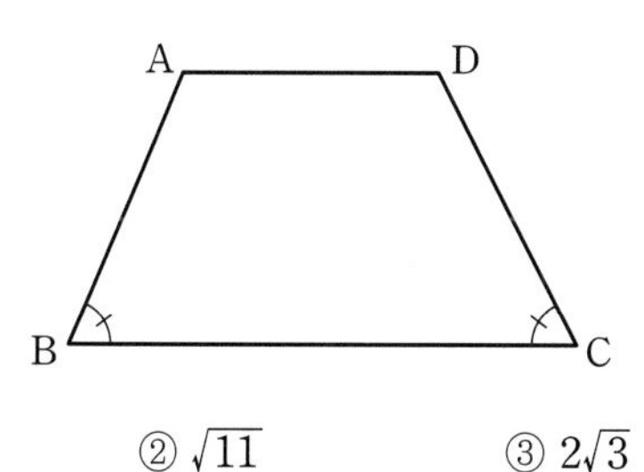

① $\sqrt{10}$ ② $\sqrt{11}$ ③ $2\sqrt{3}$
④ $\sqrt{13}$ ⑤ $\sqrt{14}$

정답과 해설 028 p.165 | 029 p.165 | 030 p.166 | 031 p.166

032 ★★☆

넓이가 20인 삼각형 ABC의 무게중심을 G라 하자. 점 P가

$$\overrightarrow{AP}+3\overrightarrow{BP}+4\overrightarrow{CP}=3\overrightarrow{CG}$$

를 만족시킬 때, 삼각형 PAB의 넓이를 구하시오. (3점)

033 ★★★

$\overline{AB}=2$, $\overline{BC}=3$인 삼각형 ABC의 내심을 I, 점 O를 시점으로 하는 세 점 A, B, C의 위치벡터를 각각 $\vec{a}$, $\vec{b}$, $\vec{c}$라 하자. $\overrightarrow{OI}=\dfrac{6\vec{a}+3\vec{b}+4\vec{c}}{13}$라 할 때, 선분 CA의 길이는? (4점)

① $\frac{3}{2}$ ② 2 ③ $\frac{5}{2}$

④ 3 ⑤ $\frac{7}{2}$

034 ★★☆

두 점 A, B의 위치벡터가 각각 $\vec{a}$, $\vec{b}$이다. 선분 AB를 2 : 1로 내분하는 점을 P, 선분 AB를 3 : 2로 외분하는 점을 Q라 할 때, 선분 PQ의 중점 M의 위치벡터는 $p\vec{a}+q\vec{b}$이다. $\frac{q}{p}$의 값은?

(단, $\vec{a}$와 $\vec{b}$는 서로 평행하지 않고 영벡터가 아니다.) (3점)

① $-\frac{11}{5}$ ② $-\frac{13}{5}$ ③ -3

④ $-\frac{17}{5}$ ⑤ $-\frac{19}{5}$

035 ★★★

삼각형 OAB에서 변 OA를 1 : 2로 내분하는 점을 D, 변 OB를 2 : 1로 내분하는 점을 E라 하고, 두 선분 AE, BD의 교점을 F라 하자. $\overrightarrow{OA}=\vec{a}$, $\overrightarrow{OB}=\vec{b}$라 할 때, 등식 $\overrightarrow{OF}=p\vec{a}+q\vec{b}$를 만족시키는 두 실수 p, q의 곱 pq의 값은? (4점)

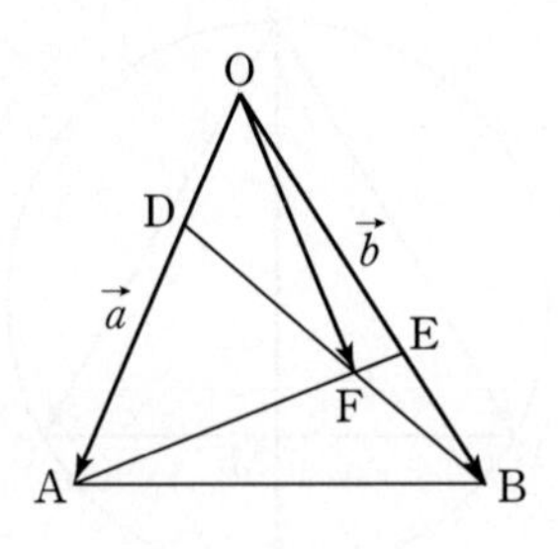

① $\frac{1}{49}$ ② $\frac{2}{49}$ ③ $\frac{3}{49}$

④ $\frac{4}{49}$ ⑤ $\frac{5}{49}$

유형 04 평면벡터를 이용한 점이 나타내는 도형

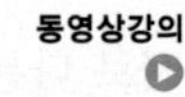

249-2-1-Y04

출제경향

$\overrightarrow{OP}=m\overrightarrow{OA}+n\overrightarrow{OB}$를 만족시키는 점 P의 자취를 구하는 문제가 출제된다.

접근방법

$\overrightarrow{OP}=m\overrightarrow{OA}+n\overrightarrow{OB}$의 꼴의 형태에서 $m+n$의 값에 따라 점 P가 나타내는 도형을 파악한다.

단골공식

$\overrightarrow{OP}=m\overrightarrow{OA}+n\overrightarrow{OB}$인 점 P가 그리는 도형은 다음과 같다.

(1) $0\le m\le 1$, $0\le n\le 1$, $m+n=1$일 때
→ 점 P는 선분 AB 위의 점

(2) $0\le m\le 1$, $0\le n\le 1$, $m+n\le 1$일 때
→ 점 P는 삼각형 AOB의 내부와 그 둘레

(3) $0\le m\le 1$, $0\le n\le 1$일 때
→ 점 P는 두 선분 OA, OB를 이웃하는 두 변으로 하는 평행사변형의 내부와 그 둘레

정답과 해설 032 p.166 | 033 p.167 | 034 p.167 | 035 p.168

036 ★★☆ 2005년 10월학평 가형 9번

평면 위에 삼각형 OAB가 있다.
$\overrightarrow{OP}=s\overrightarrow{OA}+t\overrightarrow{OB}$ $(s\geq0,\ t\geq0)$를 만족하는 점 P가 그리는 도형에 대한 옳은 설명을 [보기]에서 모두 고른 것은? (4점)

[보기]
ㄱ. $s+t=1$일 때, 점 P가 그리는 도형은 선분 AB이다.
ㄴ. $s+2t=1$일 때, 점 P가 그리는 도형의 길이는 선분 AB의 길이보다 크다.
ㄷ. $s+2t\leq1$일 때, 점 P가 그리는 영역은 삼각형 OAB를 포함한다.

① ㄱ ② ㄴ ③ ㄱ, ㄴ
④ ㄱ, ㄷ ⑤ ㄴ, ㄷ

037 ★★☆

한 변의 길이가 9인 정삼각형 ABC에 대하여 점 P가

$$\overrightarrow{AP}=2t\overrightarrow{AB}+(1-3t)\overrightarrow{AC}\ \left(0\leq t\leq\frac{1}{3}\right)$$

를 만족시킬 때, 점 P가 나타내는 도형의 길이는? (4점)

① $\sqrt{7}$ ② $2\sqrt{7}$ ③ $3\sqrt{7}$
④ $4\sqrt{7}$ ⑤ $5\sqrt{7}$

038 ★★☆ 1995학년도 수능 자연계 28번

좌표평면 위의 세 점 P, Q, R가 다음 두 조건 (가)와 (나)를 만족시킨다.

(가) 두 점 P와 Q는 직선 $y=x$에 대하여 대칭이다.
(나) $\overrightarrow{OP}+\overrightarrow{OQ}=\overrightarrow{OR}$ (단, O는 원점)

점 P가 원점을 중심으로 하는 단위원 위를 움직일 때, 점 R는 어떤 도형 위를 움직이는가? (2점)

① 점 ② 타원 ③ 선분
④ 쌍곡선 ⑤ 평행사변형

이 문항은 7차 교육과정 이전에 출제되었지만 다시 출제될 가능성이 있어 수록하였습니다.

039 ★★★ 2020학년도 9월모평 가형 19번

좌표평면 위에 두 점 A(1, 0), B(0, 1)이 있다. 중심각의 크기가 $\frac{\pi}{2}$인 부채꼴 OAB의 호 AB 위를 움직이는 점 X와 함수 $y=(x-2)^2+1$ $(2\leq x\leq3)$의 그래프 위를 움직이는 점 Y에 대하여

$$\overrightarrow{OP}=\overrightarrow{OY}-\overrightarrow{OX}$$

를 만족시키는 점 P가 나타내는 영역을 R라 하자. 점 O로부터 영역 R에 있는 점까지의 거리의 최댓값을 M, 최솟값을 m이라 할 때, M^2+m^2의 값은? (단, O는 원점이다.) (4점)

① $16-2\sqrt{5}$ ② $16-\sqrt{5}$ ③ 16
④ $16+\sqrt{5}$ ⑤ $16+2\sqrt{5}$

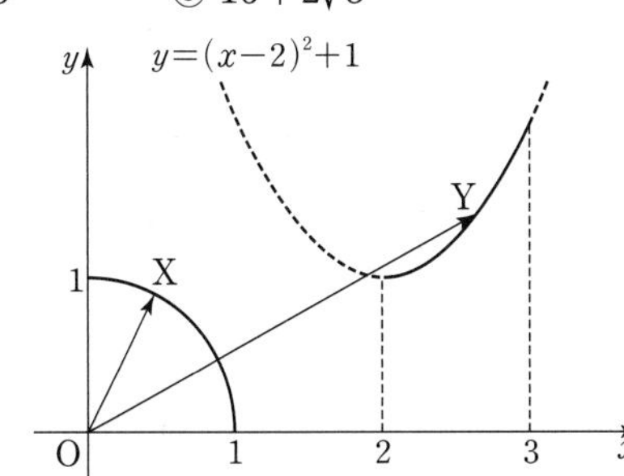

정답과 해설 036 p.168 037 p.169 038 p.169 039 p.170

040 ★★★ 2023년 4월학평 기하 30번

좌표평면에서 포물선 $y^2=2x-2$의 꼭짓점을 A라 하자.
이 포물선 위를 움직이는 점 P와 양의 실수 k에 대하여

$$\overrightarrow{OX}=\overrightarrow{OA}+\frac{k}{|\overrightarrow{OP}|}\overrightarrow{OP}$$

를 만족시키는 점 X가 나타내는 도형을 C라 하자.
도형 C가 포물선 $y^2=2x-2$와 서로 다른 두 점에서 만나도록 하는 실수 k의 최솟값을 m이라 할 때, m^2의 값을 구하시오. (단, O는 원점이다.) (4점)

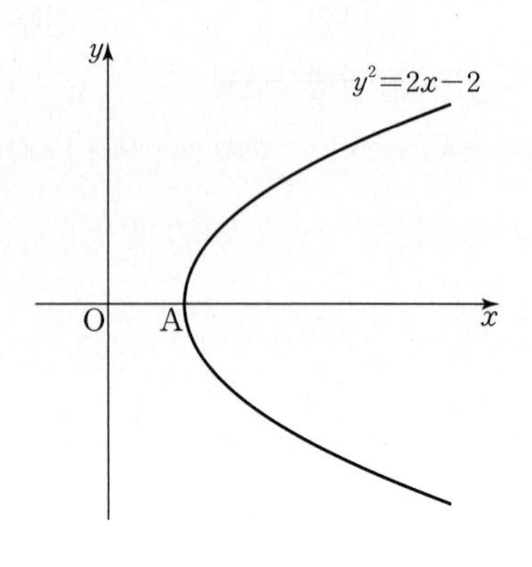

041 ★★★ 2024학년도 6월모평 기하 30번

직선 $2x+y=0$ 위를 움직이는 점 P와
타원 $2x^2+y^2=3$ 위를 움직이는 점 Q에 대하여

$$\overrightarrow{OX}=\overrightarrow{OP}+\overrightarrow{OQ}$$

를 만족시키고, x좌표와 y좌표가 모두 0 이상인 모든 점 X가 나타내는 영역의 넓이는 $\frac{q}{p}$이다. $p+q$의 값을 구하시오.
(단, O는 원점이고, p와 q는 서로소인 자연수이다.) (4점)

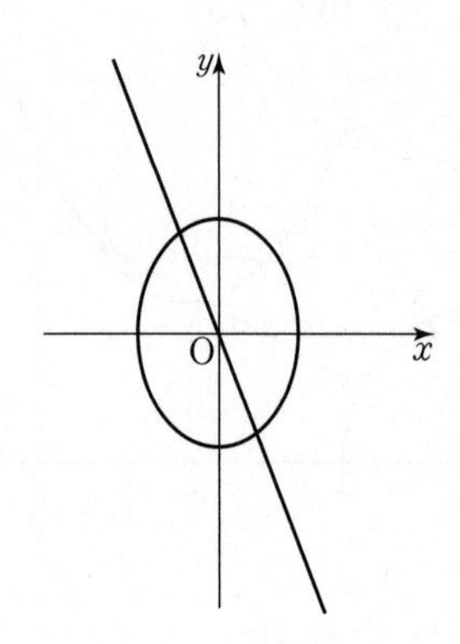

유형 05 평면벡터의 성분

동영상강의

출제경향

성분으로 표현된 평면벡터 문제가 출제된다.

접근방법

평면벡터를 성분으로 나타낸 뒤 연산한다.

단골공식

두 평면벡터 $\vec{a}=(a_1, a_2)$, $\vec{b}=(b_1, b_2)$에 대하여
(1) $\vec{a}\pm\vec{b}=(a_1\pm b_1, a_2\pm b_2)$ (복호동순)
(2) $k\vec{a}=(ka_1, ka_2)$ (단, k는 실수)

042 ★☆☆ 2017학년도 6월모평 가형 1번

벡터 $\vec{a}=(3, -1)$에 대하여 벡터 $5\vec{a}$의 모든 성분의 합은? (2점)

① -10 ② -5 ③ 0
④ 5 ⑤ 10

043 ★☆☆ 2020학년도 6월모평 가형 22번

벡터 $\vec{a}=(2, 1)$에 대하여 벡터 $10\vec{a}$의 모든 성분의 합을 구하시오. (3점)

044 ★☆☆ 2018학년도 6월모평 가형 1번

두 벡터 $\vec{a}=(2, 4)$, $\vec{b}=(1, 1)$에 대하여 벡터 $\vec{a}+\vec{b}$의 모든 성분의 합은? (2점)

① 5 ② 6 ③ 7
④ 8 ⑤ 9

정답과 해설 040 p.170 | 041 p.171 | 042 p.172 | 043 p.172 | 044 p.172

045 ★☆☆ 2016년 10월학평 가형 1번

두 벡터 $\vec{a}=(-1, 2)$, $\vec{b}=(2, -3)$에 대하여 $\vec{a}+\vec{b}$는? (2점)

① $(-1, -1)$ ② $(-1, 1)$ ③ $(-1, 2)$
④ $(1, -1)$ ⑤ $(1, 2)$

046 ★☆☆ 2017학년도 9월모평 가형 1번

두 벡터 $\vec{a}=(2, -1)$, $\vec{b}=(1, 3)$에 대하여 벡터 $\vec{a}+\vec{b}$의 모든 성분의 합은? (2점)

① 1 ② 2 ③ 3
④ 4 ⑤ 5

047 ★☆☆ 2018학년도 수능 가형 1번

두 벡터 $\vec{a}=(3, -1)$, $\vec{b}=(1, 2)$에 대하여 벡터 $\vec{a}+\vec{b}$의 모든 성분의 합은? (2점)

① 1 ② 2 ③ 3
④ 4 ⑤ 5

048 ★☆☆ 2017년 7월학평 가형 1번

두 벡터 $\vec{a}=(2, 3)$, $\vec{b}=(-1, 5)$에 대하여 벡터 $2\vec{a}+\vec{b}$의 모든 성분의 합은? (2점)

① 10 ② 11 ③ 12
④ 13 ⑤ 14

049 ★☆☆ 2020학년도 9월모평 가형 1번

두 벡터 $\vec{a}=(1, 0)$, $\vec{b}=(1, 1)$에 대하여 벡터 $\vec{a}+2\vec{b}$의 모든 성분의 합은? (2점)

① 1 ② 2 ③ 3
④ 4 ⑤ 5

050 ★☆☆ 2019학년도 6월모평 가형 22번

두 벡터 $\vec{a}=(2, 4)$, $\vec{b}=(1, 3)$에 대하여 벡터 $\vec{a}+2\vec{b}$의 모든 성분의 합을 구하시오. (3점)

051 ★☆☆ 2019학년도 수능 가형 1번

두 벡터 $\vec{a}=(1, -2)$, $\vec{b}=(-1, 4)$에 대하여 벡터 $\vec{a}+2\vec{b}$의 모든 성분의 합은? (2점)

① 1 ② 2 ③ 3
④ 4 ⑤ 5

052 ★☆☆ 2018년 10월학평 가형 1번

두 벡터 $\vec{a}=(5, 3)$, $\vec{b}=(1, 2)$에 대하여 벡터 $\vec{a}-\vec{b}$의 모든 성분의 합은? (2점)

① 1 ② 2 ③ 3
④ 4 ⑤ 5

정답과 해설 045 p.172 | 046 p.172 | 047 p.172 | 048 p.173 | 049 p.173 | 050 p.173 | 051 p.173 | 052 p.173

053 ★☆☆ 2018학년도 9월모평 가형 1번

두 벡터 $\vec{a}=(6, 2)$, $\vec{b}=(0, 4)$에 대하여 벡터 $\vec{a}-\vec{b}$의 모든 성분의 합은? (2점)

① 1 ② 2 ③ 3
④ 4 ⑤ 5

054 ★☆☆ 2017학년도 수능 가형 1번

두 벡터 $\vec{a}=(1, 3)$, $\vec{b}=(5, -6)$에 대하여 벡터 $\vec{a}-\vec{b}$의 모든 성분의 합은? (2점)

① 1 ② 2 ③ 3
④ 4 ⑤ 5

055 ★☆☆ 2019년 7월학평 가형 1번

두 벡터 $\vec{a}=(3, -2)$, $\vec{b}=(2, -6)$에 대하여 벡터 $\vec{a}-\vec{b}$의 모든 성분의 합은? (2점)

① 1 ② 2 ③ 3
④ 4 ⑤ 5

056 ★☆☆ 2019학년도 9월모평 가형 1번

두 벡터 $\vec{a}=(4, 1)$, $\vec{b}=(3, -2)$에 대하여 벡터 $2\vec{a}-\vec{b}$의 모든 성분의 합은? (2점)

① 1 ② 3 ③ 5
④ 7 ⑤ 9

057 ★☆☆ 2018년 7월학평 가형 1번

두 벡터 $\vec{a}=(4, 5)$, $\vec{b}=(-3, 2)$에 대하여 벡터 $2\vec{a}-\vec{b}$의 모든 성분의 합은? (2점)

① 11 ② 13 ③ 15
④ 17 ⑤ 19

058 ★☆☆ 2019년 10월학평 가형 1번

두 벡터 $\vec{a}=(1, 2)$, $\vec{b}=(-2, 5)$에 대하여 벡터 $2\vec{a}-\vec{b}$의 모든 성분의 합은? (2점)

① 1 ② 2 ③ 3
④ 4 ⑤ 5

059 ★☆☆ 2004년 10월학평 가형 18번

세 벡터 $\vec{a}=(2, 3)$, $\vec{b}=(x, -1)$, $\vec{c}=(-4, y)$에 대하여 $2\vec{a}-\vec{b}=\vec{b}+\vec{c}$가 성립할 때, 두 실수 x, y의 곱을 구하시오. (3점)

060 ★☆☆

세 벡터 $\vec{a}=(1, x+y)$, $\vec{b}=(x-y, -2)$, $\vec{c}=(3, 2)$에 대하여 $2\vec{a}+\vec{b}$와 $\vec{c}$가 서로 같은 벡터일 때, x^2-y^2의 값을 구하시오. (단, x, y는 실수이다.) (3점)

정답과 해설 053 p.173 | 054 p.174 | 055 p.174 | 056 p.174 | 057 p.174 | 058 p.174 | 059 p.174 | 060 p.175

061 ★☆☆ 2021년 10월학평 기하 23번

두 벡터 $\vec{a}=(m-2,\ 3)$과 $\vec{b}=(2m+1,\ 9)$가 서로 평행할 때, 실수 m의 값은? (2점)

① 3 ② 5 ③ 7
④ 9 ⑤ 11

062 ★☆☆

좌표평면의 세 점 A, B, C에 대하여

$$\overrightarrow{AB}=(k-2,\ 2),\ \overrightarrow{CA}=(k,\ 2l+1),$$
$$\overrightarrow{OB}=(2,\ -1),\ \overrightarrow{OC}=(2,\ -2)$$

일 때, 두 상수 k, l에 대하여 $k-l$의 값은?
(단, O는 원점이다.) (3점)

① -2 ② -1 ③ 0
④ 1 ⑤ 2

063 ★★☆

그림에서 삼각형 OAB는 $\overline{AB}=8\sqrt{3}$, $\angle AOB=120°$인 이등변삼각형이다.

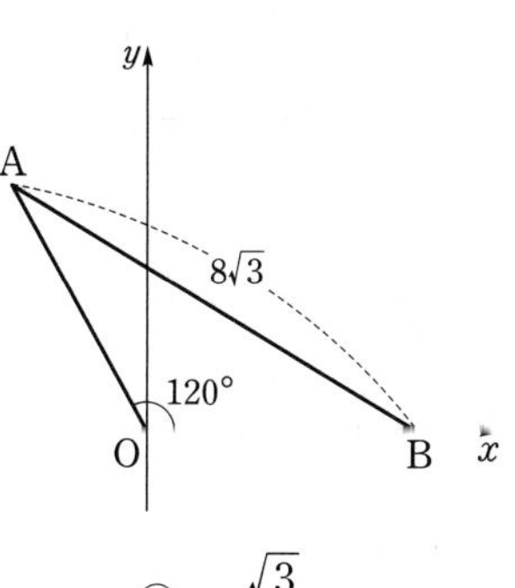

$\overrightarrow{BA}=(a,\ b)$라 할 때, $\frac{a}{b}$의 값은? (단, O는 원점이고, 점 B는 x축 위의 점이다.) (3점)

① $-2\sqrt{3}$ ② $-\sqrt{3}$ ③ $-\frac{\sqrt{3}}{2}$
④ $\frac{\sqrt{3}}{2}$ ⑤ $\sqrt{3}$

064 ★★★

좌표평면에서 두 점 A(1, 2), B(11, −2)에 대하여 점 P는 $\overrightarrow{OP}=s\overrightarrow{OA}+t\overrightarrow{OB}$를 만족시킨다. 점 P가 다음 두 조건을 만족시킬 때, $s+t$의 값은?
(단, O는 원점이고, $st\neq0$이다.) (4점)

> (가) $\overrightarrow{OP}$는 $\overrightarrow{OA}$와 $\overrightarrow{OB}$가 이루는 각을 이등분한다.
> (나) 점 P는 원 $(x-2)^2+(y-2)^2=8$ 위에 있다.

① 1 ② $\frac{7}{5}$ ③ $\frac{9}{5}$
④ $\frac{11}{5}$ ⑤ $\frac{13}{5}$

정답과 해설 061 p.175 | 062 p.175 | 063 p.175 | 064 p.176

065 ★★☆

두 벡터 $\vec{a}=(1,\ 1)$, $\vec{b}=(-1,\ 1)$에 대하여

$$\overrightarrow{OP}=k\vec{a}+l\vec{b}\ (k\geq 0,\ l\geq 0,\ k^2+l^2=1)$$

을 만족시키는 점 P가 나타내는 도형의 길이는? (4점)

① $\frac{\sqrt{2}}{2}\pi$　② $\frac{\sqrt{3}}{2}\pi$　③ π
④ $\frac{\sqrt{5}}{2}\pi$　⑤ $\frac{\sqrt{6}}{2}\pi$

066 ★★☆

좌표평면에서 원점 O와 두 점 A(2, 0), B(−2, 2)에 대하여 점 P는

$$\overrightarrow{OP}=m\overrightarrow{OA}+n\overrightarrow{OB}\ (1\leq m+n\leq 2,\ m\geq 0,\ n\geq 0)$$

을 만족시킨다. 점 P가 존재하는 영역의 넓이는? (4점)

① 6　② 7　③ 8
④ 9　⑤ 10

유형 06 성분으로 나타낸 평면벡터의 크기

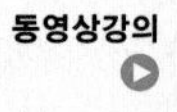

249-2-1-Y06

☑ 출제경향

성분으로 나타낸 벡터의 크기를 묻는 문제가 출제된다.

접근방법

주어진 벡터의 성분을 이용해 벡터의 크기를 구한다.

단골공식

평면벡터 $\vec{a}=(a_1,\ a_2)$에 대하여 $|\vec{a}|=\sqrt{{a_1}^2+{a_2}^2}$

067 ★☆☆ 2015년 10월학평 B형 5번

두 벡터 $\vec{a}=(2,\ 3)$과 $\vec{b}=(1,\ 1)$에 대하여 $|\vec{a}+\vec{b}|$의 값은? (3점)

① 1　② 2　③ 3
④ 4　⑤ 5

068 ★☆☆ 2016년 7월학평 가형 3번

두 벡터 $\vec{a}=(-1,\ 2)$, $\vec{b}=(3,\ 1)$에 대하여 $|\vec{a}+\vec{b}|$의 값은? (2점)

① $\sqrt{10}$　② $\sqrt{11}$　③ $2\sqrt{3}$
④ $\sqrt{13}$　⑤ $\sqrt{14}$

069 ★☆☆ 2003년 10월학평 자연계 5번

두 벡터 $\vec{a}=(-2,\ 3)$, $\vec{b}=(2,\ -1)$에 대하여 $2(\vec{a}-\vec{b})+3\vec{b}$의 크기는? (2점)

① $\sqrt{26}$　② $3\sqrt{3}$　③ $2\sqrt{7}$
④ $\sqrt{29}$　⑤ $\sqrt{30}$

이 문항은 7차 교육과정 이전에 출제되었지만 다시 출제될 수 있는 기본적인 문제로 개념을 익히는 데 도움이 됩니다.

정답과 해설 065 p.176 | 066 p.177 | 067 p.177 | 068 p.177 | 069 p.177

070 ★☆☆

원점 O를 시점으로 하는 좌표평면 위의 두 점 A$(2,\ -3)$, B$(0,\ -1)$의 위치벡터를 각각 $\vec{p}-\vec{q}$, $\vec{p}+\vec{q}$라 할 때, $|2\vec{p}+\vec{q}|$의 값은? (3점)

① $\sqrt{6}$ ② $\sqrt{7}$ ③ $2\sqrt{2}$
④ 3 ⑤ $\sqrt{10}$

071 ★★☆ 2018년 7월학평 가형 24번

두 벡터 $\vec{a}=(4t-2,\ -1)$, $\vec{b}=\left(2,\ 1+\frac{3}{t}\right)$에 대하여 $|\vec{a}+\vec{b}|^2$의 최솟값을 구하시오. (단, $t>0$) (3점)

072 ★★☆ 2018학년도 6월모평 가형 11번

두 벡터 $\vec{a}=(3,\ 1)$, $\vec{b}=(4,\ -2)$가 있다. 벡터 $\vec{v}$에 대하여 두 벡터 $\vec{a}$와 $\vec{v}+\vec{b}$가 서로 평행할 때, $|\vec{v}|^2$의 최솟값은? (3점)

① 6 ② 7 ③ 8
④ 9 ⑤ 10

073 ★★☆

두 점 A$(2,\ 0)$, B$(0,\ 1)$에 대하여 점 P$(1,\ 0)$을 시점으로 하고 벡터 $\overrightarrow{AB}$와 방향이 같은 벡터 $\overrightarrow{PQ}$를 만들 때, $|\overrightarrow{OQ}|=1$이다. 점 Q의 좌표가 Q$(a,\ b)$일 때, $50(a+b)$의 값을 구하시오. (단, O는 원점이다.) (3점)

유형 07 평면벡터의 내적

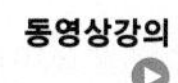

249-2-1-Y07

출제경향
평면벡터의 내적 공식을 이용한 문제가 출제된다.

접근방법
평면벡터의 내적 공식과 내적의 성질을 이용하여 계산한다.

단골공식
두 평면벡터 $\vec{a}$, $\vec{b}$에 대하여
(1) $\vec{a}$, $\vec{b}$가 이루는 각의 크기가 θ일 때 $\vec{a}\cdot\vec{b}=|\vec{a}||\vec{b}|\cos\theta$
(2) $\vec{a}\cdot\vec{a}=|\vec{a}|^2$
(3) $|\vec{a}+\vec{b}|^2=|\vec{a}|^2+|\vec{b}|^2+2\vec{a}\cdot\vec{b}$

074 ★☆☆ 2003학년도 모평 자연계 2번

서로 직교하는 두 벡터 $\vec{a}$와 $\vec{b}$에 대하여 $|\vec{a}|=2$이고 $|\vec{b}|=3$일 때, $|3\vec{a}-2\vec{b}|$의 값은? (2점)

① $3\sqrt{2}$ ② $4\sqrt{2}$ ③ $5\sqrt{2}$
④ $6\sqrt{2}$ ⑤ $7\sqrt{2}$

이 문항은 7차 교육과정 이전에 출제되었지만 다시 출제될 수 있는 기본적인 문제로 개념을 익히는 데 도움이 됩니다.

075 ★★☆ 2024학년도 수능 기하 25번

두 벡터 $\vec{a}$, $\vec{b}$에 대하여

$$|\vec{a}|=\sqrt{11},\ |\vec{b}|=3,\ |2\vec{a}-\vec{b}|=\sqrt{17}$$

일 때, $|\vec{a}-\vec{b}|$의 값은? (3점)

① $\frac{\sqrt{2}}{2}$ ② $\sqrt{2}$ ③ $\frac{3\sqrt{2}}{2}$
④ $2\sqrt{2}$ ⑤ $\frac{5\sqrt{2}}{2}$

076 ★☆☆ 2014학년도 사관학교 B형 3번

두 벡터 $\vec{a}$, $\vec{b}$에 대하여 $|\vec{a}|=2$, $|\vec{b}|=3$, $|3\vec{a}-2\vec{b}|=6$일 때, 내적 $\vec{a}\cdot\vec{b}$의 값은? (2점)

① 1 ② 2 ③ 3
④ 4 ⑤ 5

정답과 해설 070 p.178 | 071 p.178 | 072 p.178 | 073 p.179 | 074 p.179 | 075 p.179 | 076 p.179

077 ★☆☆ 2011학년도 사관학교 이과 3번

두 벡터 $\vec{a}$, $\vec{b}$가 $|\vec{a}|=3$, $|\vec{b}|=5$, $|\vec{a}+\vec{b}|=7$을 만족시킬 때, $(2\vec{a}+3\vec{b})\cdot(2\vec{a}-\vec{b})$의 값은? (2점)

① -1　② -3　③ -5
④ -7　⑤ -9

078 ★☆☆ 2015학년도 사관학교 B형 3번

두 벡터 $\vec{a}$, $\vec{b}$가 이루는 각의 크기가 $60°$이고 $|\vec{a}|=2$, $|\vec{b}|=3$일 때, $|\vec{a}-2\vec{b}|$의 값은? (2점)

① $3\sqrt{2}$　② $2\sqrt{6}$　③ $2\sqrt{7}$
④ $4\sqrt{2}$　⑤ 6

079 ★☆☆ 1997학년도 수능 자연계 3번

두 벡터 $\vec{a}$, $\vec{b}$가 이루는 각이 $60°$이다. $\vec{b}$의 크기는 1이고, $\vec{a}-3\vec{b}$의 크기가 $\sqrt{13}$일 때, $\vec{a}$의 크기는? (2점)

① 1　② 3　③ 4
④ 5　⑤ 7

이 문항은 7차 교육과정 이전에 출제되었지만 다시 출제될 수 있는 기본적인 문제로 개념을 익히는 데 도움이 됩니다.

080 ★☆☆ 2007년 10월학평 가형 4번

세 점 O, A, B에 대하여 두 벡터 $\vec{a}=\overrightarrow{OA}$, $\vec{b}=\overrightarrow{OB}$가 다음 조건을 만족시킨다.

(가) $\vec{a}\cdot\vec{b}=2$
(나) $|\vec{a}|=2$, $|\vec{b}|=3$

이때, 두 선분 OA, OB를 두 변으로 하는 평행사변형의 넓이는? (3점)

① $3\sqrt{2}$　② $4\sqrt{2}$　③ $3\sqrt{3}$
④ $4\sqrt{3}$　⑤ $5\sqrt{3}$

081 ★★☆ 2024학년도 6월모평 기하 25번

그림과 같이 한 변의 길이가 1인 정사각형 ABCD에서

$$(\overrightarrow{AB}+k\overrightarrow{BC})\cdot(\overrightarrow{AC}+3k\overrightarrow{CD})=0$$

일 때, 실수 k의 값은? (3점)

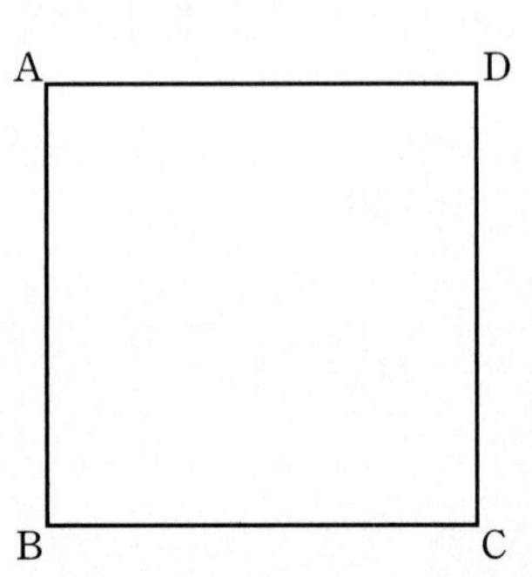

① 1　② $\frac{1}{2}$　③ $\frac{1}{3}$
④ $\frac{1}{4}$　⑤ $\frac{1}{5}$

정답과 해설 077 p.180 078 p.180 079 p.180 080 p.180 081 p.181

082 ★★☆ 2016년 10월학평 가형 25번

그림과 같이 $\overline{AB}=15$인 삼각형 ABC에 내접하는 원의 중심을 I라 하고, 점 I에서 변 BC에 내린 수선의 발을 D라 하자. $\overline{BD}=8$일 때, $\overrightarrow{BA}\cdot\overrightarrow{BI}$의 값을 구하시오. (3점)

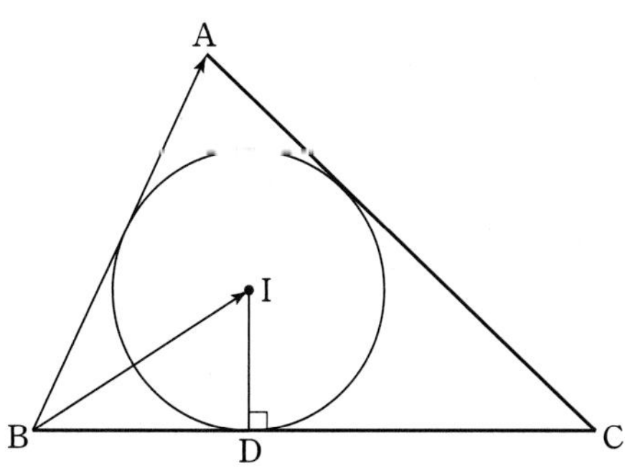

083 ★★☆ 2009년 10월학평 가형 19번

그림과 같이 한 변의 길이가 2인 정육각형 ABCDEF가 있다. 두 벡터 $\overrightarrow{AD}$, $\overrightarrow{AE}$의 내적 $\overrightarrow{AD}\cdot\overrightarrow{AE}$의 값을 구하시오. (3점)

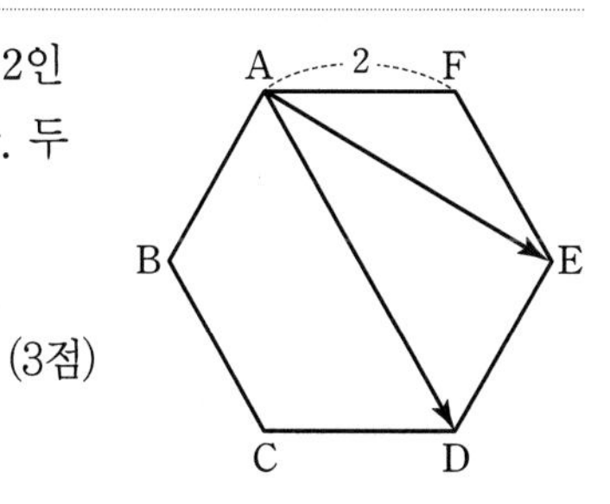

084 ★★☆ 2023학년도 6월모평 기하 27번

$\overline{AD}=2$, $\overline{AB}=\overline{CD}=\sqrt{2}$, $\angle ABC=\angle BCD=45°$인 사다리꼴 ABCD가 있다. 두 대각선 AC와 BD의 교점을 E, 점 A에서 선분 BC에 내린 수선의 발을 H, 선분 AH와 선분 BD의 교점을 F라 할 때, $\overrightarrow{AF}\cdot\overrightarrow{CE}$의 값은? (3점)

① $-\frac{1}{9}$ ② $-\frac{2}{9}$ ③ $-\frac{1}{3}$
④ $-\frac{4}{9}$ ⑤ $-\frac{5}{9}$

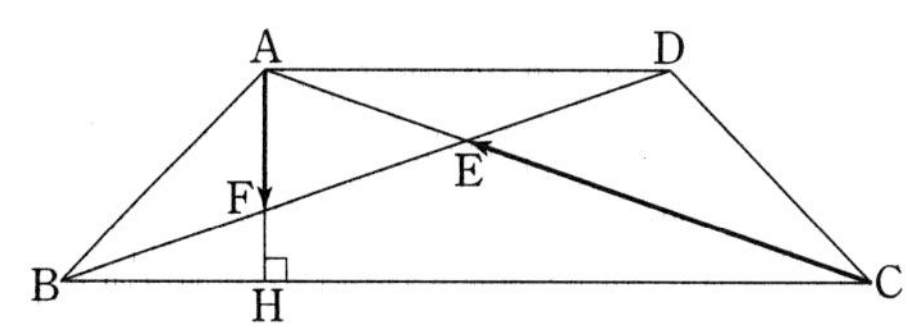

085 ★★☆ 2016년 7월학평 가형 19번

그림과 같이 삼각형 ABC에 대하여 꼭짓점 C에서 선분 AB에 내린 수선의 발을 H라 하자. 삼각형 ABC가 다음 조건을 만족시킬 때, $\overrightarrow{CA}\cdot\overrightarrow{CH}$의 값은? (4점)

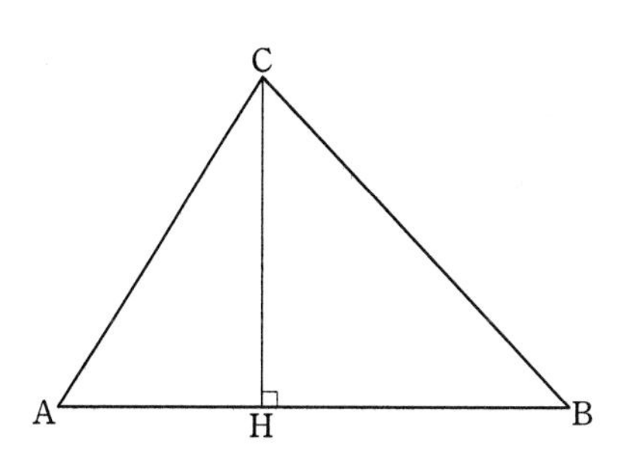

(가) 점 H가 선분 AB를 2 : 3으로 내분한다.
(나) $\overrightarrow{AB}\cdot\overrightarrow{AC}=40$
(다) 삼각형 ABC의 넓이는 30이다.

① 36 ② 37 ③ 38
④ 39 ⑤ 40

정답과 해설 082 p.181 | 083 p.181 | 084 p.182 | 085 p.182

086 ★★★ 2011학년도 9월모평 가형 14번

평면에서 그림과 같이 $\overline{AB}=1$이고 $\overline{BC}=\sqrt{3}$인 직사각형 ABCD와 정삼각형 EAD가 있다. 점 P가 선분 AE 위를 움직일 때, 옳은 것만을 [보기]에서 있는 대로 고른 것은? (4점)

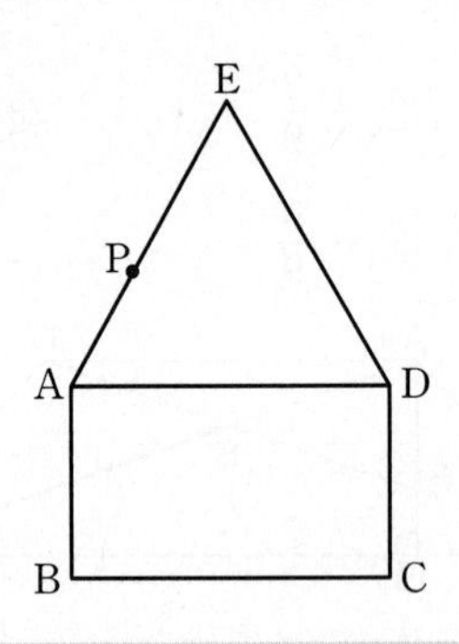

[보기]

ㄱ. $|\overrightarrow{CB}-\overrightarrow{CP}|$의 최솟값은 1이다.

ㄴ. $\overrightarrow{CA}\cdot\overrightarrow{CP}$의 값은 일정하다.

ㄷ. $|\overrightarrow{DA}+\overrightarrow{CP}|$의 최솟값은 $\frac{7}{2}$이다.

① ㄱ　② ㄷ　③ ㄱ, ㄴ
④ ㄴ, ㄷ　⑤ ㄱ, ㄴ, ㄷ

087 ★★☆ 2019년 10월학평 가형 27번

그림과 같이 선분 AB를 지름으로 하는 원 위의 점 P에서의 접선과 직선 AB가 만나는 점을 Q라 하자. 점 Q가 선분 AB를 5 : 1로 외분하는 점이고, $\overline{BQ}=\sqrt{3}$일 때, $\overrightarrow{AP}\cdot\overrightarrow{AQ}$의 값을 구하시오. (4점)

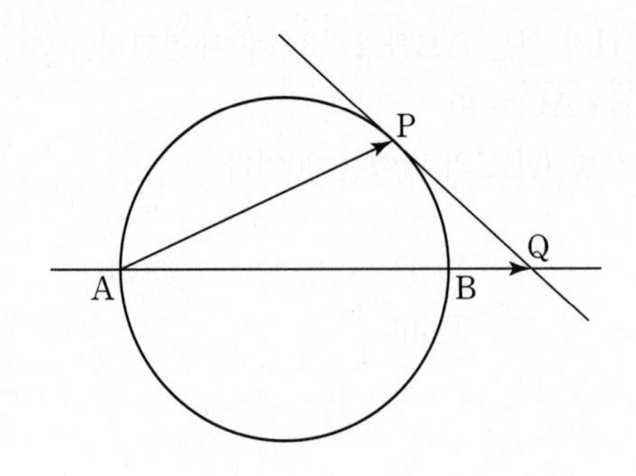

088 ★★★ 2023년 7월학평 기하 29번

좌표평면 위에 길이가 6인 선분 AB를 지름으로 하는 원이 있다. 원 위의 서로 다른 두 점 C, D가

$$\overrightarrow{AB}\cdot\overrightarrow{AC}=27,\ \overrightarrow{AB}\cdot\overrightarrow{AD}=9,\ \overline{CD}>3$$

을 만족시킨다. 선분 AC 위의 서로 다른 두 점 P, Q와 상수 k가 다음 조건을 만족시킨다.

(가) $\frac{3}{2}\overrightarrow{DP}-\overrightarrow{AB}=k\overrightarrow{BC}$

(나) $\overrightarrow{QB}\cdot\overrightarrow{QD}=3$

$k\times(\overrightarrow{AQ}\cdot\overrightarrow{DP})$의 값을 구하시오. (4점)

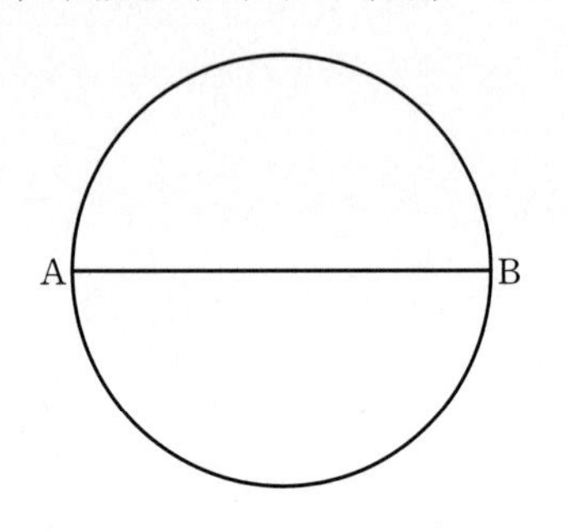

089 ★★★ 2024학년도 9월모평 기하 30번

좌표평면에서 $\overline{AB}=\overline{AC}$이고 $\angle BAC=\frac{\pi}{2}$인 직각삼각형 ABC에 대하여 두 점 P, Q가 다음 조건을 만족시킨다.

(가) 삼각형 APQ는 정삼각형이고,
$9|\overrightarrow{PQ}|\overrightarrow{PQ}=4|\overrightarrow{AB}|\overrightarrow{AB}$이다.

(나) $\overrightarrow{AC}\cdot\overrightarrow{AQ}<0$

(다) $\overrightarrow{PQ}\cdot\overrightarrow{CB}=24$

선분 AQ 위의 점 X에 대하여 $|\overrightarrow{XA}+\overrightarrow{XB}|$의 최솟값을 m이라 할 때, m^2의 값을 구하시오. (4점)

정답과 해설 086 p.183 | 087 p.184 | 088 p.185 | 089 p.186

090 ★★☆ 2004학년도 9월모평 자연계 12번

오른쪽 그림의 어두운 영역에 속하는 모든 점 A에 대하여 두 벡터 $\overrightarrow{OA}$와 $\overrightarrow{OB}$의 내적이 $\overrightarrow{OA} \cdot \overrightarrow{OB} \le 0$을 만족시키는 점 B가 있다. 이러한 모든 점 B의 영역을 좌표평면 위에 바르게 나타낸 것은?

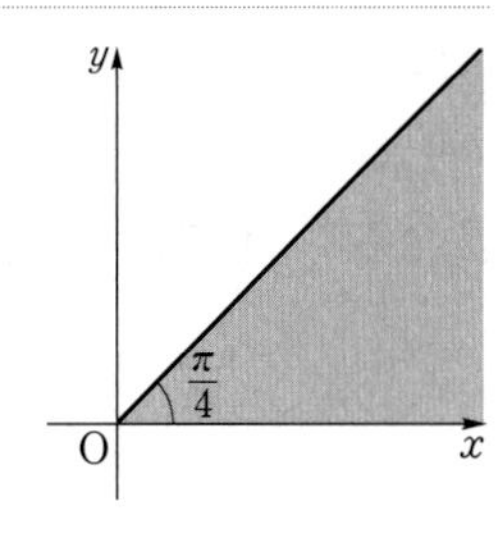

(단, 어두운 부분의 경계선은 포함한다.) (3점)

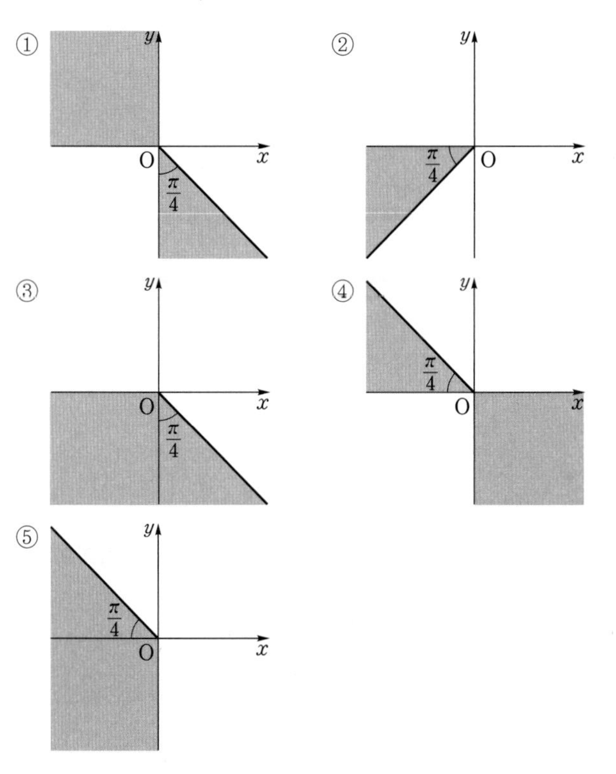

이 문항은 7차 교육과정 이전에 출제되었지만 다시 출제될 가능성이 있어 수록하였습니다.

091 ★★☆ 2018학년도 9월모평 가형 19번

좌표평면에서 원점 O가 중심이고 반지름의 길이가 1인 원 위의 세 점 A_1, A_2, A_3에 대하여

$$|\overrightarrow{OX}| \le 1 \text{이고 } \overrightarrow{OX} \cdot \overrightarrow{OA_k} \ge 0 \ (k=1,\ 2,\ 3)$$

을 만족시키는 모든 점 X의 집합이 나타내는 도형을 D라 하자. [보기]에서 옳은 것만을 있는 대로 고른 것은? (4점)

[보기]

ㄱ. $\overrightarrow{OA_1}=\overrightarrow{OA_2}=\overrightarrow{OA_3}$이면 D의 넓이는 $\frac{\pi}{2}$이다.

ㄴ. $\overrightarrow{OA_2}=-\overrightarrow{OA_1}$이고 $\overrightarrow{OA_3}=\overrightarrow{OA_1}$이면 D는 길이가 2인 선분이다.

ㄷ. $\overrightarrow{OA_1} \cdot \overrightarrow{OA_2}=0$인 경우에, D의 넓이가 $\frac{\pi}{4}$이면 점 A_3은 D에 포함되어 있다.

① ㄱ ② ㄷ ③ ㄱ, ㄴ ④ ㄴ, ㄷ ⑤ ㄱ, ㄴ, ㄷ

유형 08 평면벡터의 성분과 내적

동영상강의

249-2-1-Y08

출제경향

성분으로 표현된 벡터의 내적에 관한 문제가 출제된다.

접근방법

성분으로 주어진 평면벡터의 내적을 구한다.

단골공식

두 평면벡터 $\vec{a}=(a_1,\ a_2)$, $\vec{b}=(b_1,\ b_2)$에 대하여
$\vec{a} \cdot \vec{b}=a_1b_1+a_2b_2$

092 ★☆☆ 2017학년도 6월모평 가형 23번

두 벡터 $\vec{a}=(4,\ 1)$, $\vec{b}=(-2,\ k)$에 대하여 $\vec{a} \cdot \vec{b}=0$을 만족시키는 실수 k의 값을 구하시오. (3점)

정답과 해설 090 p.186 | 091 p.187 | 092 p.188

093 ★☆☆ 2003학년도 수능 자연계 3번

두 벡터 $\vec{a}=(-1, 3)$과 $\vec{b}=(2, 1)$에 대하여
내적 $\vec{a}\cdot(\vec{a}+\vec{b})$의 값은? (2점)

① 11 ② 13 ③ 15
④ 17 ⑤ 19

이 문항은 7차 교육과정 이전에 출제되었지만 다시 출제될 수 있는 기본적인 문제로 개념을 익히는 데 도움이 됩니다.

094 ★☆☆ 2005년 10월학평 가형 18번

두 벡터 $\vec{a}=(1, -2)$, $\vec{b}=(-2, 2)$에 대하여
내적 $\vec{a}\cdot(\vec{a}-2\vec{b})$의 값을 구하시오. (3점)

095 ★☆☆ 2016학년도 9월모평 B형 6번

좌표평면 위의 네 점 O$(0, 0)$, A$(4, 2)$, B$(0, 2)$, C$(2, 0)$에 대하여 $\overrightarrow{OA}\cdot\overrightarrow{BC}$의 값은? (3점)

① -4 ② -2 ③ 0
④ 2 ⑤ 4

096 ★☆☆ 2014학년도 수능예비시행 B형 23번

좌표평면 위의 두 점 A$(1, a)$, B$(a, 2)$에 대하여
$\overrightarrow{OB}\cdot\overrightarrow{AB}=14$일 때, 양수 a의 값을 구하시오.
(단, O는 원점이다.) (3점)

097 ★★☆ 2005학년도 수능예비평가 가형 24번

두 위치벡터 $\overrightarrow{OA}=(2, 5)$와 $\overrightarrow{OB}=(4, 3)$이 주어졌을 때, 다음을 만족시키는 점 C에 대한 위치벡터 $\overrightarrow{OC}$의 크기의 최댓값과 최솟값의 합을 구하시오. (4점)

$$\overrightarrow{CA}\cdot\overrightarrow{CB}=0$$

098 ★★☆ 2006학년도 수능 가형 4번

좌표평면 위에 원점 O를 시점으로 하는 서로 다른 임의의 두 벡터 $\overrightarrow{OP}$, $\overrightarrow{OQ}$가 있다. 두 벡터의 종점 P, Q를 x축 방향으로 3만큼, y축 방향으로 1만큼 평행이동시킨 점을 각각 P′, Q′이라 할 때, [보기]에서 항상 옳은 것을 모두 고른 것은? (3점)

[보기]
ㄱ. $|\overrightarrow{OP}-\overrightarrow{OP'}|=\sqrt{10}$
ㄴ. $|\overrightarrow{OP}-\overrightarrow{OQ}|=|\overrightarrow{OP'}-\overrightarrow{OQ'}|$
ㄷ. $\overrightarrow{OP}\cdot\overrightarrow{OQ}=\overrightarrow{OP'}\cdot\overrightarrow{OQ'}$

① ㄱ ② ㄷ ③ ㄱ, ㄴ
④ ㄴ, ㄷ ⑤ ㄱ, ㄴ, ㄷ

정답과 해설 093 p.188 094 p.189 095 p.189 096 p.189 097 p.189 098 p.190

099 ★★☆ 2024학년도 6월모평 기하 28번

좌표평면의 네 점 A(2, 6), B(6, 2), C(4, 4), D(8, 6)에 대하여 다음 조건을 만족시키는 모든 점 X의 집합을 S라 하자.

> (가) $\{(\overrightarrow{OX}-\overrightarrow{OD})\cdot\overrightarrow{OC}\}\times\{|\overrightarrow{OX}-\overrightarrow{OC}|-3\}=0$
> (나) 두 벡터 $\overrightarrow{OX}-\overrightarrow{OP}$와 $\overrightarrow{OC}$가 서로 평행하도록 하는 선분 AB 위의 점 P가 존재한다.

집합 S에 속하는 점 중에서 y좌표가 최대인 점을 Q, y좌표가 최소인 점을 R이라 할 때, $\overrightarrow{OQ}\cdot\overrightarrow{OR}$의 값은?
(단, O는 원점이다.) (4점)

① 25 ② 26 ③ 27
④ 28 ⑤ 29

유형 09 평면벡터의 수직과 평행

동영상강의

249-2-1-Y09

출제경향
두 평면벡터가 서로 수직이거나 평행한 경우에 대한 문제가 출제된다.

접근방법
두 평면벡터가 수직이거나 평행할 때 조건을 파악한다.

단골공식
영벡터가 아닌 두 평면벡터 $\vec{a}, \vec{b}$에 대하여
(1) 두 벡터 $\vec{a}, \vec{b}$가 수직이면 $\vec{a}\cdot\vec{b}=0$
$\vec{a}\cdot\vec{b}=0$이면 두 벡터 $\vec{a}, \vec{b}$는 서로 수직이다.
(2) 두 벡터 $\vec{a}, \vec{b}$가 평행하면 $\vec{a}\cdot\vec{b}=\pm|\vec{a}||\vec{b}|$
$\vec{a}\cdot\vec{b}=\pm|\vec{a}||\vec{b}|$이면 두 벡터 $\vec{a}, \vec{b}$는 평행하다.

100 ★☆☆ 2021년 7월학평 기하 23번

두 벡터 $\vec{a}=(2, 4)$, $\vec{b}=(-1, k)$에 대하여
두 벡터 $\vec{a}$와 $\vec{b}$가 서로 평행하도록 하는 실수 k의 값은? (2점)

① -5 ② -4 ③ -3
④ -2 ⑤ -1

101 ★☆☆ 2022학년도 6월모평 기하 23번

두 벡터 $\vec{a}=(k+3, 3k-1)$과 $\vec{b}=(1, 1)$이 서로 평행할 때, 실수 k의 값은? (2점)

① 1 ② 2 ③ 3
④ 4 ⑤ 5

102 ★☆☆ 2022년 7월학평 기하 23번

두 벡터 $\vec{a}=(2m-1, 3m+1)$, $\vec{b}=(3, 12)$가 서로 평행할 때, 실수 m의 값은? (2점)

① 1 ② 2 ③ 3
④ 4 ⑤ 5

103 ★☆☆ 2017학년도 9월모평 가형 8번

두 벡터 $\vec{a}, \vec{b}$에 대하여 $|\vec{a}|=1$, $|\vec{b}|=3$이고, 두 벡터 $6\vec{a}+\vec{b}$와 $\vec{a}-\vec{b}$가 서로 수직일 때, $\vec{a}\cdot\vec{b}$의 값은? (3점)

① $-\frac{3}{10}$ ② $-\frac{3}{5}$ ③ $-\frac{9}{10}$
④ $-\frac{6}{5}$ ⑤ $-\frac{3}{2}$

104 ★☆☆ 2015학년도 9월모평 B형 5번

서로 평행하지 않은 두 벡터 $\vec{a}, \vec{b}$에 대하여 $|\vec{a}|=2$이고 $\vec{a}\cdot\vec{b}=2$일 때, 두 벡터 $\vec{a}$와 $\vec{a}-t\vec{b}$가 서로 수직이 되도록 하는 실수 t의 값은? (3점)

① 1 ② 2 ③ 3
④ 4 ⑤ 5

정답과 해설 099 p.190 | 100 p.191 | 101 p.191 | 102 p.191 | 103 p.191 | 104 p.191

105 ★★☆ 2018년 10월학평 가형 11번

평면 위에 길이가 1인 선분 AB와 점 C가 있다.
$\overrightarrow{AB} \cdot \overrightarrow{BC}=0$이고 $|\overrightarrow{AB}+\overrightarrow{AC}|=4$일 때, $|\overrightarrow{BC}|$의 값은? (3점)

① 2　② $2\sqrt{2}$　③ 3　④ $2\sqrt{3}$　⑤ 4

106 ★☆☆ 2012학년도 9월모평 가형 2번

두 벡터 $\vec{a}=(x+1, 2)$, $\vec{b}=(1, -x)$가 서로 수직일 때, x의 값은? (2점)

① 1　② 2　③ 3　④ 4　⑤ 5

107 ★☆☆ 2018학년도 사관학교 가형 1번

두 벡터 $\vec{a}=(2, 1)$, $\vec{b}=(-1, k)$에 대하여 두 벡터 $\vec{a}$, $\vec{a}-\vec{b}$가 서로 수직일 때, k의 값은? (2점)

① 4　② 5　③ 6　④ 7　⑤ 8

108 ★★★ 2023년 10월학평 기하 29번

좌표평면 위의 점 A(5, 0)에 대하여 제1사분면 위의 점 P가

$$|\overrightarrow{OP}|=2,\ \overrightarrow{OP} \cdot \overrightarrow{AP}=0$$

을 만족시키고, 제1사분면 위의 점 Q가

$$|\overrightarrow{AQ}|=1,\ \overrightarrow{OQ} \cdot \overrightarrow{AQ}=0$$

을 만족시킬 때, $\overrightarrow{OA} \cdot \overrightarrow{PQ}$의 값을 구하시오.
(단, O는 원점이다.) (4점)

109 ★★★ 2020학년도 수능 가형 19번

한 원 위에 있는 서로 다른 네 점 A, B, C, D가 다음 조건을 만족시킬 때, $|\overrightarrow{AD}|^2$의 값은? (4점)

(가) $|\overrightarrow{AB}|=8$, $\overrightarrow{AC} \cdot \overrightarrow{BC}=0$
(나) $\overrightarrow{AD}=\frac{1}{2}\overrightarrow{AB}-2\overrightarrow{BC}$

① 32　② 34　③ 36　④ 38　⑤ 40

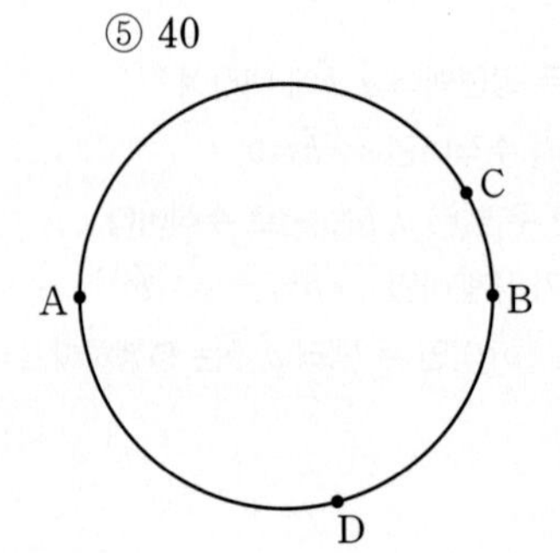

정답과 해설 105 p.192 106 p.192 107 p.192 108 p.192 109 p.193

유형 10 두 평면벡터가 이루는 각의 크기

동영상강의

249-2-1-Y10

출제경향

평면벡터의 내적을 이용하여 각의 크기를 구하는 문제가 출제된다.

접근방법

두 평면벡터가 이루는 각의 크기 공식을 이용하여 해결한다.

단골공식

영벡터가 아닌 두 평면벡터 $\vec{a}=(a_1, a_2)$, $\vec{b}=(b_1, b_2)$가 이루는 각의 크기를 θ $(0\leq\theta\leq\pi)$라 하면

$$\cos\theta=\frac{\vec{a}\cdot\vec{b}}{|\vec{a}||\vec{b}|}=\frac{a_1b_1+a_2b_2}{\sqrt{a_1^2+a_2^2}\sqrt{b_1^2+b_2^2}}$$

110 ★☆☆ 2005학년도 9월모평 가형 3번

크기가 1인 두 벡터 $\vec{a}$, $\vec{b}$가 $|\vec{a}-\vec{b}|=1$을 만족할 때, $\vec{a}$, $\vec{b}$가 이루는 각 θ의 크기는? (단, $0\leq\theta\leq\pi$) (3점)

① $\frac{\pi}{6}$ ② $\frac{\pi}{4}$ ③ $\frac{\pi}{3}$
④ $\frac{\pi}{2}$ ⑤ π

111 ★☆☆ 2016년 7월학평 가형 9번

두 평면벡터 $\vec{a}$, $\vec{b}$가

$$|\vec{a}|=1,\ |\vec{b}|=3,\ |2\vec{a}+\vec{b}|=4$$

를 만족시킬 때, 두 평면벡터 $\vec{a}$, $\vec{b}$가 이루는 각을 θ라 하자. $\cos\theta$의 값은? (3점)

① $\frac{1}{8}$ ② $\frac{3}{16}$ ③ $\frac{1}{4}$
④ $\frac{5}{16}$ ⑤ $\frac{3}{8}$

112 ★☆☆

두 벡터 $\vec{a}$, $\vec{b}$에 대하여 $|\vec{a}+\vec{b}|=2\sqrt{2}$, $|\vec{a}-\vec{b}|=2$, $|2\vec{a}-\vec{b}|=\sqrt{17}$이 성립한다. 두 벡터 $\vec{a}$, $\vec{b}$가 이루는 각의 크기를 θ라 할 때, $\cos\theta$의 값은? (3점)

① 1 ② $\frac{\sqrt{2}}{2}$ ③ $\frac{\sqrt{3}}{3}$
④ $\frac{1}{2}$ ⑤ $\frac{\sqrt{5}}{5}$

113 ★☆☆

두 벡터 $\vec{a}$, $\vec{b}$가 $|\vec{a}|=\sqrt{2}$, $|\vec{b}|=1$, $|\vec{a}-\vec{b}|\leq1$을 만족시킬 때, 두 벡터 $\vec{a}$, $\vec{b}$가 이루는 각의 크기를 θ라 하자. $\cos\theta$의 최댓값과 최솟값의 곱은? (3점)

① $\frac{1}{4}$ ② $\frac{1}{2}$ ③ $\frac{\sqrt{2}}{2}$
④ $\frac{\sqrt{3}}{2}$ ⑤ 1

114 ★★☆

$\overrightarrow{OA}+\overrightarrow{OB}+\overrightarrow{OC}=\vec{0}$이고 $|\overrightarrow{OA}|=2$, $|\overrightarrow{OB}|=3$, $|\overrightarrow{OC}|=4$이다. 두 벡터 $\overrightarrow{OA}$, $\overrightarrow{OB}$가 이루는 각의 크기를 θ라 할 때, $\sin\theta$의 값은? (3점)

① $\frac{\sqrt{11}}{4}$ ② $\frac{\sqrt{3}}{2}$ ③ $\frac{\sqrt{13}}{4}$
④ $\frac{\sqrt{14}}{4}$ ⑤ $\frac{\sqrt{15}}{4}$

정답과 해설 110 p.193 | 111 p.194 | 112 p.194 | 113 p.194 | 114 p.195

115 ★★☆

영벡터가 아닌 두 벡터 $\vec{a}$, $\vec{b}$가 다음 조건을 만족시킨다.

(가) $|\vec{a}|=\sqrt{2}|\vec{b}|$
(나) $\vec{a}+\vec{b}$와 $-\vec{b}$가 서로 수직이다.

두 벡터 $\vec{a}$, $\vec{b}$가 이루는 각 θ의 크기는? (단, $0\le\theta\le\pi$) (3점)

① $\frac{\pi}{4}$ ② $\frac{\pi}{3}$ ③ $\frac{\pi}{2}$
④ $\frac{2}{3}\pi$ ⑤ $\frac{3}{4}\pi$

116 ★★☆

삼각형 OAB에서 $\overrightarrow{OA}=\vec{a}$, $\overrightarrow{OB}=\vec{b}$일 때, $|\vec{a}|=1$, $|\vec{b}|=\sqrt{2}$, $|2\vec{a}+\vec{b}|\ge\sqrt{10}$이다. 삼각형 OAB의 넓이가 최대일 때, 두 벡터 $\vec{a}$, $\vec{b}$가 이루는 각 θ에 대하여 $\cos 2\theta$의 값은? (4점)

① $-\frac{\sqrt{2}}{2}$ ② $-\frac{1}{2}$ ③ 0
④ $\frac{\sqrt{3}}{2}$ ⑤ $\frac{\sqrt{2}}{2}$

117 ★★☆

평면 위의 세 점 O, A, B에 대하여 다음 조건을 만족시키는 점 P가 나타내는 도형의 길이는 3이다.

$$\overrightarrow{OP}=\alpha\overrightarrow{OA}+\beta\overrightarrow{OB}\left(\frac{\alpha}{2}+\frac{\beta}{3}=1,\ \alpha\ge0,\ \beta\ge0\right)$$

$|\overrightarrow{OA}|=|\overrightarrow{OB}|=1$일 때, 두 벡터 $\overrightarrow{OA}$, $\overrightarrow{OB}$가 이루는 각 θ에 대하여 $\cos\theta$의 값은? (4점)

① $\frac{1}{2}$ ② $\frac{1}{3}$ ③ $\frac{1}{4}$
④ $\frac{1}{5}$ ⑤ $\frac{1}{6}$

118 ★☆☆

세 벡터 $\vec{a}=(2, 1)$, $\vec{b}=(2, 2)$, $\vec{c}=(3, 0)$에 대하여 $2\vec{a}-\vec{b}$와 $\vec{c}$가 이루는 각의 크기를 θ라 할 때, $\cos\theta$의 값은? (3점)

① 1 ② $\frac{\sqrt{3}}{2}$ ③ $\frac{\sqrt{2}}{2}$
④ $\frac{1}{2}$ ⑤ $\frac{1}{3}$

119 ★☆☆

실수 t에 대하여 두 벡터 $\vec{a}=(t, 1-t)$, $\vec{b}=(2, -t)$가 이루는 각의 크기를 θ라 할 때, $\lim_{t\to\infty}\cos\theta$의 값은? (3점)

① 1 ② $\frac{\sqrt{2}}{2}$ ③ $\frac{\sqrt{3}}{3}$
④ $\frac{1}{2}$ ⑤ $\frac{\sqrt{5}}{5}$

정답과 해설 115 p.195 | 116 p.195 | 117 p.196 | 118 p.196 | 119 p.196

120 ★★☆

그림과 같이 정삼각형 ABC와 정사각형 CDEF가 한 점 C를 공유하며 세 점 B, C, F는 일직선 위에 있다.

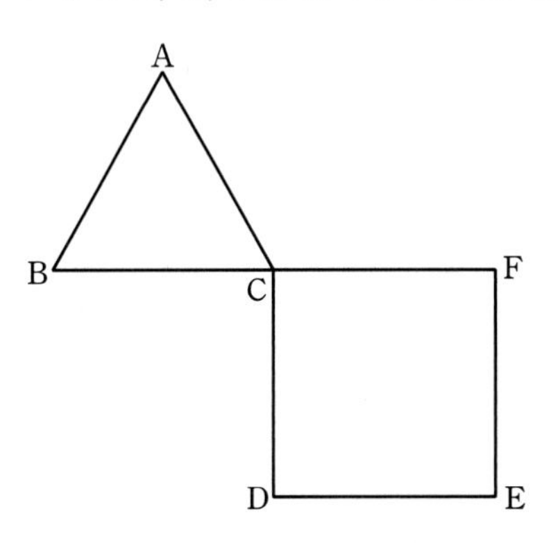

$\overline{BC}=\overline{CF}$일 때, 두 벡터 $\overrightarrow{AF}$, $\overrightarrow{BE}$가 이루는 각 θ에 대하여 $\cos\theta$의 값은? (4점)

① $\frac{2\sqrt{15}+\sqrt{5}}{10}$ ② $\frac{3\sqrt{15}+2\sqrt{5}}{10}$ ③ $\frac{4\sqrt{15}+3\sqrt{5}}{10}$

④ $\frac{5\sqrt{15}+4\sqrt{5}}{10}$ ⑤ $\frac{6\sqrt{15}+5\sqrt{5}}{10}$

121 ★★☆

좌표평면 위의 네 점 A, B, C, D에 대하여 $\overrightarrow{OA}=(0,\ 3)$, $\overrightarrow{OB}=(-2,\ -1)$이고 사각형 ABCD가 정사각형일 때, $\cos^2(\angle COD)=\frac{q}{p}$를 만족하는 서로소인 두 자연수 p, q의 합 $p+q$의 값을 구하시오. (단, 점 C의 y좌표는 음수이다.) (4점)

122 ★★★ 2021년 10월학평 기하 28번

삼각형 ABC와 삼각형 ABC의 내부의 점 P가 다음 조건을 만족시킨다.

> (가) $\overrightarrow{PA}\cdot\overrightarrow{PC}=0$, $\frac{|\overrightarrow{PA}|}{|\overrightarrow{PC}|}=3$
>
> (나) $\overrightarrow{PB}\cdot\overrightarrow{PC}=-\frac{\sqrt{2}}{2}|\overrightarrow{PB}||\overrightarrow{PC}|=-2|\overrightarrow{PC}|^2$

직선 AP와 선분 BC의 교점을 D라 할 때, $\overrightarrow{AD}=k\overrightarrow{PD}$이다. 실수 k의 값은? (4점)

① $\frac{11}{2}$ ② 6 ③ $\frac{13}{2}$

④ 7 ⑤ $\frac{15}{2}$

정답과 해설 120 p.196 | 121 p.197 | 122 p.198

유형 11 평면벡터의 내적의 최대 · 최소

동영상강의 
249-2-1-Y11

출제경향

내적의 최댓값과 최솟값을 묻는 문제가 출제된다.

접근방법

두 벡터가 이루는 각의 크기 θ $(0\le\theta\le\pi)$의 값이 커질수록 $\cos\theta$의 값은 작아짐을 이용한다.

단골공식

두 평면벡터 $\vec{a}$, $\vec{b}$의 크기가 일정할 때, 두 벡터가 이루는 각 θ $(0\le\theta\le\pi)$에 대하여

(1) θ의 크기가 최대일 때 내적 $\vec{a}\cdot\vec{b}$의 값은 최소가 된다.

(2) θ의 크기가 최소일 때 내적 $\vec{a}\cdot\vec{b}$의 값은 최대가 된다.

123 ★★☆ 2007학년도 사관학교 이과 12번

그림과 같이 반지름의 길이가 1이고 중심각의 크기가 $\frac{\pi}{2}$인 부채꼴 OAB가 있다. 호 AB 위를 움직이는 두 점 P, Q에 대하여 [보기]에서 옳은 것을 모두 고른 것은? (3점)

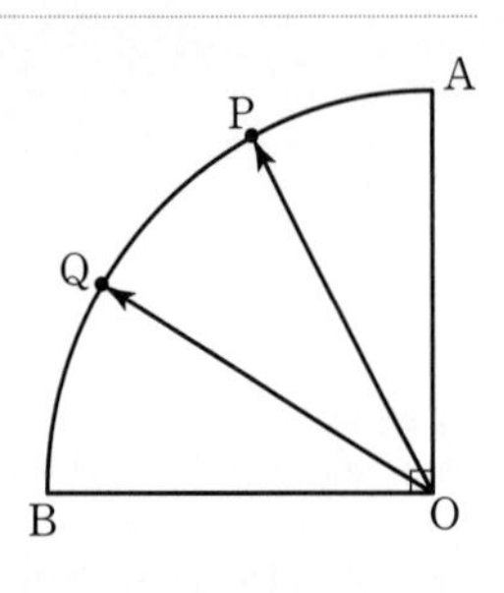

[보기]

ㄱ. $|\overrightarrow{OP}+\overrightarrow{OQ}|$의 최솟값은 $\sqrt{2}$이다.

ㄴ. $|\overrightarrow{OP}-\overrightarrow{OQ}|$의 최댓값은 $\sqrt{2}$이다.

ㄷ. $\overrightarrow{OP}\cdot\overrightarrow{OQ}$의 최댓값은 1이다.

① ㄴ ② ㄷ ③ ㄱ, ㄴ
④ ㄱ, ㄷ ⑤ ㄱ, ㄴ, ㄷ

124 ★★☆ 2010년 10월학평 가형 11번

그림은 $\overline{AB}=2$, $\overline{AD}=2\sqrt{3}$인 직사각형 ABCD와 이 직사각형의 한 변 CD를 지름으로 하는 원을 나타낸 것이다. 이 원 위를 움직이는 점 P에 대하여 두 벡터 $\overrightarrow{AC}$, $\overrightarrow{AP}$의 내적 $\overrightarrow{AC}\cdot\overrightarrow{AP}$의 최댓값은?

(단, 직사각형과 원은 같은 평면 위에 있다.) (4점)

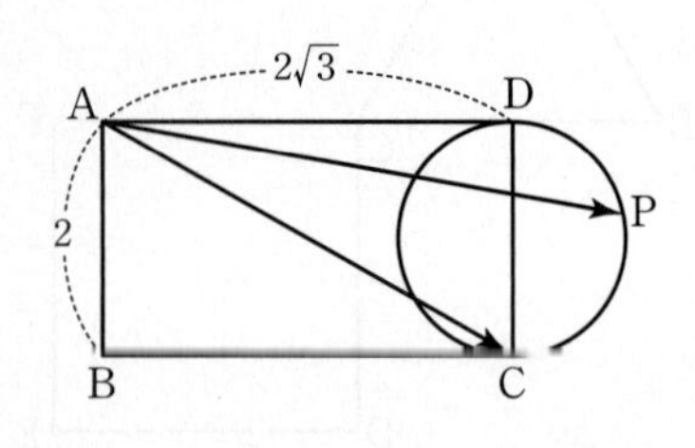

① 12 ② 14 ③ 16
④ 18 ⑤ 20

125 ★★★ 2021년 7월학평 기하 30번

평면 위에

$$\overline{OA}=2+2\sqrt{3},\ \overline{AB}=4,\ \angle COA=\frac{\pi}{3},\ \angle A=\angle B=\frac{\pi}{2}$$

를 만족시키는 사다리꼴 OABC가 있다. 선분 AB를 지름으로 하는 원 위의 점 P에 대하여 $\overrightarrow{OC}\cdot\overrightarrow{OP}$의 값이 최대가 되도록 하는 점 P를 Q라 할 때, 직선 OQ가 원과 만나는 점 중 Q가 아닌 점을 D라 하자. 원 위의 점 R에 대하여 $\overrightarrow{DQ}\cdot\overrightarrow{AR}$의 최댓값을 M이라 할 때, M^2의 값을 구하시오. (4점)

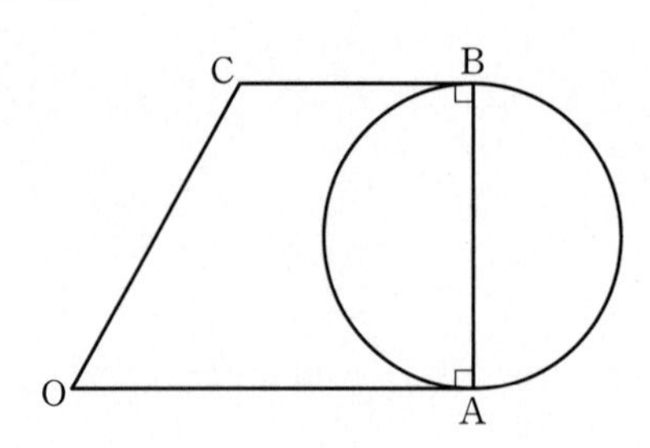

정답과 해설 123 p.198 | 124 p.199 | 125 p.199

126 ★★☆ 2019학년도 9월모평 가형 16번

좌표평면 위의 두 점 A(6, 0), B(8, 6)에 대하여 점 P가

$$|\overrightarrow{PA}+\overrightarrow{PB}|=\sqrt{10}$$

을 만족시킨다.

$\overrightarrow{OB}\cdot\overrightarrow{OP}$의 값이 최대가 되도록 하는 점 P를 Q라 하고, 선분 AB의 중점을 M이라 할 때, $\overrightarrow{OA}\cdot\overrightarrow{MQ}$의 값은?

(단, O는 원점이다.) (4점)

① $\frac{6\sqrt{10}}{5}$　② $\frac{9\sqrt{10}}{5}$　③ $\frac{12\sqrt{10}}{5}$　④ $3\sqrt{10}$　⑤ $\frac{18\sqrt{10}}{5}$

127 ★★★ 2022년 7월학평 기하 29번

평면 위에 한 변의 길이가 6인 정삼각형 ABC의 무게중심 O에 대하여 $\overrightarrow{OD}=\frac{3}{2}\overrightarrow{OB}-\frac{1}{2}\overrightarrow{OC}$를 만족시키는 점을 D라 하자. 선분 CD 위의 점 P에 대하여 $|2\overrightarrow{PA}+\overrightarrow{PD}|$의 값이 최소가 되도록 하는 점 P를 Q라 하자. $|\overrightarrow{OR}|=|\overrightarrow{OA}|$를 만족시키는 점 R에 대하여 $\overrightarrow{QA}\cdot\overrightarrow{QR}$의 최댓값이 $p+q\sqrt{93}$일 때, $p+q$의 값을 구하시오.

(단, p, q는 유리수이다.) (4점)

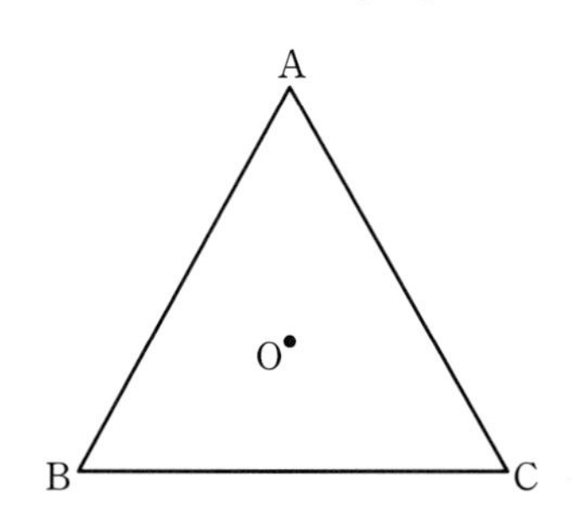

128 ★★☆ 2017년 10월학평 가형 28번

그림과 같이 한 변의 길이가 4인 정사각형 ABCD의 내부에 선분 AB와 선분 BC에 접하고 반지름의 길이가 1인 원 C_1과 선분 AD와 선분 CD에 접하고 반지름의 길이가 1인 원 C_2가 있다. 원 C_1과 선분 AB의 접점을 P라 하고, 원 C_2 위의 한 점을 Q라 하자.

$\overrightarrow{PC}\cdot\overrightarrow{PQ}$의 최댓값을 $a+\sqrt{b}$라 할 때, $a+b$의 값을 구하시오. (단, a와 b는 유리수이다.) (4점)

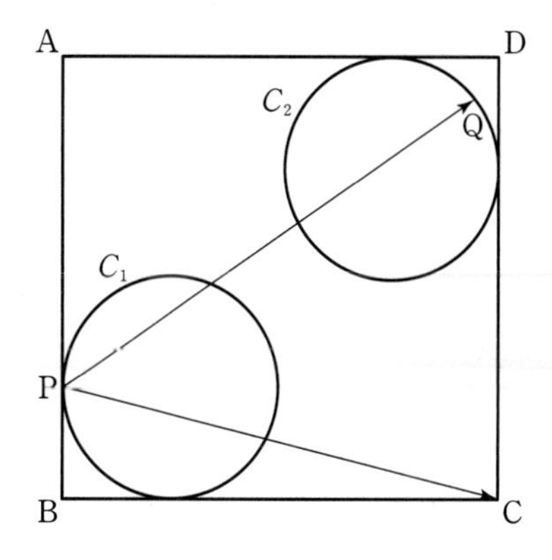

129 ★★★ 2022년 10월학평 기하 28번

그림과 같이 한 평면 위에 반지름의 길이가 4이고 중심각의 크기가 $120°$인 부채꼴 OAB와 중심이 C이고 반지름의 길이가 1인 원 C가 있고, 세 벡터 $\overrightarrow{OA}$, $\overrightarrow{OB}$, $\overrightarrow{OC}$가

$$\overrightarrow{OA} \cdot \overrightarrow{OC}=24,\ \overrightarrow{OB} \cdot \overrightarrow{OC}=0$$

을 만족시킨다. 호 AB 위를 움직이는 점 P와 원 C 위를 움직이는 점 Q에 대하여 $\overrightarrow{OP} \cdot \overrightarrow{PQ}$의 최댓값과 최솟값을 각각 M, m이라 할 때, $M+m$의 값은? (4점)

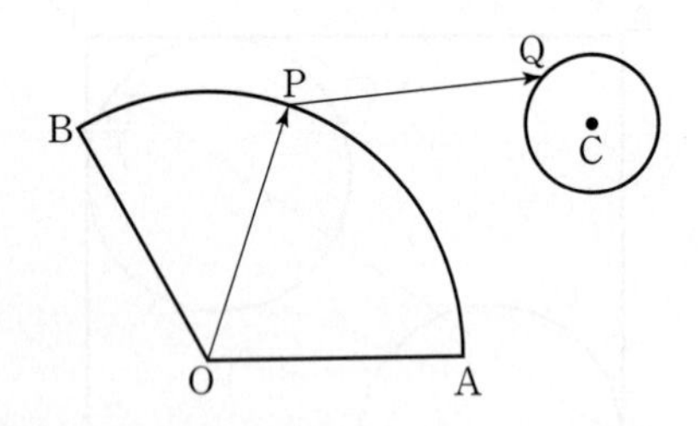

① $12\sqrt{3}-34$ ② $12\sqrt{3}-32$ ③ $16\sqrt{3}-36$
④ $16\sqrt{3}-34$ ⑤ $16\sqrt{3}-32$

130 ★★★ 2018년 7월학평 가형 29번

그림과 같이 평면 위에 $\overline{OA}=2\sqrt{11}$을 만족하는 두 점 O, A와 점 O를 중심으로 하고 반지름의 길이가 각각 $\sqrt{5}$, $\sqrt{14}$인 두 원 C_1, C_2가 있다. 원 C_1 위의 서로 다른 두 점 P, Q와 원 C_2 위의 점 R가 다음 조건을 만족시킨다.

> (가) 양수 k에 대하여 $\overrightarrow{PQ}=k\overrightarrow{QR}$
> (나) $\overrightarrow{PQ} \cdot \overrightarrow{AR}=0$이고 $\overline{PQ} : \overline{AR}=2 : \sqrt{6}$

원 C_1 위의 점 S에 대하여 $\overrightarrow{AR} \cdot \overrightarrow{AS}$의 최댓값을 M, 최솟값을 m이라 할 때, Mm의 값을 구하시오.

$\left(단,\ \frac{\pi}{2}<\angle ORA<\pi\right)$ (4점)

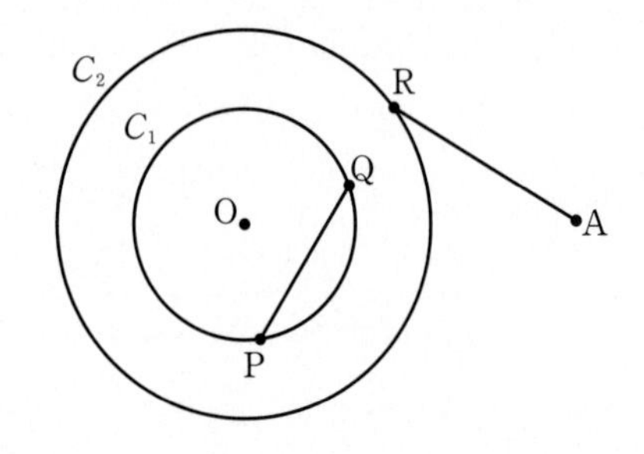

131 ★★☆ 2013학년도 수능 가형 26번

한 변의 길이가 2인 정삼각형 ABC의 꼭짓점 A에서 변 BC에 내린 수선의 발을 H라 하자. 점 P가 선분 AH 위를 움직일 때, $|\overrightarrow{PA} \cdot \overrightarrow{PB}|$의 최댓값은 $\frac{q}{p}$이다. $p+q$의 값을 구하시오. (단, p와 q는 서로소인 자연수이다.) (4점)

132 ★★★ 2019년 7월학평 가형 29번

중심이 O이고 반지름의 길이가 1인 원이 있다.
양수 x에 대하여 원 위의 서로 다른 세 점 A, B, C가

$$x\overrightarrow{OA}+5\overrightarrow{OB}+3\overrightarrow{OC}=\vec{0}$$

를 만족시킨다. $\overrightarrow{OA} \cdot \overrightarrow{OB}$의 값이 최대일 때, 삼각형 ABC의 넓이를 S라 하자. $50S$의 값을 구하시오. (4점)

정답과 해설 129 p.203 130 p.203 131 p.204 132 p.205

유형 12 평면벡터와 증명

동영상강의 249-2-1-Y12

출제경향

평면벡터의 정의와 연산 및 내적을 이용하여 증명하는 과정에 대한 빈칸 추론 문제가 출제된다.

접근방법

증명하고자 하는 내용이나 식에 대하여 논리적으로 빈칸의 앞, 뒤 상황을 파악하여 문제를 해결한다.

133 ★☆☆ 2002년 6월학평 자연계 16번

다음은 삼각형 ABC의 변 BC의 중점을 M이라고 할 때,

$$\overline{AB}^2+\overline{AC}^2=2(\overline{AM}^2+\overline{BM}^2)$$

임을 증명하는 과정이다.

[증명]

오른쪽 그림과 같이

$\overrightarrow{MA}=\vec{a}$, $\overrightarrow{MB}=\vec{b}$라 하면

$\overrightarrow{BA}=\vec{a}-\vec{b}$

$\overrightarrow{CA}=$ (가)

$\therefore \overline{AB}^2+\overline{AC}^2$

$=|\vec{a}-\vec{b}|^2+|$ (가) $|^2$

$=|\vec{a}|^2-2$ (나) $+|\vec{b}|^2+|\vec{a}|^2+2$ (나) $+|\vec{b}|^2$

$=2(|\vec{a}|^2+|\vec{b}|^2)$

$=2(\overline{AM}^2+\overline{BM}^2)$

위의 증명 과정에서 (가), (나)에 알맞은 것을 순서대로 적으면? (2점)

① $\vec{a}-\vec{b}$, $\vec{a}\cdot\vec{b}$ ② $\vec{a}-\vec{b}$, $|\vec{a}||\vec{b}|$ ③ $\vec{a}+\vec{b}$, $\vec{a}\cdot\vec{b}$

④ $\vec{a}+\vec{b}$, $|\vec{a}||\vec{b}|$ ⑤ $\vec{a}+\vec{b}$, $\dfrac{|\vec{a}|}{|\vec{b}|}$

이 문항은 7차 교육과정 이전에 출제되었지만 다시 출제될 가능성이 있어 수록하였습니다.

134 ★☆☆ 2005학년도 수능예비평가 가형 14번

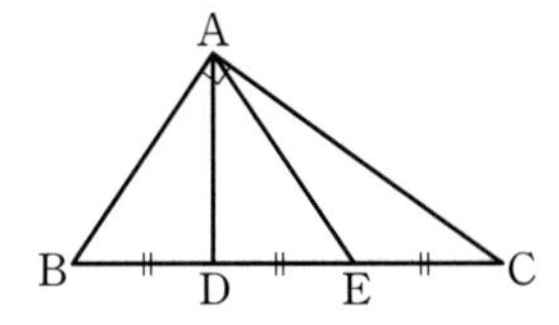

다음은 $\angle A=\frac{\pi}{2}$인 직각삼각형 ABC에서 변 BC의 삼등분점을 각각 D와 E라고 할 때,

$$\overline{AD}^2+\overline{AE}^2+\overline{DE}^2=\frac{2}{3}\overline{BC}^2$$

이 성립함을 벡터를 이용하여 증명한 것이다.

[증명]

$\overrightarrow{AB}=\vec{a}$, $\overrightarrow{AC}=\vec{b}$로 놓으면 $\overrightarrow{BC}=\vec{b}-\vec{a}$이고 다음이 성립한다.

$\overrightarrow{AD}=$ (가), $\overrightarrow{AE}=$ (나),

$\overrightarrow{DE}=\frac{1}{3}\overrightarrow{BC}=\frac{1}{3}(\vec{b}-\vec{a})$

그러므로 다음을 얻는다.

$|\overrightarrow{AD}|^2=$ (다), $|\overrightarrow{AE}|^2=$ (라),

$|\overrightarrow{DE}|^2=\frac{1}{9}(|\vec{a}|^2-2\vec{a}\cdot\vec{b}+|\vec{b}|^2)$

$|\overrightarrow{AD}|^2+|\overrightarrow{AE}|^2+|\overrightarrow{DE}|^2=\frac{2}{3}(|\vec{a}|^2+|\vec{b}|^2+\vec{a}\cdot\vec{b})$

$|\overrightarrow{BC}|^2=|\vec{b}|^2+|\vec{a}|^2-2\vec{a}\cdot\vec{b}$

이때, $\vec{a}\perp\vec{b}$이므로 $\vec{a}\cdot\vec{b}=0$이고 다음이 성립한다.

$|\overrightarrow{AD}|^2+|\overrightarrow{AE}|^2+|\overrightarrow{DE}|^2=\frac{2}{3}|\overrightarrow{BC}|^2$

따라서 $\overline{AD}^2+\overline{AE}^2+\overline{DE}^2=\frac{2}{3}\overline{BC}^2$이다.

위의 증명에서 (가)와 (라)에 알맞은 것은? (3점)

	(가)	(라)
①	$\frac{2}{3}\vec{a}+\frac{1}{3}\vec{b}$	$\frac{1}{9}(\|\vec{a}\|^2+4\vec{a}\cdot\vec{b}+4\|\vec{b}\|^2)$
②	$\frac{2}{3}\vec{a}+\frac{1}{3}\vec{b}$	$\frac{1}{9}(4\|\vec{a}\|^2+4\vec{a}\cdot\vec{b}+\|\vec{b}\|^2)$
③	$\frac{2}{3}\vec{a}+\frac{1}{3}\vec{b}$	$\frac{1}{9}(\|\vec{a}\|^2+2\vec{a}\cdot\vec{b}+\|\vec{b}\|^2)$
④	$\frac{1}{3}\vec{a}+\frac{2}{3}\vec{b}$	$\frac{1}{9}(\|\vec{a}\|^2+4\vec{a}\cdot\vec{b}+4\|\vec{b}\|^2)$
⑤	$\frac{1}{3}\vec{a}+\frac{2}{3}\vec{b}$	$\frac{1}{9}(4\|\vec{a}\|^2+4\vec{a}\cdot\vec{b}+\|\vec{b}\|^2)$

정답과 해설 133 p.206 134 p.206

135 ★★☆ 2005학년도 사관학교 이과 16번

다음은 $\triangle ABC$에서 $\overrightarrow{BC}=\vec{a}$, $\overrightarrow{CA}=\vec{b}$, $\overrightarrow{AB}=\vec{c}$라 할 때,

$$(\vec{b}\cdot\vec{c})\vec{a}+(\vec{c}\cdot\vec{a})\vec{b}+(\vec{a}\cdot\vec{b})\vec{c}=\vec{0}$$

이면 $\triangle ABC$는 정삼각형임을 증명한 것이다.

(단, $\vec{x}\cdot\vec{y}$는 두 벡터 $\vec{x}$, $\vec{y}$의 내적이다.)

[증명]

$\vec{c}=$ (가) 를 주어진 조건식에 대입하여 정리하면

$(\vec{b}\cdot$ (가) $)\vec{a}+($ (가) $\cdot\vec{a})\vec{b}+(\vec{a}\cdot\vec{b})$ (가)

$=($ (나) $-\vec{b}\cdot\vec{b})\vec{a}+($ (나) $-\vec{a}\cdot\vec{a})\vec{b}=\vec{0}$

$\vec{a}$와 $\vec{b}$는 평행하지 않으므로

$\begin{cases} \text{(나)} -\vec{b}\cdot\vec{b}=0 \\ \text{(나)} -\vec{a}\cdot\vec{a}=0 \end{cases}$

위의 두 식에서 $\vec{a}\cdot\vec{a}=\vec{b}\cdot\vec{b}$

$\therefore |\vec{a}|=|\vec{b}|$

같은 방법으로, $\vec{b}=$ (다) 를 주어진 조건식에

대입하여 정리하면 $|\vec{a}|=|\vec{c}|$가 얻어진다.

따라서 $\triangle ABC$는 정삼각형이다.

위의 증명에서 (가), (나), (다)에 알맞은 것은? (3점)

	(가)	(나)	(다)
①	$-\vec{a}-\vec{b}$	$-2\vec{a}\cdot\vec{b}$	$-\vec{a}-\vec{c}$
②	$\vec{a}+\vec{b}$	$-2\vec{a}\cdot\vec{b}$	$\vec{a}+\vec{c}$
③	$\vec{a}+\vec{b}$	$\vec{a}\cdot\vec{b}$	$-\vec{a}-\vec{c}$
④	$-\vec{a}-\vec{b}$	$-\vec{a}\cdot\vec{b}$	$\vec{a}+\vec{c}$
⑤	$\vec{a}-\vec{b}$	$2\vec{a}\cdot\vec{b}$	$-\vec{a}-\vec{c}$

136 ★★☆ 2006년 10월학평 가형 15번

$\triangle ABC$의 넓이를 S_1, $\triangle ABC$의 세 중선의 길이를 각 변의 길이로 하는 삼각형의 넓이를 S_2라고 할 때, 다음은 S_1과 S_2 사이에 일정한 비가 성립함을 증명한 것이다.

[증명]

$\triangle ABC$의 각 변의 중점을 P, Q, R로 놓고 그림과 같이 $\overrightarrow{PC}=\overrightarrow{BT}$가 되도록 점 T를 잡는다. 점 Q는 평행사변형 PBTC의 대각선 BC의 중점이므로

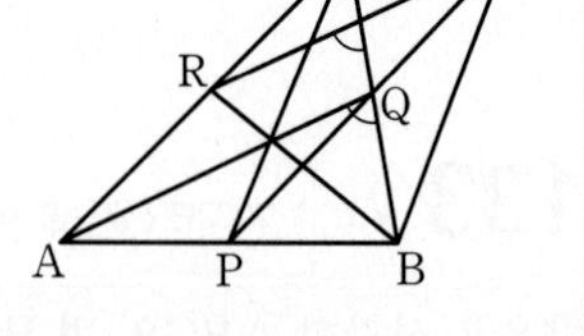

$\overrightarrow{PQ}=\overrightarrow{QT}$ …… ㉠

또 삼각형의 중점연결정리에 의하여

$\overrightarrow{PQ}=\frac{1}{2}\overrightarrow{AC}$이므로 $\overrightarrow{PQ}=\overrightarrow{AR}$ …… ㉡

㉠, ㉡에서 $\overrightarrow{AR}=\overrightarrow{QT}$

$\therefore$ (가)

따라서 $\triangle RBT$는 $\triangle ABC$의 세 중선의 길이를 각 변의 길이로 하는 삼각형이다.

한편, 두 선분 BC와 RT의 교점을 M이라고 하면, $\overline{AQ}\,/\!/\,\overline{RT}$이고 점 R가 선분 AC의 중점이므로 점 M은 선분 CQ의 중점이다.

$\angle RMB=\angle AQB$이므로

$\triangle RBT=\frac{1}{2}\overline{RT}\times\overline{MB}\times\sin(\angle RMB)$

$=$ (나) $\triangle ABC$

위의 증명에서 (가), (나)에 알맞은 것은? (4점)

	(가)	(나)
①	$\overrightarrow{AQ}=\overrightarrow{RT}$	$\frac{2}{3}$
②	$\overrightarrow{AP}=\overrightarrow{CT}$	$\frac{2}{3}$
③	$\overrightarrow{AQ}=\overrightarrow{RT}$	$\frac{3}{4}$
④	$\overrightarrow{AP}=\overrightarrow{CT}$	$\frac{3}{4}$
⑤	$\overrightarrow{CT}=\overrightarrow{PB}$	$\frac{4}{5}$

정답과 해설 135 p.207 136 p.208

유형 13 평면벡터와 직선의 방정식

동영상강의 249-2-1-Y13

출제경향

기본공식을 이용한 문제들이 출제된다.

접근방법

평면벡터를 이용한 직선의 방정식 공식을 이용하여 해결한다.

단골공식

평면벡터를 이용한 직선의 방정식

(1) 점 $A(x_1, y_1)$을 지나고, 벡터 $\vec{u}=(l, m)$에 평행한 직선의 방정식은 $x=x_1+lt$, $y=y_1+mt$ (t는 실수) 또는 $\frac{x-x_1}{l}=\frac{y-y_1}{m}$ (단, $lm \neq 0$)

(2) 두 점 $A(x_1, y_1)$, $B(x_2, y_2)$를 지나는 직선의 방정식은 $\frac{x-x_1}{x_2-x_1}=\frac{y-y_1}{y_2-y_1}$ (단, $x_1 \neq x_2$, $y_1 \neq y_2$)

(3) 점 $A(x_1, y_1)$을 지나고 벡터 $\vec{n}=(l, m)$에 수직인 직선의 방정식은 $l(x-x_1)+m(y-y_1)=0$

137 ★★☆ 2018학년도 6월모평 가형 25번

좌표평면 위의 점 (6, 3)을 지나고 벡터 $\vec{u}=(2, 3)$에 평행한 직선이 x축과 만나는 점을 A, y축과 만나는 점을 B라 할 때, $\overline{AB}^2$의 값을 구하시오. (3점)

138 ★★☆ 2023학년도 6월모평 기하 25번

좌표평면에서 두 직선

$$\frac{x-3}{4}=\frac{y-5}{3},\ x-1=\frac{2-y}{3}$$

가 이루는 예각의 크기를 θ라 할 때, $\cos\theta$의 값은? (3점)

① $\frac{\sqrt{11}}{11}$ ② $\frac{\sqrt{10}}{10}$ ③ $\frac{1}{3}$
④ $\frac{\sqrt{2}}{4}$ ⑤ $\frac{\sqrt{7}}{7}$

139 ★★☆ 2022학년도 수능 기하 25번

좌표평면에서 두 직선

$$\frac{x+1}{2}=y-3,\ x-2=\frac{y-5}{3}$$

가 이루는 예각의 크기를 θ라 할 때, $\cos\theta$의 값은? (3점)

① $\frac{1}{2}$ ② $\frac{\sqrt{5}}{4}$ ③ $\frac{\sqrt{6}}{4}$
④ $\frac{\sqrt{7}}{4}$ ⑤ $\frac{\sqrt{2}}{2}$

140 ★★☆ 2023년 7월학평 기하 25번

좌표평면에서 벡터 $\vec{u}=(3, -1)$에 평행한 직선 l과 직선 m : $\frac{x-1}{7}=y-1$이 있다. 두 직선 l, m이 이루는 예각의 크기를 θ라 할 때, $\cos\theta$의 값은? (3점)

① $\frac{2\sqrt{3}}{5}$ ② $\frac{\sqrt{14}}{5}$ ③ $\frac{4}{5}$
④ $\frac{3\sqrt{2}}{5}$ ⑤ $\frac{2\sqrt{5}}{5}$

141 ★★☆

두 직선 $\frac{x+2}{k-1}=\frac{1-3y}{3}$, $\frac{x-3}{-2}=\frac{y+1}{k}$이 서로 평행하도록 하는 모든 실수 k의 값의 합은? (3점)

① -1 ② 0 ③ 1
④ 2 ⑤ 3

정답과 해설 137 p.208 | 138 p.209 | 139 p.209 | 140 p.209 | 141 p.209

142 ★☆☆

두 직선 $ax+2y+1=0$, $x-5y+3=0$이 서로 수직일 때, 상수 a의 값은? (2점)

① 6　② 7　③ 8
④ 9　⑤ 10

143 ★★☆

양의 실수 a, b에 대하여 두 직선 $ax+4y+2=0$, $3x+(b-2)y-1=0$이 서로 수직일 때, ab의 최댓값은? (3점)

① $\frac{4}{3}$　② $\frac{5}{3}$　③ 2
④ $\frac{7}{3}$　⑤ $\frac{8}{3}$

144 ★☆☆ 2021년 7월학평 기하 25번

점 A$(2, 6)$과 직선 $l : \frac{x-5}{2}=y-5$ 위의 한 점 P에 대하여 벡터 $\overrightarrow{AP}$와 직선 l의 방향벡터가 서로 수직일 때, $|\overrightarrow{OP}|$의 값은? (단, O는 원점이다.) (3점)

① 3　② $2\sqrt{3}$　③ 4
④ $2\sqrt{5}$　⑤ 5

145 ★★☆

점 A$(2, 6)$에서 두 직선 $l : \begin{cases} x=2t+1 \\ y=3t-2 \end{cases}$, $m : \begin{cases} x=3s-1 \\ y=s+3 \end{cases}$에 내린 수선의 발을 각각 B, C라 할 때, 삼각형 ABC의 넓이는? (단, t, s는 실수이다.) (3점)

① $\frac{9}{5}$　② $\frac{21}{10}$　③ $\frac{12}{5}$
④ $\frac{27}{10}$　⑤ 3

146 ★★☆

직선 $ax+y+b=0$은 두 직선 $l : \frac{x}{3}=\frac{y-1}{2}$, $m : x-2=\frac{y-1}{2}$의 교점을 지나고, 직선 l과 수직이다. 점 $(4, 8)$에서 직선 $ax+y+b=0$까지의 거리는? (3점)

① 3　② $\sqrt{10}$　③ $\sqrt{11}$
④ $2\sqrt{3}$　⑤ $\sqrt{13}$

147 ★★☆

방향벡터가 $\vec{u}=(1, 2)$인 직선 l_1과 방향벡터가 $\vec{v}=(2, 1)$인 직선 l_2는 점 $(1, 1)$에서 만난다. 직선 l_1 위의 점 (a, b)에서 직선 l_2에 내린 수선의 발의 좌표가 $(5, 3)$일 때, $a+b$의 값은? (단, a, b는 상수이다.) (3점)

① 8　② $\frac{17}{2}$　③ 9
④ $\frac{19}{2}$　⑤ 10

정답과 해설 142 p.210 | 143 p.210 | 144 p.210 | 145 p.211 | 146 p.211 | 147 p.211

148 ★★☆ 2016년 7월학평 가형 13번

함수 $f(x)=\dfrac{1}{x^2+x}$의 그래프는 그림과 같다. 다음 물음에 답하시오.

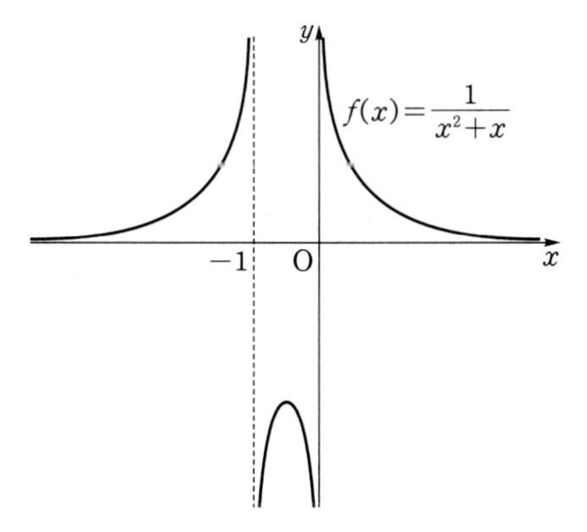

함수 $y=f(x)$의 그래프 위의 두 점 $\mathrm{P}(1,\ f(1))$, $\mathrm{Q}\left(-\dfrac{1}{2},\ f\left(-\dfrac{1}{2}\right)\right)$을 지나는 직선의 방향벡터 중 크기가 $\sqrt{10}$인 벡터를 $\vec{u}=(a,\ b)$라 하자. $|a-b|$의 값은? (3점)

① 1 ② 2 ③ 3
④ 4 ⑤ 5

149 ★★★

세 평면벡터 $\vec{a}=(0,\ 4)$, $\vec{b}=(0,\ k)$, $\vec{s}=(1,\ -2)$가 있다. 직선 l 위의 임의의 점 P의 위치벡터를 $\vec{p}$라 하고, 직선 m 위의 임의의 점 Q의 위치벡터를 $\vec{q}$라 하면 두 벡터 $\vec{p}$, $\vec{q}$는 $\vec{p}=\vec{a}+t\vec{s}$ (t는 실수), $(\vec{q}-\vec{b})\cdot\vec{s}=0$을 만족시킨다. 직선 m이 직선 l과 x축, y축으로 둘러싸인 삼각형의 넓이를 이등분한다고 할 때, 상수 k의 값은? (4점)

① $4-2\sqrt{3}$ ② $4-\sqrt{11}$ ③ $4-\sqrt{10}$
④ 1 ⑤ $4-2\sqrt{2}$

150 ★★★

원점을 지나고 방향벡터가 $(3,\ 4)$인 직선과 직선 $y=4$와의 교점을 A, 점 $\mathrm{B}(3,\ 0)$에 대하여 원점을 지나고 $\angle\mathrm{AOB}$를 이등분하는 직선과 직선 $y=4$와의 교점을 P, 점 $\mathrm{C}(0,\ 4)$에 대하여 원점을 지나고 $\angle\mathrm{AOC}$를 이등분하는 직선과 직선 $y=4$와의 교점을 Q라 하자. 직선 OP는 벡터 $\vec{u}=(a,\ 1)$에 평행하고 직선 OQ는 벡터 $\vec{v}=(1,\ b)$에 평행할 때, $10a+b$의 값을 구하시오.

(단, a, b는 상수이고, 점 O는 원점이다.) (4점)

151 ★★★ 2020학년도 6월모평 가형 26번

좌표평면에서 $|\overrightarrow{\mathrm{OP}}|=10$을 만족시키는 점 P가 나타내는 도형 위의 점 $\mathrm{A}(a,\ b)$에서의 접선을 l, 원점을 지나고 방향벡터가 $(1,\ 1)$인 직선을 m이라 하고, 두 직선 l, m이 이루는 예각의 크기를 θ라 하자. $\cos\theta=\dfrac{\sqrt{2}}{10}$일 때, 두 수 a, b의 곱 ab의 값을 구하시오. (단, O는 원점이고, $a>b>0$이다.) (4점)

정답과 해설 148 p.212 | 149 p.212 | 150 p.213 | 151 p.214

유형 14 평면벡터와 원의 방정식

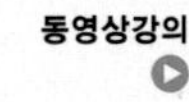

249-2-1-Y14

출제경향

원에서 평면벡터를 활용한 문제가 출제된다.

접근방법

평면벡터를 이용한 원의 방정식 공식을 이용하여 해결한다.

단골공식

중심이 A이고 반지름의 길이가 r인 원 위의 임의의 점 P에 대하여 두 점 A, P의 위치벡터를 각각 $\vec{a}$, $\vec{p}$라 할 때
$|\vec{p}-\vec{a}|=r$ 또는 $(\vec{p}-\vec{a})\cdot(\vec{p}-\vec{a})=r^2$

152 ★☆☆

두 점 A(2, 2), B(4, 0)에 대하여 $|\overrightarrow{PA}+\overrightarrow{PB}|=8$을 만족시키는 점 P가 나타내는 도형의 길이는? (3점)

① 8π　② 12π　③ 16π　④ 20π　⑤ 24π

153 ★☆☆

좌표평면 위의 두 점 A(4, 1), B(2, 3)에 대하여 $\overrightarrow{PA}\cdot\overrightarrow{PB}=0$을 만족시키는 점 P가 그리는 도형의 넓이는? (2점)

① π　② 2π　③ 3π　④ 4π　⑤ 5π

154 ★★☆ 2022년 7월학평 기하 25번

좌표평면에서 두 점 A(−2, 0), B(3, 3)에 대하여

$$(\overrightarrow{OP}-\overrightarrow{OA})\cdot(\overrightarrow{OP}-2\overrightarrow{OB})=0$$

을 만족시키는 점 P가 나타내는 도형의 길이는? (단, O는 원점이다.) (3점)

① 6π　② 7π　③ 8π　④ 9π　⑤ 10π

155 ★☆☆

세 위치벡터 $\vec{a}$, $\vec{b}$, $\vec{p}$에 대하여 $\vec{a}=(1, -2)$, $\vec{b}=(5, -8)$이고 $(\vec{p}-\vec{a})\cdot(\vec{p}-\vec{b})=0$이 성립한다고 하자. 벡터 $\vec{p}$의 종점 P가 그리는 도형의 길이는? (2점)

① $2\sqrt{13}\pi$　② $2\sqrt{14}\pi$　③ $2\sqrt{15}\pi$　④ 8π　⑤ $2\sqrt{17}\pi$

156 ★★☆

평면 위의 세 벡터 $\overrightarrow{OA}=\vec{a}$, $\overrightarrow{OB}=\vec{b}$, $\overrightarrow{OC}=\vec{c}$에 대하여 $|\vec{b}-\vec{a}|=10$일 때, $(\vec{a}-\vec{c})\cdot(\vec{b}-\vec{c})=0$을 만족하는 점 C가 그리는 도형의 길이는? (단, O는 원점이다.) (3점)

① 5π　② 10π　③ 15π　④ 20π　⑤ 25π

157 ★★☆ 2023학년도 수능 기하 26번

좌표평면에서 세 벡터

$$\vec{a}=(2, 4),\ \vec{b}=(2, 8),\ \vec{c}=(1, 0)$$

에 대하여 두 벡터 $\vec{p}$, $\vec{q}$가

$$(\vec{p}-\vec{a})\cdot(\vec{p}-\vec{b})=0,\ \vec{q}=\frac{1}{2}\vec{a}+t\vec{c}\ (t\text{는 실수})$$

를 만족시킬 때, $|\vec{p}-\vec{q}|$의 최솟값은? (3점)

① $\frac{3}{2}$　② 2　③ $\frac{5}{2}$　④ 3　⑤ $\frac{7}{2}$

정답과 해설 152 p.214 | 153 p.214 | 154 p.215 | 155 p.215 | 156 p.215 | 157 p.216

158 ★★☆ 2022학년도 9월모평 기하 25번

좌표평면에서 세 벡터

$$\vec{a}=(3,\ 0),\ \vec{b}=(1,\ 2),\ \vec{c}=(4,\ 2)$$

에 대하여 두 벡터 $\vec{p}$, $\vec{q}$가

$$\vec{p}\cdot\vec{a}=\vec{a}\cdot\vec{b},\ |\vec{q}-\vec{c}|=1$$

을 만족시킬 때, $|\vec{p}-\vec{q}|$의 최솟값은? (3점)

① 1 ② 2 ③ 3
④ 4 ⑤ 5

159 ★☆☆ 2024학년도 9월모평 기하 25번

좌표평면 위의 점 A(4, 3)에 대하여

$$|\overrightarrow{OP}|=|\overrightarrow{OA}|$$

를 만족시키는 점 P가 나타내는 도형의 길이는?
(단, O는 원점이다.) (3점)

① 2π ② 4π ③ 6π
④ 8π ⑤ 10π

160 ★☆☆ 2022학년도 6월모평 기하 25번

좌표평면 위의 두 점 A(1, 2), B(−3, 5)에 대하여

$$|\overrightarrow{OP}-\overrightarrow{OA}|=|\overrightarrow{AB}|$$

를 만족시키는 점 P가 나타내는 도형의 길이는?
(단, O는 원점이다.) (3점)

① 10π ② 12π ③ 14π
④ 16π ⑤ 18π

161 ★★☆ 2023학년도 9월모평 기하 26번

좌표평면 위의 점 A(3, 0)에 대하여

$$(\overrightarrow{OP}-\overrightarrow{OA})\cdot(\overrightarrow{OP}-\overrightarrow{OA})=5$$

를 만족시키는 점 P가 나타내는 도형과 직선 $y=\frac{1}{2}x+k$가 오직 한 점에서 만날 때, 양수 k의 값은?
(단, O는 원점이다.) (3점)

① $\frac{3}{5}$ ② $\frac{4}{5}$ ③ 1
④ $\frac{6}{5}$ ⑤ $\frac{7}{5}$

162 ★★☆

좌표평면 위의 점 A(2, 1)에 대하여 $|\overrightarrow{AP}|=2$를 만족시키는 점 P$(x,\ y)$가 나타내는 도형이 직선 $y=mx+4$와 만나는 두 점을 B, C라 할 때, 선분 BC의 길이가 2가 되도록 하는 실수 m의 값의 합은? (3점)

① −14 ② −13 ③ −12
④ −11 ⑤ −10

163 ★★☆

좌표평면에서 $|\overrightarrow{OP}|=1$을 만족시키는 점 P에 대하여 직선 OQ와 직선 OP는 서로 수직이고 $|\overrightarrow{PQ}|=2$를 만족시킬 때, 점 Q가 나타내는 도형의 길이는? (단, 점 O는 원점이다.)
(3점)

① 2π ② $2\sqrt{2}\pi$ ③ $2\sqrt{3}\pi$
④ 4π ⑤ $2\sqrt{6}\pi$

정답과 해설 158 p.216 | 159 p.216 | 160 p.217 | 161 p.217 | 162 p.217 | 163 p.218

164 ★★★

좌표평면에서 두 점 A(2, 0), B(5, 0)에 대하여 두 점 P, Q가 다음 조건을 모두 만족시킬 때, 점 Q가 나타내는 도형의 길이를 구하시오. (4점)

(가) $|\overrightarrow{AP}|=\sqrt{2}$
(나) 점 Q는 점 B를 지나고 법선벡터가 (1, 0)인 직선 위를 움직인다.
(다) $\overrightarrow{OP}=t\,\overrightarrow{OQ}$ (단, t는 실수이고, O는 원점이다.)

165 ★★★

좌표평면에서 두 점 A(1, 0), B(5, $4\sqrt{2}$)에 대하여 $|\overrightarrow{AP}|\le 4$, $|\overrightarrow{BP}|\le 4$를 동시에 만족시키는 점 P가 나타내는 도형의 넓이를 $a\pi+b\sqrt{3}$이라 할 때, $a+b$의 값은?
(단, a, b는 유리수) (4점)

① $-\frac{17}{3}$ ② $-\frac{14}{3}$ ③ $-\frac{11}{3}$
④ $-\frac{8}{3}$ ⑤ $-\frac{5}{3}$

1등급에 도전하는
최고난도 문제

249-2-1-Y99
문제 풀이 동영상 강의

166 ★★★★ 2023학년도 수능 기하 29번

평면 α 위에 $\overline{AB}=\overline{CD}=\overline{AD}=2$, $\angle ABC=\angle BCD=\frac{\pi}{3}$인 사다리꼴 ABCD가 있다. 다음 조건을 만족시키는 평면 α 위의 두 점 P, Q에 대하여 $\overrightarrow{CP}\cdot\overrightarrow{DQ}$의 값을 구하시오. (4점)

(가) $\overrightarrow{AC}=2(\overrightarrow{AD}+\overrightarrow{BP})$
(나) $\overrightarrow{AC}\cdot\overrightarrow{PQ}=6$
(다) $2\times\angle BQA=\angle PBQ<\frac{\pi}{2}$

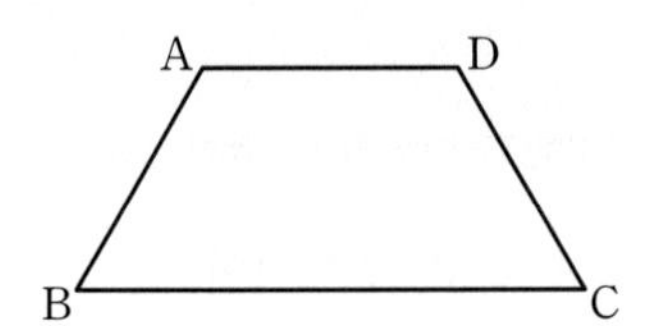

정답과 해설 164 p.218 165 p.218 166 p.219

167 ★★★★ 2021년 4월학평 기하 29번

좌표평면 위에 네 점 A$(-2, 0)$, B$(1, 0)$, C$(2, 1)$, D$(0, 1)$이 있다. 반원의 호 $(x+1)^2+y^2=1\ (0\le y\le 1)$ 위를 움직이는 점 P와 삼각형 BCD 위를 움직이는 점 Q에 대하여 $|\overrightarrow{OP}+\overrightarrow{AQ}|$의 최댓값을 M, 최솟값을 m이라 하자. $M^2+m^2=p+2\sqrt{q}$일 때, $p\times q$의 값을 구하시오.

(단, O는 원점이고, p와 q는 유리수이다.) (4점)

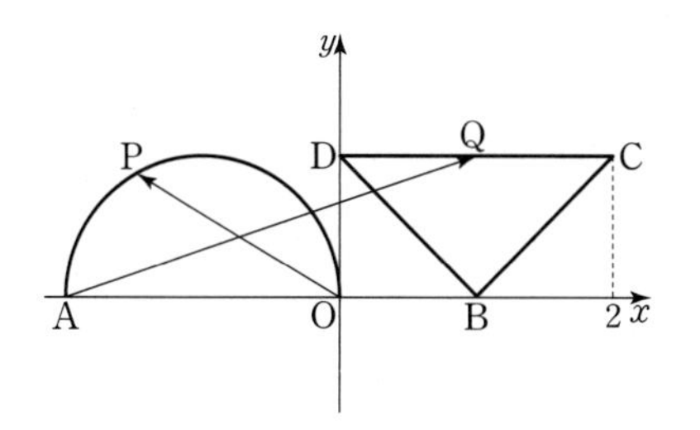

168 ★★★★ 2022학년도 사관학교 기하 30번

좌표평면 위의 두 점 A$(6, 0)$, B$(6, 5)$와 음이 아닌 실수 k에 대하여 두 점 P, Q가 다음 조건을 만족시킨다.

> (가) $\overrightarrow{OP}=k(\overrightarrow{OA}+\overrightarrow{OB})$이고 $\overrightarrow{OP}\cdot\overrightarrow{OA}\le 21$이다.
> (나) $|\overrightarrow{AQ}|=|\overrightarrow{AB}|$이고 $\overrightarrow{OQ}\cdot\overrightarrow{OA}\le 21$이다.

$\overrightarrow{OX}=\overrightarrow{OP}+\overrightarrow{OQ}$를 만족시키는 점 X가 나타내는 도형의 넓이는 $\frac{q}{p}\sqrt{3}$이다. $p+q$의 값을 구하시오.

(단, O는 원점이고, p와 q는 서로소인 자연수이다.) (4점)

169 ★★★★ 2014학년도 사관학교 B형 15번

그림과 같이 반지름의 길이가 2이고 중심각의 크기가 $\frac{\pi}{3}$인 부채꼴 OAB에서 선분 OA의 중점을 M이라 하자. 점 P는 두 선분 OM과 BM 위를 움직이고, 점 Q는 호 AB 위를 움직인다. $\overrightarrow{OR}=\overrightarrow{OP}+\overrightarrow{OQ}$를 만족시키는 점 R가 나타내는 영역 전체의 넓이는? (4점)

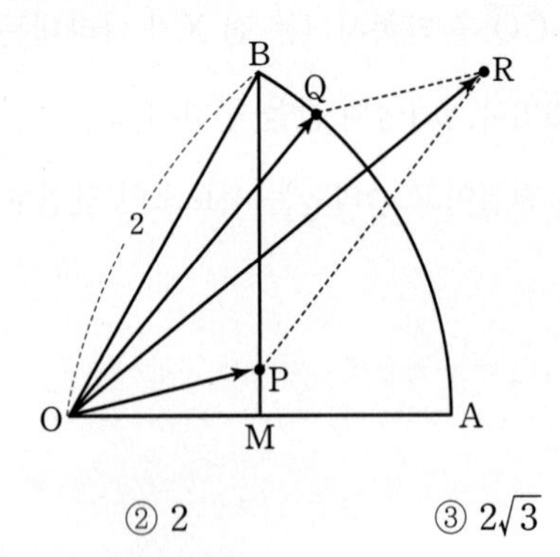

① $\sqrt{3}$ ② 2 ③ $2\sqrt{3}$
④ 4 ⑤ $3\sqrt{3}$

170 ★★★★ 2023학년도 9월모평 기하 30번

좌표평면 위에 두 점 A$(-2, 2)$, B$(2, 2)$가 있다.

$$(|\overrightarrow{AX}|-2)(|\overrightarrow{BX}|-2)=0,\ |\overrightarrow{OX}|\geq 2$$

를 만족시키는 점 X가 나타내는 도형 위를 움직이는 두 점 P, Q가 다음 조건을 만족시킨다.

> (가) $\vec{u}=(1, 0)$에 대하여 $(\overrightarrow{OP}\cdot\vec{u})(\overrightarrow{OQ}\cdot\vec{u})\geq 0$이다.
> (나) $|\overrightarrow{PQ}|=2$

$\overrightarrow{OY}=\overrightarrow{OP}+\overrightarrow{OQ}$를 만족시키는 점 Y의 집합이 나타내는 도형의 길이가 $\frac{q}{p}\sqrt{3}\pi$일 때, $p+q$의 값을 구하시오.

(단, O는 원점이고, p와 q는 서로소인 자연수이다.) (4점)

정답과 해설 169 p.221 170 p.222

171 ★★★★ 2023학년도 6월모평 기하 30번

좌표평면에서 한 변의 길이가 4인 정육각형 ABCDEF의 변 위를 움직이는 점 P가 있고, 점 C를 중심으로 하고 반지름의 길이가 1인 원 위를 움직이는 점 Q가 있다. 두 점 P, Q와 실수 k에 대하여 점 X가 다음 조건을 만족시킬 때, $|\overrightarrow{CX}|$의 값이 최소가 되도록 하는 k의 값을 α, $|\overrightarrow{CX}|$의 값이 최대가 되도록 하는 k의 값을 β라 하자.

> (가) $\overrightarrow{CX}=\frac{1}{2}\overrightarrow{CP}+\overrightarrow{CQ}$
> (나) $\overrightarrow{XA}+\overrightarrow{XC}+2\overrightarrow{XD}=k\overrightarrow{CD}$

$\alpha^2+\beta^2$의 값을 구하시오. (4점)

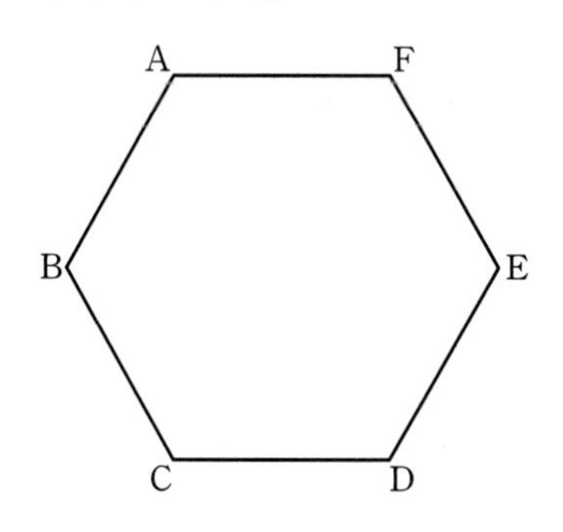

172 ★★★★ 2022학년도 수능 기하 29번

좌표평면에서 $\overline{OA}=\sqrt{2}$, $\overline{OB}=2\sqrt{2}$이고 $\cos(\angle AOB)=\frac{1}{4}$인 평행사변형 OACB에 대하여 점 P가 다음 조건을 만족시킨다.

> (가) $\overrightarrow{OP}=s\overrightarrow{OA}+t\overrightarrow{OB}$ $(0<s<1,\ 0<t<1)$
> (나) $\overrightarrow{OP}\cdot\overrightarrow{OB}+\overrightarrow{BP}\cdot\overrightarrow{BC}=2$

점 O를 중심으로 하고 점 A를 지나는 원 위를 움직이는 점 X에 대하여 $|3\overrightarrow{OP}-\overrightarrow{OX}|$의 최댓값과 최솟값을 각각 M, m이라 하자. $M\times m=a\sqrt{6}+b$일 때, a^2+b^2의 값을 구하시오. (단, a와 b는 유리수이다.) (4점)

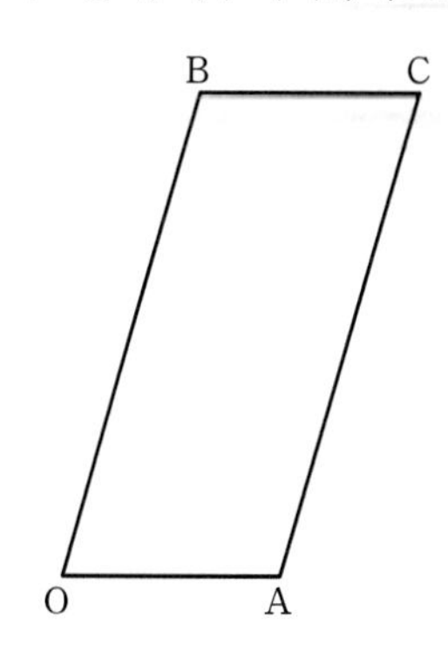

정답과 해설 171 p.223 172 p.224

173 ★★★★ 2018학년도 6월모평 가형 29번

좌표평면에서 중심이 O이고 반지름의 길이가 1인 원 위의 한 점을 A, 중심이 O이고 반지름의 길이가 3인 원 위의 한 점을 B라 할 때, 점 P가 다음 조건을 만족시킨다.

(가) $\overrightarrow{OB} \cdot \overrightarrow{OP} = 3\overrightarrow{OA} \cdot \overrightarrow{OP}$
(나) $|\overrightarrow{PA}|^2 + |\overrightarrow{PB}|^2 = 20$

$\overrightarrow{PA} \cdot \overrightarrow{PB}$의 최솟값은 m이고 이때 $|\overrightarrow{OP}| = k$이다. $m+k^2$의 값을 구하시오. (4점)

174 ★★★★ 2019학년도 6월모평 가형 29번

좌표평면 위에 $\overline{AB}=5$인 두 점 A, B를 각각 중심으로 하고 반지름의 길이가 5인 두 원을 각각 O_1, O_2라 하자. 원 O_1 위의 점 C와 원 O_2 위의 점 D가 다음 조건을 만족시킨다.

(가) $\cos(\angle CAB) = \frac{3}{5}$
(나) $\overrightarrow{AB} \cdot \overrightarrow{CD} = 30$이고 $|\overrightarrow{CD}| < 9$이다.

선분 CD를 지름으로 하는 원 위의 점 P에 대하여 $\overrightarrow{PA} \cdot \overrightarrow{PB}$의 최댓값이 $a+b\sqrt{74}$이다. $a+b$의 값을 구하시오.
(단, a, b는 유리수이다.) (4점)

정답과 해설 173 p.225 | 174 p.226

175 ★★★★ 2017년 7월학평 가형 29번

평면 위에 반지름의 길이가 13인 원 C가 있다. 원 C 위의 두 점 A, B에 대하여 $\overline{\mathrm{AB}}=24$이고, 이 평면 위의 점 P가 다음 조건을 만족시킨다.

(가) $|\overrightarrow{\mathrm{AP}}|=5$
(나) $\overrightarrow{\mathrm{AB}}$와 $\overrightarrow{\mathrm{AP}}$가 이루는 각의 크기를 θ라 할 때, $5\cos\theta$는 자연수이다.

원 C 위의 점 Q에 대하여 $\overrightarrow{\mathrm{AP}}\cdot\overrightarrow{\mathrm{AQ}}$의 최댓값을 구하시오. (4점)

176 ★★★★ 2022학년도 수능예시문항 기하 28번

좌표평면에서 반원의 호 $x^2+y^2=4\ (x\geq0)$ 위의 한 점 $\mathrm{P}(a,\ b)$에 대하여

$$\overrightarrow{\mathrm{OP}}\cdot\overrightarrow{\mathrm{OQ}}=2$$

를 만족시키는 반원의 호 $(x+5)^2+y^2=16\ (y\geq0)$ 위의 점 Q가 하나뿐일 때, $a+b$의 값은? (단, O는 원점이다.) (4점)

① $\frac{12}{5}$ ② $\frac{5}{2}$ ③ $\frac{13}{5}$ ④ $\frac{27}{10}$ ⑤ $\frac{14}{5}$

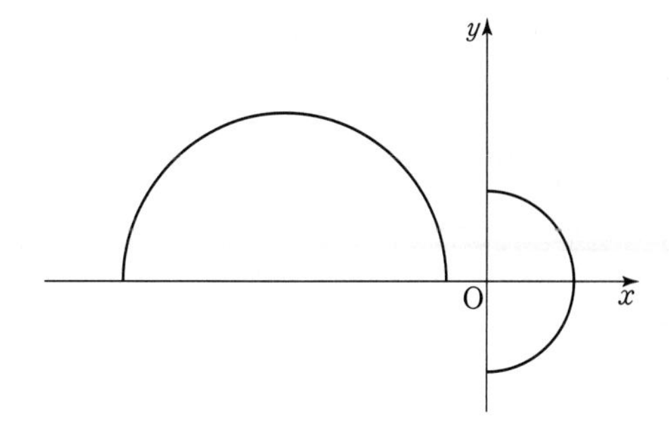

정답과 해설 175 p.227 176 p.228

177 ★★★★ 2022학년도 9월모평 기하 30번

좌표평면에서 세 점 A$(-3,\ 1)$, B$(0,\ 2)$, C$(1,\ 0)$에 대하여 두 점 P, Q가

$$|\overrightarrow{\mathrm{AP}}|=1,\ |\overrightarrow{\mathrm{BQ}}|=2,\ \overrightarrow{\mathrm{AP}}\cdot\overrightarrow{\mathrm{OC}}\geq\frac{\sqrt{2}}{2}$$

를 만족시킬 때, $\overrightarrow{\mathrm{AP}}\cdot\overrightarrow{\mathrm{AQ}}$의 값이 최소가 되도록 하는 두 점 P, Q를 각각 $\mathrm{P_0}$, $\mathrm{Q_0}$이라 하자.
선분 $\mathrm{AP_0}$ 위의 점 X에 대하여 $\overrightarrow{\mathrm{BX}}\cdot\overrightarrow{\mathrm{BQ_0}}\geq1$일 때, $|\overrightarrow{\mathrm{Q_0X}}|^2$의 최댓값은 $\frac{q}{p}$이다. $p+q$의 값을 구하시오.

(단, O는 원점이고, p와 q는 서로소인 자연수이다.) (4점)

178 ★★★★ 2022학년도 6월모평 기하 30번

좌표평면 위의 네 점 A$(2,\ 0)$, B$(0,\ 2)$, C$(-2,\ 0)$, D$(0,\ -2)$를 꼭짓점으로 하는 정사각형 ABCD의 네 변 위의 두 점 P, Q가 다음 조건을 만족시킨다.

(가) $(\overrightarrow{\mathrm{PQ}}\cdot\overrightarrow{\mathrm{AB}})(\overrightarrow{\mathrm{PQ}}\cdot\overrightarrow{\mathrm{AD}})=0$
(나) $\overrightarrow{\mathrm{OA}}\cdot\overrightarrow{\mathrm{OP}}\geq-2$이고 $\overrightarrow{\mathrm{OB}}\cdot\overrightarrow{\mathrm{OP}}\geq0$이다.
(다) $\overrightarrow{\mathrm{OA}}\cdot\overrightarrow{\mathrm{OQ}}\geq-2$이고 $\overrightarrow{\mathrm{OB}}\cdot\overrightarrow{\mathrm{OQ}}\leq0$이다.

점 R$(4,\ 4)$에 대하여 $\overrightarrow{\mathrm{RP}}\cdot\overrightarrow{\mathrm{RQ}}$의 최댓값을 M, 최솟값을 m이라 할 때, $M+m$의 값을 구하시오.

(단, O는 원점이다.) (4점)

정답과 해설 177 p.229 | 178 p.230

사관학교 기출문제

문제 풀이 동영상 강의

179 ★★★ 2009학년도 사관학교 이과 30번

그림과 같이 $\overline{OA}=3$, $\overline{OB}=2$, $\angle AOB=30°$인 삼각형 OAB가 있다. 연립부등식 $3x+y\geq 2$, $x+y\leq 2$, $y\geq 0$을 만족시키는 x, y에 대하여 벡터 $\overrightarrow{OP}=x\overrightarrow{OA}+y\overrightarrow{OB}$의 종점 P가 존재하는 영역의 넓이를 S라 할 때, S^2의 값을 구하시오. (4점)

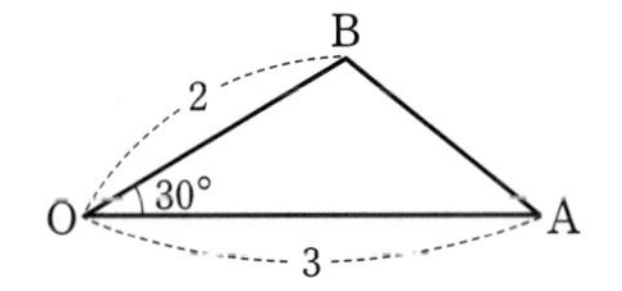

180 ★☆☆ 2022학년도 사관학교 기하 23번

세 벡터 $\vec{a}=(x,\ 3)$, $\vec{b}=(1,\ y)$, $\vec{c}=(-3,\ 5)$가 $2\vec{a}=\vec{b}-\vec{c}$를 만족시킬 때, $x+y$의 값은? (2점)

① 11 ② 12 ③ 13
④ 14 ⑤ 15

181 ★☆☆ 2024학년도 사관학교 기하 25번

좌표평면의 점 A(0, 2)와 원점 O에 대하여 제1사분면의 점 B를 삼각형 AOB가 정삼각형이 되도록 잡는다. 점 $C(-\sqrt{3},\ 0)$에 대하여 $|\overrightarrow{OA}+\overrightarrow{BC}|$의 값은? (3점)

① $\sqrt{13}$ ② $\sqrt{14}$ ③ $\sqrt{15}$
④ 4 ⑤ $\sqrt{17}$

182 ★★☆ 2022학년도 사관학교 기하 27번

그림과 같이 한 변의 길이가 4인 정삼각형 ABC에 대하여 점 A를 지나고 직선 BC에 평행한 직선을 l이라 할 때, 세 직선 AC, BC, l에 모두 접하는 원을 O라 하자. 원 O 위의 점 P에 대하여 $|\overrightarrow{AC}+\overrightarrow{BP}|$의 최댓값을 M, 최솟값을 m이라 할 때, Mm의 값은?

(단, 원 O의 중심은 삼각형 ABC의 외부에 있다.) (3점)

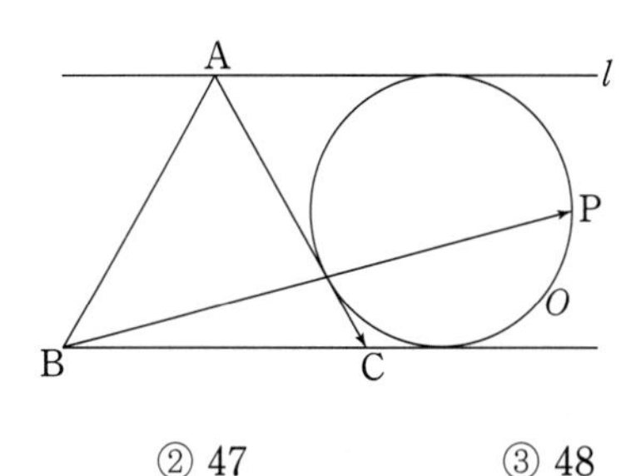

① 46 ② 47 ③ 48
④ 49 ⑤ 50

183 ★★★ 2008학년도 사관학교 이과 7번

$\angle BAC=60°$이고 $\angle BCA>90°$인 둔각삼각형 ABC가 있다. 그림과 같이 $\angle BAC$의 이등분선과 선분 BC의 교점을 D, $\angle BAC$의 외각의 이등분선과 선분 BC의 연장선의 교점을 E라 할 때, [보기]에서 항상 옳은 것을 모두 고른 것은? (3점)

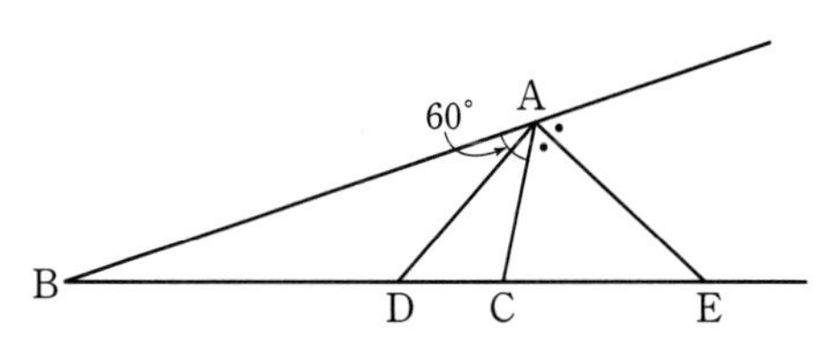

[보기]
ㄱ. $\overrightarrow{AB}+\overrightarrow{AC}=2\overrightarrow{AD}$
ㄴ. $\overrightarrow{AB}\cdot\overrightarrow{AD}>\overrightarrow{AC}\cdot\overrightarrow{AE}$
ㄷ. $\overrightarrow{AB}\cdot\overrightarrow{AC}>\overrightarrow{AD}\cdot\overrightarrow{AE}$

① ㄱ ② ㄴ ③ ㄷ
④ ㄴ, ㄷ ⑤ ㄱ, ㄴ, ㄷ

정답과 해설 179 p.232 180 p.232 181 p.232 182 p.233 183 p.233

184 ★★☆ 2007학년도 사관학교 이과 6번

평면 위에 한 변의 길이가 1인 정삼각형 ABC와 정사각형 BDEC가 그림과 같이 변 BC를 공유하고 있다. 이때, $\overrightarrow{\mathrm{AC}} \cdot \overrightarrow{\mathrm{AD}}$의 값은? (3점)

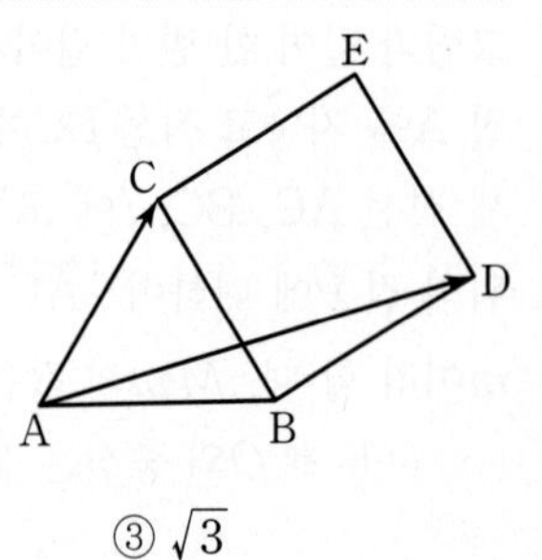

① 1 ② $\sqrt{2}$ ③ $\sqrt{3}$
④ $\frac{1+\sqrt{2}}{2}$ ⑤ $\frac{1+\sqrt{3}}{2}$

185 ★★★ 2009학년도 사관학교 이과 22번

그림과 같은 $\overline{\mathrm{AD}}=1$, $\overline{\mathrm{AB}}=\sqrt{6}$, $\angle \mathrm{ADB}=90^\circ$인 평행사변형 ABCD에서 $\overrightarrow{\mathrm{AD}}=\vec{a}$, $\overrightarrow{\mathrm{AB}}=\vec{b}$라 놓는다. 꼭짓점 D에서 선분 AC에 내린 수선의 발을 E라 할 때, 벡터 $\overrightarrow{\mathrm{AE}}=k(\vec{a}+\vec{b})$를 만족시키는 실수 k의 값은? (4점)

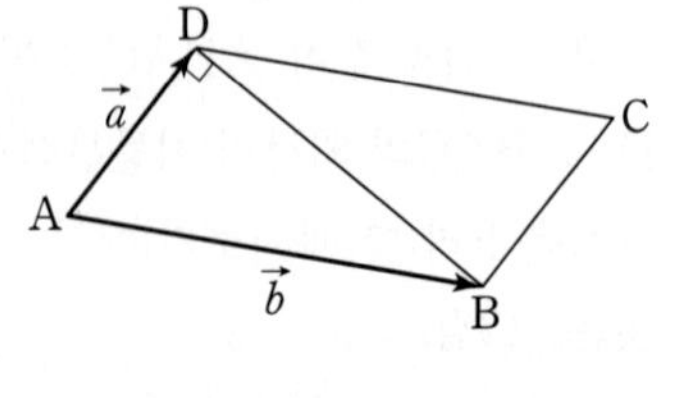

① $\frac{1}{6}$ ② $\frac{2}{9}$ ③ $\frac{5}{18}$
④ $\frac{1}{3}$ ⑤ $\frac{\sqrt{6}}{6}$

186 ★★☆ 2024학년도 사관학교 기하 28번

삼각형 ABC의 세 꼭짓점 A, B, C가 다음 조건을 만족시킨다.

(가) $\overrightarrow{\mathrm{AB}} \cdot \overrightarrow{\mathrm{AC}}=\frac{1}{3}|\overrightarrow{\mathrm{AB}}|^2$

(나) $\overrightarrow{\mathrm{AB}} \cdot \overrightarrow{\mathrm{CB}}=\frac{2}{5}|\overrightarrow{\mathrm{AC}}|^2$

점 B를 지나고 직선 AB에 수직인 직선과 직선 AC가 만나는 점을 D라 하자. $|\overrightarrow{\mathrm{BD}}|=\sqrt{42}$일 때, 삼각형 ABC의 넓이는? (4점)

① $\frac{\sqrt{14}}{6}$ ② $\frac{\sqrt{14}}{5}$ ③ $\frac{\sqrt{14}}{4}$
④ $\frac{\sqrt{14}}{3}$ ⑤ $\frac{\sqrt{14}}{2}$

187 ★★★ 2019학년도 사관학교 가형 27번

그림과 같이 $\overline{\mathrm{AB}}=3$, $\overline{\mathrm{BC}}=4$인 삼각형 ABC에서 선분 AC를 1 : 2로 내분하는 점을 D, 선분 AC를 2 : 1로 내분하는 점을 E라 하자. 선분 BC의 중점을 F라 하고, 두 선분 BE, DF의 교점을 G라 하자. $\overrightarrow{\mathrm{AG}} \cdot \overrightarrow{\mathrm{BE}}=0$일 때, $\cos(\angle \mathrm{ABC})=\frac{q}{p}$이다. $p+q$의 값을 구하시오.
(단, p와 q는 서로소인 자연수이다.) (4점)

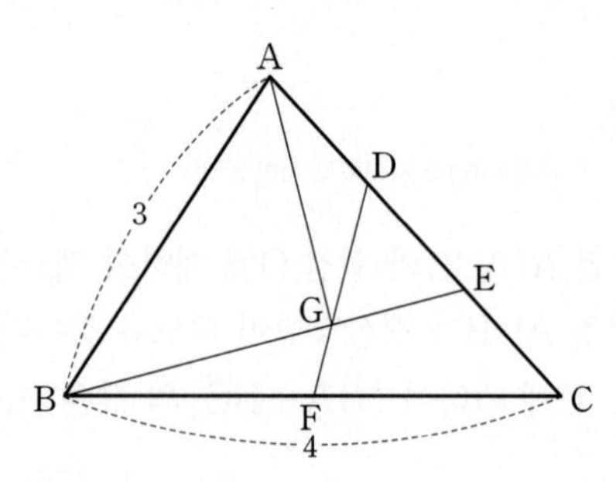

정답과 해설 184 p.234 185 p.234 186 p.235 187 p.236

188 ★★★ 2017학년도 사관학교 가형 28번

그림과 같이 반지름의 길이가 5인 원 C와 원 C 위의 점 A에서의 접선 l이 있다. 원 C 위의 점 P와 $\overline{\mathrm{AB}}=24$를 만족시키는 직선 l 위의 점 B에 대하여 $\overrightarrow{\mathrm{PA}} \cdot \overrightarrow{\mathrm{PB}}$의 최댓값을 구하시오. (4점)

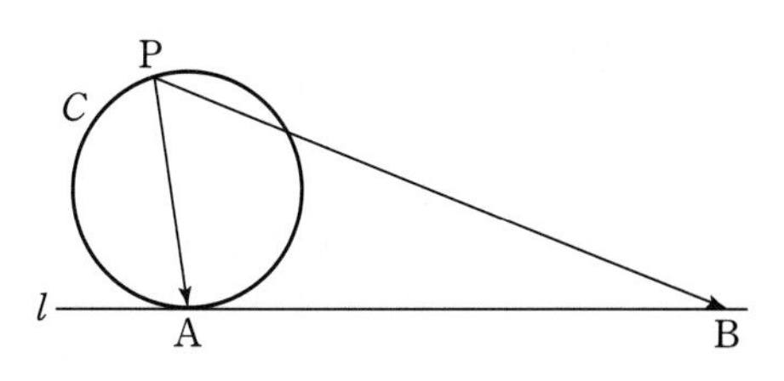

189 ★★★ 2015학년도 사관학교 B형 29번

한 변의 길이가 4인 정사각형 ABCD에서 변 AB와 변 AD에 모두 접하고 점 C를 지나는 원을 O라 하자. 원 O 위를 움직이는 점 X에 대하여 두 벡터 $\overrightarrow{\mathrm{AB}}$, $\overrightarrow{\mathrm{CX}}$의 내적 $\overrightarrow{\mathrm{AB}} \cdot \overrightarrow{\mathrm{CX}}$의 최댓값은 $a-b\sqrt{2}$이다. $a+b$의 값을 구하시오.

(단, a와 b는 자연수이다.) (4점)

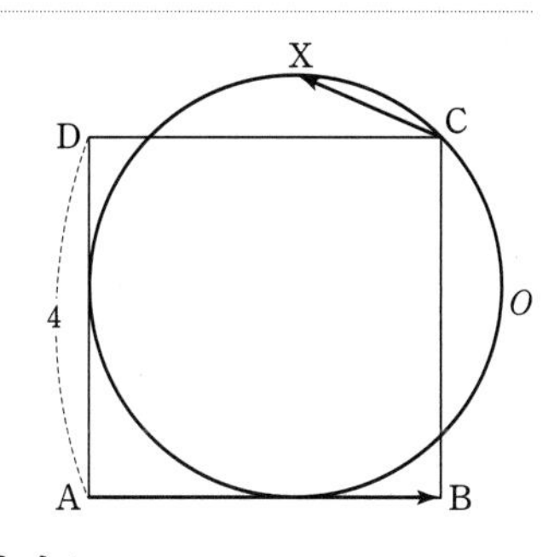

190 ★★★ 2023학년도 사관학교 기하 30번

좌표평면 위의 세 점 A(6, 0), B(2, 6), C(k, $-2k$) ($k>0$)과 삼각형 ABC의 내부 또는 변 위의 점 P가 다음 조건을 만족시킨다.

(가) $5\overrightarrow{\mathrm{BA}} \cdot \overrightarrow{\mathrm{OP}} - \overrightarrow{\mathrm{OB}} \cdot \overrightarrow{\mathrm{AP}} = \overrightarrow{\mathrm{OA}} \cdot \overrightarrow{\mathrm{OB}}$
(나) 점 P가 나타내는 도형의 길이는 $\sqrt{5}$이다.

$\overrightarrow{\mathrm{OA}} \cdot \overrightarrow{\mathrm{CP}}$의 최댓값을 구하시오. (단, O는 원점이다.) (4점)

정답과 해설 188 p.236 | 189 p.237 | 190 p.238

01 공간도형

평가원 모의평가 (2003~2024학년도) **대학수학능력시험** (1994~2024학년도) **교육청 학력평가** (2001~2023년 시행) **사관학교 입학시험** (2003~2024학년도)

1. 직선과 직선, 평면과 평면, 직선과 평면의 위치 관계 | 유형 01 | 03, 00 수능출제

(1) 두 직선의 위치 관계

① 한 점에서 만난다. ② 평행하다. ③ 꼬인 위치에 있다.

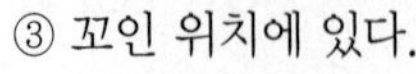

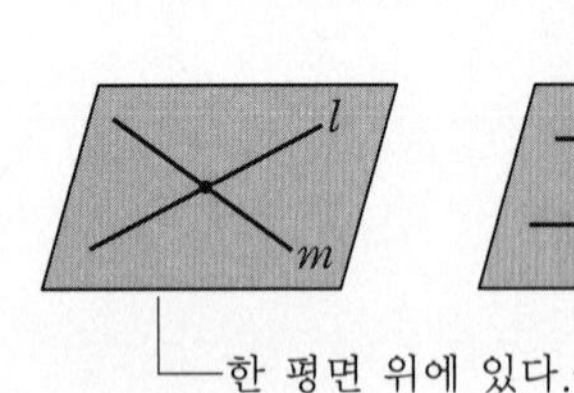

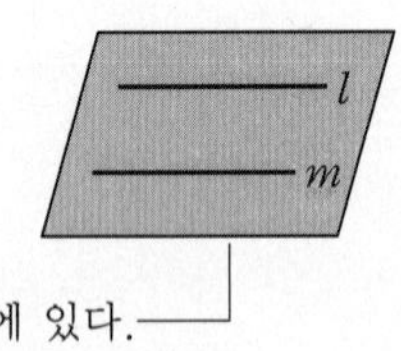

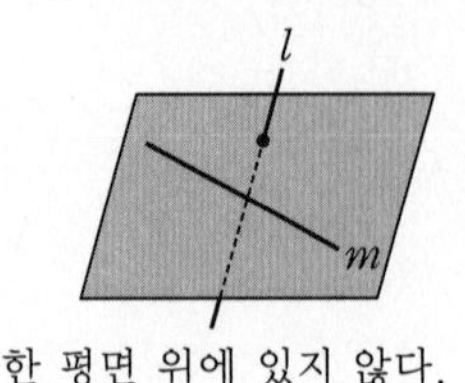

한 평면 위에 있다. 한 평면 위에 있지 않다.

(2) 두 평면의 위치 관계

① 만난다. (한 직선 공유) ② 평행하다.

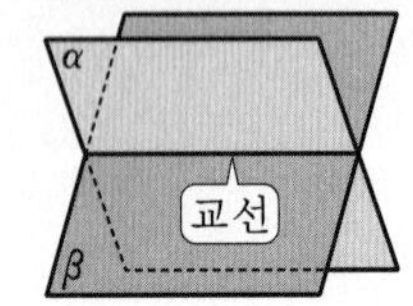

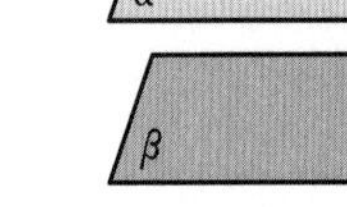

(3) 직선과 평면의 위치 관계

① 포함된다. ② 한 점에서 만난다. ③ 평행하다.

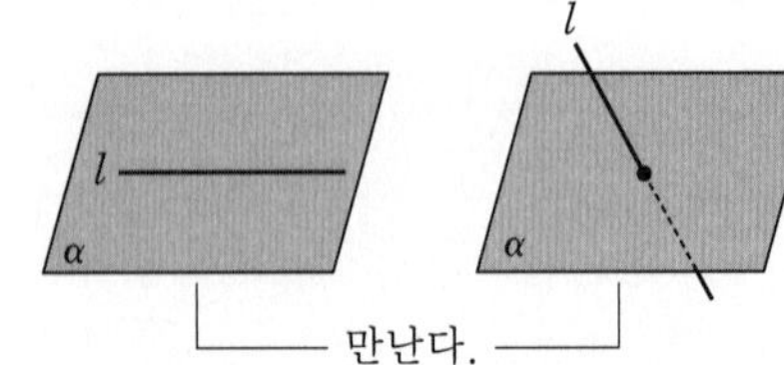

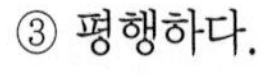

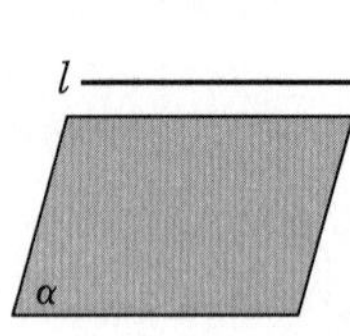

만난다. 만나지 않는다.

- 공간도형의 기본 성질
  (1) 한 직선 위에 있지 않은 서로 다른 세 점을 지나는 평면은 오직 하나 존재한다.
  (2) 한 평면 위의 서로 다른 두 점을 지나는 직선 위의 모든 점은 그 평면 위에 있다.
  (3) 서로 다른 두 평면이 한 점을 공유하면 이 두 평면은 그 점을 지나는 한 직선을 공유한다.
- 평면 위의 한 직선은 그 평면을 두 부분으로 나누는데, 그 각각을 반평면이라 한다.
- 평면의 결정 조건
  (1) 한 직선 위에 있지 않은 서로 다른 세 점
  (2) 한 직선과 그 직선 위에 있지 않은 한 점
  (3) 한 점에서 만나는 두 직선
  (4) 평행한 두 직선

2. 삼수선의 정리 | 유형 02, 03 | 24, 23, 22, 19, 16, 15, 10, 07, 05 수능출제

평면 α 위에 있지 않은 한 점 P, 평면 α 위의 한 점 O, 점 O를 지나지 않고 평면 α 위에 있는 한 직선 l, 직선 l 위의 한 점 H에 대하여

(1) $\overline{\mathrm{PO}}\perp\alpha$, $\overline{\mathrm{OH}}\perp l$이면 $\overline{\mathrm{PH}}\perp l$

(2) $\overline{\mathrm{PO}}\perp\alpha$, $\overline{\mathrm{PH}}\perp l$이면 $\overline{\mathrm{OH}}\perp l$

(3) $\overline{\mathrm{PH}}\perp l$, $\overline{\mathrm{OH}}\perp l$, $\overline{\mathrm{PO}}\perp\overline{\mathrm{OH}}$이면 $\overline{\mathrm{PO}}\perp\alpha$

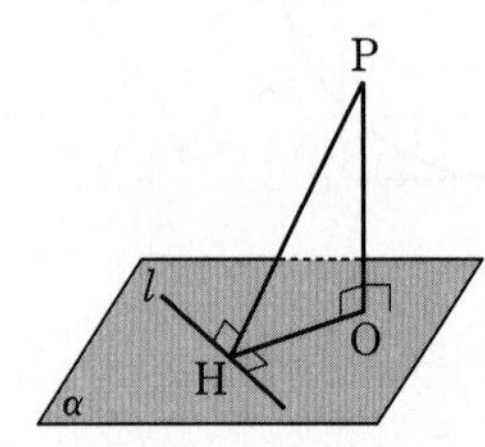

- 이면각
  직선 l을 공유하는 두 반평면 α, β가 이루는 도형을 이면각이라 한다. 직선 l 위의 한 점 O를 지나고 직선 l에 수직인 두 반직선 OA, OB를 반평면 α, β 위에 각각 그을 때, $\angle$AOB가 나타내는 두 각 중 크지 않은 각의 크기를 이면각의 크기라고 한다.

3. 정사영 | 유형 04, 05, 06, 07 | 24, 23, 22, 20, 13, 11, 08, 04 수능출제

(1) 정사영의 길이

선분 AB의 평면 α 위로의 정사영을 선분 A′B′이라 하고, 직선 AB와 평면 α가 이루는 각의 크기를 $\theta\left(0\le\theta\le\frac{\pi}{2}\right)$라 할 때 $\overline{\mathrm{A'B'}}=\overline{\mathrm{AB}}\cos\theta$

(2) 정사영의 넓이

평면 α 위의 도형의 넓이를 S, 이 도형의 평면 β 위로의 정사영의 넓이를 S'이라 할 때, 두 평면 α, β가 이루는 각의 크기를 $\theta\left(0\le\theta\le\frac{\pi}{2}\right)$라 하면

$S'=S\cos\theta$

- 평면 α 위에 있지 않은 한 점 P에서 평면 α에 내린 수선의 발 P′을 점 P의 평면 α 위로의 정사영이라 한다. 또, 도형 F에 속하는 각 점의 평면 α 위로의 정사영으로 이루어진 도형 F'을 도형 F의 평면 α 위로의 정사영이라 한다.

최신 기출로 확인하는

기본 개념 문제

249-3-1-Y00

문제 풀이 동영상 강의

001 [1. 직선과 직선, 평면과 평면, 직선과 평면의 위치 관계]

공간에서 직선 l과 서로 다른 세 평면 α, β, γ에 대하여 옳은 것만을 [보기]에서 있는 대로 고른 것은? (3점)

[보기]

ㄱ. $l\perp\alpha$이고 $l\perp\beta$이면 $\alpha /\!/ \beta$이다.

ㄴ. $\alpha\perp\beta$이고 $\alpha\perp\gamma$이면 $\beta /\!/ \gamma$이다.

ㄷ. $l /\!/ \alpha$이고 $l\perp\beta$이면 $\alpha\perp\beta$이다.

① ㄱ　② ㄴ　③ ㄱ, ㄴ　④ ㄱ, ㄷ　⑤ ㄱ, ㄴ, ㄷ

002 [2. 삼수선의 정리] 2023년 10월학평 기하 25번

평면 α 위에 $\overline{AB}=6$이고 넓이가 12인 삼각형 ABC가 있다. 평면 α 위에 있지 않은 점 P에서 평면 α에 내린 수선의 발이 점 C와 일치한다. $\overline{PC}=2$일 때, 점 P와 직선 AB 사이의 거리는? (3점)

① $3\sqrt{2}$　② $2\sqrt{5}$　③ $\sqrt{22}$　④ $2\sqrt{6}$　⑤ $\sqrt{26}$

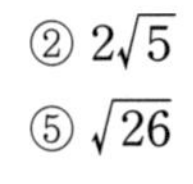

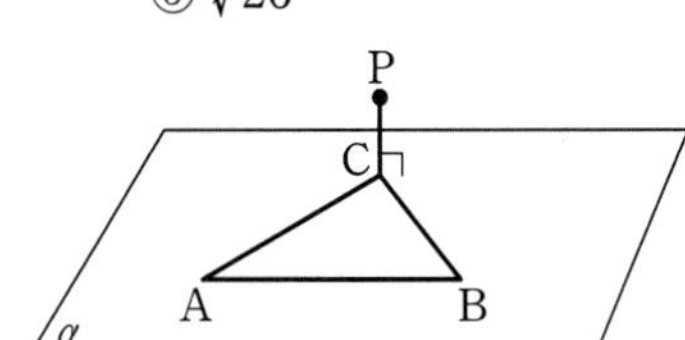

003 [2. 삼수선의 정리] 2022학년도 9월모평 기하 27번

그림과 같이 $\overline{AD}=3$, $\overline{DB}=2$, $\overline{DC}=2\sqrt{3}$이고 $\angle ADB=\angle ADC=\angle BDC=\frac{\pi}{2}$인 사면체 ABCD가 있다. 선분 BC 위를 움직이는 점 P에 대하여 $\overline{AP}+\overline{DP}$의 최솟값은? (3점)

① $3\sqrt{3}$　② $\frac{10\sqrt{3}}{3}$　③ $\frac{11\sqrt{3}}{3}$　④ $4\sqrt{3}$　⑤ $\frac{13\sqrt{3}}{3}$

004 [3. 정사영] 2017년 7월학평 가형 14번

그림과 같이 한 변의 길이가 4인 정사각형을 밑면으로 하고 $\overline{OA}=\overline{OB}=\overline{OC}=\overline{OD}=2\sqrt{5}$인 정사각뿔 O−ABCD가 있다. 두 선분 OA, AB의 중점을 각각 P, Q라 할 때, 삼각형 OPQ의 평면 OCD 위로의 정사영의 넓이는? (4점)

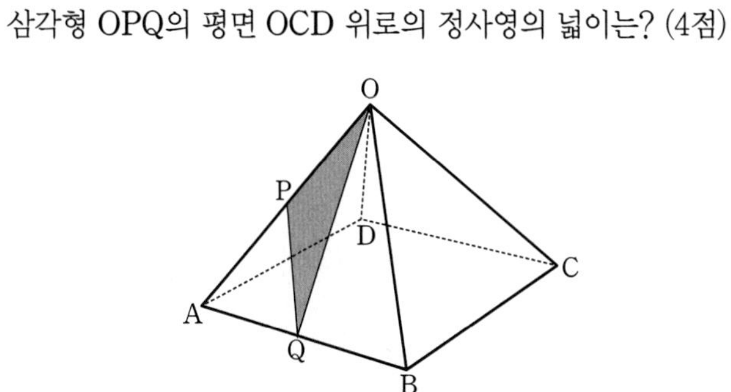

① $\frac{1}{2}$　② $\frac{3}{4}$　③ 1　④ $\frac{5}{4}$　⑤ $\frac{3}{2}$

정답과 해설 001 p.239 002 p.239 003 p.240 004 p.240

어떤 유형이든 대비하는

유형 정복 문제

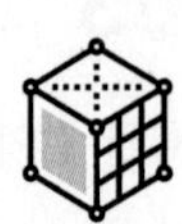

유형 01 직선과 직선, 평면과 평면, 직선과 평면의 위치 관계

동영상강의

249-3-1-Y01

출제경향

위치 관계를 묻거나 위치 관계를 이용하여 도형이 이루는 각을 구하는 문제들이 출제된다.

접근방법

위치 관계를 정확히 적용하고, 꼬인 위치에 있는 두 직선이 이루는 각을 구할 때에는 한 직선을 평행이동하여 두 직선을 만나게 한 후 각을 구한다.

단골공식

(1) 두 직선의 위치 관계

① 한 점에서 만난다. ② 평행하다. ③ 꼬인 위치에 있다.

(2) 두 평면의 위치 관계

① 만난다. (한 직선 공유) ② 평행하다.

(3) 직선과 평면의 위치 관계

① 포함된다. ② 한 점에서 만난다. ③ 평행하다.

005 ★★☆

그림과 같이 밑면이 정삼각형인 삼각기둥 ABC−DEF가 있다. 두 직선 AE, BC와 세 점 B, D, F 중에서 일부를 포함하는 서로 다른 평면의 개수는? (단, 한 점, 한 직선, 두 점만을 포함하는 평면은 제외한다.) (3점)

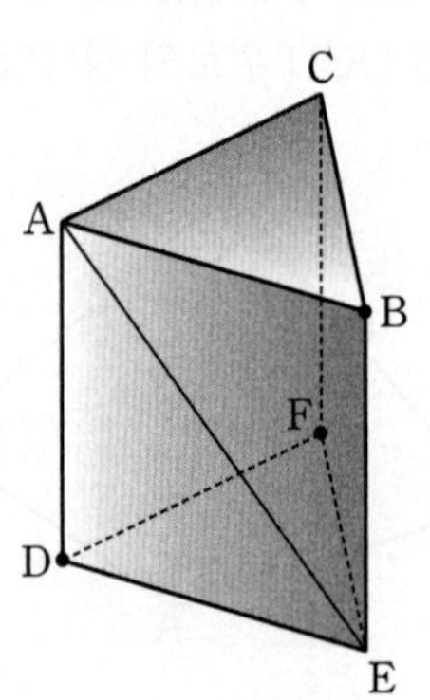

① 3 ② 4 ③ 5
④ 6 ⑤ 7

006 ★★☆ 2005학년도 9월모평 가형 9번

사면체 ABCD의 면 ABC, ACD의 무게중심을 각각 P, Q라고 하자. [보기]에서 두 직선이 꼬인 위치에 있는 것을 모두 고르면? (3점)

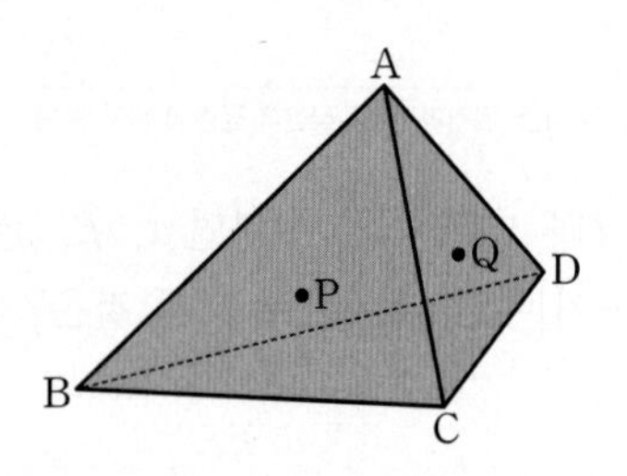

[보기]

ㄱ. 직선 CD와 직선 BQ
ㄴ. 직선 AD와 직선 BC
ㄷ. 직선 PQ와 직선 BD

① ㄴ ② ㄷ ③ ㄱ, ㄴ
④ ㄱ, ㄷ ⑤ ㄱ, ㄴ, ㄷ

007 ★★★ 2007년 10월학평 가형 20번

정n각기둥에서 밑면의 한 모서리와 꼬인 위치에 있는 모서리의 개수를 $f(n)$이라 하자. 예를 들어, $f(3)=3$, $f(4)=4$이다.

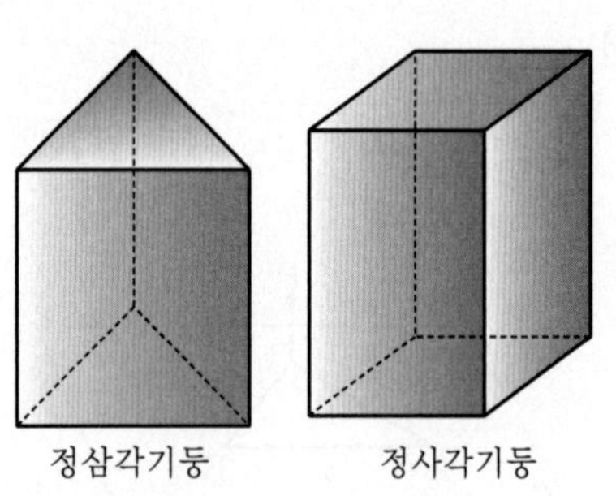

이때, $\sum_{n=3}^{30} f(n)$의 값을 구하시오. (4점)

정답과 해설 005 p.241 006 p.241 007 p.242

008 ★★☆

그림과 같은 정육면체에서 모서리 AD, CD의 중점을 각각 M, N이라 하고 모서리 AE, EF의 중점을 각각 P, Q라 할 때, 두 직선 MN, PQ가 이루는 예각의 크기는? (3점)

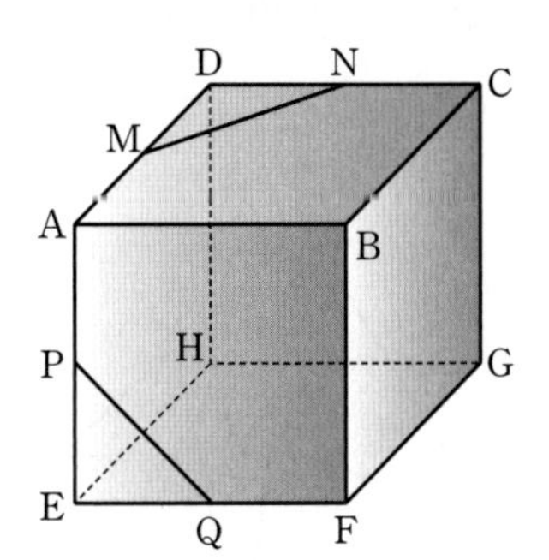

① $\frac{\pi}{12}$ ② $\frac{\pi}{8}$ ③ $\frac{\pi}{6}$
④ $\frac{\pi}{4}$ ⑤ $\frac{\pi}{3}$

009 ★☆☆

그림과 같은 정육면체에서 직선 AG와 직선 CF가 이루는 각의 크기는? (3점)

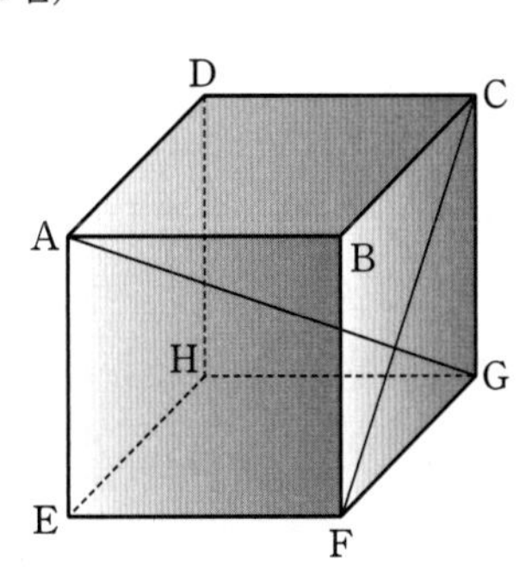

① $\frac{\pi}{12}$ ② $\frac{\pi}{6}$ ③ $\frac{\pi}{4}$
④ $\frac{\pi}{3}$ ⑤ $\frac{\pi}{2}$

010 ★☆☆ 2003학년도 수능 자연계 7번

한 모서리의 길이가 각각 2와 3인 두 정육면체를 그림과 같이 꼭짓점 O와 두 모서리가 겹치도록 붙여 놓았다.
두 정육면체의 대각선 OA와 OB에 대하여 $\angle$AOB의 크기를 θ라고 할 때, $\cos\theta$의 값은? (2점)

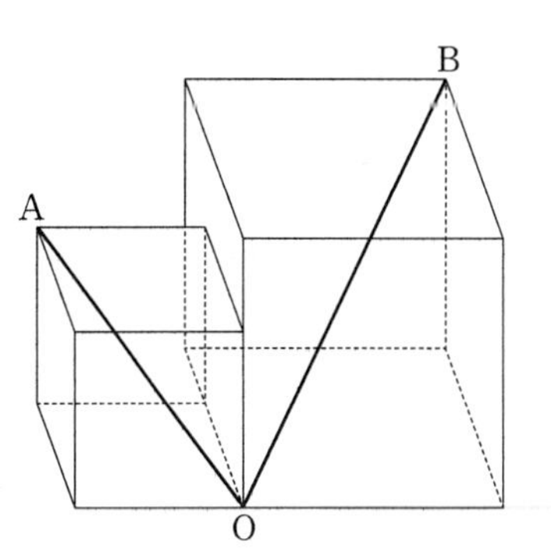

① $\frac{1}{3}$ ② $\frac{1}{2}$ ③ $\frac{3}{5}$
④ $\frac{2}{3}$ ⑤ $\frac{3}{4}$

이 문항은 7차 교육과정 이전에 출제되었지만 다시 출제될 가능성이 있어 수록하였습니다.

011 ★★☆ 2013년 7월학평 B형 19번

그림과 같이 $\overline{AB}=2$, $\overline{AD}=3$, $\overline{AE}=4$인 직육면체 ABCD$-$EFGH에서 평면 AFGD와 평면 BEG의 교선을 l이라 하자. 직선 l과 평면 EFGH가 이루는 예각의 크기를 θ라 할 때, $\cos^2\theta$의 값은? (4점)

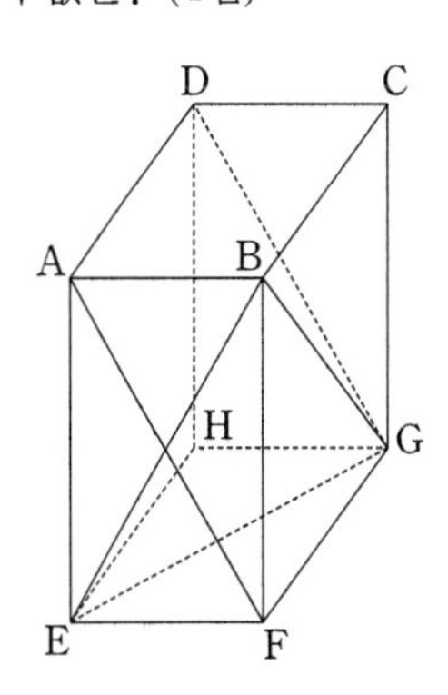

① $\frac{1}{7}$ ② $\frac{2}{7}$ ③ $\frac{3}{7}$
④ $\frac{4}{7}$ ⑤ $\frac{5}{7}$

정답과 해설 008 p.242 | 009 p.243 | 010 p.243 | 011 p.244

012 ★★☆

그림과 같은 정육면체의 전개도에 의해 만들어지는 정육면체 ABCD−EFGH에 대하여 [보기]에서 옳은 것만을 있는 대로 고른 것은? (4점)

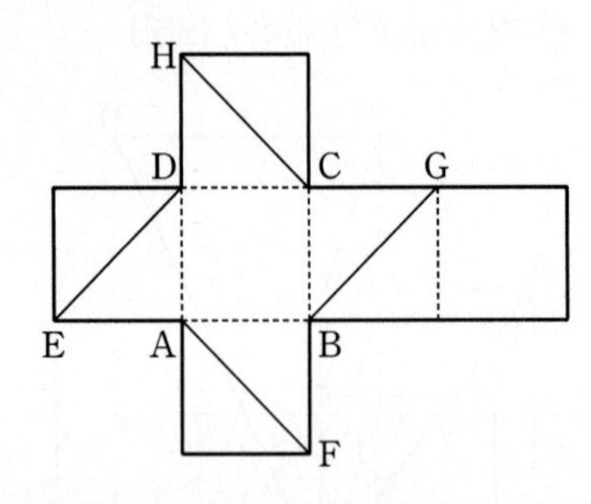

[보기]
ㄱ. 두 직선 BG와 DE는 서로 평행하다.
ㄴ. 두 직선 BG와 CH가 이루는 각의 크기는 60°이다.
ㄷ. 두 직선 BH와 DG는 서로 수직이다.

① ㄱ ② ㄴ ③ ㄱ, ㄷ
④ ㄴ, ㄷ ⑤ ㄱ, ㄴ, ㄷ

013 ★☆☆ 2012년 10월학평 가형 7번

정팔면체 ABCDEF에서 두 모서리 AC와 DE가 이루는 각의 크기를 θ라 할 때, $\cos\theta$의 값은? $\left(단,\ 0\le\theta\le\frac{\pi}{2}\right)$ (3점)

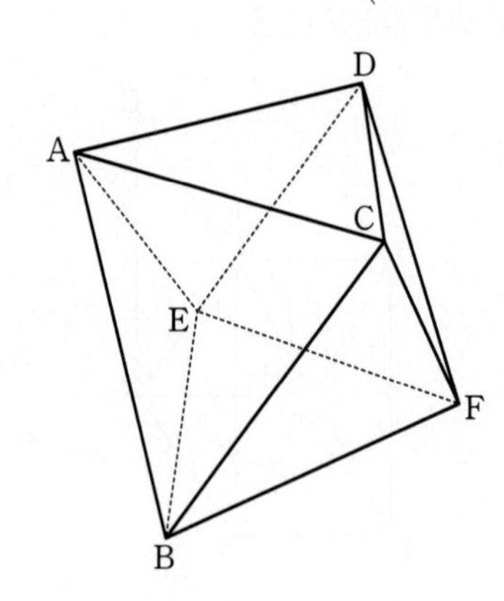

① 0 ② $\frac{1}{3}$ ③ $\frac{1}{2}$
④ $\frac{\sqrt{2}}{2}$ ⑤ $\frac{\sqrt{3}}{2}$

014 ★★★ 2011년 10월학평 가형 30번

정사면체 ABCD에서 두 모서리 AC, AD의 중점을 각각 M, N이라 하자. 직선 BM과 직선 CN이 이루는 예각의 크기를 θ라 할 때, $\cos\theta=\frac{q}{p}$이다. $p+q$의 값을 구하시오.
(단, p와 q는 서로소인 자연수이다.) (4점)

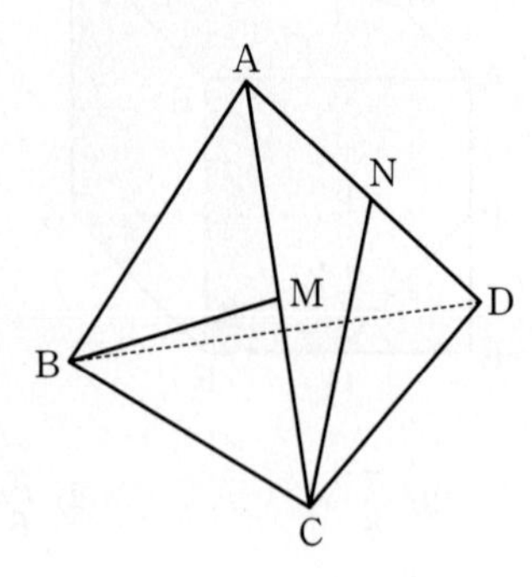

015 ★★☆ 2012학년도 9월모평 가형 15번

그림은 $\overline{AC}=\overline{AE}=\overline{BE}$이고 $\angle DAC=\angle CAB=90°$인 사면체의 전개도이다.

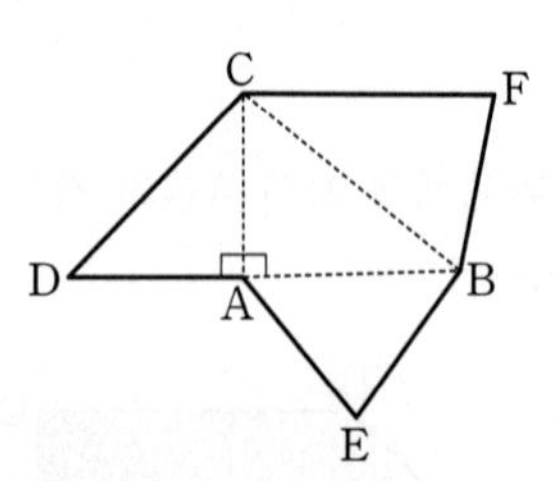

이 전개도로 사면체를 만들 때, 세 점 D, E, F가 합쳐지는 점을 P라 하자. 사면체 PABC에 대하여 옳은 것만을 [보기]에서 있는 대로 고른 것은? (4점)

[보기]
ㄱ. $\overline{CP}=\sqrt{2}\,\overline{BP}$
ㄴ. 직선 AB와 직선 CP는 꼬인 위치에 있다.
ㄷ. 선분 AB의 중점을 M이라 할 때, 직선 PM과 직선 BC는 서로 수직이다.

① ㄱ ② ㄷ ③ ㄱ, ㄴ
④ ㄴ, ㄷ ⑤ ㄱ, ㄴ, ㄷ

정답과 해설 012 p.244 013 p.245 014 p.246 015 p.247

016 ★☆☆ 2014년 7월학평 B형 13번

한 변의 길이가 3인 정육면체 ABCD−EFGH가 있다.

선분 AG를 $1:2$로 내분하는 점을 I라 할 때, 선분 FI의 길이는? (3점)

① 3　　② $2\sqrt{3}$　　③ $\sqrt{15}$
④ $3\sqrt{2}$　　⑤ $\sqrt{21}$

017 ★★☆ 2000학년도 수능 자연계 12번

오른쪽 삼각기둥에서 두 정사각형 ABFE와 CDEF의 한 변의 길이는 1이다. $\angle \mathrm{AED}=\theta$일 때, 선분 BD의 길이를 θ의 함수로 나타낸 것은? (3점)

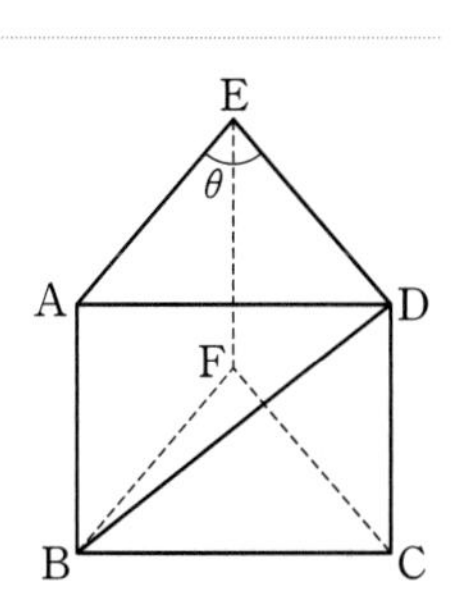

① $\sqrt{3-2\cos\theta}$　　② $\sqrt{3+2\cos\theta}$
③ $\sqrt{3}$　　④ $\sqrt{3-2\sin\theta}$
⑤ $\sqrt{3+2\sin\theta}$

018 ★★☆ 2004년 10월학평 가형 14번

비탈면 위의 직선 도로의 경사도를 $\dfrac{(\text{수직거리})}{(\text{수평거리})}$로 나타낸다.

[그림 1]에서 직선 도로 AB의 경사도는 $\dfrac{\overline{\mathrm{BH}}}{\overline{\mathrm{AH}}}$이다.

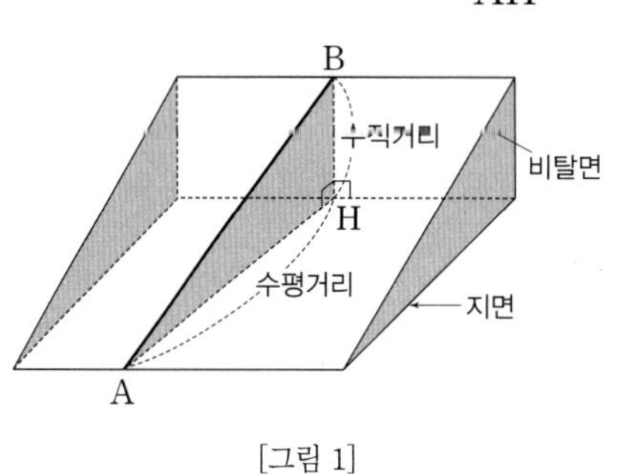

[그림 1]

[그림 2]와 같이 지면과 30°의 각을 이루는 비탈면 위에 두 직선 도로 AB, AC가 있다. 직선 도로 AB의 경사도는 $\dfrac{1}{\sqrt{3}}$이고, 직선 도로 AC의 경사도는 $\dfrac{1}{2}$이다.

$\angle \mathrm{BAC}=\theta$일 때, $\sin\theta$의 값은? (4점)

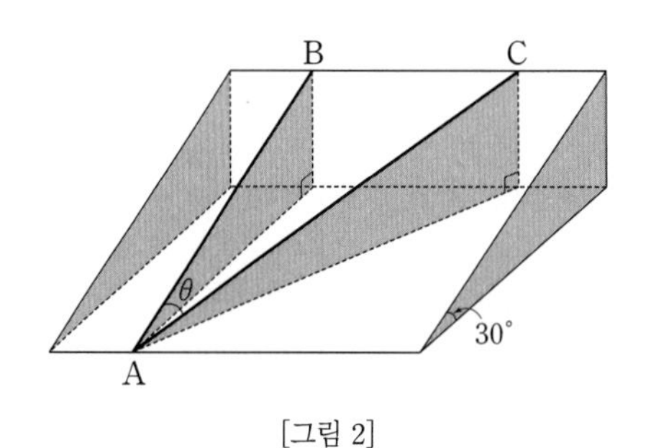

[그림 2]

① $\dfrac{1}{3}$　　② $\dfrac{\sqrt{3}}{3}$　　③ $\dfrac{1}{2}$
④ $\dfrac{\sqrt{3}}{2}$　　⑤ $\dfrac{\sqrt{5}}{5}$

019 ★★☆ 1997학년도 수능 자연계 24번

오른쪽 그림과 같은 직원뿔 모양의 산이 있다. A지점을 출발하여 산을 한 바퀴 돌아 B지점으로 가는 관광 열차의 궤도를 최단거리로 놓으면, 이 궤도는 처음에는 오르막길이지만 나중에는 내리막길이 된다. 이 내리막길의 길이는? (4점)

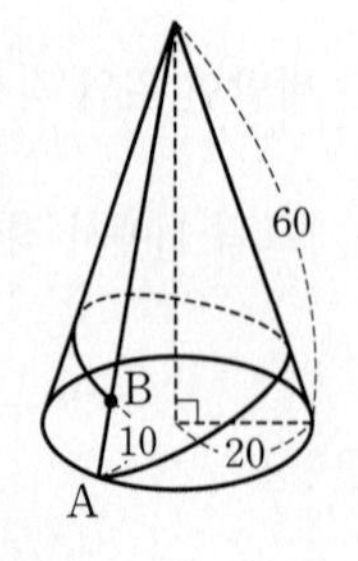

① $\dfrac{200}{\sqrt{19}}$　② $\dfrac{300}{\sqrt{30}}$　③ $\dfrac{300}{\sqrt{91}}$
④ $\dfrac{400}{\sqrt{91}}$　⑤ $\dfrac{300}{\sqrt{19}}$

이 문항은 7차 교육과정 이전에 출제되었지만 다시 출제될 가능성이 있어 수록하였습니다.

020 ★★☆ 2005년 10월학평 가형 15번

그림과 같이 한 변의 길이가 12인 정육면체 ABCD$-$EFGH에 내접하는 구가 있다. 변 AE, CG를 $1:3$으로 내분하는 점을 각각 P, R라 하고 변 BF의 중점을 Q라 한다. 네 점 D, P, Q, R를 지나는 평면으로 내접하는 구를 자를 때 생기는 원의 넓이는? (4점)

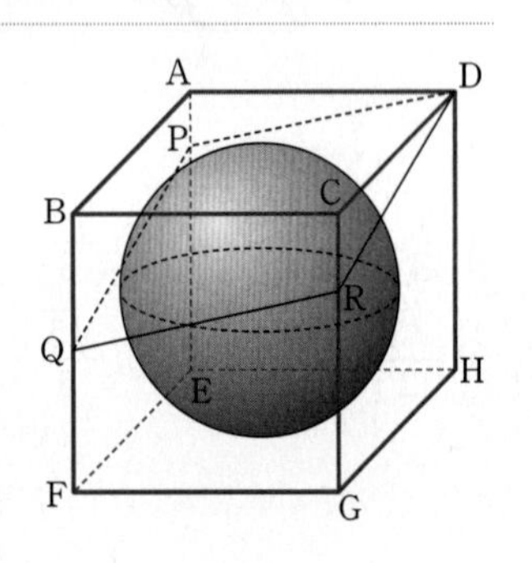

① 26π　② 28π　③ 30π
④ 32π　⑤ 34π

021 ★★★ 2009학년도 9월모평 가형 12번

중심이 O이고 반지름의 길이가 1인 구에 내접하는 정사면체 ABCD가 있다. 두 삼각형 BCD, ACD의 무게중심을 각각 F, G라 할 때, [보기]에서 옳은 것만을 있는 대로 고른 것은? (4점)

[보기]
ㄱ. 직선 AF와 직선 BG는 꼬인 위치에 있다.
ㄴ. 삼각형 ABC의 넓이는 $\dfrac{3\sqrt{3}}{4}$보다 작다.
ㄷ. $\angle AOG=\theta$일 때, $\cos\theta=\dfrac{1}{3}$이다.

① ㄴ　② ㄷ　③ ㄱ, ㄴ
④ ㄴ, ㄷ　⑤ ㄱ, ㄴ, ㄷ

유형 02 삼수선의 정리

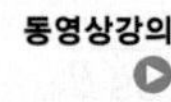

출제경향
점과 직선 사이의 거리나 선분의 길이 등을 묻는 문제가 출제된다.

접근방법
그림을 정확히 그리고 삼수선의 정리를 적용한다.

단골공식
평면 α 위에 있지 않은 한 점 P, 평면 α 위의 한 점 O, 점 O를 지나지 않고 평면 α 위에 있는 한 직선 l, 직선 l 위의 한 점 H에 대하여
(1) $\overline{PO}\perp\alpha$, $\overline{OH}\perp l$이면 $\overline{PH}\perp l$
(2) $\overline{PO}\perp\alpha$, $\overline{PH}\perp l$이면 $\overline{OH}\perp l$
(3) $\overline{PH}\perp l$, $\overline{OH}\perp l$, $\overline{PO}\perp\overline{OH}$이면 $\overline{PO}\perp\alpha$

정답과 해설 019 p.249 | 020 p.249 | 021 p.250

022 ★☆☆ 2010학년도 수능 가형 5번

평면 α 위에 $\angle A=90°$이고 $\overline{BC}=6$인 직각이등변삼각형 ABC가 있다. 평면 α 밖의 한 점 P에서 이 평면까지의 거리가 4이고, 점 P에서 평면 α에 내린 수선의 발이 점 A일 때, 점 P에서 직선 BC까지의 거리는? (3점)

① $3\sqrt{2}$　② 5　③ $3\sqrt{3}$
④ $4\sqrt{2}$　⑤ 6

023 ★☆☆ 2019학년도 9월모평 가형 12번

그림과 같이 평면 α 위에 넓이가 24인 삼각형 ABC가 있다. 평면 α 위에 있지 않은 점 P에서 평면 α에 내린 수선의 발을 H, 직선 AB에 내린 수선의 발을 Q라 하자. 점 H가 삼각형 ABC의 무게중심이고, $\overline{PH}=4$, $\overline{AB}=8$일 때, 선분 PQ의 길이는? (3점)

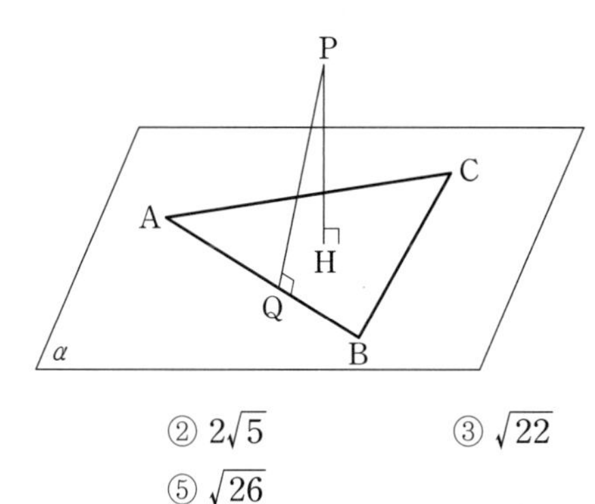

① $3\sqrt{2}$　② $2\sqrt{5}$　③ $\sqrt{22}$
④ $2\sqrt{6}$　⑤ $\sqrt{26}$

024 ★☆☆

그림과 같이 평면 α 밖의 한 점 P에서 평면 α에 내린 수선의 발을 A, 평면 α 위의 선분 BC에 내린 수선의 발을 M이라 한다. $\overline{PA}=3$, $\overline{PM}=5$, $\overline{BM}=3$일 때, 삼각형 PAB의 넓이는? (3점)

① $\frac{13}{2}$　② 7　③ $\frac{15}{2}$
④ 8　⑤ $\frac{17}{2}$

025 ★☆☆ 2018학년도 9월모평 가형 25번

$\overline{AB}=8$, $\angle ACB=90°$인 삼각형 ABC에 대하여 점 C를 지나고 평면 ABC에 수직인 직선 위에 $\overline{CD}=4$인 점 D가 있다. 삼각형 ABD의 넓이가 20일 때, 삼각형 ABC의 넓이를 구하시오. (3점)

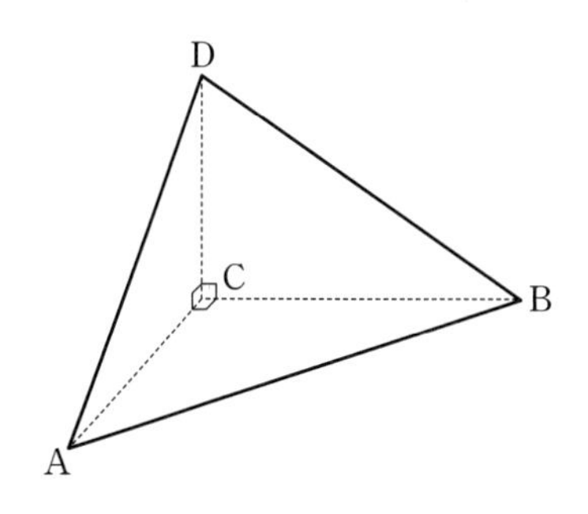

026 ★★☆ 2016학년도 수능 B형 27번

좌표공간에 서로 수직인 두 평면 α와 β가 있다. 평면 α 위의 두 점 A, B에 대하여 $\overline{AB}=3\sqrt{5}$이고 직선 AB는 평면 β에 평행하다. 점 A와 평면 β 사이의 거리가 2이고, 평면 β 위의 점 P와 평면 α 사이의 거리는 4일 때, 삼각형 PAB의 넓이를 구하시오. (4점)

027 ★★☆ 2006년 10월학평 가형 24번

공간에서 평면 α 위에 세 변의 길이가 $\overline{AB}=\overline{AC}=10$, $\overline{BC}=12$인 삼각형 ABC가 있다. 점 A를 지나고 평면 α에 수직인 직선 l 위의 점 D에 대하여 $\overline{AD}=6$이 되도록 점 D를 잡을 때, $\triangle$DBC의 넓이를 구하시오. (4점)

028 ★★☆ 2023학년도 9월모평 기하 27번

그림과 같이 밑면의 반지름의 길이가 4, 높이가 3인 원기둥이 있다. 선분 AB는 이 원기둥의 한 밑면의 지름이고 C, D는 다른 밑면의 둘레 위의 서로 다른 두 점이다. 네 점 A, B, C, D가 다음 조건을 만족시킬 때, 선분 CD의 길이는? (3점)

> (가) 삼각형 ABC의 넓이는 16이다.
> (나) 두 직선 AB, CD는 서로 평행하다.

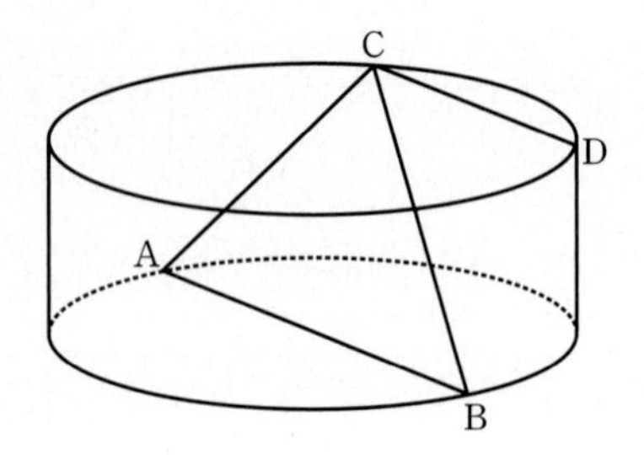

① 5　② $\frac{11}{2}$　③ 6　④ $\frac{13}{2}$　⑤ 7

정답과 해설 026 p.253 027 p.253 028 p.253

029 ★★☆ 2013년 10월학평 B형 18번

그림과 같이 한 모서리의 길이가 20인 정육면체 ABCD−EFGH가 있다. 모서리 AB를 3 : 1로 내분하는 점을 L, 모서리 HG의 중점을 M이라 하자. 점 M에서 선분 LD에 내린 수선의 발을 N이라 할 때, 선분 MN의 길이는? (4점)

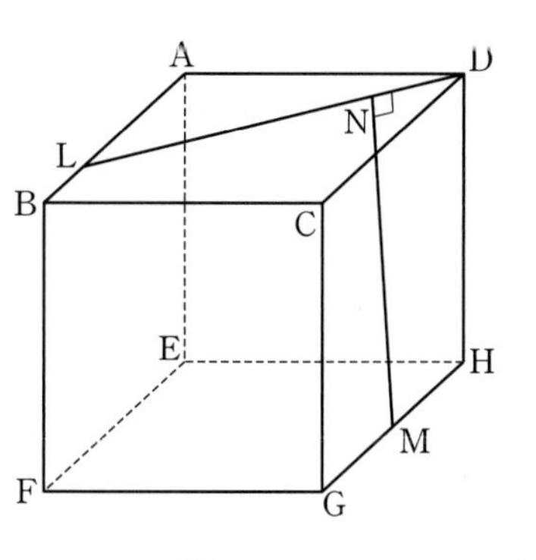

① $12\sqrt{3}$ ② $8\sqrt{7}$ ③ $15\sqrt{2}$
④ $4\sqrt{29}$ ⑤ $4\sqrt{30}$

030 ★★☆ 2022학년도 수능 기하 27번

그림과 같이 한 모서리의 길이가 4인 정육면체 ABCD−EFGH가 있다. 선분 AD의 중점을 M이라 할 때, 삼각형 MEG의 넓이는? (3점)

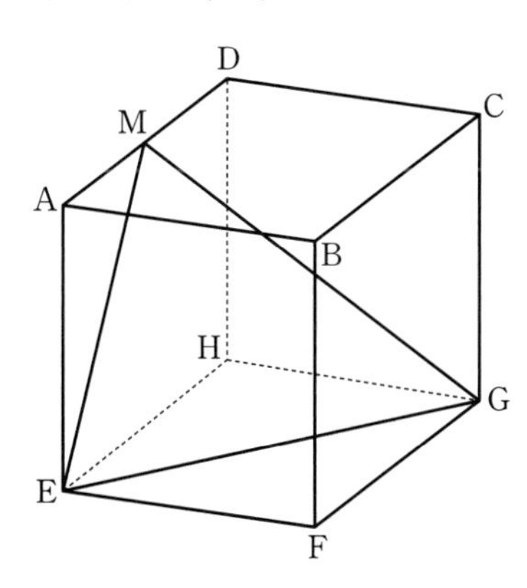

① $\frac{21}{2}$ ② 11 ③ $\frac{23}{2}$
④ 12 ⑤ $\frac{25}{2}$

031 ★☆☆

그림과 같은 직육면체 ABCD−EFGH에서 $\overline{AB}=3$, $\overline{AD}=2$, $\overline{AE}=1$일 때, 점 D에서 선분 EG에 내린 수선의 발을 I라 하면 $\overline{DI}^2=\frac{q}{p}$이다. $p+q$의 값을 구하시오.
(단, p와 q는 서로소인 자연수이다.) (3점)

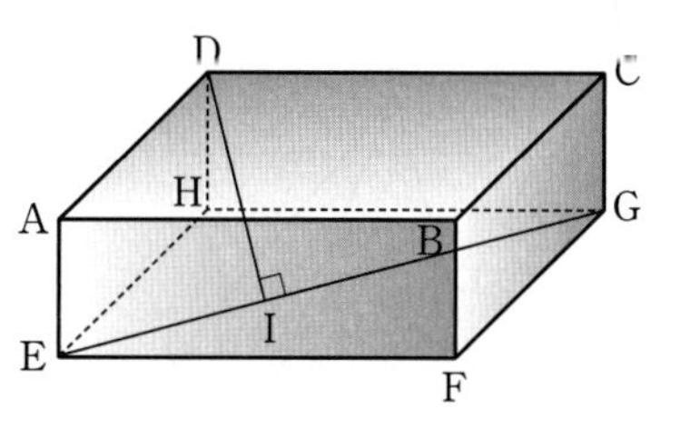

032 ★☆☆ 2010학년도 9월모평 가형 5번

사면체 ABCD에서 모서리 CD의 길이는 10, 면 ACD의 넓이는 40이고, 면 BCD와 면 ACD가 이루는 각의 크기는 30°이다. 점 A에서 평면 BCD에 내린 수선의 발을 H라 할 때, 선분 AH의 길이는? (3점)

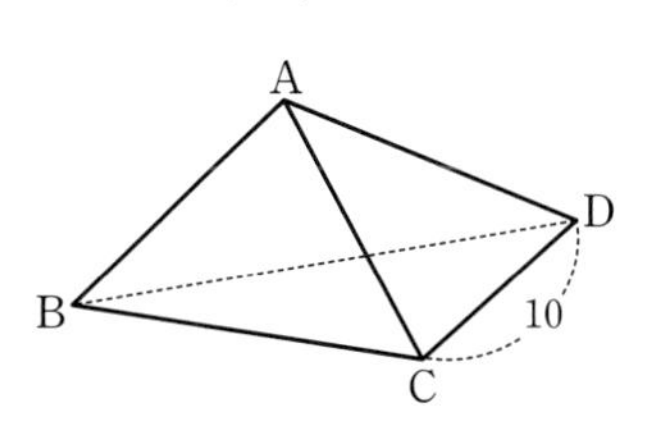

① $2\sqrt{3}$ ② 4 ③ 5
④ $3\sqrt{3}$ ⑤ $4\sqrt{3}$

정답과 해설 029 p.254 | 030 p.255 | 031 p.256 | 032 p.256

033 ★★☆ 2022년 10월학평 기하 26번

그림과 같이 $\overline{BC}=\overline{CD}=3$이고 $\angle BCD=90^\circ$인 사면체 ABCD가 있다. 점 A에서 평면 BCD에 내린 수선의 발을 H라 할 때, 점 H는 선분 BD를 $1:2$로 내분하는 점이다. 삼각형 ABC의 넓이가 6일 때, 삼각형 AHC의 넓이는? (3점)

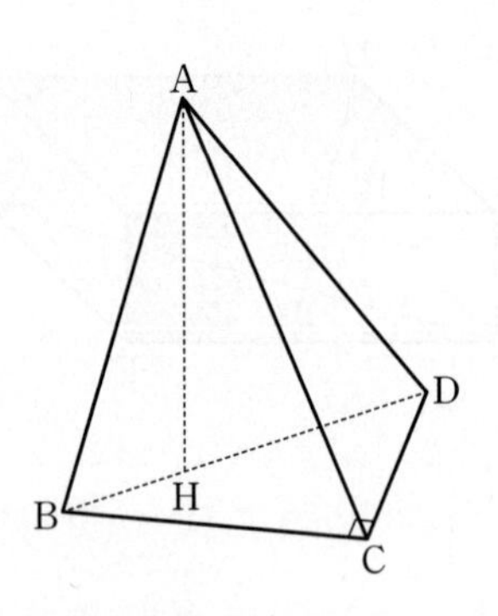

① $2\sqrt{3}$ ② $\frac{5\sqrt{3}}{2}$ ③ $3\sqrt{3}$
④ $\frac{7\sqrt{3}}{2}$ ⑤ $4\sqrt{3}$

034 ★★★ 2019학년도 수능 가형 19번

한 변의 길이가 12인 정삼각형 BCD를 한 면으로 하는 사면체 ABCD의 꼭짓점 A에서 평면 BCD에 내린 수선의 발을 H라 할 때, 점 H는 삼각형 BCD의 내부에 놓여 있다. 삼각형 CDH의 넓이는 삼각형 BCH의 넓이의 3배, 삼각형 DBH의 넓이는 삼각형 BCH의 넓이의 2배이고 $\overline{AH}=3$이다. 선분 BD의 중점을 M, 점 A에서 선분 CM에 내린 수선의 발을 Q라 할 때, 선분 AQ의 길이는? (4점)

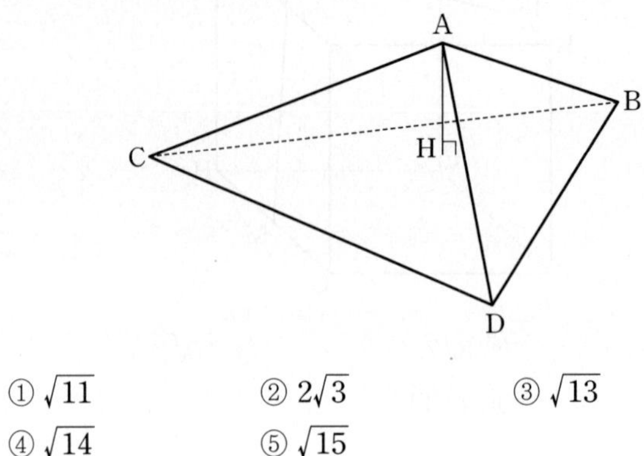

① $\sqrt{11}$ ② $2\sqrt{3}$ ③ $\sqrt{13}$
④ $\sqrt{14}$ ⑤ $\sqrt{15}$

정답과 해설 033 p.257 034 p.257

035 ★★☆ 2016년 10월학평 가형 15번

길이가 5인 선분 AB를 지름으로 하는 구 위에 점 C가 있다. 점 A를 지나고 직선 AB에 수직인 직선 l이 직선 BC에 수직이다. 직선 l 위의 점 D에 대하여 $\overline{BD}=6$, $\overline{CD}=4$일 때, 선분 AC의 길이는?

(단, 점 C는 선분 AB 위에 있지 않다.) (4점)

① $\sqrt{3}$ ② 2 ③ $\sqrt{5}$
④ $\sqrt{6}$ ⑤ $\sqrt{7}$

036 ★★☆ 2012년 10월학평 가형 18번

평면 α 위에 거리가 4인 두 점 A, C와 중심이 C이고 반지름의 길이가 2인 원이 있다. 점 A에서 이 원에 그은 접선의 접점을 B라 하자. 점 B를 지나고 평면 α와 수직인 직선 위에 $\overline{BP}=2$가 되는 점을 P라 할 때, 점 C와 직선 AP 사이의 거리는? (4점)

① $\sqrt{6}$ ② $\sqrt{7}$ ③ $2\sqrt{2}$
④ 3 ⑤ $\sqrt{10}$

037 ★★★

한 변의 길이가 4인 정사각형 ABCD의 대각선의 교점을 P라 하자. 선분 PC 위에 점 P로부터 거리가 2인 점을 Q라 하자. [그림 1]의 어두운 부분의 세 삼각형 PAD, PBQ, PQD를 이용하여 [그림 2]와 같은 사면체 PAQD를 만들 때, 사면체 PAQD의 부피는?

(단, [그림 2]에서 두 점 A와 B는 서로 일치한다.) (4점)

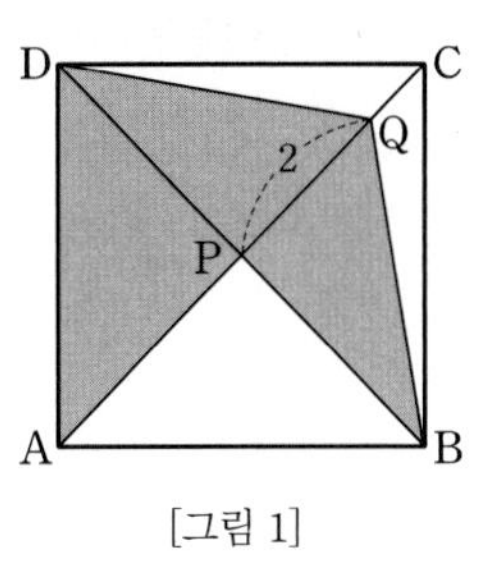

[그림 1]

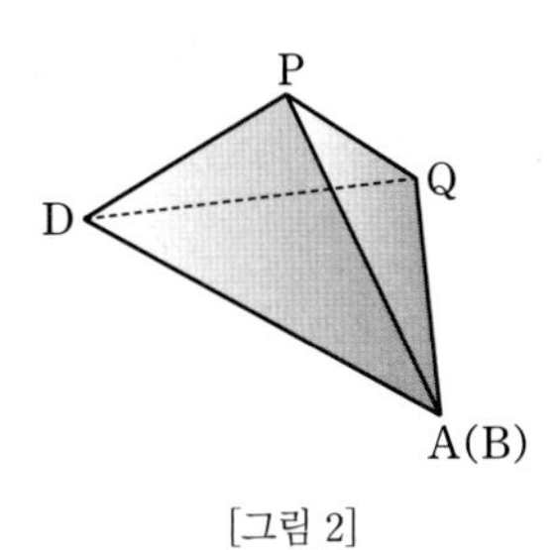

[그림 2]

① $\frac{7}{3}$ ② $\frac{8}{3}$ ③ 3
④ $\frac{10}{3}$ ⑤ $\frac{11}{3}$

038 ★★★ 2022학년도 수능예시문항 기하 25번

좌표공간에서 수직으로 만나는 두 평면 α, β의 교선을 l이라 하자. 평면 α 위의 직선 m과 평면 β 위의 직선 n은 각각 직선 l과 평행하다. 직선 m 위의 $\overline{AP}=4$인 두 점 A, P에 대하여 점 P에서 직선 l에 내린 수선의 발을 Q, 점 Q에서 직선 n에 내린 수선의 발을 B라 하자.
$\overline{PQ}=3$, $\overline{QB}=4$이고, 점 B가 아닌 직선 n 위의 점 C에 대하여 $\overline{AB}=\overline{AC}$일 때, 삼각형 ABC의 넓이는? (3점)

① 18 ② 20 ③ 22
④ 24 ⑤ 26

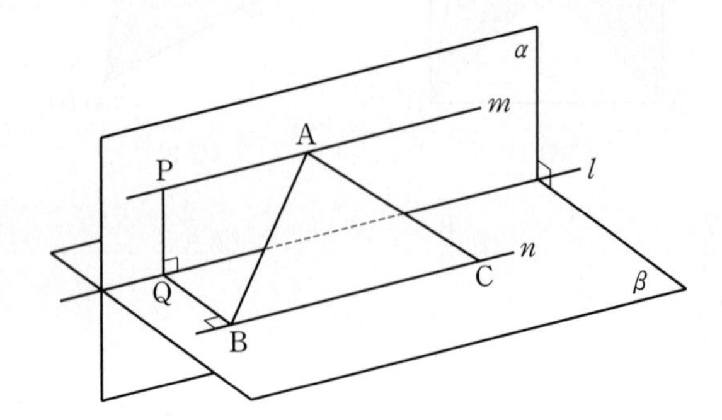

유형 03 이면각

동영상강의

출제경향

복잡한 도형에 대한 어려운 문제들이 출제된다.

접근방법

이면각의 정의에 따라 보조선을 긋고 삼수선의 정리를 이용하여 해결한다.

단골공식

직선 l을 공유하는 두 반평면 α, β가 이루는 도형을 이면각이라 한다. 직선 l 위의 한 점 O를 지나고 직선 l에 수직인 두 반직선 OA, OB를 반평면 α, β 위에 각각 그을 때, $\angle$AOB가 나타내는 두 각 중 크지 않은 각의 크기를 이면각의 크기라고 한다.

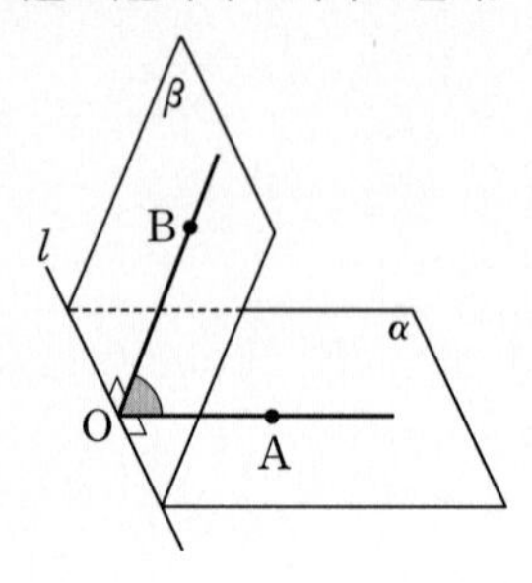

039 ★☆☆

평면 α 밖의 점 A에서 평면 α와 평면 위의 직선 l에 내린 수선의 길이가 각각 $3\sqrt{3}$, 6일 때, 점 A와 직선 l에 의하여 결정되는 평면과 평면 α가 이루는 각의 크기는? (3점)

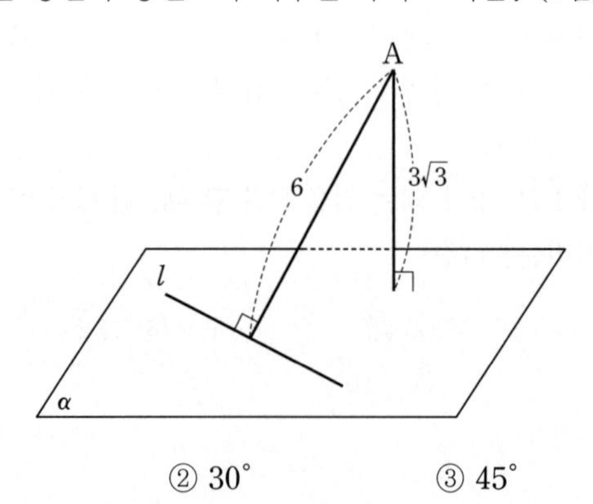

① 0° ② 30° ③ 45°
④ 60° ⑤ 90°

040 ★☆☆ 2004학년도 9월모평 자연계 28번

사면체 ABCD에서 변 AB의 길이는 5, 삼각형 ABC의 넓이는 20, 삼각형 ABD의 넓이는 15이다. 삼각형 ABC와 삼각형 ABD가 이루는 각의 크기가 30°일 때 사면체 ABCD의 부피를 구하시오. (3점)

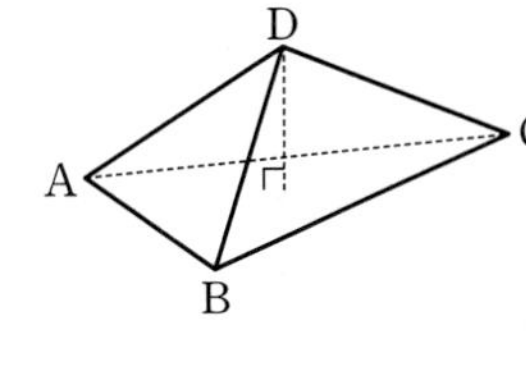

이 문항은 7차 교육과정 이전에 출제되었지만 다시 출제될 수 있는 기본적인 문제로 개념을 익히는 데 도움이 됩니다.

041 ★★☆ 2023년 7월학평 기하 27번

공간에 선분 AB를 포함하는 평면 α가 있다. 평면 α 위에 있지 않은 점 C에서 평면 α에 내린 수선의 발을 H라 할 때, 점 H가 다음 조건을 만족시킨다.

> (가) $\angle\mathrm{AHB}=\frac{\pi}{2}$
>
> (나) $\sin(\angle\mathrm{CAH})=\sin(\angle\mathrm{ABH})=\frac{\sqrt{3}}{3}$

평면 ABC와 평면 α가 이루는 예각의 크기를 θ라 할 때, $\cos\theta$의 값은? (단, 점 H는 선분 AB 위에 있지 않다.) (3점)

① $\frac{\sqrt{7}}{14}$ ② $\frac{\sqrt{7}}{7}$ ③ $\frac{3\sqrt{7}}{14}$
④ $\frac{2\sqrt{7}}{7}$ ⑤ $\frac{5\sqrt{7}}{14}$

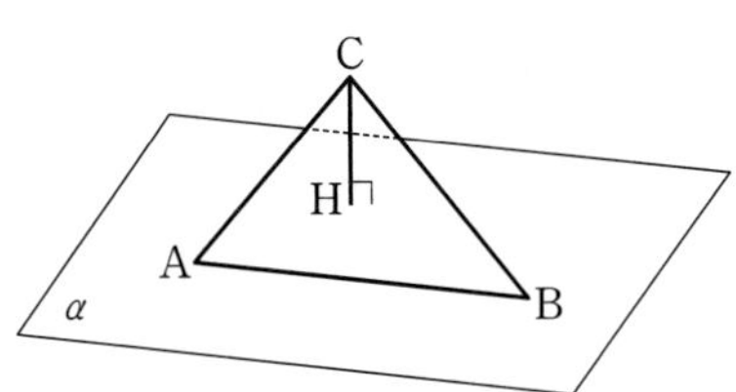

042 ★★☆ 2023학년도 수능 기하 27번

좌표공간에 직선 AB를 포함하는 평면 α가 있다. 평면 α 위에 있지 않은 점 C에 대하여 직선 AB와 직선 AC가 이루는 예각의 크기를 θ_1이라 할 때 $\sin\theta_1=\frac{4}{5}$이고, 직선 AC와 평면 α가 이루는 예각의 크기는 $\frac{\pi}{2}-\theta_1$이다. 평면 ABC와 평면 α가 이루는 예각의 크기를 θ_2라 할 때, $\cos\theta_2$의 값은? (3점)

① $\frac{\sqrt{7}}{4}$ ② $\frac{\sqrt{7}}{5}$ ③ $\frac{\sqrt{7}}{6}$
④ $\frac{\sqrt{7}}{7}$ ⑤ $\frac{\sqrt{7}}{8}$

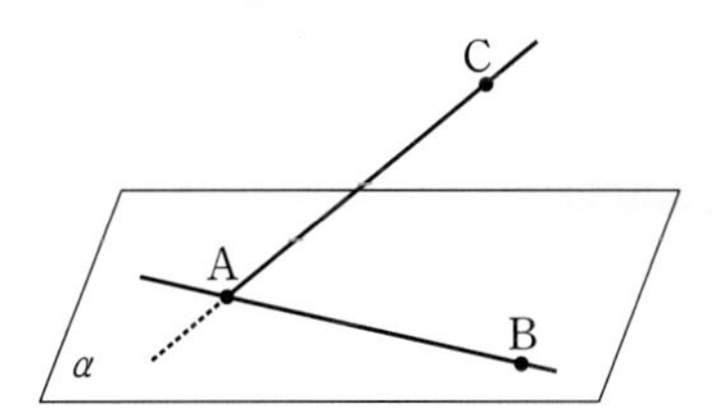

043 ★★☆ 2001년 6월학평 자연계 13번

그림과 같이 정사면체 ABCD에서 이웃하는 두 면이 이루는 이면각의 크기를 θ라 할 때, $\cos 2\theta$의 값은? (2점)

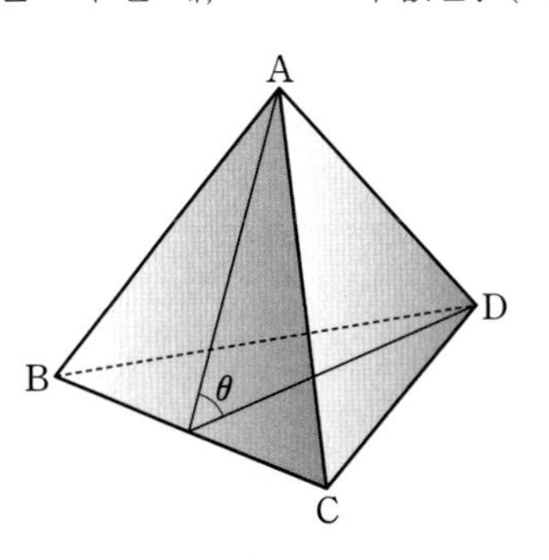

① $-\frac{8}{9}$ ② $-\frac{7}{9}$ ③ $-\frac{2}{3}$
④ $-\frac{5}{9}$ ⑤ $-\frac{4}{9}$

이 문항은 7차 교육과정 이전에 출제되었지만 다시 출제될 수 있는 기본적인 문제로 개념을 익히는 데 도움이 됩니다.

정답과 해설 040 p.261 041 p.261 042 p.261 043 p.262

044 ★★☆ 2005년 10월학평 가형 13번

그림과 같이 사면체 ABCD의 각 모서리의 길이는

$\overline{AB}=\overline{AC}=7$, $\overline{BD}=\overline{CD}=5$,
$\overline{BC}=6$, $\overline{AD}=4$

이다. 평면 ABC와 평면 BCD가 이루는 이면각의 크기를 θ라 할 때, $\cos\theta$의 값은? (단, θ는 예각) (4점)

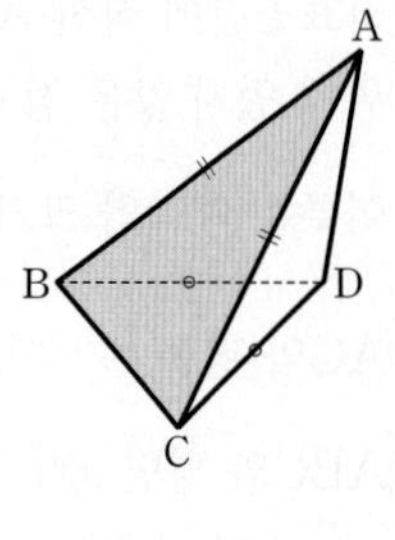

① $\frac{\sqrt{2}}{3}$ ② $\frac{\sqrt{3}}{3}$ ③ $\frac{3}{4}$
④ $\frac{\sqrt{10}}{4}$ ⑤ $\frac{\sqrt{10}}{5}$

045 ★★☆ 2015년 10월학평 B형 26번

한 모서리의 길이가 4인 정사면체 ABCD에서 선분 AD를 1 : 3으로 내분하는 점을 P, 3 : 1로 내분하는 점을 Q라 하자. 두 평면 PBC와 QBC가 이루는 예각의 크기를 θ라 할 때, $\cos\theta=\frac{q}{p}$이다. $p+q$의 값을 구하시오.

(단, p와 q는 서로소인 자연수이다.) (4점)

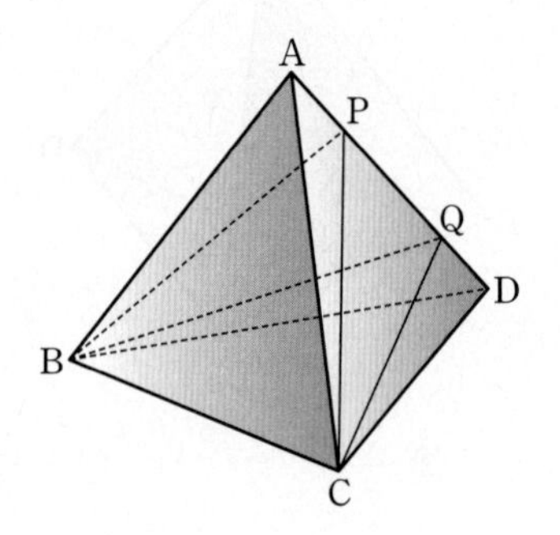

046 ★★☆ 2005학년도 수능예비평가 가형 11번

그림의 정사면체에서 모서리 OA를 1 : 2로 내분하는 점을 P라 하고, 모서리 OB와 OC를 2 : 1로 내분하는 점을 각각 Q와 R라 하자. $\triangle$PQR와 $\triangle$ABC가 이루는 각의 크기를 θ라 할 때, $\cos\theta$의 값은? (4점)

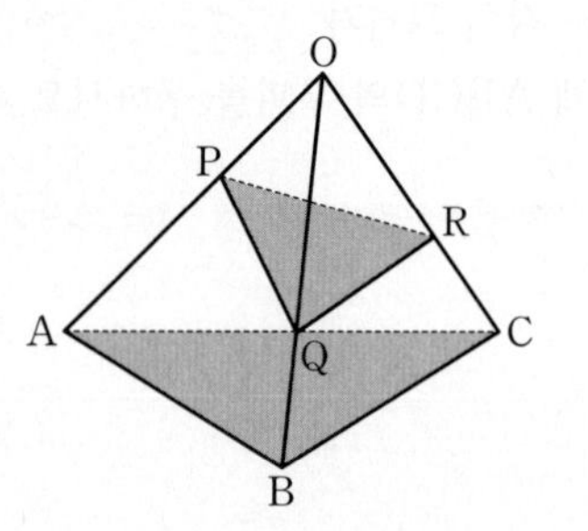

① $\frac{1}{3}$ ② $\frac{\sqrt{2}}{3}$ ③ $\frac{\sqrt{3}}{3}$
④ $\frac{\sqrt{5}}{3}$ ⑤ $\frac{\sqrt{6}}{3}$

047 ★★☆ 2017년 10월학평 가형 15번

그림과 같이 한 모서리의 길이가 2인 정사면체 ABCD와 모든 모서리의 길이가 2인 사각뿔 G−EDCF가 있다. 네 점 B, C, D, G가 한 평면 위에 있을 때, 평면 ACD와 평면 EDCF가 이루는 예각의 크기를 θ라 하자. $\cos\theta$의 값은?

(4점)

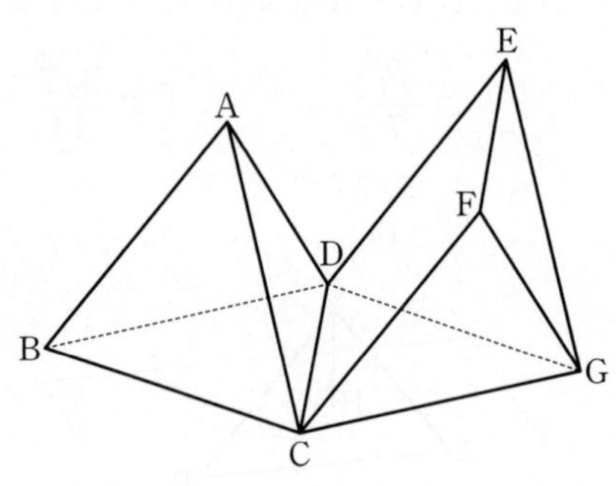

① $\frac{\sqrt{3}}{6}$ ② $\frac{\sqrt{3}}{5}$ ③ $\frac{\sqrt{3}}{4}$
④ $\frac{\sqrt{3}}{3}$ ⑤ $\frac{\sqrt{3}}{2}$

048 ★★☆ 2014년 10월학평 B형 21번

그림은 모든 모서리의 길이가 2인 정삼각기둥 ABC$-$DEF의 밑면 ABC와 모든 모서리의 길이가 2인 정사면체 OABC의 밑면 ABC를 일치시켜 만든 도형을 나타낸 것이다. 두 모서리 OB, BE의 중점을 각각 M, N이라 하고, 두 평면 MCA, NCA가 이루는 각의 크기를 θ라 할 때, $\cos\theta$의 값은? (4점)

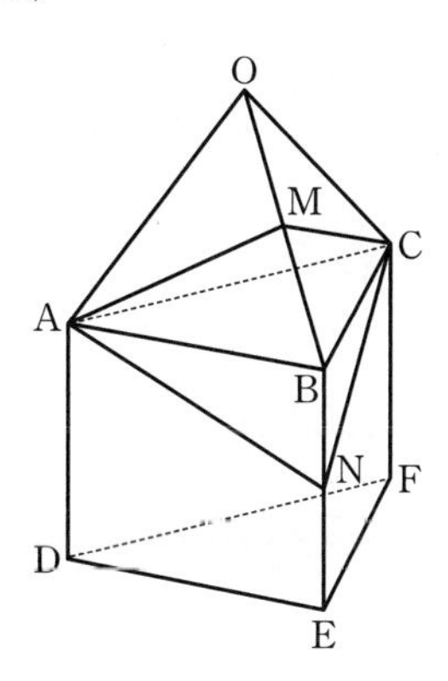

① $\frac{3\sqrt{2}-2\sqrt{3}}{6}$ ② $\frac{2\sqrt{2}-\sqrt{3}}{6}$ ③ $\frac{3\sqrt{2}-\sqrt{3}}{6}$
④ $\frac{\sqrt{2}+\sqrt{3}}{6}$ ⑤ $\frac{2\sqrt{2}+\sqrt{3}}{6}$

049 ★★★ 2021년 7월학평 기하 29번

그림과 같이

$$\overline{AB}=4,\ \overline{CD}=8,\ \overline{BC}=\overline{BD}=4\sqrt{5}$$

인 사면체 ABCD에 대하여 직선 AB와 평면 ACD는 서로 수직이다. 두 선분 CD, DB의 중점을 각각 M, N이라 할 때, 선분 AM 위의 점 P에 대하여 선분 DB와 선분 PN은 서로 수직이다. 두 평면 PDB와 CDB가 이루는 예각의 크기를 θ라 할 때, $40\cos^2\theta$의 값을 구하시오. (4점)

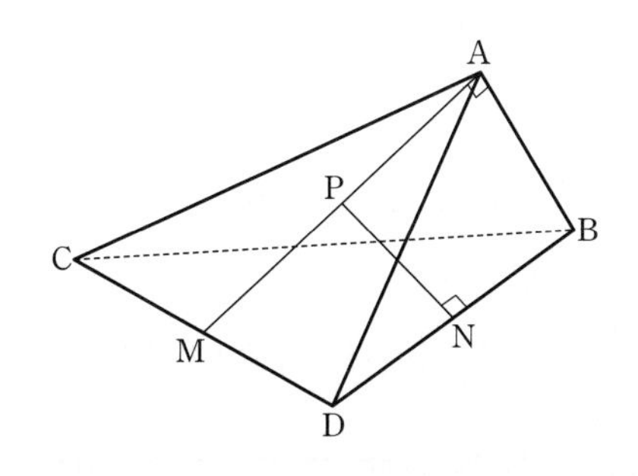

유형 04 정사영의 길이

동영상강의

출제경향

정사영을 이용하여 두 점 사이의 거리나 직선의 길이를 구하는 문제가 출제된다.

접근방법

보조선을 그려 직각삼각형을 찾은 뒤 정사영의 길이 공식을 이용한다.

단골공식

선분 AB의 평면 α 위로의 정사영을 선분 A′B′이라 하고,

직선 AB와 평면 α가 이루는 각의 크기를 $\theta\left(0\le\theta\le\frac{\pi}{2}\right)$라 할 때

$\overline{A'B'}=\overline{AB}\cos\theta$

050 ★★☆ 2019학년도 사관학교 가형 17번

그림과 같이 서로 다른 두 평면 α, β의 교선 위에 점 A가 있다. 평면 α 위의 세 점 B, C, D의 평면 β 위로의 정사영을 각각 B′, C′, D′이라 할 때, 사각형 AB′C′D′은 한 변의 길이가 $4\sqrt{2}$인 정사각형이고, $\overline{BB'}=\overline{DD'}$이다. 두 평면 α와 β가 이루는 각의 크기를 θ라 할 때, $\tan\theta=\frac{3}{4}$이다.

선분 BC의 길이는?

(단, 선분 BD와 평면 β는 만나지 않는다.) (4점)

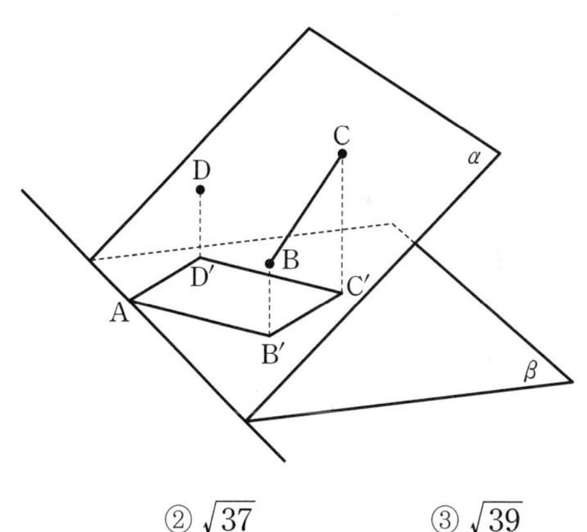

① $\sqrt{35}$ ② $\sqrt{37}$ ③ $\sqrt{39}$
④ $\sqrt{41}$ ⑤ $\sqrt{43}$

정답과 해설 048 p.264 | 049 p.265 | 050 p.266

051 ★★★ 2010학년도 9월모평 가형 15번

그림과 같이 반지름의 길이가 r인 구 모양의 공이 공중에 있다. 벽면과 지면은 서로 수직이고, 태양광선이 지면과 크기가 θ인 각을 이루면서 공을 비추고 있다. 태양광선과 평행하고 공의 중심을 지나는 직선이 벽면과 지면의 교선 l과 수직으로 만난다. 벽면에 생기는 공의 그림자 위의 점에서 교선 l까지 거리의 최댓값을 a라 하고, 지면에 생기는 공의 그림자 위의 점에서 교선 l까지 거리의 최댓값을 b라 하자. 옳은 것만을 [보기]에서 있는 대로 고른 것은? (4점)

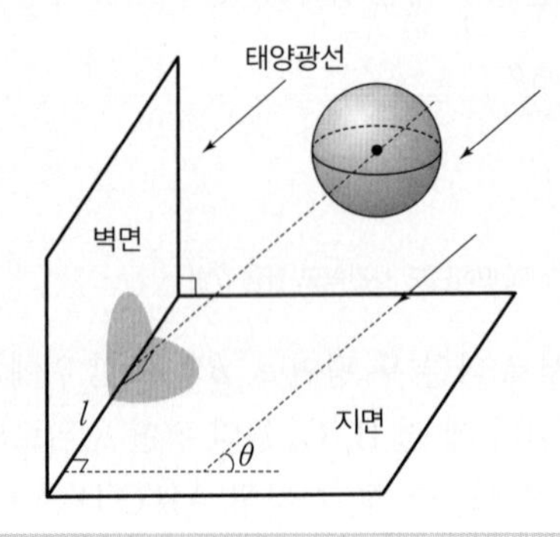

[보기]

ㄱ. 그림자와 교선 l의 공통부분의 길이는 $2r$이다.

ㄴ. $\theta=60^\circ$이면 $a<b$이다.

ㄷ. $\frac{1}{a^2}+\frac{1}{b^2}=\frac{1}{r^2}$

① ㄱ ② ㄴ ③ ㄱ, ㄷ
④ ㄴ, ㄷ ⑤ ㄱ, ㄴ, ㄷ

052 ★★★ 2014학년도 사관학교 B형 19번

그림과 같이 평면 α와 한 점 A에서 만나는 정삼각형 ABC가 있다. 두 점 B, C의 평면 α 위로의 정사영을 각각 B′, C′이라 하자. $\overline{AB'}=\sqrt{5}$, $\overline{B'C'}=2$, $\overline{C'A}=\sqrt{3}$일 때, 정삼각형 ABC의 넓이는? (4점)

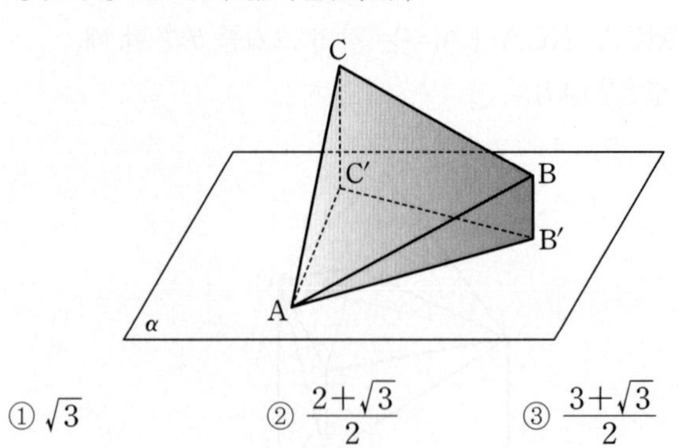

① $\sqrt{3}$ ② $\frac{2+\sqrt{3}}{2}$ ③ $\frac{3+\sqrt{3}}{2}$
④ $\frac{1+2\sqrt{3}}{2}$ ⑤ $\frac{3+2\sqrt{3}}{2}$

유형 05 정사영의 넓이

동영상강의

출제경향

출제 빈도가 높으며 어려운 문제가 출제된다.

접근방법

문제의 조건에 따라 그림을 그려 이면각의 크기를 구한 뒤 정사영의 넓이 공식을 적용한다.

단골공식

평면 α 위의 도형의 넓이를 S, 이 도형의 평면 β 위로의 정사영의 넓이를 S'이라 할 때, 두 평면 α, β가 이루는 각의 크기를 $\theta\left(0\le\theta\le\frac{\pi}{2}\right)$라 하면 $S'=S\cos\theta$

정답과 해설 051 p.267 052 p.267

053 ★☆☆ 2002년 6월학평 자연계 19번

$\overline{AB}=\overline{AC}=7$, $\overline{BC}=4$, $\overline{AD}=14$인 직삼각기둥 ABC−DEF가 있다. 이때, 면 ADEB의 면 ADFC 위로의 정사영의 넓이는? (3점)

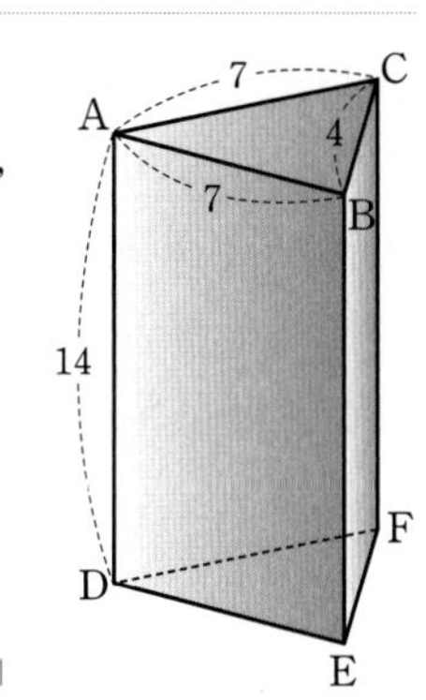

① 68　② 74　③ 78　④ 82　⑤ 86

이 문항은 7차 교육과정 이전에 출제되었지만 다시 출제될 가능성이 있어 수록하였습니다.

054 ★★☆ 2018년 7월학평 가형 17번

사면체 OABC에서 $\overline{OC}=3$이고 삼각형 ABC는 한 변의 길이가 6인 정삼각형이다. 직선 OC와 평면 OAB가 수직일 때, 삼각형 OBC의 평면 ABC 위로의 정사영의 넓이는? (4점)

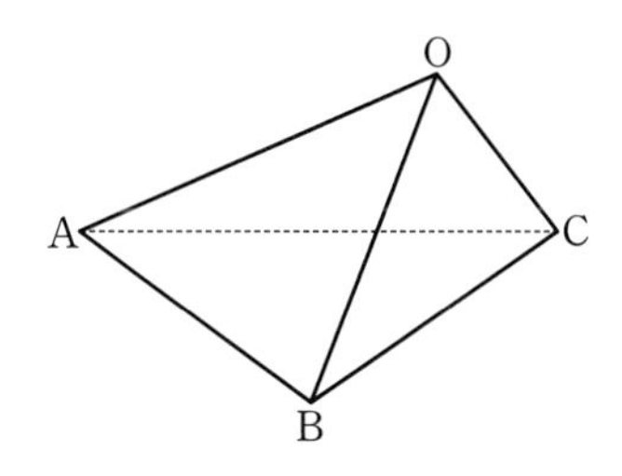

① $\frac{3\sqrt{3}}{4}$　② $\sqrt{3}$　③ $\frac{5\sqrt{3}}{4}$　④ $\frac{3\sqrt{3}}{2}$　⑤ $\frac{7\sqrt{3}}{4}$

055 ★★☆ 2016학년도 9월모평 B형 26번

그림과 같이 $\overline{AB}=9$, $\overline{BC}=12$, $\cos(\angle ABC)=\frac{\sqrt{3}}{3}$인 사면체 ABCD에 대하여 점 A의 평면 BCD 위로의 정사영을 P라 하고 점 A에서 선분 BC에 내린 수선의 발을 Q라 하자. $\cos(\angle AQP)=\frac{\sqrt{3}}{6}$일 때, 삼각형 BCP의 넓이는 k이다. k^2의 값을 구하시오. (4점)

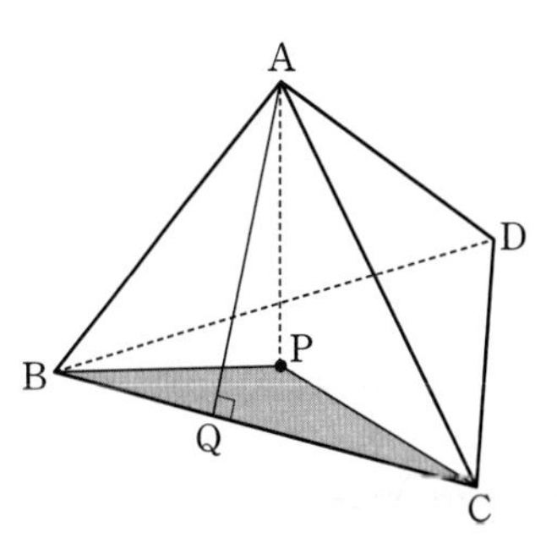

056 ★★★ 2020학년도 수능 가형 27번

그림과 같이 한 변의 길이가 4이고 $\angle BAD=\frac{\pi}{3}$인 마름모 ABCD 모양의 종이가 있다. 변 BC와 변 CD의 중점을 각각 M과 N이라 할 때, 세 선분 AM, AN, MN을 접는 선으로 하여 사면체 PAMN이 되도록 종이를 접었다. 삼각형 AMN의 평면 PAM 위로의 정사영의 넓이는 $\frac{q}{p}\sqrt{3}$이다. $p+q$의 값을 구하시오. (단, 종이의 두께는 고려하지 않으며 P는 종이를 접었을 때 세 점 B, C, D가 합쳐지는 점이고, p와 q는 서로소인 자연수이다.) (4점)

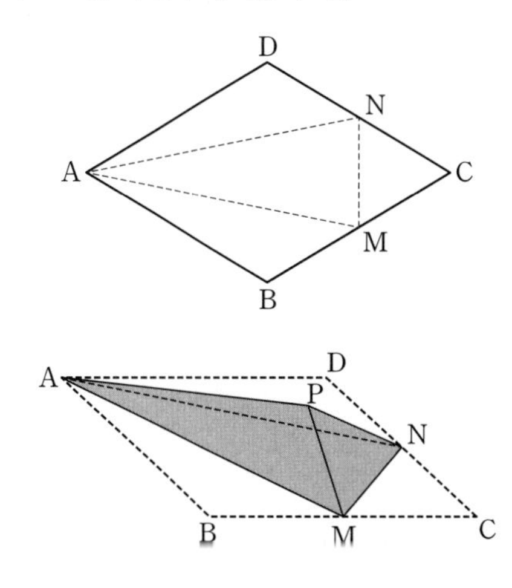

057 ★★★ 2019년 10월학평 가형 19번

그림과 같이 한 모서리의 길이가 1인 정사면체 ABCD에서 선분 AB의 중점을 M, 선분 CD를 3 : 1로 내분하는 점을 N이라 하자. 선분 AC 위에 $\overline{MP}+\overline{PN}$의 값이 최소가 되도록 점 P를 잡고, 선분 AD 위에 $\overline{MQ}+\overline{QN}$의 값이 최소가 되도록 점 Q를 잡는다. 삼각형 MPQ의 평면 BCD 위로의 정사영의 넓이는? (4점)

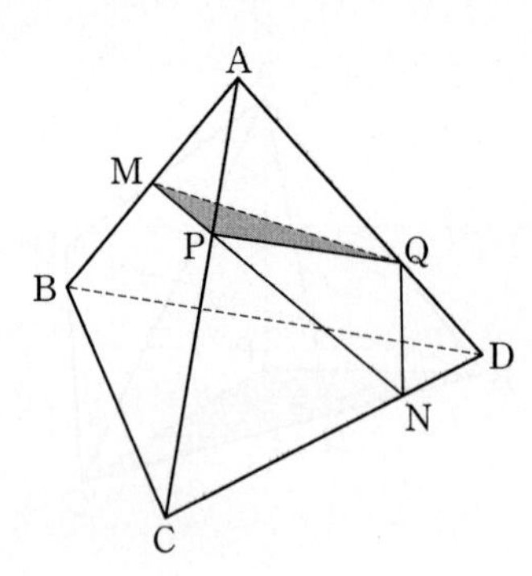

① $\frac{\sqrt{3}}{30}$ ② $\frac{\sqrt{3}}{15}$ ③ $\frac{\sqrt{3}}{10}$
④ $\frac{2\sqrt{3}}{15}$ ⑤ $\frac{\sqrt{3}}{6}$

058 ★★★ 2008학년도 수능 가형 24번

한 변의 길이가 6인 정사면체 OABC가 있다. 세 삼각형 △OAB, △OBC, △OCA에 각각 내접하는 세 원의 평면 ABC 위로의 정사영을 각각 S_1, S_2, S_3이라 하자. 그림과 같이 세 도형 S_1, S_2, S_3으로 둘러싸인 어두운 부분의 넓이를 S라 할 때, $(S+\pi)^2$의 값을 구하시오. (4점)

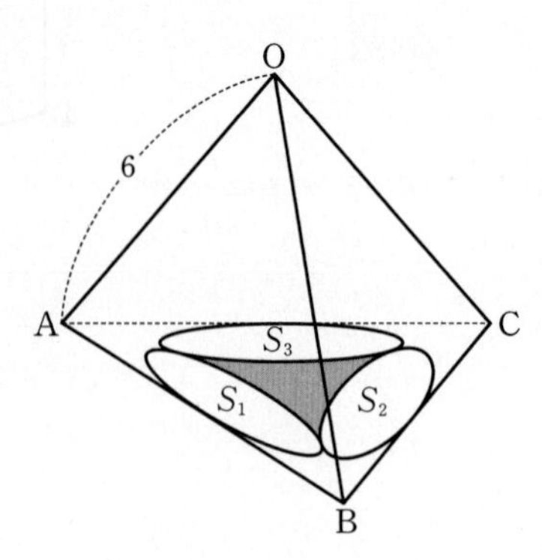

059 ★★☆ 2008학년도 9월모평 가형 24번

반지름의 길이가 6인 반구가 평면 α 위에 놓여 있다. 반구와 평면 α가 만나서 생기는 원의 중심을 O라 하자. 그림과 같이 중심 O로부터 거리가 $2\sqrt{3}$이고 평면 α와 45°의 각을 이루는 평면으로 반구를 자를 때, 반구에 나타나는 단면의 평면 α 위로의 정사영의 넓이는 $\sqrt{2}(a+b\pi)$이다. $a+b$의 값을 구하시오. (단, a, b는 자연수이다.) (4점)

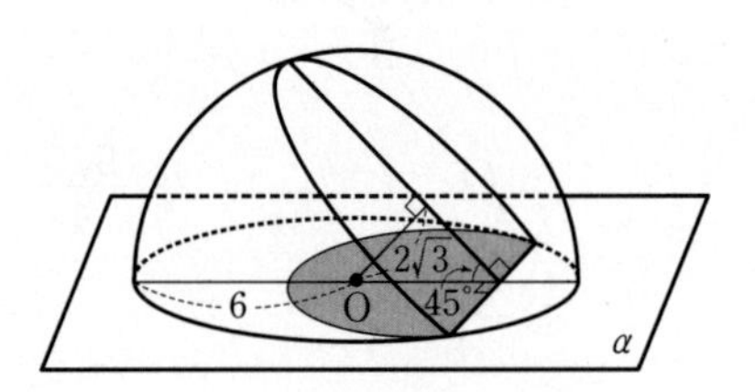

정답과 해설 057 p.271 | 058 p.272 | 059 p.272

060 ★★☆ 2015년 10월학평 B형 19번

그림과 같이 한 변의 길이가 2인 정팔면체 ABCDEF가 있다. 두 삼각형 ABC, CBF의 평면 BEF 위로의 정사영의 넓이를 각각 S_1, S_2라 할 때, S_1+S_2의 값은? (4점)

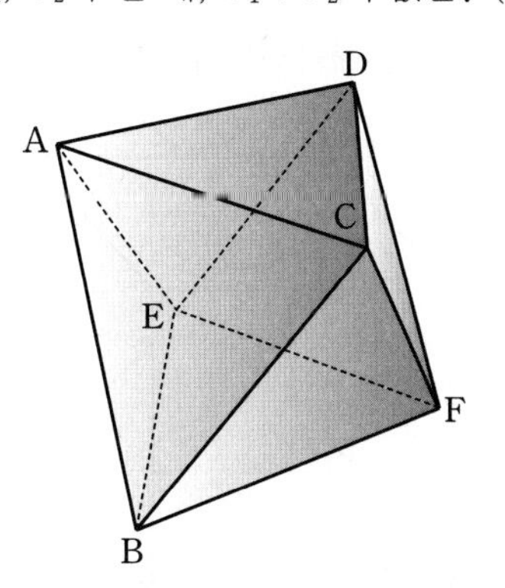

① $\frac{2\sqrt{3}}{3}$　② $\sqrt{3}$　③ $\frac{4\sqrt{3}}{3}$
④ $\frac{5\sqrt{3}}{3}$　⑤ $2\sqrt{3}$

061 ★★☆ 2024학년도 수능 기하 26번

좌표공간에 평면 α가 있다. 평면 α 위에 있지 않은 서로 다른 두 점 A, B의 평면 α 위로의 정사영을 각각 A′, B′이라 할 때,

$$\overline{AB}=\overline{A'B'}=6$$

이다. 선분 AB의 중점 M의 평면 α 위로의 정사영을 M′이라 할 때,

$$\overline{PM'}\perp\overline{A'B'},\ \overline{PM'}=6$$

이 되도록 평면 α 위에 점 P를 잡는다.

삼각형 A′B′P의 평면 ABP 위로의 정사영의 넓이가 $\frac{9}{2}$일 때, 선분 PM의 길이는? (3점)

① 12　② 15　③ 18
④ 21　⑤ 24

DAY 20
Ⅲ
1. 공간도형

062 ★★★ 2019년 7월학평 가형 19번

그림과 같이 $\overline{AB}=\overline{AD}$이고 $\overline{AE}=\sqrt{15}$인 직육면체 ABCD−EFGH가 있다. 선분 BC 위의 점 P와 선분 EF 위의 점 Q에 대하여 삼각형 PHQ의 평면 EFGH 위로의 정사영은 한 변의 길이가 4인 정삼각형이다. 삼각형 EQH의 평면 PHQ 위로의 정사영의 넓이는? (4점)

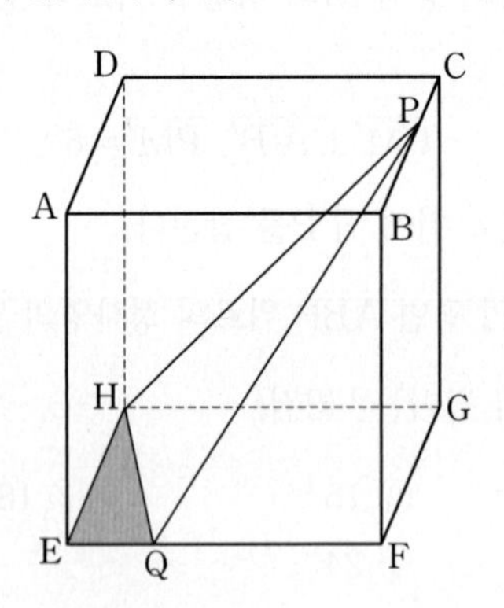

① $\frac{1}{3}$ ② $\frac{2}{3}$ ③ 1

④ $\frac{4}{3}$ ⑤ $\frac{5}{3}$

063 ★★☆ 2007년 10월학평 가형 7번

그림과 같이 한 모서리의 길이가 4인 정육면체 ABCD−EFGH의 내부에 밑면의 반지름의 길이가 1인 원기둥이 있다. 원기둥의 밑면의 중심은 두 정사각형 ABCD, EFGH의 두 대각선의 교점과 각각 일치한다.

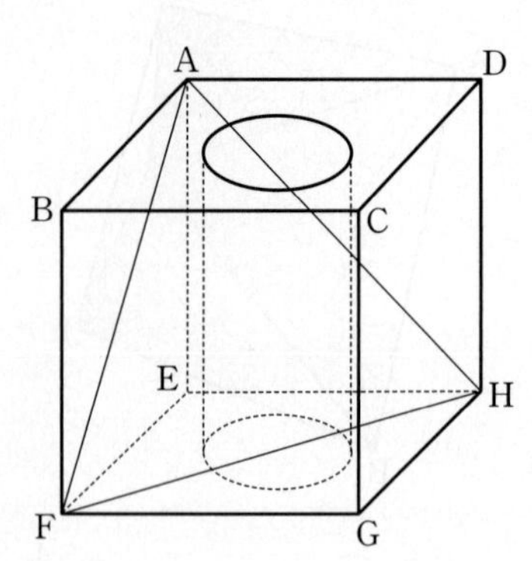

이 원기둥이 세 점 A, F, H를 지나는 평면에 의하여 잘린 단면의 넓이는? (4점)

① $\frac{3\sqrt{3}}{2}\pi$ ② $\sqrt{2}\pi$ ③ $\frac{\sqrt{3}}{2}\pi$

④ $\frac{\sqrt{6}}{3}\pi$ ⑤ $\frac{\sqrt{2}}{2}\pi$

정답과 해설 062 p.274 063 p.275

064 ★★★ 2023년 7월학평 기하 30번

공간에 중심이 O이고 반지름의 길이가 4인 구가 있다.
구 위의 서로 다른 세 점 A, B, C가

$$\overline{AB}=8,\ \overline{BC}=2\sqrt{2}$$

를 만족시킨다. 평면 ABC 위에 있지 않은 구 위의 점 D에서 평면 ABC에 내린 수선의 발을 H라 할 때, 점 D가 다음 조건을 만족시킨다.

> (가) 두 직선 OC, OD가 서로 수직이다.
> (나) 두 직선 AD, OH가 서로 수직이다.

삼각형 DAH의 평면 DOC 위로의 정사영의 넓이를 S라 할 때, $8S$의 값을 구하시오. (단, 점 H는 점 O가 아니다.) (4점)

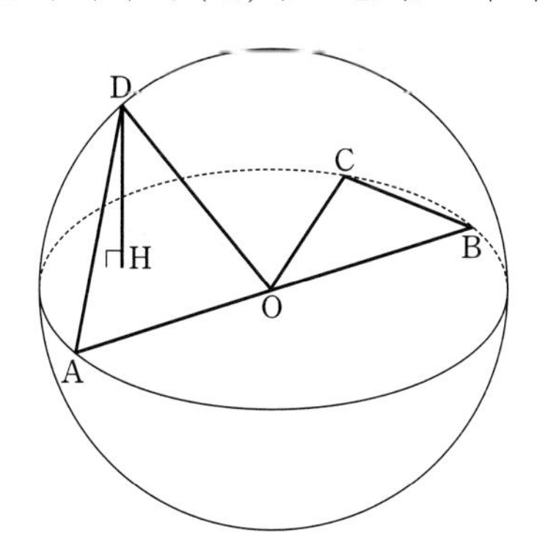

065 ★★☆ 2003년 10월학평 자연계 9번

밑면의 지름의 길이가 6 cm, 높이가 10 cm인 원기둥 모양의 컵에 높이가 6 cm만큼 물이 채워져 있다. 이 컵의 물이 쏟아지기 직전까지 컵을 최대로 기울였을 때, 수면의 넓이는 몇 cm^2인가? (3점)

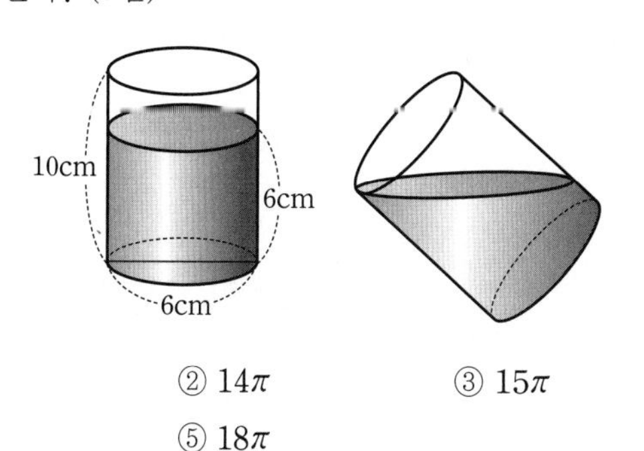

① 12π ② 14π ③ 15π
④ 16π ⑤ 18π

이 문항은 7차 교육과정 이전에 출제되었지만 다시 출제될 수 있는 기본적인 문제로 개념을 익히는 데 도움이 됩니다.

066 ★★★ 2014년 7월학평 B형 30번

한 변의 길이가 4인 정육면체 ABCD−EFGH와 밑면의 반지름의 길이가 $\sqrt{2}$이고 높이가 2인 원기둥이 있다. 그림과 같이 이 원기둥의 밑면이 평면 ABCD에 포함되고 사각형 ABCD의 두 대각선의 교점과 원기둥의 밑면의 중심이 일치하도록 하였다. 평면 ABCD에 포함되어 있는 원기둥의 밑면을 α, 다른 밑면을 β라 하자. 평면 AEGC가 밑면 α와 만나서 생기는 선분을 $\overline{MN}$, 평면 BFHD가 밑면 β와 만나서 생기는 선분을 $\overline{PQ}$라 할 때, 삼각형 MPQ의 평면 DEG 위로의 정사영의 넓이는 $\frac{b}{a}\sqrt{3}$이다. a^2+b^2의 값을 구하시오.
(단, a, b는 서로소인 자연수이다.) (4점)

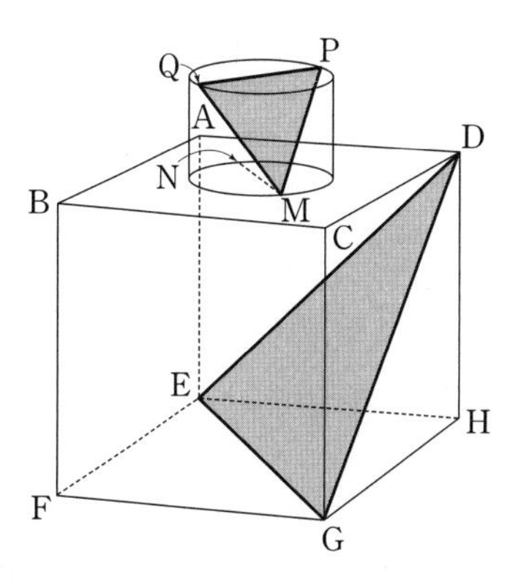

정답과 해설 064 p.276 | 065 p.277 | 066 p.277

067 ★★★ 2012학년도 9월모평 가형 29번

그림과 같이 평면 α 위에 점 A가 있고, α로부터의 거리가 각각 1, 3인 두 점 B, C가 있다. 선분 AC를 1 : 2로 내분하는 점 P에 대하여 $\overline{BP}=4$이다. 삼각형 ABC의 넓이가 9일 때, 삼각형 ABC의 평면 α 위로의 정사영의 넓이를 S라 하자. S^2의 값을 구하시오. (4점)

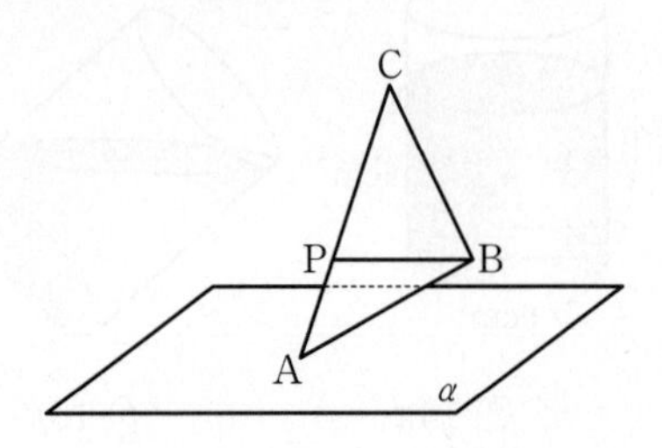

068 ★★★ 2021년 7월학평 기하 27번

그림과 같이 평면 α 위에 있는 서로 다른 두 점 A, B와 평면 α 위에 있지 않은 서로 다른 네 점 C, D, E, F가 있다. 사각형 ABCD는 한 변의 길이가 6인 정사각형이고 사각형 ABEF는 $\overline{AF}=12$인 직사각형이다.
정사각형 ABCD의 평면 α 위로의 정사영의 넓이는 18이고, 점 F의 평면 α 위로의 정사영을 H라 하면 $\overline{FH}=6$이다.
정사각형 ABCD의 평면 ABEF 위로의 정사영의 넓이는?

$\left(\text{단, } 0<\angle\text{DAF}<\frac{\pi}{2}\right)$ (3점)

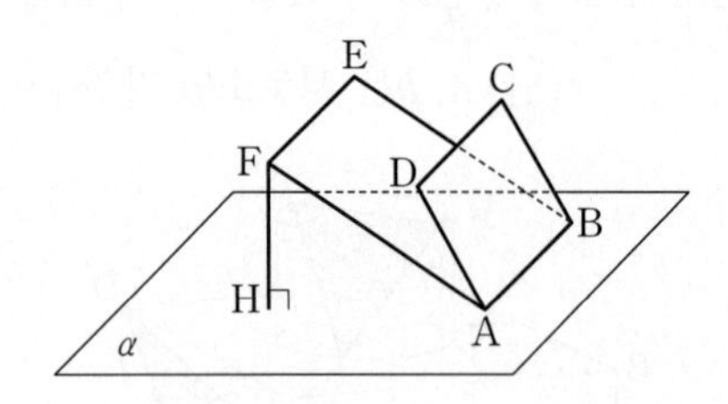

① $12\sqrt{3}$　② $15\sqrt{2}$　③ $18\sqrt{2}$
④ $15\sqrt{3}$　⑤ $18\sqrt{3}$

유형 06 정사영을 이용한 이면각의 크기

동영상강의

249-3-1-Y06

출제경향

정사영의 길이 또는 넓이를 이용하여 이면각의 크기에 대한 코사인 값을 구하는 문제가 출제된다.

접근방법

문제의 조건에 따라 평면 α 위의 도형의 넓이 S와 이 도형의 평면 β 위로의 정사영의 넓이 S'을 이용하여 두 평면 α, β의 이면각의 크기에 대한 코사인 값을 구한다.

069 ★★☆ 2006년 10월학평 가형 7번

그림과 같이 $\overline{AB}=\overline{BF}=1$, $\overline{AD}=2$인 직육면체 ABCD−EFGH에서 대각선 AG가 세 면 ABCD, BFGC, ABFE와 이루는 각의 크기를 각각 α, β, γ라고 할 때, $\cos^2\alpha+\cos^2\beta+\cos^2\gamma$의 값은? (3점)

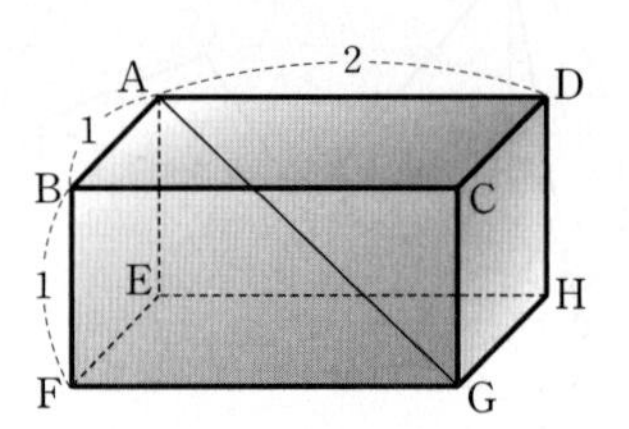

① $\frac{3}{2}$　② $\frac{5}{3}$　③ 2
④ $\frac{7}{3}$　⑤ $\frac{5}{2}$

정답과 해설 067 p.278 | 068 p.279 | 069 p.280

070 ★★☆ 2022년 7월학평 기하 27번

공간에서 수직으로 만나는 두 평면 α, β의 교선 위에 두 점 A, B가 있다. 평면 α 위에 $\overline{AC}=2\sqrt{29}$, $\overline{BC}=6$인 점 C와 평면 β 위에 $\overline{AD}=\overline{BD}=6$인 점 D가 있다. $\angle ABC=\frac{\pi}{2}$일 때, 직선 CD와 평면 α가 이루는 예각의 크기를 θ라 하자. $\cos\theta$의 값은? (3점)

① $\frac{\sqrt{3}}{2}$ ② $\frac{\sqrt{7}}{3}$ ③ $\frac{\sqrt{29}}{6}$

④ $\frac{\sqrt{30}}{6}$ ⑤ $\frac{\sqrt{31}}{6}$

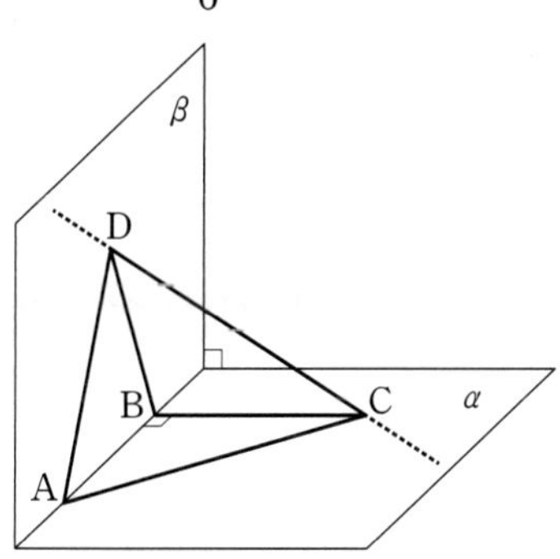

071 ★★☆ 2016년 10월학평 가형 27번

그림과 같이 평면 α 위에 넓이가 27인 삼각형 ABC가 있고, 평면 β 위에 넓이가 35인 삼각형 ABD가 있다. 선분 BC를 1 : 2로 내분하는 점을 P라 하고 선분 AP를 2 : 1로 내분하는 점을 Q라 하자. 점 D에서 평면 α에 내린 수선의 발을 H라 하면 점 Q는 선분 BH의 중점이다. 두 평면 α, β가 이루는 각을 θ라 할 때, $\cos\theta=\frac{q}{p}$이다. $p+q$의 값을 구하시오. (단, p와 q는 서로소인 자연수이다.) (4점)

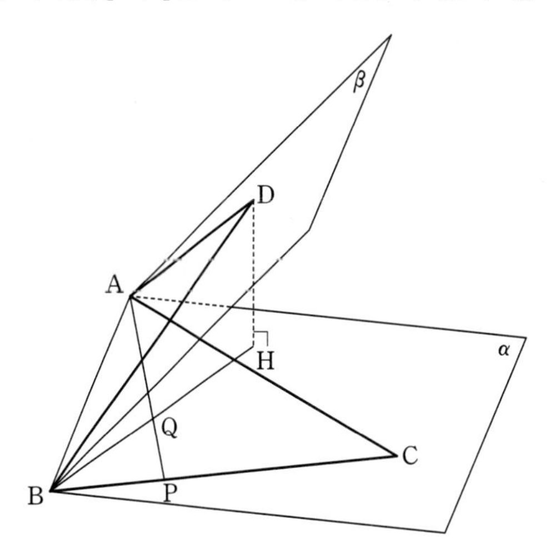

072 ★★☆ 2004학년도 수능 자연계 7번

오른쪽 그림과 같이 정육면체 위에 정사각뿔을 올려놓은 도형이 있다. 이 도형의 모든 모서리의 길이가 2이고, 면 PAB와 면 AEFB가 이루는 각의 크기가 θ일 때, $\cos\theta$의 값은? $\left(단,\ \frac{\pi}{2}<\theta<\pi\right)$ (3점)

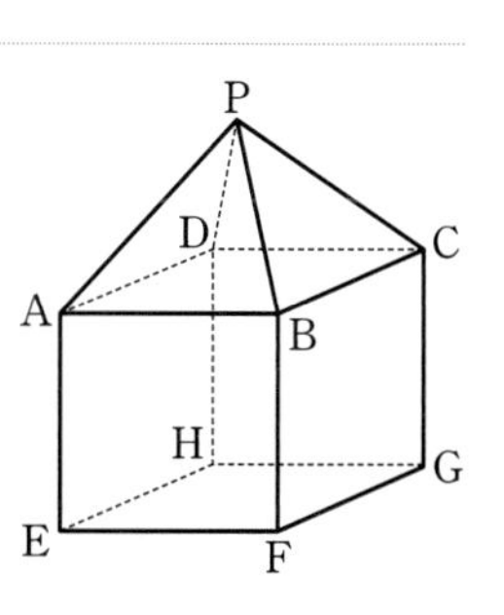

① $-\frac{\sqrt{6}}{3}$ ② $-\frac{\sqrt{3}}{3}$ ③ $-\frac{1}{3}$

④ $-\frac{\sqrt{3}}{2}$ ⑤ $-\frac{\sqrt{2}}{2}$

이 문항은 7차 교육과정 이전에 출제되었지만 최근 출제 경향에 맞는 문제입니다.

정답과 해설 070 p.281 | 071 p.281 | 072 p.282

073 ★★☆ 2005학년도 사관학교 이과 22번

오른쪽 그림과 같이 밑면은 한 변의 길이가 5인 정사각형이고 높이는 2인 직육면체 ABCD−EFGH가 있다. 직육면체의 면 위에 점 E에서부터 두 모서리 AB와 BC를 지나고 점 G에 이르는 최단거리의 선을 그어 모서리 AB와 만나는 점을 P, 모서리 BC와 만나는 점을 Q라 하자. 평면 EPQG와 평면 EFGH가 이루는 이면각의 크기를 θ라 할 때, $\cos\theta$의 값은? (4점)

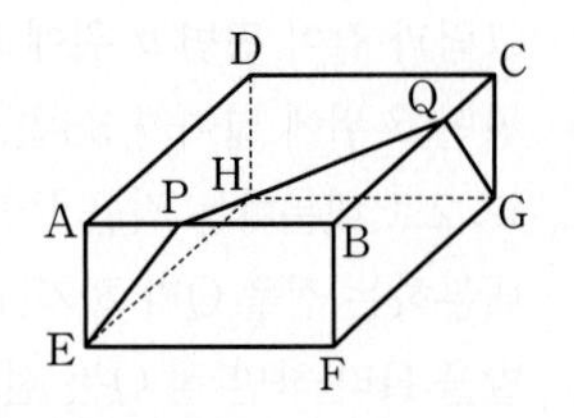

① $\frac{\sqrt{2}}{2}$　② $\frac{\sqrt{3}}{3}$　③ $\frac{1}{2}$

④ $\frac{\sqrt{5}}{5}$　⑤ $\frac{\sqrt{6}}{6}$

074 ★★★ 2012년 7월학평 가형 21번

그림과 같이 정사면체 ABCD의 모서리 CD를 $3:1$로 내분하는 점을 P라 하자. 삼각형 ABP와 삼각형 BCD가 이루는 각의 크기를 θ라 할 때, $\cos\theta$의 값은?

$\left(\text{단, } 0<\theta<\frac{\pi}{2}\right)$ (4점)

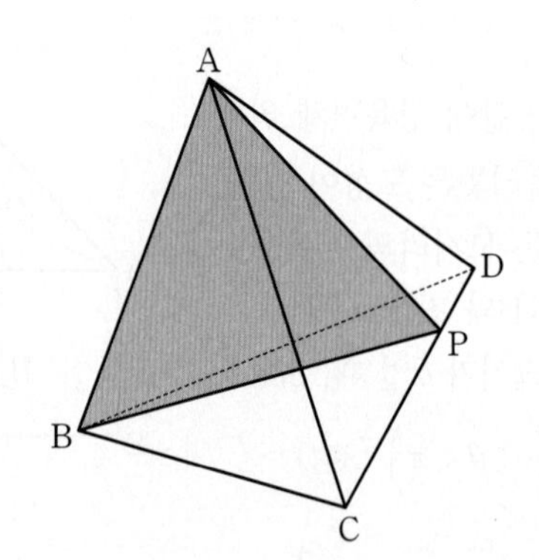

① $\frac{\sqrt{3}}{6}$　② $\frac{\sqrt{3}}{9}$　③ $\frac{\sqrt{3}}{12}$

④ $\frac{\sqrt{3}}{15}$　⑤ $\frac{\sqrt{3}}{18}$

075 ★★★ 2014학년도 수능예비시행 B형 30번

반지름의 길이가 2인 구의 중심 O를 지나는 평면을 α라 하고, 평면 α와 이루는 각이 45°인 평면을 β라 하자. 평면 α와 구가 만나서 생기는 원을 C_1, 평면 β와 구가 만나서 생기는 원을 C_2라 하자. 원 C_2의 중심 A와 평면 α 사이의 거리가 $\frac{\sqrt{6}}{2}$일 때, 그림과 같이 다음 조건을 만족하도록 원 C_1 위에 점 P, 원 C_2 위에 두 점 Q, R를 잡는다.

> (가) $\angle QAR=90°$
> (나) 직선 OP와 직선 AQ는 서로 평행하다.

평면 PQR와 평면 AQPO가 이루는 각을 θ라 할 때, $\cos^2\theta=\frac{q}{p}$이다. $p+q$의 값을 구하시오.

(단, p와 q는 서로소인 자연수이다.) (4점)

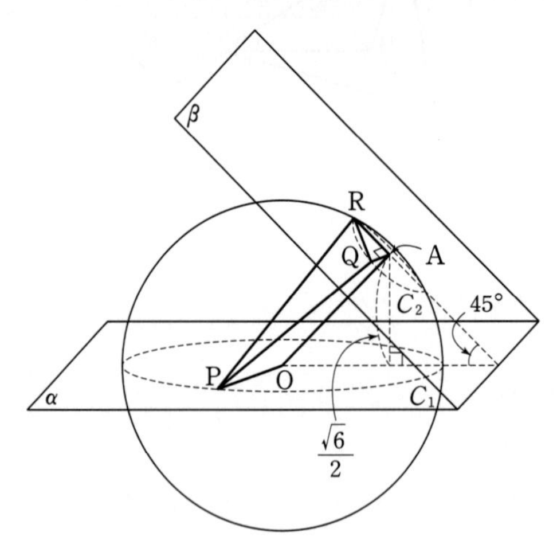

정답과 해설 073 p.282 | 074 p.283 | 075 p.283

076 ★★★ 2013학년도 수능 가형 28번

그림과 같이 $\overline{AB}=9$, $\overline{AD}=3$인 직사각형 ABCD 모양의 종이가 있다. 선분 AB 위의 점 E와 선분 DC 위의 점 F를 연결하는 선을 접는 선으로 하여, 점 B의 평면 AEFD 위로의 정사영이 점 D가 되도록 종이를 접었다. $\overline{AE}=3$일 때, 두 평면 AEFD와 EFCB가 이루는 각의 크기가 θ이다. $60\cos\theta$의 값을 구하시오.

$\left(\text{단, } 0<\theta<\frac{\pi}{2}\text{이고, 종이의 두께는 고려하지 않는다.}\right)$ (4점)

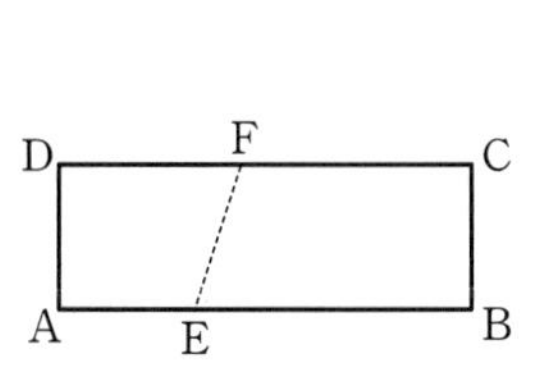

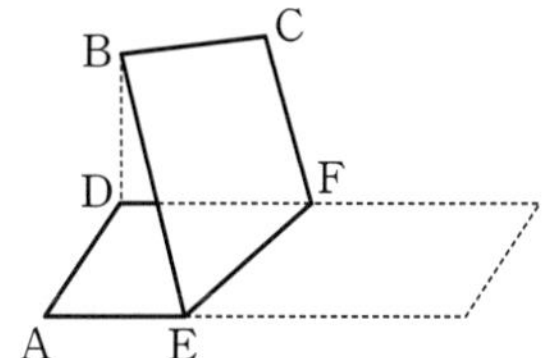

유형 07 정사영의 넓이의 활용 – 그림자의 넓이

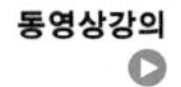

249-3-1-Y07

출제경향

빛을 비출 때 생기는 그림자의 넓이를 구하는 문제가 출제된다.

접근방법

빛을 수직으로 비추는지 비스듬히 비추는지에 따라 다르게 접근하여 문제를 해결한다.

077 ★★☆ 2001년 10월학평 자연계 26번

그림과 같이 검은 종이로 만든 정사면체 ABCD에 면 ABC와 수직인 방향으로 빛을 비추고 있다. 빛이 밑면 BCD의 위에만 비치도록 면 ABC에 정사각형 모양의 구멍을 뚫었다. 이 정사각형의 한 변의 길이가 2일 때, 빛이 비추어져 밑면에 생긴 부분의 넓이를 구하시오. (2점)

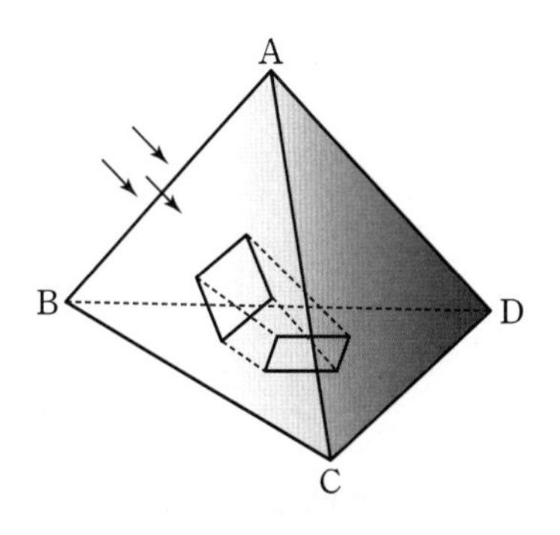

이 문항은 7차 교육과정 이전에 출제되었지만 다시 출제될 가능성이 있어 수록하였습니다.

078 ★★☆ 2013년 7월학평 B형 13번

반지름의 길이가 1, 중심이 O인 원을 밑면으로 하고 높이가 $2\sqrt{2}$인 원뿔이 평면 α 위에 놓여 있다. 그림과 같이 태양광선이 평면 α에 수직인 방향으로 비출 때, 원뿔의 밑면에 의해 평면 α에 생기는 그림자의 넓이는?

(단, 원뿔의 한 모선이 평면 α에 포함된다.) (3점)

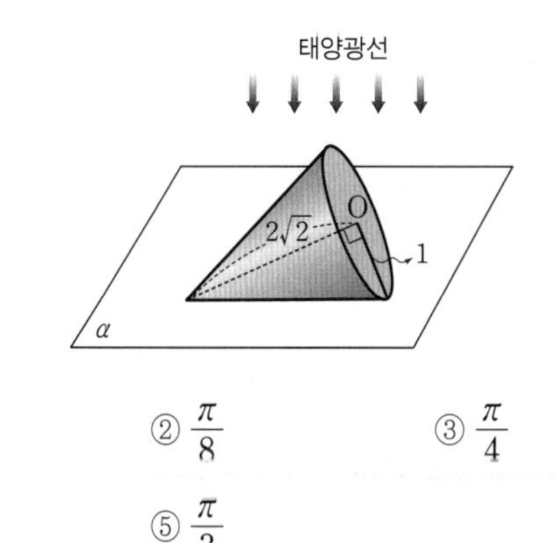

① $\frac{\pi}{12}$ ② $\frac{\pi}{8}$ ③ $\frac{\pi}{4}$

④ $\frac{7}{24}\pi$ ⑤ $\frac{\pi}{3}$

079 ★★☆ 2009학년도 9월모평 가형 25번

그림과 같이 태양광선이 지면과 60°의 각을 이루면서 비추고 있다. 한 변의 길이가 4인 정사각형의 중앙에 반지름의 길이가 1인 원 모양의 구멍이 뚫려 있는 판이 있다. 이 판은 지면과 수직으로 서 있고 태양광선과 30°의 각을 이루고 있다. 판의 밑변을 지면에 고정하고 판을 그림자 쪽으로 기울일 때 생기는 그림자의 최대 넓이를 S라 하자. S의 값을 $\frac{\sqrt{3}(a+b\pi)}{3}$라 할 때, $a+b$의 값을 구하시오.

(단, a, b는 정수이고 판의 두께는 무시한다.) (4점)

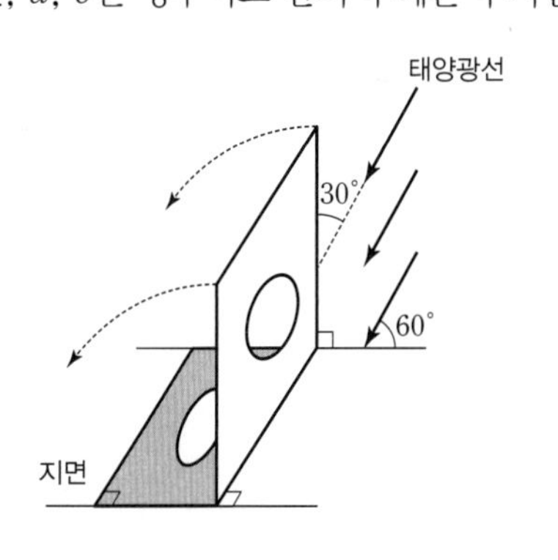

080 ★★★ 2007학년도 9월모평 가형 25번

서로 수직인 두 평면 α, β의 교선을 l이라 하자. 반지름의 길이가 6인 원판이 두 평면 α, β와 각각 한 점에서 만나고 교선 l에 평행하게 놓여 있다. 태양광선이 평면 α와 30°의 각을 이루면서 원판의 면에 수직으로 비출 때, 그림과 같이 평면 β에 나타나는 원판의 그림자의 넓이를 S라 하자. S의 값을 $a+b\sqrt{3}\pi$라 할 때, $a+b$의 값을 구하시오.

(단, a, b는 자연수이고 원판의 두께는 무시한다.) (4점)

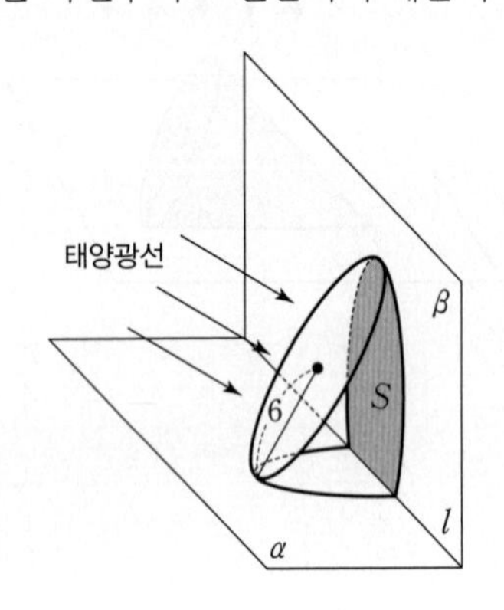

081 ★★☆ 2011학년도 수능 가형 11번

그림과 같이 중심 사이의 거리가 $\sqrt{3}$이고 반지름의 길이가 1인 두 원판과 평면 α가 있다. 각 원판의 중심을 지나는 직선 l은 두 원판의 면과 각각 수직이고, 평면 α와 이루는 각의 크기가 60°이다. 태양광선이 그림과 같이 평면 α에 수직인 방향으로 비출 때, 두 원판에 의해 평면 α에 생기는 그림자의 넓이는? (단, 원판의 두께는 무시한다.) (4점)

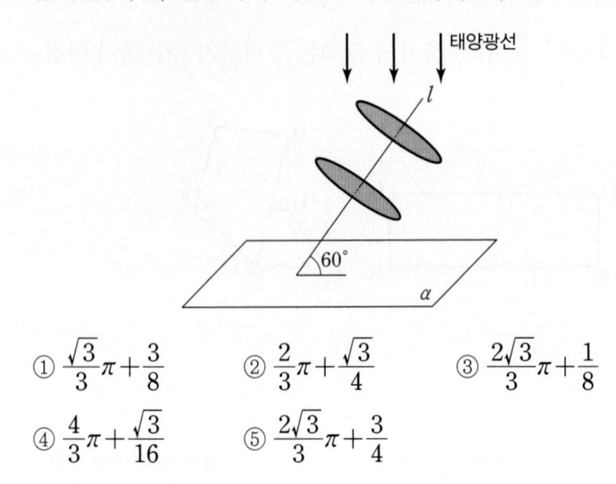

① $\dfrac{\sqrt{3}}{3}\pi+\dfrac{3}{8}$　② $\dfrac{2}{3}\pi+\dfrac{\sqrt{3}}{4}$　③ $\dfrac{2\sqrt{3}}{3}\pi+\dfrac{1}{8}$　④ $\dfrac{4}{3}\pi+\dfrac{\sqrt{3}}{16}$　⑤ $\dfrac{2\sqrt{3}}{3}\pi+\dfrac{3}{4}$

정답과 해설 080 p.288 081 p.288

082 ★★☆ 2007학년도 사관학교 이과 22번

그림과 같이 반지름의 길이가 6인 반구가 평평한 지면 위에 떠 있다. 반구의 밑면이 지면과 평행하고 태양광선이 지면과 60°의 각을 이룰 때, 지면에 나타나는 반구의 그림자의 넓이는? (단, 태양광선은 평행하게 비춘다.) (4점)

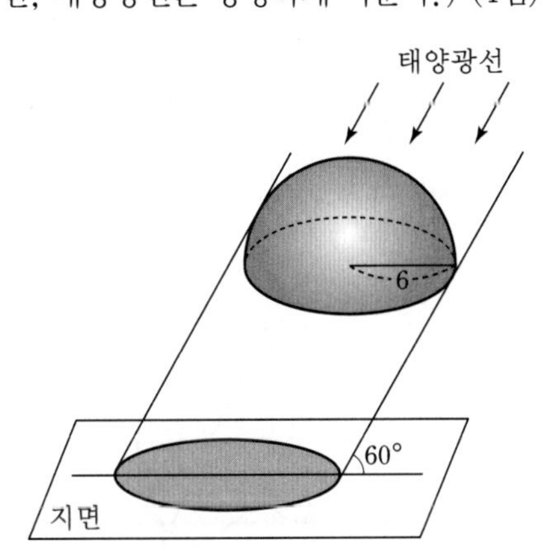

① $6(3+\sqrt{3})\pi$ ② $6(3+2\sqrt{3})\pi$ ③ $8(2+\sqrt{3})\pi$
④ $8(1+2\sqrt{3})\pi$ ⑤ $8(2+3\sqrt{3})\pi$

1등급에 도전하는

최고난도 문제

문제 풀이 동영상 강의

083 ★★★★ 2022학년도 9월모평 기하 29번

그림과 같이 한 변의 길이가 8인 정사각형 ABCD에 두 선분 AB, CD를 각각 지름으로 하는 두 반원이 붙어 있는 모양의 종이가 있다. 반원의 호 AB의 삼등분점 중 점 B에 가까운 점을 P라 하고, 반원의 호 CD를 이등분하는 점을 Q라 하자. 이 종이에서 두 선분 AB와 CD를 접는 선으로 하여 두 반원을 접어 올렸을 때 두 점 P, Q에서 평면 ABCD에 내린 수선의 발을 각각 G, H라 하면 두 점 G, H는 정사각형 ABCD의 내부에 놓여 있고, $\overline{PG}=\sqrt{3}$, $\overline{QH}=2\sqrt{3}$이다. 두 평면 PCQ와 ABCD가 이루는 각의 크기가 θ일 때, $70\times\cos^2\theta$의 값을 구하시오.

(단, 종이의 두께는 고려하지 않는다.) (4점)

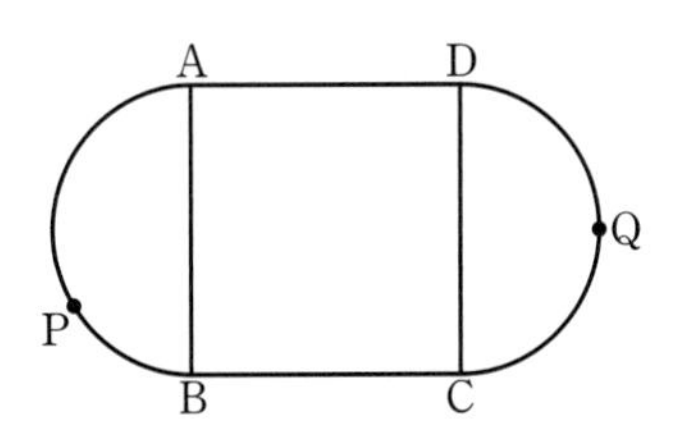

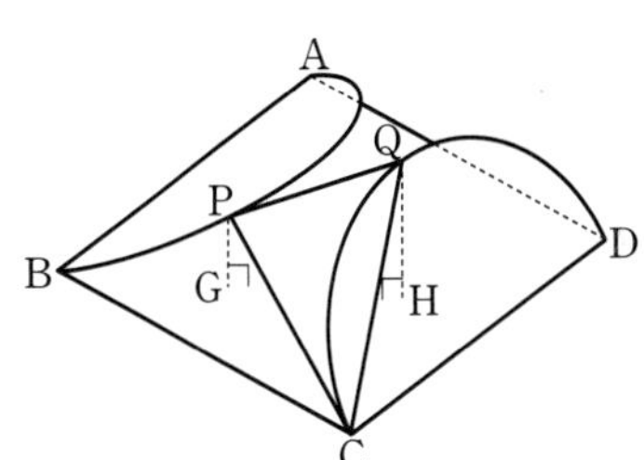

084 ★★★★ 2017학년도 9월모평 가형 29번

그림과 같이 직선 l을 교선으로 하고 이루는 각의 크기가 $\frac{\pi}{4}$ 인 두 평면 α와 β가 있고, 평면 α 위의 점 A와 평면 β 위의 점 B가 있다. 두 점 A, B에서 직선 l에 내린 수선의 발을 각각 C, D라 하자. $\overline{\text{AB}}=2$, $\overline{\text{AD}}=\sqrt{3}$이고 직선 AB와 평면 β가 이루는 각의 크기가 $\frac{\pi}{6}$일 때, 사면체 ABCD의 부피는 $a+b\sqrt{2}$이다. $36(a+b)$의 값을 구하시오.

(단, a, b는 유리수이다.) (4점)

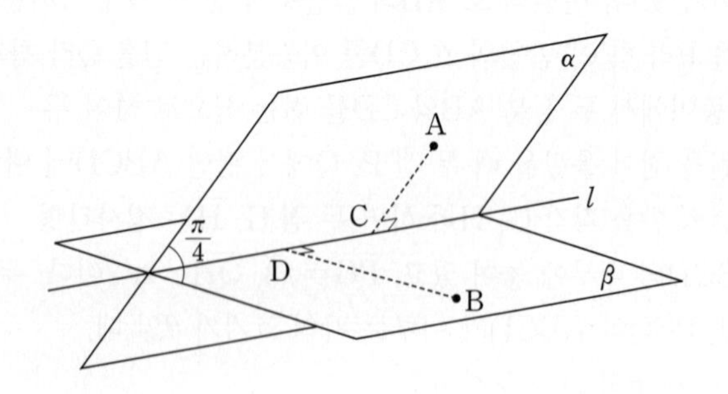

085 ★★★★ 2018년 10월학평 가형 29번

그림과 같이 평면 α 위에 중심이 점 A이고 반지름의 길이가 $\sqrt{3}$인 원 C가 있다. 점 A를 지나고 평면 α에 수직인 직선 위의 점 B에 대하여 $\overline{\text{AB}}=3$이다. 원 C 위의 점 P에 대하여 원 D가 다음 조건을 만족시킨다.

> (가) 선분 BP는 원 D의 지름이다.
> (나) 점 A에서 원 D를 포함하는 평면에 내린 수선의 발 H는 선분 BP 위에 있다.

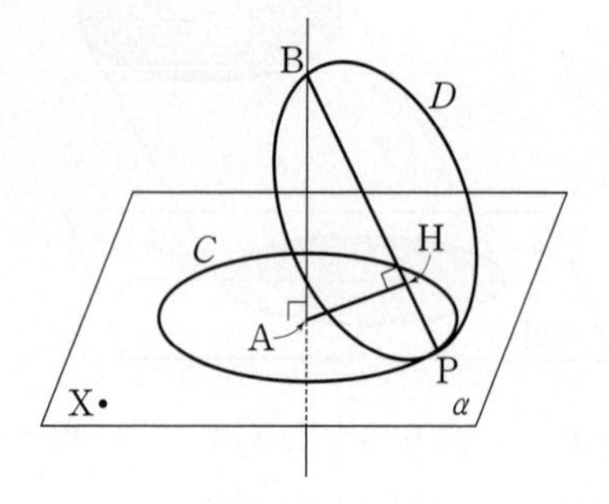

평면 α 위에 $\overline{\text{AX}}=5$인 점 X가 있다. 점 P가 원 C 위를 움직일 때, 원 D 위의 점 Q에 대하여 선분 XQ의 길이의 최댓값은 $m+\sqrt{n}$이다. $m+n$의 값을 구하시오.

(단, m, n은 자연수이다.) (4점)

정답과 해설 084 p.290 | 085 p.292

086 ★★★★ 2009년 10월학평 가형 24번

평면 π에 수직인 직선 l을 경계로 하는 세 반평면 α, β, γ가 있다. α, β가 이루는 각의 크기와 β, γ가 이루는 각의 크기는 모두 120°이다. 그림과 같이 반지름의 길이가 1인 구가 π, α, β에 동시에 접하고, 반지름의 길이가 2인 구가 π, β, γ에 동시에 접한다.

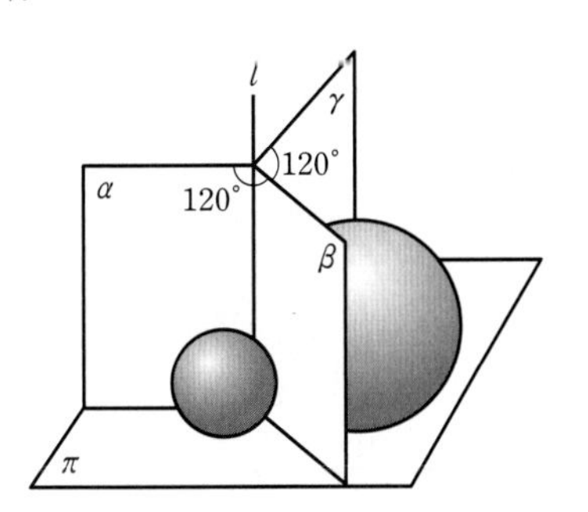

두 구의 중심 사이의 거리를 d라 할 때, $3d^2$의 값을 구하시오. (단, 두 구는 평면 π의 같은 쪽에 있다.) (4점)

087 ★★★★ 2024학년도 수능 기하 28번

그림과 같이 서로 다른 두 평면 α, β의 교선 위에 $\overline{AB}=18$인 두 점 A, B가 있다. 선분 AB를 지름으로 하는 원 C_1이 평면 α 위에 있고, 선분 AB를 장축으로 하고 두 점 F, F′을 초점으로 하는 타원 C_2가 평면 β 위에 있다. 원 C_1 위의 한 점 P에서 평면 β에 내린 수선의 발을 H라 할 때, $\overline{HF'}<\overline{HF}$이고 $\angle HFF'=\frac{\pi}{6}$이다. 직선 HF와 타원 C_2가 만나는 점 중 점 H와 가까운 점을 Q라 하면, $\overline{FH}<\overline{FQ}$이다. 점 H를 중심으로 하고 점 Q를 지나는 평면 β 위의 원은 반지름의 길이가 4이고 직선 AB에 접한다. 두 평면 α, β가 이루는 각의 크기를 θ라 할 때, $\cos\theta$의 값은?

(단, 점 P는 평면 β 위에 있지 않다.) (4점)

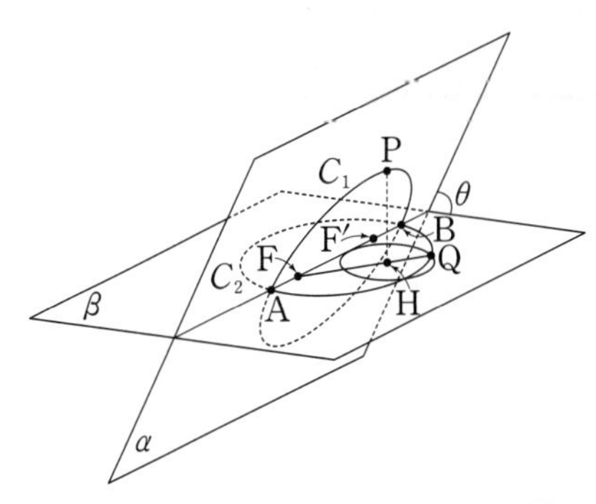

① $\frac{2\sqrt{66}}{33}$ ② $\frac{4\sqrt{69}}{69}$ ③ $\frac{\sqrt{2}}{3}$ ④ $\frac{4\sqrt{3}}{15}$ ⑤ $\frac{2\sqrt{78}}{39}$

088 ★★★★ 2021년 10월학평 기하 30번

한 변의 길이가 4인 정삼각형 ABC를 한 면으로 하는 사면체 ABCD의 꼭짓점 A에서 평면 BCD에 내린 수선의 발을 H라 할 때, 점 H는 삼각형 BCD의 내부에 놓여 있다. 직선 DH가 선분 BC와 만나는 점을 E라 할 때, 점 E가 다음 조건을 만족시킨다.

(가) $\angle AEH = \angle DAH$
(나) 점 E는 선분 CD를 지름으로 하는 원 위의 점이고 $\overline{DE}=4$이다.

삼각형 AHD의 평면 ABD 위로의 정사영의 넓이는 $\frac{q}{p}$이다. $p+q$의 값을 구하시오.

(단, p와 q는 서로소인 자연수이다.) (4점)

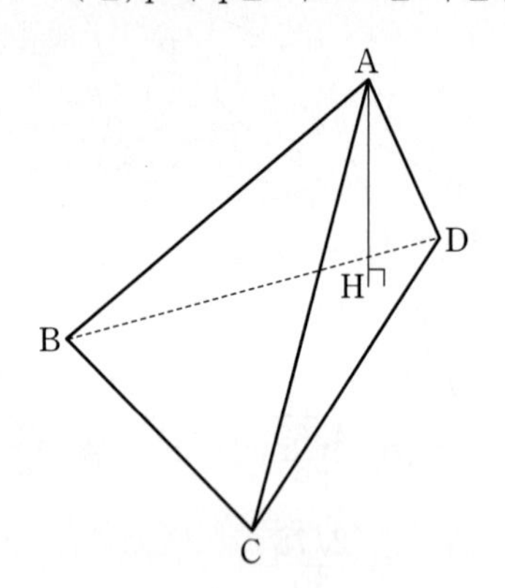

089 ★★★★ 2015년 7월학평 B형 30번

그림과 같이 평면 α 위에 $\angle A=\frac{\pi}{2}$, $\overline{AB}=\overline{AC}=2\sqrt{3}$인 삼각형 ABC가 있다. 중심이 점 O이고 반지름의 길이가 2인 구가 평면 α와 점 A에서 접한다. 세 직선 OA, OB, OC와 구의 교점 중 평면 α까지의 거리가 2보다 큰 점을 각각 D, E, F라 하자. 삼각형 DEF의 평면 OBC 위로의 정사영의 넓이를 S라 할 때, $100S^2$의 값을 구하시오. (4점)

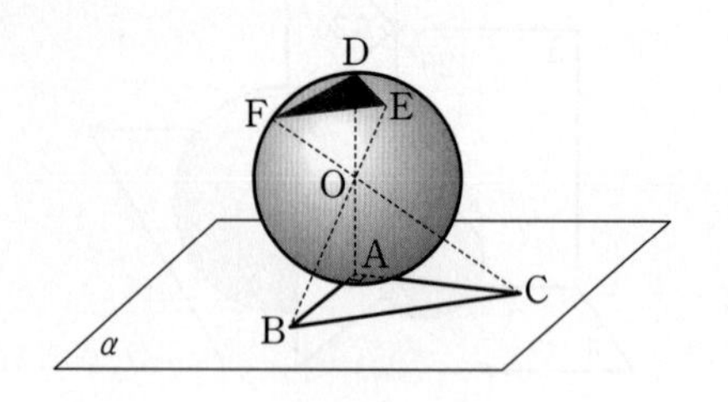

정답과 해설 088 p.294 089 p.295

090 ★★★★ 2022년 10월학평 기하 30번

그림과 같이 한 변의 길이가 4인 정삼각형을 밑면으로 하고 높이가 $4+2\sqrt{3}$인 정삼각기둥 ABC−DEF와 $\overline{DG}=4$인 선분 AD 위의 점 G가 있다. 점 H가 다음 조건을 만족시킨다.

> (가) 삼각형 CGH의 평면 ADEB 위로의 정사영은 정삼각형이다.
> (나) 삼각형 CGH의 평면 DEF 위로의 정사영의 내부와 삼각형 DEF의 내부의 공통부분의 넓이는 $2\sqrt{3}$이다.

삼각형 CGH의 평면 ADFC 위로의 정사영의 넓이를 S라 할 때, S^2의 값을 구하시오. (4점)

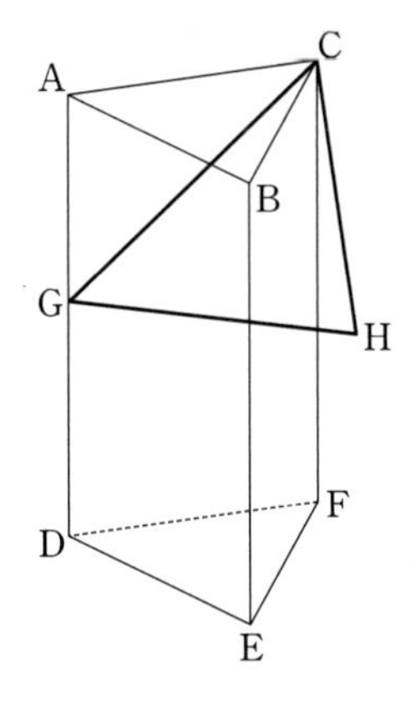

091 ★★★★ 2022년 7월학평 기하 30번

공간에서 중심이 O이고 반지름의 길이가 4인 구와 점 O를 지나는 평면 α가 있다. 평면 α와 구가 만나서 생기는 원 위의 서로 다른 세 점 A, B, C에 대하여 두 직선 OA, BC가 서로 수직일 때, 구 위의 점 P가 다음 조건을 만족시킨다.

> (가) $\angle PAO=\frac{\pi}{3}$
> (나) 점 P의 평면 α 위로의 정사영은 선분 OA 위에 있다.

$\cos(\angle PAB)=\frac{\sqrt{10}}{8}$일 때, 삼각형 PAB의 평면 PAC 위로의 정사영의 넓이를 S라 하자. $30\times S^2$의 값을 구하시오.

$\left(단, 0<\angle BAC<\frac{\pi}{2}\right)$ (4점)

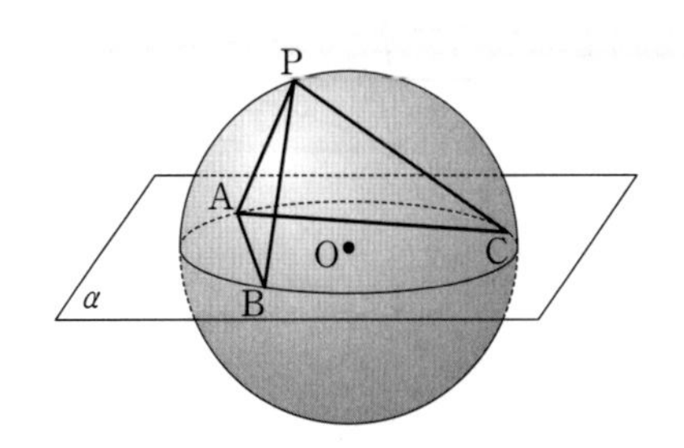

092 ★★★★ 2023학년도 수능 기하 30번

좌표공간에 정사면체 ABCD가 있다. 정삼각형 BCD의 외심을 중심으로 하고 점 B를 지나는 구를 S라 하자. 구 S와 선분 AB가 만나는 점 중 B가 아닌 점을 P, 구 S와 선분 AC가 만나는 점 중 C가 아닌 점을 Q, 구 S와 선분 AD가 만나는 점 중 D가 아닌 점을 R라 하고, 점 P에서 구 S에 접하는 평면을 α라 하자.

구 S의 반지름의 길이가 6일 때, 삼각형 PQR의 평면 α 위로의 정사영의 넓이는 k이다. k^2의 값을 구하시오. (4점)

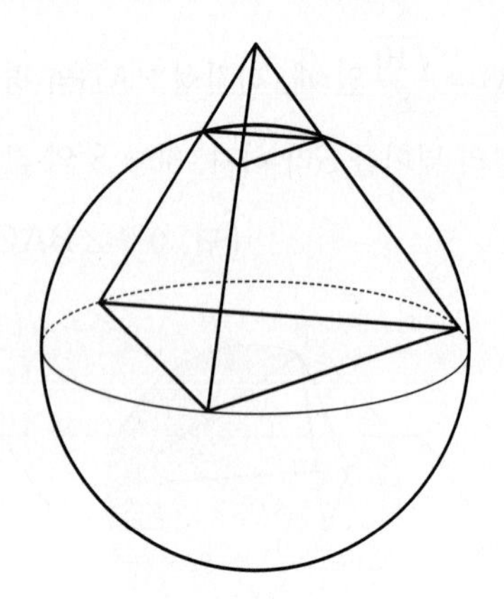

093 ★★★★ 2016학년도 사관학교 B형 20번

한 변의 길이가 8인 정사각형을 밑면으로 하고 높이가 $4+4\sqrt{3}$인 직육면체 ABCD−EFGH가 있다. 그림과 같이 이 직육면체의 바닥에 $\angle \mathrm{EPF}=90°$인 삼각기둥 EFP−HGQ가 놓여 있고 그 위에 구를 삼각기둥과 한 점에서 만나도록 올려놓았더니 이 구가 밑면 ABCD와 직육면체의 네 옆면에 모두 접하였다. 태양광선이 밑면과 수직인 방향으로 구를 비출 때, 삼각기둥의 두 옆면 PFGQ, EPQH에 생기는 구의 그림자의 넓이를 각각 S_1, S_2 $(S_1>S_2)$라 하자. $S_1+\frac{1}{\sqrt{3}}S_2$의 값은? (4점)

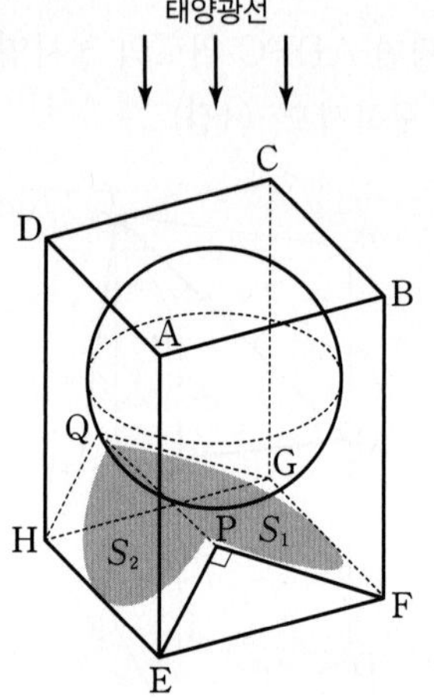

① $\frac{20\sqrt{3}}{3}\pi$ ② $8\sqrt{3}\pi$ ③ $\frac{28\sqrt{3}}{3}\pi$

④ $\frac{32\sqrt{3}}{3}\pi$ ⑤ $12\sqrt{3}\pi$

정답과 해설 092 p.298 093 p.299

사관학교 기출문제

249-3-1-YGS

문제 풀이 동영상 강의

094 ★☆☆ 2023학년도 사관학교 기하 24번

그림과 같이 평면 α 위에 $\angle BAC=\frac{\pi}{2}$이고 $\overline{AB}=1$, $\overline{AC}=\sqrt{3}$인 직각삼각형 ABC가 있다. 점 A를 지나고 평면 α에 수직인 직선 위의 점 P에 대하여 $\overline{PA}=2$일 때, 점 P와 직선 BC 사이의 거리는? (3점)

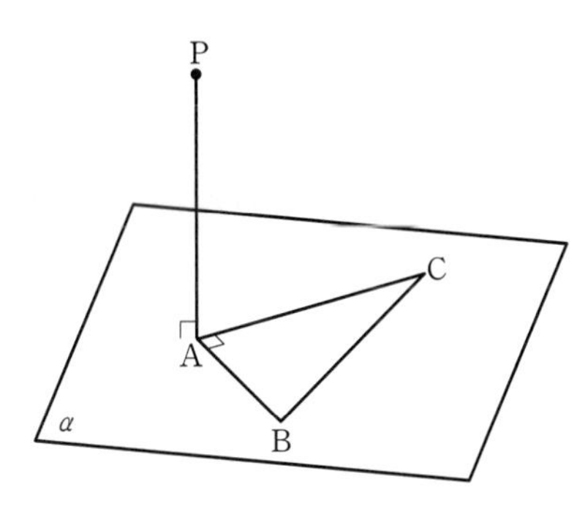

① $\frac{\sqrt{17}}{2}$ ② $\frac{\sqrt{70}}{4}$ ③ $\frac{3\sqrt{2}}{2}$
④ $\frac{\sqrt{74}}{4}$ ⑤ $\frac{\sqrt{19}}{2}$

095 ★★☆ 2020학년도 사관학교 가형 9번

평면 α 위에 있는 서로 다른 두 점 A, B와 평면 α 위에 있지 않은 점 P에 대하여 삼각형 PAB는 한 변의 길이가 6인 정삼각형이다. 점 P에서 평면 α에 내린 수선의 발 H에 대하여 $\overline{PH}=4$일 때, 삼각형 HAB의 넓이는? (3점)

① $3\sqrt{3}$ ② $3\sqrt{5}$ ③ $3\sqrt{7}$
④ 9 ⑤ $3\sqrt{11}$

096 ★★☆ 2008학년도 사관학교 이과 12번

중심이 O이고 반지름의 길이가 1인 구와, 점 O로부터 같은 거리에 있고 서로 수직인 두 평면 α, β가 있다. 그림과 같이 두 평면 α, β의 교선이 구와 만나는 점을 각각 A, B라 하자. 삼각형 OAB가 정삼각형일 때, 점 O와 평면 α 사이의 거리는? (4점)

① $\frac{\sqrt{2}}{5}$ ② $\frac{\sqrt{6}}{4}$ ③ $\frac{\sqrt{5}}{5}$
④ $\frac{\sqrt{3}}{6}$ ⑤ $\frac{\sqrt{2}}{2}$

097 ★★☆ 2018학년도 사관학교 가형 15번

평면 α 위에 있는 서로 다른 두 점 A, B와 평면 α 위에 있지 않은 점 P에 대하여 삼각형 PAB는 $\overline{PB}=4$, $\angle PAB=\frac{\pi}{2}$인 직각이등변삼각형이고, 평면 PAB와 평면 α가 이루는 각의 크기는 $\frac{\pi}{6}$이다. 점 P에서 평면 α에 내린 수선의 발을 H라 할 때, 사면체 PHAB의 부피는? (4점)

① $\frac{\sqrt{6}}{6}$ ② $\frac{\sqrt{6}}{3}$ ③ $\frac{\sqrt{6}}{2}$
④ $\frac{2\sqrt{6}}{3}$ ⑤ $\frac{5\sqrt{6}}{6}$

정답과 해설 094 p.301 | 095 p.301 | 096 p.302 | 097 p.302

098 ★★★ 2022학년도 사관학교 기하 28번

[그림 1]과 같이 $\overline{AB}=3$, $\overline{AD}=2\sqrt{7}$인 직사각형 ABCD 모양의 종이가 있다. 선분 AD의 중점을 M이라 하자. 두 선분 BM, CM을 접는 선으로 하여 [그림 2]와 같이 두 점 A, D가 한 점 P에서 만나도록 종이를 접었을 때, 평면 PBM과 평면 BCM이 이루는 각의 크기를 θ라 하자. $\cos\theta$의 값은? (단, 종이의 두께는 고려하지 않는다.) (4점)

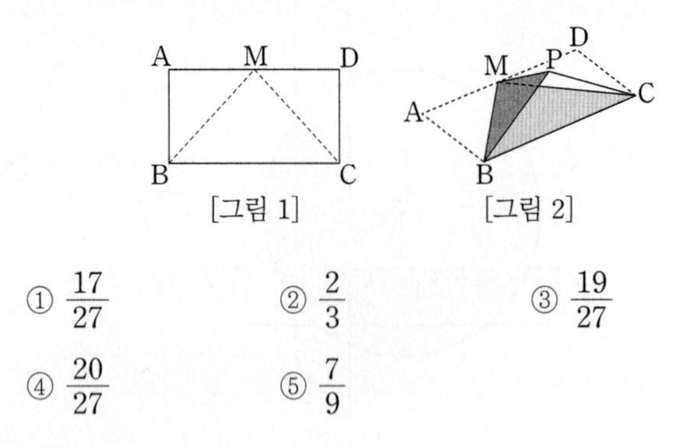

① $\frac{17}{27}$　② $\frac{2}{3}$　③ $\frac{19}{27}$
④ $\frac{20}{27}$　⑤ $\frac{7}{9}$

099 ★★★ 2015학년도 사관학교 B형 20번

그림은 어떤 사면체의 전개도이다. 삼각형 BEC는 한 변의 길이가 2인 정삼각형이고, $\angle ABC=\angle CFA=90°$, $\overline{AC}=4$이다. 이 전개도로 사면체를 만들 때, 두 면 ACF, ABC가 이루는 예각의 크기를 θ라 하자. $\cos\theta$의 값은? (4점)

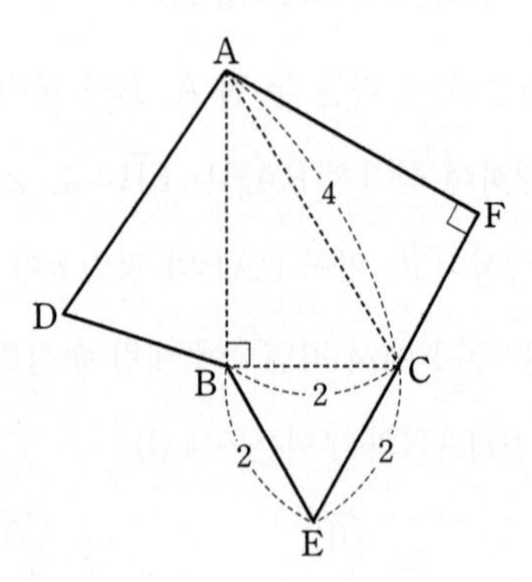

① $\frac{1}{6}$　② $\frac{\sqrt{2}}{6}$　③ $\frac{1}{4}$
④ $\frac{\sqrt{3}}{6}$　⑤ $\frac{1}{3}$

100 ★★★ 2020학년도 사관학교 가형 26번

그림과 같이 한 변의 길이가 6인 정삼각형 ACD를 한 면으로 하는 사면체 ABCD가 다음 조건을 만족시킨다.

(가) $\overline{BC}=3\sqrt{10}$
(나) $\overline{AB}\perp\overline{AC}$, $\overline{AB}\perp\overline{AD}$

두 모서리 AC, AD의 중점을 각각 M, N이라 할 때, 삼각형 BMN의 평면 BCD 위로의 정사영의 넓이를 S라 하자. $40\times S$의 값을 구하시오. (4점)

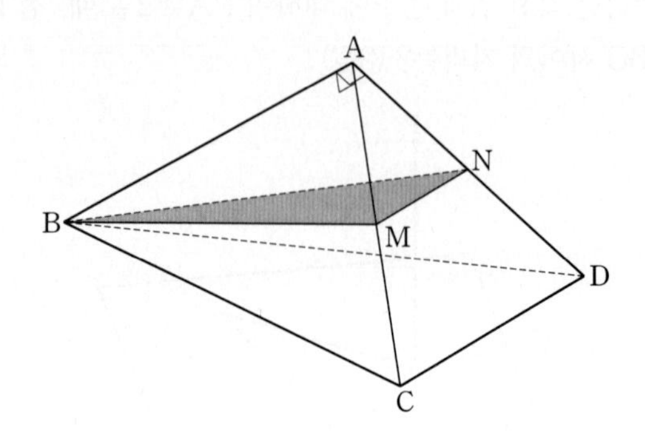

101 ★★☆ 2017학년도 사관학교 가형 15번

그림과 같이 한 모서리의 길이가 12인 정사면체 ABCD에서 두 모서리 BD, CD의 중점을 각각 M, N이라 하자. 사각형 BCNM의 평면 AMN 위로의 정사영의 넓이는? (4점)

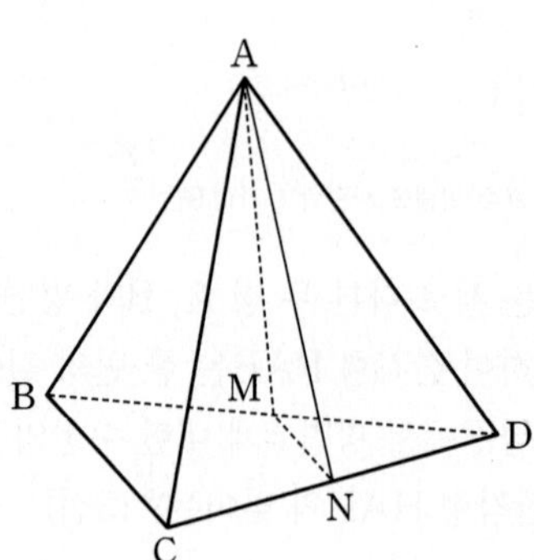

① $\frac{15\sqrt{11}}{11}$　② $\frac{18\sqrt{11}}{11}$　③ $\frac{21\sqrt{11}}{11}$
④ $\frac{24\sqrt{11}}{11}$　⑤ $\frac{27\sqrt{11}}{11}$

정답과 해설 098 p.303 | 099 p.303 | 100 p.304 | 101 p.305

102 ★★☆ 2024학년도 사관학교 기하 26번

그림과 같이 $\overline{AB}=1$, $\overline{AD}=2$, $\overline{AE}=3$인 직육면체 ABCD$-$EFGH가 있다. 선분 CG를 $2:1$로 내분하는 점 I에 대하여 평면 BID와 평면 EFGH가 이루는 예각의 크기를 θ라 할 때, $\cos\theta$의 값은? (3점)

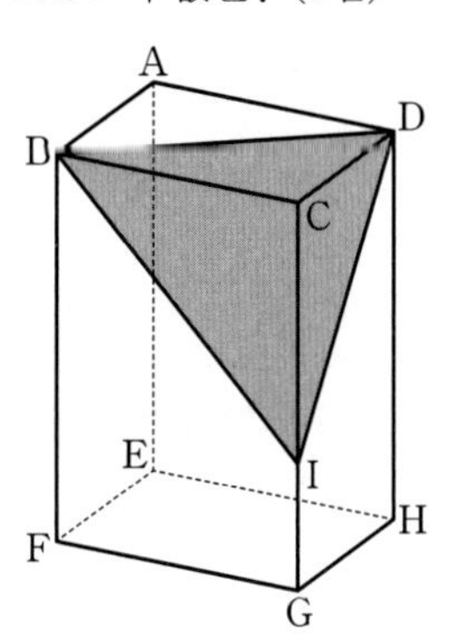

① $\frac{\sqrt{5}}{5}$ ② $\frac{\sqrt{6}}{6}$ ③ $\frac{\sqrt{7}}{7}$
④ $\frac{\sqrt{2}}{4}$ ⑤ $\frac{1}{3}$

103 ★★★ 2013학년도 사관학교 이과 28번

그림과 같은 정육면체 ABCD$-$EFGH에서 네 모서리 AD, CD, EF, EH의 중점을 각각 P, Q, R, S라 하고, 두 선분 RS와 EG의 교점을 M이라 하자. 평면 PMQ와 평면 EFGH가 이루는 예각의 크기를 θ라 할 때,

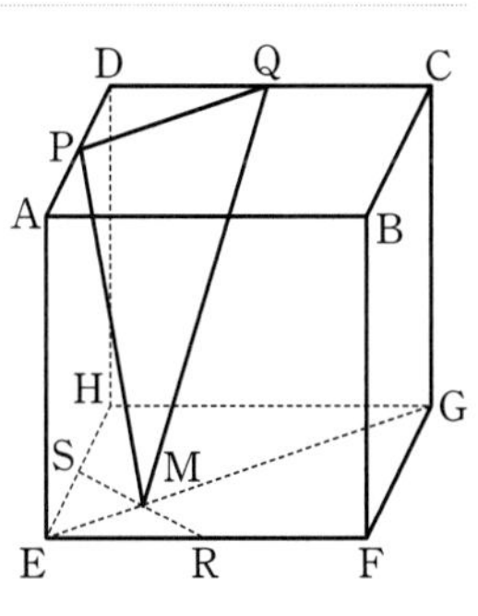

$\tan^2\theta+\frac{1}{\cos^2\theta}$의 값을 구하시오. (4점)

104 ★★★ 2008학년도 사관학교 이과 13번

그림은 모든 모서리의 길이가 같은 정사각뿔 O$-$ABCD와 정사면체 O$-$CDE를 면 OCD가 공유하도록 붙여놓은

것이다. 평면 ABCD와 평면 CDE가 이루는 각의 크기를 θ라 할 때, $\cos^2\theta$의 값은? (4점)

① $\frac{1}{2}$ ② $\frac{1}{3}$ ③ $\frac{1}{4}$
④ $\frac{2}{9}$ ⑤ $\frac{1}{9}$

105 ★★★ 2011학년도 사관학교 이과 14번

그림과 같이 지면과 이루는 각의 크기가 θ인 평평한 유리판 위에 반구가 엎어져있다. 햇빛이 유리판에 수직인 방향으로 비출 때 지면 위에 생기는 반구의 그림자의 넓이를 S_1, 햇빛이 유리판과 평행한 방향으로 비출 때 지면 위에 생기는 반구의 그림자의 넓이를 S_2라 하자. $S_1:S_2=3:2$일 때, $\tan\theta$의 값은? (단, θ는 예각이다.) (4점)

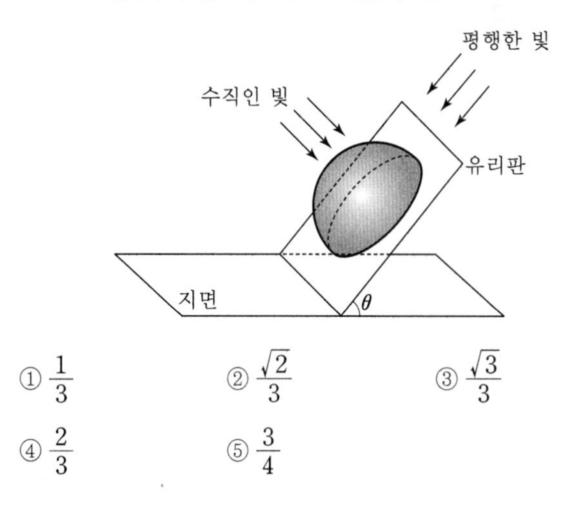

① $\frac{1}{3}$ ② $\frac{\sqrt{2}}{3}$ ③ $\frac{\sqrt{3}}{3}$
④ $\frac{2}{3}$ ⑤ $\frac{3}{4}$

02 공간좌표

평가원 모의평가 (2003~2024학년도) **대학수학능력시험** (1994~2024학년도) **교육청 학력평가** (2001~2023년 시행) **사관학교 입학시험** (2003~2024학년도)

1. 공간좌표 | 유형 01

공간의 한 점 P에 대응하는 세 실수의 순서쌍 (a, b, c)를 점 P의 공간좌표라 하고 기호로 $P(a, b, c)$와 같이 나타낸다. 이때 a, b, c를 각각 점 P의 x좌표, y좌표, z좌표라 한다.

2. 좌표공간에서 두 점 사이의 거리 | 유형 01

23, 22, 20, 11 수능출제

두 점 $A(x_1, y_1, z_1)$, $B(x_2, y_2, z_2)$ 사이의 거리는

$$\overline{AB}=\sqrt{(x_2-x_1)^2+(y_2-y_1)^2+(z_2-z_1)^2}$$

특히, 원점 O와 점 $A(x, y, z)$ 사이의 거리는 $\overline{OA}=\sqrt{x^2+y^2+z^2}$

3. 좌표공간에서 선분의 내분점과 외분점 | 유형 02

24, 19, 18, 17, 16, 15, 14, 13 수능출제

두 점 $A(x_1, y_1, z_1)$, $B(x_2, y_2, z_2)$에 대하여 선분 AB를

(1) $m:n(m>0, n>0)$으로 내분하는 점의 좌표는

$$\left(\frac{mx_2+nx_1}{m+n}, \frac{my_2+ny_1}{m+n}, \frac{mz_2+nz_1}{m+n}\right)$$

(2) $m:n(m>0, n>0, m\neq n)$으로 외분하는 점의 좌표는

$$\left(\frac{mx_2-nx_1}{m-n}, \frac{my_2-ny_1}{m-n}, \frac{mz_2-nz_1}{m-n}\right)$$

4. 구의 방정식 | 유형 06

22, 06 수능출제

중심의 좌표가 $C(a, b, c)$이고 반지름의 길이가 r인 구의 방정식은

$$(x-a)^2+(y-b)^2+(z-c)^2=r^2$$

특히, 중심이 원점 O이고 반지름의 길이가 r인 구의 방정식은

$$x^2+y^2+z^2=r^2$$

5. 구의 활용 | 유형 07

14, 01 수능출제

(1) 구와 평면의 위치 관계

구의 중심과 평면 사이의 거리를 d, 구의 반지름의 길이를 r라 할 때,

① $d<r \iff$ 만난다. ② $d=r \iff$ 접한다. ③ $d>r \iff$ 만나지 않는다.

(2) 두 구의 위치 관계

두 구 S, S'의 반지름의 길이를 각각 r, $r'(r>r')$, 중심 사이의 거리를 d라 할 때,

① $d>r+r' \iff$ 구 S 외부에 구 S'이 있다.

② $d=r+r' \iff$ 외접

③ $r-r'<d<r+r' \iff$ 만나서 원이 생긴다.

④ $d=r-r' \iff$ 내접

⑤ $0\leq d<r-r' \iff$ 구 S 내부에 구 S'이 있다.

보 충 설 명

- x축과 y축이 결정하는 평면을 xy평면, y축과 z축이 결정하는 평면을 yz평면, z축과 x축이 결정하는 평면을 zx평면이라 하며 이 세 평면을 좌표평면이라 한다.

- 세 점 $A(x_1, y_1, z_1)$, $B(x_2, y_2, z_2)$, $C(x_3, y_3, z_3)$을 꼭짓점으로 하는 삼각형 ABC의 무게중심 G의 좌표는
$$\left(\frac{x_1+x_2+x_3}{3}, \frac{y_1+y_2+y_3}{3}, \frac{z_1+z_2+z_3}{3}\right)$$

- 네 점이 주어질 때, 구의 방정식은 $x^2+y^2+z^2+Ax+By+Cz+D=0$을 이용하여 구한다.

- 구와 평면이 만나서 생기는 원의 방정식
구 $(x-a)^2+(y-b)^2+(z-c)^2=r^2$이
① xy평면과 만나서 생기는 원
$(x-a)^2+(y-b)^2=r^2-c^2$
② yz평면과 만나서 생기는 원
$(y-b)^2+(z-c)^2=r^2-a^2$
③ zx평면과 만나서 생기는 원
$(x-a)^2+(z-c)^2=r^2-b^2$
- 좌표평면에 접하는 구의 방정식
① xy평면에 접하는 구의 방정식
$(x-a)^2+(y-b)^2+(z-c)^2=c^2$
② yz평면에 접하는 구의 방정식
$(x-a)^2+(y-b)^2+(z-c)^2=a^2$
③ zx평면에 접하는 구의 방정식
$(x-a)^2+(y-b)^2+(z-c)^2=b^2$

최신 기출로 확인하는

기본 개념 문제

문제 풀이 동영상 강의

001

2. 좌표공간에서 두 점 사이의 거리 | 2024학년도 9월모평 기하 23번

좌표공간의 점 $\mathrm{A}(8,\ 6,\ 2)$를 xy평면에 대하여 대칭이동한 점을 B라 할 때, 선분 AB의 길이는? (2점)

① 1　② 2　③ 3　④ 4　⑤ 5

002

3. 좌표공간에서 선분의 내분점과 외분점 | 2022년 10월학평 기하 23번

좌표공간의 두 점 $\mathrm{A}(3,\ a,\ -2)$, $\mathrm{B}(-1,\ 3,\ a)$에 대하여 선분 AB의 중점이 xy평면 위에 있을 때, a의 값은? (2점)

① 1　② $\frac{3}{2}$　③ 2　④ $\frac{5}{2}$　⑤ 3

003

4. 구의 방정식

구 $x^2+y^2+z^2-2ax-8y-6z=0$이 yz평면, zx평면과 만나서 생기는 원의 넓이를 각각 S_1, S_2라 하자. $S_1-S_2=7\pi$일 때, 양수 a의 값은? (3점)

① 1　② 2　③ 3　④ 4　⑤ 5

004

5. 구의 활용 | 2017년 10월학평 가형 6번

좌표공간에서 두 점 $\mathrm{A}(-1,\ 1,\ 2)$, $\mathrm{B}(1,\ 5,\ -2)$를 지름의 양 끝점으로 하는 구 S가 있다. 구 S 위의 한 점 $\mathrm{C}(0,\ 0,\ 0)$에 대하여 삼각형 ABC의 넓이는? (3점)

① $\sqrt{5}$　② $2\sqrt{5}$　③ $3\sqrt{5}$　④ $4\sqrt{5}$　⑤ $5\sqrt{5}$

정답과 해설 001 p.309 | 002 p.309 | 003 p.309 | 004 p.309

어떤 유형이든 대비하는

유형 정복 문제

유형 01 좌표공간에서 두 점 사이의 거리

동영상강의

249-3-2-Y01

출제경향

좌표공간에서 두 점 사이의 거리를 구하는 문제가 출제된다.

접근방법

좌표공간에서 두 점 사이의 거리 공식을 이용한다.

단골공식

(1) 좌표공간에서 두 점 $\mathrm{A}(x_1, y_1, z_1)$, $\mathrm{B}(x_2, y_2, z_2)$ 사이의 거리는
$\overline{\mathrm{AB}}=\sqrt{(x_2-x_1)^2+(y_2-y_1)^2+(z_2-z_1)^2}$

(2) 좌표공간에서 원점 O와 점 $\mathrm{A}(x_1, y_1, z_1)$ 사이의 거리는
$\overline{\mathrm{OA}}=\sqrt{x_1^2+y_1^2+z_1^2}$

005 ★☆☆ 2017년 7월학평 가형 3번

좌표공간의 두 점 $\mathrm{A}(-1, 0, 1)$, $\mathrm{B}(2, 1, -2)$에 대하여 선분 AB의 길이는? (2점)

① $3\sqrt{2}$ ② $\sqrt{19}$ ③ $2\sqrt{5}$
④ $\sqrt{21}$ ⑤ $\sqrt{22}$

006 ★☆☆ 2022학년도 수능예시문항 기하 23번

좌표공간의 점 $\mathrm{P}(1, 3, 4)$를 zx평면에 대하여 대칭이동한 점을 Q라 하자. 두 점 P와 Q 사이의 거리는? (2점)

① 6 ② 7 ③ 8
④ 9 ⑤ 10

007 ★☆☆ 2023학년도 사관학교 기하 23번

좌표공간에서 점 $\mathrm{P}(2, 1, 3)$을 x축에 대하여 대칭이동한 점 Q에 대하여 선분 PQ의 길이는? (2점)

① $2\sqrt{10}$ ② $2\sqrt{11}$ ③ $4\sqrt{3}$
④ $2\sqrt{13}$ ⑤ $2\sqrt{14}$

008 ★☆☆ 2022학년도 수능 기하 23번

좌표공간의 점 $\mathrm{A}(2, 1, 3)$을 xy평면에 대하여 대칭이동한 점을 P라 하고, 점 A를 yz평면에 대하여 대칭이동한 점을 Q라 할 때, 선분 PQ의 길이는? (2점)

① $5\sqrt{2}$ ② $2\sqrt{13}$ ③ $3\sqrt{6}$
④ $2\sqrt{14}$ ⑤ $2\sqrt{15}$

009 ★☆☆ 2023학년도 수능 기하 23번

좌표공간의 점 $\mathrm{A}(2, 2, -1)$을 x축에 대하여 대칭이동한 점을 B라 하자. 점 $\mathrm{C}(-2, 1, 1)$에 대하여 선분 BC의 길이는? (2점)

① 1 ② 2 ③ 3
④ 4 ⑤ 5

정답과 해설 005 p.310 006 p.310 007 p.310 008 p.310 009 p.310

010 ★☆☆ 2022학년도 9월모평 기하 23번

좌표공간의 점 $A(3,\ 0,\ -2)$를 xy평면에 대하여 대칭이동한 점을 B라 하자. 점 $C(0,\ 4,\ 2)$에 대하여 선분 BC의 길이는? (2점)

① 1 ② 2 ③ 3
④ 4 ⑤ 5

011 ★★☆ 2011년 10월학평 가형 13번

좌표공간에서 점 $A(1,\ 3,\ 2)$를 x축에 대하여 대칭이동한 점을 B라 하고, 점 A를 xy평면에 대하여 대칭이동한 점을 C라 하자. 세 점 A, B, C를 지나는 원의 반지름의 길이는? (3점)

① $2\sqrt{3}$ ② $\sqrt{13}$ ③ $\sqrt{14}$
④ $\sqrt{15}$ ⑤ 4

012 ★★★ 1995학년도 수능 자연계 15번

좌표공간에 두 점 $O(0,\ 0,\ 0)$, $A(1,\ 0,\ 0)$이 있고, 점 $P(x,\ y,\ z)$는 $\triangle OAP$의 넓이가 2가 되도록 움직인다. $0 \le x \le 1$일 때, 점 P의 자취가 만드는 도형을 평면 위에 펼쳤을 때의 넓이는? (1.5점)

① 16π ② 8π ③ 5π
④ 2π ⑤ π

이 문항은 7차 교육과정 이전에 출제되었지만 최근 출제 경향에 맞는 문제입니다.

유형 02 좌표공간에서 선분의 내분점 · 외분점, 삼각형의 무게중심

동영상강의 249-3-2-Y02

출제경향

기본 공식을 이용하는 단순계산 위주의 문제가 출제된다.

접근방법

좌표공간에서 선분의 내분점과 외분점 공식, 삼각형의 무게중심 공식을 이용한다.

단골공식

좌표공간에서 세 점 $A(x_1,\ y_1,\ z_1)$, $B(x_2,\ y_2,\ z_2)$, $C(x_3,\ y_3,\ z_3)$에 대하여

(1) 선분 AB를 $m:n\ (m>0,\ n>0)$으로 내분하는 점의 좌표는
$$\left(\frac{mx_2+nx_1}{m+n},\ \frac{my_2+ny_1}{m+n},\ \frac{mz_2+nz_1}{m+n}\right)$$

(2) 선분 AB를 $m:n\ (m>0,\ n>0,\ m\ne n)$으로 외분하는 점의 좌표는
$$\left(\frac{mx_2-nx_1}{m-n},\ \frac{my_2-ny_1}{m-n},\ \frac{mz_2-nz_1}{m-n}\right)$$

(3) 삼각형 ABC의 무게중심의 좌표는
$$\left(\frac{x_1+x_2+x_3}{3},\ \frac{y_1+y_2+y_3}{3},\ \frac{z_1+z_2+z_3}{3}\right)$$

013 ★☆☆ 2023학년도 9월모평 기하 23번

좌표공간의 두 점 $A(a,\ 1,\ -1)$, $B(-5,\ b,\ 3)$에 대하여 선분 AB의 중점의 좌표가 $(8,\ 3,\ 1)$일 때, $a+b$의 값은? (2점)

① 20 ② 22 ③ 24
④ 26 ⑤ 28

014 ★☆☆ 2024학년도 수능 기하 23번

좌표공간의 두 점 $A(a,\ -2,\ 6)$, $B(9,\ 2,\ b)$에 대하여 선분 AB의 중점의 좌표가 $(4,\ 0,\ 7)$일 때, $a+b$의 값은? (2점)

① 1 ② 3 ③ 5
④ 7 ⑤ 9

정답과 해설 010 p.310 | 011 p.311 | 012 p.311 | 013 p.312 | 014 p.312

015 ★☆☆ 2018년 7월학평 가형 3번

좌표공간의 두 점 O(0, 0, 0), A(6, 3, 9)에 대하여 선분 OA를 1 : 2로 내분하는 점 P의 좌표가 (a, b, c)이다. $a+b+c$의 값은? (2점)

① 3 ② 4 ③ 5 ④ 6 ⑤ 7

016 ★☆☆ 2014학년도 수능 B형 3번

좌표공간에서 두 점 $A(a, 5, 2)$, $B(-2, 0, 7)$에 대하여 선분 AB를 3 : 2로 내분하는 점의 좌표가 $(0, b, 5)$이다. $a+b$의 값은? (2점)

① 1 ② 2 ③ 3 ④ 4 ⑤ 5

017 ★☆☆ 2013학년도 수능 가형 3번

좌표공간에서 두 점 $A(a, 1, 3)$, $B(a+6, 4, 12)$에 대하여 선분 AB를 1 : 2로 내분하는 점의 좌표가 $(5, 2, b)$이다. $a+b$의 값은? (2점)

① 7 ② 8 ③ 9 ④ 10 ⑤ 11

018 ★☆☆ 2019학년도 9월모평 가형 3번

좌표공간의 두 점 A(3, 5, 0), B(4, 3, −2)에 대하여 선분 AB를 3 : 2로 외분하는 점의 좌표가 $(a, -1, -6)$일 때, a의 값은? (2점)

① 5 ② 6 ③ 7 ④ 8 ⑤ 9

019 ★☆☆ 2014학년도 수능예비시행 B형 3번

좌표공간에서 두 점 $P(6, 7, a)$, $Q(4, b, 9)$를 이은 선분 PQ를 2 : 1로 외분하는 점의 좌표가 (2, 5, 14)일 때, $a+b$의 값은? (2점)

① 6 ② 7 ③ 8 ④ 9 ⑤ 10

020 ★☆☆ 2019학년도 수능 가형 3번

좌표공간의 두 점 $A(2, a, -2)$, $B(5, -2, 1)$에 대하여 선분 AB를 2 : 1로 내분하는 점이 x축 위에 있을 때, a의 값은? (2점)

① 1 ② 2 ③ 3 ④ 4 ⑤ 5

정답과 해설 015 p.312 016 p.312 017 p.312 018 p.313 019 p.313 020 p.313

021 ★☆☆ 2015학년도 수능 B형 5번

좌표공간에서 두 점 $A(2, a, -2)$, $B(5, -3, b)$에 대하여 선분 AB를 $2:1$로 내분하는 점이 x축 위에 있을 때, $a+b$의 값은? (3점)

① 10 ② 9 ③ 8 ④ 7 ⑤ 6

022 ★☆☆ 2017학년도 수능 가형 8번

좌표공간의 두 점 $A(1, a, -6)$, $B(-3, 2, b)$에 대하여 선분 AB를 $3:2$로 외분하는 점이 x축 위에 있을 때, $a+b$의 값은? (3점)

① -1 ② -2 ③ -3 ④ -4 ⑤ -5

023 ★☆☆ 2019학년도 사관학교 가형 5번

좌표공간에서 두 점 $A(5, a, -3)$, $B(6, 4, b)$에 대하여 선분 AB를 $3:2$로 외분하는 점이 x축 위에 있을 때, $a+b$의 값은? (3점)

① 3 ② 4 ③ 5 ④ 6 ⑤ 7

024 ★☆☆ 2020학년도 9월모평 가형 3번

좌표공간의 두 점 $A(a, 4, -9)$, $B(1, 0, -3)$에 대하여 선분 AB를 $3:1$로 외분하는 점이 y축 위에 있을 때, a의 값은? (2점)

① 1 ② 2 ③ 3 ④ 4 ⑤ 5

025 ★☆☆ 2019년 7월학평 가형 3번

좌표공간의 두 점 $A(1, 0, 2)$, $B(2, 0, a)$에 대하여 선분 AB를 $1:2$로 외분하는 점이 원점일 때, a의 값은? (2점)

① 3 ② 4 ③ 5 ④ 6 ⑤ 7

026 ★☆☆ 2013년 7월학평 B형 3번

좌표공간에서 두 점 $A(4, 0, 2)$, $B(2, 3, a)$에 대하여 선분 AB를 $2:1$로 내분하는 점이 xy평면 위에 있을 때, a의 값은? (2점)

① -2 ② -1 ③ 0 ④ 1 ⑤ 2

정답과 해설 021 p.313 | 022 p.314 | 023 p.314 | 024 p.314 | 025 p.314 | 026 p.314

027 ★☆☆ 2023년 10월학평 기하 23번

좌표공간의 두 점 $A(a,\ 0,\ 1)$, $B(2,\ -3,\ 0)$에 대하여 선분 AB를 $3:2$로 외분하는 점이 yz평면 위에 있을 때, a의 값은? (2점)

① 3 ② 4 ③ 5
④ 6 ⑤ 7

028 ★☆☆ 2011학년도 9월모평 가형 18번

좌표공간에서 점 $P(-3,\ 4,\ 5)$를 yz평면에 대하여 대칭이동한 점을 Q라 하자. 선분 PQ를 $2:1$로 내분하는 점의 좌표를 $(a,\ b,\ c)$라 할 때, $a+b+c$의 값을 구하시오. (3점)

029 ★★☆ 2021년 10월학평 기하 24번

좌표공간의 두 점 $A(-1,\ 1,\ -2)$, $B(2,\ 4,\ 1)$에 대하여 선분 AB가 xy평면과 만나는 점을 P라 할 때, 선분 AP의 길이는? (3점)

① $2\sqrt{3}$ ② $\sqrt{13}$ ③ $\sqrt{14}$
④ $\sqrt{15}$ ⑤ 4

030 ★★☆

두 점 $A(3,\ 6,\ 4)$, $B(a,\ b,\ c)$에 대하여 선분 AB가 xy평면에 의해 $2:1$로 내분되고, z축에 의해 $3:2$로 외분된다고 할 때, $a+b+c$의 값은? (3점)

① $\frac{11}{3}$ ② 4 ③ $\frac{13}{3}$
④ $\frac{14}{3}$ ⑤ 5

031 ★☆☆ 2019년 10월학평 가형 3번

좌표공간의 세 점 $A(2,\ 6,\ -3)$, $B(-5,\ 7,\ 4)$, $C(3,\ -1,\ 5)$를 꼭짓점으로 하는 삼각형 ABC의 무게중심이 $G(0,\ a,\ b)$일 때, $a+b$의 값은? (2점)

① 6 ② 7 ③ 8
④ 9 ⑤ 10

032 ★☆☆ 2016학년도 수능 B형 3번

좌표공간에서 세 점 $A(a,\ 0,\ 5)$, $B(1,\ b,\ -3)$, $C(1,\ 1,\ 1)$을 꼭짓점으로 하는 삼각형의 무게중심의 좌표가 $(2,\ 2,\ 1)$일 때, $a+b$의 값은? (2점)

① 6 ② 7 ③ 8
④ 9 ⑤ 10

정답과 해설 027 p.315 028 p.315 029 p.315 030 p.316 031 p.316 032 p.316

033 ★☆☆

좌표공간에서 점 P$(5, 7, 6)$을 xy평면, yz평면, z축에 대하여 대칭이동시킨 점을 각각 A, B, C라 할 때, 삼각형 ABC의 무게중심의 좌표는 (a, b, c)이다. 이때, $a+b+c$의 값은? (3점)

① 2 ② $\frac{7}{3}$ ③ $\frac{8}{3}$
④ 3 ⑤ $\frac{10}{3}$

034 ★★☆ 2015년 7월학평 B형 27번

그림과 같이 모든 모서리의 길이가 6인 정삼각기둥 ABC−DEF가 있다. 변 DE의 중점 M에 대하여 선분 BM을 1 : 2로 내분하는 점을 P라 하자. $\overline{CP}=l$일 때, $10l^2$의 값을 구하시오. (4점)

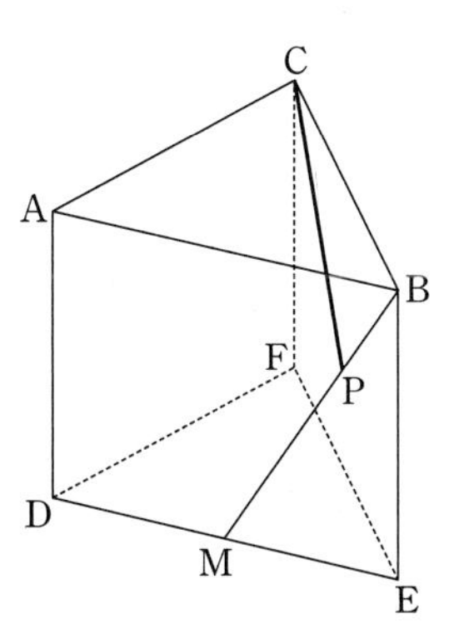

035 ★★☆ 2024학년도 9월모평 기하 26번

그림과 같이 $\overline{AB}=3$, $\overline{AD}=3$, $\overline{AE}=6$인 직육면체 ABCD−EFGH가 있다. 삼각형 BEG의 무게중심을 P라 할 때, 선분 DP의 길이는? (3점)

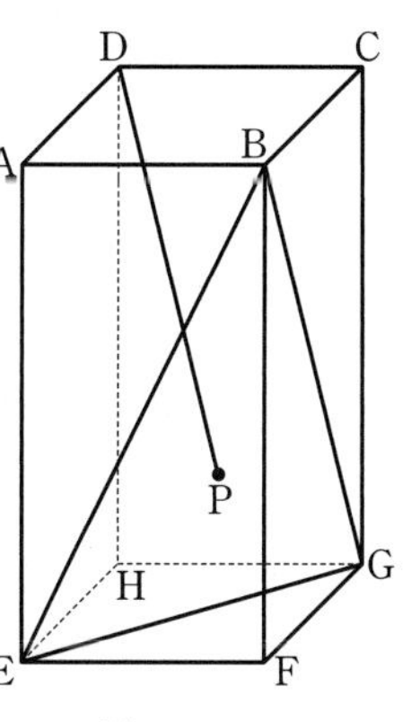

① $2\sqrt{5}$ ② $2\sqrt{6}$ ③ $2\sqrt{7}$
④ $4\sqrt{2}$ ⑤ 6

유형 03 좌표공간에서 삼수선의 정리

동영상강의 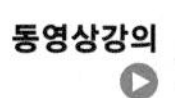 
249-3-2-Y03

출제경향

좌표공간에서 삼수선의 정리를 이용한 문제가 다소 어렵게 출제된다.

접근방법

좌표공간에서 점과 직선 사이의 거리, 입체도형에서 높이 등을 구할 때 삼수선의 정리를 이용하면 쉽게 접근할 수 있으므로 수선을 내려 삼수선의 정리를 만족시키는 조건을 찾는다.

036 ★☆☆ 2014년 10월학평 B형 9번

좌표공간의 점 P$(3, 5, 4)$에서 xy평면에 내린 수선의 발을 H라 하자. xy평면 위의 한 직선 l과 점 P 사이의 거리가 $4\sqrt{2}$일 때, 점 H와 직선 l 사이의 거리는? (3점)

① 3 ② $\sqrt{10}$ ③ $2\sqrt{3}$
④ $\sqrt{15}$ ⑤ 4

정답과 해설 033 p.317 | 034 p.317 | 035 p.318 | 036 p.319

037 ★★☆ 2006학년도 9월모평 가형 8번

좌표공간에서 두 점 $A(1,\ 0,\ 0)$, $B(0,\ \sqrt{3},\ 0)$을 지나는 직선 l이 있다. 점 $P\left(0,\ 0,\ \frac{1}{2}\right)$로부터 직선 l에 이르는 거리는? (3점)

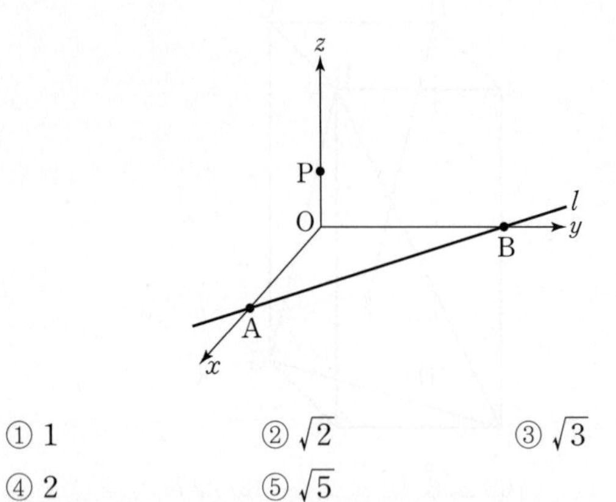

① 1　② $\sqrt{2}$　③ $\sqrt{3}$
④ 2　⑤ $\sqrt{5}$

038 ★★☆ 2015학년도 9월모평 B형 15번

좌표공간에 두 점 $(a,\ 0,\ 0)$과 $(0,\ 6,\ 0)$을 지나는 직선 l이 있다. 점 $(0,\ 0,\ 4)$와 직선 l 사이의 거리가 5일 때, a^2의 값은? (4점)

① 8　② 9　③ 10
④ 11　⑤ 12

039 ★★☆ 2010학년도 사관학교 이과 20번

좌표공간에서 세 점 $A(1,\ 0,\ 0)$, $B(0,\ 2,\ 0)$, $C(0,\ 0,\ 3)$을 지나는 평면을 α라 하자. 그림과 같이 평면 α와 xy평면의 이면각 중에서 예각인 것을 이등분하면서 선분 AB를 포함하는 평면을 β라 할 때, 평면 β가 z축과 만나는 점의 z좌표는? (4점)

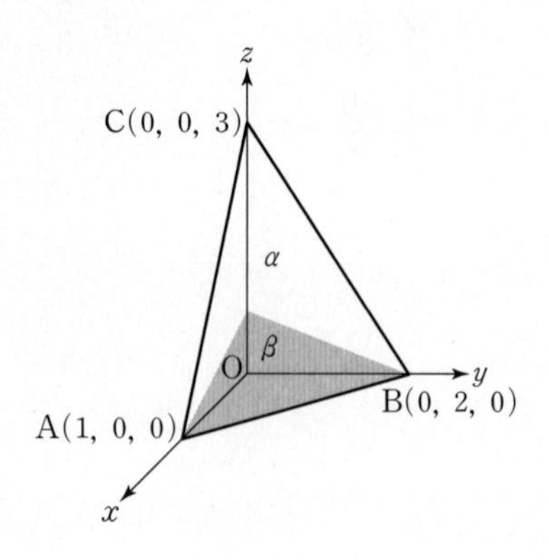

① $\frac{2}{3}$　② $\frac{3}{4}$　③ $\frac{8}{9}$
④ $\frac{5}{4}$　⑤ $\frac{4}{3}$

유형 04 좌표공간에서 좌표평면 위로의 정사영

동영상강의 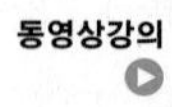 
249-3-2-Y04

출제경향

좌표공간에서 좌표평면 위로의 정사영의 넓이를 구하는 문제가 출제된다.

접근방법

점 A의 xy평면 위로의 정사영은 점 A에서 xy평면에 내린 수선의 발과 같음을 이용하여 문제를 해결한다.

040 ★★☆

세 점 $O(0,\ 0,\ 0)$, $A(2,\ 0,\ 2)$, $B(0,\ 2,\ 2)$를 지나는 평면과 xy평면이 이루는 예각의 크기를 θ라 할 때, $\cos\theta$의 값은? (3점)

① $\frac{\sqrt{2}}{2}$　② $\frac{\sqrt{3}}{3}$　③ $\frac{1}{2}$
④ $\frac{1}{3}$　⑤ $\frac{2}{3}$

정답과 해설 037 p.319 038 p.320 039 p.320 040 p.321

041 ★★☆ 2006학년도 9월모평 가형 14번

좌표공간의 세 점 A$(3, 0, 0)$, B$(0, 3, 0)$, C$(0, 0, 3)$에 대하여 선분 BC를 $2:1$로 내분하는 점을 P, 선분 AC를 $1:2$로 내분하는 점을 Q라 하자. 점 P, Q의 xy평면 위로의 정사영을 각각 P$'$, Q$'$이라 할 때, 삼각형 OP$'$Q$'$의 넓이는?

(단, O는 원점이다.) (3점)

① 1　② 2　③ 3
④ 4　⑤ 5

042 ★★☆ 2015년 7월학평 B형 15번

그림과 같이 $\overline{AB}=\overline{AC}=5$, $\overline{BC}=2\sqrt{7}$인 삼각형 ABC가 xy평면 위에 있고, 점 P$(1, 1, 4)$의 xy평면 위로의 정사영 Q는 삼각형 ABC의 무게중심과 일치한다. 점 P에서 직선 BC까지의 거리는? (4점)

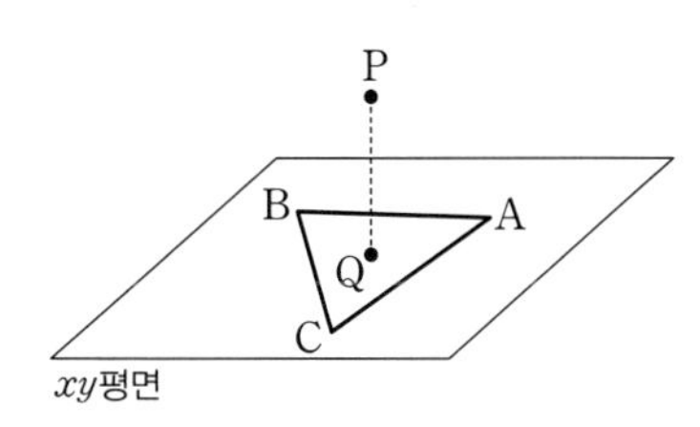

① $3\sqrt{2}$　② $\sqrt{19}$　③ $2\sqrt{5}$
④ $\sqrt{21}$　⑤ $\sqrt{22}$

043 ★★☆ 2013년 10월학평 B형 15번

그림과 같이 좌표공간에 세 점 A$(0, 0, 3)$, B$(5, 4, 0)$, C$(0, 4, 0)$이 있다. 선분 AB 위의 한 점 P에서 선분 BC에 내린 수선의 발을 H라 할 때, $\overline{PH}=3$이다. 삼각형 PBH의 xy평면 위로의 정사영의 넓이는? (4점)

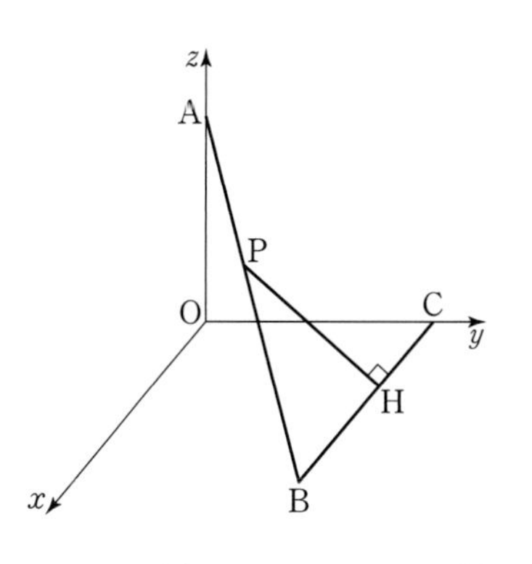

① $\frac{14}{5}$　② $\frac{16}{5}$　③ $\frac{18}{5}$
④ 4　⑤ $\frac{22}{5}$

044 ★★☆

좌표공간에서 세 점 A, B, C에 대하여 삼각형 ABC의 xy평면, yz평면, zx평면 위로의 정사영의 넓이가 각각 30, 0, 40일 때, 삼각형 ABC의 넓이 S를 구하시오.
(단, 삼각형의 넓이가 0이라는 것은 삼각형이 생기지 않음을 의미한다.) (4점)

정답과 해설 041 p.322 | 042 p.322 | 043 p.322 | 044 p.323

045 ★★☆ 2014학년도 9월모평 B형 19번

좌표공간에서 y축을 포함하는 평면 α에 대하여 xy평면 위의 원 $C_1 : (x-10)^2+y^2=3$의 평면 α 위로의 정사영의 넓이와 yz평면 위의 원 $C_2 : y^2+(z-10)^2=1$의 평면 α 위로의 정사영의 넓이가 S로 같을 때, S의 값은? (4점)

① $\frac{\sqrt{10}}{6}\pi$ ② $\frac{\sqrt{10}}{5}\pi$ ③ $\frac{7\sqrt{10}}{30}\pi$
④ $\frac{4\sqrt{10}}{15}\pi$ ⑤ $\frac{3\sqrt{10}}{10}\pi$

유형 05 좌표공간의 활용

동영상강의  

249-3-2-Y05

출제경향

좌표공간을 활용한 거리의 최솟값과 실생활에 관련한 문제가 출제된다.

접근방법

문제에서 주어진 점을 공간좌표로 나타내어 해결한다.

단골공식

좌표공간에서 두 점 $\mathrm{A}(x_1, y_1, z_1)$, $\mathrm{B}(x_2, y_2, z_2)$ 사이의 거리는
$\overline{\mathrm{AB}}=\sqrt{(x_2-x_1)^2+(y_2-y_1)^2+(z_2-z_1)^2}$

046 ★★☆ 2007학년도 9월모평 가형 5번

좌표공간의 세 점 $\mathrm{A}(a, 0, b)$, $\mathrm{B}(b, a, 0)$, $\mathrm{C}(0, b, a)$에 대하여 $a^2+b^2=4$일 때, 삼각형 ABC의 넓이의 최솟값은?
(단, $a>0$이고 $b>0$이다.) (3점)

① $\sqrt{2}$ ② $\sqrt{3}$ ③ 2
④ $\sqrt{5}$ ⑤ 3

047 ★★☆

좌표공간에서 점 $\mathrm{A}(5, 3, 4)$와 xy평면 위에 점 P, zx평면 위에 점 Q가 있다. $\overline{\mathrm{AP}}+\overline{\mathrm{PQ}}+\overline{\mathrm{QA}}$의 최솟값은? (4점)

① 10 ② 11 ③ 12
④ 13 ⑤ 14

048 ★☆☆ 2012학년도 수능 가형 24번

좌표공간에 점 $\mathrm{A}(9, 0, 5)$가 있고, xy평면 위에 타원 $\frac{x^2}{9}+y^2=1$이 있다. 타원 위의 점 P에 대하여 $\overline{\mathrm{AP}}$의 최댓값을 구하시오. (3점)

049 ★★☆

점 P는 점 $\mathrm{A}(10, 2, 2)$에서 출발하여 점 $(2, 2, 2)$를 향해 직선으로 매초 1의 속력으로 움직이고, 점 Q는 점 $\mathrm{B}(2, 6, 6)$에서 출발하여 점 $(2, -2, 6)$을 향해 직선으로 매초 3의 속력으로 움직인다고 한다. 두 점 P, Q가 동시에 출발할 때, $\overline{\mathrm{PQ}}^2$의 최솟값을 구하시오. (4점)

정답과 해설 045 p.324 | 046 p.325 | 047 p.325 | 048 p.326 | 049 p.326

050 ★★☆ 1996학년도 수능 자연계 27번

보트가 남쪽에서 북쪽으로 10 m/초의 등속도로 호수 위를 지나가고 있다. 수면 위 20 m의 높이에 동서로 놓인 다리 위를 자동차가 서쪽에서 동쪽으로 20 m/초의 등속도로 달리고 있다. 아래의 그림과 같이 지금 보트는 수면 위의 점 P에서 남쪽 40 m, 자동차는 다리 위의 점 Q에서 서쪽 30 m 지점에 각각 위치해 있다. 보트와 자동차 사이의 거리가 최소가 될 때의 거리는? (단, 자동차와 보트의 크기는 무시하고, 선분 PQ는 보트와 자동차의 경로에 각각 수직이다.) (3점)

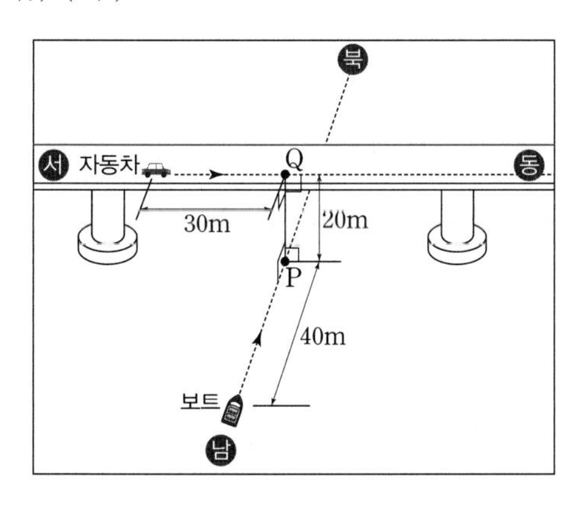

① 21 m ② 24 m ③ 27 m
④ 30 m ⑤ 33 m

이 문항은 7차 교육과정 이전에 출제되었지만 다시 출제될 가능성이 있어 수록하였습니다.

051 ★★☆ 2011학년도 사관학교 이과 18번

좌표공간에 5개의 점 $A(0, 0, 4-t)$, $B(t, 0, 0)$, $C(0, t, 0)$, $D(-t, 0, 0)$, $E(0, -t, 0)$을 꼭짓점으로 하는 사각뿔 $A-BCDE$가 있다. $0<t<4$일 때, 이 사각뿔의 부피가 최대가 되도록 하는 실수 t의 값은? (4점)

① $\frac{2}{3}$ ② $\frac{4}{3}$ ③ 2
④ $\frac{8}{3}$ ⑤ $\frac{10}{3}$

유형 06 구의 방정식

동영상강의 249-3-2-Y06

출제경향
기본 공식을 이용한 문제들이 출제된다.

접근방법
그림을 그리고 구의 방정식 공식을 이용한다.

단골공식
(1) 중심의 좌표가 $C(a, b, c)$이고 반지름의 길이가 r인 구의 방정식은 $(x-a)^2+(y-b)^2+(z-c)^2=r^2$

(2) 중심이 원점 O이고 반지름의 길이가 r인 구의 방정식은 $x^2+y^2+z^2=r^2$

(3) 좌표평면에 접하는 구의 방정식
① xy평면에 접하는 구의 방정식
$(x-a)^2+(y-b)^2+(z-c)^2=c^2$
② yz평면에 접하는 구의 방정식
$(x-a)^2+(y-b)^2+(z-c)^2=a^2$
③ zx평면에 접하는 구의 방정식
$(x-a)^2+(y-b)^2+(z-c)^2=b^2$

(4) 구와 평면이 만나서 생기는 원의 방정식
구 $(x-a)^2+(y-b)^2+(z-c)^2=r^2$이
① xy평면과 만나서 생기는 원 $(x-a)^2+(y-b)^2=r^2-c^2$
② yz평면과 만나서 생기는 원 $(y-b)^2+(z-c)^2=r^2-a^2$
③ zx평면과 만나서 생기는 원 $(x-a)^2+(z-c)^2=r^2-b^2$

052 ★★☆

좌표공간에서 구 $(x+12)^2+(y-3)^2+(z-4)^2=k$를 xy평면, yz평면, zx평면으로 자르면 구가 8개의 부분으로 나누어진다. 이때, 자연수 k의 최솟값을 구하시오. (3점)

정답과 해설 050 p.326 051 p.327 052 p.327

053 ★★☆ 2006학년도 수능 가형 10번

좌표공간에서 xy평면, yz평면, zx평면은 공간을 8개의 부분으로 나눈다. 이 8개의 부분 중에서 구

$$(x+2)^2+(y-3)^2+(z-4)^2=24$$

가 지나는 부분의 개수는? (4점)

① 8 ② 7 ③ 6
④ 5 ⑤ 4

054 ★★☆

좌표공간에서 구 S가 x축과 yz평면에 모두 접한다. 구 S의 중심 C와 원점 O 사이의 거리가 $5\sqrt{2}$일 때, 점 C가 나타내는 도형의 넓이는? (단, 구 S의 중심의 x좌표는 양수이다.) (3점)

① 20π ② 25π ③ 30π
④ 35π ⑤ 40π

055 ★★☆ 2022학년도 사관학교 기하 26번

좌표공간에서 중심이 $A(a,\ -3,\ 4)\ (a>0)$인 구 S가 x축과 한 점에서만 만나고 $\overline{OA}=3\sqrt{3}$일 때, 구 S가 z축과 만나는 두 점 사이의 거리는? (단, O는 원점이다.) (3점)

① $3\sqrt{6}$ ② $2\sqrt{14}$ ③ $\sqrt{58}$
④ $2\sqrt{15}$ ⑤ $\sqrt{62}$

056 ★☆☆ 2008학년도 9월모평 가형 8번

그림과 같이 좌표공간에서 한 변의 길이가 4인 정육면체를 한 변의 길이가 2인 8개의 정육면체로 나누었다. 이 중 그림의 세 정육면체 A, B, C 안에 반지름의 길이가 1인 구가 각각 내접하고 있다. 3개의 구의 중심을 연결한 삼각형의 무게중심의 좌표를 $(p,\ q,\ r)$라 할 때, $p+q+r$의 값은? (3점)

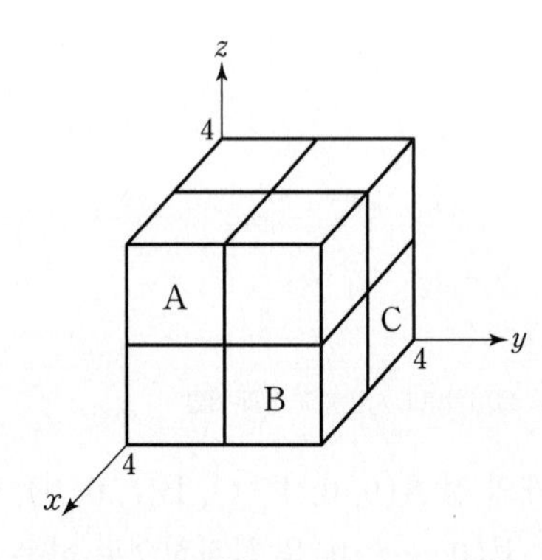

① 6 ② $\frac{19}{3}$ ③ $\frac{20}{3}$
④ 7 ⑤ $\frac{22}{3}$

정답과 해설 053 p.328 | 054 p.328 | 055 p.328 | 056 p.329

057 ★★☆ 2005학년도 수능예비평가 가형 23번

그림과 같이 반지름의 길이가 각각 9, 15, 36이고 서로 외접하는 세 개의 구가 평면 α 위에 놓여 있다. 세 구의 중심을 각각 A, B, C라 할 때, △ABC의 무게중심으로부터 평면 α까지의 거리를 구하시오. (3점)

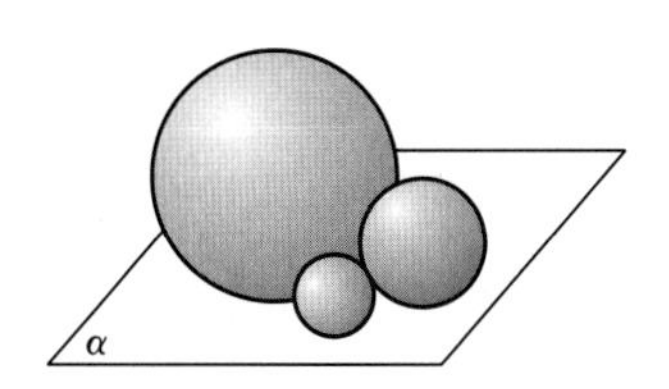

058 ★★☆

좌표공간에서 구 $(x-6)^2+(y-6)^2+(z-6)^2=81$ 위의 점 P와 원점 O를 잇는 선분 OP를 1 : 2로 내분하는 점을 A라 할 때, 점 A가 나타내는 도형의 부피는? (3점)

① 24π　② 28π　③ 32π　④ 36π　⑤ 40π

유형 07 구의 방정식의 활용

동영상강의 249-3-2-Y07

출제경향

구의 위치 관계, 평면에 의하여 잘린 구의 단면인 원 등의 응용 문제들이 출제된다.

접근방법

문제의 조건에 따라 그림을 정확히 그리고 구에 관한 기본 공식을 적용한다.

단골공식

(1) 구와 평면의 위치 관계

구의 중심과 평면 사이의 거리를 d, 구의 반지름의 길이를 r라 할 때,

① $d<r \Longleftrightarrow$ 만난다.

② $d=r \Longleftrightarrow$ 접한다.

③ $d>r \Longleftrightarrow$ 만나지 않는다.

$d<r$

$d=r$

$d>r$

(2) 두 구의 위치 관계

두 구 S, S'의 반지름의 길이를 각각 r, $r'(r>r')$, 중심 사이의 거리를 d라 할 때,

① $d>r+r' \Longleftrightarrow$ 구 S 외부에 구 S'이 있다.

② $d=r+r' \Longleftrightarrow$ 외접

③ $r-r'<d<r+r' \Longleftrightarrow$ 만나서 원이 생긴다.

④ $d=r-r' \Longleftrightarrow$ 내접

⑤ $0\le d<r-r' \Longleftrightarrow$ 구 S 내부에 구 S'이 있다.

059 ★★☆ 2001학년도 수능 자연계 5번

거리가 1인 두 평행한 평면으로 반지름의 길이가 1인 구를 잘라서 얻어진 두 단면의 넓이의 합의 최댓값은? (3점)

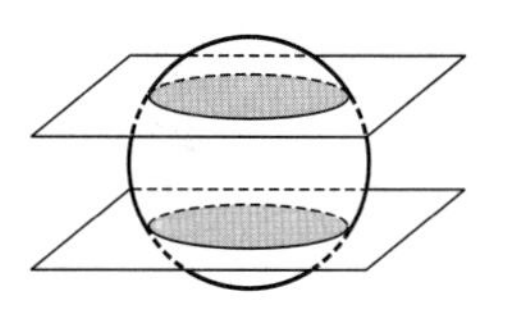

① $\frac{1}{2}\pi$　② $\frac{3}{4}\pi$　③ π　④ $\frac{3}{2}\pi$　⑤ 2π

이 문항은 7차 교육과정 이전에 출제되었지만 다시 출제될 가능성이 있어 수록하였습니다.

정답과 해설 057 p.329 058 p.330 059 p.330

060 ★★☆ 2005학년도 9월모평 가형 23번

좌표공간에 반구 $(x-5)^2+(y-4)^2+z^2=9,\ z\geq0$이 있다. y축을 포함하는 평면 α가 반구와 접할 때, α와 xy평면이 이루는 각을 θ라 하자. 이때, $30\cos\theta$의 값을 구하시오.

$\left(\text{단, } 0<\theta<\frac{\pi}{2}\right)$ (4점)

061 ★★☆ 2012년 7월학평 가형 9번

구 $x^2+y^2+z^2-2x-4y+2z-3=0$을 xy평면으로 자른 단면을 밑면으로 하고, 구에 내접하는 원뿔의 부피의 최댓값은? (3점)

① $\frac{31}{3}\pi$ ② $\frac{32}{3}\pi$ ③ 11π
④ $\frac{34}{3}\pi$ ⑤ $\frac{35}{3}\pi$

062 ★★☆ 2009학년도 9월모평 가형 9번

다음 조건을 만족하는 점 P 전체의 집합이 나타내는 도형의 둘레의 길이는? (3점)

> 좌표공간에서 점 P를 중심으로 하고 반지름의 길이가 2인 구가 두 개의 구
> $x^2+y^2+z^2=1$
> $(x-2)^2+(y+1)^2+(z-2)^2=4$
> 에 동시에 외접한다.

① $\frac{2\sqrt{5}}{3}\pi$ ② $\sqrt{5}\pi$ ③ $\frac{5\sqrt{5}}{3}\pi$
④ $2\sqrt{5}\pi$ ⑤ $\frac{8\sqrt{5}}{3}\pi$

063 ★★☆

좌표공간에서 구 S_1은 점 $\mathrm{P}(a,\ 3,\ 1)$을 중심으로 yz평면에 접하고, 구 S_2는 점 $\mathrm{Q}(5,\ b,\ 5)$를 중심으로 zx평면에 접하고 있다. 두 구 S_1, S_2는 서로 외접하고 두 구의 중심 사이의 거리가 6일 때, a^2+b^2의 값을 구하시오. (단, $a>0,\ b>0$)

(3점)

정답과 해설 060 p.331 061 p.331 062 p.332 063 p.332

064 ★★☆ 2003학년도 모평 자연계 19번

좌표공간에 두 점 P(0, 0, 5)와 Q(a, b, 4)를 잇는 직선 l과 방정식이 $(x-1)^2+(y-2)^2+(z-3)^2=4$인 구 S가 있다. 이 직선 l과 구 S를 xy평면에 정사영시켜 얻은 두 도형이 서로 접할 때, $\frac{a}{b}$의 값은? (단, $b\neq0$) (3점)

① 2 ② $-\frac{3}{2}$ ③ -1
④ $-\frac{3}{4}$ ⑤ $-\frac{2}{3}$

이 문항은 7차 교육과정 이전에 출제되었지만 다시 출제될 가능성이 있어 수록하였습니다.

065 ★★★

두 구

$$(x-3)^2+(y-4)^2+(z-8)^2=25,$$
$$(x-6)^2+(y-8)^2+(z-13)^2=25$$

가 만나서 생기는 원 C의 xy평면 위로의 정사영의 넓이는? (4점)

① $\frac{25\sqrt{2}}{4}\pi$ ② $\frac{13\sqrt{2}}{2}\pi$ ③ $\frac{27\sqrt{2}}{4}\pi$
④ $7\sqrt{2}\pi$ ⑤ $\frac{29\sqrt{2}}{4}\pi$

066 ★☆☆

두 구

$$(x-3)^2+(y+1)^2+(z-2)^2=9$$
$$(x-10)^2+(y-a)^2+(z-7)^2=100$$

의 yz평면 위로의 정사영이 서로 외접할 때, 양수 a의 값은? (3점)

① 5 ② 7 ③ 9
④ 11 ⑤ 13

067 ★★☆ 2008학년도 9월모평 가형 23번

좌표공간에서 xy평면 위의 원 $x^2+y^2=1$을 C라 하고, 원 C 위의 점 P와 점 A(0, 0, 3)을 잇는 선분이 구 $x^2+y^2+(z-2)^2=1$과 만나는 점을 Q라 하자. 점 P가 원 C 위를 한 바퀴 돌 때, 점 Q가 나타내는 도형 전체의 길이는 $\frac{b}{a}\pi$이다. $a+b$의 값을 구하시오. (단, 점 Q는 점 A가 아니고, a, b는 서로소인 자연수이다.) (4점)

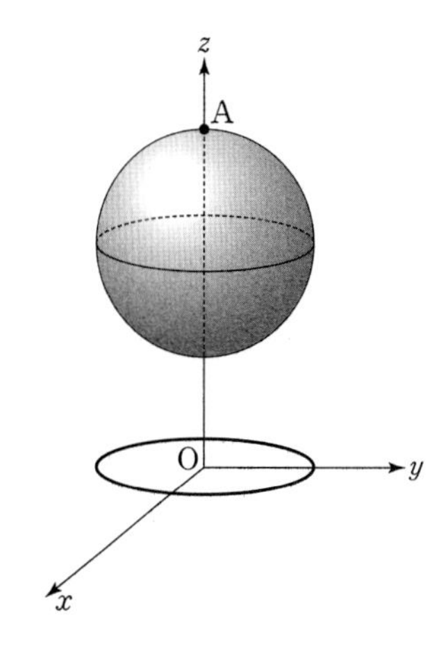

정답과 해설 064 p.333 065 p.333 066 p.334 067 p.334

068 ★★☆

좌표공간에서 그림과 같이 점 A$(0,\ 0,\ 10)$에서 구 $x^2+y^2+z^2=25$에 접선을 그었을 때 이 접선이 구 $x^2+y^2+(z-8)^2=4$와 만나는 점 중 점 A가 아닌 점을 P라 하자. 점 P가 나타내는 도형을 밑면으로 하고 구 $x^2+y^2+(z-8)^2=4$의 중심이 꼭짓점인 원뿔의 부피는? (4점)

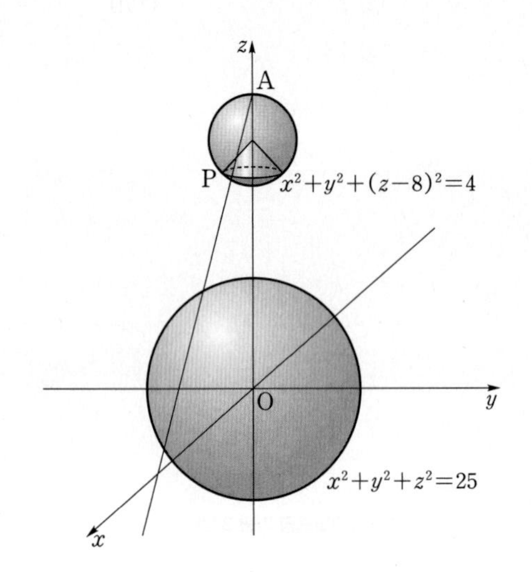

① $\frac{\sqrt{3}}{3}\pi$　② $\frac{\sqrt{5}}{3}\pi$　③ $\frac{\sqrt{7}}{3}\pi$

④ π　⑤ $\frac{\sqrt{11}}{3}\pi$

069 ★★☆

그림과 같이 좌표공간에서 두 구

$$x^2+(y-2)^2+z^2=4,\ x^2+(y-5)^2+z^2=1$$

이 서로 외접하면서 원뿔에 동시에 내접한다. 이 원뿔의 밑면이 zx평면 위에 있을 때, 이 원뿔의 부피는?

(단, 두 구 중 큰 구는 원뿔의 밑면에 접한다.) (4점)

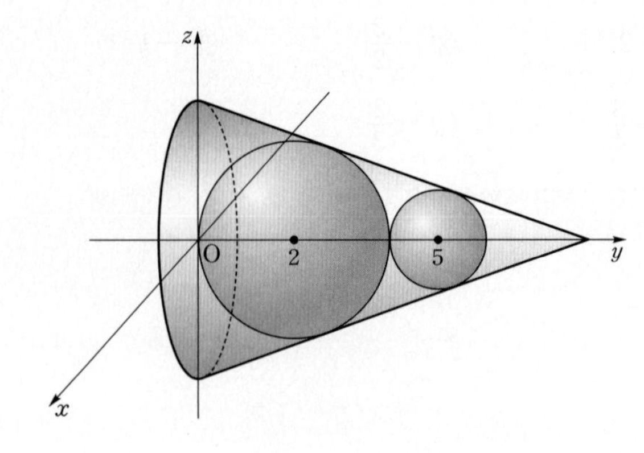

① $\frac{56}{3}\pi$　② $\frac{58}{3}\pi$　③ 20π

④ $\frac{62}{3}\pi$　⑤ $\frac{64}{3}\pi$

정답과 해설 068 p.335 069 p.335

070 ★★★

그림과 같이 좌표공간에서 두 구

$S_1 : x^2+y^2+(z-2)^2=25$

$S_2 : x^2+y^2+(z+4)^2=25$

가 만나서 생기는 원을 포함한 평면으로 두 구를 잘라서 잘려진 입체 중 큰 입체끼리 두 단면 C가 일치하도록 붙인 도형을 V라 하자. 밑면이 xy평면과 평행인 원기둥이 단면 C를 포함하면서 도형 V에 내접할 때, 이 원기둥의 부피는 $a\pi$이다. 상수 a의 값을 구하시오. (4점)

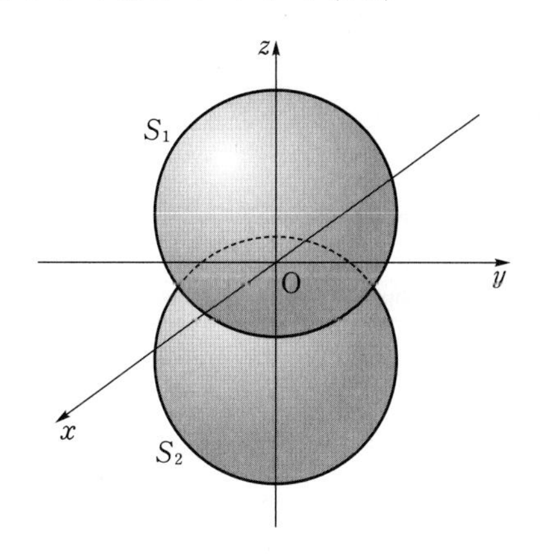

071 ★★★ 2018학년도 9월모평 가형 17번

좌표공간에 구 $S : x^2+y^2+(z-1)^2=1$과 xy평면 위의 원 $C : x^2+y^2=4$가 있다. 구 S와 점 P에서 접하고 원 C 위의 두 점 Q, R를 포함하는 평면이 xy평면과 이루는 예각의 크기가 $\frac{\pi}{3}$이다. 점 P의 z좌표가 1보다 클 때, 선분 QR의 길이는? (4점)

① 1 ② $\sqrt{2}$ ③ $\sqrt{3}$
④ 2 ⑤ $\sqrt{5}$

072 ★★☆

좌표공간에서 반지름의 길이가 r인 8개의 구가 모두 다음 조건을 만족시킨다.

(가) xy평면, yz평면, zx평면과 만나서 생기는 원의 넓이가 각각 π, 6π, 9π이다.
(나) 8개의 구의 중심을 꼭짓점으로 하는 직육면체의 부피가 48이다.

이때, r의 값은? (4점)

① $\sqrt{10}$ ② $\sqrt{11}$ ③ $2\sqrt{3}$
④ $\sqrt{13}$ ⑤ $\sqrt{14}$

073 ★★★ 2023년 10월학평 기하 30번

좌표공간에 구 $S : x^2+y^2+(z-\sqrt{5})^2=9$가 xy평면과 만나서 생기는 원을 C라 하자. 구 S 위의 네 점 A, B, C, D가 다음 조건을 만족시킨다.

(가) 선분 AB는 원 C의 지름이다.
(나) 직선 AB는 평면 BCD에 수직이다.
(다) $\overline{BC}=\overline{BD}=\sqrt{15}$

삼각형 ABC의 평면 ABD 위로의 정사영의 넓이를 k라 할 때, k^2의 값을 구하시오. (4점)

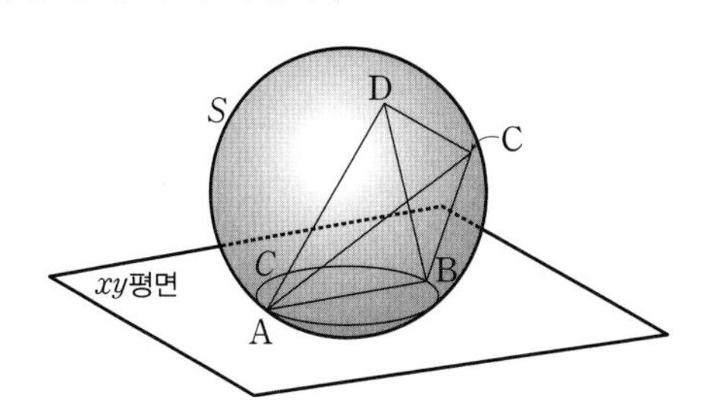

정답과 해설 070 p.336 | 071 p.337 | 072 p.338 | 073 p.338

1등급에 도전하는

최고난도 문제

문제 풀이 동영상 강의

074 ★★★★ 2024학년도 9월모평 기하 28번

좌표공간에 중심이 A(0, 0, 1)이고 반지름의 길이가 4인 구 S가 있다. 구 S가 xy평면과 만나서 생기는 원을 C라 하고, 점 A에서 선분 PQ까지의 거리가 2가 되도록 원 C 위에 두 점 P, Q를 잡는다. 구 S가 선분 PQ를 지름으로 하는 구 T와 만나서 생기는 원 위에서 점 B가 움직일 때, 삼각형 BPQ의 xy평면 위로의 정사영의 넓이의 최댓값은?

(단, 점 B의 z좌표는 양수이다.) (4점)

① 6　② $3\sqrt{6}$　③ $6\sqrt{2}$
④ $3\sqrt{10}$　⑤ $6\sqrt{3}$

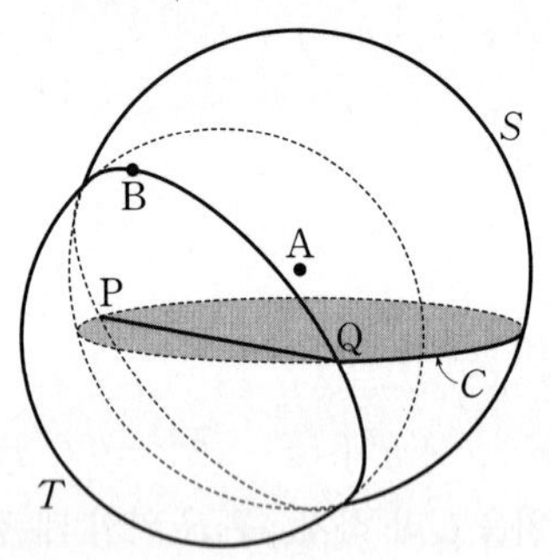

075 ★★★★ 2022학년도 수능예시문항 기하 30번

좌표공간에서 점 A(0, 0, 1)을 지나는 직선이 중심이 C(3, 4, 5)이고 반지름의 길이가 1인 구와 한 점 P에서만 만난다. 세 점 A, C, P를 지나는 원의 xy평면 위로의 정사영의 넓이의 최댓값은 $\frac{q}{p}\sqrt{41}\pi$이다. $p+q$의 값을 구하시오. (단, p와 q는 서로소인 자연수이다.) (4점)

정답과 해설 074 p.339 075 p.339

076 ★★★★ 2018학년도 수능 가형 20번

좌표공간에 한 직선 위에 있지 않은 세 점 A, B, C가 있다. 다음 조건을 만족시키는 평면 α에 대하여 각 점 A, B, C와 평면 α 사이의 거리 중에서 가장 작은 값을 $d(\alpha)$라 하자.

(가) 평면 α는 선분 AC와 만나고, 선분 BC와도 만난다.
(나) 평면 α는 선분 AB와 만나지 않는다.

위의 조건을 만족시키는 평면 α 중에서 $d(\alpha)$가 최대가 되는 평면을 β라 할 때, [보기]에서 옳은 것만을 있는 대로 고른 것은? (4점)

[보기]
ㄱ. 평면 β는 세 점 A, B, C를 지나는 평면과 수직이다.
ㄴ. 평면 β는 선분 AC의 중점 또는 선분 BC의 중점을 지난다.
ㄷ. 세 점이 $A(2, 3, 0)$, $B(0, 1, 0)$, $C(2, -1, 0)$일 때, $d(\beta)$는 점 B와 평면 β 사이의 거리와 같다.

① ㄱ ② ㄷ ③ ㄱ, ㄴ
④ ㄴ, ㄷ ⑤ ㄱ, ㄴ, ㄷ

077 ★★★★ 2022학년도 수능 기하 30번

좌표공간에 중심이 $C(2, \sqrt{5}, 5)$이고 점 $P(0, 0, 1)$을 지나는 구

$$S : (x-2)^2+(y-\sqrt{5})^2+(z-5)^2=25$$

가 있다. 구 S가 평면 OPC와 만나서 생기는 원 위를 움직이는 점 Q, 구 S 위를 움직이는 점 R에 대하여 두 점 Q, R의 xy평면 위로의 정사영을 각각 Q_1, R_1이라 하자.
삼각형 OQ_1R_1의 넓이가 최대가 되도록 하는 두 점 Q, R에 대하여 삼각형 OQ_1R_1의 평면 PQR 위로의 정사영의 넓이는 $\frac{q}{p}\sqrt{6}$이다. $p+q$의 값을 구하시오. (단, O는 원점이고 세 점 O, Q_1, R_1은 한 직선 위에 있지 않으며, p와 q는 서로소인 자연수이다.) (4점)

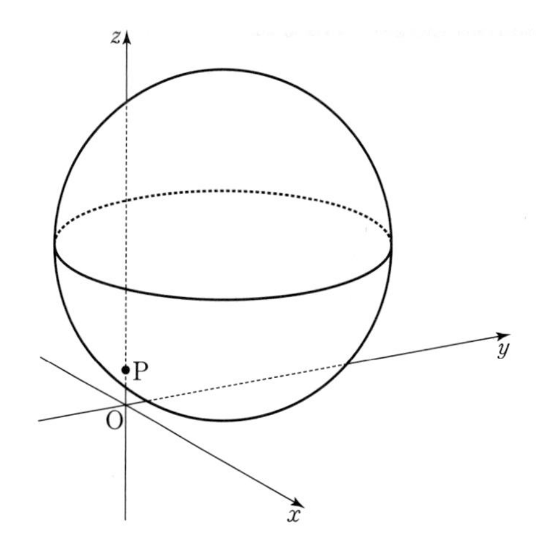

정답과 해설 076 p.340 077 p.341

078 ★★★★ 2023학년도 9월모평 기하 29번

좌표공간에 두 개의 구

$$S_1 : x^2+y^2+(z-2)^2=4,\ S_2 : x^2+y^2+(z+7)^2=49$$

가 있다. 점 $\mathrm{A}(\sqrt{5},\ 0,\ 0)$을 지나고 zx평면에 수직이며, 구 S_1과 z좌표가 양수인 한 점에서 접하는 평면을 α라 하자. 구 S_2가 평면 α와 만나서 생기는 원을 C라 할 때, 원 C 위의 점 중 z좌표가 최소인 점을 B라 하고 구 S_2와 점 B에서 접하는 평면을 β라 하자.

원 C의 평면 β 위로의 정사영의 넓이가 $\frac{q}{p}\pi$일 때, $p+q$의 값을 구하시오. (단, p와 q는 서로소인 자연수이다.) (4점)

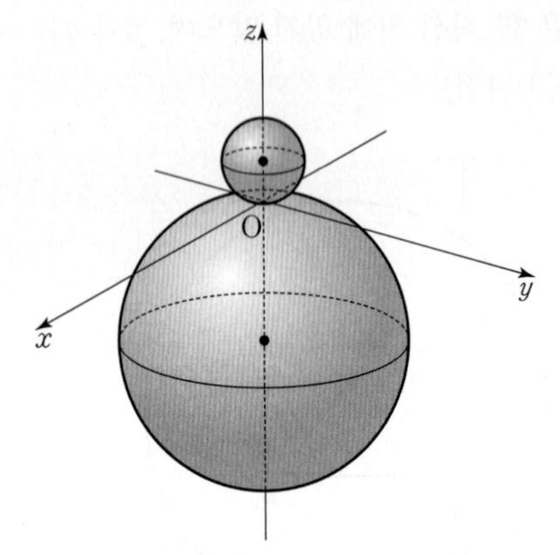

079 ★★★★ 2010학년도 사관학교 이과 30번

구 $(x-3)^2+(y-2)^2+(z-3)^2=27$과 그 내부를 포함하는 입체를 xy평면으로 잘라 구의 중심이 포함된 부분을 남기고 나머지 부분을 버린다. 남아있는 부분을 다시 yz평면으로 잘라 구의 중심이 포함된 부분을 남기고 나머지 부분을 버린다. 이때, 마지막에 남아있는 부분에서 두 평면에 의해 잘린 단면의 넓이는 $a\pi+b$이다. 두 자연수 a, b의 합 $a+b$의 값을 구하시오. (4점)

080 ★★★★ 2015학년도 수능 B형 29번

좌표공간에 구 $S : x^2+y^2+z^2=50$과 점 $\mathrm{P}(0,\ 5,\ 5)$가 있다. 다음 조건을 만족시키는 모든 원 C에 대하여 C의 xy평면 위로의 정사영의 넓이의 최댓값을 $\frac{q}{p}\pi$라 하자. $p+q$의 값을 구하시오. (단, p와 q는 서로소인 자연수이다.) (4점)

> (가) 원 C는 점 P를 지나는 평면과 구 S가 만나서 생긴다.
> (나) 원 C의 반지름의 길이는 1이다.

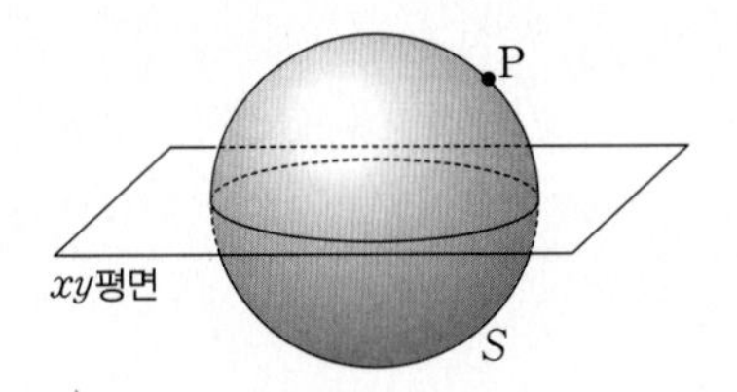

정답과 해설 078 p.342 079 p.343 080 p.343

사관학교 기출문제

문제 풀이 동영상 강의

081 ★☆☆ 2024학년도 사관학교 기하 23번

좌표공간의 두 점 A(4, 2, 3), B(−2, 3, 1)과 x축 위의 점 P에 대하여 $\overline{\mathrm{AP}}=\overline{\mathrm{BP}}$일 때, 점 P의 x좌표는? (2점)

① $\frac{1}{2}$　② $\frac{3}{4}$　③ 1　④ $\frac{5}{4}$　⑤ $\frac{3}{2}$

082 ★★☆ 2011학년도 사관학교 이과 19번

한 모서리의 길이가 1인 정육면체 ABCD−EFGH를 다음 두 조건을 만족시키도록 좌표공간에 놓는다.

> (가) 꼭짓점 A는 원점에 놓이도록 한다.
> (나) 꼭짓점 G는 y축 위에 놓이도록 한다.

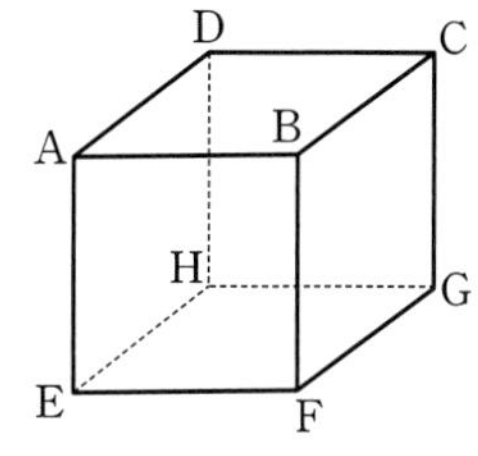

위의 조건을 만족시키는 상태에서 이 정육면체를 y축의 둘레로 회전시킬 때, 점 B가 그리는 도형은 점 $(0, a, 0)$을 중심으로 하고 반지름의 길이가 r인 원이다. 이때, a, r의 곱 ar의 값은? (단, 점 G의 y좌표는 양수이다.) (4점)

① $\frac{1}{6}$　② $\frac{\sqrt{2}}{6}$　③ $\frac{1}{3}$　④ $\frac{\sqrt{2}}{3}$　⑤ $\frac{\sqrt{3}}{3}$

083 ★☆☆ 2018학년도 사관학교 가형 5번

좌표공간의 두 점 A(1, 2, −1), B(3, 1, −2)에 대하여 선분 AB를 2 : 1로 외분하는 점의 좌표는? (3점)

① (5, 0, −3)　② (5, 3, −4)　③ (4, 0, −3)　④ (4, 3, −3)　⑤ (3, 0, −4)

084 ★★☆ 2022학년도 사관학교 기하 24번

좌표공간의 두 점 A(0, 2, −3), B(6, −4, 15)에 대하여 선분 AB 위에 점 C가 있다. 세 점 A, B, C에서 xy평면에 내린 수선의 발을 각각 A′, B′, C′이라 하자. $2\overline{\mathrm{A'C'}}=\overline{\mathrm{C'B'}}$일 때, 점 C의 z좌표는? (3점)

① −5　② −3　③ −1　④ 1　⑤ 3

정답과 해설 081 p.344 082 p.345 083 p.345 084 p.345

085 ★★☆ 2020학년도 사관학교 가형 11번

좌표공간의 두 점 $A(2, 2, 1)$, $B(a, b, c)$에 대하여 선분 AB를 $1:2$로 내분하는 점이 y축 위에 있다. 직선 AB와 xy평면이 이루는 각의 크기를 θ라 할 때, $\tan\theta=\frac{\sqrt{2}}{4}$이다. 양수 b의 값은? (3점)

① 6 ② 7 ③ 8
④ 9 ⑤ 10

086 ★☆☆ 2017학년도 사관학교 가형 3번

좌표공간에서 세 점 $A(6, 0, 0)$, $B(0, 3, 0)$, $C(0, 0, -3)$을 꼭짓점으로 하는 삼각형 ABC의 무게중심을 G라 할 때, 선분 OG의 길이는? (단, O는 원점이다.) (2점)

① $\sqrt{2}$ ② 2 ③ $\sqrt{6}$
④ $2\sqrt{2}$ ⑤ $\sqrt{10}$

087 ★★☆ 2010학년도 사관학교 이과 22번

좌표공간에 네 점 $A(0, 1, 0)$, $B(1, 1, 0)$, $C(1, 0, 0)$, $D(0, 0, 1)$이 있다. 그림과 같이 점 P는 원점 O에서 출발하여 사각형 OABC의 둘레를 $O \to A \to B \to C \to O \to A \to B \to \cdots$의 방향으로 움직이며, 점 Q는 원점 O에서 출발하여 삼각형 OAD의 둘레를 $O \to A \to D \to O \to A \to D \to \cdots$의 방향으로 움직인다. 두 점 P, Q가 원점 O에서 동시에 출발하여 각각 매초 1의 일정한 속력으로 움직인다고 할 때, 옳은 것만을 [보기]에서 있는 대로 고른 것은? (4점)

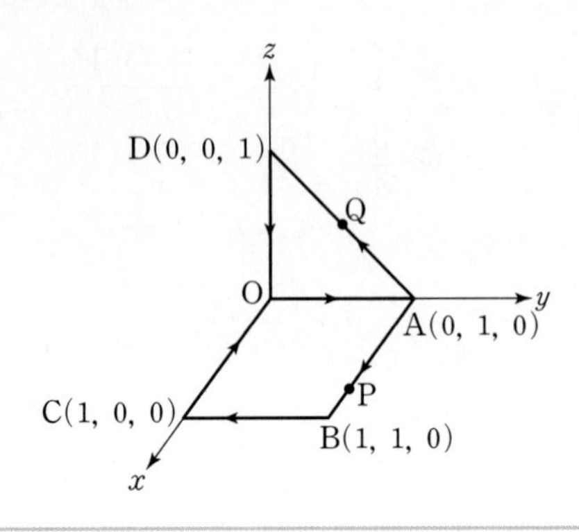

[보기]

ㄱ. 두 점 P, Q가 출발 후 원점에서 다시 만나는 경우는 없다.

ㄴ. 출발 후 4초가 되는 순간 두 점 P, Q 사이의 거리는 $\frac{\sqrt{2}}{2}$이다.

ㄷ. 출발 후 2초가 되는 순간 두 점 P, Q 사이의 거리는 $\sqrt{2}$이다.

① ㄱ ② ㄴ ③ ㄱ, ㄴ
④ ㄱ, ㄷ ⑤ ㄴ, ㄷ

정답과 해설 085 p.345 086 p.346 087 p.346

088 ★★☆ 2015학년도 사관학교 B형 28번

좌표공간에서 구 $(x-6)^2+(y+1)^2+(z-5)^2=16$ 위의 점 P와 yz평면 위에 있는 원 $(y-2)^2+(z-1)^2=9$ 위의 점 Q 사이의 거리의 최댓값을 구하시오. (4점)

089 ★★★ 2024학년도 사관학교 기하 30번

좌표공간에 두 개의 구

$$C_1 : (x-3)^2+(y-4)^2+(z-1)^2=1,$$
$$C_2 : (x-3)^2+(y-8)^2+(z-5)^2=4$$

가 있다. 구 C_1 위의 점 P와 구 C_2 위의 점 Q, zx평면 위의 점 R, yz평면 위의 점 S에 대하여 $\overline{PR}+\overline{RS}+\overline{SQ}$의 값이 최소가 되도록 하는 네 점 P, Q, R, S를 각각 P_1, Q_1, R_1, S_1이라 하자. 선분 R_1S_1 위의 점 X에 대하여 $\overline{P_1R_1}+\overline{R_1X}=\overline{XS_1}+\overline{S_1Q_1}$일 때, 점 X의 x좌표는 $\frac{q}{p}$이다. $p+q$의 값을 구하시오.

(단, p와 q는 서로소인 자연수이다.) (4점)

090 ★★★ 2023학년도 사관학교 기하 29번

좌표공간에 점 (4, 3, 2)를 중심으로 하고 원점을 지나는 구

$$S : (x-4)^2+(y-3)^2+(z-2)^2=29$$

가 있다. 구 S 위의 점 $P(a, b, 7)$에 대하여 직선 OP를 포함하는 평면 α가 구 S와 만나서 생기는 원을 C라 하자. 평면 α와 원 C가 다음 조건을 만족시킨다.

> (가) 직선 OP와 xy평면이 이루는 각의 크기와 평면 α와 xy평면이 이루는 각의 크기는 같다.
> (나) 선분 OP는 원 C의 지름이다.

$a^2+b^2<25$일 때, 원 C의 xy평면 위로의 정사영의 넓이는 $k\pi$이다. $8k^2$의 값을 구하시오. (단, O는 원점이다.) (4점)

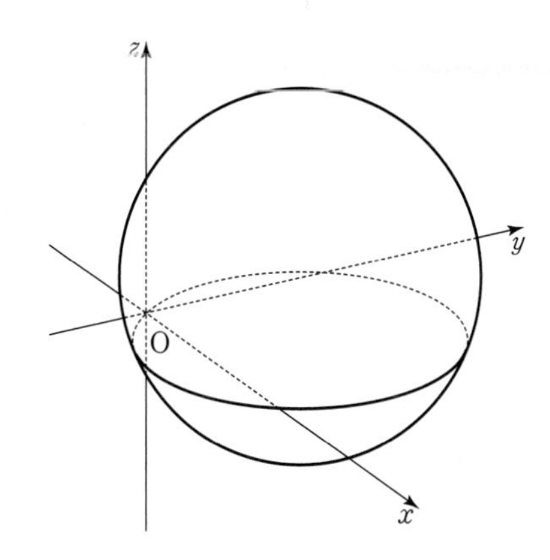

정답과 해설 088 p.347 | 089 p.347 | 090 p.348

1회 기하 기출 미니모의고사

출제 범위 | 기하 전범위

항목	만점	나의 기록
점수	26점	점
시간	30분	분

249-M-1-Y0
문제 풀이 동영상 강의

5지 선다형

01 ★☆☆ 2017학년도 9월모평 가형 3번

좌표공간에서 두 점 A(1, 3, −6), B(7, 0, 3)에 대하여 선분 AB를 2 : 1로 내분하는 점의 좌표가 $(a,\ b,\ 0)$이다. $a+b$의 값은? (2점)

① 6 ② 7 ③ 8 ④ 9 ⑤ 10

02 ★☆☆ 2008학년도 수능 가형 5번

로그함수 $y=\log_2(x+a)+b$의 그래프가 포물선 $y^2=x$의 초점을 지나고, 이 로그함수의 그래프의 점근선이 포물선 $y^2=x$의 준선과 일치할 때, 두 상수 a, b의 합 $a+b$의 값은? (3점)

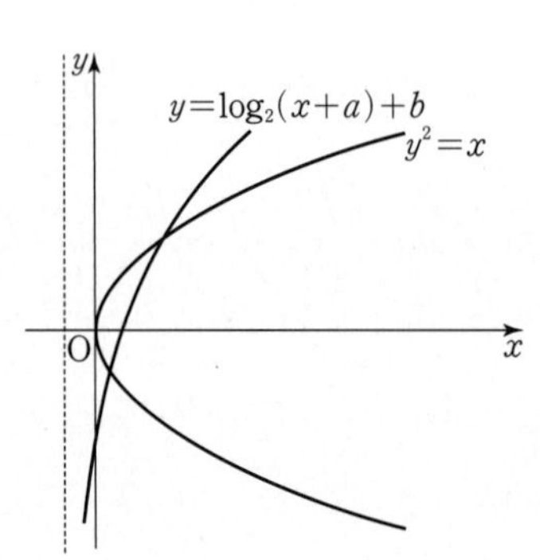

① $\frac{5}{4}$ ② $\frac{13}{8}$ ③ $\frac{9}{4}$ ④ $\frac{21}{8}$ ⑤ $\frac{11}{4}$

03 ★☆☆ 2012학년도 수능 가형 8번

삼각형 ABC에서

$$\overline{AB}=2,\ \angle B=90°,\ \angle C=30°$$

이다. 점 P가 $\overrightarrow{PB}+\overrightarrow{PC}=\vec{0}$를 만족시킬 때, $|\overrightarrow{PA}|^2$의 값은? (3점)

① 5 ② 6 ③ 7 ④ 8 ⑤ 9

04 ★★☆ 2008학년도 사관학교 이과 6번

그림과 같이 타원 $\frac{x^2}{100}+\frac{y^2}{75}=1$의 두 초점을 F, F′이라 하고, 이 타원 위의 점 P에 대하여 선분 F′P가 타원 $\frac{x^2}{49}+\frac{y^2}{24}=1$과 만나는 점을 Q라 하자. $\overline{F'Q}=8$일 때, 선분 FP의 길이는? (3점)

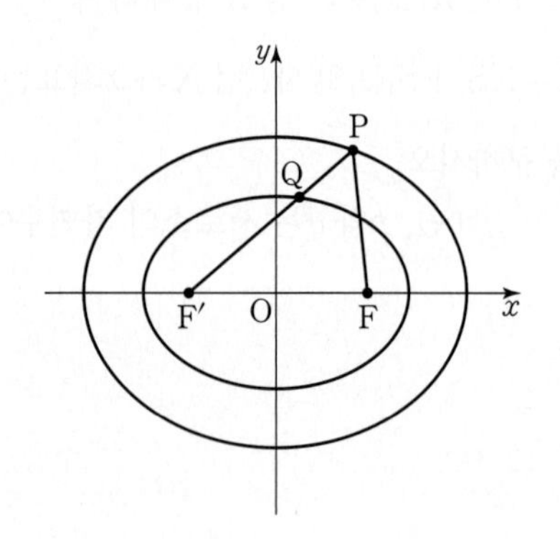

① 7 ② $\frac{29}{4}$ ③ $\frac{15}{2}$ ④ $\frac{31}{4}$ ⑤ 8

정답과 해설 01 p.349 02 p.349 03 p.349 04 p.350

05 ★★☆ 2021년 10월학평 기하 27번

좌표공간에 $\overline{OA}=7$인 점 A가 있다. 점 A를 중심으로 하고 반지름의 길이가 8인 구 S와 xy평면이 만나서 생기는 원의 넓이가 25π이다. 구 S와 z축이 만나는 두 점을 각각 B, C라 할 때, 선분 BC의 길이는? (단, O는 원점이다.) (3점)

① $2\sqrt{46}$ ② $8\sqrt{3}$ ③ $10\sqrt{2}$
④ $4\sqrt{13}$ ⑤ $6\sqrt{6}$

06 ★★★ 2010학년도 수능 가형 14번

평면에서 그림의 오각형 ABCDE가

$$\overline{AB}=\overline{BC},\ \overline{AE}=\overline{ED},\ \angle B=\angle E=90°$$

를 만족시킬 때, 옳은 것만을 [보기]에서 있는 대로 고른 것은? (4점)

[보기]

ㄱ. 선분 BE의 중점 M에 대하여 $\overrightarrow{AB}+\overrightarrow{AE}$와 $\overrightarrow{AM}$은 서로 평행하다.

ㄴ. $\overrightarrow{AB}\cdot\overrightarrow{AE}=-\overrightarrow{BC}\cdot\overrightarrow{ED}$

ㄷ. $|\overrightarrow{BC}+\overrightarrow{ED}|=|\overrightarrow{BE}|$

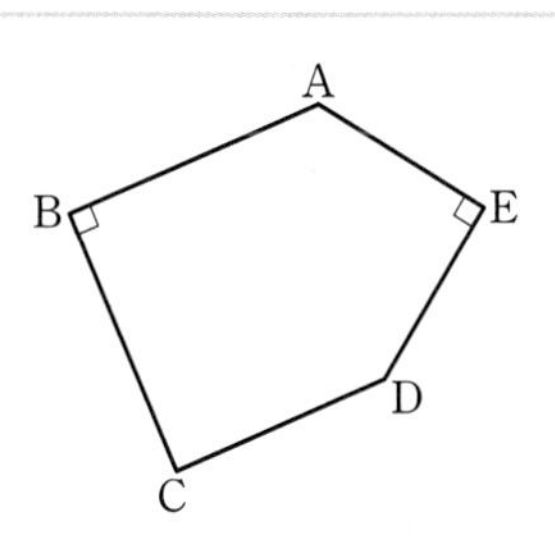

① ㄱ ② ㄷ ③ ㄱ, ㄴ
④ ㄴ, ㄷ ⑤ ㄱ, ㄴ, ㄷ

단답형

07 ★★☆ 2014학년도 9월모평 B형 26번

그림과 같이 두 초점이 F(3, 0), F′(−3, 0)인 쌍곡선 $\frac{x^2}{a^2}-\frac{y^2}{b^2}=1$ 위의 점 P(4, k)에서의 접선과 x축과의 교점이 선분 F′F를 2 : 1로 내분할 때, k^2의 값을 구하시오.

(단, a, b는 상수이다.) (4점)

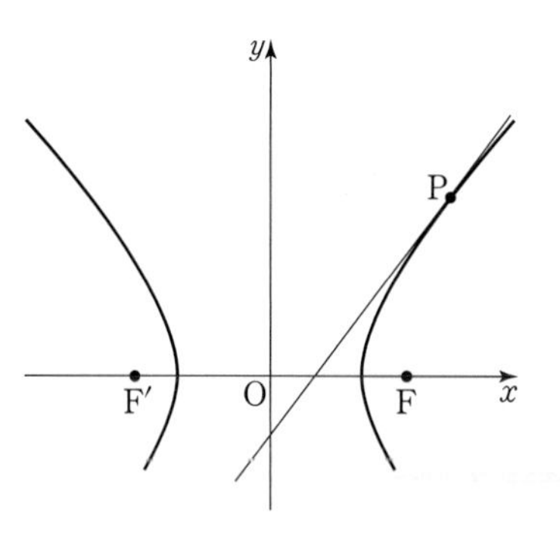

08 ★★★ 2015학년도 9월모평 B형 29번

그림과 같이 평면 α 위에 놓여 있는 서로 다른 네 구 S, S_1, S_2, S_3이 다음 조건을 만족시킨다.

(가) S의 반지름의 길이는 3이고, S_1, S_2, S_3의 반지름의 길이는 1이다.
(나) S_1, S_2, S_3은 모두 S에 접한다.
(다) S_1은 S_2와 접하고, S_2는 S_3과 접한다.

S_1, S_2, S_3의 중심을 각각 O_1, O_2, O_3이라 하자. 두 점 O_1, O_2를 지나고 평면 α에 수직인 평면을 β, 두 점 O_2, O_3을 지나고 평면 α에 수직인 평면이 S_3과 만나서 생기는 단면을 D라 하자. 단면 D의 평면 β 위로의 정사영의 넓이를 $\frac{q}{p}\pi$라 할 때, $p+q$의 값을 구하시오.

(단, p와 q는 서로소인 자연수이다.) (4점)

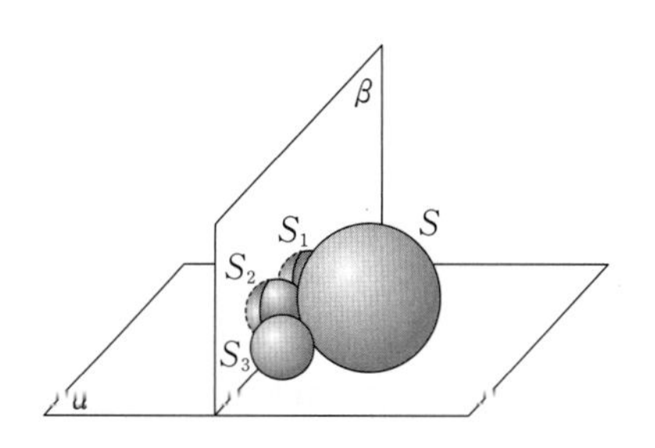

정답과 해설 05 p.351 | 06 p.351 | 07 p.352 | 08 p.352

2회 기하 기출 미니모의고사

출제 범위 | 기하 전범위

항목	만점	나의 기록
점수	26점	점
시간	30분	분

249-M-2-Y0
문제 풀이 동영상 강의

5지 선다형

01 ★☆☆ 2018학년도 9월모평 가형 3번

좌표공간의 두 점 $A(2, 0, 4)$, $B(5, 0, a)$에 대하여 선분 AB를 $2:1$로 내분하는 점이 x축 위에 있을 때, a의 값은? (2점)

① -1 ② -2 ③ -3
④ -4 ⑤ -5

02 ★☆☆ 2019학년도 9월모평 가형 5번

초점이 F인 포물선 $y^2=8x$ 위의 점 $P(a, b)$에 대하여 $\overline{PF}=4$일 때, $a+b$의 값은? (단, $b>0$) (3점)

① 3 ② 4 ③ 5
④ 6 ⑤ 7

03 ★☆☆ 2015학년도 수능 B형 12번

평면 α 위에 있는 서로 다른 두 점 A, B를 지나는 직선을 l이라 하고, 평면 α 위에 있지 않은 점 P에서 평면 α에 내린 수선의 발을 H라 하자. $\overline{AB}=\overline{PA}=\overline{PB}=6$, $\overline{PH}=4$일 때, 점 H와 직선 l 사이의 거리는? (3점)

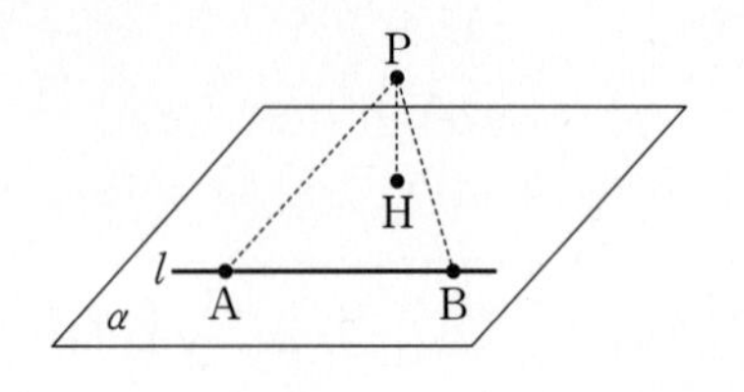

① $\sqrt{11}$ ② $2\sqrt{3}$ ③ $\sqrt{13}$
④ $\sqrt{14}$ ⑤ $\sqrt{15}$

04 ★★☆ 2003년 10월학평 자연계 14번

쌍곡선 $\frac{x^2}{16}-\frac{y^2}{9}=1$ 위의 한 점 P와 두 초점 F, F′에 대하여 $\angle FPF'=60°$일 때, 삼각형 PFF′의 넓이는? (3점)

① $6\sqrt{2}$ ② $8\sqrt{2}$ ③ $8\sqrt{3}$
④ $9\sqrt{2}$ ⑤ $9\sqrt{3}$

정답과 해설 01 p.353 02 p.353 03 p.354 04 p.355

05 ★★☆ 2009학년도 9월모평 가형 7번

평면 위의 두 점 $\mathrm{O_1}$, $\mathrm{O_2}$ 사이의 거리가 1일 때, $\mathrm{O_1}$, $\mathrm{O_2}$를 각각 중심으로 하고 반지름의 길이가 1인 두 원의 교점을 A, B라 하자. 호 $\mathrm{AO_2B}$ 위의 점 P와 호 $\mathrm{AO_1B}$ 위의 점 Q에 대하여 두 벡터 $\overrightarrow{\mathrm{O_1P}}$, $\overrightarrow{\mathrm{O_2Q}}$의 내적 $\overrightarrow{\mathrm{O_1P}} \cdot \overrightarrow{\mathrm{O_2Q}}$의 최댓값을 M, 최솟값을 m이라 할 때, $M+m$의 값은? (3점)

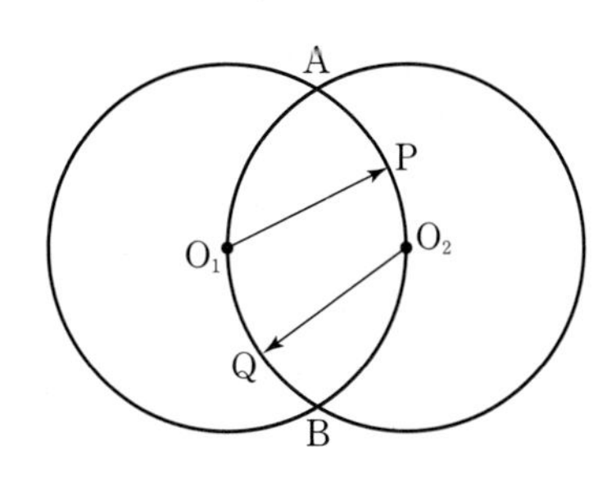

① -1　② $-\frac{1}{2}$　③ 0
④ $\frac{1}{4}$　⑤ 1

06 ★★☆ 2014학년도 6월모평 B형 19번

직선 $y=2$ 위의 점 P에서 타원 $x^2+\frac{y^2}{2}=1$에 그은 두 접선의 기울기의 곱이 $\frac{1}{3}$이다. 점 P의 x좌표를 k라 할 때, k^2의 값은? (4점)

① 6　② 7　③ 8
④ 9　⑤ 10

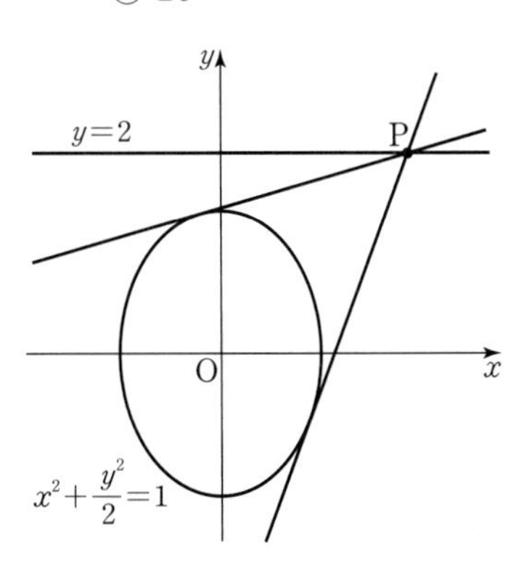

단답형

07 ★★★ 2013학년도 9월모평 가형 27번

좌표공간에서 구

$$S:(x-1)^2+(y-1)^2+(z-1)^2=4$$

위를 움직이는 점 P가 있다. 점 P에서 구 S에 접하는 평면이 구 $x^2+y^2+z^2=16$과 만나서 생기는 도형의 넓이의 최댓값은 $(a+b\sqrt{3})\pi$이다. $a+b$의 값을 구하시오.

(단, a, b는 자연수이다.) (4점)

08 ★★★ 2019학년도 수능 가형 29번

좌표평면에서 넓이가 9인 삼각형 ABC의 세 변 AB, BC, CA 위를 움직이는 점을 각각 P, Q, R라 할 때,

$$\overrightarrow{\mathrm{AX}}=\frac{1}{4}(\overrightarrow{\mathrm{AP}}+\overrightarrow{\mathrm{AR}})+\frac{1}{2}\overrightarrow{\mathrm{AQ}}$$

를 만족시키는 점 X가 나타내는 영역의 넓이가 $\frac{q}{p}$이다. $p+q$의 값을 구하시오. (단, p와 q는 서로소인 자연수이다.)

(4점)

정답과 해설 05 p.355 | 06 p.356 | 07 p.356 | 08 p.357

3회 기하 기출 미니모의고사

출제 범위 | 기하 전범위

항목	만점	나의 기록
점수	26점	점
시간	30분	분

249-M-3-Y0

문제 풀이 동영상 강의

5지 선다형

01 ★☆☆ 2020학년도 수능 가형 3번

좌표공간의 두 점 A(2, 0, 1), B(3, 2, 0)에서 같은 거리에 있는 y축 위의 점의 좌표가 $(0,\ a,\ 0)$일 때, a의 값은? (2점)

① 1 ② 2 ③ 3
④ 4 ⑤ 5

02 ★☆☆ 2012학년도 수능 가형 11번

한 변의 길이가 10인 마름모 ABCD에 대하여 대각선 BD를 장축으로 하고, 대각선 AC를 단축으로 하는 타원의 두 초점 사이의 거리가 $10\sqrt{2}$이다. 마름모 ABCD의 넓이는? (3점)

① $55\sqrt{3}$ ② $65\sqrt{2}$ ③ $50\sqrt{3}$
④ $45\sqrt{3}$ ⑤ $45\sqrt{2}$

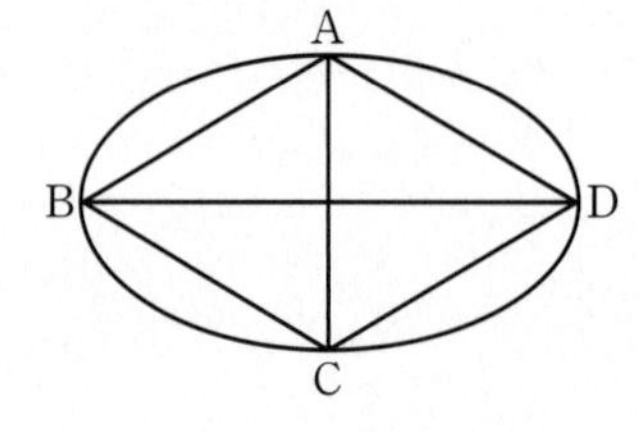

03 ★☆☆ 2016학년도 수능 B형 9번

포물선 $y^2=4x$ 위의 점 A(4, 4)에서의 접선을 l이라 하자. 직선 l과 포물선의 준선이 만나는 점을 B, 직선 l과 x축이 만나는 점을 C, 포물선의 준선과 x축이 만나는 점을 D라 하자. 삼각형 BCD의 넓이는? (3점)

① $\frac{7}{4}$ ② 2 ③ $\frac{9}{4}$
④ $\frac{5}{2}$ ⑤ $\frac{11}{4}$

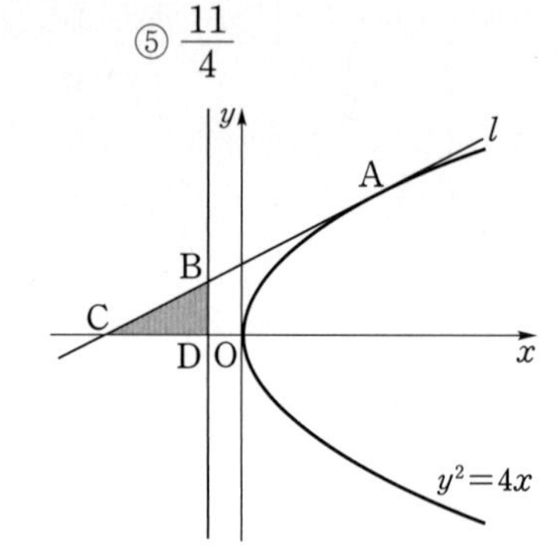

04 ★★☆ 2014학년도 9월모평 B형 11번

한 변의 길이가 3인 정삼각형 ABC에서 변 AB를 2 : 1로 내분하는 점을 D라 하고, 변 AC를 3 : 1과 1 : 3으로 내분하는 점을 각각 E, F라 할 때, $|\overrightarrow{BF}+\overrightarrow{DE}|^2$의 값은? (3점)

① 17 ② 18 ③ 19
④ 20 ⑤ 21

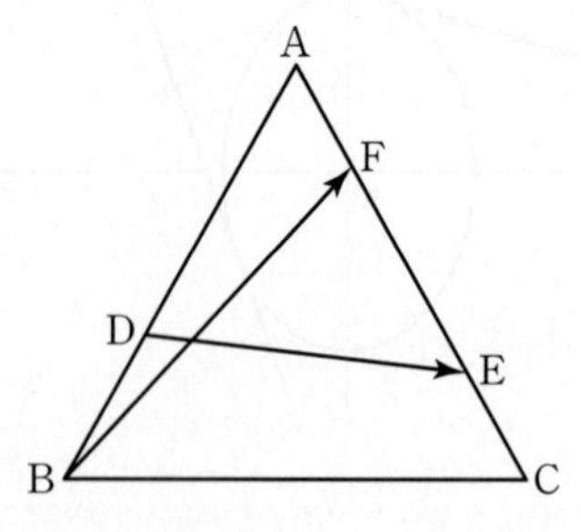

정답과 해설 01 p.358 02 p.358 03 p.359 04 p.359

05 ★★★ 2007학년도 수능 가형 6번

정육면체 ABCD−EFGH에서 평면 AFG와 평면 AGH가 이루는 각의 크기를 θ라 할 때, $\cos^2\theta$의 값은? (3점)

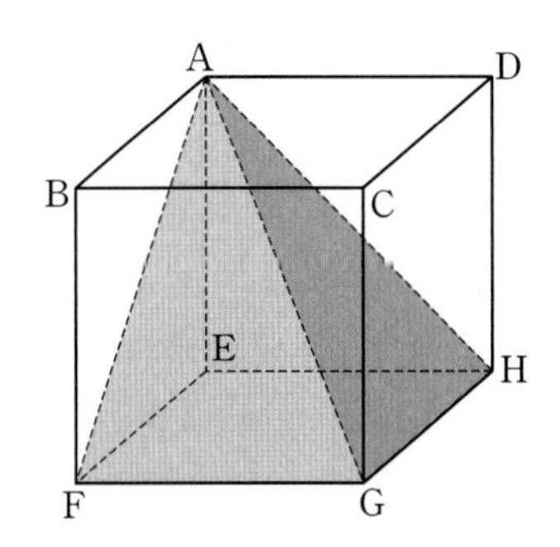

① $\frac{1}{6}$ ② $\frac{1}{5}$ ③ $\frac{1}{4}$
④ $\frac{1}{3}$ ⑤ $\frac{1}{2}$

06 ★★☆ 2016학년도 9월모평 B형 19번

두 초점이 F, F′인 쌍곡선 $x^2-\frac{y^2}{3}=1$ 위의 점 P가 다음 조건을 만족시킨다.

> (가) 점 P는 제1사분면에 있다.
> (나) 삼각형 PF′F가 이등변삼각형이다.

삼각형 PF′F의 넓이를 a라 할 때, 모든 a의 값의 곱은? (4점)

① $3\sqrt{77}$ ② $6\sqrt{21}$ ③ $9\sqrt{10}$
④ $21\sqrt{2}$ ⑤ $3\sqrt{105}$

단답형

07 ★★★ 2011학년도 수능 가형 22번

그림과 같이 평면 위에 정삼각형 ABC와 선분 AC를 지름으로 하는 원 O가 있다. 선분 BC 위의 점 D를 $\angle DAB=\frac{\pi}{15}$가 되도록 정한다. 점 X가 원 O 위를 움직일 때, 두 벡터 $\overrightarrow{AD}$, $\overrightarrow{CX}$의 내적 $\overrightarrow{AD}\cdot\overrightarrow{CX}$의 값이 최소가 되도록 하는 점 X를 점 P라 하자. $\angle ACP=\frac{q}{p}\pi$일 때, $p+q$의 값을 구하시오. (단, p와 q는 서로소인 자연수이다.) (4점)

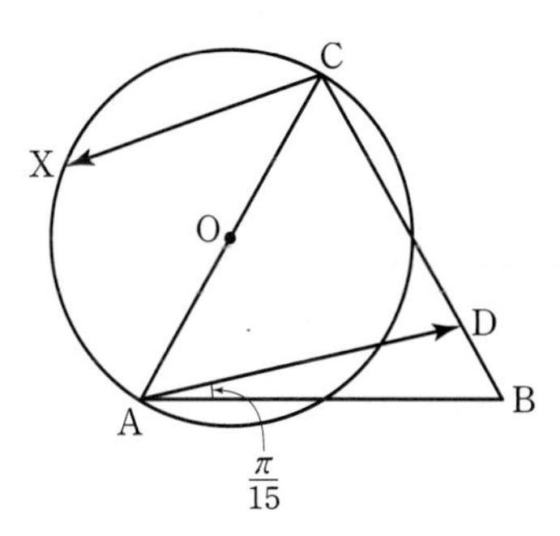

08 ★★★ 2012학년도 수능 가형 29번

그림과 같이 밑면의 반지름의 길이가 7인 원기둥과 밑면의 반지름의 길이가 5이고 높이가 12인 원뿔이 평면 α 위에 놓여 있고, 원뿔의 밑면의 둘레가 원기둥의 밑면의 둘레에 내접한다. 평면 α와 만나는 원기둥의 밑면의 중심을 O, 원뿔의 꼭짓점을 A라 하자. 중심이 B이고 반지름의 길이가 4인 구 S가 다음 조건을 만족시킨다.

> (가) 구 S는 원기둥과 원뿔에 모두 접한다.
> (나) 두 점 A, B의 평면 α 위로의 정사영이 각각 A′, B′일 때, $\angle A'OB'=180°$이다.

직선 AB와 평면 α가 이루는 예각의 크기를 θ라 할 때, $\tan\theta=p$이다. $100p$의 값을 구하시오.
(단, 원뿔의 밑면의 중심과 점 A′은 일치한다.) (4점)

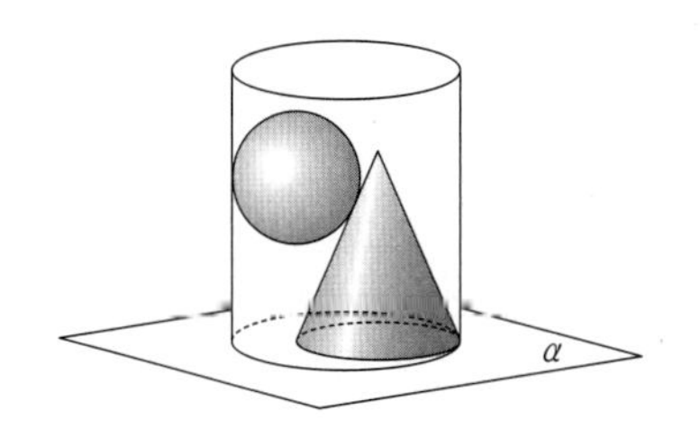

DAY 28 3회 미니모의고사

정답과 해설 05 p.360 06 p.361 07 p.362 08 p.362

4회 기하 기출 미니모의고사

출제 범위 | 기하 전범위

항목	만점	나의 기록
점수	26점	점
시간	30분	분

249-M-4-Y0
문제 풀이 동영상 강의

5지 선다형

01 ★☆☆ 2020학년도 수능 가형 1번

두 벡터 $\vec{a}=(3,\ 1)$, $\vec{b}=(-2,\ 4)$에 대하여 벡터 $\vec{a}+\frac{1}{2}\vec{b}$의 모든 성분의 합은? (2점)

① 1 ② 2 ③ 3 ④ 4 ⑤ 5

02 ★☆☆ 2016학년도 9월모평 B형 4번

좌표공간의 점 $\mathrm{P}(2,\ 2,\ 3)$을 yz평면에 대하여 대칭이동시킨 점을 Q라 하자. 두 점 P와 Q 사이의 거리는? (3점)

① 1 ② 2 ③ 3 ④ 4 ⑤ 5

03 ★★☆

그림과 같이 점 F를 초점으로 하는 포물선 $y^2=12x$ 위의 두 점 A, B를 중심으로 하고 x축에 접하는 두 원 C_1, C_2가 있다. 선분 AB 위에 점 F가 있고, $\overline{\mathrm{AB}}=16$일 때, 두 원 C_1, C_2의 넓이의 합은? (3점)

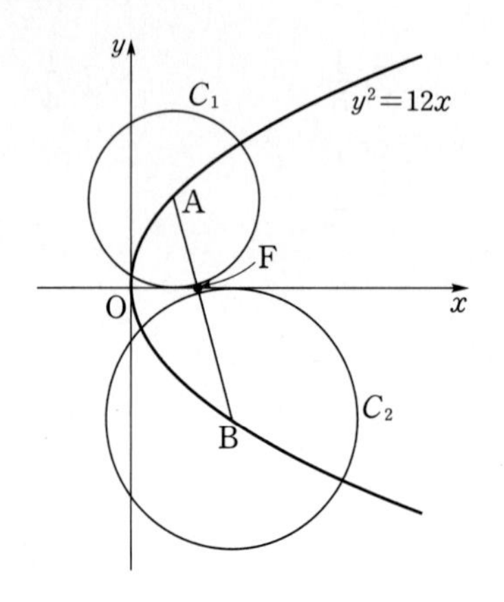

① 104π ② 112π ③ 120π ④ 128π ⑤ 136π

04 ★★☆ 2005학년도 수능 가형 7번

오른쪽 그림과 같이 한 모서리의 길이가 3인 정육면체 ABCD−EFGH의 세 모서리 AD, BC, FG 위에 $\overline{\mathrm{DP}}=\overline{\mathrm{BQ}}=\overline{\mathrm{GR}}=1$인 세 점 P, Q, R가 있다. 평면 PQR와 평면 CGHD가 이루는 각의 크기를 θ라 할 때, $\cos\theta$의 값은? $\left(단,\ 0<\theta<\frac{\pi}{2}\right)$ (3점)

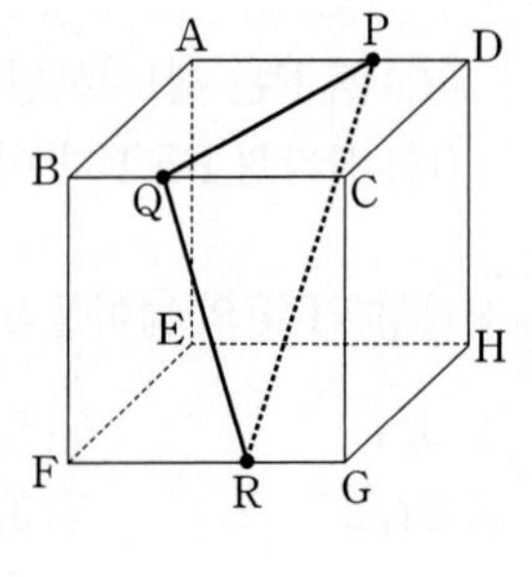

① $\frac{\sqrt{10}}{5}$ ② $\frac{\sqrt{10}}{10}$ ③ $\frac{\sqrt{11}}{11}$ ④ $\frac{2\sqrt{11}}{11}$ ⑤ $\frac{3\sqrt{11}}{11}$

정답과 해설 01 p.363 02 p.363 03 p.364 04 p.364

05 ★★☆ 2011학년도 수능 가형 5번

좌표평면에서 점 A$(0,\ 4)$와 타원 $\frac{x^2}{5}+y^2=1$ 위의 점 P에 대하여 두 점 A와 P를 지나는 직선이 원 $x^2+(y-3)^2=1$과 만나는 두 점 중에서 A가 아닌 점을 Q라 하자. 점 P가 타원 위의 모든 점을 지날 때, 점 Q가 나타내는 도형의 길이는? (3점)

① $\frac{\pi}{6}$ ② $\frac{\pi}{4}$ ③ $\frac{\pi}{3}$

④ $\frac{2}{3}\pi$ ⑤ $\frac{3}{4}\pi$

06 ★★☆ 2014학년도 수능 B형 19번

좌표공간에서 중심의 x좌표, y좌표, z좌표가 모두 양수인 구 S가 x축과 y축에 각각 접하고 z축과 서로 다른 두 점에서 만난다. 구 S가 xy평면과 만나서 생기는 원의 넓이가 64π이고 z축과 만나는 두 점 사이의 거리가 8일 때, 구 S의 반지름의 길이는? (4점)

① 11 ② 12 ③ 13

④ 14 ⑤ 15

단답형

07 ★★★ 2018학년도 수능 가형 27번

그림과 같이 두 초점이 F, F′인 쌍곡선 $\frac{x^2}{8}-\frac{y^2}{17}=1$ 위의 점 P에 대하여 직선 FP와 직선 F′P에 동시에 접하고 중심이 y축 위에 있는 원 C가 있다. 직선 F′P와 원 C의 접점 Q에 대하여 $\overline{\text{F}'\text{Q}}=5\sqrt{2}$일 때, $\overline{\text{FP}}^2+\overline{\text{F}'\text{P}}^2$의 값을 구하시오.

(단, $\overline{\text{F}'\text{P}}<\overline{\text{FP}}$) (4점)

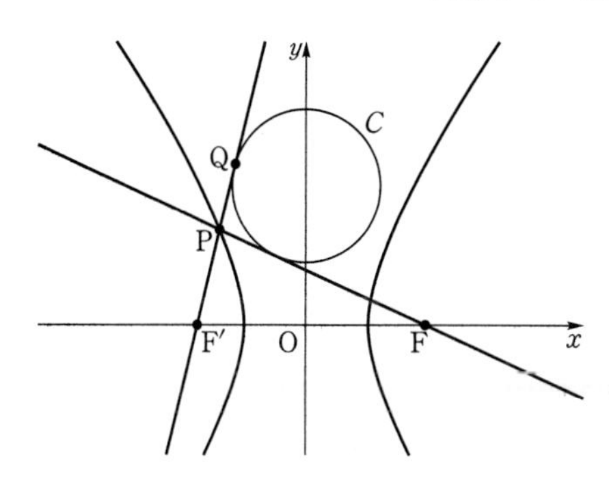

08 ★★★ 2020학년도 6월모평 가형 29번

좌표평면에서 곡선 $C: y=\sqrt{8-x^2}\ (2\le x\le 2\sqrt{2})$ 위의 점 P에 대하여 $\overline{\text{OQ}}=2$, $\angle\text{POQ}=\frac{\pi}{4}$를 만족시키고 직선 OP의 아랫부분에 있는 점을 Q라 하자.
점 P가 곡선 C 위를 움직일 때, 선분 OP 위를 움직이는 점 X와 선분 OQ 위를 움직이는 점 Y에 대하여

$$\overrightarrow{\text{OZ}}=\overrightarrow{\text{OP}}+\overrightarrow{\text{OX}}+\overrightarrow{\text{OY}}$$

를 만족시키는 점 Z가 나타내는 영역을 D라 하자.
영역 D에 속하는 점 중에서 y축과의 거리가 최소인 점을 R라 할 때, 영역 D에 속하는 점 Z에 대하여 $\overrightarrow{\text{OR}}\cdot\overrightarrow{\text{OZ}}$의 최댓값과 최솟값의 합이 $a+b\sqrt{2}$이다. $a+b$의 값을 구하시오.

(단, O는 원점이고, a와 b는 유리수이다.) (4점)

DAY 28 4회 미니모의고사

정답과 해설 05 p.365 | 06 p.366 | 07 p.367 | 08 p.368

5회 기하 기출 미니모의고사

출제 범위 | 기하 전범위

항목	만점	나의 기록
점수	26점	점
시간	30분	분

249-M-5-Y0
문제 풀이 동영상 강의

5지 선다형

01 ★☆☆ 2018학년도 수능 가형 3번

좌표공간의 두 점 A(1, 6, 4), B(a, 2, -4)에 대하여 선분 AB를 $1:3$으로 내분하는 점의 좌표가 (2, 5, 2)이다. a의 값은? (2점)

① 1 ② 3 ③ 5
④ 7 ⑤ 9

02 ★☆☆ 2013학년도 수능 가형 6번

쌍곡선 $x^2-4y^2=a$ 위의 점 $(b, 1)$에서의 접선이 쌍곡선의 한 점근선과 수직이다. $a+b$의 값은?

(단, a, b는 양수이다.) (3점)

① 68 ② 77 ③ 86
④ 95 ⑤ 104

03 ★☆☆

그림과 같이 모든 모서리의 길이가 1인 입체도형이 있다. 이 입체도형의 모서리를 연장하여 만들 수 있는 직선 중에서 직선 AB와 한 점에서 만나는 직선의 개수를 m, 직선 BF와 꼬인 위치에 있는 직선의 개수를 n이라 할 때, $m+n$의 값은? (3점)

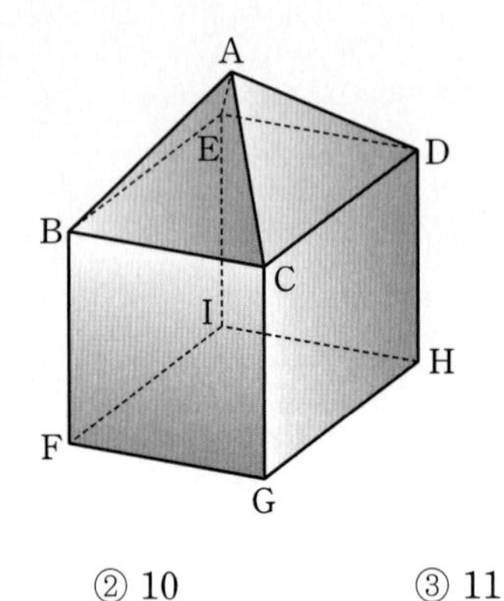

① 9 ② 10 ③ 11
④ 12 ⑤ 13

04 ★★☆ 2012학년도 9월모평 가형 13번

두 초점이 F, F′이고, 장축의 길이가 10, 단축의 길이가 6인 타원이 있다. 중심이 F이고 점 F′을 지나는 원과 이 타원의 두 교점 중 한 점을 P라 하자. 삼각형 PFF′의 넓이는? (3점)

① $2\sqrt{10}$ ② $3\sqrt{5}$ ③ $3\sqrt{6}$
④ $3\sqrt{7}$ ⑤ $\sqrt{70}$

정답과 해설 01 p.369 | 02 p.369 | 03 p.369 | 04 p.370

05 ★★☆ 2008년 10월학평 가형 8번

그림은 한 변의 길이가 1인 정사각형 12개를 붙여 만든 도형이다. 20개의 꼭짓점 중 한 점을 시점으로 하고 다른 한 점을 종점으로 하는 모든 벡터들의 집합을 S라 하자.

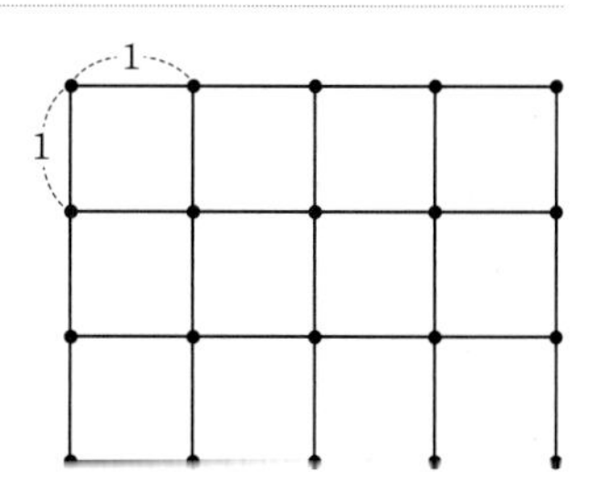

집합 S의 두 원소 $\vec{x}$, $\vec{y}$에 대하여 [보기]에서 항상 옳은 것만을 있는 대로 고른 것은? (3점)

[보기]

ㄱ. $\vec{x}\cdot\vec{y}=0$이면 $|\vec{x}|$, $|\vec{y}|$의 값은 모두 정수이다.

ㄴ. $|\vec{x}|=\sqrt{5}$, $|\vec{y}|=\sqrt{2}$이면 $\vec{x}\cdot\vec{y}\neq0$이다.

ㄷ. $\vec{x}\cdot\vec{y}$는 정수이다.

① ㄴ ② ㄷ ③ ㄱ, ㄴ
④ ㄱ, ㄷ ⑤ ㄴ, ㄷ

06 ★★★ 2013학년도 수능 가형 18번

자연수 n에 대하여 포물선 $y^2=\frac{x}{n}$의 초점 F를 지나는 직선이 포물선과 만나는 두 점을 각각 P, Q라 하자. $\overline{\text{PF}}=1$이고 $\overline{\text{FQ}}=a_n$이라 할 때, $\sum_{n=1}^{10}\frac{1}{a_n}$의 값은? (4점)

① 210 ② 205 ③ 200
④ 195 ⑤ 190

단답형

07 ★★★ 2017학년도 6월모평 가형 28번

그림과 같이 선분 AB 위에 $\overline{\text{AE}}=\overline{\text{DB}}=2$인 두 점 D, E가 있다. 두 선분 AE, DB를 각각 지름으로 하는 두 반원의 호 AE, DB가 만나는 점을 C라 하고, 선분 AB 위에 $\overline{\text{O}_1\text{A}}=\overline{\text{O}_2\text{B}}=1$인 두 점을 O_1, O_2라 하자.
호 AC 위를 움직이는 점 P와 호 DC 위를 움직이는 점 Q에 대하여 $|\overrightarrow{\text{O}_1\text{P}}+\overrightarrow{\text{O}_2\text{Q}}|$의 최솟값이 $\frac{1}{2}$일 때, 선분 AB의 길이는 $\frac{q}{p}$이다. $p+q$의 값을 구하시오.
(단, $1<\overline{\text{O}_1\text{O}_2}<2$이고, p와 q는 서로소인 자연수이다.) (4점)

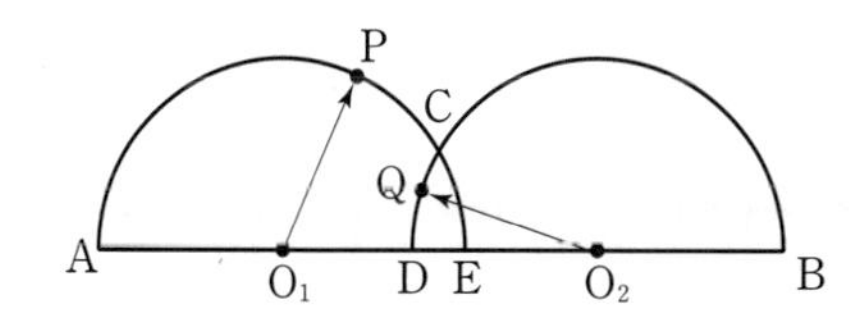

08 ★★★ 2016년 7월학평 가형 29번

그림과 같이 반지름의 길이가 2인 구 S와 서로 다른 두 직선 l, m이 있다. 구 S와 직선 l이 만나는 서로 다른 두 점을 각각 A, B, 구 S와 직선 m이 만나는 서로 다른 두 점을 각각 P, Q라 하자. 삼각형 APQ는 한 변의 길이가 $2\sqrt{3}$인 정삼각형이고 $\overline{\text{AB}}=2\sqrt{2}$, $\angle\text{ABQ}=\frac{\pi}{2}$일 때 평면 APB와 평면 APQ가 이루는 각의 크기 θ에 대하여 $100\cos^2\theta$의 값을 구하시오. (4점)

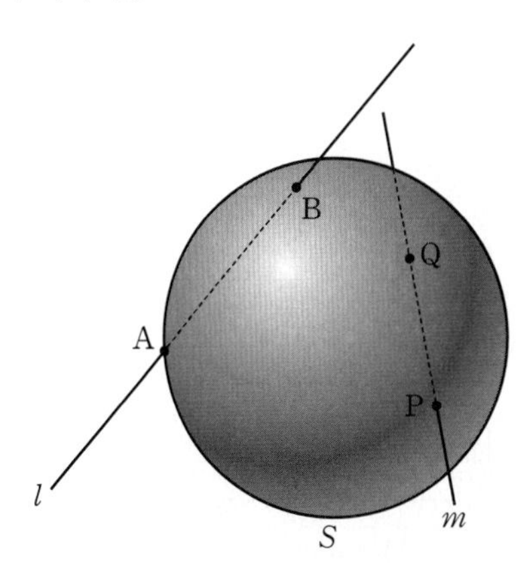

정답과 해설 05 p.371 | 06 p.371 | 07 p.372 | 08 p.374

정답표

Ⅰ. 이차곡선

1. 이차곡선

001	②	002	③	003	③	004	③	005	①
006	③	007	①	008	③	009	⑤	010	⑤
011	40	012	②	013	②	014	18	015	③
016	②	017	①	018	④	019	⑤	020	①
021	①	022	8	023	④	024	13	025	③
026	③	027	③	028	⑤	029	25	030	90
031	①	032	①	033	③	034	136	035	③
036	14	037	50	038	①	039	④	040	③
041	8	042	①	043	①	044	③	045	⑤
046	23	047	③	048	③	049	⑤	050	①
051	④	052	③	053	①	054	②	055	③
056	128	057	13	058	80	059	②	060	④
061	④	062	96	063	④	064	⑤	065	③
066	32	067	6	068	①	069	⑤	070	45
071	⑤	072	⑤	073	④	074	50	075	17
076	⑤	077	③	078	④	079	⑤	080	②
081	②	082	8	083	104	084	④	085	③
086	③	087	180	088	②	089	②	090	32
091	③	092	④	093	①	094	39	095	④
096	②	097	105	098	14	099	22	100	④
101	12	102	③	103	①	104	90	105	③
106	④	107	①	108	②	109	12	110	14
111	②	112	41	113	51	114	11	115	④
116	③	117	②	118	④	119	26	120	32
121	17	122	④	123	⑤	124	⑤	125	④
126	③	127	①	128	103	129	29	130	15
131	③	132	①	133	①	134	①	135	⑤
136	②	137	③	138	5	139	⑤	140	③
141	8	142	13	143	④	144	④	145	①
146	80	147	③	148	64	149	②	150	11
151	④	152	④	153	⑤	154	④	155	128
156	32	157	④	158	②	159	①	160	②
161	③	162	①	163	18	164	②	165	②
166	④	167	②	168	④	169	④	170	⑤
171	③	172	100	173	12	174	19	175	②
176	④	177	②	178	④	179	⑤	180	②
181	8	182	⑤	183	①	184	②	185	16
186	④	187	④	188	②	189	①	190	②
191	12	192	④	193	⑤	194	②	195	160
196	③	197	②	198	③	199	④	200	④
201	⑤	202	③	203	6	204	⑤	205	384
206	63	207	③	208	54	209	④	210	23
211	④	212	⑤	213	④	214	12	215	192
216	⑤	217	36	218	66	219	①	220	②
221	22	222	40	223	②	224	⑤	225	④
226	②								

2. 이차곡선과 직선

001	③	002	④	003	⑤	004	①	005	12
006	②	007	②	008	③	009	②	010	④
011	10	012	②	013	①	014	④	015	①
016	32	017	③	018	④	019	55	020	64
021	⑤	022	16	023	21	024	①	025	③
026	⑤	027	①	028	54	029	⑤	030	④
031	③	032	③	033	25	034	⑤	035	①
036	②	037	③	038	⑤	039	②	040	③
041	32	042	⑤	043	18	044	⑤	045	17
046	④	047	⑤	048	①	049	⑤	050	①
051	①	052	③	053	②	054	①	055	④
056	32	057	②	058	②	059	171	060	③
061	④	062	③	063	④	064	②	065	③
066	③	067	52	068	①	069	①	070	①
071	③	072	⑤	073	13	074	③	075	14
076	⑤	077	128	078	16	079	④	080	③
081	①	082	①	083	③	084	①		

Ⅱ. 평면벡터

1. 평면벡터

001	③	002	②	003	①	004	9	005	④
006	②	007	①	008	④	009	③	010	②
011	③	012	①	013	④	014	④	015	③
016	④	017	④	018	6	019	⑤	020	④
021	②	022	147	023	②	024	②	025	③
026	③	027	⑤	028	③	029	④	030	④
031	④	032	5	033	①	034	①	035	④
036	①	037	③	038	③	039	①	040	24
041	13	042	⑤	043	30	044	④	045	④
046	⑤	047	⑤	048	⑤	049	⑤	050	14
051	⑤	052	⑤	053	④	054	⑤	055	⑤
056	⑤	057	⑤	058	③	059	32	060	2
061	③	062	⑤	063	②	064	③	065	①
066	①	067	⑤	068	④	069	④	070	⑤
071	24	072	⑤	073	10	074	④	075	②
076	③	077	⑤	078	③	079	③	080	②
081	②	082	120	083	12	084	④	085	①
086	⑤	087	50	088	15	089	27	090	⑤
091	⑤	092	8	093	①	094	17	095	⑤
096	5	097	10	098	③	099	⑤	100	④
101	②	102	①	103	②	104	②	105	④
106	①	107	④	108	20	109	⑤	110	③
111	③	112	⑤	113	③	114	⑤	115	⑤
116	③	117	②	118	①	119	②	120	①
121	246	122	①	123	⑤	124	④	125	108
126	③	127	15	128	27	129	⑤	130	486
131	7	132	60	133	③	134	①	135	①
136	③	137	52	138	②	139	⑤	140	⑤
141	③	142	⑤	143	①	144	⑤	145	②
146	⑤	147	④	148	②	149	③	150	23
151	48	152	①	153	②	154	⑤	155	①
156	②	157	②	158	②	159	⑤	160	①
161	③	162	③	163	③	164	10	165	④
166	12	167	115	168	37	169	③	170	17
171	8	172	100	173	7	174	31	175	128
176	⑤	177	45	178	48	179	16	180	③
181	①	182	④	183	④	184	⑤	185	②
186	⑤	187	37	188	180	189	80	190	7

Ⅲ. 공간도형

1. 공간도형

001	④	002	②	003	①	004	③	005	③
006	③	007	826	008	⑤	009	⑤	010	①
011	⑤	012	④	013	③	014	7	015	⑤
016	①	017	①	018	⑤	019	④	020	②
021	④	022	②	023	②	024	③	025	12
026	15	027	60	028	③	029	④	030	④
031	62	032	②	033	②	034	③	035	③
036	②	037	②	038	②	039	④	040	20
041	④	042	①	043	②	044	④	045	16
046	⑤	047	④	048	③	049	25	050	④
051	③	052	④	053	④	054	④	055	162
056	8	057	②	058	27	059	15	060	①
061	⑤	062	④	063	③	064	27	065	③
066	13	067	45	068	⑤	069	③	070	②
071	47	072	①	073	②	074	②	075	10
076	40	077	12	078	⑤	079	30	080	34
081	⑤	082	②	083	40	084	12	085	28
086	31	087	⑤	088	7	089	15	090	48
091	50	092	24	093	④	094	⑤	095	⑤
096	②	097	④	098	⑤	099	⑤	100	450
101	⑤	102	②	103	17	104	②	105	⑤

2. 공간좌표

001	④	002	③	003	③	004	③	005	②
006	①	007	①	008	②	009	⑤	010	⑤
011	②	012	②	013	④	014	④	015	④
016	⑤	017	③	018	②	019	⑤	020	④
021	④	022	①	023	②	024	③	025	②
026	②	027	①	028	10	029	①	030	②
031	①	032	④	033	③	034	350	035	②
036	⑤	037	①	038	⑤	039	①	040	②
041	①	042	①	043	③	044	50	045	⑤
046	②	047	①	048	13	049	56	050	④
051	④	052	170	053	③	054	②	055	①
056	②	057	20	058	④	059	④	060	24
061	②	062	⑤	063	26	064	④	065	①
066	④	067	11	068	④	069	⑤	070	192
071	④	072	①	073	15	074	①	075	9
076	⑤	077	23	078	127	079	45	080	9
081	④	082	④	083	①	084	⑤	085	③
086	③	087	④	088	14	089	17	090	261

미니모의고사

1회

01	①	02	①	03	③	04	③	05	⑤
06	⑤	07	15	08	11				

2회

01	②	02	④	03	①	04	⑤	05	②
06	②	07	13	08	53				

3회

01	②	02	③	03	③	04	③	05	③
06	⑤	07	17	08	32				

4회

01	⑤	02	④	03	③	04	⑤	05	④
06	②	07	116	08	24				

5회

01	③	02	①	03	⑤	04	④	05	⑤
06	①	07	19	08	60				

2025 마더텅 수능기출문제집 시리즈

NAME

book.toptutor.co.kr
구하기 어려운 교재는 마더텅 모바일(인터넷)을 이용하세요. 즉시 배송해 드립니다.

국어 영역 국어 문학, 국어 독서, 국어 언어와 매체, 국어 화법과 작문, 국어 어휘
수학 영역 수학 Ⅰ, 수학 Ⅱ, 확률과 통계, 미적분, 기하
영어 영역 영어 독해, 영어 어법·어휘, 영어 듣기
한국사 영역 한국사
사회 탐구 영역 세계사, 동아시아사, 한국지리, 세계지리, 윤리와 사상, 생활과 윤리, 사회·문화, 정치와 법, 경제
과학 탐구 영역 물리학 Ⅰ, 물리학 Ⅱ, 화학 Ⅰ, 화학 Ⅱ, 생명과학 Ⅰ, 생명과학 Ⅱ, 지구과학 Ⅰ, 지구과학 Ⅱ

16차 개정판 1쇄 2023년 12월 15일 (초판 1쇄 발행일 2008년 1월 7일) **발행처** (주)마더텅 **발행인** 문숙영 **책임편집** 김진국, 이혜림
STAFF 박태호, 오혜원, 정재원, 강윤빈, 김근영, 김소미, 박소영, 서민영, 이예인, 이은주
해설 감수 최희남(메가스터디 러셀), 손광현(지성학원), 우수종(베이스캠프학원)
원고 및 조판 교정 김진영, 박옥녀, 박한솔, 박현미, 신현진, 유소영, 이미옥, 최영미
기획 자문 고광범(펜타곤에듀케이션), 김백규(뉴-스터디학원), 김응태(스카이에듀학원), 김환철(김환철수학), 민명기(우리수학), 박상보(와이앤딥학원), 백승대(백박사학원), 박태호(프라임수학), 양구근(매쓰피아수학학원), 유아현(수학마루), 이병도(콜럼비아학원), 이보형(숨수학), 이재근(고대수학교습소), 장나영(혜일수학), 전용우(동성고등학교), 조신희(불링거수학학원), 최희철(Speedmath학원), 한승택(스터디케어학원), 황삼철(멘토수학공부방)
디자인 김연실, 양은선 **컷** 유수미 **인디자인 편집** 오현주 **제작** 이주영 **홍보** 정반석 **주소** 서울시 금천구 가마산로 96, 708호 **등록번호** 제1-2423호(1999년 1월 8일)

*잘못 만들어진 책은 구입처에서 바꾸어 드립니다. *교재 및 기타 문의 사항은 이메일(mothert1004@toptutor.co.kr)로 보내 주시면 감사하겠습니다.
*이 책에는 네이버에서 제공한 나눔글꼴이 적용되어 있습니다. *교재 구입 시 온/오프라인 서점에 교재가 없는 경우 고객센터 전화 1661-1064(07:00~22:00)로 문의해 주시기 바랍니다.

마더텅 교재를 풀면서 궁금한 점이 생기셨나요?

교재 관련 내용 문의나 오류신고 사항이 있으면 아래 문의처로 보내 주세요! 문의하신 내용에 대해 성심성의껏 답변해 드리겠습니다. 또한 교재의 **내용 오류** 또는 **오·탈자**, **그 외 수정이 필요한 사항**에 대해 가장 먼저 신고해 주신 분께는 감사의 마음을 담아 **모바일 편의점 상품권 1천 원권**을 보내 드립니다!
*기한: 2024년 11월 30일 *오류신고 이벤트는 당사 사정에 따라 조기 종료될 수 있습니다. *홈페이지에 게시된 정오표 기준으로 최초 신고된 오류에 한하여 상품권을 보내 드립니다.

홈페이지 www.toptutor.co.kr 교재Q&A게시판 카카오톡 mothertongue 이메일 mothert1004@toptutor.co.kr 고객센터 전화 1661-1064(07:00~22:00) 문자 010-6640-1064(문자수신전용)

2025

마더텅 수능기출문제집

기하

정답과 해설편

2022 수능 수학 1등급 공부 방법

이진택 님
포항시 영일고등학교
동국대학교 한의예과 합격
2022학년도 대학수학능력시험 수학 기하 1등급(표준점수 137)
수학 4등급 → 1등급
사용 교재 **까만책** 수학 Ⅰ, 수학 Ⅱ, 기하

마더텅 수능기출문제집을 선택한 이유

대학교에 재학 중이던 저는 한의대 진학을 목표로 6월부터 공부를 시작했습니다. 저는 6월 모의고사를 풀어보면서 공통 과목 수학 문제에 대한 감이 많이 떨어지고, 기하 문제의 유형에 아직 익숙하지 않다는 걸 알게 되었습니다. 기출을 통해 수학에 대한 감각과 논리를 길러야 겠다고 느낀 저는 이에 적합하다고 생각한 **마더텅 수능기출문제집**을 선택해 학습했습니다.

수능 수학을 다시 공부하며 제가 제일 걱정했던 부분은 기하였습니다. 개정된 교육과정으로 인해 현역 때 기하를 중점적으로 공부하지 못한 상태에서 수능까지 6개월이라는 짧은 시간만 남았기 때문입니다. **마더텅 수능기출문제집**은 교육과정에 알맞은 기출문제가 선별되어 있을 뿐만 아니라, 교육청 및 사관학교 문제가 수록되어 있기에 질 좋은 문제를 효율적으로 학습할 수 있었습니다. 마더텅 교재를 통해 저는 기하를 공부하는 올바른 방향을 찾을 수 있었습니다.

마더텅 수능기출문제집의 장점

마더텅 수능기출문제집의 가장 큰 장점은 바로 해설집이라고 생각합니다. 저는 **마더텅 수능기출문제집**의 해설에 킬러 문제는 물론이고 정말 쉬운 문제까지 꼼꼼하게 풀이된 것을 보고 선택하게 되었습니다. 특히 단계별로 풀이되어 있는 문제 해설을 통해 각 풀이 과정의 인과성을 확인하고, 이를 온전히 저의 것으로 만들 수 있었습니다. 사소할 수 있지만 문제마다 표시된 정답률 또한 학습에 유용했습니다.

저는 혼자 공부했기 때문에 문제를 풀면서 저의 객관적인 학습 수준을 확인하기가 어려웠고, 문제를 틀려도 그 이상으로 의미 부여가 되지 않았습니다. 그런데 제가 맞힌 어려운 문제의 정답률을 확인함으로써 스스로 학습을 잘해내고 있다는 걸 확신할 수 있었고, 제가 틀린 쉬운 문제의 정답률을 확인하여 반성하고 목표 의식을 다잡을 수 있었습니다.

저는 일정 점수 이상을 달성하기 위해서 반드시 풀어야 하는 문제 유형과 채워야 하는 학습량이 있다고 믿었습니다. 많은 양의 문제가 수록되어 있는 **마더텅 수능기출문제집**은 제가 학습의 기반을 쌓는 데 도움이 된, 정말 좋은 책입니다. 덧붙여 **마더텅 수능기출문제집**의 얇은 종이 또한 숨겨진 장점이라고 생각합니다. 많은 문항이 수록되어 있음에도 불구하고 얇은 종이 덕분에 무게가 가벼워 들고 다니는 부담을 덜어주었기 때문입니다.

나만의 학습 방법 및 비결

저는 기출 문제가 기존에 나왔던 출제 요소를 확인하고 앞으로 다른 문제를 접할 때 스스로 공부 방법을 생각하게끔 만드는 큰 틀이라고 생각했습니다. 그렇기에 **마더텅 수능기출문제집**을 1~2개월 동안 수없이 반복해 학습했습니다. 정말 쉬운 문제까지 모두 해설집을 참고해 학습했고 답과 해설을 외울 때까지 반복하며 앞서 출제되었던 문제만큼은 다 맞힌다는 생각으로 공부했습니다.

저는 **마더텅 수능기출문제집**의 해설을 특히 적극적으로 활용했습니다. 킬러 문제를 풀 때 저는 15분 정도 고민한 뒤 해설을 확인했습니다. 단순히 정답과 풀이 과정을 보는 것이 아니라 문제에 접근하는 방법을 해설을 통해 배웠습니다. 더 나아가 쉽게 맞힌 문제 또한 해설집을 참고하여 풀이의 논리적 비약을 점검하고, 더욱 효율적이며 다양한 풀이를 익혔습니다. 수학 문제의 특성상 한 번에 풀리지 않아 반복해서 풀어야 하는 경우가 많습니다.

저는 풀이가 막히거나, 문제에 접근할 방법을 찾지 못했거나, 계산 실수를 한 문제의 경우 형광펜으로 눈에 띄게 표시하고 틀린 이유를 간략하게 정리했습니다. 이렇게 표시해둔 문제는 최소 4~5번 반복해서 풀어보며 접근 방법과 틀린 이유를 외웠습니다. 이런 방법을 통해 저는 실제 수능에서 계산 실수를 줄이고 빠르게 풀이를 전개할 수 있었습니다.

2025
마더텅 수능기출문제집
기하

문제풀이 동영상

정답과 해설편

대학수학능력시험 대비를 위한 최고의 기출문제집
풀면 풀수록 수학의 개념과 수능의 원리가 정리되는 기출문제집

풍부하고 다양한 문항구성

31개년 (1994-2024학년도) 수능·모의평가 수록 + 23개년 (2001-2023년) 전국연합 학력평가 수록

- 총 735문항 60개 유형을 단계적으로 배치하여 시험 준비에 최적화

체계적 학습에 최적화된 문제편

단원별 구성
① 기본 개념 문제
② 유형 정복 문제
③ 최고난도 문제
④ 사관학교 기출

학습 습관 형성을 도와주는 28일 학습계획표 제공

미니모의고사 총 5회

- 체계적인 코너별 문제 배치로 순서대로 풀면 시험 준비가 저절로!

친절하고 자세한 해설편

- 부족한 부분을 채워주는 자세한 첨삭 해설
- 해설편에도 문제가 수록되어 편하게 확인 가능
- 문제보는 폭이 넓어지는 다양한 그림과 다른 풀이
- 곳곳에 배치된 개념 설명, 참고 코너로 편리한 복습이 가능
- 다양한 접근과 문제 이해를 깊어지게 하는 수능포인트 코너 수록

Ⅰ. 이차곡선

01. 이차곡선

001	②	002	③	003	③	004	③	005	①
006	③	007	①	008	③	009	⑤	010	⑤
011	40	012	②	013	②	014	18	015	③
016	②	017	①	018	④	019	⑤	020	①
021	①	022	8	023	④	024	13	025	③
026	③	027	③	028	⑤	029	25	030	90
031	①	032	①	033	③	034	136	035	③
036	14	037	50	038	①	039	④	040	③
041	8	042	①	043	①	044	③	045	⑤
046	23	047	③	048	③	049	⑤	050	①
051	④	052	③	053	①	054	②	055	③
056	128	057	13	058	80	059	②	060	④
061	④	062	96	063	④	064	⑤	065	③
066	32	067	6	068	①	069	⑤	070	45
071	⑤	072	⑤	073	④	074	50	075	17
076	⑤	077	③	078	④	079	⑤	080	②
081	②	082	8	083	104	084	④	085	③
086	③	087	180	088	②	089	②	090	32
091	③	092	④	093	①	094	39	095	④
096	②	097	105	098	14	099	22	100	④
101	12	102	③	103	①	104	90	105	③
106	④	107	①	108	②	109	12	110	14
111	②	112	41	113	51	114	11	115	④
116	③	117	②	118	④	119	26	120	32
121	17	122	④	123	⑤	124	⑤	125	④
126	③	127	①	128	103	129	29	130	15
131	③	132	①	133	①	134	①	135	⑤
136	②	137	③	138	5	139	⑤	140	③
141	8	142	13	143	④	144	④	145	①
146	80	147	③	148	64	149	②	150	11
151	④	152	④	153	⑤	154	④	155	128
156	32	157	④	158	②	159	①	160	②
161	③	162	①	163	18	164	②	165	②
166	④	167	②	168	④	169	④	170	⑤
171	③	172	100	173	12	174	19	175	②
176	④	177	②	178	④	179	⑤	180	②
181	8	182	⑤	183	①	184	②	185	16
186	④	187	④	188	②	189	①	190	②
191	12	192	④	193	⑤	194	②	195	160
196	③	197	②	198	③	199	④	200	④
201	⑤	202	③	203	6	204	⑤	205	384
206	63	207	③	208	54	209	④	210	23
211	④	212	⑤	213	④	214	12	215	192
216	⑤	217	36	218	66	219	①	220	②
221	22	222	40	223	②	224	⑤	225	④
226	②								

001 [정답률 85%] 정답 ②

초점이 F인 포물선 $y^2=8x$ 위의 점 P와 y축 사이의 거리가 3일 때, 선분 PF의 길이는? (2점)

① 4 ✔5 ③ 6
④ 7 ⑤ 8

Step 1 포물선의 준선의 방정식을 구하고 점 P와 포물선의 준선 사이의 거리를 구한다.

포물선 $y^2=8x=4\times2\times x$에서 준선의 방정식은 $x=-2$

점 P와 포물선의 준선 사이의 거리는 $3+|-2|=5$

Step 2 포물선의 정의를 이용하여 선분 PF의 길이를 구한다.

따라서 선분 PF의 길이는 5이다.

002 [정답률 90%] 정답 ③

타원 $\frac{x^2}{36}+\frac{y^2}{20}=1$의 두 초점을 F, F′이라 할 때, 선분 FF′의 길이는? (2점)

① 6 ② 7 ✔8
④ 9 ⑤ 10

Step 1 타원의 성질을 이용하여 초점의 좌표를 구한다.

타원 $\frac{x^2}{36}+\frac{y^2}{20}=1$의 두 초점의 좌표를 $(k,\ 0)$, $(-k,\ 0)$ $(k>0)$이라 하면

$k^2=36-20=16$ $\therefore k=4$

→ 타원 $\frac{x^2}{a^2}+\frac{y^2}{b^2}=1\ (a>b>0)$의 초점의 좌표 $(c, 0)$, $(-c, 0)(c>0)$에 대하여 $c^2=a^2-b^2$

따라서 선분 FF′의 길이는 $4-(-4)=8$이다.

003 [정답률 91%] 정답 ③

쌍곡선 $\frac{x^2}{a^2}-\frac{y^2}{36}=1$의 두 초점 사이의 거리가 $6\sqrt{6}$일 때, a^2의 값은? (단, a는 상수이다.) (3점)

→ $(\sqrt{a^2+36}, 0)$, $(-\sqrt{a^2+36}, 0)$

① 14 ② 16 ✔18
④ 20 ⑤ 22

Step 1 쌍곡선의 두 초점의 좌표를 구한다.

쌍곡선 $\frac{x^2}{a^2}-\frac{y^2}{36}=1$의 두 초점의 좌표는

$(\sqrt{a^2+36},\ 0)$, $(-\sqrt{a^2+36},\ 0)$

→ 암기 쌍곡선 $\frac{x^2}{a^2}-\frac{y^2}{b^2}=1$의 두 초점의 좌표는 $(\sqrt{a^2+b^2}, 0)$, $(-\sqrt{a^2+b^2}, 0)$이야!

Step 2 두 초점 사이의 거리를 이용하여 a^2의 값을 구한다.

두 초점 사이의 거리가 $6\sqrt{6}$이므로

$2\sqrt{a^2+36}=6\sqrt{6}$, $\sqrt{a^2+36}=3\sqrt{6}$

→ $\sqrt{a^2+36}-(-\sqrt{a^2+36})$

양변을 제곱하면 $a^2+36=54$ $\therefore a^2=18$

→ $(3\sqrt{6})^2=3^2\times6=54$

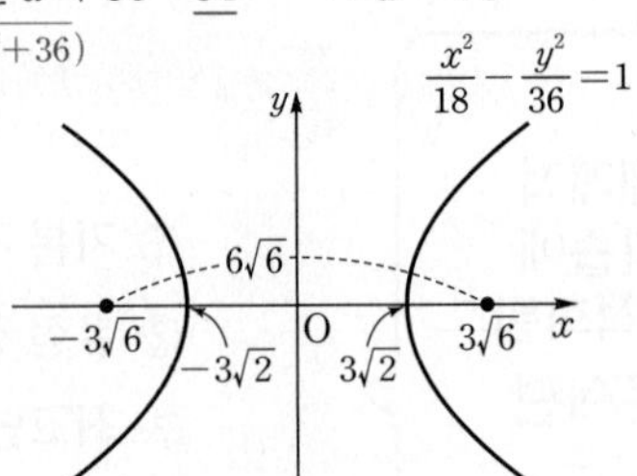

004 [정답률 82%] 정답 ③

한 초점이 F(3, 0)이고 주축의 길이가 4인 쌍곡선 $\frac{x^2}{a^2}-\frac{y^2}{b^2}=1$의 점근선 중 기울기가 양수인 것을 l이라 하자. 점 F와 직선 l 사이의 거리는? (단, a, b는 양수이다.) (3점)

① $\sqrt{3}$ ② 2 ✔$\sqrt{5}$
④ $\sqrt{6}$ ⑤ $\sqrt{7}$

Step 1 한 초점이 $F(3, 0)$, 주축의 길이가 4임을 이용하여 a, b의 값을 구한다.

한 초점이 $F(3, 0)$인 쌍곡선 $\frac{x^2}{a^2}-\frac{y^2}{b^2}=1$의 주축의 길이는 $2a$이므로 $2a=4$ $\quad\therefore a=2$

→ 쌍곡선의 두 꼭짓점 사이의 거리

한 초점의 좌표가 $F(3, 0)$이므로 $a^2+b^2=3^2$에서 $4+b^2=9$

$b^2=5 \quad \therefore b=\sqrt{5}\ (\because b>0)$

Step 2 점과 직선 사이의 거리를 이용한다.

쌍곡선 $\frac{x^2}{2^2}-\frac{y^2}{(\sqrt{5})^2}=1$의 점근선의 방정식은 $y=\pm\frac{\sqrt{5}}{2}x$이므로

$l : y=\frac{\sqrt{5}}{2}x$

→ 쌍곡선 $\frac{x^2}{a^2}-\frac{y^2}{b^2}=1$의 점근선의 방정식은 $y=\pm\frac{b}{a}x$

→ 직선 l의 기울기는 양수

따라서 직선 l의 방정식은 $\sqrt{5}x-2y=0$이므로 점 $F(3, 0)$과 직선 l 사이의 거리는 $\frac{|3\sqrt{5}|}{\sqrt{(\sqrt{5})^2+(-2)^2}}=\frac{3\sqrt{5}}{3}=\sqrt{5}$

005 [정답률 90%]

정답 ①

포물선 $x^2=8y$의 초점과 준선 사이의 거리는? (3점)

① 4 ② $\frac{9}{2}$ ③ 5 ④ $\frac{11}{2}$ ⑤ 6

Step 1 포물선 $x^2=8y$의 초점과 준선의 방정식을 구한다.

포물선 $x^2=8y=4\times 2y$이므로 초점의 좌표는 $(0, 2)$이고 준선의 방정식은 $y=-2$이다.

→ $y^2=8x$가 아님에 주의한다.

따라서 초점과 준선 사이의 거리는 4이다.

006

정답 ③

포물선 $y^2=ax$의 초점에서 준선까지의 거리가 4일 때, 양수 a의 값은? (2점)

($y^2=4\cdot\frac{1}{4}ax$, 초점 → $\left(\frac{1}{4}a, 0\right)$, 준선 $x=-\frac{1}{4}a$)

① 2 ② 4 ③ 8 ④ 16 ⑤ 32

Step 1 포물선 $y^2=ax$의 초점의 좌표를 a에 대한 식으로 나타내어 문제의 조건을 만족하는 a의 값을 구한다.

→ 포물선 $y^2=4px\ (p\neq 0)$의 초점 F의 좌표는 $F(p, 0)$이고 준선의 방정식은 $x=-p$이다.

포물선 $y^2=ax=4\cdot\frac{1}{4}ax$의 초점의 좌표는 $\left(\frac{1}{4}a, 0\right)$, 준선의 방정식은 $x=-\frac{1}{4}a$이다.

이때 $a>0$이므로

$\frac{1}{4}a-\left(-\frac{1}{4}a\right)=\frac{1}{2}a=4$

→ 포물선이 제1, 4사분면에 그려진다.

$\therefore a=8$

> **수능포인트**
>
> 포물선 $y^2=4px=ax\ (a\neq 0)$의 초점에서 준선까지의 거리 $d(d>0)$는 $|2p|$이고, 이때 $|a|=2\times|2p|=2d$가 됩니다. 따라서 준선의 방정식과 포물선의 초점을 각각 구하지 않고도 $|a|=2d$의 관계식을 이용하여 a가 양수일 때, $a=2\times 4=8$임을 쉽게 구할 수 있습니다.
>
> → 포물선 $y^2=4px$의 초점은 $(p, 0)$이고 준선의 방정식은 $x=-p$이므로 초점에서 준선까지의 거리는 $|p-(-p)|=|2p|$야.

007 [정답률 91%]

정답 ①

포물선 $y^2=-12(x-1)$의 준선을 $x=k$라 할 때, 상수 k의 값은? (2점)

① 4 ② 7 ③ 10 ④ 13 ⑤ 16

Step 1 포물선의 준선의 방정식을 구한다.

포물선 $y^2=-12x$의 준선의 방정식은 $x=3$ ($y^2=4\times(-3)x$)

포물선 $y^2=-12(x-1)$은 포물선 $y^2=-12x$를 x축의 방향으로 1만큼 평행이동한 곡선이므로 포물선 $y^2=-12(x-1)$의 준선은 직선 $x=3$을 x축의 방향으로 1만큼 평행이동한 직선이다.

→ 곡선이 평행이동한 만큼 준선도 평행이동한다.

따라서 $k=3+1=4$

008 [정답률 92%]

정답 ③

초점이 $F\left(\frac{1}{3}, 0\right)$이고 준선이 $x=-\frac{1}{3}$인 포물선이 점 $(a, 2)$를 지날 때, a의 값은? (3점)

① 1 ② 2 ③ 3 ④ 4 ⑤ 5

Step 1 포물선의 방정식을 구해 a의 값을 구한다.

주어진 포물선의 방정식은

$y^2=4\times\frac{1}{3}\times x \quad \therefore y^2=\frac{4}{3}x$

→ 초점이 $F(p, 0)$, 준선이 $x=-p$인 포물선의 방정식은 $y^2=4px$ (단, $p\neq 0$)

점 $(a, 2)$가 이 포물선 위의 점이므로

$2^2=\frac{4}{3}\times a \quad \therefore a=3$

009

정답 ⑤

두 정사각형이 포물선과 만나는 점에서 준선까지의 거리와 초점까지의 거리가 서로 같음을 이용한다.

그림과 같이 좌표평면의 두 정사각형이 포물선 $y^2=16x$와 각각 한 점에서 만나고 두 정사각형끼리도 포물선의 초점 F 한 점에서만 만난다. 한 변이 x축 위에 있는 두 정사각형의 넓이를 각각 S_1, S_2라 할 때, $\frac{S_2}{S_1}$의 값은? (3점) (4, 0)

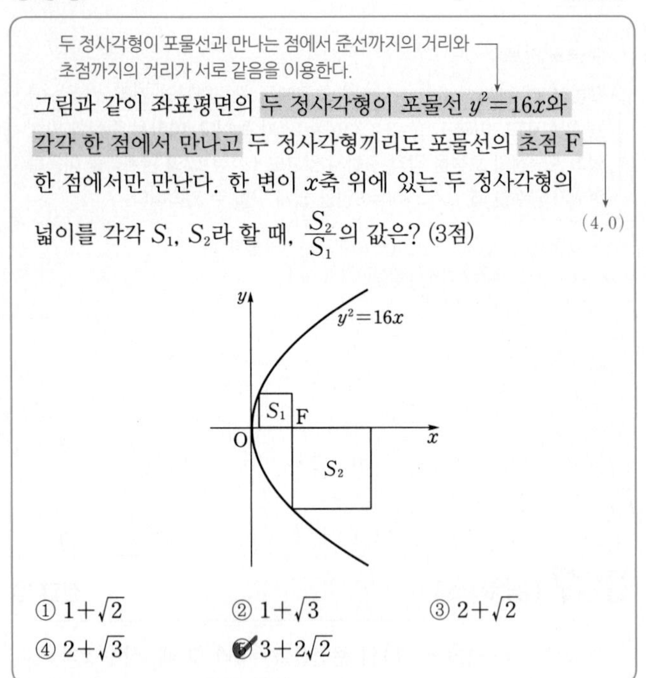

① $1+\sqrt{2}$ ② $1+\sqrt{3}$ ③ $2+\sqrt{2}$
④ $2+\sqrt{3}$ ⑤ $3+2\sqrt{2}$

포물선 $y^2=4px$의 초점은 $(p, 0)$이다. (단, $p\neq0$)

Step 1 포물선의 초점의 좌표를 구한 후 S_1을 구한다.

$y^2=16x=4\times4x$이므로 초점은 F(4, 0)이다.
넓이가 S_1인 정사각형의 한 변의 길이를 a라 하자.
→ 점 A의 x좌표는 $4-a$이고 y좌표는 넓이가 S_1인 정사각형의 한 변의 길이 a와 같아.

오른쪽 그림과 같이 넓이가 S_1인 정사각형이 포물선 $y^2=16x$와 만나는 점을 A라 하면 A$(4-a, a)$
점 A가 포물선 $y^2=16x$ 위의 점이므로
$a^2=16(4-a)$ → $y^2=16x$에 $x=4-a$, $y=a$를 대입
$a^2+16a-64=0$
$a=-8+8\sqrt{2}$ ($\because a>0$)
$\therefore S_1=a^2=8^2(-1+\sqrt{2})^2$
$=64(3-2\sqrt{2})$

이차방정식의 근의 공식
$ax^2+bx+c=0$ $(a\neq0)$의 두 근은 $x=\frac{-b\pm\sqrt{b^2-4ac}}{2a}$

Step 2 포물선의 초점의 좌표를 이용하여 S_2를 구한다.

넓이가 S_2인 정사각형의 한 변의 길이를 b라 하자.
넓이가 S_2인 정사각형과 포물선이 만나는 점을 B라 하면
점 B의 x좌표는 4이고 점 B는 포물선 위의 점이므로
$b^2=16\times4=64$ → 점 B의 y좌표는 $-b$이므로 $y^2=16x$에 $x=4$, $y=-b$를 대입
$\therefore S_2=b^2=64$

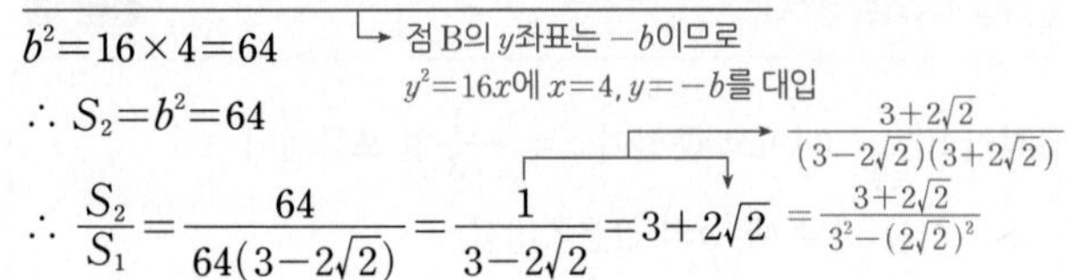

$\therefore \frac{S_2}{S_1}=\frac{64}{64(3-2\sqrt{2})}=\frac{1}{3-2\sqrt{2}}=3+2\sqrt{2}$

$\left(\frac{1}{3-2\sqrt{2}}=\frac{3+2\sqrt{2}}{(3-2\sqrt{2})(3+2\sqrt{2})}=\frac{3+2\sqrt{2}}{3^2-(2\sqrt{2})^2}\right)$

✪ 다른 풀이 포물선의 정의를 이용하는 풀이

Step 1 포물선의 초점의 좌표를 구한다.

$y^2=16x=4\cdot4x$이므로 초점은 F(4, 0)이다.
→ 포물선 위의 한 점에서 준선까지의 거리와 초점까지의 거리가 같다.

Step 2 포물선의 정의를 이용한다.

넓이가 S_1인 정사각형의 한 변의 길이를 a, 넓이가 S_2인 정사각형의 한 변의 길이를 b라 하면

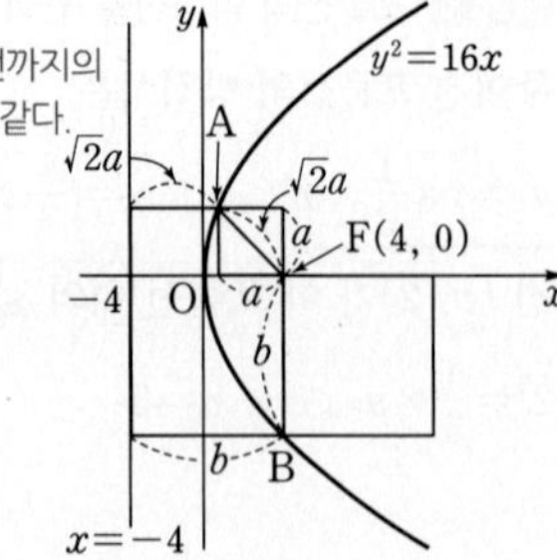

넓이가 S_1인 정사각형의 대각선의 길이는 피타고라스 정리에 의하여 $\sqrt{a^2+a^2}=\sqrt{2}a$
또, 포물선의 정의에 의하여 → 포물선 $y^2=4px$의 준선에서 포물선의 초점까지의 거리는 $|2p|$야!
(준선에서 포물선의 초점까지의 거리)$=2\times4=(\sqrt{2}+1)a=b$
→ 점 B에서 준선까지의 거리
→ (점 A에서 준선까지의 거리)+(넓이가 S_1인 정사각형의 한 변의 길이)

$\therefore \frac{S_2}{S_1}=\frac{b^2}{a^2}=\frac{(\sqrt{2}+1)^2a^2}{a^2}=3+2\sqrt{2}$

010

정답 ⑤

포물선 $y^2=(a^2+1)x$에 대하여 [보기] 중 옳은 것만을 있는 대로 고른 것은? (단, a는 실수이다.) (3점)

[보기]
ㄱ. a의 값에 관계없이 항상 원점을 지난다. → $x=0$, $y=0$ 대입
ㄴ. $|a|$의 값이 커질수록 포물선은 y축에 가까워진다.
ㄷ. 포물선의 초점과 준선 사이의 거리의 최솟값은 $\frac{1}{2}$이다. → 초점 : $\left(\frac{a^2+1}{4}, 0\right)$, 준선 : $x=-\frac{a^2+1}{4}$

① ㄱ ② ㄷ ③ ㄱ, ㄴ
④ ㄴ, ㄷ ⑤ ㄱ, ㄴ, ㄷ

Step 1 $x=0$, $y=0$을 대입하여 포물선이 원점을 지나는지 확인한다.

ㄱ. $x=0$일 때 $y=0$이므로 a의 값에 관계없이 항상 원점을 지난다. (참)

Step 2 포물선 위의 점에서 x축까지의 거리를 구한다.

ㄴ. 포물선 $y^2=(a^2+1)x$ 위의 점 (x_1, y_1)에서 x축까지의 거리는 $|y_1|=\sqrt{(a^2+1)x_1}$이므로 $|a|$의 값이 커질수록 $|y_1|$의 값도 커진다.
즉, 포물선은 x축에서 더 멀어지므로 y축에 가까워진다. (참)

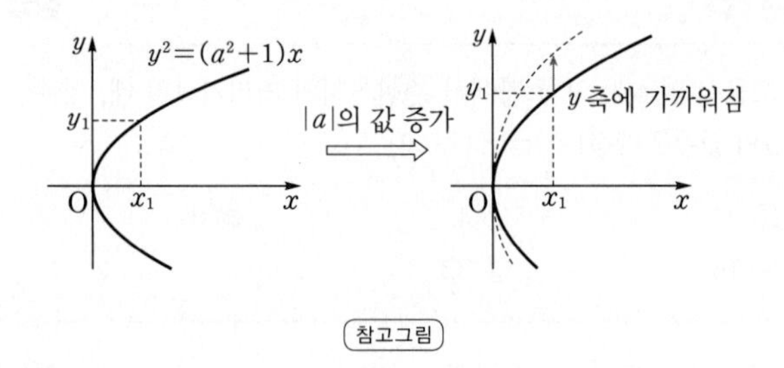

참고그림

Step 3 포물선의 초점의 좌표와 준선의 방정식을 구한다.

ㄷ. $y^2=(a^2+1)x=4\times\frac{a^2+1}{4}x$이므로 초점의 좌표는 $\left(\frac{a^2+1}{4}, 0\right)$, 준선의 방정식은 $x=-\frac{a^2+1}{4}$이다.
초점과 준선 사이의 거리는 → 포물선 $y^2=4px$ $(p\neq0)$의 초점과 준선 사이의 거리는 $|2p|$야.
$\frac{a^2+1}{4}-\left(-\frac{a^2+1}{4}\right)=\frac{a^2+1}{2}\geq\frac{1}{2}$ → 실수 a에 대하여 $a^2\geq0$이고 $a^2+1\geq1$이므로 $\frac{a^2+1}{2}\geq\frac{1}{2}$
즉, 초점과 준선 사이의 거리의 최솟값은 $\frac{1}{2}$이다. (참)
→ 이때 a의 값은 0이야.

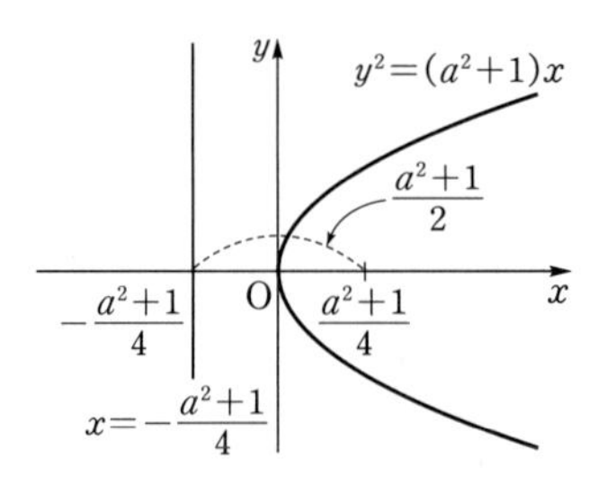

따라서 옳은 것은 ㄱ, ㄴ, ㄷ이다.

수능포인트

포물선 $y^2=ax$의 그래프는 $|a|$의 값이 커질수록 x축에서 멀어지니 y축에 가까워집니다. 반면에 $x^2=by$의 그래프는 아래의 그림과 같이 $|b|$의 값이 커질수록 y축에서 멀어지기 때문에 x축에 가까워집니다. 암기하기 보다는 그래프를 직접 그려 보고 이해하면서 익숙해져야 합니다.

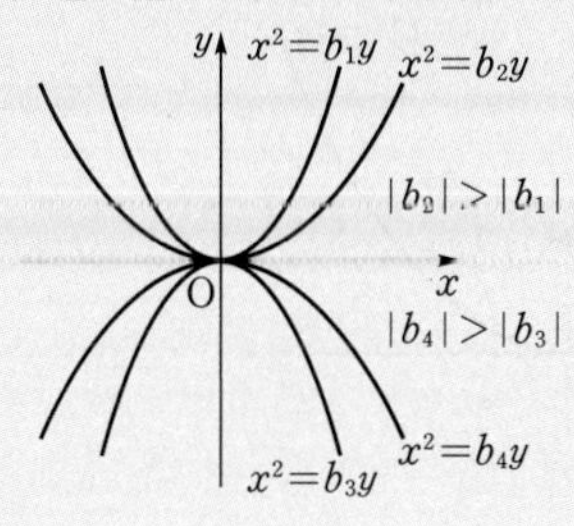

011

정답 40

→ 포물선의 방정식을 세워서 문제를 해결한다.

그림과 같이 길이가 240 m인 다리에 연결된 케이블선은 포물선을 이루고 있고 다리의 양 끝의 높이가 90 m라 한다. 다리 위에 이 포물선의 초점의 위치까지 높이가 a m인 조각상을 만들려고 할 때, a의 값을 구하시오. (3점)

→ 다리를 x축으로 하는 좌표평면을 그리면 초점의 y좌표가 조각상의 높이 a가 돼!

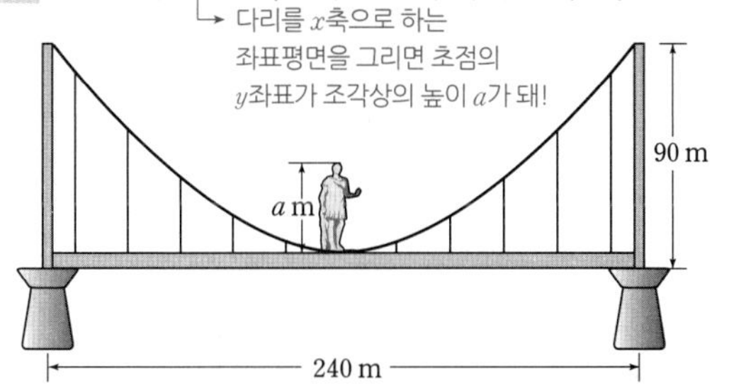

→ 초점이 y축 위에 있으므로 이 포물선은 $y^2=4px$ 꼴이 아닌 $x^2=4py$ 꼴이라는 것을 염두에 둬야 해.

Step 1 주어진 조건을 좌표평면 위에 나타내고 포물선의 방정식을 구한다.

다리가 x축, 다리의 중앙이 좌표평면의 원점 O에 놓이게 하면 포물선의 방정식은

$x^2=4py$

이때 포물선은 점 $(120, 90)$을 지나므로 (다리의 길이 240 m의 절반)

$14400=4p\cdot 90 \quad \therefore p=40$

따라서 초점의 좌표가 $(0, 40)$이므로 조각상의 높이 $a=40$(m)이다. (초점의 y좌표)

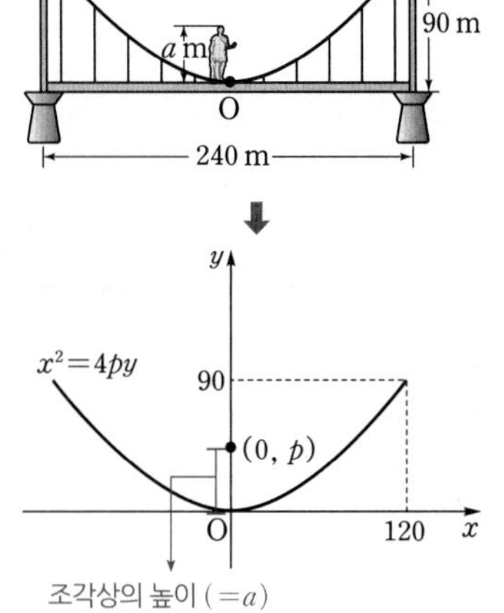

012

정답 ②

좌표평면의 한 점 P에서 점 F$(-3, 0)$에 이르는 거리와 직선 $x=1$에 이르는 거리가 서로 같을 때, 점 P가 나타내는 도형의 방정식은? (3점)

→ 포물선임을 알려주는 말이야!

① $y^2=8(x+1)$
② $y^2=-8(x+1)$
③ $y^2=8(x-1)$
④ $y^2=-8(x-1)$
⑤ $y^2=4(x+1)$

→ 점 P가 나타내는 도형은 점 F를 초점, 직선 $x=1$을 준선으로 하는 포물선이다.

Step 1 좌표평면 위의 한 점과 이 점을 지나지 않는 한 직선으로부터 같은 거리에 있는 점의 자취는 포물선임을 이용한다.

점 P, 점 F$(-3, 0)$과 직선 $x=1$을 x축의 방향으로 1만큼 각각 평행이동할 때, 점 P, F가 평행이동한 점을 각각 점 P′, F′이라 하면 점 P′에서 점 F′$(-2, 0)$에 이르는 거리와 직선 $x=2$에 이르는 거리가 서로 같은 점 P′이 나타내는 도형은 초점이 F′$(-2, 0)$, 준선이 $x=2$인 포물선이므로 $y^2=-8x$

따라서 구하는 도형의 방정식은 포물선 $y^2=-8x$를 x축의 방향으로 -1만큼 평행이동한 것이므로 (→ 포물선의 방정식에 x 대신 $x+1$ 대입)

$y^2=-8(x+1)$

→ 두 함수의 그래프는 x축의 방향으로 평행이동하면 일치시킬 수 있으므로 그래프의 개형이 같다.

P, F$(-3, 0)$, -1, O, 1, x, y, $y^2=-8(x+1)$, $x=1$ ⇨ P′, F′$(-2, 0)$, O, 2, x, y, $y^2=-8x$, $x=2$

참고그림

✪ 다른 풀이 임의의 점 P(x, y)에 대하여 조건을 만족하는 x, y에 대한 관계식을 찾는 풀이

Step 1 두 점 사이의 거리 공식을 이용한다.

점 P의 좌표를 P(x, y)라 하고 점 P에서 직선 $x=1$에 내린 수선의 발을 H라 하면 $\overline{PF}=\overline{PH}$이므로

$\sqrt{(x+3)^2+y^2}=|x-1|$

→ $x^2+6x+9+y^2=x^2-2x+1$ $\therefore y^2=-8x-8$

양변을 제곱하면

$(x+3)^2+y^2=x^2-2x+1$

$y^2=-8x-8$

$\therefore y^2=-8(x+1)$

→ 포물선 $y^2=-8x$를 x축의 방향으로 -1만큼 평행이동한 것이므로 초점이 $(-2-1, 0)$, 즉 $(-3, 0)$이고 준선이 $x=2-1=1$이다.

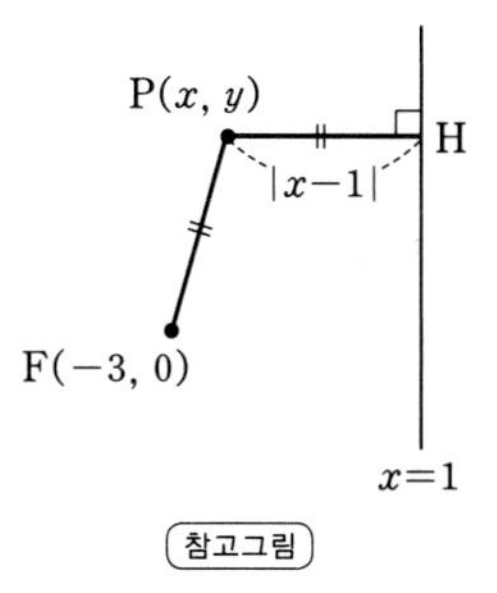

참고그림

수능포인트

포물선의 꼭짓점이 원점이 아닐 때에는 처음부터 바로 포물선의 방정식을 구하려고 하면 실수할 수 있습니다. 먼저 포물선의 꼭짓점이 원점이 되도록 평행이동시켜서 방정식을 $y^2=ax$ 형태로 구한 후 문제의 조건을 만족하는 포물선의 방정식을 차례로 구합니다.

013 [정답률 86%]

정답 ②

꼭짓점이 점 $(-1,\ 0)$이고 준선이 직선 $x=-3$인 포물선의 방정식이 $y^2=ax+b$일 때, 두 상수 a, b의 합 $a+b$의 값은? (3점)

① 14 ② 16 ③ 18
④ 20 ⑤ 22

Step 1 평행이동을 이용하여 포물선의 방정식을 구한다.

꼭짓점이 원점이고, 준선이 $x=-2$인 포물선의 방정식은 (→ 초점의 좌표는 $(2,\ 0)$이야.)
$y^2=8x$이다. (→ $y^2=4\times2\times x$)
구하고자 하는 포물선은 포물선 $y^2=8x$를 x축의 방향으로 -1만큼 평행이동한 것이므로 포물선의 방정식은 $y^2=8(x+1)$, 즉 $y^2=8x+8$
따라서 $a=b=8$이므로 $a+b=16$이다.

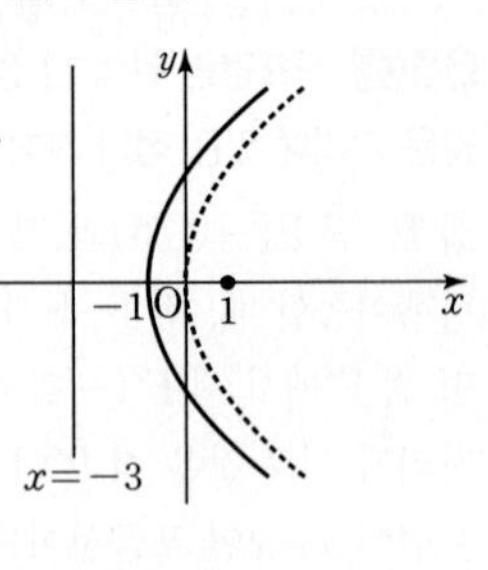

$x^2=4y$ (1만큼 평행이동)
$y^2=-8x$ (-2만큼 평행이동)

↓ x축의 방향으로 1만큼 평행이동 (초점도 x축의 방향으로 1만큼 평행이동)

↓ y축의 방향으로 -2만큼 평행이동 (초점도 y축의 방향으로 -2만큼 평행이동)

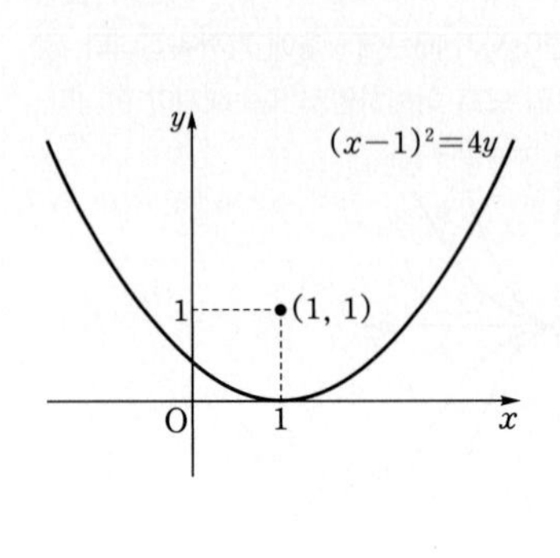

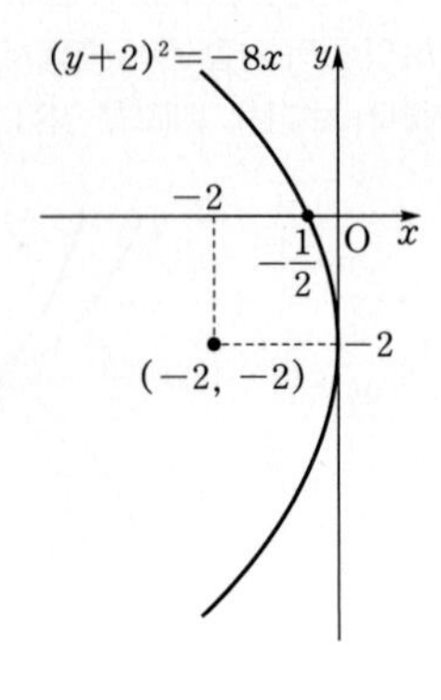

참고그림

014 [정답률 85%]

정답 18

(→ 포물선의 평행이동을 이용한다.)
두 포물선 $(x-1)^2=4y$, $(y+2)^2=-8x$의 초점을 각각 F_1, F_2라고 할 때, $\overline{F_1F_2}^2$의 값을 구하시오. (3점)

Step 1 포물선의 평행이동을 이용하여 두 포물선의 초점을 구한다.

포물선 $(x-1)^2=4y$는 포물선 $x^2=4y$를 x축의 방향으로 1만큼 평행이동한 그래프이다. 따라서 포물선의 초점도 x축의 방향으로 1만큼 평행이동된다. (→ $x^2=4y$에 x 대신 $x-1$을 대입한 것과 마찬가지야.)
포물선 $x^2=4y$의 초점의 좌표가 $(0,\ 1)$이므로 포물선 $(x-1)^2=4y$의 초점은 점 $(0,\ 1)$을 x축의 방향으로 1만큼 평행이동한 점 $(1,\ 1)$이 된다. (→ 포물선 $x^2=4py\ (p\neq0)$의 초점 F의 좌표는 $F(0,\ p)$이다.)
$\therefore F_1(1,\ 1)$
마찬가지 방법으로, 포물선 $(y+2)^2=-8x$는 포물선 $y^2=-8x$를 y축의 방향으로 -2만큼 평행이동한 그래프이므로 초점도 y축의 방향으로 -2만큼 평행이동된다. (→ $y^2=-8x$에 y 대신 $y+2$를 대입한 것과 마찬가지야.)
포물선 $y^2=-8x=4\cdot(-2)x$의 초점의 좌표가 $(-2,\ 0)$이므로 포물선 $(y+2)^2=-8x$의 초점은 점 $(-2,\ 0)$을 y축의 방향으로 -2만큼 평행이동한 $(-2,\ -2)$가 된다.
$\therefore F_2(-2,\ -2)$

Step 2 $\overline{F_1F_2}^2$의 값을 구한다.

(두 점 $A(x_1, y_1)$, $B(x_2, y_2)$ 사이의 거리 $\overline{AB}=\sqrt{(x_2-x_1)^2+(y_2-y_1)^2}$)

$\therefore \overline{F_1F_2}^2=(-2-1)^2+(-2-1)^2=18$

015

정답 ③

좌표평면에서 원점 O를 초점, 점 $A(-2,\ 0)$을 꼭짓점으로 하는 포물선과 원점 O를 초점, 점 $B(2,\ 0)$을 꼭짓점으로 하는 포물선이 만나는 두 점을 P, Q라 할 때, 선분 PQ의 길이는? (3점)
(→ 문제의 조건을 만족하는 두 포물선의 방정식을 구하고 연립하여 두 점 P, Q의 좌표를 구한다.)

① 6 ② 7 ③ 8
④ 9 ⑤ 10

Step 1 두 포물선의 방정식을 구한다. (→ 원점을 꼭짓점으로 하는 두 포물선 $y^2=4p_1x$, $y^2=4p_2x$를 각각 평행이동한 것으로 생각.)

원점 O를 초점, 점 $A(-2,\ 0)$을 꼭짓점으로 하는 포물선의 방정식은 $y^2=4p_1(x+2)$에서 $p_1=2$이므로
$y^2=8(x+2)$ …… ㉠ (→ 점 $(p_1,\ 0)$을 x축의 방향으로 -2만큼 평행이동한 점이 $(0,\ 0)$이므로 $p_1-2=0$에서 $p_1=2$)
원점 O를 초점, 점 $B(2,\ 0)$을 꼭짓점으로 하는 포물선의 방정식은 $y^2=4p_2(x-2)$에서 $p_2=-2$이므로
$y^2=-8(x-2)$ …… ㉡ (→ 점 $(p_2,\ 0)$을 x축의 방향으로 2만큼 평행이동한 점이 $(0,\ 0)$이므로 $p_2+2=0$에서 $p_2=-2$)

Step 2 두 포물선이 만나는 두 점의 x좌표를 구한다.

㉠, ㉡의 교점의 x좌표는 (→ 두 식을 연립)
$8(x+2)=-8(x-2)$, $8x+16=-8x+16$
$\therefore x=0$ (→ 즉, 두 포물선이 만나는 두 점 P와 Q는 y축 위에 있어.)

Step 3 포물선의 방정식에 $x=0$을 대입하여 두 교점의 y좌표를 구한다.

㉠에 $x=0$을 대입하면 $y^2=16$이므로 교점의 y좌표는
$y=-4$, $y=4$

즉, P$(0,\ 4)$, Q$(0,\ -4)$라 하면
$\overline{\mathrm{PQ}}=4-(-4)=8$

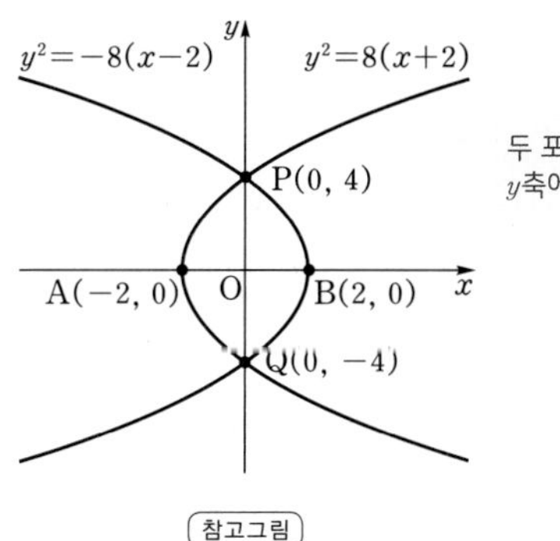

참고그림

016 [정답률 91%]

정답 ②

포물선 $y^2-4y-ax+4=0$의 초점의 좌표가 $(3,\ b)$일 때, $a+b$의 값은? (단, a, b는 양수이다.) (3점)

① 13 ② 14 ③ 15
④ 16 ⑤ 17

Step 1 주어진 포물선의 방정식을 간단히 나타낸다.

포물선 $y^2-4y-ax+4=0$에서
$y^2-4y+4=ax$
$\therefore (y-2)^2=ax$ → 포물선을 평행이동한 꼴로 식을 변형해주었어.
따라서 주어진 포물선은 포물선 $y^2=ax$를 y축의 방향으로 2만큼 평행이동한 것과 같다.

Step 2 초점의 좌표를 이용하여 a, b의 값을 각각 구한다.

포물선 $y^2=ax$의 초점의 좌표는 $\left(\frac{a}{4},\ 0\right)$이므로
포물선 $(y-2)^2=ax$의 초점의 좌표는 $\left(\frac{a}{4},\ 2\right)$이다. → 초점도 y축의 방향으로 2만큼 평행이동해 주었어.
이때 이 점이 $(3,\ b)$와 같으므로
$\frac{a}{4}=3$에서 $a=12$, $b=2$ → x좌표끼리 비교
$\therefore a+b=12+2=14$

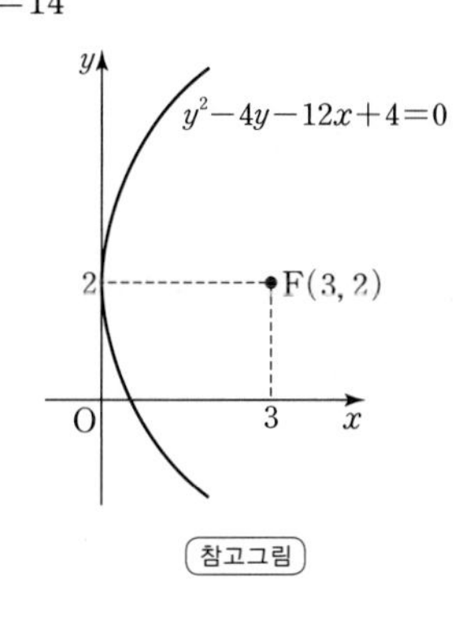

참고그림

017

정답 ①

→ 주어진 포물선의 식을 변형한다.
포물선 $y^2-x+4y+3=0$의 초점의 좌표는 $(a,\ b)$, 준선의 방정식은 $x=c$일 때, 세 수 a, b, c의 합 $a+b+c$의 값은? (3점)

① -4 ② -2 ③ 0
④ 2 ⑤ 4

Step 1 주어진 포물선의 방정식을 $(y+q)^2=r(x+p)$의 꼴로 나타낸 후 도형의 평행이동을 이용하여 초점의 좌표와 준선의 방정식을 구한다.

$y^2-x+4y+3=0$에서 $y^2+4y+4=x+1$ → 좌변을 y에 대한 완전제곱식으로 나타낼 수 있도록 식을 변형했어.
$(y+2)^2=x+1$ …… ㉠
즉, ㉠은 포물선 $y^2=x$를 x축의 방향으로 -1만큼, y축의 방향으로 -2만큼 평행이동한 것이다. → 포물선 $y^2=x$에 x, y 대신 각각 $x+1$, $y+2$를 대입한 것과 마찬가지야.
포물선 $y^2=x=4\cdot\frac{1}{4}x$는 초점의 좌표가 $\left(\frac{1}{4},\ 0\right)$, 준선의 방정식이
$x=-\frac{1}{4}$이므로 ㉠의 초점의 좌표는 $\left(\frac{1}{4}-1,\ -2\right)$, 즉 $\left(-\frac{3}{4},\ -2\right)$ → x축의 방향으로 -1만큼, y축의 방향으로 -2만큼 평행이동
이고 준선의 방정식은 $x=-\frac{1}{4}-1=-\frac{5}{4}$이다. → 포물선 $y^2=4px$를 평행이동할 때 준선의 방정식 $x=-p$는 x축의 방향으로 평행이동할 때에만 영향을 받는다.
따라서 $a=-\frac{3}{4}$, $b=-2$, $c=-\frac{5}{4}$이므로
$a+b+c=\left(-\frac{3}{4}\right)+(-2)+\left(-\frac{5}{4}\right)=-4$

$y^2=x$, $\left(\frac{1}{4},\ 0\right)$, $x=-\frac{1}{4}$ ⇒ x축의 방향으로 -1만큼, y축의 방향으로 -2만큼 평행이동 ⇒ $(y+2)^2=x+1$, $\left(-\frac{3}{4},\ -2\right)$, $x=-\frac{5}{4}$

참고그림

018

정답 ④

포물선 $y^2-4y-8x+28=0$의 축에 수직이고 초점을 지나는 현의 길이는? (3점) → 축: x축과 평행한 직선

① 2 ② 4 ③ 6
④ 8 ⑤ 10

→ 포물선의 축에 수직이고 초점을 지나는 직선이 포물선과 만나는 점의 좌표를 이용한다.

Step 1 주어진 포물선의 방정식을 $y^2=4px$의 꼴로 변형한다.

포물선 $y^2-4y-8x+28=0$에서
$y^2-4y+4=8x-24$
$(y-2)^2=8(x-3)$ → 포물선 $y^2=8x$에 x, y 대신 각각 $x-3$, $y-2$를 대입한 것과 같아.
이 포물선은 포물선 $y^2=8x$를 x축의 방향으로 3만큼, y축의 방향으로 2만큼 평행이동한 것이다.

Step 2 평행이동하기 전후의 포물선의 모양은 같으므로 $y^2=8x$에서 주어진 현의 길이를 구한다.

→ 포물선 $(y-2)^2=8(x-3)$은 포물선 $y^2=8x$와 포물선의 모양이 같으므로 $y^2=8x$를 이용하는 것이 더 쉬워.

평행이동하여도 포물선의 모양이 같으므로 구하는 현의 길이는 포물선 $y^2=8x=4\cdot 2x$의 초점 $(2, 0)$을 지나고 x축에 수직인 현의 길이와 같다.

$y^2=8x$에 $x=2$를 대입하면 → 포물선 $y^2=8x$와 직선 $x=2$가 만나는 교점을 구할 거야.

$y^2=8\times 2=16$ → 초점을 지나고 축($y=0$)에 수직인 직선

$\therefore y=\pm 4$

따라서 x축에 수직인 현이 포물선 $y^2=8x$와 만나는 두 점의 좌표가 $(2, 4)$, $(2, -4)$이므로 구하는 현의 길이는 $4-(-4)=8$

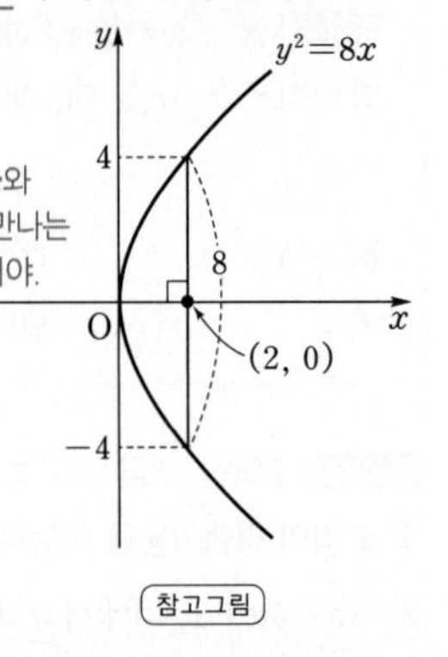

참고그림

수능포인트

이 문제에서는 포물선의 방정식이 $y^2+ax+by+c=0$과 같은 꼴로 주어졌지만 포물선의 초점을 지나고 축에 수직인 현의 길이만 묻는 문제이기 때문에 식을 완벽하게 변형시킬 필요는 없습니다.
포물선 $y^2-4y-8x+28=0$은 포물선 $y^2=8x$를 평행이동시킨 것임을 알면 문제의 식을 변형하지 않고도 포물선 $y^2=8x$의 초점 $(2, 0)$을 지나고 축에 수직인 직선과 포물선 $y^2=8x$의 교점의 y좌표를 이용하여 빠르게 답을 찾을 수 있습니다.

Step 2 포물선의 정의를 이용하여 거리를 구한다.

ㄷ. ㄱ에서 준선의 방정식 $x=a-1$은 $a>1$이므로 y축의 오른쪽에 위치한다.

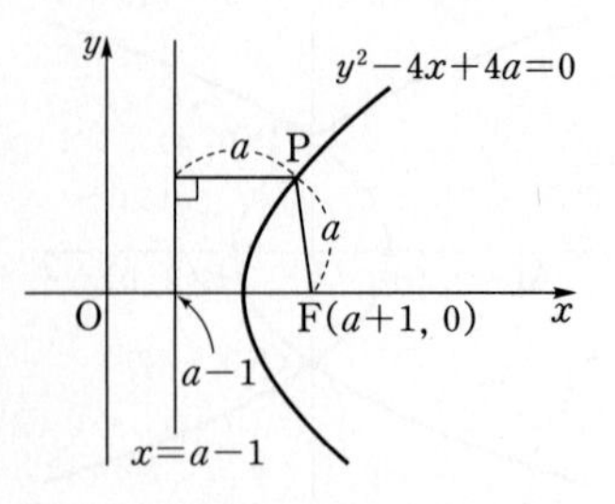

위의 그림과 같이 포물선의 초점을 F라 하면 포물선의 정의에 의하여 점 P에서 준선까지의 거리는 $\overline{\mathrm{PF}}=a$이므로 → =(점 P에서 초점까지의 거리)$=a$

점 P에서 y축까지의 거리는

$(a-1)+a=2a-1$ (참) → y축과 준선 사이의 거리

따라서 옳은 것은 ㄱ, ㄴ, ㄷ이다.

019

포물선의 평행이동을 이용하면 문제를 쉽게 해결할 수 있어!

정답 ⑤

포물선 $y^2-4x+4a=0$에 대하여 [보기] 중 옳은 것만을 있는 대로 고른 것은? (단, a는 1보다 큰 상수이다.) (3점)

→ $y^2=4(x-a)$
→ 범위 주의

[보기]
ㄱ. 준선의 방정식은 $x=a-1$이다.
ㄴ. 초점과 준선 사이의 거리는 2이다.
ㄷ. 포물선 위의 점 P에서 초점까지의 거리가 a일 때, y축까지의 거리는 $2a-1$이다.

① ㄱ ② ㄷ ③ ㄱ, ㄴ
④ ㄴ, ㄷ ✔⑤ ㄱ, ㄴ, ㄷ

Step 1 평행이동을 이용한다.

ㄱ. $y^2-4x+4a=0$에서 $y^2=4(x-a)$이므로 포물선 $y^2=4x$의 그래프를 x축의 방향으로 a만큼 평행이동한 것이다.
포물선 $y^2=4x$의 준선의 방정식 $x=-1$을 x축의 방향으로 a만큼 평행이동하면
$x=-1+a=a-1$ (참)

→ 포물선 $y^2=4px$에서 초점과 준선 사이의 거리는 $2p$야. (단, $p>0$)

ㄴ. 평행이동하여도 포물선의 초점과 준선 사이의 거리는 변하지 않는다.
$y^2=4x$의 초점 $(1, 0)$과 준선 $x=-1$ 사이의 거리가 2이므로 포물선 $y^2=4(x-a)$의 초점과 준선 사이의 거리도 2이다. (참)

020 [정답률 97%]

정답 ①

초점이 F인 포물선 $y^2=12x$ 위의 점 P에 대하여 $\overline{\mathrm{PF}}=9$일 때, 점 P의 x좌표는? (3점)

✔① 6 ② $\frac{13}{2}$ ③ 7
④ $\frac{15}{2}$ ⑤ 8

Step 1 포물선의 정의를 이용한다.

→ 포물선 $y^2=4px$(단, $p\neq 0$)의 초점의 좌표는 $(p, 0)$, 준선의 방정식은 $x=-p$

포물선 $y^2=12x$의 초점의 좌표는 $\mathrm{F}(3, 0)$이고, 준선의 방정식은 $x=-3$이므로 포물선 $y^2=12x$의 그래프는 다음과 같다.

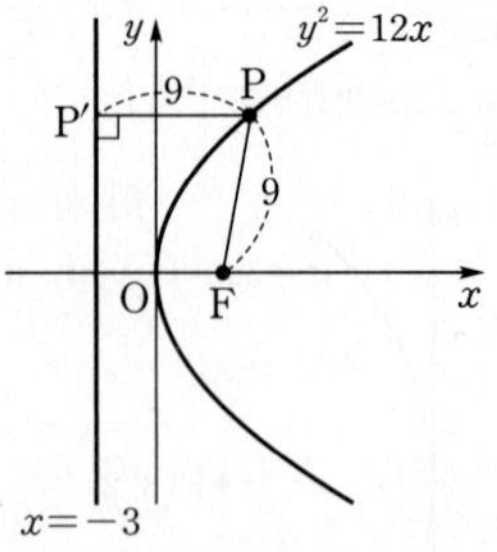

이때 점 P에서 준선 $x=-3$에 내린 수선의 발을 P′이라 하면 $\overline{\mathrm{PF}}=9$이므로 $\overline{\mathrm{PP'}}=9$

따라서 점 P의 x좌표는 $-3+9=6$이다. → $\overline{\mathrm{PP'}}$

021 [정답률 67%]

정답 ①

$\overline{\mathrm{FP}}=4$이므로 점 P에서 준선까지의 거리가 4이고, 이를 이용하여 점 P의 x좌표를 구할 수 있어.

초점이 F인 포물선 $y^2=x$ 위에 $\overline{\mathrm{FP}}=4$인 점 P가 있다. 그림과 같이 선분 FP의 연장선 위에 $\overline{\mathrm{FP}}=\overline{\mathrm{PQ}}$가 되도록 점 Q를 잡을 때, 점 Q의 x좌표는? (3점)

중요 점 P가 선분 FQ의 중점이다.

점 Q의 y좌표는 굳이 구하지 않아도 돼!

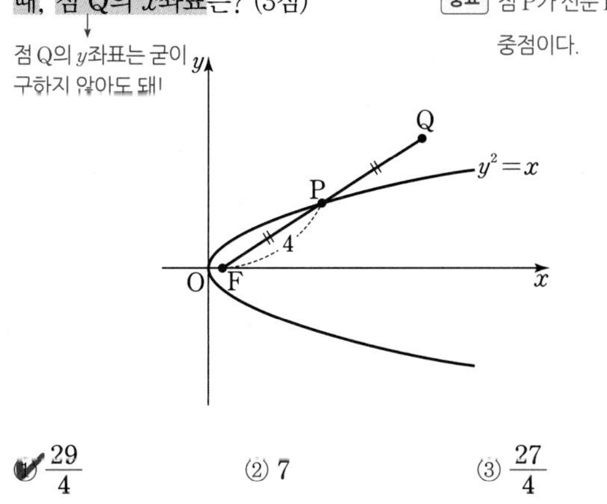

① $\frac{29}{4}$ ② 7 ③ $\frac{27}{4}$
④ $\frac{13}{2}$ ⑤ $\frac{25}{4}$

Step 1 포물선의 정의를 이용하여 점 P의 x좌표를 구한다.

포물선 $y^2=x=4\times\frac{1}{4}x$의 초점은 $\mathrm{F}\left(\frac{1}{4},\ 0\right)$이고, 준선의 방정식은 $x=-\frac{1}{4}$이다.

암기 $y^2=px$의 초점은 $\left(\frac{p}{4},\ 0\right)$, 준선의 방정식은 $x=-\frac{p}{4}$이다. (단, $p\neq0$)

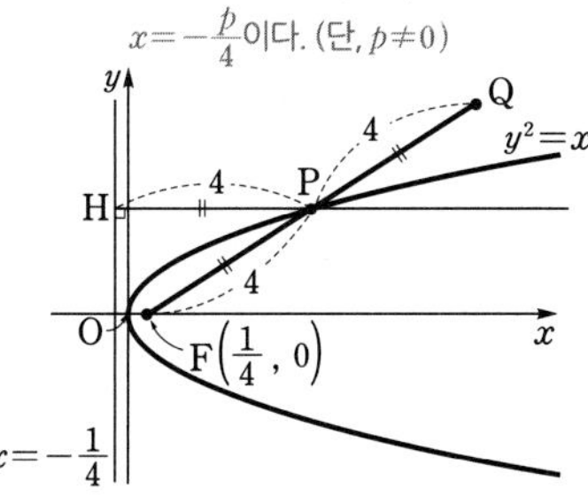

점 P에서 준선에 내린 수선의 발을 H라 하면 포물선의 정의에 의하여

$\overline{\mathrm{PF}}=\overline{\mathrm{PH}}=4$

x좌표만 구하면 되므로 y좌표는 따로 구하지 않는다.

$\therefore$ (점 P의 x좌표)$=4-\frac{1}{4}=\frac{15}{4}$

Step 2 점 P가 선분 FQ의 중점임을 이용하여 점 Q의 x좌표를 구한다.

점 P는 선분 FQ의 중점이므로

$$\frac{(\text{점 Q의 } x\text{좌표})+(\text{점 F의 } x\text{좌표})}{2}=(\text{점 P의 } x\text{좌표})$$

$$\frac{(\text{점 Q의 } x\text{좌표})+\frac{1}{4}}{2}=\frac{15}{4}$$

$$\therefore (\text{점 Q의 } x\text{좌표})=\frac{15}{2}-\frac{1}{4}=\frac{29}{4}$$

중점의 좌표
두 점 $(x_1,\ y_1)$, $(x_2,\ y_2)$를 잇는 선분의 중점의 좌표는
$\left(\frac{x_1+x_2}{2},\ \frac{y_1+y_2}{2}\right)$

022 [정답률 85%]

정답 8

좌표평면에서 점 $\mathrm{P}(-2,\ k)$와 초점이 F인 포물선 $y^2=8x$ 위의 점 Q에 대하여 $\overline{\mathrm{PQ}}=\overline{\mathrm{QF}}=10$일 때, 양수 k의 값을 구하시오. (4점)

Step 1 주어진 포물선의 준선과 선분 PQ가 서로 수직임을 확인한다.

포물선 $y^2=8x$의 준선은 직선 $x=-2$이므로
점 P는 준선 위의 점이다.

암기 포물선 $y^2=4px$의 준선의 방정식은 $x=-p$야.

이때 $\overline{\mathrm{PQ}}=\overline{\mathrm{QF}}=10$이므로 포물선의 정의에 의하여 준선 $x=-2$와 선분 PQ는 서로 수직이다.

준선에서 점 Q까지의 거리를 의미해.

Step 2 점 Q가 포물선 위의 점임을 이용하여 k의 값을 구한다.

점 Q에서 준선까지의 거리와 점 Q에서 준선 위의 점 P까지의 거리가 같으니까, 점 P를 점 Q에서 준선에 내린 수선의 발이라고 생각해도 돼.

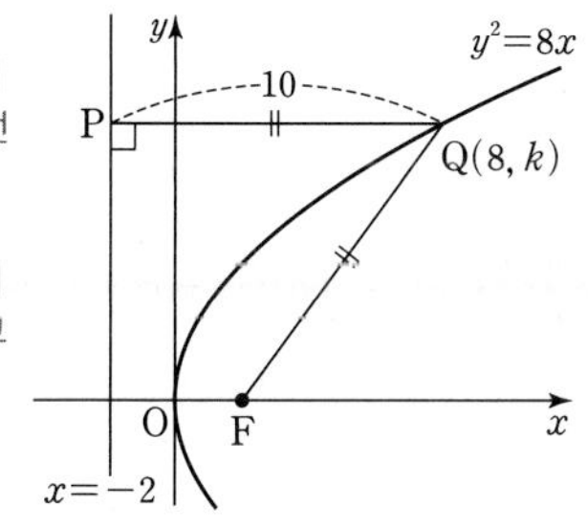

$\overline{\mathrm{PQ}}=10$이므로 점 Q의 좌표는 $(8,\ k)$이다.
이때 점 Q는 포물선 $y^2=8x$ 위의 점이므로
$k^2=8\times8=64$ $\quad\therefore k=8$ ($\because k>0$)

포물선의 방정식에 $x=8$, $y=k$ 대입

023

정답 ④

초점 : $(1,\ 0)$, 준선 : $x=-1$

오른쪽 그림과 같이 포물선 $y^2=4x$의 초점을 F라 하고 이 포물선 위의 두 점 A, B에서 y축에 내린 수선의 발을 각각 P, Q라 하자.

$\overline{\mathrm{AF}}=a$, $\overline{\mathrm{BF}}=a^3$, $\frac{\overline{\mathrm{BQ}}}{\overline{\mathrm{AP}}}=6$

일 때, 양수 a의 값은? (3점)

포물선의 정의를 이용하여 $\overline{\mathrm{AF}}$와 $\overline{\mathrm{AP}}$, $\overline{\mathrm{BF}}$와 $\overline{\mathrm{BQ}}$의 관계를 알아낸다.

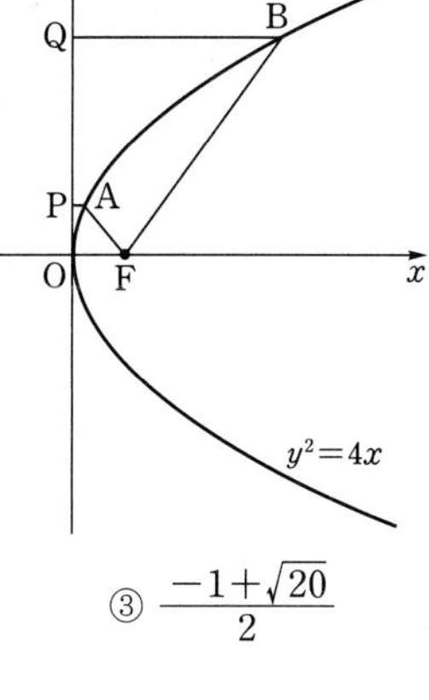

① 2 ② $-1+\sqrt{5}$ ③ $\frac{-1+\sqrt{20}}{2}$
④ $\frac{-1+\sqrt{21}}{2}$ ⑤ $\frac{-2+\sqrt{21}}{2}$

Step 1 포물선의 정의를 이용하여 $\overline{\mathrm{AP}}$, $\overline{\mathrm{BQ}}$를 a로 나타낸다.

포물선 $y^2=4x$의 초점은 $\mathrm{F}(1,\ 0)$, 준선의 방정식은 $x=-1$이다.
두 점 A, B에서 준선에 내린 수선의 발을 각각 C, D라 하면 포물선의 정의에 의하여
$\overline{\mathrm{AF}}=\overline{\mathrm{AC}}=a$이므로

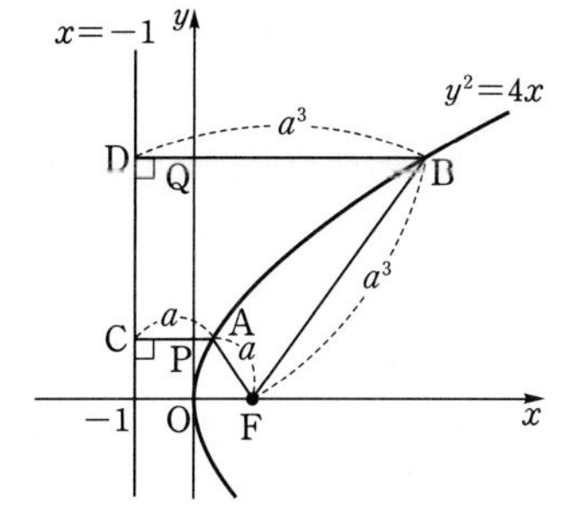

$\overline{AP}=\overline{AC}-1=a-1$ ($\overline{PC}=1$)

마찬가지 방법으로

$\overline{BF}=\overline{BD}=a^3$이므로

$\overline{BQ}=\overline{BD}-1=a^3-1$ ($\overline{QD}=1$)

Step 2 문제의 조건을 활용하여 a의 값을 구한다.

$\dfrac{\overline{BQ}}{\overline{AP}}=6$이므로 $a^3-b^3=(a-b)(a^2+ab+b^2)$

$\dfrac{a^3-1}{a-1}=6$, $\dfrac{(a-1)(a^2+a+1)}{a-1}=6$ **암기** 이차방정식 $ax^2+bx+c=0$의 해는 $x=\dfrac{-b\pm\sqrt{b^2-4ac}}{2a}$

$a^2+a-5=0$

$\therefore a=\dfrac{-1+\sqrt{21}}{2}$ ($\because a>0$) → 근의 공식을 이용한다.

024 [정답률 33%] 정답 13

포물선 $y^2=4px(p>0)$의 초점을 F, 포물선의 준선이 x축과 만나는 점을 A라 하자. 포물선 위의 점 B에 대하여 $\overline{AB}=7$이고 $\overline{BF}=5$가 되도록 하는 p의 값이 a 또는 b일 때, a^2+b^2의 값을 구하시오. (단, $a\neq b$이다.) (4점)

(A: $(-p, 0)$, F: $(p, 0)$) → 좌표평면 위에 조건을 만족하는 점 B를 나타낸다.

Step 1 포물선의 정의를 이용하여 점 B의 좌표를 구한다.

다음 그림과 같이 점 B에서 준선에 내린 수선의 발을 H라 하자.

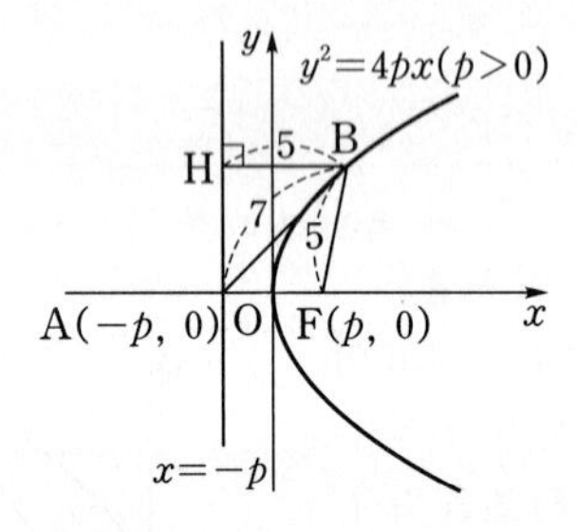

포물선의 정의에 의하여 $\overline{BF}=\overline{BH}=5$

직각삼각형 BHA에서 피타고라스 정리에 의하여

$\overline{AH}=\sqrt{\overline{AB}^2-\overline{BH}^2}=\sqrt{49-25}=2\sqrt{6}$ → 점 B의 y좌표와 같아.

점 H에서 y축까지의 거리가 p이므로 점 B의 x좌표는 $5-p$이다.

$\therefore B(5-p, 2\sqrt{6})$

Step 2 점 B가 포물선 위의 점임을 이용하여 p의 값을 구한다.

점 B는 포물선 $y^2=4px$ 위의 점이므로

$(2\sqrt{6})^2=4p(5-p)$, $24=20p-4p^2$ → 포물선의 방정식에 $x=5-p$, $y=2\sqrt{6}$을 대입

$p^2-5p+6=0$ ← $4p^2-20p+24=0$ $\therefore p^2-5p+6=0$

$(p-2)(p-3)=0$

따라서 $p=2$ 또는 $p=3$이므로

$a^2+b^2=2^2+3^2=13$

다른 풀이 두 점 사이의 거리를 이용하는 풀이

Step 1 점 B의 x좌표를 x_1이라 하고 $\overline{AB}^2$, $\overline{BF}^2$을 x_1에 대한 식으로 나타낸다.

두 점 A, F의 좌표는 각각 $A(-p, 0)$, $F(p, 0)$이고, $y^2=4px$이므로 포물선 위의 점 B의 좌표를 $B(x_1, \pm2\sqrt{px_1})$이라 하자.

($y^2=4px_1$ $\therefore y=\pm\sqrt{4px_1}=\pm2\sqrt{px_1}$)

$\overline{AB}^2=(x_1+p)^2+4px_1=7^2$에서 $x_1^2+6px_1+p^2=49$ ······ ㉠

$\overline{BF}^2=(x_1-p)^2+4px_1=5^2$에서 $x_1^2+2px_1+p^2=25$ ······ ㉡

Step 2 식을 연립하여 x_1의 값을 구한다.

㉠−㉡을 하면 $4px_1=24$ $\therefore x_1=\dfrac{6}{p}$ ······ ㉢

㉢을 ㉡에 대입하면 $\dfrac{36}{p^2}+12+p^2=25$

$p^4-13p^2+36=0$

$(p^2-4)(p^2-9)=0$ ← $x^2-(a+b)x+ab=(x-a)(x-b)$

$p^2=4$ 또는 $p^2=9$

$\therefore p=2$ 또는 $p=3$ ($\because p>0$) → 문제에서 주어진 조건

$\therefore a^2+b^2=2^2+3^2=13$

025 [정답률 89%] 정답 ③

양수 p에 대하여 좌표평면 위에 초점이 F인 포물선 $y^2=4px$가 있다. 이 포물선이 세 직선 $x=p$, $x=2p$, $x=3p$와 만나는 제1사분면 위의 점을 각각 P_1, P_2, P_3이라 하자. $\overline{FP_1}+\overline{FP_2}+\overline{FP_3}=27$일 때, p의 값은? (3점)

→ 포물선 위의 점과 초점 사이의 거리가 주어졌으므로 포물선의 성질을 이용한다.

① 2 ② $\dfrac{5}{2}$ ③ 3 ④ $\dfrac{7}{2}$ ⑤ 4

Step 1 포물선의 성질을 이용한다.

포물선 $y^2=4px$의 준선의 방정식은 $x=-p$이다. (초점의 좌표는 $(p, 0)$)

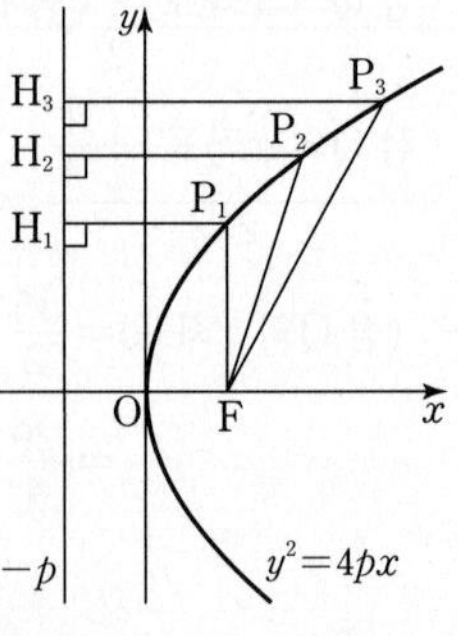

이 포물선 위의 세 점 P_1, P_2, P_3에서 포물선의 준선에 내린 수선의 발을 각각 H_1, H_2, H_3이라 하면 세 점 P_1, P_2, P_3의 x좌표가 각각 p, $2p$, $3p$이므로

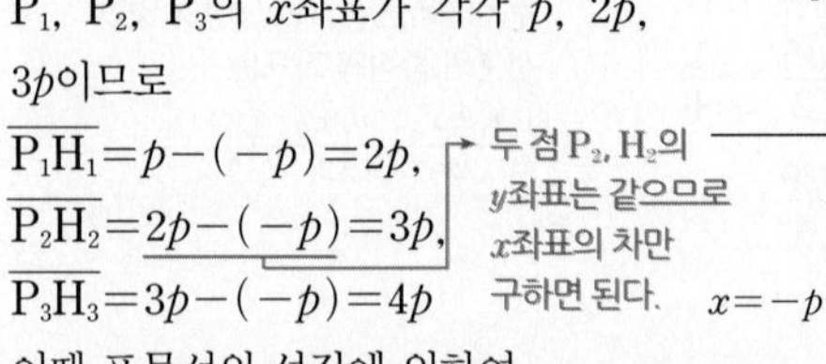

$\overline{P_1H_1}=p-(-p)=2p$,

$\overline{P_2H_2}=2p-(-p)=3p$,

$\overline{P_3H_3}=3p-(-p)=4p$

→ 두 점 P_2, H_2의 y좌표는 같으므로 x좌표의 차만 구하면 된다.

이때 포물선의 성질에 의하여

$\overline{FP_1}=\overline{P_1H_1}=2p$, $\overline{FP_2}=\overline{P_2H_2}=3p$, $\overline{FP_3}=\overline{P_3H_3}=4p$

$\overline{FP_1}+\overline{FP_2}+\overline{FP_3}=27$에서 $2p+3p+4p=9p=27$ $\therefore p=3$

026 [정답률 80%]

정답 ③

초점이 F인 포물선 $y^2=4px$ 위의 한 점 A에서 포물선의 준선에 내린 수선의 발을 B라 하고, 선분 BF와 포물선이 만나는 점을 C라 하자. $\overline{AB}=\overline{BF}$이고 $\overline{BC}+3\overline{CF}=6$일 때, 양수 p의 값은? (3점)

① $\frac{7}{8}$ ② $\frac{8}{9}$ ③ $\frac{9}{10}$ ④ $\frac{10}{11}$ ⑤ $\frac{11}{12}$

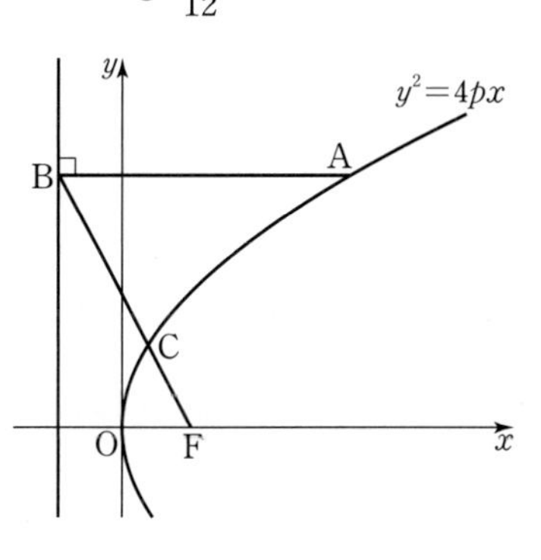

Step 1 포물선의 성질을 이용한다.

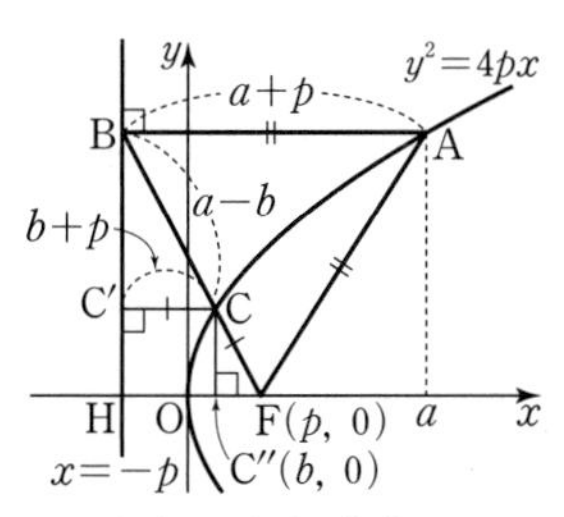

두 점 A, C의 x좌표를 각각 a, b라 하자.

$\overline{AB}=\overline{BF}$이므로 $\overline{BF}=a+p$

점 C에서 준선에 내린 수선의 발을 C′이라 하면

$\overline{CC'}=b+p$이므로 $\overline{CF}=b+p$ → 포물선의 정의를 생각해.

$\therefore \overline{BC}=(a+p)-(b+p)=a-b$ ($\overline{BF}-\overline{CF}$)

$\overline{BC}+3\overline{CF}=6$이므로 $(a-b)+3(b+p)=6$

$\therefore a+2b+3p=6$ …… ㉠

Step 2 삼각형 ABF가 정삼각형임을 이용한다.

선분 AF를 그으면 포물선의 정의에 의하여 $\overline{AF}=\overline{AB}$이므로 삼각형 ABF는 정삼각형이다.

준선 $x=-p$와 x축의 교점을 H, 점 C에서 x축에 내린 수선의 발을 C″이라 하자.

$\angle OFB=60°$이므로 $\overline{BF}=2\overline{FH}$에서 → $\angle ABF=60°$이므로 엇각인 $\angle OFB=60°$야.

$a+p=2\times 2p$ $\therefore a=3p$ …… ㉡ ($2p$ → 초점에서 준선까지의 거리)

또한 $\overline{CF}=2\overline{C''F}$이므로

$b+p=2(p-b)$ $\therefore b=\frac{1}{3}p$ …… ㉢ ($p-b$ → (점 F의 x좌표)$-$(점 C″의 x좌표))

㉡, ㉢을 ㉠에 대입하면

$3p+\frac{2}{3}p+3p=6$ $\therefore p=\frac{9}{10}$

027 [정답률 71%]

정답 ③

그림과 같이 초점이 F(2, 0)이고 x축을 축으로 하는 포물선이 원점 O를 지나는 직선과 제1사분면 위의 두 점 A, B에서 만난다. 점 A에서 y축에 내린 수선의 발을 H라 하자.

$$\overline{AF}=\overline{AH},\ \overline{AF}:\overline{BF}=1:4$$

일 때, 선분 AF의 길이는? (3점)

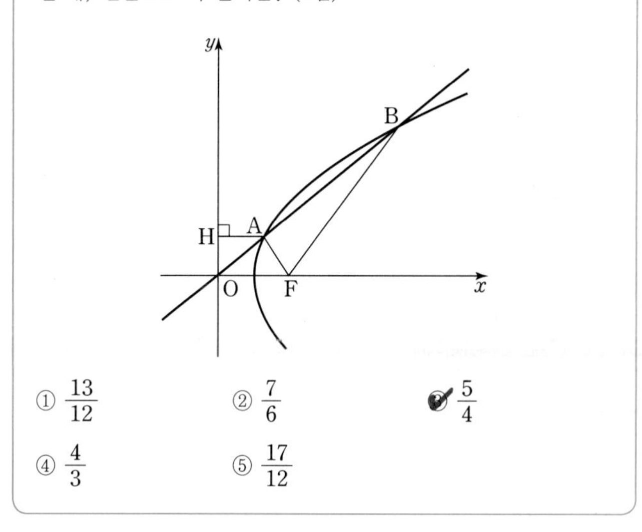

① $\frac{13}{12}$ ② $\frac{7}{6}$ ③ $\frac{5}{4}$ ④ $\frac{4}{3}$ ⑤ $\frac{17}{12}$

Step 1 포물선의 방정식을 구한다.

$\overline{AF}=\overline{AH}$이고 포물선의 축이 x축이므로 포물선의 준선은 y축이다.

포물선의 꼭짓점의 좌표가 (1, 0)이고 초점과 꼭짓점 사이의 거리가 1이므로 포물선의 방정식은 $y^2=4(x-1)$ (→ 선분 OF의 중점)

Step 2 선분 AF의 길이를 구한다.

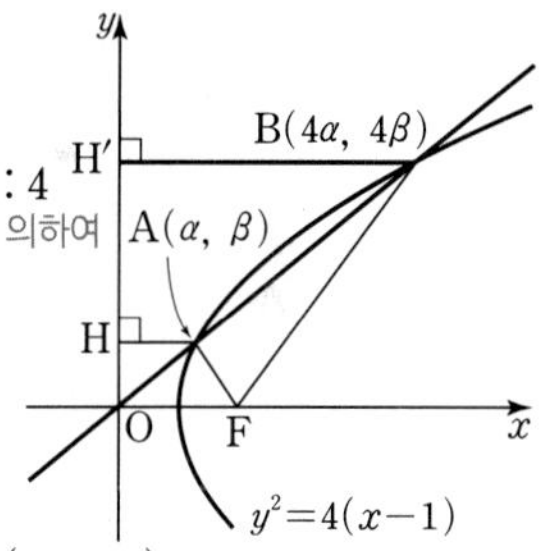

점 B에서 y축에 내린 수선의 발을 H′이라 하면

$\overline{OH}:\overline{OH'}=\overline{AH}:\overline{BH'}=\overline{AF}:\overline{BF}=1:4$ (→ 포물선의 성질에 의하여 $\overline{BH'}=\overline{BF}$)

점 A의 좌표를 A(α, β) $(\alpha>0,\ \beta>0)$라 하면 점 B의 좌표는 B$(4\alpha, 4\beta)$이다.

두 점 A, B는 포물선 $y^2=4(x-1)$ 위의 점이므로 $\beta^2=4(\alpha-1)$, $16\beta^2=4(4\alpha-1)$

위 두 식을 연립하면 $16\times 4(\alpha-1)=4(4\alpha-1)$ $\therefore \alpha=\frac{5}{4}$ (→ $16(\alpha-1)=4\alpha-1$, $12\alpha=15$)

따라서 $\overline{AF}=\overline{AH}=\alpha=\frac{5}{4}$이다.

028 [정답률 73%]　　정답 ⑤

→ 초점 : $(1, 0)$, 준선 : $x=-1$

포물선 $y^2=4x$의 초점을 F, 준선이 x축과 만나는 점을 P, 점 P를 지나고 기울기가 양수인 직선 l이 포물선과 만나는 두 점을 각각 A, B라 하자. $\overline{FA}:\overline{FB}=1:2$일 때, 직선 l의 기울기는? (4점)

→ 두 점 A, B에서 준선까지의 거리의 비도 1 : 2이다.

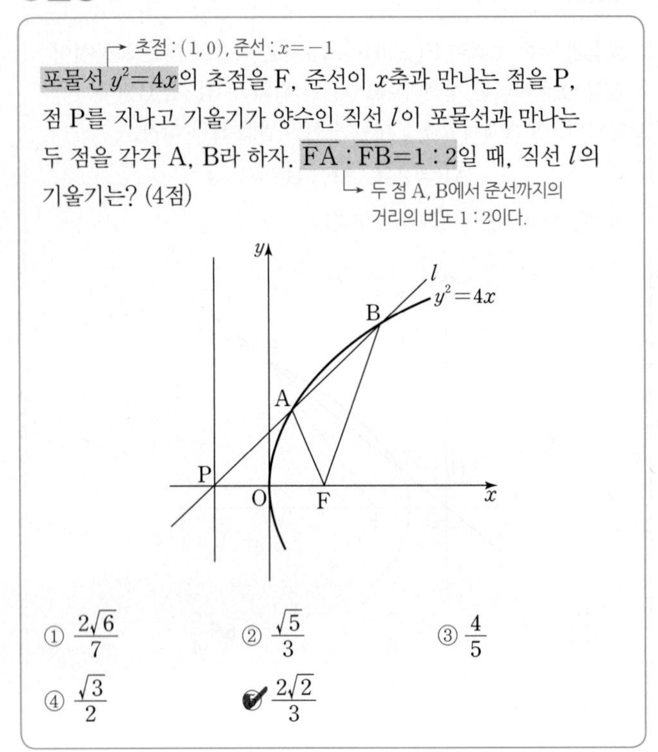

① $\frac{2\sqrt{6}}{7}$　② $\frac{\sqrt{5}}{3}$　③ $\frac{4}{5}$　④ $\frac{\sqrt{3}}{2}$　⑤ $\frac{2\sqrt{2}}{3}$

Step 1 점 A의 x좌표를 a라 하고 포물선의 정의를 이용하여 두 점 A, B의 좌표를 a에 대한 식으로 나타낸다.

포물선 $y^2=4x$에서 초점은 $F(1, 0)$이고, 준선의 방정식은 $x=-1$이다.

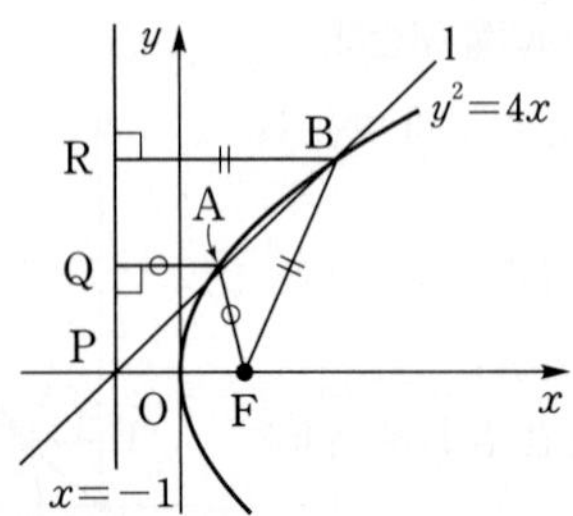

두 점 A, B에서 준선에 내린 수선의 발을 각각 Q, R라 하면 포물선의 정의에 의하여

$\overline{QA}=\overline{FA}$, $\overline{RB}=\overline{FB}$

$\overline{FA}:\overline{FB}=1:2$에서 $\overline{FB}=2\overline{FA}$이므로 $\overline{RB}=2\overline{QA}$

점 A의 x좌표를 a라 하면

$\overline{QA}=a+1$, $\overline{RB}=2\overline{QA}=2a+2$

따라서 점 B의 x좌표는 $2a+2-1=2a+1$이다.

$\therefore A(a, \sqrt{4a})$, $B(2a+1, \sqrt{8a+4})$ → 두 점 A, B는 포물선 $y^2=4x$ 위의 점임을 이용한다.

Step 2 삼각형의 닮음을 이용하여 a의 값을 구한다.

$\triangle PQA \backsim \triangle PRB$ (AA 닮음)이고,

> **AA 닮음**
> 두 쌍의 대응각의 크기가 같다.

→ $\angle RPB$는 공통인 각, $\angle PQA=\angle PRB=\frac{\pi}{2}$

$\overline{PQ}:\overline{PR}=\overline{QA}:\overline{RB}=1:2$이므로

→ 점 B의 y좌표

$\overline{RP}=2\overline{QP}$

$\sqrt{8a+4}=2\times\sqrt{4a}$

→ 점 A의 y좌표

$2a+1=4a$　　$\therefore a=\frac{1}{2}$

Step 3 직선 l의 기울기를 구한다.

→ 직선 l을 지나는 두 점을 이용한다.

따라서 $A\left(\frac{1}{2}, \sqrt{2}\right)$, $P(-1, 0)$이고 직선 l의 기울기는 직선 AP의 기울기와 같으므로

→ 두 점 A, P가 직선 l 위에 있기 때문이다.

(직선 l의 기울기)=(직선 AP의 기울기)

$$=\frac{\sqrt{2}-0}{\frac{1}{2}+1}=\frac{2\sqrt{2}}{3}$$

✪ 다른 풀이 포물선의 평행이동을 이용한 풀이

Step 1 포물선을 평행이동하여 두 점 A, B를 지나는 직선이 원점을 지나도록 한다.

→ 직선 l을 보다 쉽게 표현할 수 있어. 어차피 구하는 것은 직선 l의 기울기야.

포물선 $y^2=4x$와 직선 l을 x축의 양의 방향으로 1만큼 평행이동하면 포물선 $y^2=4(x-1)$의 준선은 y축, 즉 $x=0$이 되고 직선 l은 원점을 지나는 직선 $y=mx$ $(m>0)$가 된다.

→ 포물선의 방정식에 x 대신 $x-1$을 대입한다.

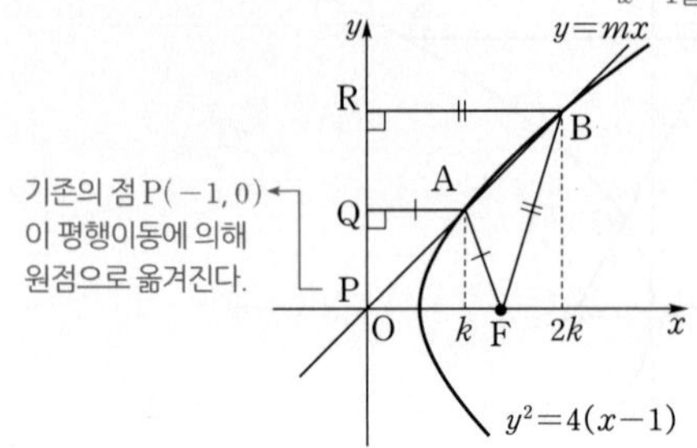

Step 2 두 교점 A, B의 x좌표를 각각 k, $2k$라 하고, 근과 계수의 관계를 이용하여 k의 값을 구한다.

두 점 A, B에서 준선(y축)에 내린 수선의 발을 각각 Q, R라 하자.

$\overline{FA}=\overline{AQ}=k$, $\overline{FB}=\overline{BR}=2k$ $(k\neq0)$라 하면

연립방정식 $\begin{cases} y^2=4(x-1) \\ y=mx \end{cases}$을 만족시키는 x의 값이 k, $2k$가 된다.

$y^2=4(x-1)$에 $y=mx$를 대입하면 $m^2x^2-4x+4=0$

근과 계수의 관계에 의하여 $3k=\frac{4}{m^2}$, $2k^2=\frac{4}{m^2}$

m을 소거하면 $2k^2=3k$, $k(2k-3)=0$　　$\therefore k=\frac{3}{2}$ $(\because k\neq0)$

$m^2=\frac{4}{3k}=\frac{8}{9}$

> **암기** 이차방정식 $ax^2+bx+c=0$의 근과 계수의 관계
> (두 근의 합)$=-\frac{b}{a}$, (두 근의 곱)$=\frac{c}{a}$

$\therefore m=\frac{2\sqrt{2}}{3}$ $(\because m>0)$

✪ 다른 풀이 점 A의 y좌표를 a로 놓고 푸는 풀이

Step 1 점 A의 y좌표를 a라 하고 포물선의 정의를 이용하여 두 점 A, B의 좌표를 a에 대한 식으로 나타낸다.

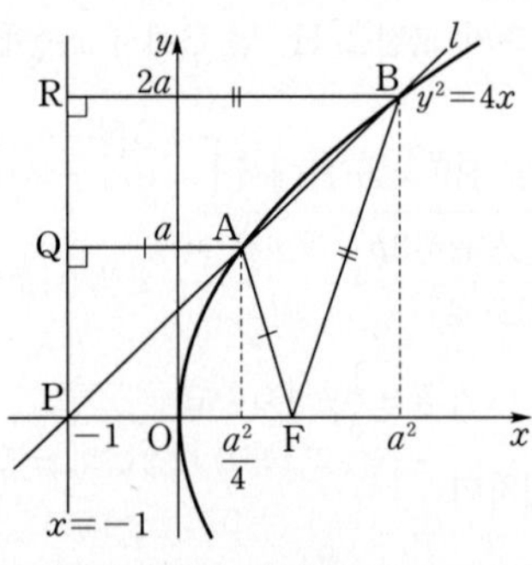

두 점 A, B에서 준선에 내린 수선의 발을 각각 Q, R라 하면 포물선의 정의에 의하여 $\overline{FA}=\overline{AQ}$, $\overline{FB}=\overline{BR}$이므로

$\overline{FA}:\overline{FB}=\overline{AQ}:\overline{BR}$

$=\overline{PQ}:\overline{PR}=1:2$ …… ㉠ (→ y좌표의 값도 1 : 2의 비를 갖는다.)

따라서 점 A의 y좌표를 $a(a>0)$라 하면 포물선 위의 두 점 A, B의 좌표는 각각 $A\left(\frac{a^2}{4}, a\right)$, $B(a^2, 2a)$이다.

Step 2 $\overline{BR}=2\overline{AQ}$임을 이용하여 a의 값을 구한다.

점 P의 좌표가 $P(-1, 0)$이므로

$\overline{FA}=\overline{AQ}=\frac{a^2}{4}+1$, $\overline{FB}=\overline{BR}=a^2+1$

$\overline{FA}:\overline{FB}=1:2$, 즉 $2\overline{FA}=\overline{FB}$이므로

$2\left(\frac{a^2}{4}+1\right)=a^2+1$

$\frac{1}{2}a^2=1$, $a^2=2$

$\therefore a=\sqrt{2}$ ($\because a>0$)

두 점 $A\left(\frac{a^2}{4}, a\right)$, $B(a^2, 2a)$를 이용하여 $\frac{2a-a}{a^2-\frac{a^2}{4}}=\frac{4}{3a}$에 a를 대입해서 기울기를 구할 수도 있어.

Step 3 구한 a의 값을 이용하여 직선 l의 기울기를 구한다.

직선 l의 기울기는 $\frac{\overline{PR}}{\overline{BR}}$이므로

$\overline{PR}=2a=2\sqrt{2}$, $\overline{BR}=a^2+1=(\sqrt{2})^2+1=3$에서

(직선 l의 기울기)$=\frac{\overline{PR}}{\overline{BR}}=\frac{2\sqrt{2}}{3}$

수능포인트

포물선 문제는 포물선의 정의를 이용하는 문제가 대부분입니다. 이 문제 역시 포물선 위의 한 점으로부터 초점까지의 거리와 준선까지의 거리가 서로 같음을 이용합니다. 이때 포물선 위의 한 점 A의 좌표는 x좌표를 a라 할 때에는 $(a, \pm\sqrt{4a})$이고 y좌표를 b라 할 때에는 $\left(\frac{b^2}{4}, b\right)$인데, 문제를 풀 때에는 $\left(\frac{b^2}{4}, b\right)$로 놓는 것이 쉽습니다.

029

정답 25

점 A(3, 1)에 대하여 포물선 $y^2=8x$ 위의 임의의 한 점을 P, 초점을 F라 할 때, $\overline{AP}+\overline{FP}$의 최솟값을 m이라 한다. m^2의 값을 구하시오. (2점)

→ 포물선 $y^2=8x=4\cdot 2x$이므로 F(2, 0)이다.
→ 선분 FP의 길이와 점 P에서 준선까지의 거리가 같음을 이용한다.

Step 1 포물선의 정의를 이용하여 $\overline{AP}+\overline{FP}$가 최소가 되는 점 P의 위치를 찾는다.

(포물선 $y^2=4px$의 초점의 좌표는 $(p, 0)$이고 준선의 방정식은 $x=-p$이다.)

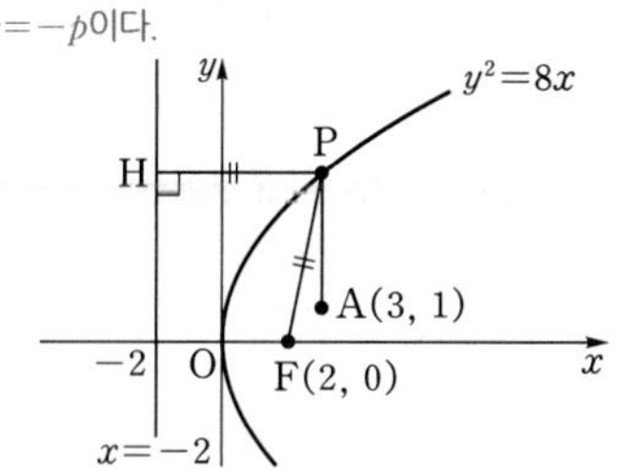

포물선 $y^2=8x=4\times 2x$의 초점은 점 F(2, 0)이고, 준선의 방정식은 $x=-2$이다.

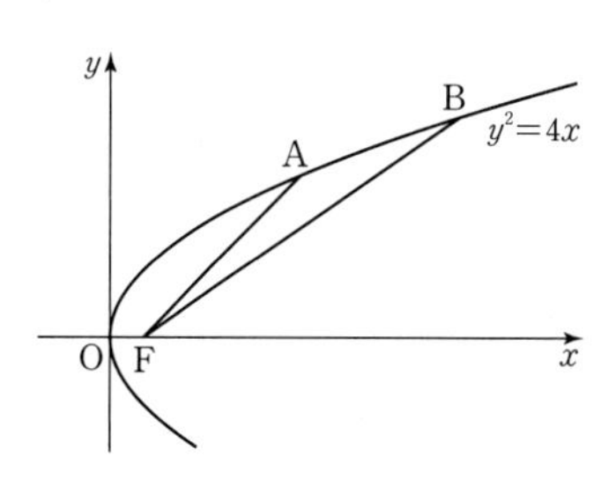

점 P에서 준선에 내린 수선의 발을 H라 하면 포물선의 정의에 의하여 $\overline{FP}=\overline{PH}$이므로

$\overline{AP}+\overline{FP}=\overline{AP}+\overline{PH}$이다. (양변에 $\overline{AP}$를 더해 주었어.)

즉, $\overline{AP}+\overline{FP}$가 최소이려면 $\overline{AP}+\overline{PH}$가 최소이어야 하고, 그때의 점 P의 위치는 세 점 A, P, H가 일직선 위에 있을 경우이다.

따라서 $m=3-(-2)=5$이므로

$m^2=25$

→ $\overline{AP}+\overline{PH}\geq\overline{AH}$이므로 $\overline{AP}+\overline{PH}=\overline{AH}$, 즉 세 점 A, P, H가 일직선 위에 있을 때 $\overline{AP}+\overline{PH}$의 값이 최소가 돼.

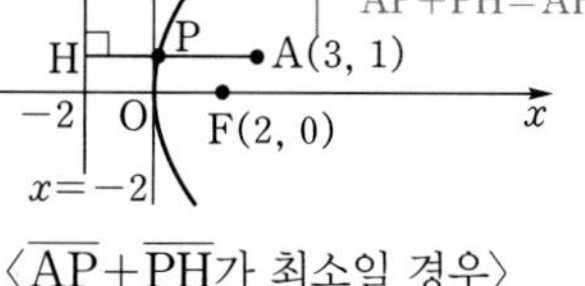

〈$\overline{AP}+\overline{PH}$가 최소일 경우〉

030 [정답률 65%]

정답 90

초점이 F인 포물선 $y^2=4x$ 위에 서로 다른 두 점 A, B가 있다. 두 점 A, B의 x좌표는 1보다 큰 자연수이고 삼각형 AFB의 무게중심의 x좌표가 6일 때, $\overline{AF}\times\overline{BF}$의 최댓값을 구하시오. (4점)

→ 세 점 A, F, B의 x좌표의 합이 18임을 알 수 있다.

Step 1 문제에 주어진 조건을 두 점 A, B의 x좌표를 이용하여 나타낸다.

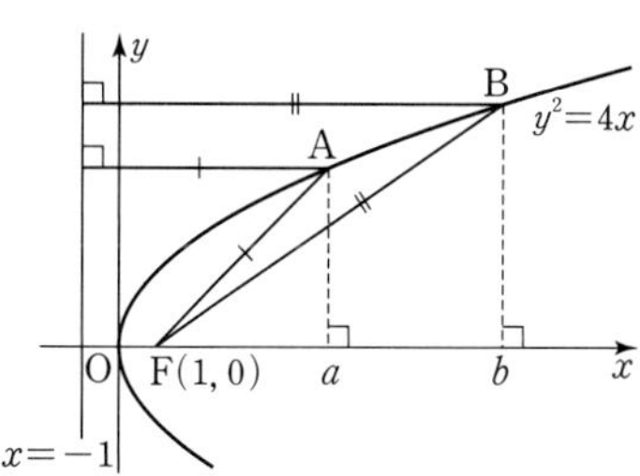

그림과 같이 두 점 A, B의 x좌표를 각각 a, b라 하자.

포물선 $y^2=4x$의 초점이 F이므로 점 F의 좌표는 (1, 0)이고,

두 점 A, B의 x좌표는 1보다 큰 자연수이므로

$a>1$, $b>1$ (a, b는 자연수)

삼각형 AFB의 무게중심의 x좌표가 6이므로 (→ 세 꼭짓점의 x좌표의 합을 3으로 나눈다.)

$\frac{1+a+b}{3}=6$ $\quad\therefore a+b=17$

(→ 초점 F의 x좌표는 1이야.)

Step 2 $\overline{AF}\times\overline{BF}$의 값을 a, b로 나타낸다.

(포물선 $y^2=4px$의 준선의 방정식은 $x=-p$야.)

포물선 $y^2=4x$의 준선의 방정식은 $x=-1$이고, 포물선 위의 점에서 초점까지의 거리와 준선까지의 거리는 서로 같으므로

$\overline{AF}=a+1$, $\overline{BF}=b+1$

$\therefore \overline{AF}\times\overline{BF}=(a+1)\times(b+1)$

$=ab+a+b+1$

$=ab+18$ (→ 이 값이 17임을 **Step 1**에서 구했어.)

Step 3 $\overline{AF} \times \overline{BF}$의 최댓값을 구한다.

$\overline{AF} \times \overline{BF}$의 값이 최대가 되려면 ab의 값이 최대가 되어야 한다.
따라서 $a=8$, $b=9$ 또는 $a=9$, $b=8$일 때 구하는 $\overline{AF} \times \overline{BF}$의 최댓값은
→ a, b는 자연수이고, $a+b=17$이 되어야 함을 잊으면 안 돼.

$8 \times 9 + 18 = 72 + 18 = 90$

031 [정답률 54%]

정답 ①

실수 $p(p \geq 1)$과 함수 $f(x)=(x+a)^2$에 대하여 두 포물선

$$C_1 : y^2=4x,\ C_2 : (y-3)^2=4p\{x-f(p)\}$$

가 제1사분면에서 만나는 점을 A라 하자. 두 포물선 C_1, C_2의 초점을 각각 F_1, F_2라 할 때, $\overline{AF_1}=\overline{AF_2}$를 만족시키는 p가 오직 하나가 되도록 하는 상수 a의 값은? (4점)
→ 포물선이 주어졌을 때는 초점의 좌표와 준선의 방정식부터 먼저 구한다.

✔ $-\frac{3}{4}$ ② $-\frac{5}{8}$ ③ $-\frac{1}{2}$
④ $-\frac{3}{8}$ ⑤ $-\frac{1}{4}$

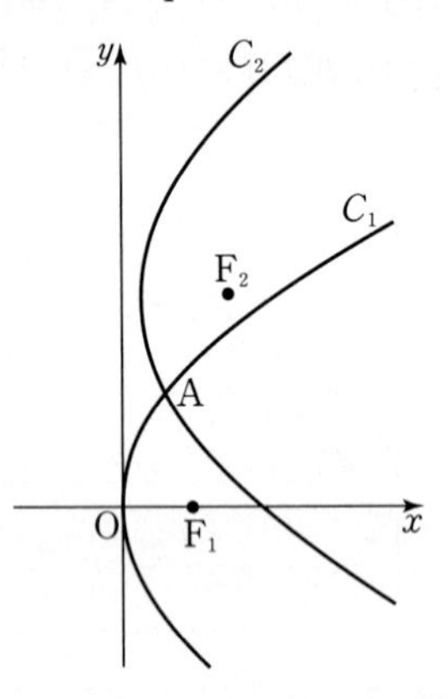

Step 1 $\overline{AF_1}=\overline{AF_2}$를 이용하여 p에 대한 이차방정식을 세운다.

포물선 $C_1 : y^2=4x$의 초점의 좌표는 $F_1(1, 0)$,
준선의 방정식은 $x=-1$이다. → 포물선 $y^2=4px$의 초점의 좌표는 $(p, 0)$, 준선의 방정식은 $x=-p$이다.

포물선 $C_2 : (y-3)^2=4p\{x-f(p)\}$의 초점의 좌표는
$F_2(p+f(p), 3)$, 준선의 방정식은 $x=-p+f(p)$이다.
점 A의 x좌표를 α라 하고, 점 A에서 포물선 C_1의 준선에 내린 수선의 발을 H_1, 포물선 C_2의 준선에 내린 수선의 발을 H_2라 하자. ($\alpha>0$)

$\overline{AF_1}=\overline{AH_1}=\alpha+1$, $\overline{AF_2}=\overline{AH_2}=\alpha+p-f(p)$ ← $\alpha-\{-p+f(p)\}$

이때 $\overline{AF_1}=\overline{AF_2}$이므로

$\alpha+1=\alpha+p-f(p)$에서 $f(p)-p+1=0$ ← $f(p)=(p+a)^2=p^2+2ap+a^2$

$\therefore p^2+(2a-1)p+a^2+1=0$ ...... ㉠

Step 2 $\overline{AF_1}=\overline{AF_2}$를 만족시키는 p가 오직 하나가 되도록 하는 a의 값을 구한다.

p에 대한 이차방정식 ㉠의 판별식을 D라 하자.

(i) $D=0$일 때,

$D=(2a-1)^2-4(a^2+1)=-4a-3$ ← $(4a^2-4a+1)-(4a^2+4)$

$-4a-3=0$이므로 $a=-\frac{3}{4}$

$a=-\frac{3}{4}$을 ㉠에 대입하면

$p^2-\frac{5}{2}p+\frac{25}{16}=\left(p-\frac{5}{4}\right)^2=0 \quad \therefore p=\frac{5}{4}$ → $p \geq 1$을 만족시킨다.

(ii) $D>0$일 때,

$D=-4a-3>0 \quad \therefore a<-\frac{3}{4}$

㉠에서 $g(p)=p^2+(2a-1)p+a^2+1$이라 하면
함수 $g(p)$의 그래프는 $p \geq 1$에서 p축과 한 점에서 만나야 한다.
→ 조건을 만족시키는 p가 오직 하나이기 때문이다.

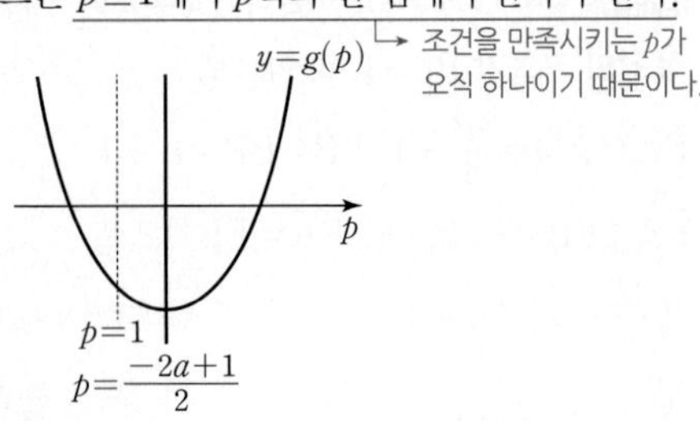

즉, $g(1)<0$이어야 한다.

$g(1)=1+(2a-1)+a^2+1$
$=a^2+2a+1$
$=(a+1)^2<0$

이를 만족시키는 실수 a의 값은 존재하지 않는다.

(i), (ii)에 의하여 $a=-\frac{3}{4}$

032

정답 ①

어떤 비행기 A는 그림과 같이 점 P를 초점으로 하고 착륙지점을 꼭짓점으로 하는 포물선 궤도를 그리며 착륙한다. 점 P에서 다가오는 비행기 A를 바라본 각이 60° 일 때, 점 P에서 비행기 A까지의 거리는 100 m이었다. 비행기 A는 점 P로부터 몇 m 떨어진 지점에 착륙했는가? (4점)
→ 점 P에서 포물선 궤도의 준선까지의 거리도 100 m이다.
→ 구하는 값은 착륙지점과 점 P 사이의 거리이다.

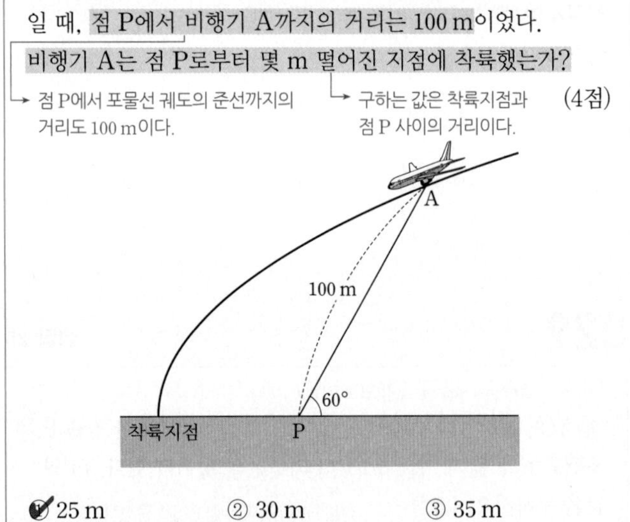

✔ 25 m ② 30 m ③ 35 m
④ 40 m ⑤ 50 m

Step 1 주어진 조건을 좌표평면 위에 나타낸 후 포물선의 정의를 이용하여 비행기의 위치를 파악한다.

착륙지점을 원점, 점 $P(p, 0)$으로 놓으면 포물선의 방정식은 $y^2=4px$, 준선의 방정식은 $x=-p$이다. → 구하는 값은 $\overline{OP}=p$이다.
점 A에서 준선에 내린 수선의 발을 H라 하면

y, $y^2=4px$, H, 100, A, 100, 60°, $x=-p$, O, p, P, 50, x

$\overline{AH}=\overline{AP}=100$ → 포물선의 정의
이때 점 A의 x좌표는
$p+100\times\cos 60°=p+50$이므로
$\overline{AH}=p+p+50=2p+50=100,\ 2p=50$
$\therefore\ p=25$
따라서 비행기 A는 점 P로부터 25 m 떨어진 지점에 착륙했다.

✪ 다른 풀이 점 A의 좌표를 이용한 풀이

Step 1 점 A의 좌표를 p를 이용하여 나타낸다.

착륙지점을 원점, 점 P$(p,\ 0)$으로 놓으면 포물선의 방정식은 $y^2=4px$이다.
또한, 점 A에서 x축에 내린 수선의 발을 H라 하면

$\overline{PH}=100\times\cos 60°$ → 삼각비를 알고 있어야 해!
$=100\times\frac{1}{2}=50$

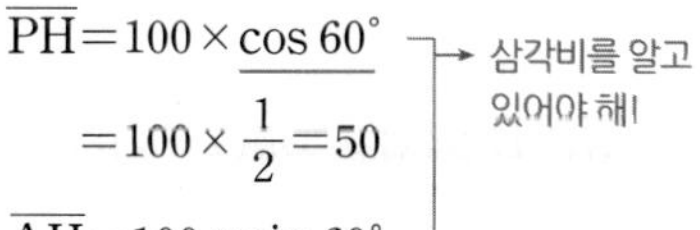

$\overline{AH}=100\times\sin 60°$
$=100\times\frac{\sqrt{3}}{2}=50\sqrt{3}$

$\therefore\ A(p+50,\ 50\sqrt{3})$ → (점 A의 x좌표)$=\overline{OP}+\overline{PH}=p+50$

Step 2 점 A가 포물선 위에 있음을 이용하여 p의 값을 구한다.

점 A$(p+50,\ 50\sqrt{3})$은 포물선 $y^2=4px$ 위의 점이므로
$(50\sqrt{3})^2=4p(p+50)$, $7500=4p^2+200p$
$p^2+50p-1875=0$ → $y^2=4px$에 $x=p+50$, $y=50\sqrt{3}$을 대입
$(p-25)(p+75)=0$
$\therefore\ p=25\ (\because\ p>0)$
따라서 비행기 A는 점 P로부터 25 m 떨어진 지점에 착륙했다.

033

정답 ③

그림의 사각형 ABCD는 직사각형이고, 곡선 AEB는 $\overline{AB}$의 중점 F를 초점으로 하는 포물선의 일부분이다.
$\overline{BC}=2\overline{EF}$이고 $\overline{AB}=60$일 때, $\overline{BC}$의 길이는? (3점)

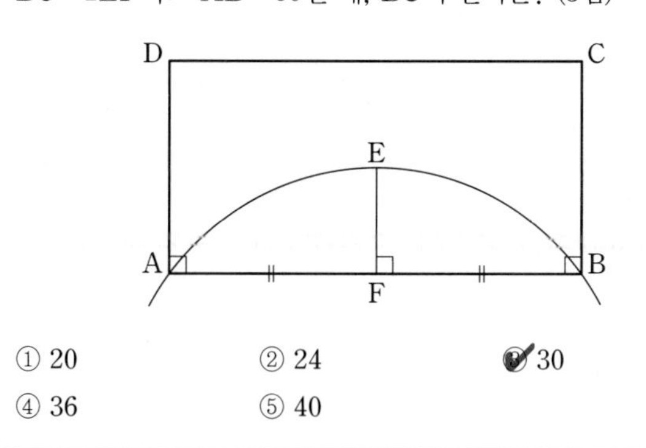

① 20 ② 24 ③ 30 ④ 36 ⑤ 40

Step 1 포물선의 초점과 준선을 찾는다.

직선 DC가 포물선의 준선

그림에서 $\overline{EF}\perp\overline{AB}$이고 $\overline{BC}=2\overline{EF}$이므로 점 F는 포물선의 초점, 직선 DC는 포물선의 준선이다.
→ 포물선의 꼭짓점에서 초점까지의 거리와 준선까지의 거리는 서로 같아.

Step 2 포물선 위의 임의의 한 점에서 초점까지의 거리와 준선까지의 거리가 같음을 이용한다.

포물선 위의 점 B에서 포물선의 초점 F까지의 거리와 준선까지의 거리가 같으므로 $\overline{FB}=\overline{BC}$
$\therefore\ \overline{BC}=\overline{FB}=\frac{1}{2}\overline{AB}=30$

034 [정답률 79%]

정답 136

→ 포물선, 타원, 쌍곡선 문제는 각 이차곡선의 정의를 이용하는 문제가 자주 출제된다. 그림을 그려서 정의를 이용한다.

좌표평면에서 초점이 F인 포물선 $x^2=4y$ 위의 점 A가 $\overline{AF}=10$을 만족시킨다. 점 B$(0,\ -1)$에 대하여 $\overline{AB}=a$일 때, a^2의 값을 구하시오. (3점)

→ 한 정점과 그 점을 지나지 않는 한 직선으로부터 같은 거리에 있는 점들의 집합

Step 1 포물선의 정의를 이용하여 점 A의 y좌표를 구한다.

포물선 $x^2=4y$의 초점은 F$(0,\ 1)$, 준선의 방정식은 $y=-1$이다.
점 A에서 준선 $y=-1$에 내린 수선의 발을 H라 하면
포물선의 정의에 의하여
→ 포물선 $x^2=4py$의 초점은 F$(0, p)$, 준선의 방정식은 $y=-p$
포물선 $y^2=4px$의 초점은 F$(p, 0)$, 준선의 방정식은 $x=-p$
(단, $p\neq0$)
$\overline{AF}=\overline{AH}$
이때, 점 A의 y좌표를 k라 하면 $\overline{AH}=k+1$이고
→ 점 A와 점 H의 y좌표 값의 차 $k-(-1)=k+1$
$\overline{AF}=10$이므로
$k+1=10$
$\therefore\ k=9$
→ (점 A로부터 초점까지의 거리)=(점 A로부터 준선까지의 거리)

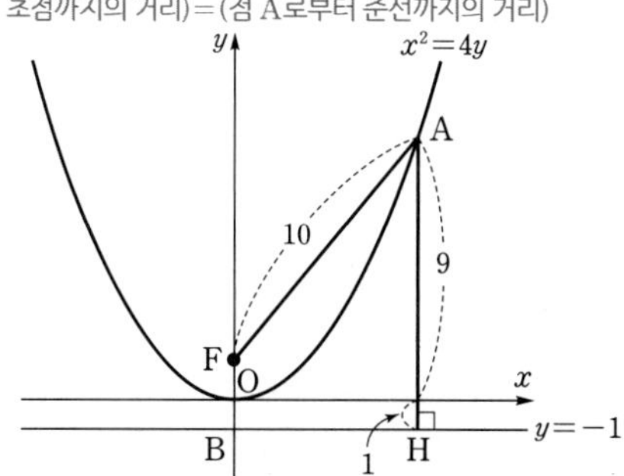

Step 2 점 A의 좌표를 구하고 두 점 사이의 거리를 이용하여 a의 값을 구한다.
→ 두 점 A(x_1, y_1), B(x_2, y_2) 사이의 거리 d는 $d=\sqrt{(x_2-x_1)^2+(y_2-y_1)^2}$

점 A가 포물선 $x^2=4y$ 위의 점이므로 $y=9$를 포물선의 방정식에 대입하면
$x^2=4\times9=36$
$\therefore\ x=6$ 또는 $x=-6$
즉, 점 A$(6,\ 9)$ 또는 A$(-6,\ 9)$이므로

$\overline{AB}=\sqrt{6^2+\{9-(-1)\}^2}=\sqrt{36+100}=\sqrt{136}$

따라서 $a=\sqrt{136}$이므로 $a^2=136$

035 [정답률 93%]

정답 ③

그림과 같이 점 F가 초점인 포물선 $y^2=4px$ 위의 점 P를 지나고 y축에 수직인 직선이 포물선 $y^2=-4px$와 만나는 점을 Q라 하자. $\overline{OP}=\overline{PF}$이고 $\overline{PQ}=6$일 때, 선분 PF의 길이는?

(단, O는 원점이고, p는 양수이다.) (3점)

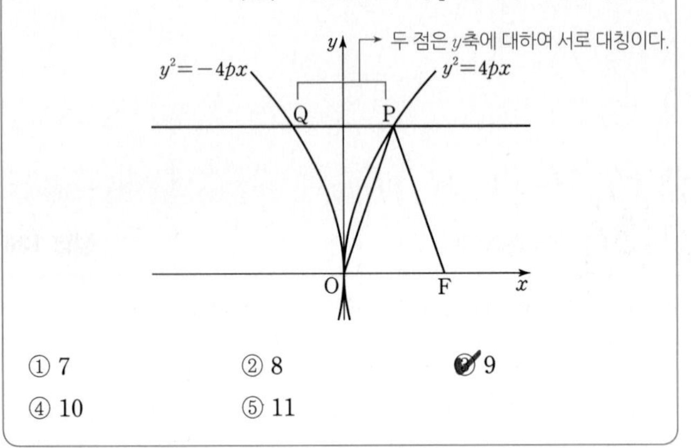

① 7 ② 8 ③ 9 ④ 10 ⑤ 11

Step 1 p의 값을 구한다.

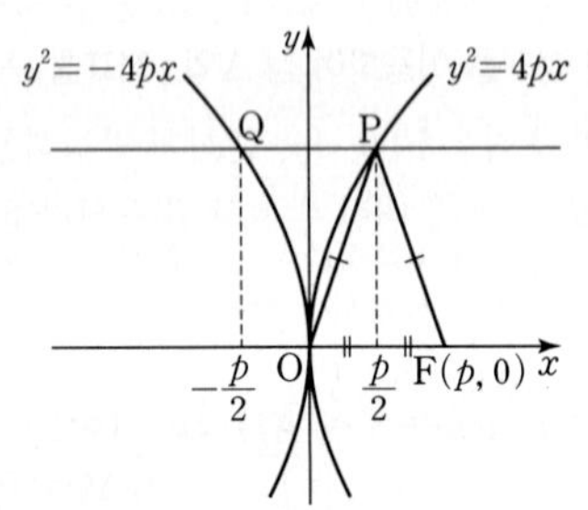

포물선 $y^2=4px$의 초점 F의 좌표는 $(p,\ 0)$이고, $\overline{OP}=\overline{PF}$이므로 삼각형 POF는 이등변삼각형이다.

따라서 점 P의 x좌표는 $\frac{p}{2}$이다. ($\frac{1}{2}\times$(점 F의 x좌표))

이때 점 Q는 점 P와 y축에 대하여 대칭이므로 ($y^2=4px$와 y축에 대하여 대칭인 포물선 $y^2=-4px$ 위의 점이면서 점 P와 y좌표가 같기 때문이야.)

점 Q의 x좌표는 $-\frac{p}{2}$이다.

따라서 선분 PQ의 길이는

$\frac{p}{2}-\left(-\frac{p}{2}\right)=p$ (문제에서 $\overline{PQ}=6$이라고 한 것을 이용한다.)

이므로 $p=6$

Step 2 선분 PF의 길이를 구한다.

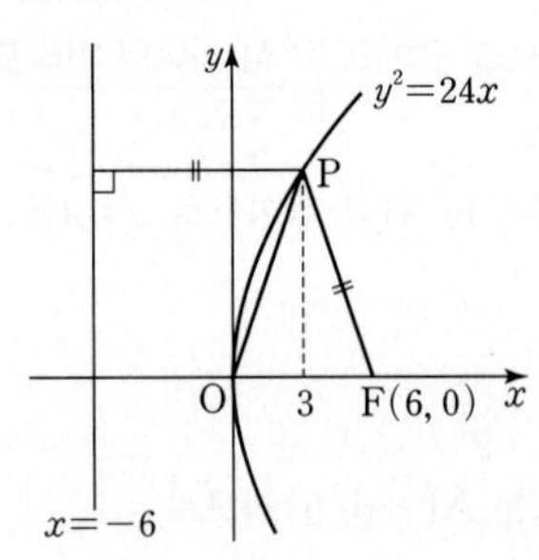

그림과 같이 $p=6$일 때, 포물선 $y^2=24x$의 준선의 방정식은 $x=-6$이다. ($y^2=4px$에 $p=6$ 대입!)

이때 포물선 위의 한 점에서 초점까지의 거리와 준선까지의 거리는 서로 같으므로 선분 PF의 길이는

$3-(-6)=9$ (점 P에서 준선까지의 거리야.)

036 [정답률 65%]

정답 14

두 양수 m, p에 대하여 포물선 $y^2=4px$와 직선 $y=m(x-4)$가 만나는 두 점 중 제1사분면 위의 점을 A, 포물선의 준선과 x축이 만나는 점을 B, 직선 $y=m(x-4)$와 y축이 만나는 점을 C라 하자. 삼각형 ABC의 무게중심이 포물선의 초점 F와 일치할 때, $\overline{AF}+\overline{BF}$의 값을 구하시오.

(포물선의 준선: $x=-p$, 초점 F: $F(p,\ 0)$) (4점)

Step 1 세 점 A, B, C의 좌표를 이용하여 삼각형 ABC의 무게중심의 좌표를 구한다.

($y^2=4px$와 $y=m(x-4)$를 연립하여 교점의 좌표를 찾기 복잡하므로 일단 간단하게 좌표를 나타낸다.)

포물선과 직선의 교점 중 제1사분면 위의 점인 A의 좌표를 $A(\alpha,\ m(\alpha-4))\ (\alpha>0)$라 하자.

점 B는 포물선의 준선 $x=-p$와 x축이 만나는 점이므로 $B(-p,\ 0)$이고, 점 C는 직선 $y=m(x-4)$와 y축이 만나는 점이므로 $C(0,\ -4m)$이다. (직선 $y=m(x-4)$의 y절편을 구하려면 $x=0$을 대입.)

따라서 삼각형 ABC의 무게중심의 좌표는

$\left(\frac{\alpha+(-p)+0}{3},\ \frac{m(\alpha-4)+0+(-4m)}{3}\right)$,

즉 $\left(\frac{\alpha-p}{3},\ \frac{m\alpha-8m}{3}\right)$

Step 2 포물선의 정의를 이용하여 $\overline{AF}+\overline{BF}$의 값을 구한다.

삼각형 ABC의 무게중심이 포물선의 초점 $F(p,\ 0)$과 일치하므로

$\frac{\alpha-p}{3}=p,\ \frac{m\alpha-8m}{3}=0$

$\alpha=4p,\ (\alpha-8)m=0$

$m>0$이므로 $\alpha=8,\ p=2$

점 A에서 포물선의 준선에 내린 수선의 발을 A′이라 하면, 포물선의 정의에 의하여 $\overline{AF}=\overline{AA'}=10$ (두 점 A, A′의 좌표가 각각 $A(8,\ 4m)$, $A'(-2,\ 4m)$이므로 $\overline{AA'}=10$)

$\therefore \overline{AF}+\overline{BF}=10+4=14$ (두 점 F, B의 좌표가 각각 $F(2,\ 0)$, $B(-2,\ 0)$이므로 $\overline{BF}=4$)

알아야 할 기본개념

포물선의 방정식

(1) 평면 위에서 한 정직선 l과 그 위에 있지 않은 한 점 F에 이르는 거리가 같은 점들의 집합을 포물선이라 한다. 이때, 정직선 l을 포물선의 준선, 정점 F를 포물선의 초점이라 한다.

(2) 초점이 $F(p,\ 0)$이고 준선이 $x=-p$인 포물선의 방정식은 $y^2=4px$(단, $p\neq0$)

037 [정답률 80%] 정답 50

→ 포물선이 나오는 문제의 경우 대부분 포물선의 정의를 이용해야 해.

그림과 같이 원점을 꼭짓점으로 하고 초점이 $F_1(1, 0)$, $F_2(4, 0)$인 두 포물선을 각각 P_1, P_2라 하자.
직선 $x=k$ $(1<k<4)$가 포물선 P_1과 만나는 두 점을 A, B라 하고, 포물선 P_2와 만나는 두 점을 C, D라 하자. 삼각형 F_1AB의 둘레의 길이를 l_1, 삼각형 F_2DC의 둘레의 길이를 l_2라 하자. $l_2-l_1=11$일 때, $32k$의 값을 구하시오. (4점)

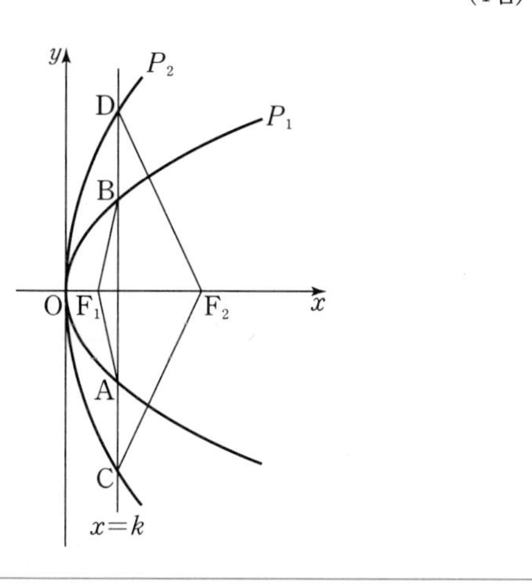

Step 1 두 포물선 P_1, P_2의 방정식을 구한다.

포물선 P_1은 원점을 꼭짓점으로 하고 초점이 $F_1(1, 0)$이므로
포물선 P_1의 방정식은
$y^2=4x$ → 중요 원점을 꼭짓점으로 하고 초점이 $(p, 0)$인 포물선의 방정식은 $y^2=4px$
포물선 P_2는 원점을 꼭짓점으로 하고 초점이 $F_2(4, 0)$이므로
포물선 P_2의 방정식은
$y^2=16x$

Step 2 포물선의 정의를 이용하여 l_1, l_2를 각각 k에 대하여 나타낸다.

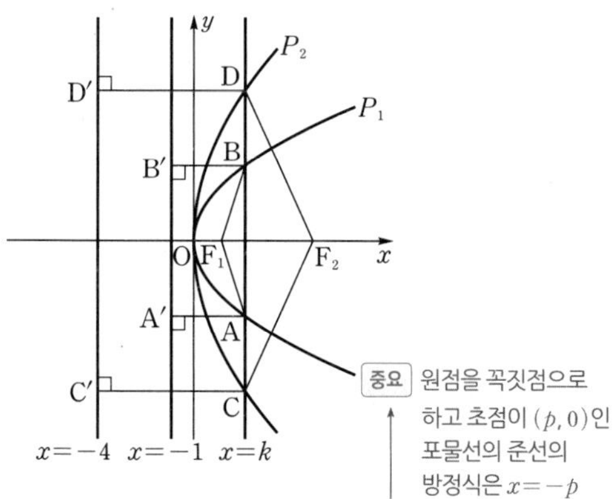

중요 원점을 꼭짓점으로 하고 초점이 $(p, 0)$인 포물선의 준선의 방정식은 $x=-p$

위 그림과 같이 두 점 A, B에서 포물선 P_1의 준선 $x=-1$에 내린 수선의 발을 각각 A′, B′이라 하고, 두 점 C, D에서 포물선 P_2의 준선 $x=-4$에 내린 수선의 발을 각각 C′, D′이라 하자.

$\overline{AF_1}=\overline{BF_1}=\overline{AA'}=\overline{BB'}=k+1$ → $y^2=4k$에서 $y=\pm\sqrt{4k}=\pm2\sqrt{k}$
두 점 A, B의 y좌표가 각각 $-2\sqrt{k}$, $2\sqrt{k}$이므로 $\overline{AB}=4\sqrt{k}$
$\therefore l_1=\overline{AF_1}+\overline{BF_1}+\overline{AB}=2(k+1)+4\sqrt{k}$
$\overline{CF_2}=\overline{DF_2}=\overline{CC'}=\overline{DD'}=k+4$ → $y^2=16k$에서 $y=\pm\sqrt{16k}=\pm4\sqrt{k}$
두 점 C, D의 y좌표가 각각 $-4\sqrt{k}$, $4\sqrt{k}$이므로 $\overline{CD}=8\sqrt{k}$
$\therefore l_2=\overline{CF_2}+\overline{DF_2}+\overline{CD}=2(k+4)+8\sqrt{k}$

Step 3 $l_2-l_1=11$임을 이용하여 k의 값을 구한다.

$l_2-l_1=11$이므로
$\{2(k+4)+8\sqrt{k}\}-\{2(k+1)+4\sqrt{k}\}=11$
→ $(2k+8+8\sqrt{k})-(2k+2+4\sqrt{k})=6+4\sqrt{k}$
$4\sqrt{k}=5$, $\sqrt{k}=\frac{5}{4}$

따라서 $k=\left(\frac{5}{4}\right)^2=\frac{25}{16}$이므로

$32k=32\times\frac{25}{16}=50$

038 [정답률 94%] 정답 ①

그림과 같이 포물선 $y^2=4x$ 위의 점 A에서 x축에 내린 수선의 발을 H라 하자. 포물선 $y^2=4x$의 초점 F에 대하여 $\overline{AF}=5$일 때, 삼각형 AFH의 넓이는? (3점)

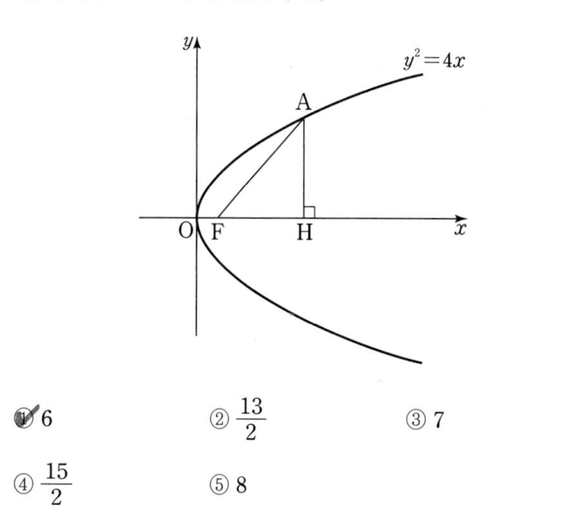

① 6 ② $\frac{13}{2}$ ③ 7 ④ $\frac{15}{2}$ ⑤ 8

Step 1 포물선의 정의를 이용하여 점 A의 좌표를 구한다.

점 A의 x좌표를 $a(a>0)$라 하자. → 점 A는 제1사분면 위에 있어.
포물선 $y^2=4x$의 초점은 $F(1, 0)$, 준선의 방정식은 $x=-1$이므로
점 A에서 준선 $x=-1$에 내린 수선의 발을 K라고 하면 → 포물선 $y^2=4px$의 초점의 좌표는 $(p, 0)$이고 준선의 방정식은 $x=-p$야.
포물선의 정의에 의하여 $\overline{AK}=\overline{AF}$이므로
$a-(-1)=5$ $\therefore a=4$ → 포물선 위의 한 점에서 초점까지의 거리와 준선까지의 거리가 같아.
점 A는 포물선 $y^2=4x$ 위의 점이므로 $x=4$를 대입하면
$(\text{점 A의 } y\text{좌표})^2=4\times4=4^2$이므로
$(\text{점 A의 } y\text{좌표})=4$ → 점 A는 제1사분면 위의 점이므로 y좌표가 양수야.
$\therefore \overline{AH}=(\text{점 A의 } y\text{좌표})=4$
이때

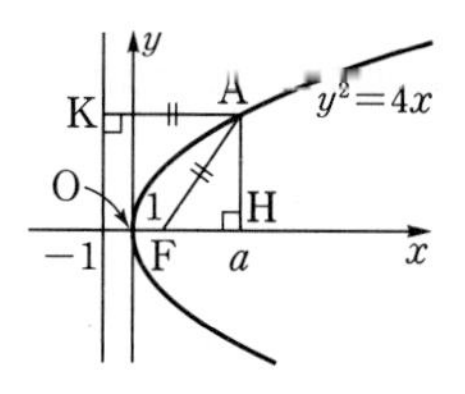

$\overline{FH}=\overline{OH}-\overline{OF}$
$=a-1$
$=4-1=3$
따라서 삼각형 AFH의 넓이는
$\frac{1}{2}\times\overline{FH}\times\overline{AH}=\frac{1}{2}\times3\times4=6$

039 [정답률 87%]

정답 ④

그림과 같이 꼭짓점이 원점 O이고 초점이 $F(p,\ 0)(p>0)$인 포물선이 있다. 포물선 위의 점 A에서 x축, y축에 내린 수선의 발을 각각 B, C라 하자. $\overline{FA}=8$이고 사각형 OFAC의 넓이와 삼각형 FBA의 넓이의 비가 $2:1$일 때, 삼각형 ACF의 넓이는? (단, 점 A는 제1사분면 위의 점이고, 점 A의 x좌표는 p보다 크다.) (3점)

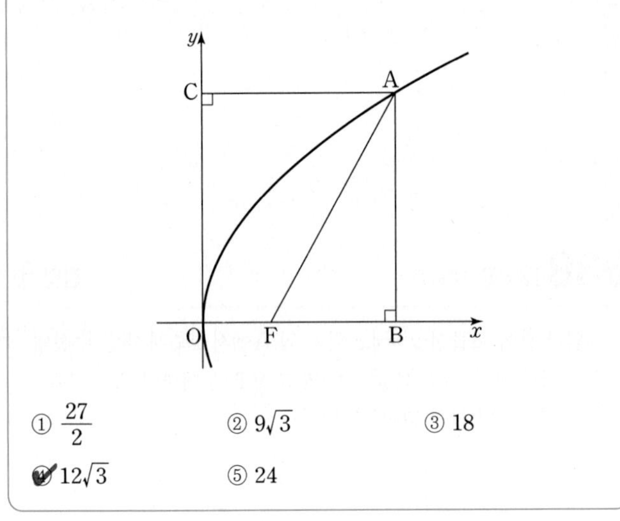

① $\frac{27}{2}$　② $9\sqrt{3}$　③ 18
④ $12\sqrt{3}$　⑤ 24

Step 1 두 삼각형 FCO, FAB의 넓이의 비를 이용하여 p의 값을 구한다.

삼각형 FCO의 넓이를 S, 삼각형 FBA의 넓이를 T라 하면 삼각형 ACF의 넓이는 $S+T$이다.

이때 사각형 OFAC의 넓이와 삼각형 FBA의 넓이의 비가 $2:1$이므로 $(2S+T):T=2:1$　$\therefore T=2S$

→ $S+(S+T)=2S+T$

점 A에서 포물선의 준선에 내린 수선의 발을 H라 하면 포물선의 정의에 의하여 $\overline{HA}=\overline{FA}=8$

$\therefore \overline{OB}=\overline{CA}=8-p$ → 사각형 OBAC는 직사각형이야.

$\triangle FCO:\triangle FBA=S:2S=1:2$

이므로 점 F는 선분 OB를 $1:2$로 내분하는 점이다. → 높이가 같으므로 두 삼각형의 넓이의 비와 밑변의 길이의 비가 같아.

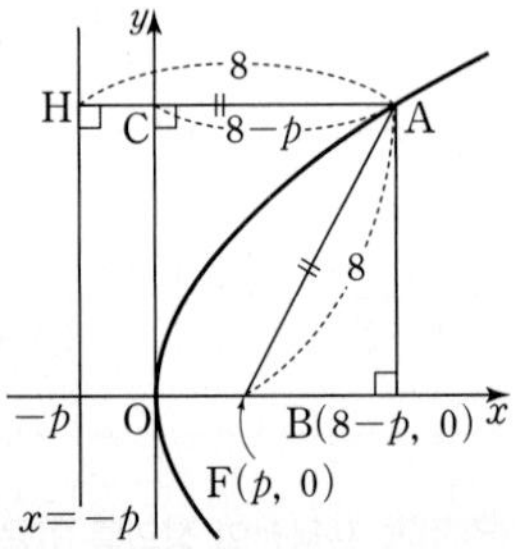

$p=\frac{1}{3}(8-p)$, $3p=8-p$

$4p=8$　$\therefore p=2$

Step 2 삼각형 ACF의 넓이를 구한다.

삼각형 FBA에서 $\overline{FA}=8$, $\overline{FB}=\overline{OB}-\overline{OF}=4$이므로 피타고라스 정리에 의하여 $\overline{AB}=\sqrt{8^2-4^2}=4\sqrt{3}$

→ $\overline{OF}=p=2$, $\overline{OB}=8-p=8-2=6$

따라서 삼각형 ACF의 넓이는

$\frac{1}{2}\times\overline{CA}\times\overline{AB}=\frac{1}{2}\times 6\times 4\sqrt{3}=12\sqrt{3}$

040 [정답률 82%]

정답 ③

그림과 같이 초점이 F인 포물선 $y^2=8x$ 위의 점 P에서 x축에 내린 수선의 발을 H라 하자. 삼각형 PFH의 넓이가 $3\sqrt{10}$일 때, 선분 PF의 길이는?

(단, 점 P의 x좌표는 점 F의 x좌표보다 크다.) (3점)

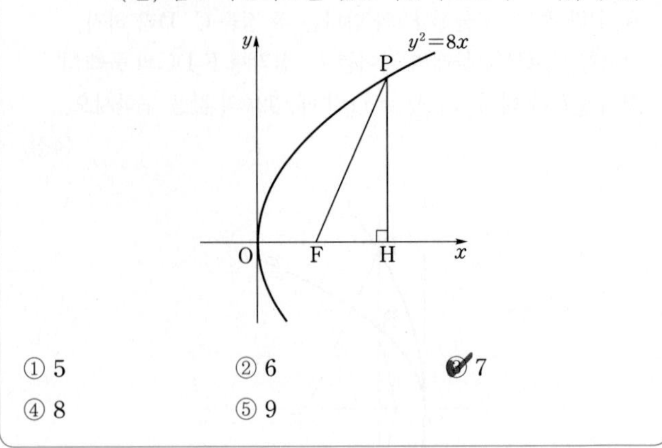

① 5　② 6　③ 7
④ 8　⑤ 9

Step 1 점 H의 x좌표를 a라 하고 삼각형 PFH의 넓이를 a에 대한 식으로 나타낸다.

점 F가 포물선 $y^2=8x$의 초점이므로 $F(2,\ 0)$ → $y^2=4px$에서 초점의 좌표는 $(p,\ 0)$

점 H의 x좌표를 $a(a>0)$라 하면 $H(a,\ 0)$이고 점 P에서 x축에 내린 수선의 발이 H이므로 점 P의 x좌표도 a이다.

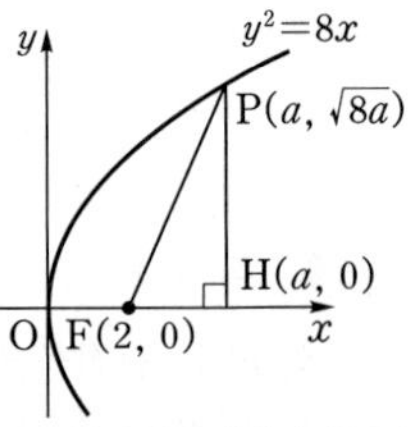

이때 선분 PF의 길이는 점 P에서 준선 $x=-2$까지의 거리와 같으므로 $\overline{PF}=a+2$　…… ㉠

→ 점 F가 포물선의 초점이기 때문이지.

$\overline{FH}=a-2$, → 문제에서 점 P의 x좌표가 점 F의 x좌표보다 크다고 알려주었어!

$\overline{PH}=\sqrt{8a}$이므로

삼각형 PFH의 넓이는

$\frac{1}{2}\times\overline{FH}\times\overline{PH}=\frac{1}{2}\times(a-2)\times\sqrt{8a}$　…… ㉡

→ 삼각형 PFH의 (밑변의 길이)$=\overline{FH}=a-2$, (높이)$=\overline{PH}=\sqrt{8a}$인 거지.

Step 2 선분 PF의 길이를 구한다.

삼각형 PFH의 넓이가 $3\sqrt{10}$이므로 → 문제에 주어진 거야.

$\frac{1}{2}\times(a-2)\times\sqrt{8a}=3\sqrt{10}$ ($\because$ ㉡)

$\therefore (a-2)\times\sqrt{8a}=6\sqrt{10}$

양변을 제곱하면 $8a(a^2-4a+4)=360$

$a^3-4a^2+4a=45$

→ 조립제법

5	1	−4	4	−45
		5	5	45
	1	1	9	0

$(a-5)(a^2+a+9)=0$

$\therefore a=5$ → $a>0$이므로 $a^2+a+9>0$

따라서 선분 PF의 길이는 $5+2=7$ ($\because$ ㉠)

041 [정답률 66%] 정답 8

→ $\overline{OA}=\overline{AB}=\overline{BO}=2\sqrt{3}$

그림과 같이 한 변의 길이가 $2\sqrt{3}$인 정삼각형 OAB의 무게중심 G가 x축 위에 있다. 꼭짓점이 O이고 초점이 G인 포물선과 직선 GB가 제1사분면에서 만나는 점을 P라 할 때, 선분 GP의 길이를 구하시오. (단, O는 원점이다.) (4점)

점 G의 y좌표는 0이야.

→ 점 P의 x좌표, y좌표는 모두 양수이다.

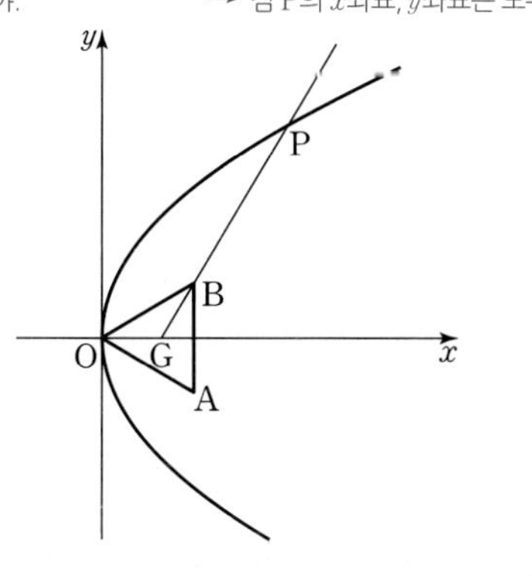

Step 1 초점이 G인 포물선의 방정식과 직선 GB의 방정식을 구한다.

→ 두 점 G, B의 좌표를 구해야 한다.

$\overline{AB}$와 x축의 교점을 C라 하면 선분 OC는 정삼각형 OAB의 높이이므로

→ 점 C는 점 O와 무게중심 G를 이은 직선 위의 점이므로 선분 OC는 정삼각형 OAB의 높이가 돼.

$\overline{OC}=\frac{\sqrt{3}}{2}\times 2\sqrt{3}=3$

$\therefore$ C(3, 0)

점 G는 삼각형 OAB의 무게중심이므로

→ 점 G가 정삼각형 OAB의 무게중심이므로 $\overline{OG}:\overline{GC}=2:1$이야.

$\overline{OG}=\frac{2}{3}\overline{OC}=\frac{2}{3}\times 3=2$

$\therefore$ G(2, 0)

초점이 G(2, 0)인 포물선의 방정식은

→ 꼭짓점의 좌표가 $(0, 0)$이고 초점의 좌표가 $(p, 0)$인 포물선의 방정식은 $y^2=4px$이다.

$y^2=4\times 2\times x=8x$ …… ㉠

점 B$(3, \sqrt{3})$이므로 두 점 G(2, 0), B$(3, \sqrt{3})$을 지나는 직선의 방정식은

$y=\frac{\sqrt{3}-0}{3-2}(x-2)$, 즉 $y=\sqrt{3}(x-2)$ …… ㉡

Step 2 두 방정식을 연립하여 교점 P의 좌표를 구한다.

> 두 점 (x_1, y_1), (x_2, y_2)를 지나는 직선의 방정식
> $y-y_1=\frac{y_2-y_1}{x_2-x_1}(x-x_1)$

㉡을 ㉠에 대입하면

$3(x-2)^2=8x$

$3x^2-20x+12=0$

$(3x-2)(x-6)=0$

$\therefore x=\frac{2}{3}$ 또는 $x=6$

→ $x=\frac{2}{3}$일 때 직선 GP는 포물선 $y^2=8x$와 제4사분면에서 만난다.

그런데 $x>3$이므로 P$(6, 4\sqrt{3})$이다.

$\therefore \overline{GP}=\sqrt{(6-2)^2+(4\sqrt{3}-0)^2}=\sqrt{64}=8$

✪ 다른 풀이 포물선의 성질을 이용한 풀이

Step 1 $\overline{GP}=a$라 하고, $\overline{GH_2}$의 길이를 a에 대한 식으로 나타낸다.

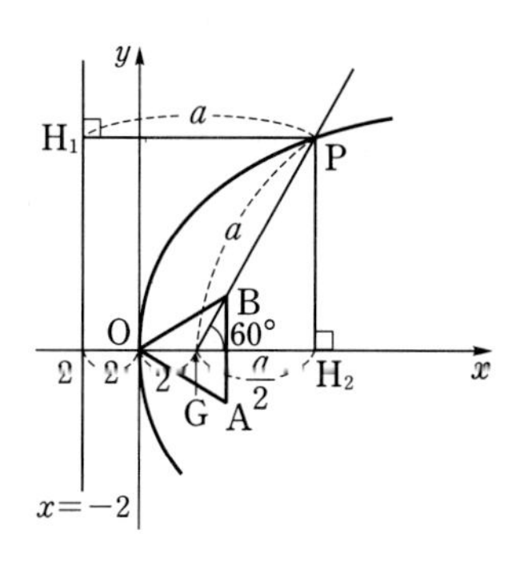

점 P에서 포물선의 준선에 내린 수선의 발을 H_1, x축에 내린 수선의 발을 H_2라 하고 $\overline{GP}=a$라 하면 포물선의 성질에 의하여

→ 포물선 위의 한 점에서 준선까지의 거리와 초점까지의 거리는 서로 같아.

$\overline{GP}=\overline{PH_1}=a$

선분 GP가 정삼각형의 무게중심과 한 꼭짓점을 지나므로

$\angle PGH_2=60°$

삼각형 PGH_2에서 $\overline{GH_2}=\frac{a}{2}$

→ 한 각의 크기가 60°인 직각삼각형의 각 변의 길이의 비는 $1:2:\sqrt{3}$

Step 2 포물선의 성질을 이용하여 a의 값을 구한다.

포물선의 초점이 G(2, 0)이므로 초점에서 준선까지의 거리는 4이고

→ (꼭짓점에서 초점까지의 거리)$\times 2=2\times 2=4$

$\overline{H_1P}=4+\overline{GH_2}$이므로

$a=4+\frac{a}{2}$

$\therefore a=\overline{GP}=8$

✪ 다른 풀이 도형의 모양을 이용한 풀이

Step 1 점 P에서 포물선의 준선에 내린 수선의 발을 H라 할 때, 삼각형 GPH의 모양을 판단한다.

→ 삼각형에서 각 변의 길이 사이의 관계와 내각의 크기를 알아본다.

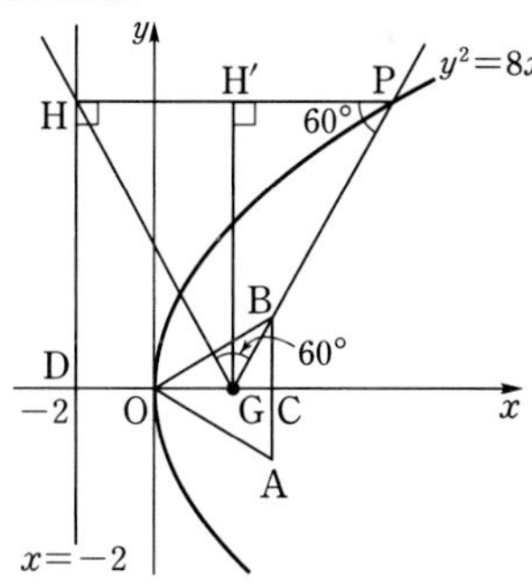

점 P에서 준선에 내린 수선의 발을 H, 선분 AB가 x축과 만나는 점을 C, 준선과 x축의 교점을 D라 하면 $\overline{PH}$는 x축에 평행하므로

$\angle CGP=\angle GPH=60°$(엇각)이고,

$\overline{GP}=\overline{HP}$이므로 삼각형 GPH는 정삼각형이다.

→ 삼각형 GPH는 $\overline{GP}=\overline{PH}$인 이등변삼각형이므로 $\angle PHG+\angle PGH=180°-\angle GPH=120°$, $\angle PHG=\angle PGH$에서 내각의 크기가 모두 60°가 되어 삼각형 GPH는 정삼각형임을 알 수 있어.

Step 2 $\overline{GP}$의 길이를 구한다.

포물선의 초점의 좌표가 G(2, 0)이므로 $\overline{OG}=\overline{OD}=2$이고 $\overline{DG}=4$

무게중심 G에서 선분 PH에 내린 수선의 발을 H′이라 하면

$\overline{HH'}=\overline{DG}=4$

$\therefore \overline{GP}=\overline{PH}=2\overline{HH'}=8$

042 [정답률 47%]

정답 ①

초점이 F인 포물선 $y^2=4px$ $(p>0)$ 위의 점 중 제1사분면에 있는 점 P에서 준선에 내린 수선의 발 H에 대하여 선분 FH가 포물선과 만나는 점을 Q라 하자. 점 Q가 다음 조건을 만족시킬 때, 상수 p의 값은? (3점)

→ 포물선 위의 점 Q에서 포물선의 정의를 이용한다.

(가) 점 Q는 선분 FH를 $1:2$로 내분한다.
(나) 삼각형 PQF의 넓이는 $\frac{8\sqrt{3}}{3}$이다.

✔① $\sqrt{2}$ ② $\sqrt{3}$ ③ 2
④ $\sqrt{5}$ ⑤ $\sqrt{6}$

Step 1 각 PHF의 크기를 구한다.

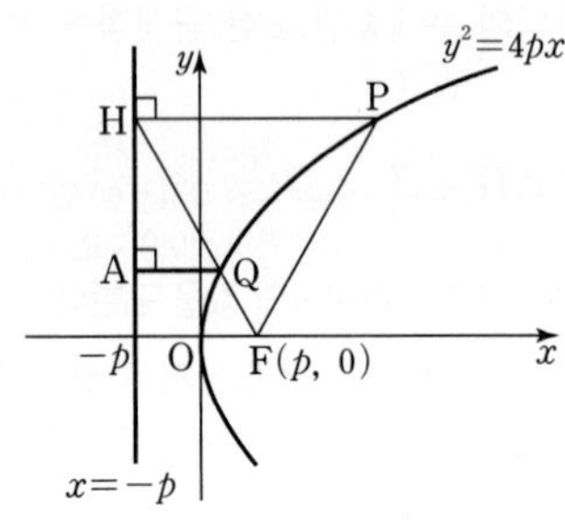

포물선 $y^2=4px$의 준선은 $x=-p$

위의 그림과 같이 점 Q에서 직선 $x=-p$에 내린 수선의 발을 A라 하면 $\overline{QA}=\overline{QF}$ → 포물선의 정의

이때 조건 (가)에서 $\overline{QF}:\overline{QH}=1:2$, 즉 $\overline{QH}=2\overline{QF}$ 이므로

삼각형 HQA에서 $\frac{\overline{QA}}{\overline{QH}}=\frac{\overline{QF}}{2\overline{QF}}=\frac{1}{2}$

$\therefore\ \angle HQA=60^\circ$

$\overline{PH}\,/\!/\,\overline{QA}$이므로 $\angle PHF=60^\circ$ ($\because$ 엇각)

Step 2 삼각형 PHF의 종류를 파악하고 선분 HF의 길이를 구한다.

$\overline{PH}=\overline{PF}$이므로 삼각형 PHF는 이등변삼각형이다. → 포물선의 정의

$\therefore\ \angle PHF=\angle PFH=60^\circ$

따라서 $\angle HPF=\angle PHF=\angle PFH=60^\circ$이므로 삼각형 PHF는 정삼각형이다.

→ $180^\circ-\angle PHF-\angle PFH=180^\circ-60^\circ-60^\circ=60^\circ$

이때 조건 (나)에서 $\triangle PQF=\frac{8\sqrt{3}}{3}$이고

$\triangle PHF=3\triangle PQF=3\times\frac{8\sqrt{3}}{3}=8\sqrt{3}$이므로

→ $\overline{QH}=2\overline{QF}$이므로 $\overline{HF}=3\overline{QF}$ 따라서 $\triangle PHF$는 $\triangle PQF$와 높이는 같고 밑변의 길이가 3배이므로 넓이가 3배이다.

$\triangle PHF=\frac{\sqrt{3}}{4}\overline{HF}^2=8\sqrt{3}$, $\overline{HF}^2=32$

$\therefore\ \overline{HF}=4\sqrt{2}$ ($\because\ \overline{HF}>0$)

→ 한 변의 길이가 a인 정삼각형의 넓이는 $\frac{\sqrt{3}}{4}a^2$

Step 3 p의 값을 구한다.

$\overline{HF}=\frac{2p}{\cos 60^\circ}=4p$이므로 $4p=4\sqrt{2}$

$\therefore\ p=\sqrt{2}$

→ $\angle HFO=60^\circ$이고 초점 F와 준선 사이의 거리가 $2p$이므로 $\frac{2p}{\overline{HF}}=\cos 60^\circ$, $\overline{HF}=\frac{2p}{\cos 60^\circ}$

043 [정답률 66%]

정답 ①

양수 p에 대하여 두 포물선 $x^2=8(y+2)$, $y^2=4px$가 만나는 점 중 제1사분면 위의 점을 P라 하자. 점 P에서 포물선 $x^2=8(y+2)$의 준선에 내린 수선의 발 H와 포물선 $x^2=8(y+2)$의 초점 F에 대하여 $\overline{PH}+\overline{PF}=40$일 때, p의 값은? (3점)

✔① $\frac{16}{3}$ ② 6 ③ $\frac{20}{3}$
④ $\frac{22}{3}$ ⑤ 8

Step 1 포물선의 정의를 이용하여 점 P의 좌표를 구한다.

포물선 $x^2=8(y+2)$에서 초점은 $\mathrm{F}(0,\ 0)$, 준선의 방정식은 $y=-4$

→ 포물선 $x^2=8y$의 초점의 좌표는 $(0,\ 2)$, 준선의 방정식은 $y=-2$이므로 포물선 $x^2=8(y+2)$에서는 각각 y축의 방향으로 -2만큼 평행이동

점 P의 좌표를 $(a,\ b)$ $(a>0,\ b>0)$라 하자.

점 P는 포물선 위의 점이므로 $\overline{PF}=\overline{PH}$

$\overline{PH}+\overline{PF}=40$에서 $\overline{PF}=\overline{PH}=20$

$\overline{PH}=|b-(-4)|=20$ $\quad\therefore\ b=16$ ($\because\ b>0$)

$\overline{PF}=\sqrt{a^2+16^2}=20$ $\quad\therefore\ a=12$ ($\because\ a>0$)

→ 양변을 제곱하면 $a^2+256=400$, $a^2=144$ $\therefore\ a=12$ ($\because\ a>0$)

따라서 점 P의 좌표는 $(12,\ 16)$이다.

Step 2 p의 값을 구한다.

점 $\mathrm{P}(12,\ 16)$은 포물선 $y^2=4px$ 위의 점이므로

$16^2=48p$ $\quad\therefore\ p=\frac{16}{3}$

044 [정답률 61%]

정답 ③

그림과 같이 좌표평면에서 x축 위의 두 점 A, B에 대하여 꼭짓점이 A인 포물선 p_1과 꼭짓점이 B인 포물선 p_2가 다음 조건을 만족시킨다. 이때, 삼각형 ABC의 넓이는? (4점)

점 C의 y좌표를 구하면 된다. (또는 선분 OC의 길이)

(가) p_1의 초점은 B이고, p_2의 초점은 원점 O이다.
(나) p_1과 p_2는 y축 위의 두 점 C, D에서 만난다.
(다) $\overline{AB}=2$

$\overline{AB}$는 포물선 p_1의 꼭짓점과 초점 사이의 거리이다. → 포물선 p_1의 준선을 구할 수 있어!

$\overline{OB}$는 포물선 p_2의 꼭짓점과 초점 사이의 거리이다. → 포물선 p_2의 준선을 구할 수 있어!

① $4(\sqrt{2}-1)$ ② $3(\sqrt{3}-1)$ ✔③ $2(\sqrt{5}-1)$
④ $\sqrt{3}+1$ ⑤ $\sqrt{5}+1$

Step 1 $\overline{OA}=a$, $\overline{OB}=b$, $\overline{OC}=c$라 하고, 포물선의 정의를 이용하여 a, b, c 사이의 관계식을 구한다.
→ 포물선 p_1의 꼭짓점 A에서 초점 B까지의 거리가 2이므로 준선 l_1 또한 꼭짓점 A와의 거리가 2인 직선이야.

두 포물선 p_1, p_2의 준선을 각각 l_1, l_2라 하고, 점 C에서 준선 l_1, l_2에 내린 수선의 발을 각각 H_1, H_2라 하자.

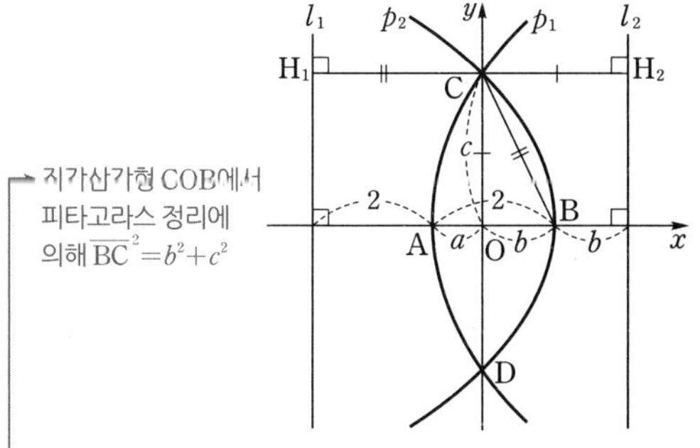

직각삼각형 COB에서 피타고라스 정리에 의해 $\overline{BC}^2=b^2+c^2$

포물선 p_1의 초점이 점 B이므로 점 C에서 점 B까지의 거리와 준선 l_1까지의 거리가 서로 같고 ($\overline{BC}=\overline{CH_1}$), 포물선 p_2의 초점이 원점 O이므로 점 C에서 원점 O까지의 거리와 준선 l_2까지의 거리가 서로 같아! ($\overline{OC}=\overline{CH_2}$)

$\overline{OA}=a$, $\overline{OB}=b$, $\overline{OC}=c$라 하면

$\overline{AB}=2$이므로 $a+b=2$ …… ㉠

포물선 p_1의 초점이 점 B이므로 포물선의 정의에 의하여 $\overline{BC}=\overline{CH_1}$

즉, $\sqrt{b^2+c^2}=a+2$ …… ㉡

포물선 p_2의 초점이 원점 O이므로 포물선의 정의에 의하여

$\overline{OC}=\overline{CH_2}$

즉, $c=2b$ …… ㉢

Step 2 관계식을 연립하여 a, b, c의 값을 구하고, 삼각형의 넓이를 구한다.

㉠에서 $a=2-b$, ㉢에서 $c=2b$를 ㉡에 대입하면

$\sqrt{b^2+4b^2}=4-b$
→ $\sqrt{b^2+c^2}=a+2$, $\sqrt{b^2+(2b)^2}=2-b+2$, $\therefore \sqrt{b^2+4b^2}=4-b$

양변을 제곱하면

$5b^2=b^2-8b+16$

$b^2+2b-4=0$ ← 식을 정리한 후 4로 나눈다.

$b>0$이므로 $b=-1+\sqrt{5}$

$\therefore a=3-\sqrt{5}$, $c=2(\sqrt{5}-1)$

따라서 삼각형 ABC의 넓이는

$$\frac{1}{2}\times\overline{AB}\times\overline{OC}=\frac{1}{2}\times2\times2(\sqrt{5}-1)$$
$$=2(\sqrt{5}-1)$$

알아야 할 기본개념

포물선의 정의

평면 위의 한 정점 F와 이 점을 지나지 않는 한 정직선 l이 있을 때, 점 F와 직선 l에 이르는 거리가 같은 점, 즉 $\overline{PH}=\overline{PF}$인 점 P의 집합을 포물선이라고 한다.

이때 정점 F를 포물선의 초점, 정직선 l을 포물선의 준선이라 하고, 포물선의 초점을 지나고 준선에 수직인 직선을 포물선의 축, 포물선과 축의 교점을 포물선의 꼭짓점이라고 한다.

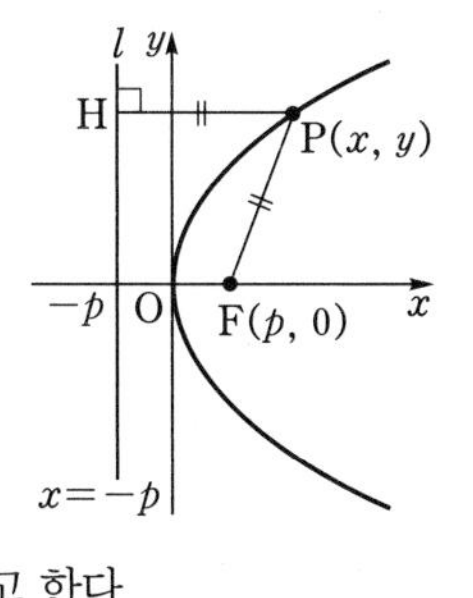

045 [정답률 88%]

정답 ⑤

그림과 같이 포물선 $y^2=8x$ 위의 네 점 A, B, C, D를 꼭짓점으로 하는 사각형 ABCD에 대하여 두 선분 AB와 CD가 각각 y축과 평행하다. 사각형 ABCD의 두 대각선의 교점이 포물선의 초점 F와 일치하고 $\overline{DF}=6$일 때, 사각형 ABCD의 넓이는? (4점)

→ 점 A와 점 B의 x좌표가 같고, 점 C와 점 D의 x좌표가 같아.
→ 점 D에서 포물선의 준선까지의 거리도 6이야.
→ F(2, 0)

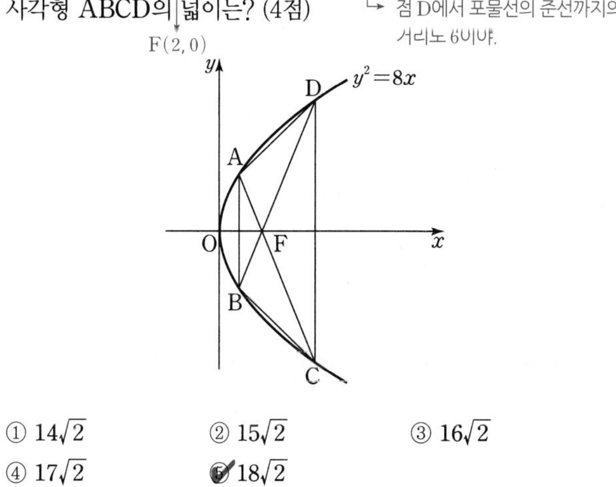

① $14\sqrt{2}$ ② $15\sqrt{2}$ ③ $16\sqrt{2}$
④ $17\sqrt{2}$ ⑤ $18\sqrt{2}$

Step 1 점 D의 좌표를 구한다.
→ 포물선 $y^2=4px$의 초점의 좌표는 $(p, 0)$, 준선의 방정식은 $x=-p$이다.

포물선 $y^2=8x=4\times2x$의 초점은 F(2, 0)이고, 점 D에서 포물선의 준선 $x=-2$에 내린 수선의 발을 D′이라 하면

$\overline{DD'}=\overline{FD}=6$이므로 점 D의 x좌표는 4이고, 점 D의 좌표는 $(4, 4\sqrt{2})$이다.
→ $\overline{DD'}-2=\overline{DF}-2=6-2=4$

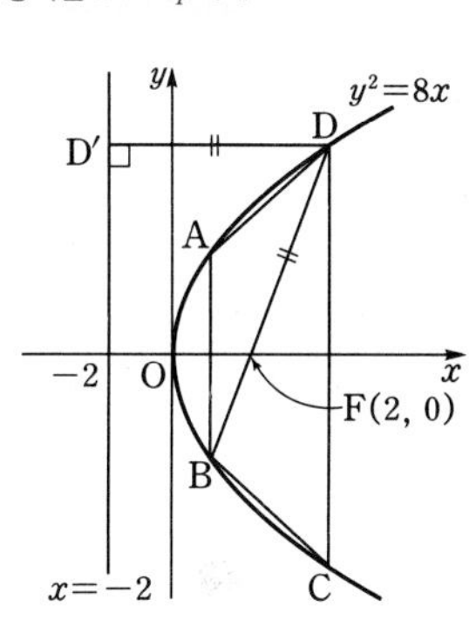

Step 2 점 B의 좌표를 구한다.

점 B의 좌표를 (a, b)라 하면 직선 BF의 기울기와 직선 FD의 기울기가 같으므로
→ 세 점 B, F, D가 모두 한 직선 위에 있다.

$$\frac{-b}{2-a}=\frac{4\sqrt{2}-0}{4-2}$$

$b=2\sqrt{2}a-4\sqrt{2}$

$\therefore$ B$(a, 2\sqrt{2}a-4\sqrt{2})$

점 B는 포물선 $y^2=8x$ 위의 점이므로

$(2\sqrt{2}a-4\sqrt{2})^2=8a$ → $8a^2-32a+32=8a$ $\therefore a^2-5a+4=0$

$a^2-5a+4=0$, $(a-4)(a-1)=0$

$\therefore a=1$ ($\because a<2$) → 초점 F의 x좌표가 2이므로

따라서 점 B의 좌표는 $(1, -2\sqrt{2})$이다. → $b=2\sqrt{2}a-4\sqrt{2}$에 $a=1$을 대입

Step 3 사각형 ABCD의 넓이를 구한다.

사각형 ABCD는 $\overline{CD}=8\sqrt{2}$, $\overline{AB}=4\sqrt{2}$, 높이가 3인 등변사다리꼴이므로 사각형 ABCD의 넓이는
→ 포물선 $y^2=8x$가 x축에 대하여 대칭이므로 두 점 A와 B, 두 점 C와 D는 각각 x축에 대하여 대칭이다.

$$\frac{1}{2}\times(8\sqrt{2}+4\sqrt{2})\times3=18\sqrt{2}$$
→ $\frac{1}{2}\times(\overline{CD}+\overline{AB})\times(4-1)$

046 [정답률 19%] 정답 23

초점이 F인 포물선 $y^2=8x$ 위의 점 중 제1사분면에 있는 점 P를 지나고 x축과 평행한 직선이 포물선 $y^2=8x$의 준선과 만나는 점을 F′이라 하자. 점 F′을 초점, 점 P를 꼭짓점으로 하는 포물선이 포물선 $y^2=8x$와 만나는 점 중 P가 아닌 점을 Q라 하자. 사각형 PF′QF의 둘레의 길이가 12일 때, 삼각형 PF′Q의 넓이는 $\frac{q}{p}\sqrt{2}$이다. $p+q$의 값을 구하시오. (단, 점 P의 x좌표는 2보다 작고, p와 q는 서로소인 자연수이다.) (4점)

→ $x=-2$
→ 포물선의 정의를 이용해 구할 수 있다.

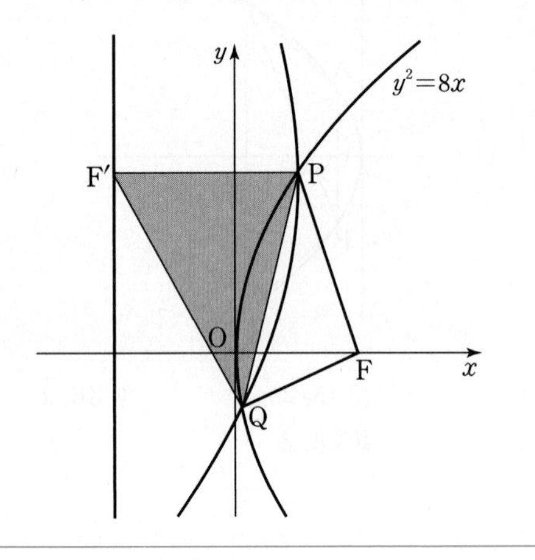

Step 1 포물선의 방정식을 나타내고 사각형 PF′QF의 둘레의 길이가 12임을 이용한다.

포물선 $y^2=8x$의 초점은 F(2, 0)이고
→ 포물선 $y^2=4px$의 초점의 좌표는 $(p, 0)$
준선의 방정식은 $x=-2$이다.
점 P의 x좌표를 $a\,(0<a<2)$라 하면
$\mathrm{P}(a, 2\sqrt{2a})$, $\mathrm{F}'(-2, 2\sqrt{2a})$
→ 두 점 P, F′의 y좌표가 같다.
포물선의 정의에 의해 $\overline{\mathrm{PF}}=\overline{\mathrm{PF}'}=2+a$
한편, 점 F′을 초점, 점 P를 꼭짓점으로 하는 포물선의 방정식은
$(y-2\sqrt{2a})^2=-4(2+a)(x-a)$
이 포물선의 준선의 방정식은 $x=2a+2$
→ $x=(2+a)+a$
점 Q에서 두 직선 $x=-2$, $x=2a+2$에 내린 수선의 발을 각각 R, S라 하면 포물선의 정의에 의해
$\overline{\mathrm{QF}}=\overline{\mathrm{QR}}$, $\overline{\mathrm{QF}'}=\overline{\mathrm{QS}}$
이므로 $\overline{\mathrm{QF}}+\overline{\mathrm{QF}'}=\overline{\mathrm{QR}}+\overline{\mathrm{QS}}=\overline{\mathrm{RS}}=2a+4$
→ 두 직선 $x=-2$, $x=2a+2$ 사이의 거리

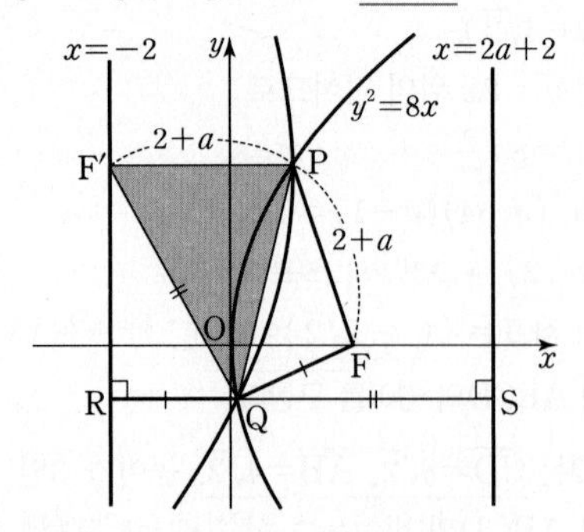

이때 사각형 PF′QF의 둘레의 길이가 12이므로
$\overline{\mathrm{PF}}+\overline{\mathrm{PF}'}+\overline{\mathrm{QF}}+\overline{\mathrm{QF}'}=12$에서 $2\overline{\mathrm{PF}'}+\overline{\mathrm{RS}}=12$
$2(2+a)+(2a+4)=12$ $\quad\therefore a=1$
→ $4a+8$

Step 2 점 Q의 y좌표를 구한다.

점 P의 좌표는 $(1, 2\sqrt{2})$이고 점 F′을 초점, 점 P를 꼭짓점으로 하는 포물선의 방정식은
$(y-2\sqrt{2})^2=-12(x-1)$
두 포물선
$y^2=8x$ ······ ㉠
$(y-2\sqrt{2})^2=-12(x-1)$ ······ ㉡
에서 ㉠, ㉡을 연립하면
$(y-2\sqrt{2})^2=-12\left(\frac{y^2}{8}-1\right)$
→ ㉠에서 $x=\frac{y^2}{8}$
$5y^2-8\sqrt{2}y-8=0$
$(5y+2\sqrt{2})(y-2\sqrt{2})=0$
$\therefore y=-\frac{2\sqrt{2}}{5}$ 또는 $y=2\sqrt{2}$
점 Q의 y좌표는 $-\frac{2\sqrt{2}}{5}$이다.
→ x축보다 아래에 존재한다.

Step 3 삼각형 PF′Q의 넓이를 구한다.

점 Q에서 선분 PF′에 내린 수선의 발을 H라 하면
$\overline{\mathrm{PF}'}=2+1=3$
$\overline{\mathrm{QH}}=2\sqrt{2}-\left(-\frac{2\sqrt{2}}{5}\right)=\frac{12}{5}\sqrt{2}$
삼각형 PF′Q의 넓이는
$\frac{1}{2}\times\overline{\mathrm{PF}'}\times\overline{\mathrm{QH}}=\frac{1}{2}\times3\times\frac{12}{5}\sqrt{2}=\frac{18}{5}\sqrt{2}$
따라서 $p=5$, $q=18$이므로 $p+q=5+18=23$

047 [정답률 89%] 정답 ③

→ $y^2=12x=4\cdot3x$이므로 초점 F의 좌표는 F(3, 0)이다.

그림과 같이 초점이 F인 포물선 $y^2=12x$ 위에 $\angle\mathrm{OFA}=\angle\mathrm{AFB}=\frac{\pi}{3}$인 두 점 A, B가 있다. 삼각형 AFB의 넓이는? (단, O는 원점이고 두 점 A, B는 제1사분면 위의 점이다.) (4점)

→ $\angle\mathrm{AFB}=\frac{\pi}{3}$임을 이용한다.

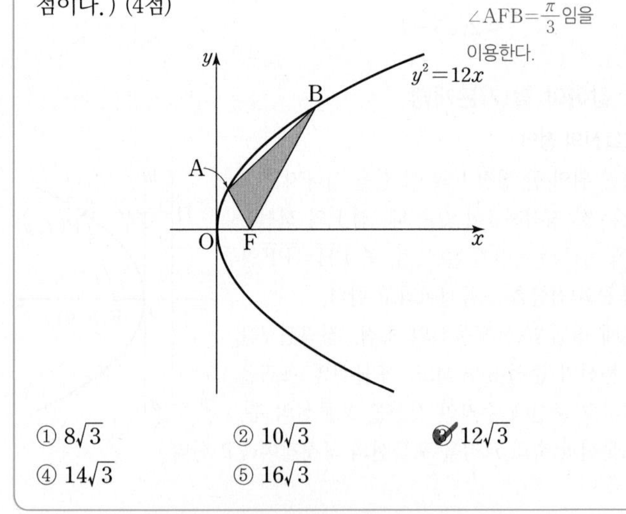

① $8\sqrt{3}$ ② $10\sqrt{3}$ ③ $12\sqrt{3}$
④ $14\sqrt{3}$ ⑤ $16\sqrt{3}$

포물선 $y^2=4px$에서 초점 F의 좌표는 $\mathrm{F}(p, 0)$, 준선의 방정식은 $x=-p$이다.

Step 1 초점과 준선의 방정식을 구한 후 포물선의 정의와 삼각비를 이용하여 $\overline{\mathrm{AF}}$와 $\overline{\mathrm{FB}}$의 길이를 각각 구한다.

포물선 $y^2=12x=4\times3x$의 초점은 F(3, 0)이고, 준선의 방정식은 $x=-3$이다.
→ 두 선분의 길이와 사잇각 AFB의 크기를 알면 삼각형 AFB의 넓이를 구할 수 있다.

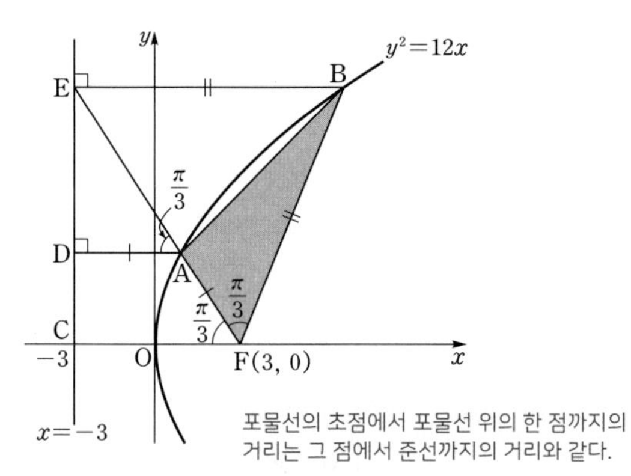

위의 그림에서 포물선의 정의에 의하여

$\overline{BF}=\overline{BE}$, $\overline{AF}=\overline{AD}$

이때 $\angle AFB=\frac{\pi}{3}$, $\angle BEF=\angle EFC=\frac{\pi}{3}$ (엇각)이므로

$\angle EBF=\frac{\pi}{3}$ → 삼각형의 내각의 크기의 합은 $180^\circ(=\pi)$

따라서 삼각형 BEF는 정삼각형이다.

$\overline{FC}=6$, $\angle OFA=\frac{\pi}{3}$이므로 삼각형 EFC에서

$\overline{FE}=\dfrac{\overline{FC}}{\cos\frac{\pi}{3}}=\dfrac{6}{\frac{1}{2}}=12$

또한, $\angle DAE=\angle CFE=\frac{\pi}{3}$이므로 → 동위각

$\overline{AE}=\dfrac{\overline{AD}}{\cos\frac{\pi}{3}}=\dfrac{\overline{AD}}{\frac{1}{2}}=2\overline{AD}=2\overline{AF}$ → $\overline{AE}=2\overline{AF}$

$\therefore \overline{FE}=\overline{AE}+\overline{AF}=2\overline{AF}+\overline{AF}=3\overline{AF}$

즉, $3\overline{AF}=12$이므로 $\overline{AF}=4$ ($\overline{FE}=12$)

$\therefore \triangle AFB=\frac{1}{2}\overline{AF}\cdot\overline{FB}\sin\frac{\pi}{3}$ → 삼각형의 넓이 구하는 공식

$=\frac{1}{2}\times4\times12\times\frac{\sqrt{3}}{2}$

$=12\sqrt{3}$

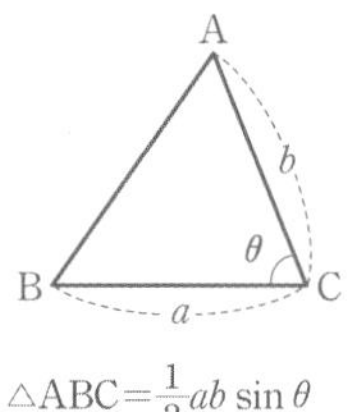

$\triangle ABC=\frac{1}{2}ab\sin\theta$

✪ 다른 풀이 포물선과 직선의 방정식을 연립한 풀이

Step 1 점 F를 지나는 직선의 방정식을 구한다.

두 점 A, B에서 x축에 내린 수선의 발을 각각 H, H′이라 하면

$\angle OFA=\angle AFB=\frac{\pi}{3}$이므로 $\angle BFH'=\frac{\pi}{3}$ → $\angle BFH'=\pi-(\angle OFA+\angle AFB)$

직선 AF가 x축의 양의 방향과 이루는 각의 크기가 $\frac{2}{3}\pi$,

직선 BF가 x축의 양의 방향과 이루는 각의 크기가 $\frac{\pi}{3}$이고 두 직선의 x절편이 모두 3이므로 직선 AF의 방정식은

$y=\tan\frac{2}{3}\pi(x-3)$ $\quad\therefore y=-\sqrt{3}(x-3)$

직선 BF의 방정식은

$y=\tan\frac{\pi}{3}(x-3)$ $\quad\therefore y=\sqrt{3}(x-3)$

→ 직선의 기울기를 삼각함수를 이용하여 표현했어. 어떤 직선이 x축의 양의 방향과 이루는 각의 크기가 α이면 그 직선의 기울기는 $\tan\alpha$야.

Step 2 직선과 포물선의 두 교점 A, B의 좌표를 구한다.

두 점 A, B는 각각 두 직선 AF, BF와 포물선의 교점이므로

두 식을 포물선의 방정식과 각각 연립하면

$3(x-3)^2=12x$, $x^2-10x+9=0$

$(x-1)(x-9)=0$

→ 직선 BF와 직선 AF의 방정식이 $y=\pm\sqrt{3}(x-3)$이므로 $y^2=3(x-3)^2$이야. 이를 포물선의 방정식 $y^2=12x$에 대입했어.

$\therefore x=1$ 또는 $x=9$ → 두 점 A, B는 제1사분면 위에 있으므로 y좌표가 양수야.

즉, 두 점 A, B의 좌표는 $A(1, 2\sqrt{3})$, $B(9, 6\sqrt{3})$이다.

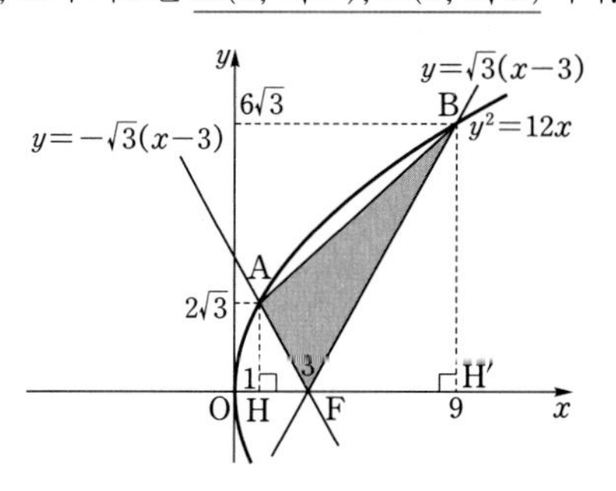

$\therefore \triangle AFB=\square AHH'B-\triangle AHF-\triangle BFH'$

$=\frac{1}{2}\times(2\sqrt{3}+6\sqrt{3})\times8-\frac{1}{2}\times2\times2\sqrt{3}-\frac{1}{2}\times6\times6\sqrt{3}$

$=12\sqrt{3}$ → $\frac{1}{2}\times(\overline{AH}+\overline{BH'})\times\overline{HH'}$

수능포인트

큰 정삼각형 안에 색칠된 삼각형이 있는데 둘 다 같은 꼭짓점 B를 공유하고 있으므로 중학교 도형을 이용하면 높이가 같고 밑변의 길이의 비가 2 : 1인 상태이니 그렇게 해서도 문제를 풀 수 있습니다.

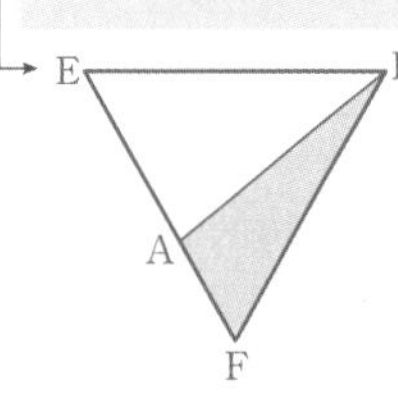

정삼각형 BEF에서 한 변 FE의 길이가 12이므로

$\triangle BEF=\frac{\sqrt{3}}{4}\times12^2=36\sqrt{3}$

$\overline{AE}:\overline{AF}=2:1$이므로 $\triangle ABE:\triangle AFB=2:1$

$\therefore \triangle AFB=\frac{1}{3}\times36\sqrt{3}=12\sqrt{3}$

048 [정답률 69%] **정답 ③**

점 A(6, 12)와 포물선 $y^2=4x$ 위의 점 P, 직선 $x=-4$ 위의 점 Q에 대하여 $\overline{AP}+\overline{PQ}$의 최솟값은? (3점)

① 12 ② 14 ③ 16 ④ 18 ⑤ 20

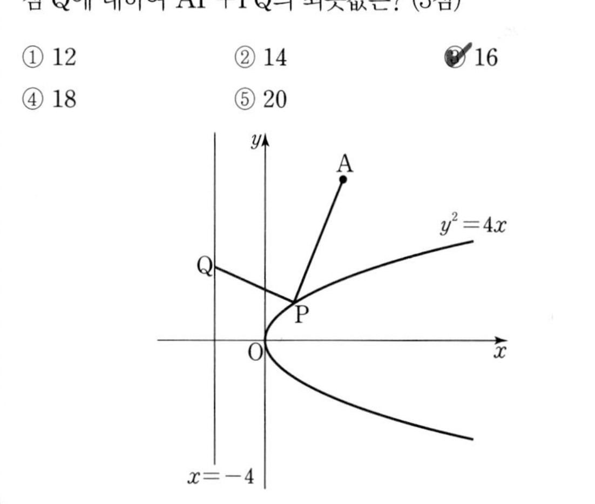

Step 1 포물선의 정의를 이용하여 $\overline{AP}+\overline{PQ}$의 최솟값을 구한다.

포물선 $y^2=4x$의 초점의 좌표는 F(1, 0), 준선의 방정식은 $x=-1$이다. → $4\times1\times x$

점 P에서 두 직선 $x=-4$, $x=-1$에 내린 수선의 발을 각각 M, N이라 하면

$\overline{PM}=\overline{PN}+\overline{MN}=\overline{PN}+3$ → 두 직선 $x=-4$, $x=-1$ 사이의 거리

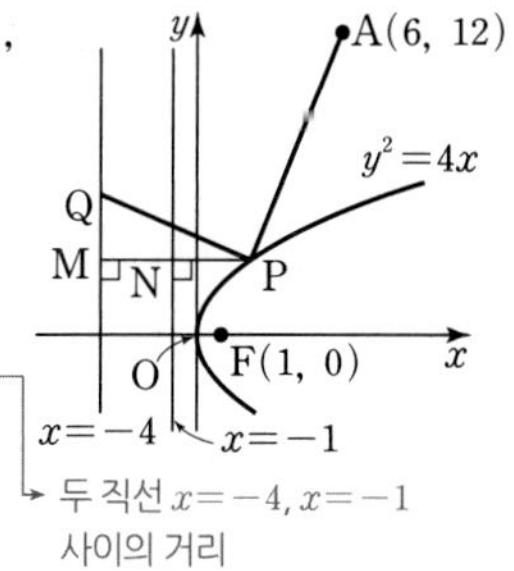

포물선의 정의에 의하여 $\overline{PF}=\overline{PN}$이므로

$\overline{AP}+\overline{PQ}\ge\overline{AP}+\overline{PM}$

$=\overline{AP}+\overline{PN}+3$ → 선분 PQ의 길이의 최솟값은 선분 PM의 길이와 같아.

$=\overline{AP}+\overline{PF}+3$

$\ge\overline{AF}+3$ → $\sqrt{(6-1)^2+(12-0)^2}=13$

$=16$

따라서 $\overline{AP}+\overline{PQ}$의 최솟값은 16이다.

049 [정답률 65%] 정답 ⑤

자연수 n에 대하여 초점이 F인 포물선 $y^2=2x$ 위의 점 P_n이 $\overline{FP_n}=2n$을 만족시킬 때, $\sum_{n=1}^{8}\overline{OP_n}^2$의 값은?

(단, O는 원점이고, 점 P_n은 제1사분면에 있다.) (4점)

① 874 ② 876 ③ 878 ④ 880 ⑤ 882

Step 1 포물선의 정의에 의하여 점 P_n의 좌표를 구한다.

포물선 $y^2=2x$의 초점의 좌표는 $F\left(\frac{1}{2}, 0\right)$, ($2x$ → $4\times\frac{1}{2}\times x$)

준선의 방정식은 $x=-\frac{1}{2}$이다.

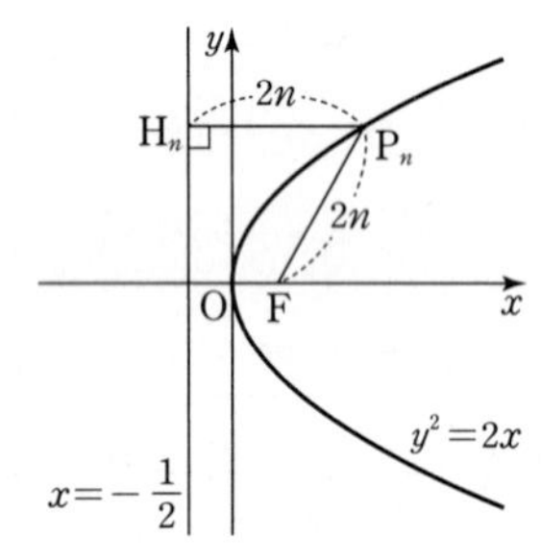

점 P_n에서 준선에 내린 수선의 발을 H_n이라 하면

포물선의 정의에 의하여 $\overline{P_nH_n}=\overline{FP_n}=2n$

따라서 점 P_n의 x좌표는 $2n-\frac{1}{2}$이다. → $x=-\frac{1}{2}$을 기준으로 x축의 양의 방향으로 $2n$만큼 떨어져 있어.

$y^2=2\left(2n-\frac{1}{2}\right)=4n-1$에서 점 P_n의 y좌표는 $\sqrt{4n-1}$이다. → 점 P_n은 제1사분면에 있으므로 y좌표는 양수

$\therefore P_n\left(2n-\frac{1}{2}, \sqrt{4n-1}\right)$

Step 2 $\sum_{n=1}^{8}\overline{OP_n}^2$의 값을 구한다.

$\overline{OP_n}^2=\left(2n-\frac{1}{2}\right)^2+(\sqrt{4n-1})^2$

$=4n^2-2n+\frac{1}{4}+4n-1$

$=4n^2+2n-\frac{3}{4}$

$\therefore \sum_{n=1}^{8}\overline{OP_n}^2=\sum_{n=1}^{8}\left(4n^2+2n-\frac{3}{4}\right)$

$=4\sum_{n=1}^{8}n^2+2\sum_{n=1}^{8}n-\sum_{n=1}^{8}\frac{3}{4}$ → $\sum_{k=1}^{n}k^2=\frac{n(n+1)(2n+1)}{6}$, $\sum_{k=1}^{n}c=cn$(단, c는 상수)

$=4\times\frac{8\times9\times17}{6}+2\times\frac{8\times9}{2}-8\times\frac{3}{4}$ → $\sum_{k=1}^{n}k=\frac{n(n+1)}{2}$

$=882$

050 [정답률 93%] 정답 ①

그림과 같이 포물선 $y^2=12x$의 초점 F를 지나는 직선과 포물선이 만나는 두 점 A, B에서 준선 l에 내린 수선의 발을 각각 C, D라 하자. $\overline{AC}=4$일 때, 선분 BD의 길이는? (3점)

($y^2=4\cdot3x$이므로 초점 : $(3, 0)$, 준선 : $x=-3$)

(포물선의 정의에 의해 포물선 위의 한 점에서 준선까지의 거리와 초점까지의 거리가 같다는 것을 잊지 마!)

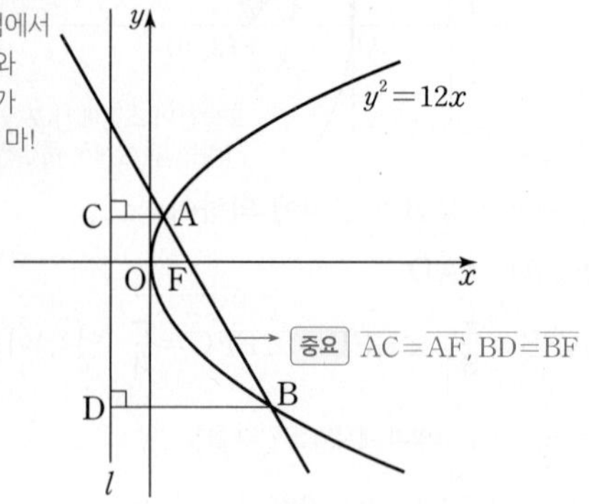

(중요 $\overline{AC}=\overline{AF}$, $\overline{BD}=\overline{BF}$)

① 12 ② $\frac{25}{2}$ ③ 13 ④ $\frac{27}{2}$ ⑤ 14

Step 1 점 A에서 x축에 내린 수선의 발을 G라 하고, $\overline{GF}$, $\overline{AF}$의 길이를 구한다. (y축에서 준선까지의 거리가 3이므로 점 A의 x좌표는 $4-3=1$이다.)

포물선 $y^2=12x=4\times3x$의 초점은 $F(3, 0)$이고,

준선 l의 방정식은 $x=-3$이다.

$\overline{AC}=4$이므로 점 A의 x좌표는 1이다. (포물선의 방정식에서 초점과 준선을 구하는 연습이 필요해!)

점 A에서 x축에 내린 수선의 발을 G라 하면 → 점 G의 x좌표는 점 A의 x좌표와 같아.

$\overline{GF}=2$, $\overline{AF}=\overline{AC}=4$

Step 2 $\triangle AFG\backsim\triangle ABH$임을 이용하여 $\overline{BD}$의 길이를 구한다.

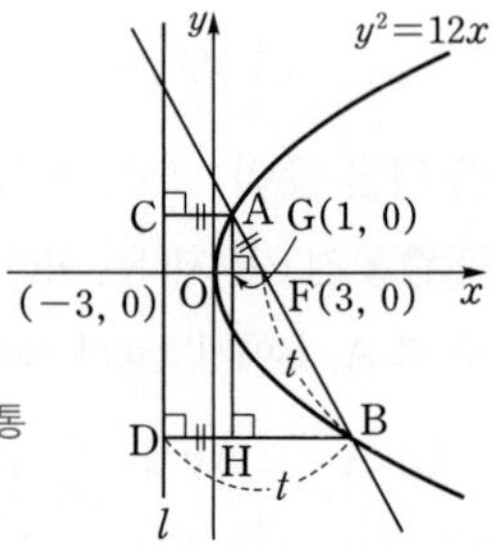

점 A에서 선분 BD에 내린 수선의 발을 H, $\overline{BD}=t\ (t\ge4)$라 하면

$\overline{BF}=\overline{BD}=t$, $\overline{DH}=\overline{AC}=4$이므로

$\overline{HB}=\overline{BD}-\overline{DH}=t-4$

$\triangle AFG\backsim\triangle ABH$ (AA 닮음)

이므로 → $\angle AGF=\angle AHB=\frac{\pi}{2}$, 각 FAG는 공통

$\overline{AF}:\overline{AB}=\overline{GF}:\overline{HB}$에서

$4:(4+t)=2:(t-4)$

$8+2t=4t-16$, $2t=24$

$\therefore t=12$

따라서 선분 BD의 길이는 12이다.

→ $\overline{AB}=\overline{AF}+\overline{FB}$이므로

다른 풀이 점 A의 좌표와 직선의 방정식을 이용하는 풀이

Step 1 포물선의 정의를 이용하여 두 점 A, F를 지나는 직선의 방정식을 구한다.

포물선 $y^2=12x=4\times3x$의 초점은 $F(3, 0)$이고,

준선 l의 방정식은 $x=-3$이다.

$\overline{AC}=4$이므로 점 A의 x좌표는 $4-3=1$이고 y좌표를 구하면

$y^2=12$에서 $y=2\sqrt{3}\ (\because y>0)$

$\therefore$ A$(1, 2\sqrt{3})$

이때 두 점 A, F를 지나는 직선의 방정식은

$y=\dfrac{0-2\sqrt{3}}{3-1}(x-3)$, 즉 $y=-\sqrt{3}x+3\sqrt{3}$

두 점 (x_1, y_1), (x_2, y_2)를 지나는 직선의 방정식은 $y-y_1=\dfrac{y_2-y_1}{x_2-x_1}(x-x_1)$ (단, $x_1\neq x_2$)

Step 2 포물선과 직선의 교점의 x좌표를 구한 후 $\overline{BD}$의 길이를 구한다.

포물선 $y^2=12x$와 직선 $y=-\sqrt{3}x+3\sqrt{3}$의 교점의 x좌표를 구하면

$(-\sqrt{3}x+3\sqrt{3})^2=12x$ → $y^2=12x$의 y에 $y=-\sqrt{3}x+3\sqrt{3}$을 대입

$x^2-10x+9=0$, $(x-1)(x-9)=0$

$\therefore x=1$ 또는 $x=9$ → 점 A의 x좌표

따라서 점 B의 x좌표는 9이므로

$\overline{BD}=9-(-3)=12$

다른 풀이 세 점 F, A, B의 좌표를 구하여 삼각형의 닮음을 이용하는 풀이

Step 1 세 점 F, A, B의 좌표를 각각 구한다.

포물선 $y^2=12x=4\times3x$의 초점은 F$(3, 0)$,

준선 l의 방정식은 $x=-3$이다.

$\overline{AC}=4$이므로 점 A의 x좌표는 $4-3=1$이고 y좌표를 구하면

$y^2=12$에서 $y=2\sqrt{3}$ ($\because y>0$)

$\therefore$ A$(1, 2\sqrt{3})$

점 B의 x좌표는 $t-3$이고 $y^2=12x$에 $x=t-3$을 대입하면 $y^2=12(t-3)$ 따라서 점 B의 y좌표는 $-2\sqrt{3(t-3)}$ ($\because$ 점 B는 제4사분면 위의 점)

마찬가지로 $\overline{BF}=\overline{BD}=t$라 하면 점 B의 좌표는

$(t-3, -2\sqrt{3(t-3)})$

→ 포물선의 정의에 의하여 포물선 위의 한 점에서 준선까지의 거리와 초점까지의 거리가 서로 같아.

Step 2 $\triangle$AMF$\backsim\triangle$BNF임을 이용하여 $\overline{BD}$의 길이를 구한다.

두 점 A, B에서 x축에 내린 수선의 발을 각각 M, N이라 하면

$\triangle$AMF$\backsim\triangle$BNF (AA 닮음)이므로

$\overline{AF}:\overline{BF}=\overline{AM}:\overline{BN}$에서

$4:t=2\sqrt{3}:2\sqrt{3(t-3)}$

$\angle$AMF$=\angle$BNF$=\frac{\pi}{2}$, $\angle$AFM$=\angle$BFN (맞꼭지각)

$t=4\sqrt{t-3}$, $t^2=16(t-3)$

$t^2-16t+48=0$

$(t-4)(t-12)=0$

$\therefore t=4$ 또는 $t=12$

$\therefore \overline{BD}=12$ ($\because \overline{BD}>\overline{AC}=4$)

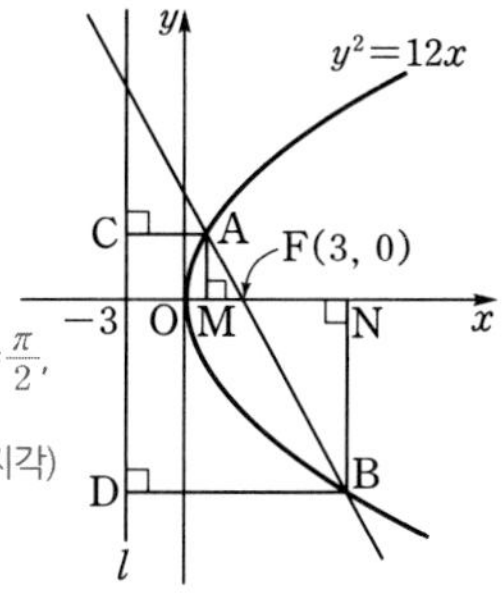

수능포인트

포물선 문제는 정의를 이용하는 문제가 대부분입니다. 특히 포물선의 초점을 지나는 직선과 포물선과의 교점에 관련된 문제라면 삼각형의 닮음을 이용하면 쉽게 답을 찾을 수 있습니다. 이때 이 문제에서 주의해야 할 점은 교점의 x좌표를 구할 때 포물선 위의 한 점으로부터 준선까지의 거리에서 y축에서 준선까지의 거리를 빼야 한다는 것입니다.

예를 들어 이 문제에서 $\overline{AC}=4$이므로 y축에서 준선까지의 거리 3을 빼야 점 A의 x좌표 $4-3=1$을 구할 수 있습니다.

051

정답 ④

포물선 $y^2=8x$의 초점 F를 지나는 직선이 포물선과 만나는 두 점을 A, B라 하자. $\overline{AF}:\overline{BF}=3:1$일 때, 선분 AB의 길이는? (3점)

→ F$(2, 0)$ / $\overline{AF}=3a$, $\overline{BF}=a$로 놓고 문제를 푼다.

① $\dfrac{26}{3}$ ② $\dfrac{28}{3}$ ③ 10 ④ $\dfrac{32}{3}$ ⑤ $\dfrac{34}{3}$

→ 포물선 $y^2=8x$와 초점 F를 지나는 직선을 그린다.

Step 1 포물선의 정의를 이용하여 두 점 A, B의 x좌표를 구한다.

포물선 $y^2=8x=4\times2x$의 초점은 F$(2, 0)$이고, 준선의 방정식은 $x=-2$이다.

두 점 A, B에서 x축에 내린 수선의 발을 각각 A′, B′이라 하고 준선 $x=-2$에 내린 수선의 발을 각각 H, H′이라 하자.

이때 $\overline{AF}:\overline{BF}=3:1$이므로 $\overline{AF}=3a$, $\overline{BF}=a$ $(a>0)$로 놓을 수 있다.

포물선의 정의에 의하여 $\overline{AF}=\overline{AH}=3a$, $\overline{BF}=\overline{BH'}=a$이므로

두 점 A, B의 x좌표는 각각 $\overline{AH}-2=3a-2$, $\overline{BH'}-2=a-2$이다.

준선이 $x=-2$이므로 준선에서 y축까지의 거리는 2야.

$\overline{FA'}=\overline{OA'}-\overline{OF}$, $\overline{FB'}=\overline{OF}-\overline{OB'}$

$\angle$AA′F$=\angle$BB′F$=\frac{\pi}{2}$, $\angle$AFA′$=\angle$BFB′ (맞꼭지각) → AA 닮음

Step 2 삼각형의 닮음을 이용하여 a의 값을 구한다.

삼각형 FAA′과 삼각형 FBB′은 닮음이고 닮음비는 $3:1$이다.

($\because \overline{AF}:\overline{BF}=3:1$)

$\overline{FA'}=(3a-2)-2=3a-4$,

$\overline{FB'}=2-(a-2)=4-a$

이므로 $\overline{FA'}:\overline{FB'}=3:1$에서

$(3a-4):(4-a)=3:1$ → $\triangle$FAA′과 $\triangle$FBB′의 닮음비는 $3:1$임을 이용한다.

$12-3a=3a-4$ → 비례식에서 내항의 곱과 외항의 곱은 같다.

$\therefore a=\dfrac{8}{3}$

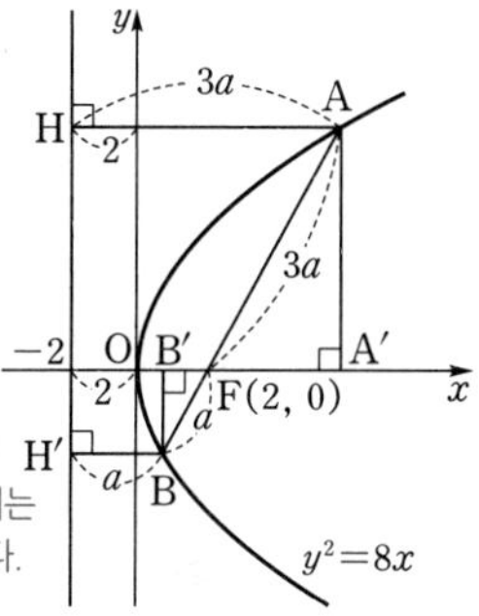

Step 3 선분 AB의 길이를 구한다.

$\therefore \overline{AB}=\overline{AF}+\overline{BF}=4a=4\times\dfrac{8}{3}=\dfrac{32}{3}$

수능포인트

포물선 $y^2=4px$ $(p>0)$와 포물선의 초점 F를 지나는 직선이 만나는 두 교점 A, B에 대하여 $\dfrac{1}{\overline{AF}}+\dfrac{1}{\overline{BF}}=\dfrac{1}{p}$의 관계식을 만족합니다.

이를 이용하여 문제를 해결하면 $\overline{AF}=3a$, $\overline{BF}=a$, $p=2$에서

$\dfrac{1}{3a}+\dfrac{1}{a}=\dfrac{1}{2}$, $\dfrac{4}{3a}=\dfrac{1}{2}$, $a=\dfrac{8}{3}$이므로

$\overline{AB}=\overline{AF}+\overline{BF}=4a=4\times\dfrac{8}{3}=\dfrac{32}{3}$와 같이 쉽게 풀 수도 있습니다.

052 [정답률 48%]

정답 ③

초점이 F인 포물선 $y^2=8x$ 위의 한 점 A에서 포물선의 준선에 내린 수선의 발을 B라 하고, 직선 BF와 포물선이 만나는 두 점을 각각 C, D라 하자. $\overline{BC}=\overline{CD}$일 때, 삼각형 ABD의 넓이는? (단, $\overline{CF}<\overline{DF}$이고, 점 A는 원점이 아니다.) (3점)

① $100\sqrt{2}$ ② $104\sqrt{2}$ ③ $108\sqrt{2}$
④ $112\sqrt{2}$ ⑤ $116\sqrt{2}$

Step 1 포물선의 성질을 이용하여 t의 값을 구한다.

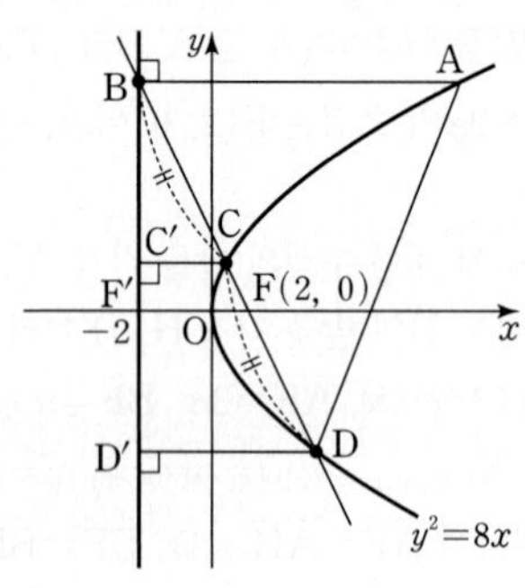

포물선 $y^2=8x$의 초점의 좌표는 F(2, 0)이고, 준선의 방정식은 $x=-2$이다. ← $y^2=4\times 2x$

두 점 C, D에서 준선 $x=-2$에 내린 수선의 발을 각각 C′, D′이라 하자.

$\overline{CC'}=t\,(t>0)$라 하면 $\overline{DD'}=2t$이다. ← 두 삼각형 BCC′, BDD′은 서로 닮음이고 닮음비는 1 : 2이다.

또한 포물선의 성질에 의하여 $\overline{CF}=t$, $\overline{DF}=2t$ ($\overline{CF}=\overline{CC'}$, $\overline{DF}=\overline{DD'}$)

$\overline{BC}=\overline{CD}=\overline{CF}+\overline{DF}=3t$

$F'(-2, 0)$이라 하면 두 삼각형 BCC′, BFF′이 서로 닮음이므로

$\overline{BC}:\overline{BF}=\overline{CC'}:\overline{FF'}$ ($\overline{BF}=\overline{BC}+\overline{CF}=3t+t=4t$)

$3t:4t=t:4 \qquad \therefore t=3 \ (\because t>0)$ ← $4t^2=12t$, $4t^2-12t=4t(t-3)=0$

Step 2 삼각형 ABD의 넓이를 구한다.

$\overline{BF'}=\sqrt{\overline{BF}^2-\overline{FF'}^2}=\sqrt{12^2-4^2}=8\sqrt{2}$ ($\overline{BF}=4t$) ← 점 B의 y좌표

따라서 점 B의 좌표는 $B(-2, 8\sqrt{2})$이다. ← 점 B는 준선 $x=-2$ 위의 점이므로 x좌표는 -2

점 A의 x좌표를 a라 하면 점 A는 포물선 $y^2=8x$ 위의 점이므로

$8a=(8\sqrt{2})^2 \qquad \therefore a=16$ ← 점 A의 y좌표는 점 B의 y좌표와 같다.

$\overline{BD'}=\sqrt{\overline{BD}^2-\overline{DD'}^2}=\sqrt{18^2-6^2}=12\sqrt{2}$ ($\overline{BD}=6t$, $\overline{DD'}=2t$)

따라서 삼각형 ABD의 넓이는

$$\frac{1}{2}\times\overline{AB}\times\overline{BD'}=\frac{1}{2}\times\{16-(-2)\}\times 12\sqrt{2}=108\sqrt{2}$$

053 [정답률 75%]

정답 ①

포물선 $y^2=4px\ (p>0)$의 초점 F를 지나는 직선이 포물선과 서로 다른 두 점 A, B에서 만날 때, 두 점 A, B에서 포물선의 준선에 내린 수선의 발을 각각 C, D라 하자.
$\overline{AC}:\overline{BD}=2:1$이고 사각형 ACDB의 넓이가 $12\sqrt{2}$일 때, 선분 AB의 길이는? (단, 점 A는 제1사분면에 있다.) (3점)

① 6 ② 7 ③ 8
④ 9 ⑤ 10

Step 1 포물선의 정의를 이용하여 선분 CD의 길이를 문자로 나타낸다.

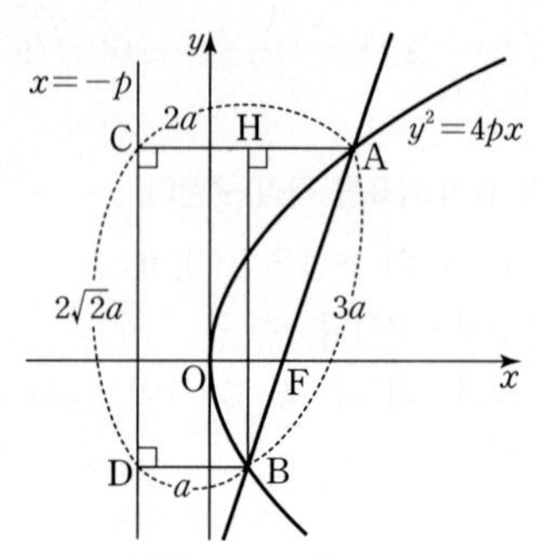

$\overline{AC}:\overline{BD}=2:1$이므로 $\overline{AC}=2a$, $\overline{BD}=a\ (a>0)$이라 하자.

포물선의 정의에 의하여 $\overline{AF}=\overline{AC}$, $\overline{BF}=\overline{BD}$이므로

$\overline{AB}=\overline{AF}+\overline{BF}=\overline{AC}+\overline{BD}=3a$

점 B에서 직선 AC에 내린 수선의 발을 H라 하면

$\overline{BH}=\sqrt{(3a)^2-a^2}=2\sqrt{2}a \qquad \therefore \overline{CD}=\overline{BH}=2\sqrt{2}a$ ← $\overline{BH}=\sqrt{\overline{AB}^2-\overline{AH}^2}=\sqrt{(3a)^2-(2a-a)^2}$

Step 2 사각형 ACDB의 넓이가 $12\sqrt{2}$임을 이용하여 a의 값을 구한다.

사각형 ACDB의 넓이가 $12\sqrt{2}$이므로

$\frac{1}{2}\times(2a+a)\times 2\sqrt{2}a=3\sqrt{2}a^2=12\sqrt{2}$ ← 사다리꼴의 넓이

$a^2=4 \qquad \therefore a=2\ (\because a>0)$

따라서 선분 AB의 길이는 $3a=6$이다.

054

정답 ②

→ 초점 : $(p, 0)$, 준선 : $x=-p$

좌표평면에서 포물선 $y^2=4px\ (p>0)$의 초점을 F, 준선을 l이라 하자. 점 F를 지나고 x축에 수직인 직선과 포물선이 만나는 점 중 제1사분면에 있는 점을 P라 하자. 또, 제1사분면에 있는 포물선 위의 점 Q에 대하여 두 직선 QP, QF가 준선 l과 만나는 점을 각각 R, S라 하자.

$\overline{PF}:\overline{QF}=2:5$일 때, $\dfrac{\overline{QF}}{\overline{FS}}$의 값은? (3점)

→ 포물선의 정의를 이용하면 $\overline{PF}$와 $\overline{QF}$를 p로 나타낼 수 있다.

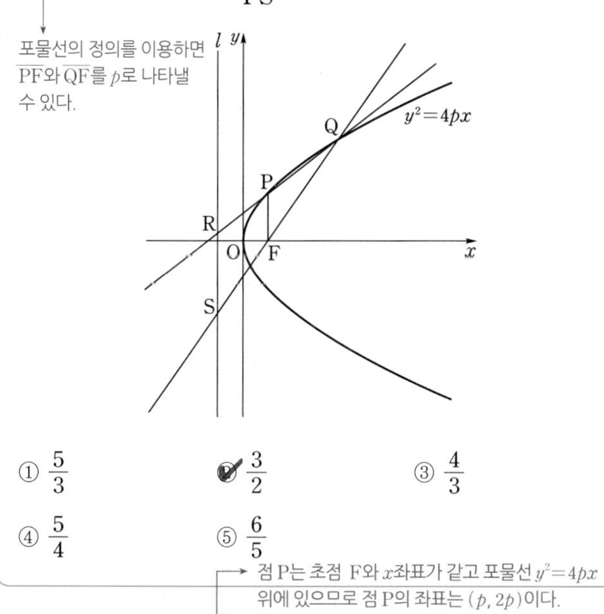

① $\dfrac{5}{3}$ ✔ $\dfrac{3}{2}$ ③ $\dfrac{4}{3}$ ④ $\dfrac{5}{4}$ ⑤ $\dfrac{6}{5}$

→ 점 P는 초점 F와 x좌표가 같고 포물선 $y^2=4px$ 위에 있으므로 점 P의 좌표는 $(p, 2p)$이다.

Step 1 포물선의 정의를 이용하여 필요한 선분의 길이를 p로 나타낸다.

포물선 $y^2=4px$의 초점 F의 좌표는 $(p, 0)$이고 점 P는 제1사분면 위의 점이므로 점 P의 좌표는 $(p, 2p)$이다.

점 P에서 준선 l에 내린 수선의 발을 H, 점 Q에서 준선 l에 내린 수선의 발을 H′이라 하면 $\overline{PF}:\overline{QF}=2:5$이므로 포물선의 정의에 의하여 $\overline{PF}=\overline{PH}=2p$, $\overline{QF}=\overline{QH'}=5p$

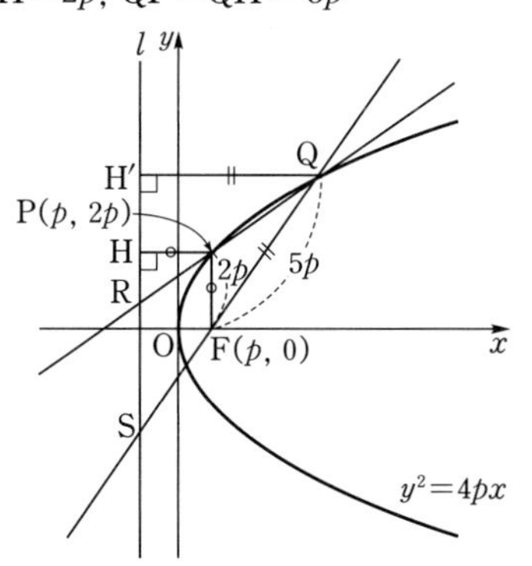

Step 2 삼각형의 닮음을 이용한다.

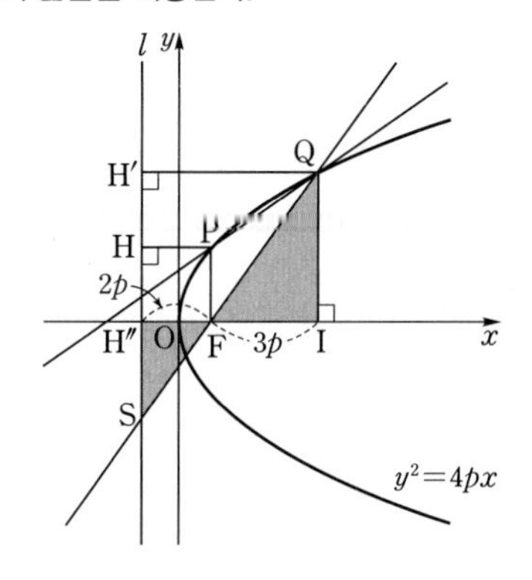

준선 l과 x축의 교점을 H″, 점 Q에서 x축에 내린 수선의 발을 I라 하면

$\overline{FH''}=2p$, $\overline{FI}=\overline{QH'}-\overline{FH''}=5p-2p=3p$

$\triangle QFI \backsim \triangle SFH''$ (AA 닮음)이므로

$\overline{QF}:\overline{FS}=\overline{FI}:\overline{FH''}=3p:2p=3:2$

$2\overline{QF}=3\overline{FS}$

$\therefore \dfrac{\overline{QF}}{\overline{FS}}=\dfrac{3}{2}$

→ 삼각형 QFI와 삼각형 SFH″의 닮음비가 3 : 2임을 이용한다.

→ $\angle QIF=\angle SH''F=\dfrac{\pi}{2}$, $\angle QFI=\angle SFH''$ (맞꼭지각) → AA 닮음

이 문제에서와 같이 도형의 닮음을 이용한 포물선 문제가 많이 출제되고 있어!

055 [정답률 74%]

정답 ③

그림과 같이 좌표평면에서 포물선 $y^2=4x$의 초점 F를 지나고 x축과 수직인 직선 l_1이 이 포물선과 만나는 서로 다른 두 점을 각각 A, B라 하고, 점 F를 지나고 기울기가 $m(m>0)$인 직선 l_2가 이 포물선과 만나는 서로 다른 두 점을 각각 C, D라 하자. 삼각형 FCA의 넓이가 삼각형 FDB의 넓이의 5배일 때, m의 값은? (단, 두 점 A, C는 제1사분면 위의 점이고, 두 점 B, D는 제4사분면 위의 점이다.) (4점)

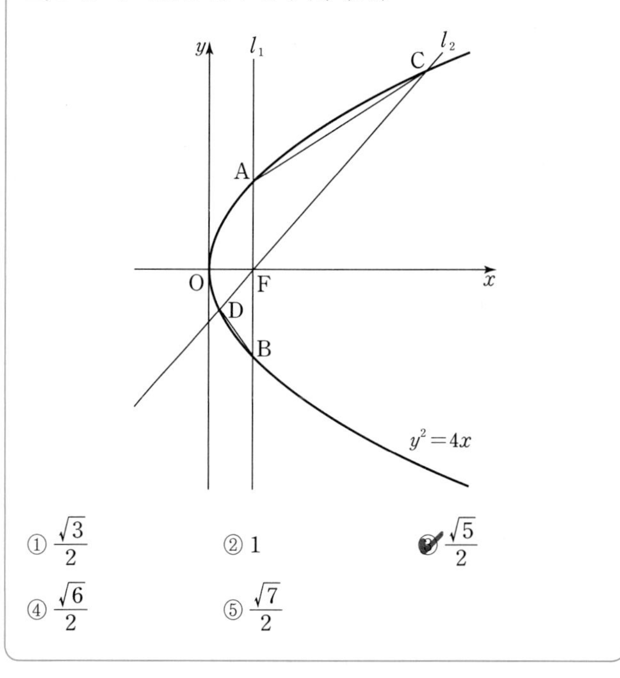

① $\dfrac{\sqrt{3}}{2}$ ② 1 ✔ $\dfrac{\sqrt{5}}{2}$ ④ $\dfrac{\sqrt{6}}{2}$ ⑤ $\dfrac{\sqrt{7}}{2}$

Step 1 삼각형의 넓이를 이용하여 두 선분 FD와 FC 사이의 관계식을 구한다.

$\dfrac{1}{2}\times\overline{FA}\times\overline{FC}\times\sin(\angle AFC)=5\times\dfrac{1}{2}\times\overline{FB}\times\overline{FD}\times\sin(\angle BFD)$

$\angle AFC=\angle BFD$이고 $\overline{AF}=\overline{BF}$이므로 두 삼각형 AFC, BFD의 넓이의 비는 두 선분 FC와 FD의 길이의 비와 같다.

$\therefore \overline{FC}=5\overline{FD}$

Step 2 포물선의 정의를 이용하여 m의 값을 구한다.

포물선의 준선을 l이라 하고 두 점 C, D에서 직선 l에 내린 수선의 발을 각각 P, Q, 점 C를 지나고 x축에 수직인 직선과 직선 QD의 교점을 R라 하자.

포물선의 정의에 의하여 $\overline{FC}=\overline{PC}$, $\overline{FD}=\overline{QD}$

$\overline{FD}=a$라 하면 $\overline{QD}=\overline{FD}=a$, $\overline{PC}=\overline{FC}=5a$이므로 $\overline{DR}=4a$

직각삼각형 CDR에서 $\overline{CD}=6a$, $\overline{DR}=4a$이므로

$\overline{CR}=\sqrt{\overline{CD}^2-\overline{DR}^2}=\sqrt{20a^2}=2\sqrt{5}a$

$\therefore m=\dfrac{\overline{CR}}{\overline{DR}}=\dfrac{2\sqrt{5}a}{4a}=\dfrac{\sqrt{5}}{2}$

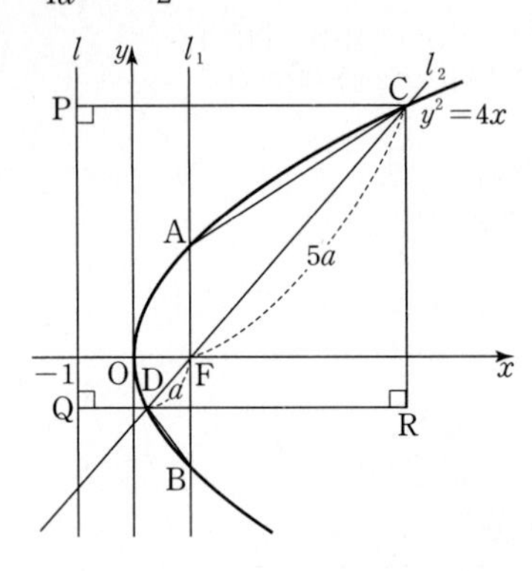

056 [정답률 38%]

정답 128

그림과 같이 좌표평면에서 꼭짓점이 원점 O이고 초점이 F인 포물선과 점 F를 지나고 기울기가 1인 직선이 만나는 두 점을 각각 A, B라 하자. 선분 AF를 대각선으로 하는 정사각형의 한 변의 길이가 2일 때, 선분 AB의 길이는 $a+b\sqrt{2}$이다. a^2+b^2의 값을 구하시오. (단, a, b는 정수이다.) (4점)

$\overline{AF}=2\sqrt{2}$이므로 점 A에서 준선까지의 거리도 $2\sqrt{2}$이다.

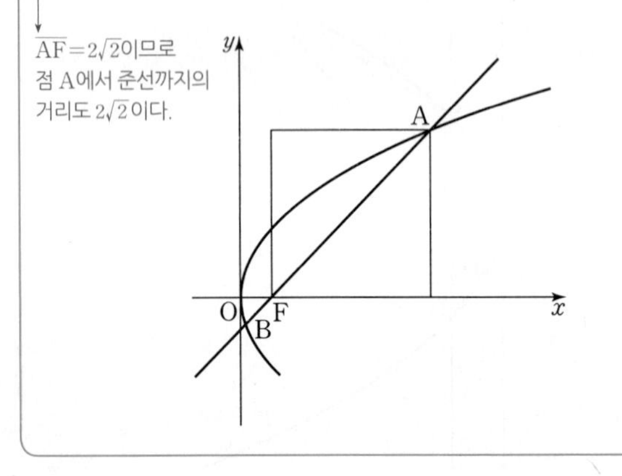

Step 1 포물선의 정의를 이용하여 필요한 선분의 길이를 구한다.

$\overline{AB}=\overline{AF}+\overline{BF}$이므로 두 선분 AF, BF의 길이를 구하면 된다.

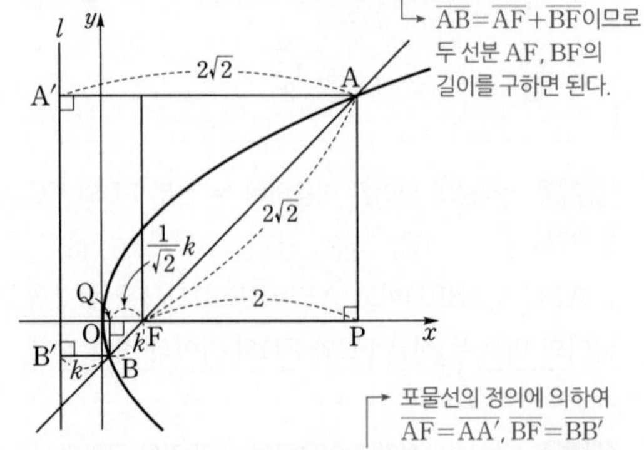

포물선의 정의에 의하여 $\overline{AF}=\overline{AA'}$, $\overline{BF}=\overline{BB'}$

주어진 포물선의 준선을 l이라 하고, 포물선 위의 두 점 A, B에서 준선 l에 내린 수선의 발을 각각 A', B', x축에 내린 수선의 발을 각각 P, Q라 하자.

피타고라스 정리

정사각형의 한 변의 길이가 2이므로 $\overline{AF}=2\sqrt{2}$이다.

또한, 점 A가 포물선 위의 점이므로

$\overline{AA'}=\overline{AF}=2\sqrt{2}$

$\overline{BF}=k$라 하면 $\overline{QF}=\dfrac{1}{\sqrt{2}}k$이고, 점 B는 포물선 위의 점이므로

$\overline{BB'}=\overline{BF}=k$ ← $\angle AFP=\angle BFQ=\frac{\pi}{4}$이므로 $\overline{QF}=\overline{BF}\times\cos\frac{\pi}{4}=\overline{BF}\cdot\frac{1}{\sqrt{2}}$

Step 2 $\overline{AA'}=\overline{BB'}+\overline{QF}+\overline{FP}$임을 이용하여 k의 값을 구한다.

위의 그림에서 $\overline{AA'}=\overline{BB'}+\overline{QF}+\overline{FP}$이므로

($\overline{FP}$: 정사각형의 한 변의 길이이므로 2이다.)

$2\sqrt{2}=k+\dfrac{1}{\sqrt{2}}k+2$

$(\sqrt{2}+1)k=4-2\sqrt{2}$ ← 양변에 $\sqrt{2}$를 곱해서 정리했어.

$\therefore k=\dfrac{4-2\sqrt{2}}{\sqrt{2}+1}=-8+6\sqrt{2}$

주의 무리식을 계산할 때는 분모를 유리화한다. (이 식에서는 분자, 분모에 각각 $\sqrt{2}-1$을 곱했어.)

Step 3 $\overline{AB}$의 길이를 구한다.

$\therefore \overline{AB}=\overline{AF}+\overline{BF}=2\sqrt{2}+k$

$=2\sqrt{2}+(-8+6\sqrt{2})$

$=-8+8\sqrt{2}$

따라서 $a=-8$, $b=8$이므로

$a^2+b^2=(-8)^2+8^2=128$

되도록이면 본 풀이와 같이 포물선의 정의를 이용하여 문제를 푼다.

다른 풀이 직선과 포물선의 교점을 이용한 풀이

Step 1 포물선의 초점을 F$(p,\ 0)$이라 하고, 포물선과 직선의 방정식을 p에 대한 식으로 나타낸다.

포물선의 초점을 F$(p,\ 0)$이라 하면 주어진 포물선의 방정식은

$y^2=4px$

초점 F를 지나면서 기울기가 1인 직선의 방정식은 $y=x-p$

Step 2 두 점 A, B의 x좌표를 p로 나타낸다.

($\overline{FP}=2$이므로 점 A의 x좌표는 $p+2$이다.)

점 A의 좌표가 $(p+2,\ 2)$이고, 이 점은 포물선 위에 있으므로

$4=4p(p+2)$, $p^2+2p-1=0$

$\therefore p=-1+\sqrt{2}$ ($\because p>0$)

포물선 $y^2=4px$와 직선 $y=x-p$의 교점의 x좌표를 구하면

(직선 $y=x-p$: 기울기가 1이고 점 $(p,\ 0)$을 지나는 직선)

$(x-p)^2=4px$에서

$x^2-6px+p^2=0$ ← 포물선과 직선의 두 교점이 두 점 A, B이므로 $x^2-6px+p^2=0$의 두 근은 두 점 A, B의 x좌표야.

두 근의 합이 $6p$이므로 점 B의 x좌표를 q라 하면

$(p+2)+q=6p$ ← 이차방정식 $ax^2+bx+c=0$의 근과 계수의 관계 (두 근의 합)$=-\frac{b}{a}$, (두 근의 곱)$=\frac{c}{a}$

$\therefore q=5p-2$

Step 3 $\overline{AB}$의 길이를 구한다.

두 점 A, B에서 x축에 내린 수선의 발을 각각 P, Q라 하자.

$\overline{PQ}=(p+2)-q=p+2-(5p-2)=4-4p$이고, $\overline{AB}=\sqrt{2}\,\overline{PQ}$이므로

$\overline{AB}=\sqrt{2}(4-4p)$ ← $p=-1+\sqrt{2}$

$=\sqrt{2}\{4-4(-1+\sqrt{2})\}$

$=\sqrt{2}(8-4\sqrt{2})$

$=-8+8\sqrt{2}$

따라서 $a=-8$, $b=8$이므로

$a^2+b^2=(-8)^2+8^2=128$

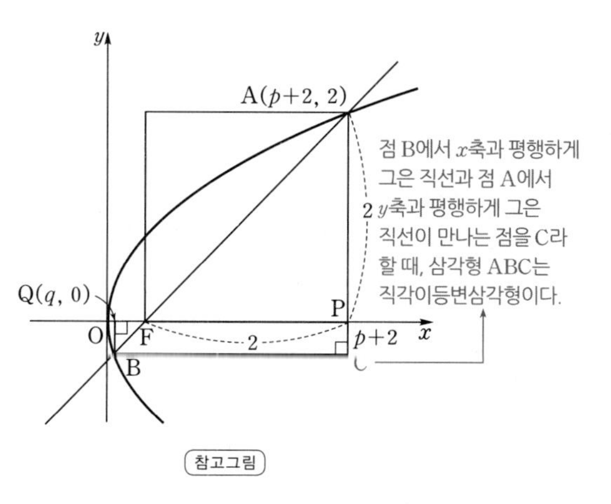

참고그림

수능포인트

포물선 문제는 정의를 이용하는 문제가 대부분입니다.
복잡해 보이는 문제라도 포물선의 준선과 보조선을 그려 보면 쉽게 접근할 수 있습니다. 이 문제도 포물선과 정사각형의 성질을 활용하는 문제여서 어려워 보일 수도 있지만 준선을 그려 보면 $\overline{AF}=\overline{AA'}=2\sqrt{2}$이므로 초점 F의 좌표는 $\left(\frac{2\sqrt{2}-2}{2}, 0\right)$, 즉 $(-1+\sqrt{2}, 0)$임을 쉽게 찾을 수 있습니다.
→ 초점 F의 x좌표는 $2\times$(초점 F의 x좌표)$+2=2\sqrt{2}$를 이용하여 구할 수 있다.

057 [정답률 85%] 정답 13

좌표평면에서 점 $(2, 0)$을 지나고 기울기가 양수인 직선이 포물선 $y^2=8x$와 만나는 두 점을 각각 P, Q라 하자. 선분 PQ의 길이가 17일 때, 두 점 P, Q의 x좌표의 합을 구하시오. (3점)

Step 1 $y^2=8x$의 그래프를 좌표평면에 나타낸다.

포물선 $y^2=8x$의 초점을 점 F라 하면 F$(2, 0)$이고 $y^2=8x$의 그래프와 준선을 좌표평면에 나타내면 오른쪽 그림과 같다.

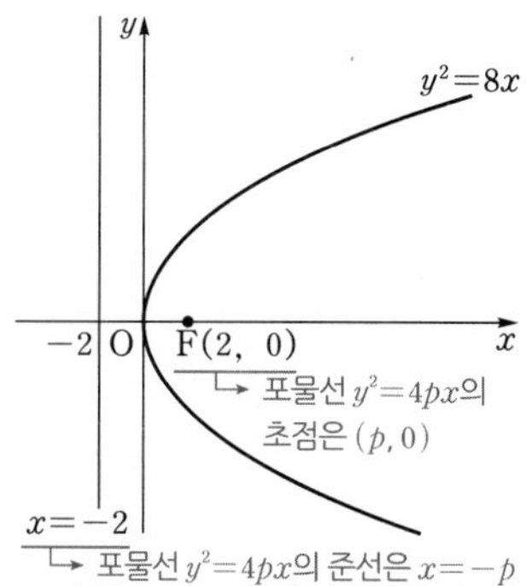

Step 2 두 점 P, Q의 x좌표를 각각 x_1, x_2라 하고 x_1+x_2의 값을 구한다.

점 F$(2, 0)$을 지나고 기울기가 양수인 직선이 포물선 $y^2=8x$와 만나는 두 점 P, Q에서 준선 $x=-2$에 내린 수선의 발을 각각 R, S라 하면

$\overline{PQ}=\overline{PF}+\overline{QF}$ ← 포물선의 기본적인 성질이야. 자주 출제되니 꼭 기억해!
$=\overline{PR}+\overline{QS}$
$=17$

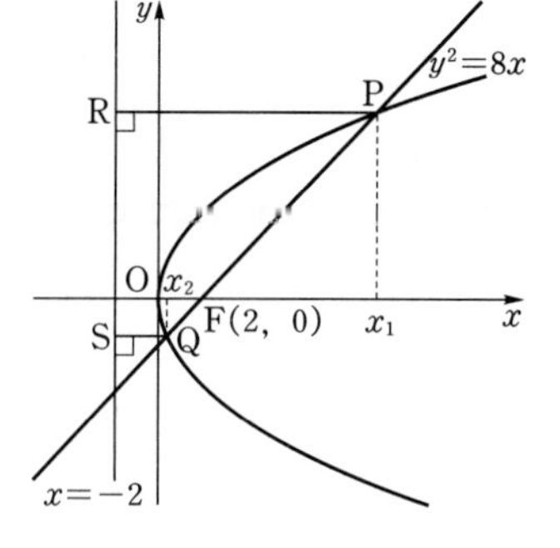

이때 두 점 P, Q의 x좌표를 각각 x_1, x_2라 하면
$\overline{PR}=x_1+2$, $\overline{QS}=x_2+2$이므로 (← $x_1-(-2)$, $x_2-(-2)$)
$(x_1+2)+(x_2+2)$
$=x_1+x_2+4=17$ → $\overline{PR}+\overline{QS}=17$에 $\overline{PR}=x_1+2$, $\overline{QS}=x_2+2$를 대입했어.
$\therefore x_1+x_2=13$

058 [정답률 24%] 정답 80

→ 직선과 x축의 교점이 포물선의 초점과 같음을 이용

포물선 $y^2=8x$와 직선 $y=2x-4$가 만나는 점 중 제1사분면 위에 있는 점을 A라 하자. 양수 a에 대하여 포물선 $(y-2a)^2=8(x-a)$가 점 A를 지날 때, 직선 $y=2x-4$와 포물선 $(y-2a)^2=8(x-a)$가 만나는 점 중 A가 아닌 점을 B라 하자. 두 점 A, B에서 직선 $x=-2$에 내린 수선의 발을 각각 C, D라 할 때, $\overline{AC}+\overline{BD}-\overline{AB}=k$이다. k^2의 값을 구하시오. (4점)

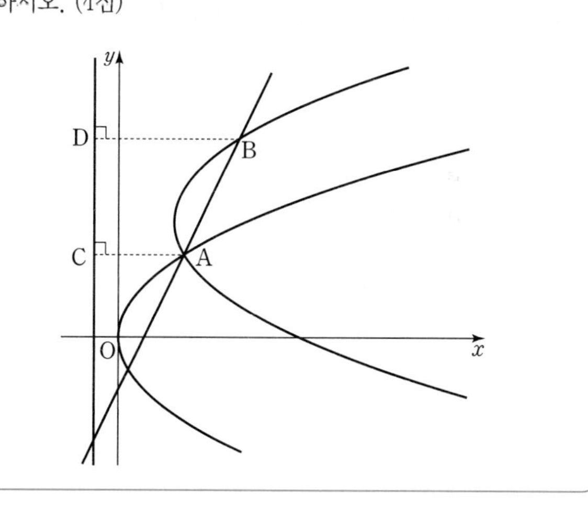

Step 1 포물선 $y^2=8x$와 직선 $y=2x-4$의 두 교점의 좌표를 각각 구한다.

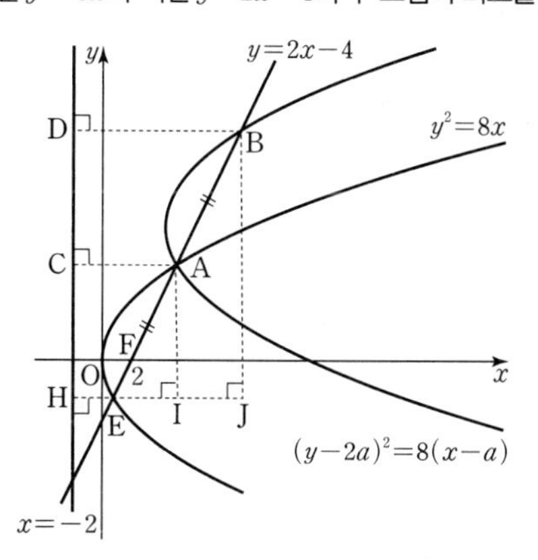

직선 $y=2x-4$가 포물선 $y^2=8x$와 만나는 점 중 A가 아닌 점을 E, x축과 만나는 점을 F라 하고, 점 E에서 직선 $x=-2$에 내린 수선의 발을 H, 두 점 A, B에서 직선 HE에 내린 수선의 발을 각각 I, J라 하자.

점 F의 좌표는 F$(2, 0)$이므로 포물선 $y^2=8x$의 초점과 일치한다.
(→ $2x-4=0$에서 $x=2$ / → 포물선 $y^2=4px$의 초점의 좌표는 $(p, 0)$이야.)

연립방정식 $\begin{cases} y^2=8x \\ y=2x-4 \end{cases}$에서 $y^2=8\times\frac{y+4}{2}$ (→ $2x=y+4$, $x=\frac{y+4}{2}$)

$y^2-4y-16=0$ $\quad\therefore y=2\pm2\sqrt{5}$

따라서 두 점 A, E의 좌표는 각각 A$(3+\sqrt{5}, 2+2\sqrt{5})$, E$(3-\sqrt{5}, 2-2\sqrt{5})$이다.
(→ $y=2+2\sqrt{5}$일 때, $x=3+\sqrt{5}$, $y=2-2\sqrt{5}$일 때, $x=3-\sqrt{5}$)

Step 2 포물선의 정의를 이용하여 $\overline{AC}+\overline{BD}-\overline{AB}$의 값을 구한다.

포물선 $(y-2a)^2=8(x-a)$는 포물선 $y^2=8x$를 x축의 방향으로 a만큼, y축의 방향으로 $2a$만큼 평행이동한 것이므로 $\overline{AB}=\overline{AE}$

포물선의 정의에 의하여 ↳ $(y-2a)^2=8(x-a)$ → $y^2=8(x-a)$

$\overline{AC}+\overline{BD}-\overline{AB}$
$=\overline{AC}+\overline{BD}-\overline{AE}$
$=\overline{AC}+\overline{BD}-(\overline{AF}+\overline{EF})$
$=\overline{AC}+\overline{BD}-(\overline{AC}+\overline{EH})$ → 포물선의 정의에 의하여 $\overline{AF}=\overline{AC}$, $\overline{EF}=\overline{EH}$야.
$=\overline{BD}-\overline{EH}$
$=\overline{EJ}$
$=2\times\overline{EI}$ → $\overline{AB}=\overline{AE}$이므로 $\overline{IJ}=\overline{EI}$야.
$=2\times\{(3+\sqrt{5})-(3-\sqrt{5})\}$
$=4\sqrt{5}$

따라서 $k=4\sqrt{5}$이므로 $k^2=80$

059 [정답률 71%]

정답 ②

포물선 $y^2=4x+4y+4$의 초점을 중심으로 하고 반지름의 길이가 2인 원이 포물선과 만나는 두 점을 $\mathrm{A}(a, b)$, $\mathrm{B}(c, d)$라 할 때, $a+b+c+d$의 값은? (3점)

① 1 ② 2 ③ 3
④ 4 ⑤ 5

Step 1 포물선 $y^2=4x+4y+4$의 초점과 준선의 방정식을 구한다.

포물선 $y^2=4x+4y+4$에서 $y^2-4y+4=4x+8$이므로
$(y-2)^2=4(x+2)$ → 포물선을 $y^2=4x$의 평행이동 꼴로 변형
즉, 주어진 포물선은 포물선 $y^2=4x$를 x축의 방향으로 -2만큼, y축의 방향으로 2만큼 평행이동한 것이다.
따라서 포물선 $y^2=4x$의 초점의 좌표는 $(1, 0)$, 준선의 방정식은 $x=-1$이므로 포물선 $(y-2)^2=4(x+2)$의 초점의 좌표는 $(-1, 2)$, 준선의 방정식은 $x=-3$이다.
↳ 초점과 준선의 방정식도 x축의 방향으로 -2만큼, y축의 방향으로 2만큼 평행이동한다.

Step 2 포물선의 정의를 이용하여 $a+b+c+d$의 값을 구한다.

포물선 $(y-2)^2=4(x+2)$의 초점을 F, 두 점 A, B에서 준선 $x=-3$에 내린 수선의 발을 각각 H, I라 하면 포물선의 정의에 의하여 $\overline{AF}=\overline{AH}$, $\overline{BF}=\overline{BI}$
(포물선 위의 한 점에서 준선까지의 거리와 초점까지의 거리는 같다.)
이때 두 선분 AF, BF의 길이는 점 F를 중심으로 하는 원의 반지름의 길이와 같으므로 $\overline{AH}=\overline{BI}=2$
↳ 두 점 A, B는 점 F를 중심으로 하고 반지름의 길이가 2인 원 위에 있다.

$\overline{AH}=a-(-3)=2$ $\therefore a=-1$ → 점 A에서 준선 $x=-3$까지의 거리
$\overline{BI}=c-(-3)=2$ $\therefore c=-1$ → 점 B에서 준선 $x=-3$까지의 거리

또한 두 점 A, B는 포물선 $(y-2)^2=4(x+2)$의 축인 $y=2$에 대하여 대칭이므로

$\dfrac{b+d}{2}=2$ $\therefore b+d=4$

$\therefore a+b+c+d=-1+(-1)+4=2$

060 [정답률 83%]

정답 ④

그림과 같이 포물선 $y^2=4px$의 초점 F를 중심으로 하고 원점을 지나는 원 C가 있다. 포물선 위의 점 A와 점 B에 대하여 선분 FA와 선분 FB가 원 C와 만나는 점을 각각 P, Q라 할 때, 점 P는 선분 FA의 중점이고, 점 Q는 선분 FB를 $2:5$로 내분하는 점이다. 삼각형 AFB의 넓이가 24일 때, p의 값은? (단, 점 A와 점 B는 제1사분면 위에 있다.) (4점)

(원 C의 반지름의 길이는 p야. / 초점 F의 좌표는 $\mathrm{F}(p, 0)$이다. / $\overline{QF}:\overline{QB}=2:5$ / $\overline{PF}=\overline{PA}$ / $\overline{FP}=\overline{FQ}=p$)

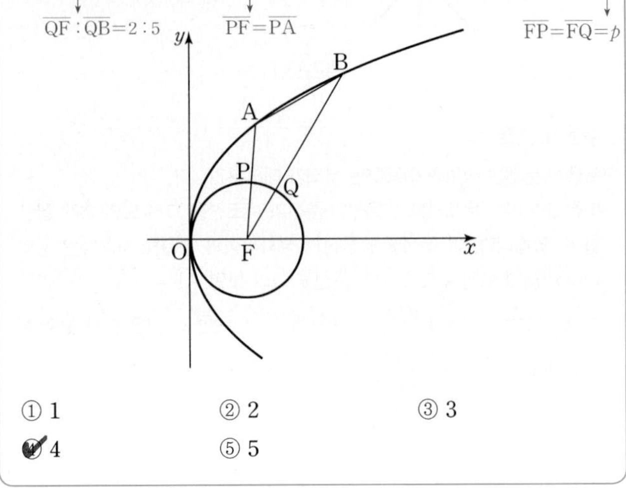

① 1 ② 2 ③ 3
④ 4 ⑤ 5

Step 1 포물선의 성질을 이용하여 점 A와 점 B의 좌표를 p에 대하여 나타낸다.
↳ 포물선의 초점에서 포물선 위의 한 점까지의 거리는 그 점에서 준선까지의 거리와 같다.

원 C가 초점 F를 중심으로 하고 원점을 지나므로 원 C의 반지름의 길이는 p이다.
두 점 A, B에서 준선에 내린 수선의 발을 각각 H, G라 하자.
점 P가 선분 AF의 중점이고,
$\overline{FP}=p$이므로 $\overline{AF}=\overline{AH}=2p$,
$\mathrm{A}(p, 2p)$이다.
점 Q는 선분 FB를 $2:5$로 내분하는 점이고, $\overline{FQ}=p$이므로
$\overline{BQ}=\dfrac{5}{2}p$, $\overline{BG}=\overline{BF}=\dfrac{7}{2}p$ → $\overline{BQ}=\dfrac{5}{2}\times\overline{FQ}=\dfrac{5}{2}p$
즉, 점 B의 x좌표는 $\dfrac{5}{2}p$이다.

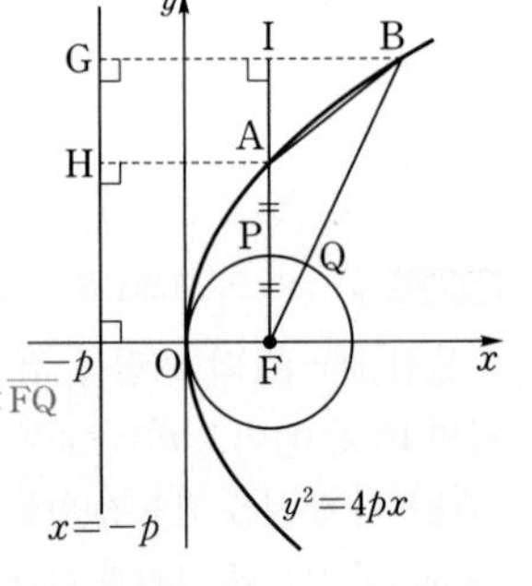

Step 2 삼각형 AFB의 높이를 p에 대하여 나타낸다.

점 A의 x좌표와 초점 F의 x좌표가 p로 일치하므로 선분 AF는 y축에 평행하다.
따라서 직선 FA와 직선 BG의 교점을 I라 하면 $\angle GIA=90°$이므로 삼각형 AFB의 높이는 $\overline{BI}$이다. → 이때 밑변은 $\overline{AF}$이다.

$\overline{BI}=\overline{BG}-2p=\dfrac{7}{2}p-2p=\dfrac{3}{2}p$ ($\overline{GI}=2p$)

Step 3 삼각형의 넓이를 이용하여 p의 값을 구한다.
↳ $\triangle AFB=24$임을 이용한다.

$\triangle AFB=\dfrac{1}{2}\times\overline{AF}\times\overline{BI}$ (밑변, 높이)
$=\dfrac{1}{2}\times2p\times\dfrac{3}{2}p=\dfrac{3}{2}p^2=24$

$p^2=16$ $\therefore p=4$ ($\because p>0$)

061

정답 ④

→ $x=-1$ → 포물선 $y^2=4x$의 초점의 좌표는 $(1, 0)$

그림과 같이 포물선 $y^2=4x$ 위의 한 점 P를 중심으로 하고 준선과 점 A에서 접하는 원이 x축과 만나는 두 점을 각각 B, C라 하자. 부채꼴 PBC의 넓이가 부채꼴 PAB의 넓이의 2배일 때, 원의 반지름의 길이는? (단, 점 P의 x좌표는 1보다 크고, 점 C의 x좌표는 점 B의 x좌표보다 크다.) (3점)

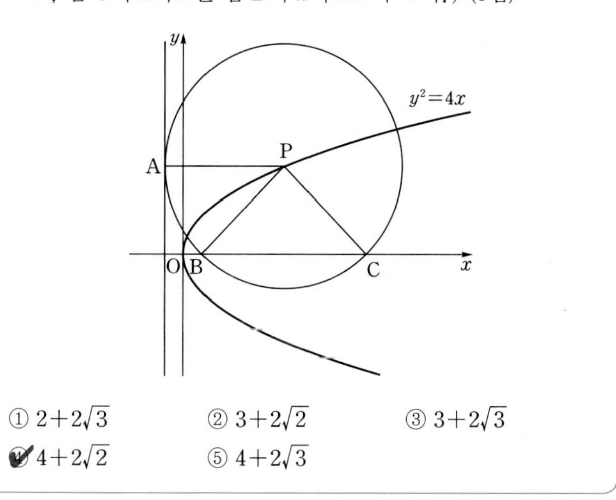

① $2+2\sqrt{3}$ ② $3+2\sqrt{2}$ ③ $3+2\sqrt{3}$
④ $4+2\sqrt{2}$ ⑤ $4+2\sqrt{3}$

Step 1 직선 PB의 방정식을 구한다.

부채꼴 PBC의 넓이가 부채꼴 PAB의 넓이의 2배이므로
$2\angle APB=\angle BPC$가 성립한다.
이때 $\angle APB=\theta$, $\angle BPC=2\theta$라 하면
삼각형 PBC는 이등변삼각형이므로
각 BPC의 이등분선은 선분 BC를
수직이등분한다.

각 BPC의 이등분선이 선분 BC와 만나는
점을 H라 하면

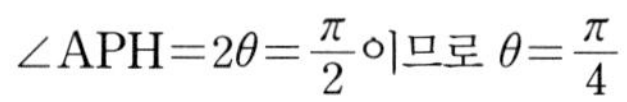

$\angle APH=2\theta=\frac{\pi}{2}$이므로 $\theta=\frac{\pi}{4}$

$\therefore \angle PBH=\frac{\pi}{2}-\theta=\frac{\pi}{2}-\frac{\pi}{4}=\frac{\pi}{4}$

→ 직선 $y=ax+b$와 x축의 양의 방향이 이루는 각의 크기가 θ일 때, $\tan\theta=$(직선의 기울기)$=a$

따라서 직선 PB의 기울기는 $\tan\frac{\pi}{4}=1$이고,
이 직선이 점 B(1, 0)을 지나므로
직선 PB의 방정식은 $y=x-1$이다. → 포물선 $y^2=4x$의 초점

Step 2 점 P의 x좌표를 구한다.

포물선의 방정식에 $y=x-1$을 대입
하면

$(x-1)^2=4x$

$x^2-6x+1=0$

$\therefore x=3\pm2\sqrt{2}$ → 이차방정식의 근의 공식을 사용했어.

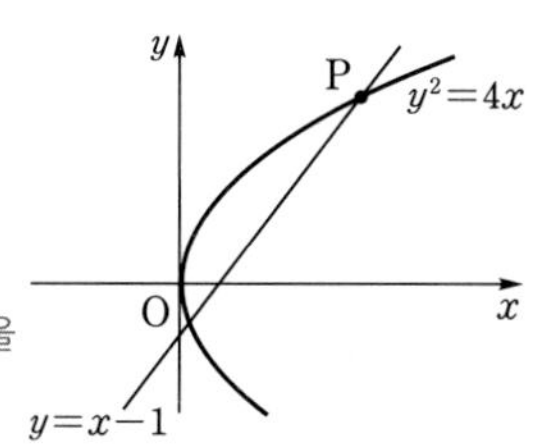

따라서 점 P의 x좌표는 $3+2\sqrt{2}$이다.
→ $y=x-1$에 대입한 점 P의 y좌표도 양수이어야 한나.

Step 3 원의 반지름의 길이를 구한다.

포물선의 준선의 방정식은 $x=-1$이고, 원의 반지름의 길이는 선분 AP의 길이와 같으므로 원의 반지름의 길이는
$\overline{AP}=$(점 P의 x좌표)
$-$(점 A의 x좌표)
$=3+2\sqrt{2}-(-1)=4+2\sqrt{2}$

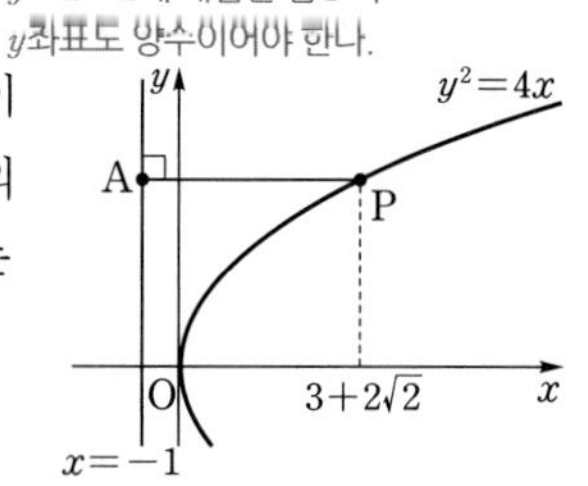

062 [정답률 36%]

정답 96

그림과 같이 꼭짓점이 원점 O이고 초점이 F$(p, 0)$ $(p>0)$인 포물선이 있다. 점 F를 지나고 기울기가 $-\frac{4}{3}$인 직선이 포물선과 만나는 점 중 제1사분면에 있는 점을 P라 하자. 직선 FP 위의 점을 중심으로 하는 원 C가 점 P를 지나고, 포물선의 준선에 접한다. 원 C의 반지름의 길이가 3일 때, $25p$의 값을 구하시오. (단, 원 C의 중심의 x좌표는 점 P의 x좌표보다 작다.) (4점)

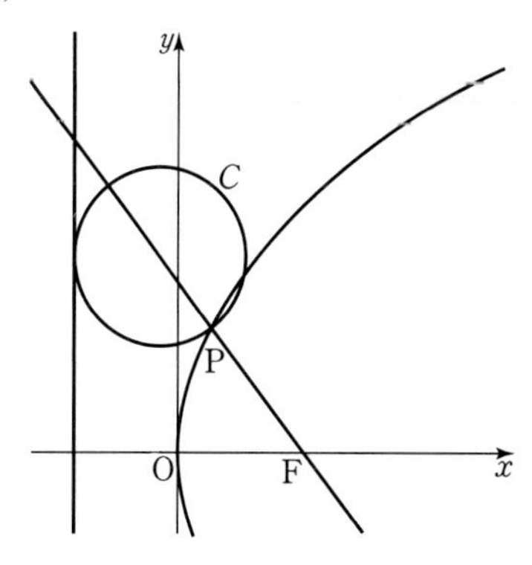

Step 1 직선 FP의 기울기가 $-\frac{4}{3}$임을 이용한다.

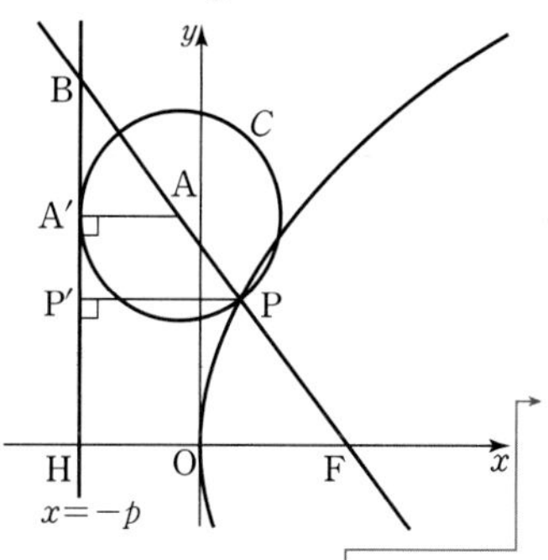

→ 꼭짓점이 원점이고 초점이 $(p, 0)$인 포물선의 준선은 $x=-p$이다.

원 C의 중심을 A, 직선 FP가 준선 $x=-p$와 만나는 점을 B, 세 점 A, P, F에서 준선에 내린 수선의 발을 각각 A′, P′, H라 하자.
원 C의 반지름의 길이가 3이므로 $\overline{A'A}=\overline{AP}=3$ → 두 점 A′, P는 원 C 위의 점이다.

직선 FP의 기울기가 $-\frac{4}{3}$이므로 $\frac{\overline{BA'}}{\overline{A'A}}=\frac{4}{3}$에서

$\frac{\overline{BA'}}{3}=\frac{4}{3}$ $\therefore \overline{BA'}=4$

직각삼각형 BA′A에서 $\overline{BA}=\sqrt{\overline{BA'}^2+\overline{A'A}^2}=\sqrt{4^2+3^2}=\sqrt{25}=5$

$\therefore \overline{BP}=\overline{BA}+\overline{AP}=5+3=8$

→ $\angle ABA'$은 공통, $\angle BA'A=\angle BP'P=90°$

Step 2 닮음을 이용하여 선분 HF의 길이를 구한다.

이때 두 직각삼각형 BA′A, BP′P는 서로 닮음 (AA닮음)이므로

$\overline{A'A}:\overline{P'P}=\overline{BA}:\overline{BP}$에서 $3:\overline{P'P}=5:8$ $\therefore \overline{P'P}=\frac{24}{5}$
→ $5\overline{P'P}=24$

포물선의 정의에 의하여 $\overline{PF}=\overline{P'P}=\frac{24}{5}$이므로

$\overline{BF}=\overline{BP}+\overline{PF}=8+\frac{24}{5}=\frac{64}{5}$

또한 두 직각삼각형 BA′A, BHF는 서로 닮음 (AA닮음)이므로
$\overline{A'A} : \overline{HF} = \overline{BA} : \overline{BF}$에서
∠ABA′은 공통, ∠BA′A=∠BHF=90°

$3 : \overline{HF} = 5 : \frac{64}{5}$ $\quad\therefore \overline{HF} = \frac{192}{25}$
→ $5\overline{HF} = \frac{192}{5}$

Step 3 $25p$의 값을 구한다.

즉, 선분 HF의 길이는 $2p$이므로 $2p = \frac{192}{25}$ $\quad\therefore p = \frac{96}{25}$
→ 점 $(p, 0)$에서 준선 $x=-p$ 까지의 거리

$\therefore 25p = 25 \times \frac{96}{25} = 96$

063 [정답률 45%] 정답 ④

초점이 F인 포물선 $C : y^2 = 4x$ 위의 점 중 제1사분면에 있는 점 P가 있다. 선분 PF를 지름으로 하는 원을 O라 할 때, 원 O는 포물선 C와 서로 다른 두 점에서 만난다.
원 O가 포물선 C와 만나는 점 중 P가 아닌 점을 Q, 점 P에서 포물선 C의 준선에 내린 수선의 발을 H라 하자. $\angle QHP = \alpha$, $\angle HPQ = \beta$라 할 때, $\frac{\tan\beta}{\tan\alpha} = 3$이다. $\frac{\overline{QH}}{\overline{PQ}}$의 값은? (4점)

① $\frac{4\sqrt{6}}{7}$ ② $\frac{3\sqrt{11}}{7}$ ③ $\frac{\sqrt{102}}{7}$
④ $\frac{\sqrt{105}}{7}$ ⑤ $\frac{6\sqrt{3}}{7}$

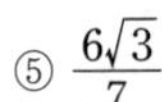

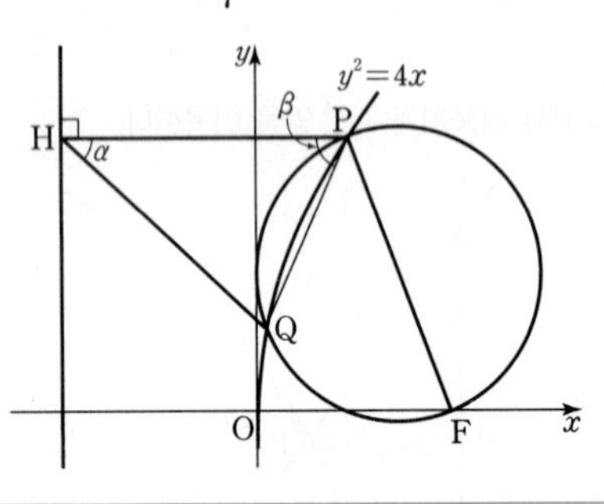

Step 1 포물선의 정의를 이용한다.

점 Q에서 포물선 C의 준선에 내린 수선의 발을 I, 선분 PH에 내린 수선의 발을 J라 하자.

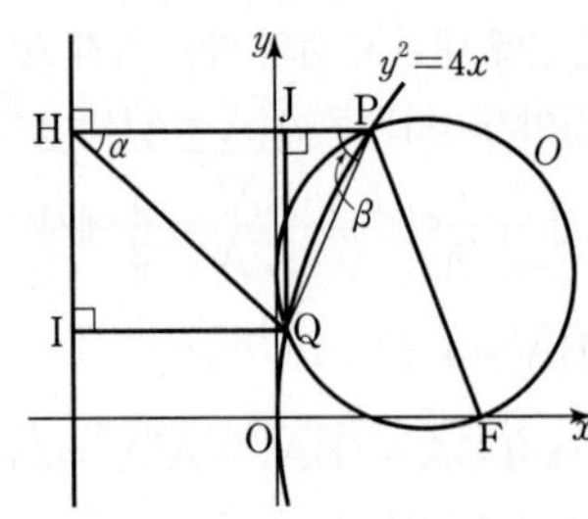

$\overline{PJ} = k$라 하면

$$\frac{\tan\beta}{\tan\alpha} = \frac{\frac{\overline{QJ}}{\overline{PJ}}}{\frac{\overline{QJ}}{\overline{JH}}} = \frac{\overline{JH}}{\overline{PJ}} = \frac{\overline{JH}}{k} = 3 \quad \therefore \overline{JH} = 3k$$

$\overline{PH} = \overline{PJ} + \overline{JH} = k + 3k = 4k$이므로 포물선의 정의에 의하여
$\overline{PF} = 4k$
→ 포물선 위의 한 점에서 초점까지의 거리와 준선까지의 거리는 같다.

$\overline{QI} = \overline{JH} = 3k$이므로 포물선의 정의에 의하여 $\overline{QF} = 3k$

Step 2 $\frac{\overline{QH}}{\overline{PQ}}$의 값을 구한다.

삼각형 PQF는 원 O에 내접하고 선분 PF가 원 O의 지름이므로
$\angle PQF = \frac{\pi}{2}$ → 반원에 대한 원주각의 크기는 $\frac{\pi}{2}$이다.

직각삼각형 PQF에서 $\overline{PQ} = \sqrt{\overline{PF}^2 - \overline{QF}^2} = \sqrt{(4k)^2 - (3k)^2} = \sqrt{7}k$
직각삼각형 PJQ에서 $\overline{QJ} = \sqrt{\overline{PQ}^2 - \overline{PJ}^2} = \sqrt{(\sqrt{7}k)^2 - k^2} = \sqrt{6}k$
직각삼각형 QJH에서 $\overline{QH} = \sqrt{\overline{QJ}^2 + \overline{JH}^2} = \sqrt{(\sqrt{6}k)^2 + (3k)^2} = \sqrt{15}k$

$\therefore \frac{\overline{QH}}{\overline{PQ}} = \frac{\sqrt{15}k}{\sqrt{7}k} = \frac{\sqrt{105}}{7}$

064 [정답률 88%] 정답 ⑤

타원 $\frac{x^2}{16} + \frac{y^2}{5} = 1$의 장축의 길이는? (2점)

① $4\sqrt{2}$ ② $2\sqrt{10}$ ③ $4\sqrt{3}$
④ $2\sqrt{14}$ ⑤ 8

Step 1 타원의 방정식을 이용하여 장축의 길이를 구한다.

타원 $\frac{x^2}{16} + \frac{y^2}{5} = 1$의 장축의 길이는 $2 \times 4 = 8$
→ $\frac{x^2}{4^2} + \frac{y^2}{(\sqrt{5})^2} = 1$

065 [정답률 90%] 정답 ③

타원 $\frac{x^2}{16} + \frac{y^2}{7} = 1$의 장축의 길이는? (2점)

① 4 ② 6 ③ 8
④ 10 ⑤ 12

Step 1 타원의 방정식을 이용하여 장축의 길이를 구한다.

타원 $\frac{x^2}{16} + \frac{y^2}{7} = 1$의 장축의 길이는
$2 \times 4 = 8$ → 타원 $\frac{x^2}{4^2} + \frac{y^2}{(\sqrt{7})^2} = 1$과 같이 나타낼 수 있어.
→ 타원이 x축과 만나는 두 점 사이의 거리를 구해주었어.

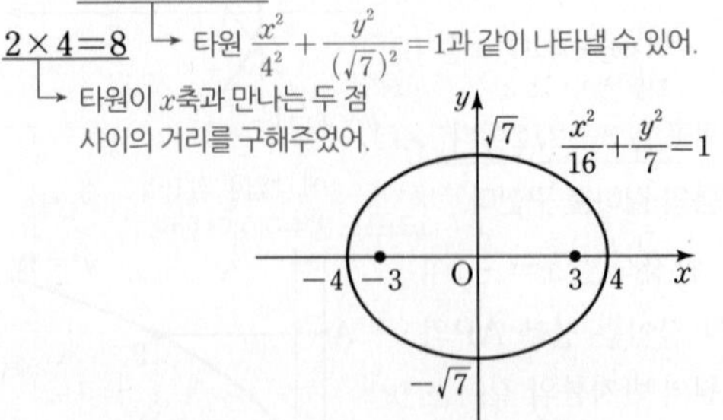

참고그림

066 [정답률 87%] 정답 32

($\frac{x^2}{9}+y^2=1$로 바꾸고 문제를 푼다.)

타원 $x^2+9y^2=9$의 두 초점 사이의 거리를 d라 할 때, d^2의 값을 구하시오. (3점)

Step 1 초점의 좌표를 구한 다음 두 초점 사이의 거리를 구한다.

$x^2+9y^2=9$에서 $\frac{x^2}{9}+y^2=1$

두 초점의 좌표를 $(c, 0)$, $(-c, 0)$ $(c>0)$이라 하면

$c^2=9-1=8$

$\therefore c=2\sqrt{2}$ ($\because c>0$)

따라서 두 초점 사이의 거리 d는

$d=2c=2\times2\sqrt{2}=4\sqrt{2}$

$\therefore d^2=(4\sqrt{2})^2=32$

점 $(c, 0)$과 점 $(-c, 0)$ 사이의 거리이므로

타원의 초점

타원 $\frac{x^2}{a^2}+\frac{y^2}{b^2}=1$의 두 초점의 좌표는 $(\sqrt{a^2-b^2}, 0)$, $(-\sqrt{a^2-b^2}, 0)$ $(a>b>0)$

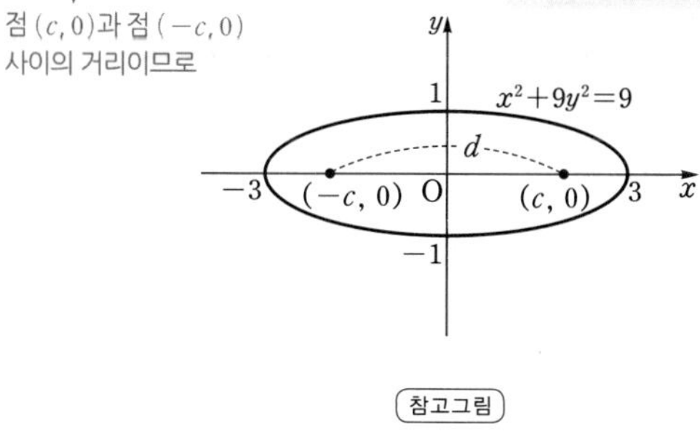

참고그림

067 [정답률 73%] 정답 6

타원 $4x^2+9y^2-18y-27=0$의 한 초점의 좌표가 (p, q)일 때, p^2+q^2의 값을 구하시오. (4점)

Step 1 주어진 타원의 방정식을 정리하여 타원의 초점의 좌표를 구한다.

타원 $4x^2+9y^2-18y-27=0$을 정리하면

$4x^2+9(y-1)^2=27+9=36$에서

($4x^2+9(y^2-2y+1)-27-9=0$, $4x^2+9(y-1)^2=36$)

$\frac{x^2}{9}+\frac{(y-1)^2}{4}=1$ (양변을 36으로 나눈 거야.)

즉, 이 타원은 타원 $\frac{x^2}{9}+\frac{y^2}{4}=1$을 y축의 방향으로 1만큼 평행이동한 것이다.

(타원 $\frac{x^2}{a^2}+\frac{y^2}{b^2}=1$을 x축의 방향으로 m만큼, y축의 방향으로 n만큼 평행이동한 타원의 방정식은 $\frac{(x-m)^2}{a^2}+\frac{(y-n)^2}{b^2}=1$)

타원 $\frac{x^2}{9}+\frac{y^2}{4}=1$의 초점의 좌표는

$(\sqrt{9-4}, 0)$, $(-\sqrt{9-4}, 0)$,

즉 $(\sqrt{5}, 0)$, $(-\sqrt{5}, 0)$

이므로 주어진 타원의 초점의 좌표는

$(\sqrt{5}, 1)$, $(-\sqrt{5}, 1)$

따라서 한 초점의 좌표 (p, q)에 대하여

$p^2+q^2=5+1=6$

초점의 좌표도 y축의 방향으로 1만큼 평행이동돼.

중요 타원 $\frac{x^2}{a^2}+\frac{y^2}{b^2}=1$ $(a>b>0)$의 초점의 좌표는 $(\sqrt{a^2-b^2}, 0)$, $(-\sqrt{a^2-b^2}, 0)$이다.

068 [정답률 95%] 정답 ①

타원 $\frac{(x-2)^2}{a}+\frac{(y-2)^2}{4}=1$의 두 초점의 좌표가 $(6, b)$, $(-2, b)$일 때, ab의 값은?

(단, a는 양수이다.) (3점)

✔40 ② 42 ③ 44
④ 46 ⑤ 48

Step 1 타원 $\frac{x^2}{a}+\frac{y^2}{4}=1$의 초점을 구한다.

(평행이동된 도형임을 알 수 있어!)

타원 $\frac{(x-2)^2}{a}+\frac{(y-2)^2}{4}=1$은 타원 $\frac{x^2}{a}+\frac{y^2}{4}=1$을 x축의 방향으로 2만큼, y축의 방향으로 2만큼 평행이동시킨 도형이므로

타원 $\frac{x^2}{a}+\frac{y^2}{4}=1$의 두 초점의 좌표는

$(4, b-2)$, $(-4, b-2)$이다.

(타원 $\frac{(x-2)^2}{a}+\frac{(y-2)^2}{4}=1$의 두 초점의 좌표인 $(6, b)$, $(-2, b)$의 x좌표, y좌표에서 각각 2씩 빼주면 $(6-2, b-2)$, $(-2-2, b-2)$)

즉, 타원 $\frac{x^2}{a}+\frac{y^2}{4}=1$의 초점은 x축 위에 있으므로

$b-2=0$ $\quad\therefore b=2$

(타원 $\frac{x^2}{a}+\frac{y^2}{4}=1$의 두 초점은 $a>4$일 때 x축 위에 있고 $a<4$일 때 y축 위에 있어.)

따라서 $a>4$이므로 $\sqrt{a-4}=4$

($a-4=4^2=16$)

$\therefore a=20$

$\therefore ab=20\times2=40$

(타원 $\frac{x^2}{p^2}+\frac{y^2}{q^2}=1$ $(p>q>0)$의 두 초점의 좌표는 $(-\sqrt{p^2-q^2}, 0)$, $(\sqrt{p^2-q^2}, 0)$)

069 [정답률 84%] 정답 ⑤

두 초점의 좌표가 $(0, 3)$, $(0, -3)$인 타원이 y축과 점 $(0, 7)$에서 만날 때, 이 타원의 단축의 길이는? (3점)

① $4\sqrt{6}$ ② $4\sqrt{7}$ ③ $8\sqrt{2}$
④ 12 ✔$4\sqrt{10}$

Step 1 타원의 방정식을 $\frac{x^2}{a^2}+\frac{y^2}{b^2}=1$이라 하고 a, b의 값을 구한다.

타원의 방정식을 $\frac{x^2}{a^2}+\frac{y^2}{b^2}=1$ (단, $b>a>0$)이라 하면 두 초점의 좌표가 $(0, 3)$, $(0, -3)$이므로 $b^2-a^2=9$ (3^2)

점 $(0, 7)$은 장축의 끝점이므로 $b=7$

$\therefore a=\sqrt{7^2-9}=\sqrt{40}=2\sqrt{10}$ ($\because a>0$)

($a^2=b^2-9=49-9=40$)

Step 2 타원의 단축의 길이를 구한다.

따라서 타원의 단축의 길이는 $2a=2\times2\sqrt{10}=4\sqrt{10}$

070

정답 45

> 점 P(1, 3)을 지나고 두 초점이 F(1, 0), F′(−3, 0)인 타원이 y축과 만나는 두 점을 A, B라 할 때, $\overline{AB}^2$의 값을 구하시오. (3점)
>
> → 두 초점을 잇는 선분의 중점이 타원의 중심이야.
> → 타원의 방정식에 $x=0$을 대입한다.

Step 1 주어진 타원을 평행이동하여 주어진 타원의 방정식을 구한다.

타원의 중심이 원점에 있을 때 계산이 용이하니까 주어진 타원의 중심을 원점으로 평행이동한다.

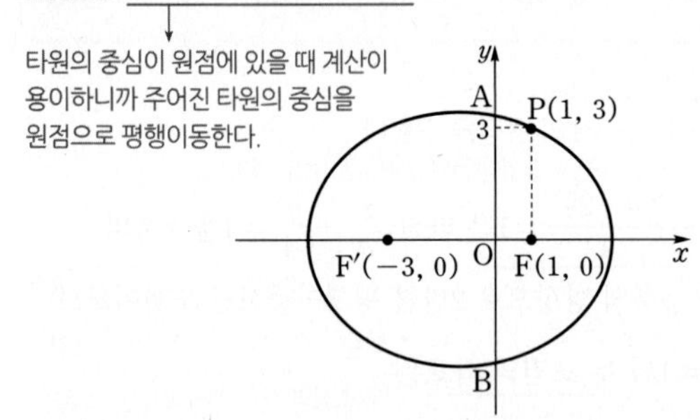

타원을 x축의 방향으로 1만큼 평행이동하면 초점은 (2, 0), (−2, 0)이고, 점 (2, 3)을 지나게 되므로 평행이동한 타원의 방정식을 $\frac{x^2}{a^2}+\frac{y^2}{b^2}=1$ $(a>b>0)$이라 하면

→ 점 P(1, 3)을 x축의 방향으로 1만큼 평행이동한 점

$a^2-b^2=2^2$ $\quad\therefore a^2-b^2=4$ ⋯⋯ ㉠ → 초점의 좌표를 이용

$\frac{2^2}{a^2}+\frac{3^2}{b^2}=1$ $\quad\therefore \frac{4}{a^2}+\frac{9}{b^2}=1$ ⋯⋯ ㉡ → 타원의 방정식에 $x=2, y=3$ 대입

㉠, ㉡을 연립하면 → ㉠에서 $a^2=b^2+4$이므로 이를 ㉡에 대입

$\frac{4}{b^2+4}+\frac{9}{b^2}=1$

$4b^2+9b^2+36=b^2(b^2+4)$

$b^4-9b^2-36=0$

$(b^2-12)(b^2+3)=0$

$\therefore b^2=12$

$\therefore a^2=b^2+4=12+4=16$

따라서 문제에 주어진 타원의 방정식은

$\frac{(x+1)^2}{16}+\frac{y^2}{12}=1$

→ 다시 원래대로 타원을 이동하기 위해 x축의 방향으로 −1만큼 평행이동한다.

Step 2 $x=0$을 대입하여 y축과 만나는 점을 구한다.

y축과 만나는 점은 x좌표가 0이므로 타원의 방정식에 $x=0$을 대입하면

$\frac{1}{16}+\frac{y^2}{12}=1$, $\frac{y^2}{12}=\frac{15}{16}$

$y^2=\frac{45}{4}$ $\quad\therefore y=\pm\frac{3\sqrt{5}}{2}$

→ 주의 평행이동을 했기 때문에 타원의 방정식 $\frac{x^2}{16}+\frac{y^2}{12}=1$에 $x=0$을 대입하면 안 돼!

따라서 타원이 y축과 만나는 두 점은 $\left(0, \frac{3\sqrt{5}}{2}\right)$, $\left(0, -\frac{3\sqrt{5}}{2}\right)$이다.

Step 3 $\overline{AB}^2$의 값을 구한다.

두 점 A, B의 좌표를 $A\left(0, \frac{3\sqrt{5}}{2}\right)$, $B\left(0, -\frac{3\sqrt{5}}{2}\right)$라 하면

$\overline{AB}=\frac{3\sqrt{5}}{2}-\left(-\frac{3\sqrt{5}}{2}\right)=3\sqrt{5}$

$\therefore \overline{AB}^2=(3\sqrt{5})^2=45$

071

정답 ⑤

> 그림과 같이 원점을 중심으로 하는 타원의 한 초점을 F라 하고, 이 타원이 y축과 만나는 한 점을 A라고 하자. 직선 AF의 방정식이 $y=\frac{1}{2}x-1$일 때, 이 타원의 장축의 길이는? (2점)
>
> → 직선의 x절편이 점 F의 x좌표, 직선의 y절편이 점 A의 y좌표임을 이용한다. 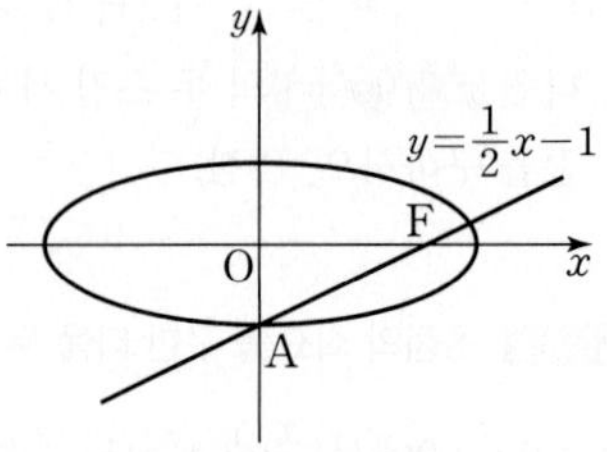
>
> (그림: $y=\frac{1}{2}x-1$, F, O, A, x, y)
>
> ① $4\sqrt{2}$ ② $2\sqrt{7}$ ③ 5 ④ $2\sqrt{6}$ ⑤ $2\sqrt{5}$

Step 1 직선의 x절편과 y절편을 이용하여 타원의 장축의 길이를 구한다.

직선 $y=\frac{1}{2}x-1$의 x절편, y절편이 각각 2, −1이므로 F(2, 0), A(0, −1)이다.

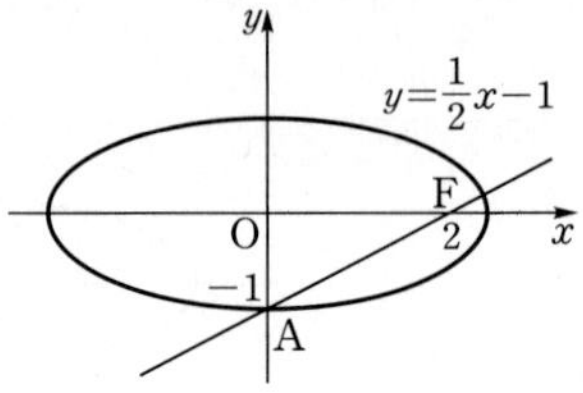

(참고그림: $y=\frac{1}{2}x-1$, F, 2, O, −1, A)

주어진 타원의 방정식을

$\frac{x^2}{a^2}+\frac{y^2}{b^2}=1$

$(a>b>0, a^2=b^2+c^2)$ ← c는 초점의 x좌표

→ 타원의 정의에 의해 항상 성립하는 등식이므로 꼭 기억한다.

이라 하면 $c=2$, $b=1$

따라서 $a^2=b^2+c^2=1+4=5$이므로

$a=\sqrt{5}$ $(\because a>0)$

$\therefore 2a=2\sqrt{5}$

따라서 타원의 장축의 길이는 $2\sqrt{5}$이다.

다른 풀이 타원의 정의를 이용하는 풀이

Step 1 타원의 정의를 이용하여 타원의 장축의 길이를 구한다.

타원의 장축의 길이를 $2a(a>0)$이라 하자.

이 타원의 두 초점을 F, F′이라 하면 타원의 정의에 의하여

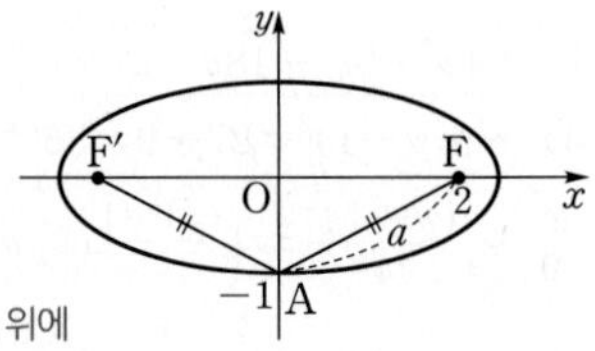

$\overline{AF}+\overline{AF'}=2a$

$\overline{AF}=\overline{AF'}$이므로

→ 원점을 중심으로 하고 초점이 축 위에 있는 타원은 x축, y축에 대하여 대칭이다.

$\overline{AF}=a$

(그림: F′, O, F, 2, a, −1, A)

따라서 직각삼각형 OAF에서

$a=\overline{AF}=\sqrt{\overline{OA}^2+\overline{OF}^2}$

$=\sqrt{1+4}=\sqrt{5}$

따라서 타원의 장축의 길이는

$2a=2\sqrt{5}$

> **수능포인트**
>
> 포물선, 쌍곡선, 타원 문제는 대부분 정의를 이용하면 쉽게 풀 수 있습니다. 이 문제도 타원의 정의인 두 정점(초점)으로부터 거리의 합이 같은 점들의 집합임을 이용하면 됩니다.
>
> 초점이 x축 위에 있는 타원의 방정식 $\frac{x^2}{a^2}+\frac{y^2}{b^2}=1$에서 장축의 길이 $2a$는 타원의 정의에 의하여 $2\overline{AF}$로 구할 수 있습니다.

072 [정답률 80%]

정답 ⑤

점 A는 타원과 y축의 교점 중 y좌표가 양수인 점이고, 두 점 B와 C는 y축에 대하여 서로 대칭인 타원 위의 점이다.

그림과 같이 타원 $\frac{x^2}{a^2}+\frac{y^2}{b^2}=1\ (0<b<a)$에 내접하는 정삼각형 ABC가 있다. 타원의 두 초점 F, F′이 각각 선분 AC, AB 위에 있을 때, $\frac{b}{a}$의 값은?

(단, 점 A는 y축 위에 있다.) (3점)

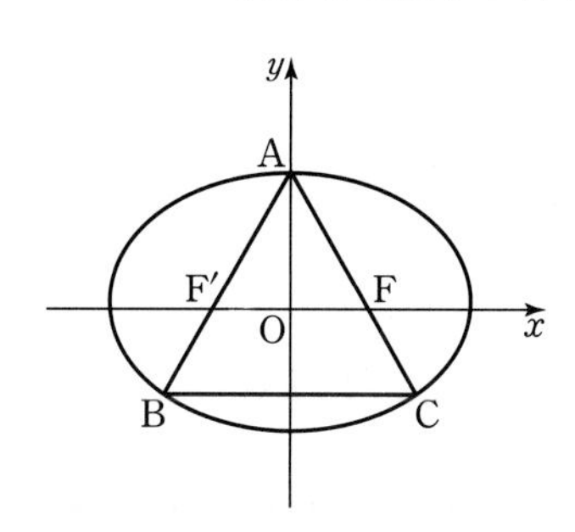

① $\frac{3}{5}$ ② $\frac{2}{3}$ ③ $\frac{3}{4}$

④ $\frac{\sqrt{3}}{3}$ ⑤ $\frac{\sqrt{3}}{2}$

Step 1 타원의 정의와 정삼각형의 성질을 이용하여 $\frac{b}{a}$의 값을 구한다.

타원의 정의에 의하여 $\overline{AF}+\overline{AF'}=2a$ → 타원 위의 한 점에서 두 초점까지의 거리의 합은 일정하고 그 값은 타원의 장축의 길이와 같다.

단축의 길이가 $2b$이므로 $\overline{AO}=b$

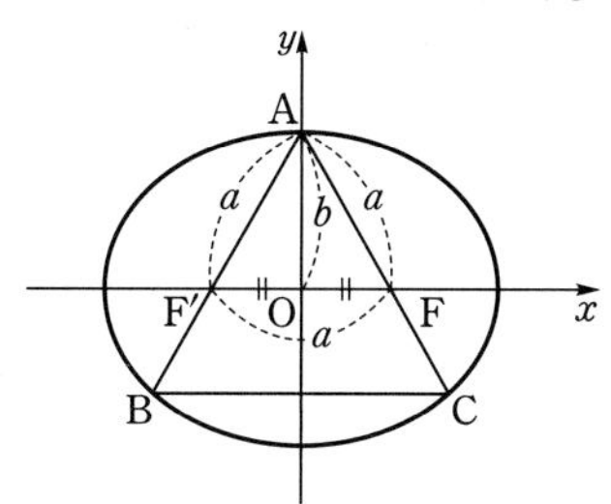

삼각형 AF′F가 정삼각형이므로

$\overline{AF}=\overline{AF'}=a$, $\overline{OF}=\frac{1}{2}a$ → $\overline{OF}=\frac{1}{2}\overline{F'F}$

$\overline{AO}=\frac{\sqrt{3}}{2}a$ 정삼각형의 높이 → 한 변의 길이가 a인 정삼각형의 높이는 $\frac{\sqrt{3}}{2}a$이다.

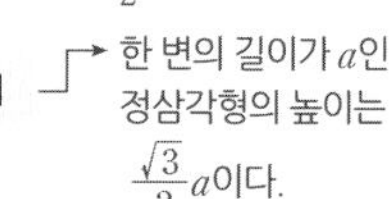

따라서 $b=\frac{\sqrt{3}}{2}a$이므로

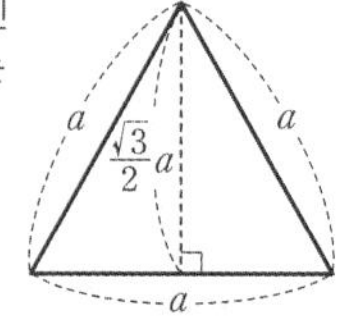

$\frac{b}{a}=\frac{\sqrt{3}}{2}$

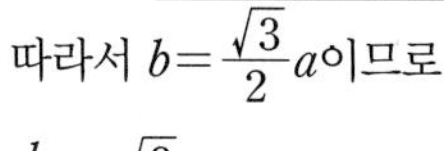

A(0, b)이고 $\overline{AO}$는 점 A의 y좌표이다.

✪ 다른 풀이 타원의 방정식과 두 초점의 좌표 사이의 관계를 이용한 풀이

Step 1 타원의 정의를 이용한다.

타원의 정의에 의하여 $\overline{AF'}+\overline{AF}=2a$

두 초점의 좌표를 F(c, 0), F′($-c$, 0)이라 하면 $c=\sqrt{a^2-b^2}$이므로

$\overline{F'F}=2\sqrt{a^2-b^2}$ 중요

정삼각형 AF′F에서 $\overline{AF'}=\overline{AF}=\overline{F'F}=a$이므로

$\overline{F'F}=2\sqrt{a^2-b^2}=a$에서 $\frac{b^2}{a^2}=\frac{3}{4}$ $\therefore \frac{b}{a}=\frac{\sqrt{3}}{2}\ (\because 0<b<a)$

양변을 제곱한 후 정리

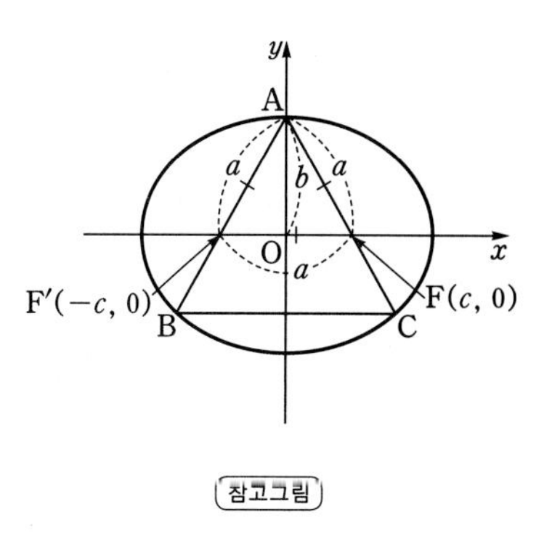

참고그림

073 [정답률 75%]

정답 ④

오른쪽 그림은 한 변의 길이가 10인 정육각형 ABCDEF의 각 변을 장축으로 하고, 단축의 길이가 같은 타원 6개를 그린 것이다. 그림과 같이 정육각형의 꼭짓점과 이웃하는 두 타원의 초점으로 이루어진 삼각형 6개의 넓이의 합이 $6\sqrt{3}$일 때, 타원의 단축의 길이는? (3점)

(장축의 길이)=10

이등변삼각형이다.

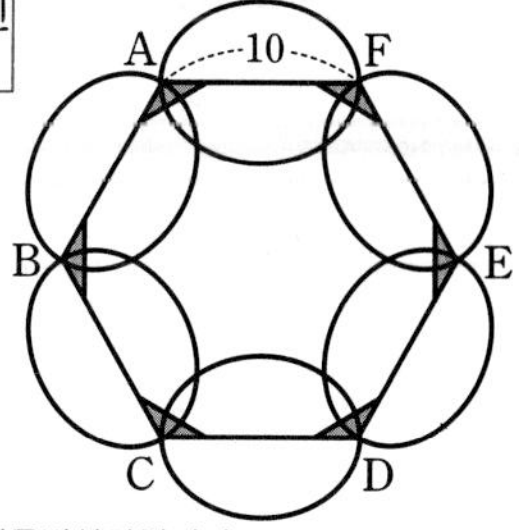

① $4\sqrt{2}$ ② 6 ③ $4\sqrt{3}$

④ 8 ⑤ $6\sqrt{2}$

Step 1 6개의 합동인 이등변삼각형의 넓이를 이용하여 이등변삼각형의 길이가 같은 두 변의 길이를 구한다.

정육각형의 한 내각의 크기는 120°이고, 이등변삼각형에서 길이가 같은 두 변의 길이를 a라 하면 6개의 합동인 이등변삼각형의 넓이의 합은 → $\frac{180°\times(6-2)}{6}=120°$

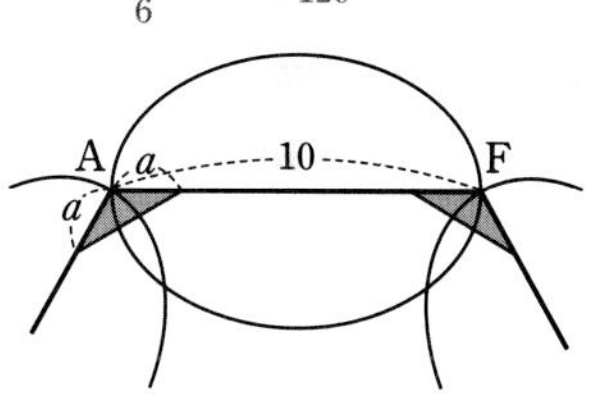

모양이 같은 타원의 초점으로 만들어진 삼각형이므로 문제의 삼각형은 이등변삼각형이다.

$6\times\frac{1}{2}a^2\sin 120°=6\sqrt{3}$

$\frac{3\sqrt{3}}{2}a^2=6\sqrt{3}$, $a^2=4$

$\therefore a=2\ (\because a>0)$

Step 2 타원의 성질을 이용하여 단축의 길이를 구한다.

따라서 두 초점 사이의 거리는

$10-2\times2=6$ → $10-2a$

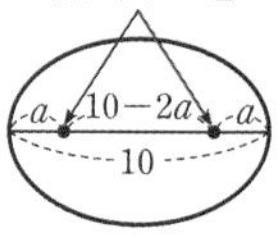

두 꼭짓점 A, F를 장축의 양 끝점으로 하고 타원의 중심이 원점에 오도록 좌표평면 위에 나타내면 오른쪽 그림과 같다.

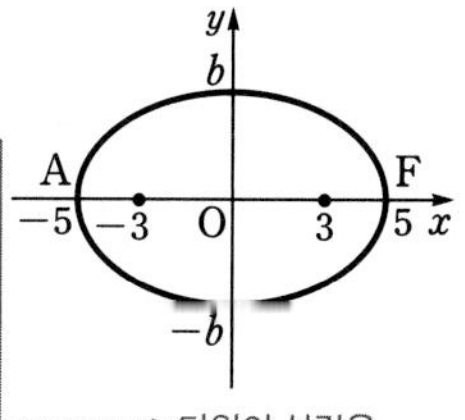

타원의 방정식을 $\frac{x^2}{5^2}+\frac{y^2}{b^2}=1(b>0)$이라 하면 초점의 좌표가 (3, 0), ($-3$, 0)이므로

타원의 성질을 이용하기 위해 타원을 좌표평면 위에 나타내었어.

$5^2-b^2=3^2$, $b^2=16$ $\therefore b=4\ (\because b>0)$

따라서 구하는 타원의 단축의 길이는 $2b=8$이다.

알아야 할 기본개념

타원의 방정식

타원의 방정식 $\frac{x^2}{a^2}+\frac{y^2}{b^2}=1$ $(a>0,\ b>0)$에서

(1) $a>b>0$일 때,
 장축의 길이 : $2a$, 단축의 길이 : $2b$
 초점의 좌표 : $(c,\ 0)$, $(-c,\ 0)$ (단, $c=\sqrt{a^2-b^2}$)

(2) $b>a>0$일 때,
 장축의 길이 : $2b$, 단축의 길이 : $2a$
 초점의 좌표 : $(0,\ c)$, $(0,\ -c)$ (단, $c=\sqrt{b^2-a^2}$)

수능포인트

이 문제는 도형의 성질, 삼각형의 넓이, 타원의 정의를 이용해야 하는 문제입니다.
오른쪽 삼각형의 넓이 S는
$S=\frac{1}{2}ab\sin\theta$입니다.

$a\sin\theta=$(삼각형의 높이)
$b=$(밑변의 길이)

074 [정답률 59%]

정답 50

[그림 1]과 같이 타원 $\frac{x^2}{a^2}+\frac{y^2}{b^2}=1$과 한 변의 길이가 2인 정삼각형 ABC가 있다. 변 AB는 x축 위에 있고 꼭짓점 A, C는 타원 위에 있다. 한 변이 x축 위에 놓이도록 정삼각형 ABC를 x축을 따라 양의 방향으로 미끄러짐 없이 회전시킨다. 처음 위치에서 출발한 후 변 BC가 두 번째로 x축 위에 놓이고 꼭짓점 C는 타원 위에 놓일 때가 [그림 2] 이다. a^2+3b^2의 값을 구하시오. (4점)

→ 타원의 장축의 길이가 10임을 파악한다.
→ b의 값을 구하기 위해서 타원 위에 있는 점의 좌표를 찾는다.

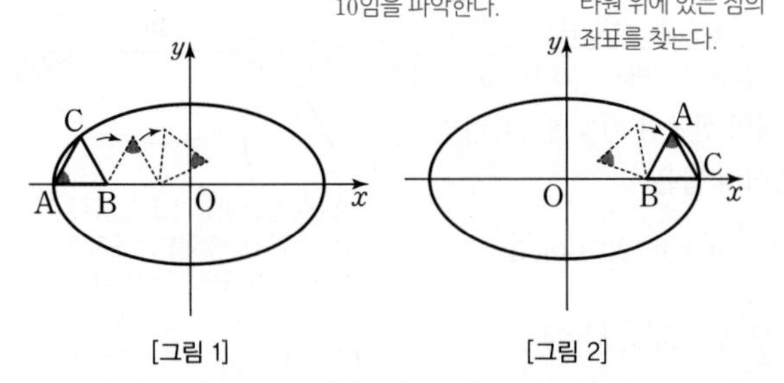

[그림 1]　　　[그림 2]

Step 1 문제의 조건을 이용하여 타원의 장축의 길이를 구한다.

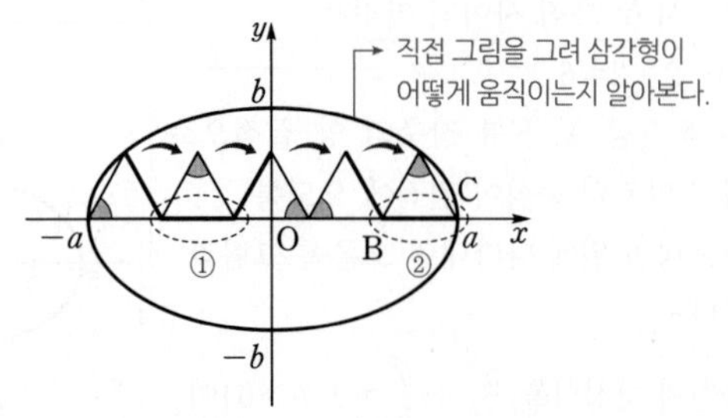

→ 직접 그림을 그려 삼각형이 어떻게 움직이는지 알아본다.

그림의 ①에서 변 BC가 처음으로 x축 위에 놓이고 그림의 ②에서 변 BC가 두 번째로 x축 위에 놓이므로 정삼각형 ABC의 변은 타원 $\frac{x^2}{a^2}+\frac{y^2}{b^2}=1$의 장축에 5번 닿는다.

즉, 타원의 장축의 길이는 정삼각형 ABC의 한 변의 길이의 5배이므로

$2a=5\times\overline{AB}=5\times2=10$
$\therefore a=5$
→ a가 양수라고 가정

Step 2 점 A의 좌표를 이용하여 b의 값을 구한다.

처음 위치에서 점 C가 타원 위에 있으므로 점 C가 타원의 오른쪽 꼭짓점에 있을 때엔 점 A도 타원 위에 있게 된다.

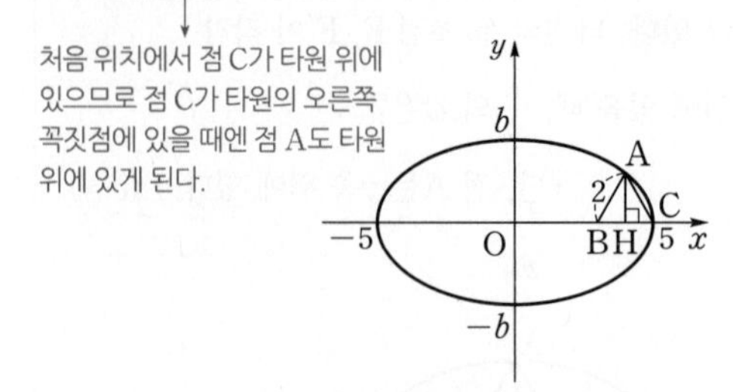

변 BC가 두 번째로 x축 위에 놓일 때 정삼각형 ABC의 꼭짓점 A에서 x축에 내린 수선의 발을 H라 하자.
→ 꼭짓점 A: 타원 위에 있다.

정삼각형의 성질에 의하여 $\overline{BH}=\overline{CH}=1$

즉, 점 H의 좌표는 $(4,\ 0)$이다.
→ 점 C의 좌표가 $(5,\ 0)$이고 $\overline{HC}=1$이므로 점 H의 좌표가 $(4,\ 0)$이 돼.

또한, 선분 AH는 정삼각형 ABC의 높이이므로

$\overline{AH}=\frac{\sqrt{3}}{2}\times\overline{AB}=\frac{\sqrt{3}}{2}\times2=\sqrt{3}$

$\therefore A(4,\ \sqrt{3})$

정삼각형의 높이
정삼각형 ABC의 한 변의 길이가 a일 때, 정삼각형의 높이 h는
$h=\frac{\sqrt{3}}{2}a$

점 A는 타원 $\frac{x^2}{25}+\frac{y^2}{b^2}=1$ 위의 점이므로

$\frac{16}{25}+\frac{3}{b^2}=1$, $\frac{3}{b^2}=\frac{9}{25}$

$\therefore b^2=\frac{25}{3}$
→ $x=4$, $y=\sqrt{3}$을 타원의 방정식에 대입

$\therefore a^2+3b^2=25+3\times\frac{25}{3}=50$

075

정답 17

다음 그림과 같이 폭이 12 m이고 높이가 5 m인 어떤 터널의 단면은 도로 면을 장축으로 하는 타원의 반과 같은 모양이다.
→ 먼저 타원의 방정식을 구하고 → 철제빔이 타원과 만나는 점의 좌표를 구한다.

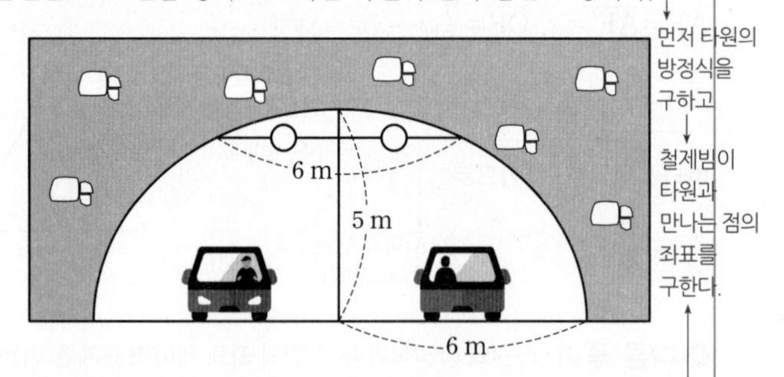

이 터널의 위쪽에 길이가 6 m인 철제빔이 수평으로 양쪽 벽에 고정되어 있고 그 위에 환풍기가 설치되어 있다. 이때, 도로 면에서 철제빔까지의 높이를 k m라 할 때, $4k$의 값을 구하시오. (단, 철제빔의 두께는 생각하지 않고, $\sqrt{3}=1.7$로 계산한다.) (3점)

→ 타원의 방정식을 $\frac{x^2}{a^2}+\frac{y^2}{b^2}=1$ $(a>b>0)$이라 할 때 (장축의 길이)$=2a$, (단축의 길이)$=2b$

Step 1 장축의 길이와 단축의 길이를 이용하여 타원의 방정식을 구한다.

터널 모양이 타원의 반과 같으므로 타원의 방정식을 $\frac{x^2}{a^2}+\frac{y^2}{b^2}=1$이라 하면 타원의 정의에 의하여 양수 b는 터널의 높이로 5이고 양수 a는 터널 폭의 절반인 6이다. → $=\frac{(\text{단축의 길이})}{2}$

따라서 터널의 단면은 타원 $\frac{x^2}{6^2}+\frac{y^2}{5^2}=1$ $(y\geq0)$이고, 다음 그림과 같은 모양이다.

→ $=\frac{(\text{장축의 길이})}{2}$

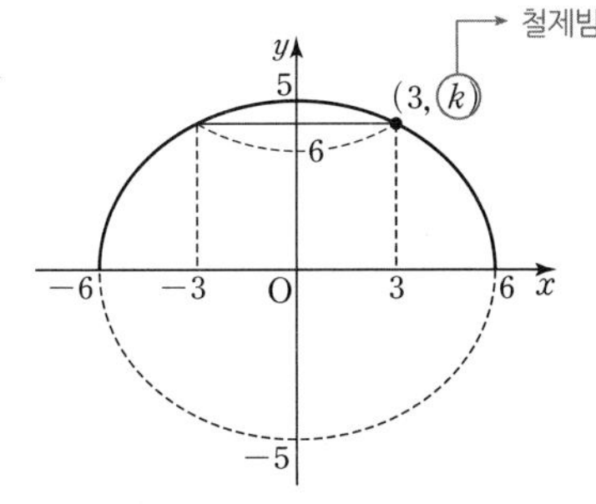

Step 2 도로 면에서 철제빔까지의 높이를 구한다.

도로 면에서 철제빔까지의 높이가 k m이므로 점 $(\pm3,\ k)$는 타원 $\frac{x^2}{6^2}+\frac{y^2}{5^2}=1$ 위의 점이다.

$\frac{9}{36}+\frac{k^2}{25}=1$ → 타원의 방정식 $\frac{x^2}{6^2}+\frac{y^2}{5^2}=1$에 $x=\pm3,\ y=k$를 대입했어.

$k^2=\frac{75}{4}$ → $\frac{k^2}{25}=1-\frac{9}{36}=\frac{27}{36}=\frac{3}{4}$ $\quad\therefore k^2=\frac{75}{4}$

$k>0$이므로 $k=\frac{5\sqrt{3}}{2}$

$\therefore 4k=4\times\frac{5\sqrt{3}}{2}=10\sqrt{3}=10\times1.7=17$ → 주어진 조건 $\sqrt{3}=1.7$을 이용한다.

수능포인트

실생활에서의 상황을 수학적으로 변형시켜 접근해야 하는 문제입니다. 수학적으로 변형시켜 좌표평면에 나타낼 때 포물선은 꼭짓점이 $(0,\ 0)$이 되도록, 타원은 중심이 $(0,\ 0)$, 초점은 x축 또는 y축 위에 오도록 하면 문제를 쉽게 해결할 수 있습니다.

076 [정답률 89%]

정답 ⑤

두 점 $F(5,\ 0)$, $F'(-5,\ 0)$을 초점으로 하는 타원이 있다. 점 F'을 지나고 기울기가 양수인 직선과 타원의 교점을 각각 A, B라 하자. 삼각형 ABF의 둘레의 길이가 52일 때, 타원의 단축의 길이는? (3점)

① 16 ② 18 ③ 20 ④ 22 ⑤ 24

Step 1 주어진 타원의 장축의 길이를 구한다.

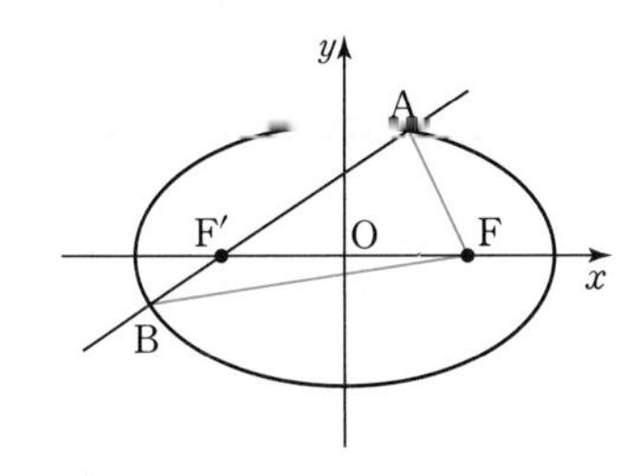

→ $=\overline{AB}$

타원의 초점 F'을 지나는 직선과 타원의 두 교점 A, B에 대하여 삼각형 ABF의 둘레의 길이가 52이므로

$\overline{AF'}+\overline{BF'}+\overline{AF}+\overline{BF}=52$ $\quad\cdots\cdots$ ㉠

이때 타원의 장축의 길이를 k라 하면 타원의 정의에 의하여

$\overline{AF}+\overline{AF'}=k$, $\overline{BF}+\overline{BF'}=k$

이를 ㉠에 대입하면 → 타원 위의 한 점에서 두 초점까지의 거리의 합은 타원의 장축의 길이와 같아.

$2k=52$ $\quad\therefore k=26$

따라서 타원의 장축의 길이는 26이다.

Step 2 타원의 초점의 좌표를 이용하여 단축의 길이를 구한다.

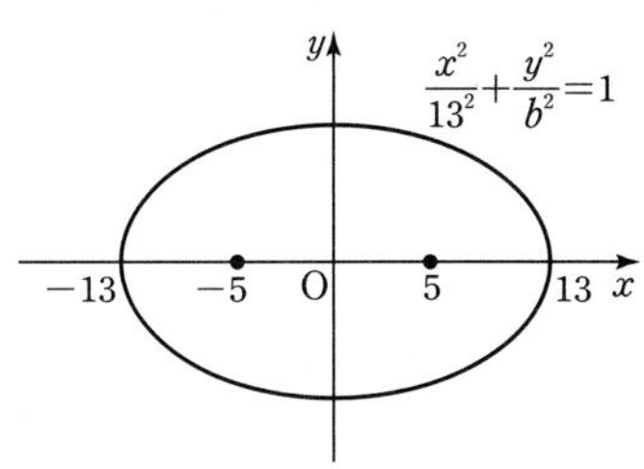

주어진 타원의 방정식을 $\frac{x^2}{13^2}+\frac{y^2}{b^2}=1$이라 하면 초점의 좌표가 $(5,\ 0)$, $(-5,\ 0)$이므로

$\sqrt{13^2-b^2}=5$에서 $13^2-b^2=25$

$b^2=13^2-25=169-25=144$

$\therefore |b|=12$ → 타원과 y축이 만나는 점의 좌표는 $(0,\ 12)$, $(0,\ -12)$

따라서 구하는 타원의 단축의 길이는

$2\times12=24$

077 [정답률 90%]

정답 ③

→ 도형 문제, 특히 이차곡선 문제는 그림을 그려서 해결하는 것이 좋아.

좌표평면 위에 두 점 $F(c,\ 0)$, $F'(-c,\ 0)$ $(c>0)$을 초점으로 하고 점 $A(0,\ 1)$을 지나는 타원 C가 있다. 두 점 A, F'을 지나는 직선이 타원 C와 만나는 점 중 점 A가 아닌 점을 B라 하자. 삼각형 ABF의 둘레의 길이가 16일 때, 선분 FF'의 길이는? (3점) → 타원의 정의를 이용한다.

① 6 ② $4\sqrt{3}$ ③ $2\sqrt{15}$ ④ $6\sqrt{2}$ ⑤ $2\sqrt{21}$

Step 1 타원 C의 방정식을 구한다.

두 점 $F(c,\ 0)$, $F'(-c,\ 0)$ $(c>0)$을 초점으로 하는 타원 C의 방정식을 $\frac{x^2}{a^2}+\frac{y^2}{b^2}=1$ $(a>0,\ b>0)$이라 하자.

이때 타원 C가 점 $A(0,\ 1)$을 지나므로 $\frac{1^2}{b^2}=1$, $b^2=1$

$\therefore b=1$ $(\because b>0)$ → $\frac{x^2}{a^2}+\frac{y^2}{b^2}=1$에 $x=0,\ y=1$을 대입한 거야.

따라서 타원 C의 방정식은 $\frac{x^2}{a^2}+y^2=1$ $(a>0)$

Step 2 타원의 정의를 이용한다.

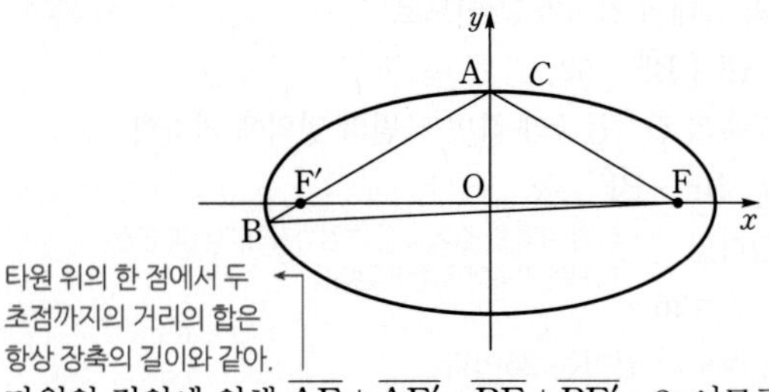

타원 위의 한 점에서 두 초점까지의 거리의 합은 항상 장축의 길이와 같아.

타원의 정의에 의해 $\overline{AF}+\overline{AF'}=\overline{BF}+\overline{BF'}=2a$이므로

$$(삼각형\ ABF의\ 둘레의\ 길이)=\overline{AB}+\overline{BF}+\overline{AF}$$
$$=\overline{AF'}+\overline{F'B}+\overline{BF}+\overline{AF}$$
$$=(\overline{AF}+\overline{AF'})+(\overline{BF}+\overline{F'B})$$
$$=2a+2a=4a=16$$

$\therefore a=4$

따라서 $c^2=a^2-b^2=4^2-1^2=16-1=15$에서 ($c=\sqrt{a^2-b^2}$)

$c=\sqrt{15}$ ($\because c>0$)이므로

선분 FF′의 길이는 $2c=2\sqrt{15}$

이때 두 초점의 좌표는 $F(\sqrt{100-k},\ 0)$, $F'(-\sqrt{100-k},\ 0)$이므로

$\overline{FF'}=2\sqrt{100-k}$

따라서 삼각형 PF′F의 둘레의 길이는

$\overline{PF}+\overline{PF'}+\overline{FF'}=20+2\sqrt{100-k}$

$a>b>0$일 때, 타원 $\frac{x^2}{a^2}+\frac{y^2}{b^2}=1$의 두 초점의 좌표는 $(\sqrt{a^2-b^2},\ 0)$, $(-\sqrt{a^2-b^2},\ 0)$이야.

Step 2 k의 값을 구한다.

이때 삼각형 PF′F의 둘레의 길이가 34이므로

$20+2\sqrt{100-k}=34$

$2\sqrt{100-k}=14$

$\sqrt{100-k}=7$

$\therefore k=51$

양변을 제곱하면 $100-k=49$ $\therefore k=51$

078 [정답률 92%] 정답 ④

그림과 같이 타원 $\frac{x^2}{100}+\frac{y^2}{k}=1$ 위의 제1사분면에 있는 점 P와 두 초점 F, F′에 대하여 삼각형 PF′F의 둘레의 길이가 34일 때, 상수 k의 값은? (단, $0<k<100$) (4점)

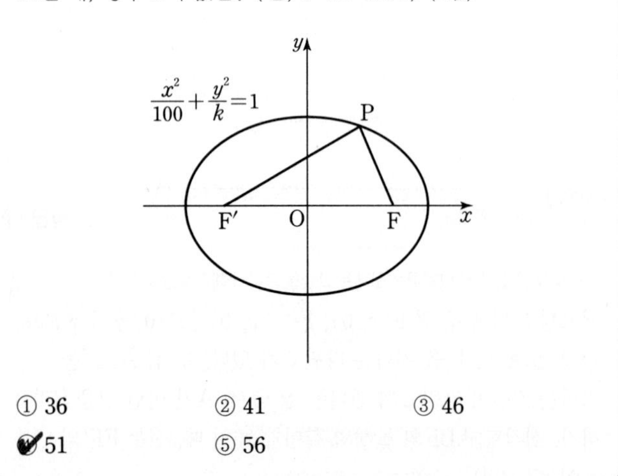

① 36 ② 41 ③ 46 ④ 51 ⑤ 56

Step 1 타원의 성질을 이용하여 삼각형 PF′F의 둘레의 길이를 k에 대한 식으로 나타낸다.

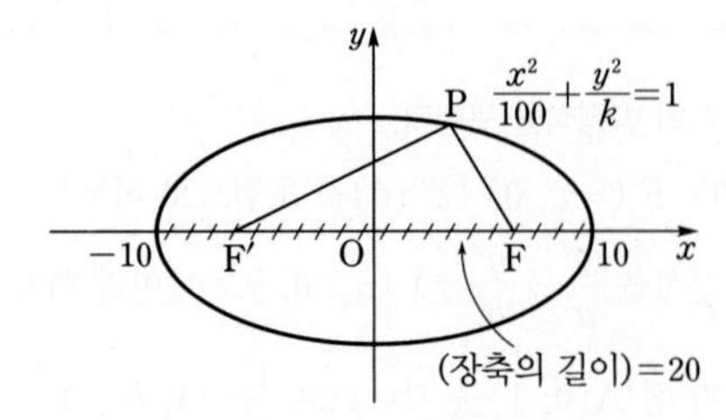

타원 $\frac{x^2}{100}+\frac{y^2}{k}=1$의 장축의 길이가 20이므로

타원의 성질에 의하여 $\overline{PF}+\overline{PF'}=20$

타원 위의 한 점에서 두 초점까지의 거리의 합은 그 타원의 장축의 길이와 같아.

079 [정답률 89%] 정답 ⑤

타원 $\frac{x^2}{a^2}+\frac{y^2}{5}=1$의 두 초점을 F, F′이라 하자. 점 F를 지나고 x축에 수직인 직선 위의 점 A가 $\overline{AF'}=5$, $\overline{AF}=3$을 만족시킨다. 선분 AF′과 타원이 만나는 점을 P라 할 때, 삼각형 PF′F의 둘레의 길이는?

(단, a는 $a>\sqrt{5}$인 상수이다.) (3점)

① 8 ② $\frac{17}{2}$ ③ 9 ④ $\frac{19}{2}$ ⑤ 10

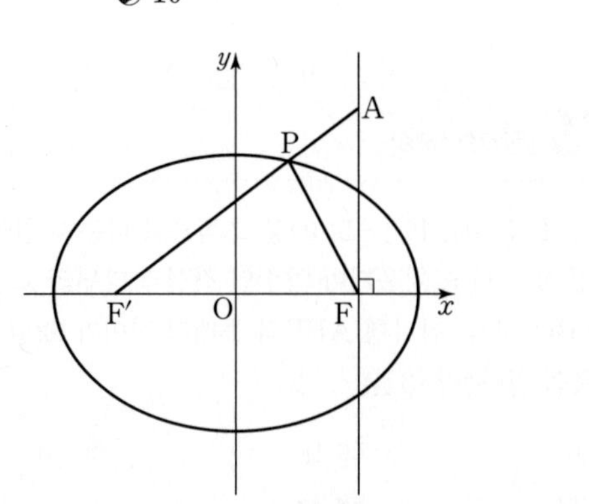

Step 1 선분 OF의 길이를 이용하여 a의 값을 구한다.

직각삼각형 AF′F에서 $\overline{F'F}=\sqrt{\overline{AF'}^2-\overline{AF}^2}=\sqrt{5^2-3^2}=4$

따라서 $\overline{OF}=\overline{OF'}=2$이므로

두 초점 F, F′의 좌표는 $F(2,\ 0)$, $F'(-2,\ 0)$

$a^2-5=2^2$에서 $a=3$ ($\because a>\sqrt{5}$)

타원의 성질

따라서 삼각형 PF′F의 둘레의 길이는

$(\overline{PF}+\overline{PF'})+\overline{F'F}=2\times3+4=10$

장축의 길이와 같다.

080 [정답률 83%]

정답 ②

초점이 x축 위에 있으므로 장축의 길이는 $7\times2=14$임을 알 수 있다.

$\overline{F'P}=$(장축의 길이)$-\overline{FP}=14-9=5$

그림과 같이 두 초점 F, F′이 x축 위에 있는 타원 $\frac{x^2}{49}+\frac{y^2}{a}=1$ 위의 점 P가 $\overline{FP}=9$를 만족시킨다.

점 F에서 선분 PF′에 내린 수선의 발 H에 대하여 $\overline{FH}=6\sqrt{2}$일 때, 상수 a의 값은? (4점) → $\angle FHP=90°$

타원 위의 점이나 초점의 좌표를 알면 a의 값을 구할 수 있다.

① 29 ②30 ③ 31
④ 32 ⑤ 33

Step 1 주어진 조건과 타원의 정의를 이용하여 필요한 선분의 길이를 구한다.

타원 $\frac{x^2}{49}+\frac{y^2}{a}=1$의 장축의 길이는 $2\times7=14$

타원의 정의에 의하여 $\overline{FP}+\overline{F'P}=14$이고 문제의 조건에서 $\overline{FP}=9$이므로 → $\overline{FP}+\overline{F'P}=$(장축의 길이)

$\overline{F'P}=14-\overline{FP}=14-9=5$

Step 2 피타고라스 정리를 이용한다. → $\overline{FH}=6\sqrt{2}$인 조건을 이용하여 $\overline{FF'}$을 구한다.

삼각형 PHF에서 피타고라스 정리에 의하여

$\overline{PH}=\sqrt{\overline{FP}^2-\overline{FH}^2}=\sqrt{9^2-(6\sqrt{2})^2}$
$=\sqrt{9}=3$

$\therefore \overline{F'H}=\overline{F'P}-\overline{PH}=5-3=2$

삼각형 HF′F에서 피타고라스 정리에 의하여

$\overline{F'F}=\sqrt{\overline{F'H}^2+\overline{FH}^2}=\sqrt{2^2+(6\sqrt{2})^2}$
$=\sqrt{76}=2\sqrt{19}$

$\therefore \overline{OF}=\frac{1}{2}\overline{F'F}=\sqrt{19}$

따라서 타원 $\frac{x^2}{49}+\frac{y^2}{a}=1$의 초점 F의 좌표가 $(\sqrt{19},\ 0)$이므로

$49-a=(\sqrt{19})^2$ → 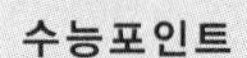 암기 타원 $\frac{x^2}{m^2}+\frac{y^2}{n^2}=1\ (0<n<m)$의 한 초점 $(c,\ 0)$에 대하여 $c^2=m^2-n^2$이다.

$\therefore a=30$

수능포인트

타원은 두 초점으로부터 거리의 합이 같은 점들의 집합입니다. 장축, 단축의 길이 그리고 초점의 좌표를 이용하면 대부분의 타원 문제를 풀 수 있습니다.
따라서 구하기 쉬운 수부터 차근차근 구해서 풀다 보면 쉽게 풀 수 있습니다.

081 [정답률 77%]

정답 ②

그림과 같이 타원 $\frac{x^2}{a^2}+\frac{y^2}{b^2}=1$의 두 초점 중 x좌표가 양수인 점을 F, 음수인 점을 F′이라 하자. 타원 위의 점 P에 대하여 선분 PF′의 중점 M의 좌표가 $(0,\ 1)$이고 $\overline{PM}=\overline{PF}$일 때, a^2+b^2의 값은? (단, a, b는 상수이다.) (4점)

→ $a^2>b^2$

점 M은 선분 PF′의 중점이기 때문에 $\overline{MF'}=\overline{PM}=\overline{PF}$가 성립해.

① 14 ②15 ③ 16
④ 17 ⑤ 18

Step 1 점 P의 좌표를 구한다.

타원 $\frac{x^2}{a^2}+\frac{y^2}{b^2}=1$의 두 초점을 $F(c,\ 0)$, $F'(-c,\ 0)$ (단, $c>0$)이라 하자.

먼저 타원의 성질에서 $a^2-b^2=c^2$ …… ㉠

점 M이 선분 PF′의 중점이므로 점 $P(c,\ 2)$ → $M(0,1)$; $P(x,y)$라 하면 $\frac{-c+x}{2}=0$, $\frac{0+y}{2}=1$

Step 2 타원의 장축의 길이가 두 선분 PF, PF′의 길이의 합과 같음을 이용한다. → 타원의 성질을 이용한 거지!

두 점 P와 F의 x좌표가 c로 같으므로 삼각형 PF′F는 $\angle PFF'=\frac{\pi}{2}$인 직각삼각형이다. → 점 F는 점 P에서 x축에 내린 수선의 발과 같아.

선분 PF의 길이가 2이고 선분 PF′의 중점 M에 대하여 $\overline{PF'}=2\overline{PM}=2\overline{PF}$이므로 $\overline{PF'}=4$

따라서 삼각형 PF′F에서 피타고라스 정리에 의하여 → $\overline{PF'}^2=\overline{PF}^2+\overline{FF'}^2$

$\overline{FF'}=\sqrt{\overline{PF'}^2-\overline{PF}^2}=\sqrt{16-4}=\sqrt{12}=2\sqrt{3}$

이때 $\overline{FF'}=2c$이므로 $2c=2\sqrt{3}$

$\therefore c=\sqrt{3}$ → 두 초점의 x좌표를 이용 …… ㉡

또한 타원의 정의에서 장축의 길이는 두 선분 PF′, PF의 길이의 합과 같으므로

$2|a|=\overline{PF'}+\overline{PF}=4+2=6$

$\therefore |a|=3$

$\therefore a^2=9$

따라서 ㉠, ㉡에서 $9-b^2=3$

$\therefore b^2=6$

$\therefore a^2+b^2=9+6=15$

→ 타원 $\frac{x^2}{a^2}+\frac{y^2}{b^2}=1\ (a^2>b^2)$의 초점의 좌표가 $(c,\ 0)$, $(-c,\ 0)$일 때, $a^2-b^2=c^2$임을 이용한거지.

082 [정답률 69%] 정답 8

그림과 같이 타원 $\frac{x^2}{a^2}+\frac{y^2}{b^2}=1\ (a>b>0)$의 두 초점을 $\mathrm{F}(c,\ 0)$, $\mathrm{F}'(-c,\ 0)\ (c>0)$이라 하고 점 F′을 지나는 직선이 타원과 만나는 두 점을 P, Q라 하자. $\overline{\mathrm{PQ}}=6$이고 선분 FQ의 중점 M에 대하여 $\overline{\mathrm{FM}}=\overline{\mathrm{PM}}=5$일 때, 이 타원의 단축의 길이를 구하시오. (4점)

→ $\overline{\mathrm{FM}}=\overline{\mathrm{QM}}$

→ a, c의 값을 알아야 구할 수 있어.

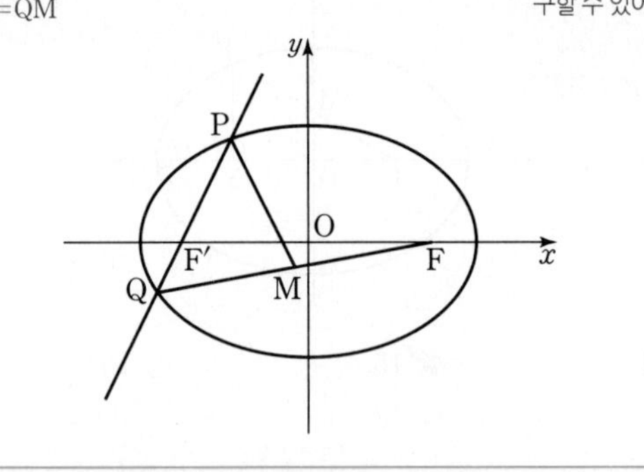

Step 1 삼각형 PQF가 직각삼각형임을 알아낸다.

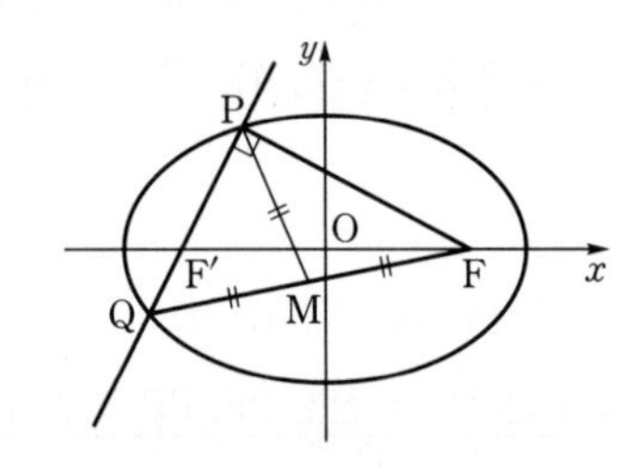

점 M은 선분 FQ의 중점이므로 $\overline{\mathrm{FM}}=\overline{\mathrm{QM}}$

$\therefore\ \overline{\mathrm{FM}}=\overline{\mathrm{PM}}=\overline{\mathrm{QM}}=5$ → $\overline{\mathrm{FM}}=\overline{\mathrm{PM}}=5$는 문제에서 주어졌어.

따라서 세 점 P, Q, F는 중심이 M이고 반지름의 길이가 5인 원 위의 점이므로 $\angle\mathrm{QPF}=90^\circ$이고 삼각형 PQF는 직각삼각형이다.

→ $\angle\mathrm{QPF}$는 지름 QF에 대한 원주각이므로 그 크기는 90°야.

Step 2 타원의 성질을 이용하여 a의 값을 구한다.

$\overline{\mathrm{PQ}}^2+\overline{\mathrm{PF}}^2=\overline{\mathrm{FQ}}^2$이고 $\overline{\mathrm{PQ}}=6$이므로

$6^2+\overline{\mathrm{PF}}^2=10^2\qquad\therefore\ \overline{\mathrm{PF}}=8$

$$\begin{aligned}\overline{\mathrm{PQ}}+\overline{\mathrm{PF}}+\overline{\mathrm{QF}}&=(\overline{\mathrm{PF}'}+\overline{\mathrm{QF}'})+\overline{\mathrm{PF}}+\overline{\mathrm{QF}}\\&=(\overline{\mathrm{PF}}+\overline{\mathrm{PF}'})+(\overline{\mathrm{QF}}+\overline{\mathrm{QF}'})\\&=2a+2a=4a\end{aligned}$$

→ 중요 타원 위의 한 점에서 두 초점에 이르는 거리의 합은 장축의 길이와 같아.

이때 $\overline{\mathrm{PQ}}+\overline{\mathrm{PF}}+\overline{\mathrm{QF}}=6+8+10=24$이므로

$4a=24\qquad\therefore\ a=6$

Step 3 타원의 단축의 길이를 구한다.

삼각형 PFF′에서 $\overline{\mathrm{PF}'}=2a-\overline{\mathrm{PF}}=12-8=4$이고

$\overline{\mathrm{PF}}^2+\overline{\mathrm{PF}'}^2=\overline{\mathrm{FF}'}^2$이므로

→ $\angle\mathrm{F'PF}=\angle\mathrm{QPF}=90^\circ$이므로 삼각형 PFF′은 직각삼각형이야.

$8^2+4^2=\overline{\mathrm{FF}'}^2\qquad\therefore\ \overline{\mathrm{FF}'}=4\sqrt{5}$

$\therefore\ c=2\sqrt{5}$

$(2\sqrt{5})^2=6^2-b^2$에서 $b^2=16$ → $c^2=a^2-b^2$

$\therefore\ b=4$

따라서 타원의 단축의 길이는 8이다. → $2b$

083 [정답률 68%] 정답 104

여기! 제2사분면 / 제1사분면 / 제3사분면 / 제4사분면

그림과 같이 두 초점이 $\mathrm{F}(c,\ 0)$, $\mathrm{F}'(-c,\ 0)$인 타원 $\frac{x^2}{a^2}+\frac{y^2}{b^2}=1$이 있다. 타원 위에 있고 제2사분면에 있는 점 P에 대하여 선분 PF′의 중점을 Q, 선분 PF를 1 : 3으로 내분하는 점을 R라 하자. $\angle\mathrm{PQR}=\frac{\pi}{2}$, $\overline{\mathrm{QR}}=\sqrt{5}$, $\overline{\mathrm{RF}}=9$일 때, a^2+b^2의 값을 구하시오. (단, a, b, c는 양수이다.) (4점)

→ $\overline{\mathrm{PR}}:\overline{\mathrm{RF}}=1:3$이고 $\overline{\mathrm{RF}}=9$이므로 $\overline{\mathrm{PR}}=3$

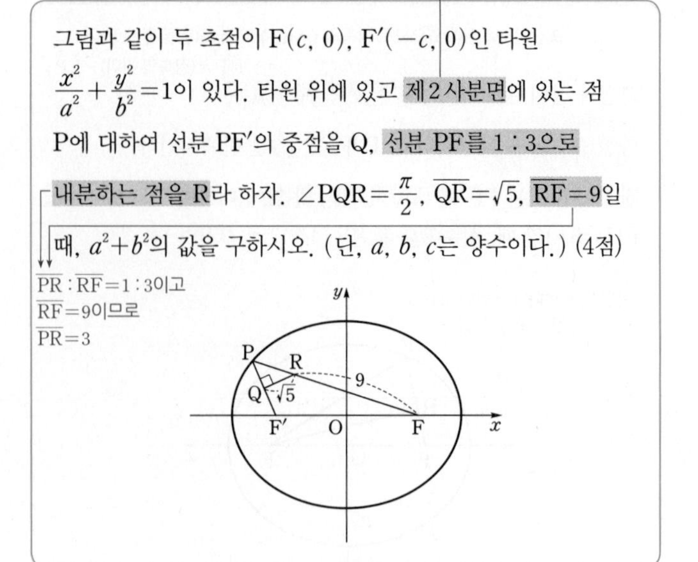

Step 1 타원의 정의를 이용하여 a의 값을 구한다. ← $\overline{\mathrm{PF}}+\overline{\mathrm{PF}'}=$(장축의 길이)

$\overline{\mathrm{PR}}:\overline{\mathrm{RF}}=1:3$이므로 $\overline{\mathrm{PR}}=\frac{1}{3}\overline{\mathrm{RF}}=3$

삼각형 PQR에서 피타고라스 정리에 의하여 $\overline{\mathrm{PQ}}=\sqrt{3^2-(\sqrt{5})^2}=2$ → $\overline{\mathrm{PQ}}=\sqrt{\overline{\mathrm{PR}}^2-\overline{\mathrm{QR}}^2}$

$\therefore\ \overline{\mathrm{PF}'}=2\overline{\mathrm{PQ}}=4$ → 점 Q는 $\overline{\mathrm{PF}'}$의 중점

따라서 (장축의 길이)$=\overline{\mathrm{PF}}+\overline{\mathrm{PF}'}$에서

→ 타원 위의 한 점에서 두 초점까지의 거리의 합은 일정하고 그 값은 타원의 장축의 길이와 같다.

$2a=12+4=16\qquad\therefore\ a=8$

Step 2 두 초점 사이의 거리를 구한다. → $\overline{\mathrm{FF}'}$의 길이

삼각형 PQR에서 $\angle\mathrm{QPR}=\theta$라 하면 $\cos\theta=\frac{2}{3}$ → $\frac{\overline{\mathrm{PQ}}}{\overline{\mathrm{PR}}}=\frac{2}{3}$

점 F′에서 선분 PF에 내린 수선의 발을 H라 하면

→ $\overline{\mathrm{FF}'}$을 구해야 하므로 $\overline{\mathrm{FF}'}$을 한 변으로 하는 직각삼각형 FHF′을 만들어 피타고라스 정리를 이용한다.

$\overline{\mathrm{PH}}=\overline{\mathrm{PF}'}\cos\theta=4\times\frac{2}{3}=\frac{8}{3}$

$\overline{\mathrm{FH}}=\overline{\mathrm{PF}}-\overline{\mathrm{PH}}=12-\frac{8}{3}=\frac{28}{3}$이므로 피타고라스 정리에 의하여

$$\begin{aligned}\overline{\mathrm{FF}'}^2&=\overline{\mathrm{F'H}}^2+\overline{\mathrm{FH}}^2=\overline{\mathrm{PF}'}^2-\overline{\mathrm{PH}}^2+\overline{\mathrm{FH}}^2\\&=4^2-\left(\frac{8}{3}\right)^2+\left(\frac{28}{3}\right)^2=\frac{144-64+784}{9}=96\end{aligned}$$

→ 직각삼각형 PHF′에서 $\overline{\mathrm{F'H}}^2=\overline{\mathrm{PF}'}^2-\overline{\mathrm{PH}}^2$

이때 선분 FF′의 길이는 두 초점 사이의 거리이므로 $2c$이다.

$\therefore\ 4c^2=96,\ c^2=24$

문제를 풀 때 막히는 부분이 있다면 '문제에 나와있는 조건을 모두 사용했는지' 다시 한번 확인한다.

Step 3 a^2+b^2의 값을 구한다.

타원의 성질에서 $a^2-b^2=c^2$이므로 $b^2=a^2-c^2$

$\therefore\ a^2+b^2=a^2+a^2-c^2=2a^2-c^2=2\times8^2-24=104$

084 [정답률 70%] 정답 ④

두 초점이 $\mathrm{F}(12, 0)$, $\mathrm{F}'(-4, 0)$이고, 장축의 길이가 24인 타원 C가 있다. $\overline{\mathrm{F'F}}=\overline{\mathrm{F'P}}$인 타원 C 위의 점 P에 대하여 선분 F′P의 중점을 Q라 하자. 한 초점이 F′인 타원 $\frac{x^2}{a^2}+\frac{y^2}{b^2}=1$이 점 Q를 지날 때, $\overline{\mathrm{PF}}+a^2+b^2$의 값은? (단, a와 b는 양수이다.) (3점)

① 46 ② 52 ③ 58 ④ 64 ⑤ 70

Step 1 선분 PF의 길이를 구한다.

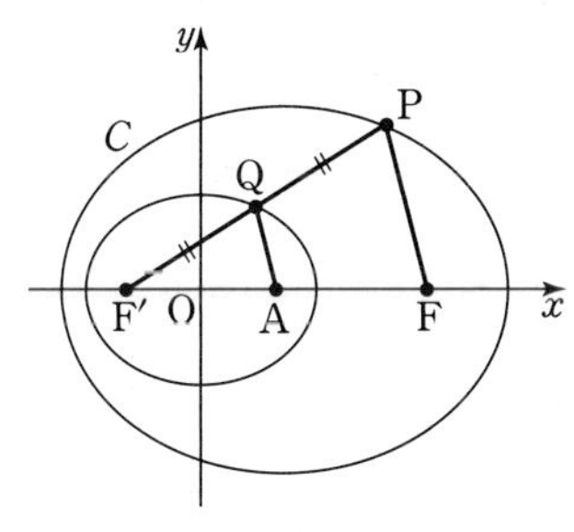

타원 C의 장축의 길이가 24이고 $\overline{\mathrm{F'P}}=\overline{\mathrm{F'F}}=16$이므로

$\overline{\mathrm{F'P}}+\overline{\mathrm{PF}}=16+\overline{\mathrm{PF}}=24$ $\therefore \overline{\mathrm{PF}}=8$ (→ 타원의 정의)

Step 2 삼각형의 닮음을 이용하여 a^2, b^2의 값을 각각 구한다.

타원 $\frac{x^2}{a^2}+\frac{y^2}{b^2}=1$의 한 초점은 $\mathrm{F}'(-4, 0)$이고, 중심은 원점이므로 (→ 식 $\frac{x^2}{a^2}+\frac{y^2}{b^2}=1$에서 알 수 있다.)

나머지 한 초점을 A라 하면 $\mathrm{A}(4, 0)$

$\therefore a^2-b^2=4^2=16$ ⋯⋯ ㉠

점 Q는 선분 F′P의 중점이므로 $\overline{\mathrm{F'Q}}=8$ (→ $=\frac{1}{2}\overline{\mathrm{F'P}}=\frac{1}{2}\times16$)

두 삼각형 F′QA와 F′PF는 서로 닮음이고 닮음비가 1 : 2이므로 (→ $\overline{\mathrm{F'Q}}:\overline{\mathrm{F'P}}=\overline{\mathrm{F'A}}:\overline{\mathrm{F'F}}$이고 ∠QF′A가 공통)

$\overline{\mathrm{QA}}=\frac{1}{2}\overline{\mathrm{PF}}=4$

즉, $\overline{\mathrm{F'Q}}+\overline{\mathrm{QA}}=8+4=12$ (→ 타원 $\frac{x^2}{a^2}+\frac{y^2}{b^2}=1$의 장축의 길이와 같다.)

따라서 타원 $\frac{x^2}{a^2}+\frac{y^2}{b^2}=1$의 장축의 길이는 12이므로

$2a=12$ $\therefore a=6$

㉠에서 $6^2-b^2=16$ $\therefore b^2=20$

$\therefore \overline{\mathrm{PF}}+a^2+b^2=8+36+20=64$

085 [정답률 51%] 정답 ③

그림과 같이 두 점 $\mathrm{F}(c, 0)$, $\mathrm{F}'(-c, 0)$을 초점으로 하는 타원이 있다. 타원 위의 점 중 제1사분면에 있는 점 P에 대하여 직선 PF가 타원과 만나는 점 중 점 P가 아닌 점을 Q라 하자. $\overline{\mathrm{OQ}}=\overline{\mathrm{OF}}$, $\overline{\mathrm{FQ}}:\overline{\mathrm{F'Q}}=1:4$이고 삼각형 PF′Q의 내접원의 반지름의 길이가 2일 때, 양수 c의 값은? (단, O는 원점이다.) (4점)

(→ $\angle\mathrm{FQF'}=\frac{\pi}{2}$) (→ 두 선분 FQ, F′Q를 한 문자에 대하여 나타낸다.)

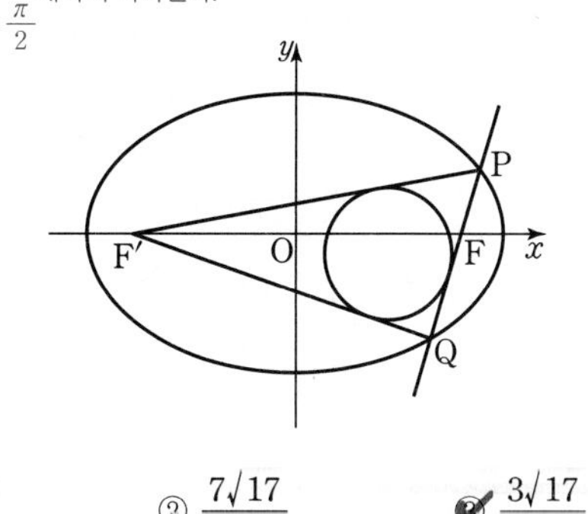

① $\frac{17}{3}$ ② $\frac{7\sqrt{17}}{5}$ ③ $\frac{3\sqrt{17}}{2}$ ④ $\frac{51}{8}$ ⑤ $\frac{8\sqrt{17}}{5}$

Step 1 각 변의 길이를 t에 대하여 나타낸다.

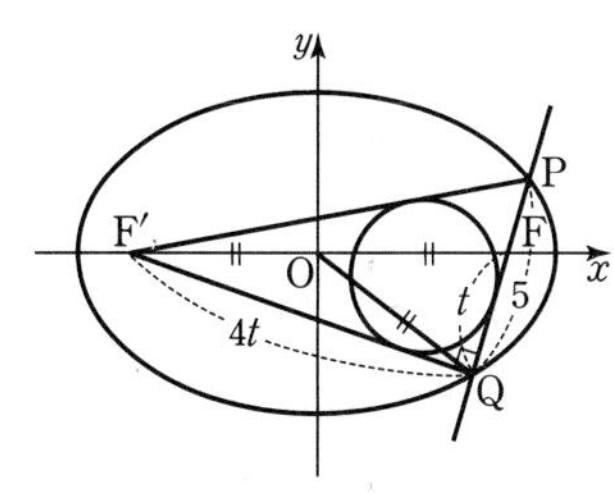

$\overline{\mathrm{OQ}}=\overline{\mathrm{OF}}$에서 점 Q는 선분 FF′을 지름으로 하는 원 위의 점이므로 (→ $=\overline{\mathrm{OF'}}$)

$\angle\mathrm{FQF'}=\frac{\pi}{2}$

$\overline{\mathrm{FQ}}=t\ (t>0)$라 하면 $\overline{\mathrm{F'Q}}=4t$ (→ 문제에서 $\overline{\mathrm{FQ}}:\overline{\mathrm{F'Q}}=1:4$)

따라서 타원의 장축의 길이는 $\overline{\mathrm{FQ}}+\overline{\mathrm{F'Q}}=t+4t=5t$

Step 2 삼각형 PF′Q의 내접원의 반지름의 길이가 2임을 이용한다.

삼각형 PF′Q의 넓이는

$\frac{1}{2}\times\overline{\mathrm{F'Q}}\times\overline{\mathrm{PQ}}=\frac{1}{2}\times2\times(\overline{\mathrm{F'P}}+\overline{\mathrm{F'Q}}+\overline{\mathrm{PQ}})$ (→ 내접원의 반지름의 길이를 이용하여 삼각형의 넓이를 구하는 방법)

$\frac{1}{2}\times4t\times\overline{\mathrm{PQ}}=\overline{\mathrm{F'P}}+\overline{\mathrm{F'Q}}+\overline{\mathrm{PF}}+\overline{\mathrm{FQ}}$

$=(\overline{\mathrm{F'P}}+\overline{\mathrm{PF}})+(\overline{\mathrm{F'Q}}+\overline{\mathrm{FQ}})$ (→ $=\overline{\mathrm{F'F}}=5t$)

$2t\times\overline{\mathrm{PQ}}=5t+5t=10t$ $\therefore \overline{\mathrm{PQ}}=5$ (→ 타원의 장축의 길이)

Step 3 직각삼각형 PF′Q에서 피타고라스 정리를 이용하여 t의 값을 구한다.

$\overline{\mathrm{PF}}=5-t$이므로 $\overline{\mathrm{F'P}}=5t-(5-t)=6t-5$ (→ $\overline{\mathrm{PQ}}-\overline{\mathrm{FQ}}$)

직각삼각형 PF′Q에서 $(6t-5)^2=(4t)^2+5^2$ (→ $\overline{\mathrm{F'P}}^2=\overline{\mathrm{F'Q}}^2+\overline{\mathrm{PQ}}^2$)

$20t^2-60t=20t(t-3)=0$ $\therefore t=3\ (\because t>0)$

Step 4 c의 값을 구한다.

직각삼각형 F′QF에서 $\overline{\mathrm{F'F}}^2=\overline{\mathrm{F'Q}}^2+\overline{\mathrm{FQ}}^2$ (→ $4t=4\times3=12$)

$(2c)^2=12^2+3^2=153$ (→ $4c^2$)

$c^2=\frac{153}{4}$ $\therefore c=\frac{3\sqrt{17}}{2}$

086 [정답률 60%] 정답 ③

그림과 같이 F(6, 0), F′(−6, 0)을 두 초점으로 하는 타원 $\frac{x^2}{a^2}+\frac{y^2}{b^2}=1$이 있다. 점 $A\left(\frac{3}{2}, 0\right)$에 대하여 $\angle FPA=\angle F'PA$를 만족시키는 타원의 제1사분면 위의 점을 P라 할 때, 점 F에서 직선 AP에 내린 수선의 발을 B라 하자. $\overline{OB}=\sqrt{3}$일 때, $a\times b$의 값은?
(단, $a>0$, $b>0$이고 O는 원점이다.) (4점)

→ 각의 이등분선의 성질을 이용한다.

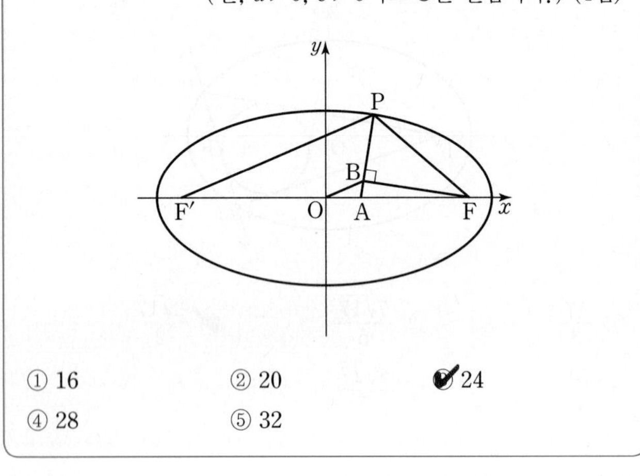

① 16 ② 20 ③ 24 ④ 28 ⑤ 32

Step 1 각의 이등분선의 성질과 타원의 정의를 이용한다.

$A\left(\frac{3}{2}, 0\right)$, F(6, 0), F′(−6, 0)에서 $\overline{AF}=\frac{9}{2}$, $\overline{AF'}=\frac{15}{2}$

삼각형 PFF′에서 $\angle FPA=\angle F'PA$이므로

$\overline{PF}:\overline{PF'}=\overline{AF}:\overline{AF'}$에서 $\overline{PF}:\overline{PF'}=\frac{9}{2}:\frac{15}{2}=3:5$
→ 각의 이등분선의 성질

$\overline{PF}=3k$, $\overline{PF'}=5k$ $(k>0)$라 하면 타원의 정의에 의하여

$\overline{PF}+\overline{PF'}=8k=2a$ $\therefore a=4k$

Step 2 삼각형의 닮음을 이용하여 a, b의 값을 각각 구한다.

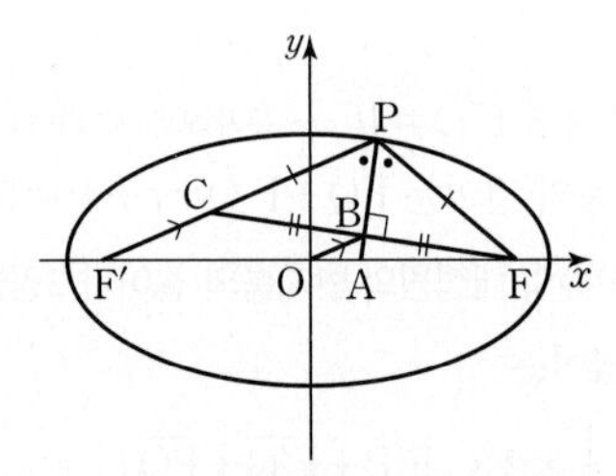

직선 BF와 선분 PF′이 만나는 점을 C라 하면
두 삼각형 BPC, BPF는 합동이다.
→ $\angle CPB=\angle FPB$, $\angle PBC=\angle PBF=90°$, $\overline{BP}$는 공통이므로 ASA 합동이다.

따라서 $\overline{CB}=\overline{FB}$이므로 $\overline{FB}:\overline{FC}=1:2$

이때 두 삼각형 FBO와 FCF′에서 $\overline{FB}:\overline{FC}=\overline{FO}:\overline{FF'}=1:2$이고
두 삼각형 FBO, FCF′은 서로 닮음이므로
→ $\overline{FB}:\overline{FC}=\overline{FO}:\overline{FF'}=1:2$이고 $\angle BFO$는 공통이므로 SAS 닮음이다.

$\overline{OB}:\overline{F'C}=1:2$ $\therefore \overline{F'C}=2\overline{OB}=2\sqrt{3}$

$\overline{F'C}=\overline{PF'}-\overline{PC}=\overline{PF'}-\overline{PF}=5k-3k=2k$이므로

$2k=2\sqrt{3}$에서 $k=\sqrt{3}$, $a=4\sqrt{3}$

타원의 정의에 의하여 $c^2=a^2-b^2$에서 $6^2=(4\sqrt{3})^2-b^2$

$b^2=12$ $\therefore b=2\sqrt{3}$

$\therefore a\times b=4\sqrt{3}\times 2\sqrt{3}=24$

087 [정답률 39%] 정답 180

→ 타원의 방정식을 $\frac{x^2}{a^2}+\frac{y^2}{b^2}=1$ $(0<b<a)$이라 하면 $a^2-b^2=25$가 성립

두 점 F(5, 0), F′(−5, 0)을 초점으로 하는 타원 위의 서로 다른 두 점 P, Q에 대하여 원점 O에서 선분 PF와 선분 QF′에 내린 수선의 발을 각각 H와 I라 하자. 점 H와 점 I가 각각 선분 PF와 선분 QF′의 중점이고, $\overline{OH}\times\overline{OI}=10$일 때, 이 타원의 장축의 길이를 l이라 하자. l^2의 값을 구하시오.
(단, $\overline{OH}\neq\overline{OI}$) (4점)

→ 선분 OH와 선분 OI의 길이 사이의 관계식을 세워본다.

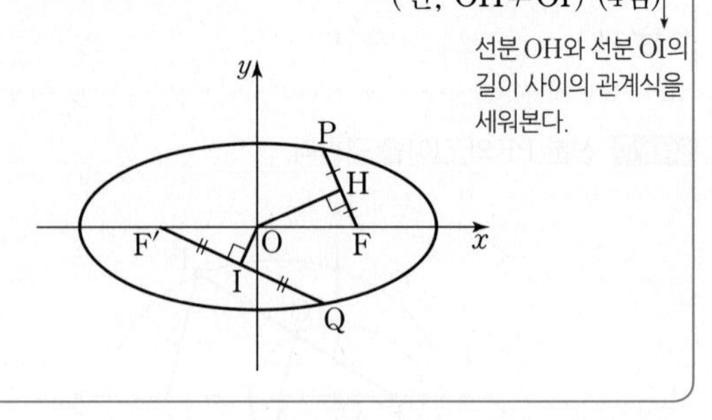

Step 1 $\overline{OH}=a$, $\overline{OI}=b$라 하고, 타원의 정의를 이용하여 a, b의 관계식을 구한다.
→ $\overline{PF'}+\overline{PF}=\overline{QF'}+\overline{QF}$ =(장축의 길이)

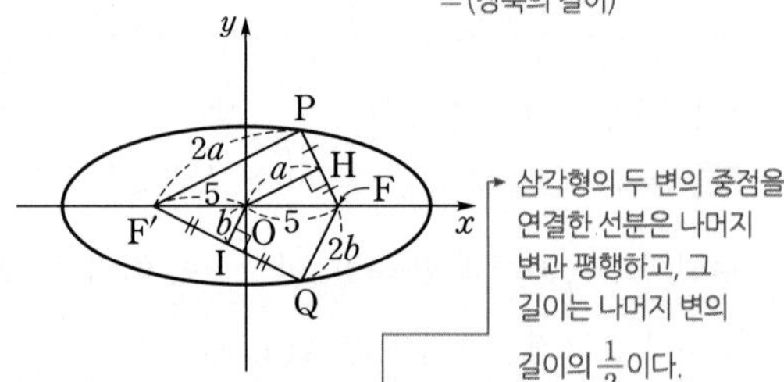

→ 삼각형의 두 변의 중점을 연결한 선분은 나머지 변과 평행하고, 그 길이는 나머지 변의 길이의 $\frac{1}{2}$이다.

$\overline{OH}=a$, $\overline{OI}=b$라 하면 삼각형의 중점연결정리에 의하여

$\overline{PF'}=2a$, $\overline{QF}=2b$

→ $\triangle PF'F\backsim\triangle HOF$, $\triangle QFF'\backsim\triangle IOF'$

타원 위의 두 점 P, Q에 대하여 삼각형 PF′F와 삼각형 QFF′은 직각삼각형이므로 피타고라스 정리에 의하여

→ $\angle C=90°$인 삼각형 ABC에 대하여 $\overline{AB}^2=\overline{AC}^2+\overline{BC}^2$이다.

$\overline{PF}=\sqrt{\overline{FF'}^2-\overline{PF'}^2}=\sqrt{100-4a^2}=2\sqrt{25-a^2}$

$\overline{QF'}=\sqrt{\overline{FF'}^2-\overline{QF}^2}=\sqrt{100-4b^2}=2\sqrt{25-b^2}$

타원의 정의에 의하여 중요

$\overline{PF}+\overline{PF'}=\overline{QF}+\overline{QF'}$이므로

$2\sqrt{25-a^2}+2a=2b+2\sqrt{25-b^2}$

$a+\sqrt{25-a^2}=b+\sqrt{25-b^2}$

양변을 제곱하면

$a^2+2a\sqrt{25-a^2}+25-a^2=b^2+2b\sqrt{25-b^2}+25-b^2$ 계산 주의

$a\sqrt{25-a^2}=b\sqrt{25-b^2}$

다시 양변을 제곱하면

$a^2(25-a^2)=b^2(25-b^2)$

$25(a^2-b^2)=a^4-b^4$

$25(a^2-b^2)=(a^2+b^2)(a^2-b^2)$ → $a^4-b^4=(a^2+b^2)(a^2-b^2)$

$a\neq b$이므로 $a^2+b^2=25$ …… ㉠ → 주의 문제에서 $\overline{OH}\neq\overline{OI}$이다.

Step 2 $\overline{OH}\times\overline{OI}=10$을 이용하여 a의 값을 구하고 l^2의 값을 구한다.

$\overline{OH}\times\overline{OI}=10$이므로

$ab=10$ $\therefore b=\frac{10}{a}$ …… ㉡

㉡을 ㉠에 대입하면

$a^2+\left(\frac{10}{a}\right)^2=25$, $a^4-25a^2+100=0$ → 양변에 a^2을 곱하여 정리한다.

$(a^2-5)(a^2-20)=0$

$\therefore a=\sqrt{5}$ 또는 $a=2\sqrt{5}$ ($\because a>0$)

타원의 정의에 의하여 장축의 길이는 → **암기** 타원의 장축의 길이는 타원 위의 한 점에서 두 초점까지의 거리의 합과 같다.

$l=\overline{PF}+\overline{PF'}=2\sqrt{25-a^2}+2a$

(i) $a=\sqrt{5}$일 때

$l=2\sqrt{25-a^2}+2a=4\sqrt{5}+2\sqrt{5}=6\sqrt{5}$

$\therefore l^2=(6\sqrt{5})^2=180$

(ii) $a=2\sqrt{5}$일 때

$l=2\sqrt{25-a^2}+2a=2\sqrt{5}+4\sqrt{5}=6\sqrt{5}$

$\therefore l^2=(6\sqrt{5})^2=180$

따라서 l^2의 값은 180이다.

✪ 다른 풀이 삼각형의 합동을 이용한 풀이

Step 1 원의 성질을 이용하여 네 점 F, F′, P, Q의 위치 관계를 구한다.

$\triangle OHF\equiv\triangle OHP$ (SAS 합동), $\triangle OIF'\equiv\triangle OIQ$ (SAS 합동)

→ 선분 OH는 공통, $\angle OHF=\angle OHP=\frac{\pi}{2}$, $\overline{HF}=\overline{HP}$

→ 선분 OI는 공통, $\angle OIF'=\angle OIQ=\frac{\pi}{2}$, $\overline{IF'}=\overline{IQ}$

이므로

$\overline{OP}=\overline{OF}=5$, $\overline{OQ}=\overline{OF'}=5$

즉, 네 점 F, F′, P, Q는 모두 원 $x^2+y^2=25$ 위의 점이다.

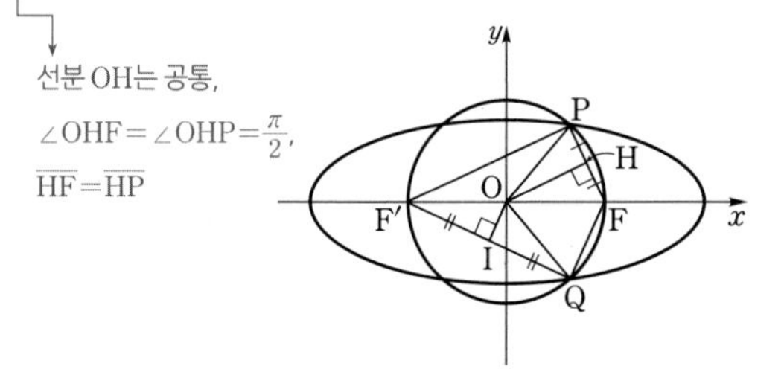

$\angle FQF'=\angle FPF'=90°$ ...... ㉠ → $\angle FQF'$, $\angle FPF'$ 모두 지름 $\overline{FF'}$에 대한 원주각이다.

$\overline{OI}\,/\!/\,\overline{FQ}$이고 $\overline{FF'}=2\overline{OF'}$이므로 → 원의 중심, 타원의 장축과 단축의 교점 모두 원점이기 때문이야.

$\overline{FQ}=2\overline{OI}$

같은 방법으로 $\overline{PF'}=2\overline{OH}$ ...... ㉡

또한, 원과 타원은 모두 x축, y축에 대하여 대칭이므로 두 점 P와 Q는 x축에 대하여 대칭이거나 y축 또는 원점에 대하여 대칭이다.

$\overline{OH}\neq\overline{OI}$이므로 두 점 P와 Q는 x축에 대하여 대칭이다.

$\therefore \overline{PF}=\overline{QF}$ ...... ㉢ → 두 점 P, Q가 원점에 대하여 대칭이면 $\overline{OH}=\overline{OI}$이다.

Step 2 $\overline{QF}=\alpha$, $\overline{QF'}=\beta$라 할 때 α, β의 관계를 이용하여 l^2의 값을 구한다. → $l=\alpha+\beta$

$\overline{PF}=\alpha$, $\overline{PF'}=\beta$라 하면 ㉠에서 피타고라스 정리에 의하여 → 직각삼각형 FF′P에 적용

$\alpha^2+\beta^2=100$

㉡, ㉢에서 $\alpha\beta=2\overline{OI}\times2\overline{OH}=4\overline{OI}\times\overline{OH}=40$ ($\because \overline{OH}\times\overline{OI}=10$)

따라서 $l=\alpha+\beta=\sqrt{\alpha^2+\beta^2+2\alpha\beta}=\sqrt{180}$이므로 → $\alpha^2+\beta^2=100$, $\alpha\beta=40$을 대입한다.

$l^2=180$

$\alpha+\beta=\sqrt{(\alpha+\beta)^2}=\sqrt{\alpha^2+\beta^2+2\alpha\beta}$

088 정답 ②

→ 먼저 주어진 조건을 이용하여 두 초점 사이의 거리를 구한다.

그림과 같이 장축의 길이가 4, 단축의 길이가 2인 타원이 있다. 이 타원의 두 초점 F, F′에 대하여 삼각형 AF′F의 넓이가 $\sqrt{2}$가 되도록 타원 위의 점 A를 정할 때, $\angle F'AF=\theta$라 하면 $\cos\theta$의 값은? (4점)

→ 삼각형 AF′F의 넓이를 어떤 방법으로 구할지 생각해본다.

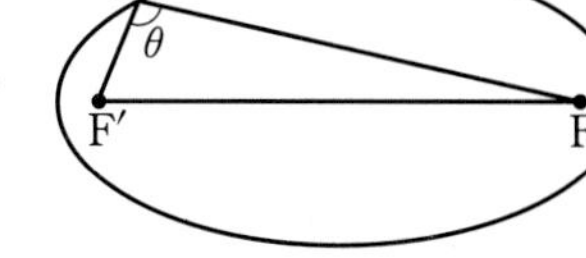

① $-\frac{1}{2}$ ✔② $-\frac{1}{3}$ ③ $-\frac{1}{4}$

④ $-\frac{1}{5}$ ⑤ $-\frac{1}{6}$

Step 1 타원의 성질과 삼각형의 넓이를 이용하여 필요한 선분의 길이를 구한다. → $\triangle AF'F=\sqrt{2}$임을 이용한다.

주어진 타원을 직선 FF′을 x축으로, $\overline{FF'}$의 중점을 원점으로 하는 좌표평면 위로 옮긴다. → 타원의 성질을 이용하기 쉽게 좌표평면 위로 옮겼어.

타원의 방정식을 $\frac{x^2}{a^2}+\frac{y^2}{b^2}=1$이라 하면 장축의 길이가 4, 단축의 길이가 2이므로 $2a=4$, $2b=2$에서 $a=2$, $b=1$

$\therefore \frac{x^2}{4}+y^2=1$ ...... ㉠

타원의 두 초점 F, F′의 좌표를 $(c, 0)$, $(-c, 0)$ $(c>0)$이라 하면

$c^2=a^2-b^2=4-1=3$에서 $c=\sqrt{3}$이므로 → 타원의 성질

$F(\sqrt{3}, 0)$, $F'(-\sqrt{3}, 0)$

$\therefore \overline{FF'}=2\sqrt{3}$ → 삼각형 AF′F의 밑변의 길이를 구했어.

점 A에서 x축에 내린 수선의 발을 H라 하면 삼각형 AF′F의 넓이가 $\sqrt{2}$이므로

$\triangle AF'F=\frac{1}{2}\times\overline{FF'}\times\overline{AH}=\frac{1}{2}\times2\sqrt{3}\times\overline{AH}=\sqrt{2}$

$\therefore \overline{AH}=\frac{\sqrt{2}}{\sqrt{3}}=\frac{\sqrt{6}}{3}$

즉, 점 A의 y좌표가 $\frac{\sqrt{6}}{3}$이므로 ㉠에 $y=\frac{\sqrt{6}}{3}$을 대입하면

$\frac{x^2}{4}+\left(\frac{\sqrt{6}}{3}\right)^2=1$

$\therefore x=-\frac{2\sqrt{3}}{3}$ ($\because x<0$) → 따라서 점 A의 좌표는 $\left(-\frac{2\sqrt{3}}{3}, \frac{\sqrt{6}}{3}\right)$이다.

$\overline{OH}=\frac{2\sqrt{3}}{3}$이므로 → 점 A의 x좌표가 $-\frac{2\sqrt{3}}{3}$이므로 $\overline{OH}=\frac{2\sqrt{3}}{3}$이야.

$\overline{F'H}=\overline{F'O}-\overline{OH}=\sqrt{3}-\frac{2\sqrt{3}}{3}=\frac{\sqrt{3}}{3}$

$\overline{FH}=\overline{F'F}-\overline{F'H}=2\sqrt{3}-\frac{\sqrt{3}}{3}=\frac{5\sqrt{3}}{3}$

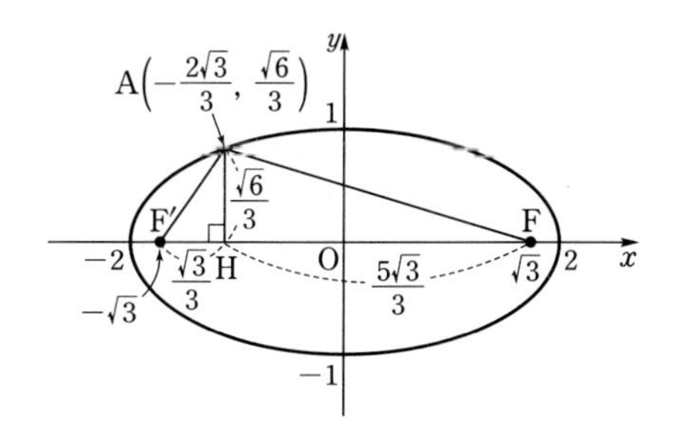

Step 2 피타고라스 정리를 이용하여 $\overline{AF'}$과 $\overline{AF}$의 길이를 각각 구한다.

두 직각삼각형 AF′H, AFH에서 피타고라스 정리를 이용하면

$$\overline{AF'}=\sqrt{\overline{AH}^2+\overline{F'H}^2}=\sqrt{\left(\frac{\sqrt{6}}{3}\right)^2+\left(\frac{\sqrt{3}}{3}\right)^2}=1$$

$$\overline{AF}=\sqrt{\overline{AH}^2+\overline{FH}^2}=\sqrt{\left(\frac{\sqrt{6}}{3}\right)^2+\left(\frac{5\sqrt{3}}{3}\right)^2}=3$$

Step 3 코사인법칙을 이용하여 $\cos\theta$의 값을 구한다.

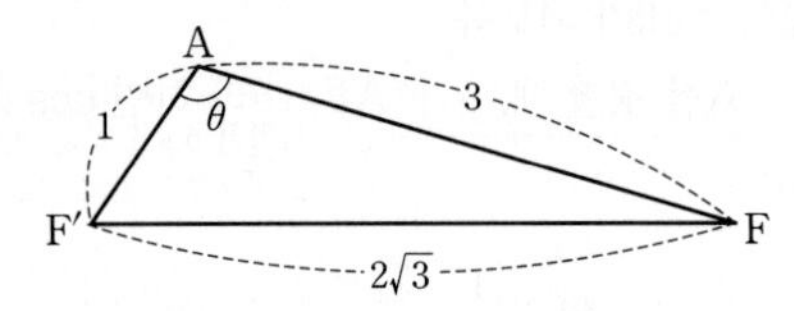

삼각형 AF′F에서 코사인법칙을 이용하면

$$\cos\theta=\frac{\overline{AF'}^2+\overline{AF}^2-\overline{F'F}^2}{2\times\overline{AF'}\times\overline{AF}}$$ → 수학 Ⅰ의 중요한 공식이니 꼭 기억해!

$$=\frac{1^2+3^2-(2\sqrt{3})^2}{2\times1\times3}$$

$$=\frac{-2}{6}=-\frac{1}{3}$$

✪ 다른 풀이 탄젠트함수의 덧셈정리를 이용하는 풀이

Step 1 동일

Step 2 삼각함수의 덧셈정리를 이용하여 $\cos\theta$의 값을 구한다.

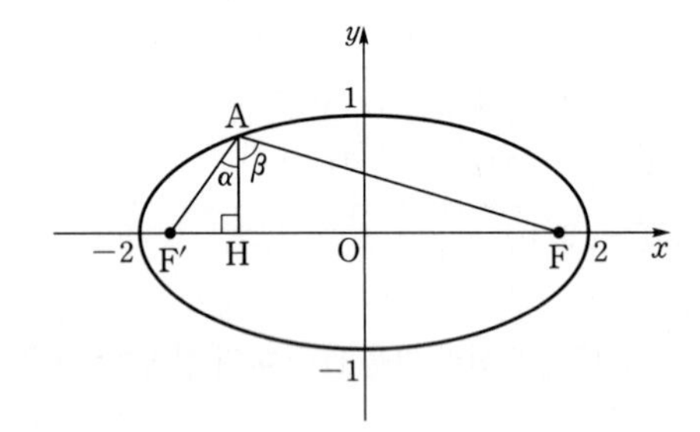

삼각형 AF′H와 삼각형 AFH에서 $\angle F'AH=\alpha$, $\angle FAH=\beta$라 하면 ($\theta=\alpha+\beta$임을 확인!)

$$\tan\alpha=\frac{\overline{F'H}}{\overline{AH}}=\frac{\frac{\sqrt{3}}{3}}{\frac{\sqrt{6}}{3}}=\frac{\sqrt{2}}{2}$$

$$\tan\beta=\frac{\overline{FH}}{\overline{AH}}=\frac{\frac{5\sqrt{3}}{3}}{\frac{\sqrt{6}}{3}}=\frac{5\sqrt{2}}{2}$$

> 암기 **탄젠트함수의 덧셈정리**
>
> $\tan(\alpha+\beta)=\dfrac{\tan\alpha+\tan\beta}{1-\tan\alpha\tan\beta}$
>
> $\tan(\alpha-\beta)=\dfrac{\tan\alpha-\tan\beta}{1+\tan\alpha\tan\beta}$

$$\therefore \tan\theta=\tan(\alpha+\beta)=\frac{\tan\alpha+\tan\beta}{1-\tan\alpha\tan\beta}=\frac{\frac{\sqrt{2}}{2}+\frac{5\sqrt{2}}{2}}{1-\frac{\sqrt{2}}{2}\times\frac{5\sqrt{2}}{2}}$$

$$=-2\sqrt{2}$$

따라서 $\frac{\pi}{2}<\theta<\pi$이고 $\frac{\sin\theta}{\cos\theta}=-2\sqrt{2}$이므로

→ $\tan\theta<0$인 θ의 범위는 $\frac{\pi}{2}<\theta<\pi$ 또는 $\frac{3}{2}\pi<\theta<2\pi$이고, θ는 삼각형의 한 내각의 크기이므로 $\frac{\pi}{2}<\theta<\pi$이다.

$\sin\theta=-2\sqrt{2}\cos\theta$

양변을 제곱하면

$\sin^2\theta=8\cos^2\theta$

$1-\cos^2\theta=8\cos^2\theta$ ← $\cos^2\theta+\sin^2\theta=1$에서 $\sin^2\theta=1-\cos^2\theta$

$\cos^2\theta=\frac{1}{9}$

$\therefore \cos\theta=-\frac{1}{3}$ $\left(\because \frac{\pi}{2}<\theta<\pi\right)$ → θ가 제2사분면의 각일 때 $\sin\theta>0$, $\cos\theta<0$, $\tan\theta<0$

✪ 다른 풀이 코사인함수의 덧셈정리를 이용하는 풀이

Step 1 동일

Step 2 동일

Step 3 삼각함수의 덧셈정리를 이용하여 $\cos\theta$의 값을 구한다.

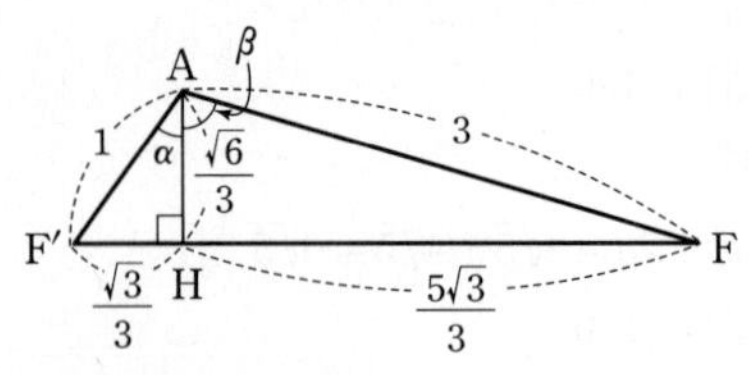

$\angle F'AH=\alpha$, $\angle FAH=\beta$라 하면

$\cos\alpha=\frac{\sqrt{6}}{3}$, $\sin\alpha=\frac{\sqrt{3}}{3}$, $\cos\beta=\frac{\sqrt{6}}{9}$, $\sin\beta=\frac{5\sqrt{3}}{9}$이므로

삼각함수의 덧셈정리에 의하여 (암기)

$$\cos\theta=\cos(\alpha+\beta)=\cos\alpha\cos\beta-\sin\alpha\sin\beta$$

$$=\frac{\sqrt{6}}{3}\times\frac{\sqrt{6}}{9}-\frac{\sqrt{3}}{3}\times\frac{5\sqrt{3}}{9}=-\frac{1}{3}$$ 계산 주의

089 [정답률 89%]

정답 ②

좌표평면 위에 두 초점이 F, F′인 타원 $\frac{x^2}{36}+\frac{y^2}{12}=1$이 있다. 타원 위의 두 점 P, Q에 대하여 직선 PQ가 원점 O를 지나고 삼각형 PF′Q의 둘레의 길이가 20일 때, 선분 OP의 길이는?

(단, 점 P는 제1사분면 위의 점이다.) (3점)

① $\frac{11}{3}$ ② 4 ③ $\frac{13}{3}$

④ $\frac{14}{3}$ ⑤ 5

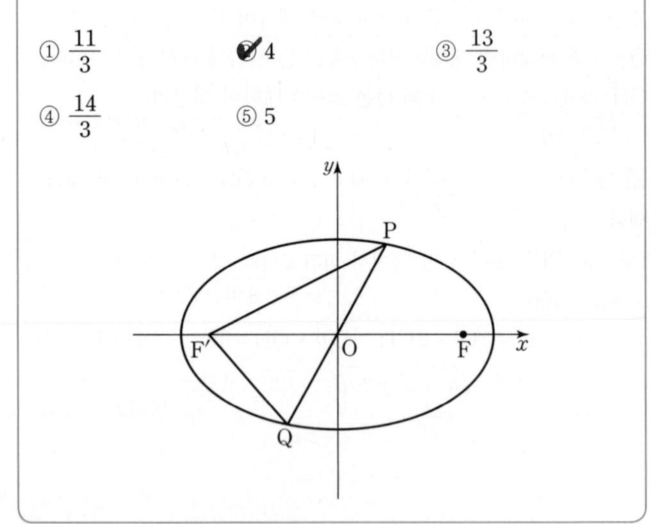

Step 1 $\overline{PF}=\overline{QF'}$임을 이용한다.

점 Q는 점 P와 원점에 대하여 대칭인 점이므로

$\overline{OP}=\overline{OQ}$, $\overline{QF'}=\overline{PF}$ $\therefore \overline{PF'}+\overline{QF'}=\overline{PF'}+\overline{PF}=12$ → 타원의 정의

삼각형 PF′Q의 둘레의 길이가 20이므로 $\overline{PQ}=8$ → $\overline{PF'}+\overline{QF'}+\overline{PQ}=20$

따라서 $\overline{PQ}=2\overline{OP}$에서 $\overline{OP}=4$이다.

090 [정답률 82%]

정답 32

두 점 A, B는 x좌표가 c이고 타원 위에 있는 점이다.

그림과 같이 두 점 $F(c, 0)$, $F'(-c, 0)$을 초점으로 하는 타원 $\frac{x^2}{a^2}+\frac{y^2}{16}=1$과 직선 $x=c$의 교점을 A, B라 하자. 두 점 $C(a, 0)$, $D(-a, 0)$에 대하여 사각형 ADBC의 넓이를 구하시오. (단, a와 c는 양수이다.) (4점)

선분 CD의 길이와 두 점 A, B의 y좌표를 이용

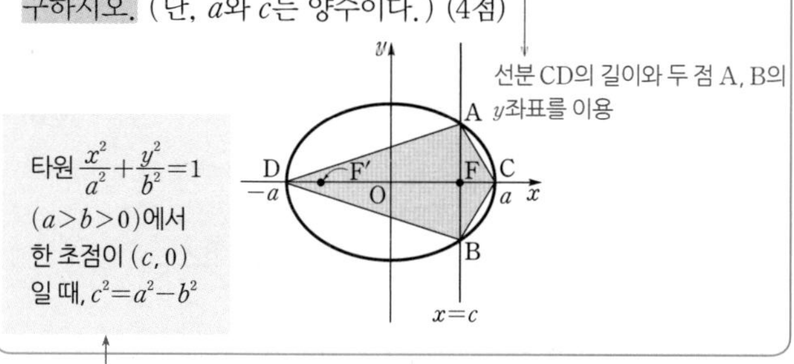

Step 1 타원의 초점의 좌표로부터 a, c 사이의 관계식을 찾는다.

타원 $\frac{x^2}{a^2}+\frac{y^2}{16}=1$의 두 초점이 $F(c, 0)$, $F'(-c, 0)$이므로

$c^2=a^2-16$ …… ㉠

Step 2 두 점 A, B의 좌표를 이용하여 $\overline{AB}$의 길이를 구한다.

타원과 직선 $x=c$의 교점이 A, B이므로 두 점 A, B의 x좌표는 c이고, 두 점 A, B는 타원

$\frac{x^2}{a^2}+\frac{y^2}{16}=1$ 위의 점이므로

$\frac{c^2}{a^2}+\frac{y^2}{16}=1$, $\frac{y^2}{16}=1-\frac{c^2}{a^2}$ → $x=c$를 타원의 방정식에 대입

$y^2=16\cdot\frac{a^2-c^2}{a^2}=\frac{16^2}{a^2}$ ($\because$ ㉠)

$\therefore y=\pm\frac{16}{a}$ → 두 점 A, B 각각의 y좌표

$\therefore \overline{AB}=\frac{16}{a}+\frac{16}{a}=\frac{32}{a}$

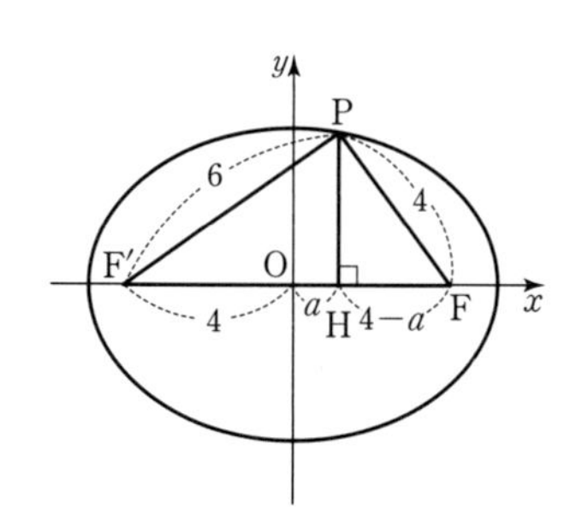

Step 3 사각형 ADBC의 넓이를 구한다.

사각형 ADBC의 넓이를 S라 하면

$S=\frac{1}{2}\cdot\overline{CD}\cdot\overline{AB}=\frac{1}{2}\cdot 2a\cdot\frac{32}{a}=32$ → a의 값에 관계없이 사각형 ADBC의 넓이가 일정한 값을 가짐을 알 수 있다.

알아야 할 기본개념

타원의 방정식

타원의 방정식 $\frac{x^2}{a^2}+\frac{y^2}{b^2}=1$ $(a>0, b>0)$에서

(1) $a>b>0$일 때,
  장축의 길이 : $2a$, 단축의 길이 : $2b$
  초점의 좌표 : $(c, 0)$, $(-c, 0)$ (단, $c=\sqrt{a^2-b^2}$)

(2) $b>a>0$일 때,
  장축의 길이 : $2b$, 단축의 길이 : $2a$
  초점의 좌표 : $(0, c)$, $(0, -c)$ (단, $c=\sqrt{b^2-a^2}$)

091 [정답률 75%]

정답 ③

그림과 같이 두 초점이 F, F'인 타원 $\frac{x^2}{25}+\frac{y^2}{9}=1$ 위의 점 중 제1사분면에 있는 점 P에 대하여 세 선분 PF, PF', FF'의 길이가 이 순서대로 등차수열을 이룰 때, 점 P의 x좌표는?

→ 등차중항을 생각한다.

(단, 점 F의 x좌표는 양수이다.) (3점)

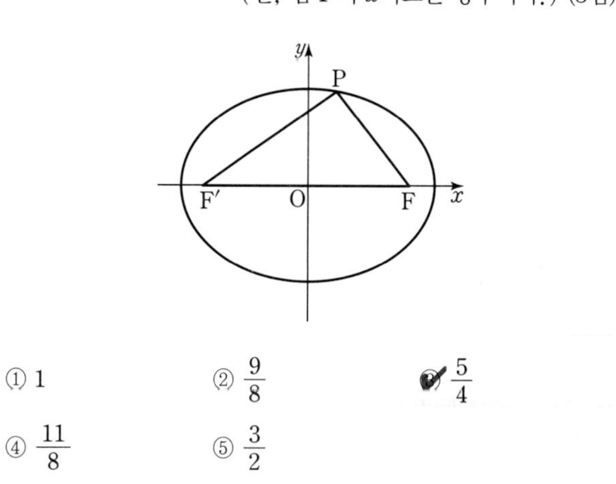

① 1 ② $\frac{9}{8}$ ③ $\frac{5}{4}$ ④ $\frac{11}{8}$ ⑤ $\frac{3}{2}$

Step 1 선분 FF'의 길이를 구한다.

$\frac{x^2}{25}+\frac{y^2}{9}=1$에서 $\sqrt{25-9}=4$

따라서 주어진 타원의 두 초점의 좌표는 $F(4, 0)$, $F'(-4, 0)$이므로 $\overline{FF'}=4-(-4)=8$

Step 2 $\overline{PF}+\overline{PF'}=10$, 등차중항을 이용하여 두 선분 PF, PF'의 길이를 구한다.

$\overline{PF}+\overline{PF'}=2\times5=10$ → 타원의 장축의 길이와 같다. $\therefore \overline{PF'}=10-\overline{PF}$

이때 $\overline{PF}$, $\overline{PF'}$, $\overline{FF'}$이 이 순서대로 등차수열을 이루므로 등차중항에 의해 $2\overline{PF'}=\overline{PF}+\overline{FF'}$

$2(10-\overline{PF})=\overline{PF}+8$, $3\overline{PF}=12$ → $20-2\overline{PF}=\overline{PF}+8$, $3\overline{PF}=12$

$\therefore \overline{PF}=4$

$\overline{PF}=4$이므로 $\overline{PF'}=10-\overline{PF}=6$

Step 3 점 P의 좌표를 구한다.

$\overline{PF'}=6<8=\overline{FF'}$이므로 점 P의 x좌표를 a라 할 때, $0<a<4$

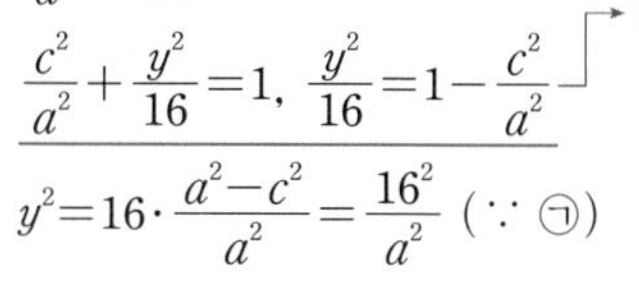
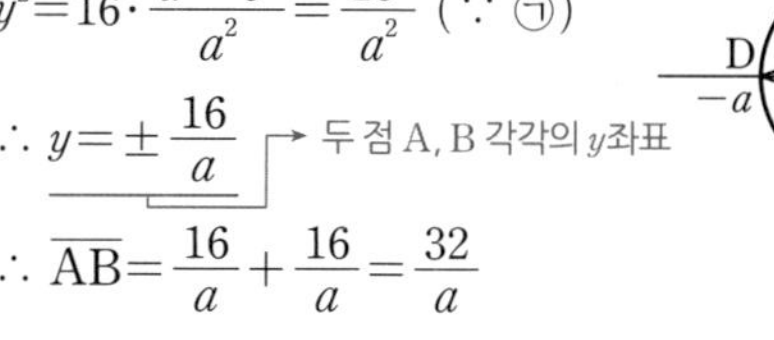
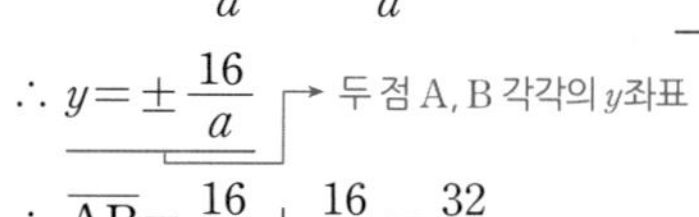

위의 그림과 같이 점 P에서 x축에 내린 수선의 발을 H라 하면

$\overline{HF}=4-a$, $\overline{HF'}=4+a$ → $\overline{OF}=\overline{OF'}=4$이므로 $\overline{HF}=4-a$, $\overline{HF'}=4+a$

$\overline{PH}^2=\overline{PF'}^2-\overline{HF'}^2=\overline{PF}^2-\overline{HF}^2$이므로

$6^2-(4+a)^2=4^2-(4-a)^2$

$20-8a-a^2=8a-a^2$, $16a=20$

$\therefore a=\frac{5}{4}$

092 [정답률 53%]　　정답 ④

장축의 길이가 6이고 두 초점이 $F(c, 0)$, $F'(-c, 0)$ $(c>0)$인 타원을 C_1이라 하자. 장축의 길이가 6이고 두 초점이 $A(3, 0)$, $F'(-c, 0)$인 타원을 C_2라 하자.
두 타원 C_1과 C_2가 만나는 점 중 제1사분면에 있는 점 P에 대하여 $\cos(\angle AFP)=\frac{3}{8}$일 때, 삼각형 PFA의 둘레의 길이는? (4점)

① $\frac{11}{6}$　② $\frac{11}{5}$　③ $\frac{11}{4}$　④ $\frac{11}{3}$　⑤ $\frac{11}{2}$

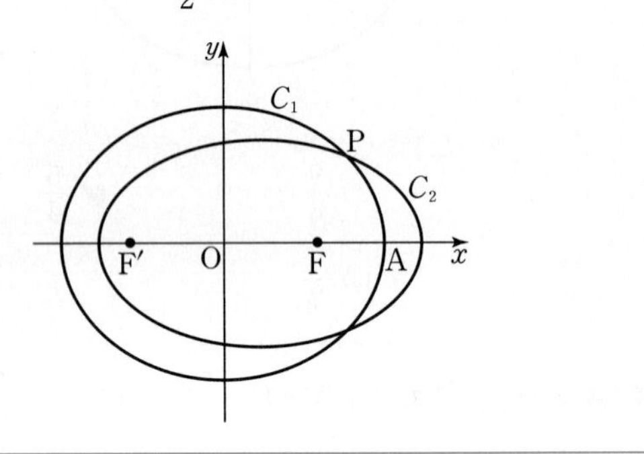

Step 1 타원의 정의를 이용한다.

두 타원 C_1, C_2에서 타원의 정의에 의하여
(타원 위의 한 점에서 두 초점까지의 거리의 합은 장축의 길이와 같다.)

$\overline{PF}+\overline{PF'}=6$ ······ ㉠
$\overline{PA}+\overline{PF'}=6$
$\overline{PF}+\overline{PF'}=\overline{PA}+\overline{PF'}$이므로 $\overline{PF}=\overline{PA}$
즉, 삼각형 PFA는 이등변삼각형이고 점 P에서 x축에 내린 수선의 발을 H라 하면 삼각형 PFH에서 $\cos(\angle AFP)=\frac{\overline{FH}}{\overline{PF}}=\frac{3}{8}$

Step 2 $\overline{PF}=8k$로 놓고 각 선분의 길이를 k에 대하여 나타낸다.

$\overline{PF}=8k$ $(k>0)$라 하면 $\overline{FH}=3k$이므로 이를 ㉠에 대입하면
$8k+\overline{PF'}=6$　　$\therefore \overline{PF'}=6-8k$
$\overline{OF}=\overline{OA}-\overline{FA}=\overline{OA}-2\overline{FH}=3-2\times3k=3-6k$
$\therefore \overline{F'H}=\overline{F'F}+\overline{FH}=2\overline{OF}+\overline{FH}=2\times(3-6k)+3k=6-9k$
(이등변삼각형 PFA에서 $\overline{PH}\perp\overline{FA}$이므로 $\overline{FH}=\overline{HA}$)

Step 3 피타고라스 정리를 이용하여 k의 값을 구한다.

직각삼각형 PF'H에서 $\overline{PH}^2=\overline{PF'}^2-\overline{F'H}^2$이고, 직각삼각형 PFH에서 $\overline{PH}^2=\overline{PF}^2-\overline{FH}^2$이므로
$\overline{PF'}^2-\overline{F'H}^2=\overline{PF}^2-\overline{FH}^2$
$(6-8k)^2-(6-9k)^2=(8k)^2-(3k)^2$
$36-96k+64k^2-(36-108k+81k^2)=64k^2-9k^2$
$12k-17k^2=55k^2$, $72k^2=12k$
$\therefore k=\frac{1}{6}$ $(\because k>0)$

Step 4 삼각형 PFA의 둘레의 길이를 구한다.

따라서 삼각형 PFA의 둘레의 길이는
$\overline{PF}+\overline{PA}+\overline{FA}=2\overline{PF}+2\overline{FH}=16k+6k=22k=\frac{11}{3}$
($\overline{PF}=\overline{PA}$)

093 [정답률 88%]　　정답 ①

그림과 같이 두 점 $F(0, c)$, $F'(0, -c)$를 초점으로 하는 타원 $\frac{x^2}{a^2}+\frac{y^2}{25}=1$이 x축과 만나는 점 중에서 x좌표가 양수인 점을 A라 하자. 직선 $y=c$가 직선 AF'과 만나는 점을 B, 직선 $y=c$가 타원과 만나는 점 중 x좌표가 양수인 점을 P라 하자. 삼각형 BPF'의 둘레의 길이와 삼각형 BFA의 둘레의 길이의 차가 4일 때, 삼각형 AFF'의 넓이는? (단, $0<a<5$, $c>0$) (3점)
(각 둘레에서 서로 겹치는 부분을 제외한다.)

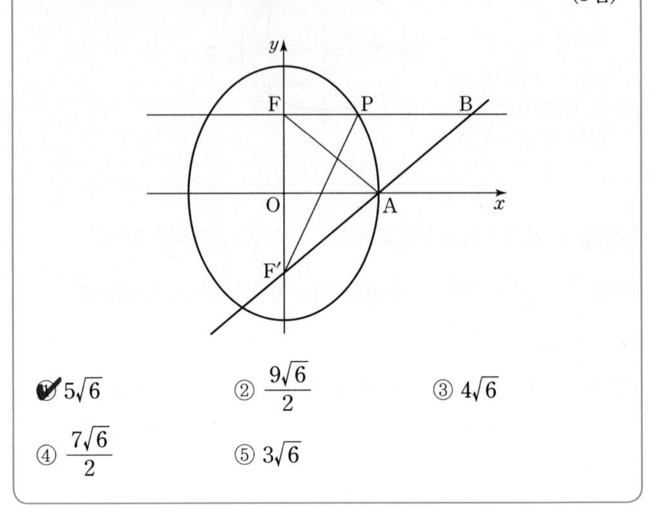

① $5\sqrt{6}$　② $\frac{9\sqrt{6}}{2}$　③ $4\sqrt{6}$　④ $\frac{7\sqrt{6}}{2}$　⑤ $3\sqrt{6}$

Step 1 $\overline{PF}$, $\overline{PF'}$의 길이를 각각 구한다.

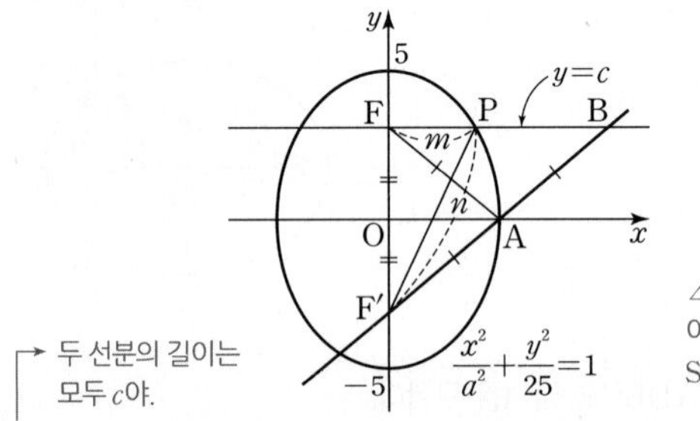

$\overline{OF}=\overline{OF'}$이므로 두 직각삼각형 AFO, AF'O는 서로 합동이다.
따라서 $\overline{AF}=\overline{AF'}$이고, 타원의 정의에 의하여 $\overline{AF}+\overline{AF'}=10$이므로 $\overline{AF}=\overline{AF'}=5$ (10: 타원의 장축의 길이)
두 직각삼각형 AOF', BFF'은 서로 닮음이고, 닮음비는 $1:2$이므로 $\overline{F'B}=2\overline{AF'}=10$ ($=\overline{OF'}:\overline{FF'}$)
따라서 $\overline{PF}=m$, $\overline{PF'}=n$이라 하면
삼각형 BPF'의 둘레의 길이는
$\overline{BP}+\overline{PF'}+\overline{F'B}=\overline{BP}+n+10$
삼각형 BFA의 둘레의 길이는
$\overline{BF}+\overline{FA}+\overline{AB}=(\overline{BP}+\overline{PF})+5+5$
$=\overline{BP}+m+10$
($\overline{AB}=\overline{F'B}-\overline{AF'}=5$)
두 삼각형의 둘레의 길이의 차가 4이므로
$(\overline{BP}+n+10)-(\overline{BP}+m+10)=n-m=4$
$\therefore m-n=-4$ ······ ㉠
타원의 정의에 의하여 $\overline{PF}+\overline{PF'}=10$이므로
(타원 위의 한 점에서 두 초점까지의 거리의 합은 장축의 길이와 같아.)
$m+n=10$ ······ ㉡
㉠, ㉡에서 $m=3$, $n=7$이므로
$\overline{PF}=3$, $\overline{PF'}=7$

Step 2 c의 값을 구한다.

직각삼각형 PFF′에서

$\overline{FF'}=\sqrt{\overline{PF'}^2-\overline{PF}^2}=\sqrt{7^2-3^2}=\sqrt{40}=2\sqrt{10}$

따라서 $\overline{OF}=\overline{OF'}=\sqrt{10}$이므로 $c=\sqrt{10}$

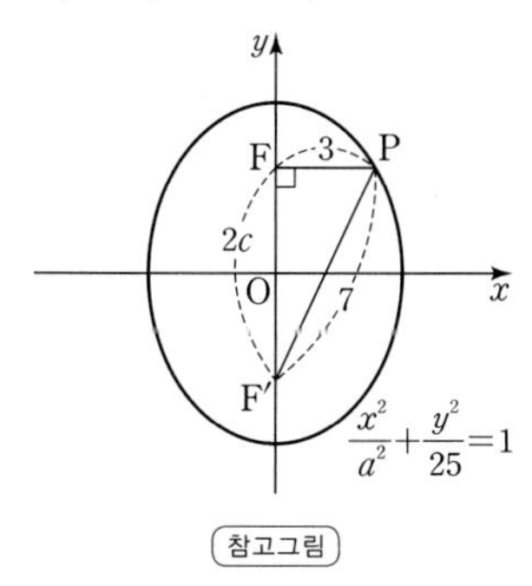

참고그림

Step 3 삼각형 AFF′의 넓이를 구한다.

타원 $\frac{x^2}{a^2}+\frac{y^2}{25}=1$의 두 초점의 좌표가 $(0,\ \sqrt{10})$, $(0,\ -\sqrt{10})$이므로 $\sqrt{25-a^2}=\sqrt{10}$에서 $25-a^2=10$

$a^2=15 \quad \therefore\ a=\sqrt{15}$ → 점 A의 x좌표이기도 해.

따라서 삼각형 AFF′의 넓이는

$\frac{1}{2}\times\overline{FF'}\times\overline{OA}=\frac{1}{2}\times2\sqrt{10}\times\sqrt{15}=5\sqrt{6}$

($\sqrt{10}=\sqrt{2}\times\sqrt{5}$, $\sqrt{15}=\sqrt{3}\times\sqrt{5}$)

094 [정답률 38%]

정답 39

→ $\sqrt{36-20}=\sqrt{16}=4$이므로 타원의 초점은 $(4,\ 0)$, $(-4,\ 0)$이다.

타원 $\frac{x^2}{36}+\frac{y^2}{20}=1$의 두 초점을 F와 F′이라 하고, 초점 F에 가장 가까운 꼭짓점을 A라 하자. 이 타원 위의 한 점 P에 대하여 $\angle PFF'=\frac{\pi}{3}$일 때, $\overline{PA}^2$의 값을 구하시오. (4점)

→ $\overline{PA}$를 빗변으로 하는 적당한 직각삼각형을 만든다.

y, P, $\frac{\pi}{3}$, F′, O, F, A, x

Step 1 선분 PF의 길이를 a라 하고, 타원의 성질을 이용하여 필요한 선분의 길이를 구한다.

$\frac{x^2}{36}+\frac{y^2}{20}=1$에서 초점 F의 x좌표를 c라 하면

$c=\sqrt{36-20}=4$ **중요**

$\therefore$ F(4, 0), F′(−4, 0)

$\overline{PF}=a$라 하고, 점 P에서 x축에 내린 수선의 발을 H라 하면

직각삼각형 PHF에서 피타고라스 정리를 이용

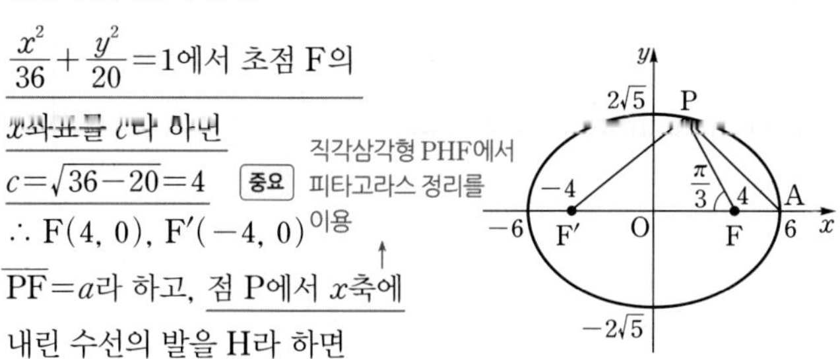

$\overline{PH}=a\sin\frac{\pi}{3}=\frac{\sqrt{3}}{2}a$ → 점 P의 y좌표

$\overline{FH}=a\cos\frac{\pi}{3}=\frac{a}{2}$

$\therefore\ \overline{OH}=\overline{OF}-\overline{FH}=4-\frac{a}{2}$ → 점 P의 x좌표

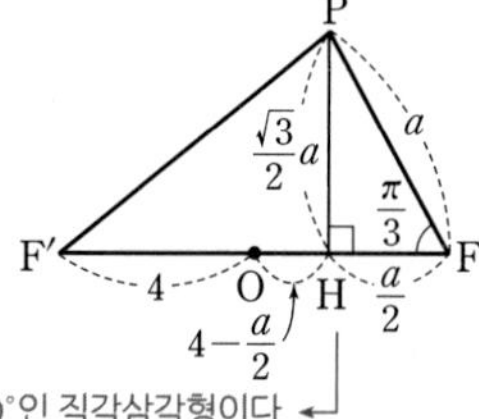

삼각형 PFH는 $\angle F=\frac{\pi}{3}$, $\angle H=90°$인 직각삼각형이다.

Step 2 점 P의 좌표를 타원의 방정식에 대입하여 선분 PF의 길이를 구한다.

점 P의 좌표는 $P\left(4-\frac{a}{2},\ \frac{\sqrt{3}}{2}a\right)$이고, 점 P는 타원 위의 점이므로

$\frac{\left(4-\frac{a}{2}\right)^2}{36}+\frac{\left(\frac{\sqrt{3}}{2}a\right)^2}{20}=1$ ← 점 P의 x, y좌표를 타원의 방정식에 대입

$2a^2-5a-25=0$, $(2a+5)(a-5)=0$

$\therefore\ a=5\ (\because\ a>0)$

B, A, C

→ $\angle C=90°$인 직각삼각형 ABC에서 $\overline{AB}^2=\overline{AC}^2+\overline{BC}^2$이다.

Step 3 피타고라스 정리를 이용하여 $\overline{PA}^2$의 값을 구한다.

$\overline{PH}=\frac{5\sqrt{3}}{2}$, $\overline{FH}=\frac{5}{2}$이므로

삼각형 PHA에서 피타고라스 정리를 이용하면

$\overline{PA}^2=\overline{PH}^2+\overline{HA}^2$

$=\left(\frac{5\sqrt{3}}{2}\right)^2+\left(\frac{9}{2}\right)^2$ → $\overline{HA}=\overline{FH}+\overline{FA}=\frac{5}{2}+2=\frac{9}{2}$

$=\frac{156}{4}=39$

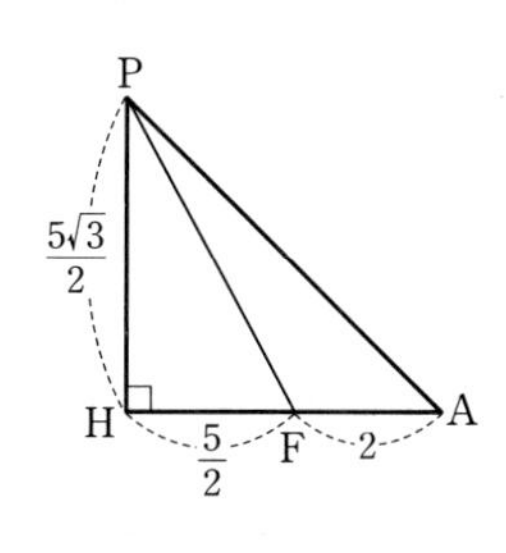

수능포인트

타원 관련 문제는 대부분 타원의 정의를 이용하면 쉽게 풀 수 있습니다. 다만, 이 문제는 $\angle PFF'=\frac{\pi}{3}$라는 특수각이 나오고 초점으로부터의 거리가 아닌 꼭짓점으로부터의 거리를 묻고 있습니다. 따라서 특수각의 삼각비를 이용해야 선분의 길이를 구할 수 있습니다.

095 [정답률 90%] 정답 ④

타원 $\frac{x^2}{a^2}+\frac{y^2}{b^2}=1$의 한 초점을 $F(c, 0)$ $(c>0)$, 이 타원이 x축과 만나는 점 중에서 x좌표가 음수인 점을 A, y축과 만나는 점 중에서 y좌표가 양수인 점을 B라 하자. $\angle AFB=\frac{\pi}{3}$이고 삼각형 AFB의 넓이는 $6\sqrt{3}$일 때, a^2+b^2의 값은? (단, a, b는 상수이다.) (3점)

$c=\sqrt{a^2-b^2}$

주어진 그림을 이용하면 두 점 A, B의 위치를 더 확실하게 알 수 있어.

$\overline{OF}:\overline{FB}:\overline{OB}=1:2:\sqrt{3}$

$\frac{1}{2}\times\overline{AF}\times\overline{OB}=6\sqrt{3}$

① 22 ② 24 ③ 26 ④ 28 ⑤ 30

Step 1 주어진 조건과 타원의 정의를 이용하여 필요한 선분의 길이를 c에 대하여 정리한다.

타원 $\frac{x^2}{a^2}+\frac{y^2}{b^2}=1$ $(a>0, b>0)$에서 $\overline{OA}=a$, $\overline{OB}=b$, $\overline{OF}=c$이다.

직각삼각형 OFB에서

$\overline{BF}=\frac{\overline{OF}}{\cos\frac{\pi}{3}}=2c$

$\overline{OB}=\overline{OF}\tan\frac{\pi}{3}$

$=\sqrt{3}c=b$

암기 특수각에 대한 삼각함수의 값은 꼭 외워둬!

타원의 정의에 의하여

(장축의 길이)$=2\overline{BF}$이므로 중요

$2\overline{OA}=2\overline{BF}$, $\overline{OA}=\overline{BF}$

$\therefore a=2c$

Step 2 삼각형의 넓이를 이용하여 c의 값을 구한다.

그림에서 $\overline{AF}=a+c$, $\overline{OB}=b$

$\triangle AFB=\frac{1}{2}\times(a+c)\times b$

$=\frac{1}{2}\times(2c+c)\times\sqrt{3}c$

$=\frac{3\sqrt{3}}{2}c^2=6\sqrt{3}$

에서 $c^2=4$ $\therefore c=2$ $(\because c>0)$

$\overline{BF}=a$, $\overline{AF}=a+c$이므로

$\triangle AFB=\frac{1}{2}\times a\times(a+c)\times\sin\frac{\pi}{3}=6\sqrt{3}$

이고, 직각삼각형 OFB에서

$\overline{OF}=\overline{BF}\cos\frac{\pi}{3}$, 즉 $c=\frac{a}{2}$를

위 식에 대입하여 a와 c의 값을 구할 수도 있다.

Step 3 a^2+b^2의 값을 구한다.

$a=2c=4$, $b=\sqrt{3}c=2\sqrt{3}$이므로

$a^2+b^2=4^2+(2\sqrt{3})^2=28$

096 [정답률 94%] 정답 ②

그림과 같이 좌표평면에 x축 위의 두 점 F, F′과 점 $P(0, n)$ $(n>0)$이 있다. 삼각형 PF′F가 $\angle FPF'=\frac{\pi}{2}$인 직각이등변삼각형일 때, 다음 물음에 답하시오.

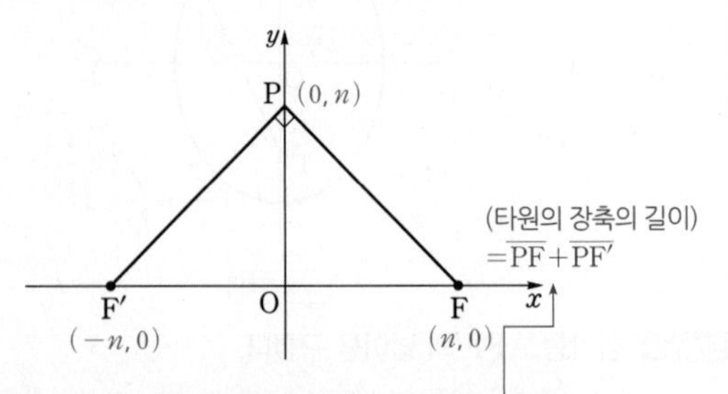

(타원의 장축의 길이)$=\overline{PF}+\overline{PF'}$

두 점 F, F′을 초점으로 하고 점 P를 지나는 타원과 직선 PF′이 만나는 점 중 점 P가 아닌 점을 Q라 하자. 삼각형 FPQ의 둘레의 길이가 $12\sqrt{2}$일 때, 삼각형 FPQ의 넓이는? (4점)

좌표평면 위에 삼각형 FPQ를 나타낸다.

① 11 ② 12 ③ 13 ④ 14 ⑤ 15

Step 1 타원의 정의를 이용하여 두 선분 PF, PF′의 길이를 구한다.

타원의 장축의 길이를 $2a$라 하면

타원의 정의에 의하여

$\overline{PF}+\overline{PF'}=2a$, $\overline{QF}+\overline{QF'}=2a$

삼각형 FPQ의 둘레의 길이는

$\overline{PQ}+\overline{QF}+\overline{PF}$

$=(\overline{PF}+\overline{PF'})+(\overline{QF}+\overline{QF'})$

$=2a+2a=4a=12\sqrt{2}$

$\therefore a=3\sqrt{2}$

암기 타원 위의 한 점에서 두 초점까지의 거리의 합은 항상 일정하고 그 값은 장축의 길이와 같다.

이때 $\overline{PF}=\overline{PF'}$이므로

$\overline{PF}=\overline{PF'}=3\sqrt{2}$

삼각형 FPQ의 밑변의 길이 $\overline{PF}$를 알고 있으므로 높이 $\overline{PQ}$를 구하면 삼각형 FPQ의 넓이를 구할 수 있다.

Step 2 피타고라스 정리를 이용하여 $\overline{PQ}$의 길이를 구한다.

$\overline{QF'}=k$라 하면

$\overline{QF}+\overline{QF'}=2a=6\sqrt{2}$에서

$\overline{QF}=6\sqrt{2}-k$

또한, $\overline{PQ}=a+k=3\sqrt{2}+k$이므로 직각삼각형 FPQ에서 피타고라스 정리를 이용하면

문제에서 $\angle FPF'=\frac{\pi}{2}$

$(3\sqrt{2}+k)^2+(3\sqrt{2})^2=(6\sqrt{2}-k)^2$ → $\overline{PQ}^2+\overline{PF}^2=\overline{QF}^2$

$k^2+6\sqrt{2}k+18+18=k^2-12\sqrt{2}k+72$

$18\sqrt{2}k=36$

$\therefore k=\sqrt{2}$

$\therefore \overline{PQ}=3\sqrt{2}+\sqrt{2}=4\sqrt{2}$

Step 3 삼각형 FPQ의 넓이를 구한다.

따라서 삼각형 FPQ의 넓이는

$\frac{1}{2}\times4\sqrt{2}\times3\sqrt{2}=12$

$\frac{1}{2}\times\overline{PQ}\times\overline{PF}$

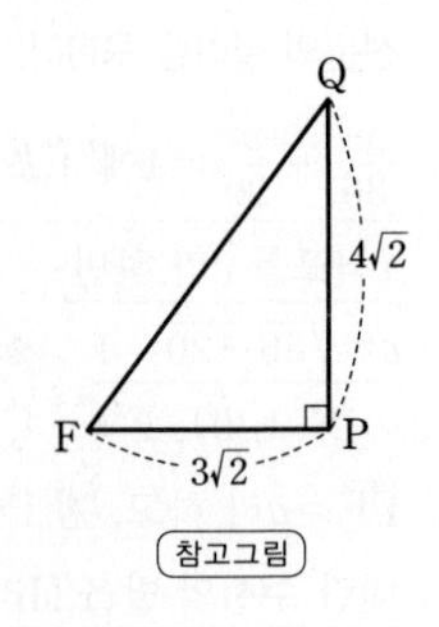

참고그림

097 [정답률 55%] 정답 105

그림과 같이 y축 위의 점 A$(0, a)$와 두 점 F, F′을 초점으로 하는 타원 $\frac{x^2}{25}+\frac{y^2}{9}=1$ 위를 움직이는 점 P가 있다.
$\overline{AP}-\overline{FP}$의 최솟값이 1일 때, a^2의 값을 구하시오. (4점)

→ (장축의 길이)$=10$

→ $\overline{PF}+\overline{PF'}=10$임을 이용하여 식을 변형

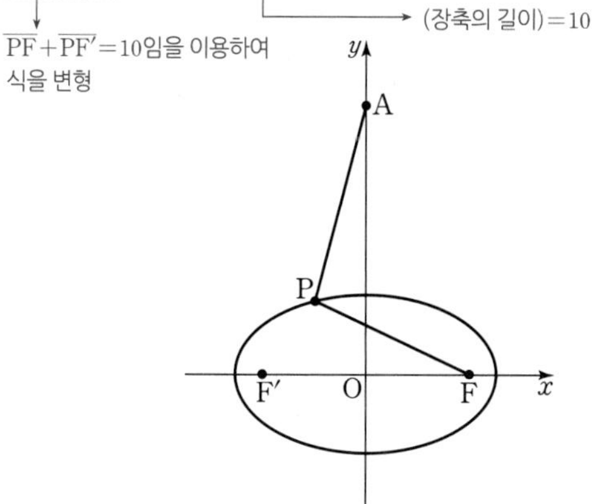

Step 1 타원의 정의에 의하여 $\overline{FP}+\overline{F'P}=10$임을 이용한다.

타원의 정의에 의하여 $\overline{FP}+\overline{F'P}=10$이므로
$\overline{FP}=10-\overline{F'P}$

→ 중요 타원 위의 한 점에서 두 초점까지의 거리의 합은 일정하고 그 값은 타원의 장축의 길이와 같다.

$\therefore \overline{AP}-\overline{FP}=\overline{AP}-(10-\overline{F'P})$
$=(\overline{AP}+\overline{F'P})-10$

Step 2 $\overline{AP}-\overline{FP}$의 최솟값이 1임을 이용하여 a^2의 값을 구한다.

$\overline{AP}-\overline{FP}$가 최소이려면 $\overline{AP}+\overline{F'P}$가 최소이어야 한다.
오른쪽 그림과 같이 세 점 A, P, F′이 일직선 위에 있을 때 $\overline{AP}+\overline{F'P}$가 최소이므로

→ 이때 $\overline{AP}+\overline{F'P}$의 값이 $\overline{AF'}$으로 최소가 돼.

$\overline{AP}+\overline{F'P}-10=1$
$\overline{AP}+\overline{F'P}=11$
$\therefore \overline{AF'}=11$
한편, 두 초점을 F$(c, 0)$, F′$(-c, 0)$이라 하면 $c^2=25-9=16$에서
F′$(-4, 0)$
또한, 점 A의 좌표는 $(0, a)$이므로
$\overline{AF'}=\sqrt{16+a^2}=11$

→ 암기 두 점 (x_1, y_1)과 (x_2, y_2) 사이의 거리는 $\sqrt{(x_2-x_1)^2+(y_2-y_1)^2}$이다.

$16+a^2=121$
$\therefore a^2=121-16=105$

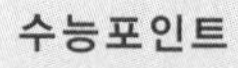

수능포인트

임의의 점 P가 주어진 그래프 위의 점이고 두 정점 A, B로부터 $\overline{PA}+\overline{PB}$의 최솟값을 물어볼 때, 두 정점 A, B를 이은 선분 위에 점 P가 있음을 이용하는 문제가 종종 출제됩니다.

098 [정답률 81%] 정답 14

좌표평면에서 두 점 A$(0, 3)$, B$(0, -3)$에 대하여, 두 초점이 F, F′인 타원 $\frac{x^2}{16}+\frac{y^2}{7}=1$ 위의 점 P가 $\overline{AP}=\overline{PF}$를 만족시킨다. 사각형 AF′BP의 둘레의 길이가 $a+b\sqrt{2}$일 때, $a+b$의 값을 구하시오.
(단, $\overline{PF}<\overline{PF'}$이고 a, b는 자연수이다.) (4점)

→ $\overline{PF}+\overline{PF'}$ $=$(장축의 길이) $=8$

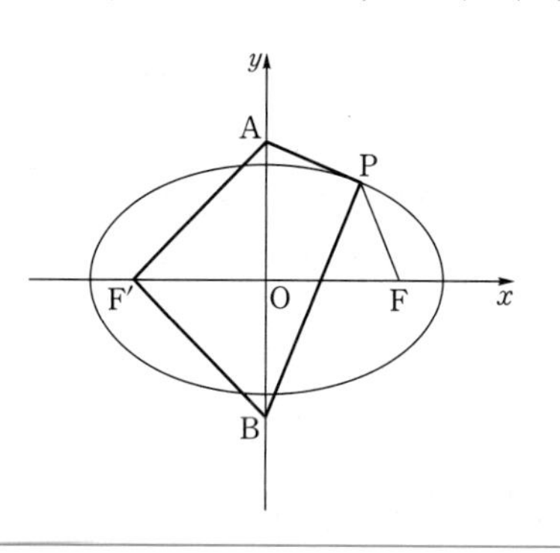

Step 1 타원의 초점의 좌표를 구한다.

타원 $\frac{x^2}{16}+\frac{y^2}{7}=1$의 두 초점의 좌표를
F$(c, 0)$, F′$(-c, 0)$ $(c>0)$이라 하면
$c^2=16-7=9$ $\therefore c=3$
따라서 F$(3, 0)$, F′$(-3, 0)$이다.

→ 암기 타원 $\frac{x^2}{a^2}+\frac{y^2}{b^2}=1$ $(a^2>b^2)$의 두 초점의 좌표가 $(c, 0)$, $(-c, 0)$ $(c>0)$일 때 $c^2=a^2-b^2$이야.

Step 2 대칭성을 이용하여 $\overline{AP}+\overline{PB}$의 길이를 구한다.

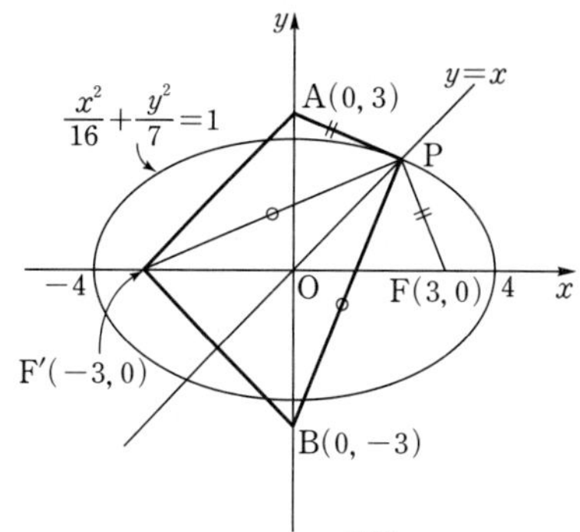

→ $\overline{AF}$의 수직이등분선이기도 해.

$\overline{AP}=\overline{PF}$이므로 점 P는 직선 $y=x$ 위의 점이다.
이때 점 F′$(-3, 0)$은 점 B를 직선 $y=x$에 대하여 대칭이동시킨 점이므로
$\overline{PF'}=\overline{PB}$
타원 위의 한 점에서 두 초점까지의 거리의 합은 장축의 길이와 같으므로 (→ P, → F, F′, → 8)
$\overline{PF}+\overline{PF'}=\overline{AP}+\overline{PB}=8$

Step 3 사각형 AF′BP의 둘레의 길이를 구한다.

$\overline{AF'}=\overline{BF'}=\sqrt{3^2+3^2}=3\sqrt{2}$이므로 사각형 AF′BP의 둘레의 길이는
$\overline{AF'}+\overline{BF'}+\overline{AP}+\overline{PB}=3\sqrt{2}+3\sqrt{2}+8=8+6\sqrt{2}$
따라서 $a=8$, $b=6$이므로
$a+b=8+6=14$

099 [정답률 80%] 정답 22

그림과 같이 타원 $\frac{x^2}{36}+\frac{y^2}{27}=1$의 두 초점은 F, F′이고, 제1사분면에 있는 두 점 P, Q는 다음 조건을 만족시킨다.

(가) $\overline{PF}=2$
(나) 점 Q는 직선 PF′과 타원의 교점이다.

삼각형 PFQ의 둘레의 길이와 삼각형 PF′F의 둘레의 길이의 합을 구하시오. (4점)

→ 타원의 정의는 거리의 합과 관련 있으므로 타원의 정의를 이용한다.

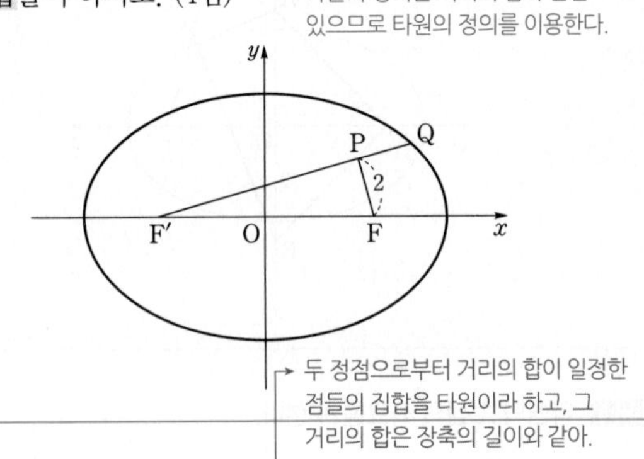

→ 두 정점으로부터 거리의 합이 일정한 점들의 집합을 타원이라 하고, 그 거리의 합은 장축의 길이와 같아.

Step 1 두 초점의 좌표를 구하고, 타원의 정의를 이용하여 필요한 선분의 길이를 구한다.

→ 타원 $\frac{x^2}{a^2}+\frac{y^2}{b^2}=1(0<b<a)$의 두 초점은 $F(c, 0)$, $F'(-c, 0)(c=\sqrt{a^2-b^2})$

타원 $\frac{x^2}{36}+\frac{y^2}{27}=1$에서 초점의 좌표를 $(\pm c,\ 0)(c>0)$이라 하면

$c^2=36-27=9$

$\therefore c=3$

$\therefore F(3, 0), F'(-3, 0)$

이때 타원의 정의에 의해

$\overline{QF}+\overline{QF'}=2\times6=12$, $\overline{F'F}=3-(-3)=6$

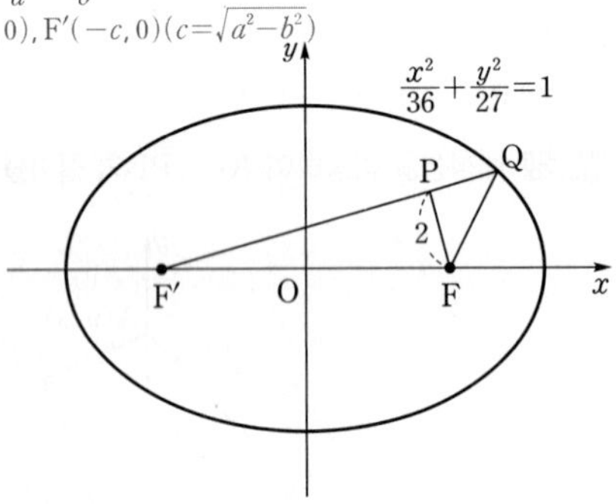

($\frac{x^2}{36}+\frac{y^2}{27}=1$ 그래프: y, P, Q, 2, F′, O, F, x)

Step 2 두 삼각형의 둘레의 길이의 합을 구한다.

따라서 두 삼각형 PFQ와 PF′F의 둘레의 길이의 합은

$(\overline{QP}+\overline{PF}+\overline{QF})+(\overline{PF'}+\overline{F'F}+\overline{PF})$ → 삼각형 PF′F의 둘레의 길이

$=(\overline{QP}+\overline{PF'})+\overline{QF}+2\overline{PF}+\overline{F'F}$ → 삼각형 PFQ의 둘레의 길이

$=\overline{QF'}+\overline{QF}+2\times2+6$

$=12+4+6=22$

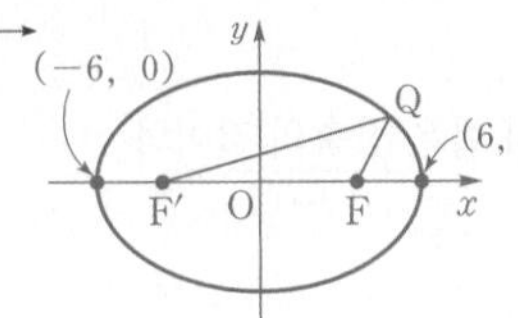

$\overline{QF}$=(타원 위의 한 점 Q로부터 초점 F까지의 거리)
$\overline{QF'}$=(타원 위의 한 점 Q로부터 초점 F′까지의 거리)
(장축의 길이)$=2\times6=12$

100 [정답률 86%] 정답 ④

타원 $\frac{x^2}{25}+\frac{y^2}{9}=1$의 두 초점을 F, F′이라 하자. 타원 위의 점 P가 $\angle FPF'=\frac{\pi}{2}$를 만족시킬 때, 삼각형 FPF′의 넓이는? (3점)

타원의 정의를 이용하여 문제를 푼다.

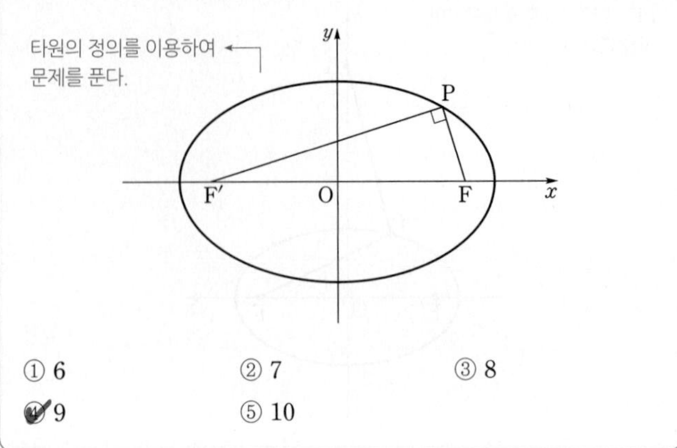

① 6 ② 7 ③ 8
④ 9 ⑤ 10

Step 1 타원의 정의를 이용한다.

타원의 두 초점을 $F(c, 0)$, $F'(-c, 0)(c>0)$이라 하면

$c^2=25-9=16$이므로 $c=4$ ($\because c>0$)

$\overline{PF}=m$, $\overline{PF'}=n$이라 하면 타원의 정의에 의하여

→ 타원 위의 한 점에서 타원의 두 초점까지의 거리의 합은 타원의 장축의 길이와 같아.

$m+n=2\times5=10$

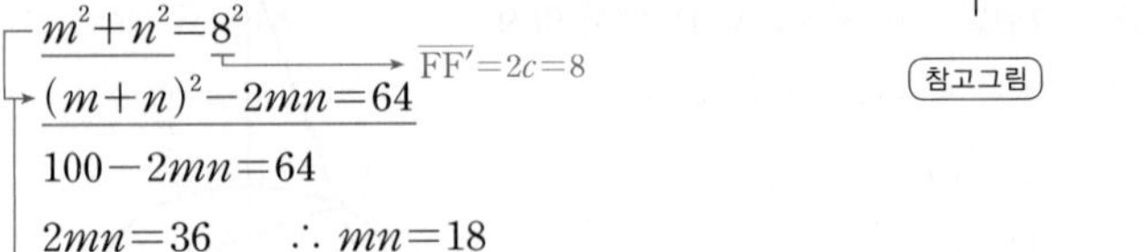

참고그림

Step 2 삼각형 FPF′의 넓이를 구한다.

삼각형 FPF′은 직각삼각형이므로

$m^2+n^2=8^2$ → $\overline{FF'}=2c=8$

$(m+n)^2-2mn=64$

$100-2mn=64$

$2mn=36 \quad \therefore mn=18$

따라서 삼각형 FPF′의 넓이는 → m, n의 값을 정확히 몰라도 삼각형 FPF′의 넓이를 구하는 데 아무 문제없어.

$\frac{1}{2}mn=\frac{1}{2}\times18=9$

→ 곱셈 공식의 변형 $a^2+b^2=(a+b)^2-2ab$

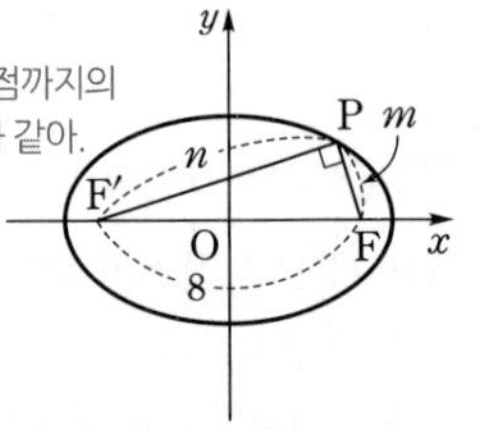

알아야 할 기본개념

타원의 방정식

(1) 평면 위의 서로 다른 두 점 F, F′으로부터의 거리의 합이 일정한 점들의 집합을 타원이라 하고 두 정점 F, F′을 그 타원의 초점이라 한다.

(2) 두 초점 $F(c, 0)$, $F'(-c, 0)$에서 거리의 합이 일정한 값 $2a(a>c>0)$인 타원의 방정식은

$\frac{x^2}{a^2}+\frac{y^2}{b^2}=1$ (단, $a>b>0$, $b^2=a^2-c^2$)

101 [정답률 88%]

정답 12

$\sqrt{9-4}=\sqrt{5}$이므로 타원의 초점은 $(\sqrt{5}, 0)$, $(-\sqrt{5}, 0)$이다. $F(\sqrt{5}, 0)$

타원 $\frac{x^2}{9}+\frac{y^2}{4}=1$의 두 초점 중 x좌표가 양수인 점을 F, 음수인 점을 F′이라 하자. 이 타원 위의 점 P를 $\angle FPF'=\frac{\pi}{2}$가 되도록 제1사분면에서 잡고, 선분 FP의 연장선 위에 y좌표가 양수인 점 Q를 $\overline{FQ}=6$이 되도록 잡는다. 삼각형 QFF′의 넓이를 구하시오. (4점)

$F'(-\sqrt{5}, 0)$

$\overline{F'P}\perp\overline{FQ}$를 이용한다.

제2 사분면 / 제1 사분면 (여기!) / 제3 사분면 / 제4 사분면

Step 1 타원의 초점의 좌표를 구하여 선분 FF′의 길이를 구한다.

타원 $\frac{x^2}{9}+\frac{y^2}{4}=1$의 초점 F의 x좌표를 c라 하면 $c=\sqrt{9-4}=\sqrt{5}$이므로

타원 $\frac{x^2}{a^2}+\frac{y^2}{b^2}=1\ (0<b<a)$의 초점이 $(c, 0)$, $(-c, 0)\ (c>0)$일 때, $c=\sqrt{a^2-b^2}$이다.

$F(\sqrt{5}, 0)$, $F'(-\sqrt{5}, 0)$ $\quad\therefore \overline{FF'}=2\sqrt{5}$

Step 2 피타고라스 정리를 이용하여 삼각형 QFF′의 넓이를 구한다.

$\overline{PF'}=t$라 하면 장축의 길이가 6이므로 타원의 정의에 의하여

$\overline{PF}=6-t$

타원 위의 한 점에서 두 초점까지의 거리의 합은 일정하고 그 값은 장축의 길이와 같다.

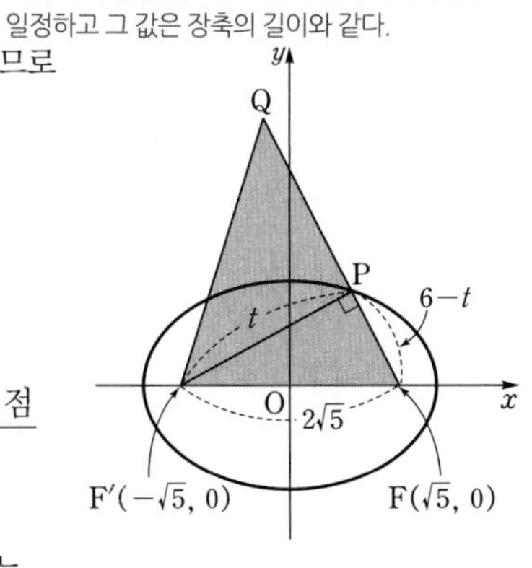

삼각형 FF′P가 직각삼각형이므로 피타고라스 정리에 의하여

$t^2+(6-t)^2=(2\sqrt{5})^2$

$t^2-6t+8=0$

$(t-2)(t-4)=0$

$\therefore t=2$ 또는 $t=4$

이때 점 P가 제1사분면 위의 점이므로 $t=4$ ($\overline{PF}<\overline{PF'}$)

$\therefore \overline{PF'}=4$

따라서 삼각형 QFF′의 넓이는

$\frac{1}{2}\times\overline{FQ}\times\overline{PF'}=\frac{1}{2}\times6\times4=12$

102

정답 ③

그림과 같이 타원 $\frac{x^2}{a}+\frac{y^2}{12}=1$의 두 초점 중 x좌표가 양수인 점을 F, 음수인 점을 F′이라 하자. 타원 $\frac{x^2}{a}+\frac{y^2}{12}=1$ 위에 있고 제1사분면에 있는 점 P에 대하여 선분 F′P의 연장선 위에 점 Q를 $\overline{F'Q}=10$이 되도록 잡는다. 삼각형 PFQ가 직각이등변삼각형일 때, 삼각형 QF′F의 넓이는? (단, $a>12$) (4점)

$\overline{PQ}=\overline{PF}$

선분 PF′이 선분 PF보다 더 길어.

① 15 ② $\frac{35}{2}$ ③ 20 ④ $\frac{45}{2}$ ⑤ 25

Step 1 a의 값을 구한다.

삼각형 PFQ가 직각이등변삼각형이므로

$\overline{PF}=\overline{PQ}$ …… ㉠

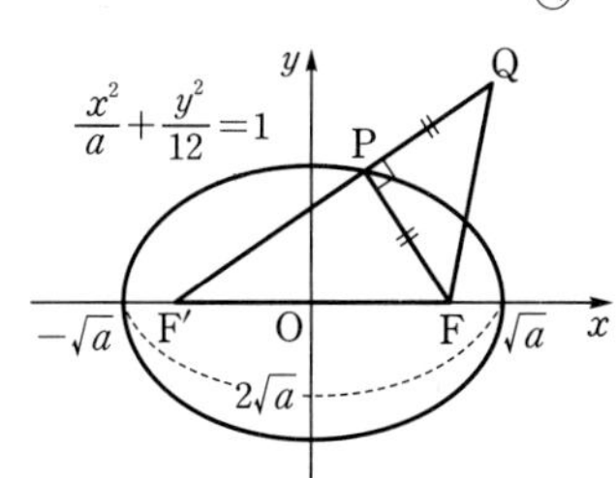

$\overline{F'Q}=\overline{F'P}+\overline{PQ}=\overline{F'P}+\overline{PF}=10$ ($\because$ ㉠)

이고, $\overline{F'P}+\overline{PF}$의 값은 타원 $\frac{x^2}{a}+\frac{y^2}{12}=1$의 장축의 길이와 같으므로

$2\sqrt{a}=10$, $\sqrt{a}=5$

중요 타원 위의 한 점에서 두 초점까지의 거리의 합은 타원의 장축의 길이와 같아!

$\therefore a=25$

Step 2 $\overline{FF'}$의 길이를 구한다.

타원 $\frac{x^2}{25}+\frac{y^2}{12}=1$의 두 초점의 좌표를 $F(c, 0)$, $F'(-c, 0)\ (c>0)$이라 하면

$c^2=25-12=13$ $\quad\therefore c=\sqrt{13}$ ($\because c>0$)

타원 $\frac{x^2}{a^2}+\frac{y^2}{b^2}=1(a^2>b^2)$의 초점의 좌표가 $(c, 0)$이면 $c^2=a^2-b^2$이야.

따라서 $F(\sqrt{13}, 0)$, $F'(-\sqrt{13}, 0)$이므로

$\overline{FF'}=\sqrt{13}-(-\sqrt{13})=2\sqrt{13}$

Step 3 $\overline{PF'}$, $\overline{PF}$의 길이를 각각 구한다.

$\overline{PF'}=m$, $\overline{PF}=n$이라 하면

$\overline{PF'}+\overline{PF}=10$에서 $m+n=10$ …… ㉡

직각삼각형 PF′F에서 피타고라스 정리를 이용하면

$m^2+n^2=\overline{FF'}^2=(2\sqrt{13})^2=52$ …… ㉢

㉡에서 $n=10-m$

이를 ㉢에 대입하면

$m^2+(10-m)^2=2m^2-20m+100=52$

($(10-m)^2=m^2-20m+100$)

$2m^2-20m+48=0$, $m^2-10m+24=0$

$(m-4)(m-6)=0$ $\therefore m=4$ 또는 $m=6$

이때 점 P는 제1사분면 위의 점이므로 $m>n$

따라서 $m=6$, $n=4$이므로

$\overline{PF'}=6$, $\overline{PF}=4$ ↳ $n=10-m=10-6=4$

Step 4 삼각형 QF′F의 넓이를 구한다.

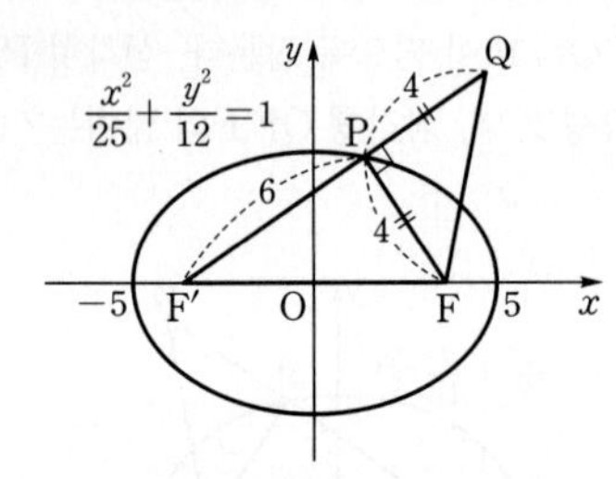

$\overline{F'Q}=10$, $\overline{PF}=4$이므로 삼각형 QF′F의 넓이는

$\frac{1}{2}\times\overline{F'Q}\times\overline{PF}=\frac{1}{2}\times10\times4=20$

↳ $\frac{1}{2}\times$(밑변의 길이)$\times$(높이)

103 [정답률 83%]

정답 ①

그림과 같이 두 점 $F(\sqrt{7},\ 0)$, $F'(-\sqrt{7},\ 0)$을 초점으로 하고 장축의 길이가 8인 타원이 있다.
$\overline{FF'}=\overline{PF'}$, $\overline{FP}=2\sqrt{3}$을 만족시키는 점 P에 대하여 점 F′을 지나고 선분 FP에 수직인 직선이 타원과 만나는 점 중 제1사분면 위의 점을 Q라 할 때, 선분 FQ의 길이는?
(단, 점 P는 제1사분면 위의 점이다.) (3점)

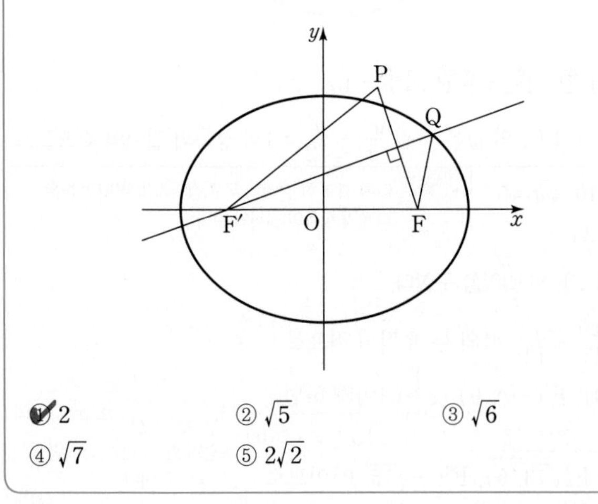

① 2 ② $\sqrt{5}$ ③ $\sqrt{6}$
④ $\sqrt{7}$ ⑤ $2\sqrt{2}$

Step 1 타원의 성질을 이용하여 선분 FQ에 대한 식을 구한다.

직선 F′Q와 직선 FP의 교점을 R라 하면 $\overline{FF'}=\overline{PF'}$이므로 점 R는 선분 PF의 중점이다. 즉, $\overline{PR}=\overline{FR}=\sqrt{3}$, $\overline{FF'}=2\sqrt{7}$이므로

$\overline{F'R}=5$ ↳ $\overline{F'R}=\sqrt{\overline{FF'}^2-\overline{FR}^2}=\sqrt{28-3}=\sqrt{25}=5$

타원의 장축의 길이가 8이므로 타원 위의 점 Q에 대하여

$\overline{F'Q}+\overline{FQ}=\overline{F'R}+\overline{RQ}+\overline{FQ}=8$ $\therefore \overline{RQ}+\overline{FQ}=3$

Step 2 피타고라스 정리를 이용하여 선분 FQ의 길이를 구한다.

$\overline{FQ}=a$라 하면 $\overline{RQ}=3-a$

이때 삼각형 FQR는 직각삼각형이므로 피타고라스 정리를 이용하면

$\overline{FQ}^2=\overline{FR}^2+\overline{RQ}^2$에서 $a^2=(\sqrt{3})^2+(3-a)^2$

↳ $a^2=3+9-6a+a^2$
$6a=12$ $\therefore a=2$

$\therefore a=2$

따라서 선분 FQ의 길이는 2이다.

104 [정답률 69%]

정답 90

장축의 길이가 20이므로 나누어진 한 부분의 길이는 2이다.

그림과 같이 타원 $\frac{x^2}{100}+\frac{y^2}{36}=1$의 장축을 10등분한 후 장축의 양 끝점을 제외하고 각 등분점에서 장축에 수직인 직선을 그어 x축 위쪽 부분에 있는 타원과의 교점을 차례로 P_1, P_2, P_3, $\cdots$, P_9라 하자. 타원의 한 초점을 F라고 할 때, $\sum_{k=1}^{9}\overline{FP_k}$의 값을 구하시오. (4점)

네 점 P_1, P_2, P_3, P_4는 각각 네 점 P_9, P_8, P_7, P_6과 y축에 대하여 서로 대칭이다.

Step 1 타원의 두 초점으로부터의 거리의 합이 일정(장축의 길이)한 점들의 모임이 타원임을 이용한다.

↳ 타원 $\frac{x^2}{a^2}+\frac{y^2}{b^2}=1\ (0<b<a)$의 초점 $(c,\ 0)$에 대하여 $c=\pm\sqrt{a^2-b^2}$이다.

타원 $\frac{x^2}{100}+\frac{y^2}{36}=1$의 두 초점을 $F'(-c,\ 0)$, $F(c,\ 0)\ (c>0)$이라 하면

$c^2=100-36=64$이므로 $F'(-8,\ 0)$, $F(8,\ 0)$이고, 장축의 길이는 $2\times10=20$이다.

$\overline{FP_9}=\overline{F'P_1}$, $\overline{FP_8}=\overline{F'P_2}$,
$\overline{FP_7}=\overline{F'P_3}$, $\overline{FP_6}=\overline{F'P_4}$이므로 → y축에 대하여 서로 대칭

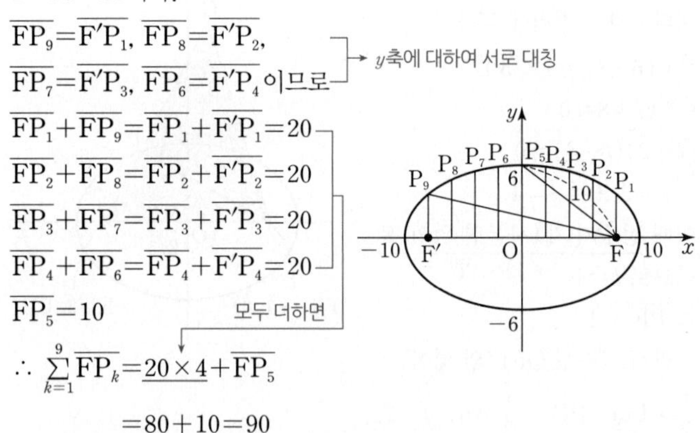

$\overline{FP_1}+\overline{FP_9}=\overline{FP_1}+\overline{F'P_1}=20$
$\overline{FP_2}+\overline{FP_8}=\overline{FP_2}+\overline{F'P_2}=20$
$\overline{FP_3}+\overline{FP_7}=\overline{FP_3}+\overline{F'P_3}=20$
$\overline{FP_4}+\overline{FP_6}=\overline{FP_4}+\overline{F'P_4}=20$
$\overline{FP_5}=10$

모두 더하면

$\therefore \sum_{k=1}^{9}\overline{FP_k}=20\times4+\overline{FP_5}$
$=80+10=90$

수능포인트

이차곡선에서 정의 또는 성질을 이용하여 많은 선분들의 길이의 합을 규칙을 통해 이끌어 내는 것은 기본문제로 꾸준히 등장하는 유형의 문제입니다. 하지만 여기서 주의해야 할 점은 특히 수열의 합이 합의 기호 Σ로 주어진 경우 시작점이 무엇인지 유의해서 봐야 한다는 것입니다. 보통 $k=1$과 같이 시작하기 때문에 항상 문제가 그럴 것으로 생각하고 풀다가는 쉬운 문제에서 실수를 할 수도 있기 때문에 주의해야 합니다.

105

정답 ③

이와 같이 여러 가지 상황에서 타원과 관련된 문제를 출제할 수 있다.

케플러의 법칙에 의하여 다음 사실이 알려져 있다.

> r는 타원 위의 점(행성)과 한 초점(태양) 사이의 거리임을 잊지 마.
>
> 행성은 태양을 하나의 초점으로 하는 타원궤도를 따라 공전한다. 태양으로부터 행성까지의 거리를 r, 행성의 속력을 v라 하면 장축과 공전궤도가 만나는 두 지점에서 거리와 속력의 곱 rv의 값은 서로 같다.
>
> 타원의 두 초점 중 하나이다.

두 초점 사이의 거리가 $2c$인 타원궤도를 따라 공전하는 행성이 있다. 단축과 공전궤도가 만나는 한 지점과 태양 사이의 거리가 a이다. 장축과 공전궤도가 만나는 두 지점에서의 속력의 비가 $3:5$일 때, $\frac{c}{a}$의 값은? (3점)

장축과 공전궤도가 만나는 두 지점에서 거리와 속력의 곱의 값이 서로 같기 때문에 속력의 비가 $3:5$이면 거리의 비는 $5:3$이다.

① $\frac{1}{2}$ ② $\frac{1}{3}$ ✔③ $\frac{1}{4}$ ④ $\frac{1}{5}$ ⑤ $\frac{1}{6}$

Step 1 장축과 공전궤도가 만나는 두 지점과 태양 사이의 거리를 구한다.

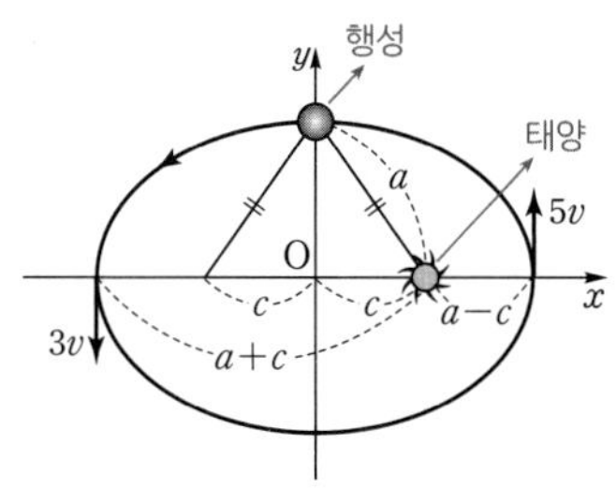

공전궤도에서 태양이 한 초점에 위치하고 단축과 공전궤도가 만나는 한 지점과 태양 사이의 거리가 a이므로 이 타원의 장축의 길이는 $2a$이다. 중요

한편, 두 초점 사이의 거리가 $2c$이므로 장축과 공전궤도가 만나는 두 지점과 태양 사이의 거리는 $a+c$, $a-c$이다.

Step 2 $\frac{c}{a}$의 값을 구한다.

두 지점에서 속력의 비가 $3:5$이므로 두 지점의 속력을 각각 $3v$, $5v$로 놓으면 케플러의 법칙에 의하여 장축과 공전궤도가 만나는 두 지점에서 거리와 속력의 곱은 서로 같으므로

(태양과 행성 사이의 거리) × (그 지점에서 행성의 속력)의 값이 같다.

$3v(a+c)=5v(a-c)$

$3a+3c=5a-5c$

$a=4c$

$\therefore \frac{c}{a}=\frac{1}{4}$

태양으로부터 멀리 있는 행성일수록 속력은 줄어들므로 $r=a+c$일 때 속력이 $3v$, $r=a-c$일 때 속력이 $5v$이다.

106

정답 ④

두 타원 $\frac{x^2}{a^2}+\frac{y^2}{b^2}=1$, $\frac{x^2}{b^2}+\frac{y^2}{a^2}=1$의 교점 중의 한 점이 $(2, 2)$일 때, 두 타원의 교점을 이어서 만든 도형의 넓이는? (단, a, b는 상수이다.) (3점)

두 타원이 x축, y축에 대하여 모두 대칭인 도형임을 이용한다.

① 4 ② 8 ③ 12 ✔④ 16 ⑤ 20

Step 1 좌표평면 위에 두 타원을 그려 본다.

두 타원 $\frac{x^2}{a^2}+\frac{y^2}{b^2}=1$, $\frac{x^2}{b^2}+\frac{y^2}{a^2}=1$은 중심이 원점이고 장축의 길이와 단축의 길이가 서로 같으므로 오른쪽 그림과 같이 네 개의 교점을 갖는다.

예를 들어 $|a|>|b|$이면 두 타원의 장축과 단축의 길이는 각각 $2|a|$, $2|b|$이다.

Step 2 타원의 특징을 이용하여 나머지 세 교점의 좌표를 구한다.

두 타원은 x축, y축, 원점 모두에 대하여 대칭인 도형이고 네 교점은 서로 x축, y축, 원점에 대하여 대칭이다.

a와 b의 값을 몰라도 특징을 이용하여 교점의 좌표를 모두 구할 수 있어.

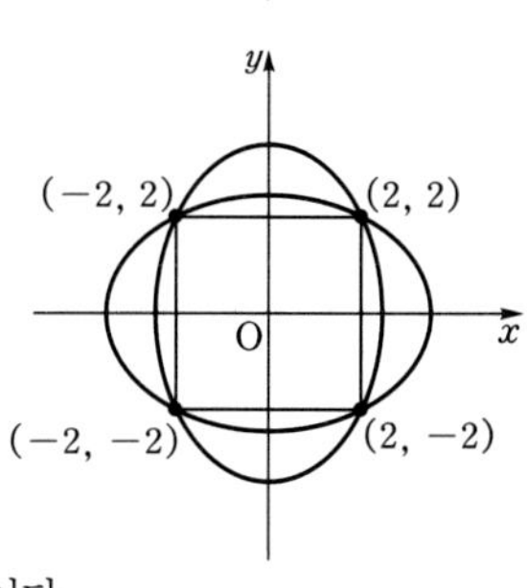

두 타원의 교점 중의 한 점이 $(2, 2)$이므로 다른 교점의 좌표는

x축에 대하여 대칭인 점 $(2, -2)$,

y축에 대하여 대칭인 점 $(-2, 2)$,

원점에 대하여 대칭인 점 $(-2, -2)$이다.

Step 3 도형의 넓이를 구한다.

따라서 두 타원의 교점을 이어서 만든 도형은 한 변의 길이가 4인 정사각형이므로 그 넓이는

$4^2=16$

수능포인트

두 타원 $\frac{x^2}{a^2}+\frac{y^2}{b^2}=1$, $\frac{x^2}{b^2}+\frac{y^2}{a^2}=1$은 직선 $y=x$에 대하여 서로 대칭입니다. 따라서 네 개의 교점의 좌표는 (k, k), $(k, -k)$, $(-k, k)$, $(-k, -k)$의 꼴이 됩니다.

107

정답 ①

두 타원이 점 F를 한 초점으로 공유하고 서로 다른 두 점 P, Q에서 만난다. 두 타원의 장축의 길이가 각각 16, 24이고, 두 타원의 나머지 초점을 각각 $\mathrm{F_1}$, $\mathrm{F_2}$라 할 때, $|\overline{\mathrm{PF_1}}-\overline{\mathrm{PF_2}}|+|\overline{\mathrm{QF_1}}-\overline{\mathrm{QF_2}}|$의 값은? (3점)

타원의 정의를 이용하면 $\overline{\mathrm{PF_1}}+\overline{\mathrm{PF}}$, $\overline{\mathrm{QF_1}}+\overline{\mathrm{QF}}$, $\overline{\mathrm{PF_2}}+\overline{\mathrm{PF}}$, $\overline{\mathrm{QF_2}}+\overline{\mathrm{QF}}$의 값을 모두 알 수 있다.

✔① 16 ② 14 ③ 12 ④ 10 ⑤ 8

Step 1 타원의 정의를 이용한다.

타원 위의 한 점에서 두 초점에 이르는 거리의 합은 장축의 길이와 같으므로 중요

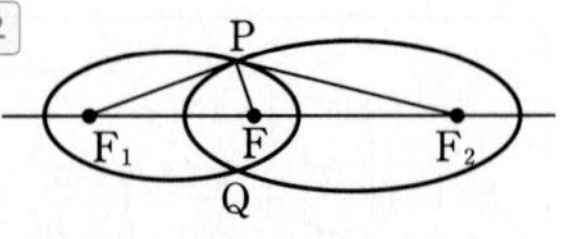

$\overline{PF_1}+\overline{PF}=\overline{QF_1}+\overline{QF}=16$

$\overline{PF_2}+\overline{PF}=\overline{QF_2}+\overline{QF}=24$

$\overline{PF_1}+\overline{PF}=16$, $\overline{PF_2}+\overline{PF}=24$를 이용하기 위해 식을 변형했어.

$|\overline{PF_1}-\overline{PF_2}|=|\overline{PF_1}+\overline{PF}-(\overline{PF_2}+\overline{PF})|$

$=|16-24|=8$

$|\overline{QF_1}-\overline{QF_2}|=|\overline{QF_1}+\overline{QF}-(\overline{QF_2}+\overline{QF})|$

$=|16-24|=8$ → 마찬가지로 조건을 활용하기 위해 식을 변형한 거야.

$\therefore |\overline{PF_1}-\overline{PF_2}|+|\overline{QF_1}-\overline{QF_2}|=8+8=16$

수능포인트

타원 문제는 정의를 이용하면 대부분 쉽게 풀립니다. 문제를 보고 당황하지 말고 생소한 문제더라도 조건을 만족하는 그림을 그려 타원의 정의를 잘 생각해 봅니다. 타원의 정의는 두 초점으로부터 거리의 합이 일정한 점들의 집합이고 거리의 합은 장축의 길이와 같습니다.
따라서 $\overline{PF_1}=16-\overline{PF}$, $\overline{PF_2}=24-\overline{PF}$로 나타낼 수 있고,
$|\overline{PF_1}-\overline{PF_2}|=|16-24|=8$임을 쉽게 구할 수 있습니다.

108

정답 ②

그림과 같이 서로 합동인 두 타원 C_1, C_2가 외접하고 있다. 두 점 A, B는 타원 C_1의 초점, 두 점 C, D는 타원 C_2의 초점이고, 네 점 A, B, C, D는 모두 한 직선 위에 있다. 두 점 B, C를 초점, 선분 AD를 장축으로 하는 타원을 C_3이라 하고, 두 타원 C_1, C_3의 교점을 P라 하자. $\overline{AB}=8$이고 $\overline{BC}=6$일 때, $\overline{CP}-\overline{AP}$의 값은? (4점)

→ $\overline{PB}+\overline{PC}=\overline{AD}$ (∵ 타원의 정의)

두 타원이 서로 합동이므로 장축의 길이와 단축의 길이가 모두 같다.

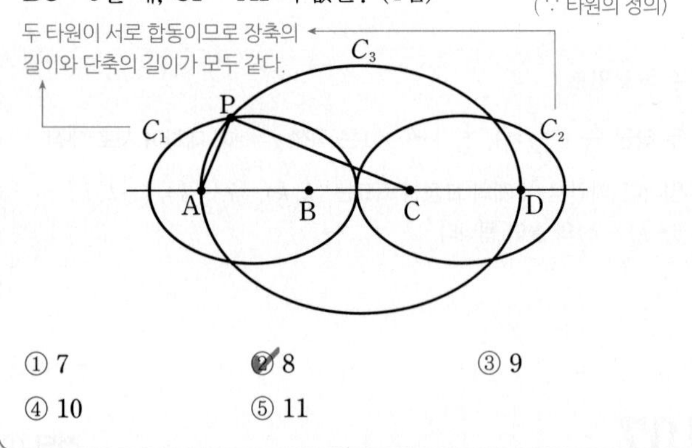

① 7 ② 8 ③ 9
④ 10 ⑤ 11

Step 1 타원의 정의를 이용하여 $\overline{AP}+\overline{BP}$의 값을 구한다. → 타원 C_1에서 생각한다.

두 타원 C_1, C_2의 접점을 E라 하자.
타원 C_1, C_2가 합동이므로 $\overline{BE}=\overline{CE}$
$\overline{BC}=\overline{BE}+\overline{CE}=6$에서 $\overline{BE}=\overline{CE}=3$
(타원 C_1의 장축의 길이)$=\overline{AB}+2\overline{BE}$
$=8+2\times3=14$
$\therefore \overline{AP}+\overline{BP}=14$ ...... ㉠

Step 2 세 타원 사이의 관계를 이용하여 $\overline{CP}-\overline{AP}$의 값을 구한다.

(타원 C_3의 장축의 길이)$=\overline{AB}+\overline{BC}+\overline{CD}$
$=8+6+8=22$ (∵ $\overline{AB}=\overline{CD}$)
→ 네 점 A, B, C, D가 타원 C_3의 장축 위에 있다.
$\therefore \overline{CP}+\overline{BP}=22$ ...... ㉡
㉡−㉠을 하면 $\overline{CP}-\overline{AP}=8$

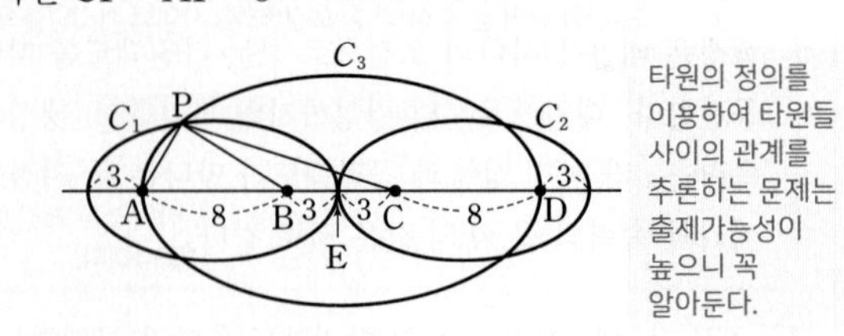

타원의 정의를 이용하여 타원들 사이의 관계를 추론하는 문제는 출제가능성이 높으니 꼭 알아둔다.

109 [정답률 74%]

정답 12

→ 중심이 점 (6, 5)이고 반지름의 길이가 6인 원이다.
원 $(x-6)^2+(y-5)^2=36$과 x축의 두 교점을 초점으로 하고, 원의 중심을 지나는 타원의 장축의 길이를 구하시오. (3점)
→ 타원의 정의와 원의 반지름의 길이를 이용하여 문제를 해결한다.

Step 1 타원의 성질을 이용하여 장축의 길이를 구한다.

원 $(x-6)^2+(y-5)^2=36$의 중심을 C, 타원의 두 초점을 각각 F, F′이라 하면 두 선분 CF′, CF는 모두 원의 반지름이므로
$\overline{CF'}=\overline{CF}=6$

점 C는 원의 중심이자 타원 위의 한 점이다.

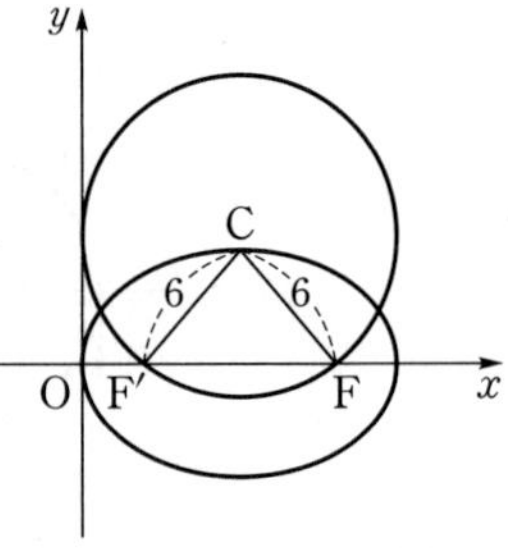

따라서 타원의 정의에 의하여 타원 위의 한 점과 두 초점에 이르는 거리의 합은 장축의 길이이므로 중요
(장축의 길이)$=\overline{CF'}+\overline{CF}=6+6=12$

110 [정답률 76%]

정답 14

그림과 같이 좌표평면에 중심의 좌표가 각각 (10, 0), (−10, 0), (0, 6), (0, −6)이고 반지름의 길이가 모두 같은 4개의 원에 동시에 접하고, 초점이 x축 위에 있는 타원이 있다.
→ 타원과 x축의 두 교점 사이의 거리가 장축의 길이이다.

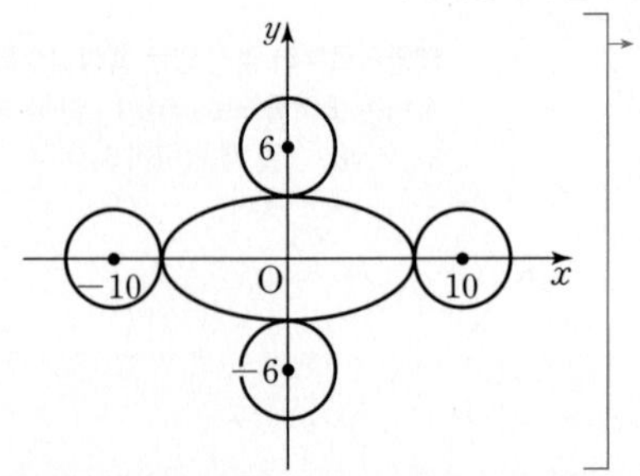

→ 원의 반지름의 길이를 알면 타원의 장축과 단축의 길이를 알 수 있어.

→ 타원의 두 초점의 좌표를 $(2\sqrt{10}, 0)$, $(-2\sqrt{10}, 0)$이라 할 수 있어.
이 타원의 두 초점 사이의 거리가 $4\sqrt{10}$일 때, 장축의 길이를 구하시오. (단, 네 원의 중심은 타원의 외부에 있다.) (4점)

Step 1 원의 반지름의 길이를 r라 하고, 장축과 단축의 길이를 각각 r로 나타낸다.

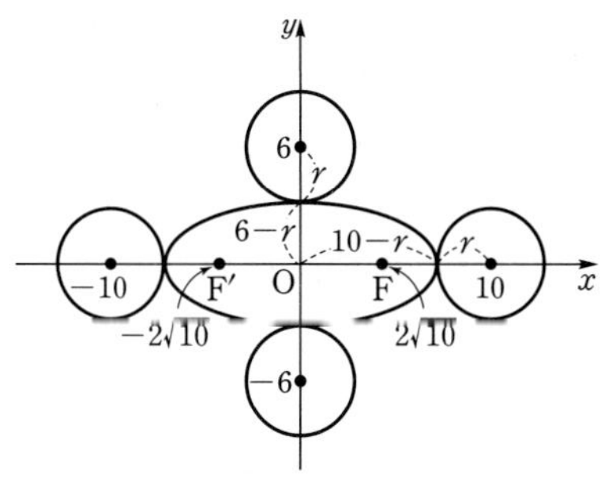

네 원의 반지름의 길이를 r라 하면 타원의 장축과 단축의 길이는 각각 $2(10-r)$, $2(6-r)$이므로 타원의 방정식은

$$\frac{x^2}{(10-r)^2}+\frac{y^2}{(6-r)^2}=1$$

Step 2 타원의 성질을 이용하여 r의 값을 구한다.

타원의 두 초점 사이의 거리가 $4\sqrt{10}$이므로

$(10-r)^2-(6-r)^2=(2\sqrt{10})^2$ ⟶ 암기 타원 $\frac{x^2}{a^2}+\frac{y^2}{b^2}=1$의 두 초점의 좌표가 $(c, 0)$, $(-c, 0)$ $(c>0)$일 때 $c^2=a^2-b^2$ (단, $a>b>0$)

$100-20r+r^2-36+12r-r^2=40$

$-8r=-24$ 계산 주의

$\therefore r=3$

따라서 타원의 장축의 길이는

$2(10-r)=2(10-3)=14$

111

정답 ②

↱ 표준형으로 변형하여 어떤 도형인지 알아본다.

이차곡선 $x^2-4x+9y^2-5=0$과 중심이 $(2, 0)$이고 반지름의 길이가 a인 원이 서로 다른 네 점에서 만날 때, a의 범위는? (3점)

중심이 $(0, 0)$이 아님에 주의

① $0<a\le2$ ② $1<a<3$ ③ $2\le a<4$
④ $0<a<4$ ⑤ $a\ge2$

Step 1 타원의 방정식을 표준형으로 나타내고 좌표평면 위에 나타낸다.

$x^2-4x+9y^2-5=0$에서

$(x-2)^2+9y^2=9$

$\therefore \frac{(x-2)^2}{9}+y^2=1$

따라서 주어진 이차곡선은 중심이 $(2, 0)$이고 장축의 길이가 6, 단축의 길이가 2인 타원이다.

타원은 네 점 $(3+2, 0)$, $(-3+2, 0)$, $(0+2, 1)$, $(0+2, -1)$을 지난다.

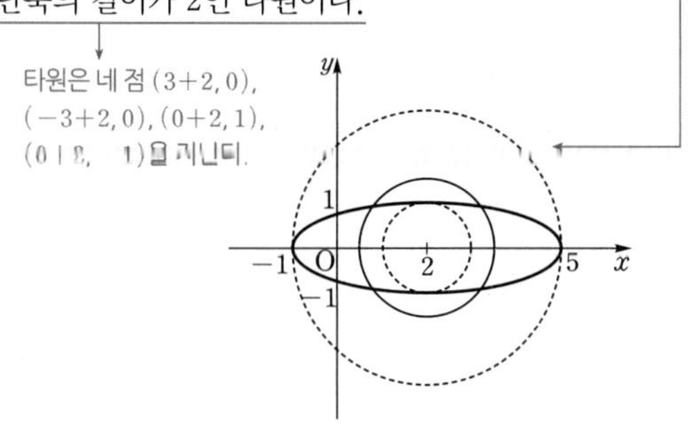

Step 2 두 도형이 서로 다른 네 점에서 만나기 위한 a의 범위를 구한다.

원의 지름이 단축 또는 장축의 길이와 같다면 두 도형이 서로 다른 두 점에서 만날 거야.

원의 중심이 $(2, 0)$이므로 타원 $\frac{(x-2)^2}{9}+y^2=1$의 중심과 원의 중심이 일치한다.

중심이 일치할 때, 타원과 원이 서로 다른 네 점에서 만나려면 원의 지름($2a$)이 단축의 길이보다는 길고 장축의 길이보다는 짧아야 하므로

$2<2a<6$ (단축의 길이 $=2$, 장축의 길이 $=6$)

$\therefore 1<a<3$

수능포인트

이 문제는 타원과 원의 중심이 일치하는 경우이기 때문에 단순히 장축과 단축의 길이만을 이용하여 몇 개의 점에서 만나는지를 쉽게 알 수 있으나 중심이 일치하지 않는 경우에는 판별식을 이용하여 중근, 허근, 서로 다른 두 실근을 갖는 경우로 나누어 풀어야 하니까 두 경우 모두를 알아 두어야 합니다.

이차곡선의 식과 원의 방정식을 연립했을 때 생기는 이차방정식의 판별식을 이용한다.

112

정답 41

그림과 같이 중심이 $F(3, 0)$이고 반지름의 길이가 1인 원과 중심이 $F'(-3, 0)$이고 반지름의 길이가 9인 원이 있다.
큰 원에 내접하고 작은 원에 외접하는 원의 중심 P는 F와 F′을 두 초점으로 하는 타원 $\frac{x^2}{a^2}+\frac{y^2}{b^2}=1$ 위를 움직인다.
이때, a^2+b^2의 값을 구하시오. (3점)

(원의 반지름의 길이) $=9-\overline{PF'}$ $=\overline{PF}-1$ 임을 이용한다.

Step 1 타원 $\frac{x^2}{a^2}+\frac{y^2}{b^2}=1$의 초점이 F, F′임을 이용하여 식을 세운다.

타원 $\frac{x^2}{a^2}+\frac{y^2}{b^2}=1$의 초점이 $F(3, 0)$, $F'(-3, 0)$이므로

$a^2-b^2=9$ ...... ㉠

타원 $\frac{x^2}{a^2}+\frac{y^2}{b^2}=1$에서 초점의 x좌표를 c라 하면 $c=\pm3$이고 $b^2=a^2-c^2$이므로 $a^2-b^2=9$

Step 2 점 P를 중심으로 하는 원의 반지름의 길이를 r라 하고, 타원의 정의를 이용하여 a^2, b^2의 값을 구한다.

두 원이 내접하든, 외접하든 두 원의 중심을 연결한 직선은 접점 중요 을 반드시 지나므로 중심이 P인 원의 반지름의 길이를 r라 하면

$\overline{PF'}=9-r$, $\overline{PF}=r+1$

타원의 정의에 의하여

$\overline{PF'}+\overline{PF}=(9-r)+(r+1)$

$=10=2a$

$\therefore a=5$ …… ㉡

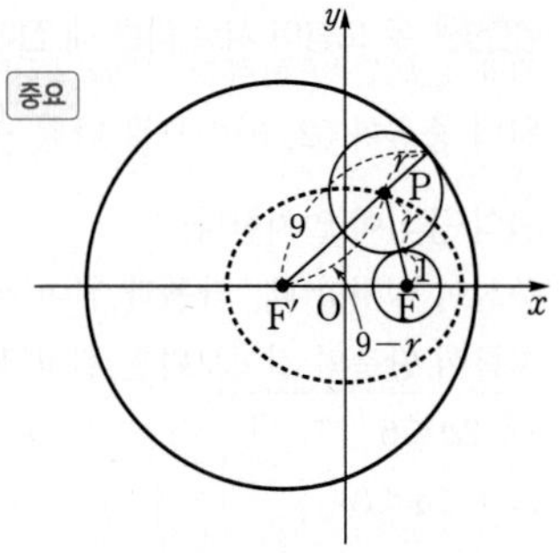

암기 타원 위의 한 점에서 두 초점까지의 거리의 합은 일정하고 그 값은 타원의 장축의 길이와 같다.

㉡을 ㉠에 대입하면 $b^2=16$

$\therefore a^2+b^2=25+16=41$

113

정답 51

> 두 초점의 좌표를 구한다.
>
> 타원 $\frac{x^2}{100}+\frac{y^2}{36}=1$의 두 초점을 F와 F′이라 하고, 이 타원과 원 $(x+8)^2+y^2=9$와의 교점 중 하나를 P라 하자. 이때, 두 선분 PF와 PF′의 길이의 곱 $\overline{PF}\times\overline{PF'}$을 구하시오. (2점)
>
> 원의 중심과 타원의 초점을 비교해 본다.

Step 1 초점의 좌표를 구하고 타원의 성질을 이용하여 두 선분 PF, PF′의 길이를 구한다.

타원 $\frac{x^2}{100}+\frac{y^2}{36}=1$의 한 초점 F의 좌표를 $F(c,\ 0)$이라 하면

(초점 F의 x좌표가 양수라고 가정 $(c>0)$)

$c=\sqrt{100-36}=8$

$\therefore F(8,\ 0),\ F'(-8,\ 0)$

타원의 장축의 길이는 $2\sqrt{100}=20$이므로 타원의 정의에 의하여

(타원 위의 한 점에서 두 초점까지의 거리의 합은 일정하고 그 값은 타원의 장축의 길이와 같다.)

$\overline{PF'}+\overline{PF}=20$

원 $(x+8)^2+y^2=9$는 중심이 $(-8,\ 0)$이고 반지름의 길이가 3인 원이므로 중심이 점 F′이고 선분 PF′은 이 원의 반지름이므로

(원의 중심은 초점 F′과 일치한다.)

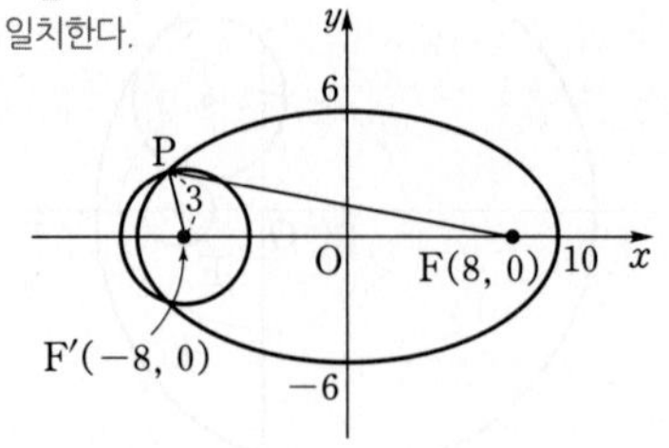

$\overline{PF'}=3$

따라서 $\overline{PF}=20-\overline{PF'}=20-3=17$이므로

$\overline{PF}\times\overline{PF'}=17\times3=51$

> **수능포인트**
>
> 점 P가 타원과 원의 교점이라고 해서 두 식을 연립해도 틀린 풀이는 아니지만 타원 문제는 타원의 정의를 이용하면 쉽게 풀리는 문제가 많습니다. 이 문제도 타원의 정의와 초점을 이용하여 그래프를 그리면 두 선분 PF, PF′의 길이를 간단하게 구할 수 있습니다.

114 [정답률 81%]

정답 11

> 초점의 좌표는 $(\pm4,\ 0)$
>
> 두 초점이 F, F′인 타원 $\frac{x^2}{49}+\frac{y^2}{33}=1$이 있다.
>
> 원 $x^2+(y-3)^2=4$ 위의 점 P에 대하여 직선 F′P가 이 타원과 만나는 점 중 y좌표가 양수인 점을 Q라 하자. $\overline{PQ}+\overline{FQ}$의 최댓값을 구하시오. (4점)

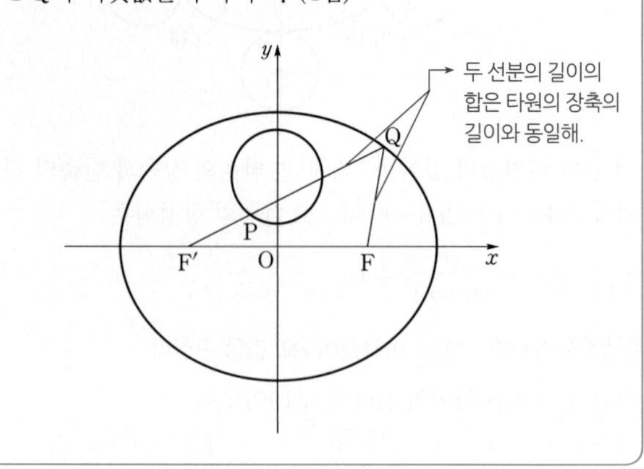

Step 1 점 F′의 좌표를 구한다.

타원 $\frac{x^2}{49}+\frac{y^2}{33}=1$의 초점의 좌표를 $(c,\ 0)$이라 하면

$c=\pm\sqrt{49-33}=\pm\sqrt{16}=\pm4$

이때 점 F′은 x좌표가 음수이므로 $F'(-4,\ 0)$

Step 2 $\overline{PQ}+\overline{FQ}$가 최대가 되는 경우를 파악한다.

암기 타원 $\frac{x^2}{a^2}+\frac{y^2}{b^2}=1\ (a^2>b^2)$의 초점의 좌표를 $(c,\ 0)$이라 하면 $c=\pm\sqrt{a^2-b^2}$

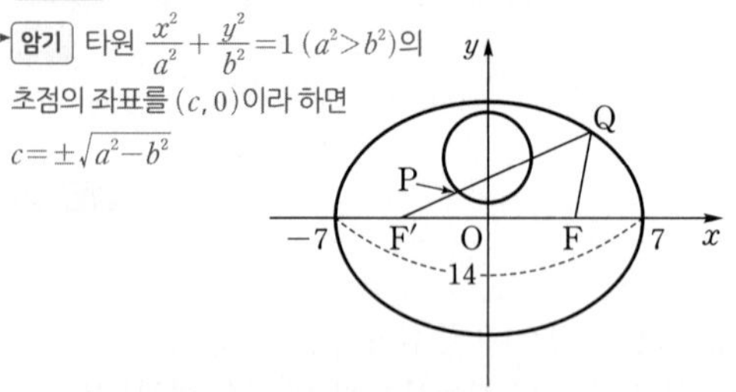

타원의 장축의 길이는 $2\times7=14$

(타원과 x축이 만나는 점의 좌표가 $(-7,\ 0)$, $(7,\ 0)$이야.)

따라서 타원의 성질에 의하여

$\overline{FQ}+\overline{F'Q}=\overline{FQ}+\overline{PQ}+\overline{PF'}=14$ $\quad\therefore \overline{FQ}+\overline{PQ}=14-\overline{PF'}$

(타원 위의 한 점에서 두 초점까지의 거리의 합은 타원의 장축의 길이와 같아.)

그러므로 $\overline{PQ}+\overline{FQ}$가 최대가 되려면 $\overline{PF'}$의 길이가 최소가 되어야 한다.

Step 3 $\overline{PQ}+\overline{FQ}$의 최댓값을 구한다.

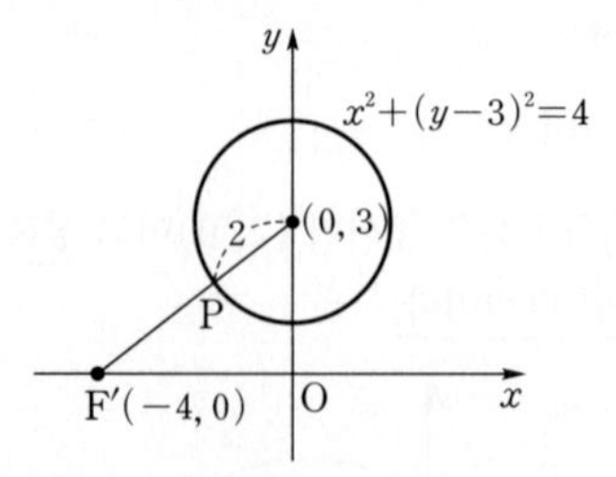

위 그림과 같이 점 P가 점 F′과 원 $x^2+(y-3)^2=4$의 중심을 이은 선분 위에 있을 때 $\overline{PF'}$의 길이가 최소가 되므로

(중심: $(0,\ 3)$)

$\overline{PF'}\geq\sqrt{\{0-(-4)\}^2+(3-0)^2}-2=5-2=3$

(점 $(0,\ 3)$과 점 F′ 사이의 거리 / 원의 반지름의 길이)

$\therefore \overline{PQ}+\overline{FQ}=14-\overline{PF'}\leq14-3=11$

그러므로 $\overline{PQ}+\overline{FQ}$의 최댓값은 11이다.

115 [정답률 87%] 정답 ④

그림과 같이 두 점 F$(c, 0)$, F$'(-c, 0)$ $(c>0)$을 초점으로 하고 장축의 길이가 4인 타원이 있다. 점 F를 중심으로 하고 반지름의 길이가 c인 원이 타원과 점 P에서 만난다. 점 P에서 원에 접하는 직선이 점 F'을 지날 때, c의 값은? (3점)

→ $\overline{\text{PF}}\perp\overline{\text{PF}'}$

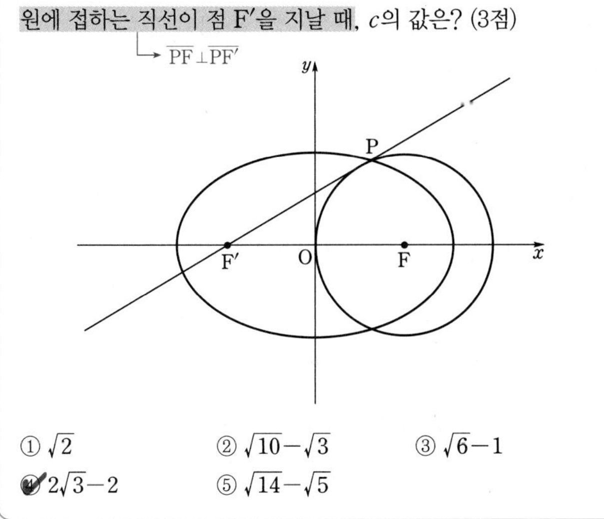

① $\sqrt{2}$ ② $\sqrt{10}-\sqrt{3}$ ③ $\sqrt{6}-1$
④ $2\sqrt{3}-2$ ⑤ $\sqrt{14}-\sqrt{5}$

Step 1 타원의 정의를 이용한다. → 점 P가 원 위의 점이기 때문이야!

$\overline{\text{FF}'}=2c$이고, $\overline{\text{PF}}$는 원의 반지름이므로 $\overline{\text{PF}}=c$

직선은 점 P에서 원에 접하는 접선이므로 $\angle\text{FPF}'=\dfrac{\pi}{2}$

삼각형 FPF'에서 피타고라스 정리에 의하여

$\overline{\text{PF}'}=\sqrt{(2c)^2-c^2}=\sqrt{3}c$

암기 임의의 원에 접하는 접선이 있을 때, 접점과 원의 중심을 이은 선분은 접선과 수직이다.

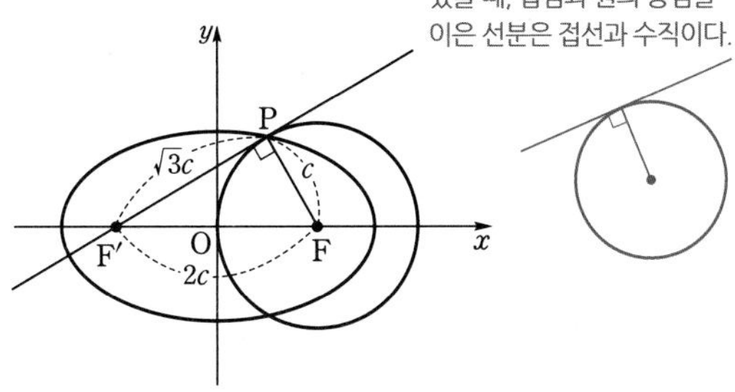

한편, 타원의 정의에 의하여

$\overline{\text{PF}'}+\overline{\text{PF}}=\sqrt{3}c+c=(\sqrt{3}+1)c=4$

→ 타원 위의 한 점(P)에서 두 초점(F, F')까지의 거리의 합은 일정하고 그 값은 장축의 길이와 같다.

$\therefore c=\dfrac{4}{\sqrt{3}+1}=2\sqrt{3}-2$

116 [정답률 67%] 정답 ③

두 초점이 F, F'이고 장축의 길이가 $2a$인 타원이 있다. 이 타원의 한 꼭짓점을 중심으로 하고 반지름의 길이가 1인 원이 이 타원의 서로 다른 두 꼭짓점과 한 초점을 지날 때, 상수 a의 값은? (4점)

→ 길이는 당연히 양수이니까 $a>0$이야.

① $\dfrac{\sqrt{2}}{2}$ ② $\dfrac{\sqrt{6}-1}{2}$ ③ $\sqrt{3}-1$
④ $2\sqrt{2}-2$ ⑤ $\dfrac{\sqrt{3}}{2}$

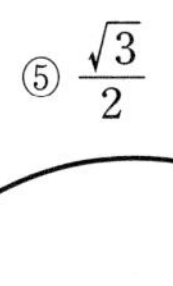

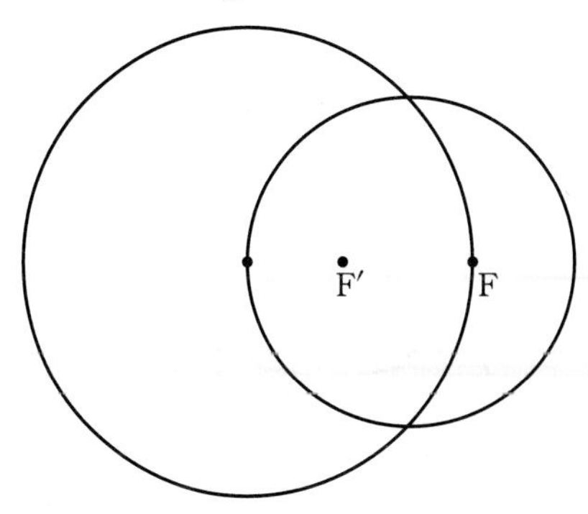

Step 1 도형을 좌표평면 위에 나타낸다.

다음 그림과 같이 타원의 중심을 원점으로 하고 장축이 x축 위에 놓이도록 주어진 도형을 좌표평면 위에 나타내자.

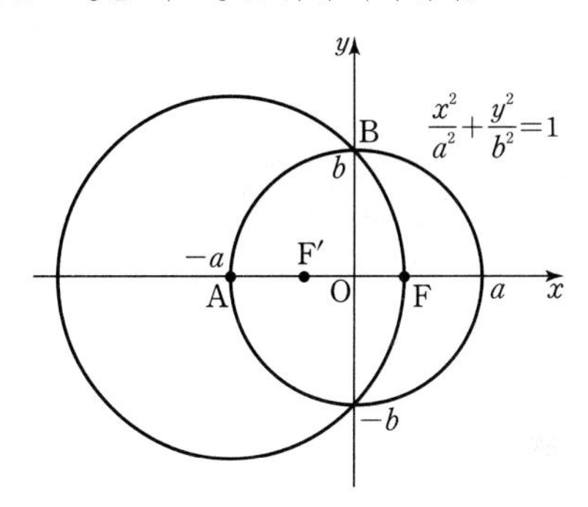

타원의 장축의 길이가 $2a$이므로 타원의 방정식을

$\dfrac{x^2}{a^2}+\dfrac{y^2}{b^2}=1$ $(b>0)$이라 하면 두 초점의 좌표는

→ 초점의 좌표를 $(c, 0)$, $(-c, 0)$ $(c>0)$이라 하면 $c^2=a^2-b^2$

F$'(-\sqrt{a^2-b^2}, 0)$, F$(\sqrt{a^2-b^2}, 0)$

주어진 타원이 x축의 음의 방향과 만나는 점을 A, y축의 양의 방향과 만나는 점을 B라 하면 두 점 A, B의 좌표는 각각 A$(-a, 0)$, B$(0, b)$이다.

Step 2 상수 a의 값을 구한다.

점 A를 중심으로 하고 두 점 B와 F를 지나는 원의 반지름의 길이는 1이므로

$\overline{\text{AB}}=1$에서 $\sqrt{a^2+b^2}=1$ $\therefore b^2=1-a^2$ …… ㉠

→ $a^2+b^2=1$

$\overline{\text{AF}}=1$에서 $\sqrt{a^2-b^2}+a=1$ …… ㉡

→ 점 F의 x좌표에서 점 A의 x좌표를 뺐어.

㉠을 ㉡에 대입하여 정리하면

$\sqrt{a^2-(1-a^2)}=1-a$

$2a^2-1=1-2a+a^2$

$a^2+2a-2=0$

$\therefore a=\sqrt{3}-1$ $(\because a>0)$

→ 근의 공식을 이용했어.

117 [정답률 46%] 정답 ②

두 초점이 F, F′인 타원 $\frac{x^2}{64}+\frac{y^2}{16}=1$ 위의 점 중 제1사분면에 있는 점 A가 있다. 두 직선 AF, AF′에 동시에 접하고 중심이 y축 위에 있는 원 중 중심의 y좌표가 음수인 것을 C라 하자. 원 C의 중심을 B라 할 때 사각형 AFBF′의 넓이가 72이다. 원 C의 반지름의 길이는? (3점)

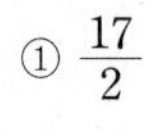

① $\frac{17}{2}$ ② 9 ③ $\frac{19}{2}$

④ 10 ⑤ $\frac{21}{2}$

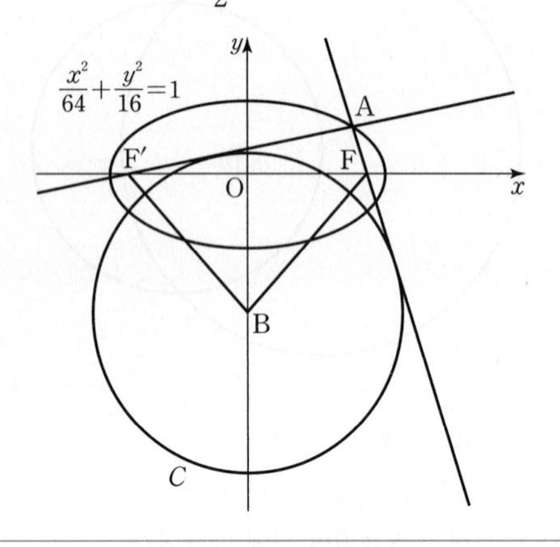

Step 1 사각형 AFBF′을 두 삼각형으로 나누어 생각한다.

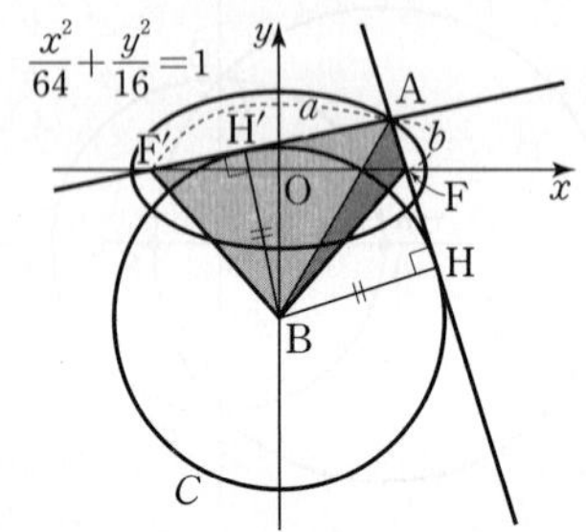

점 B에서 두 직선 AF, AF′에 내린 수선의 발을 각각 H, H′이라 하고, 원 C의 반지름의 길이를 r라 하면

$\overline{BH}=\overline{BH'}=r$

$\overline{AF'}=a$, $\overline{AF}=b$라 하면 타원의 성질에 의하여 $a+b=16$ (→ 장축의 길이)

$\square AFBF'=\triangle ABF'+\triangle ABF$ (→ $\frac{1}{2}\times\overline{AF'}\times\overline{BH'}$, $\frac{1}{2}\times\overline{AF}\times\overline{BH}$)

$=\frac{1}{2}ar+\frac{1}{2}br$

$=\frac{1}{2}(a+b)r=8r=72$ (→ $\frac{1}{2}\times16\times r=8r$)

$\therefore r=9$

118 [정답률 63%] 정답 ④

그림과 같이 두 점 F(5, 0), F′(−5, 0)을 초점으로 하는 타원이 x축과 만나는 점 중 x좌표가 양수인 점을 A라 하자. 점 F를 중심으로 하고 점 A를 지나는 원을 C라 할 때, 원 C 위의 점 중 y좌표가 양수인 점 P와 타원 위의 점 중 제2사분면에 있는 점 Q가 다음 조건을 만족시킨다.

> (가) 직선 PF′은 원 C에 접한다.
> (나) 두 직선 PF′, QF′은 서로 수직이다.

$\overline{QF'}=\frac{3}{2}\overline{PF}$일 때, 이 타원의 장축의 길이는?

(단, $\overline{AF}<\overline{FF'}$) (3점)

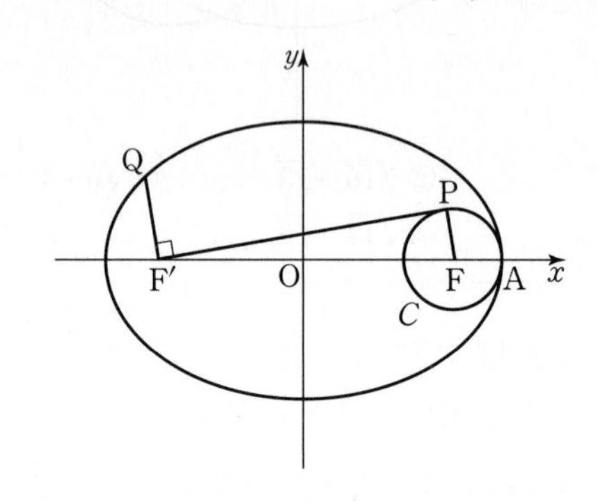

① $\frac{25}{2}$ ② 13 ③ $\frac{27}{2}$

④ 14 ⑤ $\frac{29}{2}$

Step 1 타원의 정의를 이용한다.

원 C의 반지름의 길이를 r라 하면 $\overline{PF}=\overline{FA}=r$

$\therefore \overline{QF'}=\frac{3}{2}\overline{PF}=\frac{3}{2}r$ (→ 문제에서 주어진 조건이다.)

타원의 장축의 길이는 $2\overline{OA}=2(\overline{OF}+\overline{FA})=2(5+r)$

타원의 정의에 의하여 $\overline{QF}+\overline{QF'}=2(5+r)$ (→ 타원 위의 한 점에서 두 초점까지의 거리의 합은 타원의 장축의 길이와 같다.)

$\therefore \overline{QF}=10+2r-\frac{3}{2}r=10+\frac{r}{2}$

Step 2 타원의 장축의 길이를 구한다.

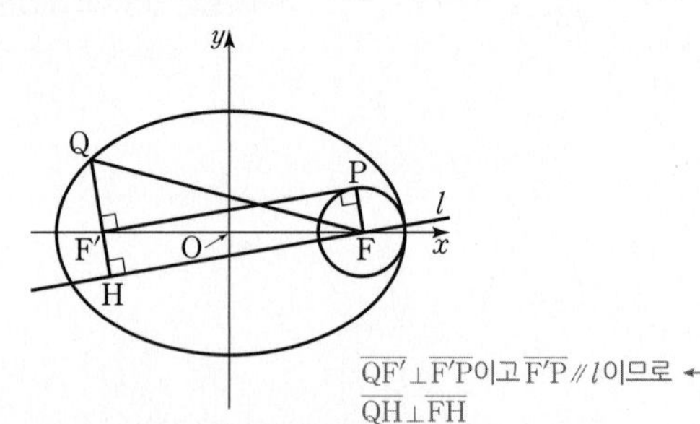

$\overline{QF'}\perp\overline{F'P}$이고 $\overline{F'P}\,/\!/\,l$이므로 $\overline{QH}\perp\overline{FH}$

점 F를 지나고 직선 F′P에 평행한 직선을 l이라 하자.

직선 QF′의 연장선이 직선 l과 만나는 점을 H라 하면 $\overline{QH}\perp\overline{FH}$이므로 삼각형 QHF는 직각삼각형이다.

직각삼각형 PF′F에서 $\overline{F'P}=\sqrt{\overline{F'F}^2-\overline{PF}^2}=\sqrt{10^2-r^2}=\sqrt{100-r^2}$

직각삼각형 QHF에서 $\overline{HF}=\overline{F'P}$

$\therefore \overline{HF}=\overline{F'P}=\sqrt{100-r^2}$

$\overline{QH}=\overline{QF'}+\overline{F'H}=\overline{QF'}+\overline{PF}=\frac{3}{2}r+r=\frac{5}{2}r$이므로

$\left(10+\frac{r}{2}\right)^2=\left(\frac{5}{2}r\right)^2+(\sqrt{100-r^2})^2$ → $\overline{FQ}^2=\overline{QH}^2+\overline{HF}^2$

$100+10r+\frac{r^2}{4}=\frac{25}{4}r^2+100-r^2$

$5r^2-10r=0,\ 5r(r-2)=0$

$\therefore r=2\ (\because r>0)$

따라서 타원의 장축의 길이는 $2(5+r)=2\times7=14$

119 [정답률 40%] 정답 26

그림과 같이 점 A$(-5, 0)$을 중심으로 하고 반지름의 길이가 r인 원과 타원 $\frac{x^2}{25}+\frac{y^2}{16}=1$의 한 교점을 P라 하자.
점 B$(3, 0)$에 대하여 $\overline{PA}+\overline{PB}=10$일 때, $10r$의 값을 구하시오. (4점)

→ 초점 : $(3, 0), (-3, 0)$
→ $\overline{PA}=r$임을 이용한다.

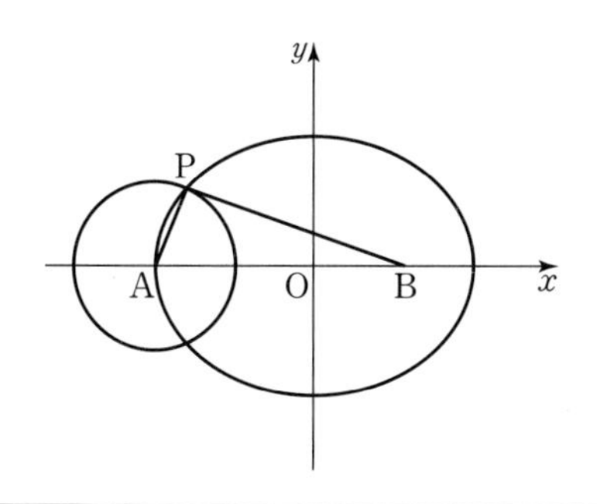

Step 1 타원의 두 초점의 좌표를 구한다.

타원 $\frac{x^2}{25}+\frac{y^2}{16}=1$의 두 초점의 좌표를 각각 $(c, 0), (-c, 0)(c>0)$이라 하면

$c^2=25-16=9$

$\therefore c=3$

따라서 점 B$(3, 0)$은 타원의 한 초점이고, 다른 한 초점을 C라 하면 C$(-3, 0)$이다.

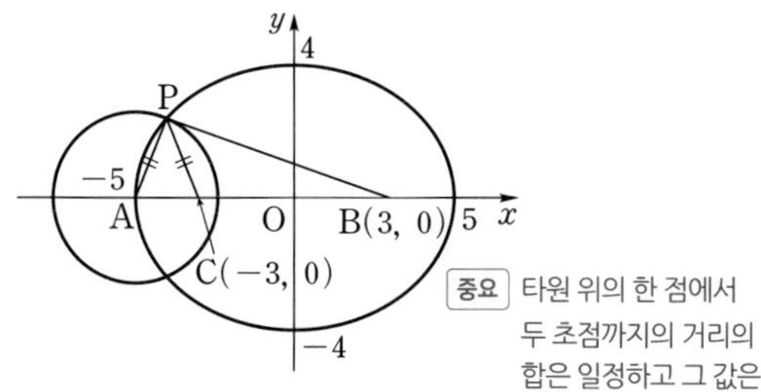

중요 타원 위의 한 점에서 두 초점까지의 거리의 합은 일정하고 그 값은 타원의 장축의 길이와 같다.

Step 2 타원의 정의를 이용하여 점 P의 좌표를 구한다.

타원의 정의에 의하여 $\overline{PB}+\overline{PC}=10$이고, 문제의 조건에서

$\overline{PA}+\overline{PB}=10$이므로

$\overline{PA}=\overline{PC}$

즉, 삼각형 PAC는 이등변삼각형이므로 점 P의 x좌표는

→ 점 P의 x좌표는 선분 AC의 중점의 x좌표와 같다.

$\frac{(-5)+(-3)}{2}=-4$ → $\frac{(\text{점 A의 } x\text{좌표})+(\text{점 C의 } x\text{좌표})}{2}$

또한, 점 P는 타원 $\frac{x^2}{25}+\frac{y^2}{16}=1$ 위의 점이므로 $x=-4$를 대입하면

$\frac{16}{25}+\frac{y^2}{16}=1,\ \frac{y^2}{16}=\frac{9}{25},\ y^2=\frac{144}{25}$

$\therefore y=\pm\frac{12}{5}$

즉, 점 P의 좌표는 $\left(-4, \pm\frac{12}{5}\right)$이다.

Step 3 r의 값을 구한다.

$r=\overline{PA}=\sqrt{(-5+4)^2+\left(\frac{12}{5}\right)^2}=\frac{13}{5}$

$\therefore 10r=10\times\frac{13}{5}=26$

중요 두 점 A(x_1, y_1), B(x_2, y_2)에 대하여 선분 AB의 길이는 $\overline{AB}=\sqrt{(x_1-x_2)^2+(y_1-y_2)^2}$

다른 풀이 피타고라스 정리를 이용한 풀이

Step 1 동일

Step 2 직각삼각형 PHB의 각 변의 길이를 r로 나타내고 피타고라스 정리를 이용하여 r의 값을 구한다.

타원의 정의에 의하여 $\overline{PB}+\overline{PC}=10$이고, $\overline{PA}+\overline{PB}=10$이므로

$\overline{PA}=\overline{PC}$ → $\overline{PB}+\overline{PC}=$(타원의 장축의 길이)

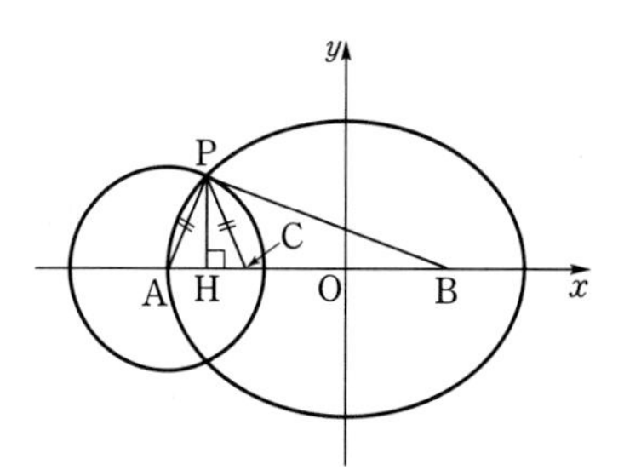

즉, 삼각형 PAC는 이등변삼각형이므로 점 P에서 x축에 내린 수선의 발을 H라 하면

$\overline{HC}=\frac{1}{2}\overline{AC}=1$ → $\overline{AC}=\overline{OA}-\overline{OC}=5-3=2$

직각삼각형 PHC에서 (피타고라스 정리)

$\overline{PH}=\sqrt{\overline{PC}^2-\overline{HC}^2}=\sqrt{r^2-1}$

직각삼각형 PHB에서

$\overline{PB}=10-r,\ \overline{HB}=\overline{AB}-\overline{HA}=8-1=7$ → $\overline{PB}=10-\overline{PA}=10-r$

이므로 피타고라스 정리에 의하여

$\overline{PB}^2=\overline{HB}^2+\overline{PH}^2$

$(10-r)^2=7^2+(\sqrt{r^2-1})^2$

$\therefore 10r=26$

수능포인트

$\overline{PA}+\overline{PB}$에서 바로 당연히 장축의 길이라고 하면 안 됩니다. A는 타원 위의 점이니 초점이 될 수 없습니다. 다만 타원의 식에 의하여 장축의 길이가 10이니 $\overline{PA}=\overline{PC}$임을 알 수 있습니다.

120 [정답률 55%]

정답 32

타원 $\frac{x^2}{a^2}+\frac{y^2}{b^2}=1\ (0<b<a)$의 한 초점을 $(c,\ 0)(c>0)$이라 하면 $c=\sqrt{a^2-b^2}$이다. 이때 $\sqrt{36-16}=\sqrt{20}=2\sqrt{5}$이므로 $\mathrm{F}(2\sqrt{5},\ 0)$, $\mathrm{F}'(-2\sqrt{5},\ 0)$이다.

타원 $\frac{x^2}{36}+\frac{y^2}{16}=1$의 두 초점을 F, F′이라 하자. 이 타원 위의 점 P가 $\overline{\mathrm{OP}}=\overline{\mathrm{OF}}$를 만족시킬 때, $\overline{\mathrm{PF}}\times\overline{\mathrm{PF'}}$의 값을 구하시오. (단, O는 원점이다.) (4점)

$\overline{\mathrm{PF}}+\overline{\mathrm{PF'}}=$(장축의 길이) 임을 이용한다.

Step 1 $\overline{\mathrm{OP}}=\overline{\mathrm{OF}}=\overline{\mathrm{OF'}}$이면 세 점 P, F, F′은 한 원 위의 점임을 이용한다.

→ 이 원은 원점을 중심으로 하는 원이야.

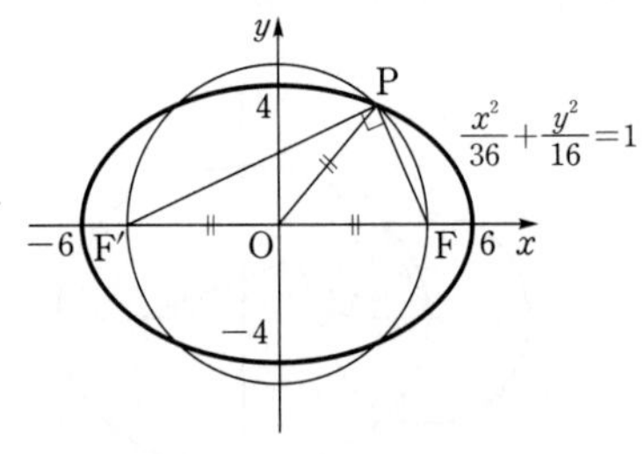

$\overline{\mathrm{OF}}=\overline{\mathrm{OF'}}=\sqrt{36-16}=2\sqrt{5}$

$\therefore\ \overline{\mathrm{FF'}}=4\sqrt{5}$

$\overline{\mathrm{OP}}=\overline{\mathrm{OF}}=\overline{\mathrm{OF'}}$이므로 점 P는 중심이 원점이고 지름이 $\overline{\mathrm{F'F}}$인 원 위의 점이다.

Step 2 $(a+b)^2=a^2+b^2+2ab$임을 이용하여 $\overline{\mathrm{PF}}\times\overline{\mathrm{PF'}}$의 값을 구한다.

삼각형 F′PF에서 $\angle\mathrm{FPF'}=90°$이므로 피타고라스 정리에 의하여

$\overline{\mathrm{PF}}^2+\overline{\mathrm{PF'}}^2=\overline{\mathrm{FF'}}^2=(4\sqrt{5})^2=80$ …… ㉠

→ 원의 지름에 대한 원주각의 크기는 90°이다.

또한, 타원의 정의에 의하여

$\overline{\mathrm{PF}}+\overline{\mathrm{PF'}}=2\times6=12$ …… ㉡

㉠, ㉡에서

$$\overline{\mathrm{PF}}\times\overline{\mathrm{PF'}}=\frac{(\overline{\mathrm{PF}}+\overline{\mathrm{PF'}})^2-(\overline{\mathrm{PF}}^2+\overline{\mathrm{PF'}}^2)}{2}$$

$$=\frac{12^2-80}{2}=\frac{64}{2}=32$$

→ $(a+b)^2=a^2+b^2+2ab$에서 $a=\overline{\mathrm{PF}}$, $b=\overline{\mathrm{PF'}}$으로 놓고 ab에 관한 식으로 변형한다.

121 [정답률 18%]

정답 17

한 초점이 $\mathrm{F}(c,\ 0)\ (c>0)$인 타원 $\frac{x^2}{9}+\frac{y^2}{5}=1$과 중심의 좌표가 $(2,\ 3)$이고 반지름의 길이가 r인 원이 있다. 타원 위의 점 P와 원 위의 점 Q에 대하여 $\overline{\mathrm{PQ}}-\overline{\mathrm{PF}}$의 최솟값이 6일 때, r의 값을 구하시오. (4점)

→ 두 선분의 차를 구하기 어렵다면 두 선분의 합으로 나타내면 된다.

Step 1 타원의 성질을 이용하여 식을 세운다.

타원 $\frac{x^2}{9}+\frac{y^2}{5}=1$의 한 초점이 $\mathrm{F}(c,\ 0)\ (c>0)$이므로

$c^2=9-5=4\qquad\therefore\ c=2\ (\because\ c>0)$

→ 타원 $\frac{x^2}{a^2}+\frac{y^2}{b^2}=1$의 초점 $(c,\ 0)$, $(-c,\ 0)$에 대하여 $c^2=a^2-b^2$

타원 $\frac{x^2}{9}+\frac{y^2}{5}=1$의 다른 한 초점을 F′이라 하면 $\mathrm{F'}(-2,\ 0)$

점 P가 타원 위의 점이므로 $\overline{\mathrm{PF}}+\overline{\mathrm{PF'}}=6$

이때 $\overline{\mathrm{PQ}}-\overline{\mathrm{PF}}\geq6$이므로 $\overline{\mathrm{PQ}}+\overline{\mathrm{PF'}}\geq12$

→ $(\overline{\mathrm{PF}}+\overline{\mathrm{PF'}})+(\overline{\mathrm{PQ}}-\overline{\mathrm{PF}})\geq12$

Step 2 $\overline{\mathrm{PQ}}+\overline{\mathrm{PF'}}\geq12$를 만족시키는 두 점 P, Q의 위치를 생각한다.

원의 중심을 C라 하면 C(2, 3)

$\therefore\ \overline{\mathrm{CF'}}=\sqrt{(-2-2)^2+(0-3)^2}=5$

따라서 타원 $\frac{x^2}{9}+\frac{y^2}{5}=1$과 주어진 조건을 만족시키는 중심이 C(2, 3)이고 반지름의 길이가 r인 원은 다음과 같다.

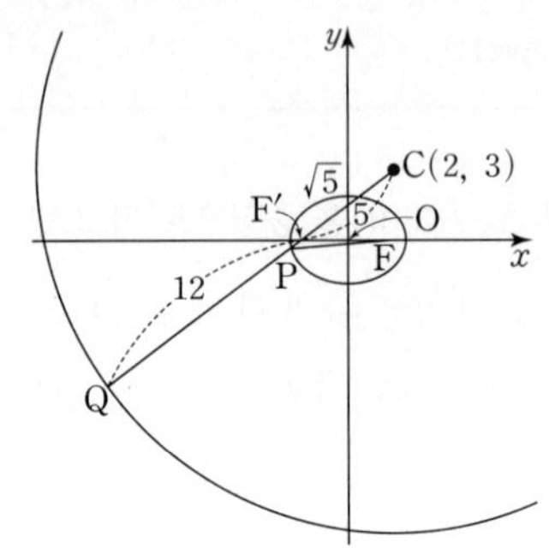

즉, $\overline{\mathrm{PQ}}+\overline{\mathrm{PF'}}$의 값이 최소일 때 원의 반지름의 길이는

$r=\overline{\mathrm{CF'}}+(\overline{\mathrm{PF'}}+\overline{\mathrm{PQ}})=5+12=17$

→ $\overline{\mathrm{PQ}}+\overline{\mathrm{PF'}}=12$

122 [정답률 39%]

정답 ④

그림과 같이 타원 $\frac{x^2}{a^2}+\frac{y^2}{b^2}=1$의 두 초점 F, F′에 대하여 선분 FF′을 지름으로 하는 원을 C라 하자. 원 C가 타원과 제1사분면에서 만나는 점을 P라 하고, 원 C가 y축과 만나는 점 중 y좌표가 양수인 점을 Q라 하자. 두 직선 F′P, QF가 이루는 예각의 크기를 θ라 하자. $\cos\theta=\frac{3}{5}$일 때, $\frac{b^2}{a^2}$의 값은? (단, a, b는 $a>b>0$인 상수이고, 점 F의 x좌표는 양수이다.) (4점)

→ 반원에 대한 원주각의 크기가 90°이다.

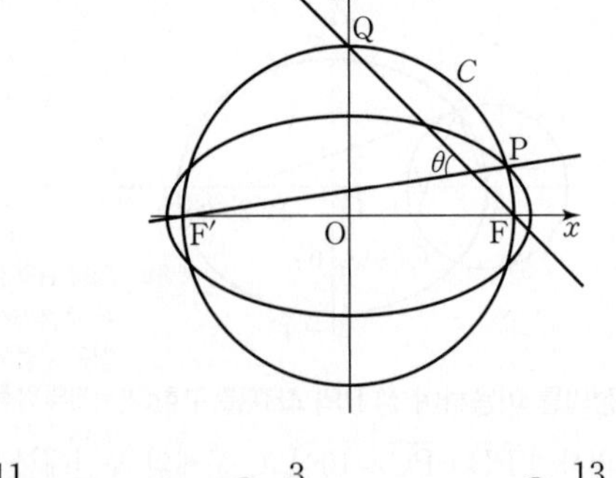

① $\frac{11}{64}$ ② $\frac{3}{16}$ ③ $\frac{13}{64}$ ④ $\frac{7}{32}$ ⑤ $\frac{15}{64}$

Step 1 두 직선 $F'P$, QF의 교점을 A라 하고 $\overline{AQ}=3t$라 하면, $\overline{AP}$, $\overline{FP}$를 각각 t에 대한 식으로 나타낸다.

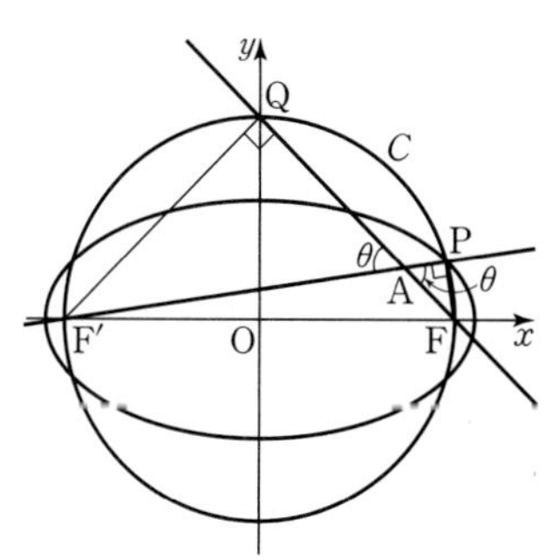

위의 그림과 같이 두 직선 $F'P$, QF의 교점을 A라 하자.

선분 $F'F$가 원 C의 지름이고 두 점 Q, P가 각각 원 C 위의 점이므로

$\angle F'QA=\angle FPA=90^\circ$, $\angle F'AQ=\angle FAP=\theta$ ($\because$ 맞꼭지각)

따라서 두 직각삼각형 $F'QA$, FPA는 서로 닮음이다. → AA 닮음

$\triangle F'QA$에서 $\overline{AQ}=3t$ $(t>0)$라 하면

$\overline{F'A}=\dfrac{\overline{AQ}}{\cos\theta}=5t$ → $\dfrac{3t}{\frac{3}{5}}=5t$

$\triangle F'QA$에서 $\overline{F'Q}=\sqrt{\overline{F'A}^2-\overline{AQ}^2}=\sqrt{(5t)^2-(3t)^2}=4t$

$\overline{FQ}=\overline{F'Q}=4t$이고 $\overline{AQ}=3t$이므로

$\overline{FA}=\overline{FQ}-\overline{AQ}=4t-3t=t$

$\triangle FPA$에서

$\overline{AP}=\overline{FA}\cos\theta=t\times\dfrac{3}{5}=\dfrac{3}{5}t$

$\overline{FP}=\overline{FA}\sin\theta=t\times\dfrac{4}{5}=\dfrac{4}{5}t$ → $\triangle F'QA$에서 $\sin\theta=\dfrac{\overline{F'Q}}{\overline{F'A}}=\dfrac{4}{5}$

Step 2 점 P가 타원 위에 있음을 이용하여 a의 값을 구한다.

타원 $\dfrac{x^2}{a^2}+\dfrac{y^2}{b^2}=1$ 위의 점 P에 대하여

$\overline{PF'}=\overline{F'A}+\overline{AP}=5t+\dfrac{3}{5}t=\dfrac{28}{5}t$이고 $\overline{PF}=\dfrac{4}{5}t$이므로

$2a=\overline{PF'}+\overline{PF}$, $2a=\dfrac{28}{5}t+\dfrac{4}{5}t$ → 타원의 정의

$\therefore a=\dfrac{16}{5}t$

Step 3 타원의 초점의 좌표를 구하고 타원의 한 초점의 x좌표를 c라 할 때 $c^2=a^2-b^2$임을 이용한다.

직각이등변삼각형 $F'QF$에서 $\overline{F'Q}=4t$이므로

$\overline{FF'}=\sqrt{2}\times\overline{F'Q}=4\sqrt{2}t$

즉, $\overline{OF}=\overline{OF'}=\dfrac{4\sqrt{2}t}{2}=2\sqrt{2}t$이므로 $F(2\sqrt{2}t,\ 0)$

따라서 타원 $\dfrac{x^2}{a^2}+\dfrac{y^2}{b^2}=1$에서

$(2\sqrt{2}t)^2=a^2-b^2$, $\dfrac{(2\sqrt{2}t)^2}{a^2}=1-\dfrac{b^2}{a^2}$

$\therefore \dfrac{b^2}{a^2}=1-\left(\dfrac{2\sqrt{2}t}{a}\right)^2=1-\left(\dfrac{2\sqrt{2}t}{\frac{16}{5}t}\right)^2$ → $a=\dfrac{16}{5}t$ 대입

$=1-\left(\dfrac{5\sqrt{2}}{8}\right)^2=\dfrac{64-50}{64}=\dfrac{7}{32}$

123 [정답률 66%]

정답 ⑤

원의 방정식에 $y=0$을 대입해 두 점 A, B의 x좌표를 구한다.

중심이 $(0,\ 3)$이고 반지름의 길이가 5인 원이 x축과 만나는 두 점을 각각 A, B라 하자. 이 원과 타원 $\dfrac{x^2}{25}+\dfrac{y^2}{9}=1$이 만나는 점 중 한 점을 P라 할 때, $\overline{AP}\times\overline{BP}$의 값은? (4점)

→ 점 P는 타원 위의 점이므로 초점을 구하여 타원의 정의를 적용해 본다.

① $\dfrac{41}{4}$ ② $\dfrac{21}{2}$ ③ $\dfrac{43}{4}$ ④ 11 ⑤ $\dfrac{45}{4}$

Step 1 두 점 A, B의 좌표를 구한다.

중심이 $(0,\ 3)$이고 반지름의 길이가 5인 원의 방정식은

$x^2+(y-3)^2=5^2$ ← $y=0$ 대입

암기 중심이 $(a,\ b)$이고 반지름의 길이가 r인 원의 방정식은 $(x-a)^2+(y-b)^2=r^2$이다.

이 원이 x축과 만나는 점은 y좌표가 0이므로

$x^2+9=25$, $x^2=16$, $x=\pm4$

즉, 두 점 A, B의 좌표는 $(-4,\ 0)$, $(4,\ 0)$이다.

Step 2 타원의 두 초점을 구하고 $\overline{AP}$, $\overline{BP}$ 사이의 관계식을 찾는다.

타원 $\dfrac{x^2}{25}+\dfrac{y^2}{9}=1$의 두 초점을 $(c,\ 0)$, $(-c,\ 0)$ $(c>0)$이라 하면

$c^2=25-9=16$ **중요** $\therefore c=4$

따라서 두 점 A, B는 타원 $\dfrac{x^2}{25}+\dfrac{y^2}{9}=1$의 초점이고, 점 P가 타원 위의 점이므로 $\overline{PA}=a$, $\overline{PB}=b$ $(a>b)$라 하면

$a+b=10$ → 구하는 값은 ab이다. …… ㉠

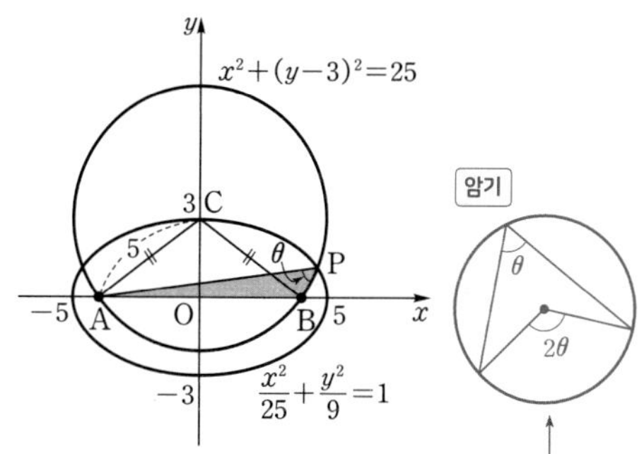

Step 3 삼각비를 이용하여 $\overline{AP}$, $\overline{BP}$의 관계식을 찾고 ㉠과 연립하여 $\overline{AP}\times\overline{BP}$의 값을 구한다.

원 $x^2+(y-3)^2=25$의 중심을 C, $\angle APB=\theta$라 하면

$\angle APB$는 호 AB에 대한 원주각이므로 이 호의 중심각의 크기는

$\angle ACB=2\angle APB=2\theta$이고

$\angle ACO=\angle BCO=\theta$ → y축이 각 ACB를 이등분한다.

이때 $\overline{AC}+\overline{BC}=10$이고 $\overline{AC}=\overline{BC}$이므로

$\overline{AC}=5$

직각삼각형 AOC에서 $\overline{AC}=5$이고 $\overline{CO}=3$이므로

$\cos\theta=\dfrac{\overline{CO}}{\overline{AC}}=\dfrac{3}{5}$이고, $\sin\theta=\dfrac{\overline{AO}}{\overline{AC}}=\dfrac{4}{5}$

삼각형 PAB의 점 B에서 선분 PA에 내린 수선의 발을 H라 하면

본문 38쪽

$\overline{PH}=\overline{PB}\cos\theta=\frac{3}{5}b$

$\overline{BH}=\overline{PB}\sin\theta=\frac{4}{5}b$

직각삼각형 BHA에서

피타고라스 정리에 의하여 → $\angle C=90°$인 직각삼각형 ABC에서 $\overline{AB}^2=\overline{AC}^2+\overline{BC}^2$이다.

$\overline{HA}^2+\overline{BH}^2=\overline{AB}^2$이므로

$\left(a-\frac{3}{5}b\right)^2+\left(\frac{4}{5}b\right)^2=8^2$

$\therefore a^2-\frac{6}{5}ab+b^2=64$ …… ㉡

㉠의 양변을 제곱하면 $a^2+2ab+b^2=100$ …… ㉢

㉢−㉡에서 $\frac{16}{5}ab=36$ $\therefore ab=\frac{45}{4}$

미지수가 두 개이고 식도 두 개니까 연립방정식을 풀면 미지수의 값을 모두 알 수 있어. 이 경우 구하는 값이 ab이니까 a^2+b^2을 소거하기 위해 ㉢−㉡을 했어.

$\therefore \overline{AP}\times\overline{BP}=ab=\frac{45}{4}$

중요 $\angle C=\frac{\pi}{2}$인 직각삼각형 ABC에서 $\angle A=\theta$라 하면 $\overline{AC}=\overline{AB}\cos\theta$, $\overline{BC}=\overline{AB}\sin\theta$가 성립한다.

124 [정답률 47%] 정답 ⑤

좌표평면에서 원 $x^2+y^2=36$ 위를 움직이는 점 P(a, b)와 점 A$(4, 0)$에 대하여 다음 조건을 만족시키는 점 Q 전체의 집합을 X라 하자. (단, $b\neq0$) → 주어진 조건을 통해서 점 Q가 타원 또는 쌍곡선 위의 점임을 예측할 수 있다.

(가) 점 Q는 선분 OP 위에 있다.
(나) 점 Q를 지나고 직선 AP에 평행한 직선이 $\angle$OQA를 이등분한다.

→ 삼각형 PQA가 이등변삼각형임을 파악한다. ($\because \angle QPA=\angle QAP$)

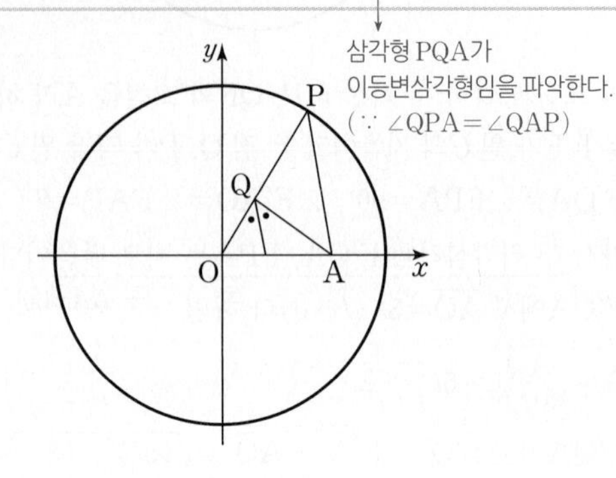

집합의 포함 관계로 옳은 것은? (4점)

① $X\subset\left\{(x, y)\,\middle|\,\frac{(x-1)^2}{9}-\frac{(y-1)^2}{5}=1\right\}$

② $X\subset\left\{(x, y)\,\middle|\,\frac{(x-2)^2}{9}+\frac{(y-1)^2}{5}=1\right\}$

③ $X\subset\left\{(x, y)\,\middle|\,\frac{(x-1)^2}{9}-\frac{y^2}{5}=1\right\}$

④ $X\subset\left\{(x, y)\,\middle|\,\frac{(x-1)^2}{9}+\frac{y^2}{5}=1\right\}$

✔ $X\subset\left\{(x, y)\,\middle|\,\frac{(x-2)^2}{9}+\frac{y^2}{5}=1\right\}$

중요 동위각 엇각

Step 1 삼각형 PQA가 이등변삼각형임을 이용하여 점 Q가 그리는 도형을 파악한다.

점 Q에서 직선 AP에 평행한 직선을 그었을 때, x축과 만나는 점을 B라 하면 $\overline{QB}\,/\!/\,\overline{PA}$이므로

$\angle QPA=\angle OQB$ ($\because$ 동위각)

$\angle PAQ=\angle BQA$ ($\because$ 엇각)

이때 $\angle OQB=\angle BQA$이므로

$\angle QPA=\angle PAQ$에서

삼각형 PQA가 이등변삼각형이므로

$\overline{QA}=\overline{QP}$

$\therefore \overline{OQ}+\overline{QA}=\overline{OQ}+\overline{QP}=\overline{OP}=6$ → $\overline{OP}$는 원 $x^2+y^2=36$의 반지름이다.

즉, $\overline{OQ}+\overline{QA}$가 일정하므로 점 Q는 두 점 O, A를 초점으로 하고 장축의 길이가 6인 타원 위의 점이다. → 도형 위의 한 점으로부터 두 초점까지 거리의 합이 일정한 도형은 타원이고 그 값은 장축의 길이와 같다.

Step 2 타원의 방정식을 구한다.

이 타원의 중심은 두 초점 O, A의 중점이므로 $(2, 0)$이다.

이 타원의 방정식을 $\frac{(x-2)^2}{m^2}+\frac{y^2}{n^2}=1$이라 하면 장축의 길이가

→ 장축의 길이 : $2|m|$
단축의 길이 : $2|n|$

6이므로

$2|m|=6 \quad \therefore m^2=9$

중심에서 초점까지의 거리가 2이므로

$n^2=3^2-2^2=5$

$\therefore \frac{(x-2)^2}{9}+\frac{y^2}{5}=1$

한편, $b\neq0$이므로 점 Q 전체의 집합에는 타원과 x축과의 교점은 제외된다.

$\therefore X\subset\left\{(x, y) \middle| \frac{(x-2)^2}{9}+\frac{y^2}{5}=1\right\}$ → 타원 위의 모든 점을 원소로 갖는 집합이야!

참고

문제에서 $b\neq0$이므로 $\frac{(x-2)^2}{9}+\frac{y^2}{5}=1$에 $y=0$을 대입하면

$\frac{(x-2)^2}{9}=1$, $(x-2)^2=9$, $x-2=\pm3$

$\therefore x=-1$ 또는 $x=5$

즉, 타원 위의 점 중에서 점 $(-1, 0)$, $(5, 0)$은 점 Q 전체의 집합의 원소가 아니다.

✪ 다른 풀이 점 Q가 그리는 도형의 방정식을 직접 구하는 풀이

Step 1 동일

Step 2 점 Q의 좌표를 (x, y)라 하고 x와 y 사이의 관계식을 찾는다.

점 Q의 좌표를 $Q(x, y)$라 하면

$\overline{OQ}+\overline{QA}=\sqrt{x^2+y^2}+\sqrt{(x-4)^2+y^2}=6$

$\sqrt{(x-4)^2+y^2}=6-\sqrt{x^2+y^2}$

양변을 제곱하여 정리하면

$x^2-8x+16+y^2=36-12\sqrt{x^2+y^2}+x^2+y^2$

$3\sqrt{x^2+y^2}=2x+5$ 계산 주의

주의 식을 정리할 때 계산이 틀리지 않았는지 다시 한번 확인한다.

양변을 제곱하면

$9x^2+9y^2=4x^2+20x+25$

$5(x-2)^2+9y^2=45$

따라서 점 Q가 지나는 도형은 $\frac{(x-2)^2}{9}+\frac{y^2}{5}=1$ (단, $y\neq0$)이므로

$\therefore X\subset\left\{(x, y) \middle| \frac{(x-2)^2}{9}+\frac{y^2}{5}=1\right\}$

125

정답 ④

조건이 두 개이므로 이를 만족하는 타원의 방정식을 구할 수 있다.

좌표평면에서 두 점 $A(-3, 0)$, $B(3, 0)$을 초점으로 하고 장축의 길이가 8인 타원이 있다. 초점이 B이고 원점을 꼭짓점으로 하는 포물선이 타원과 만나는 한 점을 P라 할 때, 선분 PB의 길이는? (3점)

$y^2=12x$

① $\frac{22}{7}$ ② $\frac{23}{7}$ ③ $\frac{24}{7}$ ④ $\frac{25}{7}$ ⑤ $\frac{26}{7}$

Step 1 초점의 좌표와 장축의 길이를 이용하여 타원의 방정식을 구한다.

타원의 방정식을 $\frac{x^2}{a^2}+\frac{y^2}{b^2}=1$ $(a>b>0)$이라 하면

→ 초점이 x축 위에 있기 때문에 장축이 x축 위에 있다.

장축의 길이가 8이므로 $2a=8$에서 $a=4$

두 초점의 좌표 $A(-3, 0)$, $B(3, 0)$에서

$a^2-b^2=4^2-b^2=3^2$이므로 $b^2=7$

→ 타원이 x축과 두 점 $(-4, 0)$, $(4, 0)$에서 만나므로 장축의 길이가 8이 된다.

따라서 타원의 방정식은 $\frac{x^2}{16}+\frac{y^2}{7}=1$이다.

Step 2 포물선의 방정식과 초점 사이의 관계를 이용한다.

원점을 꼭짓점으로 하고 초점이 x축 위에 있는 포물선의 방정식을 $y^2=4px$라 하면 초점의 좌표가 $B(3, 0)$이므로 $p=3$

따라서 포물선의 방정식은 $y^2=4\times3x=12x$이다.

포물선 $y^2=4px$ $(p\neq0)$의 초점의 좌표는 $(p, 0)$이다.

Step 3 타원과 포물선의 정의를 이용하여 선분 PB의 길이를 구한다.

→ 점 P가 포물선 위의 점이자 타원 위의 점이다.

타원 $\frac{x^2}{16}+\frac{y^2}{7}=1$과 포물선 $y^2=12x$의 교점 중 제1사분면 위의 점을 P라 하자.

$\overline{PB}=k$라 하고 점 P에서 포물선의 준선 $x=-3$에 내린 수선의 발을 H라 하면

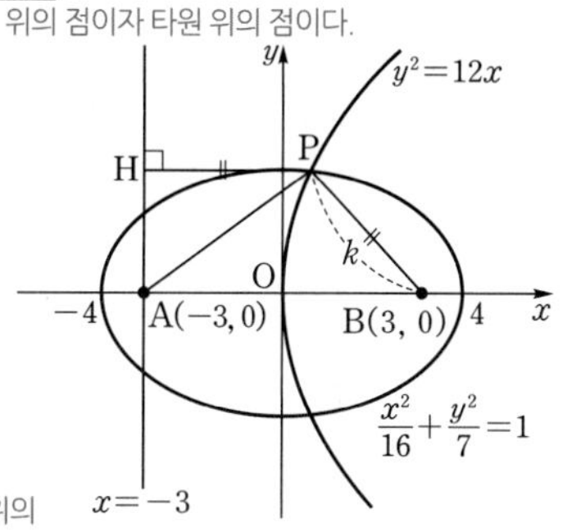

포물선의 정의에 의하여

$\overline{PH}=\overline{PB}=k$

중요 포물선 위의 한 점에서 초점까지의 거리와 준선까지의 거리는 항상 같다.

$\overline{AO}=3$이므로 점 P의 x좌표는

$\overline{HP}-\overline{OA}=k-3$

점 P는 포물선 위의 점이므로 $y^2=12x$에 $x=k-3$을 대입하면

점 P의 y좌표는 $\sqrt{12(k-3)}$이다.

$\therefore P(k-3, \sqrt{12(k-3)})$

또한, 타원의 정의에 의하여 $\overline{PA}+\overline{PB}=8$이므로

$\overline{PA}=8-\overline{PB}=8-k$

암기 타원 위의 한 점에서 두 초점까지의 거리의 합은 일정하고 그 값은 타원의 장축의 길이와 같다.

따라서 직각삼각형 PHA에서 피타고라스 정리에 의하여

$\overline{PH}^2+\overline{HA}^2=\overline{PA}^2$

$k^2+(\sqrt{12(k-3)})^2=(8-k)^2$

$k^2+12(k-3)=k^2-16k+64$

$28k=100$

$\therefore k=\overline{PB}=\frac{25}{7}$

다른 풀이 직각삼각형을 이용하여 선분 PB의 길이를 구하는 풀이

Step 1 **Step 2** 동일

Step 3 두 직각삼각형 PAH′, PBH′에서 피타고라스 정리를 이용하여 선분 PB의 길이를 구한다.

점 P에서 준선 $x=-3$과 x축에 내린 수선의 발을 각각 H, H′이라 하고, $\overline{PB}=k$라 하면

$\overline{PB}=\overline{PH}=\overline{AH'}=k$이고 (→ 포물선의 정의)

$\overline{BH'}=\overline{AB}-\overline{AH'}=6-k$

$\overline{PA}+\overline{PB}=8$에서 (→ 타원의 정의)

$\overline{PA}=8-\overline{PB}=8-k$

두 직각삼각형 PAH′, PBH′에서 (→ 피타고라스 정리)

$\overline{PH'}^2=\overline{PA}^2-\overline{AH'}^2$

$=\overline{PB}^2-\overline{BH'}^2$

(→ 두 식의 값이 같음을 알아내는 것이 이 풀이의 포인트야!)

$(8-k)^2-k^2=k^2-(6-k)^2$

$(64-16k+k^2)-k^2=k^2-(36-12k+k^2)$

$28k=100,\ k=\dfrac{25}{7}$

$\therefore\ \overline{PB}=\dfrac{25}{7}$

다른 풀이 좌표를 직접 구하여 선분 PB의 길이를 구하는 풀이

Step 1 **Step 2** 동일

Step 3 타원과 포물선의 방정식을 연립하여 교점의 좌표를 구한다.

타원 $\dfrac{x^2}{16}+\dfrac{y^2}{7}=1$과 $y^2=12x$의 교점의 좌표를 구하기 위하여 두 식을 연립하면 (→ 타원의 방정식에 y^2 대신 $12x$를 대입한다.)

$\dfrac{x^2}{16}+\dfrac{12x}{7}=1$

$7x^2+192x-112=0$

$(x+28)(7x-4)=0$ (→ 식이 복잡해서 인수분해하기 어려워 보이지만 충분히 연습을 해왔다면 계산할 수 있을 거야!)

$\therefore\ x=\dfrac{4}{7}\ (\because x>0)$

$x=\dfrac{4}{7}$를 $y^2=12x$에 대입하면 $y=\pm\dfrac{4\sqrt{21}}{7}$

따라서 점 P의 좌표는 $\left(\dfrac{4}{7},\ \dfrac{4\sqrt{21}}{7}\right)$ 또는 $\left(\dfrac{4}{7},\ -\dfrac{4\sqrt{21}}{7}\right)$이므로

$\overline{PB}=\sqrt{\left(3-\dfrac{4}{7}\right)^2+\left(0-\dfrac{4\sqrt{21}}{7}\right)^2}=\dfrac{25}{7}$

수능포인트

포물선과 타원 문제는 각각의 정의를 이용하여 푸는 문제가 대부분입니다. 이 문제의 조건을 만족하는 타원과 포물선의 그래프와 포물선의 준선을 좌표평면에 나타내어 보면 쉽게 접근할 수 있습니다.

126 [정답률 57%] 정답 ③

포물선 $(y-2)^2=8(x+2)$ 위의 점 P와 점 A$(0,\ 2)$에 대하여 $\overline{OP}+\overline{PA}$의 값이 최소가 되도록 하는 점 P를 P_0이라 하자. $\overline{OQ}+\overline{QA}=\overline{OP_0}+\overline{P_0A}$를 만족시키는 점 Q에 대하여 점 Q의 y좌표의 최댓값과 최솟값을 각각 M, m이라 할 때, M^2+m^2의 값은? (단, O는 원점이다.) (3점)

① 8 ② 9 ③ 10 ④ 11 ⑤ 12

Step 1 포물선의 정의를 이용하여 $\overline{OP_0}+\overline{P_0A}$의 값을 구한다.

포물선 $(y-2)^2=8(x+2)$의 초점은 $(0,\ 2)$ (→ 점 A), 준선은 직선 $x=-4$이다.

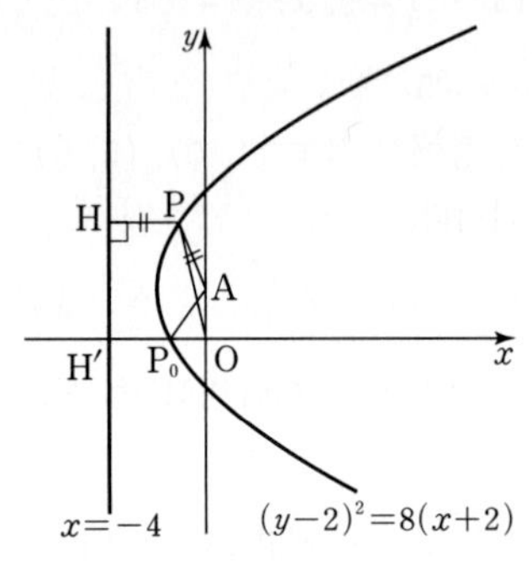

점 P에서 준선 $x=-4$에 내린 수선의 발을 H, 준선이 x축과 만나는 점을 H′이라 하면

$\overline{OP}+\overline{PA}=\overline{OP}+\overline{PH}\geq\overline{OH'}$ (→ 포물선의 정의에 의하여 $\overline{PA}=\overline{PH}$)

즉, $\overline{OP}+\overline{PA}$의 값이 최소가 되도록 하는 점 P_0은 포물선 $(y-2)^2=8(x+2)$와 x축이 만나는 점이고,

$\overline{OP_0}+\overline{P_0A}=\overline{OH'}=4$

Step 2 점 Q가 나타내는 도형을 생각한다.

따라서 $\overline{OQ}+\overline{QA}=4$이므로 점 Q는 두 점 O, A를 초점으로 하고 거리의 합이 4인 타원 위의 점이다.

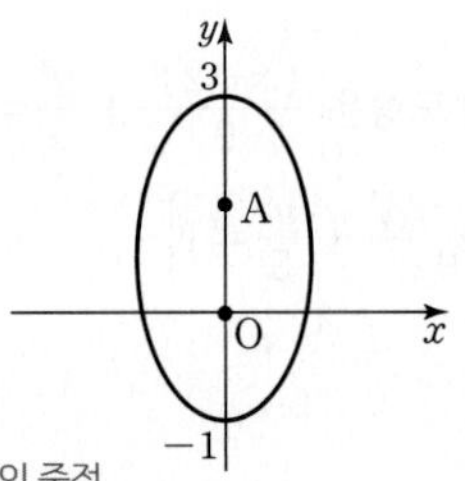

타원의 중심은 (→ 선분 OA의 중점) $(0,\ 1)$, 장축의 길이는 4이므로 점 Q의 y좌표의 최댓값은 3, 최솟값은 -1이다.

즉, $M=3,\ m=-1$이므로 $M^2+m^2=3^2+(-1)^2=10$

127 [정답률 74%]　　정답 ①

그림과 같이 두 점 $F(c, 0)$, $F'(-c, 0)$ $(c>0)$을 초점으로 하는 타원과 꼭짓점이 원점 O이고 점 F를 초점으로 하는 포물선이 있다. 타원과 포물선이 만나는 점 중 제1사분면 위의 점을 P라 하고, 점 P에서 직선 $x=-c$에 내린 수선의 발을 Q라 하자. $\overline{FP}=8$이고 삼각형 FPQ의 넓이가 24일 때, 타원의 장축의 길이는? (3점)

→ 포물선의 정의를 이용하면 선분 PQ의 길이를 알 수 있다.

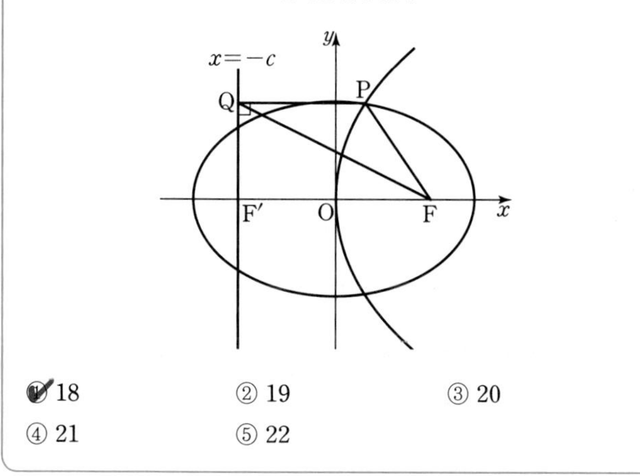

✔ 18　　② 19　　③ 20
④ 21　　⑤ 22

Step 1 포물선의 정의를 이용한다.
→ 포물선의 초점의 좌표가 $(c, 0)$, 꼭짓점이 원점이므로 준선은 $x=-c$

직선 $x=-c$는 포물선의 준선이므로 $\overline{PQ}=\overline{FP}=8$

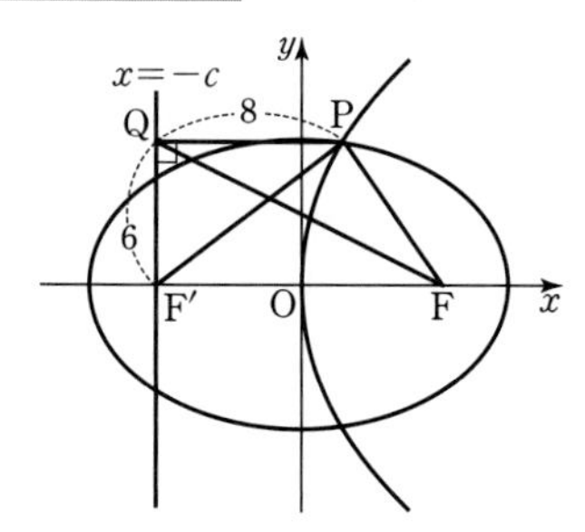

삼각형 FPQ의 넓이가 24이므로

$\triangle FPQ=\frac{1}{2}\times\overline{PQ}\times\overline{F'Q}$

$=\frac{1}{2}\times 8\times\overline{F'Q}=24$

$\therefore \overline{F'Q}=6$

직각삼각형 PQF'에서 $\overline{F'P}=\sqrt{8^2+6^2}=10$ → $\sqrt{\overline{PQ}^2+\overline{F'Q}^2}$

따라서 타원의 장축의 길이는 $\overline{FP}+\overline{F'P}=8+10=18$

128 [정답률 53%]　　정답 103

좌표평면에서 두 점 $A(5, 0)$, $B(-5, 0)$에 대하여 장축이 선분 AB인 타원의 두 초점을 F, F'이라 하자. 초점이 F이고 꼭짓점이 원점인 포물선이 타원과 만나는 두 점을 각각 P, Q라 하자. $\overline{PQ}=2\sqrt{10}$일 때, 두 선분 PF와 PF'의 길이의 곱 $\overline{PF}\times\overline{PF'}$의 값은 $\frac{q}{p}$이다. $p+q$의 값을 구하시오.

(단, p와 q는 서로소인 자연수이다.) (3점)

→ 장축의 길이가 10이다.
→ 두 점 P, Q에서 x축까지의 거리는 각각 $\sqrt{10}$이다.

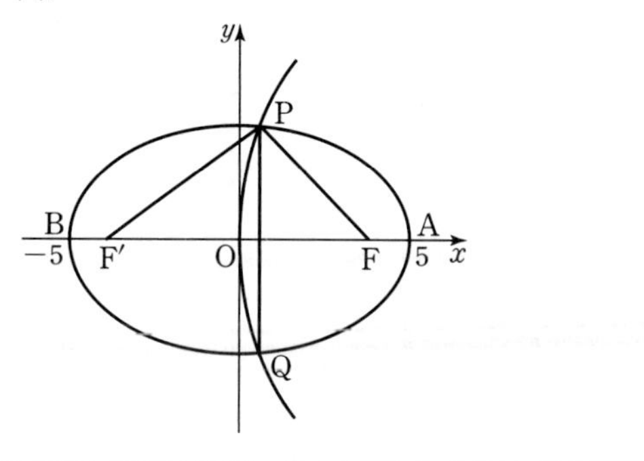

Step 1 점 F'을 지나는 포물선의 준선을 긋고 포물선의 정의와 타원의 정의를 이용한다. → 이와 같이 이차곡선의 문제는 정의를 이용한 문제가 주로 출제된다.

오른쪽 그림과 같이 점 F'을 지나는 포물선의 준선을 l이라 하고, 점 P에서 직선 l에 내린 수선의 발을 H라 하자.

포물선의 정의에 의하여

$\overline{PF}=\overline{PH}$

암기 | 포물선 위의 한 점에서 초점까지의 거리와 준선까지의 거리는 서로 같다.

$\overline{PF}=a$라 하면 타원의 장축의 길이가 10이므로

$\overline{PF'}+\overline{PF}=10$ → 타원의 정의

$\therefore \overline{PF'}=10-a$

선분 PQ와 x축이 만나는 점을 M이라 하면 $\overline{PQ}=2\sqrt{10}$이므로

$\overline{PM}=\overline{QM}=\sqrt{10}$ → 꼭짓점이 원점이고, 초점이 x축 위에 있는 포물선은 x축에 대하여 대칭이다.

$\therefore \overline{HF'}=\overline{PM}=\sqrt{10}$

Step 2 피타고라스 정리를 이용하여 두 선분 PF, PF'의 길이를 구한다.

직각삼각형 PHF'에서 $\overline{PF'}^2=\overline{PH}^2+\overline{HF'}^2$이므로

$(10-a)^2=a^2+(\sqrt{10})^2$ ← 위에서 구한 값을 대입하여 정리

$100-20a=10$

$\therefore a=\frac{9}{2}$

$\therefore \overline{PF}=a=\frac{9}{2}$, $\overline{PF'}=10-a=\frac{11}{2}$

따라서 $\overline{PF}\times\overline{PF'}=\frac{9}{2}\times\frac{11}{2}=\frac{99}{4}$이므로 $p=4$, $q=99$

$\therefore p+q=4+99=103$

129 [정답률 61%]

정답 29

좌표평면에서 초점이 $\mathrm{A}(a,\ 0)(a>0)$이고 꼭짓점이 원점인 포물선과 두 초점이 $\mathrm{F}(c,\ 0)$, $\mathrm{F'}(-c,\ 0)(c>a)$인 타원의 교점 중 제1사분면 위의 점을 P라 하자.

$$\overline{\mathrm{AF}}=2,\ \overline{\mathrm{PA}}=\overline{\mathrm{PF}},\ \overline{\mathrm{FF'}}=\overline{\mathrm{PF'}}$$

일 때, 타원의 장축의 길이는 $p+q\sqrt{7}$이다. p^2+q^2의 값을 구하시오. (단, p, q는 유리수이다.) (4점)

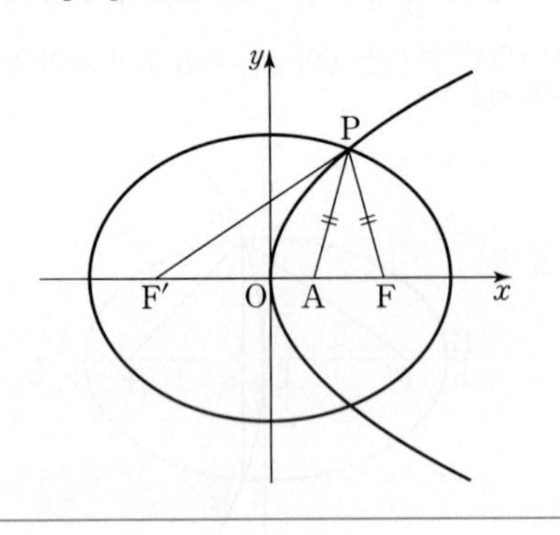

Step 1 이등변삼각형의 성질을 이용한다.

$\overline{\mathrm{AF}}=2$이고 삼각형 PAF가 $\overline{\mathrm{PA}}=\overline{\mathrm{PF}}$인 이등변삼각형이므로 꼭짓점 P에서 선분 AF에 내린 수선의 발을 I라 하면

$\overline{\mathrm{AI}}=\overline{\mathrm{IF}}=1$

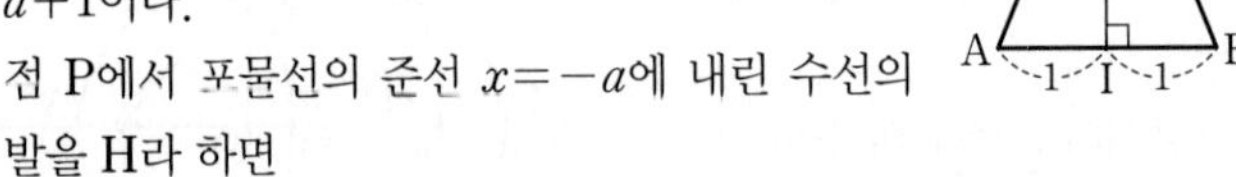

이때, 점 A의 좌표가 $(a,\ 0)$이므로

점 I의 좌표는 $(a+1,\ 0)$이고, 점 P의 x좌표는 $a+1$이다.

점 P에서 포물선의 준선 $x=-a$에 내린 수선의 발을 H라 하면

$\overline{\mathrm{PA}}=\overline{\mathrm{PH}}=(a+1)-(-a)$

$=2a+1$

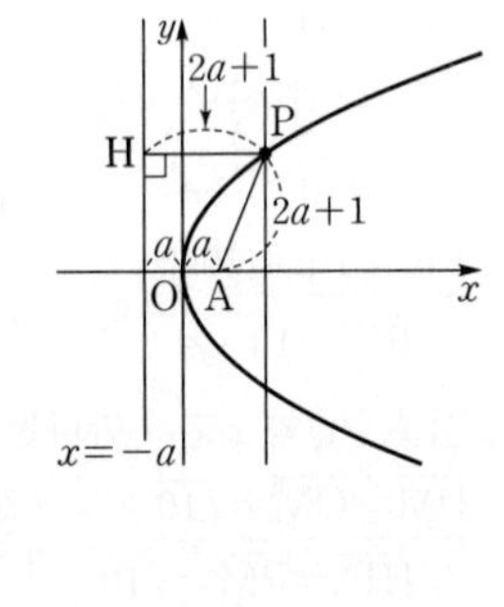

Step 2 삼각비를 이용하여 a의 값을 구한다.

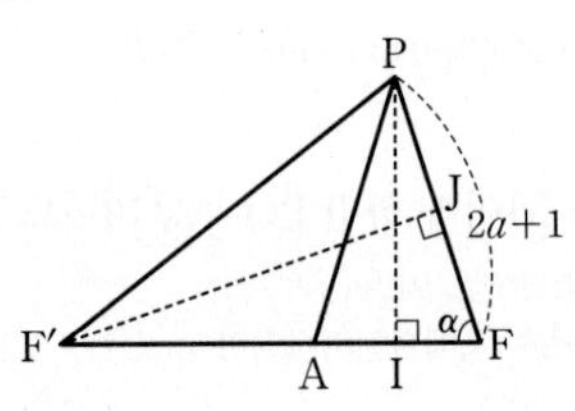

$\angle\mathrm{PFI}=\alpha$라 하면

$\cos\alpha=\dfrac{\overline{\mathrm{IF}}}{\overline{\mathrm{PF}}}=\dfrac{1}{2a+1}$ ⋯⋯ ㉠

→ $\overline{\mathrm{PF}}=\overline{\mathrm{PA}}=2a+1$이야.

이등변삼각형 $\mathrm{PFF'}$의 꼭짓점 F'에서 변 PF에 내린 수선의 발을 J라 하자.

→ 문제에서 $\overline{\mathrm{FF'}}=\overline{\mathrm{PF'}}$이므로 이등변삼각형이 돼.

또 점 F의 x좌표가 $a+2$이므로 $\overline{\mathrm{OF}}=a+2$에서

$\overline{\mathrm{F'F}}=2\overline{\mathrm{OF}}=2a+4$

$\therefore \cos\alpha=\dfrac{\overline{\mathrm{FJ}}}{\overline{\mathrm{F'F}}}=\dfrac{\frac{1}{2}\overline{\mathrm{PF}}}{\overline{\mathrm{F'F}}}=\dfrac{a+\frac{1}{2}}{2a+4}=\dfrac{2a+1}{4a+8}$ ⋯⋯ ㉡

㉠, ㉡에서

$\dfrac{1}{2a+1}=\dfrac{2a+1}{4a+8}$, $(2a+1)^2=4a+8$

$4a^2+4a+1=4a+8$, $4a^2=7$

$a^2=\dfrac{7}{4}$ $\quad\therefore a=\dfrac{\sqrt{7}}{2}$ $(\because a>0)$

Step 3 타원의 장축의 길이를 구한다.

따라서 타원의 장축의 길이는

$\overline{\mathrm{PF'}}+\overline{\mathrm{PF}}=\overline{\mathrm{FF'}}+\overline{\mathrm{PF}}=(2a+4)+(2a+1)$

$=4a+5=4\times\dfrac{\sqrt{7}}{2}+5=5+2\sqrt{7}$

이므로 $p=5$, $q=2$

$\therefore p^2+q^2=5^2+2^2=25+4=29$

130 [정답률 32%]

정답 15

그림과 같이 두 초점이 $\mathrm{F}(c,\ 0)$, $\mathrm{F'}(-c,\ 0)(c>0)$이고 장축의 길이가 12인 타원이 있다. 점 F가 초점이고 직선 $x=-k(k>0)$이 준선인 포물선이 타원과 제2사분면의 점 P에서 만난다. 점 P에서 직선 $x=-k$에 내린 수선의 발을 Q라 할 때, 두 점 P, Q가 다음 조건을 만족시킨다.

(가) $\cos(\angle\mathrm{F'FP})=\dfrac{7}{8}$

(나) $\overline{\mathrm{FP}}-\overline{\mathrm{F'Q}}=\overline{\mathrm{PQ}}-\overline{\mathrm{FF'}}$

→ 포물선의 정의를 이용하여 식을 정리할 수 있는지 생각해.

$c+k$의 값을 구하시오. (4점)

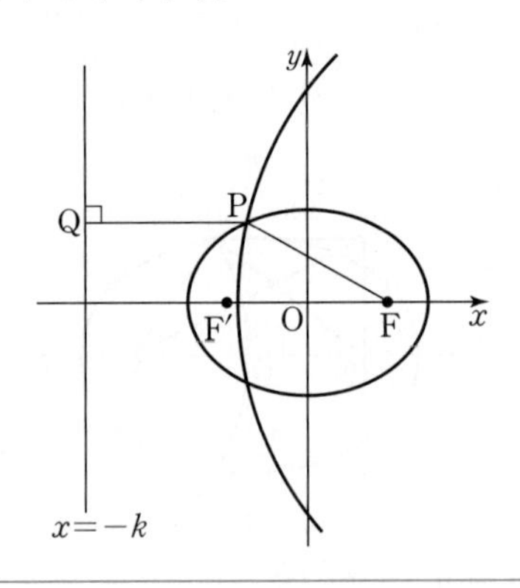

Step 1 조건 (나)에서 포물선의 정의를 이용한다.

포물선의 정의에 의하여 $\overline{\mathrm{FP}}=\overline{\mathrm{PQ}}$

조건 (나)에서 $\overline{\mathrm{FP}}-\overline{\mathrm{F'Q}}=\overline{\mathrm{PQ}}-\overline{\mathrm{FF'}}$

이므로 $\overline{\mathrm{F'Q}}=\overline{\mathrm{FF'}}$

두 직선 FF', PQ가 서로 평행하므로

→ 직선 PQ는 x축과 평행해.

두 삼각형 PQF, F'FQ에서

$\angle\mathrm{PQF}=\angle\mathrm{F'FQ}$

→ 엇각

두 삼각형 PQF, F'FQ는 모두

이등변삼각형이므로 $\angle\mathrm{PFQ}=\angle\mathrm{PQF}=\angle\mathrm{F'FQ}=\angle\mathrm{F'QF}$이고,

선분 FQ는 공통이므로 두 삼각형 PQF, F'FQ는 서로 합동이다.

→ ASA합동

$\therefore \overline{\mathrm{FP}}=\overline{\mathrm{PQ}}=\overline{\mathrm{F'Q}}=\overline{\mathrm{FF'}}$

Step 2 코사인법칙을 이용하여 c의 값을 구한다.

타원의 장축의 길이가 12이고,

→ 타원의 성질에 의하여 $\overline{\mathrm{FP}}+\overline{\mathrm{PF'}}=12$

$\overline{\mathrm{FP}}=\overline{\mathrm{FF'}}=2c$이므로 $\overline{\mathrm{PF'}}=12-2c$

삼각형 PFF'에서 코사인법칙에 의하여

$\overline{\mathrm{PF'}}^2=\overline{\mathrm{FP}}^2+\overline{\mathrm{FF'}}^2-2\times\overline{\mathrm{FP}}\times\overline{\mathrm{FF'}}\times\cos(\angle\mathrm{F'FP})$

$(12-2c)^2=(2c)^2+(2c)^2-2\times2c\times2c\times\dfrac{7}{8}$

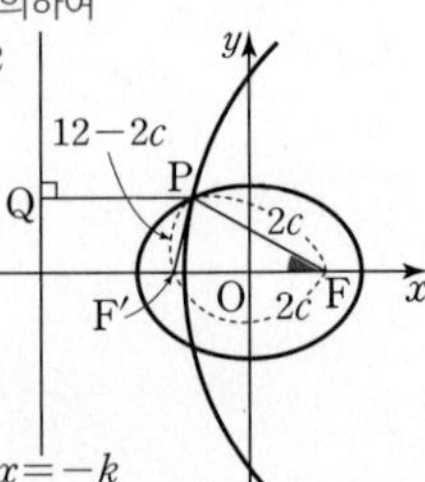

$c^2-16c+48=0$, $(c-4)(c-12)=0$

$\therefore c=4$ → 장축의 길이가 12이므로 c의 값은 6보다 작아.

Step 3 k의 값을 구한다.

점 P에서 x축에 내린 수선의 발을 H라 하면 $\overline{FP}=8$이므로 → $2c=2\times4$

$\overline{FH}=\overline{FP}\times\cos(\angle F'FP)=7$

따라서 점 H의 x좌표는 $4-7=-3$이다.

$\overline{PQ}=8$이므로

점 Q의 x좌표는 $-3-8=-11$

$\therefore k=11$

$\therefore c+k=4+11=15$

점 F의 x좌표는 4이고, 점 H는 점 F로부터 x축의 음의 방향으로 7만큼 떨어져 있어.

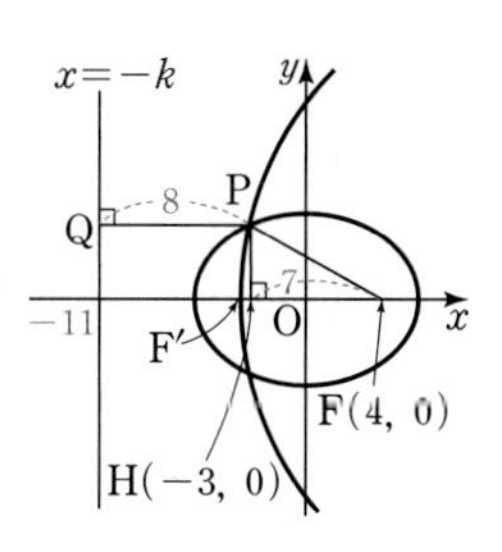

131 [정답률 93%]

정답 ③

한 초점의 좌표가 $(3\sqrt{2},\ 0)$인 쌍곡선 $\frac{x^2}{a^2}-\frac{y^2}{6}=1$의 주축의 길이는? (단, a는 양수이다.) (3점)

① $3\sqrt{3}$　② $\frac{7\sqrt{3}}{2}$　③ $4\sqrt{3}$

④ $\frac{9\sqrt{3}}{2}$　⑤ $5\sqrt{3}$

Step 1 주축의 길이는 $2a$임을 이용한다.

쌍곡선 $\frac{x^2}{a^2}-\frac{y^2}{6}=1$에서 $\sqrt{a^2+6}=3\sqrt{2}$이므로

$a^2+6=18$　$\therefore a=2\sqrt{3}$ ($\because a$는 양수)

따라서 주축의 길이는 $2a=4\sqrt{3}$이다.

132

정답 ①

두 초점의 좌표가 $F(3,\ 0)$, $F'(-3,\ 0)$이고 주축의 길이가 4인 쌍곡선의 방정식이 $px^2-qy^2=20$일 때, $p-q$의 값은? (단, p, q는 상수이다.) (3점)

쌍곡선은 점 $(-2,\ 0)$과 점 $(2,\ 0)$을 지난다.

① 1　② 2　③ 3

④ 4　⑤ 5

Step 1 초점의 좌표와 주축의 길이를 이용하여 쌍곡선의 방정식을 구한다.

쌍곡선의 방정식을 $\frac{x^2}{a^2}-\frac{y^2}{b^2}=1$ $(a>0,\ b>0)$이라 하면

주축의 길이가 4이므로

$2a=4$　$\therefore a=2$

$\frac{x^2}{a^2}-\frac{y^2}{b^2}=1$ $(a>0, b>0)$에서 초점은 $(\sqrt{a^2+b^2}, 0)$, $(-\sqrt{a^2+b^2}, 0)$이고 주축의 길이는 $2a$임을 이용한다.

두 초점의 좌표가 $F(3,\ 0)$, $F'(-3,\ 0)$이므로 → 쌍곡선의 두 꼭짓점 사이의 거리

$a^2+b^2=3^2$, $4+b^2=9$　$\therefore b^2=5$

그러므로 구하는 쌍곡선의 방정식은 $\frac{x^2}{4}-\frac{y^2}{5}=1$에서

$5x^2-4y^2=20$ ← 양변에 20을 곱한다.

따라서 $p=5$, $q=4$이므로

$p-q=1$

133 [정답률 85%]

정답 ①

즉, 두 초점의 좌표는 $\sqrt{5+4}=\sqrt{9}=3$에서 $(3, 0)$, $(-3, 0)$이다.

쌍곡선 $\frac{x^2}{5}-\frac{y^2}{4}=1$의 두 초점을 각각 F, F′이라 하고, 꼭짓점이 아닌 쌍곡선 위의 한 점 P의 원점에 대한 대칭인 점을 Q라 하자. 사각형 F′QFP의 넓이가 24가 되는 점 P의 좌표를 $(a,\ b)$라 할 때, $|a|+|b|$의 값은? (3점)

쌍곡선의 중심이 원점과 일치하므로 이 쌍곡선은 원점에 대하여 대칭이야. 따라서 점 Q도 이 쌍곡선 위의 점이 되는 거야.

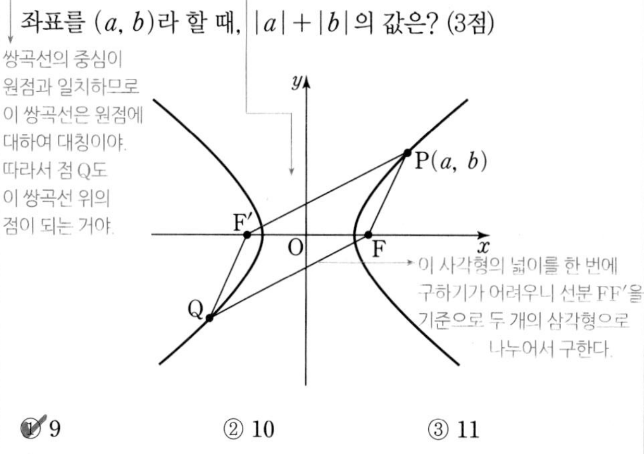

이 사각형의 넓이를 한 번에 구하기가 어려우니 선분 FF′을 기준으로 두 개의 삼각형으로 나누어서 구한다.

① 9　② 10　③ 11

④ 12　⑤ 13

Step 1 쌍곡선의 방정식으로부터 초점의 좌표를 구한다.

쌍곡선 $\frac{x^2}{5}-\frac{y^2}{4}=1$의 두 초점을 $F(c,\ 0)$, $F'(-c,\ 0)$이라 하면

$c=\sqrt{5+4}=3$이므로

$F(3,\ 0)$, $F'(-3,\ 0)$

$\therefore \overline{FF'}=6$

Step 2 사각형 F′QFP의 넓이가 24임을 이용하여 점 P의 좌표를 구한다.

(점 P의 y좌표의 절댓값)=(점 Q의 y좌표의 절댓값)

두 삼각형 PF′F와 QFF′은 밑변이 $\overline{F'F}$로 공통이고 점 Q와 점 P가 서로 원점에 대하여 대칭이므로 높이가 같다.

즉, $\triangle PF'F=\triangle QFF'$이므로

$\square F'QFP=2\triangle PF'F=24$에서

$2\times\left(\frac{1}{2}\times\overline{FF'}\times|b|\right)=24$

높이는 양수이므로 점 P의 y좌표에 절댓값을 씌워 계산한다.

$2\times\left(\frac{1}{2}\times6\times|b|\right)=24$

$|b|=4 \qquad \therefore b=\pm4$

이때 점 (a, b), 즉 $(a, \pm4)$가 쌍곡선 위의 점이므로

$\frac{a^2}{5}-\frac{4^2}{4}=1$ ← 쌍곡선의 방정식에 $x=a$, $y=\pm4$를 대입

$a^2=25 \qquad \therefore a=\pm5$

$\therefore |a|+|b|=9$

134

정답 ①

→ 원, 포물선, 쌍곡선, 타원의 방정식의 일반형은 서로 비슷한 형태야. 표준형으로 바꾸면 어떤 도형인지 간단히 알 수 있어.

방정식 $x^2-y^2+2y+a=0$이 나타내는 도형이 x축에 평행인 주축을 갖는 쌍곡선이 되기 위한 a의 값의 범위는? (2점)

① $a<-1$ ② $a>-1$ ③ $a<1$
④ $a>1$ ⑤ $a>2$

Step 1 주어진 방정식을 쌍곡선의 표준형으로 고치고, x축에 평행한 주축을 가짐을 이용하여 a의 값의 범위를 구한다.

(주축은 쌍곡선의 두 꼭짓점을 연결한 선분을 의미해.)

$x^2-y^2+2y+a=0$에서

$x^2-(y^2-2y+1)=-a-1$

$x^2-(y-1)^2=-a-1$

(우변의 값이 음수이면 주축은 y축에 평행하다.)

쌍곡선이 x축에 평행한 주축을 가지려면 우변의 값이 양수이어야 하므로

$-a-1>0 \qquad \therefore a<-1$

135

정답 ⑤

그림과 같이 원 $C_1 : (x+3)^2+y^2=4$와 외접하고 점 $(3, 0)$을 지나는 원 C_2의 중심이 나타내는 도형은? (3점)

→ 원 C_1의 반지름의 길이가 2이므로 원 C_2의 중심과 원 C_1의 중심 사이의 거리는 원 C_2의 중심에서 점 $(3, 0)$까지의 거리보다 항상 2만큼 더 길다.

① 직선의 일부 ② 원의 일부
③ 포물선의 일부 ④ 타원의 일부
⑤ 쌍곡선의 일부

Step 1 외접하는 두 원의 반지름의 길이의 합과 두 원의 중심 사이의 거리가 일치함을 이용하여 원 C_2의 중심이 나타내는 도형의 방정식을 세운다.

원 C_2의 중심의 좌표를 (a, b)라 하면 → a, b에 대한 관계식을 세워야 한다.

원 C_2의 반지름의 길이는 (a, b)와 $(3, 0)$ 사이의 거리와 같다.

즉, $\sqrt{(a-3)^2+b^2}$이다.

두 원 C_1, C_2가 외접하려면 두 원의 중심 사이의 거리가 두 원의 반지름의 길이의 합과 같아야 하므로

$\sqrt{(a+3)^2+b^2}=\sqrt{(a-3)^2+b^2}+2$

(→ 원 C_2의 반지름의 길이, → 원 C_1의 반지름의 길이)

양변을 제곱하면

$(a+3)^2+b^2=(a-3)^2+b^2+4\sqrt{(a-3)^2+b^2}+4$

$3a-1=\sqrt{(a-3)^2+b^2}$

양변을 제곱하면

(→ 무리식이 두 개 이상 있는 무리방정식은 근호가 없어질 때까지 양변을 제곱하고 정리하면 돼.)

$9a^2-6a+1=(a-3)^2+b^2$

$8a^2-b^2=8$

$\therefore a^2-\frac{b^2}{8}=1$ (단, $a\geq1$)

$x^2-\frac{y^2}{8}=1$

따라서 원 C_2의 중심이 나타내는 도형은 쌍곡선의 일부이다.

→ 즉, 점 (a, b)가 나타내는 도형을 좌표평면 위에 나타내면, 쌍곡선 $x^2-\frac{y^2}{8}=1$에서 y축의 오른쪽에 있는 부분과 같아.

136

정답 ②

→ 비행기가 동수의 머리 위로 가는 순간까지 둘 사이의 거리가 가까워지다가, 이후로는 다시 멀어지게 돼. 하지만 정확한 그래프의 개형을 그리려면 x와 y 사이의 관계식을 세워야 해.

비행기가 왼쪽에서 날아와 동수의 머리 위를 지나 오른쪽으로 날아갔다.
비행기가 왼쪽에서 나타난 지점으로부터 오른쪽으로 x(km)만큼 움직였을 때, 동수와 비행기 사이의 거리는 y(km)이다. 이때, x와 y의 관계를 나타내는 그래프의 개형은? (단, 비행기는 일정한 고도를 유지하면서 직선으로 비행하였고, 동수는 움직이지 않았다.) (3점)

(비행기와 지표면 사이의 거리는 일정하다.)
(→ 동수의 위치를 좌표평면에 나타내면 정점이 된다.)

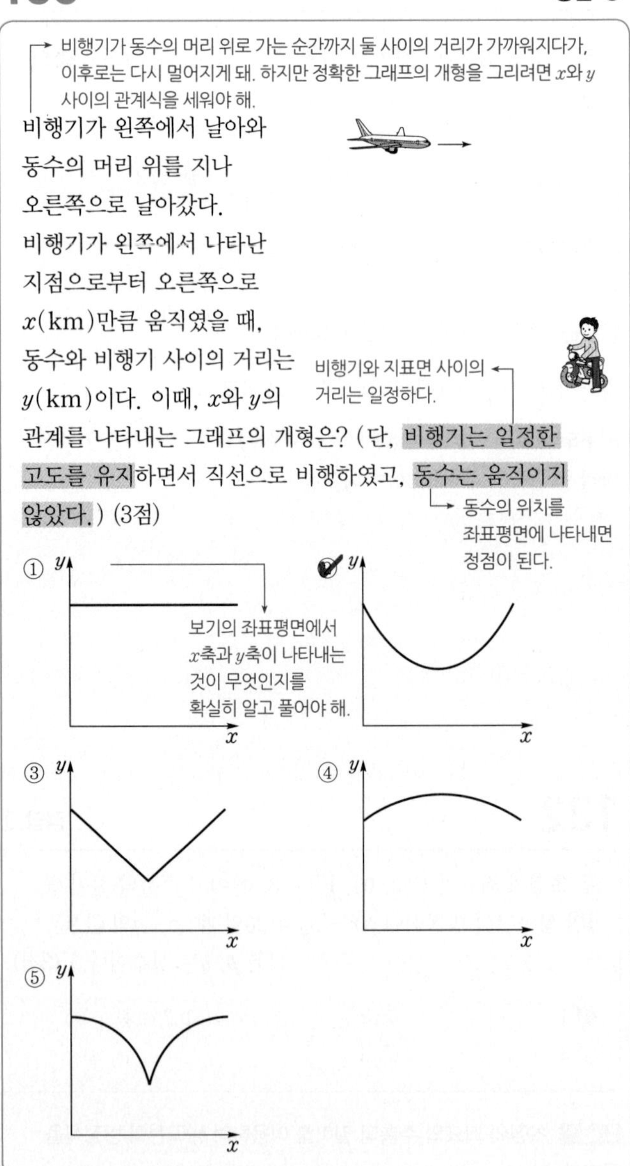

Step 1 문제에서 주어진 조건을 그림으로 나타내어 지정한 미지수 사이의 관계식을 구한다.

그림과 같이 비행기의 고도는 일정하므로 비행기의 고도를 a km라 하고 동수가 비행기의 출발점 A에서 오른쪽으로 b km만큼 떨어져 있다고 하자.
→ 가로 방향으로만 생각해주는 거야!

비행기가 출발점 A에서 오른쪽으로 x km만큼 이동하였을 때, 동수와 비행기 사이의 거리인 y km는 양의 실수 a, b에 대하여

$y^2=(b-x)^2+a^2$

$(x-b)^2-y^2=-a^2$

$\therefore \dfrac{(x-b)^2}{a^2}-\dfrac{y^2}{a^2}=-1\ (x>0,\ y>0)$

따라서 x, y의 관계를 나타내는 그래프는 쌍곡선의 일부이므로 ②이다.
→ 두 초점 $(b, \sqrt{2}|a|)$, $(b, -\sqrt{2}|a|)$로부터 거리의 차가 $2|a|$로 일정한 쌍곡선 중 제1사분면에 있는 부분을 의미한다.

137

정답 ③

좌표평면 위의 두 지점 A$(-5,\ 0)$, B$(5,\ 0)$에 레이더 기지가 있다. 바다를 항해하던 배가 두 레이더 기지에서 동시에 받은 신호를 조사하였더니 A지점이 B지점보다 배에서 6만큼 더 가까운 위치에 있음을 알 수 있었다. ① 이때 또 다른 지점 C$(0,\ 13)$, D$(0,\ -13)$에 있는 레이더 기지에서 그 배의 위치를 알아보았더니 C지점이 D지점보다 배에서 10만큼 더 가까운 위치에 있음을 알 수 있었다. ② 이때 배가 존재하는 사분면과 그 위치를 알 수 있는 연립방정식으로 옳은 것은? (4점)
→ ①, ②의 상황을 쌍곡선의 방정식으로 나타내면 돼!

① 제1사분면, $\begin{cases} 16x^2-9y^2=144 \\ 25x^2-144y^2=3600 \end{cases}$

② 제2사분면, $\begin{cases} 9x^2-16y^2=144 \\ 144x^2-25y^2=3600 \end{cases}$

✔③ 제2사분면, $\begin{cases} 16x^2-9y^2=144 \\ 25x^2-144y^2=-3600 \end{cases}$

④ 제3사분면, $\begin{cases} 16x^2-9y^2=144 \\ 25x^2-144y^2=-3600 \end{cases}$

⑤ 제3사분면, $\begin{cases} 9x^2-16y^2=144 \\ 144x^2-25y^2=-3600 \end{cases}$

Step 1 두 점 A, B를 초점으로 하는 쌍곡선의 방정식을 구한다.
→ A지점이 B지점보다 배에서 6만큼 더 가까운 위치에 있다. → $\overline{PB}=\overline{PA}+6$

배의 위치를 P$(x,\ y)$라 하면 $\overline{PB}-\overline{PA}=6$이므로 점 P$(x,\ y)$는 두 지점 A$(-5,\ 0)$, B$(5,\ 0)$을 초점으로 하고 주축의 길이가 6인 쌍곡선 위의 점이다.
→ (쌍곡선 위의 한 점에서 두 초점까지 거리의 차) =(주축의 길이)

$\dfrac{x^2}{a^2}-\dfrac{y^2}{b^2}=1$에서 주축의 길이가 6이므로

$2|a|=6 \qquad \therefore a^2=9$

$a^2+b^2=5^2$에서 $b^2=25-9=16$

$\therefore \dfrac{x^2}{9}-\dfrac{y^2}{16}=1$, 즉 $16x^2-9y^2=144$ ...... ㉠
→ 양변에 144를 곱한 거야.

Step 2 두 점 C, D를 초점으로 하는 쌍곡선의 방정식을 구한다.

또한, $\overline{PD}-\overline{PC}=10$이므로 점 P$(x,\ y)$는 두 지점 C$(0,\ 13)$, D$(0,\ -13)$을 초점으로 하고 주축의 길이가 10인 쌍곡선 위의 점이다.
→ C지점이 D지점보다 배에서 10만큼 더 가까운 위치에 있다. → $\overline{PD}=\overline{PC}+10$

$\dfrac{x^2}{c^2}-\dfrac{y^2}{d^2}=-1$에서 주축의 길이가 10이므로

$2|d|=10 \qquad \therefore d^2=25$

$c^2+d^2=13^2$에서 $c^2=169-25=144$

주의 꼭짓점과 초점이 y축 위에 있는 쌍곡선이므로 표준형인 쌍곡선의 방정식에서 우변은 -1이고, 꼭짓점의 좌표는 y^2항에서 결정됨에 주의

$\therefore \dfrac{x^2}{144}-\dfrac{y^2}{25}=-1$, 즉 $25x^2-144y^2=-3600$ ...... ㉡
→ 양변에 3600을 곱한 거야.

Step 3 두 쌍곡선을 그린 후 배의 위치를 파악한다.

따라서 배의 위치는 ㉠, ㉡의 연립방정식

$\begin{cases} 16x^2-9y^2=144 \\ 25x^2-144y^2=-3600 \end{cases}$

을 이용하면 알 수 있고, 이때 배의 위치는 다음 그림에서 제2사분면에 있음을 알 수 있다.

$(\because \overline{PB}>\overline{PA},\ \overline{PD}>\overline{PC})$
→ 두 쌍곡선의 4개의 교점 중 이 조건을 만족시키는 점이 어느 사분면에 있는지 생각해 보아야 해.

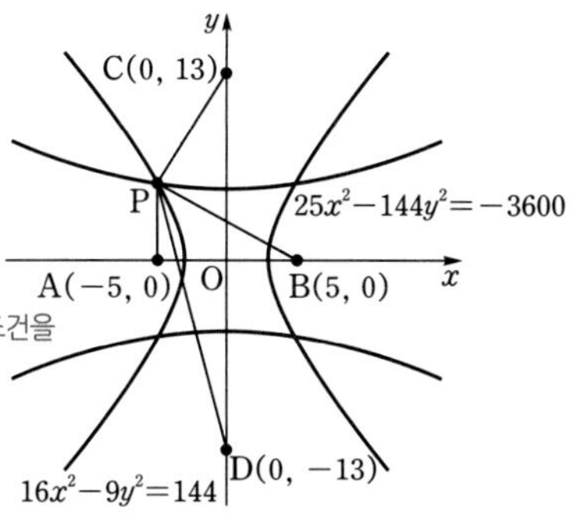

138

정답 5

점 $(0,\ 5)$에서 쌍곡선 $\dfrac{x^2}{4}-y^2=1$에 이르는 거리가 최소인 점을 $(a,\ b)$라 할 때, 점 $(a,\ b)$에서 x축의 양의 부분에 있는 꼭짓점 사이의 거리를 m이라 하자. $m^2=p+q\sqrt{2}$일 때, 두 정수 p, q의 합 $p+q$의 값을 구하시오. (단, $a>0$, $b>0$) (3점)
→ 쌍곡선의 꼭짓점은 두 초점을 지나는 직선이 쌍곡선과 만나는 점을 의미해.
→ 즉, 점 (a, b)는 제1사분면 위의 점이다.

Step 1 쌍곡선 위의 점 $(x_1,\ y_1)$과 점 $(0,\ 5)$ 사이의 거리가 최소가 되도록 하는 점 $(a,\ b)$의 좌표를 구한다.

쌍곡선 $\dfrac{x^2}{4}-y^2=1$ 위의 점을 $(x_1,\ y_1)$이라 하면

$\dfrac{{x_1}^2}{4}-{y_1}^2=1$ → 쌍곡선의 방정식에 x 대신 x_1, y 대신 y_1을 대입

$\therefore {x_1}^2=4({y_1}^2+1)$ ...... ㉠

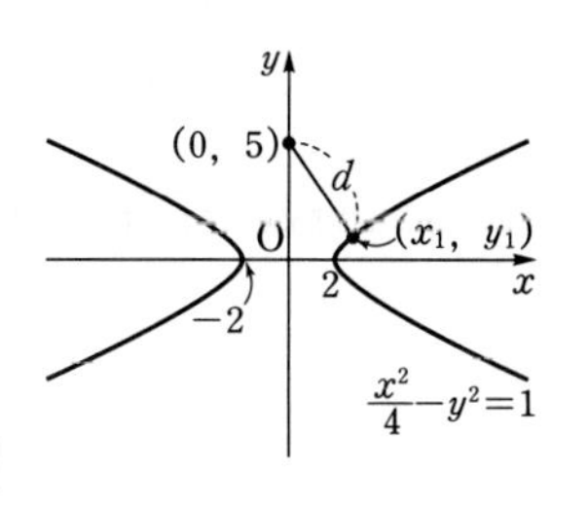

점 $(x_1,\ y_1)$과 점 $(0,\ 5)$ 사이의 거리 d는 → d가 최소일 때의 점 (x_1, y_1)을 찾는다.

$d=\sqrt{x_1^2+(y_1-5)^2}$
$=\sqrt{x_1^2+y_1^2-10y_1+25}$
$=\sqrt{4y_1^2+4+y_1^2-10y_1+25}$ ($\because$ ㉠)
$=\sqrt{5y_1^2-10y_1+29}$
$=\sqrt{5(y_1-1)^2+24}$ → 즉, 주어진 쌍곡선 위의 점 중 y좌표가 1인 점들이 점 $(0, 5)$와 가장 가깝다.

따라서 $y_1=1$일 때 d는 최솟값을 갖는다.
㉠에 $y_1=1$을 대입하면
$x_1^2=8$ $\quad\therefore x_1=\pm2\sqrt{2}$
$\therefore a=2\sqrt{2},\ b=1$ ($\because a>0,\ b>0$)

→ 쌍곡선 $\frac{x^2}{4}-y^2=1$의 두 초점이 x축 위에 있으므로, 이 쌍곡선이 x축과 만나는 두 점 $(2, 0)$, $(-2, 0)$이 이 쌍곡선의 꼭짓점이야.

Step 2 꼭짓점의 좌표를 구한 후 m^2의 값을 구한다.

x축의 양의 부분에 있는 꼭짓점의 좌표는 $(2, 0)$이므로 m은 점 $(2\sqrt{2}, 1)$과 $(2, 0)$ 사이의 거리이다.

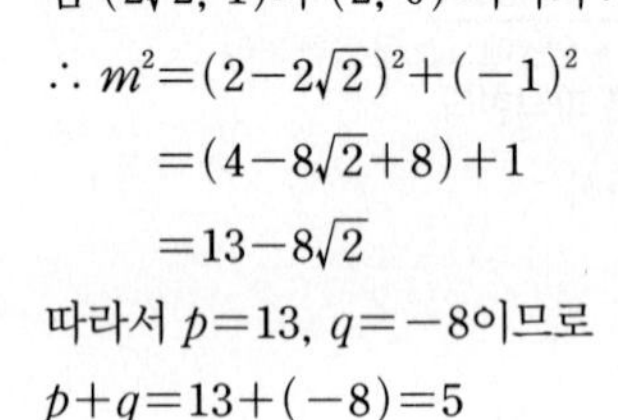

$\therefore m^2=(2-2\sqrt{2})^2+(-1)^2$
$=(4-8\sqrt{2}+8)+1$
$=13-8\sqrt{2}$
따라서 $p=13,\ q=-8$이므로
$p+q=13+(-8)=5$

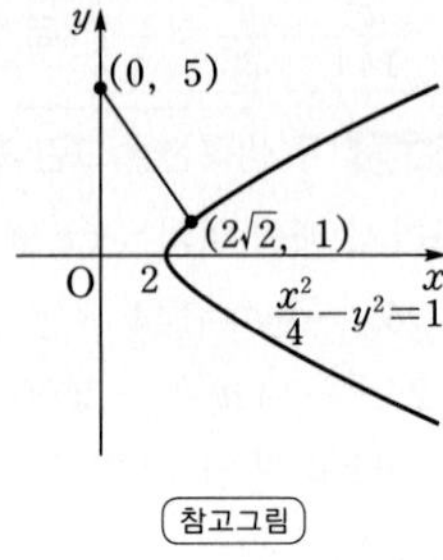

참고그림

139 [정답률 92%]

정답 ⑤

쌍곡선 $\frac{x^2}{a^2}-\frac{y^2}{13}=1$의 두 초점을 $F(7, 0)$, $F'(-7, 0)$이라 하자. 쌍곡선 위의 점 P에 대하여 $|\overline{PF}-\overline{PF'}|$의 값은? (단, $a>0$) (3점)

① 8 ② 9 ③ 10 ④ 11 ⑤ 12

Step 1 쌍곡선의 정의를 이용한다.

쌍곡선 $\frac{x^2}{a^2}-\frac{y^2}{13}=1$의 두 초점이 $F(7, 0)$, $F'(-7, 0)$이므로
$13=7^2-a^2$ → 쌍곡선 $\frac{x^2}{m^2}-\frac{y^2}{n^2}=1$의 초점의 좌표가 $(c, 0)$, $(-c, 0)$일 때 $n^2=c^2-m^2$임을 기억
$a^2=7^2-13=36$
$\therefore a=6$ ($\because a>0$)
따라서 주어진 쌍곡선의 꼭짓점의 좌표가 $(6, 0)$, $(-6, 0)$이므로
$|\overline{PF}-\overline{PF'}|=2a=2\times6=12$ → 주축의 길이와 같아.

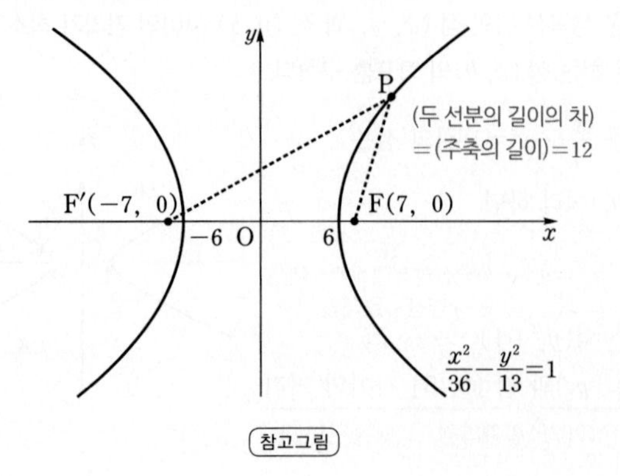

참고그림

140

정답 ③

|PF′−PF|=(쌍곡선의 주축의 길이)임을 이용하기 위해 쌍곡선의 주축의 길이를 구한다.

쌍곡선 $\frac{x^2}{16}-\frac{y^2}{9}=1$ 위의 한 점 P와 두 초점 F, F′에 대하여 $\overline{PF'}:\overline{PF}=3:1$일 때, $\overline{PF}+\overline{PF'}$의 값은? (3점)

① 12 ② 14 ③ 16 ④ 18 ⑤ 20

Step 1 주축의 길이를 구한다.

→ 쌍곡선 $\frac{x^2}{a^2}-\frac{y^2}{b^2}=1$의 주축의 길이는 $2|a|$이다.

쌍곡선 $\frac{x^2}{4^2}-\frac{y^2}{3^2}=1$의 주축의 길이는 $2\times4=8$

Step 2 쌍곡선의 정의를 이용하여 $\overline{PF}+\overline{PF'}$의 값을 구한다.

$\overline{PF'}:\overline{PF}=3:1$에서
$\overline{PF}=k$라 하면 $\overline{PF'}=3k$이므로
쌍곡선의 정의에 의하여
$\overline{PF'}-\overline{PF}=3k-k$ → 쌍곡선 위의 한 점에서 두 초점 F와 F′까지의 거리의 차는 주축의 길이와 같다.
$=2k=8$
이므로 $k=4$
$\therefore \overline{PF}+\overline{PF'}=k+3k=4k$
$=4\times4=16$

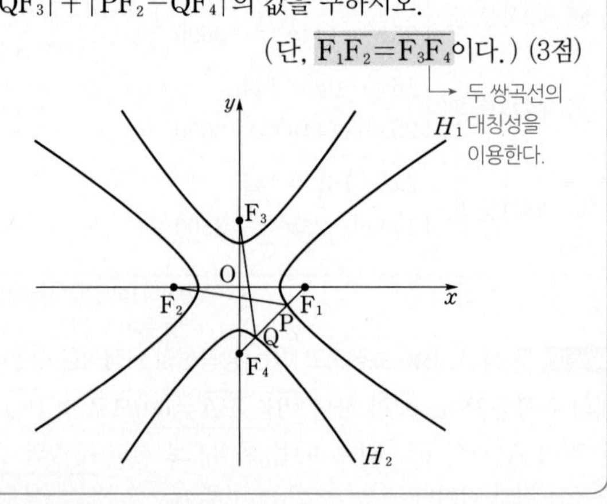

참고그림

이렇게 주어진 조건을 좌표평면 위에 나타내면 문제를 푸는 데 도움이 될 거야.

141

정답 8

쌍곡선의 정의를 이용하여 $\overline{PF_2}-\overline{PF_1}$, $\overline{QF_3}-\overline{QF_4}$의 값을 구한다.

그림과 같이 주축이 서로 수직이등분하는 두 쌍곡선 H_1, H_2가 있다. 쌍곡선 H_1의 주축의 길이는 4, 초점은 F_1, F_2이고 쌍곡선 H_2의 주축의 길이는 4, 초점은 F_3, F_4이다. 두 쌍곡선 H_1, H_2 위의 점 P, Q가 직선 F_1F_4 위의 점일 때, $|\overline{PF_1}-\overline{QF_3}|+|\overline{PF_2}-\overline{QF_4}|$의 값을 구하시오.
(단, $\overline{F_1F_2}=\overline{F_3F_4}$이다.) (3점)

→ 두 쌍곡선의 대칭성을 이용한다.

Step 1 쌍곡선의 정의를 이용하여 $\overline{PF_2}-\overline{PF_1}$, $\overline{QF_3}-\overline{QF_4}$의 값을 구한 후 쌍곡선의 대칭성을 이용한다.

쌍곡선 위의 두 점 P, Q가 선분 F_1F_4 위의 점이므로 쌍곡선의 정의에 의하여

중요 쌍곡선 위의 한 점에서 두 초점까지의 거리의 차는 주축의 길이와 같다.

$\overline{PF_2}-\overline{PF_1}=4,\ \overline{QF_3}-\overline{QF_4}=4$

두 쌍곡선의 주축의 길이가 같고, 초점 사이의 거리도 같으므로

두 쌍곡선은 직선 $y=-x$에 대하여 대칭이다.

→ 직선 $y=x$에 대하여도 대칭이다.

$\therefore\ \overline{PF_1}=\overline{QF_4}$

쌍곡선 H_1의 방정식이 $\frac{x^2}{a^2}-\frac{y^2}{b^2}=1$이면 쌍곡선 H_2의 방정식은 $\frac{x^2}{b^2}-\frac{y^2}{a^2}=-1$이다.

$\therefore\ |\overline{PF_1}-\overline{QF_3}|+|\overline{PF_2}-\overline{QF_4}|=|\overline{QF_4}-\overline{QF_3}|+|\overline{PF_2}-\overline{PF_1}|$

$=4+4=8$

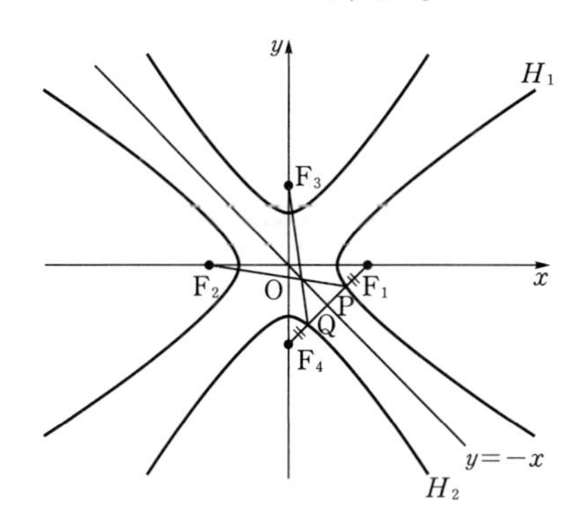

수능포인트

문제에서 $|\overline{PF_1}-\overline{QF_3}|+|\overline{PF_2}-\overline{QF_4}|$와 같은 식은 F_1, F_2와 F_3, F_4가 각각 같은 쌍곡선의 초점이니 식을 정리하여 $\overline{PF_1}$, $\overline{PF_2}$와 $\overline{QF_3}$, $\overline{QF_4}$에 대한 식으로 변형해야 쌍곡선의 정의를 이용할 수 있습니다.

142 [정답률 75%]

정답 13

→ 쌍곡선이 x축과 두 점 $(-4,\ 0)$, $(4,\ 0)$에서 만난다.

그림과 같이 쌍곡선 $\frac{x^2}{16}-\frac{y^2}{9}=1$의 두 초점을 F, F′이라 하자. 제1사분면에 있는 쌍곡선 위의 점 P와 제2사분면에 있는 쌍곡선 위의 점 Q에 대하여 $\overline{PF'}-\overline{QF'}=3$일 때, $\overline{QF}-\overline{PF}$의 값을 구하시오. (3점)

이차곡선 문제의 대부분은 정의를 이용하여 풀 수 있다. 이 문제도 쌍곡선의 정의를 이용하여 해결한다.

Step 1 쌍곡선의 정의를 이용한다.

중요 쌍곡선의 정의: 평면 위의 서로 다른 두 점에서의 거리의 차가 일정한 점들의 집합

쌍곡선의 정의에 의하여

$\overline{PF'}-\overline{PF}=8\ (\because\ \overline{PF'}>\overline{PF})$ …… ㉠

$\overline{QF}-\overline{QF'}=8\ (\because\ \overline{QF}>\overline{QF'})$ …… ㉡

주축의 길이가 8이다.

㉠+㉡을 하면 → $\overline{PF'}-\overline{QF'}=3$을 이용하기 위해 두 식을 더했어.

$(\overline{PF'}-\overline{QF'})+(\overline{QF}-\overline{PF})=16$

$\overline{PF'}-\overline{QF'}=3$이므로

$\overline{QF}-\overline{PF}=16-3=13$

수능포인트

포물선, 타원, 쌍곡선 문제는 정의를 이용하면 간단하게 풀리는 문제가 많습니다. 이 문제 역시 쌍곡선의 정의인 각 초점까지의 거리의 차가 주축의 길이로 일정한 점들의 집합임을 이용하므로 $\overline{PF'}-\overline{PF}=\overline{QF}-\overline{QF'}=8$을 먼저 써 보고 각 식을 조합하여 $\overline{QF}-\overline{PF}$의 값을 구할 수 있습니다.

143 [정답률 74%]

정답 ④

그림과 같이 두 초점이 $F(0,\ c)$, $F'(0,\ -c)\ (c>0)$인 쌍곡선 $\frac{x^2}{12}-\frac{y^2}{4}=-1$이 있다. 쌍곡선 위의 제1사분면에 있는 점 P와 쌍곡선 위의 제3사분면에 있는 점 Q가

$$\overline{PF'}-\overline{QF'}=5,\ \overline{PF}=\frac{2}{3}\overline{QF}$$

를 만족시킬 때, $\overline{PF}+\overline{QF}$의 값은? (3점)

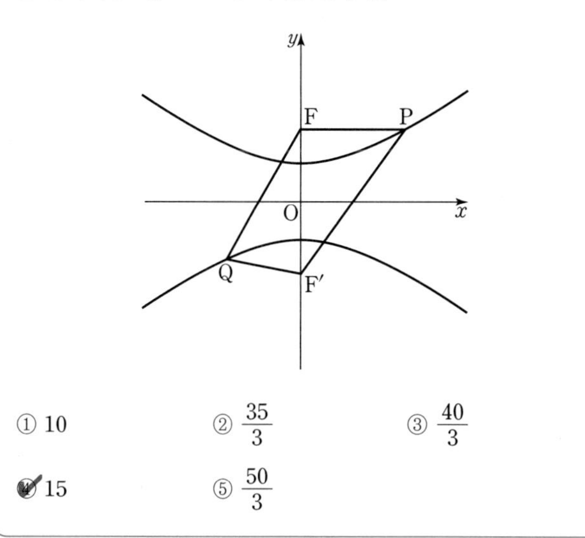

① 10 ② $\frac{35}{3}$ ③ $\frac{40}{3}$ ④ 15 ⑤ $\frac{50}{3}$

Step 1 쌍곡선의 정의를 이용한다.

쌍곡선 $\frac{x^2}{12}-\frac{y^2}{4}=-1$의 주축의 길이는 $2\times2=4$이므로

→ 쌍곡선 $\frac{x^2}{a^2}-\frac{y^2}{b^2}=-1$의 주축의 길이는 $2b$이다.

쌍곡선의 정의에 의하여

→ 쌍곡선 위의 한 점에서 두 초점까지의 거리의 차는 주축의 길이와 같다.

$\overline{PF'}-\overline{PF}=4$ …… ㉠

$\overline{QF}-\overline{QF'}=4$ …… ㉡

㉠과 ㉡을 더하면 $(\overline{PF'}-\overline{PF})+(\overline{QF}-\overline{QF'})=8$

$(\overline{PF'}-\overline{QF'})+(\overline{QF}-\overline{PF})=8$

$5+\overline{QF}-\overline{PF}=8 \quad \therefore \overline{QF}-\overline{PF}=3$

Step 2 $\overline{PF}=\frac{2}{3}\overline{QF}$임을 이용하여 $\overline{PF}+\overline{QF}$의 값을 구한다.

이때 $\overline{PF}=\frac{2}{3}\overline{QF}$이므로 $\overline{QF}-\overline{PF}=\overline{QF}-\frac{2}{3}\overline{QF}=\frac{1}{3}\overline{QF}=3$

즉, $\overline{QF}=9$이므로 $\overline{PF}=\frac{2}{3}\times 9=6$

따라서 $\overline{PF}+\overline{QF}$의 값은 $6+9=15$

144

정답 ④

그림과 같이 두 점 $F(c,\ 0)$, $F'(-c,\ 0)\ (c>0)$을 초점으로 하는 쌍곡선 $\frac{x^2}{4}-\frac{y^2}{b^2}=1$이 있다. 점 F를 지나고 x축에 수직인 직선이 쌍곡선과 제1사분면에서 만나는 점을 P라 하고, 직선 PF 위에 $\overline{QP}:\overline{PF}=5:3$이 되도록 점 Q를 잡는다. 직선 F'Q가 y축과 만나는 점을 R라 할 때, $\overline{QP}=\overline{QR}$이다. b^2의 값은? (단, b는 상수이고, 점 Q는 제1사분면 위의 점이다.) (3점)

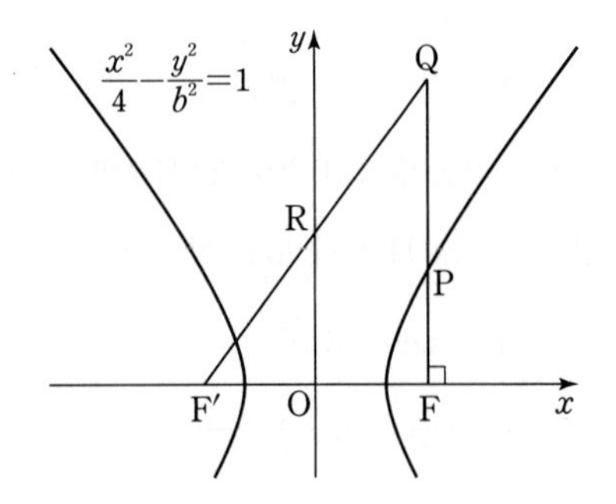

① $\frac{1}{2}+2\sqrt{5}$ ② $1+2\sqrt{5}$ ③ $\frac{3}{2}+2\sqrt{5}$

✔④ $2+2\sqrt{5}$ ⑤ $\frac{5}{2}+2\sqrt{5}$

Step 1 쌍곡선의 정의를 이용하여 각 선분의 길이를 한 문자로 나타낸다.

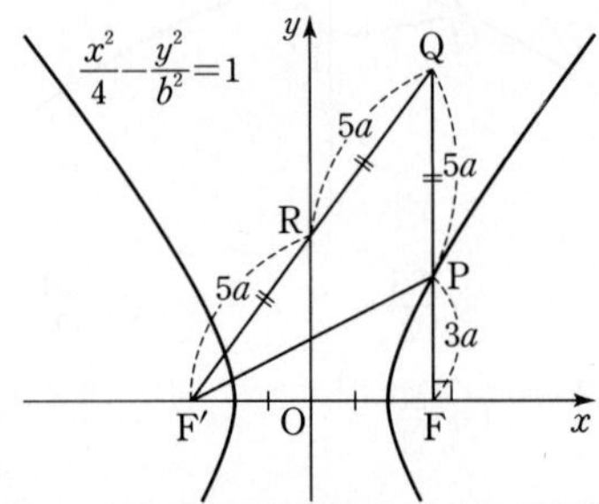

$\overline{QP}:\overline{PF}=5:3$이므로 양수 a에 대하여 $\overline{QP}=5a$, $\overline{PF}=3a$라 하면

$\overline{QP}=\overline{QR}$이므로 $\overline{QR}=5a$

두 삼각형 RF'O, QF'F는 서로 닮음이므로

$\overline{RF'}:\overline{QF'}=\overline{OF'}:\overline{FF'}$ → $\angle$RF'O는 공통, $\angle ROF'=\angle QFF'=90°$이므로 AA 닮음이야.

이때 $\overline{FF'}=2\overline{OF'}$이므로

$\overline{RF'}:\overline{QF'}=1:2 \quad \therefore \overline{QF'}=2\overline{RF'}$ → $\overline{OF'}=\overline{OF}$임을 이용!

$\overline{QF'}=\overline{QR}+\overline{RF'}=5a+\overline{RF'}$에서

$5a+\overline{RF'}=2\overline{RF'} \quad \therefore \overline{RF'}=5a$

쌍곡선 $\frac{x^2}{4}-\frac{y^2}{b^2}=1$의 주축의 길이는 4이므로 쌍곡선의 정의에 의하여

→ 쌍곡선이 x축과 두 점 $(-2,0)$, $(2,0)$에서 만나.

$\overline{PF'}-\overline{PF}=4 \quad \therefore \overline{PF'}=\overline{PF}+4=3a+4$

Step 2 피타고라스 정리를 이용하여 a의 값을 구한다.

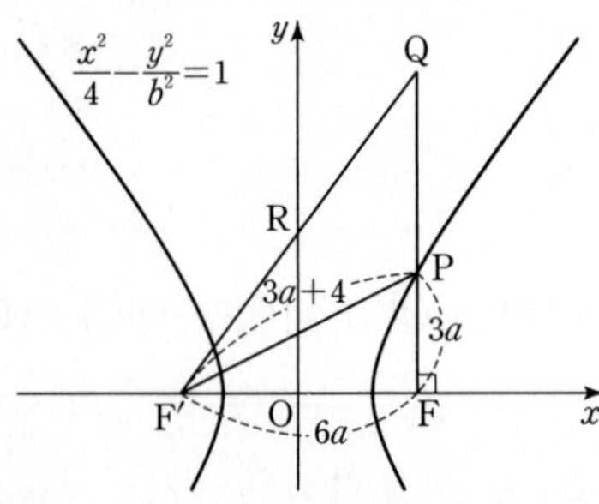

$\overline{QF'}=10a$, $\overline{QF}=8a$이므로 직각삼각형 QF'F에서 피타고라스 정리를 이용하면

$\overline{FF'}=\sqrt{\overline{QF'}^2-\overline{QF}^2}=\sqrt{(10a)^2-(8a)^2}=6a$ → $=\sqrt{100a^2-64a^2}=\sqrt{36a^2}=6a$

직각삼각형 PF'F에서 $\overline{PF'}^2=\overline{PF}^2+\overline{FF'}^2$이므로

$(3a+4)^2=(3a)^2+(6a)^2$에서

$9a^2+24a+16=9a^2+36a^2$

$36a^2-24a-16=0,\ 9a^2-6a-4=0$

$\therefore a=\frac{3\pm\sqrt{3^2-9\times(-4)}}{9}=\frac{3\pm3\sqrt{5}}{9}=\frac{1\pm\sqrt{5}}{3}$

이때 $a>0$이므로 $a=\frac{1+\sqrt{5}}{3}$

Step 3 b^2의 값을 구한다.

두 초점의 좌표가 $F(\sqrt{4+b^2},\ 0)$, $F'(-\sqrt{4+b^2},\ 0)$이므로

$\overline{FF'}=2\sqrt{4+b^2}$에서 $6a=2\sqrt{4+b^2}$ → Step 2에서 이 값이 $6a$였어.

$\sqrt{4+b^2}=3a=1+\sqrt{5}$ → $4+b^2=(1+\sqrt{5})^2$

$\therefore b^2=(1+\sqrt{5})^2-4=(1+2\sqrt{5}+5)-4$

$=2+2\sqrt{5}$

145 [정답률 75%]

정답 ①

두 초점이 $F(3\sqrt{3},\ 0)$, $F'(-3\sqrt{3},\ 0)$인 쌍곡선 위의 점 중 제1사분면에 있는 점 P에 대하여 직선 PF'이 y축과 만나는 점을 Q라 하자. 삼각형 PQF가 정삼각형일 때, 이 쌍곡선의 주축의 길이는? (3점)

✔① 6 ② 7 ③ 8

④ 9 ⑤ 10

Step 1 삼각형 PQF가 정삼각형임을 이용한다.

점 Q가 y축 위의 점이므로 삼각형 QF'F는 $\overline{QF'}=\overline{QF}$인 이등변삼각형이다.

$\angle QF'F=\angle F'FQ=\theta$라 하면 정삼각형 PQF에서

$\angle FPF'=\angle QFP=\frac{\pi}{3}$

삼각형 PF'F에서 $\frac{\pi}{3}+\theta+\left(\theta+\frac{\pi}{3}\right)=\pi$ → 삼각형의 세 내각의 합은 π이다.

($\frac{\pi}{3}=\angle FPF'$, $\theta=\angle PF'F$, $\theta+\frac{\pi}{3}=\angle F'FP$)

$2\theta=\frac{\pi}{3}$ $\therefore \theta=\frac{\pi}{6}$

즉, $\angle F'FP=\frac{\pi}{6}+\frac{\pi}{3}=\frac{\pi}{2}$이므로 삼각형 PF'F는 직각삼각형이다.

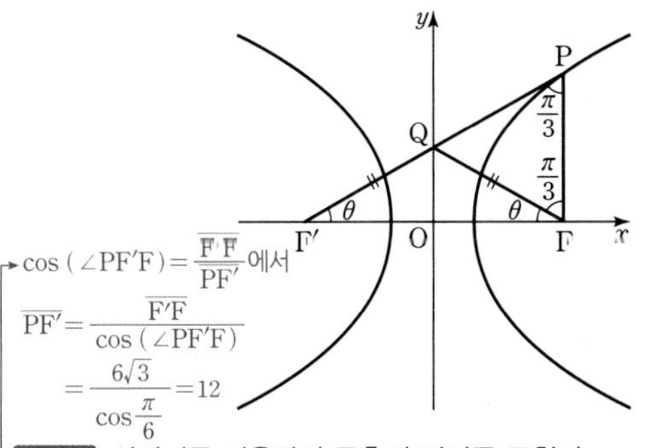

$\cos(\angle PF'F)=\frac{\overline{F'F}}{\overline{PF'}}$에서 $\overline{PF'}=\frac{\overline{F'F}}{\cos(\angle PF'F)}=\frac{6\sqrt{3}}{\cos\frac{\pi}{6}}=12$

Step 2 삼각비를 이용하여 주축의 길이를 구한다.

직각삼각형 PF'F에서 $\angle PF'F=\frac{\pi}{6}$, $\overline{F'F}=6\sqrt{3}$이므로

$\overline{PF}=6$, $\overline{PF'}=12$

따라서 쌍곡선의 주축의 길이는 $\overline{PF'}-\overline{PF}=12-6=6$ (쌍곡선의 정의)

$\tan(\angle PF'F)=\frac{\overline{PF}}{\overline{F'F}}$에서 $\overline{PF}=\overline{F'F}\tan(\angle PF'F)=6\sqrt{3}\times\tan\frac{\pi}{6}=6$

146 [정답률 36%]

정답 80

두 점 F$(c, 0)$, F'$(-c, 0)$ $(c>0)$을 초점으로 하는 두 쌍곡선

($c^2=1+24=4+21$)

$$C_1 : x^2-\frac{y^2}{24}=1,\ C_2 : \frac{x^2}{4}-\frac{y^2}{21}=1$$

이 있다. 쌍곡선 C_1 위에 있는 제2사분면 위의 점 P에 대하여 선분 PF'이 쌍곡선 C_2와 만나는 점을 Q라 하자. $\overline{PQ}+\overline{QF}$, $2\overline{PF'}$, $\overline{PF}+\overline{PF'}$이 이 순서대로 등차수열을 이룰 때, 직선 PQ의 기울기는 m이다. $60m$의 값을 구하시오. (4점)

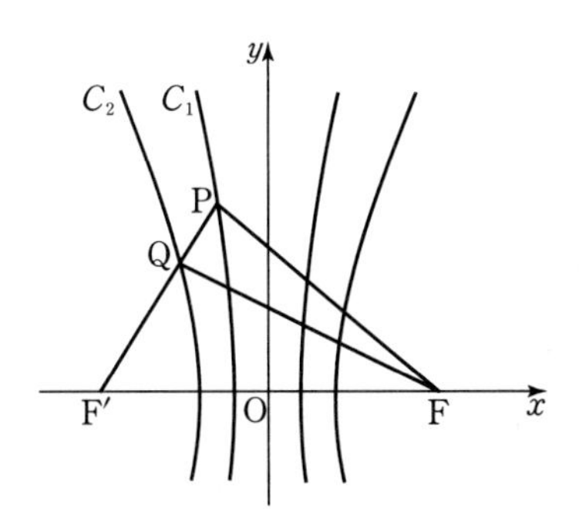

Step 1 두 선분 PF', PF의 길이를 각각 구한다.

$\overline{QF'}=p$, $\overline{PQ}=q$, $\overline{QF}=r$, $\overline{PF}=s$라 하자.

쌍곡선 C_1의 주축의 길이는 2이므로 $s-(p+q)=2$ ······ ㉠ ($s=(p+q)+2$)

쌍곡선 C_2의 주축의 길이는 4이므로 $r-p=4$ ······ ㉡ ($r=p+4$)

또한 $q+r$, $2(p+q)$, $p+q+s$가 이 순서대로 등차수열을 이루므로

$2\times2(p+q)=(q+r)+(p+q+s)$

$\therefore 3p+2q-r-s=0$ ······ ㉢

㉠, ㉡, ㉢을 연립하면 $p+q=6$, $s=8$ ($s=(p+q)+2=6+2=8$)

($3p+2q-(p+4)-\{(p+q)+2\}=0$)

Step 2 $\angle F'PF=90°$임을 이용하여 m의 값을 구한다.

두 점 F, F'은 쌍곡선 C_1의 초점이므로 $c^2=1+24=25$

$\therefore$ F$(5, 0)$, F'$(-5, 0)$, $\overline{F'F}=10$ ($5-(-5)=10$)

따라서 삼각형 PF'F는 $\angle F'PF=90°$인 직각삼각형이다.

($\overline{F'F}=10$, $\overline{PF'}=6$, $\overline{PF}=8$이므로 $\overline{F'F}^2=\overline{PF'}^2+\overline{PF}^2$)

$\tan(\angle PF'F)=\frac{\overline{PF}}{\overline{PF'}}=\frac{4}{3}$ ($\frac{8}{6}=\frac{4}{3}$)

따라서 $m=\frac{4}{3}$이므로 $60m=60\times\frac{4}{3}=80$

(직선 PQ가 x축의 양의 방향과 이루는 예각)

147 [정답률 87%]

정답 ③

(쌍곡선 위의 점에서 두 초점까지의 거리의 차가 2임을 알려준다.)

그림과 같이 두 초점이 F$(c, 0)$, F'$(-c, 0)$ $(c>0)$이고 주축의 길이가 2인 쌍곡선이 있다. 점 F를 지나고 x축에 수직인 직선이 쌍곡선과 제1사분면에서 만나는 점을 A, 점 F'을 지나고 x축에 수직인 직선이 쌍곡선과 제2사분면에서 만나는 점을 B라 하자. 사각형 ABF'F가 정사각형일 때, 정사각형 ABF'F의 대각선의 길이는? (3점)

(정사각형의 한 변의 길이의 $\sqrt{2}$배이다.)

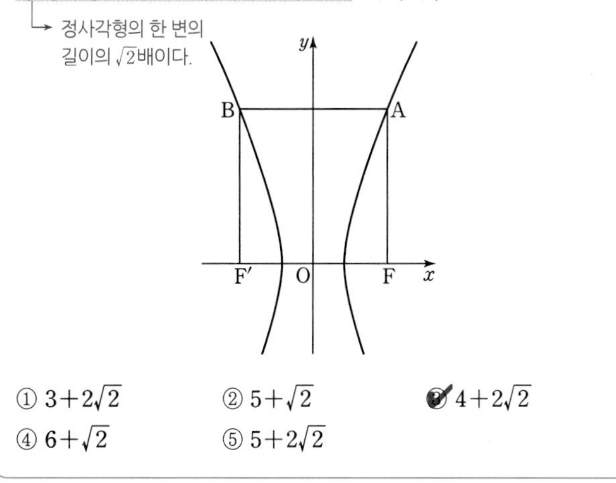

① $3+2\sqrt{2}$ ② $5+\sqrt{2}$ ③ $4+2\sqrt{2}$
④ $6+\sqrt{2}$ ⑤ $5+2\sqrt{2}$

Step 1 정사각형의 대각선의 길이를 구하는 방법과 쌍곡선의 정의를 이용하여 식을 세운다.

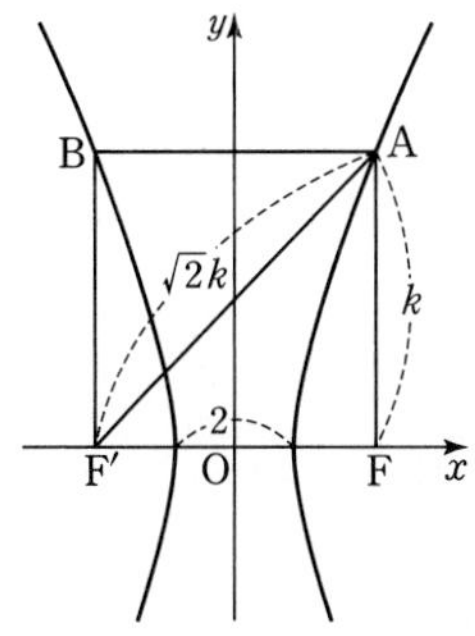

정사각형 ABF'F에 대하여 $\overline{AF}=k$라 하면 대각선 AF'의 길이는 $\sqrt{2}k$이다.

이때 주어진 쌍곡선의 주축의 길이가 2이므로 쌍곡선의 정의에 의하여 $\overline{AF'}-\overline{AF}=2$

$\therefore \sqrt{2}k-k=2$

(쌍곡선 위의 한 점에서 두 초점까지의 거리의 차는 주축의 길이와 같아.)

Step 2 정사각형 ABF′F의 대각선의 길이를 구한다.

$\sqrt{2}k-k=2$에서 $(\sqrt{2}-1)k=2$

$\therefore k=\dfrac{2}{\sqrt{2}-1}=\dfrac{2(\sqrt{2}+1)}{(\sqrt{2}-1)(\sqrt{2}+1)}=2\sqrt{2}+2$ ← $=(\sqrt{2})^2-1^2=1$

따라서 정사각형 ABF′F의 대각선의 길이는

$\sqrt{2}k=\sqrt{2}\times(2\sqrt{2}+2)=4+2\sqrt{2}$

$\overline{AF'}-\overline{AF}=2$, $\overline{BF'}-\overline{BF}=2$

$(\overline{AF'}-\overline{AF})+(\overline{BF'}-\overline{BF})=\overline{AF'}+\overline{BF'}-(\overline{AF}+\overline{BF})$

$=\overline{AF'}+\overline{BF'}-\overline{AB}$

$=\overline{AF'}+\overline{BF'}-30=4$ ← 세 점 A, B, F가 일직선 위에 있으므로 $\overline{AF}+\overline{BF}=\overline{AB}$

$\therefore \overline{AF'}+\overline{BF'}=34$

따라서 삼각형 ABF′의 둘레의 길이는

$\overline{AF'}+\overline{BF'}+\overline{AB}=34+30=64$

148

정답 64

그림과 같이 직선 $y=2x-4$는 쌍곡선 $x^2-\dfrac{y^2}{a^2}=1$의 한 초점 F를 지나고 $x\geq0$에서 쌍곡선과 두 점 A, B에서 만난다고 한다. 쌍곡선의 다른 한 초점을 F′이라 할 때, 삼각형 ABF′의 둘레의 길이를 구하시오. (단, a는 상수이다.) (3점)

→ 이 조건을 이용하여 a의 값을 구한다.

→ $\overline{AF'}=\overline{AF}+2$, $\overline{BF'}=\overline{BF}+2$임을 이용한다.

Step 1 직선이 초점을 지난다는 사실을 이용하여 a^2의 값을 구한다.

쌍곡선의 초점은 x축 위에 있고 직선 $y=2x-4$의 x절편은 2이므로 F(2, 0)이다.

→ 쌍곡선의 방정식의 표준형의 우변이 1이면 초점은 x축 위에 있고, -1이면 초점은 y축 위에 있다.

즉, $1+a^2=2^2$에서 $a^2=3$ → 즉, 또 다른 초점 F′의 좌표는 $(-2, 0)$이다.

$\therefore x^2-\dfrac{y^2}{3}=1$

Step 2 쌍곡선과 직선의 교점의 x좌표를 이용하여 선분 AB의 길이를 구한다.

쌍곡선 $x^2-\dfrac{y^2}{3}=1$과 직선 $y=2x-4$의 방정식을 연립하면

$x^2-\dfrac{(2x-4)^2}{3}=1$, $3x^2-(2x-4)^2=3$ → $3x^2-(4x^2-16x+16)-3=-x^2+16x-19=0$

$x^2-16x+19=0$ ······ ㉠

방정식 ㉠의 두 근은 두 점 A, B의 x좌표이다.

두 점 A, B의 x좌표를 각각 x_1, x_2라 하면 → 이차방정식의 근과 계수의 관계를 이용한다.

$x_1+x_2=16$, $x_1x_2=19$ ······ ㉡

$\therefore \overline{AB}=\sqrt{(x_2-x_1)^2+\{(2x_2-4)-(2x_1-4)\}^2}$

$=\sqrt{5(x_2-x_1)^2}$

$=\sqrt{5}\sqrt{(x_1+x_2)^2-4x_1x_2}$

$=\sqrt{5}\sqrt{16^2-4\times19}$ ($\because$ ㉡)

$=\sqrt{5}\sqrt{180}=30$

x좌표를 정확히 알지 못해도 이와 같이 선분의 길이를 구할 수 있어!

→ Step 2에서 $\overline{AB}$를 구했으므로 $\overline{AF'}+\overline{BF'}$의 값만 구하면 된다.

Step 3 쌍곡선의 정의를 이용하여 삼각형의 둘레의 길이를 구한다.

쌍곡선의 주축의 길이는 2이므로 쌍곡선의 정의에 의하여

149 [정답률 84%]

정답 ②

그림과 같이 두 초점이 $F(c, 0)$, $F'(-c, 0)$ $(c>0)$인 쌍곡선 $\dfrac{x^2}{9}-\dfrac{y^2}{16}=1$이 있다. 쌍곡선 위의 점 중 제1사분면에 있는 점 P에 대하여 $\overline{FP}=\overline{FF'}$일 때, 삼각형 PF′F의 둘레의 길이는? (3점)

→ 초점의 좌표를 구하면 길이를 알 수 있다.

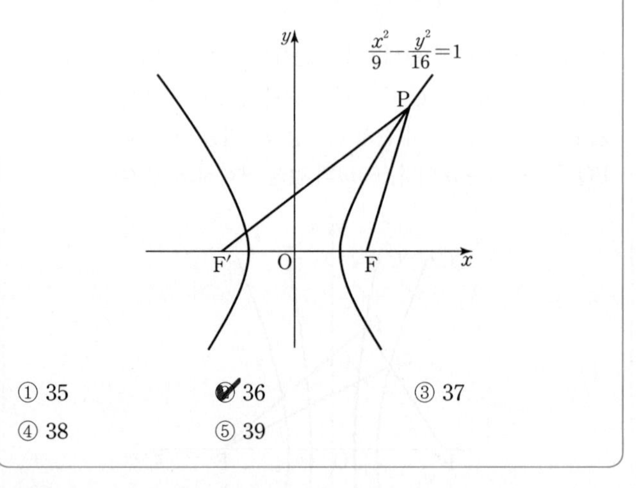

① 35　② 36　③ 37　④ 38　⑤ 39

Step 1 쌍곡선의 정의를 이용하여 선분 FP의 길이를 구한다.

쌍곡선 $\dfrac{x^2}{9}-\dfrac{y^2}{16}=1$의 두 초점의 좌표가 $(c, 0)$, $(-c, 0)$이므로

$c^2=9+16=25$　$\therefore c=5$ ($\because c>0$)

$\overline{FF'}=2c=10$이므로 $\overline{FP}=10$

→ $c-(-c)$　→ $\overline{FP}=\overline{FF'}$

Step 2 삼각형 PF′F의 둘레의 길이를 구한다.

쌍곡선 $\dfrac{x^2}{9}-\dfrac{y^2}{16}=1$의 주축의 길이가 6이므로 → $\dfrac{x^2}{3^2}-\dfrac{y^2}{4^2}=1$에서 주축의 길이는 $2\times3=6$

$\overline{F'P}-\overline{FP}=6$ → 쌍곡선의 성질　$\therefore \overline{F'P}=16$

따라서 삼각형 PF′F의 둘레의 길이는

$\overline{F'P}+\overline{FF'}+\overline{FP}=16+10+10=36$

150 [정답률 27%]

정답 11

양수 c에 대하여 두 점 $\mathrm{F}(c,\ 0)$, $\mathrm{F}'(-c,\ 0)$을 초점으로 하고, 주축의 길이가 6인 쌍곡선이 있다. 이 쌍곡선 위에 다음 조건을 만족시키는 서로 다른 두 점 P, Q가 존재하도록 하는 모든 c의 값의 합을 구하시오. (4점)

(가) 점 P는 제1사분면 위에 있고,
점 Q는 직선 PF' 위에 있다.
(나) 삼각형 $\mathrm{PF'F}$는 이등변삼각형이다.
(다) 삼각형 PQF의 둘레의 길이는 28이다.

→ $\overline{\mathrm{PF}'}>\overline{\mathrm{PF}}$이므로 $\overline{\mathrm{PF}}=\overline{\mathrm{FF}'}$ 또는 $\overline{\mathrm{PF}'}=\overline{\mathrm{FF}'}$

Step 1 $\overline{\mathrm{PF}}=\overline{\mathrm{FF}'}$인 경우 c의 값을 구한다.

조건 (가)에서 점 P는 제1사분면 위의 점이므로 $\overline{\mathrm{PF}'}>\overline{\mathrm{PF}}$이다.
조건 (나)에서 삼각형 $\mathrm{PF'F}$가 이등변삼각형이므로 $\overline{\mathrm{PF}}=\overline{\mathrm{FF}'}$ 또는 $\overline{\mathrm{PF}'}=\overline{\mathrm{FF}'}$이다.

(i) $\overline{\mathrm{PF}}=\overline{\mathrm{FF}'}$인 경우

$\overline{\mathrm{PF}}=\overline{\mathrm{FF}'}=c-(-c)=2c$

쌍곡선의 성질에 의하여

$\overline{\mathrm{PF}'}-\overline{\mathrm{PF}}=6$, $\overline{\mathrm{PF}'}=2c+6$ → 주축의 길이

$\overline{\mathrm{QF}}=a$, $\overline{\mathrm{QF}'}=b$라 하면

$a-b=6$ ⋯⋯ ㉠ → 쌍곡선의 성질

$\overline{\mathrm{PQ}}=\overline{\mathrm{PF}'}-\overline{\mathrm{QF}'}=2c+6-b$

조건 (다)에서 삼각형 PQF의 둘레의 길이가 28이므로

$\overline{\mathrm{QF}}+\overline{\mathrm{PF}}+\overline{\mathrm{PQ}}=a+2c+(2c+6-b)$

$=a-b+4c+6=28$ → ㉠에서 $a-b=6$

$4c=16$ ($\because$ ㉠) $\quad\therefore c=4$

Step 2 $\overline{\mathrm{PF}'}=\overline{\mathrm{FF}'}$인 경우 c의 값을 구한다.

(ii) $\overline{\mathrm{PF}'}=\overline{\mathrm{FF}'}$인 경우

$\overline{\mathrm{PF}'}=\overline{\mathrm{FF}'}=2c$

쌍곡선의 성질에 의하여

$\overline{\mathrm{PF}'}-\overline{\mathrm{PF}}=6$, $\overline{\mathrm{PF}}=2c-6$

$\overline{\mathrm{QF}}=a$, $\overline{\mathrm{QF}'}=b$라 하면

$a-b=6$ ⋯⋯ ㉡ → 쌍곡선의 성질

$\overline{\mathrm{PQ}}=\overline{\mathrm{PF}'}-\overline{\mathrm{QF}'}=2c-b$

조건 (다)에 의하여

$\overline{\mathrm{QF}}+\overline{\mathrm{PF}}+\overline{\mathrm{PQ}}=a+(2c-6)+(2c-b)$

$=a-b+4c-6=28$ → ㉡에서 $a-b=6$

$4c=28 \quad\therefore c=7$

(i), (ii)에 의하여 모든 c의 값의 합은 $4+7=11$

151 [정답률 78%]

정답 ④

그림과 같이 쌍곡선 $\dfrac{x^2}{9}-\dfrac{y^2}{16}=1$의 두 초점 F, F′과 쌍곡선 위의 점 A에 대하여 삼각형 $\mathrm{AF'F}$의 둘레의 길이가 24일 때, 삼각형 $\mathrm{AF'F}$의 넓이는? (단, 점 A는 제1사분면의 점이다.)

(3점)

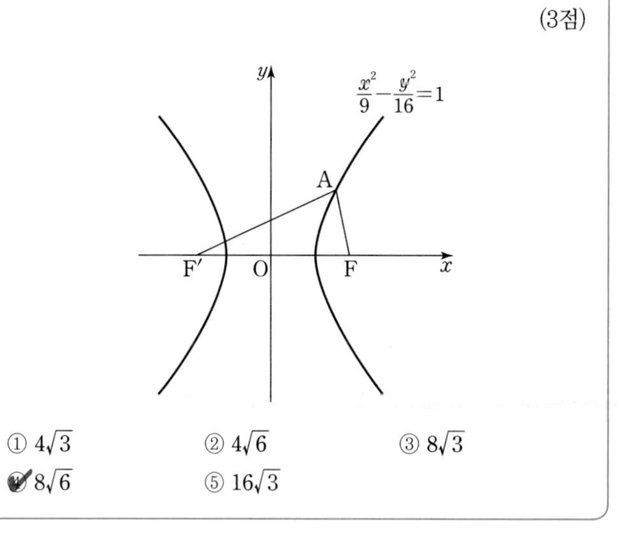

① $4\sqrt{3}$ ② $4\sqrt{6}$ ③ $8\sqrt{3}$
④ $8\sqrt{6}$ ⑤ $16\sqrt{3}$

Step 1 두 선분 AF, AF′의 길이를 각각 구한다.

쌍곡선의 두 초점의 좌표를 $\mathrm{F}(c,\ 0)$, $\mathrm{F}'(-c,\ 0)$ $(c>0)$이라 하면

$c^2=9+16=25 \quad\therefore c=5$ → 쌍곡선 $\dfrac{x^2}{a^2}-\dfrac{y^2}{b^2}=1$의 두 초점의 좌표 $(c,0)$, $(-c,0)$ $(c>0)$에 대하여 $c^2=a^2+b^2$

따라서 $\mathrm{F}(5,\ 0)$, $\mathrm{F}'(-5,\ 0)$이다.

$\overline{\mathrm{AF}'}=a$, $\overline{\mathrm{AF}}=b$(a, b는 상수)라 하면 쌍곡선의 정의에 의하여

$a-b=6$ ⋯⋯ ㉠

삼각형 $\mathrm{AF'F}$의 둘레의 길이가 24이고, $\overline{\mathrm{FF}'}=10$이므로

$a+b=14$ ⋯⋯ ㉡ → $\overline{\mathrm{AF}'}+\overline{\mathrm{FF}'}+\overline{\mathrm{AF}}$

㉠, ㉡에서 $a=10$, $b=4$

즉, $\overline{\mathrm{AF}'}=10$, $\overline{\mathrm{AF}}=4$이다.

Step 2 삼각형 $\mathrm{AF'F}$의 넓이를 구한다.

삼각형 $\mathrm{AF'F}$는 $\overline{\mathrm{AF}'}=\overline{\mathrm{FF}'}$인 이등변삼각형이므로 점 F′에서 선분 FA에 내린 수선의 발을 H라 하면 피타고라스 정리에 의하여

$\overline{\mathrm{F'H}}=\sqrt{10^2-2^2}=\sqrt{96}=4\sqrt{6}$

따라서 삼각형 $\mathrm{AF'F}$의 넓이는

$\dfrac{1}{2}\times4\times4\sqrt{6}=8\sqrt{6}$ → 삼각형의 높이

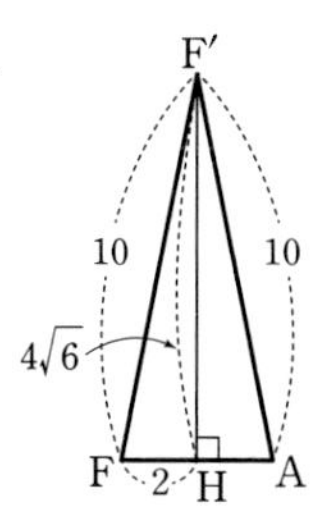

152

정답 ④

그림과 같이 쌍곡선 $\frac{x^2}{4}-\frac{y^2}{5}=1$ 위의 두 점 P, Q와 두 초점 F, F′을 꼭짓점으로 하는 직사각형 PF′QF의 둘레의 길이는? (3점)

→ 내각의 크기가 모두 $90°$이므로 피타고라스 정리를 이용하기 쉽다.

→ F(3, 0), F′(−3, 0)

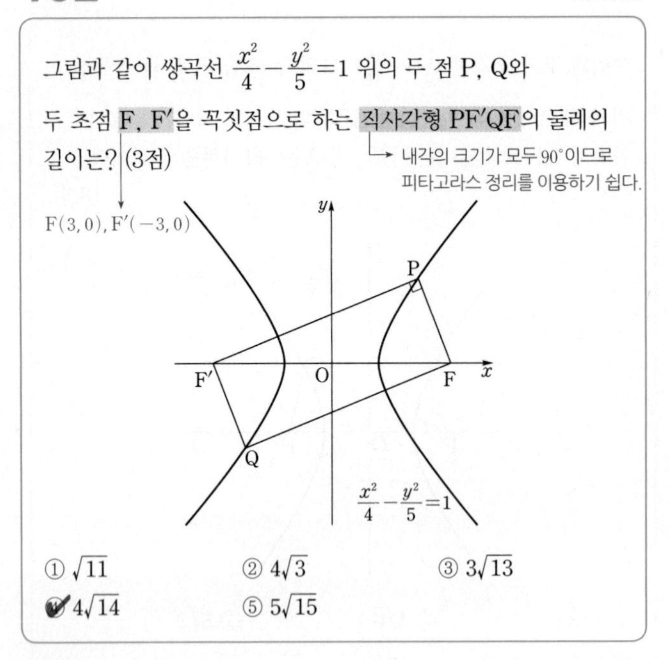

① $\sqrt{11}$ ② $4\sqrt{3}$ ③ $3\sqrt{13}$
④ $4\sqrt{14}$ ⑤ $5\sqrt{15}$

Step 1 쌍곡선의 초점을 구한 후 두 초점 사이의 거리를 구한다.

쌍곡선 $\frac{x^2}{4}-\frac{y^2}{5}=1$의 두 초점의 좌표는

→ 쌍곡선 $\frac{x^2}{a^2}-\frac{y^2}{b^2}=1$의 두 초점의 좌표는 $(\sqrt{a^2+b^2}, 0)$, $(-\sqrt{a^2+b^2}, 0)$

$F(\sqrt{4+5}, 0)$, $F'(-\sqrt{4+5}, 0)$, 즉 $F(3, 0)$, $F'(-3, 0)$이므로

$\overline{FF'}=3-(-3)=6$

Step 2 쌍곡선의 정의를 이용하여 두 선분 PF, PF′의 길이를 구한다.

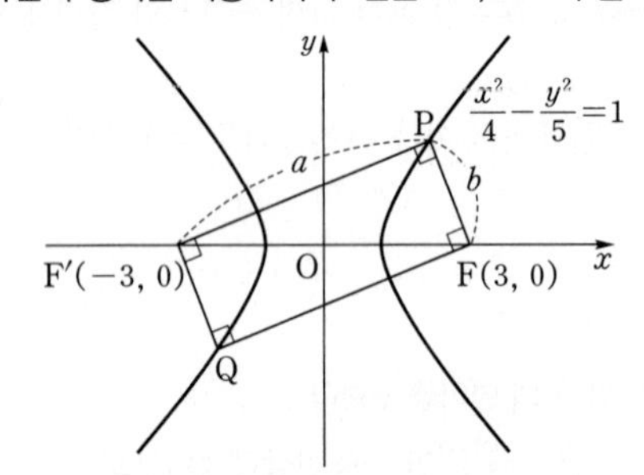

$\overline{PF'}=a$, $\overline{PF}=b$라 하면 쌍곡선의 정의에 의하여

$a-b=2\times2=4$ ······ ㉠

→ (쌍곡선 위의 한 점에서 두 초점 F, F′까지의 거리의 차)=(주축의 길이)

삼각형 PF′F는 직각삼각형이므로

$a^2+b^2=36$ ······ ㉡

→ 피타고라스 정리에 의해서 $\overline{PF'}^2+\overline{PF}^2=\overline{FF'}^2$

㉠에서 $b=a-4$이므로 ㉡에 대입하면

$a^2+(a-4)^2=36$

$a^2-4a-10=0$

$\therefore a=2+\sqrt{14}$ ($\because a>0$)

→ $a=2\pm\sqrt{4-1\times(-10)}$ (근의 공식 이용)

$b=(2+\sqrt{14})-4=-2+\sqrt{14}$이므로

$a+b=2\sqrt{14}$

Step 3 직사각형 PF′QF의 둘레의 길이를 구한다.

따라서 직사각형 PF′QF의 둘레의 길이는

$2a+2b=2(a+b)=2\times2\sqrt{14}=4\sqrt{14}$

→ 직사각형의 대변의 길이는 서로 같으므로 $\overline{PF'}=\overline{FQ}=a$, $\overline{PF}=\overline{F'Q}=b$

153 [정답률 55%]

정답 ⑤

→ '두 선분의 길이의 차'에 대한 내용이 나오면 쌍곡선을 떠올려야 해!

평면에 한 변의 길이가 10인 정삼각형 ABC가 있다. $\overline{PB}-\overline{PC}=2$를 만족시키는 점 P에 대하여 선분 PA의 길이가 최소일 때, 삼각형 PBC의 넓이는? (4점)

① $20\sqrt{3}$ ② $21\sqrt{3}$ ③ $22\sqrt{3}$
④ $23\sqrt{3}$ ⑤ $24\sqrt{3}$

Step 1 점 P가 지나는 쌍곡선의 방정식을 구한다.

$\overline{BC}$가 x축, $\overline{BC}$의 수직이등분선이 y축이 되도록 정삼각형 ABC를 좌표평면 위에 놓으면 다음 그림과 같다.

→ 점 A는 y축 위의 점

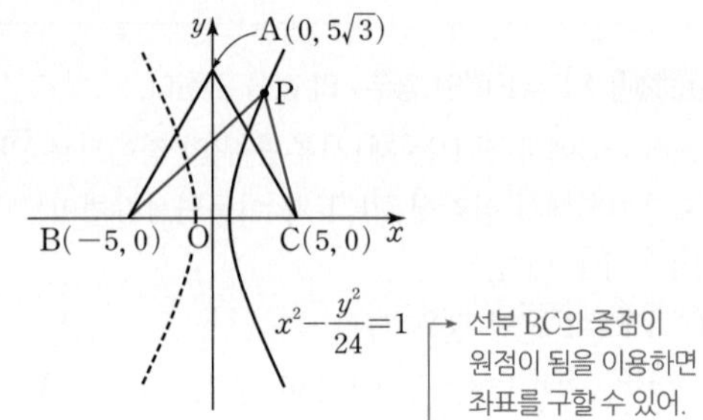

→ 선분 BC의 중점이 원점이 됨을 이용하면 좌표를 구할 수 있어.

이때 세 점 A, B, C의 좌표는 각각 $(0, 5\sqrt{3})$, $(-5, 0)$, $(5, 0)$이므로 $\overline{PB}-\overline{PC}=2$를 만족시키는 점 P는 초점이 $B(-5, 0)$, $C(5, 0)$이고 주축의 길이가 2인 쌍곡선 위의 점이다.

점 P가 지나는 쌍곡선의 방정식을 $\frac{x^2}{a^2}-\frac{y^2}{b^2}=1$이라 하면

초점의 좌표가 $(\pm5, 0)$이므로

$\sqrt{a^2+b^2}=5$ $\therefore a^2+b^2=25$ ······ ㉠

주축의 길이가 2이므로 → 쌍곡선이 x축과 만나는 두 점 사이의 거리가 2가 돼.

$2|a|=2$ $\therefore a^2=1$

이를 ㉠에 대입하면 $b^2=24$

→ 이때 $\overline{PB}>\overline{PC}$이므로 쌍곡선 중 y축의 오른쪽에 해당하는 부분에만 점 P가 존재할 수 있어.

따라서 점 P가 지나는 쌍곡선의 방정식은 $x^2-\frac{y^2}{24}=1$이다.

Step 2 선분 PA의 길이가 최소가 되는 경우를 파악한다.

점 P의 좌표를 (m, n)이라 하면 P는 쌍곡선 위의 점이므로

$m^2-\frac{n^2}{24}=1$ $\therefore m^2=\frac{n^2}{24}+1$

이때 선분 PA의 길이는

$\overline{PA}=\sqrt{(0-m)^2+(5\sqrt{3}-n)^2}$

$=\sqrt{\left(\frac{n^2}{24}+1\right)+(n^2-10\sqrt{3}n+75)}$

따라서 y좌표가 n인 점 P에 대하여 $\overline{PA}^2$의 값을 $f(n)$이라 하면

$f(n)=\overline{PA}^2=\frac{25}{24}n^2-10\sqrt{3}n+76$

→ 이 값이 최소일 때 $\overline{PA}$의 길이도 최소가 돼.

함수 $f(n)$을 n에 대하여 미분하면

$f'(n)=\frac{25}{12}n-10\sqrt{3}$

$f'(n)=0$에서 $\frac{25}{12}n-10\sqrt{3}=0$

$\frac{25}{12}n=10\sqrt{3}$ $\therefore n=\frac{24\sqrt{3}}{5}$

→ 이때 $f(n)$, 즉 $\overline{PA}^2$의 값이 극소이자 최소가 돼.

따라서 $\overline{PA}^2$의 값은 $n=\frac{24\sqrt{3}}{5}$일 때 최소이므로 선분 PA의 길이는 점 P의 y좌표가 $\frac{24\sqrt{3}}{5}$일 때 최소가 된다.

Step 3 선분 PA의 길이가 최소일 때의 삼각형 PBC의 넓이를 구한다.

따라서 구하는 삼각형의 넓이는

$\frac{1}{2}\times \underset{\overline{\text{BC}}\text{의 길이}}{10}\times \frac{24\sqrt{3}}{5}=24\sqrt{3}$ → (삼각형의 높이)=(점 P의 y좌표)

154 [정답률 75%]

정답 ④

그림과 같이 초점이 각각 F, F′과 G, G′이고 주축의 길이가 2, 중심이 원점 O인 두 쌍곡선이 제1사분면에서 만나는 점을 P, 제3사분면에서 만나는 점을 Q라 하자. $\overline{\text{PG}}\times\overline{\text{QG}}=8$, $\overline{\text{PF}}\times\overline{\text{QF}}=4$일 때, 사각형 PGQF의 둘레의 길이는? (단, 점 F의 x좌표와 점 G의 y좌표는 양수이다.) (4점)

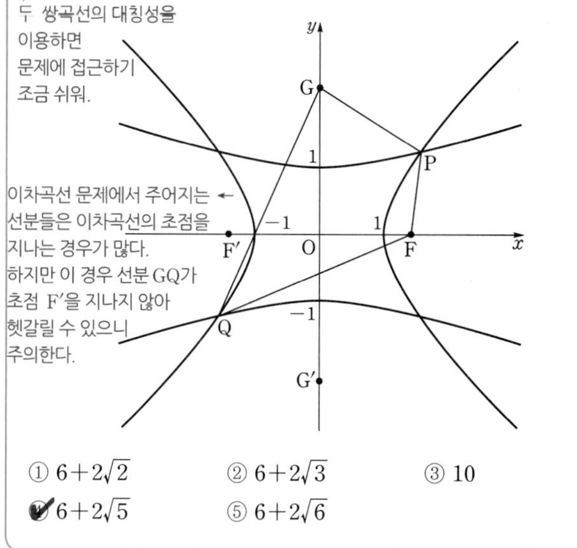

① $6+2\sqrt{2}$ ② $6+2\sqrt{3}$ ③ 10

④ $6+2\sqrt{5}$ ⑤ $6+2\sqrt{6}$

Step 1 쌍곡선의 정의를 이용하여 두 선분 PG, PF의 길이를 구한다.

쌍곡선은 원점에 대하여 대칭이므로

$\overline{\text{PG}}=\overline{\text{QG}'}$, $\overline{\text{PF}}=\overline{\text{QF}'}$ → 두 쌍곡선이 각각 원점에 대하여 대칭인 곡선이므로 제1사분면 위의 교점 P와 제3사분면 위의 교점 Q는 서로 원점에 대하여 대칭이다.

주어진 쌍곡선의 주축의 길이가 2이므로

(i) $\overline{\text{PG}}=k$라 하면 쌍곡선의 정의에 의하여

$\overline{\text{PG}}\times\overline{\text{QG}}=\overline{\text{QG}'}\times\overline{\text{QG}}=k(k+2)=8$

$k^2+2k-8=0$ → (쌍곡선 위의 한 점에서 두 초점까지의 거리의 차)=(주축의 길이)=2 ∴ $\overline{\text{QG}}-\overline{\text{QG}'}=2$, $\overline{\text{QF}}-\overline{\text{QF}'}=2$

$(k+4)(k-2)=0$

$\therefore k=2\ (\because k>0)$ → k는 선분의 길이이므로

(ii) $\overline{\text{PF}}=l$이라 하면 쌍곡선의 정의에 의하여

$\overline{\text{PF}}\times\overline{\text{QF}}=\overline{\text{QF}'}\times\overline{\text{QF}}=l(l+2)=4$

$l^2+2l-4=0$ → 인수분해되지 않는 방정식이라 근의 공식을 이용했어.

$\therefore l=-1+\sqrt{5}\ (\because l>0)$ → l은 선분의 길이이므로

Step 2 사각형 PGQF의 둘레의 길이를 구한다.

(i), (ii)에서 사각형 PGQF의 둘레의 길이는

$\underset{\overline{\text{PG}}+\overline{\text{QG}}}{k+(k+2)}+\underset{\overline{\text{PF}}+\overline{\text{QF}}}{l+(l+2)}=2k+2l+4$

$=2\times2+2(-1+\sqrt{5})+4$ 계산 주의

$=6+2\sqrt{5}$

155 [정답률 25%]

정답 128

두 점 F, F′을 초점으로 하는 쌍곡선 $\frac{x^2}{4}-\frac{y^2}{32}=1$ 위의 점 A가 다음 조건을 만족시킨다.

(가) $\overline{\text{AF}}<\overline{\text{AF}'}$
(나) 선분 AF의 수직이등분선은 점 F′을 지난다.

선분 AF의 중점 M에 대하여 직선 MF′과 쌍곡선의 교점 중 점 A에 가까운 점을 B라 할 때, 삼각형 BFM의 둘레의 길이는 k이다. k^2의 값을 구하시오. (4점)

Step 1 쌍곡선의 초점의 좌표를 구한다.

쌍곡선 $\frac{x^2}{4}-\frac{y^2}{32}=1$에서 두 초점 F, F′의 x좌표는

$\pm\sqrt{4+32}=\pm6$이므로 F′$(-6, 0)$, F$(6, 0)$이라 하고

쌍곡선 $\frac{x^2}{4}-\frac{y^2}{32}=1$과 두 점 A, B, 직선 MF′을 좌표평면 위에 나타내면 다음과 같다.

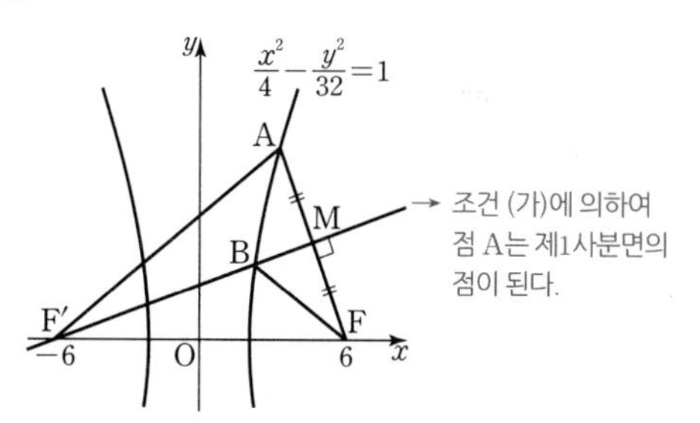

Step 2 조건 (나)를 이용하여 선분 F′M의 길이를 구한다.

선분 AF의 수직이등분선이 점 F′을 지나므로

삼각형 AF′F는 $\overline{\text{AF}'}=\overline{\text{FF}'}=12$인 이등변삼각형이다.

점 A가 쌍곡선 위의 점이므로

$\overline{\text{AF}'}-\overline{\text{AF}}=2\times2$ $\therefore \overline{\text{AF}}=\overline{\text{AF}'}-4=8$

$\therefore \overline{\text{MF}}=\frac{1}{2}\overline{\text{AF}}=4$

직각삼각형 MF′F에서 $\overline{\text{FF}'}=12$, $\overline{\text{MF}}=4$이므로

$\overline{\text{F}'\text{M}}=\sqrt{12^2-4^2}=8\sqrt{2}$

Step 3 두 선분 BM, BF를 $\overline{\text{BF}'}$을 이용하여 나타내고 삼각형 BFM의 둘레의 길이를 구한다.

점 B가 쌍곡선 위의 점이므로 $\overline{\text{BF}}=\overline{\text{BF}'}-4$이고

$\overline{\text{BM}}=\overline{\text{F}'\text{M}}-\overline{\text{BF}'}=8\sqrt{2}-\overline{\text{BF}'}$이므로 → $|\overline{\text{BF}}-\overline{\text{BF}'}|=4$이고 점 B는 점 A에 가까운 점으로 $\overline{\text{BF}}<\overline{\text{BF}'}$이므로 $\overline{\text{BF}}-\overline{\text{BF}'}=-4$

(삼각형 BFM의 둘레의 길이)

$=\overline{\text{MF}}+\overline{\text{BF}}+\overline{\text{BM}}$

$=4+(\overline{\text{BF}'}-4)+(8\sqrt{2}-\overline{\text{BF}'})$

$=8\sqrt{2}$

따라서 $k=8\sqrt{2}$이므로 $k^2=128$

156 [정답률 29%]

정답 32

그림과 같이 두 초점이 F, F′인 쌍곡선 $x^2-\frac{y^2}{16}=1$이 있다. 쌍곡선 위에 있고 제1사분면에 있는 점 P에 대하여 점 F에서 선분 PF′에 내린 수선의 발을 Q라 하고, ∠FQP의 이등분선이 선분 PF와 만나는 점을 R라 하자. $4\overline{PR}=3\overline{RF}$일 때, 삼각형 PF′F의 넓이를 구하시오.

(단, 점 F의 x좌표는 양수이고, $\angle F'PF<90^\circ$이다.) (4점)

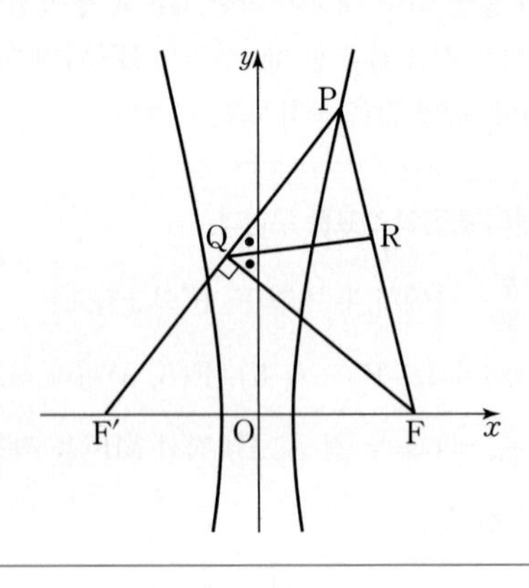

Step 1 각의 이등분선의 성질을 이용하여 $\overline{PQ}:\overline{QF}$의 값을 구한다.

직선 QR가 ∠FQP를 이등분하므로 $\overline{PQ}:\overline{QF}=\overline{PR}:\overline{RF}$ → 각의 이등분선의 성질

이때 $4\overline{PR}=3\overline{RF}$이므로 $\overline{PQ}:\overline{QF}=3:4$

$\overline{PQ}=3k\ (k>0)$라 하면 $\overline{QF}=4k$이므로

직각삼각형 PQF에서 $\overline{PF}=5k$이다.

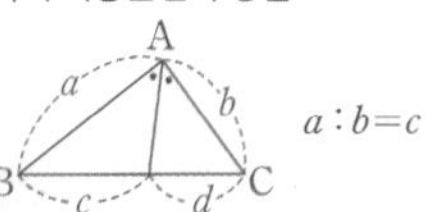

$a:b=c:d$

Step 2 쌍곡선의 정의를 이용해 k의 값을 구한다.

→ 쌍곡선 위의 한 점에서 두 초점까지의 거리의 차는 쌍곡선의 주축의 길이와 같아.

쌍곡선의 정의에 의하여 $\overline{PF'}-\overline{PF}=2$이므로

$\overline{PF'}=5k+2$, $\overline{QF'}=\overline{PF'}-\overline{PQ}=(5k+2)-3k=2k+2$

이때 $F(\sqrt{17},\ 0)$, $F'(-\sqrt{17},\ 0)$에서 $\overline{FF'}=2\sqrt{17}$이다.

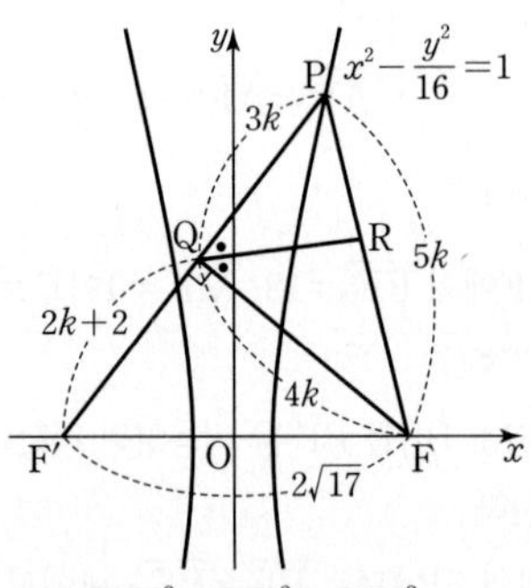

직각삼각형 QF′F에서 $\overline{FF'}^2=\overline{QF}^2+\overline{QF'}^2$

$(2\sqrt{17})^2=(4k)^2+(2k+2)^2$

$5k^2+2k-16=0$, $(5k-8)(k+2)=0$

$\therefore k=\frac{8}{5}\ (\because k>0)$

따라서 삼각형 PF′F의 넓이는

$\frac{1}{2}\times\overline{PF'}\times\overline{QF}=\frac{1}{2}\times10\times\frac{32}{5}=32$

→ $4k=4\times\frac{8}{5}=\frac{32}{5}$

→ $5k+2=5\times\frac{8}{5}+2=10$

157

정답 ④

그림과 같이 쌍곡선 $\frac{x^2}{a^2}-\frac{y^2}{b^2}=1$의 제1사분면 위에 중심 C가 있고 쌍곡선의 초점 F에서 x축에 접하고 y축에도 접하는 반지름의 길이가 2인 원이 있다. 이때, 쌍곡선의 주축의 길이는? (3점)

→ 초점 F의 좌표는 F(2, 0)이다.

→ 원 C의 중심의 좌표는 C(2, 2)이다.

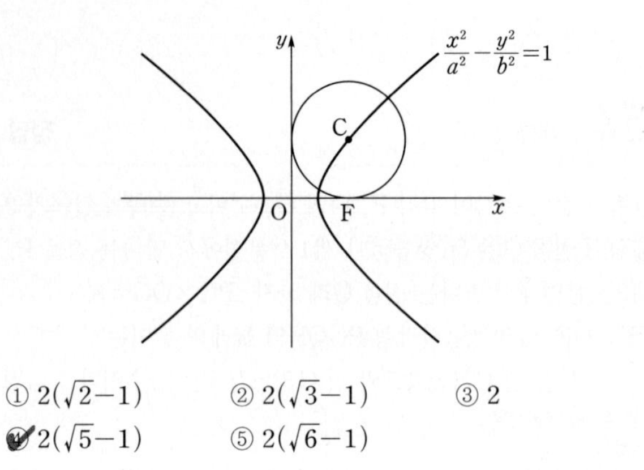

① $2(\sqrt{2}-1)$　② $2(\sqrt{3}-1)$　③ 2

④ $2(\sqrt{5}-1)$　⑤ $2(\sqrt{6}-1)$

Step 1 원과 x축이 쌍곡선의 초점에서 접함을 이용하여 초점의 좌표를 구한다.

중심이 C이고 반지름의 길이가 2인 원이 쌍곡선의 초점 F에서 x축과 접하므로 $\overline{CF}=2$ → 원의 반지름

또한, 이 원은 y축과도 접하므로 F(2, 0)이다.

Step 2 두 초점 사이의 거리를 구한다.

→ 주어진 쌍곡선은 원점에 대하여 대칭이야.

쌍곡선의 다른 한 초점 F′의 좌표는 (−2, 0)이므로

$\overline{FF'}=2-(-2)=4$

Step 3 원과 x축이 접함을 이용하여 쌍곡선의 주축의 길이를 구한다.

$\angle CFF'=90^\circ$이므로 → 원의 중심과 접점을 이은 선분(CF)은 접선(x축)과 수직으로 만난다.

$\overline{CF'}=\sqrt{\overline{FF'}^2+\overline{CF}^2}$

$=\sqrt{4^2+2^2}=2\sqrt{5}$ → 피타고라스 정리

따라서 쌍곡선의 주축의 길이는

$\overline{CF'}-\overline{CF}=2\sqrt{5}-2$

$=2(\sqrt{5}-1)$

→ 쌍곡선 위의 한 점에서 두 초점까지의 거리의 차는 쌍곡선의 주축의 길이와 같아.

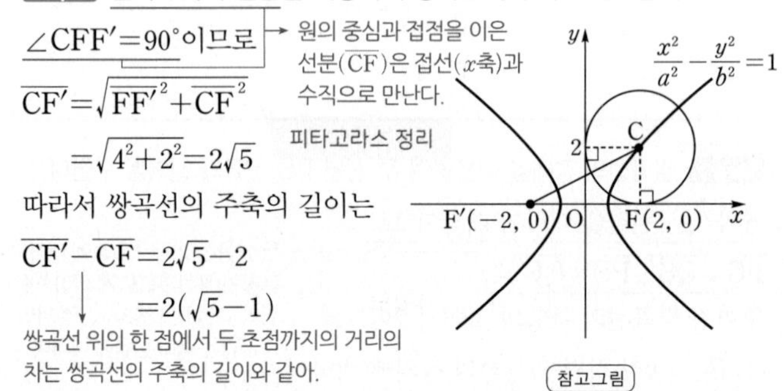

158 [정답률 75%] 정답 ②

→ 중심이 $(4, 0)$, 반지름의 길이가 r인 원이다.

원 $(x-4)^2+y^2=r^2$과 쌍곡선 $x^2-2y^2=1$이 서로 다른 세 점에서 만나기 위한 양수 r의 최댓값은? (3점)

→ 그래프를 그려 확인한다.

① 4 ② 5 ③ 6 ④ 7 ⑤ 8

Step 1 쌍곡선과 원을 그려서 원과 쌍곡선이 서로 다른 세 점에서 만날 조건을 확인한다.

→ 쌍곡선이 x축과 만나는 점

쌍곡선 $x^2-2y^2=1$에서 꼭짓점의 좌표는 $(-1, 0)$, $(1, 0)$이고, 원 $(x-4)^2+y^2=r^2$에서 중심의 좌표는 $(4, 0)$이고 반지름의 길이가 r이므로 원 $(x-4)^2+y^2=r^2$과 쌍곡선 $x^2-2y^2=1$을 그리면 다음 그림과 같다.

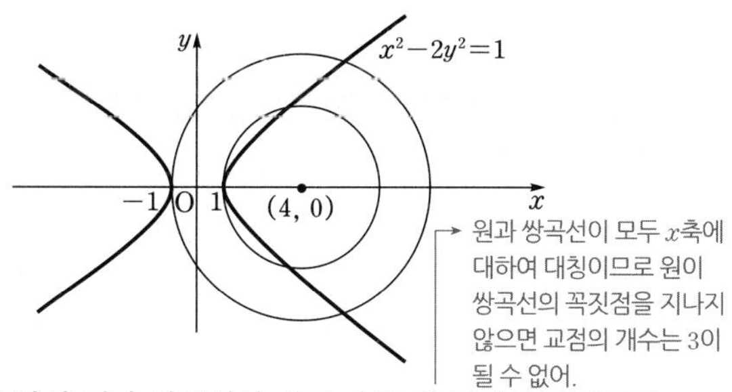

→ 원과 쌍곡선이 모두 x축에 대하여 대칭이므로 원이 쌍곡선의 꼭짓점을 지나지 않으면 교점의 개수는 3이 될 수 없어.

위의 그림과 같이 원과 쌍곡선이 서로 다른 세 점에서 만나려면 원이 쌍곡선의 꼭짓점을 지나야 한다.

Step 2 각각의 경우에 대하여 r의 값을 구한다.

→ 원이 두 꼭짓점 $(1, 0)$, $(-1, 0)$ 중 어느 것을 지나는지에 따라서 경우를 나눈 거야.

(i) 원이 점 $(-1, 0)$을 지날 때

$(-1-4)^2+0^2=r^2$, $r^2=25$

$\therefore r=5$ ($\because r>0$) → 원의 방정식에 $x=-1$, $y=0$을 대입

(ii) 원이 점 $(1, 0)$을 지날 때

$(1-4)^2+0^2=r^2$, $r^2=9$

$\therefore r=3$ ($\because r>0$) → 원의 방정식에 $x=1$, $y=0$을 대입

따라서 구하는 양수 r의 최댓값은 5이다.

수능포인트

쌍곡선을 먼저 그린 후 r의 값에 따라서 원을 그려가면서 문제의 조건을 만족하는 r의 값을 찾을 수 있습니다. 두 식을 연립하여 풀 경우 문제가 쉽게 풀리지 않으니 그 풀이는 피하는 게 좋습니다.

159 [정답률 84%] 정답 ①

→ $4+6=10=c^2$이므로 $c=\sqrt{10}$ ($\because c>0$) 따라서 $F(\sqrt{10}, 0)$, $F'(-\sqrt{10}, 0)$이다.

그림과 같이 쌍곡선 $\frac{x^2}{4}-\frac{y^2}{6}=1$의 두 초점을 $F(c, 0)$, $F'(-c, 0)$이라 하자. 두 점 F, F'을 지름의 양 끝점으로 하는 원과 쌍곡선 $\frac{x^2}{4}-\frac{y^2}{6}=1$이 제1사분면에서 만나는 점을 P라 할 때, $\cos(\angle PFF')$의 값은? (단, c는 양수이다.) (4점)

→ 원의 중심은 O이고, 반지름의 길이는 c이다.

원주각의 성질을 이용하여 삼각비를 구한다.

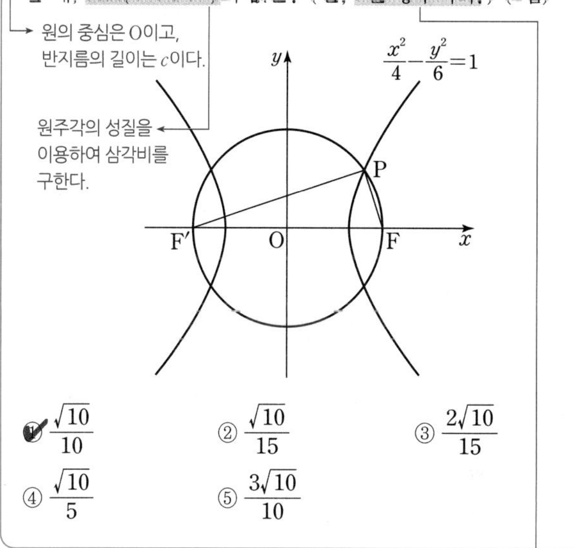

① $\frac{\sqrt{10}}{10}$ ② $\frac{\sqrt{10}}{15}$ ③ $\frac{2\sqrt{10}}{15}$ ④ $\frac{\sqrt{10}}{5}$ ⑤ $\frac{3\sqrt{10}}{10}$

Step 1 쌍곡선의 초점의 좌표를 구한다.

쌍곡선 $\frac{x^2}{4}-\frac{y^2}{6}=1$의 두 초점 $F(c, 0)$, $F'(-c, 0)$ $(c>0)$에 대하여

$c^2=4+6=10$ $\therefore c=\sqrt{10}$ ($\because c>0$)

$\therefore F(\sqrt{10}, 0)$, $F'(-\sqrt{10}, 0)$

Step 2 반원에 대한 원주각의 성질과 피타고라스 정리를 이용한다.

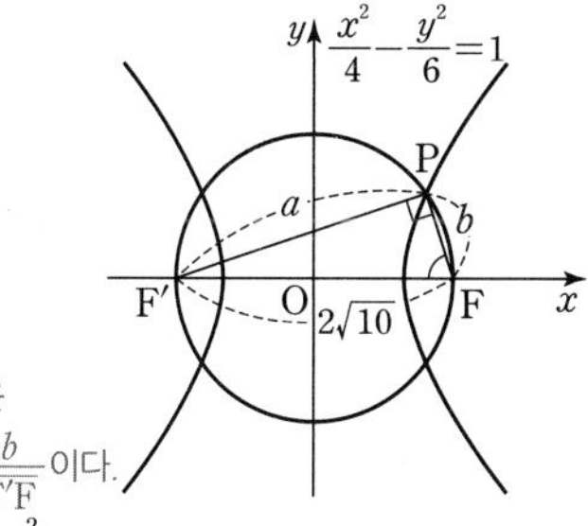

→ 따라서 구하는 값은 $\cos(\angle PFF')=\frac{b}{\overline{F'F}}$이다.

쌍곡선 $\frac{x^2}{4}-\frac{y^2}{6}=1$에서 $\overline{F'P}=a$, $\overline{FP}=b$ $(a>b)$라 하면

→ (쌍곡선의 주축의 길이) $=2\times\sqrt{4}=4$

쌍곡선의 정의에 의하여 $\overline{PF'}-\overline{PF}=4$이므로

$a-b=4$ ······ ㉠

반원에 대한 원주각의 크기는 $90°$이므로

$\angle F'PF=90°$ → 선분 F'F가 원의 지름이다.

삼각형 F'PF에서 피타고라스 정리를 이용하면 → $\overline{PF'}^2+\overline{PF}^2=\overline{F'F}^2$

$a^2+b^2=\overline{F'F}^2=(2\sqrt{10})^2=40$ ······ ㉡

원주각의 성질
- 원주각의 크기는 중심각의 크기의 $\frac{1}{2}$배
- 반원에 대한 원주각의 크기는 $\frac{\pi}{2}$

㉠, ㉡을 연립하여 풀면 $a=6$, $b=2$ ($\because a>0$, $b>0$)

$\therefore \cos(\angle PFF')=\frac{b}{\overline{F'F}}=\frac{2}{2\sqrt{10}}=\frac{\sqrt{10}}{10}$

→ $F(\sqrt{10}, 0)$, $F'(-\sqrt{10}, 0)$이므로 $\overline{FF'}=2\sqrt{10}$

→ $=\frac{\overline{PF}}{\overline{F'F}}$

다른 풀이 쌍곡선과 원의 방정식을 연립하는 풀이

Step 1 동일

Step 2 쌍곡선과 원의 방정식을 연립하여 교점 P의 좌표를 구한다.

쌍곡선 $\frac{x^2}{4}-\frac{y^2}{6}=1$의 두 초점 F$(\sqrt{10},\ 0)$, F$'(-\sqrt{10},\ 0)$을 지름의 양 끝점으로 하고 중심이 원점 O인 원의 방정식은 $x^2+y^2=10$이다.
→ 원점을 중심으로 하고 반지름의 길이가 $\sqrt{10}$인 원

쌍곡선 $\frac{x^2}{4}-\frac{y^2}{6}=1$과 원 $x^2+y^2=10$을 연립하면

$\frac{x^2}{4}-\frac{10-x^2}{6}=1$ ← $y^2=10-x^2$을 대입

$5x^2=32$ ← $6x^2-40+4x^2=24,\ 10x^2=64$

$\therefore x=\sqrt{\frac{32}{5}}=\frac{4\sqrt{10}}{5},\ y=\sqrt{\frac{18}{5}}=\frac{3\sqrt{10}}{5}\ (\because x>0,\ y>0)$

따라서 점 P의 좌표는 $\text{P}\left(\frac{4\sqrt{10}}{5},\ \frac{3\sqrt{10}}{5}\right)$이다.

Step 3 두 선분 PF, FF′의 길이를 구하여 cos(∠PFF′)의 값을 구한다.

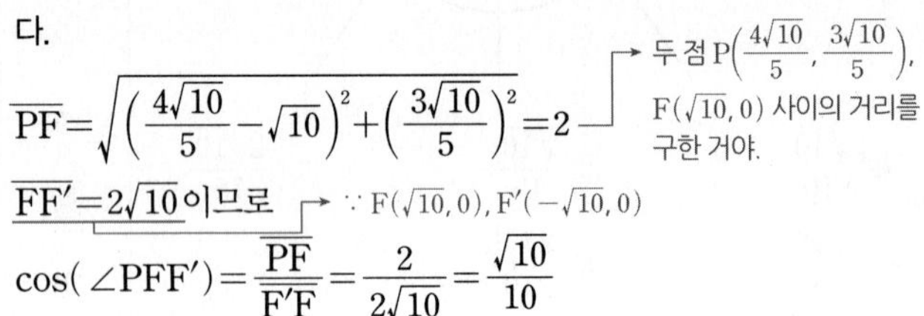

$\overline{\text{PF}}=\sqrt{\left(\frac{4\sqrt{10}}{5}-\sqrt{10}\right)^2+\left(\frac{3\sqrt{10}}{5}\right)^2}=2$ → 두 점 $\text{P}\left(\frac{4\sqrt{10}}{5},\ \frac{3\sqrt{10}}{5}\right)$, F$(\sqrt{10},0)$ 사이의 거리를 구한 거야.

$\overline{\text{FF}'}=2\sqrt{10}$이므로 → $\because$ F$(\sqrt{10},0)$, F$'(-\sqrt{10},0)$

$\cos(\angle\text{PFF}')=\frac{\overline{\text{PF}}}{\overline{\text{F}'\text{F}}}=\frac{2}{2\sqrt{10}}=\frac{\sqrt{10}}{10}$

160 [정답률 76%] 정답 ②

→ 두 점 A, B가 쌍곡선의 초점임을 알아내는 게 중요해!

좌표평면 위에 두 점 A$(-4,\ 0)$, B$(4,\ 0)$과 쌍곡선 $\frac{x^2}{4}-\frac{y^2}{12}=1$이 있다. 쌍곡선 위에 있고 제1사분면에 있는 점 P에 대하여 $\angle\text{APB}=\frac{\pi}{2}$일 때, 원점을 중심으로 하고 직선 AP에 접하는 원의 반지름의 길이는? (4점)

① $\sqrt{7}-2$ ② $\sqrt{7}-1$ ③ $2\sqrt{2}-1$
④ $\sqrt{7}$ ⑤ $2\sqrt{2}$

Step 1 구하는 원의 반지름의 길이를 k라 하고, 각각의 선분의 길이를 k를 이용하여 나타낸다.

쌍곡선 $\frac{x^2}{4}-\frac{y^2}{12}=1$의 초점의 좌표는
$(\sqrt{4+12},\ 0)$과 $(-\sqrt{4+12},\ 0)$, 즉 $(4,\ 0)$과 $(-4,\ 0)$이므로
두 점 A, B는 주어진 쌍곡선의 초점이다.
주어진 쌍곡선의 주축의 길이는
$2\times2=4$ → x축과 쌍곡선이 만나는 두 점 사이의 거리를 구한다.
따라서 주어진 쌍곡선을 그림으로 나타내어 보면 다음과 같다.

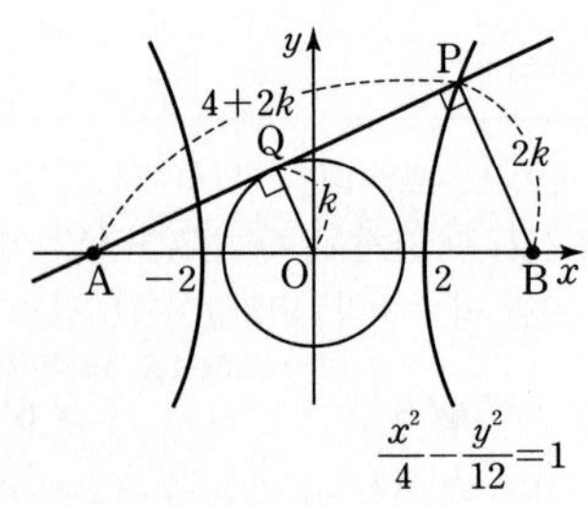

원과 직선 AP의 접점을 Q라 하면 두 삼각형 AOQ, ABP는 서로 닮음(AA 닮음)이다. → 각 OAQ는 공통, $\angle\text{AQO}=\angle\text{APB}=90°$
이때 $\overline{\text{AO}}=4,\ \overline{\text{AB}}=8$이므로 두 삼각형 AOQ, ABP의 닮음비는 $1:2$이다. → 두 직각삼각형 AOQ, ABP의 빗변의 길이
즉 구하는 원의 반지름의 길이를 k라 하면
$\overline{\text{BP}}=2\overline{\text{OQ}}=2k$
따라서 쌍곡선의 정의에 의하여 $\overline{\text{AP}}-\overline{\text{BP}}=4$이므로 → 쌍곡선의 주축의 길이
$\overline{\text{AP}}=4+\overline{\text{BP}}=4+2k$

Step 2 피타고라스 정리를 이용한다.

직각삼각형 ABP에서 피타고라스 정리를 이용하면
$\overline{\text{AB}}^2=\overline{\text{AP}}^2+\overline{\text{BP}}^2$에서 $8^2=(4+2k)^2+(2k)^2$
$8k^2+16k-48=0,\ k^2+2k-6=0$
$k=-1\pm\sqrt{1^2-1\times(-6)}=-1\pm\sqrt{7}$ → 원의 반지름의 길이 k는 양수이니까 $-1-\sqrt{7}$은 제외한다.
따라서 구하는 원의 반지름의 길이는 $\sqrt{7}-1$이다.

161 [정답률 81%] 정답 ③

그림과 같이 쌍곡선 $\frac{x^2}{16}-\frac{y^2}{9}=1$의 두 초점을 F, F′이라 하고, 이 쌍곡선 위의 점 P를 중심으로 하고 선분 PF′을 반지름으로 하는 원을 C라 하자. 원 C 위를 움직이는 점 Q에 대하여 선분 FQ의 길이의 최댓값이 14일 때, 원 C의 넓이는? (단, $\overline{\text{PF}'}<\overline{\text{PF}}$) (4점)

→ $(\pm\sqrt{16+9},\ 0)$
→ 점 Q가 어디에 위치해 있을 때 $\overline{\text{FQ}}$가 최댓값을 가질지 알아야 해.

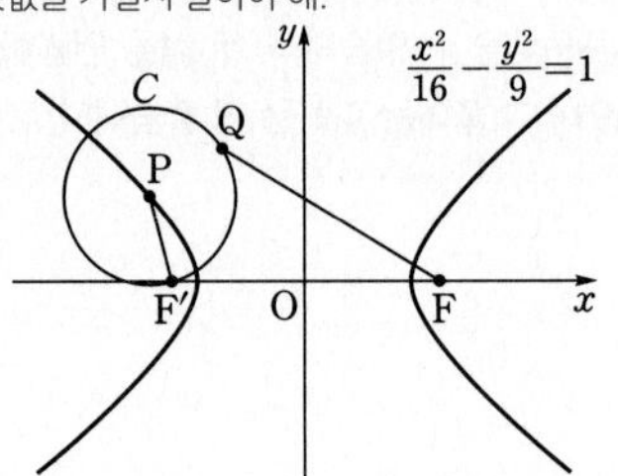

① 7π ② 8π ③ 9π
④ 10π ⑤ 11π

Step 1 쌍곡선의 정의를 이용하여 조건을 만족하는 원 C의 넓이를 구한다.

쌍곡선 $\frac{x^2}{16}-\frac{y^2}{9}=\frac{x^2}{4^2}-\frac{y^2}{3^2}=1$ 위의 점 P와 두 초점 F, F′에서
쌍곡선의 정의에 의하여
$\overline{\text{PF}}-\overline{\text{PF}'}=2\times4=8$ ...... ㉠
→ 쌍곡선 $\frac{x^2}{a^2}-\frac{y^2}{b^2}=1$ 위의 점 P에서 두 초점 F, F′까지의 거리의 차는 $2a$임을 이용한 거야. $(a>0)$

원 C 위의 점 Q에 대하여 점 Q의 위치가 오른쪽 그림과 같을 때, 선분 FQ의 길이는 최댓값 14를 갖는다.

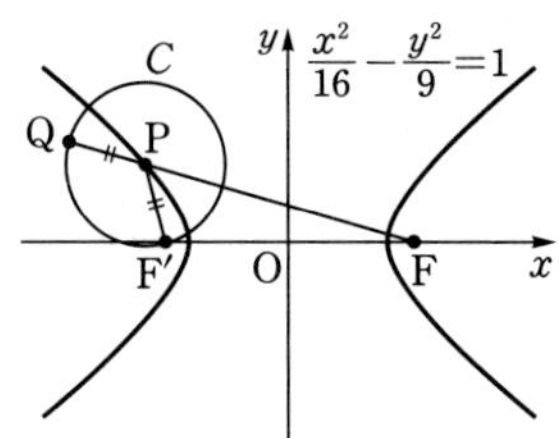

따라서 (선분 FQ가 점 P를 지날 때 선분 FQ의 길이는 최댓값을 갖는다.)

$\overline{FQ} \le \overline{PF}+\overline{PQ}$

$=\overline{PF}+\overline{PF'}=14$ …… ㉡

($\because$ $\overline{PQ}$, $\overline{PF'}$은 원 C의 반지름)

㉡−㉠을 하면

$\overline{PF}+\overline{PF'}-(\overline{PF}-\overline{PF'})=14-8$, $2\overline{PF'}=6$

$\therefore$ $\overline{PF'}=3$

따라서 구하는 원 C의 넓이는

$\pi\times3^2=9\pi$

직선 PQ는 원 C의 접선이므로 $\angle PQF=90°$

직각삼각형 PFQ에서

피타고라스 정리에 의하여

$\overline{PF}=\sqrt{\overline{PQ}^2+\overline{QF}^2}$

$=\sqrt{12^2+5^2}=13$

쌍곡선의 정의에 의하여

$\overline{PF}-\overline{PF'}=2\times\frac{3}{2}=3$이므로

$\overline{PF'}=\overline{PF}-3=13-3=10$

(쌍곡선 위의 한 점에서 두 초점까지의 거리의 차)=(주축의 길이)=(두 꼭짓점 사이의 거리)

162 [정답률 81%]

정답 ①

(이차곡선 문제를 풀 때는 이차곡선의 정의와 성질을 바로바로 이용할 수 있어야 해.)

그림과 같이 쌍곡선 $\frac{4x^2}{9}-\frac{y^2}{40}=1$의 두 초점은 F, F′이고, 점 F를 중심으로 하는 원 C는 쌍곡선과 한 점에서 만난다. 제2사분면에 있는 쌍곡선 위의 점 P에서 원 C에 접선을 그었을 때 접점을 Q라 하자. $\overline{PQ}=12$일 때, 선분 PF′의 길이는? (3점)

($\overline{PQ}\perp\overline{QF}$)

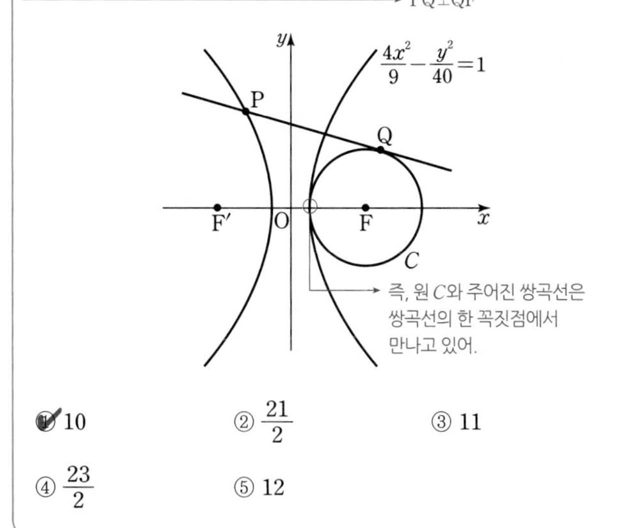

① 10 ② $\frac{21}{2}$ ③ 11 ④ $\frac{23}{2}$ ⑤ 12

Step 1 쌍곡선의 꼭짓점과 초점의 좌표를 구한다.

($\frac{x^2}{\frac{9}{4}}-\frac{y^2}{40}=1$ $\therefore$ $\frac{x^2}{\left(\frac{3}{2}\right)^2}-\frac{y^2}{(\sqrt{40})^2}=1$)

$x>0$에서 쌍곡선의 꼭짓점과 초점의 좌표를 각각 $(a, 0)$, $(c, 0)$이라 하면 쌍곡선의 방정식으로부터 ($y=0$일 때 $x^2=\frac{9}{4}$)

$a=\frac{3}{2}$, $c=\sqrt{\frac{9}{4}+40}=\frac{13}{2}$ (쌍곡선 $\frac{x^2}{a^2}-\frac{y^2}{b^2}=1$의 두 초점의 좌표는 $(\sqrt{a^2+b^2}, 0)$, $(-\sqrt{a^2+b^2}, 0)$)

Step 2 원과 접선의 관계에 의하여 $\angle PQF=90°$임을 알고, 쌍곡선의 성질을 이용한다.

($\overline{PF}-\overline{PF'}$=(주축의 길이))

선분 QF의 길이는 원 C의 반지름의 길이와 같으므로

$\overline{QF}=c-a=\frac{13}{2}-\frac{3}{2}=5$ ((초점 F의 x좌표)−(꼭짓점의 x좌표))

163 [정답률 63%]

정답 18

그림과 같이 두 점 F, F′을 초점으로 하는 쌍곡선 $\frac{x^2}{9}-\frac{y^2}{16}=1$의 제1사분면 위의 점을 P라 하자. 삼각형 PF′F에 내접하는 원의 반지름의 길이가 3일 때, 이 원의 중심을 Q라 하자. 원점 O에 대하여 $\overline{OQ}^2$의 값을 구하시오. (단, 점 F의 x좌표는 양수이다.) (4점)

(원의 중심과 접점을 이은 선분이 삼각형의 각 변과 서로 수직)

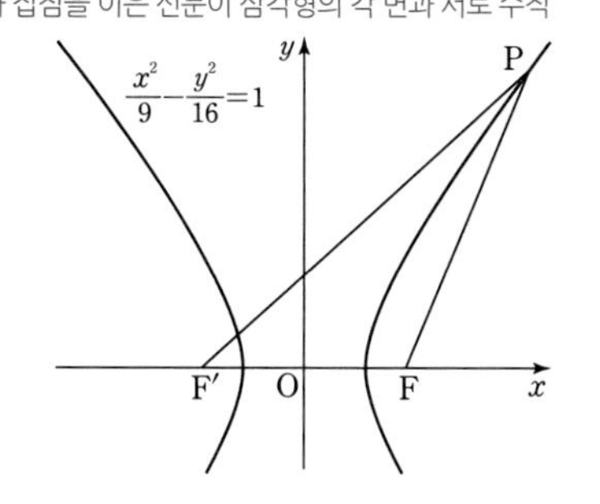

Step 1 삼각형에 내접하는 원의 성질을 이용한다.

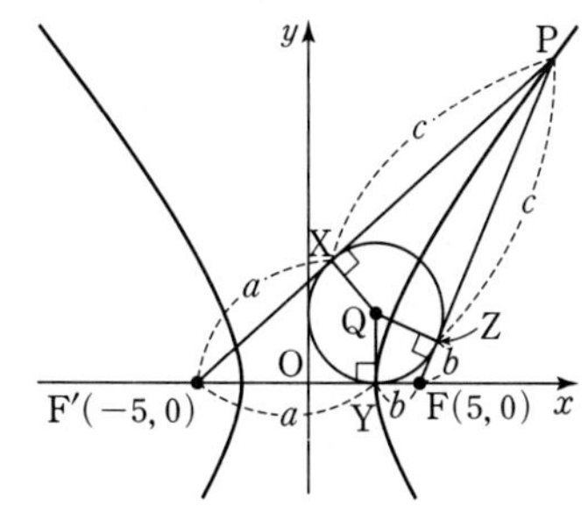

(원 밖의 한 점에서 원에 그은 접선의 접점까지의 거리가 같음을 이용!)

그림과 같이 삼각형 PF′F에 내접하는 원이 삼각형의 세 변 PF′, F′F, FP와 접하는 점을 각각 X, Y, Z라 하자.

이때 삼각형에 내접하는 원의 성질에 의하여

$\overline{F'X}=\overline{F'Y}=a$, $\overline{FY}=\overline{FZ}=b$, $\overline{PZ}=\overline{PX}=c$와 같이 놓을 수 있다.

Step 2 쌍곡선의 초점의 좌표, 쌍곡선의 정의 등을 이용하여 a, b의 값을 각각 구한다.

쌍곡선 $\frac{x^2}{9}-\frac{y^2}{16}=1$의 초점 F, F′의 좌표는

$(\pm\sqrt{9+16}, 0)$에서 $(\pm5, 0)$ (쌍곡선 $\frac{x^2}{a^2}-\frac{y^2}{b^2}=1$의 초점의 좌표는 $(\pm\sqrt{a^2+b^2}, 0)$이야.)

따라서 F(5, 0), F′(−5, 0)이므로

$a+b=\overline{FF'}=10$ …… ㉠

쌍곡선 $\frac{x^2}{9}-\frac{y^2}{16}=1$의 주축의 길이는 6이고, 쌍곡선의 정의에 의하여 $\overline{PF'}-\overline{PF}=6$이므로

→ $\frac{x^2}{3^2}-\frac{y^2}{4^2}=1$에서 주축의 길이는 $3\times2=6$

$(a+c)-(b+c)=6$

$\therefore a-b=6$ …… ㉡

㉠, ㉡에서 $a=8$, $b=2$

Step 3 $\overline{OQ}^2$의 값을 구한다.

$\overline{FY}=2$이므로 점 Q의 x좌표는 3이다.

→ 점 F의 x좌표에서 $\overline{FY}$의 길이를 빼주었어.

→ 점 Y의 x좌표와 같아.

또한 내접하는 원의 반지름의 길이가 3이므로 점 Q의 y좌표는 3이다.

따라서 점 Q의 좌표는 Q(3, 3)이므로

$\overline{OQ}=\sqrt{(3-0)^2+(3-0)^2}=3\sqrt{2}$

$\therefore \overline{OQ}^2=18$

164 [정답률 45%]

정답 ②

두 초점이 F(c, 0), F′($-c$, 0) ($c>0$)인 쌍곡선 $\frac{x^2}{a^2}-\frac{y^2}{b^2}=1$과 점 A(0, 6)을 중심으로 하고 두 초점을 지나는 원이 있다. 원과 쌍곡선이 만나는 점 중 제1사분면에 있는 점 P와 두 직선 PF′, AF가 만나는 점 Q가

$$\overline{PF}:\overline{PF'}=3:4,\ \angle F'QF=\frac{\pi}{2}$$

→ $\overline{PF'}-\overline{PF}=2a$

를 만족시킬 때, b^2-a^2의 값은?

(단, a, b는 양수이고, 점 Q는 제2사분면에 있다.) (4점)

① 30 ② 35 ③ 40
④ 45 ⑤ 50

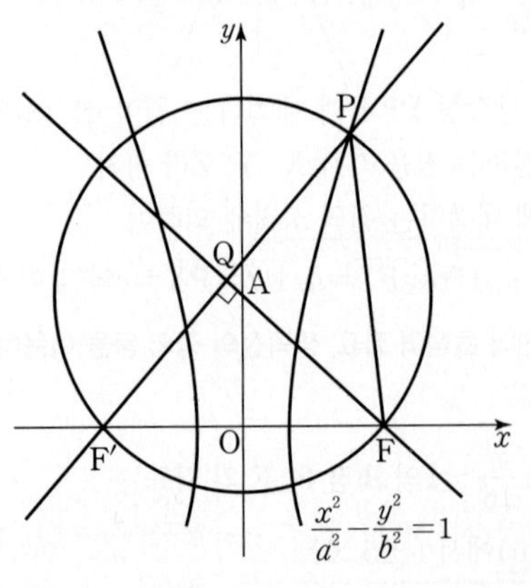

Step 1 쌍곡선의 정의와 원의 성질을 이용하여 선분의 길이를 a에 대하여 나타낸다.

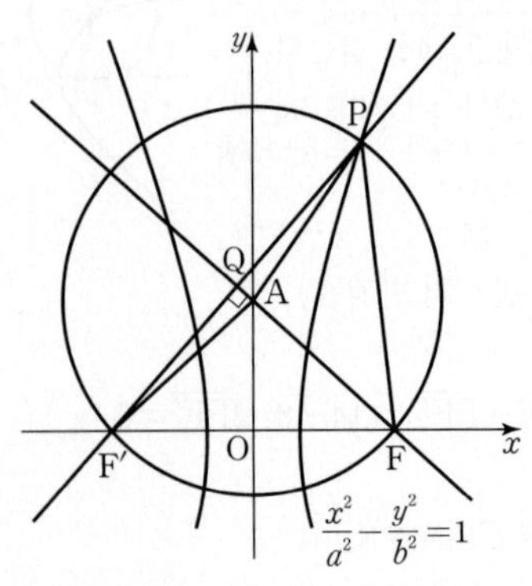

$\overline{PF}:\overline{PF'}=3:4$이므로 $\overline{PF}=3k$, $\overline{PF'}=4k$ $(k>0)$라 하자.

쌍곡선의 정의에 의하여 $\overline{PF'}-\overline{PF}=k=2a$ → 주축의 길이

$\overline{AF}=\overline{AF'}$이므로 삼각형 APF′은 $\overline{AP}=\overline{AF'}$인 이등변삼각형이고

→ 점 A는 원의 중심이고, 두 점 F, F′은 원 위의 점이다.

$\overline{QP}=\overline{QF'}=4a$ → $=\frac{1}{2}\overline{PF'}$

$\overline{QF}=\sqrt{\overline{PF}^2-\overline{QP}^2}=\sqrt{(6a)^2-(4a)^2}=2\sqrt{5}a$

→ $\overline{PF}=3k=6a$

삼각형 FPF′에서 선분 FQ가 선분 PF′을 수직이등분하므로 삼각형 FPF′은 이등변삼각형이고 $\overline{FF'}=\overline{PF}=6a$

$\therefore \overline{OF}=c=3a$

Step 2 $c^2=a^2+b^2$임을 이용하여 b^2-a^2의 값을 구한다.

$\angle AFF'=\theta$라 하면 직각삼각형 QFF′에서

$\tan\theta=\frac{\overline{QF'}}{\overline{QF}}=\frac{4a}{2\sqrt{5}a}=\frac{2\sqrt{5}}{5}$

직각삼각형 OFA에서 $\tan\theta=\frac{\overline{OA}}{\overline{OF}}=\frac{6}{3a}=\frac{2}{a}$

따라서 $\frac{2}{a}=\frac{2\sqrt{5}}{5}$에서 $a=\sqrt{5}$

$c^2=a^2+b^2$에서 $9a^2=a^2+b^2$, $b^2=8a^2$

$\therefore b^2-a^2=8a^2-a^2=7a^2=35$

→ $7\times(\sqrt{5})^2$

165

정답 ②

주어진 쌍곡선의 두 초점은 x축 위에 있어. 따라서 포물선과 x축의 교점을 구하면 초점의 좌표도 구할 수 있어.

포물선 $y=x^2-2$가 쌍곡선 $\frac{x^2}{a^2}-y^2=1$의 두 초점을 지날 때, 쌍곡선의 주축의 길이는? (3점)

쌍곡선의 두 초점을 지나는 직선이 쌍곡선과 만나는 두 점을 쌍곡선의 꼭짓점이라 하고, 두 꼭짓점을 이은 선분을 주축이라고 해.

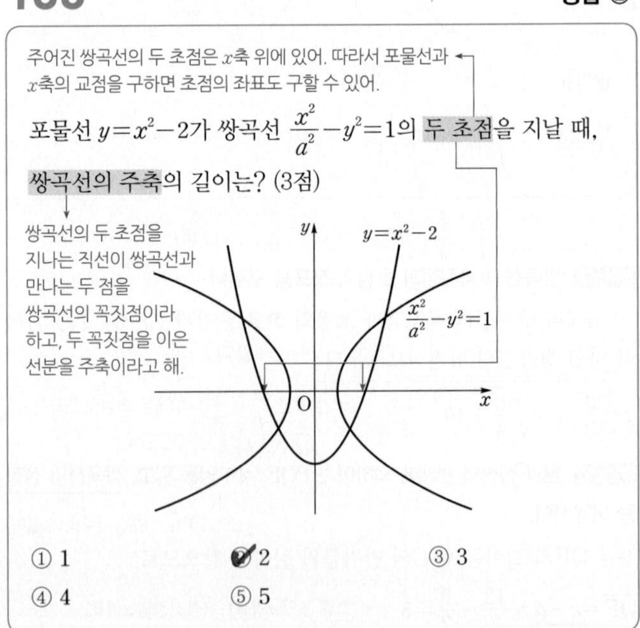

① 1 ② 2 ③ 3
④ 4 ⑤ 5

본문 51쪽

Step 1 포물선의 방정식을 이용하여 쌍곡선의 초점의 좌표를 구한다.

쌍곡선 $\frac{x^2}{a^2}-y^2=1$의 두 초점은 x축 위에 있으므로 포물선
$y=x^2-2$에서 → $y=x^2-2$에 $y=0$을 대입
$x^2-2=0$, $x^2=2$
$\therefore x=-\sqrt{2}$ 또는 $x=\sqrt{2}$
즉, 쌍곡선의 초점의 좌표는 $(-\sqrt{2},\ 0)$, $(\sqrt{2},\ 0)$이다.

Step 2 쌍곡선의 방정식을 구한 후 주축의 길이를 구한다.

쌍곡선의 초점이 $(\sqrt{2},\ 0)$,
$(-\sqrt{2},\ 0)$이므로
$a^2+1=2$, $a^2=1$
따라서 쌍곡선의 방정식은
$x^2-y^2=1$이므로 주축의 길이는
$2a=2\times1=2$

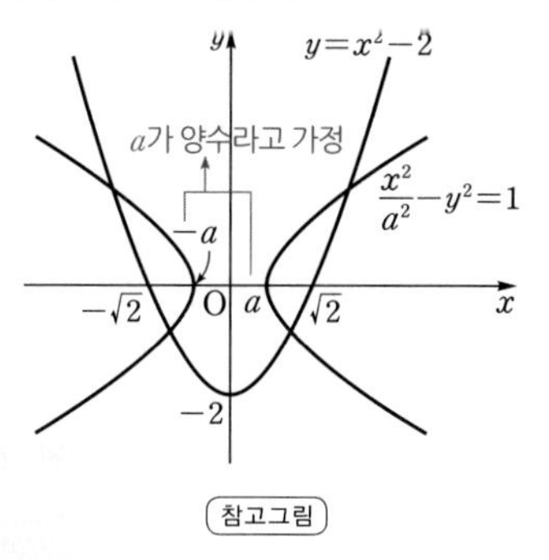

참고그림

쌍곡선 $\frac{x^2}{a^2}-\frac{y^2}{b^2}=1$의
① 주축의 길이 : $2|a|$
② 초점의 좌표 : $(\sqrt{a^2+b^2},\ 0)$, $(-\sqrt{a^2+b^2},\ 0)$

166 [정답률 77%]

정답 ④

그림과 같이 두 점 $F(k,\ 0)$, $F'(-k,\ 0)$을 초점으로 하는 쌍곡선 $\frac{x^2}{a^2}-\frac{y^2}{b^2}=1$과 점 F를 초점으로 하는 포물선 $y^2=56(x+c)$가 있다.

→ 꼭짓점의 좌표는 $(-c,\ 0)$이다.

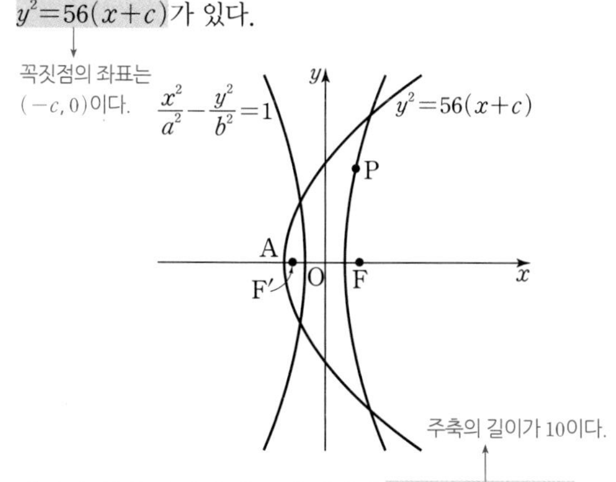

쌍곡선 위의 임의의 점 P에 대하여 $|\overline{PF}-\overline{PF'}|=10$이 성립하고, 포물선의 꼭짓점 A에 대하여 $\overline{AF'}:\overline{FF'}=1:6$이 성립한다. 이때, $\frac{c^2}{a^2-b^2}$의 값은? (단, $0<k<c$이다.) (4점)

① $\frac{53}{14}$ ② $\frac{55}{14}$ ③ $\frac{30}{7}$
✔④ $\frac{32}{7}$ ⑤ $\frac{34}{7}$

Step 1 쌍곡선과 포물선의 성질을 이용한다.

쌍곡선 위의 임의의 점 P에 대하여
$|\overline{PF}-\overline{PF'}|=2|a|=10$이므로
$|a|=5$ → 쌍곡선의 정의
$y^2=56(x+c)=4\times14(x+c)$
이므로 $\overline{AF}=14$ → 그림 참고!
$\overline{AF'}:\overline{FF'}=1:6$이므로
$\overline{AF'}=14\times\frac{1}{7}=2$, → 세 점 A, F, F′이 일직선 위에 있으므로 점 F′은 선분 AF를 1 : 6으로 내분하는 점이라 할 수 있어.
$\overline{FF'}=14\times\frac{6}{7}=12$

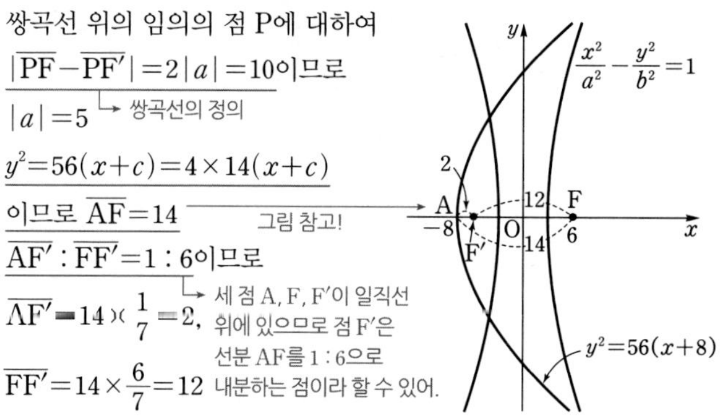

$\overline{OF}=\frac{\overline{FF'}}{2}=6$이므로 쌍곡선의 → 주어진 쌍곡선은 원점에 대하여 대칭이다.
두 초점의 좌표는 $F(6,\ 0)$, $F'(-6,\ 0)$ → 즉, 주어진 포물선은 포물선 $y^2=56x$를 x축의 방향으로 -8만큼 평행이동한 거야.
$\overline{AF'}=2$이므로 점 A의 좌표는 $(-8,\ 0)$
점 A는 포물선 $y^2=56(x+c)$의 꼭짓점이므로 $c=8$
쌍곡선 $\frac{x^2}{a^2}-\frac{y^2}{b^2}=1$에서 초점의 x좌표는 ±6이고 $|a|=5$이므로
$b^2=6^2-5^2=11$
$\therefore \frac{c^2}{a^2-b^2}=\frac{64}{25-11}=\frac{32}{7}$

167 [정답률 57%]

정답 ②

→ 포물선과 쌍곡선의 정의를 모두 이용해야 하는 문제야!

그림과 같이 $F(p,\ 0)$을 초점으로 하는 포물선 $y^2=4px$와 $F(p,\ 0)$과 $F'(-p,\ 0)$을 초점으로 하는 쌍곡선 $\frac{x^2}{a^2}-\frac{y^2}{b^2}=1\ (a>0,\ b>0)$이 제1사분면에서 만나는 점을 A라 하자. $\overline{AF}=5$, $\cos(\angle AFF')=-\frac{1}{5}$일 때, ab의 값은? (4점)

→ 점 A에서 직선 $x=-p$까지의 거리도 5이다.

점 A는 포물선 위의 점이자 쌍곡선 위의 점이다. 즉, 두 이차곡선의 성질을 모두 적용할 수 있다.

① 1 ✔② $\sqrt{3}$ ③ $\sqrt{5}$
④ $\sqrt{7}$ ⑤ 3

Step 1 점 A에서 x축에 내린 수선의 발 H에 대하여 $\cos(\angle AFF')=-\cos(\angle AFH)$임을 이용하여 선분 FH의 길이를 구한다.

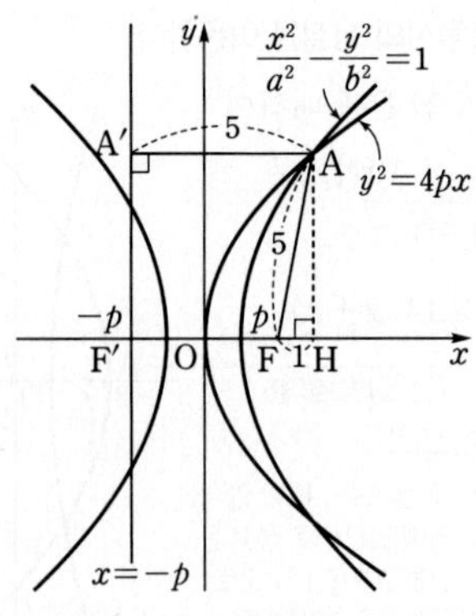

위의 그림과 같이 점 A에서 x축에 내린 수선의 발을 점 H라 하면

$\overline{AF}=5$, $\cos(\angle AFF')=-\frac{1}{5}$이므로

$\cos(\angle AFH)=\cos(\pi-\angle AFF')$ → 이와 같은 삼각함수의 성질을 잘 알고 있어야 문제를 빠르게 풀 수 있어!

$=-\cos(\angle AFF')=\frac{1}{5}$ $\cos(\pi-\theta)=-\cos\theta$

$\therefore \overline{FH}=\overline{AF}\cos(\angle AFH)=5\times\frac{1}{5}=1$

→ $\overline{AF}=\overline{AA'}$

Step 2 포물선의 정의를 이용하여 p의 값을 구한다.

한편, 점 A에서 준선 $x=-p$에 내린 수선의 발을 A′이라 하면

포물선의 정의에 의하여 $\overline{AA'}=\overline{AF}=5$이므로

$2p+1=5$ $\therefore p=2$ → $\overline{F'O}+\overline{OF}+\overline{FH}=p+p+1$

→ $\overline{AF'}-\overline{AF}=2a$

Step 3 쌍곡선의 정의를 이용하여 a, b의 값을 구한다.

$\overline{OH}=p+1=3$이고 삼각형 AFH에서 피타고라스 정리에 의하여

$\overline{AH}=\sqrt{\overline{AF}^2-\overline{FH}^2}=\sqrt{5^2-1^2}=2\sqrt{6}$

이므로 $A(3, 2\sqrt{6})$, $F'(-2, 0)$ → $\overline{OH}$가 점 A의 x좌표, $\overline{AH}$가 점 A의 y좌표이므로

$\therefore \overline{AF'}=\sqrt{\{3-(-2)\}^2+(2\sqrt{6}-0)^2}$

$=\sqrt{25+24}=7$

좌표평면 위의 두 점 (x_1, y_1), (x_2, y_2) 사이의 거리는 $\sqrt{(x_2-x_1)^2+(y_2-y_1)^2}$이다.

쌍곡선의 정의에 의하여

$|\overline{AF'}-\overline{AF}|=2a$이므로

$|7-5|=2a$ $\therefore a=1$ ($\because a>0$)

쌍곡선의 초점 F의 x좌표가 2이므로

$a^2+b^2=2^2$에서 $1+b^2=4$

$\therefore b=\sqrt{3}$ ($\because b>0$)

$\therefore ab=\sqrt{3}$

쌍곡선 $\frac{x^2}{a^2}-\frac{y^2}{b^2}=1$의 초점의 좌표는 $(\sqrt{a^2+b^2}, 0)$, $(-\sqrt{a^2+b^2}, 0)$이다.

168 [정답률 90%]

정답 ④

쌍곡선 $\frac{x^2}{a^2}-\frac{y^2}{9}=1$의 두 꼭짓점은 타원 $\frac{x^2}{13}+\frac{y^2}{b^2}=1$의 두 초점이다. a^2+b^2의 값은? (3점)

→ $(a, 0)$, $(-a, 0)$

→ 이 타원의 초점이 x축 위에 있으므로 초점의 좌표는 $(\sqrt{13-b^2}, 0)$, $(-\sqrt{13-b^2}, 0)$이다.

① 10 ② 11 ③ 12
④ 13 ⑤ 14

Step 1 타원 $\frac{x^2}{13}+\frac{y^2}{b^2}=1$의 초점의 좌표와 쌍곡선 $\frac{x^2}{a^2}-\frac{y^2}{9}=1$의 꼭짓점의 좌표를 구한다.

쌍곡선 $\frac{x^2}{a^2}-\frac{y^2}{9}=1$의 두 꼭짓점의 좌표는

$(a, 0)$, $(-a, 0)$ …… ㉠

타원 $\frac{x^2}{13}+\frac{y^2}{b^2}=1$의 두 초점의 좌표는

$(\sqrt{13-b^2}, 0)$, $(-\sqrt{13-b^2}, 0)$ …… ㉡

→ 조건에서 이 타원의 초점이 x축 위에 있음을 알 수 있으므로 $13>b^2$이다.

㉠과 ㉡이 일치하므로

$13-b^2=a^2$ → $a=\sqrt{13-b^2}$ 또는 $a=-\sqrt{13-b^2}$이므로

$\therefore a^2+b^2=13$

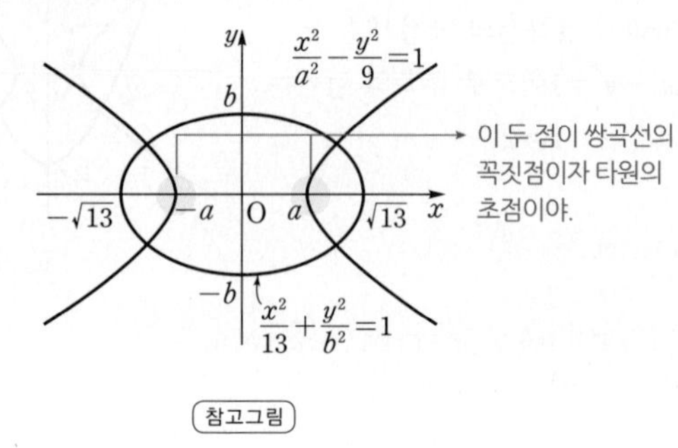

참고그림

169

정답 ④

→ 초점을 공유하는 두 이차곡선에 대한 문제는 자주 출제되는 유형이야. 두 이차곡선의 정의를 동시에 이용해야 하니 조금 까다로울 수 있어.

그림과 같이 두 점 F(4, 0), F′(−4, 0)을 초점으로 공유하는 타원 $\frac{x^2}{a^2}+\frac{y^2}{b^2}=1$과 쌍곡선 $\frac{x^2}{c^2}-\frac{y^2}{d^2}=1$이 제1사분면 위의 점 P(4, 6)에서 만날 때, ac의 값은?

(단, a, b, c, d는 양의 상수이다.) (3점)

→ 두 점 F, F′에서 점 P까지의 거리의 합, 차를 이용한다.

① 2 ② 4 ③ 8
④ 16 ⑤ 32

Step 1 타원의 정의를 이용하여 a의 값을 구한다.

$\overline{PF}=6$, $\overline{PF'}=\sqrt{(4+4)^2+6^2}=10$이므로 → 좌표평면 위의 두 점 (x_1, y_1), (x_2, y_2) 사이의 거리는 $\sqrt{(x_2-x_1)^2+(y_2-y_1)^2}$

타원의 정의에 의하여 $\overline{PF}+\overline{PF'}=6+10=16$

즉, $2a=16$에서 $a=8$ → 두 초점에서 타원 위의 한 점까지의 거리의 합은 장축의 길이와 같다.

Step 2 쌍곡선의 정의에 의하여 c의 값을 구한다.

쌍곡선의 정의에 의하여 $\overline{PF'}-\overline{PF}=2c$이므로

$10-6=2c$에서 $c=2$ → 쌍곡선 위의 한 점에서 두 초점까지의 거리의 차는 주축의 길이와 같다.

$\therefore ac=16$

수능포인트

문제에서 ac의 값을 물어보니 타원의 장축의 길이와 쌍곡선의 주축의 길이만 구하면 문제를 해결할 수 있습니다. 타원의 정의에 의해 두 초점으로부터 점 P까지의 거리에 대하여 $\overline{PF}+\overline{PF'}=2a$라는 것과 쌍곡선의 정의에 의해 두 초점으로부터 점 P까지의 거리에 대하여 $\overline{PF'}-\overline{PF}=2c$인 것만 구하면 됩니다.

170 [정답률 81%]

정답 ⑤

그림과 같이 두 점 $F(c, 0)$, $F'(-c, 0)(c>0)$을 초점으로 하는 타원 $\frac{x^2}{a^2}+\frac{y^2}{7}=1$과 두 점 F, F'을 초점으로 하는 쌍곡선 $\frac{x^2}{4}-\frac{y^2}{b^2}=1$이 제1사분면에서 만나는 점을 P라 하자. $\overline{PF}=3$일 때, a^2+b^2의 값은? (단, a, b는 상수이다.) (3점)

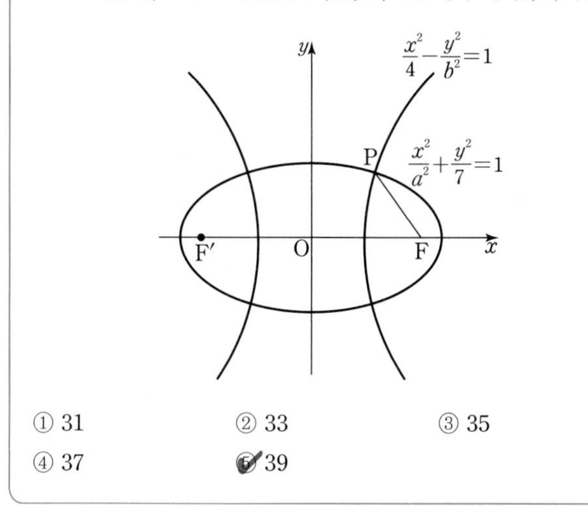

① 31 ② 33 ③ 35 ④ 37 ⑤ 39

Step 1 쌍곡선의 정의를 이용하여 선분 PF'의 길이를 구한다.

쌍곡선 $\frac{x^2}{4}-\frac{y^2}{b^2}=1$의 주축의 길이가 4이므로

$\overline{PF'}-\overline{PF}=4$에서 $\overline{PF'}-3=4$

$\therefore \overline{PF'}=7$ → 쌍곡선 위의 점에서 두 초점까지의 거리의 차는 주축의 길이와 같아.

Step 2 타원의 정의를 이용하여 a^2, b^2의 값을 각각 구한다.

타원 $\frac{x^2}{a^2}+\frac{y^2}{7}=1$의 장축의 길이가 $2|a|$이므로

$\overline{PF'}+\overline{PF}=7+3=2|a|$, $|a|=5$

$\therefore a^2=25$ → 타원 위의 점에서 두 초점까지의 거리의 합은 장축의 길이와 같아.

타원 $\frac{x^2}{25}+\frac{y^2}{7}=1$에서 $c^2=25-7=18$

쌍곡선 $\frac{x^2}{4}-\frac{y^2}{b^2}=1$에서 $4+b^2=c^2=18$

$\therefore b^2=14$

$\therefore a^2+b^2=25+14=39$

171

정답 ③

→ 초점이 x축 위에 있으므로 장축의 길이는 $2a$, 단축의 길이는 $2b$이다.

그림과 같은 타원 $\frac{x^2}{a^2}+\frac{y^2}{b^2}=1$과 쌍곡선 $\frac{x^2}{a^2}-\frac{y^2}{b^2}=1$에서 점 A는 타원의 초점이고, 두 점 B, C는 타원의 꼭짓점이다. $\overline{AC}=2$, $\overline{BC}=\sqrt{5}$일 때, 쌍곡선의 두 초점 사이의 거리는? (단, $a>0$, $b>0$) (4점)

B$(a, 0)$, C$(0, b)$

타원 $\frac{x^2}{a^2}+\frac{y^2}{b^2}=1$에 대하여 점 B$(a, 0)$, C$(0, b)$이므로 $\overline{BC}=\sqrt{a^2+b^2}$이다.

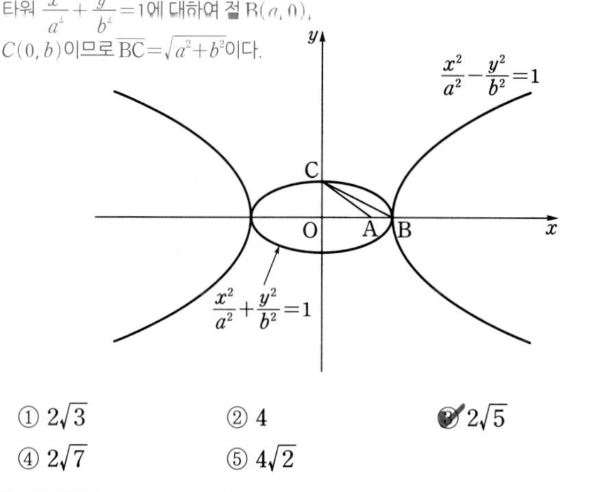

① $2\sqrt{3}$ ② 4 ③ $2\sqrt{5}$ ④ $2\sqrt{7}$ ⑤ $4\sqrt{2}$

Step 1 타원의 방정식을 이용하여 $\overline{OB}$, $\overline{OC}$를 a, b로 나타낸다.

초점이 x축 위에 있으므로

$\overline{OB}=a$, $\overline{OC}=b$

Step 2 쌍곡선의 초점의 좌표를 구한다.

삼각형 COB에서 피타고라스 정리를 이용하면

$\overline{BC}^2=\overline{OB}^2+\overline{OC}^2 \quad \therefore a^2+b^2=5$

쌍곡선 $\frac{x^2}{a^2}-\frac{y^2}{b^2}=1$의 초점의 좌표는

$a^2+b^2=5$이므로 $(\sqrt{5}, 0)$, $(-\sqrt{5}, 0)$

따라서 쌍곡선의 두 초점 사이의 거리는 $2\sqrt{5}$

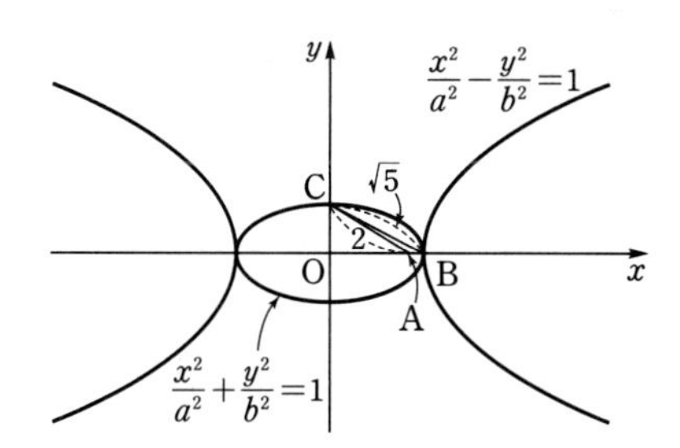

172 [정답률 17%] 정답 100

그림과 같이 두 초점이 $F(c,\ 0)$, $F'(-c,\ 0)$ $(c>0)$인 타원 C가 있다. 타원 C가 두 직선 $x=c$, $x=-c$와 만나는 점 중 y좌표가 양수인 점을 각각 A, B라 하자.
두 초점이 A, B이고 점 F를 지나는 쌍곡선이 직선 $x=c$와 만나는 점 중 F가 아닌 점을 P라 하고, 이 쌍곡선이 두 직선 BF, BP와 만나는 점 중 x좌표가 음수인 점을 각각 Q, R라 하자.
세 점 P, Q, R가 다음 조건을 만족시킨다.

(가) 삼각형 BFP는 정삼각형이다.
(나) 타원 C의 장축의 길이와 삼각형 BQR의 둘레의 길이의 차는 3이다.

$60\times\overline{AF}$의 값을 구하시오. (4점)

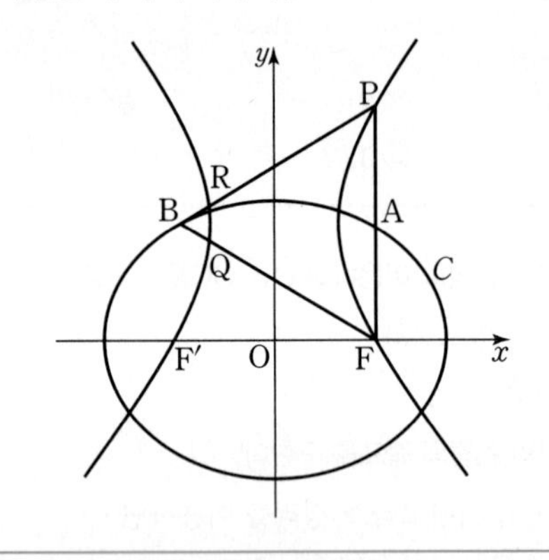

Step 1 $\overline{AF}=a$, $\overline{BQ}=b$로 놓고 타원 C의 장축의 길이를 구한다.

$\overline{AF}=a$, $\overline{BQ}=b$라 하면 두 선분 AB, PF는 서로 수직이므로
$\overline{AP}=\overline{AF}=a$ → 점 B에서 선분 PF에 내린 수선의 발이 점 A이고 삼각형 BFP는 정삼각형이기 때문이다.
즉, $\overline{PF}=2a$이므로 조건 (가)에 의하여 $\overline{BF}=2a$
타원 C의 장축의 길이는 타원 위의 한 점과 두 초점 사이의 거리의 합과 같으므로 → 타원의 정의
(장축의 길이)$=\overline{BF}+\overline{BF'}=\overline{BF}+\overline{AF}=2a+a=3a$

Step 2 조건 (나)를 이용하여 a, b 사이의 관계식을 구한다.

두 삼각형 BQR, BFP는 서로 닮음 (AA닮음)이므로 삼각형 BQR는 정삼각형이다.
→ ∠PBF는 공통, ∠BQR=∠BFP (동위각)
∴ (삼각형 BQR의 둘레의 길이)$=3\times\overline{BQ}=3b$
이때 조건 (나)에 의하여 $3a-3b=3$이므로
→ $3b$=(삼각형 BQR의 둘레의 길이), $3a$=(장축의 길이)
$a-b=1$ $\quad\therefore b=a-1$

Step 3 코사인법칙을 이용하여 선분 AF의 길이를 구한다.

두 점 F, Q는 쌍곡선 위의 점이므로 쌍곡선의 정의에 의하여
$\overline{BF}-\overline{AF}=\overline{AQ}-\overline{BQ}$에서 $2a-a=\overline{AQ}-b$ → 쌍곡선 위의 한 점에서 두 초점까지의 거리의 차는 일정하다.
$\therefore \overline{AQ}=a+b=a+(a-1)=2a-1$ ($b=a-1$)
삼각형 AQF에서 $\overline{QF}=\overline{BF}-\overline{BQ}=2a-b=2a-(a-1)=a+1$
코사인법칙에 의하여
$\overline{AQ}^2=\overline{AF}^2+\overline{QF}^2-2\times\overline{AF}\times\overline{QF}\times\cos(\angle QFA)$
$(2a-1)^2=a^2+(a+1)^2-2a(a+1)\cos 60^\circ$ ← 정삼각형의 한 내각의 크기는 60°
$4a^2-4a+1=2a^2+2a+1-a^2-a$
$3a^2-5a=0$, $a(3a-5)=0$ $\quad\therefore a=\dfrac{5}{3}$ $(\because a>0)$
따라서 선분 AF의 길이는 $\dfrac{5}{3}$이므로 $60\times\overline{AF}=60\times\dfrac{5}{3}=100$

173 [정답률 55%] 정답 12

두 초점이 $F_1(c,\ 0)$, $F_2(-c,\ 0)(c>0)$인 타원이 x축과 두 점 $A(3,\ 0)$, $B(-3,\ 0)$에서 만난다. 선분 BO가 주축이고 점 F_1이 한 초점인 쌍곡선의 초점 중 F_1이 아닌 점을 F_3이라 하자.
쌍곡선이 타원과 제1사분면에서 만나는 점을 P라 할 때, 삼각형 PF_3F_2의 둘레의 길이를 구하시오. (단, O는 원점이다.) (4점)
→ 타원과 쌍곡선 문제에서는 타원 또는 쌍곡선 위의 점과 초점을 잇는다.

Step 1 타원의 성질을 이용한다.

$\overline{PF_3}=a$, $\overline{PF_2}=b$, $\overline{PF_1}=k$라 하면
타원의 성질에 의하여 → 타원 위의 점에서 두 초점까지의 거리의 합은 장축의 길이와 같아.
$b+k=6$ ······ ㉠ → 타원의 장축의 길이

Step 2 쌍곡선의 성질을 이용한다.

쌍곡선의 주축의 길이가 $\overline{BO}=3$
이므로 쌍곡선의 성질에 의하여 → 쌍곡선 위의 점에서 두 초점까지의 거리의 차는 주축의 길이와 같아.
$a-k=3$ ······ ㉡
㉠, ㉡을 더하면 $a+b=9$
쌍곡선의 두 초점이 F_1, F_3이므로 $\overline{OF_1}=\overline{BF_3}=c$
또한 $\overline{BF_2}=-c-(-3)=3-c$이므로
$\overline{F_3F_2}=\overline{BF_3}+\overline{BF_2}=c+(3-c)=3$
따라서 삼각형 PF_3F_2의 둘레의 길이는
$\overline{PF_3}+\overline{PF_2}+\overline{F_3F_2}=12$
→ $a+b=9$

174 [정답률 80%] 정답 19

→ $a>1$이므로 타원의 초점은 y축 위에 존재한다.
1보다 큰 실수 a에 대하여 타원 $x^2+\dfrac{y^2}{a^2}=1$의 두 초점과 쌍곡선 $x^2-y^2=1$의 두 초점을 꼭짓점으로 하는 사각형의 넓이가 12일 때, a^2의 값을 구하시오. (3점)
→ 타원의 두 초점과 쌍곡선의 두 초점은 각각 원점에 대하여 대칭이다.

Step 1 타원과 쌍곡선의 초점의 좌표를 각각 구하고, 사각형의 넓이를 a에 대한 식으로 나타낸다.

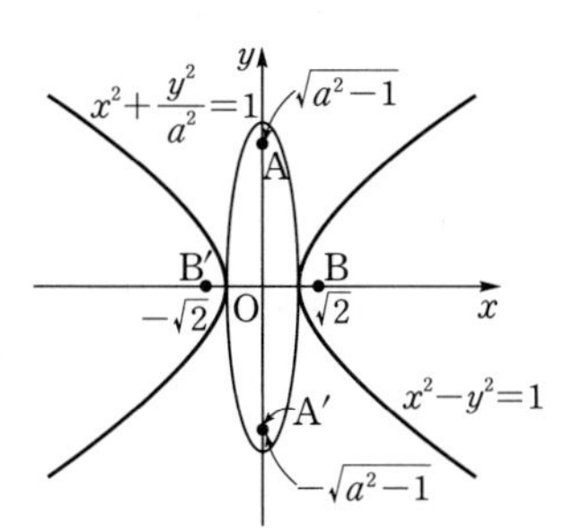

$a>1>0$이므로

타원 $x^2+\frac{y^2}{a^2}=1$의 두 초점을 A, A′이라 하면

$A(0,\ \sqrt{a^2-1})$, $A'(0,\ -\sqrt{a^2-1})$

쌍곡선 $x^2-y^2=1$의 두 초점을

B, B′이라 하면

$B(\sqrt{2},\ 0)$, $B'(-\sqrt{2},\ 0)$

두 점 A, A′은 y축 위에, 두 점 B, B′은 x축 위에 존재해.

사각형 AB′A′B는 마름모이므로 그 넓이는

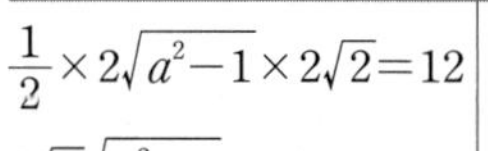

$\frac{1}{2}\times 2\sqrt{a^2-1}\times 2\sqrt{2}=12$

두 대각선의 길이가 a, b인 마름모의 넓이는 $\frac{1}{2}ab$

$2\sqrt{2}\sqrt{a^2-1}=12$

$\sqrt{a^2-1}=3\sqrt{2}$

사각형 AB′A′B의 네 변의 길이가 모두 같아.

$\therefore\ a^2=19$

중요 타원의 방정식을 알 때 초점의 좌표를 구할 수 있고, 초점의 좌표와 장축의 길이를 알 때 타원의 방정식을 구할 수도 있어야 해.

알아야 할 기본개념

타원의 방정식

타원의 방정식 $\frac{x^2}{a^2}+\frac{y^2}{b^2}=1\ (a>0,\ b>0)$에서

(1) $a>b>0$일 때,

장축의 길이 : $2a$, 단축의 길이 : $2b$

초점의 좌표 : $(c,\ 0)$, $(-c,\ 0)$ (단, $c=\sqrt{a^2-b^2}$)

(2) $b>a>0$일 때,

장축의 길이 : $2b$, 단축의 길이 : $2a$

초점의 좌표 : $(0,\ c)$, $(0,\ -c)$ (단, $c=\sqrt{b^2-a^2}$)

초점이 x축 위에 있는 쌍곡선의 방정식

두 정점 $F(c,\ 0)$, $F'(-c,\ 0)$으로부터 거리의 차가 $2a(c>a>0)$인 쌍곡선의 방정식은

$\frac{x^2}{a^2}-\frac{y^2}{b^2}=1$ (단, $b^2=c^2-a^2$)

(1) 주축의 길이 : $2a$

(2) 초점의 좌표 : $F(\sqrt{a^2+b^2},\ 0)$, $F'(-\sqrt{a^2+b^2},\ 0)$

(3) 꼭짓점의 좌표 : $(a,\ 0)$, $(-a,\ 0)$

(4) 점근선의 방정식 : $y=\pm\frac{b}{a}x$

175 [정답률 93%] 정답 ②

쌍곡선 $\frac{x^2}{25}-\frac{y^2}{4}=1$의 점근선의 방정식이 $y=kx$, $y=-kx$이다. 양수 k의 값은? (2점)

쌍곡선의 점근선은 항상 2개이므로 점근선의 방정식도 2개

① $\frac{1}{5}$ ② $\frac{2}{5}$ ③ $\frac{3}{5}$ ④ $\frac{4}{5}$ ⑤ 1

Step 1 쌍곡선의 방정식을 이용하여 점근선의 방정식을 구한다.

$\frac{x^2}{25}-\frac{y^2}{4}=\frac{x^2}{5^2}-\frac{y^2}{2^2}=1$에서 주어진 쌍곡선의 점근선의 방정식은

$y=\frac{2}{5}x$, $y=-\frac{2}{5}x$이므로 $k=\frac{2}{5}$ ($\because\ k>0$)

쌍곡선 $\frac{x^2}{a^2}-\frac{y^2}{b^2}=\pm 1$의 점근선의 방정식은 $y=\pm\frac{b}{a}x$

176 [정답률 93%] 정답 ④

쌍곡선 $\frac{x^2}{a^2}-\frac{y^2}{16}=1$의 점근선 중 하나의 기울기가 3일 때, 양수 a의 값은? (3점)

① $\frac{1}{3}$ ② $\frac{2}{3}$ ③ 1 ④ $\frac{4}{3}$ ⑤ $\frac{5}{3}$

Step 1 쌍곡선의 점근선의 방정식을 구한다.

쌍곡선 $\frac{x^2}{a^2}-\frac{y^2}{16}=1$의 점근선의 방정식은 $y=\pm\frac{4}{a}x$

이때 점근선 중 하나의 기울기가 3이고, $a>0$이므로

$\frac{4}{a}=3 \qquad \therefore\ a=\frac{4}{3}$

쌍곡선 $\frac{x^2}{a^2}-\frac{y^2}{b^2}=1\ (a>0,\ b>0)$의 점근선의 방정식은 $y=\pm\frac{b}{a}x$

177 [정답률 94%] 정답 ②

직선 $y=\frac{1}{2}x$가 쌍곡선 $\frac{x^2}{k}-\frac{y^2}{64}=1$의 한 점근선일 때, 이 쌍곡선의 주축의 길이는? (단, k는 양수이다.) (3점)

① 30 ② 32 ③ 34 ④ 36 ⑤ 38

Step 1 주어진 쌍곡선의 점근선의 방정식을 구한다.

쌍곡선 $\frac{x^2}{k}-\frac{y^2}{64}=1$의 점근선의 방정식은

$y=\pm\frac{\sqrt{64}}{\sqrt{k}}x \qquad \therefore\ y=\pm\frac{8}{\sqrt{k}}x$

암기 쌍곡선 $\frac{x^2}{a^2}-\frac{y^2}{b^2}=1$의 점근선의 방정식은 $y=\pm\frac{b}{a}x$야.

Step 2 쌍곡선의 주축의 길이를 구한다.

쌍곡선의 한 점근선이 직선 $y=\frac{1}{2}x$이므로

$\frac{1}{2}=\frac{8}{\sqrt{k}}$에서 $\sqrt{k}=16 \qquad \therefore\ k=256$

따라서 주어진 쌍곡선 $\frac{x^2}{256}-\frac{y^2}{64}=1$의 주축의 길이는

$2\times\sqrt{256}=2\times 16=32$

178 [정답률 84%]

정답 ④

쌍곡선 $\frac{x^2}{a^2}-\frac{y^2}{27}=1$의 한 점근선의 방정식이 $y=3x$일 때, 이 쌍곡선의 주축의 길이는? (단, a는 양수이다.) (3점)

① $\frac{2}{3}$ ② $\frac{2\sqrt{3}}{3}$ ③ 2 ④ $2\sqrt{3}$ ⑤ 6

Step 1 쌍곡선의 점근선의 기울기를 이용하여 a의 값을 구한다.

쌍곡선 $\frac{x^2}{a^2}-\frac{y^2}{27}=1$의 점근선의 기울기는 $\pm\frac{3\sqrt{3}}{a}$

이때 쌍곡선의 한 점근선의 방정식이 $y=3x$이므로

$\frac{3\sqrt{3}}{a}=3$ $\therefore a=\sqrt{3}$

→ 쌍곡선 $\frac{x^2}{a^2}-\frac{y^2}{b^2}=1$의 점근선의 방정식은 $y=\pm\frac{b}{a}x$

따라서 쌍곡선의 주축의 길이는 $2a=2\sqrt{3}$이다.

179 [정답률 83%]

정답 ⑤

쌍곡선 $\frac{x^2}{a^2}-\frac{y^2}{8}=1$의 한 점근선의 방정식이 $y=\sqrt{2}x$일 때, 이 쌍곡선의 두 초점 사이의 거리는?

(단, a는 양수이다.) (3점)

① $4\sqrt{2}$ ② 6 ③ $2\sqrt{10}$ ④ $2\sqrt{11}$ ⑤ $4\sqrt{3}$

Step 1 a의 값을 구한다.

쌍곡선 $\frac{x^2}{a^2}-\frac{y^2}{8}=1$의 점근선의 방정식이 $y=\pm\frac{2\sqrt{2}}{a}x$이므로

→ 쌍곡선 $\frac{x^2}{a^2}-\frac{y^2}{b^2}=1$의 점근선의 방정식은 $y=\pm\frac{b}{a}x$

$\frac{2\sqrt{2}}{a}=\sqrt{2}$ $\therefore a=2$ ($\because a>0$)

Step 2 주어진 쌍곡선의 두 초점 사이의 거리를 구한다.

쌍곡선 $\frac{x^2}{4}-\frac{y^2}{8}=1$의 두 초점을 $\mathrm{F}(c, 0)$, $\mathrm{F}'(-c, 0)$ $(c>0)$이라 하면

$c^2=4+8=12$ $\therefore c=2\sqrt{3}$

→ 두 초점의 좌표는 $\mathrm{F}(2\sqrt{3}, 0)$, $\mathrm{F}'(-2\sqrt{3}, 0)$

따라서 구하는 두 초점 사이의 거리는 $4\sqrt{3}$이다.

180 [정답률 87%]

정답 ②

쌍곡선 $\frac{x^2}{a^2}-\frac{y^2}{b^2}=1$의 주축의 길이가 6이고 한 점근선의 방정식이 $y=2x$일 때, 두 초점 사이의 거리는?

(단, a와 b는 양수이다.) (3점)

① $4\sqrt{5}$ ② $6\sqrt{5}$ ③ $8\sqrt{5}$ ④ $10\sqrt{5}$ ⑤ $12\sqrt{5}$

Step 1 점근선의 방정식을 이용하여 a, b의 값을 구한다.

쌍곡선 $\frac{x^2}{a^2}-\frac{y^2}{b^2}=1$의 주축의 길이가 6이므로

$2a=6$ $\therefore a=3$

→ 주축이 x축이다.

쌍곡선 $\frac{x^2}{a^2}-\frac{y^2}{b^2}=1$의 점근선의 방정식은 $y=\pm\frac{b}{a}x$이므로

$\frac{b}{a}=2$에서 $b=2a$ $\therefore b=6$

→ $a>0, b>0$

Step 2 두 초점 사이의 거리를 구한다.

쌍곡선 $\frac{x^2}{a^2}-\frac{y^2}{b^2}=1$의 두 초점을 $\mathrm{F}(c, 0)$, $\mathrm{F}'(-c, 0)$ $(c>0)$이라 하면

→ 쌍곡선의 성질

$c^2=a^2+b^2=9+36=45$

$\therefore c=3\sqrt{5}$

따라서 두 초점 사이의 거리는 $\overline{\mathrm{FF}'}=2c=6\sqrt{5}$이다.

181 [정답률 79%]

정답 8

쌍곡선 $\frac{x^2}{a^2}-\frac{y^2}{b^2}=1$이 점 $(5, 3)$을 지나고 두 점근선의 방정식이 $y=x$, $y=-x$이다. 이 쌍곡선의 주축의 길이를 구하시오. (단, a, b는 상수이다.) (3점)

→ $\frac{25}{a^2}-\frac{9}{b^2}=1$

→ $\frac{b}{a}=\pm1$인 걸 알 수 있어!

Step 1 a와 b 사이의 관계식을 구한다.

쌍곡선 $\frac{x^2}{a^2}-\frac{y^2}{b^2}=1$의 두 점근선이 직선 $y=x$, $y=-x$이므로

$\frac{b}{a}=\pm1$

→ $b=\pm a$의 양변을 제곱하면 $b^2=a^2$이야.

$\therefore b^2=a^2$ …… ㉠

Step 2 쌍곡선의 주축의 길이를 구한다.

→ 쌍곡선 $\frac{x^2}{a^2}-\frac{y^2}{b^2}=1$에서 쌍곡선의 주축의 길이는 $2|a|$이고 쌍곡선 $\frac{x^2}{a^2}-\frac{y^2}{b^2}=-1$에서 쌍곡선의 주축의 길이는 $2|b|$이다.

주어진 쌍곡선이 점 $(5, 3)$을 지나므로

$\frac{25}{a^2}-\frac{9}{b^2}=1$ …… ㉡

→ 주어진 쌍곡선의 방정식에 $x=5$, $y=3$을 대입

㉡에 ㉠을 대입하면

$\frac{25}{a^2}-\frac{9}{b^2}=\frac{16}{a^2}=1$

→ $b^2=a^2$을 대입

$\therefore a^2=16$

$\therefore |a|=4$ ($\because a=4$ 또는 $a=-4$)

따라서 주축의 길이는 $2\times4=8$

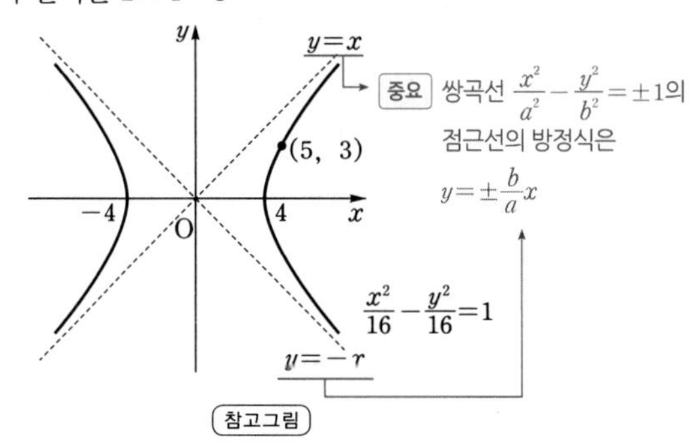

182 [정답률 90%]

정답 ⑤

주축의 길이가 4인 쌍곡선 $\frac{x^2}{a^2}-\frac{y^2}{b^2}=1$의 점근선의 방정식이 $y=\pm\frac{5}{2}x$일 때, a^2+b^2의 값은?

(→ $y=\pm\frac{b}{a}x$)

(단, a와 b는 상수이다.) (3점)

① 21 ② 23 ③ 25 ④ 27 ⑤ 29

Step 1 $|a|$의 값을 구한다.

쌍곡선 $\frac{x^2}{a^2}-\frac{y^2}{b^2}=1$의 주축의 길이가 4이므로

$2|a|=4$ $\therefore |a|=2$

(→ 쌍곡선의 꼭짓점의 좌표가 $(a, 0)$, $(-a, 0)$이니까 주축의 길이는 $2|a|$)

Step 2 a^2+b^2의 값을 구한다.

쌍곡선 $\frac{x^2}{a^2}-\frac{y^2}{b^2}=1$의 점근선의 방정식이 $y=\pm\frac{5}{2}x$이므로

$\frac{|b|}{|a|}=\frac{5}{2}$에서 (→ $y=\pm\frac{|b|}{|a|}x$)

$|b|=\frac{5}{2}\times|a|=\frac{5}{2}\times2=5$

$\therefore a^2+b^2=|a|^2+|b|^2=2^2+5^2=29$

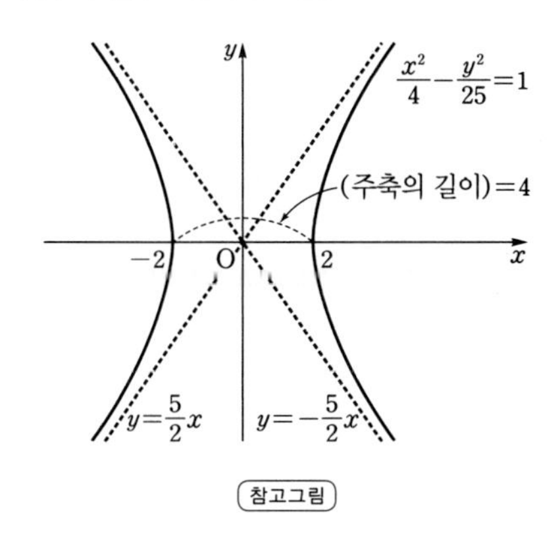

183 [정답률 86%]

정답 ①

두 초점이 $F(c, 0)$, $F'(-c, 0)$이고 주축의 길이가 8인 쌍곡선의 한 점근선이 직선 $y=\frac{3}{4}x$일 때, 양수 c의 값은?

(3점)

① 5 ② 6 ③ 7 ④ 8 ⑤ 9

Step 1 주축의 길이가 8임을 이용한다.

쌍곡선의 방정식을 $\frac{x^2}{a^2}-\frac{y^2}{b^2}=1$ $(a>0, b>0)$이라 하면 주축의 길이가 8이므로

$2a=8$ $\therefore a=4$

Step 2 한 점근선의 방정식이 $y=\frac{3}{4}x$임을 이용한다.

한 점근선의 기울기가 $\frac{3}{4}$이므로

$\frac{b}{a}=\frac{3}{4}$ $\therefore b=3$

(→ 쌍곡선 $\frac{x^2}{a^2}-\frac{y^2}{b^2}=1$ $(a>0, b>0)$의 점근선의 방정식은 $y=\pm\frac{b}{a}x$)

따라서 $c^2=a^2+b^2=16+9=25$이므로 양수 c의 값은 5이다.

(→ 쌍곡선 $\frac{x^2}{a^2}-\frac{y^2}{b^2}=1$의 두 초점이 $(c, 0)$, $(-c, 0)$ $(c>a>0)$이면 $c^2=a^2+b^2$)

184

정답 ②

쌍곡선 $x^2-\frac{y^2}{2}=1$ 위의 임의의 점 P에서 이 쌍곡선의 두 점근선에 이르는 거리를 각각 d_1, d_2라 할 때, $d_1\times d_2$의 값은?

(→ 임의의 점 P: 쌍곡선의 방정식을 만족하는 임의의 한 점의 좌표를 점 P의 좌표로 두고 풀어도 문제 해결이 가능하다.)

(→ 두 점근선: 쌍곡선의 방정식으로부터 점근선을 구할 수 있다.)

(3점)

① $\frac{1}{2}$ ② $\frac{2}{3}$ ③ $\frac{3}{4}$ ④ $\frac{4}{5}$ ⑤ $\frac{5}{6}$

Step 1 쌍곡선의 점근선의 방정식을 구한다.

쌍곡선 $x^2-\frac{y^2}{2}=1$의 점근선의 방정식은

$y=-\sqrt{2}x$, $y=\sqrt{2}x$

(쌍곡선 $\frac{x^2}{a^2}-\frac{y^2}{b^2}=1$의 점근선의 방정식은 $y=\pm\frac{b}{a}x$ (단, $a>0, b>0$))

Step 2 점과 직선 사이의 거리 공식을 이용하여 $d_1\times d_2$를 식으로 나타낸다.

쌍곡선 위의 임의의 점 $P(a, b)$와 직선 $y=-\sqrt{2}x$, 즉 $\sqrt{2}x+y=0$ 사이의 거리 d_1은

$$d_1=\frac{|\sqrt{2}a+b|}{\sqrt{(\sqrt{2})^2+1^2}}=\frac{|\sqrt{2}a+b|}{\sqrt{3}}$$

쌍곡선 위의 임의의 점 $P(a, b)$와 직선 $y=\sqrt{2}x$, 즉 $\sqrt{2}x-y=0$ 사이의 거리 d_2는

$$d_2=\frac{|\sqrt{2}a-b|}{\sqrt{(\sqrt{2})^2+(-1)^2}}=\frac{|\sqrt{2}a-b|}{\sqrt{3}}$$

(직선 $ax+by+c=0$과 점 (x_1, y_1) 사이의 거리 d는 $d=\frac{|ax_1+by_1+c|}{\sqrt{a^2+b^2}}$)

$\therefore d_1 \times d_2 = \frac{|\sqrt{2}a+b||\sqrt{2}a-b|}{3}$

$= \frac{|2a^2-b^2|}{3}$

Step 3 점 P가 쌍곡선 위의 점임을 이용하여 $d_1 \times d_2$의 값을 구한다.

점 $P(a, b)$는 쌍곡선 $x^2 - \frac{y^2}{2} = 1$ 위의 점이므로 $a^2 - \frac{b^2}{2} = 1$

쌍곡선의 방정식에 $x=a, y=b$ 대입

$2a^2 - b^2 = 2$

$\therefore d_1 \times d_2 = \frac{|2a^2-b^2|}{3} = \frac{2}{3}$

185 [정답률 74%]

정답 16

점근선이 원점을 지나므로 쌍곡선의 중심도 원점임을 알 수 있어.

점근선의 방정식이 $y = \pm\frac{3}{4}x$이고, 한 초점의 좌표가 $(10, 0)$인 쌍곡선의 주축의 길이를 구하시오. (3점)

초점이 x축 위에 있네!

Step 1 쌍곡선의 방정식을 $\frac{x^2}{a^2} - \frac{y^2}{b^2} = 1$ $(a>0, b>0)$이라 하고, 점근선의 방정식과 초점의 좌표를 이용하여 a의 값을 구한다. → 구하는 값은 주축의 길이 $2a$이다.

쌍곡선의 방정식을 $\frac{x^2}{a^2} - \frac{y^2}{b^2} = 1(a>0,\ b>0)$이라 하면 이 쌍곡선의 점근선의 방정식은 $y = \pm\frac{b}{a}x$이므로

암기 자주 나오는 내용이니 꼭 기억해.

$\frac{b}{a} = \frac{3}{4}$, $4b = 3a$

$\therefore b = \frac{3}{4}a$ ······ ㉠

쌍곡선의 초점의 좌표는 $(\pm\sqrt{a^2+b^2}, 0)$이므로

$\sqrt{a^2+b^2} = 10$

$\therefore a^2+b^2 = 100$ ······ ㉡

㉡에 ㉠을 대입하면

$a^2 + \left(\frac{3}{4}a\right)^2 = 100$ → $a^2 + \frac{9}{16}a^2 = \frac{25}{16}a^2 = 100$

$\frac{25}{16}a^2 = 100$

$a^2 = 64$ $\quad\therefore a = 8$

따라서 쌍곡선의 주축의 길이는 $2a = 16$이다.

수능포인트

쌍곡선의 초점의 좌표가 x축 위에 있을 때에는 쌍곡선의 방정식을 $\frac{x^2}{a^2} - \frac{y^2}{b^2} = 1$로 놓고, 쌍곡선의 초점의 좌표가 y축 위에 있을 때에는 쌍곡선의 방정식을 $\frac{x^2}{a^2} - \frac{y^2}{b^2} = -1$로 놓아야 합니다. x축 위의 초점에만 익숙해져서 실수할 수 있으니 항상 문제 풀 때마다 확인하도록 합니다.

186 [정답률 94%]

정답 ④

다음 조건을 만족시키는 쌍곡선의 주축의 길이는? (3점)

(가) 두 초점의 좌표는 $(5, 0)$, $(-5, 0)$이다.
(나) 두 점근선이 서로 수직이다.

① $2\sqrt{2}$ ② $3\sqrt{2}$ ③ $4\sqrt{2}$
✔④ $5\sqrt{2}$ ⑤ $6\sqrt{2}$

Step 1 쌍곡선 $\frac{x^2}{a^2} - \frac{y^2}{b^2} = 1$ $(a>0, b>0)$이 조건 (가)를 만족하기 위한 a, b의 관계식을 구한다.

조건 (가)에서 쌍곡선의 초점이 x축 위에 있고 중심이 원점이므로 주어진 조건을 만족하는 쌍곡선의 방정식을

$\frac{x^2}{a^2} - \frac{y^2}{b^2} = 1$ $(a>0,\ b>0)$로 둘 수 있다.

이때 조건 (가)에서 두 초점의 좌표가 $(5, 0)$, $(-5, 0)$이므로

$a^2+b^2 = 5^2$

$\therefore a^2+b^2 = 25$ ······ ㉠

Step 2 두 점근선의 기울기를 구한 후 기울기의 곱이 -1이 되도록 한다.

쌍곡선 $\frac{x^2}{a^2} - \frac{y^2}{b^2} = 1$의 두 점근선의 기울기는 $\pm\frac{b}{a}$이다.

이때 조건 (나)에서 두 점근선이 서로 수직이므로 → 기울기의 곱이 -1이야.

$\frac{b}{a} \times \left(-\frac{b}{a}\right) = -1$ → 기울기의 곱

$-\frac{b^2}{a^2} = -1$

$b^2 = a^2$ → $-\frac{b^2}{a^2} = -1$의 양변에 $-a^2$을 곱했어.

$\therefore -a^2+b^2 = 0$ ······ ㉡

Step 3 ㉠, ㉡을 연립하여 a의 값을 구한 후 쌍곡선의 주축의 길이를 구한다.

㉠－㉡에서

$$\begin{array}{rl} & a^2+b^2=25 \\ -) & -a^2+b^2=0 \\ \hline & 2a^2 \quad\ =25 \end{array}$$

$a^2 = \frac{25}{2}$

$\therefore a = \sqrt{\frac{25}{2}} = \frac{5}{\sqrt{2}} = \frac{5\sqrt{2}}{\sqrt{2}\times\sqrt{2}} = \frac{5}{2}\sqrt{2}$

따라서 쌍곡선의 주축의 길이는

$2a = 2 \times \frac{5}{2}\sqrt{2}$

$= 5\sqrt{2}$

187 [정답률 82%]

정답 ④

(쌍곡선과 타원의 초점이 같다는 뜻이다.) (초점은 $(-3, 0)$, $(3, 0)$이다.)

두 초점을 공유하는 타원 $\frac{x^2}{5^2}+\frac{y^2}{4^2}=1$과 쌍곡선이 있다. 이 쌍곡선의 한 점근선이 $y=\sqrt{35}x$일 때, 이 쌍곡선의 두 꼭짓점 사이의 거리는? (3점)

(쌍곡선 $\frac{x^2}{a^2}-\frac{y^2}{b^2}=1$의 점근선은 직선 $y=\pm\frac{b}{a}x$이다. (단, $a>0$, $b>0$))

① $\frac{1}{4}$ ② $\frac{1}{2}$ ③ $\frac{3}{4}$
④ 1 ⑤ $\frac{5}{4}$

Step 1 쌍곡선의 방정식을 $\frac{x^2}{a^2}-\frac{y^2}{b^2}=1$이라 하고 타원과 초점을 공유함을 이용하여 a, b에 대한 식을 세운다.

타원 $\frac{x^2}{5^2}+\frac{y^2}{4^2}=1$의 초점이 $(\pm\sqrt{5^2-4^2}, 0)$, 즉 $(\pm3, 0)$이므로

초점이 $(\pm3, 0)$인 쌍곡선의 방정식을 $\frac{x^2}{a^2}-\frac{y^2}{b^2}=1$이라 하면

초점이 $(\pm\sqrt{a^2+b^2}, 0)$이므로 $\sqrt{a^2+b^2}=3$ (초점의 좌표, 점근선의 방정식을 이용하여 a, b의 값을 구한다.)

$\therefore a^2+b^2=9$ …… ㉠

Step 2 쌍곡선의 점근선의 방정식이 $y=\pm\frac{b}{a}x$임을 이용하여 a, b에 대한 식을 세운다.

쌍곡선 $\frac{x^2}{a^2}-\frac{y^2}{b^2}=1$ $(a>0, b>0)$의 점근선의 방정식은 $y=\pm\frac{b}{a}x$이고 한 점근선이 $y=\sqrt{35}x$이므로 중요

$\frac{b}{a}=\sqrt{35}$ $\therefore b=\sqrt{35}a$ …… ㉡

Step 3 쌍곡선의 두 꼭짓점 사이의 거리를 구한다. (주축의 길이 $2a$와 같다.)

㉡을 ㉠에 대입하면

$a^2+35a^2=9$ → $36a^2=9$

$a^2=\frac{1}{4}$

$\therefore a=\frac{1}{2}$ $(\because a>0)$

따라서 쌍곡선의 두 꼭짓점의 좌표가 $\left(\frac{1}{2}, 0\right)$, $\left(-\frac{1}{2}, 0\right)$

이므로 두 점 사이의 거리는

$\frac{1}{2}-\left(-\frac{1}{2}\right)=1$

188 [정답률 92%]

정답 ②

(암기 쌍곡선 $\frac{x^2}{a^2}-\frac{y^2}{b^2}=1$ $(a>0, b>0)$의 점근선의 방정식은 $y=\pm\frac{b}{a}x$이다.)

그림과 같이 한 초점이 F이고 점근선의 방정식이 $y=2x$, $y=-2x$인 쌍곡선이 있다. 제1사분면에 있는 쌍곡선 위의 점 P에 대하여 선분 PF의 중점을 M이라 하자. $\overline{OM}=6$, $\overline{MF}=3$일 때, 선분 OF의 길이는? (단, O는 원점이다.) (4점)

(삼각형의 닮음을 이용한다.)

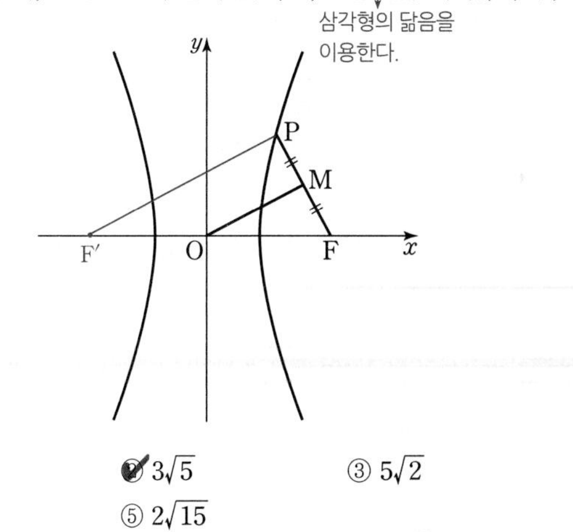

① $2\sqrt{10}$ ② $3\sqrt{5}$ ③ $5\sqrt{2}$
④ $\sqrt{55}$ ⑤ $2\sqrt{15}$

Step 1 쌍곡선의 방정식을 $\frac{x^2}{a^2}-\frac{y^2}{b^2}=1$로 놓고, a와 b 사이의 관계식을 구한다. (쌍곡선의 초점이 y축 위에 있다면 -1로 바꿔 주어야 해.)

쌍곡선의 방정식을 $\frac{x^2}{a^2}-\frac{y^2}{b^2}=1$ $(a>0, b>0)$이라 하자.

이 쌍곡선의 점근선의 방정식이 $y=\pm\frac{b}{a}x=\pm2x$이므로 중요

$\frac{b}{a}=2$ $\therefore b=2a$ …… ㉠

Step 2 삼각형의 닮음과 쌍곡선의 정의를 이용하여 a, b의 값을 구한다.

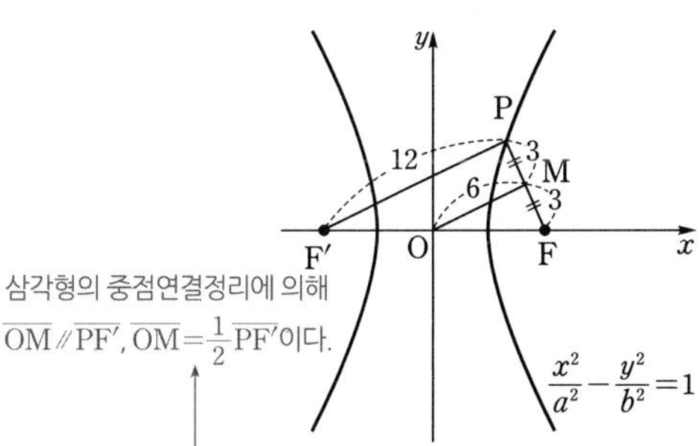

삼각형의 중점연결정리에 의해 $\overline{OM}\,/\!/\,\overline{PF'}$, $\overline{OM}=\frac{1}{2}\overline{PF'}$이다.

위의 그림과 같이 쌍곡선의 또 다른 초점을 F′이라 하면 삼각형 PF′F에서 점 O는 $\overline{F'F}$의 중점이고 점 M은 $\overline{PF}$의 중점이므로 두 삼각형 FPF′, FMO은 닮음(SAS 닮음)이고 닮음비는 2 : 1이다.

(SAS 닮음 : 두 변의 길이의 비와 두 변이 이루는 각의 크기가 각각 같다.)

따라서

$\overline{PF'}=2\overline{OM}=2\times6=12$

$\overline{PF}=2\overline{MF}=2\times3=6$

이므로 쌍곡선의 정의에 의하여

$|\overline{PF'}-\overline{PF}|=12-6=6=2a$ → 중요 쌍곡선 위의 한 점에서 두 초점까지의 거리의 차는 쌍곡선의 두 꼭짓점 사이의 거리와 같다.

$\therefore a=3$, $b=6$ $(\because ㉠)$

$\therefore \overline{OF}=\sqrt{a^2+b^2}=\sqrt{9+36}=3\sqrt{5}$

189

정답 ①

→ 초점 : $(2\sqrt{2}, 0)$

포물선 $y^2=8\sqrt{2}x$의 초점과 한 초점을 공유하는 쌍곡선 $\frac{x^2}{a^2}-\frac{y^2}{b^2}=1$의 두 점근선이 서로 수직일 때, 두 상수 a, b에 대하여 $(ab)^2$의 값은? (3점)

→ 서로 수직인 두 직선의 기울기의 곱은 -1이다. (단, 두 직선은 좌표축에 평행하지 않아야 한다.)

✔16 ② 17 ③ 18 ④ 19 ⑤ 20

Step 1 포물선의 초점을 이용하여 a, b 사이의 관계식을 구한다.

$y^2=8\sqrt{2}x=4\times2\sqrt{2}x$이므로 포물선 $y^2=8\sqrt{2}x$의 초점의 좌표는 $(2\sqrt{2}, 0)$이다.

→ 포물선 $y^2=4px\ (p\neq0)$의 초점은 $(p, 0)$이다.

따라서 쌍곡선 $\frac{x^2}{a^2}-\frac{y^2}{b^2}=1$의 한 초점의 좌표가 $(2\sqrt{2}, 0)$이므로

$a^2+b^2=(2\sqrt{2})^2=8$ …… ㉠

Step 2 쌍곡선의 점근선이 서로 수직임을 이용하여 a, b의 관계식을 구한다.

→ 쌍곡선 $\frac{x^2}{a^2}-\frac{y^2}{b^2}=1$의 초점은 $(\sqrt{a^2+b^2}, 0)$, $(-\sqrt{a^2+b^2}, 0)$이다.

또한, 쌍곡선 $\frac{x^2}{a^2}-\frac{y^2}{b^2}=1$의 점근선의 방정식은

$y=-\frac{b}{a}x$, $y=\frac{b}{a}x$

이고 두 점근선이 서로 수직이므로

$\left(-\frac{b}{a}\right)\times\frac{b}{a}=-1$, $a^2=b^2$ …… ㉡

Step 3 연립방정식을 이용하여 a^2, b^2의 값을 구한다.

㉠, ㉡에서 $a^2=b^2=4$

$\therefore (ab)^2=a^2b^2=4\times4=16$

수능포인트

포물선 $y^2=ax$의 초점은 $\left(\frac{a}{4}, 0\right)$, 타원 $\frac{x^2}{a^2}+\frac{y^2}{b^2}=1\ (a>b>0)$의 초점은 $(\sqrt{a^2-b^2}, 0)$, $(-\sqrt{a^2-b^2}, 0)$, 쌍곡선 $\frac{x^2}{a^2}-\frac{y^2}{b^2}=1$의 초점은 $(\sqrt{a^2+b^2}, 0)$, $(-\sqrt{a^2+b^2}, 0)$입니다.

190

정답 ②

→ 피타고라스 정리를 떠올려야 해!

그림과 같이 초점이 F, F′인 쌍곡선 $\frac{x^2}{a^2}-\frac{y^2}{b^2}=1$ $(a>0, b>0)$ 위에 $\angle F'PF=90°$가 되도록 한 점 P를 잡으면 $\overline{PF'}=2\overline{PF}$가 성립한다. 이때, 쌍곡선 $\frac{x^2}{a^2}-\frac{y^2}{4b^2}=-1$의 점근선의 기울기를 m이라 할 때, m의 값은?

(단, $m>0$이고 a, b는 상수이다.) (3점)

→ 점근선의 기울기가 $m=\frac{2b}{a}$임을 이용한다.

① 2 ✔4 ③ 6 ④ 8 ⑤ 10

Step 1 쌍곡선의 정의를 이용하여 $\overline{PF'}$, $\overline{PF}$를 a에 대한 식으로 나타낸다.

쌍곡선의 정의에 의하여

$\overline{PF'}-\overline{PF}=2a$

→ $\overline{PF'}-\overline{PF}=2a$, $2\overline{PF}-\overline{PF}=2a$, $\overline{PF}=2a$

그런데, $\overline{PF'}=2\overline{PF}$이므로 $\overline{PF}=2a$, $\overline{PF'}=4a$

Step 2 쌍곡선의 초점의 좌표를 구한 후 $\angle F'PF=90°$임을 이용하여 a, b 사이의 관계식을 세운다.

쌍곡선 $\frac{x^2}{a^2}-\frac{y^2}{b^2}=1$의 초점의 좌표는

$F'(-\sqrt{a^2+b^2}, 0)$, 암기

$F(\sqrt{a^2+b^2}, 0)$이고

$\overline{FF'}=2\sqrt{a^2+b^2}$이므로

직각삼각형 PF′F에서

$\overline{F'P}^2+\overline{PF}^2=\overline{F'F}^2$이므로

$(4a)^2+(2a)^2=(2\sqrt{a^2+b^2})^2$

$20a^2=4a^2+4b^2$

→ $\angle C=90°$인 직각삼각형 ABC에서 $\overline{AB}^2=\overline{AC}^2+\overline{BC}^2$이다.

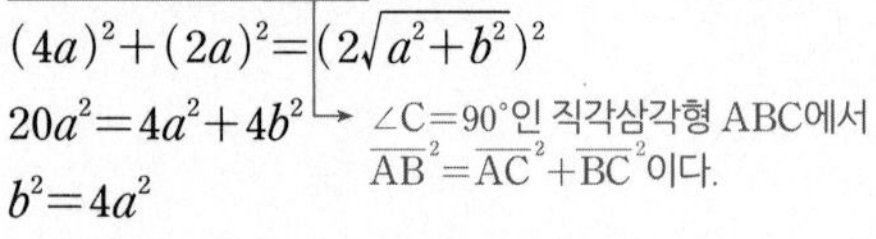

$b^2=4a^2$

$\therefore b=2a\ (\because a>0, b>0)$

Step 3 쌍곡선의 점근선의 방정식을 구한다.

따라서 쌍곡선 $\frac{x^2}{a^2}-\frac{y^2}{4b^2}=-1$의 점근선 중 기울기가 양수인 점근선은 $y=\frac{2b}{a}x=\frac{4a}{a}x=4x$

$\therefore m=4$

191 [정답률 79%] 정답 12

→ 주어진 점근선의 방정식을 이용하여 쌍곡선의 방정식을 나타낸다.

점근선의 방정식이 $y=\pm\frac{4}{3}x$이고 두 초점이 $\mathrm{F}(c,\ 0)$, $\mathrm{F'}(-c,\ 0)$ $(c>0)$인 쌍곡선이 다음 조건을 만족시킨다.

> (가) 쌍곡선 위의 한 점 P에 대하여 $\overline{\mathrm{PF'}}=30$, $16\le\overline{\mathrm{PF}}\le20$이다.
> (나) x좌표가 양수인 꼭짓점 A에 대하여 선분 AF의 길이는 자연수이다.

이 쌍곡선의 주축의 길이를 구하시오. (4점)

Step 1 조건 (가)와 주어진 점근선의 방정식을 이용하여 좌표평면에 쌍곡선을 그린다.

쌍곡선의 방정식을 $\frac{x^2}{a^2}-\frac{y^2}{b^2}=1$이라 하면 점근선의 방정식은 $y=\pm\frac{b}{a}x$이고 → 중요한 내용이니까 꼭 외워!

이때 문제에서 점근선의 방정식이 $y=\pm\frac{4}{3}x$라 하였으므로 $a=3k$, $b=4k(k>0)$라 할 수 있다.

따라서 두 직선 $y=\pm\frac{4}{3}x$를 점근선으로 갖는 쌍곡선의 방정식은

$\frac{x^2}{(3k)^2}-\frac{y^2}{(4k)^2}=1$이므로 → $\pm\sqrt{(3k)^2+(4k)^2}=\pm\sqrt{9k^2+16k^2}=\pm\sqrt{25k^2}=\pm5k$

두 초점 F, F′의 좌표는 $\mathrm{F}(5k,\ 0)$, $\mathrm{F'}(-5k,\ 0)$이다.

조건 (가)에서 $\overline{\mathrm{PF'}}=30$, $16\le\overline{\mathrm{PF}}\le20$이므로 조건을 만족시키는 쌍곡선 위의 한 점 P를 오른쪽 그림과 같이 제1사분면 위에 잡을 수 있다.

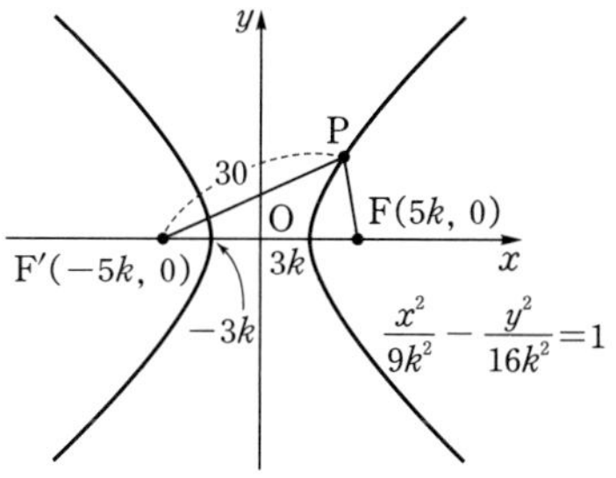

이때 쌍곡선의 정의에 의하여

$\overline{\mathrm{PF'}}-\overline{\mathrm{PF}}=30-\overline{\mathrm{PF}}$
$=2\times3k=6k$,

$\overline{\mathrm{PF}}=30-6k$이므로

$16\le30-6k\le20$, $10\le6k\le14$

$\therefore\ \frac{5}{3}\le k\le\frac{7}{3}$

Step 2 조건 (나)를 이용하여 쌍곡선의 주축의 길이를 구한다.

x좌표가 양수인 쌍곡선의 꼭짓점 A의 좌표는 $\mathrm{A}(3k,\ 0)$이므로 → 쌍곡선과 x축이 만나는 점이야.

선분 AF의 길이는 $2k$이다. → $5k-3k$

따라서 $\frac{5}{3}\times2\le2k\le\frac{7}{3}\times2$

$\therefore\ \frac{10}{3}\le2k\le\frac{14}{3}$ → 각 변에 2를 곱해주었어.

조건 (나)에 의하여 선분 AF의 길이, 즉 $2k$는 자연수이어야 하고

$\frac{10}{3}=3.\times\times\times$, $\frac{14}{3}=4.\times\times\times$이므로 $2k=4$

따라서 쌍곡선의 주축의 길이는 $6k$이므로 구하는 값은

$6k=2k\times3=4\times3=12$

192 [정답률 78%] 정답 ④

쌍곡선 $4x^2-8x-y^2-6y-9=0$의 점근선 중 기울기가 양수인 직선과 x축, y축으로 둘러싸인 부분의 넓이는? (3점)

① $\frac{19}{4}$ ② $\frac{21}{4}$ ③ $\frac{23}{4}$ ④ $\frac{25}{4}$ ⑤ $\frac{27}{4}$

Step 1 쌍곡선의 식을 변형한다.

$4x^2-8x-y^2-6y-9=0$에서 $4(x-1)^2-(y+3)^2=4$

$\therefore\ (x-1)^2-\frac{(y+3)^2}{4}=1$

Step 2 주어진 쌍곡선의 점근선 중 기울기가 양수인 직선의 방정식을 구한다.

쌍곡선 $(x-1)^2-\frac{(y+3)^2}{4}=1$의 점근선 중 기울기가 양수인 직선의 방정식은 → $\frac{(x-1)^2}{1^2}-\frac{(y+3)^2}{2^2}=1$에서 점근선의 기울기는 $\pm\frac{2}{1}=\pm2$이다.

$y-(-3)=2(x-1)$ $\quad\therefore\ y=2x-5$

Step 3 직선 $y=2x-5$와 x축, y축으로 둘러싸인 부분의 넓이를 구한다.

직선 $y=2x-5$의 x절편은 $\frac{5}{2}$, y절편은 -5이므로

직선 $y=2x-5$와 x축, y축으로 둘러싸인 부분의 넓이는

$\frac{1}{2}\times\left|\frac{5}{2}\right|\times|-5|=\frac{25}{4}$

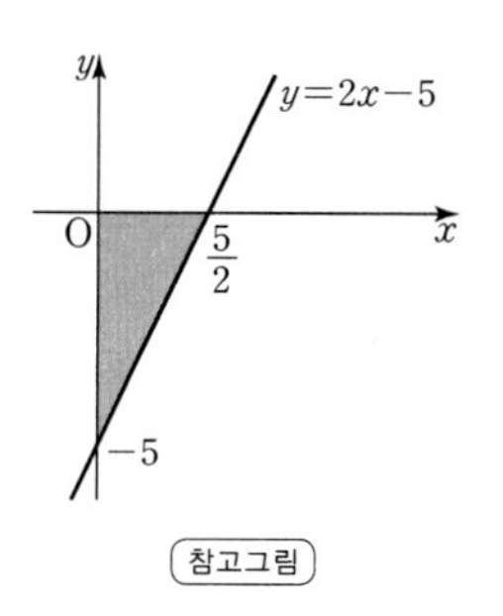

참고그림

193 [정답률 84%] 정답 ⑤

→ $\frac{x^2}{16}-\frac{y^2}{9}=1$로 바꾸고 문제를 푼다.

쌍곡선 $9x^2-16y^2=144$의 초점을 지나고 점근선과 평행한 4개의 직선으로 둘러싸인 도형의 넓이는? (3점) → 쌍곡선의 초점의 좌표와 점근선의 기울기를 구하면 4개의 직선의 방정식을 구할 수 있을 거야.

① $\frac{75}{16}$ ② $\frac{25}{4}$ ③ $\frac{25}{2}$ ④ $\frac{75}{4}$ ⑤ $\frac{75}{2}$

Step 1 쌍곡선의 초점을 구한다.

$9x^2-16y^2=144$에서 $\frac{x^2}{16}-\frac{y^2}{9}=1$ → 쌍곡선의 방정식을 표준형으로 바꾸어야 계산하기 쉬워.

$\sqrt{16+9}=\sqrt{25}=5$이므로 주어진 쌍곡선의 두 초점의 좌표는 $\mathrm{F}(5,\ 0)$, $\mathrm{F'}(-5,\ 0)$

Step 2 초점을 지나고 점근선에 평행한 직선의 방정식을 구한다.

점근선의 방정식은 $y=\pm\frac{3}{4}x$이므로 초점을 지나고 점근선과 평행한 4개의 직선의 방정식은

└ $\frac{\sqrt{9}}{\sqrt{16}}=\frac{3}{4}$

└ 기울기가 $\frac{3}{4}$, $-\frac{3}{4}$이고 점 $(5, 0)$ 또는 점 $(-5, 0)$을 지나는 4개의 직선

$y=\pm\frac{3}{4}(x-5)$, $y=\pm\frac{3}{4}(x+5)$

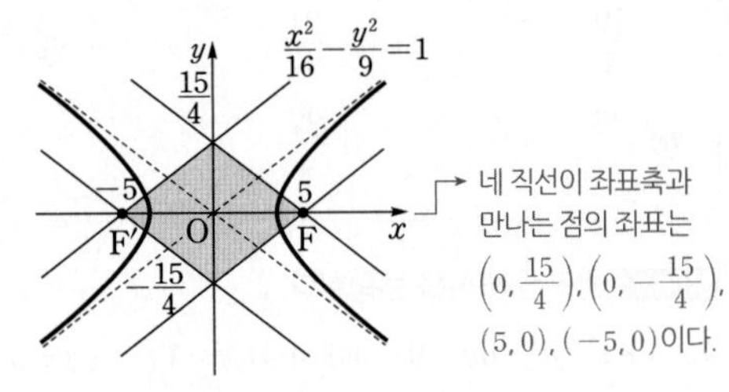

→ 네 직선이 좌표축과 만나는 점의 좌표는 $\left(0, \frac{15}{4}\right)$, $\left(0, -\frac{15}{4}\right)$, $(5, 0)$, $(-5, 0)$이다.

따라서 이 4개의 직선으로 둘러싸인 도형은 마름모이므로 그 넓이는

$\frac{1}{2}\times10\times\frac{15}{2}=\frac{75}{2}$ → (마름모의 넓이)$=\frac{1}{2}\times$(두 대각선의 길이의 곱)

└ $\{5-(-5)\}\times\left\{\frac{15}{4}-\left(-\frac{15}{4}\right)\right\}$

194

정답 ②

그림과 같이 쌍곡선 $\frac{x^2}{a^2}-\frac{y^2}{b^2}=1$의 두 꼭짓점을 지나고 x축에 수직인 직선이 두 점근선과 만나는 교점을 P, Q, R, S라 할 때, $\overline{PQ}=2\sqrt{3}$, $\overline{QR}=2$이다.

→ 점근선의 기울기가 $\pm\sqrt{3}$임을 알 수 있다.

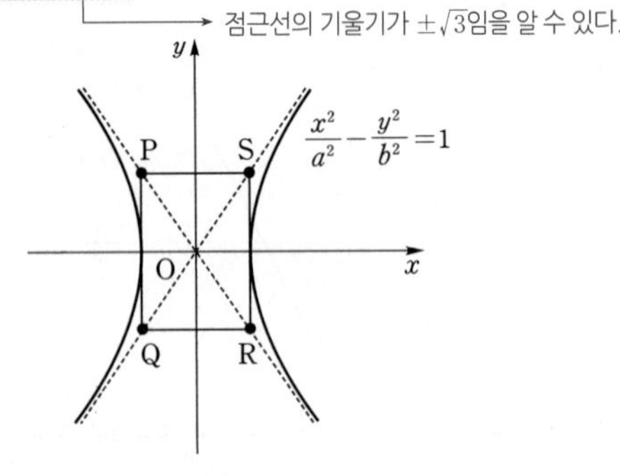

쌍곡선 $\frac{x^2}{a^2}-\frac{y^2}{b^2}=1$의 두 초점 사이의 거리는? (4점)

└ $(\sqrt{a^2+b^2}, 0)$, $(-\sqrt{a^2+b^2}, 0)$

① 3 ② 4 ③ 5
④ 6 ⑤ 7

Step 1 쌍곡선의 대칭성을 이용하여 a의 값을 구한다.

쌍곡선 $\frac{x^2}{a^2}-\frac{y^2}{b^2}=1$ $(a>0,\ b>0)$은 원점에 대하여 대칭이므로 사각형 PQRS는 직사각형이다.

또한, $\overline{QR}=2$에서 두 꼭짓점 사이의 거리가 2이므로

$2a=2$에서 $a=1$

└ 중요 쌍곡선의 두 초점을 이은 선분이 쌍곡선과 만나는 점을 꼭짓점이라고 해!

Step 2 쌍곡선의 점근선의 기울기를 구한 후 b의 값을 구한다.

쌍곡선의 한 점근선의 기울기는

$\frac{\overline{RS}}{\overline{QR}}=\frac{\overline{PQ}}{\overline{QR}}=\frac{2\sqrt{3}}{2}=\sqrt{3}$

이고, 쌍곡선 $\frac{x^2}{a^2}-\frac{y^2}{b^2}=1$의 점근선의 방정식은

$y=\frac{b}{a}x$ 또는 $y=-\frac{b}{a}x$ 암기

이때 $b>0$이라 하면 $\frac{b}{a}=\sqrt{3}$

$\therefore b=\sqrt{3}$ $(\because a=1)$

Step 3 두 초점의 좌표를 구한 후 두 초점 사이의 거리를 구한다.

두 초점의 좌표를 $\mathrm{F}(c, 0)$, $\mathrm{F}(-c, 0)$ $(c>0)$이라 하면

$c^2=a^2+b^2=1+(\sqrt{3})^2=4$ $\therefore c=2$ $(\because c>0)$

따라서 두 초점 사이의 거리는 → 쌍곡선 $\frac{x^2}{a^2}-\frac{y^2}{b^2}=1$의 초점의 좌표는 $(\sqrt{a^2+b^2}, 0)$, $(-\sqrt{a^2+b^2}, 0)$이다.

$2c=4$

→ 쌍곡선의 개형을 모르기 때문에 방정식을 $\frac{x^2}{a^2}-\frac{y^2}{b^2}=\square$ $(a>0, b>0)$라 놓고 □에는 1이나 −1이 온다고 하자. $\frac{b}{a}=\frac{1}{\sqrt{3}}$에서 $a:b=\sqrt{3}:1$이므로 $a=\sqrt{3}l$, $b=l$이라 하면 $\frac{x^2}{(\sqrt{3}l)^2}-\frac{y^2}{l^2}=\square$, $\frac{x^2}{3}-y^2=l^2\times\square$

따라서 우변 $l^2\times\square$를 미지수 k로 놓은 방정식 $\frac{x^2}{3}-y^2=k$가 쌍곡선의 방정식을 구하는 출발점이다.

195

정답 160

→ 두 직선의 기울기를 구한다.

직선 $x-\sqrt{3}y=0$, $x+\sqrt{3}y=0$을 점근선으로 하고 점 $(2\sqrt{3}, 3)$을 지나는 쌍곡선 위의 한 점 P와 두 초점 F, F'에 대하여 삼각형 PFF'의 둘레의 길이가 $20\sqrt{5}$일 때, $|\overline{PF}^2-\overline{PF'}^2|$의 값을 구하시오. (3점)

쌍곡선 위의 한 점에서 두 초점까지의 거리의 차가 항상 일정하다는 걸 기억해!

Step 1 점근선의 방정식과 주어진 점의 좌표를 이용하여 쌍곡선의 방정식을 구한다.

→ (기울기)$=\pm\frac{1}{\sqrt{3}}$

직선 $x-\sqrt{3}y=0$, $x+\sqrt{3}y=0$을 점근선으로 하는 쌍곡선의 방정식을 $\frac{x^2}{3}-y^2=k$라 하면 쌍곡선 위의 한 점이 $(2\sqrt{3}, 3)$이므로

└ $x=2\sqrt{3}$, $y=3$을 대입

$4-9=k$ $\therefore k=-5$

따라서 쌍곡선의 방정식은 $\frac{x^2}{3}-y^2=-5$, 즉 $\frac{x^2}{15}-\frac{y^2}{5}=-1$이다.

└ 주축의 길이는 $2\times\sqrt{5}=2\sqrt{5}$이다.

Step 2 초점의 좌표를 구한 후 삼각형 PFF'의 둘레의 길이를 이용하여 $\overline{PF}+\overline{PF'}$의 값을 구한다.

쌍곡선 $\frac{x^2}{15}-\frac{y^2}{5}=-1$의 두 초점

└ 초점이 y축 위에 존재한다.

F, F'의 좌표를 $\mathrm{F}(0, c)$, $\mathrm{F'}(0, -c)$ $(c>0)$라 하면

$c^2=15+5=20$에서 $c=2\sqrt{5}$이므로

$\mathrm{F}(0, 2\sqrt{5})$, $\mathrm{F'}(0, -2\sqrt{5})$

이때 삼각형 PFF'의 둘레의 길이가 $20\sqrt{5}$이므로

$\overline{PF}+\overline{PF'}+\overline{FF'}=\overline{PF}+\overline{PF'}+4\sqrt{5}=20\sqrt{5}$

$\therefore \overline{PF}+\overline{PF'}=16\sqrt{5}$

Step 3 쌍곡선의 정의를 이용하여 $|\overline{PF}^2-\overline{PF'}^2|$의 값을 구한다.

쌍곡선의 정의에 의하여 $|\overline{PF}-\overline{PF'}|=2\sqrt{5}$이므로

$|\overline{PF}^2-\overline{PF'}^2|=|\overline{PF}+\overline{PF'}|\,|\overline{PF}-\overline{PF'}|$ 중요

$=16\sqrt{5}\times2\sqrt{5}$

$=160$

→ 주어진 쌍곡선과 원이 각각 원점 및 두 좌표축에 대하여 대칭이므로 원의 둘레를 4등분하는 네 점은 원과 두 직선 $y=x$, $y=-x$의 교점이다.

196 [정답률 83%]

정답 ③

→ 중심이 $(0, 0)$이고 반지름의 길이가 $2\sqrt{2}$인 원

원 $x^2+y^2=8$과 쌍곡선 $\dfrac{x^2}{a^2}-\dfrac{y^2}{b^2}=1$이 서로 다른 네 점에서 만나고 이 네 점은 원의 둘레를 4등분한다. 이 쌍곡선의 한 점근선의 방정식이 $y=\sqrt{2}x$일 때, a^2+b^2의 값은?

직접 그림을 그려 원의 둘레가 언제 4등분되는지 확인해 본다.

(단, a, b는 상수이다.) (3점)

① 4 ② 5 ③ 6
④ 7 ⑤ 8

Step 1 a와 b 사이의 관계식을 구한다.

원 $x^2+y^2=8$과 쌍곡선 $\dfrac{x^2}{a^2}-\dfrac{y^2}{b^2}=1$이 만나는 네 점이 원의 둘레를 4등분하므로 쌍곡선이 점 $(2, 2)$를 지난다. 즉,

$\dfrac{4}{a^2}-\dfrac{4}{b^2}=1$ …… ㉠

쌍곡선의 한 점근선의 방정식이 $y=\sqrt{2}x$이므로

$b=\sqrt{2}a$ …… ㉡

Step 2 a^2+b^2의 값을 구한다.

㉡을 ㉠에 대입하면

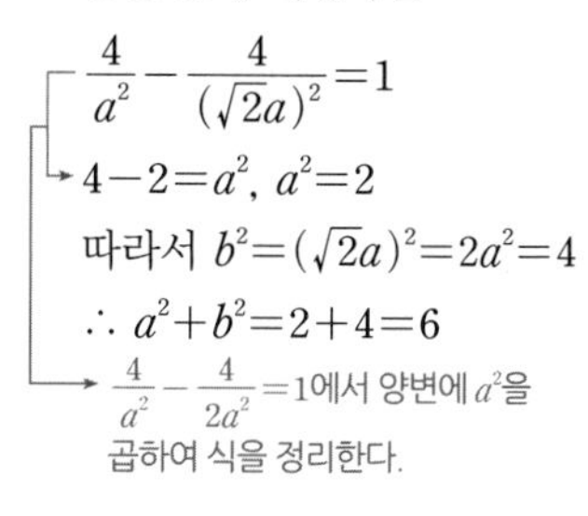

$\dfrac{4}{a^2}-\dfrac{4}{(\sqrt{2}a)^2}=1$

$4-2=a^2$, $a^2=2$

따라서 $b^2=(\sqrt{2}a)^2=2a^2=4$

$\therefore a^2+b^2=2+4=6$

→ $\dfrac{4}{a^2}-\dfrac{4}{2a^2}=1$에서 양변에 a^2을 곱하여 식을 정리한다.

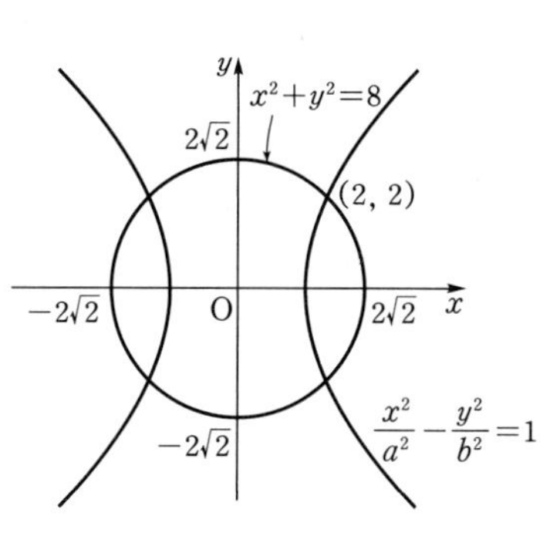

197 [정답률 55%]

정답 ②

두 초점이 $F(c, 0)$, $F'(-c, 0)(c>0)$인 쌍곡선 C와 y축 위의 점 A가 있다. 쌍곡선 C가 선분 AF와 만나는 점을 P, 선분 AF'과 만나는 점을 P'이라 하자.
직선 AF는 쌍곡선 C의 한 점근선과 평행하고

$$\overline{AP} : \overline{PP'}=5 : 6,\ \overline{PF}=1$$

일 때, 쌍곡선 C의 주축의 길이는? (4점)

① $\dfrac{13}{6}$ ② $\dfrac{9}{4}$ ③ $\dfrac{7}{3}$
④ $\dfrac{29}{12}$ ⑤ $\dfrac{5}{2}$

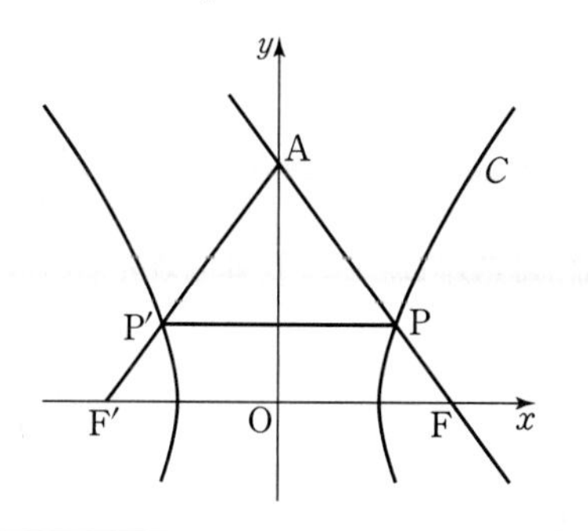

Step 1 주어진 조건을 이용하여 쌍곡선 C의 방정식을 양수 a만 포함하도록 나타낸다.

선분 PP'과 y축이 만나는 점을 H라 하면 삼각형 AP'P는 y축에 대하여 대칭이므로

$\overline{AP} : \overline{PP'}=5 : 6$에서 $\overline{AP} : \overline{PH}=5 : 3$

→ $\overline{PH} : \overline{AH}=3 : 4$이므로 쌍곡선 C의 점근선의 방정식은 $y=\pm\dfrac{4}{3}x$

이때 직선 AF는 쌍곡선 C의 한 점근선과 평행하므로 쌍곡선 C의 방정식은

$\dfrac{x^2}{(3a)^2}-\dfrac{y^2}{(4a)^2}=1$ (단, $a>0$)

Step 2 두 선분 $\overline{PF'}$, $\overline{FF'}$의 길이를 각각 양수 a로 나타낸다.

쌍곡선 C에서 두 초점 F, F'의 좌표를 구하면

$F(5a, 0)$, $F'(-5a, 0)$ $\quad\therefore \overline{FF'}=10a$

또한, 쌍곡선의 성질에 의하여

$|\overline{PF'}-\overline{PF}|=$(쌍곡선 C의 주축의 길이)이므로

→ $2\times 3a=6a$

$\overline{PF'}-1=6a$ $\quad\therefore \overline{PF'}=6a+1$

Step 3 코사인법칙을 이용하여 a의 값을 구한다.

$\overline{PP'}\,/\!/\,\overline{FF'}$이므로 $\angle APP'=\angle AFF'$

$\cos(\angle AFF')=\cos(\angle APP')=\dfrac{\overline{PH}}{\overline{AP}}=\dfrac{3}{5}$

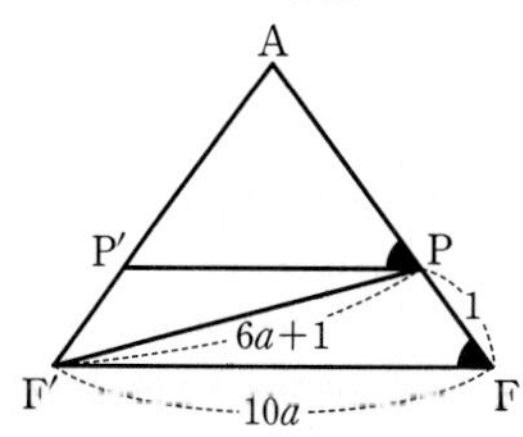

삼각형 PF'F에서 코사인법칙을 이용하면

$\cos(\angle PFF')=\dfrac{\overline{PF}^2+\overline{FF'}^2-\overline{PF'}^2}{2\times\overline{PF}\times\overline{FF'}}$

$=\dfrac{1^2+(10a)^2-(6a+1)^2}{2\times1\times10a}$

$=\dfrac{16a-3}{5}$

이 값이 $\dfrac{3}{5}$이므로 $\dfrac{16a-3}{5}=\dfrac{3}{5}$, $16a=6$ $\quad\therefore a=\dfrac{3}{8}$

Step 4 쌍곡선 C의 주축의 길이를 구한다.

따라서 쌍곡선 C의 주축의 길이는 $6a=6\times\dfrac{3}{8}=\dfrac{9}{4}$

198 [정답률 39%]

정답 ③

쌍곡선 $\dfrac{x^2}{9}-\dfrac{y^2}{3}=1$의 두 초점 $(2\sqrt{3},\ 0)$, $(-2\sqrt{3},\ 0)$을 각각 F, F′이라 하자. 이 쌍곡선 위를 움직이는 점 $\mathrm{P}(x,\ y)$ $(x>0)$에 대하여 선분 F′P 위의 점 Q가 $\overline{\mathrm{FP}}=\overline{\mathrm{PQ}}$를 만족시킬 때, 점 Q가 나타내는 도형 전체의 길이는? (4점)

→ $\overline{\mathrm{PF'}}-\overline{\mathrm{PF}}$ =(주축의 길이)

① π ② $\sqrt{3}\pi$ ③ 2π ④ 3π ⑤ $2\sqrt{3}\pi$

→ 쌍곡선의 정의를 이용하여 점 Q가 어느 위치에 있어야 하는지 생각해 본다.

Step 1 쌍곡선의 정의와 주어진 조건을 이용하여 점 Q가 나타내는 도형을 구한다.

쌍곡선의 정의에 의하여 $\overline{\mathrm{F'P}}-\overline{\mathrm{FP}}=2\times3=6$

→ 쌍곡선이 x축과 만나는 점의 좌표가 $(3,\ 0)$, $(-3,\ 0)$이므로 주축의 길이는 6이다.

주어진 조건에 의하여

$\overline{\mathrm{F'P}}=\overline{\mathrm{F'Q}}+\overline{\mathrm{PQ}}$이고 $\overline{\mathrm{FP}}=\overline{\mathrm{PQ}}$이므로

$\overline{\mathrm{F'Q}}=(\overline{\mathrm{F'Q}}+\overline{\mathrm{PQ}})-\overline{\mathrm{PQ}}=\overline{\mathrm{F'P}}-\overline{\mathrm{FP}}=6$

따라서 점 Q는 초점 $\mathrm{F'}(-2\sqrt{3},\ 0)$을 중심으로 하고 반지름의 길이가 6인 원 위의 점이다.

→ 일정한 값을 갖는다.

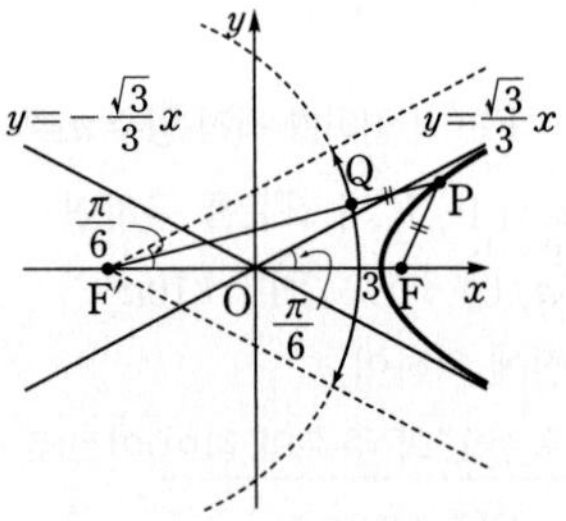

Step 2 점 Q가 나타내는 도형 전체의 길이를 구한다.

주어진 쌍곡선의 점근선의 방정식이 $y=\pm\dfrac{\sqrt{3}}{3}x$이므로

→ $y=\pm\dfrac{\sqrt{3}}{\sqrt{9}}x=\pm\dfrac{\sqrt{3}}{3}x$

점근선이 x축의 양의 방향과 이루는 각의 크기는 각각 $\dfrac{\pi}{6}$, $\dfrac{5}{6}\pi$이다.

→ $\tan\dfrac{\pi}{6}=\dfrac{\sqrt{3}}{3}$, $\tan\dfrac{5}{6}\pi=-\dfrac{\sqrt{3}}{3}$

$0\le\angle\mathrm{OF'Q}=\angle\mathrm{OF'P}<\dfrac{\pi}{6}$이고 점 $\mathrm{P}(x,\ y)$가 $x\to\infty$일 때,

$\overline{\mathrm{F'P}}$는 점점 점근선 $y=\dfrac{\sqrt{3}}{3}x$와 평행해지므로

점 Q는 중심각의 크기가 $\dfrac{\pi}{3}$인 부채꼴의 호 위의 점이 된다. (단, 양끝점은 제외)

→ 점 Q는 이 점선 위에 있어!

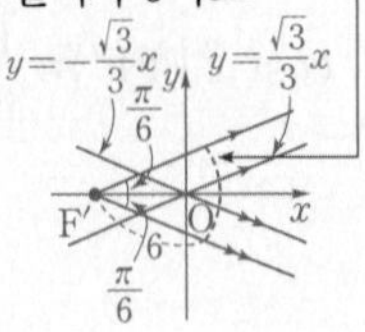

따라서 점 Q가 나타내는 도형의 길이는 반지름의 길이가 6이고 중심각의 크기가 $\dfrac{\pi}{3}$인 부채꼴의 호의 길이이므로

$6\times\dfrac{\pi}{3}=2\pi$ → 부채꼴의 호의 길이 $l=r\theta$ (r : 반지름의 길이, θ : 중심각의 크기)

다른 풀이 극한을 이용한 풀이

Step 1 동일

Step 2 극한을 이용하여 점 Q가 나타내는 도형 전체의 길이를 구한다.

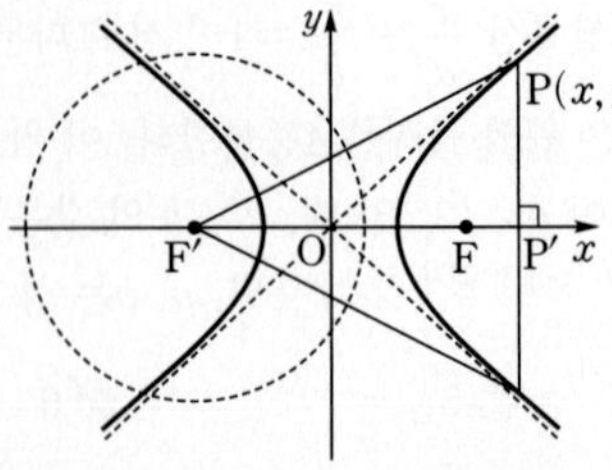

점 P에서 x축에 내린 수선의 발을 P′이라 하면

$x\to\infty$일 때 선분 F′P는 점근선 $y=\dfrac{\sqrt{3}}{3}x$와 평행해지므로

$\displaystyle\lim_{x\to\infty}\tan(\angle\mathrm{PF'P'})=\lim_{x\to\infty}\frac{\overline{\mathrm{PP'}}}{\overline{\mathrm{F'P'}}}=\lim_{x\to\infty}\frac{y}{x+2\sqrt{3}}$

→ $\dfrac{x^2}{9}-\dfrac{y^2}{3}=1$에서 $\dfrac{y^2}{3}=\dfrac{x^2}{9}-1=\dfrac{x^2-9}{9}$ $\quad\therefore y=\sqrt{\dfrac{x^2-9}{3}}$

$\displaystyle=\lim_{x\to\infty}\frac{\sqrt{\frac{x^2-9}{3}}}{x+2\sqrt{3}}=\frac{\frac{1}{\sqrt{3}}}{1}$

$=\dfrac{1}{\sqrt{3}}$

이때 $\tan\dfrac{\pi}{6}=\dfrac{1}{\sqrt{3}}$이므로 $\angle\mathrm{PF'P'}=\dfrac{\pi}{6}$

주어진 쌍곡선은 x축에 대하여 대칭이므로 점 Q가 나타내는 도형 전체의 중심각의 크기는 $2\times\dfrac{\pi}{6}=\dfrac{\pi}{3}$이다.

따라서 점 Q가 나타내는 도형 전체의 길이는 $6\times\dfrac{\pi}{3}=2\pi$

수능포인트

포물선과 쌍곡선은 언뜻 보면 매우 유사한 형태이지만 아주 중요한 다른 점은 쌍곡선에는 점근선이 있다는 것입니다. 점근선이 있다는 것이 함축하는 의미는 그 함수의 그래프가 그 점근선을 향해서 끊임없이 나아가고 있다는 얘기입니다. 따라서 이 문제에서 극한값을 취했을 때도 점근선과 평행하게 된다고 이해할 수 있습니다.

→ 쌍곡선의 방정식 $\dfrac{x^2}{a^2}-\dfrac{y^2}{b^2}=1$은 $y=\pm\dfrac{b}{a}x\sqrt{1-\dfrac{a^2}{x^2}}$이고, 이 식에서 $|x|\to\infty$이면 $\dfrac{a^2}{x^2}\to0$이므로 쌍곡선은 직선 $y=\pm\dfrac{b}{a}x$에 한없이 가까워진다. 이 직선이 바로 쌍곡선의 점근선이다.

199

정답 ④

점 (0, 3)을 지나고 기울기가 m인 직선이 쌍곡선 $3x^2-y^2+6y=0$과 만나지 않는 m의 범위는? (3점)

→ $y=mx+3$

→ 표준형으로 식을 바꾼다.

① $m\le-3$ 또는 $m\ge3$
② $m\le-3$ 또는 $m\ge\sqrt{3}$
③ $m\le-\sqrt{3}$ 또는 $m\ge\sqrt{3}$
④ $-\sqrt{3}\le m\le\sqrt{3}$
⑤ $-3\le m\le3$

Step 1 주어진 쌍곡선의 방정식을 표준형으로 고치고 점근선의 방정식을 구한다.

쌍곡선 $3x^2-y^2+6y=0$을 표준형으로 고치면

$3x^2-(y-3)^2=-9$

$\therefore \dfrac{x^2}{3}-\dfrac{(y-3)^2}{9}=-1$ → 우변의 부호가 음수이니까 쌍곡선의 초점이 y축 위에 있겠군!

이 쌍곡선의 점근선의 방정식은 $y-3=\pm\dfrac{3}{\sqrt{3}}x$, 즉 $y=\pm\sqrt{3}x+3$

Step 2 그래프를 이용하여 기울기 m의 범위를 구한다.

따라서 점 (0, 3)을 지나고 기울기가 m인 직선이 쌍곡선과 만나지 않기 위해서는 그림과 같아야 한다.

$\therefore -\sqrt{3}\le m\le\sqrt{3}$

→ 쌍곡선의 두 점근선의 교점이기도 해!

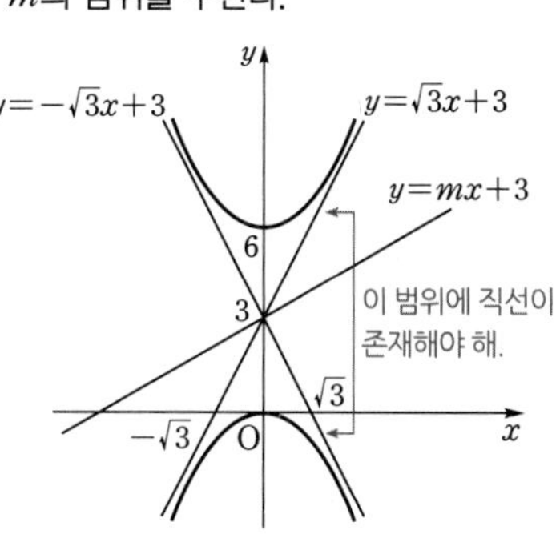

200 [정답률 57%]

정답 ④

직선 $y=mx$가 두 쌍곡선 $x^2-y^2=1$, $\dfrac{x^2}{4}-\dfrac{y^2}{64}=-1$ 중 어느 것과도 만나지 않도록 하는 정수 m의 개수는? (3점)

① 2　② 4　③ 6　④ 8　⑤ 10

Step 1 쌍곡선의 점근선의 방정식을 이용하여 정수 m의 개수를 구한다.

쌍곡선 $x^2-y^2=1$의 점근선의 방정식은 $y=\pm x$이고,

쌍곡선 $\dfrac{x^2}{4}-\dfrac{y^2}{64}=-1$의 점근선의 방정식은 $y=\pm\dfrac{8}{2}x$,

즉 $y=\pm4x$

→ 쌍곡선 $\dfrac{x^2}{a^2}-\dfrac{y^2}{b^2}=1$의 점근선의 방정식은 $y=\pm\dfrac{b}{a}x$

이므로 두 쌍곡선의 그래프는 다음과 같다.

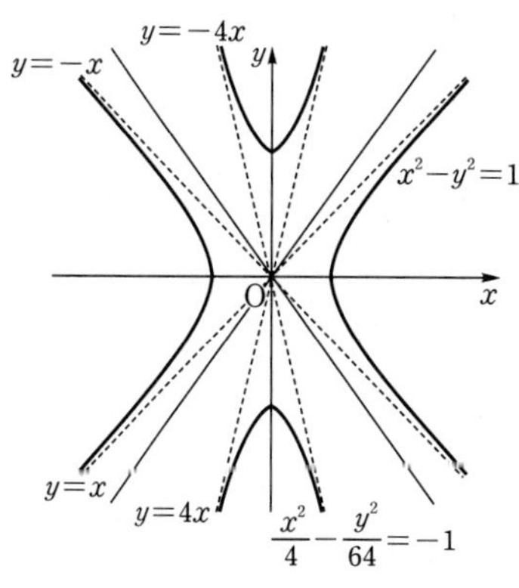

따라서 $1\le|m|\le4$이므로 구하는 정수 m의 개수는 8이다.

→ $-4, -3, -2, -1, 1, 2, 3, 4$

201 [정답률 69%]

정답 ⑤

→ 쌍곡선의 그래프를 그리고 나서 [보기]의 조건에 맞게 직선을 움직인다.

쌍곡선 $\dfrac{x^2}{2}-\dfrac{y^2}{18}=1$과 직선 $y=ax+b$ (a, b는 상수)의 교점의 개수에 대한 설명 중 옳은 내용을 [보기]에서 모두 고른 것은? (3점)

→ 쌍곡선의 점근선을 기준으로 생각해 본다.

[보기]
ㄱ. $a=-4$이고 $b=0$일 때 교점은 없다.
ㄴ. $a=3$이고 $b>0$일 때 교점은 1개이다.
ㄷ. $a=\dfrac{1}{3}$이고 $b<0$일 때 교점은 2개이다.

① ㄱ　② ㄴ　③ ㄱ, ㄷ　④ ㄴ, ㄷ　⑤ ㄱ, ㄴ, ㄷ

Step 1 점근선을 이용하여 쌍곡선과 직선의 교점의 개수를 판단한다.

쌍곡선 $\dfrac{x^2}{2}-\dfrac{y^2}{18}=1$의 점근선의 방정식은 $y=\pm\dfrac{3\sqrt{2}}{\sqrt{2}}x=\pm3x$

→ 중요 쌍곡선 $\dfrac{x^2}{a^2}-\dfrac{y^2}{b^2}=1$ $(a>0, b>0)$의 점근선의 방정식은 $y=\pm\dfrac{b}{a}x$이다.

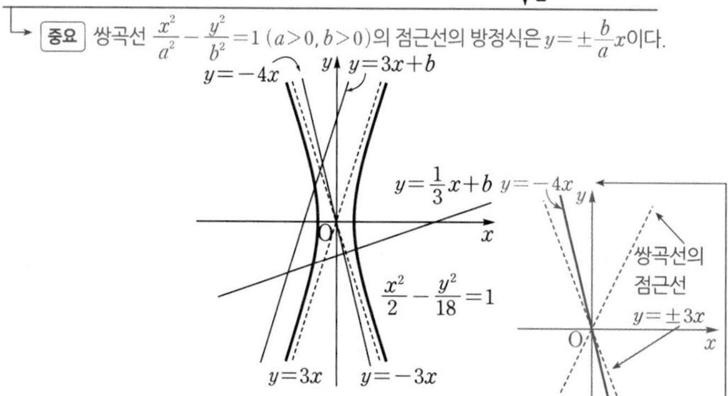

ㄱ. $a=-4$, $b=0$이면 직선 $y=-4x$는 쌍곡선과 만나지 않으므로 교점은 없다. (참)

ㄴ. $a=3$, $b>0$이면 직선 $y=3x+b$ $(b>0)$는 쌍곡선의 점근선과 평행하므로 쌍곡선과 한 점에서 만난다. 즉, 교점은 1개이다. 중요 (참)

ㄷ. $a=\dfrac{1}{3}$, $b<0$이면 직선 $y=\dfrac{1}{3}x+b$ $(b<0)$는 쌍곡선과 두 점에서 만난다. 즉, 교점은 2개이다. (참)

따라서 옳은 것은 ㄱ, ㄴ, ㄷ이다.

202

정답 ③

그림과 같이 쌍곡선 $\frac{x^2}{2}-\frac{y^2}{2}=1$의 점근선에 접하면서 중심이 y축 위에 있는 원 C의 중심인 점 C와 쌍곡선의 한 초점 F를 잇는 직선이 제1사분면에서 점근선 및 쌍곡선과 만나는 점을 각각 P, Q라 하자. 삼각형 CF′Q의 둘레의 길이를 l_1, 삼각형 QF′F의 둘레의 길이를 l_2라 할 때, l_1-l_2의 값은?

(단, 점 P는 원 C와 점근선의 접점이다.) (4점)

→ 점근선의 방정식은 $y=x$, $y=-x$이다.

→ 원 C가 점근선에 접하는 것을 이용하여 중심 C의 좌표를 구한다.

→ 각 선분의 합과 차로 나타낸다.

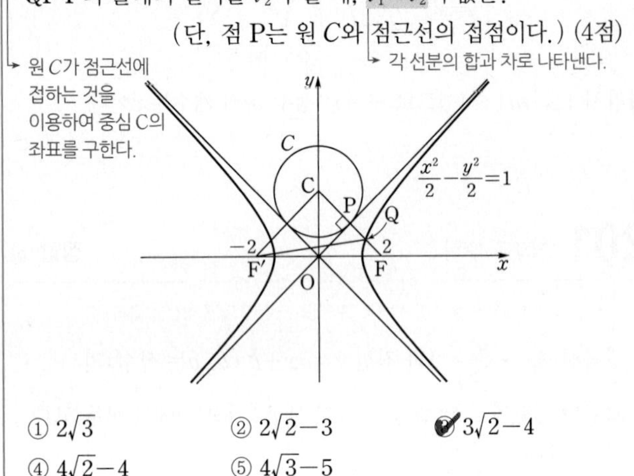

① $2\sqrt{3}$ ② $2\sqrt{2}-3$ ③ $3\sqrt{2}-4$ ④ $4\sqrt{2}-4$ ⑤ $4\sqrt{3}-5$

Step 1 쌍곡선의 점근선을 구한 후 직선 CF의 y절편을 이용하여 선분 CF′의 길이를 구한다.

쌍곡선 $\frac{x^2}{2}-\frac{y^2}{2}=1$의 점근선의 방정식은

$y=-x$, $y=x$

→ 쌍곡선 $\frac{x^2}{a^2}-\frac{y^2}{b^2}=1$ $(a>0, b>0)$의 점근선의 방정식은 $y=\pm\frac{b}{a}x$이다.

초점 F, F′의 좌표는 $(\pm\sqrt{2+2}, 0)$, 즉 F$(2, 0)$, F′$(-2, 0)$

원 C가 점 P에서 쌍곡선의 점근선에 접하므로 직선 CF는 점근선과 수직이다. → 점근선과 직선 CF의 기울기의 곱이 -1이다.

따라서 직선 CF의 기울기는 -1이고 점 F$(2, 0)$이므로

직선 CF의 방정식은

$y=-(x-2)=-x+2$

$\therefore \overline{OC}=2$ → C$(0, 2)$

삼각형 CF′O에서 피타고라스 정리에 의하여

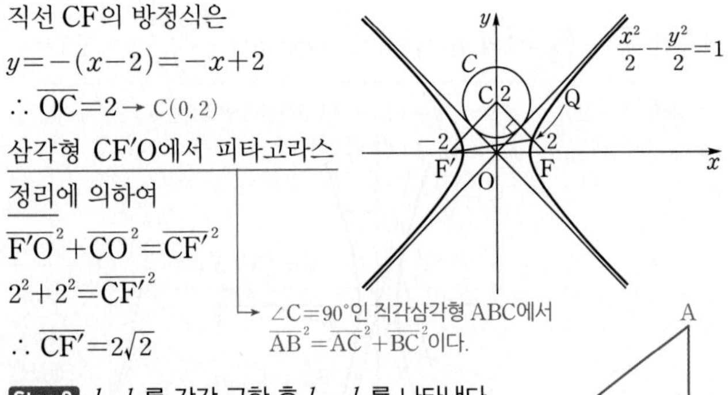

$\overline{F'O}^2+\overline{CO}^2=\overline{CF'}^2$

$2^2+2^2=\overline{CF'}^2$

$\therefore \overline{CF'}=2\sqrt{2}$

→ $\angle C=90°$인 직각삼각형 ABC에서 $\overline{AB}^2=\overline{AC}^2+\overline{BC}^2$이다.

Step 2 l_1, l_2를 각각 구한 후 l_1-l_2를 나타낸다.

삼각형 CF′Q의 둘레의 길이 l_1은

$l_1=\overline{CF'}+\overline{QF'}+\overline{CQ}=2\sqrt{2}+\overline{QF'}+\overline{CQ}$

삼각형 QF′F의 둘레의 길이 l_2는

$l_2=\overline{QF'}+\overline{QF}+\overline{FF'}=\overline{QF'}+\overline{QF}+4$

$\therefore l_1-l_2=2\sqrt{2}-4+\overline{CQ}-\overline{QF}$

Step 3 점 Q의 x좌표를 이용하여 삼각형의 닮음비를 구한 후 l_1-l_2의 값을 구한다.

→ $\overline{CQ}-\overline{QF}$의 값을 구하면 된다.

점 Q는 쌍곡선 $\frac{x^2}{2}-\frac{y^2}{2}=1$과 직선 $y=-x+2$의 교점이므로 쌍곡선과 직선의 방정식을 연립하면 → 쌍곡선의 방정식에 y 대신 $-x+2$를 대입한다.

$\frac{x^2}{2}-\frac{(-x+2)^2}{2}=1$, $x^2-(-x+2)^2=2$, $4x=6$

$\therefore x=\frac{3}{2}$

따라서 점 Q에서 y축에 내린 수선의 발을 H라 하면

$\overline{HQ}:\overline{OF}=\frac{3}{2}:2=3:4$이므로 → 점 Q의 x좌표

$\overline{CQ}:\overline{QF}=3:1$ → $\because \overline{CQ}:\overline{CF}=3:4$

$\overline{CF}=\sqrt{2^2+2^2}=2\sqrt{2}$이므로

$\overline{CQ}=\frac{3}{4}\times2\sqrt{2}=\frac{3\sqrt{2}}{2}$

$\overline{QF}=\frac{1}{4}\times2\sqrt{2}=\frac{\sqrt{2}}{2}$

$\therefore \overline{CQ}-\overline{QF}=\frac{3\sqrt{2}}{2}-\frac{\sqrt{2}}{2}=\sqrt{2}$

$\therefore l_1-l_2=2\sqrt{2}-4+\overline{CQ}-\overline{QF}$

$=2\sqrt{2}-4+\sqrt{2}=3\sqrt{2}-4$

두 삼각형 CHQ와 COF는 서로 닮음이다.

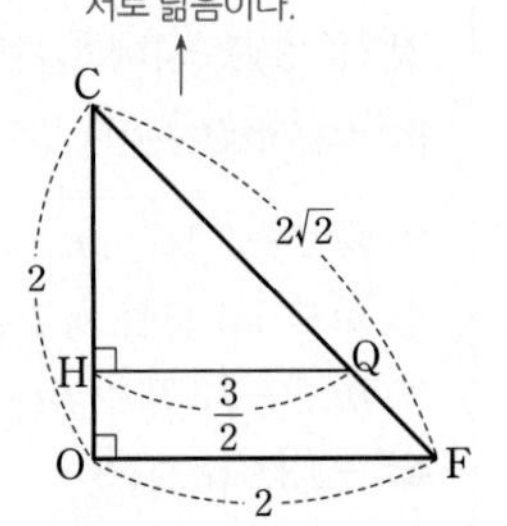

삼각형의 닮음을 이용하는 문제가 많이 출제되고 있어. 도형의 닮음에 대해 다시 한번 정리해!

203

정답 6

→ 점 P와 초점 사이의 거리와 준선 $x=-p$ 사이의 거리가 서로 같다.

그림과 같이 꼭짓점이 원점 O이고 초점이 F$(p, 0)$ $(p>0)$인 포물선이 있다. 포물선 위의 점 P, x축 위의 점 Q, 직선 $x=p$ 위의 점 R에 대하여 삼각형 PQR는 정삼각형이고 직선 PR는 x축과 평행하다. 직선 PQ가 점 S$(-p, \sqrt{21})$을 지날 때, $\overline{QF}=\frac{a+b\sqrt{7}}{6}$이다. $a+b$의 값을 구하시오. (단, a와 b는 정수이고, 점 P는 제1사분면 위의 점이다.) (4점)

→ x축과 이루는 예각의 크기가 $60°$이다.

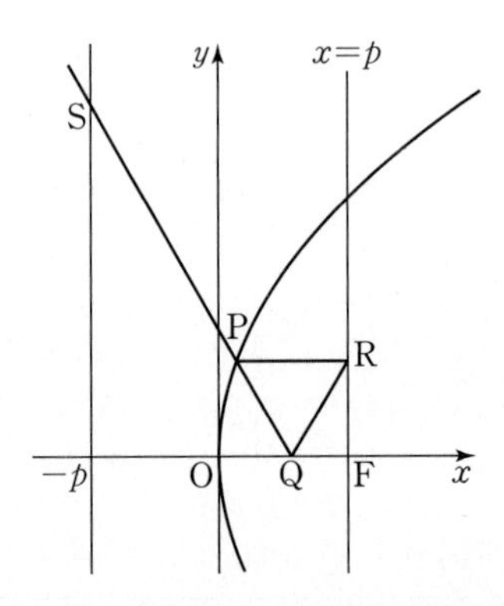

Step 1 각 선분의 길이를 한 문자를 이용하여 나타낸다.

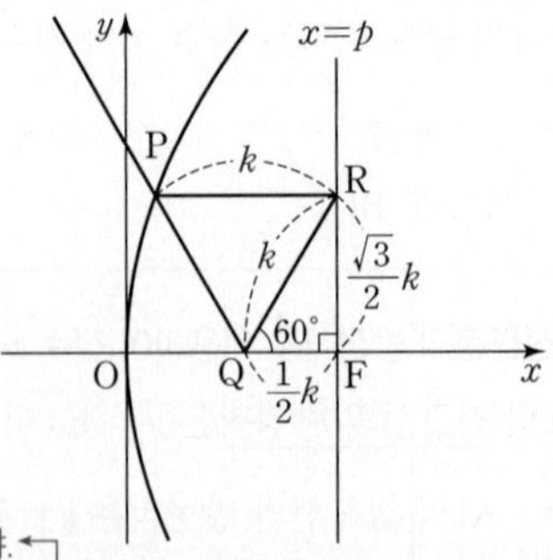

한 내각의 크기가 $60°$야.

삼각형 PQR는 정삼각형이고 직선 PR가 x축과 평행하므로

$\angle RQF=\angle PRQ=60°$ → 엇각의 성질을 이용!

정삼각형 PQR의 한 변의 길이를 $k\ (k>0)$라 하면
직각삼각형 RQF에서

$\overline{QF}=\overline{RQ}\cos 60^\circ=k\times\frac{1}{2}=\frac{1}{2}k$

$\overline{RF}=\overline{RQ}\sin 60^\circ=k\times\frac{\sqrt{3}}{2}=\frac{\sqrt{3}}{2}k$

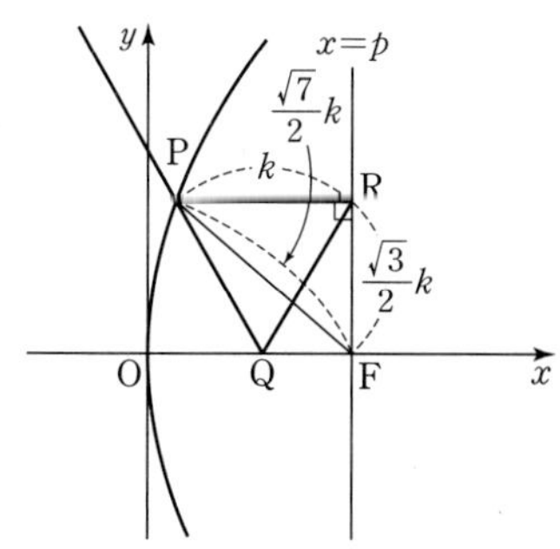

위 그림과 같이 선분 PF를 그으면 직각삼각형 PFR에서

$\overline{PF}^2=\overline{PR}^2+\overline{RF}^2=k^2+\left(\frac{\sqrt{3}}{2}k\right)^2=\frac{7}{4}k^2$

$\therefore \overline{PF}=\frac{\sqrt{7}}{2}k$

Step 2 포물선의 정의를 이용하여 점 Q와 준선 사이의 거리를 구한다.

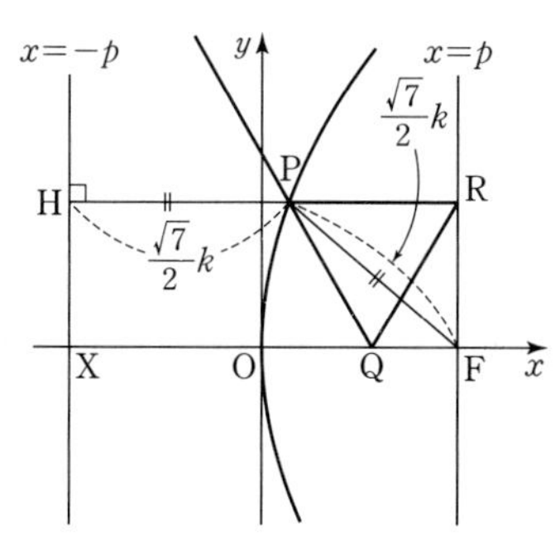

점 P에서 포물선의 준선 $x=-p$에 내린 수선의 발을 H라 하면

$\overline{PH}=\overline{PF}=\frac{\sqrt{7}}{2}k$ → 포물선의 정의를 이용하였어.

이때 준선 $x=-p$와 x축의 교점을 X라 하면

$\overline{XQ}=\overline{HR}-\overline{QF}=(\overline{PH}+\overline{PR})-\overline{QF}$

$=\left(\frac{\sqrt{7}}{2}k+k\right)-\frac{1}{2}k$

$=\frac{\sqrt{7}}{2}k+\frac{1}{2}k$

$=\frac{\sqrt{7}+1}{2}k$

Step 3 삼각비를 이용하여 k의 값을 구한다.

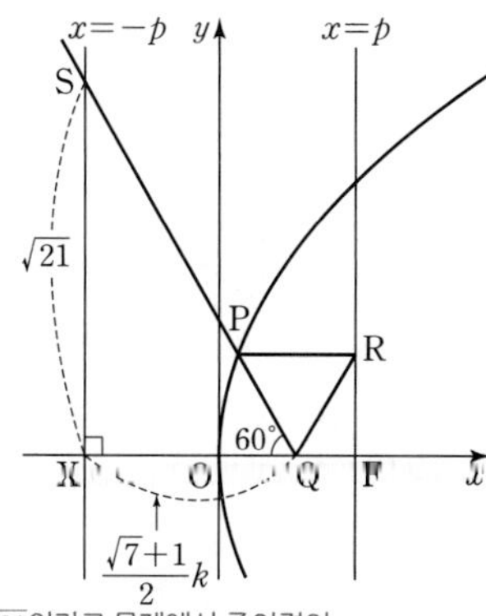

→ 점 S의 y좌표가 $\sqrt{21}$이라고 문제에서 주어졌어.

$\overline{SX}=\sqrt{21}$이고 $\angle SQX=60^\circ$이므로 직각삼각형 SQX에서
→ $\angle SQX=\angle RPQ=60^\circ$ (엇각)

$\tan 60^\circ=\frac{\overline{SX}}{\overline{XQ}}$, $\overline{SX}=\overline{XQ}\tan 60^\circ$

$\sqrt{21}=\frac{\sqrt{7}+1}{2}k\times\sqrt{3}$, $\sqrt{7}=\frac{\sqrt{7}+1}{2}k$

$\therefore k=\sqrt{7}\times\frac{2}{\sqrt{7}+1}$

$=\sqrt{7}\times\frac{2(\sqrt{7}-1)}{(\sqrt{7}+1)(\sqrt{7}-1)}$

$=\sqrt{7}\times\frac{2\sqrt{7}-2}{6}$

$=\frac{14-2\sqrt{7}}{6}=\frac{7-\sqrt{7}}{3}$ → **주의** 이 값이 선분 QF의 길이라고 착각하면 안 돼!

Step 4 $\overline{QF}$의 길이를 구한다.

$\overline{QF}=\frac{1}{2}k=\frac{1}{2}\times\frac{7-\sqrt{7}}{3}=\frac{7-\sqrt{7}}{6}$

따라서 $a=7$, $b=-1$이므로

$a+b=7+(-1)=6$

→ **Step 1**에서 구했어.

204 [정답률 41%]

정답 ⑤

두 양수 a, p에 대하여 포물선 $(y-a)^2=4px$의 초점을 F_1이라 하고, 포물선 $y^2=-4x$의 초점을 F_2라 하자. 선분 F_1F_2가 두 포물선과 만나는 점을 각각 P, Q라 할 때, $\overline{F_1F_2}=3$, $\overline{PQ}=1$이다. a^2+p^2의 값은? (4점)

① 6 ② $\frac{25}{4}$ ③ $\frac{13}{2}$ ④ $\frac{27}{4}$ ⑤ 7

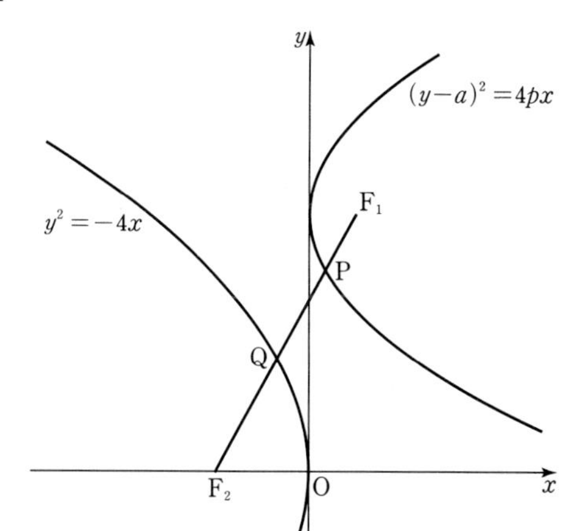

Step 1 보조선을 그은 후, 포물선의 정의를 이용하여 선분의 길이를 p에 대한 식으로 나타낸다.

포물선 $(y-a)^2=4px$의 초점 F_1의 좌표는 $(p,\ a)$, 포물선 $y^2=-4x$의 초점 F_2의 좌표는 $(-1,\ 0)$

점 F_1에서 x축에 내린 수선의 발을 H라 하면 $H(p,\ 0)$

오른쪽 그림과 같이 직각삼각형 F_1F_2H에서

$\overline{F_1F_2}=3$, $\overline{F_2H}=1+p$ → $\overline{OF_2}+\overline{OH}=1+p$

점 P에서 x축에 내린 수선의 발을 P′, 선분 F_1P의 길이를 t라 하면

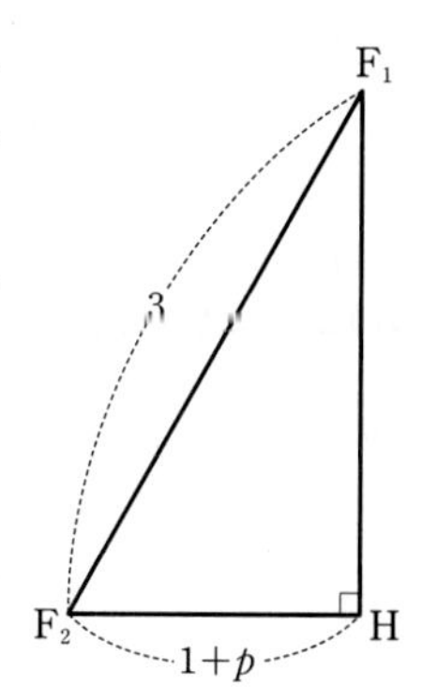

포물선 $(y-a)^2=4px$에서 준선 $x=-p$와 점 P 사이의 거리가 t이므로 $\overline{P'H}=2p-t$
→ 준선 $x=-p$와 점 F_1 사이의 거리

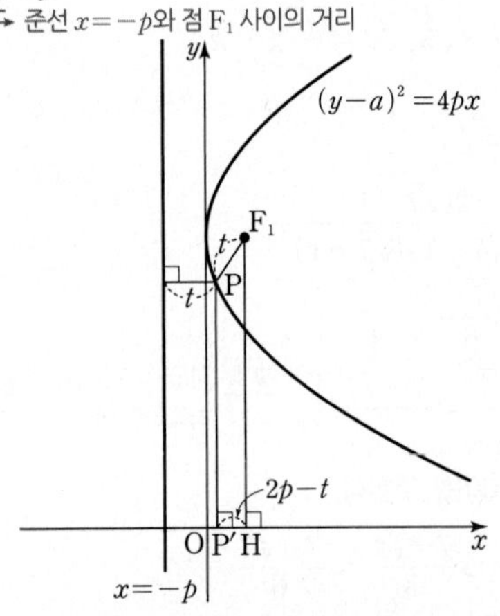

점 Q에서 x축에 내린 수선의 발을 Q′, 선분 F_2Q의 길이를 s라 하면 포물선 $y^2=-4x$에서 준선 $x=1$과 점 Q 사이의 거리가 s이므로 $\overline{F_2Q'}=2-s$

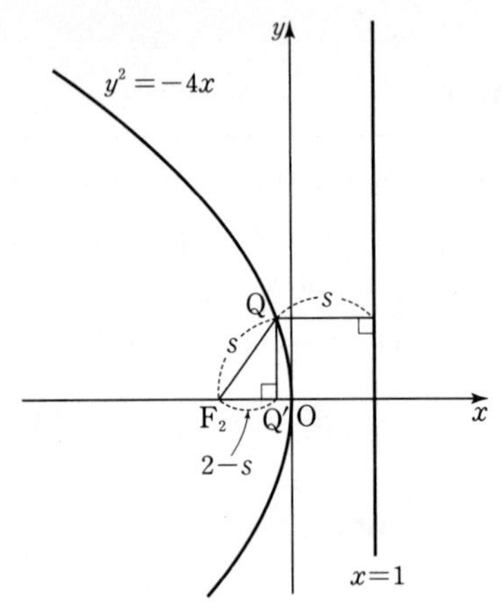

오른쪽 그림과 같이 직각삼각형 F_1F_2H에서
$\overline{F_1F_2}=3$, $\overline{PQ}=1$이므로 $s+t=2$
또한, $\overline{F_2H}=1+p$이므로 → Step1에서 구했어.

$\overline{Q'P'}=1+p-(2-s+2p-t)$
$=1+p-2p$
$=1-p$

→ $=2+2p-(s+t)$
$=2+2p-2$
$=2p$

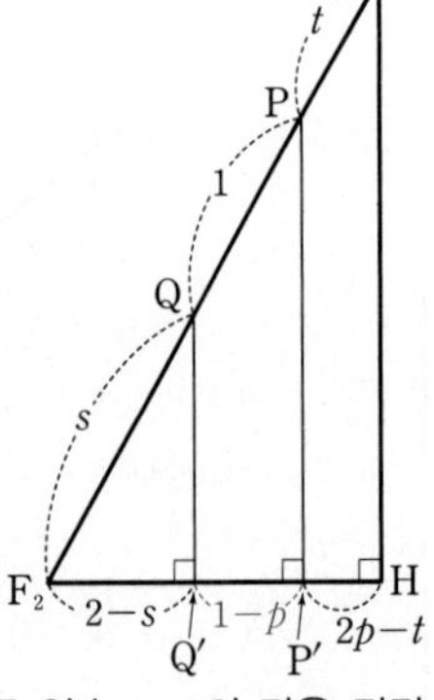

Step 2 닮음과 피타고라스 정리를 이용하여 두 양수 a, p의 값을 각각 구한다.

점 P에서 점 Q를 지나면서 x축과 평행한 직선에 내린 수선의 발을 I라 하면 직각삼각형 F_1F_2H와 직각삼각형 PQI는 닮음이고, 그 닮음비는 3 : 1이므로
→ $\angle F_1F_2H=\angle PQI$ (∵ 동위각), $\angle F_1HF_2=\angle PIQ=90°$이므로 AA 닮음

$\overline{F_2H}:\overline{QI}=1+p:1-p=3:1$
$3(1-p)=1+p$, $3-3p=1+p$
$4p=2$ $\quad\therefore p=\dfrac{1}{2}$

직각삼각형 F_1F_2H에서 피타고라스 정리에 의하여

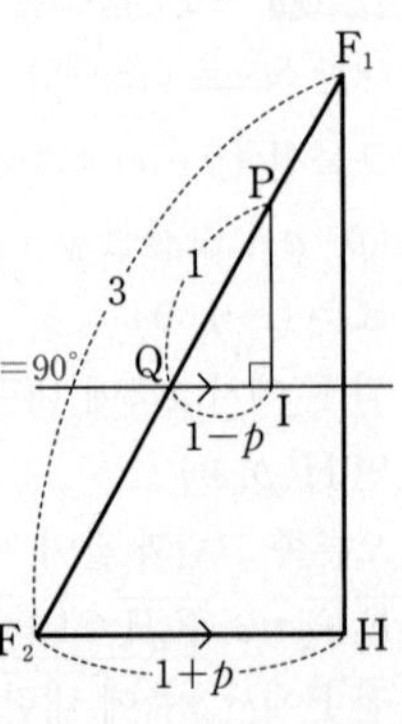

$$\overline{F_1H}=\sqrt{\overline{F_1F_2}^2-\overline{F_2H}^2}=\sqrt{3^2-\left(\frac{3}{2}\right)^2}=\frac{3\sqrt{3}}{2}$$
→ $1+p$에서 $p=\frac{1}{2}$이므로 $\overline{F_2H}=1+\frac{1}{2}=\frac{3}{2}$

Step 3 a^2+p^2의 값을 구한다.

$a=\dfrac{3\sqrt{3}}{2}$, $p=\dfrac{1}{2}$이므로

$$a^2+p^2=\left(\frac{3\sqrt{3}}{2}\right)^2+\left(\frac{1}{2}\right)^2=\frac{27}{4}+\frac{1}{4}=\frac{28}{4}=7$$

205 [정답률 8%]

정답 384

그림과 같이 꼭짓점이 A_1이고 초점이 F_1인 포물선 P_1과 꼭짓점이 A_2이고 초점이 F_2인 포물선 P_2가 있다. 두 포물선의 준선은 모두 직선 F_1F_2와 평행하고, 두 선분 A_1A_2, F_1F_2의 중점은 서로 일치한다.
두 포물선 P_1, P_2가 서로 다른 두 점에서 만날 때 두 점 중에서 점 A_2에 가까운 점을 B라 하자. 포물선 P_1이 선분 F_1F_2와 만나는 점을 C라 할 때, 두 점 B, C가 다음 조건을 만족시킨다.

(가) $\overline{A_1C}=5\sqrt{5}$
(나) $\overline{F_1B}-\overline{F_2B}=\dfrac{48}{5}$

삼각형 BF_2F_1의 넓이가 S일 때, $10S$의 값을 구하시오.
(단, $\angle F_1F_2B<90°$) (4점)

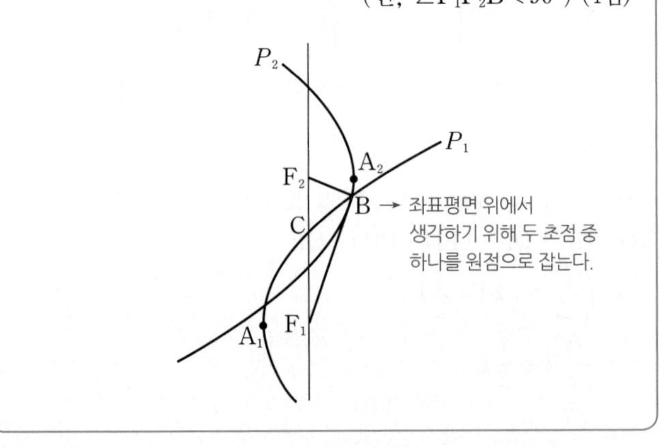

Step 1 점 F_1이 원점이 되도록 두 포물선을 좌표평면에 나타내고 포물선 P_1의 방정식을 $y^2=4p(x+p)$ $(p>0)$라 할 때 p의 값을 구한다.

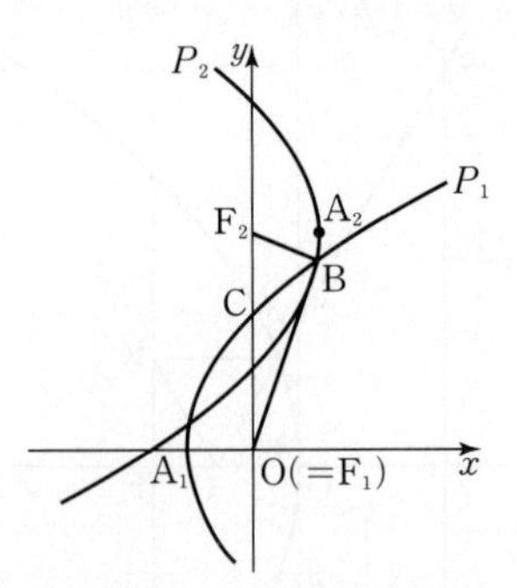

위의 그림과 같이 좌표평면에서 점 F_1을 원점, 직선 A_1F_1을 x축, 직선 F_1F_2를 y축이라 하고, 포물선 P_1의 방정식을 $y^2=4p(x+p)$ $(p>0)$라 하자.

$y^2=4p(x+p)$에 $x=0$을 대입하면

$y^2=4p^2 \quad \therefore y=\pm 2p\ (\because p>0)$ → $y^2=4p(x+p)$에서 $y=0$일 때 $x=-p \quad \therefore A_1(-p, 0)$

따라서 $C(0, 2p)$, $A_1(-p, 0)$이므로

$\overline{A_1C}=5\sqrt{5}$에서 $\sqrt{p^2+(2p)^2}=5\sqrt{5}$, $\sqrt{5}p=5\sqrt{5}$

$\therefore p=5$ → 조건 (가)

Step 2 두 선분 A_1A_2, F_1F_2의 중점이 일치하면 사각형 $A_1F_1A_2F_2$가 평행사변형임을 이용한다.

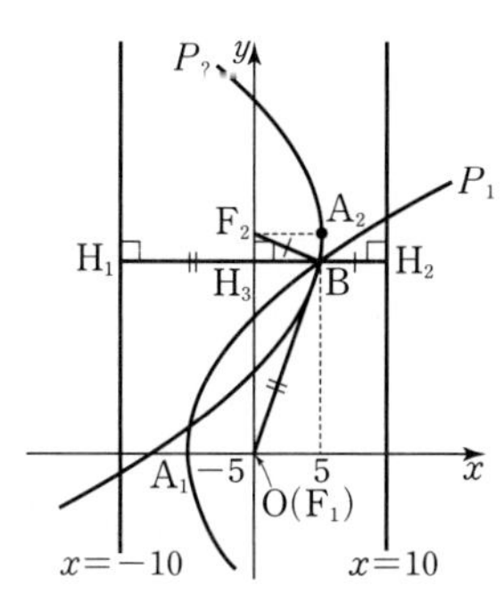

두 선분 A_1A_2, F_1F_2의 중점이 서로 일치하므로

□$A_1F_1A_2F_2$는 평행사변형이다.

따라서 $\overline{A_1F_1}=\overline{A_2F_2}$이고 포물선 P_1의 준선의 방정식은 $x=-10$, 포물선 P_2의 준선의 방정식은 $x=10$이다. → 포물선 P_1 위의 점

위의 그림과 같이 점 B에서 직선 $x=-10$에 내린 수선의 발을 H_1이라 하면 $\overline{F_1B}=\overline{H_1B}$ → 포물선 P_2 위의 점

점 B에서 직선 $x=10$에 내린 수선의 발을 H_2라 하면 $\overline{F_2B}=\overline{H_2B}$

$\overline{F_1B}+\overline{F_2B}=\overline{H_1B}+\overline{H_2B}=10-(-10)=20$ → 두 준선 $x=10$, $x=-10$ 사이의 거리

조건 (나)에서 $\overline{F_1B}-\overline{F_2B}=\dfrac{48}{5}$이므로 $\overline{F_1B}=\dfrac{74}{5}$, $\overline{F_2B}=\dfrac{26}{5}$

Step 3 점 B에서 선분 F_1F_2에 내린 수선의 발 H_3을 이용하여 선분 F_1F_2의 길이를 구한다. → $\overline{F_1B}+\overline{F_2B}=20$, $\overline{F_1B}-\overline{F_2B}=\dfrac{48}{5}$을 연립한다.

점 B에서 선분 F_1F_2에 내린 수선의 발을 H_3이라 할 때,

$\overline{BH_3}=10-\overline{H_2B}=10-\overline{F_2B}=\dfrac{24}{5}$

$\triangle BH_3F_2$에서 → 직각삼각형

$\overline{F_2H_3}=\sqrt{\overline{F_2B}^2-\overline{BH_3}^2}=\sqrt{\left(\dfrac{26}{5}\right)^2-\left(\dfrac{24}{5}\right)^2}=2$

→ $\left(\dfrac{26}{5}+\dfrac{24}{5}\right)\left(\dfrac{26}{5}-\dfrac{24}{5}\right)=10\times\dfrac{2}{5}=4$

$\triangle BH_3F_1$에서

$\overline{F_1H_3}=\sqrt{\overline{F_1B}^2-\overline{BH_3}^2}=\sqrt{\left(\dfrac{74}{5}\right)^2-\left(\dfrac{24}{5}\right)^2}=14$

→ $\left(\dfrac{74}{5}+\dfrac{24}{5}\right)\left(\dfrac{74}{5}-\dfrac{24}{5}\right)=\dfrac{98}{5}\times 10=196$

$\therefore \overline{F_1F_2}=\overline{F_1H_3}+\overline{F_2H_3}=14+2=16$

Step 4 $\triangle BF_2F_1=\dfrac{1}{2}\times\overline{F_1F_2}\times\overline{BH_3}$임을 이용한다.

$S=\dfrac{1}{2}\times\overline{F_1F_2}\times\overline{BH_3}=\dfrac{1}{2}\times 16\times\dfrac{24}{5}$이므로

$10S=10\times\left(\dfrac{1}{2}\times 16\times\dfrac{24}{5}\right)=384$

206 [정답률 10%]

정답 63

그림과 같이 두 초점이 $F(c, 0)$, $F'(-c, 0)(c>0)$인 타원 $\dfrac{x^2}{16}+\dfrac{y^2}{7}=1$ 위의 점 P에 대하여 직선 FP와 직선 F′P에 동시에 접하고 중심이 선분 F′F 위에 있는 원 C가 있다. (원의 중심 C와 두 접점을 연결.)
원 C의 중심을 C, 직선 F′P가 원 C와 만나는 점을 Q라 할 때, $2\overline{PQ}=\overline{PF}$이다. $24\times\overline{CP}$의 값을 구하시오.
(단, 점 P는 제1사분면 위의 점이다.) (4점)

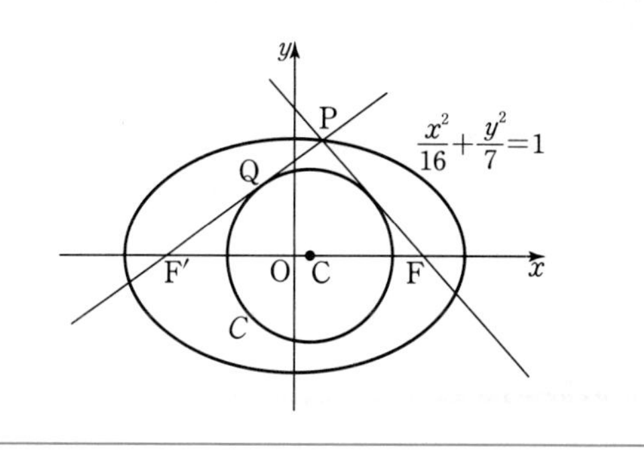

Step 1 $\overline{PQ}=k$, $\overline{CP}=t$라 두고 각 변의 길이를 문자로 나타낸다.

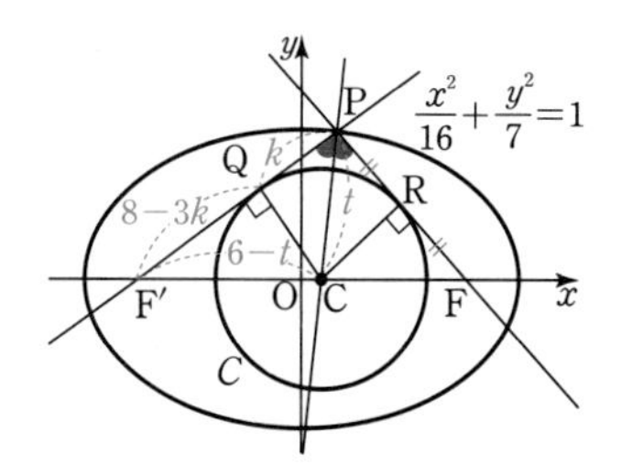

타원의 두 초점의 좌표가 $(c, 0)$, $(-c, 0)$이므로

$c^2=16-7=9 \quad \therefore c=3\ (\because c>0)$

따라서 $\overline{FF'}=2c=6$

직선 FP가 원 C와 접하는 점을 R라 하고 $\overline{PQ}=k$라 하면

$\overline{PF}=2\overline{PQ}=2k$이므로 $\overline{RF}=\overline{PF}-\overline{PR}=\overline{PF}-\overline{PQ}=k$

→ 점 P에서 원 C에 그은 접선의 접점이 Q, R이므로 $\overline{PQ}=\overline{PR}$

따라서 $\overline{PR}=\overline{RF}$이고, $\angle PRC=90°$이므로

두 삼각형 PCR, FCR가 서로 합동(SAS합동)이다.

$\overline{CP}=t$라 하면 $\overline{CP}=\overline{FC}$에서 $\overline{F'C}=6-t$ → 두 삼각형 PCR, FCR가 합동이기 때문이야.

$\overline{PF'}=\overline{PQ}+\overline{QF'}$이고 $\overline{PF'}+\overline{PF}=8$이므로 $\overline{QF'}=8-3k$ → 타원 위의 점에서 두 초점까지의 거리의 합은 장축의 길이와 같아.

점 P가 제1사분면 위의 점이므로 $\overline{PF'}>\overline{PF}$에서

$8-2k>2k \quad \therefore k<2$ …… ㉠

Step 2 각의 이등분선의 성질과 피타고라스 정리를 이용하여 k, t의 값을 각각 구한다.

삼각형 FPF′에서 $\angle F'PC=\angle CPF$이므로

$\overline{PF'}:\overline{PF}=\overline{F'C}:\overline{CF}$ → 각의 이등분선의 성질을 이용.

$(8-2k):2k=(6-t):t \quad \therefore t=\dfrac{3}{2}k$ …… ㉡

점 Q는 점 C에서 선분 PF′에 내린 수선의 발이므로

$\overline{F'C}^2-\overline{F'Q}^2=\overline{CP}^2-\overline{PQ}^2$ → 두 삼각형 F′CQ, PQC에서 각각 피타고라스 정리를 이용.

$(6-t)^2-(8-3k)^2=t^2-k^2$

㉡을 위의 식에 대입하면

$\left(6-\dfrac{3}{2}k\right)^2-(8-3k)^2=\left(\dfrac{3}{2}k\right)^2-k^2$

$36-18k+\dfrac{9}{4}k^2-(64-48k+9k^2)=\dfrac{9}{4}k^2-k^2$

$4k^2-15k+14=0$, $(k-2)(4k-7)=0$

이때 ㉠에서 $k<2$이므로 $k=\frac{7}{4}$

이를 ㉡에 대입하면 $t=\frac{3}{2}\times\frac{7}{4}=\frac{21}{8}$

$\therefore 24\times\overline{\mathrm{CP}}=24\times t=24\times\frac{21}{8}=63$

207 [정답률 54%]

정답 ③

→ 점 P의 좌표를 (x, y)로 놓고 $\overline{\mathrm{AP}}$를 x, y, t로 나타낸다.

쌍곡선 $x^2-y^2=1$ 위의 점 P와 x축 위의 점 $\mathrm{A}(t, 0)$이 있다. $\overline{\mathrm{AP}}$의 최솟값을 $f(t)$라 할 때, [보기]에서 옳은 것만을 있는 대로 고른 것은? (4점)

[보기]

ㄱ. $f(0)=1$

ㄴ. 방정식 $f(t)=\frac{1}{3}$의 실근의 개수는 4이다.

ㄷ. 함수 $f(t)$가 미분가능하지 않은 t의 값의 개수는 5이다.

① ㄱ ② ㄷ ③ ㄱ, ㄴ ④ ㄴ, ㄷ ⑤ ㄱ, ㄴ, ㄷ

Step 1 $\overline{\mathrm{AP}}^2$의 최솟값을 구하여 함수 $f(t)$의 그래프를 그린다.

쌍곡선 $x^2-y^2=1$ 위의 점 P의 좌표를 (x, y)라 하면 x축 위의 점 $\mathrm{A}(t, 0)$에 대하여

$\overline{\mathrm{AP}}^2=(x-t)^2+(y-0)^2$

$=(x-t)^2+x^2-1$ → 점 $\mathrm{P}(x, y)$는 쌍곡선 $x^2-y^2=1$ 위의 점이므로 $y^2=x^2-1$

→ $=2x^2-2tx+t^2-1=2\left(x^2-tx+\frac{t^2}{4}\right)+\frac{t^2}{2}-1$

$=2\left(x-\frac{t}{2}\right)^2+\frac{t^2}{2}-1$

이때 $x^2=y^2+1\geq 1$이므로 $|x|\geq 1$

즉, $|x|\geq 1$에서 $\frac{t}{2}$의 값에 따라 $\overline{\mathrm{AP}}^2$의 최솟값이 달라지므로 t의 값의 범위에 따라 경우를 나누어 함수 $f(t)$를 구해 보자.

(i) $\frac{t}{2}\leq -1$ 또는 $\frac{t}{2}\geq 1$인 경우 → $t\leq -2$ 또는 $t\geq 2$

이차함수 $y=2\left(x-\frac{t}{2}\right)^2+\frac{t^2}{2}-1$의 최솟값은 이차함수의 그래프의 꼭짓점의 y좌표이다. → $\left(\frac{t}{2}, \frac{t^2}{2}-1\right)$

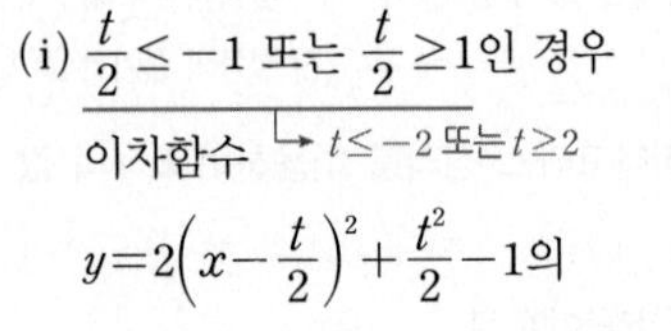
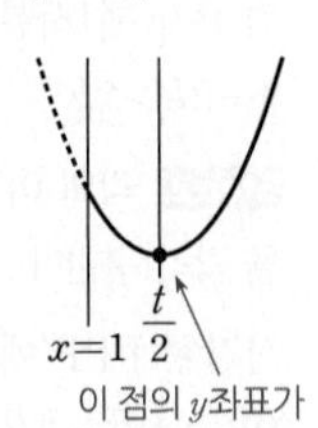

$\therefore f(t)=\sqrt{\frac{t^2}{2}-1}$

(ii) $-1<\frac{t}{2}<0$인 경우 → $-2<t<0$

이차함수 $y=2\left(x-\frac{t}{2}\right)^2+\frac{t^2}{2}-1$의 최솟값은 $x=-1$일 때의 함숫값이다.

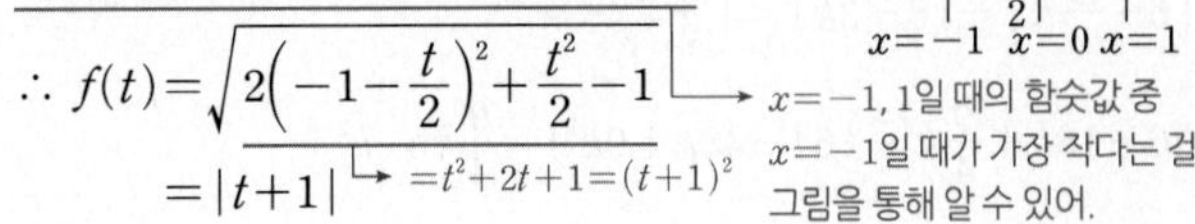
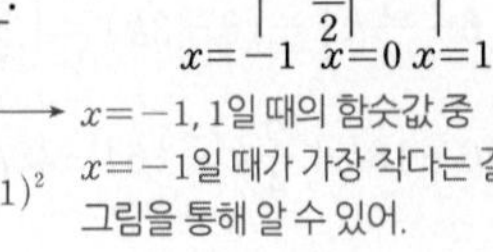

$\therefore f(t)=\sqrt{2\left(-1-\frac{t}{2}\right)^2+\frac{t^2}{2}-1}$ → $x=-1, 1$일 때의 함숫값 중 $x=-1$일 때가 가장 작다는 걸 그림을 통해 알 수 있어.

$=|t+1|$ → $=t^2+2t+1=(t+1)^2$

(iii) $0\leq\frac{t}{2}<1$인 경우 → $0\leq t<2$

이차함수 $y=2\left(x-\frac{t}{2}\right)^2+\frac{t^2}{2}-1$의 최솟값은 $x=1$일 때의 함숫값이다.

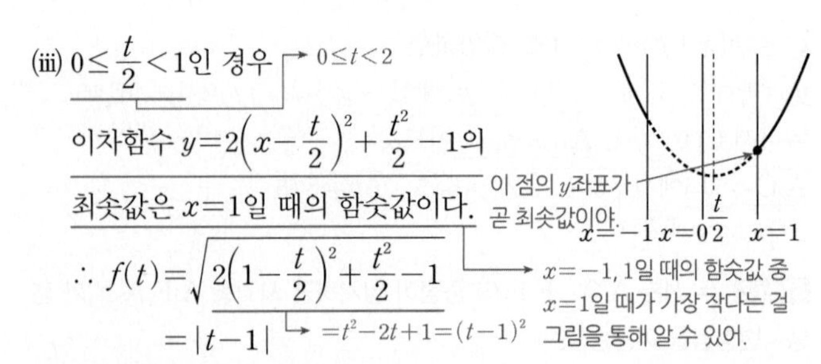

$\therefore f(t)=\sqrt{2\left(1-\frac{t}{2}\right)^2+\frac{t^2}{2}-1}$ → $x=-1, 1$일 때의 함숫값 중 $x=1$일 때가 가장 작다는 걸 그림을 통해 알 수 있어.

$=|t-1|$ → $=t^2-2t+1=(t-1)^2$

그러므로 (i)~(iii)에 의하여

$$f(t)=\begin{cases}\sqrt{\frac{t^2}{2}-1} & (t\leq -2 \text{ 또는 } t\geq 2)\\ |t+1| & (-2<t<0)\\ |t-1| & (0\leq t<2)\end{cases}$$

이므로 $s=f(t)$의 그래프는 다음과 같다.

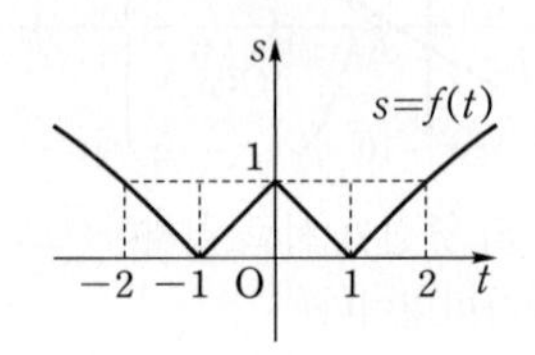

Step 2 [보기]의 ㄱ, ㄴ, ㄷ의 참, 거짓을 판별한다.

ㄱ. $f(t)=|t-1|$에 $t=0$을 대입하면

$f(0)=|0-1|=1$ (참)

ㄴ. 직선 $s=\frac{1}{3}$과 함수 $s=f(t)$의 그래프의 교점의 개수는 4이므로

방정식 $f(t)=\frac{1}{3}$의 실근의 개수는 4이다. (참)

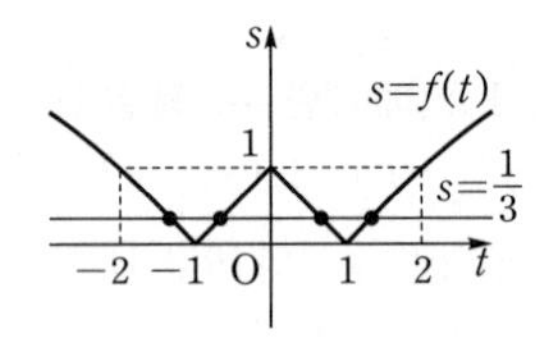

ㄷ. $\lim_{t\to 1+}\frac{f(t)-f(1)}{t-1}=1\neq\lim_{t\to 1-}\frac{f(t)-f(1)}{t-1}=-1$

$\lim_{t\to 0+}\frac{f(t)-f(0)}{t-0}=-1\neq\lim_{t\to 0-}\frac{f(t)-f(0)}{t-0}=1$

$\lim_{t\to -1+}\frac{f(t)-f(-1)}{t-(-1)}=1\neq\lim_{t\to -1-}\frac{f(t)-f(-1)}{t-(-1)}=-1$

이므로 함수 $f(t)$는 $t=-1, 0, 1$에서 미분가능하지 않다.

한편

$\lim_{t\to 2+}\frac{f(t)-f(2)}{t-2}=\lim_{t\to 2+}\frac{\sqrt{\frac{t^2}{2}-1}-1}{t-2}$

→ $=\frac{\sqrt{t^2-2}-\sqrt{2}}{\sqrt{2}(t-2)}=\frac{t^2-2-2}{\sqrt{2}(t-2)(\sqrt{t^2-2}+\sqrt{2})}=\frac{(t-2)(t+2)}{\sqrt{2}(t-2)(\sqrt{t^2-2}+\sqrt{2})}$

$=\lim_{t\to 2+}\frac{t+2}{\sqrt{2}(\sqrt{t^2-2}+\sqrt{2})}$

$=1$

$\lim_{t\to 2-}\frac{f(t)-f(2)}{t-2}=\lim_{t\to 2-}\frac{|t-1|-1}{t-2}=1$ → $=\frac{(t-1)-1}{t-2}=\frac{t-2}{t-2}$

따라서 함수 $f(t)$는 $t=2$에서 미분가능하고 같은 방법으로 $t=-2$에서도 미분가능하다.

그러므로 함수 $f(t)$가 미분가능하지 않은 t의 값은 $-1, 0, 1$뿐이므로 그 개수는 3이다. (거짓)

따라서 옳은 것은 ㄱ, ㄴ이다.

208 [정답률 38%]

정답 54

그림과 같이 두 초점이 F$(c, 0)$, F$'(-c, 0)$ $(c>0)$이고, 주축의 길이가 6인 쌍곡선 $\frac{x^2}{a^2}-\frac{y^2}{b^2}=1$과 점 A$(0, 5)$를 중심으로 하고 반지름의 길이가 1인 원 C가 있다.
제1사분면에 있는 쌍곡선 위를 움직이는 점 P와 원 C 위를 움직이는 점 Q에 대하여 $\overline{PQ}+\overline{PF'}$의 최솟값이 12일 때, a^2+3b^2의 값을 구하시오. (단, a와 b는 상수이다.) (4점)

→ 최솟값은 무조건 직선거리를 생각해야 해!

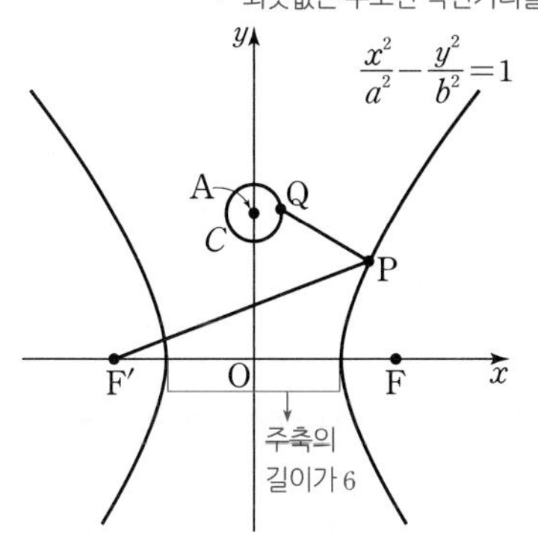

Step 1 쌍곡선의 정의를 이용하여 $\overline{PQ}+\overline{PF'}$이 최소일 때의 두 점 P, Q의 위치를 파악한다.

쌍곡선의 주축의 길이가 6이므로 $\frac{x^2}{a^2}-\frac{y^2}{b^2}=1$에서 $a^2=3^2=9$

점 P가 쌍곡선 $\frac{x^2}{9}-\frac{y^2}{b^2}=1$ 위의 점이므로

$\overline{PF'}-\overline{PF}=6$에서 $\overline{PF'}=\overline{PF}+6$

$\overline{PQ}+\overline{PF'}=\overline{PQ}+(\overline{PF}+6)=\overline{PQ}+\overline{PF}+6$

→ 쌍곡선의 정의를 이용한 거야.

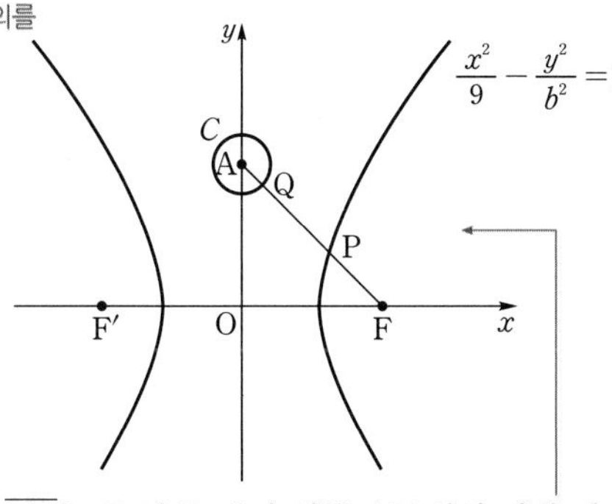

이때 $\overline{PQ}+\overline{PF}$는 두 점 P, Q가 선분 AF 위의 점일 때 최소이다.

Step 2 a^2+3b^2의 값을 구한다.

두 점 P, Q가 선분 AF 위의 점일 때

$\overline{PQ}+\overline{PF}=\overline{AF}-1=\sqrt{c^2+25}-1$

→ 원 C의 반지름의 길이

→ A$(0, 5)$, F$(c, 0)$이니까 선분 AF의 길이는 $\sqrt{c^2+25}$

$\overline{PQ}+\overline{PF'}$의 최솟값이 12이므로

$\overline{PQ}+\overline{PF'}=(\overline{PQ}+\overline{PF})+6\geq\sqrt{c^2+25}-1+6=12$

$\sqrt{c^2+25}=7$, $c^2+25=49$, $c^2=24$

$\therefore b^2=c^2-a^2=24-9=15$

$\therefore a^2+3b^2=9+3\times15=9+45=54$

209

정답 ④

초점이 F인 포물선 $y^2=4x$ 위의 점 P$(a, 6)$에 대하여 $\overline{PF}=k$이다. $a+k$의 값은? (3점)

① 16 ② 17 ③ 18 ④ 19 ⑤ 20

Step 1 a의 값을 구한다.

→ 포물선 $y^2=4px$의 초점의 좌표는 $(p, 0)$이야.

포물선 $y^2=4x$의 초점 F의 좌표는 $(1, 0)$

점 P$(a, 6)$은 포물선 $y^2=4x$ 위의 점이므로

$6^2=4a$ $\therefore a=9$ → 포물선의 방정식에 $x=a$, $y=6$ 대입!

Step 2 $\overline{PF}$의 길이를 구한다.

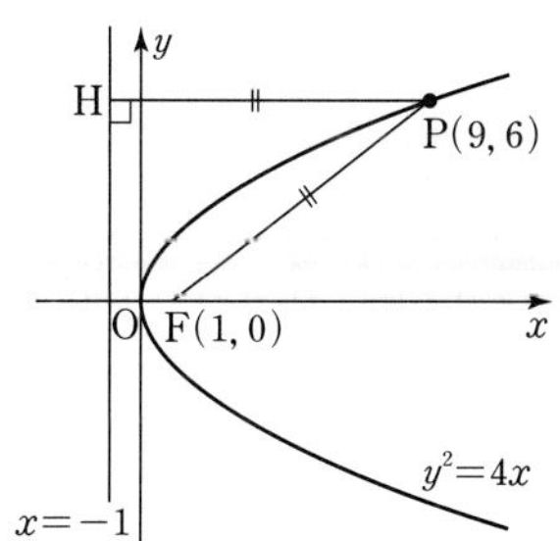

포물선 $y^2=4x$의 준선의 방정식은 $x=-1$

→ 포물선의 중요한 성질이니까 꼭 암기

포물선 위의 한 점에서 초점까지의 거리와 준선까지의 거리는 같으므로 점 P에서 직선 $x=-1$에 내린 수선의 발을 H라 하면

$\overline{PF}=\overline{PH}=9-(-1)=10$ $\therefore k=10$

$\therefore a+k=9+10=19$

다른 풀이 두 점 사이의 거리 공식을 이용하는 풀이

Step 1 동일

Step 2 두 점 사이의 거리 공식을 이용한다.

따라서 두 점 P$(9, 6)$, F$(1, 0)$에 대하여

$\overline{PF}=\sqrt{(1-9)^2+(0-6)^2}=\sqrt{100}=10$

이므로 $k=10$

$\therefore a+k=9+10=19$

210

정답 23

초점이 F인 포물선 $y^2=4px$ $(p>0)$이 점 $(-p, 0)$을 지나는 직선과 두 점 A, B에서 만나고 $\overline{FA}:\overline{FB}=1:3$이다.
점 B에서 x축에 내린 수선의 발을 H라 할 때, 삼각형 BFH의 넓이는 $46\sqrt{3}$이다. p^2의 값을 구하시오. (4점)

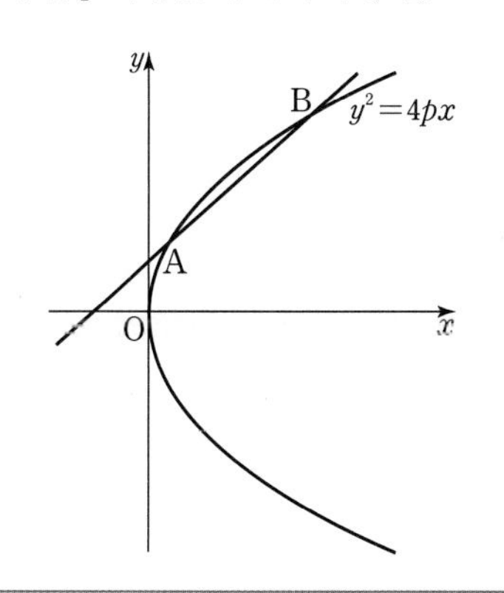

Step 1 점의 좌표를 미지수를 이용하여 나타낸다.

$\overline{FA}=k$라 하면 $\overline{FA}:\overline{FB}=1:3$에서 $\overline{FB}=3k$ → 포물선 $y^2=4px$의 준선

두 점 A, B에서 직선 $x=-p$에 내린 수선의 발을 각각 A′, B′이라 하면 포물선의 정의에 의하여 $\overline{AA'}=\overline{FA}=k$, $\overline{BB'}=\overline{FB}=3k$

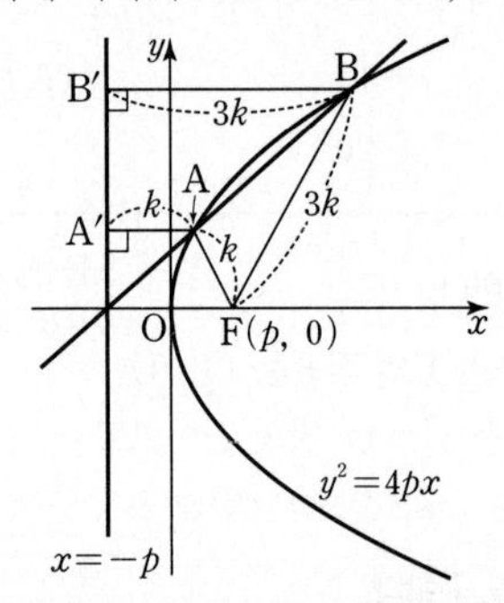

$\therefore$ A$(k-p,\ \sqrt{4p(k-p)})$, B$(3k-p,\ \sqrt{4p(3k-p)})$

또한 점 B에서 x축에 내린 수선의 발이 H이므로 H$(3k-p,\ 0)$

Step 2 k와 p의 관계식을 구한다.

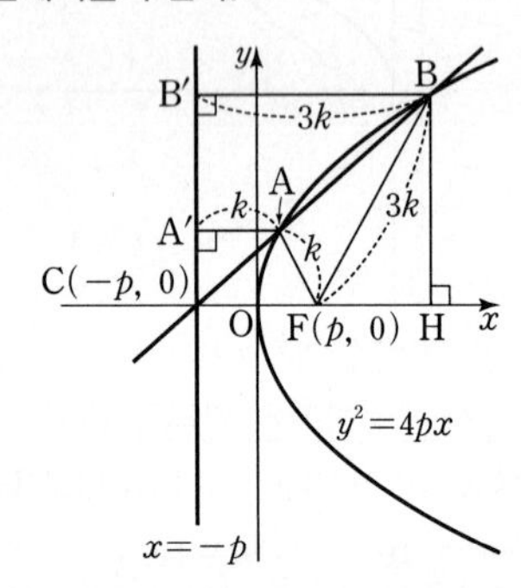

직선 $x=-p$와 직선 AB의 교점을 C$(-p,\ 0)$이라 하자.

$\angle AA'C=\angle BB'C=\frac{\pi}{2}$이므로 두 삼각형 AA′C, BB′C는 닮음이다.

이때 $\overline{AA'}:\overline{BB'}=1:3$이므로

$\overline{CA'}:\overline{CB'}=\sqrt{4p(k-p)}:\sqrt{4p(3k-p)}=1:3$

즉, $\sqrt{4p(3k-p)}=3\sqrt{4p(k-p)}$에서

$4p(3k-p)=9\times4p(k-p)$이므로

$3k-p=9k-9p \qquad \therefore k=\frac{4}{3}p$

Step 3 p^2의 값을 구한다.

삼각형 BFH의 넓이는

$\frac{1}{2}\times\overline{FH}\times\overline{BH}=\frac{1}{2}\times2p\times2\sqrt{3}p=2\sqrt{3}p^2$

따라서 $2\sqrt{3}p^2=46\sqrt{3}$에서 $p^2=23$

→ $k=\frac{4}{3}p$이므로 $\overline{FH}=\overline{OH}-\overline{OF}=(3k-p)-p=3k-2p=4p-2p=2p$

→ $k=\frac{4}{3}p$에서 $\overline{BH}=\sqrt{4p(3k-p)}=\sqrt{4p(4p-p)}=\sqrt{12p^2}=2\sqrt{3}p$

211

정답 ④

→ 초점 : $(2, 0)$, 준선 : $x=-2$

포물선 $y^2=8x$의 초점 F를 지나는 직선 l이 포물선과 만나는 두 점을 각각 A, B라 하자. $\overline{AB}=14$를 만족시키는 직선 l의 기울기를 m이라 할 때, 양수 m의 값은? (3점)

→ 두 점 A, B에서 포물선의 준선까지의 거리의 합이 14임을 알 수 있어.

① $\frac{\sqrt{6}}{3}$ ② $\frac{2\sqrt{2}}{3}$ ③ 1 ④ $\frac{2\sqrt{3}}{3}$ ⑤ $\sqrt{2}$

Step 1 $\overline{AF}=a$라 하고 삼각형 AFA′과 삼각형 BFB′의 각 변의 길이를 a로 나타낸다.

포물선 $y^2=8x=4\times2x$의 초점은 F$(2,\ 0)$이고, 준선의 방정식은 $x=-2$이다.

초점 F를 지나고 기울기가 $m\ (m>0)$인 직선 l이 포물선 $y^2=8x$와 만나는 두 점 A, B에서 준선 $x=-2$에 내린 수선의 발을 각각 H, H′이라 하고, x축에 내린 수선의 발을 각각 A′, B′이라 하자.

→ 직선 l의 방정식은 $y=m(x-2)$

$\overline{AB}=14$이므로 $\overline{AF}=a$라 하면 $\overline{BF}=14-a$ → $\overline{AB}=\overline{AF}+\overline{BF}$

포물선의 정의에 의하여

$\overline{AH}=\overline{AF}=a$, $\overline{BH'}=\overline{BF}=14-a$

따라서 $\overline{OA'}=\overline{AH}-2=a-2$에서 → 점 A의 x좌표

$\overline{A'F}=\overline{OA'}-\overline{OF}=(a-2)-2=a-4$

점 A의 x좌표가 $a-2$이므로 $y^2=8x$에 대입하면

$\overline{AA'}=\sqrt{8(a-2)}$ → $(\because \overline{AA'}>0)$

마찬가지로 $\overline{OB'}=\overline{BH'}-2=(14-a)-2=12-a$에서

$\overline{B'F}=\overline{OF}-\overline{OB'}=2-(12-a)=a-10$ → $\frac{\overline{AA'}}{\overline{A'F}}$

Step 2 삼각형의 닮음을 이용하여 직선 l의 기울기 m의 값을 구한다.

한편, 삼각형 AFA′과 삼각형 BFB′이 닮음이므로

$\overline{A'F}:\overline{B'F}=\overline{AF}:\overline{BF}$ → $\angle AA'F=\angle BB'F=\frac{\pi}{2}$, $\angle AFA'=\angle BFB'$ (맞꼭지각) → AA 닮음

$(a-4):(a-10)=a:(14-a)$

$a(a-10)=(a-4)(14-a)$

$\therefore a^2-8a+16=6a-12 \quad \cdots\cdots$ ㉠

따라서 직선 l의 기울기 m을 구하면

$m=\frac{\overline{AA'}}{\overline{A'F}}=\frac{\sqrt{8(a-2)}}{a-4}=\sqrt{\frac{8(a-2)}{a^2-8a+16}}=\sqrt{\frac{8(a-2)}{6a-12}}$ $(\because$ ㉠$)$

$=\sqrt{\frac{8(a-2)}{6(a-2)}}=\sqrt{\frac{8}{6}}=\frac{2\sqrt{3}}{3}$

→ $\frac{\sqrt{8(a-2)}}{a-4}=\frac{\sqrt{8(a-2)}}{\sqrt{(a-4)^2}}=\sqrt{\frac{8(a-2)}{(a-4)^2}}$

→ (기울기)$=\frac{(y\text{의 값의 증가량})}{(x\text{의 값의 증가량})}$

212

정답 ⑤

점 F를 초점으로 하고 직선 l을 준선으로 하는 포물선이 있다. 포물선 위의 두 점 A, B와 점 F를 지나는 직선이 직선 l과 만나는 점을 C라 하자. 두 점 A, B에서 직선 l에 내린 수선의 발을 각각 H, I라 하고 점 B에서 직선 AH에 내린 수선의 발을 J라 하자. $\frac{\overline{BJ}}{\overline{BI}}=\frac{2\sqrt{15}}{3}$이고 $\overline{AB}=8\sqrt{5}$일 때, 선분 HC의 길이는? (4점)

① $21\sqrt{3}$ ② $22\sqrt{3}$ ③ $23\sqrt{3}$
④ $24\sqrt{3}$ ⑤ $25\sqrt{3}$

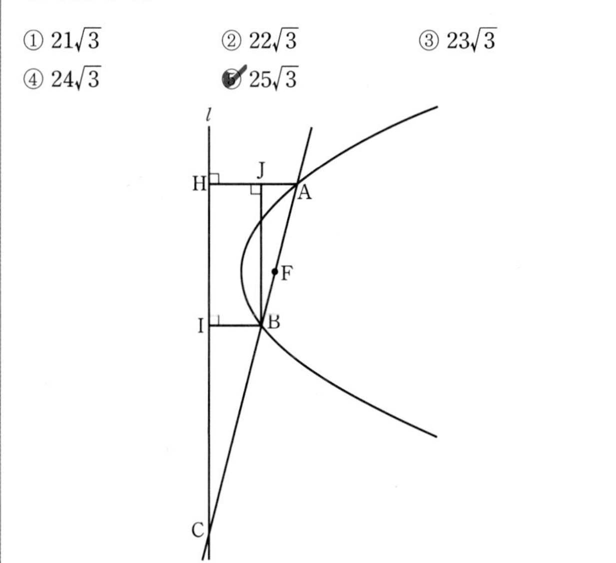

Step 1 포물선의 정의를 이용하여 두 선분 AF, BF의 길이를 구한다.

$\overline{AF}=a$, $\overline{BF}=b$라 하면

$\overline{AB}=\overline{AF}+\overline{BF}=a+b=8\sqrt{5}$

포물선의 정의에 의하여

$\overline{AH}=\overline{AF}=a$, $\overline{BI}=\overline{BF}=b$이므로 직각삼각형 ABJ에서

$\overline{BJ}=\sqrt{\overline{AB}^2-\overline{AJ}^2}=\sqrt{(a+b)^2-(a-b)^2}$ → $\overline{BI}=\overline{JH}$이므로 $\overline{AJ}=\overline{AH}-\overline{JH}=\overline{AH}-\overline{BI}$

$=\sqrt{a^2+2ab+b^2-(a^2-2ab+b^2)}$

$=\sqrt{4ab}=2\sqrt{ab}$

$\frac{\overline{BJ}}{\overline{BI}}=\frac{2\sqrt{15}}{3}$에서 $\frac{2\sqrt{ab}}{b}=\frac{2\sqrt{15}}{3}$

$\frac{4ab}{b^2}=\frac{60}{9}$, $\frac{a}{b}=\frac{5}{3}$

즉, $3a=5b$이므로 $a=5k$, $b=3k$ $(k>0)$라 하면

$a+b=8k=8\sqrt{5}$ $\quad\therefore k=\sqrt{5}$

따라서 $\overline{AH}=\overline{AF}=5\sqrt{5}$, $\overline{BI}=\overline{BF}=3\sqrt{5}$이므로

$\overline{AJ}=\overline{AH}-\overline{JH}=2\sqrt{5}$, $\overline{BJ}=2\sqrt{ab}=10\sqrt{3}$

→ $\overline{JH}=\overline{BI}$ → $=2\sqrt{5k\times3k}=2\sqrt{15k^2}=2\sqrt{75}=10\sqrt{3}$

Step 2 닮음을 이용하여 선분 HC의 길이를 구한다.

두 삼각형 ACH, ABJ는 서로 닮음 (AA닮음)이므로 → ∠BAJ는 공통, ∠AJB=∠AHC=90°

$\overline{AJ}:\overline{BJ}=\overline{AH}:\overline{HC}$에서

$\overline{HC}=\frac{\overline{AH}\times\overline{BJ}}{\overline{AJ}}=\frac{5\sqrt{5}\times10\sqrt{3}}{2\sqrt{5}}=25\sqrt{3}$

213

정답 ④

그림과 같이 포물선 $y^2=4x$의 초점 F를 지나는 직선이 포물선과 만나는 두 점을 각각 P, Q라 하고, 두 점 P, Q에서 준선에 내린 수선의 발을 각각 A, B라 하자. $\overline{PF}=5$일 때, 사각형 ABQP의 넓이는? (3점)

→ 초점 : (1, 0), 준선 : $x=-1$
→ $\overline{PF}=\overline{PA}$, $\overline{QF}=\overline{QB}$
→ $\frac{1}{2}\times(\overline{BQ}+\overline{AP})\times\overline{AB}$

① $\frac{57}{4}$ ② $\frac{115}{8}$ ③ 15
④ $\frac{125}{8}$ ⑤ $\frac{135}{8}$

Step 1 포물선의 정의를 이용하여 두 점 P, Q의 좌표를 구한다.

포물선 $y^2=4x$의 초점은 F(1, 0)이고, 준선의 방정식은 $x=-1$이다.

포물선의 정의에 의하여 $\overline{PF}=5$이므로 $\overline{PA}=5$ → $\overline{PF}=\overline{PA}=5$

따라서 점 P의 x좌표는 $5-1=4$이고,

y좌표는 $y^2=4\times4=16$에서 $y=4$ $(\because y>0)$ → 주어진 그림에서 점 P가 제1사분면 위에 있어.

$\therefore$ P(4, 4)

점 Q의 y좌표는 음수이므로 점 Q의 좌표를 $\mathrm{Q}(a, -\sqrt{4a})$ $(a>0)$라 하면 세 점 P, F, Q는 일직선 위의 점이므로 직선 PF와 직선 QF의 기울기는 같다. → 중요

→ 점 Q의 x좌표 a를 $y^2=4x$의 x에 대입하면 $y^2=4a$ $\quad\therefore y=-\sqrt{4a}$

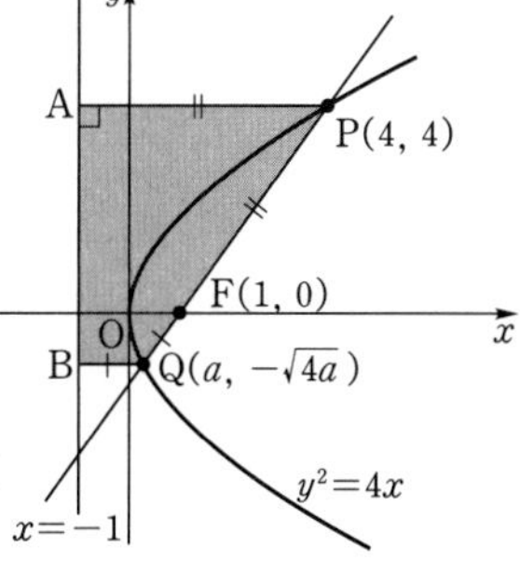

따라서 $\frac{4-0}{4-1}=\frac{-\sqrt{4a}}{a-1}$에서

$\frac{4}{3}=\frac{-\sqrt{4a}}{a-1}$ → 직선 QF의 기울기, 직선 PF의 기울기

$4(a-1)=-3\sqrt{4a}$ → 양변을 제곱

$4a^2-17a+4=0$

$(4a-1)(a-4)=0$

$\therefore a=\frac{1}{4}$ $(\because a<1)$ → $a>1$이면 $-3\sqrt{4a}>0$이므로 모순

따라서 점 Q의 좌표는 $\left(\frac{1}{4}, -1\right)$이다.

Step 2 사각형 ABQP의 넓이를 구한다.

$\overline{BQ}=1+\frac{1}{4}=\frac{5}{4}$, $\overline{AP}=5$, $\overline{AB}=4-(-1)=5$이므로

(사각형 ABQP의 넓이) $=\frac{1}{2}\times(\overline{BQ}+\overline{AP})\times\overline{AB}$

$=\frac{1}{2}\times\left(\frac{5}{4}+5\right)\times5=\frac{125}{8}$

사다리꼴의 넓이 공식을 이용!
(사다리꼴의 넓이) $=\frac{1}{2}\times${(윗변의 길이)+(아랫변의 길이)}×(높이)

✪ 다른 풀이 삼각형의 닮음을 이용하여 점 Q의 좌표를 구하는 풀이

Step 1 △PRF∽△QSF임을 이용하여 점 Q의 좌표를 구한다.

포물선 $y^2=4x$의 초점은 F(1, 0)이고, 준선의 방정식은 $x=-1$이다.

포물선의 정의에 의하여 $\overline{PF}=5$이므로 $\overline{PA}=5$ → $\overline{PF}=\overline{PA}=5$

따라서 점 P의 x좌표는 $5-1=4$이고,

y좌표는 $y^2=4\times4=16$에서 $y=4$ $(\because y>0)$

$\therefore$ P(4, 4)

두 점 P, Q에서 x축에 내린 수선의 발을 각각 R, S라 하자.

$\overline{\text{QF}}=a$라 하면 $\overline{\text{QB}}=\overline{\text{QF}}=a$이고

$\overline{\text{SF}}=2-a$이다. ← $\overline{\text{OS}}=a-1$, $\overline{\text{SF}}=\overline{\text{OF}}-\overline{\text{OS}}=1-(a-1)$

$\triangle\text{PRF}\backsim\triangle\text{QSF}$ (AA 닮음)이므로

$\overline{\text{PF}}:\overline{\text{QF}}=\overline{\text{RF}}:\overline{\text{SF}}$

$5:a=3:(2-a)$ ← $\angle\text{PRS}=\angle\text{QSF}=\frac{\pi}{2}$, $\angle\text{PSR}=\angle\text{QFS}$ (맞꼭지각)

$3a=10-5a \quad \therefore a=\frac{5}{4}$

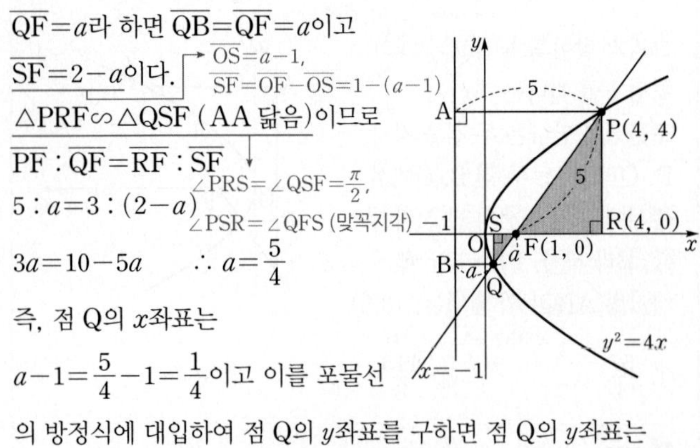

즉, 점 Q의 x좌표는

$a-1=\frac{5}{4}-1=\frac{1}{4}$이고 이를 포물선의 방정식에 대입하여 점 Q의 y좌표를 구하면 점 Q의 y좌표는 음수이므로 $\text{Q}\left(\frac{1}{4},\ -1\right)$이다.

Step 2 동일

214

정답 12

타원 $2x^2+y^2=16$의 두 초점을 F, F′이라 하자. 이 타원 위의 점 P에 대하여 $\frac{\overline{\text{PF}'}}{\overline{\text{PF}}}=3$일 때, $\overline{\text{PF}}\times\overline{\text{PF}'}$의 값을 구하시오. (3점)

→ 타원의 식이 주어졌을 때 주어진 식을 $\frac{x^2}{a^2}+\frac{y^2}{b^2}=1$의 형태로 바꾸고 문제에 접근한다.

→ $\overline{\text{PF}}+\overline{\text{PF}'}=$(장축의 길이)

Step 1 타원의 정의를 이용한다.

$2x^2+y^2=16$에서 $\frac{x^2}{8}+\frac{y^2}{16}=1$이므로

타원의 장축의 길이는 8이다. ← 타원이 y축과 두 점 (0, 4), (0, −4)에서 만남

$\overline{\text{PF}}=k$라 하면 $\frac{\overline{\text{PF}'}}{\overline{\text{PF}}}=3$에서

$\overline{\text{PF}'}=3\overline{\text{PF}}=3k$

타원의 정의에 의하여

$\overline{\text{PF}}+\overline{\text{PF}'}=8$

$k+3k=8 \quad \therefore k=2$

$\therefore \overline{\text{PF}}\times\overline{\text{PF}'}=k\times3k=3k^2=3\times2^2=12$

암기 타원 위의 한 점에서 두 초점까지의 거리의 합은 타원의 장축의 길이와 같다.

215

정답 192

그림과 같이 타원 $\frac{x^2}{25}+\frac{y^2}{16}=1$의 두 초점을 각각 F, F′이라 하자. 타원 위의 한 점 P와 x축 위의 한 점 Q에 대하여 $\overline{\text{PF}}:\overline{\text{PF}'}=\overline{\text{QF}}:\overline{\text{QF}'}=2:3$일 때, $\overline{\text{PQ}}^2$의 값을 구하시오. (단, 점 Q는 타원 외부의 점이다.) (3점)

→ 초점은 (3, 0), (−3, 0)이고, 장축의 길이는 10이다.

→ 장축의 길이가 10임을 이용하여 $\overline{\text{PF}}$와 $\overline{\text{PF}'}$을 구한다.

Step 1 타원의 정의와 주어진 조건을 이용하여 필요한 선분의 길이를 구한다.

타원의 정의에 의하여 $\overline{\text{PF}}+\overline{\text{PF}'}=2\times5=10$이고, ← $\overline{\text{PF}}+\overline{\text{PF}'}=$(장축의 길이)

$\overline{\text{PF}}:\overline{\text{PF}'}=2:3$이므로

$\overline{\text{PF}}=10\times\frac{2}{5}=4$

$\overline{\text{PF}'}=10\times\frac{3}{5}=6$

중요 타원 $\frac{x^2}{a^2}+\frac{y^2}{b^2}=1\ (a>b>0)$의 두 초점 사이의 거리는 $2\sqrt{a^2-b^2}$이다.

또한, 타원의 두 초점 사이의 거리는 $\overline{\text{F}'\text{F}}=2\sqrt{25-16}=6$이고,

$\overline{\text{QF}}:\overline{\text{QF}'}=2:3$에서 $\overline{\text{F}'\text{F}}:\overline{\text{FQ}}=1:2$이므로

$\overline{\text{FQ}}=2\times6=12$ ← $\overline{\text{QF}}=2k$, $\overline{\text{QF}'}=3k$라 하면 $\overline{\text{FF}'}=\overline{\text{QF}'}-\overline{\text{QF}}=k$, $\overline{\text{FQ}}=\overline{\text{QF}'}-\overline{\text{FF}'}=2k \quad \therefore \overline{\text{FF}'}:\overline{\text{FQ}}=1:2$

Step 2 삼각형 PF′F는 $\overline{\text{PF}'}=\overline{\text{FF}'}$인 이등변삼각형임을 이용한다.

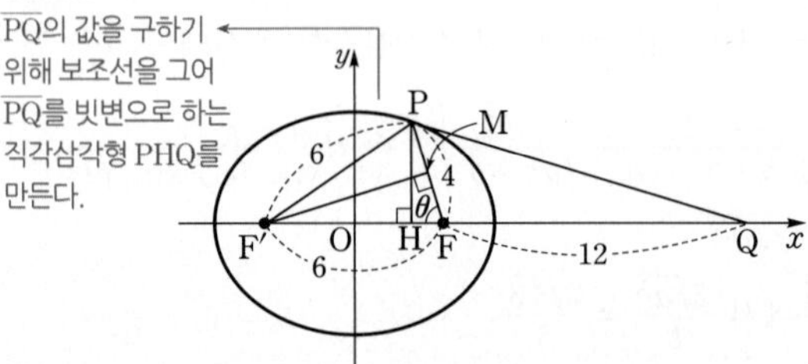

$\overline{\text{PF}'}=\overline{\text{FF}'}=6$이므로 삼각형 PF′F는 이등변삼각형이다.

점 F′에서 $\overline{\text{PF}}$에 내린 수선의 발을 M이라 하면

$\overline{\text{FM}}=\frac{1}{2}\overline{\text{PF}}=\frac{1}{2}\times4=2$

$\angle\text{PFF}'=\theta$라 하면 $\cos\theta=\frac{\overline{\text{FM}}}{\overline{\text{F}'\text{F}}}=\frac{2}{6}=\frac{1}{3}$에서

→ θ는 두 직각삼각형 FMF′, PHF의 공통 내각이므로 삼각형 FMF′의 삼각비를 이용하여 삼각형 PHF의 변의 길이를 구할 수 있다.

$\sin\theta=\sqrt{1-\cos^2\theta}$

$=\sqrt{1-\left(\frac{1}{3}\right)^2}=\frac{2\sqrt{2}}{3}$ ← $\sin^2\theta+\cos^2\theta=1$

점 P에서 선분 F′F에 내린 수선의 발을 H라 하면

직각삼각형 PHF에서

$\overline{\text{HF}}=\overline{\text{PF}}\cos\theta=4\times\frac{1}{3}=\frac{4}{3}$

$\overline{\text{HQ}}=\overline{\text{HF}}+\overline{\text{FQ}}=\frac{4}{3}+12=\frac{40}{3}$

$\overline{\text{PH}}=\overline{\text{PF}}\sin\theta=4\times\frac{2\sqrt{2}}{3}=\frac{8\sqrt{2}}{3}$

따라서 직각삼각형 PHQ에서 피타고라스 정리에 의하여

$\overline{PQ}^2=\overline{HQ}^2+\overline{PH}^2=\left(\frac{40}{3}\right)^2+\left(\frac{8\sqrt{2}}{3}\right)^2=\frac{1728}{9}=192$

216

정답 ⑤

그려지는 곡선은 장축의 길이가 14 m인 타원이 돼.

오른쪽 그림과 같이 편평한 땅에 거리가 10 m 떨어진 두 개의 말뚝이 있다. 두 개의 말뚝에 길이가 14 m인 끈을 묶고 이 끈을 팽팽하게 유지하면서 곡선을 그렸다. 두 말뚝을 지나면서 이 곡선에 접하는 직사각형 모양의 꽃밭을 만들었을 때, 이 꽃밭의 넓이는? (3점)

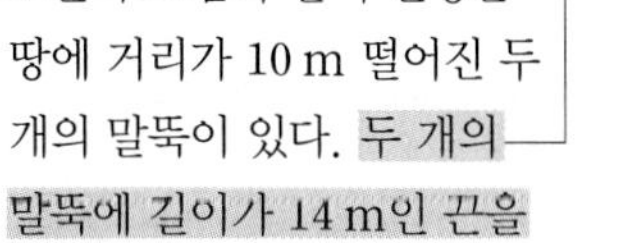

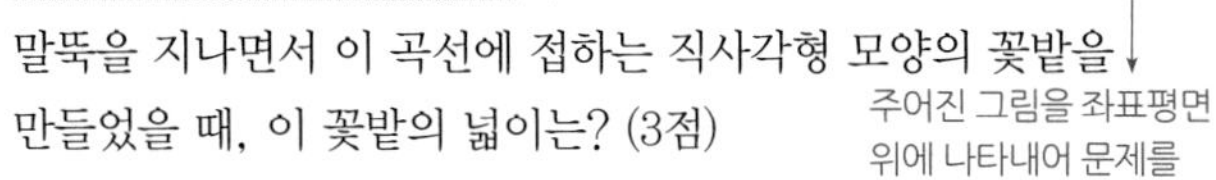

주어진 그림을 좌표평면 위에 나타내어 문제를 해결한다.

① $\frac{400}{7}$ m^2 ② $\frac{420}{7}$ m^2 ③ $\frac{440}{7}$ m^2

④ $\frac{460}{7}$ m^2 ⑤ $\frac{480}{7}$ m^2

Step 1 타원의 정의를 이용하여 곡선의 방정식을 구한다.

곡선 위의 임의의 점에서 두 말뚝까지의 거리의 합이 14로 일정하므로 곡선은 두 말뚝을 초점으로 하고 장축의 길이가 14, 두 초점 사이의 거리가 10인 타원이다. 중요 고정된 두 말뚝 사이의 거리

타원의 방정식을 $\frac{x^2}{a^2}+\frac{y^2}{b^2}=1\ (a>b>0)$이라 하면

장축의 길이가 14이므로 $2a=14$ $\therefore a=7$

두 초점 사이의 거리가 10이므로 $7^2-b^2=5^2$ $\therefore b^2=24$

따라서 구하는 타원의 방정식은 $\frac{x^2}{49}+\frac{y^2}{24}=1$이다.

Step 2 직사각형의 넓이를 구한다.

$x=5$일 때 직사각형과 타원이 만나.

타원의 방정식에 $x=5$를 대입하면 $\frac{25}{49}+\frac{y^2}{24}=1$

$\frac{y^2}{24}=\frac{24}{49}$ $\therefore y=\pm\sqrt{\frac{24^2}{49}}=\pm\frac{24}{7}$ → 한 꼭짓점의 좌표가 $\left(5, \frac{24}{7}\right)$이다.

세로의 길이만 구하면 된다.

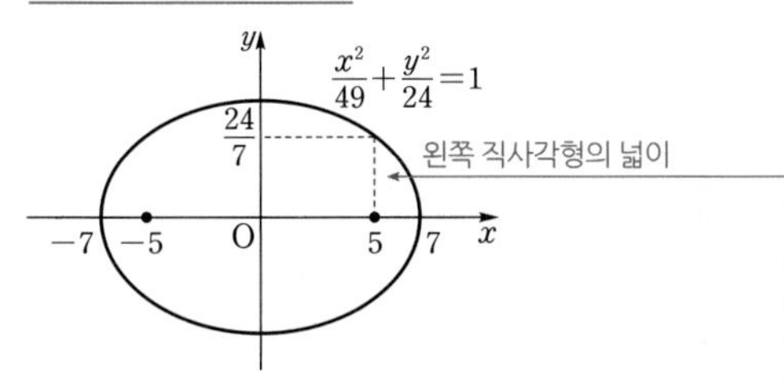

따라서 직사각형 모양의 꽃밭과 타원의 한 교점은 $P\left(5, \frac{24}{7}\right)$이므로 꽃밭의 넓이 S(m^2)는

$S=4\times5\times\frac{24}{7}=\frac{480}{7}$ (m^2)

217

정답 36

좌표평면에서 타원 $\frac{x^2}{25}+\frac{y^2}{9}=1$의 두 초점을 $F(c, 0)$, $F'(-c, 0)(c>0)$이라 하자. 이 타원 위의 제1사분면에 있는 점 P에 대하여 점 F′을 중심으로 하고 점 P를 지나는 원과 직선 PF′이 만나는 점 중 P가 아닌 점을 Q라 하고, 점 F를 중심으로 하고 점 P를 지나는 원과 직선 PF가 만나는 점 중 P가 아닌 점을 R라 할 때, 삼각형 PQR의 둘레의 길이를 구하시오. (3점)

Step 1 두 점 Q, R의 위치를 파악한다.

점 Q는 점 F′을 중심으로 하고 선분 PF′을 반지름으로 하는 원 위의 점이므로 $\overline{QF'}=\overline{PF'}$이다. 반지름의 길이는 서로 같아.

즉, 점 Q는 $\overline{QF'}=\overline{PF'}$을 만족하고 점 P가 아닌 직선 PF′ 위의 점이다.

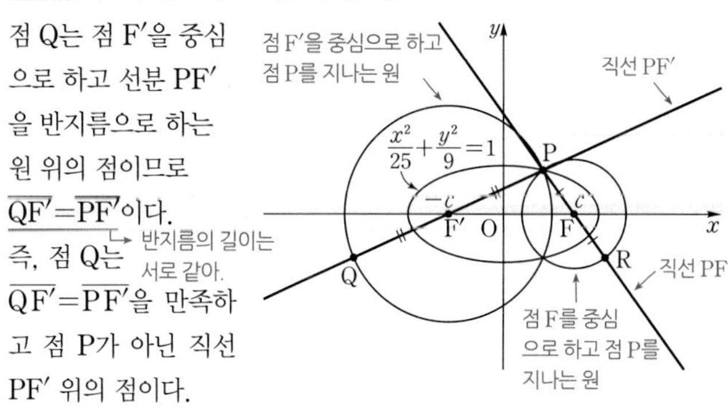

점 R는 점 F를 중심으로 하고 선분 PF를 반지름으로 하는 원 위의 점이므로 $\overline{RF}=\overline{PF}$이다. 반지름의 길이는 서로 같아.

즉 점 R는 $\overline{RF}=\overline{PF}$를 만족하고 점 P가 아닌 직선 PF 위의 점이다.

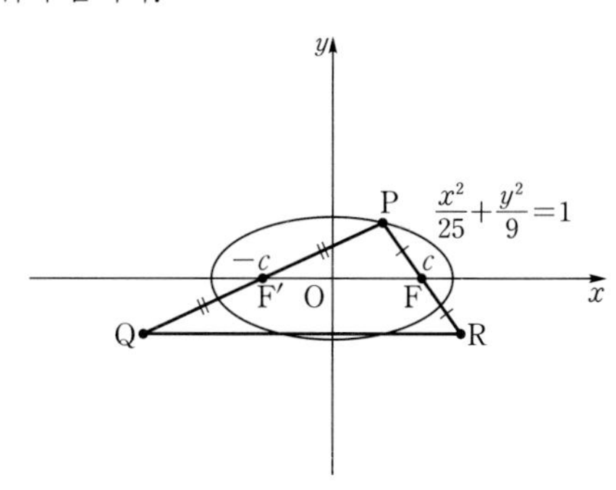

Step 2 초점의 좌표와 타원의 정의를 이용하여 삼각형 PF′F의 둘레를 구한다.

타원 $\frac{x^2}{a^2}+\frac{y^2}{b^2}=1(a>b>0)$의 장축의 길이는 $2a$야.

타원의 장축의 길이는 $5\times2=10$이므로 타원의 정의에 의하여

$\overline{PF}+\overline{PF'}=10$ (장축의 길이)

타원 위의 한 점에서 두 초점까지의 거리의 합은 장축의 길이와 같아.

이때

$c=\sqrt{25-9}$ (a^2, b^2)

$=\sqrt{16}$

$=4$

타원 $\frac{x^2}{a^2}+\frac{y^2}{b^2}=1(a>b>0)$의 한 초점을 $F(c, 0)$이라 하면 $c^2=a^2-b^2$이야.

이므로 $F(4, 0)$, $F'(-4, 0)$이다.

따라서 $\overline{FF'}=4-(-4)=8$이므로 삼각형 PF′F의 둘레는

$\overline{PF}+\overline{PF'}+\overline{FF'}=10+8$ ($=10$, $=8$)

$=18$

이다.

Step 3 $\triangle PF'F\backsim\triangle PQR$임을 이용하여 삼각형 PQR의 둘레를 구한다.

두 삼각형 PF′F와 PQR에서 $\angle F'PF=\angle QPR$이고

공통인 각

$\overline{PF'} : \overline{PQ} = \overline{PF} : \overline{PR}$이므로

삼각형 PF′F와 PQR는

SAS닮음이다.

이때 삼각형 PF′F와 삼각형

PQR의 닮음비는 $\overline{PF'} : \overline{PQ} = 1 : 2$이고 삼각형 PF′F의 둘레의

길이는 18이므로 삼각형 PQR의 둘레의 길이를 x라 하면

$18 : x = 1 : 2$

$\therefore x = 36$

→ 그림에서 선분 PQ의 길이가 선분 PF′의 길이의 2배임을 확인할 수 있어.

→ 둘레의 길이의 비는 닮음비와 같아.

218

정답 66

그림과 같이 포물선 $y^2=16x$의 초점을 F라 하자. 점 F를 한 초점으로 하고 점 A$(-2, 0)$을 지나며 다른 초점 F′이 선분 AF 위에 있는 타원 E가 있다. 포물선 $y^2=16x$가 타원 E와 제1사분면에서 만나는 점을 B라 하자. $\overline{BF}=\frac{21}{5}$일 때, 타원 E의 장축의 길이는 k이다. $10k$의 값을 구하시오. (4점)

→ 선분 BF′을 그어 $\overline{BF}+\overline{BF'}=$(장축의 길이)임을 이용할 거야.

Step 1 포물선의 성질을 이용하여 점 B의 좌표를 구한다.

포물선 $y^2=16x=4\times4x$의 초점의 좌표는 F$(4, 0)$,

준선의 방정식은 $x=-4$이고, 점 B에서 준선 $x=-4$에 내린 수선의 발을 H라 하면 $\overline{BH}=\overline{BF}=\frac{21}{5}$

→ 포물선의 정의

따라서 점 B의 x좌표는 $-4+\frac{21}{5}=\frac{1}{5}$이고,

y좌표는 $\sqrt{\frac{16}{5}}=\frac{4}{\sqrt{5}}$이다.

→ $y^2=16\times\frac{1}{5}$에서 $y=\sqrt{\frac{16}{5}}$

Step 2 타원의 성질을 이용하여 k의 값을 구한다.

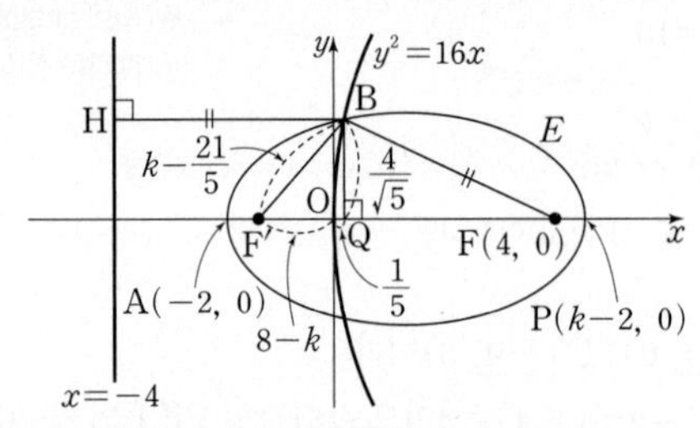

타원이 x축과 만나는 점 중 A가 아닌 점을 P라 하자.

타원의 장축의 길이가 k이고, A$(-2, 0)$이므로

P$(k-2, 0)$ → $\overline{AP}=k$이기 때문이야.

타원의 성질에 의하여

$\overline{BF}+\overline{BF'}=k$이므로 $\overline{BF'}=k-\frac{21}{5}$

($\overline{BF}=\frac{21}{5}$, k는 장축의 길이)

점 B에서 x축에 내린 수선의 발을 Q라 하면

$\overline{OQ}=\frac{1}{5}$, $\overline{BQ}=\frac{4}{\sqrt{5}}$

→ 점 B의 x좌표, 점 B의 y좌표

$\overline{AF'}=\overline{PF}=(k-2)-4=k-6$이므로

점 F′의 좌표는 F′$(k-8, 0)$ → $-2+(k-6)$

즉, $\overline{F'Q}=(8-k)+\frac{1}{5}=\frac{41}{5}-k$ → $\overline{OF'}+\overline{OQ}$

직각삼각형 BF′Q에서 피타고라스 정리에 의하여

$$\left(k-\frac{21}{5}\right)^2=\left(\frac{41}{5}-k\right)^2+\left(\frac{4}{\sqrt{5}}\right)^2 \qquad \therefore k=\frac{33}{5}$$

→ $k^2-\frac{42}{5}k+\frac{21^2}{25}=\frac{41^2}{25}-\frac{82}{5}k+k^2+\frac{16}{5}$, $8k=\frac{41^2-21^2}{25}+\frac{16}{5}$

따라서 $10k=66$이다.

219

정답 ①

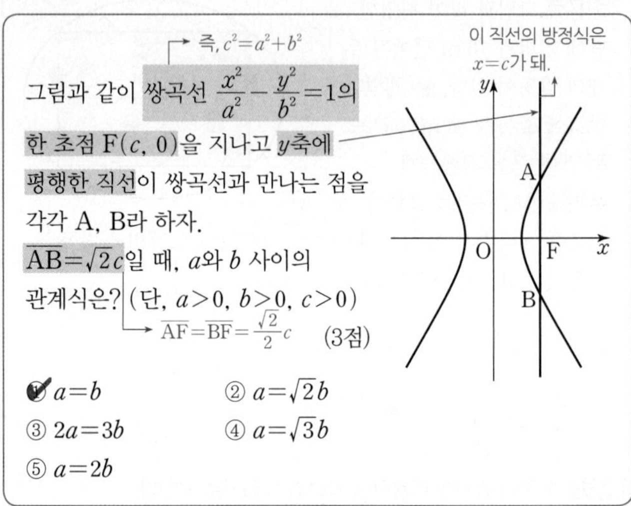

그림과 같이 쌍곡선 $\frac{x^2}{a^2}-\frac{y^2}{b^2}=1$의 한 초점 F$(c, 0)$을 지나고 y축에 평행한 직선이 쌍곡선과 만나는 점을 각각 A, B라 하자.

$\overline{AB}=\sqrt{2}c$일 때, a와 b 사이의 관계식은? (단, $a>0$, $b>0$, $c>0$) (3점)

→ 즉, $c^2=a^2+b^2$

→ 이 직선의 방정식은 $x=c$가 돼.

→ $\overline{AF}=\overline{BF}=\frac{\sqrt{2}}{2}c$

① $a=b$ ② $a=\sqrt{2}b$
③ $2a=3b$ ④ $a=\sqrt{3}b$
⑤ $a=2b$

Step 1 초점의 좌표와 선분 AB의 길이를 이용하여 점 A의 좌표를 구한다.

쌍곡선 $\frac{x^2}{a^2}-\frac{y^2}{b^2}=1$의 초점이 F$(c, 0)$이므로

$c^2=a^2+b^2$ ...... ㉠

$\overline{AB}=\sqrt{2}c$이고 선분 AB가 y축과 평행하므로 $\overline{AF}=\overline{BF}$

따라서 점 A의 좌표는 A$\left(c, \frac{\sqrt{2}}{2}c\right)$이다.

→ 쌍곡선 $\frac{x^2}{a^2}-\frac{y^2}{b^2}=1$의 주축이 x축 위에 있으니, 이 쌍곡선은 x축에 대하여 대칭이야.

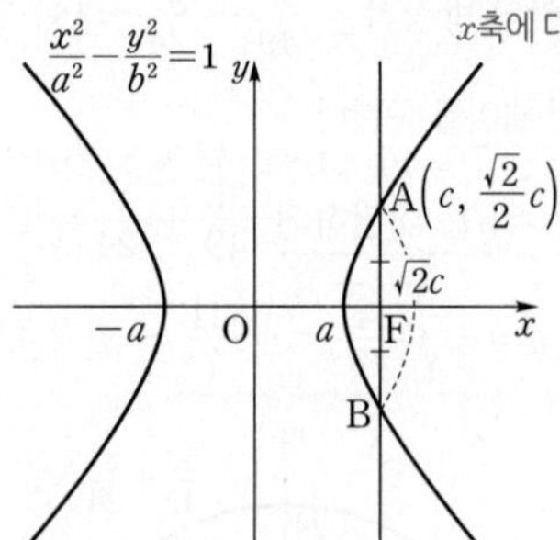

Step 2 점 A의 좌표를 쌍곡선의 방정식에 대입하여 a, b 사이의 관계식을 구한다. 중요

점 A는 쌍곡선 $\frac{x^2}{a^2}-\frac{y^2}{b^2}=1$ 위의 점이므로

$$\frac{c^2}{a^2}-\frac{\frac{1}{2}c^2}{b^2}=1$$

→ $c^2=a^2+b^2$을 대입

$$\frac{a^2+b^2}{a^2}-\frac{a^2+b^2}{2b^2}=1\ (\because ㉠)$$

양변에 $2a^2b^2$을 곱하여 정리하면

$2b^4-a^2b^2-a^4=0$, $(2b^2+a^2)(b^2-a^2)=0$ 계산 주의

$\therefore a^2=b^2$ ($\because a^2+2b^2\neq0$)

$\therefore a=b$ ($\because a>0$, $b>0$)

220

정답 ②

그림과 같이 두 초점이 F, F′인 쌍곡선 $ax^2-4y^2=a$ 위의 점 중 제1사분면에 있는 점 P와 선분 PF′ 위의 점 Q에 대하여 삼각형 PQF는 한 변의 길이가 $\sqrt{6}-1$인 정삼각형이다. 상수 a의 값은? (단, 점 F의 x좌표는 양수이다.) (3점)

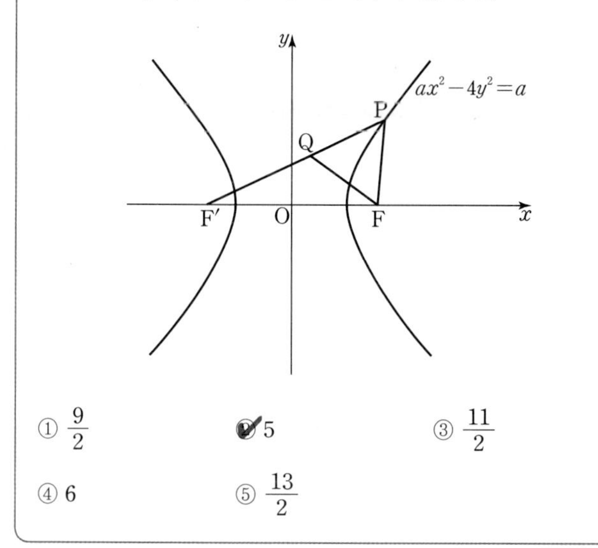

① $\frac{9}{2}$ ② 5 ③ $\frac{11}{2}$ ④ 6 ⑤ $\frac{13}{2}$

Step 1 쌍곡선의 정의를 이용하여 선분 PF′의 길이를 구한다.

삼각형 PQF는 한 변의 길이가 $\sqrt{6}-1$인 정삼각형이므로

$\overline{PQ}=\overline{PF}=\sqrt{6}-1$

주어진 쌍곡선의 방정식의 양변을 a로 나누면

$\frac{x^2}{1}-\frac{y^2}{\frac{a}{4}}=1$

쌍곡선의 정의에 의하여 $\overline{PF'}-\overline{PF}=2$ → 쌍곡선의 주축의 길이는 2이다. $\therefore \overline{PF'}=\sqrt{6}+1$ → $\overline{PF'}=\overline{PF}+2=\sqrt{6}-1+2$

Step 2 코사인법칙을 이용하여 상수 a의 값을 구한다.

쌍곡선의 두 초점의 좌표를 $F(c, 0)$, $F'(-c, 0)$ $(c>0)$이라 하면

$c^2=1+\frac{a}{4}$ → 쌍곡선 $\frac{x^2}{a^2}-\frac{y^2}{b^2}=1$의 두 초점의 좌표 $(c, 0)$, $(-c, 0)$ $(c>0)$에 대하여 $c^2=a^2+b^2$

삼각형 PF′F에서 코사인법칙에 의하여

$\overline{FF'}^2=\overline{PF'}^2+\overline{PF}^2-2\times\overline{PF'}\times\overline{PF}\times\cos(\angle FPQ)$

$=(\sqrt{6}+1)^2+(\sqrt{6}-1)^2-2\times(\sqrt{6}+1)\times(\sqrt{6}-1)\times\cos 60°$

$=6+1+2\sqrt{6}+6+1-2\sqrt{6}-2\times(6-1)\times\frac{1}{2}$

$=14-5=9$

즉, $4c^2=9$이므로 $c^2=\frac{9}{4}$ ($4c^2=\overline{FF'}^2$)

이때 $c^2=1+\frac{a}{4}$이므로

$1+\frac{a}{4}=\frac{9}{4}$, $\frac{a}{4}=\frac{5}{4}$ $\therefore a=5$

221

정답 22

주어진 쌍곡선과 원이 각각 y축에 대하여 대칭임을 이용

오른쪽 그림과 같이 y축 위의 점 P에서 원 $x^2+(y+k)^2=5$에 그은 두 접선이 쌍곡선 $\frac{x^2}{9}-\frac{y^2}{16}=1$과 만나는 교점을 각각 A, B와 C, D라 한다. $\overline{AB}=10$일 때, $\overline{AB}$와 x축과의 교점 F(5, 0)에 대하여 $\overline{CF}+\overline{DF}$의 값을 구하시오. (3점)

→ 쌍곡선의 한 초점

Step 1 쌍곡선의 초점의 좌표를 구한다.

쌍곡선 $\frac{x^2}{9}-\frac{y^2}{16}=1$의 두 초점의 좌표를 $(c, 0)$, $(-c, 0)$ $(c>0)$이라 하면

$c^2=9+16=25$

$\therefore c=5$ ($\because c>0$)

따라서 두 초점의 좌표는 각각 $(5, 0)$, $(-5, 0)$이므로 점 F는 쌍곡선의 초점이다.

원과 쌍곡선은 각각 y축에 대하여 대칭인 곡선이고 원의 두 접선 PC와 PA도 y축에 대하여 대칭이므로 $\overline{AB}=\overline{CD}=10$이다.

또한, $\overline{CD}$와 x축의 교점은 쌍곡선의 다른 초점 F′이다. → $F'(-5, 0)$ → 쌍곡선의 두 초점도 y축에 대하여 서로 대칭이다.

Step 2 쌍곡선의 정의를 이용한다.

쌍곡선의 정의에 의하여 → (쌍곡선의 한 점에서 두 초점까지의 거리의 차) = (주축의 길이) = 6

$\overline{CF}-\overline{CF'}=6$, $\overline{DF}-\overline{DF'}=6$

두 식의 양변을 각각 더하면

$\overline{CF}+\overline{DF}-(\overline{CF'}+\overline{DF'})=12$, $\overline{CF}+\overline{DF}-\overline{CD}=12$

$\therefore \overline{CF}+\overline{DF}=\overline{CD}+12=10+12=22$ → 세 점 C, F′, D는 일직선 위에 있다.

수능포인트

문제에서 주어진 원과 쌍곡선은 모두 y축에 대하여 대칭이라는 성질과 쌍곡선의 정의를 이용한다면 쉽게 답을 구할 수 있습니다.

222

정답 40

두 초점 F, F′을 공유하는 타원 $\frac{x^2}{a}+\frac{y^2}{16}=1$과 쌍곡선 $\frac{x^2}{4}-\frac{y^2}{5}=1$이 있다. 타원과 쌍곡선이 만나는 점 중 하나를 P라 할 때, $|\overline{PF}^2-\overline{PF'}^2|$의 값을 구하시오. (단, a는 양수이다.) (3점)

→ 두 초점은 $(\pm\sqrt{4+5}, 0)$

→ 타원과 쌍곡선의 정의 둘 다 만족시켜야 해!

Step 1 쌍곡선의 초점의 좌표를 이용하여 a의 값을 구한다.

쌍곡선 $\frac{x^2}{4}-\frac{y^2}{5}=1$의 초점의 좌표를

$(c, 0)$, $(-c, 0)$ (단, $c>0$)이라 하면

$c=\sqrt{4+5}=3$

따라서 두 초점 F, F′의 좌표는

$(3, 0)$, $(-3, 0)$이다.

이때 타원 $\frac{x^2}{a}+\frac{y^2}{16}=1$의 초점 또한

점 F, F′이므로

$3=\sqrt{a-16}$, $9=a-16$

$\therefore a=25$

→ 타원과 쌍곡선의 초점을 구하는 방법을 헷갈리지 말고 잘 사용!

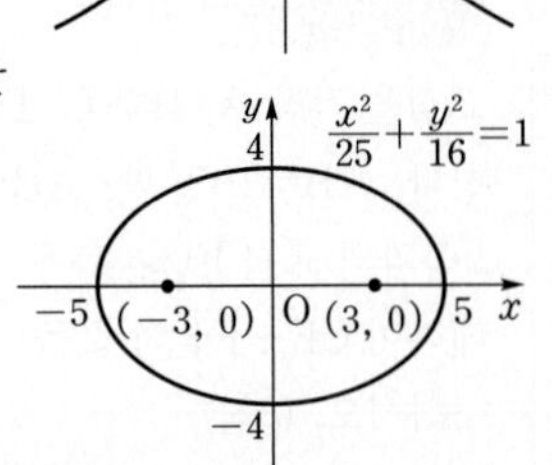

Step 2 타원과 쌍곡선의 정의를 이용하여 주어진 식의 값을 구한다.

점 P가 타원과 쌍곡선이 만나는 점 중 하나이므로, 점 P는 타원과 쌍곡선 위에 동시에 있는 점이다.

→ $|\overline{PF}^2-\overline{PF'}^2|$
$=|(\overline{PF}+\overline{PF'})(\overline{PF}-\overline{PF'})|$
$=|\overline{PF}+\overline{PF'}|\times|\overline{PF}-\overline{PF'}|$

따라서 타원과 쌍곡선의 정의를 이용하면

$|\overline{PF}^2-\overline{PF'}^2|=|\overline{PF}+\overline{PF'}|\times|\overline{PF}-\overline{PF'}|$

$=$(타원의 장축의 길이)$\times$(쌍곡선의 주축의 길이)

$=10\times4=40$

→ 이차곡선의 정의를 정확히 알고 적절히 사용

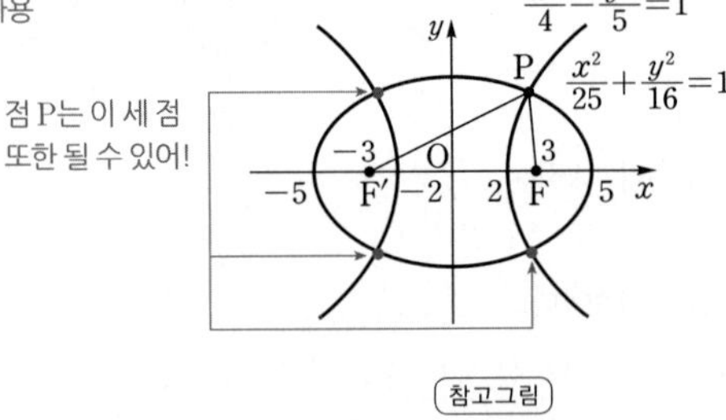

참고그림

→ $4x^2-9y^2=36$에 $x=t$를 대입하면
$4t^2-9y^2=36$, $9y^2=4t^2-36$ $y^2=\frac{4t^2-36}{9}$
$\therefore y=\pm\frac{\sqrt{4t^2-36}}{3}=\pm\frac{2\sqrt{t^2-9}}{3}$

$C\left(t, \frac{2\sqrt{t^2-9}}{3}\right)$, $D\left(t, \frac{-2\sqrt{t^2-9}}{3}\right)$라 하면

직선 AC와 직선 BD의 방정식은 각각

$y=\frac{2\sqrt{t^2-9}}{3(t-3)}(x-3)$, $y=-\frac{2\sqrt{t^2-9}}{3(t+3)}(x+3)$

→ 두 점 (x_1, y_1), (x_2, y_2)를 지나는 직선의 방정식은 $y=\frac{y_2-y_1}{x_2-x_1}(x-x_1)+y_1$ (단, $x_1\neq x_2$)

Step 2 두 직선의 교점의 x좌표와 y좌표 사이의 관계식을 구한다.

두 직선 AC, BD의 교점을 $P(X, Y)$라 하면

→ 교점 P가 그리는 곡선에 대해 알려면 X와 Y 사이의 관계식을 찾아야 한다.

$\frac{2\sqrt{t^2-9}}{3(t-3)}(X-3)=-\frac{2\sqrt{t^2-9}}{3(t+3)}(X+3)$

$(X-3)(t+3)=-(X+3)(t-3)$

→ 직선 AC와 직선 BD의 방정식에 각각 x 대신 X, y 대신 Y를 대입하고, 두 식을 연립한 거야.

식을 정리하면 $t=\frac{9}{X}$

$t=\frac{9}{X}$를 식 $Y=-\frac{2\sqrt{t^2-9}}{3(t+3)}(X+3)$에 대입하여 정리하면

$\frac{X^2}{9}+\frac{Y^2}{4}=1$ ← 식을 정리하는 게 복잡하더라도 포기하지 말고 끝까지 해 봐!

따라서 교점 P는 타원을 그린다.

Step 3 타원의 두 초점 사이의 거리를 구한다.

타원의 두 초점의 좌표를 $(c, 0)$, $(-c, 0)$ $(c>0)$이라 하면

$c^2=9-4=5$ $\therefore c=\sqrt{5}$ → 즉, 두 초점의 좌표는 각각 $(\sqrt{5}, 0)$, $(-\sqrt{5}, 0)$이야.

따라서 두 초점 사이의 거리는

$2c=2\sqrt{5}$

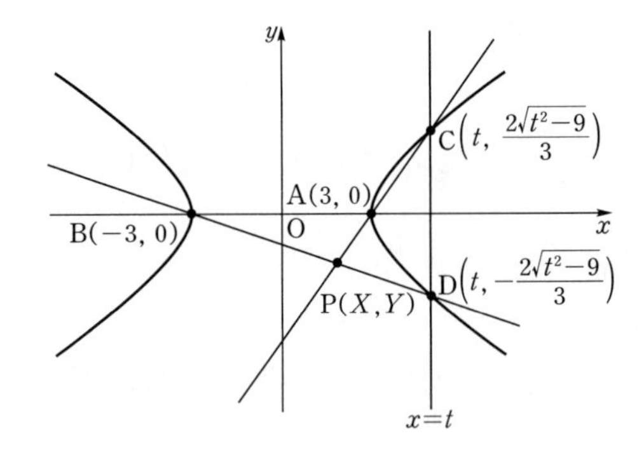

223

정답 ②

→ 이 방정식을 표준형으로 바꾼다.
→ $y=0$을 쌍곡선의 방정식에 대입하여 두 점 A, B의 좌표를 구한다.

쌍곡선 $4x^2-9y^2=36$이 x축과 만나는 점을 각각 A, B라 하고, 직선 $x=t$(단, $t>3$)가 이 쌍곡선과 만나는 점을 각각 C, D라 하자. t의 값이 변함에 따라 두 직선 AC와 BD의 교점 P는 곡선을 그린다. 이때, 이 곡선의 두 초점 사이의 거리는? (4점)

→ 교점 P가 그리는 곡선의 종류에 따라 초점의 좌표를 구하는 방법도 달라질 거야.

① $2\sqrt{3}$ ② $2\sqrt{5}$ ③ $2\sqrt{13}$
④ $2\sqrt{15}$ ⑤ $4\sqrt{2}$

→ $x=t$를 쌍곡선의 방정식에 대입하여 두 점 C, D의 좌표를 t로 나타내어 본다.

Step 1 두 직선 AC, BD의 방정식을 구한다.

쌍곡선 $4x^2-9y^2=36$에 $y=0$을 대입하면

$4x^2=36$, $x^2=9$

$\therefore x=\pm3$

따라서 쌍곡선이 x축과 만나는 점은 $(3, 0)$, $(-3, 0)$이다.

두 점 A, B의 좌표를 $A(3, 0)$, $B(-3, 0)$이라 하고,

직선 $x=t$ $(t>3)$와 쌍곡선의 교점이 C, D이므로

224

정답 ⑤

두 쌍곡선

$$x^2-9y^2-2x-18y-9=0,\ x^2-9y^2-2x-18y-7=0$$

중 어느 것과도 만나지 않는 직선의 개수는 2이다. 이 두 직선의 방정식을 각각 $y=ax+b$, $y=cx+d$라 할 때, $ac+bd$의 값은? (단, a, b, c, d는 상수이다.) (3점)

① $\frac{1}{3}$ ② $\frac{4}{9}$ ③ $\frac{5}{9}$
④ $\frac{2}{3}$ ⑤ $\frac{7}{9}$

Step 1 두 쌍곡선의 방정식을 정리한다.

→ 쌍곡선 $x^2-9y^2=1$을 x축의 방향으로 1만큼, y축의 방향으로 -1만큼 평행이동한 것이다.

$x^2-9y^2-2x-18y-9=0$에서 $(x-1)^2-9(y+1)^2=1$

$x^2-9y^2-2x-18y-7=0$에서 $(x-1)^2-9(y+1)^2=-1$

따라서 두 쌍곡선과 직선 $y=ax+b$, $y=cx+d$가 모두 만나지 않

으려면 $y=ax+b$, $y=cx+d$가 두 쌍곡선의 점근선의 방정식이어야 한다.

Step 2 쌍곡선의 점근선의 방정식을 구한다.

두 쌍곡선 $(x-1)^2-9(y+1)^2=1$, $(x-1)^2-9(y+1)^2=-1$의 점근선의 방정식은 $y=\pm\frac{1}{3}(x-1)-1$

즉, $y=\frac{1}{3}x-\frac{4}{3}$ 또는 $y=-\frac{1}{3}x-\frac{2}{3}$이므로

$ac=\frac{1}{3}\times\left(-\frac{1}{3}\right)=-\frac{1}{9}$, $bd=\left(-\frac{4}{3}\right)\times\left(-\frac{2}{3}\right)=\frac{8}{9}$

$\therefore ac+bd=-\frac{1}{9}+\frac{8}{9}=\frac{7}{9}$

225

정답 ④

좌표평면에서 그림과 같이 직선 $x=2$ 위를 움직이는 점 A에 대하여 선분 OA가 원 $x^2+y^2=1$과 만나는 점을 B라 하자. 평면 위의 점 P가 다음 조건을 모두 만족시키며 움직이면 점 P가 나타내는 도형은 어떤 쌍곡선의 일부가 된다.

→ 점 A의 x좌표는 2이다.

→ $P(x, y)$라 두고 x, y 사이의 관계식을 구한다.

(가) $\overline{AP}=2\overline{AB}$
(나) 직선 AP는 직선 $x=2$와 수직이다.
(다) 점 P의 x좌표는 2보다 크다. → 두 점 A와 P의 y좌표는 같다.

이때, 이 쌍곡선의 점근선 중 기울기가 양수인 점근선의 방정식은? (단, O는 원점이다.) (3점)

① $y=\frac{1}{3}x$ ② $y=\frac{\sqrt{2}}{3}x$ ③ $y=\frac{\sqrt{3}}{3}x$
④ $y=\frac{1}{2}x$ ⑤ $y=\frac{\sqrt{2}}{2}x$

Step 1 점 P의 좌표를 (x, y)라 하고 두 선분 AP, AB의 길이를 x, y에 대한 식으로 나타낸다. 중요

점 P의 좌표를 $P(x, y)$라 하면 조건 (나), (다)에 의하여 → 점 P의 x좌표가 2보다 크니까 $x>2$이어야 해!

$\overline{AP}=x-2$ → (점 P의 x좌표)−(점 A의 x좌표)

점 A의 좌표는 $(2, y)$이므로

$\overline{OA}=\sqrt{(2-0)^2+(y-0)^2}=\sqrt{y^2+4}$

$\therefore \overline{AB}=\overline{OA}-\overline{OB}=\sqrt{y^2+4}-1$ → 점 B는 원 $x^2+y^2=1$ 위의 점이므로 $\overline{OB}=1$

조건 (가)에서 $\overline{AP}=2\overline{AB}$이므로

$x-2=2\sqrt{y^2+4}-2$, $x=2\sqrt{y^2+4}$

양변을 제곱하면 $x^2=4y^2+16$, $x^2-4y^2=16$

$\therefore \frac{x^2}{16}-\frac{y^2}{4}=1$ → 점 P가 나타내는 도형은 이 쌍곡선에서 제1사분면, 제4사분면 위에 있는 부분이다.

따라서 점 P가 나타내는 도형은 쌍곡선 $\frac{x^2}{4^2}-\frac{y^2}{2^2}=1$의 일부이므로 쌍곡선의 점근선 중 기울기가 양수인 점근선의 방정식은

$y=\frac{2}{4}x=\frac{1}{2}x$이다.

✪ 다른 풀이 점 B가 원 위에 있음을 이용하여 점 P가 나타내는 쌍곡선의 방정식을 구하는 풀이

Step 1 점 B의 좌표를 (a, b)라 하고 선분 AB의 길이를 a에 대해 나타낸다.

원 $x^2+y^2=1$ 위의 점 B의 좌표를 (a, b)라 하면 → $x=a$, $y=b$를 대입

$a^2+b^2=1$ …… ㉠

두 점 O, B를 지나는 직선의 방정식이 $y=\frac{b}{a}x$이므로 이 직선과 직선 $x=2$의 교점 A의 좌표는 $\left(2, \frac{2b}{a}\right)$이다. → $y=\frac{b}{a}x$에 $x=2$를 대입

$\therefore \overline{AB}=\sqrt{(a-2)^2+\left(b-\frac{2b}{a}\right)^2}=\frac{1}{a}\sqrt{a^2(a-2)^2+b^2(a-2)^2}$

$=\frac{1}{a}\sqrt{(a-2)^2(a^2+b^2)}$ → 암기 점 (x_1, y_1)과 점 (x_2, y_2) 사이의 거리는 $\sqrt{(x_2-x_1)^2+(y_2-y_1)^2}$이다.

$=\frac{2-a}{a}$ ($\because -1\le a\le 1$, ㉠)

Step 2 점 P의 좌표를 (X, Y)라 하고 X, Y, a, b 사이의 관계식을 구한다. → a, b를 X, Y에 대하여 나타낸 후 $a^2+b^2=1$에 대입하여 X, Y 사이의 관계식을 구한다.

조건 (가)에서 $\overline{AP}=2\overline{AB}=2\times\frac{2-a}{a}=\frac{4-2a}{a}$이므로 점 P의 좌표를 (X, Y)라 하면

$X=2+\overline{AP}=2+\frac{4-2a}{a}=\frac{4}{a}$, $Y=\frac{2b}{a}$ → 점 A의 y좌표

$\therefore a=\frac{4}{X}$, $b=\frac{aY}{2}=\frac{2Y}{X}$ …… ㉡

㉡을 ㉠에 대입하면 → X와 Y 사이의 관계식을 구하는 과정이 좀 까다롭지만 주어진 조건을 잘 활용한다면 충분히 풀 수 있을 거야!

$\left(\frac{4}{X}\right)^2+\left(\frac{2Y}{X}\right)^2=1$, $X^2-4Y^2=16$

$\frac{X^2}{16}-\frac{Y^2}{4}=1$ $\therefore \frac{X^2}{4^2}-\frac{Y^2}{2^2}=1$

(이하 동일)

226

정답 ②

쌍곡선 $\frac{x^2}{4}-y^2=1$의 꼭짓점 중 x좌표가 음수인 점을 중심으로 하는 원 C가 있다.

점 $(3, 0)$을 지나고 원 C에 접하는 두 직선이 각각 쌍곡선 $\frac{x^2}{4}-y^2=1$과 한 점에서만 만날 때, 원 C의 반지름의 길이는? (3점)

→ 직선이 점근선과 평행해야 함을 알 수 있어.

① 2 ② $\sqrt{5}$ ③ $\sqrt{6}$
④ $\sqrt{7}$ ⑤ $2\sqrt{2}$

Step 1 원 C의 중심의 좌표를 구한다.

쌍곡선 $\frac{x^2}{4}-y^2=1$의 꼭짓점의 좌표를 구하기 위해 쌍곡선의 방정식에 $y=0$을 대입하면 → 쌍곡선의 꼭짓점은 x축 위의 점

$\frac{x^2}{4}=1$에서 $x^2=4$ $\quad\therefore x=\pm2$

따라서 쌍곡선의 두 꼭짓점은 $(-2,\ 0)$, $(2,\ 0)$이므로

원 C의 중심의 좌표는 $(-2,\ 0)$이다. → x좌표가 음수인 점!

Step 2 직선이 쌍곡선과 한 점에서만 만나는 경우를 파악한다.

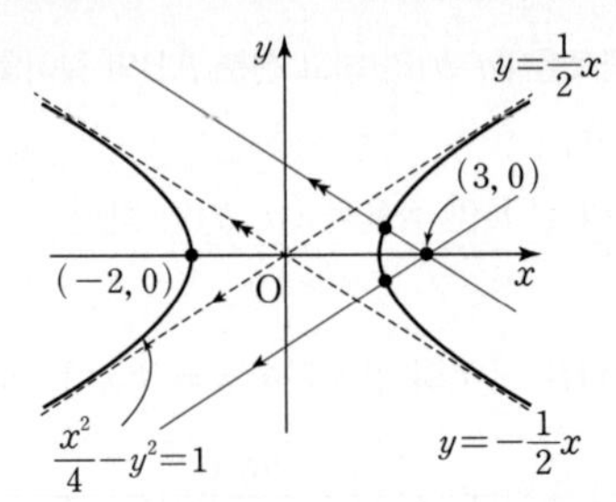

점 $(3,\ 0)$을 지나고 원 C에 접하는 두 직선이 쌍곡선 $\frac{x^2}{4}-y^2=1$과 한 점에서 만나려면 위 그림과 같이 두 직선이 쌍곡선의 두 점근선과 각각 평행해야 한다.

쌍곡선 $\frac{x^2}{4}-y^2=1$의 점근선의 방정식은

$y=\pm\frac{\sqrt{1}}{\sqrt{4}}x$에서 $y=\pm\frac{1}{2}x$ → 쌍곡선 $\frac{x^2}{a^2}-\frac{y^2}{b^2}=1(a>0,b>0)$의 점근선의 방정식은 $y=\pm\frac{b}{a}x$야.

따라서 점 $(3,\ 0)$을 지나는 두 직선의 기울기는 각각 $\frac{1}{2}$, $-\frac{1}{2}$이다.

Step 3 두 직선에 원 C가 접할 때의 원 C의 반지름의 길이를 구한다.

점 $(3,\ 0)$을 지나고 기울기가 $\frac{1}{2}$인 직선의 방정식은

$y=\frac{1}{2}(x-3)$, $2y=x-3$ $\quad\therefore x-2y-3=0$

→ 점과 직선 사이의 거리를 구할 수 있도록 직선의 방정식을 $ax+by+c=0$ 꼴로 바꿔주었어.

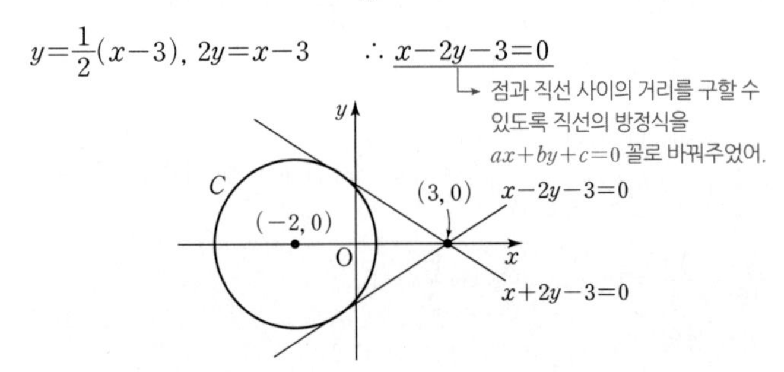

그림과 같이 두 직선이 원 C에 접하려면 원 C의 중심과 직선 사이의 거리가 원 C의 반지름의 길이와 같아야 한다.

점 $(-2,\ 0)$과 직선 $x-2y-3=0$ 사이의 거리는

$$\frac{|(-2)\times1+0\times(-2)-3|}{\sqrt{1^2+(-2)^2}}=\frac{5}{\sqrt{5}}=\sqrt{5}$$

따라서 구하는 원 C의 반지름의 길이는 $\sqrt{5}$이다.

원 C에 접하는 두 직선은 x축에 대하여 서로 대칭이니까, 기울기가 $-\frac{1}{2}$인 직선 $x+2y-3=0$을 이용해 문제를 풀어도 $\sqrt{5}$가 나오게 돼.

I. 이차곡선

02. 이차곡선과 직선

001	③	002	④	003	⑤	004	①	005	12
006	②	007	②	008	③	009	②	010	④
011	10	012	②	013	①	014	④	015	①
016	32	017	③	018	④	019	55	020	64
021	⑤	022	16	023	21	024	①	025	③
026	⑤	027	①	028	54	029	⑤	030	④
031	③	032	③	033	25	034	⑤	035	①
036	②	037	③	038	⑤	039	②	040	③
041	32	042	⑤	043	18	044	⑤	045	17
046	④	047	⑤	048	①	049	⑤	050	①
051	①	052	③	053	②	054	①	055	④
056	32	057	②	058	②	059	171	060	③
061	④	062	③	063	④	064	②	065	③
066	③	067	52	068	①	069	①	070	①
071	③	072	⑤	073	13	074	③	075	14
076	⑤	077	128	078	16	079	④	080	③
081	①	082	①	083	③	084	①		

001 [정답률 87%]

정답 ③

포물선 $y^2=4(x-1)$ 위의 점 P는 제1사분면 위의 점이고 초점 F에 대하여 $\overline{\text{PF}}=3$이다. 포물선 위의 점 P에서의 접선의 기울기는? (3점)

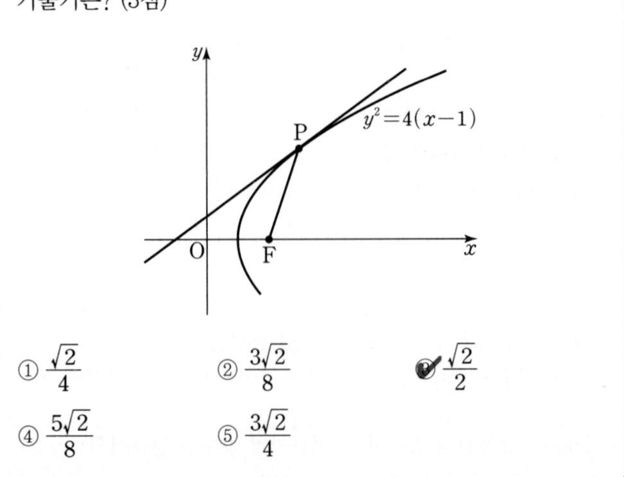

① $\frac{\sqrt{2}}{4}$ ② $\frac{3\sqrt{2}}{8}$ ③ $\frac{\sqrt{2}}{2}$
④ $\frac{5\sqrt{2}}{8}$ ⑤ $\frac{3\sqrt{2}}{4}$

Step 1 점 P의 좌표를 구한다.

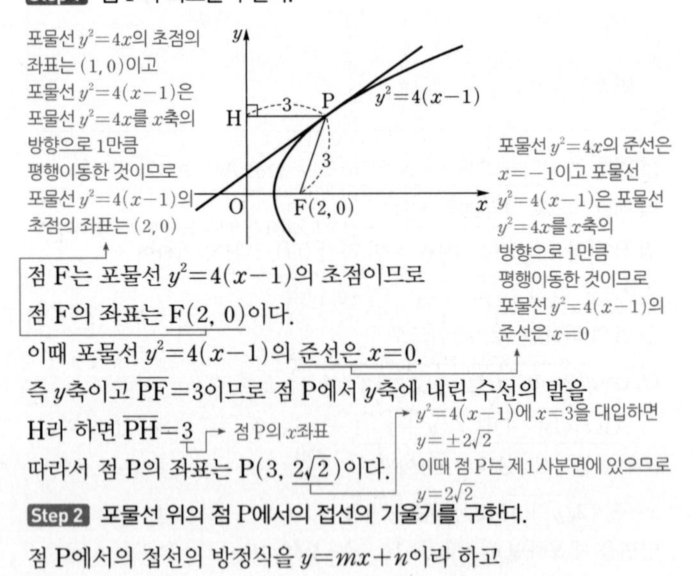

점 F는 포물선 $y^2=4(x-1)$의 초점이므로

점 F의 좌표는 F$(2,\ 0)$이다.

이때 포물선 $y^2=4(x-1)$의 준선은 $x=0$,

즉 y축이고 $\overline{\text{PF}}=3$이므로 점 P에서 y축에 내린 수선의 발을

H라 하면 $\overline{\text{PH}}=3$ → 점 P의 x좌표

따라서 점 P의 좌표는 P$(3,\ 2\sqrt{2})$이다.

→ $y^2=4(x-1)$에 $x=3$을 대입하면 $y=\pm2\sqrt{2}$ 이때 점 P는 제1사분면에 있으므로 $y=2\sqrt{2}$

Step 2 포물선 위의 점 P에서의 접선의 기울기를 구한다.

점 P에서의 접선의 방정식을 $y=mx+n$이라 하고

포물선 $y^2=4(x-1)$의 식에 대입하면

$(mx+n)^2=4(x-1)$, $m^2x^2+2mnx+n^2=4x-4$

$\therefore m^2x^2+2(mn-2)x+n^2+4=0$

이 이차방정식이 중근을 가져야 하므로 판별식을 D라 하면

→ 그래야 두 그래프가 한 점에서만 만나.

$\frac{D}{4}=(mn-2)^2-m^2(n^2+4)$

$=m^2n^2-4mn+4-m^2n^2-4m^2$

$=4(1-mn-m^2)$

$\frac{D}{4}=0$에서 $1-mn-m^2=0$ ⋯⋯ ㉠

직선 $y=mx+n$이 점 $P(3, 2\sqrt{2})$를 지나므로

$2\sqrt{2}=3m+n$ $\therefore n=2\sqrt{2}-3m$ → 직선의 방정식에 $x=3, y=2\sqrt{2}$ 대입!

이를 ㉠에 대입하면

$1-m(2\sqrt{2}-3m)-m^2=0$

$1-2\sqrt{2}m+3m^2-m^2=0$

$2m^2-2\sqrt{2}m+1=0$, $(\sqrt{2}m-1)^2=0$

$\therefore m=\frac{\sqrt{2}}{2}$ → $\sqrt{2}m-1=0$에서 $\sqrt{2}m=1$ $\therefore m=\frac{1}{\sqrt{2}}$

따라서 포물선 위의 점 P에서의 접선의 기울기는 $\frac{\sqrt{2}}{2}$이다.

✪ 다른 풀이 음함수의 미분법을 이용하는 풀이

Step 1 동일

Step 2 포물선 위의 점 P에서의 접선의 기울기를 구한다.

$y^2=4(x-1)$에서 $2y\times\frac{dy}{dx}=4$

위 식에 $x=3$, $y=2\sqrt{2}$를 대입하면

$4\sqrt{2}\times\frac{dy}{dx}=4$ $\therefore \frac{dy}{dx}=\frac{\sqrt{2}}{2}$

따라서 포물선 위의 점 P에서의 접선의 기울기는 $\frac{\sqrt{2}}{2}$이다.

002 [정답률 79%]

정답 ④

포물선 $y^2=4x$ 위의 점 $(9, 6)$에서의 접선과 포물선의 준선이 만나는 점이 (a, b)일 때, $a+b$의 값은? (3점)

$y^2=4\times1\times x$에서 준선은 $x=-1$

① $\frac{7}{6}$ ② $\frac{4}{3}$ ③ $\frac{3}{2}$

④ $\frac{5}{3}$ ⑤ $\frac{11}{6}$

Step 1 포물선 위의 점에서의 접선의 방정식을 구한다.

포물선 $y^2=4x$ 위의 점 $(9, 6)$에서의 접선의 방정식은

→ 포물선 $y^2=4px$ 위의 점 (x_1, y_1)에서의 접선의 방정식은 $y_1y=2p(x+x_1)$

$6y=2(x+9)$에서 $y=\frac{1}{3}(x+9)$

Step 2 접선과 포물선의 준선의 교점을 구한다.

이때 포물선 $y^2=4x$의 준선의 방정식이 $x=-1$이므로 $a=-1$

점 $(-1, b)$가 접선 $y=\frac{1}{3}(x+9)$ 위의 점이므로

$b=\frac{1}{3}(-1+9)=\frac{8}{3}$

$\therefore a+b=-1+\frac{8}{3}=\frac{5}{3}$

003 [정답률 82%]

정답 ⑤

그림과 같이 타원 $\frac{x^2}{40}+\frac{y^2}{15}=1$의 두 초점 중 x좌표가 양수인 점을 F라 하고, 타원 위의 점 중 제1사분면에 있는 점 P에서의 접선이 x축과 만나는 점을 Q라 하자. $\overline{OF}=\overline{FQ}$일 때, 삼각형 POQ의 넓이는? (단, O는 원점이다.) (3점)

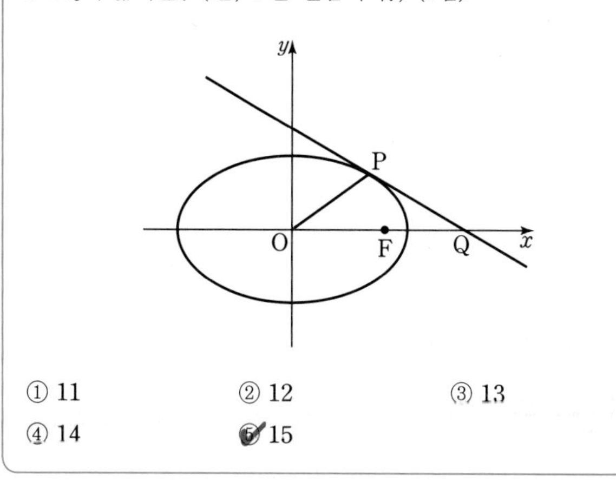

① 11 ② 12 ③ 13

④ 14 ⑤ 15

Step 1 점 Q의 좌표를 구한다.

점 F의 좌표를 $F(c, 0)$ $(c>0)$이라 하면

$c^2=40-15=25$ $\therefore c=5$

즉, $\overline{OF}=\overline{FQ}=5$이므로 $\overline{OQ}=10$ $\therefore Q(10, 0)$

→ $=\overline{OF}+\overline{FQ}$

Step 2 점 P에서의 접선의 방정식을 구한다.

점 P의 좌표를 (x_1, y_1)이라 하면 점 P에서의 접선의 방정식은

→ 타원 $\frac{x^2}{a^2}+\frac{y^2}{b^2}=1$ 위의 점 $P(x_1, y_1)$에서의 접선의 방정식은 $\frac{x_1x}{a^2}+\frac{y_1y}{b^2}=1$

$\frac{x_1}{40}x+\frac{y_1}{15}y=1$

이때 점 Q가 이 직선 위의 점이므로

→ $\frac{x_1}{40}x+\frac{y_1}{15}y=1$에 $x=10, y=0$ 대입

$\frac{10}{40}x_1=1$ $\therefore x_1=4$

또한 점 P가 타원 위의 점이므로

→ $\frac{x^2}{40}+\frac{y^2}{15}=1$에 $x=4, y=y_1$ 대입

$\frac{4^2}{40}+\frac{{y_1}^2}{15}=1$, $\frac{{y_1}^2}{15}=\frac{24}{40}$

${y_1}^2=9$ $\therefore y_1=3$ $(\because y_1>0)$ → 점 P는 제1사분면 위의 점

Step 3 삼각형 POQ의 넓이를 구한다.

따라서 $P(4, 3)$, $Q(10, 0)$이므로 삼각형 POQ의 넓이는

$\frac{1}{2}\times3\times10=15$

004 [정답률 86%]

정답 ①

좌표평면에서 쌍곡선 $\frac{x^2}{a^2}-\frac{y^2}{b^2}=1$의 점근선의 방정식이 $y=\pm\frac{\sqrt{3}}{3}x$이고 한 초점이 $\mathrm{F}(4\sqrt{3},\ 0)$이다. 점 F를 지나고 x축에 수직인 직선이 이 쌍곡선과 제1사분면에서 만나는 점을 P라 하자. 쌍곡선 위의 점 P에서의 접선의 기울기는? (단, a, b는 상수이다.) (4점)

① $\frac{2\sqrt{3}}{3}$ ② $\sqrt{3}$ ③ $\frac{4\sqrt{3}}{3}$ ④ $\frac{5\sqrt{3}}{3}$ ⑤ $2\sqrt{3}$

Step 1 쌍곡선의 점근선의 방정식, 초점의 좌표를 이용하여 a^2, b^2의 값을 각각 구한다.

쌍곡선 $\frac{x^2}{a^2}-\frac{y^2}{b^2}=1$의 점근선의 방정식이 $y=\pm\frac{\sqrt{3}}{3}x$이므로

$\frac{b^2}{a^2}=\left(\frac{\sqrt{3}}{3}\right)^2=\frac{3}{9}=\frac{1}{3}$ $\therefore a^2=3b^2$ ⋯⋯ ㉠

→ $\frac{b}{a}=\frac{\sqrt{3}}{3}$이라고 하고 $3b=\sqrt{3}a$임을 확인할 수도 있지만, a와 b의 부호가 같다는 보장이 없어서 이와 같이 a^2과 b^2 사이의 관계식을 구한 거야.

한 초점 F의 좌표가 $(4\sqrt{3},\ 0)$이므로

$a^2+b^2=(4\sqrt{3})^2$

$3b^2+b^2=4b^2=48$ ← a^2 대신 $3b^2$ 대입

$\therefore b^2=12,\ a^2=3\times12=36$ ($\because$ ㉠)

Step 2 점 P가 쌍곡선 위의 점임을 이용하여 점 P의 좌표를 구한다.

→ 점 P의 x좌표가 $4\sqrt{3}$이라는 의미야.

점 P는 점 $\mathrm{F}(4\sqrt{3},\ 0)$을 지나고 x축에 수직인 직선이 쌍곡선 $\frac{x^2}{36}-\frac{y^2}{12}=1$과 제1사분면에서 만나는 점이므로

점 P의 좌표는 $\mathrm{P}(4\sqrt{3},\ 2)$

→ $\frac{(4\sqrt{3})^2}{36}-\frac{y^2}{12}=1$에서 $y^2=4$ 이때 점 P는 제1사분면에 있으므로 점 P의 y좌표는 2야.

Step 3 쌍곡선 위의 점 P에서의 접선의 기울기를 구한다.

쌍곡선 위의 점 $\mathrm{P}(4\sqrt{3},\ 2)$에서의 접선의 방정식은

$\frac{4\sqrt{3}x}{36}-\frac{2y}{12}=1$에서 $\frac{\sqrt{3}}{9}x-\frac{1}{6}y=1$

$\frac{1}{6}y=\frac{\sqrt{3}}{9}x-1$ $\therefore y=\frac{2\sqrt{3}}{3}x-6$

따라서 구하는 접선의 기울기는 $\frac{2\sqrt{3}}{3}$이다.

005 [정답률 52%]

정답 12

→ 초점은 $\left(\frac{n}{4},\ 0\right)$이다.

포물선 $y^2=nx$의 초점과 포물선 위의 점 $(n,\ n)$에서의 접선 사이의 거리를 d라 하자. $d^2\geq40$을 만족시키는 자연수 n의 최솟값을 구하시오. (4점)

Step 1 포물선의 초점의 좌표를 구한다.

→ **중요** 포물선 $y^2=4px$의 초점의 좌표는 $(p,\ 0)$이다. (단, $p\neq0$)

$y^2=nx=4\times\frac{n}{4}x$에서 초점의 좌표는 $\left(\frac{n}{4},\ 0\right)$이다.

Step 2 포물선 위의 점에서의 접선의 방정식을 구한다.

포물선 $y^2=nx$ 위의 점 $(n,\ n)$에서의 접선의 방정식은

$ny=2\times\frac{1}{4}n\times(x+n)$

→ $y^2=4px$ 위의 점 $(x_1,\ y_1)$에서의 접선의 방정식은 $y_1y=2p(x+x_1)$이야!

n으로 나누었어! $y=\frac{x+n}{2}$

$2y=x+n$, 즉 $x-2y+n=0$

Step 3 초점과 접선 사이의 거리를 구한다.

직선 $x-2y+n=0$과 포물선의 초점 $\left(\frac{n}{4},\ 0\right)$ 사이의 거리 d는

$d=\frac{\left|1\times\frac{n}{4}-2\times0+n\right|}{\sqrt{1^2+(-2)^2}}=\frac{\frac{5}{4}n}{\sqrt{5}}=\frac{\sqrt{5}}{4}n$

→ 직선 $ax+by+c=0$과 점 $(\alpha,\ \beta)$ 사이의 거리 d $d=\frac{|a\alpha+b\beta+c|}{\sqrt{a^2+b^2}}$

$d^2\geq40$에서 $\frac{5}{16}n^2\geq40$, $n^2\geq128$

따라서 $11^2=121$, $12^2=144$이므로 $d^2\geq40$을 만족시키는 자연수 n의 최솟값은 12이다.

> **수능포인트**
> 점과 직선 사이의 거리를 구하는 공식에 있는 절댓값이 이 문제처럼 자연스럽게 벗겨지는 경우도 있지만 그렇지 않은 경우에 대한 준비가 필요합니다. 기본적으로 점과 직선 사이의 거리 공식에서 절댓값 부분에는 직선의 방정식에 그 점의 좌표를 대입하는데, 이때 대입하여 나온 값이 양수인지 음수인지 판단하는 과정을 거친 후에 절댓값 기호를 벗겨야 한다는 것을 반드시 기억하도록 합니다.

✪ 다른 풀이 판별식을 이용하여 포물선의 접선의 방정식을 구하는 풀이

Step 1 동일

Step 2 포물선의 접선의 방정식을 구한다.

점 $(n,\ n)$에서의 접선의 방정식을 $y=mx+k$라 하고 포물선 $y^2=nx$의 식에 대입하면

$(mx+k)^2=nx$, $m^2x^2+2mkx+k^2=nx$

$\therefore m^2x^2+(2mk-n)x+k^2=0$

→ 그래야 직선이 포물선에 접해.

이 이차방정식이 중근을 가져야 하므로 판별식을 D라 하면

$D=(2mk-n)^2-4\times m^2\times k^2$

$=4m^2k^2-4mkn+n^2-4m^2k^2$

$=n^2-4mkn$

$=n(n-4mk)$

→ n은 자연수라 0이 될 수 없어.

$D=0$에서 $n(n-4mk)=0$

$n-4mk=0$ $\therefore 4mk=n$ ⋯⋯ ㉠

직선 $y=mx+k$가 점 $(n,\ n)$을 지나므로

$n=mn+k$ $\therefore k=n-mn$ ← $x=n$, $y=n$ 대입!

이를 ㉠에 대입하면

$4m(n-mn)=n$, $4m(1-m)=1$

$-4m^2+4m-1=0$, $4m^2-4m+1=0$

$(2m-1)^2=0$ $\therefore m=\frac{1}{2}$

따라서 점 $(n,\ n)$에서의 접선의 기울기가 $\frac{1}{2}$이므로 구하는 접선의 방정식은

$y=\frac{1}{2}(x-n)+n$, 즉 $x-2y+n=0$

→ $\frac{1}{2}x-\frac{1}{2}n+n=\frac{1}{2}x+\frac{1}{2}n$

Step 3 동일

006 [정답률 76%] 정답 ②

↱ 점 P는 포물선 $y^2=4x$ 위의 점이므로 $b^2=4a$임을 알 수 있어.

포물선 $y^2=4x$ 위의 점 $P(a, b)$에서의 접선이 x축과 만나는 점을 Q라 하자. $\overline{PQ}=4\sqrt{5}$일 때, a^2+b^2의 값은? (3점)

↳ 접선의 방정식을 구해 x절편을 찾는다.

① 21 ② 32 ③ 45 ④ 60 ⑤ 77

Step 1 포물선의 접선의 방정식 공식을 이용하여 점 Q의 좌표를 구한다.

포물선 $y^2=4x$ 위의 점 $P(a, b)$에서의 접선의 방정식은

$by=2(x+a)$ ↳ 포물선 $y^2=4px$ 위의 점 (x_1, y_1)에서의 접선의 방정식은 $y_1y=2p(x+x_1)$

이 접선이 x축과 만나는 점 Q의 좌표를 구하면

$0=2(x+a)$에서 $x=-a$ → $y=0$ 대입

$\therefore Q(-a, 0)$

Step 2 선분 PQ의 길이를 이용하여 a, b의 값을 구한다.

$\overline{PQ}=4\sqrt{5}$이므로 ↱ 두 점 (x_1, y_1), (x_2, y_2) 사이의 거리 d는 $d=\sqrt{(x_2-x_1)^2+(y_2-y_1)^2}$

$\sqrt{(-a-a)^2+(0-b)^2}=4\sqrt{5}$

양변을 제곱하면

$4a^2+b^2=80$ …… ㉠

한편, 점 $P(a, b)$는 포물선 $y^2=4x$ 위의 점이므로

$b^2=4a$ …… ㉡

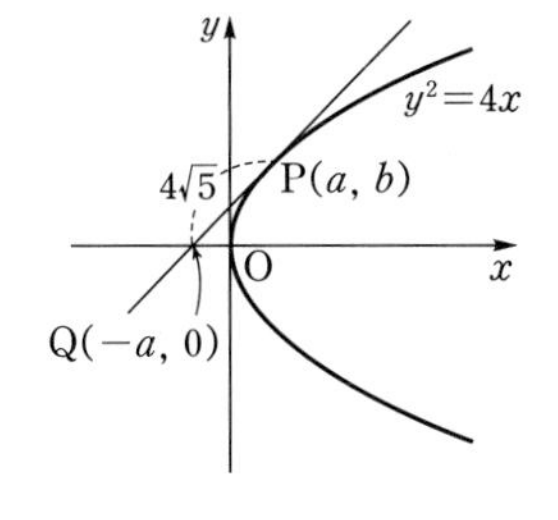

㉡을 ㉠에 대입하면

$4a^2+4a=80$, $a^2+a-20=0$

$(a-4)(a+5)=0$

$\therefore a=4$ ($\because a>0$)

㉡에서 $b^2=4\times4=16$

$\therefore a^2+b^2=4^2+16=32$

007 [정답률 91%] 정답 ②

↱ F(1, 0)

그림과 같이 초점이 F인 포물선 $y^2=4x$ 위의 한 점 P에서의 접선이 x축과 만나는 점의 x좌표가 -2이다. $\cos(\angle PFO)$의 값은? (단, O는 원점이다.) (3점)

↳ y좌표가 0인 점

점 P에서 x축에 수선을 그어 직각삼각형을 만든다.

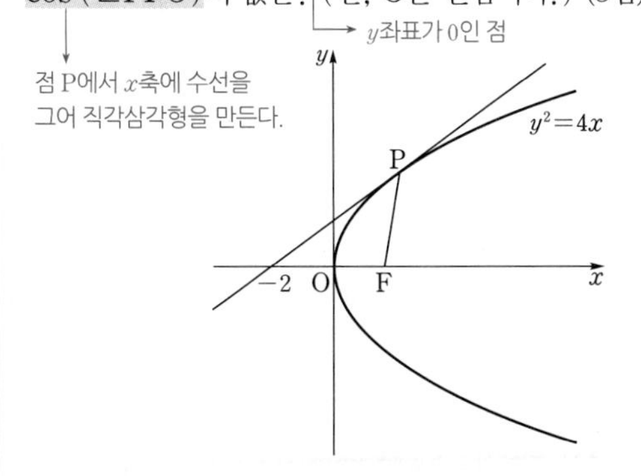

① $-\frac{5}{12}$ ② $-\frac{1}{3}$ ③ $-\frac{1}{4}$ ④ $-\frac{1}{6}$ ⑤ $-\frac{1}{12}$

Step 1 포물선의 접선의 방정식 공식을 이용한다.

포물선 $y^2=4x$ 위의 점 P의 좌표를 (x_1, y_1)이라 하면

점 P는 포물선 $y^2=4x$ 위의 점이므로 ${y_1}^2=4x_1$ …… ㉠

이고 점 P에서의 접선의 방정식은 $y_1y=2(x+x_1)$

Step 2 접선의 방정식을 이용하여 x_1, y_1의 값을 구한다.

이 접선이 x축과 만나는 점의 x좌표가 -2이므로

$0=2(-2+x_1)$ $\therefore x_1=2$

$x_1=2$를 ㉠에 대입하면 $y_1=2\sqrt{2}$ ($\because y_1>0$) ↱ 그림에서 점 P는 제1사분면 위의 점이야.

Step 3 직선 PF가 x축과 이루는 예각의 코사인 값을 구하여 $\cos(\angle PFO)$의 값을 구한다.

포물선 $y^2=4x$에서 초점 F의 좌표는 $(1, 0)$이고 점 $P(2, 2\sqrt{2})$에서 x축에 내린 수선의 발을 H라 하면 ↱ 점 (a, b)에서 x축에 내린 수선의 발의 좌표는 $(a, 0)$이야.

$H(2, 0)$이므로 $\overline{FH}=2-1=1$

직각삼각형 PFH에서

$\overline{PH}=2\sqrt{2}$, $\overline{FH}=1$, $\overline{PF}=\sqrt{1^2+(2\sqrt{2})^2}=3$ 이므로 ← 피타고라스 정리

$\cos(\angle PFH)=\frac{1}{3}$ → $\cos(\angle PFH)=\frac{\overline{FH}}{\overline{PF}}=\frac{1}{3}$

$\therefore \cos(\angle PFO)=\cos(\pi-\angle PFH)=-\cos(\angle PFH)=-\frac{1}{3}$

↳ $\cos(\pi-\theta)=-\cos\theta$, $\sin(\pi-\theta)=\sin\theta$

008 정답 ③

↱ **중요** 포물선 $y^2=4px$ 위의 점 (a, b)에서의 접선은 x축과 항상 점 $(-a, 0)$에서 만난다.

초점이 F인 포물선 $y^2=x$ 위의 점 $A(a^2, a)$에서의 접선이 x축과 만나는 점을 B라 하자. 삼각형 AFB의 무게중심이 포물선 $y^2=x$ 위에 있을 때, a의 값은? (단, $a>0$) (3점)

① $\frac{1}{2}$ ② $\frac{\sqrt{2}}{2}$ ③ $\frac{\sqrt{3}}{2}$ ④ 2 ⑤ $\frac{\sqrt{5}}{2}$

↳ 세 점 A, F, B의 좌표를 알면 삼각형 AFB의 무게중심을 구할 수 있다.

Step 1 점 A에서의 접선의 방정식을 구한다.

포물선 $y^2=x$ 위의 점 $A(a^2, a)$에서의 접선의 방정식은

$ay=\frac{1}{2}(x+a^2)$에서 $ay=\frac{1}{2}x+\frac{1}{2}a^2$

$\therefore y=\frac{1}{2a}x+\frac{a}{2}$

→ **암기** 포물선 $y^2=4px$ 위의 점 (x_1, y_1)에서의 접선의 방정식은 $y_1y=2p(x+x_1)$

Step 2 두 점 B, F의 좌표를 각각 구한 후 삼각형 AFB의 무게중심을 구한다.

점 B는 접선 $y=\frac{1}{2a}x+\frac{a}{2}$가 x축과 만나는 점이므로 $\mathrm{B}(-a^2,\ 0)$ ($y=0$ 대입)

이고 포물선의 방정식이 $y^2=x=4\times\frac{1}{4}x$이므로 초점 F의 좌표는

$\mathrm{F}\left(\frac{1}{4},\ 0\right)$이다.

중요 세 점 $\mathrm{A}(x_1, y_1)$, $\mathrm{B}(x_2, y_2)$, $\mathrm{C}(x_3, y_3)$에 대하여 삼각형 ABC의 무게중심의 좌표는 $\left(\frac{x_1+x_2+x_3}{3},\ \frac{y_1+y_2+y_3}{3}\right)$이다.

따라서 삼각형 AFB의 무게중심의 좌표는

$\left(\frac{a^2+(-a^2)+\frac{1}{4}}{3},\ \frac{a}{3}\right)$, 즉 $\left(\frac{1}{12},\ \frac{a}{3}\right)$ ...... ㉠

Step 3 삼각형 AFB의 무게중심이 포물선 $y^2=x$ 위에 있음을 이용하여 a의 값을 구한다.

㉠이 포물선 $y^2=x$ 위에 있으므로

$\left(\frac{a}{3}\right)^2=\frac{1}{12}$, $\frac{a^2}{9}=\frac{1}{12}$, $a^2=\frac{3}{4}$

$\therefore a=\frac{\sqrt{3}}{2}$ ($\because a>0$)

수능포인트

이 문제의 답을 찾아내는 데 필요한 두 점 F, B의 좌표는 풀이와 같이 차근차근 풀어나가면 구할 수 있지만, 무게중심의 좌표나 x절편 등은 제법 복잡한 계산을 거쳐서 얻어내는 값이기 때문에 헷갈리기 쉽습니다. 이런 문제를 풀 때의 포인트는 비록 문제 자체에 그래프가 주어져 있지 않더라도 일단 좌표평면 위에 주어진 곡선의 그래프를 그리는 것입니다. 그리고 얻어지는 값들을 빠놓지 않고 그 위에 적어나가면 조건을 빠트리는 실수로 문제를 틀리는 경우가 많이 줄어들 것입니다.

009 [정답률 90%]

정답 ②

다음은 포물선 $y^2=x$ 위의 꼭짓점이 아닌 임의의 점 P에서의 접선과 x축과의 교점을 T, 포물선의 초점을 F라고 할 때, $\overline{\mathrm{FP}}=\overline{\mathrm{FT}}$임을 증명한 것이다.

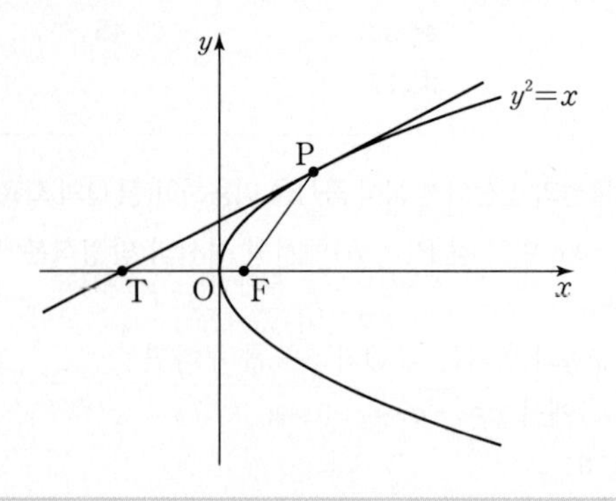

[증명]

점 P의 좌표를 $(x_1,\ y_1)$이라고 하면, 접선의 방정식은

(가)

이 식에 $y=0$을 대입하면 교점 T의 좌표는 $(-x_1,\ 0)$이다.

초점 F의 좌표는 (나) 이므로

$\overline{\mathrm{FT}}=$ (다)

한편, $\overline{\mathrm{FP}}=\sqrt{\left(x_1-\frac{1}{4}\right)^2+y_1{}^2}$

$=$ (다)

따라서 $\overline{\mathrm{FP}}=\overline{\mathrm{FT}}$이다.

위의 증명에서 (가), (나), (다)에 알맞은 것을 차례로 나열한 것은? (3점)

	(가)	(나)	(다)
①	$y_1y=\frac{1}{2}(x+x_1)$	$\left(\frac{1}{2},\ 0\right)$	$x_1+\frac{1}{2}$
②	$y_1y=\frac{1}{2}(x+x_1)$	$\left(\frac{1}{4},\ 0\right)$	$x_1+\frac{1}{4}$
③	$y_1y=\frac{1}{2}(x+x_1)$	$\left(\frac{1}{4},\ 0\right)$	$x_1+\frac{1}{2}$
④	$y_1y=x+x_1$	$\left(\frac{1}{4},\ 0\right)$	$x_1+\frac{1}{4}$
⑤	$y_1y=x+x_1$	$\left(\frac{1}{2},\ 0\right)$	$x_1+\frac{1}{2}$

Step 1 포물선의 접선의 방정식 공식을 이용하여 빈칸을 알맞게 채운다.

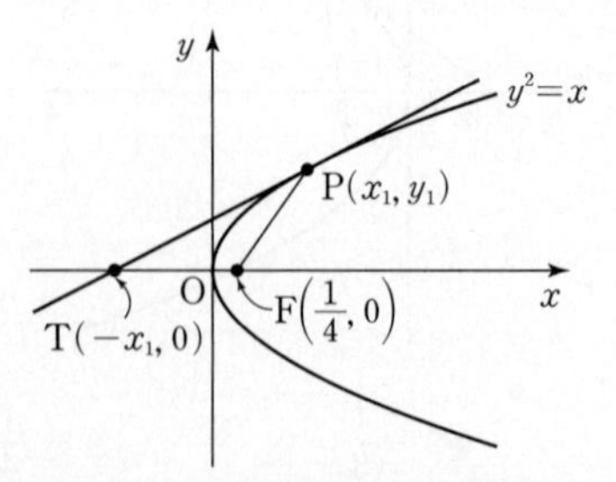

점 P의 좌표를 $(x_1,\ y_1)$이라 하면 접선의 방정식은

(가) $y_1y=\frac{1}{2}(x+x_1)$ 포물선 $y^2=4px$의 초점의 좌표는 $(p, 0)$이야.

이 식에 $y=0$을 대입하면 교점 T의 좌표는 $(-x_1, 0)$이다.

또한, $y^2=x=4\times\frac{1}{4}x$에서 초점 F의 좌표는 (나) $\left(\frac{1}{4}, 0\right)$

따라서 원점 O에 대하여 $\overline{OF}=\frac{1}{4}$, $\overline{OT}=x_1$이므로 → $|$(점 T의 x좌표)$|$

$\overline{FT}=\overline{OT}+\overline{OF}=$ (다) $x_1+\frac{1}{4}$

한편, $\overline{FP}=\sqrt{\left(x_1-\frac{1}{4}\right)^2+y_1^2}$

$=\sqrt{x_1^2-\frac{1}{2}x_1+\frac{1}{16}+x_1}$ ($\because$ $y_1^2=x_1$) → 점 (x_1, y_1)이 포물선 $y^2=x$ 위의 점이기 때문이야.

$=\sqrt{x_1^2+\frac{1}{2}x_1+\frac{1}{16}}$

$=\sqrt{\left(x_1+\frac{1}{4}\right)^2}$

$=$ (다) $x_1+\frac{1}{4}$ ($\because$ $x_1>0$)

따라서 $\overline{FP}=\overline{FT}$이다.

010

정답 ④

→ (x좌표)>0, (y좌표)>0

그림과 같이 두 포물선 $y^2=8x$, $y^2=-8(x-2)$가 제1사분면에서 만나는 점을 P라 하자. 점 P에서 두 포물선에 접하는 두 접선이 이루는 예각의 크기를 θ라 할 때, $\tan\theta$의 값은? (4점) → 두 접선의 기울기만 알면 돼.

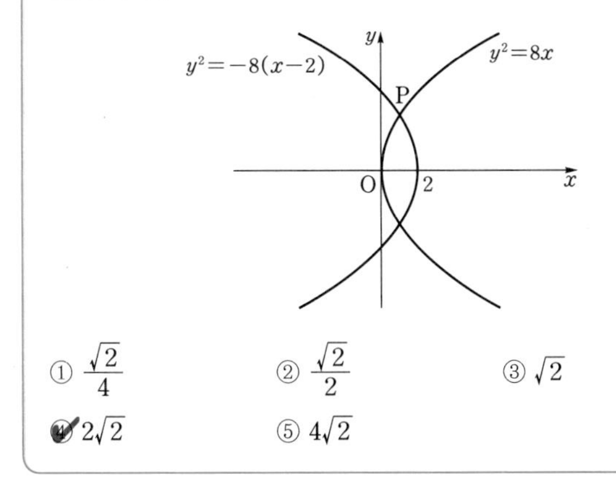

① $\frac{\sqrt{2}}{4}$ ② $\frac{\sqrt{2}}{2}$ ③ $\sqrt{2}$ ✔④ $2\sqrt{2}$ ⑤ $4\sqrt{2}$

Step 1 포물선의 방정식을 연립하여 점 P의 좌표를 구한다.

두 포물선의 방정식 $y^2=8x$, $y^2=-8(x-2)$를 연립하면

$8x=-8(x-2)$, $x=-x+2$

$\therefore x=1, y=2\sqrt{2}$ ($\because$ 점 P는 제1사분면 위의 점) → $y^2=8\times1=8$ $\therefore y=2\sqrt{2}$ ($\because y>0$)

$\therefore$ P$(1, 2\sqrt{2})$

Step 2 두 포물선에 접하는 접선의 방정식을 구한다.

곡선 $y^2=8x$ 위의 점 P$(1, 2\sqrt{2})$에서의 접선의 방정식은

$2\sqrt{2}y=4(x+1)$에서 $2\sqrt{2}y=4x+4$

$\therefore y=\sqrt{2}x+\sqrt{2}$ → $\frac{4}{2\sqrt{2}}=\frac{2}{\sqrt{2}}=\sqrt{2}$

곡선 $y^2=-8(x-2)$ 위의 점 P$(1, 2\sqrt{2})$에서의 접선의 방정식을 $y=mx+n$이라 하면

$2\sqrt{2}=m+n$ ...... ㉠ → 점 P의 좌표인 $x=1, y=2\sqrt{2}$를 접선의 방정식에 대입!

접선의 방정식을 곡선의 식에 대입하면

$(mx+n)^2=-8(x-2)$에서 $m^2x^2+2mnx+n^2=-8x+16$

$\therefore m^2x^2+2(mn+4)x+n^2-16=0$

이 이차방정식이 중근을 가져야 하므로 판별식을 D라 하면

$\frac{D}{4}=(mn+4)^2-m^2(n^2-16)$

$=m^2n^2+8mn+16-m^2n^2+16m^2$

$=16m^2+8mn+16$

$=8(2m^2+mn+2)$

$\frac{D}{4}=0$에서 $2m^2+mn+2=0$

㉠에서 $n=2\sqrt{2}-m$이므로 → ㉠의 $m+n=2\sqrt{2}$에서 m을 우변으로 이항했어!

$2m^2+m(2\sqrt{2}-m)+2=0$

$m^2+2\sqrt{2}m+2=0$, $(m+\sqrt{2})^2=0$

$\therefore m=-\sqrt{2}$, $n=3\sqrt{2}$ → $n=2\sqrt{2}-(-\sqrt{2})=3\sqrt{2}$

즉, 곡선 $y^2=-8(x-2)$ 위의 점 P$(1, 2\sqrt{2})$에서의 접선의 방정식은

$y=-\sqrt{2}x+3\sqrt{2}$

Step 3 코사인법칙을 이용하여 $\tan\theta$의 값을 구한다.

두 포물선 $y^2=8x$, $y^2=-8(x-2)$의 교점 P$(1, 2\sqrt{2})$에서의 접선의 방정식을 각각 l_1, l_2라 하고, 두 직선 l_1, l_2가 x축과 만나는 점을 각각 Q, R라 하면 Q$(-1, 0)$, R$(3, 0)$이고 이를 좌표평면에 나타내면 다음 그림과 같다. → $l_1: y=\sqrt{2}x+\sqrt{2}$, $l_2: y=-\sqrt{2}x+3\sqrt{2}$

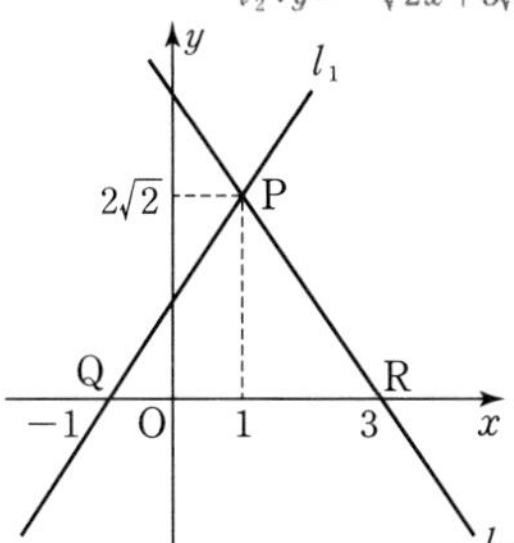

삼각형 PQR에서 → $=\sqrt{\{1-(-1)\}^2+(2\sqrt{2}-0)^2}$

$\overline{PQ}=2\sqrt{3}$, $\overline{PR}=2\sqrt{3}$, $\overline{QR}=4$ → $=3-(-1)$

두 직선 l_1, l_2가 이루는 각의 크기를 θ라 하면

$\cos\theta=\frac{(2\sqrt{3})^2+(2\sqrt{3})^2-4^2}{2\times2\sqrt{3}\times2\sqrt{3}}=\frac{8}{24}=\frac{1}{3}$ → 코사인법칙 변형

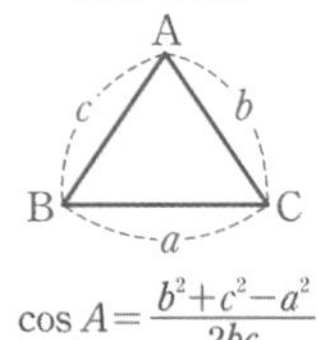

$\cos A=\frac{b^2+c^2-a^2}{2bc}$

이때 $\sin\theta=\sqrt{1-\cos^2\theta}$이므로

$\sin\theta=\sqrt{1-\frac{1}{9}}=\sqrt{\frac{8}{9}}=\frac{2\sqrt{2}}{3}$

$\therefore \tan\theta=\frac{\sin\theta}{\cos\theta}=\frac{\frac{2\sqrt{2}}{3}}{\frac{1}{3}}=2\sqrt{2}$

011 [정답률 86%]

정답 10

포물선 $y^2=20x$에 접하고 기울기가 $\frac{1}{2}$인 직선의 y절편을 구하시오. (3점)

$\frac{dy}{dx}=\frac{1}{2}$

Step 1 포물선과 접선의 방정식을 연립하여 이차방정식을 세운다.

포물선 $y^2=20x$에 접하고 기울기가 $\frac{1}{2}$인 직선의 방정식을

$y=\frac{1}{2}x+k$라 하고 포물선의 식에 대입하면

→ k가 직선의 y절편이야.

$\left(\frac{1}{2}x+k\right)^2=20x$, $\frac{1}{4}x^2+kx+k^2=20x$

$\therefore \frac{1}{4}x^2+(k-20)x+k^2=0$

Step 2 이차방정식이 중근을 가짐을 이용하여 직선의 y절편을 구한다.

이 이차방정식이 중근을 가져야 하므로

→ 그래야 포물선과 직선의 교점이 1개만 생겨.

판별식을 D라 하면

$D=(k-20)^2-4\times\frac{1}{4}\times k^2$

$=k^2-40k+400-k^2$

$=-40k+400$

$D=0$에서 $40k=400$ $\quad\therefore k=10$

따라서 구하는 직선의 y절편은 10이다.

✪ 다른 풀이 접점의 좌표가 주어진 포물선의 접선의 방정식 공식을 이용한 풀이

Step 1 접점의 좌표를 (x_1, y_1)로 놓고 포물선의 접선의 방정식 공식을 이용하여 접점의 좌표를 구한다.

접점의 좌표를 (x_1, y_1)이라 할 때 접선의 방정식은

→ 포물선 $y^2=4px$ 위의 점 (x_1, y_1)에서의 접선의 방정식은 $y_1y=2p(x+x_1)$

$y_1y=10(x+x_1)$ $\quad\therefore y=\frac{10}{y_1}(x+x_1)$

이때 접선의 기울기가 $\frac{1}{2}$이므로 $y_1=20$

점 (x_1, y_1)은 포물선 $y^2=20x$ 위의 점이므로

$y_1^2=20x_1$, $20^2=20x_1$

→ $y_1=20$

$\therefore x_1=20$

따라서 접점의 좌표는 $(20, 20)$이다.

Step 2 접선의 방정식을 구한다.

점 $(20, 20)$을 지나고 기울기가 $\frac{1}{2}$인 직선의 방정식은

$y=\frac{1}{2}(x-20)+20$, 즉 $y=\frac{1}{2}x+10$

따라서 이 직선의 y절편은 10이다.

✪ 다른 풀이 기울기가 주어진 포물선의 접선의 방정식 공식을 이용하는 풀이

Step 1 포물선의 접선의 방정식을 구한다.

→ $y^2=4px$에서 $p=5$

포물선 $y^2=20x$에 접하고 기울기가 $\frac{1}{2}$인 직선의 방정식은

→ 포물선 $y^2=4px$에 접하고 기울기가 m인 접선의 방정식은 $y=mx+\frac{p}{m}$ (단, $m\neq0$)

$y=\frac{1}{2}x+\frac{5}{\frac{1}{2}}=\frac{1}{2}x+10$

따라서 구하는 직선의 y절편은 10이다.

012

정답 ②

포물선 $y^2=-4x$에 접하고 직선 $2x-y+1=0$에 평행한 접선의 y절편은? (3점)

→ (기울기)$=2$

→ 기울기가 2인 접선의 방정식을 구한다.

① -1 ② $-\frac{1}{2}$ ③ $-\frac{1}{3}$ ④ $-\frac{1}{4}$ ⑤ $-\frac{1}{5}$

Step 1 포물선에 접하고 기울기가 2인 접선의 방정식을 구한다.

$2x-y+1=0$에서 $y=2x+1$이므로

→ 직선의 기울기

직선 $2x-y+1=0$의 기울기는 2이다.

포물선 $y^2=-4x$에 접하고 기울기가 2인 접선의 방정식은

→ $y^2=4px$에서 $p=-1$

$y=2x+\frac{-1}{2}$에서 $y=2x-\frac{1}{2}$

따라서 접선의 y절편은 $-\frac{1}{2}$이다.

✪ 다른 풀이 접점의 좌표가 주어진 포물선의 접선의 방정식 공식을 이용하는 풀이

Step 1 접점의 좌표를 (x_1, y_1)로 놓고 포물선의 접선의 방정식 공식을 이용하여 접점의 좌표를 구한다.

접점의 좌표를 (x_1, y_1)이라 할 때 접선의 방정식은

$y_1y=-2(x+x_1)$ $\quad\therefore y=-\frac{2}{y_1}(x+x_1)$

직선 $2x-y+1=0$에 평행한 접선의 기울기는 2이므로

$-\frac{2}{y_1}=2$ $\quad\therefore y_1=-1$

점 (x_1, y_1)은 포물선 $y^2=-4x$ 위의 점이므로

$(-1)^2=-4x_1$ $\quad\therefore x_1=-\frac{1}{4}$

따라서 접점의 좌표는 $\left(-\frac{1}{4}, -1\right)$이다.

Step 2 접선의 방정식을 구한 후 y절편을 구한다.

즉, 포물선 위의 점 $\left(-\frac{1}{4}, -1\right)$에서 그은 접선의 방정식은

$y=2\left\{x-\left(-\frac{1}{4}\right)\right\}-1$ $\quad\therefore y=2x-\frac{1}{2}$

→ 점 $\left(-\frac{1}{4}, -1\right)$을 지나고 기울기가 2인 직선

따라서 접선의 y절편은 $-\frac{1}{2}$이다.

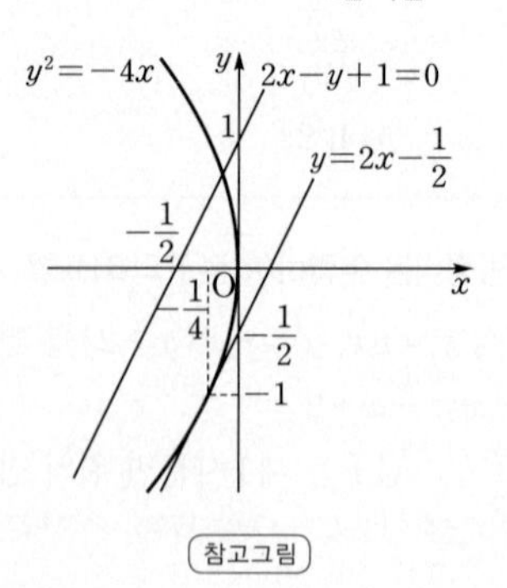

참고그림

013

기울기가 3이고 포물선 $y^2=4x$에 접하는 직선을 구하라는 뜻이야!

정답 ①

직선 $y=3x+2$를 x축의 방향으로 k만큼 평행이동시킨 직선이 포물선 $y^2=4x$에 접할 때, k의 값은? (2점) → $y=3(x-k)+2$

① $\frac{5}{9}$　② $\frac{4}{9}$　③ $\frac{2}{9}$　④ $\frac{2}{3}$　⑤ $\frac{1}{3}$

Step 1 직선 $y=3x+2$를 x축의 방향으로 k만큼 평행이동시킨 직선의 방정식을 구한다. → x 대신 $x-k$를 대입!

직선 $y=3x+2$를 x축의 방향으로 k만큼 평행이동시키면

$y=3(x-k)+2=3x-3k+2$　…… ㉠

Step 2 포물선에 접하는 접선의 방정식을 구한다.

포물선 $y^2=4x$의 접선 중 기울기가 3인 접선의 방정식은

$y^2=4px$에서 $p=1$　　$m=3$

$y=3x+\frac{1}{3}$ → $y=mx+\frac{p}{m}$

이 직선이 ㉠과 같아야 하므로

$-3k+2=\frac{1}{3}$에서 $-3k=-\frac{5}{3}$

$\therefore k=\frac{5}{9}$

✪ 다른 풀이 직선과 포물선의 위치 관계에 따른 판별식을 이용한 풀이

→ 두 도형이 서로 접하므로 판별식 $D=0$이다.

Step 1 직선 $y=3x+2$를 x축의 방향으로 k만큼 평행이동시킨 직선의 방정식과 포물선의 방정식을 연립하고 판별식을 이용한다.

직선 $y=3x+2$를 x축의 방향으로 k만큼 평행이동시킨 직선의 방정식은

$y=3(x-k)+2$　…… ㉠

$y^2=4x$에 ㉠을 대입하면

$\{3(x-k)+2\}^2=4x$

$9(x-k)^2+12(x-k)+4=4x$

→ $9(x^2-2kx+k^2)+12x-12k+4-4x=0$
$9x^2-(18k-8)x+9k^2-12k+4=0$

$\therefore 9x^2-2(9k-4)x+9k^2-12k+4=0$

이 이차방정식의 판별식을 D라 하면

직선 ㉠과 포물선 $y^2=4x$가 접하므로

→ 이와 같은 표현이 있는 경우 판별식 $D=0$을 이용하면 쉽게 풀리는 경우가 많아!

$\frac{D}{4}=(9k-4)^2-9(9k^2-12k+4)=0$

$36k-20=0$　　$\therefore k=\frac{5}{9}$

알아야 할 기본개념

기울기가 주어진 포물선의 접선의 방정식

포물선 $y^2=4px$에 접하고 기울기가 m인 접선의 방정식은

$y=mx+\frac{p}{m}$ (단, $m\neq0$)

014 [정답률 87%]

정답 ④

이차방정식의 해를 구하여 m_1, m_2의 값을 알아낸다.

좌표평면에서 포물선 $y^2=8x$에 접하는 두 직선 l_1, l_2의 기울기가 각각 m_1, m_2이다. m_1, m_2가 방정식 $2x^2-3x+1=0$의 서로 다른 두 근일 때, l_1과 l_2의 교점의 x좌표는? (3점) → $x=\frac{1}{2}$ 또는 $x=1$

① 1　② 2　③ 3　④ 4　⑤ 5

Step 1 문제의 조건을 이용하여 두 접선의 기울기를 각각 구한다.

m_1, m_2가 방정식 $2x^2-3x+1=0$의 두 근이므로

$2x^2-3x+1=0$에서 $(2x-1)(x-1)=0$

$\therefore x=\frac{1}{2}$ 또는 $x=1$

따라서 포물선 $y^2=8x$에 접하는 두 직선의 기울기는 각각 $\frac{1}{2}$, 1이다.

Step 2 접선의 방정식을 구한다.

포물선 $y^2=8x$에 접하면서 기울기가 $\frac{1}{2}$인 직선의 방정식은

$y=\frac{1}{2}x+\frac{2}{\frac{1}{2}}$에서 $y=\frac{1}{2}x+4$

→ **암기** 기울기가 m이고 포물선 $y^2=4px$에 접하는 직선의 방정식은 $y=mx+\frac{p}{m}$

포물선 $y^2=8x$에 접하면서 기울기가 1인 직선의 방정식은

$y=x+\frac{2}{1}$에서 $y=x+2$

Step 3 두 직선의 교점의 x좌표를 구한다.

두 직선의 방정식을 연립하면

$\frac{1}{2}x+4=x+2$에서 $\frac{1}{2}x=2$

$\therefore x=4$

그러므로 두 직선 l_1, l_2의 교점의 x좌표는 4이다.

015 [정답률 90%]

정답 ①

→ 기울기가 n이고 주어진 포물선에 접하는 직선이다.

자연수 n에 대하여 직선 $y=nx+(n+1)$이 꼭짓점의 좌표가 $(0, 0)$이고 초점이 $(a_n, 0)$인 포물선에 접할 때, $\sum_{n=1}^{5} a_n$의 값은? (3점)

→ 포물선의 방정식을 먼저 구한다.

→ a_n을 n에 대한 식으로 나타내어야 해.

① 70　② 72　③ 74　④ 76　⑤ 78

Step 1 포물선의 접선의 방정식을 이용하여 a_n을 구한다.

꼭짓점의 좌표가 $(0, 0)$이고 초점이 $(a_n, 0)$인 포물선의 방정식은

$y^2=4a_nx$

포물선 $y^2=4a_nx$에 접하면서 기울기가 n인 직선의 방정식은

→ $y^2=4px$에서 $p=a_n$이라고 생각한다.

$y=nx+\frac{a_n}{n}$

이 직선이 $y=nx+(n+1)$과 같아야 하므로

$\frac{a_n}{n}=n+1$에서 $a_n=n(n+1)$

↳ 두 직선의 y절편끼리 비교!

Step 2 $\sum_{n=1}^{5} a_n$을 구한다.

$\therefore \sum_{n=1}^{5} a_n=\sum_{n=1}^{5} n(n+1)=\sum_{n=1}^{5} n^2+\sum_{n=1}^{5} n$

$=\frac{5\times 6\times 11}{6}+\frac{5\times 6}{2}=70$

$\sum_{k=1}^{n} k=\frac{n(n+1)}{2}$, $\sum_{k=1}^{n} k^2=\frac{n(n+1)(2n+1)}{6}$

✪ 다른 풀이 직선과 포물선의 위치 관계에 따른 판별식을 이용한 풀이

Step 1 포물선의 방정식을 구한 후 직선의 방정식과 연립하여 판별식을 이용한다.

주어진 포물선의 방정식이 $y^2=4a_nx$이고, 이 포물선이 직선과 접하므로 $\{nx+(n+1)\}^2=4a_nx$에서

↳ $y=nx+(n+1)$

$n^2x^2+2\{n(n+1)-2a_n\}x+(n+1)^2=0$

이 이차방정식이 중근을 가질 때 포물선과 직선이 접하므로 이 이차방정식의 판별식을 D라 하면 → 두 도형이 서로 접하므로 $D=0$이다.

$\frac{D}{4}=\{n(n+1)-2a_n\}^2-n^2(n+1)^2=0$

$4a_n\{a_n-n(n+1)\}=0$

$\therefore a_n=n(n+1)$ ($\because a_n\neq 0$)

Step 2 동일

016 [정답률 76%] 정답 32

그림과 같이 초점이 F인 포물선 $y^2=12x$가 있다. 포물선 위에 있고 제1사분면에 있는 점 A에서의 접선과 포물선의 준선이 만나는 점을 B라 하자. $\overline{AB}=2\overline{AF}$일 때, $\overline{AB}\times\overline{AF}$의 값을 구하시오. (4점)

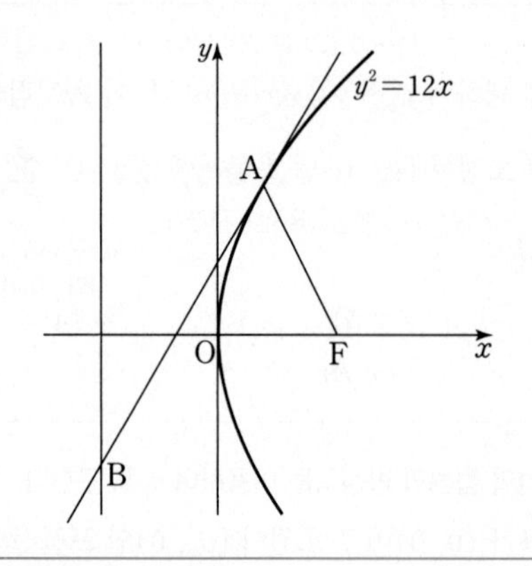

Step 1 접선의 기울기를 구한다.

그림과 같이 점 A에서 포물선의 준선에 내린 수선의 발을 H라 하자.

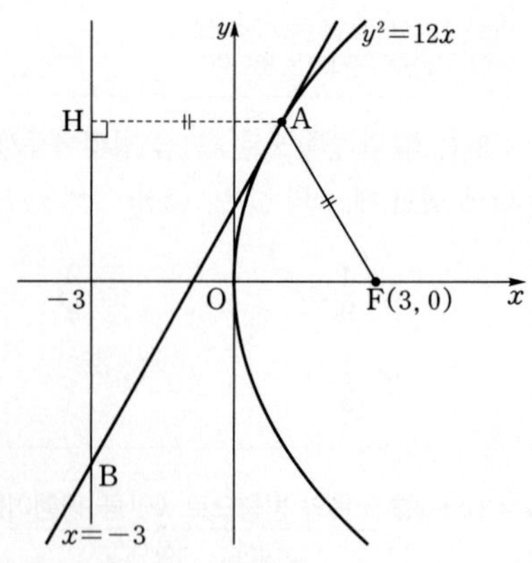

포물선의 정의에 의하여 $\overline{AF}=\overline{AH}$ → 포물선 위의 한 점에서 초점까지의 거리와 준선까지의 거리는 서로 같아.

이때 $\overline{AB}=2\overline{AF}$이므로 $\overline{AB}=2\overline{AH}$

직각삼각형 AHB에서 $\overline{BH}^2=\overline{AB}^2-\overline{AH}^2=3\overline{AH}^2$

↳ $=(2\overline{AH})^2=4\overline{AH}^2$

$\overline{BH}=\sqrt{3}\,\overline{AH}$

$\therefore \frac{\overline{BH}}{\overline{AH}}=\sqrt{3}$

따라서 점 A에서의 접선의 기울기는 $\sqrt{3}$이다.

Step 2 $\overline{AB}\times\overline{AF}$의 값을 구한다.

점 A에서의 접선의 방정식을 $y=\sqrt{3}x+k$라 하고 포물선 $y^2=12x$의 식에 대입하면

↳ 접선의 기울기

$(\sqrt{3}x+k)^2=12x$, $3x^2+2\sqrt{3}kx+k^2=12x$

$\therefore 3x^2+2(\sqrt{3}k-6)x+k^2=0$ ······ ㉠

이 이차방정식이 중근을 가져야 하므로 판별식을 D라 하면

↳ 판별식의 값이 0이어야 해.

$\frac{D}{4}=(\sqrt{3}k-6)^2-3\times k^2$

$=3k^2-12\sqrt{3}k+36-3k^2$

$=-12\sqrt{3}k+36$

$\frac{D}{4}=0$에서 $12\sqrt{3}k=36$ $\therefore k=\sqrt{3}$

이를 ㉠에 대입하면

$3x^2-6x+3=0$, $3(x-1)^2=0$

$\therefore x=1$

이를 포물선의 식에 대입하면 → $y^2=12x$

$y^2=12$ $\therefore y=2\sqrt{3}$ → 점 A는 제1사분면 위의 점이므로 $y>0$이야.

따라서 점 A의 좌표는 $(1, 2\sqrt{3})$이므로

$\overline{AF}=\overline{AH}=4$, $\overline{AB}=2\overline{AF}=2\times 4=8$

→ 점 H는 x좌표가 -3이니까 $\overline{AH}=1-(-3)=4$

$\therefore \overline{AB}\times\overline{AF}=8\times 4=32$

✪ 다른 풀이 음함수의 미분법을 이용하는 풀이

Step 1 동일

Step 2 음함수의 미분법을 이용하여 $\overline{AB}\times\overline{AF}$의 값을 구한다.

$y^2=12x$에서 양변을 x에 대하여 미분하면 $2y\times\frac{dy}{dx}=12$

$\therefore \frac{dy}{dx}=\frac{12}{2y}=\frac{6}{y}$

이때 점 A에서의 접선의 기울기가 $\sqrt{3}$이므로

$\frac{6}{y}=\sqrt{3}$

$\therefore y=\frac{6}{\sqrt{3}}=\frac{6\sqrt{3}}{3}=2\sqrt{3}$ → 이 값이 점 A의 y좌표야.

이를 $y^2=12x$에 대입하면

$(2\sqrt{3})^2=12x$, $12=12x$

$\therefore x=1$

따라서 점 A의 좌표는 $(1, 2\sqrt{3})$이다.

(이하 동일)

017

정답 ③

점 A$(-2, 4)$에서 포물선 $y^2=4x$에 그은 두 접선의 기울기의 곱은? (2점)

① $-\frac{1}{4}$ ② $-\frac{3}{8}$ ③ $-\frac{1}{2}$ ④ $-\frac{5}{8}$ ⑤ $-\frac{3}{4}$

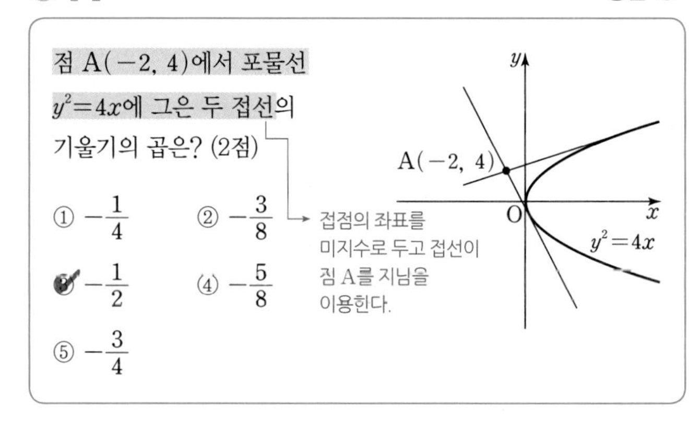

Step 1 점 A에서 포물선에 그은 두 접선의 접점 사이의 관계를 구한다.

점 A에서 포물선 $y^2=4x$에 그은 두 접선의 접점을 P(a, b)라 하면
점 P(a, b)에서의 접선의 방정식은 $by=2(x+a)$ → 접선의 기울기는 $\frac{2}{b}$이다.
이 접선이 점 A$(-2, 4)$를 지나므로
$4b=2(-2+a)$, 즉 $4b=-4+2a$ …… ㉠
점 P(a, b)가 포물선 위의 점이므로
$b^2=4a$ …… ㉡

[중요] 포물선 밖의 한 점에서 그은 접선의 방정식을 구할 때, 접점의 좌표를 미지수로 놓고 문제를 해결한다.

㉠과 ㉡을 연립하면 $4b=-4+\frac{b^2}{2}$ $\quad\therefore b^2-8b-8=0$

이 이차방정식의 두 근을 b_1, b_2라 하면 근과 계수의 관계에 의하여
$b_1b_2=-8$ …… ㉢

Step 2 점 P의 y좌표가 b_1, b_2임을 이용하여 두 접선의 기울기의 곱을 구한다.

두 접점의 y좌표가 b_1, b_2이므로 두 접선의 기울기는 각각
$\frac{2}{b_1}$, $\frac{2}{b_2}$이다.
따라서 두 접선의 기울기의 곱은
$$\frac{2}{b_1}\times\frac{2}{b_2}=\frac{4}{b_1b_2}=\frac{4}{-8}=-\frac{1}{2}\ (\because ㉢)$$

✪ 다른 풀이 기울기가 주어진 접선의 방정식을 이용하는 풀이

Step 1 접선의 기울기를 임의로 두고 접선의 방정식을 구한다.

포물선 $y^2=4x$에 접하면서 기울기가 m인 직선의 방정식은 (→ $y^2=4px$에서 $p=1$)
$y=mx+\frac{1}{m}$
이 직선이 점 A$(-2, 4)$를 지나므로
$4=-2m+\frac{1}{m}$
$4m=-2m^2+1$ $\quad\therefore 2m^2+4m-1=0$ (→ 이 이차방정식의 해가 구하는 기울기에 해당한다.)
따라서 구하는 기울기의 곱은 $-\frac{1}{2}$이다. (→ 근과 계수의 관계를 이용!)

018

정답 ④

점 $(0, 2)$에서 포물선 $y^2=8x$에 그은 접선 l_1, l_2와 초점 사이의 거리를 각각 d_1, d_2라 할 때, $d_1\times d_2$의 값은? (3점)

(→ 접점의 좌표를 미지수로 놓고, 접선이 점 (0, 2)를 지나는 것을 이용한다.)

① $\sqrt{2}$ ② $2\sqrt{2}$ ③ $3\sqrt{2}$ ④ $4\sqrt{2}$ ⑤ $5\sqrt{2}$

Step 1 포물선의 초점을 구한다.

[중요] 포물선 $y^2=px$ $(p\neq0)$의 초점의 좌표는 $\left(\frac{1}{4}p, 0\right)$이다.

포물선 $y^2=8x=4\times2x$이므로 포물선의 초점 F의 좌표는 $(2, 0)$이다.

Step 2 포물선의 그래프를 좌표평면에 그려 접선 l_1을 찾고 d_1을 구한다.

포물선 $y^2=8x$와 점 $(0, 2)$를 좌표평면에 나타내면 다음과 같다.

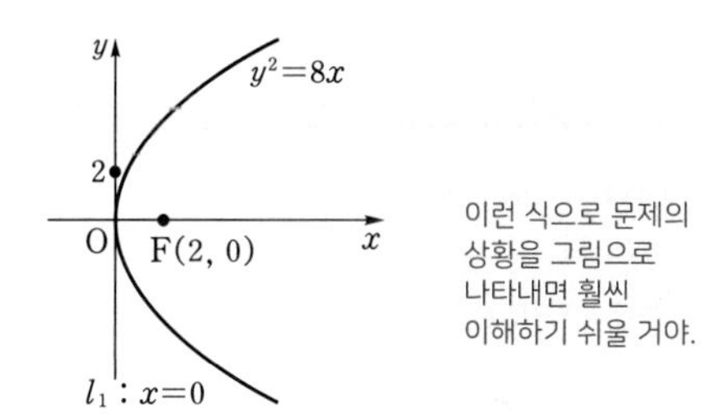

이런 식으로 문제의 상황을 그림으로 나타내면 훨씬 이해하기 쉬울 거야.

그림과 같이 점 $(0, 2)$에서 포물선 $y^2=8x$에 그은 접선 중 하나는 y축이므로 이때의 접선을 l_1이라 하면 $l_1 : x=0$
따라서 초점 F$(2, 0)$과 직선 l_1 사이의 거리 $d_1=2$이다.

Step 3 접점을 임의로 잡아 접선 l_2의 방정식과 d_2를 구한다.

점 $(0, 2)$에서 포물선 $y^2=8x$에 그은 접선의 접점의 좌표를 (a, b)라 하면 접선의 방정식은
$by=4(x+a)$ ← 직선의 방정식에 $x=0$, $y=2$ 대입!
이 직선이 점 $(0, 2)$를 지나므로
$2b=4a$ $\quad\therefore b=2a$ …… ㉠
점 (a, b)는 포물선 위의 점이므로 $b^2=8a$
이 식에 ㉠을 대입하면
$(2a)^2=8a$, $4a^2=8a$
$4a^2-8a=0$, $4a(a-2)=0$ (→ $a=0$은 직선 l_1을 의미해.)
$\therefore a=2$
이를 ㉠에 대입하면 $b=4$
따라서 직선 l_2의 방정식은
$4y=4(x+2)$, 즉 $y=x+2$
$\therefore x-y+2=0$
이때 초점 F$(2, 0)$과 직선 l_2 사이의 거리 d_2는
$$d_2=\frac{|2-0+2|}{\sqrt{1^2+(-1)^2}}=2\sqrt{2}$$
(→ 직선 $ax+by+c=0$과 점 (x_1, y_1) 사이의 거리 d는 $d=\frac{|ax_1+by_1+c|}{\sqrt{a^2+b^2}}$)

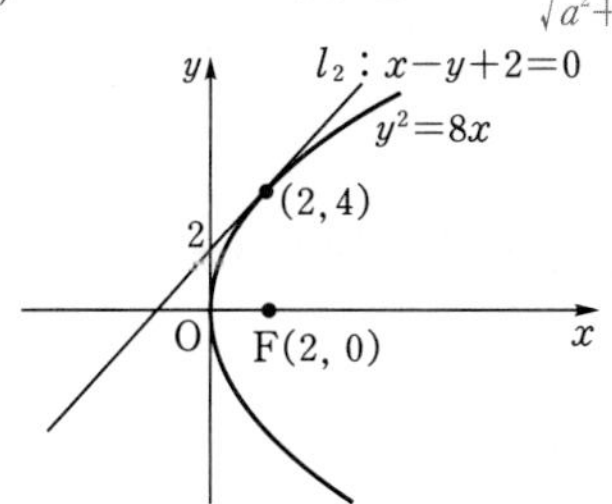

$\therefore d_1\times d_2=2\times2\sqrt{2}=4\sqrt{2}$

다른 풀이 포물선 위의 점 (x_1, y_1)에서의 접선의 방정식을 이용한 풀이

Step 1 포물선의 접선의 방정식을 구하는 식에 $x=0$, $y=2$를 대입하여 직선 l_1, l_2의 방정식을 구한다.

접점의 좌표를 (x_1, y_1)이라 할 때, 포물선 $y^2=8x$의 접선의 방정식은 $y_1y=4(x+x_1)$

중요 포물선 $y^2=4px$ 위의 점 (x_1, y_1)에서의 접선의 방정식은 $y_1y=2p(x+x_1)$

이 직선이 점 $(0, 2)$를 지나므로

$2y_1=4x_1$ …… ㉠

점 (x_1, y_1)이 포물선 $y^2=8x$ 위에 있으므로

$y_1^2=8x_1$ …… ㉡

㉠, ㉡을 연립하여 풀면 → ㉠에서 $y_1=2x_1$이므로 ㉡에 대입하면 $4x_1^2=8x_1$

$\begin{cases} x_1=0 \\ y_1=0 \end{cases}$ 또는 $\begin{cases} x_1=2 \\ y_1=4 \end{cases}$

따라서 구하는 접선의 방정식은

$x=0$, $y=x+2$

Step 2 포물선의 초점을 구하여 접선과의 거리 d_1, d_2를 각각 구한다.

포물선 $y^2=8x=4\times2x$이므로 포물선의 초점 F의 좌표는 $(2, 0)$이다.

두 접선 $x=0$, $y=x+2$와 초점 $\mathrm{F}(2, 0)$ 사이의 거리는 각각

$d_1=2$, $d_2=\dfrac{|2-0+2|}{\sqrt{1^2+(-1)^2}}=2\sqrt{2}$

$\therefore d_1\times d_2=2\times2\sqrt{2}=4\sqrt{2}$

019 [정답률 86%]

포물선의 접선의 방정식과 수열의 합의 개념을 모두 알고 있어야 해!

정답 55

자연수 n에 대하여 점 $(-n, 0)$을 지나고 제1사분면에서 포물선 $y^2=4x$에 접하는 직선의 기울기를 a_n이라 하자. $\displaystyle\sum_{n=1}^{10}\left(\frac{1}{a_n}\right)^2$의 값을 구하시오. (3점)

→ 접점의 x좌표와 y좌표가 모두 양수이다.

Step 1 포물선의 접선의 방정식을 이용하여 a_n을 구한다.

점 $(-n, 0)$에서 포물선 $y^2=4x$에 그은 접선의 접점을 $\mathrm{P}(a, b)$라 하자.

점 P에서의 접선의 방정식은

$by=2(x+a)$ …… ㉠

이 직선이 점 $(-n, 0)$을 지나므로 → 접선의 방정식에 $x=-n$, $y=0$ 대입!

$0=2(-n+a)$ $\quad\therefore a=n$

점 P는 포물선 위의 점이므로

$b^2=4a$에서 $b^2=4n$

$\therefore b=\pm2\sqrt{n}$ → y좌표가 0보다 커야 해.

이때 점 P는 제1사분면 위의 점이므로 $b>0$

따라서 $b=2\sqrt{n}$이므로 ㉠에서

$2\sqrt{n}y=2(x+n)$, 즉 $y=\dfrac{1}{\sqrt{n}}(x+n)$이므로

접선의 기울기 a_n은 $a_n=\dfrac{1}{\sqrt{n}}$

Step 2 $\displaystyle\sum_{n=1}^{10}\left(\frac{1}{a_n}\right)^2$의 값을 구한다.

$\left(\dfrac{1}{a_n}\right)^2=(\sqrt{n})^2=n$이므로

$\displaystyle\sum_{n=1}^{10}\left(\frac{1}{a_n}\right)^2=\sum_{n=1}^{10}n=\frac{10\times11}{2}=55$ → 암기 $\displaystyle\sum_{k=1}^{n}k=\frac{n(n+1)}{2}$

알아야 할 기본개념

포물선 위의 한 점에서의 접선의 방정식

포물선 $y^2=4px$ 위의 점 (x_1, y_1)에서의 접선의 방정식은

$y_1y=2p(x+x_1)$

020 [정답률 85%]

정답 64

좌표평면에서 포물선 $y^2=16x$에 접하는 기울기가 $\frac{1}{2}$인 직선과 x축, y축으로 둘러싸인 삼각형의 넓이를 구하시오. (3점)

→ 기울기가 $\frac{1}{2}$인 포물선의 접선의 방정식을 구한다.

Step 1 접선의 방정식을 구한다.

포물선 $y^2=16x$에 접하는 직선의 방정식을 $y=\frac{1}{2}x+k$라 하고 포물선의 식에 대입하면 (기울기가 $\frac{1}{2}$이라고 했어.)

$\left(\dfrac{1}{2}x+k\right)^2=16x$, $\dfrac{1}{4}x^2+kx+k^2=16x$ → y 대신 $\frac{1}{2}x+k$ 대입!

$\therefore \dfrac{1}{4}x^2+(k-16)x+k^2=0$

이 이차방정식이 중근을 가져야 하므로 판별식을 D라 하면 (→ 그래야 포물선에 접하게 돼.)

$D=(k-16)^2-4\times\dfrac{1}{4}\times k^2$

$=k^2-32k+256-k^2$

$=-32k+256$

$D=0$에서 $-32k+256=0$

$32k=256$ $\quad\therefore k=8$

포물선 $y^2=4px$에 접하는 기울기가 m인 직선의 방정식이 $y=mx+\frac{p}{m}$임을 이용하면 문제를 더 빠르게 풀 수 있어!

따라서 구하는 직선의 방정식은 $y=\frac{1}{2}x+8$이므로 x축과 만나는 점은 $(-16, 0)$, y축과 만나는 점은 $(0, 8)$이다. ($y=0$ 대입, $x=0$ 대입)

Step 2 삼각형의 넓이를 구한다.

포물선의 접선과 x축, y축으로 둘러싸인 삼각형의 넓이는

$\dfrac{1}{2}\times16\times8=64$

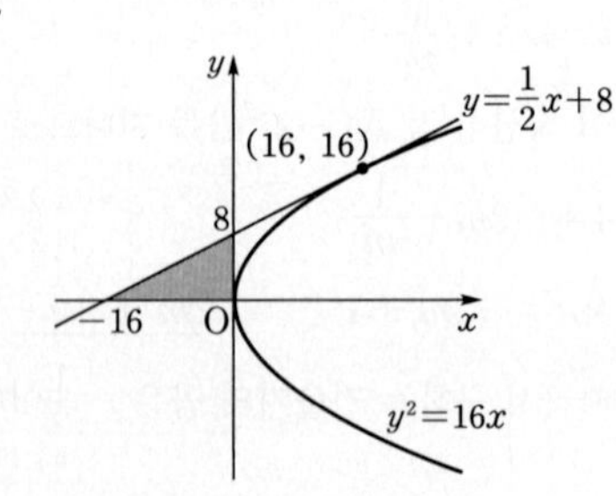

021 [정답률 73%] 정답 ⑤

그림과 같이 포물선 $y^2=16x$에 대하여 포물선의 준선 위의 한 점 A가 제3사분면에 있다. 점 A에서 포물선에 그은 기울기가 양수인 접선과 포물선이 만나는 점을 B, 점 B에서 준선에 내린 수선의 발을 H, 준선과 x축이 만나는 점을 C라 하자. $\overline{AC}\times\overline{CH}=8$일 때, 삼각형 ABH의 넓이는? (4점)

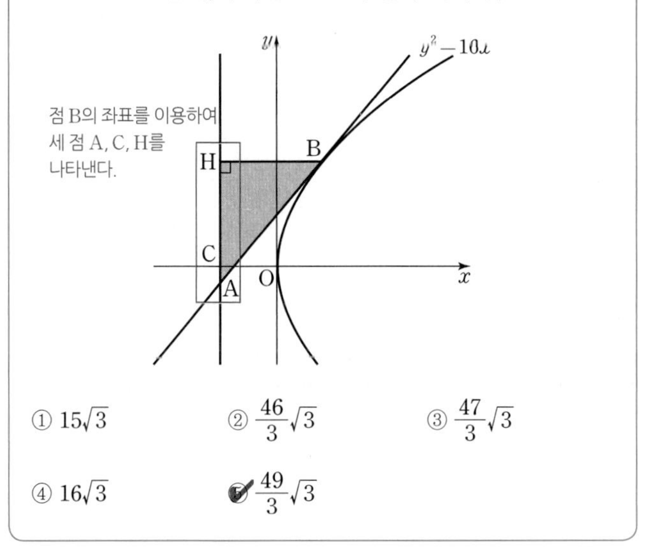

① $15\sqrt{3}$ ② $\frac{46}{3}\sqrt{3}$ ③ $\frac{47}{3}\sqrt{3}$

④ $16\sqrt{3}$ ⑤ $\frac{49}{3}\sqrt{3}$

Step 1 점 A와 점 B의 좌표를 구한다.

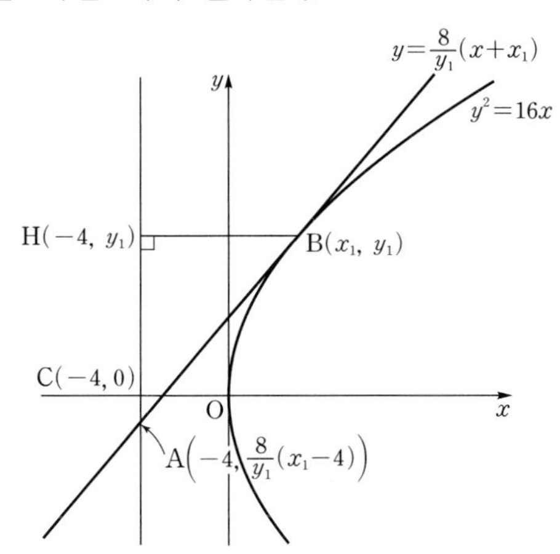

점 B의 좌표를 $B(x_1,\ y_1)$이라 하면

포물선 $y^2=16x$ 위의 점 B에서의 접선의 방정식은

$y=\frac{8}{y_1}(x+x_1)$ → 포물선 $y^2=4px$ 위의 점 (x_1, y_1)에서의 접선의 방정식은 $y_1y=2p(x+x_1)$, $y=\frac{2p}{y_1}(x+x_1)$

이때 포물선 $y^2=16x$의 준선의 방정식이 $x=-4$이고 점 A는 포물선의 준선과 점 B에서의 포물선의 접선이 만나는 점이므로

$A\left(-4,\ \frac{8}{y_1}(x_1-4)\right)$ → $y=\frac{8}{y_1}(x+x_1)$에 $x=-4$ 대입

점 H는 준선 위의 점이고 y좌표가 점 B와 같으므로 $H(-4,\ y_1)$

$\overline{AC}$=(점 C의 y좌표)−(점 A의 y좌표)

$$=0-\frac{8}{y_1}(x_1-4)=\frac{8}{y_1}(4-x_1)$$

$\overline{AC}\times\overline{CH}=\frac{8}{y_1}(4-x_1)\times y_1=8(4-x_1)=8$에서

$4-x_1=1 \qquad \therefore x_1=3$

$y_1^2=16x_1=16\times3=48 \qquad \therefore y_1=\sqrt{48}=4\sqrt{3}\ (\because y_1>0)$

$\therefore A\left(-4,\ -\frac{2}{3}\sqrt{3}\right),\ B(3,\ 4\sqrt{3}),\ H(-4,\ 4\sqrt{3})$

→ $\frac{8}{y_1}(x_1-4)=\frac{8}{4\sqrt{3}}(3-4)=\frac{-2}{\sqrt{3}}=-\frac{2}{3}\sqrt{3}$

Step 2 삼각형 ABH의 넓이를 구한다.

따라서 삼각형 ABH의 넓이는

$$\frac{1}{2}\times\overline{BH}\times\overline{AH}=\frac{1}{2}\times7\times\frac{14}{3}\sqrt{3}=\frac{49}{3}\sqrt{3}$$

022 [정답률 59%] 정답 16

그림과 같이 포물선 $y^2=4px$의 초점을 F라 하고, $\overline{FA}=10$을 만족하는 포물선 위의 점 $A(a,\ b)$에서의 접선이 x축과 만나는 점을 B라 하자. 삼각형 ABF의 넓이가 40일 때, ab의 값을 구하시오. (단, $a<p$이다.) (4점)

→ $F(p, 0)$

→ $\frac{1}{2}\times\overline{BF}\times b$

→ 포물선 위의 점과 포물선의 초점 사이의 거리를 주었으므로 포물선의 정의를 이용한다.

y $y^2=4px$ A 10 B O F x

Step 1 점 B의 좌표를 구한다.

포물선 위의 점 $(a,\ b)$에서의 접선의 방정식은

$by=2p(x+a)$ → 포물선 $y^2=4px$ 위의 점 (a, b)에서의 접선의 방정식은 $by=2p(x+a)$

이 접선이 x축과 만나는 점 B의 x좌표는

$0=2p(x+a) \qquad \therefore x=-a$

따라서 점 B의 좌표는 $B(-a,\ 0)$이다.

Step 2 선분의 길이를 a에 대한 식으로 나타낸다.

점 A에서 x축에 내린 수선의 발을 H, 포물선의 준선에 내린 수선의 발을 C라 하고, 포물선의 준선과 x축이 만나는 점을 F′이라 하자.

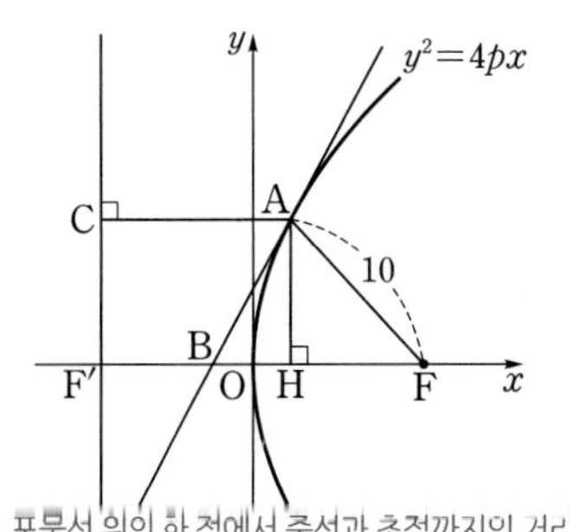

포물선의 정의에 의하여 → 포물선 위의 한 점에서 준선과 초점까지의 거리는 같다.

$\overline{FA}=\overline{AC}=10$ → $\overline{F'H}=a-(-p)=a+p$, $\overline{BF}=p-(-a)=p+a$

$\overline{AC}=\overline{F'H}=\overline{BF}=10$이고 $\overline{BO}=\overline{OH}=a$이므로 → 점 A의 x좌표

$\overline{HF}=\overline{BF}-\overline{BO}-\overline{OH}=10-2a \qquad \cdots\cdots$ ㉠

Step 3 문제의 조건과 피타고라스 정리를 이용하여 a, b의 값을 구한다.

삼각형 ABF의 넓이가 40이므로

$\frac{1}{2}\times\overline{BF}\times\overline{AH}=\frac{1}{2}\times10\times b=40$

$\therefore b=8$

직각삼각형 AHF에서 피타고라스 정리에 의하여

$\overline{HF}=\sqrt{\overline{AF}^2-\overline{AH}^2}=\sqrt{10^2-8^2}=6$ …… ㉡

㉠, ㉡에서 $10-2a=6$ $\therefore a=2$

$\therefore ab=2\times8=16$

참고로 이때의 포물선의 방정식은 $y^2=32x$이다.

023 [정답률 20%]

정답 21

초점이 F인 포물선 $y^2=4px\,(p>0)$에 대하여 이 포물선 위의 점 중 제1사분면에 있는 점 P에서의 접선이 직선 $x=-p$와 만나는 점을 Q라 하고, 점 Q를 지나고 직선 $x=-p$에 수직인 직선이 포물선과 만나는 점을 R라 하자. (→ 점 Q와 점 R의 y좌표가 서로 같다.)

$\angle PRQ=\frac{\pi}{2}$일 때, 사각형 PQRF의 둘레의 길이가 140이 되도록 하는 상수 p의 값을 구하시오. (4점)
(→ 점 P와 점 R의 x좌표가 서로 같다.)

Step 1 $\angle PRQ=\frac{\pi}{2}$임을 이용하여 두 점 Q, R의 좌표를 구한다.

점 P의 x좌표를 $k\ (k>0)$라 하면

$P(k,\ 2\sqrt{kp})$ (→ $y^2=4kp$에서 $y=\sqrt{4kp}$)

직선 QR는 x축과 평행하고 $\angle PRQ=\frac{\pi}{2}$에서

직선 PR는 y축과 평행하므로 두 점 P, R의 x좌표는 서로 같고

두 점 Q, R의 y좌표는 서로 같다.

$\therefore R(k,\ -2\sqrt{kp}),\ Q(-p,\ -2\sqrt{kp})$ (→ 두 점 P, R는 x축에 대하여 대칭이다.)

Step 2 사각형 PQRF의 둘레의 길이가 140임을 이용하여 k의 값을 구한다.

포물선 위의 점 $P(k,\ 2\sqrt{kp})$에서의 접선의 방정식은

$2\sqrt{kp}y=2p(x+k)$ (→ $y^2=4px$ 위의 점 (x_1, y_1)에서의 접선의 방정식은 $y_1y=2p(x+x_1)$)

이 직선은 점 $Q(-p,\ -2\sqrt{kp})$를 지나므로

$-4kp=2p(-p+k)$ $\therefore p=3k\ (\because p>0)$

$\overline{QR}=p+k=4k$에서 $\overline{RF}=4k$ (→ 포물선의 성질에 의해 $\overline{QR}=\overline{RF}$)

이므로 $\overline{FP}=\overline{RF}=4k$ (→ 두 선분 FP, FR는 x축에 대하여 대칭이다.)

또한 $\overline{PR}=4\sqrt{kp}=4\sqrt{3}k$이므로

직각삼각형 PQR에서 $\overline{PQ}^2=(4k)^2+(4\sqrt{3}k)^2=64k^2$

$\therefore \overline{PQ}=8k\ (\because k>0)$

따라서 사각형 PQRF의 둘레의 길이는

$\overline{PQ}+\overline{QR}+\overline{RF}+\overline{FP}$

$=8k+4k+4k+4k$

$=20k=140$

$\therefore k=7,\ p=3k=21$

024

정답 ①

포물선 $y=(x-a)^2+b$ 위의 두 점 $P(s+a,\ s^2+b)$와 $Q(t+a,\ t^2+b)$에서 각각 그은 이 포물선의 접선은 서로 수직이다. (→ 두 접선의 기울기의 곱이 -1이다.) 이 두 접선과 위 포물선으로 둘러싸인 도형의 면적을 A라고 하자. (→ 좌표평면 위에 나타낸다.) 다음 [보기] 중 옳은 것을 모두 고르면?

(단, $s<0<t$) (2점)

[보기]

ㄱ. s가 증가하면 t도 증가한다.

ㄴ. a가 증가하면 면적 A도 증가한다.

ㄷ. b가 변하면 면적 A도 변한다.

① ㄱ ② ㄴ ③ ㄷ
④ ㄱ, ㄷ ⑤ ㄴ, ㄷ

Step 1 두 점 P, Q에서의 접선의 기울기를 구하여 두 접선이 서로 수직임을 이용한다.

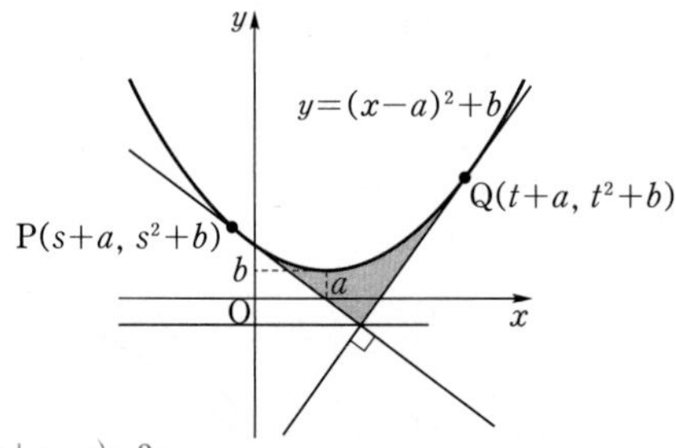

ㄱ. $y'=2(x-a)$이므로 두 점 P, Q에서의 접선의 기울기는 각각 $2s$, $2t$이다. (→ $2(s+a-a)=2s$, $2(t+a-a)=2t$) 두 접선이 서로 수직이므로

$2s\times2t=-1,\ t=-\frac{1}{4s}$ 부호를 주의해야지!

이때 s가 증가하면 t도 증가한다. ($\because s<0<t$) (참)

Step 2 포물선과 두 접선을 평행이동하여도 둘러싸인 도형의 면적은 변하지 않음을 이용한다.

ㄴ, ㄷ. 포물선과 두 접선을 평행이동하여도 둘러싸인 도형의 면적은 변하지 않으므로 a, b의 값에 의해 면적 A가 변하지는 않는다. (거짓)

따라서 옳은 것은 ㄱ이다.

수능포인트

[보기] ㄱ의 참, 거짓을 판별할 때 $t=-\frac{1}{4s}$이라는 관계식이 나왔습니다.

이때 t와 s의 증가, 감소 관계가 역수 관계에 의해 한 번 반대가 되고 음의 부호가 붙어있기 때문에 다시 한번 반대가 되므로 s와 t의 증가, 감소 관계가 결국 같아진다고 단정 지으면 안 됩니다. s의 값이 -1에서 1로 증가하면 t의 값이 $\frac{1}{4}$에서 $-\frac{1}{4}$이 되는 것과 같이 s의 부호가 바뀌면 t의 값은 감소할 수도 있기 때문입니다. 이 문제에 $s<0<t$라는 조건이 있기에 ㄱ이 참이 되었다는 사실을 알아야 합니다.

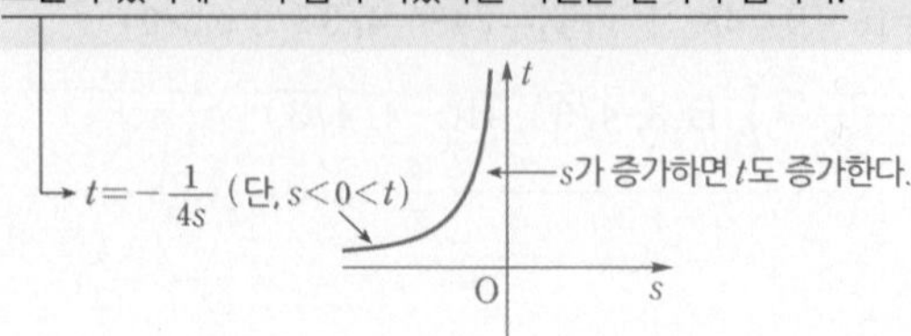

025

정답 ③

준선의 정의 '포물선의 방정식 $y^2=4px$ $(p\neq0)$에서 준선은 $x=-p$이다.'에 의해 $y^2=px=4\times\frac{1}{4}px$이므로 이 포물선의 준선은 $x=-\frac{1}{4}p$이다.

포물선 $y^2=px$ $(p>0)$ 위의 점 $P(4p, 2p)$에서 이 포물선의 준선까지의 거리가 17이다. 두 점 $A(-1, 0)$, $B(0, 2)$와 포물선 $y^2=px$ 위의 임의의 점 C를 꼭짓점으로 하는 삼각형 ABC의 넓이의 최솟값은? (4점)

$\overline{AB}$는 고정되어 있으므로 삼각형 ABC에서 $\overline{AB}$를 밑변으로 했을 때 높이가 최소가 되도록 하는 점 C에 대하여 생각한다.

① $\frac{3}{2}$　② 1　③ $\frac{3}{4}$　④ $\frac{3}{5}$　⑤ $\frac{1}{2}$

Step 1 준선의 방정식을 구한 후 p의 값을 구한다.

포물선 $y^2=px=4\times\frac{1}{4}px$ $(p>0)$의 준선의 방정식은

$x=-\frac{1}{4}p$

이고, 점 $P(4p, 2p)$에서 이 포물선의 준선까지의 거리가 17이므로

$4p-\left(-\frac{1}{4}p\right)=\frac{17}{4}p=17$

$\therefore p=4$

선분 AB의 길이는 고정되어 있으므로 이 길이가 삼각형의 밑변의 길이일 때, 삼각형의 높이가 최소이면 삼각형의 넓이는 최소가 돼.

Step 2 삼각형 ABC의 넓이가 최소가 될 조건을 찾는다.

포물선의 방정식은 $y^2=4x$이므로 그림과 같이 삼각형 ABC의 넓이가 최소가 되기 위해서는 직선 AB와 평행한 포물선 $y^2=4x$의 접선의 접점이 점 C가 되어야 한다.

접점 C와 직선 AB 사이의 거리가 삼각형 ABC의 높이야.

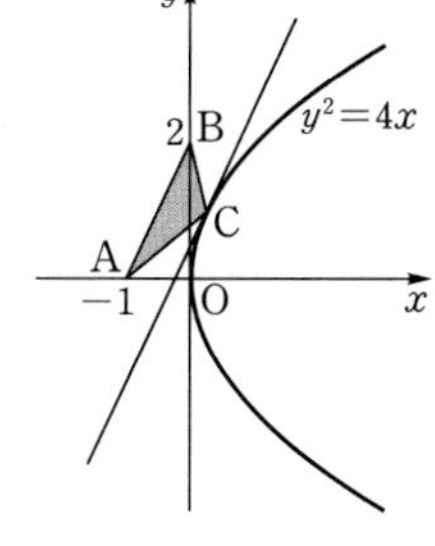

Step 3 접선의 방정식을 이용하여 접점의 좌표를 구한다.

직선 AB의 기울기는

$\frac{2-0}{0-(-1)}=\frac{2}{1}=2$

즉, 점 C에서 포물선 $y^2=4x$에 접하는 직선의 기울기가 2이어야 한다.

점 C의 좌표를 (x_1, y_1)이라 하면 점 C에서의 접선의 방정식은

$y_1y=2(x+x_1)$에서 $y=\frac{2}{y_1}(x+x_1)$

이 직선의 기울기가 2이므로

암기 포물선 $y^2=4px$ 위의 점 (x_1, y_1)에서의 접선의 방정식은 $y_1y=2p(x+x_1)$

$\frac{2}{y_1}=2$　$\therefore y_1=1$

점 C는 포물선 $y^2=4x$ 위의 점이므로

$y_1^{\,2}=4x_1$에서 $4x_1=1$　$\therefore x_1=\frac{1}{4}$

따라서 점 C의 좌표는 $\left(\frac{1}{4}, 1\right)$이다.

Step 4 접점과 직선 AB 사이의 거리를 구한 후 삼각형의 넓이의 최솟값을 구한다.

두 점 $A(-1, 0)$, $B(0, 2)$를 지나는 직선은

$y=2(x-0)+2$　$\therefore 2x-y+2=0$

한 점 (x_1, y_1)에서 직선 $ax+by+c=0$까지의 거리 $\frac{|ax_1+by_1+c|}{\sqrt{a^2+b^2}}$

직선 $2x-y+2=0$과 접점 $C\left(\frac{1}{4}, 1\right)$ 사이의 거리는

$$\frac{\left|2\times\frac{1}{4}-1\times1+2\right|}{\sqrt{2^2+(-1)^2}}=\frac{\frac{3}{2}}{\sqrt{5}}=\frac{3\sqrt{5}}{10}$$

$\overline{AB}=\sqrt{1^2+2^2}=\sqrt{5}$

두 점 (x_1, y_1)과 (x_2, y_2)를 잇는 선분의 길이 $\sqrt{(x_2-x_1)^2+(y_2-y_1)^2}$

따라서 삼각형 ABC의 넓이의 최솟값은

$\frac{1}{2}\times\sqrt{5}\times\frac{3\sqrt{5}}{10}=\frac{3}{4}$

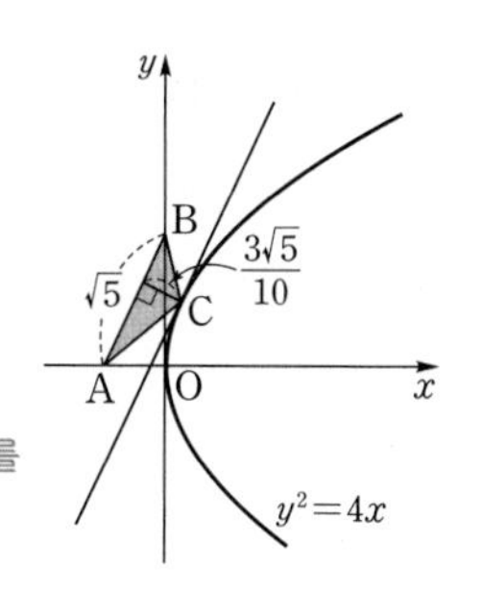

026 [정답률 55%]

정답 ⑤

좌표평면에서 두 점 $F\left(\frac{9}{4}, 0\right)$, $F'(-c, 0)(c>0)$을 초점으로 하는 타원과 포물선 $y^2=9x$가 제1사분면에서 만나는 점을 P라 하자. $\overline{PF}=\frac{25}{4}$이고 포물선 $y^2=9x$ 위의 점 P에서의 접선이 점 F'을 지날 때, 타원의 단축의 길이는? (4점)

① 13　② $\frac{27}{2}$　③ 14　④ $\frac{29}{2}$　⑤ 15

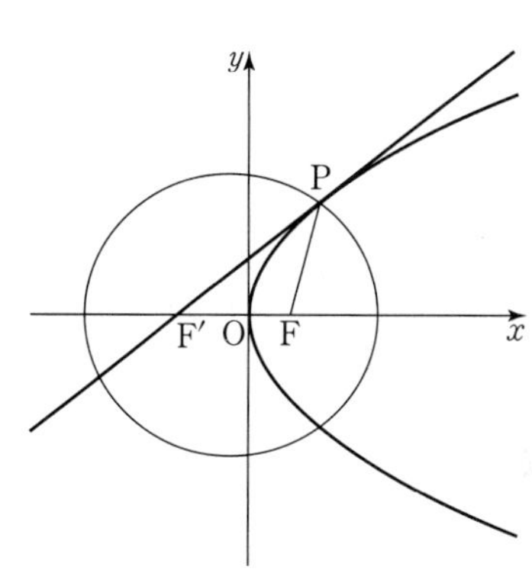

Step 1 포물선의 성질을 이용하여 점 P의 좌표를 구한다.

점 $F\left(\frac{9}{4}, 0\right)$이 포물선의 초점이므로

준선의 방정식은 $x=-\frac{9}{4}$

점 P의 좌표를 (x_1, y_1), 점 P에서 준선에 내린 수선의 발을 H라 하면 점 P는 포물선 위의 점이므로 $y_1^{\,2}=9x_1$　…… ㉠

이때 $\overline{PH}=\overline{PF}=\frac{25}{4}$이므로 $\overline{PH}=x_1+\frac{9}{4}=\frac{25}{4}$　$\therefore x_1=4$

이를 ㉠에 대입하면 $y_1^{\,2}=9\times4=36$에서 $y_1=6$

점 P는 제1사분면 위의 점이므로 $x_1>0$, $y_1>0$이야.

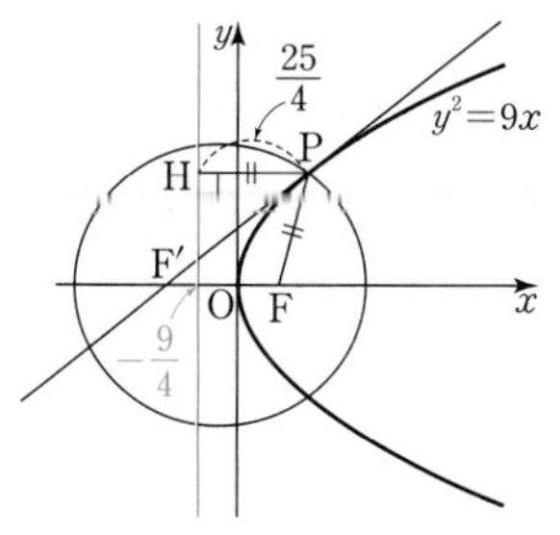

Step 2 타원의 단축의 길이를 구한다. 포물선 $y^2=4px$ 위의 점 (x_1, y_1)에서의 접선의 방정식은 $y_1y=2p(x+x_1)$

포물선 위의 점 P(4, 6)에서의 접선의 방정식은 $6y=\frac{9}{2}(x+4)$

이때 접선이 x축과 점 F′에서 만나므로 $c=4$

두 점 P(4, 6), F′(−4, 0)에 대하여 → 접선이 x축과 만나는 점의 좌표는 $(-4, 0)$이야.

$\overline{PF'}=\sqrt{\{4-(-4)\}^2+(6-0)^2}=10$

타원의 장축의 길이는 $\overline{PF'}+\overline{PF}=10+\frac{25}{4}=\frac{65}{4}$이고

$\overline{F'F}=4+\frac{9}{4}=\frac{25}{4}$이므로 타원의 단축의 길이를 $k(k>0)$라 하면

$\left(\frac{k}{2}\right)^2=\left(\frac{65}{8}\right)^2-\left(\frac{25}{8}\right)^2$에서 $\frac{k^2}{4}=\frac{225}{4}$

$k^2=225$ $\quad\therefore k=15\ (\because k>0)$

따라서 타원의 단축의 길이는 15이다.

027 [정답률 70%]

정답 ①

두 양수 k, p에 대하여 점 $A(-k, 0)$에서 포물선 $y^2=4px$에 그은 두 접선이 y축과 만나는 두 점을 각각 F, F′, 포물선과 만나는 두 점을 각각 P, Q라 할 때, $\angle PAQ=\frac{\pi}{3}$이다. 두 점 F, F′을 초점으로 하고 두 점 P, Q를 지나는 타원의 장축의 길이가 $4\sqrt{3}+12$일 때, $k+p$의 값은? (4점)

✔① 8 ② 10 ③ 12
④ 14 ⑤ 16

Step 1 포물선 위의 점 P의 좌표를 $P(x_1, y_1)$이라 놓고 접선의 방정식 공식을 이용한다.

점 $A(-k, 0)$에서 포물선 $y^2=4px$에 그은 접선이 포물선과 만나는 점 P의 좌표를 $P(x_1, y_1)$이라 하자.

포물선 $y^2=4px$ 위의 점 $P(x_1, y_1)$에서의 접선의 방정식은

$y_1y=2p(x+x_1)$

점 $A(-k, 0)$은 접선 $y_1y=2p(x+x_1)$이 x축과 만나는 점의 좌표이므로 → $y=0$

$-x_1=-k$ $\quad\therefore x_1=k$ → 접선의 방정식에 $y=0$을 대입하면 $0=2p(x+x_1)$ $\quad\therefore x+x_1=0$

Step 2 삼각비와 타원의 장축의 길이를 이용하여 두 양수 k, p의 값을 구한다.

점 $P(x_1, y_1)$에서 x축에 내린 수선의 발을 H라 하면 점 H의 좌표는 $H(x_1, 0)$, 즉 $H(k, 0)$ → 점 H의 x좌표와 점 P의 x좌표는 서로 같아.

$\angle PAH=\frac{1}{2}\angle PAQ=\frac{1}{2}\times\frac{\pi}{3}=\frac{\pi}{6}$이므로 삼각비를 이용하면

$\overline{FO}=\overline{F'O}=\frac{k}{\sqrt{3}}$, $\overline{PH}=y_1=\frac{2k}{\sqrt{3}}$, $\overline{AF}=\overline{PF}=\frac{2k}{\sqrt{3}}$

오른쪽 그림과 같이 선분 PF′을 빗변으로 하는 직각삼각형 PF′H′을 이용하면 피타고라스 정리에 의하여

$\overline{PF'}=\sqrt{k^2+\left(\frac{k}{\sqrt{3}}+\frac{2k}{\sqrt{3}}\right)^2}=2k$이므로 → $=\sqrt{\overline{F'H'}^2+\overline{PH'}^2}$

타원의 장축의 길이는

$\overline{PF}+\overline{PF'}=\frac{2k}{\sqrt{3}}+2k=4\sqrt{3}+12$

$\frac{2k}{\sqrt{3}}+2k=4\sqrt{3}+12$이므로 $k=6$ → $\frac{2}{\sqrt{3}}k(1+\sqrt{3})=4\sqrt{3}(1+\sqrt{3})$, $\frac{2}{\sqrt{3}}k=4\sqrt{3}$ $\quad\therefore k=\frac{\sqrt{3}}{2}\times4\sqrt{3}=6$

또, 점 $P(6, 4\sqrt{3})$이 포물선 $y^2=4px$ 위의 점이므로

$(4\sqrt{3})^2=4p\times6$

$48=24p$에서 $p=2$

$\therefore k+p=6+2=8$

다른 풀이 삼각형 PAQ가 정삼각형임을 이용하는 풀이

Step 1 동일

Step 2 삼각형 PAQ가 정삼각형임을 구한다.

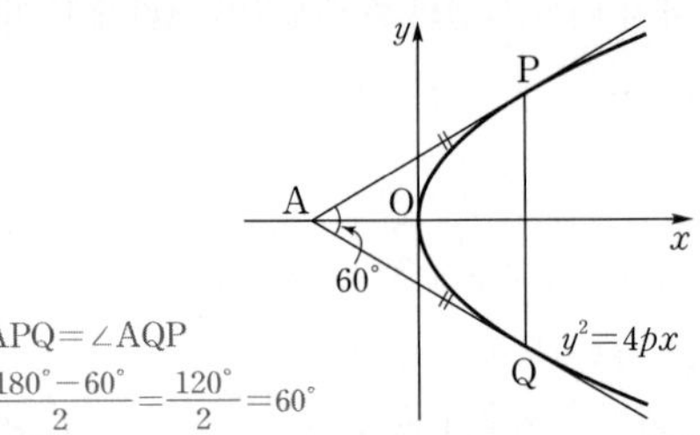

→ $\angle APQ=\angle AQP=\frac{180°-60°}{2}=\frac{120°}{2}=60°$

포물선 $y^2=4px$가 x축에 대하여 대칭이므로 $\overline{AP}=\overline{AQ}$

이때 $\angle PAQ=\frac{\pi}{3}=60°$이므로 이등변삼각형의 성질에 의해 $\angle APQ=\angle AQP=60°$, 즉 삼각형 PAQ는 정삼각형이다.

Step 3 정삼각형의 성질을 이용한다.

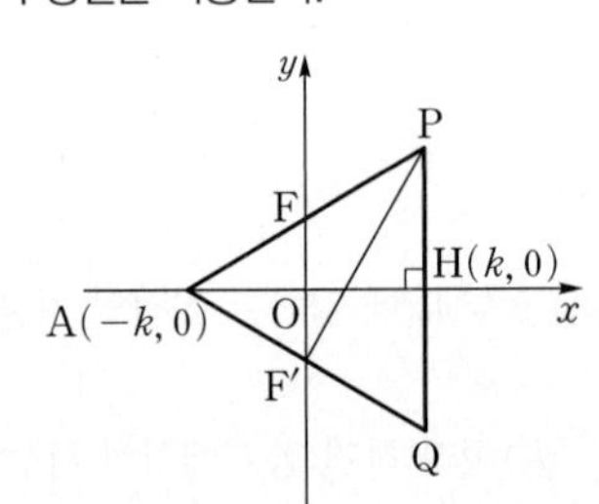

점 $P(x_1, y_1)$에서 x축에 내린 수선의 발을 H라 하면 점 H의 좌표는 $H(x_1, 0)$, 즉 $H(k, 0)$

$\overline{PF'}=$(정삼각형 PAQ의 높이)

$=\overline{AH}=2k$

→ 직선 FF′과 직선 PQ가 평행하고 $\overline{AO}:\overline{OH}=k:k=1:1$이므로 $\overline{AF}=\overline{FP}$야.

$\angle PAH=30°$, $\overline{AO}=k$이므로 $\overline{AF}=\overline{FP}=\frac{2k}{\sqrt{3}}$

따라서 타원의 장축의 길이는 $\overline{PF}+\overline{PF'}=\frac{2k}{\sqrt{3}}+2k=4\sqrt{3}+12$

(이하 동일)

→ 점 A의 x좌표가 $-k$, 점 Q의 x좌표가 k이고 점 F′의 x좌표가 0이므로 $\overline{AQ}$ 위의 점 F′은 $\frac{(-k)+k}{2}=0$이 되어 $\overline{AQ}$의 중점이야. 따라서 점 F′이 정삼각형 PAQ의 밑변 AQ의 중점이니까 $\overline{PF'}$은 정삼각형의 높이가 돼.

028 [정답률 19%]

정답 54

두 점 $F_1(4, 0)$, $F_2(-6, 0)$에 대하여 포물선 $y^2=16x$ 위의 점 중 제1사분면에 있는 점 P가 $\overline{PF_2}-\overline{PF_1}=6$을 만족시킨다. (→ 쌍곡선의 성질)
포물선 $y^2=16x$ 위의 점 P에서의 접선이 x축과 만나는 점을 F_3이라 하면 두 점 F_1, F_3을 초점으로 하는 타원의 한 꼭짓점은 선분 PF_3 위에 있다. 이 타원의 장축의 길이가 $2a$일 때, a^2의 값을 구하시오. (4점)

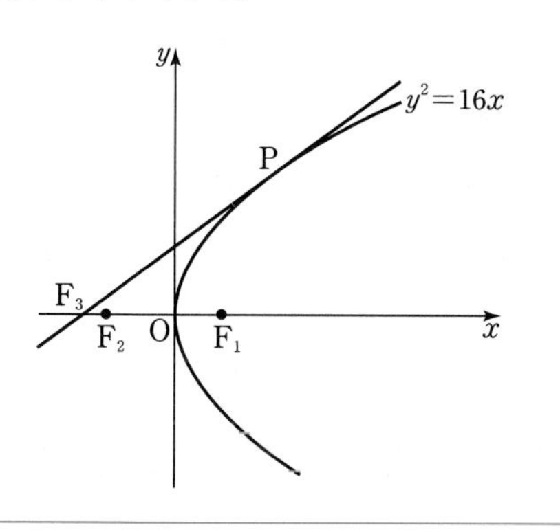

Step 1 두 점 F_1, F_2를 초점으로 하는 쌍곡선의 방정식을 이용하여 점 P의 좌표를 구한다.

$\overline{PF_2}-\overline{PF_1}=6$이므로 점 P는 두 점 $F_1(4, 0)$, $F_2(-6, 0)$을 초점으로 하는 쌍곡선 위의 점이다. (→ 쌍곡선의 주축의 길이)

쌍곡선의 중심의 좌표는 $(-1, 0)$이고, 주축의 길이는 6이므로

쌍곡선의 방정식은 $\dfrac{(x+1)^2}{3^2}-\dfrac{y^2}{4^2}=1$

(→ 쌍곡선의 방정식을 $\dfrac{(x+1)^2}{3^2}-\dfrac{y^2}{k^2}=1$이라 하면 쌍곡선의 중심과 한 초점 사이의 거리가 5이므로 $5^2=3^2+k^2$)

이때 점 P는 쌍곡선과 포물선 $y^2=16x$의 교점이므로

$\dfrac{(x+1)^2}{9}-\dfrac{16x}{16}=1$ (→ $\dfrac{x^2+2x+1}{9}-x=1$)

$x^2-7x-8=(x+1)(x-8)=0$

$\therefore x=-1$ 또는 $x=8$

점 P는 제1사분면 위의 점이므로 $P(8, 8\sqrt{2})$이다.

Step 2 포물선 위의 점 P에서의 접선의 방정식을 이용하여 점 F_3의 좌표를 구한다.

(→ 포물선 $y^2=4px$ 위의 점 (x_1, y_1)에서의 접선의 방정식은 $y_1y=2p(x+x_1)$)

포물선 $y^2=16x$ 위의 점 $P(8, 8\sqrt{2})$에서의 접선의 방정식은

$8\sqrt{2}y=8(x+8)$ $\quad\therefore y=\dfrac{\sqrt{2}}{2}(x+8)$ …… ㉠

점 F_3은 위 접선의 방정식의 x절편이므로 $F_3(-8, 0)$

Step 3 두 점 F_1, F_3을 초점으로 하는 타원의 단축의 길이를 구한다.

두 점 $F_1(4, 0)$, $F_3(-8, 0)$을 초점으로 하는 타원의 중심의 좌표는 $(-2, 0)$이므로 타원의 꼭짓점은 x축 또는 직선 $x=-2$ 위에 있다. (→ 선분 F_1F_3의 중점)

이때 선분 PF_3 위에 있는 꼭짓점은 직선 $x=-2$ 위에 있으므로 ㉠에 $x=-2$를 대입하면 $y=3\sqrt{2}$

따라서 타원의 단축의 길이는 $6\sqrt{2}$이고, 두 초점 사이의 거리는 12이므로 $6^2=a^2-(3\sqrt{2})^2$ $\quad\therefore a^2=54$

029 [정답률 88%]

정답 ⑤

타원 $\dfrac{x^2}{8}+\dfrac{y^2}{4}=1$ 위의 점 $(2, \sqrt{2})$에서의 접선의 x절편은? (3점)

① 3 ② $\dfrac{13}{4}$ ③ $\dfrac{7}{2}$ ④ $\dfrac{15}{4}$ ⑤ 4

Step 1 타원의 접선의 방정식을 구한다.

타원 $\dfrac{x^2}{8}+\dfrac{y^2}{4}=1$ 위의 점 $(2, \sqrt{2})$에서의 접선의 방정식은

(→ 타원 $\dfrac{x^2}{a^2}+\dfrac{y^2}{b^2}=1$ 위의 점 (x_1, y_1)에서의 접선의 방정식은 $\dfrac{x_1x}{a^2}+\dfrac{y_1y}{b^2}=1$)

$\dfrac{2x}{8}+\dfrac{\sqrt{2}y}{4}=1$ $\quad\therefore y=-\dfrac{\sqrt{2}}{2}x+2\sqrt{2}$

따라서 접선의 x절편은 4이다. (→ $y=0$일 때의 x의 값)

030 [정답률 80%]

정답 ④

타원 $\dfrac{x^2}{a^2}+\dfrac{y^2}{b^2}=1$ 위의 점 $(2, 1)$에서의 접선의 기울기가 $-\dfrac{1}{2}$일 때, 이 타원의 두 초점 사이의 거리는? (단, a, b는 양수이다.) (3점)

① $2\sqrt{3}$ ② 4 ③ $2\sqrt{5}$ ④ $2\sqrt{6}$ ⑤ $2\sqrt{7}$

Step 1 점 $(2, 1)$이 타원 위의 점임을 이용한다.

점 $(2, 1)$이 타원 $\dfrac{x^2}{a^2}+\dfrac{y^2}{b^2}=1$ 위의 점이므로 $\dfrac{4}{a^2}+\dfrac{1}{b^2}=1$ …… ㉠

Step 2 타원 위의 점에서의 접선의 방정식을 구한다.

타원 위의 점 $(2, 1)$에서의 접선의 방정식은 $\dfrac{2}{a^2}x+\dfrac{1}{b^2}y=1$

이 직선의 기울기가 $-\dfrac{1}{2}$이므로 $-\dfrac{\frac{2}{a^2}}{\frac{1}{b^2}}=-\dfrac{1}{2}$ $\quad\therefore a^2=4b^2$ …… ㉡

㉡을 ㉠에 대입하면 $\dfrac{1}{b^2}+\dfrac{1}{b^2}=1$ $\quad\therefore b^2=2$, $a^2=8$

Step 3 두 초점을 구하여 초점 사이의 거리를 구한다.

타원의 두 초점의 좌표를 각각 $F(c, 0)$, $F'(-c, 0)$ $(c>0)$이라 하면

$c^2=a^2-b^2=6$ $\quad\therefore F(\sqrt{6}, 0)$, $F'(-\sqrt{6}, 0)$

따라서 두 초점의 사이의 거리는 $2\sqrt{6}$이다.

031

정답 ③

> $(-2, 0)$ ← $x=\sqrt{3}, y=1$일 때의 접선의 방정식을 구한다.
>
> 포물선 $y^2=-8x$와 한 초점을 공유하는 타원 $\frac{x^2}{a^2}+\frac{y^2}{b^2}=1$ 위의 점 $(\sqrt{3}, 1)$에서의 접선의 기울기는?
>
> (단, a, b는 양의 상수이다.) (3점)
>
> ① $-\sqrt{3}$ ② $-\frac{\sqrt{3}}{2}$ ③ $-\frac{\sqrt{3}}{3}$
>
> ④ $-\frac{\sqrt{3}}{4}$ ⑤ $-\frac{\sqrt{3}}{5}$

Step 1 포물선의 초점을 구하여 a, b 사이의 관계식을 구한다.

포물선 $y^2=-8x=4\times(-2)\times x$이므로

초점의 좌표는 $(-2, 0)$이다.

따라서 타원 $\frac{x^2}{a^2}+\frac{y^2}{b^2}=1$의 한 초점의 좌표도 $(-2, 0)$이므로

$a^2-b^2=(-2)^2=4$

$\therefore b^2=a^2-4$ …… ㉠

Step 2 점 $(\sqrt{3}, 1)$이 타원 위의 점임을 이용하여 a, b 사이의 관계식을 구한다.

$x=\sqrt{3}, y=1$ 대입

또한, 점 $(\sqrt{3}, 1)$은 타원 $\frac{x^2}{a^2}+\frac{y^2}{b^2}=1$ 위의 점이므로

$\frac{3}{a^2}+\frac{1}{b^2}=1$에서 $3b^2+a^2=a^2b^2$ …… ㉡

Step 3 연립방정식을 풀어 타원의 방정식을 구한다.

㉡에 ㉠을 대입하면

$3(a^2-4)+a^2=a^2(a^2-4)$, $a^4-8a^2+12=0$

$(a^2-6)(a^2-2)=0$

$\therefore a^2=6$ ($\because a^2>4$) → 주의 ㉠에서 $a^2\le 4$이면 $b^2\le 0$이므로 모순!!

이를 ㉠에 대입하면 $b^2=6-4=2$이므로 타원의 방정식은

$\frac{x^2}{6}+\frac{y^2}{2}=1$이다.

Step 4 접선의 기울기를 구한다.

타원 $\frac{x^2}{6}+\frac{y^2}{2}=1$ 위의 점 $(\sqrt{3}, 1)$에서의 접선의 방정식은

$\frac{\sqrt{3}\times x}{6}+\frac{1\times y}{2}=1$에서 $\frac{\sqrt{3}}{6}x+\frac{y}{2}=1$

$\frac{y}{2}=-\frac{\sqrt{3}}{6}x+1$ $\therefore y=-\frac{\sqrt{3}}{3}x+2$

암기 타원 $\frac{x^2}{a^2}+\frac{y^2}{b^2}=1$ 위의 점 (x_1, y_1)에서의 접선의 방정식은 $\frac{x_1x}{a^2}+\frac{y_1y}{b^2}=1$

따라서 구하는 접선의 기울기는 $-\frac{\sqrt{3}}{3}$이다.

> **수능포인트**
>
> 이차곡선 문제에서는 각 이차곡선들끼리의 유사성과 고유한 특징을 이용하여 두 가지 이상의 이차곡선이 동시에 등장하는 형태의 문제들이 많습니다. 이 문제에서도 포물선의 초점을 구한 후 이를 타원에 적용하여 관계식을 얻어내는 과정이 있었습니다.
>
> 포물선, 타원, 쌍곡선은 특징도 유사하고, 방정식의 형태도 비슷하기 때문에 문제에 함께 나온다면 헷갈리기 쉬우므로 각 이차곡선의 방정식부터 그래프까지의 모든 특성 및 정의를 확실하게 익히면서 서로 간의 관계를 유기적으로 생각할 수 있도록 공부해야 합니다.

032 [정답률 86%]

정답 ③

> 타원 $\frac{x^2}{a^2}+\frac{y^2}{6}=1$ 위의 점 $(\sqrt{3}, -2)$에서의 접선의 기울기는? (단, a는 양수이다.) (3점)
>
> ① $\sqrt{3}$ ② $\frac{\sqrt{3}}{2}$ ③ $\frac{\sqrt{3}}{3}$
>
> ④ $\frac{\sqrt{3}}{4}$ ⑤ $\frac{\sqrt{3}}{5}$

Step 1 양수 a의 값을 구한다.

점 $(\sqrt{3}, -2)$는 타원 $\frac{x^2}{a^2}+\frac{y^2}{6}=1$ 위의 점이므로

$\frac{(\sqrt{3})^2}{a^2}+\frac{(-2)^2}{6}=1$, $\frac{3}{a^2}=\frac{1}{3}$ ← $\frac{x^2}{a^2}+\frac{y^2}{6}=1$에 $x=\sqrt{3}, y=-2$ 대입

$a^2=9$ $\therefore a=3$ ($\because a>0$)

Step 2 타원 위의 점 $(\sqrt{3}, -2)$에서의 접선의 기울기를 구한다.

타원 $\frac{x^2}{9}+\frac{y^2}{6}=1$ 위의 점 $(\sqrt{3}, -2)$에서의 접선의 방정식을 구하면

$\frac{\sqrt{3}}{9}x-\frac{2}{6}y=1$, $\sqrt{3}x-3y=9$ $\therefore y=\frac{\sqrt{3}}{3}x-3$

따라서 접선의 기울기는 $\frac{\sqrt{3}}{3}$이다.

033

정답 25

점 P의 좌표를 (x_1, y_1)이라고 하면 점 H의 좌표는 $(x_1, 0)$이고 점 P에서의 접선의 방정식을 x_1과 y_1로 나타낼 수 있다.

오른쪽 그림과 같이 타원 위의 점 P에서 x축에 내린 수선의 발을 H, 점 P에서의 타원의 접선이 x축과 만나는 점을 Q라고 할 때, $\overline{OH}\times\overline{OQ}$의 값을 구하시오. (3점)

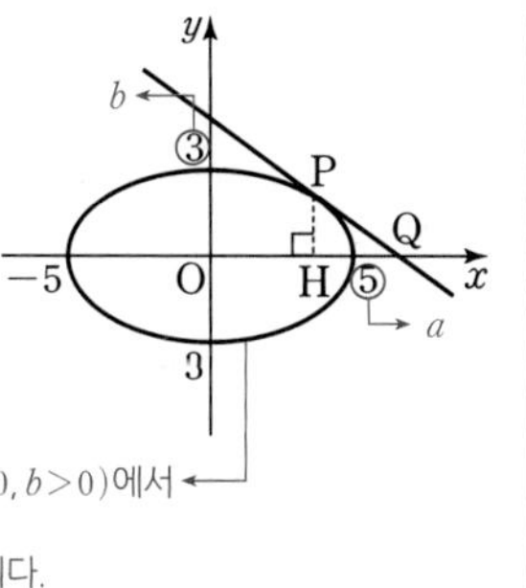

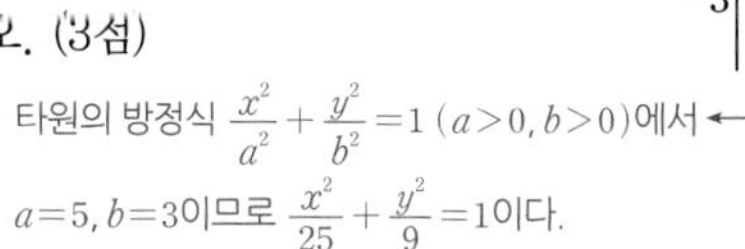

타원의 방정식 $\frac{x^2}{a^2}+\frac{y^2}{b^2}=1\ (a>0, b>0)$에서 $a=5, b=3$이므로 $\frac{x^2}{25}+\frac{y^2}{9}=1$이다.

Step 1 타원의 방정식을 구한다.

타원의 장축의 길이가 10, 단축의 길이가 6이므로 타원의 방정식은

$\frac{x^2}{25}+\frac{y^2}{9}=1$ → 타원이 좌표축과 만나는 점의 좌표를 이용한다.

Step 2 $P(x_1, y_1)$이라 놓고 점 P에서의 접선의 방정식을 구한다.

이때 접점 P의 좌표를 $P(x_1, y_1)$이라 하면 점 P에서의 접선의 방정식은 → 문제의 그림에서 점 P가 제1 사분면 위에 있다.

$\frac{x_1x}{25}+\frac{y_1y}{9}=1$

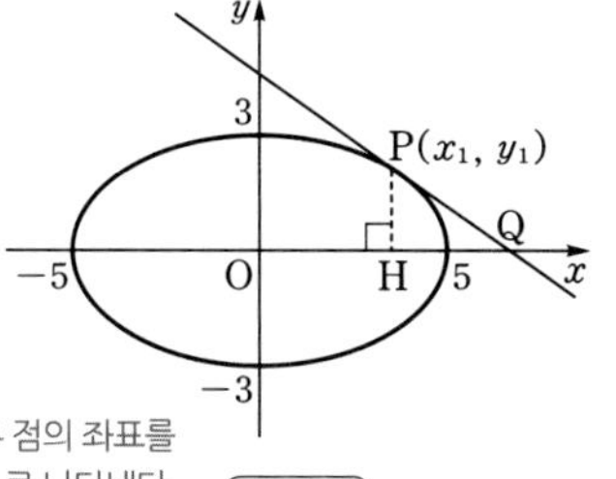

참고그림

Step 3 점 H와 점 Q의 좌표를 구하여 $\overline{OH}\times\overline{OQ}$의 값을 구한다. → 두 점의 좌표를 x_1로 나타낸다.

점 H는 점 $P(x_1, y_1)$에서 x축에 내린 수선의 발이므로 점 H의 좌표는 $H(x_1, 0)$이다.

$\therefore \overline{OH}=x_1\ (\because x_1>0)$

또한 점 Q는 접선과 x축이 만나는 점이므로 접선의 방정식에 $y=0$을 대입하면

$\frac{x_1x}{25}=1,\ x=\frac{25}{x_1}$

따라서 점 Q의 좌표는 $Q\left(\frac{25}{x_1}, 0\right)$이므로 $\overline{OQ}=\frac{25}{x_1}$

$\therefore \overline{OH}\times\overline{OQ}=x_1\times\frac{25}{x_1}=25$

034 [정답률 81%]

정답 ⑤

타원 $\frac{x^2}{16}+\frac{y^2}{8}=1$에 접하고 기울기가 2인 두 직선이 y축과 만나는 점을 각각 A, B라 할 때, 선분 AB의 길이는? (3점)

① $8\sqrt{2}$ ② 12 ③ $10\sqrt{2}$
④ 15 ⑤ $12\sqrt{2}$

Step 1 타원의 접선의 방정식을 구한다.

타원 $\frac{x^2}{16}+\frac{y^2}{8}=1$에 접하고 기울기가 2인 접선의 방정식은

$y=2x\pm\sqrt{16\times4+8}$ → 타원 $\frac{x^2}{a^2}+\frac{y^2}{b^2}=1$에 접하고 기울기가 m인 접선의 방정식은 $y=mx\pm\sqrt{a^2m^2+b^2}$

$\therefore y=2x\pm6\sqrt{2}$

Step 2 선분 AB의 길이를 구한다.

두 접선의 y절편은 각각 $6\sqrt{2}$, $-6\sqrt{2}$이므로

$\overline{AB}=6\sqrt{2}-(-6\sqrt{2})=12\sqrt{2}$

035 [정답률 82%]

정답 ①

좌표평면에서 쌍곡선 $\frac{x^2}{a^2}-\frac{y^2}{b^2}=1$의 한 점근선에 평행하고 타원 $\frac{x^2}{8a^2}+\frac{y^2}{b^2}=1$에 접하는 직선을 l이라 하자. → 점근선의 방정식 : $y=\pm\frac{b}{a}x$

원점과 직선 l 사이의 거리가 1일 때, $\frac{1}{a^2}+\frac{1}{b^2}$의 값은? (3점)

→ 먼저 직선 l의 방정식을 구한 후 원점과의 거리를 점과 직선 사이의 거리 공식을 이용하여 나타내 본다.

① 9 ② $\frac{19}{2}$ ③ 10
④ $\frac{21}{2}$ ⑤ 11

Step 1 쌍곡선의 한 점근선에 평행하고 타원에 접하는 직선의 방정식을 구한다.

쌍곡선 $\frac{x^2}{a^2}-\frac{y^2}{b^2}=1$의 두 점근선의 방정식은 $y=\pm\frac{b}{a}x$ → 암기

→ 직선 l의 기울기가 $\pm\frac{b}{a}$라는 의미야.

따라서 쌍곡선의 한 점근선에 평행하고 타원 $\frac{x^2}{8a^2}+\frac{y^2}{b^2}=1$에 접하는 직선 l의 방정식을 $y=\pm\frac{b}{a}x+k$ (k는 상수)라 하자.

직선 l의 방정식을 타원의 방정식에 대입하여 정리하면

$\frac{x^2}{8a^2}+\frac{1}{b^2}\left(\pm\frac{b}{a}x+k\right)^2=1$ → $\frac{x^2}{8a^2}+\frac{y^2}{b^2}=1$에 y 대신 $y=\pm\frac{b}{a}x+k$를 대입했어.

$\frac{x^2}{8a^2}+\frac{1}{b^2}\left(\frac{b^2}{a^2}x^2\pm\frac{2bk}{a}x+k^2\right)=1$

$\frac{9}{8a^2}x^2\pm\frac{2k}{ab}x+\frac{k^2}{b^2}-1=0$

위의 x에 대한 이차방정식의 판별식을 D라 하면

$\frac{D}{4}=\left(\frac{k}{ab}\right)^2-\frac{9}{8a^2}\times\left(\frac{k^2}{b^2}-1\right)=0$ → 직선 l은 타원에 접하므로 위 이차방정식은 중근을 가져. 즉, 판별식의 값이 0이지.

$\frac{k^2}{a^2b^2}-\frac{9k^2}{8a^2b^2}+\frac{9}{8a^2}=0$

$-\frac{k^2}{8a^2b^2}=-\frac{9}{8a^2},\ k^2=9b^2$

$\therefore k=\pm3|b|$

따라서 직선 l의 방정식은

$y=\pm\frac{b}{a}x\pm3|b|$

Step 2 원점과 직선 l 사이의 거리가 1임을 이용한다.

직선 $l : y=\pm\frac{b}{a}x\pm3|b|$, 즉 $\pm bx-ay\pm3a|b|=0$과 원점 사이의 거리가 1이므로

→ 직선 $mx+ny+k=0$과 원점 사이의 거리는 $\frac{|k|}{\sqrt{m^2+n^2}}$

$\frac{|\pm3a|b||}{\sqrt{(\pm b)^2+(-a)^2}}=\frac{3|ab|}{\sqrt{a^2+b^2}}=1$

$3|ab|=\sqrt{a^2+b^2},\ 9a^2b^2=a^2+b^2$

양변을 a^2b^2으로 나누어 주면

$\frac{1}{a^2}+\frac{1}{b^2}=9$ → $\frac{9a^2b^2}{a^2b^2}=\frac{a^2+b^2}{a^2b^2},\ 9=\frac{1}{b^2}+\frac{1}{a^2}$

수능포인트

이 문제에서 타원 $\frac{x^2}{a^2}+\frac{y^2}{b^2}=1$에 접하고 기울기가 m인 접선의 방정식이 $y=mx\pm\sqrt{a^2m^2+b^2}$이라는 사실을 이용해서도 직선 l의 방정식을 구할 수 있습니다.

기울기가 $\pm\frac{b}{a}$이고 타원 $\frac{x^2}{8a^2}+\frac{y^2}{b^2}=1$에 접하는 접선의 방정식은

$y=\pm\frac{b}{a}x\pm\sqrt{8a^2\times\left(\pm\frac{b}{a}\right)^2+b^2}=\pm\frac{b}{a}x\pm\sqrt{9b^2}=\pm\frac{b}{a}x\pm3|b|$

이므로 직선 l의 방정식이 $y=\pm\frac{b}{a}x\pm3|b|$인 것을 알 수 있습니다.

이후는 본풀이와 마찬가지로 원점과 직선 l 사이의 거리가 1임을 이용하면 됩니다.

036

정답 ②

그림과 같이 타원 $\frac{x^2}{5}+y^2=1$의 한 초점 $F(c, 0)(c>0)$과 한 꼭짓점 $A(0, 1)$을 이은 선분 AF를 한 변으로 하고 타원 위의 점 $P(a, b)$를 한 꼭짓점으로 하는 삼각형 PAF의 넓이가 최대일 때, $a+b$의 값은? (4점)

→ 점 P에서의 접선의 기울기와 직선 AF의 기울기가 같아야 한다.

① -2　② $-\frac{7}{3}$　③ $-\frac{8}{3}$
④ -3　⑤ $-\frac{10}{3}$

Step 1 직선 AF의 기울기를 구한다.

타원 $\frac{x^2}{5}+y^2=1$의 한 초점 F의 좌표는

$(\sqrt{5-1}, 0)$, 즉 $F(2, 0)$

→ 암기 타원 $\frac{x^2}{a^2}+\frac{y^2}{b^2}=1\ (a>b>0)$의 초점의 좌표는 $(\sqrt{a^2-b^2}, 0), (-\sqrt{a^2-b^2}, 0)$이다.

직선 AF의 기울기는 $\frac{1-0}{0-2}=-\frac{1}{2}$

Step 2 삼각형 PAF의 넓이가 최대가 될 조건을 구한 후 그때의 점 P의 좌표를 구한다.

삼각형 PAF에서 밑변 AF의 길이는 일정하므로 점 P에서 직선 AF까지의 거리, 즉 높이가 최대일 때를 생각하면 된다.

삼각형 PAF의 넓이가 최대인 경우는 직선 AF와 평행한 직선이 타원 $\frac{x^2}{5}+y^2=1$과 제3사분면에서 접할 때 그 접점이 P인 경우이다.

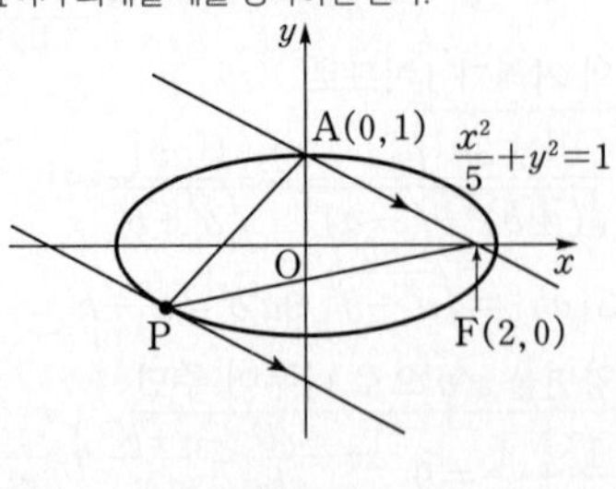

점 P는 타원 위의 점이므로

→ 타원의 방정식에 $x=a, y=b$ 대입!

$\frac{a^2}{5}+b^2=1$ ...... ㉠

점 $P(a, b)$에서의 접선의 방정식은

$\frac{ax}{5}+by=1$에서 $by=-\frac{a}{5}x+1$

$\therefore y=-\frac{a}{5b}x+\frac{1}{b}$ → 직선의 기울기

이 직선의 기울기가 $-\frac{1}{2}$이므로

$-\frac{a}{5b}=-\frac{1}{2}$에서 $a=\frac{5}{2}b$

이를 ㉠에 대입하면

$\frac{\left(\frac{5}{2}b\right)^2}{5}+b^2=1$에서 $\frac{5}{4}b^2+b^2=1$

$\frac{9}{4}b^2=1$, $b^2=\frac{4}{9}$ $\quad\therefore b=-\frac{2}{3}\ (\because b<0)$

따라서 $a=\frac{5}{2}\times\left(-\frac{2}{3}\right)=-\frac{5}{3}$이므로

$a+b=-\frac{5}{3}+\left(-\frac{2}{3}\right)=-\frac{7}{3}$

037 [정답률 66%]

정답 ③

그림과 같이 두 초점이 $F(c, 0)$, $F'(-c, 0)(c>0)$인 타원 $\frac{x^2}{a^2}+\frac{y^2}{18}=1$이 있다. 타원 위의 점 중 제2사분면에 있는 점 P에서의 접선이 x축, y축과 만나는 점을 각각 Q, R라 하자. 삼각형 RF'F가 정삼각형이고 점 F'은 선분 QF의 중점일 때, c^2의 값은? (단, a는 양수이다.) (4점)

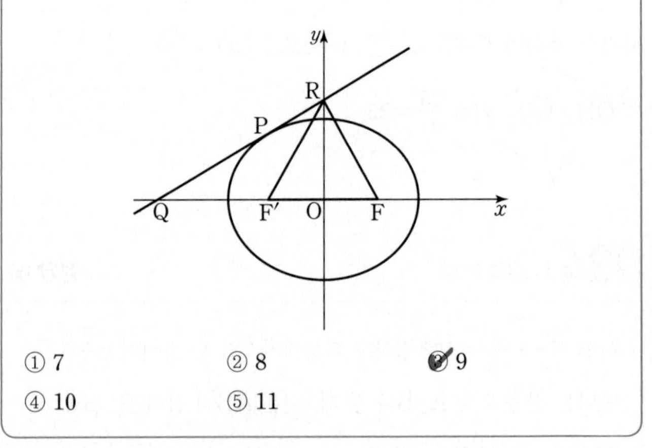

① 7　② 8　③ 9
④ 10　⑤ 11

Step 1 주어진 조건을 이용하여 각 선분의 길이를 구한다.

타원 $\frac{x^2}{a^2}+\frac{y^2}{18}=1$의 두 초점이 $F(c, 0)$, $F'(-c, 0)(c>0)$이므로

$a^2-18=c^2$ ...... ㉠

삼각형 RF'F는 한 변의 길이가 $2c$인 정삼각형이므로 $\overline{OR}=\sqrt{3}c$ ($\overline{F'F}=c-(-c)$)

→ 정삼각형 RF'F의 높이이므로 $\overline{OR}=\frac{\sqrt{3}}{2}\times2c$

또한 점 F'이 선분 QF의 중점이므로 $\overline{QO}=3c$ ($=\overline{QF'}+\overline{OF'}=2c+c$)

Step 2 점 P에서의 접선의 방정식을 구한다.

직선 QR의 기울기가 $\frac{\overline{OR}}{\overline{QO}}=\frac{\sqrt{3}c}{3c}=\frac{\sqrt{3}}{3}$이므로 타원 위의 점 P에서 의 접선의 방정식은

→ 기울기가 m인 타원 $\frac{x^2}{a^2}+\frac{y^2}{b^2}=1$의 접선의 방정식은 $y=mx\pm\sqrt{a^2m^2+b^2}$

$y=\frac{\sqrt{3}}{3}x+\sqrt{\left(\frac{\sqrt{3}}{3}\right)^2a^2+18}=\frac{\sqrt{3}}{3}x+\sqrt{\frac{1}{3}a^2+18}$

이때 직선 QR의 y절편이 $\sqrt{3}c$이므로

$\sqrt{\frac{1}{3}a^2+18}=\sqrt{3}c$

$\therefore \frac{1}{3}a^2+18=3c^2$ …… ㉡

㉠, ㉡에서 $c^2=9$

→ 3×㉡−㉠을 하면 $8c^2=72$

038 [정답률 62%]

정답 ⑤

좌표평면에서 타원 $\frac{x^2}{3}+y^2=1$과 직선 $y=x-1$이 만나는 두 점을 A, C라 하자. 선분 AC가 사각형 ABCD의 대각선이 되도록 타원 위에 두 점 B, D를 잡을 때, 사각형 ABCD의 넓이의 최댓값은? (3점)

→ 두 점 B, D가 타원과 기울기가 1인 직선의 접점이 되어야 한다.

① 2　② $\frac{9}{4}$　③ $\frac{5}{2}$

④ $\frac{11}{4}$　⑤ 3

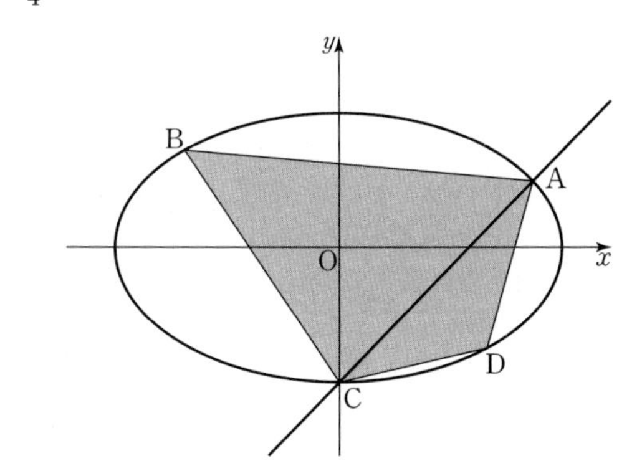

Step 1 사각형 ABCD의 넓이가 최대일 때를 생각한다.

타원 $\frac{x^2}{3}+y^2=1$에 접하고 기울기가 1인 직선의 방정식은

$y=x\pm\sqrt{3\times1+1}=x\pm2$

→ 타원 $\frac{x^2}{a^2}+\frac{y^2}{b^2}=1$에 접하는 기울기가 m인 접선의 방정식은 $y=mx\pm\sqrt{a^2m^2+b^2}$

직선 $y=x+2$와 타원이 접하는 점이 B, 직선 $y=x-2$와 타원이 접하는 점이 D일 때 사각형 ABCD의 넓이는 최대이다.

두 직선 $y=x+2$, $y=x-1$ 사이의 거리를 d_1이라 하면 직선 $y=x+2$ 위의 점 (0, 2)와 직선 $x-y-1=0$ 사이의 거리와 같으므로

$d_1=\frac{|0-2-1|}{\sqrt{1^2+(-1)^2}}=\frac{3\sqrt{2}}{2}$

→ 점 (x_1, y_1)과 직선 $ax+by+c=0$ 사이의 거리는 $\frac{|ax_1+by_1+c|}{\sqrt{a^2+b^2}}$

두 직선 $y=x-2$, $y=x-1$ 사이의 거리를 d_2라 하면 직선 $y=x-2$ 위의 점 (0, −2)와 직선 $x-y-1=0$ 사이의 거리와 같으므로

$d_2=\frac{|0-(-2)-1|}{\sqrt{1^2+(-1)^2}}=\frac{\sqrt{2}}{2}$

Step 2 두 점 A, C의 좌표를 구한다.

두 점 A, C는 타원 $\frac{x^2}{3}+y^2=1$과 직선 $y=x-1$의 교점이므로

$\frac{x^2}{3}+(x-1)^2=1$에서 $2x(2x-3)=0$

$\therefore x=0$ 또는 $x=\frac{3}{2}$

즉, $A\left(\frac{3}{2}, \frac{1}{2}\right)$, $C(0, -1)$이므로

→ $y=\frac{3}{2}-1=\frac{1}{2}$, $y=0-1=-1$

$\overline{AC}=\sqrt{\left(0-\frac{3}{2}\right)^2+\left(-1-\frac{1}{2}\right)^2}=\frac{3\sqrt{2}}{2}$

Step 3 사각형 ABCD의 넓이의 최댓값을 구한다.

따라서 사각형 ABCD의 넓이는

$\frac{1}{2}\times\overline{AC}\times d_1+\frac{1}{2}\times\overline{AC}\times d_2$

$=\frac{1}{2}\times\frac{3\sqrt{2}}{2}\times\frac{3\sqrt{2}}{2}+\frac{1}{2}\times\frac{3\sqrt{2}}{2}\times\frac{\sqrt{2}}{2}=3$

039 [정답률 80%]

정답 ②

양수 a에 대하여 기울기가 $\frac{1}{2}$인 직선이 타원 $\frac{x^2}{36}+\frac{y^2}{16}=1$과 포물선 $y^2=ax$에 동시에 접할 때, 포물선 $y^2=ax$의 초점의 x좌표는? (3점)

① 2　② $\frac{5}{2}$　③ 3

④ $\frac{7}{2}$　⑤ 4

Step 1 타원의 접선의 방정식을 구한다.

타원 $\frac{x^2}{36}+\frac{y^2}{16}=1$에 접하고 기울기가 $\frac{1}{2}$인 접선의 방정식은

$y=\frac{1}{2}x\pm\sqrt{36\times\frac{1}{4}+16}$

→ 타원 $\frac{x^2}{a^2}+\frac{y^2}{b^2}=1$에 접하고 기울기가 m인 접선의 방정식은 $y=mx\pm\sqrt{a^2m^2+b^2}$

$\therefore y=\frac{1}{2}x\pm5$ …… ㉠

Step 2 포물선의 접선의 방정식을 구한다.

포물선 $y^2=ax$, 즉 $y^2=4\times\left(\frac{a}{4}\right)\times x$에 접하고 기울기가 $\frac{1}{2}$인 접선의 방정식은 $y=\frac{1}{2}x+\frac{\frac{a}{4}}{\frac{1}{2}}$

→ 포물선 $y^2=4px$에 접하고 기울기가 m인 접선의 방정식은 $y=mx+\frac{p}{m}$

$\therefore y=\frac{1}{2}x+\frac{a}{2}$ …… ㉡

Step 3 a의 값을 통해 포물선의 초점의 x좌표를 구한다.

직선 ㉠과 직선 ㉡이 일치하고, a가 양수이므로

$5=\frac{a}{2}$　$\therefore a=10$

따라서 포물선 $y^2=ax$, 즉 $y^2=10x$의 초점의 x좌표는 $\frac{10}{4}=\frac{5}{2}$

040 [정답률 88%]

정답 ③

타원 $\frac{x^2}{32}+\frac{y^2}{8}=1$ 위의 점 중 제1사분면에 있는 점 (a, b) 에서의 접선이 점 $(8, 0)$을 지날 때, $a+b$의 값은? (3점)

① 5　② $\frac{11}{2}$　③ 6　④ $\frac{13}{2}$　⑤ 7

Step 1 점 (a, b)에서의 접선의 방정식을 구한다.

타원 위의 점 (a, b)에서의 접선의 방정식은 $\frac{ax}{32}+\frac{by}{8}=1$

→ 타원 $\frac{x^2}{a^2}+\frac{y^2}{b^2}=1$ 위의 점 (x_1, y_1)에서의 접선의 방정식은 $\frac{x_1x}{a^2}+\frac{y_1y}{b^2}=1$

이때 접선이 점 $(8, 0)$을 지나므로

$\frac{a}{4}=1$　$\therefore a=4$

또한 점 $(4, b)$가 타원 $\frac{x^2}{32}+\frac{y^2}{8}=1$ 위의 점이므로

$\frac{16}{32}+\frac{b^2}{8}=1$, $b^2=4$　$\therefore b=2$ ($\because b>0$)

→ 점 (a, b)는 제1사분면 위의 점이므로 $a>0, b>0$

따라서 $a+b=4+2=6$이다.

041 [정답률 61%]

정답 32

→ 접선이 점 $(0, 2)$를 지나는 것을 이용한다.
→ 접점의 좌표를 임의로 놓고 문제를 푼다.

점 $(0, 2)$에서 타원 $\frac{x^2}{8}+\frac{y^2}{2}=1$에 그은 두 접선의 접점을 각각 P, Q라 하고, 타원의 두 초점 중 하나를 F라 할 때, 삼각형 PFQ의 둘레의 길이는 $a\sqrt{2}+b$이다. a^2+b^2의 값을 구하시오. (단, a, b는 유리수이다.) (4점)

→ 이와 같이 문제의 답을 구할 땐 주어진 '수의 조건'을 반드시 확인해야 해!
→ 타원의 정의를 생각해본다.

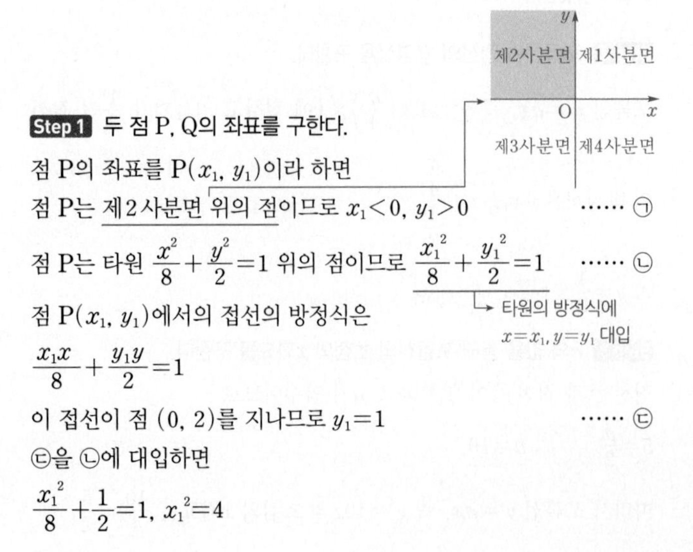

Step 1 두 점 P, Q의 좌표를 구한다.

점 P의 좌표를 $P(x_1, y_1)$이라 하면

점 P는 제2사분면 위의 점이므로 $x_1<0$, $y_1>0$ …… ㉠

점 P는 타원 $\frac{x^2}{8}+\frac{y^2}{2}=1$ 위의 점이므로 $\frac{x_1^2}{8}+\frac{y_1^2}{2}=1$ …… ㉡

→ 타원의 방정식에 $x=x_1$, $y=y_1$ 대입

점 $P(x_1, y_1)$에서의 접선의 방정식은

$\frac{x_1x}{8}+\frac{y_1y}{2}=1$

이 접선이 점 $(0, 2)$를 지나므로 $y_1=1$ …… ㉢

㉢을 ㉡에 대입하면

$\frac{x_1^2}{8}+\frac{1}{2}=1$, $x_1^2=4$

$\therefore x_1=-2$ ($\because$ ㉠)

→ 점 (a, b)를 y축에 대하여 대칭이동한 점은 $(-a, b)$이다.

이때 점 $P(-2, 1)$이고 점 Q는 점 P를 y축에 대하여 대칭이동한 것과 같으므로 $Q(2, 1)$이다.

→ 주어진 타원은 y축에 대하여 대칭이고 점 $(0, 2)$는 y축 위의 점이므로 두 접점 P, Q 또한 y축에 대하여 서로 대칭이다.

Step 2 타원의 정의를 이용하여 $\overline{PF}+\overline{QF}$의 길이를 구한다.

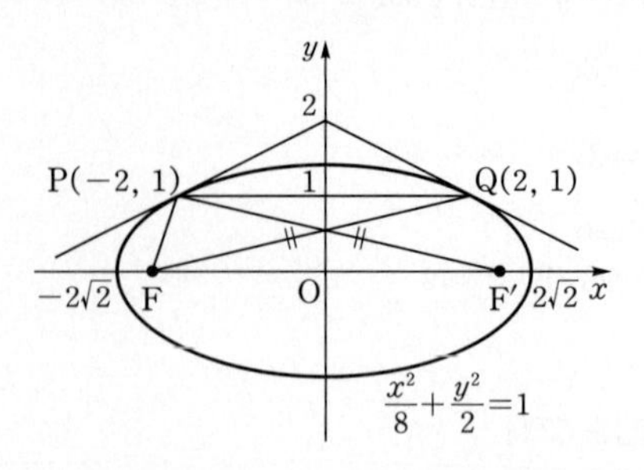

타원 $\frac{x^2}{8}+\frac{y^2}{2}=1$의 다른 한 초점을 F′이라 하면

타원의 정의에 의하여

$\overline{PF}+\overline{PF'}=2\cdot2\sqrt{2}=4\sqrt{2}$

→ **암기** 타원 위의 한 점에서 두 초점까지의 거리의 합은 타원의 장축의 길이와 같다.

따라서 삼각형 PFQ의 둘레의 길이는

$\overline{PF}+\overline{PQ}+\overline{QF}=\overline{PF}+\overline{PQ}+\overline{PF'}$ ($\because \overline{PF'}=\overline{QF}$)

$=(\overline{PF}+\overline{PF'})+\overline{PQ}$

$=4\sqrt{2}+4$

→ 두 점 P, Q는 y축에 대하여 서로 대칭이다.

즉, $a=4$, $b=4$이므로

$a^2+b^2=4^2+4^2=32$

수능포인트

- 포물선 : 평면 위에서 한 정직선 l과 그 위에 있지 않은 정점 F에 이르는 거리가 같은 점들의 집합
- 타원 : 평면 위의 두 정점 F, F′으로부터 거리의 합이 일정한 점들의 집합
- 쌍곡선 : 평면 위의 두 정점 F, F′으로부터 거리의 차가 일정한 점들의 집합

042

정답 ⑤

→ 점 $(1, -2)$에서의 접선의 기울기를 구한다.

타원 $\frac{x^2}{2}+\frac{y^2}{8}=1$ 위의 점 $(1, -2)$에서의 접선에 수직이고 점 $(4, 3)$을 지나는 직선과 x축, y축으로 둘러싸인 삼각형의 넓이는? (3점)

→ **중요** 서로 수직인 두 직선의 기울기의 곱은 -1이다.

① 5　② 10　③ 15　④ 20　⑤ 25

Step 1 타원 위의 점 $(1, -2)$에서의 접선의 기울기를 구한다.

타원 $\frac{x^2}{2}+\frac{y^2}{8}=1$ 위의 점 $(1, -2)$에서의 접선의 방정식은

$\frac{1\times x}{2}+\frac{(-2)\times y}{8}=1$에서 $\frac{x}{2}-\frac{y}{4}=1$

→ 접선의 방정식 공식을 이용!

$\frac{y}{4}=\frac{x}{2}-1$　$\therefore y=2x-4$

→ 접선의 기울기

따라서 점 $(1,\ -2)$에서의 접선의 기울기는 2이다.

Step 2 접선과 수직이면서 점 $(4,\ 3)$을 지나는 직선의 방정식을 구한다.

이 접선과 수직인 직선의 기울기는 $-\frac{1}{2}$이므로 → $2\times\left(-\frac{1}{2}\right)=-1$

기울기가 $-\frac{1}{2}$이고 점 $(4,\ 3)$을 지나는 직선의 방정식은

$y=-\frac{1}{2}(x-4)+3$, 즉 $y=-\frac{1}{2}x+5$ ...... ㉠

기울기가 m이고 점 (a, b)를 지나는 직선의 방정식은 $y=m(x-a)+b$

Step 3 직선의 x절편과 y절편을 각각 구한다. (x절편 → $y=0$일 때, y절편 → $x=0$일 때)

㉠에 $y=0$을 대입하면 $x=10$,

$x=0$을 대입하면 $y=5$이므로

x절편과 y절편은 각각 10, 5이다.

따라서 구하는 삼각형의 넓이는

$\frac{1}{2}\times10\times5=25$

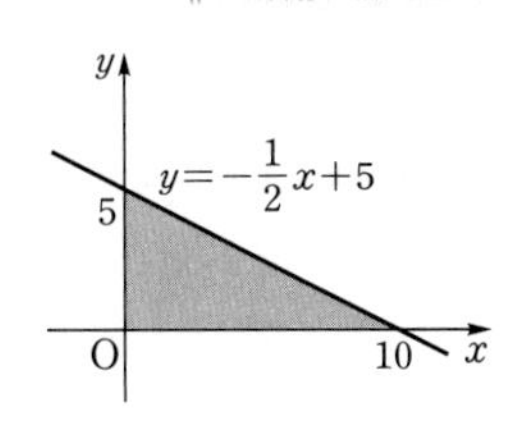

Step 2 삼각형 ABC의 넓이를 구한다.

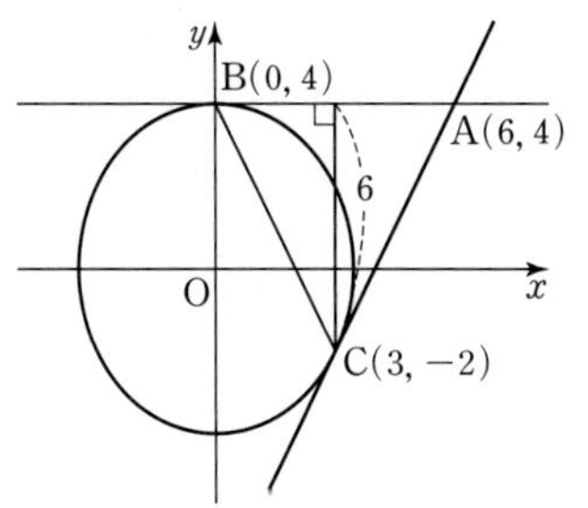

$\overline{AB}=6-0=6$ → 두 점 A, B의 x좌표의 차

점 C에서 직선 AB까지의 거리는 ($y=4$)

$4-(-2)=6$

따라서 구하는 삼각형 ABC의 넓이는

$\frac{1}{2}\times6\times6=18$

알아야 할 기본개념

타원 위의 한 점에서의 접선의 방정식

타원 $\frac{x^2}{a^2}+\frac{y^2}{b^2}=1$ 위의 점 $(x_1,\ y_1)$에서의 접선의 방정식은

$\frac{x_1x}{a^2}+\frac{y_1y}{b^2}=1$

043 [정답률 71%] 정답 18

점 A(6, 4)에서 타원 $\frac{x^2}{12}+\frac{y^2}{16}=1$에 그은 두 접선의 접점을 각각 B, C라 할 때, 삼각형 ABC의 넓이를 구하시오. (3점)

Step 1 두 점 B, C의 좌표를 각각 구한다.

점 A(6, 4)에서 그은 접선의 접점의 좌표를 $(m,\ n)$이라 하면 접선의 방정식은

(타원 위의 점 (m, n)에서 그은 접선의 방정식이라고 생각하면 돼!)

$\frac{mx}{12}+\frac{ny}{16}=1$

이 직선이 점 A를 지나므로

$\frac{6m}{12}+\frac{4n}{16}=1$, $\frac{1}{2}m+\frac{1}{4}n=1$ → 접선의 방정식에 $x=6, y=4$ 대입!

$\therefore n=4-2m$ ...... ㉠

이때 점 $(m,\ n)$은 타원 위의 점이므로

$\frac{m^2}{12}+\frac{n^2}{16}=1$ ...... ㉡

㉡에 ㉠을 대입하여 정리하면

$\frac{m^2}{12}+\frac{(4-2m)^2}{16}=1$

$4m^2+3(4-2m)^2=48$ ← 양변에 48을 곱해주었어.

$4m^2+12m^2-48m+48=48$

$16m^2-48m=0$, $16m(m-3)=0$

$\therefore m=0$ 또는 $m=3$

이를 ㉠에 각각 대입하면 $n=4$, $n=-2$

따라서 구하는 두 점 B, C의 좌표를 각각 $(0,\ 4)$, $(3,\ -2)$라 하자.

→ 어떤 점이 B, C인지는 중요하지 않으니까 임의로 잡아주었어.

044 [정답률 62%] 정답 ⑤

(타원이 y축에 대하여 대칭이므로 두 접선 l_1, l_2도 y축에 대하여 대칭이다.)

y축 위의 점 A에서 타원 C : $\frac{x^2}{8}+y^2=1$에 그은 두 접선을 l_1, l_2라 하고, 두 직선 l_1, l_2가 타원 C와 만나는 점을 각각 P, Q라 하자. 두 직선 l_1, l_2가 서로 수직일 때, 선분 PQ의 길이는? (단, 점 A의 y좌표는 1보다 크다.) (3점)

① 4 ② $\frac{13}{3}$ ③ $\frac{14}{3}$

④ 5 ⑤ $\frac{16}{3}$

Step 1 직선 l_1의 기울기가 1임을 이용하여 점 P의 x좌표를 구한다.

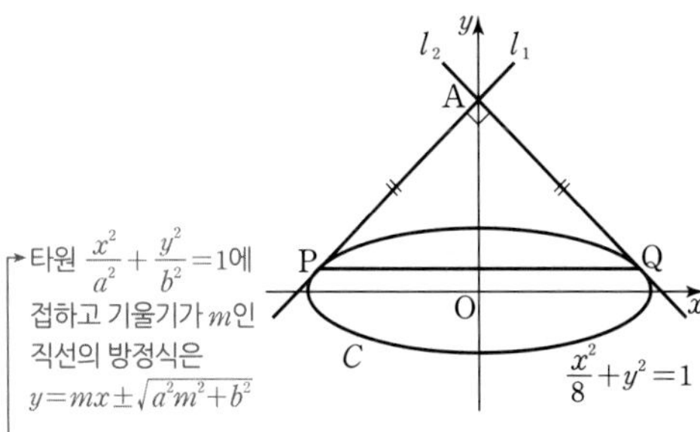

→ 타원 $\frac{x^2}{a^2}+\frac{y^2}{b^2}=1$에 접하고 기울기가 m인 직선의 방정식은 $y=mx\pm\sqrt{a^2m^2+b^2}$

두 점 P, Q는 y축에 대하여 대칭이므로 삼각형 APQ는 직각이등변 삼각형이고 직선 l_1의 기울기는 1이다. → $\angle APQ=\frac{\pi}{4}$

타원 C에 접하고 기울기가 1인 직선 l_1의 방정식은

$y=x+\sqrt{8\times1^2+1}=x+3$

점 P의 x좌표를 t라 하면 $P(t,\ t+3)$은 타원 C 위의 점이므로

→ 점 P는 직선 l_1 : $y=x+3$ 위의 점이기도 하다.

$\frac{t^2}{8}+(t+3)^2=1$, $\frac{9}{8}t^2+6t+8=0$

$9t^2+48t+64=(3t+8)^2=0$ $\therefore t=-\frac{8}{3}$

따라서 선분 PQ의 길이는 $2\times\frac{8}{3}=\frac{16}{3}$이다.

→ 선분 PQ는 x축과 평행하고 두 점 P, Q는 y축에 대하여 대칭이므로 선분 PQ의 길이는 두 점 P, Q의 x좌표의 차와 같다.

045 [정답률 30%] 정답 17

타원 $\frac{x^2}{4}+y^2=1$의 네 꼭짓점을 연결하여 만든 사각형에 내접하는 타원 $\frac{x^2}{a^2}+\frac{y^2}{b^2}=1$이 있다. 타원 $\frac{x^2}{a^2}+\frac{y^2}{b^2}=1$의 두 초점이 $\mathrm{F}(b, 0)$, $\mathrm{F}'(-b, 0)$일 때, $a^2b^2=\frac{q}{p}$이다. $p+q$의 값을 구하시오. (단, p, q는 서로소인 자연수이다.) (3점)

→ $(2, 0), (-2, 0), (0, 1), (0, -1)$

→ 접선의 기울기를 이용하면 접점의 좌표를 구할 수 있다.

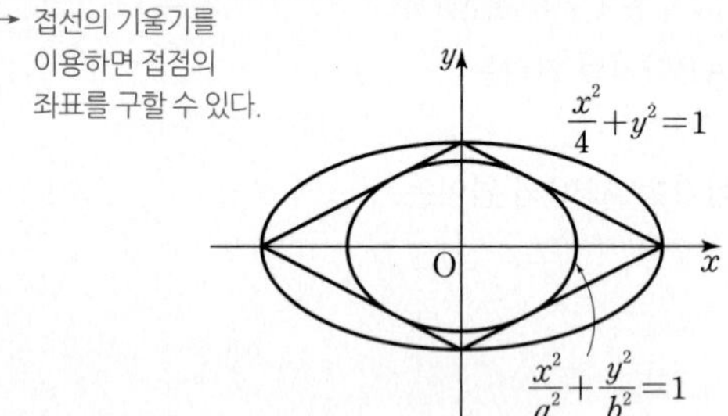

Step 1 두 초점 F, F'의 좌표를 이용하여 a, b 사이의 관계식을 구한다.

타원 $\frac{x^2}{a^2}+\frac{y^2}{b^2}=1$의 초점 F, F'의 좌표가 각각 $(b, 0)$, $(-b, 0)$이므로

$a^2-b^2=b^2$

$\therefore a^2=2b^2$ …… ㉠

Step 2 네 접선 중 하나의 방정식과 타원의 접선의 방정식을 비교한다.

타원 $\frac{x^2}{4}+y^2=1$의 두 꼭짓점 $(-2, 0)$, $(0, 1)$을 지나는 직선의 방정식은

→ 두 점 $(-2, 0)$, $(0, 1)$을 지나는 직선의 기울기야.

$y=\frac{1-0}{0-(-2)}(x+2)$에서 $y=\frac{1}{2}x+1$

이 직선이 타원 $\frac{x^2}{a^2}+\frac{y^2}{b^2}=1$과 점 (x_1, y_1)에서 접한다고 하면 점 (x_1, y_1)에서의 접선의 방정식은

$\frac{x_1x}{a^2}+\frac{y_1y}{b^2}=1$에서 $\frac{y_1y}{b^2}=-\frac{x_1x}{a^2}+1$

$\therefore y=-\frac{b^2x_1}{a^2y_1}x+\frac{b^2}{y_1}$

이 식이 $y=\frac{1}{2}x+1$과 같아야 하므로

$-\frac{b^2x_1}{a^2y_1}=\frac{1}{2}$에서 $-\frac{b^2x_1}{2b^2y_1}=\frac{1}{2}$ ($\because$ ㉠)

→ a^2 대신 $2b^2$ 대입!

$-\frac{x_1}{y_1}=1$ $\quad\therefore x_1=-y_1$ …… ㉡

이때 점 (x_1, y_1)은 직선 $y=\frac{1}{2}x+1$ 위의 점이므로

$y_1=\frac{1}{2}x_1+1$ …… ㉢

㉡, ㉢을 연립하면 $x_1=-\frac{2}{3}$, $y_1=\frac{2}{3}$

Step 3 a^2b^2의 값을 구한다.

점 $\left(-\frac{2}{3}, \frac{2}{3}\right)$는 타원 $\frac{x^2}{a^2}+\frac{y^2}{b^2}=1$ 위의 점이므로

$\frac{\left(-\frac{2}{3}\right)^2}{a^2}+\frac{\left(\frac{2}{3}\right)^2}{b^2}=1$에서 $\frac{\frac{4}{9}}{2b^2}+\frac{\frac{4}{9}}{b^2}=1$

→ 타원의 방정식에 $x=-\frac{2}{3}$, $y=\frac{2}{3}$ 대입!

$\frac{1}{b^2}\left(\frac{2}{9}+\frac{4}{9}\right)=1$, $\frac{2}{3}\times\frac{1}{b^2}=1$ $\quad\therefore b^2=\frac{2}{3}$

㉠에서 $a^2=2b^2=2\times\frac{2}{3}=\frac{4}{3}$

$\therefore a^2b^2=\frac{4}{3}\times\frac{2}{3}=\frac{8}{9}$

따라서 $p=9$, $q=8$이므로 $p+q=17$

다른 풀이 이차방정식의 판별식을 이용한 풀이

Step 1 동일

Step 2 타원과 직선이 접하므로 이차방정식의 판별식의 값이 0임을 이용한다.

사각형에 내접하는 타원의 방정식에 ㉠을 대입하면 타원의 방정식은 $\frac{x^2}{2b^2}+\frac{y^2}{b^2}=1$이다.

타원 $\frac{x^2}{4}+y^2=1$의 두 꼭짓점 $(-2, 0)$, $(0, 1)$을 지나는 직선의 방정식은 $y=\frac{1}{2}x+1$이고, 이를 $\frac{x^2}{2b^2}+\frac{y^2}{b^2}=1$에 대입하여 정리하면

$x^2+2\left(\frac{1}{2}x+1\right)^2=2b^2$

$\therefore \frac{3}{2}x^2+2x+2-2b^2=0$

이 이차방정식이 중근을 가질 때 타원과 직선이 서로 접하므로 x에 대한 이차방정식의 판별식을 D라 하면

→ 중요 이차방정식의 판별식 D에 대하여 이차방정식이
(1) 서로 다른 두 실근을 가지면 $D>0$
(2) 중근을 가지면 $D=0$
(3) 서로 다른 두 허근을 가지면 $D<0$

$\frac{D}{4}=1^2-\frac{3}{2}(2-2b^2)=3b^2-2$

$\frac{D}{4}=0$에서 $3b^2-2=0$ $\quad\therefore b^2=\frac{2}{3}$

$a^2b^2=2b^2\times b^2$ ($\because$ ㉠)

$=2b^4=2\times\left(\frac{2}{3}\right)^2=\frac{8}{9}$

따라서 $p=9$, $q=8$이므로

$p+q=9+8=17$

046 [정답률 75%]

정답 ④

표준형으로 고친다.

그림과 같이 두 초점이 F, F′인 타원 $3x^2+4y^2=12$ 위를 움직이는 제1사분면 위의 점 P에서의 접선 l이 x축과 만나는 점을 Q, 점 P에서 접선 l과 수직인 직선을 그어 x축과 만나는 점을 R라 하자. 세 삼각형 PRF, PF′R, PFQ의 넓이가 이 순서대로 등차수열을 이룰 때, 점 P의 x좌표는? (4점)

→ $2\triangle PF'R=\triangle PRF+\triangle PFQ$

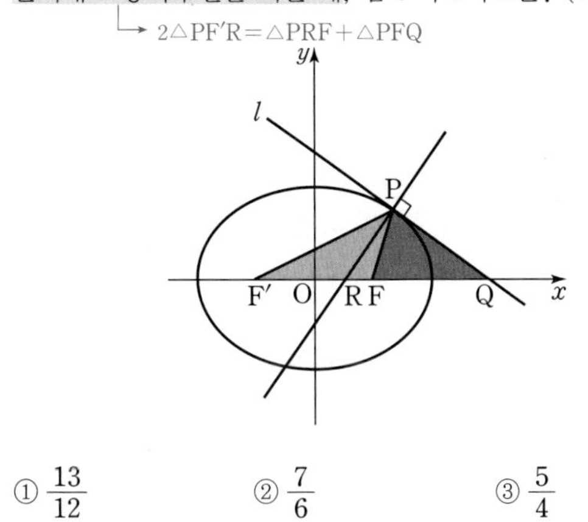

① $\frac{13}{12}$ ② $\frac{7}{6}$ ③ $\frac{5}{4}$

✔④ $\frac{4}{3}$ ⑤ $\frac{17}{12}$

Step 1 점 $P(x_1, y_1)$로 놓고 점 P에서의 접선의 방정식을 구한다. (→ 구하는 값은 x_1이다.)

타원 $3x^2+4y^2=12$, 즉 $\frac{x^2}{4}+\frac{y^2}{3}=1$에서

타원 위의 점 P의 좌표를 $P(x_1, y_1)$ $(x_1>0, y_1>0)$이라고 하면 점 P에서의 접선의 방정식은 (→ 점 P는 제1사분면 위의 점)

$$\frac{x_1x}{4}+\frac{y_1y}{3}=1$$

Step 2 타원의 방정식과 점 P에서의 접선의 방정식을 이용하여 점 Q, R의 좌표를 각각 구한다.

이 접선이 x축과 만나는 점 Q의 좌표를 구하면 (→ $y=0$ 대입)

$\frac{x_1x}{4}=1$, $x=\frac{4}{x_1}$에서 $Q\left(\frac{4}{x_1}, 0\right)$

→ 접선의 방정식을 정리하면 $y=-\frac{3x_1}{4y_1}x+\frac{3}{y_1}$

또한 이 접선의 기울기가 $-\frac{3x_1}{4y_1}$이므로 이 접선에 수직이고

점 $P(x_1, y_1)$을 지나는 직선의 방정식은

$y=\frac{4y_1}{3x_1}(x-x_1)+y_1$ → $\left(-\frac{3x_1}{4y_1}\right)\times\frac{4y_1}{3x_1}=-1$

이 직선이 x축과 만나는 점 R의 좌표를 구하면

$0=\frac{4y_1}{3x_1}(x-x_1)+y_1$, $\frac{4}{3x_1}(x-x_1)+1=0$ $(\because y_1\neq0)$

$x=\frac{x_1}{4}$이므로 $R\left(\frac{x_1}{4}, 0\right)$

Step 3 등차중항을 이용하여 x_1의 값을 구한다.

세 삼각형의 넓이가 등차수열을 이루고 높이가 모두 같으므로 밑변의 길이가 등차수열을 이룬다.

→ (점 P에서 x축까지의 거리)$=y_1$

→ 세 변 RF, F′R, FQ의 길이가 이 순서대로 등차수열을 이룬다.

따라서 등차중항의 성질에 의하여

$2\times\overline{F'R}=\overline{RF}+\overline{FQ}$ ······ ㉠

→ 각 선분의 길이를 x_1로 나타낸다.

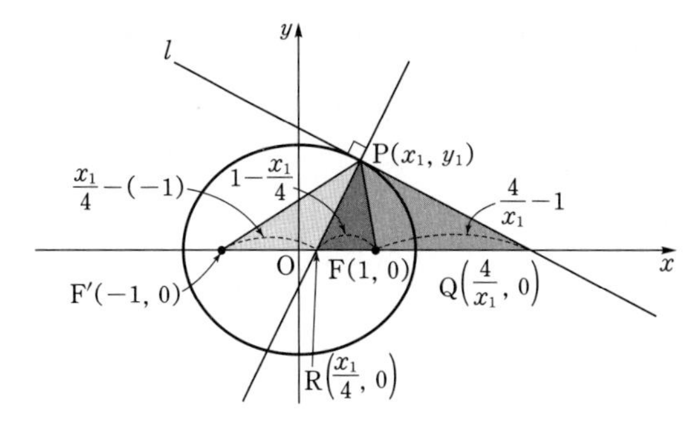

타원 $3x^2+4y^2=12$, 즉 $\frac{x^2}{4}+\frac{y^2}{3}=1$에서 $4-3=1$이므로

두 초점 F, F′의 좌표는 $F(1, 0)$, $F'(-1, 0)$이고

$\overline{F'R}=\frac{x_1}{4}+1$, $\overline{RF}=1-\frac{x_1}{4}$, $\overline{FQ}=\frac{4}{x_1}-1$

이므로 ㉠에 대입하면

$$2\left(\frac{x_1}{4}+1\right)=\left(1-\frac{x_1}{4}\right)+\left(\frac{4}{x_1}-1\right)$$

$3x_1^2+8x_1-16=0$, $(3x_1-4)(x_1+4)=0$

$\therefore x_1=\frac{4}{3}$ $(\because x_1>0)$

x_1에 대한 이차방정식이니까 인수분해해서 쉽게 풀 수 있어.

047

정답 ⑤

좌표평면에서 타원 $x^2+3y^2=19$와 직선 l은 제1사분면 위의 한 점에서 접하고, 원점과 직선 l 사이의 거리는 $\frac{19}{5}$이다. 직선 l의 기울기는? (3점)

→ 직선 l의 y절편과 기울기의 부호를 각각 생각한다.

① $-\frac{2}{3}$ ② $-\frac{5}{6}$ ③ -1

④ $-\frac{7}{6}$ ✔⑤ $-\frac{4}{3}$

Step 1 직선의 기울기를 m으로 놓고 직선 l의 방정식을 세운다.

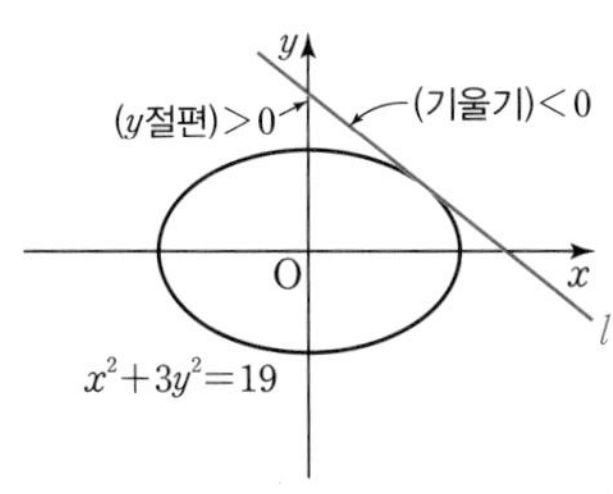

위 그림과 같이 타원 $x^2+3y^2=19$와 제1사분면에서 접하는 직선 l은 기울기가 음수이고 y절편이 양수이다.

→ 직접 그려보면 쉽게 알 수 있어.

타원의 식을 정리하면

$x^2+3y^2=19$에서 $\frac{x^2}{19}+\frac{3y^2}{19}=1$ → $\frac{x^2}{a^2}+\frac{y^2}{b^2}=1$에서 $a^2=19$, $b^2=\frac{19}{3}$가 돼.

타원에 접하는 직선 l의 기울기를 $m(m<0)$이라 하면 접선의 방정식은

$$y=mx\pm\sqrt{19m^2+\frac{19}{3}}$$

이때 직선 l의 y절편이 양수이므로 직선 l의 방정식은

$$y=mx+\sqrt{19m^2+\frac{19}{3}}$$

Step 2 점과 직선 사이의 거리 공식을 이용하여 기울기를 구한다.

직선 l의 방정식이 $mx-y+\sqrt{19m^2+\frac{19}{3}}=0$이므로 원점과 직선 l 사이의 거리를 d라 하면

$$d=\frac{\sqrt{19m^2+\frac{19}{3}}}{\sqrt{m^2+1}}$$

이때 원점과 직선 l 사이의 거리가 $\frac{19}{5}$이므로

$$\frac{\sqrt{19m^2+\frac{19}{3}}}{\sqrt{m^2+1}}=\frac{19}{5}$$

$$5\sqrt{19m^2+\frac{19}{3}}=19\sqrt{m^2+1}$$

양변을 제곱하여 정리하면

$$5^2\times\left(19m^2+\frac{19}{3}\right)=19^2\times(m^2+1)$$

$$25\times19\times\left(m^2+\frac{1}{3}\right)=19^2\times(m^2+1)$$

$$25\left(m^2+\frac{1}{3}\right)=19(m^2+1)$$ ← 양변에 똑같이 곱해진 19로 나눈다.

$$25m^2+\frac{25}{3}=19m^2+19$$

$$6m^2=\frac{32}{3},\ m^2=\frac{16}{9}$$

$$\therefore m=-\frac{4}{3}\ (\because m<0)$$

048 [정답률 62%]

정답 ①

그림과 같이 두 점 $\mathrm{F}(c, 0)$, $\mathrm{F'}(-c, 0)(c>0)$을 초점으로 하는 타원 $\frac{x^2}{16}+\frac{y^2}{12}=1$ 위의 점 $\mathrm{P}(2, 3)$에서 타원에 접하는 직선을 l이라 하자. 점 F를 지나고 l과 평행한 직선이 타원과 만나는 점 중 제2사분면 위에 있는 점을 Q라 하자.
두 직선 F′Q와 l이 만나는 점을 R, l과 x축이 만나는 점을 S라 할 때, 삼각형 SRF′의 둘레의 길이는? (4점)
→ 삼각형 FQF′과의 관계를 생각해.

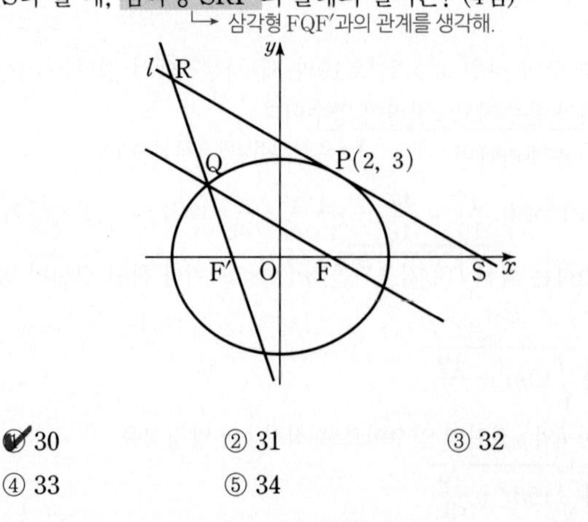

✔30　② 31　③ 32
④ 33　⑤ 34

Step 1 두 점 F, F′의 좌표를 각각 구한다.

두 점 F, F′은 타원 $\frac{x^2}{16}+\frac{y^2}{12}=1$의 초점이므로 $c=\sqrt{16-12}=2$

$\therefore \mathrm{F}(2, 0)$, $\mathrm{F'}(-2, 0)$ → 타원 $\frac{x^2}{a^2}+\frac{y^2}{b^2}=1\ (a>b>0)$의 두 초점의 좌표는 $(\sqrt{a^2-b^2}, 0)$, $(-\sqrt{a^2-b^2}, 0)$

또한 점 $\mathrm{P}(2, 3)$에서의 접선의 방정식은

$$\frac{2x}{16}+\frac{3y}{12}=1\quad \therefore \frac{x}{8}+\frac{y}{4}=1$$

따라서 $\mathrm{S}(8, 0)$이다. → 접선 l이 x축과 만나는 점

Step 2 두 삼각형 FQF′, SRF′의 닮음비를 이용한다.

$\overline{\mathrm{F'F}}=4$, $\overline{\mathrm{F'S}}=10$이므로 두 삼각형 FQF′, SRF′의 닮음비는 $2:5$이다. → $4:10=2:5$

타원의 정의에 의하여 $\overline{\mathrm{F'Q}}+\overline{\mathrm{FQ}}=2\times4=8$ → 타원의 장축의 길이

삼각형 SRF′의 둘레의 길이를 k라 하면

$12:k=2:5\quad \therefore k=30$

→ $(\overline{\mathrm{F'Q}}+\overline{\mathrm{FQ}})+\overline{\mathrm{F'F}}=8+4=12$

049 [정답률 56%]

정답 ⑤

닫힌구간 $[-2, 2]$에서 정의된 함수 $f(x)$는

$$f(x)=\begin{cases} x+2 & (-2\le x\le 0) \\ -x+2 & (0<x\le 2)\end{cases}$$

이다. 좌표평면에서 $k>1$인 실수 k에 대하여 함수 $y=f(x)$의 그래프와 타원 $\frac{x^2}{k^2}+y^2=1$이 만나는 서로 다른 점의 개수를 $g(k)$라 하자. 함수 $g(k)$가 불연속이 되는 모든 k의 값들의 제곱의 합은? (4점)
→ k의 값이 변함에 따라 타원 $\frac{x^2}{k^2}+y^2=1$이 어떻게 변할지 알아야 한다.

① 6　② $\frac{25}{4}$　③ $\frac{13}{2}$
④ $\frac{27}{4}$　✔7

Step 1 함수 $g(k)$가 불연속이 되는 경우를 파악한다.

함수 $g(k)$가 불연속이 되는 경우는 다음과 같이 두 경우로 나눌 수 있다.

(i) 함수 $y=f(x)$의 그래프에 타원이 접할 때

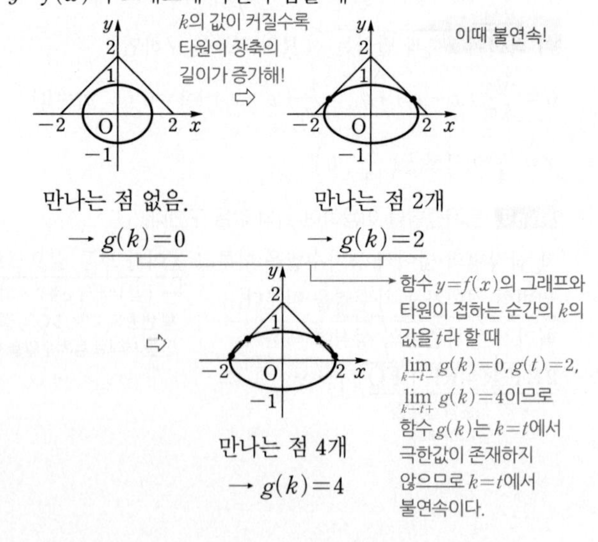

(ii) 타원이 두 점 (2, 0), (−2, 0)을 지날 때

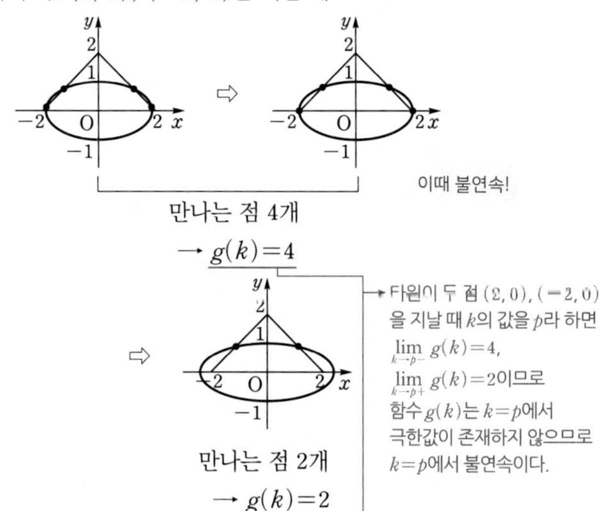

Step 2 **Step 1** 에서 구한 불연속이 되는 두 경우에 해당하는 k의 값을 구한다.

함수 $y=f(x)$의 그래프와 타원 $\frac{x^2}{k^2}+y^2=1$의 접점의 좌표를 (a, b) $(a>0, b>0)$라 할 때,

타원 $\frac{x^2}{k^2}+y^2=1$ 위의 점 (a, b)에서의 접선의 방정식은

$\frac{ax}{k^2}+by=1$에서 $by=-\frac{ax}{k^2}+1$ → 암기 타원 $\frac{x^2}{a^2}+\frac{y^2}{b^2}=1$ 위의 점 (x_1, y_1)에서의 접선의 방정식은 $\frac{x_1x}{a^2}+\frac{y_1y}{b^2}=1$이야.

$\therefore y=-\frac{a}{k^2b}x+\frac{1}{b}$ …… ㉠

이때 타원이 직선 $y=-x+2$에 접하고, 이 식이 ㉠과 같아야 하므로 → x의 계수, 상수항 비교

$\frac{1}{b}=2$에서 $b=\frac{1}{2}$ …… ㉡

$\frac{a}{k^2b}=1$에서 $a=k^2b=\frac{1}{2}k^2$ …… ㉢

또한 점 (a, b)가 직선 $y=-x+2$ 위의 점이므로 $b=-a+2$

$\therefore a=2-b=2-\frac{1}{2}=\frac{3}{2}$ ($\because$ ㉡)

㉢에서 $a=\frac{1}{2}k^2$이므로 $\frac{3}{2}=\frac{1}{2}k^2$

$k^2=3$

$\therefore k=\sqrt{3}$ ($\because$ $k>1$)

즉, $k=\sqrt{3}$일 때, 타원이 함수 $y=f(x)$의 그래프에 접한다.

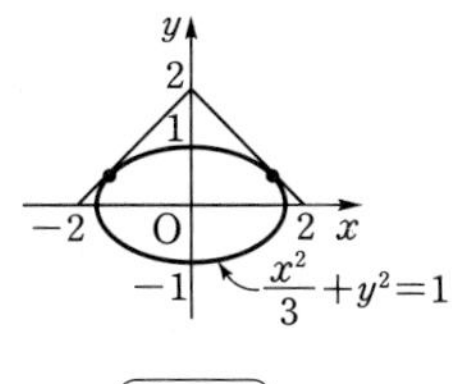

참고그림

타원 $\frac{x^2}{k^2}+y^2=1$이 두 점 (2, 0), (−2, 0)을 지날 때의 k의 값을 구하면

$\frac{4}{k^2}+0=1$ → 타원의 방정식에 $x=\pm2$, $y=0$을 대입

$k^2=4$

$\therefore k=2$ ($\because$ $k>1$)

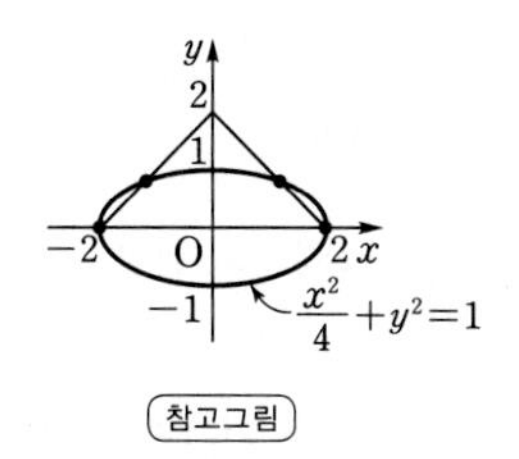

참고그림

Step 3 함수 $g(k)$가 불연속이 되는 모든 k의 값의 제곱의 합을 구한다.

앞에서 구한 내용을 바탕으로 함수 $g(k)$를 구하면

$$g(k)=\begin{cases} 0 & (1<k<\sqrt{3}) \\ 2 & (k=\sqrt{3}) \\ 4 & (\sqrt{3}<k\le2) \\ 2 & (k>2) \end{cases}$$

이므로 함수 $g(k)$는 $k=\sqrt{3}$, $k=2$에서 불연속이다.

따라서 함수 $g(k)$가 불연속이 되는 모든 k의 값들의 제곱의 합은

$(\sqrt{3})^2+2^2=3+4=7$

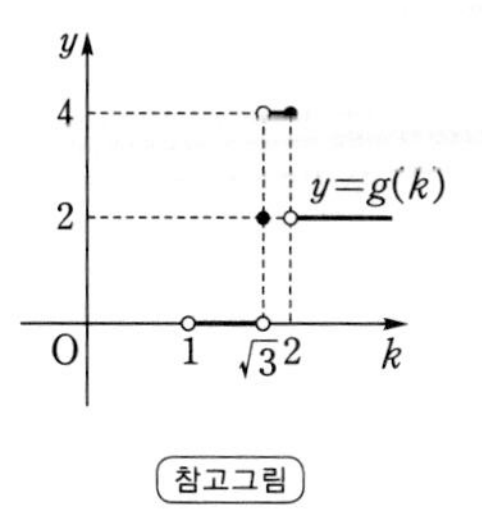

참고그림

참고

타원 $\frac{x^2}{k^2}+y^2=1$과 직선 $y=x+2$가 접하므로 $\frac{x^2}{k^2}+y^2=1$과 $y=x+2$를 연립하면

$\frac{x^2}{k^2}+(x+2)^2=1$에서 이 방정식이 중근을 가져야 한다.

따라서 방정식 $x^2+k^2(x^2+4x+4)=k^2$,

즉 $(k^2+1)x^2+4k^2x+3k^2=0$의 판별식을 D라 하면

$\frac{D}{4}=(2k^2)^2-(k^2+1)\times3k^2=4k^4-3k^4-3k^2=k^4-3k^2=0$

$k^2(k^2-3)=0$

$\therefore k^2=0$ 또는 $k^2=3$

이때 $k>1$이므로 $k=\sqrt{3}$일 때 타원 $\frac{x^2}{k^2}+y^2=1$과 직선 $y=x+2$가 접하는 것을 알 수 있다.

050

정답 ①

두 집합

$A=\{(x, y)\,|\,x^2+2y^2=4,\ x, y$는 실수$\}$, → 표준형으로 변형

$B=\{(x, y)\,|\,y=mx+2,\ x, y$는 실수$\}$

에 대하여 $n(A\cap B)\le1$일 때, 실수 m의 최댓값을 α, 최솟값을 β라 하자. $\alpha\beta$의 값은? → 두 집합이 나타내는 도형이 한 점에서 만나거나 만나지 않는다.

(단, $n(X)$는 집합 X의 원소의 개수이다.) (4점)

① $-\frac{1}{2}$ ② $-\frac{2}{3}$ ③ $-\frac{3}{4}$

④ $-\frac{5}{4}$ ⑤ $-\frac{3}{2}$

Step 1 두 집합 A, B가 나타내는 도형을 파악한 후 $n(A\cap B)\le 1$을 만족시킬 조건을 그림으로 그려 본다.

$x^2+2y^2=4$에서 $\frac{x^2}{4}+\frac{y^2}{2}=1$이므로 집합 A가 나타내는 도형은 타원이다.
→ 우변이 1인 타원의 방정식의 형태로 바꾼다.

또한, 집합 B가 나타내는 도형은 기울기가 m이고 y절편이 2인 직선이므로 $n(A\cap B)\le 1$에서 타원과 직선의 교점이 없거나 한 개여야 한다.
→ $n(A\cap B)=0$ 또는 $n(A\cap B)=1$
→ 접선의 기울기를 구하여 m의 값의 범위를 따져 본다.

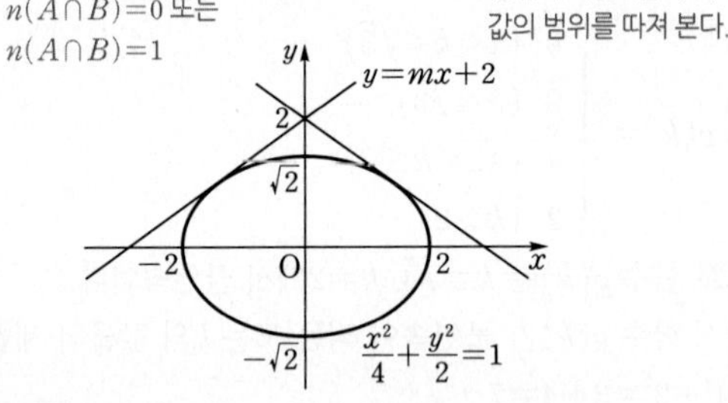

Step 2 접점의 좌표를 임의로 놓고 접선의 방정식을 세운다.

접점의 좌표를 (a, b)라 하면 타원 $\frac{x^2}{4}+\frac{y^2}{2}=1$에서의 접선의 방정식은

$\frac{ax}{4}+\frac{by}{2}=1$, $\frac{by}{2}=-\frac{ax}{4}+1$

$\therefore y=-\frac{a}{2b}x+\frac{2}{b}$

이 접선이 점 $(0, 2)$를 지나므로
→ y절편이 2이니까 점 $(0, 2)$를 지나야 해.

$2=\frac{2}{b}$ $\quad\therefore b=1$

점 (a, b)가 타원 위의 점이므로
→ 타원의 식에 $x=a$, $y=b$ 대입!

$\frac{a^2}{4}+\frac{b^2}{2}=1$에서 $\frac{a^2}{4}+\frac{1}{2}=1$

$\frac{a^2}{4}=\frac{1}{2}$, $a^2=2$ $\quad\therefore a=\pm\sqrt{2}$

따라서 접점의 좌표는 $(\sqrt{2}, 1)$, $(-\sqrt{2}, 1)$이다.

Step 3 접선의 기울기를 구한 후 m의 값의 범위를 구한다.

이때 접선의 기울기는 $-\frac{a}{2b}$이므로
→ 접점의 좌표 (x_1, y_1)에 대해 접선의 기울기는 $-\frac{x_1}{2y_1}$이야.

$-\frac{\sqrt{2}}{2}$ 또는 $\frac{\sqrt{2}}{2}$
→ $a=-\sqrt{2}$, $b=1$ 대입
→ $a=\sqrt{2}$, $b=1$ 대입

$\therefore -\frac{\sqrt{2}}{2}\le m\le\frac{\sqrt{2}}{2}$

따라서 m의 최댓값 $\alpha=\frac{\sqrt{2}}{2}$, 최솟값 $\beta=-\frac{\sqrt{2}}{2}$이므로

$\alpha\beta=\frac{\sqrt{2}}{2}\times\left(-\frac{\sqrt{2}}{2}\right)=-\frac{1}{2}$

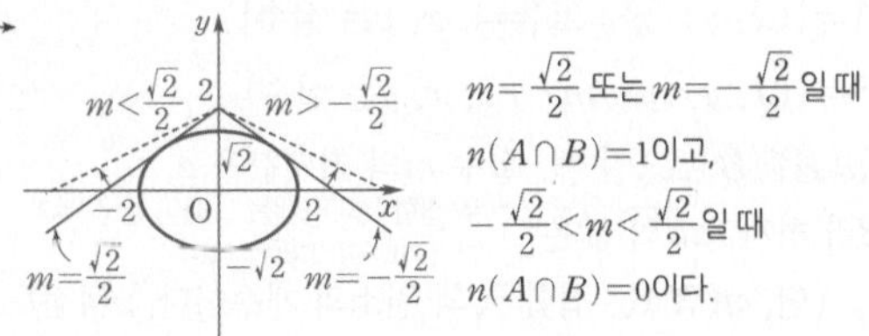

$m=\frac{\sqrt{2}}{2}$ 또는 $m=-\frac{\sqrt{2}}{2}$일 때 $n(A\cap B)=1$이고, $-\frac{\sqrt{2}}{2}<m<\frac{\sqrt{2}}{2}$일 때 $n(A\cap B)=0$이다.

051 [정답률 90%] 정답 ①

쌍곡선 $\frac{x^2}{7}-\frac{y^2}{6}=1$ 위의 점 $(7, 6)$에서의 접선의 x절편은? (3점)

① 1 ② 2 ③ 3 ④ 4 ⑤ 5

Step 1 쌍곡선의 접선의 방정식을 구한다.

쌍곡선 $\frac{x^2}{7}-\frac{y^2}{6}=1$ 위의 점 $(7, 6)$에서의 접선의 방정식은

$\frac{7x}{7}-\frac{6y}{6}=1$ $\quad\therefore x-y=1$

→ 쌍곡선 $\frac{x^2}{a^2}-\frac{y^2}{b^2}=1$ 위의 점 (x_1, y_1)에서의 접선의 방정식은 $\frac{x_1x}{a^2}-\frac{y_1y}{b^2}=1$

따라서 접선의 x절편은 1이다.

052 [정답률 89%] 정답 ③

쌍곡선 $\frac{x^2}{2}-\frac{y^2}{7}=1$ 위의 점 $(4, 7)$에서의 접선의 x절편은? (3점)

① $\frac{1}{4}$ ② $\frac{3}{8}$ ③ $\frac{1}{2}$ ④ $\frac{5}{8}$ ⑤ $\frac{3}{4}$

Step 1 쌍곡선 위의 점에서의 접선의 방정식을 구한다.

쌍곡선 $\frac{x^2}{2}-\frac{y^2}{7}=1$ 위의 점 $(4, 7)$에서의 접선의 방정식은

$\frac{4x}{2}-\frac{7y}{7}=1$, $2x-y=1$ $\quad\therefore y=2x-1$

→ 쌍곡선 $\frac{x^2}{a^2}-\frac{y^2}{b^2}=1$ 위의 점 (x_1, y_1)에서의 접선의 방정식은 $\frac{x_1x}{a^2}-\frac{y_1y}{b^2}=1$

따라서 접선의 x절편은 $\frac{1}{2}$이다.

053 정답 ②

→ 쌍곡선 위의 점에서의 접선의 방정식을 구한다.

쌍곡선 $\frac{x^2}{2}-y^2=1$ 위의 점 $(2, 1)$에서의 접선이 y축과 만나는 점의 y좌표는? (3점)

① -2 ② -1 ③ 0 ④ 2 ⑤ 3

Step 1 쌍곡선의 접선의 방정식 공식을 이용하여 접선이 y축과 만나는 점의 y좌표를 구한다.

쌍곡선 위의 점 $(2, 1)$에서의 접선의 방정식은

$\frac{2x}{2}-y=1$, 즉 $x-y=1$

이 접선이 y축과 만나는 점의 y좌표를 구하면
→ $x=0$ 대입

$-y=1$ $\quad\therefore y=-1$

054 [정답률 94%]

정답 ①

쌍곡선 $x^2-\frac{y^2}{3}=1$ 위의 점 (2, 3)에서의 접선이 y축과 만나는 점의 y좌표는? (3점)
→ 쌍곡선 위의 점에서의 접선의 방정식을 구한다.

① -1 ② $-\frac{1}{2}$ ③ 0 ④ $\frac{1}{2}$ ⑤ 1

Step 1 쌍곡선의 접선의 방정식 공식을 이용하여 접선이 y축과 만나는 점의 y좌표를 구한다.

쌍곡선 위의 점 (2, 3)에서의 접선의 방정식은

$2x-\frac{3y}{3}=1$, $2x-y=1$

이 접선이 y축과 만나는 점의 y좌표를 구하면 → $x=0$ 대입

$-y=1$ $\therefore y=-1$

055 [정답률 61%]

정답 ④

두 초점이 F$(c, 0)$, F$'(-c, 0)$ $(c>0)$인 쌍곡선 $\frac{x^2}{4}-\frac{y^2}{k}=1$ 위의 제1사분면에 있는 점 P에서의 접선이 x축과 만나는 점의 x좌표가 $\frac{4}{3}$이다. $\overline{\text{PF}'}=\overline{\text{FF}'}$일 때, 양수 k의 값은? (3점)

① 9 ② 10 ③ 11 ④ 12 ⑤ 13

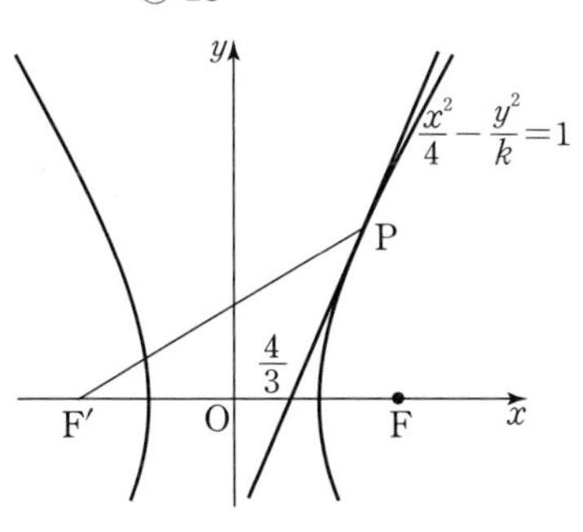

Step 1 주어진 쌍곡선 위의 점 P에서의 접선의 방정식의 x절편이 $\frac{4}{3}$임을 이용하여 점 P의 x좌표를 구한다.

점 P의 좌표를 P(x_1, y_1)이라 하면 점 P에서의 접선의 방정식은

$\frac{x_1x}{4}-\frac{y_1y}{k}=1$

이때 이 접선이 x축과 만나는 점의 x좌표가 $\frac{4}{3}$이므로

$\frac{4}{x_1}=\frac{4}{3}$ $\therefore x_1=3$
→ 접선의 방정식의 x절편이다.

Step 2 초점의 좌표를 이용하여 양수 k의 값을 구한다.

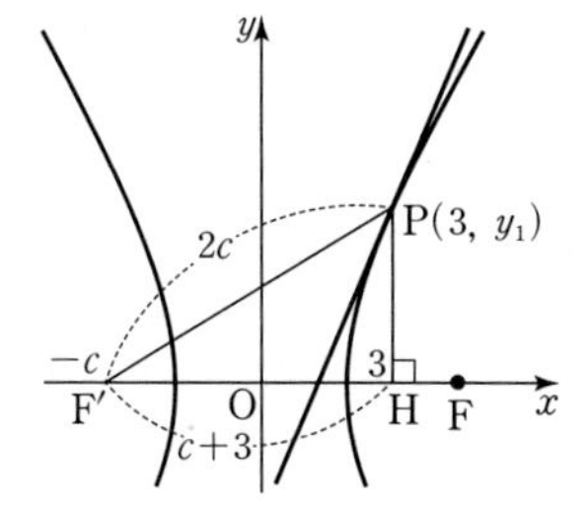

점 P에서 x축에 내린 수선의 발을 H라 하면

$\overline{\text{HF}'}=c+3$, $\overline{\text{PF}'}=\overline{\text{FF}'}=2c$이므로

$(2c)^2=(c+3)^2+y_1^2$, $4c^2=c^2+6c+9+y_1^2$ → 직각삼각형 PF′H에서 피타고라스 정리를 이용

$\therefore y_1^2=3c^2-6c-9$ …… ㉠

점 P$(3, y_1)$은 쌍곡선 위의 점이므로

$\frac{9}{4}-\frac{y_1^2}{k}=1$, $y_1^2=\frac{5}{4}k$ ← 대입

이때 쌍곡선의 초점의 x좌표가 $\pm c$이므로

$c^2=4+k$에서 $k=c^2-4$

$\therefore y_1^2=\frac{5}{4}c^2-5$ …… ㉡

㉠, ㉡을 연립하면

$3c^2-6c-9=\frac{5}{4}c^2-5$

$7c^2-24c-16=0$, $(7c+4)(c-4)=0$

$\therefore c=4$ ($\because c>0$) → 문제에서 주어진 조건이다.

따라서 양수 k의 값은 $4^2-4=12$

056 [정답률 69%]

정답 32

쌍곡선 $x^2-y^2=32$ 위의 점 P$(-6, 2)$에서의 접선 l에 대하여 원점 O에서 l에 내린 수선의 발을 H, 직선 OH와 이 쌍곡선이 제1사분면에서 만나는 점을 Q라 하자. 두 선분 OH와 OQ의 길이의 곱 $\overline{\text{OH}}\times\overline{\text{OQ}}$를 구하시오. (3점)

→ 접선 l의 방정식을 구한다.
→ 직선 l과 직선 OH가 서로 수직이므로 두 직선의 기울기의 곱이 -1이다.

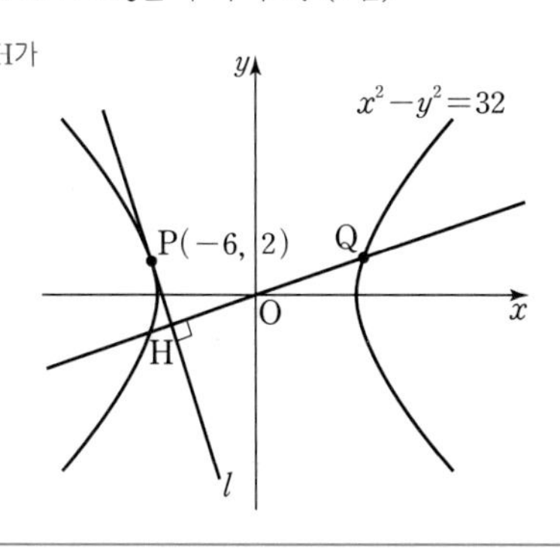

Step 1 쌍곡선의 접선의 방정식 공식을 이용하여 $\overline{\text{OH}}$의 길이를 구한다.

쌍곡선 $x^2-y^2=32$, 즉 $\frac{x^2}{32}-\frac{y^2}{32}=1$에 대하여

쌍곡선 위의 점 P$(-6, 2)$에서의 접선의 방정식을 구하면

$-\frac{6x}{32}-\frac{2y}{32}=1$, $-6x-2y-32=0$

$\therefore l: 3x+y+16=0$ ← 양변을 -2로 나누어 정리

원점에서 직선 $3x+y+16=0$까지의 거리는 $\overline{OH}$이므로

(기울기)$=-3$

$\overline{OH}=\frac{|16|}{\sqrt{3^2+1^2}}=\frac{16}{\sqrt{10}}$

점 H는 점 O에서 직선 l에 내린 수선의 발이므로 $l\perp\overline{OH}$이다.

Step 2 직선 OH의 방정식을 구하여 선분 OQ의 길이를 구한다.

직선 OH는 직선 l에 수직이므로 기울기가 $\frac{1}{3}$이다.

기울기가 m, m'인 두 직선이 수직이면 $m\times m'=-1$

즉, 원점을 지나는 직선 OH의 방정식은

$y=\frac{1}{3}x$ …… ㉠

㉠을 $x^2-y^2=32$에 대입하면

$x^2-\frac{1}{9}x^2=32$, $\frac{8}{9}x^2=32$, $x^2=36$

이 방정식의 해 중 하나는 점 Q의 x좌표이다.

$\therefore x=6$ ($\because x>0$) → 점 Q가 제1사분면 위의 점이기 때문이야.

$\therefore$ Q$(6, 2)$

따라서 $\overline{OQ}=\sqrt{6^2+2^2}=\sqrt{40}=2\sqrt{10}$이므로

$\overline{OH}\times\overline{OQ}=\frac{16}{\sqrt{10}}\times2\sqrt{10}=32$

057 [정답률 84%]

정답 ②

쌍곡선 $x^2-y^2=1$ 위의 점 P(a, b)에서의 접선의 기울기가 2일 때, ab의 값은?

(단, 점 P는 제1사분면 위의 점이다.) (3점)

① $\frac{1}{3}$ ② $\frac{2}{3}$ ③ 1 ④ $\frac{4}{3}$ ⑤ $\frac{5}{3}$

Step 1 쌍곡선 위의 점에서 그은 접선의 방정식을 이용하여 a, b의 값을 각각 구한다.

쌍곡선 $x^2-y^2=1$ 위의 점 P(a, b)에서의 접선의 방정식은

$ax-by=1$

이 직선의 기울기가 2이므로 $y=\frac{a}{b}x-\frac{1}{b}$에서 $\frac{a}{b}=2$

$\therefore a=2b$

점 (a, b)가 쌍곡선 $x^2-y^2=1$ 위의 점이므로

$a^2-b^2=1$에서 $4b^2-b^2=1$

$b^2=\frac{1}{3}$ $\therefore b=\frac{\sqrt{3}}{3}$

점 (a, b)는 제1사분면 위의 점이므로 $b>0$

따라서 $a=2b=\frac{2\sqrt{3}}{3}$이므로

$ab=\frac{2\sqrt{3}}{3}\times\frac{\sqrt{3}}{3}=\frac{2}{3}$

058 [정답률 86%]

정답 ②

쌍곡선 $\frac{x^2}{a^2}-y^2=1$ 위의 점 $(2a, \sqrt{3})$에서의 접선이 직선 $y=-\sqrt{3}x+1$과 수직일 때, 상수 a의 값은? (3점)

① 1 ② 2 ③ 3 ④ 4 ⑤ 5

Step 1 쌍곡선 위의 점 $(2a, \sqrt{3})$에서의 접선의 방정식을 구한다.

쌍곡선 $\frac{x^2}{a^2}-y^2=1$ 위의 점 $(2a, \sqrt{3})$에서의 접선의 방정식은

$\frac{2ax}{a^2}-\sqrt{3}y=1$ ($\frac{2}{a}x-\sqrt{3}y=1$) $\therefore y=\frac{2}{\sqrt{3}a}x-\frac{1}{\sqrt{3}}$

이때 직선 $y=-\sqrt{3}x+1$과 수직이므로

두 직선의 기울기의 곱이 -1이어야 한다.

$\frac{2}{\sqrt{3}a}\times(-\sqrt{3})=-1$ $\therefore a=2$

059 [정답률 21%]

정답 171

그림과 같이 두 초점이 F$(c, 0)$, F$'(-c, 0)$ $(c>0)$인 쌍곡선 $\frac{x^2}{a^2}-\frac{y^2}{27}=1$ 위의 점 P$\left(\frac{9}{2}, k\right)$ $(k>0)$에서의 접선이 x축과 만나는 점을 Q라 하자. 두 점 F, F$'$을 초점으로 하고 점 Q를 한 꼭짓점으로 하는 쌍곡선이 선분 PF$'$과 만나는 두 점을 R, S라 하자. $\overline{RS}+\overline{SF}=\overline{RF}+8$일 때, $4\times(a^2+k^2)$의 값을 구하시오. (단, a는 양수이고, 점 R의 x좌표는 점 S의 x좌표보다 크다.) (4점)

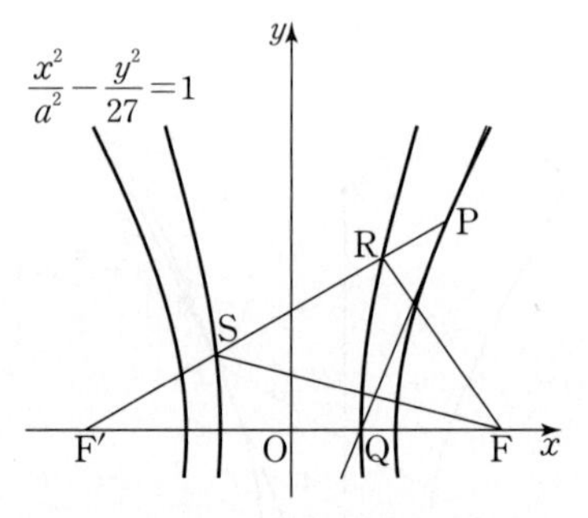

Step 1 점 Q의 좌표를 a에 대하여 나타낸다.

쌍곡선 $\frac{x^2}{a^2}-\frac{y^2}{27}=1$ 위의 점 P$\left(\frac{9}{2}, k\right)$에서의 접선의 방정식은

$\frac{9}{2a^2}x-\frac{k}{27}y=1$

$\frac{9}{2a^2}x-\frac{k}{27}y=1$에 $y=0$ 대입

점 Q는 접선과 x축이 만나는 점이므로

$\frac{9}{2a^2}x=1$에서 $x=\frac{2}{9}a^2$ $\therefore$ Q$\left(\frac{2}{9}a^2, 0\right)$

Step 2 쌍곡선의 정의를 이용하여 a^2의 값을 구한다.

두 점 R, S는 두 점 F, F$'$을 초점으로 하고 점 Q를 한 꼭짓점으로 하는 쌍곡선 위의 점이므로 쌍곡선의 정의에 의하여

쌍곡선 위의 한 점에서 두 초점까지의 거리의 차는 주축의 길이와 같다.

$\overline{RF'}-\overline{RF}=\overline{SF}-\overline{SF'}=\frac{4}{9}a^2$ ($=2\overline{OQ}$)

$\overline{RS}+\overline{SF}=\overline{RF}+8$에서 $\overline{RS}+\overline{SF}-\overline{RF}=8$

$\therefore \overline{RS}+\overline{SF}-\overline{RF}=(\overline{RF'}-\overline{SF'})+\overline{SF}-\overline{RF}$

$=(\overline{SF}-\overline{SF'})+(\overline{RF'}-\overline{RF})$

$=\frac{4}{9}a^2+\frac{4}{9}a^2=\frac{8}{9}a^2$

$\frac{8}{9}a^2=8$이므로 $a^2=9$

Step 3 $4\times(a^2+k^2)$의 값을 구한다.

점 $P\left(\frac{9}{2}, k\right)$는 쌍곡선 $\frac{x^2}{9}-\frac{y^2}{27}=1$ 위의 점이므로

$\frac{\left(\frac{9}{2}\right)^2}{9}-\frac{k^2}{27}=1$, $\frac{9}{4}-\frac{k^2}{27}=1$

$\frac{k^2}{27}=\frac{5}{4}$ $\therefore k^2=\frac{135}{4}$

따라서 $a^2=9$, $k^2=\frac{135}{4}$이므로

$4\times(a^2+k^2)=4\times\left(9+\frac{135}{4}\right)=36+135=171$

060 [정답률 55%]

정답 ③

그림과 같이 쌍곡선 $\frac{x^2}{a^2}-\frac{y^2}{b^2}=1$ 위의 점 $P(4, k)(k>0)$에서의 접선이 x축과 만나는 점을 Q, y축과 만나는 점을 R라 하자. 점 $S(4, 0)$에 대하여 삼각형 QOR의 넓이를 A_1, 삼각형 PRS의 넓이를 A_2라 하자. $A_1 : A_2=9 : 4$일 때, 이 쌍곡선의 주축의 길이는? (단, O는 원점이고, a와 b는 상수이다.) (3점)

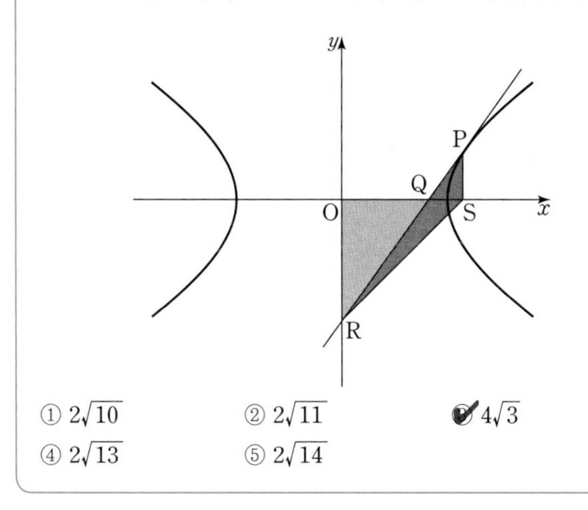

① $2\sqrt{10}$ ② $2\sqrt{11}$ ③ $4\sqrt{3}$ ✔
④ $2\sqrt{13}$ ⑤ $2\sqrt{14}$

Step 1 A_1, A_2의 값을 각각 구한다.

점 $P(4, k)$는 쌍곡선 $\frac{x^2}{a^2}-\frac{y^2}{b^2}=1$ 위의 점이므로

$\frac{16}{a^2}-\frac{k^2}{b^2}=1$ ⋯⋯ ㉠ → 쌍곡선의 방정식에 $x=4$, $y=k$를 대입했어.

쌍곡선 위의 점 P에서 그은 접선의 방정식은

$\frac{4x}{a^2}-\frac{ky}{b^2}=1$ → $\frac{4x}{a^2}=1$에서 $x=\frac{a^2}{4}$

이때 두 점 Q, R는 각각 접선의 x절편, y절편이므로 두 점 Q, R의 좌표는 각각 $Q\left(\frac{a^2}{4}, 0\right)$, $R\left(0, -\frac{b^2}{k}\right)$ → $-\frac{ky}{b^2}=1$에서 $y=-\frac{b^2}{k}$

따라서 삼각형 QOR의 넓이는 $A_1=\frac{1}{2}\times\frac{a^2}{4}\times\frac{b^2}{k}=\frac{a^2b^2}{8k}$이고, 삼각형 PRS의 넓이는 $A_2=\frac{1}{2}\times k\times 4=2k$
(→ $\overline{OQ}$, → $\overline{OR}$, → $\overline{PS}$, → $\overline{OS}$)

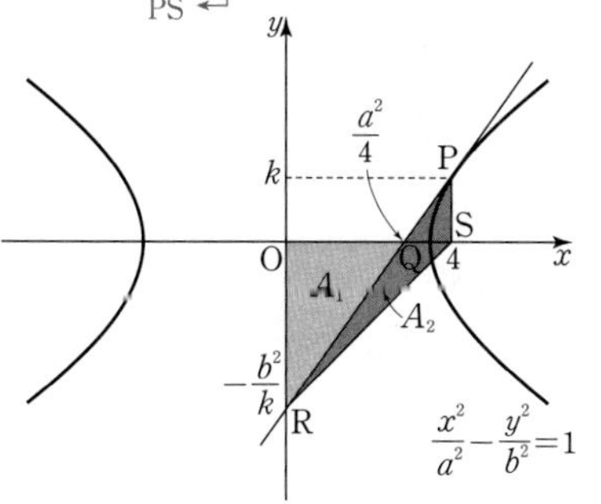

Step 2 $A_1 : A_2=9 : 4$임을 이용하여 쌍곡선의 주축의 길이를 구한다.

$A_1 : A_2=9 : 4$이므로 $\frac{a^2b^2}{8k} : 2k=9 : 4$ $\therefore 36k^2=a^2b^2$ ⋯⋯ ㉡
(→ $\frac{a^2b^2}{8k}\times 4=2k\times 9$, → $b^2=\frac{36k^2}{a^2}$)

㉠, ㉡을 연립하면

$\frac{16}{a^2}-\frac{k^2}{\frac{36k^2}{a^2}}=1$, $\frac{16}{a^2}-\frac{a^2}{36}=1$

$a^4+36a^2-16\times 36=0$, $(a^2-12)(a^2+48)=0$

$\therefore a^2=12$

따라서 쌍곡선의 주축의 길이는 $2\times 2\sqrt{3}=4\sqrt{3}$이다. (→ $2|a|$)

061 [정답률 77%]

정답 ④

직선 $y=3x+5$가 쌍곡선 $\frac{x^2}{a}-\frac{y^2}{2}=1$에 접할 때, 쌍곡선의 두 초점 사이의 거리는? (3점)
(→ 대입 후 판별식 $D=0$임을 이용한다.)

① $\sqrt{7}$ ② $2\sqrt{3}$ ③ 4
④ $2\sqrt{5}$ ✔ ⑤ $4\sqrt{3}$

Step 1 쌍곡선의 방정식에 직선의 방정식 $y=3x+5$를 대입하고 판별식을 이용한다.

$y=3x+5$를 $\frac{x^2}{a}-\frac{y^2}{2}=1$에 대입하면

$\frac{x^2}{a}-\frac{(3x+5)^2}{2}=1$

$2x^2-a(9x^2+30x+25)=2a$ → x에 대해 내림차순으로 정리

$(9a-2)x^2+30ax+27a=0$ ⋯⋯ ㉠

이차방정식 ㉠의 판별식을 D라 하자.

주어진 직선이 쌍곡선에 접할 때, ㉠의 판별식 $D=0$이므로
(→ 직선과 곡선이 접한다. → 직선과 곡선의 방정식을 연립한 방정식이 중근을 갖는다.)

$\frac{D}{4}=(15a)^2-(9a-2)\times 27a=0$

$225a^2-243a^2+54a=0$

$18a^2-54a=0$

$a^2-3a=0$, $a(a-3)=0$

$\therefore a=3$ ($\because a\neq 0$) → $a=0$이면 쌍곡선의 방정식 $\frac{x^2}{a}-\frac{y^2}{2}=1$이 성립하지 않아.

따라서 쌍곡선 $\frac{x^2}{3}-\frac{y^2}{2}=1$의 초점의 좌표는 $(\pm\sqrt{5}, 0)$이므로 두 초점 사이의 거리는 $2\sqrt{5}$이다.

062

정답 ③

평행이동된 쌍곡선의 접선도 구할 수 있어야 해.

쌍곡선 $\frac{3}{4}x^2-\frac{\left(y-\frac{2}{3}\right)^2}{a^2}=-1$에 직선 $y=\frac{1}{2}x+1$이 접할 때, 쌍곡선의 주축의 길이는? (단, a는 양의 상수이다.) (3점)

→ $2a$의 값을 구한다. 주의

① $\frac{\sqrt{3}}{3}$ ② $\frac{2}{3}$ ③ $\frac{4}{3}$

④ $\sqrt{3}$ ⑤ $\frac{4\sqrt{3}}{3}$

Step 1 접점이 쌍곡선과 직선의 교점임을 이용한다. → 직선이 쌍곡선에 접하기 때문

쌍곡선 $\frac{3}{4}x^2-\frac{\left(y-\frac{2}{3}\right)^2}{a^2}=-1$과 직선 $y=\frac{1}{2}x+1$의 접점을 (x_1, y_1)이라 하면

$\frac{3}{4}{x_1}^2-\frac{\left(y_1-\frac{2}{3}\right)^2}{a^2}=-1$ ...... ㉠

$y_1=\frac{1}{2}x_1+1$ ...... ㉡

㉠에 ㉡을 대입하면 → 두 식을 연립한다.

$$\frac{3}{4}{x_1}^2-\frac{\left\{\left(\frac{1}{2}x_1+1\right)-\frac{2}{3}\right\}^2}{a^2}=-1$$

식을 정리하면

$$\frac{3}{4}{x_1}^2-\frac{1}{a^2}\left(\frac{1}{2}x_1+\frac{1}{3}\right)^2=-1$$

$$\frac{3}{4}{x_1}^2-\frac{1}{a^2}\left(\frac{1}{4}{x_1}^2+\frac{1}{3}x_1+\frac{1}{9}\right)=-1$$

$$\left(\frac{3}{4}-\frac{1}{4a^2}\right){x_1}^2-\frac{1}{3a^2}x_1+1-\frac{1}{9a^2}=0$$

식이 복잡하더라도 포기하지 말고 끝까지 계산해.

Step 2 점 (x_1, y_1)이 접점이므로 이차방정식의 판별식 $D=0$임을 이용한다. → 구하는 값은 $2a$이다.

점 (x_1, y_1)은 쌍곡선과 직선의 접점이므로 위 이차방정식의 판별식 $D=0$이어야 한다.

$$D=\left(-\frac{1}{3a^2}\right)^2-4\left(\frac{3}{4}-\frac{1}{4a^2}\right)\left(1-\frac{1}{9a^2}\right)=0$$

$$\frac{1}{9a^4}-\left(3-\frac{1}{a^2}\right)\left(1-\frac{1}{9a^2}\right)=0$$

$$\frac{1}{9a^4}-\left(\frac{1}{9a^4}-\frac{4}{3a^2}+3\right)=0$$

$$\frac{4}{3a^2}-3=0$$

$$a^2=\frac{4}{9}$$

$$\therefore a=\frac{2}{3}\ (\because a>0)$$

따라서 쌍곡선의 주축의 길이는 $\frac{4}{3}$이다.
→ $2a=2\times\frac{2}{3}=\frac{4}{3}$

063 [정답률 87%]

정답 ④

중요 쌍곡선 위에 있지 않은 점에서 쌍곡선에 그은 접선의 방정식을 구할 때, 접점의 좌표를 (a, b)로 놓고 문제를 해결한다.

좌표평면 위의 점 $(-1, 0)$에서 쌍곡선 $x^2-y^2=2$에 그은 접선의 방정식을 $y=mx+n$이라 할 때, m^2+n^2의 값은? (단, m, n은 상수이다.) (3점)

① $\frac{5}{2}$ ② 3 ③ $\frac{7}{2}$

④ 4 ⑤ $\frac{9}{2}$

Step 1 점 $(-1, 0)$에서 쌍곡선에 그은 접선의 접점의 좌표를 구한다.

점 $(-1, 0)$에서 쌍곡선 $x^2-y^2=2$에 그은 접선의 접점을 $P(a, b)$라 하자. → $\frac{x^2}{2}-\frac{y^2}{2}=1$

점 P는 쌍곡선 $x^2-y^2=2$ 위의 점이므로 $a^2-b^2=2$ ...... ㉠

또한 점 $P(a, b)$에서의 접선의 방정식은 $\frac{ax}{2}-\frac{by}{2}=1$이고 이 접선이 점 $(-1, 0)$을 지나므로

$-\frac{a}{2}=1$에서 $a=-2$ ...... ㉡

쌍곡선 $\frac{x^2}{a^2}-\frac{y^2}{b^2}=1$ 위의 점 (x_1, y_1)에서의 접선의 방정식은 $\frac{x_1x}{a^2}-\frac{y_1y}{b^2}=1$

㉡을 ㉠에 대입하면

$4-b^2=2$ $\therefore b=\pm\sqrt{2}$ → 점 $(-1, 0)$에서 쌍곡선에 두 개의 접선을 그을 수 있다.

따라서 점 P는 $(-2, -\sqrt{2})$ 또는 $(-2, \sqrt{2})$이다.

Step 2 두 점에서의 접선의 방정식을 구하여 m^2+n^2의 값을 구한다.

(i) $P(-2, -\sqrt{2})$일 때 → 점 P에서의 접선의 기울기는 $\frac{a}{b}$이다.

점 P에서의 접선의 기울기가 $\frac{-2}{-\sqrt{2}}=\sqrt{2}$이므로

점 P에서의 접선의 방정식은 $y=\sqrt{2}(x+2)-\sqrt{2}=\sqrt{2}x+\sqrt{2}$

$\therefore m=\sqrt{2}, n=\sqrt{2}$ $\therefore m^2+n^2=2+2=4$

(ii) $P(-2, \sqrt{2})$일 때

점 P에서의 접선의 기울기가 $\frac{-2}{\sqrt{2}}=-\sqrt{2}$이므로

점 P에서의 접선의 방정식은

$y=-\sqrt{2}(x+2)+\sqrt{2}=-\sqrt{2}x-\sqrt{2}$

$\therefore m=-\sqrt{2}, n=-\sqrt{2}$ $\therefore m^2+n^2=2+2=4$

두 직선은 x축에 대하여 서로 대칭이야.

(i), (ii)에서 $m^2+n^2=4$

다른 풀이 이차방정식의 판별식을 이용한 풀이

Step 1 쌍곡선의 방정식과 접선의 방정식을 연립한 이차방정식의 판별식이 $D=0$임을 이용한다.

직선 $y=mx+n$이 점 $(-1, 0)$을 지나므로 $-m+n=0$

$\therefore m=n$ ...... ㉠

이때 접선 $y=mx+n$과 쌍곡선 $x^2-y^2=2$가 접하므로 두 식을 연립하면 $x^2-(mx+n)^2=2$

쌍곡선과 접선의 방정식을 연립하여 만든 이차방정식의 판별식 D에 대하여 $D=0$이다.

$x^2-m^2x^2-2mnx-n^2=2$

$(1-m^2)x^2-2m^2x-m^2-2=0$ ($\because$ ㉠)

이차방정식 $(1-m^2)x^2-2m^2x-m^2-2=0$은 중근을 가지므로 이 이차방정식의 판별식 D에 대하여

암기 이차방정식 $ax^2+bx+c=0$의 판별식을 D라 하면 $D=b^2-4ac$이다.

$$\frac{D}{4}=m^4-(m^2-1)(m^2+2)=0$$

$m^2=2$, $n^2=2$ ($\because$ ㉠) $\therefore m^2+n^2=4$

064 [정답률 90%]

정답 ②

쌍곡선 $\frac{x^2}{8}-y^2=1$ 위의 점 A(4, 1)에서의 접선이 x축과 만나는 점을 B라 하자. 이 쌍곡선의 두 초점 중 x좌표가 양수인 점을 F라 할 때, 삼각형 FAB의 넓이는? (3점)

접선의 x절편을 구한다.

① $\frac{5}{12}$ ② $\frac{1}{2}$ ③ $\frac{7}{12}$ ④ $\frac{2}{3}$ ⑤ $\frac{3}{4}$

두 점 B, F의 좌표만 구하면 넓이는 금방 구할 수 있어.

Step 1 쌍곡선의 접선의 방정식 공식을 이용하여 점 B의 좌표를 구한다.

쌍곡선 위의 점 A(4, 1)에서의 접선의 방정식은

$\frac{4x}{8}-y=1$, 즉 $\frac{x}{2}-y=1$

이 접선이 x축과 만나는 점 B의 좌표를 구하면 (점 B가 x축 위의 점이므로 $y=0$ 대입)

$\frac{x}{2}=1$에서 $x=2$이므로 B(2, 0)

Step 2 초점의 좌표를 구하여 삼각형의 넓이를 구한다.

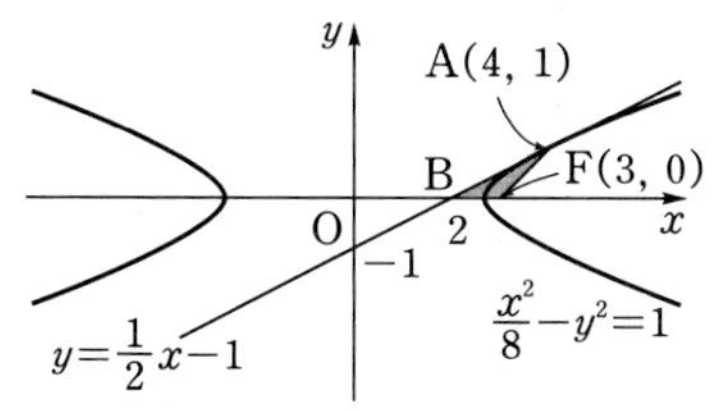

쌍곡선 $\frac{x^2}{8}-y^2=1$의 두 초점 중 x좌표가 양수인 점 F의 좌표는

F$(\sqrt{8+1}, 0)$, 즉 F(3, 0)

따라서 삼각형 FAB의 넓이는

$\frac{1}{2}\times1\times1=\frac{1}{2}$ (점 A의 y좌표, $\overline{FB}=3-2=1$)

중요 쌍곡선 $\frac{x^2}{a^2}-\frac{y^2}{b^2}=1$의 초점의 좌표는 $(\sqrt{a^2+b^2}, 0)$, $(-\sqrt{a^2+b^2}, 0)$이다.

065

정답 ③

쌍곡선 $\frac{x^2}{9}-\frac{y^2}{16}=1$ 위의 점 (a, b)에서의 접선과 x축, y축으로 둘러싸인 삼각형의 넓이는? (단, $a>0$, $b>0$) (3점)

쌍곡선의 접선의 방정식을 a, b로 나타낸다.

x절편, y절편을 이용한다.

점 (a, b)는 제1사분면 위에 있다.

① $\frac{36}{ab}$ ② $\frac{54}{ab}$ ③ $\frac{72}{ab}$ ④ $\frac{90}{ab}$ ⑤ $\frac{108}{ab}$

Step 1 점 (a, b)에서의 접선의 방정식을 구하고, x절편과 y절편을 각각 구한다.

구하는 넓이는 $\frac{1}{2}\times|(x절편)|\times|(y절편)|$이다.

쌍곡선 위의 점 (a, b)에서의 접선의 방정식은 $\frac{ax}{9}-\frac{by}{16}=1$

이 접선의 x절편을 구하면 ($y=0$일 때 x의 값)

$\frac{ax}{9}=1$에서 $x=\frac{9}{a}$

또한, 이 접선의 y절편을 구하면 ($x=0$일 때 y의 값)

$-\frac{by}{16}=1$에서 $y=-\frac{16}{b}$

Step 2 삼각형의 넓이를 구한다.

따라서 점 (a, b)에서의 접선과 x축, y축으로 둘러싸인 삼각형의 넓이는

$\frac{1}{2}\times\frac{9}{a}\times\frac{16}{b}=\frac{72}{ab}$ ($\because a>0$, $b>0$)

$\frac{1}{2}\times$(밑변의 길이)$\times$(높이)

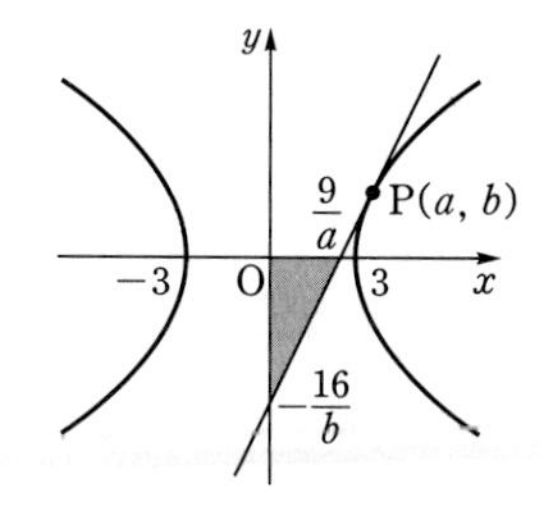

066

정답 ③

쌍곡선 $x^2-\frac{y^2}{3}=1$ 위의 점 (2, 3)에서의 접선에 수직이고 점 (2, 3)을 지나는 직선 위의 점을 (a, b)라 할 때, a^2+b^2의 최솟값은? (4점)

접선의 기울기를 구한다.

$a^2+b^2=k^2$으로 놓고 원의 방정식을 떠올렸다면 절반은 해결했다고 볼 수 있어!

① 12 ② $\frac{62}{5}$ ③ $\frac{64}{5}$ ④ $\frac{66}{5}$ ⑤ 14

Step 1 쌍곡선 위의 점에서의 접선의 기울기를 구한다.

쌍곡선 $x^2-\frac{y^2}{3}=1$ 위의 점 (2, 3)에서의 접선의 방정식은

$2x-\frac{3y}{3}=1$에서 $2x-y=1$

$\therefore y=2x-1$

암기 쌍곡선 $\frac{x^2}{a^2}-\frac{y^2}{b^2}=1$ 위의 점 (x_1, y_1)에서의 접선의 방정식은 $\frac{x_1x}{a^2}-\frac{y_1y}{b^2}=1$이야.

따라서 점 (2, 3)에서의 접선의 기울기는 2이다.

Step 2 접선에 수직이고 점 (2, 3)을 지나는 직선의 방정식을 구한다.

이 접선에 수직인 직선의 기울기는 $-\frac{1}{2}$이므로

점 (2, 3)을 지나고 기울기가 $-\frac{1}{2}$인 직선의 방정식은

$y=-\frac{1}{2}(x-2)+3$, 즉 $x+2y-8=0$

중요 점 (a, b)를 지나고 기울기가 m인 직선의 방정식은 $y=m(x-a)+b$이다.

Step 3 $a^2+b^2=k^2$으로 놓고 원과 직선의 위치 관계를 이용하여 최솟값을 구한다.

직선에 접할 때 원의 반지름의 길이가 최소가 된다.

$a^2+b^2=k^2\ (k>0)$이라 하면

원 $x^2+y^2=k^2$이 직선 $x+2y-8=0$에 접할 때 k^2은 최솟값을 갖고,

이때 k의 값은 원점과 직선 $x+2y-8=0$ 사이의 거리와 같다.

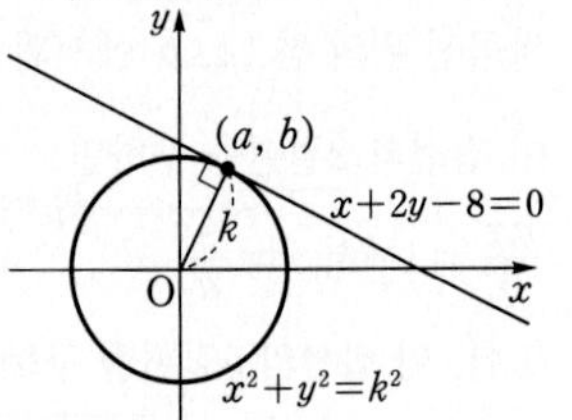

원점과 직선 $x+2y-8=0$ 사이의 거리는

암기 점 (x_1, y_1)과 직선 $px+qy+r=0$ 사이의 거리는 $\dfrac{|px_1+qy_1+r|}{\sqrt{p^2+q^2}}$이다.

$$\frac{|-8|}{\sqrt{1^2+2^2}}=\frac{8}{\sqrt{5}}$$

따라서 a^2+b^2의 최솟값은

$$\left(\frac{8}{\sqrt{5}}\right)^2=\frac{64}{5}$$

원점을 중심으로 하고 반지름의 길이가 k인 원이므로 반지름의 길이 k가 최소일 때 x^2+y^2의 값도 최소이다.

067 [정답률 79%]

정답 52

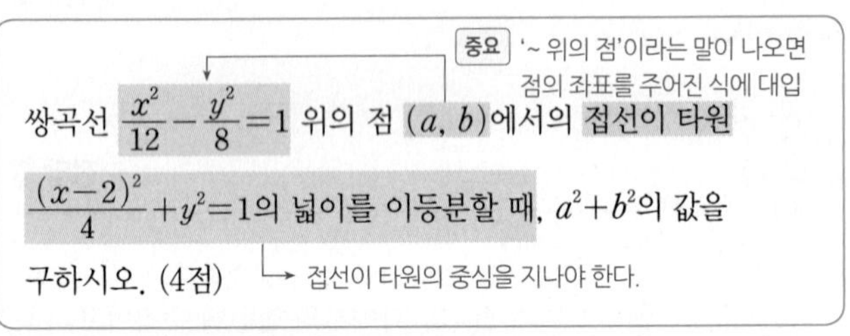

중요 '~ 위의 점'이라는 말이 나오면 점의 좌표를 주어진 식에 대입

쌍곡선 $\dfrac{x^2}{12}-\dfrac{y^2}{8}=1$ 위의 점 (a, b)에서의 접선이 타원 $\dfrac{(x-2)^2}{4}+y^2=1$의 넓이를 이등분할 때, a^2+b^2의 값을 구하시오. (4점)

접선이 타원의 중심을 지나야 한다.

Step 1 점 (a, b)에서의 접선의 방정식을 구하고 이 접선이 타원의 넓이를 이등분함을 이용한다.

점 (a, b)에서의 접선의 방정식은

$$\frac{ax}{12}-\frac{by}{8}=1$$

이 접선이 타원 $\dfrac{(x-2)^2}{4}+y^2=1$의 넓이를 이등분하려면 타원의 중심 $(2, 0)$을 지나야 하므로

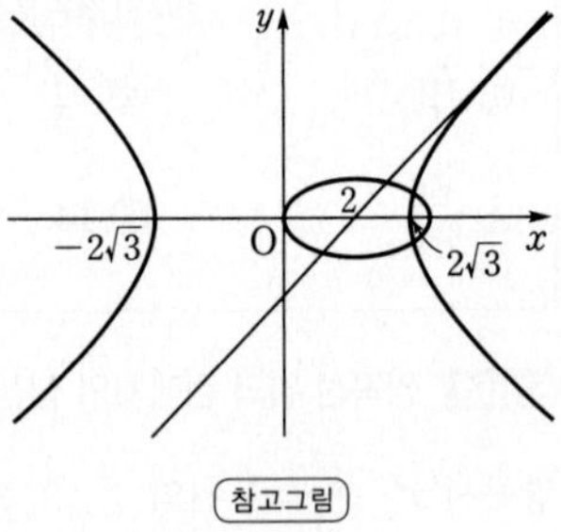

$$\frac{2a}{12}=1 \quad \therefore a=6 \quad \cdots\cdots \text{㉠}$$

참고그림

또한 점 (a, b)는 쌍곡선 $\dfrac{x^2}{12}-\dfrac{y^2}{8}=1$ 위의 점이므로

$$\frac{a^2}{12}-\frac{b^2}{8}=1 \quad \cdots\cdots \text{㉡}$$

중요 타원 $\dfrac{(x-x_1)^2}{a^2}+\dfrac{(y-y_1)^2}{b^2}=1$의 중심은 (x_1, y_1)이다.

㉠을 ㉡에 대입하면

$$\frac{36}{12}-\frac{b^2}{8}=1,\ -\frac{b^2}{8}=-2$$

$\therefore b^2=16$

$\therefore a^2+b^2=36+16=52$

$\dfrac{ax}{12}-\dfrac{by}{8}=1$에 $x=2, y=0$ 대입

068

정답 ①

점 $(0, 4)$는 쌍곡선 밖의 점이므로 접점을 임의로 두고 접선의 방정식을 구한다.

점 $(0, 4)$에서 쌍곡선 $\dfrac{x^2}{4}-\dfrac{y^2}{5}=1$에 그은 두 접선을 l, l'이라 할 때, 두 직선 l, l'과 x축으로 둘러싸인 삼각형의 넓이는? (3점)

두 직선은 y축에 대하여 대칭이다.

① $\dfrac{32\sqrt{21}}{21}$ ② $\dfrac{11\sqrt{21}}{7}$ ③ $\dfrac{34\sqrt{21}}{21}$ ④ $\dfrac{5\sqrt{21}}{3}$ ⑤ $\dfrac{12\sqrt{21}}{7}$

Step 1 접점을 (a, b)라 하고 접선의 방정식을 구하고, 접선이 $(0, 4)$를 지남을 이용하여 b의 값을 구한다.

접점을 (a, b)라 할 때 점 (a, b)에서의 접선의 방정식은

$$\frac{ax}{4}-\frac{by}{5}=1$$

이 식에 $x=0, y=4$를 대입해도 성립한다.

이 접선이 $(0, 4)$를 지나므로 $b=-\dfrac{5}{4}$ ⋯⋯ ㉠

Step 2 점 (a, b)가 쌍곡선 위의 점임을 이용하여 a의 값을 구한다.

점 (a, b)가 쌍곡선 $\dfrac{x^2}{4}-\dfrac{y^2}{5}=1$ 위의 점이므로

$$\frac{a^2}{4}-\frac{b^2}{5}=1 \quad \cdots\cdots \text{㉡}$$

㉠을 ㉡에 대입하면

$$\frac{a^2}{4}-\frac{5}{16}=1,\ a^2=\frac{21}{4}$$

$$\therefore a=\pm\frac{\sqrt{21}}{2}$$

위에서 구한 접선의 방정식 $\dfrac{ax}{4}-\dfrac{by}{5}=1$에 $a=\pm\dfrac{\sqrt{21}}{2}$, $b=-\dfrac{5}{4}$를 대입하여 정리한다.

Step 3 접선의 x절편을 구하여 삼각형의 넓이를 구한다.

따라서 접선의 방정식은 $\pm\dfrac{\sqrt{21}}{8}x+\dfrac{y}{4}=1$이므로

두 접선의 x절편은 각각 $-\dfrac{8}{\sqrt{21}}$, $\dfrac{8}{\sqrt{21}}$이다.

$y=0$일 때의 x의 값

Step 4 삼각형의 넓이를 구한다.

두 직선 l, l'과 x축으로 둘러싸인 삼각형의 넓이는

$$\frac{1}{2}\times\left\{\frac{8}{\sqrt{21}}-\left(-\frac{8}{\sqrt{21}}\right)\right\}\times 4=\frac{1}{2}\times\frac{16}{\sqrt{21}}\times 4=\frac{32\sqrt{21}}{21}$$

밑변의 길이 / 높이

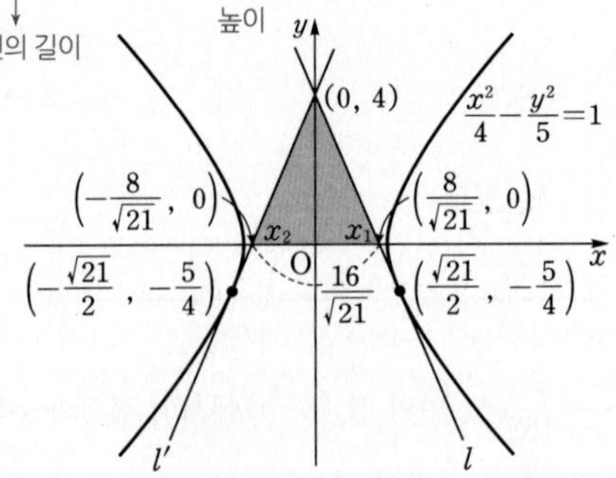

069

정답 ①

원의 중심 $(0, 2)$와 점 P 사이의 거리는 항상 1로 일정하다.

원 $x^2+(y-2)^2=1$ 위의 점 P와 쌍곡선 $x^2-y^2=1$ 위의 점 Q에 대하여 선분 PQ의 길이의 최솟값은? (3점)

① $\sqrt{3}-1$ ② $\sqrt{5}-2$ ③ $\sqrt{7}-2$
④ 1 ⑤ $\sqrt{10}-3$

좌표평면 위에 문제 상황을 나타내어 $\overline{PQ}$가 최소가 될 때의 점 Q의 위치를 생각한다.

Step 1 선분 PQ의 길이가 최소가 될 조건을 구한다.

그림과 같이 쌍곡선 $x^2-y^2=1$ 위의 점 Q를 $Q(a, b)$라 하고 이 점에서의 접선과 원 $x^2+(y-2)^2=1$의 중심 $(0, 2)$와 점 $Q(a, b)$를 지나는 직선이 수직일 때 선분 PQ의 길이가 최소가 된다.

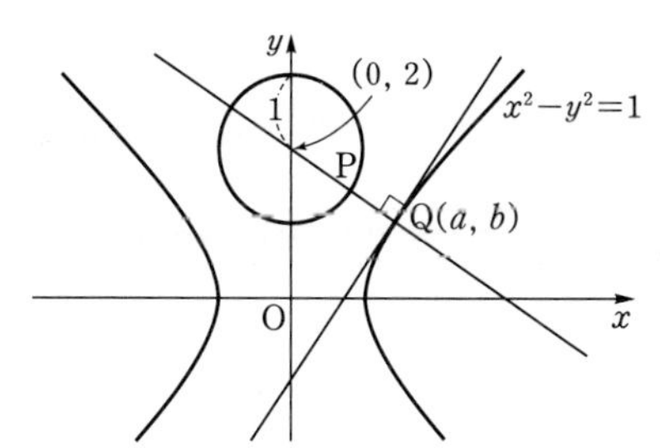

원의 중심을 C라 하면 $\overline{CQ}=\overline{CP}+\overline{PQ}=1+\overline{PQ}$이므로 $\overline{CQ}$가 최소일 때 $\overline{PQ}$도 최소이다. 즉, 원의 중심 C와 쌍곡선 위의 점 Q 사이의 거리가 최소일 때를 생각하면 된다.

Step 2 점 $Q(a, b)$에서의 접선의 기울기와 이 점을 지나고 접선에 수직인 직선의 방정식을 구한다.

쌍곡선 $x^2-y^2=1$ 위의 점 $Q(a, b)$에서의 접선의 방정식은
$ax-by=1$에서 $by=ax-1$

$\therefore y=\frac{a}{b}x-\frac{1}{b}$

즉, 점 $Q(a, b)$에서의 접선의 기울기는 $\frac{a}{b}$이므로 이 접선과 수직인 직선의 기울기는 $-\frac{b}{a}$이다.

점 (a, b)를 지나고 기울기가 $-\frac{b}{a}$인 직선의 방정식을 구하면

$y=-\frac{b}{a}(x-a)+b$ ······ ㉠

Step 3 a, b의 값을 각각 구하여 선분 PQ의 길이의 최솟값을 구한다.

㉠이 점 $(0, 2)$를 지나므로
$2=2b$에서 $b=1$

중요 원 $(x-a)^2+(y-b)^2=r^2$은 중심이 (a, b)이고 반지름의 길이가 $r\ (r>0)$인 원이다.

점 $Q(a, b)$가 쌍곡선 $x^2-y^2=1$ 위의 점이므로
$a^2-b^2=1$에서 $a^2=2$ $\quad\therefore a=\pm\sqrt{2}$

즉, 점 Q의 좌표는 $(\pm\sqrt{2}, 1)$이므로 점 Q와 원 $x^2+(y-2)^2=1$의 중심 $(0, 2)$ 사이의 거리는

$\sqrt{\{0-(\pm\sqrt{2})\}^2+(2-1)^2}=\sqrt{3}$

점 (x_1, y_1)과 점 (x_2, y_2) 사이의 거리는 $\sqrt{(x_2-x_1)^2+(y_2-y_1)^2}$이다.

이때 선분 PQ의 길이는 점 Q와 원의 중심 사이의 거리 $\sqrt{3}$에서 원의 반지름의 길이 1을 뺀 값과 같으므로 선분 PQ의 길이의 최솟값은 $\sqrt{3}-1$이다.

070 [정답률 42%]

정답 ①

좌표평면에서 직선 $y=2x-3$ 위를 움직이는 점 P가 있다. 두 점 $A(c, 0)$, $B(-c, 0)(c>0)$에 대하여 $\overline{PB}-\overline{PA}$의 값이 최대가 되도록 하는 점 P의 좌표가 $(3, 3)$일 때, 상수 c의 값은? (4점)

두 점 A, B를 초점으로 하는 쌍곡선을 정의한다.

① $\frac{3\sqrt{6}}{2}$ ② $\frac{3\sqrt{7}}{2}$ ③ $3\sqrt{2}$
④ $\frac{9}{2}$ ⑤ $\frac{3\sqrt{10}}{2}$

Step 1 $\overline{PB}-\overline{PA}$의 값이 최대일 때를 생각한다.

두 점 A, B를 초점으로 하는 쌍곡선의 방정식을
$\frac{x^2}{a^2}-\frac{y^2}{b^2}=1$ (a, b는 양수)이라 하자.

이 쌍곡선이 점 $(3, 3)$을 지나고 점 $(3, 3)$에서 직선 $y=2x-3$에 접할 때, $\overline{PB}-\overline{PA}$의 값은 최대이다.

쌍곡선 $\frac{x^2}{a^2}-\frac{y^2}{b^2}=1$ 위의 점 $(3, 3)$에서의 접선의 방정식은

$\frac{3x}{a^2}-\frac{3y}{b^2}=1$

쌍곡선 $\frac{x^2}{a^2}-\frac{y^2}{b^2}=1$ 위의 점 (x_1, y_1)에서의 접선의 방정식은 $\frac{x_1x}{a^2}-\frac{y_1y}{b^2}=1$

즉, $y=\frac{b^2}{a^2}x-\frac{b^2}{3}$

Step 2 c의 값을 구한다.

이 직선이 $y=2x-3$이어야 하므로

$\frac{b^2}{a^2}=2$, $-\frac{b^2}{3}=-3$

$\therefore a^2=\frac{9}{2}$, $b^2=9$

따라서 $c^2=a^2+b^2=\frac{27}{2}$이므로 $c=\frac{3\sqrt{6}}{2}$이다.
$c>0$

071 [정답률 58%]

정답 ③

쌍곡선 $x^2-y^2=1$에 대한 옳은 설명을 [보기]에서 모두 고른 것은? (3점)

[보기]

쌍곡선의 점근선은 자주 나오는 개념이므로 충분히 연습한다.

ㄱ. 점근선의 방정식은 $y=x$, $y=-x$이다.

ㄴ. 쌍곡선 위의 점에서 그은 접선 중 점근선과 평행한 접선이 존재한다.

점근선의 기울기와 같은 기울기를 가진 접선을 구한다.

ㄷ. 포물선 $y^2=4px\ (p\neq0)$는 쌍곡선과 항상 두 점에서 만난다.

두 이차곡선의 방정식을 연립한다.

① ㄱ ② ㄴ ③ ㄱ, ㄷ
④ ㄴ, ㄷ ⑤ ㄱ, ㄴ, ㄷ

Step 1 점근선의 방정식을 구한다.

ㄱ. 쌍곡선 $x^2-y^2=1$의 점근선의 방정식은 $y=\pm x$이다. (참)

Step 2 쌍곡선 위의 점에서의 접선의 기울기를 구한다.

ㄴ. 쌍곡선 $x^2-y^2=1$ 위의 점을 (a, b)라 하면 이 점에서의 접선의 방정식은

$ax-by=1$, $by=ax-1$

$\therefore y=\frac{a}{b}x-\frac{1}{b}$

이 접선이 점근선과 평행하려면

$\frac{a}{b}=1$ 또는 $\frac{a}{b}=-1$

$\therefore a=b$ 또는 $a=-b$ → 점 (a, b)가 직선 $y=x$ 또는 $y=-x$ 위에 있게 돼.

따라서 점 (a, b)는 쌍곡선의 점근선 위의 점이므로 쌍곡선 위의 점이 아니다.

그러므로 쌍곡선 위의 점에서 그은 접선 중 점근선과 평행한 접선은 존재하지 않는다. (거짓)

Step 3 포물선과 쌍곡선의 방정식을 연립하고, p의 값의 범위에 따라 경우를 나누어 구한다.

ㄷ. $y^2=4px$ $(p\neq0)$와 $x^2-y^2=1$을 연립하면

$x^2-4px-1=0$

$\therefore x=2p+\sqrt{4p^2+1}$ 또는 $x=2p-\sqrt{4p^2+1}$ → 쌍곡선과 포물선의 교점의 x좌표

이때 $2p<\sqrt{4p^2+1}$이므로 → $p>0$일 때 $2p=\sqrt{4p^2}<\sqrt{4p^2+1}$, $p<0$일 때 $2p=-\sqrt{4p^2}<\sqrt{4p^2+1}$

$2p+\sqrt{4p^2+1}>0$, $2p-\sqrt{4p^2+1}<0$ …… ㉠

(i) $p>0$일 때

포물선 $y^2=4px$가 x축의 양의 방향에만 존재하므로

쌍곡선과 포물선의 교점의 x좌표는 $2p+\sqrt{4p^2+1}$이다. ($\because$ ㉠)

이때 쌍곡선과 포물선은 x축에 대하여 대칭이므로

하나의 x좌표에 두 개의 점이 대응된다.

따라서 교점의 개수는 2이다.

(ii) $p<0$일 때

포물선 $y^2=4px$가 x축의 음의 방향에만 존재하므로

쌍곡선과 포물선의 교점의 x좌표는 $2p-\sqrt{4p^2+1}$이다. ($\because$ ㉠)

이때 쌍곡선과 포물선은 x축에 대하여 대칭이므로

하나의 x좌표에 두 개의 점이 대응된다.

따라서 교점의 개수는 2이다.

(i), (ii)에서 포물선 $y^2=4px$는 쌍곡선과 항상 두 점에서 만난다. (참)

따라서 옳은 것은 ㄱ, ㄷ이다.

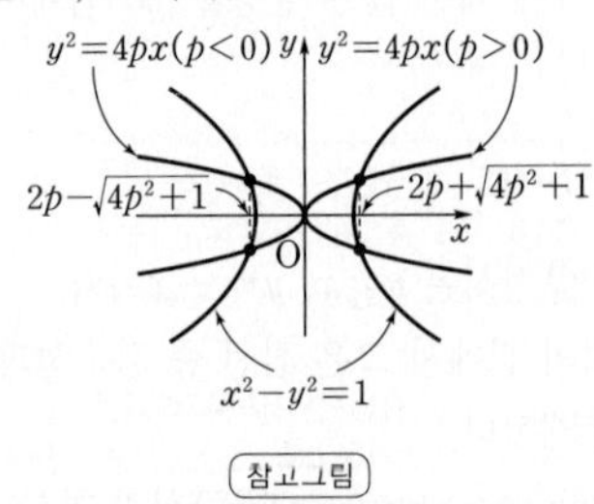

참고 그림

✪ 다른 풀이 이차방정식의 판별식을 이용한 풀이

Step 1 **Step 2** 동일

Step 3 이차방정식의 판별식을 이용한다.

ㄷ. 포물선 $y^2=4px$와 쌍곡선 $x^2-y^2=1$을 연립하면

$x^2-4px=1$, 즉 $x^2-4px-1=0$ → $x^2-y^2=1$의 y^2에 $4px$를 대입한 거야.

이 이차방정식의 판별식을 D라 하면

$\frac{D}{4}=4p^2+1$

이때 $p\neq0$인 실수 p에 대하여 항상 $4p^2+1>0$이므로

이 이차방정식은 서로 다른 두 실근을 갖는다.

따라서 포물선 $y^2=4px$는 쌍곡선과 항상 두 점에서 만난다.

(이하 동일)

072

정답 ⑤

쌍곡선 $x^2-y^2-4x-2y-1=0$에 대하여 [보기] 중 옳은 것만을 있는 대로 고른 것은? (4점)
→ 주어진 쌍곡선의 방정식을 표준형으로 바꾼다.

[보기]

ㄱ. 주축의 길이는 4이다.

ㄴ. 두 점근선의 교점은 $(2, -1)$이다.

ㄷ. 점 $(2, a)$ $(a\neq-1)$를 지나고 기울기가 양수 m인 직선이 쌍곡선에 접하면 $m>1$이다.

→ 좌표평면 위에 쌍곡선과 점근선을 그려 가능한 접선의 기울기를 알아본다.

① ㄱ ② ㄷ ③ ㄱ, ㄴ
④ ㄴ, ㄷ ⑤ ㄱ, ㄴ, ㄷ

Step 1 쌍곡선이 어떻게 평행이동한 것인지를 파악한다.

$x^2-y^2-4x-2y-1=0$에서 $(x-2)^2-(y+1)^2=4$

$\therefore \frac{(x-2)^2}{4}-\frac{(y+1)^2}{4}=1$ …… ㉠

→ 주의 이와 같이 쌍곡선의 방정식을 표준형으로 바꿀 때는 계산에 주의해야 해!

쌍곡선 ㉠은 $\frac{x^2}{4}-\frac{y^2}{4}=1$을 x축의 방향으로 2만큼, y축의 방향으로 -1만큼 평행이동한 것이다.

Step 2 쌍곡선을 평행이동해도 주축의 길이가 변하지 않음을 이용한다.

ㄱ. 쌍곡선 ㉠의 주축의 길이는 쌍곡선 $\frac{x^2}{4}-\frac{y^2}{4}=1$의 주축의 길이와 같으므로 → 쌍곡선이 평행이동해도 그 모양은 바뀌지 않아!

$2\times2=4$ (참)

Step 3 점근선을 평행이동하여 구한다.

ㄴ. $\frac{x^2}{4}-\frac{y^2}{4}=1$의 점근선은 $y=x$, $y=-x$이고 두 점근선의 교점은 $(0, 0)$이다.

따라서 ㉠의 점근선의 교점은 점 $(0, 0)$을 x축의 방향으로 2만큼, y축의 방향으로 -1만큼 평행이동한 것이므로 $(2, -1)$이다. (참)
→ 점근선의 교점도 쌍곡선과 똑같이 평행이동시키면 돼!

Step 4 점근선을 이용하여 접선이 그려질 조건을 생각한다.

ㄷ. 점 $(2, a)$를 지나면서 기울기가 양수 m인 접선은 다음과 같이 나타낼 수 있다.
→ 점근선의 교점이 $(2, -1)$이므로 a의 값을 -1을 기준으로 변화시키면서 m의 값의 범위를 살펴본다.

(i) $a\to -1+$일 때,

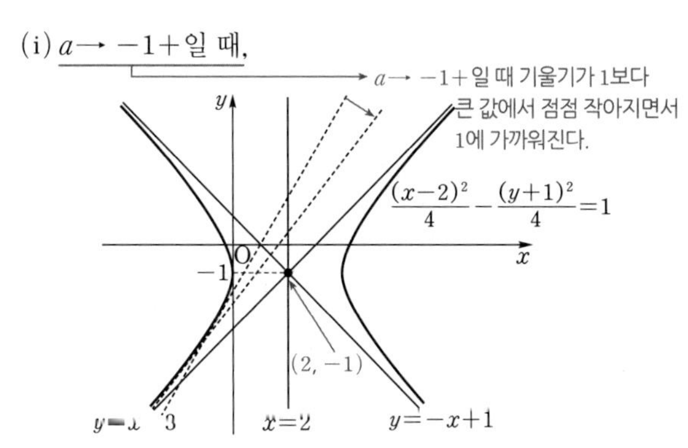

따라서 $a\to -1+$이면 접선은 점근선 $y=x-3$으로 접근한다. 이때 접선의 기울기는 점근선의 기울기 1보다 크므로 $m\to 1+$이다.

(ii) $a\to -1-$일 때,

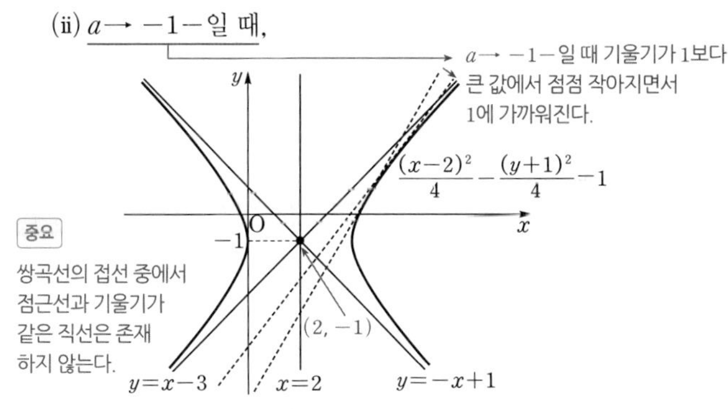

중요 쌍곡선의 접선 중에서 점근선과 기울기가 같은 직선은 존재하지 않는다.

따라서 $a\to -1-$이면 접선은 점근선 $y=x-3$으로 접근한다. 이때 접선의 기울기는 점근선의 기울기 1보다 크므로 $m\to 1+$이다.

$\therefore m>1$ (참)

따라서 옳은 것은 ㄱ, ㄴ, ㄷ이다.

✪ 다른 풀이 판별식을 이용한 풀이

Step 1 **Step 2** **Step 3** 동일

Step 4 점 $(2, a)$를 지나는 직선의 방정식을 세우고 쌍곡선의 식에 대입하여 이차방정식의 판별식을 이용한다. → 쌍곡선과 직선이 접하므로 두 방정식을 연립했을 때의 이차방정식의 판별식은 0이다.

ㄷ. 접선의 방정식은 $y-a=m(x-2)$이므로 → 점 $(2, a)$를 지나고 기울기가 m인 직선

$x-2=\frac{y-a}{m}$ $(\because m>0)$

위의 식을 ㉠에 대입하면 $\frac{(y-a)^2}{4m^2}-\frac{(y+1)^2}{4}=1$

$(y-a)^2-m^2(y+1)^2=4m^2$

$(m^2-1)y^2+2(a+m^2)y-a^2+5m^2=0$

y에 대한 이차방정식의 판별식 D에 대하여

중요 이차방정식 $ax^2+bx+c=0$의 판별식은 $D=b^2-4ac$ $\left(\frac{D}{4}=\left(\frac{b}{2}\right)^2-ac\right)$

$\frac{D}{4}=(a+m^2)^2-(m^2-1)(-a^2+5m^2)=0$

$-4m^4+(a^2+2a+5)m^2=0$

$4m^2=a^2+2a+5$

$\therefore m=\frac{\sqrt{a^2+2a+5}}{2}$ $(\because m>0)$

$=\frac{\sqrt{(a+1)^2+4}}{2}\geq 1$ (단, 등호는 $a=-1$일 때 성립한다.)

→ $\sqrt{(a+1)^2+4}\geq\sqrt{4}=2$, $\therefore \frac{\sqrt{(a+1)^2+4}}{2}\geq\frac{2}{2}=1$

이때 $a\neq -1$이므로 $m>1$이다. (참) → 문제에서 주어짐.

수능포인트

이차곡선의 방정식은 다양한 형태로 나타날 수 있습니다. 쌍곡선의 경우만 생각해 봐도 $\frac{x^2}{a^2}-\frac{y^2}{b^2}=1$, $b^2x^2-a^2y^2=a^2b^2$, $x^2-y^2-ax-by-c=0$ 이 세 가지 형태가 모두 쌍곡선을 나타낸 방정식이 될 수 있습니다.

073 [정답률 22%] 정답 13

그림과 같이 두 점 $\mathrm{F}(c, 0)$, $\mathrm{F'}(-c, 0)(c>0)$을 초점으로 하는 쌍곡선 $\frac{x^2}{10}-\frac{y^2}{a^2}=1$이 있다. 쌍곡선 위의 점 중 제2사분면에 있는 점 P에 대하여 삼각형 F′FP는 넓이가 15이고 $\angle \mathrm{F'PF}=\frac{\pi}{2}$인 직각삼각형이다. 직선 PF′과 평행하고 쌍곡선에 접하는 두 직선을 각각 l_1, l_2라 하자. 두 직선 l_1, l_2가 x축과 만나는 점을 각각 $\mathrm{Q_1}$, $\mathrm{Q_2}$라 할 때, $\overline{\mathrm{Q_1Q_2}}=\frac{q}{p}\sqrt{3}$이다. $p+q$의 값을 구하시오. (단, p와 q는 서로소인 자연수이고, a는 양수이다.) (4점)

→ $\frac{1}{2}\times\overline{\mathrm{PF}}\times\overline{\mathrm{PF'}}=15$

→ 직선 PF′의 기울기를 알면 두 직선 l_1, l_2의 기울기도 알 수 있다.

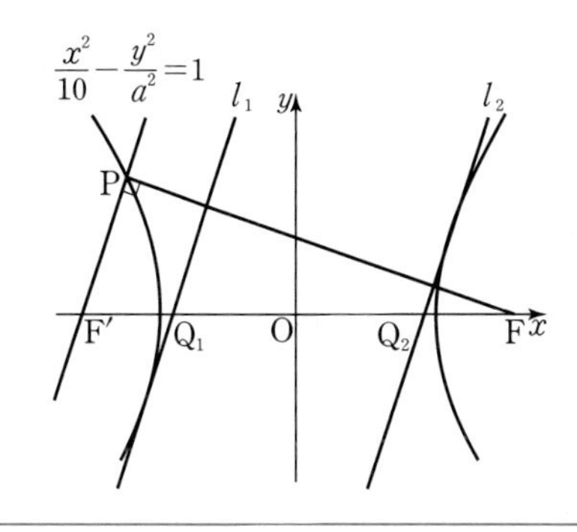

Step 1 삼각형 F′FP의 넓이가 15임을 이용하여 두 선분 PF, PF′의 길이를 구한다.

$\overline{\mathrm{PF}}=t$ $(t>0)$라 하면 쌍곡선의 주축의 길이가 $2\sqrt{10}$이므로 → $\overline{\mathrm{PF}}-\overline{\mathrm{PF'}}$

$\overline{\mathrm{PF'}}=t-2\sqrt{10}$

삼각형 F′FP는 넓이가 15인 직각삼각형이므로

$\frac{1}{2}\times\overline{\mathrm{PF}}\times\overline{\mathrm{PF'}}=\frac{1}{2}t(t-2\sqrt{10})=15$

$t^2-2\sqrt{10}t-30=(t+\sqrt{10})(t-3\sqrt{10})=0$

$\therefore t=3\sqrt{10}$ $(\because t>0)$

따라서 $\overline{\mathrm{PF}}=3\sqrt{10}$, $\overline{\mathrm{PF'}}=\sqrt{10}$이다. → $3\sqrt{10}-2\sqrt{10}=\sqrt{10}$

Step 2 c, a^2의 값을 각각 구한다.

직각삼각형 F′FP에서 $\overline{\mathrm{F'F}}^2=(\sqrt{10})^2+(3\sqrt{10})^2=100$이므로 (→ $\overline{\mathrm{F'F}}=2c$, $\sqrt{10}=\overline{\mathrm{PF'}}$, $3\sqrt{10}=\overline{\mathrm{PF}}$)

$4c^2=100$ $\quad\therefore c=5$ $(\because c>0)$

또한 쌍곡선 $\frac{x^2}{10}-\frac{y^2}{a^2}=1$에서 $c^2=10+a^2=25$이므로 $a^2=15$ → 쌍곡선의 성질

Step 3 두 직선 l_1, l_2의 방정식을 구한다.

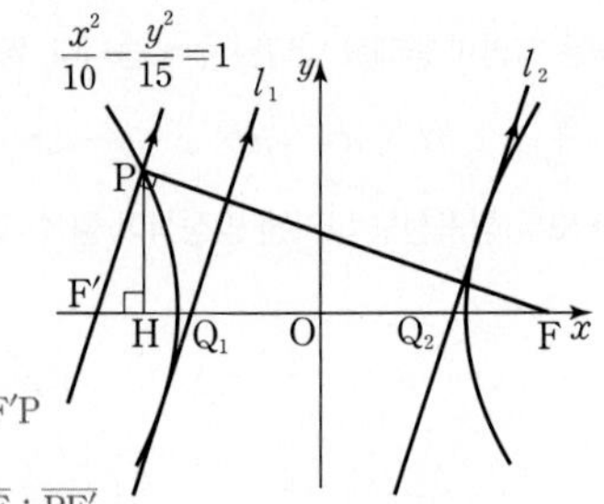

→ $\triangle PF'H \backsim \triangle FF'P$ 이므로 $\overline{PH}:\overline{F'H}=\overline{PF}:\overline{PF'}$

점 P에서 x축에 내린 수선의 발을 H라 하면

$$\frac{\overline{PH}}{\overline{F'H}}=\frac{\overline{PF}}{\overline{PF'}}=\frac{3\sqrt{10}}{\sqrt{10}}=3$$

이므로 직선 PF′의 기울기는 3이다.

두 직선 l_1, l_2의 기울기도 3이므로 쌍곡선 $\frac{x^2}{10}-\frac{y^2}{15}=1$에 접하고

→ 두 직선 l_1, l_2와 직선 PF′은 평행하다.

기울기가 3인 직선의 방정식은

$y=3x\pm\sqrt{10\times3^2-15}=3x\pm5\sqrt{3}$

$\therefore l_1 : y=3x+5\sqrt{3},\ l_2 : y=3x-5\sqrt{3}$

두 점 Q_1, Q_2는 각각 두 직선 l_1, l_2가 x축과 만나는 점이므로

$Q_1\left(-\frac{5\sqrt{3}}{3},\ 0\right)$, $Q_2\left(\frac{5\sqrt{3}}{3},\ 0\right)$ → $3x+5\sqrt{3}=0$에서 $x=-\frac{5\sqrt{3}}{3}$

따라서 $\overline{Q_1Q_2}=\frac{10\sqrt{3}}{3}$이므로 $p=3$, $q=10$

$\therefore p+q=3+10=13$

074 [정답률 34%]

정답 ③

0이 아닌 실수 p에 대하여 좌표평면 위의 두 포물선 $x^2=2y$와 $\left(y+\frac{1}{2}\right)^2=4px$에 동시에 접하는 직선의 개수를 $f(p)$라 하자.
$\lim_{p\to k+} f(p)>f(k)$를 만족시키는 실수 k의 값은? (4점)

① $-\frac{\sqrt{3}}{3}$ ② $-\frac{2\sqrt{3}}{9}$ ③ $-\frac{\sqrt{3}}{9}$
④ $\frac{2\sqrt{3}}{9}$ ⑤ $\frac{\sqrt{3}}{3}$

→ (극한값)≠(함숫값)이므로 $p=k$일 때 접하는 직선의 개수가 달라져.

Step 1 두 포물선의 위치 관계에 따라 동시에 접하는 직선의 개수가 어떻게 변하는지 파악한다.

p의 값의 부호에 따라 두 포물선 $x^2=2y$와 $\left(y+\frac{1}{2}\right)^2=4px$에 동시에 접하는 직선의 개수를 파악해 보면 다음과 같다.

(i) $p>0$일 때

(1) 두 포물선이 만나지 않는 경우

다음 그림과 같이 두 포물선 $x^2=2y$와 $\left(y+\frac{1}{2}\right)^2=4px$에 동시에 접하는 직선의 개수는 3이다.

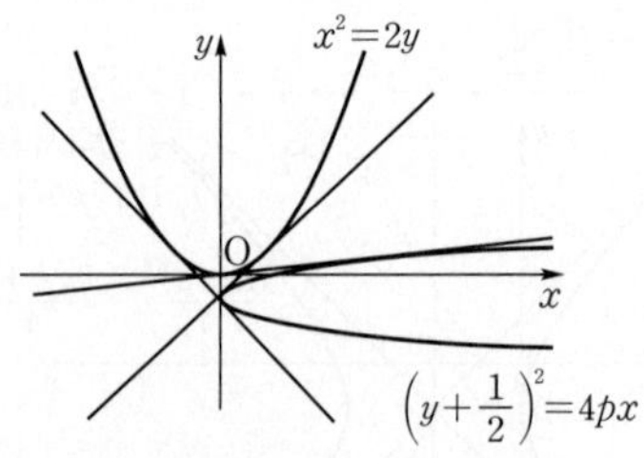

(2) 두 포물선이 한 점에서 접하는 경우

다음 그림과 같이 두 포물선 $x^2=2y$와 $\left(y+\frac{1}{2}\right)^2=4px$에 동시에 접하는 직선의 개수는 2이다. → 접하는 점에서 동시에 접하는 직선을 그을 수 있어!

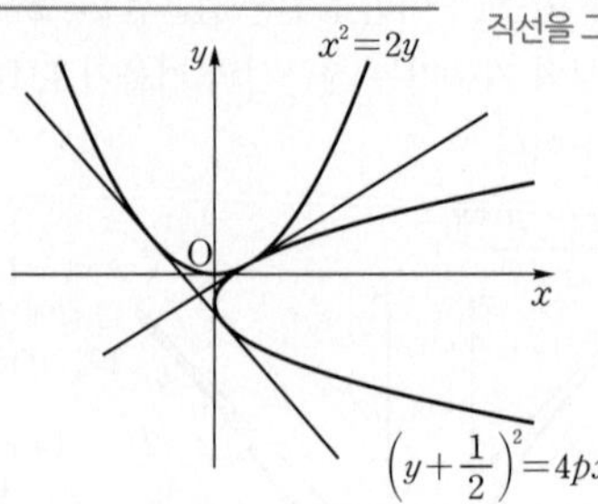

(3) 두 포물선이 두 점에서 만나는 경우

다음 그림과 같이 두 포물선 $x^2=2y$와 $\left(y+\frac{1}{2}\right)^2=4px$에 동시에 접하는 직선의 개수는 1이다.

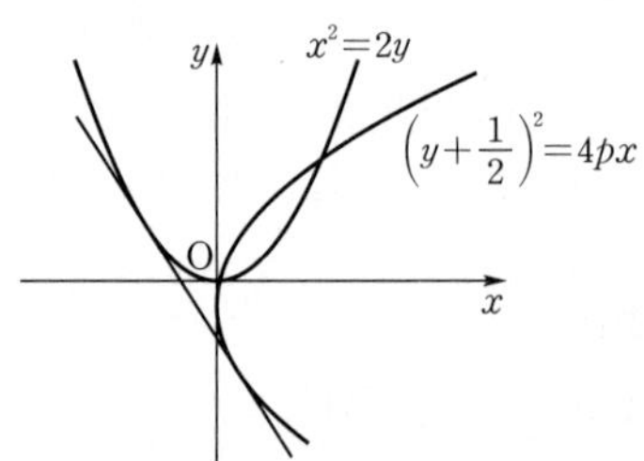

따라서 (1)~(3)에서 두 포물선에 동시에 접하는 직선의 개수는 두 포물선이 한 점에서 접할 때를 기준으로 바뀐다.

(ii) $p<0$일 때 → 포물선 $\left(y+\frac{1}{2}\right)^2=4px$가 y축을 기준으로 왼쪽에 그려져.

(1) 두 포물선이 만나지 않는 경우

다음 그림과 같이 두 포물선 $x^2=2y$와 $\left(y+\frac{1}{2}\right)^2=4px$에 동시에 접하는 직선의 개수는 3이다.

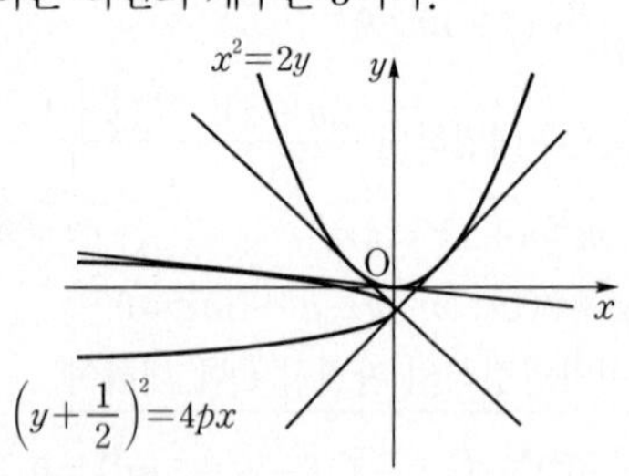

(2) 두 포물선이 한 점에서 접하는 경우

다음 그림과 같이 두 포물선 $x^2=2y$와 $\left(y+\frac{1}{2}\right)^2=4px$에 동시에 접하는 직선의 개수는 2이다.

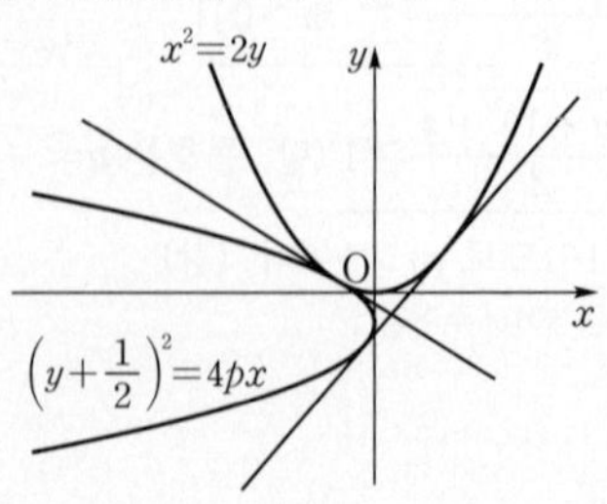

본문 87쪽

(3) 두 포물선이 두 점에서 만나는 경우

다음 그림과 같이 두 포물선 $x^2=2y$와 $\left(y+\frac{1}{2}\right)^2=4px$에 동시에 접하는 직선의 개수는 1이다.

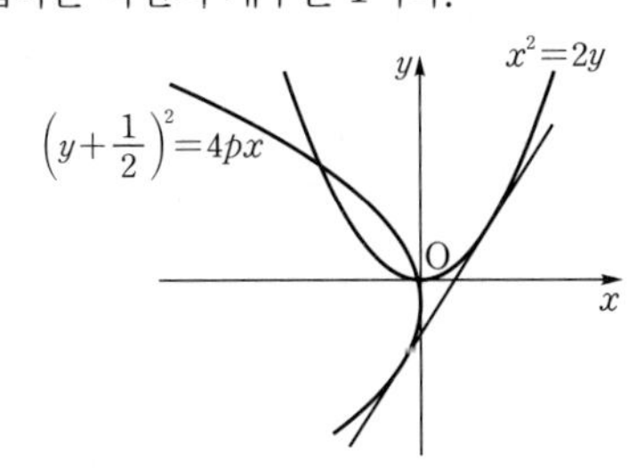

따라서 (1)~(3)에서 두 포물선에 동시에 접하는 직선의 개수는 두 포물선이 한 점에서 접할 때를 기준으로 바뀐다.

그러므로 (i), (ii)에서 함수 $f(p)$의 값은 두 포물선이 한 점에서 접할 때를 기준으로 바뀜을 알 수 있다.
$f(p)$가 3, 2, 1로 다른 값을 가지게 돼.

Step 2 두 포물선이 한 점에서 접할 때의 p의 값을 구한다.

두 포물선 $x^2=2y$와 $\left(y+\frac{1}{2}\right)^2=4px$가 한 점에서 접할 때의 p의 값을 구하기 위해 두 포물선이 접하는 점의 좌표를 $\left(\alpha,\ \frac{\alpha^2}{2}\right)$이라 하자.

포물선 $x^2=2y$에서 $y=\frac{1}{2}x^2$이고,

$y'=x$이므로 점 $\left(\alpha,\ \frac{\alpha^2}{2}\right)$에서의 접선의 기울기는 α이다.

기울기가 α이고 점 $\left(\alpha,\ \frac{\alpha^2}{2}\right)$을 지나는 직선의 방정식은

$y-\frac{\alpha^2}{2}=\alpha(x-\alpha)$, $y-\frac{\alpha^2}{2}=\alpha x-\alpha^2$

$\therefore y=\alpha x-\frac{\alpha^2}{2}$

이 직선이 포물선 $\left(y+\frac{1}{2}\right)^2=4px$와 한 점에서 만나야 하므로 직선의 방정식을 포물선의 식에 대입하면

$\left(\alpha x-\frac{\alpha^2}{2}+\frac{1}{2}\right)^2=4px$에서

$\alpha^2x^2-2\alpha\left(\frac{\alpha^2}{2}-\frac{1}{2}\right)x+\left(\frac{\alpha^2}{2}-\frac{1}{2}\right)^2=4px$

$\therefore \alpha^2x^2-(\alpha^3-\alpha+4p)x+\left(\frac{\alpha^2}{2}-\frac{1}{2}\right)^2=0$

이 이차방정식이 중근을 가져야 하므로 판별식을 D라 하면

$D=\underline{(\alpha^3-\alpha+4p)^2}-4\times\alpha^2\times\left(\frac{\alpha^2}{2}-\frac{1}{2}\right)^2$
$(a+b+c)^2=a^2+b^2+c^2+2ab+2bc+2ca$ 이용 전개

$D=0$에서

$\alpha^6+\alpha^2+16p^2-2\alpha^4-8p\alpha+8p\alpha^3-(\alpha^6-2\alpha^4+\alpha^2)=0$

$16p^2-8p\alpha+8p\alpha^3=0$

$8p(2p-\alpha+\alpha^3)=0$

이때 $p\neq0$이므로 $2p-\alpha+\alpha^3=0$

$\therefore 2p=-\alpha^3+\alpha$ ...... ㉠

점 $\left(\alpha,\ \frac{\alpha^2}{2}\right)$은 포물선 $\left(y+\frac{1}{2}\right)^2=4px$ 위의 점이므로

$\left(\frac{\alpha^2}{2}+\frac{1}{2}\right)^2=4p\alpha$에서 $\frac{\alpha^4}{4}+\frac{\alpha^2}{2}+\frac{1}{4}=4p\alpha$

㉠을 위의 식에 대입하면

$\frac{\alpha^4}{4}+\frac{\alpha^2}{2}+\frac{1}{4}=2(-\alpha^3+\alpha)\times\alpha$

$\alpha^4+2\alpha^2+1=-8\alpha^4+8\alpha^2$

$9\alpha^4-6\alpha^2+1=0$

$(3\alpha^2-1)^2=0$, $3\alpha^2=1$ $\quad\therefore \alpha=\pm\frac{\sqrt{3}}{3}$

$\alpha=\frac{\sqrt{3}}{3}$일 때 ㉠에서 $2p=-\left(\frac{\sqrt{3}}{3}\right)^3+\frac{\sqrt{3}}{3}=\frac{2\sqrt{3}}{9}$

$\therefore p=\frac{\sqrt{3}}{9}$

$\alpha=-\frac{\sqrt{3}}{3}$일 때 ㉠에서 $2p=-\left(-\frac{\sqrt{3}}{3}\right)^3+\left(-\frac{\sqrt{3}}{3}\right)=-\frac{2\sqrt{3}}{9}$

$\therefore p=-\frac{\sqrt{3}}{9}$

Step 3 $\lim\limits_{p\to k+}f(p)>f(k)$를 만족시키는 k의 값을 구한다.

따라서 함수 $f(p)(p\neq0)$는

$$f(p)=\begin{cases}1\left(|p|>\frac{\sqrt{3}}{9}\right)\\ 2\left(|p|=\frac{\sqrt{3}}{9}\right)\\ 3\left(-\frac{\sqrt{3}}{9}<p<0,\ 0<p<\frac{\sqrt{3}}{9}\right)\end{cases}$$

이므로 함수 $y=f(p)(p\neq0)$의 그래프는 다음과 같다.

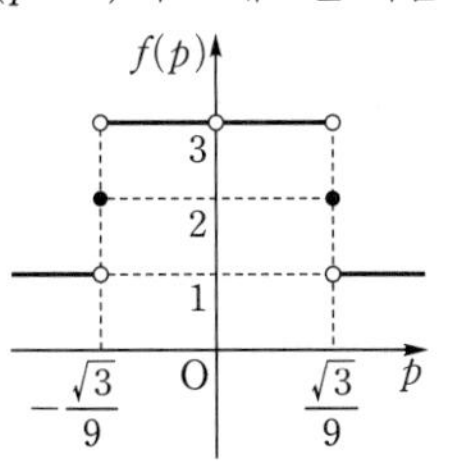

그러므로 $\lim\limits_{p\to k+}f(p)>f(k)$를 만족시키는 k의 값은

$\lim\limits_{p\to k+}f(p)=3$, $f(k)=2$일 때의 값인 $k=-\frac{\sqrt{3}}{9}$이다.
k를 기준으로 오른쪽에서 다가가는 거야.

075 [정답률 44%]

정답 14

중요 세 점 $A(x_1, y_1)$, $B(x_2, y_2)$, $C(x_3, y_3)$에 대하여 삼각형 ABC의 무게중심의 좌표는 $\left(\frac{x_1+x_2+x_3}{3},\ \frac{y_1+y_2+y_3}{3}\right)$이다.

좌표평면에서 포물선 $y^2=16x$ 위의 점 A에 대하여 점 B는 다음 조건을 만족시킨다.

> (가) 점 A가 원점이면 점 B도 원점이다.
> (나) 점 A가 원점이 아니면 점 B는 점 A, 원점 그리고 점 A에서의 접선이 y축과 만나는 점을 세 꼭짓점으로 하는 삼각형의 무게중심이다.

점 A가 포물선 $y^2=16x$ 위를 움직일 때 점 B가 나타내는 곡선을 C라 하자. 점 (3, 0)을 지나는 직선이 곡선 C와 두 점 P, Q에서 만나고 $\overline{PQ}=20$일 때, 두 점 P, Q의 x좌표의 값의 합을 구하시오. (4점)

B(X, Y)로 놓아 X, Y 사이의 관계식을 세운다.

Step 1 원점이 아닌 점 A의 좌표를 (x_1, y_1)이라 하고 점 A에서의 접선의 방정식을 구하여 접선과 y축의 교점의 좌표를 구한다.

원점이 아닌 점 A의 좌표를 $A(x_1, y_1)$이라 하면
점 $A(x_1, y_1)$이 포물선 $y^2=16x$ 위의 점이므로
$y_1{}^2=16x_1$ …… ㉠
점 A에서의 접선의 방정식은
$y_1y=8(x+x_1)$

포물선 $y^2=4px$ 위의 점 (x_1, y_1)에서의 접선의 방정식은 $y_1y=2p(x+x_1)$

이 접선과 y축과의 교점을 D라 하고 점 D의 y좌표를 구하면
$y_1y=8(0+x_1)$에서 $y=\dfrac{8x_1}{y_1}$ $(y_1\neq0)$ …… ㉡

㉠에서 $8x_1=\frac{1}{2}y_1{}^2$

㉠을 ㉡에 대입하면 $y=\dfrac{\frac{1}{2}y_1{}^2}{y_1}=\dfrac{1}{2}y_1$

$\therefore D\left(0, \dfrac{1}{2}y_1\right)$

Step 2 무게중심 B의 좌표를 구한다.

따라서 삼각형 OAD의 무게중심 B의 좌표는
$\left(\dfrac{0+x_1+0}{3}, \dfrac{0+y_1+\frac{1}{2}y_1}{3}\right)$
$\therefore B\left(\dfrac{x_1}{3}, \dfrac{y_1}{2}\right)$

무게중심의 좌표
세 점 $(x_1, y_1), (x_2, y_2), (x_3, y_3)$을 꼭짓점으로 하는 삼각형의 무게중심의 좌표는
$\left(\dfrac{x_1+x_2+x_3}{3}, \dfrac{y_1+y_2+y_3}{3}\right)$

Step 3 곡선 C의 방정식을 구한다.

이때 $\dfrac{x_1}{3}=X$, $\dfrac{y_1}{2}=Y$로 놓으면

$y_1{}^2=16x_1$을 이용하기 위해 x_1과 y_1을 X와 Y에 대해 정리한다.

$x_1=3X$, $y_1=2Y$이므로 ㉠에 대입하면

점 (x_1, y_1)은 포물선 $y^2=16x$ 위의 점 A의 좌표야.

$(2Y)^2=16\times3X$
$4Y^2=48X$ $\therefore Y^2=12X$

A가 원점일 때 B가 원점인 경우도 함께 나타낸다.

따라서 점 B가 나타내는 곡선 C는 포물선 $y^2=12x$이다.

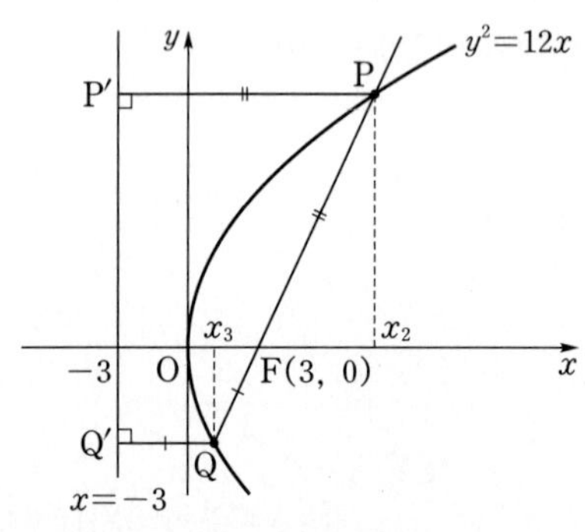

포물선 위의 점에서 준선과 초점까지의 거리는 서로 같다.

Step 4 포물선의 정의를 이용하여 문제를 푼다.

$y^2=12x=4\times3x$에서 점 $(3, 0)$은 이 포물선의 초점 F이고,
이 포물선의 준선의 방정식은 $x=-3$이다.
두 점 P, Q의 좌표를 각각 $P(x_2, y_2)$, $Q(x_3, y_3)$이라 하고,
두 점 P, Q에서 준선에 내린 수선의 발을 각각 P′, Q′이라 하면
$\overline{PF}=\overline{PP'}$, $\overline{QF}=\overline{QQ'}$이고

포물선의 정의

$\overline{PQ}=\overline{PF}+\overline{QF}$
$=\overline{PP'}+\overline{QQ'}$
$=(x_2+3)+(x_3+3)$
$=(x_2+x_3)+6=20$

문제의 조건에서 $\overline{PQ}=20$

$\therefore$ (두 점 P, Q의 x좌표의 값의 합)$=x_2+x_3=14$

076 [정답률 34%] 정답 ⑤

좌표평면에서 두 점 $A(-2, 0)$, $B(2, 0)$에 대하여 다음 조건을 만족시키는 직사각형의 넓이의 최댓값은? (4점)

> 직사각형 위를 움직이는 점 P에 대하여 $\overline{PA}+\overline{PB}$의 값은 점 P의 좌표가 $(0, 6)$일 때 최대이고 $\left(\dfrac{5}{2}, \dfrac{3}{2}\right)$일 때 최소이다.

① $\dfrac{200}{19}$ ② $\dfrac{210}{19}$ ③ $\dfrac{220}{19}$
④ $\dfrac{230}{19}$ ⑤ $\dfrac{240}{19}$

Step 1 타원의 정의를 이용하여 조건을 만족시키는 직사각형을 그림으로 나타낸다.

두 점 A, B에 대하여 $\overline{PA}+\overline{PB}$의 값은 두 점 A, B를 초점으로 하는 타원 위의 점 P에 대하여 항상 일정하므로 주어진 조건을 타원을 경계로 하는 영역에 대하여 생각해볼 수 있다.
두 점 $A(-2, 0)$, $B(2, 0)$을 초점으로 하고 점 $(0, 6)$을 지나는 타원의 방정식을 $\dfrac{x^2}{a^2}+\dfrac{y^2}{b^2}=1$이라 하면
$\sqrt{a^2-b^2}=2$에서 $a^2-b^2=4$
$\dfrac{36}{b^2}=1$에서 $b^2=36$, $a^2=40$

타원의 방정식에 $x=0$, $y=6$ 대입

따라서 구하는 타원의 방정식은 $\dfrac{x^2}{40}+\dfrac{y^2}{36}=1$

두 점 $A(-2, 0)$, $B(2, 0)$을 초점으로 하고 점 $\left(\dfrac{5}{2}, \dfrac{3}{2}\right)$을 지나는 타원의 방정식을 $\dfrac{x^2}{c^2}+\dfrac{y^2}{d^2}=1$이라 하면
$\sqrt{c^2-d^2}=2$에서 $c^2-d^2=4$ …… ㉠
점 P가 $\left(\dfrac{5}{2}, \dfrac{3}{2}\right)$일 때
$\overline{PA}=\sqrt{\left(-2-\dfrac{5}{2}\right)^2+\left(0-\dfrac{3}{2}\right)^2}=\sqrt{\dfrac{90}{4}}=\dfrac{3\sqrt{10}}{2}$
$\overline{PB}=\sqrt{\left(2-\dfrac{5}{2}\right)^2+\left(0-\dfrac{3}{2}\right)^2}=\sqrt{\dfrac{10}{4}}=\dfrac{\sqrt{10}}{2}$
이므로 $\overline{PA}+\overline{PB}=2\sqrt{10}$
즉, 구하는 타원의 장축의 길이가 $2\sqrt{10}$이므로
$2c=2\sqrt{10}$에서 $c=\sqrt{10}$ $\therefore c^2=10$

타원 위의 한 점에서 두 초점까지의 거리의 합이 장축의 길이야!

이를 ㉠에 대입하면 $d^2=6$
따라서 구하는 타원의 방정식은 $\dfrac{x^2}{10}+\dfrac{y^2}{6}=1$
그러므로 구하는 직사각형은 타원 $\dfrac{x^2}{40}+\dfrac{y^2}{36}=1$의 내부(경계선 포함)에 있고, 타원 $\dfrac{x^2}{10}+\dfrac{y^2}{6}=1$의 외부(경계선 포함)에 있으면서 두 점 $(0, 6)$, $\left(\dfrac{5}{2}, \dfrac{3}{2}\right)$을 지나야 한다.

타원의 내부에 존재하면 $\overline{AP}+\overline{BP}$의 값이 점 P의 좌표가 $\left(\frac{5}{2}, \frac{3}{2}\right)$일 때보다 작아지는 경우가 생겨.

이때 직사각형의 넓이가 최대가 되는 경우를 그림으로 나타내어 보면 다음과 같다.

본문 88쪽

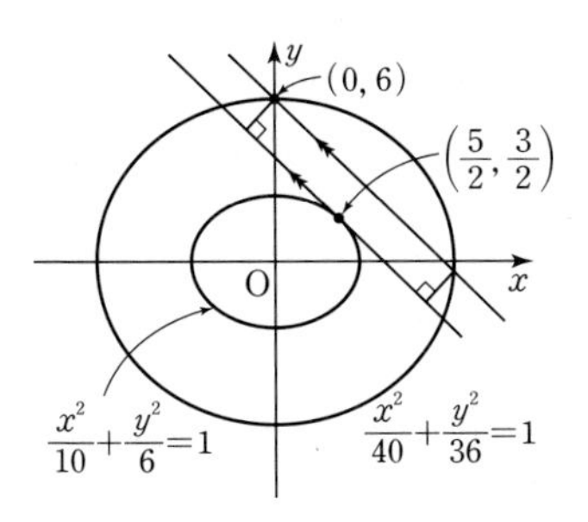

Step 2 타원 위의 점 $\left(\frac{5}{2}, \frac{3}{2}\right)$에서의 접선의 방정식을 이용하여 직사각형의 짧은 변의 길이를 구한다.

타원 $\frac{x^2}{10}+\frac{y^2}{6}=1$ 위의 점 $\left(\frac{5}{2}, \frac{3}{2}\right)$에서의 접선의 방정식은

$\frac{\frac{5}{2}x}{10}+\frac{\frac{3}{2}y}{6}=1$에서

→ 타원 $\frac{x^2}{a^2}+\frac{y^2}{b^2}=1$ 위의 점 (m, n)에서의 접선의 방정식은 $\frac{mx}{a^2}+\frac{ny}{b^2}=1$이야.

$\frac{1}{4}x+\frac{1}{4}y=1$

$\therefore x+y-4=0$

점 $(0, 6)$과 직선 $x+y-4=0$ 사이의 거리는

$\frac{|1\times0+1\times6-4|}{\sqrt{1^2+1^2}}=\frac{2}{\sqrt{2}}=\sqrt{2}$

이므로 주어진 직사각형의 짧은 변의 길이는 $\sqrt{2}$이다.

Step 3 직사각형의 긴 변의 길이를 구한다.

점 $(0, 6)$을 지나고 기울기가 -1인 직선의 방정식은

$y=-x+6$ ⋯⋯ ㉡

이 직선이 타원 $\frac{x^2}{40}+\frac{y^2}{36}=1$과 만나는 점 중 점 $(0, 6)$이 아닌 점의 좌표를 구하기 위해 직선과 타원의 방정식을 연립하면

$\frac{x^2}{40}+\frac{(-x+6)^2}{36}=1$에서 $9x^2+10(-x+6)^2=360$

→ 이 식을 만족하는 x의 값이 교점의 x좌표야!

$9x^2+10(x^2-12x+36)=360$

$19x^2-120x=0$, $19x\left(x-\frac{120}{19}\right)=0$

→ $x=0$인 경우는 제외!

$\therefore x=\frac{120}{19}$

이를 ㉡에 대입하면

$y=-\frac{120}{19}+6=-\frac{120}{19}+\frac{114}{19}=-\frac{6}{19}$

따라서 구하는 교점의 좌표는 $\left(\frac{120}{19}, -\frac{6}{19}\right)$이므로 직사각형의 긴 변의 길이는

$\sqrt{\left(\frac{120}{19}-0\right)^2+\left(-\frac{6}{19}-6\right)^2}=\sqrt{\left(\frac{120}{19}\right)^2+\left(-\frac{120}{19}\right)^2}=\frac{120\sqrt{2}}{19}$

Step 4 조건을 만족시키는 직사각형의 넓이의 최댓값을 구한다.

따라서 구하는 직사각형의 넓이의 최댓값은

$\frac{120\sqrt{2}}{19}\times\sqrt{2}=\frac{240}{19}$

077

정답 128

→ 두 포물선의 각 꼭짓점과 준선 사이의 거리는 2

y축을 준선으로 하고 초점이 x축 위에 있는 두 포물선이 있다. 두 포물선이 y축에 대하여 서로 대칭이고, 두 포물선의 꼭짓점 사이의 거리는 4이다. 두 포물선에 동시에 접하고 기울기가 양수인 직선을 그을 때, 두 접점 사이의 거리를 d라 하자. d^2의 값을 구하시오. (3점)

→ d를 구하기 위해서는 두 접점의 좌표를 알아야 해.

Step 1 조건을 만족시키는 포물선의 방정식을 구한다.

→ 두 포물선의 초점도 y축에 대하여 서로 대칭

초점이 x축 위에 있고 y축에 대하여 서로 대칭인 두 포물선의 꼭짓점 사이의 거리가 4이므로 두 포물선의 꼭짓점의 좌표는 각각 $(2, 0)$, $(-2, 0)$이다.

→ 꼭짓점이 원점으로부터 x축의 방향으로 각각 2, -2만큼 떨어져 있으므로 각각 $y^2=4p_1(x-2)$, $y^2=4p_2(x+2)$로 놓을 수 있다.

또한, 두 포물선의 준선이 모두 y축이므로 두 포물선의 방정식은 각각 $y^2=8(x-2)$, $y^2=-8(x+2)$

→ 두 포물선 모두 준선과 꼭짓점 사이의 거리가 2이므로 $|p|=2$ $\therefore p_1=2, p_2=-2$

Step 2 두 포물선에 동시에 접하는 직선의 방정식과 접점의 좌표를 구한다.

두 포물선에 동시에 접하는 직선을 l이라 하면 x축을 포물선의 축으로 하는 두 포물선이 y축에 대하여 대칭이므로 직선 l이 원점을 지난다.

→ 원점을 지나고 기울기가 m인 직선이야.

즉, 직선 l의 방정식을 $y=mx$라 하자.

이 직선이 포물선 $y^2=8(x-2)$에 접해야 하므로 $y=mx$를 포물선의 식에 대입하면

$(mx)^2=8(x-2)$에서 $m^2x^2=8x-16$

$\therefore m^2x^2-8x+16=0$ ⋯⋯ ㉠

이 이차방정식이 중근을 가져야 하므로 판별식을 D라 하면

→ 그래야 직선과 포물선이 한 점에서만 만나게 돼.

$\frac{D}{4}=(-4)^2-m^2\times16$

$=16-16m^2$

$\frac{D}{4}=0$에서 $16m^2=16$

$m^2=1$ $\therefore m=1$ ($\because m>0$)

→ 문제에서 접하는 직선의 기울기가 양수라고 했어.

이를 ㉠에 대입하면

$x^2-8x+16=0$, $(x-4)^2=0$

$\therefore x=4$

따라서 접점의 x좌표가 4이므로 직선 $y=x$와 포물선 $y^2=8(x-2)$가 접하는 점을 A라 하면 점 A의 좌표는 A$(4, 4)$

→ 직선 l

→ $y=x$에 $x=4$를 대입하면 $y=4$

직선 l과 포물선 $y^2=-8(x+2)$가 접하는 점은 두 포물선이 y축에 대하여 서로 대칭이고 초점이 x축 위에 있으므로 점 A와 원점에 대하여 대칭인 점이다.

→ 두 포물선의 대칭성에 의해 접선 l과의 각 교점도 원점에 대하여 서로 대칭이다.

즉, 나머지 한 접점의 좌표는 $(-4, -4)$이다.

Step 3 두 접점 사이의 거리를 구한다.

두 접점 $(4, 4)$, $(-4, -4)$ 사이의 거리 d를 구하면

$d=\sqrt{\{4-(-4)\}^2+\{4-(-4)\}^2}=\sqrt{128}$

$\therefore d^2=128$

두 점 A(x_1, y_1), B(x_2, y_2) 사이의 거리
$\overline{AB}=\sqrt{(x_2-x_1)^2+(y_2-y_1)^2}$

078

정답 16

좌표평면에서 타원 $\frac{x^2}{25}+\frac{y^2}{16}=1$ 위의 점 $P\left(3, \frac{16}{5}\right)$에서의 접선을 l이라 하자. 타원의 두 초점 F, F′과 직선 l 사이의 거리를 각각 d, d'이라 할 때, dd'의 값을 구하시오. (3점)

→ 타원 위의 점에서의 접선의 방정식을 구한다.

Step 1 타원의 접선의 방정식 공식을 이용하여 접선의 방정식을 구한다.

타원 위의 점 $P\left(3, \frac{16}{5}\right)$에서의 접선의 방정식은

$$\frac{3x}{25}+\frac{\frac{16}{5}y}{16}=1,\ \frac{3x}{25}+\frac{y}{5}=1$$

$\therefore\ 3x+5y-25=0$ → 직선 l의 방정식

> 타원 $\frac{x^2}{a^2}+\frac{y^2}{b^2}=1$ 위의 점 (x_1, y_1)에서의 접선의 방정식 $\frac{x_1x}{a^2}+\frac{y_1y}{b^2}=1$

Step 2 점과 직선 사이의 거리 공식을 이용하여 타원의 두 초점 F, F′과 직선 l 사이의 거리를 구한다.

타원 $\frac{x^2}{25}+\frac{y^2}{16}=1$의 두 초점 F, F′의 좌표를 각각 $F(c, 0)$, $F'(-c, 0)$ $(c>0)$이라 하면

$c^2=25-16=9$에서 $c=3$

$\therefore\ F(3, 0),\ F'(-3, 0)$

> 타원 $\frac{x^2}{a^2}+\frac{y^2}{b^2}=1\ (a>b>0)$에서 두 초점 F, F′은 $F(\sqrt{a^2-b^2}, 0)$, $F'(-\sqrt{a^2-b^2}, 0)$으로 나타낼 수 있다.

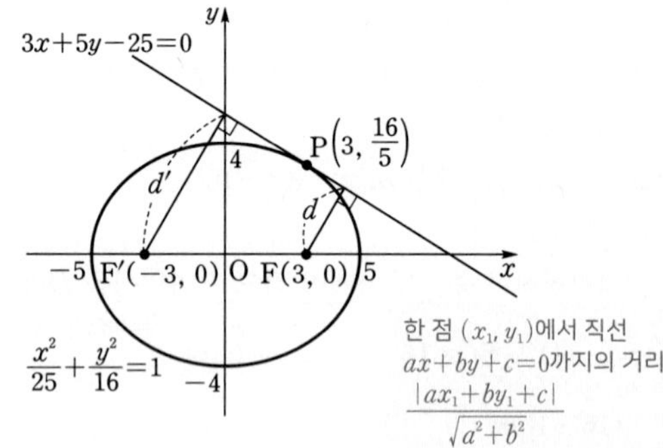

> 한 점 (x_1, y_1)에서 직선 $ax+by+c=0$까지의 거리 $\frac{|ax_1+by_1+c|}{\sqrt{a^2+b^2}}$

이 두 초점과 직선 l 사이의 거리 d, d'을 점과 직선 사이의 거리 공식을 이용하여 각각 구하면

$$d=\frac{|9-25|}{\sqrt{9+25}}=\frac{16}{\sqrt{34}},\ d'=\frac{|-9-25|}{\sqrt{9+25}}=\frac{34}{\sqrt{34}}=\sqrt{34}$$

$$\therefore\ dd'=\frac{16}{\sqrt{34}}\times\sqrt{34}=16$$

079

정답 ④

타원 $\frac{x^2}{16}+\frac{y^2}{9}=1$과 두 점 $A(4, 0)$, $B(0, -3)$이 있다. 이 타원 위의 점 P에 대하여 삼각형 ABP의 넓이가 k가 되도록 하는 점 P의 개수가 3일 때, 상수 k의 값은? (3점)

① $3\sqrt{2}-3$　② $6\sqrt{2}-7$　③ $3\sqrt{2}-2$
④ $6\sqrt{2}-6$　⑤ $6\sqrt{2}-5$

Step 1 주어진 타원에 접하고 기울기가 $\frac{3}{4}$인 직선의 방정식을 구한다.

두 점 A, B의 좌표가 $A(4, 0)$, $B(0, -3)$이므로 직선 AB의 방정식은

$$y=\frac{3}{4}(x-4)=\frac{3}{4}x-3$$

이때 타원 $\frac{x^2}{16}+\frac{y^2}{9}=1$에 접하고 기울기가 $\frac{3}{4}$인 직선의 방정식은

$$y=\frac{3}{4}x\pm\sqrt{16\times\left(\frac{3}{4}\right)^2+9}=\frac{3}{4}x\pm3\sqrt{2}$$

> 타원 $\frac{x^2}{a^2}+\frac{y^2}{b^2}=1\ (a\neq0, b\neq0)$에 접하고 기울기가 m인 직선의 방정식은 $y=mx\pm\sqrt{a^2m^2+b^2}$임을 이용

Step 2 타원 위의 점 P에 대하여 삼각형 ABP의 넓이가 k가 되도록 하는 점 P의 개수가 3인 경우를 찾는다.

타원 $\frac{x^2}{16}+\frac{y^2}{9}=1$과 직선 $y=\frac{3}{4}x+n$ $(-3\sqrt{2}<n<3\sqrt{2},\ n\neq-3)$의 교점을 C, D라 하면 오른쪽 그림과 같이 두 삼각형 CBA, DBA는 넓이가 같다.

> 밑변의 길이는 $\overline{AB}$, 높이는 직선 AB와 직선 CD 사이의 거리이므로 넓이가 같다.

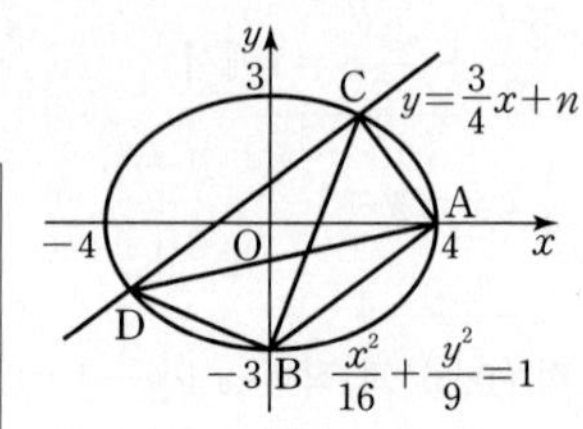

즉, 타원 위의 점 P에 대하여 삼각형 ABP의 넓이가 k가 되도록 하는 점 P의 개수가 3인 경우는 다음 그림과 같다.

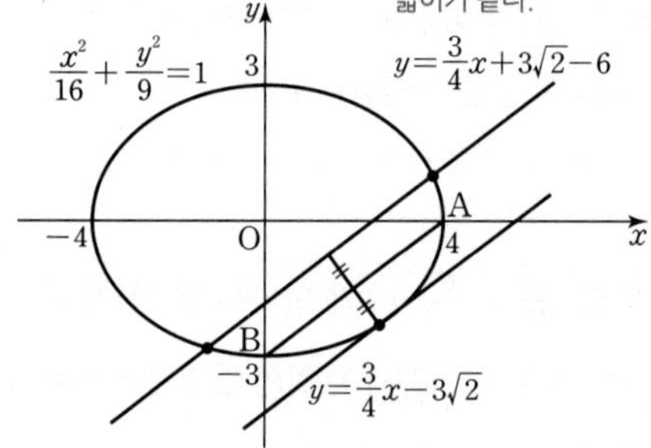

Step 3 점과 직선 사이의 거리 공식을 이용하여 k의 값을 구한다.

접선의 방정식이 $\frac{3}{4}x-y-3\sqrt{2}=0$이므로 점 $A(4, 0)$과 접선 사이의 거리를 d라 하면

> 직선 $y=\frac{3}{4}x-3\sqrt{2}$의 일반형

$$d=\frac{\left|\frac{3}{4}\times4-0-3\sqrt{2}\right|}{\sqrt{\left(\frac{3}{4}\right)^2+(-1)^2}}=\frac{3\sqrt{2}-3}{\sqrt{\frac{25}{16}}}=\frac{12\sqrt{2}-12}{5}$$

따라서 $\overline{AB}=5$이므로 k의 값은

> $\overline{AB}=\sqrt{\overline{OA}^2+\overline{OB}^2}=\sqrt{4^2+3^2}=5$

$$k=\frac{1}{2}\times5\times\frac{12\sqrt{2}-12}{5}=6\sqrt{2}-6$$

($5=\overline{AB}$, $\frac{12\sqrt{2}-12}{5}=d$)

080

정답 ③

두 점 F(2, 0), F′(−2, 0)을 초점으로 하고 장축의 길이가 12인 타원과 점 F를 초점으로 하고 직선 $x=-2$를 준선으로 하는 포물선이 제1사분면에서 만나는 점을 A라 하자. 타원 위의 점 P에 대하여 삼각형 APF의 넓이의 최댓값은?

(단, 점 P는 직선 AF 위의 점이 아니다.) (3점)

① $\sqrt{6}+3\sqrt{14}$ ② $2\sqrt{6}+3\sqrt{14}$ ③ $2\sqrt{6}+4\sqrt{14}$
④ $2\sqrt{6}+5\sqrt{14}$ ⑤ $3\sqrt{6}+5\sqrt{14}$

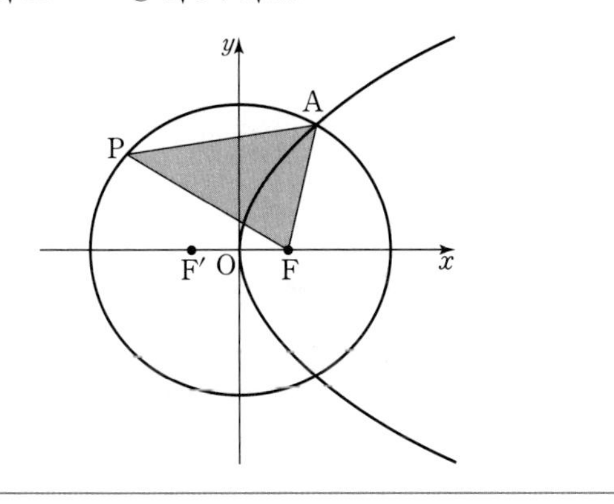

Step 1 점 A의 좌표를 구하여 선분 AF의 길이를 구한다.

두 점 (2, 0), (−2, 0)을 초점으로 하고 장축의 길이가 $12=2\times6$인 타원의 방정식은 $\frac{x^2}{36}+\frac{y^2}{32}=1$ …… ㉠

또한 점 (2, 0)을 초점으로 하고 직선 $x=-2$를 준선으로 하는 포물선의 방정식은 $y^2=8x$ …… ㉡

→ $\frac{x^2}{a^2}+\frac{y^2}{b^2}=1(a>0, b>0)$에서 (장축의 길이)$=2a=12$ $\therefore a=6$ $c=\sqrt{a^2-b^2}=2$에서 $b^2=32$

㉠, ㉡을 연립하면 $\frac{x^2}{36}+\frac{8x}{32}=1$

$x^2+9x-36=0$, $(x-3)(x+12)=0$

$\therefore x=3$ 또는 $x=-12$

이때 점 A는 제1사분면 위의 점이므로 $x=3$, $y=2\sqrt{6}$에서 A(3, $2\sqrt{6}$)

→ ㉡의 식에 $x=3$을 대입하면 $y^2=8\times3=24$에서 $y=2\sqrt{6}$

$\therefore \overline{AF}=\sqrt{(3-2)^2+(2\sqrt{6}-0)^2}=5$

Step 2 삼각형 APF의 넓이의 최댓값을 구한다.

삼각형 APF의 넓이가 최대가 되려면 타원 $\frac{x^2}{36}+\frac{y^2}{32}=1$ 위의 점 P에서의 접선의 기울기가 직선 AF의 기울기와 같아야 한다.

직선 AF의 기울기는 $\frac{2\sqrt{6}-0}{3-2}=2\sqrt{6}$이므로 점 P에서의 접선의 방정식은 $y=2\sqrt{6}x+\sqrt{36\times(2\sqrt{6})^2+32}$

→ 점 P는 제2사분면 위의 점이어야 하므로 점 P에서의 접선의 y절편은 양수이어야 한다.

$\therefore 2\sqrt{6}x-y+8\sqrt{14}=0$

직선 AF와 직선 $2\sqrt{6}x-y+8\sqrt{14}=0$ 사이의 거리를 d라 하면

$d=\frac{|2\times2\sqrt{6}-0+8\sqrt{14}|}{\sqrt{(2\sqrt{6})^2+1}}=\frac{4\sqrt{6}+8\sqrt{14}}{5}$

→ 점 F(2, 0)과 직선 $2\sqrt{6}x-y+8\sqrt{14}=0$ 사이의 거리

따라서 삼각형 APF의 넓이의 최댓값은

$\frac{1}{2}\times\overline{AF}\times d=\frac{1}{2}\times5\times\frac{4\sqrt{6}+8\sqrt{14}}{5}=2\sqrt{6}+4\sqrt{14}$

081

정답 ①

쌍곡선의 방정식에 $x=2$, $y=b$를 대입한다.

쌍곡선 $7x^2-ay^2=20$ 위의 점 (2, b)에서의 접선이 점 (0, −5)를 지날 때, $a+b$의 값은? (단, a, b는 상수이다.)

쌍곡선의 접선의 방정식을 구한다.

(3점)

① 4 ② 5 ③ 6
④ 7 ⑤ 8

Step 1 a와 b 사이의 관계식을 구한다.

쌍곡선 $7x^2-ay^2=20$, 즉 $\frac{7x^2}{20}-\frac{ay^2}{20}=1$에 대하여

쌍곡선 위의 점 (2, b)에서 그은 접선의 방정식을 구하면

$\frac{14x}{20}-\frac{aby}{20}=1$

> 중요 쌍곡선 $\frac{x^2}{a^2}-\frac{y^2}{b^2}=1$ 위의 점 (x_1, y_1)에서의 접선의 방정식은 $\frac{x_1x}{a^2}-\frac{y_1y}{b^2}=1$이다.

이 접선이 점 (0, −5)를 지나므로

$-\frac{ab\times(-5)}{20}=1$, $ab=4$ …… ㉠

또한 점 (2, b)가 쌍곡선 $7x^2-ay^2=20$ 위의 점이므로

→ $x=2$, $y=b$ 대입

$28-ab^2=20$

$ab^2=8$ …… ㉡

Step 2 두 식을 연립하여 a와 b의 값을 구한다.

㉠, ㉡을 연립하면 $b=2$이고 이를 ㉠에 대입하면 $a=2$

$\therefore a+b=2+2=4$

082

정답 ①

쌍곡선 $x^2-\frac{y^2}{3}=1$ 위의 제1사분면에 있는 점 P에서의 접선의 x절편이 $\frac{1}{3}$이다. 쌍곡선 $x^2-\frac{y^2}{3}=1$의 두 초점 중 x좌표가 양수인 점을 F라 할 때, 선분 PF의 길이는? (3점)

① 5 ② $\frac{16}{3}$ ③ $\frac{17}{3}$
④ 6 ⑤ $\frac{19}{3}$

Step 1 점 P의 좌표를 P(a, b)라 하고 점 P에서의 접선의 방정식을 구한다.

점 P의 좌표를 P(a, b) ($a>0$, $b>0$)이라 하면

$a^2-\frac{b^2}{3}=1$ …… ㉠

점 P에서의 접선의 방정식은 $ax-\frac{by}{3}=1$

→ x절편은 $y=0$일 때의 x의 값이므로 $ax=1$, $x=\frac{1}{a}$

이때 x절편이 $\frac{1}{3}$이므로

$\frac{1}{a}=\frac{1}{3}$ $\therefore a=3$

㉠에서 $9-\frac{b^2}{3}=1$ $\therefore b=2\sqrt{6}$ ($\because b>0$)

따라서 점 P의 좌표는 P(3, $2\sqrt{6}$)이다.

Step 2 초점 F의 좌표를 구하여 선분 PF의 길이를 구한다.

쌍곡선 $x^2-\frac{y^2}{3}=1$의 초점의 x좌표는

$\pm\sqrt{1+3}=\pm2$이므로 $F(2,\ 0)$

$\therefore\ \overline{PF}=\sqrt{(3-2)^2+(2\sqrt{6}-0)^2}=5$

> 쌍곡선 $\frac{x^2}{a^2}-\frac{y^2}{b^2}=1$의 초점의 좌표
> $(\sqrt{a^2+b^2},\ 0),\ (-\sqrt{a^2+b^2},\ 0)$

083

정답 ③

그림과 같이 쌍곡선 $4x^2-y^2=4$ 위의 점 $P(\sqrt{2},\ 2)$에서의 접선을 l이라 하고, 이 쌍곡선의 두 점근선 중 기울기가 양수인 것을 m, 기울기가 음수인 것을 n이라 하자. l과 m의 교점을 Q, l과 n의 교점을 R라 할 때, $\overline{QR}=k\overline{PQ}$를 만족시키는 k의 값은? (3점)

(→ 접선 l의 방정식을 구한다. / 두 점근선 → $y=\pm2x$)

① $\sqrt{2}$ ② $\frac{3}{2}$ ③ 2 ④ $\frac{7}{3}$ ⑤ $1+\sqrt{2}$

Step 1 접선의 방정식과 점근선의 방정식을 구한다.

쌍곡선 $4x^2-y^2=4$, 즉 $x^2-\frac{y^2}{4}=1$에서

쌍곡선 위의 점 $P(\sqrt{2},\ 2)$에서 그은 접선의 방정식을 구하면

$\sqrt{2}x-\frac{2y}{4}=1$

$\therefore\ l : y=2\sqrt{2}x-2$ …… ㉠

> 중요 쌍곡선 $\frac{x^2}{a^2}-\frac{y^2}{b^2}=1$ 위의 점 $(x_1,\ y_1)$에서의 접선의 방정식은 $\frac{x_1x}{a^2}-\frac{y_1y}{b^2}=1$

또한, 쌍곡선 $4x^2-y^2=4$의 표준형 $x^2-\frac{y^2}{4}=1$에서의 점근선의 방정식은 $y=\pm2x$이므로

(→ $y=\pm\frac{\sqrt{4}}{\sqrt{1}}x=\pm2x$)

$m : y=2x$ …… ㉡

$n : y=-2x$ …… ㉢

Step 2 두 점근선과 접선의 교점의 좌표를 각각 구한다.

두 직선 l과 m의 교점을 구하기 위해 ㉠에 ㉡을 대입하면

$2x=2\sqrt{2}x-2$에서 (→ 점 Q)

$x=\frac{1}{\sqrt{2}-1}=\sqrt{2}+1,\ y=2\sqrt{2}+2$

$\therefore\ Q(\sqrt{2}+1,\ 2\sqrt{2}+2)$

두 직선 l과 n의 교점을 구하기 위해 ㉠에 ㉢을 대입하면 (→ 점 R)

$-2x=2\sqrt{2}x-2$에서

$x=\frac{1}{\sqrt{2}+1}=\sqrt{2}-1,\ y=-2\sqrt{2}+2$

$\therefore\ R(\sqrt{2}-1,\ -2\sqrt{2}+2)$

> 두 점 $A(x_1,\ y_1)$, $B(x_2,\ y_2)$에 대하여 선분 AB의 길이는 $\overline{AB}=\sqrt{(x_1-x_2)^2+(y_1-y_2)^2}$

따라서 $\overline{QR}=\sqrt{2^2+(4\sqrt{2})^2}=6$, $\overline{PQ}=\sqrt{1^2+(2\sqrt{2})^2}=3$이므로

$\overline{QR}=k\overline{PQ}$에서 $6=3k$ $\therefore\ k=2$

084

정답 ①

그림과 같이 쌍곡선 $x^2-y^2=1$ 위의 점 $P(a,\ b)\ (a>1,\ b>0)$에서의 접선이 x축과 만나는 점을 A, 쌍곡선의 점근선 중 기울기가 양수인 직선과 만나는 점을 B라 하자. 삼각형 OAB의 넓이를 $S(a)$라 할 때, $\lim_{a\to\infty}S(a)$의 값은? (단, O는 원점이다.) (4점)

(→ 점근선은 $y=\pm x$야. / → 두 점 A, B의 좌표를 a, b로 나타낸다. / → a에 대한 극한이므로 $S(a)$를 a에 대한 식으로 정리해야 한다.)

① 1 ② $\sqrt{2}$ ③ $\sqrt{3}$ ④ 2 ⑤ $2\sqrt{2}$

Step 1 쌍곡선 위의 점 P에서의 접선의 방정식을 구한다.

쌍곡선 $x^2-y^2=1$ 위의 점 $P(a,\ b)$에서의 접선의 방정식은

$ax-by=1$ (→ $\frac{x^2}{1}-\frac{y^2}{1}=1$이라고 생각하면 돼.)

Step 2 두 점 A, B의 좌표를 각각 a, b로 나타낸다.

점 A는 접선이 x축과 만나는 점이므로 $A\left(\frac{1}{a},\ 0\right)$이다.

또한, 쌍곡선의 두 점근선 중 기울기가 양수인 점근선의 방정식은 $y=x$이므로 이를 $ax-by=1$에 대입하면 $ax-bx=1$에서

$x=\frac{1}{a-b},\ y=\frac{1}{a-b}$

> 중요 쌍곡선 $\frac{x^2}{a^2}-\frac{y^2}{b^2}=1$의 점근선은 $y=\pm\frac{b}{a}x$이다.

$\therefore\ B\left(\frac{1}{a-b},\ \frac{1}{a-b}\right)$

Step 3 삼각형 OAB의 넓이를 구하고, 극한값을 계산한다.

점 $P(a,\ b)$는 쌍곡선 위의 점이므로

$a^2-b^2=1$에서 $b^2=a^2-1$

$\therefore\ b=\sqrt{a^2-1}\ (\because\ b>0)$

삼각형 OAB의 넓이 $S(a)$는

$S(a)=\frac{1}{2}\times\frac{1}{a}\times\frac{1}{a-b}$ (→ $\frac{1}{a}$: $\overline{OA}$, $\frac{1}{a-b}$: 점 B의 y좌표)

$=\frac{1}{2a(a-\sqrt{a^2-1})}$ (→ $b=\sqrt{a^2-1}$ 대입)

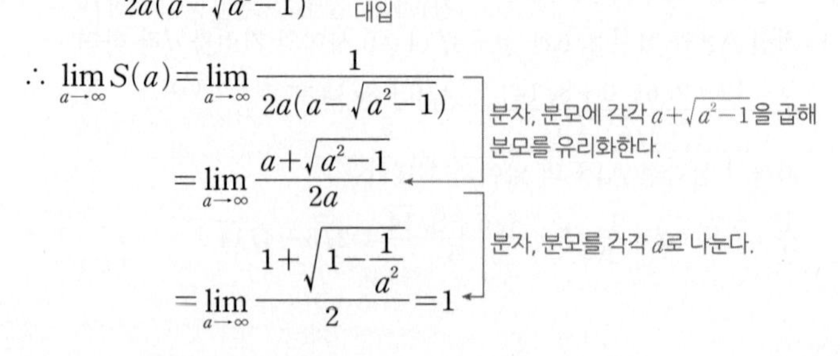

$\therefore\ \lim_{a\to\infty}S(a)=\lim_{a\to\infty}\frac{1}{2a(a-\sqrt{a^2-1})}$

(분자, 분모에 각각 $a+\sqrt{a^2-1}$을 곱해 분모를 유리화한다.)

$=\lim_{a\to\infty}\frac{a+\sqrt{a^2-1}}{2a}$

(분자, 분모를 각각 a로 나눈다.)

$=\lim_{a\to\infty}\frac{1+\sqrt{1-\frac{1}{a^2}}}{2}=1$

Ⅱ. 평면벡터

01. 평면벡터

001	③	002	②	003	①	004	9	005	④
006	②	007	①	008	④	009	③	010	②
011	③	012	①	013	④	014	④	015	③
016	④	017	④	018	6	019	⑤	020	④
021	②	022	147	023	①	024	②	025	③
026	③	027	⑤	028	③	029	④	030	④
031	④	032	5	033	①	034	①	035	④
036	①	037	③	038	③	039	①	040	24
041	13	042	⑤	043	30	044	④	045	④
046	⑤	047	⑤	048	⑤	049	⑤	050	14
051	⑤	052	⑤	053	④	054	⑤	055	⑤
056	⑤	057	⑤	058	③	059	32	060	2
061	③	062	⑤	063	②	064	③	065	①
066	①	067	⑤	068	④	069	④	070	⑤
071	24	072	⑤	073	10	074	④	075	②
076	③	077	⑤	078	③	079	③	080	②
081	②	082	120	083	12	084	④	085	①
086	⑤	087	50	088	15	089	27	090	⑤
091	⑤	092	8	093	①	094	17	095	⑤
096	5	097	10	098	③	099	⑤	100	④
101	②	102	①	103	②	104	②	105	④
106	①	107	④	108	20	109	⑤	110	③
111	③	112	⑤	113	③	114	⑤	115	⑤
116	③	117	②	118	①	119	②	120	①
121	246	122	①	123	⑤	124	④	125	108
126	③	127	15	128	27	129	⑤	130	486
131	7	132	60	133	③	134	①	135	①
136	③	137	52	138	②	139	⑤	140	⑤
141	③	142	⑤	143	①	144	⑤	145	②
146	⑤	147	④	148	②	149	③	150	23
151	48	152	①	153	②	154	⑤	155	①
156	②	157	②	158	②	159	⑤	160	①
161	③	162	③	163	③	164	10	165	④
166	12	167	115	168	37	169	③	170	17
171	8	172	100	173	7	174	31	175	128
176	⑤	177	45	178	48	179	16	180	③
181	①	182	④	183	④	184	⑤	185	②
186	⑤	187	37	188	180	189	80	190	7

001 [정답률 93%]

정답 ③

서로 평행하지 않은 두 벡터 $\vec{a}$, $\vec{b}$에 대하여 두 벡터

$$\vec{a}+2\vec{b},\ 3\vec{a}+k\vec{b}$$

가 서로 평행하도록 하는 실수 k의 값은? (단, $\vec{a}\neq\vec{0}$, $\vec{b}\neq\vec{0}$) (2점)

① 2 ② 4 ③ 6 ④ 8 ⑤ 10

Step 1 두 벡터가 서로 평행함을 이용한다.

두 벡터 $\vec{a}+2\vec{b}$, $3\vec{a}+k\vec{b}$가 서로 평행하므로

$3\vec{a}+k\vec{b}=t(\vec{a}+2\vec{b})$

를 만족시키는 0이 아닌 실수 t가 존재한다.

$3\vec{a}+k\vec{b}=t\vec{a}+2t\vec{b}$에서 $3=t$, $k=2t$

$\therefore k=6$

→ 벡터 $\vec{a}$끼리, 벡터 $\vec{b}$끼리 비교한다.

002 [정답률 89%]

정답 ②

두 벡터 $\vec{a}=(2, 3)$, $\vec{b}=(4, -2)$에 대하여 벡터 $2\vec{a}+\vec{b}$의 모든 성분의 합은? (2점)

① 10 ② 12 ③ 14 ④ 16 ⑤ 18

Step 1 벡터의 합을 계산한다.

$\vec{a}=(2, 3)$, $\vec{b}=(4, -2)$이므로

$2\vec{a}+\vec{b}=(4, 6)+(4, -2)=(8, 4)$

→ $4+4$

→ $6+(-2)$

따라서 모든 성분의 합은 12이다.

003

정답 ①

좌표평면 위의 네 점 O$(0, 0)$, A$(2, 4)$, B$(1, 1)$, C$(4, 0)$에 대하여 $\overrightarrow{OA}\cdot\overrightarrow{BC}$의 값은? (2점)

① 2 ② 4 ③ 6 ④ 8 ⑤ 10

Step 1 두 벡터 $\overrightarrow{OA}$, $\overrightarrow{BC}$를 각각 구한다.

네 점 O$(0, 0)$, A$(2, 4)$, B$(1, 1)$, C$(4, 0)$에 대하여

$\overrightarrow{OA}=(2, 4)$, $\overrightarrow{BC}=\overrightarrow{OC}-\overrightarrow{OB}=(4, 0)-(1, 1)=(3, -1)$

→ 원점을 시점으로 하는 두 벡터로 분해!

Step 2 내적의 값을 구한다.

$\overrightarrow{OA}\cdot\overrightarrow{BC}=(2, 4)\cdot(3, -1)=2\times3+4\times(-1)=2$

→ 두 벡터 $\vec{a}=(x_1, y_1)$, $\vec{b}=(x_2, y_2)$에 대하여 $\vec{a}\cdot\vec{b}=x_1x_2+y_1y_2$야.

004 [정답률 89%]

정답 9

좌표평면 위의 점 $(4, 1)$을 지나고 벡터 $\vec{n}=(1, 2)$에 수직인 직선이 x축, y축과 만나는 점의 좌표를 각각 $(a, 0)$, $(0, b)$라 하자. $a+b$의 값을 구하시오. (3점)

Step 1 점 $(4, 1)$을 지나고 벡터 $\vec{n}=(1, 2)$에 수직인 직선의 방정식을 구한다.

→ 구하고자 하는 직선의 법선벡터

직선 위의 임의의 한 점을 (x, y)라 하면

두 점 $(4, 1)$, (x, y)를 지나는 직선과 벡터 $\vec{n}$은 서로 수직이다.

→ 점 $(4, 1)$과 점 (x, y)를 지나는 직선의 방향벡터

→ 벡터 $\vec{n}$

따라서 $(x-4, y-1)\cdot(1, 2)=0$이므로

→ 서로 수직인 두 벡터의 내적은 0이야.

$x-4+2(y-1)=0$

$\therefore x+2y-6=0$ …… ㉠

벡터의 내적
$\vec{a}=(a_1, a_2)$, $\vec{b}=(b_1, b_2)$일 때
$\vec{a}\cdot\vec{b}=a_1b_1+a_2b_2$

Step 2 직선이 x축, y축과 만나는 점의 좌표를 각각 구한다.

(i) x축과 만나는 점 → x절편

㉠에 $y=0$을 대입하자.

$x-6=0 \quad \therefore x=6$

x축과 점 $(6, 0)$에서 만난다.

(ii) y축과 만나는 점 → y절편

㉠에 $x=0$을 대입하자.

$2y-6=0 \quad \therefore y=3$

y축과 점 $(0, 3)$에서 만난다.

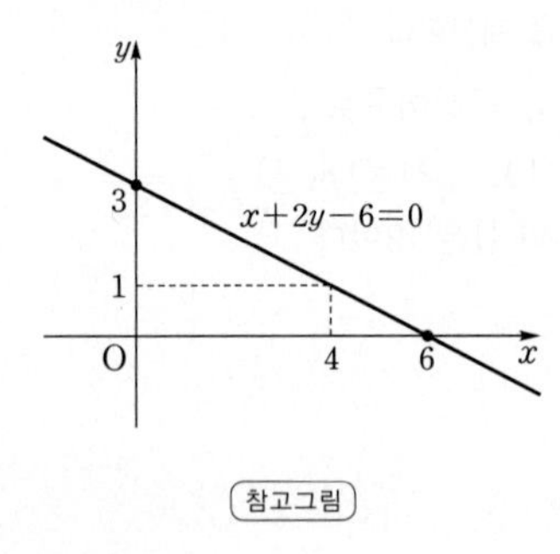

참고그림

Step 3 $a+b$의 값을 구한다.

x축, y축과 만나는 점의 좌표가 각각 $(6, 0)$, $(0, 3)$이므로

$a=6$, $b=3$이다.

$\therefore a+b=6+3=9$

점 (x_1, y_1)을 지나고 벡터 $\vec{n}=(a, b)$에 수직인 직선의 방정식
$a(x-x_1)+b(y-y_1)=0$
위의 공식을 이용하여 풀 수도 있어!

005

정답 ④

좌표평면에서 점 A$(4, 6)$과 원 C 위의 임의의 점 P에 대하여 → 점 P의 좌표를 (x, y)로 놓는다.

$$|\overrightarrow{OP}|^2-\overrightarrow{OA}\cdot\overrightarrow{OP}=3$$

일 때, 원 C의 반지름의 길이는? (단, O는 원점이다.) (3점)

① 1 ② 2 ③ 3
④ 4 ⑤ 5

Step 1 점 P의 좌표를 P(x, y)라 하고, 주어진 식을 x, y를 이용하여 나타낸다.

점 P의 좌표를 P(x, y)라 하면 $\overrightarrow{OP}=(x, y)$, $\overrightarrow{OA}=(4, 6)$이므로

주어진 식에서 → $|\overrightarrow{OP}|^2=\overrightarrow{OP}\cdot\overrightarrow{OP}$

$(x, y)\cdot(x, y)-(4, 6)\cdot(x, y)=3$

$x^2+y^2-(4x+6y)=3 \quad \cdots\cdots$ ㉠

Step 2 원 C의 반지름의 길이를 구한다.

㉠의 식을 정리하면 → 원의 반지름의 길이를 알기 위해서는 x의 완전제곱식, y의 완전제곱식 꼴로 나타내야 해.

$x^2-4x+y^2-6y=3$

$(x^2-4x+4)+(y^2-6y+9)=3+13$

$\therefore (x-2)^2+(y-3)^2=16$

따라서 점 P는 중심이 $(2, 3)$이고 반지름의 길이가 4인 원 위의 점이므로 원 C의 반지름의 길이는 4이다.

006

정답 ②

영벡터가 아닌 두 벡터 $\vec{a}$, $\vec{b}$에 대하여 등식

$$3(\vec{a}-2\vec{b})=3\vec{b}-\frac{1}{2}\vec{a}$$

가 성립할 때, 벡터 $\dfrac{\vec{b}}{|\vec{a}|}$의 크기는? (3점) → $|\vec{a}|$: 벡터 $\vec{a}$의 크기

① $\frac{1}{3}$ ② $\frac{7}{18}$ ③ $\frac{4}{9}$
④ $\frac{1}{2}$ ⑤ $\frac{5}{9}$

Step 1 벡터의 연산을 이용하여 두 벡터 $\vec{a}$, $\vec{b}$ 사이의 관계식을 구한다.

$3(\vec{a}-2\vec{b})=3\vec{b}-\frac{1}{2}\vec{a}$에서

$3\vec{a}-6\vec{b}=3\vec{b}-\frac{1}{2}\vec{a}$, $3\vec{a}+\frac{1}{2}\vec{a}=3\vec{b}+6\vec{b}$

$\frac{7}{2}\vec{a}=9\vec{b} \quad \cdots\cdots$ ㉠ → 두 벡터의 방향이 같음을 알 수 있다.

Step 2 벡터의 크기의 정의를 이용하여 벡터 $\dfrac{\vec{b}}{|\vec{a}|}$의 크기를 구한다.

벡터 $\dfrac{\vec{b}}{|\vec{a}|}$의 크기는

$\left|\dfrac{\vec{b}}{|\vec{a}|}\right|=\dfrac{|\vec{b}|}{|\vec{a}|}$이고 ㉠에서

$\left|\frac{7}{2}\vec{a}\right|=|9\vec{b}|$, $\frac{7}{2}|\vec{a}|=9|\vec{b}|$이므로

$\left|\dfrac{\vec{b}}{|\vec{a}|}\right|=\dfrac{|\vec{b}|}{|\vec{a}|}=\dfrac{7}{2}\times\dfrac{1}{9}=\dfrac{7}{18}$

007 [정답률 92%]

정답 ①

영벡터가 아닌 두 벡터 $\vec{a}$, $\vec{b}$가 서로 평행하지 않을 때, $(2\vec{a}-m\vec{b})-(n\vec{a}-4\vec{b})=\vec{a}-\vec{b}$를 만족시키는 두 상수 m, n의 합 $m+n$의 값은? (2점)

① 6 ② 7 ③ 8
④ 9 ⑤ 10

Step 1 주어진 식을 정리한다.

$(2\vec{a}-m\vec{b})-(n\vec{a}-4\vec{b})=(2-n)\vec{a}-(m-4)\vec{b}=\vec{a}-\vec{b}$ → 이 식이 $\vec{a}-\vec{b}$와 같으므로 $\vec{a}$, $\vec{b}$에 곱해진 값이 각각 $1, -1$이어야 해.

$2-n=1$에서 $n=1$

$m-4=1$에서 $m=5$

$\therefore m+n=5+1=6$

008

정답 ④

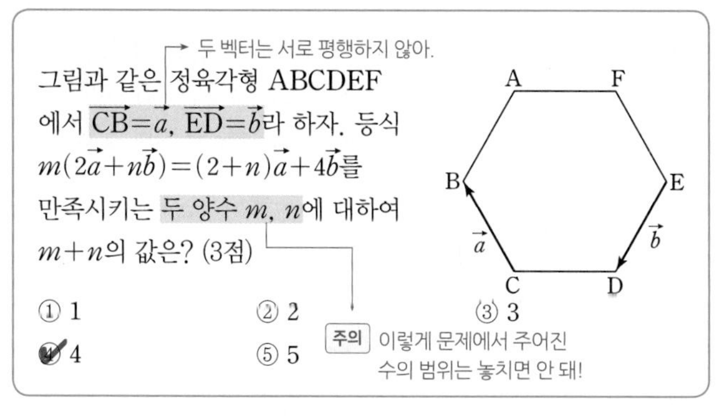

그림과 같은 정육각형 ABCDEF에서 $\overrightarrow{CB}=\vec{a}$, $\overrightarrow{ED}=\vec{b}$라 하자. 등식 $m(2\vec{a}+n\vec{b})=(2+n)\vec{a}+4\vec{b}$를 만족시키는 두 양수 m, n에 대하여 $m+n$의 값은? (3점)

① 1 ② 2 ③ 3 ④ 4 ⑤ 5

Step 1 두 벡터 $\vec{a}$, $\vec{b}$가 서로 평행하지 않을 조건을 이용하여 주어진 등식이 성립할 조건을 구한다.

두 벡터 $\vec{a}$, $\vec{b}$는 서로 평행하지 않으므로

$m(2\vec{a}+n\vec{b})=(2+n)\vec{a}+4\vec{b}$

$2m\vec{a}+mn\vec{b}=(2+n)\vec{a}+4\vec{b}$ → 양변의 두 벡터 $\vec{a}$, $\vec{b}$의 계수가 서로 같아야 해.

$2m=2+n$ …… ㉠

$mn=4$ …… ㉡

㉠, ㉡을 연립하면 → ㉠에서 $n=2m-2$이고 이를 ㉡에 대입

$m(2m-2)=4$, $m^2-m-2=0$, $(m-2)(m+1)=0$

$\therefore m=2$ ($\because m>0$)

따라서 $m=2$를 ㉡에 대입하면 $2n=4$, 즉 $n=2$이므로

$m+n=2+2=4$

009 [정답률 84%]

정답 ③

그림과 같이 한 변의 길이가 2인 정사각형 ABCD에서 두 선분 AD, CD의 중점을 각각 M, N이라 할 때, $|\overrightarrow{BM}+\overrightarrow{DN}|$의 값은? (2점)

① $\frac{\sqrt{2}}{2}$ ② 1 ③ $\sqrt{2}$ ④ 2 ⑤ $2\sqrt{2}$

Step 1 $\overrightarrow{BM}+\overrightarrow{DN}$을 변형한다.

정사각형 ABCD의 두 대각선의 교점을 E라 하면 $\overrightarrow{DN}=\overrightarrow{ME}$ ← $\overline{DN}=\overline{ME}$이고 두 벡터의 방향도 같다.

$\therefore |\overrightarrow{BM}+\overrightarrow{DN}|=|\overrightarrow{BM}+\overrightarrow{ME}|=|\overrightarrow{BE}|=\frac{1}{2}\times2\sqrt{2}=\sqrt{2}$ ($\overline{BE}=\frac{1}{2}\overline{BD}$)

010 [정답률 77%]

정답 ②

그림과 같이 한 변의 길이가 1인 정육각형 ABCDEF에서 $|\overrightarrow{AE}+\overrightarrow{BC}|$의 값은? (3점)

① $\sqrt{6}$ ② $\sqrt{7}$ ③ $2\sqrt{2}$ ④ 3 ⑤ $\sqrt{10}$

Step 1 $\overrightarrow{AE}+\overrightarrow{BC}$를 변형한다.

두 선분 AD와 BE의 교점을 O라 하고 선분 OE의 중점을 M이라 하자.

$\overrightarrow{BC}=\overrightarrow{AO}$이므로 $\overrightarrow{AE}+\overrightarrow{BC}=\overrightarrow{AE}+\overrightarrow{AO}=2\overrightarrow{AM}$ (길이가 같고 방향도 같아야 해.)

Step 2 코사인법칙을 이용하여 선분 AM의 길이를 구한다.

삼각형 AOM에서 코사인법칙에 의하여

$\overline{AM}^2=\overline{AO}^2+\overline{OM}^2-2\times\overline{AO}\times\overline{OM}\times\cos120°$ (정육각형이므로 각도를 알 수 있어.)

$=1^2+\left(\frac{1}{2}\right)^2-2\times1\times\frac{1}{2}\times\left(-\frac{1}{2}\right)$

$=\frac{7}{4}$

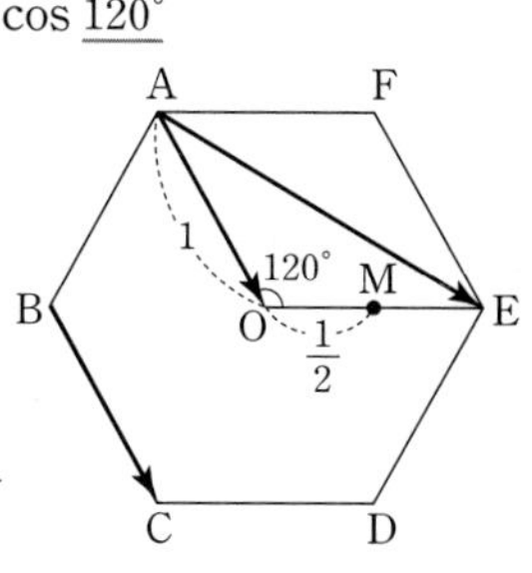

$\therefore \overline{AM}=\frac{\sqrt{7}}{2}$ ($\because \overline{AM}>0$)

$\therefore |\overrightarrow{AE}+\overrightarrow{BC}|=2\overline{AM}=2\times\frac{\sqrt{7}}{2}=\sqrt{7}$ ($=|\overrightarrow{AM}|$)

011 [정답률 79%]

정답 ③

그림과 같이 한 변의 길이가 1인 정육각형 ABCDEF에서 $|\overrightarrow{AD}+2\overrightarrow{DE}|$의 값은? (2점)

→ $\overrightarrow{AD}+\overrightarrow{DE}+\overrightarrow{DE}$

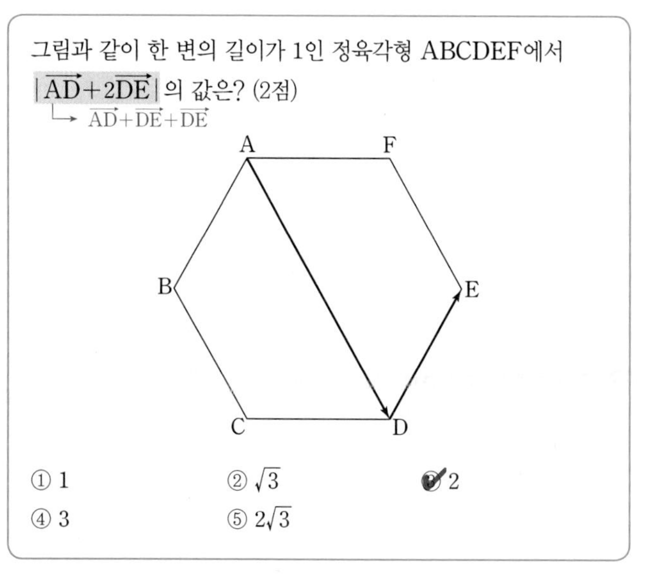

① 1 ② $\sqrt{3}$ ③ 2 ④ 3 ⑤ $2\sqrt{3}$

Step 1 $|\overrightarrow{AD}+2\overrightarrow{DE}|$의 값을 계산한다.

$$\begin{aligned}|\overrightarrow{AD}+2\overrightarrow{DE}| &= |\overrightarrow{AD}+\overrightarrow{DE}+\overrightarrow{DE}|\\ &= |\overrightarrow{AD}+\overrightarrow{BA}+\overrightarrow{DE}|\\ &= |\overrightarrow{BA}+\overrightarrow{AD}+\overrightarrow{DE}|\\ &= |\overrightarrow{BE}| = 2\end{aligned}$$

→ 두 벡터 $\overrightarrow{BA}$, $\overrightarrow{DE}$는 방향과 크기가 모두 같다.

012

정답 ①

그림과 같이 한 평면 위에서 서로 평행한 세 직선 l_1, l_2, l_3가 평행한 두 직선 m_1, m_2와 A, B, C, X, O, Y에서 만나고 있다. $\overrightarrow{OA}=\vec{a}$, $\overrightarrow{OB}=\vec{b}$, $\overrightarrow{OC}=\vec{c}$라고 할 때, $\overrightarrow{AP}=(\vec{c}-\vec{b}-\vec{a})t$ (t는 실수)를 만족시키는 점 P가 나타내는 도형은? (2점)

→ 벡터 $\vec{c}-\vec{b}-\vec{a}$의 방향만 파악하면 돼!

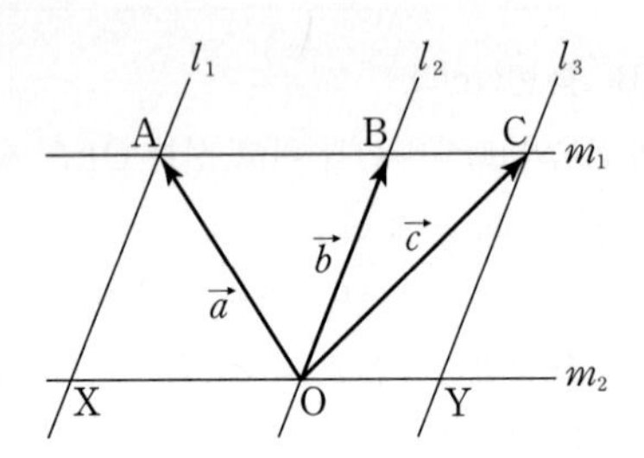

✔ 직선 AY　② 직선 AO　③ 직선 AX
④ 직선 AB　⑤ 직선 CX

Step 1 벡터의 연산을 이용하여 $\vec{c}-\vec{b}-\vec{a}$를 정리한다.

$-\vec{b}=-\overrightarrow{OB}=\overrightarrow{BO}=\overrightarrow{CY}$이므로

$\vec{c}-\vec{b}=\overrightarrow{OC}+\overrightarrow{CY}=\overrightarrow{OY}$ → $\because l_2 /\!/ l_3$, $\overline{BO}=\overline{CY}$

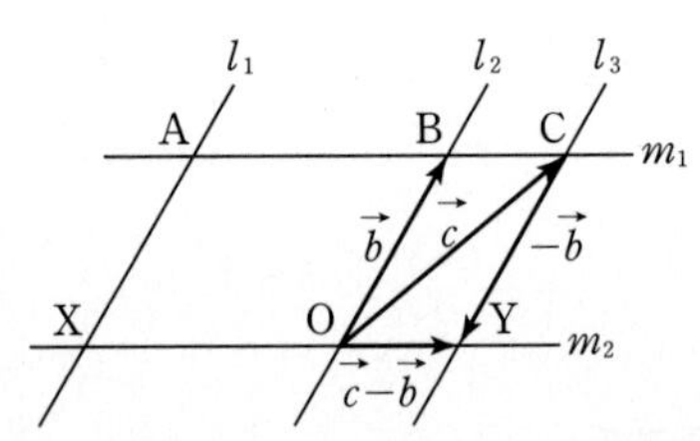

$-\vec{a}=-\overrightarrow{OA}=\overrightarrow{AO}$이므로

$\vec{c}-\vec{b}-\vec{a}=\overrightarrow{OY}-\vec{a}=\overrightarrow{OY}+\overrightarrow{AO}=\overrightarrow{AY}$

→ 벡터의 연산을 이용하면 복잡한 벡터의 식도 이렇게 간단히 나타낼 수 있어! 예를 들어 시점과 종점을 공유하는 두 벡터의 합은 다음과 같이 간단히 할 수 있어.
$\overrightarrow{ST}+\overrightarrow{TU}=\overrightarrow{SU}$

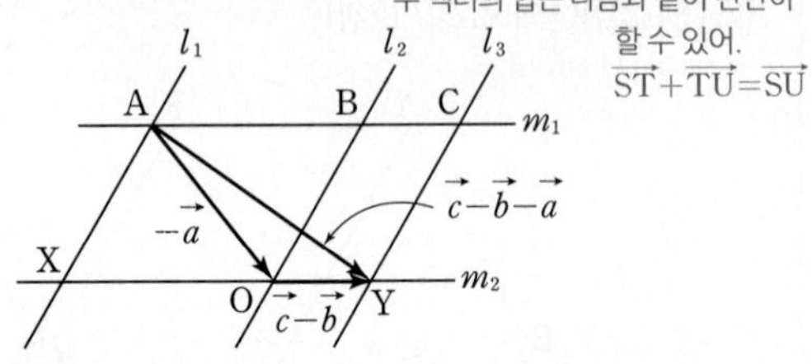

Step 2 벡터의 평행을 이용하여 점 P가 나타내는 도형을 구한다.

즉, 실수 t에 대하여 $\overrightarrow{AP}=(\vec{c}-\vec{b}-\vec{a})t=t\overrightarrow{AY}$이므로 점 P는 직선 AY 위에 존재한다.

따라서 점 P가 나타내는 도형은 직선 AY이다.

013

정답 ④

예각삼각형 ABC의 외접원의 중심을 O라 하자. 점 O를 두 선분 BC, CA에 대하여 대칭이동한 점을 각각 A′, B′이라 하고 $\overrightarrow{OA}=\vec{a}$, $\overrightarrow{OB}=\vec{b}$, $\overrightarrow{OC}=\vec{c}$라 할 때, 다음 중 벡터 $\overrightarrow{A'B'}$을 나타낸 것은? (3점)

→ 두 사각형 OBA′C와 OCB′A는 각각 두 대각선이 서로 수직 이등분하므로 모두 마름모임을 알 수 있어.

→ 시점이 O인 벡터의 합이나 차로 나타낸다.

① $\vec{a}+\vec{b}$　② $\vec{a}+\vec{c}$　③ $\vec{b}+\vec{c}$
✔ $\vec{a}-\vec{b}$　⑤ $\vec{c}-\vec{a}$

Step 1 사각형 OBA′C가 마름모임을 이용하여 $\overrightarrow{OA'}$을 $\vec{b}$, $\vec{c}$로 나타낸다.

사각형 OBA′C는 마름모이므로

$\overline{OC} /\!/ \overline{BA'}$, $\overline{OB} /\!/ \overline{CA'}$ → $\overline{OC}=\overline{BA'}$, $\overline{OB}=\overline{CA'}$

$\therefore \overrightarrow{OA'}=\overrightarrow{OB}+\overrightarrow{OC}$
$=\vec{b}+\vec{c}$

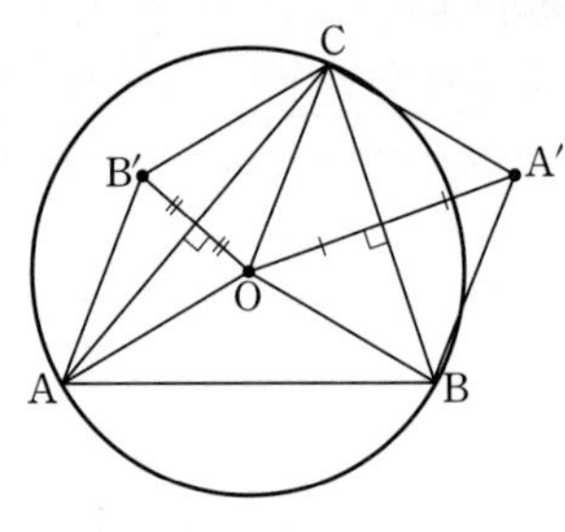

Step 2 사각형 OCB′A가 마름모임을 이용하여 $\overrightarrow{OB'}$을 $\vec{a}$, $\vec{c}$로 나타내어 $\overrightarrow{A'B'}$을 구한다.

사각형 OCB′A는 마름모이므로 같은 방법으로

$\overrightarrow{OB'}=\vec{a}+\vec{c}$ → $\overrightarrow{OB'}=\overrightarrow{OA}+\overrightarrow{OC}=\vec{a}+\vec{c}$

$\therefore \overrightarrow{A'B'}=\overrightarrow{OB'}-\overrightarrow{OA'}$
$=(\vec{a}+\vec{c})-(\vec{b}+\vec{c})=\vec{a}-\vec{b}$

수능포인트

이 문제에서는 마름모의 성질을 이용하여 벡터 $\overrightarrow{A'B'}$을 나타냈습니다. 이처럼 평면벡터의 연산 문제에서는 여러 가지 평면도형의 성질을 이용하여 주어진 벡터를 여러 벡터의 합과 차로 나타내는 문제가 많이 출제되니 중등 교과과정에 나오는 마름모, 평행사변형 등 기본적인 도형의 성질을 꼭 복습하도록 합니다.

014

정답 ④

평행하지 않은 두 벡터 $\overrightarrow{OA}=\vec{a}$, $\overrightarrow{OB}=\vec{b}$에 대하여 $|\vec{a}|=2$, $|\vec{b}|=4$가 성립할 때, 다음 중 두 벡터 $\vec{a}$, $\vec{b}$가 이루는 각을 이등분하고 크기가 1인 벡터는? (3점)

→ 여러 가지 사각형의 성질을 생각해 본다.

① $\dfrac{\vec{a}+\vec{b}}{2}$　② $\dfrac{2\vec{a}+\vec{b}}{4}$　③ $\dfrac{\vec{a}+2\vec{b}}{|\vec{a}+2\vec{b}|}$

✔ $\dfrac{2\vec{a}+\vec{b}}{|2\vec{a}+\vec{b}|}$　⑤ $\dfrac{\vec{a}+2\vec{b}}{|2\vec{a}+\vec{b}|}$

→ 임의의 벡터를 그 벡터의 크기로 나눠주면 나누어진 벡터의 크기는 1임을 이용한다.

Step 1 두 벡터 $\vec{a}$, $\vec{b}$의 크기 사이의 관계를 살펴보고 그림으로 나타낸다.

$|\vec{a}|=2$, $|\vec{b}|=4$이므로

$2|\vec{a}|=|2\vec{a}|=|\vec{b}|$

따라서 평행하지 않은 두 벡터 $\vec{a}$, $\vec{b}$는 다음 그림과 같다.

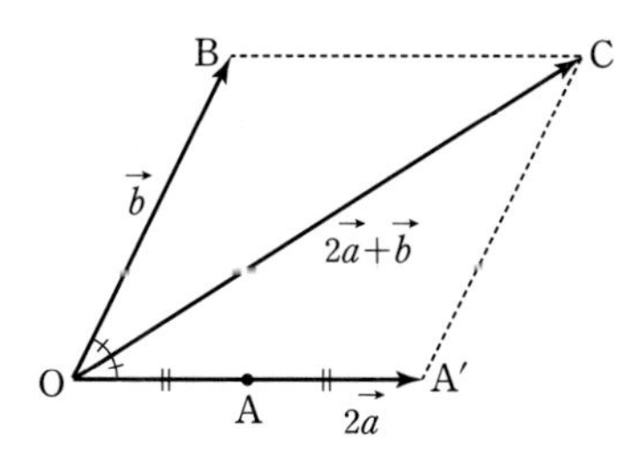

이때 $2\vec{a}=\overrightarrow{OA'}$, $2\vec{a}+\vec{b}=\overrightarrow{OC}$라 하면 사각형 OA′CB는 마름모이므로 벡터 $\overrightarrow{OC}$는 두 벡터 $2\vec{a}$, $\vec{b}$, 즉 $\vec{a}$, $\vec{b}$가 이루는 각을 이등분하는 벡터이다.

$\overrightarrow{A'C}=\overrightarrow{OB}=\vec{b}$이므로 $\overrightarrow{OC}=\overrightarrow{OA'}+\overrightarrow{A'C}=2\vec{a}+\vec{b}$

Step 2 두 벡터 $\vec{a}$, $\vec{b}$가 이루는 각을 이등분하고 크기가 1인 벡터를 구한다.

따라서 두 벡터 $\vec{a}$, $\vec{b}$가 이루는 각을 이등분하고 크기가 1인 벡터는

$\dfrac{2\vec{a}+\vec{b}}{|2\vec{a}+\vec{b}|}$이다.

대각선이 내각을 이등분하는 사각형은 마름모야. 이웃하는 두 변이 각각 $\vec{a}$, $\vec{b}$와 평행하고 길이가 각각 $|2\vec{a}|$와 $|\vec{b}|$인 사각형 OA′CB는 마름모가 되고 이때 $\overrightarrow{OC}(=2\vec{a}+\vec{b})$는 두 벡터 $\vec{a}$, $\vec{b}$가 이루는 각을 이등분하는 벡터가 돼.

015

정답 ③

그림과 같은 직사각형 ABCD에서 변 CD의 중점을 M이라 하고 두 대각선의 교점을 O라 하자. $\overrightarrow{OA}=\vec{a}$, $\overrightarrow{OB}=\vec{b}$라 할 때, 다음 [보기] 중 옳은 것만을 있는 대로 고른 것은? (3점)

→ 두 대각선끼리 서로 이등분해.

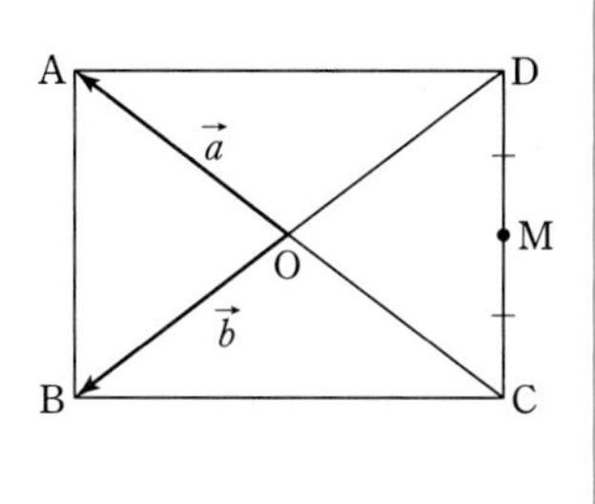

[보기]

ㄱ. $\overrightarrow{CD}=\vec{a}-\vec{b}$ → 벡터의 부호가 바뀌면 벡터의 방향이 반대가 돼.

ㄴ. $\overrightarrow{BC}=\vec{a}+\vec{b}$

ㄷ. $\overrightarrow{AM}=-\dfrac{3}{2}\vec{a}-\dfrac{1}{2}\vec{b}$

① ㄱ ② ㄴ ③ ㄱ, ㄷ
④ ㄴ, ㄷ ⑤ ㄱ, ㄴ, ㄷ

Step 1 벡터의 연산을 이용하여 주어진 벡터를 두 벡터 $\overrightarrow{OA}$, $\overrightarrow{OB}$의 합과 차로 나타내어 [보기]의 참, 거짓을 판별한다.

ㄱ. $\overrightarrow{CD}$를 시점이 O인 벡터의 식으로 변형하면

$\overrightarrow{CD}=\overrightarrow{OD}-\overrightarrow{OC}$이고

사각형 ABCD가 직사각형이므로 $\overrightarrow{OB}$와 $\overrightarrow{OD}$, $\overrightarrow{OA}$와 $\overrightarrow{OC}$는

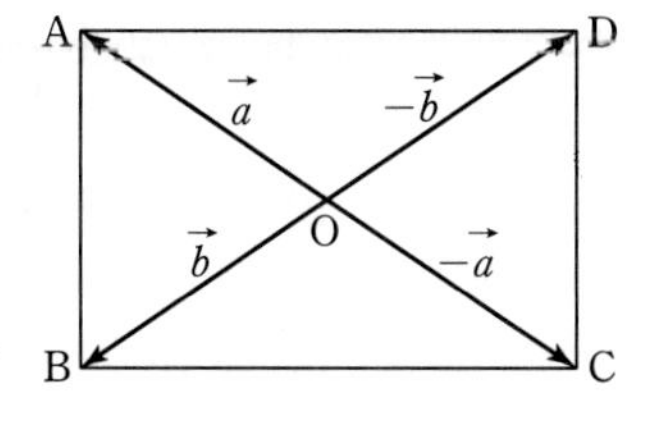

각각 크기가 같고 방향이 서로 반대이다.

$\therefore \overrightarrow{CD}=\overrightarrow{OD}-\overrightarrow{OC}=-\overrightarrow{OB}-(-\overrightarrow{OA})=-\vec{b}-(-\vec{a})=\vec{a}-\vec{b}$ (참)

실제로 벡터를 움직여 $\vec{a}$의 종점과 $-\vec{b}$의 시점을 일치시키면 $\vec{a}-\vec{b}$가 $\overrightarrow{CD}$와 같음을 한눈에 알 수 있어!

ㄴ. $\overrightarrow{BC}$를 시점이 O인 벡터의 식으로 변형하여 정리하면

$\overrightarrow{BC}=\overrightarrow{OC}-\overrightarrow{OB}$

$=-\overrightarrow{OA}-\overrightarrow{OB}=-\vec{a}-\vec{b}$ (거짓)

ㄷ. $\overrightarrow{AM}$을 시점이 O인 벡터의 식으로 변형하면

$\overrightarrow{AM}=\overrightarrow{OM}-\overrightarrow{OA}$

이때 사각형 ABCD가 직사각형이므로 $\overrightarrow{OM}=\dfrac{1}{2}\overrightarrow{BC}$

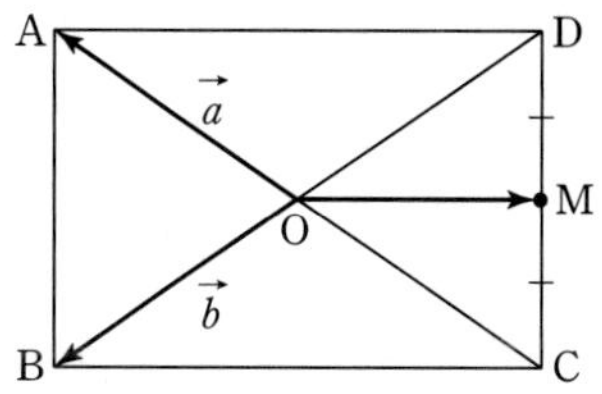

$\overrightarrow{BC}=-\vec{a}-\vec{b}$ ($\because$ ㄴ)이므로

$\overrightarrow{OM}=\dfrac{1}{2}\overrightarrow{BC}=\dfrac{1}{2}(-\vec{a}-\vec{b})$

→ 이와 같이 [보기] 중 옳은 것을 고르는 합답형 문제를 풀 때, ㄷ의 경우 ㄱ, ㄴ의 내용을 이용하면 쉽게 풀리는 경우가 많아.

$\therefore \overrightarrow{AM}=\overrightarrow{OM}-\overrightarrow{OA}=-\dfrac{1}{2}\vec{a}-\dfrac{1}{2}\vec{b}-\vec{a}=-\dfrac{3}{2}\vec{a}-\dfrac{1}{2}\vec{b}$ (참)

따라서 옳은 것은 ㄱ, ㄷ이다.

016 [정답률 67%]

정답 ④

한 직선 위에 있지 않은 서로 다른 세 점 A, B, C에 대하여

$$2\overrightarrow{AB}+p\overrightarrow{BC}=q\overrightarrow{CA}$$

일 때, $p-q$의 값은? (단, p와 q는 실수이다.) (3점)

① 1 ② 2 ③ 3
④ 4 ⑤ 5

Step 1 주어진 식을 변형한다.

$2\overrightarrow{AB}+p\overrightarrow{BC}=q\overrightarrow{CA}$에서 $2\overrightarrow{AB}+p(\overrightarrow{AC}-\overrightarrow{AB})=-q\overrightarrow{AC}$ ($\overrightarrow{CA}=-\overrightarrow{AC}$)

$(2-p)\overrightarrow{AB}=-(p+q)\overrightarrow{AC}$

Step 2 p, q의 값을 각각 구한다.

A, B, C가 서로 다른 세 점이므로 $\overrightarrow{AB}\neq\vec{0}$, $\overrightarrow{AC}\neq\vec{0}$

이때 세 점 A, B, C가 한 직선 위에 있지 않으므로

$2-p=0$, $-(p+q)=0$ → $\overrightarrow{AB}=k\overrightarrow{AC}$ (k는 0이 아닌 실수)를 만족시키지 않는다.

→ $q=-p$

따라서 $p=2$, $q=-2$이므로 $p-q=2-(-2)=4$

017 [정답률 78%]

정답 ④

평면 위의 네 점 A, B, C, D가 다음 조건을 만족시킬 때, $|\overrightarrow{AD}|$의 값은? (3점)

(가) $|\overrightarrow{AB}|=2$, $\overrightarrow{AB}+\overrightarrow{CD}=\vec{0}$

(나) $|\overrightarrow{BD}|=|\overrightarrow{BA}-\overrightarrow{BC}|=6$

① $2\sqrt{5}$ ② $2\sqrt{6}$ ③ $2\sqrt{7}$
④ $4\sqrt{2}$ ⑤ 6

Step 1 사각형 ABCD가 직사각형임을 이용한다.

조건 (가)에서 $\overrightarrow{AB}=-\overrightarrow{CD}=\overrightarrow{DC}$ → 두 벡터 AB, DC의 방향과 크기가 서로 같으므로 두 선분 AB, DC는 서로 평행하고 그 길이가 같다.

조건 (나)에서 $|\overrightarrow{BD}|=|\overrightarrow{BA}-\overrightarrow{BC}|=|\overrightarrow{CA}|=6$

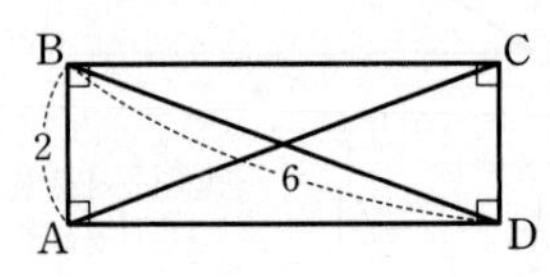

따라서 사각형 ABCD는 평행사변형이면서 두 대각선의 길이가 같으므로 직사각형이다. → $\overline{BD}=\overline{CA}=6$

$\therefore |\overrightarrow{AD}|=\overline{AD}=\sqrt{\overline{BD}^2-\overline{AB}^2}=\sqrt{6^2-2^2}=4\sqrt{2}$

018

정답 6

$\overline{AB}=4$, $\overline{BC}=6$인 직사각형 ABCD가 있다. 이 직사각형과 같은 평면 위에 있는 점 P에 대하여

$$\overrightarrow{AP}+3\overrightarrow{PB}+2\overrightarrow{PD}=\overrightarrow{AB}$$

→ 복잡한 벡터의 식이 있는 경우에는 시점을 일치시켜야 해!

가 성립할 때, 삼각형 PBC의 넓이를 구하시오. (3점)

Step 1 주어진 등식을 시점이 P가 되도록 벡터의 뺄셈을 이용하여 표현한다.

주어진 등식을 시점이 P인 벡터로 표현하면

$-\overrightarrow{PA}+3\overrightarrow{PB}+2\overrightarrow{PD}=\overrightarrow{PB}-\overrightarrow{PA}$

$2\overrightarrow{PB}+2\overrightarrow{PD}=\vec{0}$

$\overrightarrow{PB}+\overrightarrow{PD}=\vec{0}$ $\therefore \overrightarrow{PB}=-\overrightarrow{PD}$ → 방향이 반대이고 크기는 같다.

Step 2 벡터의 실수배를 이용하여 점 P의 위치를 파악한 후 삼각형 PBC의 넓이를 구한다.

즉, $-\overrightarrow{PD}=\overrightarrow{DP}$이므로

점 P는 선분 BD의 중점이다.

따라서 삼각형 PBC의 넓이는

$\frac{1}{2}\times2\times6=6$

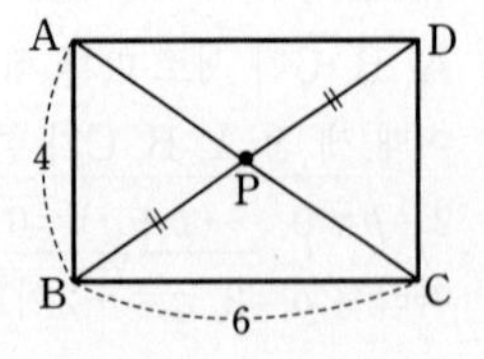

수능포인트

문제에서 네 점 A, B, C, D는 직사각형의 꼭짓점으로 정해져 있고, 점 P는 평면 ABCD 위를 움직이는 점입니다. 이렇게 평면 위의 임의의 한 점과 위치가 정해진 점들로 이루어진 벡터의 식이 주어질 때는 벡터의 시점을 한 점으로 통일시켜서 식을 정리해 보면 그 점이 어떤 위치에 있는지를 쉽게 알 수 있습니다. 또, 일반적으로 문제에서 주어진 식이 등식이면 그 점은 어떤 직선 혹은 곡선 위에, 주어진 식이 부등식이면 그 점은 어떤 영역 위에 존재하는 것을 의미합니다.

→ 이 문제의 경우 점 P가 선분 BD의 중점에 위치했어.

019 [정답률 79%]

정답 ⑤

직사각형 ABCD의 내부의 점 P가

$$\overrightarrow{PA}+\overrightarrow{PB}+\overrightarrow{PC}+\overrightarrow{PD}=\overrightarrow{CA}$$

를 만족시킨다. [보기]에서 옳은 것만을 있는 대로 고른 것은? (4점)

→ $\overrightarrow{CA}$를 제외하고는 시점이 P로 일치하므로 $\overrightarrow{CA}$도 시점이 P인 벡터로 바꾼다.

[보기]

ㄱ. $\overrightarrow{PB}+\overrightarrow{PD}=2\overrightarrow{CP}$

ㄴ. $\overrightarrow{AP}=\frac{3}{4}\overrightarrow{AC}$

ㄷ. 삼각형 ADP의 넓이가 3이면 직사각형 ABCD의 넓이는 8이다.

① ㄱ ② ㄷ ③ ㄱ, ㄴ
④ ㄴ, ㄷ ⑤ ㄱ, ㄴ, ㄷ

Step 1 벡터의 뺄셈을 이용하여 주어진 식을 변형한다.

ㄱ. $\overrightarrow{CA}=\overrightarrow{PA}-\overrightarrow{PC}$이므로 → $\overrightarrow{PA}-\overrightarrow{PC}=\overrightarrow{CA}$

$\overrightarrow{PA}+\overrightarrow{PB}+\overrightarrow{PC}+\overrightarrow{PD}=\overrightarrow{PA}-\overrightarrow{PC}$

$\therefore \overrightarrow{PB}+\overrightarrow{PD}=-2\overrightarrow{PC}=2\overrightarrow{CP}$ …… ㉠ (참)

Step 2 직사각형의 성질을 이용한다.

ㄴ. ㉠의 양변을 2로 나누면

$\frac{\overrightarrow{PB}+\overrightarrow{PD}}{2}=\overrightarrow{CP}=-\overrightarrow{PC}$

→ $\overrightarrow{CP}$와 $\overrightarrow{PC}$는 크기가 같고 방향이 반대인 벡터이므로 $\overrightarrow{CP}=-\overrightarrow{PC}$야.

→ 두 대각선의 교점은 두 대각선의 중점이다.

선분 BD의 중점을 E라 하면 $\frac{\overrightarrow{PB}+\overrightarrow{PD}}{2}=\overrightarrow{PE}$이므로

$\overrightarrow{PE}=-\overrightarrow{PC}$

→ $\overrightarrow{PB}=\overrightarrow{PE}+\overrightarrow{EB}$, $\overrightarrow{PD}=\overrightarrow{PE}+\overrightarrow{ED}$, $\overrightarrow{ED}=-\overrightarrow{EB}$이므로 $\overrightarrow{PB}+\overrightarrow{PD}=(\overrightarrow{PE}+\overrightarrow{EB})+(\overrightarrow{PE}+\overrightarrow{ED})=2\overrightarrow{PE}+\overrightarrow{EB}+\overrightarrow{ED}=2\overrightarrow{PE}+\overrightarrow{EB}-\overrightarrow{EB}=2\overrightarrow{PE}$

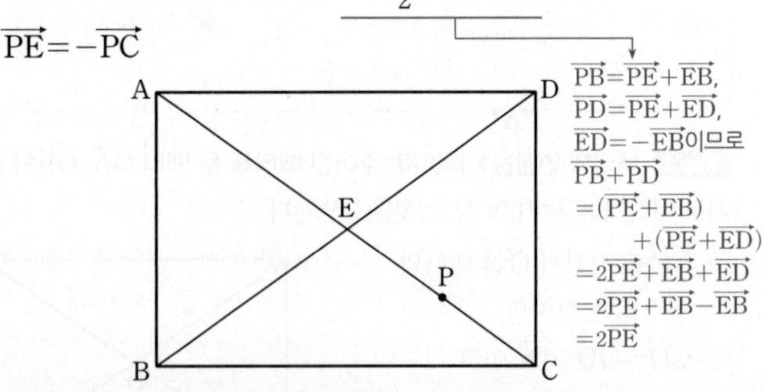

이때 점 P는 선분 EC의 중점이고 점 E는 직사각형의 두 대각선의 교점이므로 선분 AC의 중점이다.

따라서 세 점 A, C, P는 한 직선 위의 점이고

$\overline{AC}=4\overline{PC}$이므로

$\overrightarrow{AP}=\frac{3}{4}\overrightarrow{AC}$ (참) → $|\overrightarrow{AC}|=4|\overrightarrow{PC}|$, $|\overrightarrow{AP}|=3|\overrightarrow{PC}|$이고 방향이 같은 벡터야.

ㄷ. 삼각형 ACD의 밑변을 $\overline{AC}$, 삼각형 APD의 밑변을 $\overline{AP}$라 하면

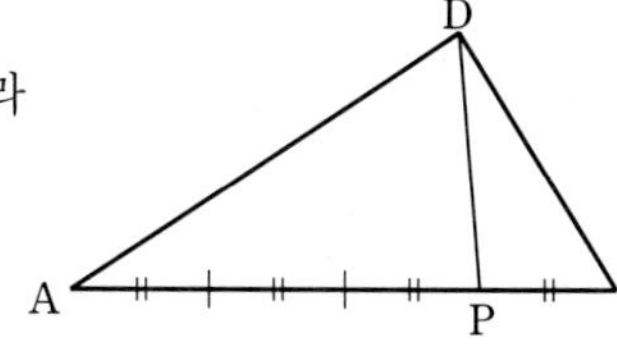

$\overline{AC}=\frac{4}{3}\overline{AP}$,

(삼각형 ACD의 높이)

=(삼각형 APD의 높이)

이므로

$\triangle ACD=\frac{4}{3}\times\triangle APD=\frac{4}{3}\times 3=4$ → 두 삼각형의 높이가 같으므로 밑변의 길이의 비와 삼각형의 넓이의 비가 같아.

$\therefore\ \square ABCD=2\times\triangle ACD=2\times 4=8$ (참)

따라서 옳은 것은 ㄱ, ㄴ, ㄷ이다.

020 [정답률 64%]

정답 ④

쌍곡선 $\frac{x^2}{2}-\frac{y^2}{2}=1$의 꼭짓점 중 x좌표가 양수인 점을 A라 하자. 이 쌍곡선 위의 점 P에 대하여 $|\overrightarrow{OA}+\overrightarrow{OP}|=k$를 만족시키는 점 P의 개수가 3일 때, 상수 k의 값은? (단, O는 원점이다.) (3점) → 좌변을 변형한다.

① 1 ② $\sqrt{2}$ ③ 2 ④ $2\sqrt{2}$ ⑤ 4

Step 1 $|\overrightarrow{OA}+\overrightarrow{OP}|=k$의 의미를 파악한다.

쌍곡선 $\frac{x^2}{2}-\frac{y^2}{2}=1$의 꼭짓점 중 A가 아닌 점을 A′이라 하자.

$|\overrightarrow{OA}+\overrightarrow{OP}|=|\overrightarrow{A'O}+\overrightarrow{OP}|=|\overrightarrow{A'P}|$

즉, $|\overrightarrow{A'P}|=k$를 만족시키는 점 P는 점 A′을 중심으로 하고 반지름의 길이가 k인 원과 쌍곡선이 만나는 점이다. (→ 원을 나타낸다.) → 점 P는 쌍곡선 위의 점이기도 하다.

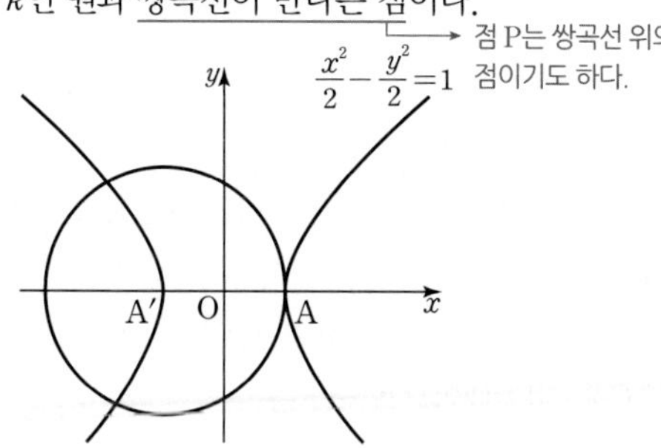

따라서 점 P의 개수가 3이려면 $k=\overline{AA'}=2\sqrt{2}$

→ $k=\overline{AA'}$이어야 한다. $k<\overline{AA'}$이면 점 P의 개수는 2, $k>\overline{AA'}$이면 점 P의 개수는 4이다.

→ 주축의 길이

021 [정답률 91%]

정답 ②

→ 타원을 좌표평면 위에 그려서 $\overrightarrow{PF}+\overrightarrow{PF'}$을 나타낸다.

타원 $\frac{x^2}{9}+\frac{y^2}{5}=1$ 위의 점 P와 두 초점 F, F′에 대하여 $|\overrightarrow{PF}+\overrightarrow{PF'}|$의 최댓값은? (3점)

① 5 ② 6 ③ 7 ④ 8 ⑤ 9

Step 1 벡터를 분해하여 $\overrightarrow{PF}+\overrightarrow{PF'}$의 식을 변형한다.

타원 $\frac{x^2}{9}+\frac{y^2}{5}=1$을 좌표평면 위에 나타내면 다음과 같다.

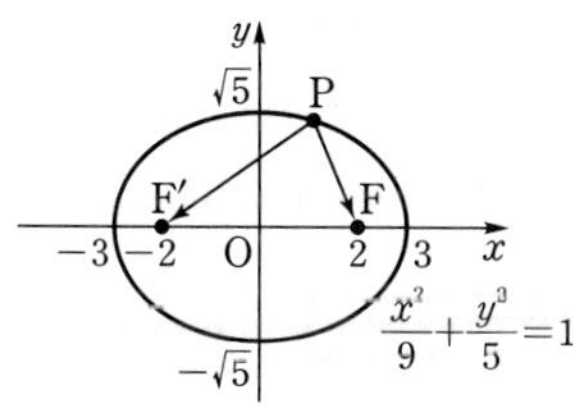

타원 $\frac{x^2}{9}+\frac{y^2}{5}=1$의 두 초점의 좌표는

$F(\sqrt{9-5},\ 0)$, $F'(-\sqrt{9-5},\ 0)$, → 타원 $\frac{x^2}{p^2}+\frac{y^2}{q^2}=1$ (단, $q^2<p^2$)의 초점의 좌표는 $(\pm\sqrt{p^2-q^2},\ 0)$이야.

즉 $F(2,\ 0)$, $F'(-2,\ 0)$이므로 $\overline{OF}=\overline{OF'}$ → 점 O는 선분 FF′의 중점이야.

두 벡터 $\overrightarrow{OF}$, $\overrightarrow{OF'}$에 대하여

$\overrightarrow{OF}+\overrightarrow{OF'}=\vec{0}$이므로 → 두 벡터는 크기가 2로 같고 방향은 서로 반대야.

$\overrightarrow{PF}+\overrightarrow{PF'}=(\overrightarrow{PO}+\overrightarrow{OF})+(\overrightarrow{PO}+\overrightarrow{OF'})$

$=2\overrightarrow{PO}+\overrightarrow{OF}+\overrightarrow{OF'}$

$=2\overrightarrow{PO}$

$\therefore\ |\overrightarrow{PF}+\overrightarrow{PF'}|=|2\overrightarrow{PO}|=2|\overrightarrow{PO}|$

Step 2 $|\overrightarrow{PF}+\overrightarrow{PF'}|$의 최댓값을 구한다.

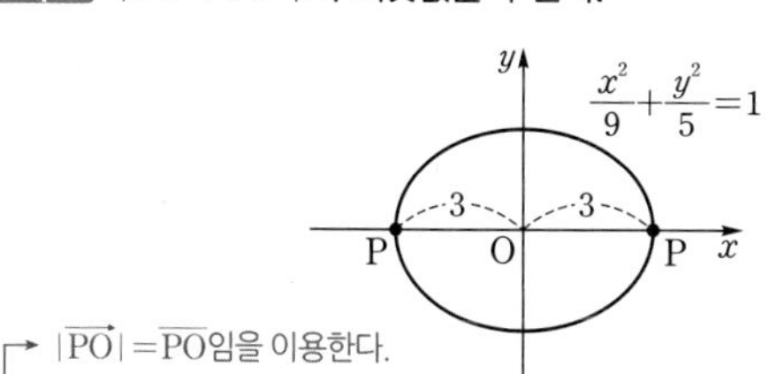

→ $|\overrightarrow{PO}|=\overline{PO}$임을 이용한다.

$\overrightarrow{PO}$의 크기는 선분 PO의 길이가 최대가 될 때, 즉 위의 그림과 같이 점 P가 타원 $\frac{x^2}{9}+\frac{y^2}{5}=1$과 x축의 교점이 될 때 3으로 최대가 된다.

따라서 $|\overrightarrow{PF}+\overrightarrow{PF'}|=2|\overrightarrow{PO}|\le 2\times 3=6$이므로

구하는 $|\overrightarrow{PF}+\overrightarrow{PF'}|$의 최댓값은 6이다.

022 [정답률 20%] 　　정답 147

좌표평면에 한 변의 길이가 4인 정삼각형 ABC가 있다. 선분 AB를 1 : 3으로 내분하는 점을 D, 선분 BC를 1 : 3으로 내분하는 점을 E, 선분 CA를 1 : 3으로 내분하는 점을 F라 하자. 네 점 P, Q, R, X가 다음 조건을 만족시킨다.

> (가) $|\overrightarrow{DP}|=|\overrightarrow{EQ}|=|\overrightarrow{FR}|=1$
> (나) $\overrightarrow{AX}=\overrightarrow{PB}+\overrightarrow{QC}+\overrightarrow{RA}$

$|\overrightarrow{AX}|$의 값이 최대일 때, 삼각형 PQR의 넓이를 S라 하자. $16S^2$의 값을 구하시오. (4점)

Step 1 주어진 조건을 통해 점의 위치를 파악한다.

조건 (가)에서 점 P, Q, R는 각각 점 D, E, F를 중심으로 하고 반지름의 길이가 1인 원 위의 점이다.

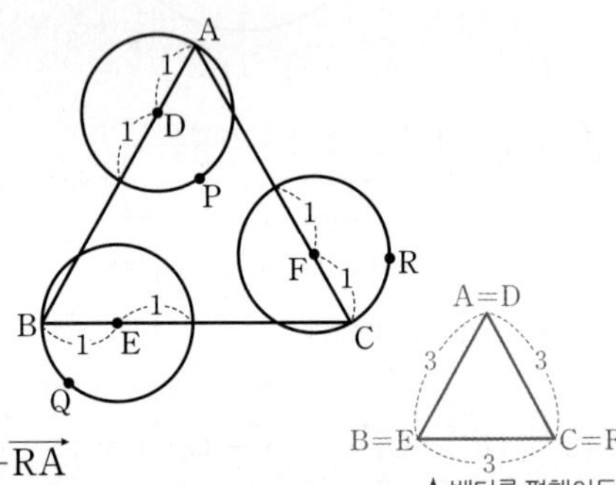

$\overrightarrow{AX}=\overrightarrow{PB}+\overrightarrow{QC}+\overrightarrow{RA}$

$=(\overrightarrow{DB}-\overrightarrow{DP})+(\overrightarrow{EC}-\overrightarrow{EQ})+(\overrightarrow{FA}-\overrightarrow{FR})$

$=\overrightarrow{DB}+\overrightarrow{EC}+\overrightarrow{FA}-(\overrightarrow{DP}+\overrightarrow{EQ}+\overrightarrow{FR})$

→ 벡터를 평행이동하면 위와 같은 정삼각형을 이루므로 $\overrightarrow{DB}+\overrightarrow{EC}+\overrightarrow{FA}=\vec{0}$

$=\vec{0}-(\overrightarrow{DP}+\overrightarrow{EQ}+\overrightarrow{FR})$

세 벡터 $\overrightarrow{DP}$, $\overrightarrow{EQ}$, $\overrightarrow{FR}$는 모두 반지름의 길이가 1인 원의 중심을 시점으로 하고 반지름의 길이가 1인 원 위의 한 점을 종점으로 하는 벡터이므로 시점을 A로 통일하고 종점을 각각 P′, Q′, R′이라 하면

$\overrightarrow{DP}+\overrightarrow{EQ}+\overrightarrow{FR}=\overrightarrow{AP'}+\overrightarrow{AQ'}+\overrightarrow{AR'}$

즉, $\overrightarrow{AX}=-(\overrightarrow{AP'}+\overrightarrow{AQ'}+\overrightarrow{AR'})$이다.

→ P′, Q′, R′은 원 위의 점이고 위치는 임의로 정한 것이다.

Step 2 $|\overrightarrow{AX}|$의 값이 최대인 경우를 구한다.

P′=Q′=R′
A

이때 $|\overrightarrow{AP'}|=|\overrightarrow{AQ'}|=|\overrightarrow{AR'}|=1$이고 $|\overrightarrow{AX}|$의 값이 최대가 되려면 세 벡터 $\overrightarrow{AP'}$, $\overrightarrow{AQ'}$, $\overrightarrow{AR'}$이 평행해야 하므로 세 점 P′, Q′, R′이 일치해야 한다.

→ 즉, 세 벡터가 모두 같아야 한다.

따라서 세 벡터 $\overrightarrow{DP}$, $\overrightarrow{EQ}$, $\overrightarrow{FR}$가 평행해야 한다.

이때 점 P, Q, R는 오른쪽 그림과 같다.

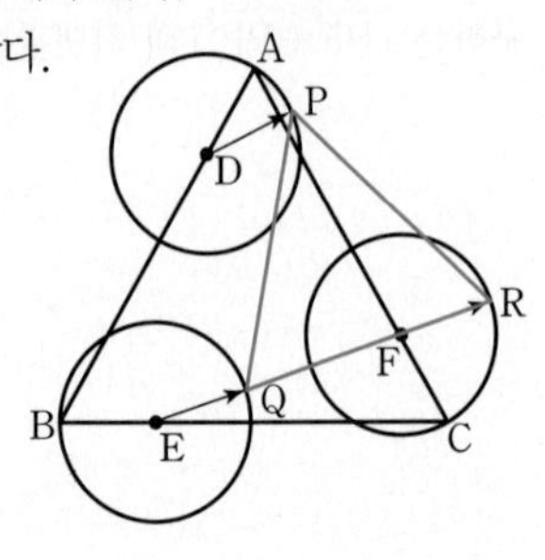

세 벡터 $\overrightarrow{DP}$, $\overrightarrow{EQ}$, $\overrightarrow{FR}$는 모두 평행하며 크기가 같으므로 삼각형 PQR는 삼각형 DEF를 평행이동한 삼각형이고, 두 삼각형의 넓이는 같다.

이때 삼각형 PQR는 정삼각형이고 삼각형 BDE에서 코사인법칙에 의하여

$\overline{DE}^2=\overline{BD}^2+\overline{BE}^2-2\times\overline{BD}\times\overline{BE}\times\cos(\angle DBE)$

→ 삼각형 ABC는 정삼각형이므로 $\angle DBE=\frac{\pi}{3}$

$=3^2+1^2-2\times3\times1\times\frac{1}{2}=7$

따라서 $S=\frac{\sqrt{3}}{4}\times\overline{DE}^2=\frac{7\sqrt{3}}{4}$이므로

$\therefore\ 16S^2=16\times\left(\frac{7\sqrt{3}}{4}\right)^2=16\times\frac{49\times3}{16}=147$

023 [정답률 78%] 　　정답 ②

$\overline{AB}=8$, $\overline{BC}=6$인 직사각형 ABCD에 대하여 네 선분 AB, CD, DA, BD의 중점을 각각 E, F, G, H라 하자. 선분 CF를 지름으로 하는 원 위의 점 P에 대하여 $|\overrightarrow{EG}+\overrightarrow{HP}|$의 최댓값은? (4점)

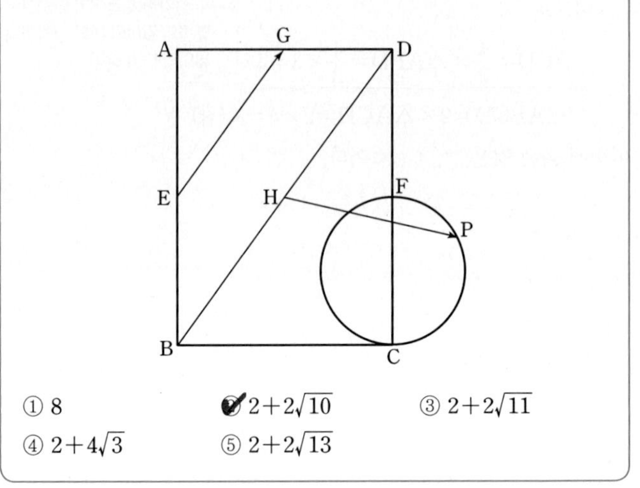

① 8　② $2+2\sqrt{10}$　③ $2+2\sqrt{11}$　④ $2+4\sqrt{3}$　⑤ $2+2\sqrt{13}$

Step 1 벡터 $\overrightarrow{EG}$와 방향과 크기가 같은 벡터를 찾는다.

삼각형 ABD에서 두 점 E, G는 각각 선분 AB와 선분 DA의 중점이므로 삼각형의 중점연결정리에 의하여

$\overline{EG}\,/\!/\,\overline{BD}$이고, $\overline{EG}=\frac{1}{2}\overline{BD}$이다.

이때 점 H는 선분 BD의 중점이므로

$\overrightarrow{EG}=\frac{1}{2}\overrightarrow{BD}=\overrightarrow{BH}$이다.

→ 두 벡터 $\overrightarrow{EG}$, $\overrightarrow{BH}$의 크기와 방향이 각각 같으므로 두 벡터는 서로 같다고 해.

Step 2 $|\overrightarrow{EG}+\overrightarrow{HP}|=|\overrightarrow{BH}+\overrightarrow{HP}|$임을 이용하여 $|\overrightarrow{EG}+\overrightarrow{HP}|$의 최댓값을 구한다.

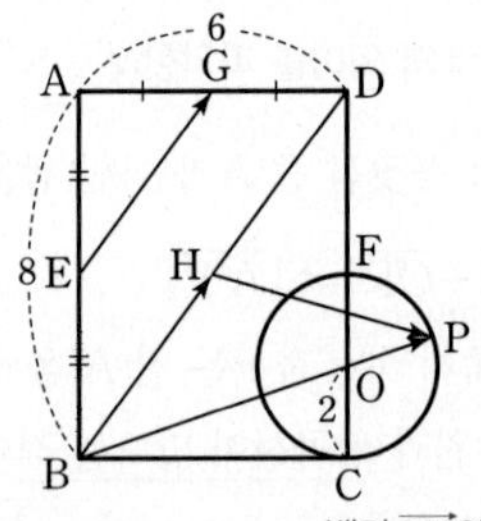

벡터의 연산에 의하여

→ 벡터 $\overrightarrow{BH}$의 종점과 벡터 $\overrightarrow{HP}$의 시점이 일치하므로 $\overrightarrow{BH}+\overrightarrow{HP}=\overrightarrow{BP}$야.

$|\overrightarrow{EG}+\overrightarrow{HP}|=|\overrightarrow{BH}+\overrightarrow{HP}|=|\overrightarrow{BP}|$이므로

$|\overrightarrow{EG}+\overrightarrow{HP}|$의 최댓값은 $|\overrightarrow{BP}|$의 최댓값과 같다.

즉, 원 밖의 한 점 B에서 원 위의 점 P에 이르는 거리의 최댓값이다.

따라서 원의 중심을 O라 하면 $|\overrightarrow{BP}|$의 최댓값은 벡터 $\overrightarrow{BP}$가 원의 중심 O를 지날 때이므로

$2+\overline{BO}=2+\sqrt{6^2+2^2}=2+2\sqrt{10}$

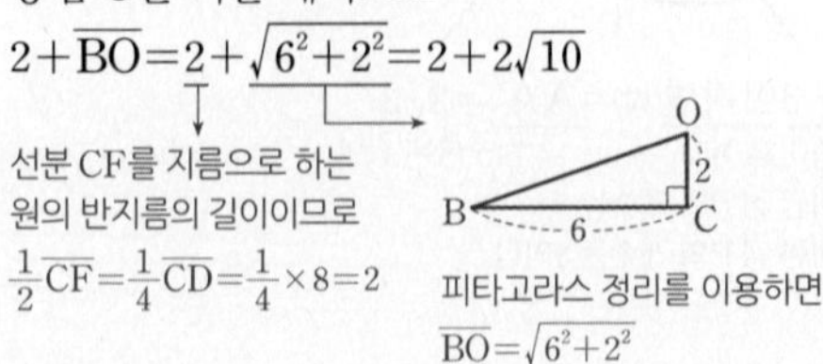

선분 CF를 지름으로 하는 원의 반지름의 길이이므로 $\frac{1}{2}\overline{CF}=\frac{1}{4}\overline{CD}=\frac{1}{4}\times8=2$

피타고라스 정리를 이용하면 $\overline{BO}=\sqrt{6^2+2^2}$

024 [정답률 49%]

정답 ②

서로 외접하는 두 원의 중심 사이의 거리는 2이다.

그림과 같이 평면 위에 반지름의 길이가 1인 네 개의 원 C_1, C_2, C_3, C_4가 서로 외접하고 있고, 두 원 C_1, C_2의 접점을 A라 하자. 원 C_3 위를 움직이는 점 P와 원 C_4 위를 움직이는 점 Q에 대하여 $|\overrightarrow{AP}+\overrightarrow{AQ}|$의 최댓값은? (4점)

벡터를 분해하여 나타낸다.

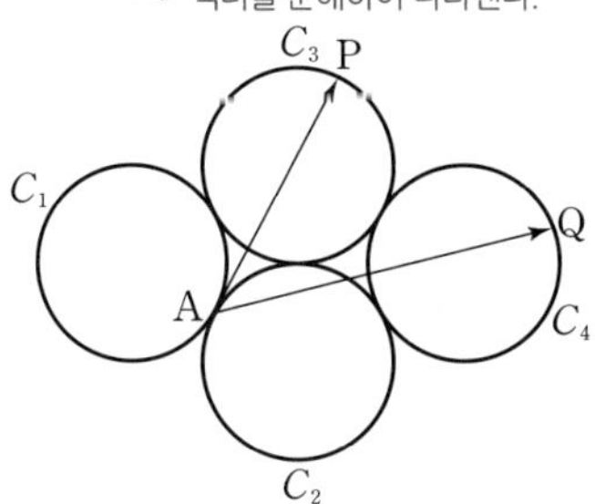

① $4\sqrt{3}-\sqrt{2}$ ② 6 ③ $3\sqrt{3}+1$ ④ $3\sqrt{3}+\sqrt{2}$ ⑤ 7

Step 1 네 원의 중심을 각각 O_1, O_2, O_3, O_4라 하고, 벡터의 덧셈을 이용하여 두 벡터 $\overrightarrow{AP}$, $\overrightarrow{AQ}$를 변형한다.

중요 평면 위의 세 점 A, B, C에 대하여 선분 BC의 중점을 M이라 할 때, $\overrightarrow{AB}+\overrightarrow{AC}=2\overrightarrow{AM}$이 성립한다.

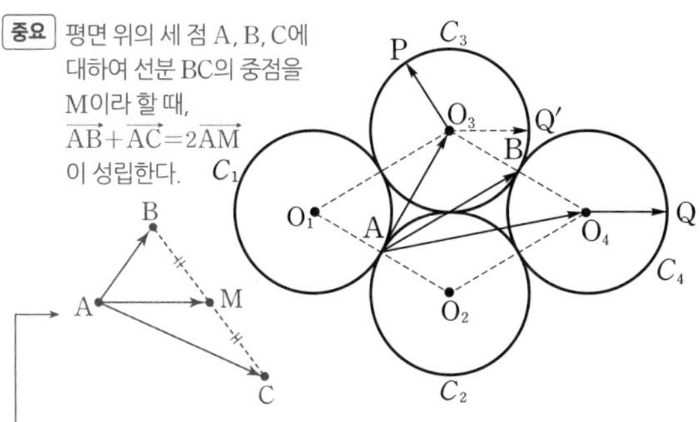

위의 그림과 같이 네 원 C_1, C_2, C_3, C_4의 중심을 각각 O_1, O_2, O_3, O_4라 하고, 두 원 C_3, C_4의 접점을 B라 하자.

사각형 $O_1O_2O_4O_3$은 네 변의 길이가 모두 2이므로 마름모이고, 두 점 A, B는 각각 선분 O_1O_2, 선분 O_3O_4의 중점이다.

중요 네 변의 길이가 모두 같은 사각형을 마름모라고 한다.

$\therefore \overrightarrow{AO_3}+\overrightarrow{AO_4}=2\overrightarrow{AB}=2\overrightarrow{O_1O_3}$

또한, 벡터 $\overrightarrow{O_4Q}$를 시점이 O_3이 되도록 평행이동하였을 때, 그 종점을 Q'이라 하면

$\overrightarrow{O_4Q}=\overrightarrow{O_3Q'}$ 서로 같은 벡터

$\therefore \overrightarrow{AP}+\overrightarrow{AQ}=(\overrightarrow{AO_3}+\overrightarrow{O_3P})+(\overrightarrow{AO_4}+\overrightarrow{O_4Q})$

$=(\overrightarrow{AO_3}+\overrightarrow{AO_4})+(\overrightarrow{O_3P}+\overrightarrow{O_4Q})$

$=2\overrightarrow{O_1O_3}+(\overrightarrow{O_3P}+\overrightarrow{O_3Q'})$

고정된 점을 이용하여 벡터를 분해하면 최댓값을 구하기 수월해져!

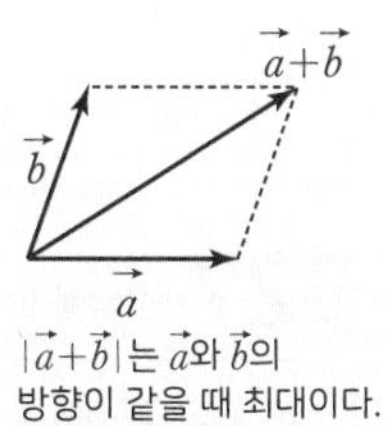

$|\vec{a}+\vec{b}|$는 $\vec{a}$와 $\vec{b}$의 방향이 같을 때 최대이다.

Step 2 $|\overrightarrow{AP}+\overrightarrow{AQ}|$의 최댓값을 구한다.

$\overrightarrow{O_1O_3}$은 크기와 방향이 일정한 벡터이므로 벡터 $\overrightarrow{AP}+\overrightarrow{AQ}$의 크기가 최대가 되려면 두 벡터 $\overrightarrow{O_3P}$와 $\overrightarrow{O_3Q'}$의 방향이 $\overrightarrow{O_1O_3}$과 같아야 한다.

두 점 O_1과 O_3은 움직이지 않음. (∵ 두 점 O_1과 O_3은 고정된 마름모의 꼭짓점)

네 점 O_1, O_3, P, Q'이 일직선 위에 있을 때이다.

따라서 구하는 최댓값은

$2|\overrightarrow{O_1O_3}|+|\overrightarrow{O_3P}|+|\overrightarrow{O_3Q'}|=2\times2+1+1=6$

$|\overrightarrow{AP}+\overrightarrow{AQ}|=|2\overrightarrow{O_1O_3}+\overrightarrow{O_3P}+\overrightarrow{O_3Q'}|$

✪ 다른 풀이 원 C_1, C_2의 중심으로 $\overrightarrow{AP}$, $\overrightarrow{AQ}$를 나타내는 풀이

Step 1 네 원의 중심을 각각 O_1, O_2, O_3, O_4라 한 다음 벡터의 덧셈을 이용하여 두 벡터 $\overrightarrow{AP}$, $\overrightarrow{AQ}$를 변형한다.

네 원 C_1, C_2, C_3, C_4의 중심을 각각 O_1, O_2, O_3, O_4라 하자.

$\overrightarrow{AP}=\overrightarrow{AO_1}+\overrightarrow{O_1P}$, $\overrightarrow{AQ}=\overrightarrow{AO_2}+\overrightarrow{O_2Q}$이므로

$|\overrightarrow{AP}+\overrightarrow{AQ}|=|\overrightarrow{AO_1}+\overrightarrow{O_1P}+\overrightarrow{AO_2}+\overrightarrow{O_2Q}|$

$=|(\overrightarrow{AO_1}+\overrightarrow{AO_2})+\overrightarrow{O_1P}+\overrightarrow{O_2Q}|$

$=|\overrightarrow{O_1P}+\overrightarrow{O_2Q}|$ ($\because \overrightarrow{AO_1}+\overrightarrow{AO_2}=\vec{0}$)

두 벡터는 방향이 반대이고 크기는 같다.

Step 2 $|\overrightarrow{AP}+\overrightarrow{AQ}|$의 최댓값을 구한다.

한편, 다음 그림과 같이 두 선분 O_1P, O_2Q가 각각 원의 중심 O_3, O_4를 지날 때 두 벡터가 서로 평행하고 $|\overrightarrow{O_1P}+\overrightarrow{O_2Q}|$의 값이 최대가 된다.

$\overrightarrow{O_1P}\,/\!/\,\overrightarrow{O_2Q}$이고, $|\overrightarrow{O_1P}|$, $|\overrightarrow{O_2Q}|$가 각각 최대일 때 $|\overrightarrow{AP}+\overrightarrow{AQ}|$는 최댓값을 갖는다.

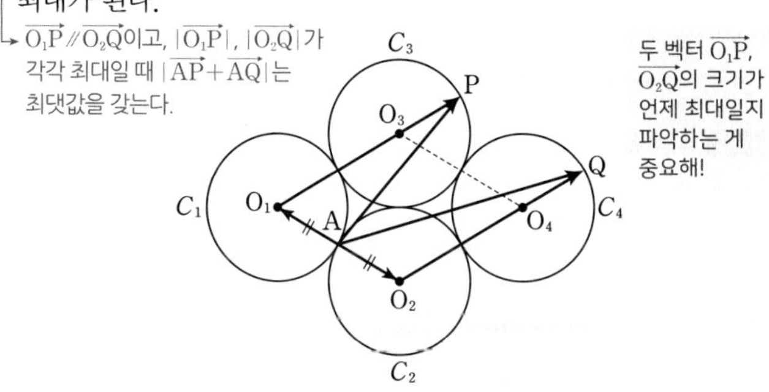

두 벡터 $\overrightarrow{O_1P}$, $\overrightarrow{O_2Q}$의 크기가 언제 최대일지 파악하는 게 중요해!

$\therefore$ ($|\overrightarrow{AP}+\overrightarrow{AQ}|$의 최댓값)$=|\overrightarrow{O_1P}|+|\overrightarrow{O_2Q}|$

$=3+3=6$

수능포인트

이 문제는 삼각형을 이용하여 벡터의 덧셈을 구하는 원리로 벡터를 분해하는 것이 포인트입니다. 즉, 두 원 C_1, C_2의 중심을 각각 O_1, O_2라 하면 $|\overrightarrow{AP}+\overrightarrow{AQ}|=|\overrightarrow{O_1P}+\overrightarrow{O_2Q}|$이고, 이 값이 최대이려면 두 직선 O_1P, O_2Q가 각각 원 C_3, C_4의 중심을 지나야 합니다. 이때가 두 벡터의 방향이 서로 같아서 합이 최대이기 때문입니다. 이처럼 벡터의 최대 · 최소 문제를 풀 때는 벡터의 시점을 일치시키거나 벡터를 분해해 봅니다.

025 [정답률 54%]

정답 ③

좌표평면 위에 두 점 A(3, 0), B(0, 3)과 직선 $x=1$ 위의 점 P(1, a)가 있다. 점 Q가 중심각의 크기가 $\frac{\pi}{2}$인 부채꼴 OAB의 호 AB 위를 움직일 때 $|\overrightarrow{OP}+\overrightarrow{OQ}|$의 최댓값을 $f(a)$라 하자. $f(a)=5$가 되도록 하는 모든 실수 a의 값의 곱은? (단, O는 원점이다.) (4점)

① $-5\sqrt{3}$ ② $-4\sqrt{3}$ ③ $-3\sqrt{3}$ ④ $-2\sqrt{3}$ ⑤ $-\sqrt{3}$

두 벡터 $\overrightarrow{OP}$와 $\overrightarrow{OQ}$의 방향이 같을 때, 같을 수 없을 때로 나누어 문제를 해결한다.

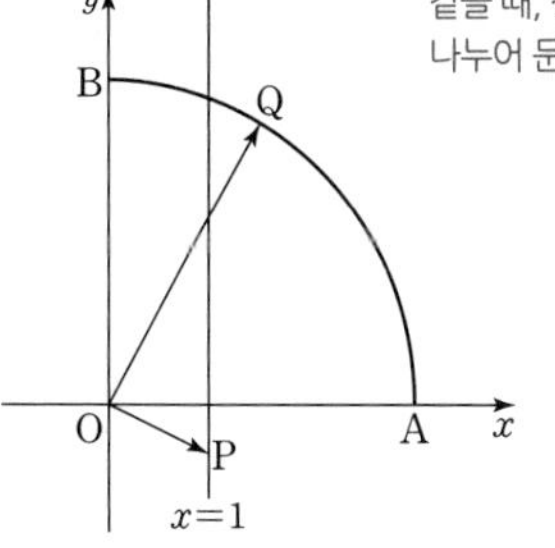

Step 1 $|\overrightarrow{OP}+\overrightarrow{OQ}|$의 값이 최대가 될 때를 생각해본다. → 점 Q가 반지름의 길이가 3인 원 위의 점임을 이용!

$\overrightarrow{OQ}$의 크기는 3으로 일정하므로 특정한 벡터 $\overrightarrow{OP}$에 대하여 $|\overrightarrow{OP}+\overrightarrow{OQ}|$의 값이 최대가 되려면 두 벡터 $\overrightarrow{OP}$, $\overrightarrow{OQ}$가 이루는 각의 크기가 최소가 되어야 한다.

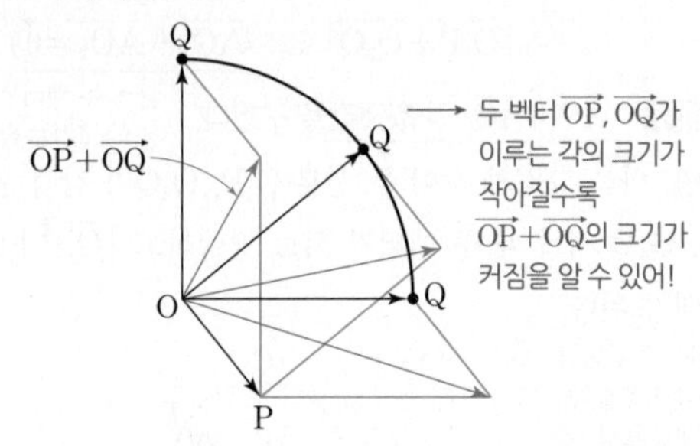

Step 2 $a\ge0$일 때 $|\overrightarrow{OP}+\overrightarrow{OQ}|$의 최댓값이 5가 되는 경우를 구한다.

$a\ge0$일 때, $|\overrightarrow{OP}+\overrightarrow{OQ}|$가 최대가 되려면 두 벡터 $\overrightarrow{OP}$, $\overrightarrow{OQ}$의 방향이 같아야 한다. → 그래야 두 벡터가 이루는 각의 크기가 최소인 0°가 돼.

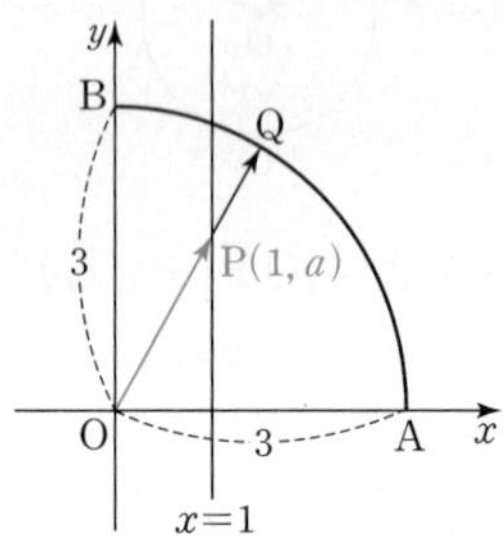

이때 $|\overrightarrow{OP}+\overrightarrow{OQ}|=|\overrightarrow{OP}|+|\overrightarrow{OQ}|$이고, 최댓값이 5이어야 하므로

$|\overrightarrow{OP}|+|\overrightarrow{OQ}|=5$에서 $\sqrt{1^2+a^2}+3=5$ → 선분 OP의 길이

$a^2+1=4$, $a^2=3$ $\quad\therefore a=\sqrt{3}$ ($\because a\ge0$)

Step 3 $a<0$일 때 $|\overrightarrow{OP}+\overrightarrow{OQ}|$의 최댓값이 5가 되는 경우를 구한다.

$a<0$일 때, $|\overrightarrow{OP}+\overrightarrow{OQ}|$가 최대가 되려면 그림과 같이 $\overrightarrow{OQ}=\overrightarrow{OA}$이어야 한다. → 그래야 두 벡터가 이루는 각의 크기가 최소가 되기 때문!

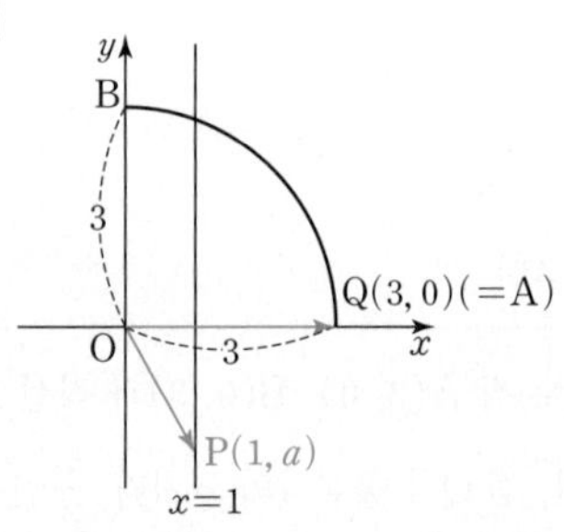

$\overrightarrow{OP}+\overrightarrow{OQ}=(1,\ a)+(3,\ 0)=(4,\ a)$이고, 최댓값이 5이어야 하므로 $|\overrightarrow{OP}+\overrightarrow{OQ}|=5$에서 $\sqrt{4^2+a^2}=5$

$16+a^2=25$, $a^2=9$ $\quad\therefore a=-3$ ($\because a<0$)

따라서 $f(a)=5$가 되도록 하는 모든 실수 a의 값의 곱은

$\sqrt{3}\times(-3)=-3\sqrt{3}$

026

정답 ③

그림과 같이 마름모 ABCD의 선분 BC와 선분 CD의 중점을 각각 M, N이라 하자. $\overrightarrow{AB}=\vec{a}$, $\overrightarrow{AD}=\vec{b}$라 할 때, 다음 중 $\overrightarrow{AM}+\overrightarrow{AN}$을 $\vec{a}$와 $\vec{b}$로 옳게 나타낸 것은? (3점) → $\overrightarrow{AC}=\vec{a}+\vec{b}$임을 그림을 통해서 단번에 알 수 있어야 해!

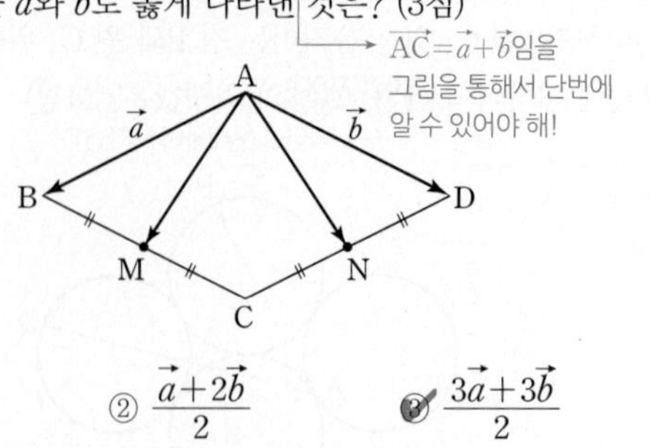

① $\dfrac{2\vec{a}+\vec{b}}{2}$ ② $\dfrac{\vec{a}+2\vec{b}}{2}$ ③ $\dfrac{3\vec{a}+3\vec{b}}{2}$

④ $\dfrac{4\vec{a}+3\vec{b}}{2}$ ⑤ $\dfrac{3\vec{a}+4\vec{b}}{2}$

Step 1 마름모의 성질을 이용하여 $\overrightarrow{AC}$를 구한다.

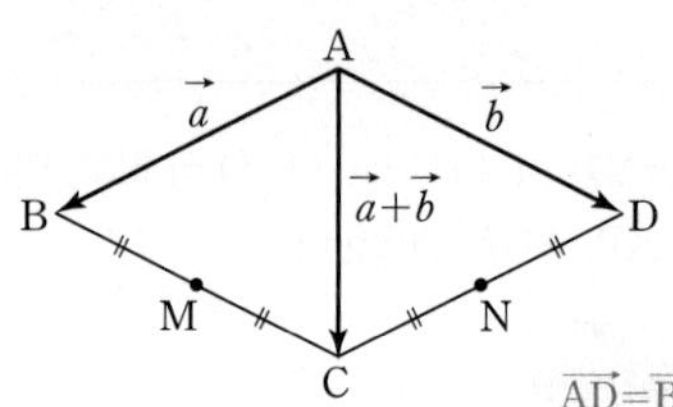

마름모는 평행사변형이므로

$\overrightarrow{AC}=\vec{a}+\vec{b}$

$\overrightarrow{AD}=\overrightarrow{BC}=\vec{b}$이니까 $\overrightarrow{AC}=\overrightarrow{AB}+\overrightarrow{BC}=\vec{a}+\vec{b}$로 나타낼 수 있어!

Step 2 두 점 M, N의 위치벡터를 각각 구한다.

또한, 선분 BC의 중점이 M이므로

$\overrightarrow{AM}=\dfrac{\overrightarrow{AB}+\overrightarrow{AC}}{2}=\dfrac{\vec{a}+(\vec{a}+\vec{b})}{2}=\dfrac{2\vec{a}+\vec{b}}{2}$

마찬가지로 선분 CD의 중점이 N이므로

$\overrightarrow{AN}=\dfrac{\overrightarrow{AC}+\overrightarrow{AD}}{2}=\dfrac{(\vec{a}+\vec{b})+\vec{b}}{2}=\dfrac{\vec{a}+2\vec{b}}{2}$

$\therefore \overrightarrow{AM}+\overrightarrow{AN}=\dfrac{3\vec{a}+3\vec{b}}{2}$

027 [정답률 61%]

정답 ⑤

사각형 ABCD가 다음 조건을 만족시킨다.

(가) 두 벡터 $\overrightarrow{AD}$, $\overrightarrow{BC}$는 서로 평행하다. → 사각형 ABCD는 사다리꼴
(나) $t\overrightarrow{AC}=3\overrightarrow{AB}+2\overrightarrow{AD}$를 만족시키는 실수 t가 존재한다.

삼각형 ABD의 넓이가 12일 때, 사각형 ABCD의 넓이는? (3점)

① 16 ② 17 ③ 18
④ 19 ⑤ 20

Step 1 선분 BD를 2 : 3으로 내분하는 점을 잡는다.

선분 BD를 2 : 3으로 내분하는 점을 P라 하면 $\overrightarrow{AP}=\frac{3\overrightarrow{AB}+2\overrightarrow{AD}}{5}$

조건 (나)에서 $t\overrightarrow{AC}=3\overrightarrow{AB}+2\overrightarrow{AD}=5\overrightarrow{AP}$를 만족시키는 실수 t가 존재하므로 점 P는 선분 AC 위의 점이다.

Step 2 조건 (가)를 이용한다.

조건 (가)에서 두 벡터 $\overrightarrow{AD}$, $\overrightarrow{BC}$가 서로 평행하고 $\overline{BP}:\overline{PD}=2:3$이므로 두 삼각형 PDA, PBC는 서로 닮음이고 닮음비는 3 : 2이다.
(→ $\overline{PD}:\overline{PB}=3:2$)

$|\overrightarrow{AD}|:|\overrightarrow{BC}|=3:2$에서 $|\overrightarrow{BC}|=\frac{2}{3}|\overrightarrow{AD}|$ ...... ㉠

Step 3 사각형 ABCD의 넓이를 구한다.

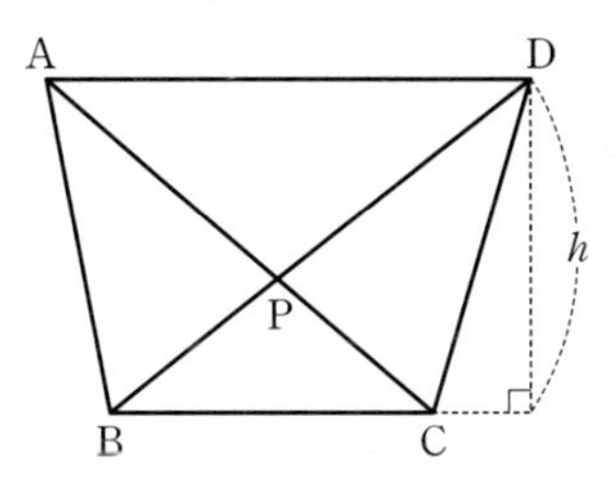

사다리꼴 ABCD의 높이를 h라 하면 삼각형 ABD의 넓이가 12이므로
(→ $\overline{AD}/\!/\overline{BC}$)

$\frac{1}{2}\times|\overrightarrow{AD}|\times h=12$ $\quad\therefore |\overrightarrow{AD}|\times h=24$ ...... ㉡

㉠, ㉡에서 사다리꼴 ABCD의 넓이는

$\frac{1}{2}\times(|\overrightarrow{AD}|+|\overrightarrow{BC}|)\times h=\frac{1}{2}\times\frac{5}{3}|\overrightarrow{AD}|\times h=\frac{5}{6}\times 24=20$
(→ $|\overrightarrow{BC}|=\frac{2}{3}|\overrightarrow{AD}|$)

028

정답 ③

그림과 같이 정삼각형 ABC에서 선분 BC의 중점을 M이라 하고, 직선 AM이 정삼각형 ABC의 외접원과 만나는 점 중 A가 아닌 점을 D라 하자. $\overrightarrow{AD}=m\overrightarrow{AB}+n\overrightarrow{AC}$일 때, $m+n$의 값은? (단, m, n은 상수이다.) (3점)

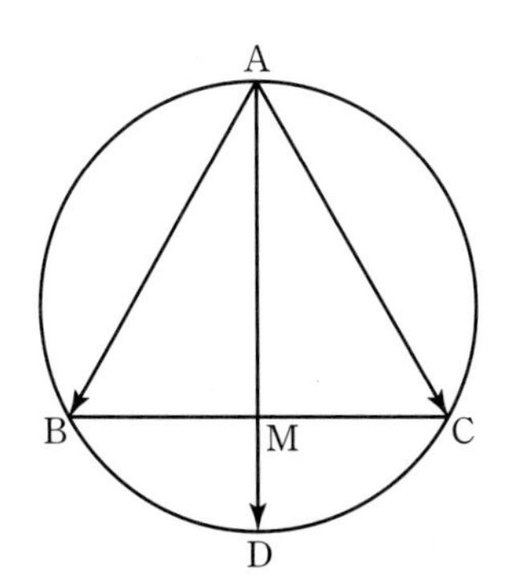

① $\frac{7}{6}$ ② $\frac{5}{4}$ ③ $\frac{4}{3}$
④ $\frac{17}{12}$ ⑤ $\frac{3}{2}$

Step 1 정삼각형의 외접원의 중심과 무게중심이 일치함을 이용한다.

선분 BC의 중점이 M이므로 $\overrightarrow{AM}=\frac{1}{2}(\overrightarrow{AB}+\overrightarrow{AC})$

정삼각형의 무게중심을 O라 하면 $\overrightarrow{AO}=\frac{2}{3}\overrightarrow{AM}$
(→ 점 O는 정삼각형 ABC의 무게중심이므로 $\overline{AO}:\overline{OM}=2:1$)

이때 정삼각형의 외접원의 중심과 무게중심은 일치하므로
$\overline{AD}=2\overline{AO}$ (→ $\overline{AO}$: 원의 반지름의 길이, $\overline{AD}$: 원의 지름의 길이)

즉, $\overrightarrow{AO}=\frac{2}{3}\overrightarrow{AM}$이고 $\overrightarrow{AD}=2\overrightarrow{AO}$이므로

$$\begin{aligned}\overrightarrow{AD}&=2\overrightarrow{AO}=2\times\frac{2}{3}\overrightarrow{AM}\\&=2\times\frac{2}{3}\times\frac{1}{2}(\overrightarrow{AB}+\overrightarrow{AC})\\&=\frac{2}{3}\overrightarrow{AB}+\frac{2}{3}\overrightarrow{AC}\end{aligned}$$

따라서 $m=\frac{2}{3}$, $n=\frac{2}{3}$이므로 $m+n=\frac{2}{3}+\frac{2}{3}=\frac{4}{3}$

029

정답 ④

평면 위의 서로 다른 네 점 O, A, B, C에 대하여 두 벡터 $\overrightarrow{OP}$, $\overrightarrow{OQ}$가 (→ 합이 1)
$\overrightarrow{OP}=\frac{3}{4}\overrightarrow{OA}+\frac{1}{4}\overrightarrow{OB}$, $\overrightarrow{OQ}=\frac{3}{2}\overrightarrow{OB}-\frac{1}{2}\overrightarrow{OC}$를 만족시키고
삼각형 ABC의 넓이가 8일 때, 삼각형 CPQ의 넓이는? (3점)

① 6 ② 7 ③ 8
④ 9 ⑤ 10

Step 1 주어진 식을 이용하여 두 점 P, Q의 위치를 파악한 후 그림으로 나타낸다.

$\overrightarrow{OP}=\frac{3}{4}\overrightarrow{OA}+\frac{1}{4}\overrightarrow{OB}$에서 점 P는 선분 AB를 1 : 3으로 내분하는 점이고, $\overrightarrow{OQ}=\frac{3}{2}\overrightarrow{OB}-\frac{1}{2}\overrightarrow{OC}=\frac{3\overrightarrow{OB}-\overrightarrow{OC}}{3-1}$에서 점 Q는 선분 CB를 3 : 1로 외분하는 점이므로 세 점 A, B, C와 두 점 P, Q의 위치는 그림과 같다.

중요 $\overrightarrow{OP}=a\overrightarrow{OA}+b\overrightarrow{OB}$이고 $a+b=1$이면
i) a, b가 양수일 때 점 P는 선분 AB를 $b:a$로 내분하고
ii) a, b 둘 중 하나가 음수일 때 점 P는 선분 AB를 $|b|:|a|$로 외분한다.

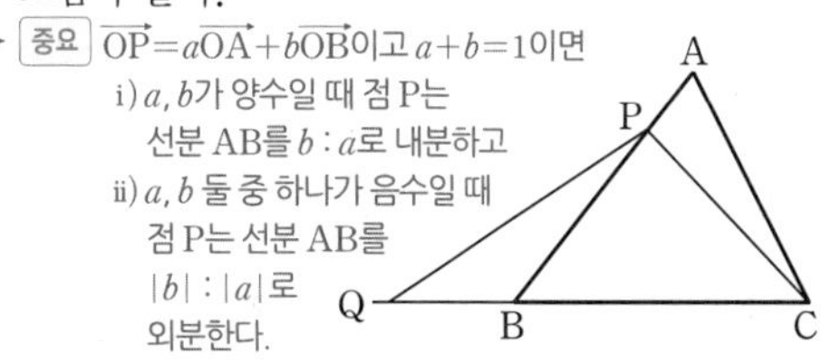

Step 2 삼각형의 밑변의 길이의 비를 이용하여 삼각형의 넓이를 구한다.

삼각형 ABC의 넓이가 8이고, $\overline{AP}:\overline{PB}=1:3$이므로
삼각형 PBC의 넓이는

$8\times\frac{3}{4}=6$

(두 삼각형의 높이가 같을 때, 밑변의 길이의 비를 이용하면 삼각형의 넓이를 구할 수 있어!)

마찬가지 방법으로 삼각형 PBC의 넓이가 6이고, $\overline{BC}:\overline{QC}=2:3$이므로 삼각형 CPQ의 넓이는

$6\times\frac{3}{2}=9$

030

정답 ④

그림과 같이 $\overline{AB}=3\sqrt{10}$, $\overline{BC}=4\sqrt{10}$, $\angle B=90°$인 직각삼각형 ABC가 있다. 점 P가 $\overrightarrow{PA}+2\overrightarrow{PB}-6\overrightarrow{PC}=\vec{0}$을 만족시킬 때, $|\overrightarrow{PC}|^2$의 값은? (4점)

→ 피타고라스 정리를 이용할 수 있어.

→ 식을 정리하여 벡터 $\overrightarrow{PC}$에 대해 알아본다.

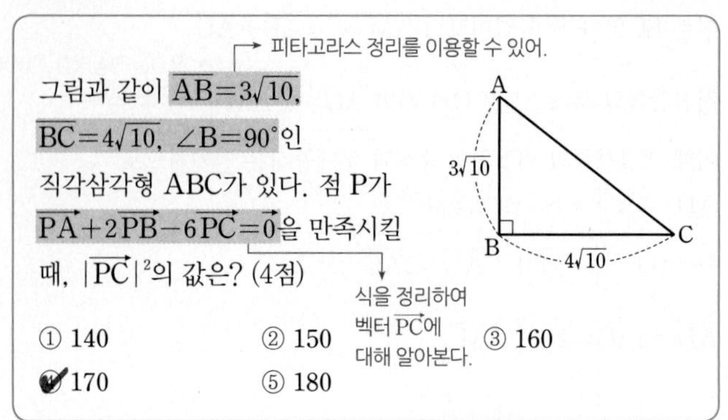

① 140 ② 150 ③ 160 ④ 170 ⑤ 180

Step 1 주어진 식을 정리한다.

$\overrightarrow{PA}+2\overrightarrow{PB}-6\overrightarrow{PC}=\vec{0}$에서 $6\overrightarrow{PC}=\overrightarrow{PA}+2\overrightarrow{PB}$

$\therefore 2\overrightarrow{PC}=\dfrac{\overrightarrow{PA}+2\overrightarrow{PB}}{3}$ → $2\overrightarrow{PC}=\frac{1}{3}\overrightarrow{PA}+\frac{2}{3}\overrightarrow{PB}$에서 $\frac{1}{3}+\frac{2}{3}=1$이므로 벡터 $2\overrightarrow{PC}$의 종점은 선분 AB를 2 : 1로 내분하는 점이야.

Step 2 점 P의 위치를 구한다.

오른쪽 그림에서 선분 AB를 2 : 1로 내분하는 점을 Q라 하면

$\dfrac{\overrightarrow{PA}+2\overrightarrow{PB}}{3}=\overrightarrow{PQ}$

이므로 $2\overrightarrow{PC}=\overrightarrow{PQ}$ → 벡터의 실수배이므로 두 벡터의 방향이 같아.

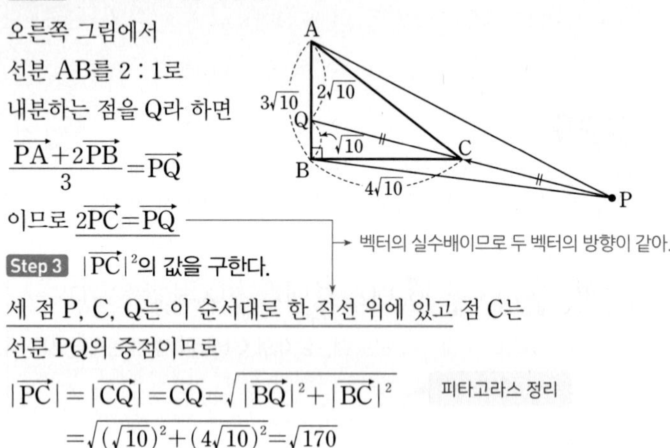

Step 3 $|\overrightarrow{PC}|^2$의 값을 구한다.

세 점 P, C, Q는 이 순서대로 한 직선 위에 있고 점 C는 선분 PQ의 중점이므로

$|\overrightarrow{PC}|=|\overrightarrow{CQ}|=\overline{CQ}=\sqrt{|\overrightarrow{BQ}|^2+|\overrightarrow{BC}|^2}$ 피타고라스 정리

$=\sqrt{(\sqrt{10})^2+(4\sqrt{10})^2}=\sqrt{170}$

$\therefore |\overrightarrow{PC}|^2=170$

031 [정답률 68%]

정답 ④

그림과 같이 변 AD가 변 BC와 평행하고 $\angle CBA=\angle DCB$인 사다리꼴 ABCD가 있다.

$$|\overrightarrow{AD}|=2,\ |\overrightarrow{BC}|=4,\ |\overrightarrow{AB}+\overrightarrow{AC}|=2\sqrt{5}$$

일 때, $|\overrightarrow{BD}|$의 값은? (3점)

① $\sqrt{10}$ ② $\sqrt{11}$ ③ $2\sqrt{3}$ ④ $\sqrt{13}$ ⑤ $\sqrt{14}$

Step 1 주어진 식을 이용하여 사다리꼴 ABCD에 대해 파악한다.

선분 BC의 중점을 M이라 하면 $|\overrightarrow{AB}+\overrightarrow{AC}|=2\sqrt{5}$이므로

$|\overrightarrow{AM}|=\sqrt{5}$ → $\left|\dfrac{\overrightarrow{AB}+\overrightarrow{AC}}{2}\right|=|\overrightarrow{AM}|=\sqrt{5}$

이를 사다리꼴 ABCD에 나타내면 다음과 같다.

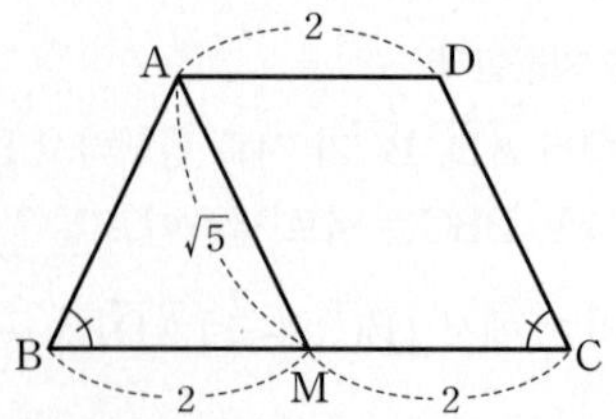

변 AD와 변 BC가 평행하고 $\overline{AD}=\overline{BM}=\overline{CM}$이므로

사각형 ABMD와 사각형 AMCD는 평행사변형이다.

평행사변형 AMCD에서 $\overline{AM}=\overline{CD}=\sqrt{5}$ → 평행사변형의 마주보는 두 변의 길이는 같아.

또 평행사변형 ABMD에서 $\angle ABM=\angle DMC=\angle DCM$이므로

삼각형 DMC는 이등변삼각형이다.

$\therefore \overline{DM}=\sqrt{5}$

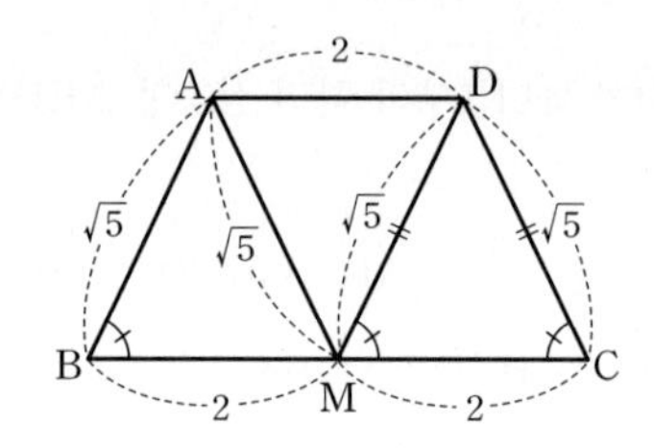

Step 2 직각삼각형을 통해 $|\overrightarrow{BD}|$의 값을 구한다.

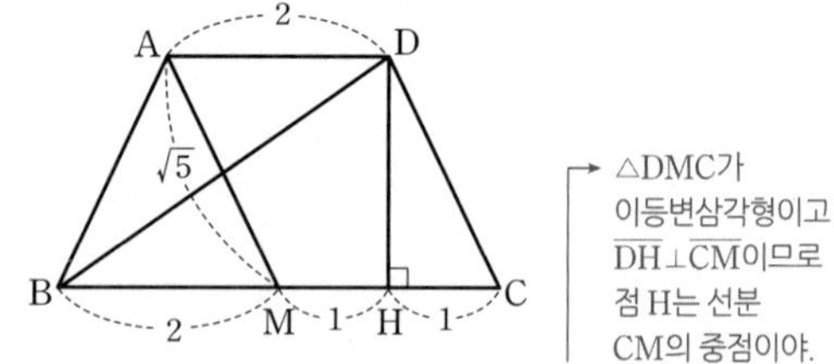

→ △DMC가 이등변삼각형이고 $\overline{DH}\perp\overline{CM}$이므로 점 H는 선분 CM의 중점이야.

점 D에서 선분 BC에 내린 수선의 발을 H라 하면 $\overline{CH}=\overline{HM}=1$

이때 직각삼각형 CDH에서 $\overline{DH}=\sqrt{\overline{CD}^2-\overline{CH}^2}=\sqrt{5-1}=2$

또한 $\overline{BH}=\overline{BM}+\overline{HM}=2+1=3$이므로 직각삼각형 BDH에서

$\overline{BD}=\sqrt{\overline{BH}^2+\overline{DH}^2}=\sqrt{9+4}=\sqrt{13}$

따라서 $|\overrightarrow{BD}|=\overline{BD}=\sqrt{13}$

032

정답 5

넓이가 20인 삼각형 ABC의 무게중심을 G라 하자. 점 P가

$\overrightarrow{AP}+3\overrightarrow{BP}+4\overrightarrow{CP}=3\overrightarrow{CG}$ → 시점을 통일하여 식을 정리한다.

를 만족시킬 때, 삼각형 PAB의 넓이를 구하시오. (3점)

Step 1 무게중심을 이용하여 주어진 등식을 시점이 P인 벡터로 바꾼다.

암기 $\overrightarrow{PG}=\dfrac{\overrightarrow{PA}+\overrightarrow{PB}+\overrightarrow{PC}}{3}$에서 $3\overrightarrow{PG}=\overrightarrow{PA}+\overrightarrow{PB}+\overrightarrow{PC}$이므로

$\overrightarrow{AP}+3\overrightarrow{BP}+4\overrightarrow{CP}=3\overrightarrow{CG}$에서

$-\overrightarrow{PA}-3\overrightarrow{PB}-4\overrightarrow{PC}=3(\overrightarrow{PG}-\overrightarrow{PC})$

$=\overrightarrow{PA}+\overrightarrow{PB}+\overrightarrow{PC}-3\overrightarrow{PC}$

$=\overrightarrow{PA}+\overrightarrow{PB}-2\overrightarrow{PC}$

→ 이와 같이 복잡한 벡터의 식을 적절히 변형할 수 있어야 해!

$2\overrightarrow{PA}+4\overrightarrow{PB}+2\overrightarrow{PC}=\vec{0}$

$\overrightarrow{PA}+2\overrightarrow{PB}+\overrightarrow{PC}=\vec{0}$

$\therefore -\overrightarrow{PB}=\dfrac{\overrightarrow{PA}+\overrightarrow{PC}}{2}$ → 선분 AC의 중점을 M이라 할 때, $-\overrightarrow{PB}=\overrightarrow{PM}$

Step 2 위치벡터를 이용하여 점 P의 위치를 구한 후 그림으로 나타낸다.

따라서 선분 AC의 중점을 M이라 하면 $-\overrightarrow{PB}=\overrightarrow{PM}$이므로 점 P는 선분 BM의 중점이다.

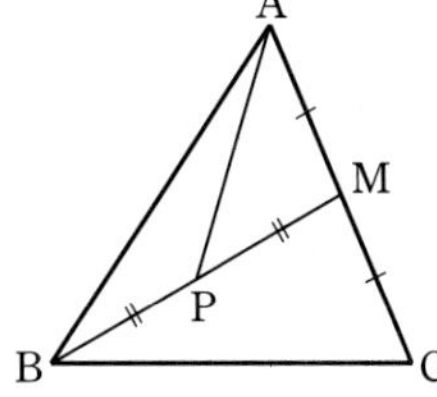

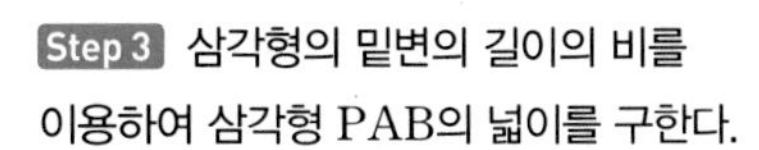

Step 3 삼각형의 밑변의 길이의 비를 이용하여 삼각형 PAB의 넓이를 구한다.

$\therefore \triangle PAB=\dfrac{1}{2}\times\triangle ABM$ → $\overline{PB}=\overline{PM}$

$=\dfrac{1}{2}\times\dfrac{1}{2}\times\triangle ABC$ → $\overline{MA}=\overline{MC}$

$=\dfrac{1}{4}\times\triangle ABC$

$=\dfrac{1}{4}\times 20=5$

중요 삼각형의 내심의 성질
• 세 내각의 이등분선의 교점이다.
• 내심에서 세 변에 이르는 거리는 모두 같다.

033

정답 ①

중요 삼각형에 내접하는 원의 중심을 삼각형의 내심이라 한다

$\overline{AB}=2$, $\overline{BC}=3$인 삼각형 ABC의 내심을 I, 점 O를 시점으로 하는 세 점 A, B, C의 위치벡터를 각각 $\vec{a}$, $\vec{b}$, $\vec{c}$라 하자.

$\overrightarrow{OI}=\dfrac{6\vec{a}+3\vec{b}+4\vec{c}}{13}$라 할 때, 선분 CA의 길이는? (4점)

✔ $\dfrac{3}{2}$ ② 2 ③ $\dfrac{5}{2}$

④ 3 ⑤ $\dfrac{7}{2}$

Step 1 각의 이등분선의 성질을 이용하여 $\overline{BD}:\overline{CD}$를 구한다.

$\overline{CA}=k$라 하자. (단, $k>0$)

내심과 삼각형의 꼭짓점을 이은 선분은 삼각형의 내각을 각각 이등분하므로 직선 AI와 변 BC의 교점을 D라 하면

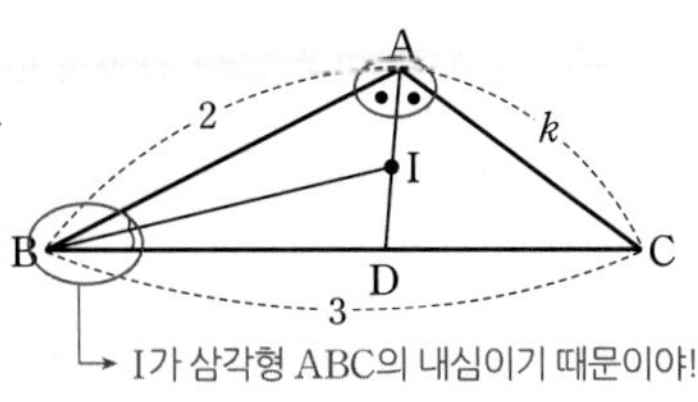

→ I가 삼각형 ABC의 내심이기 때문이야!

$\overline{AB}=2$, $\overline{CA}=k$이므로 각의 이등분선의 성질에 의하여

$\overline{BD}:\overline{CD}=2:k$이다.

Step 2 내분점의 위치벡터를 이용하여 $\overrightarrow{OD}$를 구한다.

따라서 $\overrightarrow{OD}$를 위치벡터 $\vec{b}$, $\vec{c}$로 나타내면

$\overrightarrow{OD}=\dfrac{2\overrightarrow{OC}+k\overrightarrow{OB}}{2+k}$ → 점 D가 선분 BC를 $2:k$로 내분하는 점!

$=\dfrac{k}{k+2}\vec{b}+\dfrac{2}{k+2}\vec{c}$

Step 3 각의 이등분선의 성질과 $\overrightarrow{OD}$를 이용하여 $\overline{AI}:\overline{DI}$를 구한다.

같은 방법으로 삼각형 ABD에서 → $\overline{AB}:\overline{BD}=\overline{AI}:\overline{DI}$

$\overline{AB}=2$, $\overline{BD}=3\times\dfrac{2}{k+2}=\dfrac{6}{k+2}$이므로

→ $\overline{BD}:\overline{CD}=2:k$이므로 $\overline{BD}=\overline{BC}\times\dfrac{2}{2+k}$

$\overline{AB}:\overline{BD}=2:\dfrac{6}{k+2}$에서

$\overline{AI}:\overline{DI}=2:\dfrac{6}{k+2}$

Step 4 내분점의 위치벡터를 이용하여 $\overrightarrow{OI}$를 구한다.

따라서 $\overrightarrow{OI}$를 위치벡터 $\vec{a}$, $\vec{b}$, $\vec{c}$로 나타내면

$\overrightarrow{OI}=\dfrac{2\overrightarrow{OD}+\dfrac{6}{k+2}\overrightarrow{OA}}{2+\dfrac{6}{k+2}}=\dfrac{2(k+2)\overrightarrow{OD}+6\overrightarrow{OA}}{2k+10}$

→ 점 I가 선분 AD를 $2:\dfrac{6}{k+2}$으로 내분하는 점!

$=\dfrac{2(k+2)\left(\dfrac{k}{k+2}\vec{b}+\dfrac{2}{k+2}\vec{c}\right)+6\vec{a}}{2k+10}$

$=\dfrac{6\vec{a}+2k\vec{b}+4\vec{c}}{2k+10}=\dfrac{6\vec{a}+3\vec{b}+4\vec{c}}{13}$

즉, $2k=3$, $2k+10=13$에서 $k=\dfrac{3}{2}$

따라서 선분 CA의 길이는 $\dfrac{3}{2}$이다.

암기 각의 이등분선의 성질

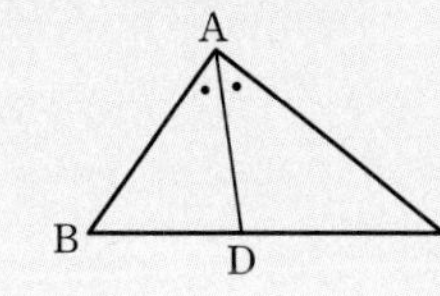

삼각형 ABC에서 $\angle A$의 이등분선이 선분 BC와 만나는 점을 D라 할 때, $\overline{AB}:\overline{AC}=\overline{BD}:\overline{CD}$가 성립한다.

034

정답 ①

암기 원점 O에 대하여 두 벡터 $\overrightarrow{OA}$, $\overrightarrow{OB}$를 점 O에 대한 두 점 A, B의 위치벡터라고 해.

두 점 P, Q의 위치벡터를 $\vec{a}$, $\vec{b}$로 나타내어 본다.

두 점 A, B의 위치벡터가 각각 $\vec{a}$, $\vec{b}$이다. 선분 AB를 $2:1$로 내분하는 점을 P, 선분 AB를 $3:2$로 외분하는 점을 Q라 할 때, 선분 PQ의 중점 M의 위치벡터는 $p\vec{a}+q\vec{b}$이다. $\dfrac{q}{p}$의 값은?

주의 이와 같은 벡터의 조건이 주어지면 그냥 넘기지 말고 읽어보면서 문제를 푸는 데 참고하도록!

(단, $\vec{a}$와 $\vec{b}$는 서로 평행하지 않고 영벡터가 아니다.) (3점)

✔ $-\dfrac{11}{5}$ ② $-\dfrac{13}{5}$ ③ -3

④ $-\dfrac{17}{5}$ ⑤ $-\dfrac{19}{5}$

Step 1 두 점 P, Q의 위치벡터를 구한다.

점 P의 위치벡터를 $\vec{p}$라 하면

$\vec{p}=\frac{2\vec{b}+\vec{a}}{2+1}=\frac{1}{3}\vec{a}+\frac{2}{3}\vec{b}$ → 2 : 1로 내분

점 Q의 위치벡터를 $\vec{q}$라 하면

$\vec{q}=\frac{3\vec{b}-2\vec{a}}{3-2}=-2\vec{a}+3\vec{b}$ → 3 : 2로 외분

Step 2 중점 M의 위치벡터를 구한다.

선분 PQ의 중점 M의 위치벡터는 (선분 PQ를 1 : 1로 내분하는 점의 위치벡터)

$$\frac{\vec{p}+\vec{q}}{2}=\frac{\left(\frac{1}{3}\vec{a}+\frac{2}{3}\vec{b}\right)+(-2\vec{a}+3\vec{b})}{2}=\frac{-\frac{5}{3}\vec{a}+\frac{11}{3}\vec{b}}{2}$$

$$=-\frac{5}{6}\vec{a}+\frac{11}{6}\vec{b}$$

따라서 $p=-\frac{5}{6}$, $q=\frac{11}{6}$이므로

$\frac{q}{p}=-\frac{11}{5}$

암기
선분의 내분점과 외분점의 위치벡터
두 점 A, B의 위치벡터를 각각 $\vec{a}$, $\vec{b}$라 할 때, 선분 AB를 $m:n$으로 내분하는 점 P와 외분하는 점 Q의 위치벡터를 각각 $\vec{p}$, $\vec{q}$라고 하면
$\vec{p}=\frac{m\vec{b}+n\vec{a}}{m+n}$, $\vec{q}=\frac{m\vec{b}-n\vec{a}}{m-n}$ (단, $m\neq n$)

035

벡터 $\overrightarrow{OD}$, $\overrightarrow{OE}$를 두 벡터 $\vec{a}$, $\vec{b}$로 나타낸다.

정답 ④

($\overline{OE}=\frac{2}{3}\overline{OB}$) ($\overline{OD}=\frac{1}{3}\overline{OA}$)

삼각형 OAB에서 변 OA를 1 : 2로 내분하는 점을 D, 변 OB를 2 : 1로 내분하는 점을 E라 하고, 두 선분 AE, BD의 교점을 F라 하자. $\overrightarrow{OA}=\vec{a}$, $\overrightarrow{OB}=\vec{b}$라 할 때, 등식 $\overrightarrow{OF}=p\vec{a}+q\vec{b}$를 만족시키는 두 실수 p, q의 곱 pq의 값은? (4점)

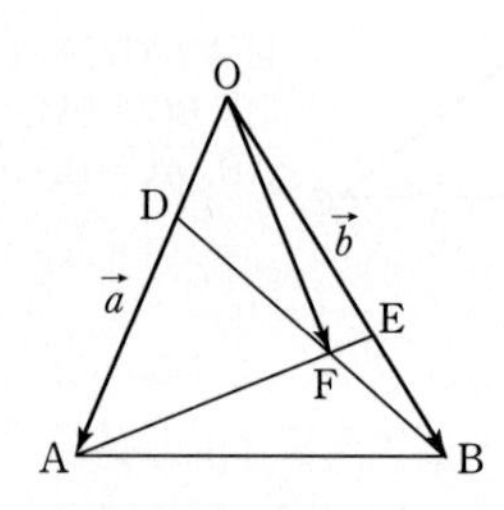

① $\frac{1}{49}$ ② $\frac{2}{49}$ ③ $\frac{3}{49}$
④ $\frac{4}{49}$ ⑤ $\frac{5}{49}$

Step 1 세 점 A, F, E가 한 직선 위에 있을 조건을 이용하여 $\overrightarrow{OF}$를 $\vec{a}$, $\vec{b}$로 나타낸다.

(세 점 A, F, E가 한 직선 위에 있으려면 $\overrightarrow{OF}=u\overrightarrow{OA}+s\overrightarrow{OE}$ (단, $s+u=1$)이어야 해.)

$\overrightarrow{OA}=\vec{a}$, $\overrightarrow{OE}=\frac{2}{3}\vec{b}$이고 점 F는 선분 AE 위의 점이므로

$\overrightarrow{OF}=(1-s)\vec{a}+s\left(\frac{2}{3}\vec{b}\right)$ $(0<s<1)$ …… ㉠ (합이 1)

($\overline{AF}:\overline{FE}=s:(1-s)$ 즉, 점 F는 선분 AE를 $s:(1-s)$로 내분하는 점이야.)

Step 2 세 점 B, F, D가 한 직선 위에 있을 조건을 이용하여 $\overrightarrow{OF}$를 $\vec{a}$, $\vec{b}$로 나타낸다.

$\overrightarrow{OD}=\frac{1}{3}\vec{a}$, $\overrightarrow{OB}=\vec{b}$이고 점 F는 선분 DB 위의 점이므로

$\overrightarrow{OF}=t\left(\frac{1}{3}\vec{a}\right)+(1-t)\vec{b}$ $(0<t<1)$ …… ㉡ (합이 1)

($\overline{DF}:\overline{FB}=(1-t):t$ 즉, 점 F는 선분 DB를 $(1-t):t$로 내분하는 점이야.)

Step 3 구한 두 식을 연립하여 s, t의 값을 구한다.

(점 F는 선분 AE 위의 점이자 선분 DB 위의 점임을 이용한다.)

즉, ㉠, ㉡에서

$(1-s)\vec{a}+\frac{2}{3}s\vec{b}=\frac{t}{3}\vec{a}+(1-t)\vec{b}$이므로

($\vec{a}$와 $\vec{b}$는 서로 평행하지 않으므로 양변의 두 벡터 $\vec{a}$, $\vec{b}$의 계수가 각각 같아야 해.)

$1-s=\frac{t}{3}$, $\frac{2}{3}s=1-t$

$\therefore s=\frac{6}{7}$, $t=\frac{3}{7}$

즉, $\overrightarrow{OF}=\frac{1}{7}\vec{a}+\frac{4}{7}\vec{b}$이므로 $p=\frac{1}{7}$, $q=\frac{4}{7}$

$\therefore pq=\frac{1}{7}\times\frac{4}{7}=\frac{4}{49}$

036 [정답률 75%]

정답 ①

($\overrightarrow{OP}=s\overrightarrow{OQ}+t\overrightarrow{OR}$(단, $s+t=1$, $s\geq0$, $t\geq0$) 꼴이면 점 P가 그리는 도형은 선분 QR임을 이용한다.)

평면 위에 삼각형 OAB가 있다.
$\overrightarrow{OP}=s\overrightarrow{OA}+t\overrightarrow{OB}$ $(s\geq0,\ t\geq0)$를 만족하는 점 P가 그리는 도형에 대한 옳은 설명을 [보기]에서 모두 고른 것은? (4점)

[보기]
ㄱ. $s+t=1$일 때, 점 P가 그리는 도형은 선분 AB이다.
ㄴ. $s+2t=1$일 때, 점 P가 그리는 도형의 길이는 선분 AB의 길이보다 크다.
ㄷ. $s+2t\leq1$일 때, 점 P가 그리는 영역은 삼각형 OAB를 포함한다.

① ㄱ ② ㄴ ③ ㄱ, ㄴ
④ ㄱ, ㄷ ⑤ ㄴ, ㄷ

Step 1 벡터의 합의 의미를 이용하여 도형의 모양을 추론하고 [보기]의 참, 거짓을 판단한다.

ㄱ. $s+t=1$에서 $s=1-t$이므로

$\overrightarrow{OP}=(1-t)\overrightarrow{OA}+t\overrightarrow{OB}$

$=\overrightarrow{OA}+t\overrightarrow{AB}$ $(0\leq t\leq1)$

이므로 점 P가 그리는 도형은 선분 AB이다. (참)

(주어진 식을 $\overrightarrow{AP}=t\overrightarrow{AB}$의 꼴로 바꾸어 나타낼 수도 있어!)

ㄴ. $s+2t=1$에서 $2t=1-s$이므로

$\overrightarrow{OP}=s\overrightarrow{OA}+t\overrightarrow{OB}$

$=s\overrightarrow{OA}+2t\left(\frac{1}{2}\overrightarrow{OB}\right)$

$=s\overrightarrow{OA}+(1-s)\left(\frac{1}{2}\overrightarrow{OB}\right)$ $(0\leq s\leq1)$

(중요 이와 같이 벡터의 계수의 합을 1로 맞춰주는 게 중요해!)

선분 위를 움직이는 점의 자취

반례 ∠AOB가 둔각인 삼각형 OAB에서 $\overrightarrow{OB'}=\frac{1}{2}\overrightarrow{OB}$라 하면 점 P가 그리는 도형은 선분 AB'이고, 이 경우 그 길이는 선분 AB의 길이보다 작다. (거짓)

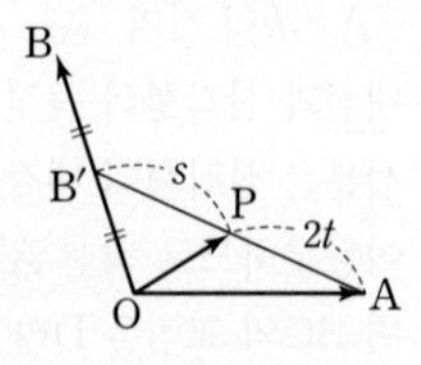

ㄷ. ㄴ에서 양수 s, t가 $s+2t\le1$이면 점 P가 그리는 영역은 삼각형 OAB′의 둘레와 내부이므로 삼각형 OAB에 포함된다. (거짓) ($s+2t<1$, $s+2t=1$)

따라서 옳은 것은 ㄱ이다.

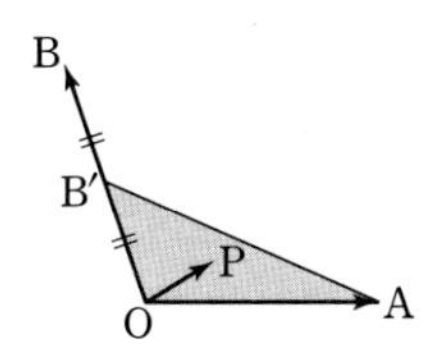

수능포인트

보기 ㄷ의 $s+2t\le1$처럼 부등식의 형태로 주어질 수 있습니다.

우선 $\overrightarrow{OP}=s\overrightarrow{OA}+t\overrightarrow{OB}$, $s+2t=1$을 연립하여 정리해 보면

$\overrightarrow{OP}=s\overrightarrow{OA}+2t\left(\frac{1}{2}\overrightarrow{OB}\right)\left(\overrightarrow{OB'}=\frac{1}{2}\overrightarrow{OB}\right)$이므로 점 P는 선분 AB′ 위에 존재합니다.

이때 두 양수 s, t에 대하여 $s+2t\le1$이면 점 P는 삼각형 OAB′의 내부에 존재하고 $s+2t\ge1$이면 점 P는 삼각형 OAB′의 선분 AB′의 외부에 존재하게 됩니다. 물론 삼각형 OAB′의 경계에도 존재하지!

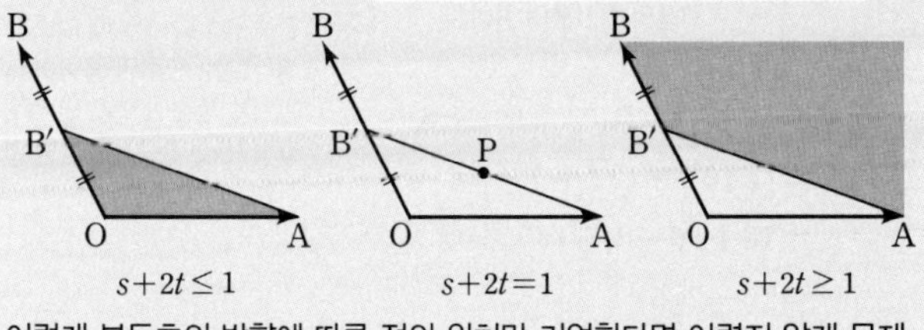

이렇게 부등호의 방향에 따른 점의 위치만 기억한다면 어렵지 않게 문제를 풀 수 있습니다.

Step 2 직각삼각형을 이용하여 선분의 길이를 구한다.

오른쪽 그림과 같이 점 D에서 선분 AC에 내린 수선의 발을 E라 하면 직각삼각형 ADE에서 $\overline{AE}=3$, $\overline{DE}=3\sqrt{3}$ → 삼각비!

이고 $\overline{CE}=9-3=6$이므로 직각삼각형 CED에서 피타고라스 정리에 의하여

$\overline{DC}=\sqrt{(3\sqrt{3})^2+6^2}=3\sqrt{7}$

따라서 점 P가 나타내는 도형의 길이는 $3\sqrt{7}$이다.

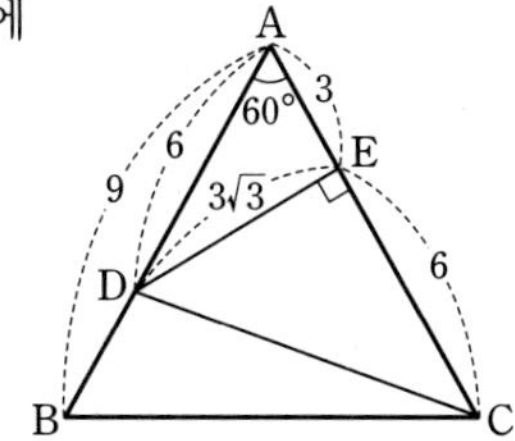

037

정답 ③

한 변의 길이가 9인 정삼각형 ABC에 대하여 점 P가 (→ 식을 적절히 변형하여 점 P가 어떤 선분 위의 점인지 알아본다.)

$$\overrightarrow{AP}=2t\overrightarrow{AB}+(1-3t)\overrightarrow{AC}\ \left(0\le t\le\frac{1}{3}\right)$$

를 만족시킬 때, 점 P가 나타내는 도형의 길이는? (4점)

① $\sqrt{7}$ ② $2\sqrt{7}$ ③ $3\sqrt{7}$ ④ $4\sqrt{7}$ ⑤ $5\sqrt{7}$

Step 1 $\overrightarrow{AP}=s\overrightarrow{AB}+(1-s)\overrightarrow{AC}\ (0\le s\le1)$의 꼴이면 점 P는 선분 BC 위의 점임을 이용한다. → 벡터 앞의 계수의 합을 1로 만들어주는 게 중요해!

$0\le t\le\frac{1}{3}$에서 $0\le 3t\le1$이므로 $3t=s$ 라 하면

$\overrightarrow{AP}=2t\overrightarrow{AB}+(1-3t)\overrightarrow{AC}$

$=\frac{2}{3}s\overrightarrow{AB}+(1-s)\overrightarrow{AC}$

$=s\left(\frac{2}{3}\overrightarrow{AB}\right)+(1-s)\overrightarrow{AC}$ ($\frac{2}{3}\overrightarrow{AB}=\overrightarrow{AD}$) $(0\le s\le1)$

따라서 선분 AB를 2 : 1로 내분하는 점을 D라 할 때, 점 P는 선분 DC 위를 움직이는 점이다. 즉, 점 P가 나타내는 도형은 선분 DC이다.

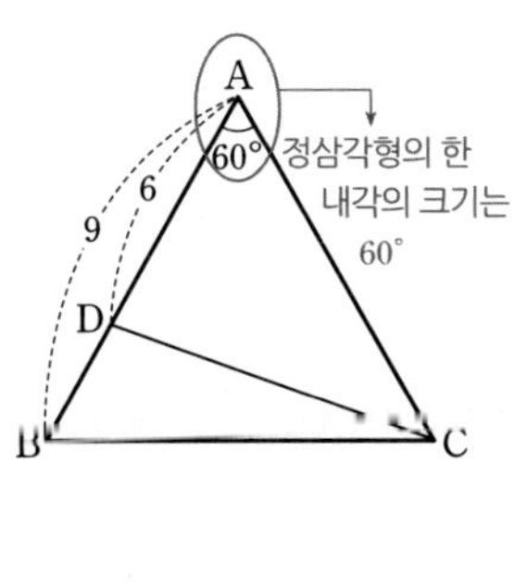

038

정답 ③

좌표평면 위의 세 점 P, Q, R가 다음 두 조건 (가)와 (나)를 만족시킨다.

(가) 두 점 P와 Q는 직선 $y=x$에 대하여 대칭이다. (→ 선분 PQ의 중점이 직선 $y=x$ 위에 있겠군!)
(나) $\overrightarrow{OP}+\overrightarrow{OQ}=\overrightarrow{OR}$ (단, O는 원점)

점 P가 원점을 중심으로 하는 단위원 위를 움직일 때, 점 R는 어떤 도형 위를 움직이는가? (2점) (→ 반지름의 길이가 1인 원)

① 점 ② 타원 ③ 선분 ④ 쌍곡선 ⑤ 평행사변형

Step 1 주어진 두 조건 (가), (나)를 좌표평면 위에 나타낸다.

두 점 P, Q가 직선 $y=x$에 대하여 대칭이므로 선분 PQ의 중점을 M이라 하면 점 M은 직선 $y=x$ 위에 있고 (원 $x^2+y^2=1$ 또한 직선 $y=x$에 대하여 대칭인 도형이므로 점 Q도 원 위에 존재해.)

$\overrightarrow{OM}=\frac{\overrightarrow{OP}+\overrightarrow{OQ}}{2}$

$\therefore \overrightarrow{OP}+\overrightarrow{OQ}=2\overrightarrow{OM}=\overrightarrow{OR}$

따라서 점 R는 직선 $y=x$ 위를 움직인다.

또한, 두 점 P, Q가 단위원 위를 움직이므로

$|\overrightarrow{OP}+\overrightarrow{OQ}|=|\overrightarrow{OR}|\le2$ → 두 점 P, Q가 일치할 때

따라서 점 R는 선분 위를 움직인다.

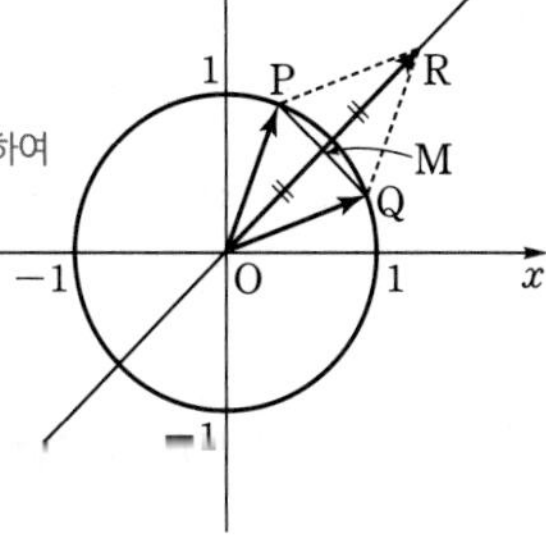

본문 101쪽

039 [정답률 64%]

정답 ①

좌표평면 위에 두 점 A(1, 0), B(0, 1)이 있다. 중심각의 크기가 $\frac{\pi}{2}$인 부채꼴 OAB의 호 AB 위를 움직이는 점 X와 함수 $y=(x-2)^2+1\ (2\le x\le 3)$의 그래프 위를 움직이는 점 Y에 대하여

$$\overrightarrow{OP}=\overrightarrow{OY}-\overrightarrow{OX}$$

를 만족시키는 점 P가 나타내는 영역을 R라 하자. 점 O로부터 영역 R에 있는 점까지의 거리의 최댓값을 M, 최솟값을 m이라 할 때, M^2+m^2의 값은? (단, O는 원점이다.) (4점)

① $16-2\sqrt{5}$ ② $16-\sqrt{5}$ ③ 16
④ $16+\sqrt{5}$ ⑤ $16+2\sqrt{5}$

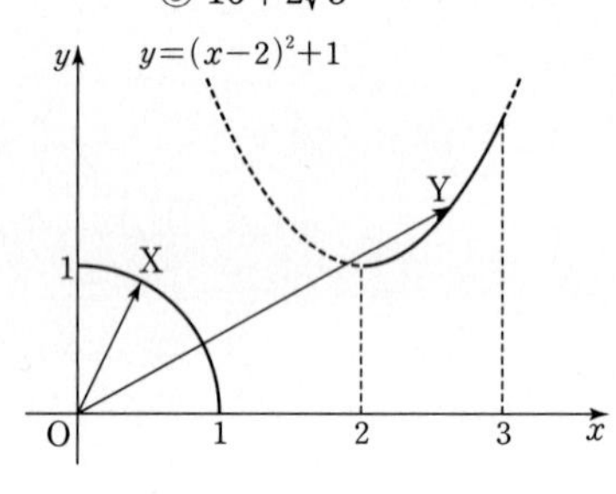

Step 1 주어진 벡터의 식을 이용하여 점 P가 위치하는 곳을 추론해 본다.

호 AB 위를 움직이는 점 X에 대하여 $\overrightarrow{OZ}=-\overrightarrow{OX}$라 하면 점 Z가 위치하는 곳은 다음 그림과 같이 점 X가 위치하는 호 AB를 원점에 대하여 대칭이동시킨 호와 같다.

→ $\overrightarrow{OZ}$는 $\overrightarrow{OX}$와 크기는 같고 방향은 반대인 벡터야.

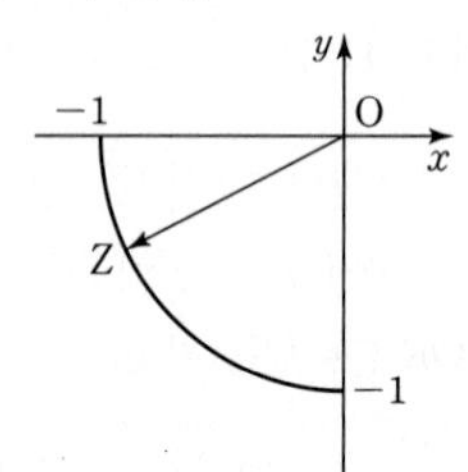

이때 함수 $y=(x-2)^2+1\ (2\le x\le 3)$의 그래프 위를 움직이는 점 Y에 대하여

→ 점 (2, 1), (3, 2)를 지남을 확인!

$\overrightarrow{OP}=\overrightarrow{OY}-\overrightarrow{OX}=\overrightarrow{OY}+\overrightarrow{OZ}$

와 같이 놓을 수 있으므로 점 P가 위치하는 곳은 각각의 점 Y에 대하여 벡터 $\overrightarrow{OZ}$의 크기와 방향만큼 이동시킨 점이 위치하는 곳과 같다.

→ 점 Y를 시점으로 하고 크기가 1인 벡터의 종점을 생각해 본다.

Step 2 점 P가 나타내는 영역 R를 구한다.

따라서 점 P가 나타내는 영역 R는 다음 그림의 색칠된 부분과 같다.

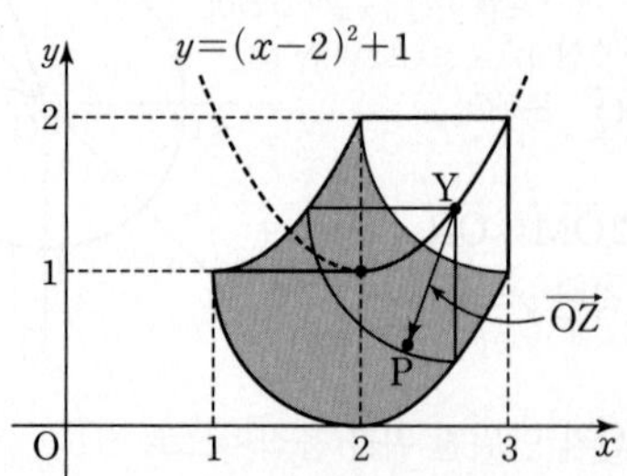

Step 3 점 O로부터 영역 R에 있는 점까지의 거리의 최댓값과 최솟값을 각각 구한다.

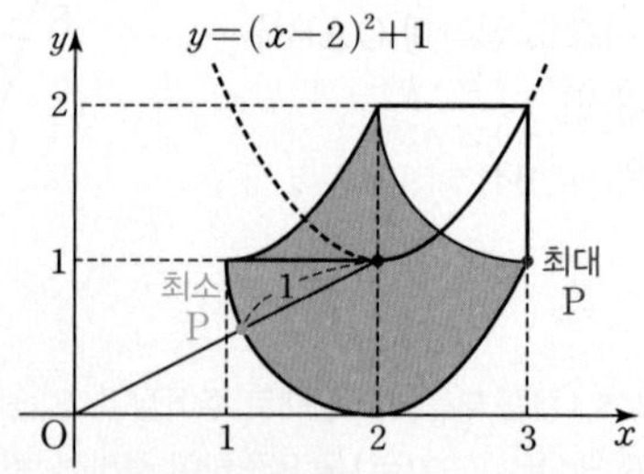

점 P가 (3, 1)일 때 점 O로부터 영역 R에 있는 점까지의 거리가 최대가 되므로 거리의 최댓값은

$\sqrt{3^2+1^2}=\sqrt{10}$

점 P가 점 (2, 1)과 원점을 지나는 선분과 호의 교점일 때 점 O로부터 영역 R에 있는 점까지의 거리가 최소가 되므로 거리의 최솟값은

→ 호: 중심이 (2, 1)이고 반지름의 길이가 1인 원의 일부를 의미해.

$\sqrt{2^2+1^2}-1=\sqrt{5}-1$

→ $\sqrt{2^2+1^2}$: 원점과 점 (2, 1) 사이의 거리
→ 1: 부채꼴의 반지름의 길이

주의 언뜻 점 (1, 1)일 때 최소가 된다고 생각할 수 있지만 중심이 O이고 반지름의 길이가 $\sqrt{2}$인 원을 그려보면 그렇지 않다는 것을 금방 알 수 있어.

따라서 $M=\sqrt{10}$, $m=\sqrt{5}-1$이므로

$M^2+m^2=(\sqrt{10})^2+(\sqrt{5}-1)^2$
$=10+(6-2\sqrt{5})$
$=16-2\sqrt{5}$

→ $(\sqrt{5}-1)^2=(\sqrt{5})^2-2\sqrt{5}+1^2=6-2\sqrt{5}$

040 [정답률 13%]

정답 24

좌표평면에서 포물선 $y^2=2x-2$의 꼭짓점을 A라 하자. 이 포물선 위를 움직이는 점 P와 양의 실수 k에 대하여

$$\overrightarrow{OX}=\overrightarrow{OA}+\frac{k}{|\overrightarrow{OP}|}\overrightarrow{OP}$$

를 만족시키는 점 X가 나타내는 도형을 C라 하자. 도형 C가 포물선 $y^2=2x-2$와 서로 다른 두 점에서 만나도록 하는 실수 k의 최솟값을 m이라 할 때, m^2의 값을 구하시오. (단, O는 원점이다.) (4점)

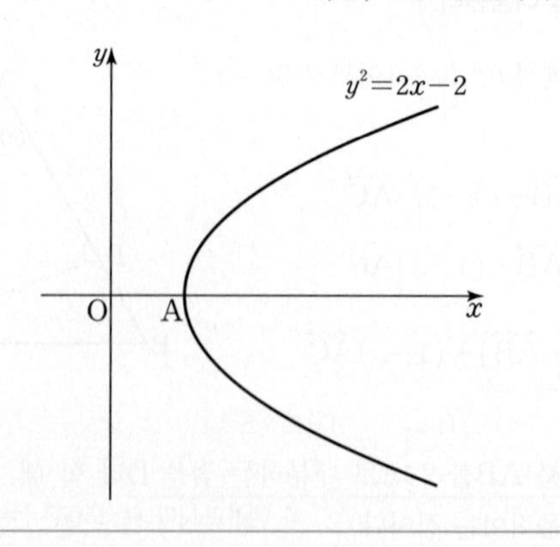

Step 1 점 X가 나타내는 도형 C의 모양을 파악한다.

직선 OP의 방정식을 $y=ax$(a는 상수)라 하자.

이 식을 포물선 $y^2=2x-2$의 식에 대입하면 $(ax)^2=2x-2$에서 $a^2x^2-2x+2=0$

이차방정식 $a^2x^2-2x+2=0$의 판별식을 D라 하면 점 P는 포물선 위의 한 점이므로

$\frac{D}{4}=(-1)^2-2\times a^2=1-2a^2\geq 0$ → 직선 $y=ax$와 포물선 $y^2=2x-2$는 점 P에서 반드시 만나야 하기 때문이다.

$\therefore -\frac{\sqrt{2}}{2}\leq a\leq \frac{\sqrt{2}}{2}$

$\overrightarrow{OY}=\frac{k}{|\overrightarrow{OP}|}\overrightarrow{OP}$라 하고 중심이 원점이고 반지름의 길이가 k인 원을 O라 하자.

원 O와 두 직선 $y=\frac{\sqrt{2}}{2}x$, $y=-\frac{\sqrt{2}}{2}x$가 만나는 점을 각각 B, C라 하면 점 Y가 나타내는 도형은 호 BC이므로 점 X가 나타내는 도형은 호 BC를 x축의 방향으로 1만큼 평행이동한 것과 같다.

→ $\overrightarrow{OX}=\overrightarrow{OA}+\frac{k}{|\overrightarrow{OP}|}\overrightarrow{OP}=\overrightarrow{OA}+\overrightarrow{OY}$

→ $y^2=2x-2=2(x-1)$에서 점 A는 포물선 $y^2=2x$의 꼭짓점을 x축의 방향으로 1만큼 평행이동한 것과 같으므로 A(1, 0)이다.

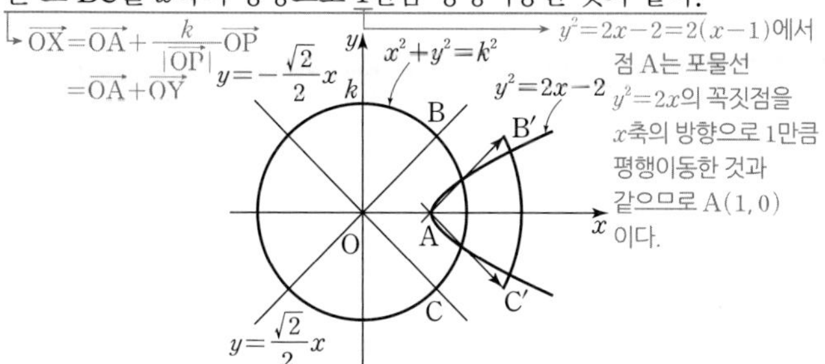

Step 2 m^2의 값을 구한다.

두 점 B, C를 x축의 방향으로 1만큼 평행이동한 점을 각각 B′, C′이라 하면 실수 k의 값이 최소인 경우는 두 점 B′, P가 일치할 때이다.

→ 호 B′C′과 포물선 $y^2=2x-2$가 서로 다른 두 점에서 만나야 하므로 $k=\overline{AB'}\geq\overline{AP}$이고 $k=\overline{AB'}=\overline{AP}$ 즉, 두 점 B′, P가 일치할 때 최소이다.

직선 AB′은 직선 $y=\frac{\sqrt{2}}{2}x$를 x축의 방향으로 1만큼 평행이동한 것과 같으므로 $y=\frac{\sqrt{2}}{2}(x-1)$ …… ㉠

이 식을 포물선 $y^2=2x-2$의 식에 대입하면

$\left\{\frac{\sqrt{2}}{2}(x-1)\right\}^2=2x-2$

$\frac{1}{2}(x^2-2x+1)=2x-2$, $x^2-2x+1=4x-4$

$x^2-6x+5=0$, $(x-1)(x-5)=0$

$\therefore x=1$ 또는 $x=5$ → 점 A의 x좌표

$x=5$를 ㉠에 대입하면 $y=2\sqrt{2}$이므로 P$(5, 2\sqrt{2})$

따라서 $m=\overline{AP}=\sqrt{(5-1)^2+(2\sqrt{2})^2}=2\sqrt{6}$이므로

$m^2=24$

041 [정답률 25%]

정답 13

직선 $2x+y=0$ 위를 움직이는 점 P와

타원 $2x^2+y^2=3$ 위를 움직이는 점 Q에 대하여

$$\overrightarrow{OX}=\overrightarrow{OP}+\overrightarrow{OQ}$$

를 만족시키고, x좌표와 y좌표가 모두 0 이상인 모든 점 X가 나타내는 영역의 넓이는 $\frac{q}{p}$이다. $p+q$의 값을 구하시오.

(단, O는 원점이고, p와 q는 서로소인 자연수이다.) (4점)

→ 점 X가 나타내는 영역 중 제1사분면에 위치한 부분을 생각한다.

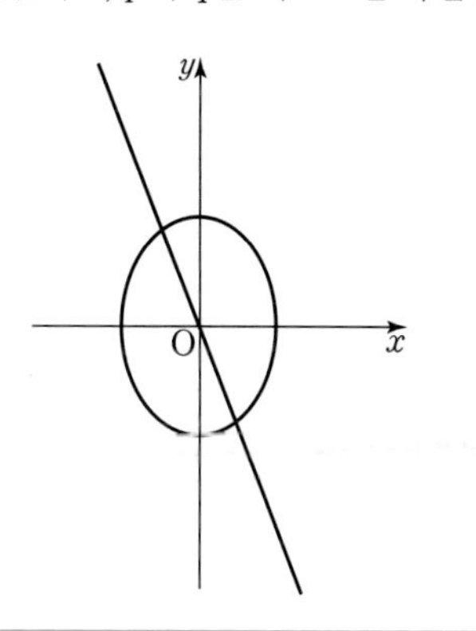

Step 1 점 X가 나타내는 영역을 구한다.

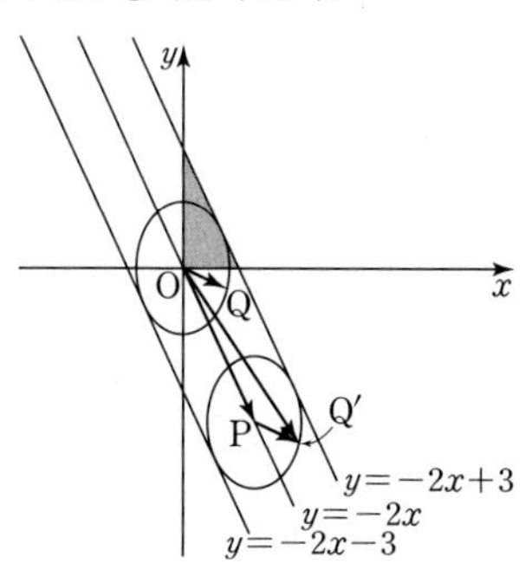

$\overrightarrow{OQ}=\overrightarrow{PQ'}$을 만족시키는 점 Q′은 타원 $2x^2+y^2=3$을 중심이 점 P가 되도록 평행이동시킨 타원 위의 점이다.

$\overrightarrow{OX}=\overrightarrow{OP}+\overrightarrow{OQ}=\overrightarrow{OP}+\overrightarrow{PQ'}=\overrightarrow{OQ'}$

타원 $2x^2+y^2=3$에 접하고 기울기가 -2인 접선의 방정식은

→ $\frac{x^2}{\frac{3}{2}}+\frac{y^2}{3}=1$

→ 직선 $2x+y=0$, 즉 $y=-2x$와 평행해야 한다.

$y=-2x\pm\sqrt{\frac{3}{2}\times(-2)^2+3}$ $\quad\therefore y=-2x\pm3$

따라서 점 X가 나타내는 점은 직선 $y=-2x+3$ 또는 이 직선의 아래쪽 부분과 직선 $y=-2x-3$ 또는 이 직선의 위쪽 부분의 공통부분이다.

→ 타원 $\frac{x^2}{a^2}+\frac{y^2}{b^2}=1$에 접하고 기울기가 m인 직선의 방정식은 $y=mx\pm\sqrt{a^2m^2+b^2}$

그러므로 x좌표, y좌표가 모두 0 이상인 모든 점 X가 나타내는 영역은 직선 $y=-2x+3$과 x축, y축으로 둘러싸인 부분이다.

Step 2 점 X가 나타내는 영역의 넓이를 구한다.

직선 $y=-2x+3$이 x축과 만나는 점의 좌표는 $\left(\frac{3}{2}, 0\right)$, → $-2x+3=0$에서 $x=\frac{3}{2}$

y축과 만나는 점의 좌표는 $(0, 3)$이므로 구하는 영역의 넓이는

$\frac{1}{2}\times\frac{3}{2}\times3=\frac{9}{4}$ → 삼각형의 넓이

따라서 $p=4$, $q=9$이므로 $p+q=4+9=13$

042 [정답률 85%]

정답 ⑤

벡터 $\vec{a}=(3,\ -1)$에 대하여 벡터 $5\vec{a}$의 모든 성분의 합은? (2점)

→ 평면벡터의 성질을 이용한다.

① -10 ② -5 ③ 0
④ 5 ⑤ 10

Step 1 벡터 $5\vec{a}$의 성분을 구한다.

벡터 $\vec{a}=(3,\ -1)$이므로

$5\vec{a}=(5\times3,\ 5\times(-1))$ → 평면벡터 $\vec{a}=(a_1, a_2)$에 대하여 $k\vec{a}=(ka_1, ka_2)$ (단, k는 실수)

$=(15,\ -5)$

따라서 벡터 $5\vec{a}$의 모든 성분의 합은

$15+(-5)=10$

043 [정답률 90%]

정답 30

벡터 $\vec{a}=(2,\ 1)$에 대하여 벡터 $10\vec{a}$의 모든 성분의 합을 구하시오. (3점)

Step 1 벡터의 연산을 이용한다.

벡터 $\vec{a}=(2,\ 1)$에 대하여

$10\vec{a}=(10\times2,\ 10\times1)=(20,\ 10)$ → 20: x성분, 10: y성분

따라서 벡터 $10\vec{a}$의 모든 성분의 합은

$20+10=30$

044 [정답률 89%]

정답 ④

두 벡터 $\vec{a}=(2,\ 4)$, $\vec{b}=(1,\ 1)$에 대하여 벡터 $\vec{a}+\vec{b}$의 모든 성분의 합은? (2점)

→ 두 벡터의 x성분, y성분끼리 각각 더한다.

① 5 ② 6 ③ 7
④ 8 ⑤ 9

Step 1 벡터의 연산을 이용한다.

두 벡터 $\vec{a}=(2,\ 4)$, $\vec{b}=(1,\ 1)$에서

$\vec{a}+\vec{b}=(2,\ 4)+(1,\ 1)=(3,\ 5)$ → 두 벡터 $\vec{m}=(x_1, y_1)$, $\vec{n}=(x_2, y_2)$에 대하여 $\vec{m}+\vec{n}=(x_1+x_2, y_1+y_2)$

따라서 벡터 $\vec{a}+\vec{b}$의 모든 성분의 합은

$3+5=8$

045 [정답률 91%]

정답 ④

두 벡터 $\vec{a}=(-1,\ 2)$, $\vec{b}=(2,\ -3)$에 대하여 $\vec{a}+\vec{b}$는? (2점)

① $(-1,\ -1)$ ② $(-1,\ 1)$ ③ $(-1,\ 2)$
④ $(1,\ -1)$ ⑤ $(1,\ 2)$

Step 1 벡터의 덧셈을 이용하여 벡터의 성분을 구한다.

두 벡터 $\vec{a}=(-1,\ 2)$, $\vec{b}=(2,\ -3)$에 대하여

$\vec{a}+\vec{b}=(-1,\ 2)+(2,\ -3)=(1,\ -1)$

→ y성분은 y성분끼리 더하면 돼.

→ x성분은 x성분끼리 더하면 돼.

046 [정답률 91%]

정답 ⑤

두 벡터 $\vec{a}=(2,\ -1)$, $\vec{b}=(1,\ 3)$에 대하여 벡터 $\vec{a}+\vec{b}$의 모든 성분의 합은? (2점)

① 1 ② 2 ③ 3
④ 4 ⑤ 5

Step 1 평면벡터의 성분에 의한 연산을 이용한다.

→ 두 평면벡터 $\vec{a}=(a_1, a_2)$, $\vec{b}=(b_1, b_2)$에 대하여 $\vec{a}\pm\vec{b}=(a_1\pm b_1, a_2\pm b_2)$(복호동순)

$\vec{a}+\vec{b}=(2,\ -1)+(1,\ 3)$

$=(3,\ 2)$

따라서 벡터 $\vec{a}+\vec{b}$의 모든 성분의 합은

$3+2=5$

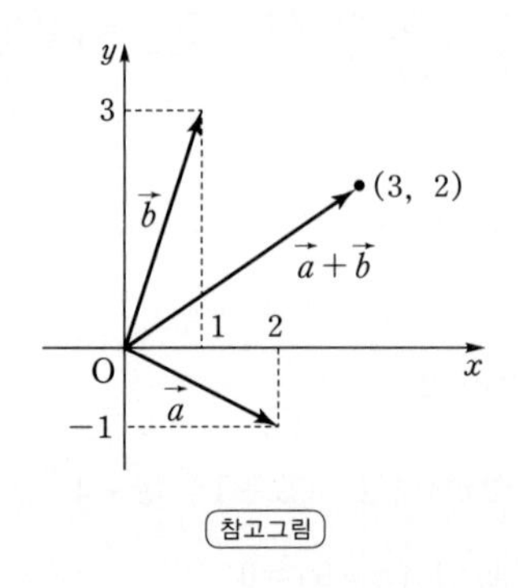

참고그림

047 [정답률 95%]

정답 ⑤

두 벡터 $\vec{a}=(3,\ -1)$, $\vec{b}=(1,\ 2)$에 대하여 벡터 $\vec{a}+\vec{b}$의 모든 성분의 합은? (2점)

① 1 ② 2 ③ 3
④ 4 ⑤ 5

Step 1 평면벡터의 성분에 의한 연산을 이용한다.

→ 두 평면벡터 $\vec{a}=(a_1, a_2)$, $\vec{b}=(b_1, b_2)$에 대하여 $\vec{a}\pm\vec{b}=(a_1\pm b_1, a_2\pm b_2)$ (복호동순)

$\vec{a}+\vec{b}=(3,\ -1)+(1,\ 2)$

$=(4,\ 1)$

따라서 벡터 $\vec{a}+\vec{b}$의 모든 성분의 합은

$4+1=5$

048 [정답률 92%]

정답 ⑤

두 벡터 $\vec{a}=(2, 3)$, $\vec{b}=(-1, 5)$에 대하여 벡터 $2\vec{a}+\vec{b}$의 모든 성분의 합은? (2점)

① 10 ② 11 ③ 12 ④ 13 ⑤ 14

Step 1 벡터의 연산을 이용한다.

두 벡터 $\vec{a}=(2, 3)$, $\vec{b}=(-1, 5)$에서

$2\vec{a}+\vec{b}=2(2, 3)+(-1, 5)$ → $\vec{p}=(p_1, p_2)$일 때, $k\vec{p}=(kp_1, kp_2)$ (단, k는 상수)

$=(4, 6)+(-1, 5)$ → $\vec{p}=(p_1, p_2)$, $\vec{q}=(q_1, q_2)$일 때, $\vec{p}+\vec{q}=(p_1+q_1, p_2+q_2)$

$=(3, 11)$

따라서 벡터 $2\vec{a}+\vec{b}$의 모든 성분의 합은

$3+11=14$

049 [정답률 95%]

정답 ⑤

두 벡터 $\vec{a}=(1, 0)$, $\vec{b}=(1, 1)$에 대하여 벡터 $\vec{a}+2\vec{b}$의 모든 성분의 합은? (2점)

① 1 ② 2 ③ 3 ④ 4 ⑤ 5

Step 1 벡터의 연산을 이용한다.

두 벡터 $\vec{a}=(1, 0)$, $\vec{b}=(1, 1)$에 대하여

$\vec{a}+2\vec{b}=(1, 0)+(2\times1, 2\times1)$

$=(1, 0)+(2, 2)$ ← 벡터 $\vec{b}$의 각 성분에 2를 곱한다.

$=(3, 2)$

따라서 벡터 $\vec{a}+2\vec{b}$의 모든 성분의 합은 $3+2=5$

050 [정답률 87%]

정답 14

두 벡터 $\vec{a}=(2, 4)$, $\vec{b}=(1, 3)$에 대하여 벡터 $\vec{a}+2\vec{b}$의 모든 성분의 합을 구하시오. (3점)

Step 1 평면벡터의 연산을 이용한다.

$\vec{a}=(2, 4)$, $\vec{b}=(1, 3)$이므로

$\vec{a}+2\vec{b}=(2, 4)+2(1, 3)$ → x성분, y성분끼리 각각 계산한다.

$=(2, 4)+(2, 6)$

$=(4, 10)$

따라서 벡터 $\vec{a}+2\vec{b}$의 모든 성분의 합은

$4+10=14$

051 [정답률 96%]

정답 ⑤

두 벡터 $\vec{a}=(1, -2)$, $\vec{b}=(-1, 4)$에 대하여 벡터 $\vec{a}+2\vec{b}$의 모든 성분의 합은? (2점)

① 1 ② 2 ③ 3 ④ 4 ⑤ 5

Step 1 주어진 두 벡터를 이용하여 벡터 $\vec{a}+2\vec{b}$를 구한다.

$\vec{a}=(1, -2)$, $\vec{b}=(-1, 4)$이므로

$\vec{a}+2\vec{b}=(1, -2)+2(-1, 4)=(-1, 6)$

따라서 모든 성분의 합은

$-1+6=5$

052 [정답률 95%]

정답 ⑤

두 벡터 $\vec{a}=(5, 3)$, $\vec{b}=(1, 2)$에 대하여 벡터 $\vec{a}-\vec{b}$의 모든 성분의 합은? (2점)

① 1 ② 2 ③ 3 ④ 4 ⑤ 5

Step 1 벡터 $\vec{a}-\vec{b}$를 구한다.

$\vec{a}=(5, 3)$, $\vec{b}=(1, 2)$에서 $\vec{a}-\vec{b}=(4, 1)$이므로 (4 ← $5-1$, 1 ← $3-2$)

모든 성분의 합은 $4+1=5$

053 [정답률 95%]

정답 ④

두 벡터 $\vec{a}=(6, 2)$, $\vec{b}=(0, 4)$에 대하여 벡터 $\vec{a}-\vec{b}$의 모든 성분의 합은? (2점)

① 1 ② 2 ③ 3 ④ 4 ⑤ 5

Step 1 $\vec{a}=(a_1, a_2)$, $\vec{b}=(b_1, b_2)$에 대하여 $\vec{a}-\vec{b}=(a_1-b_1, a_2-b_2)$임을 이용한다.

$\vec{a}-\vec{b}=(6, 2)-(0, 4)$

$=(6-0, 2-4)$

$=(6, -2)$ → 6과 -2가 벡터 $\vec{a}-\vec{b}$의 성분이야.

따라서 벡터 $\vec{a}-\vec{b}$의 모든 성분의 합은 (모든 성분 → 6, -2)

$6+(-2)=4$

054 [정답률 94%]

정답 ⑤

두 벡터 $\vec{a}=(1,\ 3)$, $\vec{b}=(5,\ -6)$에 대하여 벡터 $\vec{a}-\vec{b}$의 모든 성분의 합은? (2점)

① 1 ② 2 ③ 3 ④ 4 ⑤ 5

Step 1 벡터의 연산을 이용한다.

두 평면벡터 $\vec{a}=(a_1, a_2)$, $\vec{b}=(b_1, b_2)$에 대하여 $\vec{a}\pm\vec{b}=(a_1\pm b_1, a_2\pm b_2)$ (복호동순)임을 이용한다.

두 벡터 $\vec{a}=(1,\ 3)$, $\vec{b}=(5,\ -6)$에서

$\vec{a}-\vec{b}=(1-5,\ 3-(-6))=(-4,\ 9)$

따라서 벡터 $\vec{a}-\vec{b}$의 모든 성분의 합은 $-4+9=5$

벡터의 x성분과 y성분을 더하면 돼.

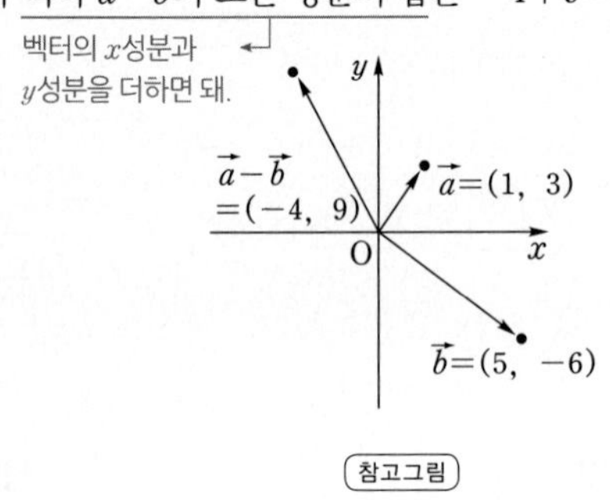

참고그림

055 [정답률 92%]

정답 ⑤

두 벡터 $\vec{a}=(3,\ -2)$, $\vec{b}=(2,\ -6)$에 대하여 벡터 $\vec{a}-\vec{b}$의 모든 성분의 합은? (2점)

① 1 ② 2 ③ 3 ④ 4 ⑤ 5

Step 1 벡터의 연산을 이용한다.

두 벡터 $\vec{a}=(3,\ -2)$, $\vec{b}=(2,\ -6)$에 대하여

$\vec{a}-\vec{b}=(3-2,\ -2-(-6))$

$=(1,\ 4)$ ← x성분은 x성분끼리, y성분은 y성분끼리 계산!

따라서 구하는 모든 성분의 합은 $1+4=5$

056 [정답률 94%]

정답 ⑤

두 벡터 $\vec{a}=(4,\ 1)$, $\vec{b}=(3,\ -2)$에 대하여 벡터 $2\vec{a}-\vec{b}$의 모든 성분의 합은? (2점)

① 1 ② 3 ③ 5 ④ 7 ⑤ 9

Step 1 벡터의 연산을 이용한다.

두 벡터 $\vec{a}=(4,\ 1)$, $\vec{b}=(3,\ -2)$에 대하여

$2\vec{a}-\vec{b}=2(4,\ 1)-(3,\ -2)$

$=(8,\ 2)-(3,\ -2)$

$=(5,\ 4)$ ← 각 성분끼리 계산해주면 돼!

따라서 벡터 $2\vec{a}-\vec{b}$의 모든 성분의 합은

$5+4=9$

057 [정답률 88%]

정답 ⑤

두 벡터 $\vec{a}=(4,\ 5)$, $\vec{b}=(-3,\ 2)$에 대하여 벡터 $2\vec{a}-\vec{b}$의 모든 성분의 합은? (2점)

① 11 ② 13 ③ 15 ④ 17 ⑤ 19

Step 1 벡터 $2\vec{a}-\vec{b}$의 성분을 구한다.

두 벡터 $\vec{a}=(4,\ 5)$, $\vec{b}=(-3,\ 2)$이므로

$2\vec{a}-\vec{b}=(2\times4+3,\ 2\times5-2)=(11,\ 8)$

따라서 구하는 모든 성분의 합은 $11+8=19$

두 벡터 $\vec{a}=(a_1, a_2)$, $\vec{b}=(b_1, b_2)$일 때 $\vec{a}+\vec{b}=(a_1+b_1, a_2+b_2)$, $\vec{a}-\vec{b}=(a_1-b_1, a_2-b_2)$

058 [정답률 93%]

정답 ③

두 벡터 $\vec{a}=(1,\ 2)$, $\vec{b}=(-2,\ 5)$에 대하여 벡터 $2\vec{a}-\vec{b}$의 모든 성분의 합은? (2점)

① 1 ② 2 ③ 3 ④ 4 ⑤ 5

Step 1 벡터의 연산을 이용한다.

두 벡터 $\vec{a}=(1,\ 2)$, $\vec{b}=(-2,\ 5)$에 대하여

$2\vec{a}-\vec{b}=(2\times1,\ 2\times2)-(-2,\ 5)$

$=(2,\ 4)-(-2,\ 5)$

$=(4,\ -1)$ ← 각 성분끼리 빼주면 돼.

따라서 구하는 모든 성분의 합은 $4+(-1)=3$

059 [정답률 91%]

정답 32

세 벡터 $\vec{a}=(2,\ 3)$, $\vec{b}=(x,\ -1)$, $\vec{c}=(-4,\ y)$에 대하여 $2\vec{a}-\vec{b}=\vec{b}+\vec{c}$가 성립할 때, 두 실수 x, y의 곱을 구하시오. (3점)

Step 1 평면벡터의 성분에 의한 연산을 이용한다.

$2\vec{a}-\vec{b}=\vec{b}+\vec{c}$에서 $2\vec{a}-2\vec{b}=\vec{c}$이므로

$(4-2x,\ 8)=(-4,\ y)$

즉, $y=8$이고 $4-2x=-4$에서 $x=4$

$\therefore xy=32$

060

정답 2

세 벡터 $\vec{a}=(1, x+y)$, $\vec{b}=(x-y, -2)$, $\vec{c}=(3, 2)$에 대하여 $2\vec{a}+\vec{b}$와 $\vec{c}$가 서로 같은 벡터일 때, x^2-y^2의 값을 구하시오. (단, x, y는 실수이다.) (3점) → 두 벡터의 성분이 같다.

Step 1 벡터의 성분에 의한 연산과 서로 같은 벡터의 조건을 이용하여 $x-y$, $x+y$의 값을 구한다.

→ 두 벡터 $\vec{a}=(x_1, y_1)$, $\vec{b}=(x_2, y_2)$에 대하여 $\vec{a}=\vec{b}$이면 $x_1=x_2$, $y_1=y_2$이다.

$2\vec{a}+\vec{b}=\vec{c}$이므로

$2\vec{a}+\vec{b}=2(1, x+y)+(x-y, -2)$
$=(2, 2x+2y)+(x-y, -2)$
$=(2+x-y, 2x+2y-2)=(3, 2)$ ← $\vec{c}$

따라서 $2+x-y=3$, $2x+2y-2=2$에서

$x-y=1$, $x+y=2$이므로

$x^2-y^2=(x+y)(x-y)=2$

061 [정답률 90%]

정답 ③

두 벡터 $\vec{a}=(m-2, 3)$과 $\vec{b}=(2m+1, 9)$가 서로 평행할 때, 실수 m의 값은? (2점)

① 3 ② 5 ③ 7 ④ 9 ⑤ 11

Step 1 두 벡터가 평행할 조건을 이용한다.

두 벡터 $\vec{a}$, $\vec{b}$가 서로 평행하므로 $\vec{a}=k\vec{b}$ ($k\neq0$인 실수)라 하면

$(m-2, 3)=k(2m+1, 9)$ → 두 벡터가 서로 평행하면 실수배 관계야.

$3=9k$ $\therefore k=\frac{1}{3}$

$m-2=\frac{1}{3}(2m+1)$, $\frac{1}{3}m=\frac{7}{3}$

$\therefore m=7$

062

정답 ⑤

좌표평면의 세 점 A, B, C에 대하여

$\overrightarrow{AB}=(k-2, 2)$, $\overrightarrow{CA}=(k, 2l+1)$,
$\overrightarrow{OB}=(2, -1)$, $\overrightarrow{OC}=(2, -2)$

일 때, 두 상수 k, l에 대하여 $k-l$의 값은? (단, O는 원점이다.) (3점)

→ $\overrightarrow{CA}=\overrightarrow{OB}-\overrightarrow{AB}-\overrightarrow{OC}$임을 이용한다.

① -2 ② -1 ③ 0 ④ 1 ⑤ 2

Step 1 평면벡터의 성분에 의한 연산을 이용하여 $\overrightarrow{OA}$를 구한다.

$\overrightarrow{AB}=\overrightarrow{OB}-\overrightarrow{OA}$에서 $\overrightarrow{OA}=\overrightarrow{OB}-\overrightarrow{AB}$이므로

$\overrightarrow{OA}=(2, -1)-(k-2, 2)=(4-k, -3)$

Step 2 $\overrightarrow{OA}$의 성분을 이용하여 $\overrightarrow{CA}$를 k로 나타낸다.

$\overrightarrow{CA}=\overrightarrow{OA}-\overrightarrow{OC}=(4-k, -3)-(2, -2)$ → 벡터의 x성분, y성분끼리 각각 계산한다.
$=(2-k, -1)$

Step 3 두 벡터가 서로 같을 조건을 이용하여 k, l의 값을 각각 구한다.

즉, $\overrightarrow{CA}=(2-k, -1)=(k, 2l+1)$이므로

$2-k=k$, $-1=2l+1$에서 → 두 벡터 $\vec{a}=(x_1, y_1)$, $\vec{b}=(x_2, y_2)$에 대하여 $\vec{a}=\vec{b}$이면 $x_1=x_2$, $y_1=y_2$이다.

$k=1$, $l=-1$

$\therefore k-l=1-(-1)=2$

063

정답 ②

그림에서 삼각형 OAB는 $\overline{AB}=8\sqrt{3}$, $\angle AOB=120°$인 이등변삼각형이다. → $\overline{AO}=\overline{BO}$

$\overrightarrow{BA}=(a, b)$라 할 때, $\frac{a}{b}$의 값은? (단, O는 원점이고, 점 B는 x축 위의 점이다.) (3점)

→ $\overrightarrow{OA}$, $\overrightarrow{OB}$를 이용하여 a, b의 값을 구한다.

① $-2\sqrt{3}$ ② $-\sqrt{3}$ ③ $-\frac{\sqrt{3}}{2}$ ④ $\frac{\sqrt{3}}{2}$ ⑤ $\sqrt{3}$

Step 1 직각삼각형을 이용하여 점 B의 좌표를 구한다.

삼각형 OAB는 이등변삼각형이므로 점 O에서 변 AB에 내린 수선의 발 H에 대하여 $\overline{BH}=\overline{AH}=4\sqrt{3}$, $\angle BOH=60°$야!

원점 O에서 변 AB에 내린 수선의 발을 H라 하면

$\overline{BH}=4\sqrt{3}$, $\angle HOB=60°$이므로

$\overline{OH}=\overline{BH}\times\tan 30°=4$

$\overline{OB}=\sqrt{(4\sqrt{3})^2+4^2}=8$

따라서 점 B의 좌표는 B(8, 0)이다.

→ 직각삼각형 HOB에서 피타고라스 정리에 의하여 $\overline{OB}^2=\overline{OH}^2+\overline{HB}^2$이야.

Step 2 직각삼각형을 이용하여 점 A의 좌표를 구한다.

같은 방법으로 점 A에서 x축에 내린 수선의 발을 I라 하면

$\overline{OA}=\overline{OB}=8$, $\angle AOI=60°$이므로

$\overline{OI}=\overline{OA}\times\cos 60°=4$

$\overline{AI}=\overline{OA}\times\sin 60°=4\sqrt{3}$

따라서 점 A의 좌표는 A$(-4, 4\sqrt{3})$이다.

이와 같이 기하에서도 기본적인 삼각비의 내용이 등장해. 다시 한 번 정리해.

Step 3 벡터의 뺄셈을 이용하여 $\overrightarrow{BA}$를 구한다.

따라서 $\overrightarrow{OA}=(-4,\ 4\sqrt{3})$, $\overrightarrow{OB}=(8,\ 0)$이므로

$\overrightarrow{BA}=\overrightarrow{OA}-\overrightarrow{OB}$

$=(-4,\ 4\sqrt{3})-(8,\ 0)$

$=(-12,\ 4\sqrt{3})$

에서 $a=-12$, $b=4\sqrt{3}$

$\therefore \dfrac{a}{b}=\dfrac{-12}{4\sqrt{3}}=-\sqrt{3}$

암기 **특수각의 삼각비**

삼각비 \ A	$30°$	$45°$	$60°$
$\sin A$	$\frac{1}{2}$	$\frac{\sqrt{2}}{2}$	$\frac{\sqrt{3}}{2}$
$\cos A$	$\frac{\sqrt{3}}{2}$	$\frac{\sqrt{2}}{2}$	$\frac{1}{2}$
$\tan A$	$\frac{\sqrt{3}}{3}$	1	$\sqrt{3}$

수능포인트

벡터의 성분에 관한 문제가 도형과 함께 주어졌을 경우, 이 문제처럼 주어진 도형을 좌표축에 그려서 두 점의 좌표를 직접 구하는 것도 좋은 방법입니다. 이 문제에서는 좌표축이 주어졌지만, 문제에 도형만 주어진 경우 주어진 도형을 직접 좌표축에 그려서 구하는 방법도 숙지하도록 합니다.

064

정답 ③

좌표평면에서 두 점 $A(1,\ 2)$, $B(11,\ -2)$에 대하여 점 P는 $\overrightarrow{OP}=s\overrightarrow{OA}+t\overrightarrow{OB}$를 만족시킨다. 점 P가 다음 두 조건을 만족시킬 때, $s+t$의 값은?

(단, O는 원점이고, $st\neq 0$이다.) (4점)

(가) $\overrightarrow{OP}$는 $\overrightarrow{OA}$와 $\overrightarrow{OB}$가 이루는 각을 이등분한다.
(나) 점 P는 원 $(x-2)^2+(y-2)^2=8$ 위에 있다.

① 1 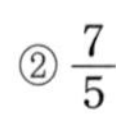 ② $\dfrac{7}{5}$ ③ $\dfrac{9}{5}$ ④ $\dfrac{11}{5}$ ⑤ $\dfrac{13}{5}$

→ 좌표평면 위에 두 점 A, B와 원을 나타내어 조건을 만족시키는 점 P에 대해 생각한다.

Step 1 각의 이등분선의 성질을 이용하여 $\overline{OA}:\overline{OB}$를 구한다.

조건 (가)에서 $\overrightarrow{OP}$는 $\overrightarrow{OA}$와 $\overrightarrow{OB}$가 이루는 각을 이등분하므로 $\angle AOB$의 이등분선과 선분 AB의 교점을 C라 하면 각의 이등분선의 성질에 의하여

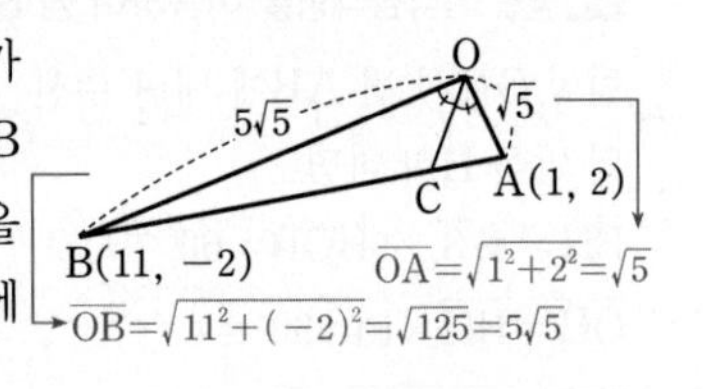

$\overline{OA}=\sqrt{1^2+2^2}=\sqrt{5}$

$\overline{OB}=\sqrt{11^2+(-2)^2}=\sqrt{125}=5\sqrt{5}$

$\overline{AC}:\overline{BC}=\overline{OA}:\overline{OB}=\sqrt{5}:5\sqrt{5}=1:5$ → 점 C는 선분 AB를 $1:5$로 내분한다.

Step 2 위치벡터를 이용하여 $\overrightarrow{OC}$를 구한 후 s, t 사이의 관계식을 구한다.

따라서

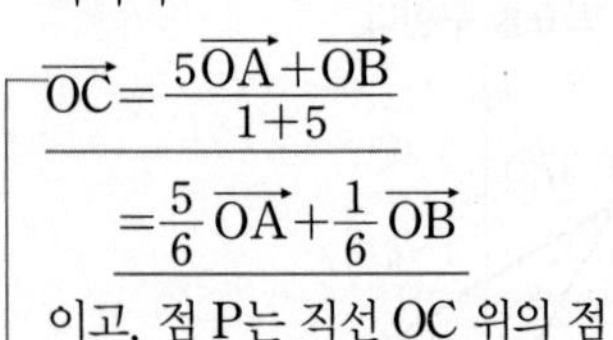

$\overrightarrow{OC}=\dfrac{5\overrightarrow{OA}+\overrightarrow{OB}}{1+5}$

$=\dfrac{5}{6}\overrightarrow{OA}+\dfrac{1}{6}\overrightarrow{OB}$

이고, 점 P는 직선 OC 위의 점이므로 $\overrightarrow{OP}=k\overrightarrow{OC}$ (단, $k>1$) → 벡터 $\overrightarrow{OP}$가 $\angle AOB$를 이등분하므로 $\overrightarrow{OP}$는 $\overrightarrow{OC}$와 방향이 같은 벡터이다.

$\overrightarrow{OP}=k\overrightarrow{OC}=\dfrac{5k}{6}\overrightarrow{OA}+\dfrac{k}{6}\overrightarrow{OB}=s\overrightarrow{OA}+t\overrightarrow{OB}$에서

$s=5t$ ⋯⋯ ㉠

암기 점 C가 선분 AB를 $m:n$으로 내분하는 점일 때, 임의의 점 P에 대하여
$\overrightarrow{PC}=\dfrac{n}{m+n}\overrightarrow{PA}+\dfrac{m}{m+n}\overrightarrow{PB}$

Step 3 벡터의 성분에 의한 연산을 이용하여 s, t의 값을 구한다.

점 P의 좌표를 $P(x,\ y)$라 하면

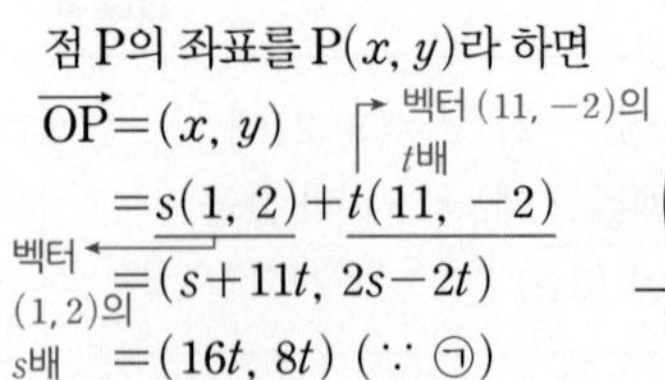

$\overrightarrow{OP}=(x,\ y)$

$=s(1,\ 2)+t(11,\ -2)$

$=(s+11t,\ 2s-2t)$

$=(16t,\ 8t)$ ($\because$ ㉠)

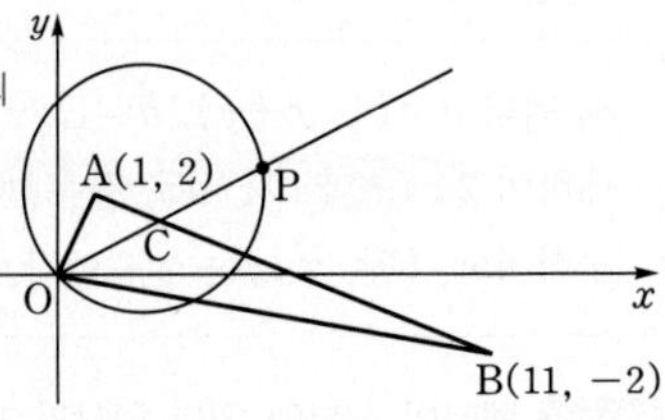

조건 (나)에서 점 P는 원 $(x-2)^2+(y-2)^2=8$ 위의 점이므로

$(16t-2)^2+(8t-2)^2=8$

$320t^2-96t=0$, $t(10t-3)=0$

$\therefore t=\dfrac{3}{10}$ ($\because st\neq 0$)

따라서 $s=5\times\dfrac{3}{10}=\dfrac{15}{10}$이므로

$s+t=\dfrac{15}{10}+\dfrac{3}{10}=\dfrac{18}{10}=\dfrac{9}{5}$

065

정답 ①

두 벡터 $\vec{a}=(1,\ 1)$, $\vec{b}=(-1,\ 1)$에 대하여

$\overrightarrow{OP}=k\vec{a}+l\vec{b}$ ($k\geq 0$, $l\geq 0$, $k^2+l^2=1$) → 벡터의 크기를 제한하는 조건이야!

을 만족시키는 점 P가 나타내는 도형의 길이는? (4점)

① $\dfrac{\sqrt{2}}{2}\pi$ ② $\dfrac{\sqrt{3}}{2}\pi$ ③ π ④ $\dfrac{\sqrt{5}}{2}\pi$ ⑤ $\dfrac{\sqrt{6}}{2}\pi$

→ $P(x,\ y)$로 두고 x, y 사이의 관계식을 구한다.

Step 1 벡터 $\overrightarrow{OP}$를 성분으로 나타낸다.

$\overrightarrow{OP}=k\vec{a}+l\vec{b}$

$=k(1,\ 1)+l(-1,\ 1)$

$=(k-l,\ k+l)$ → 벡터 $\overrightarrow{OP}$의 성분이 $(k-l,\ k+l)$이라는 것은 점 P의 좌표가 $(k-l,\ k+l)$이라는 거야!

Step 2 k, l을 x, y에 대한 식으로 나타낸다.

$x=k-l$, $y=k+l$이라 하면

$k=\dfrac{x+y}{2}$, $l=\dfrac{-x+y}{2}$ ⋯⋯ ㉠

Step 3 $k\geq 0$, $l\geq 0$, $k^2+l^2=1$을 이용하여 점 P가 나타내는 도형의 길이를 구한다.

㉠을 $k^2+l^2=1$에 대입하면

$\left(\dfrac{x+y}{2}\right)^2+\left(\dfrac{-x+y}{2}\right)^2=1$

$x^2+y^2=2$ → 중심이 $(0,\ 0)$이고 반지름의 길이가 $\sqrt{2}$인 원

그런데 $k=\dfrac{x+y}{2}\geq 0$, $l=\dfrac{-x+y}{2}\geq 0$이므로

$y \geq -x$, $y \geq x$ — 직선 $y=x$, $y=-x$를 기준으로 어느 영역에 해당하는지 파악한다.

따라서 점 P가 나타내는 도형은 다음 그림과 같다.

직선 $y=x$가 x축의 양의 방향과 이루는 각의 크기 : $\frac{\pi}{4}(=45^\circ)$

직선 $y=-x$가 x축의 양의 방향과 이루는 각의 크기 : $\frac{3}{4}\pi(=135^\circ)$

즉, 점 P가 나타내는 도형의 길이는 $2\sqrt{2}\pi \times \frac{1}{4} = \frac{\sqrt{2}}{2}\pi$

원의 둘레의 길이 / $= \frac{90^\circ}{360^\circ}$

066

정답 ①

좌표평면에서 원점 O와 두 점 A(2, 0), B(−2, 2)에 대하여 점 P는

$$\overrightarrow{OP} = m\overrightarrow{OA} + n\overrightarrow{OB}\ (1 \leq m+n \leq 2,\ m \geq 0,\ n \geq 0)$$

을 만족시킨다. 점 P가 존재하는 영역의 넓이는? (4점)

($m+n=1$, $m+n=2$일 때로 나누어 상황을 파악한다.)

① 6 ② 7 ③ 8 ④ 9 ⑤ 10

Step 1 $m+n=1$일 때, 점 P가 존재하는 영역을 구한다.

(i) $m+n=1$일 때

$\overrightarrow{OP} = m\overrightarrow{OA} + n\overrightarrow{OB}\ (m \geq 0,\ n \geq 0)$이므로 점 P는 선분 AB 위에 존재한다.

암기 네 점 O, A, B, C에 대하여 $\overrightarrow{OC} = m\overrightarrow{OA} + n\overrightarrow{OB}$이고 $m+n=1$이면 점 C는 선분 AB 위에 존재한다. (단, $m \geq 0$, $n \geq 0$)

Step 2 $m+n=2$일 때 점 P가 존재하는 영역을 구한다.

(ii) $m+n=2$일 때

$\overrightarrow{OP} = m\overrightarrow{OA} + n\overrightarrow{OB} = \frac{1}{2}m(2\overrightarrow{OA}) + \frac{1}{2}n(2\overrightarrow{OB})$ (합이 1)

$2\overrightarrow{OA} = \overrightarrow{OA'} = (4,\ 0)$, $2\overrightarrow{OB} = \overrightarrow{OB'} = (-4,\ 4)$라 하면 점 P는 선분 A′B′ 위에 존재한다.

중요 $\vec{a}=(x_1, y_1)$일 때, 임의의 실수 k에 대하여 $k\vec{a}=(kx_1, ky_1)$

Step 3 경계를 중심으로 하여 점 P가 존재하는 영역을 구한 후, 그 영역의 넓이를 구한다.

따라서 $\overrightarrow{OP} = m\overrightarrow{OA} + n\overrightarrow{OB}\ (1 \leq m+n \leq 2,\ m \geq 0,\ n \geq 0)$을 만족하는 점 P가 존재하는 영역은 다음 그림의 어두운 부분과 같다.

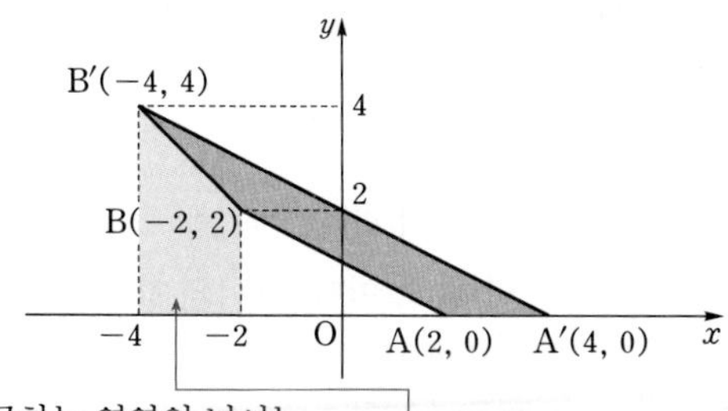

따라서 구하는 영역의 넓이는

$$\frac{1}{2} \times 8 \times 4 - \left\{\frac{1}{2} \times 4 \times 2 + \frac{1}{2} \times (2+4) \times 2\right\}$$

$= 16 - (4+6) = 6$

($\overline{A'B'}$을 빗변으로 하는 큰 삼각형의 넓이, $\overline{AB}$를 빗변으로 하는 작은 삼각형의 넓이)

067 [정답률 97%]

정답 ⑤

두 벡터 $\vec{a}=(2,\ 3)$과 $\vec{b}=(1,\ 1)$에 대하여 $|\vec{a}+\vec{b}|$의 값은? (3점)

(벡터 $\vec{a}+\vec{b}$의 크기)

① 1 ② 2 ③ 3 ④ 4 ⑤ 5

Step 1 벡터의 덧셈을 이용하여 주어진 벡터의 크기를 구한다.

$\vec{a}+\vec{b}=(2,\ 3)+(1,\ 1)=(3,\ 4)$

$\therefore |\vec{a}+\vec{b}| = \sqrt{3^2+4^2} = 5$

중요 벡터 $\vec{a}=(x, y)$에 대하여 벡터 $\vec{a}$의 크기는 $|\vec{a}|=\sqrt{x^2+y^2}$이다.

$\vec{a}=(x_1, y_1)$, $\vec{b}=(x_2, y_2)$에 대하여 $\vec{a}+\vec{b}=(x_1+x_2, y_1+y_2)$

068 [정답률 91%]

정답 ④

두 벡터 $\vec{a}=(-1,\ 2)$, $\vec{b}=(3,\ 1)$에 대하여 $|\vec{a}+\vec{b}|$의 값은? (2점)

(벡터 $\vec{a}+\vec{b}$의 크기)

① $\sqrt{10}$ ② $\sqrt{11}$ ③ $2\sqrt{3}$ ④ $\sqrt{13}$ ⑤ $\sqrt{14}$

Step 1 두 벡터 $\vec{a}$, $\vec{b}$를 이용하여 먼저 $\vec{a}+\vec{b}$를 구한다.

두 벡터 $\vec{a}=(-1,\ 2)$, $\vec{b}=(3,\ 1)$에서

$\vec{a}+\vec{b}=(-1+3,\ 2+1)=(2,\ 3)$이므로

$|\vec{a}+\vec{b}| = \sqrt{2^2+3^2} = \sqrt{4+9} = \sqrt{13}$

(평면벡터의 크기를 구하는 방법이야.)

(평면벡터의 덧셈은 x성분, y성분끼리 각각 더해주면 돼.)

069

정답 ④

두 벡터 $\vec{a}=(-2,\ 3)$, $\vec{b}=(2,\ -1)$에 대하여 $2(\vec{a}-\vec{b})+3\vec{b}$의 크기는? (2점)

($|2(\vec{a}-\vec{b})+3\vec{b}|$)

① $\sqrt{26}$ ② $3\sqrt{3}$ ③ $2\sqrt{7}$ ④ $\sqrt{29}$ ⑤ $\sqrt{30}$

Step 1 평면벡터의 성분에 의한 연산을 이용한다.

두 벡터 $\vec{a}=(-2,\ 3)$, $\vec{b}=(2,\ -1)$에 대하여

$$\begin{aligned}2(\vec{a}-\vec{b})+3\vec{b} &= 2\vec{a}-2\vec{b}+3\vec{b}\\ &= 2\vec{a}+\vec{b}\\ &= 2(-2,\ 3)+(2,\ -1)\\ &= (-2,\ 5)\end{aligned}$$

$\therefore |2(\vec{a}-\vec{b})+3\vec{b}| = \sqrt{(-2)^2+5^2} = \sqrt{29}$

070

정답 ⑤

원점 O를 시점으로 하는 좌표평면 위의 두 점 A(2, −3), B(0, −1)의 위치벡터를 각각 $\vec{p}-\vec{q}$, $\vec{p}+\vec{q}$라 할 때, $|2\vec{p}+\vec{q}|$의 값은? (3점)
→ $\vec{p}-\vec{q}=(2, -3)$, $\vec{p}+\vec{q}=(0, -1)$

① $\sqrt{6}$ ② $\sqrt{7}$ ③ $2\sqrt{2}$
④ 3 ⑤ $\sqrt{10}$

Step 1 위치벡터의 정의와 벡터의 성분에 의한 연산을 이용하여 $\vec{p}$, $\vec{q}$를 구한다.
→ 중요 $\vec{a}=(x_1, y_1)$, $\vec{b}=(x_2, y_2)$에서 $\vec{a}\pm\vec{b}=(x_1\pm x_2, y_1\pm y_2)$ (복호동순)

두 점 A(2, −3), B(0, −1)에서
$\vec{p}-\vec{q}=(2, -3)$ …… ㉠
$\vec{p}+\vec{q}=(0, -1)$ …… ㉡
→ 벡터의 식끼리 연립하여 $\vec{p}$, $\vec{q}$를 각각 구한다.
㉠+㉡에서 $2\vec{p}=(2, -3)+(0, -1)=(2, -4)$
$\therefore \vec{p}=(1, -2)$
→ $\vec{q}=\vec{p}-(2, -3)=(1, -2)-(2, -3)=(-1, 1)$
㉠에 $\vec{p}=(1, -2)$를 대입하여 정리하면 $\vec{q}=(-1, 1)$

Step 2 벡터의 성분에 의한 연산을 이용하여 $2\vec{p}+\vec{q}$를 구한 후 $|2\vec{p}+\vec{q}|$의 값을 구한다.

따라서 $2\vec{p}+\vec{q}=2(1, -2)+(-1, 1)=(1, -3)$이므로
$|2\vec{p}+\vec{q}|=\sqrt{1^2+(-3)^2}=\sqrt{10}$

071 [정답률 59%]

정답 24

두 벡터 $\vec{a}=(4t-2, -1)$, $\vec{b}=\left(2, 1+\frac{3}{t}\right)$에 대하여 $|\vec{a}+\vec{b}|^2$의 최솟값을 구하시오. (단, $t>0$) (3점)
→ 먼저 벡터 $\vec{a}+\vec{b}$의 성분을 나타낸다.

Step 1 $|\vec{a}+\vec{b}|^2$을 t에 대한 식으로 나타낸다.

$\vec{a}=(4t-2, -1)$, $\vec{b}=\left(2, 1+\frac{3}{t}\right)$이므로
$\vec{a}+\vec{b}=\left(4t, \frac{3}{t}\right)$
$\therefore |\vec{a}+\vec{b}|^2=16t^2+\frac{9}{t^2}$

$a>0$, $b>0$일 때 $\frac{a+b}{2}\ge\sqrt{ab}$ (단, 등호는 $a=b$일 때 성립)

Step 2 산술평균과 기하평균의 관계를 이용한다.

이때 $t^2>0$이므로 산술평균과 기하평균의 관계에 의하여
$$16t^2+\frac{9}{t^2}\ge 2\sqrt{16t^2\times\frac{9}{t^2}}=24 \left(\text{단, 등호는 } t=\frac{\sqrt{3}}{2}\text{일 때 성립한다.}\right)$$
따라서 $|\vec{a}+\vec{b}|^2$의 최솟값은 24이다.
→ 문제에서 $t>0$이라고 했어.

072 [정답률 86%]

정답 ⑤

두 벡터 $\vec{a}=(3, 1)$, $\vec{b}=(4, -2)$가 있다. 벡터 $\vec{v}$에 대하여 두 벡터 $\vec{a}$와 $\vec{v}+\vec{b}$가 서로 평행할 때, $|\vec{v}|^2$의 최솟값은? (3점)
→ 두 벡터가 서로 실수배 관계야.

① 6 ② 7 ③ 8
④ 9 ⑤ 10

Step 1 $\vec{v}$를 성분벡터로 나타낸다.

두 벡터 $\vec{a}$와 $\vec{v}+\vec{b}$가 서로 평행하므로
0이 아닌 실수 k에 대하여
$\vec{v}+\vec{b}=k\vec{a}$로 놓을 수 있다.
→ 0이 아닌 실수 m에 대하여 $\vec{c}=m\vec{d}$일 때, 두 벡터 $\vec{c}$, $\vec{d}$는 서로 평행해.
$\therefore \vec{v}=k\vec{a}-\vec{b}$
$=k(3, 1)-(4, -2)$
$=(3k-4, k+2)$

Step 2 $|\vec{v}|^2$의 최솟값을 구한다.

→ $\vec{e}=(x_1, y_1)$일 때 $|\vec{e}|=\sqrt{x_1^2+y_1^2}$ $\therefore |\vec{e}|^2=x_1^2+y_1^2$
$|\vec{v}|^2=(3k-4)^2+(k+2)^2$
$=(9k^2-24k+16)+(k^2+4k+4)$
$=10k^2-20k+20$
$=10(k^2-2k+1)+10$
$=10(k-1)^2+10\ge 10$
→ 항상 0 이상이야.
따라서 $k=1$일 때 $|\vec{v}|^2$의 최솟값은 10이다.

✪ 다른 풀이 벡터의 평행이동을 이용하는 풀이

Step 1 $|\vec{v}|^2$의 값이 최소가 되는 경우를 파악한다.

좌표평면에 두 벡터 $\vec{a}$, $\vec{b}$를 시점이 원점이 되도록 나타내면 다음 그림과 같다.

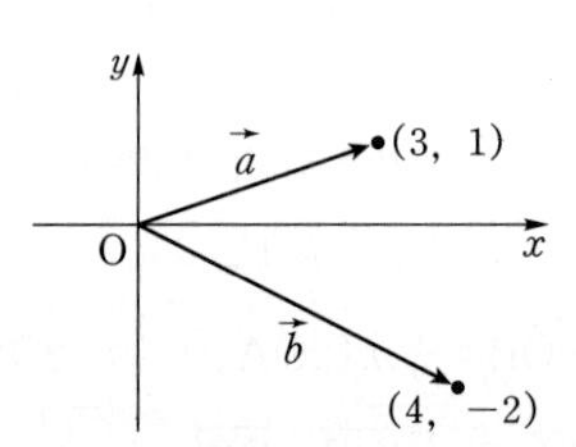

이때 $\vec{v}$를 시점이 점 (4, −2)인 벡터로 나타내면 두 벡터 $\vec{a}$와 $\vec{v}+\vec{b}$가 서로 평행할 때, 다음 그림과 같이 $\vec{v}$의 종점이 원점과 점 (3, 1)을 지나는 직선 위에 있어야 한다.
→ $y=\frac{1}{3}x$

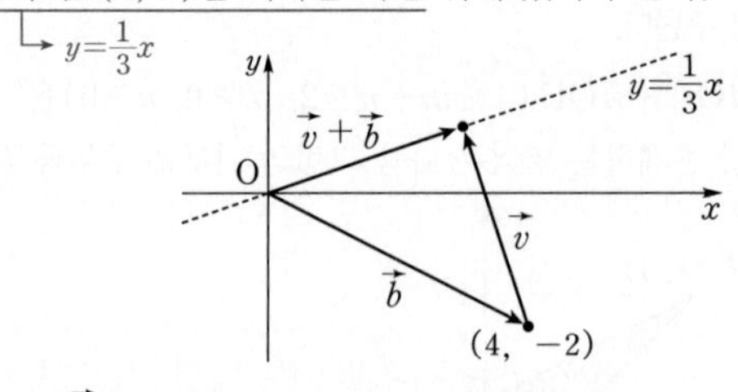

따라서 $|\vec{v}|^2$의 값이 최소가 되기 위해서는 $|\vec{v}|$의 값이 최소가 되어야 하고, 이때의 $|\vec{v}|$의 값은 점 (4, −2)와 직선 $x-3y=0$ 사이의 거리와 같다.

Step 2 $|\vec{v}|^2$의 최솟값을 구한다.

점 (4, −2)와 직선 $x-3y=0$ 사이의 거리를 d라 하면
$$d=\frac{|4+(-3)\times(-2)|}{\sqrt{1^2+(-3)^2}}=\frac{10}{\sqrt{10}}=\sqrt{10}$$
→ 점 (x_1, y_1)과 직선 $ax+by+c=0$ 사이의 거리를 d라 하면 $d=\frac{|ax_1+by_1+c|}{\sqrt{a^2+b^2}}$야.

따라서 $|\vec{v}|$의 최솟값이 $\sqrt{10}$이므로
$|\vec{v}|^2$의 최솟값은 $(\sqrt{10})^2=10$이다.

073

정답 10

> 점 P에서 출발하는 벡터라는 뜻이야.
>
> 두 점 A(2, 0), B(0, 1)에 대하여 점 P(1, 0)을 시점으로 하고 벡터 $\overrightarrow{AB}$와 방향이 같은 벡터 $\overrightarrow{PQ}$를 만들 때, $|\overrightarrow{OQ}|=1$이다. 점 Q의 좌표가 Q(a, b)일 때, $50(a+b)$의 값을 구하시오. (단, O는 원점이다.) (3점)

Step 1 벡터의 뺄셈을 이용하여 $\overrightarrow{AB}$를 구한다.

$\overrightarrow{AB}=\overrightarrow{OB}-\overrightarrow{OA}$
$=(0, 1)-(2, 0)$
$=(-2, 1)$ ...... ㉠

Step 2 벡터의 뺄셈과 벡터가 서로 평행할 조건을 이용하여 $\overrightarrow{OQ}$를 구한다.

두 벡터 $\overrightarrow{AB}$와 $\overrightarrow{PQ}$가 방향이 같으므로
$\overrightarrow{PQ}=\overrightarrow{OQ}-\overrightarrow{OP}$에서
$\overrightarrow{OQ}=\overrightarrow{PQ}+\overrightarrow{OP}$
이때 $\overrightarrow{PQ}=t\overrightarrow{AB}$ ($t>0$인 실수)이므로
→ $t<0$이면 벡터 $\overrightarrow{PQ}$, $\overrightarrow{AB}$는 서로 방향이 반대가 된다.
$\overrightarrow{OQ}=t(-2, 1)+(1, 0)=(-2t+1, t)$ ($\because$ ㉠)
→ $\overrightarrow{OQ}=\overrightarrow{PQ}+\overrightarrow{OP}=t\overrightarrow{AB}+\overrightarrow{OP}$

Step 3 $|\overrightarrow{OQ}|=1$임을 이용하여 점 Q의 좌표를 구한다.

$|\overrightarrow{OQ}|=1$이므로
$\sqrt{(-2t+1)^2+t^2}=1$ → $\overrightarrow{OQ}=(a, b)$에 대하여 벡터의 크기 $|\overrightarrow{OQ}|=\sqrt{a^2+b^2}$
양변을 제곱하여 정리하면
$5t^2-4t=0$, $t(5t-4)=0$
$\therefore t=\frac{4}{5}$ ($\because t>0$)
→ $t=0$이면 $\overrightarrow{PQ}$가 영벡터가 되는구나!
즉, 점 Q의 좌표는 Q$\left(-\frac{3}{5}, \frac{4}{5}\right)$이므로
→ $\overrightarrow{OQ}=(-2t+1, t)$에 $t=\frac{4}{5}$ 대입
$a=-\frac{3}{5}$, $b=\frac{4}{5}$
$\therefore 50(a+b)=50\left(-\frac{3}{5}+\frac{4}{5}\right)=50\times\frac{1}{5}=10$

074

정답 ④

> → 두 벡터가 이루는 각의 크기가 90°이면 $\vec{a}\cdot\vec{b}=0$
>
> 서로 직교하는 두 벡터 $\vec{a}$와 $\vec{b}$에 대하여 $|\vec{a}|=2$이고 $|\vec{b}|=3$일 때, $|3\vec{a}-2\vec{b}|$의 값은? (2점)
>
> ① $3\sqrt{2}$ ② $4\sqrt{2}$ ③ $5\sqrt{2}$ ✔④ $6\sqrt{2}$ ⑤ $7\sqrt{2}$

Step 1 두 벡터가 직교할 때 두 벡터의 내적이 0임을 이용한다.

$|3\vec{a}-2\vec{b}|^2=9|\vec{a}|^2+4|\vec{b}|^2-12\vec{a}\cdot\vec{b}$
$=9|\vec{a}|^2+4|\vec{b}|^2$ → 두 벡터 $\vec{a}$, $\vec{b}$가 서로 직교하므로 $\vec{a}\cdot\vec{b}=0$
$=9\times2^2+4\times3^2$
$=36+36=72$
$\therefore |3\vec{a}-2\vec{b}|=\sqrt{72}=6\sqrt{2}$

075 [정답률 82%]

정답 ②

> 두 벡터 $\vec{a}$, $\vec{b}$에 대하여
>
> $|\vec{a}|=\sqrt{11}$, $|\vec{b}|=3$, $|2\vec{a}-\vec{b}|=\sqrt{17}$
>
> 일 때, $|\vec{a}-\vec{b}|$의 값은? (3점)
>
> ① $\frac{\sqrt{2}}{2}$ ✔② $\sqrt{2}$ ③ $\frac{3\sqrt{2}}{2}$ ④ $2\sqrt{2}$ ⑤ $\frac{5\sqrt{2}}{2}$

Step 1 $\vec{a}\cdot\vec{b}$의 값을 구한다.

$|2\vec{a}-\vec{b}|=\sqrt{17}$의 양변을 제곱하면 $4|\vec{a}|^2-4\vec{a}\cdot\vec{b}+|\vec{b}|^2=17$
$4\times11-4\vec{a}\cdot\vec{b}+9=17$, $4\vec{a}\cdot\vec{b}=36$
$\therefore \vec{a}\cdot\vec{b}=9$

Step 2 $|\vec{a}-\vec{b}|$의 값을 구한다.

$|\vec{a}-\vec{b}|^2=|\vec{a}|^2-2\vec{a}\cdot\vec{b}+|\vec{b}|^2=11-2\times9+9=2$
$\therefore |\vec{a}-\vec{b}|=\sqrt{2}$

076

정답 ③

> 두 벡터 $\vec{a}$, $\vec{b}$에 대하여 $|\vec{a}|=2$, $|\vec{b}|=3$, $|3\vec{a}-2\vec{b}|=6$일 때, 내적 $\vec{a}\cdot\vec{b}$의 값은? (2점)
>
> ① 1 ② 2 ✔③ 3 ④ 4 ⑤ 5

Step 1 주어진 등식의 양변을 제곱하여 내적을 포함한 형태의 식으로 변형한다.

$|3\vec{a}-2\vec{b}|=6$의 양변을 제곱하면
$(3\vec{a}-2\vec{b})\cdot(3\vec{a}-2\vec{b})=36$에서
→ 벡터 $\vec{x}$에 대하여 $|\vec{x}|^2=\vec{x}\cdot\vec{x}$임을 이용한 거야.
$9|\vec{a}|^2-12\vec{a}\cdot\vec{b}+4|\vec{b}|^2=36$ ...... ㉠

Step 2 $\vec{a}\cdot\vec{b}$의 값을 구한다.

㉠에 $|\vec{a}|=2$, $|\vec{b}|=3$을 대입하면
$36-12\vec{a}\cdot\vec{b}+36=36$
$72-12\vec{a}\cdot\vec{b}=36$
$12\vec{a}\cdot\vec{b}=36$ $\therefore \vec{a}\cdot\vec{b}=3$

077

정답 ⑤

두 벡터 $\vec{a}$, $\vec{b}$가 $|\vec{a}|=3$, $|\vec{b}|=5$, $|\vec{a}+\vec{b}|=7$을 만족시킬 때, $(2\vec{a}+3\vec{b})\cdot(2\vec{a}-\vec{b})$의 값은? (2점)

→ 양변을 제곱한다.

① -1 ② -3 ③ -5
④ -7 ⑤ -9

→ 내적의 연산법칙에 따라 전개한다.

Step 1 $|\vec{a}+\vec{b}|=7$의 양변을 제곱하여 $\vec{a}\cdot\vec{b}$의 값을 구한다.

$|\vec{a}+\vec{b}|=7$의 양변을 제곱하면

$|\vec{a}+\vec{b}|^2=|\vec{a}|^2+2\vec{a}\cdot\vec{b}+|\vec{b}|^2=49$

$2\vec{a}\cdot\vec{b}=49-|\vec{a}|^2-|\vec{b}|^2$ 암기

$=49-3^2-5^2=15$

$\therefore \vec{a}\cdot\vec{b}=\dfrac{15}{2}$

$4(\vec{a}\cdot\vec{a})=4|\vec{a}|^2$

$\therefore (2\vec{a}+3\vec{b})\cdot(2\vec{a}-\vec{b})=4|\vec{a}|^2+4\vec{a}\cdot\vec{b}-3|\vec{b}|^2$ → $3(\vec{b}\cdot\vec{b})=3|\vec{b}|^2$

$=4\times9+4\times\dfrac{15}{2}-3\times25$

$=-9$

078

정답 ③

두 벡터 $\vec{a}$, $\vec{b}$가 이루는 각의 크기가 $60°$이고 $|\vec{a}|=2$, $|\vec{b}|=3$일 때, $|\vec{a}-2\vec{b}|$의 값은? (2점)

→ $\vec{a}\cdot\vec{b}=|\vec{a}||\vec{b}|\cos 60°$

① $3\sqrt{2}$ ② $2\sqrt{6}$ ③ $2\sqrt{7}$
④ $4\sqrt{2}$ ⑤ 6

Step 1 $|\vec{a}-2\vec{b}|$의 양변을 제곱하여 $|\vec{a}-2\vec{b}|$의 값을 구한다.

두 벡터 $\vec{a}$, $\vec{b}$가 이루는 각의 크기가 $60°$이고

$|\vec{a}|=2$, $|\vec{b}|=3$이므로

$|\vec{a}-2\vec{b}|^2=(\vec{a}-2\vec{b})\cdot(\vec{a}-2\vec{b})$

$=|\vec{a}|^2-4\vec{a}\cdot\vec{b}+4|\vec{b}|^2$

$=2^2-4|\vec{a}||\vec{b}|\cos 60°+4\times3^2$

$=4-4\times2\times3\times\dfrac{1}{2}+36=28$

$\therefore |\vec{a}-2\vec{b}|=\sqrt{28}=2\sqrt{7}$

079

정답 ③

두 벡터 $\vec{a}$, $\vec{b}$가 이루는 각이 $60°$이다. $\vec{b}$의 크기는 1이고, $\vec{a}-3\vec{b}$의 크기가 $\sqrt{13}$일 때, $\vec{a}$의 크기는? (2점)

→ $|\vec{b}|=1$
→ $|\vec{a}-3\vec{b}|=\sqrt{13}$

① 1 ② 3 ③ 4
④ 5 ⑤ 7

Step 1 $|\vec{a}-3\vec{b}|^2=(\vec{a}-3\vec{b})\cdot(\vec{a}-3\vec{b})$임을 이용한다.

$\vec{a}-3\vec{b}$의 크기가 $\sqrt{13}$이므로 $|\vec{a}-3\vec{b}|=\sqrt{13}$의 양변을 제곱하면

$|\vec{a}|^2+9|\vec{b}|^2-6\vec{a}\cdot\vec{b}=13$

$|\vec{a}|^2+9|\vec{b}|^2-6|\vec{a}||\vec{b}|\cos 60°=13$

→ 중요 두 벡터 $\vec{a}$, $\vec{b}$가 이루는 각의 크기가 θ일 때 $\vec{a}\cdot\vec{b}=|\vec{a}||\vec{b}|\cos\theta$

$|\vec{a}|^2+9-3|\vec{a}|=13$ ($\because |\vec{b}|=1$)

$|\vec{a}|^2-3|\vec{a}|-4=0$

$(|\vec{a}|-4)(|\vec{a}|+1)=0$

$|\vec{a}|=4$ 또는 $|\vec{a}|=-1$

$\therefore |\vec{a}|=4$ ($\because |\vec{a}|>0$)

수능포인트

양변을 제곱하는 문제에서는 특히, 두 벡터를 곱할 때 단순히 완전제곱식으로 되는 게 아니라 '내적'으로 취급된다는 것을 주의해야 합니다.
여기서 $|\vec{a}|^2$의 경우도 사실은 내적인데 자기 자신과의 내적이므로 $\theta=0$ ($\cos 0=1$)이어서 제곱이 되는 것입니다.

→ $\vec{a}\cdot\vec{a}=|\vec{a}||\vec{a}|\cos 0=|\vec{a}|^2$

080 [정답률 88%]

정답 ②

세 점 O, A, B에 대하여 두 벡터 $\vec{a}=\overrightarrow{OA}$, $\vec{b}=\overrightarrow{OB}$가 다음 조건을 만족시킨다.

(가) $\vec{a}\cdot\vec{b}=2$
(나) $|\vec{a}|=2$, $|\vec{b}|=3$

→ 두 벡터 $\vec{a}$, $\vec{b}$가 이루는 각 θ에 대하여 $\cos\theta=\frac{1}{3}$

이때, 두 선분 OA, OB를 두 변으로 하는 평행사변형의 넓이는? (3점)

→ $\vec{a}\cdot\vec{b}=|\vec{a}||\vec{b}|\cos\theta$

① $3\sqrt{2}$ ② $4\sqrt{2}$ ③ $3\sqrt{3}$
④ $4\sqrt{3}$ ⑤ $5\sqrt{3}$

Step 1 두 벡터 $\vec{a}$, $\vec{b}$가 이루는 각의 크기가 θ일 때, $\vec{a}\cdot\vec{b}=|\vec{a}||\vec{b}|\cos\theta$임을 이용한다.

→ 벡터 $\vec{a}$의 크기를 나타내.

조건 (가)에서 $\vec{a}\cdot\vec{b}=2$이고, 조건 (나)에서 $|\vec{a}|=2$, $|\vec{b}|=3$이므로

두 벡터 $\overrightarrow{OA}$, $\overrightarrow{OB}$가 이루는 각의 크기를 θ $\left(0<\theta<\dfrac{\pi}{2}\right)$라 하면

→ $\vec{a}\cdot\vec{b}=|\vec{a}||\vec{b}|\cos\theta=2>0$이므로

$\vec{a}\cdot\vec{b}=|\vec{a}||\vec{b}|\cos\theta=2\times3\times\cos\theta=2$

즉, $\cos\theta=\dfrac{1}{3}$이고 $\cos^2\theta+\sin^2\theta=1$ 암기

이므로

$\sin\theta=\sqrt{1-\cos^2\theta}$

$=\sqrt{1-\dfrac{1}{9}}=\dfrac{2\sqrt{2}}{3}$ $\left(\because 0<\theta<\dfrac{\pi}{2}\right)$

따라서 두 선분 OA, OB를 두 변으로 하는 평행사변형의 넓이는

$|\vec{a}||\vec{b}|\sin\theta=2\times3\times\dfrac{2\sqrt{2}}{3}$

$=4\sqrt{2}$

→ 두 변의 길이가 a, b이고 그 끼인각의 크기가 θ인 평행사변형의 넓이 S는 $S=ab\sin\theta$

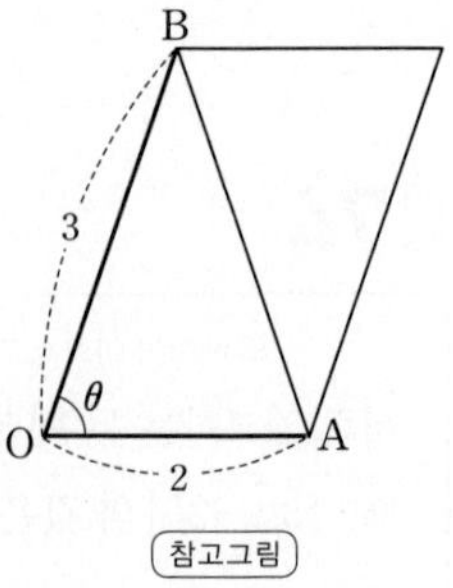

참고그림

다른 풀이 평행사변형의 높이를 이용하는 풀이

Step 1 주어진 조건을 이용하여 평행사변형의 높이를 구한다.

오른쪽 그림과 같이 두 조건 (가), (나)에 의하여 두 벡터 $\overrightarrow{OA}$, $\overrightarrow{OB}$가 이루는 각의 크기를 $\theta\left(0<\theta<\frac{\pi}{2}\right)$라 하고, 점 B에서 선분 OA에 내린 수선의 발을 H라 하면

$\overline{OH}=\overline{OB}\cos\theta=3\times\frac{1}{3}=1$

→ $\vec{a}\cdot\vec{b}=|\vec{a}||\vec{b}|\cos\theta=2>0$이므로

피타고라스 정리에 의하여 평행사변형의 높이는 $\overline{BH}=\sqrt{3^2-1^2}=2\sqrt{2}$이므로

중요 $\angle C=\frac{\pi}{2}$인 직각삼각형 ABC에 대하여 $\overline{AB}^2=\overline{AC}^2+\overline{BC}^2$이다.

구하는 평행사변형의 넓이는

$\overline{OA}\times\overline{BH}=2\times2\sqrt{2}=4\sqrt{2}$

081 [정답률 66%]

정답 ②

그림과 같이 한 변의 길이가 1인 정사각형 ABCD에서

$$(\overrightarrow{AB}+k\overrightarrow{BC})\cdot(\overrightarrow{AC}+3k\overrightarrow{CD})=0$$

일 때, 실수 k의 값은? (3점)

① 1 ② $\frac{1}{2}$ ③ $\frac{1}{3}$ ④ $\frac{1}{4}$ ⑤ $\frac{1}{5}$

Step 1 주어진 식을 변형한다.

→ $\overrightarrow{CD}=-\overrightarrow{DC}=-\overrightarrow{AB}$

$\overrightarrow{AC}+3k\overrightarrow{CD}=(\overrightarrow{AB}+\overrightarrow{BC})+3k(-\overrightarrow{AB})=(1-3k)\overrightarrow{AB}+\overrightarrow{BC}$

따라서 $(\overrightarrow{AB}+k\overrightarrow{BC})\cdot\{(1-3k)\overrightarrow{AB}+\overrightarrow{BC}\}=0$이므로

$(1-3k)|\overrightarrow{AB}|^2+\overrightarrow{AB}\cdot\overrightarrow{BC}+k(1-3k)\overrightarrow{BC}\cdot\overrightarrow{AB}+k|\overrightarrow{BC}|^2=0$

$|\overrightarrow{AB}|=|\overrightarrow{BC}|=1$이고, $\overrightarrow{AB}\cdot\overrightarrow{BC}=0$이므로

→ 두 벡터 $\overrightarrow{AB}$, $\overrightarrow{BC}$는 서로 수직

$(1-3k)+0+0+k=0$ $\therefore k=\frac{1}{2}$

082 [정답률 85%]

정답 120

그림과 같이 $\overline{AB}=15$인 삼각형 ABC에 내접하는 원의 중심을 I라 하고, 점 I에서 변 BC에 내린 수선의 발을 D라 하자. $\overline{BD}=8$일 때, $\overrightarrow{BA}\cdot\overrightarrow{BI}$의 값을 구하시오. (3점)

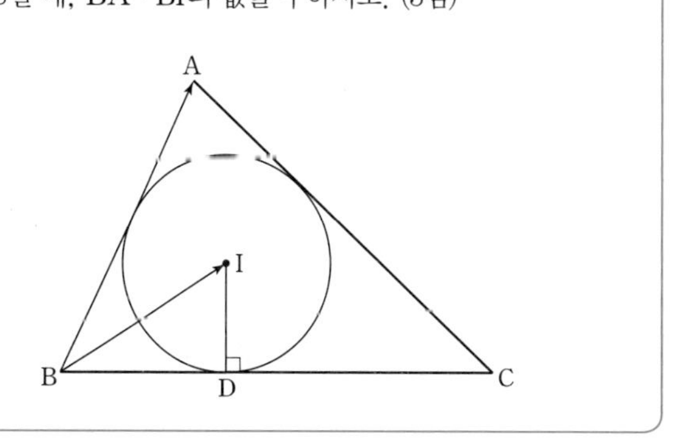

Step 1 내접원의 성질을 이용하여 $\overrightarrow{BA}\cdot\overrightarrow{BI}$를 구한다.

점 I에서 변 AB에 내린 수선의 발을 E라 하면 점 I는 삼각형 ABC의 내접원의 중심이므로

→ 점 I는 삼각형의 세 내각의 이등분선의 교점이야.

$\angle IBE=\angle IBD$ …… ㉠

$\overrightarrow{BA}\cdot\overrightarrow{BI}=|\overrightarrow{BA}||\overrightarrow{BI}|\cos(\angle IBE)$

$=|\overrightarrow{BA}||\overrightarrow{BI}|\cos(\angle IBD)$ ($\because$ ㉠)

$=|\overrightarrow{BA}||\overrightarrow{BD}|$

→ $\cos(\angle IBD)=\frac{|\overrightarrow{BD}|}{|\overrightarrow{BI}|}$

$\therefore \overrightarrow{BA}\cdot\overrightarrow{BI}=|\overrightarrow{BA}||\overrightarrow{BD}|$

$=15\times8=120$

083 [정답률 87%]

정답 12

그림과 같이 한 변의 길이가 2인 정육각형 ABCDEF가 있다. 두 벡터 $\overrightarrow{AD}$, $\overrightarrow{AE}$의 내적 $\overrightarrow{AD}\cdot\overrightarrow{AE}$의 값을 구하시오. (3점)

주어진 그림을 이용하여 먼저 두 벡터 $\overrightarrow{AD}$, $\overrightarrow{AE}$의 크기부터 구한다.

Step 1 $\overrightarrow{AD}-\overrightarrow{AE}=\overrightarrow{ED}$이고, $|\vec{a}|^2=\vec{a}\cdot\vec{a}$임을 이용한다.

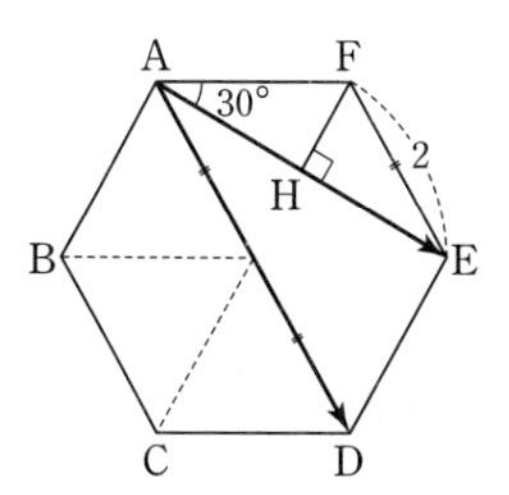

$|\overrightarrow{AD}|=2|\overrightarrow{FE}|=4$이고, 점 F에서 선분 AE에 내린 수선의 발을 H라 하면 직각삼각형 AHF에서

→ $\angle AFE=120°$이고 삼각형 AFE는 $\overline{AF}=\overline{FE}$인 이등변삼각형이므로 $\angle FAH=\frac{1}{2}\times(180°-120°)=30°$

$\overline{AH}=\overline{AF}\cos30°=2\times\frac{\sqrt{3}}{2}=\sqrt{3}$

이때 삼각형 AEF는 $\overline{AF}=\overline{FE}$인 이등변삼각형이므로

$\overline{AE}=2\overline{AH}=2\sqrt{3}$에서 $|\overrightarrow{AE}|=2\sqrt{3}$ → 점 H가 선분 AE의 중점!

$\overrightarrow{AD}-\overrightarrow{AE}=\overrightarrow{ED}$이므로

$|\overrightarrow{ED}|^2=|\overrightarrow{AD}-\overrightarrow{AE}|^2$ ← $|\vec{a}|^2=\vec{a}\cdot\vec{a}$

$=(\overrightarrow{AD}-\overrightarrow{AE})\cdot(\overrightarrow{AD}-\overrightarrow{AE})$

$=|\overrightarrow{AD}|^2-2\overrightarrow{AD}\cdot\overrightarrow{AE}+|\overrightarrow{AE}|^2=4$

이때 $|\overrightarrow{AD}|^2=4^2$, $|\overrightarrow{AE}|^2=(2\sqrt{3})^2$이므로

$16-2\overrightarrow{AD}\cdot\overrightarrow{AE}+12=4$에서

$2\overrightarrow{AD}\cdot\overrightarrow{AE}=24$

$\therefore \overrightarrow{AD}\cdot\overrightarrow{AE}=12$

> 중요 $\angle DAE=\theta$일 때, $\angle DEA=90°$이므로 $|\overrightarrow{AD}|\cos\theta=|\overrightarrow{AE}|$임을 이용하여 $\overrightarrow{AD}\cdot\overrightarrow{AE}=|\overrightarrow{AE}|^2=(2\sqrt{3})^2=12$로 내적의 값을 구할 수도 있다.

다른 풀이 내적의 정의를 이용하는 풀이

Step 1 $|\overrightarrow{AH}|$를 $|\overrightarrow{AE}|$를 이용하여 나타낸다.

오른쪽 그림과 같이 정육각형의 두 대각선의 교점을 O라 하자. → $\overline{OA}=\overline{OD}=\overline{OB}=\overline{OE}=2$

이때 점 E에서 선분 AD에 내린 수선의 발을 H, $\angle EAD=\theta$라 하면

$|\overrightarrow{AH}|=|\overrightarrow{AE}|\cos\theta$ ...... ㉠

Step 2 구한 조건을 이용하여 $\overrightarrow{AD}\cdot\overrightarrow{AE}$의 값을 구한다.

$\overline{OA}=2$이고, 삼각형 DEO가 정삼각형이므로

$\overline{OH}=\frac{1}{2}\overline{OD}=\frac{1}{2}\times 2=1$

> 중요 정삼각형의 한 꼭짓점에서 마주보는 변에 내린 수선의 발은 그 변의 중점과 같다.

따라서 $\overrightarrow{AD}\cdot\overrightarrow{AE}=|\overrightarrow{AD}||\overrightarrow{AE}|\cos\theta$이고, ㉠을 대입하면

$\overrightarrow{AD}\cdot\overrightarrow{AE}=|\overrightarrow{AD}||\overrightarrow{AH}|=4\times 3=12$

($|\overrightarrow{AH}|=|\overrightarrow{AE}|\cos\theta$, $|\overrightarrow{AH}|=|\overrightarrow{AO}|+|\overrightarrow{OH}|=2+1=3$)

점 D에서 선분 BC에 내린 수선의 발을 I라 하면 $\overline{BI}=3$, $\overline{DI}=1$이고 $\triangle BID\backsim\triangle BHF$이므로

$\overline{BI}:\overline{DI}=\overline{BH}:\overline{FH}$ → $\angle DBI$가 공통이고, $\angle BID=\angle BHF=\frac{\pi}{2}$

$3:1=1:\overline{FH}$ $\quad\therefore \overline{FH}=\frac{1}{3}$

$\therefore \overline{AF}=\overline{AH}-\overline{FH}=1-\frac{1}{3}=\frac{2}{3}$

Step 2 $\overrightarrow{AF}=\overrightarrow{EJ}$임을 이용하여 $\overrightarrow{AF}\cdot\overrightarrow{CE}$의 값을 구한다.

한편 점 E에서 선분 BC에 내린 수선의 발을 J라 하면 $\overline{BJ}=\overline{CJ}=2$, $\overline{BH}=\overline{HJ}=1$이므로 $\overline{EJ}=2\overline{FH}=\frac{2}{3}$

직각삼각형 JCE에서 $\angle JCE=\theta$라 하면

$\sin\theta=\frac{|\overrightarrow{EJ}|}{|\overrightarrow{CE}|}$ ...... ㉠

이고, 두 벡터 $\overrightarrow{EJ}$, $\overrightarrow{CE}$가 이루는 각의 크기는 $\frac{\pi}{2}+\theta$이다.

$\overrightarrow{AF}=\overrightarrow{EJ}$이므로 → 방향과 크기 모두 같아야 한다.

$\overrightarrow{AF}\cdot\overrightarrow{CE}=\overrightarrow{EJ}\cdot\overrightarrow{CE}$

$=|\overrightarrow{EJ}||\overrightarrow{CE}|\cos\left(\frac{\pi}{2}+\theta\right)$

$=|\overrightarrow{EJ}||\overrightarrow{CE}|\times(-\sin\theta)$ ← $\cos\left(\frac{\pi}{2}+\theta\right)=-\sin\theta$

$=|\overrightarrow{EJ}||\overrightarrow{CE}|\times\left(-\frac{|\overrightarrow{EJ}|}{|\overrightarrow{CE}|}\right)$ ($\because$ ㉠)

$=-|\overrightarrow{EJ}|^2$ ← $\overline{EJ}^2$

$=-\left(\frac{2}{3}\right)^2$

$=-\frac{4}{9}$

084 [정답률 74%] 정답 ④

$\overline{AD}=2$, $\overline{AB}=\overline{CD}=\sqrt{2}$, $\angle ABC=\angle BCD=45°$인 사다리꼴 ABCD가 있다. 두 대각선 AC와 BD의 교점을 E, 점 A에서 선분 BC에 내린 수선의 발을 H, 선분 AH와 선분 BD의 교점을 F라 할 때, $\overrightarrow{AF}\cdot\overrightarrow{CE}$의 값은? (3점)

→ 벡터 $\overrightarrow{AF}$와 같은 벡터를 찾아본다.

① $-\frac{1}{9}$ ② $-\frac{2}{9}$ ③ $-\frac{1}{3}$

 ④ $-\frac{4}{9}$ 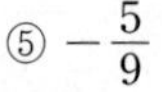 ⑤ $-\frac{5}{9}$

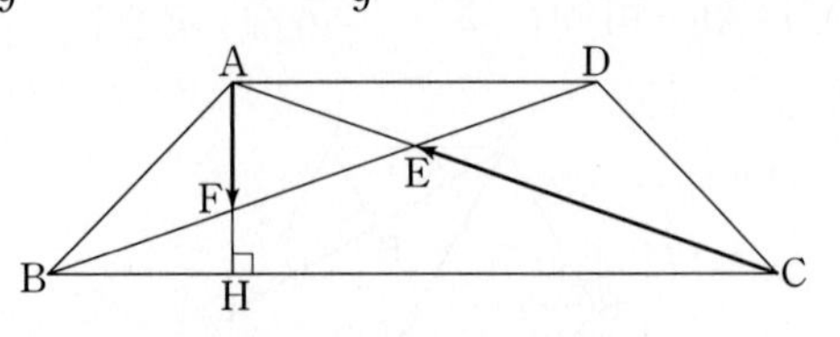

Step 1 선분 AF의 길이를 구한다.

직각삼각형 ABH에서 $\overline{AB}=\sqrt{2}$, $\angle ABC=45°$이므로

$\overline{AH}=\overline{BH}=1$ → 삼각형 ABH는 직각이등변삼각형

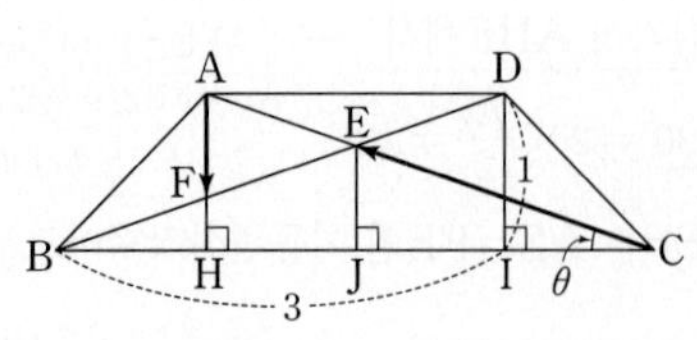

085 [정답률 85%] 정답 ①

그림과 같이 삼각형 ABC에 대하여 꼭짓점 C에서 선분 AB에 내린 수선의 발을 H라 하자. 삼각형 ABC가 다음 조건을 만족시킬 때, $\overrightarrow{CA}\cdot\overrightarrow{CH}$의 값은? (4점)

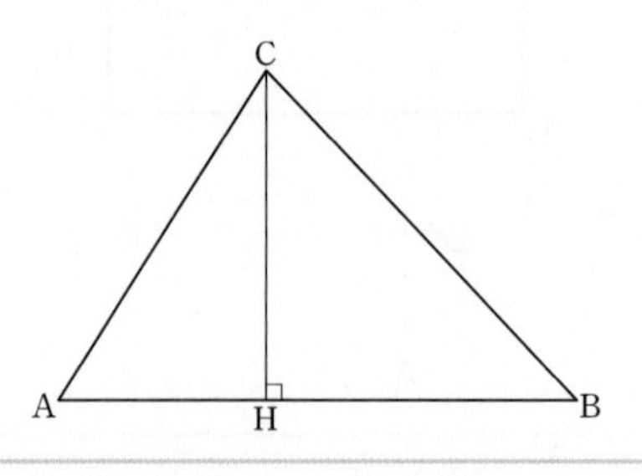

(가) 점 H가 선분 AB를 $2:3$으로 내분한다.
(나) $\overrightarrow{AB}\cdot\overrightarrow{AC}=40$
(다) 삼각형 ABC의 넓이는 30이다.

조건 (가)부터 차근차근 이용해 본다.

① 36 ② 37 ③ 38 ④ 39 ⑤ 40

Step 1 조건 (가)를 이용한다.

조건 (가)에서 점 H는 선분 AB를 2 : 3으로 내분하므로

$|\overrightarrow{AH}|=2k$, $|\overrightarrow{HB}|=3k\ (k>0)$라 하면 ← $\overline{AH}:\overline{HB}=2:3$, $|\overrightarrow{AH}|:|\overrightarrow{HB}|=2:3$

$|\overrightarrow{AB}|=|\overrightarrow{AH}|+|\overrightarrow{HB}|=2k+3k=5k$

Step 2 조건 (나)를 이용한다.

삼각형 ABC에서 $\angle CAB=\theta$라 하면

조건 (나)에 의하여

$\overrightarrow{AB}\cdot\overrightarrow{AC}=|\overrightarrow{AB}||\overrightarrow{AC}|\cos\theta$

$=|\overrightarrow{AB}||\overrightarrow{AH}|=40$ ← $\cos\theta=\dfrac{|\overrightarrow{AH}|}{|\overrightarrow{AC}|}$, $|\overrightarrow{AH}|=|\overrightarrow{AC}|\cos\theta$

$|\overrightarrow{AB}|=5k$, $|\overrightarrow{AH}|=2k$이므로

$5k\times2k=10k^2=40$, $k^2=4$

$\therefore k=2\ (\because k>0)$, $|\overrightarrow{AB}|=10$ ← $|\overrightarrow{AB}|=5k=5\times2=10$

Step 3 조건 (다)를 이용한다.

조건 (다)에서 삼각형 ABC의 넓이는 30이므로

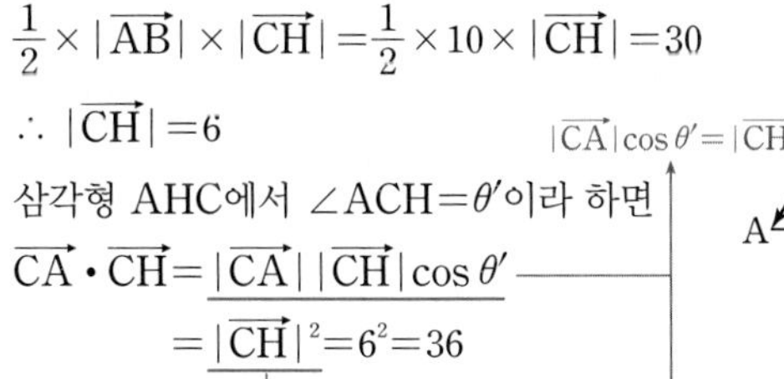

$\dfrac{1}{2}\times|\overrightarrow{AB}|\times|\overrightarrow{CH}|=\dfrac{1}{2}\times10\times|\overrightarrow{CH}|=30$

$\therefore |\overrightarrow{CH}|=6$

삼각형 AHC에서 $\angle ACH=\theta'$이라 하면

$\overrightarrow{CA}\cdot\overrightarrow{CH}=|\overrightarrow{CA}||\overrightarrow{CH}|\cos\theta'$ ← $|\overrightarrow{CA}|\cos\theta'=|\overrightarrow{CH}|$

$=|\overrightarrow{CH}|^2=6^2=36$

086 [정답률 41%] 정답 ⑤

왜 변의 길이가 $\sqrt{3}$으로 주어졌을지 생각한다.

평면에서 그림과 같이 $\overline{AB}=1$이고 $\overline{BC}=\sqrt{3}$인 직사각형 ABCD와 정삼각형 EAD가 있다. 점 P가 선분 AE 위를 움직일 때, 옳은 것만을 [보기]에서 있는 대로 고른 것은? (4점)

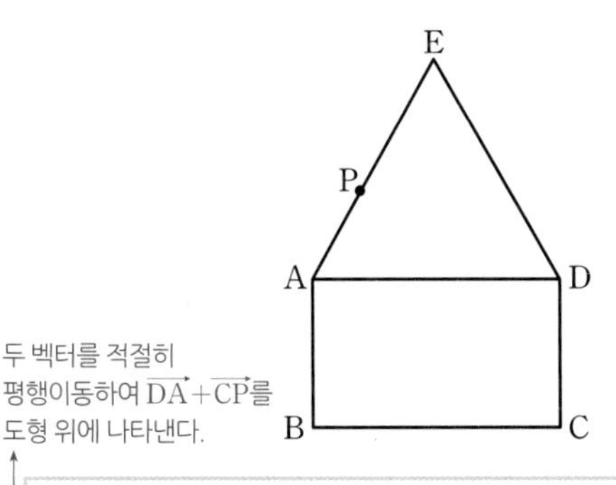

[보기]

ㄱ. $|\overrightarrow{CB}-\overrightarrow{CP}|$의 최솟값은 1이다.

ㄴ. $\overrightarrow{CA}\cdot\overrightarrow{CP}$의 값은 일정하다. ← $\overrightarrow{CB}-\overrightarrow{CP}=\overrightarrow{PB}$임을 이용한다.

ㄷ. $|\overrightarrow{DA}+\overrightarrow{CP}|$의 최솟값은 $\dfrac{7}{2}$이다.

① ㄱ ② ㄷ ③ ㄱ, ㄴ
④ ㄴ, ㄷ ⑤ ㄱ, ㄴ, ㄷ

Step 1 $\overrightarrow{CB}-\overrightarrow{CP}=\overrightarrow{PB}$임을 이용하여 ㄱ의 참, 거짓을 판별한다.

ㄱ. $|\overrightarrow{CB}-\overrightarrow{CP}|=|\overrightarrow{PB}|$ 벡터의 뺄셈

$|\overrightarrow{PB}|$는 두 점 P, B 사이의 거리이고 점 P가 점 A에 있을 때 최소이므로 $|\overrightarrow{PB}|$의 최솟값은 $\overline{AB}=1$이다. (참) ← 그림을 보면 쉽게 알 수 있어.

Step 2 $\overrightarrow{CA}$, $\overrightarrow{CP}$가 이루는 각의 크기를 θ라 하고, ㄴ의 참, 거짓을 판별한다.

ㄴ. $\overrightarrow{CA}$, $\overrightarrow{CP}$가 이루는 각의 크기를 θ라 하면 (암기 내적의 정의)

$\overrightarrow{CA}\cdot\overrightarrow{CP}=|\overrightarrow{CA}||\overrightarrow{CP}|\cos\theta$ ...... ㉠

직각삼각형 ACD에서 $\overline{AD}=\sqrt{3}$,

$\overline{DC}=1$이므로

$\angle CAD=30°$ ← $\tan(\angle CAD)=\dfrac{1}{\sqrt{3}}$ $\therefore \angle CAD=30°$

삼각형 EAD가 정삼각형이므로 $\angle EAD=60°$

$\therefore \angle PAC=\angle PAD+\angle CAD=90°$

직각삼각형 PAC에서 $\cos\theta=\dfrac{|\overrightarrow{CA}|}{|\overrightarrow{CP}|}$ ← 점 P로 어떤 점을 잡더라도 항상 성립!

따라서 ㉠에서

$\overrightarrow{CA}\cdot\overrightarrow{CP}=|\overrightarrow{CA}||\overrightarrow{CP}|\times\dfrac{|\overrightarrow{CA}|}{|\overrightarrow{CP}|}$

$=|\overrightarrow{CA}|^2$ ← 삼각형 ACD에서 피타고라스 정리에 의하여 $\overline{CA}=\sqrt{1^2+(\sqrt{3})^2}=2$

$=2^2=4$ (참)

Step 3 주어진 도형과 합동인 도형을 그려 ㄷ의 참, 거짓을 판별한다.

ㄷ. 다음 그림과 같이 주어진 도형과 합동인 도형을 그린다.

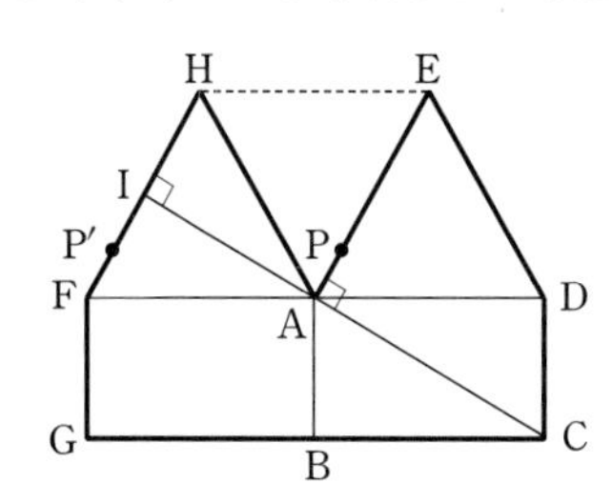

점 P가 옮겨진 점을 P′이라 하면

$\overrightarrow{DA}=\overrightarrow{CB}$, $\overrightarrow{CP}=\overrightarrow{BP'}$이므로 ← 두 벡터가 서로 크기와 방향이 같다.

$|\overrightarrow{DA}+\overrightarrow{CP}|=|\overrightarrow{CB}+\overrightarrow{BP'}|=|\overrightarrow{CP'}|$

이때 점 P가 선분 AE 위를 움직이므로 점 P′은 선분 FH 위를 움직인다.

사각형 HFAE는 평행사변형이고, $\overline{AE}\perp\overline{AC}$이므로 선분 CA의 연장선이 선분 FH와 만나는 점을 I라 하면 $\overline{FH}\perp\overline{CI}$이다. ← $\overline{HF}/\!/\overline{EA}$, $\overline{HE}/\!/\overline{FA}$ / ㄴ에서 $\angle PAC=90°$ / $\overline{AE}/\!/\overline{FH}$

따라서 $\overline{CP'}\geq\overline{CI}$이므로 $|\overrightarrow{CP'}|$의 최솟값은 선분 CI의 길이와 같다. ← $|\overrightarrow{CP'}|$의 최솟값은 점 C와 $\overline{FH}$ 사이의 거리 $\overline{CI}$와 같다.

$\therefore \overline{CI}=\overline{CA}+\overline{AI}=2+\dfrac{\sqrt{3}}{2}\times\sqrt{3}=\dfrac{7}{2}$ (참) ← $\overline{AI}$는 정삼각형 AHF의 높이

따라서 옳은 것은 ㄱ, ㄴ, ㄷ이다.

✪ 다른 풀이 주어진 그림을 좌표평면 위에 나타내는 풀이

Step 1 동일

Step 2 주어진 그림을 좌표평면 위에 나타낸다.

ㄴ. $\angle PAC=90°$이므로

$\overrightarrow{CA}\cdot\overrightarrow{CP}=\overrightarrow{CA}\cdot(\overrightarrow{CA}+\overrightarrow{AP})$ ← $\overline{CA}\perp\overline{AP}$

$=\overrightarrow{CA}\cdot\overrightarrow{CA}+\overrightarrow{CA}\cdot\overrightarrow{AP}$ → 두 벡터가 서로 수직일 때, 두 벡터의 내적의 값은 0이다.

$=|\overrightarrow{CA}|^2+0=2^2=4$ (참)

ㄷ. 점 A를 원점, 직선 AD를 x축으로 하는 좌표평면에 주어진 도형을 나타내면 다음 그림과 같다.

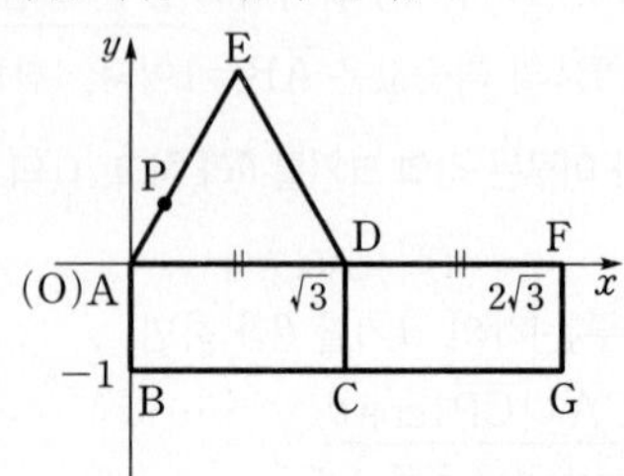

$\overline{AD}=\overline{DF}$인 x축 위의 점을 F라 하면 → 크기와 방향이 같은 벡터는 동일한 벡터임을 이용해서 식을 변형했어!

$\overrightarrow{DA}+\overrightarrow{CP}=\overrightarrow{CB}+\overrightarrow{CP}=\overrightarrow{GC}+\overrightarrow{CP}=\overrightarrow{GP}$

이때 $|\overrightarrow{GP}|$의 최솟값은 점 $G(2\sqrt{3},\ -1)$에서 직선 AE에 이르는 거리와 같다. → 원점을 지나고 x축의 양의 방향과 이루는 각의 크기가 60°인 직선

직선 AE의 방정식은 $y=\sqrt{3}x$, 즉 $\sqrt{3}x-y=0$이므로

$|\overrightarrow{DA}+\overrightarrow{CP}|$의 최솟값은 점 $G(2\sqrt{3},\ -1)$과 직선 $\sqrt{3}x-y=0$ 사이의 거리이다.

따라서 구하는 최솟값은 → **암기** 점 (x_1, y_1)과 직선 $ax+by+c=0$ 사이의 거리는 $\dfrac{|ax_1+by_1+c|}{\sqrt{a^2+b^2}}$ 이다.

$$\frac{|\sqrt{3}\times2\sqrt{3}-(-1)|}{\sqrt{(\sqrt{3})^2+(-1)^2}}=\frac{7}{2}\ (참)$$

수능포인트

원에서의 최댓값 문제 같은 경우는 주어진 벡터를 원의 중심으로 모아서 같이 더해줄 수 있지만, 이렇게 여러 도형들이 합쳐진 경우에는 최댓값과 최솟값을 구할 때 똑같은 도형을 주변에 그려서 이어지게 그리는 것도 한 방법입니다. 이것은 벡터는 방향과 크기가 같으면 같은 벡터라는 개념으로부터 나온 방법입니다.

087 [정답률 63%] 정답 50

그림과 같이 선분 AB를 지름으로 하는 원 위의 점 P에서의 접선과 직선 AB가 만나는 점을 Q라 하자. 점 Q가 선분 AB를 5 : 1로 외분하는 점이고, $\overline{BQ}=\sqrt{3}$일 때, $\overrightarrow{AP}\cdot\overrightarrow{AQ}$의 값을 구하시오. (4점)

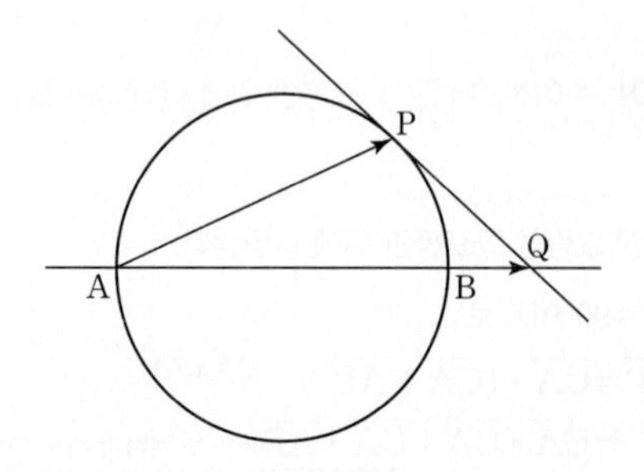

Step 1 $\overline{AB}$의 길이를 구한다.

점 Q가 선분 AB를 5 : 1로 외분하는 점이므로

$\overline{AQ}:\overline{BQ}=5:1$에서 $\overline{AQ}=5\sqrt{3}$ → **암기** 점 X가 선분 YZ를 $m:n$으로 외분 → $\overline{XY}:\overline{XZ}=m:n$

$\therefore\ \overline{AB}=\overline{AQ}-\overline{BQ}=5\sqrt{3}-\sqrt{3}=4\sqrt{3}$

Step 2 선분 AB의 중점을 M으로 놓고 선분의 길이, 각의 크기 등에 대한 내용을 확인한다.

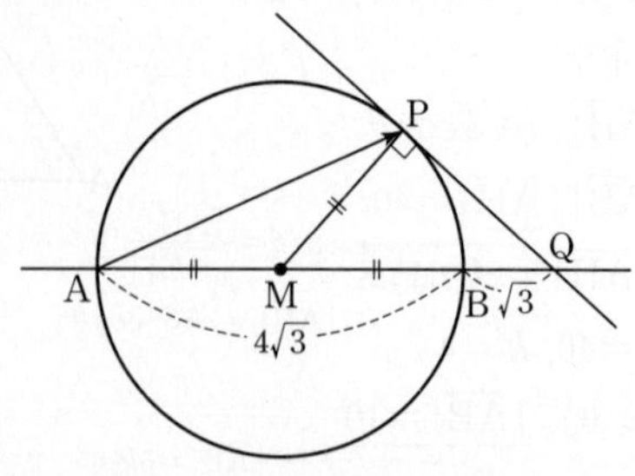

그림과 같이 선분 AB의 중점을 M이라 하면

$\overline{AM}=\overline{BM}=2\sqrt{3}$ → $\frac{1}{2}\overline{AB}$

점 M은 원의 중심이므로 접점 P에 대하여

$\angle MPQ=90°$, $\overline{MP}=2\sqrt{3}$ → 원의 반지름

Step 3 $\overrightarrow{AP}\cdot\overrightarrow{AQ}$의 값을 구한다. → 시점과 종점을 각각 M으로 일치시켜 주었어!

이때 $\overrightarrow{AP}=\overrightarrow{AM}+\overrightarrow{MP}$로 놓을 수 있으므로

$\overrightarrow{AP}\cdot\overrightarrow{AQ}=(\overrightarrow{AM}+\overrightarrow{MP})\cdot\overrightarrow{AQ}$

$=\overrightarrow{AM}\cdot\overrightarrow{AQ}+\overrightarrow{MP}\cdot\overrightarrow{AQ}$ → $|\overrightarrow{AQ}|=5\sqrt{3}$

$=\overrightarrow{AM}\cdot\overrightarrow{AQ}+\overrightarrow{MP}\cdot\left(\frac{5}{3}\overrightarrow{MQ}\right)$ → $|\overrightarrow{MQ}|=3\sqrt{3}$

$=\overrightarrow{AM}\cdot\overrightarrow{AQ}+\frac{5}{3}\overrightarrow{MP}\cdot\overrightarrow{MQ}$ …… ㉠

→ 두 벡터가 이루는 각의 크기가 0°야.

두 벡터 $\overrightarrow{AM}$, $\overrightarrow{AQ}$의 방향은 서로 같으므로

$\overrightarrow{AM}\cdot\overrightarrow{AQ}=|\overrightarrow{AM}||\overrightarrow{AQ}|=2\sqrt{3}\times5\sqrt{3}=30$

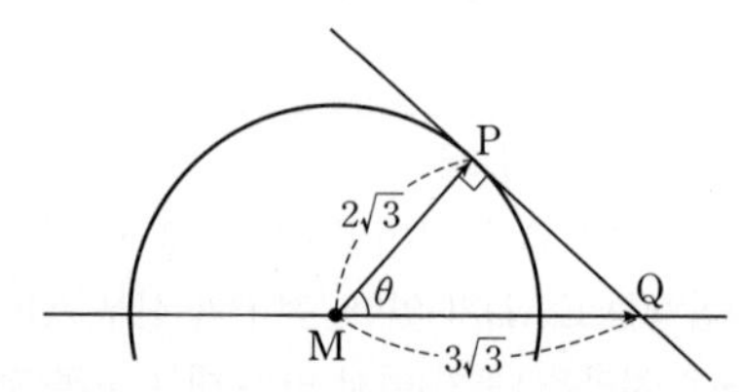

두 벡터 $\overrightarrow{MP}$, $\overrightarrow{MQ}$가 이루는 각의 크기 θ에 대하여

$|\overrightarrow{MQ}|\cos\theta=|\overrightarrow{MP}|$이므로 → △MQP가 직각삼각형이니까 삼각비를 이용한다.

$\overrightarrow{MP}\cdot\overrightarrow{MQ}=|\overrightarrow{MP}||\overrightarrow{MQ}|\cos\theta$

$=|\overrightarrow{MP}|^2=(2\sqrt{3})^2=12$

따라서 ㉠에서

$\overrightarrow{AP}\cdot\overrightarrow{AQ}=30+\frac{5}{3}\times12=50$

088 [정답률 11%] 정답 15

좌표평면 위에 길이가 6인 선분 AB를 지름으로 하는 원이 있다. 원 위의 서로 다른 두 점 C, D가

($\angle ACB=\angle ADB=\frac{\pi}{2}$)

$$\overrightarrow{AB}\cdot\overrightarrow{AC}=27,\ \overrightarrow{AB}\cdot\overrightarrow{AD}=9,\ \overline{CD}>3$$

을 만족시킨다. 선분 AC 위의 서로 다른 두 점 P, Q와 상수 k가 다음 조건을 만족시킨다.

(가) $\frac{3}{2}\overrightarrow{DP}-\overrightarrow{AB}=k\overrightarrow{BC}$

(나) $\overrightarrow{QB}\cdot\overrightarrow{QD}=3$

$k\times(\overrightarrow{AQ}\cdot\overrightarrow{DP})$의 값을 구하시오. (4점)

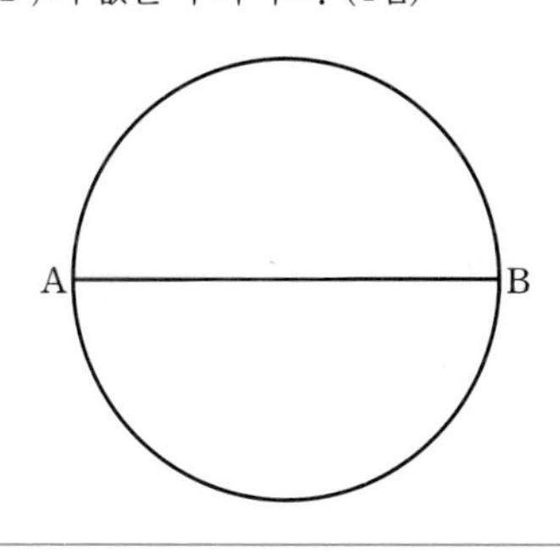

Step 1 사각형 ADBC가 직사각형임을 알아낸다.

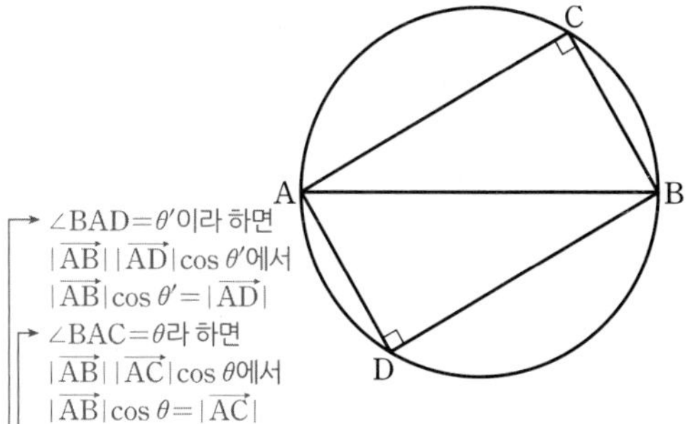

두 점 C, D는 원 위의 점이므로 $\angle ACB=\angle ADB=\frac{\pi}{2}$

$\overrightarrow{AB}\cdot\overrightarrow{AC}=|\overrightarrow{AC}|^2=27 \quad \therefore \overline{AC}=3\sqrt{3}$

($\angle BAC=\theta$라 하면 $|\overrightarrow{AB}||\overrightarrow{AC}|\cos\theta$에서 $|\overrightarrow{AB}|\cos\theta=|\overrightarrow{AC}|$)

$\overrightarrow{AB}\cdot\overrightarrow{AD}=|\overrightarrow{AD}|^2=9 \quad \therefore \overline{AD}=3$

($\angle BAD=\theta'$이라 하면 $|\overrightarrow{AB}||\overrightarrow{AD}|\cos\theta'$에서 $|\overrightarrow{AB}|\cos\theta'=|\overrightarrow{AD}|$)

그러므로 $\overline{BC}=\sqrt{6^2-(3\sqrt{3})^2}=3$, $\overline{BD}=\sqrt{6^2-3^2}=3\sqrt{3}$

이때 $\overline{CD}>3$이므로 두 점 C, D는 선분 AB를 기준으로 반대편에 있어야 한다.

(두 점 C, D가 선분 AB를 기준으로 같은 쪽에 있을 경우 $\overline{CD}=3$이 되므로 두 점 C, D는 선분 AB를 기준으로 서로 반대쪽에 있어야 한다.)

따라서 사각형 ADBC는 직사각형이므로 $\overrightarrow{AC}=\overrightarrow{DB}$, $\overrightarrow{DA}=\overrightarrow{BC}$이고 $\overline{CD}=6$

($\overline{AC}=\overline{DB}=3\sqrt{3}$, $\overline{AD}=\overline{CB}=3$, $\angle ACB=\angle ADB=\frac{\pi}{2}$이므로 사각형 ADBC는 직사각형)

Step 2 삼각형의 닮음을 이용하여 선분 AP의 길이를 구한다.

조건 (가)에 의하여 $\frac{3}{2}\overrightarrow{DP}-\overrightarrow{AB}=k\overrightarrow{BC}$에서

$\frac{3}{2}\overrightarrow{DP}-(\overrightarrow{DB}-\overrightarrow{DA})=k\overrightarrow{BC}$

$\frac{3}{2}\overrightarrow{DP}-\overrightarrow{DB}=k\overrightarrow{BC}-\overrightarrow{DA}=k\overrightarrow{BC}-\overrightarrow{BC}=(k-1)\overrightarrow{BC}$

$\overrightarrow{DE}=\frac{3}{2}\overrightarrow{DP}$를 만족시키는 점을 E라 하면

$\overrightarrow{DE}-\overrightarrow{DB}=(k-1)\overrightarrow{BC} \quad \therefore \overrightarrow{BE}=(k-1)\overrightarrow{BC}$

그러므로 점 E는 직선 BC 위에 있다.

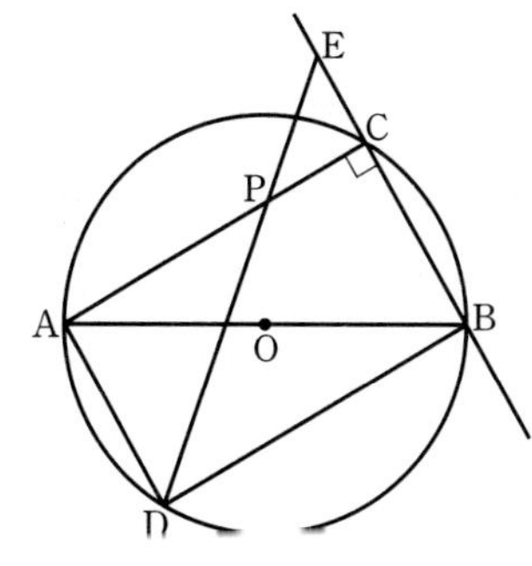

두 삼각형 EPC, EDB는 서로 닮음이고 닮음비가 1 : 3이므로

($\overline{DE}=\frac{3}{2}\overline{DP}$에서 $\overline{DP}:\overline{DE}=2:3$, 즉 $\overline{PE}:\overline{DE}=1:3$)

$\overline{BE}=\frac{3}{2}\overline{BC}$ ($\overrightarrow{BE}=(k-1)\overrightarrow{BC}$와 비교)

즉, $k-1=\frac{3}{2}$에서 $k=\frac{5}{2}$

$\overline{PC}=\frac{1}{3}\overline{DB}=\sqrt{3} \quad \therefore \overline{AP}=\overline{AC}-\overline{PC}=2\sqrt{3}$

Step 3 선분 AQ의 길이를 구한다.

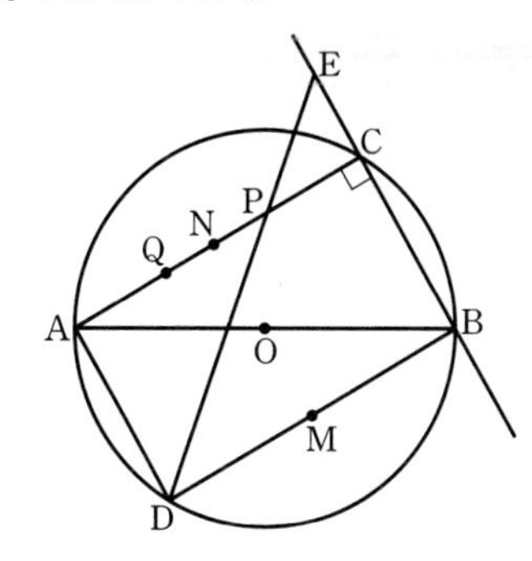

선분 BD의 중점을 M이라 하면 조건 (나)에서

$\overrightarrow{QB}\cdot\overrightarrow{QD}=(\overrightarrow{QM}+\overrightarrow{MB})\cdot(\overrightarrow{QM}+\overrightarrow{MD})$

$=|\overrightarrow{QM}|^2+\overrightarrow{QM}\cdot(\overrightarrow{MB}+\overrightarrow{MD})+\overrightarrow{MB}\cdot\overrightarrow{MD}$

($\overrightarrow{MB}+\overrightarrow{MD}=\overrightarrow{MB}-\overrightarrow{MB}=\vec{0}$)

$=|\overrightarrow{QM}|^2-|\overrightarrow{MB}|^2$

$=|\overrightarrow{QM}|^2-\left(\frac{3\sqrt{3}}{2}\right)^2=3$

$\therefore |\overrightarrow{QM}|^2=\frac{39}{4}$

선분 AC의 중점을 N이라 하면 $\overline{MN}=\overline{BC}=3$

$|\overrightarrow{QM}|^2=|\overrightarrow{QN}|^2+|\overrightarrow{MN}|^2=|\overrightarrow{QN}|^2+9$

$|\overrightarrow{QN}|^2=\frac{3}{4} \quad \therefore |\overrightarrow{QN}|=\frac{\sqrt{3}}{2}$

$\overline{AQ}=\overline{AC}-\overline{QC}$이므로 $|\overrightarrow{AQ}|=\sqrt{3}$ 또는 $|\overrightarrow{AQ}|=2\sqrt{3}$

($=\overline{AN}-|\overrightarrow{QN}|$, $=\overline{AN}+|\overrightarrow{QN}|$)

$|\overrightarrow{AQ}|=2\sqrt{3}$이면 점 P는 점 Q와 같으므로 주어진 조건을 만족시키지 않는다.

($\overline{AP}=2\sqrt{3}$; 문제에서 서로 다른 두 점 P, Q라 주어졌다.)

$\therefore |\overrightarrow{AQ}|=\sqrt{3}$

Step 4 $\overrightarrow{AQ}\cdot\overrightarrow{DP}$를 계산한다.

$\overrightarrow{AQ}\cdot\overrightarrow{DP}=|\overrightarrow{AQ}||\overrightarrow{DP}|\cos(\angle DPA)=|\overrightarrow{AQ}||\overrightarrow{AP}|$

$=\sqrt{3}\times2\sqrt{3}=6$

$\therefore k\times(\overrightarrow{AQ}\cdot\overrightarrow{DP})=\frac{5}{2}\times6=15$

089 [정답률 21%]

정답 27

좌표평면에서 $\overline{AB}=\overline{AC}$이고 $\angle BAC=\frac{\pi}{2}$인 직각삼각형 ABC에 대하여 두 점 P, Q가 다음 조건을 만족시킨다.

> (가) 삼각형 APQ는 정삼각형이고,
> $9|\overrightarrow{PQ}|\overrightarrow{PQ}=4|\overrightarrow{AB}|\overrightarrow{AB}$이다. → 단위벡터로 나타내어 방향을 생각할 수 있다.
> (나) $\overrightarrow{AC}\cdot\overrightarrow{AQ}<0$ → 두 벡터 $\overrightarrow{AC}$, $\overrightarrow{AQ}$가 이루는 각은 둔각이다.
> (다) $\overrightarrow{PQ}\cdot\overrightarrow{CB}=24$

선분 AQ 위의 점 X에 대하여 $|\overrightarrow{XA}+\overrightarrow{XB}|$의 최솟값을 m이라 할 때, m^2의 값을 구하시오. (4점)

Step 1 조건 (가)를 이용한다.

조건 (가)에서 두 벡터 $\overrightarrow{AB}$, $\overrightarrow{PQ}$의 방향은 같다.

$9|\overrightarrow{PQ}|\overrightarrow{PQ}=9|\overrightarrow{PQ}|^2\times\frac{\overrightarrow{PQ}}{|\overrightarrow{PQ}|}$,

$4|\overrightarrow{AB}|\overrightarrow{AB}=4|\overrightarrow{AB}|^2\times\frac{\overrightarrow{AB}}{|\overrightarrow{AB}|}$이고,

$\frac{\overrightarrow{PQ}}{|\overrightarrow{PQ}|}=\frac{\overrightarrow{AB}}{|\overrightarrow{AB}|}$이므로 $9|\overrightarrow{PQ}|^2=4|\overrightarrow{AB}|^2$ → 두 벡터 $\overrightarrow{AB}$, $\overrightarrow{PQ}$의 방향이 같다.

$\therefore |\overrightarrow{PQ}|=\frac{2}{3}|\overrightarrow{AB}|$ …… ㉠

Step 2 조건 (나), (다)를 이용한다.

조건 (나)에서 $\frac{\pi}{2}<\angle CAQ<\pi$ → 둔각

조건 (다)에서

$\overrightarrow{PQ}\cdot\overrightarrow{CB}=|\overrightarrow{PQ}||\overrightarrow{CB}|\cos(\angle ABC)=|\overrightarrow{PQ}||\overrightarrow{CB}|\times\frac{\sqrt{2}}{2}$ → $=\cos\frac{\pi}{4}$

이때 $|\overrightarrow{CB}|=\sqrt{2}|\overrightarrow{AB}|$이므로 → 삼각형 ABC는 변 CB가 빗변인 직각이등변삼각형

$\overrightarrow{PQ}\cdot\overrightarrow{CB}=\frac{2}{3}|\overrightarrow{AB}|\times\sqrt{2}|\overrightarrow{AB}|\times\frac{\sqrt{2}}{2}$ ($\because$ ㉠)

$=\frac{2}{3}|\overrightarrow{AB}|^2=24$ → $|\overrightarrow{AB}|^2=36$

$\therefore |\overrightarrow{AB}|=6$

㉠에서 $|\overrightarrow{PQ}|=\frac{2}{3}\times 6=4$

삼각형 APQ가 정삼각형이므로 $|\overrightarrow{AP}|=|\overrightarrow{AQ}|=4$, $\angle BAQ=\frac{\pi}{3}$ ← $\overline{AB}\,/\!/\,\overline{PQ}$이므로 엇각의 성질 이용

Step 3 m의 값을 구한다. → $\overrightarrow{XM}=\frac{\overrightarrow{XA}+\overrightarrow{XB}}{2}$

선분 AB의 중점을 M, 점 M에서 선분 AQ에 내린 수선의 발을 H라 하면

$|\overrightarrow{XA}+\overrightarrow{XB}|=|2\overrightarrow{XM}|\geq 2|\overrightarrow{HM}|$

$=2\times|\overrightarrow{AM}|\sin\frac{\pi}{3}=3\sqrt{3}$ ($|\overrightarrow{AM}|=\frac{1}{2}|\overrightarrow{AB}|=3$, $\sin\frac{\pi}{3}=\frac{\sqrt{3}}{2}$)

따라서 $m=3\sqrt{3}$이므로 $m^2=27$이다.

다른 풀이 점의 좌표를 이용하는 풀이

Step 1 동일

Step 2 동일

Step 3 세 점 A, B, X의 좌표를 나타낸 후 $|\overrightarrow{XA}+\overrightarrow{XB}|$의 최솟값을 구한다.

점 A를 원점으로 하고 점 B가 x축 위에, 점 C가 y축 위에 오도록 도형을 좌표평면 위에 놓으면 A(0, 0), B(6, 0), C(0, 6)

또한 $P(-2, -2\sqrt{3})$, $Q(2, -2\sqrt{3})$이다. → 한 변의 길이가 4인 정삼각형의 높이가 $2\sqrt{3}$

점 X는 선분 AQ 위의 점이므로 → 직선 AQ의 방정식은 $y=-\sqrt{3}x$

$X(t, -\sqrt{3}t)$ $(0\leq t\leq 2)$로 놓을 수 있다.

$|\overrightarrow{XA}+\overrightarrow{XB}|=|(-t, \sqrt{3}t)+(6-t, \sqrt{3}t)|$

$=|(6-2t, 2\sqrt{3}t)|=\sqrt{(6-2t)^2+(2\sqrt{3}t)^2}$ → $=16t^2-24t+36$

$=\sqrt{16\left(t-\frac{3}{4}\right)^2+27}$

따라서 $|\overrightarrow{XA}+\overrightarrow{XB}|$의 최솟값은 $t=\frac{3}{4}$일 때 $\sqrt{27}=3\sqrt{3}$

$\therefore m^2=(3\sqrt{3})^2=27$

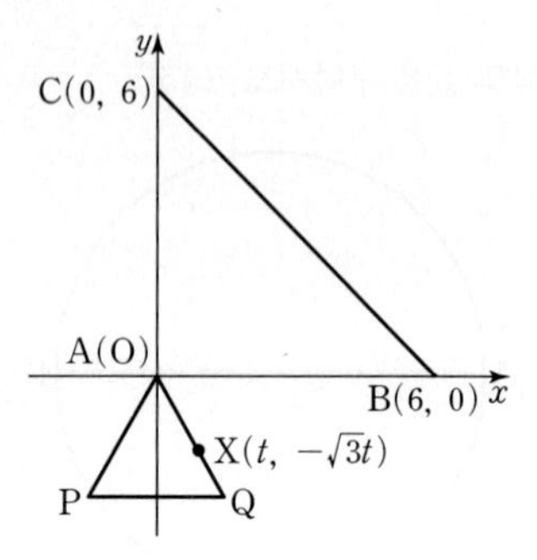

090

정답 ⑤

원점을 시점으로, 어두운 영역 내의 점을 종점으로 하는 벡터

오른쪽 그림의 어두운 영역에 속하는 모든 점 A에 대하여 두 벡터 $\overrightarrow{OA}$와 $\overrightarrow{OB}$의 내적이 $\overrightarrow{OA}\cdot\overrightarrow{OB}\leq 0$을 만족시키는 점 B가 있다. 이러한 모든 점 B의 영역을 좌표평면 위에 바르게 나타낸 것은? → 두 벡터가 이루는 각의 크기가 $\frac{\pi}{2}$ 이상이어야 해!

(단, 어두운 부분의 경계선은 포함한다.) (3점)

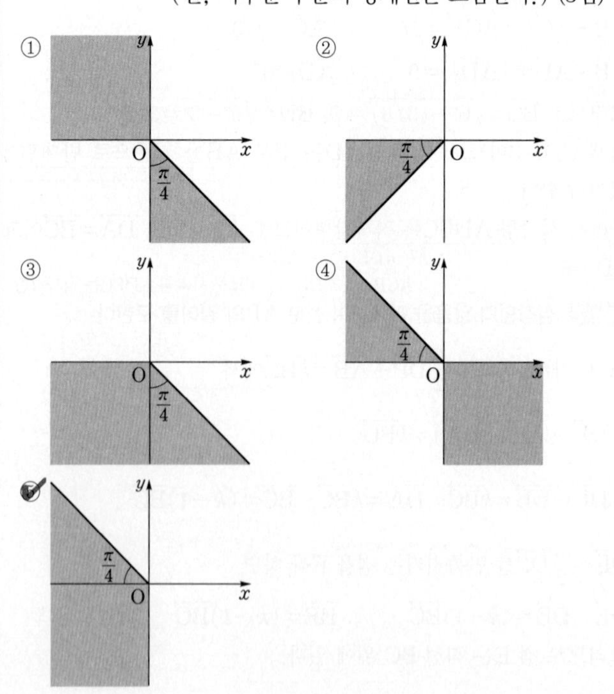

Step 1 두 벡터의 내적을 구한다.

벡터 $\overrightarrow{OA}$가 x축의 양의 방향과 이루는 각의 크기를 α, 벡터 $\overrightarrow{OB}$가 x축의 양의 방향과 이루는 각의 크기를 β,
두 벡터 $\overrightarrow{OA}$, $\overrightarrow{OB}$가 이루는 각의 크기를 $\theta\ (0\le\theta\le\pi)$라 하면

(i) $\beta-\alpha<\pi$일 때,

두 벡터가 이루는 각 $\theta=\beta-\alpha$이므로

$\overrightarrow{OA}\cdot\overrightarrow{OB}=|\overrightarrow{OA}||\overrightarrow{OB}|\cos\theta$

$=|\overrightarrow{OA}||\overrightarrow{OB}|\cos(\beta-\alpha)$

(ii) $\beta-\alpha>\pi$일 때,

두 벡터가 이루는 각 $\theta=2\pi-(\beta-\alpha)$ 이므로 → 두 벡터가 이루는 두 각 중 작은 각

$\theta(=2\pi-(\beta-\alpha))$

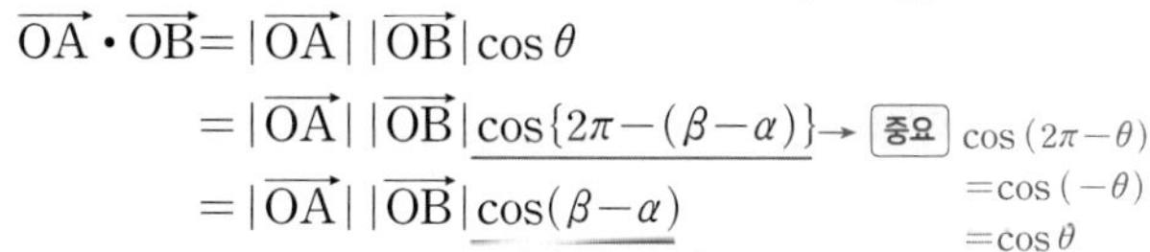

$\overrightarrow{OA}\cdot\overrightarrow{OB}=|\overrightarrow{OA}||\overrightarrow{OB}|\cos\theta$

$=|\overrightarrow{OA}||\overrightarrow{OB}|\cos\{2\pi-(\beta-\alpha)\}$ → **중요** $\cos(2\pi-\theta)=\cos(-\theta)=\cos\theta$

$=|\overrightarrow{OA}||\overrightarrow{OB}|\cos(\beta-\alpha)$

(i), (ii)에서 두 벡터의 내적은 $|\overrightarrow{OA}||\overrightarrow{OB}|\cos(\beta-\alpha)$이다.

Step 2 $\overrightarrow{OA}\cdot\overrightarrow{OB}\le0$을 이용하여 β의 값의 범위를 정한다.

$\overrightarrow{OA}\cdot\overrightarrow{OB}=|\overrightarrow{OA}||\overrightarrow{OB}|\cos(\beta-\alpha)\le0$에서

$|\overrightarrow{OA}|\ge0$, $|\overrightarrow{OB}|\ge0$이므로

$\cos(\beta-\alpha)\le0$ **중요**

$\therefore \frac{\pi}{2}\le\beta-\alpha\le\frac{3}{2}\pi$ → $\beta-\alpha$가 제2사분면 또는 제3사분면의 각이어야 한다. $\left(\frac{\pi}{2}, \frac{3}{2}\pi\text{ 포함}\right)$

이때 $0\le\alpha\le\frac{\pi}{4}$이므로

$\alpha=0$일 때, $\frac{\pi}{2}\le\beta\le\frac{3}{2}\pi$

$\alpha=\frac{\pi}{4}$일 때, $\frac{\pi}{2}+\frac{\pi}{4}\le\beta\le\frac{3}{2}\pi+\frac{\pi}{4}$

→ 구하는 β의 값의 범위는 $0\le\alpha\le\frac{\pi}{4}$, $\frac{\pi}{2}\le\beta-\alpha\le\frac{3}{2}\pi$를 모두 만족시켜야 하므로 $\alpha=0$일 때의 β의 값의 범위와 $\alpha=\frac{\pi}{4}$일 때의 β의 값의 범위의 공통 범위를 구해야 한다.

따라서 $\frac{\pi}{2}+\frac{\pi}{4}\le\beta\le\frac{3}{2}\pi$, 즉 $\frac{3}{4}\pi\le\beta\le\frac{3}{2}\pi$이므로 좌표평면 위에 나타내면 다음 그림의 어두운 부분과 같다. (경계선 포함)

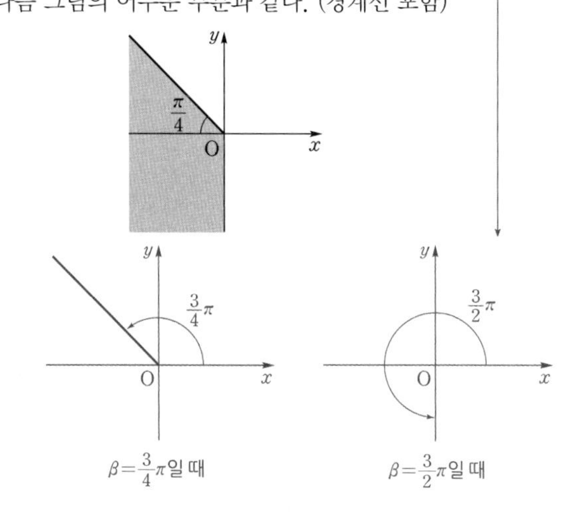

091 [정답률 79%] 정답 ⑤

좌표평면에서 원점 O가 중심이고 반지름의 길이가 1인 원 위의 세 점 A_1, A_2, A_3에 대하여

$$|\overrightarrow{OX}|\le1\text{이고 }\overrightarrow{OX}\cdot\overrightarrow{OA_k}\ge0\ (k=1,\ 2,\ 3)$$

을 만족시키는 모든 점 X의 집합이 나타내는 도형을 D라 하자. [보기]에서 옳은 것만을 있는 대로 고른 것은? (4점)

[보기]

ㄱ. $\overrightarrow{OA_1}=\overrightarrow{OA_2}=\overrightarrow{OA_3}$이면 D의 넓이는 $\frac{\pi}{2}$이다.

ㄴ. $\overrightarrow{OA_2}=-\overrightarrow{OA_1}$이고 $\overrightarrow{OA_3}=\overrightarrow{OA_1}$이면 D는 길이가 2인 선분이다.

ㄷ. $\overrightarrow{OA_1}\cdot\overrightarrow{OA_2}=0$인 경우에, D의 넓이가 $\frac{\pi}{4}$이면 점 A_3은 D에 포함되어 있다.

① ㄱ ② ㄷ ③ ㄱ, ㄴ
④ ㄴ, ㄷ ⑤ ㄱ, ㄴ, ㄷ

Step 1 $|\overrightarrow{OX}|\le1$이고 $\overrightarrow{OX}\cdot\overrightarrow{OA_k}\ge0$을 만족시키는 점 X의 집합이 나타내는 도형을 파악한 후, 도형 D를 파악한다.

$|\overrightarrow{OX}|\le1$(i)이고 각각의 k에 대하여 $\overrightarrow{OX}\cdot\overrightarrow{OA_k}\ge0$(ii)을 만족시키는 점 X의 집합이 나타내는 도형을 D_k라 하자.

(i) $|\overrightarrow{OX}|\le1$

$|\overrightarrow{OX}|\le1$을 만족시키려면 점 X는 중심이 O이고 반지름의 길이가 1인 원의 경계 및 내부에 있어야 한다.

(ii) $\overrightarrow{OX}\cdot\overrightarrow{OA_k}\ge0$

① 점 X가 원점일 때

$\overrightarrow{OX}\cdot\overrightarrow{OA_k}=0$ → $\overrightarrow{OX}=(0,\ 0)$이기 때문이야.

② 점 X가 원점이 아닐 때

두 벡터 $\overrightarrow{OX}$, $\overrightarrow{OA_k}$가 이루는 각의 크기를 $\theta(0\le\theta\le\pi)$라 하면

$\overrightarrow{OX}\cdot\overrightarrow{OA_k}=|\overrightarrow{OX}||\overrightarrow{OA_k}|\cos\theta$ → 점 A_k는 원 위의 점이므로 $|\overrightarrow{OA_k}|=1$이다.

$=|\overrightarrow{OX}|\times1\times\cos\theta$

$=|\overrightarrow{OX}|\cos\theta\ge0$

이를 만족시키기 위해서는 $\cos\theta\ge0$이어야 한다.

즉, $0\le\theta\le\frac{\pi}{2}$이어야 한다.

①, ②에 의하여 $\overrightarrow{OX}\cdot\overrightarrow{OA_k}\ge0$이기 위해서는 점 X가 원점이거나 두 벡터 $\overrightarrow{OX}$, $\overrightarrow{OA_k}$가 이루는 각의 크기 θ가 $0\le\theta\le\frac{\pi}{2}$이어야 한다.

(i), (ii)에 의하여 도형 D_k는 다음 그림과 같이 $0\le\theta\le\frac{\pi}{2}$를 만족시키는 반원의 경계 및 내부이다.

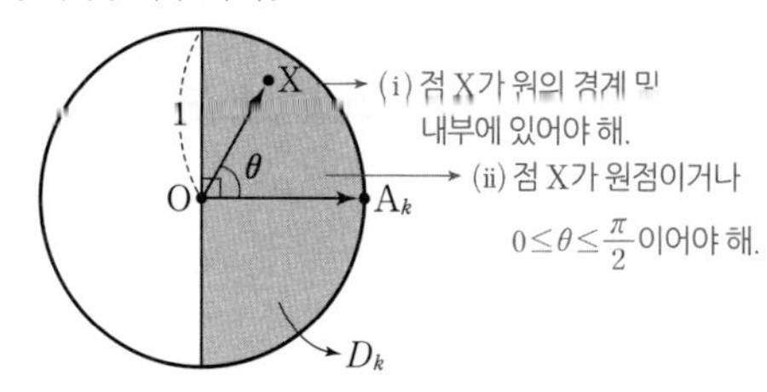

또한 도형 D는 세 도형 D_1, D_2, D_3의 공통 부분이다.

Step 2 각각의 보기에서 세 벡터 $\overrightarrow{OA_1}$, $\overrightarrow{OA_2}$, $\overrightarrow{OA_3}$을 표시한 후, 세 도형 D_1, D_2, D_3과 그 공통 부분인 도형 D를 파악한다.

ㄱ. $\overrightarrow{OA_1}=\overrightarrow{OA_2}=\overrightarrow{OA_3}$이면 세 도형 D_1, D_2, D_3은 모두 같다.
따라서 세 도형 D_1, D_2, D_3의 공통 부분인 도형 D는
다음 그림과 같으므로 도형 D의 넓이는
$\frac{1}{2}\times 1^2\times\pi=\frac{\pi}{2}$ (참)
→ 반원의 넓이

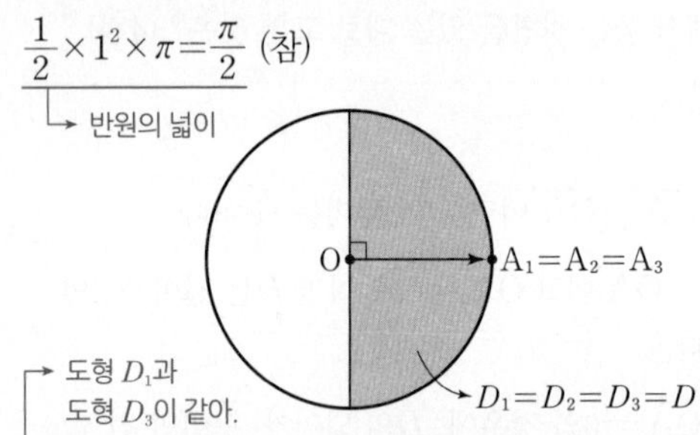

→ 도형 D_1과 도형 D_3이 같아.

ㄴ. $\overrightarrow{OA_2}=-\overrightarrow{OA_1}$에서 두 벡터 $\overrightarrow{OA_1}$, $\overrightarrow{OA_2}$는 서로 반대 방향이다.
$\overrightarrow{OA_3}=\overrightarrow{OA_1}$이므로 세 도형 D_1, D_2, D_3과 그 공통 부분인 도형 D는 다음 그림과 같다.

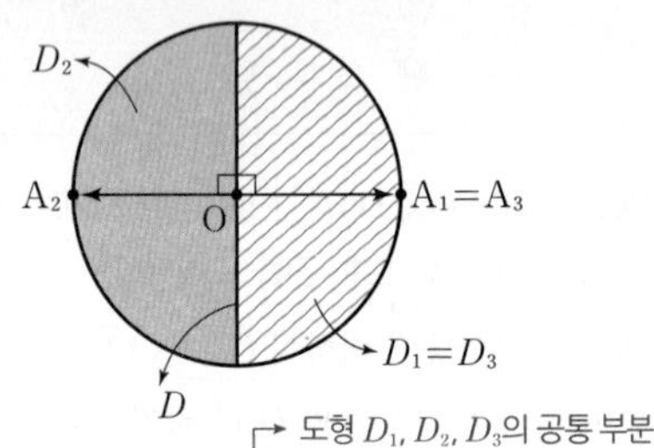

따라서 도형 D는 길이가 2인 선분이다. (참)
→ 도형 D_1, D_2, D_3의 공통 부분

ㄷ. $\overrightarrow{OA_1}\cdot\overrightarrow{OA_2}=0$에서 두 벡터 $\overrightarrow{OA_1}$, $\overrightarrow{OA_2}$는 서로 수직이다.
따라서 도형 D_1과 도형 D_2는 다음 그림과 같다.

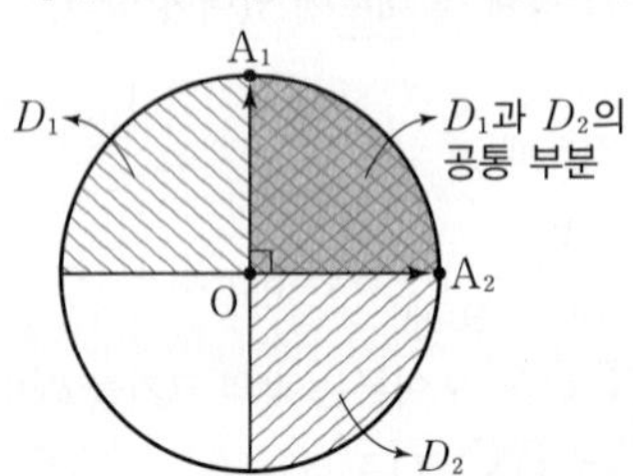

이때 도형 D_1과 도형 D_2의 공통 부분은 사분원이고 그 넓이는
$\frac{1}{4}\times 1^2\times\pi=\frac{\pi}{4}$
따라서 도형 D의 넓이가 $\frac{\pi}{4}$이기 위해서는 도형 D_3이
도형 D_1과 도형 D_2의 공통 부분을 포함하면 된다.
즉, 다음 그림과 같이 점 A_3이 도형 D에 포함되어야 한다. (참)

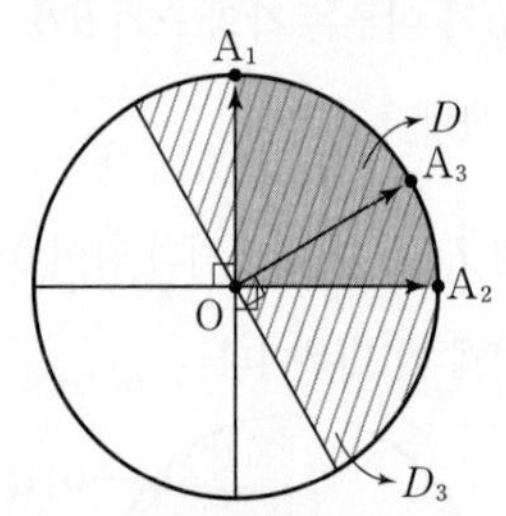

따라서 보기 중 옳은 것은 ㄱ, ㄴ, ㄷ이다.

✪ 다른 풀이 좌표평면을 이용한 풀이

Step 1 **Step 2** ㄱ. 동일

ㄴ. 주어진 원을 좌표평면 위에 나타내고 점 X의 좌표를
X(x, y) (단, $x^2+y^2\le 1$)라 할 때
$\overrightarrow{OA_1}=(1, 0)$, $\overrightarrow{OA_3}=(1, 0)$, $\overrightarrow{OA_2}=(-1, 0)$이라 하자.
→ 도형 D의 길이를 구하기 쉽도록 임의로 놓는 거야.

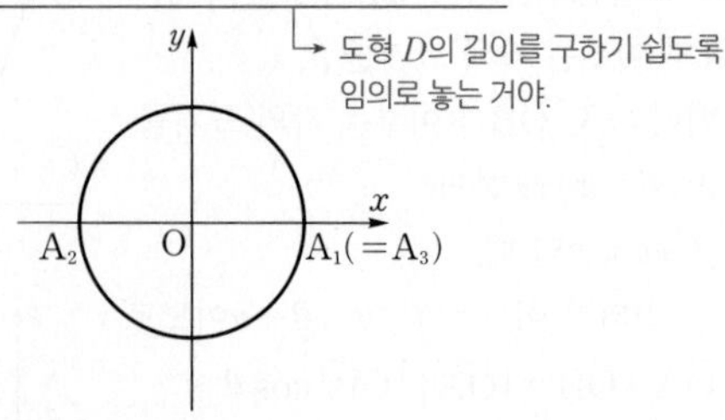

$\overrightarrow{OX}\cdot\overrightarrow{OA_1}=x\times 1+y\times 0=x\ge 0$
$\overrightarrow{OX}\cdot\overrightarrow{OA_3}=x\times 1+y\times 0=x\ge 0$
$\overrightarrow{OX}\cdot\overrightarrow{OA_2}=x\times(-1)+y\times 0=-x\ge 0$
→ $x\ge 0$과 $x\le 0$을 동시에 만족시키는 경우는 $x=0$일 때밖에 없어!
이때 $x\ge 0$과 $-x\ge 0$, 즉 $x\le 0$이 모두 성립하므로 $x=0$
따라서 $x=0$, $x^2+y^2\le 1$을 동시에 만족시키는 도형 D는 반지름의 길이가 1인 원의 지름이므로 도형 D의 길이는 2이다.
→ 반지름의 길이가 1인 원의 지름의 길이
(이하 동일)

092 [정답률 82%] 정답 8

두 벡터 $\vec{a}=(4, 1)$, $\vec{b}=(-2, k)$에 대하여 $\vec{a}\cdot\vec{b}=0$을 만족시키는 실수 k의 값을 구하시오. (3점)

Step 1 주어진 벡터의 성분을 이용하여 벡터의 내적을 구한다.

$\vec{a}\cdot\vec{b}=(4, 1)\cdot(-2, k)$ → 두 평면벡터 $\vec{a}=(a_1, a_2)$, $\vec{b}=(b_1, b_2)$에 대하여 $\vec{a}\cdot\vec{b}=a_1b_1+a_2b_2$
$=4\times(-2)+1\times k$
$=-8+k=0$
$\therefore k=8$

093 정답 ①

→ 벡터의 성분을 이용해 내적의 값을 구한다.
두 벡터 $\vec{a}=(-1, 3)$과 $\vec{b}=(2, 1)$에 대하여
내적 $\vec{a}\cdot(\vec{a}+\vec{b})$의 값은? (2점)

✔11 ② 13 ③ 15
④ 17 ⑤ 19

Step 1 $\vec{a}+\vec{b}$를 구한 후 평면벡터의 내적을 구한다.

$\vec{a}+\vec{b}=(-1, 3)+(2, 1)=(1, 4)$ → 각 성분끼리 더하면 돼!
$\therefore \vec{a}\cdot(\vec{a}+\vec{b})=(-1, 3)\cdot(1, 4)$
$=-1+12=11$

평면벡터의 내적
$\vec{a}=(a_1, a_2)$, $\vec{b}=(b_1, b_2)$일 때, $\vec{a}\cdot\vec{b}=a_1b_1+a_2b_2$

094 [정답률 93%] 정답 17

두 벡터 $\vec{a}=(1, -2)$, $\vec{b}=(-2, 2)$에 대하여
내적 $\vec{a}\cdot(\vec{a}-2\vec{b})$의 값을 구하시오. (3점)
→ $|\vec{a}|^2-2\vec{a}\cdot\vec{b}$로 식을 바꿀 수도 있어!

Step 1 $\vec{a}-2\vec{b}$를 구한 후 평면벡터의 내적을 구한다.

벡터의 실수배

$\vec{a}-2\vec{b}=(1, -2)-2(-2, 2)=(5, -6)$

$\therefore \vec{a}\cdot(\vec{a}-2\vec{b})=(1, -2)\cdot(5, -6)$

$=5+12=17$

095 [정답률 90%] 정답 ⑤

좌표평면 위의 네 점 O(0, 0), A(4, 2), B(0, 2), C(2, 0)에 대하여 $\overrightarrow{OA}\cdot\overrightarrow{BC}$의 값은? (3점)
→ 두 벡터 $\overrightarrow{OA}$, $\overrightarrow{BC}$를 성분으로 나타낸다.

① -4 ② -2 ③ 0
④ 2 ⑤ 4

Step 1 두 벡터 $\overrightarrow{OA}$, $\overrightarrow{BC}$의 위치벡터를 구하여 내적 $\overrightarrow{OA}\cdot\overrightarrow{BC}$를 구한다.

$\overrightarrow{OA}=(4, 2)$

$\overrightarrow{BC}=\overrightarrow{OC}-\overrightarrow{OB}$

$=(2, 0)-(0, 2)$

$=(2, -2)$ → 각 성분끼리 계산한다.

$\therefore \overrightarrow{OA}\cdot\overrightarrow{BC}$

$=(4, 2)\cdot(2, -2)$

$=8+(-4)$ → $=4\times2+2\times(-2)$

$=4$

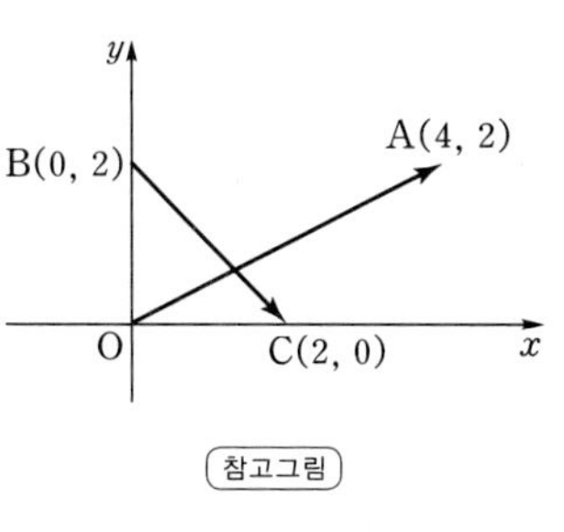

참고그림

096 [정답률 35%] 정답 5

좌표평면 위의 두 점 A(1, a), B(a, 2)에 대하여
$\overrightarrow{OB}\cdot\overrightarrow{AB}=14$일 때, 양수 a의 값을 구하시오.
(단, O는 원점이다.) (3점)
→ 주의 아무 생각 없이 $(1, a)\cdot(a, 2)=14$로 놓고 문제를 풀면 안 돼!

Step 1 위치벡터를 이용하여 벡터 $\overrightarrow{AB}$를 성분으로 나타낸다.

$\overrightarrow{AB}=\overrightarrow{OB}-\overrightarrow{OA}$ 벡터의 뺄셈

$=(a, 2)-(1, a)$

$=(a-1, 2-a)$

평면벡터의 내적
$\vec{a}=(a_1, a_2)$, $\vec{b}=(b_1, b_2)$일 때,
$\vec{a}\cdot\vec{b}=a_1b_1+a_2b_2$

Step 2 벡터의 내적을 계산한다.

$\overrightarrow{OB}\cdot\overrightarrow{AB}=(a, 2)\cdot(a-1, 2-a)$

$=a(a-1)+2(2-a)=14$ → $a^2-a+4-2a=14$

에서 $a^2-3a-10=0$

$(a-5)(a+2)=0$ $\therefore a=5$ ($\because a>0$)

097 정답 10

두 위치벡터 $\overrightarrow{OA}=(2, 5)$와 $\overrightarrow{OB}=(4, 3)$이 주어졌을 때, 다음을 만족시키는 점 C에 대한 위치벡터 $\overrightarrow{OC}$의 크기의 최댓값과 최솟값의 합을 구하시오. (4점)

$\overrightarrow{CA}\cdot\overrightarrow{CB}=0$ → 중요 두 벡터 $\overrightarrow{CA}$, $\overrightarrow{CB}$가 서로 수직이어야 해!

Step 1 점 C의 좌표를 C(x, y)라 하고, 내적 $\overrightarrow{CA}\cdot\overrightarrow{CB}$를 x, y에 대한 식으로 나타낸다.

$\overrightarrow{OA}=(2, 5)$, $\overrightarrow{OB}=(4, 3)$일 때, $\overrightarrow{OC}=(x, y)$라 하면

$\overrightarrow{CA}=\overrightarrow{OA}-\overrightarrow{OC}=(2, 5)-(x, y)$ → 각 성분끼리 계산해준다.

$=(2-x, 5-y)$

$\overrightarrow{CB}=\overrightarrow{OB}-\overrightarrow{OC}=(4, 3)-(x, y)$

$=(4-x, 3-y)$

$\therefore \overrightarrow{CA}\cdot\overrightarrow{CB}=(2-x, 5-y)\cdot(4-x, 3-y)$

$=(2-x)(4-x)+(5-y)(3-y)$

$=x^2-6x+8+y^2-8y+15$

Step 2 $\overrightarrow{CA}\cdot\overrightarrow{CB}=0$일 때, 점 C가 나타내는 도형을 구한다.

$\overrightarrow{CA}\cdot\overrightarrow{CB}=0$에서 $x^2-6x+8+y^2-8y+15=0$

$\therefore (x-3)^2+(y-4)^2=2$

즉, 점 C는 중심이 (3, 4)이고, 반지름의 길이가 $\sqrt{2}$인 원 위를 움직인다.
→ $(x-a)^2+(y-b)^2=r^2$ $(r>0)$은 중심의 좌표가 점 (a, b)이고 반지름의 길이가 r인 원의 방정식이다.

이때 $|\overrightarrow{OC}|=\sqrt{x^2+y^2}$이고, $\sqrt{x^2+y^2}$은 원점과 원 $(x-3)^2+(y-4)^2=2$ 위의 점 사이의 거리이다.

Step 3 $|\overrightarrow{OC}|$의 최댓값과 최솟값을 구한다.

오른쪽 그림과 같이 원의 중심을 O′, 반지름의 길이를 r라 하면

점 C가 여기 있을 때 $|\overrightarrow{OC}|$가 최대!

($|\overrightarrow{OC}|$의 최댓값) $=\overline{OO'}+r$

$=\sqrt{3^2+4^2}+\sqrt{2}$

$=5+\sqrt{2}$

($|\overrightarrow{OC}|$의 최솟값) $=\overline{OO'}-r$

$=\sqrt{3^2+4^2}-\sqrt{2}$

$=5-\sqrt{2}$

점 C가 여기 있을 때 $|\overrightarrow{OC}|$가 최소!

따라서 위치벡터 $\overrightarrow{OC}$의 크기의 최댓값과 최솟값의 합은

$(5-\sqrt{2})+(5+\sqrt{2})=10$

✪ 다른 풀이 $\overrightarrow{CA}$와 $\overrightarrow{CB}$가 이루는 각의 크기가 $\frac{\pi}{2}$임을 이용하는 풀이

Step 1 주어진 조건을 이용하여 점 C가 나타내는 도형을 구한다.

$\overrightarrow{CA}\cdot\overrightarrow{CB}=0$에서 두 벡터 $\overrightarrow{CA}$, $\overrightarrow{CB}$가 이루는 각의 크기는 $\frac{\pi}{2}$이므로 오른쪽 그림과 같이 점 C는 선분 AB를 지름으로 하는 원 위의 점이다. 중요

$\overrightarrow{OC}$의 크기는 원점에서 점 C까지의 길이를 구하면 되므로 점 C가 그리는 원의 중심을 O′이라 하면 최댓값은 $\overline{OO'}+r$, 최솟값은 $\overline{OO'}-r$이다.

(이하 동일)

→ 세 점 A, B, C에 대하여 선분 AB를 지름으로 하는 원 위에 점 C가 있을 때, ∠ACB=90°를 만족시킨다.
반대로 ∠ACB=90°를 만족하면 점 C는 선분 AB를 지름으로 하는 원 위의 점이다.

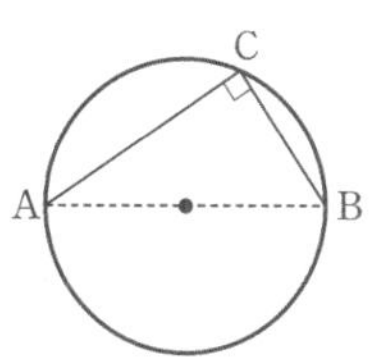

098 [정답률 78%]

정답 ③

좌표평면 위에 원점 O를 시점으로 하는 서로 다른 임의의 두 벡터 $\overrightarrow{OP}$, $\overrightarrow{OQ}$가 있다. 두 벡터의 종점 P, Q를 x축 방향으로 3만큼, y축 방향으로 1만큼 평행이동시킨 점을 각각 P′, Q′이라 할 때, [보기]에서 항상 옳은 것을 모두 고른 것은? (3점)

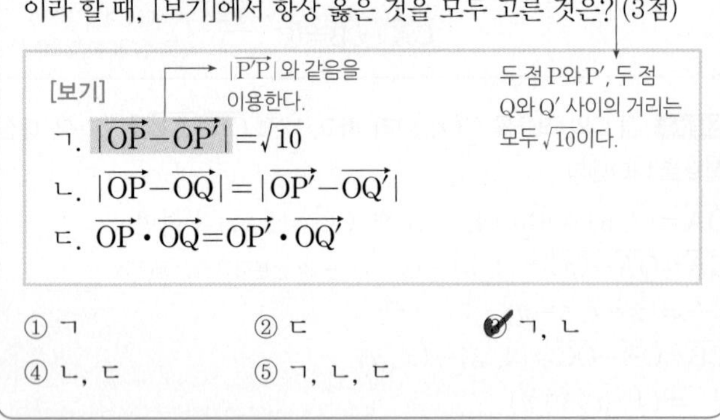

[보기]

ㄱ. $|\overrightarrow{OP}-\overrightarrow{OP'}|=\sqrt{10}$

ㄴ. $|\overrightarrow{OP}-\overrightarrow{OQ}|=|\overrightarrow{OP'}-\overrightarrow{OQ'}|$

ㄷ. $\overrightarrow{OP}\cdot\overrightarrow{OQ}=\overrightarrow{OP'}\cdot\overrightarrow{OQ'}$

① ㄱ ② ㄷ ③ ㄱ, ㄴ
④ ㄴ, ㄷ ⑤ ㄱ, ㄴ, ㄷ

Step 1 $\overrightarrow{OP}=(a, b)$, $\overrightarrow{OQ}=(c, d)$라 하고 $\overrightarrow{OP'}$, $\overrightarrow{OQ'}$을 이용하여 [보기]의 참, 거짓을 판별한다.

$\overrightarrow{OP}=(a, b)$, $\overrightarrow{OQ}=(c, d)$라 하면

$\overrightarrow{OP'}=(a+3, b+1)$, $\overrightarrow{OQ'}=(c+3, d+1)$ → 각 종점의 평행이동 $x\to x+3$, $y\to y+1$을 적용한다.

ㄱ. $|\overrightarrow{OP}-\overrightarrow{OP'}|=|\overrightarrow{P'P}|$ → 두 점 P와 P′ 사이의 거리라고 봐도 괜찮아!

$=\sqrt{(a-a-3)^2+(b-b-1)^2}$

$=\sqrt{10}$ (참)

ㄴ. $|\overrightarrow{OP}-\overrightarrow{OQ}|=|\overrightarrow{QP}|$, 벡터의 뺄셈

$|\overrightarrow{OP'}-\overrightarrow{OQ'}|=|\overrightarrow{Q'P'}|$

$\overline{PQ}$를 x축의 방향으로 3만큼, y축의 방향으로 1만큼 평행이동하면

$\overline{P'Q'}$이므로 $\overline{PQ}=\overline{P'Q'}$ → 중요 두 점 A, B에 대하여 (선분 AB의 길이)=(벡터 $\overrightarrow{AB}$의 크기)

$\therefore$ $|\overrightarrow{OP}-\overrightarrow{OQ}|=|\overrightarrow{OP'}-\overrightarrow{OQ'}|$ (참)

ㄷ. $\overrightarrow{OP}\cdot\overrightarrow{OQ}=(a, b)\cdot(c, d)=ac+bd$이고

$\overrightarrow{OP'}\cdot\overrightarrow{OQ'}=(a+3, b+1)\cdot(c+3, d+1)$이므로

$\overrightarrow{OP}\cdot\overrightarrow{OQ}\neq\overrightarrow{OP'}\cdot\overrightarrow{OQ'}$ (거짓) → $(a+3)(c+3)+(b+1)(d+1)$ $=ac+bd+3(a+c)+b+d+10$

따라서 옳은 것은 ㄱ, ㄴ이다.

참고

ㄷ의 반례를 들면 아래와 같다.

$\overrightarrow{OP}=(1, 1)$, $\overrightarrow{OQ}=(1, 3)$이라 하면

$\overrightarrow{OP'}=(4, 2)$, $\overrightarrow{OQ'}=(4, 4)$이므로

$\overrightarrow{OP}\cdot\overrightarrow{OQ}=1\times1+1\times3=4$, $\overrightarrow{OP'}\cdot\overrightarrow{OQ'}=4\times4+2\times4=24$

$\therefore$ $\overrightarrow{OP}\cdot\overrightarrow{OQ}\neq\overrightarrow{OP'}\cdot\overrightarrow{OQ'}$ (거짓)

099 [정답률 47%]

정답 ⑤

좌표평면의 네 점 A(2, 6), B(6, 2), C(4, 4), D(8, 6)에 대하여 다음 조건을 만족시키는 모든 점 X의 집합을 S라 하자.

(가) $\{(\overrightarrow{OX}-\overrightarrow{OD})\cdot\overrightarrow{OC}\}\times\{|\overrightarrow{OX}-\overrightarrow{OC}|-3\}=0$ ($=\overrightarrow{DX}$, $=\overrightarrow{CX}$)

(나) 두 벡터 $\overrightarrow{OX}-\overrightarrow{OP}$와 $\overrightarrow{OC}$가 서로 평행하도록 하는 선분 AB 위의 점 P가 존재한다. ($=\overrightarrow{PX}$)

집합 S에 속하는 점 중에서 y좌표가 최대인 점을 Q, y좌표가 최소인 점을 R이라 할 때, $\overrightarrow{OQ}\cdot\overrightarrow{OR}$의 값은? (단, O는 원점이다.) (4점)

① 25 ② 26 ③ 27
④ 28 ⑤ 29

Step 1 조건 (가)의 식을 정리한다.

$\{(\overrightarrow{OX}-\overrightarrow{OD})\cdot\overrightarrow{OC}\}\times\{|\overrightarrow{OX}-\overrightarrow{OC}|-3\}=0$에서

$(\overrightarrow{DX}\cdot\overrightarrow{OC})\times(|\overrightarrow{CX}|-3)=0$

$\therefore$ $\overrightarrow{DX}\cdot\overrightarrow{OC}=0$ 또는 $|\overrightarrow{CX}|=3$ → 두 벡터 $\overrightarrow{DX}$, $\overrightarrow{OC}$가 서로 수직

Step 2 두 벡터 $\overrightarrow{DX}$, $\overrightarrow{OC}$가 서로 수직인 경우를 생각한다.

(i) $\overrightarrow{DX}\cdot\overrightarrow{OC}=0$일 때

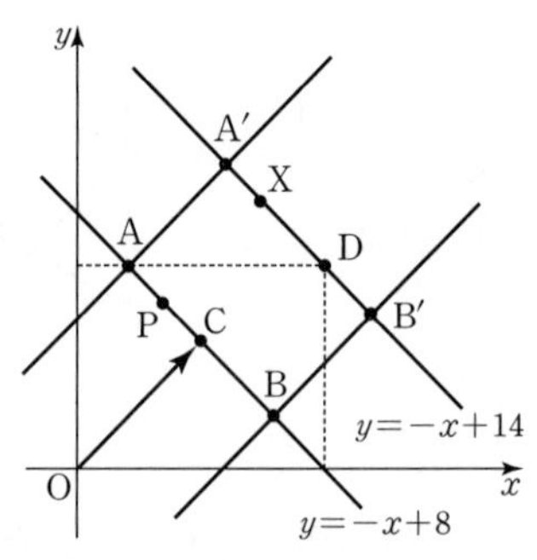

$\overrightarrow{DX}\cdot\overrightarrow{OC}=0$에서 $\overrightarrow{DX}\perp\overrightarrow{OC}$이므로 점 X는 점 D(8, 6)을 지나고 벡터 $\overrightarrow{OC}$에 수직인 직선 위의 점이다. → 직선 OC의 기울기가 1이므로 직선 DX의 기울기는 -1

즉, 점 X는 직선 $y=-x+14$ 위의 점이다.

조건 (나)에서 선분 AB 위의 점 P에 대하여 두 벡터 $\overrightarrow{PX}$, $\overrightarrow{OC}$가 서로 평행하므로 점 X의 y좌표가 최대인 경우는 점 X가 점 A′(5, 9)와 일치하는 경우이고, 점 X의 y좌표가 최소인 경우는 점 X가 점 B′(9, 5)와 일치하는 경우이다. ($\overrightarrow{OX}-\overrightarrow{OP}=\overrightarrow{PX}$; A′: 직선 $y=-x+14$와 직선 $y=(x-2)+6$의 교점; B′: 직선 $y=-x+14$와 직선 $y=(x-6)+2$의 교점)

Step 3 $|\overrightarrow{CX}|=3$인 경우를 생각한다.

(ii) $|\overrightarrow{CX}|=3$일 때

점 X는 점 C(4, 4)를 중심으로 하고 반지름의 길이가 3인 원 위의 점이다.

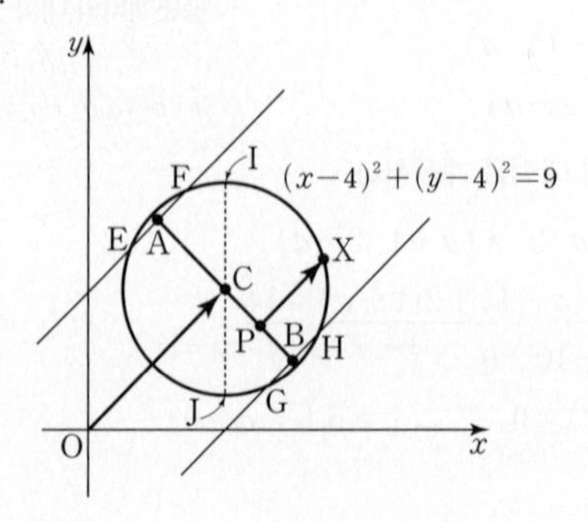

그림과 같이 원이 점 A를 지나고 직선 OC와 평행한 직선과 만나는 두 점을 E, F, 원이 점 B를 지나고 직선 OC와 평행한 직선과 만나는 두 점을 G, H라 하자. (두 점 I, J의 x좌표는 모두 원의 중심 C의 x좌표와 같다.)

또한 원 $(x-4)^2+(y-4)^2=9$ 위의 점 중에서 y좌표가 가장 큰 점을 I, y좌표가 가장 작은 점을 J라 하자.

조건 (나)에 의하여 두 벡터 $\overrightarrow{PX}$, $\overrightarrow{OC}$가 서로 평행하므로 점 X의 y좌표가 최대인 경우는 점 X가 점 I(4, 7)과 일치하는 경우이고, 점 X의 y좌표가 최소인 경우는 점 X가 점 J(4, 1)과 일치하는 경우이다. (점 C의 y좌표에서 반지름의 길이만큼 빼면 된다.)

Step 4 $\overrightarrow{OQ}\cdot\overrightarrow{OR}$의 값을 구한다.

(i), (ii)에서 Q(5, 9), R(4, 1)이므로 (점 A′, 점 J)

$\overrightarrow{OQ}\cdot\overrightarrow{OR}=(5, 9)\cdot(4, 1)=29$ ($5\times4+9\times1$)

100 [정답률 92%]

정답 ④

두 벡터 $\vec{a}=(2, 4)$, $\vec{b}=(-1, k)$에 대하여
두 벡터 $\vec{a}$와 $\vec{b}$가 서로 평행하도록 하는 실수 k의 값은? (2점)

① -5 ② -4 ③ -3
④ -2 ⑤ -1

Step 1 두 벡터가 서로 평행할 조건을 이용한다.

두 벡터 $\vec{a}$와 $\vec{b}$가 서로 평행하면 $\vec{a}=t\vec{b}$를 만족시키는 실수 $t(t\neq0)$가 존재한다.

즉, $(2, 4)=t(-1, k)=(-t, tk)$이므로

(벡터 $\vec{a}=(a_1, a_2)$에 대하여 m이 실수일 때, $m\vec{a}=m(a_1, a_2)=(ma_1, ma_2)$)

$2=-t$에서 $t=-2$

$4=tk$에서 $-2k=4$

$\therefore k=-2$

101 [정답률 94%]

정답 ②

두 벡터 $\vec{a}=(k+3, 3k-1)$과 $\vec{b}=(1, 1)$이 서로 평행할 때, 실수 k의 값은? (2점)

① 1 ② 2 ③ 3
④ 4 ⑤ 5

Step 1 두 벡터 $\vec{a}$, $\vec{b}$가 서로 평행함을 이용한다. ($\vec{a}/\!/\vec{b}$이면 $\vec{a}=t\vec{b}$ (t는 0이 아닌 실수))

두 벡터 $\vec{a}=(k+3, 3k-1)$, $\vec{b}=(1, 1)$이 서로 평행하므로 0이 아닌 실수 t에 대하여 $\vec{a}=t\vec{b}$

$(k+3, 3k-1)=t(1, 1)$에서 $k+3=t$, $3k-1=t$이므로

$k+3=3k-1$, $2k=4$ $\therefore k=2$

102 [정답률 86%]

정답 ①

두 벡터 $\vec{a}=(2m-1, 3m+1)$, $\vec{b}=(3, 12)$가 서로 평행할 때, 실수 m의 값은? (2점)

① 1 ② 2 ③ 3
④ 4 ⑤ 5

Step 1 두 벡터가 서로 평행할 조건을 이용한다.

두 벡터 $\vec{a}$, $\vec{b}$가 서로 평행하므로 $\vec{a}=k\vec{b}$를 만족시키는 0이 아닌 실수 k가 존재한다. (실수배)

즉, $(2m-1, 3m+1)=k(3, 12)$에서 ($=(3k, 12k)$)

$2m-1=3k$, $3m+1=12k$이므로

$4(2m-1)=3m+1$ $\therefore m=1$

103 [정답률 90%]

정답 ②

두 벡터 $\vec{a}$, $\vec{b}$에 대하여 $|\vec{a}|=1$, $|\vec{b}|=3$이고, 두 벡터 $6\vec{a}+\vec{b}$와 $\vec{a}-\vec{b}$가 서로 수직일 때, $\vec{a}\cdot\vec{b}$의 값은? (3점)

① $-\frac{3}{10}$ ② $-\frac{3}{5}$ ③ $-\frac{9}{10}$
④ $-\frac{6}{5}$ ⑤ $-\frac{3}{2}$

(영벡터가 아닌 두 벡터가 수직이라면 그 두 벡터의 내적이 0임을 떠올릴 수 있어야 해!)

Step 1 수직인 두 벡터의 내적이 0임을 이용한다.

두 벡터 $6\vec{a}+\vec{b}$, $\vec{a}-\vec{b}$가 서로 수직이므로

$(6\vec{a}+\vec{b})\cdot(\vec{a}-\vec{b})=0$

$6|\vec{a}|^2-5\vec{a}\cdot\vec{b}-|\vec{b}|^2=0$

($6\vec{a}\cdot\vec{a}-6\vec{a}\cdot\vec{b}+\vec{b}\cdot\vec{a}-\vec{b}\cdot\vec{b}$
$=6|\vec{a}||\vec{a}|\cos0-6\vec{a}\cdot\vec{b}+\vec{a}\cdot\vec{b}-|\vec{b}||\vec{b}|\cos0$
$=6|\vec{a}|^2-5\vec{a}\cdot\vec{b}-|\vec{b}|^2$)

$|\vec{a}|=1$, $|\vec{b}|=3$이므로

$6\times1-5\vec{a}\cdot\vec{b}-9=0$

$-5\vec{a}\cdot\vec{b}=3$

$\therefore \vec{a}\cdot\vec{b}=-\frac{3}{5}$

($|\vec{a}|=2$일 때 $|\vec{b}|=1$이고 두 벡터의 방향이 서로 같다면 $\vec{a}\cdot\vec{b}=|\vec{a}||\vec{b}|\cos0=2\times1\times1=2$가 성립! 이때 $t=2$이면 $\vec{a}-2\vec{b}$가 영벡터가 되니까 두 벡터 $\vec{a}$, $\vec{a}-t\vec{b}$의 내적은 0이지만 두 벡터가 서로 수직이 되지는 않아.)

104 [정답률 91%]

정답 ②

서로 평행하지 않은 두 벡터 $\vec{a}$, $\vec{b}$에 대하여 $|\vec{a}|=2$이고 $\vec{a}\cdot\vec{b}=2$일 때, 두 벡터 $\vec{a}$와 $\vec{a}-t\vec{b}$가 서로 수직이 되도록 하는 실수 t의 값은? (3점) ($\vec{a}\cdot(\vec{a}-t\vec{b})=0$)

① 1 ② 2 ③ 3
④ 4 ⑤ 5

Step 1 두 벡터가 서로 수직이 되기 위해서는 두 벡터의 내적이 0이어야 함을 이용한다.

두 벡터 $\vec{a}$, $\vec{a}-t\vec{b}$가 서로 수직이므로

$\vec{a}\cdot(\vec{a}-t\vec{b})=0$

$|\vec{a}|^2-t\vec{a}\cdot\vec{b}=0$

이때 $|\vec{a}|=2$이고 $\vec{a}\cdot\vec{b}=2$이므로

$4-2t=0$

$\therefore t=2$

벡터의 수직 조건
영벡터가 아닌 두 벡터 $\vec{a}$, $\vec{b}$에 대하여
$\vec{a}\perp\vec{b} \Longleftrightarrow \vec{a}\cdot\vec{b}=0$

105 [정답률 88%]

정답 ④

평면 위에 길이가 1인 선분 AB와 점 C가 있다. $\overrightarrow{AB}\cdot\overrightarrow{BC}=0$이고 $|\overrightarrow{AB}+\overrightarrow{AC}|=4$일 때, $|\overrightarrow{BC}|$의 값은? (3점)

→ 중요 두 벡터의 내적이 0이면 두 벡터는 서로 수직이야.

① 2 ② $2\sqrt{2}$ ③ 3 ④ $2\sqrt{3}$ ⑤ 4

Step 1 두 벡터 $\overrightarrow{AB}$, $\overrightarrow{AC}$의 합을 나타내는 평행사변형을 그림으로 나타낸다.

$\overrightarrow{AB}\cdot\overrightarrow{BC}=0$이므로 $\overrightarrow{AB}\perp\overrightarrow{BC}$

$\overrightarrow{AB}+\overrightarrow{AC}=\overrightarrow{AD}$라 하면 사각형 ABDC는 평행사변형이므로 선분 BC의 중점을 M이라 하면

$|\overrightarrow{AM}|=\frac{1}{2}|\overrightarrow{AD}|=\frac{1}{2}|\overrightarrow{AB}+\overrightarrow{AC}|=2$

→ $=4$

따라서 직각삼각형 ABM에서

$\overline{BM}=\sqrt{2^2-1^2}=\sqrt{3}$이므로

→ $=\sqrt{\overline{AM}^2-\overline{AB}^2}$

$|\overrightarrow{BC}|=2|\overrightarrow{BM}|=2\sqrt{3}$

→ $=\overline{BM}=\sqrt{3}$

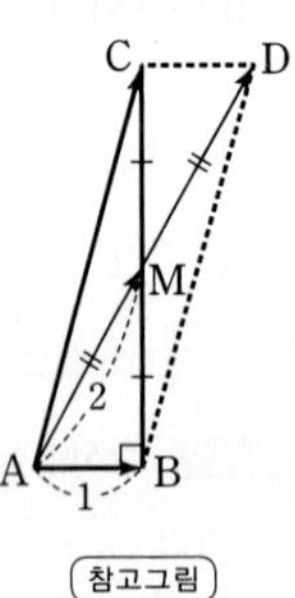

참고그림

106 [정답률 93%]

정답 ①

두 벡터 $\vec{a}=(x+1, 2)$, $\vec{b}=(1, -x)$가 서로 수직일 때, x의 값은? (2점)

→ $\vec{a}\cdot\vec{b}=0$

① 1 ② 2 ③ 3 ④ 4 ⑤ 5

Step 1 두 벡터 $\vec{a}$, $\vec{b}$가 서로 수직이면 $\vec{a}\cdot\vec{b}=0$임을 이용한다.

두 벡터 $\vec{a}$, $\vec{b}$가 서로 수직이므로

$\vec{a}\cdot\vec{b}=0$ 벡터의 수직 조건

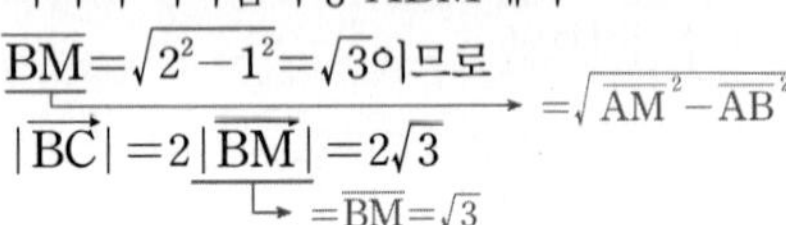

즉, $(x+1)\times1+2\times(-x)=0$이므로

→ 쉬운 계산이지만 실수하지 않도록 조심해!

$-x+1=0$

$\therefore x=1$

알아야 할 기본개념

두 직선의 수직

두 직선 g_1, g_2의 방향벡터를 각각 $\vec{u_1}=(l_1, m_1)$, $\vec{u_2}=(l_2, m_2)$라 하자. 이때 두 직선이 수직일 조건은

$g_1\perp g_2 \Longleftrightarrow \vec{u_1}\perp\vec{u_2}$

$\Longleftrightarrow \vec{u_1}\cdot\vec{u_2}=0$

$\Longleftrightarrow (l_1, m_1)\cdot(l_2, m_2)=0$

$\Longleftrightarrow l_1l_2+m_1m_2=0$

107

정답 ④

두 벡터 $\vec{a}=(2, 1)$, $\vec{b}=(-1, k)$에 대하여 두 벡터 $\vec{a}$, $\vec{a}-\vec{b}$가 서로 수직일 때, k의 값은? (2점)

① 4 ② 5 ③ 6 ④ 7 ⑤ 8

Step 1 두 벡터 $\vec{n}$, $\vec{m}$이 서로 수직이면 $\vec{n}\cdot\vec{m}=0$임을 이용한다.

두 벡터 $\vec{a}=(2, 1)$, $\vec{b}=(-1, k)$에 대하여

$\vec{a}-\vec{b}=(2, 1)-(-1, k)=(3, 1-k)$

$\vec{a}\cdot(\vec{a}-\vec{b})=0$이므로

→ 두 벡터 $\vec{a}$, $\vec{a}-\vec{b}$가 서로 수직이므로 $\vec{a}\cdot(\vec{a}-\vec{b})=0$이야.

$(2, 1)\cdot(3, 1-k)=6+(1-k)=0$

→ $2\times3+1\times(1-k)=6+(1-k)$

$\therefore k=7$

→ $7-k=0$에서 $k=7$

108 [정답률 31%]

정답 20

좌표평면 위의 점 A(5, 0)에 대하여 제1사분면 위의 점 P가

$$|\overrightarrow{OP}|=2,\ \overrightarrow{OP}\cdot\overrightarrow{AP}=0$$

→ $\overrightarrow{OP}\perp\overrightarrow{AP}$

을 만족시키고, 제1사분면 위의 점 Q가

$$|\overrightarrow{AQ}|=1,\ \overrightarrow{OQ}\cdot\overrightarrow{AQ}=0$$

→ $\overrightarrow{OQ}\perp\overrightarrow{AQ}$

을 만족시킬 때, $\overrightarrow{OA}\cdot\overrightarrow{PQ}$의 값을 구하시오.

(단, O는 원점이다.) (4점)

Step 1 $\cos(\angle AOP)$, $\cos(\angle QAO)$의 값을 각각 구한다.

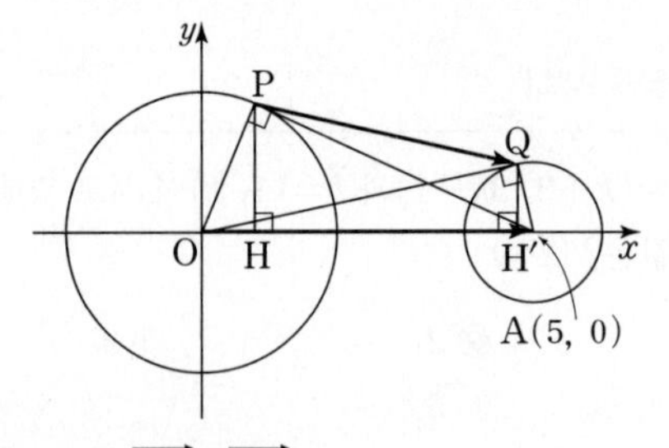

$\overrightarrow{OP}\cdot\overrightarrow{AP}=0$이므로 $\overrightarrow{OP}\perp\overrightarrow{AP}$

$\overrightarrow{OQ}\cdot\overrightarrow{AQ}=0$이므로 $\overrightarrow{OQ}\perp\overrightarrow{AQ}$

직각삼각형 OAP에서 $\overline{OA}=5$, $\overline{OP}=2$이므로 $\cos(\angle AOP)=\frac{2}{5}$

→ $=\frac{\overline{OP}}{\overline{OA}}$

직각삼각형 OAQ에서 $\overline{AQ}=1$이므로 $\cos(\angle OAQ)=\frac{1}{5}$

→ $=\frac{\overline{AQ}}{\overline{OA}}$

Step 2 $\overrightarrow{OA}\cdot\overrightarrow{PQ}$의 값을 구한다.

두 점 P, Q에서 x축에 내린 수선의 발을 각각 H, H′이라 하자.

$\overline{OH}=\overline{OP}\cos(\angle AOP)=\frac{4}{5}$ ($=2\times\frac{2}{5}$)

$\overline{H'A}=\overline{QA}\cos(\angle OAQ)=\frac{1}{5}$ ($=1\times\frac{1}{5}$)

$\therefore \overline{HH'}=\overline{OA}-\overline{OH}-\overline{H'A}=4$

따라서 $\overrightarrow{OA}\cdot\overrightarrow{PQ}=\overline{OA}\times\overline{HH'}=5\times4=20$이다.

109 [정답률 66%]

정답 ⑤

한 원 위에 있는 서로 다른 네 점 A, B, C, D가 다음 조건을 만족시킬 때, $|\overrightarrow{AD}|^2$의 값은? (4점)

(가) $|\overrightarrow{AB}|=8$, $\overrightarrow{AC}\cdot\overrightarrow{BC}=0$
→ 두 벡터 $\overrightarrow{AC}$, $\overrightarrow{BC}$가 서로 수직!

(나) $\overrightarrow{AD}=\frac{1}{2}\overrightarrow{AB}-2\overrightarrow{BC}$

① 32 ② 34 ③ 36 ④ 38 ⑤ 40

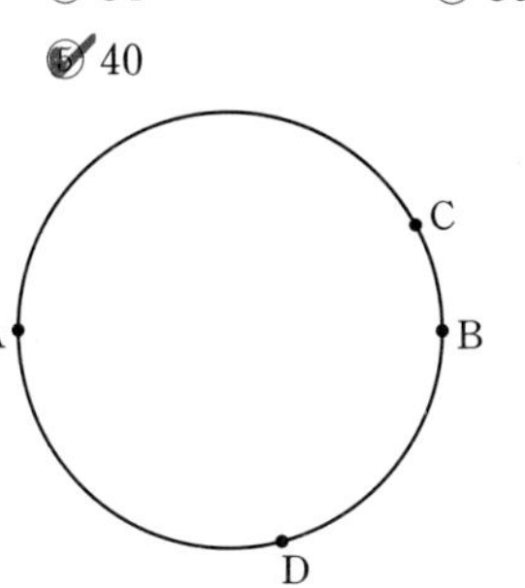

Step 1 조건 (가)를 이용하여 원에 대한 성질을 파악한다.

두 벡터 $\overrightarrow{AC}$, $\overrightarrow{BC}$가 이루는 각의 크기를 θ라 하면

조건 (가)에서 (→ 벡터의 내적의 정의)

$\overrightarrow{AC}\cdot\overrightarrow{BC}=|\overrightarrow{AC}||\overrightarrow{BC}|\cos\theta=0$

$\cos\theta=0$에서 $\theta=\frac{\pi}{2}$

따라서 두 벡터 $\overrightarrow{AC}$, $\overrightarrow{BC}$는 서로 수직이므로 원주각의 성질에 의하여 선분 AB가 원의 지름임을 알 수 있다. (→ 지름에 대한 원주각의 크기는 90°야.)

이때 $|\overrightarrow{AB}|=8$이므로 네 점 A, B, C, D가 지나는 원은 선분 AB를 지름으로 하고 반지름의 길이가 4인 원이다.

Step 2 조건 (나)를 이용하여 점 D의 위치를 파악한다.

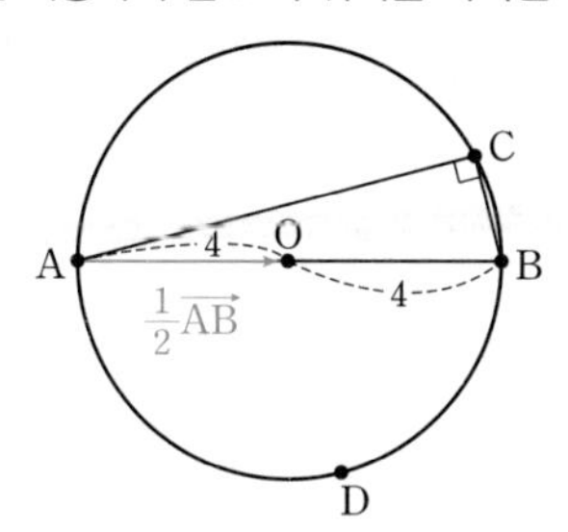

그림과 같이 선분 AB의 중점을 O라 하면 조건 (나)에서

$\overrightarrow{AD}=\frac{1}{2}\overrightarrow{AB}-2\overrightarrow{BC}=\overrightarrow{AO}+2\overrightarrow{CB}$

→ 벡터의 부호를 바꾸고 시점과 종점을 바꿔주었어.
→ $\overrightarrow{AB}$와 방향은 같고 크기는 $\frac{1}{2}$배인 벡터야.

이때 $\overrightarrow{AD}=\overrightarrow{AO}+\overrightarrow{OD}$이므로

$\overrightarrow{AO}+\overrightarrow{OD}=\overrightarrow{AO}+2\overrightarrow{CB}$에서 $\overrightarrow{OD}=2\overrightarrow{CB}$

$|\overrightarrow{OD}|=2|\overrightarrow{CB}|=4$ $\quad\therefore |\overrightarrow{CB}|=2$

따라서 두 벡터 $\overrightarrow{OD}$, $\overrightarrow{CB}$의 방향이 같고, 두 점 B와 C 사이의 거리가 2임을 알 수 있다.

Step 3 $|\overrightarrow{AD}|^2$의 값을 구한다.

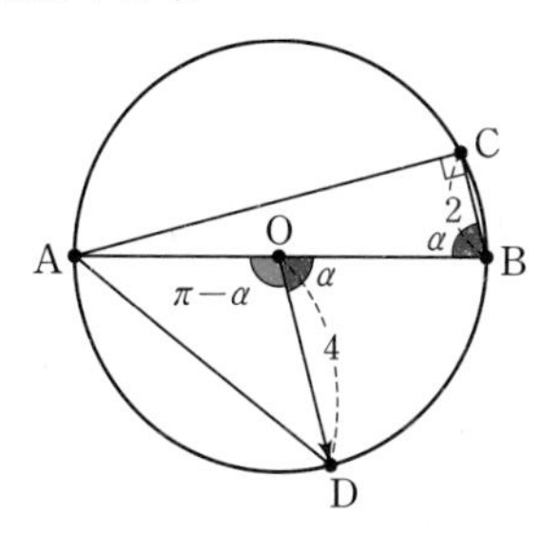

$\angle ABC=\alpha$라 하면 직각삼각형 ABC에서

$\cos\alpha=\frac{\overline{BC}}{\overline{AB}}=\frac{2}{8}=\frac{1}{4}$

이때 $\angle AOD=\pi-\alpha$이므로

→ $\angle ABC=\angle BOD$(엇각)이니까 $\angle AOD=\pi-\angle BOD=\pi-\alpha$

$\cos(\angle AOD)=\cos(\pi-\alpha)=-\cos\alpha=-\frac{1}{4}$

따라서 삼각형 AOD에서 코사인법칙을 이용하면

$\overline{AD}^2=\overline{AO}^2+\overline{DO}^2-2\times\overline{AO}\times\overline{DO}\times\cos(\angle AOD)$

$=4^2+4^2-2\times4\times4\times\left(-\frac{1}{4}\right)$

$=40$

$\therefore |\overrightarrow{AD}|^2=\overline{AD}^2=40$

110 [정답률 89%]

정답 ③

크기가 1인 두 벡터 $\vec{a}$, $\vec{b}$가 $|\vec{a}-\vec{b}|=1$을 만족할 때, $\vec{a}$, $\vec{b}$가 이루는 각 θ의 크기는? (단, $0\le\theta\le\pi$) (3점)

→ $|\vec{a}|=|\vec{b}|=1$
→ 두 벡터의 내적을 이용한다.

① $\frac{\pi}{6}$ ② $\frac{\pi}{4}$ ③ $\frac{\pi}{3}$ ④ $\frac{\pi}{2}$ ⑤ π

Step 1 $|\vec{a}-\vec{b}|=1$의 양변을 제곱한다.

$|\vec{a}-\vec{b}|=1$에서 양변을 제곱하면 $|\vec{a}-\vec{b}|^2=1$

$(\vec{a}-\vec{b})\cdot(\vec{a}-\vec{b})=1$ → 임의의 벡터 $\vec{x}$에 대하여 $|\vec{x}|^2=\vec{x}\cdot\vec{x}$가 성립한다.

$|\vec{a}|^2-2\vec{a}\cdot\vec{b}+|\vec{b}|^2=1$

→ 두 벡터가 이루는 각의 크기가 0이니까 $\vec{x}\cdot\vec{x}=|\vec{x}||\vec{x}|\cos0=|\vec{x}|^2$ ($\because \cos0=1$)

$|\vec{a}|=1$, $|\vec{b}|=1$이므로

$1-2\vec{a}\cdot\vec{b}+1=1$

$2\vec{a}\cdot\vec{b}=1$ $\quad\therefore \vec{a}\cdot\vec{b}=\frac{1}{2}$

Step 2 내적 $\vec{a}\cdot\vec{b}$의 값을 이용하여 각 θ의 크기를 구한다.

이때 $\cos\theta=\frac{\vec{a}\cdot\vec{b}}{|\vec{a}||\vec{b}|}=\frac{1}{2}$이므로 (두 벡터가 이루는 각의 크기)

$\theta=\frac{\pi}{3}$ ($\because 0\le\theta\le\pi$)

수능포인트

두 벡터로 이루어진 식이 주어지고 두 벡터가 이루는 각에 대한 정보를 묻는 문제가 주어질 때는 내적을 이용해야 함을 알아둡니다.
두 벡터 $\vec{a}$, $\vec{b}$가 이루는 각의 크기를 θ라 할 때, $\vec{a}\cdot\vec{b}=|\vec{a}||\vec{b}|\cos\theta$임을 이용하여 두 벡터가 이루는 각에 대한 값을 구할 수 있습니다.

111 [정답률 88%]

정답 ③

두 평면벡터 $\vec{a}$, $\vec{b}$가

$$|\vec{a}|=1,\ |\vec{b}|=3,\ |2\vec{a}+\vec{b}|=4$$

를 만족시킬 때, 두 평면벡터 $\vec{a}$, $\vec{b}$가 이루는 각을 θ라 하자. $\cos\theta$의 값은? (3점)

→ $\cos\theta=\dfrac{\vec{a}\cdot\vec{b}}{|\vec{a}||\vec{b}|}$

① $\frac{1}{8}$ ② $\frac{3}{16}$ ③ $\frac{1}{4}$ ④ $\frac{5}{16}$ ⑤ $\frac{3}{8}$

Step 1 $|2\vec{a}+\vec{b}|=4$의 양변을 제곱하여 두 평면벡터의 내적을 이용한다.

$|2\vec{a}+\vec{b}|=4$의 양변을 제곱하면

$|2\vec{a}+\vec{b}|^2=(2\vec{a}+\vec{b})\cdot(2\vec{a}+\vec{b})$ → $\vec{a}\cdot\vec{a}=|\vec{a}|^2$

$=4|\vec{a}|^2+4\vec{a}\cdot\vec{b}+|\vec{b}|^2$

$=4|\vec{a}|^2+4|\vec{a}||\vec{b}|\cos\theta+|\vec{b}|^2$ → $\vec{a}\cdot\vec{b}=|\vec{a}||\vec{b}|\cos\theta$

$=13+12\cos\theta$ ($\because$ $|\vec{a}|=1$, $|\vec{b}|=3$)

$=16$

$\therefore \cos\theta=\frac{1}{4}$ → $13+12\cos\theta=16$, $12\cos\theta=3$, $\therefore \cos\theta=\frac{1}{4}$

112

정답 ⑤

두 벡터 $\vec{a}$, $\vec{b}$에 대하여 $|\vec{a}+\vec{b}|=2\sqrt{2}$, $|\vec{a}-\vec{b}|=2$, $|2\vec{a}-\vec{b}|=\sqrt{17}$이 성립한다. 두 벡터 $\vec{a}$, $\vec{b}$가 이루는 각의 크기를 θ라 할 때, $\cos\theta$의 값은? (3점)

→ 두 벡터의 내적을 이용하여 $\cos\theta$의 값을 구한다.

① 1 ② $\frac{\sqrt{2}}{2}$ ③ $\frac{\sqrt{3}}{3}$ ④ $\frac{1}{2}$ ⑤ $\frac{\sqrt{5}}{5}$

Step 1 $|\vec{a}|^2=\vec{a}\cdot\vec{a}$임을 이용하여 $|\vec{a}|$, $|\vec{b}|$의 값을 각각 구한다.

$|\vec{a}+\vec{b}|=2\sqrt{2}$에서 양변을 제곱하면 → $|\vec{a}+\vec{b}|^2=(\vec{a}+\vec{b})\cdot(\vec{a}+\vec{b})=\vec{a}\cdot\vec{a}+2\vec{a}\cdot\vec{b}+\vec{b}\cdot\vec{b}=|\vec{a}|^2+2\vec{a}\cdot\vec{b}+|\vec{b}|^2$

$|\vec{a}|^2+2\vec{a}\cdot\vec{b}+|\vec{b}|^2=8$ …… ㉠

$|\vec{a}-\vec{b}|=2$에서 양변을 제곱하면

$|\vec{a}|^2-2\vec{a}\cdot\vec{b}+|\vec{b}|^2=4$ …… ㉡

$|2\vec{a}-\vec{b}|=\sqrt{17}$에서 양변을 제곱하면

$4|\vec{a}|^2-4\vec{a}\cdot\vec{b}+|\vec{b}|^2=17$ …… ㉢

→ 세 관계식에서 $|\vec{a}|$, $|\vec{b}|$, $\vec{a}\cdot\vec{b}$의 값을 구할 수 있다.

㉠, ㉡에서 $\vec{a}\cdot\vec{b}=1$ …… ㉣

㉠, ㉣에서 $|\vec{a}|^2+|\vec{b}|^2=6$ …… ㉤

㉢, ㉣에서 $4|\vec{a}|^2+|\vec{b}|^2=21$ …… ㉥

㉤, ㉥에서 $|\vec{a}|^2=5$, $|\vec{b}|^2=1$

$\therefore |\vec{a}|=\sqrt{5}$, $|\vec{b}|=1$ ($\because$ $|\vec{a}|\ge0$, $|\vec{b}|\ge0$)

Step 2 벡터의 내적의 정의를 이용하여 $\cos\theta$의 값을 구한다.

$$\therefore \cos\theta=\frac{\vec{a}\cdot\vec{b}}{|\vec{a}||\vec{b}|}=\frac{1}{\sqrt{5}}=\frac{\sqrt{5}}{5}$$

→ 중요 두 벡터 $\vec{a}$, $\vec{b}$가 이루는 각의 크기를 θ라 하면 $\vec{a}\cdot\vec{b}=|\vec{a}||\vec{b}|\cos\theta$

113

정답 ③

두 벡터 $\vec{a}$, $\vec{b}$가 $|\vec{a}|=\sqrt{2}$, $|\vec{b}|=1$, $|\vec{a}-\vec{b}|\le1$을 만족시킬 때, 두 벡터 $\vec{a}$, $\vec{b}$가 이루는 각의 크기를 θ라 하자. $\cos\theta$의 최댓값과 최솟값의 곱은? (3점)

→ $\vec{a}\cdot\vec{b}=|\vec{a}||\vec{b}|\cos\theta$임을 이용한다.

① $\frac{1}{4}$ ② $\frac{1}{2}$ ③ $\frac{\sqrt{2}}{2}$ ④ $\frac{\sqrt{3}}{2}$ ⑤ 1

Step 1 a, b, c가 양수일 때, $a<b<c$이면 $a^2<b^2<c^2$임을 이용한다.

$0\le|\vec{a}-\vec{b}|\le1$에서 각 변을 제곱하면

$0^2\le|\vec{a}-\vec{b}|^2\le1^2$, $0\le|\vec{a}|^2-2\vec{a}\cdot\vec{b}+|\vec{b}|^2\le1$

$0\le3-2\vec{a}\cdot\vec{b}\le1$, $-3\le-2\vec{a}\cdot\vec{b}\le-2$

$\therefore 1\le\vec{a}\cdot\vec{b}\le\frac{3}{2}$ → 벡터의 크기와 내적의 범위를 이용하여 $\cos\theta$의 값의 범위도 구한다.

Step 2 벡터의 내적을 이용하여 $\cos\theta$의 최댓값과 최솟값을 구한다.

$1\le\vec{a}\cdot\vec{b}\le\frac{3}{2}$에서 $1\le|\vec{a}||\vec{b}|\cos\theta\le\frac{3}{2}$

$1\le\sqrt{2}\times1\times\cos\theta\le\frac{3}{2}$

$\frac{1}{\sqrt{2}}\le\cos\theta\le\frac{3}{2\sqrt{2}}$

그런데 삼각함수의 정의에 의하여 $-1\le\cos\theta\le1$이고, $1<\frac{3}{2\sqrt{2}}$이므로 (중요)

$\frac{1}{\sqrt{2}}\le\cos\theta\le1$

따라서 $\cos\theta$의 최댓값과 최솟값의 곱은

$\frac{1}{\sqrt{2}}\times1=\frac{\sqrt{2}}{2}$

114

정답 ⑤

$\overrightarrow{OA}+\overrightarrow{OB}+\overrightarrow{OC}=\vec{0}$이고 $|\overrightarrow{OA}|=2$, $|\overrightarrow{OB}|=3$, $|\overrightarrow{OC}|=4$이다. 두 벡터 $\overrightarrow{OA}$, $\overrightarrow{OB}$가 이루는 각의 크기를 θ라 할 때, $\sin\theta$의 값은? (3점) → 주어진 조건을 이용하여 $\overrightarrow{OA}\cdot\overrightarrow{OB}$의 값을 구한다.

① $\frac{\sqrt{11}}{4}$ ② $\frac{\sqrt{3}}{2}$ ③ $\frac{\sqrt{13}}{4}$ ④ $\frac{\sqrt{14}}{4}$ ✔⑤ $\frac{\sqrt{15}}{4}$

Step 1 $|\vec{a}|^2=\vec{a}\cdot\vec{a}$임을 이용하여 내적 $\overrightarrow{OA}\cdot\overrightarrow{OB}$를 구한다.

$\overrightarrow{OA}+\overrightarrow{OB}+\overrightarrow{OC}=\vec{0}$에서

$\overrightarrow{OA}+\overrightarrow{OB}=-\overrightarrow{OC}$이므로

$|\overrightarrow{OA}+\overrightarrow{OB}|^2=|-\overrightarrow{OC}|^2$

→ $(\overrightarrow{OA}+\overrightarrow{OB})\cdot(\overrightarrow{OA}+\overrightarrow{OB})$
$=(\overrightarrow{OA}\cdot\overrightarrow{OA})+2\overrightarrow{OA}\cdot\overrightarrow{OB}+(\overrightarrow{OB}\cdot\overrightarrow{OB})$
$=|\overrightarrow{OA}|^2+2\overrightarrow{OA}\cdot\overrightarrow{OB}+|\overrightarrow{OB}|^2$

$(\overrightarrow{OA}+\overrightarrow{OB})\cdot(\overrightarrow{OA}+\overrightarrow{OB})=|\overrightarrow{OC}|^2$

$|\overrightarrow{OA}|^2+2\overrightarrow{OA}\cdot\overrightarrow{OB}+|\overrightarrow{OB}|^2=|\overrightarrow{OC}|^2$

$2^2+2\overrightarrow{OA}\cdot\overrightarrow{OB}+3^2=4^2$

$2\overrightarrow{OA}\cdot\overrightarrow{OB}=3$

$\therefore \overrightarrow{OA}\cdot\overrightarrow{OB}=\frac{3}{2}$

Step 2 내적을 이용하여 $\cos\theta$의 값을 구한 후 $\sin\theta$의 값을 구한다.

$\overrightarrow{OA}\cdot\overrightarrow{OB}=|\overrightarrow{OA}||\overrightarrow{OB}|\cos\theta$이므로

$$\cos\theta=\frac{\overrightarrow{OA}\cdot\overrightarrow{OB}}{|\overrightarrow{OA}||\overrightarrow{OB}|}=\frac{\frac{3}{2}}{2\times3}=\frac{1}{4}$$

$\therefore \sin\theta=\sqrt{1-\cos^2\theta}$ → $\sin^2\theta+\cos^2\theta=1$을 이용한 거야.

$=\sqrt{1-\left(\frac{1}{4}\right)^2}$

$=\frac{\sqrt{15}}{4}$ ($\because 0\le\theta\le\pi$)

암기

$\frac{\pi}{2}<\theta<\pi$	$0<\theta<\frac{\pi}{2}$
$\sin\theta>0$, $\cos\theta<0$, $\tan\theta<0$	$\sin\theta>0$, $\cos\theta>0$, $\tan\theta>0$
$\pi<\theta<\frac{3}{2}\pi$	$\frac{3}{2}\pi<\theta<2\pi$
$\sin\theta<0$, $\cos\theta<0$, $\tan\theta>0$	$\sin\theta<0$, $\cos\theta>0$, $\tan\theta<0$

115

정답 ⑤

영벡터가 아닌 두 벡터 $\vec{a}$, $\vec{b}$가 다음 조건을 만족시킨다.

(가) $|\vec{a}|=\sqrt{2}|\vec{b}|$ → 벡터 $\vec{a}$의 크기가 $\vec{b}$의 크기의 $\sqrt{2}$배이다.

(나) $\vec{a}+\vec{b}$와 $-\vec{b}$가 서로 수직이다. → (두 벡터의 내적)$=0$

두 벡터 $\vec{a}$, $\vec{b}$가 이루는 각 θ의 크기는? (단, $0\le\theta\le\pi$) (3점)

① $\frac{\pi}{4}$ ② $\frac{\pi}{3}$ ③ $\frac{\pi}{2}$ ④ $\frac{2}{3}\pi$ ✔⑤ $\frac{3}{4}\pi$

Step 1 $\vec{a}+\vec{b}$와 $-\vec{b}$가 서로 수직이므로 $(\vec{a}+\vec{b})\cdot(-\vec{b})=0$임을 이용한다.

조건 (나)에서 $\vec{a}+\vec{b}$와 $-\vec{b}$가 서로 수직이므로

$(\vec{a}+\vec{b})\cdot(-\vec{b})=0$에서

$-\vec{a}\cdot\vec{b}-|\vec{b}|^2=0$

$-|\vec{a}||\vec{b}|\cos\theta-|\vec{b}|^2=0$ → 문제에서 두 벡터 $\vec{a}$, $\vec{b}$가 이루는 각의 크기를 θ라고 했어!

$|\vec{b}|(|\vec{a}|\cos\theta+|\vec{b}|)=0$

그런데 $\vec{b}\ne\vec{0}$이므로

$|\vec{a}|\cos\theta+|\vec{b}|=0$ …… ㉠

Step 2 $|\vec{a}|$, $|\vec{b}|$에 대한 두 식을 연립하여 $\cos\theta$의 값을 구한다.

조건 (가)에서 $|\vec{a}|=\sqrt{2}|\vec{b}|$이므로 이것을 ㉠에 대입하면

$\sqrt{2}|\vec{b}|\cos\theta+|\vec{b}|=0$

$|\vec{b}|(\sqrt{2}\cos\theta+1)=0$

$\sqrt{2}\cos\theta+1=0$ ($\because |\vec{b}|\ne0$)

$\cos\theta=-\frac{\sqrt{2}}{2}$

$\therefore \theta=\frac{3}{4}\pi$ ($\because 0\le\theta\le\pi$)

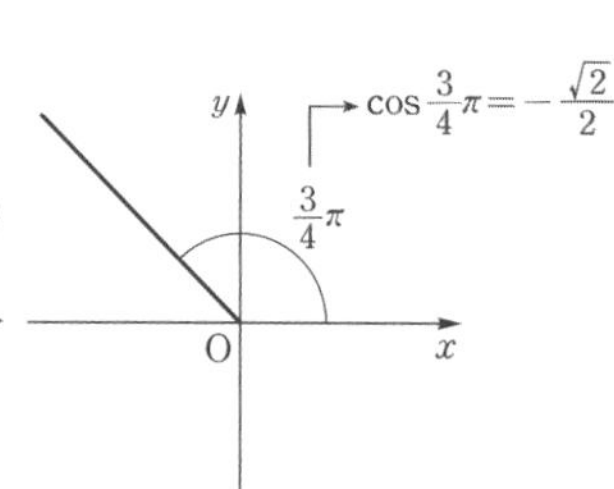

116

정답 ③

삼각형 OAB에서 $\overrightarrow{OA}=\vec{a}$, $\overrightarrow{OB}=\vec{b}$일 때, $|\vec{a}|=1$, $|\vec{b}|=\sqrt{2}$, $|2\vec{a}+\vec{b}|\ge\sqrt{10}$이다. 삼각형 OAB의 넓이가 최대일 때, 두 벡터 $\vec{a}$, $\vec{b}$가 이루는 각 θ에 대하여 $\cos2\theta$의 값은? (4점)

① $-\frac{\sqrt{2}}{2}$ ② $-\frac{1}{2}$ ✔③ 0 ④ $\frac{\sqrt{3}}{2}$ ⑤ $\frac{\sqrt{2}}{2}$

중요 두 변의 길이가 각각 a, b이고 끼인각의 크기가 θ인 삼각형의 넓이는 $\frac{1}{2}ab\sin\theta$이다.

Step 1 $|\vec{a}|^2=\vec{a}\cdot\vec{a}$임을 이용하여 $\cos\theta$의 값의 범위를 구한다.

$|2\vec{a}+\vec{b}|\ge\sqrt{10}$에서 양변을 제곱하면

$|2\vec{a}+\vec{b}|^2\ge10$

$(2\vec{a}+\vec{b})\cdot(2\vec{a}+\vec{b})\ge10$

$4|\vec{a}|^2+4\vec{a}\cdot\vec{b}+|\vec{b}|^2\ge10$ → $\vec{a}\cdot\vec{b}$의 값의 범위를 구한다.

$4|\vec{a}|^2+4|\vec{a}||\vec{b}|\cos\theta+|\vec{b}|^2\ge10$ → $|\vec{a}|=1$, $|\vec{b}|=\sqrt{2}$ 대입

$4+4\sqrt{2}\cos\theta+2\ge10$ → $6+4\sqrt{2}\cos\theta\ge10$, $4\sqrt{2}\cos\theta\ge4$

$\therefore \cos\theta\ge\frac{\sqrt{2}}{2}$

Step 2 삼각형 OAB의 넓이가 최대가 될 조건을 찾고, 그때의 $\cos2\theta$의 값을 구한다.

삼각형 OAB의 넓이를 S라 하면 → $=\frac{1}{2}\times\overline{OA}\times\overline{OB}\times\sin\theta$

$S=\frac{1}{2}|\vec{a}||\vec{b}|\sin\theta=\frac{\sqrt{2}}{2}\sin\theta$

이므로 $\sin\theta$의 값이 최대일 때 S가 최대가 된다. $\sin^2\theta=1-\cos^2\theta$

$\cos\theta$의 값이 최소일 때, 즉 $\cos\theta=\frac{\sqrt{2}}{2}$일 때 $\sin\theta$의 값이 최대가 되므로 $\theta=\frac{\pi}{4}$이다.

$\therefore \cos2\theta=\cos\frac{\pi}{2}=0$

117

정답 ②

$\alpha\overrightarrow{OA}$를 $\frac{\alpha}{2}(2\overrightarrow{OA})$, $\beta\overrightarrow{OB}$를 $\frac{\beta}{3}(3\overrightarrow{OB})$로 바꾸고 나서 문제에 접근한다.

평면 위의 세 점 O, A, B에 대하여 다음 조건을 만족시키는 점 P가 나타내는 도형의 길이는 3이다.

$$\overrightarrow{OP}=\alpha\overrightarrow{OA}+\beta\overrightarrow{OB}\left(\frac{\alpha}{2}+\frac{\beta}{3}=1,\ \alpha\ge0,\ \beta\ge0\right)$$

$|\overrightarrow{OA}|=|\overrightarrow{OB}|=1$일 때, 두 벡터 $\overrightarrow{OA}$, $\overrightarrow{OB}$가 이루는 각 θ에 대하여 $\cos\theta$의 값은? (4점)

① $\frac{1}{2}$ ② $\frac{1}{3}$ ③ $\frac{1}{4}$ ④ $\frac{1}{5}$ ⑤ $\frac{1}{6}$

Step 1 점 P가 나타내는 도형을 구한다.

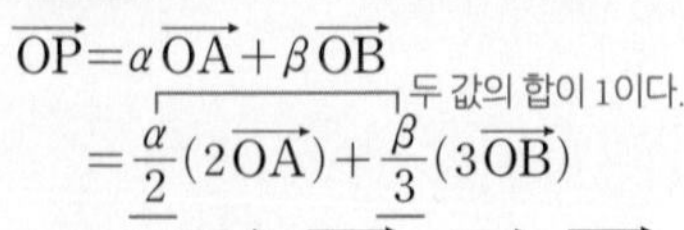

$\overrightarrow{OP}=\alpha\overrightarrow{OA}+\beta\overrightarrow{OB}$ → 두 값의 합이 1이다.

$=\frac{\alpha}{2}(2\overrightarrow{OA})+\frac{\beta}{3}(3\overrightarrow{OB})$

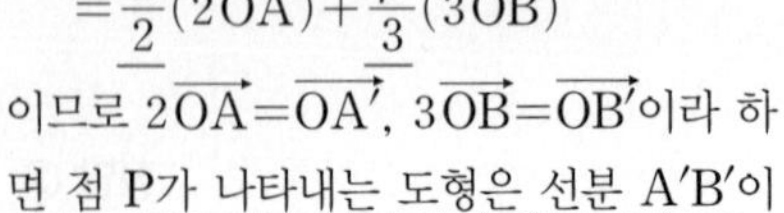

이므로 $2\overrightarrow{OA}=\overrightarrow{OA'}$, $3\overrightarrow{OB}=\overrightarrow{OB'}$이라 하면 점 P가 나타내는 도형은 선분 A′B′이다.

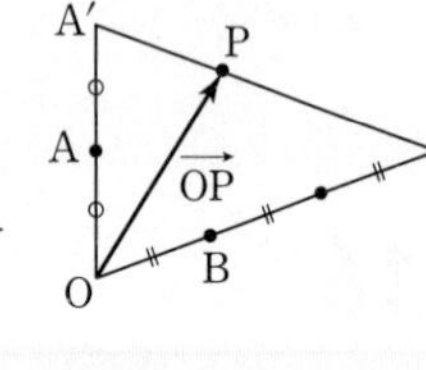

중요 네 점 O, A, B, C에 대하여 $\overrightarrow{OC}=a\overrightarrow{OA}+b\overrightarrow{OB}$ $(a+b=1,\ a\ge0,\ b\ge0)$을 만족시키는 점 C는 선분 AB 위의 점이다.

Step 2 $\cos\theta$의 값을 구한다.

$|\overrightarrow{OA'}|=|2\overrightarrow{OA}|=2|\overrightarrow{OA}|=2$,

$|\overrightarrow{OB'}|=|3\overrightarrow{OB}|=3|\overrightarrow{OB}|=3$

이고, 점 P가 나타내는 도형의 길이가 ($\overline{A'B'}$) 3이므로 $\overline{A'B'}=3$에서 삼각형 OA′B′은

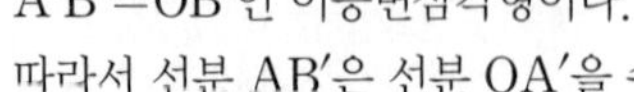

$\overline{A'B'}=\overline{OB'}$인 이등변삼각형이다.

따라서 선분 AB′은 선분 OA′을 수직이등분하므로

$\cos\theta=\frac{\overline{OA}}{\overline{OB'}}=\frac{1}{3}$

118

정답 ①

세 벡터 $\vec{a}=(2,\ 1)$, $\vec{b}=(2,\ 2)$, $\vec{c}=(3,\ 0)$에 대하여 $2\vec{a}-\vec{b}$와 $\vec{c}$가 이루는 각의 크기를 θ라 할 때, $\cos\theta$의 값은? (3점)

→ 두 벡터의 내적을 이용한다.

① 1 ② $\frac{\sqrt{3}}{2}$ ③ $\frac{\sqrt{2}}{2}$ ④ $\frac{1}{2}$ ⑤ $\frac{1}{3}$

Step 1 $2\vec{a}-\vec{b}$의 성분을 구한다.

$2\vec{a}-\vec{b}=2(2,\ 1)-(2,\ 2)$ → 각 성분끼리 계산해준다.

$=(4,\ 2)-(2,\ 2)$

$=(2,\ 0)$

Step 2 내적을 이용하여 $\cos\theta$의 값을 구한다.

$(2\vec{a}-\vec{b})\cdot\vec{c}=|2\vec{a}-\vec{b}||\vec{c}|\cos\theta$에서

→ 두 벡터 $\vec{a}=(x_1,\ y_1)$, $\vec{b}=(x_2,\ y_2)$에서 $\vec{a}\cdot\vec{b}=x_1x_2+y_1y_2$이다.

$$\cos\theta=\frac{(2\vec{a}-\vec{b})\cdot\vec{c}}{|2\vec{a}-\vec{b}||\vec{c}|}=\frac{(2,\ 0)\cdot(3,\ 0)}{\sqrt{2^2}\times\sqrt{3^2}}=\frac{6}{2\times3}=1$$

119

정답 ②

실수 t에 대하여 두 벡터 $\vec{a}=(t,\ 1-t)$, $\vec{b}=(2,\ -t)$가 이루는 각의 크기를 θ라 할 때, $\lim_{t\to\infty}\cos\theta$의 값은? (3점)

→ $\vec{a}\cdot\vec{b}$의 값을 이용하여 $\cos\theta$의 값을 구한다.

① 1 ② $\frac{\sqrt{2}}{2}$ ③ $\frac{\sqrt{3}}{3}$ ④ $\frac{1}{2}$ ⑤ $\frac{\sqrt{5}}{5}$

Step 1 성분이 주어진 두 벡터의 크기와 내적을 구한다.

$|\vec{a}|=\sqrt{t^2+(1-t)^2}=\sqrt{2t^2-2t+1}$ → 암기 벡터 $\vec{a}=(x_1,\ y_1)$의 크기는 $\sqrt{x_1^2+y_1^2}$이다.

$|\vec{b}|=\sqrt{2^2+(-t)^2}=\sqrt{t^2+4}$

$\vec{a}\cdot\vec{b}=(t,\ 1-t)\cdot(2,\ -t)=2t+(1-t)(-t)$

$=t^2+t$

중요 성분으로 주어진 벡터의 내적을 구할 때는 x성분, y성분끼리 먼저 곱한 뒤에 두 값을 더해준다.

Step 2 $\cos\theta$를 구한 후 극한값을 구한다.

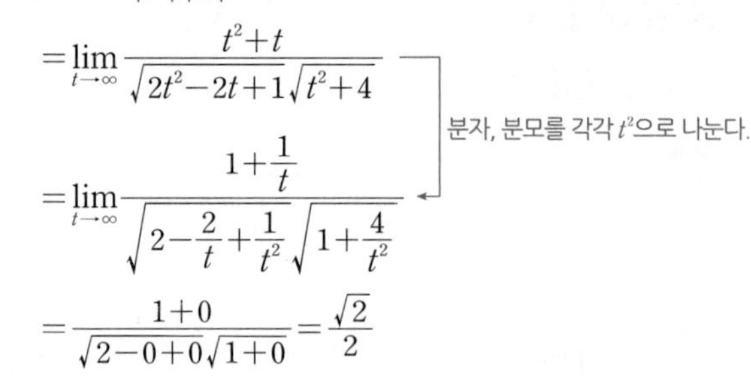

$$\therefore \lim_{t\to\infty}\cos\theta=\lim_{t\to\infty}\frac{\vec{a}\cdot\vec{b}}{|\vec{a}||\vec{b}|}$$

→ $\vec{a}\cdot\vec{b}=|\vec{a}||\vec{b}|\cos\theta$

$$=\lim_{t\to\infty}\frac{t^2+t}{\sqrt{2t^2-2t+1}\sqrt{t^2+4}}$$

분자, 분모를 각각 t^2으로 나눈다.

$$=\lim_{t\to\infty}\frac{1+\frac{1}{t}}{\sqrt{2-\frac{2}{t}+\frac{1}{t^2}}\sqrt{1+\frac{4}{t^2}}}$$

$$=\frac{1+0}{\sqrt{2-0+0}\sqrt{1+0}}=\frac{\sqrt{2}}{2}$$

120

정답 ①

그림과 같이 정삼각형 ABC와 정사각형 CDEF가 한 점 C를 공유하며 세 점 B, C, F는 일직선 위에 있다.

주어진 그림을 좌표평면에 나타낸다.

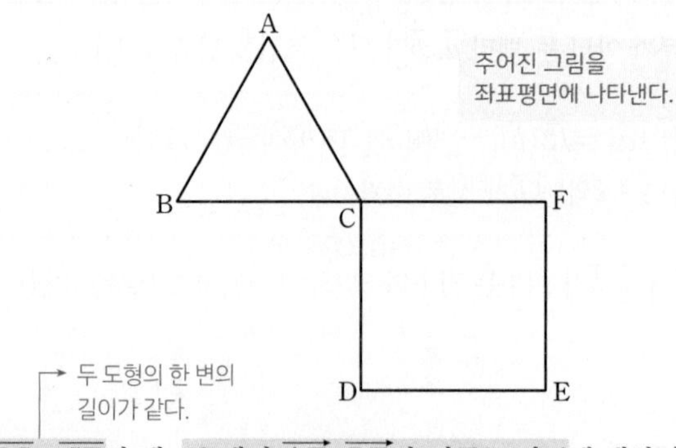

→ 두 도형의 한 변의 길이가 같다.

$\overline{BC}=\overline{CF}$일 때, 두 벡터 $\overrightarrow{AF}$, $\overrightarrow{BE}$가 이루는 각 θ에 대하여 $\cos\theta$의 값은? (4점)

→ 두 벡터의 내적을 구해야 해.

① $\frac{2\sqrt{15}+\sqrt{5}}{10}$ ② $\frac{3\sqrt{15}+2\sqrt{5}}{10}$ ③ $\frac{4\sqrt{15}+3\sqrt{5}}{10}$ ④ $\frac{5\sqrt{15}+4\sqrt{5}}{10}$ ⑤ $\frac{6\sqrt{15}+5\sqrt{5}}{10}$

Step 1 주어진 도형을 좌표평면에 나타내어 본다.

$\overline{BC}=\overline{CF}=2a$라 하고 점 C를 원점, 직선 BF가 x축과 일치하도록 주어진 도형을 좌표평면 위에 나타내면 오른쪽 그림과 같다.

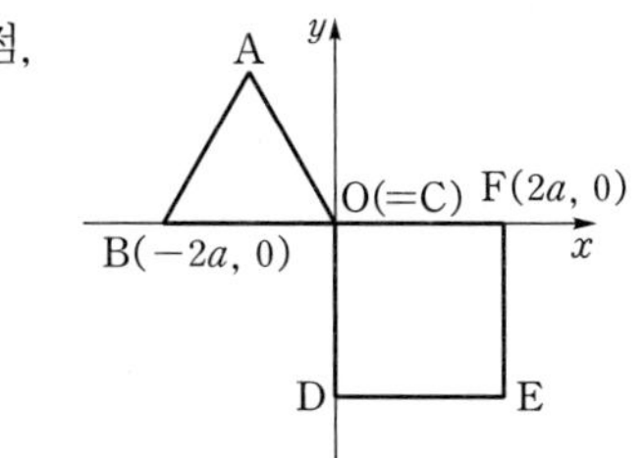

중요 한 변의 길이가 x인 정삼각형의 높이는 $\frac{\sqrt{3}}{2}x$이다.

Step 2 네 점 A, B, E, F의 좌표를 구한다.

정삼각형 ABC의 높이는 $\frac{\sqrt{3}}{2}\times 2a=\sqrt{3}a$이므로

네 점 A, B, E, F의 좌표는 각각 $A(-a,\ \sqrt{3}a)$, $B(-2a,\ 0)$, $E(2a,\ -2a)$, $F(2a,\ 0)$

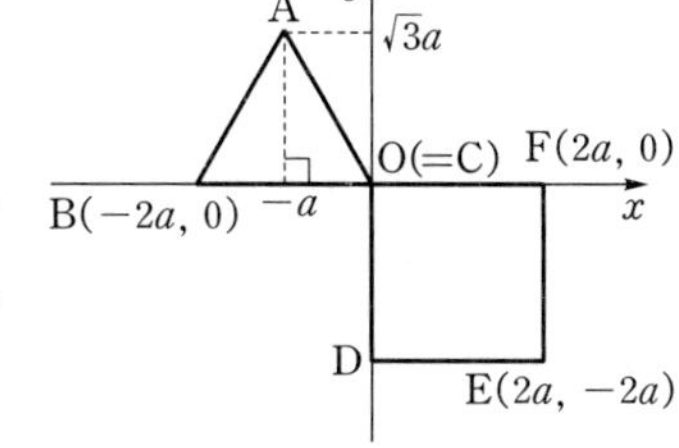

Step 3 두 벡터 $\overrightarrow{AF}$, $\overrightarrow{BE}$를 점 C를 시점으로 하는 벡터로 변형하고 성분으로 나타낸다.

두 벡터 $\overrightarrow{AF}$, $\overrightarrow{BE}$를 점 C를 시점으로 하는 벡터로 변형하고 성분을 구해보면

$\overrightarrow{AF}=\overrightarrow{CF}-\overrightarrow{CA}=(2a,\ 0)-(-a,\ \sqrt{3}a)$
$=(3a,\ -\sqrt{3}a)$

$\overrightarrow{BE}=\overrightarrow{CE}-\overrightarrow{CB}=(2a,\ -2a)-(-2a,\ 0)$
$=(4a,\ -2a)$

$(3a,\ -\sqrt{3}a)\cdot(4a,\ -2a)$
$=3a\times 4a+(-\sqrt{3}a)\times(-2a)$
$=12a^2+2\sqrt{3}a^2$

Step 4 벡터의 내적을 이용하여 $\cos\theta$의 값을 구한다.

$$\therefore \cos\theta=\frac{\overrightarrow{AF}\cdot\overrightarrow{BE}}{|\overrightarrow{AF}||\overrightarrow{BE}|}=\frac{(3a,\ -\sqrt{3}a)\cdot(4a,\ -2a)}{\sqrt{(3a)^2+(-\sqrt{3}a)^2}\sqrt{(4a)^2+(-2a)^2}}$$
$$=\frac{12a^2+2\sqrt{3}a^2}{2\sqrt{3}a\times 2\sqrt{5}a}=\frac{12a^2+2\sqrt{3}a^2}{4\sqrt{15}a^2}$$
$$=\frac{6+\sqrt{3}}{2\sqrt{15}}=\frac{6\sqrt{15}+\sqrt{45}}{30}$$
$$=\frac{2\sqrt{15}+\sqrt{5}}{10}$$

계산 주의

벡터 $\vec{a}=(x_1,\ y_1)$의 크기는 $|\vec{a}|=\sqrt{x_1^2+y_1^2}$이다.

수능포인트

평면도형의 성질과 벡터의 평행이동을 이용하여 $\overrightarrow{AF}$, $\overrightarrow{BE}$, $\cos\theta$의 값을 구하려는 접근 방법은 쉽지 않습니다.

이렇게 문제가 풀리지 않을 때는 주어진 도형을 좌표평면에 나타내어 보도록 합니다. 특히 이 문제처럼 주어진 그림이 정사각형, 정삼각형, 직사각형과 같은 좌표평면에 나타내기 용이한 그림이 주어진다면 반드시 한 번쯤 생각해 봅니다.

121

정답 246

이를 이용하여 벡터 $\overrightarrow{OC}$, $\overrightarrow{OD}$를 성분으로 나타낸다.

좌표평면 위의 네 점 A, B, C, D에 대하여 $\overrightarrow{OA}=(0,\ 3)$, $\overrightarrow{OB}=(-2,\ -1)$이고 사각형 ABCD가 정사각형일 때, $\cos^2(\angle COD)=\frac{q}{p}$를 만족하는 서로소인 두 자연수 p, q의 합 $p+q$의 값을 구하시오. (단, 점 C의 y좌표는 음수이다.) (4점)

두 벡터 $\overrightarrow{OC}$, $\overrightarrow{OD}$가 이루는 각이다.

주의 이런 사소한 조건도 그냥 넘어가지 말고 꼭 체크해두어야 해!

Step 1 주어진 조건을 이용하여 좌표평면에 정사각형을 그린다.

점 C의 y좌표가 음수이므로 주어진 조건에 의하여 정사각형 ABCD를 좌표평면 위에 나타내면 다음 그림과 같다.

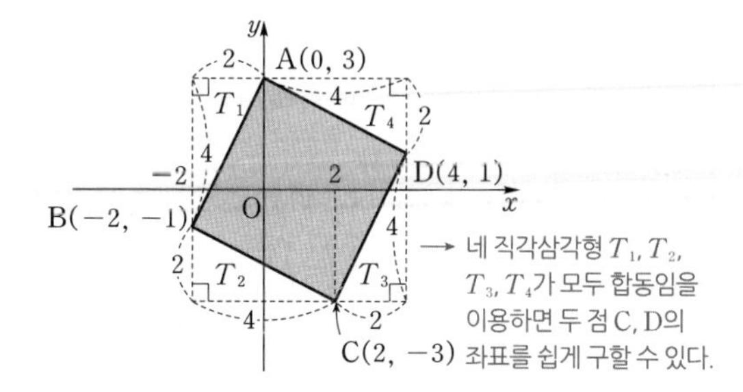

네 직각삼각형 T_1, T_2, T_3, T_4가 모두 합동임을 이용하면 두 점 C, D의 좌표를 쉽게 구할 수 있다.

Step 2 내적을 이용하여 $\cos^2(\angle COD)$의 값을 구한다.

$\cos(\angle COD)=\frac{\overrightarrow{OC}\cdot\overrightarrow{OD}}{|\overrightarrow{OC}||\overrightarrow{OD}|}$이고,

$\overrightarrow{OC}=(2,\ -3)$, $\overrightarrow{OD}=(4,\ 1)$이므로

계산 주의

$$\cos(\angle COD)=\frac{2\times4+(-3)\times1}{\sqrt{2^2+(-3)^2}\sqrt{4^2+1^2}}=\frac{5}{\sqrt{13}\sqrt{17}}=\frac{5}{\sqrt{221}}$$

벡터 $\vec{a}=(x_1,\ y_1)$에 대하여 $|\vec{a}|=\sqrt{x_1^2+y_1^2}$이다.

$\cos^2(\angle COD)=\frac{25}{221}$

따라서 $p=221$, $q=25$이므로

$p+q=221+25=246$

참고

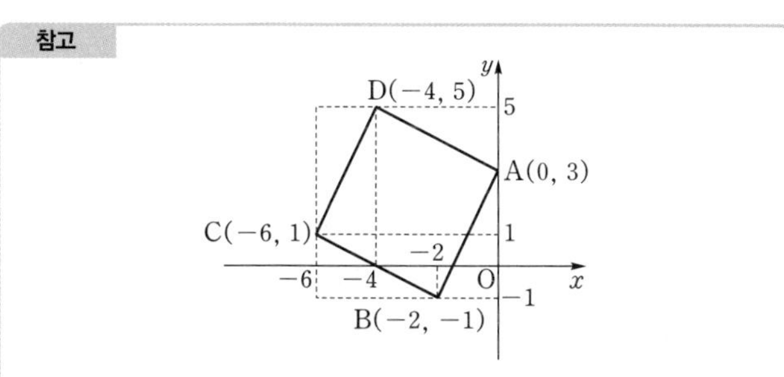

이 경우는 점 C의 y좌표가 양수이다.

122 [정답률 31%]

정답 ①

삼각형 ABC와 삼각형 ABC의 내부의 점 P가 다음 조건을 만족시킨다.

> (가) $\overrightarrow{PA}\cdot\overrightarrow{PC}=0$, $\dfrac{|\overrightarrow{PA}|}{|\overrightarrow{PC}|}=3$
>
> (나) $\overrightarrow{PB}\cdot\overrightarrow{PC}=-\dfrac{\sqrt{2}}{2}|\overrightarrow{PB}||\overrightarrow{PC}|=-2|\overrightarrow{PC}|^2$

직선 AP와 선분 BC의 교점을 D라 할 때, $\overrightarrow{AD}=k\overrightarrow{PD}$이다. 실수 k의 값은? (4점)

✔ $\dfrac{11}{2}$　② 6　③ $\dfrac{13}{2}$　④ 7　⑤ $\dfrac{15}{2}$

Step 1 조건 (가)를 이용하여 $\overrightarrow{PA}$와 $\overrightarrow{PC}$의 관계를 파악한다.

$\overrightarrow{PA}\cdot\overrightarrow{PC}=0$이므로 두 벡터 $\overrightarrow{PA}$, $\overrightarrow{PC}$가 이루는 각의 크기는 90°이다.
→ 점 P는 선분 AC를 지름으로 하는 원 위의 점이겠지! 이 문제에서는 쓰이지 않지만 반드시 파악할 수 있어야 해.

$\dfrac{|\overrightarrow{PA}|}{|\overrightarrow{PC}|}=3$에서 $|\overrightarrow{PC}|=t\ (t>0)$라 하면 $|\overrightarrow{PA}|=3t$

Step 2 조건 (나)를 이용하여 $\overrightarrow{PB}$와 $\overrightarrow{PC}$의 관계를 파악한다.

두 벡터 $\overrightarrow{PB}$와 $\overrightarrow{PC}$가 이루는 각의 크기를 θ라 하면

$\overrightarrow{PB}\cdot\overrightarrow{PC}=|\overrightarrow{PB}||\overrightarrow{PC}|\cos\theta=-\dfrac{\sqrt{2}}{2}|\overrightarrow{PB}||\overrightarrow{PC}|$이므로

$\cos\theta=-\dfrac{\sqrt{2}}{2}$, $\theta=135°$ → 두 벡터 $\overrightarrow{PB}$와 $\overrightarrow{PC}$가 이루는 각의 크기는 180°보다 작아야 해.

$-\dfrac{\sqrt{2}}{2}|\overrightarrow{PB}||\overrightarrow{PC}|=-2|\overrightarrow{PC}|^2$에서 $|\overrightarrow{PB}|=2\sqrt{2}|\overrightarrow{PC}|$이므로

$|\overrightarrow{PB}|=2\sqrt{2}t$

Step 3 점 P와 삼각형 ABC의 관계를 파악하고 k의 값을 구한다.

$\angle APB+\angle BPC+\angle CPA=360°$에서 $\angle BPC=135°$, $\angle CPA=90°$이므로 $\angle APB=135°$

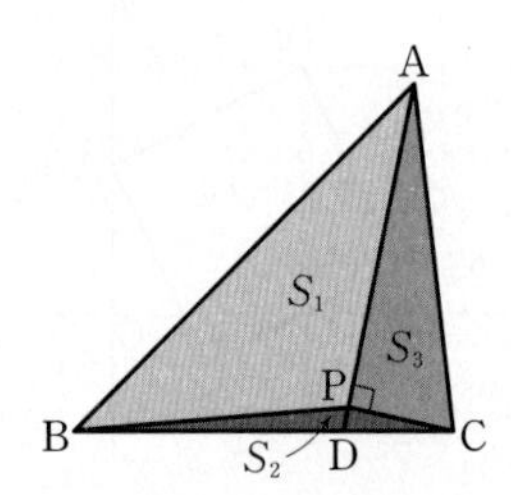

따라서 세 삼각형 APB, BPC, CPA의 넓이를 각각 S_1, S_2, S_3이라 하면

$S_1:S_2:S_3$

$=\dfrac{1}{2}\times3t\times2\sqrt{2}t\times\sin135°:\dfrac{1}{2}\times2\sqrt{2}t\times t\times\sin135°:\dfrac{1}{2}\times t\times3t$

$=3t^2:t^2:\dfrac{3}{2}t^2=6:2:3$

이때 점 D는 직선 AP와 변 BC의 교점이므로

$\overline{AD}:\overline{DP}=(S_1+S_2+S_3):S_2=11:2$ → 삼각형 ABC와 삼각형 BCP는 밑변의 길이가 $\overline{BC}$로 같고, 높이의 비는 선분 AD와 선분 DP의 길이의 비와 같으므로 두 삼각형의 넓이의 비는 $\overline{AD}:\overline{DP}$와 같아.

따라서 $\overrightarrow{AD}=\dfrac{11}{2}\overrightarrow{PD}$이므로 $k=\dfrac{11}{2}$

123

정답 ⑤

그림과 같이 반지름의 길이가 1이고 중심각의 크기가 $\dfrac{\pi}{2}$인 부채꼴 OAB가 있다. 호 AB 위를 움직이는 두 점 P, Q에 대하여 [보기]에서 옳은 것을 모두 고른 것은? (3점)

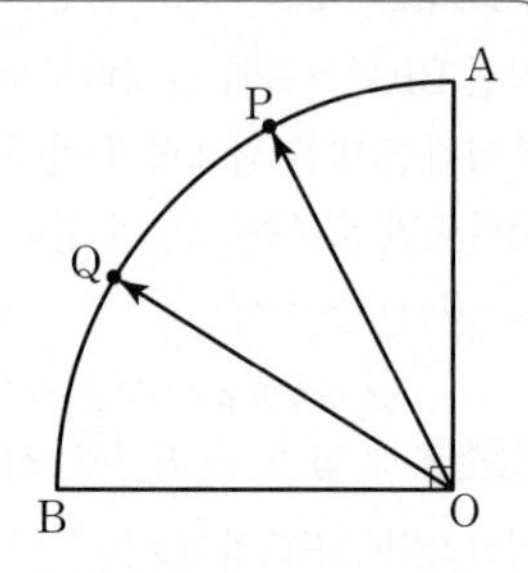

> [보기]
>
> ㄱ. $|\overrightarrow{OP}+\overrightarrow{OQ}|$의 최솟값은 $\sqrt{2}$이다.
>
> ㄴ. $|\overrightarrow{OP}-\overrightarrow{OQ}|$의 최댓값은 $\sqrt{2}$이다.
>
> ㄷ. $\overrightarrow{OP}\cdot\overrightarrow{OQ}$의 최댓값은 1이다.

① ㄴ　② ㄷ　③ ㄱ, ㄴ　④ ㄱ, ㄷ　✔ ㄱ, ㄴ, ㄷ

Step 1 두 벡터 $\overrightarrow{OP}$, $\overrightarrow{OQ}$가 이루는 각의 크기를 θ라 하고 주어진 [보기]의 참, 거짓을 판별한다.

두 벡터 $\overrightarrow{OP}$, $\overrightarrow{OQ}$가 이루는 각의 크기를 $\theta\left(0\le\theta\le\dfrac{\pi}{2}\right)$라 하면

$0\le\cos\theta\le1$이고

$|\overrightarrow{OP}|=|\overrightarrow{OQ}|=1$이므로 $\overrightarrow{OP}\cdot\overrightarrow{OQ}=1\times1\times\cos\theta=\cos\theta$에서

$0\le\overrightarrow{OP}\cdot\overrightarrow{OQ}\le1$ …… ㉠

$y=\cos\theta\left(0\le\theta\le\dfrac{\pi}{2}\right)$

ㄱ. $|\overrightarrow{OP}+\overrightarrow{OQ}|^2=|\overrightarrow{OP}|^2+2\overrightarrow{OP}\cdot\overrightarrow{OQ}+|\overrightarrow{OQ}|^2$

$=2+2\overrightarrow{OP}\cdot\overrightarrow{OQ}$

이때 $|\overrightarrow{OP}|$, $|\overrightarrow{OQ}|$는 부채꼴의 반지름의 길이이고 일정한 값을 가지므로 $\overrightarrow{OP}\cdot\overrightarrow{OQ}$가 최소이면 $|\overrightarrow{OP}+\overrightarrow{OQ}|^2$은 최솟값을 갖는다.

$|\overrightarrow{OP}+\overrightarrow{OQ}|^2\ge2+2\times0=2$ (∵ ㉠) → $0\le\overrightarrow{OP}\cdot\overrightarrow{OQ}\le1$임을 기억해.

따라서 $|\overrightarrow{OP}+\overrightarrow{OQ}|$의 최솟값은 $\sqrt{2}$이다. (참)

ㄴ. $|\overrightarrow{OP}-\overrightarrow{OQ}|^2=|\overrightarrow{OP}|^2-2\overrightarrow{OP}\cdot\overrightarrow{OQ}+|\overrightarrow{OQ}|^2$

$=2-2\overrightarrow{OP}\cdot\overrightarrow{OQ}$ → $0\le\overrightarrow{OP}\cdot\overrightarrow{OQ}\le1$

이때 $\overrightarrow{OP}\cdot\overrightarrow{OQ}$가 최소이면 $|\overrightarrow{OP}-\overrightarrow{OQ}|^2$은 최댓값을 가지므로

$|\overrightarrow{OP}-\overrightarrow{OQ}|^2\le2-2\times0=2$ (∵ ㉠)

따라서 $|\overrightarrow{OP}-\overrightarrow{OQ}|$의 최댓값은 $\sqrt{2}$이다. (참)

ㄷ. ㉠에 의하여 $\overrightarrow{OP}\cdot\overrightarrow{OQ}$의 최댓값은 1이다. (참)

따라서 옳은 것은 ㄱ, ㄴ, ㄷ이다. → 두 벡터 $\overrightarrow{OP}$, $\overrightarrow{OQ}$가 이루는 각의 크기가 0일 때 내적이 최대이다.

✪ 다른 풀이 ㄴ에서 벡터의 뺄셈을 이용하여 간단히 하는 풀이

Step 1 $\overrightarrow{OP}-\overrightarrow{OQ}$를 간단히 하여 최댓값을 구한다.

ㄱ. 동일 → $\overrightarrow{OP}-\overrightarrow{OQ}=\overrightarrow{OP}+\overrightarrow{QO}=\overrightarrow{QO}+\overrightarrow{OP}=\overrightarrow{QP}$

ㄴ. $\overrightarrow{OP}-\overrightarrow{OQ}=\overrightarrow{QP}$이므로 $|\overrightarrow{OP}-\overrightarrow{OQ}|$의 최댓값은 $|\overrightarrow{QP}|$의 최댓값과 같다.

$|\overrightarrow{QP}|$가 최대일 때는 두 점 Q, P가 각각 두 점 A, B 또는 두 점 B, A 위에 있을 때이므로 삼각형 ABO에서

A(=P)
B(=Q)
O
1
1

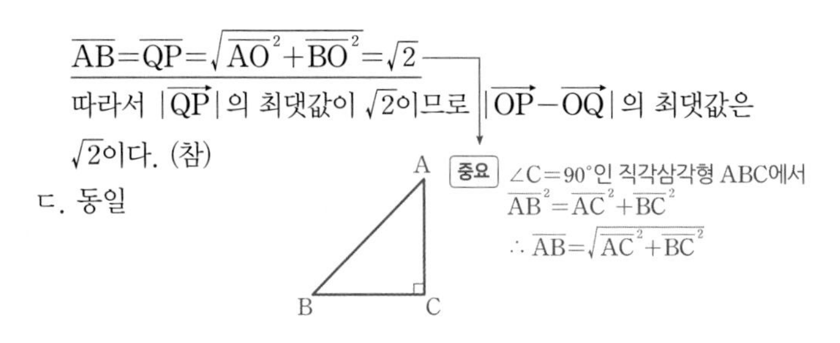

124 [정답률 58%]

정답 ④

그림은 $\overline{AB}=2$, $\overline{AD}=2\sqrt{3}$인 직사각형 ABCD와 이 직사각형의 한 변 CD를 지름으로 하는 원을 나타낸 것이다. 이 원 위를 움직이는 점 P에 대하여 두 벡터 $\overrightarrow{AC}$, $\overrightarrow{AP}$의 내적 $\overrightarrow{AC}\cdot\overrightarrow{AP}$의 최댓값은? (단, 직사각형과 원은 같은 평면 위에 있다.) (4점)

→ 벡터 $\overrightarrow{AC}$는 고정된 벡터야!

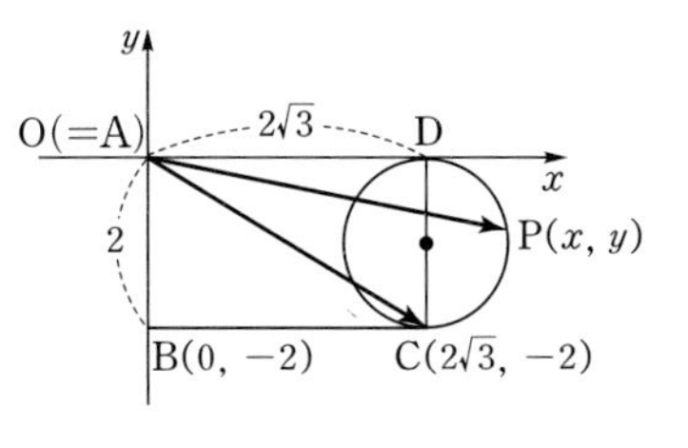

① 12 ② 14 ③ 16 ④ 18 ⑤ 20

Step 1 주어진 그림을 좌표평면 위에 나타낸다.

오른쪽 그림과 같이 점 A를 원점, $\overline{AD}$를 x축의 양의 방향, $\overline{AB}$를 y축의 음의 방향으로 하는 좌표평면에 놓으면 점 C의 좌표는 $(2\sqrt{3},\ -2)$이다.

이때 원의 중심의 좌표는 $(2\sqrt{3},\ -1)$이고 반지름의 길이는 1이므로 원의 방정식은

$(x-2\sqrt{3})^2+(y+1)^2=1$

→ **중요** 중심이 점 (a, b)이고 반지름의 길이가 r인 원의 방정식은 $(x-a)^2+(y-b)^2=r^2$이다.

Step 2 벡터의 내적을 이용한다.

원 위의 점 $P(x, y)$에 대하여 — 벡터의 내적의 성분 표시

$\overrightarrow{AC}\cdot\overrightarrow{AP}=(2\sqrt{3},\ -2)\cdot(x,\ y)=2\sqrt{3}x-2y$

$2\sqrt{3}x-2y=k$ (k는 상수)라 할 때, 직선과 원이 만나려면

직선 $2\sqrt{3}x-2y-k=0$과 원의 중심 $(2\sqrt{3},\ -1)$ 사이의 거리가 반지름의 길이 1보다 작거나 같아야 하므로

$\dfrac{|(2\sqrt{3})^2+2-k|}{\sqrt{(2\sqrt{3})^2+(-2)^2}}\le 1$, $\dfrac{|14-k|}{4}\le 1$, $|14-k|\le 4$

→ $-4\le 14-k\le 4$ 즉, $-4\le k-14\le 4$

$\therefore 10\le k\le 18$

→ **암기** 점 (x_1, y_1)과 직선 $ax+by+c=0$ 사이의 거리는 $\dfrac{|ax_1+by_1+c|}{\sqrt{a^2+b^2}}$이다.

따라서 k의 최댓값은 18이다.

✪ 다른 풀이 벡터의 내적을 변형한 풀이

Step 1 주어진 그림을 좌표평면 위에 나타낸다.

오른쪽 그림과 같이 점 A를 원점, $\overline{AD}$를 x축의 양의 방향, $\overline{AB}$를 y축의 음의 방향으로 하는 좌표평면에 놓으면 점 C의 좌표는 $C(2\sqrt{3},\ -2)$이다.

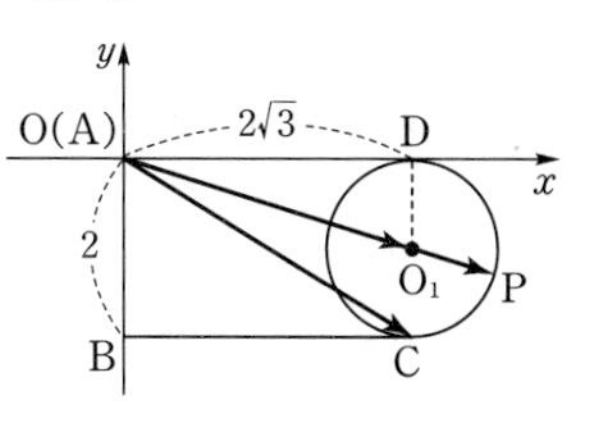

Step 2 주어진 벡터의 내적을 변형한다.

원의 중심을 O_1, 두 벡터 $\overrightarrow{AC}$, $\overrightarrow{O_1P}$가 이루는 각의 크기를 θ라 하면 $O_1(2\sqrt{3},\ -1)$이고,

→ 벡터 $\overrightarrow{AP}$를 두 벡터의 합으로 나타낸다.

$\overrightarrow{AC}\cdot\overrightarrow{AP}=\overrightarrow{AC}\cdot(\overrightarrow{AO_1}+\overrightarrow{O_1P})$

$=\overrightarrow{AC}\cdot\overrightarrow{AO_1}+\overrightarrow{AC}\cdot\overrightarrow{O_1P}$

$=(2\sqrt{3},\ -2)\cdot(2\sqrt{3},\ -1)+|\overrightarrow{AC}||\overrightarrow{O_1P}|\cos\theta$

→ 고정된 두 벡터의 내적 (상수)

→ $(x_1, y_1)\cdot(x_2, y_2)=x_1x_2+y_1y_2$

$=12+2+4\times1\times\cos\theta=14+4\cos\theta$

따라서 $\cos\theta=1$일 때 내적 $\overrightarrow{AC}\cdot\overrightarrow{AP}$가 최댓값을 가지므로 최댓값은 $14+4=18$이다.

→ $\cos\theta$의 값이 가장 클 때 내적의 값도 최대가 돼! 이때의 θ의 값은 0이고, 즉 두 벡터 $\overrightarrow{AC}$와 $\overrightarrow{O_1P}$의 방향이 같을 때를 뜻해.

알아야 할 기본개념

벡터의 내적

영벡터가 아닌 두 벡터 $\vec{a}$, $\vec{b}$에 대하여 $\vec{a}=\overrightarrow{OA}$, $\vec{b}=\overrightarrow{OB}$인 세 점 O, A, B를 잡을 때, $\angle AOB=\theta\ (0\le\theta\le\pi)$를 두 벡터 $\vec{a}$, $\vec{b}$가 이루는 각의 크기라 한다. 평면에서 영벡터가 아닌 두 벡터 $\vec{a}$, $\vec{b}$가 이루는 각의 크기가 θ일 때,

$\vec{a}\cdot\vec{b}=|\vec{a}||\vec{b}|\cos\theta$

를 두 벡터의 내적이라 한다.

125 [정답률 20%]

정답 108

평면 위에

$\overline{OA}=2+2\sqrt{3}$, $\overline{AB}=4$, $\angle COA=\dfrac{\pi}{3}$, $\angle A=\angle B=\dfrac{\pi}{2}$

를 만족시키는 사다리꼴 OABC가 있다. 선분 AB를 지름으로 하는 원 위의 점 P에 대하여 $\overrightarrow{OC}\cdot\overrightarrow{OP}$의 값이 최대가 되도록 하는 점 P를 Q라 할 때, 직선 OQ가 원과 만나는 점 중 Q가 아닌 점을 D라 하자. 원 위의 점 R에 대하여 $\overrightarrow{DQ}\cdot\overrightarrow{AR}$의 최댓값을 M이라 할 때, M^2의 값을 구하시오. (4점)

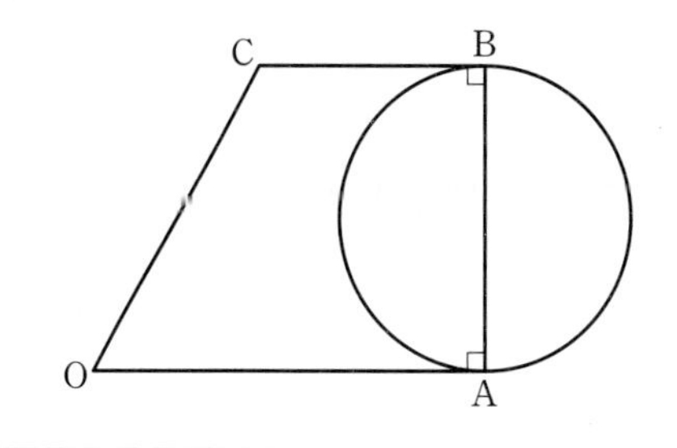

Step 1 $\overrightarrow{OC}\cdot\overrightarrow{OP}$의 값이 최대가 되도록 하는 원 위의 점을 구한다.

선분 AB를 지름으로 하는 원의 중심을 E라 하자. 원 위의 점 P에 대하여

$\overrightarrow{OC}\cdot\overrightarrow{OP}=\overrightarrow{OC}\cdot(\overrightarrow{OE}+\overrightarrow{EP})$
$=\overrightarrow{OC}\cdot\overrightarrow{OE}+\overrightarrow{OC}\cdot\overrightarrow{EP}$

→ 원 위의 점이 벡터의 종점일 때는 원의 중심을 경유하도록 벡터를 쪼개면 문제를 수월하게 풀 수 있어.

$\overrightarrow{OC}\cdot\overrightarrow{OE}$의 값은 일정하므로 두 벡터 $\overrightarrow{OC}$와 $\overrightarrow{EP}$의 방향이 같을 때, $\overrightarrow{OC}\cdot\overrightarrow{OP}$의 값은 최대가 된다.

이때의 점 P, 즉 점 Q를 원 위에 나타내면 다음과 같다.

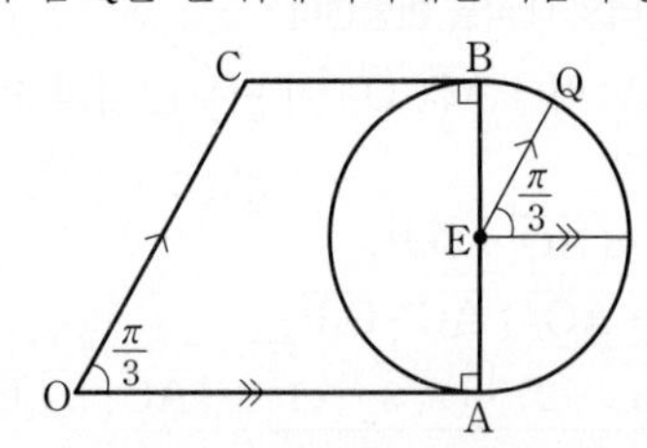

Step 2 $|\overrightarrow{DQ}|$의 값과 두 벡터 $\overrightarrow{DQ}$와 $\overrightarrow{AB}$가 이루는 예각의 크기를 구한다.

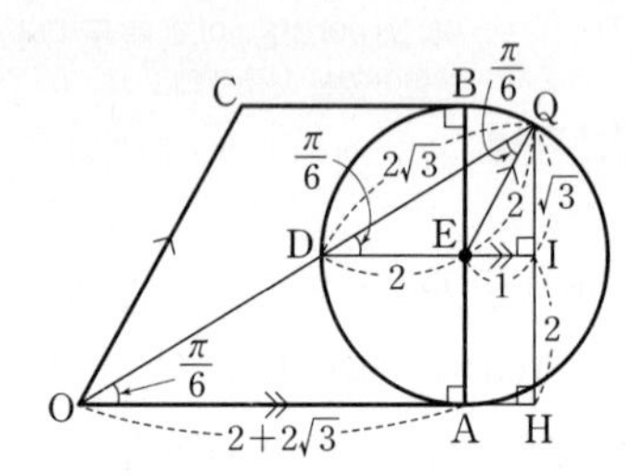

점 Q에서 직선 OA에 내린 수선의 발을 H, 점 E에서 선분 QH에 내린 수선의 발을 I라 하면 $\angle COA=\angle QEI=\frac{\pi}{3}$이고, $\overline{EQ}=2$이므로 $\overline{EI}=1$, $\overline{QI}=\sqrt{3}$

→ $\overline{OC}\,/\!/\,\overline{EQ}$이고 $\overline{OH}\,/\!/\,\overline{EI}$야.

또한, $\overline{IH}=\overline{EA}=2$, $\overline{AH}=\overline{EI}=1$이므로
→ 원의 반지름의 길이

$\overline{QH}=2+\sqrt{3}$, $\overline{OH}=3+2\sqrt{3}$

이때 $\tan(\angle QOH)=\frac{\overline{QH}}{\overline{OH}}=\frac{2+\sqrt{3}}{3+2\sqrt{3}}=\frac{\sqrt{3}}{3}$이므로

$\angle QOH=\frac{\pi}{6}$

직각삼각형 QOH에서 $\angle QOH=\frac{\pi}{6}$이면 $\angle QDI=\frac{\pi}{6}$(동위각)이고

삼각형 EQD는 이등변삼각형이므로 $\angle EQD=\angle EDQ=\frac{\pi}{6}$

$\therefore |\overrightarrow{DQ}|=2\times2\times\cos\frac{\pi}{6}=2\sqrt{3}$

→ 이등변삼각형 EQD의 점 E에서 선분 DQ에 내린 수선의 발을 M이라 하면 $\overline{DM}=\overline{MQ}$이므로 $\overline{DQ}=2\overline{DM}=2\times\overline{DE}\times\cos(\angle EDM)$

또, 선분 DQ와 선분 AB의 교점을 F라 하면 직각삼각형 OAF에서 $\angle OFA=\frac{\pi}{3}$이므로 두 벡터 $\overrightarrow{DQ}$와 $\overrightarrow{AB}$가 이루는 예각의 크기는 $\frac{\pi}{3}$이다.

Step 3 $\overrightarrow{DQ}\cdot\overrightarrow{AR}$가 최대가 되도록 하는 점 R의 위치와 그때의 최댓값을 구한다.

$\overrightarrow{DQ}\cdot\overrightarrow{AR}=\overrightarrow{DQ}\cdot(\overrightarrow{AE}+\overrightarrow{ER})$
$=\overrightarrow{DQ}\cdot\overrightarrow{AE}+\overrightarrow{DQ}\cdot\overrightarrow{ER}$

$\overrightarrow{DQ}\cdot\overrightarrow{AE}$의 값은 일정하므로 두 벡터 $\overrightarrow{DQ}$와 $\overrightarrow{ER}$의 방향이 같을 때 $\overrightarrow{DQ}\cdot\overrightarrow{AR}$의 값은 최대가 된다.

이때의 점 R를 원 위에 나타내면 다음과 같다.

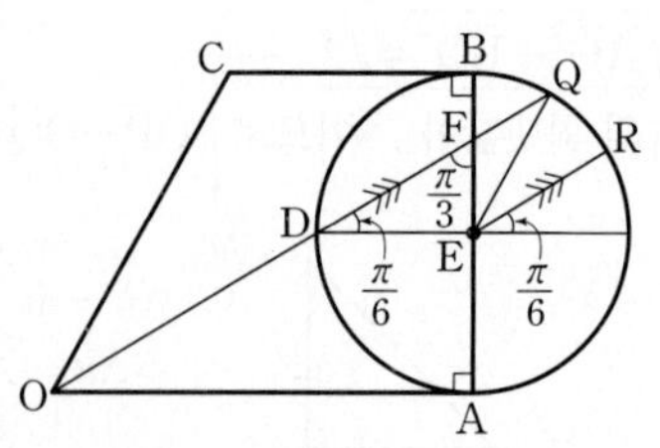

$\overrightarrow{DQ}\cdot\overrightarrow{AR}=\overrightarrow{DQ}\cdot\overrightarrow{AE}+\overrightarrow{DQ}\cdot\overrightarrow{ER}$

$=|\overrightarrow{DQ}||\overrightarrow{AE}|\times\cos\frac{\pi}{3}+|\overrightarrow{DQ}||\overrightarrow{ER}|\times\cos 0$

→ 두 벡터 $\overrightarrow{DQ}$와 $\overrightarrow{AB}$가 이루는 예각의 크기와 같아.

$=2\sqrt{3}\times2\times\frac{1}{2}+2\sqrt{3}\times2\times1$

$=6\sqrt{3}=M$

$\therefore M^2=108$

126 [정답률 75%]

정답 ③

좌표평면 위의 두 점 A(6, 0), B(8, 6)에 대하여 점 P가

→ $\overrightarrow{OA}=(6, 0)$, $\overrightarrow{OB}=(8, 6)$

$$|\overrightarrow{PA}+\overrightarrow{PB}|=\sqrt{10}$$

을 만족시킨다.

$\overrightarrow{OB}\cdot\overrightarrow{OP}$의 값이 최대가 되도록 하는 점 P를 Q라 하고, 선분 AB의 중점을 M이라 할 때, $\overrightarrow{OA}\cdot\overrightarrow{MQ}$의 값은?

→ $\overrightarrow{PA}+\overrightarrow{PB}=2\overrightarrow{PM}$

(단, O는 원점이다.) (4점)

① $\frac{6\sqrt{10}}{5}$ ② $\frac{9\sqrt{10}}{5}$ ③ $\frac{12\sqrt{10}}{5}$ ✔

④ $3\sqrt{10}$ ⑤ $\frac{18\sqrt{10}}{5}$

Step 1 점 Q의 위치를 파악한다.

선분 AB의 중점이 M이므로 $\overrightarrow{PA}+\overrightarrow{PB}=2\overrightarrow{PM}$ → 벡터의 중요한 성질이니 꼭 기억해!

이때 $|\overrightarrow{PA}+\overrightarrow{PB}|=\sqrt{10}$이므로 $2|\overrightarrow{PM}|=\sqrt{10}$

$\therefore |\overrightarrow{PM}|=\frac{\sqrt{10}}{2}$

따라서 점 P는 중심이 M이고 반지름의 길이가 $\frac{\sqrt{10}}{2}$인 원 위의 점이다.

점 P에서 선분 OB에 내린 수선의 발을 P′라 하자.

$\overrightarrow{OB}\cdot\overrightarrow{OP}$의 값이 최대가 되려면 선분 OP′의 길이가 최대가 되어야 한다.

→ 고정된 벡터

즉, 점 Q는 점 P가 위치하는 원과 직선 OB에 수직인 직선이 서로 접하는 점이다.

→ 이때 $\overline{OB}\,/\!/\,\overline{MQ}$야.

따라서 점 Q의 위치는 다음과 같다.

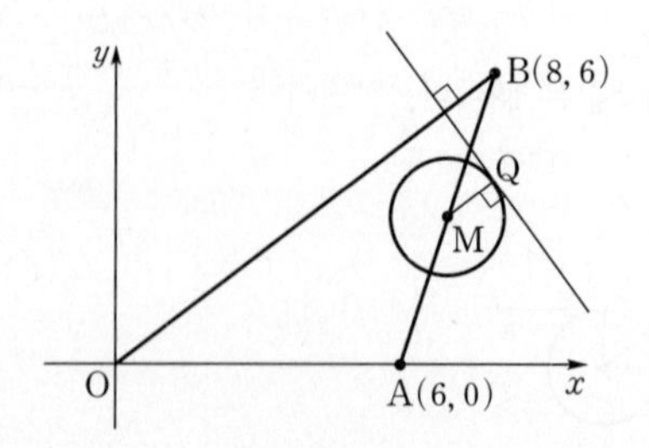

Step 2 $\overrightarrow{OA}\cdot\overrightarrow{MQ}$의 값을 구한다.

$\overrightarrow{OA}=(6,\ 0)$, $\overrightarrow{OB}=(8,\ 6)$이므로

$\overrightarrow{OA}\cdot\overrightarrow{OB}=6\times8+0\times6=48$ ← 벡터의 성분 내적

이때 $|\overrightarrow{OA}|=6$, $|\overrightarrow{OB}|=\sqrt{8^2+6^2}=10$이므로

두 벡터 $\overrightarrow{OA}$, $\overrightarrow{OB}$가 이루는 각의 크기를 θ라 하면

$\overrightarrow{OA}\cdot\overrightarrow{OB}=|\overrightarrow{OA}||\overrightarrow{OB}|\cos\theta$에서 ← 벡터의 내적의 정의

$48=6\times10\times\cos\theta=60\cos\theta$

$\therefore \cos\theta=\frac{48}{60}=\frac{4}{5}$

두 벡터 $\overrightarrow{OB}$, $\overrightarrow{MQ}$의 방향이 같으므로 두 벡터 $\overrightarrow{OA}$, $\overrightarrow{MQ}$가 이루는 각의 크기는 두 벡터 $\overrightarrow{OA}$, $\overrightarrow{OB}$가 이루는 각의 크기 θ와 같다.

$\therefore \overrightarrow{OA}\cdot\overrightarrow{MQ}=|\overrightarrow{OA}||\overrightarrow{MQ}|\cos\theta$

$=6\times\frac{\sqrt{10}}{2}\times\frac{4}{5}$

$=\frac{12\sqrt{10}}{5}$

← 점 Q가 위치한 원의 반지름의 길이가 $\frac{\sqrt{10}}{2}$이고, 중심이 점 M이므로 $|\overrightarrow{MQ}|=\frac{\sqrt{10}}{2}$

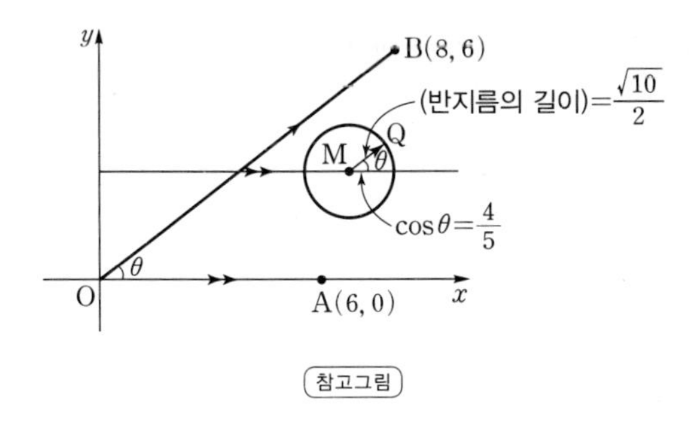

참고그림

127 [정답률 10%]

정답 15

평면 위에 한 변의 길이가 6인 정삼각형 ABC의 무게중심 O에 대하여 $\overrightarrow{OD}=\frac{3}{2}\overrightarrow{OB}-\frac{1}{2}\overrightarrow{OC}$를 만족시키는 점을 D라 하자. 선분 CD 위의 점 P에 대하여 $|2\overrightarrow{PA}+\overrightarrow{PD}|$의 값이 최소가 되도록 하는 점 P를 Q라 하자. $|\overrightarrow{OR}|=|\overrightarrow{OA}|$를 만족시키는 점 R에 대하여 $\overrightarrow{QA}\cdot\overrightarrow{QR}$의 최댓값이 $p+q\sqrt{93}$일 때, $p+q$의 값을 구하시오. (단, p, q는 유리수이다.) (4점)

← 점 D가 선분 CB를 3 : 1로 외분하는 점이다.

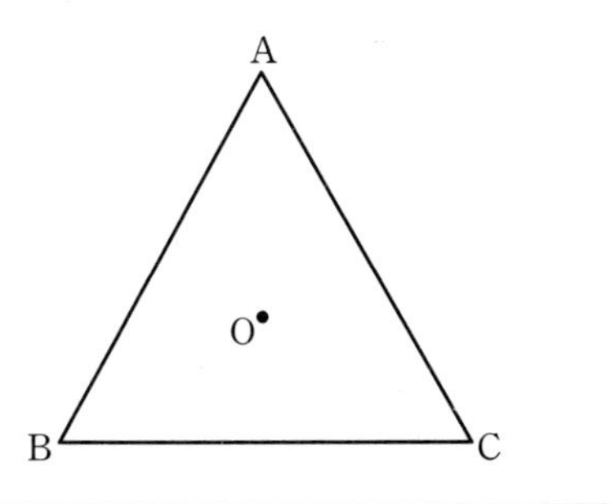

Step 1 $|2\overrightarrow{PA}+\overrightarrow{PD}|$의 값이 최소가 되도록 하는 점 P를 찾는다.

$\overrightarrow{OD}=\frac{3}{2}\overrightarrow{OB}-\frac{1}{2}\overrightarrow{OC}=\frac{3\overrightarrow{OB}-\overrightarrow{OC}}{3-1}$에서 점 D는 선분 CB를 3 : 1로 외분하는 점이다.

선분 DA를 2 : 1로 내분하는 점을 G라 하면 선분 CD 위의 점 P에 대하여

$\frac{2\overrightarrow{PA}+\overrightarrow{PD}}{2+1}=\overrightarrow{PG}$에서 $|2\overrightarrow{PA}+\overrightarrow{PD}|=3|\overrightarrow{PG}|$이므로 선분 PG의 길이가 최소일 때 $|2\overrightarrow{PA}+\overrightarrow{PD}|$가 최소이다.

즉, 점 Q는 점 G에서 선분 CD에 내린 수선의 발이다.

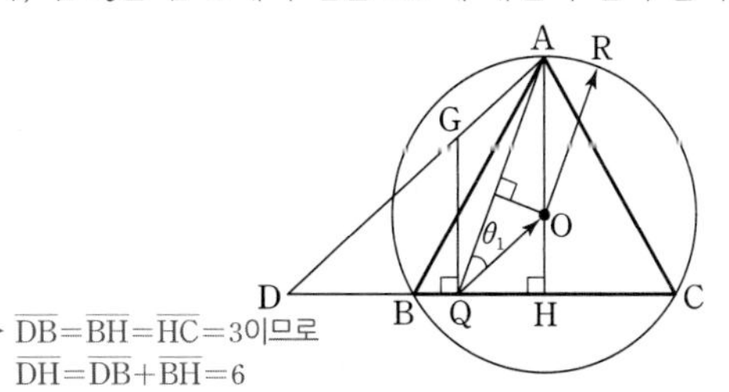

← $\overline{DB}=\overline{BH}=\overline{HC}=3$이므로 $\overline{DH}=\overline{DB}+\overline{BH}=6$

Step 2 $\overline{QA}$, $\overline{OQ}$, $\overline{OA}$의 길이를 각각 구한다.

점 A에서 선분 BC에 내린 수선의 발을 H라 하면

$\overline{DH}=6$, $\overline{QH}=\frac{1}{3}\overline{DH}=2$, $\overline{AH}=3\sqrt{3}$이므로

← $\overline{DA}:\overline{DG}=3:2$이므로 두 삼각형 ADH, GDQ의 닮음비는 3 : 2이다.

← 한 변의 길이가 6인 정삼각형의 높이이므로 $\frac{\sqrt{3}}{2}\times6=3\sqrt{3}$

$\overline{QA}=\sqrt{\overline{QH}^2+\overline{AH}^2}=\sqrt{2^2+(3\sqrt{3})^2}=\sqrt{31}$

$\overline{OA}=\frac{2}{3}\times\overline{AH}=2\sqrt{3}$ ← 점 O는 정삼각형의 무게중심이므로 $\overline{OA}:\overline{OH}=2:1$

$\overline{OQ}=\sqrt{\overline{QH}^2+\overline{OH}^2}=\sqrt{2^2+(\sqrt{3})^2}=\sqrt{7}$

Step 3 $\overrightarrow{QA}\cdot\overrightarrow{QR}$의 최댓값을 구한다.

정삼각형은 무게중심과 외심이 같으므로 $|\overrightarrow{OR}|=|\overrightarrow{OA}|$에서 점 R는 삼각형 ABC의 외접원 위의 점이다.

$\overrightarrow{QA}\cdot\overrightarrow{QR}=\overrightarrow{QA}\cdot(\overrightarrow{QO}+\overrightarrow{OR})=\overrightarrow{QA}\cdot\overrightarrow{QO}+\overrightarrow{QA}\cdot\overrightarrow{OR}$

두 벡터 $\overrightarrow{QA}$, $\overrightarrow{QO}$가 이루는 각의 크기를 θ_1 $(0\le\theta_1\le\pi)$이라 하자.

$\overrightarrow{QA}\cdot\overrightarrow{QO}=|\overrightarrow{QA}||\overrightarrow{QO}|\cos\theta_1$

$=\overline{QA}\times\overline{QO}\times\frac{\overline{QA}^2+\overline{QO}^2-\overline{OA}^2}{2\times\overline{QA}\times\overline{QO}}$ ← 코사인법칙의 변형

$=\frac{1}{2}(\overline{QA}^2+\overline{QO}^2-\overline{OA}^2)$

$=\frac{1}{2}\{(\sqrt{31})^2+(\sqrt{7})^2-(2\sqrt{3})^2\}=13$

두 벡터 $\overrightarrow{QA}$, $\overrightarrow{OR}$가 이루는 각의 크기를 θ_2 $(0\le\theta_2\le\pi)$라 하자.

$\overrightarrow{QA}\cdot\overrightarrow{OR}=|\overrightarrow{QA}||\overrightarrow{OR}|\cos\theta_2$

$=\sqrt{31}\times2\sqrt{3}\times\cos\theta_2$ ← 삼각형 ABC의 외접원의 반지름으로 $|\overrightarrow{OR}|=\overline{OA}=2\sqrt{3}$

$=2\sqrt{93}\cos\theta_2$

이때 $-1\le\cos\theta_2\le1$이므로 $\overrightarrow{QA}\cdot\overrightarrow{OR}$의 값은 $\cos\theta_2=1$일 때 최대이다. ← 두 벡터 $\overrightarrow{QA}$, $\overrightarrow{OR}$의 방향이 같을 때 최대

$\overrightarrow{QA}\cdot\overrightarrow{QR}=(\overrightarrow{QA}\cdot\overrightarrow{QO})+(\overrightarrow{QA}\cdot\overrightarrow{OR})$

$\le13+2\sqrt{93}$

이므로 $\overrightarrow{QA}\cdot\overrightarrow{QR}$의 최댓값은 $13+2\sqrt{93}$이다.

따라서 $p=13$, $q=2$이므로

$p+q=13+2=15$

128 [정답률 65%] 정답 27

→ 원 또는 구에서 벡터의 내적에 대한 최대, 최소 문제에서는 원 또는 구의 중심을 사용하여 벡터를 변형시킬 수 있어야 해.

그림과 같이 한 변의 길이가 4인 정사각형 ABCD의 내부에 선분 AB와 선분 BC에 접하고 반지름의 길이가 1인 원 C_1과 선분 AD와 선분 CD에 접하고 반지름의 길이가 1인 원 C_2가 있다. 원 C_1과 선분 AB의 접점을 P라 하고, 원 C_2 위의 한 점을 Q라 하자.

$\overrightarrow{PC}\cdot\overrightarrow{PQ}$의 최댓값을 $a+\sqrt{b}$라 할 때, $a+b$의 값을 구하시오.
(단, a와 b는 유리수이다.) (4점)

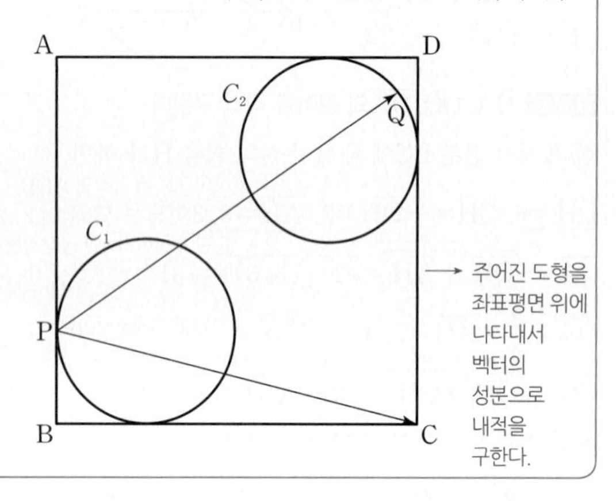

→ 주어진 도형을 좌표평면 위에 나타내서 벡터의 성분으로 내적을 구한다.

Step 1 점 P가 원점, 직선 AB가 y축이 되도록 좌표평면을 그려 $\overrightarrow{PC}\cdot\overrightarrow{PQ}$의 최댓값을 구한다.

원 C_2의 중심을 O_2라 하면 $\overrightarrow{PQ}=\overrightarrow{PO_2}+\overrightarrow{O_2Q}$이므로

$\overrightarrow{PC}\cdot\overrightarrow{PQ}=\overrightarrow{PC}\cdot(\overrightarrow{PO_2}+\overrightarrow{O_2Q})$ → 정점 O_2를 이용하여 벡터를 분해한다.

$=\overrightarrow{PC}\cdot\overrightarrow{PO_2}+\overrightarrow{PC}\cdot\overrightarrow{O_2Q}$

점 P가 원점, 직선 AB가 y축이 되도록 좌표평면을 그리면 두 점 C, O_2의 좌표는 각각 C$(4, -1)$, $O_2(3, 2)$이다. 이때 $\overrightarrow{PC}$와 $\overrightarrow{O_2Q}$가 이루는 각의 크기를 θ라 하면 → $(a_1, a_2)\cdot(b_1, b_2)=a_1b_1+a_2b_2$

$\overrightarrow{PC}\cdot\overrightarrow{PQ}=(4, -1)\cdot(3, 2)+|\overrightarrow{PC}||\overrightarrow{O_2Q}|\cos\theta$

$=4\times3+(-1)\times2+\sqrt{17}\times1\times\cos\theta$

$=10+\sqrt{17}\cos\theta$ → $|\overrightarrow{PC}|=\sqrt{4^2+(-1)^2}$이고 점 Q는 원 C_2 위의 점이기 때문이야.

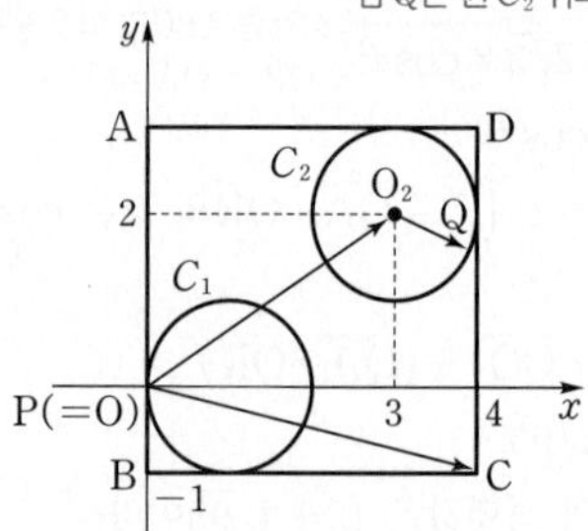

가능한 θ의 값의 범위는 $0\le\theta\le\pi$이므로

$\theta=0$일 때 $\cos\theta=1$이 되어 $\overrightarrow{PC}\cdot\overrightarrow{PQ}$가 최댓값 $10+\sqrt{17}$을 갖는다.

→ 즉, $\overrightarrow{PC}\,/\!/\,\overrightarrow{O_2Q}$이고 이때 $\overrightarrow{PC}\cdot\overrightarrow{OQ_2}$가 최대야.

→ $10+\sqrt{17}\cos\theta=10+\sqrt{17}\times1$

따라서 $a=10$, $b=17$이므로

$a+b=10+17=27$

✪ 다른 풀이 점과 직선 사이의 거리 공식을 이용한 풀이

Step 1 주어진 조건을 좌표평면 위에 나타낸다. → 이때 점 C_2의 중심은 $(3, 3)$이 될 거야.

오른쪽 그림과 같이 점 B가 원점, 점 A가 y축, 점 C가 x축 위의 점이 되도록 주어진 그림을 좌표평면 위에 나타내자.

이때 점 A, C, D, P의 좌표는 각각 A$(0, 4)$, C$(4, 0)$, D$(4, 4)$, P$(0, 1)$이다.

Step 2 $\overrightarrow{PC}\cdot\overrightarrow{PQ}$가 최댓값을 갖기 위한 조건을 구한다.

$\overrightarrow{PC}$와 $\overrightarrow{PQ}$가 이루는 각의 크기를 θ라 하자.

이때 $\overrightarrow{PC}\cdot\overrightarrow{PQ}=|\overrightarrow{PC}||\overrightarrow{PQ}|\cos\theta$에서

$|\overrightarrow{PC}|=\sqrt{(4-0)^2+(0-1)^2}=\sqrt{17}$로 → 두 점 P$(0, 1)$, C$(4, 0)$ 사이의 거리

일정하므로 $\overrightarrow{PC}\cdot\overrightarrow{PQ}$의 값이 최대가 되려면 $|\overrightarrow{PQ}|\cos\theta$의 값이 최대가 되어야 한다.

이때 점 Q에서 직선 PC 위에 내린 수선의 발 Q′에 대하여

$|\overrightarrow{PQ}|\cos\theta=|\overrightarrow{PQ'}|$

$|\overrightarrow{PQ'}|$의 값이 최대가 되기 위해서는 직선 PC와 수직인 직선이 원 C_2와 만나 생기는 접선의 접점이 점 Q가 될 때, 직선 PC와 수직인 직선과 직선 PC의 교점이 점 Q′이어야 한다.

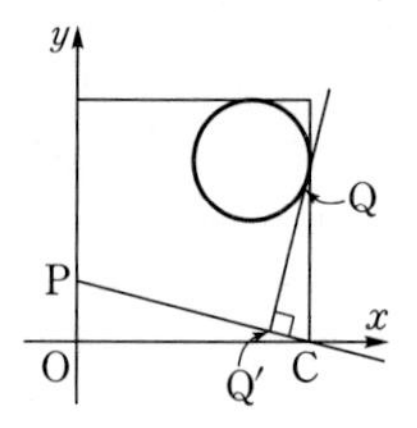

Step 3 점과 직선 사이의 거리 공식을 이용한다.

직선 PC의 기울기는 $\dfrac{0-1}{4-0}=-\dfrac{1}{4}$이고 직선 PC와 직선 QQ′이 수직이므로 직선 QQ′의 기울기는 4 → 서로 수직인 두 직선의 기울기의 곱은 -1이야.

이때 직선 QQ′의 방정식을 $y=4x+k$ (단, k는 상수)라 하면 이 직선과 원 C_2의 중심 점 $(3, 3)$ 사이의 거리가 1이 되어야 하므로

$\dfrac{|4\times3-3+k|}{\sqrt{4^2+(-1)^2}}=1$에서 $|9+k|=\sqrt{17}$

$\therefore k=-9-\sqrt{17}$ → k는 직선 QQ′의 y절편이므로 $k<0$이야.

또한 $|\overrightarrow{PQ'}|=\overline{PQ'}$이고 선분 PQ′의 길이는 직선 QQ′과 점 P 사이의 거리와 같으므로 → 직선 $ax+by+c=0$과 점 (x_1, y_1) 사이의 거리 d는 $d=\dfrac{|ax_1+by_1+c|}{\sqrt{a^2+b^2}}$

$|\overrightarrow{PQ'}|=\dfrac{|4\times0-1-9-\sqrt{17}|}{\sqrt{17}}=\dfrac{10+\sqrt{17}}{\sqrt{17}}$

따라서 $\overrightarrow{PC}\cdot\overrightarrow{PQ}$의 최댓값은

$|\overrightarrow{PC}|\times|\overrightarrow{PQ'}|=\sqrt{17}\times\dfrac{10+\sqrt{17}}{\sqrt{17}}=10+\sqrt{17}$

$\therefore a=10, b=17$

$\therefore a+b=10+17=27$

129 [정답률 48%] 정답 ⑤

그림과 같이 한 평면 위에 반지름의 길이가 4이고 중심각의 크기가 120°인 부채꼴 OAB와 중심이 C이고 반지름의 길이가 1인 원 C가 있고, 세 벡터 $\overrightarrow{OA}$, $\overrightarrow{OB}$, $\overrightarrow{OC}$가

$$\overrightarrow{OA}\cdot\overrightarrow{OC}=24,\ \overrightarrow{OB}\cdot\overrightarrow{OC}=0$$

→ 두 벡터 $\overrightarrow{OB}$, $\overrightarrow{OC}$가 이루는 각의 크기는 90°이다.

을 만족시킨다. 호 AB 위를 움직이는 점 P와 원 C 위를 움직이는 점 Q에 대하여 $\overrightarrow{OP}\cdot\overrightarrow{PQ}$의 최댓값과 최솟값을 각각 M, m이라 할 때, $M+m$의 값은? (4점)

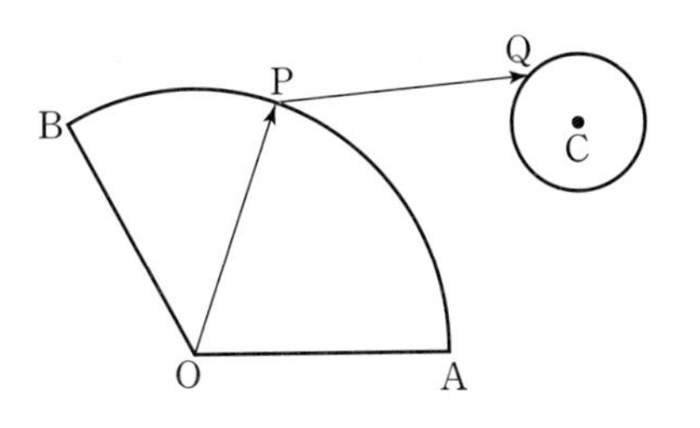

① $12\sqrt{3}-34$ ② $12\sqrt{3}-32$ ③ $16\sqrt{3}-36$
④ $16\sqrt{3}-34$ ⑤ $16\sqrt{3}-32$

Step 1 주어진 조건을 이용하여 $|\overrightarrow{OC}|$의 값을 구한다.

$\angle AOB=120°$이고 $\overrightarrow{OB}\cdot\overrightarrow{OC}=0$이므로

$\angle COB=90°$, $\angle AOC=30°$

$\overrightarrow{OA}\cdot\overrightarrow{OC}=24$에서

$|\overrightarrow{OA}||\overrightarrow{OC}|\times\cos(\angle AOC)=4\times|\overrightarrow{OC}|\times\cos 30°$

$=2\sqrt{3}\times|\overrightarrow{OC}|=24$

$\therefore |\overrightarrow{OC}|=4\sqrt{3}$

Step 2 벡터의 내적의 성질을 이용하여 $\overrightarrow{OP}\cdot\overrightarrow{PQ}$의 값의 범위를 구한다.

$\overrightarrow{OP}\cdot\overrightarrow{PQ}=\overrightarrow{OP}\cdot(\overrightarrow{OQ}-\overrightarrow{OP})$

$=\overrightarrow{OP}\cdot\overrightarrow{OQ}-|\overrightarrow{OP}|^2$

$=\overrightarrow{OP}\cdot\overrightarrow{OQ}-16$ …… ㉠

→ $\angle COB=90°$이므로 θ의 값은 90°보다 클 수 없다.

두 벡터 $\overrightarrow{OP}$, $\overrightarrow{OC}$가 이루는 각의 크기를 θ $(0°\le\theta\le 90°)$라 하면

$\overrightarrow{OP}\cdot\overrightarrow{OQ}=\overrightarrow{OP}\cdot(\overrightarrow{OC}+\overrightarrow{CQ})$

$=\overrightarrow{OP}\cdot\overrightarrow{OC}+\overrightarrow{OP}\cdot\overrightarrow{CQ}$

$=16\sqrt{3}\cos\theta+\overrightarrow{OP}\cdot\overrightarrow{CQ}$ …… ㉡

→ $=|\overrightarrow{OP}||\overrightarrow{OC}|\cos(\angle COP)$ $=4\times4\sqrt{3}\times\cos\theta$ $=16\sqrt{3}\cos\theta$

$\theta=0°$이고 두 벡터 $\overrightarrow{OP}$, $\overrightarrow{CQ}$의 방향이 같을 때, $\overrightarrow{OP}\cdot\overrightarrow{OQ}$의 값이 최대이므로 ㉡에서

$\overrightarrow{OP}\cdot\overrightarrow{OQ}\le16\sqrt{3}\cos 0°+|\overrightarrow{OP}||\overrightarrow{CQ}|\cos 0°$

$=16\sqrt{3}+4$ …… ㉢

$\theta=90°$이고 두 벡터 $\overrightarrow{OP}$, $\overrightarrow{CQ}$의 방향이 반대일 때, $\overrightarrow{OP}\cdot\overrightarrow{OQ}$의 값이 최소이므로 ㉡에서

→ 두 벡터 $\overrightarrow{OP}$, $\overrightarrow{CQ}$가 이루는 각의 크기는 180°이다.

$\overrightarrow{OP}\cdot\overrightarrow{OQ}\ge16\sqrt{3}\cos 90°+|\overrightarrow{OP}||\overrightarrow{CQ}|\cos 180°$

$=-4$ …… ㉣

→ $4\times1\times(-1)=-4$

㉠, ㉢, ㉣에서

$-4-16\le\overrightarrow{OP}\cdot\overrightarrow{PQ}\le16\sqrt{3}+4-16$

$\therefore -20\le\overrightarrow{OP}\cdot\overrightarrow{PQ}\le16\sqrt{3}-12$

따라서 $M=16\sqrt{3}-12$, $m=-20$이므로 $M+m=16\sqrt{3}-32$

130 [정답률 11%] 정답 486

그림과 같이 평면 위에 $\overline{OA}=2\sqrt{11}$을 만족하는 두 점 O, A와 점 O를 중심으로 하고 반지름의 길이가 각각 $\sqrt{5}$, $\sqrt{14}$인 두 원 C_1, C_2가 있다. 원 C_1 위의 서로 다른 두 점 P, Q와 원 C_2 위의 점 R가 다음 조건을 만족시킨다.

> (가) 양수 k에 대하여 $\overrightarrow{PQ}=k\overrightarrow{QR}$
> (나) $\overrightarrow{PQ}\cdot\overrightarrow{AR}=0$이고 $\overline{PQ}:\overline{AR}=2:\sqrt{6}$

→ 두 벡터의 내적이 0이므로 두 벡터가 서로 수직임을 알 수 있어.

원 C_1 위의 점 S에 대하여 $\overrightarrow{AR}\cdot\overrightarrow{AS}$의 최댓값을 M, 최솟값을 m이라 할 때, Mm의 값을 구하시오.

→ 벡터 $\overrightarrow{AS}$를 점 O를 시작과 끝으로 하는 두 벡터로 나눈다.

$\left(\text{단, } \frac{\pi}{2}<\angle ORA<\pi\right)$ (4점)

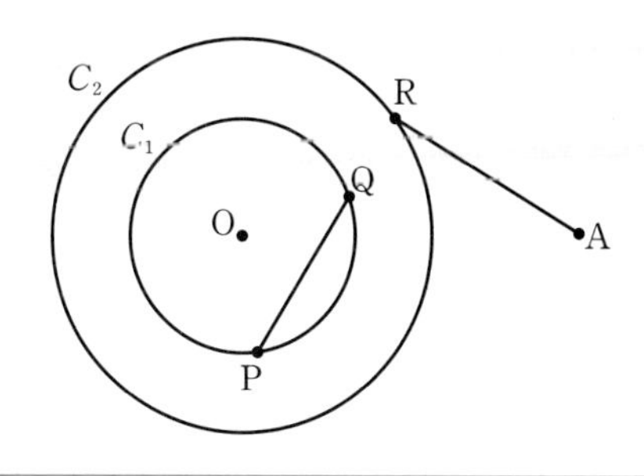

Step 1 $\overrightarrow{AR}\cdot\overrightarrow{AS}$가 최댓값과 최솟값을 가지는 경우를 알아본다.

조건 (가)에 의하여 세 점 P, Q, R는 한 직선 위에 있고

조건 (나)에 의하여 $\overline{AR}\perp\overline{PR}$이다. → $\overrightarrow{PQ}\cdot\overrightarrow{AR}=0$이므로 $\overline{PQ}\perp\overline{AR}$

원 C_1 위의 점 S에 대하여 두 벡터 $\overrightarrow{AR}$와 $\overrightarrow{OS}$가 이루는 각의 크기를 θ라 하면

$\overrightarrow{AR}\cdot\overrightarrow{AS}=\overrightarrow{AR}\cdot(\overrightarrow{AO}+\overrightarrow{OS})$

$=\overrightarrow{AR}\cdot\overrightarrow{AO}+\overrightarrow{AR}\cdot\overrightarrow{OS}$

$=\overrightarrow{AR}\cdot\overrightarrow{AO}+|\overrightarrow{AR}||\overrightarrow{OS}|\cos\theta$ …… ㉠

→ $\overrightarrow{AR}\cdot\overrightarrow{AO}$와 $|\overrightarrow{AR}|$, $|\overrightarrow{OS}|$의 값은 변하지 않아. 따라서 $\overrightarrow{AR}\cdot\overrightarrow{AS}$의 값은 $\cos\theta$의 값에 따라 변하게 돼.

이므로 $\overrightarrow{AR}\cdot\overrightarrow{AS}$는 $\cos\theta=1$일 때 최댓값을 가지고 $\cos\theta=-1$일 때 최솟값을 가진다.

Step 2 현의 성질과 피타고라스 정리를 이용하여 필요한 선분의 길이를 구한다.

다음 그림과 같이 점 O에서 선분 PQ에 내린 수선의 발을 M, 선분 AR의 연장선에 내린 수선의 발을 N이라 하자.

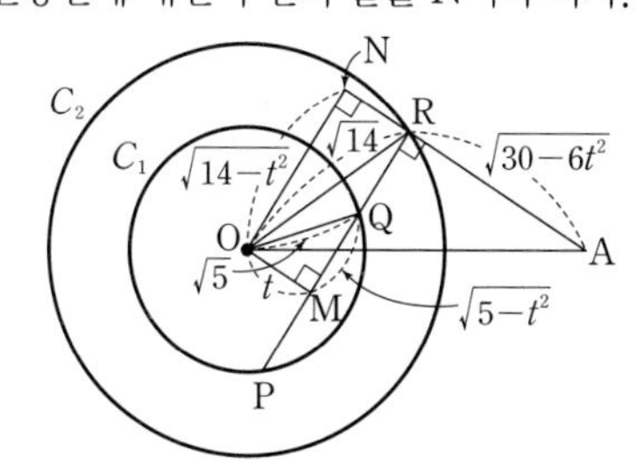

$\overline{OM}=t$라 하면 $\overline{OQ}=\sqrt{5}$이므로 → 원 C_1의 반지름의 길이

$\overline{QM}=\sqrt{\overline{OQ}^2-\overline{OM}^2}=\sqrt{5-t^2}$ → 삼각형 OMQ에서 피타고라스 정리를 이용했어.

이때 조건 (나)에서 $\overline{PQ}:\overline{AR}=2:\sqrt{6}$이고 $\overline{PQ}=2\overline{QM}$이므로

$\overline{QM}:\overline{AR}=1:\sqrt{6}$

→ 원의 중심에서 현에 내린 수선은 그 현을 이등분하기 때문이야.

$\therefore \overline{AR}=\sqrt{6}\,\overline{QM}=\sqrt{30-6t^2}$ …… ㉡

$\overline{NR}=\overline{OM}=t$이고 $\overline{OR}=\sqrt{14}$이므로 → 원 C_2의 반지름의 길이

$\overline{ON}=\sqrt{\overline{OR}^2-\overline{NR}^2}=\sqrt{14-t^2}$ → 문제에서 주어졌어.

삼각형 OAN에서 $\overline{OA}=2\sqrt{11}$,

$\overline{ON}=\sqrt{14-t^2}$, $\overline{AN}=t+\sqrt{30-6t^2}$ ← $\overline{NR}+\overline{AR}$

이므로 피타고라스 정리에 의하여

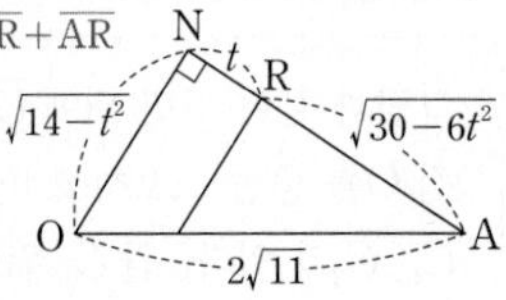

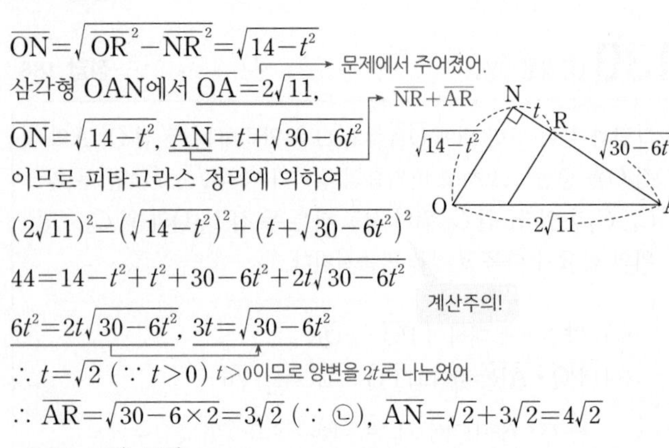

$(2\sqrt{11})^2=(\sqrt{14-t^2})^2+(t+\sqrt{30-6t^2})^2$

$44=14-t^2+t^2+30-6t^2+2t\sqrt{30-6t^2}$

계산주의!

$6t^2=2t\sqrt{30-6t^2}$, $3t=\sqrt{30-6t^2}$

$\therefore t=\sqrt{2}$ ($\because t>0$) $t>0$이므로 양변을 $2t$로 나누었어.

$\therefore \overline{AR}=\sqrt{30-6\times 2}=3\sqrt{2}$ ($\because$ ㉡), $\overline{AN}=\sqrt{2}+3\sqrt{2}=4\sqrt{2}$

Step 3 $\overrightarrow{AR}\cdot\overrightarrow{AS}$의 최댓값과 최솟값을 각각 구한다.

오른쪽 그림에서

$\overrightarrow{AR}\cdot\overrightarrow{AO}=|\overrightarrow{AR}||\overrightarrow{AN}|$

$=3\sqrt{2}\times 4\sqrt{2}=24$

따라서 ㉠에서 $\overrightarrow{AR}\cdot\overrightarrow{AS}$의

최댓값은

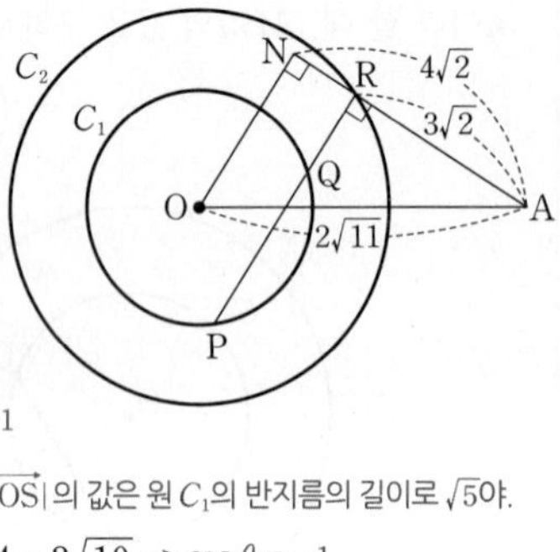

$M=24+3\sqrt{2}\times\sqrt{5}\times 1$ → $\cos\theta=1$

$\quad=24+3\sqrt{10}$

이고 $\overrightarrow{AR}\cdot\overrightarrow{AS}$의 최솟값은 → $|\overrightarrow{OS}|$의 값은 원 C_1의 반지름의 길이로 $\sqrt{5}$야.

$m=24+3\sqrt{2}\times\sqrt{5}\times(-1)=24-3\sqrt{10}$ → $\cos\theta=-1$

$\therefore Mm=(24+3\sqrt{10})(24-3\sqrt{10})=576-90=486$

→ $\overrightarrow{AR}\cdot\overrightarrow{AS}$
$=\overrightarrow{AR}\cdot\overrightarrow{AO}+|\overrightarrow{AR}||\overrightarrow{OS}|\cos\theta$

→ 두 벡터 $\overrightarrow{AR}$, $\overrightarrow{AO}$가 이루는 각의 크기를 α라 하면
$\overrightarrow{AR}\cdot\overrightarrow{AO}=|\overrightarrow{AR}||\overrightarrow{AO}|\cos\alpha$
$=|\overrightarrow{AR}||\overrightarrow{AN}|$

131 [정답률 63%]

정답 7

→ $\angle BPH=\theta$일 때, $|\overrightarrow{PH}|=|\overrightarrow{PB}|\cos\theta$임을 이용한다.

한 변의 길이가 2인 정삼각형 ABC의 꼭짓점 A에서 변 BC에 내린 수선의 발을 H라 하자. 점 P가 선분 AH 위를 움직일 때, $|\overrightarrow{PA}\cdot\overrightarrow{PB}|$의 최댓값은 $\frac{q}{p}$이다. $p+q$의 값을 구하시오. ($\overline{AH}\perp\overline{BC}$)

(단, p와 q는 서로소인 자연수이다.) (4점)

두 벡터 $\vec{a}$, $\vec{b}$가 이루는 각의 크기가 θ일 때, $\vec{a}\cdot\vec{b}=|\vec{a}||\vec{b}|\cos\theta$

Step 1 $\angle BPH=\theta$로 놓고, 내적의 정의를 이용하여 최댓값을 구한다.

$\angle BPH=\theta$라 하면 → 두 벡터 $\overrightarrow{PA}$, $\overrightarrow{PB}$가 이루는 각의 크기는 $\pi-\theta$이다.

$|\overrightarrow{PA}\cdot\overrightarrow{PB}|$ 벡터의 내적

$=||\overrightarrow{PA}||\overrightarrow{PB}|\cos(\pi-\theta)|$

$=|-|\overrightarrow{PA}||\overrightarrow{PB}|\cos\theta|$ ← $\cos(\pi-\theta)=-\cos\theta$

$=|\overrightarrow{PA}||\overrightarrow{PH}|$

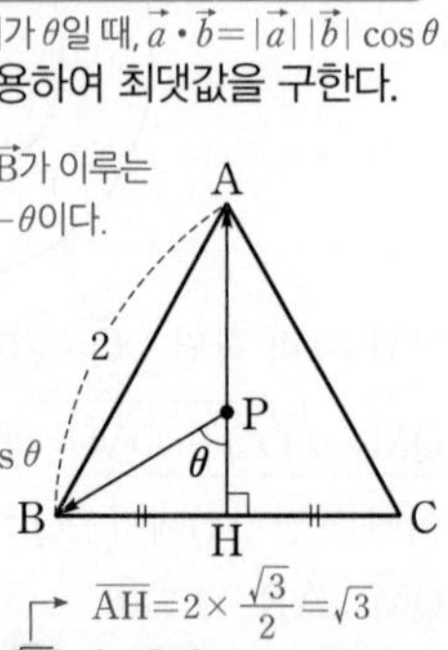

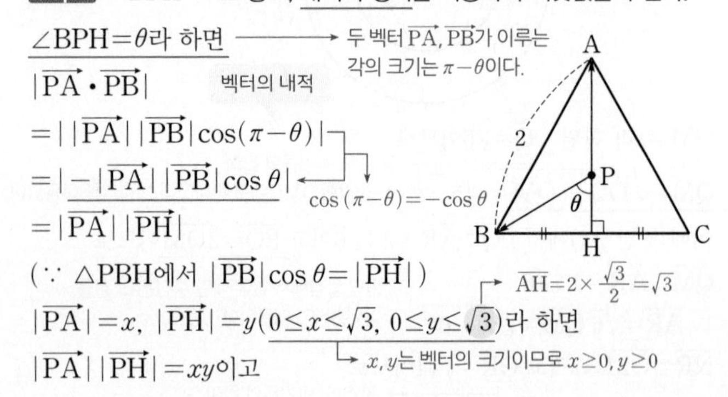

($\because$ △PBH에서 $|\overrightarrow{PB}|\cos\theta=|\overrightarrow{PH}|$) → $\overline{AH}=2\times\frac{\sqrt{3}}{2}=\sqrt{3}$

$|\overrightarrow{PA}|=x$, $|\overrightarrow{PH}|=y$ $(0\le x\le\sqrt{3},\ 0\le y\le\sqrt{3})$라 하면

$|\overrightarrow{PA}||\overrightarrow{PH}|=xy$이고 → x, y는 벡터의 크기이므로 $x\ge 0$, $y\ge 0$

$|\overrightarrow{PA}|+|\overrightarrow{PH}|=x+y=\frac{\sqrt{3}}{2}\times 2=\sqrt{3}$이므로 ($\overline{AH}$)

산술평균과 기하평균의 관계에 의하여

$x+y\ge 2\sqrt{xy}$ (단, 등호는 $x=y$일 때 성립)

→ 산술평균과 기하평균의 관계
$a>0$, $b>0$일 때
$a+b\ge 2\sqrt{ab}$
(단, 등호는 $a=b$일 때 성립)

$\sqrt{3}\ge 2\sqrt{xy}$ ← $|\overrightarrow{PA}|=|\overrightarrow{PH}|$일 때

$xy\le\frac{3}{4}$ ← 양변을 제곱한 후에 정리

따라서 xy의 최댓값이 $\frac{3}{4}$이므로 $|\overrightarrow{PA}\cdot\overrightarrow{PB}|$의 최댓값이 $\frac{3}{4}$이다.

즉, $p=4$, $q=3$이므로 $p+q=7$

다른 풀이 삼각형 ABC를 좌표평면 위에 나타내는 풀이

Step 1 삼각형 ABC를 좌표평면 위에 나타낸다.

좌표평면에서 점 A가 y축 위에 있고 변 BC의 중점이 원점 O가 되도록 정삼각형 ABC를 좌표평면에 놓으면 오른쪽 그림과 같다. 점 H와 원점 O가 일치한다.

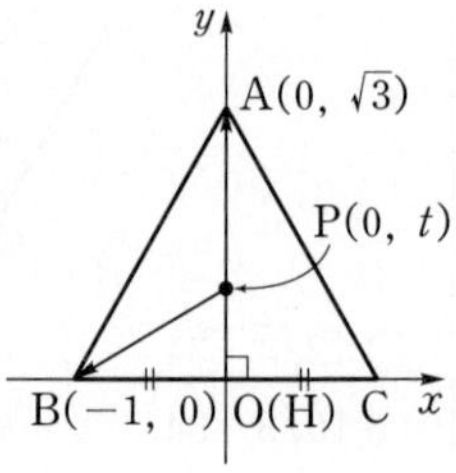

Step 2 점 P의 좌표를 $(0, t)$로 놓고, $|\overrightarrow{PA}\cdot\overrightarrow{PB}|$를 t에 관한 식으로 나타낸다.

점 P는 y축 위의 점이므로 점 P의 좌표를 $(0, t)$ $(0\le t\le\sqrt{3})$라 하자.

두 벡터 $\overrightarrow{PA}$와 $\overrightarrow{PB}$를 성분으로 나타내면

$\overrightarrow{PA}=\overrightarrow{OA}-\overrightarrow{OP}=(0, \sqrt{3}-t)$ → $(0, \sqrt{3})-(0, t)=(0, \sqrt{3}-t)$

$\overrightarrow{PB}=\overrightarrow{OB}-\overrightarrow{OP}=(-1, -t)$ → $(-1, 0)-(0, t)=(-1, -t)$

$\therefore |\overrightarrow{PA}\cdot\overrightarrow{PB}|=|(0, \sqrt{3}-t)\cdot(-1, -t)|$

$=|t^2-\sqrt{3}t|$ → x성분, y성분끼리 따로 계산해준다.

Step 3 $|\overrightarrow{PA}\cdot\overrightarrow{PB}|$가 최대가 될 때의 t의 값을 구한다.

이때 $f(t)=|t^2-\sqrt{3}t|$ $(0\le t\le\sqrt{3})$라 하면

함수 $y=f(t)$의 그래프는 오른쪽 그림과 같고

함수 $f(t)$는 $t=\frac{\sqrt{3}}{2}$일 때 최댓값을 갖는다.

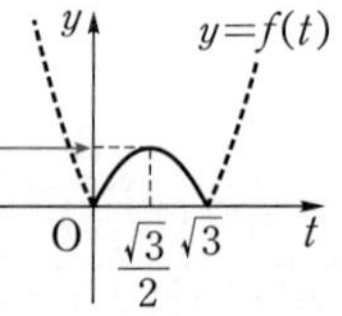

즉, 구하는 최댓값은

$f\left(\frac{\sqrt{3}}{2}\right)=\left|\left(\frac{\sqrt{3}}{2}\right)^2-\sqrt{3}\times\frac{\sqrt{3}}{2}\right|=\left|\frac{3}{4}-\frac{3}{2}\right|=\frac{3}{4}$

따라서 $p=4$, $q=3$이므로 $p+q=7$

다른 풀이 세 점 A, P, H가 일직선 위에 있음을 이용하는 풀이

Step 1 세 점 A, P, H가 일직선 위에 있음을 이용하여 주어진 조건을 나타낸다.

$\overrightarrow{AP}=k\overrightarrow{AH}$ (k는 $0\le k\le 1$인 실수)라 하면 $\overrightarrow{AH}=\frac{1}{2}(\overrightarrow{AB}+\overrightarrow{AC})$

이므로

중요 세 점 A, B, C에 대하여 점 C가 선분 AB의 중점일 때, 임의의 점 P에 대하여 $\overrightarrow{PC}=\frac{1}{2}\overrightarrow{PA}+\frac{1}{2}\overrightarrow{PB}$이다.

$\overrightarrow{AP}=\frac{1}{2}k(\overrightarrow{AB}+\overrightarrow{AC})$

$\overrightarrow{AP}\cdot\overrightarrow{AB}=\frac{1}{2}k(\overrightarrow{AB}+\overrightarrow{AC})\cdot\overrightarrow{AB}$

$=\frac{1}{2}k|\overrightarrow{AB}|^2+\frac{1}{2}k\overrightarrow{AC}\cdot\overrightarrow{AB}$ → $\overrightarrow{AB}\cdot\overrightarrow{AB}=|\overrightarrow{AB}||\overrightarrow{AB}|\cos 0=|\overrightarrow{AB}|^2$

$=2k+2k\cos 60^\circ$ $|\overrightarrow{AC}||\overrightarrow{AB}|\cos 60^\circ$

$=3k$

$\overrightarrow{PA}=-\overrightarrow{AP}$이고 $\overrightarrow{PB}=\overrightarrow{AB}-\overrightarrow{AP}$이므로

$\overrightarrow{PA}\cdot\overrightarrow{PB}=-\overrightarrow{AP}\cdot(\overrightarrow{AB}-\overrightarrow{AP})$

$=-\overrightarrow{AP}\cdot\overrightarrow{AB}+|\overrightarrow{AP}|^2$

$=-3k+3k^2$ ($\because$ $\overline{AP}=\sqrt{3}k$)

└→ $\overline{AP}=|\overrightarrow{AP}|=|k\overrightarrow{AH}|=k\overline{AH}=\sqrt{3}k$

$=3\left(k-\frac{1}{2}\right)^2-\frac{3}{4}$

Step 2 $|\overrightarrow{PA}\cdot\overrightarrow{PB}|$의 최댓값을 구한다.

$0\le k\le 1$이므로 $|\overrightarrow{PA}\cdot\overrightarrow{PB}|$의 최댓값은 $\frac{3}{4}$이다.

└→ $k=\frac{1}{2}$일 때 최내

$\therefore p+q=4+3=7$

수능포인트

두 변에 대한 정보를 구한 후 산술평균과 기하평균의 관계를 이용하여 최댓값을 유추해내는 문제입니다.

산술평균과 기하평균이 기억나지 않는 경우에는 정삼각형 ABC를 좌표평면 위에 나타내고 모든 점의 좌표를 구해봅니다. 그런 후에 벡터의 크기를 미지수를 이용한 식으로 나타내어 풀어봅니다.

132 [정답률 13%] 정답 60

중심이 O이고 반지름의 길이가 1인 원이 있다.
양수 x에 대하여 원 위의 서로 다른 세 점 A, B, C가

$$x\overrightarrow{OA}+5\overrightarrow{OB}+3\overrightarrow{OC}=\vec{0}$$

를 만족시킨다. $\overrightarrow{OA}\cdot\overrightarrow{OB}$의 값이 최대일 때, 삼각형 ABC의 넓이를 S라 하자. $50S$의 값을 구하시오. (4점)

└→ 내적의 값을 x에 대하여 나타내고, 어떤 x의 값에서 내적의 값이 최대가 되는지 확인한다.

Step 1 $\overrightarrow{OA}\cdot\overrightarrow{OB}$의 값을 x에 대한 식으로 나타낸다.

주어진 벡터의 식에서 $x\overrightarrow{OA}+5\overrightarrow{OB}=-3\overrightarrow{OC}$이므로

$|x\overrightarrow{OA}+5\overrightarrow{OB}|=|-3\overrightarrow{OC}|$

└→ 우변의 영벡터는 없애줘도 상관없어.

양변을 제곱하면 └→ $\overrightarrow{OA}\cdot\overrightarrow{OB}$를 끌어내기 위한 과정이야.

$|x\overrightarrow{OA}+5\overrightarrow{OB}|^2=|-3\overrightarrow{OC}|^2$에서

$x^2|\overrightarrow{OA}|^2+10x\overrightarrow{OA}\cdot\overrightarrow{OB}+25|\overrightarrow{OB}|^2=9|\overrightarrow{OC}|^2$ …… ㉠

이때 세 점 A, B, C는 중심이 O이고 반지름의 길이가 1인 원 위의 점이므로

└→ $\overrightarrow{OA}\cdot\overrightarrow{OA}=|\overrightarrow{OA}|^2$

$|\overrightarrow{OA}|=|\overrightarrow{OB}|=|\overrightarrow{OC}|=1$

이를 ㉠에 대입하면

$x^2+10x\overrightarrow{OA}\cdot\overrightarrow{OB}+25=9$

$10x\overrightarrow{OA}\cdot\overrightarrow{OB}=-x^2-16$

$\overrightarrow{OA}\cdot\overrightarrow{OB}=\frac{-x^2-16}{10x}=-\frac{1}{10}\left(x+\frac{16}{x}\right)$

└→ x는 양수이니까 $10x$로 나누어줘도 돼.

Step 2 산술평균과 기하평균의 관계를 이용한다.

산술평균과 기하평균의 관계를 이용하면

$x+\frac{16}{x}\ge 2\sqrt{x\times\frac{16}{x}}=8$ (단, 등호는 $x=4$일 때 성립)

└→ $x=\frac{16}{x}$일 때를 의미해.

따라서 $\overrightarrow{OA}\cdot\overrightarrow{OB}$의 최댓값은 $x=4$일 때 $-\frac{1}{10}\times 8=-\frac{4}{5}$임을 알 수 있다.

Step 3 주어진 벡터를 선분의 내분점을 종점으로 하는 벡터로 바꾸어 나타낸다.

$\overrightarrow{OA}\cdot\overrightarrow{OB}$의 값이 최대일 때 $4\overrightarrow{OA}+5\overrightarrow{OB}+3\overrightarrow{OC}=\vec{0}$이므로

$-4\overrightarrow{OA}=5\overrightarrow{OB}+3\overrightarrow{OC}$

$\therefore -\frac{1}{2}\overrightarrow{OA}=\frac{5\overrightarrow{OB}+3\overrightarrow{OC}}{8}$

└→ 5+3=8로 만들어주면 내분점을 이용해 벡터를 나타낼 수 있어.

즉, $\frac{5\overrightarrow{OB}+3\overrightarrow{OC}}{8}=\overrightarrow{OP}$라 하면 점 P는 선분 BC를 3 : 5로 내분하는 점이고, $\overrightarrow{OP}$는 $\overrightarrow{OA}$와 방향은 반대이고 크기는 $\frac{1}{2}$배인 벡터임을 알 수 있다.

└→ $\overline{OP}=|\overrightarrow{OP}|=\frac{1}{2}|\overrightarrow{OA}|=\frac{1}{2}$

Step 4 삼각형 ABC의 넓이를 구한다.

$\angle AOB=\theta$라 하면 $\overrightarrow{OA}\cdot\overrightarrow{OB}=-\frac{4}{5}$에서

└→ 원의 반지름의 길이는 1이니까 $|\overrightarrow{OA}|=|\overrightarrow{OB}|=1$

$|\overrightarrow{OA}||\overrightarrow{OB}|\cos\theta=-\frac{4}{5}$ $\therefore \cos\theta=-\frac{4}{5}$

따라서 $\sin\theta=\sqrt{1-\cos^2\theta}=\sqrt{\frac{9}{25}}=\frac{3}{5}$이므로

삼각형 ABO의 넓이는

$\frac{1}{2}\times\overline{AO}\times\overline{BO}\times\sin\theta=\frac{1}{2}\times1\times1\times\frac{3}{5}=\frac{3}{10}$

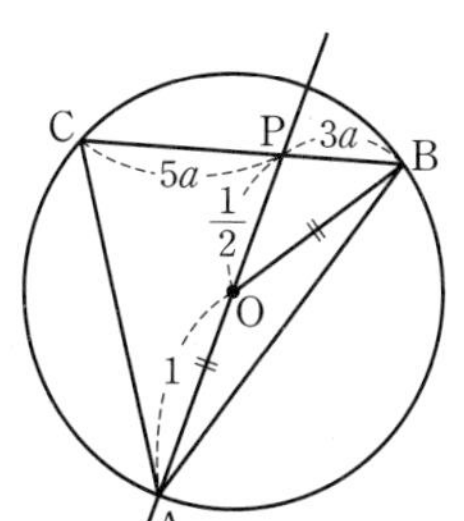

└→ $\overline{OP}=\frac{1}{2}$, $\overline{OA}=1$임을 이용!

$\overline{OP}:\overline{OA}=1:2$이므로 삼각형 POB의 넓이는

$\frac{1}{2}\times\triangle ABO=\frac{1}{2}\times\frac{3}{10}=\frac{3}{20}$

└→ $\triangle PAB:\triangle CAP=3:5$임을 이용!

$\overline{BP}:\overline{CP}=3:5$이므로 삼각형 CAP의 넓이는

$\frac{5}{3}\triangle PAB=\frac{5}{3}\times(\triangle ABO+\triangle PBO)=\frac{5}{3}\times\left(\frac{3}{10}+\frac{3}{20}\right)=\frac{3}{4}$

삼각형 ABC의 넓이는

$\triangle CAP+\triangle ABO+\triangle PBO=\frac{3}{4}+\frac{3}{10}+\frac{3}{20}=\frac{6}{5}$

따라서 $S=\frac{6}{5}$이므로 $50S=50\times\frac{6}{5}=60$

133

정답 ③

다음은 삼각형 ABC의 변 BC의 중점을 M이라고 할 때,

$$\overline{AB}^2+\overline{AC}^2=2(\overline{AM}^2+\overline{BM}^2)$$

임을 증명하는 과정이다.

[증명]

오른쪽 그림과 같이

$\overrightarrow{MA}=\vec{a}$, $\overrightarrow{MB}=\vec{b}$라 하면

$\overrightarrow{BA}=\vec{a}-\vec{b}$ → $\overrightarrow{MA}+\overrightarrow{BM}$

$\overrightarrow{CA}=$ (가)

$\therefore \overline{AB}^2+\overline{AC}^2$

$=|\vec{a}-\vec{b}|^2+|$ (가) $|^2$

$=|\vec{a}|^2-2$ (나) $+|\vec{b}|^2+|\vec{a}|^2$

$+2$ (나) $+|\vec{b}|^2$

$=2(|\vec{a}|^2+|\vec{b}|^2)$

$=2(\overline{AM}^2+\overline{BM}^2)$

위의 증명 과정에서 (가), (나)에 알맞은 것을 순서대로 적으면? (2점)

중요 이와 같은 빈칸 문제는 빈칸 주위의 식과 빈칸이 있는 식을 비교하면서 풀면 돼!

① $\vec{a}-\vec{b}$, $\vec{a}\cdot\vec{b}$ ② $\vec{a}-\vec{b}$, $|\vec{a}||\vec{b}|$ ③ $\vec{a}+\vec{b}$, $\vec{a}\cdot\vec{b}$

④ $\vec{a}+\vec{b}$, $|\vec{a}||\vec{b}|$ ⑤ $\vec{a}+\vec{b}$, $\dfrac{|\vec{a}|}{|\vec{b}|}$

Step 1 벡터의 연산을 이용하여 빈칸을 알맞게 채운다.

오른쪽 그림과 같이 $\overrightarrow{MA}=\vec{a}$, $\overrightarrow{MB}=\vec{b}$라 하면 $\overrightarrow{MC}$는 $\overrightarrow{MB}$와 크기가 같고 방향이 반대이므로 $\overrightarrow{MC}=-\vec{b}$

→ 크기가 같고 방향이 반대이면 벡터의 부호를 바꾸면 돼!

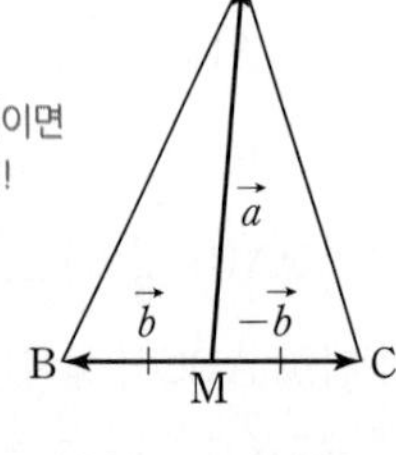

$\overrightarrow{BA}=\overrightarrow{MA}-\overrightarrow{MB}=\vec{a}-\vec{b}$

$\overrightarrow{CA}=\overrightarrow{MA}-\overrightarrow{MC}=\vec{a}-(-\vec{b})$

$=$ (가) $\vec{a}+\vec{b}$

$\therefore \overline{AB}^2+\overline{AC}^2$

$=|\vec{a}-\vec{b}|^2+|$ (가) $\vec{a}+\vec{b}$ $|^2$

$=|\vec{a}|^2-2$ (나) $\vec{a}\cdot\vec{b}$ $+|\vec{b}|^2+|\vec{a}|^2+2$ (나) $\vec{a}\cdot\vec{b}$ $+|\vec{b}|^2$

$=2(|\vec{a}|^2+|\vec{b}|^2)$

$=2(\overline{AM}^2+\overline{BM}^2)$

→ $|\vec{a}+\vec{b}|^2=(\vec{a}+\vec{b})\cdot(\vec{a}+\vec{b})$
$=\vec{a}\cdot\vec{a}+2\vec{a}\cdot\vec{b}+\vec{b}\cdot\vec{b}$
$=|\vec{a}|^2+2\vec{a}\cdot\vec{b}+|\vec{b}|^2$

134

정답 ①

다음은 $\angle A=\dfrac{\pi}{2}$인 직각삼각형 ABC에서 변 BC의 삼등분점을 각각 D와 E라고 할 때,

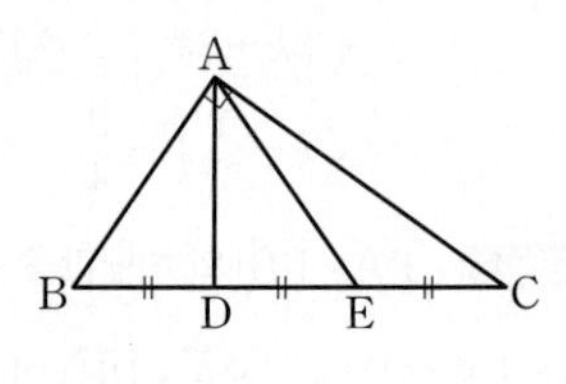

$$\overline{AD}^2+\overline{AE}^2+\overline{DE}^2=\frac{2}{3}\overline{BC}^2$$

이 성립함을 벡터를 이용하여 증명한 것이다.

[증명]

$\overrightarrow{AB}=\vec{a}$, $\overrightarrow{AC}=\vec{b}$로 놓으면 $\overrightarrow{BC}=\vec{b}-\vec{a}$이고 다음이 성립한다.

$\overrightarrow{AD}=$ (가) , $\overrightarrow{AE}=$ (나) ,

$\overrightarrow{DE}=\dfrac{1}{3}\overrightarrow{BC}=\dfrac{1}{3}(\vec{b}-\vec{a})$

그러므로 다음을 얻는다.

$|\overrightarrow{AD}|^2=$ (다) , $|\overrightarrow{AE}|^2=$ (라) ,

$|\overrightarrow{DE}|^2=\dfrac{1}{9}(|\vec{a}|^2-2\vec{a}\cdot\vec{b}+|\vec{b}|^2)$

$|\overrightarrow{AD}|^2+|\overrightarrow{AE}|^2+|\overrightarrow{DE}|^2=\dfrac{2}{3}(|\vec{a}|^2+|\vec{b}|^2+\vec{a}\cdot\vec{b})$

$|\overrightarrow{BC}|^2=|\vec{b}|^2+|\vec{a}|^2-2\vec{a}\cdot\vec{b}$

이때, $\vec{a}\perp\vec{b}$이므로 $\vec{a}\cdot\vec{b}=0$이고 다음이 성립한다.

$|\overrightarrow{AD}|^2+|\overrightarrow{AE}|^2+|\overrightarrow{DE}|^2=\dfrac{2}{3}|\overrightarrow{BC}|^2$

따라서 $\overline{AD}^2+\overline{AE}^2+\overline{DE}^2=\dfrac{2}{3}\overline{BC}^2$이다.

역은 성립하지 않아. ($\vec{a}$, $\vec{b}$ 중 하나가 영벡터이면 $\vec{a}\cdot\vec{b}=0$이지만 $\vec{a}\perp\vec{b}$가 아니야.)

위의 증명에서 (가)와 (라)에 알맞은 것은? (3점)

	(가)	(라)
①	$\frac{2}{3}\vec{a}+\frac{1}{3}\vec{b}$	$\frac{1}{9}(\lvert\vec{a}\rvert^2+4\vec{a}\cdot\vec{b}+4\lvert\vec{b}\rvert^2)$
②	$\frac{2}{3}\vec{a}+\frac{1}{3}\vec{b}$	$\frac{1}{9}(4\lvert\vec{a}\rvert^2+4\vec{a}\cdot\vec{b}+\lvert\vec{b}\rvert^2)$
③	$\frac{2}{3}\vec{a}+\frac{1}{3}\vec{b}$	$\frac{1}{9}(\lvert\vec{a}\rvert^2+2\vec{a}\cdot\vec{b}+\lvert\vec{b}\rvert^2)$
④	$\frac{1}{3}\vec{a}+\frac{2}{3}\vec{b}$	$\frac{1}{9}(\lvert\vec{a}\rvert^2+4\vec{a}\cdot\vec{b}+4\lvert\vec{b}\rvert^2)$
⑤	$\frac{1}{3}\vec{a}+\frac{2}{3}\vec{b}$	$\frac{1}{9}(4\lvert\vec{a}\rvert^2+4\vec{a}\cdot\vec{b}+\lvert\vec{b}\rvert^2)$

(나), (다)는 필요 없어 보이지만, 문제를 풀 때 (나), (다)를 구하지 못하면 (라)를 구하기 어려워!

Step 1 주어진 벡터를 이용하여 $\overrightarrow{AD}$, $\overrightarrow{AE}$를 각각 구한다.

$\overrightarrow{AB}=\vec{a}$, $\overrightarrow{AC}=\vec{b}$로 놓으면

점 D는 선분 BC를 1 : 2로 내분하는 점이므로

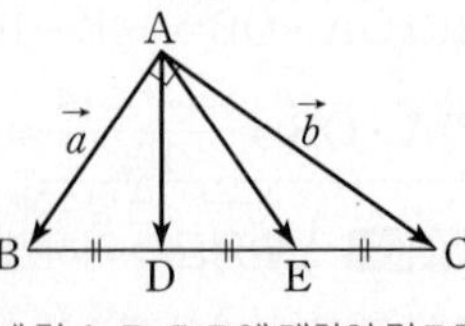

$\overrightarrow{AD}=\dfrac{2\vec{a}+\vec{b}}{3}=$ (가) $\dfrac{2}{3}\vec{a}+\dfrac{1}{3}\vec{b}$

중요 네 점 A, B, C, D에 대하여 점 D가 선분 BC를 $m:n$으로 내분하면 $\overrightarrow{AD}=\dfrac{n}{m+n}\overrightarrow{AB}+\dfrac{m}{m+n}\overrightarrow{AC}$ (단, $m>0$, $n>0$)

또, 점 E는 선분 BC를 2 : 1로 내분하는 점이므로

$\overrightarrow{AE}=\dfrac{\vec{a}+2\vec{b}}{3}=$ (나) $\dfrac{1}{3}\vec{a}+\dfrac{2}{3}\vec{b}$

Step 2 $|\vec{a}|^2=\vec{a}\cdot\vec{a}$임을 이용하여 $|\overrightarrow{AD}|^2$과 $|\overrightarrow{AE}|^2$을 구한다.

$|\overrightarrow{AD}|^2=\left|\frac{2}{3}\vec{a}+\frac{1}{3}\vec{b}\right|^2=\left(\frac{2}{3}\vec{a}+\frac{1}{3}\vec{b}\right)\cdot\left(\frac{2}{3}\vec{a}+\frac{1}{3}\vec{b}\right)$ 내적의 연산법칙을 이용하여 식을 전개한다.

$=$ (다) $\frac{1}{9}(4|\vec{a}|^2+4\vec{a}\cdot\vec{b}+|\vec{b}|^2)$

$|\overrightarrow{AE}|^2=\left|\frac{1}{3}\vec{a}+\frac{2}{3}\vec{b}\right|^2=\left(\frac{1}{3}\vec{a}+\frac{2}{3}\vec{b}\right)\cdot\left(\frac{1}{3}\vec{a}+\frac{2}{3}\vec{b}\right)$ → 중요 벡터 $\vec{a}$에 대하여 $|\vec{a}|^2=\vec{a}\cdot\vec{a}$

$=$ (라) $\frac{1}{9}(|\vec{a}|^2+4\vec{a}\cdot\vec{b}+4|\vec{b}|^2)$

(이하 동일)

135

정답 ①

다음은 $\triangle$ABC에서 $\overrightarrow{BC}=\vec{a}$, $\overrightarrow{CA}=\vec{b}$, $\overrightarrow{AB}=\vec{c}$라 할 때,

$$(\vec{b}\cdot\vec{c})\vec{a}+(\vec{c}\cdot\vec{a})\vec{b}+(\vec{a}\cdot\vec{b})\vec{c}=\vec{0}$$

이면 $\triangle$ABC는 정삼각형임을 증명한 것이다.

(단, $\vec{x}\cdot\vec{y}$는 두 벡터 $\vec{x}$, $\vec{y}$의 내적이다.)

[증명]

$\vec{c}=$ (가) 를 주어진 조건식에 대입하여 정리하면

$(\vec{b}\cdot$ (가) $)\vec{a}+($ (가) $\cdot\vec{a})\vec{b}+(\vec{a}\cdot\vec{b})$ (가)

$=($ (나) $-\vec{b}\cdot\vec{b})\vec{a}+($ (나) $-\vec{a}\cdot\vec{a})\vec{b}=\vec{0}$

$\vec{a}$와 $\vec{b}$는 평행하지 않으므로

$\begin{cases} \text{(나)} -\vec{b}\cdot\vec{b}=0 \\ \text{(나)} -\vec{a}\cdot\vec{a}=0 \end{cases}$

빈칸에 어떤 벡터의 표현이 들어가야 할지 난감하다면 주어진 보기를 참고한다.

위의 두 식에서 $\vec{a}\cdot\vec{a}=\vec{b}\cdot\vec{b}$

$\therefore |\vec{a}|=|\vec{b}|$

같은 방법으로, $\vec{b}=$ (다) 를 주어진 조건식에 대입하여 정리하면 $|\vec{a}|=|\vec{c}|$가 얻어진다.

따라서 $\triangle$ABC는 정삼각형이다.

위의 증명에서 (가), (나), (다)에 알맞은 것은? (3점)

	(가)	(나)	(다)
①	$-\vec{a}-\vec{b}$	$-2\vec{a}\cdot\vec{b}$	$-\vec{a}-\vec{c}$
②	$\vec{a}+\vec{b}$	$-2\vec{a}\cdot\vec{b}$	$\vec{a}+\vec{c}$
③	$\vec{a}+\vec{b}$	$\vec{a}\cdot\vec{b}$	$-\vec{a}-\vec{c}$
④	$-\vec{a}-\vec{b}$	$-\vec{a}\cdot\vec{b}$	$\vec{a}+\vec{c}$
⑤	$\vec{a}-\vec{b}$	$2\vec{a}\cdot\vec{b}$	$-\vec{a}-\vec{c}$

Step 1 $\vec{c}$를 $\vec{a}$, $\vec{b}$로 표현해 주어진 식에 대입한다.

$\vec{c}=\overrightarrow{AB}=\overrightarrow{CB}-\overrightarrow{CA}=$ (가) $-\vec{a}-\vec{b}$ 이므로 주어진 식에 대입하면

$(\vec{b}\cdot\vec{c})\vec{a}+(\vec{c}\cdot\vec{a})\vec{b}+(\vec{a}\cdot\vec{b})\vec{c}$ 중요 이와 같이 주어진 벡터를 분해할 줄 알아야 이 문제를 해결할 수 있어!

$=\{\vec{b}\cdot($ (가) $-\vec{a}-\vec{b}$ $)\}\vec{a}+\{($ (가) $-\vec{a}-\vec{b}$ $)\cdot\vec{a}\}\vec{b}$

$+(\vec{a}\cdot\vec{b})($ (가) $-\vec{a}-\vec{b}$ $)$

$=(-\vec{a}\cdot\vec{b}-\vec{b}\cdot\vec{b})\vec{a}+(-\vec{a}\cdot\vec{a}-\vec{a}\cdot\vec{b})\vec{b}-(\vec{a}\cdot\vec{b})\vec{a}-(\vec{a}\cdot\vec{b})\vec{b}$

$=(-\vec{a}\cdot\vec{b}-\vec{b}\cdot\vec{b})\vec{a}-(\vec{a}\cdot\vec{b})\vec{a}+(-\vec{a}\cdot\vec{a}-\vec{a}\cdot\vec{b})\vec{b}-(\vec{a}\cdot\vec{b})\vec{b}$

$=($ (나) $-2\vec{a}\cdot\vec{b}$ $-\vec{b}\cdot\vec{b})\vec{a}+($ (나) $-2\vec{a}\cdot\vec{b}$ $-\vec{a}\cdot\vec{a})\vec{b}=\vec{0}$ 계산 주의

Step 2 삼각형의 세 변을 이루는 세 벡터 $\vec{a}$, $\vec{b}$, $\vec{c}$는 서로 평행하지 않음을 이용한다. 평행한 벡터가 있으면 삼각형이 생기지 않아!

$\vec{a}$와 $\vec{b}$는 평행하지 않으므로 $\begin{cases} \text{(나)} -2\vec{a}\cdot\vec{b} -\vec{b}\cdot\vec{b}=0 \\ \text{(나)} -2\vec{a}\cdot\vec{b} -\vec{a}\cdot\vec{a}=0 \end{cases}$ → 두 벡터의 계수가 각각 0이야.

연립하면 $-2\vec{a}\cdot\vec{b}=\vec{a}\cdot\vec{a}=\vec{b}\cdot\vec{b}$이므로 $|\vec{a}|=|\vec{b}|$가 성립한다.

같은 방법으로, $\vec{b}=$ (다) $-\vec{a}-\vec{c}$ 를 주어진 조건식에 대입하여 정리하면 $|\vec{a}|=|\vec{c}|$가 얻어진다. → $\vec{b}=\overrightarrow{CA}=\overrightarrow{BA}-\overrightarrow{BC}=-\vec{c}-\vec{a}$

따라서 $|\vec{a}|=|\vec{b}|=|\vec{c}|$이므로 $\triangle$ABC는 정삼각형이다.
→ 세 선분 AB, BC, CA의 길이가 서로 같아.

136 [정답률 73%] 정답 ③

△ABC의 넓이를 S_1, △ABC의 세 중선의 길이를 각 변의 길이로 하는 삼각형의 넓이를 S_2라고 할 때, 다음은 S_1과 S_2 사이에 일정한 비가 성립함을 증명한 것이다.

[증명]

△ABC의 각 변의 중점을 P, Q, R로 놓고 그림과 같이 $\overrightarrow{PC}=\overrightarrow{BT}$가 되도록 점 T를 잡는다. 점 Q는 평행사변형 PBTC의 대각선 BC의 중점이므로

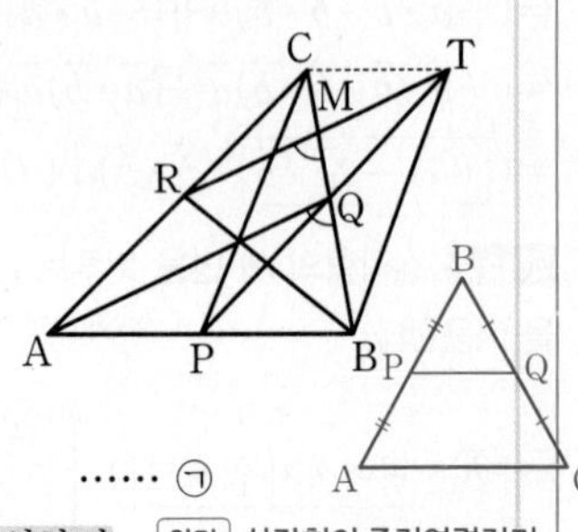

$\overrightarrow{PQ}=\overrightarrow{QT}$ …… ㉠

또 삼각형의 중점연결정리에 의하여 → 암기 삼각형의 중점연결정리: 삼각형의 두 변의 중점을 연결한 선분은 나머지 변과 평행하고 그 길이는 나머지 변의 길이의 $\frac{1}{2}$이다. 즉, $\overline{PQ}/\!/\overline{AC}$, $\overline{PQ}=\frac{1}{2}\overline{AC}$

$\overrightarrow{PQ}=\frac{1}{2}\overrightarrow{AC}$이므로 $\overrightarrow{PQ}=\overrightarrow{AR}$ …… ㉡

㉠, ㉡에서 $\overrightarrow{AR}=\overrightarrow{QT}$

∴ (가)

따라서 △RBT는 △ABC의 세 중선의 길이를 각 변의 길이로 하는 삼각형이다.

한편, 두 선분 BC와 RT의 교점을 M이라고 하면, $\overline{AQ}/\!/\overline{RT}$이고 점 R가 선분 AC의 중점이므로 점 M은 선분 CQ의 중점이다.

→ △ABC의 세 중선과 △RBT의 세 변을 비교하면 (가)에 들어갈 것을 짐작할 수 있을 거야.

∠RMB=∠AQB이므로

$\triangle RBT=\frac{1}{2}\overline{RT}\times\overline{MB}\times\sin(\angle RMB)$

$=$ (나) △ABC

→ 식을 △ABC의 실수배로 나타내어 본다.

위의 증명에서 (가), (나)에 알맞은 것은? (4점)

	(가)	(나)
①	$\overrightarrow{AQ}=\overrightarrow{RT}$	$\frac{2}{3}$
②	$\overrightarrow{AP}=\overrightarrow{CT}$	$\frac{2}{3}$
✔	$\overrightarrow{AQ}=\overrightarrow{RT}$	$\frac{3}{4}$
④	$\overrightarrow{AP}=\overrightarrow{CT}$	$\frac{3}{4}$
⑤	$\overrightarrow{CT}=\overrightarrow{PB}$	$\frac{4}{5}$

중요 이와 같이 빈칸에 들어갈 식이나 값을 묻는 문제는 빈칸을 중심으로 위, 아래의 식을 주의깊게 보면 풀리는 경우가 많아.

Step 1 평행사변형의 성질을 이용한다.

$\overrightarrow{AR}=\overrightarrow{QT}$이고 $\overline{AR}/\!/\overline{QT}$

즉, 한 쌍의 대변이 그 길이가 같고 평행한 사각형은 평행사변형이므로 사각형 AQTR는 평행사변형이다.

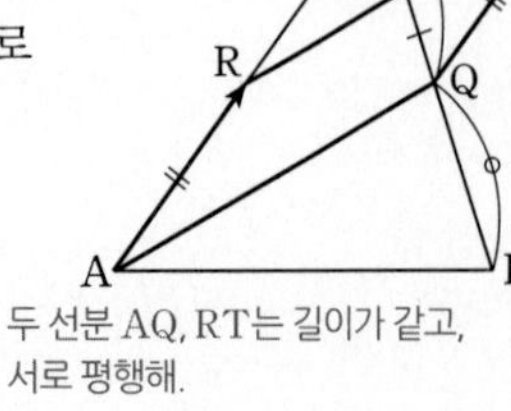

∴ (가) $\overrightarrow{AQ}=\overrightarrow{RT}$

→ 두 선분 AQ, RT는 길이가 같고, 서로 평행해.

점 M이 선분 CQ의 중점이므로

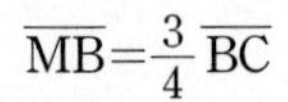

$\overline{MB}=\frac{3}{4}\overline{BC}$

Step 2 선분의 길이의 비와 크기가 같은 각을 이용하여 △RBT를 △ABC로 나타낸다.

한편, $\overline{AQ}/\!/\overline{RT}$에서

∠RMB=∠AQB이므로

$\triangle RBT=\frac{1}{2}\times\overline{RT}\times\overline{MB}\times\sin(\angle RMB)$

$=\frac{1}{2}\times\overline{RT}\times\overline{MB}\times\sin(\angle AQB)$

$=\frac{1}{2}\times\overline{AQ}\times\frac{3}{4}\overline{BC}\times\sin(\angle AQB)$ ($\overline{MB}=\frac{3}{4}\overline{BC}$)

$=\frac{1}{2}\times\overline{AQ}\times\frac{3}{4}\times2\overline{BQ}\times\sin(\angle AQB)$

$=\frac{3}{4}\times\overline{AQ}\times\overline{BQ}\times\sin(\angle AQB)$

$=\frac{3}{4}\times2\times\left\{\frac{1}{2}\times\overline{AQ}\times\overline{BQ}\times\sin(\angle AQB)\right\}$ (△ABQ)

$=\frac{3}{2}\times\triangle ABQ=\frac{3}{2}\times\left(\frac{1}{2}\triangle ABC\right)$

→ $\overline{BQ}:\overline{QC}=1:1$이므로 △ABQ=△AQC

$=$ (나) $\frac{3}{4}$ △ABC

암기 두 변의 길이가 각각 a, b이고 그 끼인각의 크기가 θ인 삼각형의 넓이는 $\frac{1}{2}ab\sin\theta$이다.

137 [정답률 80%] 정답 52

좌표평면 위의 점 (6, 3)을 지나고 벡터 $\vec{u}=(2, 3)$에 평행한 직선이 x축과 만나는 점을 A, y축과 만나는 점을 B라 할 때, $\overline{AB}^2$의 값을 구하시오. (3점)

Step 1 직선의 방정식을 구한다.

점 (6, 3)을 지나고 벡터 $\vec{u}=(2, 3)$에 평행한 직선의 방정식은

→ 점 (x_1, y_1)을 지나고 벡터 $\vec{a}=(l, m)$에 평행한 직선의 방정식은 $\frac{x-x_1}{l}=\frac{y-y_1}{m}$이야.

$\frac{x-6}{2}=\frac{y-3}{3}$ …… ㉠

Step 2 두 점 A, B의 좌표를 구한다.

이 직선이 x축과 만나는 점을 구하기 위해 ㉠에 $y=0$을 대입하면

$\frac{x-6}{2}=\frac{0-3}{3}$

$x-6=-2$ ∴ $x=4$ (점 A의 x좌표)

이 직선이 y축과 만나는 점을 구하기 위해 ㉠에 $x=0$을 대입하면

$\frac{0-6}{2}=\frac{y-3}{3}$

$y-3=-9$ ∴ $y=-6$ (점 B의 y좌표)

따라서 두 점 A, B의 좌표는 각각 A(4, 0), B(0, −6)이다.

Step 3 $\overline{AB}^2$의 값을 구한다.

∴ $\overline{AB}^2=(0-4)^2+(-6-0)^2$

$=16+36=52$

암기 두 점 $P(x_1, y_1)$, $Q(x_2, y_2)$에 대하여 $\overline{PQ}^2=(x_2-x_1)^2+(y_2-y_1)^2$이야.

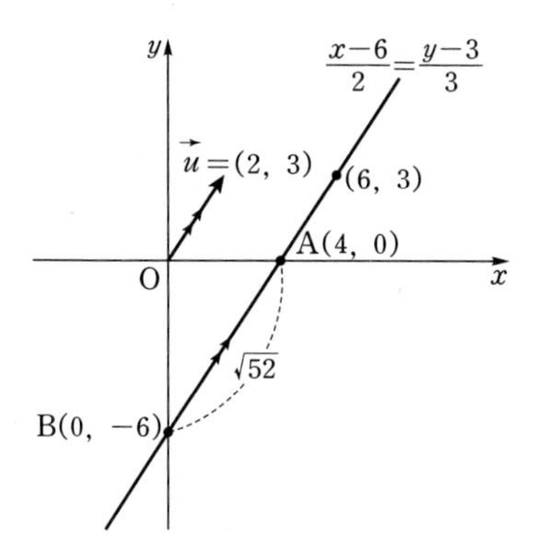

138 [정답률 73%]

정답 ②

좌표평면에서 두 직선

$$\frac{x-3}{4}=\frac{y-5}{3},\ x-1=\frac{2-y}{3}$$

가 이루는 예각의 크기를 θ라 할 때, $\cos\theta$의 값은? (3점)

① $\frac{\sqrt{11}}{11}$ ✔② $\frac{\sqrt{10}}{10}$ ③ $\frac{1}{3}$ ④ $\frac{\sqrt{2}}{4}$ ⑤ $\frac{\sqrt{7}}{7}$

Step 1 두 직선의 방향벡터를 이용하여 $\cos\theta$의 값을 구한다.

두 직선 $\frac{x-3}{4}=\frac{y-5}{3}$, $x-1=\frac{2-y}{3}$의 방향벡터를 각각 $\vec{d_1}$, $\vec{d_2}$라 하면 $\vec{d_1}=(4,\ 3)$, $\vec{d_2}=(1,\ -3)$

$$\therefore \cos\theta=\frac{|\vec{d_1}\cdot\vec{d_2}|}{|\vec{d_1}||\vec{d_2}|}=\frac{|4\times1+3\times(-3)|}{\sqrt{4^2+3^2}\sqrt{1^2+(-3)^2}}=\frac{5}{5\sqrt{10}}=\frac{\sqrt{10}}{10}$$

θ는 예각이므로 $\cos\theta>0$

139 [정답률 78%]

정답 ⑤

좌표평면에서 두 직선

$$\frac{x+1}{2}=y-3,\ x-2=\frac{y-5}{3}$$

가 이루는 예각의 크기를 θ라 할 때, $\cos\theta$의 값은? (3점)

① $\frac{1}{2}$ ② $\frac{\sqrt{5}}{4}$ ③ $\frac{\sqrt{6}}{4}$ ④ $\frac{\sqrt{7}}{4}$ ✔⑤ $\frac{\sqrt{2}}{2}$

Step 1 두 직선의 방향벡터를 이용하여 $\cos\theta$의 값을 구한다.

두 직선 $\frac{x+1}{2}=y-3$, $x-2=\frac{y-5}{3}$의 방향벡터를 각각 $\vec{u_1}$, $\vec{u_2}$라 하면

$\vec{u_1}=(2,\ 1)$, $\vec{u_2}=(1,\ 3)$

$$\therefore \cos\theta=\frac{|\vec{u_1}\cdot\vec{u_2}|}{|\vec{u_1}||\vec{u_2}|}=\frac{2\times1+1\times3}{\sqrt{2^2+1^2}\sqrt{1^2+3^2}}=\frac{\sqrt{2}}{2}$$

$\sqrt{5}\times\sqrt{10}=5\sqrt{2}$

140 [정답률 77%]

정답 ⑤

좌표평면에서 벡터 $\vec{u}=(3,\ -1)$에 평행한 직선 l과 직선 m : $\frac{x-1}{7}=y-1$이 있다. 두 직선 l, m이 이루는 예각의 크기를 θ라 할 때, $\cos\theta$의 값은? (3점)

① $\frac{2\sqrt{3}}{5}$ ② $\frac{\sqrt{14}}{5}$ ③ $\frac{4}{5}$ ④ $\frac{3\sqrt{2}}{5}$ ✔⑤ $\frac{2\sqrt{5}}{5}$

Step 1 두 직선 l, m의 방향벡터를 이용하여 $\cos\theta$의 값을 구한다.

직선 l이 벡터 $\vec{u}=(3,\ -1)$에 평행하므로 직선 l의 방향벡터는 $\vec{u}=(3,\ -1)$

직선 m의 방향벡터를 $\vec{v}$라 하면 $\vec{v}=(7,\ 1)$ ← m : $\frac{x-1}{7}=\frac{y-1}{1}$

$|\vec{u}|=\sqrt{3^2+(-1)^2}=\sqrt{10}$, $|\vec{v}|=\sqrt{7^2+1^2}=5\sqrt{2}$

$\vec{u}\cdot\vec{v}=(3,\ -1)\cdot(7,\ 1)=20$ ← $=3\times7+(-1)\times1$

$$\therefore \cos\theta=\frac{|\vec{u}\cdot\vec{v}|}{|\vec{u}||\vec{v}|}=\frac{20}{\sqrt{10}\times5\sqrt{2}}=\frac{2\sqrt{5}}{5}$$

θ는 예각이므로 $\cos\theta>0$

141

정답 ③

두 직선 $\frac{x+2}{k-1}=\frac{1-3y}{3}$, $\frac{x-3}{-2}=\frac{y+1}{k}$이 서로 평행하도록 하는 모든 실수 k의 값의 합은? (3점)

→ 두 직선의 방향벡터의 방향이 같거나 반대이어야 해!

① -1 ② 0 ✔③ 1 ④ 2 ⑤ 3

Step 1 두 직선의 방향벡터를 구한다.

두 직선의 방향벡터를 각각 $\vec{u}$, $\vec{v}$라 하면

$\frac{x+2}{k-1}=\frac{1-3y}{3}$에서 $\frac{x+2}{k-1}=\frac{y-\frac{1}{3}}{-1}$이므로 $\vec{u}=(k-1,\ -1)$

주의 이 직선의 방향벡터가 $(k-1,\ 3)$이라고 착각하면 안 돼!

$\frac{x-3}{-2}=\frac{y+1}{k}$에서 $\vec{v}=(-2,\ k)$

Step 2 두 직선이 서로 평행할 조건을 이용하여 k의 값을 구한다.

두 직선이 서로 평행하므로 $\vec{u}=t\vec{v}$ ($t\neq0$인 실수)라 하면 ← 실수배!

$(k-1,\ -1)=t(-2,\ k)$

$\therefore \frac{k-1}{-2}=\frac{-1}{k}=t$

$k(k-1)=2$에서

$k^2-k-2=0$, $(k+1)(k-2)=0$

$\therefore k=-1$ 또는 $k=2$ → $k=-1$이면 두 벡터가 같고, $k=2$이면 두 벡터는 방향이 서로 반대인 벡터가 된다.

따라서 모든 실수 k의 값의 합은

$-1+2=1$

142

정답 ⑤

두 직선 $ax+2y+1=0$, $x-5y+3=0$이 서로 수직일 때, 상수 a의 값은? (2점)
→ 두 직선의 기울기의 곱이 -1임을 이용해도 되지만, 두 직선의 법선벡터를 이용하여 문제를 풀어본다.

① 6 ② 7 ③ 8
④ 9 ⑤ 10

Step 1 두 직선의 법선벡터를 구한다.

주어진 두 직선의 법선벡터를 각각 $\vec{n_1}$, $\vec{n_2}$라 하면

$\vec{n_1}=(a, 2)$, $\vec{n_2}=(1, -5)$

중요 직선의 방향벡터와 법선벡터
- 점 $A(x_1, y_1)$을 지나고 벡터 $\vec{u}=(a, b)$에 평행한 직선의 방정식은 $\frac{x-x_1}{a}=\frac{y-y_1}{b}$ (단, $ab\neq0$)
- 벡터 $\vec{n}=(n_1, n_2)$에 수직인 직선의 방정식은 $n_1(x-x_1)+n_2(y-y_1)=0$

이때 $\vec{u}$를 직선의 방향벡터, $\vec{n}$을 직선의 법선벡터라고 해.

Step 2 두 직선이 서로 수직임을 이용하여 상수 a의 값을 구한다.

두 직선이 서로 수직이므로 $\vec{n_1}\cdot\vec{n_2}=0$에서

$a\times1+2\times(-5)=0 \quad \therefore a=10$

중요 두 벡터 $\vec{a}$, $\vec{b}$가 서로 수직일 때 $\vec{a}\cdot\vec{b}=0$이다.

143

정답 ①

양의 실수 a, b에 대하여 두 직선 $ax+4y+2=0$, $3x+(b-2)y-1=0$이 서로 수직일 때, ab의 최댓값은? (3점)
→ 두 직선의 법선벡터의 내적이 0이어야 해!

① $\frac{4}{3}$ ② $\frac{5}{3}$ ③ 2
④ $\frac{7}{3}$ ⑤ $\frac{8}{3}$

Step 1 두 직선의 법선벡터를 구한다.

주어진 두 직선의 법선벡터를 각각 $\vec{n_1}$, $\vec{n_2}$라 하면

$\vec{n_1}=(a, 4)$, $\vec{n_2}=(3, b-2)$

직선 $l: ax+by+c=0$의 법선벡터는 $\vec{n}=(a, b)$이다.

Step 2 두 직선이 서로 수직일 조건을 이용하여 a와 b 사이의 관계식을 구한다.

두 직선이 서로 수직이므로 $\vec{n_1}\cdot\vec{n_2}=(a, 4)\cdot(3, b-2)=0$ 중요

$3a+4(b-2)=0$

$\therefore 3a+4b=8$ → $3a+4b=8$로 산술평균과 기하평균의 관계를 이용하면 $12ab$의 최댓값을 구할 수 있다.

Step 3 산술평균과 기하평균의 관계를 이용하여 ab의 최댓값을 구한다.

a, b가 양의 실수이므로 산술평균과 기하평균의 관계에 의하여

$3a+4b=8\geq2\sqrt{3a\times4b}$, $4\geq\sqrt{12ab}$

$\therefore \frac{4}{3}\geq ab$ $\left(\text{단, 등호는 } 3a=4b=4, \text{ 즉 } a=\frac{4}{3}, b=1\text{일 때 성립}\right)$

따라서 ab의 최댓값은 $\frac{4}{3}$이다.

$p>0$, $q>0$인 두 실수 p, q에 대하여 $\frac{p+q}{2}\geq\sqrt{pq}$이다. (단, 등호는 $p=q$일 때 성립)

✪ 다른 풀이 이차함수의 최대, 최소를 이용하는 풀이

Step 1 **Step 2** 동일

Step 3 ab를 b에 대한 식으로 변형한다.

$3a+4b=8$에서 $a=\frac{8-4b}{3}$

a가 양의 실수이므로 $\frac{8-4b}{3}>0$에서 $b<2$이고

b도 양의 실수이므로 $0<b<2$

$\therefore ab=\left(\frac{8-4b}{3}\right)b=-\frac{4}{3}b^2+\frac{8}{3}b$ 주의 식 정리 주의!

$=-\frac{4}{3}(b^2-2b)=-\frac{4}{3}(b-1)^2+\frac{4}{3}$

따라서 양의 실수 a, b에 대하여 $0<b<2$에서

$ab=-\frac{4}{3}(b-1)^2+\frac{4}{3}$의 최댓값은 $b=1$일 때 $\frac{4}{3}$이므로

ab의 최댓값은 $\frac{4}{3}$이다.

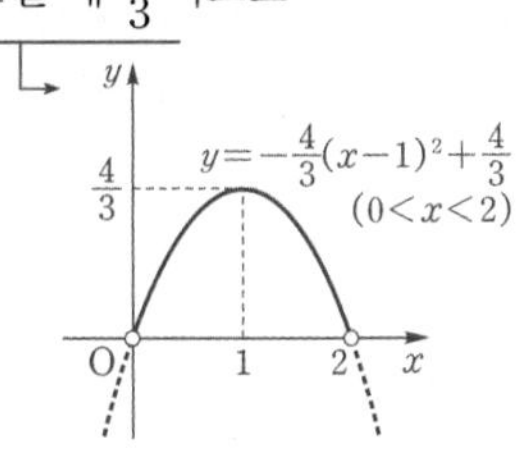

144 [정답률 75%]

정답 ⑤

점 A(2, 6)과 직선 $l: \frac{x-5}{2}=y-5$ 위의 한 점 P에 대하여 벡터 $\overrightarrow{AP}$와 직선 l의 방향벡터가 서로 수직일 때, $|\overrightarrow{OP}|$의 값은? (단, O는 원점이다.) (3점)

① 3 ② $2\sqrt{3}$ ③ 4
④ $2\sqrt{5}$ ⑤ 5

Step 1 벡터 $\overrightarrow{AP}$와 직선 l의 방향벡터가 수직이 되도록 하는 점 P의 좌표를 구한 후, $|\overrightarrow{OP}|$의 값을 구한다.

점 P의 좌표를 (a, b)라 하면

$\frac{a-5}{2}=b-5 \quad \therefore a=2b-5$ …… ㉠
→ 직선 l의 방정식에 점 P의 좌표를 대입했어.

직선 l의 방향벡터는 $(2, 1)$, $\overrightarrow{AP}=(a-2, b-6)$이고 두 벡터는 서로 수직이므로
→ $\overrightarrow{AP}=\overrightarrow{OP}-\overrightarrow{OA}$

$\overrightarrow{AP}\cdot(2, 1)=2(a-2)+b-6=0 \quad \therefore b=-2a+10$ …… ㉡

㉠과 ㉡을 연립하여 풀면

$a=2(-2a+10)-5$에서 $5a=15 \quad \therefore a=3$

㉡에 $a=3$을 대입하면 $b=-2\times3+10=4$

따라서 점 P의 좌표는 $(3, 4)$이므로 $|\overrightarrow{OP}|=\sqrt{3^2+4^2}=5$

145

정답 ②

점 A(2, 6)에서 두 직선 $l:\begin{cases}x=2t+1\\y=3t-2\end{cases}$, $m:\begin{cases}x=3s-1\\y=s+3\end{cases}$에 내린 수선의 발을 각각 B, C라 할 때, 삼각형 ABC의 넓이는? (단, t, s는 실수이다.) (3점)

직선 l, m의 식을 $ax+by+c=0$의 꼴로 바꾼다.

① $\frac{9}{5}$ ② $\frac{21}{10}$ ③ $\frac{12}{5}$ ④ $\frac{27}{10}$ ⑤ 3

Step 1 두 직선 l, m의 방정식을 구한다.

점과 직선 사이의 거리 공식을 이용하기 위해 두 직선을 $ax+by+c=0$ 꼴로 변형

직선 $l:\frac{x-1}{2}=\frac{y+2}{3}=t$에서 $l:3x-2y-7=0$

직선 $m:\frac{x+1}{3}=y-3=s$에서 $m:x-3y+10=0$

Step 2 점과 직선 사이의 거리 공식을 이용하여 두 선분 AB, AC의 길이를 구한다.

선분 AB의 길이는 점 A(2, 6)과 직선 $l:3x-2y-7=0$ 사이의 거리이므로

$$\frac{|3\times2+(-2)\times6-7|}{\sqrt{3^2+(-2)^2}}=\sqrt{13}$$

점 (x_1, y_1)과 직선 $ax+by+c=0$ 사이의 거리는 $\frac{|ax_1+by_1+c|}{\sqrt{a^2+b^2}}$

선분 AC의 길이는 점 A(2, 6)과 직선 $m:x-3y+10=0$ 사이의 거리이므로

$$\frac{|1\times2+(-3)\times6+10|}{\sqrt{1^2+(-3)^2}}=\frac{3\sqrt{10}}{5}$$

Step 3 직선 l과 직선 m의 방향벡터를 이용하여 sin(∠BAC)의 값을 구한다.

두 변 AB, AC의 길이를 아니까 그 끼인각 ∠BAC의 sin값만 구하면 △ABC의 넓이를 구할 수 있다.

두 직선 l, m이 이루는 예각의 크기를 θ라 하면 직선 l의 방향벡터는 (2, 3), 직선 m의 방향벡터는 (3, 1)이므로

$$\cos\theta=\frac{|2\times3+3\times1|}{\sqrt{2^2+3^2}\sqrt{3^2+1^2}}=\frac{9}{\sqrt{130}}$$

$\vec{u_1}=(2, 3)$, $\vec{u_2}=(3, 1)$이라 하면 $\cos\theta=\frac{\vec{u_1}\cdot\vec{u_2}}{|\vec{u_1}||\vec{u_2}|}$

∠BAC$=\theta$이므로

$$\sin(\angle BAC)=\sin\theta=\sqrt{1-\cos^2\theta}$$
$$=\sqrt{1-\frac{81}{130}}=\frac{7}{\sqrt{130}}\ (\because 0\le\theta\le\pi)$$

Step 4 삼각형 ABC의 넓이를 구한다.

$$\therefore \triangle ABC=\frac{1}{2}\times\overline{AB}\times\overline{AC}\times\sin\theta$$
$$=\frac{1}{2}\times\sqrt{13}\times\frac{3\sqrt{10}}{5}\times\frac{7}{\sqrt{130}}=\frac{21}{10}$$

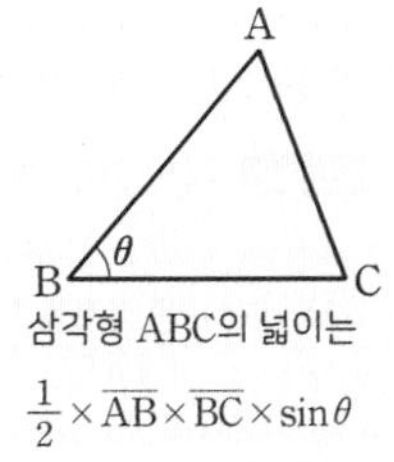

삼각형 ABC의 넓이는 $\frac{1}{2}\times\overline{AB}\times\overline{BC}\times\sin\theta$

146

정답 ⑤

직선 $ax+y+b=0$은 두 직선 $l:\frac{x}{3}=\frac{y-1}{2}$, $m:x-2=\frac{y-1}{2}$의 교점을 지나고, 직선 l과 수직이다.

점 (4, 8)에서 직선 $ax+y+b=0$까지의 거리는? (3점)

먼저 두 직선의 방정식을 연립하여 교점의 좌표를 구한다.

① 3 ② $\sqrt{10}$ ③ $\sqrt{11}$ ④ $2\sqrt{3}$ ⑤ $\sqrt{13}$

직선 $ax+y+b=0$의 법선벡터와 직선 l의 방향벡터를 구해 비교한다.

Step 1 문제의 조건을 이용하여 a, b의 값을 각각 구한다.

직선 $ax+y+b=0$은 직선 l과 수직이므로 직선 l의 방향벡터 (3, 2)는 직선 $ax+y+b=0$, 즉 $2ax+2y+2b=0$의 법선벡터이다. 중요

$\therefore a=\frac{3}{2}$ $(2a, 2)=(3, 2)$에서 $a=\frac{3}{2}$

직선 $l:\frac{x}{3}=\frac{y-1}{2}$에서 $2x-3y+3=0$

직선 $m:x-2=\frac{y-1}{2}$에서 $2x-y-3=0$

두 식을 연립하면 $x=3$, $y=3$이므로 두 직선 l, m의 교점의 좌표는 (3, 3)이다.

$x=3$, $y=3$일 때 두 식이 모두 성립하는지 확인

직선 $ax+y+b=0$은 두 직선 l, m의 교점 (3, 3)을 지나므로

$3a+3+b=0$

위 식에 $a=\frac{3}{2}$을 대입하면 $b=-\frac{15}{2}$

Step 2 직선의 방정식을 구하고, 점 (4, 8)에서 직선까지의 거리를 구한다.

즉, 직선의 방정식은 $\frac{3}{2}x+y-\frac{15}{2}=0$에서 $3x+2y-15=0$

따라서 점 (4, 8)에서 직선 $3x+2y-15=0$까지의 거리를 d라 하면

$$d=\frac{|3\times4+2\times8-15|}{\sqrt{3^2+2^2}}=\sqrt{13}$$

중요 점 (x_1, y_1)과 직선 $px+qy+r=0$ 사이의 거리는 $\frac{|px_1+qy_1+r|}{\sqrt{p^2+q^2}}$이다.

147

정답 ④

방향벡터가 $\vec{u}=(1, 2)$인 직선 l_1과 방향벡터가 $\vec{v}=(2, 1)$인 직선 l_2는 점 (1, 1)에서 만난다. 직선 l_1 위의 점 (a, b)에서 직선 l_2에 내린 수선의 발의 좌표가 (5, 3)일 때, $a+b$의 값은? (단, a, b는 상수이다.) (3점)

먼저 직선 l_1과 l_2의 방정식을 구한다.

① 8 ② $\frac{17}{2}$ ③ 9 ④ $\frac{19}{2}$ ⑤ 10

Step 1 두 직선 l_1, l_2의 방정식을 각각 구한다.

점 (1, 1)을 지나고 방향벡터가 $\vec{u}=(1, 2)$인 직선 l_1의 방정식은

중요 점 (x_1, y_1)을 지나고 방향벡터가 (m, n)인 직선의 방정식은 $\frac{x-x_1}{m}=\frac{y-y_1}{n}$이다.

$$\frac{x-1}{1}=\frac{y-1}{2}$$

$\therefore l_1:2x-y-1=0$ …… ㉠

점 (1, 1)을 지나고 방향벡터가 $\vec{v}=(2, 1)$인 직선 l_2의 방정식은

$\frac{x-1}{2}=\frac{y-1}{1}$ $\quad\therefore l_2 : x-2y+1=0$

Step 2 점 $(5, 3)$을 지나고, 직선 l_2에 수직인 직선의 방정식을 구한다.

두 점 (a, b), $(5, 3)$을 지나는 직선을 l_3이라 하면 $l_2\perp l_3$이므로 직선 l_2의 법선벡터는 직선 l_3의 방향벡터이다. 직선 l_2의 법선벡터를 $\vec{n}$이라 하면 $\vec{n}=(1, -2)$이므로 점 $(5, 3)$을 지나고 방향벡터가 $\vec{n}=(1, -2)$인 직선 l_3의 방정식은

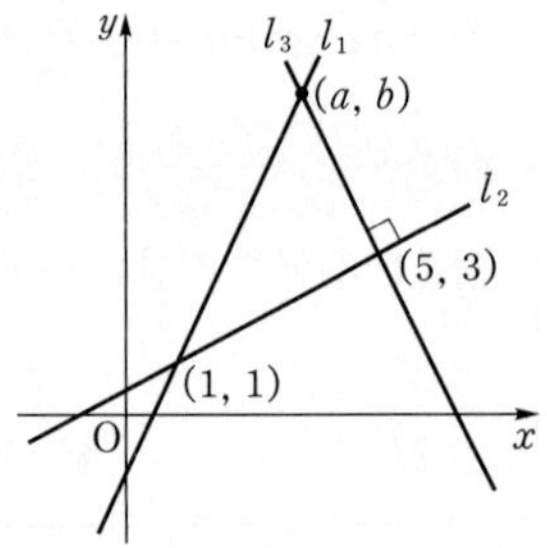

$\frac{x-5}{1}=\frac{y-3}{-2}$ 점 $(5, 3)$은 점 (a, b)에서 직선 l_2에 내린 수선의 발이므로 두 점 (a, b)와 $(5, 3)$을 지나는 직선은 직선 l_2와 수직이다.

$\therefore l_3 : 2x+y-13=0$ $\quad\cdots\cdots$ ㉡

Step 3 직선 l_1과 직선 l_3의 교점의 좌표 (a, b)를 구한다.

㉠, ㉡을 연립하여 풀면 $x=\frac{7}{2}$, $y=6$이므로 두 직선 l_1, l_3의 교점의 좌표는 $\left(\frac{7}{2}, 6\right)$이다.

Step 4 $a+b$의 값을 구한다.

따라서 $a=\frac{7}{2}$, $b=6$이므로 $a+b=\frac{19}{2}$

$(a-5, b-3)\cdot\vec{v}=0$과 점 (a, b)가 직선 l_1 위의 점임을 이용해서 a, b의 값을 구할 수도 있어.

148 [정답률 82%]

정답 ②

함수 $f(x)=\frac{1}{x^2+x}$의 그래프는 그림과 같다. 다음 물음에 답하시오.

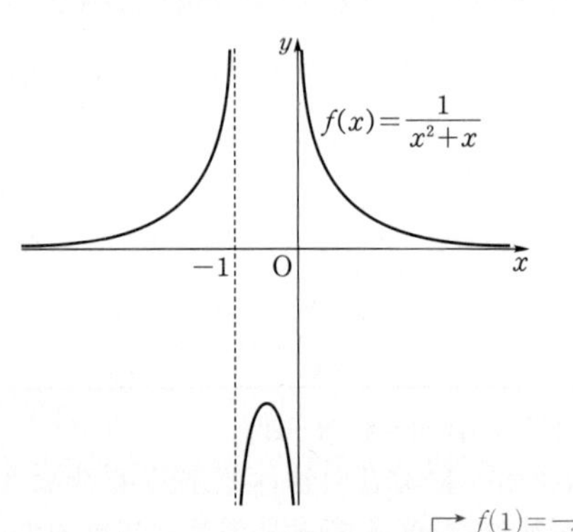

함수 $y=f(x)$의 그래프 위의 두 점 $\mathrm{P}(1, f(1))$, $\mathrm{Q}\left(-\frac{1}{2}, f\left(-\frac{1}{2}\right)\right)$을 지나는 직선의 방향벡터 중 크기가 $\sqrt{10}$인 벡터를 $\vec{u}=(a, b)$라 하자. $|a-b|$의 값은? (3점)

$f(1)=\frac{1}{1^2+1}=\frac{1}{2}$

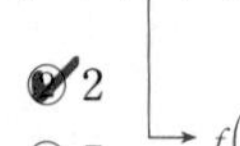

① 1 ② 2 ③ 3
④ 4 ⑤ 5

$f\left(-\frac{1}{2}\right)=\frac{1}{\left(-\frac{1}{2}\right)^2+\left(-\frac{1}{2}\right)}=-4$

Step 1 두 벡터 $\vec{u}$ 와 $\overrightarrow{\mathrm{PQ}}$가 평행함을 이용한다.

$f(1)=\frac{1}{1^2+1}=\frac{1}{2}$, $f\left(-\frac{1}{2}\right)=\frac{1}{\left(-\frac{1}{2}\right)^2+\left(-\frac{1}{2}\right)}=-4$이므로

$\mathrm{P}\left(1, \frac{1}{2}\right)$, $\mathrm{Q}\left(-\frac{1}{2}, -4\right)$

$\overrightarrow{\mathrm{PQ}}=\left(-\frac{3}{2}, -\frac{9}{2}\right)=-\frac{3}{2}(1, 3)$ 좌표평면 위의 두 점 $\mathrm{A}(a_1, a_2)$, $\mathrm{B}(b_1, b_2)$에 대하여 $\overrightarrow{\mathrm{AB}}=(b_1-a_1, b_2-a_2)$

이때 두 벡터 $\vec{u}$와 $\overrightarrow{\mathrm{PQ}}$는 평행하므로 → 두 벡터가 평행할 땐 실수배 관계에 있어.

$\vec{u}=k(1, 3)$ (단, k는 0이 아닌 실수)

문제에서 $|\vec{u}|=\sqrt{10}$이므로 $\sqrt{k^2+9k^2}=\sqrt{10k^2}=\sqrt{10}$

$10k^2=10$ $\quad\therefore k=\pm1$

그러므로 $\vec{u}=(1, 3)$ 또는 $\vec{u}=(-1, -3)$에서

$a=1$, $b=3$ 또는 $a=-1$, $b=-3$

→ $|a-b|=|-1-(-3)|=|-1+3|=2$

$\therefore |a-b|=2$

→ $|a-b|=|1-3|=|-2|=2$

149

정답 ③

$\vec{p}$, $\vec{q}$의 조건과 $\vec{a}$, $\vec{b}$, $\vec{s}$의 성분을 이용하여 두 직선 l, m의 방정식을 구한다.

세 평면벡터 $\vec{a}=(0, 4)$, $\vec{b}=(0, k)$, $\vec{s}=(1, -2)$가 있다. 직선 l 위의 임의의 점 P의 위치벡터를 $\vec{p}$라 하고, 직선 m 위의 임의의 점 Q의 위치벡터를 $\vec{q}$라 하면 두 벡터 $\vec{p}$, $\vec{q}$는 $\vec{p}=\vec{a}+t\vec{s}$ (t는 실수), $(\vec{q}-\vec{b})\cdot\vec{s}=0$을 만족시킨다. 직선 m이 직선 l과 x축, y축으로 둘러싸인 삼각형의 넓이를 이등분한다고 할 때, 상수 k의 값은? (4점)

두 벡터 $\vec{q}-\vec{b}$, $\vec{s}$가 서로 수직이다.

① $4-2\sqrt{3}$ ② $4-\sqrt{11}$ ③ $4-\sqrt{10}$
④ 1 ⑤ $4-2\sqrt{2}$

Step 1 직선 l과 직선 m의 직선의 방정식을 구한다.

$t=0$일 때 $\vec{p}=\vec{a}$이므로 점 A는 직선 l 위에 있고, $\vec{p}-\vec{a}=t\vec{s}$에서 $\overrightarrow{\mathrm{AP}}\,/\!/\,\vec{s}$, 즉 $l\,/\!/\,\vec{s}$이므로 $\vec{s}$는 직선 l의 방향벡터이다.

점 A의 위치벡터를 $\vec{a}=(0, 4)$라 하면 $\vec{p}=\vec{a}+t\vec{s}$ (t는 실수)이므로 직선 l은 점 $\mathrm{A}(0, 4)$를 지나고 방향벡터가 $\vec{s}=(1, -2)$인 직선이다. 중요

점 (x_1, y_1)을 지나고 방향벡터가 (a, b)인 직선의 방정식은 $\frac{x-x_1}{a}=\frac{y-y_1}{b}$이다.

즉, 직선 l의 방정식은 $\frac{x}{1}=\frac{y-4}{-2}$

$\therefore l : 2x+y-4=0$ $\quad\cdots\cdots$ ㉠

또, 점 B의 위치벡터를 $\vec{b}=(0, k)$라 하면 $(\vec{q}-\vec{b})\cdot\vec{s}=0$이므로 직선 m은 점 $\mathrm{B}(0, k)$를 지나고 법선벡터가 $\vec{s}=(1, -2)$인 직선이다.

점 (x_1, y_1)을 지나고 법선벡터가 (a, b)인 직선의 방정식은 $a(x-x_1)+b(y-y_1)=0$이다.

즉, 직선 m의 방정식은 $x-2(y-k)=0$

$\therefore m : x-2y+2k=0$ $\quad\cdots\cdots$ ㉡

Step 2 직선 l이 x축, y축과 만나서 생기는 삼각형의 넓이를 구한다.

$\vec{q}=\vec{b}$일 때 $(\vec{b}-\vec{b})\cdot\vec{s}=\vec{0}\cdot\vec{s}=0$이므로 직선 m은 점 B를 지나고, $(\vec{q}-\vec{b})\cdot\vec{s}=0$에서 $\overrightarrow{\mathrm{BQ}}\perp\vec{s}$, 즉 $m\perp\vec{s}$이므로 $\vec{s}$는 직선 m의 법선벡터이다.

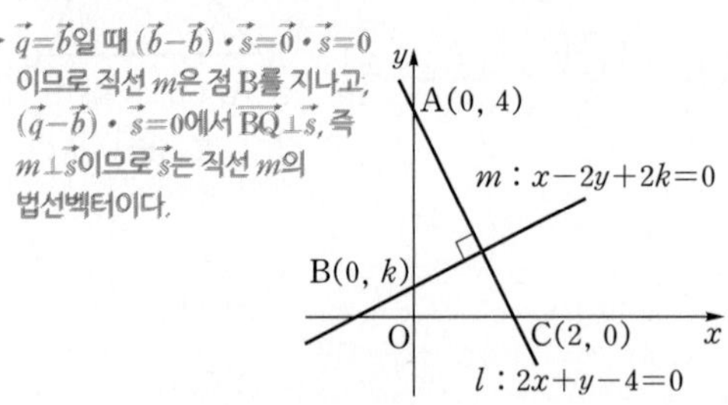

직선 l이 x축과 만나는 점을 C라 하면 점 C의 좌표는 $\mathrm{C}(2, 0)$이고, y축과 만나는 점 A의 좌표는 $\mathrm{A}(0, 4)$이므로 원점을 O라 하면 삼각형 AOC의 넓이는

$\frac{1}{2}\times2\times4=4$ $\quad\cdots\cdots$ ㉢ ($\frac{1}{2}\times\overline{\mathrm{OC}}\times\overline{\mathrm{OA}}$)

Step 3 두 직선 l, m의 교점 D의 좌표를 구하여 삼각형 ABD의 넓이를 구한다.

$\triangle ABD=\frac{1}{2}\triangle AOC$이어야 한다.

두 직선 l, m의 교점을 D라 하자.

㉠, ㉡을 연립하여 풀면 $x=\frac{8-2k}{5}$, $y=\frac{4k+4}{5}$이므로

점 D의 좌표는 $D\left(\frac{8-2k}{5}, \frac{4k+4}{5}\right)$

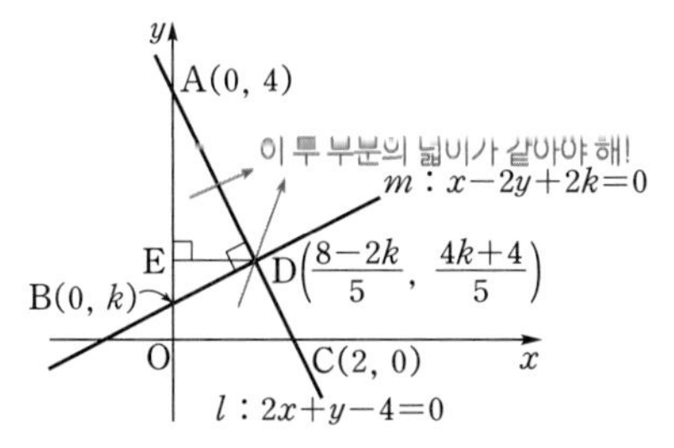

직선 m이 y축과 만나는 점은 $B(0, k)$이고, 점 D에서 y축에 내린 수선의 발을 E라 하면 삼각형 ABD의 넓이는

$\frac{1}{2}\times\overline{AB}\times\overline{ED}=\frac{1}{2}\times(4-k)\times\frac{8-2k}{5}$

Step 4 상수 k의 값을 구한다.

그런데 직선 m이 직선 l과 x축, y축으로 둘러싸인 삼각형의 넓이를 이등분하므로 삼각형 ABD의 넓이는 삼각형 AOC의 넓이의 $\frac{1}{2}$이다. 중요

즉, $\frac{1}{2}\times(4-k)\times\frac{8-2k}{5}=2$ ($\because$ ㉢)

$\frac{1}{2}\times\triangle AOC=\frac{1}{2}\times4=2$

$(4-k)^2=10$, $4-k=\pm\sqrt{10}$

$\therefore k=4-\sqrt{10}$ ($\because k<4$)

✪ 다른 풀이 닮음을 이용한 풀이

Step 1 동일

Step 2 $\triangle AOC\backsim\triangle ADB$임을 이용한다.

원점을 O, 직선 l이 x축과 만나는 점을 C, 직선 l과 직선 m이 만나는 점을 D라 할 때 직선 m이 직선 l과 x축, y축으로 둘러싸인 삼각형의 넓이를 이등분하므로 $\triangle AOC$와 $\triangle ADB$의 넓이의 비는 $2:1$이고, 직선 l과 직선 m은 수직이므로 $\triangle AOC$와 $\triangle ADB$의 닮음비는 $\sqrt{2}:1$이다.

직선 l의 방향벡터 $\vec{s}$가 직선 m의 법선벡터이므로 $l\perp m$이다. 따라서 두 직각삼각형 ADB, AOC는 서로 AA 닮음이다.

따라서 $\overline{AC}:\overline{AB}=2\sqrt{5}:(4-k)=\sqrt{2}:1$이므로

$k=4-\sqrt{10}$

닮은 도형인 두 삼각형의 닮음비가 $a:b$일 때, 넓이의 비는 $a^2:b^2$이다.

수능포인트

$\angle P=\frac{\pi}{2}$인 직각삼각형 PQR가 존재할 때, 점 P에서 선분 QR에 내린 수선의 발을 H라 하면 다음이 성립합니다.

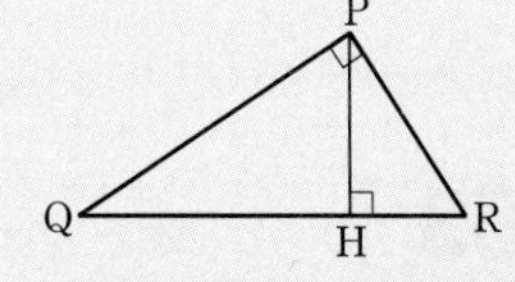

$\overline{PQ}^2=\overline{QH}\times\overline{QR}$

$\overline{PH}^2=\overline{QH}\times\overline{HR}$

$\overline{PR}^2=\overline{HR}\times\overline{QR}$

모두 삼각형의 닮음을 이용하여 증명할 수 있는 내용들이고, 문제에서 자주 쓰이는 식이니 외워뒀다가 시험장에서 바로 사용하면 시간 단축에 도움이 될 것입니다.

150

정답 23

원점을 지나고 방향벡터가 $(3, 4)$인 직선과 직선 $y=4$와의 교점을 A, 점 $B(3, 0)$에 대하여 원점을 지나고 $\angle AOB$를 이등분하는 직선과 직선 $y=4$와의 교점을 P, 점 $C(0, 4)$에 대하여 원점을 지나고 $\angle AOC$를 이등분하는 직선과 직선 $y=4$와의 교점을 Q라 하자. 직선 OP는 벡터 $\vec{u}=(a, 1)$에 평행하고 직선 OQ는 벡터 $v=(1, b)$에 평행할 때, $10a+b$의 값을 구하시오. (단, a, b는 상수이고, 점 O는 원점이다.) (4점)

$y=\frac{4}{3}x$

두 직선의 방향벡터는 각각 $(a, 1)$, $(1, b)$이다.

문제가 길어서 조금 헷갈릴 수도 있지만, 차근차근 주어진 조건을 따져 가며 문제를 푼다.

Step 1 점 A의 좌표를 구한다.

원점을 지나고 방향벡터가 $(3, 4)$인 직선이 방정식은 $\frac{x}{3}=\frac{y}{4}$이므로 점 A의 좌표는 $A(3, 4)$이다.

Step 2 점 P의 좌표를 구하여 직선 OP의 방향벡터를 구한다.

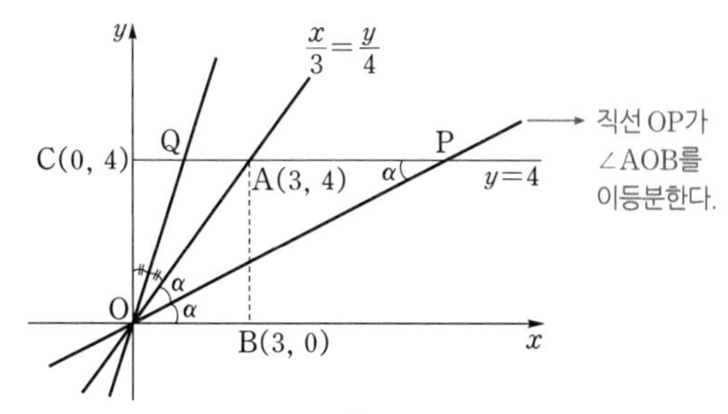

$\angle AOP=\alpha$라 하면 $\angle AOP=\angle POB=\alpha$, $\angle AOB=2\alpha$이고

$\angle POB$와 $\angle APO$는 서로 엇각이므로 $\angle APO=\alpha$

따라서 삼각형 AOP는 이등변삼각형이므로 $\overline{AO}=\overline{AP}$

점 A의 좌표는 $A(3, 4)$이므로 중요 두 점 (x_1, y_1), (x_2, y_2) 사이의 거리는 $\sqrt{(x_2-x_1)^2+(y_2-y_1)^2}$이다.

$\overline{AO}=\sqrt{3^2+4^2}=5=\overline{AP}$ ······ ㉠

따라서 점 P의 좌표는 $P(8, 4)$이고

직선 OP의 방정식은 $\frac{x-0}{8-0}=\frac{y-0}{4-0}$이므로 직선 OP의 방향벡터는 $(8, 4)$이다.

원점을 지나고 $\overrightarrow{OP}=(8, 4)$에 평행한 직선의 방정식

이때 직선 OP는 벡터 $\vec{u}=(a, 1)$에 평행하므로

$\frac{8}{a}=\frac{4}{1}$ $\therefore a=2$

Step 3 점 Q의 좌표를 구하여 직선 OQ의 방향벡터를 구한다.

한편, 직선 OQ는 $\angle AOC$의 이등분선이므로

각의 이등분선의 성질에 의하여 중요

$\overline{CQ}:\overline{QA}=\overline{OC}:\overline{OA}=4:5$ ($\because$ ㉠)

$\therefore \overline{CQ}=\overline{CA}\times\frac{4}{9}=3\times\frac{4}{9}=\frac{4}{3}$

따라서 점 Q의 좌표는 $Q\left(\frac{4}{3}, 4\right)$이고

직선 OQ의 방정식은 $\frac{x-0}{\frac{4}{3}-0}=\frac{y-0}{4-0}$이므로

원점을 지나고 $\overrightarrow{OQ}=\left(\frac{4}{3}, 4\right)$에 평행한 직선의 방정식

직선 OQ의 방향벡터는 $\left(\frac{4}{3}, 4\right)$이다.

점 (x_1, y_1)을 지나고 방향벡터가 $\vec{u}=(m, n)$인 직선의 방정식은 $\frac{x-x_1}{m}=\frac{y-y_1}{n}$이다.

이때 직선 OQ는 벡터 $\vec{v}=(1, b)$에 평행하므로

$\frac{\frac{4}{3}}{1}=\frac{4}{b}$ $\therefore b=3$

Step 4 $10a+b$의 값을 구한다.

따라서 $a=2$, $b=3$이므로 $10a+b=23$

151 [정답률 61%] 정답 48

좌표평면에서 $|\overrightarrow{OP}|=10$을 만족시키는 점 P가 나타내는 도형 위의 점 $A(a, b)$에서의 접선을 l, 원점을 지나고 방향벡터가 $(1, 1)$인 직선을 m이라 하고, 두 직선 l, m이 이루는 예각의 크기를 θ라 하자. $\cos\theta=\frac{\sqrt{2}}{10}$일 때, 두 수 a, b의 곱 ab의 값을 구하시오. (단, O는 원점이고, $a>b>0$이다.) (4점)

→ 중심이 원점이고 반지름의 길이가 10인 원
→ $\frac{x-0}{1}=\frac{y-0}{1}$

Step 1 a와 b 사이의 관계식, 직선 m의 방정식을 구한다.

$|\overrightarrow{OP}|=10$을 만족시키는 점 P가 나타내는 도형은 중심이 원점이고 반지름의 길이가 10인 원이다.

즉, 점 P가 나타내는 도형은 원 $x^2+y^2=100$이다. → 10^2

이때 점 $A(a, b)$는 점 P가 나타내는 도형 위의 점이므로

$a^2+b^2=100$ …… ㉠ → 원의 방정식에 $x=a$, $y=b$ 대입

원점을 지나고 방향벡터가 $(1, 1)$인 직선 m의 방정식은

$\frac{x-0}{1}=\frac{y-0}{1}$ $\therefore y=x$

→ 점 (x_1, y_1)을 지나고 방향벡터가 $\vec{u}=(u_1, u_2)$인 직선의 방정식은 $\frac{x-x_1}{u_1}=\frac{y-y_1}{u_2}$이야.

따라서 주어진 내용을 그림으로 나타내어 보면 다음과 같다.

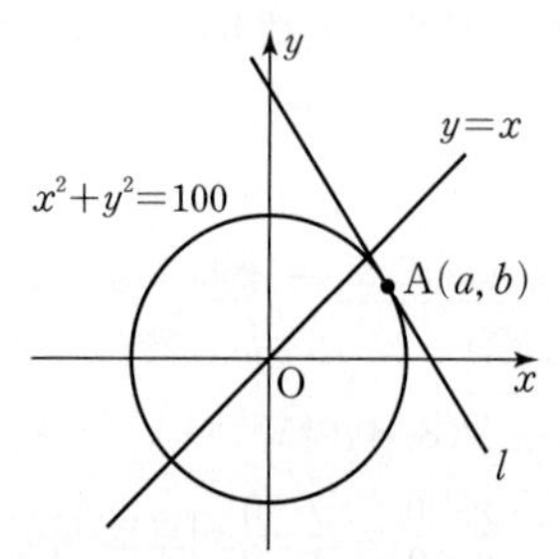

Step 2 벡터의 내적을 이용하여 ab의 값을 구한다.

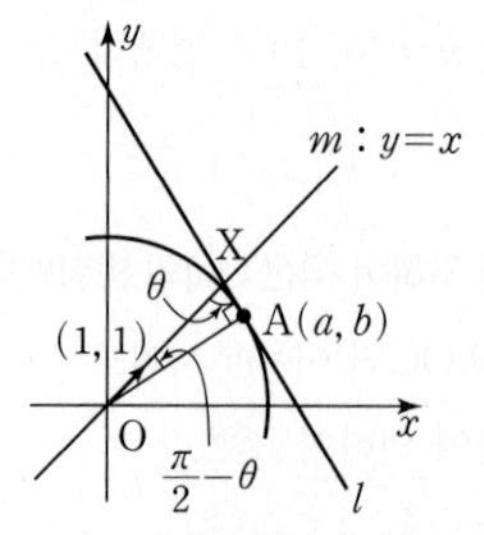

그림과 같이 두 직선 l, m의 교점을 X라 하자.

두 직선 l, m이 이루는 예각의 크기가 θ이므로

$\angle OXA=\theta$

→ $a>b$이니까 점 A가 직선 l의 아래쪽에 위치하게 되어 예각이 $\angle OXA$가 돼.

이때 $\angle OAX=\frac{\pi}{2}$이므로

삼각형 OAX에서 → 직선 l이 점 A에서의 접선이기 때문!

$\angle XOA=\pi-\left(\theta+\frac{\pi}{2}\right)=\frac{\pi}{2}-\theta$

$\angle XOA$의 크기는 두 벡터 $(1, 1)$, (a, b)가 이루는 각의 크기와 같으므로 내적을 이용하면

→ $(1,1)$: 직선 m의 방향벡터, (a, b): $\overrightarrow{OA}$

$(1, 1)\cdot(a, b)=\sqrt{2}\times\sqrt{a^2+b^2}\times\cos\left(\frac{\pi}{2}-\theta\right)$에서

→ a^2+b^2: 100 (∵ ㉠)

$a+b=10\sqrt{2}\sin\theta$ …… ㉡

이때 $\cos\theta=\frac{\sqrt{2}}{10}$이므로 $\sin\theta=\sqrt{1-\cos^2\theta}=\sqrt{1-\frac{2}{100}}=\frac{7\sqrt{2}}{10}$

이를 ㉡에 대입하면 $a+b=10\sqrt{2}\times\frac{7\sqrt{2}}{10}=14$

양변을 제곱하면 $a^2+2ab+b^2=196$ …… ㉢

㉢−㉠을 하면

$(a^2+2ab+b^2)-(a^2+b^2)=196-100$

$2ab=96$ $\therefore ab=48$

152 정답 ①

두 점 $A(2, 2)$, $B(4, 0)$에 대하여 $|\overrightarrow{PA}+\overrightarrow{PB}|=8$을 만족시키는 점 P가 나타내는 도형의 길이는? (3점)

① 8π ② 12π ③ 16π
④ 20π ⑤ 24π

→ 시점이 원점 O(0, 0)인 벡터의 연산으로 변형하여 점 P에 대해 알아본다.

Step 1 $|\overrightarrow{PA}+\overrightarrow{PB}|=|(\overrightarrow{OA}-\overrightarrow{OP})+(\overrightarrow{OB}-\overrightarrow{OP})|$임을 이용하여 점 P가 나타내는 도형의 방정식을 구한다.

점 P의 좌표를 $P(x, y)$라 하면

$\overrightarrow{PA}=\overrightarrow{OA}-\overrightarrow{OP}=(2, 2)-(x, y)$,

$\overrightarrow{PB}=\overrightarrow{OB}-\overrightarrow{OP}=(4, 0)-(x, y)$이므로 → 여기서 O는 원점

$\overrightarrow{PA}+\overrightarrow{PB}=(2, 2)+(4, 0)-2(x, y)=(6-2x, 2-2y)$

$|\overrightarrow{PA}+\overrightarrow{PB}|=\sqrt{(6-2x)^2+(2-2y)^2}=8$

$4(3-x)^2+4(1-y)^2=64$ ← 양변을 제곱한 후 식 정리

$\therefore (x-3)^2+(y-1)^2=16$

Step 2 점 P가 나타내는 도형의 길이를 구한다.

즉, 점 P가 나타내는 도형은 중심이 $(3, 1)$이고 반지름의 길이가 4인 원이므로 점 P가 나타내는 도형의 길이는 $2\pi\times4=8\pi$이다.

중요 $(x-a)^2+(y-b)^2=r^2$은 중심의 좌표가 (a, b)이고 반지름의 길이가 $r(r>0)$인 원의 방정식이다.

153 정답 ②

점 $P(x, y)$에 대하여 x, y 사이의 관계식을 구한다.

좌표평면 위의 두 점 $A(4, 1)$, $B(2, 3)$에 대하여 $\overrightarrow{PA}\cdot\overrightarrow{PB}=0$을 만족시키는 점 P가 그리는 도형의 넓이는? (2점)

→ 두 벡터 $\overrightarrow{PA}$, $\overrightarrow{PB}$가 서로 수직이다.

① π ② 2π ③ 3π
④ 4π ⑤ 5π

Step 1 좌표평면에서 $\overrightarrow{PA}$, $\overrightarrow{PB}$를 각각 구한다.

점 P의 좌표를 $P(x, y)$라 하면 두 점 $A(4, 1)$, $B(2, 3)$에서

$\overrightarrow{PA}=(4-x, 1-y)$

$\overrightarrow{PB}=(2-x, 3-y)$

Step 2 $\overrightarrow{PA}\cdot\overrightarrow{PB}=0$을 만족시키는 점 P가 그리는 도형이 무엇인지 구한다.

$\overrightarrow{PA}\cdot\overrightarrow{PB}=0$에서

$(4-x, 1-y)\cdot(2-x, 3-y)=0$

$(4-x)(2-x)+(1-y)(3-y)=0$

$x^2-6x+8+y^2-4y+3=0$

$\therefore (x-3)^2+(y-2)^2=2$ → 참고로, 이 원은 선분 AB를 지름으로 하는 원이야!

그러므로 점 P가 그리는 도형은 중심의 좌표는 $(3, 2)$이고, 반지름의 길이가 $\sqrt{2}$인 원이다.

$(x-a)^2+(y-b)^2=r^2(r>0)$은 중심의 좌표는 점 (a, b)이고 반지름의 길이가 r인 원의 방정식이다.

Step 3 점 P가 그리는 도형의 넓이를 구한다.

따라서 점 P가 그리는 도형의 넓이는

$\pi\times(\sqrt{2})^2=2\pi$ → 반지름의 길이가 r인 원의 넓이는 πr^2이다.

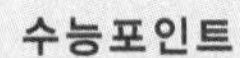

수능포인트

$\overrightarrow{PA}\cdot\overrightarrow{PB}=0$이라는 것은 벡터 $\overrightarrow{PA}$, $\overrightarrow{PB}$가 수직이라는 의미입니다.

$\overrightarrow{PA}$와 $\overrightarrow{PB}$가 항상 수직이려면 점 P가 선분 AB를 지름으로 하는 원 위의 점이면 됩니다.

따라서 $\overrightarrow{PA}\cdot\overrightarrow{PB}=0$을 만족시키는 점 P가 그리는 도형은 선분 AB를 지름으로 하고 중심이 선분 AB의 중점인 원입니다. 즉, 반지름의 길이는 $\frac{1}{2}|\overrightarrow{AB}|$입니다.

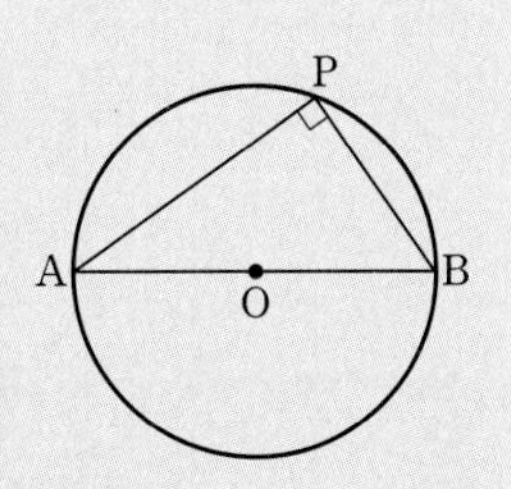

해설처럼 직접 좌표를 대입해서 알아낼 수도 있지만 주어진 식의 의미를 파악해서 알아낼 수도 있습니다.

154 [정답률 61%]

정답 ⑤

좌표평면에서 두 점 $A(-2, 0)$, $B(3, 3)$에 대하여

$$(\overrightarrow{OP}-\overrightarrow{OA})\cdot(\overrightarrow{OP}-2\overrightarrow{OB})=0$$

을 만족시키는 점 P가 나타내는 도형의 길이는?

점 P의 좌표를 (x, y)라 하고 도형의 방정식을 구한다.

(단, O는 원점이다.) (3점)

① 6π ② 7π ③ 8π ④ 9π ⑤ 10π

Step 1 두 벡터 $\overrightarrow{OP}-\overrightarrow{OA}$, $\overrightarrow{OP}-2\overrightarrow{OB}$를 각각 구한다.

점 P의 좌표를 $P(x, y)$라 하면

$\overrightarrow{OP}-\overrightarrow{OA}=(x, y)-(-2, 0)=(x+2, y)$

$\overrightarrow{OP}-2\overrightarrow{OB}=(x, y)-2(3, 3)=(x-6, y-6)$

Step 2 점 P가 나타내는 도형의 방정식을 구한다.

$(\overrightarrow{OP}-\overrightarrow{OA})\cdot(\overrightarrow{OP}-2\overrightarrow{OB})=0$에서

$(x+2, y)\cdot(x-6, y-6)=0$ → $(a, b)\cdot(c, d)=ac+bd$

$(x+2)(x-6)+y(y-6)=0$, $x^2-4x-12+y^2-6y=0$

$\therefore (x-2)^2+(y-3)^2=25$

즉, 점 P가 나타내는 도형은 중심이 $(2, 3)$이고 반지름의 길이가 5인 원이다.

Step 3 점 P가 나타내는 도형의 길이를 구한다.

따라서 점 P가 나타내는 도형의 길이는 $2\pi\times5=10\pi$

155

정답 ①

세 위치벡터 $\vec{a}$, $\vec{b}$, $\vec{p}$에 대하여 $\vec{a}=(1, -2)$, $\vec{b}=(5, -8)$이고 $(\vec{p}-\vec{a})\cdot(\vec{p}-\vec{b})=0$이 성립한다고 하자. 벡터 $\vec{p}$의 종점 P가 그리는 도형의 길이는? (2점)

→ 벡터의 성분을 대입하여 주어진 조건을 다른 형태의 식으로 정리한다.

① $2\sqrt{13}\pi$ ② $2\sqrt{14}\pi$ ③ $2\sqrt{15}\pi$ ④ 8π ⑤ $2\sqrt{17}\pi$

Step 1 $\vec{p}-\vec{a}$, $\vec{p}-\vec{b}$를 각각 구한다.

$\vec{p}=(x, y)$라 하면 $\vec{a}=(1, -2)$, $\vec{b}=(5, -8)$에서

$\vec{p}-\vec{a}=(x-1, y+2)$, $\vec{p}-\vec{b}=(x-5, y+8)$

Step 2 $(\vec{p}-\vec{a})\cdot(\vec{p}-\vec{b})=0$임을 이용하여 벡터 $\vec{p}$의 종점 P가 그리는 도형이 무엇인지 구한다.

$(\vec{p}-\vec{a})\cdot(\vec{p}-\vec{b})=0$에서

$(x-1, y+2)\cdot(x-5, y+8)=0$

$(x-1)(x-5)+(y+2)(y+8)=0$

$\therefore (x-3)^2+(y+5)^2=13$

암기 원 $(x-a)^2+(y-b)^2=r^2(r>0)$에서
(1) 원의 중심의 좌표 : (a, b)
(2) 반지름의 길이 : r

그러므로 벡터 $\vec{p}$의 종점 P가 그리는 도형은 중심의 좌표는 $(3, -5)$이고, 반지름의 길이가 $\sqrt{13}$인 원이다.

Step 3 점 P가 그리는 도형의 길이를 구한다.

따라서 점 P가 그리는 도형의 길이는 → 원의 둘레의 길이를 의미해!

$2\times\pi\times\sqrt{13}=2\sqrt{13}\pi$ → 반지름의 길이가 r인 원의 둘레의 길이는 $2\pi r$이다.

156

정답 ②

→ $|\vec{b}-\vec{a}|=|\overrightarrow{AB}|=\overline{AB}=10$

평면 위의 세 벡터 $\overrightarrow{OA}=\vec{a}$, $\overrightarrow{OB}=\vec{b}$, $\overrightarrow{OC}=\vec{c}$에 대하여 $|\vec{b}-\vec{a}|=10$일 때, $(\vec{a}-\vec{c})\cdot(\vec{b}-\vec{c})=0$을 만족하는 점 C가 그리는 도형의 길이는? (단, O는 원점이다.) (3점)

→ 두 벡터 $\vec{a}-\vec{c}$, $\vec{b}-\vec{c}$가 서로 수직이다.

① 5π ② 10π ③ 15π ④ 20π ⑤ 25π

Step 1 $(\vec{a}-\vec{c})\cdot(\vec{b}-\vec{c})=0$임을 이용하여 두 벡터 $\overrightarrow{CA}$, $\overrightarrow{CB}$는 서로 수직임을 보인다.

$\vec{a}-\vec{c}=\overrightarrow{OA}-\overrightarrow{OC}=\overrightarrow{CA}$, $\vec{b}-\vec{c}=\overrightarrow{OB}-\overrightarrow{OC}=\overrightarrow{CB}$이고
$(\vec{a}-\vec{c})\cdot(\vec{b}-\vec{c})=0$이므로 $\vec{a}-\vec{c}$와 $\vec{b}-\vec{c}$는 서로 수직이다.
따라서 두 벡터 $\overrightarrow{CA}$, $\overrightarrow{CB}$는 서로 수직이다. 중요

Step 2 $|\vec{b}-\vec{a}|=10$임을 이용하여 점 C가 그리는 도형의 길이를 구한다.

한편, $|\vec{b}-\vec{a}|=|\overrightarrow{OB}-\overrightarrow{OA}|=|\overrightarrow{AB}|=10$
이고, $\angle ACB=90°$이므로 점 C는 선분 AB를 지름으로 하는 원 위의 점이다. 중요
따라서 점 C가 그리는 도형의 길이는 지름의 길이가 10인 원의 둘레의 길이이므로 10π이다.

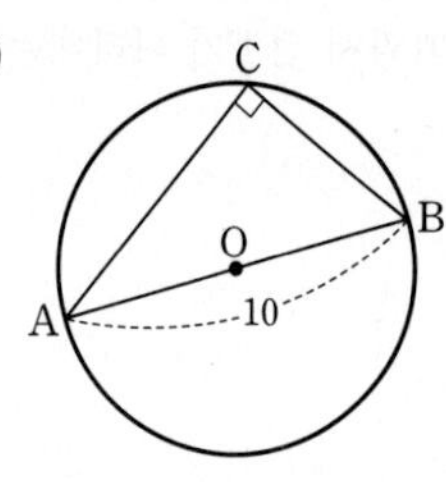

157 [정답률 74%] 정답 ②

좌표평면에서 세 벡터
$$\vec{a}=(2, 4),\ \vec{b}=(2, 8),\ \vec{c}=(1, 0)$$
에 대하여 두 벡터 $\vec{p}$, $\vec{q}$가
$$(\vec{p}-\vec{a})\cdot(\vec{p}-\vec{b})=0,\ \vec{q}=\frac{1}{2}\vec{a}+t\vec{c}\ (t\text{는 실수})$$
→ 벡터 p는 원을 나타낸다.
를 만족시킬 때, $|\vec{p}-\vec{q}|$의 최솟값은? (3점)

① $\frac{3}{2}$ ② 2 ③ $\frac{5}{2}$
④ 3 ⑤ $\frac{7}{2}$

Step 1 점 P가 나타내는 도형을 찾는다.

두 점 P, Q와 원점 O에 대하여 $\vec{p}=\overrightarrow{OP}$, $\vec{q}=\overrightarrow{OQ}$라 하자.
$\vec{p}=(x, y)$라 하면 $(\vec{p}-\vec{a})\cdot(\vec{p}-\vec{b})=0$이므로
$(x-2, y-4)\cdot(x-2, y-8)=0$
$(x-2)^2+(y-4)(y-8)=(x-2)^2+(y-6)^2-4=0$
$\therefore (x-2)^2+(y-6)^2=4$ → $y^2-12y+32=(y^2-12y+36)-4=(y-6)^2-4$
따라서 점 P는 중심이 $(2, 6)$이고, 반지름의 길이가 2인 원 위의 점이다.

Step 2 점 Q가 나타내는 도형을 찾는다.

$\vec{q}=\frac{1}{2}\vec{a}+t\vec{c}=\frac{1}{2}(2, 4)+t(1, 0)=(1+t, 2)$
즉, 점 Q는 직선 $y=2$ 위의 점이다. → 벡터 q의 x성분은 변하지만 y성분은 2로 일정
이때
$|\vec{p}-\vec{q}|=|\overrightarrow{OP}-\overrightarrow{OQ}|=|\overrightarrow{QP}|$
$=\overline{PQ}$
이므로 $|\vec{p}-\vec{q}|$의 최솟값은 2이다.

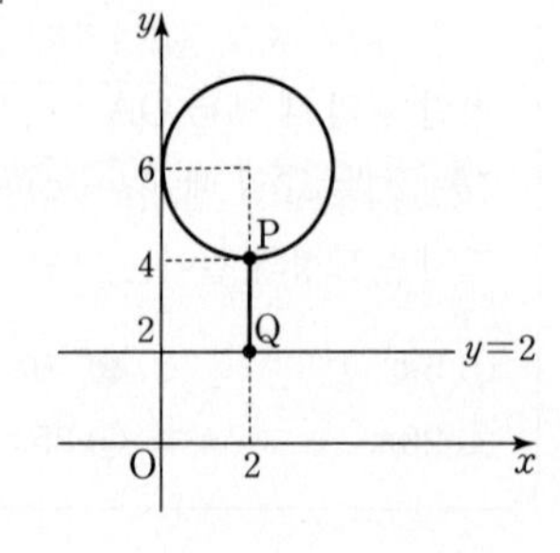

158 [정답률 69%] 정답 ②

좌표평면에서 세 벡터
$$\vec{a}=(3, 0),\ \vec{b}=(1, 2),\ \vec{c}=(4, 2)$$
에 대하여 두 벡터 $\vec{p}$, $\vec{q}$가
$$\vec{p}\cdot\vec{a}=\vec{a}\cdot\vec{b},\ |\vec{q}-\vec{c}|=1$$
을 만족시킬 때, $|\vec{p}-\vec{q}|$의 최솟값은? (3점)

① 1 ② 2 ③ 3
④ 4 ⑤ 5

Step 1 $\vec{p}=(x, y)$라 한 후, $\vec{p}\cdot\vec{a}=\vec{a}\cdot\vec{b}$임을 이용한다.

점 $P(x, y)$에 대하여 $\vec{p}=\overrightarrow{OP}=(x, y)$라 하면 $\vec{p}\cdot\vec{a}=\vec{a}\cdot\vec{b}$이므로
$(x, y)\cdot(3, 0)=(3, 0)\cdot(1, 2)$ ($x\times3+y\times0$, $3\times1+0\times2$)
$3x=3$ $\therefore x=1$
따라서 점 P는 직선 $x=1$ 위의 점이다. → y의 값은 알 수 없지만 x의 값은 항상 1이야.

Step 2 $|\vec{q}-\vec{c}|=1$임을 이용한다.

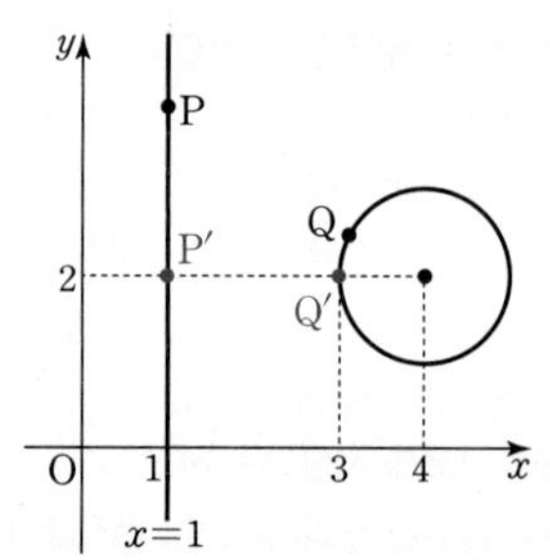

$|\vec{q}-\vec{c}|=1$이고, $\vec{c}=(4, 2)$이므로 $\vec{q}=\overrightarrow{OQ}$라 하면 점 Q는 중심이 $(4, 2)$이고 반지름의 길이가 1인 원 위의 점이다.
$|\vec{p}-\vec{q}|=|\overrightarrow{OP}-\overrightarrow{OQ}|=|\overrightarrow{QP}|=\overline{PQ}$
따라서 $|\vec{p}-\vec{q}|$의 최솟값은 위 그림에서 선분 P′Q′의 길이와 같으므로 2이다.
→ 선분 PQ의 길이의 최솟값

159 [정답률 91%] 정답 ⑤

좌표평면 위의 점 $A(4, 3)$에 대하여
$$|\overrightarrow{OP}|=|\overrightarrow{OA}|$$
→ 점 P는 원점 O와의 거리가 $|\overrightarrow{OA}|$인 도형 위의 점이다.
를 만족시키는 점 P가 나타내는 도형의 길이는? (단, O는 원점이다.) (3점)

① 2π ② 4π ③ 6π
④ 8π ⑤ 10π

Step 1 점 P가 나타내는 도형을 알아낸다.

점 $A(4, 3)$이므로 $|\overrightarrow{OA}|=\sqrt{4^2+3^2}=5$ $\therefore |\overrightarrow{OP}|=5$ → 점 P는 점 O로부터 거리가 5인 점들을 나타낸다.
따라서 점 P가 나타내는 도형은 중심이 원점이고 반지름의 길이가 5인 원이므로 점 P가 나타내는 도형의 길이는 $2\pi\times5=10\pi$
→ 원의 둘레의 길이

160 [정답률 84%]

정답 ①

좌표평면 위의 두 점 A(1, 2), B(−3, 5)에 대하여

$$|\overrightarrow{OP}-\overrightarrow{OA}|=|\overrightarrow{AB}|$$

를 만족시키는 점 P가 나타내는 도형의 길이는?

(단, O는 원점이다.) (3점)

① 10π ② 12π ③ 14π
④ 16π ⑤ 18π

Step 1 점 P가 나타내는 도형이 무엇인지 알아본다.

$|\overrightarrow{OP}-\overrightarrow{OA}|=|\overrightarrow{AB}|$에서 $|\overrightarrow{AP}|=|\overrightarrow{AB}|$

이때 $\overline{AB}=\sqrt{(-3-1)^2+(5-2)^2}=5$이므로 $|\overrightarrow{AP}|=5$ ← $|\overrightarrow{AB}|=5$

따라서 점 P가 나타내는 도형은 점 A를 중심으로 하고 반지름의 길이가 5인 원이므로 그 길이는 10π이다.

→ 반지름의 길이가 r인 원의 둘레의 길이는 $2\pi r$

161 [정답률 77%]

정답 ③

좌표평면 위의 점 A(3, 0)에 대하여

$$(\overrightarrow{OP}-\overrightarrow{OA})\cdot(\overrightarrow{OP}-\overrightarrow{OA})=5$$

→ $\overrightarrow{AP}$

를 만족시키는 점 P가 나타내는 도형과 직선 $y=\frac{1}{2}x+k$가 오직 한 점에서 만날 때, 양수 k의 값은?

(단, O는 원점이다.) (3점)

① $\frac{3}{5}$ ② $\frac{4}{5}$ ③ 1
④ $\frac{6}{5}$ ⑤ $\frac{7}{5}$

Step 1 $\overrightarrow{OP}-\overrightarrow{OA}=\overrightarrow{AP}$임을 이용한다.

$(\overrightarrow{OP}-\overrightarrow{OA})\cdot(\overrightarrow{OP}-\overrightarrow{OA})=5$에서

$\overrightarrow{AP}\cdot\overrightarrow{AP}=|\overrightarrow{AP}|^2=5$ $\therefore |\overrightarrow{AP}|=\sqrt{5}$

즉, 점 P가 나타내는 도형은 점 A(3, 0)을 중심으로 하고 반지름의 길이가 $\sqrt{5}$인 원이다.

Step 2 점 P가 나타내는 원과 직선 $y=\frac{1}{2}x+k$가 접함을 이용한다.

점 P가 나타내는 도형과 직선 $y=\frac{1}{2}x+k$가 오직 한 점에서 만나므로 (← 직선이 원에 접한다는 의미이다.)

점 A(3, 0)에서 직선 $y=\frac{1}{2}x+k$까지의 거리는 원의 반지름의 길이인 $\sqrt{5}$이다.

(→ 원의 중심, → $x-2y+2k=0$)

$$\frac{|1\times3-2\times0+2k|}{\sqrt{1^2+(-2)^2}}=\sqrt{5},\ |3+2k|=5$$

(← $\frac{|3+2k|}{\sqrt{5}}$)

$3+2k=-5$ 또는 $3+2k=5$ (→ $k=-4$, → $k=1$)

$\therefore k=1\ (\because k>0)$

162

정답 ③

좌표평면 위의 점 A(2, 1)에 대하여 $|\overrightarrow{AP}|=2$를 만족시키는 점 P(x, y)가 나타내는 도형이 직선 $y=mx+4$와 만나는 두 점을 B, C라 할 때, 선분 BC의 길이가 2가 되도록 하는 실수 m의 값의 합은? (3점)

(점 (2, 1)을 중심으로 하고 반지름의 길이가 2인 원)

① −14 ② −13 ③ −12
④ −11 ⑤ −10

Step 1 좌표평면에서 $|\overrightarrow{AP}|=2$를 만족시키는 점 P가 그리는 도형이 무엇인지 구한다.

(→ 여기서 점 O는 당연히 원점을 의미하지!)

$|\overrightarrow{AP}|=|\overrightarrow{OP}-\overrightarrow{OA}|$

$=|(x, y)-(2, 1)|=|(x-2, y-1)|$

$=\sqrt{(x-2)^2+(y-1)^2}=2$

$\therefore (x-2)^2+(y-1)^2=4$

따라서 점 P가 나타내는 도형은 중심이 (2, 1)이고, 반지름의 길이가 2인 원이다.

Step 2 피타고라스 정리를 이용하여 선분 AD의 길이를 구한다.

오른쪽 그림과 같이 직선 $y=mx+4$와 원 $(x-2)^2+(y-1)^2=4$의 교점 B, C의 중점을 D라 하면 직선 AD는 선분 BC를 이등분하므로 선분 BD의 길이는 1이다.

직각삼각형 ADB에서 피타고라스 정리에 의하여

(→ $\overline{BC}=2$이므로 $\overline{BD}=\frac{1}{2}\overline{BC}=1$)

$\overline{AD}=\sqrt{2^2-1^2}=\sqrt{3}$

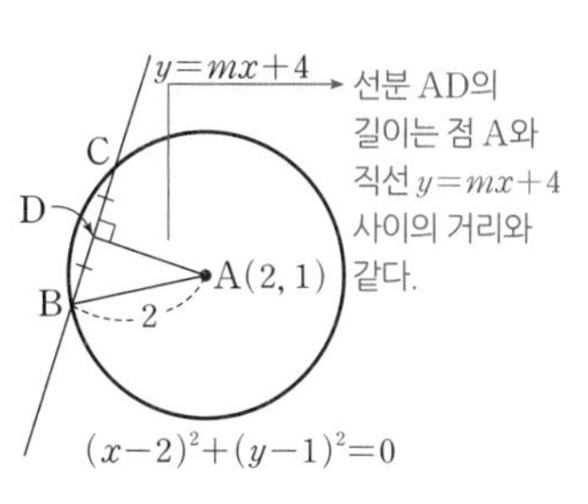

Step 3 점과 직선 사이의 거리 공식을 이용하여 m에 대한 식을 구하고 실수 m의 값의 합을 구한다.

즉, 점 A(2, 1)과 직선 $y=mx+4$ 사이의 거리가 $\sqrt{3}$이 되어야 하므로

$$\frac{|2m-1+4|}{\sqrt{m^2+1}}=\sqrt{3}$$

$(2m+3)^2=3(m^2+1)$

$m^2+12m+6=0$

(점과 직선 사이의 거리 → 점 (x_1, y_1)과 직선 $ax+by+c=0$ 사이의 거리는 $\frac{|ax_1+by_1+c|}{\sqrt{a^2+b^2}}$이다.)

따라서 근과 계수의 관계에 의하여 이를 만족시키는 실수 m의 값의 합은 −12이다.

수능포인트

임의의 점 P(x, y)에 대하여 점 P가 그리는 도형이 원일 때 쓰는 표현들은 다음과 같습니다.

(i) $(\vec{p}-\vec{a})\cdot(\vec{p}-\vec{b})=0$

⇒ 위치벡터 $\vec{a}, \vec{b}, \vec{p}$에 대하여 $\vec{p}$는 중심의 위치벡터가 $\frac{\vec{a}+\vec{b}}{2}$이고 반지름의 길이가 $\frac{1}{2}|\vec{a}-\vec{b}|$인 원을 의미합니다.

(ii) $\overrightarrow{PA}\cdot\overrightarrow{PB}=0$

⇒ 점 P가 그리는 도형은 중심이 선분 AB의 중점이고 반지름의 길이가 $\frac{1}{2}|\overrightarrow{AB}|$인 원입니다.

(iii) $|\overrightarrow{PA}|=r$ (r는 실수, $r>0$)

⇒ 점 P가 그리는 도형은 중심이 점 A이고 반지름의 길이가 r인 원입니다.

Ⅱ 1. 평면벡터

163

정답 ③

(점 P는 원 $x^2+y^2=1$ 위의 점이다.)

좌표평면에서 $|\overrightarrow{OP}|=1$을 만족시키는 점 P에 대하여 직선 OQ와 직선 OP는 서로 수직이고 $|\overrightarrow{PQ}|=2$를 만족시킬 때, 점 Q가 나타내는 도형의 길이는? (단, 점 O는 원점이다.) (3점)

① 2π ② $2\sqrt{2}\pi$ ③ $2\sqrt{3}\pi$ ④ 4π ⑤ $2\sqrt{6}\pi$

Step 1 좌표평면에서 $|\overrightarrow{OP}|=1$을 만족시키는 점 P가 그리는 도형이 무엇인지 구한다.

점 P의 좌표를 P(x, y)라 하면 $|\overrightarrow{OP}|=\sqrt{x^2+y^2}=1$ (선분 OP의 길이와 같다.)

$\therefore x^2+y^2=1$

따라서 점 P가 나타내는 도형은 중심이 $(0, 0)$이고, 반지름의 길이가 1인 원이다.

Step 2 $|\overrightarrow{OQ}|$의 값을 구한다.

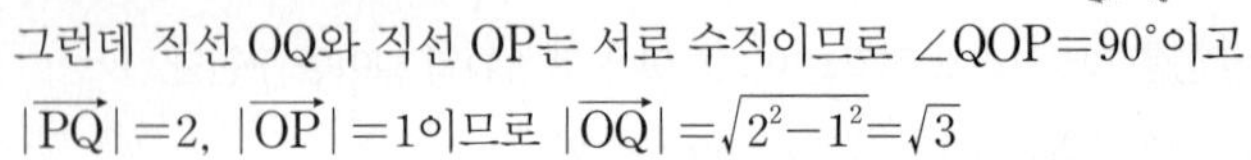

그런데 직선 OQ와 직선 OP는 서로 수직이므로 $\angle QOP=90°$이고 $|\overrightarrow{PQ}|=2$, $|\overrightarrow{OP}|=1$이므로 $|\overrightarrow{OQ}|=\sqrt{2^2-1^2}=\sqrt{3}$

($|\overrightarrow{OQ}|=\sqrt{|\overrightarrow{PQ}|^2-|\overrightarrow{OP}|^2}$)

Step 3 점 Q가 나타내는 도형의 길이를 구한다.

따라서 점 Q는 원점 O를 중심으로 하고 반지름의 길이가 $\sqrt{3}$인 원을 나타내므로 점 Q가 나타내는 도형의 길이는 $2\sqrt{3}\pi$이다.

164

정답 10

(두 점 A, P 사이의 거리가 $\sqrt{2}$로 일정하므로 점 P는 중심이 점 A이고 반지름의 길이가 $\sqrt{2}$인 원 위에 있다는 걸 알 수 있어.)

좌표평면에서 두 점 A$(2, 0)$, B$(5, 0)$에 대하여 두 점 P, Q가 다음 조건을 모두 만족시킬 때, 점 Q가 나타내는 도형의 길이를 구하시오. (4점)

(가) $|\overrightarrow{AP}|=\sqrt{2}$

(나) 점 Q는 점 B를 지나고 법선벡터가 $(1, 0)$인 직선 위를 움직인다. (y축과 평행한 직선)

(다) $\overrightarrow{OP}=t\overrightarrow{OQ}$ (단, t는 실수이고, O는 원점이다.)

(세 점 O, P, Q는 한 직선 위에 있어.)

Step 1 조건 (가), (나)에서 두 점 P, Q가 그리는 도형이 무엇인지 각각 구한다.

점 P의 좌표를 P(x, y)라 하면 조건 (가)에서

$|\overrightarrow{AP}|=|\overrightarrow{OP}-\overrightarrow{OA}|=|(x-2, y)|$ ($=|(x, y)-(2, 0)|$)

$=\sqrt{(x-2)^2+y^2}=\sqrt{2}$

따라서 점 P는 원 $(x-2)^2+y^2=2$ 위를 움직인다. (점 P의 자취는 중심이 $(2, 0)$이고 반지름의 길이가 $\sqrt{2}$인 원이야.)

또한, 조건 (나)에서 점 Q는 직선 $x=5$ 위를 움직인다. (점 B의 좌표는 B$(5, 0)$이고 법선벡터가 $(1, 0)$인 직선은 y축과 평행해.)

Step 2 조건 (다)를 이용하여 점 Q가 나타내는 도형을 구한다.

조건 (다)에서 $\overrightarrow{OP}=t\overrightarrow{OQ}$이므로 직선 PQ는 원점을 지난다.

다음 그림과 같이 원점을 지나고 원 $(x-2)^2+y^2=2$에 접하는 직선이 원 $(x-2)^2+y^2=2$와 만나는 두 점을 C, D라 하고, 직선 $x=5$와 만나는 두 점을 E, F라 하면 점 Q는 직선 $x=5$ 위에 있으면서 직선 OP의 연장선 위에 있어야 하므로 점 Q가 나타내는 도형은 선분 EF이다.

(직선 $x=5$ 위에 있는 점 Q는 조건 (다)에 의해 점 E보다 위쪽 혹은 점 F보다 아래쪽에 있을 수 없다.)

(두 점 C, D는 원과 직선의 접점이고 원의 중심과 접점을 이은 선분은 접선과 수직인 성질에 의하여 $\overline{AC}\perp\overline{OE}$, $\overline{AD}\perp\overline{OF}$가 돼.)

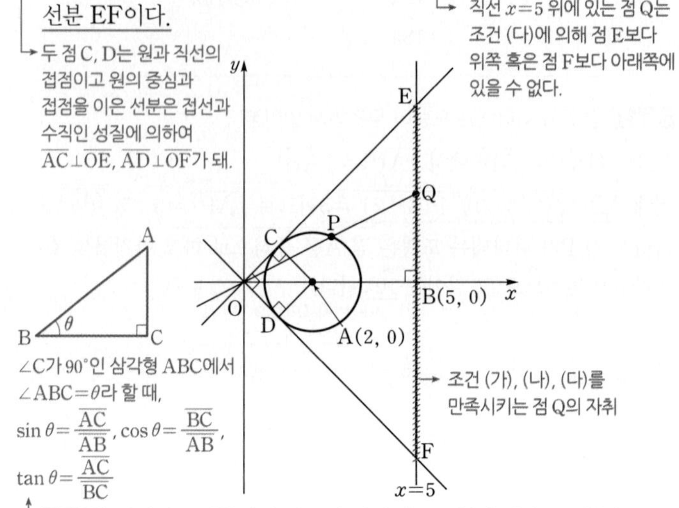

($\angle C$가 90°인 삼각형 ABC에서 $\angle ABC=\theta$라 할 때, $\sin\theta=\frac{\overline{AC}}{\overline{AB}}$, $\cos\theta=\frac{\overline{BC}}{\overline{AB}}$, $\tan\theta=\frac{\overline{AC}}{\overline{BC}}$)

(조건 (가), (나), (다)를 만족시키는 점 Q의 자취)

Step 3 삼각비를 이용하여 점 Q가 나타내는 도형의 길이를 구한다.

$\angle COA=\theta$라 하면 $\sin\theta=\frac{\overline{AC}}{\overline{OA}}=\frac{\sqrt{2}}{2}$이므로 $\theta=\frac{\pi}{4}$

$\overline{EB}=\overline{OB}\times\tan\frac{\pi}{4}=5\times1=5$

(삼각형 OBE는 $\angle B$가 90°인 직각삼각형이므로 $\angle EOB=\frac{\pi}{4}$에 대하여 $\tan\frac{\pi}{4}=\frac{\overline{EB}}{\overline{OB}}$야.)

$\overline{EF}=2\overline{EB}=10$

(원 $(x-2)^2+y^2=2$의 중심이 x축 위에 있기 때문에 원 밖의 점인 원점에서 그은 두 접선은 x축에 대하여 대칭이므로 $\overline{EB}=\overline{BF}$)

따라서 점 Q가 나타내는 도형의 길이는 10이다.

(조건 (나)를 만족시키는 점 Q의 자취는 직선이지만 조건 (가), (다)도 만족시키는 점 Q의 자취는 길이가 10인 선분이야.)

165

정답 ④

좌표평면에서 두 점 A$(1, 0)$, B$(5, 4\sqrt{2})$에 대하여 $|\overrightarrow{AP}|\le4$, $|\overrightarrow{BP}|\le4$를 동시에 만족시키는 점 P가 나타내는 도형의 넓이를 $a\pi+b\sqrt{3}$이라 할 때, $a+b$의 값은? (단, a, b는 유리수) (4점)

(점 P의 좌표를 P(x, y)로 놓고 주어진 조건을 식으로 나타낸다.)

① $-\frac{17}{3}$ ② $-\frac{14}{3}$ ③ $-\frac{11}{3}$ ④ $-\frac{8}{3}$ ⑤ $-\frac{5}{3}$

Step 1 평면벡터를 이용하여 $|\overrightarrow{AP}|\le4$, $|\overrightarrow{BP}|\le4$를 만족시키는 영역을 구한다.

원점을 O, 점 P의 좌표를 P(x, y)라 하면

$\overrightarrow{AP}=\overrightarrow{OP}-\overrightarrow{OA}=(x-1, y)$이므로

$|\overrightarrow{AP}|=\sqrt{(x-1)^2+y^2}\le 4$

즉, $(x-1)^2+y^2\le 16$이므로 → 중심의 좌표가 점 $(1, 0)$이고 반지름의 길이가 4인 원이다.

$|\overrightarrow{AP}|\le 4$는 원 $(x-1)^2+y^2=16$의 경계선을 포함한 내부의 영역이다.

$\overrightarrow{BP}=\overrightarrow{OP}-\overrightarrow{OB}=(x-5,\ y-4\sqrt{2})$이므로

$|\overrightarrow{BP}|=\sqrt{(x-5)^2+(y-4\sqrt{2})^2}\le 4$

즉, $(x-5)^2+(y-4\sqrt{2})^2\le 16$이므로 → 중심의 좌표가 점 $(5, 4\sqrt{2})$이고 반지름의 길이가 4인 원이다.

$|\overrightarrow{BP}|\le 4$는 원 $(x-5)^2+(y-4\sqrt{2})^2=16$의 경계선을 포함한 내부의 영역이다.

다음 그림과 같이 두 원 $(x-1)^2+y^2=16$과 $(x-5)^2+(y-4\sqrt{2})^2=16$의 교점을 C, D라 하고, $\angle CAD=\theta$라 하면 점 P가 나타내는 도형의 넓이는 그림의 어두운 부분의 넓이, 즉 부채꼴 CAD의 넓이에서 삼각형 CAD의 넓이를 뺀 것의 2배와 같다.

→ **중요** 이와 같이 넓이를 구하기 어려운 도형은 도형을 여러 조각으로 나누어 각각의 넓이를 구한다.

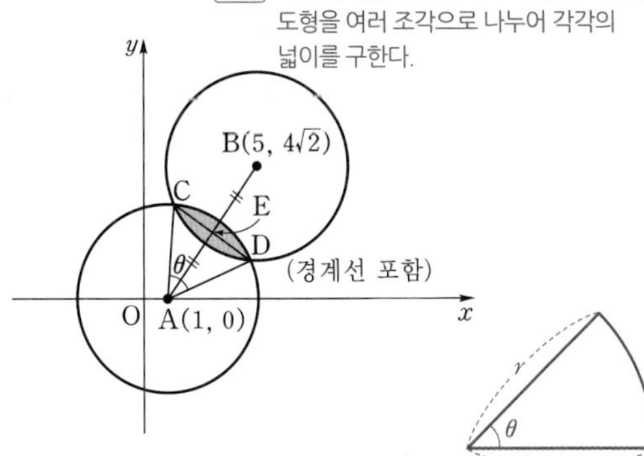

따라서 점 P가 나타내는 도형의 넓이는

$2\left(\frac{1}{2}\times 4^2\times\theta-\frac{1}{2}\times 4^2\times\sin\theta\right)$

→ 반지름의 길이가 r이고 중심각의 크기가 θ인 부채꼴의 넓이는 $\frac{1}{2}r^2\theta$이다.

→ 두 변의 길이가 a, b이고, 끼인각의 크기가 θ인 삼각형의 넓이는 $\frac{1}{2}ab\sin\theta$이다.

$=16(\theta-\sin\theta)$ ······ ㉠

Step 2 θ의 값을 구하여 점 P가 나타내는 도형의 넓이를 구한다.

한편, $\overline{AB}=\sqrt{(5-1)^2+(4\sqrt{2})^2}=4\sqrt{3}$이고, $\overline{CD}$는 $\overline{AB}$를 수직이등분하므로 $\overline{AB}$의 중점을 E라 하면 $\overline{AE}=2\sqrt{3}$, $\angle CAE=\frac{\theta}{2}$이므로

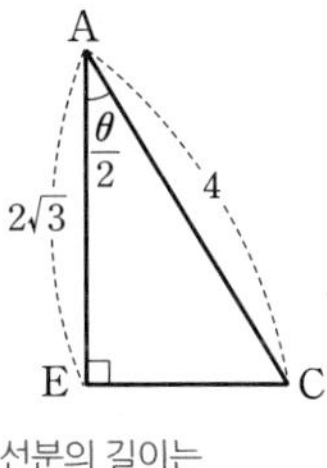

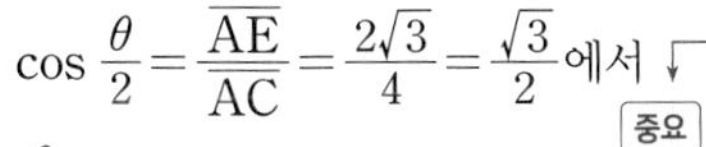

$\cos\frac{\theta}{2}=\frac{\overline{AE}}{\overline{AC}}=\frac{2\sqrt{3}}{4}=\frac{\sqrt{3}}{2}$에서

→ **중요** 두 점 (x_1, y_1), (x_2, y_2)를 잇는 선분의 길이는 $\sqrt{(x_2-x_1)^2+(y_2-y_1)^2}$이다.

$\frac{\theta}{2}=\frac{\pi}{6}$ $\quad\therefore\ \theta=\frac{\pi}{3}$

$\theta=\frac{\pi}{3}$를 ㉠에 대입하여 점 P가 나타내는 도형의 넓이를 구하면

$16\left(\frac{\pi}{3}-\frac{\sqrt{3}}{2}\right)=\frac{16}{3}\pi-8\sqrt{3}$ → $\sin\theta=\sin\frac{\pi}{3}=\frac{\sqrt{3}}{2}$

Step 3 a와 b의 값을 구하여 $a+b$의 값을 계산한다.

따라서 $a=\frac{16}{3}$, $b=-8$이므로

$a+b=-\frac{8}{3}$

166 [정답률 30%] 정답 12

평면 α 위에 $\overline{AB}=\overline{CD}=\overline{AD}=2$, $\angle ABC=\angle BCD=\frac{\pi}{3}$인 사다리꼴 ABCD가 있다. 다음 조건을 만족시키는 평면 α 위의 두 점 P, Q에 대하여 $\overrightarrow{CP}\cdot\overrightarrow{DQ}$의 값을 구하시오. (4점)

→ 사각형 ABCD는 등변사다리꼴

(가) $\overrightarrow{AC}=2(\overrightarrow{AD}+\overrightarrow{BP})$
(나) $\overrightarrow{AC}\cdot\overrightarrow{PQ}=6$ → 점 P를 제외한 나머지 점은 알고 있으므로 점 P의 위치를 알아낼 수 있다.
(다) $2\times\angle BQA=\angle PBQ<\frac{\pi}{2}$

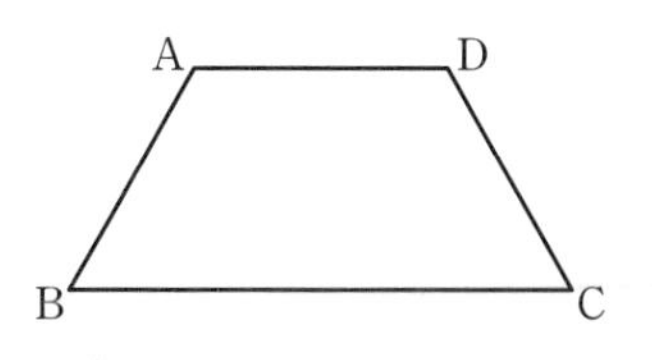

Step 1 조건 (가)를 이용하여 점 P의 위치를 구한다.

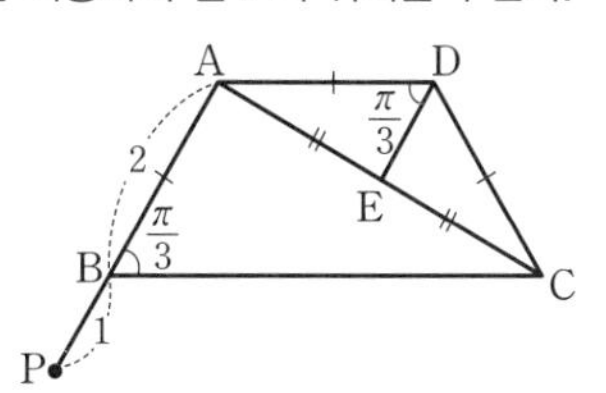

조건 (가)에서 $\overrightarrow{BP}=\frac{1}{2}\overrightarrow{AC}-\overrightarrow{AD}$

삼각형 ADC는 $\overline{AD}=\overline{CD}$인 이등변삼각형이므로 선분 AC의 중점을 E라 하면 두 선분 AC, DE는 수직이고, $\overrightarrow{BP}=\overrightarrow{DE}$이다.

→ 벡터의 방향과 그 크기가 모두 같아야 한다.

이때 $\angle ADE=\angle CDE=\frac{\pi}{3}$이므로 $\overline{DE}=1$이고 점 P는 선분 AB의 연장선 위의 $\overline{BP}=1$을 만족시키는 점이다.

→ $\overline{DE}=\overline{AD}\cos\frac{\pi}{3}=2\times\frac{1}{2}=1$

Step 2 조건 (나)를 이용하여 점 Q의 자취를 구한다.

$\angle DCE=\frac{\pi}{6}$이므로 $\angle ACB=\frac{\pi}{6}$, $\angle BAC=\frac{\pi}{2}$

→ $\angle ACB=\angle BCD-\angle DCE$

→ 삼각형 ABC에서 $\angle BAC=\pi-\frac{\pi}{3}-\frac{\pi}{6}$

점 Q에서 선분 AC에 내린 수선의 발을 Q′이라 하면

조건 (나)에서 $\overrightarrow{AC}\cdot\overrightarrow{PQ}=\overrightarrow{AC}\cdot\overrightarrow{AQ'}=|\overrightarrow{AC}||\overrightarrow{AQ'}|=6$

→ $\angle BAC=\frac{\pi}{2}$이므로 점 P에서 선분 AC에 내린 수선의 발은 A이다.

이때 $\overline{AE}=\overline{AD}\sin\frac{\pi}{3}=\sqrt{3}$이므로 $|\overrightarrow{AC}|=\overline{AC}=2\sqrt{3}$

→ $2\times\frac{\sqrt{3}}{2}$

$\therefore\ |\overrightarrow{AQ'}|=\sqrt{3}$

즉, 점 Q′은 점 E와 같고, 점 Q는 직선 DE 위의 점이다.

Step 3 선분 QE의 길이를 구한다.

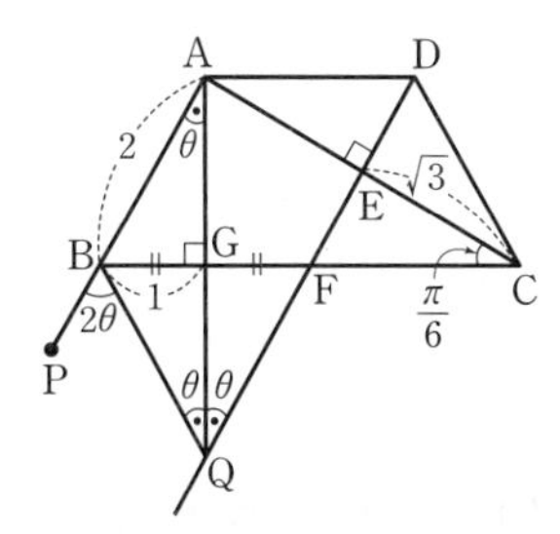

두 직선 AP, DQ가 평행하므로 $\angle PBQ=\angle BQD$

→ 평행선의 엇각의 성질

즉, 조건 (다)에 의하여 $\angle BQA=\frac{1}{2}\angle BQD$이다.

선분 BC와 두 선분 DQ, AQ의 교점을 각각 F, G라 하자.

삼각형 CEF에서 $\overline{CF}=\dfrac{\overline{CE}}{\cos\frac{\pi}{6}}=\dfrac{\sqrt{3}}{\frac{\sqrt{3}}{2}}=2$ → $\overline{CF}=2$이므로 $\overline{BF}=4-2=2$

→ $\cos(\angle ECF)=\cos(\angle ACB)$

각의 이등분선의 성질에 의하여 $\overline{BG}=\overline{FG}=1$

즉, $\angle AGB=\frac{\pi}{2}$이므로 $\angle BAG=\theta$라 하면 $\sin\theta=\frac{1}{2}$

→ $\angle BAG=\angle BQG=\angle FQG$

$\therefore \theta=\frac{\pi}{6}$ → 조건 (다)에서 $2\theta<\frac{\pi}{2}$, $\theta<\frac{\pi}{4}$

따라서 삼각형 AQE에서 $\overline{QE}=\dfrac{\overline{AE}}{\tan\theta}=\dfrac{\sqrt{3}}{\frac{1}{\sqrt{3}}}=3$

Step 4 $\overrightarrow{CP}\cdot\overrightarrow{DQ}$의 값을 구한다.

$\therefore \overrightarrow{CP}\cdot\overrightarrow{DQ}=(\overrightarrow{CA}+\overrightarrow{AP})\cdot\overrightarrow{DQ}=\overrightarrow{CA}\cdot\overrightarrow{DQ}+\overrightarrow{AP}\cdot\overrightarrow{DQ}$

$=\overrightarrow{AP}\cdot\overrightarrow{DQ}=|\overrightarrow{AP}||\overrightarrow{DQ}|$ → 두 선분 CA, DQ는 서로 수직이므로 $\overrightarrow{CA}\cdot\overrightarrow{DQ}=0$

$=3\times4=12$ → 두 선분 AP, DQ는 서로 평행

따라서 선분 EC가 반원의 호와 만나는 점을 R라 하면 점 Q가 점 C이고 점 P가 점 R일 때 $|\overrightarrow{EP}+\overrightarrow{EQ}|$의 값은 최대이다.

$\overline{EC}=\sqrt{\{2-(-1)\}^2+(1-0)^2}=\sqrt{10}$이므로

$|\overrightarrow{EP}+\overrightarrow{EQ}|\le|\overrightarrow{ER}+\overrightarrow{EC}|=\sqrt{10}+1$

$\therefore M=\sqrt{10}+1$

Step 2 $|\overrightarrow{OP}+\overrightarrow{AQ}|$의 최솟값을 구한다.

$\overrightarrow{OP}+\overrightarrow{AQ}=(\overrightarrow{OA}+\overrightarrow{AP})+(\overrightarrow{AO}+\overrightarrow{OQ})$

$=(\overrightarrow{OA}+\overrightarrow{AO})+(\overrightarrow{AP}+\overrightarrow{OQ})$

$=\overrightarrow{AP}+\overrightarrow{OQ}$ → $=\vec{0}$

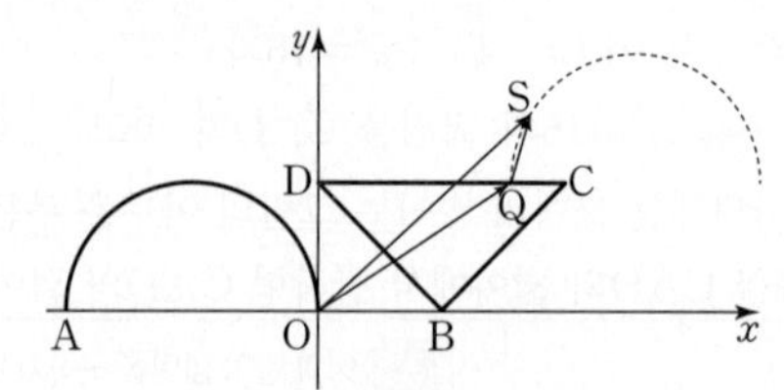

삼각형 BCD 위의 임의의 점 Q에 대하여 $\overrightarrow{QS}=\overrightarrow{AP}$인 점을 S라 하자.

$|\overrightarrow{AP}+\overrightarrow{OQ}|=|\overrightarrow{QS}+\overrightarrow{OQ}|=|\overrightarrow{OS}|\ge|\overrightarrow{OQ}|$이므로 점 S가 점 Q일 때 $|\overrightarrow{AP}+\overrightarrow{OQ}|$의 값은 최소이다. → 벡터가 같다는 건 크기와 방향이 모두 같다는 거야.

즉, 점 Q가 선분 BD 위에 있고 $\overline{OQ}\perp\overline{BD}$일 때 $|\overrightarrow{OQ}|$의 값은 최소이므로 $m=\frac{\sqrt{2}}{2}$

→ $\overline{OB}=\overline{OD}=1$이고 $\overline{BD}=\sqrt{2}$이므로 $\overline{OB}\times\overline{OD}=\overline{BD}\times\overline{OQ}$에서 $1\times1=\sqrt{2}\times\overline{OQ}$ $\therefore \overline{OQ}=\frac{1}{\sqrt{2}}$

$\therefore M^2+m^2=(\sqrt{10}+1)^2+\left(\frac{\sqrt{2}}{2}\right)^2=\frac{23}{2}+2\sqrt{10}$

따라서 $p=\frac{23}{2}$, $q=10$이므로 $p\times q=\frac{23}{2}\times10=115$

167 [정답률 11%]

정답 115

좌표평면 위에 네 점 A$(-2, 0)$, B$(1, 0)$, C$(2, 1)$, D$(0, 1)$이 있다. 반원의 호 $(x+1)^2+y^2=1\ (0\le y\le1)$ 위를 움직이는 점 P와 삼각형 BCD 위를 움직이는 점 Q에 대하여 $|\overrightarrow{OP}+\overrightarrow{AQ}|$의 최댓값을 M, 최솟값을 m이라 하자. $M^2+m^2=p+2\sqrt{q}$일 때, $p\times q$의 값을 구하시오.

(단, O는 원점이고, p와 q는 유리수이다.) (4점)

→ P, Q 모두 동점이므로 적당한 정점을 이용하여 변형.

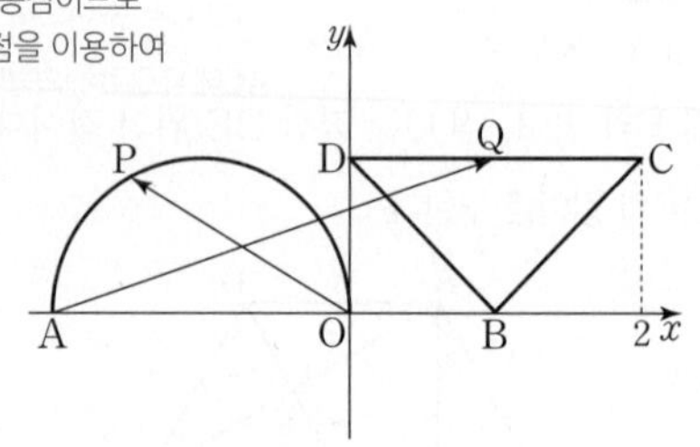

Step 1 $|\overrightarrow{OP}+\overrightarrow{AQ}|$의 최댓값을 구한다.

반원의 중심을 E$(-1, 0)$라 하면 $\overrightarrow{OE}+\overrightarrow{AE}=\vec{0}$이므로 → 크기가 서로 같고 반대 방향이야.

$\overrightarrow{OP}+\overrightarrow{AQ}=(\overrightarrow{OE}+\overrightarrow{EP})+(\overrightarrow{AE}+\overrightarrow{EQ})$

$=(\overrightarrow{OE}+\overrightarrow{AE})+(\overrightarrow{EP}+\overrightarrow{EQ})$ → $=\vec{0}$

$=\overrightarrow{EP}+\overrightarrow{EQ}$

반원의 반지름의 길이야.

$|\overrightarrow{EP}|=1$이므로 두 벡터 $\overrightarrow{EP}$, $\overrightarrow{EQ}$의 방향이 같고 $|\overrightarrow{EQ}|$의 값이 최대일 때 $|\overrightarrow{EP}+\overrightarrow{EQ}|$의 값은 최대이다.

168

정답 37

좌표평면 위의 두 점 A$(6, 0)$, B$(6, 5)$와 음이 아닌 실수 k에 대하여 두 점 P, Q가 다음 조건을 만족시킨다.

(가) $\overrightarrow{OP}=k(\overrightarrow{OA}+\overrightarrow{OB})$이고 $\overrightarrow{OP}\cdot\overrightarrow{OA}\le21$이다.
(나) $|\overrightarrow{AQ}|=|\overrightarrow{AB}|$이고 $\overrightarrow{OQ}\cdot\overrightarrow{OA}\le21$이다.

$\overrightarrow{OX}=\overrightarrow{OP}+\overrightarrow{OQ}$를 만족시키는 점 X가 나타내는 도형의 넓이는 $\frac{q}{p}\sqrt{3}$이다. $p+q$의 값을 구하시오. → 먼저 $\overrightarrow{OP}$, $\overrightarrow{OQ}$가 어떻게 나타나는지 알아본다.

(단, O는 원점이고, p와 q는 서로소인 자연수이다.) (4점)

Step 1 조건 (가)를 이용하여 점 P가 나타내는 도형을 찾는다.

A$(6, 0)$, B$(6, 5)$이므로 $\overrightarrow{OA}+\overrightarrow{OB}=(12, 5)$

$\therefore \overrightarrow{OP}=k(12, 5)$ (k는 음이 아닌 실수) → 벡터 $\overrightarrow{OP}$와 벡터 $\overrightarrow{OA}+\overrightarrow{OB}$의 방향이 같다는 의미야.

조건 (가)에서 $\overrightarrow{OP}\cdot\overrightarrow{OA}\le21$이므로

두 벡터 $\overrightarrow{OP}$, $\overrightarrow{OA}$가 이루는 각의 크기를 θ라 하면

$|\overrightarrow{OP}||\overrightarrow{OA}|\cos\theta\le21$, → $|\overrightarrow{OA}|=6$

$|\overrightarrow{OP}|\cos\theta\le\frac{7}{2}$

따라서 점 P가 나타내는 도형은 오른쪽 그림과 같다.

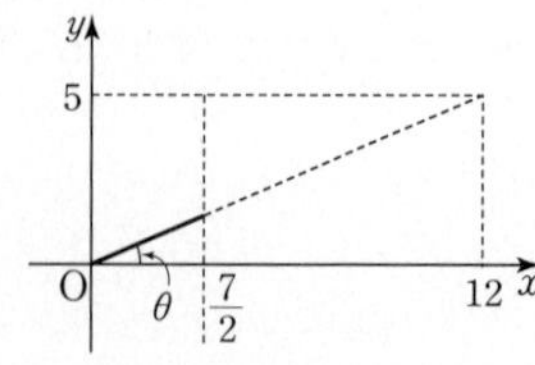

Step 2 조건 (나)를 이용하여 점 Q가 나타내는 도형을 찾는다.

조건 (나)에서 $|\overrightarrow{AQ}|=|\overrightarrow{AB}|=5$ → $\overline{AB}=5$

즉, 점 Q는 점 A를 중심으로 하고 반지름의 길이가 5인 원 위의 점이다.
→ 두 점 A, Q 사이의 거리가 항상 5로 일정하기 때문이야.

또한 $\overrightarrow{OQ}\cdot\overrightarrow{OA}\le 21$이므로

두 벡터 $\overrightarrow{OQ}$, $\overrightarrow{OA}$가 이루는 각의 크기를 θ'이라 하면

$|\overrightarrow{OQ}|\,|\overrightarrow{OA}|\cos\theta'\le 21$, $|\overrightarrow{OQ}|\cos\theta'\le\dfrac{7}{2}$
→ $|\overrightarrow{OA}|=6$
→ 점 Q의 x좌표와 같다.

따라서 점 Q가 나타내는 도형은 오른쪽 그림과 같다.

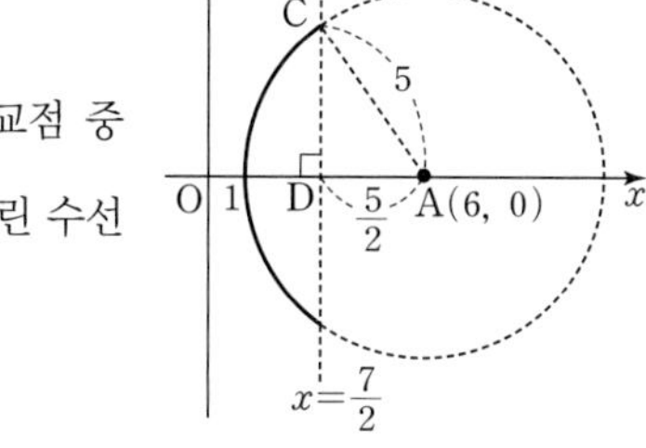

이때 원과 직선 $x=\dfrac{7}{2}$의 두 교점 중 하나를 C, 점 C에서 x축에 내린 수선의 발을 D라 하면

$\overline{AC}=5$, $\overline{AD}=6-\dfrac{7}{2}=\dfrac{5}{2}$
→ 원의 반지름의 길이

따라서 직각삼각형 ACD에서 피타고라스 정리에 의하여

$\overline{CD}=\sqrt{5^2-\left(\dfrac{5}{2}\right)^2}=\dfrac{5\sqrt{3}}{2}$

Step 3 점 X가 나타내는 도형의 넓이를 구한다.

$\overrightarrow{OX}=\overrightarrow{OP}+\overrightarrow{OQ}$이므로 점 X가 나타내는 도형은 다음 [그림 1]과 같다.

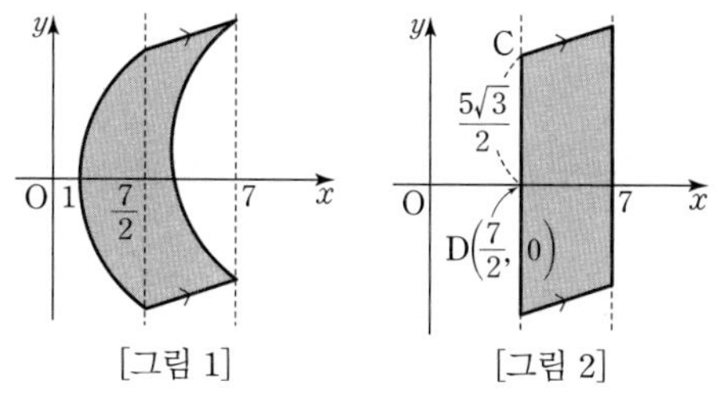

[그림 1] [그림 2]

[그림 1]에서 도형의 일부를 이동시켜 [그림 2]와 같이 나타낼 수 있으므로 구하는 넓이는
→ 평행사변형

$5\sqrt{3}\times\left(7-\dfrac{7}{2}\right)=\dfrac{35}{2}\sqrt{3}$
→ $\overline{CD}=\dfrac{5\sqrt{3}}{2}$이므로 평행사변형의 밑변의 길이는 $2\times\dfrac{5\sqrt{3}}{2}=5\sqrt{3}$

따라서 $p=2$, $q=35$이므로 $p+q=37$이다.

169

정답 ③

그림과 같이 반지름의 길이가 2이고 중심각의 크기가 $\dfrac{\pi}{3}$인 부채꼴 OAB에서 선분 OA의 중점을 M이라 하자. 점 P는 두 선분 OM과 BM 위를 움직이고, 점 Q는 호 AB 위를 움직인다. $\overrightarrow{OR}=\overrightarrow{OP}+\overrightarrow{OQ}$를 만족시키는 점 R가 나타내는 영역 전체의 넓이는? (4점)

→ 점 P가 선분 OM 위에 있을 때와 선분 BM 위에 있을 때로 나누어 문제를 해결한다.

주어진 도형을 좌표평면 위로 옮겨 봐.

① $\sqrt{3}$ ② 2 ③ $2\sqrt{3}$
④ 4 ⑤ $3\sqrt{3}$

Step 1 점 O를 원점으로 하여 주어진 조건대로 좌표평면으로 옮기고, 두 벡터 $\overrightarrow{OP}$, $\overrightarrow{OQ}$의 성분을 각각 구한다.

점 O를 원점으로 하고 선분 OA가 x축에 포함되도록 주어진 그림을 좌표평면 위에 나타내면 다음과 같다.

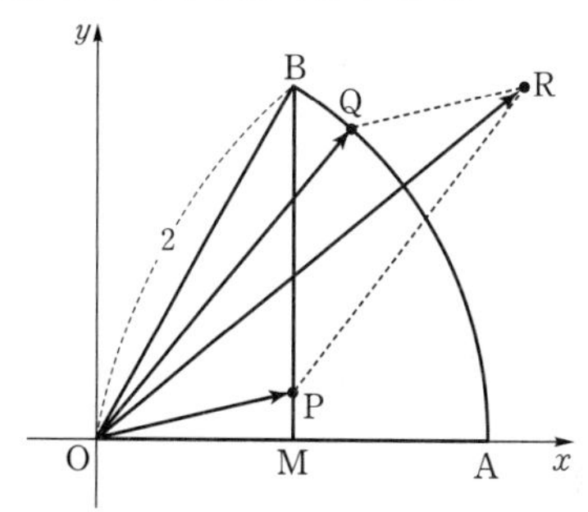

삼각형 BOM에서 $\angle BOM=\dfrac{\pi}{3}$, $\overline{BO}=2$, $\overline{OM}=1$이므로
→ 삼각비 만족, 즉 삼각형 BOM은 $\angle BMO=90°$인 직각삼각형!

$\angle BMO=\dfrac{\pi}{2}$, $\overline{BM}=\sqrt{3}$

따라서 두 실수 t, s에 대하여
→ 점 P는 x축 위에 있다.

$$\overrightarrow{OP}=\begin{cases}(t,\ 0)\ (\text{점 P가 선분 OM 위에 있는 경우},\ 0\le t\le 1)\\(1,\ s)\ (\text{점 P가 선분 BM 위에 있는 경우},\ 0\le s\le\sqrt{3})\end{cases}$$
→ 점 P의 x좌표는 1이다.

또한, $\angle QOA=\theta$에 대하여

$\overrightarrow{OQ}=(2\cos\theta,\ 2\sin\theta)\ \left(0\le\theta\le\dfrac{\pi}{3}\right)$ → **중요** 이와 같이 원 위의 점의 경우 중심각의 크기를 이용하여 점의 좌표나 벡터의 성분을 표현하는 경우가 많아.

$\therefore \overrightarrow{OR}$

$=\overrightarrow{OP}+\overrightarrow{OQ}$

$$=\begin{cases}(t+2\cos\theta,\ 2\sin\theta)\ \left(0\le\theta\le\dfrac{\pi}{3},\ 0\le t\le 1\right)\ \cdots\cdots ㉠\\(1+2\cos\theta,\ s+2\sin\theta)\ \left(0\le\theta\le\dfrac{\pi}{3},\ 0\le s\le\sqrt{3}\right)\ \cdots\cdots ㉡\end{cases}$$

Step 2 벡터 $\overrightarrow{OR}$의 성분을 이용하여 점 P의 위치에 따른 점 R가 나타내는 영역을 구한다.

(i) 점 P가 선분 OM 위를 움직이는 ㉠의 경우

$\overrightarrow{OR}=(t+2\cos\theta,\ 2\sin\theta)$

$\left(0\le\theta\le\frac{\pi}{3},\ 0\le t\le1\right)$

그림의 어두운 부분과 같이 $\overrightarrow{OR}$는 호 AB 위를 움직이는 점 Q의 x좌표에 $t\ (0\le t\le1)$만큼 더한 영역을 나타낸다.

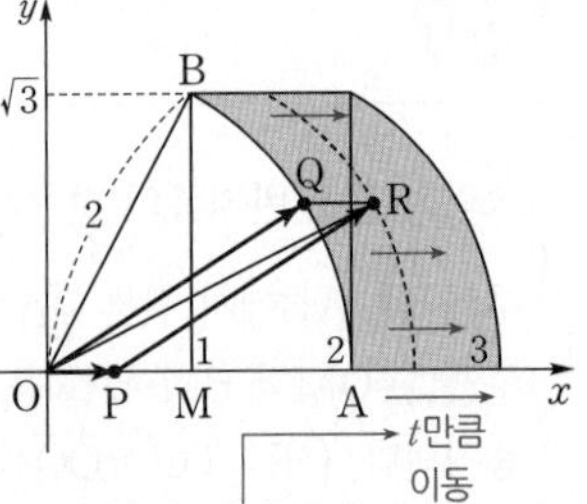

즉, 호 AB를 x축의 방향으로 t만큼 움직인 영역이다.

(ii) 점 P가 선분 BM 위를 움직이는 ㉡의 경우

$\overrightarrow{OR}=(1+2\cos\theta,\ s+2\sin\theta)$

$\left(0\le\theta\le\frac{\pi}{3},\ 0\le s\le\sqrt{3}\right)$

그림의 어두운 부분과 같이 $\overrightarrow{OR}$의 x좌표는 호 AB 위를 움직이는 점 Q의 x좌표에 1을 더하고, y좌표에 $s\ (0\le s\le\sqrt{3})$만큼 더한 영역을 나타낸다.

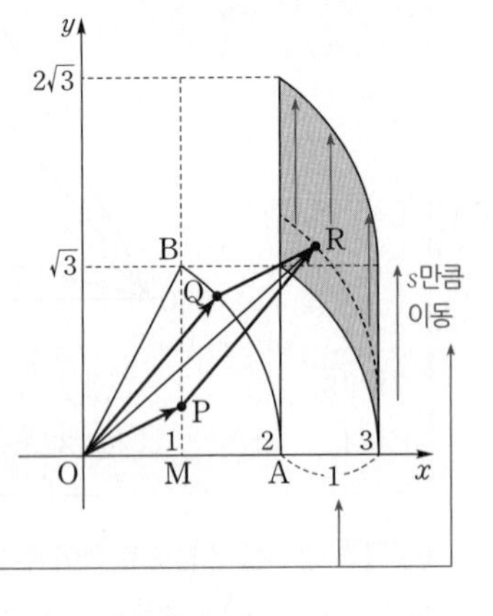

즉, 호 AB를 x축, y축의 방향으로 각각 1, s만큼 움직인 영역이다.

Step 3 도형의 평행이동을 이용하여 영역의 넓이를 구한다.

(i), (ii)에 의하여 점 R가 나타내는 영역은 다음 그림의 어두운 부분이므로 빗금친 영역을 그림과 같이 옮기면 구하는 영역의 넓이는 가로의 길이가 2이고 세로의 길이가 $\sqrt{3}$인 직사각형의 넓이이다.

$\therefore$ (구하는 넓이)$=2\times\sqrt{3}=2\sqrt{3}$

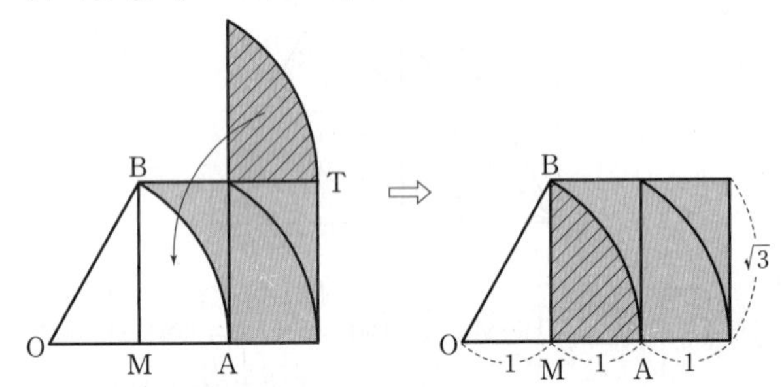

170 [정답률 13%]

정답 17

좌표평면 위에 두 점 $A(-2,\ 2)$, $B(2,\ 2)$가 있다.

$$(|\overrightarrow{AX}|-2)(|\overrightarrow{BX}|-2)=0,\ |\overrightarrow{OX}|\ge2$$

→ $|\overrightarrow{AX}|=2$ 또는 $|\overrightarrow{BX}|=2$

를 만족시키는 점 X가 나타내는 도형 위를 움직이는 두 점 P, Q가 다음 조건을 만족시킨다.

> (가) $\vec{u}=(1,\ 0)$에 대하여 $(\overrightarrow{OP}\cdot\vec{u})(\overrightarrow{OQ}\cdot\vec{u})\ge0$이다. → $|\vec{u}|=1$
> (나) $|\overrightarrow{PQ}|=2$

$\overrightarrow{OY}=\overrightarrow{OP}+\overrightarrow{OQ}$를 만족시키는 점 Y의 집합이 나타내는 도형의 길이가 $\frac{q}{p}\sqrt{3}\pi$일 때, $p+q$의 값을 구하시오.

(단, O는 원점이고, p와 q는 서로소인 자연수이다.) (4점)

Step 1 점 X가 나타내는 도형을 좌표평면 위에 그린다.

$(|\overrightarrow{AX}|-2)(|\overrightarrow{BX}|-2)=0$에서 $|\overrightarrow{AX}|=2$ 또는 $|\overrightarrow{BX}|=2$

즉, 점 X는 점 $A(-2,\ 2)$를 중심으로 하고 반지름의 길이가 2인 원 또는 점 $B(2,\ 2)$를 중심으로 하고 반지름의 길이가 2인 원 위를 움직인다.

→ 점 X는 점 B와 항상 2만큼 떨어져 있다는 의미이다. 즉, 원을 나타낸다.

이때 $|\overrightarrow{OX}|\ge2$이므로 점 X가 나타내는 도형은 다음 그림과 같다.

→ 두 원에서 $|\overrightarrow{OX}|<2$를 만족시키는 부분은 제외한다.

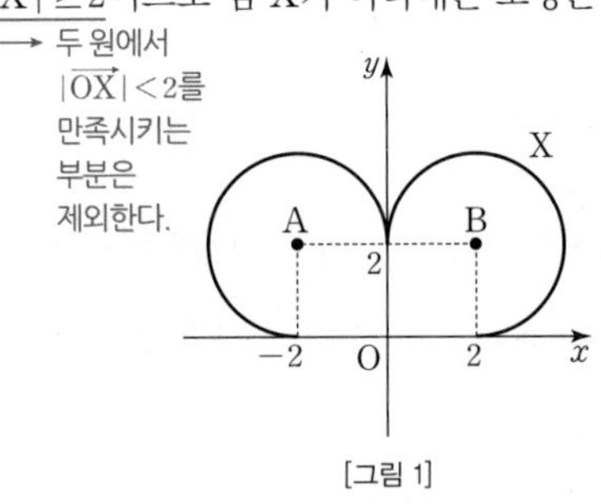

[그림 1]

Step 2 점 Y의 집합이 나타내는 도형을 좌표평면 위에 그린다.

두 벡터 $\overrightarrow{OP}$, $\vec{u}$가 이루는 각의 크기를 θ, 두 벡터 $\overrightarrow{OQ}$, $\vec{u}$가 이루는 각의 크기를 θ'이라 하면

$(\overrightarrow{OP}\cdot\vec{u})(\overrightarrow{OQ}\cdot\vec{u})$ → 조건 (가)

$=|\overrightarrow{OP}||\vec{u}|\cos\theta\times|\overrightarrow{OQ}||\vec{u}|\cos\theta'$ → $\vec{u}=(1,0)$이므로 $|\vec{u}|=1$

$=|\overrightarrow{OP}||\overrightarrow{OQ}|\cos\theta\cos\theta'\ge0$ → $|\overrightarrow{OP}|\ge0$, $|\overrightarrow{OQ}|\ge0$이므로 $\cos\theta\cos\theta'\ge0$이어야 한다.

즉, [그림 1]에서 두 점 P, Q 모두 제1사분면, x축, y축에 있거나 제2사분면, x축, y축에 있어야 한다.

(i) 두 점 P, Q가 [그림 1]에서 제1사분면 또는 x축 또는 y축 위에 있는 경우 → $\cos\theta\ge0$, $\cos\theta'\ge0$

선분 PQ의 중점을 M이라 하면 → $\frac{\overrightarrow{OP}+\overrightarrow{OQ}}{2}=\overrightarrow{OM}$

$\overrightarrow{OY}=\overrightarrow{OP}+\overrightarrow{OQ}=2\overrightarrow{OM}$

$=2(\overrightarrow{OB}+\overrightarrow{BM})$

$=2\overrightarrow{OB}+2\overrightarrow{BM}$

이때 $\overline{BM}=\sqrt{\overline{BP}^2-\overline{PM}^2}=\sqrt{2^2-1^2}=\sqrt{3}$이므로 → 조건 (나)에서 $|\overrightarrow{PQ}|=2$이므로 $\overline{PM}=1$

점 Y의 집합이 나타내는 도형은 중심이 $(4,\ 4)$이고 반지름의 길이가 $2\sqrt{3}$, 중심각의 크기가 $\frac{7}{6}\pi$인 부채꼴의 호이다.

→ $|\overrightarrow{BX}|=2$이고 점 P는 점 X가 나타내는 도형 위를 움직인다.

→ $\overline{PM}=1$, $\overline{PB}=2$, $\overline{BM}=\sqrt{3}$이므로 직각삼각형의 특수각의 성질에 의해 $\angle PBM=\frac{\pi}{6}$이고 같은 이유로 $\angle QBM=\frac{\pi}{6}$이다. 따라서 부채꼴의 중심각의 크기는 $2\pi-\frac{\pi}{2}-\frac{\pi}{6}\times2=\frac{7}{6}\pi$이다.

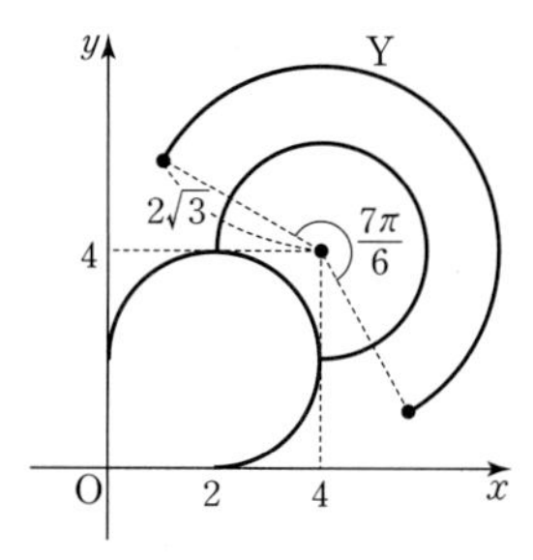

(ⅱ) 두 점 P, Q가 [그림 1]에서 제2사분면 또는 x축 또는 y축 위에 있는 경우 → $\cos\theta \le 0$, $\cos\theta' \le 0$

(ⅰ)과 마찬가지로 점 Y의 집합이 나타내는 도형은 중심이 $(-4,\ 4)$이고 반지름의 길이가 $2\sqrt{3}$, 중심각의 크기가 $\frac{7}{6}\pi$인 부채꼴의 호이다.

Step 3 점 Y의 집합이 나타내는 도형의 길이를 구한다.

(ⅰ), (ⅱ)에서 점 Y의 집합이 나타내는 도형의 길이는

$2\times 2\sqrt{3}\times\frac{7}{6}\pi=\frac{14\sqrt{3}}{3}\pi$ → 부채꼴의 호의 길이는 $r\theta$ (r는 반지름의 길이, θ는 중심각의 크기)

따라서 $p=3$, $q=14$이므로 $p+q=17$

171 [정답률 6%] 정답 8

좌표평면에서 한 변의 길이가 4인 정육각형 ABCDEF의 변 위를 움직이는 점 P가 있고, 점 C를 중심으로 하고 반지름의 길이가 1인 원 위를 움직이는 점 Q가 있다. 두 점 P, Q와 실수 k에 대하여 점 X가 다음 조건을 만족시킬 때, $|\overrightarrow{CX}|$의 값이 최소가 되도록 하는 k의 값을 α, $|\overrightarrow{CX}|$의 값이 최대가 되도록 하는 k의 값을 β라 하자.

(가) $\overrightarrow{CX}=\frac{1}{2}\overrightarrow{CP}+\overrightarrow{CQ}$

(나) $\overrightarrow{XA}+\overrightarrow{XC}+2\overrightarrow{XD}=k\overrightarrow{CD}$ → $\overrightarrow{XA}=\overrightarrow{CA}-\overrightarrow{CX}$, $\overrightarrow{XD}=\overrightarrow{CD}-\overrightarrow{CX}$

$\alpha^2+\beta^2$의 값을 구하시오. (4점)

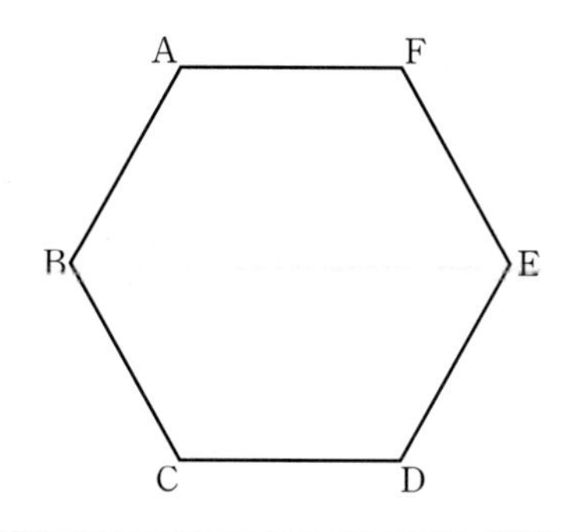

Step 1 조건 (가)를 이용하여 점 X의 위치를 파악한다.

조건 (가)에서 $\overrightarrow{CX}=\frac{1}{2}\overrightarrow{CP}+\overrightarrow{CQ}$이므로 선분 CA, CB, CD, CE, CF의 중점을 각각 A′, B′, D′, E′, F′이라 하면 점 X는 정육각형 A′B′CD′E′F′ 위의 점을 중심으로 하고 반지름의 길이가 1인 원 위를 움직인다.

Step 2 조건 (나)를 이용하여 $|\overrightarrow{CX}|$의 값이 최소일 때와 최대일 때를 찾는다.

조건 (나)에서 $\overrightarrow{XA}+\overrightarrow{XC}+2\overrightarrow{XD}=k\overrightarrow{CD}$이므로

$(\overrightarrow{CA}-\overrightarrow{CX})-\overrightarrow{CX}+2(\overrightarrow{CD}-\overrightarrow{CX})=k\overrightarrow{CD}$ → $\overrightarrow{AB}=-\overrightarrow{BA}$

$\therefore \overrightarrow{CX}=\frac{1}{4}\overrightarrow{CA}+\frac{2-k}{4}\overrightarrow{CD}$

$\frac{1}{4}\overrightarrow{CA}=\overrightarrow{CG}$라 하면 점 X는 점 G를 지나고 직선 CD에 평행한 직선 위를 움직인다. → $\overrightarrow{CX}=\overrightarrow{CG}+\frac{2-k}{4}\overrightarrow{CD}$

직선 GE′ 위의 점 H가 $\overline{E'H}=1$, $\overline{GH}>\overline{GE'}$를 만족시키도록 다음 그림과 같이 점 H를 잡는다.

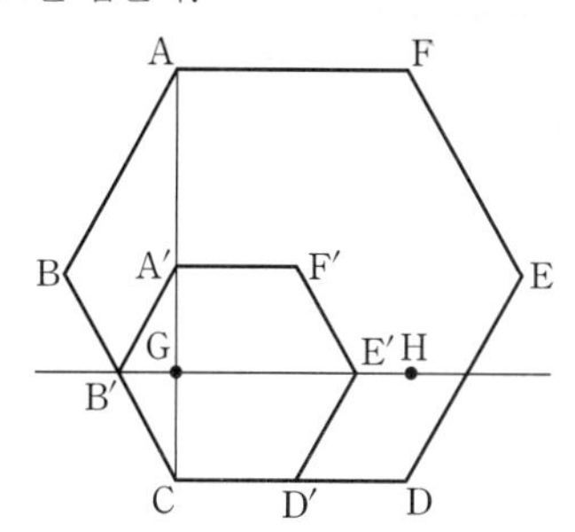

점 X가 점 G일 때, $|\overrightarrow{CX}|$의 값은 최소이다.

$\overrightarrow{CG}=\overrightarrow{CG}+\frac{2-k}{4}\overrightarrow{CD}$에서 $\frac{2-k}{4}=0$ $\therefore k=2$ → α

점 X가 점 H일 때, $|\overrightarrow{CX}|$의 값은 최대이다.

$|\overrightarrow{GH}|=4$에서 $\left|\frac{2-k}{4}\overrightarrow{CD}\right|=4$

즉 $\frac{2-k}{4}|\overrightarrow{CD}|=4$이므로 $\frac{2-k}{4}\times 4=4$ $\therefore k=-2$ → β

따라서 $\alpha^2+\beta^2=2^2+(-2)^2=8$이다. → $\left|\frac{2-k}{4}\right|=\frac{2-k}{4}$

172 [정답률 9%] 정답 100

좌표평면에서 $\overline{OA}=\sqrt{2}$, $\overline{OB}=2\sqrt{2}$이고 $\cos(\angle AOB)=\frac{1}{4}$인 평행사변형 OACB에 대하여 점 P가 다음 조건을 만족시킨다.

(가) $\overrightarrow{OP}=s\overrightarrow{OA}+t\overrightarrow{OB}$ $(0\le s\le 1,\ 0\le t\le 1)$
(나) $\overrightarrow{OP}\cdot\overrightarrow{OB}+\overrightarrow{BP}\cdot\overrightarrow{BC}=2$

점 O를 중심으로 하고 점 A를 지나는 원 위를 움직이는 점 X에 대하여 $|3\overrightarrow{OP}-\overrightarrow{OX}|$의 최댓값과 최솟값을 각각 M, m이라 하자. $M\times m=a\sqrt{6}+b$일 때, a^2+b^2의 값을 구하시오.
(단, a와 b는 유리수이다.) (4점)

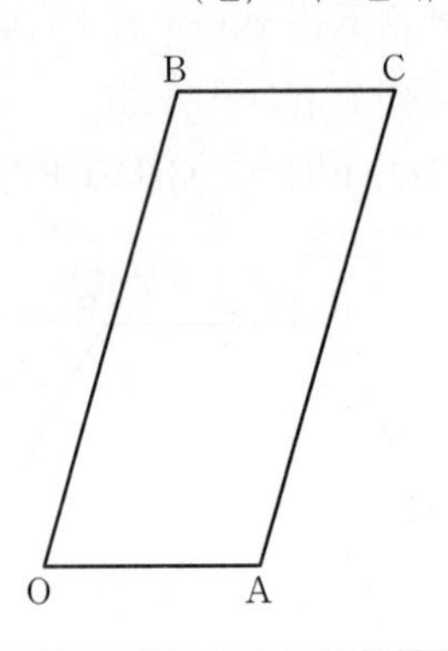

Step 1 조건 (가)를 이용하여 점 P의 범위를 파악한다.

조건 (가)에서 $\overrightarrow{OP}=s\overrightarrow{OA}+t\overrightarrow{OB}$ $(0\le s\le 1,\ 0\le t\le 1)$이므로
점 P는 평행사변형 OACB의 경계와 그 내부의 점이다.

Step 2 조건 (나)를 이용하여 s와 t 사이의 관계식을 구한다.

$\overrightarrow{BC}=\overrightarrow{OA}$이므로 조건 (나)의 식은

$\overrightarrow{OP}\cdot\overrightarrow{OB}+\overrightarrow{BP}\cdot\overrightarrow{OA}=2$ …… ㉠

$\overrightarrow{BP}=\overrightarrow{OP}-\overrightarrow{OB}$이므로 ㉠에 조건 (가)의 식을 대입하면

$(s\overrightarrow{OA}+t\overrightarrow{OB})\cdot\overrightarrow{OB}+\{s\overrightarrow{OA}+(t-1)\overrightarrow{OB}\}\cdot\overrightarrow{OA}=2$ …… ㉡

이때 $|\overrightarrow{OA}|^2=2$, $|\overrightarrow{OB}|^2=8$, $\overrightarrow{OA}\cdot\overrightarrow{OB}=\sqrt{2}\times2\sqrt{2}\times\frac{1}{4}=1$임을 이용하여 ㉡을 정리하면

$s\overrightarrow{OA}\cdot\overrightarrow{OB}+t|\overrightarrow{OB}|^2+s|\overrightarrow{OA}|^2+(t-1)\overrightarrow{OA}\cdot\overrightarrow{OB}=2$

$s+8t+2s+t-1=2$ $\quad\therefore s=1-3t$

$0\le t\le 1$, $0\le s\le 1$에서 $0\le 1-3t\le 1$이므로 $0\le t\le\frac{1}{3}$

Step 3 점 P의 자취를 구한다.

$s=1-3t$를 (가)에 대입하면

$\overrightarrow{OP}=(1-3t)\overrightarrow{OA}+t\overrightarrow{OB}$ $\left(0\le t\le\frac{1}{3}\right)$

이때 $3t=u$라 두고 선분 OB를 1 : 2로 내분하는 점을 B′이라 하면 (→ $0\le 3t\le 1$이므로 $0\le u\le 1$이야.)

$\overrightarrow{OP}=(1-u)\overrightarrow{OA}+u\times\left(\frac{\overrightarrow{OB}}{3}\right)$

$=(1-u)\overrightarrow{OA}+u\overrightarrow{OB'}$ $(0\le u\le 1)$

따라서 점 P는 선분 AB′ 위의 점이다.

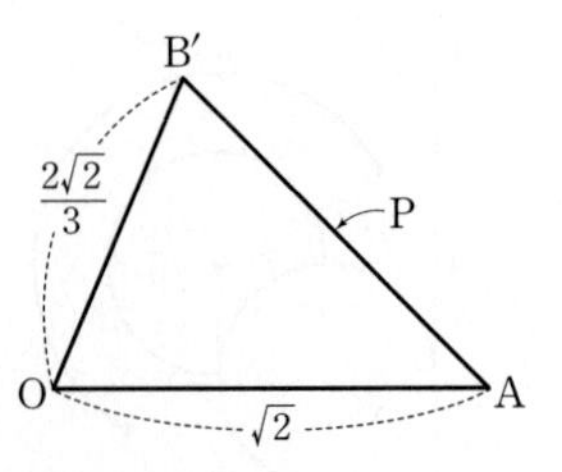

Step 4 $|3\overrightarrow{OP}-\overrightarrow{OX}|$의 최댓값과 최솟값을 구한다.

$|3\overrightarrow{OP}-\overrightarrow{OX}|=3\left|\overrightarrow{OP}-\frac{\overrightarrow{OX}}{3}\right|$이므로 점 O를 중심으로 하고 반지름의 길이가 $\frac{\overline{OA}}{3}$, 즉 $\frac{\sqrt{2}}{3}$인 원 위를 움직이는 점을 X′이라 하면 (→ 시점을 통일해 주기 위해 3을 절댓값 밖으로 빼 주었어.)

$3|\overrightarrow{OP}-\overrightarrow{OX'}|=3|\overrightarrow{X'P}|$이고, 두 점 P와 X′의 자취는 다음과 같다.

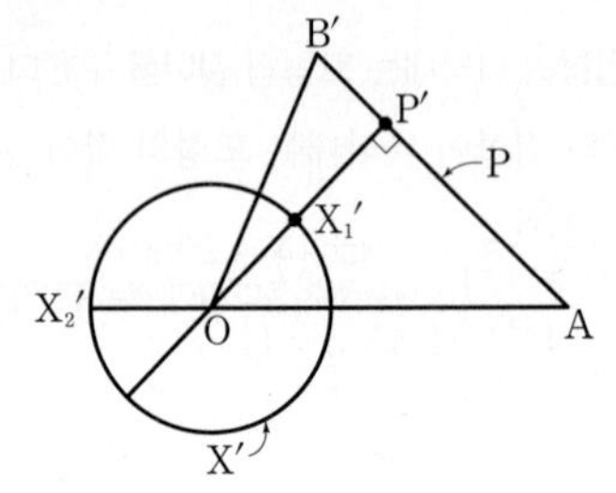

그림과 같이 직선 AB′에 수직이고 점 O를 지나는 직선 위의 점을 각각 X_1', P′이라 하고, 직선 OA 위의 점 중 원과 만나는 점을 X_2'이라 하자.

$3|\overrightarrow{X'P}|$의 값이 최대일 때는 점 X′이 X_2'에, 점 P가 A에 위치할 때이므로

$M=3|\overrightarrow{AX_2'}|=3\left(\sqrt{2}+\frac{\sqrt{2}}{3}\right)=4\sqrt{2}$

최소일 때는 점 X′이 X_1'에, 점 P가 P′에 위치할 때이므로

$m=3|\overrightarrow{X_1'P'}|=3\left(|\overrightarrow{OP'}|-\frac{\sqrt{2}}{3}\right)$ …… ㉢

삼각형 OAB′에서 코사인법칙을 이용하여 선분 AB′의 길이를 구하면

$\overline{AB'}^2=\left(\frac{2\sqrt{2}}{3}\right)^2+(\sqrt{2})^2-2\times\frac{2\sqrt{2}}{3}\times\sqrt{2}\times\frac{1}{4}=\frac{20}{9}$

$\therefore \overline{AB'}=\frac{2\sqrt{5}}{3}$

이때 삼각형의 넓이를 이용하면 (→ $\cos(\angle AOB)=\frac{1}{4}$이므로 $\sin(\angle AOB)=\sqrt{1-\left(\frac{1}{4}\right)^2}=\frac{\sqrt{15}}{4}$)

$\frac{1}{2}\times\overline{OA}\times\overline{OB'}\times\sin(\angle AOB)=\frac{1}{2}\times\overline{AB'}\times\overline{OP'}$

$\frac{1}{2}\times\sqrt{2}\times\frac{2\sqrt{2}}{3}\times\frac{\sqrt{15}}{4}=\frac{1}{2}\times\frac{2\sqrt{5}}{3}\times\overline{OP'}$

따라서 $\overline{OP'}=\frac{\sqrt{3}}{2}$이므로 ㉢에서

$m=3\left(\frac{\sqrt{3}}{2}-\frac{\sqrt{2}}{3}\right)=\frac{3}{2}\sqrt{3}-\sqrt{2}$

$\therefore Mm=4\sqrt{2}\left(\frac{3}{2}\sqrt{3}-\sqrt{2}\right)=6\sqrt{6}-8$

그러므로 $a=6$, $b=-8$이므로

$a^2+b^2=6^2+(-8)^2=36+64=100$

173 [정답률 13%] 정답 7

좌표평면에서 중심이 O이고 반지름의 길이가 1인 원 위의 한 점을 A, 중심이 O이고 반지름의 길이가 3인 원 위의 한 점을 B라 할 때, 점 P가 다음 조건을 만족시킨다.

(가) $\overrightarrow{OB}\cdot\overrightarrow{OP}=3\overrightarrow{OA}\cdot\overrightarrow{OP}$
(나) $|\overrightarrow{PA}|^2+|\overrightarrow{PB}|^2=20$

$\overrightarrow{PA}\cdot\overrightarrow{PB}$의 최솟값은 m이고 이때 $|\overrightarrow{OP}|=k$이다. $m+k^2$의 값을 구하시오. (4점)

→ 시점이 같은 벡터끼리의 내적의 최솟값은 두 벡터가 이루는 각의 크기가 π일 때야!

Step 1 점 P의 위치를 확인한다.

두 벡터 $\overrightarrow{OA}$, $\overrightarrow{OP}$가 이루는 각의 크기를 α,
두 벡터 $\overrightarrow{OB}$, $\overrightarrow{OP}$가 이루는 각의 크기를 β라 하자.
조건 (가)에서 $\overrightarrow{OB}\cdot\overrightarrow{OP}=3\overrightarrow{OA}\cdot\overrightarrow{OP}$이므로
$|\overrightarrow{OB}||\overrightarrow{OP}|\cos\beta=3|\overrightarrow{OA}||\overrightarrow{OP}|\cos\alpha$ …… ㉠

→ 두 벡터 $\vec{a}$, $\vec{b}$가 이루는 각의 크기를 θ라 할 때 $\vec{a}\cdot\vec{b}=|\vec{a}||\vec{b}|\cos\theta$

이때 두 점 A, B가 각각 반지름의 길이가 1, 3인 원 위의 점이므로
$|\overrightarrow{OA}|=1$, $|\overrightarrow{OB}|=3$
이를 ㉠에 대입하면 $3|\overrightarrow{OP}|\cos\beta=3|\overrightarrow{OP}|\cos\alpha$
$\cos\alpha=\cos\beta$ → 0에서 π 사이의 범위에서 확인하면 돼.
$\therefore\ \alpha=\beta$
그러므로 점 P는 다음 그림과 같이 각 AOB의 이등분선 위의 점임을 알 수 있다.

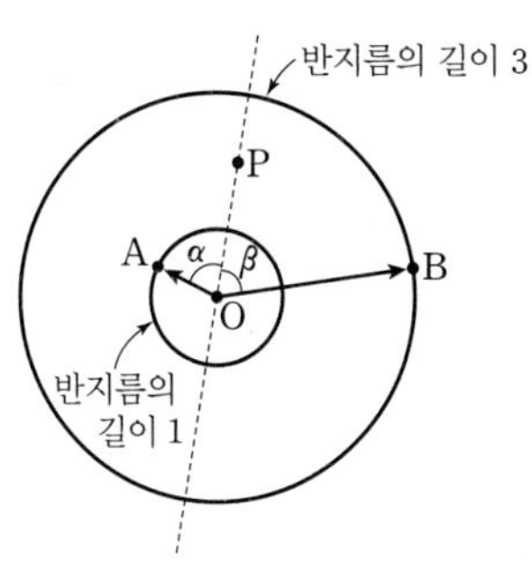

Step 2 $\overrightarrow{PA}\cdot\overrightarrow{PB}$의 최솟값을 구한다.

$|\overrightarrow{AB}|^2=|\overrightarrow{PB}-\overrightarrow{PA}|^2=|\overrightarrow{PB}|^2-2\overrightarrow{PB}\cdot\overrightarrow{PA}+|\overrightarrow{PA}|^2$

→ $|\vec{a}-\vec{b}|^2=(\vec{a}-\vec{b})\cdot(\vec{a}-\vec{b})=|\vec{a}|^2-2\vec{a}\cdot\vec{b}+|\vec{b}|^2$

이때 조건 (나)에서 $|\overrightarrow{PA}|^2+|\overrightarrow{PB}|^2=20$이므로
$|\overrightarrow{AB}|^2=20-2\overrightarrow{PB}\cdot\overrightarrow{PA}$
$2\overrightarrow{PB}\cdot\overrightarrow{PA}=20-|\overrightarrow{AB}|^2$
$\therefore\ \overrightarrow{PA}\cdot\overrightarrow{PB}=10-\frac{1}{2}|\overrightarrow{AB}|^2$

벡터의 내적은 벡터의 순서가 바뀌어도 그 값에는 변화가 없어.

이때 $\overrightarrow{PA}\cdot\overrightarrow{PB}$의 값이 최소가 되려면 $|\overrightarrow{AB}|^2$의 값이 최대가 되어야 하고, 다음 그림과 같이 세 점 A, O, B가 일직선 위에 있을 때 $|\overrightarrow{AB}|^2$의 값이 16으로 최대가 된다.

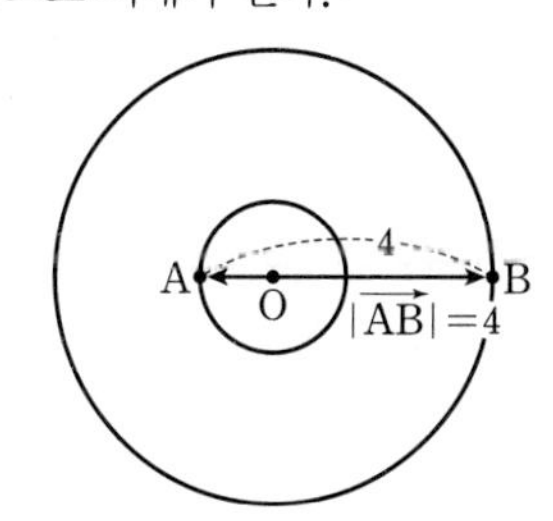

따라서 $\overrightarrow{PA}\cdot\overrightarrow{PB}$의 최솟값은 $m=10-\frac{1}{2}\times16=10-8=2$

Step 3 $|\overrightarrow{OP}|$의 값을 구한다.

세 점 A, O, B가 일직선 위에 있을 때의 상황을 그림으로 나타내면 다음과 같다.

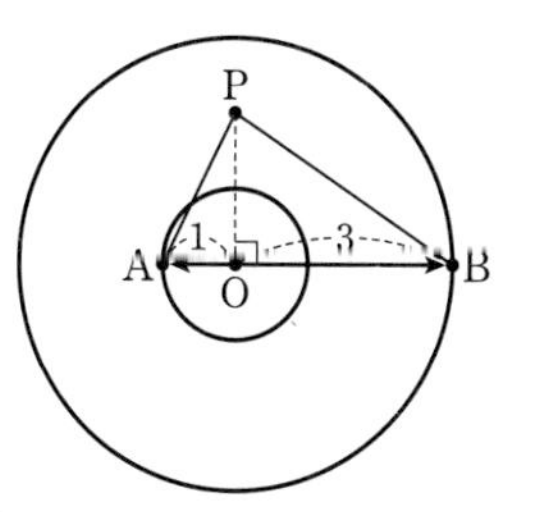

이때 $|\overrightarrow{PA}|^2+|\overrightarrow{PB}|^2=20$에서
$|\overrightarrow{OP}|^2+|\overrightarrow{OA}|^2+|\overrightarrow{OP}|^2+|\overrightarrow{OB}|^2=20$

→ 두 삼각형 PAO, PBO가 직각삼각형임을 이용한 거야. ($=|\overrightarrow{PA}|^2$, $=|\overrightarrow{PB}|^2$)

$2|\overrightarrow{OP}|^2+1^2+3^2=20$
$2|\overrightarrow{OP}|^2=10$
$\therefore\ |\overrightarrow{OP}|^2=k^2=5$
$\therefore\ m+k^2=2+5=7$

✪ 다른 풀이 벡터의 내적의 연산을 이용한 풀이

Step 1 동일

Step 2 조건 (나)를 이용하여 $|\overrightarrow{OP}|^2$에 대한 식을 정리한다.

$\overrightarrow{PA}=\overrightarrow{OA}-\overrightarrow{OP}$, $\overrightarrow{PB}=\overrightarrow{OB}-\overrightarrow{OP}$이므로

→ 주어진 벡터를 위치벡터로 바꾸는 거야.

$|\overrightarrow{PA}|^2=|\overrightarrow{OA}-\overrightarrow{OP}|^2=|\overrightarrow{OA}|^2-2\overrightarrow{OA}\cdot\overrightarrow{OP}+|\overrightarrow{OP}|^2$
$=1-2\overrightarrow{OA}\cdot\overrightarrow{OP}+|\overrightarrow{OP}|^2$ …… ㉡
$|\overrightarrow{PB}|^2=|\overrightarrow{OB}-\overrightarrow{OP}|^2=|\overrightarrow{OB}|^2-2\overrightarrow{OB}\cdot\overrightarrow{OP}+|\overrightarrow{OP}|^2$
$=9-6\overrightarrow{OA}\cdot\overrightarrow{OP}+|\overrightarrow{OP}|^2$ …… ㉢ (조건 (가))
㉡+㉢을 하면
$|\overrightarrow{PA}|^2+|\overrightarrow{PB}|^2=20=10-8\overrightarrow{OA}\cdot\overrightarrow{OP}+2|\overrightarrow{OP}|^2$ (조건 (나))
$|\overrightarrow{OP}|^2-4\overrightarrow{OA}\cdot\overrightarrow{OP}=5$
$\therefore\ |\overrightarrow{OP}|^2=5+4\overrightarrow{OA}\cdot\overrightarrow{OP}$ …… ㉣

Step 3 $m+k^2$의 값을 구한다.

$\overrightarrow{PA}\cdot\overrightarrow{PB}=(\overrightarrow{OA}-\overrightarrow{OP})\cdot(\overrightarrow{OB}-\overrightarrow{OP})$
$=\overrightarrow{OA}\cdot\overrightarrow{OB}-\overrightarrow{OA}\cdot\overrightarrow{OP}-\overrightarrow{OB}\cdot\overrightarrow{OP}+|\overrightarrow{OP}|^2$
$=\overrightarrow{OA}\cdot\overrightarrow{OB}-4\overrightarrow{OA}\cdot\overrightarrow{OP}+|\overrightarrow{OP}|^2$
$=\overrightarrow{OA}\cdot\overrightarrow{OB}+5$

→ $|\overrightarrow{OP}|^2-4\overrightarrow{OA}\cdot\overrightarrow{OP}=5$임을 **Step 2**에서 구했어.

따라서 $\overrightarrow{PA}\cdot\overrightarrow{PB}$의 값이 최소가 되려면 $\overrightarrow{OA}\cdot\overrightarrow{OB}$가 최소이어야 하므로 $\angle AOB=\pi$
$\therefore\ m=1\times3\times\cos\pi+5=-3+5=2$
이때 $\alpha=\beta$이므로 $\overrightarrow{OA}$, $\overrightarrow{OP}$가 이루는 각의 크기는 $\frac{\pi}{2}$이다. 즉,
$k^2=|\overrightarrow{OP}|^2=5+4\overrightarrow{OA}\cdot\overrightarrow{OP}=5+4|\overrightarrow{OA}||\overrightarrow{OP}|\cos\frac{\pi}{2}=5$ ($\because$ ㉣)
$\therefore\ m+k^2=2+5=7$

174 [정답률 15%]

정답 31

좌표평면 위에 $\overline{AB}=5$인 두 점 A, B를 각각 중심으로 하고 반지름의 길이가 5인 두 원을 각각 O_1, O_2라 하자. 원 O_1 위의 점 C와 원 O_2 위의 점 D가 다음 조건을 만족시킨다.

> (가) $\cos(\angle CAB)=\frac{3}{5}$
>
> (나) $\overrightarrow{AB}\cdot\overrightarrow{CD}=30$이고 $|\overrightarrow{CD}|<9$이다.

선분 CD를 지름으로 하는 원 위의 점 P에 대하여 $\overrightarrow{PA}\cdot\overrightarrow{PB}$의 최댓값이 $a+b\sqrt{74}$이다. $a+b$의 값을 구하시오.

(단, a, b는 유리수이다.) (4점)

Step 1 점 C의 좌표를 구한다.

$\overline{AB}=5$인 두 점 A, B를 임의로 A(0, 0), B(5, 0)이라 하자.
이때 두 점 A, B를 중심으로 하는 두 원 O_1, O_2와 $\cos(\angle CAB)=\frac{3}{5}$을 만족시키는 원 O_1 위의 점 C를 나타내면 다음과 같고, 점 C의 좌표는 (3, 4)가 된다.

→ 원 O_1의 반지름이 길이가 5임을 이용하면 쉽게 점 C의 좌표를 구할 수 있어!

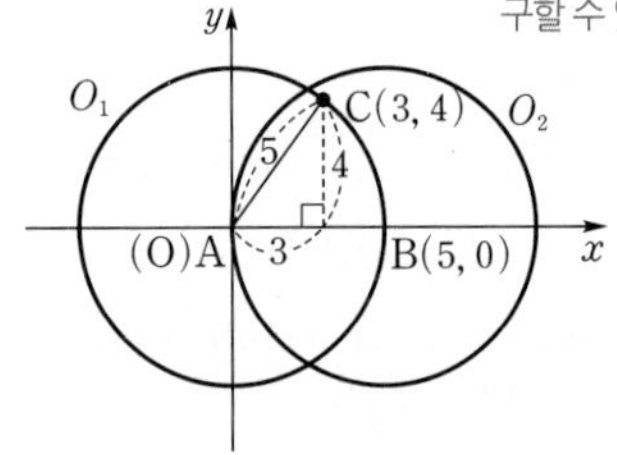

Step 2 조건 (나)를 이용하여 점 D의 좌표를 구한다.

조건 (나)에서 $\overrightarrow{AB}\cdot\overrightarrow{CD}=30$이고 $|\overrightarrow{AB}|=5$이므로
두 벡터 $\overrightarrow{AB}$, $\overrightarrow{CD}$가 이루는 각의 크기를 θ라 하면
$\overrightarrow{AB}\cdot\overrightarrow{CD}=|\overrightarrow{AB}||\overrightarrow{CD}|\cos\theta=5|\overrightarrow{CD}|\cos\theta=30$
$\therefore |\overrightarrow{CD}|\cos\theta=6$ → 내적의 정의이니까 꼭 기억해!
따라서 $\overline{CD}$의 선분 AB의 연장선 위로의 정사영의 길이가 6이어야 한다.

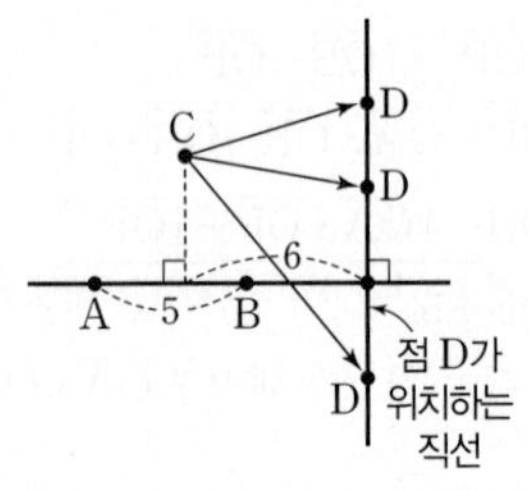

이때 두 점 C, D에서 x축에 내린 수선의 발을 각각 C′, D′이라 하면 $\overline{C'D'}=6$
또한 점 C의 x좌표가 3이므로 점 D의 x좌표는 9이어야 하고
→ 그래야 $\overline{C'D'}$의 길이가 6이 될 수 있어!
점 D는 원 O_2 위의 점이므로
점 D는 원 O_2와 직선 $x=9$의 두 교점 중 하나이다.

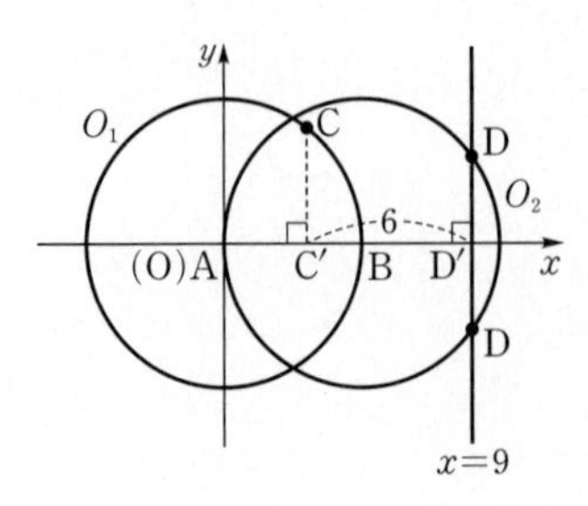

(i) 점 D가 제1사분면 위의 점인 경우
$\overline{BD}=5$, $\overline{BD'}=4$이므로
직각삼각형 BDD′에서 $\overline{DD'}=\sqrt{5^2-4^2}=\sqrt{9}=3$
따라서 점 D의 좌표는 (9, 3)이다.
이때 $|\overrightarrow{CD}|=\sqrt{(9-3)^2+(3-4)^2}=\sqrt{37}<9$이므로 → $|\overrightarrow{CD}|<9$
조건 (나)를 만족시킨다.

(ii) 점 D가 제4사분면 위의 점인 경우 → y좌표가 음수
$\overline{BD}=5$, $\overline{BD'}=4$이므로
직각삼각형 BDD′에서 $\overline{DD'}=\sqrt{5^2-4^2}=\sqrt{9}=3$
따라서 점 D의 좌표는 (9, −3)이다.
이때 $|\overrightarrow{CD}|=\sqrt{(9-3)^2+(-3-4)^2}=\sqrt{85}>9$이므로
조건 (나)를 만족시키지 않는다.

따라서 (i), (ii)에 의하여 점 D의 좌표는 (9, 3)이다.

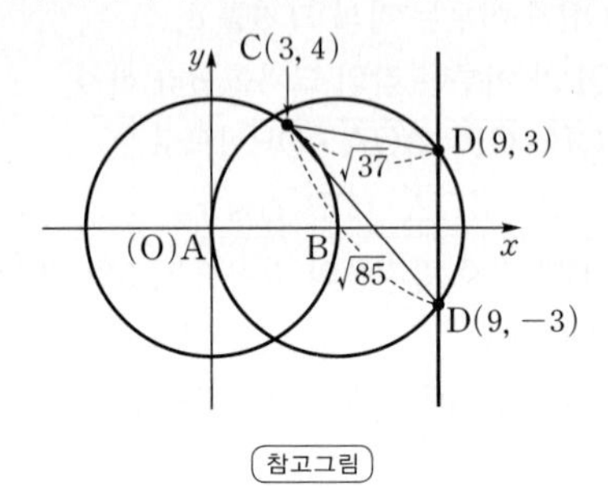

참고그림

Step 3 $\overrightarrow{PA}\cdot\overrightarrow{PB}$의 값이 최대가 되는 경우를 파악한다.

선분 AB의 중점을 M이라 하면

$$\begin{aligned}\overrightarrow{PA}\cdot\overrightarrow{PB}&=(\overrightarrow{PM}+\overrightarrow{MA})\cdot(\overrightarrow{PM}+\overrightarrow{MB})\\&=|\overrightarrow{PM}|^2+\overrightarrow{PM}\cdot\overrightarrow{MB}+\overrightarrow{MA}\cdot\overrightarrow{PM}+\overrightarrow{MA}\cdot\overrightarrow{MB}\\&=|\overrightarrow{PM}|^2+\overrightarrow{PM}\cdot(\overrightarrow{MA}+\overrightarrow{MB})+\overrightarrow{MA}\cdot(-\overrightarrow{MA})\\&=|\overrightarrow{PM}|^2+\overrightarrow{PM}\cdot\vec{0}-|\overrightarrow{MA}|^2\\&=|\overrightarrow{PM}|^2-|\overrightarrow{MA}|^2\end{aligned}$$

→ 크기가 같고 방향이 반대인 두 벡터를 더하면 영벡터가 돼!
→ 점 P의 위치에 관계없이 크기가 일정해!

이때 $|\overrightarrow{MA}|=\frac{1}{2}\overline{AB}=\frac{1}{2}\times5=\frac{5}{2}$이므로
$|\overrightarrow{PM}|$의 값이 최대가 될 때 $\overrightarrow{PA}\cdot\overrightarrow{PB}$의 값이 최대가 된다.

Step 4 $|\overrightarrow{PM}|$의 최댓값을 구한다. 두 벡터의 각각의 크기는 일정해!

선분 CD를 지름으로 하는 원의 중심을 E라 하면 $\overrightarrow{PM}=\overrightarrow{PE}+\overrightarrow{EM}$이므로 $|\overrightarrow{PM}|$의 값이 최대가 되려면 세 점 P, E, M이 한 직선 위에 있어야 한다.
→ 그래야 두 벡터 $\overrightarrow{PE}$, $\overrightarrow{EM}$의 방향이 같아지게 돼.

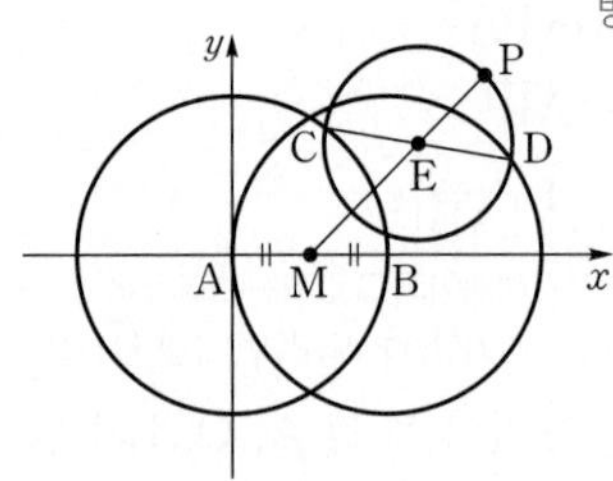

이때 점 M은 선분 AB의 중점이므로 $M\left(\frac{5}{2},\ 0\right)$

점 E는 선분 CD의 중점이므로 $E\left(\frac{3+9}{2},\ \frac{4+3}{2}\right)$,

즉 $E\left(6,\ \frac{7}{2}\right)$이다.

→ 앞의 Step 2에서 $|\overrightarrow{CD}|=\sqrt{37}$임을 확인했어!
따라서 $|\overrightarrow{PE}|=\frac{1}{2}\overline{CD}=\frac{\sqrt{37}}{2}$,

$|\overrightarrow{EM}|=\sqrt{\left(\frac{5}{2}-6\right)^2+\left(0-\frac{7}{2}\right)^2}=\sqrt{\frac{49}{4}+\frac{49}{4}}=\sqrt{\frac{49}{2}}=\frac{7\sqrt{2}}{2}$이므로

$|\overrightarrow{PM}|$의 최댓값은 $|\overrightarrow{PE}|+|\overrightarrow{EM}|=\frac{\sqrt{37}}{2}+\frac{7\sqrt{2}}{2}$이다.

Step 5 $\overrightarrow{PA}\cdot\overrightarrow{PB}$의 최댓값을 구한다.

따라서 $\overrightarrow{PA}\cdot\overrightarrow{PB}$의 최댓값을 구하면

$$\overrightarrow{PA}\cdot\overrightarrow{PB}=|\overrightarrow{PM}|^2-|\overrightarrow{MA}|^2$$
$$\le\left(\frac{\sqrt{37}}{2}+\frac{7\sqrt{2}}{2}\right)^2-\left(\frac{5}{2}\right)^2$$
$$=\left(\frac{37}{4}+2\times\frac{\sqrt{37}}{2}\times\frac{7\sqrt{2}}{2}+\frac{98}{4}\right)-\frac{25}{4}$$
$$=\frac{37+98-25}{4}+\frac{7\sqrt{74}}{2}$$

→ 주의 계산 실수하지 않게 반드시 주의!

$$=\frac{55}{2}+\frac{7}{2}\sqrt{74}$$

이므로 $a=\frac{55}{2}$, $b=\frac{7}{2}$

$\therefore a+b=\frac{55}{2}+\frac{7}{2}=31$

✪ 다른 풀이 점 P의 좌표를 미지수로 나타내어 구한 원의 방정식을 이용하여 최댓값을 구하는 풀이

Step 1 **Step 2** 동일

Step 3 $\overrightarrow{PA}\cdot\overrightarrow{PB}$의 값이 최대가 되는 경우를 파악한다.

선분 CD를 지름으로 하는 원의 중심을 E, 반지름의 길이를 r라 하면 점 E의 좌표는 $E\left(6,\ \frac{7}{2}\right)$이고 $r=\frac{1}{2}\overline{CD}=\frac{\sqrt{37}}{2}$이다.

점 P의 좌표를 $(p,\ q)$라 하면

$\overrightarrow{PA}=(p,\ q)$, $\overrightarrow{PB}=(p-5,\ q)$이므로

$\overrightarrow{PA}\cdot\overrightarrow{PB}=p(p-5)+q^2=p^2-5p+q^2$

$\overrightarrow{PA}\cdot\overrightarrow{PB}=k$라 하면 $p^2-5p+q^2=k$

$\left(p^2-5p+\frac{25}{4}\right)+q^2=k+\frac{25}{4}$

$\left(p-\frac{5}{2}\right)^2+q^2=k+\frac{25}{4}$ …… ㉠

㉠은 점 $F\left(\frac{5}{2},\ 0\right)$을 중심으로 하고 반지름의 길이가 $\sqrt{k+\frac{25}{4}}$인 원이다.

→ $\overline{CD}$를 지름으로 하는 작은 원이 점 F를 중심으로 하는 원에 내접할 때 반지름의 길이가 최대가 돼!

즉, k의 값이 최대가 되려면 ㉠의 반지름의 길이가 최대이어야 한다.

반지름의 길이가 최대가 되려면 반지름 FP가 점 E를 지나야 한다.

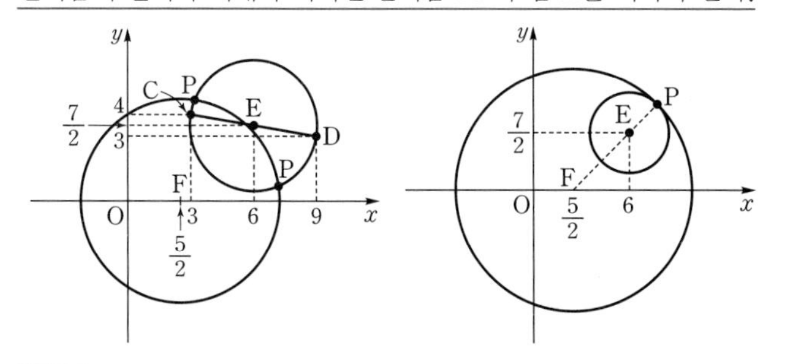

Step 4 k의 값을 구한다.

$$\overline{FP}=\overline{FE}+\overline{EP}$$
$$=\sqrt{\left(6-\frac{5}{2}\right)^2+\left(\frac{7}{2}-0\right)^2}+\frac{\sqrt{37}}{2}$$
$$=\frac{7\sqrt{2}}{2}+\frac{\sqrt{37}}{2}=\sqrt{k+\frac{25}{4}}$$

→ $\overline{FP}$는 중심이 점 F이고 반지름의 길이가 $\sqrt{k+\frac{25}{4}}$인 원의 반지름

$$k+\frac{25}{4}=\left(\frac{7\sqrt{2}+\sqrt{37}}{2}\right)^2$$
$$\therefore k=\frac{98+2\times7\sqrt{2}\times\sqrt{37}+37}{4}-\frac{25}{4}$$
$$=\frac{98+37-25}{4}+\frac{2\times7\sqrt{2}\times\sqrt{37}}{4}$$
$$=\frac{110}{4}+\frac{7\sqrt{74}}{2}$$
$$=\frac{55}{2}+\frac{7}{2}\sqrt{74}$$

따라서 $\overrightarrow{PA}\cdot\overrightarrow{PB}$의 최댓값은 $\frac{55}{2}+\frac{7}{2}\sqrt{74}$이고,

$a=\frac{55}{2}$, $b=\frac{7}{2}$이므로

$a+b=\frac{55}{2}+\frac{7}{2}=31$

175 [정답률 18%]

정답 128

평면 위에 반지름의 길이가 13인 원 C가 있다. 원 C 위의 두 점 A, B에 대하여 $\overline{AB}=24$이고, 이 평면 위의 점 P가 다음 조건을 만족시킨다.

> (가) $|\overrightarrow{AP}|=5$ → 점 P는 점 A를 중심으로 하고 반지름의 길이가 5인 원 위의 점이야.
> (나) $\overrightarrow{AB}$와 $\overrightarrow{AP}$가 이루는 각의 크기를 θ라 할 때, $5\cos\theta$는 자연수이다.

→ $\overrightarrow{AQ}$는 크기와 방향이 모두 변하는 벡터이니까 원의 중심을 기준으로 두 개의 벡터로 나누어 계산할 거야.

원 C 위의 점 Q에 대하여 $\overrightarrow{AP}\cdot\overrightarrow{AQ}$의 최댓값을 구하시오. (4점)

Step 1 벡터의 분해를 이용하여 구해야 하는 내적을 다른 형태의 식으로 나타낸다.

그림과 같이 원 C의 중심을 M이라 하면

$\overrightarrow{AP}\cdot\overrightarrow{AQ}$ → $\overrightarrow{AQ}$를 두 개의 벡터로 나누었어.

$=\overrightarrow{AP}\cdot(\overrightarrow{AM}+\overrightarrow{MQ})$

$=\overrightarrow{AP}\cdot\overrightarrow{AM}+\overrightarrow{AP}\cdot\overrightarrow{MQ}$

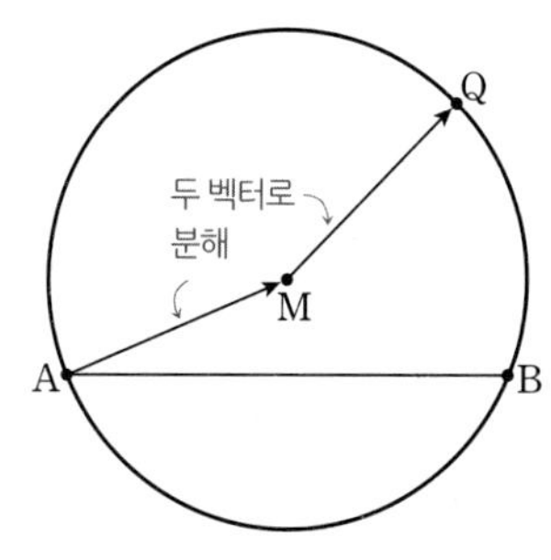

Step 2 각각의 내적의 값이 최대가 되는 경우를 파악한다.

이때 두 내적 $\overrightarrow{AP}\cdot\overrightarrow{AM}$, $\overrightarrow{AP}\cdot\overrightarrow{MQ}$의 값이 최대가 될 때를 파악해 보면 다음과 같다.

(i) $\overrightarrow{AP}\cdot\overrightarrow{AM}$의 값이 최대일 때,
두 벡터 $\overrightarrow{AP}$, $\overrightarrow{AM}$이 이루는 각의 크기를 α $(0\le\alpha\le\pi)$라 하면
$\overrightarrow{AP}\cdot\overrightarrow{AM}$

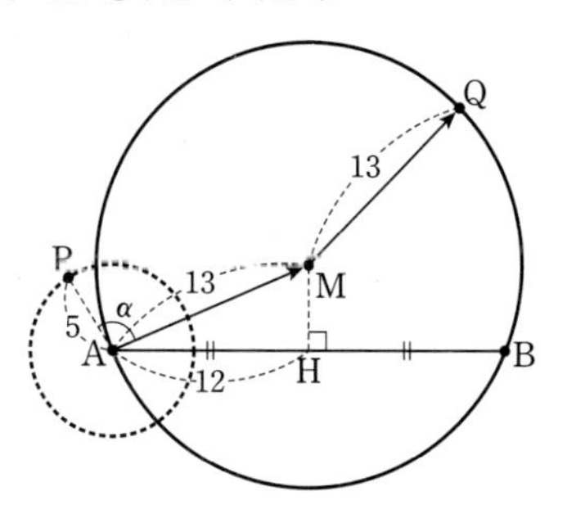

(원의 반지름의 길이)$=13$

$=|\overrightarrow{AP}||\overrightarrow{AM}|\cos\alpha$

$=5\times13\times\cos\alpha$

$=65\cos\alpha$ ← α가 작아야 $\cos\alpha$가 커져.

따라서 $\cos\alpha$의 값이 최대가 되어야 하므로 두 벡터가 이루는 각 α의 크기가 최소가 되어야 한다.

이때 점 M에서 선분 AB에 내린 수선의 발을 H라 하면

$\overline{AH}=\frac{1}{2}\overline{AB}=12$ ← 원의 중심에서 그 원의 현에 내린 수선은 현을 수직이등분해.

따라서 $\angle MAH=\beta$라 하면 직각삼각형 MAH에서

$\cos\beta=\frac{\overline{AH}}{\overline{AM}}=\frac{12}{13}$, $\sin\beta=\frac{5}{13}$ ← $\sqrt{1-\cos^2\beta}=\sqrt{1-\frac{144}{169}}=\sqrt{\frac{25}{169}}=\frac{5}{13}$

그러므로 $\cos\theta$의 값에 따라 경우를 나누어 보면 다음과 같다.

① $\beta=\alpha+\theta$일 때, ← $\theta=0$일 때 α의 값이 최소가 되겠지.

그림과 같이 $\cos\theta=1$일 때, 즉 점 P가 선분 AB 위에 있을 때 α의 값이 최소가 된다.

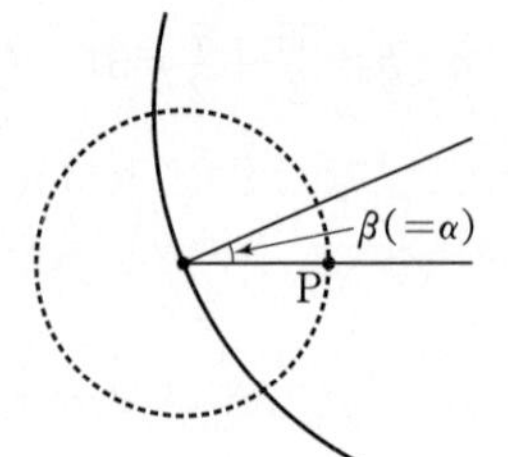

이때 $\cos\alpha=\cos\beta=\frac{12}{13}$이므로

$\overrightarrow{AP}\cdot\overrightarrow{AM}=65\times\frac{12}{13}=60$

② $\alpha=\theta-\beta$일 때, ← β는 고정이니 θ가 최소여야 $\cos\alpha$가 최대!

그림과 같이 $\theta>\beta$이면서 $\theta-\beta$의 크기가 최소이어야 하므로

$\cos\theta=\frac{4}{5}$이어야 한다.

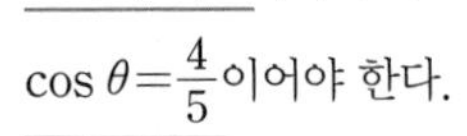

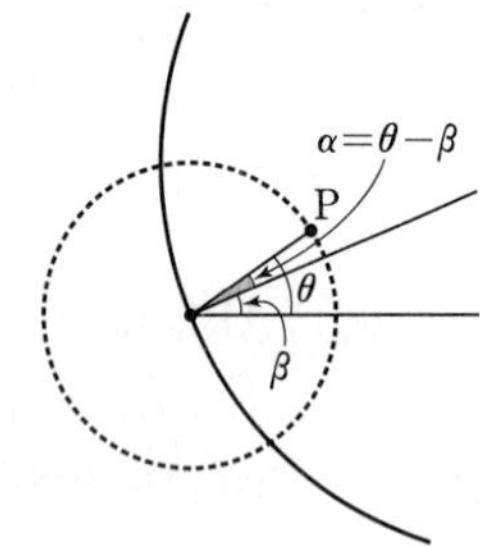

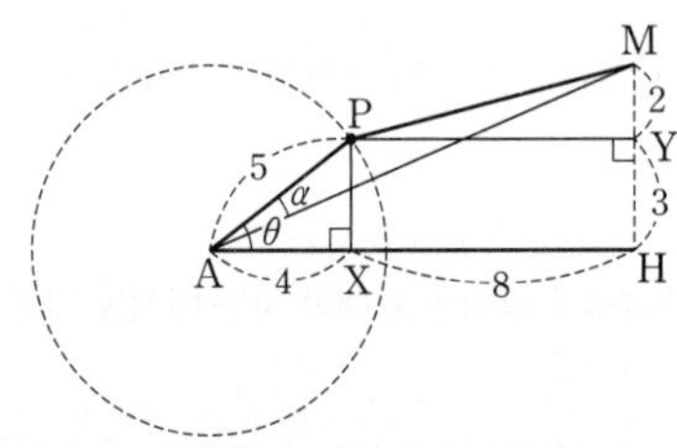

이때 $\cos\alpha=\cos(\theta-\beta)$이므로 위 그림과 같이 점 P에서 선분 AH, 선분 MH에 내린 수선의 발을 각각 X, Y라 하면 ($\alpha=\angle PAM$)

$\overline{PX}=\overline{AP}\sin\theta=3$, $\overline{AX}=\overline{AP}\cos\theta=4$

즉, $\overline{PY}=8$, $\overline{MY}=2$이므로 직각삼각형 PYM에서 피타고라스 정리를 이용하면

$\overline{PM}=\sqrt{\overline{PY}^2+\overline{MY}^2}=\sqrt{8^2+2^2}=\sqrt{68}=2\sqrt{17}$

삼각형 PAM에서 코사인법칙을 이용하면 ← 각 α를 한 내각으로 하는 삼각형의 세 변의 길이를 알기 때문에 코사인법칙을 이용할 수 있어.

$$\cos\alpha=\frac{\overline{AP}^2+\overline{AM}^2-\overline{PM}^2}{2\times\overline{AP}\times\overline{AM}}=\frac{25+169-68}{2\times5\times13}=\frac{126}{130}=\frac{63}{65}$$

이므로 $\overrightarrow{AP}\cdot\overrightarrow{AM}=65\times\frac{63}{65}=63$

따라서 $\overrightarrow{AP}\cdot\overrightarrow{AM}$의 최댓값은 63이다.

(ii) $\overrightarrow{AP}\cdot\overrightarrow{MQ}$의 값이 최대일 때,

그림과 같이 두 벡터 $\overrightarrow{AP}$, $\overrightarrow{MQ}$의 방향이 같을 때 내적 $\overrightarrow{AP}\cdot\overrightarrow{MQ}$의 값이 최대가 되고, 그 값은 ← 두 벡터가 이루는 각의 크기가 0이 돼.

$\overrightarrow{AP}\cdot\overrightarrow{MQ}$

$=|\overrightarrow{AP}||\overrightarrow{MQ}|\cos0$

$=5\times13\times1=65$

Step 3 $\overrightarrow{AP}\cdot\overrightarrow{AQ}$의 최댓값을 구한다.

(i), (ii)에서

$\overrightarrow{AP}\cdot\overrightarrow{AQ}=\overrightarrow{AP}\cdot\overrightarrow{AM}+\overrightarrow{AP}\cdot\overrightarrow{MQ}$

$\le63+65$

$=128$

따라서 $\overrightarrow{AP}\cdot\overrightarrow{AQ}$의 최댓값은 128이다.

176

정답 ⑤

좌표평면에서 반원의 호 $x^2+y^2=4$ $(x\ge0)$ 위의 한 점 P(a, b)에 대하여 ← $\overline{OP}$의 크기가 2로 일정함을 이용한다.

$$\overrightarrow{OP}\cdot\overrightarrow{OQ}=2$$

를 만족시키는 반원의 호 $(x+5)^2+y^2=16$ $(y\ge0)$ 위의 점 Q가 하나뿐일 때, $a+b$의 값은? (단, O는 원점이다.) (4점)

① $\frac{12}{5}$ ② $\frac{5}{2}$ ③ $\frac{13}{5}$ ④ $\frac{27}{10}$ ⑤ $\frac{14}{5}$

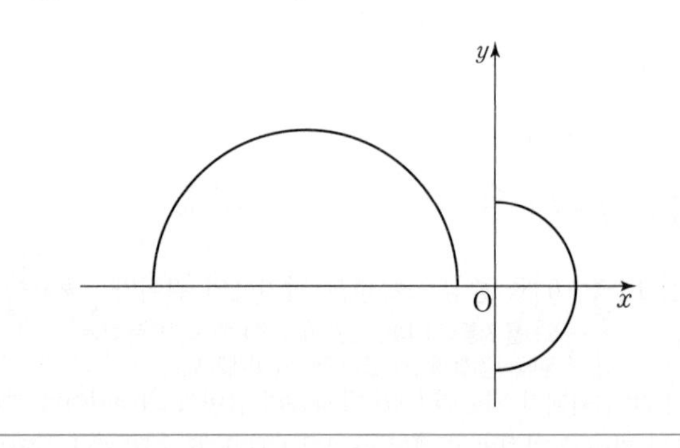

Step 1 조건을 만족시키는 점 Q가 하나뿐인 경우를 생각해본다.

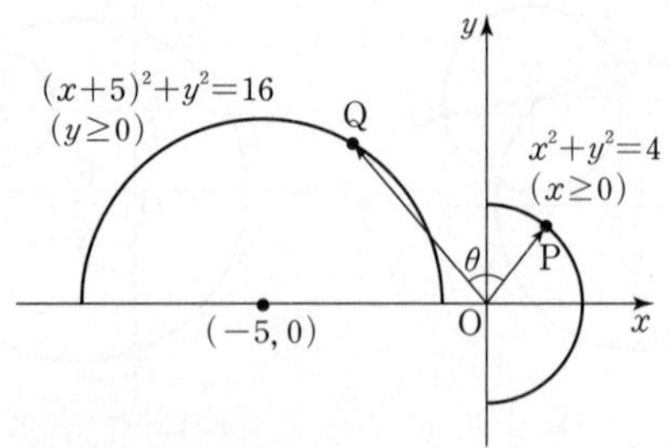

위 그림과 같이 반원의 호 $x^2+y^2=4$ $(x\ge0)$ 위의 점 P, 반원의 호 $(x+5)^2+y^2=16$ $(y\ge0)$ 위의 점 Q에 대하여 두 벡터 $\overrightarrow{OP}$, $\overrightarrow{OQ}$가 이루는 각의 크기를 θ라 하면

$\overrightarrow{OP}\cdot\overrightarrow{OQ}=|\overrightarrow{OP}||\overrightarrow{OQ}|\cos\theta$ ← =(선분 OP의 길이)=2

$=2|\overrightarrow{OQ}|\cos\theta$

$\overrightarrow{OP}\cdot\overrightarrow{OQ}=2$에서 $2|\overrightarrow{OQ}|\cos\theta=2$

$\therefore\ |\overrightarrow{OQ}|\cos\theta=1$

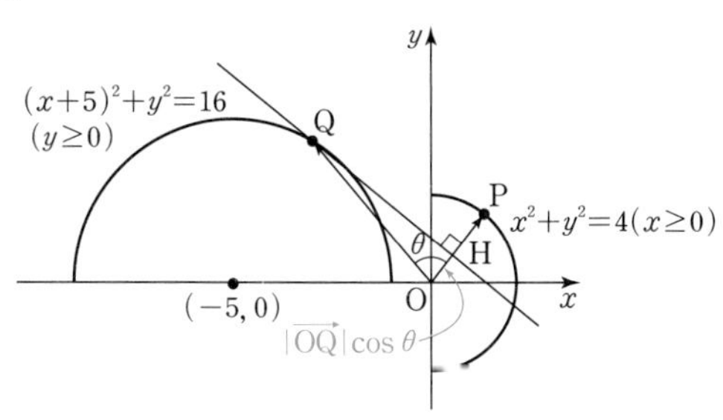

위 그림과 같이 점 Q에서 직선 OP에 내린 수선의 발을 H라 하면

$|\overrightarrow{OH}|=|\overrightarrow{OQ}|\cos\theta$ → 직각삼각형 QOH에서 $\cos\theta=\frac{\overline{OH}}{\overline{OQ}}$임을 이용!

$\therefore\ |\overrightarrow{OH}|=1$ → 중심이 $(0, 0)$이고 반지름의 길이가 1인 원 위의 점이라고 생각한다.

이때 $|\overrightarrow{OH}|=1$을 만족시키는 점 H는 반원의 호 $x^2+y^2=1\ (x\geq0)$ 위의 점이고, 조건을 만족시키는 점 Q가 하나만 존재하려면 다음 그림과 같이 점 H를 지나고 $\overrightarrow{OP}$에 수직인 직선이 반원의 호 $(x+5)^2+y^2=16\ (y\geq0)$에 접해야 한다.

→ 접할 때의 접점이 하나뿐인 점 Q가 돼.

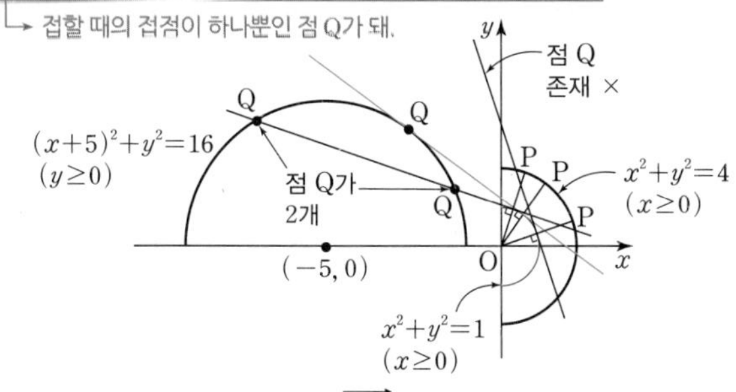

따라서 다음 그림과 같이 벡터 $\overrightarrow{OP}$에 수직이면서 점 H를 지나는 직선이 두 반원의 호 $(x+5)^2+y^2=16\ (y\geq0)$, $x^2+y^2=1\ (x\geq0)$에 모두 접해야 한다.

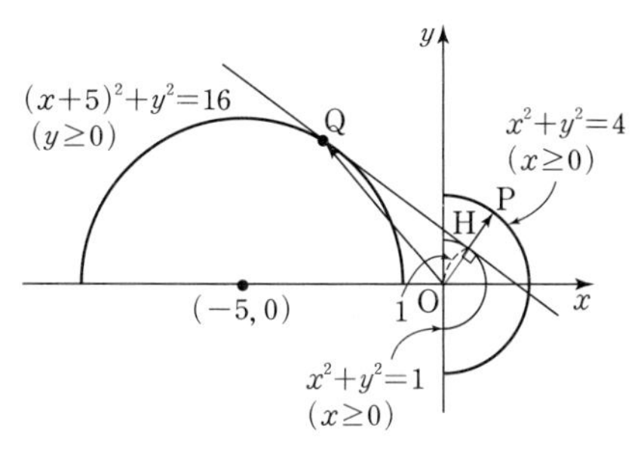

Step 2 두 반원의 호에 동시에 접하는 직선의 방정식을 이용하여 점 H의 좌표를 구한다.

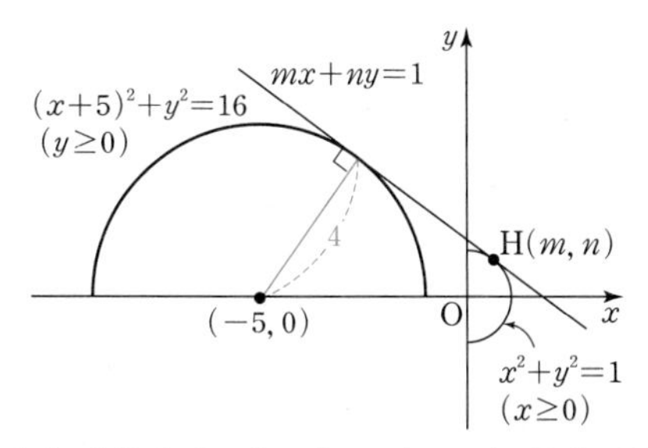

위 그림과 같이 반원의 호 $x^2+y^2=1\ (x\geq0)$ 위의 점 H의 좌표를 (m, n)이라 하면 점 H에서의 접선의 방정식은

$mx+ny=1\qquad\therefore\ mx+ny-1=0$ → 중심이 점 $(-5, 0)$, 반지름의 길이가 4인 원의 일부야.

점 H는 호 위의 점이므로 $m^2+n^2=1$ ⋯⋯ ㉠

점 H에서의 접선이 반원의 호 $(x+5)^2+y^2=16\ (y\geq0)$에도 접해야 하므로 점 $(-5, 0)$과 접선 사이의 거리 d가 4이어야 한다.

$\therefore\ d=\frac{|-5m-1|}{\sqrt{m^2+n^2}}=|-5m-1|=4$ → 이 값이 1임을 ㉠에서 확인했어.

양변을 제곱하여 정리하면

$25m^2+10m+1=16,\ 25m^2+10m-15=0$

$5m^2+2m-3=0,\ (5m-3)(m+1)=0$

$\therefore\ m=\frac{3}{5}$ 또는 $m=-1$

이때 점 H의 x좌표는(m) 양수이므로 $m=\frac{3}{5}$

이를 ㉠에 대입하면

$\left(\frac{3}{5}\right)^2+n^2=1,\ n^2=\frac{16}{25}$

$\therefore\ n=\frac{4}{5}\ (\because n>0)$ → **Step 2**의 그림을 통해 점 H의 y좌표, 즉 n의 값이 양수임을 알 수 있어.

따라서 점 H의 좌표는 $H\left(\frac{3}{5}, \frac{4}{5}\right)$이다.

Step 3 $a+b$의 값을 구한다.

다음 그림과 같이 세 점 O, H, P는 한 직선 위에 있고 $\overline{OH}=1$, $\overline{OP}=2$이므로 두 벡터 $\overrightarrow{OH}$, $\overrightarrow{OP}$에 대하여 $\overrightarrow{OP}=2\overrightarrow{OH}$가 성립한다.

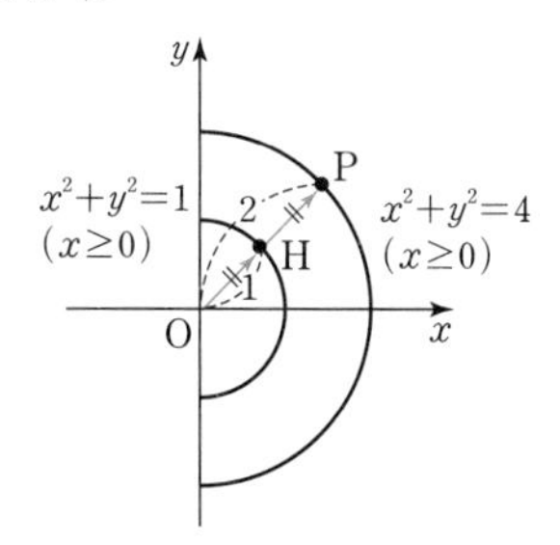

이때 $\overrightarrow{OH}=\left(\frac{3}{5}, \frac{4}{5}\right)$, $\overrightarrow{OP}=(a, b)$이므로 → 점 P의 위치벡터로 생각해도 돼.

$\overrightarrow{OP}=2\overrightarrow{OH}$에서

$(a, b)=2\left(\frac{3}{5}, \frac{4}{5}\right)=\left(\frac{6}{5}, \frac{8}{5}\right)$

따라서 $a=\frac{6}{5}$, $b=\frac{8}{5}$이므로

$a+b=\frac{6}{5}+\frac{8}{5}=\frac{14}{5}$

177 [정답률 9%]

정답 45

좌표평면에서 세 점 A$(-3, 1)$, B$(0, 2)$, C$(1, 0)$에 대하여 두 점 P, Q가

$$|\overrightarrow{AP}|=1,\ |\overrightarrow{BQ}|=2,\ \overrightarrow{AP}\cdot\overrightarrow{OC}\geq\frac{\sqrt{2}}{2}$$

를 만족시킬 때, $\overrightarrow{AP}\cdot\overrightarrow{AQ}$의 값이 최소가 되도록 하는 두 점 P, Q를 각각 P_0, Q_0이라 하자. → 점 Q가 점 B를 중심으로 하는 원 위에 존재하므로 $\overrightarrow{AQ}=\overrightarrow{AB}+\overrightarrow{BQ}$로 변형해.

선분 AP_0 위의 점 X에 대하여 $\overrightarrow{BX}\cdot\overrightarrow{BQ_0}\geq1$일 때, $|\overrightarrow{Q_0X}|^2$의 최댓값은 $\frac{q}{p}$이다. $p+q$의 값을 구하시오.

(단, O는 원점이고, p와 q는 서로소인 자연수이다.) (4점)

Step 1 점 P의 위치를 좌표평면 위에 나타낸다.

$|\overrightarrow{AP}|=1$이므로 점 P는 점 A$(-3, 1)$을 중심으로 하고 반지름의 길이가 1인 원 위의 점이다.

$|\overrightarrow{BQ}|=2$이므로 점 Q는 점 B$(0, 2)$를 중심으로 하고 반지름의 길이가 2인 원 위의 점이다.

두 벡터 $\overrightarrow{AP}$, $\overrightarrow{OC}$가 이루는 각의 크기를 θ라 하면

$\overrightarrow{AP}\cdot\overrightarrow{OC}=|\overrightarrow{AP}||\overrightarrow{OC}|\cos\theta=\cos\theta\ge\frac{\sqrt{2}}{2}$ ($|\overrightarrow{OC}|=1$, $|\overrightarrow{AP}|=1$)

따라서 점 P의 위치로 가능한 부분을 좌표평면 위에 나타내면 다음과 같다.

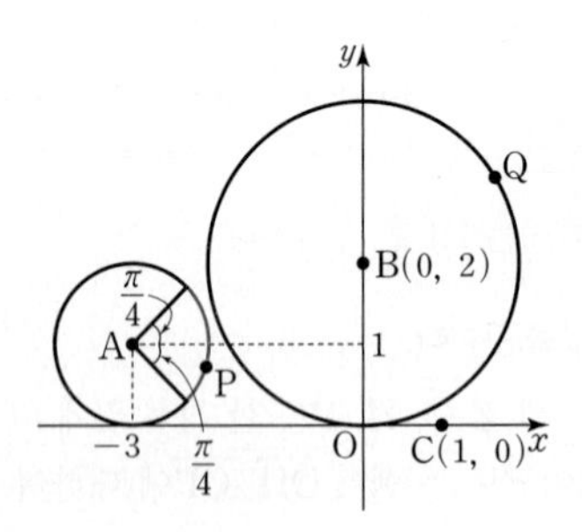

Step 2 두 점 P_0, Q_0의 위치를 구한다.

$\overrightarrow{AP}\cdot\overrightarrow{AQ}=\overrightarrow{AP}\cdot(\overrightarrow{AB}+\overrightarrow{BQ})$
$=\overrightarrow{AP}\cdot\overrightarrow{AB}+\overrightarrow{AP}\cdot\overrightarrow{BQ}$ → 점 Q는 점 B를 중심으로 하는 원 위의 점이기 때문이야.

두 벡터 $\overrightarrow{AP}$, $\overrightarrow{AB}$가 이루는 각을 θ'이라 하면

$\overrightarrow{AP}\cdot\overrightarrow{AB}=|\overrightarrow{AP}||\overrightarrow{AB}|\cos\theta'$ ($|\overrightarrow{AB}|$: 값이 정해져 있어.)

이 값이 최소이려면 θ'의 값이 최대이어야 한다. → θ'의 값이 최대일 때 $\cos\theta'$의 값은 최소가 돼.

또한 $\overrightarrow{AP}\cdot\overrightarrow{BQ}$의 값이 최소이려면 $\overrightarrow{BQ}$는 $\overrightarrow{AP}$와 평행하면서 방향이 반대이어야 한다.

따라서 두 점 P_0, Q_0를 좌표평면 위에 나타내면 다음과 같다.

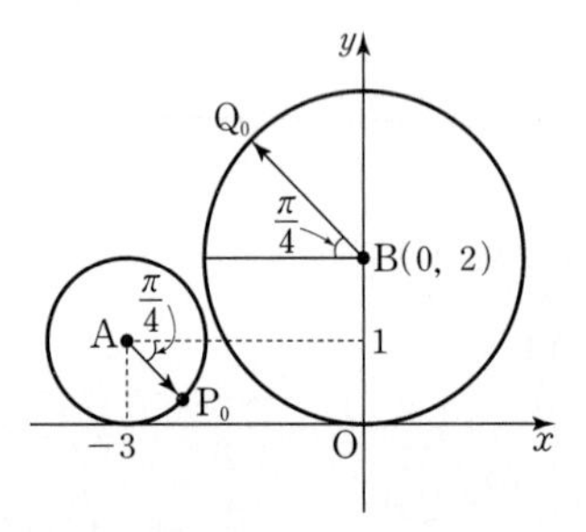

이때 직선 AP_0, 직선 BQ_0의 기울기는 -1이다.

Step 3 $|\overrightarrow{Q_0X}|$의 최댓값을 구한다.

두 벡터 $\overrightarrow{BX}$, $\overrightarrow{BQ_0}$가 이루는 각의 크기를 θ''이라 하면

$\overrightarrow{BX}\cdot\overrightarrow{BQ_0}=|\overrightarrow{BX}||\overrightarrow{BQ_0}|\cos\theta''\ge1$ $\quad\therefore |\overrightarrow{BX}|\cos\theta''\ge\frac{1}{2}$ ($|\overrightarrow{BQ_0}|=2$)

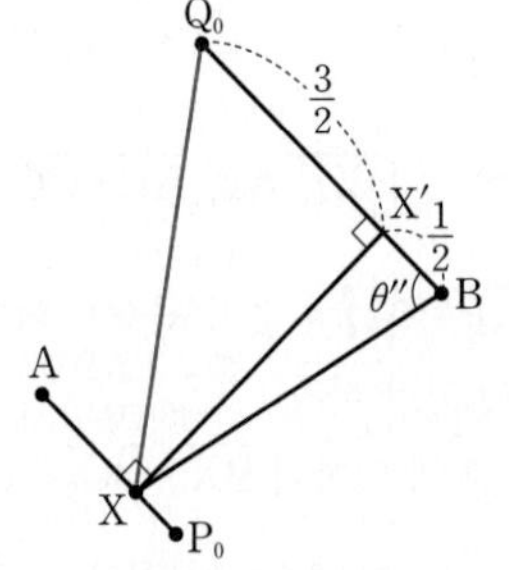

점 X에서 $\overline{BQ_0}$에 내린 수선의 발을 X′이라 하면

$|\overrightarrow{BX}|\cos\theta''=\overline{BX'}$이므로 $\overline{BX'}\ge\frac{1}{2}$

이때 $|\overrightarrow{Q_0X}|$는 점 X가 $\overline{BX'}=\frac{1}{2}$을 만족할 때 최대이므로

$|\overrightarrow{Q_0X}|^2=\overline{Q_0X}^2=\overline{Q_0X'}^2+\overline{XX'}^2$

$=\left(\frac{3}{2}\right)^2+(2\sqrt{2})^2=\frac{41}{4}$

($\overline{BQ_0}-\overline{BX'}=2-\frac{1}{2}=\frac{3}{2}$; $2\sqrt{2}$: 점 A와 직선 BQ_0 사이의 거리. 이때 직선 BQ_0의 식은 $y=-x+2$이다.)

따라서 $p=4$, $q=41$이므로 $p+q=45$

178 [정답률 8%]

정답 48

좌표평면 위의 네 점 A$(2, 0)$, B$(0, 2)$, C$(-2, 0)$, D$(0, -2)$를 꼭짓점으로 하는 정사각형 ABCD의 네 변 위의 두 점 P, Q가 다음 조건을 만족시킨다.

> (가) $(\overrightarrow{PQ}\cdot\overrightarrow{AB})(\overrightarrow{PQ}\cdot\overrightarrow{AD})=0$ → $\overrightarrow{PQ}\cdot\overrightarrow{AB}=0$ 또는 $\overrightarrow{PQ}\cdot\overrightarrow{AD}=0$
> (나) $\overrightarrow{OA}\cdot\overrightarrow{OP}\ge-2$이고 $\overrightarrow{OB}\cdot\overrightarrow{OP}\ge0$이다.
> (다) $\overrightarrow{OA}\cdot\overrightarrow{OQ}\ge-2$이고 $\overrightarrow{OB}\cdot\overrightarrow{OQ}\le0$이다.

점 R$(4, 4)$에 대하여 $\overrightarrow{RP}\cdot\overrightarrow{RQ}$의 최댓값을 M, 최솟값을 m이라 할 때, $M+m$의 값을 구하시오.

(단, O는 원점이다.) (4점)

Step 1 $\overrightarrow{PQ}\cdot\overrightarrow{AB}=0$일 때, $\overrightarrow{RP}\cdot\overrightarrow{RQ}$의 값의 범위를 구한다.

조건 (가)에서 $\overrightarrow{PQ}\cdot\overrightarrow{AB}=0$ 또는 $\overrightarrow{PQ}\cdot\overrightarrow{AD}=0$

(i) $\overrightarrow{PQ}\cdot\overrightarrow{AB}=0$, 즉 $\overline{PQ}\perp\overline{AB}$인 경우 → 내적이 0이라는 건 두 선분이 수직이라는 의미야.

두 조건 (나), (다)에서 $\overrightarrow{OB}\cdot\overrightarrow{OP}\ge0$, $\overrightarrow{OB}\cdot\overrightarrow{OQ}\le0$이므로 그림과 같이 점 P는 선분 AB 위의 점이고 점 Q는 선분 CD 위의 점이다.

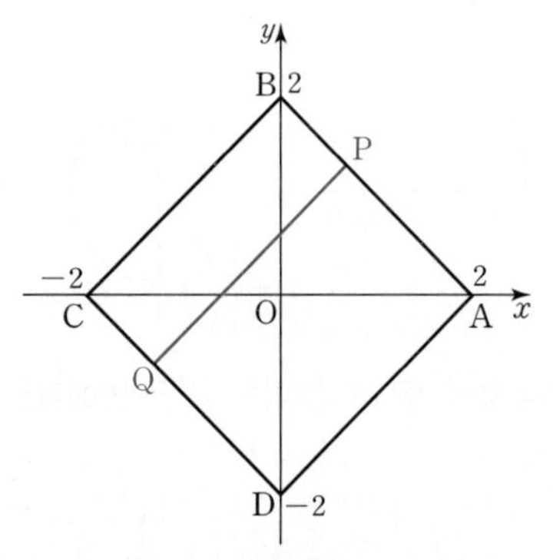

점 P의 좌표를 P$(t, 2-t)$ $(0\le t\le2)$라 하면 점 Q의 좌표는 Q$(t-2, -t)$이다. (점 P는 직선 $y=-x+2$ 위의 점이야. / 두 점 P, Q는 직선 $y=-x$에 대하여 대칭이야.)

조건 (나)에서

$\overrightarrow{OA}\cdot\overrightarrow{OP}=(2, 0)\cdot(t, 2-t)=2t\ge-2$

$\therefore t\ge-1$ ...... ㉠

$\overrightarrow{OB}\cdot\overrightarrow{OP}=(0, 2)\cdot(t, 2-t)=2(2-t)\ge0$ → $(x_1, y_1)\cdot(x_2, y_2)=x_1x_2+y_1y_2$

$\therefore t\le2$ ...... ㉡

조건 (다)에서

$\overrightarrow{OA}\cdot\overrightarrow{OQ}=(2, 0)\cdot(t-2, -t)=2(t-2)\ge-2$

$\therefore t\ge1$ ...... ㉢

$\overrightarrow{OB}\cdot\overrightarrow{OQ}=(0, 2)\cdot(t-2, -t)=-2t\le0$

$\therefore t\ge0$ ...... ㉣

㉠~㉣의 공통 범위는 $1 \le t \le 2$ …… ㉤

점 R(4, 4)에 대하여

$\overrightarrow{RP}=(t-4, -t-2)$, $\overrightarrow{RQ}=(t-6, -t-4)$이므로 ($\overrightarrow{RQ}=\overrightarrow{OQ}-\overrightarrow{OR}$)

$\overrightarrow{RP}\cdot\overrightarrow{RQ}=(t-4, -t-2)\cdot(t-6, -t-4)$ ($\overrightarrow{RP}=\overrightarrow{OP}-\overrightarrow{OR}$)

$=(t-4)(t-6)+(t+2)(t+4)$

$=2(t-1)^2+30$ ($(t^2-10t+24)+(t^2+6t+8)=2t^2-4t+32$)

㉤에서 $30 \le \overrightarrow{RP}\cdot\overrightarrow{RQ} \le 32$ ($t=1$일 때, $t=2$일 때)

Step 2 $\overrightarrow{PQ}\cdot\overrightarrow{AD}=0$일 때, $\overrightarrow{RP}\cdot\overrightarrow{RQ}$의 값의 범위를 구한다.

(ii) $\overrightarrow{PQ}\cdot\overrightarrow{AD}=0$, 즉 $\overline{PQ}\perp\overline{AD}$인 경우

두 조건 (나), (다)에서 $\overrightarrow{OB}\cdot\overrightarrow{OP}\ge 0$, $\overrightarrow{OB}\cdot\overrightarrow{OQ}\le 0$이므로 다음 그림과 같이 점 P는 선분 BC 위의 점이고 점 Q는 선분 AD 위의 점이다.

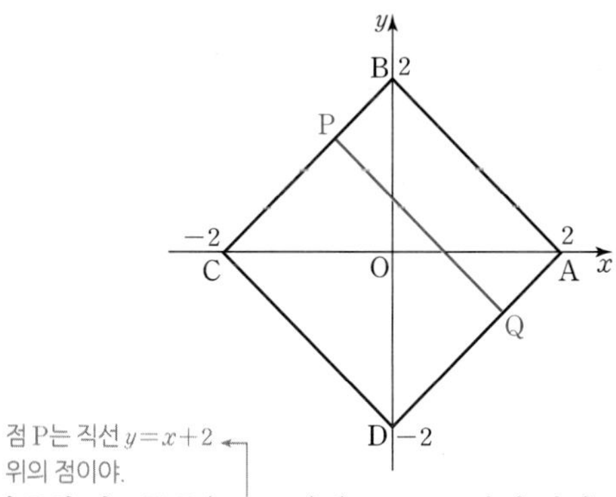

점 P의 좌표를 $P(t, t+2)$ $(-2 \le t \le 0)$라 하면 (점 P는 직선 $y=x+2$ 위의 점이야.)

점 Q의 좌표는 $Q(t+2, t)$ (두 점 P, Q는 직선 $y=x$에 대하여 대칭이야.)

조건 (나)에서

$\overrightarrow{OA}\cdot\overrightarrow{OP}=(2, 0)\cdot(t, t+2)=2t\ge -2$

$\therefore t \ge -1$ …… ㉥

$\overrightarrow{OB}\cdot\overrightarrow{OP}=(0, 2)\cdot(t, t+2)=2(t+2)\ge 0$

$\therefore t \ge -2$ …… ㉦

조건 (다)에서

$\overrightarrow{OA}\cdot\overrightarrow{OQ}=(2, 0)\cdot(t+2, t)=2(t+2)\ge -2$

$\therefore t \ge -3$ …… ㉧

$\overrightarrow{OB}\cdot\overrightarrow{OQ}=(0, 2)\cdot(t+2, t)=2t\le 0$

$\therefore t \le 0$ …… ㉨

㉥~㉨의 공통 범위는 $-1 \le t \le 0$ …… ㉩

점 R(4, 4)에 대하여

$\overrightarrow{RP}=(t-4, t-2)$, $\overrightarrow{RQ}=(t-2, t-4)$이므로 ($\overrightarrow{RQ}=\overrightarrow{OQ}-\overrightarrow{OR}$)

$\overrightarrow{RP}\cdot\overrightarrow{RQ}=(t-4, t-2)\cdot(t-2, t-4)$ ($\overrightarrow{RP}=\overrightarrow{OP}-\overrightarrow{OR}$)

$=(t-4)(t-2)+(t-2)(t-4)$

$=2(t-3)^2-2$ ($2(t-4)(t-2)=2(t^2-6t+8)$)

㉩에서 $16 \le \overrightarrow{RP}\cdot\overrightarrow{RQ} \le 30$ ($t=0$일 때, $t=-1$일 때)

(i), (ii)에서 $16 \le \overrightarrow{RP}\cdot\overrightarrow{RQ} \le 32$

따라서 $\overrightarrow{RP}\cdot\overrightarrow{RQ}$의 최댓값은 $M=32$, 최솟값은 $m=16$이므로

$M+m=48$

다른 풀이 선분 PQ의 중점을 이용하는 풀이

Step 1 선분 PQ의 중점을 N으로 둔다.

위의 풀이에서 두 점 P, Q가 지나는 영역은 다음 그림의 파란색 선분 위이다.

(i) $\overrightarrow{PQ}\cdot\overrightarrow{AB}=0$인 경우

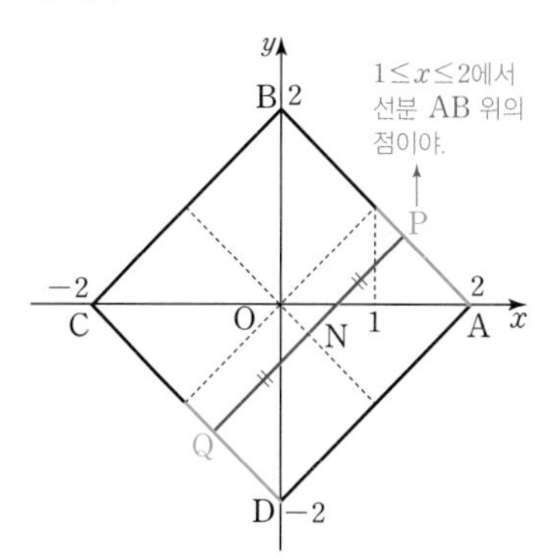

(ii) $\overrightarrow{PQ}\cdot\overrightarrow{AD}=0$인 경우

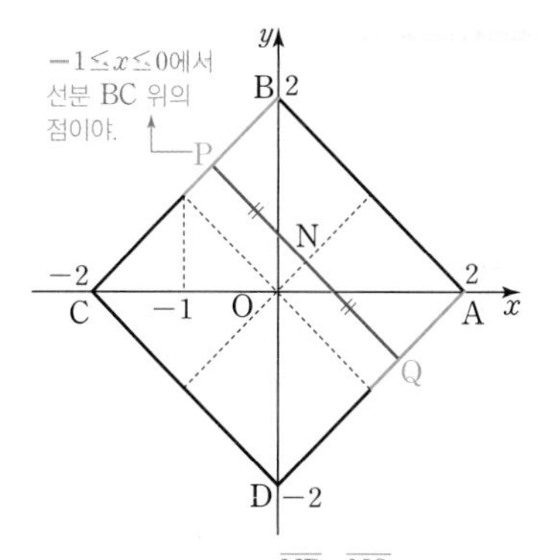

선분 PQ의 중점을 N이라 하면 ($\overline{NP}=\overline{NQ}$)

$\overrightarrow{NP}+\overrightarrow{NQ}=0$, $\overrightarrow{NP}\cdot\overrightarrow{NQ}=|\overrightarrow{NP}||\overrightarrow{NQ}|\cos\pi=-|\overrightarrow{NP}|^2$

$\overrightarrow{RP}\cdot\overrightarrow{RQ}=(\overrightarrow{RN}+\overrightarrow{NP})\cdot(\overrightarrow{RN}+\overrightarrow{NQ})$

$=\overrightarrow{RN}\cdot\overrightarrow{RN}+\overrightarrow{RN}\cdot\overrightarrow{NQ}+\overrightarrow{NP}\cdot\overrightarrow{RN}+\overrightarrow{NP}\cdot\overrightarrow{NQ}$

$=|\overrightarrow{RN}|^2+\overrightarrow{RN}\cdot(\overrightarrow{NQ}+\overrightarrow{NP})+\overrightarrow{NP}\cdot\overrightarrow{NQ}$ ($\overrightarrow{NQ}+\overrightarrow{NP}=0$, $\overrightarrow{NP}\cdot\overrightarrow{NQ}=-|\overrightarrow{NP}|^2$)

$=|\overrightarrow{RN}|^2-|\overrightarrow{NP}|^2$

이때 $\overline{PQ}=2\sqrt{2}$이므로 $\overline{NP}=\frac{1}{2}\overline{PQ}=\sqrt{2}$

$\therefore \overrightarrow{RP}\cdot\overrightarrow{RQ}=|\overrightarrow{RN}|^2-2$

즉, $\overrightarrow{RP}\cdot\overrightarrow{RQ}$의 최댓값과 최솟값은 선분 RN의 길이의 최댓값과 최솟값에 의하여 결정된다. (−2는 변하지 않기 때문이야.)

Step 2 $\overrightarrow{RP}\cdot\overrightarrow{RQ}$의 최댓값을 구한다.

선분 RN의 길이가 최대일 때의 두 점 P, Q의 좌표는 각각 P(2, 0), Q(0, −2)이므로 점 N의 좌표는 N(1, −1)

따라서 $\overline{RN}=\sqrt{(4-1)^2+(4+1)^2}=\sqrt{34}$이므로

$\overrightarrow{RP}\cdot\overrightarrow{RQ}$의 최댓값은 $M=(\sqrt{34})^2-2=32$

Step 3 $\overrightarrow{RP}\cdot\overrightarrow{RQ}$의 최솟값을 구한다. (점 R는 정점이므로 선분 PQ를 움직여가며 언제 선분 RN의 길이가 최소가 되는지 확인한다.)

선분 RN의 길이가 최소일 때의 두 점 P, Q의 좌표는 각각 P(0, 2), Q(2, 0)이므로 점 N의 좌표는 N(1, 1)

따라서 $\overline{RN}=\sqrt{(4-1)^2+(4-1)^2}=\sqrt{18}$이므로

$\overrightarrow{RP}\cdot\overrightarrow{RQ}$의 최솟값은 $m=(\sqrt{18})^2-2=16$

$\therefore M+m=32+16=48$

179

정답 16

그림과 같이 $\overline{OA}=3$, $\overline{OB}=2$, $\angle AOB=30°$인 삼각형 OAB가 있다. 연립부등식 $3x+y\geq 2$, $x+y\leq 2$, $y\geq 0$을 만족시키는 x, y에 대하여 벡터 $\overrightarrow{OP}=x\overrightarrow{OA}+y\overrightarrow{OB}$의 종점 P가 존재하는 영역의 넓이를 S라 할 때, S^2의 값을 구하시오. (4점)

→ 실제 그림을 그려 점 P가 존재하는 영역을 파악해 본다.

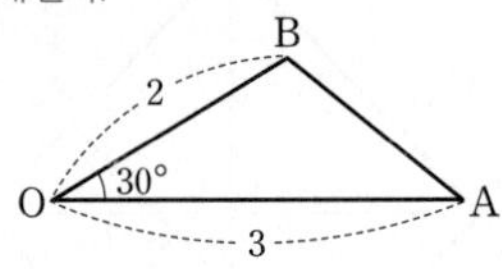

Step 1 x, y의 값의 범위를 이용하여 $\overrightarrow{OP}$를 나타낸다.

$3x+y\geq 2$에서 $\frac{3}{2}x+\frac{1}{2}y\geq 1$이므로

$\overrightarrow{OP}=x\overrightarrow{OA}+y\overrightarrow{OB}$ → 벡터의 계수의 합이 1일 때를 기준으로 경우를 나누어 본다.

$=\frac{3}{2}x\left(\frac{2}{3}\overrightarrow{OA}\right)+\frac{1}{2}y(2\overrightarrow{OB})$ (단, $y\geq 0$) ...... ㉠

$\frac{2}{3}\overrightarrow{OA}=\overrightarrow{OA'}$, $2\overrightarrow{OB}=\overrightarrow{OB'}$이라 하면 $\overrightarrow{OP}$의 종점 P가 존재하는 영역은 반직선 A′B′을 경계로 점 O가 있지 않은 영역을 의미한다. ([그림 1], 경계선 포함)

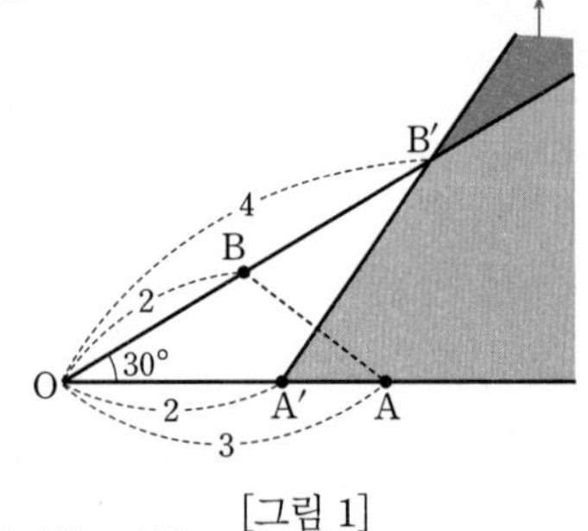

[그림 1]

또, $x+y\leq 2$에서

$\frac{1}{2}x+\frac{1}{2}y\leq 1$이므로

$\overrightarrow{OP}=x\overrightarrow{OA}+y\overrightarrow{OB}$ → 벡터의 계수의 합이 1보다 작거나 같을 때의 경우를 파악한다.

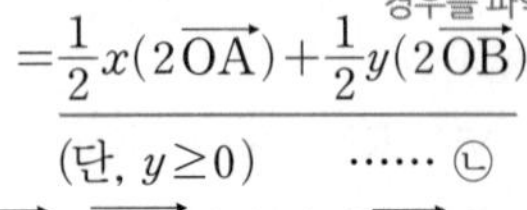

$=\frac{1}{2}x(2\overrightarrow{OA})+\frac{1}{2}y(2\overrightarrow{OB})$

(단, $y\geq 0$) ...... ㉡

$2\overrightarrow{OA}=\overrightarrow{OA''}$이라 하면 $\overrightarrow{OP}$의 종점 P가 존재하는 영역은 반직선 A″B′을 경계로 점 O가 있는 영역을 의미한다. ([그림 2], 경계선 포함)

[그림 2]

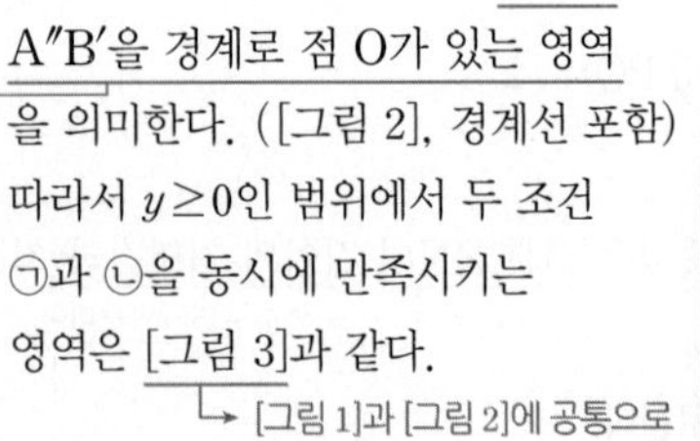

따라서 $y\geq 0$인 범위에서 두 조건 ㉠과 ㉡을 동시에 만족시키는 영역은 [그림 3]과 같다.

→ [그림 1]과 [그림 2]에 공통으로 색칠된 부분 : △A′B′A″

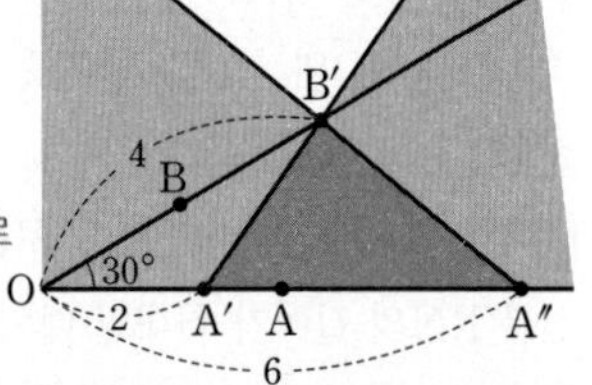

[그림 3]

→ 단순히 △OA′B′의 외부, △OA″B′의 내부가 아닌 $x<0$일 때의 영역도 각각 포함해야 하는 걸 잊지 마!

Step 2 점 P가 존재하는 영역의 넓이를 구한다.

$\overline{OA''}=|2\overrightarrow{OA}|=6$, $\overline{OB'}=|2\overrightarrow{OB}|=4$, $\overline{OA'}=\left|\frac{2}{3}\overrightarrow{OA}\right|=2$에서

점 P가 존재하는 영역의 넓이 S는

$S=\triangle OA''B'-\triangle OA'B'$

$=\frac{1}{2}\times 4\times 6\times \sin 30°-\frac{1}{2}\times 4\times 2\times \sin 30°$

$=6-2=4$ → 두 변의 길이가 a, b이고 그 끼인각의 크기가 θ인 삼각형의 넓이는 $\frac{1}{2}ab\sin\theta$

$\therefore S^2=16$

수능포인트

벡터 $\overrightarrow{OP}=x\overrightarrow{OA}+y\overrightarrow{OB}$, $x+y=1$, $x\geq 0$, $y\geq 0$을 연립하여 정리해보면 점 P는 선분 AB를 내분하는 점이기 때문에 점 P가 나타내는 도형은 선분 AB가 됩니다.

하지만 이 문제에서는 x에 대한 범위가 주어지지 않은 것에 주의해야 합니다. x가 음의 값을 가진다면 점 P는 선분 AB를 외분하는 점이 되기 때문에 $\overrightarrow{OP}=x\overrightarrow{OA}+y\overrightarrow{OB}$, $x+y=1$, $y\geq 0$을 연립하여 정리하면 점 P가 나타내는 도형은 반직선 AB가 됩니다.

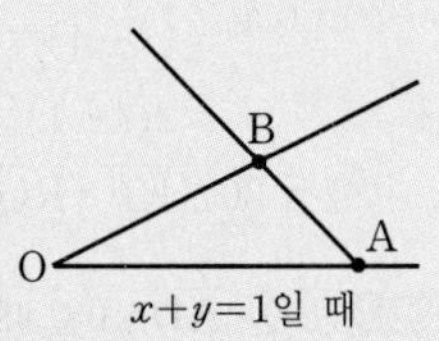

$x+y=1$일 때

따라서 $x+y>1$일 때와 $x+y<1$일 때는 각각 아래 두 그림과 같은 영역을 나타내게 됩니다.

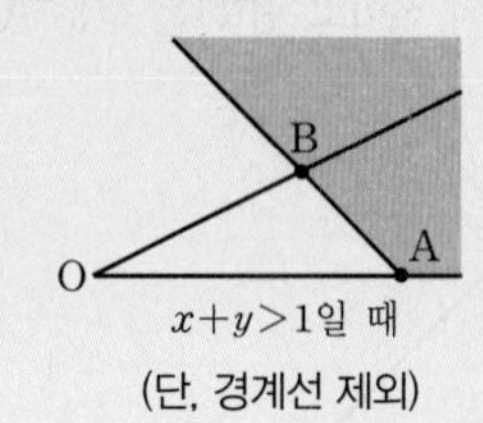

$x+y>1$일 때
(단, 경계선 제외)

$x+y<1$일 때
(단, 경계선 제외)

180

정답 ③

세 벡터 $\vec{a}=(x,\ 3)$, $\vec{b}=(1,\ y)$, $\vec{c}=(-3,\ 5)$가 $2\vec{a}=\vec{b}-\vec{c}$를 만족시킬 때, $x+y$의 값은? (2점)

① 11 ② 12 ③ 13
④ 14 ⑤ 15

Step 1 $2\vec{a}=\vec{b}-\vec{c}$를 이용하여 x, y에 대한 식을 세운다.

$2(x,\ 3)=(1,\ y)-(-3,\ 5)$

$2x=1-(-3)$ $\therefore x=2$

$2\times 3=y-5$ $\therefore y=11$

따라서 $x+y=13$이다.

181

정답 ①

좌표평면의 점 A(0, 2)와 원점 O에 대하여 제1사분면의 점 B를 삼각형 AOB가 정삼각형이 되도록 잡는다.
점 C$(-\sqrt{3},\ 0)$에 대하여 $|\overrightarrow{OA}+\overrightarrow{BC}|$의 값은? (3점)

① $\sqrt{13}$ ② $\sqrt{14}$ ③ $\sqrt{15}$
④ 4 ⑤ $\sqrt{17}$

Step 1 점 B의 좌표를 구한다.

오른쪽 그림과 같이 정삼각형 AOB의 한 변의 길이가 2이므로 높이는

$\frac{\sqrt{3}}{2}\times 2=\sqrt{3}$ $\therefore$ B$(\sqrt{3},\ 1)$

Step 2 $|\overrightarrow{OA}+\overrightarrow{BC}|$의 값을 구한다.

B$(\sqrt{3},\ 1)$이고, $\overrightarrow{OA}=(0,\ 2)$,

$\overrightarrow{BC}=(-2\sqrt{3},\ -1)$이므로

→ $\overrightarrow{BC}=\overrightarrow{OC}-\overrightarrow{OB}=(-\sqrt{3},\ 0)-(\sqrt{3},\ 1)=(-2\sqrt{3},\ -1)$

$\overrightarrow{OA}+\overrightarrow{BC}=(0, 2)+(-2\sqrt{3}, -1)=(-2\sqrt{3}, 1)$

$\therefore |\overrightarrow{OA}+\overrightarrow{BC}|=\sqrt{(-2\sqrt{3})^2+1^2}=\sqrt{13}$

182

정답 ④

그림과 같이 한 변의 길이가 4인 정삼각형 ABC에 대하여 점 A를 지나고 직선 BC에 평행한 직선을 l이라 할 때, 세 직선 AC, BC, l에 모두 접하는 원을 O라 하자. 원 O 위의 점 P에 대하여 $|\overrightarrow{AC}+\overrightarrow{BP}|$의 최댓값을 M, 최솟값을 m이라 할 때, Mm의 값은?
(단, 원 O의 중심은 삼각형 ABC의 외부에 있다.) (3점)

→ 원의 중심을 경유점으로 설정해.

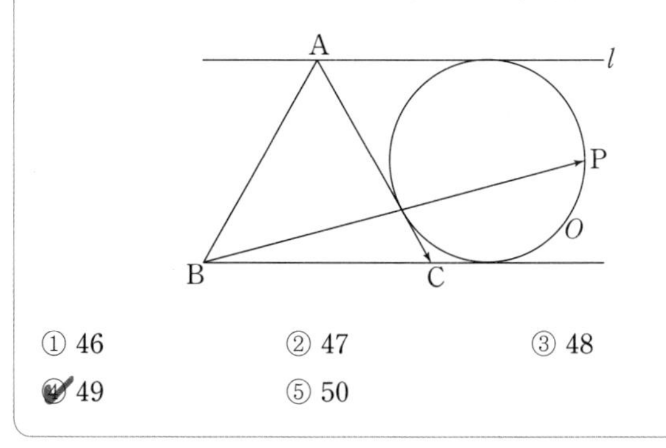

① 46 ② 47 ③ 48 ④ 49 ⑤ 50

Step 1 주어진 도형을 좌표평면 위에 나타낸다.

점 B가 원점, 직선 BC가 x축이 되도록 주어진 도형을 좌표평면 위에 나타내면 오른쪽 그림과 같다.

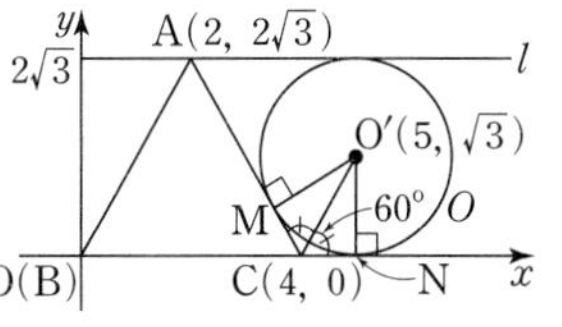

정삼각형 ABC의 한 변의 길이는 4, 높이는 $\frac{\sqrt{3}}{2}\times4=2\sqrt{3}$이므로

→ 한 변의 길이가 a인 정삼각형의 높이는 $\frac{\sqrt{3}}{2}a$야.

A$(2, 2\sqrt{3})$, C$(4, 0)$

원 O의 중심을 O′이라 하고, 원 O가 선분 AC, x축과 접하는 점을 각각 M, N이라 하면 $\angle$O′CM$=\angle$O′CN$=60°$

→ $\angle$ACB$=60°$이므로 $\angle$MCN$=180°-\angle$ACB$=120°$

원 O는 직선 l과 x축에 모두 접하므로 반지름의 길이는 $\sqrt{3}$이고 O′$(5, \sqrt{3})$이다.

→ 삼각형 ABC의 높이의 $\frac{1}{2}$

→ $\angle$O′CN$=60°$, $\overline{\text{O'N}}=\sqrt{3}$이므로 $\overline{\text{CN}}=1$

Step 2 $\overrightarrow{BP}=\overrightarrow{BO'}+\overrightarrow{O'P}$로 변형하여 $|\overrightarrow{AC}+\overrightarrow{BP}|$의 최댓값, 최솟값을 각각 구한다.

$\overrightarrow{AC}+\overrightarrow{BP}=\overrightarrow{AC}+\overrightarrow{BO'}+\overrightarrow{O'P}$
$=(2, -2\sqrt{3})+(5, \sqrt{3})+\overrightarrow{O'P}$
$=(7, -\sqrt{3})+\overrightarrow{O'P}$ → $\overrightarrow{AC}+\overrightarrow{BO'}$

$|\overrightarrow{AC}+\overrightarrow{BO'}|=\sqrt{7^2+(-\sqrt{3})^2}=2\sqrt{13}$

$|\overrightarrow{AC}+\overrightarrow{BP}|$의 최댓값은 $\overrightarrow{AC}+\overrightarrow{BO'}$과 $\overrightarrow{O'P}$의 방향이 같을 때이므로

$M=2\sqrt{13}+\sqrt{3}$ → $|\overrightarrow{O'P}|=\sqrt{3}$

최솟값은 방향이 서로 반대일 때이므로

$m=2\sqrt{13}-\sqrt{3}$

$\therefore Mm=(2\sqrt{13}+\sqrt{3})(2\sqrt{13}-\sqrt{3})=52-3=49$

183

정답 ④

$\angle$BAC$=60°$이고 $\angle$BCA$>90°$인 둔각삼각형 ABC가 있다. 그림과 같이 $\angle$BAC의 이등분선과 선분 BC의 교점을 D, $\angle$BAC의 외각의 이등분선과 선분 BC의 연장선의 교점을 E라 할 때, [보기]에서 항상 옳은 것을 모두 고른 것은? (3점)

→ '각의 이등분선의 성질'을 이용해야겠다!

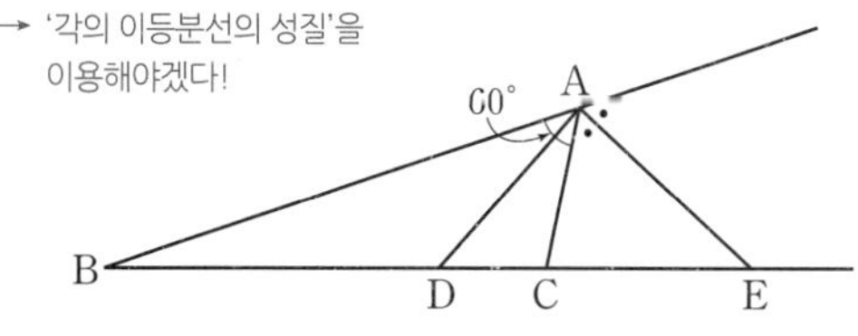

[보기]

ㄱ. $\overrightarrow{AB}+\overrightarrow{AC}=2\overrightarrow{AD}$

ㄴ. $\overrightarrow{AB}\cdot\overrightarrow{AD}>\overrightarrow{AC}\cdot\overrightarrow{AE}$ → $\overrightarrow{AB}$, $\overrightarrow{AD}$와 $\overrightarrow{AC}$, $\overrightarrow{AE}$가 이루는 각각의 각의 크기를 이용한다.

ㄷ. $\overrightarrow{AB}\cdot\overrightarrow{AC}>\overrightarrow{AD}\cdot\overrightarrow{AE}$

① ㄱ ② ㄴ ③ ㄷ ④ ㄴ, ㄷ ⑤ ㄱ, ㄴ, ㄷ

Step 1 벡터의 합성과 내적의 정의를 이용한다.

ㄱ. 삼각형 ABC에서 $\angle$A의 이등분선과 선분 BC의 교점이 D이므로 각의 이등분선의 성질에 의하여 점 D는 선분 BC를 $\overline{\text{AB}}:\overline{\text{AC}}$로 내분한다.

따라서 $\overline{\text{AB}}=m$, $\overline{\text{AC}}=n$ $(m>0, n>0)$이라 하면

$\overrightarrow{AD}=\frac{m\overrightarrow{AC}+n\overrightarrow{AB}}{m+n}$이므로

→ 삼각형 ABC의 선분 BC 위의 점 D에 대하여 $\angle$BAD$=\angle$CAD일 때, $\overline{\text{AB}}:\overline{\text{AC}}=\overline{\text{BD}}:\overline{\text{CD}}$

$m\neq n$이면 $\overrightarrow{AB}+\overrightarrow{AC}=2\overrightarrow{AD}$는 성립하지 않는다. (거짓)

Step 2 삼각형에서 각의 크기를 비교하여 대변의 길이를 비교한다.

ㄴ. 삼각형 ADC에서 $\angle$ACD$>90°$이므로 $\overline{\text{AD}}>\overline{\text{AC}}$이고,

두 삼각형 ABD, ACE에서 $\angle$ADB$>90°>\angle$ACE이므로 $\overline{\text{AB}}>\overline{\text{AE}}$이다.

이때 $\angle$BAD$=30°$, $\angle$CAE$=60°$에서 $\cos 30°>\cos 60°$

→ $\frac{1}{2}(180°-60°)=60°$ → $=\frac{\sqrt{3}}{2}$ → $=\frac{1}{2}$

이므로 $\overrightarrow{AB}\cdot\overrightarrow{AD}=|\overrightarrow{AB}||\overrightarrow{AD}|\cos 30°$,

$\overrightarrow{AC}\cdot\overrightarrow{AE}=|\overrightarrow{AC}||\overrightarrow{AE}|\cos 60°$에서

$\overrightarrow{AB}\cdot\overrightarrow{AD}>\overrightarrow{AC}\cdot\overrightarrow{AE}$ (참)

→ 곱해진 각각의 수들의 대소 관계를 이용하면 돼.

ㄷ. $\angle$BAC$=60°$이므로 $\overrightarrow{AB}\cdot\overrightarrow{AC}=|\overrightarrow{AB}||\overrightarrow{AC}|\cos 60°>0$

한편, $\angle$DAE$=\angle$DAC$+\angle$CAE$=30°+60°=90°$에서

$\overrightarrow{AD}\cdot\overrightarrow{AE}=0$이므로 → $\overrightarrow{AD}\cdot\overrightarrow{AE}=|\overrightarrow{AD}||\overrightarrow{AE}|\cos 90°=0$

$\overrightarrow{AB}\cdot\overrightarrow{AC}>\overrightarrow{AD}\cdot\overrightarrow{AE}$ (참)

따라서 옳은 것은 ㄴ, ㄷ이다.

184

정답 ⑤

주어진 그림을 점 A가 원점에 오도록 좌표평면 위로 올려놓는다.

평면 위에 한 변의 길이가 1인 정삼각형 ABC와 정사각형 BDEC가 그림과 같이 변 BC를 공유하고 있다. 이때, $\overrightarrow{AC}\cdot\overrightarrow{AD}$의 값은? (3점)

① 1　② $\sqrt{2}$　③ $\sqrt{3}$

④ $\dfrac{1+\sqrt{2}}{2}$　⑤ $\dfrac{1+\sqrt{3}}{2}$

Step 1 $\overrightarrow{AC}\cdot\overrightarrow{AB}$의 값을 구한다.

암기 두 벡터 $\vec{a}$, $\vec{b}$가 이루는 각의 크기가 θ일 때, $\vec{a}\cdot\vec{b}=|\vec{a}||\vec{b}|\cos\theta$

삼각형 ABC는 정삼각형이므로 $\angle A=60°$

$\therefore \overrightarrow{AC}\cdot\overrightarrow{AB}=|\overrightarrow{AC}||\overrightarrow{AB}|\cos 60°=1\times1\times\dfrac{1}{2}=\dfrac{1}{2}$

Step 2 $\overrightarrow{BD}=\overrightarrow{CE}$임을 이용하여 $\overrightarrow{AC}\cdot\overrightarrow{BD}$의 값을 구한다.

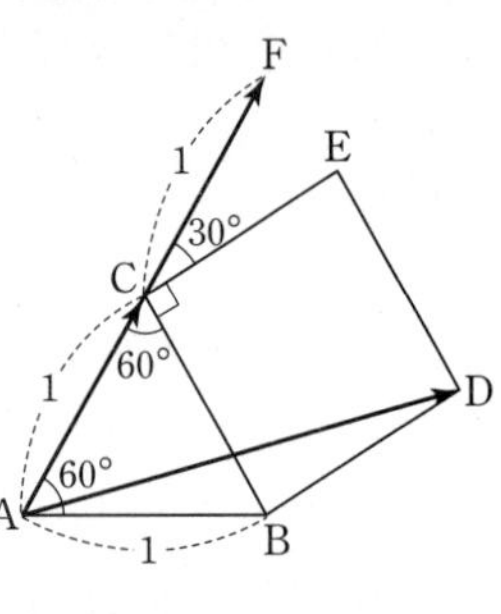

$\overrightarrow{BD}=\overrightarrow{CE}$이고 오른쪽 그림과 같이 $\overline{AC}$의 연장선 위에 $\overline{CF}=1$인 점 F를 잡으면

→ 크기와 방향이 서로 같다.

$\overrightarrow{AC}=\overrightarrow{CF}$, $\overrightarrow{BD}=\overrightarrow{CE}$, $\angle FCE=30°$

$\therefore \overrightarrow{AC}\cdot\overrightarrow{BD}=\overrightarrow{CF}\cdot\overrightarrow{CE}$

$=|\overrightarrow{CF}||\overrightarrow{CE}|\cos 30°$

$=1\times1\times\dfrac{\sqrt{3}}{2}=\dfrac{\sqrt{3}}{2}$

Step 3 내적의 성질을 이용하여 $\overrightarrow{AC}\cdot\overrightarrow{AD}$의 값을 구한다.

$\overrightarrow{AD}=\overrightarrow{AB}+\overrightarrow{BD}$이므로 (벡터를 분해할 때, 앞의 벡터의 종점과 뒤의 벡터의 시점이 같도록 해준다.)

$\overrightarrow{AC}\cdot\overrightarrow{AD}=\overrightarrow{AC}\cdot(\overrightarrow{AB}+\overrightarrow{BD})=\overrightarrow{AC}\cdot\overrightarrow{AB}+\overrightarrow{AC}\cdot\overrightarrow{BD}$

$=\dfrac{1}{2}+\dfrac{\sqrt{3}}{2}=\dfrac{1+\sqrt{3}}{2}$

다른 풀이 좌표평면에 나타내어 좌표를 이용하는 풀이

Step 1 주어진 그림을 좌표평면에 나타내고 두 점 C, D의 좌표를 각각 구한다.

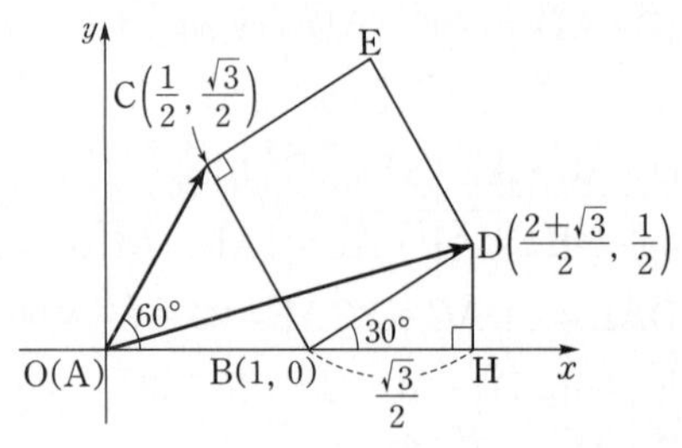

주어진 그림을 점 A를 원점으로 하고 점 B가 x축 위에 존재하도록 좌표평면 위에 나타내고 점 D에서 x축에 내린 수선의 발을 H라 하면 $\angle CAB=60°$, $\angle DBH=30°$이므로

$C\left(\dfrac{1}{2}, \dfrac{\sqrt{3}}{2}\right)$, $D\left(\dfrac{2+\sqrt{3}}{2}, \dfrac{1}{2}\right)$ → $D(1+\cos 30°, \sin 30°)$

$C(\cos 60°, \sin 60°)$

$\therefore \overrightarrow{AC}\cdot\overrightarrow{AD}=\left(\dfrac{1}{2}, \dfrac{\sqrt{3}}{2}\right)\cdot\left(\dfrac{2+\sqrt{3}}{2}, \dfrac{1}{2}\right)$

$=\dfrac{2+\sqrt{3}}{4}+\dfrac{\sqrt{3}}{4}=\dfrac{1+\sqrt{3}}{2}$

암기 두 벡터 $\vec{a}$, $\vec{b}$의 성분이 $\vec{a}=(x_1, y_1)$, $\vec{b}=(x_2, y_2)$일 때, $\vec{a}\cdot\vec{b}=x_1x_2+y_1y_2$이다.

수능포인트

이 문제의 벡터 $\overrightarrow{AD}$처럼 크기를 구하기 까다로운 벡터의 내적에 관한 문제가 나오면 $\overrightarrow{AD}=\overrightarrow{AB}+\overrightarrow{BD}$와 같이 간단한 두 벡터의 합으로 나타낸 후 벡터의 평행이동 등을 이용하여 계산하는 것이 좋습니다. $|\overrightarrow{AD}|$나 두 벡터가 이루는 각의 크기를 쉽게 구할 수 있는 경우도 있겠지만, 그렇지 않은 경우에는 복잡해 보이는 벡터를 간단한 두 벡터의 합으로 나타낸 후, 식을 전개합니다.

앞 벡터의 종점과 뒤 벡터의 시점을 일치시킨다.

185

정답 ②

→ 두 벡터 $\overrightarrow{DA}$, $\overrightarrow{DB}$가 이루는 각의 크기가 $90°$이니까 $\overrightarrow{DA}\cdot\overrightarrow{DB}=0$

그림과 같은 $\overline{AD}=1$, $\overline{AB}=\sqrt{6}$, $\angle ADB=90°$인 평행사변형 ABCD에서 $\overrightarrow{AD}=\vec{a}$, $\overrightarrow{AB}=\vec{b}$라 놓는다. 꼭짓점 D에서 선분 AC에 내린 수선의 발을 E라 할 때, 벡터 $\overrightarrow{AE}=k(\vec{a}+\vec{b})$를 만족시키는 실수 k의 값은? (4점)

→ 벡터 $\overrightarrow{AE}$가 벡터 $\vec{a}+\vec{b}$와 방향이 같거나 반대겠구나.

① $\dfrac{1}{6}$　② $\dfrac{2}{9}$　③ $\dfrac{5}{18}$

④ $\dfrac{1}{3}$　⑤ $\dfrac{\sqrt{6}}{6}$

Step 1 수직인 두 벡터의 내적이 0임을 이용하여 조건에 맞는 식을 세운다.

삼각형 ABD에서

$\angle ADB=\dfrac{\pi}{2}$이므로

$\overrightarrow{DA}\cdot\overrightarrow{DB}=0$　…… ㉠

이때 $\overrightarrow{DA}=-\overrightarrow{AD}=-\vec{a}$이고,

$\overrightarrow{DB}=\overrightarrow{DA}+\overrightarrow{AB}=-\vec{a}+\vec{b}$이므로 (종점과 시점 일치!)

㉠에 대입하면

$(-\vec{a})\cdot(-\vec{a}+\vec{b})=0$

$|\vec{a}|^2-\vec{a}\cdot\vec{b}=0$

중요 벡터 $\overrightarrow{AD}$의 크기는 선분 AD의 길이와 같다.

$\therefore \vec{a}\cdot\vec{b}=1$ ($\because \overline{AD}=1$)　…… ㉡

마찬가지로 삼각형 AED에서 $\angle AED=\dfrac{\pi}{2}$이므로

$\overrightarrow{DE}\cdot\overrightarrow{AE}=0$ → 점 E가 수선의 발이므로 $\overline{DE}\perp\overline{AC}$

이때 $\overrightarrow{AE}=k(\vec{a}+\vec{b})$이므로

$\overrightarrow{DE}=\overrightarrow{DA}+\overrightarrow{AE}=-\vec{a}+k(\vec{a}+\vec{b})=(k-1)\vec{a}+k\vec{b}$

Step 2 $\overline{DE}\perp\overline{AE}$임을 이용하여 실수 k의 값을 구한다.

$|\vec{a}|=1$, $|\vec{b}|=\sqrt{6}$이고, $\overline{DE}\perp\overline{AE}$이므로

$\overrightarrow{DE}\cdot\overrightarrow{AE}=\{(k-1)\vec{a}+k\vec{b}\}\cdot\{k(\vec{a}+\vec{b})\}$

$=k(k-1)|\vec{a}|^2+k(2k-1)\vec{a}\cdot\vec{b}+k^2|\vec{b}|^2$ ← 계산 주의

$=k(k-1)+k(2k-1)+6k^2=0$ ($\because$ ㉡) ← $|\vec{a}|=1$, $|\vec{b}|=\sqrt{6}$, $\vec{a}\cdot\vec{b}=1$ 대입

$9k^2-2k=0$, $k(9k-2)=0$

$\therefore k=\frac{2}{9}$ ($\because k\neq0$)

→ $(\vec{a}+\vec{b})^2=|\vec{a}|^2+2\vec{a}\cdot\vec{b}+|\vec{b}|^2$을 응용해 봐!

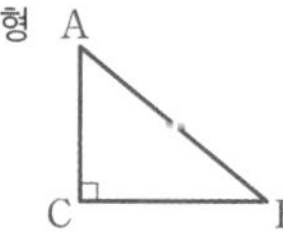

$\angle C=90°$인 직각삼각형 ACB에 대하여 $\overline{AD}^2-\overline{AC}^2+\overline{DC}^2$

✪ 다른 풀이 피타고라스 정리를 이용한 풀이

Step 1 피타고라스 정리를 이용하여 두 선분 AC, AE의 길이를 각각 구한다. ← $\overline{AE}=k\overline{AC}$를 이용한다.

평행사변형 ABCD의 두 대각선의 교점을 O라 하자.

직각삼각형 ABD에서 피타고라스 정리에 의하여

$\overline{BD}=\sqrt{\overline{AB}^2-\overline{AD}^2}=\sqrt{6-1}=\sqrt{5}$이므로

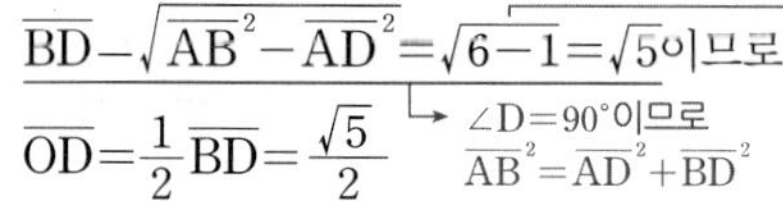

$\overline{OD}=\frac{1}{2}\overline{BD}=\frac{\sqrt{5}}{2}$ ← $\angle D=90°$이므로 $\overline{AB}^2=\overline{AD}^2+\overline{BD}^2$

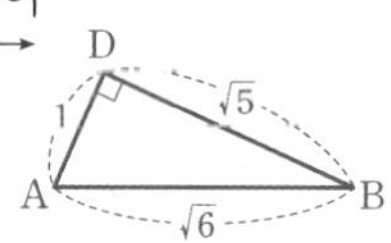

직각삼각형 AOD에서 피타고라스 정리에 의하여

$\overline{AO}=\sqrt{\overline{AD}^2+\overline{OD}^2}=\sqrt{1+\left(\frac{\sqrt{5}}{2}\right)^2}=\frac{3}{2}$이므로

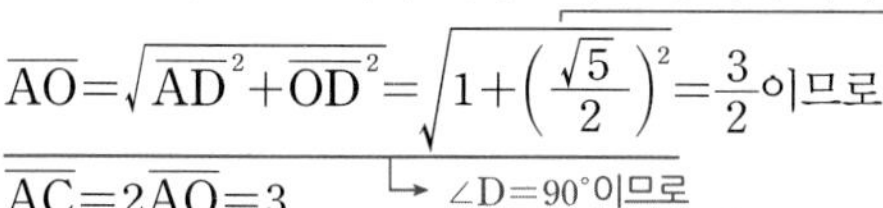

$\overline{AC}=2\overline{AO}=3$ ← $\angle D=90°$이므로 $\overline{AO}^2=\overline{AD}^2+\overline{OD}^2$

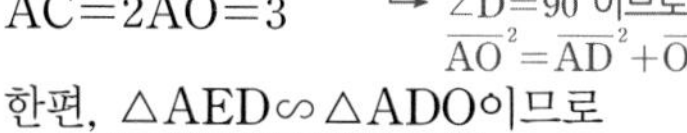

한편, $\triangle AED\backsim\triangle ADO$이므로

$\overline{AD}:\overline{AE}=\overline{AO}:\overline{AD}$

$\overline{AD}^2=\overline{AE}\times\overline{AO}$에서

$1=\overline{AE}\times\frac{3}{2}$

$\therefore \overline{AE}=\frac{2}{3}$

$\angle DAE$는 공통, $\angle AED=\angle ADO=\frac{\pi}{2}$이므로 두 삼각형은 AA 닮음이다.

Step 2 구한 조건을 이용하여 실수 k의 값을 구한다.

따라서 $\overrightarrow{AC}=\overrightarrow{AD}+\overrightarrow{AB}=\vec{a}+\vec{b}$이고 $\overrightarrow{AE}=k\overrightarrow{AC}$이므로

$$k=\frac{\overline{AE}}{\overline{AC}}=\frac{\frac{2}{3}}{3}=\frac{2}{9}$$

중요 좌표평면 위의 세 점 A, B, C에 대하여 $\overrightarrow{AB}=k\overrightarrow{AC}$ (k는 0이 아닌 실수)일 때, $\overline{AB}=k\overline{AC}$이다.

186

정답 ⑤

삼각형 ABC의 세 꼭짓점 A, B, C가 다음 조건을 만족시킨다.

> (가) $\overrightarrow{AB}\cdot\overrightarrow{AC}=\frac{1}{3}|\overrightarrow{AB}|^2$
>
> (나) $\overrightarrow{AB}\cdot\overrightarrow{CB}=\frac{2}{5}|\overrightarrow{AC}|^2$

점 B를 지나고 직선 AB에 수직인 직선과 직선 AC가 만나는 점을 D라 하자. $|\overrightarrow{BD}|=\sqrt{42}$일 때, 삼각형 ABC의 넓이는? (4점)

① $\frac{\sqrt{14}}{6}$　② $\frac{\sqrt{14}}{5}$　③ $\frac{\sqrt{14}}{4}$　④ $\frac{\sqrt{14}}{3}$　✔⑤ $\frac{\sqrt{14}}{2}$

Step 1 조건 (가), (나)를 이용하여 삼각형 ABC에서 선분들의 길이를 파악한다.

점 C에서 선분 AB에 내린 수선의 발을 C′이라 하면 조건 (가)에서

$\overline{AC'}=\frac{1}{3}\overline{AB}$ ← $\overrightarrow{AB}\cdot\overrightarrow{AC}=\overline{AB}\times\overline{AC}\cos(\angle CAB)=\overline{AB}\times\overline{AC'}$이므로 $\overline{AB}\times\overline{AC'}=\frac{1}{3}\overline{AB}^2$에서 $\overline{AC'}=\frac{1}{3}\overline{AB}$

$\overrightarrow{AB}\cdot\overrightarrow{CB}=\overline{AB}\times\overline{C'B}=\frac{2}{3}|\overrightarrow{AB}|^2$이므로 조건 (나)에서

$\frac{2}{3}|\overrightarrow{AB}|^2=\frac{2}{5}|\overrightarrow{AC}|^2$　$\therefore |\overrightarrow{AC}|=\frac{\sqrt{15}}{3}|\overrightarrow{AB}|$

$\overline{AB}=3k$ $(k>0)$이라 하면 $\overline{AC}=\sqrt{15}k$, $\overline{AC'}=k$이므로

$\overline{CC'}=\sqrt{(\sqrt{15}k)^2-k^2}=\sqrt{14}k$

또한 $\overline{BC'}=2k$이므로 $\overline{BC}=\sqrt{(\sqrt{14}k)^2+(2k)^2}=3\sqrt{2}k$

$\overline{AC'}=\frac{1}{3}\overline{AB}$이므로 $\overline{AB}\times\overline{C'B}=\overline{AB}\times\frac{2}{3}\overline{AB}=\frac{2}{3}\overline{AB}^2=\frac{2}{3}|\overrightarrow{AB}|^2$

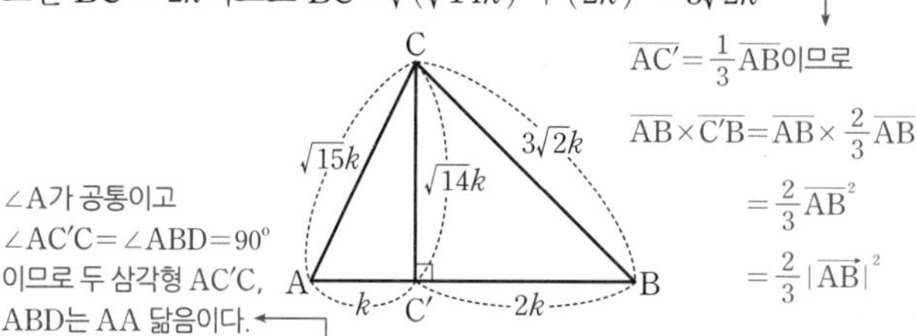

$\angle A$가 공통이고 $\angle AC'C=\angle ABD=90°$이므로 두 삼각형 AC′C, ABD는 AA 닮음이다.

Step 2 삼각형의 닮음을 이용하여 k의 값을 구한다.

$\overline{AB}\perp\overline{BD}$이므로 두 삼각형 AC′C, ABD는 서로 닮음이고 닮음비는 $1:3$이다. ← $\overline{AC'}:\overline{AB}=k:3k=1:3$

$|\overrightarrow{BD}|=\sqrt{42}$이므로 $\overline{CC'}=\sqrt{14}k$에서

$\overline{BD}=3\sqrt{14}k=\sqrt{42}$　$\therefore k=\frac{1}{\sqrt{3}}$

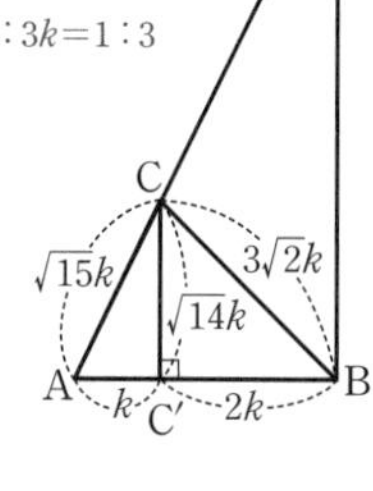

따라서 삼각형 ABC의 넓이는

$\frac{1}{2}\times\overline{AB}\times\overline{CC'}=\frac{1}{2}\times3k\times\sqrt{14}k=\frac{3\sqrt{14}}{2}k^2$

$=\frac{3\sqrt{14}}{2}\times\left(\frac{1}{\sqrt{3}}\right)^2=\frac{\sqrt{14}}{2}$

187

정답 37

그림과 같이 $\overline{AB}=3$, $\overline{BC}=4$인 삼각형 ABC에서 선분 AC를 1 : 2로 내분하는 점을 D, 선분 AC를 2 : 1로 내분하는 점을 E라 하자. 선분 BC의 중점을 F라 하고, 두 선분 BE, DF의 교점을 G라 하자. $\overrightarrow{AG}\cdot\overrightarrow{BE}=0$일 때, $\cos(\angle ABC)=\frac{q}{p}$이다. $p+q$의 값을 구하시오.

(단, p와 q는 서로소인 자연수이다.) (4점)

↳ 먼저 벡터 $\overrightarrow{AG}$와 $\overrightarrow{BE}$를 구해야 해.

두 벡터 $\vec{a}$, $\vec{b}$가 이루는 각의 크기가 θ일 때, $\cos\theta=\frac{\vec{a}\cdot\vec{b}}{|\vec{a}||\vec{b}|}$가 성립함을 이용한다.

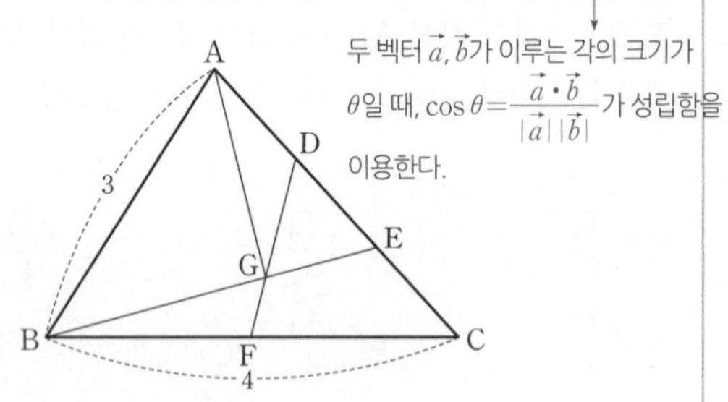

Step 1 $\overrightarrow{BA}=\vec{a}$, $\overrightarrow{BC}=\vec{b}$로 놓고, $\overrightarrow{BE}$를 벡터 $\vec{a}$, $\vec{b}$를 이용하여 나타낸다.

$\overrightarrow{BA}=\vec{a}$, $\overrightarrow{BC}=\vec{b}$라 하면

점 E는 선분 AC를 2 : 1로 내분하는 점이므로

$\overrightarrow{BE}=\frac{2\vec{b}+\vec{a}}{2+1}=\frac{1}{3}\vec{a}+\frac{2}{3}\vec{b}$

↳ 두 점 A, B의 위치벡터를 각각 $\vec{a}$, $\vec{b}$라 하면 선분 AB를 $m:n(m>0, n>0)$으로 내분하는 점의 위치벡터는 $\frac{m\vec{b}+n\vec{a}}{m+n}$

Step 2 $\overrightarrow{AG}$를 벡터 $\vec{a}$, $\vec{b}$를 이용하여 나타낸다.

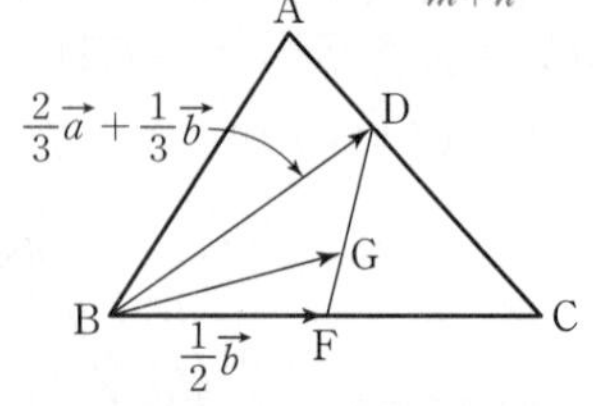

세 점 B, E, G가 한 직선 위에 있으므로 임의의 실수 k에 대하여

$\overrightarrow{BG}=k\overrightarrow{BE}=\frac{k}{3}\vec{a}+\frac{2k}{3}\vec{b}$

↳ 세 점 A, B, C가 한 직선 위에 있을 때 임의의 실수 $k(k\neq0, k\neq1)$에 대하여 $\overrightarrow{AC}=k\overrightarrow{AB}$

선분 BD를 그으면 점 D는 선분 AC를 1 : 2로 내분하는 점이므로

$\overrightarrow{BD}=\frac{\vec{b}+2\vec{a}}{1+2}=\frac{2}{3}\vec{a}+\frac{1}{3}\vec{b}$

또한 점 F는 선분 BC의 중점이므로

$\overrightarrow{BF}=\frac{1}{2}\vec{b}$

이때 세 점 D, F, G가 한 직선 위에 있으므로 실수 l에 대하여

$\overrightarrow{BG}=l\overrightarrow{BD}+(1-l)\overrightarrow{BF}$

세 점 A, B, C가 한 직선 위에 있을 때 임의의 실수 $k(k\neq0, k\neq1)$에 대하여 $\overrightarrow{OC}=k\overrightarrow{OA}+(1-k)\overrightarrow{OB}$

$\frac{k}{3}\vec{a}+\frac{2k}{3}\vec{b}=l\left(\frac{2}{3}\vec{a}+\frac{1}{3}\vec{b}\right)+(1-l)\left(\frac{1}{2}\vec{b}\right)$

$\frac{k}{3}\vec{a}+\frac{2k}{3}\vec{b}=\frac{2l}{3}\vec{a}+\frac{3-l}{6}\vec{b}$

$\frac{k}{3}=\frac{2l}{3}$, $\frac{2k}{3}=\frac{3-l}{6}$ $\quad\therefore k=\frac{2}{3}$, $l=\frac{1}{3}$

$\therefore \overrightarrow{BG}=\frac{2}{9}\vec{a}+\frac{4}{9}\vec{b}$

$\therefore \overrightarrow{AG}=\overrightarrow{AB}+\overrightarrow{BG}=-\vec{a}+\left(\frac{2}{9}\vec{a}+\frac{4}{9}\vec{b}\right)=-\frac{7}{9}\vec{a}+\frac{4}{9}\vec{b}$

↳ $\overrightarrow{BA}=\vec{a}$이므로 $\overrightarrow{AB}=-\overrightarrow{BA}=-\vec{a}$

Step 3 $\overrightarrow{AG}\cdot\overrightarrow{BE}=0$임을 이용하여 $\cos(\angle ABC)$의 값을 구한다.

$\overrightarrow{AG}\cdot\overrightarrow{BE}=0$이므로

$\left(-\frac{7}{9}\vec{a}+\frac{4}{9}\vec{b}\right)\cdot\left(\frac{1}{3}\vec{a}+\frac{2}{3}\vec{b}\right)$

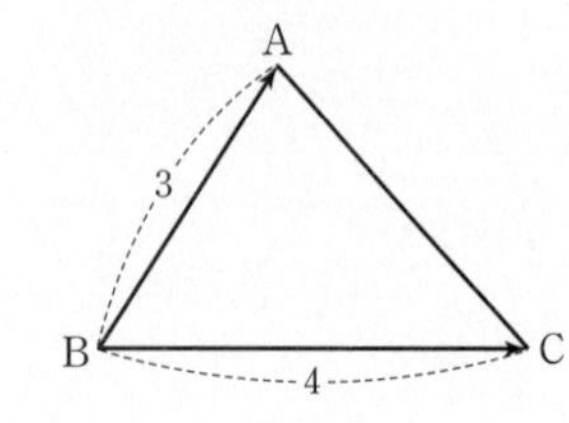

$=-\frac{7}{27}|\vec{a}|^2-\frac{10}{27}\vec{a}\cdot\vec{b}+\frac{8}{27}|\vec{b}|^2$ ($|\vec{a}|=3$, $|\vec{b}|=4$)

$=-\frac{7}{27}\times3^2-\frac{10}{27}\vec{a}\cdot\vec{b}+\frac{8}{27}\times4^2=0$

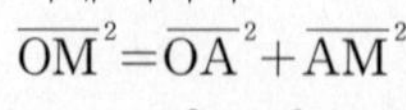

$\therefore \vec{a}\cdot\vec{b}=\frac{13}{2}$

$\therefore \cos(\angle ABC)=\frac{\vec{a}\cdot\vec{b}}{|\vec{a}||\vec{b}|}=\frac{\frac{13}{2}}{3\times4}=\frac{13}{24}$

따라서 $p=24$, $q=13$이므로

$p+q=24+13=37$

188

정답 180

그림과 같이 반지름의 길이가 5인 원 C와 원 C 위의 점 A에서의 접선 l이 있다. 원 C 위의 점 P와 $\overline{AB}=24$를 만족시키는 직선 l 위의 점 B에 대하여 $\overrightarrow{PA}\cdot\overrightarrow{PB}$의 최댓값을 구하시오. (4점)

↳ $\overrightarrow{PA}$, $\overrightarrow{PB}$ 모두 크기와 방향이 변하는 벡터이니까 원 C의 중심을 이용하여 벡터를 두 개로 나눠 계산해 줄 거야.

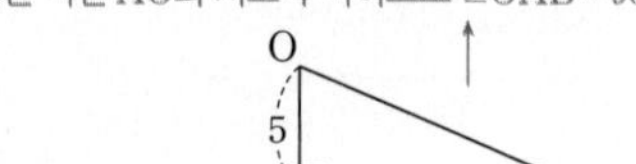

Step 1 원 C의 중심을 O라 하고, 점 O를 이용하여 벡터의 내적을 새로 나타낸다.

원 C의 중심을 점 O라 하면

↳ 주어진 두 벡터를 점 O를 시점으로 하는 벡터로 변형한다.

$\overrightarrow{PA}\cdot\overrightarrow{PB}=(\overrightarrow{PO}+\overrightarrow{OA})\cdot(\overrightarrow{PO}+\overrightarrow{OB})$

$=\overrightarrow{PO}\cdot\overrightarrow{PO}+\overrightarrow{PO}\cdot\overrightarrow{OB}+\overrightarrow{OA}\cdot\overrightarrow{PO}+\overrightarrow{OA}\cdot\overrightarrow{OB}$

$=|\overrightarrow{PO}|^2+\overrightarrow{PO}\cdot(\overrightarrow{OA}+\overrightarrow{OB})+\overrightarrow{OA}\cdot\overrightarrow{OB}$

Step 2 벡터의 내적의 정의, 벡터의 합 등을 이용하여 식의 값을 구한다.

먼저, 벡터 $\overrightarrow{PO}$의 크기는 원 C의 반지름의 길이와 같으므로

$|\overrightarrow{PO}|^2=5^2=25$

원 C의 접선 l은 그 접점 A와 원 C의 중심 O를 지나는 직선 AO와 서로 수직이므로 $\angle OAB=90°$

$\cos(\angle BOA)=\frac{|\overrightarrow{OA}|}{|\overrightarrow{OB}|}$이므로

$\overrightarrow{OA}\cdot\overrightarrow{OB}=|\overrightarrow{OA}||\overrightarrow{OB}|\cos(\angle BOA)$에서

$\overrightarrow{OA}\cdot\overrightarrow{OB}=|\overrightarrow{OA}||\overrightarrow{OB}|\times\frac{|\overrightarrow{OA}|}{|\overrightarrow{OB}|}=|\overrightarrow{OA}|^2=5^2=25$

↳ $|\overrightarrow{OA}|$는 원 C의 반지름의 길이와 같아.

선분 AB의 중점을 M이라 하면

$\overline{AM}=\frac{1}{2}\overline{AB}=12$, $\overline{OA}\perp\overline{AM}$ ($\overline{AB}=24$)

이므로 직각삼각형 OAM에서 피타고라스 정리에 의하여

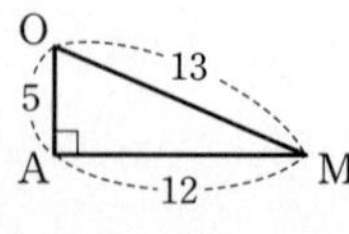

$\overline{OM}^2=\overline{OA}^2+\overline{AM}^2$

$=5^2+12^2=169$

$\therefore \overline{OM}=13\ (\because \overline{OM}>0)$

이때 $\overrightarrow{OA}+\overrightarrow{OB}=2\overrightarrow{OM}$이므로

$|\overrightarrow{OA}+\overrightarrow{OB}|=2|\overrightarrow{OM}|=2\times13=26$

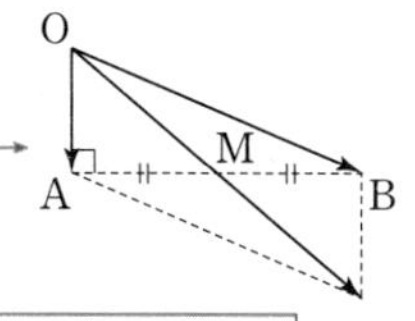

따라서 오른쪽 아래 그림과 같이 두 벡터 $\overrightarrow{PO}$, $\overrightarrow{OA}+\overrightarrow{OB}$가 이루는 각의 크기를 $\theta\left(0\le\theta\le\frac{\pi}{2}\right)$라 하면

$\overrightarrow{PO}\cdot(\overrightarrow{OA}+\overrightarrow{OB})=|\overrightarrow{PO}|\,|\overrightarrow{OA}+\overrightarrow{OB}|\cos\theta$

$=5\times26\times\cos\theta$

$=130\cos\theta$

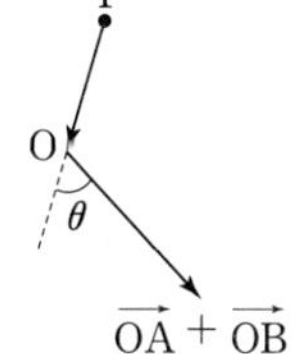

$\overrightarrow{OA}+\overrightarrow{OB}$

Step 3 $\overrightarrow{PA}\cdot\overrightarrow{PB}$의 최댓값을 구한다.

$\overrightarrow{PA}\cdot\overrightarrow{PB}=|\overrightarrow{PO}|^2+\overrightarrow{PO}\cdot(\overrightarrow{OA}+\overrightarrow{OB})+\overrightarrow{OA}\cdot\overrightarrow{OB}$

$=25+130\cos\theta+25$

$=50+130\cos\theta$

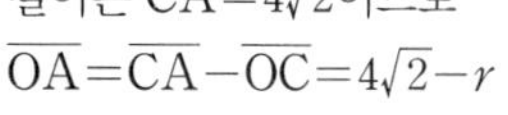
$\cos\theta=1$, 즉 $\theta=0$이므로 두 벡터 $\overrightarrow{OA}+\overrightarrow{OB}$와 $\overrightarrow{PO}$는 방향이 같아.

이므로 $\overrightarrow{PA}\cdot\overrightarrow{PB}$는 $\cos\theta=1$, 즉 두 벡터 $\overrightarrow{OA}+\overrightarrow{OB}$와 $\overrightarrow{PO}$의 방향이 같을 때 최댓값 $50+130=180$을 갖는다.

✪ 다른 풀이 좌표평면을 이용하는 풀이

Step 1 주어진 조건을 좌표평면 위에 나타낸다.

원 C의 중심이 원점 O로 가고, 두 점 A, B의 좌표를 각각 $A(0, -5)$, $B(24, -5)$가 되도록 주어진 도형을 좌표평면 위에 나타내면 다음 그림과 같다.

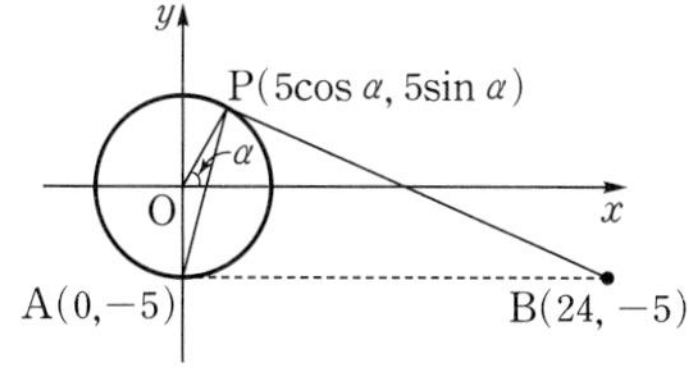

이때 점 P가 x축의 양의 방향과 이루는 각의 크기를 α라 하면 점 P의 좌표는 $P(5\cos\alpha,\ 5\sin\alpha)$

Step 2 벡터의 내적을 이용한다.

계산 주의!

$\overrightarrow{PA}\cdot\overrightarrow{PB}$

$=(-5\cos\alpha,\ -5-5\sin\alpha)\cdot(24-5\cos\alpha,\ -5-5\sin\alpha)$

$=-120\cos\alpha+25\cos^2\alpha+25\sin^2\alpha+50\sin\alpha+25$

$=-120\cos\alpha+50\sin\alpha+50$

$=10(5\sin\alpha-12\cos\alpha)+50$

$=10\times13\left(\sin\alpha\times\frac{5}{13}-\cos\alpha\times\frac{12}{13}\right)+50$ → 삼각함수의 덧셈정리를 이용하여 두 종류의 삼각함수를 하나의 사인함수로 합치는 거야.

$=130\times\sin(\alpha-\theta)+50$ $\left(\text{단, }\frac{12}{13}=\sin\theta,\ \frac{5}{13}=\cos\theta\right)$

따라서 구하는 최댓값은 $\sin(\alpha-\theta)=1$일 때이므로

$\overrightarrow{PA}\cdot\overrightarrow{PB}=130\times\sin(\alpha-\theta)+50$

$=130\times1+50=180$

189

정답 80

먼저 원 O의 반지름의 길이부터 구한다.

한 변의 길이가 4인 정사각형 ABCD에서 변 AB와 변 AD에 모두 접하고 점 C를 지나는 원을 O라 하자. 원 O 위를 움직이는 점 X에 대하여 두 벡터 $\overrightarrow{AB}$, $\overrightarrow{CX}$의 내적 $\overrightarrow{AB}\cdot\overrightarrow{CX}$의 최댓값은 $a-b\sqrt{2}$이다. $a+b$의 값을 구하시오.

(단, a와 b는 자연수이다.) (4점)

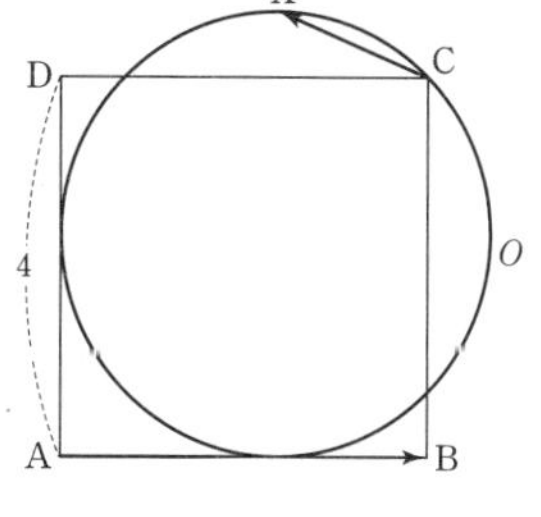

Step 1 원 O의 반지름의 길이를 구한다.

오른쪽 그림과 같이 원 O의 반지름의 길이를 r, 중심을 O, 점 O에서 선분 AB에 내린 수선의 발을 H라 하자. 이때 한 변의 길이가 4인 정사각형 ABCD의 대각선의 길이는 $\overline{CA}=4\sqrt{2}$이므로

$\overline{OA}=\overline{CA}-\overline{OC}=4\sqrt{2}-r$

한편, 직각삼각형 OAH에서

$\frac{\overline{OH}}{\overline{OA}}=\sin\frac{\pi}{4}$이므로

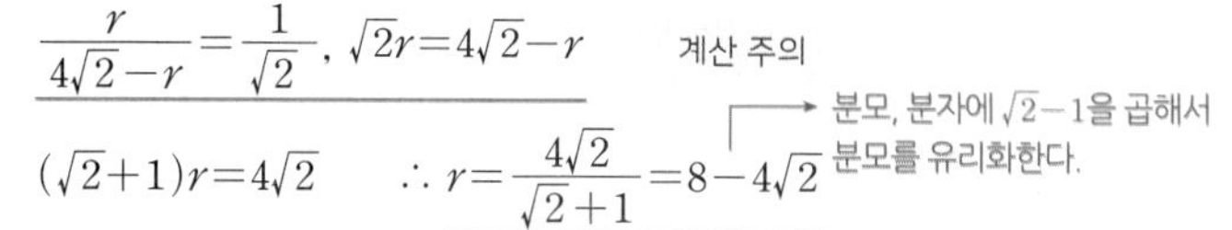
$\frac{r}{4\sqrt{2}-r}=\frac{1}{\sqrt{2}}$, $\sqrt{2}r=4\sqrt{2}-r$ 계산 주의

$(\sqrt{2}+1)r=4\sqrt{2}$ $\quad\therefore r=\frac{4\sqrt{2}}{\sqrt{2}+1}=8-4\sqrt{2}$ → 분모, 분자에 $\sqrt{2}-1$을 곱해서 분모를 유리화한다.

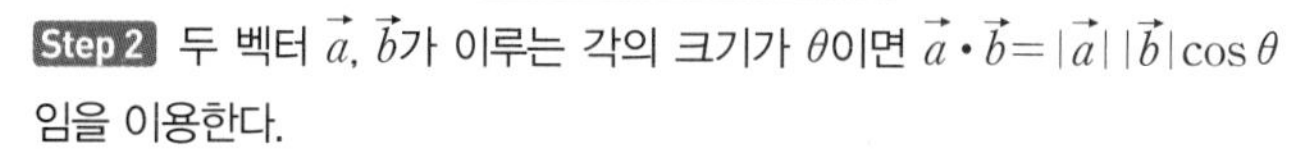
Step 2 두 벡터 $\vec{a}$, $\vec{b}$가 이루는 각의 크기가 θ이면 $\vec{a}\cdot\vec{b}=|\vec{a}||\vec{b}|\cos\theta$임을 이용한다.

$\overrightarrow{CX}=\overrightarrow{AX}-\overrightarrow{AC}$이므로 두 벡터 $\overrightarrow{AB}$, $\overrightarrow{AX}$가 이루는 각의 크기를 θ라 하면

→ 내적의 연산(분배법칙)

$\overrightarrow{AB}\cdot\overrightarrow{CX}=\overrightarrow{AB}\cdot(\overrightarrow{AX}-\overrightarrow{AC})=\overrightarrow{AB}\cdot\overrightarrow{AX}-\overrightarrow{AB}\cdot\overrightarrow{AC}$

$=|\overrightarrow{AB}|\,|\overrightarrow{AX}|\cos\theta-|\overrightarrow{AB}|\,|\overrightarrow{AC}|\cos\frac{\pi}{4}$ → 두 벡터 $\overrightarrow{AB}$, $\overrightarrow{AC}$가 이루는 각의 크기가 $\frac{\pi}{4}$이다.

$=4|\overrightarrow{AX}|\cos\theta-4\times4\sqrt{2}\times\frac{1}{\sqrt{2}}$

$=4|\overrightarrow{AX}|\cos\theta-16$ $\quad\cdots\cdots$ ㉠

㉠이 최대가 되려면 $|\overrightarrow{AX}|\cos\theta$의 값이 최대가 되어야 하고 $|\overrightarrow{AX}|\cos\theta$는 점 X에서 직선 AB에 내린 수선의 발을 H′이라 할 때 $\overline{AH'}$의 길이이므로 $|\overrightarrow{AX}|\cos\theta$의 최댓값은 원 O의 지름의 길이 $2r=16-8\sqrt{2}$와 같다. (중요)

$|\overrightarrow{AX}|\cos\theta=\overline{AH'}$

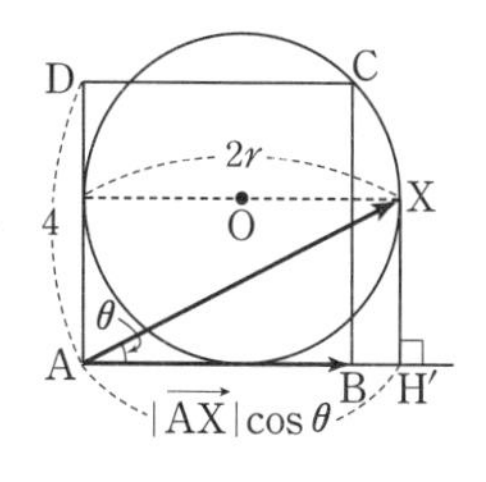

㉠에 의하여

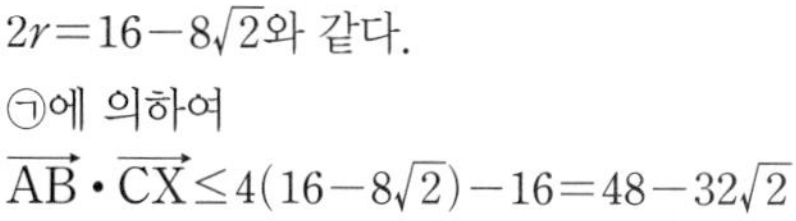
$\overrightarrow{AB}\cdot\overrightarrow{CX}\le4(16-8\sqrt{2})-16=48-32\sqrt{2}$

따라서 $a=48$, $b=32$이므로 $a+b=80$

다른 풀이 좌표평면에서 원의 반지름의 길이 r를 구하는 풀이

Step 1 주어진 도형을 좌표평면 위에 나타내어 반지름의 길이를 구한다.

오른쪽 그림과 같이 점 A를 원점, $\overline{AB}$, $\overline{AD}$를 각각 x축, y축으로 하고 원 O의 반지름의 길이를 r라 하면 원 O의 방정식은

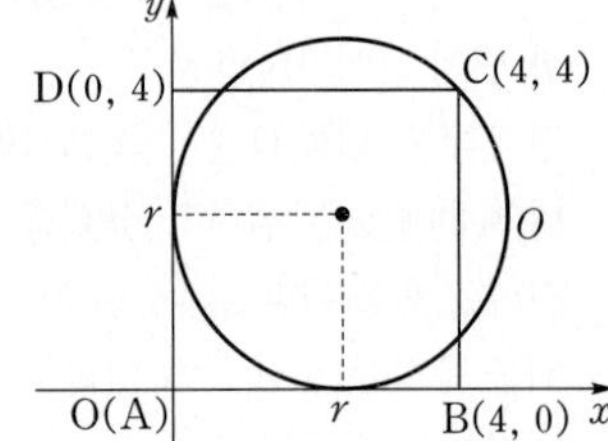

$(x-r)^2+(y-r)^2=r^2$

이때 원 O가 점 C(4, 4)를 지나므로 원의 방정식에 $x=4$, $y=4$를 대입하면

$(4-r)^2+(4-r)^2=r^2$, $2r^2-16r+32=r^2$

$r^2-16r+32=0$

$\therefore r=8-\sqrt{64-32}=8-4\sqrt{2}$ ($\because 0<r<4$)

중요 이차방정식 $ax^2+bx+c=0$ (단, $a\neq0$)의 근은 $x=\frac{-b\pm\sqrt{b^2-4ac}}{2a}$이다.

Step 2 동일

(원의 반지름의 길이) =(원의 중심과 x축, y축 사이의 거리)

190

정답 7

좌표평면 위의 세 점 A(6, 0), B(2, 6), C(k, $-2k$) ($k>0$)과 삼각형 ABC의 내부 또는 변 위의 점 P가 다음 조건을 만족시킨다.

> (가) $5\overrightarrow{BA}\cdot\overrightarrow{OP}-\overrightarrow{OB}\cdot\overrightarrow{AP}=\overrightarrow{OA}\cdot\overrightarrow{OB}$
> (나) 점 P가 나타내는 도형의 길이는 $\sqrt{5}$이다.

$\overrightarrow{OA}\cdot\overrightarrow{CP}$의 최댓값을 구하시오. (단, O는 원점이다.) (4점)

Step 1 조건 (가)를 이용하여 점 P가 나타내는 도형의 식을 구한다.

점 P의 좌표를 (x, y)라 하자.

$\overrightarrow{BA}=\overrightarrow{OA}-\overrightarrow{OB}=(4, -6)$, $\overrightarrow{AP}=\overrightarrow{OP}-\overrightarrow{OA}=(x-6, y)$이므로

$5\overrightarrow{BA}\cdot\overrightarrow{OP}-\overrightarrow{OB}\cdot\overrightarrow{AP}=\overrightarrow{OA}\cdot\overrightarrow{OB}$에서 (→ 조건 (가))

$5(4, -6)\cdot(x, y)-(2, 6)\cdot(x-6, y)=(6, 0)\cdot(2, 6)$

$5(4x-6y)-\{2(x-6)+6y\}=12$

$20x-30y-2x+12-6y=12$

$18x-36y=0 \qquad \therefore y=\frac{1}{2}x$

→ 점 P가 나타내는 도형은 길이가 $\sqrt{5}$인 선분이다.

Step 2 조건 (나)를 이용하여 점 C의 좌표를 구한다.

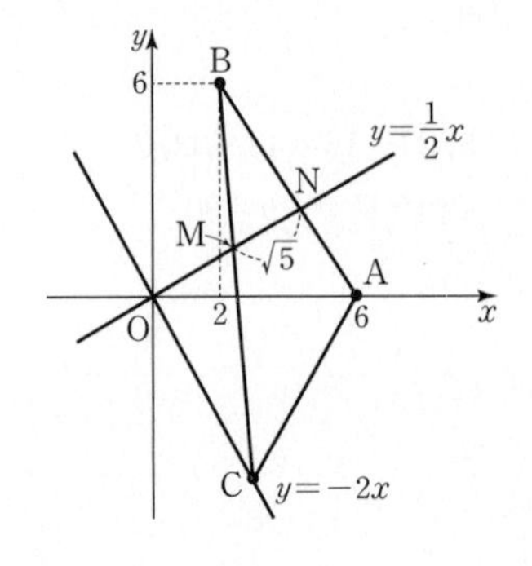

직선 $y=\frac{1}{2}x$와 두 직선 BC, AB의 교점을 각각 M, N이라 하자.

직선 AB의 방정식은 $y-0=-\frac{3}{2}(x-6)$에서 $y=-\frac{3}{2}x+9$이므로

점 N의 좌표는

$\frac{1}{2}x=-\frac{3}{2}x+9$에서 $x=\frac{9}{2}$, $y=\frac{9}{4}$

$\therefore N\left(\frac{9}{2}, \frac{9}{4}\right)$

이때 조건 (나)에 의하여 선분 MN의 길이는 $\sqrt{5}$이고

→ 점 P가 나타내는 도형은 직선 $y=\frac{1}{2}x$ 위의 선분이고 점 P는 삼각형 내부 또는 변 위에 있으므로 $\overline{MN}=\sqrt{5}$

직선 MN의 기울기는 $\frac{1}{2}$이므로 점 M의 좌표는 $\left(\frac{5}{2}, \frac{5}{4}\right)$이다.

→ $\left(\frac{9}{2}-2, \frac{9}{4}-1\right)$

(M, N, $\sqrt{5}$, 1, 2)

직선 BM의 방정식은 $y-6=\dfrac{6-\frac{5}{4}}{2-\frac{5}{2}}(x-2)$에서

$y=-\frac{19}{2}x+25$이고 점 C는 직선 $y=-2x$ 위의 점이므로

→ 점 C의 좌표는 C(k, $-2k$)이므로 직선 $y=-2x$ 위의 점이다.

점 C의 좌표는 $-\frac{19}{2}x+25=-2x$에서

$x=\frac{10}{3}$, $y=-\frac{20}{3} \qquad \therefore C\left(\frac{10}{3}, -\frac{20}{3}\right)$

Step 3 $\overrightarrow{OA}\cdot\overrightarrow{CP}$의 최댓값을 구한다.

$\overrightarrow{CP}=\overrightarrow{OP}-\overrightarrow{OC}=\left(x-\frac{10}{3}, y+\frac{20}{3}\right)$이므로

$\overrightarrow{OA}\cdot\overrightarrow{CP}=(6, 0)\cdot\left(x-\frac{10}{3}, y+\frac{20}{3}\right)=6\left(x-\frac{10}{3}\right)$

이때 $\frac{5}{2}\leq x\leq\frac{9}{2}$이므로 $-5\leq6\left(x-\frac{10}{3}\right)\leq7$

→ 점 P는 선분 MN 위의 점이므로 x의 값의 범위는 (점 M의 x좌표)$\leq x\leq$(점 N의 x좌표)

따라서 $\overrightarrow{OA}\cdot\overrightarrow{CP}$의 최댓값은 7이다.

Ⅲ. 공간도형

01. 공간도형

001	④	002	②	003	①	004	③	005	③
006	③	007	826	008	⑤	009	⑤	010	①
011	⑤	012	④	013	③	014	7	015	⑤
016	①	017	①	018	⑤	019	④	020	②
021	④	022	②	023	②	024	③	025	12
026	15	027	60	028	③	029	④	030	④
031	62	032	②	033	②	034	③	035	③
036	②	037	②	038	②	039	④	040	20
041	④	042	①	043	②	044	④	045	16
046	⑤	047	④	048	③	049	25	050	④
051	③	052	④	053	④	054	④	055	162
056	8	057	②	058	27	059	15	060	①
061	⑤	062	④	063	③	064	27	065	③
066	13	067	45	068	⑤	069	③	070	②
071	47	072	①	073	②	074	②	075	10
076	40	077	12	078	⑤	079	30	080	34
081	⑤	082	②	083	40	084	12	085	28
086	31	087	⑤	088	7	089	15	090	48
091	50	092	24	093	④	094	⑤	095	⑥
096	②	097	④	098	⑤	099	⑤	100	450
101	⑤	102	②	103	17	104	②	105	⑤

중요 평행, 수직은 다음과 같이 기호로 표현해.
두 직선 l, m에 대하여
① $l \perp m$: 두 직선이 서로 수직이다.
② $l /\!/ m$: 두 직선이 서로 평행하다.
물론 직선과 평면, 평면과 평면 사이에서도 위와 같은 기호를 사용할 수 있어!

001

정답 ④

공간에서 직선 l과 서로 다른 세 평면 α, β, γ에 대하여 옳은 것만을 [보기]에서 있는 대로 고른 것은? (3점)

[보기]

ㄱ. $l \perp \alpha$이고 $l \perp \beta$이면 $\alpha /\!/ \beta$이다.
ㄴ. $\alpha \perp \beta$이고 $\alpha \perp \gamma$이면 $\beta /\!/ \gamma$이다.
ㄷ. $l /\!/ \alpha$이고 $l \perp \beta$이면 $\alpha \perp \beta$이다.

→ [보기]의 상황을 그림으로 나타내어 본다.

① ㄱ　② ㄴ　③ ㄱ, ㄴ
④ ㄱ, ㄷ　⑤ ㄱ, ㄴ, ㄷ

Step 1 주어진 조건을 이용하여 [보기]의 참, 거짓을 판별한다.

ㄱ. 한 직선에 수직인 서로 다른 두 평면은 서로 평행하다. (참)

주의 만약 문제에서 '서로 다른 세 평면'이라는 조건이 없었다면 두 평면 α, β가 서로 같을 수도 있어.

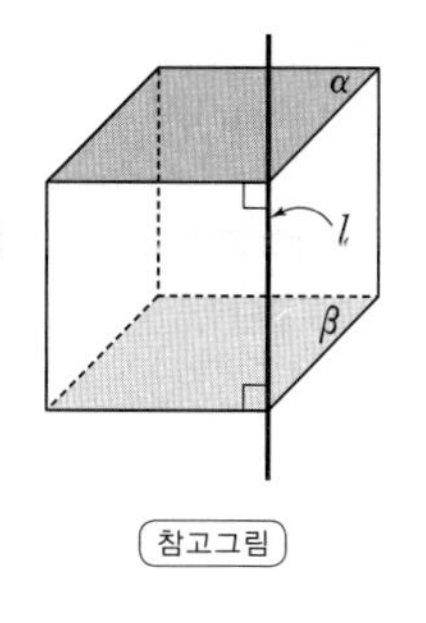

참고그림

ㄴ. 반례 세 평면 α, β, γ를 각각 좌표공간의 xy평면, yz평면, zx평면으로 생각하면 $\alpha \perp \beta$, $\alpha \perp \gamma$일 때, $\beta \perp \gamma$이다. (거짓)

오른쪽 그림과 같은 경우에는 $\beta \perp \gamma$가 되고, 실제로 $\alpha \perp \beta$, $\alpha \perp \gamma$이면 β와 γ 사이의 관계는 단정지을 수 없어.

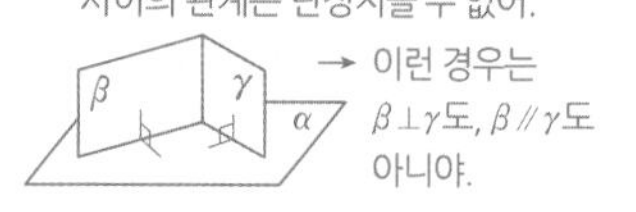

→ 이런 경우는 $\beta \perp \gamma$도, $\beta /\!/ \gamma$도 아니야.

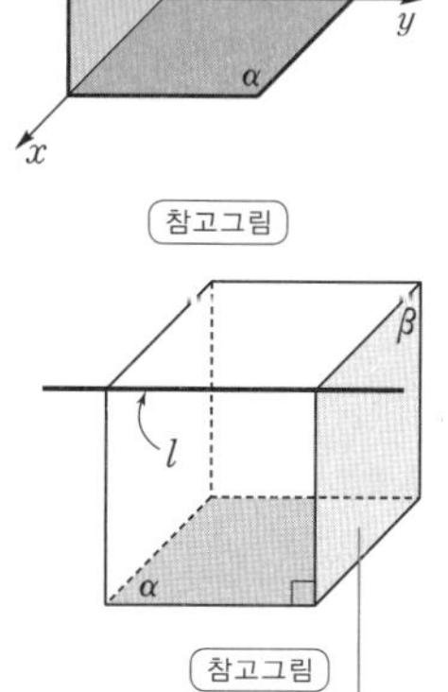

참고그림

ㄷ. 한 직선에 평행한 평면과 수직인 평면은 서로 수직이다. (참)

중요 공간에서 직선 l과 평면 α가 서로 평행할 때, 직선 l과 평면 α는 서로 만나지 않는다.

참고그림

그림을 통해 평면 α와 평면 β가 서로 수직임을 알 수 있어.

따라서 옳은 것은 ㄱ, ㄷ이다.

002 [정답률 88%]

정답 ②

평면 α 위에 $\overline{AB}=6$이고 넓이가 12인 삼각형 ABC가 있다. 평면 α 위에 있지 않은 점 P에서 평면 α에 내린 수선의 발이 점 C와 일치한다. $\overline{PC}=2$일 때, 점 P와 직선 AB 사이의 거리는? (3점)

① $3\sqrt{2}$　② $2\sqrt{5}$　③ $\sqrt{22}$
④ $2\sqrt{6}$　⑤ $\sqrt{26}$

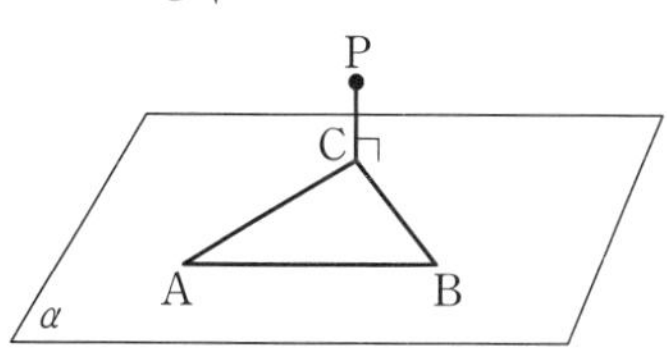

Step 1 삼수선의 정리를 이용하여 선분 PH의 길이를 구한다.

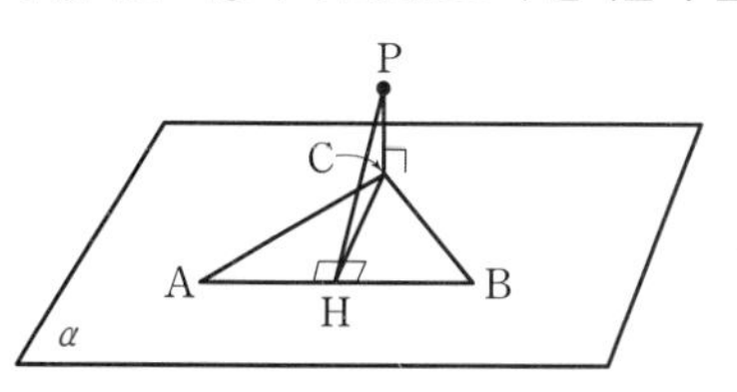

점 C에서 직선 AB에 내린 수선의 발을 H라 하자.
삼각형 ABC의 넓이가 12이므로

$\frac{1}{2} \times 6 \times \overline{CH} = 12$　$\therefore \overline{CH}=4$
(6 → $\overline{AB}$)

$\overline{PC} \perp \alpha$, $\overline{CH} \perp \overline{AB}$이므로 삼수선의 정리에 의하여 $\overline{PH} \perp \overline{AB}$

직각삼각형 PHC에서 $\overline{PH}=\sqrt{2^2+4^2}=2\sqrt{5}$

따라서 점 P와 직선 AB 사이의 거리는 $2\sqrt{5}$이다.
($\overline{PH}=\sqrt{\overline{PC}^2+\overline{CH}^2}$)

003 [정답률 79%]

정답 ①

그림과 같이 $\overline{AD}=3$, $\overline{DB}=2$, $\overline{DC}=2\sqrt{3}$이고

$\angle ADB=\angle ADC=\angle BDC=\frac{\pi}{2}$인 사면체 ABCD가 있다.

선분 BC 위를 움직이는 점 P에 대하여 $\overline{AP}+\overline{DP}$의 최솟값은? (3점)

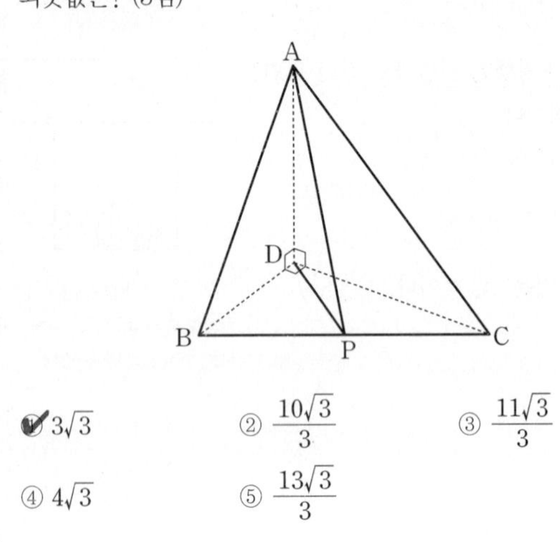

✔ $3\sqrt{3}$　② $\frac{10\sqrt{3}}{3}$　③ $\frac{11\sqrt{3}}{3}$

④ $4\sqrt{3}$　⑤ $\frac{13\sqrt{3}}{3}$

Step 1 삼수선의 정리를 이용한다.

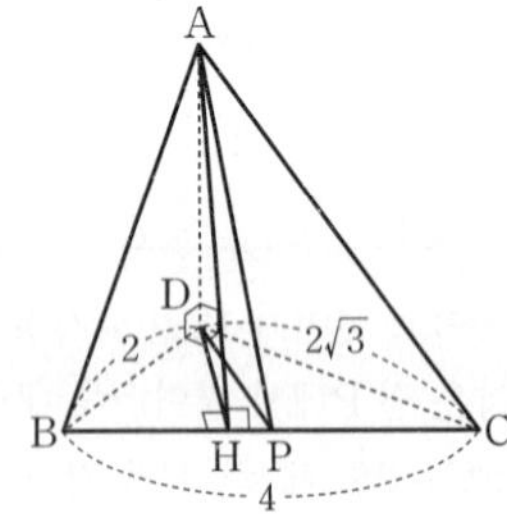

점 A에서 $\overline{BC}$에 내린 수선의 발과 점 D에서 $\overline{BC}$에 내린 수선의 발이 일치하기 때문이야. 만약 일치하지 않는다면 $\overline{AP}+\overline{DP}$의 최솟값은 $\overline{AH}+\overline{DH}$가 아니야.

점 A에서 선분 BC에 내린 수선의 발을 H라 하면 $\overline{AD}\perp$(면 BCD), $\overline{AH}\perp\overline{BC}$이므로 삼수선의 정리에 의하여

$\overline{DH}\perp\overline{BC}$

따라서 $\overline{AP}+\overline{DP}$의 값은 점 P의 위치가 H와 일치할 때 최소이다.

Step 2 두 선분 DH, AH의 길이를 각각 구한다.

$\overline{BC}=\sqrt{2^2+(2\sqrt{3})^2}=4$ → $\sqrt{\overline{DB}^2+\overline{DC}^2}$

$\overline{DB}\times\overline{DC}=\overline{BC}\times\overline{DH}$에서 $\overline{DH}=\sqrt{3}$ → $2\times2\sqrt{3}=4\times\overline{DH}$

삼각형 ADH에서 $\overline{AH}=\sqrt{3^2+(\sqrt{3})^2}=2\sqrt{3}$ → $\sqrt{\overline{AD}^2+\overline{DH}^2}$

$\therefore \overline{AP}+\overline{DP}\geq\overline{AH}+\overline{DH}=2\sqrt{3}+\sqrt{3}=3\sqrt{3}$

따라서 $\overline{AP}+\overline{DP}$의 최솟값은 $3\sqrt{3}$이다.

004 [정답률 84%]

정답 ③

그림과 같이 한 변의 길이가 4인 정사각형을 밑면으로 하고 $\overline{OA}=\overline{OB}=\overline{OC}=\overline{OD}=2\sqrt{5}$인 정사각뿔 O−ABCD가 있다. 두 선분 OA, AB의 중점을 각각 P, Q라 할 때, 삼각형 OPQ의 평면 OCD 위로의 정사영의 넓이는? (4점)

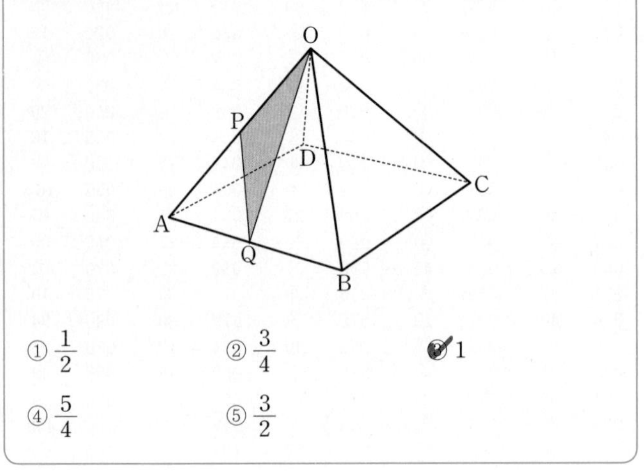

① $\frac{1}{2}$　② $\frac{3}{4}$　✔ 1

④ $\frac{5}{4}$　⑤ $\frac{3}{2}$

Step 1 삼각형 OPQ의 넓이를 구한다.

삼각형 OAB에서 $\overline{OA}=\overline{OB}=2\sqrt{5}$

점 Q가 선분 AB의 중점이므로

$\overline{AQ}=\frac{1}{2}\overline{AB}=2$ ($\overline{AB}=4$)

선분 OQ는 선분 AB를 수직이등분하므로 (이등변삼각형의 성질이야.)

직각삼각형 OAQ에서

$\overline{OQ}^2=\overline{OA}^2-\overline{AQ}^2=(2\sqrt{5})^2-2^2$

$=20-4=16$

$\therefore \overline{OQ}=4$ → 선분의 길이는 양수!

따라서 삼각형 OAQ의 넓이는

$\frac{1}{2}\times\overline{AQ}\times\overline{OQ}=\frac{1}{2}\times2\times4=4$

이때 점 P는 선분 OA의 중점이므로 ($\overline{OP}=\overline{PA}$)

$\triangle OPQ=\frac{1}{2}\triangle OAQ=\frac{1}{2}\times4=2$

Step 2 삼각형 OPQ의 평면 OCD 위로의 정사영의 넓이를 구한다.

그림과 같이 선분 CD의 중점을 R라 하자.

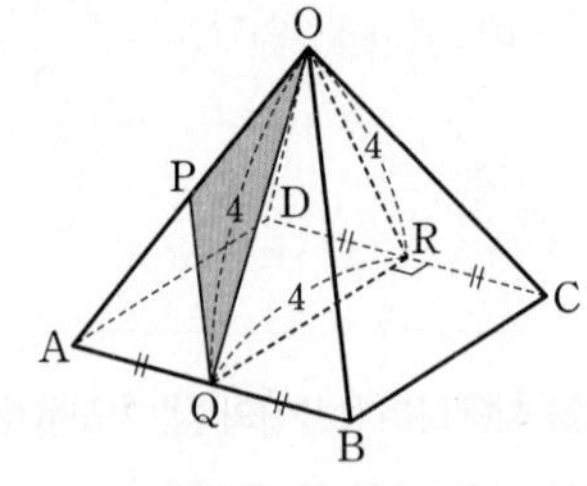

두 평면 OAB, OCD가 이루는 예각의 크기를 θ라 하면

$\theta=\angle QOR$

이때 $\overline{OQ}=\overline{OR}=\overline{QR}=4$에서 삼각형 QOR는 정삼각형이므로

$\cos\theta=\frac{1}{2}$ → $\cos 60^\circ=\frac{1}{2}$

따라서 삼각형 OPQ의 평면 OCD 위로의 정사영의 넓이는

$\triangle OPQ\times\cos\theta=2\times\frac{1}{2}=1$

005

정답 ③

공간에서 평면을 결정하는 조건을 생각해보고 두 직선 AE, BC와 세 점 B, D, F 중에서 직선이나 점을 이용하여 평면이 만들어질 수 있는 경우를 고려한다.

그림과 같이 밑면이 정삼각형인 삼각기둥 ABC−DEF가 있다. 두 직선 AE, BC와 세 점 B, D, F 중에서 일부를 포함하는 서로 다른 평면의 개수는? (단, 한 점, 한 직선, 두 점만을 포함하는 평면은 제외한다.) (3점)

예를 들어, 점 B를 지나는 평면이 무수히 많은 것처럼 한 점, 한 직선, 두 점만을 포함하는 평면은 무수히 많아서 하나의 평면을 결정할 수 없다.

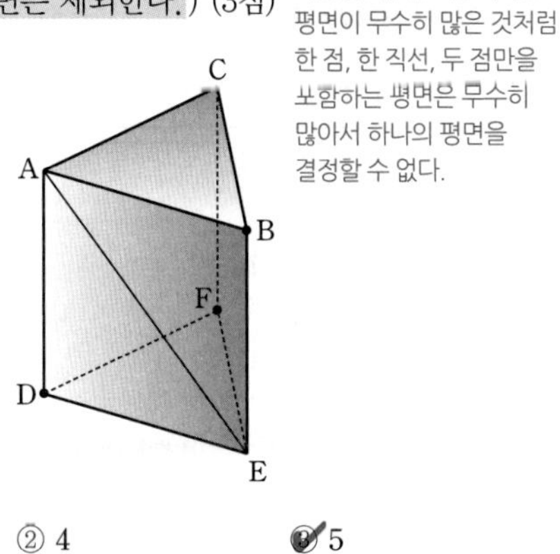

① 3　② 4　③ 5　④ 6　⑤ 7

Step 1 평면의 결정조건을 이용하여 서로 다른 평면의 개수를 구한다.

공간에서 평면이 결정되는 네 가지 경우에 따라 나누어 생각하면

(i) 한 직선 위에 있지 않은 서로 다른 세 점에 의해 결정되는 평면
세 점 B, D, F를 지나는 평면 1개

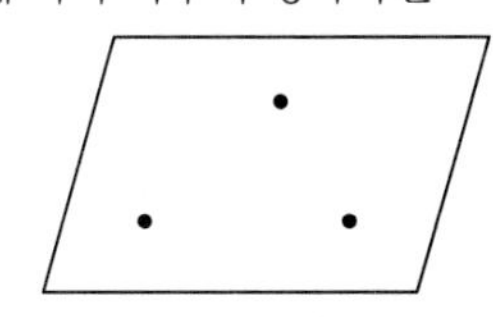

(ii) 한 직선과 그 직선 위에 있지 않은 한 점에 의해 결정되는 평면
직선 AE와 점 D(직선 AE와 점 B에 의해 만들어지는 평면과 동일)
직선 AE와 점 F
직선 BC와 점 F
직선 BC와 점 D
에 의해 만들어지는 평면 4개

직선 AE와 점 D 또는 직선 AE와 점 B에 의해 결정되는 평면은 평면 ABED이기 때문이야.

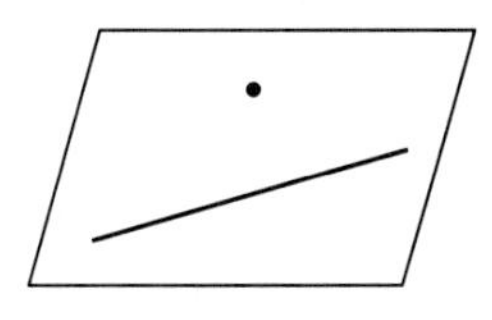

주어진 두 직선이 꼬인 위치에 있는 경우는 직선 AE와 직선 BC 뿐이므로 평면의 결정조건에 부합하지 않아.

(iii) 한 점에서 만나는 두 직선에 의해 결정되는 평면
두 직선 AE, BC는 꼬인 위치에 있으므로 한 점에서 만나지 않는다.

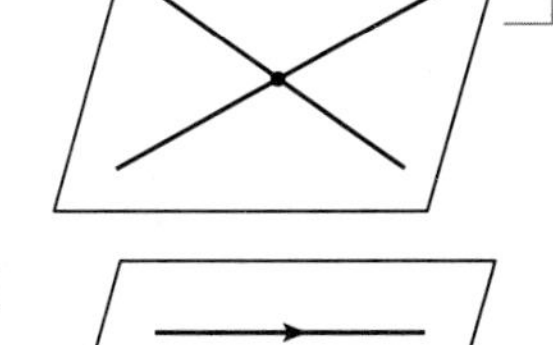

(iv) 평행한 두 직선에 의해 결정되는 평면
두 직선 AE, BC는 꼬인 위치에 있으므로 평행하지 않다.

따라서 (i)~(iv)에 의하여 구하는 서로 다른 평면의 개수는 5이다.

마찬가지로 주어진 두 직선이 꼬인 위치에 있는 경우는 직선 AE와 직선 BC 뿐이므로 평면의 결정조건에 해당하지 않아.

알아야 할 기본개념

평면의 결정조건

(1) 한 직선 위에 있지 않은 서로 다른 세 점
(2) 한 직선과 그 위에 있지 않은 한 점
(3) 한 점에서 만나는 두 직선
(4) 서로 평행한 두 직선

006 [정답률 75%]

정답 ③

사면체 ABCD의 면 ABC, ACD의 무게중심을 각각 P, Q라고 하자. [보기]에서 두 직선이 꼬인 위치에 있는 것을 모두 고르면? (3점)

두 직선이 만나지도 않고 평행하지도 않은 관계야.

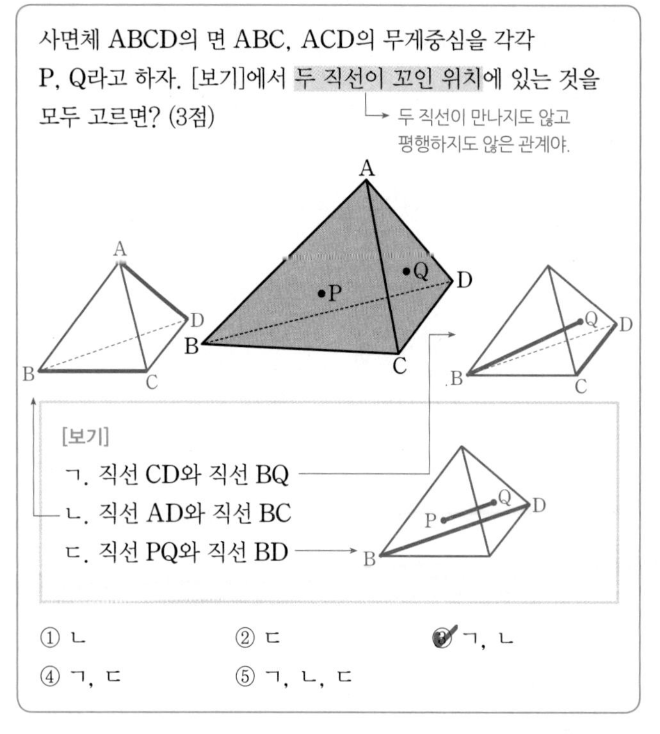

[보기]
ㄱ. 직선 CD와 직선 BQ
ㄴ. 직선 AD와 직선 BC
ㄷ. 직선 PQ와 직선 BD

① ㄴ　② ㄷ　③ ㄱ, ㄴ　④ ㄱ, ㄷ　⑤ ㄱ, ㄴ, ㄷ

Step 1 공간에서 두 직선의 위치 관계를 파악하여 두 직선이 꼬인 위치에 있는지 확인한다.

공간에서 두 직선의 위치 관계는 한 점에서 만나거나, 평행하거나, 꼬인 위치에 있거나 셋 중 하나야.

ㄱ. 직선 CD와 직선 BQ는 만나지도 않고 평행하지도 않으므로 꼬인 위치에 있다.　공간에서 두 직선의 위치 관계

ㄴ. 직선 AD와 직선 BC는 만나지도 않고 평행하지도 않으므로 꼬인 위치에 있다.

Step 2 삼각형의 무게중심의 정의를 이용하여 두 직선이 꼬인 위치에 있는지 확인한다.

삼각형의 세 중선의 교점

ㄷ. $\overline{BC}$, $\overline{CD}$의 중점을 각각 M, N이라 할 때, 점 P와 Q는 각각 면 ABC, ACD의 무게중심이므로 $\overline{AM}$, $\overline{AN}$을 각각 2 : 1로 내분하는 점이다.
따라서 삼각형 AMN에서 $\overline{PQ}\,/\!/\,\overline{MN}$
삼각형 BCD에서 $\overline{MN}\,/\!/\,\overline{BD}$
$\therefore \overline{PQ}\,/\!/\,\overline{BD}$

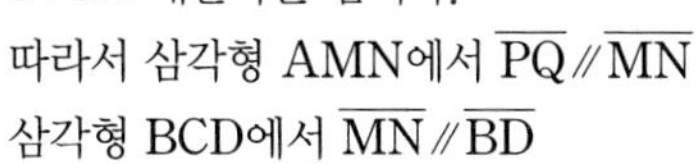

직선 PQ와 직선 BD가 평행하면 두 직선을 포함하는 평면이 존재하므로 직선 PQ와 직선 BD는 꼬인 위치가 아니야.

따라서 두 직선이 꼬인 위치에 있는 것은 ㄱ, ㄴ이다.

알아야 할 기본개념

꼬인 위치

두 직선이 한 평면 위에 있지 않을 때, 이 두 직선은 꼬인 위치에 있다고 한다. 즉, 꼬인 위치에 있는 두 직선은 만나지도 않고 평행하지도 않다.

공간에서 두 직선의 위치 관계

(1) 한 점에서 만난다.　(2) 평행하다.　(3) 꼬인 위치에 있다.

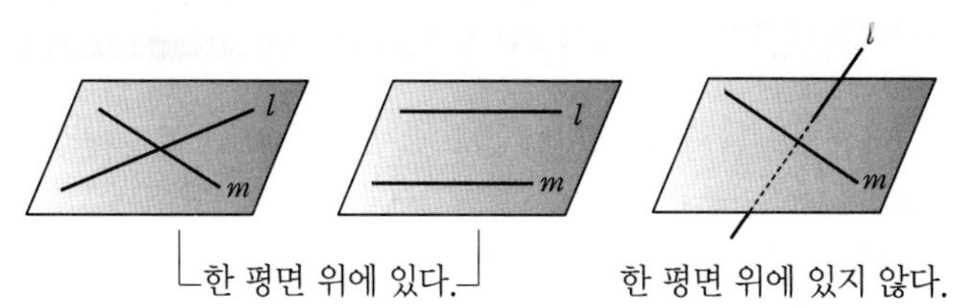

한 평면 위에 있다.　한 평면 위에 있지 않다.

007 [정답률 34%]

정답 826

정n각기둥에서 밑면의 한 모서리와 꼬인 위치에 있는 모서리의 개수를 $f(n)$이라 하자. 예를 들어, $f(3)=3$, $f(4)=4$이다.

이런 말이 나오면 주어진 예시의 상황을 잘 살펴봐야 해.

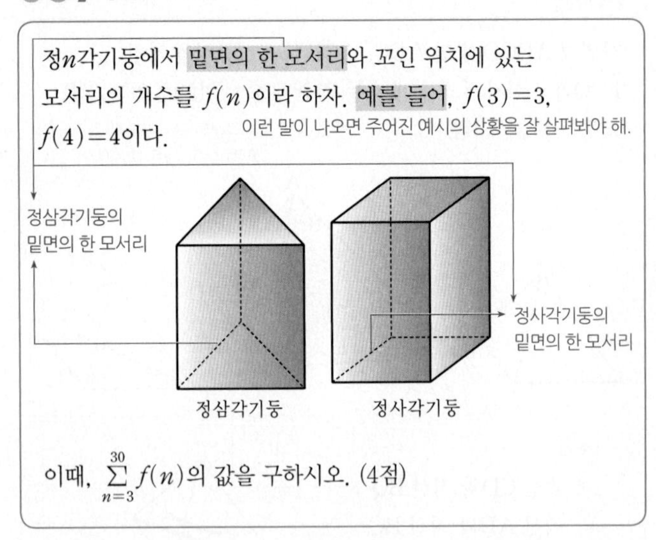

이때, $\sum_{n=3}^{30} f(n)$의 값을 구하시오. (4점)

Step 1 정n각기둥에서 밑면의 한 모서리와 꼬인 위치에 있는 모서리의 개수의 규칙을 찾는다.

공간에서 두 직선이 평행하지도, 만나지도 않을 때 '꼬인 위치'에 있다고 해.

정n각기둥의 모서리는 밑면의 모서리, 옆면의 모서리, 다른 밑면의 모서리, 이렇게 세 종류로 나눌 수 있다.

정n각기둥에서 밑면의 한 모서리와 꼬인 위치에 있는 모서리의 개수를 종류별로 세어 보면

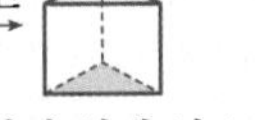

(i) 한 밑면의 모서리

밑면이라는 하나의 평면 위에 있으므로 꼬인 위치에 있을 수 없다.

→ 한 점에서 만나거나 평행

(ii) 옆면의 모서리

밑면의 한 모서리와 옆면에서 만나는 2개의 모서리를 제외하고는 모두 꼬인 위치에 있으므로 정n각기둥에서 밑면의 한 모서리와 옆면의 모서리 중 꼬인 위치에 있는 모서리의 개수는 $n-2$이다.

정n각기둥에는 옆면의 모서리가 모두 n개야. 그 중 밑면의 한 모서리와 만나는 2개의 모서리를 제외했어.

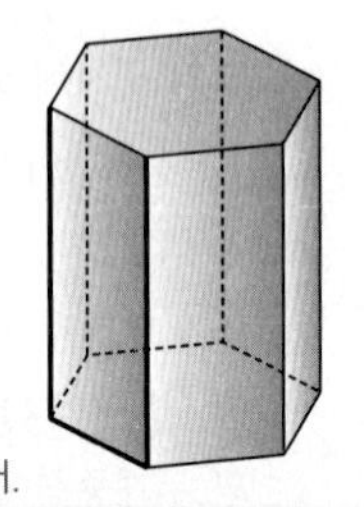

그림에서 다른 밑면의 모서리 중 m을 제외한 네 개의 모서리는 모두 직선 l과 꼬인 위치에 있어.

(iii) 다른 밑면의 모서리

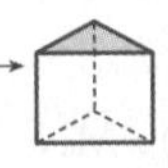

(가) n이 홀수일 때

밑면의 한 모서리 l과 꼬인 위치에 있지 않은 모서리는 모서리 l과 평행한 모서리 m밖에 없으므로 정n각기둥에서 밑면의 한 모서리와 다른 밑면의 모서리 중 꼬인 위치에 있는 모서리의 개수는 $n-1$이다.

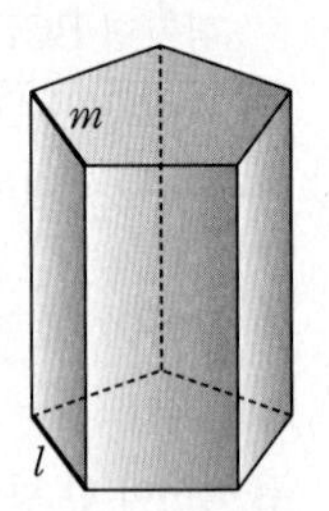

주의 다른 밑면의 모서리 중 밑면의 한 모서리와 평행한 모서리가 2개임을 유의한다.

(나) n이 짝수일 때

밑면의 한 모서리 l과 꼬인 위치에 있지 않은 모서리는 모서리 l과 평행한 모서리 m, k밖에 없으므로 정n각기둥에서 밑면의 한 모서리와 다른 밑면의 모서리 중 꼬인 위치에 있는 모서리의 개수는 $n-2$이다.

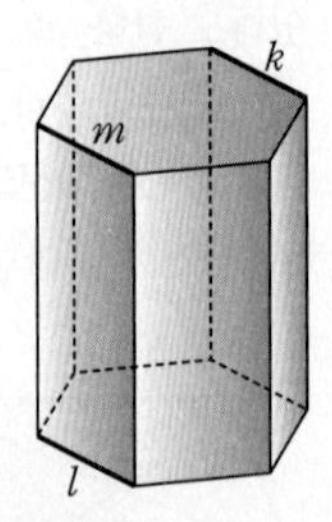

$\therefore f(n)=\begin{cases} 2n-3 & (n\text{은 홀수}, n\ge 3) \\ 2n-4 & (n\text{은 짝수}, n\ge 4) \end{cases}$

따라서 정n각기둥에서 밑면의 한 모서리와 꼬인 위치에 있는 모서리의 개수는 n이 홀수일 때 $n-2+n-1=2n-3$이고, n이 짝수일 때 $n-2+n-2=2n-4$이다.

Step 2 수열의 합을 이용하여 $\sum_{n=3}^{30} f(n)$의 값을 구한다.

(i) n이 홀수일 때

$n=2k-1$ (k는 2 이상의 자연수)이라 하면

$f(2k-1)=2(2k-1)-3=4k-5$

(ii) n이 짝수일 때

$n=2k$ (k는 2 이상의 자연수)라 하면

$f(2k)=2\times 2k-4=4k-4$

$$\therefore \sum_{n=3}^{30} f(n)=\sum_{k=2}^{15}\{f(2k-1)+f(2k)\}$$

$k=2$일 때 $f(3)+f(4)$
$k=3$일 때 $f(5)+f(6)$
⋮
$k=15$일 때 $f(29)+f(30)$
임을 확인할 수 있어.

$$=\sum_{k=2}^{15}\{(4k-5)+(4k-4)\}$$

$$=\sum_{k=2}^{15}(8k-9)$$

$$=\sum_{k=1}^{15}(8k-9)+1$$

$$=8\times\frac{15\times 16}{2}-9\times 15+1$$

$$=826$$

중요 수열의 합 공식인 $\sum_{k=1}^{n} k=\frac{n(n+1)}{2}$, 시그마의 성질인 $\sum_{k=1}^{n} c=cn$ (c는 상수)임을 이용한다.

008

정답 ⑤

그림과 같은 정육면체에서 모서리 AD, CD의 중점을 각각 M, N이라 하고 모서리 AE, EF의 중점을 각각 P, Q라 할 때, 두 직선 MN, PQ가 이루는 예각의 크기는? (3점)

$\overline{AM}=\overline{DM}$, $\overline{CN}=\overline{DN}$

0°보다 크고 직각(90°)보다 작은 각을 예각이라고 해.

① $\frac{\pi}{12}$ ② $\frac{\pi}{8}$ ③ $\frac{\pi}{6}$ ④ $\frac{\pi}{4}$ ⑤ $\frac{\pi}{3}$

Step 1 각 모서리의 중점을 연결하면 정육각형이 됨을 이용한다.

모서리 AE, EF, FG, GC, CD, DA의 중점을 연결하여 만든 도형은 정육각형이다.

여섯 개의 선분의 길이가 모두 같음을 확인할 수 있어.

Step 2 두 직선 MN, PQ가 이루는 예각의 크기를 구한다.

그림과 같이 직선 MN과 직선 PQ가 만나는 점을 T라 할 때, 두 직선 MN, PQ가 이루는 예각의 크기는 ∠MTP의 크기와 같다.
└ 두 선분 MN, PQ를 연장하면 점 T에서 만나.

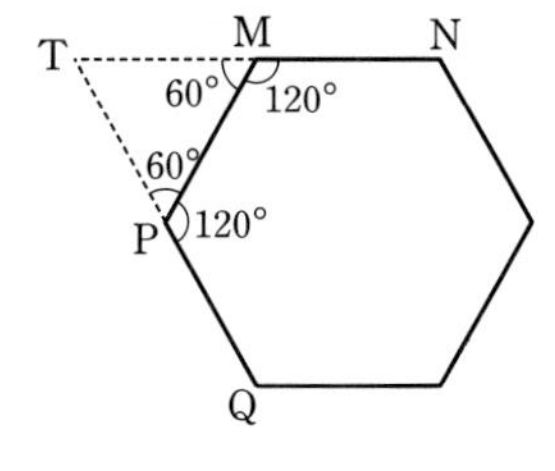

이때 정육각형의 한 내각의 크기는

$\frac{180° \times (6-2)}{6} = 120°$이므로

∠MPQ = ∠NMP = 120°　　정n각형의 한 내각의 크기는 $\frac{180° \times (n-2)}{n}$

∴ ∠MPT = ∠PMT = 180° − 120° = 60°

따라서 삼각형 MTP는 정삼각형이므로 두 직선 MN, PQ가 이루는 예각의 크기는 $\frac{\pi}{3}$이다.
└ 세 내각의 크기가 모두 60°로 같기 때문이야!
└ 60°를 라디안으로 바꾸었어.

직선과 평면의 수직 관계

공간에서 직선 l이 평면 α와 점 O에서 만나고 점 O를 지나는 평면 α 위의 모든 직선과 수직일 때, 직선 l과 평면 α는 수직이라 하고, 기호로 $l \perp \alpha$로 나타낸다.

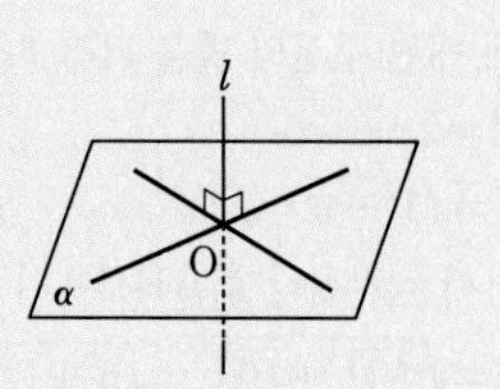

수능포인트

직선 AG와 직선 CF가 만나지 않는다고 해서 두 직선 사이의 각을 구할 수 없는 건 아닙니다. 이럴 때는 한 직선을 평행이동해서 다른 직선과 만나도록 하는 방법을 이용하거나, 직선과 평면의 수직 관계를 이용할 수 있습니다. 이 문제에서는 직선 CF와 평면 ABG가 수직임을 이용하여 두 직선 AG, CF가 수직임을 알 수 있습니다.

009

정답 ⑤

그림과 같은 정육면체에서 직선 AG와 직선 CF가 이루는 각의 크기는? (3점)
└ 열두 개의 모서리의 길이가 모두 같다.

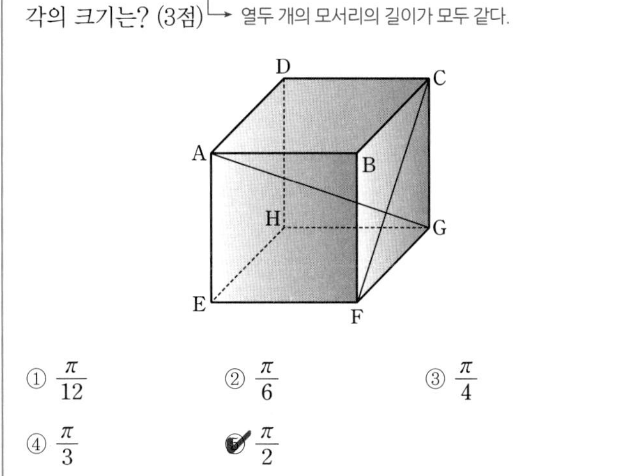

① $\frac{\pi}{12}$　② $\frac{\pi}{6}$　③ $\frac{\pi}{4}$
④ $\frac{\pi}{3}$　⑤ $\frac{\pi}{2}$

Step 1 직선과 평면의 수직 관계를 이용하여 각의 크기를 구한다.

$\overline{AB} \perp$(평면 BFGC)이므로
$\overline{AB} \perp \overline{CF}$ ...... ㉠

중요 직선 l이 평면 α와 수직일 때, 평면 α 위의 모든 직선이 직선 l과 수직이다.

사각형 BFGC는 정사각형이므로
$\overline{CF} \perp \overline{BG}$ ...... ㉡

㉠, ㉡에 의하여 $\overline{CF} \perp$(평면 ABC)이므로
$\overline{CF} \perp \overline{AG}$

따라서 직선 AG와 직선 CF가 이루는 각의 크기는 $\frac{\pi}{2}$이다.

중요 평면 α 위의 임의의 서로 다른 두 직선과 직선 l이 수직이면 직선 l과 평면 α는 수직이 돼.

010

정답 ①

한 모서리의 길이가 각각 2와 3인 두 정육면체를 그림과 같이 꼭짓점 O와 두 모서리가 겹치도록 붙여 놓았다.
두 정육면체의 대각선 OA와 OB에 대하여 ∠AOB의 크기를 θ라고 할 때, $\cos\theta$의 값은? (2점)
└ ∠AOB $= \theta$
└ $\overline{OA} = \sqrt{2^2+2^2+2^2} = \sqrt{3 \times 2^2} = 2\sqrt{3}$
$\overline{OB} = \sqrt{3^2+3^2+3^2} = \sqrt{3 \times 3^2} = 3\sqrt{3}$

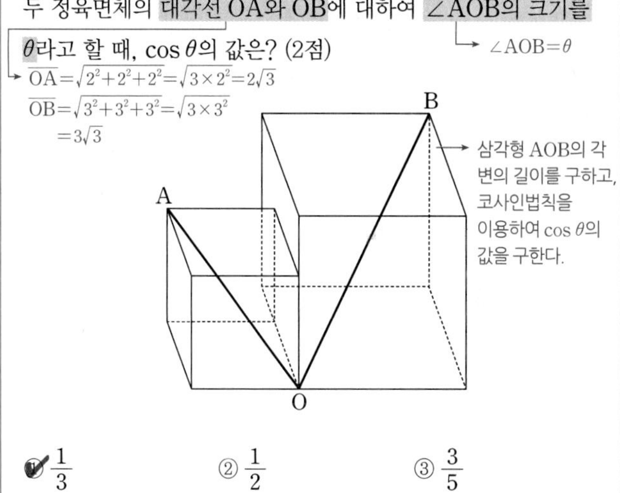

① $\frac{1}{3}$　② $\frac{1}{2}$　③ $\frac{3}{5}$
④ $\frac{2}{3}$　⑤ $\frac{3}{4}$

Step 1 삼각형 AOB의 각 변의 길이를 구한다.

주어진 그림에서

$\overline{OA} = \sqrt{2^2+2^2+2^2} = \sqrt{12} = 2\sqrt{3}$
$\overline{OB} = \sqrt{3^2+3^2+3^2} = \sqrt{27} = 3\sqrt{3}$
└ 한 모서리의 길이가 a인 정육면체의 대각선의 길이는 $\sqrt{3}a$야.

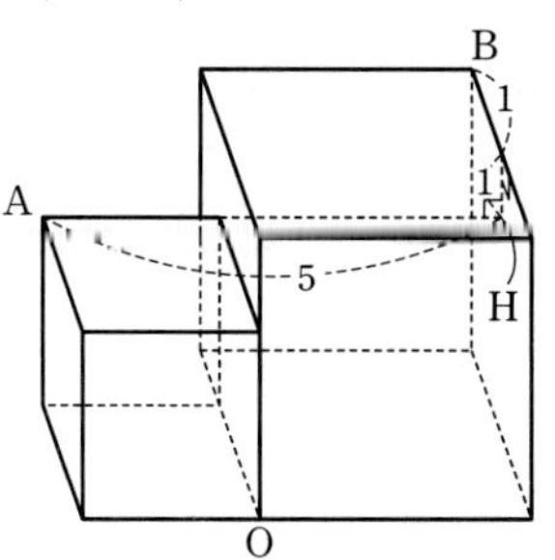

위 그림과 같이 점 A에서 한 모서리의 길이가 3인 정육면체의 한 면에 내린 수선의 발을 H라 하면

$\overline{AH}=2+3=5$

$\overline{BH}=\sqrt{1^2+1^2}=\sqrt{2}$

따라서 직각삼각형 AHB에서

$\overline{AB}=\sqrt{\overline{AH}^2+\overline{BH}^2}=\sqrt{5^2+(\sqrt{2})^2}=3\sqrt{3}$

Step 2 코사인법칙을 이용하여 $\cos\theta$의 값을 구한다.

삼각형 AOB에서 코사인법칙을 이용하면

$$\cos\theta=\frac{\overline{OA}^2+\overline{OB}^2-\overline{AB}^2}{2\times\overline{OA}\times\overline{OB}}$$

→ $\cos\alpha=\frac{a^2+b^2-c^2}{2ab}$

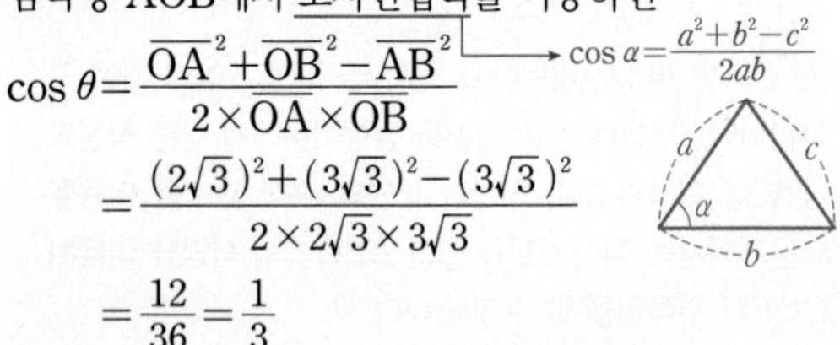

$$=\frac{(2\sqrt{3})^2+(3\sqrt{3})^2-(3\sqrt{3})^2}{2\times2\sqrt{3}\times3\sqrt{3}}$$

$$=\frac{12}{36}=\frac{1}{3}$$

011 [정답률 65%]

정답 ⑤

그림과 같이 $\overline{AB}=2$, $\overline{AD}=3$, $\overline{AE}=4$인 직육면체 ABCD−EFGH에서 평면 AFGD와 평면 BEG의 교선을 l이라 하자. 직선 l과 평면 EFGH가 이루는 예각의 크기를 θ라 할 때, $\cos^2\theta$의 값은? (4점)

→ 두 평면이 만나는 점을 이용하여 교선 l을 구한다.

→ 직선 l의 평면 EFGH 위로의 정사영을 이용한다.

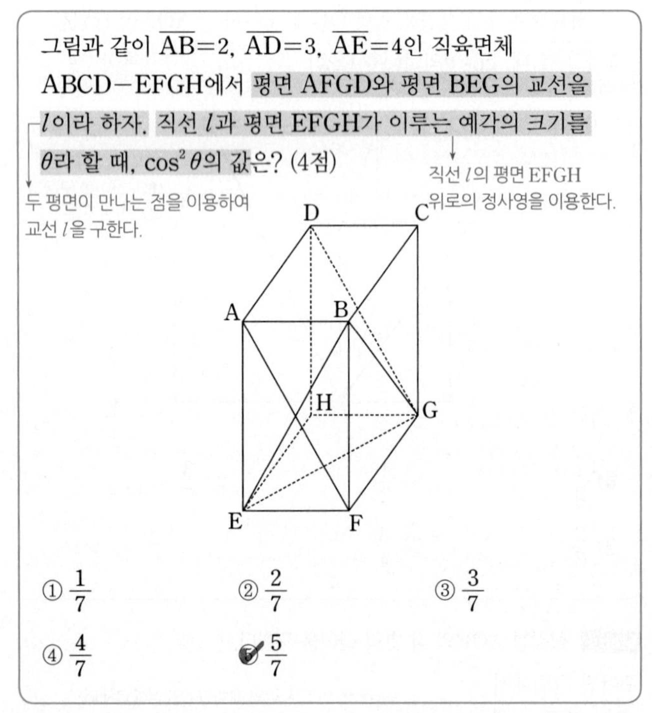

① $\frac{1}{7}$ ② $\frac{2}{7}$ ③ $\frac{3}{7}$

④ $\frac{4}{7}$ ⑤ $\frac{5}{7}$

Step 1 교선 l을 찾고, 교선 l에서 평면 EFGH에 수선의 발 N을 내려 선분 NG의 길이를 구한다.

선분 AF와 선분 BE의 교점을 M이라 하면 평면 AFGD와 평면 BEG의 교선 l은 직선 GM이다.

→ 두 평면 모두 점 G와 점 M을 지나.

중요 두 평면 α, β의 교선은 두 평면이 만나는 두 점을 이은 직선과 같아.

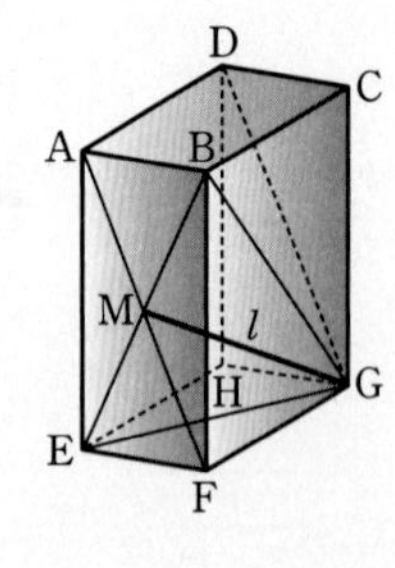

오른쪽 그림과 같이 점 M에서 평면 EFGH에 내린 수선의 발을 N이라 하면 교선 l과 평면 EFGH가 이루는 각은 $\angle NGM=\theta$이다.

→ $\overline{MN}\perp$(평면 EFGH)

→ 선분 GM의 평면 EFGH 위로의 정사영이 선분 NG야.

이때 $\overline{NF}=\frac{1}{2}\overline{EF}=\frac{1}{2}\times2=1$,

$\overline{FG}=\overline{AD}=3$이므로

$\overline{NG}=\sqrt{\overline{NF}^2+\overline{FG}^2}=\sqrt{1^2+3^2}=\sqrt{10}$

→ 직각삼각형 NFG에서 피타고라스 정리를 이용했어.

Step 2 직선과 평면의 수직 관계를 이용하여 선분 GM의 길이를 구한다.

한편, $\overline{MN}\perp$(평면 EFGH)이므로

$\overline{MN}\perp\overline{NG}$이고, 삼각형 MNG는 직각삼각형이다.

→ 공간 위의 직선 l이 평면 α와 수직일 때, 평면 α 위의 모든 직선이 직선 l과 수직이야.

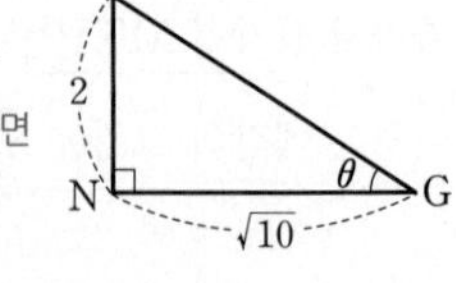

$\overline{MN}=\frac{1}{2}\overline{AE}=\frac{1}{2}\times4=2$, $\overline{NG}=\sqrt{10}$

이므로 직각삼각형 MNG에서 피타고라스 정리에 의하여

$\overline{GM}=\sqrt{\overline{MN}^2+\overline{NG}^2}$

$=\sqrt{2^2+(\sqrt{10})^2}=\sqrt{14}$

Step 3 $\cos^2\theta$의 값을 구한다.

따라서 직각삼각형 MNG에서 $\cos\theta=\frac{\overline{NG}}{\overline{GM}}=\frac{\sqrt{10}}{\sqrt{14}}$이므로

→ $\sin\theta=\frac{\overline{AC}}{\overline{AB}}$, $\cos\theta=\frac{\overline{BC}}{\overline{AB}}$, $\tan\theta=\frac{\overline{AC}}{\overline{BC}}$

$\cos^2\theta=\frac{10}{14}=\frac{5}{7}$

012

정답 ④

그림과 같은 정육면체의 전개도에 의해 만들어지는 정육면체 ABCD−EFGH에 대하여 [보기]에서 옳은 것만을 있는 대로 고른 것은? (4점)

→ 6개의 정사각형으로 이루어진 도형이야.

전개도를 이용하여 정육면체를 그림으로 나타내어 본다.

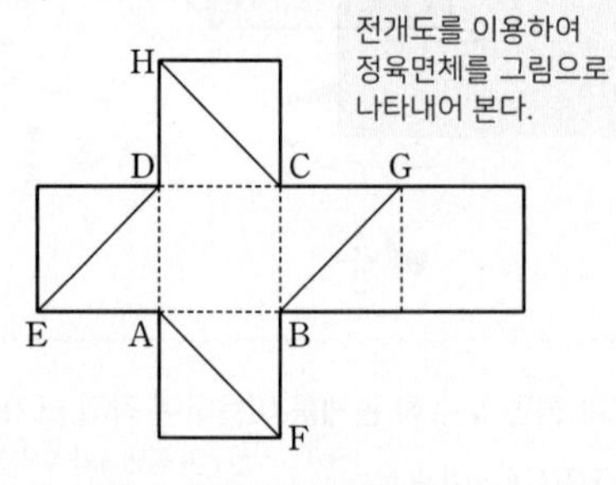

[보기]

→ 두 직선이 만나지도 않고, 꼬인 위치에 있지도 않다는 뜻이야.

ㄱ. 두 직선 BG와 DE는 서로 평행하다.

ㄴ. 두 직선 BG와 CH가 이루는 각의 크기는 60°이다.

ㄷ. 두 직선 BH와 DG는 서로 수직이다.

① ㄱ ② ㄴ ③ ㄱ, ㄷ

④ ㄴ, ㄷ ⑤ ㄱ, ㄴ, ㄷ

본문 142쪽

→ 입체도형을 펼쳐서 평면에 나타낸 그림

Step 1 주어진 전개도를 이용하여 정육면체 ABCD−EFGH를 만들고 ㄱ, ㄴ의 참, 거짓을 판별한다.

주어진 전개도에 의하여 만들어지는 정육면체는 다음과 같다.

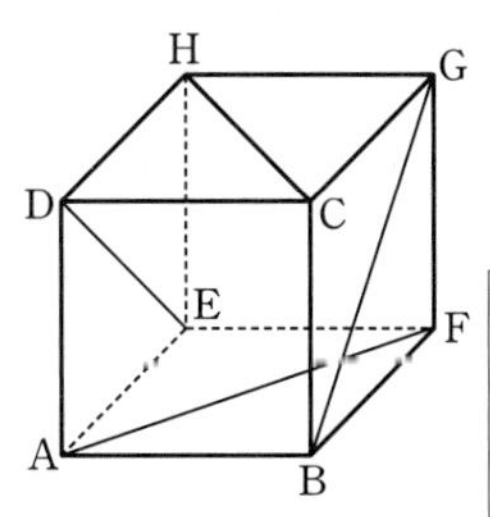

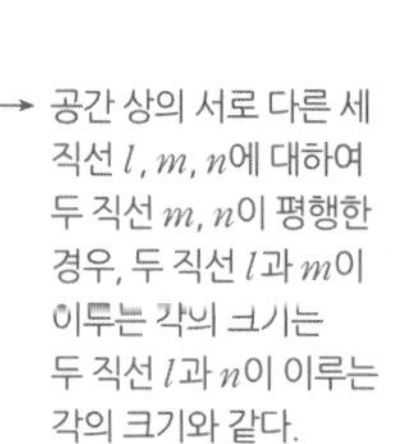

주의 두 직선이 있는 평면이 서로 평행하다고 '두 직선도 평행하겠군!'하고 착각하면 안 돼!

ㄱ. 두 직선 BG, DE는 만나지도 않고 평행하지도 않으므로 꼬인 위치에 있다. (거짓)

ㄴ. 두 직선 CH, BE는 서로 평행하므로 두 직선 BG, CH가 이루는 각의 크기는 두 직선 BG, BE가 이루는 각의 크기와 같다.

두 직선 BG, BE가 이루는 각의 크기를 θ라 하면

삼각형 BGE는 정삼각형이므로 → 세 선분 BE, BG, EG는 모두 정사각형의 대각선이다.

$\theta=60°$

그러므로 두 직선 BG, CH가 이루는 각의 크기는 60°이다. (참)

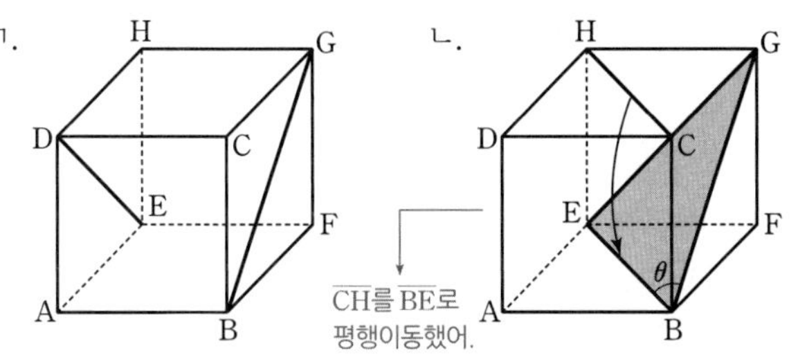

Step 2 정육면체 ABCD−EFGH의 왼쪽에 같은 모양의 정육면체를 붙여 ㄷ의 참, 거짓을 판별한다.

두 직선이 이루는 각을 찾기 어려운 경우 이와 같이 직선의 평행이동을 이용한다.

ㄷ. 오른쪽 그림과 같이 같은 모양의 정육면체를 붙여 보자. 이때 두 직선 DG, D′H는 평행하므로 두 직선 BH, DG가 이루는 각의 크기는 두 직선 BH, D′H가 이루는 각의 크기와 같다.

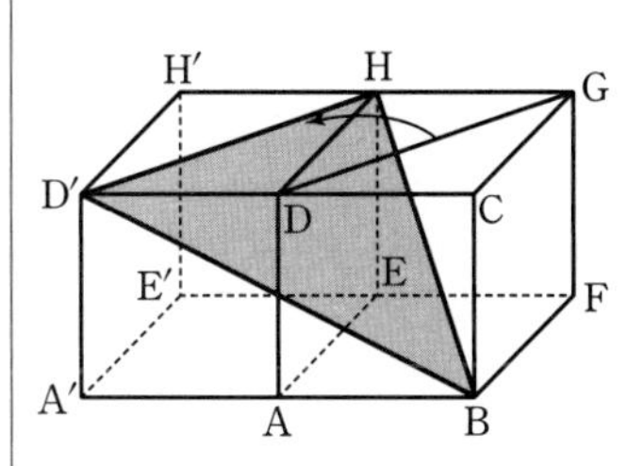

정육면체 ABCD−EFGH의 한 모서리의 길이를 a라 하면 삼각형 BHD′에서 $\overline{BH}=\sqrt{3}a$, $\overline{D'H}=\sqrt{2}a$, $\overline{BD'}=\sqrt{5}a$이므로

$\overline{BH}^2+\overline{D'H}^2=\overline{BD'}^2$

즉, 삼각형 BHD′은 ∠BHD′=90°인 직각삼각형이므로

두 직선 BH, D′H가 이루는 각의 크기는 90°이다.

그러므로 두 직선 BH와 DG는 서로 수직이다. (참)

따라서 옳은 것은 ㄴ, ㄷ이다.

중요 삼각형 ABC가 $\overline{AB}^2=\overline{AC}^2+\overline{BC}^2$을 만족시킬 때, 삼각형 ABC는 ∠C=90°인 직각삼각형이다. (피타고라스 정리의 역)

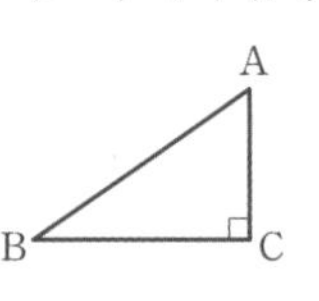

013 [정답률 89%]

중요 8개의 정삼각형으로 이루어진 도형이야.

정답 ③

정팔면체 ABCDEF에서 두 모서리 AC와 DE가 이루는 각의 크기를 θ라 할 때, $\cos\theta$의 값은? $\left(\text{단, } 0\le\theta\le\frac{\pi}{2}\right)$ (3점)

주의 각 θ의 범위도 유심히 봐야 해.

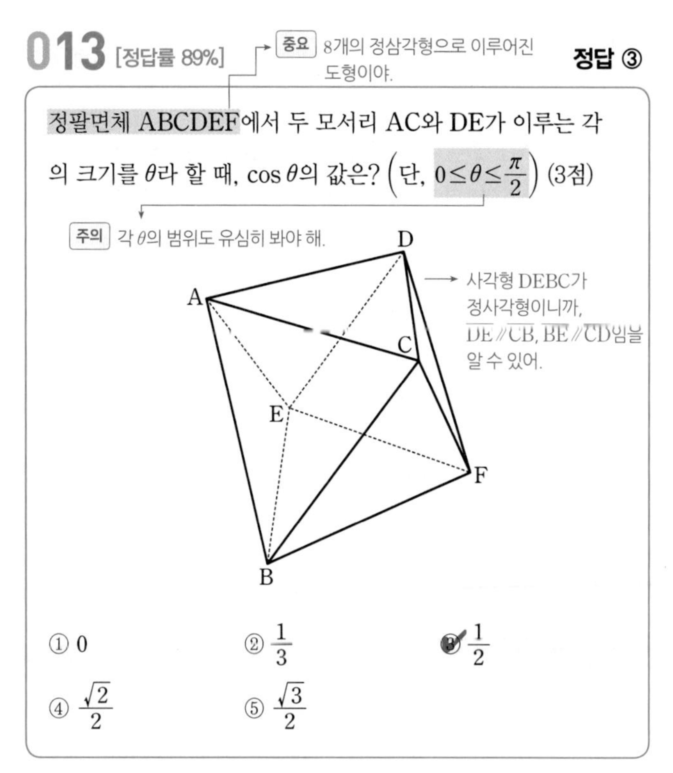

① 0 ② $\frac{1}{3}$ ③ $\frac{1}{2}$

④ $\frac{\sqrt{2}}{2}$ ⑤ $\frac{\sqrt{3}}{2}$

Step 1 두 모서리 중 한 모서리를 평행이동하여 나머지 한 모서리와 한 꼭짓점에서 만나도록 한다. → 두 모서리가 이루는 각의 크기를 구할 때 자주 사용하는 방법이야.

주어진 도형은 정팔면체이므로 모서리 DE와 모서리 CB는 서로 평행하다.

따라서 두 모서리 AC, DE가 이루는 각의 크기는 두 모서리 AC, CB가 이루는 각의 크기와 같다.

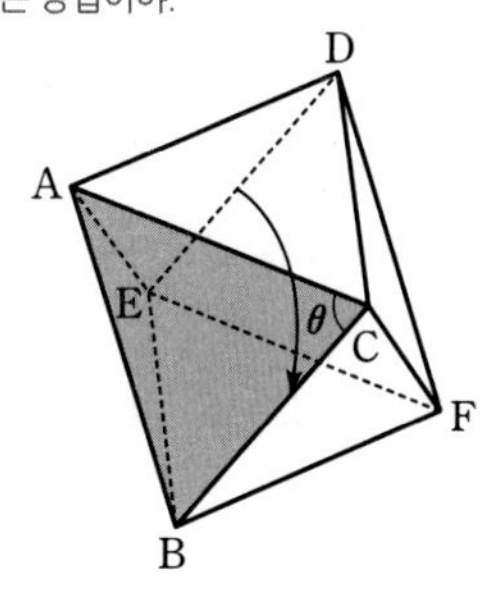

꼬인 위치에 있는 두 직선에 각각 평행한 두 직선이 한 점에서 만나 이루는 각은 꼬인 위치에 있는 두 직선이 이루는 각이다.

Step 2 두 모서리 AC, CB가 이루는 각의 크기 θ를 구한다.

삼각형 ABC는 정삼각형이고 두 모서리 AC, CB가 이루는 각의 크기는 θ이므로 $\theta=\frac{\pi}{3}$

→ 정삼각형의 한 내각의 크기는 60°, 즉 $\frac{\pi}{3}$야.

$\therefore \cos\theta=\cos\frac{\pi}{3}=\frac{1}{2}$ → 암기 $\cos\frac{\pi}{6}=\frac{\sqrt{3}}{2}$, $\cos\frac{\pi}{4}=\frac{\sqrt{2}}{2}$

014 [정답률 48%] 정답 7

→ 4개의 정삼각형으로 이루어진 도형이야.

정사면체 ABCD에서 두 모서리 AC, AD의 중점을 각각 M, N이라 하자. 직선 BM과 직선 CN이 이루는 예각의 크기를 θ라 할 때, $\cos\theta=\frac{q}{p}$이다. $p+q$의 값을 구하시오. (단, p와 q는 서로소인 자연수이다.) (4점)

→ 여기서 $\overline{BM}\perp\overline{AC}$, $\overline{CN}\perp\overline{AD}$임을 알아낼 수 있어야 해.

→ 주의 사소한 조건들도 절대 놓쳐서는 안 돼!

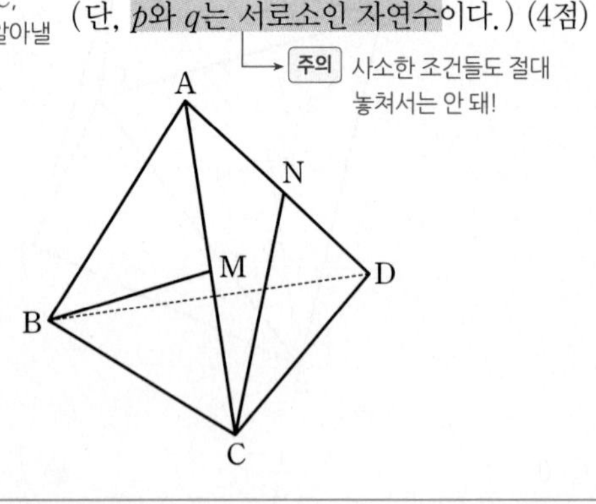

Step 1 직선 BM과 한 점에서 만나면서 직선 CN과 평행한 직선을 찾는다.

정사면체 ABCD에서 선분 AN의 중점을 P라 하면 두 점 P, M은 각각 두 선분 AN, AC의 중점이므로 삼각형의 두 변의 중점을 연결한 선분의 성질에 의하여 직선 MP와 직선 CN은 서로 평행하다.

→ '알아야 할 기본 개념'을 참고해.

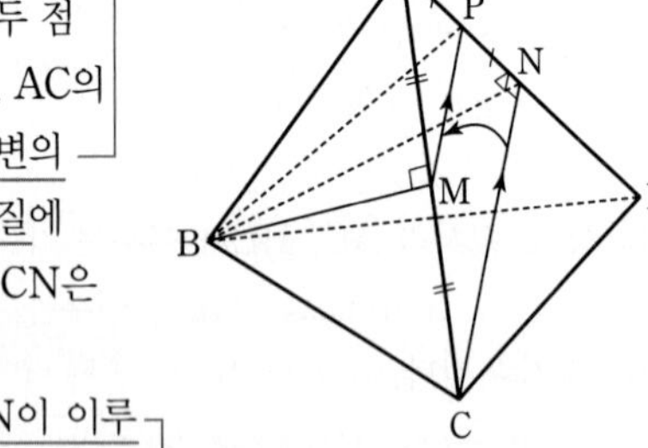

즉, 직선 BM과 직선 CN이 이루는 각의 크기는 직선 BM과 직선 MP가 이루는 각의 크기와 같다.

→ 중요 임의의 두 직선이 이루는 각의 크기를 구할 때, 이와 같이 한 직선을 평행이동시켜 두 직선이 만나게 한다.

Step 2 정사면체의 한 모서리의 길이를 임의로 정하고, 삼각형 BMP의 세 변의 길이를 구한다.

→ $\overline{AP}=\overline{NP}=1$로 딱 떨어지니까 계산하기 쉬울 거야.

이때 $\overline{AB}=4$라 하면

$\overline{BM}=\frac{\sqrt{3}}{2}\overline{AB}=\frac{\sqrt{3}}{2}\times4=2\sqrt{3}$

→ 정삼각형 ABC의 높이

같은 방법으로

$\overline{CN}=\frac{\sqrt{3}}{2}\overline{AD}=\frac{\sqrt{3}}{2}\times4=2\sqrt{3}$

→ 정삼각형 ACD의 높이

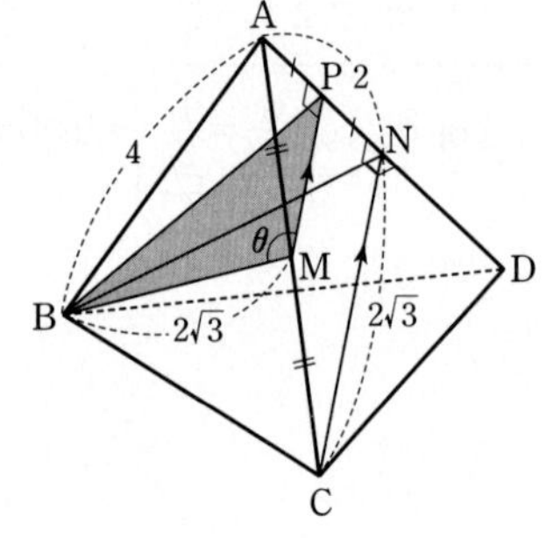

삼각형의 중점을 연결한 선분의 성질에 의하여

$\overline{MP}=\frac{1}{2}\overline{CN}=\frac{1}{2}\times2\sqrt{3}=\sqrt{3}$

한편, 삼각형 BNP에서

→ 정삼각형 ABD의 꼭짓점 B에서 선분 AD에 내린 수선의 발이 N과 같으므로 $\overline{BN}\perp\overline{PN}$

$\angle BNP=90^\circ$이고 $\overline{BN}=\overline{BM}=2\sqrt{3}$, $\overline{NP}=\frac{1}{2}\overline{AN}=\frac{1}{2}\times2=1$

이므로 피타고라스 정리에 의하여

$\overline{BP}=\sqrt{\overline{BN}^2+\overline{NP}^2}=\sqrt{(2\sqrt{3})^2+1^2}=\sqrt{13}$

Step 3 점 P에서 선분 BM에 수선의 발을 내려 $\cos\theta$의 값을 구한다.

점 P에서 선분 BM에 내린 수선의 발을 E라 하면 두 삼각형 PBE, PME는 직각삼각형이다.

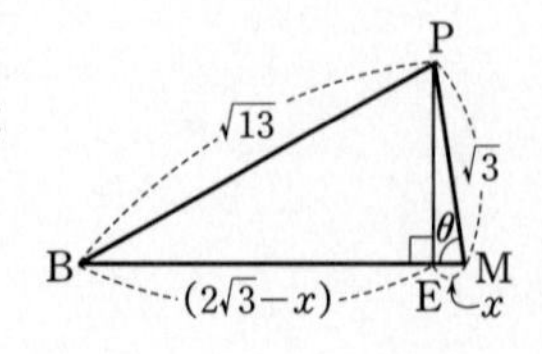

→ $\because \overline{BE}+\overline{EM}=\overline{BM}=2\sqrt{3}$

$\overline{EM}=x$라 하면 $\overline{BE}=2\sqrt{3}-x$이므로 피타고라스 정리에 의하여

$\overline{PE}^2=(\sqrt{3})^2-x^2=(\sqrt{13})^2-(2\sqrt{3}-x)^2$

$3-x^2=13-(12-4\sqrt{3}x+x^2)$

→ 두 직각삼각형 PBE, PME의 높이가 $\overline{PE}$로 같음을 이용한다.

$4\sqrt{3}x=2$

$\therefore x=\frac{2}{4\sqrt{3}}=\frac{\sqrt{3}}{6}$

→ $\cos\theta=\frac{\overline{EM}}{\overline{MP}}$임을 위 그림을 통해 알 수 있어.

$\therefore \cos\theta=\frac{x}{\sqrt{3}}=\frac{\frac{\sqrt{3}}{6}}{\sqrt{3}}=\frac{1}{6}$

따라서 $p=6$, $q=1$이므로

$p+q=6+1=7$

알아야 할 기본개념

삼각형의 두 변의 중점을 연결한 선분의 성질

(1) 삼각형 ABC의 두 변의 중점을 연결한 선분은 나머지 변과 평행하고 그 길이는 나머지 변의 길이의 $\frac{1}{2}$이다.

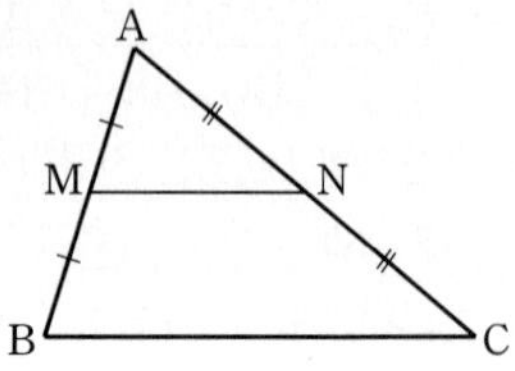

즉, 삼각형 ABC에서 두 점 M, N이 각각 선분 AB, 선분 AC의 중점이면

$\overline{MN}/\!/\overline{BC}$, $\overline{MN}=\frac{1}{2}\overline{BC}$이다.

(2) 삼각형 ABC의 한 변의 중점을 지나고 다른 한 변에 평행한 직선은 나머지 한 변의 중점을 지난다.

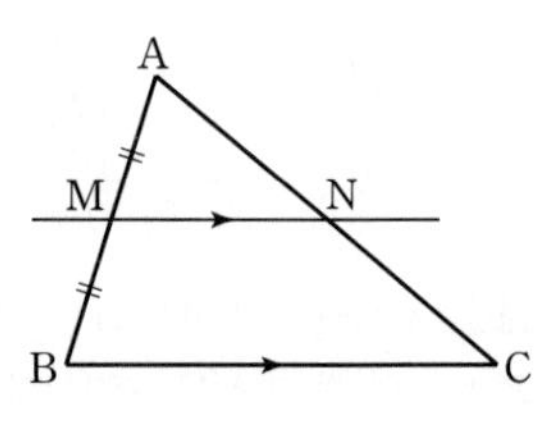

즉, 삼각형 ABC에서

$\overline{AM}=\overline{MB}$, $\overline{MN}/\!/\overline{BC}$이면

$\overline{AN}=\overline{NC}$

수능포인트

정사면체는 공간도형 문제의 단골손님입니다. 왜냐하면 정사면체는 우선 입체도형이고 모든 면이 정삼각형으로 둘러싸여 있으므로 이용할 수 있는 성질들이 많기 때문입니다. 정사면체를 이루는 면의 모든 내각의 크기가 60°이고, 변의 길이도 같고, 한 꼭짓점에서 마주 보는 변에 수선의 발을 내리면 수직이등분선이 되고, 그 내부에 이어지는 선을 그으면 삼각형의 두 변의 중점을 연결한 선분의 성질도 이용할 수 있습니다. 하지만 이러한 도형 말고 아무 규칙 없는 도형들도 등장하고 있으니 항상 정사면체와 같은 성질을 가질 것이라는 생각으로 문제에 접근하면 안 됩니다.

본문 142쪽

015 [정답률 65%]

정답 ⑤

그림은 $\overline{AC}=\overline{AE}=\overline{BE}$이고 $\angle DAC=\angle CAB=90°$인 사면체의 전개도이다.

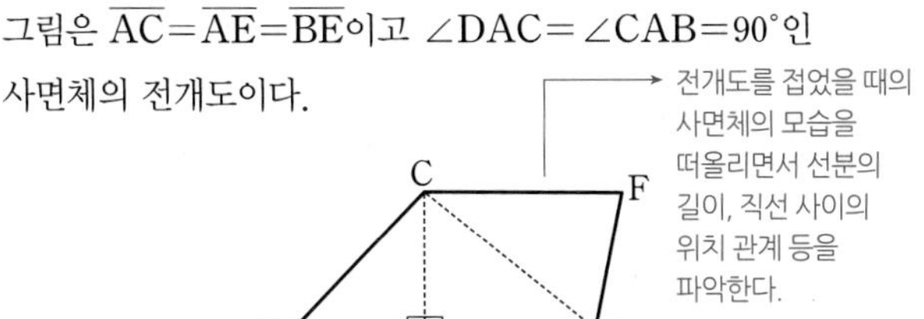

이 전개도로 사면체를 만들 때, 세 점 D, E, F가 합쳐지는 점을 P라 하자. 사면체 PABC에 대하여 옳은 것만을 [보기]에서 있는 대로 고른 것은? (4점)

[보기] → 삼각형 ACP가 직각이등변삼각형임을 이용

ㄱ. $\overline{CP}=\sqrt{2}\,\overline{BP}$

ㄴ. 직선 AB와 직선 CP는 꼬인 위치에 있다.

ㄷ. 선분 AB의 중점을 M이라 할 때, 직선 PM과 직선 BC는 서로 수직이다. → 두 직선은 만나지 않으면서 평행하지도 않아야 해.

① ㄱ ② ㄷ ③ ㄱ, ㄴ
④ ㄴ, ㄷ ⑤ ㄱ, ㄴ, ㄷ

Step 1 주어진 전개도로 만들어지는 입체도형을 이용하여 [보기]의 참, 거짓을 판별한다.

주어진 전개도 [그림 1]로 사면체를 만들면 [그림 2]와 같다.

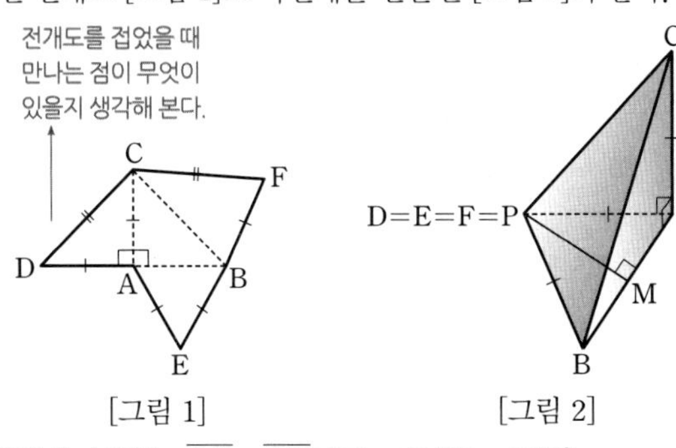

[그림 1] [그림 2]

ㄱ. 삼각형 ACP는 $\overline{AC}=\overline{AP}$이고 $\angle CAP=90°$인 직각이등변삼각형이므로
$\overline{CP}=\sqrt{2}\,\overline{AC}$
$=\sqrt{2}\,\overline{BP}$ (참)

$\cos 45°=\frac{1}{\sqrt{2}}$, $\tan 45°=1$
$\angle CPA=45°$이므로 $\frac{\overline{AC}}{\overline{CP}}=\sin 45°=\frac{1}{\sqrt{2}}$

ㄴ. 직선 AB와 직선 CP는 만나지도 않고 평행하지도 않으므로 꼬인 위치에 있다. (참)

암기 공간에서 서로 다른 두 직선은 다음과 같은 위치 관계를 가진다.
① 한 점에서 만난다.
② 평행하다.
③ 꼬인 위치에 있다.

Step 2 직선과 평면의 수직 관계를 이용하여 [보기]의 참, 거짓을 판별한다.

ㄷ. [그림 2]에서 $\overline{AP}\perp\overline{AC}$, $\overline{AB}\perp\overline{AC}$이므로 $\overline{AC}\perp$(평면 ABP)
$\therefore \overline{AC}\perp\overline{PM}$ …… ㉠ (∵ 직선 PM은 평면 ABP 위에 있다.)
한편, 삼각형 ABP는 $\overline{AP}=\overline{BP}$인 이등변삼각형이므로
$\overline{PM}\perp\overline{AB}$ …… ㉡
→ 이등변삼각형의 꼭짓점 P에서 밑변 AB에 내린 수선의 발은 선분 AB의 중점이다.

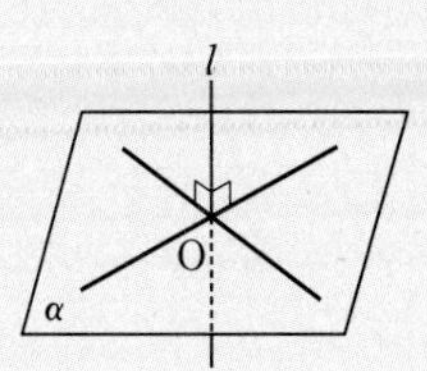

㉠, ㉡에 의하여 $\overline{PM}$은 $\overline{AB}$와 $\overline{AC}$를 포함하는 평면, 즉 평면 ABC와 수직이다.
이때 직선 BC는 평면 ABC 위의 직선이므로 $\overline{PM}\perp\overline{BC}$이다. (참)
따라서 옳은 것은 ㄱ, ㄴ, ㄷ이다.

직선과 평면의 수직 관계
공간에서 직선 l이 평면 α와 점 O에서 만나고 점 O를 지나는 평면 α 위의 모든 직선과 수직일 때, 직선 l과 평면 α는 수직이라 하고, 기호로 $l\perp\alpha$로 나타낸다.

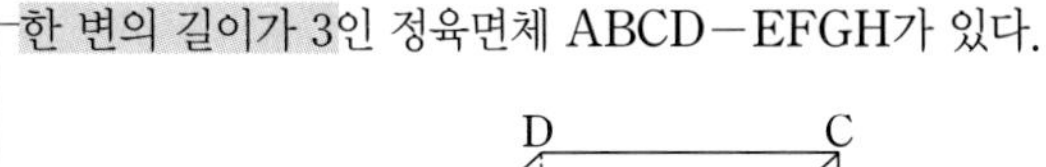

016 [정답률 86%]

정답 ①

한 변의 길이가 3인 정육면체 ABCD−EFGH가 있다.

이런 조건은 문제에 직접 표시!

선분 AG를 1 : 2로 내분하는 점을 I라 할 때, 선분 FI의 길이는? (3점)
→ 주어진 입체도형 그림에 점 I를 표시하기가 어려우니, 세 점 A, G, I를 모두 포함하는 평면도형을 그려본다.

① 3 ② $2\sqrt{3}$ ③ $\sqrt{15}$
④ $3\sqrt{2}$ ⑤ $\sqrt{21}$

$\overline{AG}=\sqrt{3}\times$(한 모서리의 길이) $=\sqrt{3}\times3=3\sqrt{3}$

Step 1 내분점의 성질을 이용한다.

→ 1 : 2로 내분하는지, 2 : 1로 내분하는지 헷갈려서는 안 돼!

$\overline{AG}=3\sqrt{3}$, $\overline{AI}:\overline{IG}=1:2$이므로 $\overline{IG}=2\sqrt{3}$ ($3\sqrt{3}\times\frac{2}{3}$)
점 I에서 $\overline{FG}$에 내린 수선의 발을 J라 하면
삼각형 IJG와 삼각형 AFG는 서로 닮음이고
닮음비가 2 : 3이므로 $\overline{JG}=2$, $\overline{FJ}=1$이다
삼각형 IJG에서 피타고라스 정리를 이용하면 ($\overline{GF}=3$)
$\overline{IJ}=\sqrt{(2\sqrt{3})^2-2^2}=\sqrt{8}=2\sqrt{2}$
$\therefore \overline{FI}=\sqrt{\overline{FJ}^2+\overline{IJ}^2}=\sqrt{1^2+(2\sqrt{2})^2}=3$
→ 직각삼각형 IFJ에서의 피타고라스 정리 이용

$\overline{AF}/\!/\overline{IJ}$이므로 $\angle GIJ=\angle GAF$, $\angle GJI=\angle GFA=90°$ (AA 닮음)

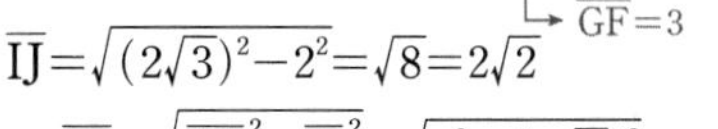

다른 풀이 공간좌표를 이용한 풀이 → x축, y축, z축, 원점의 위치를 확실하게 정해놓아야 해.

Step 1 정육면체를 점 H를 원점으로 하는 좌표공간에서 생각한다.

점 H를 원점으로 하고 직선 HE, 직선 HG, 직선 HD가 각각 x축, y축, z축인 좌표공간에서 생각하면 세 점 A, G, F의 좌표는 각각

A(3, 0, 3), G(0, 3, 0), F(3, 3, 0)

이다.

그러므로 선분 AG를 1 : 2로 내분하는 점 I의 좌표는

$\left(\frac{0+6}{1+2}, \frac{3+0}{1+2}, \frac{0+6}{1+2}\right)$에서 I(2, 1, 2)

$\therefore \overline{\mathrm{FI}}=\sqrt{(2-3)^2+(1-3)^2+(2-0)^2}$
$=\sqrt{9}=3$

017

정답 ①

오른쪽 삼각기둥에서 두 정사각형 ABFE와 CDEF의 한 변의 길이는 1이다. $\angle \mathrm{AED}=\theta$일 때, 선분 BD의 길이를 θ의 함수로 나타낸 것은? (3점)

✔ $\sqrt{3-2\cos\theta}$　② $\sqrt{3+2\cos\theta}$　③ $\sqrt{3}$　④ $\sqrt{3-2\sin\theta}$　⑤ $\sqrt{3+2\sin\theta}$

→ $\overline{\mathrm{AB}}=1$이니까 선분 AD의 길이만 알면 피타고라스 정리를 이용할 수 있어.

Step 1 코사인법칙을 이용하여 $\overline{\mathrm{AD}}^2$의 값을 구한다.

삼각형 ADE에서 코사인법칙을 이용하면

$\overline{\mathrm{AD}}^2=\overline{\mathrm{AE}}^2+\overline{\mathrm{DE}}^2-2\times\overline{\mathrm{AE}}\times\overline{\mathrm{DE}}\times\cos\theta$
$=1^2+1^2-2\times1\times1\times\cos\theta$ → 정사각형 ABFE, CDEF의 한 변의 길이가 1이니까 $\overline{\mathrm{AE}}=\overline{\mathrm{DE}}=1$이야.
$=2-2\cos\theta$

Step 2 피타고라스 정리를 이용하여 선분 BD의 길이를 θ에 대한 식으로 나타낸다.

직각삼각형 ABD에서 피타고라스 정리를 이용하면

$\overline{\mathrm{BD}}^2=\overline{\mathrm{AB}}^2+\overline{\mathrm{AD}}^2$
$=1^2+(2-2\cos\theta)$
$=3-2\cos\theta$ → $-1\le\cos\theta\le1$이니까 $3-2\cos\theta>0$

$\therefore \overline{\mathrm{BD}}=\sqrt{3-2\cos\theta}$ ($\because \overline{\mathrm{BD}}>0$)

018 [정답률 76%]

정답 ⑤

비탈면 위의 직선 도로의 경사도를 $\frac{(\text{수직거리})}{(\text{수평거리})}$로 나타낸다.

[그림 1]에서 직선 도로 AB의 경사도는 $\frac{\overline{\mathrm{BH}}}{\overline{\mathrm{AH}}}$이다.

→ $\angle \mathrm{BAH}=\alpha$라고 하면 직선 도로 AB의 경사도는 $\tan\alpha$가 돼.

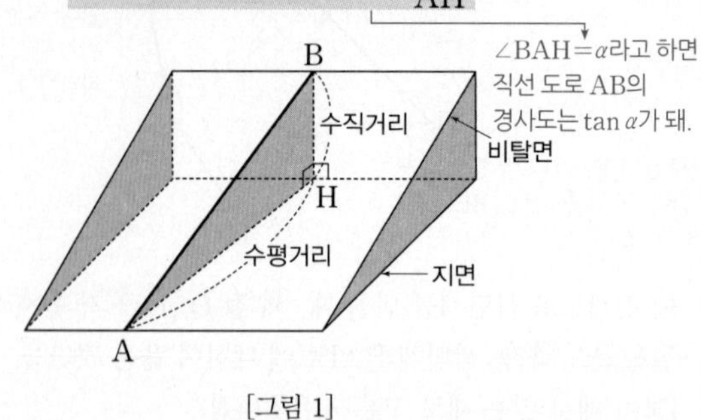

[그림 1]

[그림 2]와 같이 지면과 30°의 각을 이루는 비탈면 위에 두 직선 도로 AB, AC가 있다. 직선 도로 AB의 경사도는 $\frac{1}{\sqrt{3}}$이고, 직선 도로 AC의 경사도는 $\frac{1}{2}$이다. $\angle \mathrm{BAC}=\theta$일 때, $\sin\theta$의 값은? (4점)

→ 경사도를 이용하면 선분 AB, AC가 지면과 이루는 각에 대한 탄젠트의 값이 각각 $\frac{1}{\sqrt{3}}$, $\frac{1}{2}$임을 알 수 있어.

→ θ의 값을 구하려면 선분 AB, AC, BC의 길이를 구해야 해.

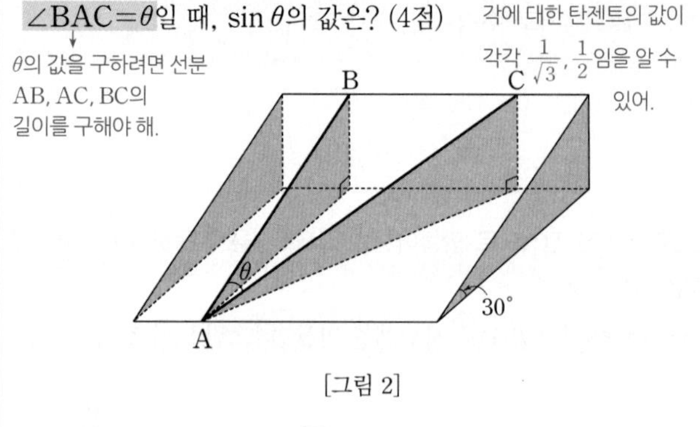

[그림 2]

① $\frac{1}{3}$　② $\frac{\sqrt{3}}{3}$　③ $\frac{1}{2}$　④ $\frac{\sqrt{3}}{2}$　✔ $\frac{\sqrt{5}}{5}$

→ (지면)⊥$\overline{\mathrm{BH}}$, (지면)⊥$\overline{\mathrm{CH'}}$

Step 1 두 점 B, C에서 지면에 각각 수선의 발 H, H′을 내린 후 $\overline{\mathrm{BH}}=a$라 하고 경사도를 이용하여 선분 AH, AH′의 길이를 a로 표현한다.

두 점 B, C에서 지면에 내린 수선의 발을 각각 H, H′이라 하고 $\overline{\mathrm{BH}}=\overline{\mathrm{CH'}}=a$라 하면 → 수직 거리는 항상 같아.

직선 도로 AB의 경사도가 $\frac{1}{\sqrt{3}}$이므로 $\overline{\mathrm{AH}}=\sqrt{3}a$

직선 도로 AC의 경사도가 $\frac{1}{2}$이므로 $\overline{\mathrm{AH'}}=2a$

→ $\because$ (직선 도로 AC의 경사도)$=\frac{\overline{\mathrm{CH'}}}{\overline{\mathrm{AH'}}}$

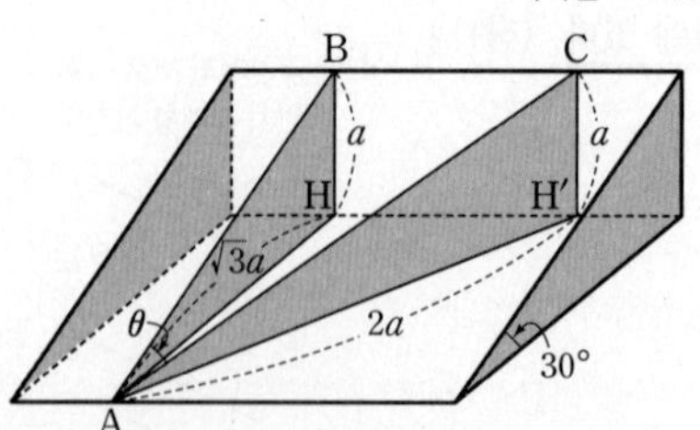

Step 2 피타고라스 정리를 이용하여 직각삼각형 ABC의 세 변의 길이를 a로 표현한 후 $\sin\theta$의 값을 구한다.

→ 이 문제에서는 피타고라스 정리를 무려 세 번이나 사용해. 계산할 때 실수하지 않도록 주의해!

직각삼각형 ABH에서 $\tan(\angle BAH)=\frac{1}{\sqrt{3}}$이므로

$\angle BAH=30°$ $\tan 30°=\frac{1}{\sqrt{3}}$

지면과 비탈면이 30°의 각을 이루고

$\angle BAH=30°$이므로 $\angle ABC=90°$

따라서 세 삼각형 ABH, ACH′, ABC는

직각삼각형이므로

$\overline{AB}=\sqrt{\overline{AH}^2+\overline{BH}^2}=\sqrt{(\sqrt{3}a)^2+a^2}=2a$

$\overline{AC}=\sqrt{\overline{AH'}^2+\overline{CH'}^2}=\sqrt{(2a)^2+a^2}=\sqrt{5}a$

$\overline{BC}=\sqrt{\overline{AC}^2-\overline{AB}^2}=\sqrt{(\sqrt{5}a)^2-(2a)^2}=a$

$\therefore \sin\theta=\frac{\overline{BC}}{\overline{AC}}=\frac{a}{\sqrt{5}a}=\frac{1}{\sqrt{5}}=\frac{\sqrt{5}}{5}$

이 문제는 ∠ABC가 90°임을 알아내는 게 키포인트야!

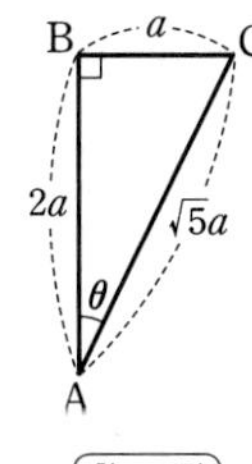

참고그림

점 C에서 점 A를 지나면서 $\overline{AB}$에 수직인 지면 위의 직선에 내린 수선의 발을 H″이라 하면 $\overline{AB}/\!/\overline{CH''}$, $\overline{AH''}/\!/\overline{BC}$, $\overline{AB}\perp\overline{AH''}$이므로 사각형 AH″CB는 직사각형이다.

019

정답 ④

원뿔의 꼭짓점에서 밑면에 내린 수선의 발이 밑면에 해당하는 원의 중심일 때, 이 원뿔을 직원뿔이라고 해.

오른쪽 그림과 같은 직원뿔 모양의 산이 있다. A지점을 출발하여 산을 한 바퀴 돌아 B지점으로 가는 관광 열차의 궤도를 최단거리로 놓으면, 이 궤도는 처음에는 오르막길이지만 나중에는 내리막길이 된다. 이 내리막길의 길이는? (4점)

먼저, 어떨 때 내리막길이 될지 생각해본다.

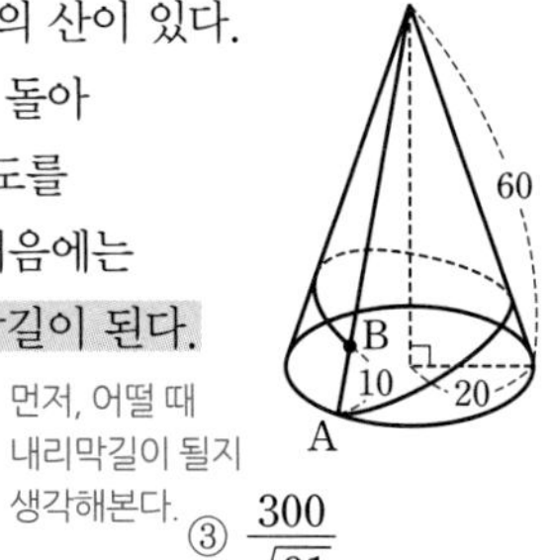

① $\frac{200}{\sqrt{19}}$ ② $\frac{300}{\sqrt{30}}$ ③ $\frac{300}{\sqrt{91}}$ ④ $\frac{400}{\sqrt{91}}$ ⑤ $\frac{300}{\sqrt{19}}$

Step 1 직원뿔의 전개도를 이용하여 ∠AOB의 크기를 구한다.

직원뿔의 꼭짓점을 O라 하자.

오른쪽 그림과 같은 직원뿔의 전개도의 점 O에서 선분 AB에 내린 수선의 발을 D라 하면 내리막길의 길이는 $\overline{DB}$가 된다.

밑면의 원의 둘레의 길이와 호 AC의 길이가 같으므로

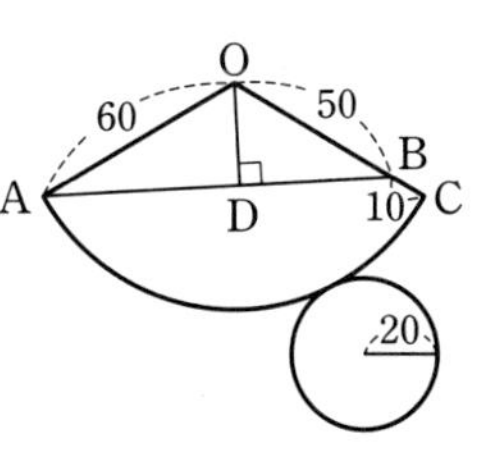

$2\pi\times20=60\times\angle AOB$

$\therefore \angle AOB=\frac{2}{3}\pi$

부채꼴의 호의 길이와 넓이
반지름의 길이가 r, 중심각의 크기가 θ(라디안)인 부채꼴의 호의 길이를 l, 넓이를 S라 하면
❶ $l=r\theta$
❷ $S=\frac{1}{2}r^2\theta=\frac{1}{2}rl$

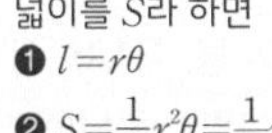

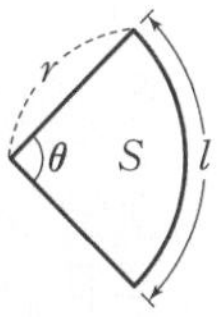

중요 직각삼각형에서 직각과 마주 보고 있는 변을 빗변이라고 해.

Step 2 직원뿔의 전개도에서 선분 OA의 연장선을 그어 선분 AB를 빗변으로 하는 직각삼각형을 만들고 선분 AB의 길이를 구한다.

점 B에서 선분 OA의 연장선에 내린 수선의 발을 E라 하면

$\angle BOE=\pi-\frac{2}{3}\pi=\frac{\pi}{3}$이므로

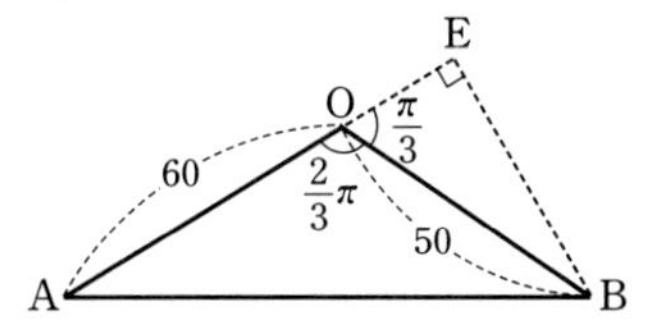

$\overline{OE}=50\cos\frac{\pi}{3}=50\times\frac{1}{2}=25$

$\overline{BE}=50\sin\frac{\pi}{3}=50\times\frac{\sqrt{3}}{2}=25\sqrt{3}$

직각삼각형 BOE에서 $\cos(\angle BOE)=\cos\frac{\pi}{3}=\frac{\overline{OE}}{\overline{OB}}$, $\sin(\angle BOE)=\sin\frac{\pi}{3}=\frac{\overline{BE}}{\overline{OB}}$

삼각형 ABE는 ∠E=90°인 직각삼각형이므로

피타고라스 정리에 의하여

$\overline{AB}=\sqrt{\overline{AE}^2+\overline{BE}^2}=\sqrt{85^2+(25\sqrt{3})^2}=10\sqrt{91}$

계산하는 게 복잡해도 포기하면 안 돼!

Step 3 삼각형 ABO의 넓이를 구한 후 피타고라스 정리를 이용하여 선분 DB의 길이를 구한다.

삼각형 ABO의 넓이는

$\frac{1}{2}\times\overline{AB}\times\overline{OD}$ ($\overline{AB}$=(밑변의 길이), $\overline{OD}$=(높이))

$=\frac{1}{2}\times\overline{OA}\times\overline{OB}\times\sin(\angle AOB)$

이므로

두 변의 길이가 a, b이고 그 사이의 각의 크기가 θ인 삼각형의 넓이 S는 $S=\frac{1}{2}ab\sin\theta$

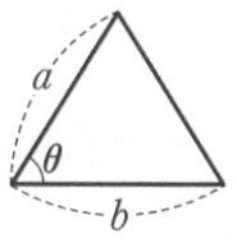

$\frac{1}{2}\times10\sqrt{91}\times\overline{OD}=\frac{1}{2}\times60\times50\times\sin\frac{2}{3}\pi$

$\therefore \overline{OD}=\frac{150\sqrt{3}}{\sqrt{91}}$

따라서 직각삼각형 ODB에서 피타고라스 정리에 의하여

$\overline{DB}=\sqrt{\overline{OB}^2-\overline{OD}^2}=\sqrt{50^2-\left(\frac{150\sqrt{3}}{\sqrt{91}}\right)^2}=\frac{400}{\sqrt{91}}$

$\sqrt{\frac{50^2\times91-150^2\times3}{91}}=\sqrt{\frac{50^2(91-27)}{91}}=\sqrt{\frac{50^2\times8^2}{91}}=\frac{400}{\sqrt{91}}$

020 [정답률 62%]

정답 ②

정육면체에 내접하는 구의 반지름의 길이가 6임을 알 수 있어야 해!

그림과 같이 한 변의 길이가 12인 정육면체 ABCD−EFGH에 내접하는 구가 있다. 변 AE, CG를 1 : 3으로 내분하는 점을 각각 P, R라 하고 변 BF의 중점을 Q라 한다. 네 점 D, P, Q, R를 지나는 평면으로 내접하는 구를 자를 때 생기는 원의 넓이는? (4점)

평면 DPQR에 $\overline{DQ}$도 포함돼 있어. $\overline{DQ}$와 구가 만나는 두 점을 지름의 양 끝으로 하는 원이 평면 DPQR에 의해 구가 잘린 단면이야!

① 26π ② 28π ③ 30π ④ 32π ⑤ 34π

Step 1 삼각형의 닮음을 이용하여 구의 중심에서 평면 DPQR에 내린 수선의 길이를 구한다. 수선의 길이는 $\overline{OS}$이다.

내접하는 구의 중심을 O, 변 DH의 중점을 Q′, 점 O에서 선분 DQ에 내린 수선의 발을 S라 하면 삼각형 DQQ′과 삼각형 OQS는 ∠DQQ′을 공통으로 가지고 ∠DQ′Q=∠OSQ=90°이므로

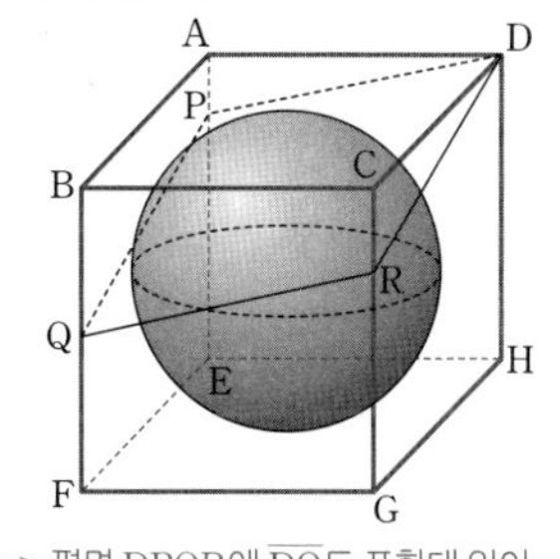

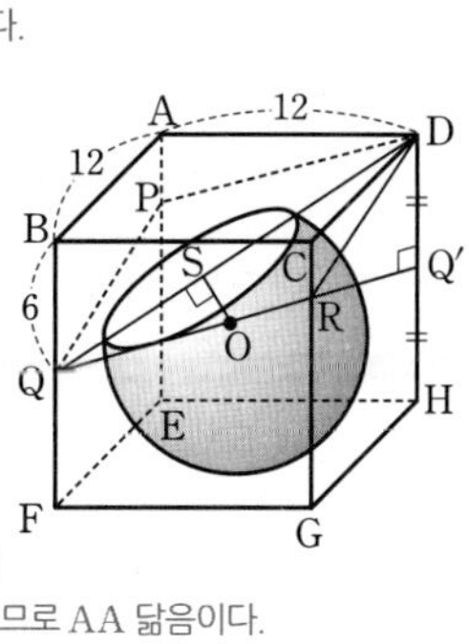

△DQQ′ ∽△OQS (AA 닮음)

대응하는 두 쌍의 각의 크기가 같으므로 AA 닮음이다.

$\overline{DQ'}:\overline{DQ}=\overline{OS}:\overline{OQ}$

$\therefore \overline{OS}=\frac{\overline{DQ'}\times\overline{OQ}}{\overline{DQ}}$

여기서

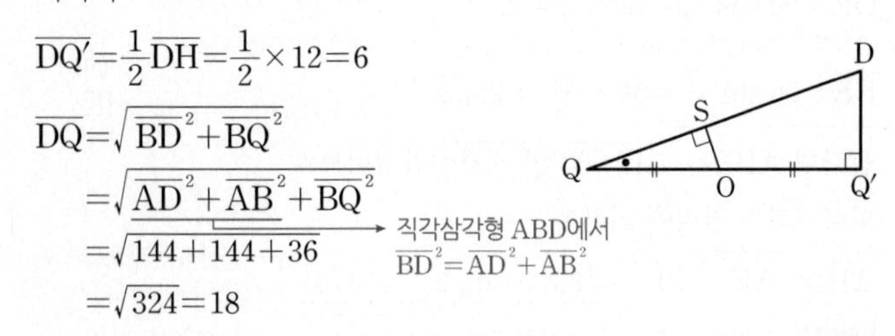

$\overline{DQ'}=\frac{1}{2}\overline{DH}=\frac{1}{2}\times 12=6$

$\overline{DQ}=\sqrt{\overline{BD}^2+\overline{BQ}^2}$

$=\sqrt{\overline{AD}^2+\overline{AB}^2+\overline{BQ}^2}$ → 직각삼각형 ABD에서 $\overline{BD}^2=\overline{AD}^2+\overline{AB}^2$

$=\sqrt{144+144+36}$

$=\sqrt{324}=18$

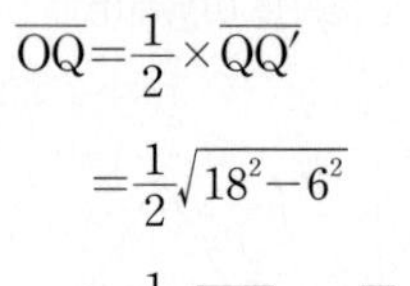

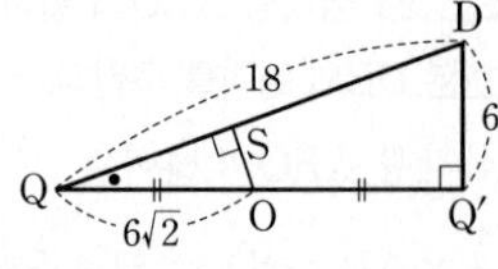

$\overline{OQ}=\frac{1}{2}\times\overline{QQ'}$

$=\frac{1}{2}\sqrt{18^2-6^2}$

$=\frac{1}{2}\sqrt{288}=6\sqrt{2}$

이므로

$\overline{OS}=\frac{6\times 6\sqrt{2}}{18}=2\sqrt{2}$

→ 선분 OS의 길이를 닮음을 이용하여 구해도 되지만 삼각함수를 이용하여 구할 수도 있어. ∠Q는 △OQS와 △DQQ′의 꼭지각이므로 $\sin(\angle Q)=\frac{\overline{DQ'}}{\overline{DQ}}=\frac{\overline{OS}}{\overline{OQ}}$를 이용하여 구할 수도 있어!

Step 2 피타고라스 정리를 이용하여 원의 넓이를 구한다.

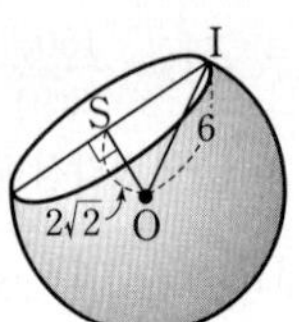

구의 반지름의 길이가 6이므로 선분 DQ가 원과 만나는 한 점을 I라 하면

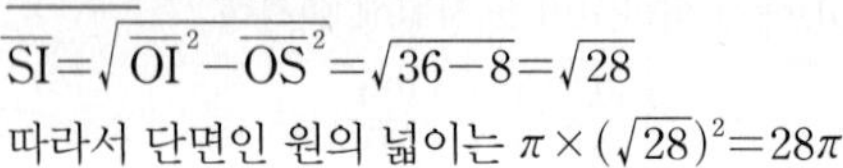

$\overline{SI}=\sqrt{\overline{OI}^2-\overline{OS}^2}=\sqrt{36-8}=\sqrt{28}$

따라서 단면인 원의 넓이는 $\pi\times(\sqrt{28})^2=28\pi$

→ 구의 특징 중 하나는 어느 방향에서 구를 잘라도 그 단면은 원이 된다는 것이다. 단면의 중심과 구의 중심을 이은 직선은 그 단면과 수직으로 만난다.

알아야 할 기본개념

삼각형의 닮음 조건

(1) SSS 닮음: 세 쌍의 대응하는 변의 길이의 비가 같은 경우

(2) SAS 닮음: 두 쌍의 대응하는 변의 길이의 비가 같고, 그 끼인각의 크기가 같은 경우

(3) AA 닮음: 두 쌍의 대응하는 각의 크기가 같은 경우

021 [정답률 47%]

정답 ④

→ 정사면체 ABCD의 중심은 구의 중심 O와 일치한다.

중심이 O이고 반지름의 길이가 1인 구에 내접하는 정사면체 ABCD가 있다. 두 삼각형 BCD, ACD의 무게중심을 각각 F, G라 할 때, [보기]에서 옳은 것만을 있는 대로 고른 것은? (4점)

[보기]

ㄱ. 직선 AF와 직선 BG는 꼬인 위치에 있다.

ㄴ. 삼각형 ABC의 넓이는 $\frac{3\sqrt{3}}{4}$보다 작다.

ㄷ. $\angle AOG=\theta$일 때, $\cos\theta=\frac{1}{3}$이다.

① ㄴ　② ㄷ　③ ㄱ, ㄴ　④ ㄴ, ㄷ　⑤ ㄱ, ㄴ, ㄷ

Step 1 주어진 조건을 그림으로 나타낸 후 ㄱ의 참, 거짓을 판별한다.

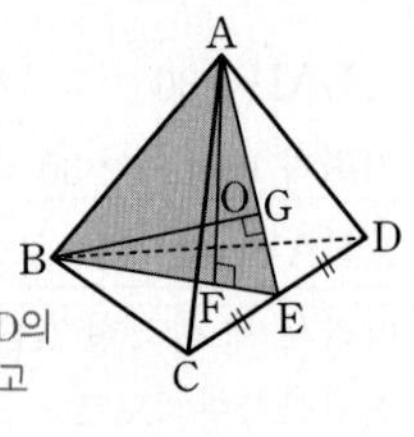

ㄱ. 선분 CD의 중점을 E라 하자.

직선 AF와 직선 BG는 구의 중심 O에서 만나므로 두 직선은 꼬인 위치에 있지 않다. (거짓)

→ 점 F와 점 G는 각각 삼각형 BCD와 삼각형 ACD의 무게중심이므로 $\overline{AF}\perp\triangle BCD$, $\overline{BG}\perp\triangle ACD$이고 $\overline{AF}$와 $\overline{BG}$는 구의 중심 O에서 만난다.

Step 2 삼각형 AFE를 그리고 선분 AF의 길이를 구한다.

ㄴ. 삼각형 ABE에서 $\overline{AE}=\overline{BE}$, 두 점 F와 G는 $\overline{BE}$, $\overline{AE}$를 각각 $2:1$로 내분하고 $\overline{GE}=\overline{FE}$이므로

→ 합동인 두 삼각형 ACD, BCD의 높이이므로 길이가 같아.

$\overline{AE}:\overline{EF}=3:1$

$\triangle AOG\backsim\triangle AEF$이므로 → AA 닮음 (∠A는 공통, ∠AGO=∠AFE=90°)

$\overline{AE}:\overline{EF}=\overline{AO}:\overline{OG}=3:1$

$\overline{OF}=\overline{OG}=k$라 하면

$\overline{AO}=3\overline{OG}=3k$

→ 중심이 O이고 반지름의 길이가 1인 구에 내접하는 정사면체이므로

이때 $\overline{AO}=1$이므로 $3k=1$　$\therefore k=\frac{1}{3}$

$\therefore \overline{AF}=\overline{AO}+\overline{OF}=3k+k=4k=4\times\frac{1}{3}=\frac{4}{3}$

삼각형의 무게중심의 성질

삼각형 BCD의 세 중선은 한 점(F)에서 만나고, 이 점은 세 중선의 길이를 꼭짓점으로부터 각각 2 : 1로 나눈다.

Step 3 피타고라스 정리를 이용하여 선분 AB의 길이를 구하고 삼각형 ABC의 넓이를 구하여 ㄴ의 참, 거짓을 판별한다.

$\overline{AB}=a$라 하면 $\overline{AE}=\overline{BE}=\frac{\sqrt{3}}{2}a$ → 한 변의 길이가 a인 정삼각형의 높이는 $\frac{\sqrt{3}}{2}a$

$\overline{BF}=\frac{2}{3}\overline{BE}=\frac{2}{3}\times\frac{\sqrt{3}}{2}a=\frac{\sqrt{3}}{3}a$ → 점 F는 정삼각형 BCD의 무게중심이므로 $\overline{BF}:\overline{FE}=2:1$ $\therefore \overline{BE}:\overline{BF}=3:2$

직각삼각형 ABF에서 피타고라스 정리에 의하여 (→ Step 2에서 $\overline{AF}=\frac{4}{3}$)

$\overline{AB}^2=\overline{AF}^2+\overline{BF}^2$이므로

$a^2=\left(\frac{4}{3}\right)^2+\left(\frac{\sqrt{3}}{3}a\right)^2=\frac{16}{9}+\frac{a^2}{3}$

$\frac{2}{3}a^2=\frac{16}{9}$　$\therefore a^2=\frac{8}{3}$

삼각형 ABC는 정삼각형이므로 그 넓이는

$\frac{\sqrt{3}}{4}a^2=\frac{\sqrt{3}}{4}\times\frac{8}{3}=\frac{2\sqrt{3}}{3}<\frac{3\sqrt{3}}{4}$ (참)

한 변의 길이가 a인 정삼각형의 넓이는 $\frac{\sqrt{3}}{4}a^2$

Step 4 직각삼각형 AOG에서 ㄷ의 참, 거짓을 판별한다.

ㄷ. ㄴ의 그림의 직각삼각형 AOG에서

$\cos\theta=\frac{\overline{OG}}{\overline{AO}}=\frac{k}{3k}=\frac{1}{3}$ (참)

따라서 옳은 것은 ㄴ, ㄷ이다.

수능포인트

문제만 읽어서는 ㄱ, ㄴ, ㄷ의 참, 거짓을 쉽게 판단하기 어렵습니다. 이런 경우에는 문제의 상황을 그림으로 나타내는 연습이 필요합니다. 실제로 정사면체 ABCD를 그리고, 두 삼각형의 무게중심을 표시하면 쉽게 풀 수 있습니다.

022 [정답률 86%] 정답 ②

여기서 $\overline{AB}=\overline{AC}$임을 확인할 수 있어.

평면 α 위에 $\angle A=90^\circ$이고 $\overline{BC}=6$인 직각이등변삼각형 ABC가 있다. 평면 α 밖의 한 점 P에서 이 평면까지의 거리가 4이고, 점 P에서 평면 α에 내린 수선의 발이 점 A일 때, 점 P에서 직선 BC까지의 거리는? (3점) → $\overline{PA}\perp\alpha$

① $3\sqrt{2}$ ② 5 ③ $3\sqrt{3}$
④ $4\sqrt{2}$ ⑤ 6

Step 1 문제의 조건을 그림으로 나타내고 삼수선의 정리를 이용한다.

점 P에서 선분 BC에 내린 수선의 발을 H라 하면 $\overline{PA}\perp\alpha$, $\overline{PH}\perp\overline{BC}$이므로

삼수선의 정리에 의하여 $\overline{AH}\perp\overline{BC}$

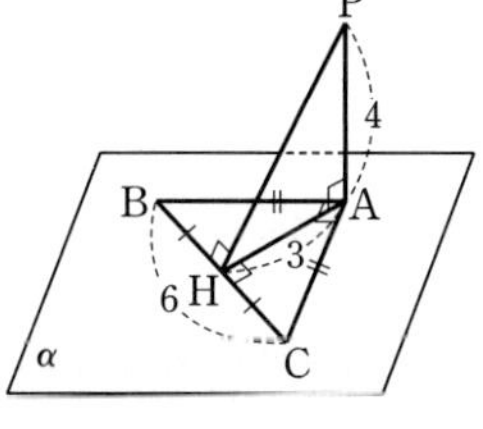

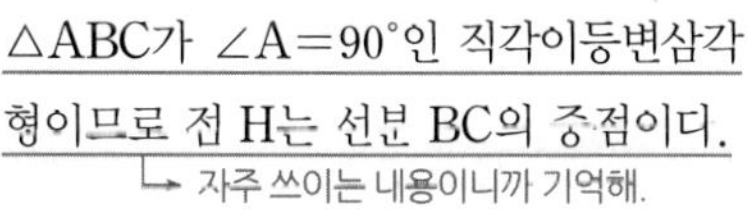

△ABC가 $\angle A=90^\circ$인 직각이등변삼각형이므로 점 H는 선분 BC의 중점이다.
→ 자주 쓰이는 내용이니까 기억해.

Step 2 직각삼각형의 외심과 피타고라스 정리를 이용하여 점 P에서 직선 BC까지의 거리를 구한다. → 직각삼각형에서 빗변의 중점은 직각삼각형의 외심이야.

점 H는 직각삼각형 ABC의 외심이므로

$\overline{AH}=\overline{BH}=\frac{1}{2}\overline{BC}=\frac{1}{2}\times6=3$

직각삼각형 PHA에서 피타고라스 정리에 의해
→ 세 꼭짓점에서 외심까지의 거리는 모두 같아!

$\overline{PH}=\sqrt{\overline{PA}^2+\overline{AH}^2}=\sqrt{4^2+3^2}=5$

따라서 점 P에서 직선 BC까지의 거리는 5이다.
→ $=\overline{PH}$

> **외심**
> – 삼각형의 외접원의 중심
> – 삼각형의 세 변의 수직이등분선이 만나는 점
> – 각 꼭짓점에서 같은 거리에 있다.

023 [정답률 92%] 정답 ②

그림과 같이 평면 α 위에 넓이가 24인 삼각형 ABC가 있다. 평면 α 위에 있지 않은 점 P에서 평면 α에 내린 수선의 발을 H, 직선 AB에 내린 수선의 발을 Q라 하자. 점 H가 삼각형 ABC의 무게중심이고, $\overline{PH}=4$, $\overline{AB}=8$일 때, 선분 PQ의 길이는? (3점)
→ 삼각형 PHQ가 직각삼각형

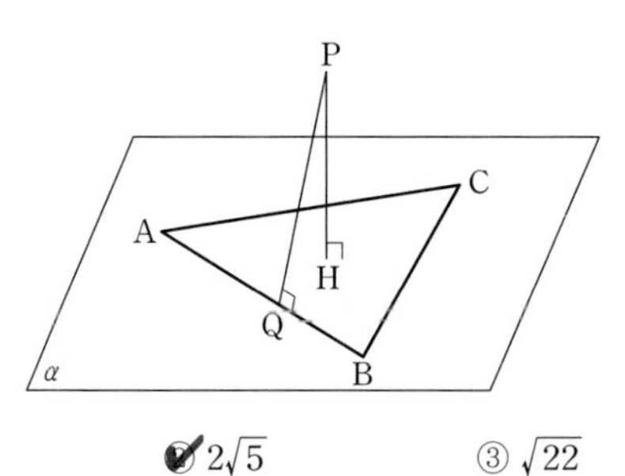

① $3\sqrt{2}$ ② $2\sqrt{5}$ ③ $\sqrt{22}$
④ $2\sqrt{6}$ ⑤ $\sqrt{26}$

Step 1 삼수선의 정리를 이용한다.

점 P에서 평면 α에 내린 수선의 발이 H이므로

$\overline{PH}\perp\alpha$ ...... ㉠

점 P에서 직선 AB에 내린 수선의 발이 Q이므로

$\overline{PQ}\perp\overline{AB}$ ...... ㉡

따라서 ㉠, ㉡에서 삼수선의 정리에 의하여

$\overline{HQ}\perp\overline{AB}$

Step 2 선분 PQ의 길이를 구한다.

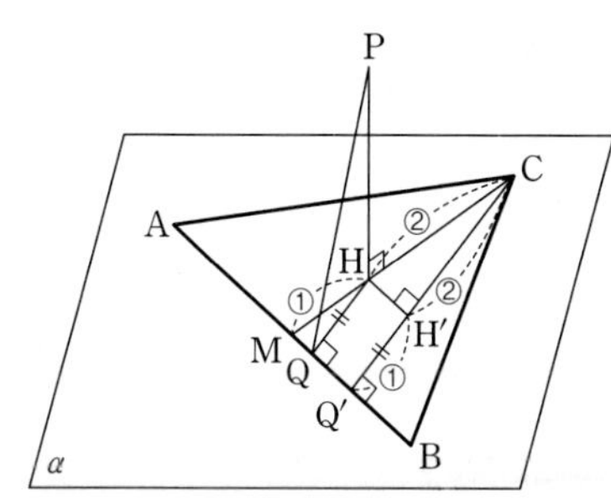

점 C에서 $\overline{AB}$에 내린 수선의 발을 Q′이라 하면

삼각형 ABC의 넓이가 24이므로

$\frac{1}{2}\times\overline{AB}\times\overline{CQ'}=\frac{1}{2}\times8\times\overline{CQ'}=24$ $\therefore \overline{CQ'}=6$
(높이: $\overline{CQ'}$, 밑변의 길이: $\overline{AB}$)

점 H에서 $\overline{CQ'}$에 내린 수선의 발을 H′이라 하면

점 H는 삼각형 ABC의 무게중심이므로
→ 중선을 2 : 1로 내분

$\overline{HQ}=\overline{H'Q'}=\frac{1}{3}\overline{CQ'}=\frac{1}{3}\times6=2$
→ $\overline{HH'}\,/\!/\,\overline{QQ'}$이므로 $\overline{CH}:\overline{HM}=2:1$이기 때문에 $\overline{CH'}:\overline{H'Q'}=2:1$임을 알 수 있어.

따라서 직각삼각형 PHQ에서

$\overline{PQ}=\sqrt{\overline{PH}^2+\overline{HQ}^2}=\sqrt{4^2+2^2}=\sqrt{20}=2\sqrt{5}$
→ 피타고라스 정리를 이용!

알아야 할 기본개념

삼수선의 정리

(1) $\overline{OP}\perp\alpha$, $\overline{OQ}\perp l$이면 $\overline{PQ}\perp l$

(2) $\overline{OP}\perp\alpha$, $\overline{PQ}\perp l$이면 $\overline{OQ}\perp l$

(3) $\overline{PQ}\perp l$, $\overline{OQ}\perp l$, $\overline{OP}\perp\overline{OQ}$이면 $\overline{OP}\perp\alpha$
→ 이 문제에서는 (2)를 이용했어.

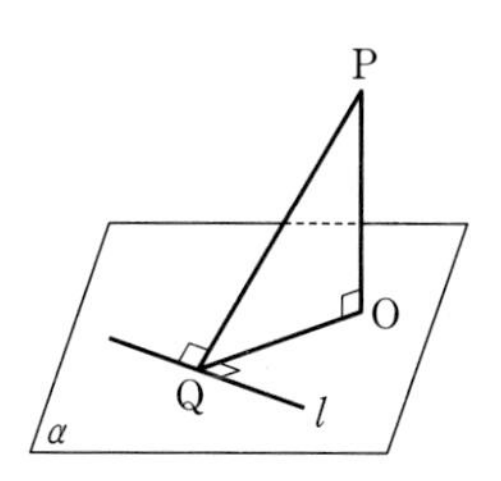

024

정답 ③

중요 임의의 평면 α 위의 점 H와 평면 α 밖의 한 점 G에 대하여 평면 α와 직선 GH가 서로 수직일 때, 점 H를 '점 G에서 평면 α에 내린 수선의 발'이라고 해.

그림과 같이 평면 α 밖의 한 점 P에서 평면 α에 내린 수선의 발을 A, 평면 α 위의 선분 BC에 내린 수선의 발을 M이라 한다. $\overline{PA}=3$, $\overline{PM}=5$, $\overline{BM}=3$일 때, 삼각형 PAB의 넓이는? (3점)

→ $\overline{PM}\perp\overline{BC}$임을 알 수 있어.

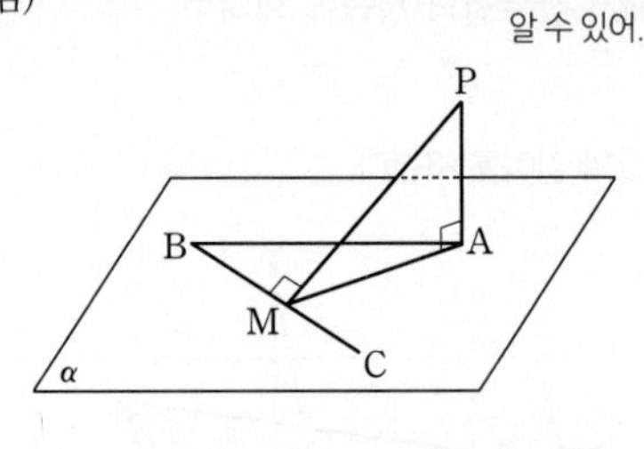

① $\frac{13}{2}$ ② 7 ③ $\frac{15}{2}$ ④ 8 ⑤ $\frac{17}{2}$

Step 1 피타고라스 정리를 이용하여 선분 MA의 길이를 구한다.

직각삼각형 PMA에서

$\overline{MA}=\sqrt{\overline{PM}^2-\overline{PA}^2}$

$=\sqrt{5^2-3^2}=4$ 피타고라스 정리

Step 2 삼수선의 정리를 이용하여 선분 AB의 길이를 구한다.

이때 $\overline{PA}\perp\alpha$, $\overline{PM}\perp\overline{BC}$이므로

삼수선의 정리에 의하여

$\overline{MA}\perp\overline{BC}$이고 $\overline{AB}$는 직각삼각형 ABM의 빗변이다. → 위 첨삭 중 ②번을 이용했어.

따라서 직각삼각형 ABM에서

피타고라스 정리에 의하여

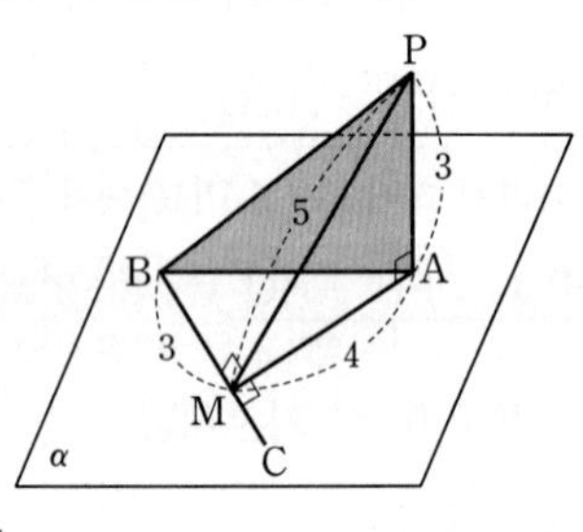

$\overline{AB}=\sqrt{\overline{BM}^2+\overline{MA}^2}=\sqrt{3^2+4^2}=5$

Step 3 삼각형 PAB의 넓이를 구한다.

한편, $\angle PAB=90°$이므로 직각삼각형 PAB의 넓이는

$\frac{1}{2}\times\overline{AB}\times\overline{PA}=\frac{1}{2}\times5\times3=\frac{15}{2}$

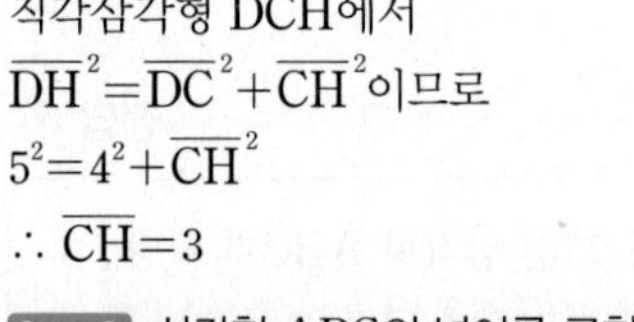

암기

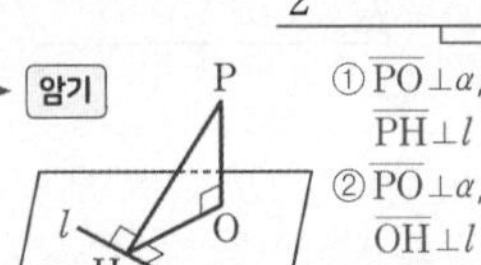

① $\overline{PO}\perp\alpha$, $\overline{OH}\perp l$ 이면 $\overline{PH}\perp l$

② $\overline{PO}\perp\alpha$, $\overline{PH}\perp l$이면, $\overline{OH}\perp l$

③ $\overline{PH}\perp l$, $\overline{OH}\perp l$, $\overline{PO}\perp\overline{OH}$이면 $\overline{PO}\perp\alpha$

025 [정답률 92%]

정답 12

$\overline{AB}=8$, $\angle ACB=90°$인 삼각형 ABC에 대하여 점 C를 지나고 평면 ABC에 수직인 직선 위에 $\overline{CD}=4$인 점 D가 있다. 삼각형 ABD의 넓이가 20일 때, 삼각형 ABC의 넓이를 구하시오. (3점)

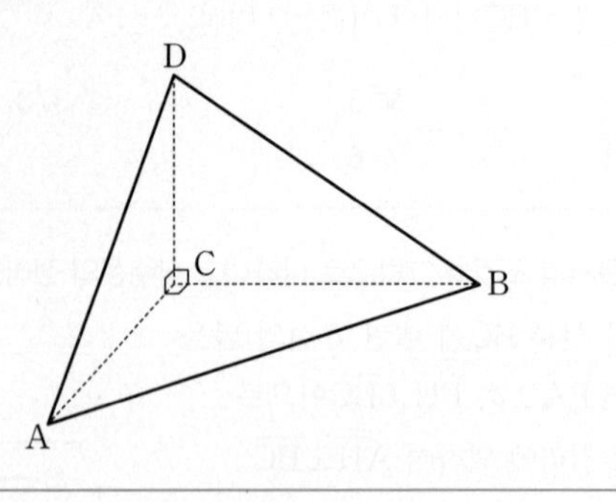

Step 1 삼수선의 정리를 이용한다.

점 D에서 선분 AB에 내린 수선의 발을 H라 하면

$\overline{DC}\perp$(평면 ABC), $\overline{DH}\perp\overline{AB}$이므로 삼수선의 정리에 의하여

$\overline{CH}\perp\overline{AB}$

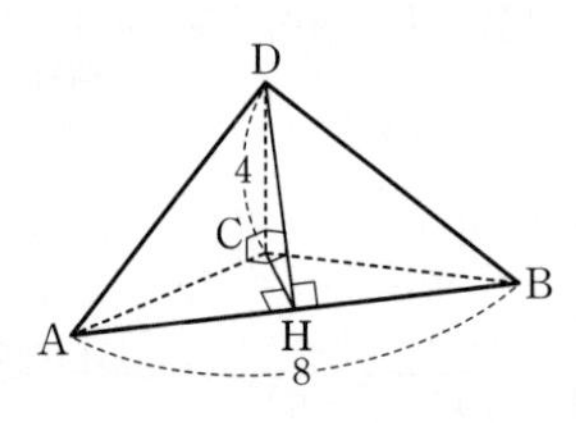

Step 2 선분 CH의 길이를 구한다.

삼각형 ABD의 넓이가 20이고

$\overline{AB}=8$이므로

$\frac{1}{2}\times\overline{AB}\times\overline{DH}=20$

$\frac{1}{2}\times8\times\overline{DH}=20$

$\therefore \overline{DH}=5$

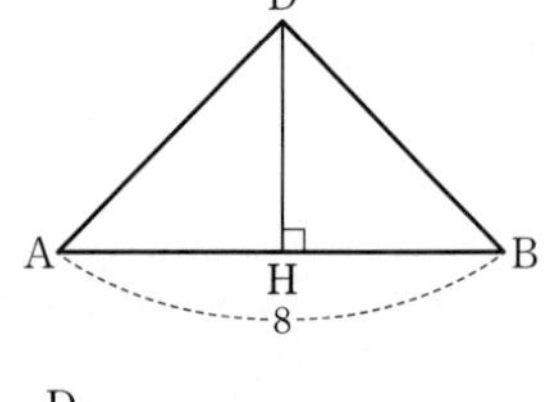

직각삼각형 DCH에서

$\overline{DH}^2=\overline{DC}^2+\overline{CH}^2$이므로

$5^2=4^2+\overline{CH}^2$

$\therefore \overline{CH}=3$

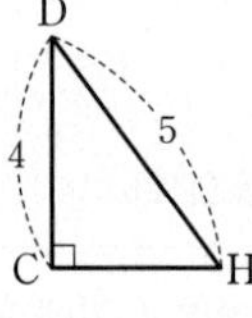

Step 3 삼각형 ABC의 넓이를 구한다.

따라서 삼각형 ABC의 넓이는

$\frac{1}{2}\times\overline{AB}\times\overline{CH}=\frac{1}{2}\times8\times3=12$

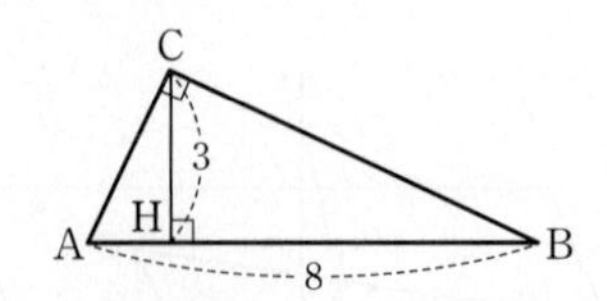

026 [정답률 84%] 정답 15

> 문제의 내용을 그림으로 그려서 어떤 상황인지 파악해 본다.

좌표공간에 서로 수직인 두 평면 α와 β가 있다. 평면 α 위의 두 점 A, B에 대하여 $\overline{AB}=3\sqrt{5}$이고 직선 AB는 평면 β에 평행하다. 점 A와 평면 β 사이의 거리가 2이고, **평면 β 위의 점 P와 평면 α 사이의 거리는 4일 때,** 삼각형 PAB의 넓이를 구하시오. (4점)

> 점 P에서 평면 α에 내린 수선의 발과 점 P 사이의 거리가 4라는 뜻이기도 해.

Step 1 삼수선의 정리를 이용하여 삼각형 PAB의 높이를 나타내는 선분을 찾는다.

점 P에서 평면 α 위에 내린 수선의 발을 H라 하고 점 H에서 직선 AB에 내린 수선의 발을 C라 하자.
이때 $\overline{PH}\perp\alpha$, $\overline{CH}\perp\overline{AB}$이므로 삼수선의 정리에 의하여 $\overline{PC}\perp\overline{AB}$이다.
따라서 삼각형 PAB의 밑변을 선분 AB라 하면 높이는 선분 PC이다.

> 암기 $\overline{PO}\perp\alpha$, $\overline{OH}\perp l$이면 $\overline{PH}\perp l$

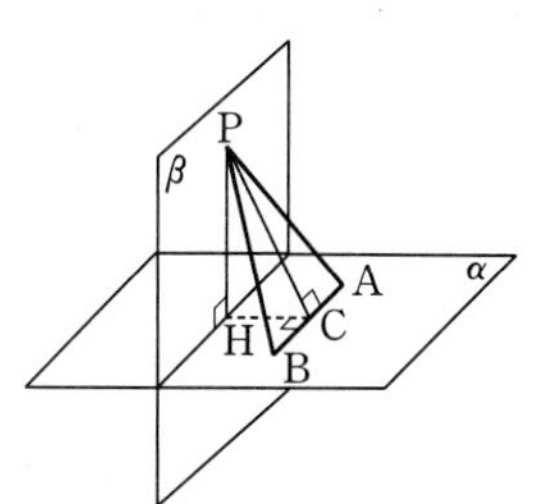

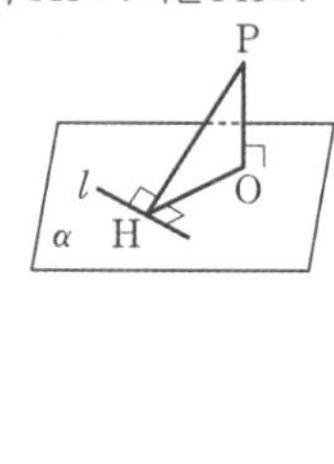

Step 2 삼각형 PAB의 넓이를 구한다.

> 직선 AB 위의 모든 점에서 평면 β까지의 거리는 항상 2야.

이때 직선 AB는 평면 β와 평행하고 점 A와 평면 β 사이의 거리가 2이므로 $\overline{CH}=2$
점 P와 평면 α 사이의 거리가 4이므로 $\overline{PH}=4$
따라서 피타고라스 정리에 의하여

$\overline{PC}=\sqrt{\overline{PH}^2+\overline{CH}^2}=\sqrt{4^2+2^2}=2\sqrt{5}$

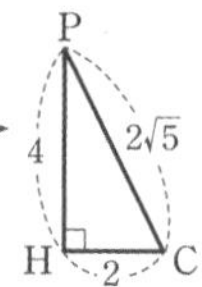

$\therefore \triangle PAB=\frac{1}{2}\times\overline{AB}\times\overline{PC}=\frac{1}{2}\times3\sqrt{5}\times2\sqrt{5}=15$

027 [정답률 79%] 정답 60

> 두 변의 길이가 같으므로 이등변삼각형이야.

공간에서 평면 α 위에 **세 변의 길이가 $\overline{AB}=\overline{AC}=10$, $\overline{BC}=12$인 삼각형 ABC**가 있다. **점 A를 지나고 평면 α에 수직인 직선 l 위의 점 D에 대하여** $\overline{AD}=6$이 되도록 점 D를 잡을 때, $\triangle DBC$의 넓이를 구하시오. (4점)

> $\overline{AD}\perp\alpha$임을 알 수 있어.

Step 1 문제의 조건을 그림으로 나타내고 삼수선의 정리를 이용한다.

점 D에서 선분 BC에 내린 수선의 발을 H라 하면
$\overline{AD}\perp\alpha$, $\overline{DH}\perp\overline{BC}$
이므로 삼수선의 정리에 의하여
$\overline{AH}\perp\overline{BC}$이다.

> 중요 $\overline{PO}\perp\alpha$, $\overline{PH}\perp l$이면 $\overline{OH}\perp l$

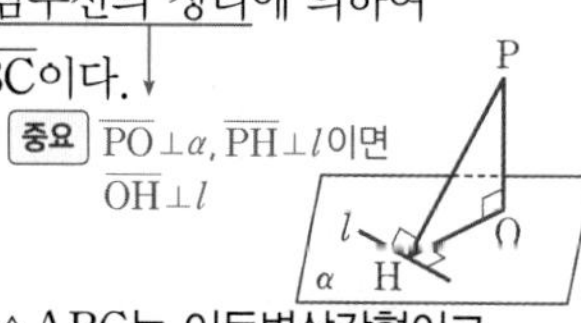

Step 2 $\triangle ABC$는 이등변삼각형이고 $\triangle ABH$, $\triangle ADH$는 직각삼각형임을 이용하여 $\triangle DBC$의 넓이를 구한다.

$\triangle ABC$는 이등변삼각형이므로 $\overline{BH}=\frac{1}{2}\overline{BC}=\frac{1}{2}\times12=6$

이때 $\triangle ABH$와 $\triangle ADH$는 직각삼각형이므로 피타고라스 정리에 의하여

$\overline{AH}=\sqrt{10^2-6^2}=8$, $\overline{DH}=\sqrt{6^2+8^2}=10$

> $\angle C=\frac{\pi}{2}$인 직각삼각형 ABC에서 $\overline{AB}^2=\overline{BC}^2+\overline{AC}^2$

따라서 $\triangle DBC$의 넓이는

$\frac{1}{2}\times\overline{BC}\times\overline{DH}=\frac{1}{2}\times12\times10=60$

> 선분 BC를 밑변으로, 선분 DH를 높이로 잡고 계산하면 돼.

> 중요 이등변삼각형의 성질
> ① 이등변삼각형의 두 밑각의 크기는 같다.
> ② 이등변삼각형의 꼭지각의 이등분선은 밑변을 수직이등분한다.

028 [정답률 63%] 정답 ③

그림과 같이 밑면의 반지름의 길이가 4, 높이가 3인 원기둥이 있다. **선분 AB는 이 원기둥의 한 밑면의 지름**이고 C, D는 다른 밑면의 둘레 위의 서로 다른 두 점이다. 네 점 A, B, C, D가 다음 조건을 만족시킬 때, 선분 CD의 길이는? (3점)

> $\overline{AB}=8$

(가) **삼각형 ABC의 넓이는 16이다.**
(나) 두 직선 AB, CD는 서로 평행하다.

> 선분 AB의 길이는 알고 있으므로 높이만 구하면 된다.

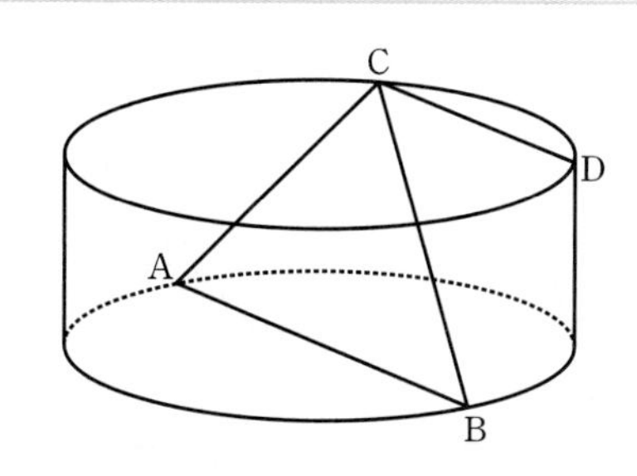

① 5　② $\frac{11}{2}$　③ 6　④ $\frac{13}{2}$　⑤ 7

Step 1 삼수선의 정리를 이용하여 삼각형 ABC의 높이를 구한다.

두 점 C, D에서 두 점 A, B를 포함하는 밑면에 내린 수선의 발을 각각 C′, D′이라 하고 두 점 C′, D′에서 선분 AB에 내린 수선의 발을 각각 H, H′이라 하자.

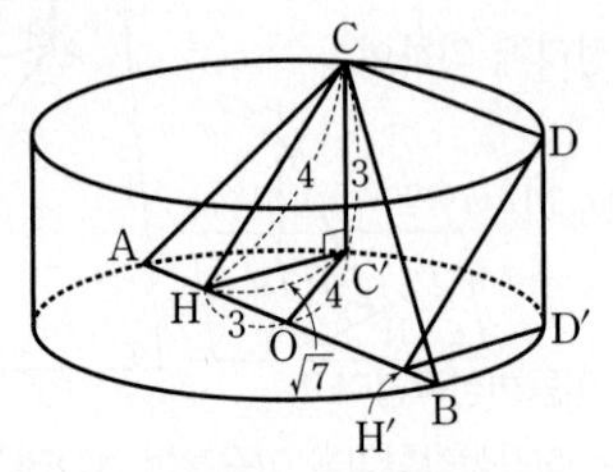

$\overline{CC'}\perp$(평면 ABD′C′), $\overline{C'H}\perp\overline{AB}$이므로

삼수선의 정리에 의해 $\overline{CH}\perp\overline{AB}$

조건 (가)에서 삼각형 ABC의 넓이가 16이고 $\overline{AB}=8$이므로 → 원기둥의 밑면의 지름의 길이

$\frac{1}{2}\times8\times\overline{CH}=16$에서 $\overline{CH}=4$

Step 2 선분 HH′의 길이를 구한다.

직각삼각형 CC′H에서 $\overline{C'H}=\sqrt{\overline{CH}^2-\overline{CC'}^2}=\sqrt{4^2-3^2}=\sqrt{7}$

선분 AB의 중점을 O라 하면 직각삼각형 OC′H에서 → 원기둥의 높이

$\overline{OH}=\sqrt{\overline{OC'}^2-\overline{C'H}^2}=\sqrt{4^2-(\sqrt{7})^2}=3$

같은 방법으로 $\overline{OH'}=3$

조건 (나)에서 두 직선 AB, CD는 서로 평행하므로 → 사각형 CHH′D는 직사각형이다.

$\overline{CD}=\overline{HH'}=\overline{OH}+\overline{OH'}=6$

029 [정답률 77%] 정답 ④

그림과 같이 한 모서리의 길이가 20인 정육면체 ABCD−EFGH가 있다. 모서리 AB를 3 : 1로 내분하는 점을 L, 모서리 HG의 중점을 M이라 하자. 점 M에서 선분 LD에 내린 수선의 발을 N이라 할 때, 선분 MN의 길이는? (4점)

→ $\overline{LD}\perp\overline{MN}$
→ 삼수선의 정리를 이용한다.
→ $\overline{AL}=15$, $\overline{BL}=5$임을 알 수 있어.

① $12\sqrt{3}$ ② $8\sqrt{7}$ ③ $15\sqrt{2}$ ④ $4\sqrt{29}$ ⑤ $4\sqrt{30}$

Step 1 점 M에서 모서리 CD에 수선의 발 I를 내리고 삼수선의 정리를 이용한다.

점 M에서 모서리 CD에 내린 수선의 발을 I라 하면

$\overline{IM}\perp$(평면 ABCD), $\overline{MN}\perp\overline{LD}$

이므로 삼수선의 정리에 의하여

$\overline{IN}\perp\overline{LD}$ → 암기

$\overline{PO}\perp\alpha$, $\overline{PQ}\perp l$이면 $\overline{OQ}\perp l$

즉, 정사각형 ABCD를 그려 보면 오른쪽 그림과 같다.

점 L은 모서리 AB를 3 : 1로 내분하는 점이고, 점 I는 모서리 CD의 중점이므로

$\overline{AL}=\frac{3}{4}\overline{AB}=\frac{3}{4}\times20=15$,

$\overline{ID}=\frac{1}{2}\overline{CD}=\frac{1}{2}\times20=10$

또한, 직각삼각형 ALD에서 피타고라스 정리에 의하여

$\overline{LD}=\sqrt{20^2+15^2}=25$ → $\overline{LD}^2=\overline{AD}^2+\overline{AL}^2$

암기 선분 AB를 $m:n$ $(m>0, n>0)$으로 내분하는 점이 P일 때, $\overline{AP}=\frac{m}{m+n}\times\overline{AB}$, $\overline{BP}=\frac{n}{m+n}\times\overline{AB}$

Step 2 삼각형 DLI의 넓이를 이용하여 선분 IN의 길이를 구한다.

삼각형 DLI에서 → $\overline{LD}$를 밑변, $\overline{IN}$을 높이라고 생각.

$\triangle DLI=\frac{1}{2}\times\overline{LD}\times\overline{IN}=\frac{1}{2}\times\overline{ID}\times\overline{AD}$이므로 → 점 L에서 모서리 CD에 그은 수선의 길이와 같아.

$\overline{IN}=\frac{\overline{ID}\times\overline{AD}}{\overline{LD}}=\frac{10\times20}{25}=8$

Step 3 직각삼각형 MIN에서 선분 MN의 길이를 구한다.

삼각형 MIN은 직각삼각형이므로 피타고라스 정리에 의하여

$\overline{MN}=\sqrt{\overline{IM}^2+\overline{IN}^2}=\sqrt{20^2+8^2}=4\sqrt{29}$

→ 점 M에서 선분 CD에 내린 수선의 발이 I이니까, 선분 IM의 길이는 정육면체의 한 모서리의 길이와 같아.

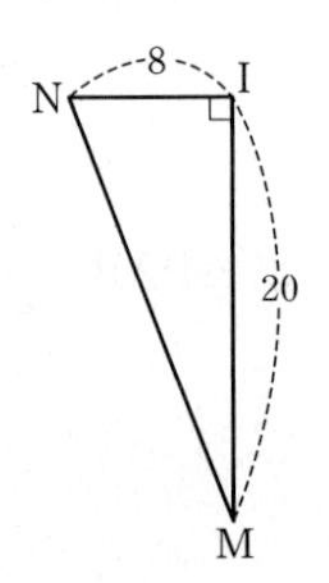

다른 풀이 삼각형의 닮음을 이용하는 풀이

Step 1 동일

Step 2 삼각형 ALD와 닮은 직각삼각형을 찾아 선분 IN의 길이를 구한다.

두 삼각형 NDI와 ALD에서

$\angle NDI=\angle ALD$ (엇각),

$\angle DNI=\angle LAD=90°$이므로

$\triangle NDI\backsim\triangle ALD$ (AA 닮음) → 대응하는 두 각의 크기가 각각 같으므로 'AA 닮음'이다.

$\overline{IN}:\overline{DA}=\overline{ID}:\overline{DL}$

$\therefore \overline{IN}=\frac{\overline{DA}\times\overline{ID}}{\overline{LD}}=\frac{20\times10}{25}=8$

→ 비례식의 내항의 곱과 외항의 곱이 서로 같음을 이용하여 식을 정리했어.

Step 3 동일

다른 풀이 점과 직선 사이의 거리를 이용하는 풀이

Step 1 평면 ABCD를 좌표평면 위에 나타낸다.

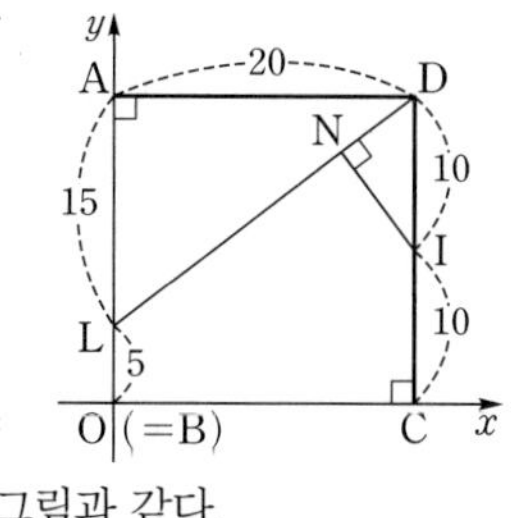

점 M에서 모서리 CD에 내린 수선의 발을 I라 하면

$\overline{IM}\perp$(평면 ABCD), $\overline{MN}\perp\overline{LD}$이므로

삼수선의 정리에 의하여 $\overline{IN}\perp\overline{LD}$

정사각형 ABCD를 점 B가 원점 O, 점 C, 점 A가 각각 x축, y축의 양의 방향 위에 오도록 좌표평면 위에 나타내면 위 그림과 같다.

Step 2 직선 LD의 방정식을 구하여 점 I와의 거리를 구한다.

직선 LD는 기울기가 $\frac{15}{20}=\frac{3}{4}$, y절편이 5인 직선이므로

$y=\frac{3}{4}x+5$, 즉 $3x-4y+20=0$

→ 기울기가 m, y절편이 y_1인 직선의 방정식은 $y=mx+y_1$이다.

점 I(20, 10)과 직선 LD 사이의 거리를 d라 하면

$d=\frac{|60-40+20|}{\sqrt{3^2+(-4)^2}}=\frac{40}{5}=8$ $\quad\therefore \overline{IN}=8$

→ $\overline{IN}=$(점 I와 직선 LD 사이의 거리)

Step 3 동일

→ 직선 $ax+by+c=0$과 점 (x_1, y_1) 사이의 거리 d는 $d=\frac{|ax_1+by_1+c|}{\sqrt{a^2+b^2}}$

→ 이와 같이 직선의 방정식을 $ax+by+c=0$의 꼴로 고치면 나중에 점과 직선 사이의 거리 공식을 훨씬 쉽게 이용할 수 있어.

030 [정답률 85%]

정답 ④

그림과 같이 한 모서리의 길이가 4인 정육면체 ABCD−EFGH가 있다. 선분 AD의 중점을 M이라 할 때, 삼각형 MEG의 넓이는? (3점)

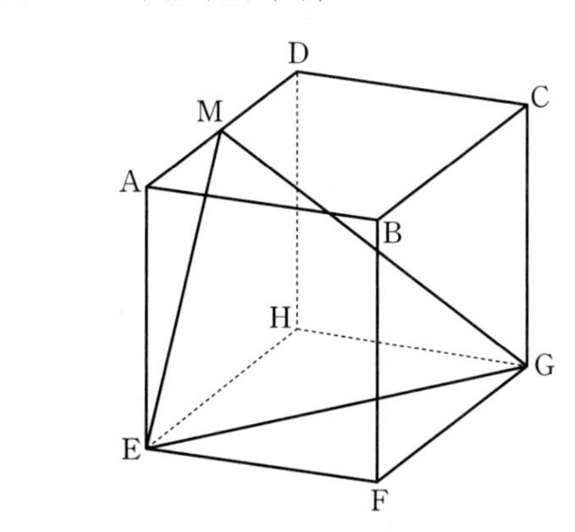

① $\frac{21}{2}$ ② 11 ③ $\frac{23}{2}$

④ 12 ⑤ $\frac{25}{2}$

Step 1 삼수선의 정리를 이용하여 점 M과 선분 EG 사이의 거리를 구한다.

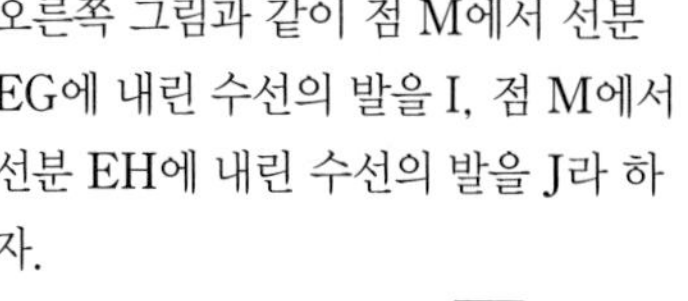

오른쪽 그림과 같이 점 M에서 선분 EG에 내린 수선의 발을 I, 점 M에서 선분 EH에 내린 수선의 발을 J라 하자.

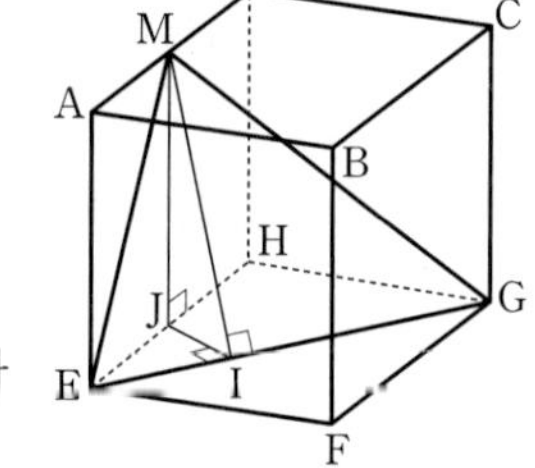

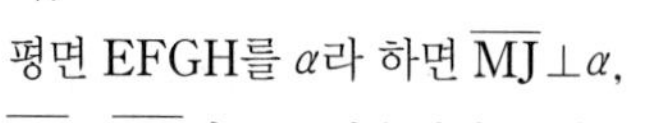

평면 EFGH를 α라 하면 $\overline{MJ}\perp\alpha$, $\overline{MI}\perp\overline{EG}$이므로 삼수선의 정리에 의하여 $\overline{JI}\perp\overline{EG}$

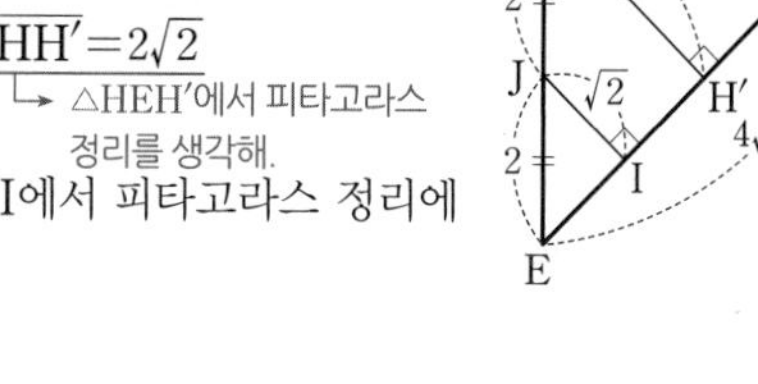

오른쪽 그림과 같이 점 H에서 선분 EG에 내린 수선의 발을 H′이라 하면

$\overline{EH'}=2\sqrt{2}$이므로 $\overline{HH'}=2\sqrt{2}$

→ △HEH′에서 피타고라스 정리를 생각해.

$\therefore \overline{JI}=\sqrt{2}$

따라서 삼각형 MJI에서 피타고라스 정리에 의해

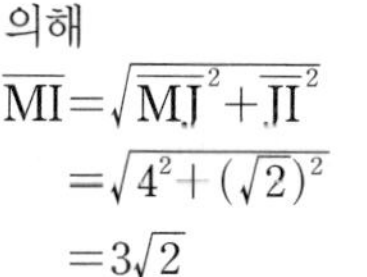

$\overline{MI}=\sqrt{\overline{MJ}^2+\overline{JI}^2}$

$=\sqrt{4^2+(\sqrt{2})^2}$

$=3\sqrt{2}$

Step 2 삼각형 MEG의 넓이를 구한다.

$\overline{EG}=4\sqrt{2}$, $\overline{MI}=3\sqrt{2}$이므로 $\triangle MEG=\frac{1}{2}\times4\sqrt{2}\times3\sqrt{2}=12$

다른 풀이 코사인법칙을 이용한 풀이

Step 1 삼각형 MEG의 세 변의 길이를 각각 구한다.

삼각형 MEG에서

$\overline{ME}=\sqrt{\overline{MA}^2+\overline{AE}^2}=\sqrt{2^2+4^2}=\sqrt{20}=2\sqrt{5}$

$\overline{EG}=\sqrt{\overline{EF}^2+\overline{FG}^2}=\sqrt{4^2+4^2}=\sqrt{32}=4\sqrt{2}$

$\overline{GM}=\sqrt{\overline{GD}^2+\overline{DM}^2}=\sqrt{(4\sqrt{2})^2+2^2}=\sqrt{36}=6$

→ 직각삼각형 CDG에서 $\overline{GD}=\sqrt{\overline{GC}^2+\overline{CD}^2}=\sqrt{4^2+4^2}=4\sqrt{2}$

Step 2 코사인법칙을 이용하여 $\cos(\angle MEG)$의 값을 구한다.

$\angle MEG=\theta\ \left(0<\theta<\frac{\pi}{2}\right)$라 하면

$\cos\theta=\frac{(2\sqrt{5})^2+(4\sqrt{2})^2-6^2}{2\times2\sqrt{5}\times4\sqrt{2}}$

$=\frac{16}{16\sqrt{10}}$

$=\frac{1}{\sqrt{10}}$

Step 3 삼각형 MEG의 넓이를 구한다.

$\sin\theta=\sqrt{1-\cos^2\theta}$

$=\sqrt{1-\frac{1}{10}}$

$=\sqrt{\frac{9}{10}}=\frac{3}{\sqrt{10}}$

$\therefore \triangle MEG=\frac{1}{2}\times\overline{ME}\times\overline{EG}\times\sin\theta$

$=\frac{1}{2}\times2\sqrt{5}\times4\sqrt{2}\times\frac{3}{\sqrt{10}}$

$=12$

031

정답 62

그림과 같은 직육면체 ABCD−EFGH에서 $\overline{AB}=3$, $\overline{AD}=2$, $\overline{AE}=1$일 때, 점 D에서 선분 EG에 내린 수선의 발을 I라 하면 $\overline{DI}^2=\frac{q}{p}$이다. $p+q$의 값을 구하시오.

(단, p와 q는 서로소인 자연수이다.) (3점)

→ 직육면체는 여섯 개의 직사각형으로 이루어져 있어.

→ 삼각형 DHI를 기준으로 하여 생각한다.

Step 1 삼수선의 정리와 삼각형 EGH의 넓이를 이용하여 선분 HI의 길이를 구한다.

$\overline{DH}\perp$(평면 EFGH), $\overline{DI}\perp\overline{EG}$이므로 삼수선의 정리에 의하여

$\overline{HI}\perp\overline{EG}$

삼각형 EGH의 넓이를 S라 하면

$S=\frac{1}{2}\times\overline{EH}\times\overline{HG}=\frac{1}{2}\times\overline{HI}\times\overline{EG}$

→ $\overline{HI}$를 높이, $\overline{EG}$를 밑변이라고 생각한다.

이므로

$\frac{1}{2}\times2\times3=\frac{1}{2}\times\overline{HI}\times\sqrt{13}$ ($\because$ $\overline{EG}=\sqrt{2^2+3^2}=\sqrt{13}$)

$\therefore$ $\overline{HI}=\frac{6}{\sqrt{13}}$

Step 2 피타고라스 정리를 이용하여 $\overline{DI}^2$의 값을 구한다.

삼각형 DHI는 직각삼각형이므로 피타고라스 정리에 의하여

$\overline{DI}^2=\overline{HI}^2+\overline{DH}^2=\left(\frac{6}{\sqrt{13}}\right)^2+1^2=\frac{49}{13}$

따라서 $p=13$, $q=49$이므로

$p+q=13+49=62$ → 주의 두 수가 서로소인지 꼭 확인해야 해.

032 [정답률 84%]

정답 ②

사면체 ABCD에서 모서리 CD의 길이는 10, 면 ACD의 넓이는 40이고, 면 BCD와 면 ACD가 이루는 각의 크기는 30°이다. 점 A에서 평면 BCD에 내린 수선의 발을 H라 할 때, 선분 AH의 길이는? (3점)

→ 선분 AH와 평면 BCD는 수직이다.

① $2\sqrt{3}$ ② 4 ③ 5
④ $3\sqrt{3}$ ⑤ $4\sqrt{3}$

Step 1 삼각형 ACD의 넓이를 이용하여 선분 AM의 길이를 구한다.

점 A에서 선분 CD에 내린 수선의 발을 M이라 하면 삼각형 ACD의 넓이가 40이므로

$\triangle ACD=\frac{1}{2}\cdot\overline{AM}\cdot\overline{CD}$

$=\frac{1}{2}\cdot\overline{AM}\cdot10=40$

→ 삼각형의 넓이와 밑변의 길이를 알면 높이를 알 수 있어.

$\therefore$ $\overline{AM}=8$

Step 2 삼수선의 정리와 이면각을 이용하여 선분 AH의 길이를 구한다.

$\overline{AH}\perp$(평면 BCD), $\overline{AM}\perp\overline{CD}$이므로 삼수선의 정리에 의하여

$\overline{CD}\perp\overline{HM}$

따라서 직각삼각형 AHM에서 $\angle AMH=30°$이므로

→ 두 평면 ACD와 BCD가 선분 CD에서 만나므로 $\angle AMH$는 두 평면의 이면각의 크기이고 $\angle AMH=30°$

$\overline{AH}=\overline{AM}\sin30°=8\times\frac{1}{2}=4$

$\sin30°=\frac{1}{2}$

알아야 할 기본개념

이면각

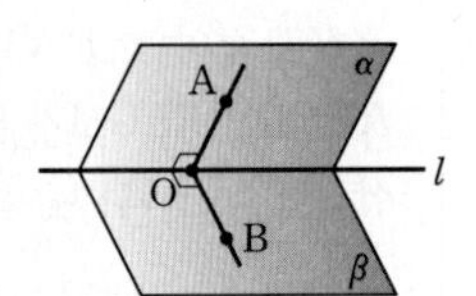

오른쪽 그림과 같이 직선 l에서 만나는 두 반평면 α, β로 이루어진 도형을 '이면각'이라 하고 이때의 직선 l을 '이면각의 변', 두 반평면 α, β를 각각 '이면각의 면'이라 한다. 이면각의 변 l 위의 한 점 O를 지나고 직선 l에 수직인 두 반직선 OA, OB를 반평면 α, β 위에 각각 그을 때, $\angle AOB$의 크기를 '이면각의 크기'라고 한다.

두 평면이 이루는 각

두 평면이 만날 때 이 두 평면에 의해 생기는 두 쌍의 이면각의 크기 중 작은 것을 두 평면이 이루는 각의 크기라고 한다. 특히, 두 평면 α, β가 이루는 각의 크기가 90°일 때, 이 두 평면은 수직이라 하고 기호로 $\alpha\perp\beta$로 나타낸다.

수능포인트

우리가 기존에 알고 있는 정사면체, 정육면체 이외의 임의의 입체도형이 나올 때는 그 안에서 항상 직각삼각형을 찾고 그것을 떼어내서 평면도형으로 문제를 푸는 방식으로 연습을 해야 합니다. 여기서 주의해야 할 점은 그냥 직각 같아서가 아니라 왜 이렇게 떼어내면 직각삼각형인지를 삼각비, 삼수선의 정리나 각도 등을 이용해서 설명할 수 있도록 연습을 해 둬야 어려운 문제가 나왔을 때 틀리지 않을 수 있다는 것입니다.

033 [정답률 73%] 정답 ②

그림과 같이 $\overline{BC}=\overline{CD}=3$이고 $\angle BCD=90°$인 사면체 ABCD가 있다. 점 A에서 평면 BCD에 내린 수선의 발을 H라 할 때, 점 H는 선분 BD를 1 : 2로 내분하는 점이다. 삼각형 ABC의 넓이가 6일 때, 삼각형 AHC의 넓이는? (3점)

→ $\frac{1}{2}\times\overline{HC}\times\overline{AH}$

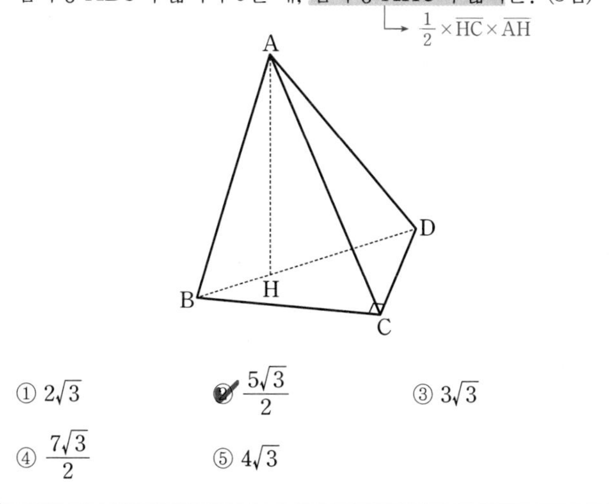

① $2\sqrt{3}$ ② $\frac{5\sqrt{3}}{2}$ ③ $3\sqrt{3}$ ④ $\frac{7\sqrt{3}}{2}$ ⑤ $4\sqrt{3}$

Step 1 점 A에서 선분 BC에 수선의 발을 내려 삼수선의 정리를 이용한다.

점 A에서 선분 BC에 내린 수선의 발을 H′이라 하자.
삼각형 ABC의 넓이가 6이고 $\overline{BC}=3$이므로

$\frac{1}{2}\times\overline{BC}\times\overline{AH'}=6$에서 $\overline{AH'}=4$ → $\frac{3}{2}\overline{AH'}$

$\overline{AH}\perp$(평면 BCD), $\overline{AH'}\perp\overline{BC}$이므로 삼수선의 정리에 의하여 $\overline{HH'}\perp\overline{BC}$

Step 2 두 선분 AH, HC의 길이를 각각 구한다.

두 직각삼각형 BH′H, BCD가 서로 닮음이므로

$\overline{HH'}:\overline{CD}=\overline{BH}:\overline{BD}$, $\overline{HH'}:3=1:3$ → 점 H가 선분 BD를 1 : 2로 내분하므로 $\overline{BH}:\overline{DH}=1:2$, $\overline{BH}:\overline{BD}=1:3$

$\therefore \overline{HH'}=1$

또한 $\overline{BH'}:\overline{H'C}=1:2$이므로 $\overline{H'C}=2$

선분 HC를 그으면 직각삼각형 HH′C에서

$\overline{HC}=\sqrt{\overline{HH'}^2+\overline{H'C}^2}=\sqrt{5}$ → $\sqrt{1^2+2^2}$

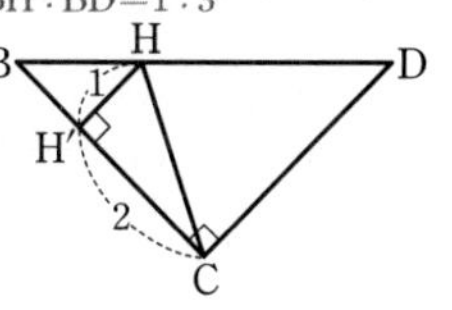

직각삼각형 AH′H에서

$\overline{AH}=\sqrt{\overline{AH'}^2-\overline{HH'}^2}=\sqrt{15}$ → $\sqrt{4^2-1^2}$

따라서 삼각형 AHC의 넓이는

$\frac{1}{2}\times\overline{HC}\times\overline{AH}=\frac{1}{2}\times\sqrt{5}\times\sqrt{15}=\frac{5\sqrt{3}}{2}$

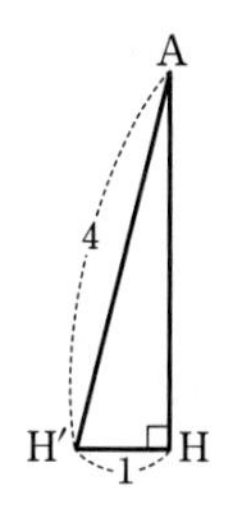

034 [정답률 58%] 정답 ③

한 변의 길이가 12인 정삼각형 BCD를 한 면으로 하는 사면체 ABCD의 꼭짓점 A에서 평면 BCD에 내린 수선의 발을 H라 할 때, 점 H는 삼각형 BCD의 내부에 놓여 있다. 삼각형 CDH의 넓이는 삼각형 BCH의 넓이의 3배, 삼각형 DBH의 넓이는 삼각형 BCH의 넓이의 2배이고 $\overline{AH}=3$이다. 선분 BD의 중점을 M, 점 A에서 선분 CM에 내린 수선의 발을 Q라 할 때, 선분 AQ의 길이는? (4점)

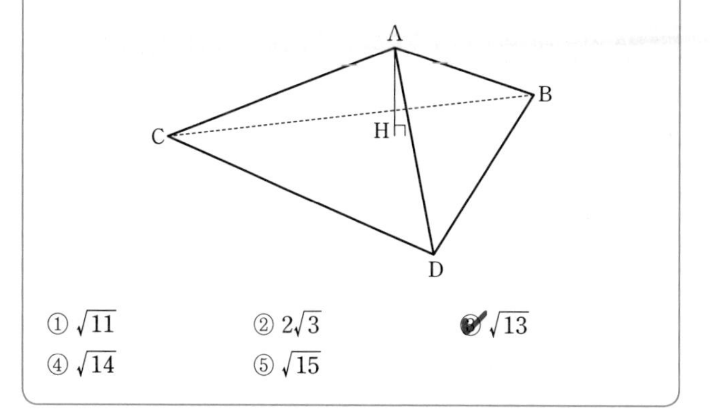

① $\sqrt{11}$ ② $2\sqrt{3}$ ③ $\sqrt{13}$ ④ $\sqrt{14}$ ⑤ $\sqrt{15}$

Step 1 삼수선의 정리를 이용한다.

오른쪽 그림과 같이 선분 BD의 중점을 M, 점 A에서 선분 CM에 내린 수선의 발을 Q라 하면 $\angle AHQ=90°$, $\angle AQC=90°$이므로 삼수선의 정리에 의하여 $\angle HQM=90°$이다.

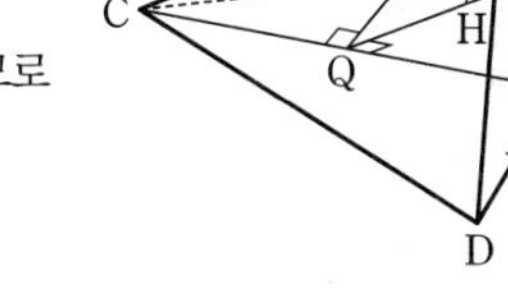

따라서 $\overline{AQ}=\sqrt{\overline{AH}^2+\overline{HQ}^2}$ ⋯⋯ ㉠

Step 2 정삼각형의 넓이 공식과 △CDH, △BCH, △DBH의 넓이 관계를 이용한다.

오른쪽 그림과 같이 사면체 ABCD의 밑면인 정삼각형 BCD에서 삼각형 BCH의 넓이를 S라 하면

(삼각형 CDH의 넓이)$=3S$,
(삼각형 DBH의 넓이)$=2S$
(삼각형 BCD의 넓이)
=(삼각형 BCH의 넓이)
+(삼각형 CDH의 넓이)+(삼각형 DBH의 넓이)
$=S+3S+2S=6S$

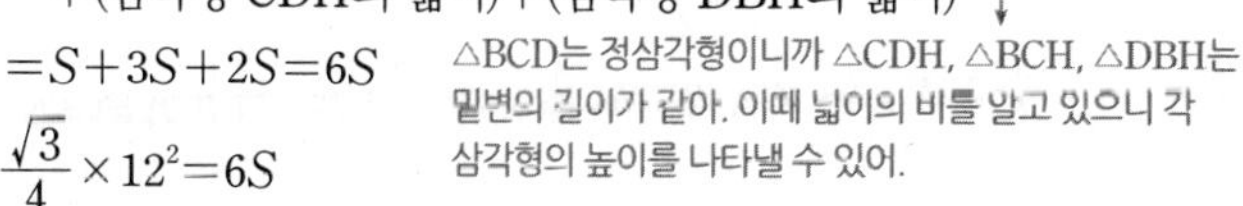

△BCD는 정삼각형이니까 △CDH, △BCH, △DBH는 밑변의 길이가 같아. 이때 넓이의 비를 알고 있으니 각 삼각형의 높이를 나타낼 수 있어.

$\frac{\sqrt{3}}{4}\times12^2=6S$

$\therefore S=6\sqrt{3}$

따라서 삼각형 BCH의 높이를 h라 하면

$S=\frac{1}{2}\times12\times h=6\sqrt{3}$ $\therefore h=\sqrt{3}$

Step 3 평행선의 성질을 이용하여 $\overline{CD} /\!/ \overline{MH}$임을 파악한다.

오른쪽 그림과 같이 점 H에서 $\overline{CD}$, $\overline{BD}$에 내린 수선의 발을 각각 X, Y라 하면

$\overline{HX}=3\sqrt{3}$, $\overline{HY}=2\sqrt{3}$

점 B를 지나고 $\overline{CD}$에 평행한 직선 l을 긋고 점 H에서 직선 l에 내린 수선의 발을 B′이라 하자.

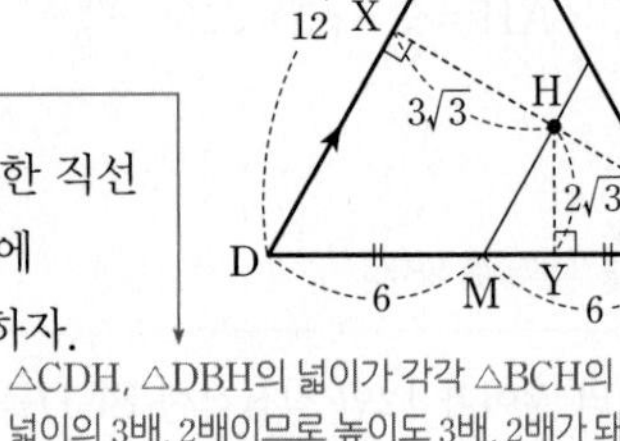

△CDH, △DBH의 넓이가 각각 △BCH의 넓이의 3배, 2배이므로 높이도 3배, 2배가 돼.

$\overline{B'X}=12\times\dfrac{\sqrt{3}}{2}=6\sqrt{3}$,

△BCD의 높이와 그 값이 같아. 한 변의 길이가 a인 정삼각형의 높이는 $\dfrac{\sqrt{3}}{2}a$야.

$\overline{B'H}=6\sqrt{3}-3\sqrt{3}=3\sqrt{3}$

$\overline{B'H}=\overline{B'X}-\overline{HX}$

이때 $\overline{B'H} : \overline{HX}=\overline{BM} : \overline{MD}=1 : 1$이므로

$3\sqrt{3} : 3\sqrt{3}$　　$6 : 6$

$\overline{CD} /\!/ \overline{MH} /\!/ l$

평행선의 성질이야.

$\therefore \angle HMY=\angle CDM=\dfrac{\pi}{3}$

$\overline{CD} /\!/ \overline{MH}$이므로 ∠HMY와 ∠CDM은 동위각이고 그 크기가 같아.

Step 4 선분 HQ의 길이를 구하여 선분 AQ의 길이를 구한다.

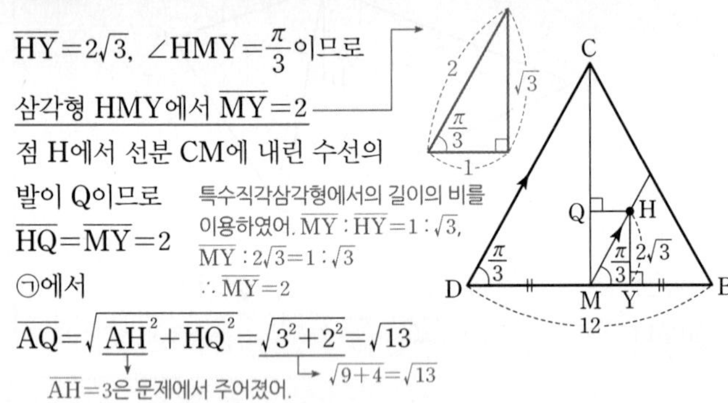

$\overline{HY}=2\sqrt{3}$, $\angle HMY=\dfrac{\pi}{3}$이므로

삼각형 HMY에서 $\overline{MY}=2$

점 H에서 선분 CM에 내린 수선의 발이 Q이므로

$\overline{HQ}=\overline{MY}=2$

특수직각삼각형에서의 길이의 비를 이용하였어. $\overline{MY} : \overline{HY}=1 : \sqrt{3}$, $\overline{MY} : 2\sqrt{3}=1 : \sqrt{3}$ $\therefore \overline{MY}=2$

㉠에서

$\overline{AQ}=\sqrt{\overline{AH}^2+\overline{HQ}^2}=\sqrt{3^2+2^2}=\sqrt{13}$

$\overline{AH}=3$은 문제에서 주어졌어.　$\sqrt{9+4}=\sqrt{13}$

035 [정답률 86%]　　정답 ③

길이가 5인 선분 AB를 지름으로 하는 구 위에 점 C가 있다. 점 A를 지나고 직선 AB에 수직인 직선 l이 직선 BC에 수직이다. 직선 l 위의 점 D에 대하여 $\overline{BD}=6$, $\overline{CD}=4$일 때, 선분 AC의 길이는?

(단, 점 C는 선분 AB 위에 있지 않다.) (4점)

① $\sqrt{3}$　② 2　③ $\sqrt{5}$　④ $\sqrt{6}$　⑤ $\sqrt{7}$

Step 1 문제의 조건을 그림으로 나타내고 삼수선의 정리를 이용한다.

중요

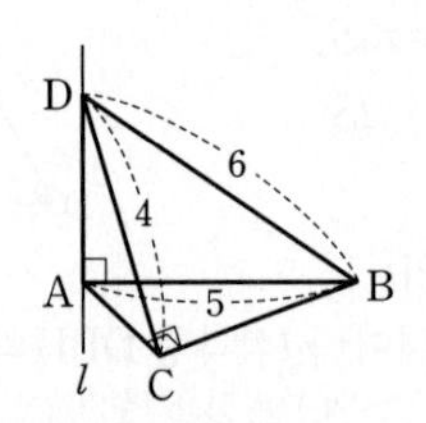

점 A를 지나고 두 직선 AB, BC에 수직인 직선 l은 평면 ABC에 수직이고, 점 C가 구 위의 점이므로

$\angle BCA=\dfrac{\pi}{2}$, 즉 $\overline{AC}\perp\overline{BC}$

평면 위의 직선과 평면 밖의 한 점의 수직 관계를 정리한 것이 삼수선의 정리야. 많이 활용되니 개념을 다시 확인해 봐.

따라서 삼수선의 정리에 의하여 $\overline{DC}\perp\overline{BC}$이다.

Step 2 삼각형 ABC와 삼각형 BCD가 직각삼각형임을 이용하여 선분 AC의 길이를 구한다.

삼각형 ABC와 삼각형 BCD는 직각삼각형이므로 피타고라스 정리에 의하여

A, c, b, $a^2+b^2=c^2$, B, a, C

$\overline{BC}=\sqrt{\overline{BD}^2-\overline{CD}^2}=\sqrt{6^2-4^2}=2\sqrt{5}$

$\therefore \overline{AC}=\sqrt{\overline{AB}^2-\overline{BC}^2}$

$=\sqrt{5^2-(2\sqrt{5})^2}=\sqrt{5}$

알아야 할 기본개념

삼수선의 정리

평면 α 위에 있지 않은 점 P, α 위의 점 O를 지나지 않는 α 위의 직선 l, 직선 l 위의 점 H에 대하여 다음이 성립한다.

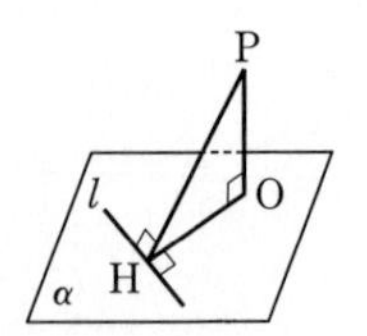

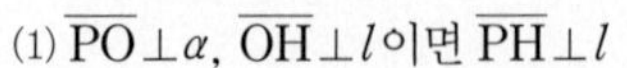

(1) $\overline{PO}\perp\alpha$, $\overline{OH}\perp l$이면 $\overline{PH}\perp l$

(2) $\overline{PO}\perp\alpha$, $\overline{PH}\perp l$이면 $\overline{OH}\perp l$

(3) $\overline{PH}\perp l$, $\overline{OH}\perp l$, $\overline{PO}\perp\overline{OH}$이면 $\overline{PO}\perp\alpha$

036 [정답률 76%]　　정답 ②

주어진 상황을 그림으로 나타내 본다.

평면 α 위에 거리가 4인 두 점 A, C와 중심이 C이고 반지름의 길이가 2인 원이 있다. 점 A에서 이 원에 그은 접선의 접점을 B라 하자. 점 B를 지나고 평면 α와 수직인 직선 위에 $\overline{BP}=2$가 되는 점을 P라 할 때, 점 C와 직선 AP 사이의 거리는? (4점)

원과 접선은 서로 수직이므로 $\overline{AB}\perp\overline{BC}$

점 C에서 직선 AP에 내린 수선의 발과 점 C 사이의 거리와 같아.

① $\sqrt{6}$　② $\sqrt{7}$　③ $2\sqrt{2}$　④ 3　⑤ $\sqrt{10}$

Step 1 문제의 조건을 그림으로 나타낸 후 직각삼각형 ABP의 넓이를 이용하여 $\overline{BH}$의 길이를 구한다.

공간도형 문제를 풀기 위한 가장 기본적인 단계야.

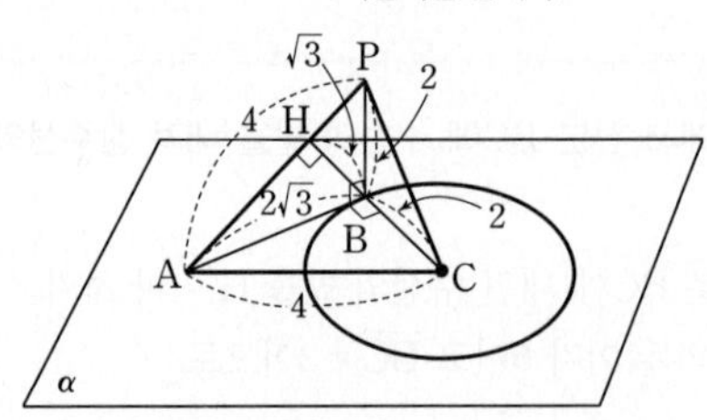

점 B는 원의 접점이므로 삼각형 ABC는 ∠B=90°인 직각삼각형이다.

직각삼각형 ABC에서 피타고라스 정리에 의하여

중요 중심이 점 O인 원에 접하는 직선 l에 대하여 원과 직선 l의 접점을 O′이라 하면 $\overline{OO'}\perp l$이다.

$\overline{AB}=\sqrt{\overline{AC}^2-\overline{BC}^2}=\sqrt{4^2-2^2}=2\sqrt{3}$

직각삼각형 ABP에서 피타고라스 정리에 의하여

$\overline{AP}=\sqrt{\overline{AB}^2+\overline{BP}^2}=\sqrt{(2\sqrt{3})^2+2^2}=4$

한편, 점 B에서 $\overline{AP}$에 내린 수선의 발을 H라 하고 직각삼각형 ABP의 넓이를 이용하면

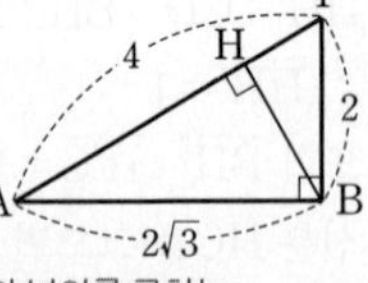

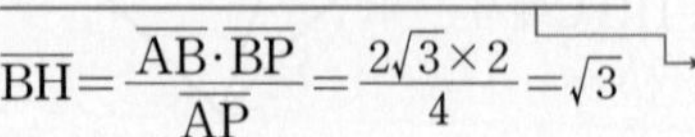

$\dfrac{1}{2}\cdot\overline{AB}\cdot\overline{BP}=\dfrac{1}{2}\cdot\overline{AP}\cdot\overline{BH}$이므로

$\overline{BH}=\dfrac{\overline{AB}\cdot\overline{BP}}{\overline{AP}}=\dfrac{2\sqrt{3}\times 2}{4}=\sqrt{3}$

직각삼각형의 넓이를 구하는 두 가지 방법을 이용했어.

Step 2 삼수선의 정리를 이용하여 점 C와 직선 AP 사이의 거리를 구한다.

이때 $\overline{BC}\perp$(평면 ABP)이고 $\overline{BH}\perp\overline{AP}$이므로 삼수선의 정리에 의하여 $\overline{CH}\perp\overline{AP}$이다.

즉, 점 C와 직선 AP 사이의 거리는 $\overline{CH}$이다.

따라서 삼각형 CBH는 $\angle CBH=90°$인 직각삼각형이므로 피타고라스 정리에 의하여

$$\overline{CH}=\sqrt{\overline{BC}^2+\overline{BH}^2}=\sqrt{2^2+(\sqrt{3})^2}=\sqrt{7}$$

→ $\angle C=90°$인 직각삼각형 ABC에서 $\overline{AB}^2=\overline{AC}^2+\overline{BC}^2$

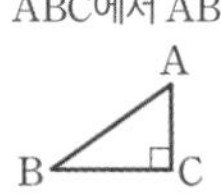

암기 삼수선의 정리

① $\overline{PO}\perp\alpha$, $\overline{OH}\perp l$이면 $\overline{PH}\perp l$

② $\overline{PO}\perp\alpha$, $\overline{PH}\perp l$이면 $\overline{OH}\perp l$

③ $\overline{PH}\perp l$, $\overline{OH}\perp l$, $\overline{PO}\perp\overline{OH}$이면 $\overline{PO}\perp\alpha$

이 문제에서는 ①번을 사용했어.

037

정답 ②

→ 이 조건을 통해서 알아낸 사실을 먼저 생각한다.
① 정사각형 ABCD의 대각선의 길이는 $4\sqrt{2}$이다.
② 정사각형의 두 대각선은 서로 수직이다.
③ 정사각형의 두 대각선의 교점은 각 대각선을 이등분하므로 $\overline{PA}=\overline{PB}=\overline{PC}=\overline{PD}=\frac{1}{2}\times4\sqrt{2}$이다.

한 변의 길이가 4인 정사각형 ABCD의 대각선의 교점을 P라 하자. 선분 PC 위에 점 P로부터 거리가 2인 점을 Q라 하자. [그림 1]의 어두운 부분의 세 삼각형 PAD, PBQ, PQD를 이용하여 [그림 2]와 같은 사면체 PAQD를 만들 때, 사면체 PAQD의 부피는?

→ $\angle APD=\angle BPQ=\angle DPQ=\frac{\pi}{2}$이므로 세 삼각형은 모두 직각삼각형이야.

(단, [그림 2]에서 두 점 A와 B는 서로 일치한다.) (4점)

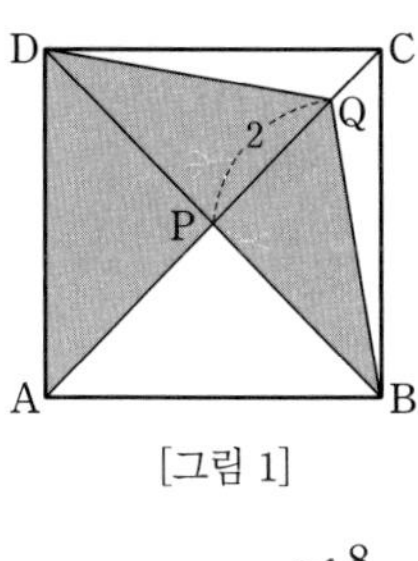

[그림 1]

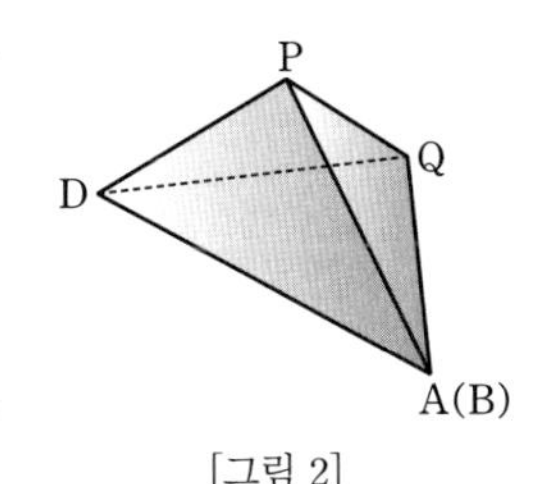

[그림 2]

① $\frac{7}{3}$　② $\frac{8}{3}$　③ 3　④ $\frac{10}{3}$　⑤ $\frac{11}{3}$

→ [그림 1]의 전개도와 [그림 2]의 입체도형 그림을 동시에 보면서 문제를 풀어나가야 해.

Step 1 사면체 PAQD의 높이인 선분 PH의 길이를 구한다.

점 P에서 평면 QDA에 내린 수선의 발을 H라 하자.

선분 AD의 중점을 M이라 하면 $\overline{PA}=\overline{PD}$, $\overline{QA}=\overline{QD}$이므로 점 H는 선분 QM 위에 있다.

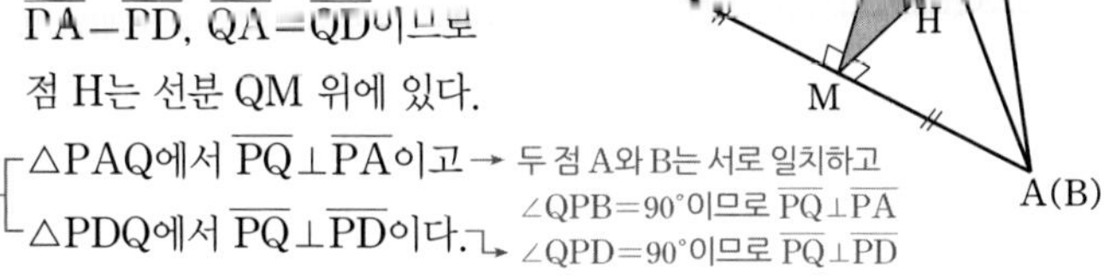

△PAQ에서 $\overline{PQ}\perp\overline{PA}$이고 → 두 점 A와 B는 서로 일치하고 $\angle QPB=90°$이므로 $\overline{PQ}\perp\overline{PA}$

△PDQ에서 $\overline{PQ}\perp\overline{PD}$이다. → $\angle QPD=90°$이므로 $\overline{PQ}\perp\overline{PD}$

따라서 $\overline{PQ}\perp$(평면 PDA)이므로 $\overline{PQ}\perp\overline{PM}$

→ $\overline{PQ}\perp\overline{PA}$, $\overline{PQ}\perp\overline{PD}$이므로 $\overline{PQ}\perp$(평면 PDA) ($\because$ $\overline{PA}$, $\overline{PD}$는 평면 PDA 위의 선분) $\therefore$ $\overline{PQ}\perp\overline{PM}$ ($\because$ $\overline{PM}$은 평면 PDA 위의 선분)

정사각형 ABCD의 대각선의 길이가 $4\sqrt{2}$이므로 삼각형 PDA에서

$\overline{PA}=\overline{PD}=\frac{1}{2}\times4\sqrt{2}=2\sqrt{2}$이고 $\overline{DM}=\frac{1}{2}\times4=2$이므로

→ 점 M은 선분 AD의 중점이므로

직각삼각형 DMP에서 피타고라스 정리에 의하여

$$\overline{PM}=\sqrt{\overline{PD}^2-\overline{DM}^2}=\sqrt{(2\sqrt{2})^2-2^2}=2$$

또한, 직각삼각형 PAQ에서

$$\overline{QA}=\sqrt{\overline{PQ}^2+\overline{PA}^2}=\sqrt{2^2+(2\sqrt{2})^2}=2\sqrt{3}$$

이고, 삼각형 QDA에서

$\overline{QA}=\overline{QD}=2\sqrt{3}$, $\overline{DM}=2$이므로

직각삼각형 DMQ에서 피타고라스 정리에 의하여

$$\overline{QM}=\sqrt{\overline{QD}^2-\overline{DM}^2}=\sqrt{(2\sqrt{3})^2-2^2}=2\sqrt{2}$$

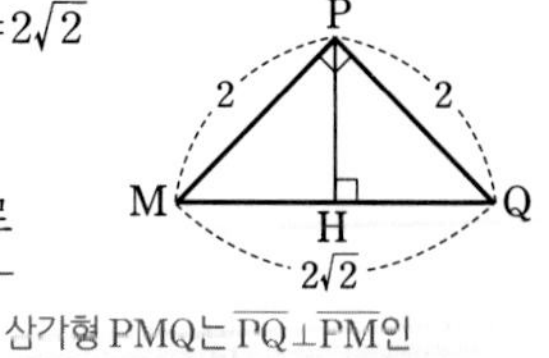

삼각형 PMQ의 넓이에서

$\frac{1}{2}\times\overline{PQ}\times\overline{PM}=\frac{1}{2}\times\overline{QM}\times\overline{PH}$이므로

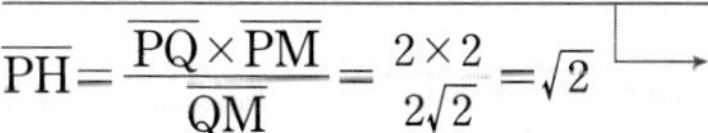

$$\overline{PH}=\frac{\overline{PQ}\times\overline{PM}}{\overline{QM}}=\frac{2\times2}{2\sqrt{2}}=\sqrt{2}$$

→ 삼각형 PMQ는 $\overline{PQ}\perp\overline{PM}$인 직각삼각형이고, 점 H는 점 P에서 선분 MQ에 내린 수선의 발이므로 넓이를 두 가지 방법으로 구할 수 있음을 이용한 거야.

Step 2 사면체 PAQD의 부피를 구한다.

따라서 사면체 PAQD의 부피는

$$\frac{1}{3}\times\left(\frac{1}{2}\times\overline{AD}\times\overline{QM}\right)\times\overline{PH}=\frac{1}{6}\times4\times2\sqrt{2}\times\sqrt{2}=\frac{8}{3}$$

→ 삼각형 QDA의 넓이 / 사면체 PAQD의 높이

038

정답 ②

→ $m /\!/ l$이고 $n /\!/ l$이면 $m /\!/ n$이야.

좌표공간에서 수직으로 만나는 두 평면 α, β의 교선을 l이라 하자. 평면 α 위의 직선 m과 평면 β 위의 직선 n은 각각 직선 l과 평행하다. 직선 m 위의 $\overline{AP}=4$인 두 점 A, P에 대하여 점 P에서 직선 l에 내린 수선의 발을 Q, 점 Q에서 직선 n에 내린 수선의 발을 B라 하자.

$\overline{PQ}=3$, $\overline{QB}=4$이고, 점 B가 아닌 직선 n 위의 점 C에 대하여 $\overline{AB}=\overline{AC}$일 때, 삼각형 ABC의 넓이는? (3점)

① 18　② 20　③ 22　④ 24　⑤ 26

→ △ABC는 이등변삼각형이므로 이것의 성질을 이용해!

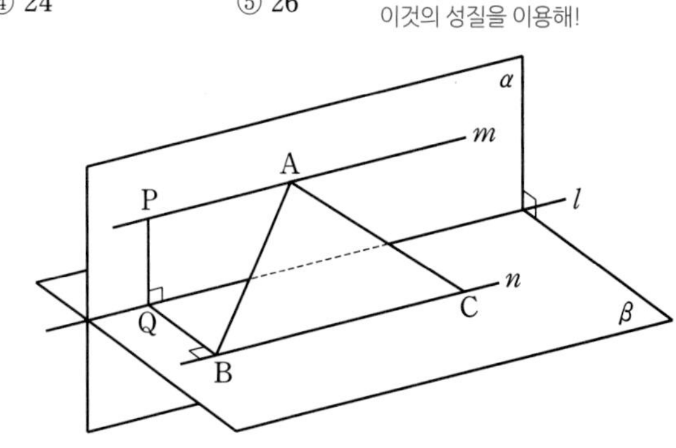

Step 1 선분 BC의 길이를 구한다.

점 Q를 지나고 직선 l과 수직인 평면 β 위의 직선을 l'이라 하면 두 평면 α, β가 이루는 이면각의 크기는 선분 PQ와 직선 l'이 이루는 각의 크기와 같다.

→ 이면각의 크기의 정의를 이용한 거야.

이때 두 평면 α, β는 서로 수직이므로 선분 PQ와 직선 l'도 서로 수직이다.

→ 평면 β 위의 두 직선 l, l'이 $\overline{PQ}$와 서로 수직이기 때문이야.

따라서 선분 PQ와 평면 β는 서로 수직이다.

$\overline{PQ}\perp\beta$, $\overline{QB}\perp n$이므로 삼수선의 정리에 의하여 $\overline{PB}\perp n$

직선 m과 직선 l이 서로 평행하고, 직선 n과 직선 l이 서로 평행하므로 $m /\!/ n$

따라서 점 A에서 직선 n에 내린 수선의 발을 H라 하면

사각형 APBH는 직사각형이므로 $\overline{AP}=\overline{BH}$, $\overline{PB}=\overline{AH}$

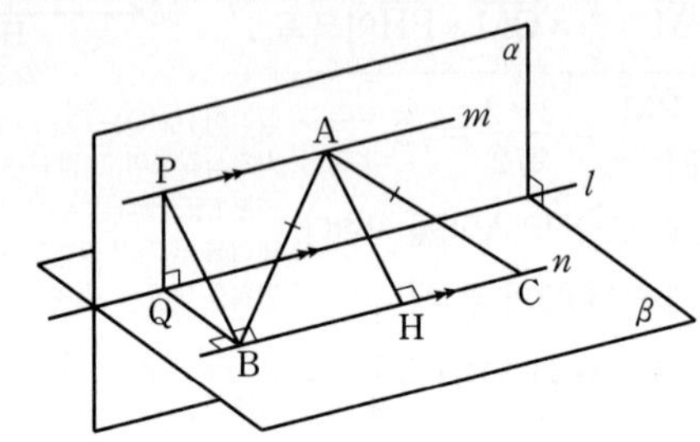

이때 삼각형 ABC는 $\overline{AB}=\overline{AC}$인 이등변삼각형이므로

$\overline{BH}=\overline{CH}$ → 이등변삼각형의 꼭짓점에서 밑변에 내린 수선의 발은 밑변을 수직이등분해.

$\therefore \overline{BC}=\overline{BH}+\overline{CH}=2\overline{BH}=2\overline{AP}=8$

Step 2 선분 AH의 길이를 구한다.

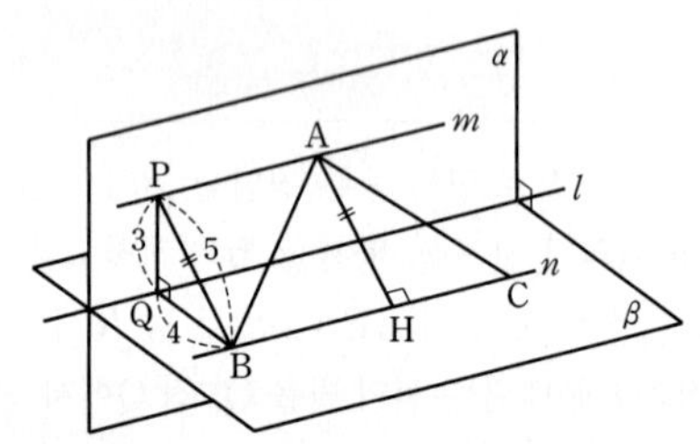

직각삼각형 PQB에서 피타고라스 정리를 이용하면

$\overline{PB}=\sqrt{\overline{PQ}^2+\overline{QB}^2}=\sqrt{3^2+4^2}=5$

$\therefore \overline{AH}=\overline{PB}=5$

Step 3 삼각형 ABC의 넓이를 구한다.

따라서 삼각형 ABC의 넓이는

$\frac{1}{2}\times\overline{BC}\times\overline{AH}=\frac{1}{2}\times8\times5=20$

(밑변, 높이)

039

정답 ④

→ 문제의 조건이 삼수선의 정리와 매우 유사해. 문제를 읽으면서 '삼수선의 정리를 이용해야겠구나'하고 생각할 수 있어야 해.

평면 α 밖의 점 A에서 평면 α와 평면 위의 직선 l에 내린 수선의 길이가 각각 $3\sqrt{3}$, 6일 때, 점 A와 직선 l에 의하여 결정되는 평면과 평면 α가 이루는 각의 크기는? (3점)

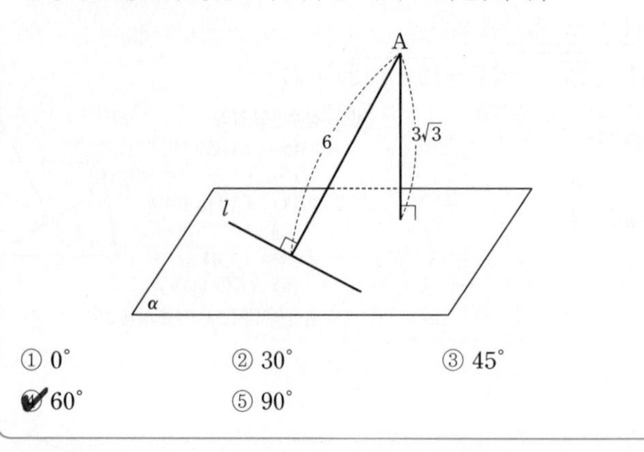

① 0°　② 30°　③ 45°　④ 60°　⑤ 90°

Step 1 삼수선의 정리를 이용하여 구하는 각의 위치를 확인한다.

점 A에서 평면 α와 직선 l에 내린 수선의 발을 각각 O, H라 하면 $\overline{AO}\perp\alpha$, $\overline{AH}\perp l$이므로 삼수선의 정리에 의하여 $\overline{OH}\perp l$이다.

→ 문제의 조건을 통하여 알 수 있는 사실이야.

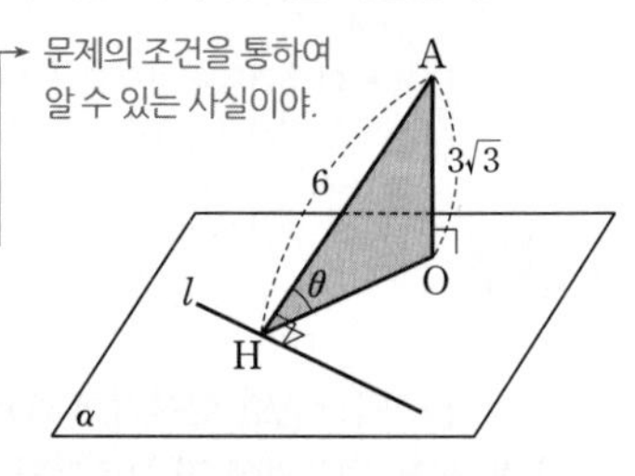

그러므로 점 A와 직선 l에 의하여 결정되는 평면이 평면 α와 이루는 각의 크기는 $\angle$AHO의 크기와 같다.

→ 이면각의 크기를 묻는 문제야. 두 평면이 공유하는 직선 l 위의 한 점 H에 대하여 $\overline{AH}\perp l$, $\overline{OH}\perp l$이므로 $\angle$AHO의 크기를 두 평면의 이면각의 크기라 할 수 있지.

Step 2 $\angle$AHO의 크기를 구한다.

→ 삼각형 AHO는 $\angle$AOH$=90°$인 직각삼각형이고, 문제에서 두 선분 AH와 AO의 길이가 주어졌으니 삼각비를 이용하면 답을 구할 수 있어.

$\angle$AHO$=\theta$라 하면 $\overline{AH}=6$, $\overline{AO}=3\sqrt{3}$에서

$\sin\theta=\frac{\overline{AO}}{\overline{AH}}=\frac{3\sqrt{3}}{6}=\frac{\sqrt{3}}{2}$

$\therefore \theta=60°$ ← 특수각의 삼각비를 알고 있어야 답을 쉽게 구할 수 있어.

특수각의 삼각비

삼각함수 \ A	30°	45°	60°
$\sin A$	$\frac{1}{2}$	$\frac{\sqrt{2}}{2}$	$\frac{\sqrt{3}}{2}$
$\cos A$	$\frac{\sqrt{3}}{2}$	$\frac{\sqrt{2}}{2}$	$\frac{1}{2}$
$\tan A$	$\frac{\sqrt{3}}{3}$	1	$\sqrt{3}$

수능포인트

두 평면이 이루는 각의 크기를 구하는 문제입니다. 이 문제에서도 삼수선의 정리가 사용됩니다. 이 문제에서 두 평면이 이루는 각의 크기는 삼수선의 정리를 통해 만들어진 직각삼각형에서 삼각비를 이용하여 구할 수 있습니다.

040

정답 20

사면체 ABCD에서 변 AB의 길이는 5, 삼각형 ABC의 넓이는 20, 삼각형 ABD의 넓이는 15이다. 삼각형 ABC와 삼각형 ABD가 이루는 각의 크기가 30°일 때 사면체 ABCD의 부피를 구하시오. (3점)

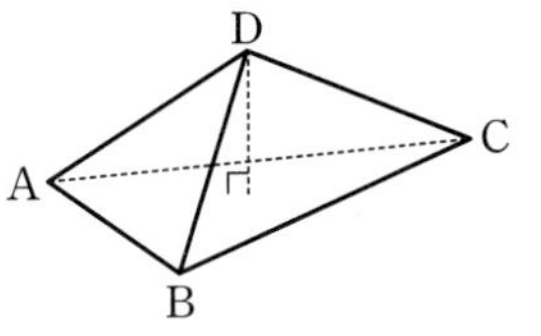

점 D에서 선분 AB에 내린 수선의 발 H′에 대하여 선분 DH′은 선분 AB와 수직이다.

Step 1 삼수선의 정리를 이용하여 사면체의 높이를 구한다.

꼭짓점 D에서 밑면에 내린 수선의 발을 H, 선분 AB에 내린 수선의 발을 H′이라 하면 $\overline{DH}\perp$(평면 ABC), $\overline{DH'}\perp\overline{AB}$이므로 삼수선의 정리에 의하여

→ 점 D에서 밑면(평면 ABC)에 내린 수선의 발 H에 대하여 선분 DH와 평면 ABC는 수직이다.

$\overline{AB}\perp\overline{HH'}$이고 $\angle DH'H=30°$이다.

$\triangle ABD=\frac{1}{2}\cdot\overline{AB}\cdot\overline{DH'}$

$=\frac{1}{2}\times5\times\overline{DH'}=15$

에서 $\overline{DH'}=6$

$\therefore\ \overline{DH}=\overline{DH'}\sin30°$

$=6\times\frac{1}{2}=3$

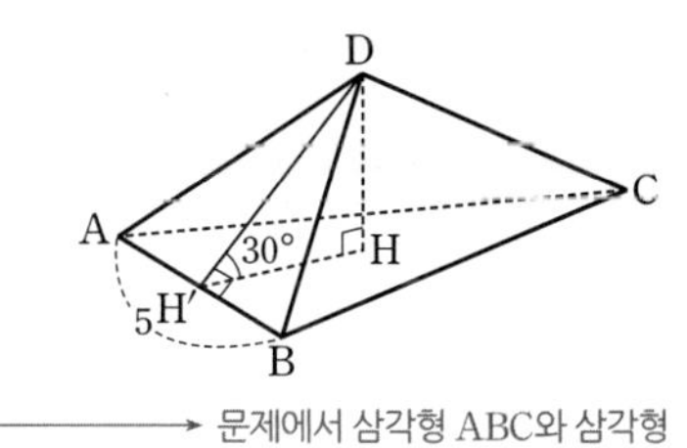

→ 문제에서 삼각형 ABC와 삼각형 ABD가 이루는 각의 크기가 30°라고 주어졌어. 두 평면 ABC와 ABD가 공유하는 직선 AB에 대하여 $\overline{DH'}\perp\overline{AB}$, $\overline{HH'}\perp\overline{AB}$이므로 $\angle DH'H=30°$가 두 평면이 이루는 각의 크기야.

Step 2 사면체 ABCD의 부피를 구한다.

따라서 사면체 ABCD의 부피를 V라 하면

$V=\frac{1}{3}\cdot\overline{DH}\cdot\triangle ABC=\frac{1}{3}\times3\times20=20$

→ 삼각형 DH′H는 $\angle DHH'=90°$인 직각삼각형이므로 $\sin30°=\frac{\overline{DH}}{\overline{DH'}}$

041 [정답률 74%]

정답 ④

공간에 선분 AB를 포함하는 평면 α가 있다. 평면 α 위에 있지 않은 점 C에서 평면 α에 내린 수선의 발을 H라 할 때, 점 H가 다음 조건을 만족시킨다.

(가) $\angle AHB=\frac{\pi}{2}$

(나) $\sin(\angle CAH)=\sin(\angle ABH)=\frac{\sqrt{3}}{3}$

평면 ABC와 평면 α가 이루는 예각의 크기를 θ라 할 때, $\cos\theta$의 값은? (단, 점 H는 선분 AB 위에 있지 않다.) (3점)

① $\frac{\sqrt{7}}{14}$　② $\frac{\sqrt{7}}{7}$　③ $\frac{3\sqrt{7}}{14}$
④ $\frac{2\sqrt{7}}{7}$　⑤ $\frac{5\sqrt{7}}{14}$

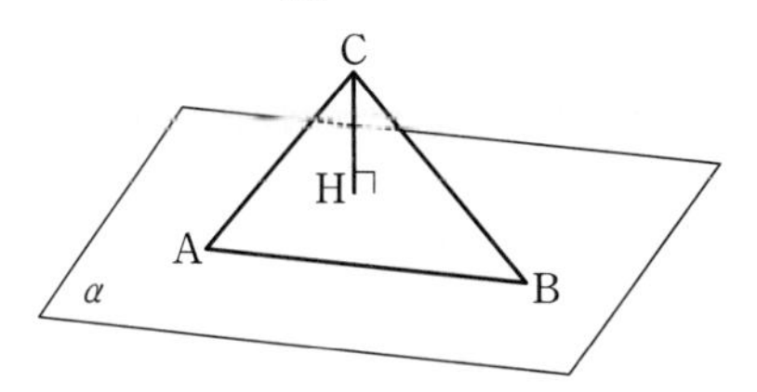

Step 1 조건 (나)를 이용하여 변의 길이를 구한다.

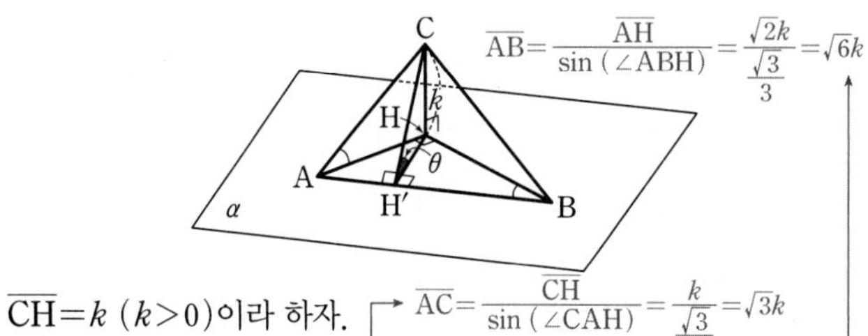

$\overline{AB}=\frac{\overline{AH}}{\sin(\angle ABH)}=\frac{\sqrt{2}k}{\frac{\sqrt{3}}{3}}=\sqrt{6}k$

$\overline{CH}=k\ (k>0)$이라 하자.　$\overline{AC}=\frac{\overline{CH}}{\sin(\angle CAH)}=\frac{k}{\frac{\sqrt{3}}{3}}=\sqrt{3}k$

직각삼각형 CAH에서 $\overline{AC}=\sqrt{3}k$, $\overline{AH}=\sqrt{3k^2-k^2}=\sqrt{2}k$

직각삼각형 ABH에서 $\overline{AB}=\sqrt{6}k$, $\overline{BH}=\sqrt{6k^2-2k^2}=2k$

Step 2 삼수선의 정리를 이용하여 $\cos\theta$의 값을 구한다.

점 C에서 선분 AB에 내린 수선의 발을 H′이라 하면

$\overline{CH}\perp\alpha$, $\overline{CH'}\perp\overline{AB}$이므로 삼수선의 정리에 의하여 $\overline{HH'}\perp\overline{AB}$이다.

직각삼각형 HBH′에서 $\overline{HH'}=\frac{2\sqrt{3}}{3}k$　$\overline{HH'}=\overline{BH}\sin(\angle ABH)=2k\times\frac{\sqrt{3}}{3}=\frac{2\sqrt{3}}{3}k$

직각삼각형 CHH′에서 $\overline{CH'}=\sqrt{k^2+\left(\frac{2\sqrt{3}}{3}k\right)^2}=\frac{\sqrt{21}}{3}k$　→ $\sqrt{\overline{CH}^2+\overline{HH'}^2}$

따라서 $\cos\theta=\frac{\overline{HH'}}{\overline{CH'}}=\frac{2\sqrt{7}}{7}$이다.

042 [정답률 75%]

정답 ①

좌표공간에 직선 AB를 포함하는 평면 α가 있다. 평면 α 위에 있지 않은 점 C에 대하여 직선 AB와 직선 AC가 이루는 예각의 크기를 θ_1이라 할 때 $\sin\theta_1=\frac{4}{5}$이고, 직선 AC와 평면 α가 이루는 예각의 크기는 $\frac{\pi}{2}-\theta_1$이다. 평면 ABC와 평면 α가 이루는 예각의 크기를 θ_2라 할 때, $\cos\theta_2$의 값은? (3점)

① $\frac{\sqrt{7}}{4}$　② $\frac{\sqrt{7}}{5}$　③ $\frac{\sqrt{7}}{6}$
④ $\frac{\sqrt{7}}{7}$　⑤ $\frac{\sqrt{7}}{8}$

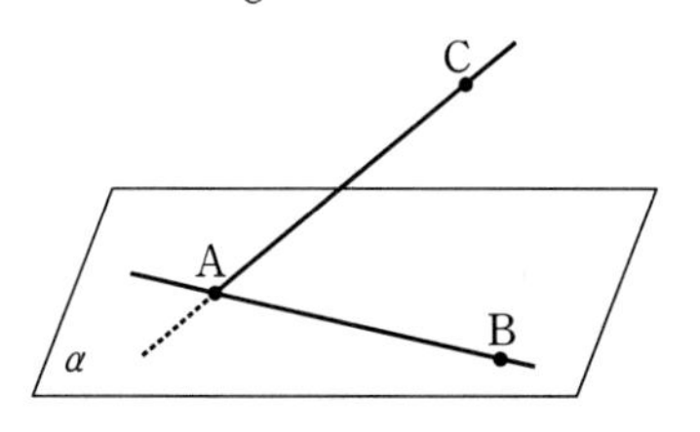

Step 1 평면 α에 주어진 조건을 나타낸 후, $\cos\theta_2$의 값을 구한다.

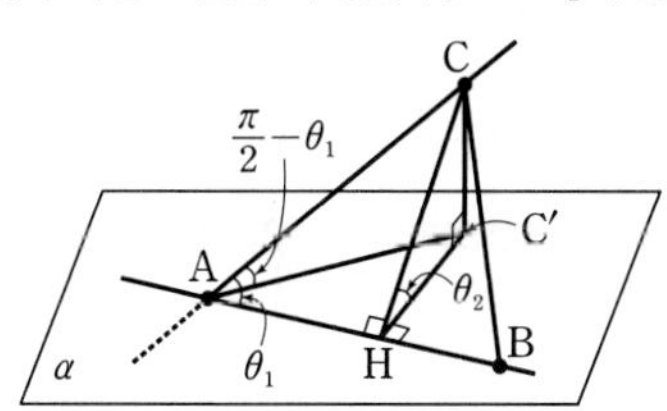

위의 그림과 같이 점 C에서 평면 α에 내린 수선의 발을 C′, 점 C′에서 직선 AB에 내린 수선의 발을 H라 하자.

삼각형 CAH에서 $\sin\theta_1=\frac{4}{5}$이므로

$\overline{AC}=5k\ (k>0)$라 하면 $\overline{CH}=4k$

$\cos\theta_1=\sqrt{1-\sin^2\theta_1}$
$=\sqrt{1-\left(\frac{4}{5}\right)^2}$
$=\sqrt{\frac{9}{25}}=\frac{3}{5}$

삼각형 CAC′에서 $\sin\left(\frac{\pi}{2}-\theta_1\right)=\cos\theta_1=\frac{3}{5}$이므로 $\overline{CC'}=3k$

$\sin\left(\frac{\pi}{2}-\theta_1\right)=\frac{\overline{CC'}}{\overline{AC}}=\frac{\overline{CC'}}{5k}=\frac{3}{5}$이므로 $\overline{CC'}=3k$이다.

따라서 삼각형 CHC′에서 $\sin\theta_2=\frac{\overline{CC'}}{\overline{CH}}=\frac{3}{4}$이므로

$\cos\theta_2=\sqrt{1-\sin^2\theta_2}=\sqrt{1-\left(\frac{3}{4}\right)^2}=\frac{\sqrt{7}}{4}$

043

정답 ②

그림과 같이 정사면체 ABCD에서 이웃하는 두 면이 이루는 이면각의 크기를 θ라 할 때, $\cos 2\theta$의 값은? (2점)

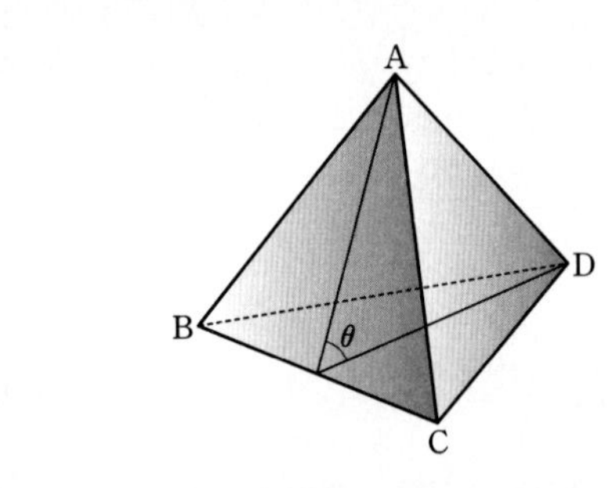

① $-\frac{8}{9}$ ② $-\frac{7}{9}$ ③ $-\frac{2}{3}$
④ $-\frac{5}{9}$ ⑤ $-\frac{4}{9}$

Step 1 정사면체의 성질을 이용하여 선분들의 길이의 비를 구한다.

오른쪽 그림과 같이 선분 BC의 중점을 E로 놓고 점 A에서 평면 BCD에 내린 수선의 발을 G라 하면 점 G는 △BCD의 무게중심이다.

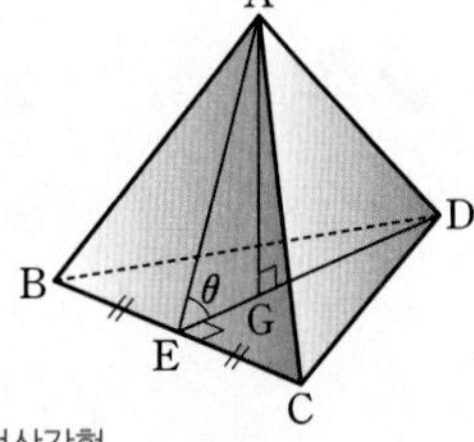

따라서 $\overline{DG}:\overline{GE}=2:1$이고

$\overline{AE}=\overline{ED}$이므로

$\overline{AE}, \overline{ED}$는 각각 합동인 두 정삼각형 ABC, DBC의 높이이므로

$\overline{AE}=\overline{DG}+\overline{GE}$

$=2\overline{GE}+\overline{GE}=3\overline{GE}$ …… ㉠

삼각형의 무게중심의 성질

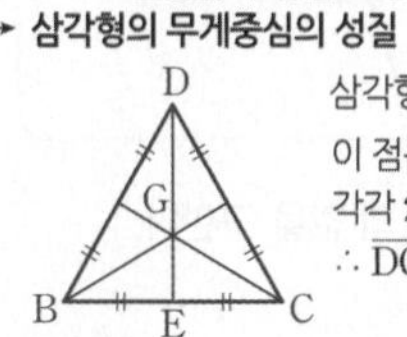

삼각형 BCD의 세 중선은 한 점(G)에서 만나고 이 점은 세 중선의 길이를 꼭짓점으로부터 각각 2 : 1로 나눈다.
$\therefore \overline{DG}:\overline{GE}=2:1$

Step 2 코사인법칙을 이용하여 $\cos 2\theta$의 값을 구한다.

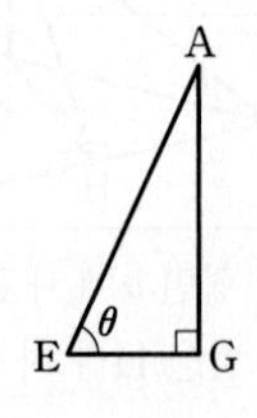

삼각형 AEG는 ∠AGE=90°인 직각삼각형이므로

$\cos\theta=\frac{\overline{GE}}{\overline{AE}}=\frac{\overline{GE}}{3\overline{GE}}=\frac{1}{3}$ (∵ ㉠)

$\cos\theta=\frac{1}{3}$에서 $\overline{AE}=3k$, $\overline{EG}=k(k>0)$라 하고 △AEG와 합동인 삼각형 AE′G를 그리면 다음과 같다.

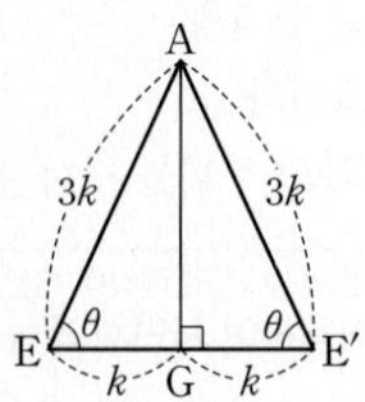

△AEE′에서 $\angle EAE'=\pi-2\theta$

코사인법칙을 이용하면

$\cos(\pi-A)=-\cos A$를 이용했어!

$\cos(\pi-2\theta)=-\cos 2\theta=\frac{(3k)^2+(3k)^2-(2k)^2}{2\times 3k\times 3k}$

$=\frac{14k^2}{18k^2}=\frac{14}{18}=\frac{7}{9}$

$\therefore \cos 2\theta=-\frac{7}{9}$

044 [정답률 69%]

정답 ④

그림과 같이 사면체 ABCD의 각 모서리의 길이는

$\overline{AB}=\overline{AC}=7$, $\overline{BD}=\overline{CD}=5$,
$\overline{BC}=6$, $\overline{AD}=4$

이다. 평면 ABC와 평면 BCD가 이루는 이면각의 크기를 θ라 할 때, $\cos\theta$의 값은? (단, θ는 예각) (4점)

① $\frac{\sqrt{2}}{3}$ ② $\frac{\sqrt{3}}{3}$ ③ $\frac{3}{4}$
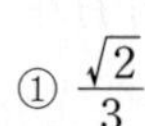 ④ $\frac{\sqrt{10}}{4}$ ⑤ $\frac{\sqrt{10}}{5}$

이등변삼각형의 꼭짓점에서 밑변에 내린 수선의 발은 밑변을 수직이등분하므로, 점 A에서 선분 BC에 내린 수선의 발과 점 D에서 선분 BC에 내린 수선의 발이 일치해.

Step 1 두 꼭짓점 A, D에서 선분 BC에 각각 수선의 발 H를 내려 선분 AH, DH의 길이를 구한다.

두 꼭짓점 A, D에서 두 평면 ABC와 BCD의 교선인 선분 BC에 내린 수선의 발을 H라 하면 △ABC는 $\overline{AB}=\overline{AC}$인 이등변삼각형이므로 $\overline{BH}=\overline{CH}=\frac{1}{2}\overline{BC}=\frac{1}{2}\times 6=3$

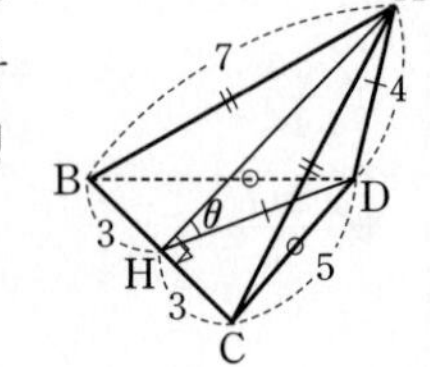

직각삼각형 ABH에서

피타고라스 정리에 의하여

$\overline{AH}=\sqrt{\overline{AB}^2-\overline{BH}^2}=\sqrt{7^2-3^2}=2\sqrt{10}$

직각삼각형 CDH에서 피타고라스 정리에 의하여

$\overline{DH}=\sqrt{\overline{CD}^2-\overline{CH}^2}=\sqrt{5^2-3^2}=4$

Step 2 △AHD가 이등변삼각형임을 이용하여 $\cos\theta$의 값을 구한다.

삼각형 AHD는 $\overline{AD}=\overline{DH}=4$인 이등변삼각형이므로 점 D에서 선분 AH에 내린 수선의 발을 M이라 하면

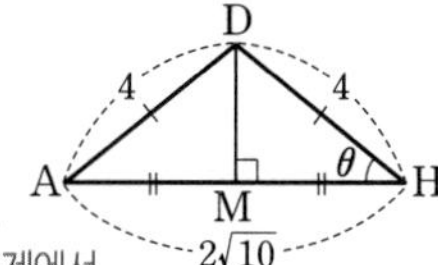

$\overline{MH}=\frac{1}{2}\overline{AH}=\frac{1}{2}\times2\sqrt{10}=\sqrt{10}$

$\overline{AD}=4$는 문제에서 주어진 조건이고, $\overline{DH}=4$는 **Step 1**에서 계산한 거야.

$\therefore \cos\theta=\frac{\overline{MH}}{\overline{DH}}=\frac{\sqrt{10}}{4}$

이등변삼각형의 꼭짓점에서 밑변에 내린 수선은 밑변을 수직이등분한다는 것을 이용한 거야! 이 성질은 △DAM과 △DHM이 합동임을 이용하여 쉽게 증명할 수 있어.

045 [정답률 74%]

정답 16

한 모서리의 길이가 4인 정사면체 ABCD에서 선분 AD를 1 : 3으로 내분하는 점을 P, 3 : 1로 내분하는 점을 Q라 하자. 두 평면 PBC와 QBC가 이루는 예각의 크기를 θ라 할 때, $\cos\theta=\frac{q}{p}$이다. $p+q$의 값을 구하시오.

(단, p와 q는 서로소인 자연수이다.) (4점)

삼각형 CDA를 따로 그려 보면 점 P는 선분 AD를 1 : 3으로, 점 Q는 선분 AD를 3 : 1로 내분하는 점이므로 $\overline{PC}=\overline{QC}$임을 알 수 있어.

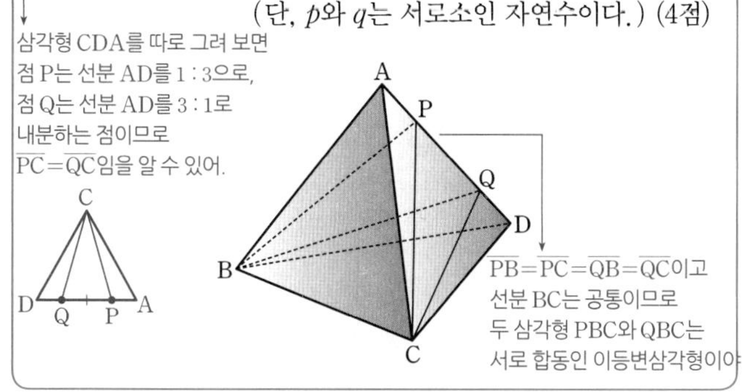

$\overline{PB}=\overline{PC}=\overline{QB}=\overline{QC}$이고 선분 BC는 공통이므로 두 삼각형 PBC와 QBC는 서로 합동인 이등변삼각형이야.

Step 1 이면각의 정의를 이용하여 이면각을 나타낸다.

두 선분 BC, AD의 중점을 각각 M, N이라 하면 두 평면 PBC와 QBC가 이루는 예각 θ는 그림과 같이 나타낼 수 있다.

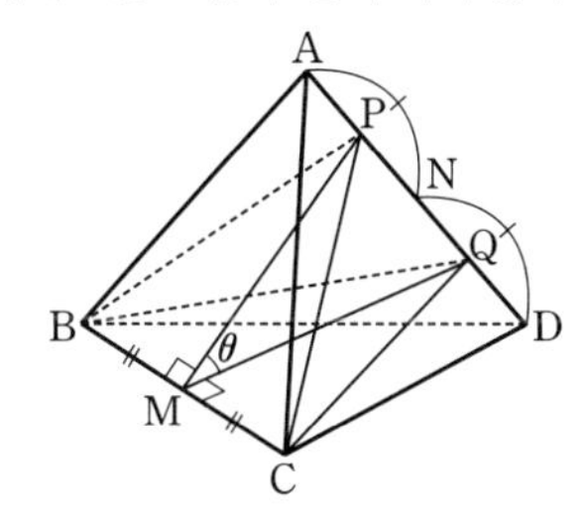

삼각형 PMN, 삼각형 QMN에서 피타고라스 정리 이용!

$\overline{AM}=\overline{DM}=\frac{\sqrt{3}}{2}\times4=2\sqrt{3}$이므로

한 변의 길이가 l인 정삼각형의 높이는 $\frac{\sqrt{3}}{2}l$

삼각형 AMN에서 피타고라스 정리를 이용하면

삼각형 AMN을 그려서 확인해 본다.

$\overline{MN}=\sqrt{(2\sqrt{3})^2-2^2}=2\sqrt{2}$

$\overline{PN}=\overline{QN}=1$이므로 $\overline{PM}=\overline{QM}=3$

삼각형 AMN은 $\angle ANM=90°$인 직각삼각형이므로 $\overline{AM}^2=\overline{AN}^2+\overline{MN}^2$

Step 2 코사인법칙을 이용한다.

이때 $\overline{PQ}=2$이므로 삼각형 PMQ에서 코사인법칙을 이용하면

$=\overline{PN}+\overline{NQ}$

$\cos\theta=\frac{\overline{PM}^2+\overline{QM}^2-\overline{PQ}^2}{2\times\overline{PM}\times\overline{QM}}$

$=\frac{3^2+3^2-2^2}{2\times3\times3}$

$=\frac{14}{18}=\frac{7}{9}$

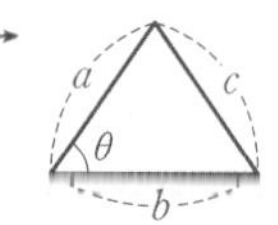

$\cos\theta=\frac{a^2+b^2-c^2}{2ab}$

따라서 $p=9$, $q=7$이므로

$p+q=16$

046

정답 ⑤

그림의 정사면체에서 모서리 OA를 1 : 2로 내분하는 점을 P라 하고, 모서리 OB와 OC를 2 : 1로 내분하는 점을 각각 Q와 R라 하자. △PQR와 △ABC가 이루는 각의 크기를 θ라 할 때, $\cos\theta$의 값은? (4점)

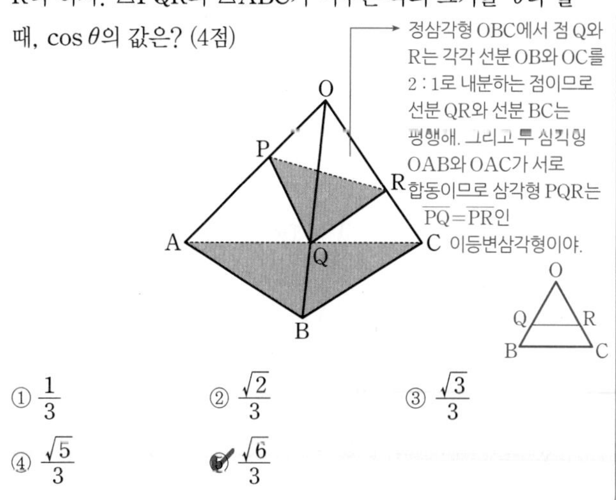

정삼각형 OBC에서 점 Q와 R는 각각 선분 OB와 OC를 2 : 1로 내분하는 점이므로 선분 QR와 선분 BC는 평행해. 그리고 두 삼각형 OAB와 OAC가 서로 합동이므로 삼각형 PQR는 $\overline{PQ}=\overline{PR}$인 이등변삼각형이야.

① $\frac{1}{3}$ ② $\frac{\sqrt{2}}{3}$ ③ $\frac{\sqrt{3}}{3}$ ④ $\frac{\sqrt{5}}{3}$ ⑤ $\frac{\sqrt{6}}{3}$

Step 1 삼각형 ABC와 평행하고 선분 QR를 한 변으로 갖는 삼각형을 이용하여 $\cos\theta$의 값을 구한다.

점 P와 점 D는 각각 선분 OA를 1 : 2, 2 : 1로 내분하는 점이므로

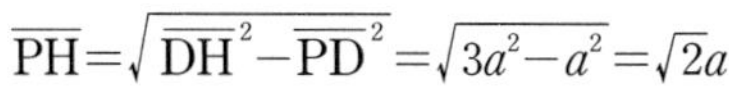

그림과 같이 $\overline{OP}=\overline{PD}=\overline{DA}$이고, 점 P는 선분 OD의 중점이다.

선분 OA를 2 : 1로 내분하는 점을 D라 하면 △ABC와 △DQR는 평행하므로 θ는 △PQR와 △DQR가 이루는 각의 크기와 같다.

$\overline{DQ}\,/\!/\,\overline{AB}$, $\overline{DR}\,/\!/\,\overline{AC}$이므로 평면 ABC와 평면 DQR가 평행하게 돼.

정사면체 ODQR에서 점 P는 선분 OD의 중점이므로 $\overline{OD}\perp\overline{QP}$이고, 선분 QR의 중점을 H라 하면 삼각형 PDH는 $\angle DPH=90°$인 직각삼각형이다.

선분 QP는 정삼각형 QOD의 높이가 된다. $\therefore \overline{OD}\perp\overline{QP}$

Step 2 정사면체 OABC의 한 모서리의 길이를 $3a(a>0)$라 하고 $\cos\theta$의 값을 구한다.

$\overline{OH}=\overline{DH}$인 이등변삼각형 HOD에 대하여 꼭짓점 H와 선분 OD의 중점 P를 연결한 선분 HP에 대하여 $\overline{HP}\perp\overline{OP}$ $\therefore \angle DPH=90°$

$\overline{OA}=3a\ (a>0)$라 하면

$\overline{DQ}=2a$, $\overline{PD}=a$, $\overline{QH}=a$이므로

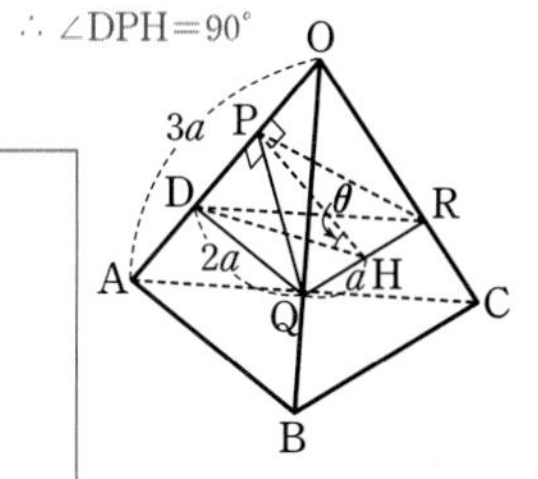

직각삼각형 DHQ에서

피타고라스 정리에 의하여

$\overline{DH}=\sqrt{\overline{DQ}^2-\overline{QH}^2}=\sqrt{4a^2-a^2}=\sqrt{3}a$

직각삼각형 DHP에서

피타고라스 정리에 의하여

$\overline{PH}=\sqrt{\overline{DH}^2-\overline{PD}^2}=\sqrt{3a^2-a^2}=\sqrt{2}a$

$\therefore \cos\theta=\frac{\overline{PH}}{\overline{DH}}=\frac{\sqrt{2}a}{\sqrt{3}a}=\frac{\sqrt{6}}{3}$

정사면체 ODQR는 한 모서리의 길이가 $2a$인 정사면체이고 점 P는 선분 OD의 중점, 점 H는 선분 QR의 중점이므로 $\overline{PD}=a$, $\overline{QH}=a$야.

삼각형 OAB에서 점 D는 선분 OA를 2 : 1로, 점 Q는 선분 OB를 2 : 1로 내분한 점이므로 $\overline{DQ}:\overline{AB}=2:3$

$\therefore \overline{DQ}=\frac{2}{3}\overline{AB}=\frac{2}{3}\times3a=2a$

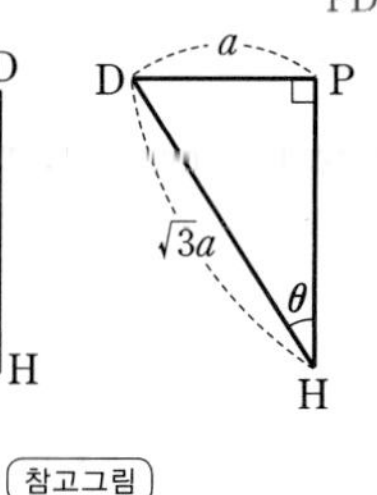

참고그림

047 [정답률 86%]

정답 ④

그림과 같이 한 모서리의 길이가 2인 정사면체 ABCD와 모든 모서리의 길이가 2인 사각뿔 G−EDCF가 있다. 네 점 B, C, D, G가 한 평면 위에 있을 때, 평면 ACD와 평면 EDCF가 이루는 예각의 크기를 θ라 하자. $\cos\theta$의 값은? (4점)

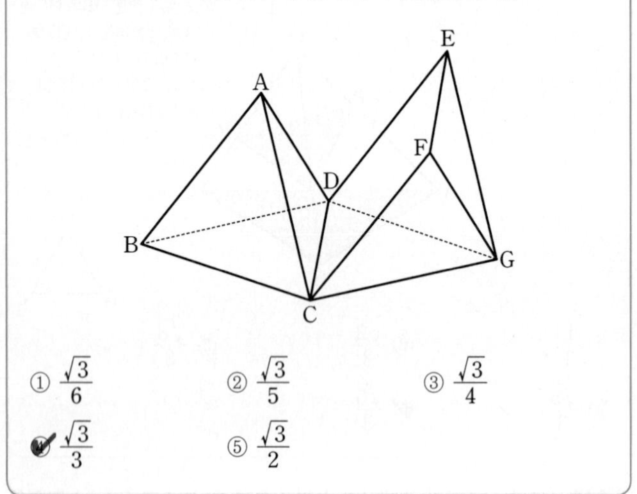

① $\frac{\sqrt{3}}{6}$ ② $\frac{\sqrt{3}}{5}$ ③ $\frac{\sqrt{3}}{4}$

✔ $\frac{\sqrt{3}}{3}$ ⑤ $\frac{\sqrt{3}}{2}$

Step 1 점 A와 점 G에서 $\overline{CD}$, $\overline{EF}$에 각각 수선의 발을 내려 합동인 두 삼각형을 찾는다.

△ACD, △BCD는 모두 한 변의 길이가 2인 정삼각형이므로 점 A와 점 B에서 $\overline{CD}$에 내린 수선의 발을 M이라 하면

$\overline{AM}=\overline{BM}=\sqrt{3}$ → 한 변의 길이가 a인 정삼각형의 높이는 $\frac{\sqrt{3}}{2}a$야!

△GDC의 꼭짓점 G에서 $\overline{CD}$에 내린 수선의 발 또한 M이므로

$\overline{GM}=\sqrt{3}$

△GEF의 꼭짓점 G에서 $\overline{EF}$에 내린 수선의 발을 M′이라 하면

$\overline{GM'}=\sqrt{3}$이다.

따라서 $\overline{AM}=\overline{M'G}=\sqrt{3}$, $\overline{BM}=\overline{MG}=\sqrt{3}$, $\overline{AB}=\overline{M'M}=2$이므로 (→ $=\overline{CF}$)

△ABM과 △M′MG는 서로 합동(SSS 합동)이고, 다음 그림과 같다.

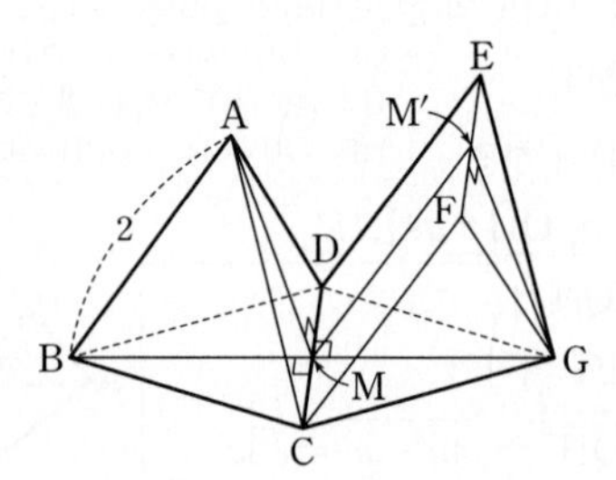

Step 2 $\cos\theta$의 값을 구한다.

→ 평면 ACD와 평면 EDCF가 이루는 예각의 크기

두 평면 ACD, BCD가 이루는 각의 크기를 α, 두 평면 CDG, CDEF가 이루는 각의 크기를 β라 하면 $\alpha+\theta+\beta=\pi$ ($\alpha=\angle AMB$, $\beta=\angle M'MG$)

△ABM과 △M′MG는 서로 합동이므로 $\angle ABM=\angle M'MG=\beta$

△ABM에서 세 내각의 크기의 합은 π이므로

$\angle BAM+\beta+\alpha=\pi$ $\therefore \angle BAM=\theta$

따라서 코사인법칙에 의해

$$\cos\theta=\frac{\overline{AB}^2+\overline{AM}^2-\overline{BM}^2}{2\times\overline{AB}\times\overline{AM}}$$

$$=\frac{2^2+(\sqrt{3})^2-(\sqrt{3})^2}{2\times2\times\sqrt{3}}$$

$$=\frac{4}{4\sqrt{3}}$$

$$=\frac{1}{\sqrt{3}}$$

$$=\frac{\sqrt{3}}{3}$$

048 [정답률 78%]

정답 ③

그림은 모든 모서리의 길이가 2인 정삼각기둥 ABC−DEF의 밑면 ABC와 모든 모서리의 길이가 2인 정사면체 OABC의 밑면 ABC를 일치시켜 만든 도형을 나타낸 것이다. 두 모서리 OB, BE의 중점을 각각 M, N이라 하고, 두 평면 MCA, NCA가 이루는 각의 크기를 θ라 할 때, $\cos\theta$의 값은? (4점)

→ 이면각을 이용한다.

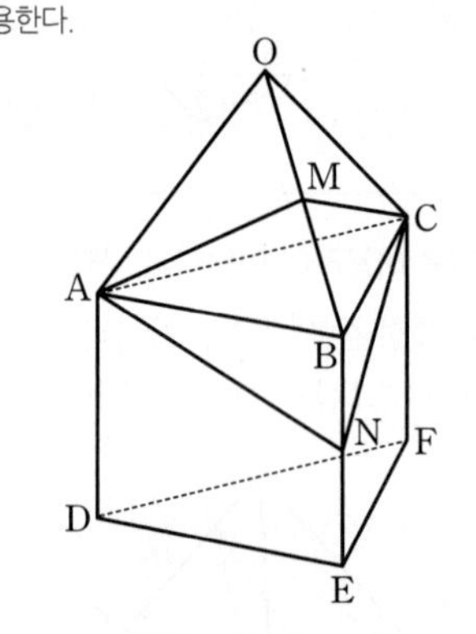

① $\frac{3\sqrt{2}-2\sqrt{3}}{6}$ ② $\frac{2\sqrt{2}-\sqrt{3}}{6}$ ✔ $\frac{3\sqrt{2}-\sqrt{3}}{6}$

④ $\frac{\sqrt{2}+\sqrt{3}}{6}$ ⑤ $\frac{2\sqrt{2}+\sqrt{3}}{6}$

사실 각 선분의 길이가 $\sqrt{3}$, $\sqrt{5}$가 되는 것은 중요하지 않아. $\overline{AM}=\overline{CM}$이므로 삼각형 MCA가 이등변삼각형이고, $\overline{AN}=\overline{CN}$이므로 삼각형 NCA가 이등변삼각형이라는 것만 알 수 있어도 문제를 풀 수 있어.

Step 1 이면각을 이용하여 θ를 찾는다.

두 선분 AM, CM은 한 변의 길이가 2인 정삼각형의 높이이므로

$\overline{AM}=\overline{CM}=\frac{\sqrt{3}}{2}\times2=\sqrt{3}$

또, 두 선분 AN, CN은 밑변의 길이가 2, 높이가 1인 직각삼각형의 빗변이므로

$\overline{AN}=\overline{CN}=\sqrt{2^2+1^2}=\sqrt{5}$

따라서 삼각형 MCA와 삼각형 NCA는 모두 이등변삼각형이므로 두 꼭짓점 M, N에서 밑변 AC에 내린

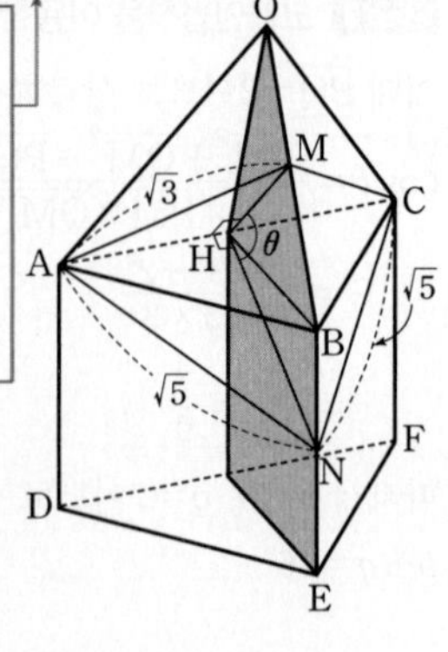

수선의 발은 서로 같다.

이때 그 수선의 발을 H라 하면 두 평면 MCA와 NCA가 이루는 각 θ는 $\angle$MHN과 같다. → 두 평면 MCA와 NCA가 공유하는 직선 AC에 대하여 $\overline{MH}\perp\overline{AC}$, $\overline{NH}\perp\overline{AC}$이므로 두 평면이 이루는 각 θ는 $\angle$MHN이다.

Step 2 삼각형 OHB를 포함하는 평면으로 자른 도형의 단면을 이용하여 $\cos\theta$의 값을 구한다.

주어진 입체도형에서 삼각형 OHB를 포함하는 평면으로 자른 도형의 단면을 그려보면 다음과 같다.

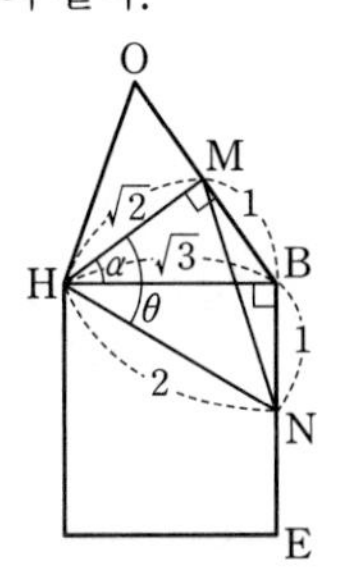

이때 $\angle$MHB$=\alpha$라 하면 직각삼각형 MHB에서

$$\cos\alpha=\frac{\overline{HM}}{\overline{BH}}=\frac{\sqrt{2}}{\sqrt{3}}=\frac{\sqrt{6}}{3}$$

HB는 정삼각형 ABC의 높이 $\frac{\sqrt{3}}{2}\times2=\sqrt{3}$

이때 $\angle\text{MBH}=\pi-\left(\frac{\pi}{2}+\alpha\right)=\frac{\pi}{2}-\alpha$이므로

$\overline{BM}=\frac{1}{2}\overline{OB}=1$
$\therefore \overline{HM}=\sqrt{(\sqrt{3})^2-1}=\sqrt{2}$

$$\angle\text{MBN}=\angle\text{MBH}+\angle\text{HBN}$$
$$=\left(\frac{\pi}{2}-\alpha\right)+\frac{\pi}{2}=\pi-\alpha$$

따라서 삼각형 MNB에서 코사인법칙을 이용하면

$$\overline{MN}^2=\overline{MB}^2+\overline{BN}^2-2\times\overline{MB}\times\overline{BN}\times\cos(\pi-\alpha)$$
$$=1^2+1^2-2\times1\times1\times(-\cos\alpha)$$

→ 기본적인 삼각함수의 변환 공식이야.

$$=2+2\times\frac{\sqrt{6}}{3}=2+\frac{2\sqrt{6}}{3}$$

삼각형 MHN에서 코사인법칙을 한 번 더 이용하면

$$\cos\theta=\frac{\overline{HM}^2+\overline{HN}^2-\overline{MN}^2}{2\times\overline{HM}\times\overline{HN}}=\frac{(\sqrt{2})^2+2^2-\left(2+\frac{2\sqrt{6}}{3}\right)}{2\times\sqrt{2}\times2}$$
$$=\frac{6-\left(2+\frac{2\sqrt{6}}{3}\right)}{4\sqrt{2}}$$
$$=\frac{4-\frac{2\sqrt{6}}{3}}{4\sqrt{2}}=\frac{4\sqrt{2}-\frac{4\sqrt{3}}{3}}{8}=\frac{3\sqrt{2}-\sqrt{3}}{6}$$

분모, 분자에 각각 $\frac{3}{4}$을 곱해주었어.

049 [정답률 39%]

정답 25

그림과 같이

$$\overline{AB}=4,\ \overline{CD}=8,\ \overline{BC}=\overline{BD}=4\sqrt{5}$$

인 사면체 ABCD에 대하여 직선 AB와 평면 ACD는 서로 수직이다. 두 선분 CD, DB의 중점을 각각 M, N이라 할 때, 선분 AM 위의 점 P에 대하여 선분 DB와 선분 PN은 서로 수직이다. 두 평면 PDB와 CDB가 이루는 예각의 크기를 θ라 할 때, $40\cos^2\theta$의 값을 구하시오. (4점)

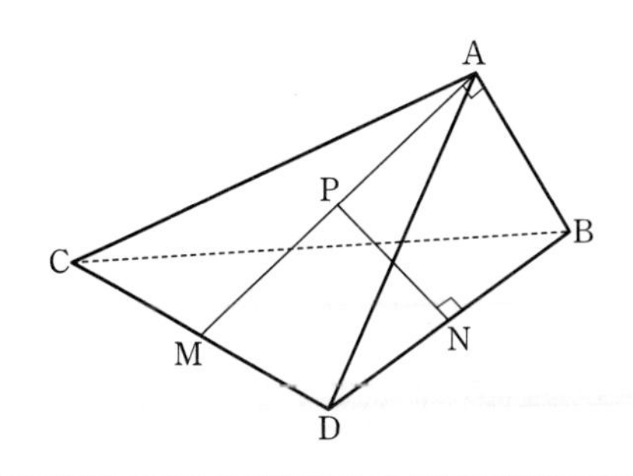

Step 1 삼수선의 정리를 이용하여 도형 사이의 위치 관계를 파악한다.

삼각형 BCD는 이등변삼각형이므로 $\overline{BM}\perp\overline{CD}$이고, 직선 AB가 평면 ACD와 수직이므로 삼수선의 정리에 의하여 $\overline{AM}\perp\overline{CD}$이다.

평면 AMB 위의 평행하지 않은 두 직선 AM과 BM이 직선 CD와 수직이므로 $\overline{CD}\perp$(평면 AMB)

점 P에서 평면 BCD에 내린 수선의 발을 H라 하면 점 H는 선분 BM 위의 점이다.

$\overline{PH}\perp$(평면 BCD)이고 $\overline{PN}\perp\overline{BD}$이므로 삼수선의 정리에 의하여 $\overline{HN}\perp\overline{BD}$이다.

따라서 두 평면 PDB와 CDB가 이루는 예각의 크기 θ는 각 PNH의 크기와 같다.

$\overline{PH}\perp$(평면 BCD), $\overline{PM}\perp\overline{CD}$이므로 삼수선의 정리에 의해 $\overline{HM}\perp\overline{CD}$야. 이때 삼각형 BCD는 이등변삼각형이므로 선분 HM은 선분 BM의 일부가 돼.

Step 2 평면도형을 통해 두 선분 PN과 HN의 길이를 구한 후, $\cos\theta$의 값을 구한다.

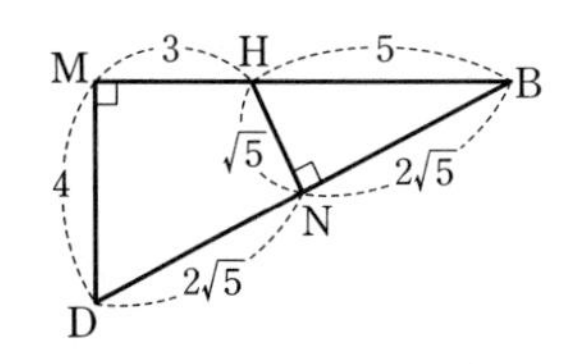

삼각형 BMD에서 $\angle\text{BMD}=\frac{\pi}{2}$이고 $\overline{BD}=4\sqrt{5}$, $\overline{DM}=4$이므로

피타고라스 정리에 의하여 $\overline{BM}=\sqrt{(4\sqrt{5})^2-4^2}=8$ → $\sqrt{\overline{BD}^2-\overline{DM}^2}$

두 삼각형 BMD와 BNH는 닮음이고 $\overline{BN}=2\sqrt{5}$이므로

$\angle$B는 공통, $\angle\text{BMD}=\angle\text{BNH}=90°$이므로 AA 닮음

$\overline{HN}:\overline{DM}=\overline{BN}:\overline{BM}$에서 $\overline{HN}:4=2\sqrt{5}:8$

$8\overline{HN}=8\sqrt{5}$ $\therefore \overline{HN}=\sqrt{5}$

따라서 삼각형 BNH에서 피타고라스 정리에 의해

$\overline{BH}=5$이므로 $\overline{HM}=3$

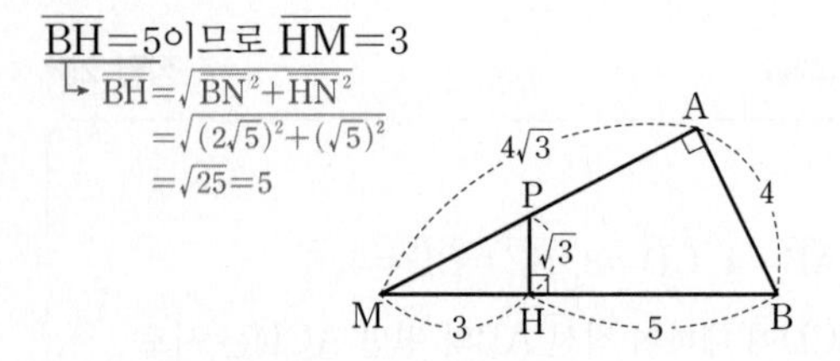

삼각형 ABM에서 $\angle BAM=\frac{\pi}{2}$이고 $\overline{AB}=4$, $\overline{BM}=8$이므로

피타고라스 정리에 의하여 $\overline{AM}=\sqrt{8^2-4^2}=4\sqrt{3}$이다.

두 삼각형 PMH와 BMA는 닮음이므로 → $\angle M$은 공통, $\angle MHP=\angle MAB=90°$이므로 AA 닮음

$\overline{PH}:\overline{BA}=\overline{MH}:\overline{MA}$에서 $\overline{PH}:4=3:4\sqrt{3}$ → 비례식 $a:b=c:d$에서 외항의 곱과 내항의 곱은 서로 같아. 즉, $ad=bc$야.

$4\sqrt{3}\times\overline{PH}=12$ $\quad\therefore \overline{PH}=\sqrt{3}$

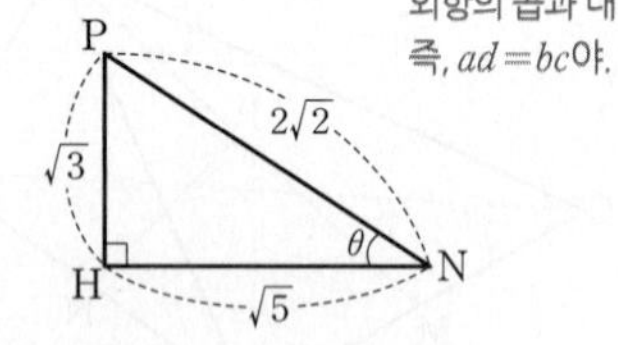

삼각형 PNH에서 $\overline{PH}=\sqrt{3}$, $\overline{HN}=\sqrt{5}$이므로

$\overline{PN}=\sqrt{\overline{PH}^2+\overline{HN}^2}=2\sqrt{2}$

따라서 $\cos\theta=\frac{\overline{HN}}{\overline{PN}}=\frac{\sqrt{5}}{2\sqrt{2}}=\frac{\sqrt{10}}{4}$이므로

$40\cos^2\theta=40\times\frac{10}{16}=25$

050

정답 ④

그림과 같이 서로 다른 두 평면 α, β의 교선 위에 점 A가 있다. 평면 α 위의 세 점 B, C, D의 평면 β 위로의 정사영을 각각 B′, C′, D′이라 할 때, 사각형 AB′C′D′은 한 변의 길이가 $4\sqrt{2}$인 정사각형이고, $\overline{BB'}=\overline{DD'}$이다. 두 평면 α와 β가 이루는 각의 크기를 θ라 할 때, $\tan\theta=\frac{3}{4}$이다.

→ $\overline{BD}=\overline{B'D'}$, $\overline{CB}=\overline{CD}$임을 알 수 있어.

선분 BC의 길이는?

(단, 선분 BD와 평면 β는 만나지 않는다.) (4점)

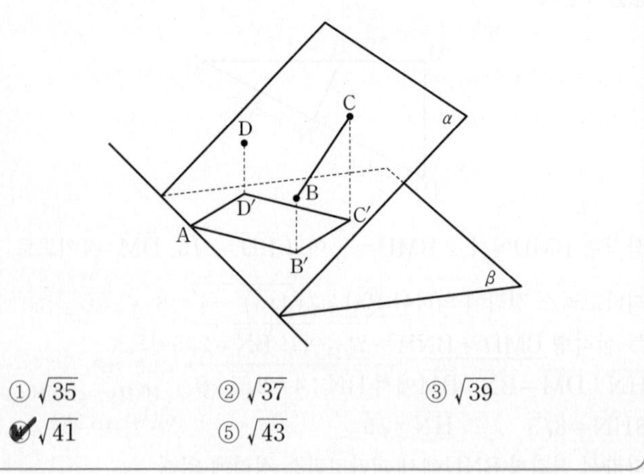

① $\sqrt{35}$ ② $\sqrt{37}$ ③ $\sqrt{39}$
④ $\sqrt{41}$ ⑤ $\sqrt{43}$

Step 1 $\overline{BB'}=\overline{DD'}$임을 이용하여 선분 BD의 길이를 구한다.

사각형 AB′C′D′은 한 변의 길이가 $4\sqrt{2}$인 정사각형이므로

$\overline{B'D'}=8$ → $=\sqrt{2}\,\overline{AB'}=\sqrt{2}\times4\sqrt{2}$

이때 $\overline{BB'}=\overline{DD'}$이므로

$\overline{BD}=\overline{B'D'}=8$

Step 2 평면 β와 평행하고 선분 BD를 지나는 평면을 그려 삼수선의 정리를 이용한다.

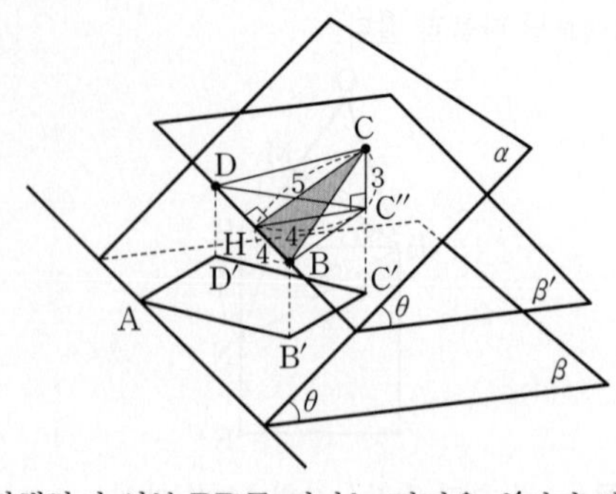

평면 β와 평행하며 선분 BD를 지나는 평면을 β'이라 하고 평면 β'과 선분 CC′의 교점을 C″이라 하자.

삼각형 CBD는 $\overline{CB}=\overline{CD}$인 이등변삼각형이므로 점 C에서 선분 BD에 내린 수선의 발을 H라 하면 → $\overline{C'B'}=\overline{C'D'}$이고 $\overline{BB'}=\overline{DD'}$이므로 성립하는 사실이야.

$\overline{BH}=\overline{DH}=4$ → $=\frac{1}{2}\overline{BD}$

삼수선의 정리에 의하여 $\overline{C''H}\perp\overline{BH}$이고

$\overline{BC''}=\overline{B'C'}=4\sqrt{2}$이므로 → □AB′C′D′은 한 변의 길이가 $4\sqrt{2}$인 정사각형이야.

$\overline{C''H}=\sqrt{(4\sqrt{2})^2-4^2}=4$ → $\sqrt{\overline{BC''}^2-\overline{BH}^2}$

Step 3 $\tan\theta=\frac{3}{4}$임을 이용하여 선분 BC의 길이를 구한다.

$\tan\theta=\frac{3}{4}$이므로 → 평면 β'은 평면 β와 평행하므로 두 평면 α, β'이 이루는 각의 크기도 θ야.

$\overline{CC''}=\overline{C''H}\tan\theta=4\times\frac{3}{4}=3$

직각삼각형 CHC″에서

$\overline{CH}=\sqrt{4^2+3^2}=5$ → $\sqrt{\overline{C''H}^2+\overline{CC''}^2}$

$\therefore \overline{BC}=\sqrt{\overline{CH}^2+\overline{BH}^2}=\sqrt{5^2+4^2}=\sqrt{41}$

051 [정답률 46%] 정답 ③

그림과 같이 반지름의 길이가 r인 구 모양의 공이 공중에 있다. 벽면과 지면은 서로 수직이고, 태양광선이 지면과 크기가 θ인 각을 이루면서 공을 비추고 있다. 태양광선과 평행하고 공의 중심을 지나는 직선이 벽면과 지면의 교선 l과 수직으로 만난다. 벽면에 생기는 공의 그림자 위의 점에서 교선 l까지 거리의 최댓값을 a라 하고, 지면에 생기는 공의 그림자 위의 점에서 교선 l까지 거리의 최댓값을 b라 하자. 옳은 것만을 [보기]에서 있는 대로 고른 것은? (4점)

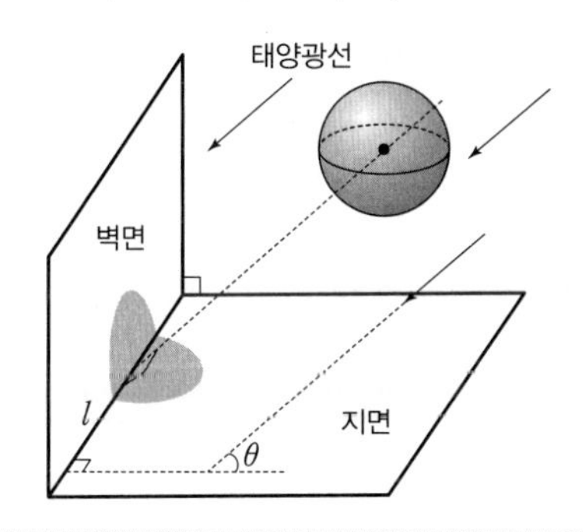

[보기]

ㄱ. 그림자와 교선 l의 공통부분의 길이는 $2r$이다.

ㄴ. $\theta=60°$이면 $a<b$이다.

ㄷ. $\frac{1}{a^2}+\frac{1}{b^2}=\frac{1}{r^2}$

① ㄱ ② ㄴ ③ ㄱ, ㄷ ④ ㄴ, ㄷ ⑤ ㄱ, ㄴ, ㄷ

Step 1 문제의 그림을 평면 위에 나타내어 ㄱ의 참, 거짓을 판별한다.

ㄱ. 구의 중심을 지나고 교선 l과 평행한 지름의 그림자는 교선 l 위에 생기고 그 길이는 구의 지름의 길이 $2r$와 같다. (참)

→ '태양광선과 평행하고 공의 중심을 지나는 직선이 벽면과 지면의 교선 l과 수직으로 만난다.'는 조건 때문에 그림자의 길이가 구의 지름의 길이 $2r$와 같아.

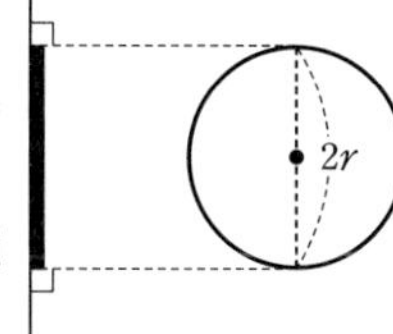

Step 2 a, b의 값을 θ에 대한 삼각함수로 나타내어 ㄴ, ㄷ의 참, 거짓을 판별한다.

ㄴ. $a=\frac{r}{\cos\theta}$, $b=\frac{r}{\sin\theta}$ (→ $\cos\theta=\frac{r}{a}$ $\therefore a=\frac{r}{\cos\theta}$)

이므로 $\theta=60°$이면 (→ $\sin\theta=\frac{r}{b}$ $\therefore b=\frac{r}{\sin\theta}$)

$a=\frac{r}{\cos 60°}=2r$

$b=\frac{r}{\sin 60°}=2r\cdot\frac{\sqrt{3}}{3}$

$\therefore a>b$ (거짓) → $\sqrt{3}<2$이므로 $\frac{\sqrt{3}}{3}<\frac{2}{3}<1$ $\therefore 2r>2r\cdot\frac{\sqrt{3}}{3}$

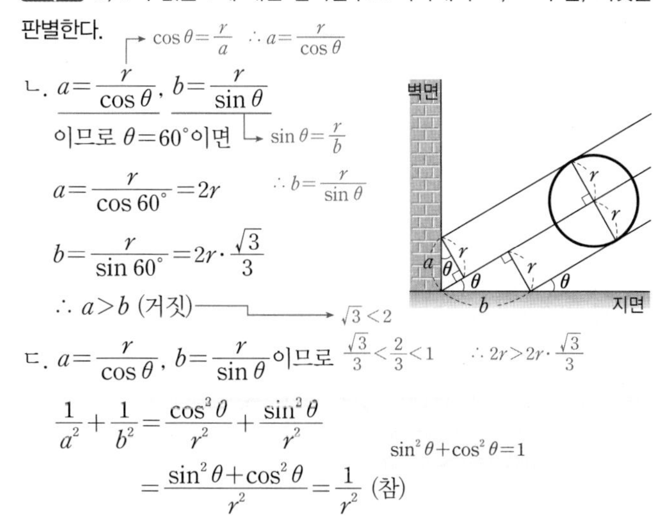

ㄷ. $a=\frac{r}{\cos\theta}$, $b=\frac{r}{\sin\theta}$이므로

$\frac{1}{a^2}+\frac{1}{b^2}=\frac{\cos^2\theta}{r^2}+\frac{\sin^2\theta}{r^2}$

$=\frac{\sin^2\theta+\cos^2\theta}{r^2}=\frac{1}{r^2}$ (참) ($\sin^2\theta+\cos^2\theta=1$)

따라서 옳은 것은 ㄱ, ㄷ이다.

052 정답 ④

그림과 같이 평면 α와 한 점 A에서 만나는 정삼각형 ABC가 있다. 두 점 B, C의 평면 α 위로의 정사영을 각각 B′, C′이라 하자. $\overline{AB'}=\sqrt{5}$, $\overline{B'C'}=2$, $\overline{C'A}=\sqrt{3}$일 때, 정삼각형 ABC의 넓이는? (4점)

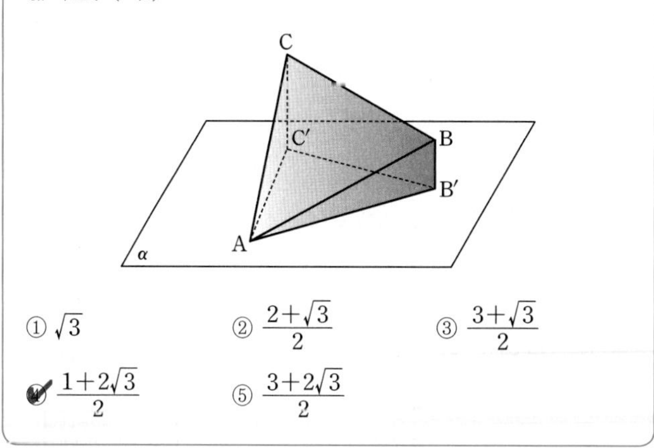

① $\sqrt{3}$ ② $\frac{2+\sqrt{3}}{2}$ ③ $\frac{3+\sqrt{3}}{2}$ ④ $\frac{1+2\sqrt{3}}{2}$ ⑤ $\frac{3+2\sqrt{3}}{2}$

Step 1 정삼각형 ABC의 한 변의 길이를 x라 하고, 주어진 조건을 이용하여 식을 세운다.

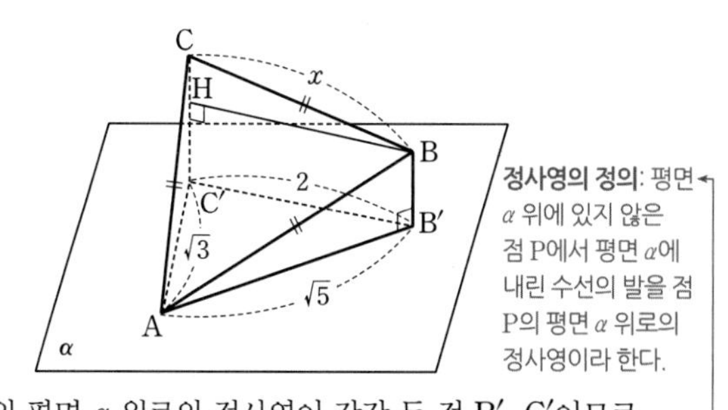

정사영의 정의: 평면 α 위에 있지 않은 점 P에서 평면 α에 내린 수선의 발을 점 P의 평면 α 위로의 정사영이라 한다.

두 점 B, C의 평면 α 위로의 정사영이 각각 두 점 B′, C′이므로 선분 BB′과 선분 CC′은 모두 평면 α와 수직이다.

이때 정삼각형 ABC의 한 변의 길이를 x라 하면 $\overline{AB'}=\sqrt{5}$이므로 직각삼각형 BAB′에서

$\overline{BB'}=\sqrt{\overline{AB}^2-\overline{AB'}^2}=\sqrt{x^2-5}$ …… ㉠

한편, 점 B에서 선분 CC′에 내린 수선의 발을 H라 하면 $\overline{BH}=\overline{B'C'}=2$이고 직각삼각형 CHB에서 피타고라스 정리에 의하여 (→ 사각형 BB′C′H는 직사각형이므로 마주 보는 변의 길이는 서로 같다.)

$\overline{CH}=\sqrt{\overline{BC}^2-\overline{BH}^2}=\sqrt{x^2-4}$

또한, $\overline{CC'}=\overline{CH}+\overline{C'H}$인데 $\overline{BB'}=\overline{C'H}$이므로

$\overline{CC'}=\overline{CH}+\overline{C'H}=\sqrt{x^2-4}+\sqrt{x^2-5}$ (→ $\overline{CH}=\sqrt{x^2-2^2}$, $\overline{C'H}=\overline{BB'}=\sqrt{x^2-(\sqrt{5})^2}$ ($\because$ ㉠))

같은 방법으로 직각삼각형 AC′C에서 $\overline{AC}^2=\overline{AC'}^2+\overline{CC'}^2$이므로 (→ 피타고라스 정리 이용)

$x^2=(\sqrt{3})^2+(\sqrt{x^2-4}+\sqrt{x^2-5})^2$ …… ㉡

Step 2 식을 풀고 주어진 조건을 만족시키는 x^2의 값을 구한다.

㉡을 정리하면 $x^2=3+2x^2-9+2\sqrt{(x^2-4)(x^2-5)}$ → 우변을 전개

$6-x^2=2\sqrt{(x^2-4)(x^2-5)}$ → 우변에 무리항만 남기고 좌변으로 이항한 거야. 양변을 제곱하여 무리항을 없애기 위해서야.

양변을 제곱하면

$x^4-12x^2+36=4x^4-36x^2+80$

$3x^4-24x^2+44=0$

→ $3x^4-24x^2+44=0$을 $3(x^2)^2-24(x^2)+44=0$으로 x^2에 대한 이차방정식의 꼴로 생각하고, 근의 공식을 이용했어.

근의 공식을 이용하여 x^2의 값을 구하면

$x^2=\frac{12\pm\sqrt{144-132}}{3}=\frac{12\pm2\sqrt{3}}{3}$

이차방정식의 근의 공식
이차방정식 $ax^2+bx+c=0$ $(a\neq0)$의 해는
$x=\frac{-b\pm\sqrt{b^2-4ac}}{2a}$ (단, $b^2-4ac\geq0$)

그런데 ㉠에서 $x^2-5>0$이어야 하므로 $x^2=\frac{12+2\sqrt{3}}{3}$
→ 근호 안의 식의 값은 음이 아니어야 해.

Step 3 정삼각형 ABC의 넓이를 구한다.

$$\therefore \triangle ABC=\frac{\sqrt{3}}{4}x^2=\frac{\sqrt{3}}{4}\times\frac{12+2\sqrt{3}}{3}=\frac{1+2\sqrt{3}}{2}$$

→ 한 변의 길이가 x인 정삼각형의 높이는 $\frac{\sqrt{3}}{2}x$이고, 넓이는 $\frac{\sqrt{3}}{4}x^2$이야.

053

정답 ④

→ 밑면은 이등변삼각형이야.

$\overline{AB}=\overline{AC}=7$, $\overline{BC}=4$, $\overline{AD}=14$인 직삼각기둥 ABC−DEF가 있다. 이때, 면 ADEB의 면 ADFC 위로의 정사영의 넓이는? (3점)

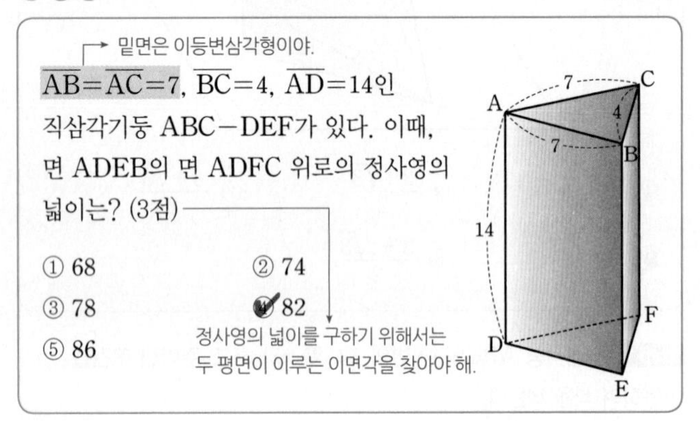

① 68　② 74　③ 78　④ 82　⑤ 86

정사영의 넓이를 구하기 위해서는 두 평면이 이루는 이면각을 찾아야 해.

Step 1 두 면 ADEB와 ADFC가 이루는 각의 크기를 θ라 하고 $\cos\theta$의 값을 구한다.

두 면 ADEB와 ADFC가 이루는 각의 크기를 θ라 하면
$\theta=\angle BAC$이므로 삼각형 ABC에서 코사인법칙을 이용하면

$$\cos\theta=\frac{\overline{AB}^2+\overline{AC}^2-\overline{BC}^2}{2\times\overline{AB}\times\overline{AC}}=\frac{7^2+7^2-4^2}{2\times7\times7}=\frac{82}{98}=\frac{41}{49}$$

Step 2 면 ADEB의 면 ADFC 위로의 정사영의 넓이를 구한다.

면 ADEB의 면 ADFC 위로의 정사영의 넓이를 S라 하면

$$S=\square ADEB\times\cos(\angle BAC)=14\times7\times\frac{41}{49}=82$$

→ **정사영의 넓이**
평면 α 위의 도형의 넓이를 S_1, 이 도형의 평면 β 위로의 정사영의 넓이를 S_2라 할 때, 두 평면 α, β가 이루는 각의 크기를 $\theta\left(0\le\theta\le\frac{\pi}{2}\right)$라 하면 $S_2=S_1\cos\theta$

다른 풀이 정사영의 넓이를 직접 구하는 풀이

Step 1 면 ADEB의 면 ADFC 위로의 정사영의 넓이를 직접 구한다.

삼각형 ABC의 점 A에서 선분 BC에 내린 수선의 발을 H, 점 B에서 선분 AC에 내린 수선의 발을 I라 하면, 면 ADEB의 면 ADFC 위로의 정사영은 선분 AI와 선분 AD로 이루어진 직사각형이다.

선분 AI의 길이를 x $(0<x<7)$라 하면 삼각형 ABC는 이등변삼각형이므로
$\angle ABH=\angle BCI$이고, $\angle AHB=\angle BIC=90^\circ$에서 두 삼각형 ABH, BCI는 AA 닮음이다.

따라서 $\overline{AB}:\overline{BC}=\overline{BH}:\overline{CI}$에서
$7:4=2:(7-x)$
$7(7-x)=8$ → 외항의 곱과 내항의 곱은 같다.

$\therefore \overline{AI}=x=\frac{41}{7}$ → $7-x=\frac{8}{7}$, $x=7-\frac{8}{7}=\frac{49-8}{7}=\frac{41}{7}$

따라서 면 ADEB의 면 ADFC 위로의 정사영의 넓이는
$\overline{AD}\times\overline{AI}=14\times\frac{41}{7}=82$ → 선분 AI와 선분 AD로 이루어진 직사각형의 넓이

알아야 할 기본개념

코사인법칙

오른쪽 그림의 삼각형 ABC에서
$\angle C=\theta$라 하면

$$\cos\theta=\frac{a^2+b^2-c^2}{2ab}$$

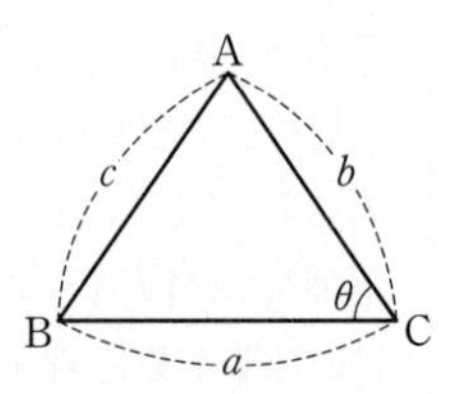

정사영의 넓이

평면 β 위의 넓이가 S인 도형의 평면 α 위로의 정사영의 넓이를 S'이라 하고, 두 평면 α, β가 이루는 예각의 크기를 θ라 하면
$S'=S\cos\theta$

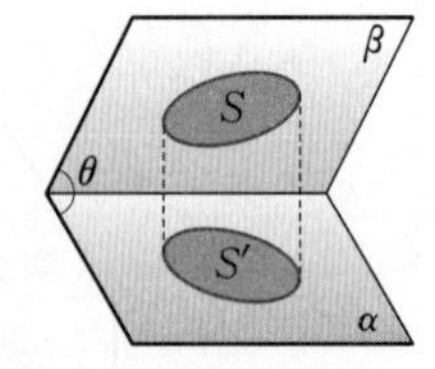

수능포인트

정사영의 넓이에 대한 문제입니다. 면 ADEB의 면 ADFC 위로의 정사영의 넓이를 구하기 위해서는 두 면 사이의 각, 즉 이면각을 파악해야 합니다. 만약 이면각에 대한 공부가 제대로 되어 있지 않았다면 정사영의 넓이를 구하는 이 문제도 풀 수 없으므로, 지나간 개념이라고 소홀히 하지 말고, 틈틈이 복습하면서 익혀 두도록 합니다.

054 [정답률 78%]

정답 ④

사면체 OABC에서 $\overline{OC}=3$이고 삼각형 ABC는 한 변의 길이가 6인 정삼각형이다. 직선 OC와 평면 OAB가 수직일 때, 삼각형 OBC의 평면 ABC 위로의 정사영의 넓이는? (4점)
→ 먼저 점 O의 평면 ABC 위로의 정사영을 찾아야 해.

① $\frac{3\sqrt{3}}{4}$　② $\sqrt{3}$　③ $\frac{5\sqrt{3}}{4}$　④ $\frac{3\sqrt{3}}{2}$　⑤ $\frac{7\sqrt{3}}{4}$

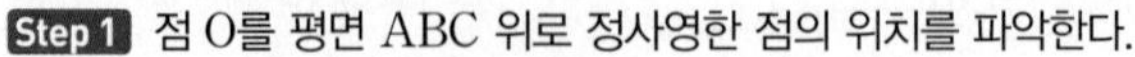

Step 1 점 O를 평면 ABC 위로 정사영한 점의 위치를 파악한다.

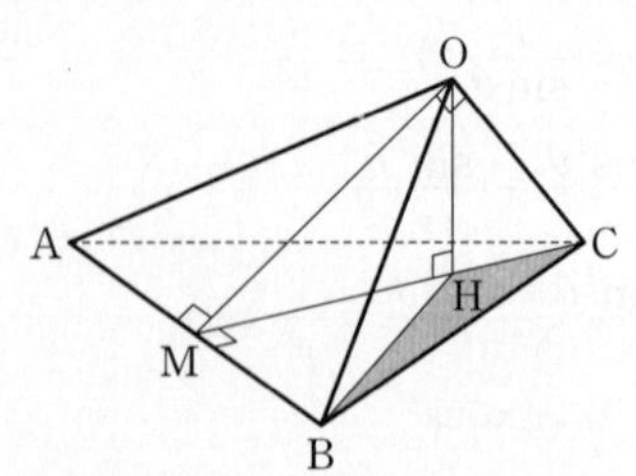

점 C에서 선분 AB에 내린 수선의 발을 M, 점 O에서 선분 MC에 내린 수선의 발을 H라 하자. → 문제에서 주어졌어.

$\overline{OC}\perp$(평면 OAB), $\overline{AB}\perp\overline{MC}$이므로

삼수선의 정리에 의해 $\overline{AB}\perp\overline{OM}$

$\overline{MC}\perp\overline{AB}$, $\overline{OM}\perp\overline{AB}$, $\overline{OH}\perp\overline{MC}$이므로

삼수선의 정리에 의해 → 직관적으로 알 수 있지만 주어진 조건과 삼수선의 정리로 이끌어내야 하는 사실이야.

$\overline{OH}\perp$(평면 ABC)

따라서 점 O의 평면 ABC 위로의 정사영은 점 H이다.

Step 2 삼각형 BCH의 넓이를 구한다. → 삼각형 OBC의 평면 ABC 위로의 정사영이야.

$\overline{MC}=\frac{\sqrt{3}}{2}\times6=3\sqrt{3}$, → 한 변의 길이가 6인 정삼각형의 높이

$\overline{BM}=\frac{1}{2}\times6=3$ → $=\frac{1}{2}\overline{AB}$

삼각형 OMC에서

$\overline{OC}^2=\overline{CH}\times\overline{MC}$

$3^2=\overline{CH}\times3\sqrt{3}$ $\quad\therefore \overline{CH}=\sqrt{3}$

$\therefore \triangle BCH=\frac{1}{2}\times\overline{CH}\times\overline{BM}$

$=\frac{1}{2}\times\sqrt{3}\times3=\frac{3\sqrt{3}}{2}$

따라서 구하는 정사영의 넓이는 $\frac{3\sqrt{3}}{2}$이다.

참고

직각삼각형의 닮음의 활용

$\angle A=90°$인 직각삼각형 ABC의 꼭짓점 A에서 선분 BC에 내린 수선의 발을 H라 할 때 다음이 성립한다.

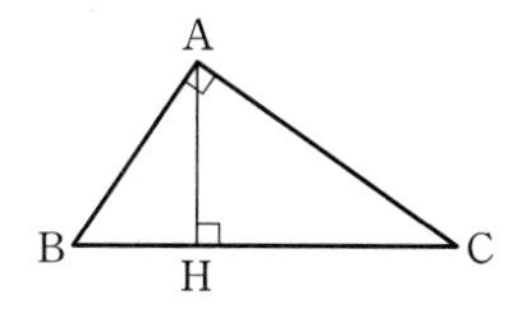

① $\overline{AB}^2=\overline{BH}\times\overline{BC}$
② $\overline{AC}^2=\overline{CH}\times\overline{CB}$
③ $\overline{AH}^2=\overline{BH}\times\overline{CH}$
④ $\overline{AB}\times\overline{AC}=\overline{AH}\times\overline{BC}$

055 [정답률 81%]

정답 162

선분 AB, 선분 BC의 길이를 알려 주었기 때문에 cos (∠ABC)를 이용하여 sin (∠ABC)의 값만 알아낸다면 △ABC의 넓이를 구할 수 있어.

그림과 같이 $\overline{AB}=9$, $\overline{BC}=12$, $\cos(\angle ABC)=\frac{\sqrt{3}}{3}$인 사면체 ABCD에 대하여 점 A의 평면 BCD 위로의 정사영을 P라 하고 점 A에서 선분 BC에 내린 수선의 발을 Q라 하자. $\cos(\angle AQP)=\frac{\sqrt{3}}{6}$일 때, 삼각형 BCP의 넓이는 k이다. k^2의 값을 구하시오. (4점)

→ 점 A의 평면 BCD 위로의 정사영이 점 P이기 때문에 △ABC의 평면 BCD 위로의 정사영은 △BCP인 것을 알 수 있어! 즉, △ABC의 넓이와 이면각인 ∠AQP의 크기만 안다면 △BCP의 넓이를 구할 수 있어.

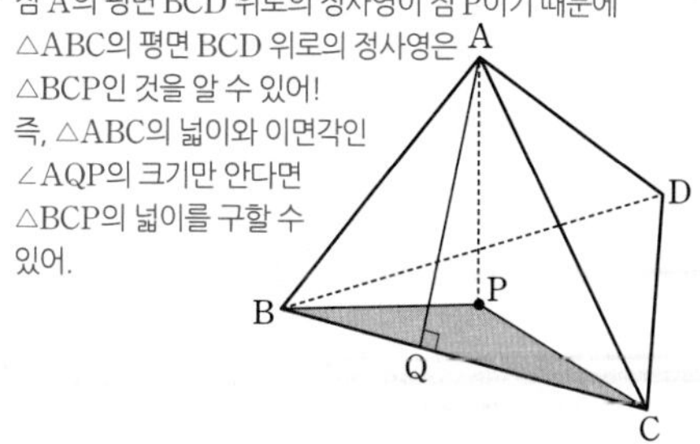

$\cos\theta=\frac{\sqrt{3}}{3}$일 때 $\sin^2\theta+\cos^2\theta=1$에 의해 $\sin\theta=\pm\frac{\sqrt{6}}{3}$이 나와. 하지만 $\theta=\angle ABC$는 삼각형의 한 내각의 크기이고, 이는 π를 넘을 수 없으므로 $\sin(\angle ABC)=\frac{\sqrt{6}}{3}$이야.

Step 1 삼각형 ABC의 넓이를 구한다.

$\sin(\angle ABC)=\sqrt{1-\left(\frac{\sqrt{3}}{3}\right)^2}=\frac{\sqrt{6}}{3}$ $(\because \sin^2\theta+\cos^2\theta=1)$

이므로 삼각형 ABC의 넓이는

$\frac{1}{2}\times9\times12\times\sin(\angle ABC)$

$=\frac{1}{2}\times9\times12\times\frac{\sqrt{6}}{3}=18\sqrt{6}$

삼각형의 두 변의 길이가 a, b이고 그 끼인각의 크기가 θ일 때, 넓이 S는

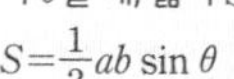

$S=\frac{1}{2}ab\sin\theta$

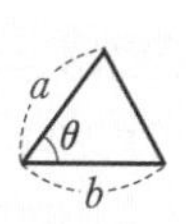

Step 2 두 평면 ABC, BCD가 이루는 각의 크기를 구하여 삼각형 BCP의 넓이를 구한다.

$\overline{AP}\perp$(평면 BCD)이고, $\overline{AQ}\perp\overline{BC}$이므로 삼수선의 정리에 의하여 $\overline{PQ}\perp\overline{BC}$이다.

따라서 두 평면 ABC, BCD가 이루는 각의 크기를 α라 하면 $\alpha=\angle AQP$이고 삼각형 BCP는 삼각형 ABC의 평면 BCD 위로의 정사영이므로 삼각형 BCP의 넓이 k는

$k=18\sqrt{6}\times\cos\alpha=18\sqrt{6}\times\frac{\sqrt{3}}{6}=9\sqrt{2}$

$\therefore k^2=(9\sqrt{2})^2=162$

본문 155쪽

056 [정답률 31%] 정답 8

그림과 같이 한 변의 길이가 4이고 $\angle BAD=\frac{\pi}{3}$인 마름모 ABCD 모양의 종이가 있다. 변 BC와 변 CD의 중점을 각각 M과 N이라 할 때, 세 선분 AM, AN, MN을 접는 선으로 하여 사면체 PAMN이 되도록 종이를 접었다. 삼각형 AMN의 평면 PAM 위로의 정사영의 넓이는 $\frac{q}{p}\sqrt{3}$이다. $p+q$의 값을 구하시오. (단, 종이의 두께는 고려하지 않으며 P는 종이를 접었을 때 세 점 B, C, D가 합쳐지는 점이고, p와 q는 서로소인 자연수이다.) (4점)

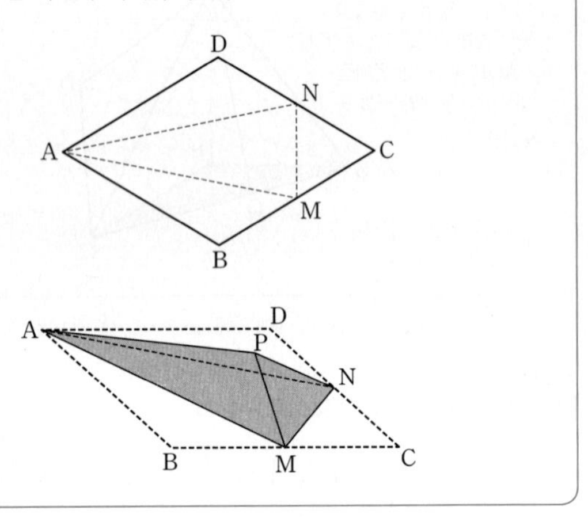

Step 1 $\angle BAM$, $\angle CAM$에 대한 삼각비의 값을 각각 구한다.

마름모의 마주 보는 두 각의 크기는 같으므로

$\angle BCD=\angle BAD=\frac{\pi}{3}$

이등변삼각형 BCD에서 $\angle DBC=\angle BDC=\frac{\pi}{3}$이므로 ($\overline{BC}=\overline{CD}=4$)

삼각형 BCD는 정삼각형이다.

따라서 $\overline{BD}=4$이므로 $\overline{MN}=\frac{1}{2}\overline{BD}=2$ → 선분의 중점을 연결한 길이의 비를 이용!

그림과 같이 선분 AC와 선분 MN이 만나는 점을 Q라 하자.

선분 AC의 길이는 정삼각형 BCD의 높이의 2배이므로

$\overline{AC}=2\times\frac{\sqrt{3}}{2}\times4=4\sqrt{3}$ → 한 변의 길이가 a인 정삼각형의 높이는 $\frac{\sqrt{3}}{2}a$야.

선분 QC는 정삼각형 CNM의 높이이므로 → 한 변의 길이가 2야.

$\overline{QC}=\frac{\sqrt{3}}{2}\times2=\sqrt{3}$

$\therefore \overline{AQ}=\overline{AC}-\overline{QC}=4\sqrt{3}-\sqrt{3}=3\sqrt{3}$

두 선분 AC, MN은 점 Q에서 수직으로 만나므로

$\overline{MQ}=\overline{NQ}=1$

따라서 직각삼각형 AMQ에서

$\overline{AM}=\sqrt{\overline{AQ}^2+\overline{MQ}^2}=\sqrt{(3\sqrt{3})^2+1^2}=\sqrt{28}=2\sqrt{7}$

$\angle BAM=\alpha$라 하면 삼각형 ABM에서

$\cos\alpha=\frac{(2\sqrt{7})^2+4^2-2^2}{2\times2\sqrt{7}\times4}=\frac{40}{16\sqrt{7}}=\frac{5}{2\sqrt{7}}$

$\sin\alpha=\sqrt{1-\cos^2\alpha}=\sqrt{1-\left(\frac{5}{2\sqrt{7}}\right)^2}=\sqrt{\frac{3}{28}}=\frac{\sqrt{3}}{2\sqrt{7}}$ → $0<\alpha<\frac{\pi}{2}$이니까 $\sin\alpha>0$

$\therefore \tan\alpha=\frac{\sin\alpha}{\cos\alpha}=\frac{\frac{\sqrt{3}}{2\sqrt{7}}}{\frac{5}{2\sqrt{7}}}=\frac{\sqrt{3}}{5}$

$\angle CAM=\beta$라 하면 삼각형 AMQ에서

$\tan\beta=\frac{\overline{MQ}}{\overline{AQ}}=\frac{1}{3\sqrt{3}}=\frac{\sqrt{3}}{9}$

Step 2 삼각형 AMN이 평면 PAM과 이루는 각 θ에 대하여 $\cos\theta$의 값을 구한다.

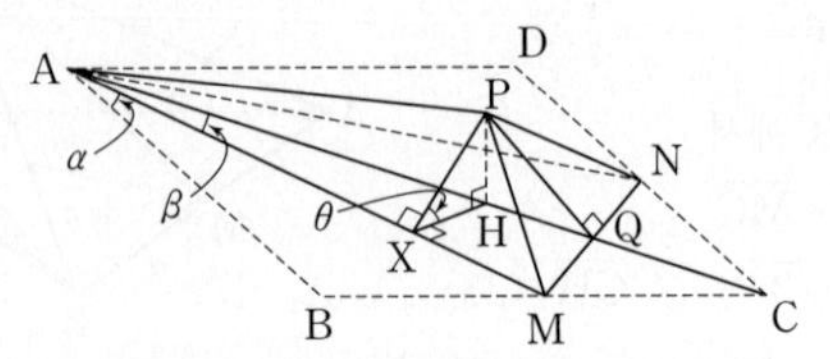

그림과 같이 점 P에서 평면 AMN에 내린 수선의 발을 H, 선분 AM에 내린 수선의 발을 X라 하자.

$\overline{AM}\perp\overline{PX}$이므로 직각삼각형 AXP에서 → $\angle PAX=\angle BAM=\alpha$야.

$\tan\alpha=\frac{\overline{PX}}{\overline{AX}}$ $\quad\therefore \overline{PX}=\overline{AX}\tan\alpha$

$\overline{AM}\perp\overline{HX}$이므로 직각삼각형 AXH에서 → 삼수선의 정리를 이용하면 확인할 수 있어.

$\tan\beta=\frac{\overline{HX}}{\overline{AX}}$ $\quad\therefore \overline{HX}=\overline{AX}\tan\beta$

따라서 삼각형 AMN이 평면 PAM과 이루는 각의 크기를 θ라 하면 삼각형 PXH에서

$\cos\theta=\frac{\overline{HX}}{\overline{PX}}=\frac{\overline{AX}\tan\beta}{\overline{AX}\tan\alpha}$ → $\overline{AX}$는 약분!

$=\frac{\tan\beta}{\tan\alpha}=\frac{\frac{\sqrt{3}}{9}}{\frac{\sqrt{3}}{5}}=\frac{5}{9}$

Step 3 삼각형 AMN의 평면 PAM 위로의 정사영의 넓이를 구한다.

삼각형 AMN의 넓이는

$\frac{1}{2}\times\overline{MN}\times\overline{AQ}=\frac{1}{2}\times2\times3\sqrt{3}=3\sqrt{3}$ → 각각을 밑변의 길이, 높이라고 생각한다.

따라서 삼각형 AMN의 평면 PAM 위로의 정사영의 넓이는

$3\sqrt{3}\times\cos\theta=3\sqrt{3}\times\frac{5}{9}=\frac{5}{3}\sqrt{3}$

$\therefore p+q=3+5=8$

수능포인트

피타고라스 정리나 삼각형의 넓이 공식 등을 이용해 직접 두 선분 PX, HX의 길이를 각각 구하는 방법도 있지만, **Step 2**의 그림을 보면 '△PAX와 △HAX가 직각삼각형이니까 삼각비를 이용하면 되겠다! 선분 AX가 공통이네. 그럼 탄젠트 값만 구하면 공통인 선분 AX의 길이는 사라지겠지!'와 같이 생각할 수 있습니다. 문제의 핵심은 계산이 아닌 삼수선의 정리이니, 이와 같은 문제를 풀 때 어떻게 하면 계산을 단순화할 수 있을지 고민하는 게 중요합니다.

본문 156쪽

057 [정답률 47%]

정답 ②

그림과 같이 한 모서리의 길이가 1인 정사면체 ABCD에서 선분 AB의 중점을 M, 선분 CD를 $3:1$로 내분하는 점을 N이라 하자. 선분 AC 위에 $\overline{MP}+\overline{PN}$의 값이 최소가 되도록 점 P를 잡고, 선분 AD 위에 $\overline{MQ}+\overline{QN}$의 값이 최소가 되도록 점 Q를 잡는다. 삼각형 MPQ의 평면 BCD 위로의 정사영의 넓이는? (4점)

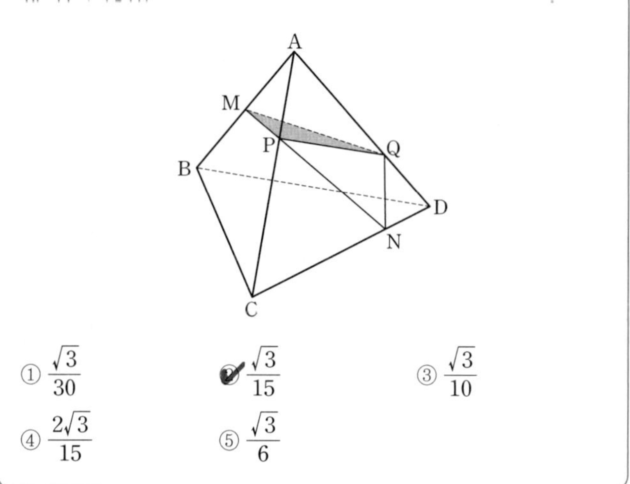

① $\frac{\sqrt{3}}{30}$ ② $\frac{\sqrt{3}}{15}$ ③ $\frac{\sqrt{3}}{10}$ ④ $\frac{2\sqrt{3}}{15}$ ⑤ $\frac{\sqrt{3}}{6}$

Step 1 두 점 P, Q가 선분 AC, AD를 각각 어떻게 내분하는지 확인한다.

다음 그림과 같이 정사면체 ABCD의 전개도 일부에서 $\overline{MP}+\overline{PN}$의 값은 점 P가 선분 MN 위에 있을 때 최소가 된다.

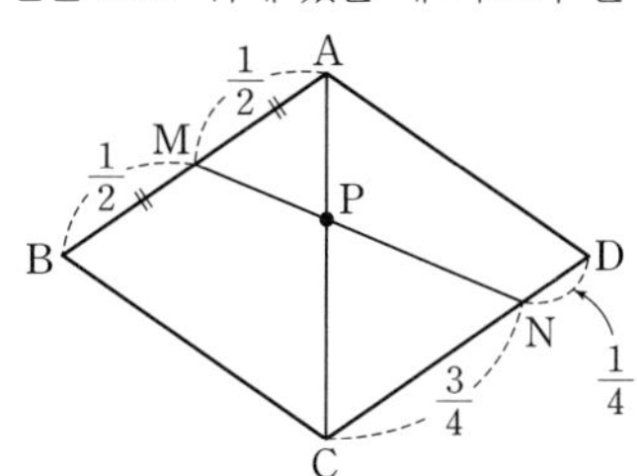

두 삼각형 AMP, CNP에서

$\angle MAP=\angle NCP$, $\angle MPA=\angle NPC$이므로 두 삼각형은 서로 AA 닮음이다. (→ 정삼각형의 한 내각이므로 60° / → 맞꼭지각)

점 M은 선분 AB의 중점이므로 $\overline{AM}=\overline{BM}=\frac{1}{2}$

점 N은 선분 CD를 $3:1$로 내분하는 점이므로

$\overline{CN}=\frac{3}{4}$, $\overline{DN}=\frac{1}{4}$ (→ 두 선분이 선분 CD의 길이 1을 3 : 1로 나누는 거야.)

따라서 $\overline{AP}:\overline{CP}=\overline{AM}:\overline{CN}$에서 $\overline{AP}:\overline{CP}=\frac{1}{2}:\frac{3}{4}=2:3$

즉, 점 P는 선분 AC를 $2:3$으로 내분하는 점이다.

같은 방법으로 정사면체 ABCD의 전개도 일부에서 $\overline{MQ}+\overline{QN}$의 값은 점 Q가 선분 MN 위에 있을 때 최소가 된다.

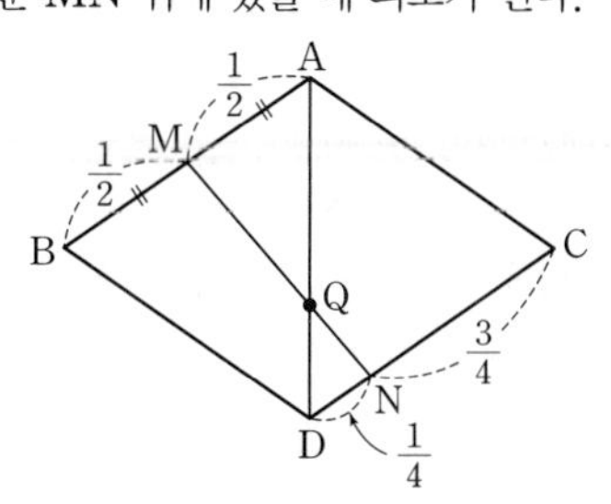

두 삼각형 AMQ, DNQ는 서로 AA 닮음이므로

$\overline{AQ}:\overline{DQ}=\overline{AM}:\overline{DN}$에서 (→ 위에서 확인한 것과 같이 $\angle MAQ=\angle NDQ$, $\angle AQM=\angle DQN$이기 때문!)

$\overline{AQ}:\overline{DQ}=\frac{1}{2}:\frac{1}{4}=2:1$

즉, 점 Q는 선분 AD를 $2:1$로 내분하는 점이다.

Step 2 세 점 M, P, Q에서 평면 BCD에 내린 수선의 발의 위치를 확인한다.

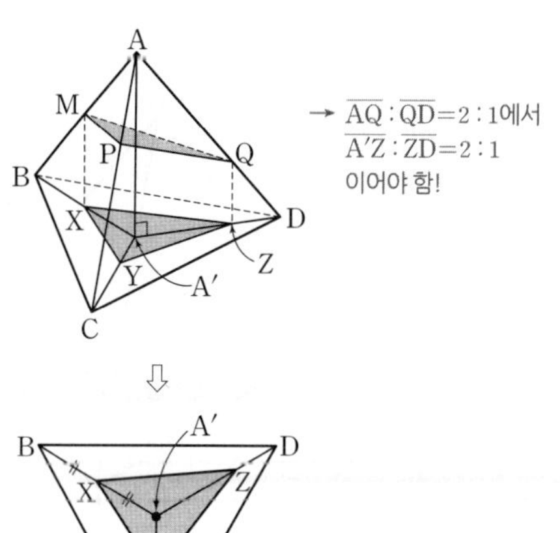

그림과 같이 네 점 A, M, P, Q에서 평면 BCD에 내린 수선의 발을 각각 A′, X, Y, Z라 하면 점 A′은 정삼각형 BCD의 무게중심이고, 삼각형 MPQ의 평면 BCD 위로의 정사영의 넓이는 삼각형 XYZ의 넓이와 같다.

이때 점 X는 선분 A′B의 중점, 점 Y는 선분 A′C를 $2:3$으로 내분하는 점, 점 Z는 선분 A′D를 $2:1$로 내분하는 점이다. (→ 두 삼각형 PCY, ACA′이 닮음임을 이용하면 쉽게 확인할 수 있어.)

Step 3 정사영의 넓이를 구한다.

$\overline{A'B}=\overline{A'C}=\overline{A'D}=\frac{\sqrt{3}}{3}$이므로 (→ (정삼각형 BCD의 높이) $\times\frac{2}{3}=\left(\frac{\sqrt{3}}{2}\times1\right)\times\frac{2}{3}=\frac{\sqrt{3}}{3}$)

$\overline{A'X}=\frac{1}{2}\overline{A'B}=\frac{\sqrt{3}}{6}$

$\overline{A'Y}=\frac{2}{5}\overline{A'C}=\frac{2\sqrt{3}}{15}$

$\overline{A'Z}=\frac{2}{3}\overline{A'D}=\frac{2\sqrt{3}}{9}$

세 삼각형 A′XY, A′YZ, A′ZX의 넓이를 각각 구하면

$\triangle A'XY=\frac{1}{2}\times\overline{A'X}\times\overline{A'Y}\times\sin 120°$ (→ $=\sin 60°=\frac{\sqrt{3}}{2}$)

$=\frac{1}{2}\times\frac{\sqrt{3}}{6}\times\frac{2\sqrt{3}}{15}\times\frac{\sqrt{3}}{2}=\frac{\sqrt{3}}{60}$

$\triangle A'YZ=\frac{1}{2}\times\overline{A'Y}\times\overline{A'Z}\times\sin 120°$ (→ $\angle XA'Y=\angle YA'Z=\angle ZA'X=120°$)

$=\frac{1}{2}\times\frac{2\sqrt{3}}{15}\times\frac{2\sqrt{3}}{9}\times\frac{\sqrt{3}}{2}=\frac{\sqrt{3}}{45}$

$\triangle A'ZX=\frac{1}{2}\times\overline{A'Z}\times\overline{A'X}\times\sin 120°$

$=\frac{1}{2}\times\frac{2\sqrt{3}}{9}\times\frac{\sqrt{3}}{6}\times\frac{\sqrt{3}}{2}=\frac{\sqrt{3}}{36}$

(삼각형의 넓이) $=\frac{1}{2}ab\sin\theta$

따라서 구하는 정사영의 넓이는

$\triangle XYZ=\triangle A'XY+\triangle A'YZ+\triangle A'ZX$

$=\frac{\sqrt{3}}{60}+\frac{\sqrt{3}}{45}+\frac{\sqrt{3}}{36}=\frac{3\sqrt{3}+4\sqrt{3}+5\sqrt{3}}{180}=\frac{12\sqrt{3}}{180}=\frac{\sqrt{3}}{15}$

058 [정답률 53%]

정답 27

한 변의 길이가 6인 정사면체 OABC가 있다. 세 삼각형 △OAB, △OBC, △OCA에 각각 내접하는 세 원의 평면 ABC 위로의 정사영을 각각 S_1, S_2, S_3이라 하자. 그림과 같이 세 도형 S_1, S_2, S_3으로 둘러싸인 어두운 부분의 넓이를 S라 할 때, $(S+\pi)^2$의 값을 구하시오. (4점)

→ 한 변의 길이가 6인 정삼각형 4개가 모여 만들어진 다면체이다.

→ 한 변의 길이가 6인 정삼각형에 내접하는 원의 반지름의 길이를 구한다.

→ S_1, S_2, S_3으로 둘러싸인 어두운 부분의 넓이도 평면 ABC 위로의 정사영일 거야! 어떤 부분의 정사영인지 파악할 수 있어야 해!

Step 1 어두운 부분이 어떤 부분의 정사영인지 찾는다.

[그림 1]과 같이 △OAB에서 어두운 부분을 평면 ABC 위로 정사영시키고, △OBC, △OCA에서도 같은 방법으로 정사영시키면 이들은 서로 겹쳐지지 않고 S_1, S_2, S_3으로 둘러싸인 부분과 일치한다.

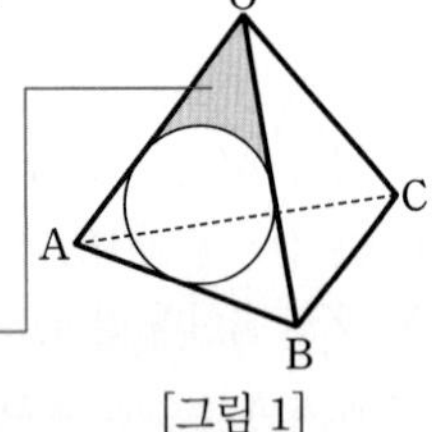

[그림 1]

→ 이면각의 크기를 알았으니 이 부분의 넓이를 구하면 이면각을 이용하여 S를 구할 수 있어!

Step 2 정사면체의 이면각의 크기를 θ라 하고, $\cos\theta$의 값을 구한다.

점 O에서 선분 AB에 내린 수선의 발을 M이라 하자.

두 평면 OAB, ABC가 이루는 각의 크기를 θ라 하면 $\angle OMC=\theta$이고, 점 O에서 평면 ABC에 내린 수선의 발을 H라 하면 점 H는 △ABC의 무게중심이므로 △OMH에서

→ 정사면체의 특징이므로 꼭 기억해.

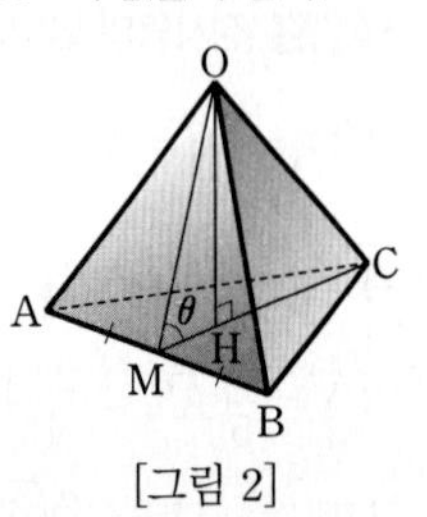

[그림 2]

$\cos\theta=\dfrac{\overline{MH}}{\overline{OM}}=\dfrac{\overline{MH}}{\overline{CM}}=\dfrac{1}{3}$

→ **무게중심** 삼각형의 세 중선은 한 점에서 만나고 이 점은 중선의 길이를 꼭짓점으로부터 2 : 1로 나눈다.

Step 3 정사영의 넓이 공식을 이용하여 S를 구한다.

삼각형 OAB에서 내접원의 반지름의 길이를 r라 하면

$\triangle OAB=\dfrac{1}{2}r(6+6+6)$

$=\dfrac{\sqrt{3}}{4}\times 6^2$

→ 내접원의 반지름의 길이를 r, 세 변의 길이를 각각 a, b, c라 할 때, 삼각형의 넓이는 $\dfrac{1}{2}r(a+b+c)$

$9r=9\sqrt{3}$ $\qquad\therefore r=\sqrt{3}$

따라서 [그림 3]의 어두운 부분의 넓이 S'은

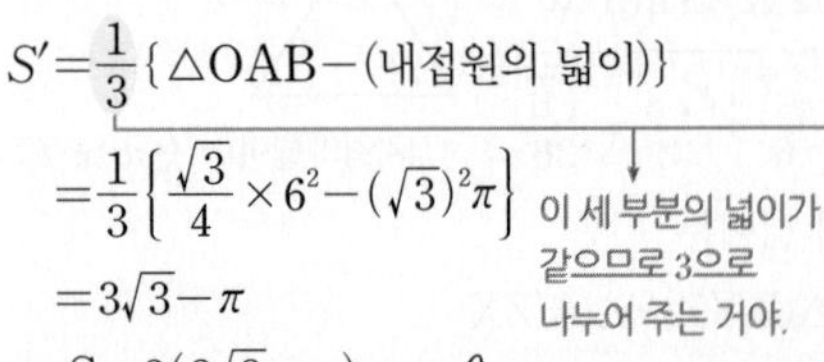

$S'=\dfrac{1}{3}\{\triangle OAB-(\text{내접원의 넓이})\}$

$=\dfrac{1}{3}\left\{\dfrac{\sqrt{3}}{4}\times 6^2-(\sqrt{3})^2\pi\right\}$

$=3\sqrt{3}-\pi$

→ 이 세 부분의 넓이가 같으므로 3으로 나누어 주는 거야.

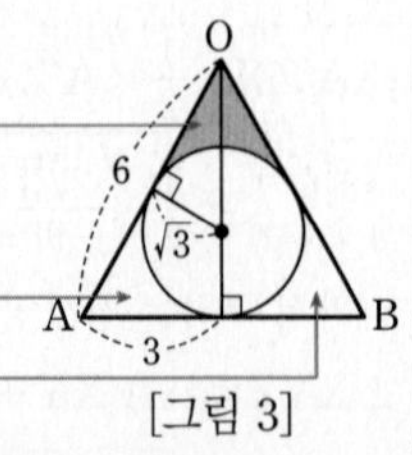

[그림 3]

$\therefore S=3(3\sqrt{3}-\pi)\cdot\cos\theta$

$=3(3\sqrt{3}-\pi)\times\dfrac{1}{3}=3\sqrt{3}-\pi$

$\therefore (S+\pi)^2=(3\sqrt{3}-\pi+\pi)^2=27$

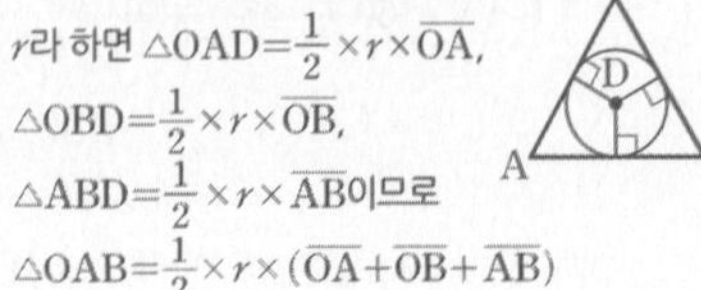

내접원의 중심을 D, 반지름의 길이를 r라 하면 $\triangle OAD=\dfrac{1}{2}\times r\times\overline{OA}$, $\triangle OBD=\dfrac{1}{2}\times r\times\overline{OB}$, $\triangle ABD=\dfrac{1}{2}\times r\times\overline{AB}$이므로 $\triangle OAB=\dfrac{1}{2}\times r\times(\overline{OA}+\overline{OB}+\overline{AB})$

알아야 할 기본개념

정사영의 넓이

평면 β 위의 넓이가 S인 도형의 평면 α 위로의 정사영의 넓이를 S'이라 하고, 두 평면 α, β가 이루는 예각의 크기를 θ라 하면

$S'=S\cos\theta$

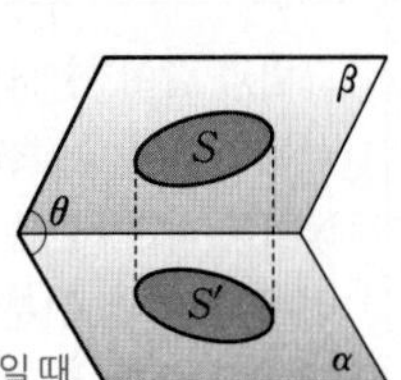

→ 넓이가 S인 도형의 평면 α 위로의 정사영의 넓이가 S'일 때 넓이가 S'인 이 도형을 다시 평면 β 위로 정사영시킨다면 그 정사영은 S와 같지 않다는 것을 알고 있어야 해! 머릿속으로만 생각하면 착각하기 쉬워! $S\cdot\cos\theta=S'$이지만 $S'\cdot\cos\theta\neq S$인 거지!

059 [정답률 40%]

정답 15

반지름의 길이가 6인 반구가 평면 α 위에 놓여 있다. 반구와 평면 α가 만나서 생기는 원의 중심을 O라 하자. 그림과 같이 중심 O로부터 거리가 $2\sqrt{3}$이고 평면 α와 45°의 각을 이루는 평면으로 반구를 자를 때, 반구에 나타나는 단면의 평면 α 위로의 정사영의 넓이는 $\sqrt{2}(a+b\pi)$이다. $a+b$의 값을 구하시오. (단, a, b는 자연수이다.) (4점)

→ 반구와 평면 α가 만나서 생기는 원의 반지름은 구의 반지름과 같다.

→ 단면의 넓이를 S라 하면 정사영의 정의에 따라 $S\cdot\cos 45°=\sqrt{2}(a+b\pi)$가 성립해. 즉, 단면의 넓이를 구해야 해!

Step 1 반구에 나타나는 단면은 원의 일부임을 통해 단면의 넓이를 구한다.

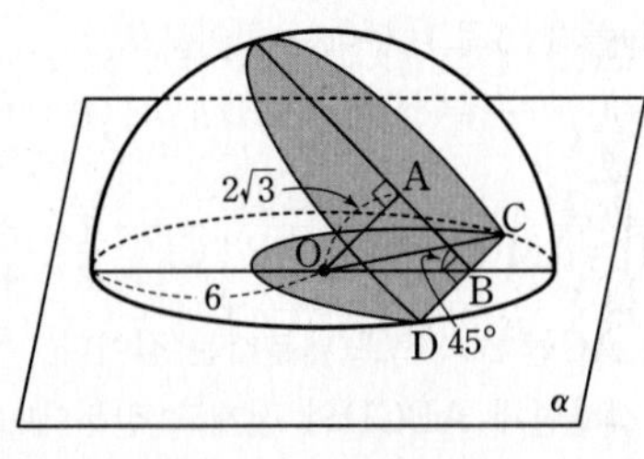

그림과 같이 점 O에서 평면 α와 45°의 각을 이루는 평면에 내린 수선의 발을 A라 하자.

$\overline{OA}=2\sqrt{3}$, $\angle ABO=45°$이므로

→ 직각이등변삼각형이므로 $\overline{OA}=\overline{AB}$이고 $\overline{OB}=\overline{OA}\times\sqrt{2}$야.

직각삼각형 OAB에서

$\overline{OA}=\overline{AB}=2\sqrt{3}$, $\overline{OB}=\sqrt{2}\times 2\sqrt{3}=2\sqrt{6}$

직각삼각형 OBC에서 $\overline{OC}=6$이므로

→ $\overline{OC}$와 $\overline{OB}$의 길이를 알기 때문에 $\overline{BC}$의 길이를 구할 수 있어.

$\overline{BC}=\sqrt{\overline{OC}^2-\overline{OB}^2}=\sqrt{6^2-(2\sqrt{6})^2}=2\sqrt{3}$

반구에 나타나는 단면은 오른쪽 그림에서 어두운 부분과 같이 점 A를 중심으로 하는 원의 일부이고 삼각형 ABC는 직각삼각형이므로

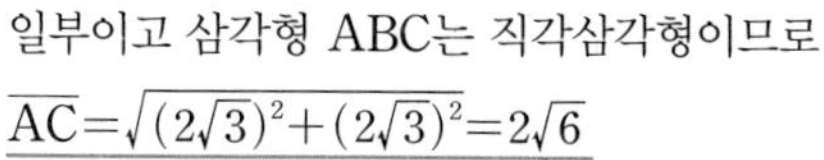

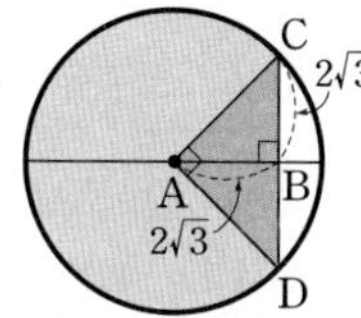

$\overline{AC}=\sqrt{(2\sqrt{3})^2+(2\sqrt{3})^2}=2\sqrt{6}$

삼각형 ABC는 직각이등변삼각형이므로

$\angle ACB=45^\circ$이고 삼각형 ABC와 삼각형 ABD는 합동이므로

$\angle CAD=45^\circ+45^\circ=90^\circ$

$\overline{AC}$의 길이를 구하기 위해 $\overline{OA}\perp\overline{AC}$이므로 직각삼각형 OAC를 이용해도 돼!

이때 단면의 넓이는 중심각의 크기가 $\frac{3}{2}\pi$인 부채꼴 ACD의 넓이와 삼각형 ACD의 넓이의 합이므로

$\overline{AD}=\overline{AC}=2\sqrt{6}$

$$(\text{단면의 넓이})=\frac{1}{2}\times(2\sqrt{6})^2\times\frac{3}{2}\pi+\frac{1}{2}\times2\sqrt{6}\times2\sqrt{6}=18\pi+12$$

반지름의 길이가 r이고 중심각의 크기가 θ인 부채꼴의 넓이 S는 $S=\frac{1}{2}r^2\theta$

구를 어떠한 평면으로 자르더라도 그 단면은 항상 원이다. 반구는 구의 일부분이기 때문에 평면에 의해 잘린 반구의 단면도 원의 일부분의 모양을 가진다.

Step 2 정사영의 넓이를 구한다.

따라서 구하는 정사영의 넓이는

$$(18\pi+12)\cos 45^\circ=(18\pi+12)\times\frac{\sqrt{2}}{2}$$
$$=(9\pi+6)\sqrt{2}$$

평면 α 위의 넓이가 S인 도형의 평면 β 위로의 정사영의 넓이를 S'이라 할 때, 두 평면 α, β가 이루는 각의 크기를 $\theta\left(0\le\theta\le\frac{\pi}{2}\right)$라 하면 $S'=S\cos\theta$

이므로 $a=6$, $b=9$

$\therefore a+b=6+9=15$

060 [정답률 83%]

정답 ①

그림과 같이 한 변의 길이가 2인 정팔면체 ABCDEF가 있다. 두 삼각형 ABC, CBF의 평면 BEF 위로의 정사영의 넓이를 각각 S_1, S_2라 할 때, S_1+S_2의 값은? (4점)

한 변의 길이가 2인 정삼각형 8개가 모여 만들어진 다면체야.

정사영의 넓이를 구하려면 두 평면이 이루는 각의 크기를 알아야 한다.

한 모서리의 길이가 2인 정사각뿔 2개가 모여 만들어진 다면체이기도 해! 사각형 ABFD를 공유하도록 두 정사각뿔의 밑면을 붙인 것일 수도 있고 사각형 ACFE를 공유하도록 두 정사각뿔의 밑면을 붙인 것일 수도 있어!

✔ $\frac{2\sqrt{3}}{3}$　② $\sqrt{3}$　③ $\frac{4\sqrt{3}}{3}$

④ $\frac{5\sqrt{3}}{3}$　⑤ $2\sqrt{3}$

$\overline{BM}$은 △ABC의 높이이다. △ABC는 정삼각형이고 정삼각형의 높이는 $\frac{\sqrt{3}}{2}\times$(정삼각형의 한 변의 길이)이므로 $\overline{BM}=\overline{BN}=\frac{\sqrt{3}}{2}\times2=\sqrt{3}$

본문 157쪽

Step 1 두 삼각형 ABC, CBF와 평면 BEF가 이루는 예각의 크기를 각각 α, β라 하고 $\cos\alpha$, $\cos\beta$의 값을 구한다.

왜 중점 M, N이 쓰이는지 알아야 해!

(i) 선분 AC와 선분 EF의 중점을 각각 M, N이라 하면 정팔면체 ABCDEF의 한 모서리의 길이가 2이므로

$\overline{BM}=\overline{BN}=\sqrt{3}$

또한, 사각형 AEFC는 한 변의 길이가 2인 정사각형이므로

$\overline{MN}=2$

이때 삼각형 ABC와 평면 BEF가 이루는 예각의 크기를 α라 하면 $\angle MBN=\alpha$

따라서 삼각형 MBN에서 코사인법칙에 의하여

$$\cos\alpha=\frac{\overline{BM}^2+\overline{BN}^2-\overline{MN}^2}{2\times\overline{BM}\times\overline{BN}}$$
$$=\frac{(\sqrt{3})^2+(\sqrt{3})^2-2^2}{2\times\sqrt{3}\times\sqrt{3}}$$
$$=\frac{2}{6}=\frac{1}{3}$$

$\overline{CE}$는 한 변의 길이가 2인 정사각형 BCDE의 대각선의 길이이므로 $\overline{CE}=\sqrt{2}\times2=2\sqrt{2}$

(ii) 선분 BF의 중점을 G라 하면

$\overline{GE}=\overline{GC}=\sqrt{3}$이고

$\overline{CE}=2\sqrt{2}$

따라서 삼각형 CGE에서 코사인법칙에 의하여

$$\cos(\angle EGC)=\frac{\overline{GE}^2+\overline{GC}^2-\overline{CE}^2}{2\times\overline{GE}\times\overline{GC}}$$
$$=\frac{(\sqrt{3})^2+(\sqrt{3})^2-(2\sqrt{2})^2}{2\times\sqrt{3}\times\sqrt{3}}$$
$$=\frac{-2}{6}=-\frac{1}{3}$$

그러므로 삼각형 CBF와 평면 BEF가 이루는 예각의 크기를 β라 하면

$$\cos\beta=\cos(\pi-\angle EGC)$$
$$=-\cos(\angle EGC)$$
$$=\frac{1}{3}$$

△CBF의 평면 BEF 위로의 정사영의 넓이를 구하려면 예각인 이면각의 크기를 알아야 하기 때문에 $\beta=\pi-\angle EGC$인 거야.

Step 2 S_1+S_2의 값을 구한다.

$$S_1=\triangle ABC\times\cos\alpha=\left(\frac{\sqrt{3}}{4}\times2^2\right)\times\frac{1}{3}=\sqrt{3}\times\frac{1}{3}=\frac{\sqrt{3}}{3}$$

$$S_2=\triangle CBF\times\cos\beta=\left(\frac{\sqrt{3}}{4}\times2^2\right)\times\frac{1}{3}=\sqrt{3}\times\frac{1}{3}=\frac{\sqrt{3}}{3}$$

$$\therefore S_1+S_2=\frac{2\sqrt{3}}{3}$$

두 평면이 이루는 각의 크기를 구할 때 이 문제에선 중점 M, N, G를 이용했어. 중점을 이용한 이유는 정삼각형의 한 꼭짓점과 그 대변의 중점을 잇는 선분은 대변의 수직이등분선이기 때문이야. 즉, $\overline{BM}\perp\overline{AC}$, $\overline{BN}\perp\overline{EF}$, $\overline{CG}\perp\overline{BF}$이기 때문이지!

061 [정답률 73%]

정답 ⑤

좌표공간에 평면 α가 있다. 평면 α 위에 있지 않은 서로 다른 두 점 A, B의 평면 α 위로의 정사영을 각각 A′, B′이라 할 때,

$$\overline{AB}=\overline{A'B'}=6$$

이다. 선분 AB의 중점 M의 평면 α 위로의 정사영을 M′이라 할 때,

$$\overline{PM'}\perp\overline{A'B'},\ \overline{PM'}=6$$

이 되도록 평면 α 위에 점 P를 잡는다.

삼각형 A′B′P의 평면 ABP 위로의 정사영의 넓이가 $\frac{9}{2}$일 때, 선분 PM의 길이는? (3점)

① 12 ② 15 ③ 18
④ 21 ⑤ 24

Step 1 주어진 점을 그림에 나타낸다.

$\overline{AB}=\overline{A'B'}=6$이므로 두 직선 AB, A′B′은 평행하다. (이루는 각의 크기가 0°일 때 $\cos 0=1$)

따라서 직선 AB와 평면 α도 평행하다.

선분 AB의 중점 M의 평면 α 위로의 정사영이 M′이므로 좌표공간에 나타내면 다음과 같다.

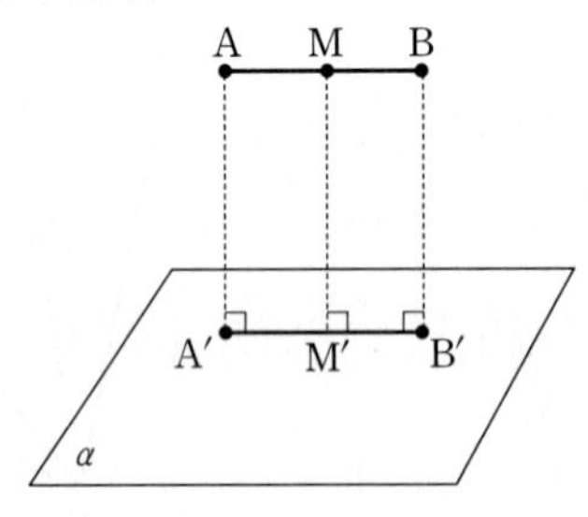

Step 2 두 평면 ABP, A′B′P가 이루는 각의 크기를 구한다.

$\overline{PM'}\perp\overline{A'B'}$, $\overline{PM'}=6$을 만족시키는 점 P를 좌표공간에 나타내면 다음과 같다.

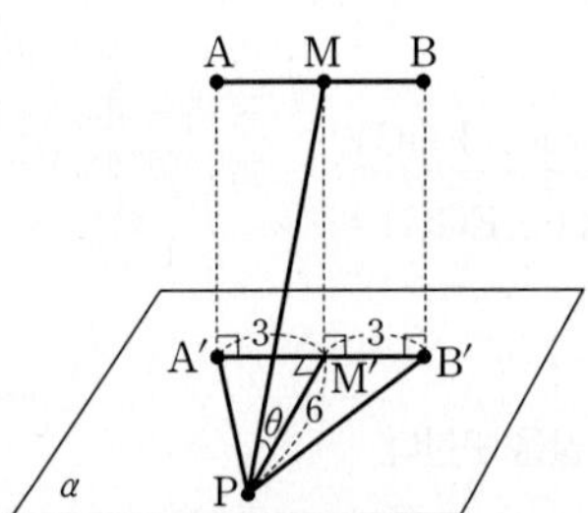

평면 α와 평면 ABP가 이루는 각의 크기를 θ라 하자.

삼각형 A′B′P의 넓이는 $\frac{1}{2}\times6\times6=18$이고, 평면 α 위에 있으므로

삼각형 A′B′P의 평면 ABP 위로의 정사영의 넓이는

$18\times\cos\theta=\frac{9}{2}$ $\therefore \cos\theta=\frac{1}{4}$

Step 3 선분 PM의 길이를 구한다.

선분 PM의 평면 α 위로의 정사영은 선분 PM′이므로

$\overline{PM}\times\cos\theta=\overline{PM'}$에서 $\overline{PM}\times\frac{1}{4}=6$ $\therefore \overline{PM}=24$

062 [정답률 69%]

정답 ④

그림과 같이 $\overline{AB}=\overline{AD}$이고 $\overline{AE}=\sqrt{15}$인 직육면체 ABCD−EFGH가 있다. 선분 BC 위의 점 P와 선분 EF 위의 점 Q에 대하여 삼각형 PHQ의 평면 EFGH 위로의 정사영은 한 변의 길이가 4인 정삼각형이다. 삼각형 EQH의 평면 PHQ 위로의 정사영의 넓이는? (4점)

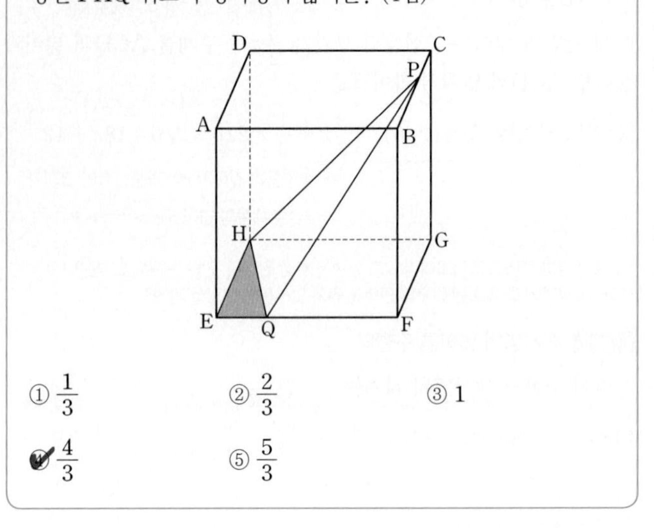

① $\frac{1}{3}$ ② $\frac{2}{3}$ ③ 1
④ $\frac{4}{3}$ ⑤ $\frac{5}{3}$

Step 1 두 평면 PHQ, EFGH가 이루는 각의 크기 θ에 대하여 $\cos\theta$의 값을 구한다.

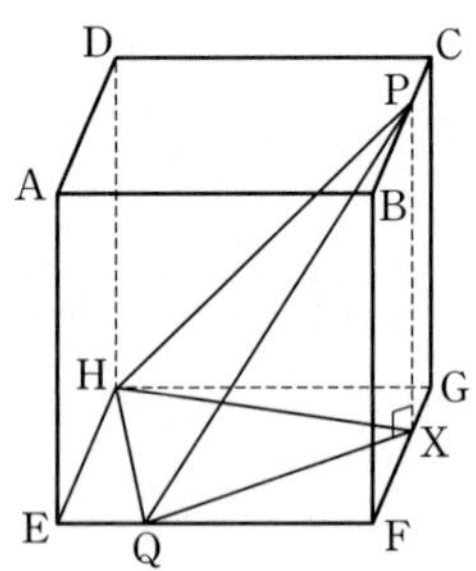

그림과 같이 점 P에서 평면 EFGH에 내린 수선의 발을 X라 하자. (선분 FG 위의 점)

이때 삼각형 XHQ는 삼각형 PHQ의 평면 EFGH 위로의 정사영이므로 $\overline{XH}=\overline{XQ}=\overline{HQ}=4$ (한 변의 길이가 4인 정삼각형이라고 했어.)

또한 $\overline{PX}=\overline{AE}=\sqrt{15}$이므로 두 직각삼각형 PXH, PXQ에서 ((평면 EFGH)⊥$\overline{PX}$이고 두 선분 XH, XQ가 평면 EFGH 위에 있으니까 $\overline{XH}\perp\overline{PX}$, $\overline{XQ}\perp\overline{PX}$)

$\overline{PH}=\sqrt{\overline{PX}^2+\overline{XH}^2}=\sqrt{(\sqrt{15})^2+4^2}=\sqrt{31}$,

$\overline{PQ}=\sqrt{\overline{PX}^2+\overline{XQ}^2}=\sqrt{(\sqrt{15})^2+4^2}=\sqrt{31}$

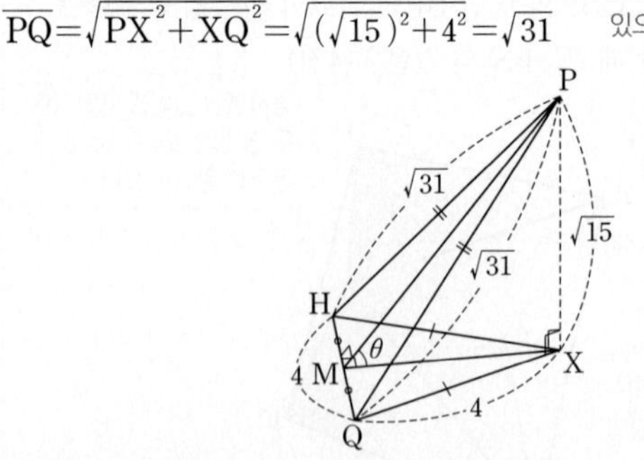

그림과 같이 점 P에서 선분 HQ에 내린 수선의 발을 M이라 하면

$\overline{MH}=\overline{MQ}=2$ (점 M은 선분 HQ의 중점이 돼.)

직각삼각형 PHM에서

$\overline{PM}=\sqrt{\overline{PH}^2-\overline{MH}^2}=\sqrt{(\sqrt{31})^2-2^2}=\sqrt{27}=3\sqrt{3}$

직각삼각형 XHM에서

$\overline{XM}=\sqrt{\overline{XH}^2-\overline{MH}^2}=\sqrt{4^2-2^2}=\sqrt{12}=2\sqrt{3}$

따라서 두 평면 PHQ, EFGH가 이루는 각의 크기를 θ라 하면

$\cos\theta=\frac{\overline{XM}}{\overline{PM}}=\frac{2\sqrt{3}}{3\sqrt{3}}=\frac{2}{3}$

Step 2 삼각형 EQH의 넓이를 구한다.

$\overline{AB}=\overline{AD}$이므로 직육면체의 밑면인 사각형 EFGH는 정사각형이다.

또한 두 직각삼각형 HEQ, HGX는 합동이므로 $\overline{EQ}=\overline{GX}$이다.

→ 빗변의 길이가 모두 4이고 $\overline{HE}=\overline{HG}$이니까 RHS 합동!

$\overline{HE}=\overline{HG}=x$, $\overline{EQ}=\overline{GX}=y$라 하면 다음 그림과 같이 나타낼 수 있다.

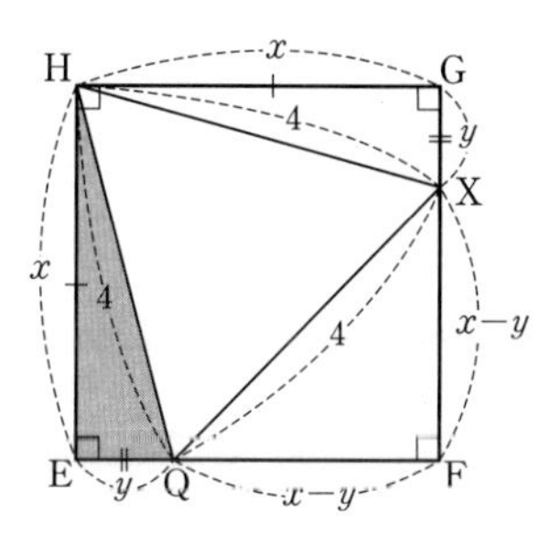

직각삼각형 HEQ에서 $x^2+y^2=16$

직각삼각형 XQF에서

$(x-y)^2+(x-y)^2=16$

$2(x-y)^2=16$, $(x-y)^2=8$

$x^2-2xy+y^2=8$, $16-2xy=8$

16 대입!

$2xy=8$ $\quad\therefore xy=4$

따라서 삼각형 EQH의 넓이는

$\frac{1}{2}\times\overline{EH}\times\overline{EQ}=\frac{1}{2}xy=2$

Step 3 삼각형 EQH의 평면 PHQ 위로의 정사영의 넓이를 구한다.

그러므로 삼각형 EQH의 평면 PHQ 위로의 정사영의 넓이는

→ 평면 EFGH 위의 삼각형이야.

$\triangle EQH\times\cos\theta=2\times\frac{2}{3}=\frac{4}{3}$

063 [정답률 80%]

정답 ③

그림과 같이 한 모서리의 길이가 4인 정육면체 ABCD−EFGH의 내부에 밑면의 반지름의 길이가 1인 원기둥이 있다. 원기둥의 밑면의 중심은 두 정사각형 ABCD, EFGH의 두 대각선의 교점과 각각 일치한다.

→ 정사각형의 두 대각선의 교점은 정사각형의 중심이므로 원기둥의 밑면의 중심과 정사각형의 중심이 일치한다는 의미이다.

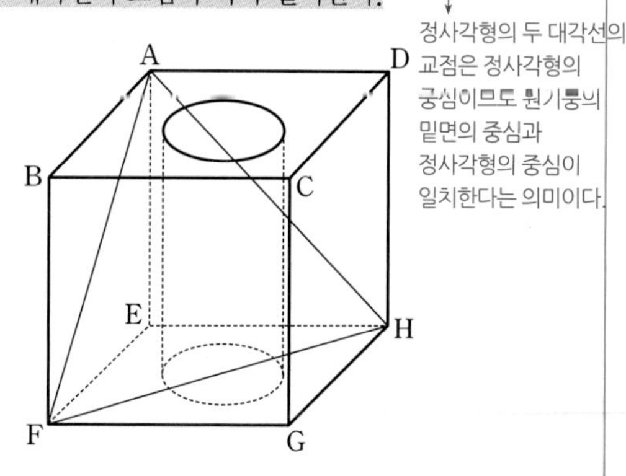

이 원기둥이 세 점 A, F, H를 지나는 평면에 의하여 잘린 단면의 넓이는? (4점)

→ 잘린 단면의 넓이를 구하기 위해 정사영을 이용한다.

① $\frac{3\sqrt{3}}{2}\pi$ ② $\sqrt{2}\pi$ ③ $\frac{\sqrt{3}}{2}\pi$ ④ $\frac{\sqrt{6}}{3}\pi$ ⑤ $\frac{\sqrt{2}}{2}\pi$

Step 1 평면 AFH와 평면 EFGH가 이루는 예각을 θ로 놓고, $\cos\theta$의 값을 구한다.

→ (잘린 단면의 넓이)$\times\cos\theta=$(밑면의 절반)

그림과 같이 원기둥이 평면 AFH에 의해 잘린 단면의 평면 EFGH 위로의 정사영은 원기둥의 밑면의 절반과 같다.

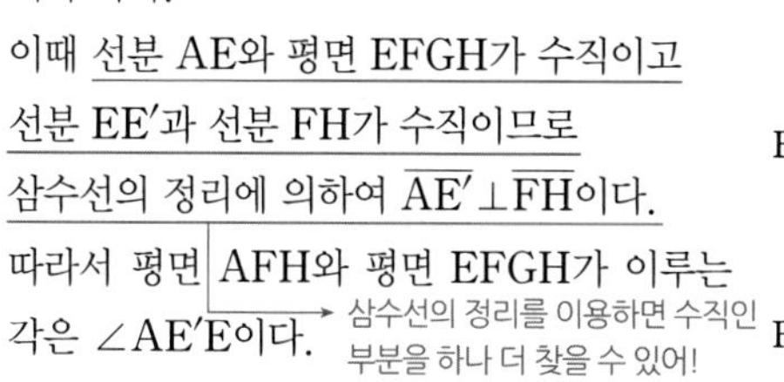

점 E에서 선분 FH에 내린 수선의 발을 E′이라 하자.

이때 선분 AE와 평면 EFGH가 수직이고 선분 EE′과 선분 FH가 수직이므로 삼수선의 정리에 의하여 $\overline{AE'}\perp\overline{FH}$이다.

따라서 평면 AFH와 평면 EFGH가 이루는 각은 $\angle AE'E$이다.

→ 삼수선의 정리를 이용하면 수직인 부분을 하나 더 찾을 수 있어!

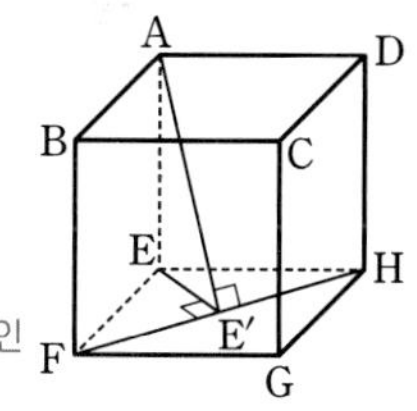

$\angle AE'E=\theta$라 하면 $\cos\theta=\frac{\overline{EE'}}{\overline{AE'}}$이다.

선분 EE′의 길이는 정사각형 EFGH의 대각선의 길이의 $\frac{1}{2}$이므로

→ 정사각형의 대각선의 길이는 (한 변의 길이)$\times\sqrt{2}$이다.

$\overline{EE'}=\frac{1}{2}\times4\sqrt{2}=2\sqrt{2}$

따라서 직각삼각형 AE′E에서 피타고라스 정리에 의하여

$\overline{AE'}=\sqrt{\overline{AE}^2+\overline{EE'}^2}=\sqrt{4^2+(2\sqrt{2})^2}=\sqrt{24}=2\sqrt{6}$

$\therefore \cos\theta=\frac{\overline{EE'}}{\overline{AE'}}=\frac{2\sqrt{2}}{2\sqrt{6}}=\frac{1}{\sqrt{3}}=\frac{\sqrt{3}}{3}$

Step 2 원기둥이 세 점 A, F, H를 지나는 평면에 의하여 잘린 단면의 넓이를 정사영의 넓이 공식을 이용하여 구한다.

원기둥이 평면 AFH에 의하여 잘린 단면의 넓이를 S, 원기둥의 밑면의 넓이의 절반을 S'이라 하면 $S'=S\cos\theta$이다.

원기둥의 밑면의 반지름의 길이가 1이므로 $S'=\frac{\pi}{2}$ 반지름의 길이가 r인 원의 넓이는 πr^2

$S'=\pi\cdot 1^2\cdot\frac{1}{2}=\frac{\pi}{2}$

$\frac{\pi}{2}=S\times\frac{\sqrt{3}}{3}$

$\therefore S=\frac{\pi}{2}\times\frac{3}{\sqrt{3}}=\frac{\sqrt{3}}{2}\pi$

064 [정답률 14%] 정답 27

공간에 중심이 O이고 반지름의 길이가 4인 구가 있다. 구 위의 서로 다른 세 점 A, B, C가

$$\overline{AB}=8,\ \overline{BC}=2\sqrt{2}$$

를 만족시킨다. 평면 ABC 위에 있지 않은 구 위의 점 D에서 평면 ABC에 내린 수선의 발을 H라 할 때, 점 D가 다음 조건을 만족시킨다.

(가) 두 직선 OC, OD가 서로 수직이다. → $\overline{OC}\perp\overline{OD}$
(나) 두 직선 AD, OH가 서로 수직이다. → $\overline{AD}\perp\overline{OH}$

삼각형 DAH의 평면 DOC 위로의 정사영의 넓이를 S라 할 때, $8S$의 값을 구하시오. (단, 점 H는 점 O가 아니다.) (4점)

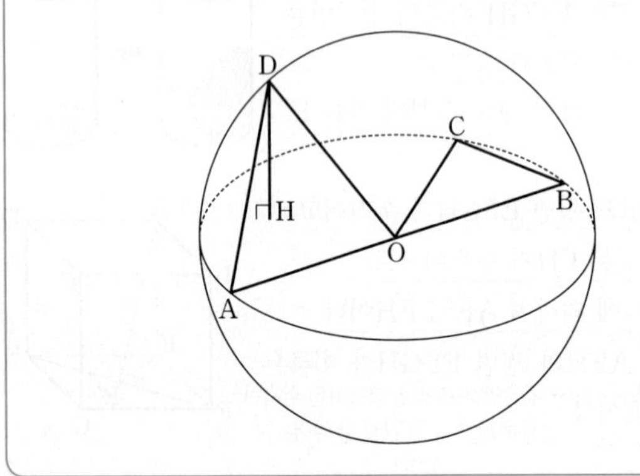

Step 1 삼수선의 정리를 이용한다.

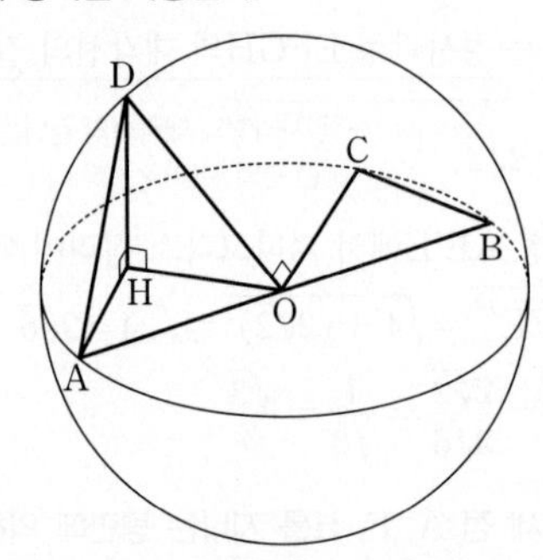

조건 (가)에 의하여 $\overline{OC}\perp\overline{OD}$, $\overline{DH}\perp$(평면 COH)이므로 삼수선의 정리에 의하여 $\overline{OH}\perp\overline{OC}$이고, $\overline{DH}\perp\overline{OH}$이다.

→ 점 H는 점 D에서 평면 ABC에 내린 수선의 발이므로 선분 DH는 평면 ABC, 평면 COH와 모두 수직이다.

조건 (나)에 의하여 $\overline{AD}\perp\overline{OH}$, $\overline{OH}\perp\overline{DH}$이므로 $\overline{OH}\perp$(평면 DAH)이고, $\overline{OH}\perp\overline{AH}$

Step 2 삼각형 DAH의 넓이를 구한다.

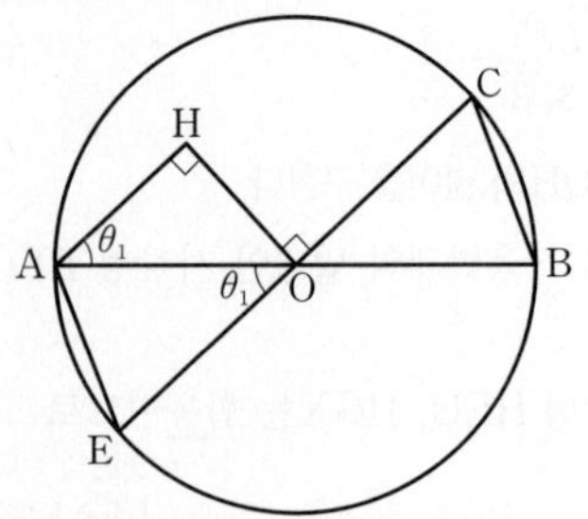

직선 OC와 구가 만나는 점 중 C가 아닌 점을 E라 하면

$\overline{AE}=\overline{BC}=2\sqrt{2}$

→ $\overline{AH}\mathbin{/\!/}\overline{EO}$이므로 $\angle OAH=\angle AOE$

$\angle AOE=\theta_1$이라 하면 $\angle OAH=\angle AOE=\theta_1$

삼각형 OAE에서 $\cos\theta_1=\frac{4^2+4^2-(2\sqrt{2})^2}{2\times4\times4}=\frac{3}{4}$ → 코사인법칙을 이용

$\therefore \overline{AH}=\overline{OA}\cos\theta_1=3$ → $4\times\frac{3}{4}$

$\overline{OH}=\sqrt{\overline{OA}^2-\overline{AH}^2}=\sqrt{16-9}=\sqrt{7}$

직각삼각형 DHO에서 $\overline{DH}=\sqrt{\overline{OD}^2-\overline{OH}^2}=\sqrt{16-7}=3$

직각삼각형 DAH의 넓이는 $\frac{1}{2}\times\overline{AH}\times\overline{DH}=\frac{1}{2}\times3\times3=\frac{9}{2}$

Step 3 $\cos\theta$의 값을 구한다.

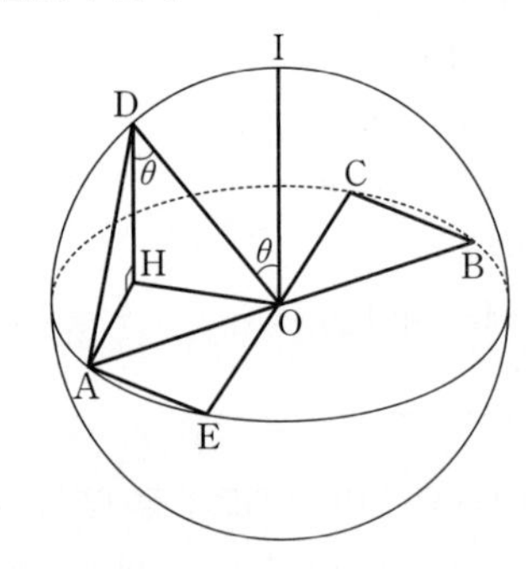

점 O를 지나고 평면 ABC에 수직인 직선과 구가 만나는 점 중 D에 가까운 점을 I라 하자.

$\overline{DH}\mathbin{/\!/}\overline{OI}$이므로 $\overline{DH}\mathbin{/\!/}$(평면 IEC)

$\overline{AH}\mathbin{/\!/}\overline{EC}$이므로 $\overline{AH}\mathbin{/\!/}$(평면 IEC)

따라서 평면 DAH와 평면 IEC는 평행하다.

직선 CE는 두 평면 IEC, DOC의 교선이고 $\overline{CE}\perp\overline{OI}$, $\overline{CE}\perp\overline{OD}$이므로 두 평면 IEC, DOC가 이루는 예각의 크기를 θ라 하면 $\angle DOI=\theta$

→ 두 평면 DAH, DOC가 이루는 예각의 크기와 같다.

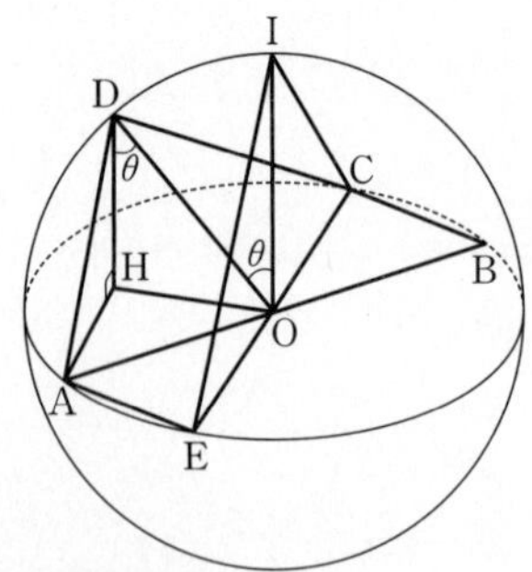

→ $\overline{DH}\mathbin{/\!/}\overline{IO}$이므로 $\angle ODH=\angle DOI$

$\angle ODH=\angle DOI=\theta$이므로

$\cos\theta=\cos(\angle ODH)=\frac{\overline{DH}}{\overline{OD}}=\frac{3}{4}$ → 선분 OD의 길이는 구의 반지름의 길이와 같다.

따라서 삼각형 DAH의 평면 DOC 위로의 정사영의 넓이는

$S=\triangle DAH\times\cos\theta=\frac{9}{2}\times\frac{3}{4}=\frac{27}{8}$ $\therefore 8S=27$

065

정답 ③

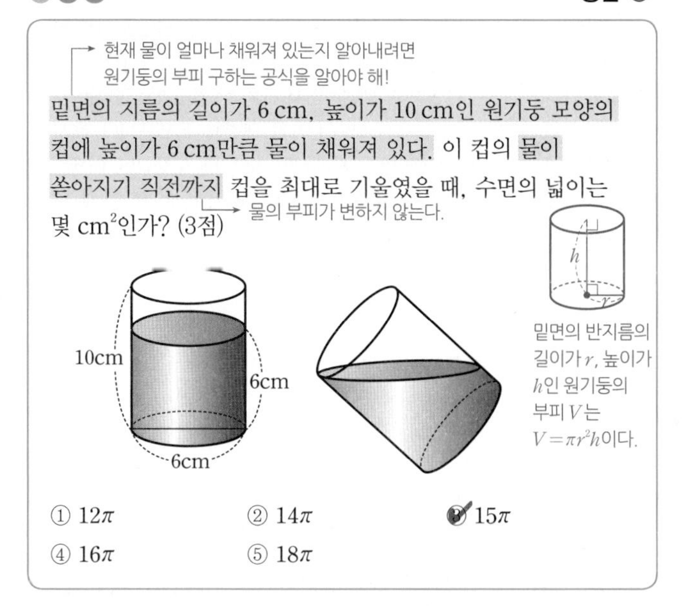

→ 현재 물이 얼마나 채워져 있는지 알아내려면 원기둥의 부피 구하는 공식을 알아야 해!

밑면의 지름의 길이가 6 cm, 높이가 10 cm인 원기둥 모양의 컵에 높이가 6 cm만큼 물이 채워져 있다. 이 컵의 물이 쏟아지기 직전까지 컵을 최대로 기울였을 때, 수면의 넓이는 몇 cm^2인가? (3점)

→ 물의 부피가 변하지 않는다.

① 12π　　② 14π　　③ 15π　　④ 16π　　⑤ 18π

Step 1 기울어진 컵의 수면을 생각하여 기울어진 수면과 기울어지지 않은 수면이 이루는 각의 코사인 값을 구한다.

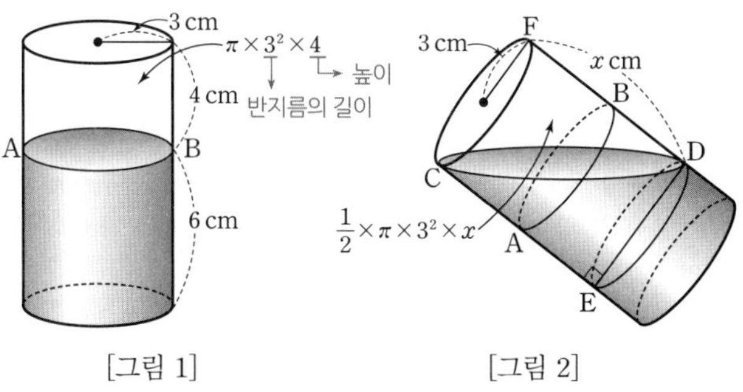

[그림 1]　　[그림 2]

[그림 1]에서 컵을 기울이기 전의 수면과 원기둥의 모선이 만나는 두 점을 각각 A, B, [그림 2]에서 컵을 최대로 기울였을 때의 수면과 원기둥의 모선이 만나는 두 점을 각각 C, D, 점 C와 윗면의 지름의 양 끝점을 이루는 점을 F, 점 D에서 직선 AC에 내린 수선의 발을 E라 하자.

→ 세 점 F, B, D는 한 직선 위에 놓여 있어! 즉, 직선 DF는 원기둥의 밑면과 수직으로 만나!

이때 빠져나간 물이 없으므로 처음과 기울였을 때의 빈 공간의 부피가 같다.

[그림 1]에서 (빈 공간의 부피)$=\pi\times3^2\times4=36\pi(\text{cm}^3)$

[그림 2]에서 선분 FD의 길이를 x cm라 하면 빈 공간의 부피는 높이가 x cm인 원기둥의 부피의 절반이므로

→ 물이 쏟아지기 직전까지 기울어져 있기 때문에 물은 원기둥의 윗면과 한 점 C에서 만나고 수면의 모양은 타원이야.

(빈 공간의 부피)$=\frac{1}{2}\times\pi\times3^2\times x=\frac{9}{2}\pi x(\text{cm}^3)$

두 부피가 같아야 하므로 $36\pi=\frac{9}{2}\pi x$에서

$x=8$

따라서 직각삼각형 CDE에서

$\overline{\text{CD}}=\sqrt{\overline{\text{CE}}^2+\overline{\text{DE}}^2}=\sqrt{8^2+6^2}=10(\text{cm})$이므로

→ 직각삼각형이기 때문에 피타고라스 정리를 이용할 수 있어!

$\angle\text{EDC}=\theta$라 하면

$\cos\theta=\frac{6}{10}=\frac{3}{5}$

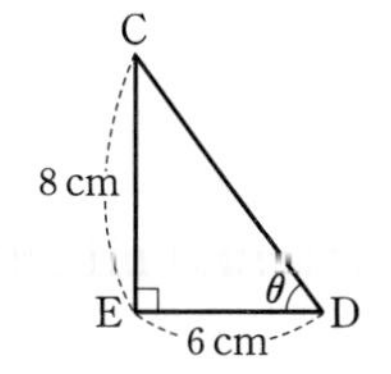

Step 2 기울어진 수면의 넓이를 정사영으로 구한다.

수면의 원기둥의 밑면 위로의 정사영은 밑면인 원이므로 기울어진 수면의 넓이를 $S\ \text{cm}^2$라 하면

$S\times\cos\theta=\pi\times3^2$, $\frac{3}{5}S=9\pi$

$\therefore S=15\pi$

→ 수면의 모양을 컵의 윗면에서 내려다 보면 컵의 밑면과 똑같이 보이기 때문에 수면의 원기둥의 밑면 위로의 정사영은 원기둥의 밑면인 원이야!

수능포인트

물론 이 해설에서처럼 빈 공간의 부피가 변하지 않음을 이용하여 풀 수도 있지만, 실전에서는 이런 문제를 직관적으로도 풀 수 있어야 합니다. 주어진 원기둥은 그 단면인 원의 넓이가 모든 높이에서 일정하므로, 원기둥을 기울였을 때 물의 왼쪽 끝이 4 cm 상승했으니 오른쪽 끝은 4 cm 하강할 것이란 것은 직관적으로 알 수 있습니다. 즉, $x=8$을 구하는 데에 시간이 많이 걸리면 안 됩니다.

066 [정답률 43%]

정답 13

→ 한 변의 길이가 4인 정사각형 6개가 모여 만들어진 다면체이다.

한 변의 길이가 4인 정육면체 ABCD−EFGH와 밑면의 반지름의 길이가 $\sqrt{2}$이고 높이가 2인 원기둥이 있다. 그림과 같이 이 원기둥의 밑면이 평면 ABCD에 포함되고 사각형 ABCD의 두 대각선의 교점과 원기둥의 밑면의 중심이 일치하도록 하였다. 평면 ABCD에 포함되어 있는 원기둥의 밑면을 α, 다른 밑면을 β라 하자. 평면 AEGC가 밑면 α와 만나서 생기는 선분을 $\overline{\text{MN}}$, 평면 BFHD가 밑면 β와 만나서 생기는 선분을 $\overline{\text{PQ}}$라 할 때, 삼각형 MPQ의 평면 DEG 위로의 정사영의 넓이는 $\frac{b}{a}\sqrt{3}$이다. a^2+b^2의 값을 구하시오.

(단, a, b는 서로소인 자연수이다.) (4점)

→ 정사각형 ABCD의 두 대각선의 교점은 원기둥의 밑면인 원의 중심이다.

→ 정사영의 넓이를 구하기 위해 먼저 △MPQ와 평면 DEG가 이루는 각의 크기를 구해야 해.

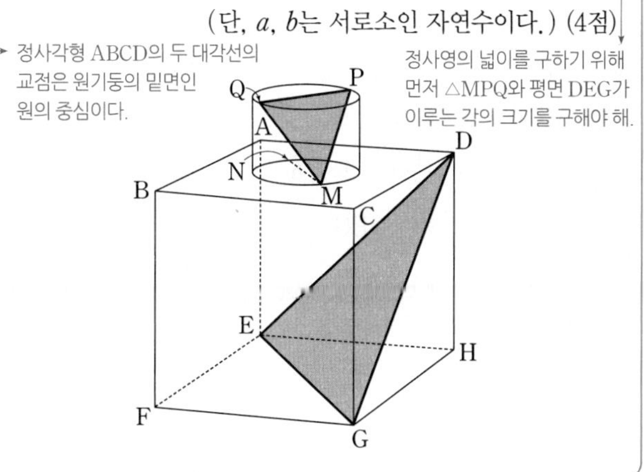

Step 1 삼각형 MPQ와 평행한 평면을 정육면체에서 찾고 그 평면과 평면 DEG가 이루는 각의 크기를 θ라 한다.

→ △MPQ의 세 변이 △GDB의 세 변과 각각 서로 평행하므로 두 삼각형을 포함하는 두 평면은 서로 평행해!

$\overline{\text{DG}}$ 위의 점들 중 점 M′의 위치에서 $\overline{\text{BM}'}\perp\overline{\text{DG}}$, $\overline{\text{EM}'}\perp\overline{\text{DG}}$이므로 $\angle\text{BM}'\text{E}=\theta$가 두 평면이 이루는 각을 의미해!

이 부분이 잘 이해되지 않는다면 2차원에서 생각해봐. $l\,/\!/\,m$일 때, 두 직선 m, n이 이루는 각의 크기는 두 직선 l, n이 이루는 각의 크기와 같아!

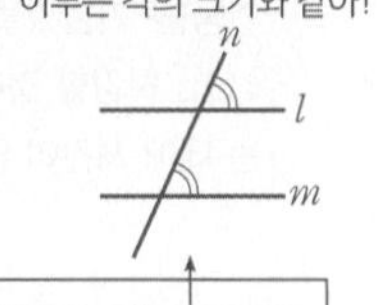

원기둥의 두 밑면 α, β의 중심을 각각 R, S라 하자.
$\overline{\text{PQ}}\,/\!/\,\overline{\text{DB}}$이고 $\angle\text{SRM}=\angle\text{GCR}=90^\circ$,
$\overline{\text{SR}}=2$, $\overline{\text{RM}}=\sqrt{2}$, $\overline{\text{GC}}=4$, $\overline{\text{CR}}=2\sqrt{2}$에서
$\dfrac{\overline{\text{RM}}}{\overline{\text{SR}}}=\dfrac{\overline{\text{CR}}}{\overline{\text{GC}}}=\dfrac{\sqrt{2}}{2}$로 $\angle\text{SMR}=\angle\text{RGE}$이므로

$\angle\text{SMR}=\angle\text{GRC}$ (닮음)이고 $\angle\text{GRC}=\angle\text{RGE}$ (엇각)이므로

평면 MPQ와 평면 GDB는 평행하다. 즉, 평면 MPQ와 평면 DEG가 이루는 각의 크기는 평면 GDB와 평면 DEG가 이루는 각의 크기와 같다.
평면 GDB와 평면 DEG가 만나서 생기는 선분은 $\overline{\text{DG}}$이다.
선분 DG의 중점을 M′이라 하면 $\angle\text{BM}'\text{E}=\theta$가 두 평면이 이루는 각이다.

Step 2 삼각형 BM′E에서 $\cos\theta$의 값을 구하고 정사영의 넓이를 구한다.

$\overline{\text{BM}'}=\overline{\text{EM}'}=\sqrt{(4\sqrt{2})^2-(2\sqrt{2})^2}=2\sqrt{6}$,
$\overline{\text{BE}}=4\sqrt{2}$이므로 삼각형 M′BE는 다음 그림과 같다.

→ 선분 BM′과 선분 EM′은 한 변의 길이가 $4\sqrt{2}$인 정삼각형의 높이이므로 $\frac{\sqrt{3}}{2}\times4\sqrt{2}=2\sqrt{6}$으로 구할 수 있어.

코사인법칙을 이용하면

$$\cos\theta=\frac{\overline{\text{BM}'}^2+\overline{\text{EM}'}^2-\overline{\text{BE}}^2}{2\times\overline{\text{BM}'}\times\overline{\text{EM}'}}$$
$$=\frac{(2\sqrt{6})^2+(2\sqrt{6})^2-(4\sqrt{2})^2}{2\times2\sqrt{6}\times2\sqrt{6}}$$
$$=\frac{16}{48}=\frac{1}{3}$$

직각삼각형 SRM에서

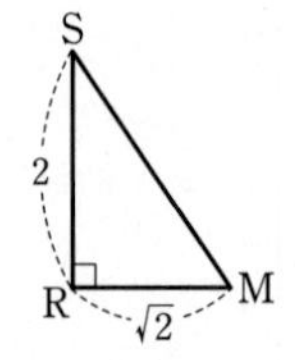

$\overline{\text{SM}}=\sqrt{\overline{\text{SR}}^2+\overline{\text{RM}}^2}=\sqrt{2^2+(\sqrt{2})^2}=\sqrt{6}$이므로
삼각형 MPQ의 넓이를 S라 하면

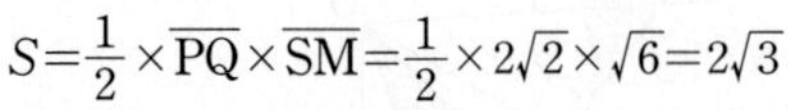

$S=\frac{1}{2}\times\overline{\text{PQ}}\times\overline{\text{SM}}=\frac{1}{2}\times2\sqrt{2}\times\sqrt{6}=2\sqrt{3}$

즉, 삼각형 MPQ의 평면 DEG 위로의 정사영의 넓이는

$S\cos\theta=2\sqrt{3}\times\frac{1}{3}=\frac{2\sqrt{3}}{3}$

따라서 $a=3$, $b=2$이므로
$a^2+b^2=3^2+2^2=13$

수능포인트

두 평면이 이루는 이면각을 구해야 하는 문제입니다. 한 평면을 다른 평면과 만나도록 평행이동시키고 싶지만, 이 문제는 그렇게 풀기가 쉽지 않습니다. 이럴 때는 한 평면과 평행하면서 다른 한 평면과는 만나는 새로운 평면을 구하는 방법을 이용하면 문제를 해결할 수 있습니다. 혹시 문제를 풀 때에 평면의 평행이동을 통해서만 이면각을 구했다면, 이제는 새로운 평면을 찾는 방법 등으로도 이면각을 구하려는 시도를 할 수 있습니다.

→ 평면 MPQ와 평면 GDB는 서로 평행하고, 평면 GDB는 평면 DEG와 만난다.

△ACD에서 $\overline{\text{AP}}:\overline{\text{CP}}=\overline{\text{DE}}:\overline{\text{CE}}$이므로 $\overline{\text{AD}}\,/\!/\,\overline{\text{PE}}$가 성립해. $\overline{\text{EB}}\perp\overline{\text{CD}}$가 성립하므로 평면 $\alpha\,/\!/\,\overline{\text{PE}}$, 평면 $\alpha\,/\!/\,\overline{\text{EB}}$에서 △PBE는 평면 α와 평행해!

067 [정답률 30%] 정답 45

그림과 같이 평면 α 위에 점 A가 있고, α로부터의 거리가 각각 1, 3인 두 점 B, C가 있다. 선분 AC를 1 : 2로 내분하는 점 P에 대하여 $\overline{\text{BP}}=4$이다. 삼각형 ABC의 넓이가 9일 때, 삼각형 ABC의 평면 α 위로의 정사영의 넓이를 S라 하자. S^2의 값을 구하시오. (4점)

두 점 B, C에서 평면 α에 수선의 발을 내릴 때 두 점과 각각의 수선의 발 사이의 거리가 1, 3이라는 의미야.

점 P는 선분 AC의 내분점임을 이용하면 삼각형 PBC와 삼각형 PBA의 넓이를 구할 수 있어!

Step 1 직선 PB가 평면 α와 평행함을 이용하여 삼각형 ABC와 평면 α가 이루는 각의 크기 θ를 나타낸다.

점 C에서 평면 α에 내린 수선의 발을 D라 하고, 점 B에서 선분 CD에 내린 수선의 발을 E라 하면 $\overline{\text{DE}}=1$, $\overline{\text{CE}}=2$이고, $\overline{\text{AP}}:\overline{\text{CP}}=1:2$이므로 삼각형 PBE는 평면 α와 평행하다.
따라서 삼각형 ABC와 평면 α가 이루는 각의 크기를 θ라 하면 삼각형 PBC와 삼각형 PBE를 포함하는 두 평면이 이루는 각의 크기도 θ이다.

→ △ABC와 △PBC는 같은 평면 위에 존재하기 때문이야!

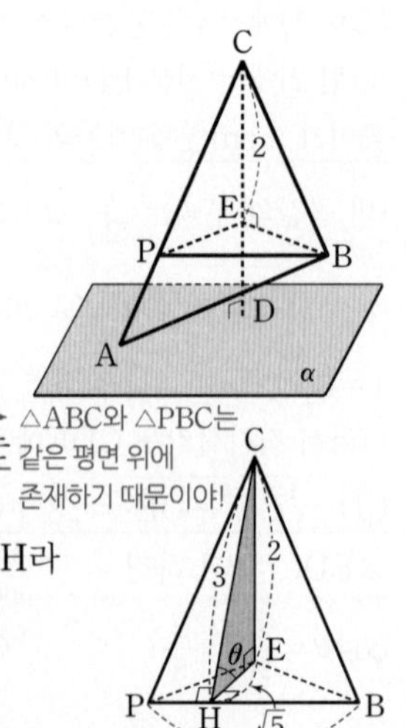

점 C에서 선분 PB에 내린 수선의 발을 H라 하면 $\overline{\text{CH}}\perp\overline{\text{PB}}$, $\overline{\text{CE}}\perp\triangle\text{PBE}$이므로 삼수선의 정리에 의하여
$\overline{\text{EH}}\perp\overline{\text{PB}}$
$\therefore\ \angle\text{CHE}=\theta$

Step 2 직각삼각형 CHE를 이용하여 $\cos\theta$의 값을 구한다.

삼각형 ABC의 넓이가 9이고 $\overline{AP}:\overline{CP}=1:2$이므로

$\triangle PBC=9\times\frac{2}{3}=6$

이때 $\triangle PBC=\frac{1}{2}\times\overline{PB}\times\overline{CH}=6$이므로

$\frac{1}{2}\times4\times\overline{CH}=6$

$\therefore \overline{CH}=3$

△PBC는 △ABC와 높이는 같고 $\overline{AP}:\overline{CP}=1:2$이므로 $\overline{AC}:\overline{CP}=3:2$이다. 따라서 $\triangle ABC:\triangle PBC=3:2$이다. (단, a는 양의 상수)

삼각형 CHE가 직각삼각형이므로 피타고라스 정리에 의하여

$\overline{EH}=\sqrt{\overline{CH}^2-\overline{CE}^2}=\sqrt{3^2-2^2}=\sqrt{5}$

$\therefore \cos\theta=\frac{\overline{EH}}{\overline{CH}}=\frac{\sqrt{5}}{3}$

→ $\overline{EH}$를 구하지 않아도 $\sin\theta=\frac{\overline{CE}}{\overline{CH}}$이므로 $\cos^2\theta+\sin^2\theta=1$을 이용하여 $\cos\theta$의 값을 구할 수도 있어!

Step 3 삼각형 ABC의 평면 α 위로의 정사영의 넓이 S를 구한다.

따라서 삼각형 ABC의 평면 α 위로의 정사영의 넓이 S는

$S=\triangle ABC\times\cos\theta$

$=9\times\frac{\sqrt{5}}{3}=3\sqrt{5}$

$\therefore S^2=(3\sqrt{5})^2=45$

✪ 다른 풀이 삼각형의 닮음을 이용한 풀이

Step 1 삼각형 ABC와 평면 α 사이의 이면각을 구한다.

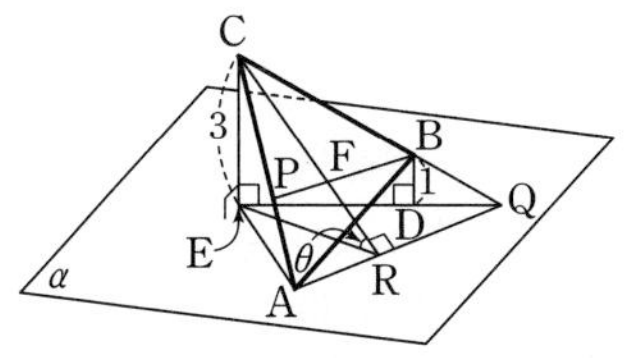

점 B, C에서 평면 α에 내린 수선의 발을 각각 D, E라 하자.

직선 CB와 평면 α의 교점을 Q라 할 때, $\overline{BD}/\!/\overline{CE}$에서

$\angle QBD=\angle QCE$, $\angle QDB=\angle QEC=90^\circ$이고

$\overline{CE}=3$, $\overline{BD}=1$이므로 삼각형 BDQ와 CEQ는 닮음이고

그 닮음비는 $1:3$이다.

따라서 $\overline{BQ}:\overline{BC}=1:2$

이때 점 P가 선분 AC를 $1:2$로 내분하므로 $\overline{PA}:\overline{PC}=1:2$

$\therefore \overline{PB}/\!/\overline{AQ}$

또한 점 C에서 선분 AQ에 내린 수선의 발을 R라 하면 삼수선의 정리에 의해 $\overline{ER}\perp\overline{AQ}$이므로 삼각형 ABC와 평면 α 사이의 이면각은 $\angle CRE$와 같다.

이 각의 크기를 θ라 하자.

Step 2 삼각형의 넓이를 이용한다.

두 선분 PB와 CR의 교점을 F라 하면

(삼각형 ABC의 넓이)$=\frac{1}{2}\times4\times\overline{CF}+\frac{1}{2}\times4\times\overline{FR}$

$=\frac{1}{2}\times4\times(\overline{CF}+\overline{FR})=2\times\overline{CR}=9$

→ $\overline{CF}+\overline{FR}=\overline{CR}$

$\therefore \overline{CR}=\frac{9}{2}$

직각삼각형 CER에서

$\overline{ER}=\sqrt{\overline{CR}^2-\overline{CE}^2}=\sqrt{\left(\frac{9}{2}\right)^2-3^2}=\sqrt{\frac{45}{4}}=\frac{3\sqrt{5}}{2}$

$\therefore \cos\theta=\frac{\overline{ER}}{\overline{CR}}=\frac{\frac{3\sqrt{5}}{2}}{\frac{9}{2}}=\frac{\sqrt{5}}{3}$

따라서 삼각형 ABC의 평면 α 위로의 정사영의 넓이 S는

$S=9\cos\theta=9\times\frac{\sqrt{5}}{3}=3\sqrt{5}$

$\therefore S^2=(3\sqrt{5})^2=45$

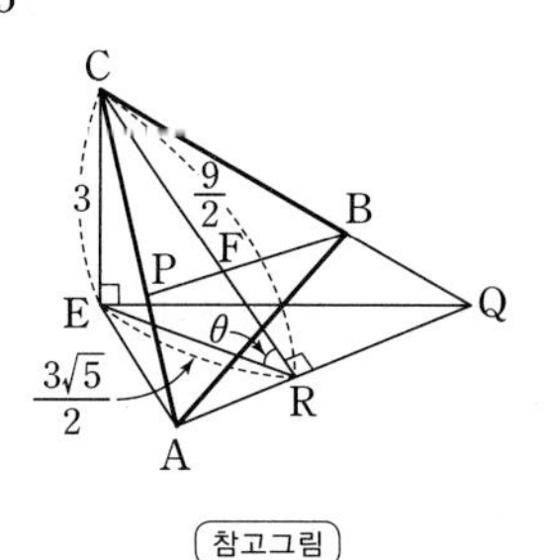

참고그림

알아야 할 기본개념

정사영의 넓이

평면 β 위의 넓이가 S인 도형의 평면 α 위로의 정사영의 넓이를 S'이라 하고, 두 평면 α, β가 이루는 예각의 크기를 θ라 하면

$S'=S\cos\theta$

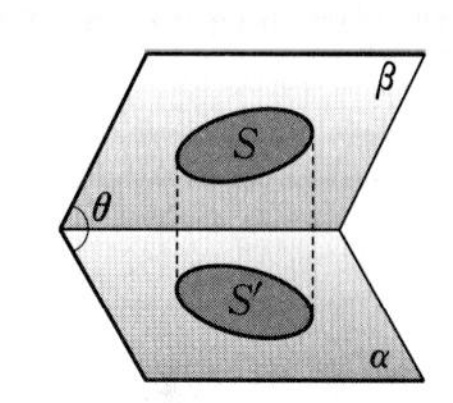

068 [정답률 78%] 정답 ⑤

그림과 같이 평면 α 위에 있는 서로 다른 두 점 A, B와 평면 α 위에 있지 않은 서로 다른 네 점 C, D, E, F가 있다. 사각형 ABCD는 한 변의 길이가 6인 정사각형이고 사각형 ABEF는 $\overline{AF}=12$인 직사각형이다.

정사각형 ABCD의 평면 α 위로의 정사영의 넓이는 18이고, 점 F의 평면 α 위로의 정사영을 H라 하면 $\overline{FH}=6$이다.

정사각형 ABCD의 평면 ABEF 위로의 정사영의 넓이는?

$\left(\text{단, } 0<\angle DAF<\frac{\pi}{2}\right)$ (3점)

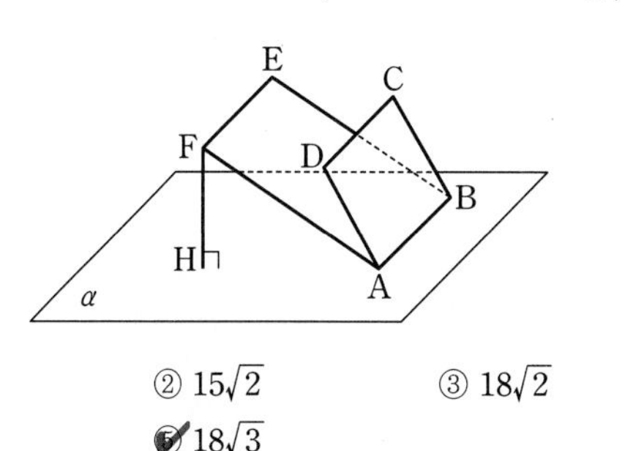

① $12\sqrt{3}$ ② $15\sqrt{2}$ ③ $18\sqrt{2}$

④ $15\sqrt{3}$ ⑤ $18\sqrt{3}$

Step 1 정사영의 넓이를 이용하여 두 평면 α, ABCD가 이루는 이면각의 크기를 구한다.

한 변의 길이가 6인 정사각형 ABCD의 넓이는 $6\times6=36$

두 평면 α, ABCD가 이루는 이면각의 크기를 θ_1이라 하면 정사각형 ABCD의 평면 α 위로의 정사영의 넓이는

$36\cos\theta_1=18$, $\cos\theta_1=\frac{1}{2}$ $\quad\therefore \theta_1=\frac{\pi}{3}$

Step 2 삼수선의 정리와 이면각의 정의를 이용하여 두 평면 α, ABEF가 이루는 이면각의 크기를 구한다.

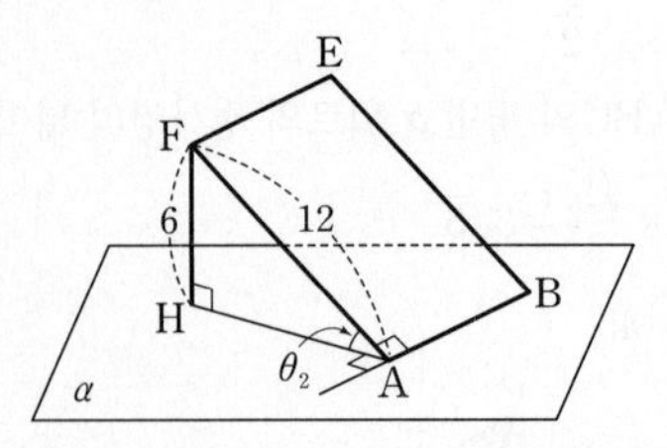

두 평면 α, ABEF가 이루는 이면각의 크기를 θ_2라 하자.
사각형 ABEF는 직사각형이므로 $\overline{AB}\perp\overline{AF}$이고, 선분 FH는 평면 α와 수직이므로 삼수선의 정리에 의하여 $\overline{AH}\perp\overline{AB}$이고, $\angle FAH=\theta_2$이다.

→ 직선 AB는 두 평면의 교선이고, 두 직선 AH와 AF는 직선 AB에 수직이므로 두 직선이 이루는 예각의 크기는 두 평면 α와 ABEF의 이면각의 크기와 같아.

$\overline{AF}=12$, $\overline{FH}=6$이므로 $\sin\theta_2=\frac{1}{2}$ $\quad\therefore\ \theta_2=\frac{\pi}{6}$

→ $\sin\theta_2=\frac{\overline{FH}}{\overline{AF}}=\frac{6}{12}=\frac{1}{2}$

Step 3 두 평면 ABCD, ABEF가 이루는 이면각의 크기를 구한 후, 정사각형 ABCD의 평면 ABEF 위로의 정사영의 넓이를 구한다.

세 평면 ABCD, ABEF, α가 직선 AB를 교선으로 가지므로 두 평면 ABCD와 ABEF가 이루는 예각의 크기는 두 평면과 평면 α가 이루는 각각의 이면각의 크기의 차와 같다.
즉, 두 평면 ABCD와 ABEF가 이루는 예각의 크기를 θ라 하면
$\theta=\theta_1-\theta_2=\frac{\pi}{6}$
따라서 정사각형 ABCD의 평면 ABEF 위로의 정사영의 넓이는
$36\times\cos\frac{\pi}{6}=36\times\frac{\sqrt{3}}{2}=18\sqrt{3}$

→ $\cos(\theta_1-\theta_2)$

069 [정답률 82%]

정답 ③

그림과 같이 $\overline{AB}=\overline{BF}=1$, $\overline{AD}=2$인 직육면체 ABCD$-$EFGH에서 대각선 AG가 세 면 ABCD, BFGC, ABFE와 이루는 각의 크기를 각각 α, β, γ라고 할 때, $\cos^2\alpha+\cos^2\beta+\cos^2\gamma$의 값은? (3점)

→ 선분 AG가 세 평면과 이루는 각의 크기가 각각 α, β, γ이므로 정사영을 이용하여 $\cos\alpha$, $\cos\beta$, $\cos\gamma$의 값을 구한다.

→ 가로의 길이, 세로의 길이, 높이가 각각 a, b, c인 직육면체의 대각선의 길이 l은 $l=\sqrt{a^2+b^2+c^2}$

① $\frac{3}{2}$ ② $\frac{5}{3}$ ③ 2 ④ $\frac{7}{3}$ ⑤ $\frac{5}{2}$

→ 점 A가 평면 ABCD, ABFE 위에 있고 점 G가 평면 BFGC 위에 있으므로 대각선 AG를 세 평면 ABCD, BFGC, ABFE 위로 정사영했을 때 각각 점 G가 점 C로, 점 A가 점 B로, 점 G가 점 F로 정사영된다.

Step 1 피타고라스 정리를 이용하여 대각선의 길이를 구한다.

대각선 AG의 세 평면 ABCD, BFGC, ABFE 위로의 정사영은 각각 $\overline{AC}$, $\overline{BG}$, $\overline{AF}$이다.

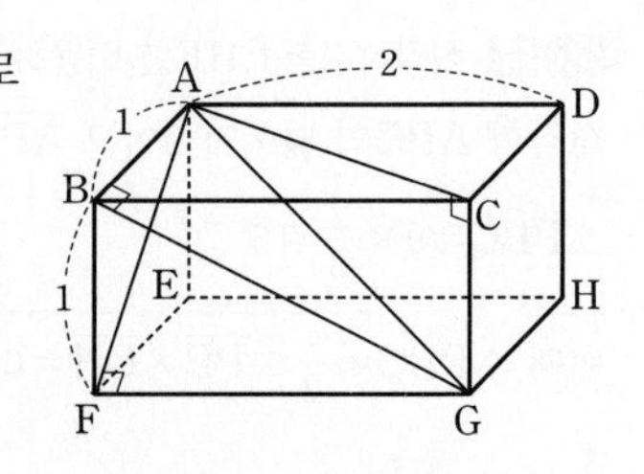

이때 $\overline{AB}=\overline{BF}=1$, $\overline{AD}=2$이므로
피타고라스 정리에 의하여
직각삼각형 ABC에서 $\overline{AC}=\sqrt{5}$
직각삼각형 ABF에서 $\overline{AF}=\sqrt{2}$
직각삼각형 BFG에서 $\overline{BG}=\sqrt{5}$
직각삼각형 ABG에서 $\overline{AG}=\sqrt{6}$

Step 2 정사영을 이용하여 $\cos\alpha$, $\cos\beta$, $\cos\gamma$의 값을 구한다.

삼각형 ACG는 $\angle ACG=\frac{\pi}{2}$인 직각삼각형이므로
$\cos\alpha=\frac{\overline{AC}}{\overline{AG}}=\frac{\sqrt{5}}{\sqrt{6}}$
삼각형 ABG는 $\angle ABG=\frac{\pi}{2}$인 직각삼각형이므로 $\cos\beta=\frac{\overline{BG}}{\overline{AG}}=\frac{\sqrt{5}}{\sqrt{6}}$
삼각형 AFG는 $\angle AFG=\frac{\pi}{2}$인 직각삼각형이므로 $\cos\gamma=\frac{\overline{AF}}{\overline{AG}}=\frac{\sqrt{2}}{\sqrt{6}}$

→ 세 삼각형 ACG, ABG, AFG는 모두 직각삼각형이고 각 삼각형의 세 변의 길이를 모두 알기 때문에 삼각비를 이용하여 $\cos\alpha$, $\cos\beta$, $\cos\gamma$의 값을 구할 수 있어.

$\therefore\ \cos^2\alpha+\cos^2\beta+\cos^2\gamma=\frac{5}{6}+\frac{5}{6}+\frac{2}{6}=2$

→ **정사영의 길이**
선분 AB의 평면 α 위로의 정사영을 선분 A′B′이라 하고, 직선 AB와 평면 α가 이루는 각의 크기를 θ라고 할 때, $\overline{A'B'}=\overline{AB}\cos\theta$

수능포인트

이 문제에서 다루는 각도는 직선과 평면 사이의 각도이지만 직선과 직선 사이의 각도를 다루는 문제도 있을 수 있습니다. 그림에 따라서는 이면각과 직선 사이의 각이 비슷해 보이는 경우가 있을 수 있는데 이면각은 서로 수직으로 만나는 직선이나 도형에서 삼수선의 정리를 이용하여 푸는 것이고, 직선과 평면 혹은 직선과 직선이 이루는 각도는 피타고라스 정리를 이용하여 직각삼각형을 만들어서 푸는 것입니다.

070 [정답률 59%] 정답 ②

공간에서 수직으로 만나는 두 평면 α, β의 교선 위에 두 점 A, B가 있다. 평면 α 위에 $\overline{AC}=2\sqrt{29}$, $\overline{BC}=6$인 점 C와 평면 β 위에 $\overline{AD}=\overline{BD}=6$인 점 D가 있다. $\angle ABC=\frac{\pi}{2}$일 때, 직선 CD와 평면 α가 이루는 예각의 크기를 θ라 하자. $\cos\theta$의 값은? (3점)

① $\frac{\sqrt{3}}{2}$ ② $\frac{\sqrt{7}}{3}$ ③ $\frac{\sqrt{29}}{6}$ ④ $\frac{\sqrt{30}}{6}$ ⑤ $\frac{\sqrt{31}}{6}$

Step 1 점 D에서 선분 AB에 수선의 발 H를 내린 후, 선분 DH와 선분 CH의 길이를 구한다.

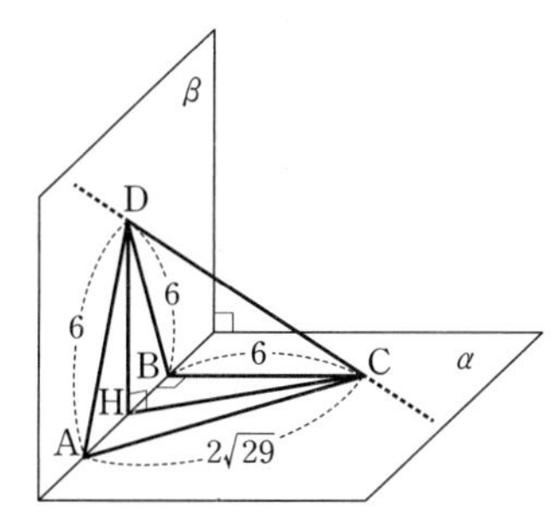

삼각형 ABC가 직각삼각형이므로

$\overline{AB}=\sqrt{\overline{AC}^2-\overline{BC}^2}=\sqrt{(2\sqrt{29})^2-6^2}=4\sqrt{5}$

점 D에서 선분 AB에 내린 수선의 발을 H라 하면 삼각형 DAB가 이등변삼각형이므로 $\overline{AH}=\overline{BH}=2\sqrt{5}$에서 (→ 선분 AB의 중점)

$\overline{DH}=\sqrt{\overline{AD}^2-\overline{AH}^2}=\sqrt{6^2-(2\sqrt{5})^2}=4$

삼각형 HBC가 직각삼각형이므로

$\overline{CH}=\sqrt{\overline{BH}^2+\overline{BC}^2}=\sqrt{(2\sqrt{5})^2+6^2}=2\sqrt{14}$

Step 2 정사영을 이용하여 $\cos\theta$의 값을 구한다.

두 평면 α, β는 서로 수직이므로 $\overline{DH}\perp\overline{BC}$이고 $\overline{DH}\perp\overline{AB}$이므로 $\overline{DH}\perp\alpha$이다.

→ 두 선분 DH, CB 모두 선분 AB에 수직이고 두 평면 α, β가 서로 수직이므로 $\overline{DH}\perp\overline{BC}$

→ 평면 β에 있는 직선 DH가 평면 α 위에 있는 서로 다른 두 직선과 수직이므로 $\overline{DH}\perp\alpha$

즉, 직각삼각형 DHC에서

$\overline{CD}=\sqrt{\overline{DH}^2+\overline{HC}^2}=\sqrt{4^2+(2\sqrt{14})^2}=6\sqrt{2}$

점 D의 평면 α 위로의 정사영이 점 H이므로

$\cos\theta=\frac{\overline{CH}}{\overline{CD}}=\frac{2\sqrt{14}}{6\sqrt{2}}=\frac{\sqrt{7}}{3}$

071 [정답률 66%] 정답 47

그림과 같이 평면 α 위에 넓이가 27인 삼각형 ABC가 있고, 평면 β 위에 넓이가 35인 삼각형 ABD가 있다. 선분 BC를 1 : 2로 내분하는 점을 P라 하고 선분 AP를 2 : 1로 내분하는 점을 Q라 하자. 점 D에서 평면 α에 내린 수선의 발을 H라 하면 점 Q는 선분 BH의 중점이다. 두 평면 α, β가 이루는 각을 θ라 할 때, $\cos\theta=\frac{q}{p}$이다. $p+q$의 값을 구하시오. (단, p와 q는 서로소인 자연수이다.) (4점)

→ 정사영의 넓이를 이용하여 두 평면 α, β가 이루는 각 θ를 구해본다.

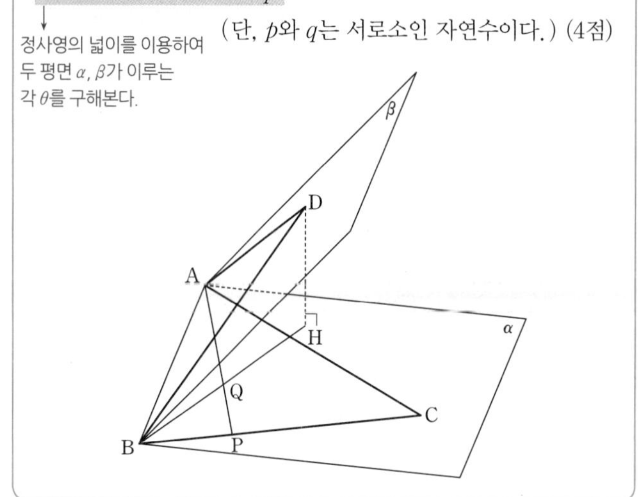

Step 1 주어진 조건을 이용하여 삼각형 ABH의 넓이를 구한다.

점 P가 선분 BC를 1 : 2로 내분하는 점이므로

$\triangle ABP=\frac{1}{3}\times\triangle ABC=\frac{1}{3}\times 27=9$

점 Q가 선분 AP를 2 : 1로 내분하는 점이므로

$\triangle ABQ=\frac{2}{3}\times\triangle ABP=\frac{2}{3}\times 9=6$

점 Q가 선분 BH의 중점이므로

$\triangle ABH=2\times\triangle ABQ=2\times 6=12$

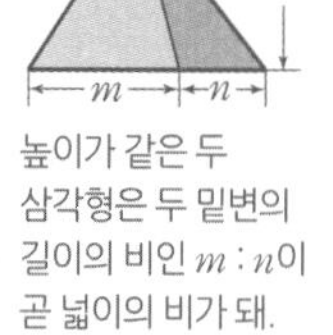

높이가 같은 두 삼각형은 두 밑변의 길이의 비인 $m:n$이 곧 넓이의 비가 돼.

Step 2 정사영의 넓이 공식을 이용하여 $\cos\theta$의 값을 구한다.

삼각형 ABD의 평면 α 위로의 정사영이 삼각형 ABH이므로

$\triangle ABD\times\cos\theta=\triangle ABH$

$\cos\theta=\frac{\triangle ABH}{\triangle ABD}=\frac{12}{35}$

따라서 $p=35$, $q=12$이므로

$p+q=47$

알아야 할 기본개념

정사영

(1) 정사영의 길이

선분 AB의 평면 α 위로의 정사영을 선분 A′B′, 직선 AB와 평면 α가 이루는 각의 크기를 $\theta\left(0\le\theta\le\frac{\pi}{2}\right)$라 하면

$\overline{A'B'}=\overline{AB}\cos\theta$

(2) 정사영의 넓이

평면 α 위에 있는 도형의 넓이를 S, 이 도형의 평면 β 위로의 정사영의 넓이를 S'이라 할 때, 두 평면 α, β가 이루는 각의 크기를 $\theta\left(0\le\theta\le\frac{\pi}{2}\right)$라 하면 $S'=S\cos\theta$

072 정답 ①

→ 정사각뿔이란 밑면이 정사각형인 각뿔을 의미한다.

오른쪽 그림과 같이 정육면체 위에 정사각뿔을 올려놓은 도형이 있다. 이 도형의 모든 모서리의 길이가 2이고, 면 PAB와 면 AEFB가 이루는 각의 크기가 θ일 때, $\cos\theta$의 값은? $\left(\text{단}, \frac{\pi}{2}<\theta<\pi\right)$ (3점)

→ 한 변의 길이가 2인 정삼각형과 정사각형으로 이루어진 도형이야!

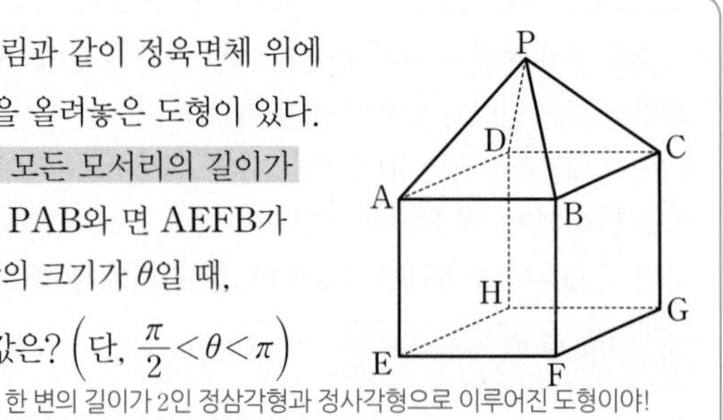

✔① $-\frac{\sqrt{6}}{3}$ ② $-\frac{\sqrt{3}}{3}$ ③ $-\frac{1}{3}$ ④ $-\frac{\sqrt{3}}{2}$ ⑤ $-\frac{\sqrt{2}}{2}$

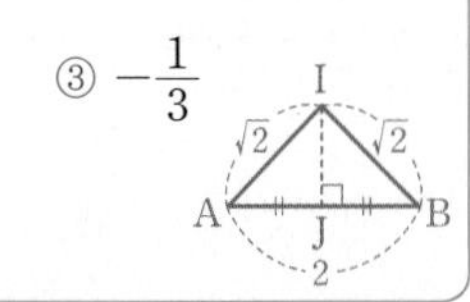

→ 정사각뿔의 꼭짓점 P에서 밑면에 내린 수선의 발 I는 정사각형 ABCD의 두 대각선의 교점과 일치해!

삼각형 AIB는 이등변삼각형이므로 꼭지각의 이등분선은 밑변을 수직이등분한다. (즉, $\overline{AJ}=\overline{BJ}$)

Step 1 정사영을 이용하여 삼각형 PAB와 사각형 ABCD가 이루는 각의 크기가 α일 때, $\cos\alpha$의 값을 구한다.

점 P에서 사각형 ABCD에 내린 수선의 발을 I라 하고, 점 I에서 선분 AB에 내린 수선의 발을 J라 하면 삼각형 AIB는 삼각형 APB의 면 ABCD 위로의 정사영이다.

그러므로 삼각형 PAB와 사각형 ABCD가 이루는 각의 크기를 α라 하면

(삼각형 APB의 넓이)$\times\cos\alpha$
=(삼각형 AIB의 넓이)

→ △AIB는 △APB의 평면 ABCD 위로의 정사영이야!

(삼각형 APB의 넓이)$=\frac{\sqrt{3}}{4}\times\overline{AB}^2$
$=\frac{\sqrt{3}}{4}\times2^2=\sqrt{3}$

→ △APB는 한 변의 길이가 2인 정삼각형이니까 정삼각형의 넓이 공식을 이용했어! 한 변의 길이가 a인 정삼각형의 넓이 S는 $S=\frac{\sqrt{3}}{4}a^2$

→ $\triangle AIB=\frac{1}{4}\square ABCD=\frac{1}{4}\times2^2=1$ 로도 구할 수 있어.

사각형 ABCD는 정사각형이므로 $\overline{IJ}=\frac{1}{2}\overline{AB}=\frac{1}{2}\times2=1$

점 I는 □ABCD의 중심이기 때문이야.

(삼각형 AIB의 넓이)$=\frac{1}{2}\times\overline{AB}\times\overline{IJ}=\frac{1}{2}\times2\times1=1$

이므로 $\sqrt{3}\cos\alpha=1$, $\cos\alpha=\frac{1}{\sqrt{3}}$

Step 2 θ를 α에 대해 나타내어 $\cos\theta$의 값을 구한다.

위 입체도형을 세 점 P, J, I가 한 평면 위에 나타나도록 단면도를 그리면 오른쪽 그림과 같다.

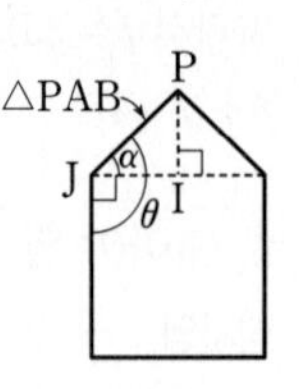

즉, $\theta=\alpha+\frac{\pi}{2}$이므로

→ 정육면체니까 직각인 거지.

$\cos\theta=\cos\left(\frac{\pi}{2}+\alpha\right)$

$\sin^2\alpha+\cos^2\alpha=1$

$=-\sin\alpha=-\sqrt{1-\cos^2\alpha}\left(\because 0<\alpha<\frac{\pi}{2}\right)$

$=-\sqrt{1-\frac{1}{3}}=-\sqrt{\frac{2}{3}}=-\frac{\sqrt{6}}{3}$

→ $\sin\alpha$를 굳이 $\sqrt{1-\cos^2\alpha}$로 변형할 필요는 없어.

Step 1에서 $\cos\alpha=\frac{1}{\sqrt{3}}$인 것을 알았으니 왼쪽 그림과 같은 직각삼각형을 그려 높이를 피타고라스 정리로 구하면 $\sqrt{2}$야. 즉, $\sin\alpha=\frac{\sqrt{2}}{\sqrt{3}}=\frac{\sqrt{6}}{3}$

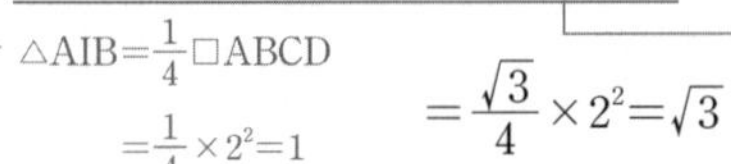

$\frac{\pi}{2}\pm\theta$인 삼각함수의 성질

(1) $\sin\left(\frac{\pi}{2}+\theta\right)=\cos\theta$, $\sin\left(\frac{\pi}{2}-\theta\right)=\cos\theta$

(2) $\cos\left(\frac{\pi}{2}+\theta\right)=-\sin\theta$, $\cos\left(\frac{\pi}{2}-\theta\right)=\sin\theta$

(3) $\tan\left(\frac{\pi}{2}+\theta\right)=-\frac{1}{\tan\theta}$, $\tan\left(\frac{\pi}{2}-\theta\right)=\frac{1}{\tan\theta}$

073 [정답률 45%] 정답 ②

→ 공간도형에서 최단거리를 구하는 문제는 전개도를 그려서 시작점과 끝점을 이은 선분의 길이를 구하면 돼!

오른쪽 그림과 같이 밑면은 한 변의 길이가 5인 정사각형이고 높이는 2인 직육면체 ABCD−EFGH가 있다. 직육면체의 면 위에 점 E에서부터 두 모서리 AB와 BC를 지나고 점 G에 이르는 최단거리의 선을 그어 모서리 AB와 만나는 점을 P, 모서리 BC와 만나는 점을 Q라 하자. 평면 EPQG와 평면 EFGH가 이루는 이면각의 크기를 θ라 할 때, $\cos\theta$의 값은? (4점)

→ 정사영의 넓이를 이용하거나 삼수선의 정리를 이용하여 두 평면이 이루는 이면각을 구할 수 있어!

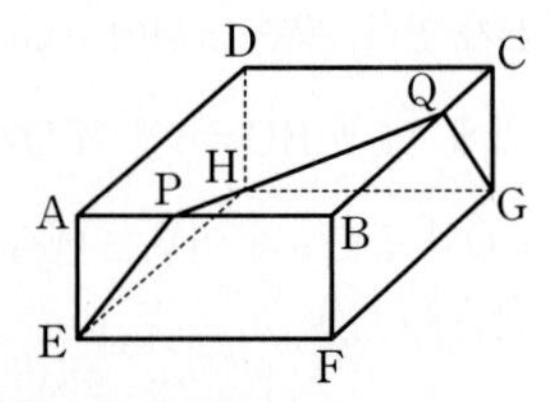

① $\frac{\sqrt{2}}{2}$ ✔② $\frac{\sqrt{3}}{3}$ ③ $\frac{1}{2}$ ④ $\frac{\sqrt{5}}{5}$ ⑤ $\frac{\sqrt{6}}{6}$

Step 1 입체도형의 전개도를 이용하여 점 E에서 점 G에 이르는 최단거리를 확인하고 선분 PB의 길이를 구한다.

주어진 입체도형의 전개도의 일부를 그려 점 E에서부터 두 모서리 AB와 BC를 지나 점 G에 이르는 최단거리의 선을 그으면 오른쪽 그림과 같다.

→ 전개도에서 점 E와 점 G를 이은 선분이지.

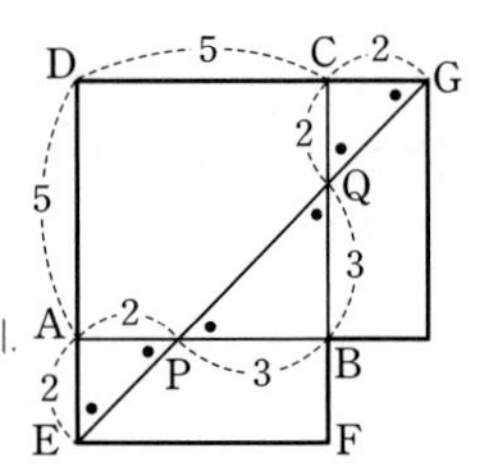

이등변삼각형 DEG에서
$\overline{DE}=7$, $\overline{AE}=2$이고 $\overline{DG}\,/\!/\,\overline{AP}$이므로
$\overline{DG}:\overline{AP}=\overline{DE}:\overline{AE}=7:2$

$\therefore \overline{AP}=\frac{2}{7}\overline{DG}=\frac{2}{7}\times7=2$

→ △DEG와 △AEP는 세 각의 크기가 같기 때문에(AA 닮음) 닮음비를 이용했어!

$\overline{PB}=\overline{AB}-\overline{AP}=5-2=3$

Step 2 사각형 EPQG의 각 변의 길이를 이용하여 사각형 EPQG의 넓이를 구한다.

→ Step 1의 그림을 보면 △AEP와 △CQG는 직각이등변삼각형이기 때문에 $\overline{PE}=\overline{QG}=2\sqrt{2}$인 걸 알 수 있어!

사각형 EPQG에서 $\overline{PE}=\overline{QG}=2\sqrt{2}$, $\overline{PQ}\,/\!/\,\overline{EG}$이므로 사각형 EPQG는 등변사다리꼴이다.

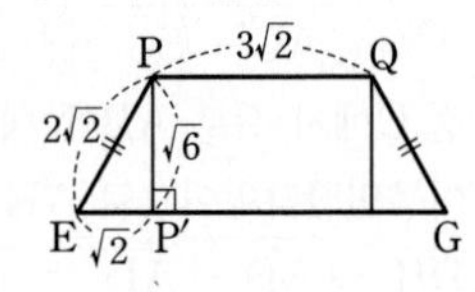

등변사다리꼴 EPQG에서 $\overline{PQ}=3\sqrt{2}$, $\overline{EG}=5\sqrt{2}$이므로 점 P에서 선분 EG에 내린 수선의 발을 P′이라 하면

$\overline{EP'}=\frac{1}{2}(\overline{EG}-\overline{PQ})=\frac{1}{2}(5\sqrt{2}-3\sqrt{2})=\sqrt{2}$

또, 직각삼각형 PEP′에서 피타고라스 정리에 의하여

$\overline{PP'}=\sqrt{\overline{PE}^2-\overline{EP'}^2}=\sqrt{(2\sqrt{2})^2-(\sqrt{2})^2}=\sqrt{8-2}=\sqrt{6}$

$\therefore \square EPQG=\frac{1}{2}\times(3\sqrt{2}+5\sqrt{2})\times\sqrt{6}=8\sqrt{3}$ …… ㉠

→ 윗변의 길이가 a, 아랫변의 길이가 b, 높이가 h인 사다리꼴의 넓이 S는 $S=\frac{1}{2}(a+b)h$

Step 3 정사영의 넓이를 이용하여 $\cos\theta$의 값을 구한다.

두 점 P, Q의 평면 EFGH 위로의 정사영을 각각 R, S라 하면 오른쪽 그림과 같이 사각형 ERSG는 사각형 EPQG의 평면 EFGH 위로의 정사영이다.

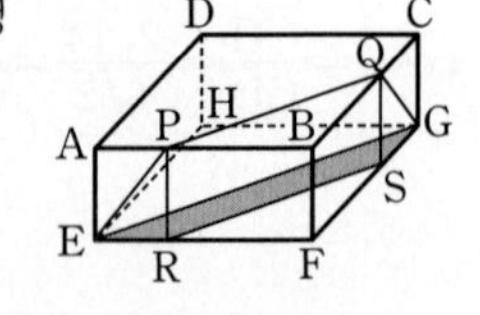

□ERSG=△EFG −△RFS

$=\frac{1}{2}\times5\times5-\frac{1}{2}\times3\times3=8$ ······ ㉡

㉠, ㉡에서 $\cos\theta=\frac{\square ERSG}{\square EPQG}=\frac{8}{8\sqrt{3}}=\frac{\sqrt{3}}{3}$

→ □ERSG는 □EPQG의 평면 EFGH 위로의 정사영이므로 $\square ERSG=\square EPQG\cdot\cos\theta$

074 [정답률 45%]

정답 ②

그림과 같이 정사면체 ABCD의 모서리 CD를 3 : 1로 내분하는 점을 P라 하자. 삼각형 ABP와 삼각형 BCD가 이루는 각의 크기를 θ라 할 때, $\cos\theta$의 값은?

$\left(\text{단, } 0<\theta<\frac{\pi}{2}\right)$ (4점)

정사면체는 똑같은 정삼각형 4개로 이루어진 다면체니까 꼭짓점 B에서 내분점 P까지의 거리와 꼭짓점 A에서 내분점 P까지의 거리는 같다는 걸 눈으로 보고 알 수 있어야 해! 즉, △ABP는 이등변삼각형이야!

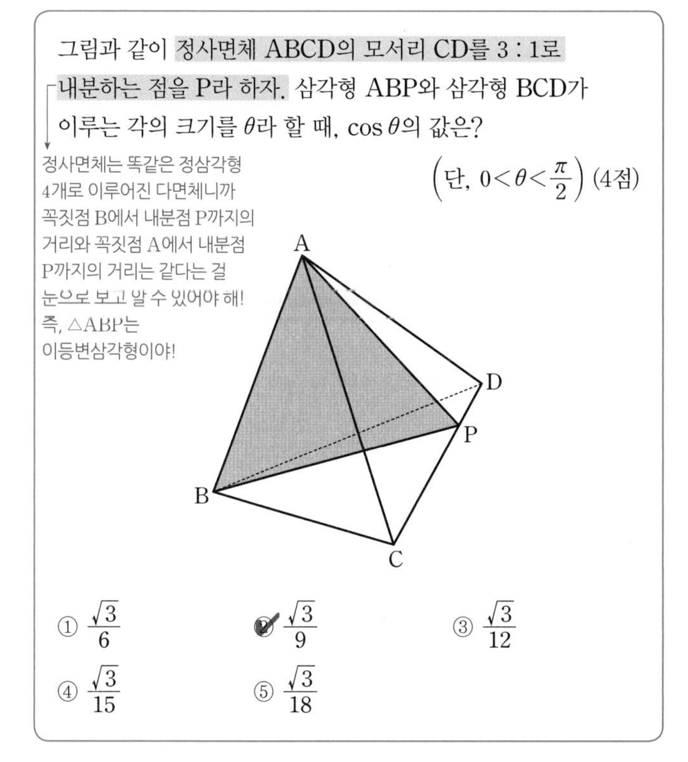

① $\frac{\sqrt{3}}{6}$ ② $\frac{\sqrt{3}}{9}$ ③ $\frac{\sqrt{3}}{12}$

④ $\frac{\sqrt{3}}{15}$ ⑤ $\frac{\sqrt{3}}{18}$

Step 1 삼각형 ABP의 넓이를 구한다.

정사면체의 한 모서리의 길이를 $4a$라 하자.

정삼각형 BCD에서 선분 CD의 중점을 H라 하면

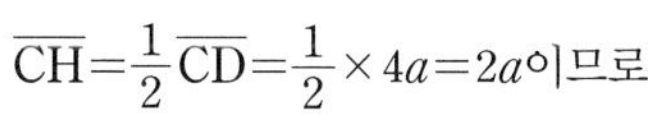

$\overline{CH}=\frac{1}{2}\overline{CD}=\frac{1}{2}\times4a=2a$이므로

$\overline{HP}=\overline{CP}-\overline{CH}=3a-2a=a$

$\overline{BH}$는 정삼각형 BCD의 높이이므로

$\overline{BH}=\frac{\sqrt{3}}{2}\times4a=2\sqrt{3}a$ → 한 변의 길이가 b인 정삼각형의 높이는 $\frac{\sqrt{3}}{2}b$이다.

삼각형 BPH는 직각삼각형이므로 피타고라스 정리에 의하여

$\overline{BP}=\sqrt{(2\sqrt{3}a)^2+a^2}=\sqrt{13}a$

또, 삼각형 ACD에서도 점 P는 선분 CD를 3 : 1로 내분하는 점이므로 위와 같은 방법으로 구하면

$\overline{AP}=\sqrt{13}a$

따라서 삼각형 ABP는 $\overline{AP}=\overline{BP}=\sqrt{13}a$, $\overline{AB}=4a$인 이등변삼각형이므로

$\triangle ABP=\frac{1}{2}\cdot4a\cdot\sqrt{13a^2-4a^2}$

$=\frac{1}{2}\cdot4a\cdot3a$

$=6a^2$

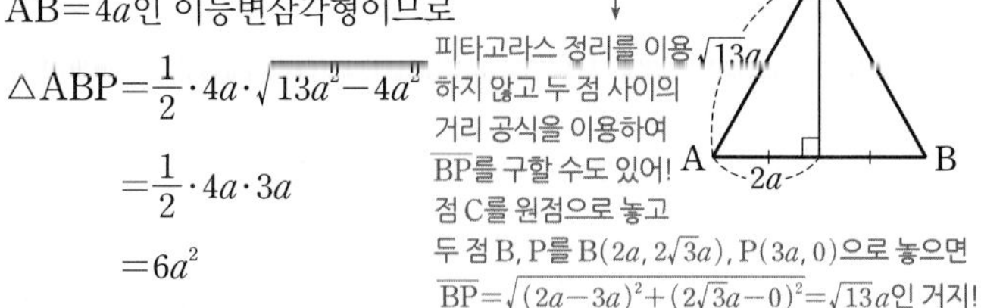

피타고라스 정리를 이용하지 않고 두 점 사이의 거리 공식을 이용하여 $\overline{BP}$를 구할 수도 있어! 점 C를 원점으로 놓고 두 점 B, P를 $B(2a, 2\sqrt{3}a)$, $P(3a, 0)$으로 놓으면 $\overline{BP}=\sqrt{(2a-3a)^2+(2\sqrt{3}a-0)^2}=\sqrt{13}a$인 거지!

Step 2 삼각형 ABP를 삼각형 BCD 위로 정사영한 넓이를 구한다.

한편, 점 A에서 삼각형 BCD에 내린 수선의 발을 G라 하면 점 G는 삼각형 BCD의 무게중심이고 삼각형 ABP의 삼각형 BCD 위로의 정사영이 삼각형 BGP이다.

정사면체의 특징 중 하나야! 정사면체는 공간도형에서 많이 나오는 다면체이기 때문에 특징들을 다 알아두어야 문제 푸는 시간을 아낄 수 있어!

삼각형 BCD의 넓이를 S라 하면

$S=\frac{\sqrt{3}}{4}\cdot(4a)^2=4\sqrt{3}a^2$

$\overline{CD}:\overline{PH}=4:1$이므로 삼각형 BHP의 넓이는 $\frac{1}{4}S$이고

$\overline{BG}:\overline{GH}=2:1$이므로 삼각형 BGP의 넓이는

→ **무게중심의 성질** 무게중심은 중선을 2 : 1로 내분한다.

$\frac{2}{3}\times\frac{1}{4}S=\frac{1}{6}S=\frac{2\sqrt{3}}{3}a^2$

Step 3 정사영의 넓이 공식을 이용하여 $\cos\theta$의 값을 구한다.

△BCD와 △BHP는 높이가 같고 △BCD의 밑변의 길이가 △BHP의 밑변의 길이의 4배이므로 넓이도 4배인 거지!

따라서 $\triangle BGP=\triangle ABP\cdot\cos\theta$이므로

$\frac{2\sqrt{3}}{3}a^2=6a^2\cos\theta$

$\therefore \cos\theta=\frac{2\sqrt{3}}{3}\times\frac{1}{6}=\frac{\sqrt{3}}{9}$

075 [정답률 16%]

정답 10

→ 평면 α에 의해 잘린 구의 단면은 반지름의 길이가 2인 원이야!

반지름의 길이가 2인 구의 중심 O를 지나는 평면을 α라 하고, 평면 α와 이루는 각이 45°인 평면을 β라 하자. 평면 α와 구가 만나서 생기는 원을 C_1, 평면 β와 구가 만나서 생기는 원을 C_2라 하자. 원 C_2의 중심 A와 평면 α 사이의 거리가 $\frac{\sqrt{6}}{2}$일 때, 그림과 같이 다음 조건을 만족하도록 원 C_1 위에 점 P, 원 C_2 위에 두 점 Q, R를 잡는다.

평면에 의해 잘린 구의 단면은 원인 걸 알 수 있지!

(가) $\angle QAR=90°$

(나) 직선 OP와 직선 AQ는 서로 평행하다.

→ $\overline{OP}\,/\!/\,\overline{AQ}$이므로 □AQPO는 사다리꼴이야.

평면 PQR와 평면 AQPO가 이루는 각을 θ라 할 때, $\cos^2\theta=\frac{q}{p}$이다. $p+q$의 값을 구하시오.

(단, p와 q는 서로소인 자연수이다.) (4점)

θ는 두 평면 사이의 이면각인데 이면각을 구하기 위해 정사영을 쓸 건지 직각삼각형을 이용한 삼각함수를 쓸 건지 정해야 해!

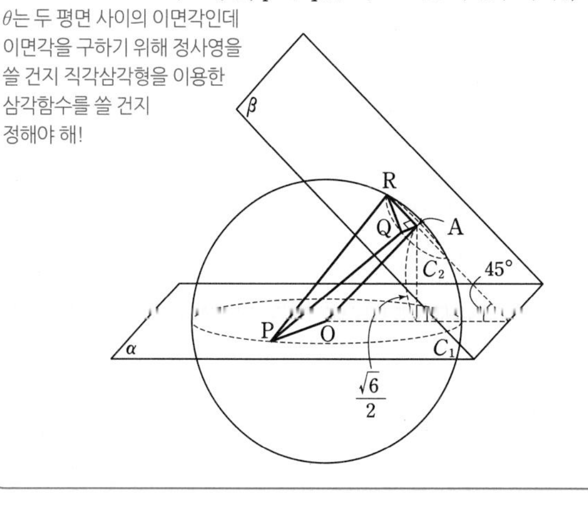

→ 평면 β와 구가 만나서 생기는 원의 중심은 A이고 $\overline{OA}$는 구의 중심을 지나므로 $\overline{OA}\perp\beta$야! $\overline{AR}$는 평면 β 위의 선분이니까 $\overline{AR}\perp\overline{OA}$야.

Step 1 삼각형 PQR의 평면 AQPO 위로의 정사영을 찾는다.

$\overline{AR}\perp\overline{OA}$와 $\overline{AR}\perp\overline{AQ}$에 의해 → 문제에서 주어졌어!
$\overline{OA}$와 $\overline{AQ}$를 포함하는 평면 AQPO는 $\overline{AR}$와 수직이다.
즉, 점 R의 평면 AQPO 위로의 정사영은 점 A가 된다.
문제의 그림에서 사각뿔 RAQPO를 분리하여 보면 오른쪽 그림과 같다.

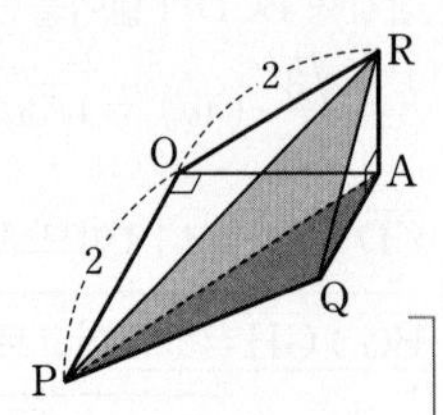

삼각형 PQR의 평면 AQPO 위로의 정사영은 삼각형 PQA가 된다.

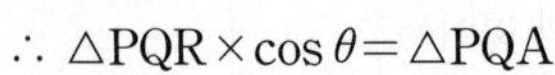

$\therefore \triangle PQR\times\cos\theta=\triangle PQA$

Step 2 삼각형 PQA의 넓이를 구한다.

다음 그림과 같이 점 A에서 평면 α에 내린 수선의 발을 H, 점 Q에서 선분 OP에 내린 수선의 발을 I라 하자.

참고로 $\overline{OP}\,/\!/\,\overline{AQ}$가 성립하지 않았다면 두 직선 OP, AQ를 포함하는 평면은 존재하지 않아.

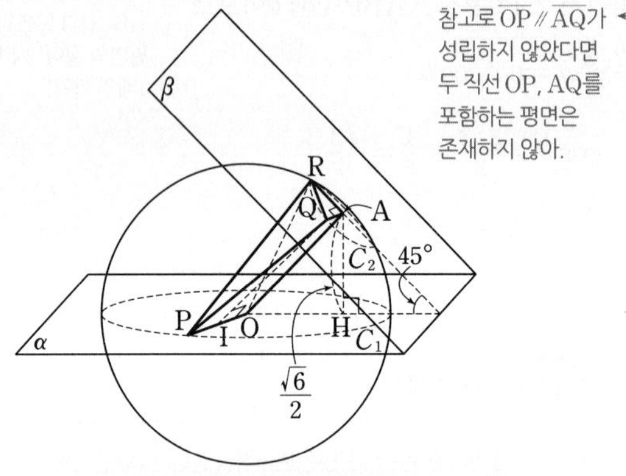

$\angle AOH=45^\circ$이므로 직각이등변삼각형 OHA에서

$\overline{OA}=\sqrt{2}\,\overline{AH}=\sqrt{2}\times\frac{\sqrt{6}}{2}=\sqrt{3}$

사다리꼴 AQPO에서 선분 OQ는 구의 반지름이므로 $\overline{OQ}=2$이고, 직각삼각형 OAQ에서 피타고라스 정리에 의하여

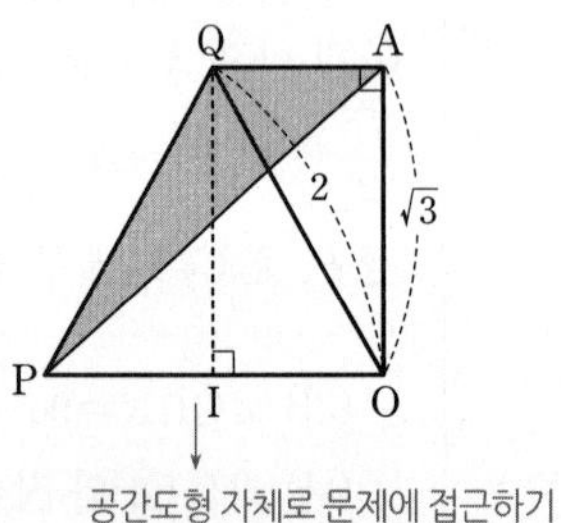

$\overline{AQ}=\sqrt{2^2-(\sqrt{3})^2}=1$

따라서 삼각형 PQA의 넓이는

$\triangle PQA=\frac{1}{2}\times1\times\sqrt{3}=\frac{\sqrt{3}}{2}$ …… ㉠

→ 공간도형 자체로 문제에 접근하기 어려운 경우 평면화시켜 표현하면 문제를 쉽게 해결할 수 있어.

Step 3 삼각형 PQR의 넓이를 구한다.

또, $\overline{IQ}=\sqrt{3}$, $\overline{IP}=\overline{OP}-\overline{OI}=2-1=1$이므로 직각삼각형 PIQ에서 피타고라스 정리에 의하여

$\overline{PQ}=\sqrt{\overline{IP}^2+\overline{IQ}^2}$

$=\sqrt{1^2+(\sqrt{3})^2}=2$

C_2가 점 A를 중심으로 하는 반지름의 길이가 1인 원이므로 $\overline{AR}=\overline{AQ}=1$이야.

한편, 직각삼각형 AQR에서 피타고라스 정리에 의하여

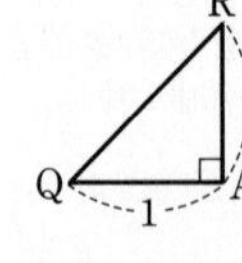

$\overline{QR}=\sqrt{1^2+1^2}=\sqrt{2}$

또, 직선 AQ와 직선 AR는 수직이므로

$\overline{OP}\perp\overline{AR}$ ($\because \overline{OP}\,/\!/\,\overline{AQ}$) …… ㉡

사다리꼴 AQPO에서

$\overline{OP}\perp\overline{OA}$ …… ㉢

직선과 평면의 수직 관계

㉡, ㉢에 의하여 직선 OP는 평면 OAR와 수직이다.
따라서 삼각형 POR는 직각삼각형이고, 피타고라스 정리에 의하여

$\overline{PR}=\sqrt{\overline{OP}^2+\overline{OR}^2}$ → 직선 OP와 평면 OAR는 수직이므로 $\overline{OP}\perp\overline{OR}$가 성립해! 따라서 $\angle POR=\frac{\pi}{2}$

$=\sqrt{2^2+2^2}=2\sqrt{2}$

오른쪽 그림과 같이 삼각형 PQR의 점 Q에서 선분 PR에 내린 수선의 발을 J라 하고 $\overline{PJ}=x$라 하면

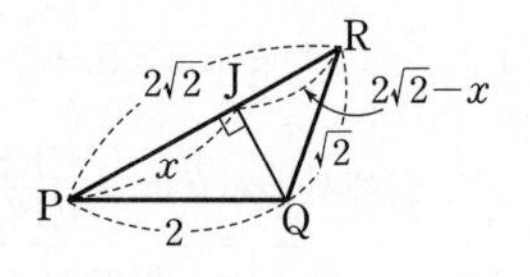

$\overline{RJ}=2\sqrt{2}-x$

피타고라스 정리에 의하여

$\overline{QJ}^2=2^2-x^2=(\sqrt{2})^2-(2\sqrt{2}-x)^2$에서

$4-x^2=2-(8-4\sqrt{2}x+x^2)$ → $\triangle PQJ$와 $\triangle RQJ$는 직각삼각형이기 때문에 $\overline{QJ}^2=\overline{PQ}^2-\overline{PJ}^2=\overline{QR}^2-\overline{RJ}^2$이 성립해.

$4\sqrt{2}x=10$

$\therefore x=\frac{5\sqrt{2}}{4}$

$\overline{QJ}=\sqrt{2^2-\left(\frac{5\sqrt{2}}{4}\right)^2}=\sqrt{4-\frac{25}{8}}=\frac{\sqrt{14}}{4}$

따라서 삼각형 PQR의 넓이는

$\triangle PQR=\frac{1}{2}\times\overline{PR}\times\overline{QJ}$

$=\frac{1}{2}\times2\sqrt{2}\times\frac{\sqrt{14}}{4}$

$=\frac{\sqrt{7}}{2}$ …… ㉣

Step 4 정사영의 넓이 공식을 이용하여 $\cos\theta$의 값을 구한다.

$\triangle PQA=\triangle PQR\times\cos\theta$

$\therefore \cos\theta=\frac{\triangle PQA}{\triangle PQR}=\frac{\sqrt{3}}{\sqrt{7}}$ ($\because$ ㉠, ㉣)

따라서 $\cos^2\theta=\frac{3}{7}$이므로 $p=7$, $q=3$

$\therefore p+q=7+3=10$

→ 평면 PQR와 평면 PQA 사이의 이면각을 혹시나 $\angle RQA$로 생각하면 안 돼! $\angle RQA$가 두 평면 사이의 이면각이 되려면 $\overline{RQ}\perp\overline{PQ}$, $\overline{AQ}\perp\overline{PQ}$가 성립했어야 해! $\angle RPA$도 마찬가지야. $\angle RPA$가 두 평면 사이의 이면각이 되려면 $\overline{RP}\perp\overline{PQ}$, $\overline{AP}\perp\overline{PQ}$이어야 해!

수능포인트

이렇게 복잡한 형태의 문제에서는 단면을 잘라가면서 접근하는 게 좋습니다. 그냥 주어진 입체도형에 길이나 넓이를 덧붙여 나타내기보다는 따로 그림을 그려 보는 게 좋습니다. 특히 이 문제에서는 주어진 조건 (가), (나)가 있어야 이 문제를 풀 수 있는데, 이런 조건들에 대해서도 생각해보면서 상황을 머릿속에 그려야 합니다. 조건 (나)에서 두 직선이 평행하다는 것을 통해 두 직선은 한 평면 위에 있다는 것을 알 수 있습니다.
평면을 결정하는 것은
① 같은 직선 위에 있지 않은 세 점
② 평행한 두 직선
③ 한 점에서 만나는 두 직선
④ 한 점과 그 점을 지나지 않는 직선
의 네 가지 경우이기 때문입니다. 여기서 조건 (나)가 없었다면 두 직선이 한 평면에 있다는 것을 알 수 없기 때문에 사다리꼴을 설정해서 문제를 풀지 못합니다.

076 [정답률 37%]

정답 40

그림과 같이 $\overline{AB}=9$, $\overline{AD}=3$인 직사각형 ABCD 모양의 종이가 있다. 선분 AB 위의 점 E와 선분 DC 위의 점 F를 연결하는 선을 접는 선으로 하여, 점 B의 평면 AEFD 위로의 정사영이 점 D가 되도록 종이를 접었다. $\overline{AE}=3$일 때, 두 평면 AEFD와 EFCB가 이루는 각의 크기가 θ이다. $60\cos\theta$의 값을 구하시오.

→ $\overline{AB}=9$이므로 $\overline{BE}$의 길이는 6이다.

$\left(\text{단, } 0<\theta<\frac{\pi}{2}\text{이고, 종이의 두께는 고려하지 않는다.}\right)$ (4점)

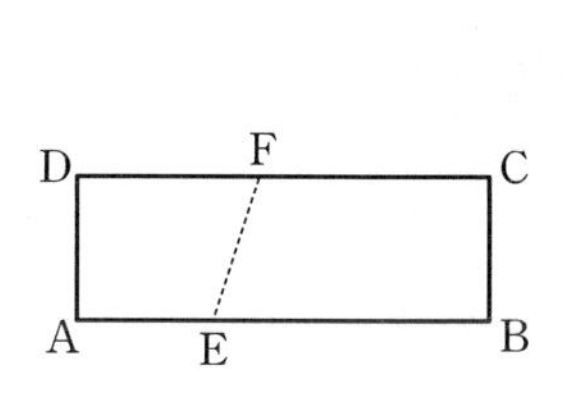

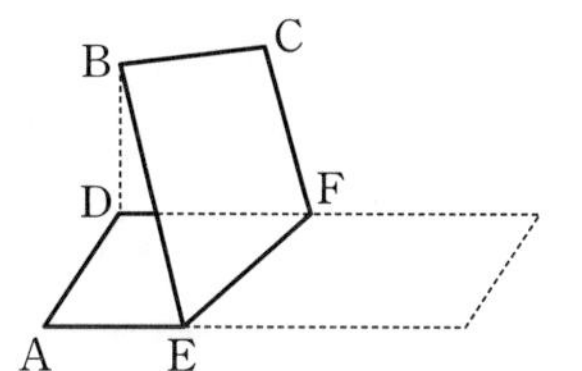

Step 1 선분 DF의 길이를 구한다.

→ 종이를 접는 문제의 핵심은 종이를 접을 때 같은 길이의 선분들이 존재한다는 거야. 두 점 B, C의 처음 위치를 점 B′, C′으로 놓으면 $\overline{BE}=\overline{B'E}$, $\overline{CF}=\overline{C'F}$ 또한 종이의 크기는 변하지 않기 때문에 $\overline{AE}+\overline{EB}=\overline{DF}+\overline{CF}$인 것도 참고해.

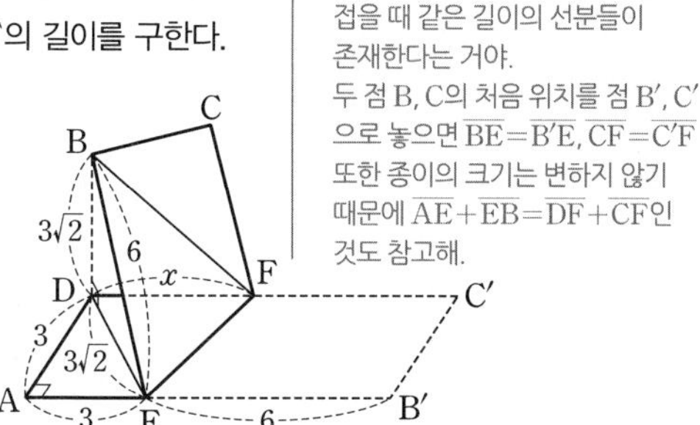

$\overline{AD}=3$, $\overline{AE}=3$이므로 직각삼각형 DAE에서

$\overline{DE}=\sqrt{3^2+3^2}=3\sqrt{2}$

또, $\overline{BE}=9-3=6$이므로 직각삼각형 BDE에서

$\overline{BD}=\sqrt{6^2-(3\sqrt{2})^2}=3\sqrt{2}$

$\overline{DF}=x\,(0<x<9)$라 하면 $\overline{CF}=9-x$이고 직각삼각형 BDF에서

→ 점 B에서 평면 AEFD에 내린 수선의 발이 D이므로 $\angle BDE=\angle BDF=\frac{\pi}{2}$

$\overline{BF}^2=\overline{BD}^2+\overline{DF}^2=18+x^2$ …… ㉠

직각삼각형 BCF에서

$\overline{BF}^2=\overline{BC}^2+\overline{CF}^2=9+(9-x)^2$ …… ㉡

㉠, ㉡이 같아야 하므로

$18+x^2=9+(9-x)^2$

$18+x^2=x^2-18x+90$

$18x=72$

$\therefore x=4$

→ $\overline{EF}$는 두 평면이 만나는 직선 위에 있고 점 B의 평면 AEFD 위로의 정사영이 점 D이기 때문이야.

Step 2 삼각형 BEF의 평면 AEFD 위로의 정사영이 삼각형 DEF임을 이용하여 $\cos\theta$의 값을 구한다.

삼각형 BEF는 밑변이 $\overline{BE}=6$이고, 높이가 $\overline{BC}=3$인 삼각형이므로

→ 점 F가 직선 CD 위의 어디에 있더라도 △BEF의 높이는 항상 $\overline{BC}=3$이야!

→ 평행한 두 직선 l, m에 대하여 △BEF′=△BEF″=△BEF가 성립해! (그림: l 위의 F′, F, F″, m 위의 E, B, $\overline{EB}=6$)

$\triangle BEF=\frac{1}{2}\times6\times3=9$

삼각형 DEF는 밑변이 $\overline{DF}=x=4$이고, 높이가 $\overline{DA}=3$인 삼각형이므로

→ △DEF도 △BEF와 마찬가지로 점 F가 직선 CD 위의 어느 곳에 있더라도 △DEF의 높이는 항상 $\overline{DA}=3$이야!

$\triangle DEF=\frac{1}{2}\times4\times3=6$

이때 두 평면 AEFD, EFCB가 이루는 예각의 크기가 θ이고 삼각형 BEF의 평면 AEFD 위로의 정사영이 삼각형 DEF이므로

$\triangle BEF\times\cos\theta=\triangle DEF$

$\therefore \cos\theta=\frac{\triangle DEF}{\triangle BEF}=\frac{6}{9}=\frac{2}{3}$

$\therefore 60\cos\theta=60\times\frac{2}{3}=40$

✪ 다른 풀이 삼각형의 닮음을 이용한 풀이

Step 1 이면각의 정의를 이용하여 두 평면 AEFD와 EFCB가 이루는 각 θ를 찾는다. → $\overline{BH}\perp\overline{EF}$, $\overline{EF}\perp\overline{DH}$이므로 ∠BHD는 두 평면이 이루는 이면각이 돼!

점 B에서 직선 EF에 내린 수선의 발을 H라 하면 $\overline{BH}\perp\overline{EF}$, $\overline{BD}\perp\overline{DH}$이므로 삼수선의 정리에 의하여 $\overline{DH}\perp\overline{EF}$이고 이면각의 정의에 의해 $\angle BHD=\theta$

→ $\overline{BH}$와 $\overline{DH}$의 길이만 알면 $\cos\theta$의 값을 구할 수 있어!

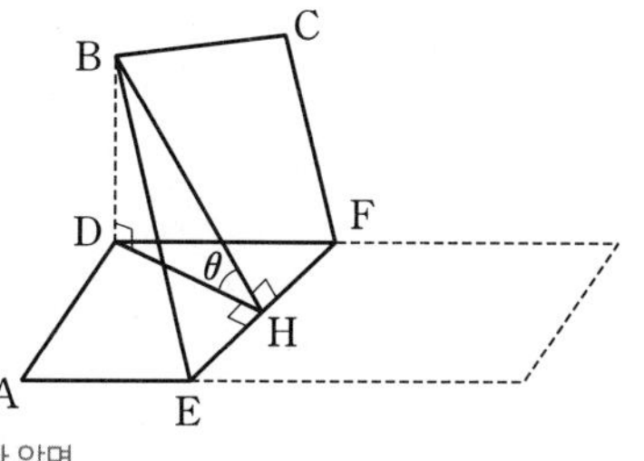

Step 2 삼각형의 닮음을 이용하여 두 선분 BH, DH의 길이를 각각 구하여 $\cos\theta$의 값을 찾는다.

위의 접은 입체도형을 다시 펴서 직사각형 ABCD를 만들면 다음 그림과 같다.

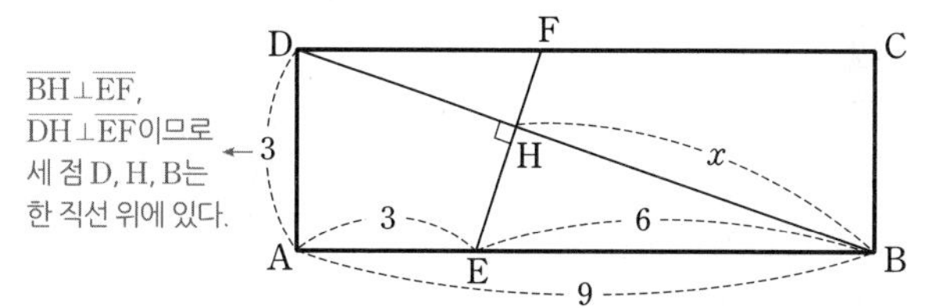

← $\overline{BH}\perp\overline{EF}$, $\overline{DH}\perp\overline{EF}$이므로 세 점 D, H, B는 한 직선 위에 있다.

$\overline{BD}=\sqrt{3^2+9^2}=3\sqrt{10}$이고 삼각형 BDA와 삼각형 BEH가 닮음이므로

→ ∠B는 공통, ∠DAB=∠EHB=90°이므로 AA 닮음

$\overline{BH}=x$라 하면

$\overline{BD}:\overline{AB}=\overline{BE}:\overline{BH}$

$3\sqrt{10}:9=6:x$에서 $x=\frac{9\sqrt{10}}{5}$

→ 두 삼각형이 닮음이므로 대응하는 변의 길이의 비는 닮음비와 같음을 이용한 거야. ($\because \overline{BD}:\overline{AB}=\overline{BE}:\overline{BH}=\overline{DA}:\overline{EH}$)

$\therefore \overline{DH}=3\sqrt{10}-\frac{9\sqrt{10}}{5}=\frac{6\sqrt{10}}{5}$

따라서 $\cos\theta=\frac{\overline{DH}}{\overline{BH}}=\frac{\frac{6\sqrt{10}}{5}}{\frac{9\sqrt{10}}{5}}=\frac{2}{3}$이므로

$60\cos\theta=60\times\frac{2}{3}=40$

077

정답 12

평면 ABC와 빛은 수직으로 만나.

그림과 같이 검은 종이로 만든 정사면체 ABCD에 면 ABC와 수직인 방향으로 빛을 비추고 있다. 빛이 밑면 BCD의 위에만 비치도록 면 ABC에 정사각형 모양의 구멍을 뚫었다.
이 정사각형의 한 변의 길이가 2일 때, 빛이 비추어져 밑면에 생긴 부분의 넓이를 구하시오. (2점)

밑면에 생긴 부분의 평면 ABC 위로의 정사영이 면 ABC에 뚫린 정사각형 모양의 구멍이야.

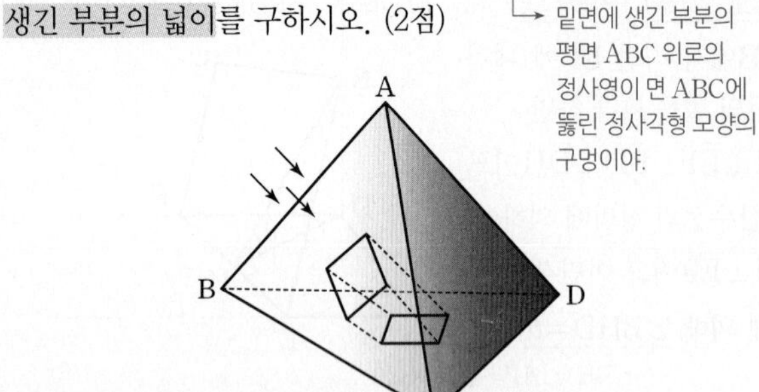

Step 1 면 ABC와 면 BCD가 이루는 각에 대한 코사인 값을 구한다.

그림과 같이 점 A에서 선분 BC에 내린 수선의 발을 A′, 점 A에서 평면 BCD에 내린 수선의 발을 H라 하면 두 평면 ABC, BCD가 이루는 각은 ∠AA′H이다.

정사면체의 높이는 $\overline{AH}$이다.

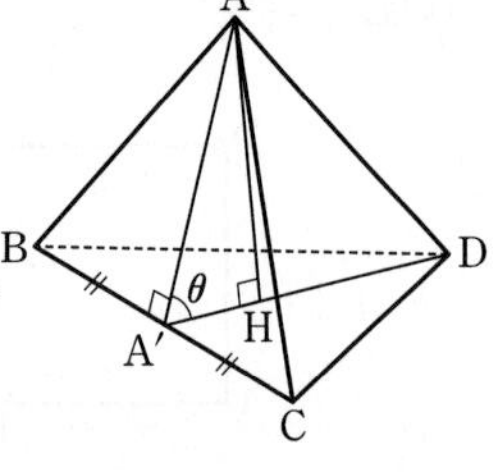

두 선분 AA′과 A′D의 길이는 같고, 점 H는 정삼각형 BCD의 무게중심이므로 $\overline{A'H}=\frac{1}{3}\overline{A'D}$

서로 합동인 두 정삼각형의 높이

삼각형의 세 중선의 교점을 무게중심이라 하며 이 점은 세 중선의 길이를 꼭짓점으로부터 각각 2 : 1로 나눈다.

따라서 $\overline{A'H}=\frac{1}{3}\overline{AA'}$이므로

$$\cos(\angle AA'H)=\frac{\overline{A'H}}{\overline{AA'}}=\frac{\frac{1}{3}\overline{AA'}}{\overline{AA'}}=\frac{1}{3}$$

Step 2 빛이 비추어져 밑면에 생긴 부분의 넓이를 구한다.

면 ABC와 수직인 방향으로 빛을 비추고 있으므로 빛이 비추어져 밑면에 생긴 부분의 넓이를 S, 정사각형 모양의 구멍의 넓이를 S'이라 하면

$S'=S\cos(\angle AA'H)$

정사각형 모양의 구멍의 한 변의 길이가 2이므로 $S'=4$

$4=S\times\frac{1}{3}$

$\therefore S=12$

이면각을 이용하여 정사영의 넓이를 구할 때 S와 S' 사이에서 둘 중에 어느 것이 정사영인지 헷갈릴 수 있어. 이 문제처럼 빛이 비춰 '밑면에 생긴 부분의 넓이 S가 S'의 평면 BCD 위로의 정사영일 것이다'라고 착각할 수도 있어. 그럴 때는 어떤 도형을 한 평면 위에 수직으로 내렸는지 생각해보면 알 수 있을 거야.

알아야 할 기본개념

정사면체의 성질

(1) 한 모서리의 길이가 a인 정사면체의 높이는 $\frac{\sqrt{6}}{3}a$이다.

(2) 한 모서리의 길이가 a인 정사면체의 마주 보는 두 모서리 사이의 거리는 항상 $\frac{\sqrt{2}}{2}a$이다.

(3) 정사면체의 한 꼭짓점에서 마주 보는 면에 내린 수선의 발은 항상 마주 보는 면의 무게중심이다.

(4) 정사면체의 이웃한 두 면의 이면각의 크기가 α일 때 $\cos\alpha=\frac{1}{3}$ 이다.

078 [정답률 82%]

정답 ⑤

원뿔은 직각삼각형을 빗변이 아닌 변을 회전축으로 하여 회전시킨 회전체야. 원뿔의 밑면과 평행한 평면으로 원뿔을 자르면 그 단면은 항상 원이 나와.

평면 α와 원뿔은 원뿔의 모선에서 만나.

반지름의 길이가 1, 중심이 O인 원을 밑면으로 하고 높이가 $2\sqrt{2}$인 원뿔이 평면 α 위에 놓여 있다. 그림과 같이 태양광선이 평면 α에 수직인 방향으로 비출 때, 원뿔의 밑면에 의해 평면 α에 생기는 그림자의 넓이는?

(단, 원뿔의 한 모선이 평면 α에 포함된다.) (3점)

원뿔의 밑면의 평면 α 위로의 정사영의 넓이가 그림자의 넓이가 돼.

태양광선

$2\sqrt{2}$, O, 1, α

① $\frac{\pi}{12}$　② $\frac{\pi}{8}$　③ $\frac{\pi}{4}$

④ $\frac{7}{24}\pi$　⑤ $\frac{\pi}{3}$

코사인 값을 구하는 이유는 이면각을 이용하여 정사영의 넓이를 얻기 위해서야!

Step 1 평면 α와 원뿔의 밑면이 이루는 각의 코사인 값을 구한다.

평면 α에 포함되는 원뿔의 모선의 양 끝점을 각각 B, C라 하고, 선분 AC가 밑면(원)의 지름이 되도록 점 A를 정하자.

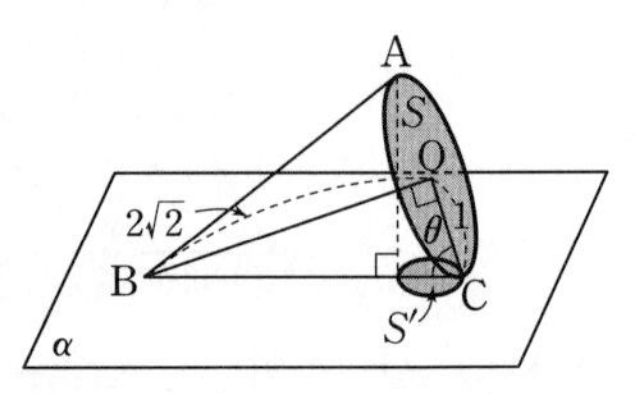

오른쪽 그림과 같이 원뿔의 밑면과 평면 α가 이루는 각의 크기를 θ라 하면

$\angle OCB=\theta$

△BCO는 평면 α와 수직이면서 원뿔의 밑면을 포함하는 평면과도 수직이므로 ∠OCB는 이면각이 될 수 있어!

한편, 직각삼각형 BCO에서 피타고라스 정리에 의하여

$\overline{BC}=\sqrt{\overline{OB}^2+\overline{OC}^2}=\sqrt{(2\sqrt{2})^2+1^2}=3$

$\therefore \cos\theta=\frac{\overline{OC}}{\overline{BC}}=\frac{1}{3}$

Step 2 정사영의 넓이 공식을 이용하여 그림자의 넓이를 구한다.

이때 원뿔의 밑면의 넓이를 S라 하면 $S=\pi\times1^2=\pi$

따라서 구하는 그림자의 넓이 S'은

$S'=S\cos\theta=\pi\times\frac{1}{3}=\frac{\pi}{3}$

정사영을 이용한 공간도형 문제는 어느 넓이가 S이고 어느 넓이가 S'인지 정할 때 실수하지 않는 것이 중요해! S'은 S보다 클 수 없다는 것을 명심해!

알아야 할 기본개념

정사영의 넓이

평면 β 위의 넓이가 S인 도형의 평면 α 위로의 정사영의 넓이를 S'이라 하고, 두 평면 α, β가 이루는 예각의 크기를 θ라 하면

$S'=S\cos\theta$

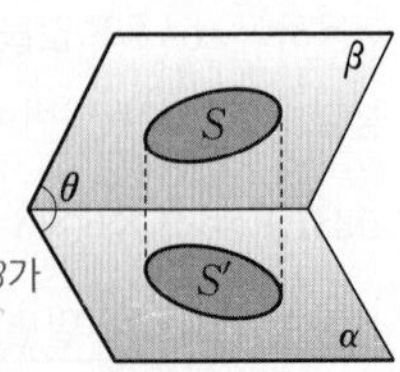

정사영의 넓이를 구할 때 두 평면 α, β가 이루는 이면각은 네 개지만 그 중에 예각을 이용해야 해!

수능포인트

대개 정사영 문제는 $S'=S\cos\theta$임을 이용하는데, 그림자의 넓이를 구하는 문제에서는 빛에 수직인 도형이 S'이라는 것을 꼭 기억해야 합니다. 또한, 두 평면이 이루는 각 θ를 직접 구해야 할 때는 직각삼각형이 있는지 꼭 확인해야 합니다. 직각이 있으면 피타고라스 정리, 삼각비, 삼수선의 정리 등을 활용할 수 있습니다.

→ 삼수선의 정리 덕분에 직각인 각을 하나 더 찾을 수 있어.
참고로 문제의 원뿔의 밑면의 평면 α 위로의 정사영은 장축의 길이가 2이고 단축의 길이가 $\frac{2}{3}$인 타원이야!

079 [정답률 29%] 정답 30

→ 공간도형 문제는 주어진 상황이 3차원 공간이더라도 평면 상의 도형으로 적절히 바꿔 주면 문제를 쉽게 해결할 수 있어.

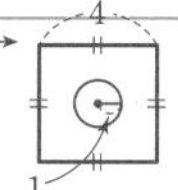

그림과 같이 태양광선이 지면과 60°의 각을 이루면서 비추고 있다. 한 변의 길이가 4인 정사각형의 중앙에 반지름의 길이가 1인 원 모양의 구멍이 뚫려 있는 판이 있다. 이 판은 지면과 수직으로 서 있고 태양광선과 30°의 각을 이루고 있다.
판의 밑변을 지면에 고정하고 판을 그림자 쪽으로 기울일 때 생기는 그림자의 최대 넓이를 S라 하자. → 판이 태양광선과 이루는 각의 크기는 30°보다 커질 거야.
S의 값을 $\frac{\sqrt{3}(a+b\pi)}{3}$라 할 때, $a+b$의 값을 구하시오.
(단, a, b는 정수이고 판의 두께는 무시한다.) (4점)

→ 주어진 판의 그림자가 어떻게 생기게 될지 생각해봐. 판에 원 모양의 구멍이 있으므로 이 구멍에 대해서는 그림자가 생기지 않아.

태양광선 30° 60° 지면

Step 1 판의 넓이를 S_1, 그림자의 넓이를 S_2라 하고, 태양광선과 수직인 평면을 α, 판과 평면 α가 이루는 각의 크기를 θ라 하면 $S_1\cos\theta=S_2\cos 30°$임을 이용한다.

→ (S_1: 한 변의 길이가 4인 정사각형의 넓이) − (반지름의 길이가 1인 원의 넓이)
→ 구하는 값은 S_2의 최댓값이야.
→ 태양광선이 지면과 이루는 각의 크기가 60°이므로 평면 α가 지면과 30°의 각을 이뤄.

오른쪽 그림과 같이 태양광선과 수직인 평면을 α라 하고, 판을 기울였을 때 판과 평면 α가 이루는 각의 크기를 θ라 하자. → 판을 그림자 쪽으로 기울이므로 θ의 범위는 $0°\le\theta\le60°$야.
또, 판의 넓이를 S_1, 그림자의 넓이를 S_2라 하면 판의 평면 α 위로의 정사영의 넓이는 지면에 생긴 그림자의 평면 α 위로의 정사영의 넓이와 같으므로 ($S_1\cos\theta$), ($S_2\cos 30°$)

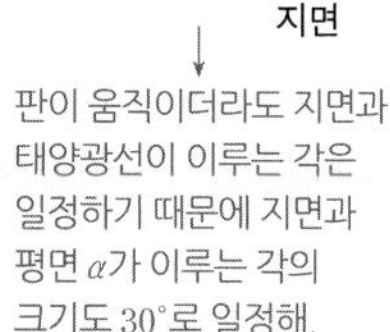

→ 판이 움직이더라도 지면과 태양광선이 이루는 각은 일정하기 때문에 지면과 평면 α가 이루는 각의 크기도 30°로 일정해.

$S_1\cos\theta = S_2\cos 30°$ → 구하는 값이 S_2의 최댓값이므로 양변을 cos 30°로 나누어 S_2에 대하여 정리한다.

$\therefore S_2=\frac{2\sqrt{3}}{3}S_1\cos\theta$

한편, $S_1=4^2-\pi\times1^2=16-\pi$이므로

$S_2=\frac{2\sqrt{3}}{3}(16-\pi)\cos\theta$ → 그림자는 판의 구멍에 대해서는 생기지 않으므로 구멍의 넓이를 빼준 거야.

그러므로 $\theta=0°$일 때 $\cos\theta=1$로 S_2의 값이 최대이고,
S_2의 최대 넓이 S는 → S_2의 값은 $\cos\theta$의 값과 비례해. 이때 θ의 범위가 $0°\le\theta\le60°$이므로 $\theta=0°$일 때 $\cos\theta$의 값이 최대야.

$$S=\frac{2\sqrt{3}}{3}(16-\pi)\cdot1=\frac{\sqrt{3}(32-2\pi)}{3}$$

따라서 $a=32$, $b=-2$이므로 $a+b=32+(-2)=30$

→ 문제에서 주어진 상황을 평면에서 재구성해서 생각해본 거야.

✪ 다른 풀이 그림자의 넓이가 최대가 되는 때를 먼저 생각하는 풀이

Step 1 그림자의 넓이가 언제 최대가 되는지를 알아낸다.

문제에서 판의 밑변을 지면에 고정하고 판을 기울이므로, 판을 옆에서 보았을 때 판의 위쪽 끝점을 A라 하면 점 A가 그리는 도형은 원이다. ← 판의 높이는 일정하고 판의 밑변을 지면에 고정하므로

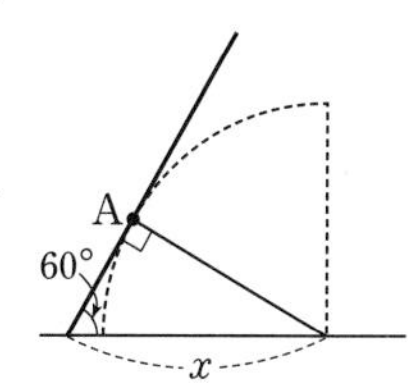

한편, 그림자의 길이를 x라 하면 x의 값이 최대일 때 그림자의 넓이도 최대가 된다.
그런데 태양광선이 점 A가 그리는 도형인 원에 접할 때 x의 값이 최대가 되므로 그림자의 넓이는 판과 지면이 이루는 각이 30°일 때 최대이다.

Step 2 그림자의 최대 넓이를 구한다.

구하는 그림자의 최대 넓이 S는 → (그림자의 넓이) × cos 30° = (판의 넓이)

$$S=(\text{판의 넓이})\times\frac{1}{\cos 30°}=(4^2-\pi\times1^2)\times\frac{2\sqrt{3}}{3}=\frac{\sqrt{3}(32-2\pi)}{3}$$

→ $\frac{1}{\cos 30°}=\frac{1}{\frac{\sqrt{3}}{2}}$

따라서 $a=32$, $b=-2$이므로 $a+b=32+(-2)=30$

수능포인트

고정되어 있는 물체를 정사영시키는 것을 넘어서서 움직이는 물체를 정사영시키고 그에 따라서 언제 그림자가 최대로 커지는지에 대한 문제입니다. 그림을 여러 번 그려가면서 어떤 모양으로 그림자가 생기는지 항상 생각하면서 문제를 풀어야 합니다.

→ 이 문제에서는 원 모양의 구멍이 있는 정사각형의 판을 움직이면서 판의 그림자에 대한 넓이를 구하고 있어. 이때 길이가 4인 판의 밑변을 지면에 고정하고 태양광선이 수직으로 서 있는 판과 30°의 각을 이루기 때문에 판의 그림자 모양은 구멍이 뚫린 직사각형 모양이 될 것임을 알 수 있어. 직사각형의 한 변의 길이는 4이지만 다른 한 변의 길이는 판의 위치에 따라 길이가 달라지므로 그림자의 구멍도 타원 모양임을 짐작할 수 있겠지.

본문 164쪽

080 [정답률 21%]

정답 34

서로 수직인 두 평면 α, β의 교선을 l이라 하자. 반지름의 길이가 6인 원판이 두 평면 α, β와 각각 한 점에서 만나고 교선 l에 평행하게 놓여 있다. 태양광선이 평면 α와 30°의 각을 이루면서 원판의 면에 수직으로 비출 때, 그림과 같이 평면 β에 나타나는 원판의 그림자의 넓이를 S라 하자. S의 값을 $a+b\sqrt{3}\pi$라 할 때, $a+b$의 값을 구하시오.

(단, a, b는 자연수이고 원판의 두께는 무시한다.) (4점)

→ $\alpha\perp\beta$

→ 태양광선이 원판에 수직으로 비추므로 이를 이용하여 원판의 어느 부분이 평면 β에 그림자를 만드는지 찾아본다.

→ 두 평면 α, β는 서로 수직이므로 태양광선은 평면 β와 60°의 각을 이룰 거야.

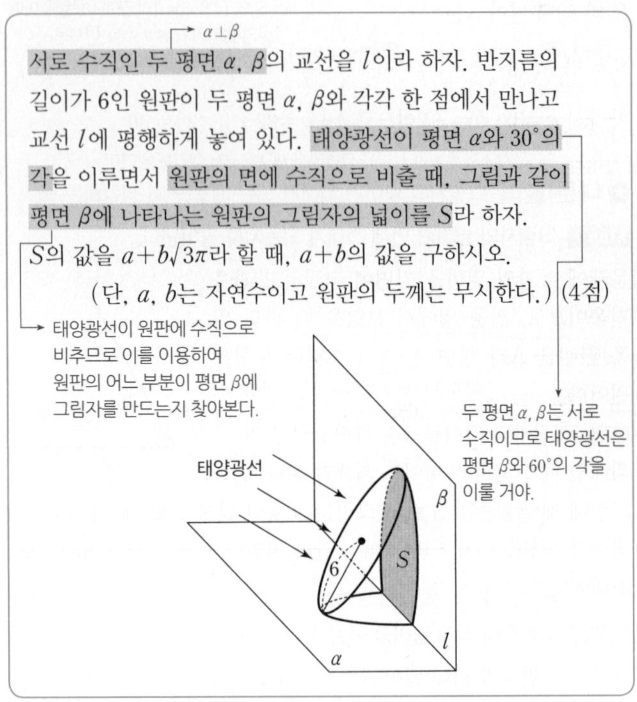

→ 주어진 조건이 모두 3차원 공간에 있더라도 평면 상에 간단히 나타낼 수 있어야 해.

Step 1 측면에서 본 단면도를 이용하여 필요한 선분의 길이를 구한다.

원판과 두 평면 α, β가 만나는 두 접점을 각각 A, B라 할 때 오른쪽 그림은 원판을 측면에서 바라본 모양이다.

→ 두 평면 α, β와 원판이 각각 두 점 A, B에서 만나므로 $\overline{AB}$는 원판의 지름을 나타내.

원판의 중심을 O라 하고 점 O에서 교선 l에 내린 수선의 발을 C, 점 C에서 선분 AB에 내린 수선의 발을 H라 하면

$\overline{AB}=12$, $\overline{AC}=12\cos 60^\circ=12\times\frac{1}{2}=6$

→ 평면 β 위에 그림자를 만드는 원판의 일부를 찾기 위해서야.

$\overline{AH}=6\cos 60^\circ=6\times\frac{1}{2}=3$

$\overline{BH}=\overline{AB}-\overline{AH}=12-3=9$

→ 이외에도 $\overline{AB}=12$이므로 $\overline{BH}$를 구하는 방법은 $\overline{BC}=\overline{AB}\cos 30^\circ=12\times\frac{\sqrt{3}}{2}=6\sqrt{3}$이고 $\overline{BH}=\overline{BC}\cos 30^\circ=6\sqrt{3}\times\frac{\sqrt{3}}{2}=9$

Step 2 평면 β에 그림자를 만드는 원판 부분의 넓이를 구한다.

평면 β에 그림자를 만드는 원판 부분의 넓이를 S'이라 하면 오른쪽 그림에서 선분 AB 위의 점 H의 그림자가 직선 l 위에 있으므로 점 H를 지나고 직선 l에 평행한 직선 윗부분의 원판의 넓이가 S'이다.

→ 오른쪽 그림의 어두운 부분의 넓이야.

→ 원판 중 선분 PQ의 윗부분이 평면 β에 그림자를 만들어.

점 H를 지나고 직선 l과 평행한 직선이 원판과 만나는 두 점을 P, Q라 하면

$\overline{OH}=3$, $\overline{OP}=6$, $\angle OHP=90^\circ$이므로

→ $\overline{OH}=\overline{BH}-\overline{OB}$이고 $\overline{BH}=9$, $\overline{OB}$는 원판의 반지름이기 때문이야.

$\angle OPH=30^\circ$, $\angle POH=60^\circ$

이므로 $\angle POQ=120^\circ$ → $\angle POQ=2\angle POH$

$\overline{PH}=\sqrt{6^2-3^2}=3\sqrt{3}$ 피타고라스 정리

$S'=$(부채꼴 OPBQ의 넓이)$+\triangle OPQ$

→ 도형을 여러 부분으로 나누어 넓이를 구하면 쉽게 도형의 넓이를 얻을 수 있어.

$=\left(\frac{1}{2}\times 6^2\times\frac{4}{3}\pi\right)+\left(\frac{1}{2}\times 6\sqrt{3}\times 3\right)$

→ 반지름의 길이가 r이고 중심각의 크기가 θ인 부채꼴의 넓이는 $\frac{1}{2}r^2\theta$

$=24\pi+9\sqrt{3}$

Step 3 정사영의 넓이 공식을 이용하여 그림자의 넓이를 구한다.

한편, $S\times\cos 30^\circ=S'$이므로

→ 정사영의 넓이: 평면 β에 생긴 그림자의 원판 위로의 정사영의 넓이가 S'이야.

$S=\frac{1}{\frac{\sqrt{3}}{2}}(24\pi+9\sqrt{3})=18+16\sqrt{3}\pi$

→ $S=\frac{S'}{\cos 30^\circ}$

따라서 $a=18$, $b=16$이므로

$a+b=18+16=34$

알아야 할 기본개념

부채꼴의 호의 길이와 넓이

반지름의 길이가 r, 중심각의 크기가 θ(라디안)인 부채꼴의 호의 길이 l과 넓이 S는 각각

$l=r\theta$, $S=\frac{1}{2}rl=\frac{1}{2}r^2\theta$

수능포인트

이 문제와 같이 꺾인 표면에 정사영하거나 꺾인 도형을 정사영하는 경우 도형의 어디서부터가 꺾이는지 기준점을 잘 세워서 위치 관계를 파악한 뒤 각각의 정사영의 넓이를 더해 주는 것이 포인트입니다.

081 [정답률 47%]

정답 ⑤

그림과 같이 중심 사이의 거리가 $\sqrt{3}$이고 반지름의 길이가 1인 두 원판과 평면 α가 있다. 각 원판의 중심을 지나는 직선 l은 두 원판의 면과 각각 수직이고, 평면 α와 이루는 각의 크기가 60°이다. 태양광선이 그림과 같이 평면 α에 수직인 방향으로 비출 때, 두 원판에 의해 평면 α에 생기는 그림자의 넓이는?

(단, 원판의 두께는 무시한다.) (4점)

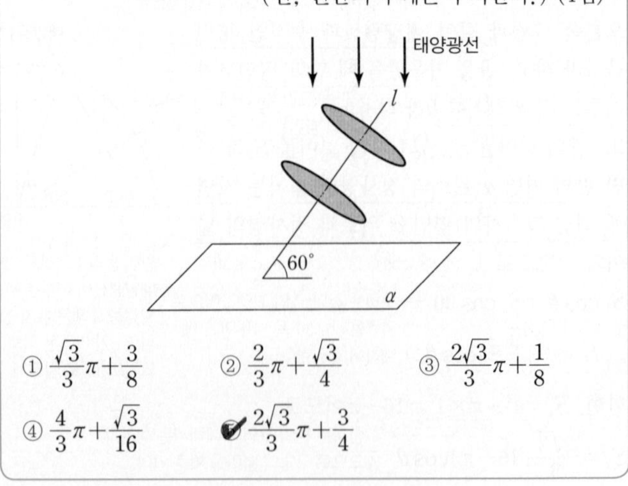

① $\frac{\sqrt{3}}{3}\pi+\frac{3}{8}$ ② $\frac{2}{3}\pi+\frac{\sqrt{3}}{4}$ ③ $\frac{2\sqrt{3}}{3}\pi+\frac{1}{8}$

④ $\frac{4}{3}\pi+\frac{\sqrt{3}}{16}$ ⑤ $\frac{2\sqrt{3}}{3}\pi+\frac{3}{4}$

Step 1 위쪽에 있는 원판을 태양광선과 같은 방향으로 평행이동하여 겹치는 부분을 찾는다.

두 원판의 중심을 각각 C_1, C_2라 하면 오른쪽 그림의 삼각형 C_1PC_2에서 $\overline{PC_1}=1$, $\overline{C_1C_2}=\sqrt{3}$, $\angle PC_1C_2=90^\circ$이므로 $\angle C_1PC_2=60^\circ$, $\angle PC_2C_1=30^\circ$

→ $\overline{PC_1}:\overline{PC_2}:\overline{C_1C_2}=1:2:\sqrt{3}$이므로

즉, 태양광선과 선분 PC_2는 서로 평행하므로 위쪽에 있는 원판을 태양광선과 같은 방향으로 평행이동하여 아래쪽에 있는 원판과 겹치게 하면 위쪽에 있는 원판이 아래쪽에 있는 원판의 중심 C_2를 지난다.

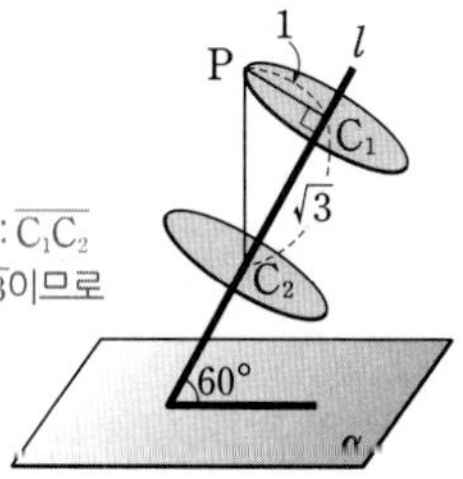

[그림 1]

따라서 두 원판에 의해 평면 α에 생기는 그림자는 겹쳐진 두 원판에 의해 평면 α에 생기는 그림자와 같다.

Step 2 겹쳐진 두 원판의 넓이를 구한다.

→ $\triangle AC_2C_1$, $\triangle BC_2C_1$이 한 변의 길이가 1인 정삼각형이기 때문이야.

두 원이 만나는 두 점을 A, B라 하면

[그림 2]에서 $\angle AC_1B=\angle AC_2B=\frac{2}{3}\pi$이므로

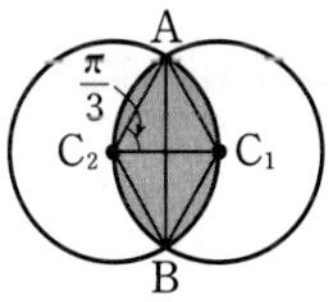

[그림 2]

두 호 AC_1B, AC_2B로 둘러싸인 부분의 넓이는 [그림 3]에서

→ 중심각의 크기가 $\frac{2}{3}\pi$인 부채꼴

$2\times\{(\text{부채꼴 } AC_1B\text{의 넓이})-\triangle ABC_1\}$

→ 둔각의 크기가 $\frac{2}{3}\pi$인 이등변삼각형

$=2\left(\frac{1}{2}\times1^2\times\frac{2}{3}\pi-\frac{1}{2}\times1^2\times\sin\frac{2}{3}\pi\right)$

$=2\left(\frac{\pi}{3}-\frac{\sqrt{3}}{4}\right)$

$=\frac{2}{3}\pi-\frac{\sqrt{3}}{2}$

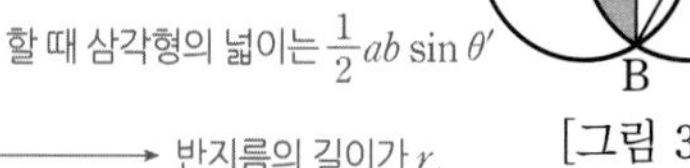

→ 삼각형의 두 변의 길이를 a, b라 하고 그 끼인각의 크기를 θ'이라 할 때 삼각형의 넓이는 $\frac{1}{2}ab\sin\theta'$

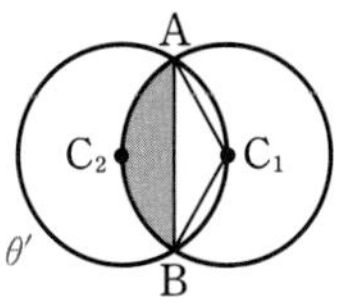

[그림 3]

→ 반지름의 길이가 r, 중심각의 크기가 θ, 호의 길이가 l인 부채꼴의 넓이 S는 $S=\frac{1}{2}r^2\theta=\frac{1}{2}rl$

따라서 겹쳐진 두 원판의 넓이는

$2\times\pi\times1^2-\left(\frac{2}{3}\pi-\frac{\sqrt{3}}{2}\right)=\frac{4}{3}\pi+\frac{\sqrt{3}}{2}$

Step 3 두 원판에 의해 평면 α에 생기는 그림자의 넓이를 구한다.

원판이 평면 α와 이루는 각의 크기가 30°이므로 구하는 그림자의 넓이는

$\left(\frac{4}{3}\pi+\frac{\sqrt{3}}{2}\right)\times\cos30^\circ=\left(\frac{4}{3}\pi+\frac{\sqrt{3}}{2}\right)\times\frac{\sqrt{3}}{2}$

$=\frac{2\sqrt{3}}{3}\pi+\frac{3}{4}$

→ 그림에 60°라 쓰여 있어 생각 없이 원판을 포함하는 평면과 평면 α가 이루는 이면각의 크기를 60°라 하고 계산하면 안 돼! 오른쪽 그림에서 살펴보면 원판을 포함하는 평면과 평면 α가 이루는 각의 크기는 60°가 아니란 걸 알 수 있어. 원판과 평면 α가 이루는 각의 크기는 30°야.

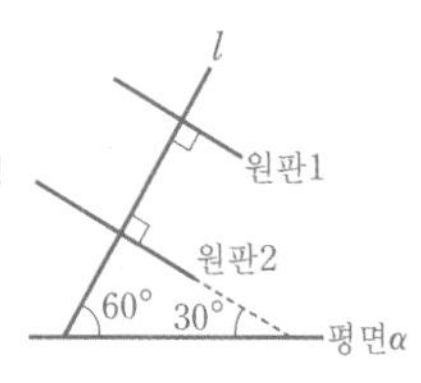

082

정답 ②

그림과 같이 반지름의 길이가 6인 반구가 평평한 지면 위에 떠 있다. 반구의 밑면이 지면과 평행하고 태양광선이 지면과 60°의 각을 이룰 때, 지면에 나타나는 반구의 그림자의 넓이는? (단, 태양광선은 평행하게 비춘다.) (4점)

→ 그림에서 태양광선과 반구가 접하는 부분에 따라 두 부분으로 나누어 각각의 그림자의 넓이를 구한다.

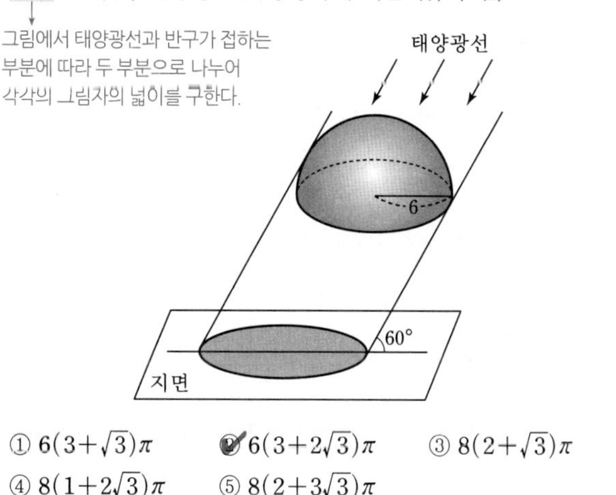

① $6(3+\sqrt{3})\pi$ ② $6(3+2\sqrt{3})\pi$ ③ $8(2+\sqrt{3})\pi$
④ $8(1+2\sqrt{3})\pi$ ⑤ $8(2+3\sqrt{3})\pi$

Step 1 그림자를 두 부분으로 나누어 각 부분의 넓이를 구한다.

그림과 같이 반구의 그림자는 반원 A의 지면으로의 정사영 A′과 반원 B와 넓이가 같은 그림자 B′으로 나눌 수 있다.

반원 A의 넓이를 S_1, 그림자 A′의 넓이를 S_1'이라 하고,
반원 B의 넓이를 S_2, 그림자 B′의 넓이를 S_2'이라 하자.

반원 A와 지면과 평행한 평면이 이루는 각의 크기가 30°이므로

→ 반구의 밑면

$S_1'\times\cos30^\circ=S_1$

→ 반원 A는 태양광선과 수직이고 태양광선이 지면과 60°의 각을 이루기 때문이야.

반원 A의 반지름의 길이가 6이므로

$S_1=\frac{1}{2}\times\pi\times6^2=18\pi$

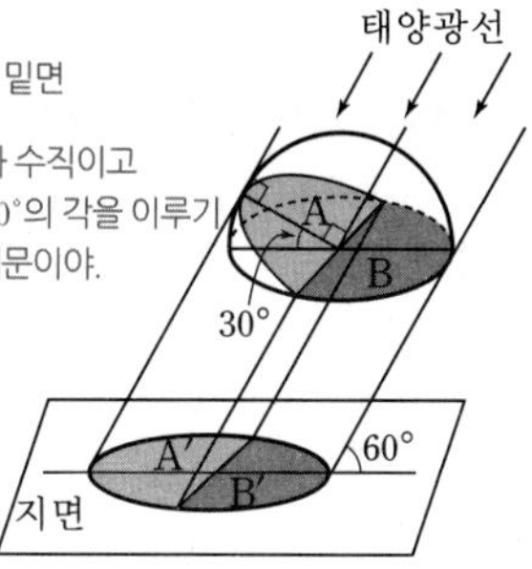

따라서 지면에 나타나는 그림자 A′의 넓이를 구하면

→ S_1'

$S_1'=18\pi\times\frac{1}{\cos30^\circ}$

→ (그림자 A′의 넓이)×cos 30°=(반원 A의 넓이)이므로 $S_1'\cos30^\circ=S_1=18\pi$

$=18\pi\times\frac{2}{\sqrt{3}}=12\sqrt{3}\pi$

→ 반원 B가 반구의 밑면 위에 있고 반구의 밑면이 지면과 평행하기 때문에 반원 B의 그림자 B′의 넓이 S_2'은 S_2와 같아.

반원 B의 반지름의 길이도 6이고, 반원 B와 그림자 B′의 넓이가 같으므로 지면에 나타나는 그림자 B′의 넓이를 구하면 $S_2'=18\pi$

Step 2 지면에 나타나는 반구의 그림자의 넓이를 구한다.

→ (반원 A의 그림자의 넓이)+(반원 B의 그림자의 넓이)

따라서 지면에 나타나는 반구의 그림자의 넓이는

$S_1'+S_2'=12\sqrt{3}\pi+18\pi=6(3+2\sqrt{3})\pi$

수능포인트

지면과 반구 사이에서 어떻게 그림자가 생길지 모를 때는 반구를 두 부분으로 나누어 문제를 해결하면 쉽게 풀 수 있습니다. 이와 같이 어떤 도형의 정사영을 구하기 어려울 때에는 '두 부분 이상으로 나누어 정사영을 구하는 건 어떨까?'하고 생각해 보는 것도 좋은 방법입니다.

→ 이 문제에서는 태양광선과 반구가 접하는 부분이 반구의 밑면인지 아닌지에 따라 두 부분으로 나누어서 지면에 생기는 그림자를 두 부분으로 나누어 각각의 넓이를 구했어. 이처럼 정사영된 도형의 넓이를 구할 때, 여러 부분으로 나누어 각각의 그림자의 모양을 결정하는 입체도형을 찾으면 문제를 해결하는 데 도움이 될 거야.

083 [정답률 29%]

정답 40

호 PB에 대한 중심각의 크기를 알 수 있어.

그림과 같이 한 변의 길이가 8인 정사각형 ABCD에 두 선분 AB, CD를 각각 지름으로 하는 두 반원이 붙어 있는 모양의 종이가 있다. 반원의 호 AB의 삼등분점 중 점 B에 가까운 점을 P라 하고, 반원의 호 CD를 이등분하는 점을 Q라 하자. 이 종이에서 두 선분 AB와 CD를 접는 선으로 하여 두 반원을 접어 올렸을 때 두 점 P, Q에서 평면 ABCD에 내린 수선의 발을 각각 G, H라 하면 두 점 G, H는 정사각형 ABCD의 내부에 놓여 있고, $\overline{PG}=\sqrt{3}$, $\overline{QH}=2\sqrt{3}$이다. 두 평면 PCQ와 ABCD가 이루는 각의 크기가 θ일 때, $70\times\cos^2\theta$의 값을 구하시오. (단, 종이의 두께는 고려하지 않는다.) (4점)

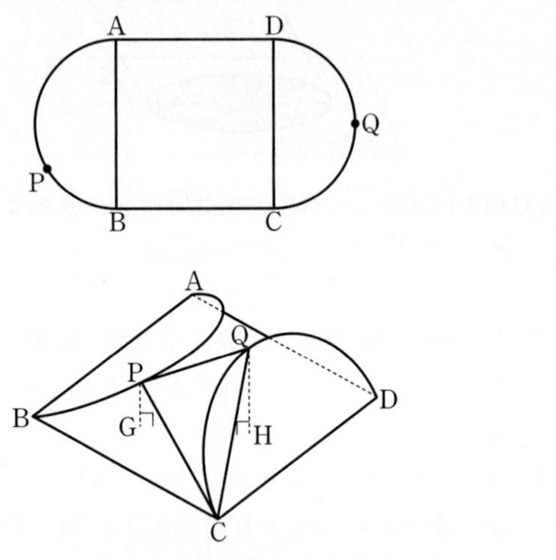

Step 1 문제에 주어진 첫 번째 그림에서 두 점 G, H의 위치를 확인한다.

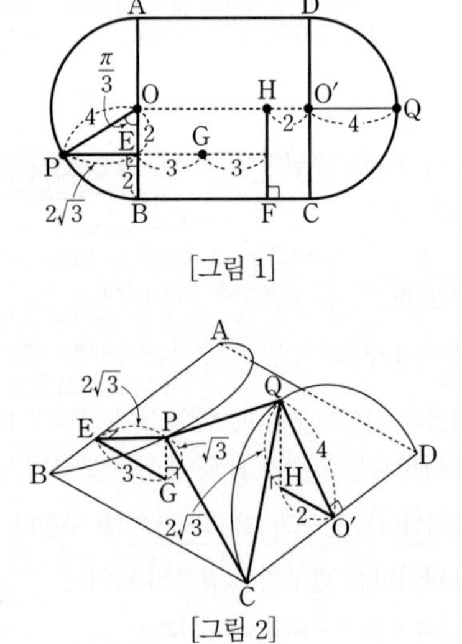

[그림 1]에서 두 반원의 중심을 각각 O, O′이라 하고, 점 P에서 선분 AB에 내린 수선의 발을 E라 하자.

삼각형 OPE에서 $\overline{OP}=4$, $\angle POE=\frac{\pi}{3}$이므로 ($\overset{\frown}{PB}=\frac{1}{3}\overset{\frown}{AB}$)

$\overline{PE}=4\sin\frac{\pi}{3}=2\sqrt{3}$, $\overline{OE}=4\cos\frac{\pi}{3}=2$ ($\sin\frac{\pi}{3}=\frac{\sqrt{3}}{2}$, $\cos\frac{\pi}{3}=\frac{1}{2}$)

[그림 2]의 직각삼각형 PEG에서 $\overline{PE}=2\sqrt{3}$, $\overline{PG}=\sqrt{3}$이므로

$\overline{EG}=\sqrt{(2\sqrt{3})^2-(\sqrt{3})^2}=3$

또한 직각삼각형 QO′H에서 $\overline{QO'}=4$, $\overline{QH}=2\sqrt{3}$이므로

$\overline{O'H}=\sqrt{4^2-(2\sqrt{3})^2}=2$

Step 2 세 점 B, G, H가 한 직선 위에 존재함을 이용하여 $\cos\theta$의 값을 구한다.

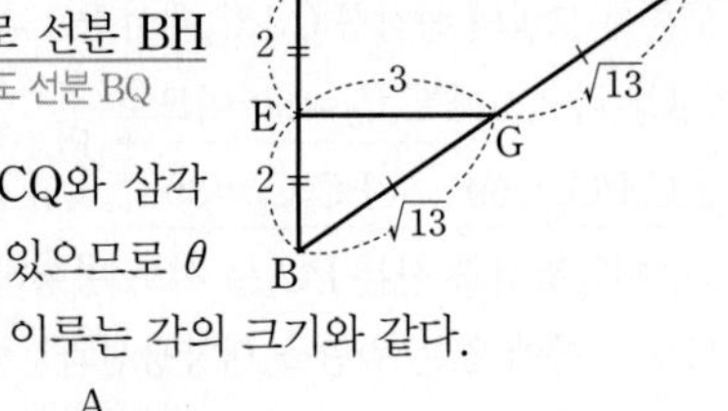

△BOH에서 점 G는 삼각형의 중점연결정리를 만족하는 점이므로 선분 BH 위에 있다. (같은 이유로 점 P도 선분 BQ 위의 점이야.)

즉, [그림 2]에서 삼각형 PCQ와 삼각형 BCQ는 같은 평면 위에 있으므로 θ는 두 평면 BCQ와 BCH가 이루는 각의 크기와 같다.

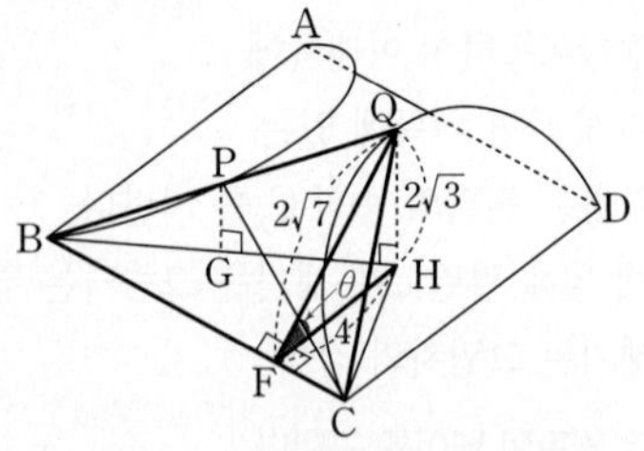

위의 그림과 같이 점 Q에서 선분 BC에 내린 수선의 발을 F라 하면 삼수선의 정리에 의해 $\overline{HF}\perp\overline{BC}$이고 $\angle QFH=\theta$이다.

삼각형 QFH에서 $\overline{QH}=2\sqrt{3}$, $\overline{HF}=4$이므로 ([그림 1]의 점 H에서 $\overline{BC}$에 내린 수선의 발이 F이므로 $\overline{HF}=4$이다.)

$\overline{QF}=\sqrt{(2\sqrt{3})^2+4^2}=2\sqrt{7}$ ($\sqrt{\overline{QH}^2+\overline{HF}^2}$)

$\therefore \cos\theta=\frac{\overline{HF}}{\overline{QF}}=\frac{2}{\sqrt{7}}$

따라서 $70\times\cos^2\theta=70\times\frac{4}{7}=40$이다.

084 [정답률 47%]

정답 12

그림과 같이 직선 l을 교선으로 하고 이루는 각의 크기가 $\frac{\pi}{4}$인 두 평면 α와 β가 있고, 평면 α 위의 점 A와 평면 β 위의 점 B가 있다. 두 점 A, B에서 직선 l에 내린 수선의 발을 각각 C, D라 하자. $\overline{AB}=2$, $\overline{AD}=\sqrt{3}$이고 직선 AB와 평면 β가 이루는 각의 크기가 $\frac{\pi}{6}$일 때, 사면체 ABCD의 부피는 $a+b\sqrt{2}$이다. $36(a+b)$의 값을 구하시오.

(단, a, b는 유리수이다.) (4점)

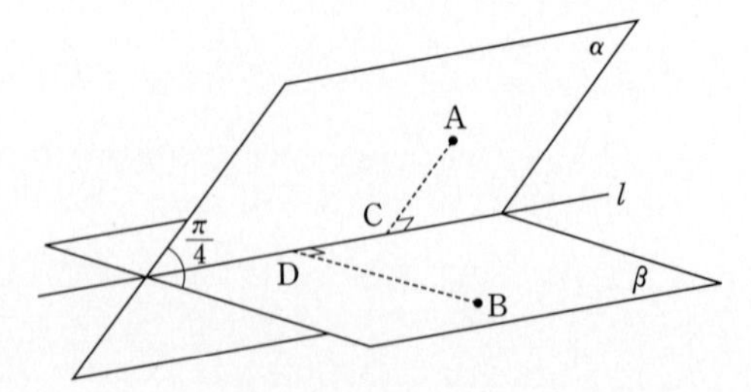

Step 1 삼각비와 삼수선의 정리를 이용하여 선분 CD의 길이를 구한다.

그림과 같이 점 A에서 평면 β에 내린 수선의 발을 H라 하자.

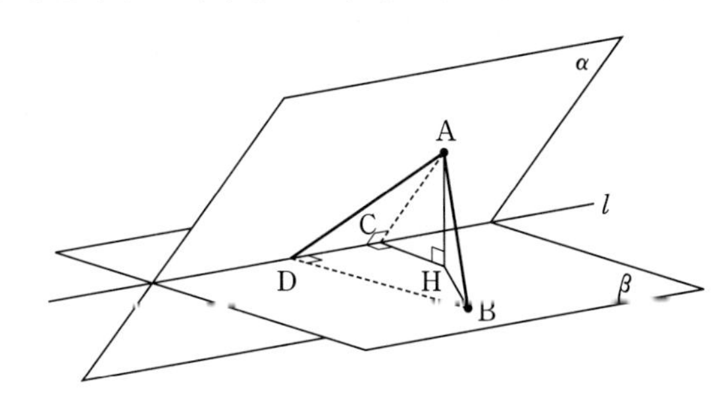

이때 $\overline{AB}=2$이고 직선 AB와 평면 β가 이루는 각의 크기가 $\frac{\pi}{6}$이므로 삼각비에 의하여

$\sin\theta=\frac{a}{b}$, $\cos\theta=\frac{c}{b}$, $\tan\theta=\frac{a}{c}$

$\overline{AH}=\overline{AB}\sin\frac{\pi}{6}=2\times\frac{1}{2}=1$

→ $\sin\frac{\pi}{6}=\frac{\overline{AH}}{\overline{AB}}$ $\therefore \overline{AH}=\overline{AB}\sin\frac{\pi}{6}$

$\overline{BH}=\overline{AB}\cos\frac{\pi}{6}=2\times\frac{\sqrt{3}}{2}=\sqrt{3}$

→ $\cos\frac{\pi}{6}=\frac{\overline{BH}}{\overline{AB}}$ $\therefore \overline{BH}=\overline{AB}\cos\frac{\pi}{6}$

한편, $\overline{AH}\perp\beta$, $\overline{AC}\perp l$이므로 삼수선의 정리에 의해 $\overline{HC}\perp l$

따라서 $\angle$ACH는 두 평면 α, β의 이면각이고 두 평면 α, β가 이루는 각의 크기가 $\frac{\pi}{4}$이므로 $\angle ACH=\frac{\pi}{4}$

→ $\overline{AC}\perp l$, $\overline{HC}\perp l$이므로 $\angle$ACH를 두 평면 α, β의 이면각이라고 할 수 있어.

그러므로 직각삼각형 ACH에서

$\overline{CH}=\overline{AH}=1$,

$\overline{AC}=\sqrt{2}$

→ $\angle ACH=45°$, $\angle AHC=90°$이므로 삼각형 AHC는 직각이등변삼각형

또, 직각삼각형 ADC에서 $\overline{AD}=\sqrt{3}$이므로 피타고라스 정리에 의하여

$\overline{CD}=\sqrt{\overline{AD}^2-\overline{AC}^2}$

$=\sqrt{3-2}=1$

$c^2=a^2+b^2$

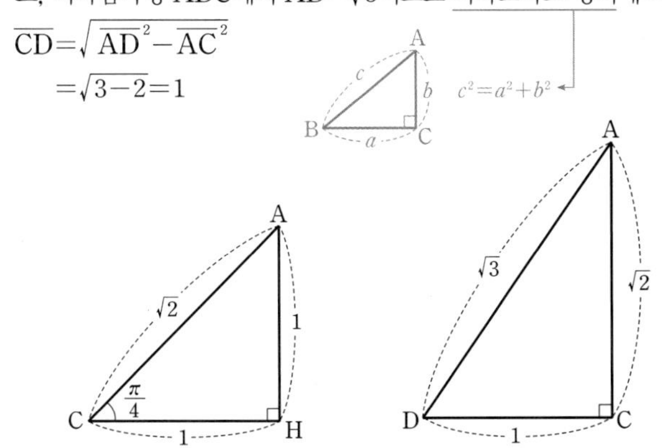

Step 2 삼각형 BCD의 넓이를 구하여 사면체 ABCD의 부피를 구한다.

→ 사면체 ABCD는 밑면이 삼각형 BCD인 삼각뿔이야.

평면 β 위의 점 H에서 선분 BD에 내린 수선의 발을 H′이라 하면 $\overline{BH}=\sqrt{3}$, $\overline{CH}=1$, $\overline{CD}=1$이고 $\overline{HH'}=\overline{CD}=1$이므로 직각삼각형 HH′B에서

$\overline{BH'}=\sqrt{\overline{BH}^2-\overline{HH'}^2}=\sqrt{3-1}=\sqrt{2}$

$\therefore \overline{BD}=\overline{BH'}+\overline{H'D}=\sqrt{2}+1$

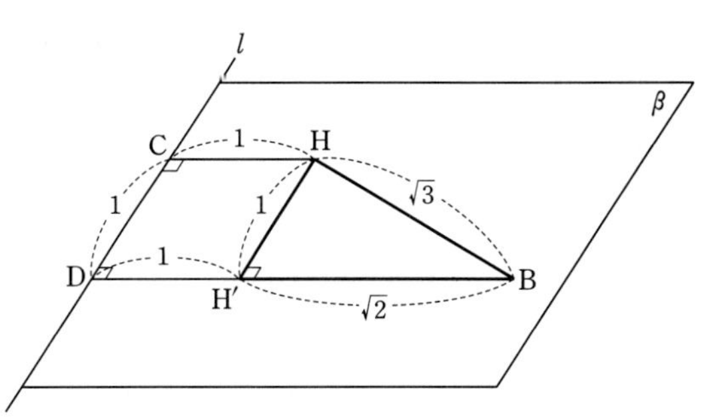

따라서 직각삼각형 BCD의 넓이는

$\frac{1}{2}\times\overline{CD}\times\overline{BD}=\frac{1}{2}\times1\times(1+\sqrt{2})$

$=\frac{1+\sqrt{2}}{2}$

따라서 사면체 ABCD의 부피는

$\frac{1}{3}\times\triangle BCD\times\overline{AH}=\frac{1}{3}\times\frac{1+\sqrt{2}}{2}\times1$

$=\frac{1}{6}+\frac{1}{6}\sqrt{2}$

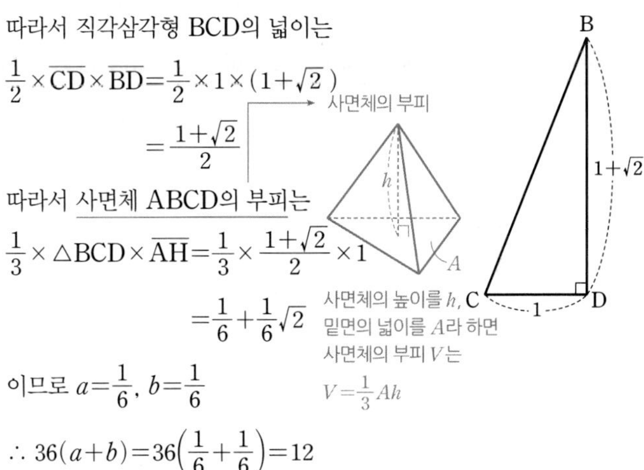

이므로 $a=\frac{1}{6}$, $b=\frac{1}{6}$

$\therefore 36(a+b)=36\left(\frac{1}{6}+\frac{1}{6}\right)=12$

알아야 할 기본개념

삼수선의 정리

평면 α 위에 있지 않은 점 A, 평면 α 위의 점 O를 지나지 않는 평면 α 위의 직선 l, 직선 l 위의 점 B에 대해

(1) $\overline{AO}\perp\alpha$, $\overline{OB}\perp l$이면 $\overline{AB}\perp l$

(2) $\overline{AO}\perp\alpha$, $\overline{AB}\perp l$이면 $\overline{OB}\perp l$

(3) $\overline{AB}\perp l$, $\overline{OB}\perp l$, $\overline{AO}\perp\overline{OB}$이면 $\overline{AO}\perp\alpha$

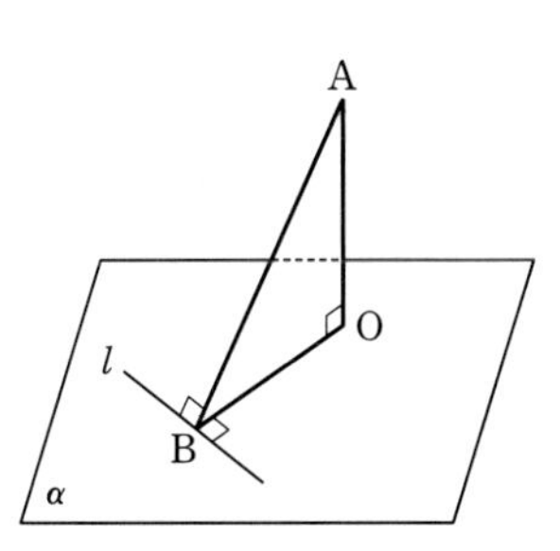

본문 166쪽

085 [정답률 5%]

정답 28

그림과 같이 평면 α 위에 중심이 점 A이고 반지름의 길이가 $\sqrt{3}$인 원 C가 있다. 점 A를 지나고 평면 α에 수직인 직선 위의 점 B에 대하여 $\overline{AB}=3$이다. 원 C 위의 점 P에 대하여 원 D가 다음 조건을 만족시킨다.

(가) 선분 BP는 원 D의 지름이다.
(나) 점 A에서 원 D를 포함하는 평면에 내린 수선의 발 H는 선분 BP 위에 있다.

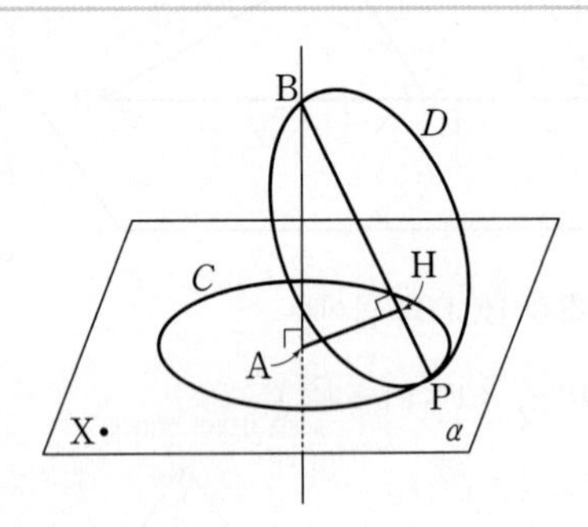

평면 α 위에 $\overline{AX}=5$인 점 X가 있다. 점 P가 원 C 위를 움직일 때, 원 D 위의 점 Q에 대하여 선분 XQ의 길이의 최댓값은 $m+\sqrt{n}$이다. $m+n$의 값을 구하시오.

(단, m, n은 자연수이다.) (4점)

→ 점 P가 원 C 위를 움직일 때 원 D가 어떤 도형을 나타낼지 생각해 본다.

Step 1 피타고라스 정리와 닮은 도형의 성질을 이용하여 선분 BN의 길이를 구한다.

오른쪽 그림과 같이 선분 BP의 중점을 M, 점 M을 지나고 직선 AH와 평행한 직선이 선분 AB와 만나는 점을 N이라 하자.

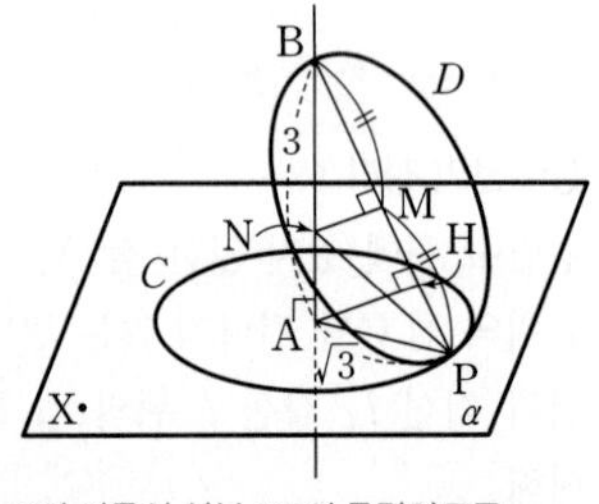

조건 (가)에 의해 점 M은 원 D의 중심이고
→ 점 M은 원 D의 지름인 선분 BP의 중점이므로 원 D의 중심이야.

직선 MN은 선분 BP의 수직이등분선이므로

$\overline{BN}=\overline{PN}$ …… ㉠

선분 AP를 그으면 삼각형 APB에서

$\overline{AB}=3$, $\overline{AP}=\sqrt{3}$, $\angle BAP=90°$이므로
→ 원 C는 점 A를 중심으로 하고 반지름의 길이가 $\sqrt{3}$인 원이고 점 P는 원 C 위의 점이기 때문이야.

피타고라스 정리에 의해

$\overline{BP}=\sqrt{3^2+(\sqrt{3})^2}=2\sqrt{3}$ → $\sqrt{\overline{AB}^2+\overline{AP}^2}$

$\therefore \overline{MB}=\frac{1}{2}\overline{BP}=\sqrt{3}$

이때 두 삼각형 APB, MNB가 서로 닮음이므로

$\overline{AB}:\overline{MB}=\overline{BP}:\overline{BN}$, $3:\sqrt{3}=2\sqrt{3}:\overline{BN}$
→ 비례식에서는 내항의 곱과 외항의 곱이 서로 같아.

$\therefore \overline{BN}=\overline{PN}=2$ ($\because$ ㉠) …… ㉡

Step 2 점 Q가 점 N을 중심으로 하는 구 위의 점임을 알아낸다.

직선 MN은 원 D의 중심 M을 지나고 원 D를 포함하는 평면에 수직이므로 원 D 위의 점 Q에 대하여
→ 점 Q가 원 D 위를 움직이더라도 선분 QN의 길이는 항상 2야.

$\overline{QN}=\overline{BN}=2$ ($\because$ ㉡)

따라서 점 Q는 점 N을 중심으로 하고 반지름의 길이가 2인 구 위의 점이다.

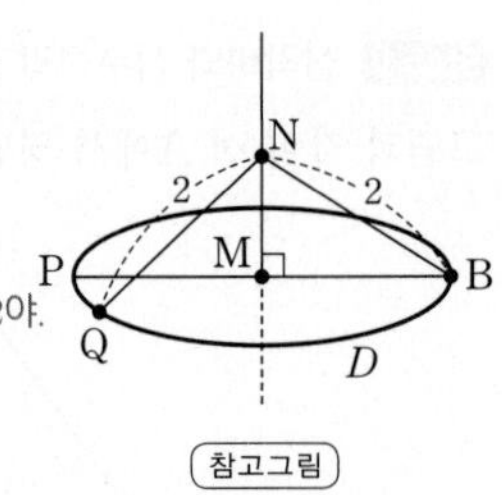

참고그림

Step 3 선분 XQ의 길이의 최댓값을 구한다.

점 N을 중심으로 하고 반지름의 길이가 2인 구가 평면 α에 의해 잘려서 생기는 두 도형 중 점 B가 속한 도형(원 C 포함)을 S라 하면 점 P가 원 C 위를 움직일 때 원 D가 나타내는 도형이 S이다.

원 D 위의 점 Q는 도형 S 위의 점이므로 선분 XQ의 길이는 세 점 X, N, Q가 일직선상에 있을 때 최댓값을 가진다.

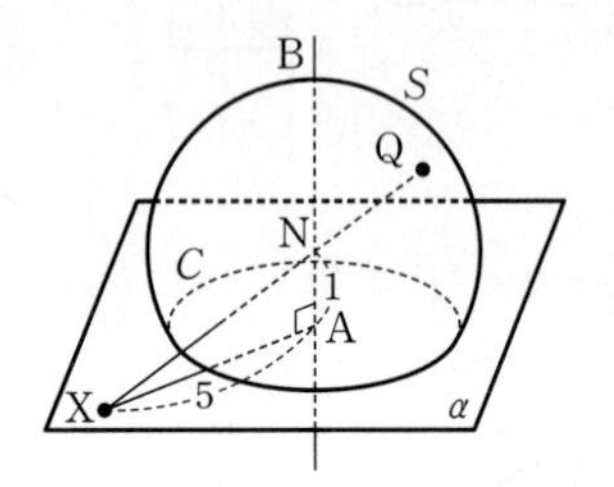

따라서 $\overline{XQ}$의 최댓값은

$\overline{XQ}=\overline{XN}+\overline{QN}=\sqrt{5^2+1^2}+2=2+\sqrt{26}$
→ 삼각형 XAN에서 $\overline{XA}=5$, $\overline{AN}=\overline{AB}-\overline{BN}=1$, $\angle XAN=90°$이므로 피타고라스 정리에 의해 구할 수 있어.

이므로 $m=2$, $n=26$

$\therefore m+n=2+26=28$

086 [정답률 25%]

정답 31

평면 π에 수직인 직선 l을 경계로 하는 세 반평면 α, β, γ가 있다. α, β가 이루는 각의 크기와 β, γ가 이루는 각의 크기는 모두 120°이다. 그림과 같이 반지름의 길이가 1인 구가 π, α, β에 동시에 접하고, 반지름의 길이가 2인 구가 π, β, γ에 동시에 접한다.

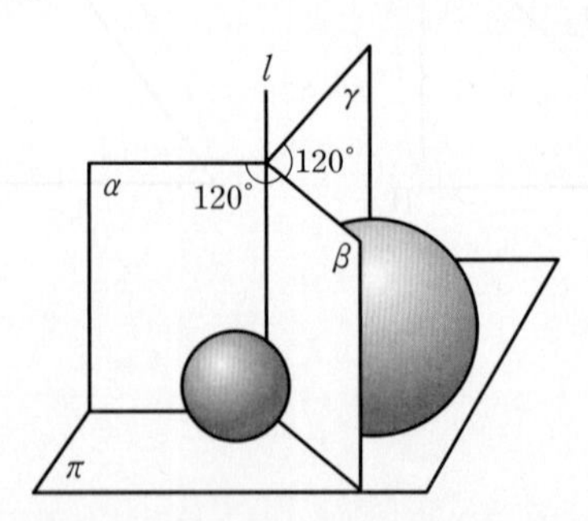

두 구의 중심 사이의 거리를 d라 할 때, $3d^2$의 값을 구하시오.

(단, 두 구는 평면 π의 같은 쪽에 있다.) (4점)

Step 1 좌표평면 위에 세 평면과 두 구의 평면 π 위로의 정사영을 그리고 두 점 A, B의 좌표를 구한다.

오른쪽 그림과 같이 평면 π와 직선 l의 교점을 원점 O, 평면 β와 평면 π의 교선을 y축의 음의 방향으로 하는 좌표평면 위에 평면 π를 두고 세 평면과 두 구의 평면 π 위로의 정사영을 생각하자.

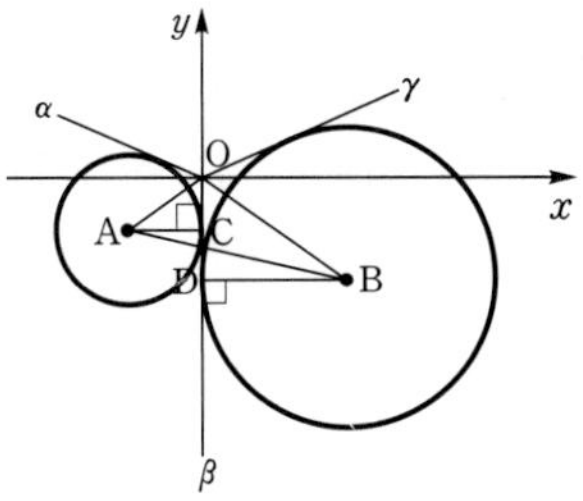

작은 구의 중심의 정사영 A에서 y축에 내린 수선의 발을 점 C, 큰 구의 중심의 정사영 B에서 y축에 내린 수선의 발을 D라 하면

$\angle OAC=\angle OBD=30°$, $\overline{AC}=1$, $\overline{BD}=2$이므로

(반지름의 길이가 1) (반지름의 길이가 2)

(점 B에서 평면 γ의 평면 π 위로의 정사영인 직선에 내린 수선의 발을 E라 하면 두 삼각형 BOD, BOE는 합동이므로 $\angle BOD=\angle BOE$이고, $\angle BOD+\angle BOE=120°$이므로 $\angle BOD=60°$이다. 따라서 $\angle OBD=30°$ 같은 방법으로 $\angle OAC=30°$임을 알 수 있다.)

$\overline{OC}=\overline{AC}\tan 30°=\frac{\sqrt{3}}{3}$

$\overline{OD}=\overline{BD}\tan 30°=\frac{2\sqrt{3}}{3}$

따라서 두 점 A, B의 좌표는 $A\left(-1, -\frac{\sqrt{3}}{3}\right)$, $B\left(2, -\frac{2\sqrt{3}}{3}\right)$이다.

Step 2 구한 두 점 A, B의 좌표를 이용하여 선분 AB의 길이와 d의 값을 구한다.

$$\overline{AB}=\sqrt{\{2-(-1)\}^2+\left\{\left(-\frac{2\sqrt{3}}{3}\right)-\left(-\frac{\sqrt{3}}{3}\right)\right\}^2}=\sqrt{\frac{28}{3}}$$

이때 두 구를 두 점 A, B를 포함하고 평면 π에 수직인 평면에 정사영시키면 오른쪽 그림과 같다. 두 구의 중심 사이의 거리 d를 구하면 피타고라스 정리에 의하여

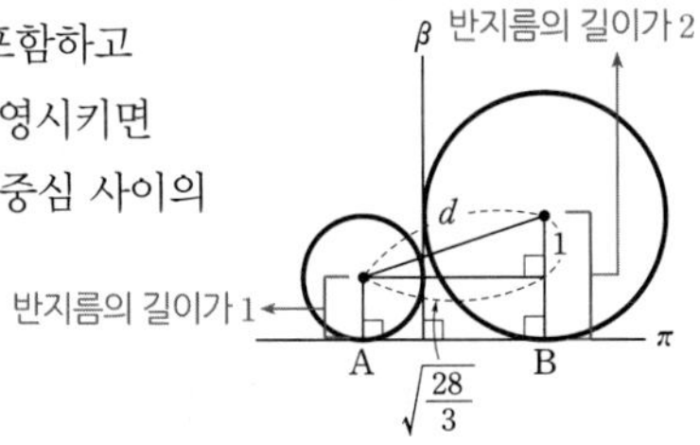

$$d=\sqrt{\left(\sqrt{\frac{28}{3}}\right)^2+1^2}=\sqrt{\frac{31}{3}}$$

$$\therefore 3d^2=3\times\frac{31}{3}=31$$

087 [정답률 35%]

정답 ⑤

그림과 같이 서로 다른 두 평면 α, β의 교선 위에 $\overline{AB}=18$인 두 점 A, B가 있다. 선분 AB를 지름으로 하는 원 C_1이 평면 α 위에 있고, 선분 AB를 장축으로 하고 두 점 F, F′을 초점으로 하는 타원 C_2가 평면 β 위에 있다. 원 C_1 위의 한 점 P에서 평면 β에 내린 수선의 발을 H라 할 때, $\overline{HF'}<\overline{HF}$이고 $\angle HFF'=\frac{\pi}{6}$이다. 직선 HF와 타원 C_2가 만나는 점 중 점 H와 가까운 점을 Q라 하면, $\overline{FH}<\overline{FQ}$이다. 점 H를 중심으로 하고 점 Q를 지나는 평면 β 위의 원은 반지름의 길이가 4이고 직선 AB에 접한다. 두 평면 α, β가 이루는 각의 크기를 θ라 할 때, $\cos\theta$의 값은?

(단, 점 P는 평면 β 위에 있지 않다.) (4점)

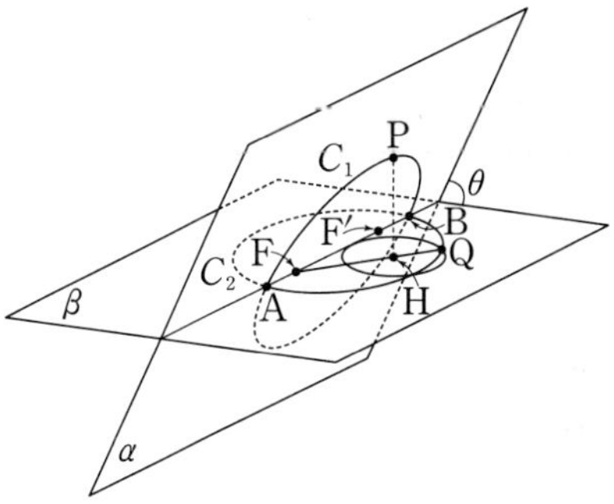

① $\frac{2\sqrt{66}}{33}$ ② $\frac{4\sqrt{69}}{69}$ ③ $\frac{\sqrt{2}}{3}$ ④ $\frac{4\sqrt{3}}{15}$ ⑤ $\frac{2\sqrt{78}}{39}$

Step 1 평면 β 위의 타원 C_2에서 선분의 길이를 구한다.

평면 β 위의 타원 C_2를 중심이 O가 되도록 좌표평면에 나타내면 다음과 같다.

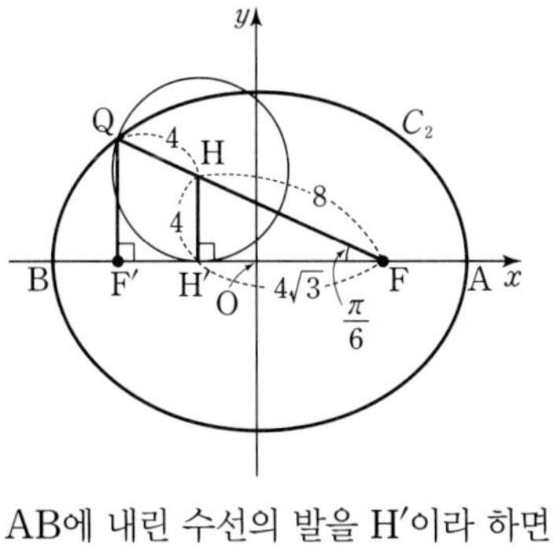

점 H에서 선분 AB에 내린 수선의 발을 H′이라 하면 점 H′은 중심이 H이고 반지름의 길이가 4인 원과 직선 AB가 접하는 점이므로 $\overline{HH'}\perp\overline{AB}$이다.

삼각형 FHH′은 $\angle HFH'=\frac{\pi}{6}$인 직각삼각형이고 $\overline{HH'}=4$이므로 ($=\angle HFF'$)

$\overline{HF}=8$, $\overline{H'F}=4\sqrt{3}$이다.

또한 $\overline{QH}=4$이므로 $\overline{FQ}=12$이고, 점 Q는 타원 C_2 위의 점이므로 타원의 정의에 의하여

$\overline{QF}+\overline{QF'}=18$ $\therefore \overline{QF'}=6$

((타원의 장축의 길이) $=\overline{AB}=18$)

삼각형 QFF′에서 $\overline{QF}=12$, $\overline{QF'}=6$이고 $\angle QFF'=\frac{\pi}{6}$이므로 삼각형 QFF′은 $\angle QF'F=\frac{\pi}{2}$인 직각삼각형이다.

따라서 $\overline{FF'}=6\sqrt{3}$이고, $\overline{F'H'}=6\sqrt{3}-4\sqrt{3}=2\sqrt{3}$이다.

$\overline{OF'}=\frac{1}{2}\times 6\sqrt{3}=3\sqrt{3}$이므로 $\overline{OH'}=3\sqrt{3}-2\sqrt{3}=\sqrt{3}$ …… ㉠

Step 2 평면 α 위의 원 C_1에서 선분의 길이를 구한다.

평면 α 위의 원 C_1을 중심이 O가 되도록 좌표평면에 나타내면 다음과 같다.

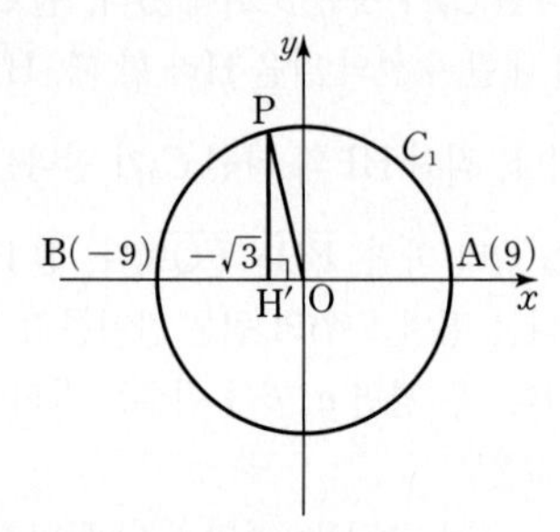

원 C_1의 반지름의 길이는 9이므로 $\overline{OP}=9$

㉠에서 $\overline{OH'}=\sqrt{3}$이므로 삼각형 OPH′에서

$\overline{PH'}=\sqrt{\overline{OP}^2-\overline{OH'}^2}=\sqrt{81-3}=\sqrt{78}$

Step 3 삼수선의 정리를 이용하여 $\cos\theta$의 값을 구한다.

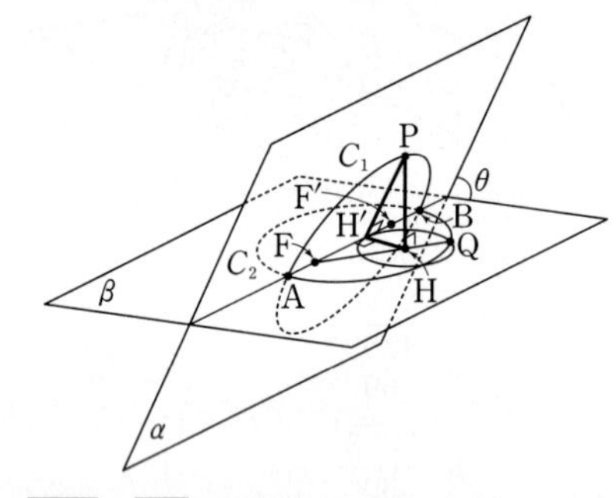

$\overline{PH}\perp\beta$이고 $\overline{HH'}\perp\overline{AB}$이므로 삼수선의 정리에 의하여 $\overline{PH'}\perp\overline{AB}$이다.

$\angle PH'H=\theta$라 하면 두 평면 α, β가 이루는 각의 크기는 θ이므로

$\cos\theta=\frac{\overline{HH'}}{\overline{PH'}}=\frac{4}{\sqrt{78}}=\frac{2\sqrt{78}}{39}$

088 [정답률 18%]

정답 7

한 변의 길이가 4인 정삼각형 ABC를 한 면으로 하는 사면체 ABCD의 꼭짓점 A에서 평면 BCD에 내린 수선의 발을 H라 할 때, 점 H는 삼각형 BCD의 내부에 놓여 있다. 직선 DH가 선분 BC와 만나는 점을 E라 할 때, 점 E가 다음 조건을 만족시킨다.

> (가) $\angle AEH=\angle DAH$
> (나) 점 E는 선분 CD를 지름으로 하는 원 위의 점이고 $\overline{DE}=4$이다.

삼각형 AHD의 평면 ABD 위로의 정사영의 넓이는 $\frac{q}{p}$이다. $p+q$의 값을 구하시오.

(단, p와 q는 서로소인 자연수이다.) (4점)

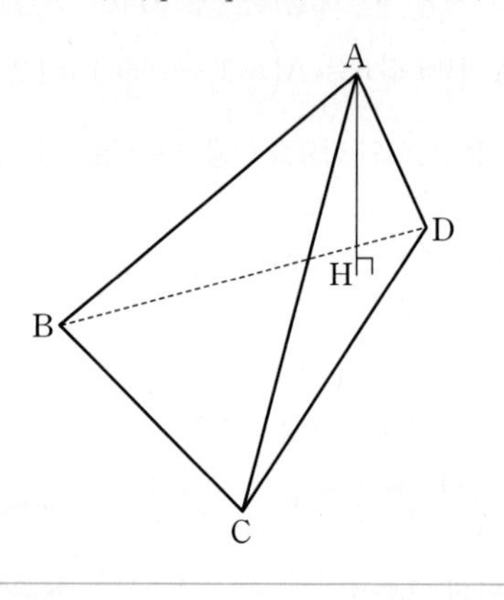

Step 1 삼수선의 정리를 이용하여 직선 사이의 수직 관계를 파악한다.

조건 (나)에서 $\angle CED=90°$이므로 $\overline{BC}\perp\overline{DE}$이다.

이때 $\overline{AH}\perp$(평면 BCD), $\overline{HE}\perp\overline{BC}$이므로 삼수선의 정리에 의하여 $\overline{AE}\perp\overline{BC}$

($\overline{HE}\perp\overline{BC}$: $\overline{BC}\perp\overline{DE}$에서 알 수 있어.)

이때 $\overline{BC}\perp\overline{AE}$, $\overline{BC}\perp\overline{DE}$에서 직선 BC와 평면 ADE는 서로 수직이므로 두 직선 BC, AD는 서로 수직이다. …… ㉠

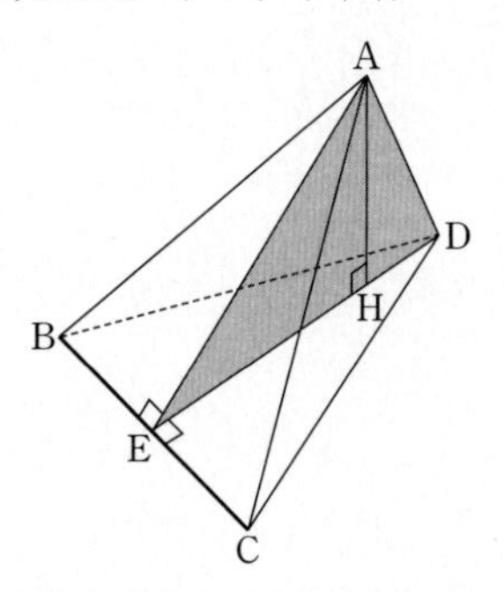

Step 2 삼각형의 닮음을 통해 수직을 파악하고, 직선과 평면의 수직 관계를 파악한다.

조건 (가)에서 $\angle AEH=\angle DAH=\theta$라 하자.

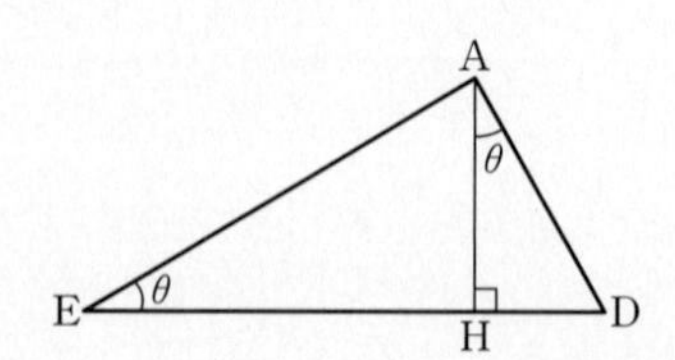

↳ 두 삼각형 모두 직각삼각형이고 직각이 아닌 한 각의 크기가 θ로 일치하므로 AA 닮음이야.

두 삼각형 AEH, DAH는 닮음이므로 $\angle EAD=90^\circ$에서 두 직선 AE, AD는 서로 수직이다. …… ㉡

㉠, ㉡에서 직선 AD는 직선 BC, 직선 AE와 각각 수직이므로 직선 AD와 평면 ABC는 서로 수직이다.

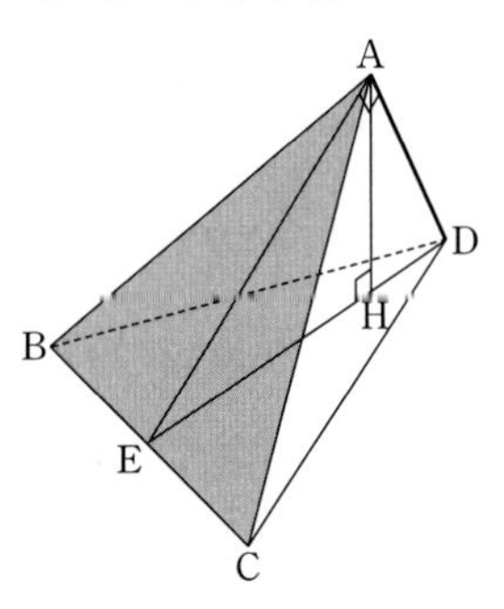

Step 3 삼각형 AHD의 넓이를 구한다.

정삼각형 ABC에서 $\overline{AE}\perp\overline{BC}$이므로 점 E는 선분 BC의 중점이다.

$\therefore\ \overline{AE}=\frac{\sqrt{3}}{2}\times4=2\sqrt{3}$ → 한 변의 길이가 4인 정삼각형의 높이야.

직각삼각형 AED에서 $\overline{AD}=\sqrt{\overline{DE}^2-\overline{AE}^2}=\sqrt{4^2-(2\sqrt{3})^2}=2$

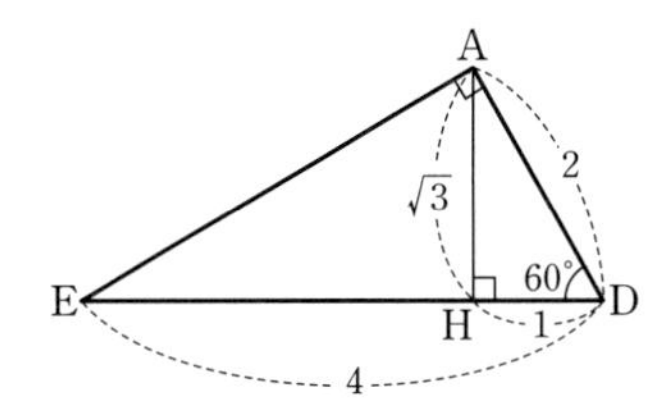

따라서 $\angle ADE=60^\circ$이므로 $\overline{AH}=\sqrt{3}$, $\overline{DH}=1$이고 삼각형 AHD의 넓이는 $\frac{1}{2}\times1\times\sqrt{3}=\frac{\sqrt{3}}{2}$

↳ $\cos(\angle ADE)=\frac{2}{4}=\frac{1}{2}$에서 $\angle ADE=60^\circ$

Step 4 정사영의 넓이를 구한다.

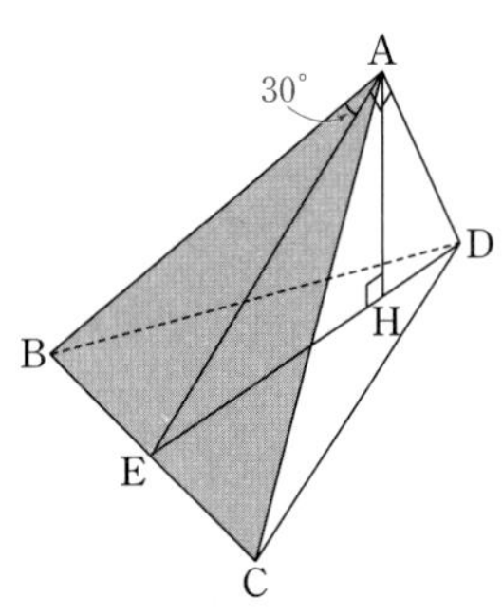

↳ 이등변삼각형의 성질에 의해 $\overline{BC}$의 수직이등분선은 $\angle A$를 이등분한다.

두 평면 ABD, AHD가 이루는 예각의 크기는 30°이므로 구하는 정사영의 넓이는 $\frac{\sqrt{3}}{2}\times\cos30^\circ=\frac{3}{4}$ → Step 3에서 구한 △AHD의 넓이야.

따라서 $p=4$, $q=3$이므로 $p+q=4+3=7$

본문 168쪽

089 [정답률 25%] 정답 15

그림과 같이 평면 α 위에 $\angle A=\frac{\pi}{2}$, $\overline{AB}=\overline{AC}=2\sqrt{3}$인 삼각형 ABC가 있다. 중심이 점 O이고 반지름의 길이가 2인 구가 평면 α와 점 A에서 접한다. 세 직선 OA, OB, OC와 구의 교점 중 평면 α까지의 거리가 2보다 큰 점을 각각 D, E, F라 하자. 삼각형 DEF의 평면 OBC 위로의 정사영의 넓이를 S라 할 때, $100S^2$의 값을 구하시오. (4점)

↳ △OBC를 포함하는 평면은 △OEF도 포함하므로 평면 OEF 위로의 정사영의 넓이로 구해도 돼!

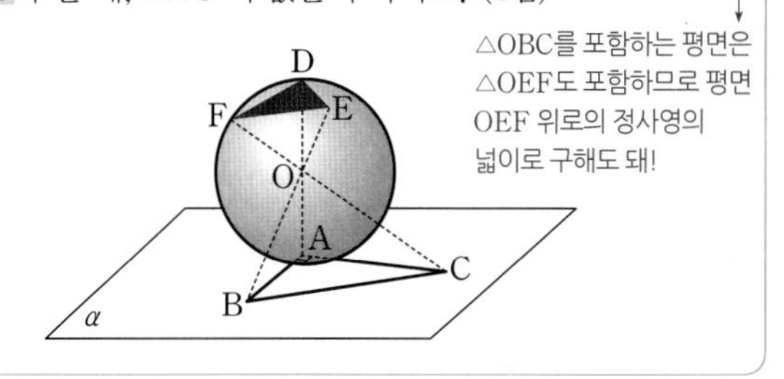

Step 1 삼각형 DEF의 넓이를 구한다.

$\tan(\angle AOB)=\tan(\angle AOC)=\frac{2\sqrt{3}}{2}=\sqrt{3}$

↳ $\tan(\angle AOB)=\frac{\overline{AB}}{\overline{OA}}$, $\tan(\angle AOC)=\frac{\overline{AC}}{\overline{OA}}$

이므로

$\angle AOB=\angle AOC=\frac{\pi}{3}$ ↳ $\tan\frac{\pi}{3}=\sqrt{3}$

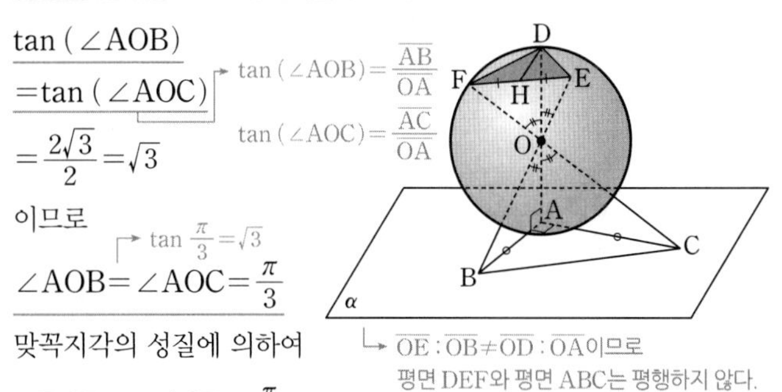

↳ $\overline{OE}:\overline{OB}\neq\overline{OD}:\overline{OA}$이므로 평면 DEF와 평면 ABC는 평행하지 않다.

맞꼭지각의 성질에 의하여

$\angle DOE=\angle AOB=\frac{\pi}{3}$

$\angle DOF=\angle AOC=\frac{\pi}{3}$

↳ 두 변의 길이가 같고 그 끼인각의 크기가 $\frac{\pi}{3}$이면 정삼각형이야!

$\overline{OD}=\overline{OE}=\overline{OF}=2$이므로 두 삼각형 ODE, ODF는 한 변의 길이가 2인 정삼각형이다.

$\overline{OB}=\overline{OC}=\sqrt{2^2+(2\sqrt{3})^2}=4$이므로 삼각형 OBC와 삼각형 OEF의 닮음비가 2 : 1이고 ↳ 닮음비가 2 : 1이기 때문이야.

$\overline{EF}=\frac{1}{2}\overline{BC}=\frac{1}{2}\sqrt{\overline{AB}^2+\overline{AC}^2}=\frac{1}{2}\sqrt{(2\sqrt{3})^2+(2\sqrt{3})^2}=\sqrt{6}$

↳ $\angle BOC=\angle EOF$(맞꼭지각) $\overline{OB}:\overline{OE}=\overline{OC}:\overline{OF}=2:1$이므로 SAS 닮음이야!

선분 EF의 중점을 H라 하면 삼각형 DEF에서

$\overline{DH}=\sqrt{\overline{DE}^2-\overline{EH}^2}=\sqrt{2^2-\left(\frac{\sqrt{6}}{2}\right)^2}=\frac{\sqrt{10}}{2}$

↳ △DEF는 이등변삼각형이므로 $\overline{DH}\perp\overline{EF}$

↳ △ODE는 한 변의 길이가 2인 정삼각형이므로 $\overline{DE}=2$

따라서 삼각형 DEF의 넓이는

$\frac{1}{2}\times\overline{EF}\times\overline{DH}=\frac{1}{2}\times\sqrt{6}\times\frac{\sqrt{10}}{2}=\frac{\sqrt{15}}{2}$

(밑변의 길이, 높이)

△DEF≡△OEF (SSS 합동)이므로

↳ $\overline{DE}=\overline{OE}=2$, $\overline{DF}=\overline{OF}=2$, $\overline{EF}$는 공통

$\overline{OH}=\overline{DH}=\frac{\sqrt{10}}{2}$

Step 2 정사영의 넓이 S를 구한다.

평면 OBC와 평면 OEF는 같은 평면이므로 두 평면 DEF와 OBC가 이루는 예각의 크기는 두 평면 DEF와 OEF가 이루는 예각의 크기와 같다. 두 평면 DEF와 OEF가 이루는 예각의 크기는 두 직선 DH, OH가 이루는 예각의 크기와 같다.

↳ $\overline{DH}\perp\overline{EF}$이고 $\overline{EF}\perp\overline{OH}$이므로 $\angle DHO$는 두 평면 DEF와 OEF가 이루는 이면각의 크기와 같아!

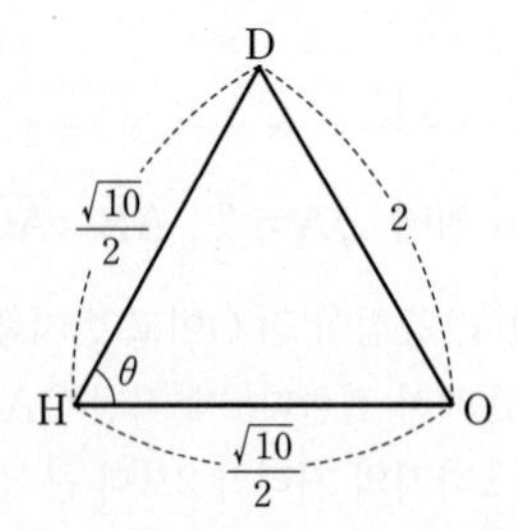

위 그림과 같이 $\angle DHO=\theta$라 하고, 삼각형 DHO에서 코사인법칙을 이용하면

$$\cos\theta=\frac{\overline{DH}^2+\overline{OH}^2-\overline{DO}^2}{2\times\overline{DH}\times\overline{OH}}$$

$$=\frac{\left(\frac{\sqrt{10}}{2}\right)^2+\left(\frac{\sqrt{10}}{2}\right)^2-2^2}{2\times\frac{\sqrt{10}}{2}\times\frac{\sqrt{10}}{2}}$$

$$=\frac{1}{5}$$

따라서 정사영의 넓이 S는

$$S=\triangle DEF\times\cos\theta=\frac{\sqrt{15}}{2}\times\frac{1}{5}=\frac{\sqrt{15}}{10}$$

이므로 $100S^2=100\times\left(\frac{\sqrt{15}}{10}\right)^2=15$

090 [정답률 16%]

정답 48

그림과 같이 한 변의 길이가 4인 정삼각형을 밑면으로 하고 높이가 $4+2\sqrt{3}$인 정삼각기둥 ABC$-$DEF와 $\overline{DG}=4$인 선분 AD 위의 점 G가 있다. 점 H가 다음 조건을 만족시킨다.

(가) 삼각형 CGH의 평면 ADEB 위로의 정사영은 정삼각형이다.
(나) 삼각형 CGH의 평면 DEF 위로의 정사영의 내부와 삼각형 DEF의 내부의 공통부분의 넓이는 $2\sqrt{3}$이다.

삼각형 CGH의 평면 ADFC 위로의 정사영의 넓이를 S라 할 때, S^2의 값을 구하시오. (4점)

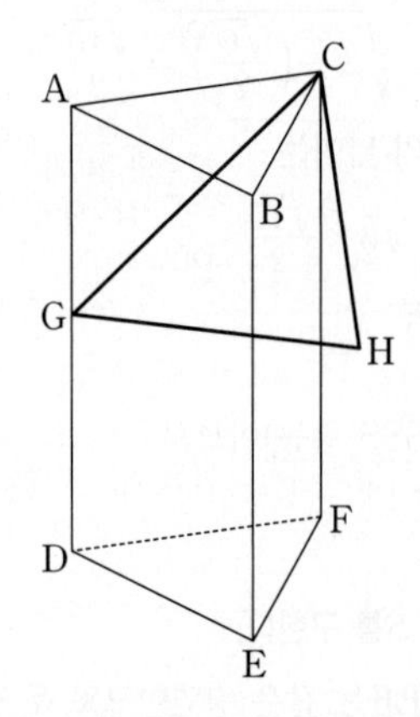

Step 1 점 H의 평면 ADEB 위로의 수선의 발을 내려 조건 (가)를 이용한다.

두 점 C, H의 평면 ADEB 위로의 수선의 발을 각각 C_1, H_1이라 하자.

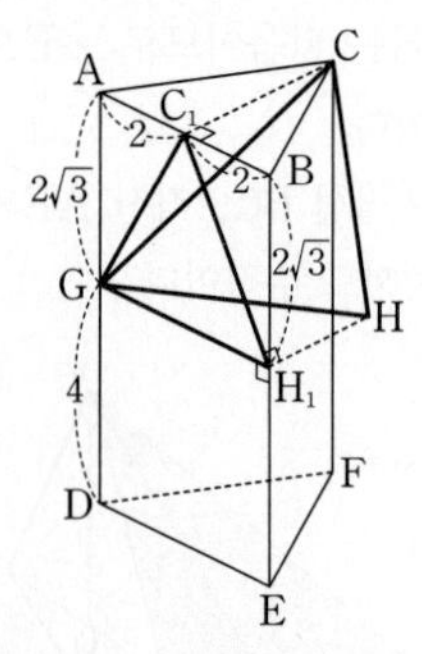

점 C_1은 선분 AB의 중점이고, $\overline{AC_1}=2$, $\overline{AG}=2\sqrt{3}$이므로
$\overline{GC_1}=\sqrt{2^2+(2\sqrt{3})^2}=4$
$\therefore \angle AGC_1=30°$, $\angle AC_1G=60°$
이때 조건 (가)에서 삼각형 GH_1C_1은 정삼각형이므로
$\angle C_1GH_1=60°$, $\overline{GH_1}=4$이고, 두 직선 AB, GH_1은 서로 평행하므로 $\overline{GH_1}\perp\overline{BE}$이다.

Step 2 점 H의 평면 DEF 위로의 수선의 발을 내려 조건 (나)를 이용한다.

두 점 C, G의 평면 DEF 위로의 수선의 발을 각각 F, D라 하고 점 H의 평면 DEF 위로의 수선의 발을 H_2라 하자.

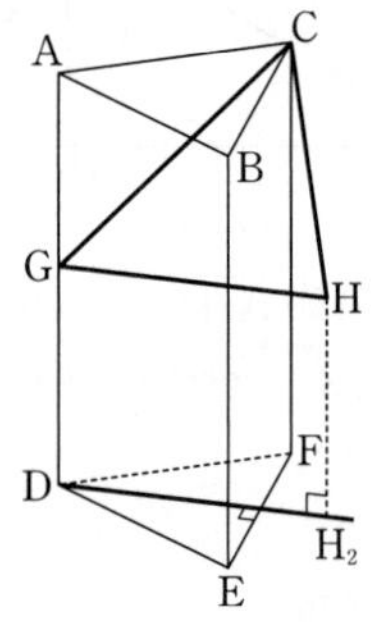

삼각형 CGH의 평면 DEF 위로의 정사영의 내부와 삼각형 DEF의 내부의 공통부분의 넓이가 $4\sqrt{3}$의 절반인 $2\sqrt{3}$이기 때문이다.

삼각형 DEF의 넓이는 $\frac{\sqrt{3}}{4}\times4^2=4\sqrt{3}$이고, 조건 (나)를 만족시키려면 직선 DH_2는 선분 EF의 중점을 지나야 한다.
따라서 $\overline{DH_2}\perp\overline{EF}$이고, 두 삼각형 DEH_2, DFH_2는 합동이다.

Step 3 점 H의 평면 ADFC 위로의 수선의 발을 내려 정사영의 넓이 S를 구한다.

점 H의 평면 ADFC 위로의 정사영을 H_3이라 하자.

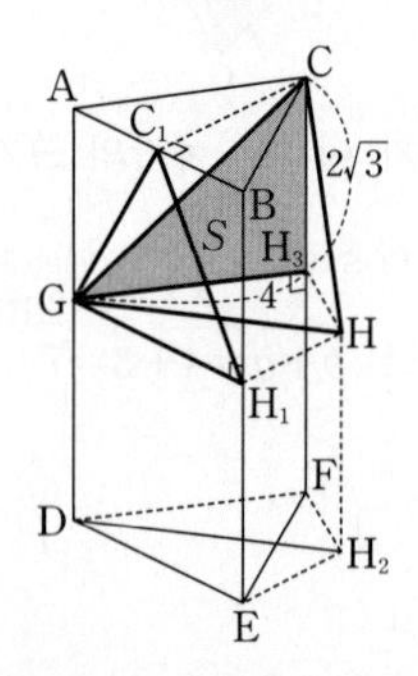

두 삼각형 DEH_2, DFH_2가 합동이므로 두 삼각형 GH_1H, GH_3H도 합동이다.
그러므로 점 H_3은 점 G의 직선 CF 위로의 수선의 발과 같다.
따라서 삼각형 CGH의 평면 ADFC 위로의 정사영은 삼각형 CGH_3이므로 구하는 넓이 S는

$S=\frac{1}{2}\times4\times2\sqrt{3}=4\sqrt{3}$ $\qquad\therefore S^2=48$

091 [정답률 3%] 정답 50

공간에서 중심이 O이고 반지름의 길이가 4인 구와 점 O를 지나는 평면 α가 있다. 평면 α와 구가 만나서 생기는 원 위의 서로 다른 세 점 A, B, C에 대하여 두 직선 OA, BC가 서로 수직일 때, 구 위의 점 P가 다음 조건을 만족시킨다.

> (가) $\angle PAO=\frac{\pi}{3}$
>
> (나) 점 P의 평면 α 위로의 정사영은 선분 OA 위에 있다.

$\cos(\angle PAB)=\frac{\sqrt{10}}{8}$일 때, 삼각형 PAB의 평면 PAC 위로의 정사영의 넓이를 S라 하자. $30\times S^2$의 값을 구하시오.

$\left(\text{단, } 0<\angle BAC<\frac{\pi}{2}\right)$ (4점)

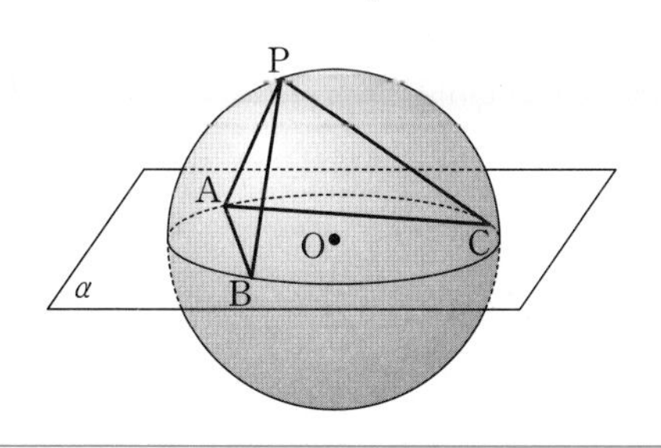

Step 1 피타고라스 정리와 코사인법칙의 변형을 이용하여 점 O와 선분 BC 사이의 거리를 구한다.

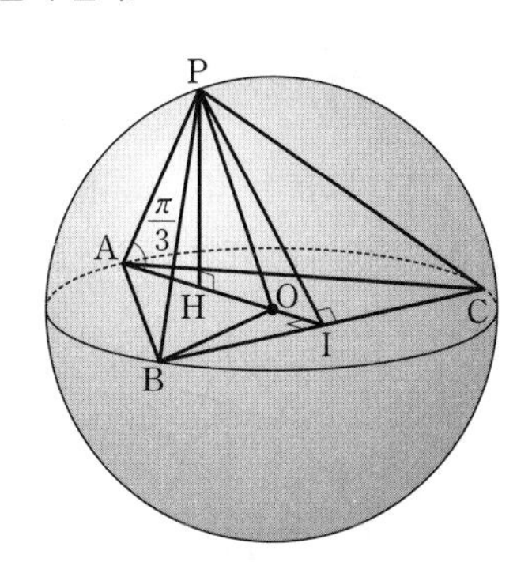

점 P에서 평면 α에 내린 수선의 발을 H, 점 A에서 선분 BC에 내린 수선의 발을 I라 하자.

조건 (가)에서 $\angle PAO=\frac{\pi}{3}$이고 $\overline{OA}=\overline{OP}$이므로 삼각형 PAO는 정삼각형이다.
(→ 구의 반지름의 길이)

$\overline{OI}=a\ (a>0)$라 하면 $\overline{PA}=4$, $\overline{PH}=\frac{\sqrt{3}}{2}\times4=2\sqrt{3}$,
(→ 삼각형 PAO는 한 변의 길이가 4인 정삼각형이다.)

$\overline{AH}=\overline{OH}=2$이므로 (→ 점 H는 선분 OA의 중점이다.)

직각삼각형 OIB에서 $\overline{IB}=\sqrt{\overline{OB}^2-\overline{OI}^2}=\sqrt{16-a^2}$
(→ 구의 반지름의 길이)

직각삼각형 AIB에서

$\overline{AB}=\sqrt{\overline{AI}^2+\overline{IB}^2}=\sqrt{(a+4)^2+(16-a^2)}=\sqrt{8a+32}$
(→ $\overline{AI}=\overline{OA}+\overline{OI}$)

직각삼각형 PHI에서

$\overline{PI}=\sqrt{\overline{PH}^2+\overline{HI}^2}=\sqrt{(2\sqrt{3})^2+(a+2)^2}=\sqrt{a^2+4a+16}$

이때 $\overline{PH}\perp\alpha$, $\overline{HI}\perp\overline{BC}$이므로 삼수선의 정리에 의하여 $\overline{PI}\perp\overline{BC}$
(→ $\overline{HI}=\overline{OH}+\overline{OI}$)

직각삼각형 PIB에서

$\overline{PB}=\sqrt{\overline{PI}^2+\overline{IB}^2}=\sqrt{(a^2+4a+16)+(16-a^2)}=\sqrt{4a+32}$

삼각형 PAB에서 코사인법칙의 변형에 의하여

$$\cos(\angle PAB)=\frac{\overline{AP}^2+\overline{AB}^2-\overline{PB}^2}{2\times\overline{AP}\times\overline{AB}}$$
(→ 코사인법칙의 변형 $\cos A=\frac{b^2+c^2-a^2}{2bc}$)

$$=\frac{16+(8a+32)-(4a+32)}{2\times4\times\sqrt{8a+32}}$$

$$=\frac{a+4}{4\sqrt{2a+8}}$$

즉, $\frac{a+4}{4\sqrt{2a+8}}=\frac{\sqrt{10}}{8}$에서 양변을 제곱하여 정리하면

$(a+4)^2=5(a+4)$

$(a+4)(a-1)=0$

$\therefore a=1\ (\because a>0)$
(→ a는 선분 OI의 길이이므로 양수이다.)

Step 2 삼각형 PAB의 넓이를 구한다.

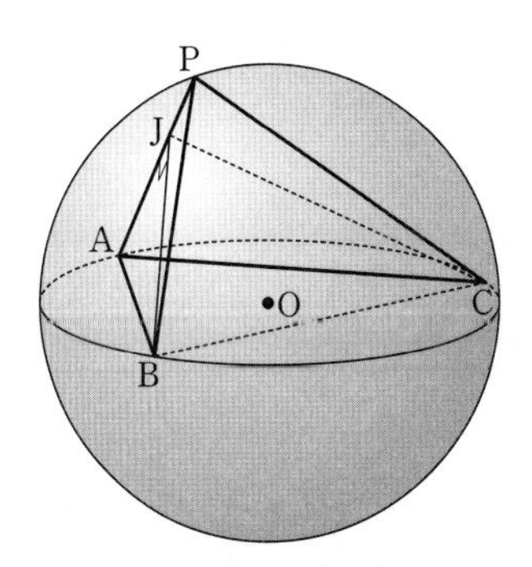

점 B에서 선분 PA에 내린 수선의 발을 J라 하자.

삼각형 JAB에서

$\sin(\angle PAB)=\frac{\overline{BJ}}{\overline{AB}}=\frac{\overline{BJ}}{2\sqrt{10}}$
(→ $\overline{AB}=\sqrt{8a+32}$에서 $a=1$이므로 $\overline{AB}=2\sqrt{10}$)

이때 $\cos(\angle PAB)=\frac{\sqrt{10}}{8}$이므로

$\sin(\angle PAB)=\sqrt{1-\left(\frac{\sqrt{10}}{8}\right)^2}=\frac{3\sqrt{6}}{8}$

$\therefore \overline{BJ}=2\sqrt{10}\times\frac{3\sqrt{6}}{8}=\frac{3\sqrt{15}}{2}$

삼각형 PAB의 넓이를 S'이라 하면

$S'=\frac{1}{2}\times\overline{PA}\times\overline{BJ}=\frac{1}{2}\times4\times\frac{3\sqrt{15}}{2}=3\sqrt{15}$

Step 3 정사영을 이용하여 S의 값을 구한다.

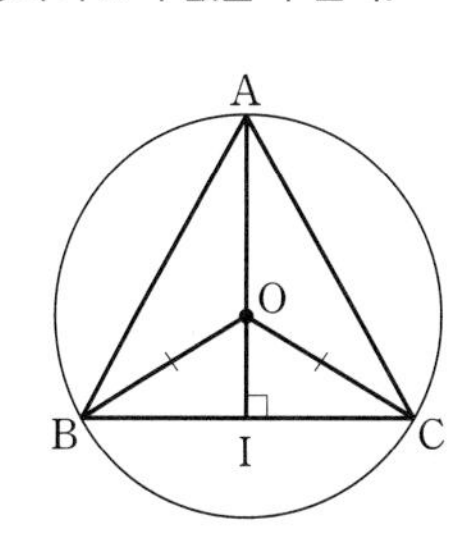

(→ $\overline{BI}=\overline{CI}$, $\overline{PI}$는 공통, $\angle PIB=\angle PIC=90^\circ$이므로 두 삼각형 PIB, PIC는 SAS 합동이다.)

평면 α와 구가 만나서 생기는 원 위의 서로 다른 세 점 A, B, C에 대하여 두 직선 OA, BC가 서로 수직이고 $\overline{OB}=\overline{OC}$이므로 이등변삼각형의 수직이등분선의 성질에 의하여 $\overline{BI}=\overline{CI}$이다.
(→ 구의 반지름의 길이)

즉, $\overline{PB}=\overline{PC}$이므로 두 삼각형 PAB, PAC는 합동이다.
(→ SSS 합동)

따라서 $\overline{BJ}\perp\overline{AP}$이므로 $\overline{CJ}\perp\overline{AP}$이고 $\overline{BJ}=\overline{CJ}$이다.

두 평면 PAB, PAC가 이루는 예각의 크기를 θ라 하면 $\overline{BJ}\perp\overline{AP}$, $\overline{CJ}\perp\overline{AP}$이므로 $\theta=\angle BJC$

$\overline{BJ}=\overline{CJ}=\frac{3\sqrt{15}}{2}$, $\overline{BC}=2\sqrt{15}$이므로 삼각형 BJC에서 코사인법칙의 변형에 의하여
(→ $\overline{BC}=2\overline{IB}=2\sqrt{16-a^2}$에서 $a=1$이므로 $\overline{BC}=2\sqrt{15}$)

$$\cos\theta=\frac{\overline{BJ}^2+\overline{CJ}^2-\overline{BC}^2}{2\times\overline{BJ}\times\overline{CJ}}=\frac{\left(\frac{3\sqrt{15}}{2}\right)^2+\left(\frac{3\sqrt{15}}{2}\right)^2-(2\sqrt{15})^2}{2\times\frac{3\sqrt{15}}{2}\times\frac{3\sqrt{15}}{2}}=\frac{1}{9}$$

따라서 $S=S'\times\cos\theta=3\sqrt{15}\times\frac{1}{9}=\frac{\sqrt{15}}{3}$이므로

$30\times S^2=30\times\frac{15}{9}=50$

092 [정답률 16%]

정답 24

좌표공간에 정사면체 ABCD가 있다. 정삼각형 BCD의 외심을 중심으로 하고 점 B를 지나는 구를 S라 하자. 구 S와 선분 AB가 만나는 점 중 B가 아닌 점을 P, 구 S와 선분 AC가 만나는 점 중 C가 아닌 점을 Q, 구 S와 선분 AD가 만나는 점 중 D가 아닌 점을 R라 하고, 점 P에서 구 S에 접하는 평면을 α라 하자.
구 S의 반지름의 길이가 6일 때, 삼각형 PQR의 평면 α 위로의 정사영의 넓이는 k이다. k^2의 값을 구하시오. (4점)

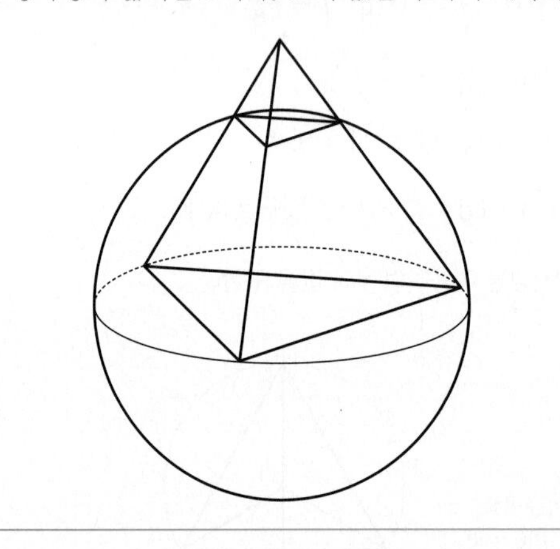

Step 1 주어진 점을 표시하고 정사면체의 성질을 이용하여 길이를 구한다.

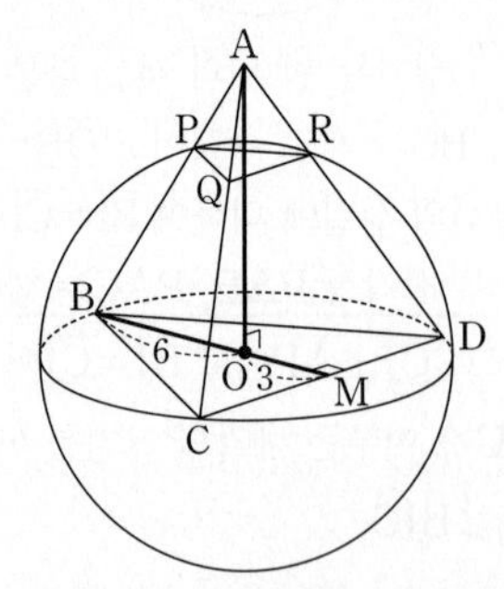

구의 중심을 O라 하면 이는 정삼각형 BCD의 외심과 일치하고, 정사면체의 꼭짓점 A에서 평면 BCD에 내린 수선의 발이다.
따라서 선분 CD의 중점을 M이라 하면 $\overline{BO}=6$이므로 $\overline{OM}=3$이다.

정삼각형 BCD에서 $\overline{BM}=9$이므로 (정삼각형의 높이)
$\overline{BC}=6\sqrt{3}$
따라서 정사면체 ABCD의 한 모서리의 길이는 $6\sqrt{3}$이다.
$\overline{AB}=6\sqrt{3}$이므로 직각삼각형 ABO에서 피타고라스의 정리에 의해 $\overline{AO}=6\sqrt{2}$이다.
직각삼각형 ABO에서 $\angle ABO=\theta_1$이라 하면 $\cos\theta_1=\frac{\overline{BO}}{\overline{AB}}=\frac{1}{\sqrt{3}}$이고
삼각형 OBP에서 $\overline{OB}=\overline{OP}=6$이므로
코사인법칙에 의해
$6^2+\overline{BP}^2-2\times6\times\overline{BP}\times\cos\theta_1=6^2$
$\overline{BP}^2-4\sqrt{3}\,\overline{BP}=0$, $\overline{BP}(\overline{BP}-4\sqrt{3})=0$
$\therefore\ \overline{BP}=4\sqrt{3}$
따라서 $\overline{AP}=6\sqrt{3}-4\sqrt{3}=2\sqrt{3}$이다.

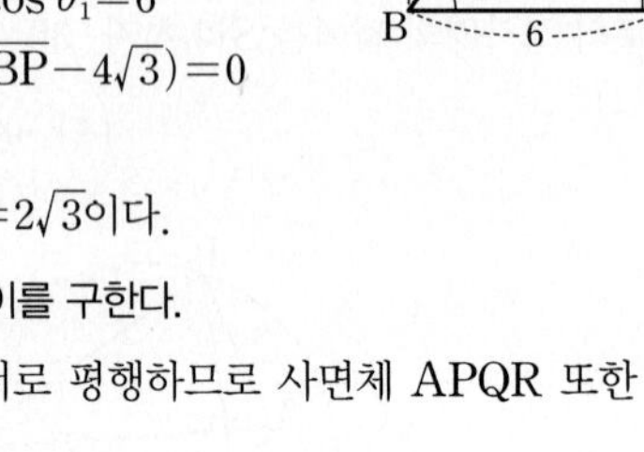

Step 2 삼각형 PQR의 넓이를 구한다.

두 평면 BCD, PQR가 서로 평행하므로 사면체 APQR 또한 정사면체이다.

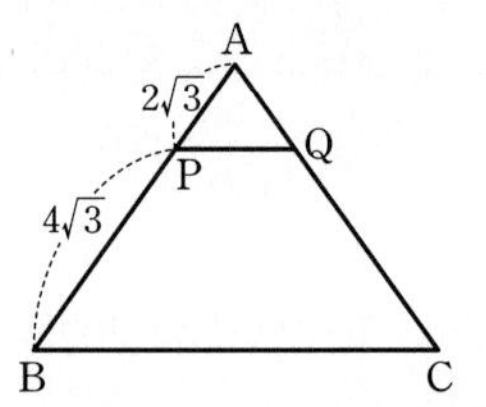

사면체 APQR의 한 모서리의 길이가 $\overline{AP}=2\sqrt{3}$이므로

$\triangle PQR=\frac{\sqrt{3}}{4}\times(2\sqrt{3})^2=3\sqrt{3}$ …… ㉠

Step 3 평면 α와 평면 PQR가 이루는 각의 크기를 구한다.

평면 α와 평면 PQR를 간단히 나타내면 (평면 ABM 기준) 다음과 같다.

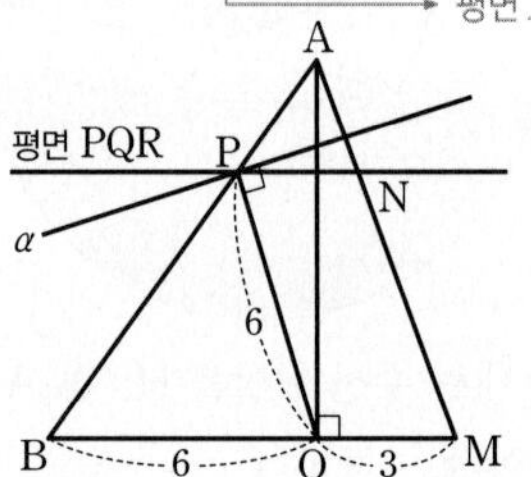

선분 QR의 중점을 N이라 하고 점 P를 지나고 직선 PO에 수직인 직선을 l이라 하면 두 평면 PQR, α가 이루는 각의 크기는 두 직선 PN, l이 이루는 각의 크기와 같다.
이 각의 크기를 θ_2라 하자.

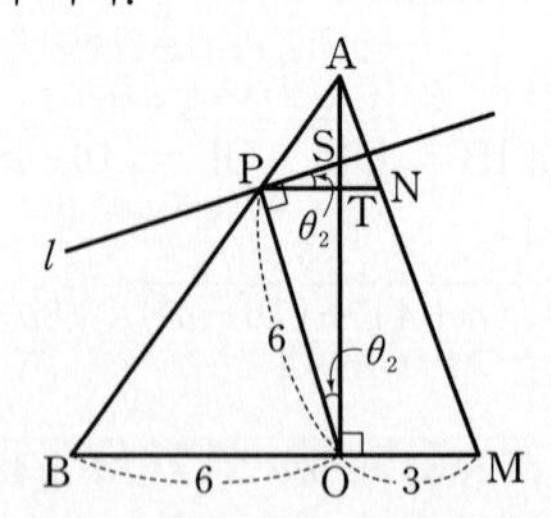

직선 l과 선분 AO가 만나는 점을 S, 선분 PN과 선분 AO가 만나는 점을 T라 하면 두 삼각형 PSO, TSP가 서로 AA 닮음이므로
$\angle SPT=\angle SOP=\theta_2$

본문 170쪽

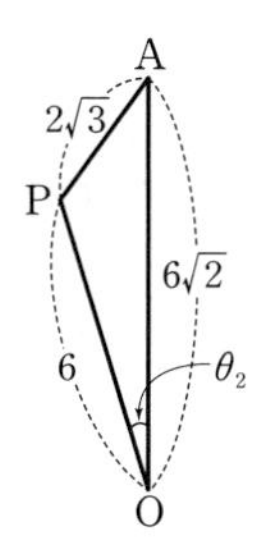

삼각형 APO에서 코사인법칙에 의해

$6^2+(6\sqrt{2})^2-2\times6\times6\sqrt{2}\times\cos\theta_2=(2\sqrt{3})^2$

$2\times6\times6\sqrt{2}\times\cos\theta_2=96\qquad\therefore\ \cos\theta_2=\frac{2\sqrt{2}}{3}$ ...... ㉡

㉠, ㉡에서 $k=3\sqrt{3}\times\frac{2\sqrt{2}}{3}=2\sqrt{6}$이므로

$k^2=(2\sqrt{6})^2=24$

093

정답 ④

삼각기둥의 높이는 8인 것을 알 수 있어.

한 변의 길이가 8인 정사각형을 밑면으로 하고 높이가 $4+4\sqrt{3}$인 직육면체 ABCD−EFGH가 있다. 그림과 같이 이 직육면체의 바닥에 $\angle\text{EPF}=90°$인 삼각기둥 EFP−HGQ가 놓여 있고 그 위에 구를 삼각기둥과 한 점에서 만나도록 올려놓았더니 이 구가 밑면 ABCD와 직육면체의 네 옆면에 모두 접하였다. 태양광선이 밑면과 수직인 방향으로 구를 비출 때, 삼각기둥의 두 옆면 PFGQ, EPQH에 생기는 구의 그림자의 넓이를 각각 S_1, S_2 $(S_1>S_2)$라 하자. $S_1+\frac{1}{\sqrt{3}}S_2$의 값은? (4점)

구의 반지름의 길이가 4임을 알 수 있어.

두 옆면 PFGQ, EPQH에 빛을 비춰 생긴 그림자를 두 평면 위로의 구의 정사영으로 착각할 수 있어. 태양광선이 두 옆면과 수직이 아니므로 두 옆면에 생기는 그림자는 두 옆면 위로의 구의 정사영이 아니야!

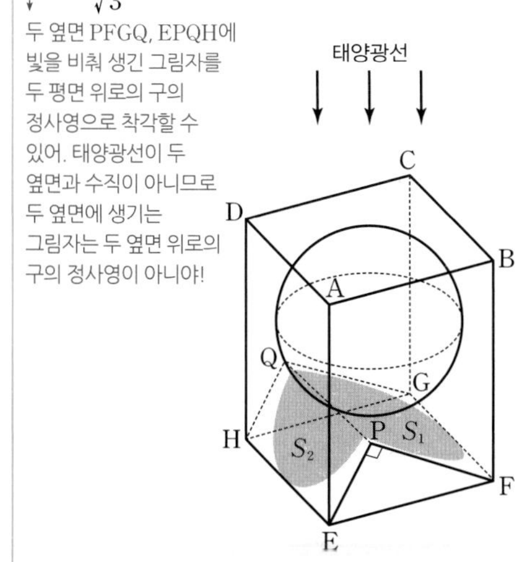

① $\frac{20\sqrt{3}}{3}\pi$ ② $8\sqrt{3}\pi$ ③ $\frac{28\sqrt{3}}{3}\pi$ ④ $\frac{32\sqrt{3}}{3}\pi$ ⑤ $12\sqrt{3}\pi$

Step 1 구와 삼각기둥의 교점의 위치를 파악한다.

구와 삼각기둥이 만나는 점을 P′, 면 AEFB와 평행하고 점 P′을 지나는 평면으로 자른 단면이 직육면체 ABCD−EFGH와 만나는 점을 각각 A′, B′, F′, E′이라 하고 직사각형 A′B′F′E′을 점 E′을 원점으로 하고 선분 E′F′과 A′E′이 각각 x축, y축의 양의 방향 위에 존재하도록 좌표평면에 나타내면 오른쪽 그림과 같다.

직육면체의 높이 $4+4\sqrt{3}$에서 구의 반지름의 길이 4를 빼면 점 O의 y좌표는 $4\sqrt{3}$이 된다.

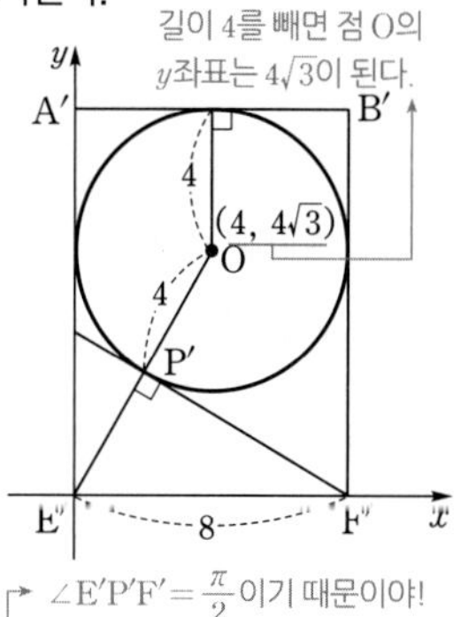

이때 구의 단면인 원의 중심을 O라 하면 $\angle\text{E}'\text{P}'\text{F}'=\frac{\pi}{2}$, 직선 P′F′과 원이 접하는 접점이 P′이므로 세 점 E′, P′, O는 한 직선 위에 있다.

$\angle\text{E}'\text{P}'\text{F}'=\frac{\pi}{2}$이기 때문이야! $\angle\text{E}'\text{P}'\text{F}'$이 직각이 아니면 세 점은 한 직선 위에 있지 않아!

따라서 $\overline{\text{E}'\text{P}'}=\overline{\text{OE}'}-\overline{\text{OP}'}$이고 $\overline{\text{OE}'}=\sqrt{4^2+(4\sqrt{3})^2}=8$이므로

원점과 중심 $\text{O}(4, 4\sqrt{3})$ 사이의 거리

$\overline{\text{E}'\text{P}'}=8-4=4$

Step 2 정사영을 이용하여 $S_1+\frac{1}{\sqrt{3}}S_2$의 값을 구한다.

이때 삼각형 P′E′F′은 $\overline{\text{E}'\text{F}'}=8$, $\overline{\text{E}'\text{P}'}=4$, $\angle\text{E}'\text{P}'\text{F}'=\frac{\pi}{2}$인 직각삼각형이므로 $\angle\text{P}'\text{F}'\text{E}'=\frac{\pi}{6}$, $\angle\text{P}'\text{E}'\text{F}'=\frac{\pi}{3}$이다. (i)

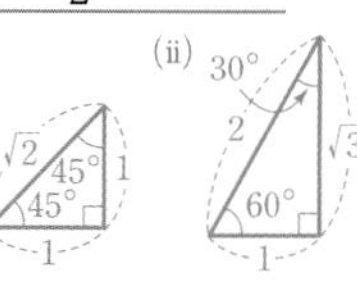

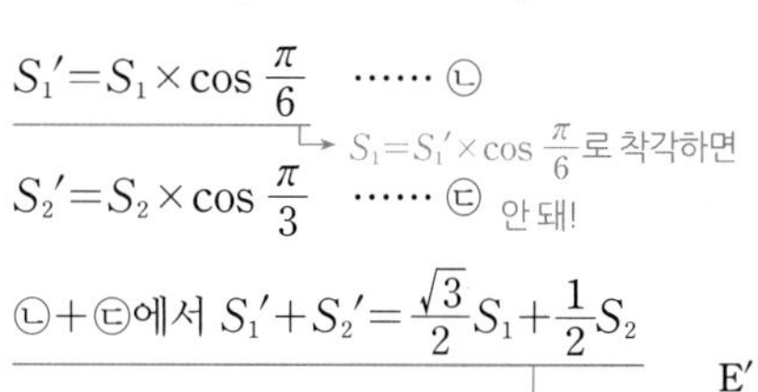

적어도 (i), (ii)의 직각삼각형의 삼각비는 외워 두는 게 좋아.

두 옆면 PFGQ, EPQH에 생기는 구의 그림자의 직육면체의 밑면으로의 정사영의 넓이를 각각 S_1', S_2'이라 하자.

이때 구의 직육면체의 밑면으로의 정사영이 반지름의 길이가 4인 원을 이루므로

$S_1'+S_2'$은 반지름의 길이가 4인 원의 넓이

$S_1'+S_2'=16\pi$ ...... ㉠

$\angle\text{P}'\text{F}'\text{E}'=\frac{\pi}{6}$, $\angle\text{P}'\text{E}'\text{F}'=\frac{\pi}{3}$에서

$S_1'=S_1\times\cos\frac{\pi}{6}$ ...... ㉡

$S_1=S_1'\times\cos\frac{\pi}{6}$로 착각하면 안 돼!

$S_2'=S_2\times\cos\frac{\pi}{3}$ ...... ㉢

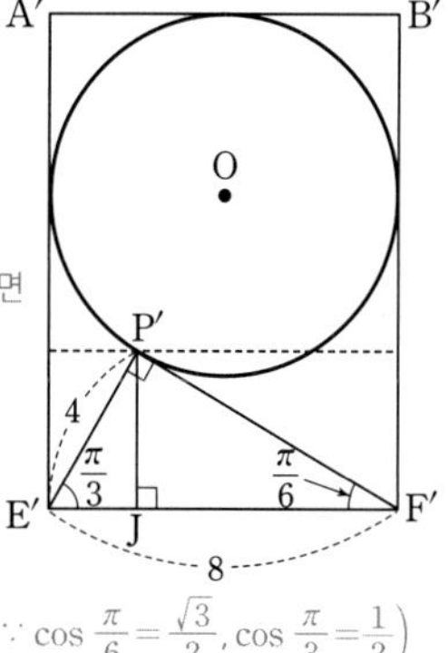

㉡+㉢에서 $S_1'+S_2'=\frac{\sqrt{3}}{2}S_1+\frac{1}{2}S_2$

$\frac{2}{\sqrt{3}}(S_1'+S_2')=S_1+\frac{1}{\sqrt{3}}S_2$ ($S_1'+S_2'=16\pi$)

$\left(\because \cos\frac{\pi}{6}=\frac{\sqrt{3}}{2}, \cos\frac{\pi}{3}=\frac{1}{2}\right)$

$\therefore\ S_1+\frac{1}{\sqrt{3}}S_2=16\pi\times\frac{2}{\sqrt{3}}=\frac{32\sqrt{3}}{3}\pi\ (\because ㉠)$

다른 풀이 S_1, S_2의 값을 직접 구하는 풀이

Step 1 동일

Step 2 정사영을 이용하여 S_1, S_2를 구한다.

이때 삼각형 P′E′F′은 $\overline{\text{E}'\text{F}'}=8$, $\overline{\text{E}'\text{P}'}=4$, $\angle\text{E}'\text{P}'\text{F}'=\frac{\pi}{2}$인 직각삼각형이므로 $\angle\text{P}'\text{F}'\text{E}'=\frac{\pi}{6}$,

→ $\cos(\angle\text{F}'\text{E}'\text{P}')=\frac{1}{2}=\cos\frac{\pi}{3}$

$\angle\text{P}'\text{E}'\text{F}'=\frac{\pi}{3}$이다.

점 P′에서 선분 E′F′에 내린 수선의 발을 J라 하면 삼각형 P′E′J에서

$\overline{\text{E}'\text{J}}=4\cos\frac{\pi}{3}=2$

→ 직각삼각형에서 한 변의 길이와 직각이 아닌 한 예각의 크기만 알면 이를 이용하여 다른 변의 길이를 표현할 수 있어!

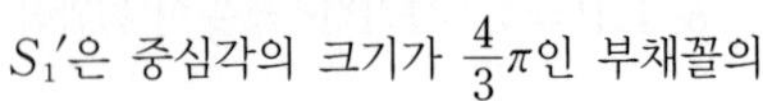

이때 두 옆면 PFGQ, EPQH에 생기는 구의 그림자의 직육면체의 밑면으로의 정사영의 넓이를 각각 S_1', S_2'이라 하면, 구의 그림자의 직육면체의 밑면 위로의 정사영은 오른쪽 그림과 같다.

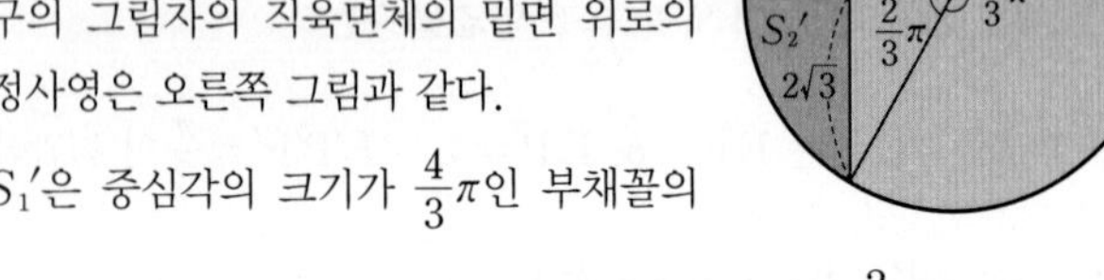

S_1'은 중심각의 크기가 $\frac{4}{3}\pi$인 부채꼴의 넓이와 두 변의 길이가 4이고 그 끼인각의 크기가 $\frac{2}{3}\pi$인 이등변삼각형의 넓이의 합이므로

→ 삼각형의 넓이는 두 변의 길이와 그 끼인각의 크기를 알면 구할 수 있어.

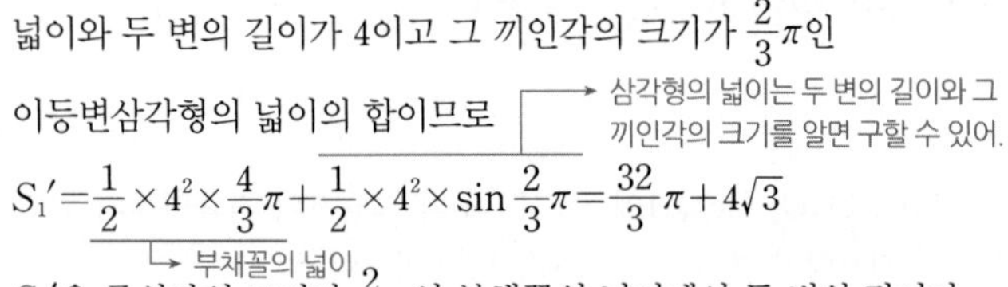

$S_1'=\frac{1}{2}\times4^2\times\frac{4}{3}\pi+\frac{1}{2}\times4^2\times\sin\frac{2}{3}\pi=\frac{32}{3}\pi+4\sqrt{3}$

→ 부채꼴의 넓이

S_2'은 중심각의 크기가 $\frac{2}{3}\pi$인 부채꼴의 넓이에서 두 변의 길이가 4이고 그 끼인각의 크기가 $\frac{2}{3}\pi$인 이등변삼각형의 넓이를 뺀 것과 같으므로

→ 삼각형의 넓이

$S_2'=\frac{1}{2}\times4^2\times\frac{2}{3}\pi-\frac{1}{2}\times4^2\times\sin\frac{2}{3}\pi=\frac{16}{3}\pi-4\sqrt{3}$

→ 부채꼴의 넓이

이때 $\angle\text{P}'\text{F}'\text{E}'=\frac{\pi}{6}$, $\angle\text{P}'\text{E}'\text{F}'=\frac{\pi}{3}$에서

반지름의 길이가 r, 중심각의 크기가 θ(라디안)인 부채꼴의 호의 길이를 l, 넓이를 S라 하면 $S=\frac{1}{2}r^2\theta=\frac{1}{2}rl$

$S_1'=S_1\cos\frac{\pi}{6}=\frac{\sqrt{3}}{2}S_1$

$S_1=\frac{2}{\sqrt{3}}S_1'=\frac{2}{\sqrt{3}}\left(\frac{32}{3}\pi+4\sqrt{3}\right)=\frac{64}{3\sqrt{3}}\pi+8=\frac{64\sqrt{3}}{9}\pi+8$

$S_2'=S_2\cos\frac{\pi}{3}=\frac{1}{2}S_2$

$S_2=2S_2'=2\left(\frac{16}{3}\pi-4\sqrt{3}\right)=\frac{32}{3}\pi-8\sqrt{3}$

정사영의 넓이
평면 β 위의 넓이가 S인 도형의 평면 α 위로의 정사영의 넓이를 S'이라 하고, 두 평면 α, β가 이루는 예각의 크기를 θ라 하면 $S'=S\cos\theta$가 성립한다.

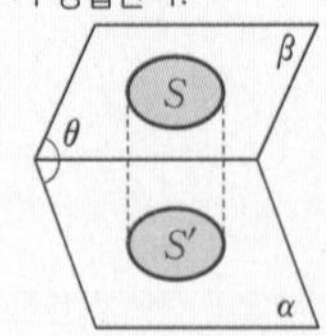

Step 3 $S_1+\frac{1}{\sqrt{3}}S_2$의 값을 구한다.

$$\therefore S_1+\frac{1}{\sqrt{3}}S_2=\frac{64\sqrt{3}}{9}\pi+8+\frac{1}{\sqrt{3}}\left(\frac{32}{3}\pi-8\sqrt{3}\right)$$
$$=\frac{64\sqrt{3}}{9}\pi+8+\frac{32\sqrt{3}}{9}\pi-8$$
$$=\frac{96\sqrt{3}}{9}\pi=\frac{32\sqrt{3}}{3}\pi$$

참고

주어진 직육면체의 밑면의 한 변의 길이가 8일 때

(i) 주어진 직육면체의 높이가 $4+4\sqrt{3}$보다 작으면 [그림 1]과 같이 구는 삼각기둥의 옆면과 만난다.

(ii) 주어진 직육면체의 높이가 $4+4\sqrt{3}$이면 [그림 2]와 같이 직선 P′F′과 원 O는 점 P′에서 접한다.

(iii) 주어진 직육면체의 높이가 $4+4\sqrt{3}$보다 크면 [그림 3]과 같이 구와 삼각기둥이 모서리 PQ에서 만나며, 이때 직선 RS는 원 O'의 접선이 아니다.

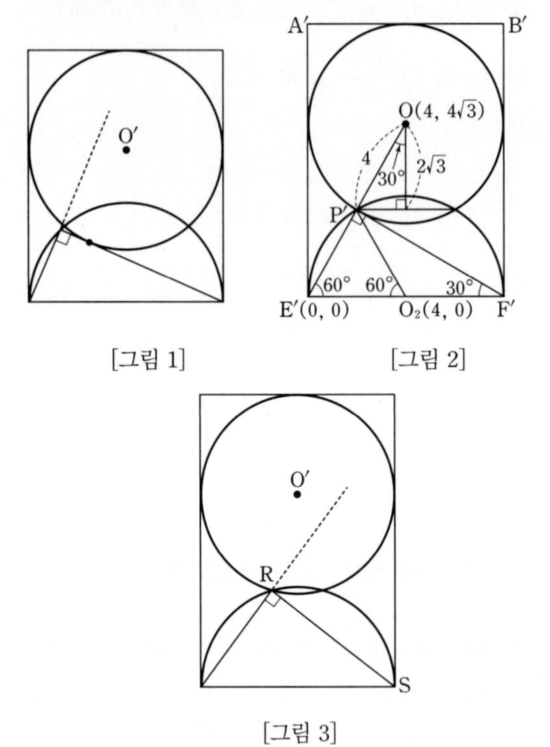

[그림 1] [그림 2] [그림 3]

094 정답 ⑤

그림과 같이 평면 α 위에 $\angle BAC=\frac{\pi}{2}$이고 $\overline{AB}=1$, $\overline{AC}=\sqrt{3}$인 직각삼각형 ABC가 있다. 점 A를 지나고 평면 α에 수직인 직선 위의 점 P에 대하여 $\overline{PA}=2$일 때, 점 P와 직선 BC 사이의 거리는? (3점)

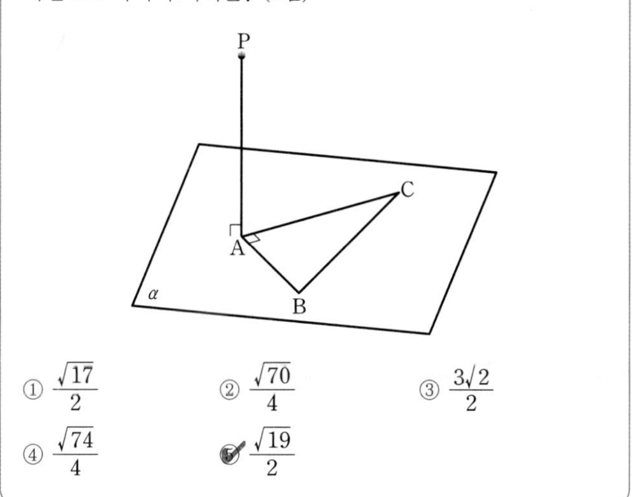

① $\frac{\sqrt{17}}{2}$ ② $\frac{\sqrt{70}}{4}$ ③ $\frac{3\sqrt{2}}{2}$
④ $\frac{\sqrt{74}}{4}$ ⑤ $\frac{\sqrt{19}}{2}$

Step 1 삼수선의 정리를 이용한다.

점 P에서 직선 BC에 내린 수선의 발을 H라 하자.
점 P에서 평면 α에 내린 수선의 발이 A이므로
$\overline{PA}\perp\alpha$ ……㉠
점 P에서 직선 BC에 내린 수선의 발이 H이므로
$\overline{PH}\perp\overline{BC}$ ……㉡
따라서 ㉠, ㉡에서 삼수선의 정리에 의하여 $\overline{AH}\perp\overline{BC}$
중요

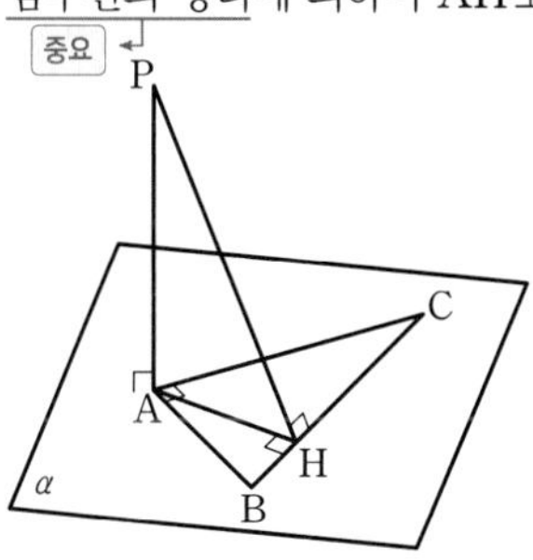

Step 2 선분 PH의 길이를 구한다.

직각삼각형 ABC에서 $\overline{BC}=\sqrt{\overline{AB}^2+\overline{AC}^2}=\sqrt{1^2+(\sqrt{3})^2}=2$
$\overline{AH}=x$라 하면 $\overline{AB}\times\overline{AC}=\overline{BC}\times\overline{AH}$이므로
→ (직각삼각형 ABC의 넓이) $=\frac{1}{2}\times\overline{AB}\times\overline{AC}=\frac{1}{2}\times\overline{BC}\times\overline{AH}$
$1\times\sqrt{3}=2\times x$ $\quad\therefore x=\frac{\sqrt{3}}{2}$
따라서 직각삼각형 PAH에서
→ $\overline{PA}\perp\alpha$이므로 $\overline{PA}\perp\overline{AH}$ 따라서 삼각형 PAH는 직각삼각형이다.
$\overline{PH}=\sqrt{\overline{PA}^2+\overline{AH}^2}=\sqrt{2^2+\left(\frac{\sqrt{3}}{2}\right)^2}=\frac{\sqrt{19}}{2}$
→ $\sqrt{4+\frac{3}{4}}=\sqrt{\frac{19}{4}}=\frac{\sqrt{19}}{2}$

095 정답 ⑤

평면 α 위에 있는 서로 다른 두 점 A, B와 평면 α 위에 있지 않은 점 P에 대하여 삼각형 PAB는 한 변의 길이가 6인 정삼각형이다. 점 P에서 평면 α에 내린 수선의 발 H에 대하여 $\overline{PH}=4$일 때, 삼각형 HAB의 넓이는? (3점)

① $3\sqrt{3}$ ② $3\sqrt{5}$ ③ $3\sqrt{7}$
④ 9 ⑤ $3\sqrt{11}$

Step 1 삼수선의 정리를 이용한다.

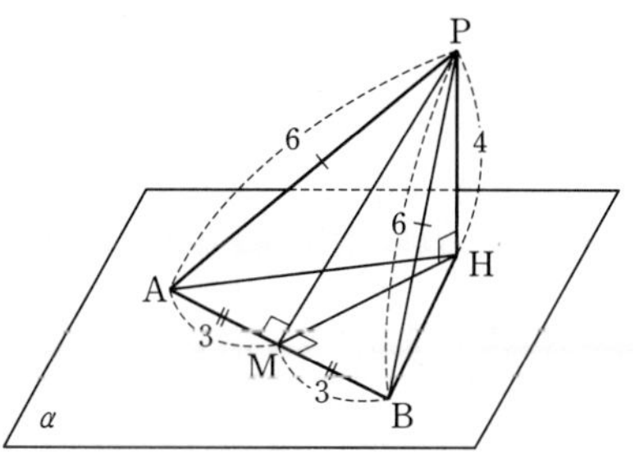

그림과 같이 점 P에서 선분 AB에 내린 수선의 발을 M이라 하자.
점 M은 선분 AB의 중점이므로 $\overline{AM}=\overline{BM}=3$
이때 선분 PH가 평면 α에 수직이므로 삼수선의 정리에 의하여 $\overline{HM}\perp\overline{AB}$이다.
→ 삼각형 PAB가 정삼각형이니까, 선분 PM이 선분 AB의 수직이등분선이 돼.

Step 2 삼각형 HAB의 넓이를 구한다.

직각삼각형 PAM에서
$\overline{PM}=\sqrt{\overline{PA}^2-\overline{AM}^2}=\sqrt{6^2-3^2}=\sqrt{27}=3\sqrt{3}$
직각삼각형 PMH에서
$\overline{HM}=\sqrt{\overline{PM}^2-\overline{PH}^2}=\sqrt{(3\sqrt{3})^2-4^2}=\sqrt{11}$
따라서 삼각형 HAB의 넓이는
$\frac{1}{2}\times\overline{AB}\times\overline{HM}=\frac{1}{2}\times6\times\sqrt{11}=3\sqrt{11}$
(밑변의 길이: $\overline{AB}$, 높이: $\overline{HM}$)

수능포인트

두 평면 PAB, α가 이루는 각의 크기를 구한 뒤, 정사영의 넓이를 계산하여 답을 구할 수도 있지만, 어차피 두 선분 PM, HM의 길이를 각각 구해야 하니까 위 풀이와 같은 방식이 훨씬 간단합니다.

096

정답 ②

중심이 O이고 반지름의 길이가 1인 구와, 점 O로부터 같은 거리에 있고 서로 수직인 두 평면 α, β가 있다. 그림과 같이 두 평면 α, β의 교선이 구와 만나는 점을 각각 A, B라 하자. 삼각형 OAB가 정삼각형일 때, 점 O와 평면 α 사이의 거리는? (4점)

선분 AB의 길이도 1이야.

구 위의 임의의 점과 구의 중심 사이의 거리는 구의 반지름의 길이와 같으니까, $\overline{OA}=\overline{OB}=1$

① $\frac{\sqrt{2}}{5}$　② $\frac{\sqrt{6}}{4}$　③ $\frac{\sqrt{5}}{5}$
④ $\frac{\sqrt{3}}{6}$　⑤ $\frac{\sqrt{2}}{2}$

Step 1 구의 중심 O에서 두 평면 α, β에 각각 수선을 그어 삼수선의 정리를 이용한다.

구의 중심 O에서 두 평면 α, β에 내린 수선의 발을 각각 P, Q라 하고, 구의 중심 O에서 두 평면 α, β의 교선 AB에 내린 수선의 발을 H라 하면 $\overline{OP}\perp\alpha$, $\overline{OH}\perp\overline{AB}$이므로 삼수선의 정리에 의하여 $\overline{PH}\perp\overline{AB}$

$\overline{OP}\perp\alpha$, $\overline{OQ}\perp\beta$

공간도형 문제에서 자주 쓰이는 개념이니까 꼭 기억해.

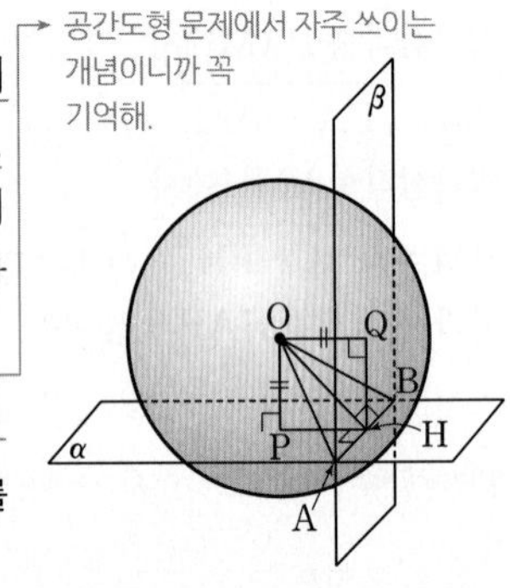

Step 2 점 O와 평면 α 사이의 거리를 구한다.

삼각형 OAB는 한 변의 길이가 1인 정삼각형이므로

$\overline{OH}=\frac{\sqrt{3}}{2}\overline{AB}=\frac{\sqrt{3}}{2}\times1=\frac{\sqrt{3}}{2}$ …… ㉠

이때 $\overline{OP}=\overline{OQ}=\overline{PH}$이므로 $\triangle OPH$는 $\overline{OP}=\overline{PH}$이고 $\angle OPH=90°$인 직각이등변삼각형이다.

직각이등변삼각형의 두 밑각의 크기는 모두 45°야.

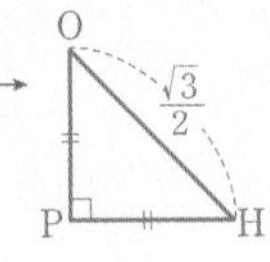

따라서 $\angle OHP=45°$이므로

$\overline{OP}=\overline{OH}\sin45°=\frac{\sqrt{3}}{2}\times\frac{\sqrt{2}}{2}=\frac{\sqrt{6}}{4}$ ($\because$ ㉠)

따라서 점 O와 평면 α 사이의 거리는 $\frac{\sqrt{6}}{4}$이다.

수능포인트

구의 정의와 삼수선의 정리, 점과 평면 사이의 거리를 복합적으로 묻고 있는 문제입니다. 구 위의 임의의 점에서 구의 중심까지의 거리는 항상 일정하다는 것, 삼수선의 정리에 의하여 $\overline{PH}\perp\overline{AB}$임을 알아내는 것 등이 이 문제의 핵심입니다.

암기 $\sin30°=\frac{1}{2}$, $\cos30°=\frac{\sqrt{3}}{2}$, $\tan30°=\frac{\sqrt{3}}{3}$

$\sin45°=\cos45°=\frac{\sqrt{2}}{2}$, $\tan45°=1$

$\sin60°=\frac{\sqrt{3}}{2}$, $\cos60°=\frac{1}{2}$, $\tan60°=\sqrt{3}$

097

정답 ④

평면 α 위에 있는 서로 다른 두 점 A, B와 평면 α 위에 있지 않은 점 P에 대하여 삼각형 PAB는 $\overline{PB}=4$, $\angle PAB=\frac{\pi}{2}$인 직각이등변삼각형이고, 평면 PAB와 평면 α가 이루는 각의 크기는 $\frac{\pi}{6}$이다. 점 P에서 평면 α에 내린 수선의 발을 H라 할 때, 사면체 PHAB의 부피는? (4점)

① $\frac{\sqrt{6}}{6}$　② $\frac{\sqrt{6}}{3}$　③ $\frac{\sqrt{6}}{2}$
④ $\frac{2\sqrt{6}}{3}$　⑤ $\frac{5\sqrt{6}}{6}$

Step 1 정사영의 넓이를 이용한다.

직각이등변삼각형 PAB에서

$\overline{PA}=\overline{AB}=\frac{4}{\sqrt{2}}=2\sqrt{2}$

직각이등변삼각형의 세 변의 길이의 비 $a:b:c=1:1:\sqrt{2}$

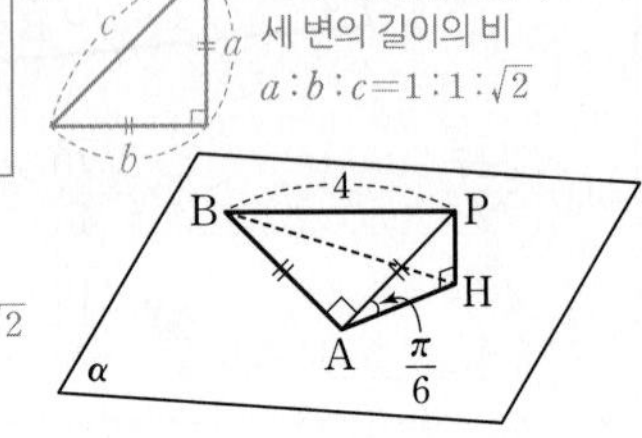

직각삼각형 PAH에서

$\overline{PH}=\overline{PA}\sin\frac{\pi}{6}=\sqrt{2}$　$2\sqrt{2}\times\frac{1}{2}=\sqrt{2}$

삼각형 HAB는 삼각형 PAB의 평면 α 위로의 정사영이므로

$(\triangle HAB$의 넓이$)=(\triangle PAB$의 넓이$)\times\cos\frac{\pi}{6}$

$=\frac{1}{2}\times2\sqrt{2}\times2\sqrt{2}\times\frac{\sqrt{3}}{2}$

$=2\sqrt{3}$

평면 β 위의 도형 F와 도형 F의 평면 α 위로의 정사영 F'의 넓이를 각각 S, S'이라 하고 두 평면이 이루는 각의 크기를 θ라 하면 $S'=S\cos\theta$를 만족해.

따라서 사면체 PHAB의 부피는

$\frac{1}{3}\times2\sqrt{3}\times\sqrt{2}=\frac{2\sqrt{6}}{3}$

밑면이 삼각형 HAB로 그 넓이가 $2\sqrt{3}$, 높이가 $\overline{PH}=\sqrt{2}$인 사면체 PHAB의 부피는 삼각뿔의 부피 공식으로 구할 수 있어.
즉, (사면체 PHAB의 부피)
$=\frac{1}{3}\times(\triangle HAB$의 넓이$)\times\overline{PH}$를 만족해.

098

정답 ⑤

[그림 1]과 같이 $\overline{AB}=3$, $\overline{AD}=2\sqrt{7}$인 직사각형 ABCD 모양의 종이가 있다. 선분 AD의 중점을 M이라 하자. 두 선분 BM, CM을 접는 선으로 하여 [그림 2]와 같이 두 점 A, D가 한 점 P에서 만나도록 종이를 접었을 때, 평면 PBM과 평면 BCM이 이루는 각의 크기를 θ라 하자. $\cos\theta$의 값은?

(단, 종이의 두께는 고려하지 않는다.) (4점)

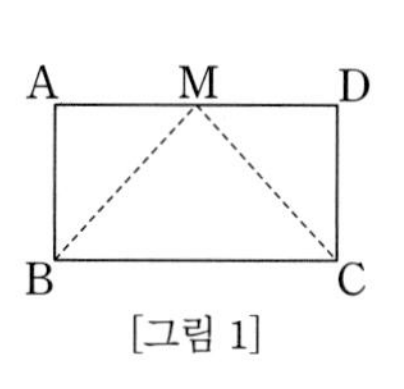

[그림 1]

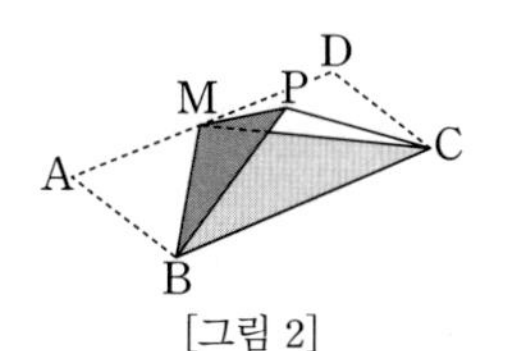

[그림 2]

① $\dfrac{17}{27}$ ② $\dfrac{2}{3}$ ③ $\dfrac{19}{27}$

④ $\dfrac{20}{27}$  ⑤ $\dfrac{7}{9}$

Step 1 [그림 2]에서 $\cos\theta$를 나타낸다.

점 P에서 선분 MB와 삼각형 MBC에 내린 수선의 발을 각각 Q, R라 하면

$\cos\theta=\dfrac{\overline{QR}}{\overline{PQ}}$ → 삼각형 AMB와 삼각형 PMB가 동일하기 때문이야.

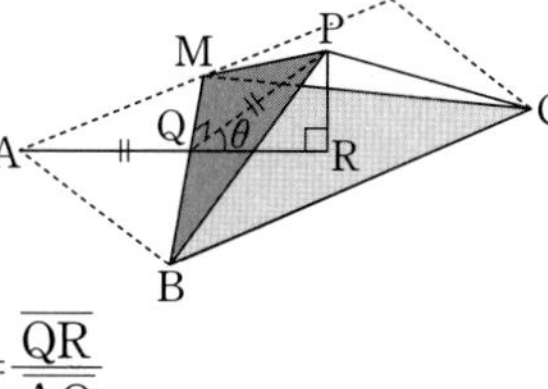

이때 $\overline{AQ}=\overline{PQ}$이므로 $\cos\theta=\dfrac{\overline{QR}}{\overline{PQ}}=\dfrac{\overline{QR}}{\overline{AQ}}$

Step 2 삼각형의 닮음을 이용하여 $\cos\theta$의 값을 구한다.

삼수선의 정리에 의하여 $\overline{MB}\perp\overline{QR}$

접은 도형의 성질에 의하여 $\overline{MB}\perp\overline{AQ}$

따라서 점 Q의 위치는 오른쪽 그림과 같다.

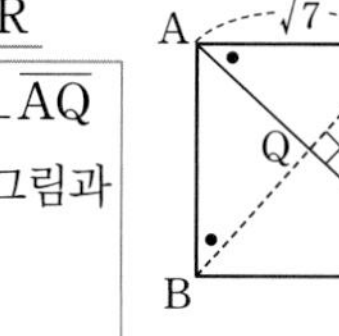

→ $\overline{PR}\perp$(평면 MBC), $\overline{PQ}\perp\overline{MB}$이므로 삼수선 정리에 의해 $\overline{MB}\perp\overline{QR}$

$\triangle AMR \backsim \triangle MEB$이므로

$\overline{AM}:\overline{MR}=\overline{ME}:\overline{BE}$ → $\sqrt{7}:\overline{MR}=3:\sqrt{7}$

$\therefore \overline{MR}=\dfrac{7}{3}$

또한 $\triangle ABQ \backsim \triangle RMQ$이므로 $\overline{AB}:\overline{AQ}=\overline{MR}:\overline{QR}$ ($\overline{AB}$ → 3, $\overline{MR}$ → $\dfrac{7}{3}$)

$\therefore \dfrac{\overline{QR}}{\overline{AQ}}=\dfrac{\frac{7}{3}}{3}=\dfrac{7}{9}$

따라서 $\cos\theta=\dfrac{7}{9}$이다.

099

정답 ⑤

그림은 어떤 사면체의 전개도이다. 삼각형 BEC는 한 변의 길이가 2인 정삼각형이고, $\angle ABC=\angle CFA=90^\circ$, $\overline{AC}=4$이다. 이 전개도로 사면체를 만들 때, 두 면 ACF, ABC가 이루는 예각의 크기를 θ라 하자. $\cos\theta$의 값은? (4점)

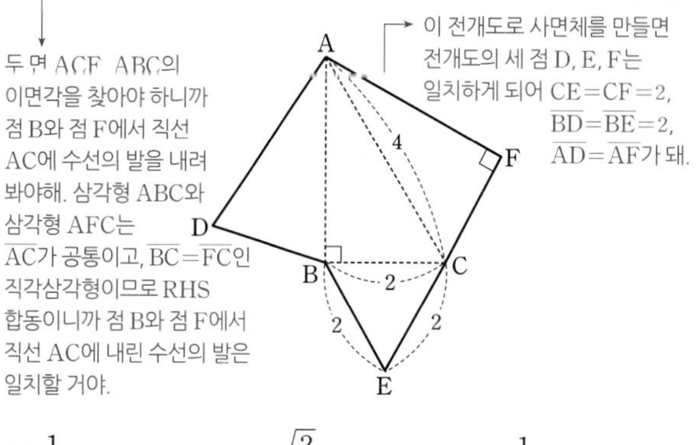

① $\dfrac{1}{6}$ ② $\dfrac{\sqrt{2}}{6}$ ③ $\dfrac{1}{4}$

④ $\dfrac{\sqrt{3}}{6}$ ⑤ $\dfrac{1}{3}$

Step 1 주어진 전개도를 이용하여 사면체를 만들고, 두 면 ACF, ABC가 이루는 각을 나타낸다.

주어진 전개도로 사면체를 만들 때, 전개도의 세 점 D, E, F는 일치한다.

→ 실제로 접어 보면 아래 그림과 같이 세 점이 한 점에서 만나는 것을 확인할 수 있어.

사면체에서 이 점을 P라 하자.

삼각형 ABC와 삼각형 APC가 합동 (RHS 합동)이므로 점 P에서 선분 AC에 내린 수선의 발과 점 B에서 선분 AC에 내린 수선의 발이 일치한다.

→ 두 직각삼각형의 빗변과 나머지 한 변의 길이가 각각 서로 같다.

이 점을 H라 하면 이면각의 정의에 의하여 두 면 ACF, ABC가 이루는 각 θ는 $\angle PHB$와 같다.

→ 두 직각삼각형 ABC, APC에서 빗변으로 선분 AC를 공유하고 $\overline{BC}=\overline{PC}=2$

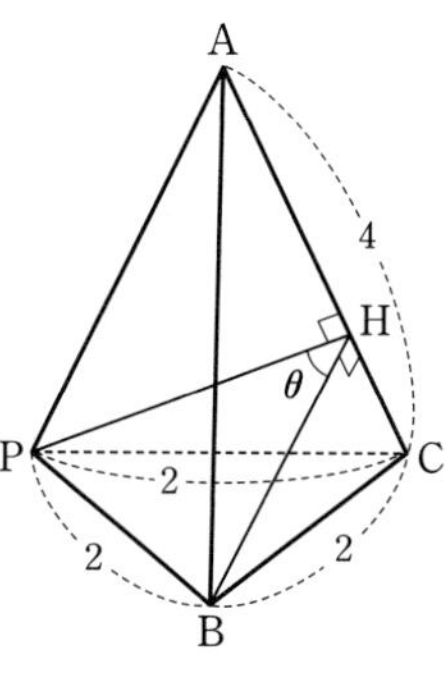

Step 2 이등변삼각형의 성질을 이용하여 $\cos\theta$의 값을 구한다.

→ 이등변삼각형의 꼭지각의 이등분선은 밑변을 수직이등분해!

직각삼각형 BCH에서 $\overline{BC}=2$, $\angle BCH=\dfrac{\pi}{3}$이므로

삼각비에 의하여 $\overline{BH}=\sqrt{3}$ → 세 변의 길이의 비는 $1:\sqrt{3}:2$야!

마찬가지로 직각삼각형 PCH에서

$\overline{PH}=\sqrt{3}$

따라서 삼각형 PBH는 $\overline{BP}=2$, $\overline{BH}=\overline{PH}=\sqrt{3}$인 이등변삼각형이므로

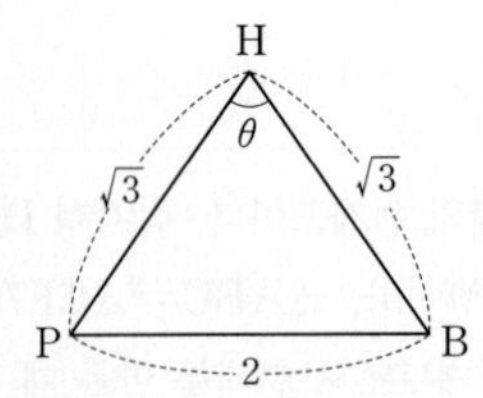

코사인법칙을 이용하면

$$\cos\theta=\frac{\overline{BH}^2+\overline{PH}^2-\overline{BP}^2}{2\times\overline{BH}\times\overline{PH}}$$

$$=\frac{(\sqrt{3})^2+(\sqrt{3})^2-2^2}{2\times\sqrt{3}\times\sqrt{3}}$$

$$=\frac{2}{6}=\frac{1}{3}$$

$\cos\theta=\frac{a^2+b^2-c^2}{2ab}$

100

정답 450

그림과 같이 한 변의 길이가 6인 정삼각형 ACD를 한 면으로 하는 사면체 ABCD가 다음 조건을 만족시킨다.

(가) $\overline{BC}=3\sqrt{10}$
(나) $\overline{AB}\perp\overline{AC}$, $\overline{AB}\perp\overline{AD}$

두 모서리 AC, AD의 중점을 각각 M, N이라 할 때, 삼각형 BMN의 평면 BCD 위로의 정사영의 넓이를 S라 하자. $40\times S$의 값을 구하시오. (4점)

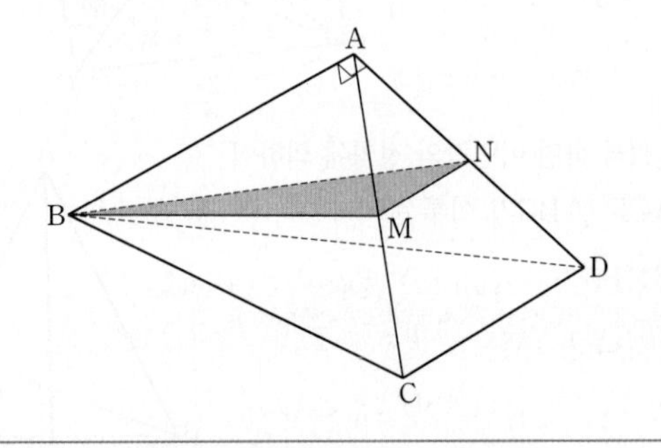

Step 1 삼각형 BCD가 이등변삼각형임을 이용한다.

삼각형 ACD는 한 변의 길이가 6인 정삼각형이므로

$\overline{AC}=\overline{AD}=\overline{CD}=6$

직각삼각형 ABC에서 → 문제에서 $\overline{AB}\perp\overline{AC}$라고 주어졌어.

$\overline{AB}=\sqrt{\overline{BC}^2-\overline{AC}^2}=\sqrt{(3\sqrt{10})^2-6^2}=\sqrt{54}=3\sqrt{6}$

직각삼각형 ABD에서 → 문제에서 $\overline{AB}\perp\overline{AD}$라고 주어졌어.

$\overline{BD}=\sqrt{\overline{AB}^2+\overline{AD}^2}=\sqrt{(3\sqrt{6})^2+6^2}=\sqrt{90}=3\sqrt{10}$

따라서 $\overline{BC}=\overline{BD}$이므로 삼각형 BCD는 이등변삼각형이다.

즉, 선분 CD의 중점을 P라 하면

$\overline{BP}\perp\overline{CD}$, $\overline{AP}\perp\overline{CD}$이다. → 이등변삼각형의 꼭짓점에서 밑변에 내린 수선의 발이 밑변을 수직이등분함을 이용한 거야.

Step 2 점 A에서 평면 BCD에 내린 수선의 발 X에 대하여 선분 BX의 길이를 구한다.

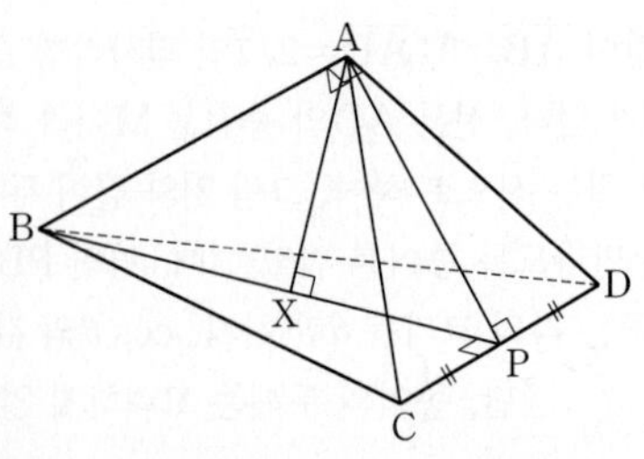

그림과 같이 점 A에서 평면 BCD에 내린 수선의 발을 X라 하면

점 X는 선분 BP 위의 점이다. → $\overline{AX}\perp$(평면 BCD), $\overline{AP}\perp\overline{CD}$라서 삼수선의 정리에 의하여 $\overline{XP}\perp\overline{CD}$이기 때문!

직각삼각형 BCP에서 → $\overline{CP}=\frac{1}{2}\overline{CD}=3$

$\overline{BP}=\sqrt{\overline{BC}^2-\overline{CP}^2}$

$=\sqrt{(3\sqrt{10})^2-3^2}$

$=\sqrt{81}=9$ → 삼각형 ABP의 넓이를 구하는 방법을 이용!

$\overline{AB}\times\overline{AP}=\overline{AX}\times\overline{BP}$에서 $3\sqrt{6}\times3\sqrt{3}=\overline{AX}\times9$ → (한 변의 길이가 6인 정삼각형 ACD의 높이)$=\frac{\sqrt{3}}{2}\times6=3\sqrt{3}$

$\therefore \overline{AX}=\frac{3\sqrt{6}\times3\sqrt{3}}{9}=\sqrt{18}=3\sqrt{2}$

직각삼각형 AXP에서

$\overline{PX}=\sqrt{\overline{AP}^2-\overline{AX}^2}=\sqrt{(3\sqrt{3})^2-(3\sqrt{2})^2}=\sqrt{9}=3$

$\therefore \overline{BX}=\overline{BP}-\overline{PX}=9-3=6$

Step 3 삼각형 BMN의 평면 BCD 위로의 정사영의 넓이를 구한다.

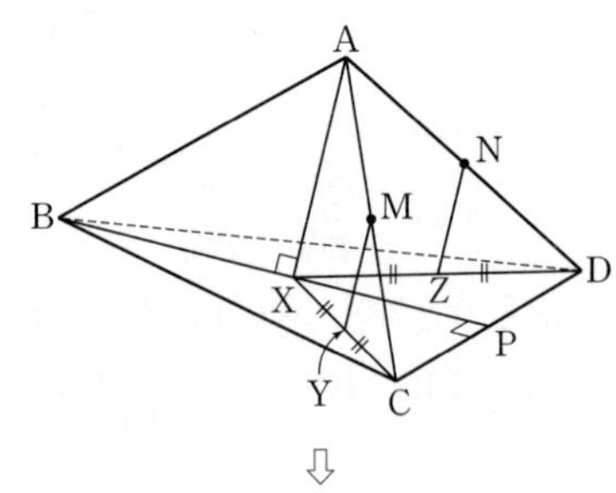

⇩

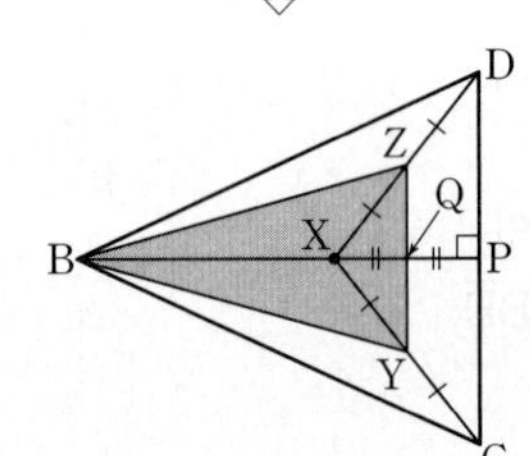

그림과 같이 두 점 M, N에서 평면 BCD에 내린 수선의 발을 각각 Y, Z라 하면 삼각형 BMN의 평면 BCD 위로의 정사영의 넓이는 삼각형 BYZ의 넓이와 같다.

이때 두 점 M, N이 각각 선분 AC, AD의 중점이므로 두 점 Y, Z는 각각 선분 XC, XD의 중점이다.

즉, 삼각형 XCD에서

$\overline{YZ}=\frac{1}{2}\overline{CD}=3$, $\overline{XQ}=\frac{1}{2}\overline{PX}=\frac{3}{2}$ → 삼각형의 중점을 연결한 길이의 비를 이용했어.

따라서 $\overline{BQ}=\overline{BX}+\overline{XQ}=6+\frac{3}{2}=\frac{15}{2}$

이므로 구하는 정사영의 넓이 S는

$\frac{1}{2}\times\overline{YZ}\times\overline{BQ}=\frac{1}{2}\times3\times\frac{15}{2}=\frac{45}{4}$ (밑변의 길이, 높이)

$\therefore 40\times S=40\times\frac{45}{4}=450$

101

정답 ⑤

그림과 같이 한 모서리의 길이가 12인 정사면체 ABCD에서 두 모서리 BD, CD의 중점을 각각 M, N이라 하자. 사각형 BCNM의 평면 AMN 위로의 정사영의 넓이는? (4점)

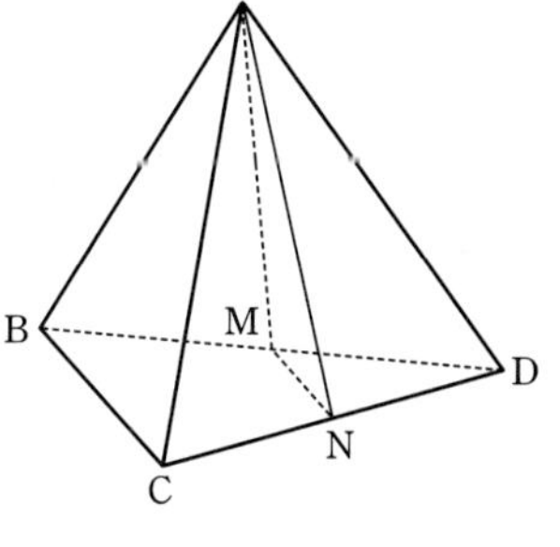

① $\frac{15\sqrt{11}}{11}$ ② $\frac{18\sqrt{11}}{11}$ ③ $\frac{21\sqrt{11}}{11}$
④ $\frac{24\sqrt{11}}{11}$ ⑤ $\frac{27\sqrt{11}}{11}$

Step 1 두 평면 AMN과 BCD가 이루는 각의 크기를 θ라 하고 $\cos\theta$의 값을 구한다.

두 선분 AM과 AN은 한 변의 길이가 12인 정삼각형의 높이이므로

$\overline{AM}=\overline{AN}=12\times\frac{\sqrt{3}}{2}=6\sqrt{3}$ → 한 변의 길이가 a인 정삼각형의 높이는 $\frac{\sqrt{3}}{2}a$

선분 MN의 길이는 선분 BC의 길이의 $\frac{1}{2}$이므로

$\overline{MN}=\frac{1}{2}\overline{BC}=6$ → 두 점 M, N은 각각 두 모서리 BD, CD의 중점이므로

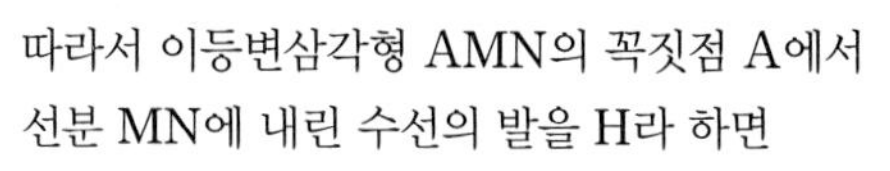

따라서 이등변삼각형 AMN의 꼭짓점 A에서 선분 MN에 내린 수선의 발을 H라 하면

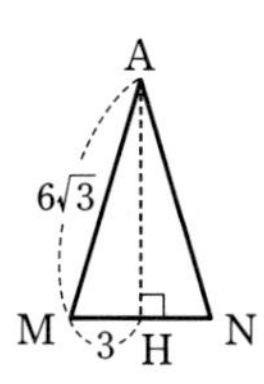

$\overline{MH}=\overline{HN}=\frac{1}{2}\overline{MN}=3$

그러므로 직각삼각형 MAH에서

피타고라스 정리에 의하여

$\overline{AH}^2=\overline{AM}^2-\overline{MH}^2=108-9=99$

$\therefore\ \overline{AH}=3\sqrt{11}$

삼각형 BCD의 무게중심을 G라 하면

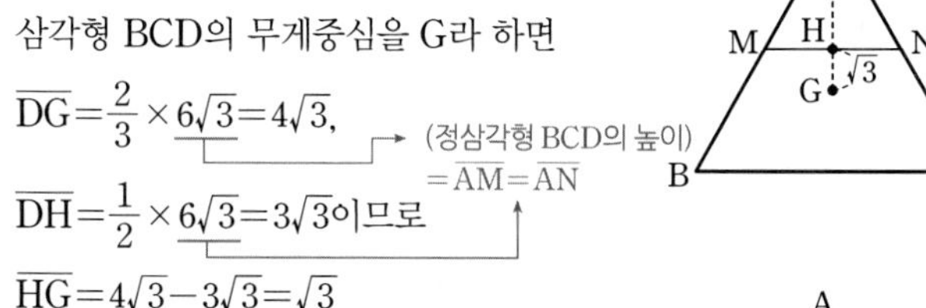

$\overline{DG}=\frac{2}{3}\times6\sqrt{3}=4\sqrt{3}$, → (정삼각형 BCD의 높이) $=\overline{AM}=\overline{AN}$

$\overline{DH}=\frac{1}{2}\times6\sqrt{3}=3\sqrt{3}$이므로

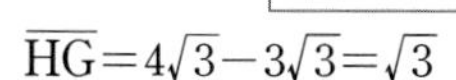

$\overline{HG}=4\sqrt{3}-3\sqrt{3}=\sqrt{3}$

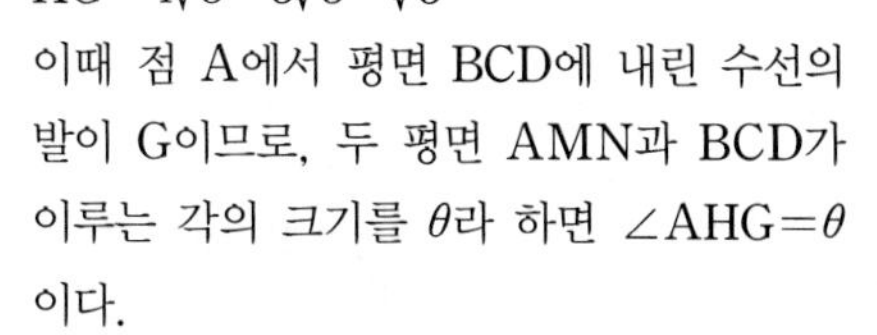

이때 점 A에서 평면 BCD에 내린 수선의 발이 G이므로, 두 평면 AMN과 BCD가 이루는 각의 크기를 θ라 하면 $\angle AHG=\theta$이다.

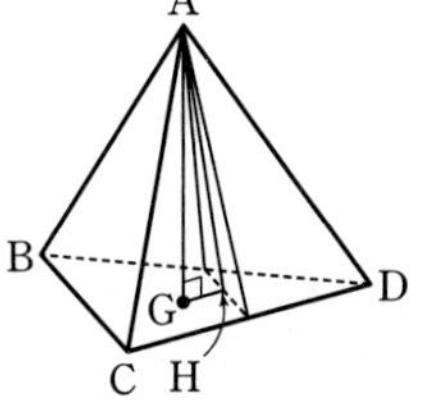

따라서 직각삼각형 AHG에서

$\cos\theta=\frac{\overline{HG}}{\overline{AH}}=\frac{\sqrt{3}}{3\sqrt{11}}=\frac{\sqrt{33}}{33}$

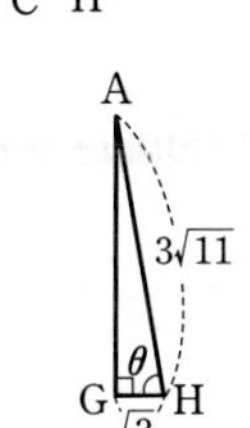

사다리꼴의 넓이 S는 $S=\frac{1}{2}(a+b)h$

Step 2 정사영의 넓이를 구한다.

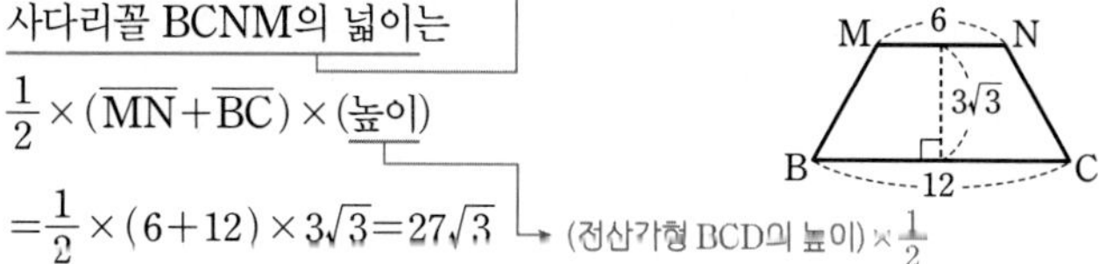

사다리꼴 BCNM의 넓이는

$\frac{1}{2}\times(\overline{MN}+\overline{BC})\times(\text{높이})$

$=\frac{1}{2}\times(6+12)\times3\sqrt{3}=27\sqrt{3}$ → (정삼각형 BCD의 높이)$\times\frac{1}{2}$

따라서 구하는 정사영의 넓이는

$\square BCNM\times\cos\theta$

$=27\sqrt{3}\times\frac{\sqrt{33}}{33}=\frac{27\times3\sqrt{11}}{33}=\frac{27\sqrt{11}}{11}$

102

정답 ②

그림과 같이 $\overline{AB}=1$, $\overline{AD}=2$, $\overline{AE}=3$인 직육면체 ABCD−EFGH가 있다. 선분 CG를 2 : 1로 내분하는 점 I에 대하여 평면 BID와 평면 EFGH가 이루는 예각의 크기를 θ라 할 때, $\cos\theta$의 값은? (3점)

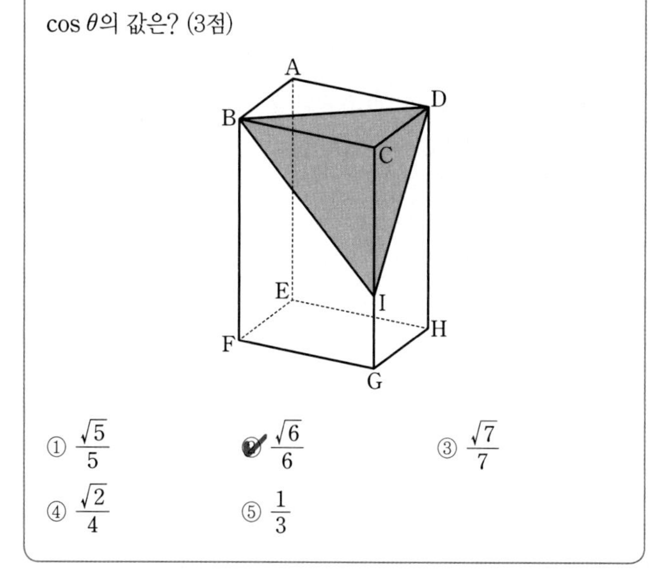

① $\frac{\sqrt{5}}{5}$ ② $\frac{\sqrt{6}}{6}$ ③ $\frac{\sqrt{7}}{7}$
④ $\frac{\sqrt{2}}{4}$ ⑤ $\frac{1}{3}$

Step 1 삼각형 BID의 넓이를 구한다.

선분 CG를 2 : 1로 내분하는 점이 I이므로 $\overline{CI}=2$ → $\overline{CI}=\frac{2}{3}\overline{CG}=\frac{2}{3}\times3=2$

따라서 삼각형 BID에서

$\overline{BD}=\sqrt{\overline{BC}^2+\overline{CD}^2}=\sqrt{2^2+1^2}=\sqrt{5}$ ($\overline{BC}=\overline{AD}$, $\overline{CD}=\overline{AB}$)

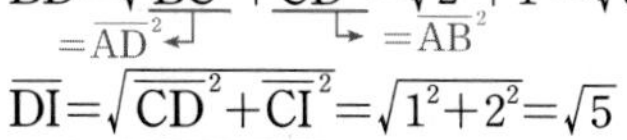

$\overline{DI}=\sqrt{\overline{CD}^2+\overline{CI}^2}=\sqrt{1^2+2^2}=\sqrt{5}$

$\overline{BI}=\sqrt{\overline{BC}^2+\overline{CI}^2}=\sqrt{2^2+2^2}=2\sqrt{2}$

삼각형 BID는 $\overline{DB}=\overline{DI}$인 이등변삼각형이므로 오른쪽 그림과 같이 점 D에서 선분 BI에 내린 수선의 발을 H′이라 하면 $\overline{BH'}=\overline{IH'}=\sqrt{2}$

$\therefore\ \overline{DH'}=\sqrt{\overline{BD}^2-\overline{BH'}^2}=\sqrt{5-2}$
$=\sqrt{3}$

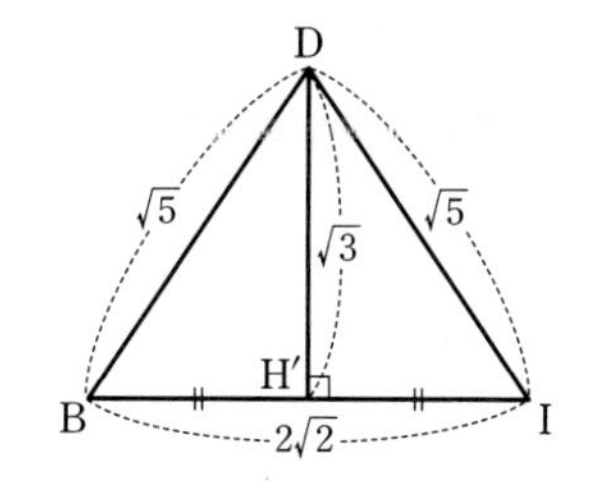

따라서 삼각형 BID의 넓이는

$\frac{1}{2}\times\overline{BI}\times\overline{DH'}=\frac{1}{2}\times2\sqrt{2}\times\sqrt{3}=\sqrt{6}$

Step 2 삼각형 FGH의 넓이를 구한다.

삼각형 BID의 평면 EFGH 위로의 정사영은 삼각형 FGH이다.

이때 삼각형 FGH의 넓이는 $\frac{1}{2}\times\overline{FG}\times\overline{GH}=\frac{1}{2}\times2\times1=1$

Step 3 $\cos\theta$의 값을 구한다.

평면 BID와 평면 EFGH가 이루는 예각 θ에 대하여

$\triangle BID\times\cos\theta=\triangle FGH$ → 정사영의 넓이에 대한 성질이므로 꼭 기억해야 한다.

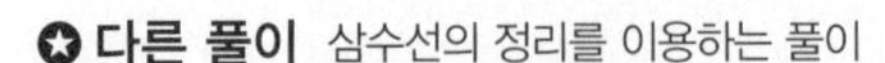

$\therefore \cos\theta=\frac{\triangle FGH}{\triangle BID}=\frac{1}{\sqrt{6}}=\frac{\sqrt{6}}{6}$

✪ 다른 풀이 삼수선의 정리를 이용하는 풀이

Step 1 삼수선의 정리를 이용하여 수직 관계를 파악한다.

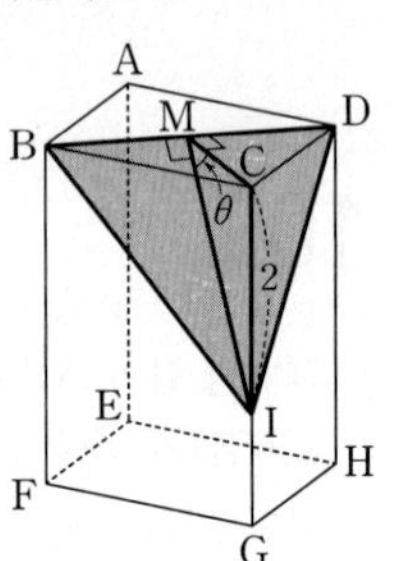

평면 BID와 평면 EFGH가 이루는 예각의 크기는 평면 BID와 평면 ABCD가 이루는 예각의 크기와 같다.

점 C에서 선분 BD에 내린 수선의 발을 M이라 하면 직선 CI는 평면 ABCD에 수직이고, $\overline{BD}\perp\overline{CM}$이므로 삼수선의 정리에 의하여 $\overline{BD}\perp\overline{IM}$이다.

따라서 $\angle CMI=\theta$이고 $\overline{CI}=\frac{2}{3}\overline{CG}=\frac{2}{3}\times3=2$이다.

→ 점 I는 선분 CG를 2 : 1로 내분

Step 2 두 선분 MI, MC의 길이를 구한 후, $\cos\theta$의 값을 구한다.

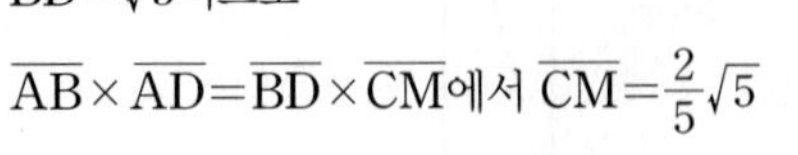

사각형 ABCD에서 $\overline{AB}=1$, $\overline{AD}=2$, $\overline{BD}=\sqrt{5}$이므로

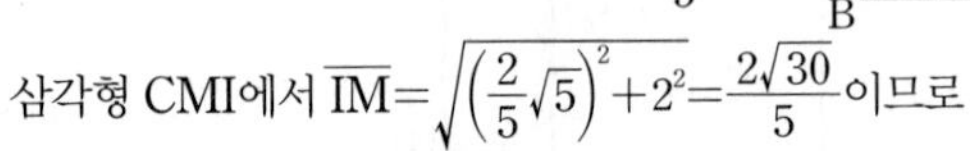

$\overline{AB}\times\overline{AD}=\overline{BD}\times\overline{CM}$에서 $\overline{CM}=\frac{2}{5}\sqrt{5}$

삼각형 CMI에서 $\overline{IM}=\sqrt{\left(\frac{2}{5}\sqrt{5}\right)^2+2^2}=\frac{2\sqrt{30}}{5}$이므로

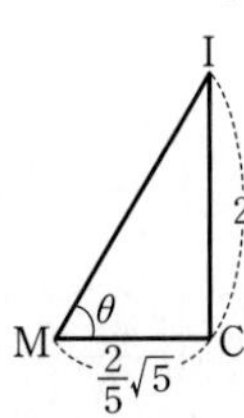

$\cos\theta=\frac{\overline{CM}}{\overline{IM}}=\frac{\frac{2\sqrt{5}}{5}}{\frac{2\sqrt{30}}{5}}=\frac{1}{\sqrt{6}}=\frac{\sqrt{6}}{6}$

103

정답 17

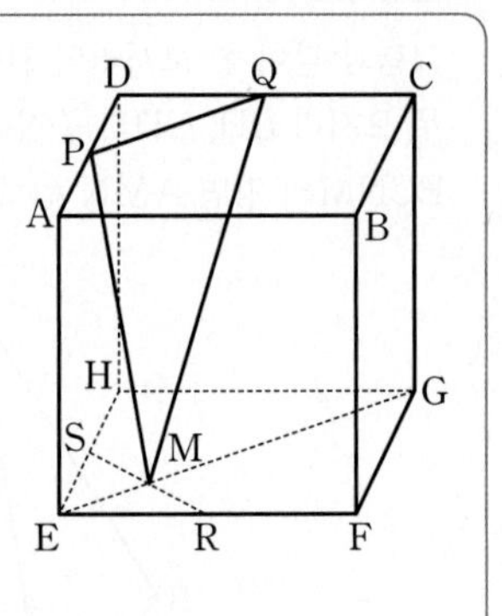

그림과 같은 정육면체 ABCD−EFGH에서 네 모서리 AD, CD, EF, EH의 중점을 각각 P, Q, R, S라 하고, 두 선분 RS와 EG의 교점을 M이라 하자. 평면 PMQ와 평면 EFGH가 이루는 예각의 크기를 θ라 할 때, $\tan^2\theta+\frac{1}{\cos^2\theta}$의 값을 구하시오. (4점)

Step 1 사각형 PEGQ의 넓이를 구한다.

$\overline{PQ}\,/\!/\,\overline{EG}$이므로 평면 PEGQ는 평면 PMQ를 포함한다.

따라서 θ는 평면 PEGQ와 평면 EFGH가 이루는 이면각의 크기와 같다.

→ 평면과 평면 사이의 각과 정사영의 넓이 사이의 관계를 이용하려고 하는데 삼각형 PMQ와 그 정사영의 넓이를 구하기 복잡하니까 평면 PMQ를 포함하는 평면을 찾은 거야.

정육면체의 한 모서리의 길이를 a라 하면

$\overline{PQ}=\sqrt{\left(\frac{1}{2}a\right)^2+\left(\frac{1}{2}a\right)^2}=\sqrt{\frac{1}{2}a^2}=\frac{\sqrt{2}}{2}a$

$\overline{EG}=\sqrt{a^2+a^2}=\sqrt{2a^2}=\sqrt{2}a$

$\overline{QG}=\overline{PE}=\sqrt{\left(\frac{1}{2}a\right)^2+a^2}=\frac{\sqrt{5}}{2}a$

이므로 사각형 PEGQ는 등변사다리꼴이다.

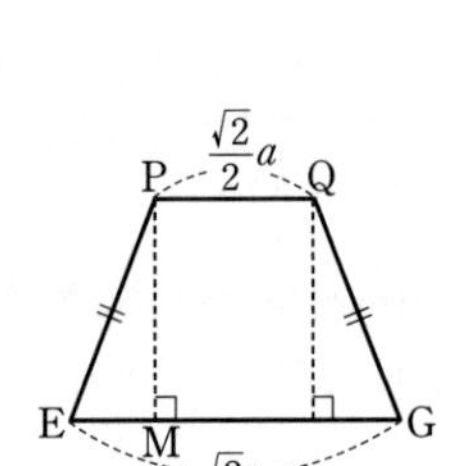

이때 $\overline{EG}\perp\overline{SM}$, $\overline{PS}\perp$(평면 EFGH)이므로 삼수선의 정리에 의하여 $\overline{PM}\perp\overline{EG}$이다.

따라서 점 M은 점 P에서 선분 EG에 내린 수선의 발이다.

$\overline{EM}=\frac{1}{2}(\overline{EG}-\overline{PQ})=\frac{1}{2}\times\frac{\sqrt{2}}{2}a=\frac{\sqrt{2}}{4}a$

→ $\overline{EG}=\sqrt{2}a$, $\overline{PQ}=\frac{\sqrt{2}}{2}a$
$\therefore \overline{EG}-\overline{PQ}=\sqrt{2}a-\frac{\sqrt{2}}{2}a=\frac{\sqrt{2}}{2}a$

이고 직각삼각형 PME에서 피타고라스 정리를 이용하면

$\overline{PM}^2=\overline{PE}^2-\overline{EM}^2=\frac{5}{4}a^2-\frac{1}{8}a^2=\frac{9}{8}a^2$ → $\left(\frac{\sqrt{5}}{2}a\right)^2-\left(\frac{\sqrt{2}}{4}a\right)^2$

$\overline{PM}=\sqrt{\frac{9}{8}a^2}=\frac{3\sqrt{2}}{4}a$ ($\because a>0$) → $\frac{3}{2\sqrt{2}}a=\frac{3\sqrt{2}}{4}a$

$\therefore \square PEGQ=\frac{1}{2}\times(\overline{PQ}+\overline{EG})\times\overline{PM}$ → 윗변과 아랫변의 길이가 각각 a, b이고 높이가 h인 사다리꼴의 넓이는 $\frac{1}{2}(a+b)h$

$=\frac{1}{2}\times\frac{3}{2}\sqrt{2}a\times\frac{3}{4}\sqrt{2}a=\frac{9}{8}a^2$ …… ㉠

Step 2 사각형 PEGQ의 평면 EFGH 위로의 정사영의 넓이를 구한다.

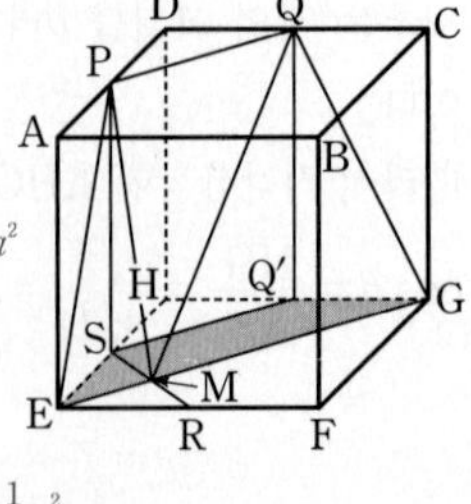

점 Q에서 선분 HG에 내린 수선의 발을 Q′이라 하면 사각형 PEGQ의 평면 EFGH 위로의 정사영은 사각형 SEGQ′이다.

$\therefore \square SEGQ'=\triangle HEG-\triangle HSQ'$

→ $\triangle HSQ'=\frac{1}{2}\times\frac{1}{2}a\times\frac{1}{2}a=\frac{1}{8}a^2$, $\triangle HEG=\frac{1}{2}\times a\times a=\frac{1}{2}a^2$

$=\frac{1}{2}a^2-\frac{1}{8}a^2$

$=\frac{3}{8}a^2$ …… ㉡

Step 3 이면각의 크기 θ에 대하여 $\tan^2\theta+\dfrac{1}{\cos^2\theta}$의 값을 구한다.

㉠, ㉡에서 $\cos\theta=\dfrac{\frac{3}{8}a^2}{\frac{9}{8}a^2}=\dfrac{1}{3}$이므로 $\dfrac{1}{\cos\theta}=3$

$$\therefore \tan^2\theta+\frac{1}{\cos^2\theta}=\frac{1}{\cos^2\theta}-1+\frac{1}{\cos^2\theta}=\frac{2}{\cos^2\theta}-1$$
$$=2\times3^2-1=17$$

→ $\cos^2\theta+\sin^2\theta=1$에서 양변을 $\cos^2\theta$로 나누면 $1+\tan^2\theta=\dfrac{1}{\cos^2\theta}$

✪ 다른 풀이 삼수선의 정리를 이용하여 θ를 구하는 풀이

Step 1 $\angle PMS=\theta$임을 이용하여 $\tan^2\theta+\dfrac{1}{\cos^2\theta}$의 값을 구한다.

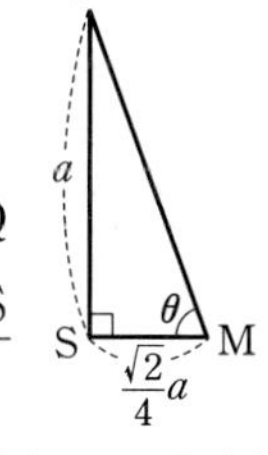

정육면체의 한 모서리의 길이를 a라 하면 점 P에서 평면 EFGH에 내린 수선의 발은 S이고 점 P에서 평면 EFGH에 이르는 거리가 a이므로 $\overline{PS}=a$

삼수선의 정리에 의하여 $\overline{PM}\perp\overline{EG}$이므로 평면 PMQ와 평면 EFGH가 이루는 이면각의 크기 θ는 $\angle PMS$이다.

→ $\overline{PS}\perp$(평면 EFGH), $\overline{SM}\perp\overline{EG}$이므로 $\overline{PM}\perp\overline{EG}$

→ 평면 PMQ와 평면 EFGH에 대하여 $\overline{SM}\perp\overline{EG}$, $\overline{PM}\perp\overline{EG}$이므로 $\angle PMS$는 두 평면이 이루는 이면각의 크기 θ가 된다.

$\overline{SR}=\sqrt{\left(\dfrac{1}{2}a\right)^2+\left(\dfrac{1}{2}a\right)^2}=\dfrac{\sqrt{2}}{2}a$이므로

$\overline{SM}=\dfrac{1}{2}\overline{SR}=\dfrac{1}{2}\times\dfrac{\sqrt{2}}{2}a=\dfrac{\sqrt{2}}{4}a$

한편, $\tan\theta=\dfrac{\overline{PS}}{\overline{SM}}=\dfrac{a}{\frac{\sqrt{2}}{4}a}=2\sqrt{2}$에서

$\dfrac{1}{\cos^2\theta}=\tan^2\theta+1=(2\sqrt{2})^2+1=9$

$\therefore \tan^2\theta+\dfrac{1}{\cos^2\theta}=(2\sqrt{2})^2+9=17$

104

정답 ②

→ 정사각뿔과 정사면체의 형태를 정확히 알아야 풀 수 있어.

그림은 모든 모서리의 길이가 같은 정사각뿔 O−ABCD와 정사면체 O−CDE를 면 OCD가 공유하도록 붙여놓은 것이다. 평면 ABCD와 평면 CDE가 이루는 각의 크기를 θ라 할 때, $\cos^2\theta$의 값은? (4점)

→ 4개의 이면각 중 예각인 한 이면각을 찾아야 해!

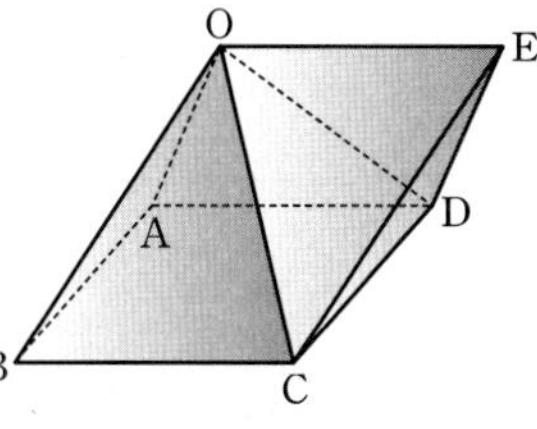

① $\dfrac{1}{2}$ ② $\dfrac{1}{3}$ ③ $\dfrac{1}{4}$ ④ $\dfrac{2}{9}$ ⑤ $\dfrac{1}{9}$

Step 1 두 평면이 이루는 각을 확인한다.

평면 ABCD와 평면 CDE가 이루는 각 θ는 다음 그림과 같이 π에서 사각형 ABCD와 삼각형 CDE가 이루는 각의 크기 α를 뺀 각의 크기와 같다.

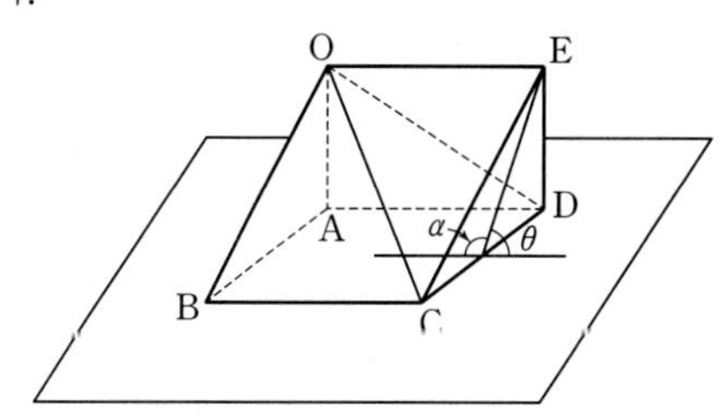

Step 2 각 모서리의 길이를 나타낸다.

선분 AB의 중점을 M, 선분 CD의 중점을 X라 하면 점 M에서 선분 CD에 내린 수선의 발과 점 E에서 선분 CD에 내린 수선의 발은 X로 같다.

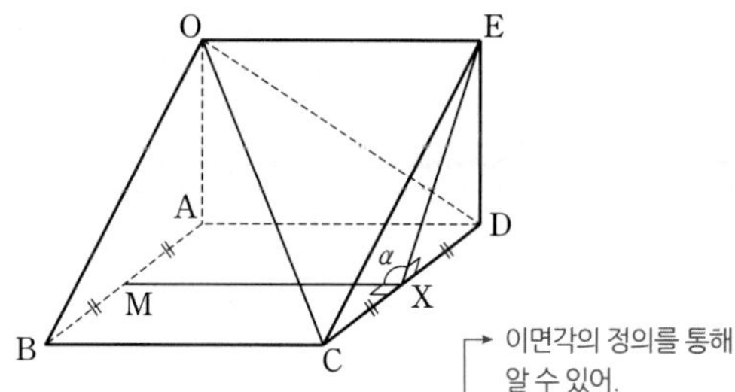

→ 이면각의 정의를 통해 알 수 있어.

즉, **Step 1**에서 언급했듯이 $\angle MXE=\alpha$라 하면 사각형 ABCD와 삼각형 CDE가 이루는 각의 크기는 α와 같다.

정사각뿔 O−ABCD, 정사면체 O−CDE의 한 모서리의 길이를 a라 하면

$\overline{OE}=\overline{MX}=a$

→ 한 변의 길이가 a인 정삼각형이야.

$\overline{OM}$, $\overline{OX}$, $\overline{EX}$는 세 정삼각형 OAB, OCD, ECD의 높이에 해당하므로

$\overline{OM}=\overline{OX}=\overline{EX}=\dfrac{\sqrt{3}}{2}a$

Step 3 $\cos\theta$의 값을 구한다.

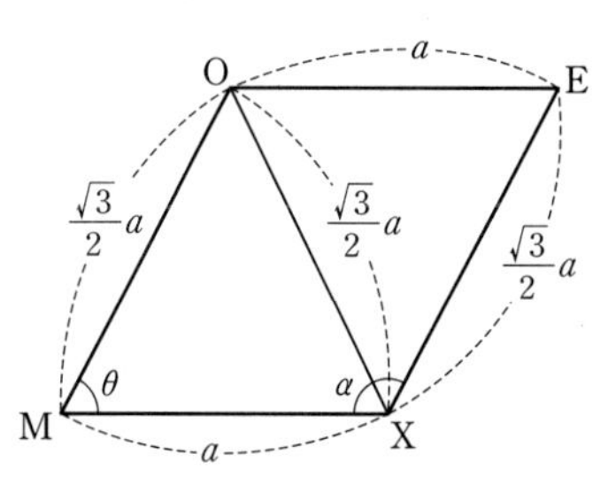

그림과 같이 사각형 OMXE는 평행사변형이므로

→ 두 대변의 길이가 같기 때문!

$\angle OMX+\angle MXE=\pi$에서 $\angle OMX+\alpha=\pi$

→ 평행사변형의 이웃한 두 내각의 크기의 합은 π

$\therefore \angle OMX=\pi-\alpha$

즉, θ의 값은 각 OMX의 크기와 같으므로 삼각형 OMX에서 코사인법칙을 이용하면

$$\cos\theta=\cos(\angle OMX)=\frac{\overline{OM}^2+\overline{MX}^2-\overline{OX}^2}{2\times\overline{OM}\times\overline{MX}}$$
$$=\frac{\left(\frac{\sqrt{3}}{2}a\right)^2+a^2-\left(\frac{\sqrt{3}}{2}a\right)^2}{2\times\frac{\sqrt{3}}{2}a\times a}$$
$$=\frac{a^2}{\sqrt{3}a^2}=\frac{1}{\sqrt{3}}$$

$\therefore \cos^2\theta=\dfrac{1}{3}$

본문 173쪽

105

정답 ⑤

반구가 유리판 위에 엎어져 있기 때문에 햇빛이 유리판을 투과하여 반구의 그림자가 지면 위에 생긴 거야.

그림과 같이 지면과 이루는 각의 크기가 θ인 평평한 유리판 위에 반구가 엎어져있다. 햇빛이 유리판에 수직인 방향으로 비출 때 지면 위에 생기는 반구의 그림자의 넓이를 S_1, 햇빛이 유리판과 평행한 방향으로 비출 때 지면 위에 생기는 반구의 그림자의 넓이를 S_2라 하자. $S_1 : S_2 = 3 : 2$일 때, $\tan\theta$의 값은? (단, θ는 예각이다.) (4점)

→ $3S_2 = 2S_1$

→ $0<\theta<\frac{\pi}{2}$

공간도형 문제는 주어진 조건이 모두 3차원 공간에 있더라도 평면 상에 적절히 문제의 내용을 나타낼 수 있어야 해.

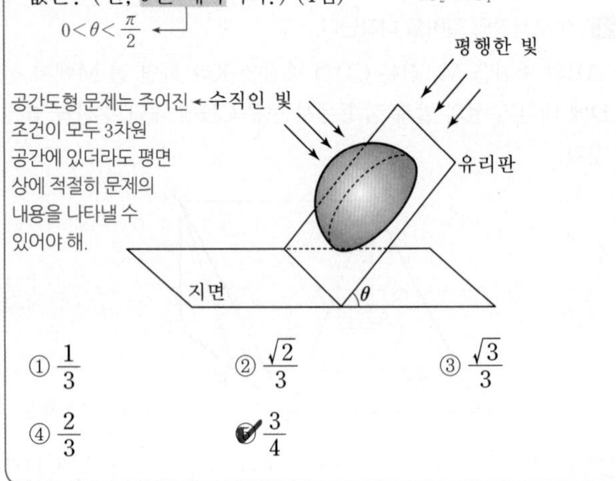

① $\frac{1}{3}$ ② $\frac{\sqrt{2}}{3}$ ③ $\frac{\sqrt{3}}{3}$

④ $\frac{2}{3}$ ⑤ $\frac{3}{4}$

Step 1 각 그림자의 넓이를 θ로 나타낸다.

반구의 반지름의 길이를 r라 하고 S_1, S_2를 θ에 대한 식으로 나타내어 보자.

먼저, 주어진 조건을 그림으로 나타내면 다음과 같다.

주어진 입체도형을 평면 상에 간단히 나타내었어.

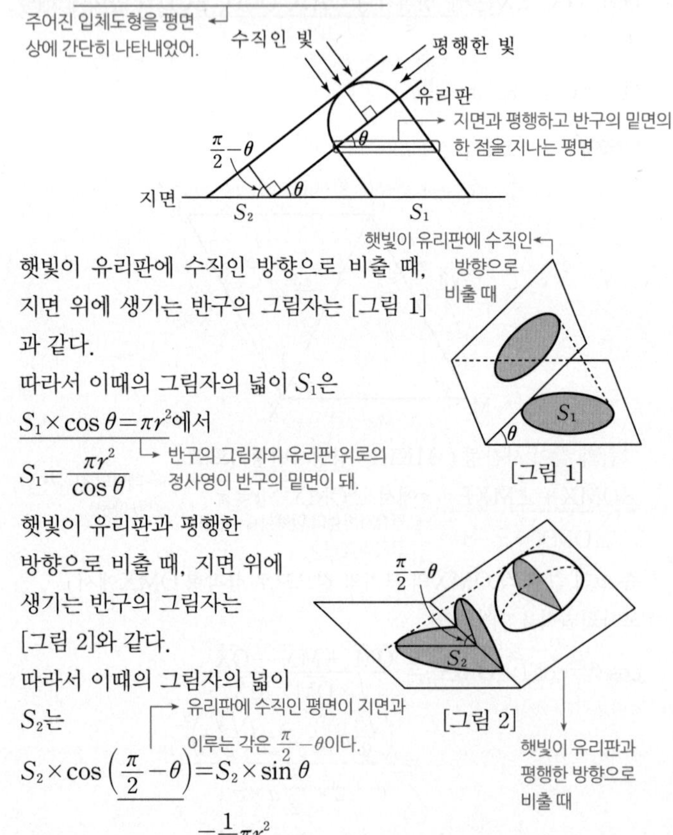

햇빛이 유리판에 수직인 방향으로 비출 때, 지면 위에 생기는 반구의 그림자는 [그림 1]과 같다.

따라서 이때의 그림자의 넓이 S_1은

$S_1\times\cos\theta=\pi r^2$에서

→ 반구의 그림자의 유리판 위로의 정사영이 반구의 밑면이 돼.

$S_1=\frac{\pi r^2}{\cos\theta}$

햇빛이 유리판과 평행한 방향으로 비출 때, 지면 위에 생기는 반구의 그림자는 [그림 2]와 같다.

따라서 이때의 그림자의 넓이 S_2는

→ 유리판에 수직인 평면이 지면과 이루는 각은 $\frac{\pi}{2}-\theta$이다.

$S_2\times\cos\left(\frac{\pi}{2}-\theta\right)=S_2\times\sin\theta$

$=\frac{1}{2}\pi r^2$

→ 반구의 반지름의 길이와 그 길이가 같은 반지름을 갖는 반원의 넓이

에서 $S_2=\frac{\pi r^2}{2\sin\theta}$

Step 2 $S_1 : S_2 = 3 : 2$임을 이용하여 $\tan\theta$의 값을 구한다.

$S_1 : S_2 = 3 : 2$이므로 $\frac{\pi r^2}{\cos\theta} : \frac{\pi r^2}{2\sin\theta} = 3 : 2$

→ 비례식에서 외항의 곱과 내항의 곱은 서로 같으므로 $\frac{2\pi r^2}{\cos\theta}=\frac{3\pi r^2}{2\sin\theta}$에서 양변을 πr^2으로 나눈다.

$\frac{2}{\cos\theta}=\frac{3}{2\sin\theta}$, $4\sin\theta=3\cos\theta$

→ 구하는 값이 $\tan\theta$의 값이므로 삼각함수 사이의 관계를 이용한다.

$\therefore \tan\theta=\frac{\sin\theta}{\cos\theta}=\frac{3}{4}$

알아야 할 기본개념

정사영의 넓이

평면도형 F와 이 도형의 평면 α 위로의 정사영 F'의 넓이를 각각 S, S'이라 하고 도형 F와 평면 α가 이루는 각의 크기를 θ라 하면

$S'=S\cos\theta\left(\text{단, } 0\le\theta\le\frac{\pi}{2}\right)$

Ⅲ. 공간도형

02. 공간좌표

001	④	002	③	003	③	004	③	005	②
006	①	007	①	008	②	009	⑤	010	⑤
011	②	012	②	013	④	014	④	015	④
016	⑤	017	③	018	②	019	⑤	020	④
021	④	022	①	023	②	024	③	025	②
026	②	027	①	028	10	029	①	030	②
031	①	032	④	033	③	034	350	035	②
036	⑤	037	①	038	⑤	039	①	040	②
041	①	042	①	043	③	044	50	045	⑤
046	②	047	①	048	13	049	56	050	④
051	④	052	170	053	③	054	②	055	②
056	②	057	20	058	④	059	④	060	24
061	②	062	⑤	063	26	064	④	065	①
066	④	067	11	068	④	069	⑤	070	192
071	④	072	①	073	15	074	①	075	9
076	⑤	077	23	078	127	079	45	080	9
081	④	082	④	083	①	084	⑤	085	③
086	③	087	④	088	14	089	17	090	261

001 [정답률 90%]

정답 ④

좌표공간의 점 A(8, 6, 2)를 xy평면에 대하여 대칭이동한 점을 B라 할 때, 선분 AB의 길이는? (2점)

① 1　② 2　③ 3　✔4　⑤ 5

Step 1 점 B의 좌표를 구한다.

점 B는 점 A(8, 6, 2)를 xy평면에 대하여 대칭이동한 점이므로 B(8, 6, −2)이다.

→ z좌표에만 −를 붙이면 된다.

따라서 선분 AB의 길이는 $\overline{AB}=|-2-2|=4$

→ 두 점 A, B의 z좌표의 차

002 [정답률 90%]

정답 ③

좌표공간의 두 점 A(3, a, −2), B(−1, 3, a)에 대하여 선분 AB의 중점이 xy평면 위에 있을 때, a의 값은? (2점)

→ (z 좌표)=0

① 1　② $\frac{3}{2}$　✔2　④ $\frac{5}{2}$　⑤ 3

Step 1 선분 AB의 중점의 z좌표가 0임을 이용한다.

두 점 A(3, a, −2), B(−1, 3, a)에 대하여 선분 AB의 중점이 xy평면 위에 있으므로

$\frac{-2+a}{2}=0$　　$\therefore a=2$

003

정답 ③

→ 주어진 구의 방정식을 표준형으로 나타내어 중심의 좌표와 반지름의 길이를 구한다.

구 $x^2+y^2+z^2-2ax-8y-6z=0$이 yz평면($x=0$), zx평면($y=0$)과 만나서 생기는 원의 넓이를 각각 S_1, S_2라 하자.
$S_1-S_2=7\pi$일 때, 양수 a의 값은? (3점)

① 1　② 2　✔3　④ 4　⑤ 5

Step 1 구가 yz평면, zx평면과 만나서 생기는 원의 방정식을 각각 구하고, 그 넓이를 구한다.

주어진 구의 방정식을 변형하면

→ $x^2+y^2+z^2-2ax-8y-6z=0$에서
$(x^2-2ax)+(y^2-8y)+(z^2-6z)=0$
$(x-a)^2+(y-4)^2+(z-3)^2=a^2+16+9$

$(x-a)^2+(y-4)^2+(z-3)^2=a^2+25$

이 구가 yz평면($x=0$)과 만나서 생기는 원의 방정식은

$(y-4)^2+(z-3)^2=25$　…… ㉠ → 위 방정식에 $x=0$을 대입

이 구가 zx평면($y=0$)과 만나서 생기는 원의 방정식은

$(x-a)^2+(z-3)^2=a^2+9$　…… ㉡ → 위 방정식에 $y=0$을 대입

㉠, ㉡에서 두 원의 반지름의 길이는 각각 $\sqrt{25}$, $\sqrt{a^2+9}$이므로

두 원의 넓이 S_1, S_2는

$S_1=25\pi$, $S_2=(a^2+9)\pi$

$S_1-S_2=25\pi-(a^2+9)\pi$

$=(16-a^2)\pi=7\pi$

에서

$16-a^2=7$, $a^2=9$

$a>0$이므로 $a=3$

→ 문제에서 '양수 a'라고 조건이 주어졌어.

구 $(x-a)^2+(y-b)^2+(z-c)^2=r^2$에 대하여
xy평면으로 잘린 단면의 방정식은 $(x-a)^2+(y-b)^2=r^2-c^2$
yz평면으로 잘린 단면의 방정식은 $(y-b)^2+(z-c)^2=r^2-a^2$
zx평면으로 잘린 단면의 방정식은 $(x-a)^2+(z-c)^2=r^2-b^2$

004 [정답률 92%]

정답 ③

좌표공간에서 두 점 A(−1, 1, 2), B(1, 5, −2)를 지름의 양 끝점으로 하는 구 S가 있다. 구 S 위의 한 점 C(0, 0, 0)에 대하여 삼각형 ABC의 넓이는? (3점)

① $\sqrt{5}$　② $2\sqrt{5}$　✔$3\sqrt{5}$　④ $4\sqrt{5}$　⑤ $5\sqrt{5}$

Step 1 선분 AB가 구 S의 지름임을 이용한다.

좌표공간에서 두 점 A(−1, 1, 2), B(1, 5, −2)가 구 S의 지름의 양 끝점이므로 구 S의 중심은 선분 AB의 중점이다.

구 위의 한 점 C(0, 0, 0)에 대하여 삼각형 ABC는

$\angle ACB=\frac{\pi}{2}$ → ∠ACB는 반원에 대한 원주각이야.

인 직각삼각형이다.

따라서 삼각형 ABC의 넓이는

$\frac{1}{2}\times\overline{AC}\times\overline{BC}=\frac{1}{2}\times\sqrt{(-1)^2+1^2+2^2}\times\sqrt{1^2+5^2+(-2)^2}$

$=\frac{1}{2}\times\sqrt{6}\times\sqrt{30}$

$=3\sqrt{5}$

005 [정답률 93%]

정답 ②

좌표공간의 두 점 $A(-1, 0, 1)$, $B(2, 1, -2)$에 대하여 선분 AB의 길이는? (2점)

① $3\sqrt{2}$ ② $\sqrt{19}$ ③ $2\sqrt{5}$
④ $\sqrt{21}$ ⑤ $\sqrt{22}$

Step 1 선분의 길이가 두 점 사이의 거리와 같음을 이용한다.

선분 AB의 길이는 두 점 A, B 사이의 거리와 같으므로

$\overline{AB}=\sqrt{\{2-(-1)\}^2+(1-0)^2+(-2-1)^2}$

$=\sqrt{3^2+1^2+(-3)^2}$ → 두 점 (x_1, y_1, z_1), (x_2, y_2, z_2)를 이은 선분의 길이는 $\sqrt{(x_2-x_1)^2+(y_2-y_1)^2+(z_2-z_1)^2}$이야.

$=\sqrt{19}$

006

정답 ①

좌표공간의 점 $P(1, 3, 4)$를 zx평면에 대하여 대칭이동한 점을 Q라 하자. 두 점 P와 Q 사이의 거리는? (2점)

→ y좌표의 부호를 바꾼다.

① 6 ② 7 ③ 8
④ 9 ⑤ 10

Step 1 점 Q의 좌표를 구한다.

점 $P(1, 3, 4)$를 zx평면에 대하여 대칭이동한 점 Q의 좌표는 $(1, -3, 4)$이다. → y좌표의 부호를 바꿔주었어.

Step 2 P와 Q 사이의 거리를 구한다.

따라서 두 점 P, Q 사이의 거리는

$\overline{PQ}=|3-(-3)|=6$

→ |(점 P의 y좌표)−(점 Q의 y좌표)|

007

정답 ①

좌표공간에서 점 $P(2, 1, 3)$을 x축에 대하여 대칭이동한 점 Q에 대하여 선분 PQ의 길이는? (2점)

① $2\sqrt{10}$ ② $2\sqrt{11}$ ③ $4\sqrt{3}$
④ $2\sqrt{13}$ ⑤ $2\sqrt{14}$

Step 1 점 Q의 좌표를 구한다.

점 $P(2, 1, 3)$을 x축에 대하여 대칭이동한 점 Q의 좌표는 $Q(2, -1, -3)$이다.

→ x축에 대하여 대칭이동하면 y좌표, z좌표의 부호가 바뀐다.

Step 2 선분 PQ의 길이를 구한다.

따라서 선분 PQ의 길이는

$\overline{PQ}=\sqrt{(2-2)^2+(-1-1)^2+(-3-3)^2}=2\sqrt{10}$

008 [정답률 92%]

정답 ②

좌표공간의 점 $A(2, 1, 3)$을 xy평면에 대하여 대칭이동한 점을 P라 하고, 점 A를 yz평면에 대하여 대칭이동한 점을 Q라 할 때, 선분 PQ의 길이는? (2점)

① $5\sqrt{2}$ ② $2\sqrt{13}$ ③ $3\sqrt{6}$
④ $2\sqrt{14}$ ⑤ $2\sqrt{15}$

Step 1 점 (a, b, c)를 xy평면, yz평면에 대하여 대칭이동하면 각각 점 $(a, b, -c)$, 점 $(-a, b, c)$임을 이용한다.

점 $A(2, 1, 3)$을 xy평면에 대하여 대칭이동하면 $P(2, 1, -3)$

점 $A(2, 1, 3)$을 yz평면에 대하여 대칭이동하면 $Q(-2, 1, 3)$

Step 2 좌표공간에서 두 점 (x_1, y_1, z_1), (x_2, y_2, z_2) 사이의 거리는 $\sqrt{(x_1-x_2)^2+(y_1-y_2)^2+(z_1-z_2)^2}$임을 이용한다.

$\overline{PQ}=\sqrt{\{2-(-2)\}^2+(1-1)^2+(-3-3)^2}$

$=\sqrt{4^2+0+(-6)^2}$ → $16+0+36=52$

$=\sqrt{52}$

$=2\sqrt{13}$

009 [정답률 90%]

정답 ⑤

좌표공간의 점 $A(2, 2, -1)$을 x축에 대하여 대칭이동한 점을 B라 하자. 점 $C(-2, 1, 1)$에 대하여 선분 BC의 길이는? (2점)

① 1 ② 2 ③ 3
④ 4 ⑤ 5

Step 1 점 B의 좌표를 구한다.

점 $A(2, 2, -1)$을 x축에 대하여 대칭이동한 점 B의 좌표를 구하면 $B(2, -2, 1)$

→ 좌표공간의 점 (a, b, c)를 x축에 대하여 대칭이동한 점의 좌표는 $(a, -b, -c)$이다.

Step 2 선분 BC의 길이를 구한다.

두 점 B, C의 좌표는 각각 $B(2, -2, 1)$, $C(-2, 1, 1)$이므로

$\overline{BC}=\sqrt{(-2-2)^2+\{1-(-2)\}^2+(1-1)^2}=\sqrt{25}=5$

010 [정답률 92%]

정답 ⑤

좌표공간의 점 $A(3, 0, -2)$를 xy평면에 대하여 대칭이동한 점을 B라 하자. 점 $C(0, 4, 2)$에 대하여 선분 BC의 길이는? (2점)

① 1 ② 2 ③ 3
④ 4 ⑤ 5

Step 1 점 (a, b, c)를 xy평면에 대하여 대칭이동한 점의 좌표는 $(a, b, -c)$임을 이용한다.

점 A(3, 0, −2)를 xy평면에 대하여 대칭이동한 점 B의 좌표는 B(3, 0, 2)

따라서 선분 BC의 길이는 $\sqrt{(0-3)^2+(4-0)^2+(2-2)^2}=5$

↳ 두 점 (x_1, y_1, z_1), (x_2, y_2, z_2) 사이의 거리는 $\sqrt{(x_2-x_1)^2+(y_2-y_1)^2+(z_2-z_1)^2}$

011 [정답률 77%]

정답 ②

두 점 A, B의 y좌표, z좌표는 각각 부호만 서로 다르고 x좌표는 서로 같아.

좌표공간에서 점 A(1, 3, 2)를 x축에 대하여 대칭이동한 점을 B라 하고, 점 A를 xy평면에 대하여 대칭이동한 점을 C라 하자. 세 점 A, B, C를 지나는 원의 반지름의 길이는? (3점)

두 점 사이의 거리 공식을 이용하여 삼각형 ABC가 어떤 삼각형인지 파악하고 이를 활용하여 삼각형 ABC의 외접원의 반지름의 길이를 구하면 돼.

① $2\sqrt{3}$ ② $\sqrt{13}$ ③ $\sqrt{14}$
④ $\sqrt{15}$ ⑤ 4

두 점 C, A의 z좌표는 부호만 서로 다르고, x좌표, y좌표는 각각 서로 같아.

Step 1 두 점 B, C의 좌표를 구한다.

점 A(1, 3, 2)를 x축에 대하여 대칭이동한 점 B는 B(1, −3, −2), xy평면에 대하여 대칭이동한 점 C는 C(1, 3, −2)이다.

Step 2 삼각형 ABC가 직각삼각형임을 확인한다.

$\overline{AB}^2=(1-1)^2+(-3-3)^2+(-2-2)^2=52$

$\overline{AC}^2=(1-1)^2+(3-3)^2+(-2-2)^2=16$

$\overline{BC}^2=(1-1)^2+\{3-(-3)\}^2+\{-2-(-2)\}^2=36$

이므로 $\overline{AB}^2=\overline{AC}^2+\overline{BC}^2$이 성립한다.

즉, 삼각형 ABC는 ∠ACB=90°인 직각삼각형이다.

↳ 직각삼각형의 외접원은 빗변을 지름으로 하는 원이므로 이 원의 중심은 빗변 AB의 중점이다.

Step 3 원의 반지름의 길이를 구한다.

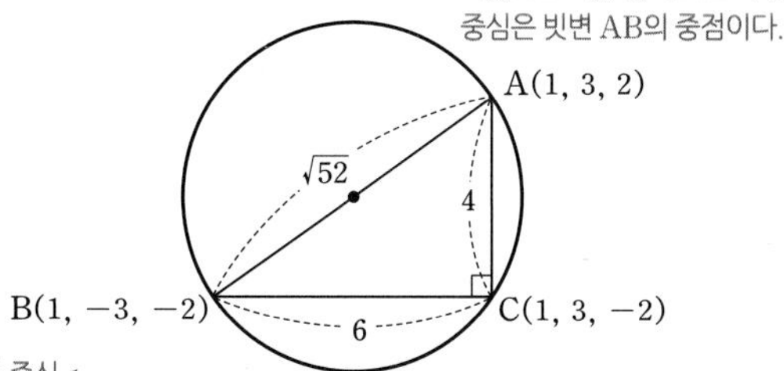

직각삼각형의 외심은 빗변의 중점이므로

세 점 A, B, C를 지나는 원의 지름의 길이는 $\overline{AB}=\sqrt{52}=2\sqrt{13}$

따라서 원의 반지름의 길이는 $\sqrt{13}$이다. ↳ 직각삼각형 ABC의 빗변의 길이와 같다.

✪ 다른 풀이 평면과 직선의 위치 관계를 이용한 풀이

Step 1 동일

Step 2 직선과 평면의 위치 관계를 이용하여 $\overline{AC}\perp\overline{BC}$임을 확인한다.

점 C는 점 A를 xy평면에 대하여 대칭이동시킨 점이므로 선분 AC는 xy평면과 수직이다.

그리고 두 점 B, C가 있는 평면 $z=-2$가 xy평면과 평행하므로 선분 AC는 평면 $z=-2$와 수직이다.

따라서 선분 AC는 평면 $z=-2$ 위에 있는 선분 BC와 수직이다.

Step 3 세 점 A, B, C를 지나는 원의 반지름의 길이를 구한다.

$\overline{AC}\perp\overline{BC}$이므로 삼각형 ABC는 직각삼각형이다.

즉, 세 점 A, B, C를 지나는 원의 중심은 직각삼각형 ABC의 외심이고, 지름의 길이는 직각삼각형 ABC의 빗변인 선분 AB의 길이와 같다. ↳ 직각삼각형의 외심은 빗변의 중점이다.

$\overline{AB}=\sqrt{(1-1)^2+(-3-3)^2+(-2-2)^2}=\sqrt{52}=2\sqrt{13}$

따라서 구하는 원의 반지름의 길이는 $\frac{2\sqrt{13}}{2}=\sqrt{13}$이다.

직선 l이 평면 α와 수직일 때, 직선 l은 평면 α 위의 모든 직선과 수직이다.

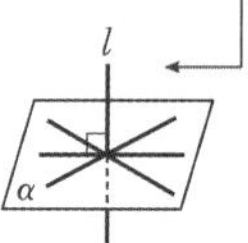

012

정답 ②

좌표공간에 두 점 O(0, 0, 0), A(1, 0, 0)이 있고, ↳ 점 A는 x축 위의 점이야.

점 P(x, y, z)는 △OAP의 넓이가 2가 되도록 움직인다.

$0\le x\le 1$일 때, 점 P의 자취가 만드는 도형을 평면 위에 펼쳤을 때의 넓이는? (1.5점)

↳ 점 P가 그리는 도형은 입체도형이고 구하는 값은 이 입체도형의 겉넓이라는 것을 알 수 있어.

① 16π ② 8π ③ 5π
④ 2π ⑤ π

삼각형 OAP에 대하여 $\overline{OA}=1$로 일정하므로 $\overline{OA}$를 밑변으로 놓으면 넓이가 2가 되기 위하여 점 P와 직선 OA 사이의 거리가 4이어야 한다. 이때 직선 OA는 x축이므로 점 P와 x축 사이의 거리가 4이다.

Step 1 삼각형 OAP의 밑변이 $\overline{OA}$일 때, 넓이가 2가 되도록 점 P를 표현한다.

삼각형 OAP에서 밑변을 $\overline{OA}$로 놓으면 $\overline{OA}=1$이므로 넓이가 2가 되기 위해서는 높이가 4가 되어야 한다. ↳ 점 P와 직선 OA 사이의 거리가 4이어야 해.

그런데 선분 OA는 x축 위의 선분이므로 $\overline{OA}$를 밑변으로 했을 때, 삼각형 OAP의 높이는 점 P와 x축 사이의 거리와 같다.

점 P(x, y, z)에서 x축에 내린 수선의 발을 H라 하면 H(x, 0, 0)이므로 (단, $0\le x\le 1$)

↳ $=\sqrt{(\text{점 P의 }y\text{좌표})^2+(\text{점 P의 }z\text{좌표})^2}$

(삼각형의 높이)$=\sqrt{y^2+z^2}=4$ ↳ $=\overline{PH}$

Step 2 구한 조건을 이용하여 넓이를 구한다.

따라서 점 P가 만드는 도형은 x축을 중심축으로 하고 밑면의 반지름의 길이가 4인 원기둥의 옆면 중 $0\le x\le 1$인 부분이므로 펼치면 한 변의 길이가 $2\pi\times4=8\pi$(원기둥의 밑면의 둘레의 길이), 다른 한 변의 길이가 1인 직사각형이다.

따라서 구하는 넓이는 $8\pi\times1=8\pi$

밑변이 같은 삼각형에 대하여 높이가 일정하면 삼각형의 넓이도 일정하다. 그러므로 $0\le x\le 1$의 조건이 없으면 점 P가 그리는 도형은 x축을 중심축으로 하고 밑면의 반지름의 길이가 4인 원기둥의 옆면 전체가 된다.

013 [정답률 94%]

정답 ④

좌표공간의 두 점 $A(a, 1, -1)$, $B(-5, b, 3)$에 대하여 선분 AB의 중점의 좌표가 $(8, 3, 1)$일 때, $a+b$의 값은? (2점)

① 20 ② 22 ③ 24
✔26 ⑤ 28

Step 1 선분 AB의 중점의 좌표를 구한다.

$A(a, 1, -1)$, $B(-5, b, 3)$이므로 선분 AB의 중점의 좌표는

$\left(\frac{a-5}{2}, \frac{1+b}{2}, 1\right)$
→ 점 $(8, 3, 1)$과 같아야 한다.

$\frac{a-5}{2}=8$에서 $a=21$

$\frac{1+b}{2}=3$에서 $b=5$

$\therefore a+b=26$

014 [정답률 92%]

정답 ④

좌표공간의 두 점 $A(a, -2, 6)$, $B(9, 2, b)$에 대하여 선분 AB의 중점의 좌표가 $(4, 0, 7)$일 때, $a+b$의 값은? (2점)

① 1 ② 3 ③ 5
✔7 ⑤ 9

Step 1 두 점 A, B의 좌표를 통해 중점의 좌표를 구한다.

선분 AB의 중점을 M이라 하면 $M\left(\frac{a+9}{2}, \frac{-2+2}{2}, \frac{6+b}{2}\right)$

이 점의 좌표가 $(4, 0, 7)$이므로

$\frac{a+9}{2}=4$ $\therefore a=-1$

$\frac{6+b}{2}=7$ $\therefore b=8$

$\therefore a+b=-1+8=7$

015 [정답률 91%]

정답 ④

좌표공간의 두 점 $O(0, 0, 0)$, $A(6, 3, 9)$에 대하여 선분 OA를 1 : 2로 내분하는 점 P의 좌표가 (a, b, c)이다. $a+b+c$의 값은? (2점)

① 3 ② 4 ③ 5
✔6 ⑤ 7

Step 1 선분의 내분점의 좌표를 구한다.

두 점 $O(0, 0, 0)$, $A(6, 3, 9)$를 이은 선분 OA를 1 : 2로 내분하는 점 P의 좌표는

$P\left(\frac{1\times6+2\times0}{1+2}, \frac{1\times3+2\times0}{1+2}, \frac{1\times9+2\times0}{1+2}\right)$에서

$P(2, 1, 3)$이다.

$\therefore a+b+c=2+1+3=6$

→ 두 점 $B(x_1, y_1, z_1)$, $C(x_2, y_2, z_2)$에 대하여 선분 BC를 $m:n$으로 내분하는 점의 좌표는 $\left(\frac{mx_2+nx_1}{m+n}, \frac{my_2+ny_1}{m+n}, \frac{mz_2+nz_1}{m+n}\right)$

016 [정답률 95%]

정답 ⑤

좌표공간에서 두 점 $A(a, 5, 2)$, $B(-2, 0, 7)$에 대하여 선분 AB를 3 : 2로 내분하는 점의 좌표가 $(0, b, 5)$이다. $a+b$의 값은? (2점)

→ $\left(\frac{3\cdot(-2)+2\cdot a}{3+2}, \frac{3\cdot0+2\cdot5}{3+2}, \frac{3\cdot7+2\cdot2}{3+2}\right)$

① 1 ② 2 ③ 3
④ 4 ✔5

→ 좌표공간에서 선분의 내분점을 구하는 공식으로 a와 b의 값을 구한다.

Step 1 좌표공간에서 내분점을 구하는 공식을 이용하여 두 상수 a, b의 값을 구한다.

두 점 $A(a, 5, 2)$, $B(-2, 0, 7)$에 대하여 선분 AB를 3 : 2로 내분하는 점의 좌표는 → $\left(\frac{-6+2a}{5}, \frac{10}{5}, \frac{25}{5}\right)$

$\left(\frac{-6+2a}{3+2}, \frac{0+10}{3+2}, \frac{21+4}{3+2}\right)$에서 $\left(\frac{-6+2a}{5}, 2, 5\right)$

즉, 점 $\left(\frac{-6+2a}{5}, 2, 5\right)$와 점 $(0, b, 5)$는 같으므로
→ 문제에서 선분 AB를 3 : 2로 내분하는 점의 좌표를 알려 주었어.

$\frac{-6+2a}{5}=0$, $b=2$
→ x좌표는 x좌표끼리, y좌표는 y좌표끼리 비교

$\therefore a=3, b=2$
→ $-6+2a=0$, $2a=6$

$\therefore a+b=5$

017 [정답률 94%]

정답 ③

좌표공간에서 두 점 $A(a, 1, 3)$, $B(a+6, 4, 12)$에 대하여 선분 AB를 1 : 2로 내분하는 점의 좌표가 $(5, 2, b)$이다. $a+b$의 값은? (2점)

→ $\left(\frac{1\times(a+6)+2\times a}{1+2}, \frac{1\times4+2\times1}{1+2}, \frac{1\times12+2\times3}{1+2}\right)$

① 7 ② 8 ✔9
④ 10 ⑤ 11

Step 1 좌표공간에서 선분의 내분점을 구한다.

두 점 $A(a, 1, 3)$, $B(a+6, 4, 12)$를 이은 선분 AB를 1 : 2로 내분하는 점의 좌표는

$\left(\frac{a+6+2a}{1+2}, \frac{4+2}{1+2}, \frac{12+6}{1+2}\right)=(a+2, 2, 6)$

즉, 점 $(a+2, 2, 6)$과 점 $(5, 2, b)$는 같으므로

$a=3, b=6$
→ x좌표, y좌표, z좌표가 각각 서로 같으므로 비교한다.

$\therefore a+b=3+6=9$

수능포인트

문제에서 주어진 두 점 A, B의 좌표의 성분을 보면 y좌표는 미지수가 없으니 굳이 식을 세우지 않아도 괜찮습니다. $\frac{1\times4+2\times1}{1+2}$을 계산하여 2가 맞는지 확인할 필요는 없습니다. 두 점 A, B에 대하여 선분 AB를 1 : 2로 내분하는 점의 x좌표와 z좌표만 구하면 돼.

018 [정답률 95%]

정답 ②

좌표공간의 두 점 $A(3, 5, 0)$, $B(4, 3, -2)$에 대하여 선분 AB를 3 : 2로 외분하는 점의 좌표가 $(a, -1, -6)$일 때, a의 값은? (2점)

① 5 ② 6 ③ 7 ④ 8 ⑤ 9

Step 1 선분의 외분점의 공식을 이용한다.

두 점 $A(3, 5, 0)$, $B(4, 3, -2)$에 대하여
선분 AB를 3 : 2로 외분하는 점의 좌표는 → 외분점 공식을 이용!

$$\left(\frac{3\times4-2\times3}{3-2}, \frac{3\times3-2\times5}{3-2}, \frac{3\times(-2)-2\times0}{3-2}\right),$$

즉 $(6, -1, -6)$이다.

$\therefore a=6$

알아야 할 기본개념

선분을 외분하는 점의 좌표

두 점 $A(x_1, y_1, z_1)$, $B(x_2, y_2, z_2)$에 대하여
선분 AB를 $m : n$으로 외분하는 점의 좌표는

$$\left(\frac{mx_2-nx_1}{m-n}, \frac{my_2-ny_1}{m-n}, \frac{mz_2-nz_1}{m-n}\right)$$

(단, $m>0$, $n>0$, $m\neq n$)

019 [정답률 61%]

정답 ⑤

좌표공간에서 두 점 $P(6, 7, a)$, $Q(4, b, 9)$를 이은 선분 PQ를 2 : 1로 외분하는 점의 좌표가 $(2, 5, 14)$일 때, $a+b$의 값은? (2점) → $\left(\frac{2\times4-1\times6}{2-1}, \frac{2\times b-1\times7}{2-1}, \frac{2\times9-1\times a}{2-1}\right)$

① 6 ② 7 ③ 8 ④ 9 ⑤ 10

Step 1 좌표공간에서 선분 PQ를 2 : 1로 외분하는 점의 좌표를 구한다.

두 점 $P(6, 7, a)$, $Q(4, b, 9)$를 이은 선분 PQ를 2 : 1로 외분하는 점의 좌표는 $\left(\frac{8-6}{2-1}, \frac{2b-7}{2-1}, \frac{18-a}{2-1}\right)$이다.

즉, $2b-7=5$, $18-a=14$이므로

$a=4$, $b=6$

$\therefore a+b=10$

점 $(2, 5, 14)$와 같으므로 두 점의 x좌표, y좌표, z좌표가 각각 서로 같아.

선분의 외분점

두 점 $A(x_1, y_1, z_1)$, $B(x_2, y_2, z_2)$에 대하여 선분 AB를 $m : n$으로 외분하는 점은

$$\left(\frac{mx_2-nx_1}{m-n}, \frac{my_2-ny_1}{m-n}, \frac{mz_2-nz_1}{m-n}\right)$$

(단, $m>0$, $n>0$, $m\neq n$)

020 [정답률 96%]

정답 ④

좌표공간의 두 점 $A(2, a, -2)$, $B(5, -2, 1)$에 대하여 선분 AB를 2 : 1로 내분하는 점이 x축 위에 있을 때, a의 값은? (2점)

① 1 ② 2 ③ 3 ④ 4 ⑤ 5

Step 1 선분 AB를 2 : 1로 내분하는 점의 좌표를 구한다.

두 점 A, B의 좌표가 각각 $A(2, a, -2)$, $B(5, -2, 1)$이므로
선분 AB를 2 : 1로 내분하는 점의 좌표는

$$\left(\frac{2\times5+1\times2}{2+1}, \frac{2\times(-2)+1\times a}{2+1}, \frac{2\times1+1\times(-2)}{2+1}\right),$$

즉 $\left(4, \frac{-4+a}{3}, 0\right)$이다.

암기 두 점 $P(x_1, y_1, z_1)$, $Q(x_2, y_2, z_2)$에 대하여 선분 PQ를 $m : n$으로 내분하는 점의 좌표는 $\left(\frac{mx_2+nx_1}{m+n}, \frac{my_2+ny_1}{m+n}, \frac{mz_2+nz_1}{m+n}\right)$

이때 이 점은 x축 위에 있으므로 → y, z좌표가 모두 0이어야 해.

$\frac{-4+a}{3}=0$ $\therefore a=4$

021 [정답률 96%]

정답 ④

$\left(\frac{2\times5+1\times2}{2+1}, \frac{2\times(-3)+1\times a}{2+1}, \frac{2\times b+1\times(-2)}{2+1}\right)$

좌표공간에서 두 점 $A(2, a, -2)$, $B(5, -3, b)$에 대하여 선분 AB를 2 : 1로 내분하는 점이 x축 위에 있을 때, $a+b$의 값은? (3점)

→ x축 위의 모든 점은 y좌표와 z좌표가 모두 0이야.

① 10 ② 9 ③ 8 ④ 7 ⑤ 6

Step 1 내분점 공식을 이용하여 내분점의 좌표를 구한다.

두 점 $A(2, a, -2)$, $B(5, -3, b)$에 대하여 선분 AB를 2 : 1로 내분하는 점의 좌표는

$$\left(\frac{10+2}{3}, \frac{-6+a}{3}, \frac{2b-2}{3}\right)$$

→ 이 점이 x축 위에 있기 위한 y좌표와 z좌표의 값을 생각한다.

Step 2 점이 x축 위에 있을 때, 점의 y좌표와 z좌표가 0임을 이용한다.

이 점이 x축 위에 있으므로 $\frac{-6+a}{3}=0$, $\frac{2b-2}{3}=0$

따라서 $a=6$, $b=1$이므로

$a+b=7$

즉, 두 점 A, B에 대하여 선분 AB를 2 : 1로 내분하는 점의 좌표는 $(4, 0, 0)$이야.

022 [정답률 94%]

정답 ①

좌표공간의 두 점 A$(1, a, -6)$, B$(-3, 2, b)$에 대하여 선분 AB를 $3:2$로 외분하는 점이 x축 위에 있을 때, $a+b$의 값은? (3점)

① -1 ② -2 ③ -3
④ -4 ⑤ -5

Step 1 외분점 공식을 이용한다. $\left(\frac{mx_2-nx_1}{m-n}, \frac{my_2-ny_1}{m-n}, \frac{mz_2-nz_1}{m-n}\right)(m\neq n)$

→ 두 점 A(x_1, y_1, z_1), B(x_2, y_2, z_2)에 대하여 선분 AB를 $m:n$으로 외분하는 점의 좌표는

좌표공간의 두 점 A$(1, a, -6)$, B$(-3, 2, b)$에 대하여 선분 AB를 $3:2$로 외분하는 점의 좌표는

$$\left(\frac{3\times(-3)-2\times1}{3-2}, \frac{3\times2-2\times a}{3-2}, \frac{3\times b-2\times(-6)}{3-2}\right),$$

즉 $(-11, 6-2a, 3b+12)$이다.

Step 2 외분점이 x축 위에 있음을 이용한다.

외분점이 x축 위에 있으므로 외분점의 y좌표, z좌표가 모두 0이어야 한다.

→ x축 위에 있는 점들은 y좌표, z좌표가 모두 0이야.

$(y좌표)=6-2a=0 \quad \therefore a=3$

$(z좌표)=3b+12=0 \quad \therefore b=-4$

$\therefore a+b=-1$

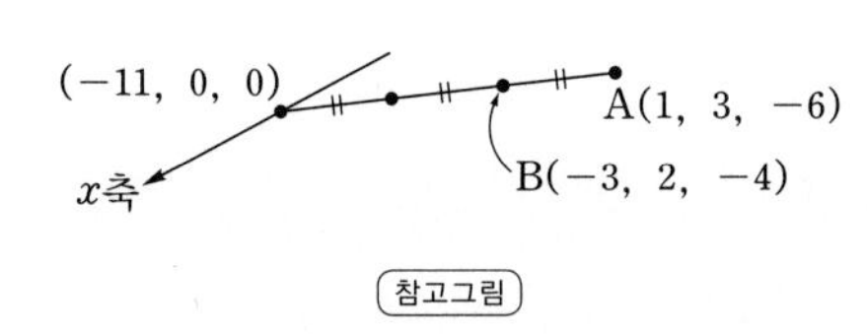

참고그림

023

정답 ②

좌표공간에서 두 점 A$(5, a, -3)$, B$(6, 4, b)$에 대하여 선분 AB를 $3:2$로 외분하는 점이 x축 위에 있을 때, $a+b$의 값은? (3점)

① 3 ② 4 ③ 5
④ 6 ⑤ 7

Step 1 선분 AB를 $3:2$로 외분하는 점의 좌표를 구한다.

두 점 A$(5, a, -3)$, B$(6, 4, b)$에 대하여 선분 AB를 $3:2$로 외분하는 점의 좌표는

$$\left(\frac{3\times6-2\times5}{3-2}, \frac{3\times4-2\times a}{3-2}, \frac{3\times b-2\times(-3)}{3-2}\right)$$

$\therefore (8, 12-2a, 3b+6)$

Step 2 x축 위에 있는 점의 y좌표와 z좌표는 모두 0임을 이용한다.

점 $(8, 12-2a, 3b+6)$은 x축 위에 있으므로

→ y좌표, z좌표는 모두 0이어야 해.

$12-2a=0$에서 $a=6$

$3b+6=0$에서 $b=-2$

$\therefore a+b=6+(-2)=4$

암기 두 점 A(x_1, y_1, z_1), B(x_2, y_2, z_2)에 대하여 선분 AB를 $m:n\ (m>0, n>0, m\neq n)$으로 외분하는 점의 좌표는 $\left(\frac{mx_2-nx_1}{m-n}, \frac{my_2-ny_1}{m-n}, \frac{mz_2-nz_1}{m-n}\right)$

024 [정답률 95%]

정답 ③

좌표공간의 두 점 A$(a, 4, -9)$, B$(1, 0, -3)$에 대하여 선분 AB를 $3:1$로 외분하는 점이 y축 위에 있을 때, a의 값은? (2점)

① 1 ② 2 ③ 3
④ 4 ⑤ 5

Step 1 선분 AB를 $3:1$로 외분하는 점의 좌표를 구한다.

두 점 A$(a, 4, -9)$, B$(1, 0, -3)$에 대하여 선분 AB를 $3:1$로 외분하는 점의 좌표는

$$\left(\frac{3\times1-1\times a}{3-1}, \frac{3\times0-1\times4}{3-1}, \frac{3\times(-3)-1\times(-9)}{3-1}\right)$$

에서 $\left(\frac{3-a}{2}, -2, 0\right)$

Step 2 a의 값을 구한다.

이 점이 y축 위에 있으므로

→ x좌표, z좌표가 0이 되어야 해.

$\frac{3-a}{2}=0 \quad \therefore a=3$

025 [정답률 92%]

정답 ②

좌표공간의 두 점 A$(1, 0, 2)$, B$(2, 0, a)$에 대하여 선분 AB를 $1:2$로 외분하는 점이 원점일 때, a의 값은? (2점)

① 3 ② 4 ③ 5
④ 6 ⑤ 7

Step 1 공간좌표의 외분점 공식을 이용한다.

두 점 A$(1, 0, 2)$, B$(2, 0, a)$에 대하여 선분 AB를 $1:2$로 외분하는 점의 좌표는

$$\left(\frac{1\times2-2\times1}{1-2}, \frac{1\times0-2\times0}{1-2}, \frac{1\times a-2\times2}{1-2}\right)$$에서 $(0, 0, 4-a)$

따라서 이 점이 원점이므로 $a=4$

→ z좌표가 0이어야 해.

026 [정답률 86%]

정답 ②

좌표공간에서 두 점 A$(4, 0, 2)$, B$(2, 3, a)$에 대하여 선분 AB를 $2:1$로 내분하는 점이 xy평면 위에 있을 때, a의 값은? (2점)

→ xy평면 위의 모든 점은 z좌표가 0이야.

① -2 ② -1 ③ 0
④ 1 ⑤ 2

$\left(\frac{2\times2+1\times4}{2+1}, \frac{2\times3+1\times0}{2+1}, \frac{2\times a+1\times2}{2+1}\right)$

Step 1 내분점 공식을 이용하여 내분점의 좌표를 구한다.

두 점 A$(4, 0, 2)$, B$(2, 3, a)$에 대하여 선분 AB를 $2:1$로 내분하는 점의 좌표는

$$\left(\frac{2\cdot2+1\cdot4}{2+1}, \frac{2\cdot3+1\cdot0}{2+1}, \frac{2\cdot a+1\cdot2}{2+1}\right)$$ 선분의 내분점

Step 2 xy평면 위에 있는 점의 z좌표는 0임을 이용한다.

즉, 구하는 내분점의 좌표는 $\left(\frac{8}{3}, 2, \frac{2a+2}{3}\right)$이고, 이 점은 xy평면 위에 있으므로 → z좌표가 0이다.

$\frac{2a+2}{3}=0$, $2a+2=0$ → 즉, 두 점 A, B에 대하여 선분 AB를 2 : 1로 내분하는 점의 좌표는 $\left(\frac{8}{3}, 2, 0\right)$이다.

$\therefore a=-1$

알아야 할 기본개념

선분의 내분점과 외분점

좌표공간에서 두 점 $A(x_1, y_1, z_1)$, $B(x_2, y_2, z_2)$를 잇는 선분 AB에 대하여

(1) 선분 AB를 $m : n(m>0, n>0)$으로 내분하는 점 P의 좌표는

$$P\left(\frac{mx_2+nx_1}{m+n}, \frac{my_2+ny_1}{m+n}, \frac{mz_2+nz_1}{m+n}\right)$$

(2) 선분 AB를 $m : n(m>0, n>0)$으로 외분하는 점 Q의 좌표는

$$Q\left(\frac{mx_2-nx_1}{m-n}, \frac{my_2-ny_1}{m-n}, \frac{mz_2-nz_1}{m-n}\right) \text{ (단, } m\neq n)$$

수능포인트

공간좌표를 직접 그려 보면 쉽게 다음을 알 수 있습니다.

① xy평면 위에 있다. $\Longleftrightarrow z=0$
② yz평면 위에 있다. $\Longleftrightarrow x=0$
③ xz평면 위에 있다. $\Longleftrightarrow y=0$

→ x축은 xy평면과 zx평면의 교선이므로 'x축 위에 있다. $\Longleftrightarrow y=0, z=0$'
y축은 yz평면과 xy평면의 교선이므로 'y축 위에 있다. $\Longleftrightarrow x=0, z=0$'
z축은 yz평면과 zx평면의 교선이므로 'z축 위에 있다. $\Longleftrightarrow x=0, y=0$' 임을 알 수 있어.

027 [정답률 81%]

정답 ①

좌표공간의 두 점 $A(a, 0, 1)$, $B(2, -3, 0)$에 대하여 선분 AB를 3 : 2로 외분하는 점이 yz평면 위에 있을 때, a의 값은? (2점)

①✔ 3　② 4　③ 5　④ 6　⑤ 7

Step 1 선분 AB를 3 : 2로 외분하는 점의 좌표를 구한다.

선분 AB를 3 : 2로 외분하는 점의 좌표는

$$\left(\frac{3\times2-2\times a}{3-2}, \frac{3\times(-3)-2\times0}{3-2}, \frac{3\times0-2\times1}{3-2}\right)$$

즉, $(6-2a, -9, -2)$이다.

이때 이 점은 yz평면 위에 있으므로 $6-2a=0$　$\therefore a=3$
→ x좌표는 0

028 [정답률 85%]

정답 10

점 P를 yz평면에 대하여 대칭이동한 점은 y좌표와 z좌표는 그대로이고 x좌표의 부호만 바뀌어.

좌표공간에서 점 $P(-3, 4, 5)$를 yz평면에 대하여 대칭이동한 점을 Q라 하자. 선분 PQ를 2 : 1로 내분하는 점의 좌표를 (a, b, c)라 할 때, $a+b+c$의 값을 구하시오. (3점)

점 Q의 좌표를 구하고 선분의 내분점을 구하는 공식을 이용하여 구한 내분점의 좌표를 (a, b, c)와 비교한다.

Step 1 yz평면에 대하여 대칭이동하면 x좌표의 부호만 반대가 됨을 이용하여 점 Q의 좌표를 구한다.

점 $P(-3, 4, 5)$를 yz평면에 대하여 대칭이동한 점은 $Q(3, 4, 5)$이다.
(점 P의 x좌표와 부호만 달라. / 점 P의 y좌표, z좌표와 각각 서로 같다.)

Step 2 내분점 공식을 사용한다.

선분 PQ를 2 : 1로 내분하는 점의 좌표가 (a, b, c)이므로

$$a=\frac{2\times3+1\times(-3)}{2+1}=1$$

$$b=\frac{2\times4+1\times4}{2+1}=4$$

$$c=\frac{2\times5+1\times5}{2+1}=5$$

좌표공간에서 두 점 $A(x_1, y_1, z_1)$, $B(x_2, y_2, z_2)$를 잇는 선분 AB에 대하여 선분 AB를 $m : n$ $(m>0, n>0)$으로 내분하는 점의 좌표는 $\left(\frac{mx_2+nx_1}{m+n}, \frac{my_2+ny_1}{m+n}, \frac{mz_2+nz_1}{m+n}\right)$

$\therefore a+b+c=10$

029 [정답률 75%]

정답 ①

좌표공간의 두 점 $A(-1, 1, -2)$, $B(2, 4, 1)$에 대하여 선분 AB가 xy평면과 만나는 점을 P라 할 때, 선분 AP의 길이는? (3점)

①✔ $2\sqrt{3}$　② $\sqrt{13}$　③ $\sqrt{14}$　④ $\sqrt{15}$　⑤ 4

→ 점 A, P, B는 한 직선 위에 있고 세 점의 z좌표는 차례대로 $-2, 0, 1$이므로 점 P는 선분 AB를 2 : 1로 내분하는 점이야.

Step 1 점 P와 두 점 A, B 사이의 관계를 파악한다.

점 P는 직선 AB 위의 점이고 이 점의 z좌표는 0이다.

따라서 점 P는 선분 AB를 2 : 1로 내분하는 점이므로 점 P의 좌표는

$$P\left(\frac{2\times2+1\times(-1)}{2+1}, \frac{2\times4+1\times1}{2+1}, 0\right) \quad \therefore P(1, 3, 0)$$

Step 2 선분 AP의 길이를 구한다.

따라서 선분 AP의 길이는 $\sqrt{(-1-1)^2+(1-3)^2+(-2-0)^2}=2\sqrt{3}$

030

정답 ②

두 점 A(3, 6, 4), B(a, b, c)에 대하여 선분 AB가 xy평면에 의해 2 : 1로 내분되고, z축에 의해 3 : 2로 외분된다고 할 때, $a+b+c$의 값은? (3점)

→ 점 B의 좌표를 모르니, 이 경우엔 주어진 조건을 좌표공간에 나타내어 풀기가 어려워.

→ 즉, 선분 AB와 z축의 교점에 의하여 3 : 2로 외분된다.

→ 즉, 선분 AB와 xy평면의 교점에 의하여 2 : 1로 내분된다.

① $\frac{11}{3}$ ② 4 ③ $\frac{13}{3}$ ④ $\frac{14}{3}$ ⑤ 5

Step 1 선분 AB를 2 : 1로 내분하는 점이 xy평면 위에 있음을 이용하여 c의 값을 구한다.

→ 점 P는 선분 AB와 xy평면의 교점 ⇒ 점 P는 xy평면 위의 점이다.

선분 AB를 2 : 1로 내분하는 점을 P라 하면

$$P\left(\frac{2\cdot a+1\cdot 3}{2+1}, \frac{2\cdot b+1\cdot 6}{2+1}, \frac{2\cdot c+1\cdot 4}{2+1}\right)$$

$$\therefore P\left(\frac{2a+3}{3}, \frac{2b+6}{3}, \frac{2c+4}{3}\right)$$

이때 점 P는 xy평면 위에 있으므로 점 P의 z좌표는 0이다.

즉, $\frac{2c+4}{3}=0$이므로

$c=-2$ ← $2c+4=0$, $2c=-4$

Step 2 선분 AB를 3 : 2로 외분하는 점이 z축 위에 있음을 이용하여 a, b의 값을 구한다.

→ 점 Q는 선분 AB와 z축의 교점 ⇒ 점 Q는 z축 위의 점이다.

선분 AB를 3 : 2로 외분하는 점을 Q라 하면

$$Q\left(\frac{3\cdot a-2\cdot 3}{3-2}, \frac{3\cdot b-2\cdot 6}{3-2}, \frac{3\cdot c-2\cdot 4}{3-2}\right)$$

$\therefore Q(3a-6, 3b-12, 3c-8)$

이때 점 Q는 z축 위에 있으므로 x좌표와 y좌표가 모두 0이다.

따라서 $3a-6=0$, $3b-12=0$이므로 $a=2$, $b=4$

→ $3a=6$, $3b=12$

$\therefore a+b+c=4$ ← $a=2, b=4, c=-2$

좌표공간의 두 점 (x_1, y_1, z_1), (x_2, y_2, z_2)를 잇는 선분을 $m : n$ $(m>0, n>0, m\neq n)$으로 외분하는 점의 좌표는 $\left(\frac{mx_2-nx_1}{m-n}, \frac{my_2-ny_1}{m-n}, \frac{mz_2-nz_1}{m-n}\right)$

031 [정답률 94%]

정답 ①

좌표공간의 세 점 A(2, 6, −3), B(−5, 7, 4), C(3, −1, 5)를 꼭짓점으로 하는 삼각형 ABC의 무게중심이 G(0, a, b)일 때, $a+b$의 값은? (2점)

① 6 ② 7 ③ 8 ④ 9 ⑤ 10

Step 1 삼각형의 무게중심의 좌표를 구한다.

세 점 A(2, 6, −3), B(−5, 7, 4), C(3, −1, 5)를 꼭짓점으로 하는 삼각형의 무게중심 G의 좌표는

$$\left(\frac{2+(-5)+3}{3}, \frac{6+7+(-1)}{3}, \frac{(-3)+4+5}{3}\right)$$에서 (0, 4, 2)

→ $\frac{(\text{세 점의 } x\text{좌표의 합})}{3}$

Step 2 $a+b$의 값을 구한다.

따라서 $a=4$, $b=2$이므로

$a+b=4+2=6$

032 [정답률 97%]

정답 ④

좌표공간에서 세 점 A(a, 0, 5), B(1, b, −3), C(1, 1, 1)을 꼭짓점으로 하는 삼각형의 무게중심의 좌표가 (2, 2, 1)일 때, $a+b$의 값은? (2점)

→ $\left(\frac{a+1+1}{3}, \frac{0+b+1}{3}, \frac{5+(-3)+1}{3}\right)$

① 6 ② 7 ③ 8 ④ 9 ⑤ 10

Step 1 삼각형의 무게중심의 좌표를 이용하여 a와 b의 값을 구한다.

삼각형 ABC의 무게중심의 좌표는

$$\left(\frac{a+1+1}{3}, \frac{0+b+1}{3}, \frac{5+(-3)+1}{3}\right)$$이므로

$\frac{a+1+1}{3}=2$에서 $a+2=6$ $\therefore a=4$

$\frac{0+b+1}{3}=2$에서 $b+1=6$ $\therefore b=5$

따라서 $a+b=4+5=9$

삼각형 ABC에 대하여 세 꼭짓점의 좌표가 $A(x_1, y_1, z_1)$, $B(x_2, y_2, z_2)$, $C(x_3, y_3, z_3)$일 때 삼각형의 무게중심은 세 중선의 교점이므로 변 BC의 중점을 M이라 하면 선분 AM을 2 : 1로 내분하는 점 G가 삼각형의 무게중심이 된다.

이때 점 M의 좌표는 $M\left(\frac{x_2+x_3}{2}, \frac{y_2+y_3}{2}, \frac{z_2+z_3}{2}\right)$이므로 선분의 내분점 공식에 의하여 점 G의 좌표는 $G\left(\frac{x_1+x_2+x_3}{3}, \frac{y_1+y_2+y_3}{3}, \frac{z_1+z_2+z_3}{3}\right)$이다.

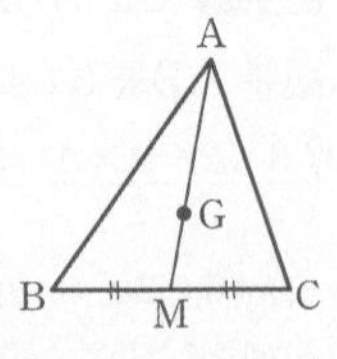

본문 181쪽

033

정답 ③

점 P를 기준으로 점 A는 z좌표의 부호만 바뀌고 점 B는 x좌표의 부호만 바뀌고 점 C는 x좌표와 y좌표의 부호만 바뀌어.

좌표공간에서 점 P(5, 7, 6)을 xy평면, yz평면, z축에 대하여 대칭이동시킨 점을 각각 A, B, C라 할 때, 삼각형 ABC의 무게중심의 좌표는 (a, b, c)이다. 이때, $a+b+c$의 값은? (3점)

① 2 ② $\frac{7}{3}$ ③ $\frac{8}{3}$ ④ 3 ⑤ $\frac{10}{3}$

Step 1 세 점 A, B, C의 좌표를 구한다.

점 P의 x좌표, y좌표와 각각 같아. / 점 P의 z좌표와 부호만 달라.

점 P(5, 7, 6)을 xy평면에 대하여 대칭이동시킨 점은 A(5, 7, −6)

점 P(5, 7, 6)을 yz평면에 대하여 대칭이동시킨 점은 B(−5, 7, 6)

점 P(5, 7, 6)을 z축에 대하여 대칭이동시킨 점은 C(−5, −7, 6)

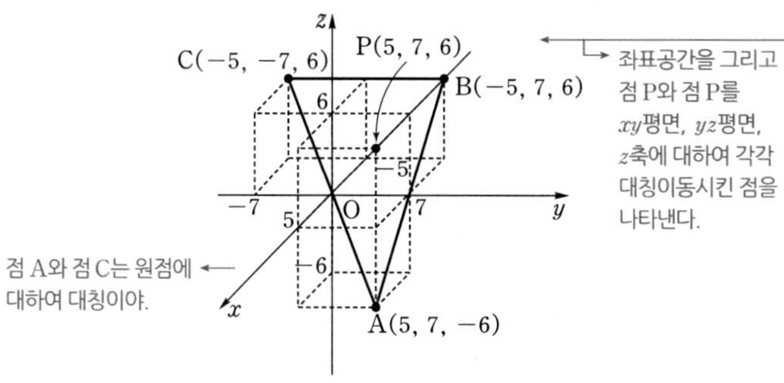

Step 2 삼각형 ABC의 무게중심의 좌표를 구한다.

점 (a, b, c)와 같으므로 두 점의 x좌표, y좌표, z좌표가 각각 서로 같다.

삼각형 ABC의 무게중심의 좌표는

$\left(\frac{5-5-5}{3}, \frac{7+7-7}{3}, \frac{-6+6+6}{3}\right)$에서 $\left(-\frac{5}{3}, \frac{7}{3}, 2\right)$이므로

$a=-\frac{5}{3}$, $b=\frac{7}{3}$, $c=2$

$\therefore a+b+c=\frac{8}{3}$

034 [정답률 60%]

정답 350

즉, 이 정삼각기둥의 모든 옆면은 정사각형이 되겠지! / 두 밑면이 합동인 정삼각형인 각기둥

그림과 같이 모든 모서리의 길이가 6인 정삼각기둥 ABC−DEF가 있다. 변 DE의 중점 M에 대하여 선분 BM을 1 : 2로 내분하는 점을 P라 하자. $\overline{\mathrm{CP}}=l$일 때, $10l^2$의 값을 구하시오. (4점)

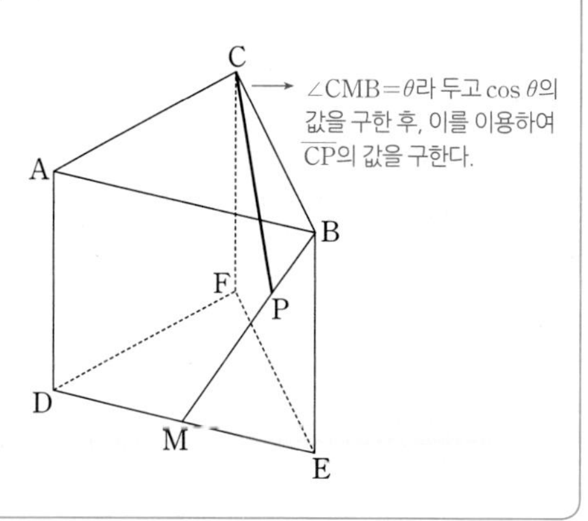

도형을 좌표공간으로 옮기면, 각 점을 공간좌표를 이용하여 나타낼 수 있으니 편해.

Step 1 도형을 좌표공간으로 옮겨 좌표를 이용한다.

정삼각기둥 ABC−DEF를 점 M을 원점으로 하고 직선 MF가 x축 위에, □ADEB가 yz평면 위에 있도록 좌표공간에 나타내면 오른쪽 그림과 같다.

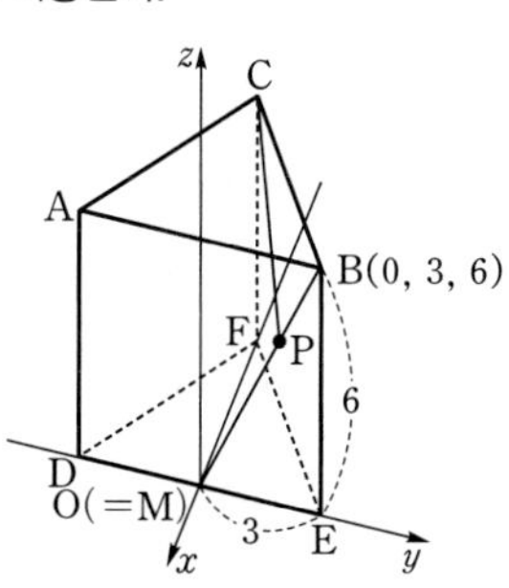

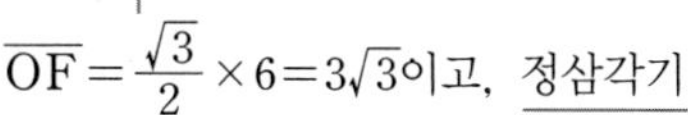

삼각형 DEF는 정삼각형이므로

$\overline{\mathrm{OF}}=\frac{\sqrt{3}}{2}\times6=3\sqrt{3}$이고, 정삼각기둥의 높이가 6이므로 점 C의 좌표는 $(-3\sqrt{3}, 0, 6)$이다.

주어진 정삼각기둥의 모든 모서리의 길이가 6이므로

점 P는 선분 BM을 1 : 2로 내분하는 점이므로

$\mathrm{P}\left(\frac{1\times0+2\times0}{1+2}, \frac{1\times0+2\times3}{1+2}, \frac{1\times0+2\times6}{1+2}\right)$에서 P(0, 2, 4)

M(0, 0, 0), B(0, 3, 6)

$\therefore l=\overline{\mathrm{CP}}=\sqrt{(-3\sqrt{3}-0)^2+(0-2)^2+(6-4)^2}$
$=\sqrt{27+4+4}=\sqrt{35}$

좌표공간에서 두 점 사이의 거리

$l^2=35$이므로 $10l^2=10\times35=350$

✪ 다른 풀이 코사인법칙을 사용하는 풀이

Step 1 삼각형 CMB의 세 변의 길이를 각각 구한다.

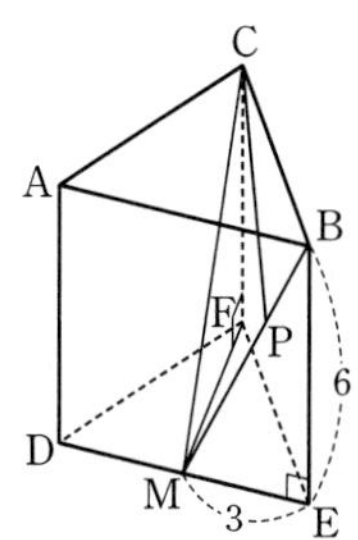

$\overline{\mathrm{FM}}=\frac{\sqrt{3}}{2}\times6=3\sqrt{3}$

한 변의 길이가 a인 정삼각형의 높이는 $\frac{\sqrt{3}}{2}a$

이므로 직각삼각형 CFM에서

$\overline{\mathrm{CM}}=\sqrt{\overline{\mathrm{CF}}^2+\overline{\mathrm{FM}}^2}=\sqrt{6^2+(3\sqrt{3})^2}=3\sqrt{7}$

$\overline{ME}=\frac{1}{2}\overline{DE}=3$이므로 직각삼각형 BME에서

$\overline{BM}=\sqrt{\overline{BE}^2+\overline{ME}^2}=\sqrt{6^2+3^2}=3\sqrt{5}$

Step 2 ∠CMB=θ라 하고 cos θ의 값을 구한다.

따라서 ∠CMB=θ라 하면 삼각형 CMB에서 코사인법칙에 의하여

$$\cos\theta=\frac{\overline{CM}^2+\overline{BM}^2-\overline{BC}^2}{2\times\overline{CM}\times\overline{BM}}$$

→ 정삼각기둥의 모서리이므로 $\overline{BC}=6$이야.

$$=\frac{(3\sqrt{7})^2+(3\sqrt{5})^2-6^2}{2\times3\sqrt{7}\times3\sqrt{5}}$$

$$=\frac{72}{18\sqrt{35}}=\frac{4}{\sqrt{35}}$$

Step 3 코사인법칙을 이용하여 $\overline{CP}$의 길이를 구한다.

점 P가 선분 BM을 1 : 2로 내분하는 점이므로

$\overline{PM}=\frac{2}{3}\overline{BM}=2\sqrt{5}$

→ $\overline{PB}:\overline{PM}=1:2$임을 이용!

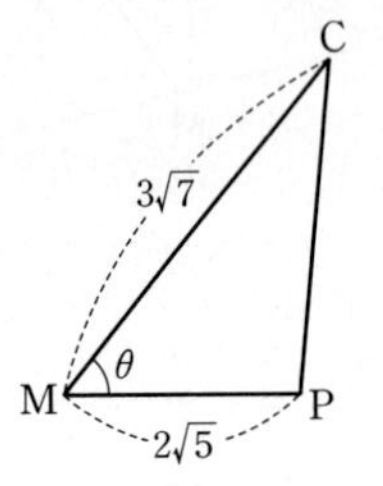

따라서 삼각형 CMP에서 코사인법칙을 이용하면

$$\overline{CP}^2=\overline{CM}^2+\overline{PM}^2-2\times\overline{CM}\times\overline{PM}\times\cos\theta$$

→ 이와 같이 삼각형의 두 변의 길이와 끼인각에 대한 코사인 값을 알면 다른 한 변의 길이를 구할 수 있어.

$$=(3\sqrt{7})^2+(2\sqrt{5})^2-2\times3\sqrt{7}\times2\sqrt{5}\times\frac{4}{\sqrt{35}}$$

$$=63+20-48=35$$

$\therefore \overline{CP}=\sqrt{35}$

따라서 $l=\sqrt{35}$이므로

$10l^2=10\times(\sqrt{35})^2=350$

035 [정답률 74%]

정답 ②

그림과 같이 $\overline{AB}=3$, $\overline{AD}=3$, $\overline{AE}=6$인 직육면체 ABCD−EFGH가 있다. 삼각형 BEG의 무게중심을 P라 할 때, 선분 DP의 길이는? (3점)

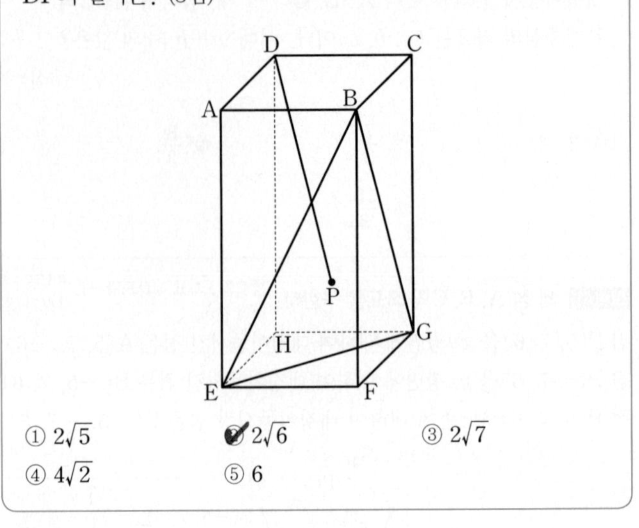

① $2\sqrt{5}$ ✔② $2\sqrt{6}$ ③ $2\sqrt{7}$
④ $4\sqrt{2}$ ⑤ 6

Step 1 직육면체를 좌표공간 위에 놓고 점 P의 좌표를 구한다.

다음 그림과 같이 점 H를 원점, 반직선 HE를 x축의 양의 방향, 반직선 HG를 y축의 양의 방향, 반직선 HD를 z축의 양의 방향이 되도록 직육면체 ABCD−EFGH를 좌표공간 위에 놓는다.

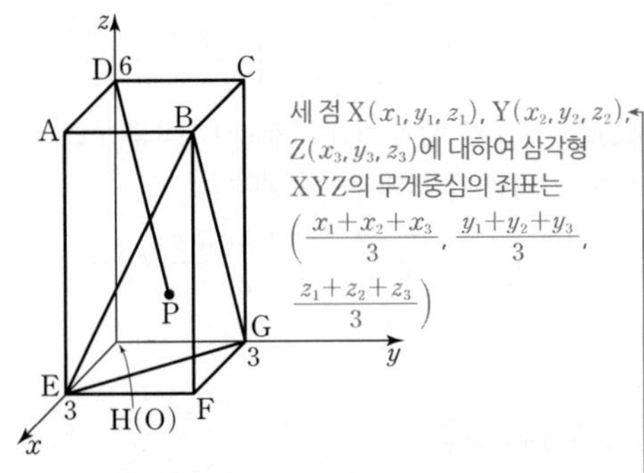

세 점 $X(x_1, y_1, z_1)$, $Y(x_2, y_2, z_2)$, $Z(x_3, y_3, z_3)$에 대하여 삼각형 XYZ의 무게중심의 좌표는 $\left(\frac{x_1+x_2+x_3}{3}, \frac{y_1+y_2+y_3}{3}, \frac{z_1+z_2+z_3}{3}\right)$

즉, B(3, 3, 6), E(3, 0, 0), G(0, 3, 0)이고 점 P는 삼각형 BEG의 무게중심이므로 점 P의 좌표는

$P\left(\frac{3+3+0}{3}, \frac{3+0+3}{3}, \frac{6+0+0}{3}\right)$, 즉 P(2, 2, 2)이다.

또한 D(0, 0, 6)이므로 $\overline{DP}=\sqrt{(2-0)^2+(2-0)^2+(2-6)^2}=2\sqrt{6}$

✪ 다른 풀이 삼수선의 정리를 이용하는 풀이

Step 1 삼수선의 정리를 이용한다.

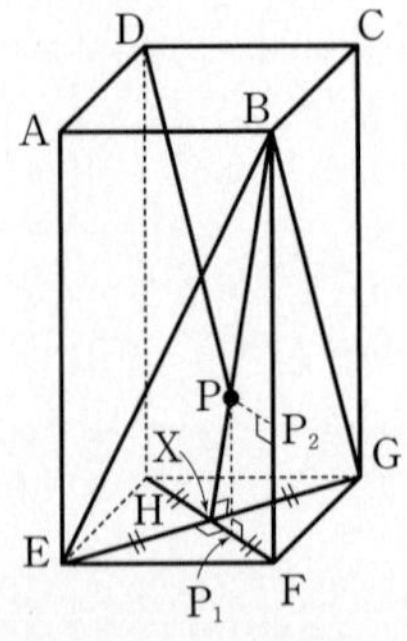

점 B에서 선분 EG에 내린 수선의 발을 X라 하면 삼수선의 정리에 의하여 $\overline{FX}\perp\overline{EG}$이다.

→ $\overline{BF}\perp$(평면 EFGH)이고 $\overline{BX}\perp\overline{EG}$이므로 삼수선의 정리에 의하여 $\overline{FX}\perp\overline{EG}$

이때 점 X는 정사각형 EFGH의 대각선인 선분 FH의 중점이다.

따라서 $\overline{FX}=\frac{1}{2}\overline{FH}=\frac{1}{2}\times3\sqrt{2}=\frac{3\sqrt{2}}{2}$

↳ 한 변의 길이가 3인 정사각형의 대각선의 길이

Step 2 점 P에서 평면 EFGH에 내린 수선의 발을 P_1, 점 P에서 선분 BF에 내린 수선의 발을 P_2라 하고, 두 선분 HP_1, BP_2의 길이를 구한다.

점 P에서 평면 EFGH에 내린 수선의 발을 P_1, 점 P에서 선분 BF에 내린 수선의 발을 P_2라 하자.

두 삼각형 PXP_1, BXF는 닮음이고, $\overline{PX}:\overline{BX}=1:3$이므로 닮음비는 1 : 3이다.

↳ 삼각형의 무게중심은 중선의 길이를 1 : 2로 나눈다.

즉, 점 P_1은 선분 FX를 2 : 1로 내분하는 점이므로

$\overline{P_1X}=\frac{1}{3}\overline{FX}=\frac{1}{3}\times\frac{3\sqrt{2}}{2}=\frac{\sqrt{2}}{2}$

$\therefore \overline{HP_1}=\overline{HX}+\overline{P_1X}=\frac{3\sqrt{2}}{2}+\frac{\sqrt{2}}{2}=2\sqrt{2}$

점 P_2는 선분 BF를 2 : 1로 내분하는 점이므로

$\overline{BP_2}=\frac{2}{3}\overline{BF}=\frac{2}{3}\times6=4$

Step 3 선분 DP의 길이를 구한다.

따라서 주어진 직육면체를 평면 DHFB로 잘라보면 다음과 같다.

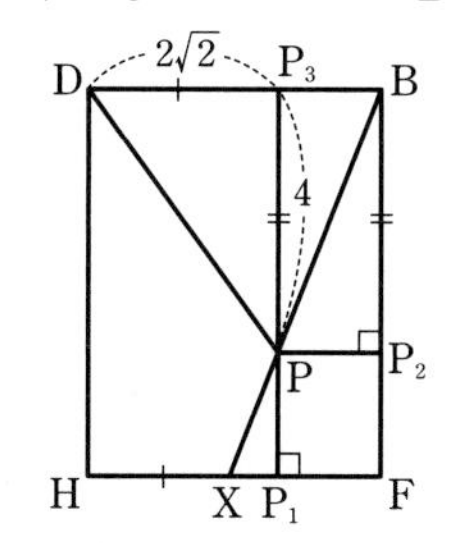

점 P에서 선분 BD에 내린 수선의 발을 P_3이라 하면

$\overline{DP_3}=\overline{HP_1}=2\sqrt{2}$, $\overline{PP_3}=\overline{BP_2}=4$

$\therefore \overline{DP}=\sqrt{(2\sqrt{2})^2+4^2}=2\sqrt{6}$

036 [정답률 94%]

정답 ⑤

xy평면 위의 점은 z좌표가 0이므로 점 H의 z좌표는 0이고, 점 H의 x좌표, y좌표는 각각 점 P의 x좌표, y좌표와 같다.

좌표공간의 점 P(3, 5, 4)에서 xy평면에 내린 수선의 발을 H라 하자. xy평면 위의 한 직선 l과 점 P 사이의 거리가 $4\sqrt{2}$일 때, 점 H와 직선 l 사이의 거리는? (3점)

① 3 ② $\sqrt{10}$ ③ $2\sqrt{3}$
④ $\sqrt{15}$ ⑤ 4

↳ 삼수선의 정리를 이용하기 위해 평면과 직선 사이의 수직 관계를 그림으로 나타내고 구하는 값을 찾는다.

Step 1 삼수선의 정리를 이용한다.

점 P(3, 5, 4)에서 xy평면에 내린 수선의 발이 H이므로

H(3, 5, 0)

점 P에서 xy평면 위의 직선 l에 내린 수선의 발을 P′이라 하면

$\overline{PP'}\perp l$, $\overline{PH}\perp$(xy평면)이므로

↳ $\overline{PP'}=4\sqrt{2}$

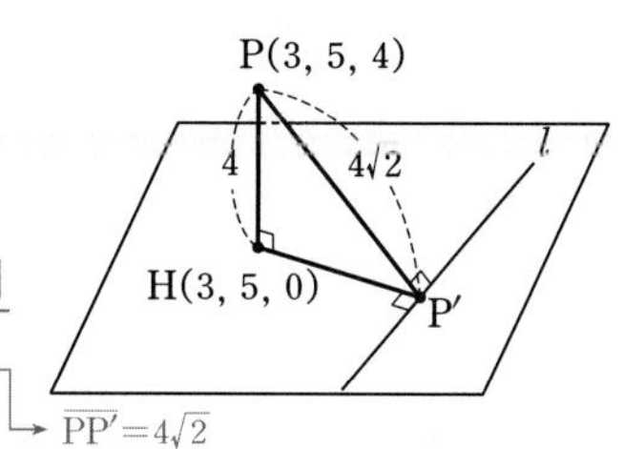

삼수선의 정리에 의하여

$\overline{P'H}\perp l$ ↳ 아래의 삼수선의 정리 (2)를 참고해.

Step 2 피타고라스 정리를 이용한다.

따라서 점 H와 직선 l 사이의 거리 $\overline{P'H}$는 피타고라스 정리에 의하여

$\overline{P'H}=\sqrt{\overline{PP'}^2-\overline{PH}^2}=\sqrt{(4\sqrt{2})^2-4^2}=4$

↳ ∠PHP′=90°이므로 삼각형 PHP′은 직각삼각형이다.

알아야 할 기본개념

삼수선의 정리

평면 α 위에 있지 않은 한 점 P, 평면 α 위의 한 점 O, 점 O를 지나지 않고 평면 α 위에 있는 한 직선 l, 직선 l 위의 한 점 A에 대하여 다음이 성립하고, 이것을 삼수선의 정리라고 한다.

(1) $\overline{PO}\perp\alpha$, $\overline{OA}\perp l$이면 $\overline{PA}\perp l$

(2) $\overline{PO}\perp\alpha$, $\overline{PA}\perp l$이면 $\overline{OA}\perp l$

(3) $\overline{PA}\perp l$, $\overline{OA}\perp l$, $\overline{PO}\perp\overline{OA}$이면 $\overline{PO}\perp\alpha$

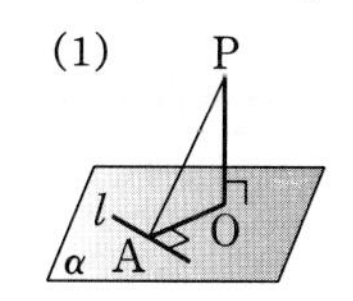

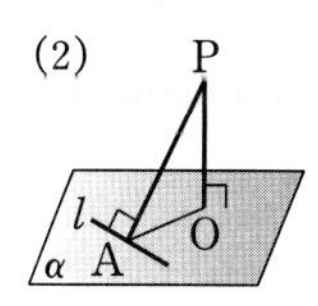

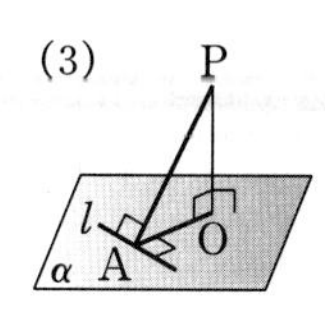

문제에 그림이 주어지지는 않았지만 평면과 직선의 수직 관계를 이용하기 위해서는 주어진 조건을 그림으로 나타내어 구하는 값이 무엇인지에 대하여 파악할 줄 알아야 해. 이때 일반적으로 공간에서 직선과 평면의 수직 관계는 위의 '삼수선의 정리'와 같은 성질이 성립하므로 삼수선의 정리를 쓸 수 있는 세 가지의 경우를 모두 정확히 알아둬!

037 [정답률 88%]

정답 ①

↳ 점 A는 x축 위의 점이고 점 B는 y축 위의 점이야.

좌표공간에서 두 점 A(1, 0, 0), B(0, $\sqrt{3}$, 0)을 지나는 직선 l이 있다. 점 P$\left(0, 0, \frac{1}{2}\right)$로부터 직선 l에 이르는 거리는? (3점)

직선 l은 xy평면 위에 있어. / 점 P는 z축 위에 있어. / 점 P는 xy평면에 수직인 z축 위에 있고, 직선 l은 xy평면 위에 있기 때문에 삼수선의 정리를 이용하여 구하는 값을 찾을 수 있어.

z, P, O, l, B, y, A, x

① 1 ② $\sqrt{2}$ ③ $\sqrt{3}$
④ 2 ⑤ $\sqrt{5}$

↳ 공간에서 직선과 평면의 수직 관계가 보일 때 주로 삼수선의 정리를 이용해.

Step 1 점 P에서 직선 l에 수선을 그어 삼수선의 정리를 이용한다.

점 P에서 직선 l에 내린 수선의 발을 H라 하면 선분 PO는 삼각형 OAB에 수직이고 $\overline{PH}\perp l$이므로 삼수선의 정리에 의하여

$\overline{OH}\perp l$

↳ z축과 xy평면은 서로 수직이기 때문이야.

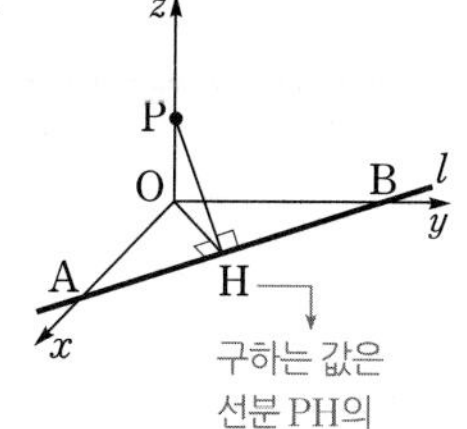

구하는 값은 선분 PH의 길이와 같아.

Step 2 삼각형의 넓이, 피타고라스 정리를 이용하여 문제를 푼다.

삼각형 OAB는 직각삼각형이고 ($\angle AOB=90°$)

$\overline{OA}=1$, $\overline{OB}=\sqrt{3}$이므로

$\overline{AB}=\sqrt{1^2+(\sqrt{3})^2}=2$ 피타고라스 정리

삼각형 OAB의 넓이에서

$\frac{1}{2}\cdot\overline{OA}\cdot\overline{OB}=\frac{1}{2}\cdot\overline{AB}\cdot\overline{OH}$이므로

$1\cdot\sqrt{3}=2\cdot\overline{OH}$

$\therefore \overline{OH}=\frac{\sqrt{3}}{2}$

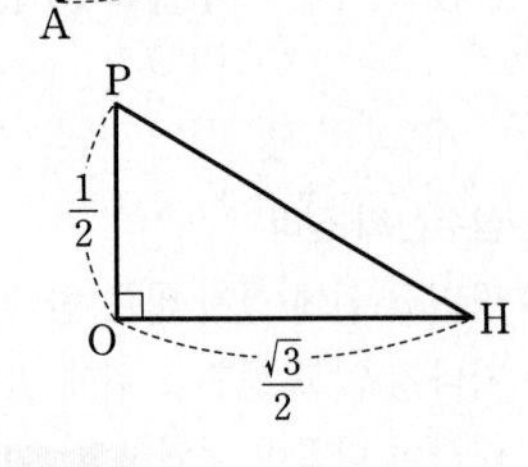

삼각형 POH가 직각삼각형이므로 ($\angle POH=90°$)

$\overline{PH}=\sqrt{\left(\frac{1}{2}\right)^2+\left(\frac{\sqrt{3}}{2}\right)^2}=1$ 피타고라스 정리

따라서 점 P에서 직선 l에 이르는 거리는 1이다.

다른 풀이 점과 직선 사이의 거리 공식을 이용한 풀이

Step 1 원점과 직선 AB 사이의 거리를 구한다.

두 점 $A(1, 0, 0)$, $B(0, \sqrt{3}, 0)$을 지나는 직선의 방정식은

$\frac{x}{1}+\frac{y}{\sqrt{3}}=1$, $\sqrt{3}x+y-\sqrt{3}=0$ → xy평면 위의 직선이므로 $z=0$이야.

따라서 원점 O와 직선 AB 사이의 거리는

$\frac{|\sqrt{3}\cdot0+0-\sqrt{3}|}{\sqrt{(\sqrt{3})^2+1^2}}=\frac{\sqrt{3}}{2}$

Step 2 피타고라스 정리를 이용한다.

삼수선의 정리에 의하여 점 P와 원점 O에서 직선 l에 내린 수선의 발은 공통이고 이 점을 H라 하면 삼각형 POH에서 피타고라스 정리에 의하여 ($\angle POH=90°$인 직각삼각형이야.)

$\overline{PH}=\sqrt{\overline{OP}^2+\overline{OH}^2}=\sqrt{\left(\frac{1}{2}\right)^2+\left(\frac{\sqrt{3}}{2}\right)^2}=1$

따라서 점 P에서 직선 l에 이르는 거리는 1이다.

038 [정답률 83%]

정답 ⑤

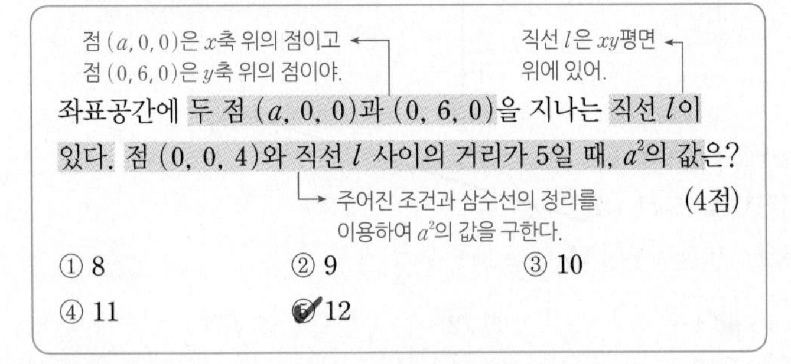

(점 $(a, 0, 0)$은 x축 위의 점이고 점 $(0, 6, 0)$은 y축 위의 점이야. / 직선 l은 xy평면 위에 있어.)

좌표공간에 두 점 $(a, 0, 0)$과 $(0, 6, 0)$을 지나는 직선 l이 있다. 점 $(0, 0, 4)$와 직선 l 사이의 거리가 5일 때, a^2의 값은? (4점)

→ 주어진 조건과 삼수선의 정리를 이용하여 a^2의 값을 구한다.

① 8 ② 9 ③ 10 ④ 11 ⑤ 12

Step 1 $a>0$일 때, 좌표공간에 주어진 점을 나타낸다.

$a>0$일 때, 세 점 $(a, 0, 0)$, $(0, 6, 0)$, $(0, 0, 4)$를 좌표공간에 나타내고 차례로 A, B, C라 하면

$\overline{OA}=a$, $\overline{OB}=6$,

$\overline{AB}=\sqrt{a^2+36}$ ...... ㉠

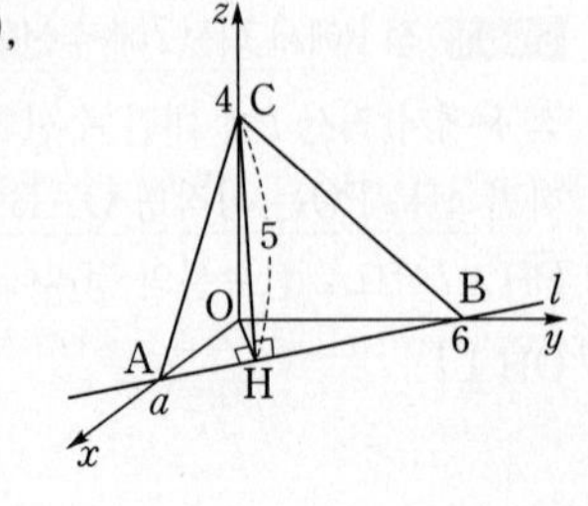

Step 2 삼수선의 정리를 이용한다. (직선 l은 두 점 A, B를 지나므로 직선 AB와 같아.)

점 C에서 직선 AB에 내린 수선의 발을 H라 하면 $\overline{OC}=4$, $\overline{CH}=5$이므로 직각삼각형 COH에서 피타고라스 정리에 의하여

$\overline{OH}=\sqrt{\overline{CH}^2-\overline{OC}^2}=\sqrt{25-16}=3$

$\overline{OC}\perp(xy\text{평면})$, $\overline{CH}\perp\overline{AB}$이므로 삼수선의 정리에 의하여

$\overline{OH}\perp\overline{AB}$

그러므로 삼각형 OAB에서 ($\angle AOB=90°$인 직각삼각형)

$\frac{1}{2}\times\overline{OA}\times\overline{OB}=\frac{1}{2}\times\overline{OH}\times\overline{AB}$ (삼각형 OAB의 넓이야.)

$a\times6=3\times\sqrt{a^2+36}$ ($\because$ ㉠)

$2a=\sqrt{a^2+36}$, $4a^2=a^2+36$ (양변을 제곱하여 제곱근을 없앤다.)

$3a^2=36$

$\therefore a^2=12$

039

정답 ①

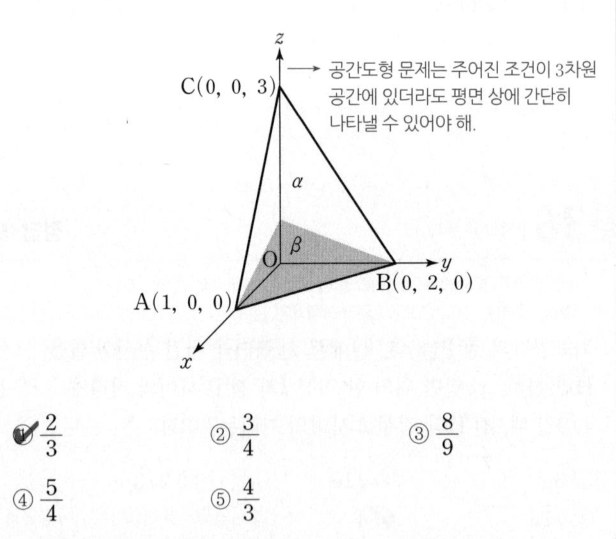

(점 A는 x축 위의 점, 점 B는 y축 위의 점, 점 C는 z축 위의 점이다.)

좌표공간에서 세 점 $A(1, 0, 0)$, $B(0, 2, 0)$, $C(0, 0, 3)$을 지나는 평면을 α라 하자. 그림과 같이 평면 α와 xy평면의 이면각 중에서 예각인 것을 이등분하면서 선분 AB를 포함하는 평면을 β라 할 때, 평면 β가 z축과 만나는 점의 z좌표는? (4점)

① $\frac{2}{3}$ ② $\frac{3}{4}$ ③ $\frac{8}{9}$ ④ $\frac{5}{4}$ ⑤ $\frac{4}{3}$

Step 1 공간 문제를 평면 문제로 간단히 한다. ($\angle CHO$는 평면 α와 xy평면이 이루는 예각의 크기이다.)

평면 β가 z축과 만나는 점을 $D(0, 0, d)$라 하고, 두 점 C와 D에서 각각 선분 AB에 내린 수선의 발은 일치하므로 그 점을 H라 하자.

xy평면에서 ($z=0$) 직선 AB의 방정식은 $\frac{x}{1}+\frac{y}{2}=1$, $2x+y-2=0$

선분 OH의 길이는 원점 O와 직선 $2x+y-2=0$ 사이의 거리와 같으므로 (삼수선의 정리에 의하여 $\overline{OH}\perp\overline{AB}$이므로 $\overline{OH}$가 원점과 직선 AB 사이의 거리가 돼.)

$\overline{\mathrm{OH}}=\dfrac{|2\cdot 0+0-2|}{\sqrt{2^2+1^2}}=\dfrac{2}{\sqrt{5}}$

점 (x_1, y_1)과 직선 $ax+by+c=0$ 사이의 거리 d'은 $d'=\dfrac{|ax_1+by_1+c|}{\sqrt{a^2+b^2}}$

이때 삼각형 COH에서 피타고라스 정리에 의하여

$\overline{\mathrm{CH}}=\sqrt{\overline{\mathrm{OC}}^2+\overline{\mathrm{OH}}^2}$

선분 OH는 xy평면 위의 선분이고 점 C는 z축 위의 점이다. xy평면과 z축은 서로 수직이므로 삼각형 COH는 직각삼각형이다.

$=\sqrt{3^2+\left(\dfrac{2}{\sqrt{5}}\right)^2}$

$=\sqrt{9+\dfrac{4}{5}}=\sqrt{\dfrac{49}{5}}$

$=\dfrac{7}{\sqrt{5}}$

이때 사면체 O−ABC를 세 점 C, O, H를 지나는 평면으로 자른 단면은 다음 그림과 같다.

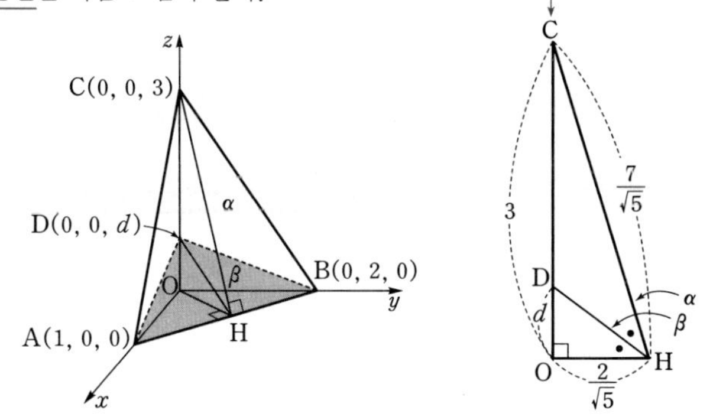

Step 2 각의 이등분선의 성질을 이용하여 점 D의 z좌표를 구한다.

$\angle\mathrm{CHD}=\angle\mathrm{OHD}$이므로 각의 이등분선의 성질에 의하여

$\overline{\mathrm{CH}}:\overline{\mathrm{OH}}=\overline{\mathrm{CD}}:\overline{\mathrm{OD}}$를 만족한다.

$\overline{\mathrm{CD}}=\overline{\mathrm{OC}}-\overline{\mathrm{OD}}=3-d$

즉, $\dfrac{7}{\sqrt{5}}:\dfrac{2}{\sqrt{5}}=(3-d):d$이므로

$2(3-d)=7d$, $9d=6$

비례식에서 내항의 곱은 외항의 곱과 같으므로 $\dfrac{2}{\sqrt{5}}(3-d)=\dfrac{7}{\sqrt{5}}d$에서 양변에 $\sqrt{5}$를 곱한다.

$\therefore d=\dfrac{2}{3}$

따라서 점 D의 z좌표는 $\dfrac{2}{3}$이다.

점 D의 좌표는 $\mathrm{D}\left(0, 0, \dfrac{2}{3}\right)$

알아야 할 기본개념

각의 이등분선의 성질

(1) 내각의 이등분선일 경우

임의의 삼각형 ABC에 대하여 ∠A의 이등분선이 선분 BC와 만나는 점을 D라 하면 다음이 성립한다.

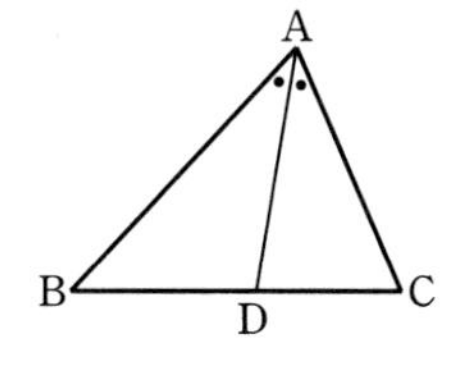

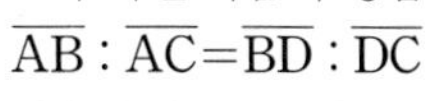

$\overline{\mathrm{AB}}:\overline{\mathrm{AC}}=\overline{\mathrm{BD}}:\overline{\mathrm{DC}}$

(2) 외각의 이등분선일 경우

임의의 삼각형 ABC에 대하여 ∠A의 외각의 이등분선이 선분 BC의 연장선과 만나는 점을 D라 하면 다음이 성립한다.

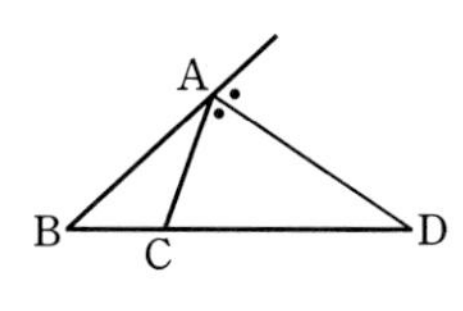

$\overline{\mathrm{AB}}:\overline{\mathrm{AC}}=\overline{\mathrm{BD}}:\overline{\mathrm{DC}}$

040

정답 ②

점 A는 zx평면 위에, 점 B는 yz평면 위에 있어.

세 점 O(0, 0, 0), A(2, 0, 2), B(0, 2, 2)를 지나는 평면과 xy평면이 이루는 예각의 크기를 θ라 할 때, $\cos\theta$의 값은? (3점)

정사영을 이용하여 두 평면이 이루는 각 θ에 대한 $\cos\theta$의 값을 구한다.

① $\dfrac{\sqrt{2}}{2}$ ② $\dfrac{\sqrt{3}}{3}$ ③ $\dfrac{1}{2}$

④ $\dfrac{1}{3}$ ⑤ $\dfrac{2}{3}$

xy평면 위의 모든 점은 z좌표가 0이므로 두 점 A′, B′의 z좌표도 모두 0이고 x좌표, y좌표는 각각 두 점 A, B의 x좌표, y좌표와 같다.

Step 1 정사영의 넓이를 이용해 $\cos\theta$의 값을 구한다.

두 점 A, B의 xy평면 위로의 정사영을 각각 A′, B′이라 하면

A′(2, 0, 0), B′(0, 2, 0)

삼각형 AOB의 xy평면 위로의 정사영은 삼각형 A′OB′이므로

$\triangle\mathrm{A'OB'}=\triangle\mathrm{AOB}\times\cos\theta$ → 구하는 값 $\cos\theta=\dfrac{\triangle\mathrm{A'OB'}}{\triangle\mathrm{AOB}}$이므로 두 삼각형 AOB, A′OB′의 넓이를 구하면 돼.

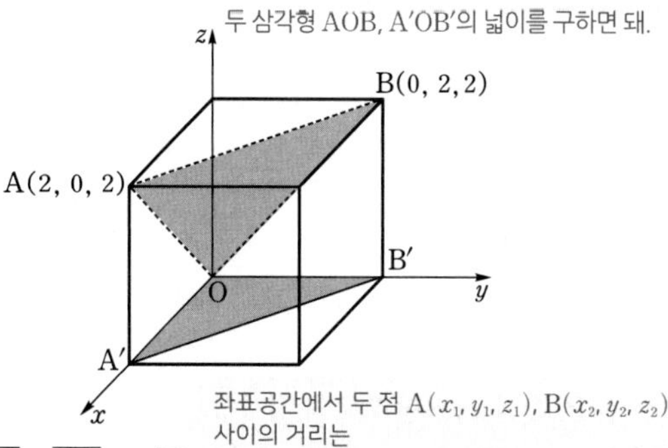

이때 $\overline{\mathrm{OA}}=\overline{\mathrm{OB}}=\overline{\mathrm{AB}}=2\sqrt{2}$

좌표공간에서 두 점 $\mathrm{A}(x_1, y_1, z_1)$, $\mathrm{B}(x_2, y_2, z_2)$ 사이의 거리는 $\overline{\mathrm{AB}}=\sqrt{(x_2-x_1)^2+(y_2-y_1)^2+(z_2-z_1)^2}$

즉, 삼각형 AOB는 한 변의 길이가 $2\sqrt{2}$인 정삼각형이므로

삼각형 AOB의 넓이는 $\dfrac{\sqrt{3}}{4}\times(2\sqrt{2})^2=2\sqrt{3}$

삼각형 A′OB′의 넓이는 $\dfrac{1}{2}\times 2\times 2=2$

한 변의 길이가 a인 정삼각형의 넓이는 $\dfrac{\sqrt{3}}{4}a^2$

$\therefore \cos\theta=\dfrac{\triangle\mathrm{A'OB'}}{\triangle\mathrm{AOB}}=\dfrac{2}{2\sqrt{3}}=\dfrac{\sqrt{3}}{3}$

수능포인트

공간도형 단원에서 $\cos\theta$를 구하는 문제가 많이 출제됩니다. 이때 많이 쓰이는 개념은 ① 정사영의 넓이, ② 삼수선의 정리입니다. 언제 무슨 개념을 사용해야 하는지 나름대로 정리해 두면 문제에 접근할 때 용이합니다.

① 평면과 평면이 이루는 각의 크기 θ에 대한 문제는 정사영의 넓이 또는 삼수선의 정리가 많이 쓰이고, ② 평면과 직선이 이루는 각의 크기 θ에 대한 문제는 삼수선의 정리가 많이 활용됩니다.

물론 다른 식으로 출제되는 경우도 있으니 다른 방법도 항상 염두에 두도록 합니다.

041 [정답률 87%] 정답 ①

→ 주어진 조건을 좌표공간 위에 나타내어 푼다.

좌표공간의 세 점 A(3, 0, 0), B(0, 3, 0), C(0, 0, 3)에 대하여 선분 BC를 2 : 1로 내분하는 점을 P, 선분 AC를 1 : 2로 내분하는 점을 Q라 하자. 점 P, Q의 xy평면 위로의 정사영을 각각 P′, Q′이라 할 때, 삼각형 OP′Q′의 넓이는? (단, O는 원점이다.) (3점)

→ 좌표공간의 점 (a, b, c)의 xy평면 위로의 정사영의 좌표는 $(a, b, 0)$이야.

✔1 ② 2 ③ 3
④ 4 ⑤ 5

Step 1 두 점 P, Q의 좌표를 구한다.

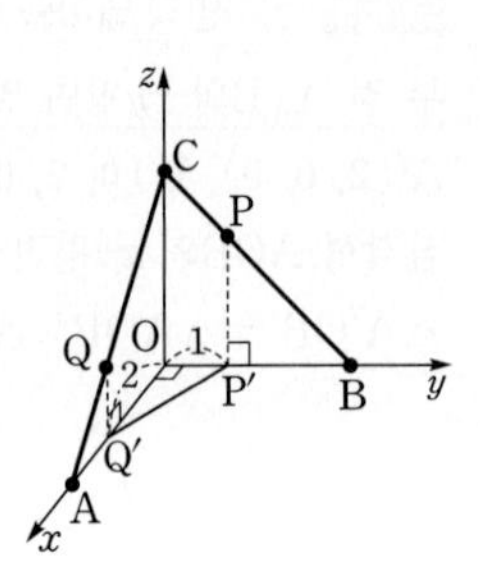

세 점 A(3, 0, 0), B(0, 3, 0), C(0, 0, 3)에 대하여 선분 BC를 2 : 1로 내분하는 점 P의 좌표는

$$P\left(\frac{2\cdot0+1\cdot0}{2+1}, \frac{2\cdot0+1\cdot3}{2+1}, \frac{2\cdot3+1\cdot0}{2+1}\right)$$

$\therefore$ P(0, 1, 2)

선분 AC를 1 : 2로 내분하는 점 Q의 좌표는

$$Q\left(\frac{1\cdot0+2\cdot3}{1+2}, \frac{1\cdot0+2\cdot0}{1+2}, \frac{1\cdot3+2\cdot0}{1+2}\right)$$

$\therefore$ Q(2, 0, 1)

Step 2 두 점 P, Q의 xy평면 위로의 정사영의 좌표를 구하고 문제를 해결한다.

두 점 P, Q의 xy평면 위로의 정사영은 각각 P′(0, 1, 0), Q′(2, 0, 0)이고 삼각형 OP′Q′은 ∠P′OQ′=90°인 직각삼각형이므로

→ 점 P′은 y축 위의 점, 점 Q′은 x축 위의 점, 점 O는 원점이므로

$$\triangle OP'Q' = \frac{1}{2}\times1\times2=1$$

선분 P′Q′의 길이는 피타고라스 정리를 이용하여 구할 수 있어. ($\sqrt{5}$)

042 [정답률 89%] 정답 ①

두 변의 길이가 같으므로 삼각형 ABC는 이등변삼각형이다. 이등변삼각형의 성질을 이용하여 문제를 푼다.

그림과 같이 $\overline{AB}=\overline{AC}=5$, $\overline{BC}=2\sqrt{7}$인 삼각형 ABC가 xy평면 위에 있고, 점 P(1, 1, 4)의 xy평면 위로의 정사영 Q는 삼각형 ABC의 무게중심과 일치한다. 점 P에서 직선 BC까지의 거리는? (4점)

→ 삼각형의 무게중심은 세 중선의 교점이다.

→ 직선 PQ는 xy평면과 수직이므로 직선 PQ는 xy평면 위의 모든 직선과도 수직이다.

✔ $3\sqrt{2}$ ② $\sqrt{19}$ ③ $2\sqrt{5}$
④ $\sqrt{21}$ ⑤ $\sqrt{22}$

Step 1 삼수선의 정리를 이용한다.

선분 AQ의 연장선과 선분 BC가 만나는 점을 R라 하자.

→ 점 Q는 삼각형 ABC의 무게중심이므로 선분 AR는 중선이다. 따라서 점 R는 선분 BC의 중점이다.

삼각형 ABC는 이등변삼각형이므로 선분 AR는 선분 BC를 수직이등분한다. (이등변삼각형의 성질)

$\overline{PQ}\perp$(xy평면), $\overline{QR}\perp\overline{BC}$이므로 삼수선의 정리에 의하여

$\overline{PR}\perp\overline{BC}$ → 점 R는 점 P에서 선분 BC에 내린 수선의 발과 일치해.

따라서 점 P에서 직선 BC까지의 거리는 선분 PR의 길이와 같다.

Step 2 선분 PR의 길이를 구한다.

삼각형 ARC에서 피타고라스 정리에 의하여

$\overline{AR}=\sqrt{\overline{AC}^2-\overline{RC}^2}=\sqrt{25-7}=\sqrt{18}=3\sqrt{2}$ → $\overline{AC}=5$, $\overline{RC}=\frac{1}{2}\overline{BC}=\sqrt{7}$

점 Q는 삼각형 ABC의 무게중심이므로

→ 점 Q는 선분 AR를 2 : 1로 내분하는 점이야.

$\overline{QR}=\frac{1}{3}\overline{AR}=\sqrt{2}$

선분 PQ의 길이는 점 P와 xy평면 사이의 거리이므로 $\overline{PQ}=4$ → =|점 P의 z좌표|

삼각형 PQR에서 피타고라스 정리에 의하여

$\overline{PR}=\sqrt{\overline{PQ}^2+\overline{QR}^2}=\sqrt{16+2}=\sqrt{18}=3\sqrt{2}$ → $\overline{PQ}=4$, $\overline{QR}=\sqrt{2}$

따라서 점 P에서 직선 BC까지의 거리는 $3\sqrt{2}$이다.

공간에서는 직선과 평면의 수직에 대하여 삼수선의 정리를 이용할 줄 알아야 해. 따라서 공간에서의 평면과 평면 위에 있지 않은 점이나 직선에 대하여 삼수선의 정리를 이용하기 위해 평면과 직선 사이의 수직 관계를 그려 보는 것이 좋아.

043 [정답률 86%] 정답 ③

점 A는 z축 위에, 점 B는 xy평면 위에, 점 C는 y축 위에 있다.

그림과 같이 좌표공간에 세 점 A(0, 0, 3), B(5, 4, 0), C(0, 4, 0)이 있다. 선분 AB 위의 한 점 P에서 선분 BC에 내린 수선의 발을 H라 할 때, $\overline{PH}=3$이다. 삼각형 PBH의 xy평면 위로의 정사영의 넓이는? (4점)

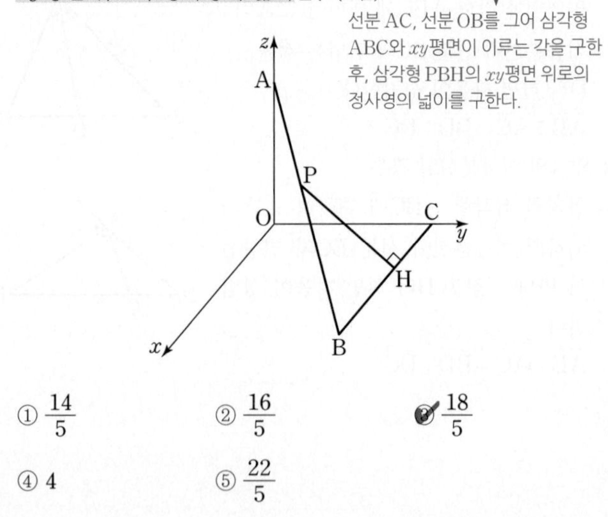

① $\frac{14}{5}$ ② $\frac{16}{5}$ ✔ $\frac{18}{5}$
④ 4 ⑤ $\frac{22}{5}$

Step 1 평면 ABC와 xy평면이 이루는 각의 크기를 θ라 하고 $\cos\theta$의 값을 구한다.

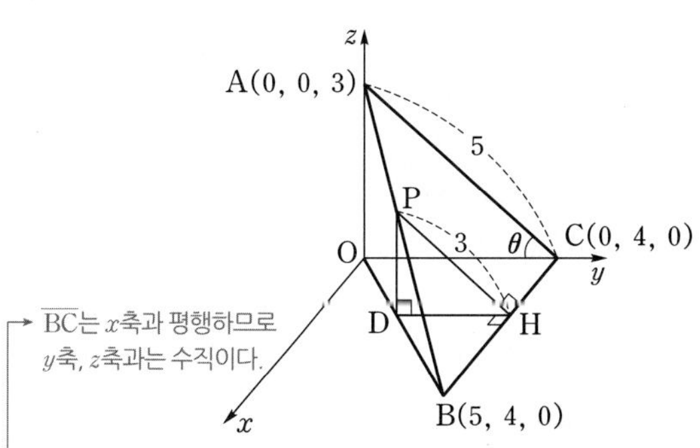

$\overline{BC}$는 x축과 평행하므로 y축, z축과는 수직이다.

위의 그림과 같이 점 P에서 xy평면에 내린 수선의 발을 D라 하자.
→ 점 D는 선분 OB 위의 점이다.

삼각형 AOC는 직각삼각형이므로

$\overline{AC}=\sqrt{3^2+4^2}=5$

직선과 평면의 수직 관계

또, $\overline{BC}\perp\overline{OC}$, $\overline{BC}\perp\overline{OA}$이므로 $\overline{BC}\perp\overline{AC}$이다.
→ x축과 평행한 $\overline{BC}$는 yz평면 위의 $\overline{AC}$와 수직이다.

따라서 평면 ABC와 xy평면이 이루는 각의 크기를 θ라 하면

$\cos\theta=\cos(\angle ACO)=\dfrac{\overline{OC}}{\overline{AC}}=\dfrac{4}{5}$
→ 삼각형 PBH가 평면 ABC 위에 있으므로 삼각형 PBH가 xy평면과 이루는 각의 크기도 θ이다.

Step 2 닮음을 이용하여 삼각형 PBH의 넓이를 구한 후 xy평면 위로의 정사영의 넓이를 구한다.

이때 두 직각삼각형 ABC와 PBH는 서로 닮음이므로

$\overline{BH}:\overline{BC}=\overline{PH}:\overline{AC}=3:5$
→ AA 닮음
두 쌍의 대응각의 크기가 각각 같다.
($\because$ $\angle ABC$는 공통, $\overline{AC}\,/\!/\,\overline{PH}$이므로 $\angle BCA=\angle BHP=90°$)

$\therefore\ \overline{BH}=\dfrac{3}{5}\overline{BC}=3$ ($\because\ \overline{BC}=5$)

$\therefore\ \triangle PBH=\dfrac{1}{2}\times\overline{BH}\times\overline{PH}=\dfrac{1}{2}\times3\times3$

$=\dfrac{9}{2}$

따라서 삼각형 PBH의 xy평면 위로의 정사영의 넓이를 S라 하면

$S=(\triangle PBH$의 넓이$)\times\cos\theta$

$=\dfrac{9}{2}\times\dfrac{4}{5}=\dfrac{18}{5}$

평면도형 F와 이 도형의 평면 α 위로의 정사영 F'의 넓이를 각각 A, A'이라 하고, 도형 F와 평면 α가 이루는 각의 크기를 θ라 하면
$A'=A\cos\theta\left(0\le\theta\le\dfrac{\pi}{2}\right)$

다른 풀이 삼수선의 정리를 활용한 풀이

Step 1 삼수선의 정리를 활용한다.

점 P에서 xy평면에 내린 수선의 발을 D라 하면

삼각형 PBH의 xy평면 위로의 정사영은 삼각형 DBH이다.

이때 $\overline{PD}\perp(xy$평면$)$, $\overline{PH}\perp\overline{BC}$이므로 삼수선의 정리에 의해

$\overline{DH}\perp\overline{BC}$

Step 2 정사영의 넓이를 구한다.

한편, 두 직각삼각형 ABC와 PBH는 서로 닮음(AA 닮음)이고,

닮음비는 5 : 3이므로
→ $\angle ABC$는 공통이고, $\angle BCA=\angle BHP=90°$

$\overline{BC}:\overline{BH}=5:3$ → 비례식에서 내항의 곱과 외항의 곱은 같으므로 $5\overline{BH}=3\overline{BC}$이다.

$\therefore\ \overline{BH}=\dfrac{3}{5}\overline{BC}=3$ ($\because\ \overline{BC}=5$)

같은 방법으로 두 직각삼각형 OBC, DBH도 서로 닮음(AA 닮음)

이므로
→ $\angle OBC$는 공통이고, $\angle BCO=\angle BHD=90°$
이때 $\overline{BC}:\overline{BH}=5:3$이므로 닮음비는 5 : 3이다.

$\overline{DH}=\dfrac{3}{5}\overline{OC}=\dfrac{12}{5}$ ($\because\ \overline{OC}=4$)

따라서 구하는 정사영의 넓이는

(삼각형 DBH의 넓이)$=\dfrac{1}{2}\times\overline{BH}\times\overline{DH}$

$=\dfrac{1}{2}\times3\times\dfrac{12}{5}=\dfrac{18}{5}$

수능포인트

공간도형 문제를 잘 푸는 방법 중 하나는 스스로 그림을 그려 보는 것입니다. 이런 연습을 통해 내공이 쌓이면 나중에는 문제를 읽으면서 그림을 파악할 수 있게 됩니다. 이 문제의 포인트는 다음의 두 가지입니다.

① 점 P에서 직선 OB에 내린 수선의 발을 D라 하면 삼수선의 정리에 의하여 $\overline{DH}\perp\overline{BC}$이다.

② $\overline{BC}\perp(yz$평면$)$이므로 $\overline{BC}\perp\overline{AC}$이다. 즉, $\overline{PH}\,/\!/\,\overline{AC}$가 되어 $\triangle PBH\backsim\triangle ABC$이다.

문제에서 주어진 조건을 정확하게 차근차근 그림에 나타내면 보다 시각적으로 문제를 이해할 수 있어서 구하는 값을 얻기 위하여 어떤 정리나 성질을 이용해야 하는지 쉽게 알 수 있어.

044

정답 50

삼각형 ABC의 yz평면 위로의 정사영의 넓이가 0이므로 삼각형 ABC를 포함하는 평면과 yz평면은 수직임을 알 수 있어.

좌표공간에서 세 점 A, B, C에 대하여 삼각형 ABC의 xy평면, yz평면, zx평면 위로의 정사영의 넓이가 각각 30, 0, 40일 때, 삼각형 ABC의 넓이 S를 구하시오.
(단, 삼각형의 넓이가 0이라는 것은 삼각형이 생기지 않음을 의미한다.) (4점)

이때 삼각형 ABC의 xy평면, zx평면 위로의 정사영은 0이 아니므로 평면 α는 xy평면이나 zx평면과 서로 수직이 아니야.

Step 1 삼각형 ABC가 놓여 있는 평면과 yz평면이 수직임을 확인한다.

삼각형 ABC가 놓여 있는 평면을 α라 하자.

오른쪽 그림과 같이 삼각형 ABC의 yz평면 위로의 정사영의 넓이가 0이므로 평면 α와 yz평면은 서로 수직이다.

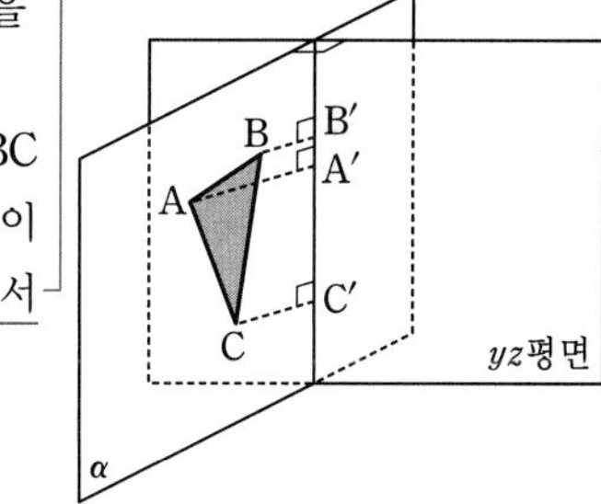

Step 2 삼각형 ABC의 xy평면, zx평면 위로의 정사영의 넓이가 각각 30, 40임을 이용하여 삼각형 ABC의 넓이를 구한다.

평면 α가 xy평면, zx평면과 이루는 예각의 크기를 각각 θ_{xy}, θ_{zx}라 하자.

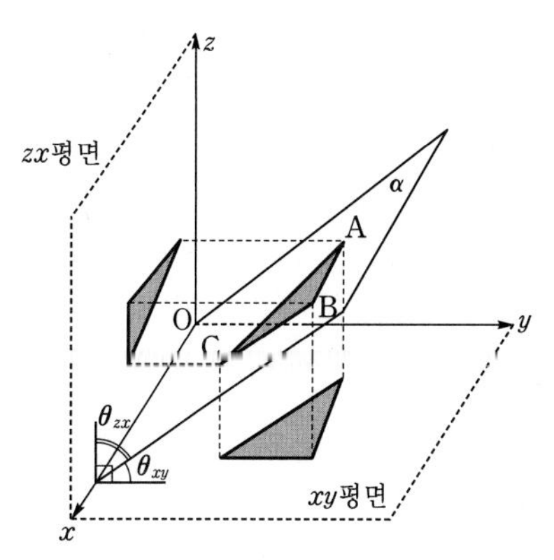

삼각형 ABC는 평면 α 위에 있으므로 삼각형 ABC의 넓이 S에

대하여 $S\cos\theta_{xy}=30$, $S\cos\theta_{zx}=40$을 만족한다.

이때 $\theta_{zx}=\frac{\pi}{2}-\theta_{xy}$이므로 → zx평면과 xy평면이 이루는 각의 크기는 $90°$이므로 $\theta_{zx}+\theta_{xy}=\frac{\pi}{2}$

$S\cos\theta_{zx}=S\cos\left(\frac{\pi}{2}-\theta_{xy}\right)=S\sin\theta_{xy}$

따라서 $S\cos\theta_{xy}=30$, $S\sin\theta_{xy}=40$이므로

두 식의 양변을 제곱하여 각 변끼리 더하면 → 삼각함수 사이의 관계 $\sin^2\theta+\cos^2\theta=1$을 이용하기 위해서야.

$S^2(\cos^2\theta_{xy}+\sin^2\theta_{xy})=30^2+40^2$ ($=900+1600$)

$S^2=2500$ (괄호 부분 $=1$)

$\therefore S=50$ ($\because S>0$)

✪ 다른 풀이 세 점 A, B, C의 좌표를 임의로 정하여 푸는 풀이

Step 1 삼각형 ABC의 yz평면 위로의 정사영의 넓이가 0이 되도록 세 점 A, B, C의 좌표를 임의로 정한다.

삼각형 ABC의 yz평면 위로의 정사영의 넓이가 0이므로 삼각형 ABC가 놓여 있는 평면과 yz평면은 수직을 이루어야 한다. 이를 만족하도록 세 점 A, B, C의 좌표를 임의로 A$(0, 0, 0)$, B$(1, 0, 0)$, C$(1, a, b)$라 하자.
→ $\overline{AB}\perp\overline{BC}$가 되도록 세 점을 정했어.

Step 2 삼각형 ABC의 넓이를 구한다.

점 C를 xy평면, zx평면에 정사영시킨 점을 각각 P, Q라 하면 P$(1, a, 0)$, Q$(1, 0, b)$

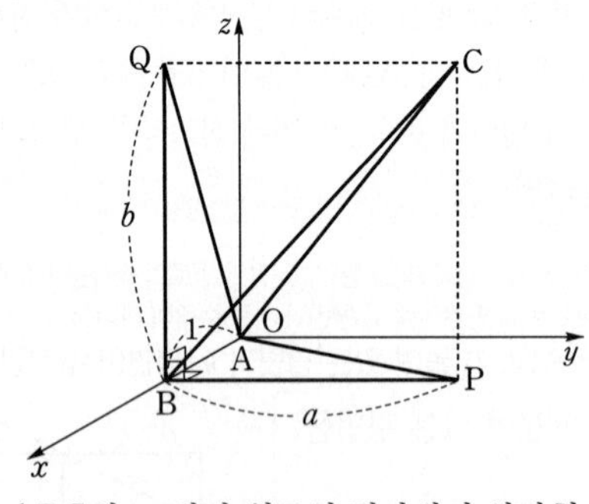

이때 삼각형 ABC의 xy평면 위로의 정사영이 삼각형 ABP이므로
→ 삼각형 ABC는 $\angle ABC=90°$인 직각삼각형이고 삼각형 ABP도 $\angle ABP=90°$인 직각삼각형이다.

$\triangle ABP=\frac{1}{2}\cdot\overline{AB}\cdot\overline{BP}=\frac{1}{2}\times1\times a=\frac{a}{2}=30$

$\therefore a=60$

삼각형 ABC의 zx평면 위로의 정사영이 삼각형 ABQ이므로
→ 삼각형 ABQ는 $\angle ABQ=90°$인 직각삼각형이다.

$\triangle ABQ=\frac{1}{2}\cdot\overline{AB}\cdot\overline{BQ}=\frac{1}{2}\times1\times b=\frac{b}{2}=40$

$\therefore b=80$

$\overline{AB}\perp\overline{BC}$이므로 삼각형 ABC의 넓이 S는

$S=\frac{1}{2}\cdot\overline{AB}\cdot\overline{BC}$

$=\frac{1}{2}\times1\times\sqrt{60^2+80^2}$ ← $\overline{BC}^2=\overline{BP}^2+\overline{BQ}^2$, $3600+6400=10000=100^2$

$=\frac{1}{2}\times100=50$

045 [정답률 72%] 정답 ⑤

좌표공간에서 y축을 포함하는 평면 α에 대하여 xy평면 위의 원 $C_1:(x-10)^2+y^2=3$의 평면 α 위로의 정사영의 넓이와 yz평면 위의 원 $C_2:y^2+(z-10)^2=1$의 평면 α 위로의 정사영의 넓이가 S로 같을 때, S의 값은? (4점)

① $\frac{\sqrt{10}}{6}\pi$ ② $\frac{\sqrt{10}}{5}\pi$ ③ $\frac{7\sqrt{10}}{30}\pi$ ④ $\frac{4\sqrt{10}}{15}\pi$ ⑤ $\frac{3\sqrt{10}}{10}\pi$

(원 C_1은 중심이 $(10, 0, 0)$이고 반지름의 길이가 $\sqrt{3}$이므로 넓이는 3π야. / xy평면 → $z=0$ / yz평면 → $x=0$ / 원 C_2는 중심이 $(0, 0, 10)$이고 반지름의 길이가 1이므로 넓이는 π야.)

Step 1 두 원 C_1과 C_2의 평면 α 위로의 정사영의 넓이를 각각 구한다.
→ 평면 α와 원 C_1이 있는 xy평면이 이루는 예각의 크기를 θ라 놓고 두 원의 평면 α 위로의 정사영의 넓이를 θ에 대한 식으로 나타내어 본다.

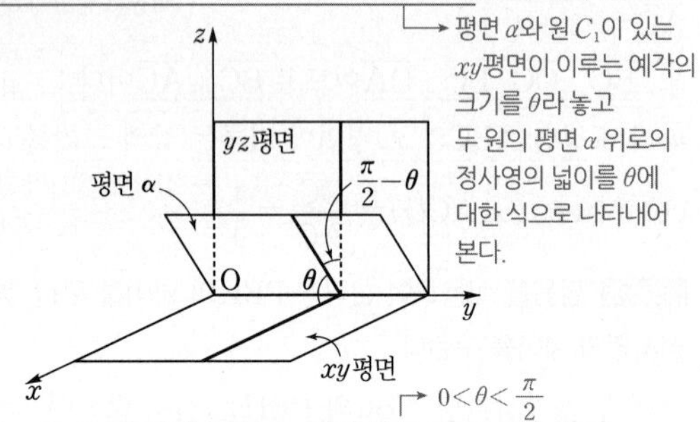

위와 같이 평면 α가 xy평면과 이루는 예각의 크기를 θ라 하자. ($0<\theta<\frac{\pi}{2}$)

이때 xy평면과 yz평면이 서로 수직이므로 평면 α와 yz평면이 이루는 예각의 크기는 $\frac{\pi}{2}-\theta$이다.
→ (평면 α와 xy평면이 이루는 예각의 크기)+(평면 α와 yz평면이 이루는 예각의 크기)$=\frac{\pi}{2}$

원 C_1의 넓이는 3π이므로 이 원의 평면 α 위로의 정사영의 넓이는 $3\pi\cos\theta$
→ 반지름의 길이가 $\sqrt{3}$인 원이므로 $\pi\times(\sqrt{3})^2=3\pi$

원 C_2의 넓이는 π이므로 이 원의 평면 α 위로의 정사영의 넓이는

$\pi\cos\left(\frac{\pi}{2}-\theta\right)=\pi\sin\theta$

Step 2 두 정사영의 넓이가 서로 같음을 이용한다.

두 정사영의 넓이가 서로 같으므로

$3\pi\cos\theta=\pi\sin\theta$에서

$3=\frac{\sin\theta}{\cos\theta}$ (양변을 $\pi\cos\theta$로 나눈다.) $\therefore \tan\theta=3$

오른쪽 그림과 같이 $\tan\theta=3$을 만족시키는 직각삼각형을 그려 보면
→ θ가 예각임을 이용!

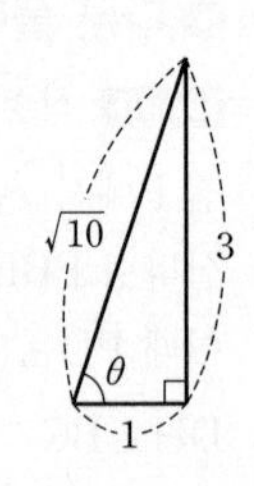

$\cos\theta=\frac{1}{\sqrt{10}}$

따라서 구하는 정사영의 넓이 S는

$S=3\pi\times\frac{1}{\sqrt{10}}=\frac{3\sqrt{10}}{10}\pi$
→ $3\pi\cos\theta$에 $\cos\theta=\frac{1}{\sqrt{10}}$ 대입!

046 [정답률 83%]

정답 ②

공간에서 두 점 사이의 거리 공식을 이용하여 삼각형 ABC가 어떤 삼각형인지 파악하고 그 성질을 이용하여 삼각형 ABC의 넓이를 구한다.

좌표공간의 세 점 $A(a,\ 0,\ b)$, $B(b,\ a,\ 0)$, $C(0,\ b,\ a)$에 대하여 $a^2+b^2=4$일 때, 삼각형 ABC의 넓이의 최솟값은?

(단, $a>0$이고 $b>0$이다.) (3점)

→ a, b는 모두 양수야.

① $\sqrt{2}$　② $\sqrt{3}$　③ 2　④ $\sqrt{5}$　⑤ 3

Step 1 삼각형 ABC가 어떤 삼각형인지 파악한다.

$$\overline{AB}=\sqrt{(b-a)^2+(a-0)^2+(0-b)^2}=\sqrt{(a-b)^2+a^2+b^2}$$

$$\overline{BC}=\sqrt{(0-b)^2+(b-a)^2+(a-0)^2}=\sqrt{(a-b)^2+a^2+b^2}$$

$$\overline{CA}=\sqrt{(a-0)^2+(0-b)^2+(b-a)^2}=\sqrt{(a-b)^2+a^2+b^2}$$

좌표공간에서 두 점 (x_1, y_1, z_1), (x_2, y_2, z_2) 사이의 거리는 $\sqrt{(x_2-x_1)^2+(y_2-y_1)^2+(z_2-z_1)^2}$

→ 삼각형 ABC의 세 변의 길이가 모두 $\sqrt{(a-b)^2+a^2+b^2}$으로 서로 같아.

이므로 삼각형 ABC는 정삼각형이다.

Step 2 삼각형 ABC의 넓이의 최솟값을 구한다.

이때

$$\triangle ABC=\frac{\sqrt{3}}{4}\{(a-b)^2+a^2+b^2\}$$

$$=\frac{\sqrt{3}}{4}\{(a-b)^2+4\}\ (\because\ a^2+b^2=4)$$

한 변의 길이가 a인 정삼각형의 넓이 S는 $S=\frac{\sqrt{3}}{4}a^2$

→ $(a-b)^2$의 값이 최소일 때 삼각형의 넓이가 가장 작다.

따라서 $a=b$일 때 삼각형 ABC의 넓이는 최소이므로 최솟값은

$$\frac{\sqrt{3}}{4}\times 4=\sqrt{3}$$

$(a-b)^2\geq 0$이므로 $a=b$일 때 최소

✪ 다른 풀이 산술평균과 기하평균의 관계를 이용하는 풀이

Step 1 동일

Step 2 산술평균과 기하평균의 관계를 이용하여 삼각형 ABC의 넓이의 최솟값을 구한다.

$$\triangle ABC=\frac{\sqrt{3}}{4}\left(\sqrt{(a-b)^2+a^2+b^2}\right)^2$$

$$=\frac{\sqrt{3}}{4}\left(\sqrt{2a^2+2b^2-2ab}\right)^2$$

$$=\frac{\sqrt{3}}{4}(2a^2+2b^2-2ab)$$

$$=\frac{\sqrt{3}}{4}(8-2ab)\ (\because\ a^2+b^2=4)$$

두 양수 m, n에 대하여 $\frac{m+n}{2}\geq\sqrt{mn}$이 성립한다. (단, 등호는 $m=n$일 때 성립)

산술평균과 기하평균의 관계에 의하여

$a^2>0$, $b^2>0$이므로 $a^2+b^2\geq 2\sqrt{a^2b^2}$

$4\geq 2ab$ → $a>0$, $b>0$이므로 $a^2>0$, $b^2>0$이야.

$\therefore\ ab\leq 2$ (단, 등호는 $a=b$일 때 성립)

따라서 ab가 최대일 때, 삼각형 ABC의 넓이는 최소이므로

$$\frac{\sqrt{3}}{4}(8-2\times 2)=\frac{\sqrt{3}}{4}\times 4=\sqrt{3}$$

→ $\triangle ABC=\frac{\sqrt{3}}{4}(8-2ab)$이므로 ab의 값이 클수록 삼각형 ABC의 넓이는 작아져.

047

정답 ①

좌표공간에서 점 $A(5,\ 3,\ 4)$와 xy평면 위에 점 P, zx평면 위에 점 Q가 있다. $\overline{AP}+\overline{PQ}+\overline{QA}$의 최솟값은? (4점)

① 10　② 11　③ 12　④ 13　⑤ 14

→ 점 A를 xy평면과 zx평면에 대하여 각각 대칭이동시켜 $\overline{AP}+\overline{PQ}+\overline{QA}$의 값이 최소가 되는 경우를 생각한다.

Step 1 점 A를 xy평면, zx평면에 대하여 대칭이동시킨 점을 각각 A′, A″이라 할 때, $\overline{AP}+\overline{PQ}+\overline{QA}\geq\overline{A'A''}$임을 이용한다.

점 $A(5,\ 3,\ 4)$를 xy평면에 대하여 대칭이동시킨 점을 A′이라 하면

$A'(5,\ 3,\ -4)$

점 A를 zx평면에 대하여 대칭이동시킨 점을 A″이라 하면

$A''(5,\ -3,\ 4)$

$\overline{AP}=\overline{A'P}$, $\overline{QA}=\overline{QA''}$이므로

→ xy평면은 선분 AA′을 수직이등분하고 선분 AA′이 xy평면과 만나는 점을 H라 하면 $\triangle AHP\equiv\triangle A'HP$ (SAS 합동)

$$\overline{AP}+\overline{PQ}+\overline{QA}=\overline{A'P}+\overline{PQ}+\overline{QA''}$$

$$\geq\overline{A'A''}$$

$$=\sqrt{(5-5)^2+(-3-3)^2+\{4-(-4)\}^2}$$

$$=10$$

→ 등호는 점 P와 점 Q가 선분 A′A″이 x축과 만나는 점일 때 성립해.

→ 좌표공간에서 두 점 (x_1, y_1, z_1), (x_2, y_2, z_2) 사이의 거리는 $\sqrt{(x_2-x_1)^2+(y_2-y_1)^2+(z_2-z_1)^2}$

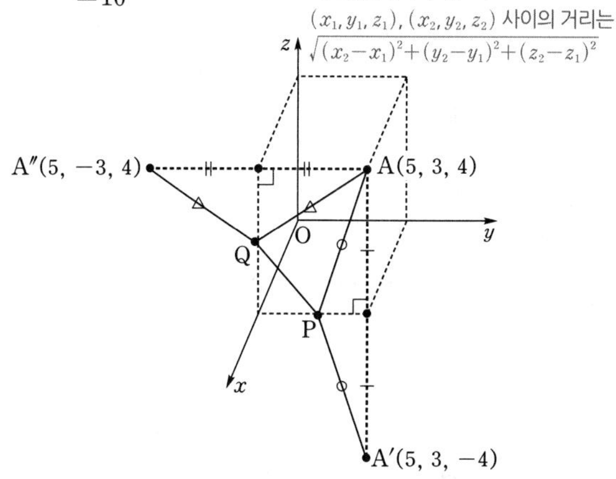

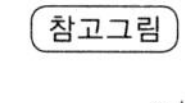

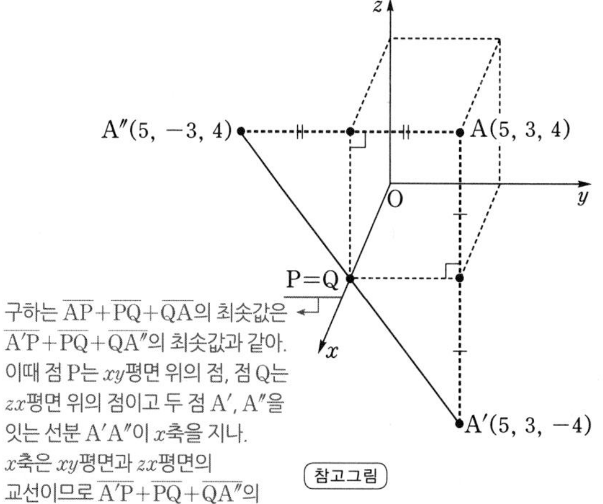

구하는 $\overline{AP}+\overline{PQ}+\overline{QA}$의 최솟값은 $\overline{A'P}+\overline{PQ}+\overline{QA''}$의 최솟값과 같아. 이때 점 P는 xy평면 위의 점, 점 Q는 zx평면 위의 점이고 두 점 A′, A″을 잇는 선분 A′A″이 x축을 지나. x축은 xy평면과 zx평면의 교선이므로 $\overline{A'P}+\overline{PQ}+\overline{QA''}$의 최솟값이 $\overline{A'A''}$이야.

참고그림

048 [정답률 80%]

정답 13

점 A의 y좌표가 0이므로 점 A는 zx평면 위의 점이다. $z=0$

좌표공간에 점 A(9, 0, 5)가 있고, xy평면 위에 타원 $\frac{x^2}{9}+y^2=1$이 있다. 타원 위의 점 P에 대하여 $\overline{AP}$의 최댓값을 구하시오. (3점)

좌표공간을 그려 주어진 조건을 나타내고 점 P가 어느 위치에 있을 때 $\overline{AP}$가 최대가 될 수 있는지 생각한다.

삼각형 AHP는 직각삼각형이므로 피타고라스 정리 이용

Step 1 $\overline{AP}$가 최대가 될 조건을 생각한다.

점 H의 y좌표와 z좌표가 0이므로 점 H는 x축 위의 점이다.

점 A에서 xy평면에 내린 수선의 발을 H라 하면 H(9, 0, 0)

$\overline{AP}=\sqrt{\overline{AH}^2+\overline{HP}^2}=\sqrt{5^2+\overline{HP}^2}$

점 (a, b, c)에서 xy평면에 내린 수선의 발은 점 $(a, b, 0)$이 된다.

이때 $\overline{HP}$가 최대일 때 $\overline{AP}$도 최대이다.

Step 2 $\overline{AP}$의 최댓값을 구한다. $\overline{HP}$가 커질수록 $\overline{AP}$가 커진다.

점 H가 x축 위의 점이므로 $\overline{HP}$의 최댓값은 점 P의 좌표가 P(−3, 0, 0)일 때이다.

$\overline{HP}=9-(-3)=12$

따라서 $\overline{AP}$의 최댓값은

$\sqrt{5^2+12^2}=13$

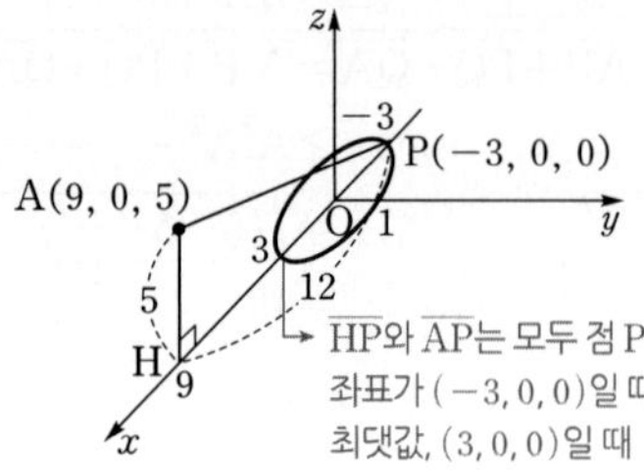

$\overline{HP}$와 $\overline{AP}$는 모두 점 P의 좌표가 (−3, 0, 0)일 때 최댓값, (3, 0, 0)일 때 최솟값을 갖는다.

다른 풀이 두 점 사이의 거리 공식을 이용한 풀이

Step 1 점 P의 좌표를 삼각함수를 이용하여 표현하고 $\overline{AP}$의 최댓값을 구한다.

타원은 xy평면 위에 있어.

점 P가 타원 위의 점이므로 점 P의 좌표를 $(3\cos\theta, \sin\theta, 0)$이라 하면

두 점 A(9, 0, 5)와 P$(3\cos\theta, \sin\theta, 0)$ 사이의 거리

$\overline{AP}=\sqrt{(3\cos\theta-9)^2+\sin^2\theta+(-5)^2}$

$=\sqrt{9\cos^2\theta-54\cos\theta+81+\sin^2\theta+25}$

$=\sqrt{8\cos^2\theta-54\cos\theta+107}$ ($\because \sin^2\theta+\cos^2\theta=1$)

$=\sqrt{8\left(\cos\theta-\frac{27}{8}\right)^2+\frac{127}{8}}$

타원의 방정식 $\frac{x^2}{a^2}+\frac{y^2}{b^2}=1$을 매개변수 θ로 표현하면 $\begin{cases} x=a\cos\theta \\ y=b\sin\theta \end{cases}$ (단, $0\le\theta<2\pi$)

$-1\le\cos\theta\le1$이므로 $\overline{AP}$의 길이는 $\cos\theta=-1$일 때 최대이고

최댓값은

참고로 $\cos\theta=1$일 때 $\overline{AP}$의 길이는 최소가 된다.

구한 $\overline{AP}$의 식에 $\cos\theta=-1$을 대입

$\sqrt{8\cos^2\theta-54\cos\theta+107}=\sqrt{8+54+107}=\sqrt{169}=13$

049

정답 56

점 P는 x축과 평행하게 움직이고 1초 동안 1만큼 이동한다.

점 P는 점 A(10, 2, 2)에서 출발하여 점 (2, 2, 2)를 향해 직선으로 매초 1의 속력으로 움직이고, 점 Q는 점 B(2, 6, 6)에서 출발하여 점 (2, −2, 6)을 향해 직선으로 매초 3의 속력으로 움직인다고 한다. 두 점 P, Q가 동시에 출발할 때, $\overline{PQ}^2$의 최솟값을 구하시오. (4점)

점 Q는 y축과 평행하게 움직이고 1초 동안 3만큼 이동한다.

두 점 P, Q 사이의 거리가 가장 작을 때를 구한다.

Step 1 t초 후의 두 점 P, Q의 좌표를 찾는다.

t초 후의 두 점 P, Q의 좌표는 각각 P$(10-t, 2, 2)$, Q$(2, 6-3t, 6)$

t초 동안 점 P는 t만큼, 점 Q는 $3t$만큼 이동해.

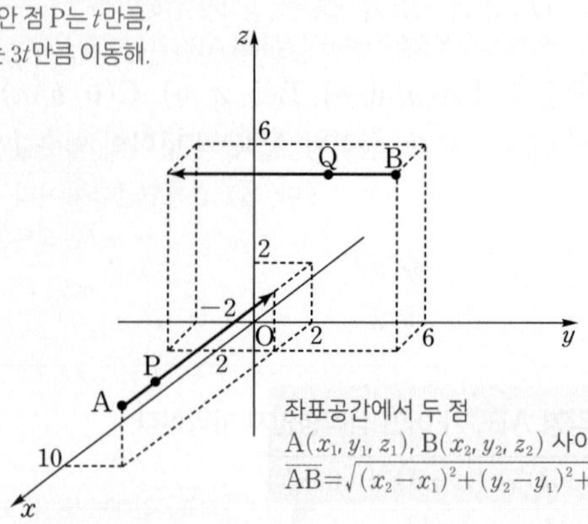

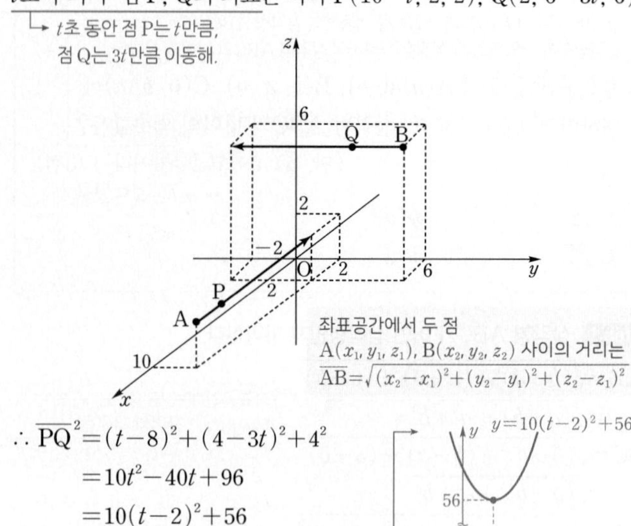

좌표공간에서 두 점 A(x_1, y_1, z_1), B(x_2, y_2, z_2) 사이의 거리는 $\overline{AB}=\sqrt{(x_2-x_1)^2+(y_2-y_1)^2+(z_2-z_1)^2}$

$\therefore \overline{PQ}^2=(t-8)^2+(4-3t)^2+4^2$

$=10t^2-40t+96$

$=10(t-2)^2+56$

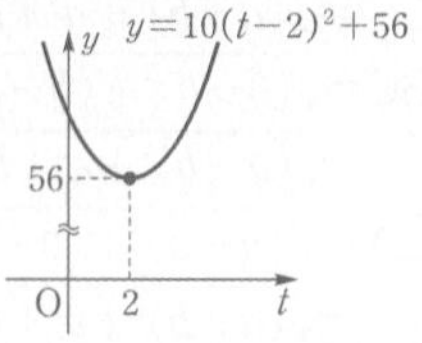

따라서 $\overline{PQ}^2$의 최솟값은 $t=2$일 때, 56이다.

050

정답 ④

점 P를 원점으로 하고 남쪽을 x축의 양의 방향, 동쪽을 y축의 양의 방향, 호수 위쪽을 z축의 양의 방향으로 하는 좌표공간을 그리고 주어진 조건을 모두 나타내어 문제를 푼다.

보트가 남쪽에서 북쪽으로 10 m/초의 등속도로 호수 위를 지나가고 있다. 수면 위 20 m의 높이에 동서로 놓인 다리 위를 자동차가 서쪽에서 동쪽으로 20 m/초의 등속도로 달리고 있다. 아래의 그림과 같이 지금 보트는 수면 위의 점 P에서 남쪽 40 m, 자동차는 다리 위의 점 Q에서 서쪽 30 m 지점에 각각 위치해 있다. 보트와 자동차 사이의 거리가 최소가 될 때의 거리는? (단, 자동차와 보트의 크기는 무시하고, 선분 PQ는 보트와 자동차의 경로에 각각 수직이다.) (3점)

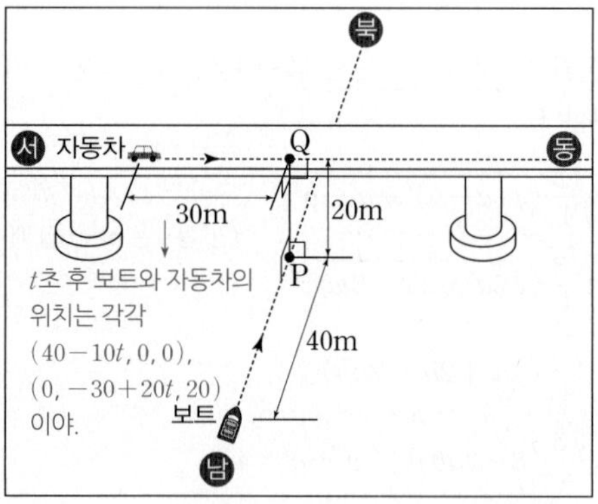

t초 후 보트와 자동차의 위치는 각각 $(40-10t, 0, 0)$, $(0, -30+20t, 20)$이야.

① 21 m ② 24 m ③ 27 m
④ 30 m ⑤ 33 m

Step 1 공간좌표를 이용하여 위치를 좌표로 표현한다.

점 P를 원점으로 생각하고 남쪽 방향을 x축의 양의 방향, 동쪽 방향을 y축의 양의 방향으로 하면 처음 자동차의 위치는 A(0, −30, 20), 보트의 위치는 B(40, 0, 0)이고 t초 후의 자동차의 위치는

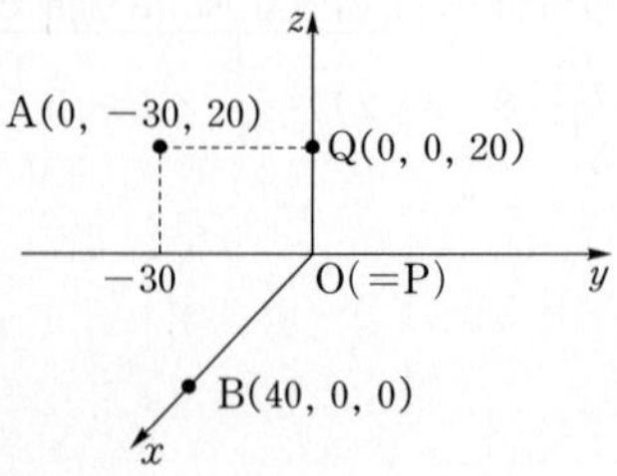

y좌표만 $20t$만큼 증가해.

$A'(0,\ -30+20t,\ 20)$, 보트의 위치는 $B'(40-10t,\ 0,\ 0)$이므로
→ x좌표만 $10t$만큼 감소해.

$\overline{A'B'}=\sqrt{(40-10t)^2+(30-20t)^2+(-20)^2}$

$=\sqrt{500t^2-2000t+2900}$

$=\sqrt{500(t^2-4t+4)+900}$

$=\sqrt{500(t-2)^2+900}$

좌표공간에서 두 점 사이의 거리
두 점 $A(x_1, y_1, z_1)$, $B(x_2, y_2, z_2)$ 사이의 거리는
$\sqrt{(x_2-x_1)^2+(y_2-y_1)^2+(z_2-z_1)^2}$

따라서 보트와 자동차의 거리가 최소가 될 때는 $t=2$일 때 30 m이다.
→ $(t-2)^2$의 값이 작을수록 $\overline{A'B'}$의 값이 작아지게 돼.
→ $(t-2)^2 \geq 0$이므로 $(t-2)^2$의 최솟값은 0이다. 이때 t의 값은 2이다.

수능포인트

네 점 B, C, D, E를 보면 z좌표의 성분이 모두 0임을 알 수 있습니다. 즉, 네 점 B, C, D, E는 모두 xy평면 위에 있으므로 xy평면은 오른쪽 그림과 같이 나타납니다. 따라서 사각뿔 A−BCDE의 밑면의 모양은 마름모입니다. 따라서 밑면의 넓이는 $\frac{1}{2}\cdot 2t\cdot 2t=2t^2$으로도 나타낼 수 있습니다. 이처럼 좌표공간의 점을 평면으로 나타내면 더 쉽게 접근할 수 있습니다.
→ $z=0$

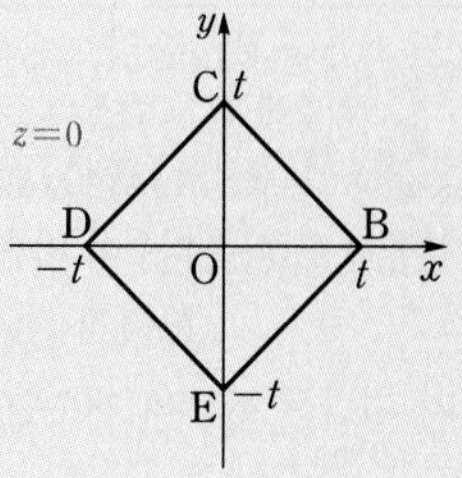

→ (마름모의 넓이)$=\frac{1}{2}\times$(한 대각선의 길이)$\times$(다른 대각선의 길이)

051

정답 ④

두 점 B, D는 x축 위에 있고 다른 두 점 C, E는 y축 위에 있다. 그리고 한 점 A는 z축 위의 점이다.

좌표공간에 5개의 점 $A(0,\ 0,\ 4-t)$, $B(t,\ 0,\ 0)$, $C(0,\ t,\ 0)$, $D(-t,\ 0,\ 0)$, $E(0,\ -t,\ 0)$을 꼭짓점으로 하는 사각뿔 A−BCDE가 있다. $0<t<4$일 때, 이 사각뿔의 부피가 최대가 되도록 하는 실수 t의 값은? (4점)

① $\frac{2}{3}$　② $\frac{4}{3}$　③ 2　④ $\frac{8}{3}$　⑤ $\frac{10}{3}$

(뿔의 부피)$=\frac{1}{3}\times$(밑넓이)$\times$(높이)이므로 밑면인 사각형 BCDE의 넓이와 높이를 t에 대한 식으로 나타낸다.

Step 1 사각뿔 A−BCDE를 좌표공간에 나타내고 부피를 t를 사용한 식으로 나타낸다.
→ 공간도형 문제를 풀 때 주어진 조건을 그림으로 그리면 구해야 하는 값을 한눈에 알 수 있어.

사각뿔 A−BCDE의 밑면 BCDE는 한 변의 길이가 $\sqrt{2}t$인 정사각형이고, 높이는 $4-t$이다.
→ $\overline{BC}=\sqrt{t^2+t^2}=\sqrt{2t^2}=\sqrt{2}t$
→ 점 A의 z좌표

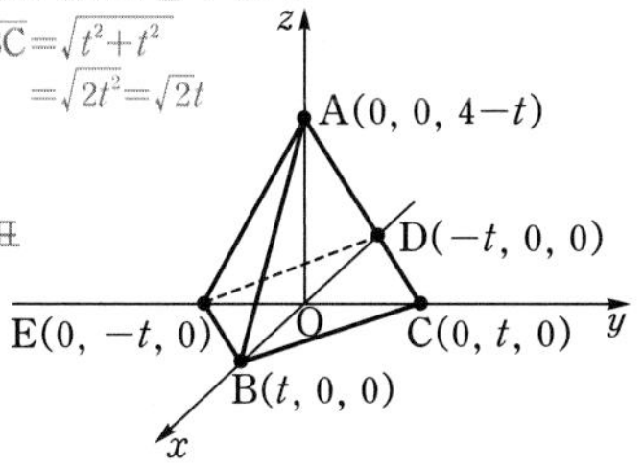

따라서 사각뿔 A−BCDE의 부피를 $V(t)$라 하면

$V(t)=\frac{1}{3}\times\sqrt{2}t\times\sqrt{2}t\times(4-t)$
→ (밑넓이) → (높이)

$=-\frac{2}{3}t^3+\frac{8}{3}t^2\ (0<t<4)$

→ 부피의 함수 $V(t)$를 t에 대하여 미분하여 증가와 감소를 나타내는 표를 만든다.

Step 2 미분을 이용하여 부피의 최댓값을 구한다.

함수 $V(t)=-\frac{2}{3}t^3+\frac{8}{3}t^2\ (0<t<4)$에서

$V'(t)=-2t^2+\frac{16}{3}t=-2t\left(t-\frac{8}{3}\right)$

이므로 함수 $V(t)$의 증가와 감소를 나타내는 표는 오른쪽과 같다.

t	(0)	$\cdots$	$\frac{8}{3}$	$\cdots$	(4)
$V'(t)$		$+$	0	$-$	
$V(t)$		↗	극대	↘	

$\frac{8}{3}<t<4$에서 함수 $V(t)$는 감소
$0<t<\frac{8}{3}$에서 함수 $V(t)$는 증가

따라서 부피 $V(t)$는 $t=\frac{8}{3}$에서 극대이면서 최댓값을 가진다.

052

정답 170

→ 구의 방정식이 나왔으니 중심의 좌표와 반지름의 길이부터 파악해 본다.

좌표공간에서 구 $(x+12)^2+(y-3)^2+(z-4)^2=k$를 xy평면, yz평면, zx평면으로 자르면 구가 8개의 부분으로 나누어진다. 이때, 자연수 k의 최솟값을 구하시오. (3점)

→ 좌표공간 자체가 xy평면, yz평면, zx평면에 의하여 8개의 공간으로 나누어지는 거야!

Step 1 좌표공간에서의 구의 위치를 파악하여 k의 값의 범위를 구한다.

구 $(x+12)^2+(y-3)^2+(z-4)^2=k$의 중심을 C라 하면 $C(-12,\ 3,\ 4)$이고 반지름의 길이는 $\sqrt{k}$이다.
→ 좌표평면이 x축, y축에 의하여 제1, 2, 3, 4 사분면으로 나누어지는 것과 같은 개념이야!

좌표공간은 xy평면, yz평면, zx평면에 의해 8개의 영역으로 나누어지고, xy평면, yz평면, zx평면에 의해 구가 8개의 부분으로 나누어지는 것은 구가 좌표공간의 8개의 영역 모두를 지난다는 것과 같다.

구가 좌표공간의 8개의 영역을 지나기 위해서는 구가 구의 중심 $C(-12,\ 3,\ 4)$로부터 가장 먼 영역이 $x>0$, $y<0$, $z<0$인 영역을 지나야 하고, 구가 이 영역을 지날 때 원점 $O(0,\ 0,\ 0)$은 반드시 구의 내부에 있어야 한다.
→ 구의 중심이 있는 영역은 $x<0$, $y>0$, $z>0$ 영역이야.

따라서 구의 반지름의 길이 $\sqrt{k}$는 구의 중심 C와 원점 O 사이의 거리보다 커야 한다.
→ 좌표공간을 그려서 생각해 본다.

$\overline{OC}=\sqrt{(-12)^2+3^2+4^2}=\sqrt{144+9+16}=\sqrt{169}=13$

이므로 $\sqrt{k}>13$
→ 점 $C(-12, 3, 4)$와 원점 $(0, 0, 0)$ 사이의 거리

$\therefore k>169$

따라서 구하는 자연수 k의 최솟값은 170이다.

053 [정답률 48%] 정답 ③

세 평면에 의해 생기는 8개의 부분은 각각 x좌표, y좌표, z좌표의 부호에 따라 구분할 수 있어.

좌표공간에서 xy평면, yz평면, zx평면은 공간을 8개의 부분으로 나눈다. 이 8개의 부분 중에서 구

$$(x+2)^2+(y-3)^2+(z-4)^2=24$$

가 지나는 부분의 개수는? (4점)

중심의 좌표가 $(-2, 3, 4)$이고 반지름의 길이가 $2\sqrt{6}$인 구임을 알 수 있어.

① 8 ② 7 ③ 6 ④ 5 ⑤ 4

Step 1 구의 중심의 x좌표, y좌표, z좌표와 반지름의 길이를 비교하여 구가 지나는 부분을 구한다.

좌표공간은 xy평면, yz평면, zx평면에 의하여 다음과 같이 8개의 영역으로 나누어진다.

㉠ $x>0$, $y>0$, $z>0$인 영역
㉡ $x>0$, $y>0$, $z<0$인 영역
㉢ $x>0$, $y<0$, $z>0$인 영역
㉣ $x>0$, $y<0$, $z<0$인 영역
㉤ $x<0$, $y>0$, $z>0$인 영역
㉥ $x<0$, $y>0$, $z<0$인 영역
㉦ $x<0$, $y<0$, $z>0$인 영역
㉧ $x<0$, $y<0$, $z<0$인 영역

구의 중심과 yz평면, zx평면, xy평면 사이의 거리가 각각 2, 3, 4로 모두 $2\sqrt{6}$보다 작으므로 구와 각각의 세 평면에 대한 공통부분은 모두 원이다.

(i) 주어진 구의 방정식은 중심이 $(-2, 3, 4)$이므로 중심은 영역 ㉤에 있다.

(ii) 구의 반지름의 길이 r는 $r=\sqrt{24}=2\sqrt{6}$이고 $|-2|<r$, $3<r$, $4<r$이므로 구는 yz평면, zx평면, xy평면에 의하여 두 부분으로 나누어지고, 구는 영역 ㉠, ㉥, ㉦을 지난다.

(iii) $\sqrt{(-2)^2+3^2}<r$에서 구는 z축과 서로 다른 두 점에서 만나므로 영역 ㉢을 지난다. (구의 중심과 z축 사이의 거리)

(iv) $\sqrt{(-2)^2+4^2}<r$에서 구는 y축과 서로 다른 두 점에서 만나므로 영역 ㉡을 지난다. (구의 중심과 y축 사이의 거리)

(v) $\sqrt{3^2+4^2}>r$에서 구는 x축과 만나지 않으므로 영역 ㉧을 지나지 않는다. (구의 중심과 x축 사이의 거리)

(vi) $\sqrt{(-2)^2+3^2+4^2}>r$이므로 원점은 구의 외부에 있다. 즉, 구는 영역 ㉣을 지나지 않는다. (구의 중심과 원점 $(0, 0, 0)$ 사이의 거리)

따라서 구가 지나는 영역은 ㉠, ㉡, ㉢, ㉤, ㉥, ㉦의 6개이다.

알아야 할 기본개념

구와 평면의 위치 관계

구의 중심을 A, 반지름의 길이를 r, 중심 A와 평면 α 사이의 거리를 d라 할 때,

(1) 구와 평면이 접하면 ⇨ $d=r$
(2) 구와 평면의 공통부분이 원이면 ⇨ $d<r$
또, 이 원의 반지름의 길이를 r'이라 하면 ⇨ $r'=\sqrt{r^2-d^2}$
(3) 구와 평면이 만나지 않으면 ⇨ $d>r$

구와 평면의 위치 관계를 평면도형으로 나타내어 보면 오른쪽 그림과 같다. 따라서 피타고라스 정리에 의하여 $r^2=d^2+r'^2$이므로 r'의 값을 알 수 있다.

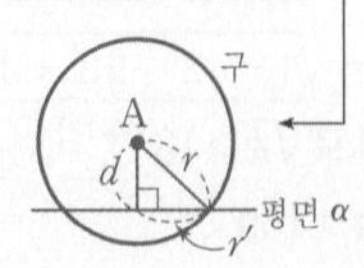

054 정답 ②

좌표공간에서 구 S가 x축과 yz평면에 모두 접한다. 구 S의 중심 C와 원점 O 사이의 거리가 $5\sqrt{2}$일 때, 점 C가 나타내는 도형의 넓이는? (단, 구 S의 중심의 x좌표는 양수이다.) (3점)

구가 좌표축에 접할 때와 평면에 접할 때의 조건을 헷갈리면 안 돼!
구 S의 중심의 좌표를 (a, b, c)라 할 때 $\sqrt{a^2+b^2+c^2}=5\sqrt{2}$야.
조건을 놓치지 않도록 해.

① 20π ② 25π ③ 30π ④ 35π ⑤ 40π

Step 1 구 S가 yz평면에 접하는 조건을 이용하여 구의 방정식을 세우고, x축과의 교점의 좌표를 나타낸다.

구 S의 반지름의 길이를 r, 중심의 좌표를 $C(a, b, c)$라 할 때 구 S가 yz평면과 접하므로 $a=r$ ($\because a>0$)
(한 점에서 yz평면까지의 거리가 그 점의 x좌표의 절댓값이므로)

그러므로 구의 방정식은 $(x-r)^2+(y-b)^2+(z-c)^2=r^2$

즉, 구의 중심 C의 좌표는 (r, b, c)이므로 점 C에서 x축($y=0, z=0$)에 내린 수선의 발 H의 좌표는 $(r, 0, 0)$이다.

Step 2 구 S가 x축에 접하는 조건을 이용하여 r의 값을 구한다.

구 S가 x축에 접하므로
$\overline{CH}=\sqrt{0^2+b^2+c^2}=r$, $b^2+c^2=r^2$ ······ ㉠
((구의 중심에서 x축까지의 거리) = (구의 반지름의 길이))

구 S의 중심 C와 원점 O 사이의 거리가 $5\sqrt{2}$이므로
$\overline{OC}=\sqrt{r^2+b^2+c^2}=5\sqrt{2}$, $2r^2=50$ ($\because$ ㉠)
($r^2+b^2+c^2=50$에 $b^2+c^2=r^2$을 대입한 거야.)
$r^2=25$
$\therefore r=5$ ($\because r>0$)

Step 3 점 C가 나타내는 도형의 넓이를 구한다.

구의 중심 C의 좌표 (r, b, c)는 $r=5$이고 $b^2+c^2=25$를 만족시킨다.

따라서 점 C가 나타내는 도형은 $x=5$이고 $y^2+z^2=25$인 원이므로 구하는 도형의 넓이는 25π이다.
(중심의 좌표가 $(5, 0, 0)$이고 반지름의 길이가 $\sqrt{25}=5$인 평면 $x=5$ 위의 원)

055 정답 ②

좌표공간에서 중심이 $A(a, -3, 4)$ $(a>0)$인 구 S가 x축과 한 점에서만 만나고 $\overline{OA}=3\sqrt{3}$일 때, 구 S가 z축과 만나는 두 점 사이의 거리는? (단, O는 원점이다.) (3점)

① $3\sqrt{6}$ ② $2\sqrt{14}$ ③ $\sqrt{58}$ ④ $2\sqrt{15}$ ⑤ $\sqrt{62}$

Step 1 $\overline{OA}=3\sqrt{3}$임을 이용하여 a의 값을 구한다.

$\overline{OA}=\sqrt{a^2+(-3)^2+4^2}=3\sqrt{3}=\sqrt{27}$

$a^2+25=27$ $\therefore a=\sqrt{2}$ ($\because a>0$)

따라서 점 $A(\sqrt{2}, -3, 4)$이다.

본문 186쪽

구 S가 x축과 한 점에서만 만나므로 구 S의 반지름의 길이를 r라 하면
점 A와 점 $(\sqrt{2}, 0, 0)$ 사이의 거리와 같아.
$r=\sqrt{(-3)^2+4^2}=5$

Step 2 구 S가 z축과 만나는 두 점 사이의 거리를 구한다.

구 S의 중심과 z축 사이의 거리는
점 A와 점 $(0, 0, 4)$ 사이의 거리와 같아.
$\sqrt{(\sqrt{2})^2+(-3)^2}=\sqrt{11}$
따라서 구 S가 z축과 만나는 두 점 사이의 거리는 $2\times\sqrt{5^2-(\sqrt{11})^2}=2\sqrt{14}$

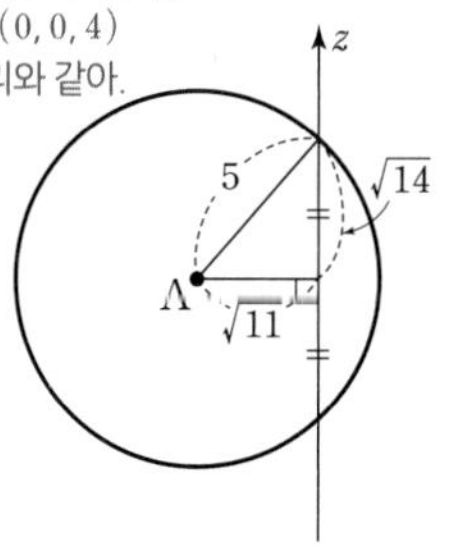

056 [정답률 82%]

정답 ②

그림에 주어진 3개의 구가 나타나 있지 않기 때문에 어려울 수 있어. 헷갈리지 않도록 조심해야 해.

그림과 같이 좌표공간에서 한 변의 길이가 4인 정육면체를 한 변의 길이가 2인 8개의 정육면체로 나누었다. 이 중 그림의 세 정육면체 A, B, C 안에 반지름의 길이가 1인 구가 각각 내접하고 있다. 3개의 구의 중심을 연결한 삼각형의 무게중심의 좌표를 (p, q, r)라 할 때, $p+q+r$의 값은? (3점)

정육면체의 중심과 그 안에 내접하고 있는 구의 중심은 일치한다는 것을 이용하여 각 구의 중심의 좌표를 구한다.

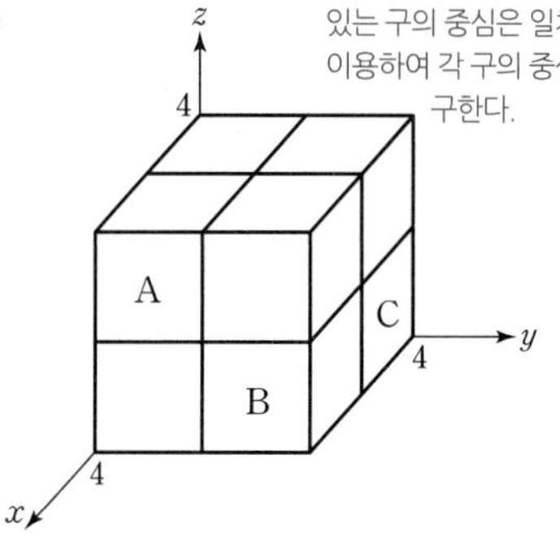

① 6 ② $\frac{19}{3}$ ③ $\frac{20}{3}$
④ 7 ⑤ $\frac{22}{3}$

Step 1 세 정육면체 안에 내접하는 구의 중심의 좌표를 각각 구하여 삼각형의 무게중심의 좌표를 구한다.

정육면체에 내접하는 구의 중심은 정육면체의 중심에 있으므로 세 정육면체 A, B, C 안에 내접하는 구의 중심의 좌표는 각각 $(3, 1, 3)$, $(3, 3, 1)$, $(1, 3, 1)$
정육면체 안에 내접하는 구의 반지름의 길이는 1
좌표공간에 나타나 있는 도형에 대한 문제는 이렇게 점의 좌표를 직접 구할 수 있다는 것이 장점이야.

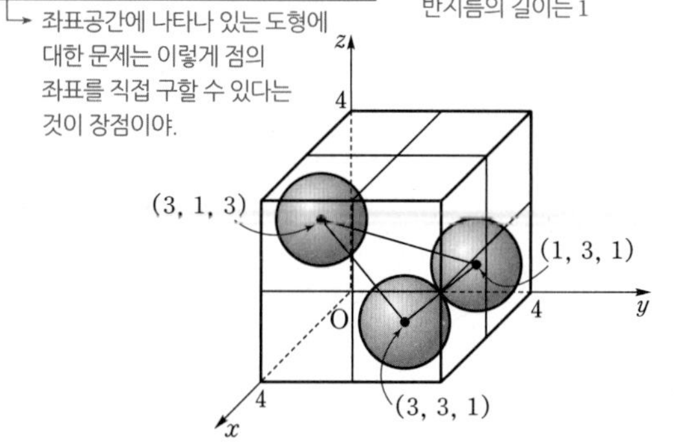

그러므로 구하는 삼각형의 무게중심의 좌표는
$\left(\frac{3+3+1}{3}, \frac{1+3+3}{3}, \frac{3+1+1}{3}\right)$
$\therefore \left(\frac{7}{3}, \frac{7}{3}, \frac{5}{3}\right)$ 계산 주의!
$\therefore p+q+r=\frac{7}{3}+\frac{7}{3}+\frac{5}{3}=\frac{19}{3}$

무게중심의 좌표
세 점 (x_1, y_1, z_1), (x_2, y_2, z_2), (x_3, y_3, z_3)으로 이루어진 삼각형의 무게중심의 좌표는
$\left(\frac{x_1+x_2+x_3}{3}, \frac{y_1+y_2+y_3}{3}, \frac{z_1+z_2+z_3}{3}\right)$

057

정답 20

주어진 도형을 좌표공간 위에 나타내 본다.

그림과 같이 반지름의 길이가 각각 9, 15, 36이고 서로 외접하는 세 개의 구가 평면 α 위에 놓여 있다. 세 구의 중심을 각각 A, B, C라 할 때, △ABC의 무게중심으로부터 평면 α까지의 거리를 구하시오. (3점)

세 점 A, B, C와 평면 α 사이의 거리는 각각 9, 15, 36이야.

세 점 A, B, C와 평면 α 사이의 거리만을 가지고 문제를 풀어야 해.

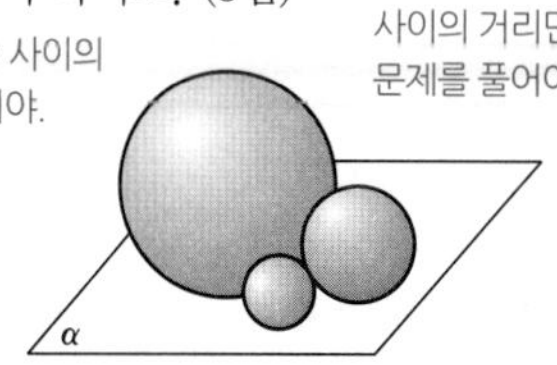

Step 1 평면 α가 xy평면이 되도록 좌표공간을 놓고, 각 구의 중심의 z좌표를 구한다.

x축, y축의 위치는 지정해 주지 않았어. 따라서 x좌표, y좌표는 구하지 않는다는 거지.

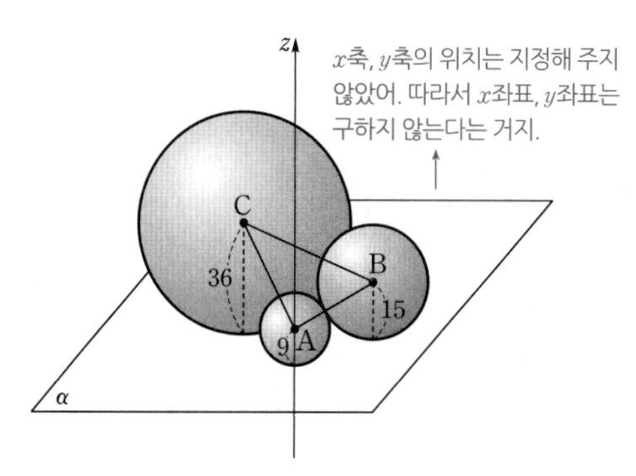

평면 α가 xy평면이 되도록 좌표공간을 놓으면 세 구는 모두 xy평면과 접하므로
z축과 평면 α가 서로 수직이 되므로
(구의 반지름)=(xy평면과 구의 중심 사이의 거리)=(구의 중심의 z좌표)와 같다.
x좌표, y좌표는 필요가 없기 때문에 구하지 않은 거야.
그러므로 각 구의 중심 A, B, C의 z좌표는 각각 9, 15, 36이다.

Step 2 각 구의 z좌표를 이용해 △ABC의 무게중심으로부터 평면 α까지의 거리를 구한다.

또한, 평면 α를 xy평면으로 놓았으므로 삼각형 ABC의 무게중심으로부터 평면 α까지의 거리는 삼각형 ABC의 무게중심의 z좌표와 같다.

세 점 A, B, C를 $A(a_1, b_1, 9)$, $B(a_2, b_2, 15)$, $C(a_3, b_3, 36)$이라 하면 삼각형 ABC의 무게중심의 좌표는 $\left(\frac{a_1+a_2+a_3}{3}, \frac{b_1+b_2+b_3}{3}, 20\right)$

삼각형 ABC의 무게중심의 z좌표는 $\frac{9+15+36}{3}=20$이므로
삼각형 ABC의 무게중심으로부터 평면 α까지의 거리는 20이다.
z좌표만 따로 빼놓고 생각한 거야.

좌표공간의 세 점 $A(x_1, y_1, z_1)$, $B(x_2, y_2, z_2)$, $C(x_3, y_3, z_3)$을 꼭짓점으로 하는 삼각형 ABC의 무게중심 G의 좌표는
$G\left(\frac{x_1+x_2+x_3}{3}, \frac{y_1+y_2+y_3}{3}, \frac{z_1+z_2+z_3}{3}\right)$

수능포인트

이 문제에서 평면 α를 xy평면이 되도록 좌표공간에 놓고 문제를 다시 읽어 보면 평면 α까지의 거리는 곧 xy평면까지의 거리를 뜻하는 것이 되니 이를 알기 위해서는 z좌표의 성분만 알면 됩니다.

058

정답 ④

좌표공간에서 구 $(x-6)^2+(y-6)^2+(z-6)^2=81$ 위의 점 P와 원점 O를 잇는 선분 OP를 1 : 2로 내분하는 점을 A라 할 때, 점 A가 나타내는 도형의 부피는? (3점)

→ 중심이 $(6, 6, 6)$이고 반지름의 길이가 9인 구야.

① 24π ② 28π ③ 32π ④ 36π ⑤ 40π

→ 문제에 그림이 주어져있지 않지만, 조건을 직접 좌표공간에 나타내어 풀면 문제 풀이에 도움이 돼.

Step 1 점 P와 점 A의 좌표를 잡고, 내분점을 구하는 식을 이용하여 두 점의 좌표 사이의 관계식을 구한다.

→ 내분점의 좌표를 구할 때는 1 : 2로 내분인지, 2 : 1로 내분인지를 헷갈리지 않도록 주의해야 해.

점 P의 좌표를 (x, y, z), 점 A의 좌표를 (x', y', z')이라 하자.

선분 OP를 1 : 2로 내분하는 점 A의 좌표는

$\left(\frac{1\cdot x+2\cdot 0}{1+2}, \frac{1\cdot y+2\cdot 0}{1+2}, \frac{1\cdot z+2\cdot 0}{1+2}\right)$에서 $\left(\frac{x}{3}, \frac{y}{3}, \frac{z}{3}\right)$이므로

$\frac{x}{3}=x'$, $\frac{y}{3}=y'$, $\frac{z}{3}=z'$에서 계산 주의!

$x=3x'$, $y=3y'$, $z=3z'$ ...... ㉠

Step 2 점 P가 구 $(x-6)^2+(y-6)^2+(z-6)^2=81$ 위의 점인 것을 이용하여 점 A가 나타내는 도형의 부피를 구한다.

점 P는 구 $(x-6)^2+(y-6)^2+(z-6)^2=81$ 위의 점이므로 ㉠을 구의 방정식에 대입하면

→ 점 P가 주어진 구 위의 점이다.
⟺ 점 P의 좌표를 구의 방정식에 대입하면 등식이 성립한다.

$(3x'-6)^2+(3y'-6)^2+(3z'-6)^2=81$

$9(x'-2)^2+9(y'-2)^2+9(z'-2)^2=81$

$(x'-2)^2+(y'-2)^2+(z'-2)^2=9$

즉, 점 A가 나타내는 도형은 중심의 좌표가 $(2, 2, 2)$이고 반지름의 길이가 3인 구이므로 구하는 도형의 부피는

→ 반지름의 길이가 r인 구의 부피는 $\frac{4}{3}\pi r^3$이야!

$\frac{4}{3}\pi\times 3^3=36\pi$

좌표공간의 두 점 $A(x_1, y_1, z_1)$, $B(x_2, y_2, z_2)$에 대하여 선분 AB를 $m : n$ $(m>0, n>0)$으로 내분하는 점 P의 좌표는

$P\left(\frac{mx_2+nx_1}{m+n}, \frac{my_2+ny_1}{m+n}, \frac{mz_2+nz_1}{m+n}\right)$

059

정답 ④

거리가 1인 두 평행한 평면으로 반지름의 길이가 1인 구를 잘라서 얻어진 두 단면의 넓이의 합의 최댓값은? (3점)

→ 구는 어느 방향으로 잘라도 그 단면은 원이야.

이 거리가 1이라는 거야.

구의 반지름의 길이도 1이므로, 헷갈리지 않도록 주의해야 해.

① $\frac{1}{2}\pi$ ② $\frac{3}{4}\pi$ ③ π ④ $\frac{3}{2}\pi$ ⑤ 2π

Step 1 구의 중심에서 두 원에 이르는 거리를 문자로 놓고 두 원의 반지름의 길이를 식으로 표현하여 두 단면의 넓이의 합의 최댓값을 구한다.

구를 자른 단면은 원이므로 오른쪽 그림에서 위에 있는 단면을 O_1, 그 반지름의 길이를 r_1, 아래에 있는 단면을 O_2, 그 반지름의 길이를 r_2라고 하자.

구의 중심에서 원 O_1에 이르는 거리를 a라 하면 구의 중심에서 원 O_2에 이르는 거리는 $1-a$이다. → 두 평면 사이의 거리가 1

이 선분들은 구의 반지름이므로 길이가 1이야.

따라서 각 원의 반지름의 길이는 피타고라스 정리

$r_1=\sqrt{1-a^2}$, $r_2=\sqrt{1-(1-a)^2}=\sqrt{2a-a^2}$이므로

(두 단면의 넓이의 합) $=\pi(1-a^2)+\pi(2a-a^2)$

$=\pi(-2a^2+2a+1)$

$=\pi\left\{-2\left(a-\frac{1}{2}\right)^2+\frac{3}{2}\right\}$

반지름의 길이가 r인 원의 넓이는 πr^2

$y=a(x-p)^2+q$ $(a<0)$ y의 최댓값은 $x=p$일 때 q이다.

따라서 $a=\frac{1}{2}$일 때 두 단면의 넓이의 합의 최댓값은 $\frac{3}{2}\pi$이다.

→ 두 평면의 위치에 따라서 a와 $1-a$의 값이 바뀌어. 즉, 두 단면의 넓이도 바뀔 수 있는 거지.

060 [정답률 62%]

정답 24

반구의 중심이 점 $(5, 4, 0)$이니까 xy평면 위에 있음을 알 수 있어!

좌표공간에 반구 $(x-5)^2+(y-4)^2+z^2=9,\ z\geq 0$이 있다. y축을 포함하는 평면 α가 반구와 접할 때, α와 xy평면이 이루는 각을 θ라 하자. 이때, $30\cos\theta$의 값을 구하시오. $\left(\text{단, } 0<\theta<\frac{\pi}{2}\right)$ (4점)

중요 공간도형 문제에서 자주 사용되는 방법이야.

Step 1 주어진 도형을 평면화하여 표현한 뒤, 삼각함수를 이용한다.

반구 $(x-5)^2+(y-4)^2+z^2=9,\ z\geq 0$은 오른쪽 그림과 같다.

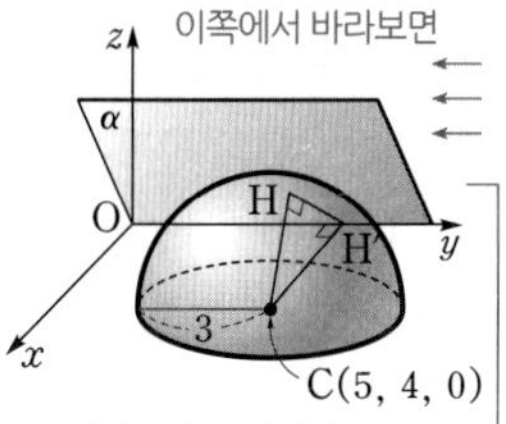

반구의 중심을 C(5, 4, 0), 반구와 평면 α의 접점을 H, 점 C에서 y축에 내린 수선의 발을 H′이라 하면 $\overline{\text{CH}}=3$, $\overline{\text{CH}'}=5$

또한, $\overline{\text{CH}}\perp\alpha$, $\overline{\text{OH}'}\perp\overline{\text{CH}'}$이므로 삼수선의 정리에 의하여 $\overline{\text{OH}'}\perp\overline{\text{HH}'}$

→ 그러므로 평면 α와 xy평면이 이루는 각의 크기 θ는 $\theta=\angle\text{HH}'\text{C}$

이때 오른쪽 그림의 삼각형 HCH′이 $\angle\text{H}=90°$인 직각삼각형이므로

$\overline{\text{HH}'}=4$ → $=\sqrt{\overline{\text{CH}'}^2-\overline{\text{CH}}^2}=\sqrt{5^2-3^2}$

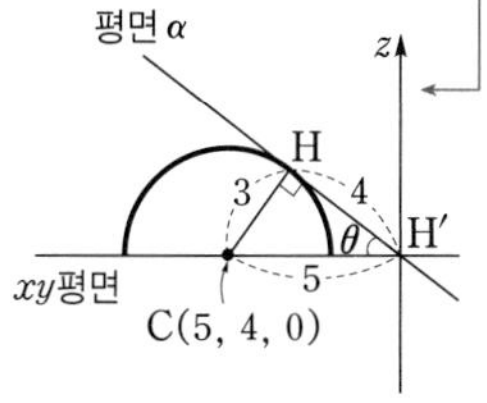

따라서 $\cos\theta=\dfrac{\overline{\text{HH}'}}{\overline{\text{CH}'}}=\dfrac{4}{5}$이므로

$30\cos\theta=30\times\dfrac{4}{5}=24$

수능포인트

공간도형 단원에서 $\cos\theta$를 구하는 문제가 많이 출제됩니다. 이때 많이 쓰이는 개념은 ① 정사영의 넓이, ② 삼수선의 정리입니다.

언제 무슨 개념을 사용해야 하는지 나름대로 정리해 두면 문제에 접근할 때 용이합니다.

① 평면과 평면이 이루는 각의 크기 θ에 대한 문제는 정사영의 넓이 또는 삼수선의 정리가 많이 쓰이고, ② 평면과 직선이 이루는 각의 크기 θ에 대한 문제는 삼수선의 정리가 많이 활용됩니다.

물론 다른 식으로 출제되는 경우도 있으니 다른 방법도 항상 염두에 두어야 합니다.

061 [정답률 83%]

정답 ②

→ 구의 중심의 좌표와 구의 반지름의 길이를 알아내기 위하여 구의 방정식을 표준형으로 바꾼다.

구 $x^2+y^2+z^2-2x-4y+2z-3=0$을 xy평면으로 자른 단면을 밑면으로 하고, 구에 내접하는 원뿔의 부피의 최댓값은? (3점)

→ 구의 방정식에 $z=0$을 대입하여 구할 수 있어.

원뿔의 밑면은 정해져 있으니, 높이가 최대일 때 원뿔의 부피도 최대야.

① $\dfrac{31}{3}\pi$　② $\dfrac{32}{3}\pi$　③ 11π

④ $\dfrac{34}{3}\pi$　⑤ $\dfrac{35}{3}\pi$

Step 1 xy평면으로 자른 단면의 방정식을 구한다.

$(x^2-2x)+(y^2-4y)+(z^2+2z)=3$
$(x-1)^2+(y-2)^2+(z+1)^2=3+1+4+1=9$

구의 방정식

$x^2+y^2+z^2-2x-4y+2z-3=0$

을 표준형으로 바꾸면

$(x-1)^2+(y-2)^2+(z+1)^2=9$

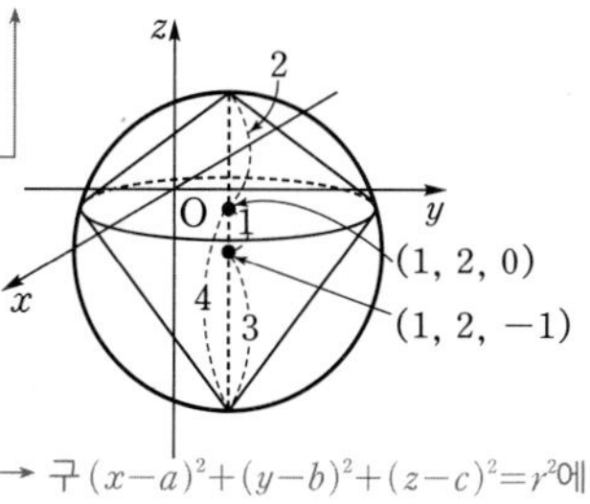

이 구를 xy평면$(z=0)$으로 자른 단면의 방정식은

$(x-1)^2+(y-2)^2+(0+1)^2=9$

→ 구 $(x-a)^2+(y-b)^2+(z-c)^2=r^2$에 대하여 xy평면으로 잘린 단면의 방정식은 $(x-a)^2+(y-b)^2=r^2-c^2$

$\therefore (x-1)^2+(y-2)^2=8$

즉, 단면은 반지름의 길이가 $\sqrt{8}$인 원이므로 원뿔의 밑면의 넓이는 8π이다.

Step 2 원뿔의 부피가 최대가 될 때의 높이를 구하여 부피의 최댓값을 구한다.

원뿔이 구에 내접하면 위의 그림과 같이 두 가지의 원뿔 $(z\geq 0,\ z\leq 0)$이 생기는데 밑면의 중심에서 구의 중심까지의 거리가 1이므로

$z\geq 0$일 때, 원뿔의 최대 높이는 $3-1=2$ → (구의 반지름의 길이) − (밑면의 중심에서 구의 중심까지의 거리)

$z\leq 0$일 때, 원뿔의 최대 높이는 $3+1=4$ → (구의 반지름의 길이) + (밑면의 중심에서 구의 중심까지의 거리)

따라서 높이가 4일 때, 원뿔의 부피가 최대이므로 원뿔의 부피의 최댓값은

$\dfrac{1}{3}\times 8\pi\times 4=\dfrac{32}{3}\pi$ → (원뿔의 부피) $=\dfrac{1}{3}\times$ (밑면의 넓이) $\times$ (높이)

수능포인트

구의 방정식을 표준형으로 바꾸면 구의 중심의 좌표가 $(1, 2, -1)$임을 알 수 있습니다. 구의 중심을 지나고 yz평면과 평행한 평면으로 잘라 평면화시키면 오른쪽과 같습니다. 이때 원과 평면 $z=0$이 만나는 점을 각각 A, B라 하고, 구의 중심을 지나고 $z=0$과 수직인 직선을 l, 직선 l과 원이 만나는 점 중 $z=0$과 더 먼 점을 C라 하겠습니다.

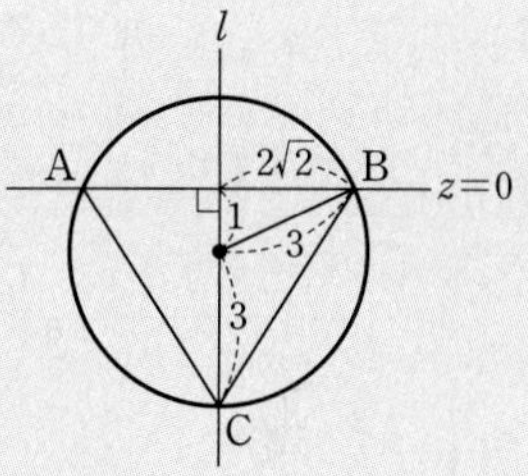

yz평면과 평행한 평면으로 잘랐으니 구의 중심의 좌표 $(1, 2, -1)$에서 원의 중심의 y좌표는 2, z좌표가 -1이 됩니다.

따라서 $z=0$과 원의 중심 사이의 거리는 1이 됩니다. 삼각형 ABC를 직선 l을 기준으로 회전시키면 구하고자 하는 원뿔의 부피의 최댓값을 구할 수 있습니다.

따라서 $\dfrac{1}{3}\times(2\sqrt{2})^2\pi\times 4=\dfrac{32}{3}\pi$입니다. 식이 아닌 그림으로 접근하면 더 직관적이므로 평소에 문제를 풀 때 여러 방법으로 접근해 보면 실력이 많이 늘 것입니다.

→ 구의 중심을 P라 하면, $\overline{\text{PB}}$는 구의 반지름이므로 $\overline{\text{PB}}=3$, 구의 중심에서 xy평면 (위 그림에서 $z=0$이라 표현됨)까지의 거리가 1이므로 피타고라스 정리에 의하여 (원뿔의 밑면의 반지름의 길이) $=\sqrt{3^2-1^2}=\sqrt{8}=2\sqrt{2}$

062 [정답률 49%]

정답 ⑤

다음 조건을 만족하는 점 P 전체의 집합이 나타내는 도형의 둘레의 길이는? (3점)

> 좌표공간에서 점 P를 중심으로 하고 반지름의 길이가 2인 구가 두 개의 구
> $x^2+y^2+z^2=1$ → 중심의 좌표가 $(0, 0, 0)$, 반지름의 길이가 1인 구
> $(x-2)^2+(y+1)^2+(z-2)^2=4$ → 중심의 좌표가 $(2, -1, 2)$, 반지름의 길이가 2인 구
> 에 동시에 외접한다.

① $\frac{2\sqrt{5}}{3}\pi$ ② $\sqrt{5}\pi$ ③ $\frac{5\sqrt{5}}{3}\pi$ ④ $2\sqrt{5}\pi$ ⑤ $\frac{8\sqrt{5}}{3}\pi$

Step 1 두 구에 동시에 외접함을 이용하여 점 P 전체의 집합이 나타내는 도형을 구한다.

두 구의 중심을 각각 $O_1(0, 0, 0)$, $O_2(2, -1, 2)$라 하면 두 구의 중심 사이의 거리는

$\sqrt{(0-2)^2+\{0-(-1)\}^2+(0-2)^2}=3$

두 구의 반지름의 길이의 합은 $1+2=3$으로 두 구의 중심 사이의 거리와 같으므로 두 구는 외접한다. → 중요

따라서 세 구의 중심을 지나는 단면은 다음 그림과 같다.

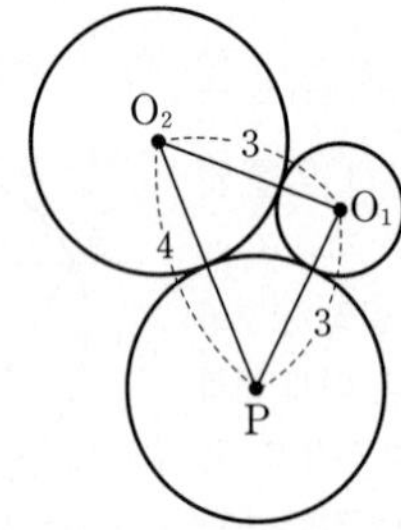

이때 점 P에서 $\overline{O_1O_2}$에 내린 수선의 발을 H라 하면 점 P 전체의 집합이 나타내는 도형은 다음 그림에서 $\overline{PH}$를 반지름으로 하고 점 H를 중심으로 하는 원과 같다.

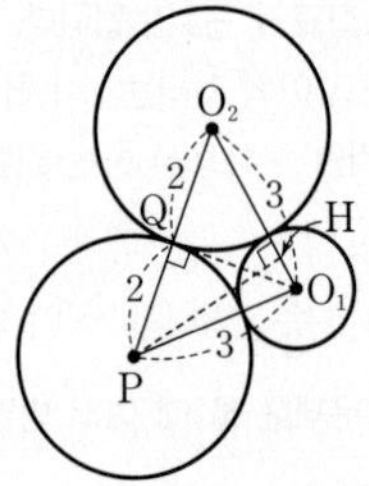

점 O_1에서 선분 O_2P에 내린 수선의 발을 Q라 하면 점 Q는 선분 O_2P의 중점이므로 $\overline{QO_1}=\sqrt{\overline{PO_1}^2-\overline{QP}^2}=\sqrt{3^2-2^2}=\sqrt{5}$

(삼각형 O_2PO_1의 넓이)$=\frac{1}{2}\times\overline{O_2O_1}\times\overline{PH}=\frac{1}{2}\times\overline{O_2P}\times\overline{QO_1}$

에서 $\overline{PH}=\frac{\overline{O_2P}\times\overline{QO_1}}{\overline{O_2O_1}}=\frac{4\sqrt{5}}{3}$

즉, 점 P 전체의 집합이 나타내는 도형인 원의 반지름의 길이는 $\frac{4\sqrt{5}}{3}$이다.

따라서 이 원의 둘레의 길이는 $2\pi\times\frac{4\sqrt{5}}{3}=\frac{8\sqrt{5}}{3}\pi$

→ $2\pi r$(r는 원의 반지름의 길이)

063

정답 26

> (구의 중심에서 yz평면까지의 거리) = (구의 반지름의 길이)
> (구의 중심에서 zx평면까지의 거리) = (구의 반지름의 길이)
>
> 좌표공간에서 구 S_1은 점 $P(a, 3, 1)$을 중심으로 yz평면에 접하고, 구 S_2는 점 $Q(5, b, 5)$를 중심으로 zx평면에 접하고 있다. 두 구 S_1, S_2는 서로 외접하고 두 구의 중심 사이의 거리가 6일 때, a^2+b^2의 값을 구하시오. (단, $a>0$, $b>0$) (3점)
>
> 문제 마지막에 주어지는 조건을 놓치면 안 돼.

Step 1 구 S_1이 yz평면에, 구 S_2가 zx평면에 접하는 것을 이용하여 구의 방정식을 세운다.

두 구 S_1, S_2의 방정식은 각각 → 구의 중심의 x좌표와 구의 반지름의 길이가 같다.

$S_1 : (x-a)^2+(y-3)^2+(z-1)^2=a^2$

$S_2 : (x-5)^2+(y-b)^2+(z-5)^2=b^2$ → 구의 중심의 y좌표와 구의 반지름의 길이가 같다.

Step 2 두 구가 외접할 때의 성질을 이용하여 a, b의 값을 구한다.

두 구 S_1, S_2가 외접하므로 두 구의 중심 사이의 거리는 각 구의 반지름의 길이의 합과 같다. → 두 구의 중심의 좌표는 $(5, b, 5)$, $(a, 3, 1)$

(그림: P$(a, 3, 1)$, a, b, 6, Q$(5, b, 5)$) → 두 구의 중심을 포함하는 평면으로 자른 단면이야. 구를 이용한 문제에서는 원을 이용하여 접근하면 쉽게 해결할 수 있어.

$\sqrt{(5-a)^2+(b-3)^2+(5-1)^2}=a+b$ ······ ㉠

두 구의 중심 사이의 거리가 6이므로

$a+b=6$ → 오른쪽 그림을 보면 쉽게 이해할 수 있어. ······ ㉡

㉡을 ㉠에 대입하면

$\sqrt{(5-a)^2+(3-a)^2+(5-1)^2}=6$ (양변을 제곱)

$(5-a)^2+(3-a)^2+(5-1)^2=36$

$25-10a+a^2+9-6a+a^2+16=36$

$2a^2-16a+14=0$

$a^2-8a+7=0$, $(a-1)(a-7)=0$

→ $\sqrt{(5-a)^2+(b-3)^2+(5-1)^2}=a+b$에 ㉡을 $b=6-a$로 변형하여 대입한 거야.

$\therefore a=1, b=5$ 또는 $a=7, b=-1$ ($\because$ ㉡)

주어진 조건에서 $a>0$, $b>0$이므로 → a, b가 양수이기 때문에 구의 반지름의 길이가 될 수 있었어.

$a=1$, $b=5$

$\therefore a^2+b^2=1^2+5^2=26$

알아야 할 기본개념

두 구의 위치 관계 → 평면좌표에서 공부한 두 원의 위치 관계와 연결하여 생각해.

두 구 O, O'의 반지름의 길이를 각각 r, $r'(r>r')$, 중심거리를 d라 할 때,

① $d>r+r' \Longleftrightarrow$ 한 구가 다른 구의 외부에 있다.
② $d=r+r' \Longleftrightarrow$ 외접한다.
③ $r-r'<d<r+r' \Longleftrightarrow$ 만나서 원이 생긴다.
④ $d=r-r' \Longleftrightarrow$ 내접한다.
⑤ $0\le d<r-r' \Longleftrightarrow$ 한 구가 다른 구의 내부에 있다.

구가 좌표평면 또는 좌표축과 접할 조건

좌표공간에서 구 $(x-a)^2+(y-b)^2+(z-c)^2=r^2$ $(r>0)$이

① xy평면과 접하는 경우 ⇨ $r=|c|$
② yz평면과 접하는 경우 ⇨ $r=|a|$
③ zx평면과 접하는 경우 ⇨ $r=|b|$
④ x축에 접하는 경우 ⇨ $r=\sqrt{b^2+c^2}$

⑤ y축에 접하는 경우 ⇨ $r=\sqrt{a^2+c^2}$

⑥ z축에 접하는 경우 ⇨ $r=\sqrt{a^2+b^2}$

064

정답 ④

→ 도형을 좌표공간에 직접 그려서 표현하기 어려울 때가 있어. 이런 경우에는 문제의 조건을 잘 표현할 수 있도록 단면이나 정사영을 이용한 평면화된 그림을 그려서 문제를 풀어나가는 것이 큰 도움이 돼. 이 문제의 **Step 1**에의 그림을 참고해 봐.

좌표공간에 두 점 $\mathrm{P}(0, 0, 5)$와 $\mathrm{Q}(a, b, 4)$를 잇는 직선 l과 방정식이 $(x-1)^2+(y-2)^2+(z-3)^2=4$인 구 S가 있다. 이 직선 l과 구 S를 xy평면에 정사영시켜 얻은 두 도형이 서로 접할 때, $\frac{a}{b}$의 값은? (단, $b\neq0$) (3점)

→ 직선 l의 정사영은 직선이 되고, 구 S의 정사영은 원이 된다.

① -2　② $-\frac{3}{2}$　③ -1　④ $-\frac{3}{4}$　⑤ $-\frac{2}{3}$

Step 1 구와 직선의 xy평면 위로의 정사영을 좌표평면에 나타낸다.

직선 l과 구 S를 xy평면에 정사영시키면 오른쪽 그림과 같고, 원의 방정식은 $(x-1)^2+(y-2)^2=4$이다.

→ $(x-1)^2+(y-2)^2+(z-3)^2=4$에서 $(z-3)^2$ 부분을 뺀 거야.

→ 중심의 좌표가 $(1, 2, 0)$, 반지름의 길이가 2인 원

한편, 두 점 $\mathrm{P}(0, 0, 5)$와 $\mathrm{Q}(a, b, 4)$의 xy평면 위로의 정사영을 각각 P', Q'이라 하면

$\mathrm{P}'(0, 0)$, $\mathrm{Q}'(a, b)$

그러므로 직선 l의 xy평면 위로의 정사영인 직선의 방정식은

$y=\frac{b}{a}x$, 즉 $bx-ay=0$이다.

→ 좌표공간에서 직선의 방정식을 구하고, 그 정사영을 구하는 것보다 직선을 지나는 두 점의 정사영을 이용하여 구하는 것이 더 수월할 거야.

Step 2 점과 직선 사이의 거리를 이용하여 a와 b의 관계식을 만든다.

직선 l과 구 S의 xy평면 위로의 정사영이 서로 접하므로 원의 중심 $(1, 2)$에서 직선 $bx-ay=0$까지의 거리가 원의 반지름의 길이인 2와 같다. 즉,

→ 이 내용이 이해되지 않는다면 위 그림을 보고 생각해봐. 그림을 적절히 활용할 줄 아는 능력은 기하 문제 풀이의 포인트야.

점 (x_1, y_1)과 직선 $ax+by+c=0$ 사이의 거리 $\frac{|ax_1+by_1+c|}{\sqrt{a^2+b^2}}$

$$\frac{|b-2a|}{\sqrt{b^2+a^2}}=2$$

$|b-2a|=2\sqrt{b^2+a^2}$

양변을 제곱하면

$b^2-4ab+4a^2=4b^2+4a^2$

$3b^2+4ab=0$

$b(3b+4a)=0$

$\therefore 3b+4a=0$ ($\because b\neq0$)

→ 문제의 마지막에 나오는 조건을 놓치지 마!

$\therefore \frac{a}{b}=-\frac{3}{4}$

원과 직선의 위치 관계
원 O의 반지름의 길이를 r, 원 O의 중심에서 직선 l까지의 거리를 d라 할 때
(1) $d<r$이면 서로 다른 두 점에서 만난다.
(2) $d=r$이면 한 점에서 만난다. (접한다.)
(3) $d>r$이면 만나지 않는다.

065

정답 ①

두 구

$(x-3)^2+(y-4)^2+(z-8)^2=25$,

$(x-6)^2+(y-8)^2+(z-13)^2=25$

가 만나서 생기는 원 C의 xy평면 위로의 정사영의 넓이는? (4점)

→ 원 C와 xy평면이 이루는 각의 크기를 구한다.

① $\frac{25\sqrt{2}}{4}\pi$　② $\frac{13\sqrt{2}}{2}\pi$　③ $\frac{27\sqrt{2}}{4}\pi$　④ $7\sqrt{2}\pi$　⑤ $\frac{29\sqrt{2}}{4}\pi$

→ 두 구의 중심의 좌표를 구하고 두 점 사이의 거리 공식을 이용해.

Step 1 두 구의 중심 사이의 거리를 알아내어 원 C의 넓이를 구한다.

구 $(x-3)^2+(y-4)^2+(z-8)^2=25$의 중심의 좌표를 $\mathrm{C_1}(3, 4, 8)$이라 하고 구 $(x-6)^2+(y-8)^2+(z-13)^2=25$의 중심의 좌표를 $\mathrm{C_2}(6, 8, 13)$이라 하자.

또, 다음 그림과 같이 두 구가 만나서 생기는 원 C의 중심을 C, 원 위의 한 점을 P라 하면

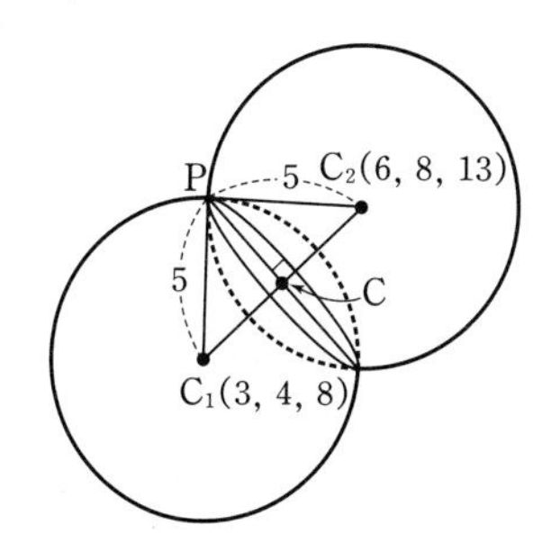

$\overline{\mathrm{PC_1}}=\overline{\mathrm{PC_2}}=5$ → 두 구의 반지름의 길이가 모두 5이기 때문이야.

$\overline{\mathrm{C_1C_2}}=\sqrt{(6-3)^2+(8-4)^2+(13-8)^2}$

$=\sqrt{50}=5\sqrt{2}$

따라서 $\overline{\mathrm{PC_1}}^2+\overline{\mathrm{PC_2}}^2=\overline{\mathrm{C_1C_2}}^2$을 만족하므로 삼각형 $\mathrm{PC_1C_2}$는 $\angle\mathrm{P}=\frac{\pi}{2}$인 직각이등변삼각형이다.

삼각형 ABC가 $\overline{\mathrm{AB}}^2=\overline{\mathrm{AC}}^2+\overline{\mathrm{BC}}^2$을 만족시키면 삼각형 ABC는 $\angle\mathrm{C}=\frac{\pi}{2}$인 직각삼각형이다. (피타고라스 정리의 역)

이때 점 C는 선분 $\mathrm{C_1C_2}$의 중점이므로 $\overline{\mathrm{PC}}=\frac{5\sqrt{2}}{2}$

원 C의 넓이는 $\left(\frac{5\sqrt{2}}{2}\right)^2\pi=\frac{25}{2}\pi$ …… ㉠

Step 2 원 C를 포함한 평면과 xy평면이 이루는 각의 크기를 구한다.

점 $\mathrm{C_1}$, $\mathrm{C_2}$의 xy평면 위로의 정사영을 각각 $\mathrm{C_1}'$, $\mathrm{C_2}'$이라 하면

→ x좌표, y좌표는 그대로! z좌표는 0으로!

$\mathrm{C_1}'(3, 4, 0)$, $\mathrm{C_2}'(6, 8, 0)$

점 $\mathrm{C_1}$을 지나고 선분 $\mathrm{C_1}'\mathrm{C_2}'$과 평행한 직선을 그었을 때 그 직선이 선분 $\mathrm{C_2C_2}'$과 만나는 점을 R라 하자.

$\overline{\mathrm{C_2R}}=13-8=5$, → $\overline{\mathrm{C_2R}}=$(점 $\mathrm{C_2}$의 z좌표) $-$ (점 $\mathrm{C_1}$의 z좌표)

$\overline{\mathrm{C_1R}}=\overline{\mathrm{C_1}'\mathrm{C_2}'}=\sqrt{(6-3)^2+(8-4)^2}=5$,

$\angle\mathrm{C_2RC_1}=\frac{\pi}{2}$에서 삼각형 $\mathrm{RC_1C_2}$는 직각이등변삼각형이므로 점 R는 원 C 위의 점이다.

→ 직선 l과 평면 α 위의 임의의 직선 m이 평행할 때, 평면 α는 직선 l과 평행하다.

또한, xy평면 위의 선분 $C_1'C_2'$이 선분 C_1R와 평행하므로 선분 C_1R는 xy평면과 평행하다.

그러므로 선분 C_1C_2가 xy평면과 이루는 각의 크기는 선분 C_1C_2와 선분 C_1R가 이루는 각의 크기와 같다.

따라서 $\angle C_2C_1R=\frac{\pi}{4}$이므로 선분 C_1C_2가 xy평면과 이루는 각의 크기는 $\frac{\pi}{4}$이다.

이때 원 C를 포함하는 평면은 직선 C_1C_2와 수직이므로 원 C를 포함하는 평면과 xy평면이 이루는 각의 크기는

$\frac{\pi}{2}-\frac{\pi}{4}=\frac{\pi}{4}$ …… ㉡

선분 $C_1'C_2'$을 포함하는 평면이 xy평면임을 잊으면 안 돼.

㉠, ㉡에서 원 C의 xy평면 위로의 정사영의 넓이는

$\frac{25}{2}\pi\times\cos\frac{\pi}{4}=\frac{25}{2}\pi\times\frac{\sqrt{2}}{2}=\frac{25\sqrt{2}}{4}\pi$

066

정답 ④

두 구

$(x-3)^2+(y+1)^2+(z-2)^2=9$

$(x-10)^2+(y-a)^2+(z-7)^2=100$

의 yz평면 위로의 정사영이 서로 외접할 때, 양수 a의 값은? (3점)

→ 중심의 좌표가 $(3, -1, 2)$이고 반지름의 길이가 3인 구

→ 중심의 좌표가 $(10, a, 7)$이고 반지름의 길이가 10인 구

→ 두 구의 정사영은 모두 원이다. 이때 두 원이 서로 외접하려면 두 원의 중심 사이의 거리는 두 원의 반지름의 길이의 합과 같아야 한다.

→ $a>0$

① 5 ② 7 ③ 9 ④ 11 ⑤ 13

→ yz평면 위의 모든 점의 x좌표는 0이다.

Step 1 두 구의 yz평면 위로의 정사영의 방정식을 구하고, 두 원이 서로 외접할 때의 성질을 이용한다.

두 구

$(x-3)^2+(y+1)^2+(z-2)^2=9$,

$(x-10)^2+(y-a)^2+(z-7)^2=100$

의 yz평면 위로의 정사영은 각각 두 원

$(y+1)^2+(z-2)^2=9$, $(y-a)^2+(z-7)^2=100$이다.

→ 두 구의 yz평면 위로의 정사영은 반지름의 길이가 각각 3, 10인 원이고 두 구의 중심 $(3, -1, 2)$와 $(10, a, 7)$이 yz평면 위로 정사영된 좌표가 각각 $(0, -1, 2)$, $(0, a, 7)$이기 때문이야.

이 두 원의 중심의 좌표는 각각 $(0, -1, 2)$, $(0, a, 7)$이고 반지름의 길이는 각각 3, 10이다.

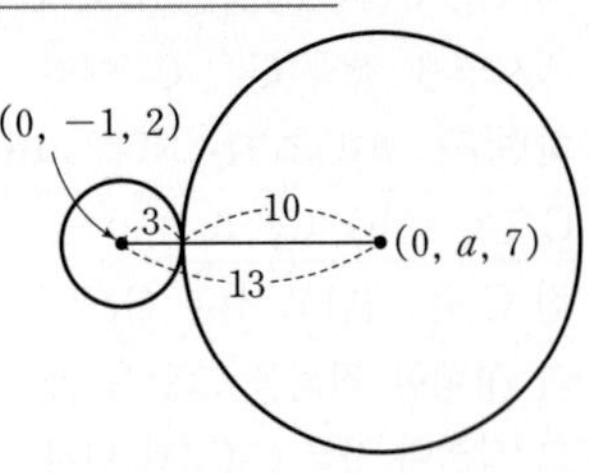

그런데 두 원이 서로 외접하려면 두 원의 중심 사이의 거리와 두 원의 반지름의 길이의 합이 같아야 하므로

$\sqrt{(a+1)^2+(7-2)^2}=3+10$

$(a+1)^2+25=169$

$(a+1)^2=144$

$a+1=\pm12$이므로

$a=11$ 또는 $a=-13$

$\therefore a=11$ ($\because a>0$)

→ 좌표공간에서 두 점 $A(x_1, y_1, z_1)$, $B(x_2, y_2, z_2)$ 사이의 거리는 $\overline{AB}=\sqrt{(x_2-x_1)^2+(y_2-y_1)^2+(z_2-z_1)^2}$이므로 두 점 $(0, -1, 2)$, $(0, a, 7)$ 사이의 거리는 $\sqrt{(0-0)^2+(a+1)^2+(7-2)^2}$이다.

→ 양변을 제곱하여 좌변의 근호를 없애 주었어.

067 [정답률 56%]

정답 11

좌표공간에서 xy평면 위의 원 $x^2+y^2=1$을 C라 하고, 원 C 위의 점 P와 점 $A(0, 0, 3)$을 잇는 선분이 구 $x^2+y^2+(z-2)^2=1$과 만나는 점을 Q라 하자. 점 P가 원 C 위를 한 바퀴 돌 때, 점 Q가 나타내는 도형 전체의 길이는 $\frac{b}{a}\pi$이다. $a+b$의 값을 구하시오. (단, 점 Q는 점 A가 아니고, a, b는 서로소인 자연수이다.) (4점)

점 Q가 나타내는 도형의 길이가 $\frac{b}{a}\pi$라는 것에도 힌트가 들어 있어. π가 포함된 것을 보니 아마 원 또는 원의 일부일 거야.

→ 구 $x^2+y^2+(z-2)^2=1$ 즉, 중심의 좌표는 $(0, 0, 2)$이고 반지름의 길이가 1이야.

→ 원 $C : x^2+y^2=1$

좌표공간에 있는 그림보다 평면화된 그림이 더 이해하기 쉬워. 대신, 평면화 시킬 때는 필요한 모든 요소가 평면에 포함되어야 하는 것에 주의해.

점 P는 원 C 위를 움직이는 점이지만, 문제를 이해하기 쉽게 점 P가 $(0, 1, 0)$에 있을 때로 예를 든 거야.

Step 1 yz평면으로 평면화하여 점 Q가 나타내는 도형을 구한다.

점 Q에서 z축에 내린 수선의 발을 R라 하면 좌표공간에서 점 Q가 나타내는 도형은 선분 RQ를 반지름으로 하고 중심이 R인 원이다.

→ 선분 RQ가 z축을 축으로 하여 회전한다고 생각하면 돼.

Step 2 닮음비를 이용하여 원의 반지름의 길이를 구한다.

$\overline{RQ}=r$라 하면 삼각형 AOP와 삼각형 ARQ는 닮음이고 $\overline{OP}:\overline{OA}=1:3$이므로 $\overline{RQ}:\overline{RA}=1:3$

→ $\angle AOP=\angle ARQ=\frac{\pi}{2}$, $\angle RAQ$는 공통이므로 AA 닮음

$\therefore \overline{RA}=3r$

구가 yz평면에 의해 잘린 단면인 원의 중심을 S라 하면

→ $\overline{AS}$는 주어진 구가 yz평면에 의해 잘린 단면인 원의 반지름이므로 길이는 1이야.

$\overline{SR}=\overline{AR}-\overline{AS}=3r-1$

직각삼각형 SRQ에서 피타고라스 정리를 이용하면

$(3r-1)^2+r^2=1$, $9r^2-6r+1+r^2=1$

$10r^2-6r=0$, $r(5r-3)=0$

$\therefore r=\frac{3}{5}$ ($\because r>0$)

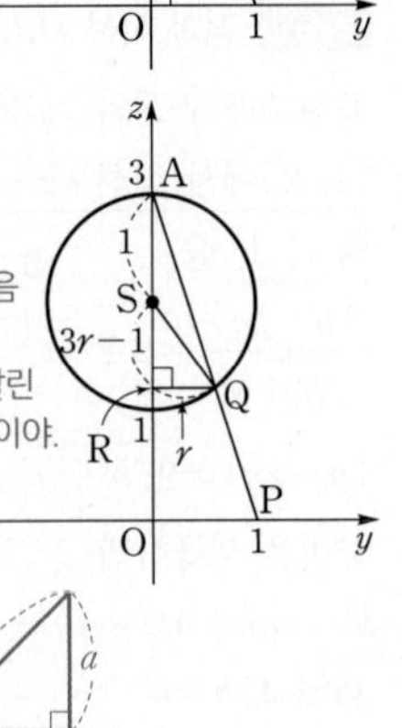

$a^2+b^2=c^2$

구하는 도형 전체의 길이는 반지름의 길이가 $\frac{3}{5}$인 원의 둘레의 길이와 같으므로

$2\pi\times\frac{3}{5}=\frac{6}{5}\pi$

반지름의 길이가 r인 원의 둘레의 길이는 $2\pi r$

따라서 $a=5,\ b=6$이므로

$a+b=11$

$a,\ b$가 서로소인 자연수인지 확인!

068

정답 ④

좌표공간에서 그림과 같이 점 $\mathrm{A}(0,\ 0,\ 10)$에서 구 $x^2+y^2+z^2=25$에 접선을 그었을 때 이 접선이 구 $x^2+y^2+(z-8)^2=4$와 만나는 점 중 점 A가 아닌 점을 P라 하자. 점 P가 나타내는 도형을 밑면으로 하고 구 $x^2+y^2+(z-8)^2=4$의 중심이 꼭짓점인 원뿔의 부피는? (4점)

주어진 문제의 상황을 평면화하여 푼다.

원뿔의 부피를 구하기 위해서는 밑면의 넓이와 높이를 구해야 해.

점 $\mathrm{A}(0,\ 0,\ 10)$에서 구 $x^2+y^2+z^2=25$에 그은 접선이야.

① $\frac{\sqrt{3}}{3}\pi$ ② $\frac{\sqrt{5}}{3}\pi$ ③ $\frac{\sqrt{7}}{3}\pi$ ④ π ⑤ $\frac{\sqrt{11}}{3}\pi$

$x^2+y^2+(z-8)^2=4$에 $x=0,\ y=0,\ z=10$을 대입하면 등식이 성립하므로 점 A는 구 $x^2+y^2+(z-8)^2=4$ 위의 점이야.

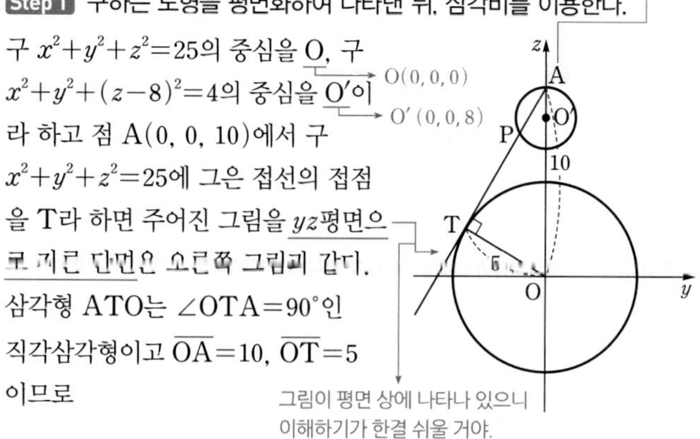

Step 1 구하는 도형을 평면화하여 나타낸 뒤, 삼각비를 이용한다.

구 $x^2+y^2+z^2=25$의 중심을 O, 구 $x^2+y^2+(z-8)^2=4$의 중심을 O′이라 하고 점 $\mathrm{A}(0,\ 0,\ 10)$에서 구 $x^2+y^2+z^2=25$에 그은 접선의 접점을 T라 하면 주어진 그림을 yz평면으로 자른 단면은 오른쪽 그림과 같다.

$\mathrm{O}(0,0,0)$, $\mathrm{O}'(0,0,8)$

그림이 평면 상에 나타나 있으니 이해하기가 한결 쉬울 거야.

삼각형 ATO는 $\angle\mathrm{OTA}=90°$인 직각삼각형이고 $\overline{\mathrm{OA}}=10,\ \overline{\mathrm{OT}}=5$이므로

$\cos(\angle\mathrm{AOT})=\frac{5}{10}=\frac{1}{2}$

$\therefore\ \angle\mathrm{AOT}=\frac{\pi}{3},\ \angle\mathrm{OAT}=\frac{\pi}{6}$

작은 구에 해당되는 부분만 그린 거야!

점 P에서 z축에 내린 수선의 발을 H라 하면

$\angle\mathrm{PAH}=\frac{\pi}{6}$

원주각과 중심각의 관계: 한 호에 대한 중심각의 크기는 그 호에 대한 원주각의 크기의 2배이다.

$\angle\mathrm{PO'H}=2\times\angle\mathrm{PAH}=\frac{\pi}{3}$

삼각형 O′PH에서 $\overline{\mathrm{O'P}}=2,\ \angle\mathrm{PO'H}=\frac{\pi}{3}$이므로

$\overline{\mathrm{PH}}=\sqrt{3},\ \overline{\mathrm{O'H}}=1$

따라서 원뿔은 밑면의 반지름의 길이가 $\sqrt{3}$이고 높이가 1이므로 부피는

이 삼각형을 선분 O′H를 축으로 하여 회전시킨 도형이야.

$\frac{1}{3}\times1\times(\sqrt{3})^2\times\pi=\pi$

069

정답 ⑤

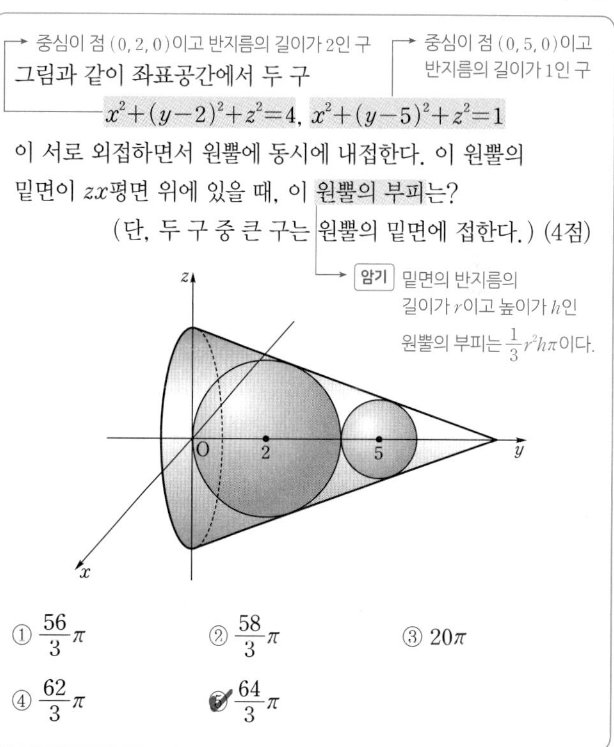

그림과 같이 좌표공간에서 두 구

$x^2+(y-2)^2+z^2=4,\ x^2+(y-5)^2+z^2=1$

이 서로 외접하면서 원뿔에 동시에 내접한다. 이 원뿔의 밑면이 zx평면 위에 있을 때, 이 원뿔의 부피는?

(단, 두 구 중 큰 구는 원뿔의 밑면에 접한다.) (4점)

중심이 점 $(0,2,0)$이고 반지름의 길이가 2인 구

중심이 점 $(0,5,0)$이고 반지름의 길이가 1인 구

암기 밑면의 반지름의 길이가 r이고 높이가 h인 원뿔의 부피는 $\frac{1}{3}r^2h\pi$이다.

① $\frac{56}{3}\pi$ ② $\frac{58}{3}\pi$ ③ 20π ④ $\frac{62}{3}\pi$ ⑤ $\frac{64}{3}\pi$

Step 1 구하는 도형을 yz평면에 나타낸 뒤, 삼각형의 닮음을 이용하여 원뿔의 높이를 구한다.

두 구 $x^2+(y-2)^2+z^2=4,\ x^2+(y-5)^2+z^2=1$의 중심을 각각 O′, O″이라 하자.

$\mathrm{O'}(0,2,0),\ \mathrm{O''}(0,5,0)$

원뿔의 밑면에서 z축을 지나는 지름의 양 끝점을 각각 B, C, 원뿔의 꼭짓점을 A, 두 점 O′, O″에서 선분 AB에 내린 수선의 발을 각각 S, T라 하고 이를 yz평면에 나타내면 다음 그림과 같다.

이와 같이 공간도형 문제의 경우 주어진 그림을 평면화하면 쉽게 풀 수 있어.

삼각형 $\mathrm{ASO'}$과 삼각형 $\mathrm{ATO''}$에서 $\angle \mathrm{ASO'}=\angle \mathrm{ATO''}=90^\circ$이고 $\angle \mathrm{O'AS}$와 $\angle \mathrm{O''AT}$가 공통이므로 두 삼각형은 닮음이고, (AA 닮음)

$\overline{\mathrm{O'S}}=2$, $\overline{\mathrm{O''T}}=1$이므로 닮음비는 $2:1$이다. (두 구의 반지름의 길이)

$\overline{\mathrm{AO''}}=a$로 놓으면

$\overline{\mathrm{AO'}}=\overline{\mathrm{AO''}}+\overline{\mathrm{O'O''}}=a+3$ ($\because \overline{\mathrm{O'O''}}=2+1=3$)

$\overline{\mathrm{AO''}}:\overline{\mathrm{AO'}}=1:2$, 즉 $a:(a+3)=1:2$이므로

$a+3=2a$, $a=3$ (비례식의 외항의 곱과 내항의 곱이 같음을 이용하여 식을 정리한다.)

$\therefore \overline{\mathrm{AO''}}=3$

$\overline{\mathrm{AO}}=\overline{\mathrm{OO'}}+\overline{\mathrm{O'O''}}+\overline{\mathrm{AO''}}=2+3+3=8$ …… ㉠

Step 2 삼각함수를 이용하여 원뿔의 부피를 구한다.

$\angle \mathrm{BAO}=\theta$라 하면 삼각형 $\mathrm{AO''T}$에서

$\sin\theta=\dfrac{\overline{\mathrm{O''T}}}{\overline{\mathrm{AO''}}}=\dfrac{1}{3}$이므로

$\cos\theta=\sqrt{1-\left(\dfrac{1}{3}\right)^2}=\dfrac{2\sqrt{2}}{3}$, $\tan\theta=\dfrac{1}{2\sqrt{2}}$

($\sin^2\theta+\cos^2\theta=1$에서 $\cos^2\theta=1-\sin^2\theta$임을 이용했어!) ($\tan\theta=\dfrac{\sin\theta}{\cos\theta}$)

삼각형 AOB에서

$\overline{\mathrm{BO}}=\overline{\mathrm{AO}}\tan\theta=\dfrac{8}{2\sqrt{2}}=2\sqrt{2}$ …… ㉡

㉠, ㉡에 의하여 구하는 원뿔의 부피는

$\dfrac{1}{3}\times(2\sqrt{2})^2\pi\times 8=\dfrac{64}{3}\pi$

공간도형 문제에서 삼각함수의 개념을 함께 이용하는 문제가 자주 출제되고 있어. 정사영의 넓이나 두 평면이 이루는 각 등을 구할 때 주로 사용하니까 참고하도록 해.

다른 풀이 삼각형의 닮음과 피타고라스 정리를 이용하는 풀이

Step 1 동일

Step 2 삼각형의 닮음과 피타고라스 정리를 이용하여 원뿔의 부피를 구한다.

$\triangle \mathrm{ATO''}$에서 $\overline{\mathrm{AT}}=\sqrt{3^2-1}=\sqrt{8}$

$\triangle \mathrm{ABO} \backsim \triangle \mathrm{AO''T}$ (AA 닮음)이므로

$\overline{\mathrm{BO}}:\overline{\mathrm{O''T}}=\overline{\mathrm{AO}}:\overline{\mathrm{AT}}$

$\overline{\mathrm{BO}}:1=8:\sqrt{8}$ $\quad\therefore \overline{\mathrm{BO}}=\sqrt{8}$

따라서 구하는 원뿔의 부피는

$\dfrac{1}{3}\times\pi\times(\sqrt{8})^2\times 8=\dfrac{64}{3}\pi$

070

정답 192

그림과 같이 좌표공간에서 두 구

$S_1 : x^2+y^2+(z-2)^2=25$

$S_2 : x^2+y^2+(z+4)^2=25$

(두 구 모두 중심이 z축 위에 있고, 두 구의 반지름의 길이가 5로 동일해.)

가 만나서 생기는 원을 포함한 평면으로 두 구를 잘라서 잘려진 입체 중 큰 입체끼리 두 단면 C가 일치하도록 붙인 도형을 V라 하자. 밑면이 xy평면과 평행인 원기둥이 단면 C를 포함하면서 도형 V에 내접할 때, 이 원기둥의 부피는 $a\pi$이다. 상수 a의 값을 구하시오. (4점)

(구를 어떤 방향으로 잘라도 그 단면은 원이야.)

(도형 V는 말하자면 머리 부분과 몸통 부분의 크기가 동일한 눈사람 모양이라고 할 수 있어.)

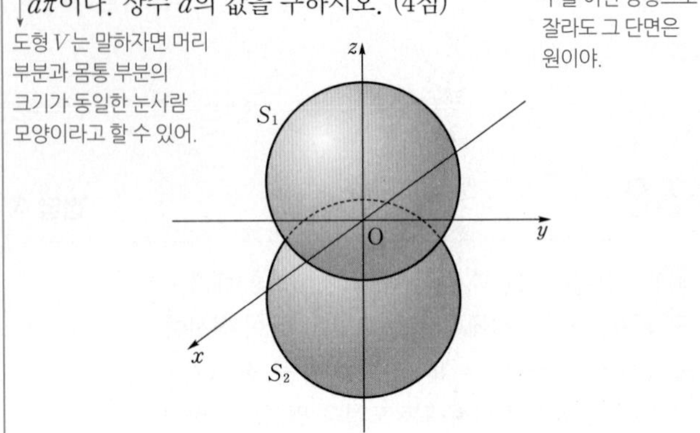

Step 1 두 구가 만나서 생기는 원을 이용하여 원기둥의 밑면의 반지름의 길이를 구한다.

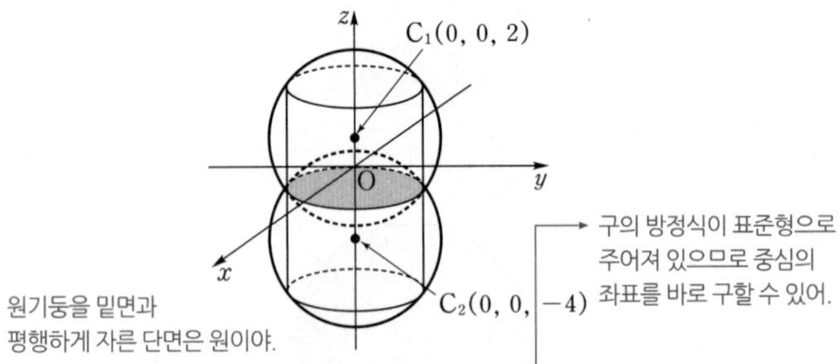

(원기둥을 밑면과 평행하게 자른 단면은 원이야.) (구의 방정식이 표준형으로 주어져 있으므로 중심의 좌표를 바로 구할 수 있어.)

두 구의 중심을 각각 $\mathrm{C_1}(0, 0, 2)$, $\mathrm{C_2}(0, 0, -4)$라 하면 직선 $\mathrm{C_1C_2}$는 z축과 일치하면서 원기둥의 축을 이룬다.

즉, 두 구가 만나서 생기는 원은 원기둥의 두 밑면과 평행하므로 구하는 원기둥의 밑면은 두 구 S_1, S_2가 만나서 생기는 원과 반지름의 길이가 같다.

$x^2+y^2+(z-2)^2=25$ …… ㉠

$x^2+y^2+(z+4)^2=25$ …… ㉡

(두 구의 방정식을 연립하면 두 구가 만나서 생기는 원의 방정식을 구할 수 있어.)

두 구가 만나서 생기는 원의 방정식을 구하기 위해 ㉠−㉡을 하면

$(z-2)^2=(z+4)^2$ ← $(z-2)^2-(z+4)^2=0$

(i) $z-2=z+4$일 때, $-2\neq 4$이므로 해가 없다.

(ii) $z-2=-(z+4)$일 때, $z=-1$

$z=-1$을 ㉠에 대입하면 → $x^2+y^2+(-1-2)^2=25$, $x^2+y^2=25-9=16$

$x^2+y^2=16$, $z=-1$

즉, 두 구가 만나서 생기는 단면은 반지름의 길이가 4이고, 중심의 좌표가 $(0, 0, -1)$인 원이다.

따라서 구하는 원기둥의 밑면도 반지름의 길이가 4인 원이다.

Step 2 원기둥의 높이와 부피를 구한다. (원기둥의 밑면의 반지름의 길이를 구했으니, 이제 높이를 구할 차례야!)

구 S_1의 반지름의 길이가 5이고 중심 $\mathrm{C_1}$의 좌표는 $(0, 0, 2)$,

구 S_2의 반지름의 길이가 5이고 중심 $\mathrm{C_2}$의 좌표는 $(0, 0, -4)$

이고, 두 구가 만나서 생기는 단면의 z좌표가 -1이므로

단면의 중심을 C라 하면

$\overline{CC_1}=2-(-1)=3$

$\overline{CC_2}=(-1)-(-4)=3$

또한, 오른쪽 그림과 같이 원기둥의 두 밑면의 중심을 각각 C′, C″이라 하면

$\overline{C_1C'}=\sqrt{5^2-4^2}=\sqrt{9}=3$,

$\overline{C_2C''}=\sqrt{5^2-4^2}=\sqrt{9}=3$ → 오른쪽 그림을 참고해. 피타고라스 정리를 이용한 거야.

이므로 원기둥의 높이는

$\overline{C'C''}=\overline{C''C_2}+\overline{C_2C}+\overline{CC_1}+\overline{C_1C'}$

$=3+3+3+3=12$

따라서 구하는 원기둥의 부피는

$4^2\pi\times12=192\pi$

$\therefore a=192$

→ (원기둥의 부피)=(밑면의 넓이)×(높이)

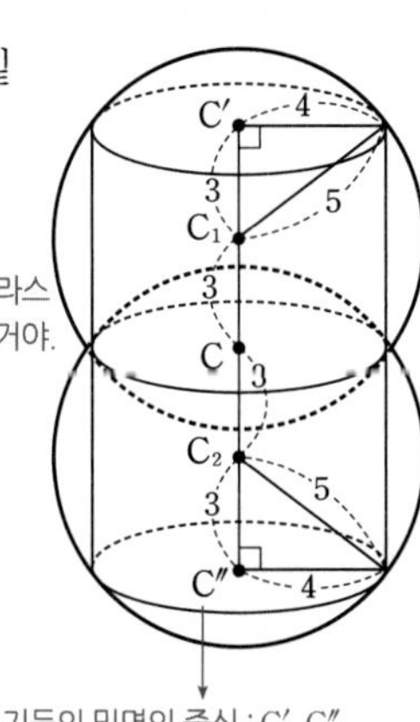

원기둥의 밑면의 중심 : C′, C″
구의 중심 : C_1, C_2
두 구가 만나서 생기는 원의 중심 : C

071 [정답률 73%]

정답 ④

좌표공간에 구 $S : x^2+y^2+(z-1)^2=1$과 xy평면 위의 원 $C : x^2+y^2=4$가 있다. 구 S와 점 P에서 접하고 원 C 위의 두 점 Q, R를 포함하는 평면이 xy평면과 이루는 예각의 크기가 $\frac{\pi}{3}$이다. 점 P의 z좌표가 1보다 클 때, 선분 QR의 길이는? (4점)

① 1 ② $\sqrt{2}$ ③ $\sqrt{3}$
④ 2 ⑤ $\sqrt{5}$

Step 1 구 S의 중심을 T, 점 P에서 직선 QR에 내린 수선의 발을 H라 한 후 삼수선의 정리를 이용하여 네 점 P, H, O, T가 한 평면에 있음을 확인한다.

구 S의 중심을 T, 점 P에서 직선 QR에 내린 수선의 발을 H, 원점을 O라 하자.

또한 구 S와 점 P에서 접하고 두 점 Q, R를 지나는 평면을 α라 하자.

이때 $\overline{TP}\perp\alpha$, $\overline{PH}\perp\overline{QR}$이므로 삼수선의 정리에 의하여 $\overline{TH}\perp\overline{QR}$

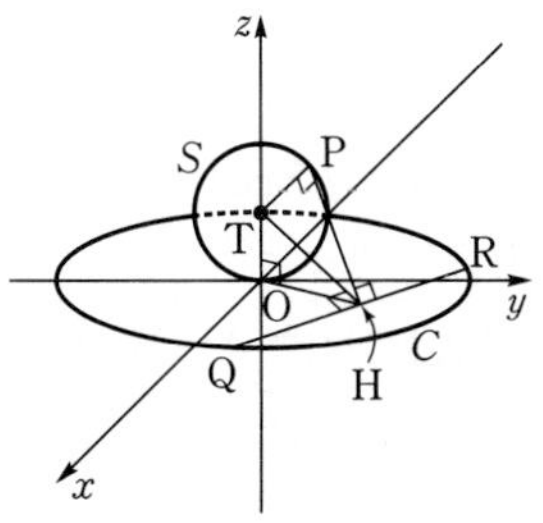

또, $\overline{TH}\perp\overline{QR}$, $\overline{TO}\perp(xy$평면$)$이므로 삼수선의 정리에 의하여 $\overline{OH}\perp\overline{QR}$

따라서 $\overline{PH}\perp\overline{QR}$, $\overline{TH}\perp\overline{QR}$, $\overline{OH}\perp\overline{QR}$이므로 네 점 P, H, O, T는 한 평면 위에 있다.

→ 점 H를 지나고 직선 QR에 수직인 평면 위에 있어.

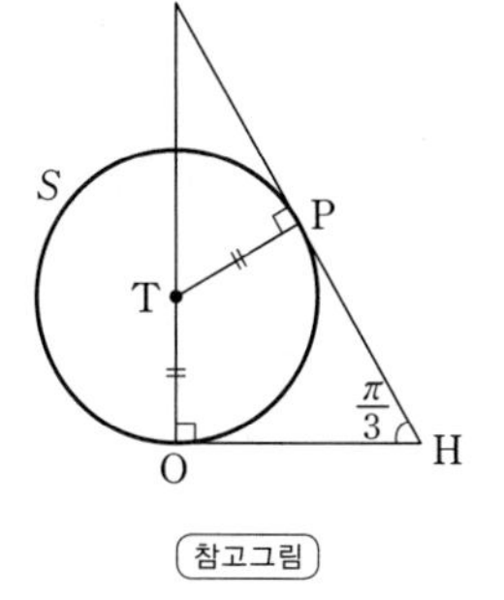

참고그림

Step 2 $\angle PHO=\frac{\pi}{3}$이고, 삼각형 TOH와 삼각형 TPH가 서로 합동임을 이용하여 선분 OH의 길이를 구한다.

직선 QR는 평면 α와 xy평면의 교선이고, $\overline{PH}\perp\overline{QR}$, $\overline{OH}\perp\overline{QR}$이므로 평면 α와 xy평면이 이루는 각의 크기는 $\angle PHO$이다.

→ $\overline{PH}$: 평면 α 위의 직선, $\overline{OH}$: xy평면 위의 직선

→ 두 직선 PH, OH가 이루는 각의 크기와 같아.

즉, $\angle PHO=\frac{\pi}{3}$

이때 $\overline{TO}=\overline{TP}$, $\overline{TH}$는 공통,

→ 구의 반지름이야.

$\angle TOH=\angle TPH=\frac{\pi}{2}$이므로

삼각형 TOH와 삼각형 TPH는 RHS 합동이다.

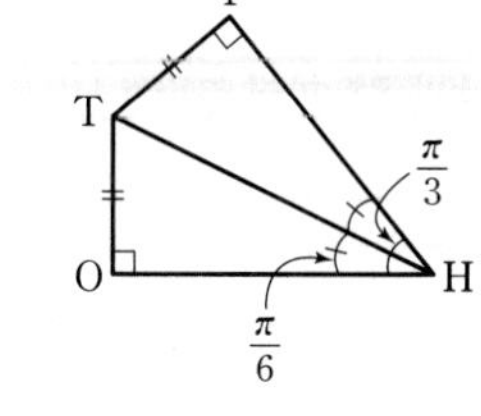

$\therefore \angle THO=\frac{1}{2}\times\angle PHO$

$=\frac{1}{2}\times\frac{\pi}{3}=\frac{\pi}{6}$

→ $\angle THO=\angle THP$이고 $\angle PHO=\frac{\pi}{3}$이기 때문이야.

직각삼각형 TOH에서 $\tan(\angle THO)=\frac{\overline{TO}}{\overline{OH}}$이고, $\overline{TO}=1$이므로

$\tan\frac{\pi}{6}=\frac{1}{\overline{OH}}$ (→ $\overline{TO}$)

$\frac{1}{\sqrt{3}}=\frac{1}{\overline{OH}}$ (→ $\angle THO$)

$\therefore \overline{OH}=\sqrt{3}$

Step 3 두 선분 OH, OQ의 길이를 이용하여 선분 QR의 길이를 구한다.

선분 OQ는 원 C의 반지름이므로

$\overline{OQ}=2$

이때 $\overline{OH}=\sqrt{3}$이고, $\overline{OH}\perp\overline{QR}$이므로

직각삼각형 OQH에서

$\overline{QH}=\sqrt{\overline{OQ}^2-\overline{OH}^2}$ → 피타고라스 정리

$=\sqrt{2^2-(\sqrt{3})^2}$ (→ $\overline{OQ}$, $\overline{OH}$)

$=\sqrt{4-3}$

$=1$

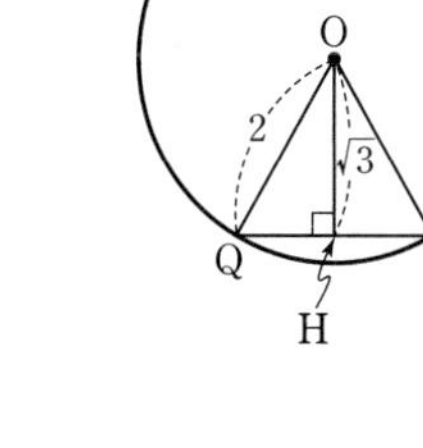

점 H는 선분 QR의 중점이므로

$\overline{QR}=2\times\overline{QH}$

$=2\times1$ (→ $=1$)

$=2$

→ $\overline{OQ}=\overline{OR}$, $\overline{OH}$는 공통, $\angle OHQ=\angle OHR=\frac{\pi}{2}$이므로 $\triangle OHQ\equiv\triangle OHR$ (RHS 합동) 따라서 $\overline{QH}=\overline{RH}$가 돼.

○ 본문 191쪽

072

정답 ①

좌표공간에서 반지름의 길이가 r인 8개의 구가 모두 다음 조건을 만족시킨다. → 즉, 8개의 구의 xy평면, yz평면, zx평면까지의 거리가 각각 서로 같다는 거야.

(가) xy평면, yz평면, zx평면과 만나서 생기는 원의 넓이가 각각 π, 6π, 9π이다.

(나) 8개의 구의 중심을 꼭짓점으로 하는 직육면체의 부피가 48이다.

조건 (가)를 만족하는 하나의 구를 그리고, 그 구를 x축, y축, z축, xy평면, yz평면, zx평면, 원점에 대하여 각각 대칭이동시킨 7개의 구를 그리면 문제에 주어진 8개의 구를 모두 그릴 수 있어.

이때, r의 값은? (4점)

✔① $\sqrt{10}$　② $\sqrt{11}$　③ $2\sqrt{3}$
④ $\sqrt{13}$　⑤ $\sqrt{14}$

Step 1 구의 중심을 (a, b, c)로 놓고 구의 방정식을 세워서 a, b, c와 r 사이의 관계식을 구한다.

구의 방정식을 $(x-a)^2+(y-b)^2+(z-c)^2=r^2$이라 하면

이 구가 xy평면과 만나서 생기는 원의 방정식은 → 이 원의 반지름의 길이는 $\sqrt{r^2-c^2}$

$z=0$, $(x-a)^2+(y-b)^2=r^2-c^2$이고, 이 원의 넓이가 π이므로

$(r^2-c^2)\pi=\pi$, $r^2-c^2=1$ → $(x-a)^2+(y-b)^2+(z-c)^2=r^2$에 $z=0$을 대입

$\therefore c^2=r^2-1$

이 구가 yz평면과 만나서 생기는 원의 방정식은 → 이 원의 반지름의 길이는 $\sqrt{r^2-a^2}$

$x=0$, $(y-b)^2+(z-c)^2=r^2-a^2$이고, 이 원의 넓이가 6π이므로

$(r^2-a^2)\pi=6\pi$, $r^2-a^2=6$ → $(x-a)^2+(y-b)^2+(z-c)^2=r^2$에 $x=0$을 대입

$\therefore a^2=r^2-6$

이 구가 zx평면과 만나서 생기는 원의 방정식은 → 이 원의 반지름의 길이는 $\sqrt{r^2-b^2}$

$y=0$, $(x-a)^2+(z-c)^2=r^2-b^2$이고, 이 원의 넓이가 9π이므로

$(r^2-b^2)\pi=9\pi$, $r^2-b^2=9$ → $(x-a)^2+(y-b)^2+(z-c)^2=r^2$에 $y=0$을 대입

$\therefore b^2=r^2-9$

$\therefore a=\pm\sqrt{r^2-6}$, $b=\pm\sqrt{r^2-9}$, $c=\pm\sqrt{r^2-1}$

Step 2 구의 중심의 좌표를 r를 이용하여 나타내고, 이를 이용하여 직육면체의 부피를 구한다.

그러므로 8개의 구의 중심의 좌표 (a, b, c)는

$(\pm\sqrt{r^2-6}, \pm\sqrt{r^2-9}, \pm\sqrt{r^2-1})$ → 8개의 구의 중심의 좌표를 각각 나타내면
$(\sqrt{r^2-6}, \sqrt{r^2-9}, \sqrt{r^2-1})$
$(\sqrt{r^2-6}, \sqrt{r^2-9}, -\sqrt{r^2-1})$
$(\sqrt{r^2-6}, -\sqrt{r^2-9}, \sqrt{r^2-1})$
$(\sqrt{r^2-6}, -\sqrt{r^2-9}, -\sqrt{r^2-1})$
$(-\sqrt{r^2-6}, \sqrt{r^2-9}, \sqrt{r^2-1})$
$(-\sqrt{r^2-6}, \sqrt{r^2-9}, -\sqrt{r^2-1})$
$(-\sqrt{r^2-6}, -\sqrt{r^2-9}, \sqrt{r^2-1})$
$(-\sqrt{r^2-6}, -\sqrt{r^2-9}, -\sqrt{r^2-1})$

따라서 직육면체의 부피는

$2\sqrt{r^2-6}\times 2\sqrt{r^2-9}\times 2\sqrt{r^2-1}=48$

$\sqrt{r^2-6}\times\sqrt{r^2-9}\times\sqrt{r^2-1}=6$

$(r^2-6)(r^2-1)(r^2-9)=36$

이때 $r^2=X$로 놓으면

$(X-6)(X-1)(X-9)=36$

$X^3-16X^2+69X-90=0$

이 방정식을 인수분해하면

$(X-10)(X-3)^2=0$

$\therefore X=10$ 또는 $X=3$

3	1	−16	69	−90
		3	−39	90
3	1	−13	30	0
		3	−30	
	1	−10	0	

이때 구의 반지름의 길이는 구가 xy평면, yz평면, zx평면과 만나서 생기는 원의 반지름의 길이보다 크거나 같아야 하므로

$r\ge\sqrt{9}$, $r^2=X\ge 9$ → 즉, 주어진 직육면체를 좌표공간에 나타내면 오른쪽 그림과 같아.

$\therefore X=10$

즉, $r^2=10$에서 $r=\sqrt{10}$ ($\because r>0$)

$2\sqrt{r^2-1}=2\times3=6$, $2\sqrt{r^2-6}=2\times2=4$, $2\sqrt{r^2-9}=2\times1=2$

073 [정답률 13%]

정답 15

좌표공간에 구 $S: x^2+y^2+(z-\sqrt{5})^2=9$가 xy평면과 만나서 생기는 원을 C라 하자. 구 S 위의 네 점 A, B, C, D가 다음 조건을 만족시킨다.

(가) 선분 AB는 원 C의 지름이다.

(나) 직선 AB는 평면 BCD에 수직이다.

(다) $\overline{BC}=\overline{BD}=\sqrt{15}$

삼각형 ABC의 평면 ABD 위로의 정사영의 넓이를 k라 할 때, k^2의 값을 구하시오. (4점)

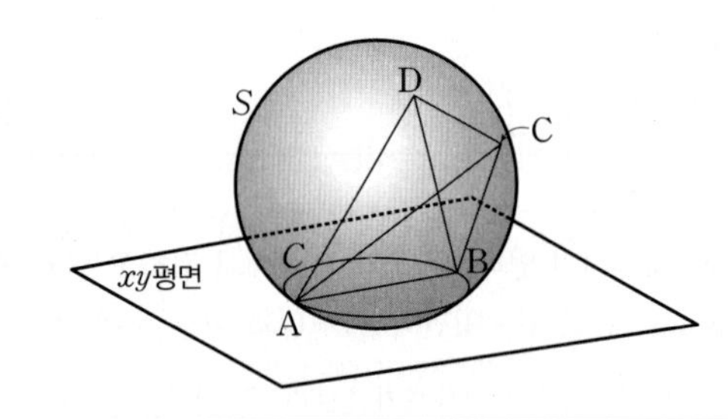

Step 1 원 C의 반지름의 길이를 구한다.

구 S의 중심을 S$(0, 0, \sqrt{5})$라 하면 점 S에서 xy평면에 내린 수선의 발은 원점 O이다.

점 O는 원 C의 중심이므로 $\overline{OB}=\sqrt{\overline{SB}^2-\overline{OS}^2}=\sqrt{3^2-(\sqrt{5})^2}=2$

따라서 원 C의 반지름의 길이는 2이다. → 구의 반지름 $\overline{SB}=3$ / 구의 중심과 xy평면 사이의 거리

Step 2 원 C'의 반지름의 길이를 구한다.

삼각형 BCD의 외접원을 C'이라 하고 구의 중심 S에서 평면 BCD에 내린 수선의 발을 H라 하면 점 H는 원 C'의 중심이다.

조건 (나)에 의하여 $\overline{SH}=\overline{OB}=2$

직각삼각형 SBH에서 $\overline{HB}=\sqrt{\overline{SB}^2-\overline{SH}^2}=\sqrt{3^2-2^2}=\sqrt{5}$

따라서 원 C'의 반지름의 길이는 $\sqrt{5}$이다.

Step 3 삼각형 ABC의 평면 ABD 위로의 정사영의 넓이를 구한다.

선분 BC의 중점을 M이라 하면 $\overline{HM}\perp\overline{BC}$이고 $\overline{BM}=\frac{\sqrt{15}}{2}$이다. → $=\frac{1}{2}\overline{BC}$

$\cos(\angle HBM)=\frac{\overline{BM}}{\overline{HB}}=\frac{\sqrt{3}}{2}$이므로 $\angle HBM=\frac{\pi}{6}$

조건 (다)에 의하여 $\angle CBD=2\angle HBM=\frac{\pi}{3}$

조건 (나)에서 직선 AB가 평면 BCD에 수직이므로 평면 ABC와 평면 ABD가 이루는 예각의 크기를 θ라 하면 $\theta=\angle CBD=\frac{\pi}{3}$

또한 조건 (나)에서 $\overline{AB}\perp\overline{BC}$이므로 삼각형 ABC의 넓이는

$\frac{1}{2}\times4\times\sqrt{15}=2\sqrt{15}$ (4는 $\overline{AB}$, $\sqrt{15}$는 $\overline{BC}$)

따라서 삼각형 ABC의 평면 ABD 위로의 정사영의 넓이는

$k=2\sqrt{15}\times\cos\frac{\pi}{3}=\sqrt{15}$ $\quad\therefore k^2=(\sqrt{15})^2=15$

($\cos\frac{\pi}{3}=\frac{1}{2}$)

074 [정답률 43%]

정답 ①

좌표공간에 중심이 A(0, 0, 1)이고 반지름의 길이가 4인 구 S가 있다. 구 S가 xy평면과 만나서 생기는 원을 C라 하고, 점 A에서 선분 PQ까지의 거리가 2가 되도록 원 C 위에 두 점 P, Q를 잡는다. 구 S가 선분 PQ를 지름으로 하는 구 T와 만나서 생기는 원 위에서 점 B가 움직일 때, 삼각형 BPQ의 xy평면 위로의 정사영의 넓이의 최댓값은?

(단, 점 B의 z좌표는 양수이다.) (4점)

① 6 ② $3\sqrt{6}$ ③ $6\sqrt{2}$
④ $3\sqrt{10}$ ⑤ $6\sqrt{3}$

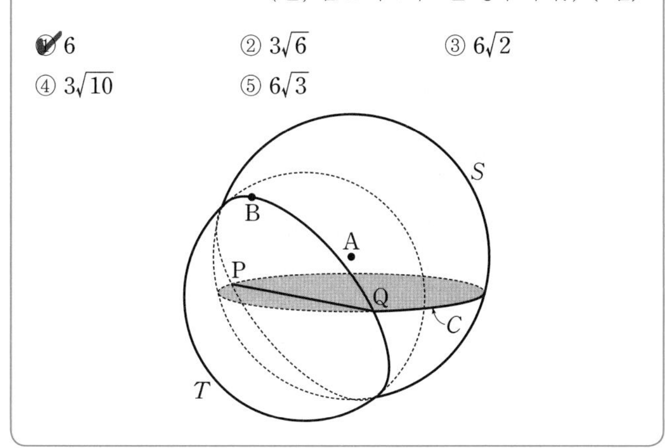

Step 1 삼수선의 정리를 이용하여 $\overline{PQ}$의 길이를 구한다.

점 P와 Q는 중심이 A(0, 0, 1)이고 반지름의 길이가 4인 구 위의 점이므로 $\overline{AP}=4$, $\overline{AQ}=4$이다.

원점을 O라 하면 $\overline{OA}\perp(xy$평면)이고, 점 P가 xy평면 위에 있으므로 $\overline{OA}\perp\overline{OP}$이다.

원점 O에서 선분 PQ에 내린 수선의 발을 M이라 하면 $\overline{PM}=\overline{QM}$이고, 삼수선의 정리에 의하여 $\overline{AM}\perp\overline{PQ}$이다. (삼각형 OPQ는 이등변삼각형 / $\overline{OA}\perp(xy$평면), $\overline{OM}\perp\overline{PQ}$)

점 A에서 선분 PQ까지의 거리가 2이므로 $\overline{AM}=2$

직각삼각형 APM에서 $\overline{PM}=\sqrt{\overline{AP}^2-\overline{AM}^2}=\sqrt{4^2-2^2}=2\sqrt{3}$

$\therefore \overline{PQ}=2\overline{PM}=4\sqrt{3}$

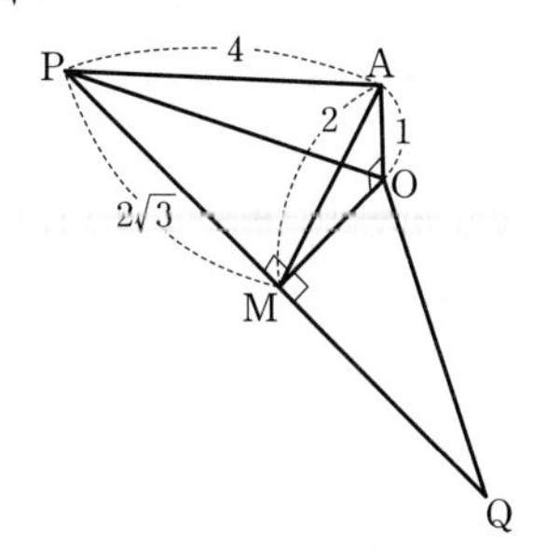

Step 2 삼각형 BPQ의 xy평면 위로의 정사영의 넓이의 최댓값을 구한다.

선분 PQ를 지름으로 하는 구 T는 중심이 M이고 반지름의 길이가 $2\sqrt{3}$이다.

구 S와 구 T가 만나서 생기는 원을 C_1, 원 C_1을 포함하는 평면을 α라 하면 $\alpha\perp\overline{AM}$이다.

삼각형 OAM에서 $\overline{OM}=\sqrt{\overline{AM}^2-\overline{OA}^2}=\sqrt{2^2-1^2}=\sqrt{3}$

따라서 $\angle AMO=\theta$라 하면

$\cos\theta=\frac{\overline{OM}}{\overline{AM}}=\frac{\sqrt{3}}{2}$ $\quad\therefore \theta=\frac{\pi}{6}$

이때 평면 α와 xy평면이 이루는 예각의 크기는 $\frac{\pi}{3}$이다. (xy평면: 평면 OPQ라 생각하면 이해하기 쉽다.)

점 B에서 선분 PQ에 내린 수선의 발을 H라 하면 $\overline{BH}\le2\sqrt{3}$ (선분 BH의 길이는 구 T의 반지름의 길이보다 클 수 없다.)

삼각형 BPQ의 넓이를 S, 삼각형 BPQ의 xy평면 위로의 정사영의 넓이를 S'이라 하면

$S=\frac{1}{2}\times\overline{PQ}\times\overline{BH}$

$\le\frac{1}{2}\times4\sqrt{3}\times2\sqrt{3}=12$

$S'=S\times\cos\frac{\pi}{3}$ ($\frac{\pi}{3}$: 평면 α와 xy평면이 이루는 예각의 크기)

$\le12\times\frac{1}{2}=6$

따라서 구하는 정사영의 넓이의 최댓값은 6이다.

075

정답 9

좌표공간에서 점 A(0, 0, 1)을 지나는 직선이 중심이 C(3, 4, 5)이고 반지름의 길이가 1인 구와 한 점 P에서만 만난다. 세 점 A, C, P를 지나는 원의 xy평면 위로의 정사영의 넓이의 최댓값은 $\frac{q}{p}\sqrt{41}\pi$이다. $p+q$의 값을 구하시오. (단, p와 q는 서로소인 자연수이다.) (4점)

(xy평면 위로의 정사영의 넓이의 최댓값: xy평면이 원과 이루는 각의 크기가 최소가 되어야 해.)

Step 1 세 점 A, C, P를 지나는 원의 넓이를 구한다.

두 점 A, C 사이의 거리는

$\overline{AC}=\sqrt{(3-0)^2+(4-0)^2+(5-1)^2}=\sqrt{41}$

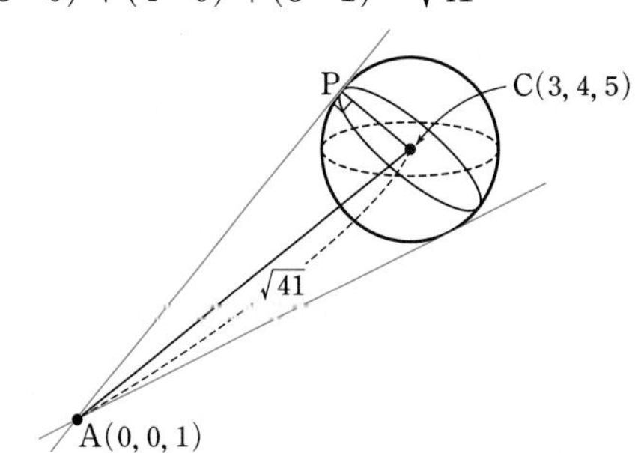

위 그림과 같이 구에 접하는 직선과 구의 반지름은 서로 수직이므로 삼각형 ACP는 직각삼각형이다. ($\angle APC=90°$)

세 점 A, C, P를 지나는 원, 즉 삼각형 ACP의 외접원은 지름이 선분 AC인 원이므로 원의 반지름의 길이는

$\frac{1}{2}\overline{\mathrm{AC}}=\frac{\sqrt{41}}{2}$

지름에 대한 원주각의 크기가 90°임을 역으로 이용한 거야.

따라서 원의 넓이는

$\pi\times\left(\frac{\sqrt{41}}{2}\right)^2=\frac{41}{4}\pi$

Step 2 정사영의 넓이가 최대가 되는 경우를 구한다.

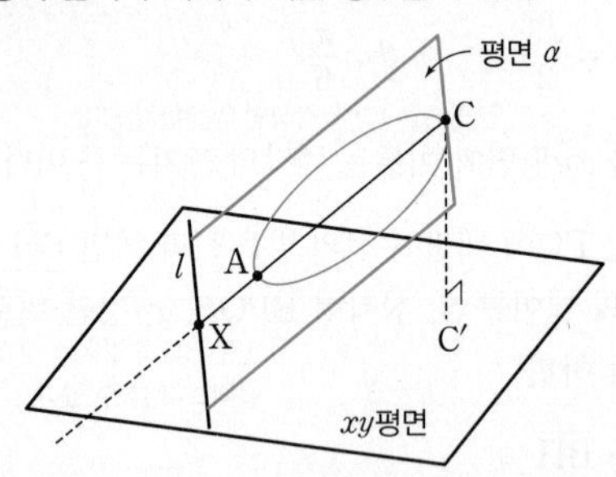

위 그림과 같이 세 점 A, C, P를 지나는 원이 존재하는 평면을 α, 직선 AC와 xy평면이 만나는 점을 X, 평면 α와 xy평면의 교선을 l이라 하자.

평면 α는 반드시 직선 AC를 포함하므로 평면 α와 xy평면은 반드시 점 X를 지난다.

평면 α 위의 원이 선분 AC를 지름으로 하기 때문!

즉, 평면 α와 xy평면의 교선 l이 반드시 점 X를 지난다.

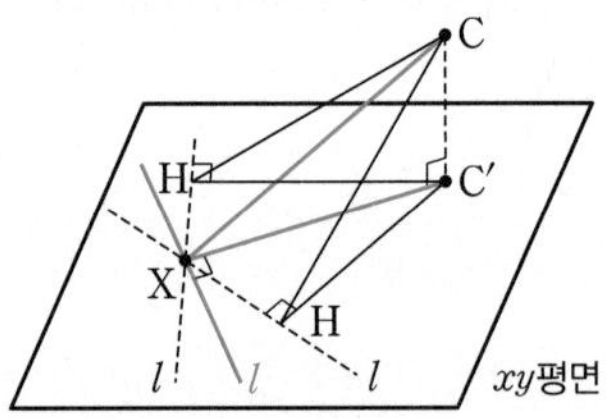

위 그림과 같이 점 C에서 xy평면에 내린 수선의 발을 C′, 점 C′에서 직선 l에 내린 수선의 발을 H라 하면 삼수선의 정리에 의하여 직선 l과 선분 CH는 서로 수직이다.

Step 1에서 구한 원과 xy평면이 이루는 각의 크기이기도 해.

즉, 평면 α와 xy평면이 이루는 각의 크기를 θ라 하면 이면각의 정의에 의하여 $\theta=\angle\mathrm{CHC'}$이다.

이면각의 크기가 작을수록 $\cos\theta$의 값이 커지므로 정사영의 넓이 $S'=S\cos\theta$가 최대가 돼.

이때 직각삼각형 CHC′에서 $\tan\theta=\frac{\overline{\mathrm{CC'}}}{\overline{\mathrm{C'H}}}$이고 선분 CC′의 길이는 일정하므로 선분 C′H의 길이가 최대가 될 때 $\tan\theta$의 값, 즉 θ의 크기가 최소가 된다.

$0<\theta<\frac{\pi}{2}$일 때 θ의 크기가 커지면 $\tan\theta$의 값이 커짐을 이용한 거야.

선분 C′H의 길이가 최대이려면 점 C′에서 직선 l에 내린 수선의 발 H가 점 X와 같아야 하고 이때의 θ의 크기는 직선 AC와 xy평면이 이루는 각의 크기와 같다.

즉, 평면 α와 xy평면이 이루는 각의 크기가 직선 AC와 xy평면이 이루는 각의 크기와 같을 때, 원의 xy평면 위로의 정사영의 넓이가 최대가 된다.

Step 3 직선 AC와 xy평면이 이루는 각의 크기를 θ_1이라 하고 $\cos\theta_1$의 값을 구한다.

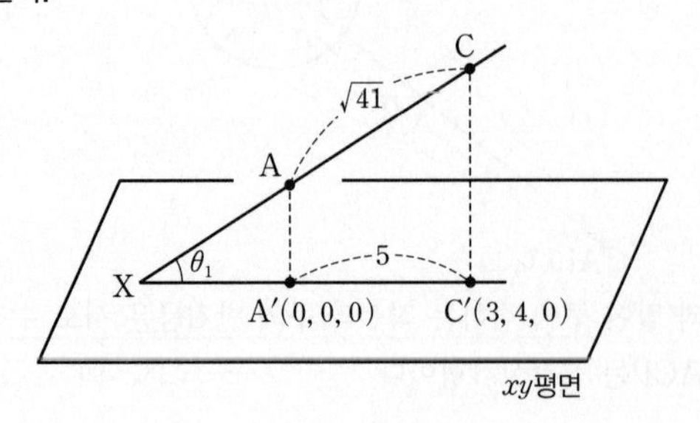

점 A에서 xy평면에 내린 수선의 발을 A′이라 하면 A′(0, 0, 0)

이때 C′(3, 4, 0)이므로 선분 A′C′의 길이는

$\overline{\mathrm{A'C'}}=\sqrt{(3-0)^2+(4-0)^2+(0-0)^2}=5$

z좌표를 0으로 만들어 주었어.

따라서 직선 AC와 xy평면이 이루는 각의 크기를 θ_1이라 하면

$\cos\theta_1=\frac{\overline{\mathrm{A'C'}}}{\overline{\mathrm{AC}}}=\frac{5}{\sqrt{41}}$

$\overline{\mathrm{A'C'}}$이 $\overline{\mathrm{AC}}$의 xy평면 위로의 정사영임을 기억해!

Step 4 세 점 A, C, P를 지나는 원의 xy평면 위로의 정사영의 넓이의 최댓값을 구한다.

세 점 A, C, P를 지나는 원의 xy평면 위로의 정사영의 넓이의 최댓값은

$\frac{41}{4}\pi\times\cos\theta_1=\frac{41}{4}\pi\times\frac{5}{\sqrt{41}}=\frac{5}{4}\sqrt{41}\pi$

따라서 $p=4$, $q=5$이므로

$p+q=4+5=9$

076 [정답률 77%]

정답 ⑤

좌표공간에 한 직선 위에 있지 않은 세 점 A, B, C가 있다. 다음 조건을 만족시키는 평면 α에 대하여 각 점 A, B, C와 평면 α 사이의 거리 중에서 가장 작은 값을 $d(\alpha)$라 하자.

> (가) 평면 α는 선분 AC와 만나고, 선분 BC와도 만난다.
> (나) 평면 α는 선분 AB와 만나지 않는다.

위의 조건을 만족시키는 평면 α 중에서 $d(\alpha)$가 최대가 되는 평면을 β라 할 때, [보기]에서 옳은 것만을 있는 대로 고른 것은? (4점)

> [보기]
> ㄱ. 평면 β는 세 점 A, B, C를 지나는 평면과 수직이다.
> ㄴ. 평면 β는 선분 AC의 중점 또는 선분 BC의 중점을 지난다.
> ㄷ. 세 점이 A(2, 3, 0), B(0, 1, 0), C(2, −1, 0)일 때, $d(\beta)$는 점 B와 평면 β 사이의 거리와 같다.

① ㄱ ② ㄷ ③ ㄱ, ㄴ
④ ㄴ, ㄷ ⑤ ㄱ, ㄴ, ㄷ

Step 1 조건 (가), (나)를 만족하는 평면 α 중에서 $d(\alpha)$의 값이 최대가 되도록 하는 평면 β의 성질을 찾는다.

ㄱ. 세 점 A, B, C에 대하여 두 선분 AC, BC와 만나고 선분 AB와 만나지 않는 평면 α와 세 점 A, B, C를 지나는 평면의 교선을 l이라 하자.

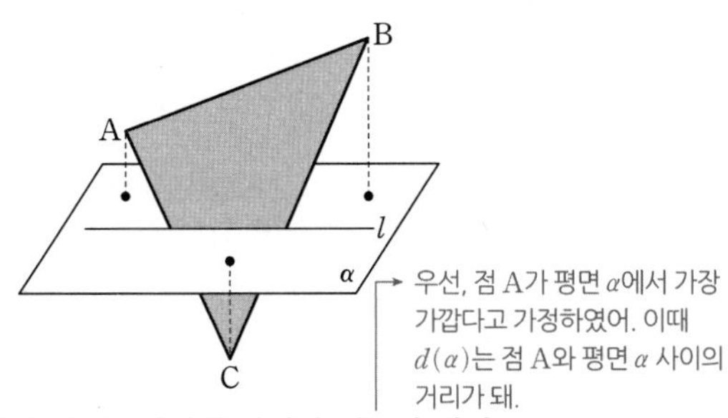

우선, 점 A가 평면 α에서 가장 가깝다고 가정하였어. 이때 $d(\alpha)$는 점 A와 평면 α 사이의 거리가 돼.

이때, 점 A에서 평면 α까지의 거리가 최소라 하자.
점 A에서 평면 α와 교선 l에 내린 수선의 발을 각각 H_1, H_2라 하면 $\overline{AH_1} \le \overline{AH_2}$
따라서 $\overline{AH_1}=\overline{AH_2}$일 때, 즉 세 점 A, B, C를 지나는 평면과 평면 α가 수직일 때 $d(\alpha)$의 값이 최대이다.

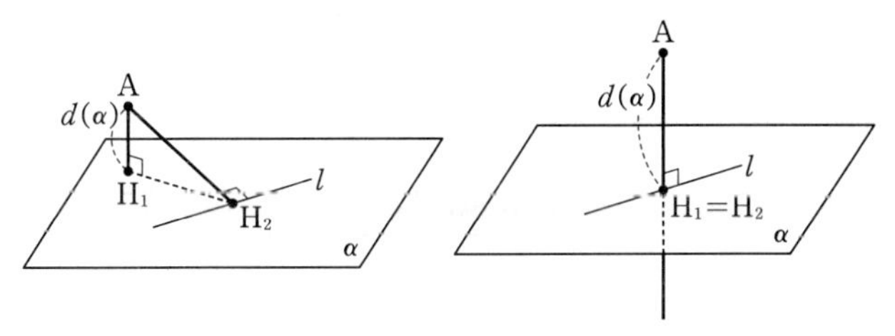

점 B 또는 점 C에서 평면 α까지의 거리가 최소일 때도 마찬가지이다.
따라서 평면 α 중에서 $d(\alpha)$가 최대가 되는 평면을 β라 하면, 평면 β는 세 점 A, B, C를 지나는 평면과 수직이다. (참)

Step 2 선분 AC와 선분 BC의 길이의 대소 관계에 따라 평면 β의 성질을 찾는다.

ㄴ. $d(\alpha)$의 값은 세 점 A, B, C에서 평면 α까지의 거리 중 최솟값이므로
$d(\alpha)$는 세 점 A, B, C와 평면 α 사이의 거리 중 최솟값이야. 문제에서 $d(\alpha)$가 최대가 되도록 하는 평면을 β라 정의한 거지. $d(\alpha)$가 세 점으로부터 평면 α까지의 거리 중 최댓값이 아니야.

(i) $\overline{AC} \le \overline{BC}$인 경우
$d(\alpha)$는 점 A 또는 점 C로부터 평면 α까지의 거리 중 작은 값이다.
이때, $d(\alpha)$의 값이 최대가 되게 하는 평면 β는 선분 AC의 중점을 지나야 한다.

(ii) $\overline{AC} > \overline{BC}$인 경우
$d(\alpha)$는 점 B 또는 점 C로부터 평면 α까지의 거리 중 작은 값이다.
이때, $d(\alpha)$의 값이 최대가 되게 하는 평면 β는 선분 BC의 중점을 지나야 한다.

따라서 (i), (ii)에서 평면 β는 선분 AC의 중점 또는 선분 BC의 중점을 지난다. (참)

Step 3 선분 AC와 선분 BC의 길이를 비교하여 $d(\beta)$=(점 B와 평면 β 사이의 거리)임을 판별한다.
공간에서의 두 점 사이의 거리 공식을 이용한다.

ㄷ. $\overline{AC}=\sqrt{(2-2)^2+\{3-(-1)\}^2+(0-0)^2}=4$
$4=\sqrt{16}$, $2\sqrt{2}=\sqrt{8}$이므로 $4>2\sqrt{2}$
$\overline{BC}=\sqrt{(0-2)^2+\{1-(-1)\}^2+(0-0)^2}=2\sqrt{2}$
$\overline{AC}>\overline{BC}$이므로 평면 β는 선분 BC의 중점을 지나고 세 점 A, B, C를 지나는 평면과 수직이다.
즉, $d(\beta)$의 값은 점 B 또는 점 C로부터 평면 β까지의 거리가 돼.
따라서 $d(\beta)$는 점 B와 평면 β 사이의 거리와 같다. (참)

따라서 [보기]에서 옳은 것은 ㄱ, ㄴ, ㄷ이다.
앞의 ㄴ에서 두 선분의 길이의 대소 관계에 따라 나눠서 평면 β에 대하여 알아보았어.

077 [정답률 9%]

정답 23

좌표공간에 중심이 $C(2, \sqrt{5}, 5)$이고 점 $P(0, 0, 1)$을 지나는 구

$$S : (x-2)^2+(y-\sqrt{5})^2+(z-5)^2=25$$

가 있다. 구 S가 평면 OPC와 만나서 생기는 원 위를 움직이는 점 Q, 구 S 위를 움직이는 점 R에 대하여 두 점 Q, R의 xy평면 위로의 정사영을 각각 Q_1, R_1이라 하자.
삼각형 OQ_1R_1의 넓이가 최대가 되도록 하는 두 점 Q, R에 대하여 삼각형 OQ_1R_1의 평면 PQR 위로의 정사영의 넓이는 $\frac{q}{p}\sqrt{6}$이다. $p+q$의 값을 구하시오. (단, O는 원점이고 세 점 O, Q_1, R_1은 한 직선 위에 있지 않으며, p와 q는 서로소인 자연수이다.) (4점)

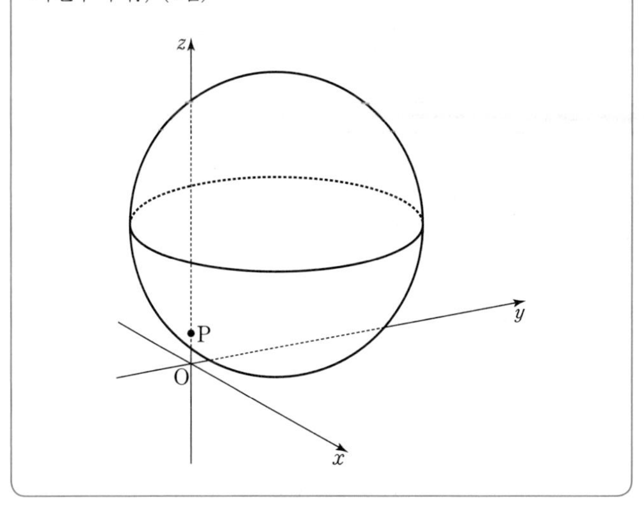

Step 1 점 Q가 위치하는 원을 파악한다.

평면 OPC는 z축을 지나고 구의 중심 C를 지나므로 구 S가 평면 OPC와 만나서 생기는 원은 xy평면에 수직이고 z축을 포함하는 평면 위의 반지름의 길이가 5인 원으로 나타낼 수 있다.
직선 OP가 z축과 같아.

Step 2 삼각형 OQ_1R_1의 넓이의 최댓값을 구한다.

점 P의 xy평면 위로의 정사영은 원점 O이고, 점 C의 xy평면 위로의 정사영을 C_1이라 하면 $C_1(2, \sqrt{5}, 0)$이므로
점 C의 좌표에서 z좌표만 0이 돼.
$\overline{OC_1}=\sqrt{2^2+(\sqrt{5})^2+0^2}=3$

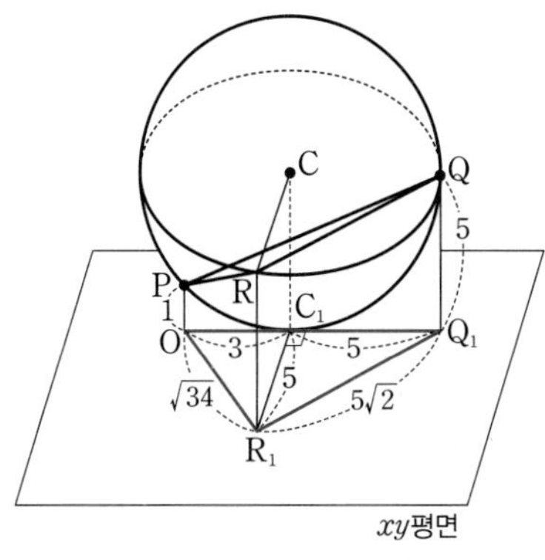

삼각형 OQ_1R_1의 넓이가 최대가 되려면 선분 CQ가 xy평면과 평행해야 하므로 $\overline{OQ_1}=3+5=8$
또한, 이때 점 R_1과 직선 OQ_1 사이의 거리가 최대이어야 하므로
(점 R_1과 직선 OQ_1 사이의 거리의 최댓값)$=\overline{R_1C_1}=5$
이때 점 R가 점 C를 지나고 xy평면과 평행한 평면 위에 있게 돼.
$\overline{OR_1}=\sqrt{3^2+5^2}=\sqrt{34}$
$=\sqrt{\overline{OC_1}^2+\overline{C_1R_1}^2}$

$\overline{R_1Q_1}=\sqrt{5^2+5^2}=5\sqrt{2}$

따라서 삼각형 OQ_1R_1의 넓이의 최댓값은

$\frac{1}{2}\times\overline{OQ_1}\times\overline{R_1C_1}=\frac{1}{2}\times8\times5=20$

Step 3 두 평면 OQ_1R_1, PQR가 이루는 각 θ에 대하여 $\cos\theta$의 값을 구한다.

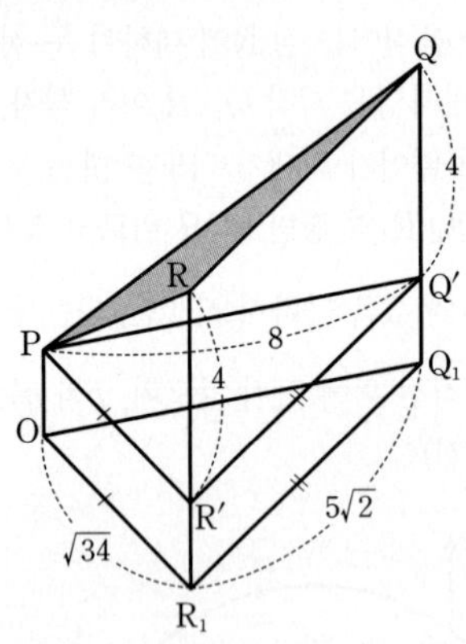

위 그림과 같이 점 P를 지나고 xy평면에 평행한 평면이 두 선분 RR_1, QQ_1과 만나는 점을 각각 R′, Q′이라 하자.

$\overline{RR'}=4$이고 $\overline{PR'}=\overline{OR_1}=\sqrt{34}$이므로

$\overline{PR}=\sqrt{\overline{RR'}^2+\overline{PR'}^2}=\sqrt{16+34}=5\sqrt{2}$

$\overline{QQ'}=4$이고 $\overline{PQ'}=\overline{OQ_1}=8$이므로

$\overline{PQ}=\sqrt{\overline{QQ'}^2+\overline{PQ'}^2}=\sqrt{16+64}=4\sqrt{5}$

이때 $\overline{QR}=\overline{Q'R'}=\overline{Q_1R_1}=5\sqrt{2}$이므로 삼각형 PQR는 $\overline{RP}=\overline{RQ}$인 이등변삼각형이다.

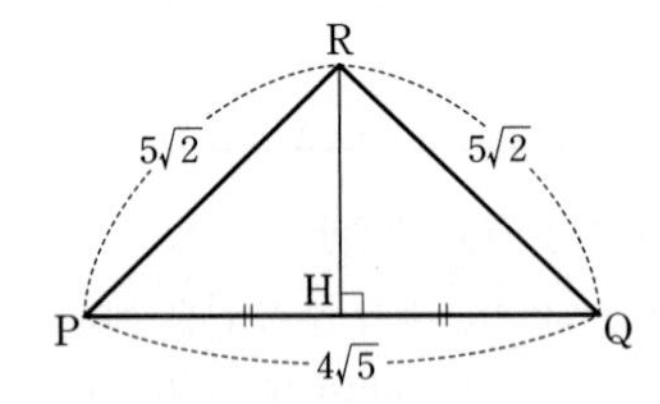

점 R에서 선분 PQ에 내린 수선의 발을 H라 하면 $\overline{PH}=\overline{QH}=2\sqrt{5}$

이등변삼각형의 꼭짓점에서 밑변에 내린 수선의 발은 밑변을 수직이등분해.

$\therefore\ \overline{RH}=\sqrt{\overline{RP}^2-\overline{PH}^2}=\sqrt{50-20}=\sqrt{30}$

따라서 삼각형 PQR의 넓이는

$\triangle PQR=\frac{1}{2}\times\overline{PQ}\times\overline{RH}=\frac{1}{2}\times4\sqrt{5}\times\sqrt{30}=10\sqrt{6}$

이때 삼각형 PQR의 평면 OQ_1R_1 위로의 정사영이 삼각형 OQ_1R_1이므로 두 평면 OQ_1R_1, PQR가 이루는 각의 크기를 θ라 하면

$\cos\theta=\frac{\triangle OQ_1R_1}{\triangle PQR}=\frac{20}{10\sqrt{6}}=\frac{2}{\sqrt{6}}=\frac{\sqrt{6}}{3}$

Step 4 삼각형 OQ_1R_1의 평면 PQR 위로의 정사영의 넓이를 구한다.

따라서 삼각형 OQ_1R_1의 평면 PQR 위로의 정사영의 넓이는

$\triangle OQ_1R_1\times\cos\theta=20\times\frac{\sqrt{6}}{3}=\frac{20}{3}\sqrt{6}$

$\therefore\ p+q=3+20=23$

078 [정답률 12%]

정답 127

좌표공간에 두 개의 구

$S_1 : x^2+y^2+(z-2)^2=4$, $S_2 : x^2+y^2+(z+7)^2=49$

(중심 (0, 0, 2), 반지름의 길이 2 / 중심 (0, 0, −7), 반지름의 길이 7)

가 있다. 점 A$(\sqrt{5},\ 0,\ 0)$을 지나고 zx평면에 수직이며, 구 S_1과 z좌표가 양수인 한 점에서 접하는 평면을 α라 하자. 구 S_2가 평면 α와 만나서 생기는 원을 C라 할 때, 원 C 위의 점 중 z좌표가 최소인 점을 B라 하고 구 S_2와 점 B에서 접하는 평면을 β라 하자.

원 C의 평면 β 위로의 정사영의 넓이가 $\frac{q}{p}\pi$일 때, $p+q$의 값을 구하시오. (단, p와 q는 서로소인 자연수이다.) (4점)

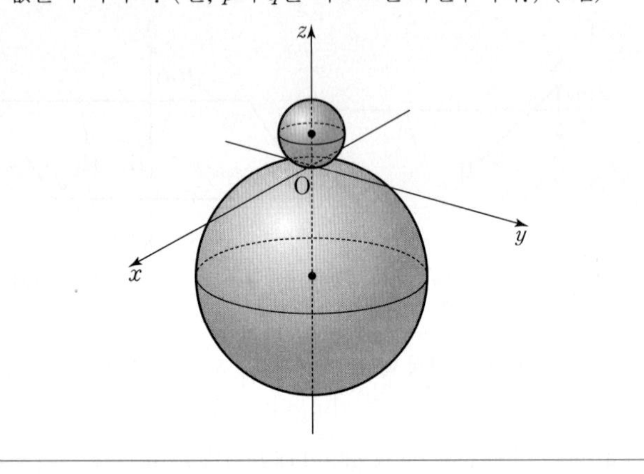

Step 1 삼각형의 닮음을 이용하여 k의 값을 구한다.

두 구 S_1, S_2의 중심을 각각 O_1, O_2라 하면 $O_1(0,\ 0,\ 2)$, $O_2(0,\ 0,\ -7)$이고, 두 구 S_1, S_2의 반지름의 길이는 각각 2, 7이다. ($\overline{O_1H_1}=2$, $\overline{OO_2}=7$)

두 점 O_1, O_2에서 평면 α에 내린 수선의 발을 각각 H_1, H_2라 하고, 평면 α와 z축이 만나는 점을 P라 하자.

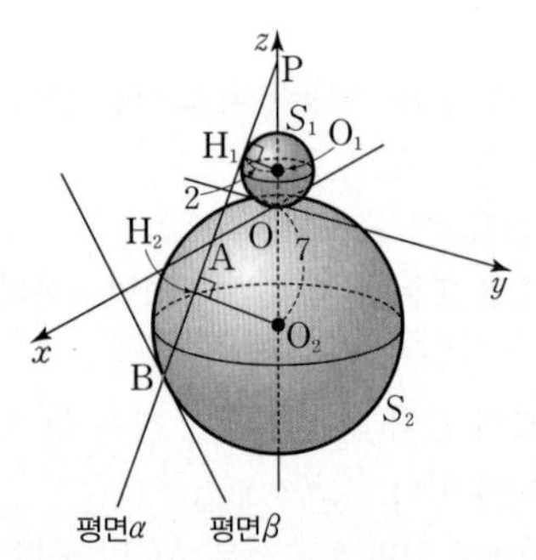

직각삼각형 O_1PH_1에서 $\overline{O_1P}=k\ (k>0)$라 하면

$\overline{PH_1}=\sqrt{\overline{O_1P}^2-\overline{O_1H_1}^2}=\sqrt{k^2-2^2}=\sqrt{k^2-4}$

두 삼각형 O_1PH_1, APO에서 $\triangle O_1PH_1\backsim\triangle APO$이고 ($\angle O_1PH_1=\angle APO$)

$\overline{OP}=2+k$이므로 ($\overline{OO_1}+\overline{O_1P}=2+k$)

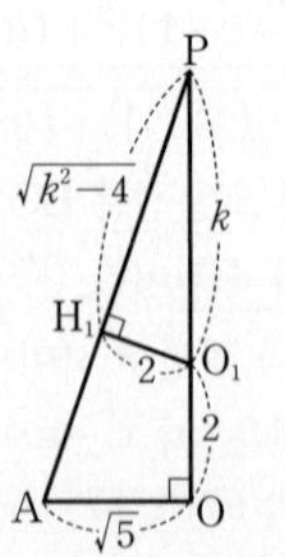

점 A의 x좌표가 $\sqrt{5}$

$\overline{O_1H_1} : \overline{AO}=\overline{PH_1} : \overline{PO}$

$2 : \sqrt{5} = \sqrt{k^2-4} : (2+k)$

$\sqrt{5} \times \sqrt{k^2-4} = 2(2+k)$ → $5(k^2-4)=(4+2k)^2$

$k^2-16k-36=0,\ (k+2)(k-18)=0$

$\therefore k=18\ (\because k>0)$

Step 2 선분 O_2H_2의 길이를 이용하여 원 C의 반지름의 길이를 구한다.

두 삼각형 O_1PH_1, O_2PH_2에서 $\triangle O_1PH_1 \backsim \triangle O_2PH_2$이고,

$\overline{O_1P}=18$ ($=k$), $\overline{O_2P}=27$이므로 → $\overline{O_1P}+\overline{OO_1}+\overline{OO_2}=18+2+7$

$\overline{O_1P} : \overline{O_2P} = \overline{O_1H_1} : \overline{O_2H_2}$

$18 : 27 = 2 : \overline{O_2H_2}$ $\qquad \therefore \overline{O_2H_2}=3$

평면 α와 구 S_2가 만나서 생기는 원 C의 중심은 점 H_2이고 반지름의 길이는 $\overline{BH_2}$이다.

삼각형 O_2BH_2에서 $\overline{BH_2}=\sqrt{\overline{O_2B}^2-\overline{O_2H_2}^2}=\sqrt{7^2-3^2}=2\sqrt{10}$ → 구 S_2의 반지름의 길이

따라서 원 C의 넓이는 $\pi \times (2\sqrt{10})^2=40\pi$

Step 3 원 C의 평면 β 위로의 정사영의 넓이를 구한다.

두 평면 α, β가 이루는 각의 크기를 θ라 하면

$\cos\theta = \cos(\angle BO_2H_2) = \frac{3}{7}$ ← $\frac{\overline{O_2H_2}}{\overline{O_2B}}$

$\overline{O_2B}$와 평면 β가 수직이므로 $\angle H_2BO_2 = \frac{\pi}{2}-\theta$ $\quad \therefore \angle BO_2H_2=\theta$

원 C의 평면 β 위로의 정사영의 넓이는 $40\pi \times \frac{3}{7} = \frac{120}{7}\pi$

따라서 $p=7$, $q=120$이므로 $p+q=127$이다.

079 정답 45

→ 구의 방정식, 구와 평면의 위치 관계, 여러 가지 도형의 넓이 등을 모두 알고 있어야 풀 수 있는 고난도 문제야.

구 $(x-3)^2+(y-2)^2+(z-3)^2=27$과 그 내부를 포함하는 입체를 xy평면으로 잘라 구의 중심이 포함된 부분을 남기고 나머지 부분을 버린다. 남아있는 부분을 다시 yz평면으로 잘라 구의 중심이 포함된 부분을 남기고 나머지 부분을 버린다. 이때, 마지막에 남아있는 부분에서 두 평면에 의해 잘린 단면의 넓이는 $a\pi+b$이다. 두 자연수 a, b의 합 $a+b$의 값을 구하시오. (4점)

→ 중요 구가 어떤 평면에 의하여 잘린 단면은 항상 원이야.

Step 1 구가 xy평면과 yz평면에 의해 잘린 도형에 대해 알아본다.

구 $(x-3)^2+(y-2)^2+(z-3)^2=27$을 S라 하자.

구 S의 중심의 좌표가 $(3, 2, 3)$이므로

구 S가 xy평면에 의해 잘린 단면은 중심의 좌표가 $(3, 2, 0)$인 원이다.

원의 중심을 C_1, 원 위의 한 점을 P라 할 때,

원의 반지름의 길이는

$\overline{C_1P}=\sqrt{(3\sqrt{3})^2-3^2}=3\sqrt{2}$ → 오른쪽 직각삼각형에서 피타고라스 정리를 이용했어.

잘린 단면을 기준으로 구의 중심이 어디에 있는지 파악하는 게 중요해.

또한, 구 S가 yz평면에 의해 잘린 단면은 중심의 좌표가 $(0, 2, 3)$인 원이다.

원의 중심을 C_2, 원 위의 한 점을 Q라 할 때,

원의 반지름의 길이는 $\overline{C_2Q}=\sqrt{(3\sqrt{3})^2-3^2}=3\sqrt{2}$

Step 2 구 S를 두 번 잘랐을 때, 남겨진 단면의 모양을 알아내고 그 넓이를 구한다.

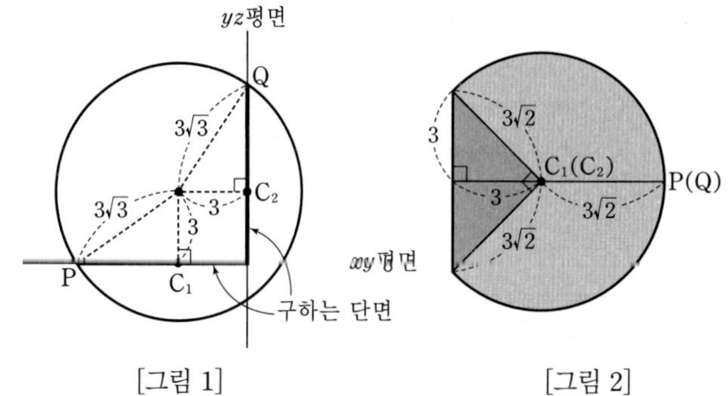

[그림 1] [그림 2]

구 S가 처음 xy평면에 의해 잘린 단면의 모양은 원이지만 yz평면에 의해 한 번 더 잘릴 때 원의 일부분이 잘려져 나가 위의 [그림 2]와 같은 모양이 된다. → 구하는 값은 [그림 2]의 넓이의 두 배가 돼.

그리고 구 S가 yz평면에 의해 잘릴 때, 이미 xy평면에 의해 구의 일부분이 잘려져 나가 있으므로 yz평면에 의해 잘린 단면 역시 [그림 2]와 같다.

[그림 2]의 도형의 넓이를 A라 하면 A의 값은 중심각의 크기가 $\frac{3}{2}\pi$인 부채꼴의 넓이와 나머지 부분인 삼각형의 넓이의 합과 같고 xy평면에 의해 잘리고 남은 단면과 yz평면에 의해 잘리고 남은 단면 모두 넓이가 A이므로 구하는 단면의 넓이는 $2A$이다.

$\therefore 2A = 2\left\{\pi \times (3\sqrt{2})^2 \times \frac{3}{4} + \frac{1}{2} \times 3\sqrt{2} \times 3\sqrt{2}\right\}$

$= 27\pi + 18 = a\pi + b$

암기 반지름의 길이가 r, 중심각의 크기가 θ인 부채꼴의 넓이는 $\frac{1}{2}r^2\theta$이다.

따라서 $a=27$, $b=18$이므로 $a+b=27+18=45$

080 [정답률 46%] 정답 9

중심이 점 $(0, 0, 0)$이고 반지름의 길이가 $\sqrt{50}=5\sqrt{2}$인 구임을 알 수 있어.

좌표공간에 구 $S : x^2+y^2+z^2=50$과 점 $P(0, 5, 5)$가 있다. 다음 조건을 만족시키는 모든 원 C에 대하여 C의 xy평면 위로의 정사영의 넓이의 최댓값을 $\frac{q}{p}\pi$라 하자. $p+q$의 값을 구하시오. (단, p와 q는 서로소인 자연수이다.) (4점)

(가) 원 C는 점 P를 지나는 평면과 구 S가 만나서 생긴다.

(나) 원 C의 반지름의 길이는 1이다.

원 C의 넓이는 π가 돼.

중요 정사영의 넓이가 최대이려면 원 C를 포함하는 평면과 xy평면이 이루는 각의 크기가 최소가 되어야 해!

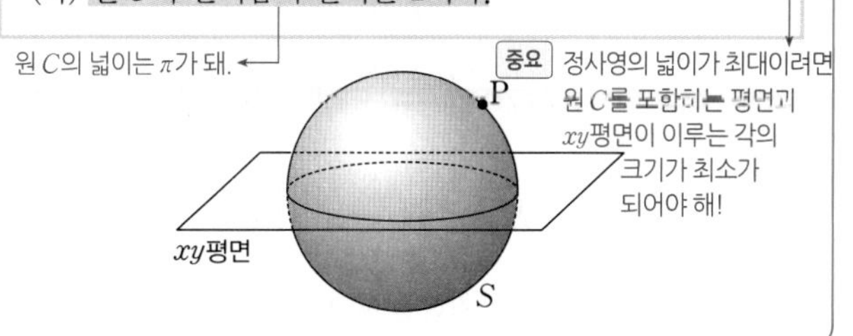

Step 1 정사영의 넓이가 언제 최대가 되는지 파악한다.

원 C를 포함하는 평면과 xy평면이 이루는 예각의 크기를 θ라 하면 정사영의 넓이는 $\pi\cos\theta$이고 $\cos\theta$가 최대일 때, 즉 θ의 값이 최소일 때 정사영의 넓이가 최대가 된다.

→ $0<\theta<\frac{\pi}{2}$일 때, θ의 값이 작아지면 $\cos\theta$의 값은 커져.

따라서 원 C의 xy평면 위로의 정사영의 넓이가 최대가 될 때는 점 P를 지나는 원 C의 지름의 다른 끝점이 yz평면 위에 있으면서 그 점의 z좌표가 점 P의 z좌표보다 클 때이다.

점 P를 지나는 원 C의 지름의 다른 끝점을 Q, 점 P를 지나면서 y축과 평행한 직선이 직선 OQ와 만나는 점을 R, 점 P에서 xy평면에 내린 수선의 발을 H라 하자.

Step 2 그림을 평면화하여 조건을 만족시키는 $\cos\theta$의 최댓값을 구한다.

→ yz평면에 평면화해 본다.

이때 yz평면으로 자른 단면은 오른쪽 그림과 같다.

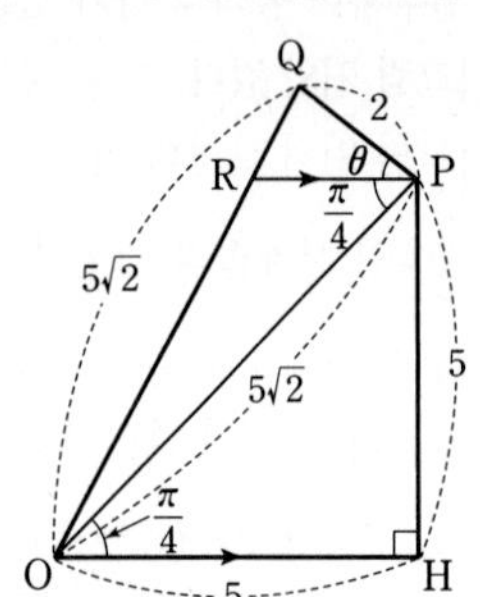

직선 PR와 직선 OH는 평행하고 직선 OH는 xy평면 위의 직선이므로 직선 PR와 xy평면은 평행하다.

따라서 원 C와 xy평면이 이루는 각의 크기는 직선 PQ와 직선 PR가 이루는 각의 크기와 같다.

선분 PQ는 원 C의 지름이므로 $\overline{PQ}=2$ → ∵ 조건 (나)에서 원 C의 반지름의 길이는 1

선분 OP와 선분 OQ는 구의 반지름이므로 $\overline{OP}=\overline{OQ}=5\sqrt{2}$

따라서 삼각형 POQ는 이등변삼각형이므로

$\angle OQP=\angle OPQ=\frac{\pi}{4}+\theta$

→ △OHP는 직각이등변삼각형이므로 $\angle OPH=\angle POH=\frac{\pi}{4}$, $\overline{PR}\,/\!/\,\overline{OH}$이므로 $\angle OPR=\angle POH=\frac{\pi}{4}$ (엇각)

$\therefore \angle POQ=\pi-(\angle OQP+\angle OPQ)$

$=\pi-\left\{\left(\frac{\pi}{4}+\theta\right)+\left(\frac{\pi}{4}+\theta\right)\right\}$

$=\frac{\pi}{2}-2\theta$

점 O에서 선분 PQ에 내린 수선의 발을 M이라 하면

$\overline{PM}=\overline{QM}=1$, $\angle PMO=\frac{\pi}{2}$이므로 삼각형 OPM에서 피타고라스 정리를 이용하면

$\overline{OM}=\sqrt{(5\sqrt{2})^2-1^2}=7$

이때 $\angle POM=\frac{1}{2}\angle POQ=\frac{\pi}{4}-\theta$이므로 → $\overline{OM}$이 $\angle POQ$의 크기를 이등분해.

$\angle MOH=\angle POM+\angle POH=\left(\frac{\pi}{4}-\theta\right)+\frac{\pi}{4}=\frac{\pi}{2}-\theta$

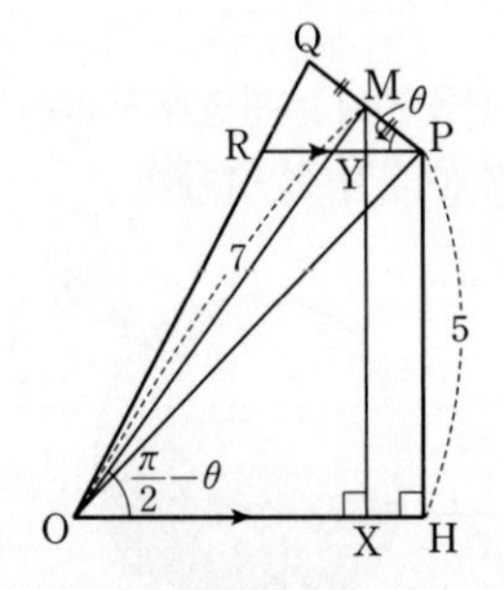

위 그림과 같이 점 M에서 선분 OH에 내린 수선의 발을 X, 선분 MX가 선분 PR와 만나는 점을 Y라 하면

$\overline{OX}=\overline{OM}\cos\left(\frac{\pi}{2}-\theta\right)=7\cos\left(\frac{\pi}{2}-\theta\right)=7\sin\theta$

$\overline{HX}=\overline{PY}=\overline{PM}\cos\theta=\cos\theta$ → 기본적인 삼각함수의 변환 공식이야.

이때 $\overline{OX}+\overline{HX}=5$에서 $7\sin\theta+\cos\theta=5$ → $=\overline{OH}$

$7\sin\theta=5-\cos\theta$

양변을 제곱하면

$49\sin^2\theta=25-10\cos\theta+\cos^2\theta$

$49(1-\cos^2\theta)=25-10\cos\theta+\cos^2\theta$ → 모든 각 α에 대하여 $\sin^2\alpha+\cos^2\alpha=1$임을 이용!

$50\cos^2\theta-10\cos\theta-24=0$

$25\cos^2\theta-5\cos\theta-12=0$

$(5\cos\theta-4)(5\cos\theta+3)=0$ → $\cos\theta$에 대한 이차방정식이라고 생각하면 돼.

$\therefore \cos\theta=\frac{4}{5}$ 또는 $\cos\theta=-\frac{3}{5}$

이때 $\cos\theta>0$이므로 $\cos\theta=\frac{4}{5}$ → θ가 예각이기 때문!

따라서 원 C의 xy평면 위로의 정사영의 넓이의 최댓값은

$\pi\cos\theta=\pi\times\frac{4}{5}=\frac{4}{5}\pi$

$\therefore p+q=5+4=9$

081

정답 ④

좌표공간의 두 점 A(4, 2, 3), B(−2, 3, 1)과 x축 위의 점 P에 대하여 $\overline{AP}=\overline{BP}$일 때, 점 P의 x좌표는? (2점)

① $\frac{1}{2}$ ② $\frac{3}{4}$ ③ 1 ④ $\frac{5}{4}$ ⑤ $\frac{3}{2}$

Step 1 P$(a, 0, 0)$으로 놓고 $\overline{AP}=\overline{BP}$임을 이용한다.

점 P가 x축 위의 점이므로 P$(a, 0, 0)$이라 하자.

$\overline{AP}=\overline{BP}$에서 $\overline{AP}^2=\overline{BP}^2$이므로

$(a-4)^2+(-2)^2+(-3)^2=(a+2)^2+(-3)^2+(-1)^2$

$a^2-8a+29=a^2+4a+14$

$12a=15$ $\therefore a=\frac{5}{4}$

082

정답 ④

→ 이런 조건은 문제의 그림에 표시해 둔다.

한 모서리의 길이가 1인 정육면체 ABCD−EFGH를 다음 두 조건을 만족시키도록 좌표공간에 놓는다.

(가) 꼭짓점 A는 원점에 놓이도록 한다.

(나) 꼭짓점 G는 y축 위에 놓이도록 한다.

직선 AG가 y축과 일치해.

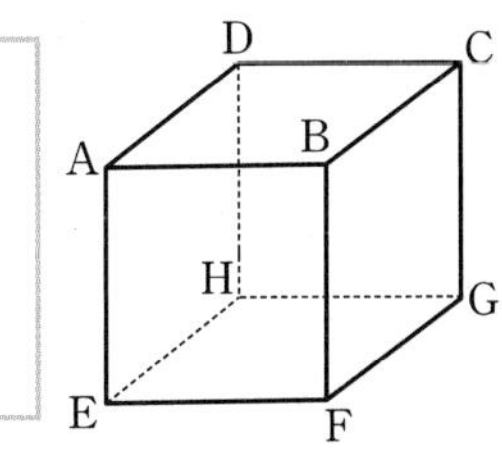

위의 조건을 만족시키는 상태에서 이 정육면체를 y축의 둘레로 회전시킬 때, 점 B가 그리는 도형은 점 $(0,\ a,\ 0)$을 중심으로 하고 반지름의 길이가 r인 원이다. 이때, a, r의 곱 ar의 값은? (단, 점 G의 y좌표는 양수이다.) (4점)

→ 점 B의 y좌표가 a야.

→ (점 B와 y축 사이의 거리)$=r$

① $\frac{1}{6}$ ② $\frac{\sqrt{2}}{6}$ ③ $\frac{1}{3}$
✔ $\frac{\sqrt{2}}{3}$ ⑤ $\frac{\sqrt{3}}{3}$

Step 1 점 B에서 y축에 내린 수선의 발을 이용하여 점 B가 그리는 도형의 중심의 좌표를 구한다.

→ y축을 중심으로 회전시켰으니, 점 B에서 y축에 내린 수선의 발이 점 B가 그리는 도형(원)의 중심이 돼.

→ x축의 위치는 주어진 조건만으로는 정해지지 않아. 여기에서는 임의로 그린 거야.

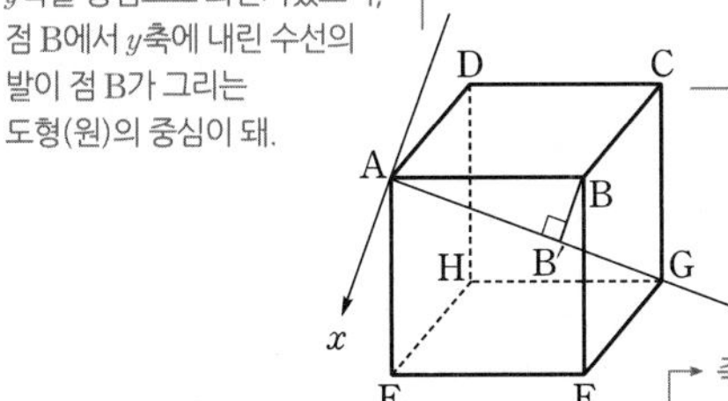

→ 도형을 뒤집어 그리는 것보다는 축을 뒤집어 그리는 것이 편해. 대신 헷갈리지 않도록 주의해야 해!

→ 즉, 점 B가 그리는 원의 중심이 점 B′$(0,\ a,\ 0)$이 되는 거야.

그림과 같이 점 B에서 y축에 내린 수선의 발을 B′이라 하자.

삼각형 ABG는 ∠ABG=90°인 직각삼각형이므로

∠GAB=θ라 하면

→ $\overline{GA}=\sqrt{1^2+1^2+1^2}=\sqrt{3}$
$\overline{AB}=$(정육면체의 한 모서리의 길이)$=1$

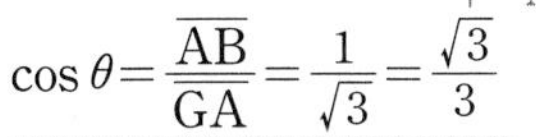

$\cos\theta=\frac{\overline{AB}}{\overline{GA}}=\frac{1}{\sqrt{3}}=\frac{\sqrt{3}}{3}$

삼각형 AB′B도 ∠AB′B=90°인 직각삼각형이므로

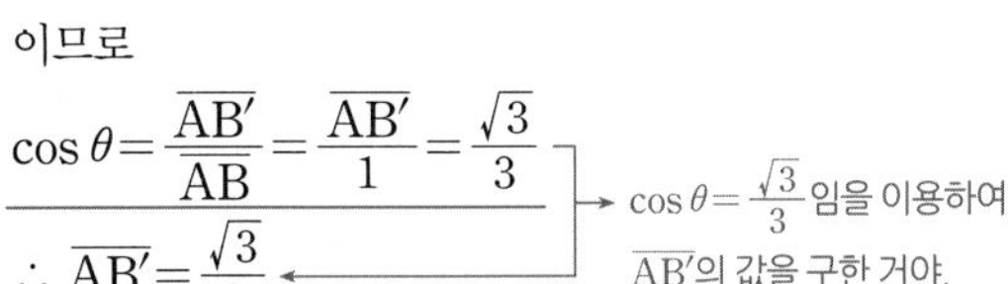

$\cos\theta=\frac{\overline{AB'}}{\overline{AB}}=\frac{\overline{AB'}}{1}=\frac{\sqrt{3}}{3}$

$\therefore \overline{AB'}=\frac{\sqrt{3}}{3}$

→ $\cos\theta=\frac{\sqrt{3}}{3}$임을 이용하여 $\overline{AB'}$의 값을 구한 거야.

따라서 점 B′의 좌표가 $\left(0,\ \frac{\sqrt{3}}{3},\ 0\right)$이므로

$a=\frac{\sqrt{3}}{3}$

→ 직선 GA가 y축과 일치하고, 점 A가 원점과 일치하므로 $\overline{AB'}$이 점 B′의 y좌표가 돼.

Step 2 점 B가 그리는 원의 반지름의 길이를 구한다.

점 B가 그리는 원의 반지름의 길이는 선분 BB′의 길이와 같다.

삼각형 AB′B에서 피타고라스 정리에 의하여

$\overline{BB'}=\sqrt{\overline{AB}^2-\overline{AB'}^2}=\sqrt{1-\left(\frac{\sqrt{3}}{3}\right)^2}=\frac{\sqrt{6}}{3}$ $\quad\therefore r=\frac{\sqrt{6}}{3}$

→ $=\sqrt{1-\frac{3}{9}}=\sqrt{\frac{6}{9}}=\frac{\sqrt{6}}{3}$

$\therefore ar=\frac{\sqrt{3}}{3}\times\frac{\sqrt{6}}{3}=\frac{\sqrt{2}}{3}$

→ 즉, 점 B가 그리는 도형은 점 $\left(0,\ \frac{\sqrt{3}}{3},\ 0\right)$을 중심으로 하고 반지름의 길이가 $\frac{\sqrt{6}}{3}$인 원이야.

083

정답 ①

좌표공간의 두 점 A(1, 2, −1), B(3, 1, −2)에 대하여 선분 AB를 2 : 1로 외분하는 점의 좌표는? (3점)

✔ (5, 0, −3) ② (5, 3, −4) ③ (4, 0, −3)
④ (4, 3, −3) ⑤ (3, 0, −4)

Step 1 외분점의 좌표를 구하는 공식을 이용한다.

두 점 A(1, 2, −1), B(3, 1, −2)에 대하여 선분 AB를 2 : 1로 외분하는 점의 좌표는

$\left(\frac{2\times3-1\times1}{2-1},\ \frac{2\times1-1\times2}{2-1},\ \frac{2\times(-2)-1\times(-1)}{2-1}\right)$

→ $\frac{6-1}{1}=5$, $\frac{2-2}{1}=0$, $\frac{-4+1}{1}=-3$

따라서 구하는 점의 좌표는 (5, 0, −3)

암기 좌표공간의 두 점 $A(x_1, y_1, z_1)$, $B(x_2, y_2, z_2)$를 잇는 선분 AB를 $m:n$ (단, $m>0$, $n>0$, $m\neq n$)으로 외분하는 점의 좌표는 $\left(\frac{mx_2-nx_1}{m-n},\ \frac{my_2-ny_1}{m-n},\ \frac{mz_2-nz_1}{m-n}\right)$

084

정답 ⑤

좌표공간의 두 점 A(0, 2, −3), B(6, −4, 15)에 대하여 선분 AB 위에 점 C가 있다. 세 점 A, B, C에서 xy평면에 내린 수선의 발을 각각 A′, B′, C′이라 하자. $2\overline{A'C'}=\overline{C'B'}$일 때, 점 C의 z좌표는? (3점)

① −5 ② −3 ③ −1
④ 1 ✔ 3

Step 1 점 C가 선분 AB를 1 : 2로 내분함을 이용한다.

$2\overline{A'C'}=\overline{C'B'}$에서 $\overline{A'C'}:\overline{C'B'}=1:2$이므로

점 C는 선분 AB를 1 : 2로 내분한다.

→ 점 C′이 선분 A′B′을 1 : 2로 내분하므로 점 C도 선분 AB를 1 : 2로 내분해.

따라서 점 C의 z좌표는

$\frac{1\times15+2\times(-3)}{1+2}=3$

085

정답 ③

좌표공간의 두 점 A(2, 2, 1), B(a, b, c)에 대하여 선분 AB를 1 : 2로 내분하는 점이 y축 위에 있다. 직선 AB와 xy평면이 이루는 각의 크기를 θ라 할 때, $\tan\theta=\frac{\sqrt{2}}{4}$이다. 양수 b의 값은? (3점)

① 6 ② 7 ✔ 8
④ 9 ⑤ 10

Step 1 점 B의 좌표를 구한다.

두 점 A(2, 2, 1), B(a, b, c)에 대하여 선분 AB를 1 : 2로 내분하는 점의 좌표는

$$\left(\frac{1\times a+2\times 2}{1+2}, \frac{1\times b+2\times 2}{1+2}, \frac{1\times c+2\times 1}{1+2}\right)$$

에서 $\left(\frac{a+4}{3}, \frac{b+4}{3}, \frac{c+2}{3}\right)$

이 점이 y축 위에 있으므로 → x좌표와 z좌표가 0이어야 해.

$\frac{a+4}{3}=0$에서 $a=-4$

$\frac{c+2}{3}=0$에서 $c=-2$

따라서 점 B의 좌표는 $(-4, b, -2)$이다.

Step 2 xy평면에 내린 수선의 발을 이용하여 b의 값을 구한다.

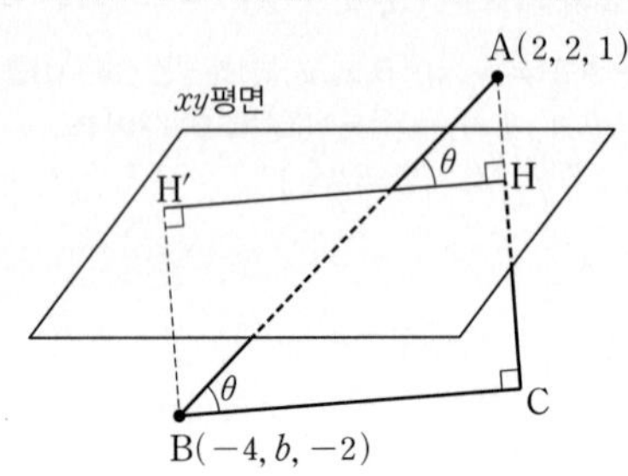

그림과 같이 두 점 A, B에서 xy평면에 내린 수선의 발을 각각 H, H′이라 하면 → z좌표만 0으로 바뀌어.

H(2, 2, 0), H′(−4, b, 0)이므로

$\overline{\mathrm{HH'}}=\sqrt{(-4-2)^2+(b-2)^2+(0-0)^2}$ → 좌표공간 위의 두 점 사이의 거리 공식을 이용

$=\sqrt{36+(b^2-4b+4)}=\sqrt{b^2-4b+40}$

이때 점 B를 지나고 $\overline{\mathrm{HH'}}$에 평행한 직선과 $\overline{\mathrm{AH}}$의 연장선이 만나는 점을 C라 하면 $\overline{\mathrm{BC}}=\overline{\mathrm{HH'}}$이다.

따라서 두 점 A, B의 z좌표의 차가 3이므로 직선 AB와 xy평면이 이루는 각의 크기 θ에 대하여

$\tan\theta=\frac{3}{\overline{\mathrm{BC}}}=\frac{3}{\sqrt{b^2-4b+40}}=\frac{\sqrt{2}}{4}$

$12=\sqrt{2}\times\sqrt{b^2-4b+40}$ → 위 등식의 양변을 제곱하였어.

$144=2(b^2-4b+40)$, $b^2-4b+40=72$

$b^2-4b-32=0$, $(b+4)(b-8)=0$

$\therefore b=8$ ($\because b>0$) → 문제에서 주어진 조건이야.

086 정답 ③

좌표공간에서 세 점 A(6, 0, 0), B(0, 3, 0), C(0, 0, −3)을 꼭짓점으로 하는 삼각형 ABC의 무게중심을 G라 할 때, 선분 OG의 길이는? (단, O는 원점이다.) (2점)

① $\sqrt{2}$ ② 2 ③ $\sqrt{6}$ ④ $2\sqrt{2}$ ⑤ $\sqrt{10}$

Step 1 삼각형 ABC의 무게중심 G의 좌표를 구한다.

점 G는 삼각형 ABC의 무게중심이므로

$$\mathrm{G}\left(\frac{6+0+0}{3}, \frac{0+3+0}{3}, \frac{0+0+(-3)}{3}\right)$$

$\therefore$ G(2, 1, −1)

세 점 A(x_1, y_1, z_1), B(x_2, y_2, z_2), C(x_3, y_3, z_3)을 꼭짓점으로 하는 삼각형 ABC의 무게중심 G의 좌표는 $\mathrm{G}\left(\frac{x_1+x_2+x_3}{3}, \frac{y_1+y_2+y_3}{3}, \frac{z_1+z_2+z_3}{3}\right)$

Step 2 선분 OG의 길이를 구한다.

따라서 선분 OG의 길이는

$\sqrt{(2-0)^2+(1-0)^2+(-1-0)^2}=\sqrt{4+1+1}=\sqrt{6}$

→ 두 점 A(x_1, y_1, z_1), B(x_2, y_2, z_2) 사이의 거리는 $\overline{\mathrm{AB}}=\sqrt{(x_2-x_1)^2+(y_2-y_1)^2+(z_2-z_1)^2}$

087 정답 ④

점 P는 xy평면에서 시계 방향으로 사각형 OABC의 둘레를 움직이고 있어.

좌표공간에 네 점 A(0, 1, 0), B(1, 1, 0), C(1, 0, 0), D(0, 0, 1)이 있다. 그림과 같이 점 P는 원점 O에서 출발하여 사각형 OABC의 둘레를 O → A → B → C → O → A → B → …의 방향으로 움직이며, 점 Q는 원점 O에서 출발하여 삼각형 OAD의 둘레를 O → A → D → O → A → D → …의 방향으로 움직인다. 두 점 P, Q가 원점 O에서 동시에 출발하여 각각 매초 1의 일정한 속력으로 움직인다고 할 때, 옳은 것만을 [보기]에서 있는 대로 고른 것은? (4점)

점 Q는 yz평면에서 시계 반대 방향으로 삼각형 OAD의 둘레를 움직이고 있어.

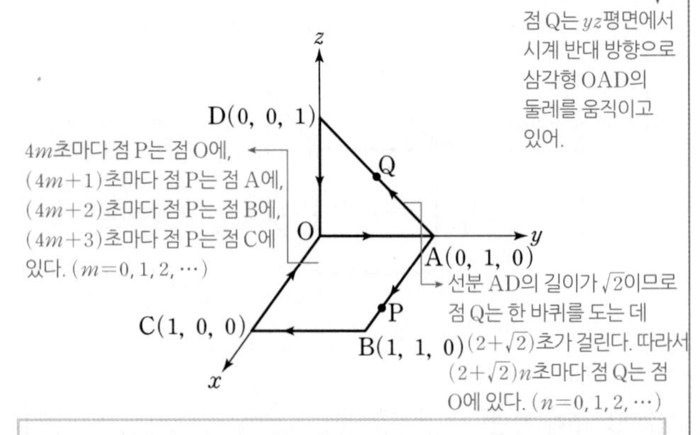

$4m$초마다 점 P는 점 O에, $(4m+1)$초마다 점 P는 점 A에, $(4m+2)$초마다 점 P는 점 B에, $(4m+3)$초마다 점 P는 점 C에 있다. ($m=0, 1, 2, \cdots$)

→ 선분 AD의 길이가 $\sqrt{2}$이므로 점 Q는 한 바퀴를 도는 데 $(2+\sqrt{2})$초가 걸린다. 따라서 $(2+\sqrt{2})n$초마다 점 Q는 점 O에 있다. ($n=0, 1, 2, \cdots$)

[보기]

ㄱ. 두 점 P, Q가 출발 후 원점에서 다시 만나는 경우는 없다. ← 두 점 P, Q가 원점으로 돌아올 때의 시간은 각각 $4m$초, $(2+\sqrt{2})n$초이다.

ㄴ. 출발 후 4초가 되는 순간 두 점 P, Q 사이의 거리는 $\frac{\sqrt{2}}{2}$이다. → 4초 후 두 점 P, Q의 위치를 찾는다.

ㄷ. 출발 후 2초가 되는 순간 두 점 P, Q 사이의 거리는 $\sqrt{2}$이다. → 2초 후 두 점 P, Q의 위치를 찾는다.

① ㄱ ② ㄴ ③ ㄱ, ㄴ ④ ㄱ, ㄷ ⑤ ㄴ, ㄷ

Step 1 두 점 P, Q가 원점으로 돌아올 때의 시간을 생각한다.

ㄱ. 사각형 OABC의 둘레의 길이는 4, 삼각형 OAD의 둘레의 길이는 $2+\sqrt{2}$이므로 두 점 P, Q가 원점으로 돌아올 때의 시간은 각각 $4m$초, $(2+\sqrt{2})n$초 (m, n은 자연수)이다.

이때 $4m$은 유리수이고 $(2+\sqrt{2})n$은 무리수이므로 두 점 P, Q가 출발 후 원점에서 다시 만날 수 없다. (참) $4m=(2+\sqrt{2})n$을 만족하는 자연수 m, n이 존재하지 않는다.

Step 2 출발 후 4초가 되는 순간의 두 점 P, Q의 위치를 생각한다.

ㄴ. 출발 후 4초가 되었을 때, 점 P는 사각형 OABC를 한 바퀴 돌고 다시 원점 O에 위치한다.
반면, 점 Q는 $\overline{AD}=\sqrt{2}$이므로 삼각형 OAD의 둘레를 한 바퀴 도는 데 $(2+\sqrt{2})$초가 소요되고 4초 후에는 원점에서 점 A의 방향으로 $4-(2+\sqrt{2})=2-\sqrt{2}$만큼 움직이므로 점 Q의 좌표는 $Q(0, 2-\sqrt{2}, 0)$
→ $2-\sqrt{2}<1$
→ 선분 OA 위의 점
$\therefore \overline{PQ}=2-\sqrt{2}$ (거짓)

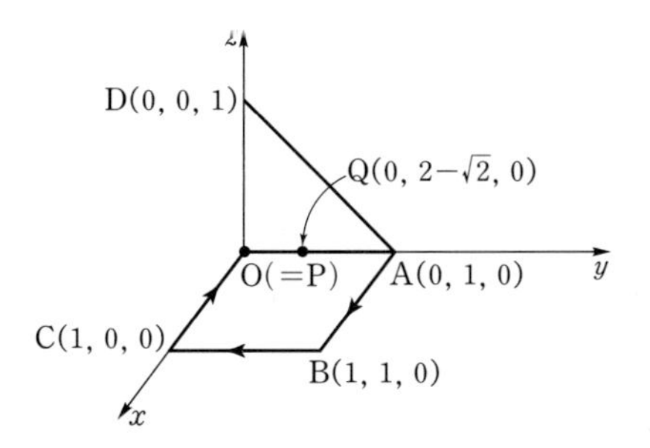

Step 3 출발 후 2초가 되는 순간의 두 점 P, Q의 위치를 생각한다.

ㄷ. 출발 후 2초가 되는 순간 점 P는 점 B(1, 1, 0)에 있고, 점 Q는 선분 AD 위의 한 점, 점 A에서 점 D 방향으로 일직선으로 1만큼 움직인 점에 있다.
따라서 점 Q의 좌표는
$Q\left(0, 1-\frac{\sqrt{2}}{2}, \frac{\sqrt{2}}{2}\right)$이다.

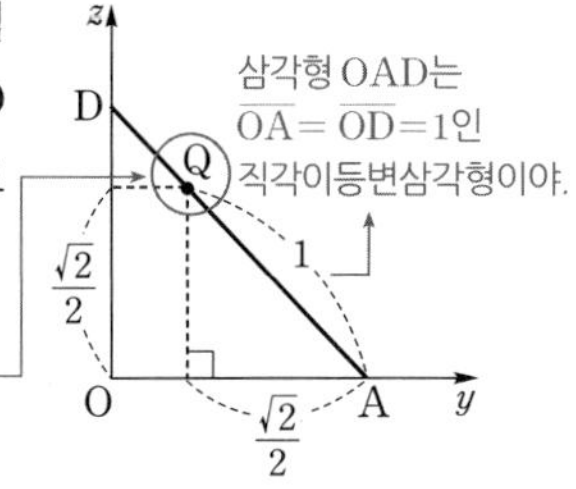

이때 두 점 P, Q 사이의 거리는
$$\sqrt{(1-0)^2+\left\{1-\left(1-\frac{\sqrt{2}}{2}\right)\right\}^2+\left(0-\frac{\sqrt{2}}{2}\right)^2}=\sqrt{2} \text{ (참)}$$
따라서 옳은 것은 ㄱ, ㄷ이다.

좌표공간에서 두 점 $A(x_1, y_1, z_1)$, $B(x_2, y_2, z_2)$ 사이의 거리는
$\overline{AB}=\sqrt{(x_2-x_1)^2+(y_2-y_1)^2+(z_2-z_1)^2}$

088

정답 14

> 주어진 구의 중심의 좌표는 $(6, -1, 5)$이고, 구의 반지름의 길이는 $\sqrt{16}=4$야.
>
> 좌표공간에서 구 $(x-6)^2+(y+1)^2+(z-5)^2=16$ 위의 점 P와 yz평면 위에 있는 원 $(y-2)^2+(z-1)^2=9$ 위의 점 Q 사이의 거리의 최댓값을 구하시오. (4점)

Step 1 구의 yz평면 위로의 정사영을 이용하여 yz평면 위의 원과의 위치 관계를 파악한다.

구 $(x-6)^2+(y+1)^2+(z-5)^2=16$의 yz평면 위로의 정사영은 $(y+1)^2+(z-5)^2=16$과 같다.
→ 주어진 구의 방정식에서 $(x-6)^2$만 없애면 돼.
→ 중심의 좌표가 $(0, -1, 5)$이고, 반지름의 길이가 4인 원이야.

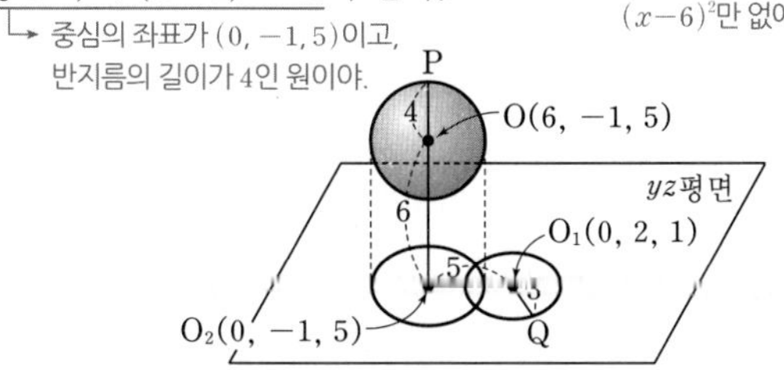

구의 중심을 O, yz평면 위의 원 $(y-2)^2+(z-1)^2=9$의 중심을 O_1, 구의 yz평면 위로의 정사영의 중심을 O_2라 하면
$\overline{OO_2}=6$, $\overline{O_1O_2}=\sqrt{(-1-2)^2+(5-1)^2}=\sqrt{9+16}=5$
→ 점 $O_2(0, -1, 5)$와 점 $O_1(0, 2, 1)$ 사이의 거리

Step 2 두 점 P, Q 사이의 거리가 최대가 될 조건을 파악하여 거리의 최댓값을 구한다.

두 점 P, Q 사이의 거리가 최대가 되기 위해서는 오른쪽 그림과 같이 세 점 P, O, Q가 한 직선 위에 있어야 한다.

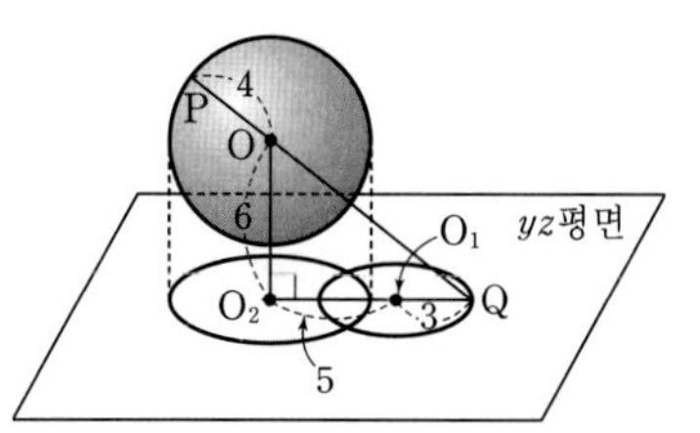

이때
$\overline{OQ}=\sqrt{\overline{OO_2}^2+\overline{O_2Q}^2}=\sqrt{6^2+8^2}=10$
→ 직각삼각형 OO_2Q에 대하여 피타고라스 정리를 이용한 거야.
$\overline{OP}=4$이므로 두 점 P, Q 사이의 거리의 최댓값은
$\overline{OQ}+\overline{OP}=10+4=14$

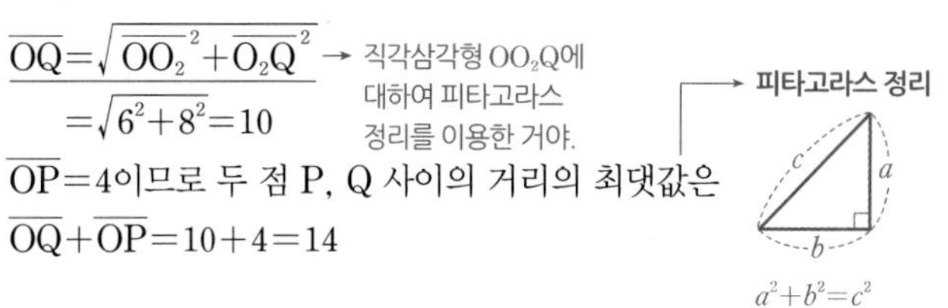

089

정답 17

> 좌표공간에 두 개의 구
> $$C_1 : (x-3)^2+(y-4)^2+(z-1)^2=1,$$
> $$C_2 : (x-3)^2+(y-8)^2+(z-5)^2=4$$
> 가 있다. 구 C_1 위의 점 P와 구 C_2 위의 점 Q, zx평면 위의 점 R, yz평면 위의 점 S에 대하여 $\overline{PR}+\overline{RS}+\overline{SQ}$의 값이 최소가 되도록 하는 네 점 P, Q, R, S를 각각 P_1, Q_1, R_1, S_1이라 하자. 선분 R_1S_1 위의 점 X에 대하여
> $\overline{P_1R_1}+\overline{R_1X}=\overline{XS_1}+\overline{S_1Q_1}$일 때, 점 X의 x좌표는 $\frac{q}{p}$이다.
> $p+q$의 값을 구하시오.
> (단, p와 q는 서로소인 자연수이다.) (4점)

Step 1 $\overline{PR}+\overline{RS}+\overline{SQ}$의 값이 최소가 되는 경우를 파악한다.

구 C_1의 중심을 O_1, 구 C_2의 중심을 O_2라 하자.
또, 점 P, O_1을 zx평면에 대하여 대칭이동한 점을 각각 P', O_1'이라 하고, 점 Q, O_2를 yz평면에 대하여 대칭이동한 점을 각각 Q', O_2'이라 하자.
$$\overline{PR}+\overline{RS}+\overline{SQ}=\overline{P'R}+\overline{RS}+\overline{SQ'}$$
$$\geq(\overline{O_1'R}-1)+\overline{RS}+(\overline{SO_2'}-2)$$
$$\geq\overline{O_1'O_2'}-3$$
→ 구 C_1의 반지름의 길이 → 구 C_2의 반지름의 길이
따라서 네 점 P_1, Q_1, R_1, S_1은 선분 $O_1'O_2'$ 위의 점이다.
$O_1(3, 4, 1)$, $O_2(3, 8, 5)$에서 $O_1'(3, -4, 1)$, $O_2'(-3, 8, 5)$이고 점 R_1은 zx평면 위의 점이므로 선분 $O_1'O_2'$을 $1:2$로 내분하는 점이다.
→ $4:8=1:2$
따라서 점 R_1의 좌표는
$$\left(\frac{1\times(-3)+2\times3}{1+2}, \frac{1\times8+2\times(-4)}{1+2}, \frac{1\times5+2\times1}{1+2}\right)$$
즉, $\left(1, 0, \frac{7}{3}\right)$
또한 점 S_1은 yz평면 위의 점이므로 선분 $O_1'O_2'$을 $1:1$로 내분하는 점이다.
→ $3:3=1:1$

따라서 점 S_1의 좌표는 $\left(\frac{3+(-3)}{2}, \frac{-4+8}{2}, \frac{1+5}{2}\right)$, 즉 $(0, 2, 3)$

$\therefore \overline{R_1S_1}=\sqrt{(0-1)^2+(2-0)^2+\left(3-\frac{7}{3}\right)^2}=\sqrt{\frac{49}{9}}=\frac{7}{3}$

Step 2 점 X의 x좌표를 구한다.

점 X가 선분 R_1S_1 위의 점이므로 $\overline{R_1X}=k$라 하면 $\overline{XS_1}=\frac{7}{3}-k$

$\overline{P_1R_1}=\overline{O_1'R_1}-\overline{O_1'P_1}$

$=\sqrt{(3-1)^2+(-4-0)^2+\left(1-\frac{7}{3}\right)^2}-1$ (→ 두 점 $O_1'(3, -4, 1)$, $R_1\left(1, 0, \frac{7}{3}\right)$ 사이의 거리)

$=\frac{14}{3}-1=\frac{11}{3}$

$\overline{S_1Q_1}=\overline{O_2'S_1}-\overline{O_2'Q_1}$

$=\sqrt{(-3-0)^2+(8-2)^2+(5-3)^2}-2$ (→ 두 점 $O_2'(-3, 8, 5)$, $S_1(0, 2, 3)$ 사이의 거리)

$=7-2=5$

$\overline{P_1R_1}+\overline{R_1X}=\overline{XS_1}+\overline{S_1Q_1}$에서

$\frac{11}{3}+k=\frac{7}{3}-k+5$, $2k=\frac{11}{3}$ $\quad\therefore k=\frac{11}{6}$

따라서 점 X는 선분 R_1S_1을 $\frac{11}{6}:\left(\frac{7}{3}-\frac{11}{6}\right)=11:3$으로 내분하는 점이므로 점 X의 x좌표는 $\frac{11\times 0+3\times 1}{11+3}=\frac{3}{14}$

따라서 $p=14$, $q=3$이므로 $p+q=14+3=17$

090

정답 261

좌표공간에 점 $(4, 3, 2)$를 중심으로 하고 원점을 지나는 구

$$S:(x-4)^2+(y-3)^2+(z-2)^2=29$$

가 있다. 구 S 위의 점 $P(a, b, 7)$에 대하여 직선 OP를 포함하는 평면 α가 구 S와 만나서 생기는 원을 C라 하자. 평면 α와 원 C가 다음 조건을 만족시킨다.

(가) 직선 OP와 xy평면이 이루는 각의 크기와 평면 α와 xy평면이 이루는 각의 크기는 같다.
(나) 선분 OP는 원 C의 지름이다.

$a^2+b^2<25$일 때, 원 C의 xy평면 위로의 정사영의 넓이는 $k\pi$이다. $8k^2$의 값을 구하시오. (단, O는 원점이다.) (4점)

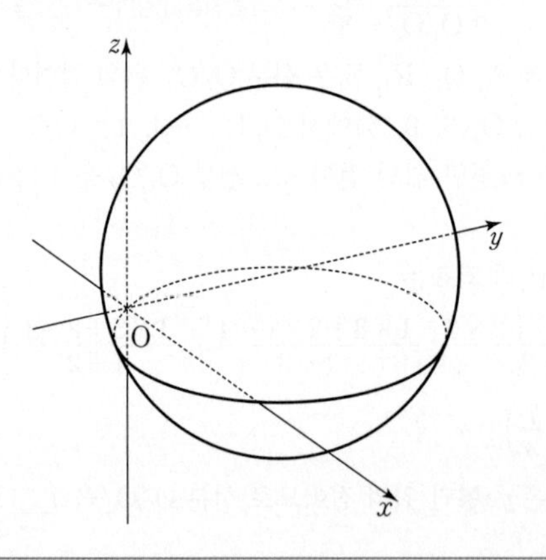

Step 1 선분 OP의 길이를 구한다.

구 S의 중심을 O′이라 하자.

직선 OP와 점 O′을 포함하는 평면을 β라고 할 때, 구 S를 평면 β로 자른 단면은 다음 그림과 같다.

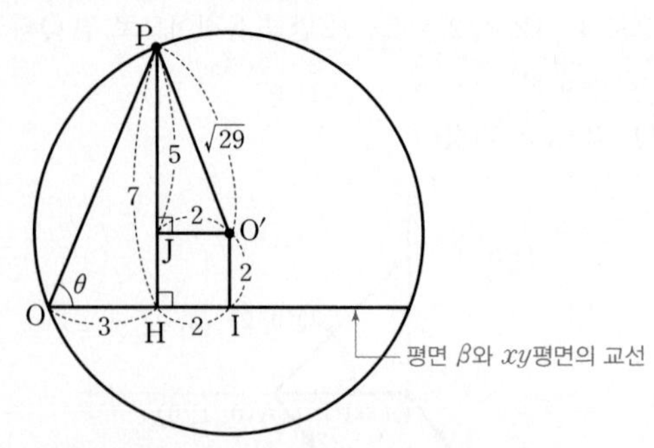

두 점 P, O′에서 xy평면에 내린 수선의 발을 각각 H, I라 하고 점 O′에서 선분 PH에 내린 수선의 발을 J라 하면

$\overline{PH}=7$ (→ 점 P의 z좌표는 7), $\overline{O'I}=2$ (→ 점 O′의 z좌표는 2)이므로 $\overline{PJ}=\overline{PH}-\overline{JH}=5$ (→ $\overline{JH}=\overline{O'I}$)

선분 O′P는 구 S의 반지름이므로 $\overline{O'P}=\sqrt{29}$

직각삼각형 O′PJ에서 $\overline{O'J}=\sqrt{\overline{O'P}^2-\overline{PJ}^2}=\sqrt{29-25}=2$

이때 $\overline{OI}=5$ (→ 점 I의 좌표는 $I(4, 3, 0)$이므로 $\overline{OI}=\sqrt{4^2+3^2}=5$)이므로 $\overline{OH}=\overline{OI}-\overline{HI}=3$ (→ $\overline{HI}=\overline{O'J}$)

직각삼각형 OPH에서 $\overline{OP}=\sqrt{\overline{OH}^2+\overline{PH}^2}=\sqrt{3^2+7^2}=\sqrt{58}$

Step 2 원 C의 xy평면 위로의 정사영의 넓이를 구한다.

원 C의 반지름의 길이를 r라 하면 조건 (나)에 의하여 (→ $\overline{OP}=2r$)

$2r=\sqrt{58}$이므로 원 C의 넓이는

$\pi r^2=\pi\times\left(\frac{\sqrt{58}}{2}\right)^2=\frac{29}{2}\pi$

평면 α와 xy평면이 이루는 각의 크기를 θ $\left(0<\theta<\frac{\pi}{2}\right)$라 하자.

조건 (가)에 의하여 직선 OP와 xy평면이 이루는 각의 크기 또한 θ이므로

$\cos\theta=\frac{\overline{OH}}{\overline{OP}}=\frac{3}{\sqrt{58}}=\frac{3\sqrt{58}}{58}$

즉, 원 C의 xy평면 위로의 정사영의 넓이는

$\frac{29}{2}\pi\cos\theta=\frac{29}{2}\pi\times\frac{3\sqrt{58}}{58}=\frac{3\sqrt{58}}{4}\pi$

따라서 $k=\frac{3\sqrt{58}}{4}$이므로 $8k^2=8\times\frac{9\times 58}{16}=9\times 29=261$ (→ $\frac{9\times 58}{16}=k^2$)

1회 기하 기출 미니모의고사

01	①	02	①	03	③	04	③	05	⑤
06	⑤	07	15	08	11				

01 [정답률 92%] 정답 ①

좌표공간에서 두 점 A(1, 3, −6), B(7, 0, 3)에 대하여 선분 AB를 2 : 1로 내분하는 점의 좌표가 $(a, b, 0)$이다. $a+b$의 값은? (2점)
→ 내분하는 점에 대한 공식을 알고 있다면 단순한 계산 문제야.

✔6 ② 7 ③ 8
④ 9 ⑤ 10

Step 1 내분점 공식을 이용하여 내분하는 점의 좌표를 구한다.

두 점 A(1, 3, −6), B(7, 0, 3)에 대하여
선분 AB를 2 : 1로 내분하는 점의 좌표는

$$\left(\frac{2\times7+1\times1}{2+1}, \frac{2\times0+1\times3}{2+1}, \frac{2\times3+1\times(-6)}{2+1}\right)$$ 계산 주의!

에서 (5, 1, 0)이므로 $a=5$, $b=1$

$\therefore a+b=5+1=6$

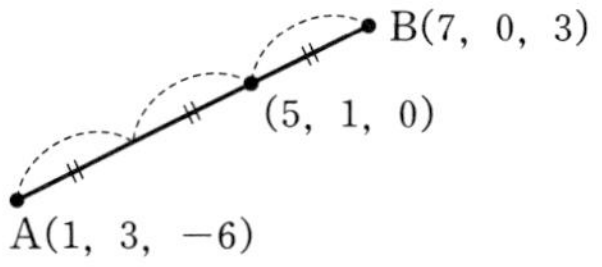

참고그림

암기 두 점 $A(x_1, y_1, z_1)$, $B(x_2, y_2, z_2)$에 대하여 선분 AB를 $m : n$ $(m>0, n>0)$으로 내분하는 점의 좌표는
$\left(\frac{mx_2+nx_1}{m+n}, \frac{my_2+ny_1}{m+n}, \frac{mz_2+nz_1}{m+n}\right)$

02 [정답률 86%] 정답 ①

로그함수 $y=\log_2(x+a)+b$의 그래프가 포물선 $y^2=x$의 초점을 지나고, 이 로그함수의 그래프의 점근선이 포물선 $y^2=x$의 준선과 일치할 때, 두 상수 a, b의 합 $a+b$의 값은? (3점)
($\left(\frac{1}{4}, 0\right)$, $x=-\frac{1}{4}$, $x=-a$)

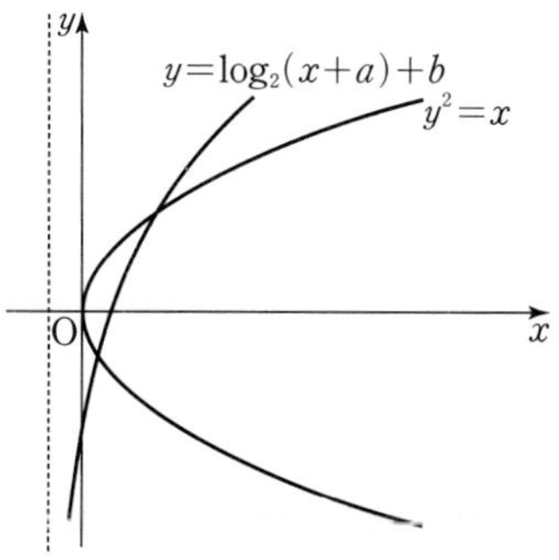

✔$\frac{5}{4}$ ② $\frac{13}{8}$ ③ $\frac{9}{4}$
④ $\frac{21}{8}$ ⑤ $\frac{11}{4}$

Step 1 주어진 포물선의 초점과 준선을 구한다.

$y^2=x=4\times\frac{1}{4}x$에서 초점은 $\left(\frac{1}{4}, 0\right)$, 준선의 방정식 $x=-\frac{1}{4}$이다.

Step 2 문제의 조건을 이용하여 a, b의 값을 구한다.
포물선 $y^2=4px\ (p\neq0)$의 초점 F의 좌표는 $F(p, 0)$이고 준선의 방정식은 $x=-p$이다.

$y=\log_2(x+a)+b$의 그래프가 점 $\left(\frac{1}{4}, 0\right)$을 지나므로
→ 포물선의 초점

$0=\log_2\left(\frac{1}{4}+a\right)+b$ ······ ㉠ → $x=\frac{1}{4}$, $y=0$을 대입

또한, $y=\log_2(x+a)+b$의 그래프의 점근선이 $x=-a$이고, 이 점근선은 포물선의 준선 $x=-\frac{1}{4}$과 일치한다.

$\therefore a=\frac{1}{4}$ ($-a=-\frac{1}{4}$ $\therefore a=\frac{1}{4}$)

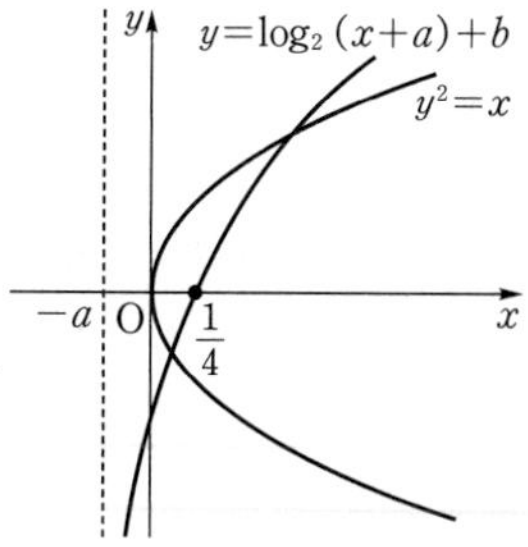

$a=\frac{1}{4}$을 ㉠에 대입하면

$\log_2\frac{1}{2}+b=0$, $-1+b=0$

$\therefore b=1$ → $\log_2\frac{1}{2}+b=\log_2 2^{-1}+b=-1+b$

$\therefore a+b=\frac{1}{4}+1=\frac{5}{4}$

03 [정답률 89%] 정답 ③

삼각형 ABC에서
$\overline{AB}=2$, $\angle B=90°$, $\angle C=30°$
→ ∠B=90°이므로 삼각형 ABC는 $\overline{AC}$를 빗변으로 하는 직각삼각형이야.

이다. 점 P가 $\overrightarrow{PB}+\overrightarrow{PC}=\vec{0}$를 만족시킬 때, $|\overrightarrow{PA}|^2$의 값은? (3점)
→ 두 벡터 $\overrightarrow{PB}$, $\overrightarrow{PC}$가 서로 반대 방향이고 크기는 같군!

① 5 ② 6 ✔7
④ 8 ⑤ 9

Step 1 $\overrightarrow{PB}$, $\overrightarrow{PC}$를 시점이 A인 벡터로 변형한다.
→ $\overrightarrow{PB}+\overrightarrow{PC}=\vec{0}$의 기하적 의미를 찾기 위해 변형하는 거야.

$\overrightarrow{PB}+\overrightarrow{PC}=\vec{0}$에서

$(\overrightarrow{AB}-\overrightarrow{AP})+(\overrightarrow{AC}-\overrightarrow{AP})=\vec{0}$ 벡터의 실수배에 대한 성질

$2\overrightarrow{AP}=\overrightarrow{AB}+\overrightarrow{AC}$, $\overrightarrow{AP}=\frac{1}{2}(\overrightarrow{AB}+\overrightarrow{AC})$

즉, 점 P는 $\overline{BC}$의 중점이다.

Step 2 삼각형 ABC가 직각삼각형임을 이용하여 $|\overrightarrow{PA}|^2$의 값을 구한다.

삼각형 ABC는 ∠B=90°인 직각삼각형이므로

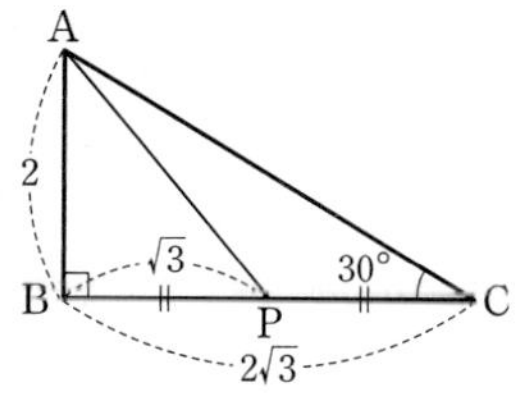

$\overline{BC}=\frac{2}{\tan 30°}=2\sqrt{3}$

$\overline{BP}=\frac{1}{2}\overline{BC}=\frac{1}{2}\times2\sqrt{3}=\sqrt{3}$이므로

중요 특수각에 대한 tan의 값
$\tan 30°=\frac{\sqrt{3}}{3}$, $\tan 45°=1$, $\tan 60°=\sqrt{3}$

직각삼각형 ABP에서

$\overline{PA}=\sqrt{2^2+(\sqrt{3})^2}=\sqrt{7}$

$\therefore |\overrightarrow{PA}|^2=\overline{PA}^2=7$

다른 풀이 평면벡터 성분에 의한 연산을 이용한 풀이

Step 1 삼각형 ABC를 좌표평면 위에 나타낸다.

$\overline{AB}=2$, $\angle B=90°$, $\angle C=30°$를 만족시키는 삼각형 ABC의 세 꼭짓점을 점 B를 원점으로 하는 좌표평면 위에 오른쪽 그림과 같이 놓으면

$\overrightarrow{OA}=(0, 2)$, $\overrightarrow{OB}=(0, 0)$, $\overrightarrow{OC}=(2\sqrt{3}, 0)$

Step 2 평면벡터 연산의 성질을 이용하여 $\overrightarrow{PA}$를 구한 후 $|\overrightarrow{PA}|^2$의 값을 구한다.

점 $P(x, y)$라 하면 $\overrightarrow{PB}+\overrightarrow{PC}=\vec{0}$에서

$(\overrightarrow{OB}-\overrightarrow{OP})+(\overrightarrow{OC}-\overrightarrow{OP})=\vec{0}$ → 중요 벡터의 분해 $\overrightarrow{AB}=\overrightarrow{OB}-\overrightarrow{OA}$

$(0-x, 0-y)+(2\sqrt{3}-x, 0-y)=(0, 0)$

$(2\sqrt{3}-2x, -2y)=(0, 0)$ $\therefore x=\sqrt{3}, y=0$

$\overrightarrow{PA}=\overrightarrow{OA}-\overrightarrow{OP}=(-\sqrt{3}, 2)$

$\therefore |\overrightarrow{PA}|^2=(-\sqrt{3})^2+2^2=7$

수능포인트

주어진 조건을 이용하여 점 P의 위치를 알아내야 합니다. 이 문제에서는 식이 비교적 간단하게 나와서 점 P가 선분 BC의 중점이 된다는 것을 쉽게 알 수 있었지만, 복잡한 벡터의 식으로 주어지는 문제도 많이 출제되니 시점을 하나로 통일시켜 점의 위치를 구하는 연습을 많이 하도록 합니다.

04

정답 ③

그림과 같이 타원 $\frac{x^2}{100}+\frac{y^2}{75}=1$의 두 초점을 F, F′이라 하고, 이 타원 위의 점 P에 대하여 선분 F′P가 타원 $\frac{x^2}{49}+\frac{y^2}{24}=1$과 만나는 점을 Q라 하자. $\overline{F'Q}=8$일 때, 선분 FP의 길이는? (3점)

→ $100-75=25$, $49-24=25$ 이므로 두 타원의 초점이 동일함을 알 수 있다.

→ 타원의 정의를 이용하면 $\overline{FQ}+\overline{F'Q}$, $\overline{PF}+\overline{PF'}$의 값을 알 수 있다.

① 7 ② $\frac{29}{4}$ ③ $\frac{15}{2}$ ④ $\frac{31}{4}$ ⑤ 8

Step 1 두 타원의 초점의 좌표를 구한다.

타원 $\frac{x^2}{100}+\frac{y^2}{75}=1$의 두 초점 F, F′의 좌표를 각각 $(c, 0)$, $(-c, 0)$ $(c>0)$이라 하면

$c^2=100-75=25$에서 $c=5$ 중요

$\therefore F(5, 0)$, $F'(-5, 0)$

타원 $\frac{x^2}{49}+\frac{y^2}{24}=1$의 두 초점의 좌표를 각각 $(c', 0)$, $(-c', 0)$ $(c'>0)$이라 하면

$c'^2=49-24=25$에서 $c'=5$

즉, 타원 $\frac{x^2}{49}+\frac{y^2}{24}=1$의 두 초점도 F, F′이다.

Step 2 타원의 정의를 이용하여 선분 PQ의 길이를 구한다.

타원 $\frac{x^2}{49}+\frac{y^2}{24}=1$의 장축의 길이가 $2\times7=14$이므로 (→ 타원이 x축과 두 점 $(-7, 0)$, $(7, 0)$에서 만난다.)

타원의 정의에 의하여

$\overline{FQ}+\overline{F'Q}=14$

$\overline{F'Q}=8$이므로 $\overline{FQ}=14-8=6$

이때 $\overline{FF'}=2\times5=10$이므로 삼각형 QFF′에서 $\overline{FF'}^2=\overline{F'Q}^2+\overline{FQ}^2$ ($10^2=8^2+6^2$)이 성립하므로 삼각형 QFF′은 $\angle FQF'=90°$인 직각삼각형이다.

→ 중요 삼각형 ABC에서 $\overline{AB}^2=\overline{AC}^2+\overline{BC}^2$이면 삼각형 ABC는 $\angle C=90°$인 직각삼각형이다.

타원 $\frac{x^2}{100}+\frac{y^2}{75}=1$에서 타원의 정의에 의하여

$\overline{PF}+\overline{PF'}=2\times10=20$이므로

$\overline{PF}+\overline{PF'}=\overline{PF}+\overline{PQ}+\overline{QF'}=\overline{PF}+\overline{PQ}+8=20$

$\therefore \overline{PQ}=12-\overline{PF}$ …… ㉠

Step 3 $\overline{FP}=a$라 하고, 피타고라스 정리를 이용하여 a의 값을 구한다.

$\overline{FP}=a$로 놓으면 ㉠에 의하여

$\overline{PQ}=12-a$

이므로 직각삼각형 PQF에서

$\overline{PQ}^2+\overline{QF}^2=\overline{FP}^2$

$(12-a)^2+6^2=a^2$ 계산 주의

$24a=180$

$\therefore a=\overline{FP}=\frac{15}{2}$

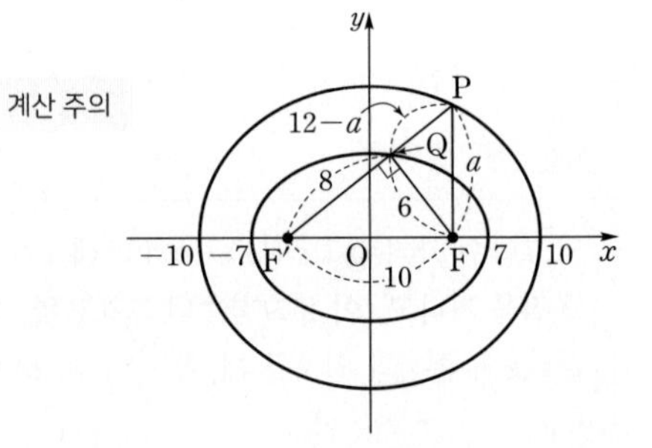

05 [정답률 59%]

정답 ⑤

좌표공간에 $\overline{OA}=7$인 점 A가 있다. 점 A를 중심으로 하고 반지름의 길이가 8인 구 S와 xy평면이 만나서 생기는 원의 넓이가 25π이다. 구 S와 z축이 만나는 두 점을 각각 B, C라 할 때, 선분 BC의 길이는? (단, O는 원점이다.) (3점)

① $2\sqrt{46}$ ② $8\sqrt{3}$ ③ $10\sqrt{2}$
④ $4\sqrt{13}$ ⑤ $6\sqrt{6}$

Step 1 점 A의 좌표를 A(a, b, c)라 놓고 a, b, c 사이의 관계식을 파악한다.

좌표공간의 점 A의 좌표를 A(a, b, c)라 놓으면 구 S는 반지름의 길이가 8이고 중심의 좌표가 (a, b, c)인 구이므로 구 S의 방정식은

$(x-a)^2+(y-b)^2+(z-c)^2=64$

중심이 (a, b, c)이고 반지름의 길이가 r인 구의 방정식은 $(x-a)^2+(y-b)^2+(z-c)^2=r^2$

$\overline{OA}=7$이므로 $a^2+b^2+c^2=49$ …… ㉠

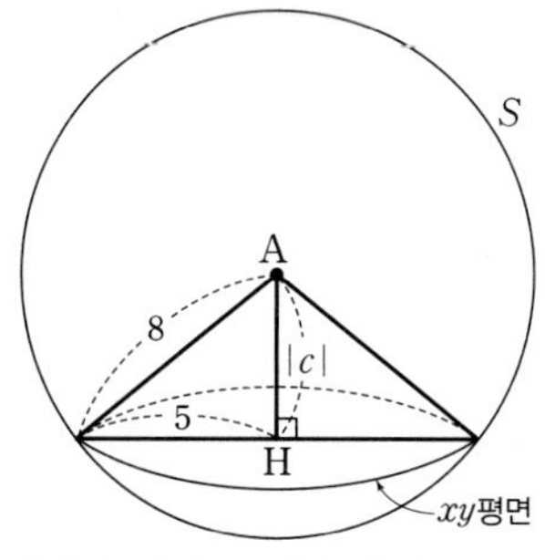

구 S와 xy평면이 만나서 생기는 원의 넓이는 25π이므로 이 원의 반지름의 길이는 5이다.

xy평면 위의 모든 점은 z좌표가 0이야.

이때 점 A에서 xy평면에 내린 수선의 발을 H라 하면 $\overline{AH}=|c|$이므로 $8^2-5^2=c^2$ $\therefore c^2=39$

이를 ㉠에 대입하면 $a^2+b^2=49-39=10$

Step 2 선분 BC의 길이를 구한다.

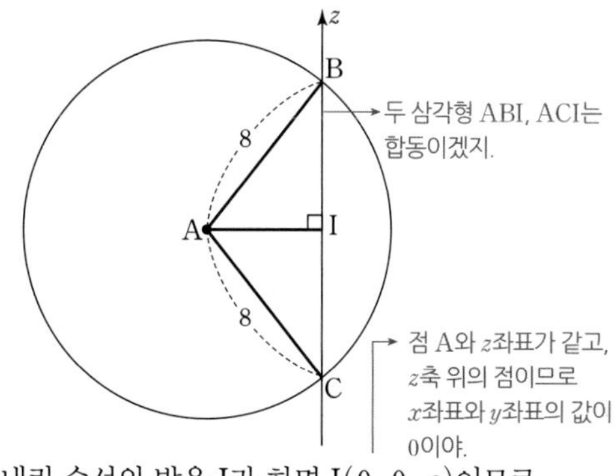

점 A에서 z축에 내린 수선의 발을 I라 하면 I$(0, 0, c)$이므로

$\overline{AI}=\sqrt{(a-0)^2+(b-0)^2+(c-c)^2}=\sqrt{a^2+b^2}=\sqrt{10}$,

$\overline{AB}=\overline{AC}=8$

$\therefore \overline{BI}=\overline{CI}=\sqrt{8^2-(\sqrt{10})^2}=3\sqrt{6}$

따라서 $\overline{BC}=2\times\overline{BI}=6\sqrt{6}$이다.

참고

구 S의 방정식에 $x=y=0$을 대입하여 점 B, 점 C의 좌표를 직접 구해도 됩니다.

06 [정답률 61%]

정답 ⑤

평면에서 그림의 오각형 ABCDE가

$\overline{AB}=\overline{BC}$, $\overline{AE}=\overline{ED}$, $\angle B=\angle E=90°$

를 만족시킬 때, 옳은 것만을 [보기]에서 있는 대로 고른 것은? (4점)

이와 같은 문제는 ㄱ을 이용하여 ㄴ의 참, 거짓을, ㄱ, ㄴ을 이용하여 ㄷ의 참, 거짓을 판별하는 경우가 많아!

[보기]

ㄱ. 선분 BE의 중점 M에 대하여 $\overrightarrow{AB}+\overrightarrow{AE}$와 $\overrightarrow{AM}$은 서로 평행하다.

ㄴ. $\overrightarrow{AB}\cdot\overrightarrow{AE}=-\overrightarrow{BC}\cdot\overrightarrow{ED}$

ㄷ. $|\overrightarrow{BC}+\overrightarrow{ED}|=|\overrightarrow{BE}|$

주어진 벡터 $\overrightarrow{AM}$을 $\overrightarrow{AB}$와 $\overrightarrow{AE}$를 이용하여 나타내어 본다.

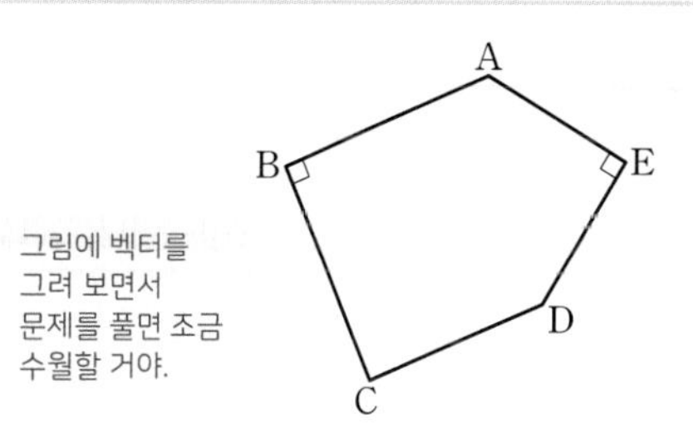

그림에 벡터를 그려 보면서 문제를 풀면 조금 수월할 거야.

① ㄱ ② ㄷ ③ ㄱ, ㄴ
④ ㄴ, ㄷ ⑤ ㄱ, ㄴ, ㄷ

Step 1 $\overrightarrow{AB}+\overrightarrow{AE}$를 $\overrightarrow{AM}$으로 나타내어 ㄱ의 참, 거짓을 판별한다.

ㄱ. $\overrightarrow{AB}+\overrightarrow{AE}=2\overrightarrow{AM}$이므로

$\overrightarrow{AB}+\overrightarrow{AE}$와 $\overrightarrow{AM}$은 서로 평행하다. (참)

두 벡터의 평행 조건

$\vec{a}=k\vec{b}$(k는 0이 아닌 실수)일 때, 두 벡터 $\vec{a}$와 $\vec{b}$는 서로 평행하다.

암기 선분 BE의 중점 M에 대하여 $\dfrac{\overrightarrow{AB}+\overrightarrow{AE}}{2}=\overrightarrow{AM}$이 성립한다.

참고그림

Step 2 두 선분 BC, DE의 연장선이 만나는 점을 F라 하면 □ABFE에서 $\angle F=180°-\angle A$임을 이용하여 ㄴ의 참, 거짓을 판별한다.

ㄴ. 오른쪽 그림과 같이 두 선분 BC, DE의 연장선이 만나는 점을 F라 하고,

두 벡터 $\overrightarrow{BC}$, $\overrightarrow{ED}$가 이루는 각을 알기 위해 연장선을 그어 본다.

□ABFE에서 $\angle A=\theta$라 하면

$\angle B=\angle E=90°$이므로

$\angle F=180°-\theta$

중요 사각형의 네 내각의 크기의 합은 360°이다.

$\overrightarrow{AB}\cdot\overrightarrow{AE}=|\overrightarrow{AB}||\overrightarrow{AE}|\cos\theta$

$\overrightarrow{BC}\cdot\overrightarrow{ED}=|\overrightarrow{BC}||\overrightarrow{ED}|\cos(180°-\theta)$

$=-|\overrightarrow{BC}||\overrightarrow{ED}|\cos\theta$

두 벡터 $\overrightarrow{BC}$, $\overrightarrow{ED}$가 이루는 각의 크기는 $180°-\theta$이다.

이때 $\overline{AB}=\overline{BC}$, $\overline{AE}=\overline{ED}$이므로 $|\overrightarrow{AB}||\overrightarrow{AE}|=|\overrightarrow{BC}||\overrightarrow{ED}|$

$\overrightarrow{AB}\cdot\overrightarrow{AE}=-\overrightarrow{BC}\cdot\overrightarrow{ED}$ (참)

Step 3 ㄴ을 이용하여 $|\overrightarrow{BC}+\overrightarrow{ED}|^2$에서 ㄷ의 참, 거짓을 판별한다.

ㄷ. ㄴ에서 $\overrightarrow{AB}\cdot\overrightarrow{AE}=-\overrightarrow{BC}\cdot\overrightarrow{ED}$이고

$|\overrightarrow{AB}|=|\overrightarrow{BC}|$, $|\overrightarrow{AE}|=|\overrightarrow{ED}|$이므로

$|\overrightarrow{BC}+\overrightarrow{ED}|^2=|\overrightarrow{BC}|^2+2\overrightarrow{BC}\cdot\overrightarrow{ED}+|\overrightarrow{ED}|^2$

$=|\overrightarrow{AB}|^2-2\overrightarrow{AB}\cdot\overrightarrow{AE}+|\overrightarrow{AE}|^2$

$=|\overrightarrow{AE}|^2-2\overrightarrow{AE}\cdot\overrightarrow{AB}+|\overrightarrow{AB}|^2$

$|\vec{a}+\vec{b}|^2=(\vec{a}+\vec{b})\cdot(\vec{a}+\vec{b})=|\vec{a}|^2+2\vec{a}\cdot\vec{b}+|\vec{b}|^2$

ㄷ의 참, 거짓을 판별할 땐 이와 같이 앞에서 구한 ㄱ, ㄴ의 내용이 이용되는 경우가 많아!

$=|\overrightarrow{AE}-\overrightarrow{AB}|^2$
$=|\overrightarrow{BE}|^2$
$\therefore |\overrightarrow{BC}+\overrightarrow{ED}|=|\overrightarrow{BE}|$ (참)

따라서 옳은 것은 ㄱ, ㄴ, ㄷ이다.

07 [정답률 79%] 정답 15

쌍곡선 위의 점임을 이용한다.

그림과 같이 두 초점이 F(3, 0), F′(−3, 0)인 쌍곡선 $\frac{x^2}{a^2}-\frac{y^2}{b^2}=1$ 위의 점 P(4, k)에서의 접선과 x축과의 교점이 선분 F′F를 2 : 1로 내분할 때, k^2의 값을 구하시오. (단, a, b는 상수이다.) (4점)

$\overline{FF'}=6$이므로 접선의 x절편을 구할 수 있다.

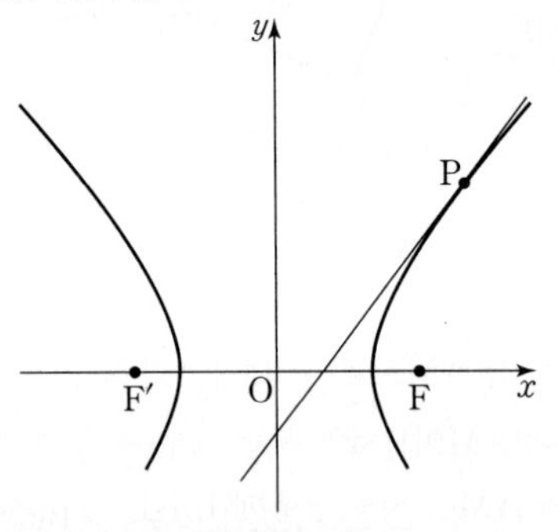

Step 1 점 P(4, k)에서의 접선의 방정식을 구하여 a^2, b^2의 값을 구한다.

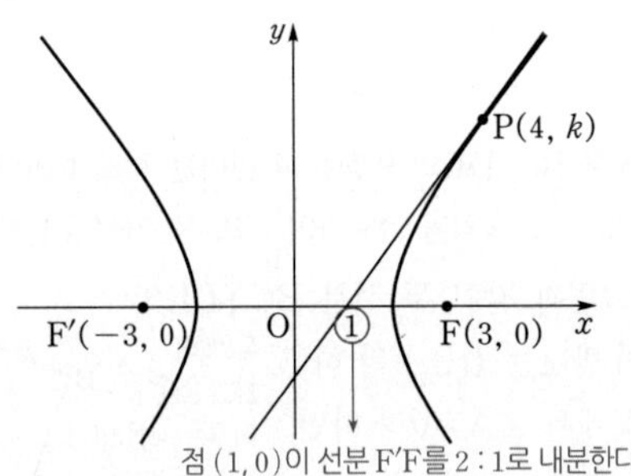

점 (1, 0)이 선분 F′F를 2 : 1로 내분한다.

쌍곡선 $\frac{x^2}{a^2}-\frac{y^2}{b^2}=1$의 두 초점이 F(3, 0), F′(−3, 0)이므로

$a^2+b^2=9$ …… ㉠

또한 쌍곡선 위의 점 P(4, k)에서의 접선의 방정식은

$\frac{4x}{a^2}-\frac{ky}{b^2}=1$이고

이 직선이 선분 F′F를 2 : 1로 내분하는 내분점

$\left(\frac{2\times3+1\times(-3)}{2+1}, 0\right)$, 즉 점 (1, 0)을 지나므로

$\frac{4}{a^2}=1$ $\therefore a^2=4$ …… ㉡

암기 두 점 A(x_1, y_1), B(x_2, y_2)에 대하여 점 H가 선분 AB를 $m : n$으로 내분할 때, 점 H의 좌표는 $\left(\frac{mx_2+nx_1}{m+n}, \frac{my_2+ny_1}{m+n}\right)$이다.

㉠과 ㉡을 연립하면 $b^2=5$

Step 2 점 P의 좌표를 이용하여 k^2의 값을 구한다.

따라서 쌍곡선의 방정식은 $\frac{x^2}{4}-\frac{y^2}{5}=1$이고 점 P(4, k)가 이 쌍곡선 위의 점이므로 → 쌍곡선의 방정식에 $x=4$, $y=k$ 대입

$\frac{4^2}{4}-\frac{k^2}{5}=1$, $-\frac{k^2}{5}=-3$

$\therefore k^2=15$

08 [정답률 25%] 정답 11

그림과 같이 평면 α 위에 놓여 있는 서로 다른 네 구 S, S_1, S_2, S_3이 다음 조건을 만족시킨다.

(가) S의 반지름의 길이는 3이고, S_1, S_2, S_3의 반지름의 길이는 1이다.
(나) S_1, S_2, S_3은 모두 S에 접한다.
(다) S_1은 S_2와 접하고, S_2는 S_3과 접한다.

구 또는 원이 서로 접할 때 두 중심 사이의 거리는 두 도형의 반지름의 길이의 합과 같아!

S_1, S_2, S_3의 중심을 각각 O_1, O_2, O_3이라 하자. 두 점 O_1, O_2를 지나고 평면 α에 수직인 평면을 β, 두 점 O_2, O_3을 지나고 평면 α에 수직인 평면이 S_3과 만나서 생기는 단면을 D라 하자. 단면 D의 평면 β 위로의 정사영의 넓이를 $\frac{q}{p}\pi$라 할 때, $p+q$의 값을 구하시오. (단, p와 q는 서로소인 자연수이다.) (4점)

구를 어떤 평면으로 잘라도 그 단면은 원이야!

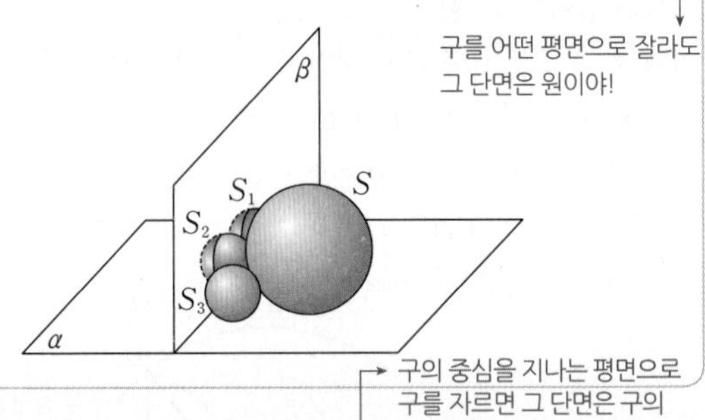

구의 중심을 지나는 평면으로 구를 자르면 그 단면은 구의 반지름을 반지름으로 하는 원이야!

Step 1 주어진 조건을 그림으로 나타낸다.

단면 D는 S_3의 중심 O_3을 지나므로 반지름의 길이가 1인 원이다.

따라서 단면 D의 넓이는 $\pi\times1^2=\pi$이다.

구 S의 중심을 O, 평면 α와 구 S의 접점을 M이라 하고 점 O_2와 점 O_3에서 선분 OM에 내린 수선의 발을 H라 하면 다음 그림과 같다.

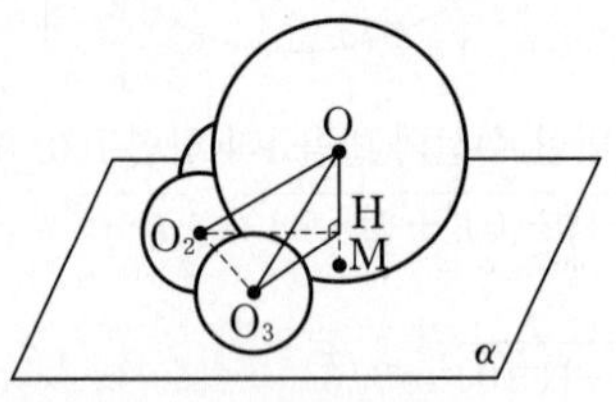

Step 2 평면 β와 단면 D를 포함하는 평면이 이루는 각에 대한 코사인 값을 구한다.

$\overline{OO_2}=\overline{OO_3}=4$, $\overline{O_2O_3}=2$, $\overline{OH}=2$이므로

$\overline{O_2H}=\overline{O_3H}=\sqrt{4^2-2^2}=2\sqrt{3}$

$\overline{O_2H}=\overline{O_3H}$이므로 $\triangle O_2O_3H$는 이등변삼각형
즉, 선분 O_2O_3의 중점을 H′이라 하면 선분 HH′은 선분 O_2O_3을 수직이등분해!

O
4
2
4
O_2
H
2
O_3

네 구와 평면 β, 단면 D를 포함하는 평면을 평면 $O_1O_2O_3$으로 자른 단면은 오른쪽 그림과 같다.

단면 D를 포함하는 평면과 평면 β가 이루는 예각의 크기를 θ라 하고,

$\angle O_3O_2H=\gamma$라 하면

$\angle O_1O_2H=\gamma$이고

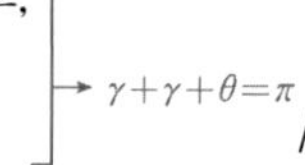

$\theta=\pi-2\gamma$ → $\triangle HO_1O_2\equiv\triangle HO_3O_2$이기 때문

점 H에서 $\overline{O_2O_3}$에 내린 수선의 발을 H′이라 하면 삼각형 HO_2H'에서

$\overline{HH'}=\sqrt{\overline{O_2H}^2-\overline{O_2H'}^2}$

$=\sqrt{(2\sqrt{3})^2-1^2}=\sqrt{11}$

따라서 삼각형 HO_2O_3의 넓이는

$\frac{1}{2}\times\overline{O_2O_3}\times\overline{HH'}=\frac{1}{2}\times2\times\sqrt{11}=\sqrt{11}$

(밑변의 길이: $\overline{O_2O_3}$, 높이: $\overline{HH'}$)

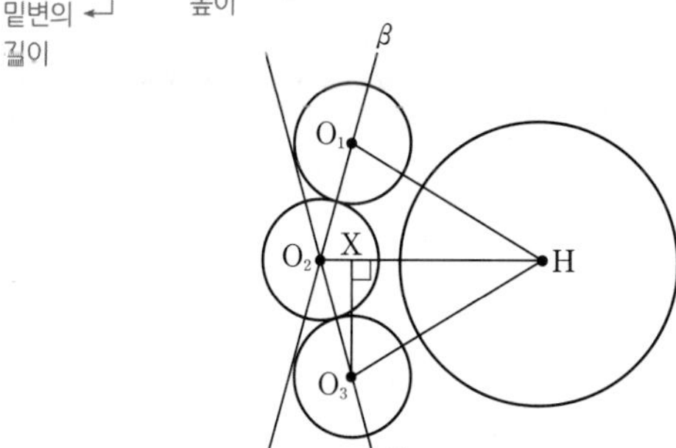

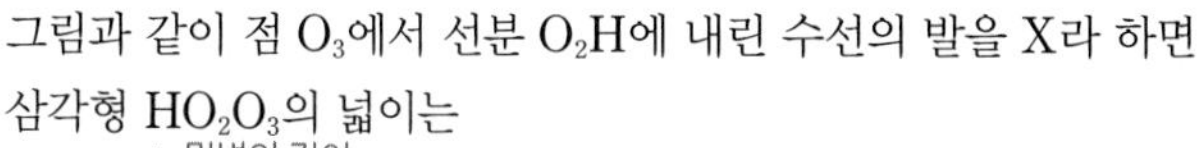

그림과 같이 점 O_3에서 선분 O_2H에 내린 수선의 발을 X라 하면 삼각형 HO_2O_3의 넓이는

$\frac{1}{2}\times\overline{O_2H}\times\overline{O_3X}=\frac{1}{2}\times2\sqrt{3}\times\overline{O_3X}=\sqrt{3}\,\overline{O_3X}$

(밑변의 길이: $\overline{O_2H}$, 높이: $\overline{O_3X}$)

이 값이 $\sqrt{11}$이므로

$\sqrt{3}\,\overline{O_3X}=\sqrt{11}$에서 $\overline{O_3X}=\frac{\sqrt{11}}{\sqrt{3}}=\frac{\sqrt{33}}{3}$

같은 방법으로 $\overline{O_1X}=\frac{\sqrt{33}}{3}$이므로

$\overline{O_1O_3}=2\times\frac{\sqrt{33}}{3}=\frac{2\sqrt{33}}{3}$ → $=\overline{O_1X}+\overline{O_3X}$

삼각형 $O_1O_2O_3$에서 코사인법칙을 이용하면

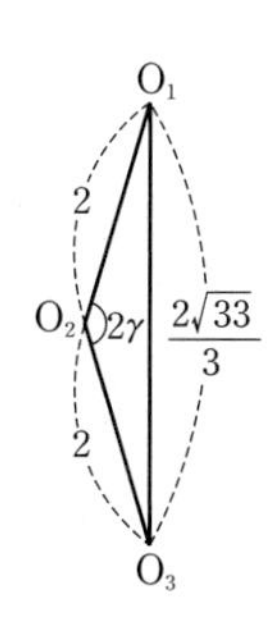

$\cos2\gamma=\frac{\overline{O_1O_2}^2+\overline{O_2O_3}^2-\overline{O_1O_3}^2}{2\times\overline{O_1O_2}\times\overline{O_2O_3}}$

$=\frac{2^2+2^2-\left(\frac{2\sqrt{33}}{3}\right)^2}{2\times2\times2}$

$=\frac{-\frac{20}{3}}{8}=-\frac{5}{6}$

$\therefore \cos\theta=\cos(\pi-2\gamma)=-\cos2\gamma=\frac{5}{6}$

Step 3 단면 D의 평면 β 위로의 정사영의 넓이를 구한다.

단면 D의 평면 β 위로의 정사영의 넓이는

$\pi\times\cos\theta=\frac{5}{6}\pi$ → 단면 D의 넓이, **Step 1**에서 구했어!

이므로 $p=6$, $q=5$

$\therefore p+q=6+5=11$

2회 기하 기출 미니모의고사

01	②	02	④	03	①	04	⑤	05	②
06	②	07	13	08	53				

01 [정답률 94%]

정답 ②

좌표공간의 두 점 A(2, 0, 4), B(5, 0, a)에 대하여 선분 AB를 2 : 1로 내분하는 점이 x축 위에 있을 때, a의 값은? (2점)

① −1 ② −2 ③ −3 ④ −4 ⑤ −5

Step 1 선분 AB를 2 : 1로 내분하는 점의 좌표를 구한다.

선분 AB를 2 : 1로 내분하는 점의 좌표를 구하면

$\left(\frac{2\times5+1\times2}{2+1}, \frac{2\times0+1\times0}{2+1}, \frac{2\times a+1\times4}{2+1}\right)$

$=\left(\frac{10+2}{3}, \frac{0}{3}, \frac{2a+4}{3}\right)$

$=\left(\frac{12}{3}, 0, \frac{2a+4}{3}\right)$

$=\left(4, 0, \frac{2a+4}{3}\right)$

→ 두 점 $A(x_1, y_1, z_1)$, $B(x_2, y_2, z_2)$에 대하여 선분 AB를 $m:n$으로 내분하는 점의 좌표는 $\left(\frac{mx_2+nx_1}{m+n}, \frac{my_2+ny_1}{m+n}, \frac{mz_2+nz_1}{m+n}\right)$

Step 2 x축 위의 점의 좌표는 $(k, 0, 0)$의 꼴임을 이용하여 a의 값을 구한다.

점 $\left(4, 0, \frac{2a+4}{3}\right)$는 x축 위의 점이므로

$\frac{2a+4}{3}=0$

$2a+4=0$ → z좌표가 0이 되어야 해.

$\therefore a=-2$

02 [정답률 95%]

정답 ④

초점이 F인 포물선 $y^2=8x$ 위의 점 P(a, b)에 대하여 $\overline{PF}=4$일 때, $a+b$의 값은? (단, $b>0$) (3점)

→ $b^2=8a$
→ 점 P에서 포물선의 준선까지의 거리도 4야.

① 3 ② 4 ③ 5 ④ 6 ⑤ 7

Step 1 포물선의 정의를 이용하여 점 P의 좌표를 구한다.

포물선 $y^2=8x$의 준선의 방정식은 $x=-2$이고,

초점의 좌표는 F(2, 0)이다. → 포물선 $y^2=4px\,(p\neq0)$의 준선의 방정식은 $x=-p$야!

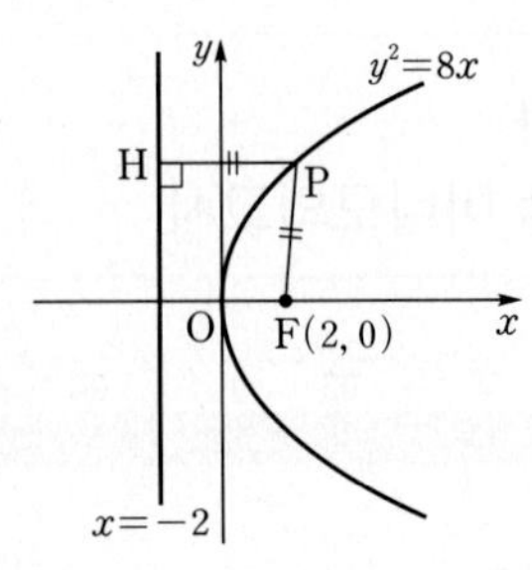

위 그림과 같이 포물선 위의 점 $P(a, b)$에서 준선에 내린 수선의 발을 H라 하면

점 P에서 초점까지의 거리와 준선까지의 거리가 같으므로

(초점까지의 거리 → $\overline{PF}$, 준선까지의 거리 → $\overline{PH}$)

$\overline{PF}=\overline{PH}=4$

이때 $\overline{PH}=a-(-2)=4$에서 $a+2=4$

(점 P의 x좌표) $-$ (점 H의 x좌표)

$\therefore a=2$

점 P는 포물선 $y^2=8x$ 위의 점이므로

$b^2=8a=16 \quad \therefore b=4\ (\because b>0)$

$\therefore a+b=2+4=6$

03 [정답률 95%]

정답 ①

서로 다른 두 점을 지나는 직선은 단 하나야.

평면 α 위에 있는 서로 다른 두 점 A, B를 지나는 직선을 l이라 하고, 평면 α 위에 있지 않은 점 P에서 평면 α에 내린 수선의 발을 H라 하자. $\overline{AB}=\overline{PA}=\overline{PB}=6$, $\overline{PH}=4$일 때, 점 H와 직선 l 사이의 거리는? (3점)

공간도형 문제는 주어진 조건을 그림에 나타내야 해결할 수 있어!

점 H와 직선 l 위의 임의의 한 점 사이의 거리 중 가장 작은 값이야.

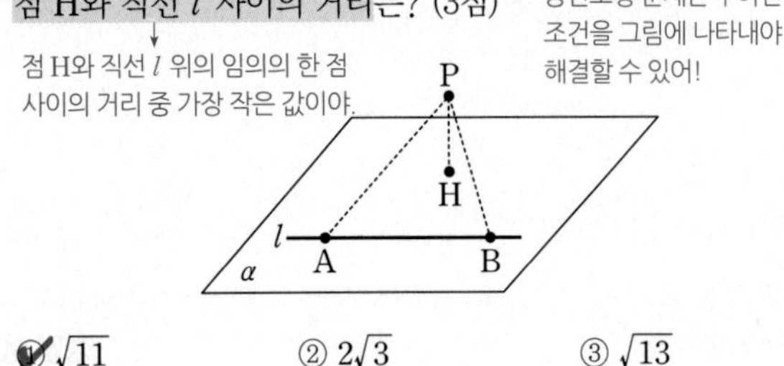

① $\sqrt{11}$ ② $2\sqrt{3}$ ③ $\sqrt{13}$
④ $\sqrt{14}$ ⑤ $\sqrt{15}$

Step 1 점 P에서 직선 l에 내린 수선의 발을 H′이라 하고 삼수선의 정리를 이용한다.

점 P에서 직선 l에 내린 수선의 발을 H′이라 하면 $\overline{PH'}\perp\overline{AB}$, $\overline{PH}\perp\alpha$이므로 삼수선의 정리에 의하여 $\overline{AB}\perp\overline{HH'}$

→ 알아야 할 기본개념을 읽어 봐.

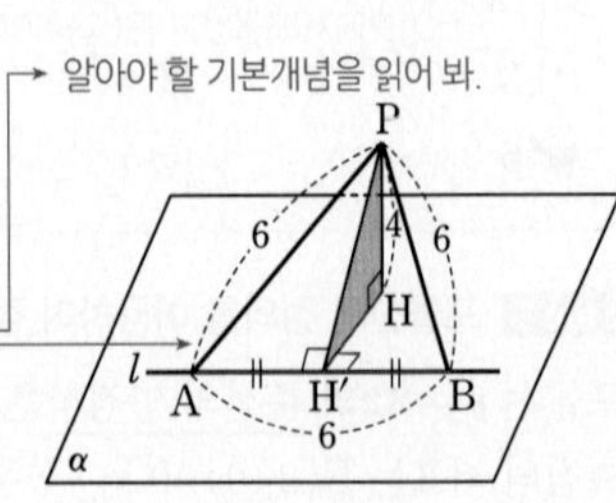

주어진 조건이 $\overline{AB}=\overline{PA}=\overline{PB}=6$이므로 세 변의 길이가 모두 같은 삼각형 ABP는 정삼각형임을 알 수 있어.

Step 2 삼각형 ABP가 정삼각형이고, 삼각형 PHH′이 직각삼각형임을 이용하여 점 H와 직선 l 사이의 거리를 구한다.

삼각형 ABP가 정삼각형이므로 $\overline{PH'}=\frac{\sqrt{3}}{2}\overline{AB}=\frac{\sqrt{3}}{2}\times6=3\sqrt{3}$

한 변의 길이가 a인 정삼각형의 높이는 $\frac{\sqrt{3}}{2}a$이다.

이고 $\overline{PH}=4$이므로 직각삼각형 PH′H에서 피타고라스 정리에 의하여

$\overline{HH'}=\sqrt{\overline{PH'}^2-\overline{PH}^2}=\sqrt{(3\sqrt{3})^2-4^2}=\sqrt{11}$

따라서 점 H와 직선 l 사이의 거리는 $\sqrt{11}$이다.

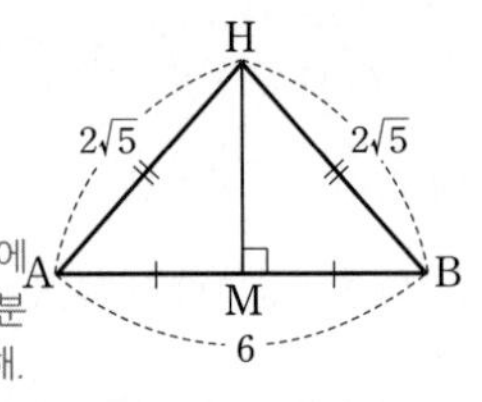

중요 평면 α 위의 모든 직선이 직선 l과 수직일 때, 직선 l은 평면 α와 수직이라 하고 $l\perp\alpha$와 같이 나타낸다.

다른 풀이 직선과 평면의 수직 관계를 이용하는 풀이

Step 1 $\overline{PH}\perp\alpha$임을 이용하여 선분 AH, BH의 길이를 구한다.

$\overline{PH}\perp\alpha$이므로 $\overline{PH}$는 평면 α 위의 모든 직선과 수직이다.

따라서 $\overline{PH}\perp\overline{AH}$, $\overline{PH}\perp\overline{BH}$

선분 AH와 선분 BH는 평면 α 위에 있기 때문이야.

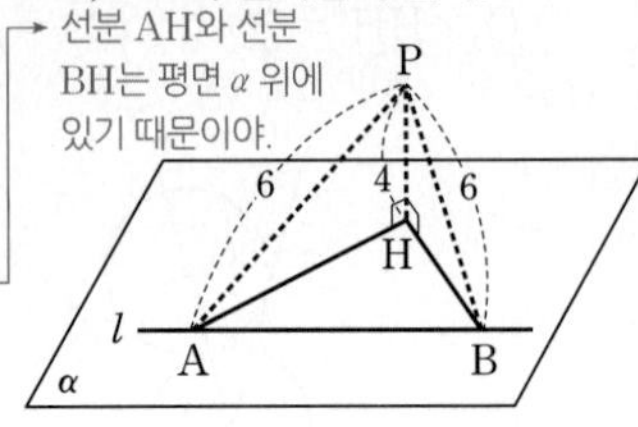

이고 두 삼각형 PAH, PBH는 직각삼각형이므로 피타고라스 정리에 의하여

$\overline{AH}=\sqrt{\overline{PA}^2-\overline{PH}^2}=\sqrt{6^2-4^2}=2\sqrt{5}$

$\overline{BH}=\sqrt{\overline{PB}^2-\overline{PH}^2}=\sqrt{6^2-4^2}=2\sqrt{5}$

Step 2 삼각형 HAB가 이등변삼각형임을 이용하여 점 H와 선분 AB 사이의 거리를 구한다.

점 H에서 선분 AB에 내린 수선의 발을 M이라 하면 점 H와 선분 AB 사이의 거리는 $\overline{HM}$이고, 삼각형 HAB는 이등변삼각형이므로

꼭짓점 H에서 밑변 AB에 내린 수선의 발 M은 선분 AB를 수직이등분해.

$\overline{AM}=\frac{1}{2}\overline{AB}=\frac{1}{2}\times6=3$

H
$2\sqrt{5}$ $2\sqrt{5}$
A M B
6

$\therefore \overline{HM}=\sqrt{\overline{AH}^2-\overline{AM}^2}$
$=\sqrt{(2\sqrt{5})^2-3^2}=\sqrt{11}$

삼각형 AMH가 직각삼각형이고 선분 AB와 선분 AH의 길이를 알고 있으므로 피타고라스 정리를 이용하여 선분 HM의 길이를 구할 수 있어.

알아야 할 기본개념

삼수선의 정리

평면 α 위에 있지 않은 한 점 P, 평면 α 위의 한 점 O, 점 O를 지나지 않고 평면 α 위에 있는 한 직선 l, 직선 l 위의 한 점 A에 대하여 다음이 성립하고, 이것을 삼수선의 정리라 한다.

(1) $\overline{PO}\perp\alpha$, $\overline{OA}\perp l$이면 $\overline{PA}\perp l$

(2) $\overline{PO}\perp\alpha$, $\overline{PA}\perp l$이면 $\overline{OA}\perp l$

(3) $\overline{PA}\perp l$, $\overline{OA}\perp l$, $\overline{PO}\perp\overline{OA}$이면 $\overline{PO}\perp\alpha$

(1)
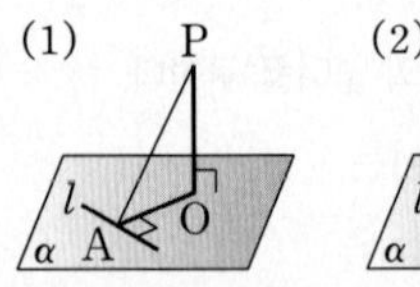

(2)
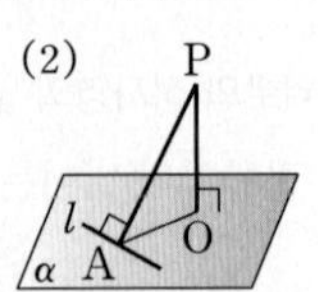

(3)
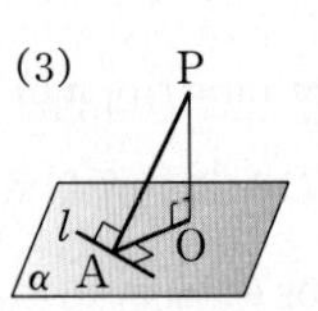

공간도형 문제는 직선과 직선 혹은 직선과 평면의 수직 관계를 이용한 문제가 많이 출제돼. 따라서 삼수선의 정리를 자주 이용하기 때문에 위의 세 가지의 경우를 잘 기억해두었다가 다른 공간도형 관련 문제가 나왔을 때 삼수선의 정리를 꼭 이용할 수 있도록 해!

04

정답 ⑤

→ 주어진 조건을 좌표평면 위에 나타낸다.

쌍곡선 $\frac{x^2}{16}-\frac{y^2}{9}=1$ 위의 한 점 P와 두 초점 F, F′에 대하여 $\angle FPF'=60°$일 때, 삼각형 PFF′의 넓이는? (3점)

→ 특수각이 주어졌으니까 삼각비를 이용할 수 있어.

① $6\sqrt{2}$ ② $8\sqrt{2}$ ③ $8\sqrt{3}$
④ $9\sqrt{2}$ ⑤ $9\sqrt{3}$

Step 1 쌍곡선의 정의를 이용하여 $\overline{PF}\times\overline{PF'}$의 값을 구한다.

쌍곡선 $\frac{x^2}{16}-\frac{y^2}{9}=1$의 초점을 $F(c,\ 0)$, $F'(-c,\ 0)$ $(c>0)$이라 하면

$c=\sqrt{16+9}=5$

$\therefore F(5,\ 0),\ F'(-5,\ 0)$

$\overline{PF}=a$, $\overline{PF'}=b$라 하면

쌍곡선의 정의에 의하여

$|a-b|=8$ → 점 P의 위치에 따라 a, b의 대소 관계가 달라지므로 절댓값을 씌워 준다.

양변을 제곱하면

$a^2-2ab+b^2=64$ …… ㉠

점 F에서 선분 PF′에 내린 수선의 발을 H라 하면 삼각형 PFH에서

$\overline{PH}=a\cos 60°=\frac{a}{2}$, → $\angle PHF=90°$인 직각삼각형

$\overline{FH}=a\sin 60°=\frac{\sqrt{3}}{2}a$

참고그림

따라서 삼각형 FHF′에서 피타고라스 정리를 이용하면

$\overline{HF'}^2+\overline{FH}^2=\overline{FF'}^2$ → 점 $F(5,0)$, $F'(-5,0)$에서 $\overline{FF'}=10$

$\left(b-\frac{a}{2}\right)^2+\left(\frac{\sqrt{3}}{2}a\right)^2=10^2$

$\therefore a^2-ab+b^2=100$ …… ㉡

㉡−㉠을 하면 $ab=36$

㉡ : $a^2-ab+b^2=100$
−) ㉠ : $a^2-2ab+b^2=64$
㉡−㉠ : $-ab-(-2ab)=100-64$
즉, $ab=36$

Step 2 삼각형 PFF′의 넓이를 구한다.

삼각형 PFF′의 넓이를 S라 하면

$S=\frac{1}{2}\times\overline{PF'}\times\overline{FH}=\frac{1}{2}\times b\times\frac{\sqrt{3}}{2}a=\frac{\sqrt{3}}{4}ab=\frac{\sqrt{3}}{4}\times 36=9\sqrt{3}$

수능포인트

그림과 같이 삼각형 ABC의 넓이 S를 구할 때 $S=\frac{1}{2}ab\sin C$를 이용하여 구할 수 있습니다.

문제에서도 삼각형의 밑변과 높이를 각각 구하지 않고

$\frac{1}{2}\times\overline{PF}\times\overline{PF'}\times\sin 60°=\frac{1}{2}ab\times\frac{\sqrt{3}}{2}$

$=\frac{36\sqrt{3}}{4}=9\sqrt{3}$

과 같이 삼각형의 넓이를 구할 수 있습니다.

→ 삼각형의 두 변의 길이와 그 끼인각의 크기를 알 때 사용할 수 있는 넓이 공식이야.

05 [정답률 65%]

정답 ②

평면 위의 두 점 O_1, O_2 사이의 거리가 1일 때, O_1, O_2를 각각 중심으로 하고 반지름의 길이가 1인 두 원의 교점을 A, B라 하자. 호 AO_2B 위의 점 P와 호 AO_1B 위의 점 Q에 대하여 두 벡터 $\overrightarrow{O_1P}$, $\overrightarrow{O_2Q}$의 내적 $\overrightarrow{O_1P}\cdot\overrightarrow{O_2Q}$의 최댓값을 M, 최솟값을 m이라 할 때, $M+m$의 값은? (3점)

→ $|\overrightarrow{O_1P}|=|\overrightarrow{O_2Q}|=1$

→ 두 벡터의 크기는 동일하므로 두 벡터가 이루는 각의 크기에 의하여 내적의 값이 정해질 거야!

① -1 ② $-\frac{1}{2}$ ③ 0
④ $\frac{1}{4}$ ⑤ 1

Step 1 두 벡터 $\overrightarrow{O_1P}$, $\overrightarrow{O_2Q}$가 이루는 각의 크기를 θ라 하고, 두 벡터의 내적을 구한다.

두 벡터 $\overrightarrow{O_1P}$, $\overrightarrow{O_2Q}$가 이루는 각의 크기를 θ라 하면

$\overrightarrow{O_1P}\cdot\overrightarrow{O_2Q}=|\overrightarrow{O_1P}||\overrightarrow{O_2Q}|\cos\theta$

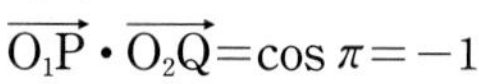

$=1\times1\times\cos\theta$ → 두 원의 반지름의 길이가 1이니까 두 벡터의 크기는 모두 1이야!

$=\cos\theta$

$\cos\theta$의 값이 최소일 때는 점 P가 점 O_2에 있고 점 Q가 점 O_1에 있을 때, 즉 $\theta=\pi$일 때이므로

$\overrightarrow{O_1P}\cdot\overrightarrow{O_2Q}=\cos\pi=-1$

또, $\cos\theta$의 값이 최대일 때는 점 P와 점 Q가 모두 점 A에 있거나 또는 점 B에 있을 때,

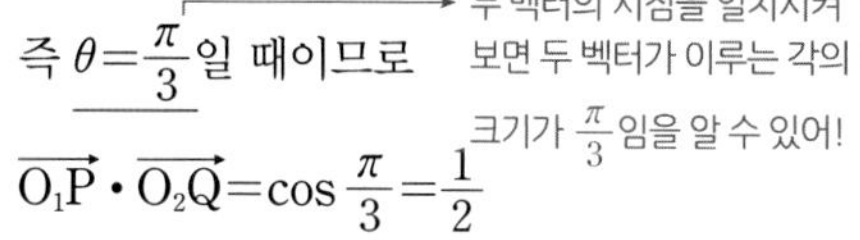

즉 $\theta=\frac{\pi}{3}$일 때이므로 → 두 벡터의 시점을 일치시켜 보면 두 벡터가 이루는 각의 크기가 $\frac{\pi}{3}$임을 알 수 있어!

$\overrightarrow{O_1P}\cdot\overrightarrow{O_2Q}=\cos\frac{\pi}{3}=\frac{1}{2}$

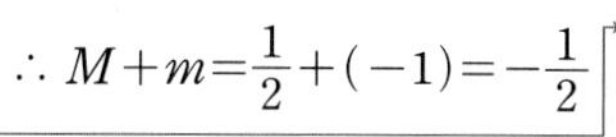

$\therefore M+m=\frac{1}{2}+(-1)=-\frac{1}{2}$ → 양수 θ의 값이 작으면 작을수록 $\cos\theta$의 값은 커진다. 즉, 두 벡터가 이루는 각의 크기가 최소일 때 $\cos\theta$의 값은 최대이다.

다른 풀이 $\cos\theta$의 값의 범위를 구하는 풀이

Step 1 두 벡터 $\overrightarrow{O_1P}$, $\overrightarrow{O_2Q}$가 이루는 각의 cos의 값의 범위를 구한다.

두 벡터 $\overrightarrow{O_1P}$, $\overrightarrow{O_2Q}$가 이루는 각의 크기를 θ라 하면

$\overrightarrow{O_1P}\cdot\overrightarrow{O_2Q}=|\overrightarrow{O_1P}||\overrightarrow{O_2Q}|\cos\theta$

$=1\times1\times\cos\theta$ 중요

$=\cos\theta$

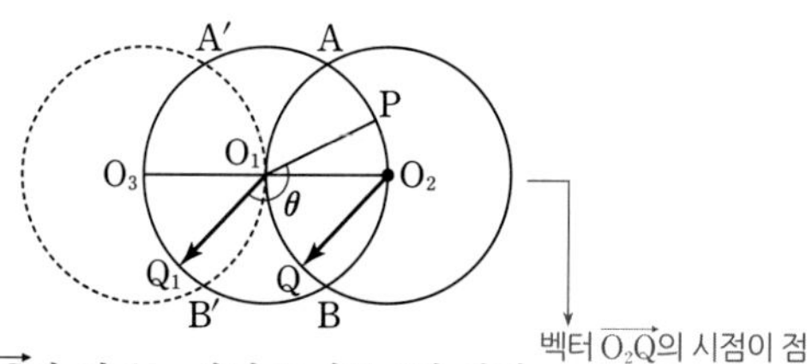

→ 벡터 $\overrightarrow{O_2Q}$의 시점이 점 O_1이 되도록 평행이동한 벡터는 $\overrightarrow{O_1Q_1}$이므로 θ의 크기는 두 벡터 $\overrightarrow{O_1P}$, $\overrightarrow{O_1Q_1}$이 이루는 각의 크기와 같다.

이때 두 점 O_1, O_2를 이은 직선이 중심이 O_1인 원과 만나는 점 중

O_2가 아닌 점을 O_3이라 하고, 점 O_3을 중심으로 하고 반지름의 길이가 1인 원과 원 O_1이 만나는 두 점을 각각 A', B'이라 하자.

네 삼각형 O_1O_2A, O_1BO_2, $O_1A'O_3$, O_1O_3B'이 정삼각형이므로

$\frac{\pi}{3} \le \theta \le \pi$ → θ의 값에 따라 $\cos\theta$의 값이 어떤 범위를 갖는지 파악해야 해!

주의 두 벡터가 이루는 각의 크기는 항상 π 이하이다.

$\therefore -1 \le \cos\theta \le \frac{1}{2}$

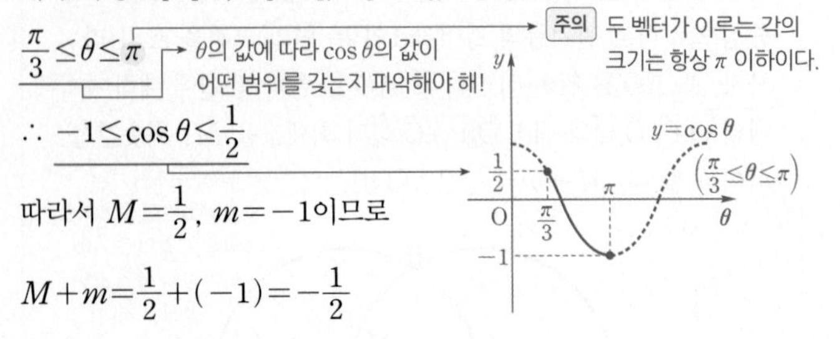

따라서 $M=\frac{1}{2}$, $m=-1$이므로

$M+m=\frac{1}{2}+(-1)=-\frac{1}{2}$

수능포인트

벡터문제 중에 단골문제는 최댓값, 최솟값에 대한 문제입니다. ① 식의 전개를 통해서, ② 작도를 통해서 최댓값을 찾아주는 경우 또는 ①과 ②를 둘 다 사용해야만 풀리는 문제들이 출제되고 있습니다. 크기가 같고 방향이 같으면 모두 같은 벡터라는 성질을 이용하여 기준없이 움직이는 벡터들을 고정점을 경유해 가는 방식으로 풀어봅니다.

06 [정답률 66%] 정답 ②

직선 $y=2$ 위의 점 P에서 타원 $x^2+\frac{y^2}{2}=1$에 그은 두 접선의 기울기의 곱이 $\frac{1}{3}$이다. 점 P의 x좌표를 k라 할 때, k^2의 값은? (4점)

① 6 ② 7 ③ 8
④ 9 ⑤ 10

→ 접선의 방정식을 임의로 잡아 본다.

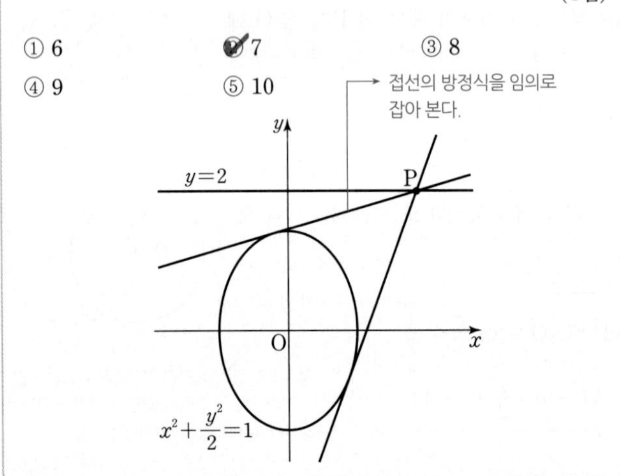

Step 1 타원의 방정식과 접선의 방정식을 연립한 이차방정식의 판별식 D가 $D=0$임을 이용한다.

점 P에서 타원에 그은 접선의 기울기를 m이라 하면, 점 P의 좌표는 P$(k, 2)$이므로 점 P를 지나는 접선의 방정식은 $y=m(x-k)+2$이다.

이 직선이 타원 $x^2+\frac{y^2}{2}=1$에 접하므로 두 식을 연립하면

$x^2+\frac{\{m(x-k)+2\}^2}{2}=1$ ← y 대신 $m(x-k)+2$ 대입!

$2x^2+\{m^2(x-k)^2+4m(x-k)+4\}-2=0$

$(m^2+2)x^2+2(2m-m^2k)x+m^2k^2-4mk+2=0$ ← x에 대하여 내림차순으로 정리하였어.

이때 위의 x에 대한 이차방정식의 판별식을 D라 하면 $D=0$을 만족해야 하므로

$\frac{D}{4}=(2m-m^2k)^2-(m^2+2)(m^2k^2-4mk+2)=0$

$4m^2+m^4k^2-4m^3k-(m^4k^2-4m^3k+2m^2+2m^2k^2-8mk+4)=0$

$2m^2-2m^2k^2+8mk-4=0$

$\therefore (k^2-1)m^2-4km+2=0$ ⋯⋯ ㉠

Step 2 두 접선의 기울기의 곱이 $\frac{1}{3}$임을 이용하여 k^2의 값을 구한다.

두 접선의 기울기의 곱이 $\frac{1}{3}$이므로 m에 대한 이차방정식 ㉠에서 근과 계수의 관계에 의하여

암기 이차방정식 $ax^2+bx+c=0$ ($a\ne0$, a, b, c는 상수)의 두 근이 α, β일 때 $\alpha+\beta=-\frac{b}{a}$, $\alpha\beta=\frac{c}{a}$

$\frac{2}{k^2-1}=\frac{1}{3}$

$6=k^2-1$

$\therefore k^2=7$

07 [정답률 42%] 정답 13

→ 이 문제에서 나온 구는 총 2개이다. 두 개의 구의 위치 관계에 따라 접근 방식이 달라질 테니, 일단 이를 파악해본다.

좌표공간에서 구

$$S:(x-1)^2+(y-1)^2+(z-1)^2=4$$

위를 움직이는 점 P가 있다. 점 P에서 구 S에 접하는 평면이 구 $x^2+y^2+z^2=16$과 만나서 생기는 도형의 넓이의 최댓값은 $(a+b\sqrt{3})\pi$이다. $a+b$의 값을 구하시오. (단, a, b는 자연수이다.) (4점)

평면과 구가 만나서 생기는 도형은 원이야.

Step 1 두 구의 위치 관계를 파악한다.

→ 구 S의 방정식이 표준형으로 나와 있어서 구 S의 중심의 좌표와 반지름의 길이를 바로 구할 수 있어.

구 S는 중심이 A$(1, 1, 1)$이고, 반지름의 길이는 2이다.

또, 구 $x^2+y^2+z^2=16$을 구 O라 하면 구 O의 중심의 좌표는 O$(0, 0, 0)$이고, 반지름의 길이는 4이다.

이때 $\overline{OA}=\sqrt{1^2+1^2+1^2}=\sqrt{3}$인데, ← 두 구의 중심 사이의 거리

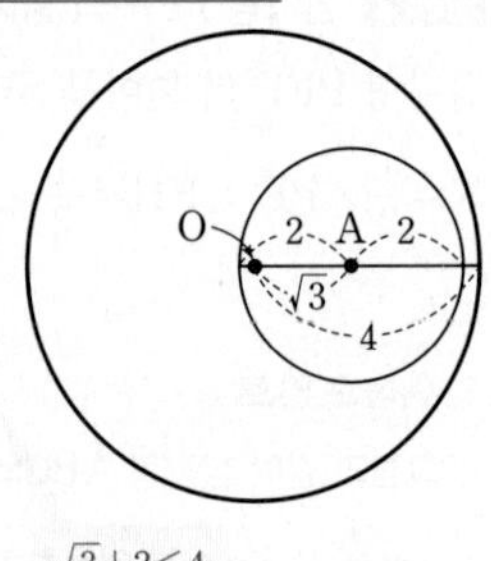

선분 OA의 길이와 구 S의 반지름의 길이의 합이 구 O의 반지름의 길이보다 작기 때문에 구 S는 구 O의 내부에 있다. $\sqrt{3}+2<4$

또한, 두 구 S와 O의 중심 사이의 거리는 $\sqrt{3}$인데, $\sqrt{3}<2$

이 길이가 구 S의 반지름의 길이보다 작기 때문에 구 O의 중심은 구 S의 내부에 있다. → 관계가 복잡하니, 헷갈리지 않도록 주의해야 해!

Step 2 구 S에 접하는 평면이 구 O와 만나서 생기는 도형이 최대가 될 조건을 알아보고, 그 값을 구한다.

→ 그림을 함께 보며 이해

구 S 위의 점 P에서 구 S에 접하는 평면이 구 O와 만나서 생기는 도형은 원이고, 중심 O에서 구 S에 접하는 평면에 내린 수선의 발 H가 원의 중심이 된다.

원이 속하는 평면을 α, 원 위의 한 점을 B, 원의 반지름의 길이를 r라 할 때, 삼각형 BHO에 대하여 피타고라스 정리를 이용하면

$\overline{BH}^2=\overline{OB}^2-\overline{OH}^2$, $\overline{BH}=r$, $\overline{OB}=4$

이므로

$r^2=4^2-\overline{OH}^2=16-\overline{OH}^2$

즉, 원의 넓이가 최대가 되려면 선분 OH의 길이가 최소이어야 하고 → 원의 넓이는 $\pi r^2=(16-\overline{OH}^2)\pi$이므로

선분 OH의 길이가 최소가 될 때는 두 구의 중심 O, A와 점 P가 P, O, A 순으로 일직선이 될 때이므로 $\overline{OH}$의 최솟값은

$\overline{AP}-\overline{AO}=2-\sqrt{3}$이다.

이 부분은 직관적 이해가 필요한 부분이야. 그림을 집중해서 보고 이해하려 해 봐!

$\therefore r^2=16-(2-\sqrt{3})^2$

$=16-(7-4\sqrt{3})$

$=9+4\sqrt{3}$

즉, 원의 넓이의 최댓값은

$\pi r^2=(9+4\sqrt{3})\pi$

즉, $a=9$, $b=4$이므로 $a+b=13$

08 [정답률 11%]

정답 53

세 점 P, Q, R가 모두 다 움직여서 어렵게 느껴졌을 거야. 푸는 방법만 잘 숙지한다면 어렵지 않으니 꼼꼼하게 푼다.

좌표평면에서 넓이가 9인 삼각형 ABC의 세 변 AB, BC, CA 위를 움직이는 점을 각각 P, Q, R라 할 때,

$$\overrightarrow{AX}=\frac{1}{4}(\overrightarrow{AP}+\overrightarrow{AR})+\frac{1}{2}\overrightarrow{AQ}$$

를 만족시키는 점 X가 나타내는 영역의 넓이가 $\frac{q}{p}$이다. $p+q$의 값을 구하시오. (단, p와 q는 서로소인 자연수이다.) (4점)

Step 1 주어진 식을 변형하여 $\overrightarrow{AM}=\frac{\overrightarrow{AP}+\overrightarrow{AR}}{2}$를 만족하는 점 M이 나타내는 영역을 구한다.

$\overrightarrow{AX}=\frac{1}{4}(\overrightarrow{AP}+\overrightarrow{AR})+\frac{1}{2}\overrightarrow{AQ}$

$=\frac{1}{2}\left(\frac{\overrightarrow{AP}+\overrightarrow{AR}}{2}\right)+\frac{1}{2}\overrightarrow{AQ}$

두 점 P, R를 이은 선분 PR의 중점을 M이라 하면

$\overrightarrow{AM}=\frac{\overrightarrow{AP}+\overrightarrow{AR}}{2}$

이를 만족하는 점 M이 나타내는 영역을 구하면 다음과 같다. → 두 점 P, R가 모두 움직일 수 있어서 점 M이 나타내는 부분이 영역이 돼.

(i) 두 점 P, R가 모두 점 A에 있는 경우

두 점 P, R가 모두 점 A에 있으니 중점 M도 점 A에 있어.

(ii) 두 점 P, R가 각각 점 A, 점 C에 있는 경우

$\overrightarrow{AM}=\frac{1}{2}\overrightarrow{AC}$가 돼. 즉, 점 M의 위치는 변 AC의 중점이 될 거야.

(iii) 두 점 P, R가 각각 점 B, 점 A에 있는 경우

(iv) 두 점 P, R가 각각 점 B, 점 C에 있는 경우

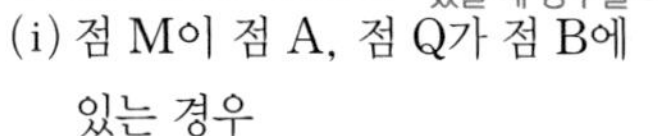

(i)~(iv)에서 점 M이 나타내는 영역은 오른쪽 그림과 같다.
(세 점 A′, B′, C′은 각각 세 변 AB, BC, CA의 중점이다.)

점 M이 나타내는 영역이야.

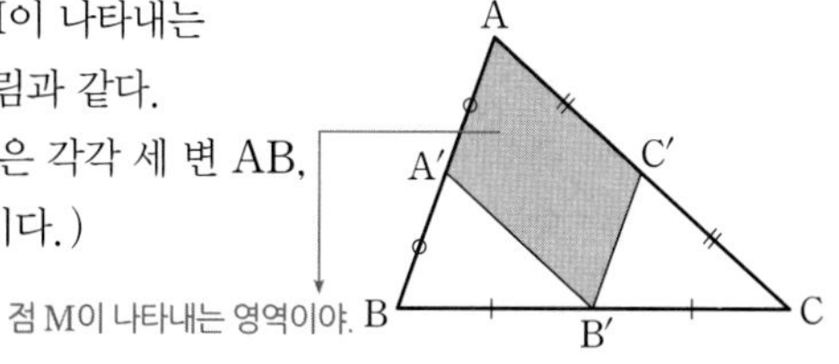

Step 2 등식을 이용하여 점 X의 위치를 판단하고 점 X가 나타내는 영역의 넓이를 구한다.

$\overrightarrow{AX}=\frac{1}{2}\overrightarrow{AM}+\frac{1}{2}\overrightarrow{AQ}=\frac{\overrightarrow{AM}+\overrightarrow{AQ}}{2}$

이므로 점 X는 두 점 M, Q를 이은 선분 MQ의 중점이다.

Step 1에서 구한 점 M의 영역에 따라 점 X가 나타내는 영역을 구하면 다음과 같다. 점 M이 네 점 A, A′, B′, C′에 있을 때와 점 Q가 두 점 B, C에 있을 때 경우를 나누어 각각 점 X의 위치를 파악할 거야.

(i) 점 M이 점 A, 점 Q가 점 B에 있는 경우

두 점 A, B를 이은 선분 AB의 중점

(ii) 점 M이 점 A′, 점 Q가 점 B에 있는 경우

두 점 A′, B를 이은 선분 A′B의 중점

(iii) 점 M이 점 B′, 점 Q가 점 B에 있는 경우

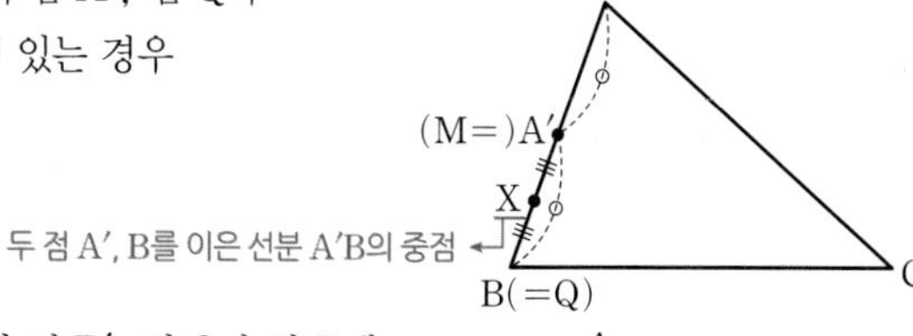

(iv) 점 M이 점 B′, 점 Q가 점 C에 있는 경우

(v) 점 M이 점 C′, 점 Q가 점 C에 있는 경우

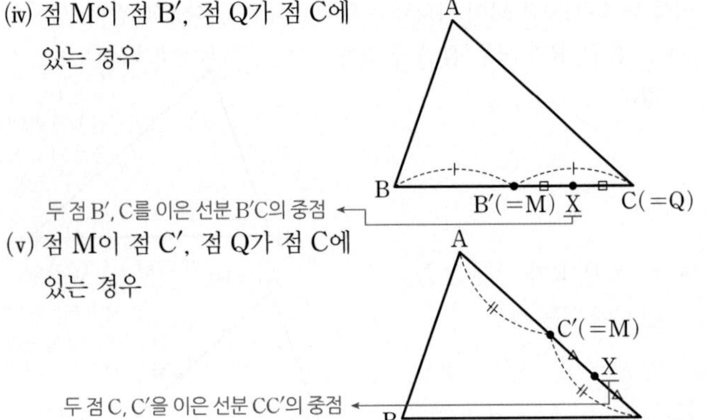

(vi) 점 M이 점 A, 점 Q가 점 C에 있는 경우

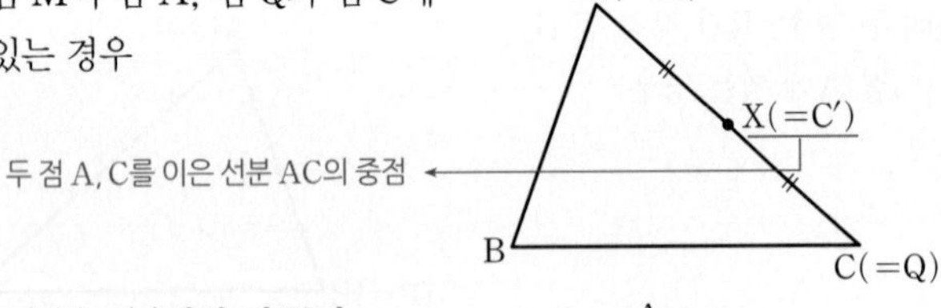

따라서 (i)~(vi)에서 점 X가 나타내는 영역은 오른쪽 그림과 같다.

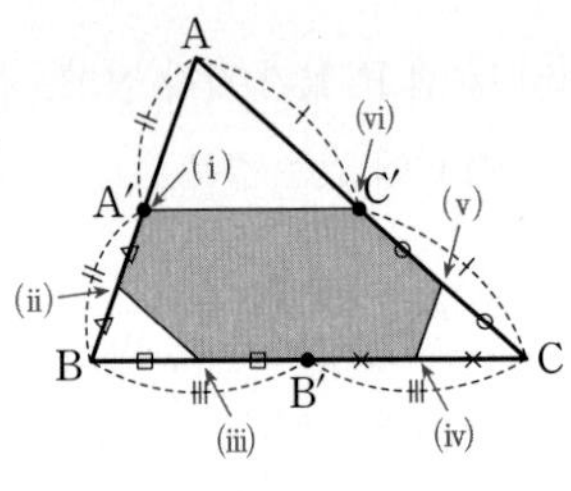

Step 3 닮음을 이용하여 넓이를 구한다.

오른쪽 그림과 같이 각 삼각형을 S_1, S_2, S_3이라 하면 넓이의 비는

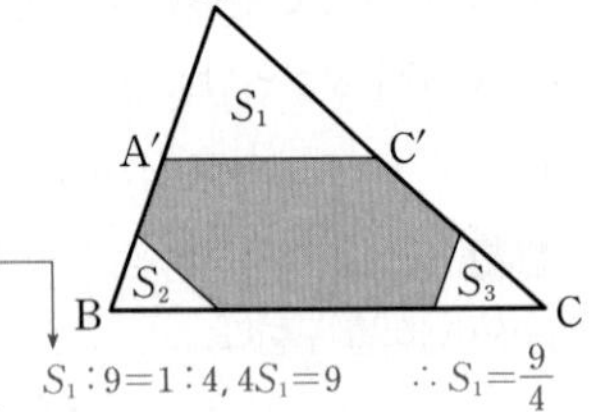

$S_1 : \triangle ABC = 1 : 4$ $\quad \therefore S_1 = \frac{9}{4}$

→ 닮음비가 1 : 2이므로 넓이의 비는 1 : 4야.

→ $S_1 : 9 = 1 : 4,\ 4S_1 = 9 \quad \therefore S_1 = \frac{9}{4}$

$S_2 : \triangle ABC = S_3 : \triangle ABC = 1 : 16$

→ 닮음비가 1 : 4이므로 넓이의 비는 1 : 16이야.

$\therefore S_2 = S_3 = \frac{9}{16}$

→ $\triangle ABC = 9$를 대입한 후 정리

$\therefore$ (구하는 넓이)$= 9 - (S_1 + S_2 + S_3) = 9 - \left(\frac{9}{4} + \frac{9}{16} + \frac{9}{16}\right) = \frac{45}{8}$

따라서 $p=8$, $q=45$이므로 $\quad 9 - \frac{36+9+9}{16} = 9 - \frac{54}{16} = 9 - \frac{27}{8} = \frac{72-27}{8} = \frac{45}{8}$

$p+q = 8+45 = 53$

→ $\frac{q}{p} = \frac{45}{8}$이므로 $p=8$, $q=45$

3회 기하 기출 미니모의고사

01	②	02	③	03	③	04	③	05	③
06	⑤	07	17	08	32				

01 [정답률 91%] 정답 ②

좌표공간의 두 점 A(2, 0, 1), B(3, 2, 0)에서 같은 거리에 있는 y축 위의 점의 좌표가 $(0, a, 0)$일 때, a의 값은? (2점)

① 1 ② 2 ③ 3 ④ 4 ⑤ 5

Step 1 좌표공간에서 두 점 사이의 거리 공식을 이용한다.

두 점 A(2, 0, 1), $(0, a, 0)$ 사이의 거리는

$\sqrt{(2-0)^2+(0-a)^2+(1-0)^2} = \sqrt{a^2+5}$

두 점 B(3, 2, 0), $(0, a, 0)$ 사이의 거리는

$\sqrt{(3-0)^2+(2-a)^2+(0-0)^2}$

$= \sqrt{9+(a^2-4a+4)} = \sqrt{a^2-4a+13}$

두 거리가 서로 같으므로

$\sqrt{a^2+5} = \sqrt{a^2-4a+13}$

양변을 제곱하면 $a^2+5 = a^2-4a+13$

$4a = 8 \quad \therefore a = 2$

→ 근호를 제거해 준다.

암기 두 점 (x_1, y_1, z_1), (x_2, y_2, z_2) 사이의 거리는 $\sqrt{(x_2-x_1)^2+(y_2-y_1)^2+(z_2-z_1)^2}$

02 [정답률 92%] 정답 ③

한 변의 길이가 10인 마름모 ABCD에 대하여 대각선 BD를 장축으로 하고, 대각선 AC를 단축으로 하는 타원의 두 초점 사이의 거리가 $10\sqrt{2}$이다. 마름모 ABCD의 넓이는? (3점)

① $55\sqrt{3}$ ② $65\sqrt{2}$ ③ $50\sqrt{3}$ ④ $45\sqrt{3}$ ⑤ $45\sqrt{2}$

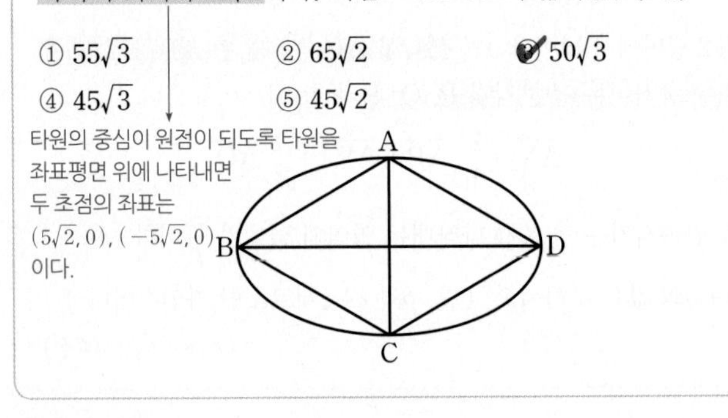

타원의 중심이 원점이 되도록 타원을 좌표평면 위에 나타내면 두 초점의 좌표는 $(5\sqrt{2}, 0)$, $(-5\sqrt{2}, 0)$이다.

Step 1 마름모의 두 대각선의 길이를 각각 $2a$, $2b$로 놓고, a, b 사이의 관계식을 구한다.

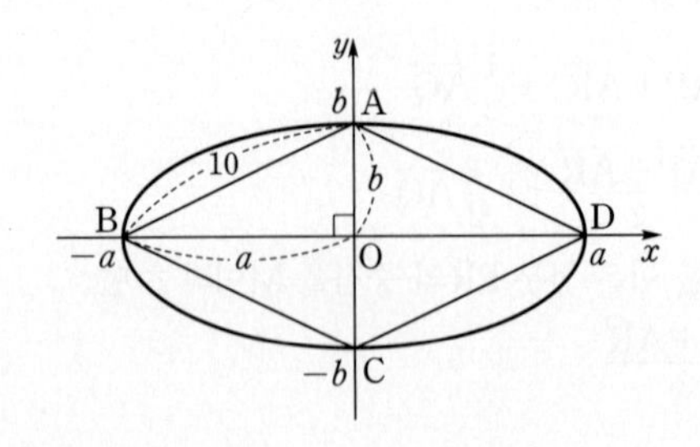

마름모 ABCD에 대하여 대각선 BD의 길이를 $2a$, 대각선 AC의 길이를 $2b$라 하면 마름모의 한 변의 길이가 10이므로
(→ 타원의 장축의 길이) (→ 타원의 단축의 길이)

$a^2+b^2=10^2$ …… ㉠

타원의 중심을 $(0, 0)$이라 하면 타원의 두 초점 사이의 거리가 $10\sqrt{2}$이므로 (→ 초점의 x좌표를 이용)

$a^2-b^2=(5\sqrt{2})^2$ …… ㉡ (→ 타원의 성질)

Step 2 식을 연립하여 a, b의 값을 구한다.

㉠+㉡을 하면

$2a^2=150$, $a^2=75$

$\therefore a=5\sqrt{3}$ ($\because a>0$)

$a=5\sqrt{3}$을 ㉠에 대입하면 → $a^2+b^2=10^2$

$b^2=25$ $\quad\therefore b=5$ ($\because b>0$)

$(5\sqrt{3})^2+b^2=10^2$
$\therefore b^2=10^2-(5\sqrt{3})^2=100-75=25$

Step 3 마름모 ABCD의 넓이를 구한다.

마름모 ABCD의 넓이는

$\frac{1}{2}\times 2a\times 2b=2ab=2\times 5\sqrt{3}\times 5=50\sqrt{3}$

(마름모의 넓이)$=\frac{1}{2}\times$(두 내각선의 길이의 곱)
$=\frac{1}{2}\times 2a\times 2b$

03 [정답률 96%]

정답 ③

(→ 포물선 $y^2=4px$의 준선의 방정식은 $x=-p$야.)

포물선 $y^2=4x$ 위의 점 A$(4, 4)$에서의 접선을 l이라 하자. 직선 l과 포물선의 준선이 만나는 점을 B, 직선 l과 x축이 만나는 점을 C, 포물선의 준선과 x축이 만나는 점을 D라 하자. 삼각형 BCD의 넓이는? (3점)

(접선 l의 방정식을 구한다.) ($x=-1$)

① $\frac{7}{4}$ ② 2 ③ $\frac{9}{4}$

④ $\frac{5}{2}$ ⑤ $\frac{11}{4}$

Step 1 포물선의 접선의 방정식을 구하는 공식을 사용하여 접선의 방정식을 구한다.

암기 포물선 $y^2=4px$ 위의 점 (a, b)에서의 접선의 방정식은 $by=2p(x+a)$

포물선 $y^2=4x$ 위의 점 A$(4, 4)$에서의 접선 l의 방정식은

$4y=2(x+4)$ $\quad\therefore y=\frac{1}{2}x+2$

한편, $y^2=4\times 1\times x$에서 준선의 방정식은 $x=-1$이고 점 B는 직선 l 위의 점이므로 (→ x좌표는 -1이다.)

B$\left(-1, \frac{1}{2}\times(-1)+2\right)$, 즉 B$\left(-1, \frac{3}{2}\right)$

점 C의 x좌표는 직선 l의 x절편이므로 $y=\frac{1}{2}x+2$에 $y=0$을 대입하여 점 C의 좌표를 구하면 C$(-4, 0)$

$\therefore \triangle BCD=\frac{1}{2}\times\overline{CD}\times\overline{BD}=\frac{1}{2}\times 3\times\frac{3}{2}=\frac{9}{4}$

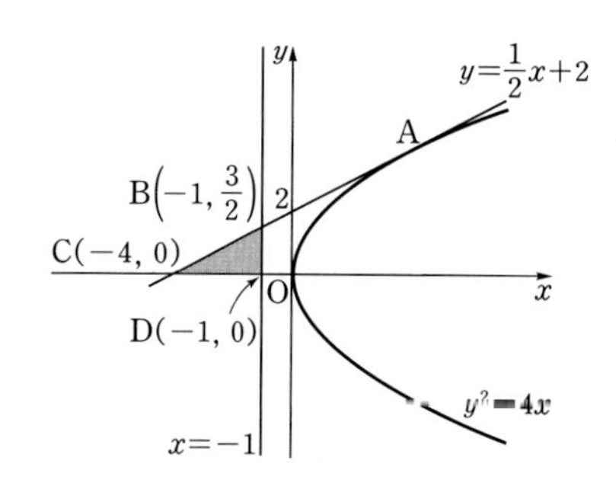

04 [정답률 73%]

정답 ③

한 변의 길이가 3인 정삼각형 ABC에서 변 AB를 2 : 1로 내분하는 점을 D라 하고, 변 AC를 3 : 1과 1 : 3으로 내분하는 점을 각각 E, F라 할 때, $|\overrightarrow{BF}+\overrightarrow{DE}|^2$의 값은? (3점)

($\overline{AD}=\frac{2}{3}\overline{AB}$) ($\overline{AE}=\frac{3}{4}\overline{AC}$, $\overline{AF}=\frac{1}{4}\overline{AC}$)

① 17 ② 18 ③ 19

④ 20 ⑤ 21

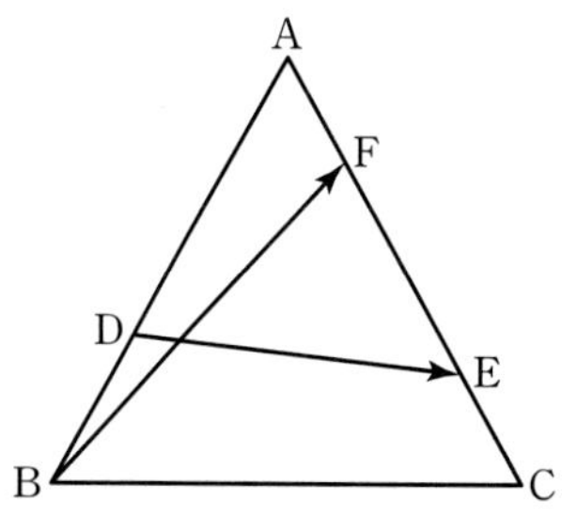

Step 1 벡터의 뺄셈을 이용하여 $\overrightarrow{BF}$와 $\overrightarrow{DE}$를 두 벡터 $\overrightarrow{AB}$, $\overrightarrow{AC}$로 나타내고, 주어진 식에 대입한다.

$\overrightarrow{AB}=\vec{a}$, $\overrightarrow{AC}=\vec{b}$라 하면

$\overrightarrow{AD}=\frac{2}{3}\vec{a}$, $\overrightarrow{AF}=\frac{1}{4}\vec{b}$, $\overrightarrow{AE}=\frac{3}{4}\vec{b}$

벡터의 뺄셈에 의하여

$\overrightarrow{BF}=\overrightarrow{AF}-\overrightarrow{AB}$

$=\frac{1}{4}\vec{b}-\vec{a}$

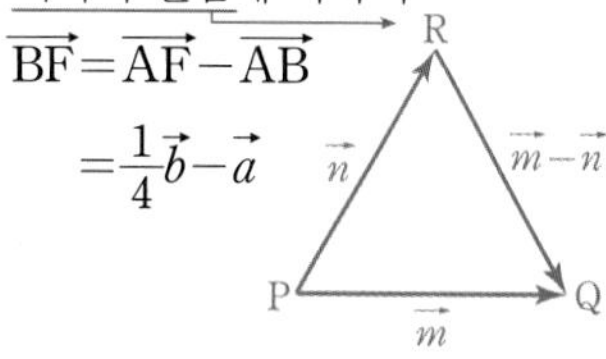

두 벡터 $\vec{m}$, $\vec{n}$에 대하여 $\overrightarrow{PQ}=\vec{m}$, $\overrightarrow{PR}=\vec{n}$일 때, $\vec{m}-\vec{n}=\overrightarrow{PQ}-\overrightarrow{PR}=\overrightarrow{RQ}$

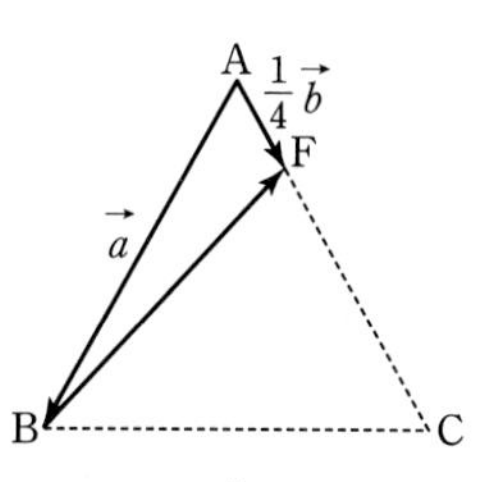

$\overrightarrow{DE}=\overrightarrow{AE}-\overrightarrow{AD}$

$=\frac{3}{4}\vec{b}-\frac{2}{3}\vec{a}$

정삼각형의 한 내각의 크기는 $\frac{\pi}{3}$이다.

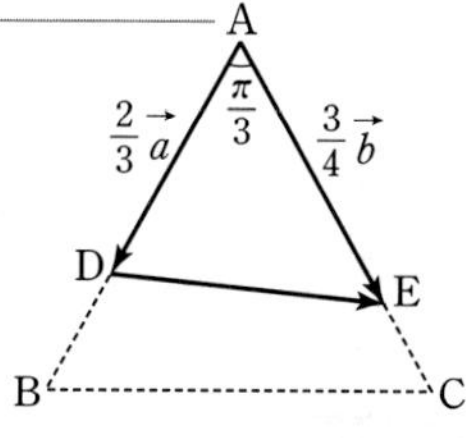

이때 $|\vec{a}|=|\vec{b}|=3$, $\vec{a}\cdot\vec{b}=|\vec{a}||\vec{b}|\cos\frac{\pi}{3}=3\times 3\times\frac{1}{2}=\frac{9}{2}$이므로

$|\overrightarrow{BF}+\overrightarrow{DE}|^2=\left|\left(\frac{1}{4}\vec{b}-\vec{a}\right)+\left(\frac{3}{4}\vec{b}-\frac{2}{3}\vec{a}\right)\right|^2$

암기 두 벡터 $\vec{a}$, $\vec{b}$가 이루는 각의 크기가 θ일 때, $\vec{a}\cdot\vec{b}=|\vec{a}||\vec{b}|\cos\theta$ (단, $0\le\theta\le\pi$)

암기 벡터 $\vec{a}$에 대하여 $\vec{a}\cdot\vec{a}=|\vec{a}||\vec{a}|\cos 0=|\vec{a}|^2$

계산 주의

$$=\left|\vec{b}-\frac{5}{3}\vec{a}\right|^2$$
$$=|\vec{b}|^2-\frac{10}{3}\vec{a}\cdot\vec{b}+\frac{25}{9}|\vec{a}|^2$$
$$=3^2-\frac{10}{3}\times\frac{9}{2}+\frac{25}{9}\times 3^2$$
$$=9-15+25$$
$$=19$$

✪ 다른 풀이 평면벡터의 성분에 의한 연산을 이용한 풀이

Step 1 삼각형 ABC를 좌표평면 위에 나타낸다.

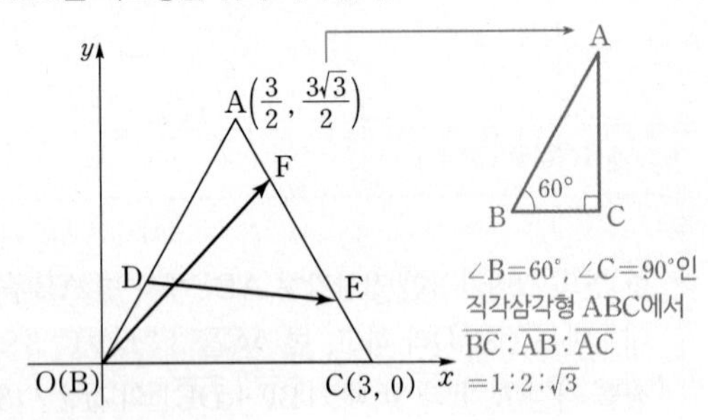

$\angle B=60°$, $\angle C=90°$인 직각삼각형 ABC에서 $\overline{BC}:\overline{AB}:\overline{AC}=1:2:\sqrt{3}$

삼각형 ABC를 점 B를 원점으로 하고 점 C가 x축 위에 존재하도록 좌표평면 위에 나타내면 정삼각형의 한 변의 길이가 3이므로

점 C(3, 0)이고, 점 A$\left(\frac{3}{2}, \frac{3\sqrt{3}}{2}\right)$이다.

중요 두 점 A(x_1, y_1), B(x_2, y_2)에 대하여 선분 AB를 $m:n$으로 내분하는 점을 M이라 하면 M$\left(\frac{mx_2+nx_1}{m+n}, \frac{my_2+ny_1}{m+n}\right)$이다. (단, $m>0$, $n>0$)

점 D는 선분 AB를 2 : 1로 내분하는 점이므로

D$\left(\frac{2\times0+1\times\frac{3}{2}}{2+1}, \frac{2\times0+1\times\frac{3\sqrt{3}}{2}}{2+1}\right)$에서 D$\left(\frac{1}{2}, \frac{\sqrt{3}}{2}\right)$

두 점 E, F는 변 AC를 각각 3 : 1과 1 : 3으로 내분하는 점이므로

E$\left(\frac{3\times3+1\times\frac{3}{2}}{3+1}, \frac{3\times0+1\times\frac{3\sqrt{3}}{2}}{3+1}\right)$에서 E$\left(\frac{21}{8}, \frac{3\sqrt{3}}{8}\right)$

F$\left(\frac{1\times3+3\times\frac{3}{2}}{1+3}, \frac{1\times0+3\times\frac{3\sqrt{3}}{2}}{1+3}\right)$에서 F$\left(\frac{15}{8}, \frac{9\sqrt{3}}{8}\right)$

Step 2 벡터의 뺄셈을 이용하여 $\overrightarrow{BF}$와 $\overrightarrow{DE}$를 구한다.

따라서

$\overrightarrow{BF}=\left(\frac{15}{8}, \frac{9\sqrt{3}}{8}\right)$, → 벡터의 성분의 연산에서는 x성분, y성분끼리 따로 계산하면 돼!

$\overrightarrow{DE}=\overrightarrow{BE}-\overrightarrow{BD}=\left(\frac{21}{8}, \frac{3\sqrt{3}}{8}\right)-\left(\frac{1}{2}, \frac{\sqrt{3}}{2}\right)=\left(\frac{17}{8}, -\frac{\sqrt{3}}{8}\right)$

이므로

$\overrightarrow{BF}+\overrightarrow{DE}=\left(\frac{15}{8}+\frac{17}{8}, \frac{9\sqrt{3}}{8}-\frac{\sqrt{3}}{8}\right)=\left(\frac{32}{8}, \frac{8\sqrt{3}}{8}\right)=(4, \sqrt{3})$

$\therefore |\overrightarrow{BF}+\overrightarrow{DE}|^2=\{\sqrt{4^2+(\sqrt{3})^2}\}^2=19$ → 벡터 $\vec{a}=(x, y)$의 크기는 $|\vec{a}|=\sqrt{x^2+y^2}$

알아야 할 기본개념

벡터의 덧셈

$\vec{a}=\overrightarrow{AB}$, $\vec{b}=\overrightarrow{BC}$일 때, 벡터 $\overrightarrow{AC}$로 나타내어지는 벡터 $\vec{c}$를 두 벡터 $\vec{a}$, $\vec{b}$의 합이라 하고, 기호로 $\vec{c}=\vec{a}+\vec{b}$ 또는 $\overrightarrow{AC}=\overrightarrow{AB}+\overrightarrow{BC}$로 나타낸다.

벡터의 뺄셈

① 두 벡터 $\vec{a}$, $\vec{b}$에 대하여 $\vec{b}+\vec{x}=\vec{a}$를 만족시키는 벡터 $\vec{x}$를 $\vec{a}$에서 $\vec{b}$를 뺀 차라 하고, 이것을 기호로 $\vec{x}=\vec{a}-\vec{b}$와 같이 나타낸다.

② $\overrightarrow{AB}=\vec{a}$, $\overrightarrow{AC}=\vec{b}$일 때, $\overrightarrow{AC}+\overrightarrow{CB}=\overrightarrow{AB}$이므로 $\vec{b}+\overrightarrow{CB}=\vec{a}$에서

$\vec{a}-\vec{b}=\overrightarrow{AB}-\overrightarrow{AC}=\overrightarrow{CB}$ 암기

벡터의 내적

영벡터가 아닌 두 벡터 $\vec{a}$, $\vec{b}$에 대하여 $\vec{a}=\overrightarrow{OA}$, $\vec{b}=\overrightarrow{OB}$인 세 점 O, A, B를 잡을 때, $\angle AOB=\theta\ (0\le\theta\le\pi)$를 두 벡터 $\vec{a}$, $\vec{b}$가 이루는 각의 크기라 한다. 평면에서 영벡터가 아닌 두 벡터 $\vec{a}$, $\vec{b}$가 이루는 각의 크기가 θ일 때,

$\vec{a}\cdot\vec{b}=|\vec{a}||\vec{b}|\cos\theta$

를 두 벡터의 내적이라 한다.

> **수능포인트**
>
> 합벡터의 크기를 구하는 방법은 다음의 3가지입니다.
>
> ① 작도를 이용
>
> ② 벡터의 성분을 이용
>
> ③ 벡터의 내적을 이용한 계산
>
> 이 문제를 성분을 이용하여 푸는 방법 외에도 작도와 내적을 이용하여 푸는 방법도 알아두어야 합니다.

05

정답 ③

정육면체 ABCD−EFGH에서 평면 AFG와 평면 AGH가 이루는 각의 크기를 θ라 할 때, $\cos^2\theta$의 값은? (3점)

주의 $\cos\theta$가 아닌 $\cos^2\theta$의 값을 구해야 해.

① $\frac{1}{6}$ ② $\frac{1}{5}$ ③ $\frac{1}{4}$ ④ $\frac{1}{3}$ ⑤ $\frac{1}{2}$

Step 1 정육면체의 한 변의 길이를 k로 놓고 평면 AFG, 평면 AGH의 각 선분의 길이를 k에 대한 식으로 나타낸다.

정육면체 ABCD−EFGH의 한 모서리의 길이를 k라 하면

$\overline{AF}=\overline{AH}=\sqrt{2}k$, $\overline{FG}=\overline{GH}=k$, $\overline{AG}=\sqrt{3}k$

이때 두 삼각형 AFG, AHG는 합동이므로 두 점 F, H와 선분 AG 사이의 거리는 같다. → 대응하는 세 변의 길이가 서로 같아.

Step 2 두 점 F, H와 선분 AG 사이의 거리를 구한다.

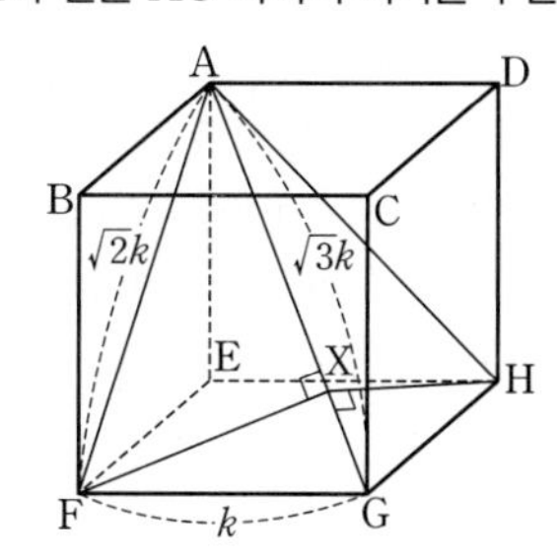

위 그림과 같이 두 점 F, H에서 선분 AG에 내린 수선의 발을 X라 하면 두 평면 AFG와 AGH가 이루는 각의 크기 θ는 각 FXH의 크기와 같다.

삼각형 AFG는 직각삼각형이므로

$\triangle AFG=\frac{1}{2}\times\overline{AF}\times\overline{FG}=\frac{1}{2}\times\overline{AG}\times\overline{FX}$에서

$\overline{AF}\times\overline{FG}=\overline{AG}\times\overline{FX}$ → 삼각형의 넓이를 이와 같이 두 가지 방법으로 구할 수 있어.

$\sqrt{2}k\times k=\sqrt{3}k\times\overline{FX}$

$\therefore \overline{FX}=\frac{\sqrt{2}k^2}{\sqrt{3}k}=\frac{\sqrt{6}}{3}k$

Step 3 코사인법칙을 이용하여 $\cos\theta$의 값을 구한다.

두 선분 FX, HX의 길이는 서로 같으므로

$\overline{HX}=\overline{FX}=\frac{\sqrt{6}}{3}k$

선분 FH는 정사각형 EFGH의 대각선이므로 $\overline{FH}=\sqrt{2}k$

따라서 삼각형 FHX에서 코사인법칙을 이용하면 → $\cos A=\frac{b^2+c^2-a^2}{2bc}$

$$\cos\theta=\frac{\overline{FX}^2+\overline{HX}^2-\overline{FH}^2}{2\times\overline{FX}\times\overline{HX}}$$

$$=\frac{\left(\frac{\sqrt{6}}{3}k\right)^2+\left(\frac{\sqrt{6}}{3}k\right)^2-(\sqrt{2}k)^2}{2\times\frac{\sqrt{6}}{3}k\times\frac{\sqrt{6}}{3}k}$$

$$=\frac{-\frac{2}{3}k^2}{\frac{4}{3}k^2}=-\frac{1}{2}$$

→ k는 약분되어 사라지기 때문에 모서리의 길이는 중요하지 않아.

$\therefore \cos^2\theta=\left(-\frac{1}{2}\right)^2=\frac{1}{4}$

06 [정답률 82%] 정답 ⑤

두 초점이 F, F′인 쌍곡선 $x^2-\frac{y^2}{3}=1$ 위의 점 P가 다음 조건을 만족시킨다.

→ 점 P의 x, y좌표가 모두 양수야.

(가) 점 P는 제1사분면에 있다.
(나) 삼각형 PF′F가 이등변삼각형이다.

주의: 삼각형 PF′F의 세 변 중 어느 두 변의 길이가 같은지는 직접 알아봐야 해.

삼각형 PF′F의 넓이를 a라 할 때, 모든 a의 값의 곱은? (4점)

① $3\sqrt{77}$　② $6\sqrt{21}$　③ $9\sqrt{10}$
④ $21\sqrt{2}$　⑤ $3\sqrt{105}$

→ 'a의 값이 하나는 아니구나' 하고 예측할 수 있어.

Step 1 주어진 쌍곡선의 초점의 좌표를 구한다.

쌍곡선 $x^2-\frac{y^2}{3}=1$의 초점을 $F(k,\ 0)$, $F'(-k,\ 0)$ $(k>0)$이라 하면 $k=\sqrt{1+3}=2$

따라서 $F(2,\ 0)$, $F'(-2,\ 0)$이고 $\overline{FF'}=4$이다.

Step 2 삼각형 PF′F가 이등변삼각형이 될 때를 두 가지 경우로 나누어 각각 넓이를 구한다.

이때 삼각형 PF′F에서 점 P는 제1사분면에 있는 점이므로 $\overline{PF'}>\overline{PF}$이고 이 삼각형이 이등변삼각형인 경우는 다음 두 가지이다. → 즉, 삼각형 PF′F는 $\overline{PF'}=\overline{PF}$인 이등변삼각형이 될 수 없어.

(i) $\overline{PF'}=\overline{FF'}$인 경우 → $\overline{PF'}=\overline{FF'}=4$

쌍곡선의 정의에 의하여 $\overline{PF'}-\overline{PF}=2$이고 $\overline{FF'}=4$이므로

$\overline{PF}=\overline{PF'}-2$

$=\overline{FF'}-2=2$

이때 삼각형 PF′F의 꼭짓점 F′에서 변 PF에 내린 수선의 발을 H라 하면 직각삼각형 HF′F에서

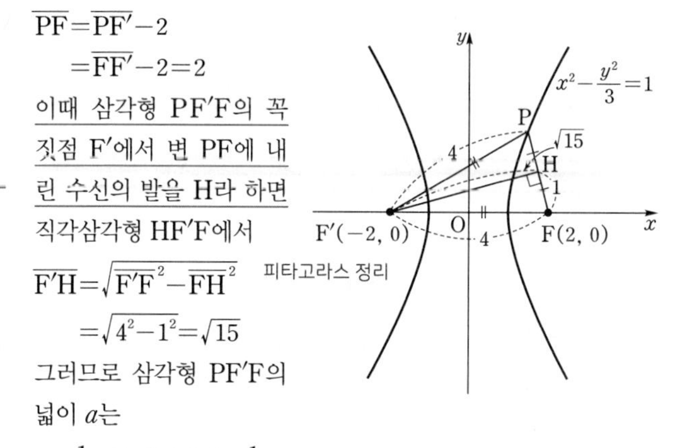

$\overline{F'H}=\sqrt{\overline{F'F}^2-\overline{FH}^2}$ 피타고라스 정리

$=\sqrt{4^2-1^2}=\sqrt{15}$

그러므로 삼각형 PF′F의 넓이 a는

$a=\frac{1}{2}\times\overline{PF}\times\overline{F'H}=\frac{1}{2}\times2\times\sqrt{15}=\sqrt{15}$

→ 이와 같이 이등변삼각형의 넓이를 구할 때는 수선의 발을 내려서 삼각형의 높이를 구하는 경우가 많아.

(ii) $\overline{PF}=\overline{FF'}$인 경우

$\overline{PF'}-\overline{PF}=2$이고 $\overline{FF'}=4$이므로

$\overline{PF'}=\overline{PF}+2$

$=\overline{FF'}+2=6$

이때 삼각형 PF′F의 꼭짓점 F에서 변 PF′에 내린 수선의 발을 H′이라 하면 직각삼각형 H′F′F에서

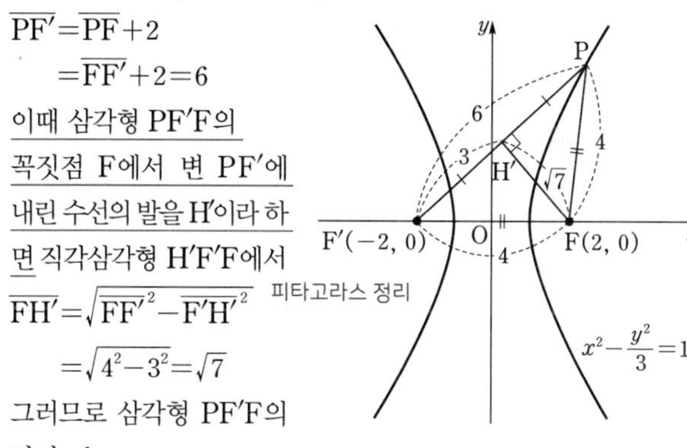

$\overline{FH'}=\sqrt{\overline{FF'}^2-\overline{F'H'}^2}$ 피타고라스 정리

$=\sqrt{4^2-3^2}=\sqrt{7}$

그러므로 삼각형 PF′F의 넓이 a는

$a=\frac{1}{2}\times\overline{PF'}\times\overline{FH'}=\frac{1}{2}\times6\times\sqrt{7}=3\sqrt{7}$

(i), (ii)에서 모든 a의 값의 곱은

$\sqrt{15}\times3\sqrt{7}=3\sqrt{105}$

07 [정답률 14%] 정답 17

식을 적당히 변형하여 고정된 벡터들의 내적값을 이용한다.

그림과 같이 평면 위에 정삼각형 ABC와 선분 AC를 지름으로 하는 원 O가 있다. 선분 BC 위의 점 D를 $\angle DAB=\frac{\pi}{15}$가 되도록 정한다. 점 X가 원 O 위를 움직일 때, 두 벡터 $\overrightarrow{AD}$, $\overrightarrow{CX}$의 내적 $\overrightarrow{AD}\cdot\overrightarrow{CX}$의 값이 최소가 되도록 하는 점 X를 점 P라 하자. $\angle ACP=\frac{q}{p}\pi$일 때, $p+q$의 값을 구하시오.

(단, p와 q는 서로소인 자연수이다.) (4점)

벡터 $\overrightarrow{AD}$는 고정된 벡터이다.

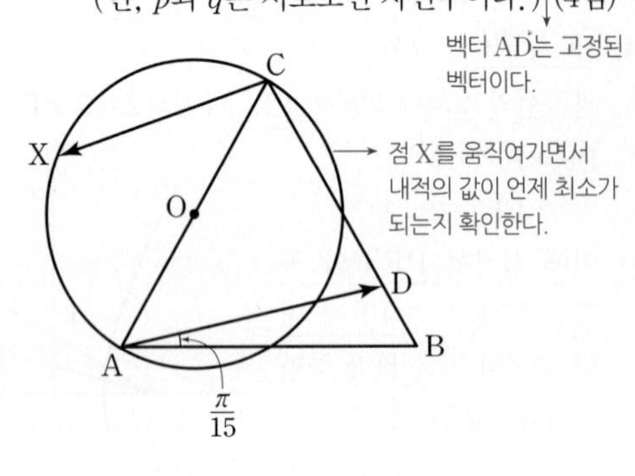

Step 1 $\overrightarrow{CX}=\overrightarrow{OX}-\overrightarrow{OC}$임을 이용하여 $\overrightarrow{AD}\cdot\overrightarrow{CX}$를 변형한다.

$$\overrightarrow{AD}\cdot\overrightarrow{CX}=\overrightarrow{AD}\cdot(\overrightarrow{OX}-\overrightarrow{OC})$$
$$=\overrightarrow{AD}\cdot\overrightarrow{OX}-\overrightarrow{AD}\cdot\overrightarrow{OC}$$ 벡터의 내적의 분배법칙

이때 네 점 A, D, O, C는 모두 고정된 점이므로 $\overrightarrow{AD}\cdot\overrightarrow{OC}$는 상수이다. (고정된 값이라는 뜻!)

따라서 $\overrightarrow{AD}\cdot\overrightarrow{OX}$가 최소일 때 $\overrightarrow{AD}\cdot\overrightarrow{CX}$도 최소이다.

Step 2 $\overrightarrow{AD}\cdot\overrightarrow{OX}$가 최소일 때 점 X의 위치를 구한다.

두 벡터 $\overrightarrow{AD}$, $\overrightarrow{OX}$가 이루는 각의 크기를 θ $(0\le\theta\le\pi)$라 하면

$\overrightarrow{AD}\cdot\overrightarrow{OX}=|\overrightarrow{AD}||\overrightarrow{OX}|\cos\theta$ → 점 X는 원 O 위의 점이므로 $|\overrightarrow{OX}|$는 원 O의 반지름의 길이와 같다.

$|\overrightarrow{AD}|$, $|\overrightarrow{OX}|$가 상수이므로 $\cos\theta$의 값이 최소일 때 $\overrightarrow{AD}\cdot\overrightarrow{OX}$도 최소이다.

따라서 $\cos\theta$의 값이 최소일 때는 $\theta=\pi$일 때이므로 ($\cos\pi=-1$) $\overrightarrow{OX}$와 $\overrightarrow{AD}$가 서로 반대 방향일 때이고, 이때 $\overrightarrow{AD}\cdot\overrightarrow{CX}$도 최소가 된다.

Step 3 $\angle ACP$의 크기를 구한다.

$\overrightarrow{AD}$, $\overrightarrow{OX}$가 서로 반대 방향일 때의 점 X가 점 P이므로

$\overline{AD}\,/\!/\,\overline{OP}$

$\therefore \angle AOP=\angle OAD$ (엇각)

$$=\frac{\pi}{3}-\frac{\pi}{15}=\frac{4}{15}\pi$$

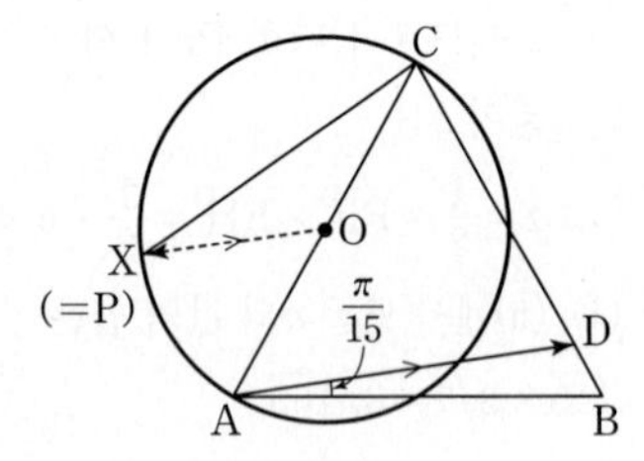

$\angle ACP$는 $\angle AOP$의 원주각이므로

$\angle ACP=\frac{1}{2}\angle AOP=\frac{2}{15}\pi$ → (중심각의 크기)$=2\times$(원주각의 크기)

따라서 $p=15$, $q=2$이므로 $p+q=17$

08 [정답률 24%] 정답 32

그림과 같이 밑면의 반지름의 길이가 7인 원기둥과 밑면의 반지름의 길이가 5이고 높이가 12인 원뿔이 평면 α 위에 놓여 있고, 원뿔의 밑면의 둘레가 원기둥의 밑면의 둘레에 내접한다. 평면 α와 만나는 원기둥의 밑면의 중심을 O, 원뿔의 꼭짓점을 A라 하자. 중심이 B이고 반지름의 길이가 4인 구 S가 다음 조건을 만족시킨다.

(가) 구 S는 원기둥과 원뿔에 모두 접한다.
(나) 두 점 A, B의 평면 α 위로의 정사영이 각각 A′, B′일 때, $\angle A'OB'=180°$이다.
→ 세 점 A′, O, B′이 일직선 상에 있겠네!

직선 AB와 평면 α가 이루는 예각의 크기를 θ라 할 때, $\tan\theta=p$이다. $100p$의 값을 구하시오.

(단, 원뿔의 밑면의 중심과 점 A′은 일치한다.) (4점)

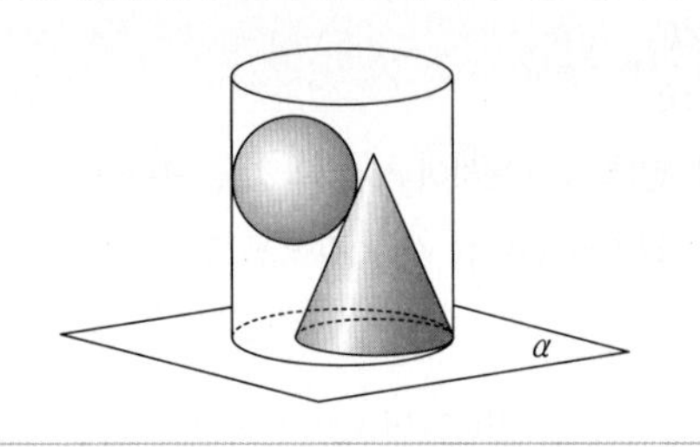

Step 1 네 점 A, B, A′, B′이 한 평면 위에 나타나도록 단면도를 그리고 삼각형의 닮음을 이용하여 $\overline{BB'}$의 길이를 구한다.

네 점 A, A′, B′, B를 지나는 평면으로 입체도형을 자른 단면은 오른쪽 그림과 같다.

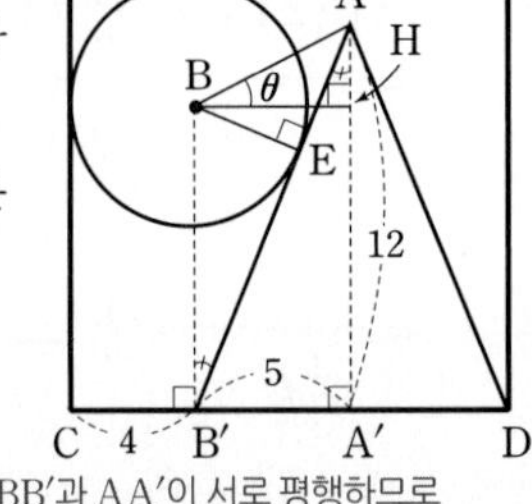

구와 원뿔의 접점을 E, 점 B에서 선분 AA′에 내린 수선의 발을 H라 하자.

삼각형 BB′E와 삼각형 B′AA′에서

$\angle BEB'=\angle B'A'A=90°$,

$\angle BB'E=\angle B'AA'$ (엇각) → 두 직선 BB′과 AA′이 서로 평행하므로 엇각의 크기가 서로 같아.

이므로 $\triangle BB'E\backsim\triangle B'AA'$ → AA 닮음

즉, $\overline{BB'}:\overline{BE}=\overline{B'A}:\overline{B'A'}$이므로 → 두 삼각형이 닮음일 때 대응하는 선분의 길이의 비가 각각 같아.

$\overline{BB'}:4=13:5$, $5\overline{BB'}=52$ → 내항의 곱은 외항의 곱과 같아.

$\overline{BE}=$(구 S의 반지름의 길이)$=4$
$\overline{B'A'}=$(원뿔의 밑면의 반지름의 길이)$=5$
$\overline{B'A}=\sqrt{\overline{A'B'}^2+\overline{AA'}^2}=\sqrt{5^2+12^2}=13$

$\therefore \overline{BB'}=\frac{52}{5}$

Step 2 선분 AH의 길이를 구한 후 $\tan\theta$의 값을 구한다.

$\overline{AH}=\overline{AA'}-\overline{BB'}=12-\frac{52}{5}=\frac{8}{5}$, $\overline{BH}=5$이므로

$$\tan\theta=\frac{\overline{AH}}{\overline{BH}}=\frac{\frac{8}{5}}{5}=\frac{8}{25}=p$$

$\therefore 100p=100\times\frac{8}{25}=32$

다른 풀이 점과 직선 사이의 거리를 이용한 풀이

Step 1 단면도를 좌표평면 위에 나타내고 각 점의 좌표를 구한다.

오른쪽 그림과 같이 점 B′을 원점, 선분 B′D가 x축의 양의 방향 위에 존재하는 좌표평면을 생각해 보면 B′(0, 0), A(5, 12)

직선 AB′은 기울기가 $\frac{12}{5}$이고 원점을 지나는 직선이므로

(밑면의 반지름의 길이가 5이고 높이가 12인 원뿔)

$y=\frac{12}{5}x$, 즉 $12x-5y=0$

(기울기가 m이고, 한 점 (x_1, y_1)을 지나는 직선의 방정식은 $y=m(x-x_1)+y_1$)

중심이 B이고 반지름의 길이가 4인 원이 직선 AB′에 접하므로 점 B에서 직선 AB′까지의 거리가 4가 되어야 한다.

점 B의 좌표를 B(0, k) ($k>0$)라 하면 점과 직선 사이의 거리 공식에 의하여

(y축 위의 점)

$$\frac{|-5k|}{\sqrt{12^2+(-5)^2}}=4$$

(직선 $ax+by+c=0$과 점 (x_1, y_1) 사이의 거리 d는 $d=\frac{|ax_1+by_1+c|}{\sqrt{a^2+b^2}}$)

$|-5k|=52$

($a=12, b=-5, c=0, x_1=0, y_1=k$를 대입)

$\therefore k=\frac{52}{5}$ ($\because k>0$)

Step 2 $\tan\theta$는 직선 AB의 기울기와 같으므로 직선 AB의 기울기를 구한다.

두 점 A, B의 좌표는 A(5, 12), B$\left(0, \frac{52}{5}\right)$이므로 직선 AB의 기울기는

$$\frac{12-\frac{52}{5}}{5-0}=\frac{8}{25}=\tan\theta$$

(두 점 (x_1, y_1)과 (x_2, y_2)를 지나는 직선의 기울기: $\frac{y_2-y_1}{x_2-x_1}$ (단, $x_1\neq x_2$))

따라서 $p=\frac{8}{25}$이므로

$100p=100\times\frac{8}{25}=32$

수능포인트

주어진 그림을 이용하여 문제를 풀기 막막할 때는 그림을 평면으로 나타내어 문제를 풀면 조금 더 쉽게 풀 수 있습니다. 세 점 B′, A, B가 한 평면 위에 있다는 것을 알고, 이를 이용하여 그림을 평면 위에 나타내면 쉬운 삼각함수 문제가 됩니다.

4회 기하 기출 미니모의고사

01	⑤	02	④	03	③	04	⑤	05	④
06	②	07	116	08	24				

01 [정답률 96%] 정답 ⑤

두 벡터 $\vec{a}=(3, 1)$, $\vec{b}=(-2, 4)$에 대하여 벡터 $\vec{a}+\frac{1}{2}\vec{b}$의 모든 성분의 합은? (2점)

① 1 ② 2 ③ 3 ④ 4 ⑤ 5

Step 1 벡터의 연산을 이용한다.

두 벡터 $\vec{a}=(3, 1)$, $\vec{b}=(-2, 4)$에 대하여

$\vec{a}+\frac{1}{2}\vec{b}=(3, 1)+\left(\frac{1}{2}\times(-2), \frac{1}{2}\times4\right)$

(벡터 $\vec{b}$의 각 성분에 $\frac{1}{2}$을 곱한다.)

$=(3, 1)+(-1, 2)$

$=(2, 3)$

따라서 구하는 모든 성분의 합은 $2+3=5$

02 [정답률 92%] 정답 ④

좌표공간의 점 P(2, 2, 3)을 yz평면에 대하여 대칭이동시킨 점을 Q라 하자. 두 점 P와 Q 사이의 거리는? (3점)

(점 P를 yz평면에 대하여 대칭이동시키면 점 P의 y좌표와 z좌표는 바뀌지 않고 x좌표의 부호만 바뀌어.)

① 1 ② 2 ③ 3 ④ 4 ⑤ 5

Step 1 점 Q의 좌표를 구하여 두 점 P와 Q 사이의 거리를 구한다.

점 P(2, 2, 3)을 yz평면에 대하여 대칭이동시킨 점 Q의 좌표는 Q(−2, 2, 3)이므로 두 점 P(2, 2, 3), Q(−2, 2, 3) 사이의 거리는 $\overline{PQ}=4$

($|-2-2|=4$)

알아야 할 기본개념

대칭점

점 $(a,\ b,\ c)$의 xy평면, yz평면, zx평면과 좌표축 및 원점에 대하여 대칭인 점은 다음과 같다.

좌표축 → x축, y축, z축

xy평면에 대하여 대칭인 점	$(a,\ b,\ -c)$
yz평면에 대하여 대칭인 점	$(-a,\ b,\ c)$
zx평면에 대하여 대칭인 점	$(a,\ -b,\ c)$
x축에 대하여 대칭인 점	$(a,\ -b,\ -c)$
y축에 대하여 대칭인 점	$(-a,\ b,\ -c)$
z축에 대하여 대칭인 점	$(-a,\ -b,\ c)$
원점에 대하여 대칭인 점	$(-a,\ -b,\ -c)$

점 P를 yz평면에 대하여 대칭이동시킨 점을 Q라 할 때 선분 PQ는 yz평면에 의하여 수직이등분돼. 다시 말해서 점 P의 yz평면 위로의 정사영은 점 Q의 yz평면 위로의 정사영과 일치해. 따라서 점 P와 점 Q의 x좌표만 부호에 차이가 있고 점 P와 점 Q는 y좌표는 y좌표끼리, z좌표는 z좌표끼리 서로 같다는 것을 알 수 있어.

03

정답 ③

그림과 같이 점 F를 초점으로 하는 포물선 $y^2=12x$ 위의 두 점 A, B를 중심으로 하고 x축에 접하는 두 원 C_1, C_2가 있다. 선분 AB 위에 점 F가 있고, $\overline{AB}=16$일 때, 두 원 C_1, C_2의 넓이의 합은? (3점)

→ 초점 F의 좌표는 F(3, 0)이다.

→ $\overline{AB}=\overline{AF}+\overline{FB}$

중요 두 원 C_1, C_2의 반지름의 길이는 각각 점 A, 점 B의 y좌표의 절댓값임을 알 수 있어.

① 104π　② 112π　③ 120π　④ 128π　⑤ 136π

Step 1 포물선의 정의에 의하여 두 원의 중심의 x좌표의 합을 구한다.

→ $\overline{AB}=\overline{AF}+\overline{FB}=16$을 이용한다.

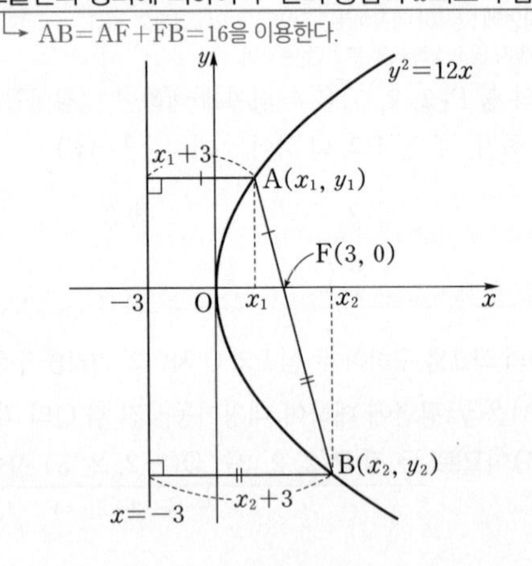

$y^2=12x=4\times3x$이므로 초점은 F$(3,\ 0)$이고, 준선의 방정식은 $x=-3$이다.

두 점 A, B의 좌표를 A$(x_1,\ y_1)$, B$(x_2,\ y_2)$라 하면 포물선의 정의에 의하여

암기 포물선 위의 한 점에서 준선과 초점까지의 거리는 같다.

$$\overline{AF}+\overline{BF}=(x_1+3)+(x_2+3)$$
$$=x_1+x_2+6=16$$
$$\therefore\ x_1+x_2=10\ \cdots\cdots\ ㉠$$

Step 2 두 원의 넓이의 합을 포물선의 방정식을 이용하여 구한다.

두 원 C_1, C_2의 넓이를 각각 S_1, S_2라 할 때, 두 원 C_1, C_2는 x축에 접하므로 반지름의 길이는 각각 $|y_1|$, $|y_2|$가 된다.

→ x축에 접하는 원의 반지름의 길이는 |(원의 중심의 y좌표)|이다.

$$\therefore\ S_1+S_2=\pi y_1{}^2+\pi y_2{}^2$$
$$=\pi\times12x_1+\pi\times12x_2$$
$$=12\pi\times(x_1+x_2)$$
$$=12\pi\times10\ (\because\ ㉠)$$
$$=120\pi$$

→ $S_1+S_2=\pi|y_1|^2+\pi|y_2|^2=\pi y_1{}^2+\pi y_2{}^2$

→ 점 A와 점 B는 포물선 $y^2=12x$ 위의 점이므로 $y_1{}^2=12x_1$, $y_2{}^2=12x_2$가 성립해.

수능포인트

포물선 $y^2=4px\ (p>0)$와 포물선의 초점 F$(p,\ 0)$을 지나는 직선이 만나는 두 교점 A, B 사이의 거리 d는 두 점 A, B의 x좌표인 x_1, x_2와 일정한 관계식 $d=x_1+x_2+2p$를 만족시킵니다. 포물선 문제는 대부분 정의를 이용하고, 정의에 대한 내용을 쉽게 파악하려면 포물선과 준선을 그려 보면 됩니다.

04 [정답률 75%]

정답 ⑤

오른쪽 그림과 같이 한 모서리의 길이가 3인 정육면체 ABCD−EFGH의 세 모서리 AD, BC, FG 위에 $\overline{DP}=\overline{BQ}=\overline{GR}=1$인 세 점 P, Q, R가 있다. 평면 PQR와 평면 CGHD가 이루는 각의 크기를 θ라 할 때, $\cos\theta$의 값은? $\left(단,\ 0<\theta<\dfrac{\pi}{2}\right)$ (3점)

① $\dfrac{\sqrt{10}}{5}$　② $\dfrac{\sqrt{10}}{10}$　③ $\dfrac{\sqrt{11}}{11}$　④ $\dfrac{2\sqrt{11}}{11}$　⑤ $\dfrac{3\sqrt{11}}{11}$

→ $\overline{PD}=\overline{RG}=1$이므로 평행이동하면 선분 PR는 선분 DG와 만나고, 점 Q를 평행이동한 점을 점 Q′이라고 해.

Step 1 두 평면이 하나의 공통변을 가지도록 평면 PQR를 평행이동한다.

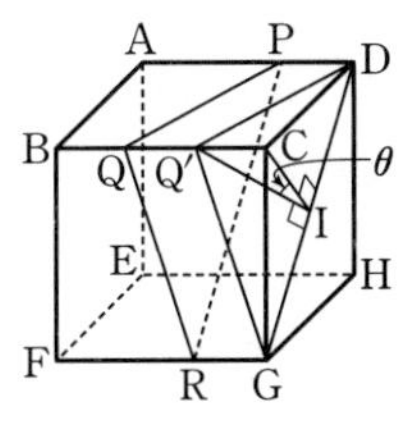

두 선분 PR, DG가 겹쳐지도록 평면 PQR를 평행이동하면 오른쪽 그림과 같다.
이때 평면 PQR와 평면 CGHD가 이루는 각의 크기 θ는 평면 PQR와 평행한 평면 DQ′G와 평면 CGHD가 이루는 각의 크기와 같다.

Step 2 삼수선의 정리와 이면각을 이용하여 $\cos\theta$의 값을 구한다.

점 Q′에서 선분 DG에 내린 수선의 발을 I라 하면 삼수선의 정리에 의하여 $\overline{CI}\perp\overline{DG}$이다. ($\because$ $\overline{Q'C}\perp$(면 CGHD), $\overline{Q'I}\perp\overline{DG}$)

→ 이때 점 I는 정사각형 CGHD의 두 대각선의 교점이 돼.

$\therefore$ $\theta=\angle Q'IC$

$\overline{BQ}=\overline{PD}=\overline{QQ'}=1$ → 점 Q가 선분 PD의 길이만큼 평행이동하여 점 Q′이 만들어졌으므로

$\overline{Q'C}=\overline{BC}-(\overline{BQ}+\overline{QQ'})=3-(1+1)=1$

선분 CI는 정사각형 CGHD의 대각선의 길이의 $\frac{1}{2}$이므로

$\overline{CI}=\frac{3\sqrt{2}}{2}$ → 한 변의 길이가 3인 정사각형 CGHD의 대각선의 길이는 $3\times\sqrt{2}$야. $\therefore \overline{CI}=\frac{1}{2}\times3\sqrt{2}=\frac{3\sqrt{2}}{2}$

직각삼각형 CQ′I에서 피타고라스 정리에 의하여

→ $\overline{Q'C}\perp$(면 CGHD)이므로 선분 Q′C는 면 CGHD 위의 선분 CI와 수직이야. 따라서 삼각형 CQ′I는 $\angle Q'CI=90°$인 직각삼각형이 되는 거지.

$$\overline{Q'I}=\sqrt{\overline{Q'C}^2+\overline{CI}^2}=\sqrt{1^2+\left(\frac{3\sqrt{2}}{2}\right)^2}=\frac{\sqrt{22}}{2}$$

$$\therefore \cos\theta=\frac{\overline{CI}}{\overline{Q'I}}=\frac{\frac{3\sqrt{2}}{2}}{\frac{\sqrt{22}}{2}}=\frac{3}{\sqrt{11}}=\frac{3\sqrt{11}}{11}$$

✪ 다른 풀이 좌표공간과 정사영의 넓이를 이용하는 풀이

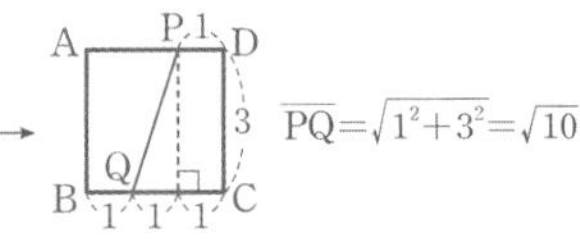

Step 1 정육면체를 좌표공간에 놓고 필요한 변의 길이를 구한다.

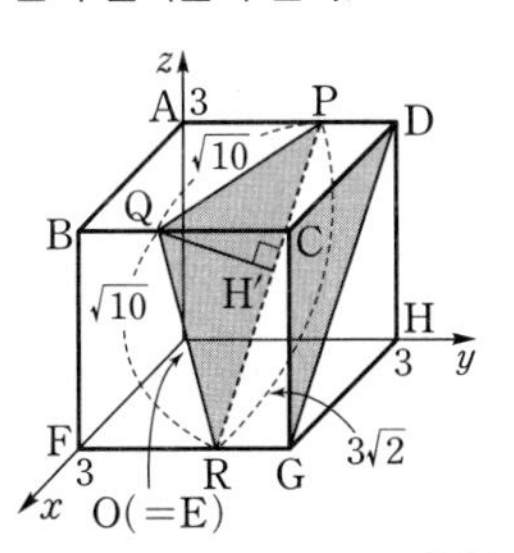

오른쪽 그림과 같이 꼭짓점 E를 원점 O로 하고 세 선분 EF, EH, AE가 각각 x축, y축, z축의 양의 방향 위에 있도록 좌표공간에 주어진 정육면체를 놓으면 세 점 P, Q, R의 좌표는 P(0, 2, 3), Q(3, 1, 3), R(3, 2, 0)이므로

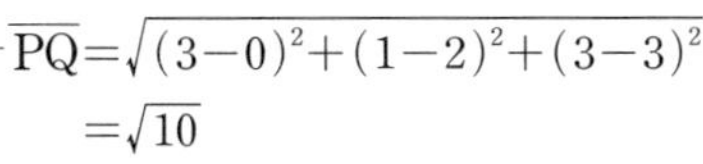

$\overline{PQ}=\sqrt{(3-0)^2+(1-2)^2+(3-3)^2}$
$=\sqrt{10}$

굳이 좌표공간에 놓지 않더라도 $\overline{PQ}$, $\overline{QR}$, $\overline{PR}$를 구하기만 하면 된다.

$\overline{PR}=\sqrt{(3-0)^2+(2-2)^2+(0-3)^2}$
$=\sqrt{18}=3\sqrt{2}$ → 한 변의 길이가 3인 정사각형의 대각선의 길이 $3\sqrt{2}$

$\overline{QR}=\sqrt{(3-3)^2+(2-1)^2+(0-3)^2}=\sqrt{10}$ → $\overline{PQ}$와 같은 방법으로 $\sqrt{10}$

Step 2 평면과 정사영의 넓이를 이용하여 $\cos\theta$의 값을 구한다.

삼각형 PQR가 $\overline{PQ}=\overline{QR}$인 이등변삼각형이므로 꼭짓점 Q에서 선분 PR에 내린 수선의 발을 H′이라 하면 삼각형 QRH′에서

$$\overline{QH'}=\sqrt{(\sqrt{10})^2-\left(\frac{3\sqrt{2}}{2}\right)^2}=\frac{\sqrt{22}}{2}$$

→ 피타고라스 정리 이용 $\overline{QR}^2=\overline{QH'}^2+\overline{RH'}^2$에서 $\overline{QH'}^2=\overline{QR}^2-\overline{RH'}^2$

$$\therefore \triangle PQR=\frac{1}{2}\cdot\overline{PR}\cdot\overline{QH'}=\frac{1}{2}\times3\sqrt{2}\times\frac{\sqrt{22}}{2}=\frac{3\sqrt{11}}{2}$$

또, $\triangle DCG=\frac{1}{2}\times3\times3=\frac{9}{2}$

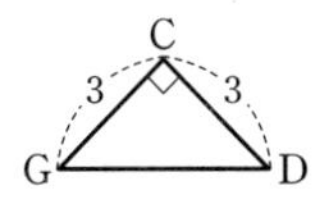

이때 △PQR의 평면 CGHD 위로의 정사영이 △DCG이므로

$\triangle PQR\times\cos\theta=\triangle DCG$ ← 정사영의 넓이

$\frac{3\sqrt{11}}{2}\times\cos\theta=\frac{9}{2}$

$\therefore \cos\theta=\frac{3}{\sqrt{11}}=\frac{3\sqrt{11}}{11}$

평면 α 위의 도형의 넓이를 S, 이 도형의 평면 β 위로의 정사영의 넓이를 S'이라 할 때, 두 평면 α, β가 이루는 각의 크기를 $\theta\left(0\le\theta\le\frac{\pi}{2}\right)$라 하면 $S'=S\cos\theta$

알아야 할 기본개념

삼수선의 정리

평면 α 위에 있지 않은 한 점 P, 평면 α 위의 한 점 O, 점 O를 지나지 않고 평면 α 위에 있는 한 직선 l, 직선 l 위의 한 점 A에 대하여 다음이 성립하고, 이것을 삼수선의 정리라 한다.

(1) $\overline{PO}\perp\alpha$, $\overline{OA}\perp l$이면 $\overline{PA}\perp l$
(2) $\overline{PO}\perp\alpha$, $\overline{PA}\perp l$이면 $\overline{OA}\perp l$
(3) $\overline{PA}\perp l$, $\overline{OA}\perp l$, $\overline{PO}\perp\overline{OA}$이면 $\overline{PO}\perp\alpha$

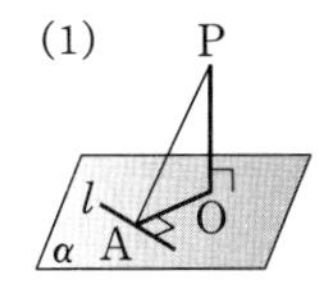

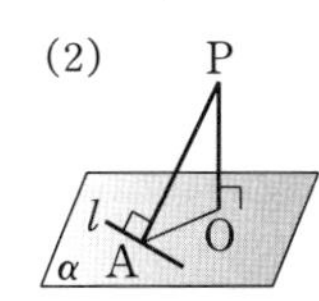

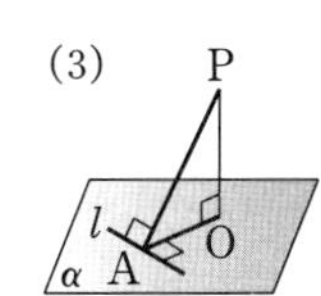

05 [정답률 58%] 정답 ④

→ 좌표평면 위에 두 도형과 점 A, 점 Q를 나타내어 본다.

좌표평면에서 점 A(0, 4)와 타원 $\frac{x^2}{5}+y^2=1$ 위의 점 P에 대하여 두 점 A와 P를 지나는 직선이 원 $x^2+(y-3)^2=1$과 만나는 두 점 중에서 A가 아닌 점을 Q라 하자. 점 P가 타원 위의 모든 점을 지날 때, 점 Q가 나타내는 도형의 길이는? (3점)

→ 점 A가 원 위의 점이다.

① $\frac{\pi}{6}$ ② $\frac{\pi}{4}$ ③ $\frac{\pi}{3}$
④ $\frac{2}{3}\pi$ ⑤ $\frac{3}{4}\pi$

Step 1 점 A를 지나는 타원의 접선의 기울기를 구한다.

점 Q가 호 Q_1Q_2 위의 점이 아니면 직선 AQ가 타원과 만나지 않아. 이때 구하는 값은 호 Q_1Q_2이므로 호 Q_1Q_2의 중심각의 크기를 구해야 해.

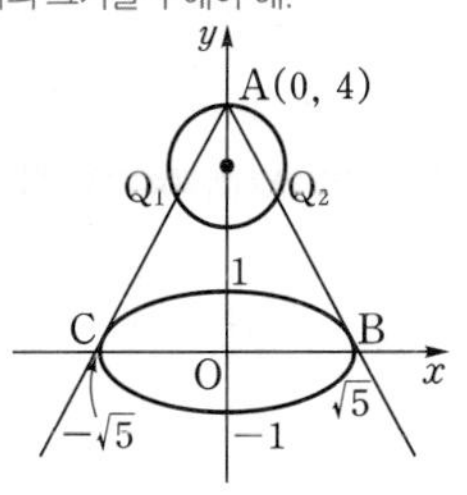

오른쪽 그림과 같이 점 A(0, 4)에서 타원 $\frac{x^2}{5}+y^2=1$에 그은 접선이 각각 원 $x^2+(y-3)^2=1$과 만나는 두 점 중에서 점 A가 아닌 점을 Q_1, Q_2라 하면 점 P가 타원 위를 움직일 때, 점 Q가 나타내는 도형은 호 Q_1Q_2이다.

타원 $\frac{x^2}{5}+y^2=1$에 접하면서 기울기가 m인 직선의 방정식은

$y=mx\pm\sqrt{5m^2+1}$

이 직선이 점 $(0, 4)$를 지나므로 (→ 점 A의 좌표)

$4=0\pm\sqrt{5m^2+1}$, $16=5m^2+1$ (양변 제곱)

$5m^2=15$, $m^2=3$ $\quad\therefore m=\pm\sqrt{3}$

즉, 그림과 같이 점 A에서 타원에 그은 접선이 타원과 만나는 두 점을 각각 B, C라 하면 접선 AB의 기울기는 $-\sqrt{3}$, 접선 AC의 기울기는 $\sqrt{3}$이다.

Step 2 기울기를 이용하여 $\angle Q_1AQ_2$의 크기를 구한 후 원주각과 중심각의 관계를 이용한다. (→ 호 Q_1Q_2에 대한 원주각이다.)

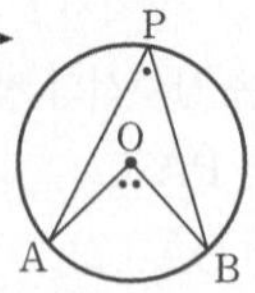

P
O
A
B
∠APB=$\frac{1}{2}$∠AOB

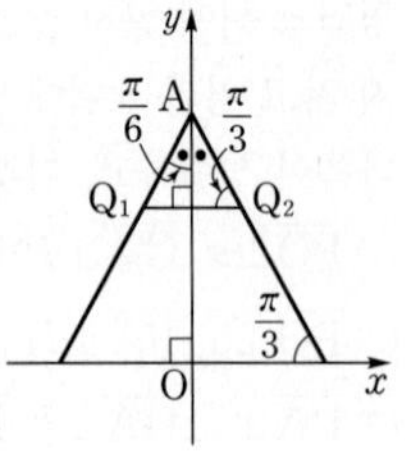

y
A
$\frac{\pi}{6}$
$\frac{\pi}{3}$
Q_1
Q_2
$\frac{\pi}{3}$
O
x

접선과 x축이 이루는 예각의 크기가 $\frac{\pi}{3}$이므로 → $\because \tan\frac{\pi}{3}=\sqrt{3}$

$\angle Q_1AO=\angle Q_2AO=\frac{\pi}{6}$

$\therefore \angle Q_1AQ_2=\frac{\pi}{3}$

원 $x^2+(y-3)^2=1$의 중심을 D라 하면

원주각의 성질에 의하여 → 한 호에 대한 원주각의 크기는 그 호에 대한 중심각의 크기의 $\frac{1}{2}$이다.

$\angle Q_1DQ_2=2\angle Q_1AQ_2=\frac{2}{3}\pi$

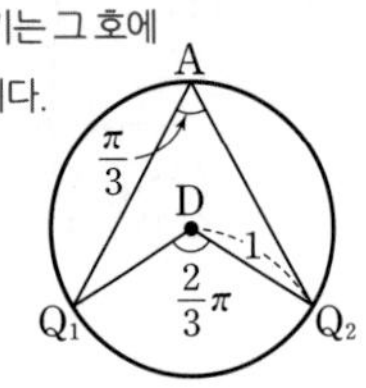

A
$\frac{\pi}{3}$
D
1
$\frac{2}{3}\pi$
Q_1
Q_2

따라서 구하는 도형의 길이는 호 Q_1Q_2의 길이이므로

$1\times\frac{2}{3}\pi=\frac{2}{3}\pi$ → **중요** 중심각의 크기가 θ이고 반지름의 길이가 r인 호의 길이는 $r\theta$이다.

06 [정답률 74%]

(구의 중심에서 x축까지의 거리)
=(구의 중심에서 y축까지의 거리)
=(구의 반지름의 길이)

정답 ②

좌표공간에서 중심의 x좌표, y좌표, z좌표가 모두 양수인 구 S가 x축과 y축에 각각 접하고 z축과 서로 다른 두 점에서 만난다. 구 S가 xy평면과 만나서 생기는 원의 넓이가 64π이고 z축과 만나는 두 점 사이의 거리가 8일 때, 구 S의 반지름의 길이는? (4점)

(구의 중심에서 z축까지의 거리)<(구의 반지름의 길이)

① 11 ② 12 ③ 13
④ 14 ⑤ 15

Step 1 구 S가 x축과 y축에 각각 접하는 조건을 이용해 구의 방정식을 세운다.

→ $\overline{AC}\perp(x$축$)$, $\overline{BC}\perp(y$축$)$이니까 두 점 A, B는 점 C에서 x축, y축에 내린 수선의 발이라고 생각하면 돼.

구 S의 반지름의 길이를 r, 중심의 좌표를 $C(a, b, c)(a>0, b>0, c>0)$라 하고 구 S가 x축과 y축에 접하는 점을 각각 A, B라 하면 $A(a, 0, 0)$, $B(0, b, 0)$이고,

$r=\overline{AC}=\overline{BC}$이므로 → 구의 중심에서 접선($x$축, y축)까지의 거리는 구의 반지름의 길이와 같아.

$r=\sqrt{b^2+c^2}=\sqrt{a^2+c^2}$

$r^2=b^2+c^2=a^2+c^2$

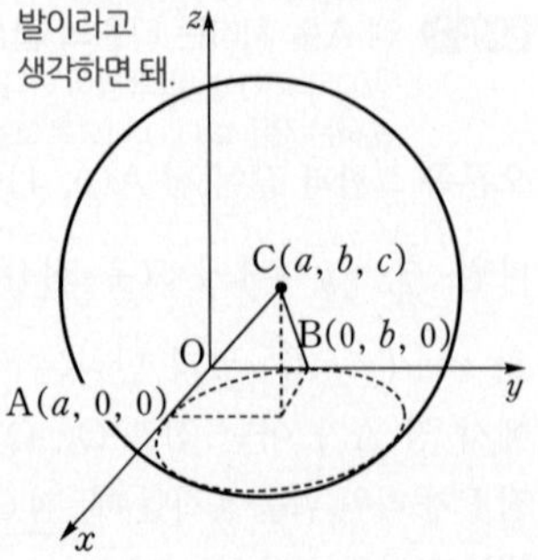

z
C(a, b, c)
O
B(0, b, 0)
A(a, 0, 0)
y
x

$\therefore a=b\ (\because a>0, b>0)$

따라서 구 S의 방정식은

$(x-a)^2+(y-a)^2+(z-c)^2=a^2+c^2$ $\quad\cdots\cdots$ ㉠

으로 놓을 수 있다. → 중심의 좌표가 $C(a, a, c)$이고 반지름의 길이가 $\sqrt{a^2+c^2}$인 구

Step 2 구가 xy평면과 만나서 생기는 도형의 방정식을 구하기 위해 $z=0$을 대입한다.

한편, 구 S가 xy평면과 만나서 생기는 원의 방정식은 ㉠에 $z=0$을 대입한 것이므로

$(x-a)^2+(y-a)^2=a^2$ → $(x-a)^2+(y-a)^2+(z-c)^2=a^2+c^2$에 $z=0$을 대입하면 $(x-a)^2+(y-a)^2+(-c)^2=a^2+c^2$, $(x-a)^2+(y-a)^2=a^2+c^2-(-c)^2=a^2$

이 원의 넓이가 64π이므로 (→ 이 원의 반지름의 길이가 a이므로 넓이는 πa^2이다.)

$a^2=64$ $\quad\therefore a=8\ (\because a>0)$

이를 ㉠에 대입하면 구 S의 방정식은

$(x-8)^2+(y-8)^2+(z-c)^2=64+c^2$ $\quad\cdots\cdots$ ㉡

Step 3 구가 z축과 만나는 두 교점을 구하고, 두 점 사이의 거리를 통해 c의 값을 구한다.

또, 구 S가 z축과 만나는 점은 ㉡에 $x=0$, $y=0$을 대입한 것이므로

$64+64+(z-c)^2=64+c^2$

$(z-c)^2=c^2-64$ → $(x-8)^2+(y-8)^2+(z-c)^2=64+c^2$에 $x=0, y=0$을 대입하면 $(-8)^2+(-8)^2+(z-c)^2=64+c^2$, $(z-c)^2=64+c^2-(-8)^2-(-8)^2=c^2-64$

$\therefore z=c\pm\sqrt{c^2-64}$

즉, 구가 z축과 만나는 두 교점은

$(0, 0, c+\sqrt{c^2-64})$, $(0, 0, c-\sqrt{c^2-64})$이고,

구 S와 z축이 만나는 두 점 사이의 거리가 8이므로

$(c+\sqrt{c^2-64})-(c-\sqrt{c^2-64})=8$ → 두 점이 모두 z축 위의 점이므로 두 점 사이의 거리는 두 점의 z좌표들의 차로 구할 수 있어.

$2\sqrt{c^2-64}=8$

$\sqrt{c^2-64}=4$

$c^2-64=16$

$\therefore c^2=80$

Step 4 a, c의 값을 이용하여 구의 반지름의 길이를 구한다. (→ a, c의 값을 모두 구했으니 구의 반지름의 길이를 구할 수 있어.)

따라서 구 S의 반지름의 길이는

$r=\sqrt{a^2+c^2}=\sqrt{64+80}$ → **Step 1**에서 구한 조건이야.

$=\sqrt{144}=12$

다른 풀이 정사영을 이용한 풀이

Step 1 구의 성질을 이용하여 구 S의 반지름의 길이를 구한다.

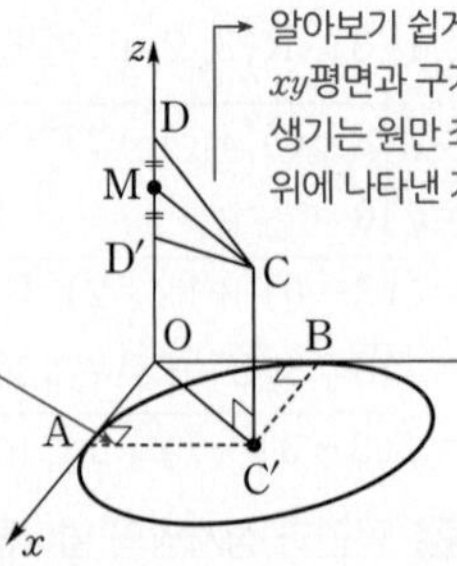

알아보기 쉽게 구의 중심, xy평면과 구가 만나 생기는 원만 좌표공간 위에 나타낸 거야.
z
D
M
D′
C
O
B
y
A
C′
x

구 S의 중심을 C라 하고, 점 C의 xy평면 위로의 정사영을 C′이라 하자.

이때 구 S가 x축과 y축에 각각 접하므로 xy평면에 의해 잘린 구의 단면은 x축과 y축에 각각 접하고, 점 C′을 중심으로 하는 xy평면 위의 원이다.

이 원의 넓이가 64π이므로

$\overline{AC'}=\overline{BC'}=8$ → $\overline{AC'}$, $\overline{BC'}$은 원의 반지름

또한, 구 S와 z축과의 두 교점을 각각 D, D′, 점 D와 점 D′의 중점을 M이라 하면 삼각형 DMC는 $\angle DMC=90°$인 직각삼각형이다.

구가 z축과 만나는 두 점 사이의 거리가 8이므로

$\overline{DM}=\frac{1}{2}\overline{DD'}=\frac{1}{2}\times8=4$이고 → 삼각형 CDD′은 $\overline{CD}=\overline{CD'}$인 이등변삼각형이므로 $\overline{DD'}$의 중점 M은 점 C에서 선분 DD′에 내린 수선의 발이라 할 수 있어.

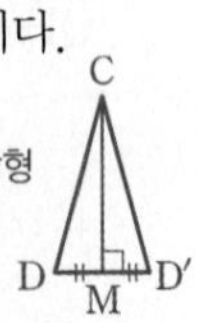

C
D
M
D′

$\overline{CM}=\overline{C'O}=\sqrt{\overline{BC'}^2+\overline{AC'}^2}=\sqrt{8^2+8^2}=8\sqrt{2}$이므로
삼각형 DMC에서 피타고라스 정리에 의하여 ← $\overline{CM}$은 구의 중심에서 z축까지의 거리야.
$\overline{DC}^2=\overline{DM}^2+\overline{CM}^2=4^2+(8\sqrt{2})^2=144$
따라서 구 S의 반지름의 길이는
$\sqrt{144}=12$ ← 선분 DC의 길이

C, $8\sqrt{2}$, D, 4, M, D′

알아야 할 기본개념

구와 평면의 위치 관계

구의 중심을 A, 반지름의 길이를 r, 중심 A와 평면 α 사이의 거리를 d라 할 때,

(1) 구와 평면이 접하면 ⇨ $d=r$ ← 즉, 구와 평면이 접하지 않고 만나서 생기는 도형은 원이야.
(2) 구와 평면의 공통부분이 원이면 ⇨ $d<r$
또, 이 원의 반지름의 길이를 r'이라 하면 ⇨ $r'=\sqrt{r^2-d^2}$
(3) 구와 평면이 만나지 않으면 ⇨ $d>r$

구가 좌표평면 또는 좌표축과 접할 조건

좌표공간에서 구 $(x-a)^2+(y-b)^2+(z-c)^2=r^2\ (r>0)$이

① xy 평면과 접하는 경우 ⇨ $r=|c|$
② yz 평면과 접하는 경우 ⇨ $r=|a|$
③ zx 평면과 접하는 경우 ⇨ $r=|b|$
④ x축에 접하는 경우 ⇨ $r=\sqrt{b^2+c^2}$
⑤ y축에 접하는 경우 ⇨ $r=\sqrt{a^2+c^2}$
⑥ z축에 접하는 경우 ⇨ $r=\sqrt{a^2+b^2}$

→ 이 내용을 이해하기가 어렵다면 구를 좌표공간에 나타내서 생각해 본다.

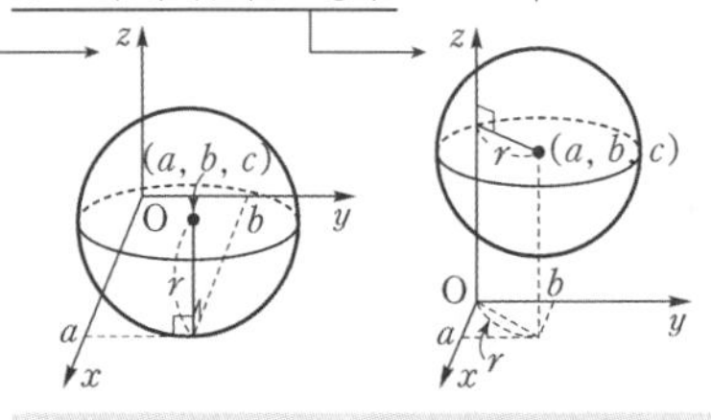

수능포인트

구 S의 방정식을 $(x-a)^2+(y-b)^2+(z-c)^2=r^2$이라 하면

① 구가 x축과 접한다. ← 이 점의 좌표는 $(a, 0, 0)$
⇨ 구의 중심에서 x축에 내린 수선의 발이 접점!
즉, 두 점 (a, b, c), $(a, 0, 0)$ 사이의 거리가 r이다.

② 구가 y축과 접한다. ← 이 점의 좌표는 $(0, b, 0)$
⇨ 구의 중심에서 y축에 내린 수선의 발이 접점!
즉, 두 점 (a, b, c), $(0, b, 0)$ 사이의 거리가 r이다.

이 문항은 '해결력'을 요구하는 문제이고, 출제자는 공간도형에서 배웠던 개념이나 문제 푸는 방법을 잘 기억하고 있는지 물어보고 싶었던 것입니다.

07 [정답률 59%] 정답 116

그림과 같이 두 초점이 F, F′인 쌍곡선 $\frac{x^2}{8}-\frac{y^2}{17}=1$ 위의 점 P에 대하여 직선 FP와 직선 F′P에 동시에 접하고 중심이 y축 위에 있는 원 C가 있다. 직선 F′P와 원 C의 접점 Q에 대하여 $\overline{F'Q}=5\sqrt{2}$일 때, $\overline{FP}^2+\overline{F'P}^2$의 값을 구하시오.
(단, $\overline{F'P}<\overline{FP}$) (4점)

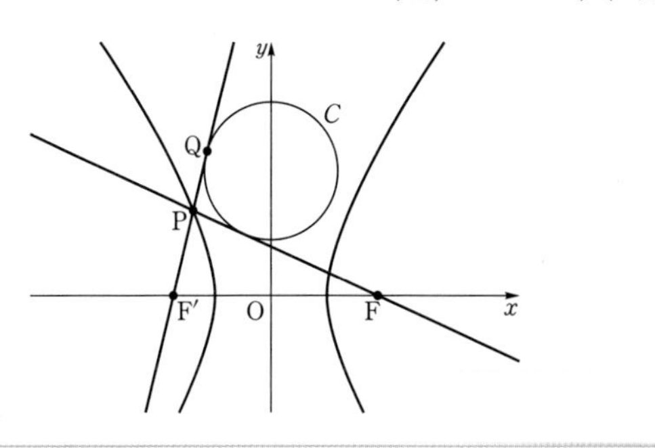

Step 1 초점의 좌표와 주축의 길이를 구한다.

쌍곡선 $\frac{x^2}{8}-\frac{y^2}{17}=1$의 초점의 좌표를
$\mathrm{F}(c, 0)$, $\mathrm{F'}(-c, 0)\ (c>0)$이라 하자.
$c^2=8+17=25$이므로 $c=5$이다.
따라서 초점의 좌표는 $\mathrm{F}(5, 0)$, $\mathrm{F'}(-5, 0)$
꼭짓점의 좌표를 구하기 위해 $y=0$을 대입하면
$\frac{x^2}{8}=1$이므로 $x^2=8$ $\quad\therefore x=\pm 2\sqrt{2}$
따라서 꼭짓점의 좌표는 $(2\sqrt{2}, 0)$, $(-2\sqrt{2}, 0)$이고
주축의 길이는 $4\sqrt{2}$이다. ← 주축의 길이는 두 꼭짓점 사이의 거리와 같아.

Step 2 그래프를 이용하여 $\overline{FP}$, $\overline{F'P}$의 값을 각각 구한다.

원의 중심의 좌표를 C라 하고 직선 FP와 원 C의 접점을 Q′이라 하자. 쌍곡선의 정의에 의해 $\overline{FP}-\overline{F'P}=4\sqrt{2}$

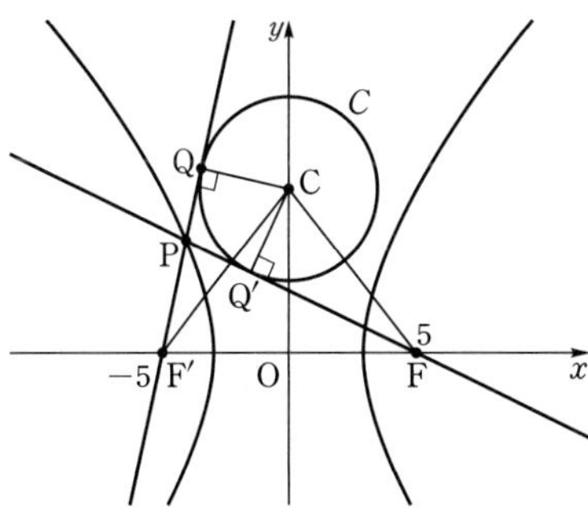

삼각형 CQF′, 삼각형 CQ′F는 둘 다 직각삼각형이고
$\overline{CQ}=\overline{CQ'}=$(원 C의 반지름의 길이)이다.
또한 $\overline{FC}$와 $\overline{F'C}$가 y축에 대해 대칭으로 길이가 같다.
즉, $\triangle\mathrm{CQF'}\equiv\triangle\mathrm{CQ'F}$ (RHS 합동)이다. ← 합동인 두 삼각형의 대응하는 변의 길이는 같아.
그러므로 $\overline{F'Q}=\overline{FQ'}$이다.
$\overline{F'Q}=\overline{F'P}+\overline{PQ}$, $\overline{FQ'}=\overline{FP}-\overline{PQ'}$이고
원의 접선의 성질에 의하여 $\overline{PQ}=\overline{PQ'}$이므로
$\overline{F'P}+\overline{PQ}=\overline{FP}-\overline{PQ}$, 이항시키면 $2\overline{PQ}=\overline{FP}-\overline{F'P}=4\sqrt{2}$ ← 쌍곡선의 정의!
$\therefore \overline{PQ}=2\sqrt{2}$
조건에서 $\overline{F'Q}=5\sqrt{2}$이므로 이를
$\overline{F'Q}=\overline{F'P}+\overline{PQ}$에 대입하면

$\overline{F'P}=\overline{F'Q}-\overline{PQ}=5\sqrt{2}-2\sqrt{2}=3\sqrt{2}$
$\overline{FP}-\overline{F'P}=4\sqrt{2}$에서 $\overline{FP}=\overline{F'P}+4\sqrt{2}$이고
$\overline{F'P}=3\sqrt{2}$이므로 $\overline{FP}=3\sqrt{2}+4\sqrt{2}=7\sqrt{2}$
$\therefore\ \overline{FP}=7\sqrt{2},\ \overline{F'P}=3\sqrt{2}$

Step 3 $\overline{FP}^2+\overline{F'P}^2$의 값을 구한다. ← 대입해서 계산하면 끝!

$\overline{FP}^2+\overline{F'P}^2=(7\sqrt{2})^2+(3\sqrt{2})^2$
$=98+18=116$

08 [정답률 14%] 정답 24

좌표평면에서 곡선 $C : y=\sqrt{8-x^2}\ (2\le x\le 2\sqrt{2})$ 위의 점 P에 대하여 $\overline{OQ}=2$, $\angle POQ=\frac{\pi}{4}$를 만족시키고 직선 OP의 아랫부분에 있는 점을 Q라 하자.
점 P가 곡선 C 위를 움직일 때, 선분 OP 위를 움직이는 점 X와 선분 OQ 위를 움직이는 점 Y에 대하여

$$\overrightarrow{OZ}=\overrightarrow{OP}+\overrightarrow{OX}+\overrightarrow{OY}$$

를 만족시키는 점 Z가 나타내는 영역을 D라 하자.
영역 D에 속하는 점 중에서 y축과의 거리가 최소인 점을 R라 할 때, 영역 D에 속하는 점 Z에 대하여 $\overrightarrow{OR}\cdot\overrightarrow{OZ}$의 최댓값과 최솟값의 합이 $a+b\sqrt{2}$이다. $a+b$의 값을 구하시오.
(단, O는 원점이고, a와 b는 유리수이다.) (4점)

(→ 원 $x^2+y^2=8$의 일부야.)
(→ 영역 D의 점 중 x좌표의 절댓값이 최소인 점)

Step 1 곡선 C와 점 Q가 움직이는 곡선을 구한다. (→ $y=\sqrt{8-x^2}$의 양변을 제곱하면 $y^2=8-x^2$ $\therefore x^2+y^2=8$)

곡선 $C : y=\sqrt{8-x^2}\ (2\le x\le 2\sqrt{2})$는 원 $x^2+y^2=8$의 일부이고, 곡선 C 위의 점 P에 대하여 조건을 만족시키는 점 Q가 나타내는 도형을 다음과 같이 그려볼 수 있다. (→ 반지름의 길이가 2인 원의 일부가 돼.)

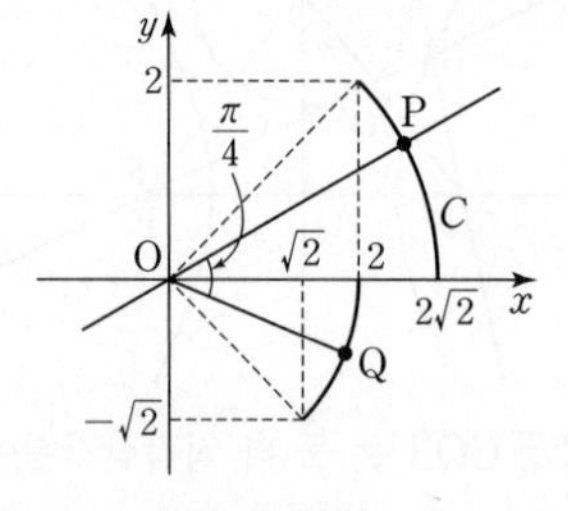

Step 2 점 Z가 나타내는 영역 D를 구한다.

각각의 점 P와 선분 OP 위를 움직이는 점 X에 대하여 $\overrightarrow{OP}+\overrightarrow{OX}=\overrightarrow{OA}$라 하면, 점 A가 나타내는 영역은 다음과 같다.

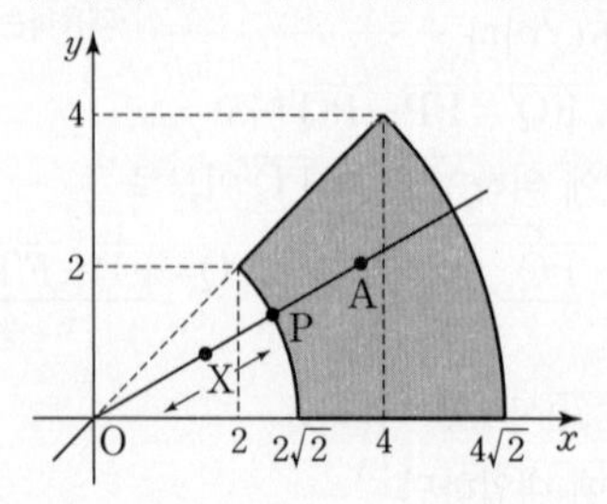

따라서 $\overrightarrow{OP}+\overrightarrow{OX}+\overrightarrow{OY}=\overrightarrow{OZ}$를 만족시키는 점 Z가 나타내는 영역 D는 다음과 같다. (→ $\overrightarrow{OA}$)
(→ 각각의 점 A에서 시계 방향으로 $\frac{\pi}{4}$만큼 회전하면서 최대 2만큼의 거리 안에 있는 영역이 점 Z가 위치할 수 있는 영역이야.)

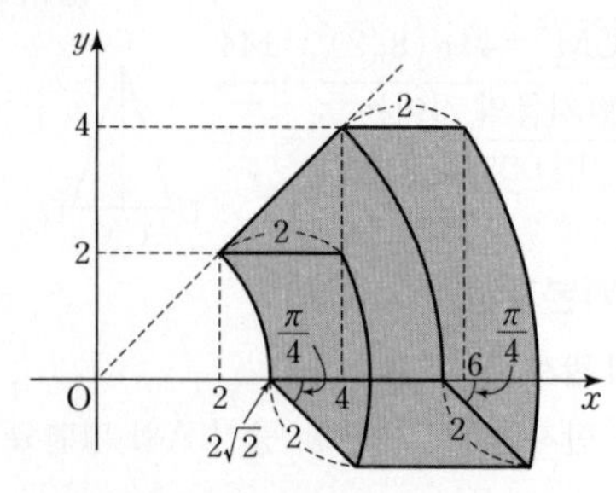

Step 3 $\overrightarrow{OR}\cdot\overrightarrow{OZ}$의 최댓값과 최솟값을 구한다.

영역 D에 속하는 점 중 y축과의 거리가 최소인 점은 (2, 2)이므로 R(2, 2)이다.

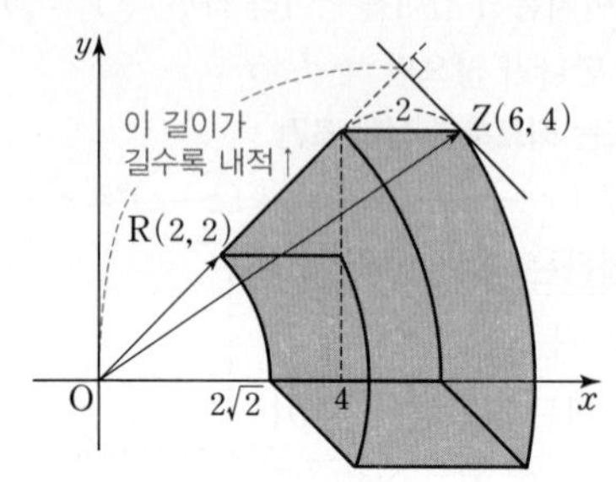

위 그림과 같이 Z(6, 4)일 때 내적 $\overrightarrow{OR}\cdot\overrightarrow{OZ}$의 값이 최대가 되므로 $\overrightarrow{OR}\cdot\overrightarrow{OZ}$의 최댓값은
$(2,\ 2)\cdot(6,\ 4)=12+8=20$

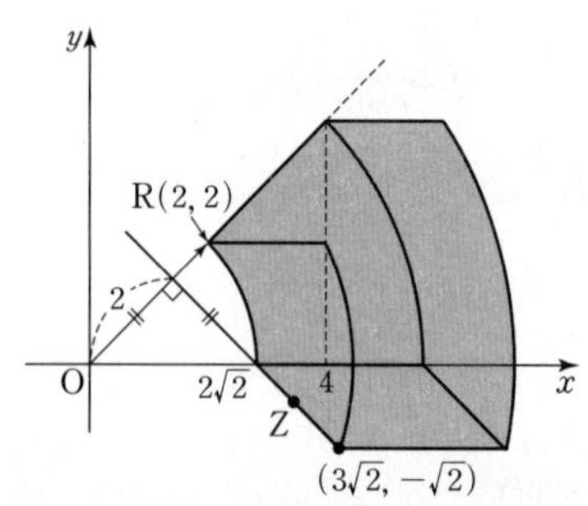

위 그림과 같이 점 Z가 두 점 $(2\sqrt{2},\ 0)$, $(3\sqrt{2},\ -\sqrt{2})$를 이은 선분 위에 있을 때 $\overrightarrow{OR}\cdot\overrightarrow{OZ}$의 값이 최소가 되므로 $\overrightarrow{OR}\cdot\overrightarrow{OZ}$의 최솟값은
$\sqrt{2^2+2^2}\times 2=2\sqrt{2}\times 2=4\sqrt{2}$ (← $|\overrightarrow{OR}|$) (→ 두 벡터가 이루는 예각 θ에 대하여 $|\overrightarrow{OZ}|\cos\theta$의 값이야.)
따라서 $M=20$, $m=4\sqrt{2}$이므로
$M+m=20+4\sqrt{2}$
$\therefore\ a+b=20+4=24$

본문 206쪽

5회 기하 기출 미니모의고사

01 ③	02 ①	03 ⑤	04 ④	05 ⑤
06 ①	07 19	08 60		

01 [정답률 96%]

정답 ③

좌표공간의 두 점 A(1, 6, 4), B(a, 2, -4)에 대하여 선분 AB를 1 : 3으로 내분하는 점의 좌표가 (2, 5, 2)이다. a의 값은? (2점)

① 1 ② 3 ③ 5
④ 7 ⑤ 9

Step 1 내분점을 구하는 공식을 이용한다.

두 점 A(1, 6, 4), B(a, 2, -4)에 대하여
선분 AB를 1 : 3으로 내분하는 점의 좌표는

$$\left(\frac{1\times a+3\times 1}{1+3}, \frac{1\times 2+3\times 6}{1+3}, \frac{1\times(-4)+3\times 4}{1+3}\right)$$

$$=\left(\frac{a+3}{4}, 5, 2\right) \rightarrow =(2, 5, 2)$$

좌표공간의 두 점 A(x_1, y_1, z_1), B(x_2, y_2, z_2)에 대하여 선분 AB를 $m:n(m>0, n>0)$으로 내분하는 점 P의 좌표는 P$\left(\frac{mx_2+nx_1}{m+n}, \frac{my_2+ny_1}{m+n}, \frac{mz_2+nz_1}{m+n}\right)$

따라서 $\frac{a+3}{4}=2$에서 $a=5$

수능포인트
문제에서 주어진 두 점 A, B의 성분을 보면 y좌표와 z좌표는 미지수가 없으니 굳이 식을 세우지 않아도 괜찮습니다.

02 [정답률 88%]

정답 ①

쌍곡선 $x^2-4y^2=a$ 위의 점 $(b, 1)$에서의 접선이 쌍곡선의 한 점근선과 수직이다. $a+b$의 값은? (단, a, b는 양수이다.) (3점)

중요 $x=b, y=1$ 대입!
쌍곡선의 방정식을 표준형으로 나타내서 점근선의 방정식을 구한다.

① 68 ② 77 ③ 86
④ 95 ⑤ 104

Step 1 쌍곡선 위의 점에서의 접선의 기울기와 점근선의 방정식을 구한다.

점 $(b, 1)$이 쌍곡선 $x^2-4y^2=a$ 위의 점이므로
$b^2-4=a$ ⋯⋯ ㉠
쌍곡선 $x^2-4y^2=a$의 식을 표준형으로 나타내면
$\frac{x^2}{a}-\frac{4y^2}{a}=1$ ← 양변을 a로 나눠주었어.

쌍곡선 위의 점 $(b, 1)$에서의 접선의 방정식은
$\frac{bx}{a}-\frac{4y}{a}=1$에서 $\frac{4y}{a}=\frac{bx}{a}-1$
$\therefore y=\frac{b}{4}x-\frac{a}{4}$ → 접선의 기울기
따라서 접선의 기울기는 $\frac{b}{4}$이다.

주어진 쌍곡선의 방정식 $\frac{x^2}{a}-\frac{4y^2}{a}=1$에서
$\frac{x^2}{(\sqrt{a})^2}-\frac{y^2}{\left(\frac{\sqrt{a}}{2}\right)^2}=1$
이므로 점근선의 방정식은 $y=\pm\frac{1}{2}x$이다.
쌍곡선 $\frac{x^2}{a^2}-\frac{y^2}{b^2}=1$의 점근선의 방정식은 $y=\pm\frac{b}{a}x$이다.

Step 2 두 직선이 수직일 조건은 기울기의 곱이 -1임을 이용한다.

이때 $b>0$이고 접선과 점근선이 수직이므로 접선과 수직인 점근선의 방정식은 $y=-\frac{1}{2}x$이다.
주의 점 $(b, 1)$이 제1사분면 위의 점이므로 점 $(b, 1)$에서의 접선의 기울기는 항상 양수이다. 따라서 점근선의 기울기는 음수여야 한다. ($\because$ 두 기울기의 곱이 -1로 음수이므로)

즉, $-\frac{1}{2}\times\frac{b}{4}=-1$이므로 $b=8$
$b=8$을 ㉠에 대입하면
$8^2-4=a$에서 $a=60$
$\therefore a+b=60+8=68$

수능포인트
이차곡선 단원에서는 특히 각 곡선의 특징을 아는 것뿐 아니라 곡선의 방정식도 매우 중요하기 때문에 방정식의 모양에 주의를 기울여야 합니다. 일반적인 문제에서는 $x^2-y^2=1$의 꼴로 많이 등장하지만 $x^2-y^2=-1$로 등장하기도 하고 다양한 형태로 계수의 부호를 바꿔 나올 수 있으니 항상 x축을 주축으로 하는 이차곡선의 모양을 생각하면 틀릴 수 있습니다.
→ 이 쌍곡선은 주축이 y축 위에 있는 쌍곡선이야!

03

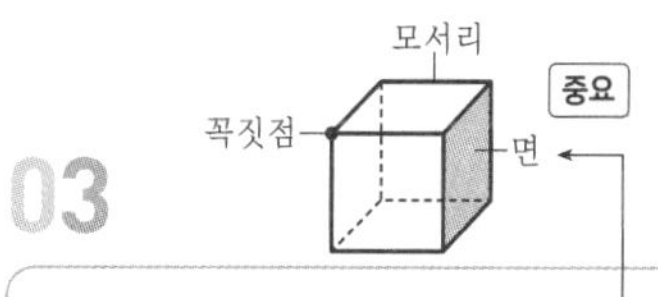

중요

정답 ⑤

그림과 같이 모든 모서리의 길이가 1인 입체도형이 있다. 이 입체도형의 모서리를 연장하여 만들 수 있는 직선 중에서 직선 AB와 한 점에서 만나는 직선의 개수를 m, 직선 BF와 꼬인 위치에 있는 직선의 개수를 n이라 할 때, $m+n$의 값은? (3점)

공간에서 두 직선이 만나지도 않고 평행하지도 않을 때, 두 직선은 '꼬인 위치에 있다'고 해.

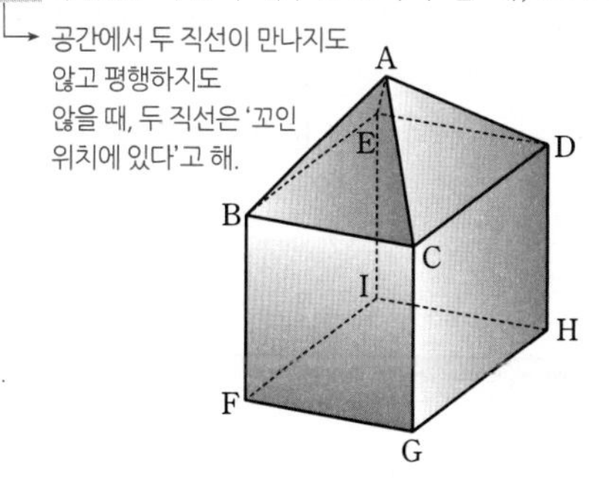

① 9 ② 10 ③ 11
④ 12 ⑤ 13

선분이라고 잘못 생각해서 '직선 AB랑 직선 DH는 만나지 않네?'하고 착각하면 안 돼!

Step 1 직선 AB와 한 점에서 만나는 직선의 개수를 구한다.

직선 AB와 한 점에서 만나는 직선은 직선 AB와 한 평면 위에 있으면서 평행하지 않아야 하므로 직선 AC, 직선 AD, 직선 AE, 직선 BC, 직선 BE, 직선 BF, 직선 DH이다.

$\therefore m=7$ → 주의 잘못 생각하고 '직선 AB'도 세면 안 돼!

Step 2 직선 BF와 꼬인 위치에 있는 직선의 개수를 구한다.

직선 BF와 꼬인 위치에 있는 직선은 직선 AC, 직선 AE, 직선 CD, 직선 DE, 직선 GH, 직선 HI이다.

$\therefore n=6$

$\therefore m+n=7+6=13$

중요 문제의 그림에 직선들을 그려 보면 직선 BF와 꼬인 위치에 있는 직선을 찾기가 훨씬 수월할 거야.

참고

점 A, B, F, H, D는 한 평면 위에 있다.

수능포인트

선분 BF와 만나지 않는다고 해서 직선 AD를 직선 BF와 꼬인 위치에 있다고 착각하는 경우가 있습니다. 이때는 직선 BF를 길게 연장해서 직선 AD와 만나는지 확인해야 합니다. 직선과 선분의 정의를 다시 한 번 기억하고, 꼬인 위치에 있다는 말은 '두 직선이 만나지 않으면서 평행하지도 않을 때' 임을 확실하게 익혀 둡니다.

04 [정답률 85%]

정답 ④

중요 타원 $\frac{x^2}{a^2}+\frac{y^2}{b^2}=1$ $(0<b<a)$에서 장축의 길이는 $2a$, 단축의 길이는 $2b$임을 이용한다.

두 초점이 F, F′이고, 장축의 길이가 10, 단축의 길이가 6인 타원이 있다. 중심이 F이고 점 F′을 지나는 원과 이 타원의 두 교점 중 한 점을 P라 하자. 삼각형 PFF′의 넓이는? (3점)

① $2\sqrt{10}$ ② $3\sqrt{5}$ ③ $3\sqrt{6}$
④ $3\sqrt{7}$ ⑤ $\sqrt{70}$

반지름의 길이는 $\overline{FF'}$이다.

Step 1 두 초점의 좌표를 구하고, 원의 반지름의 길이를 구한다.

주어진 타원의 방정식을 $\frac{x^2}{a^2}+\frac{y^2}{b^2}=1(a>b>0)$이라 하면

장축의 길이가 10이므로 $2a=10$에서 $a=5$

단축의 길이가 6이므로 $2b=6$에서 $b=3$

$\therefore \frac{x^2}{25}+\frac{y^2}{9}=1$ ...... ㉠

암기 타원 $\frac{x^2}{a^2}+\frac{y^2}{b^2}=1$ $(0<b<a)$의 초점이 $(c, 0)$일 때, $c=\pm\sqrt{a^2-b^2}$이다.

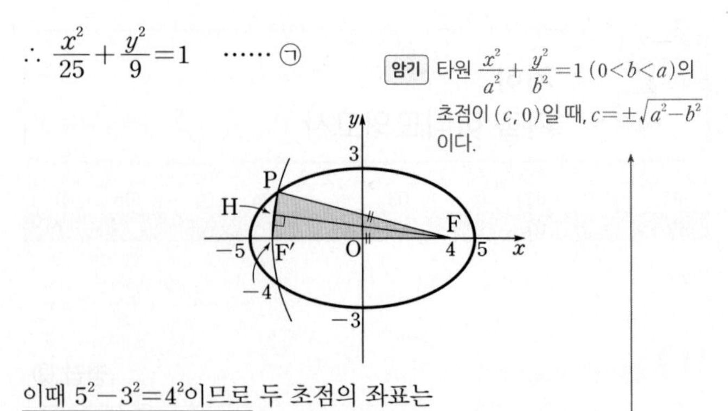

이때 $5^2-3^2=4^2$이므로 두 초점의 좌표는

F(4, 0), F′(−4, 0)

중심이 F이고 점 F′을 지나는 원의 반지름의 길이는 $\overline{FF'}=8$

Step 2 두 선분 PF, PF′의 길이를 구하여 삼각형 PFF′의 넓이를 구한다.

이 원과 타원 ㉠의 교점 P가 원 위의 점이므로 $\overline{PF}=8$

타원의 정의에 의하여 $\overline{PF}+\overline{PF'}=10$이므로

$8+\overline{PF'}=10$ $\therefore \overline{PF'}=2$

점 P는 원 위의 점이고 점 F가 중심이므로 $\overline{PF}=\overline{FF'}=8$

삼각형 PFF′은 $\overline{FP}=\overline{FF'}$인 이등변삼각형이므로

점 F에서 선분 PF′에 내린 수선의 발을 H라 하면

$\overline{PH}=\overline{HF'}=1$

두 변의 길이는 모두 중심이 F이고 점 F′을 지나는 원의 반지름의 길이와 같다.

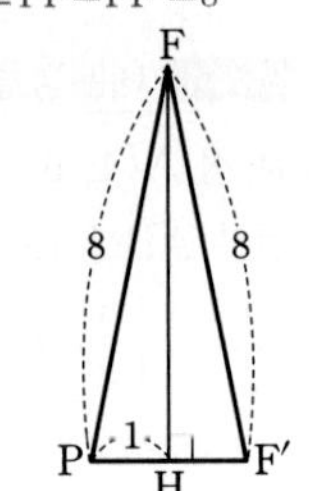

삼각형 PHF에서 피타고라스 정리에 의하여

$\overline{FH}=\sqrt{8^2-1^2}=\sqrt{63}=3\sqrt{7}$ ← $\overline{FH}=\sqrt{\overline{PF}^2-\overline{PH}^2}$

따라서 삼각형 PFF′의 넓이는

$\frac{1}{2}\times\overline{PF'}\times\overline{FH}=\frac{1}{2}\times2\times3\sqrt{7}=3\sqrt{7}$

다른 풀이 원과 타원의 방정식을 연립하는 풀이

Step 1 중심이 F이고 점 F′을 지나는 원의 방정식을 구한다.

장축의 길이가 10, 단축의 길이가 6이므로 타원의 방정식은 다음과 같다.

$\frac{x^2}{25}+\frac{y^2}{9}=1$ ...... ㉠

$25-9=4^2$

두 초점의 좌표는 F(4, 0), F′(−4, 0)이고

원의 중심이 F이고 점 F′을 지나므로 원의 반지름의 길이는 $\overline{FF'}=8$이다.

따라서 원의 방정식은

$(x-4)^2+y^2=64$ ...... ㉡

중요 중심이 점 (a, b)이고 반지름의 길이가 r인 원의 방정식은 $(x-a)^2+(y-b)^2=r^2$이다.

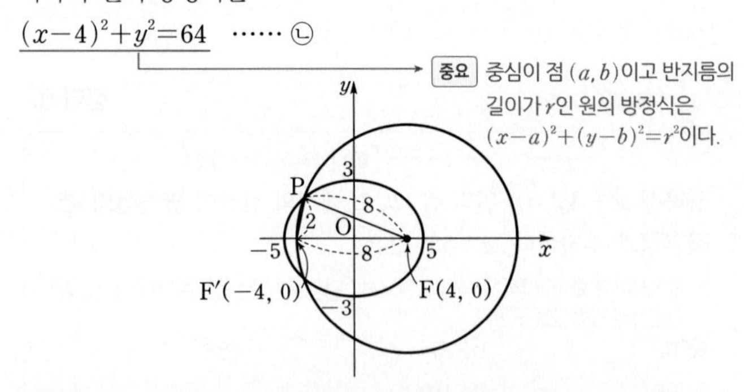

Step 2 원과 타원의 교점의 좌표를 이용하여 삼각형의 넓이를 구한다.

원과 타원의 교점은 y축의 왼쪽에 있으므로 점 P의 x좌표는 음수이다.

점 P의 좌표를 구하기 위해 원의 방정식과 타원의 방정식을 연립하여 풀면 ㉠에서 $y^2=9-\frac{9}{25}x^2$이고, 이를 ㉡에 대입하면

㉡의 식에 y^2 대신 $9-\frac{9}{25}x^2$ 대입

$(x-4)^2+\left(9-\frac{9}{25}x^2\right)=64$

$16x^2-200x-975=0$ 인수분해 주의!

$(4x+15)(4x-65)=0$

$\therefore x=-\frac{15}{4}$ ($\because x<0$) → 점 P의 x좌표

㉠에 $x=-\frac{15}{4}$를 대입하여 풀면 $y=\pm\frac{3\sqrt{7}}{4}$

따라서 점 P의 좌표는 $\left(-\frac{15}{4}, \pm\frac{3\sqrt{7}}{4}\right)$이므로

→ 두 점 중 아무거나 하나를 골라 계산하면 돼!

$\triangle PFF' = \frac{1}{2}\times 8\times\frac{3\sqrt{7}}{4}=3\sqrt{7}$

→ $\overline{FF'}=8$, (점 P에서 x축까지의 거리)$=\frac{3\sqrt{7}}{4}$

05 [정답률 67%]

정답 ⑤

그림은 한 변의 길이가 1인 정사각형 12개를 붙여 만든 도형이다. 20개의 꼭짓점 중 한 점을 시점으로 하고 다른 한 점을 종점으로 하는 모든 벡터들의 집합을 S라 하자. 집합 S의 두 원소 $\vec{x}$, $\vec{y}$에 대하여 [보기]에서 항상 옳은 것만을 있는 대로 고른 것은? (3점)

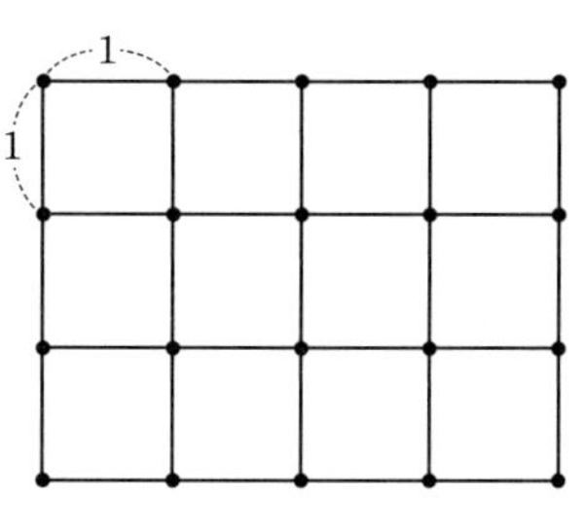

[보기]

ㄱ. $\vec{x}\cdot\vec{y}=0$이면 $|\vec{x}|$, $|\vec{y}|$의 값은 모두 정수이다.

ㄴ. $|\vec{x}|=\sqrt{5}$, $|\vec{y}|=\sqrt{2}$이면 $\vec{x}\cdot\vec{y}\neq0$이다. 수직인 두 벡터의 크기를 확인한다.

ㄷ. $\vec{x}\cdot\vec{y}$는 정수이다.

→ 두 벡터 $\vec{x}$, $\vec{y}$를 각각 성분으로 표현한다.

① ㄴ ② ㄷ ③ ㄱ, ㄴ

④ ㄱ, ㄷ ⑤ ㄴ, ㄷ

Step 1 두 벡터의 내적과 수직 조건을 이용하여 [보기]의 참, 거짓을 판별한다.

→ 두 벡터 $\vec{x}$, $\vec{y}$가 서로 수직이다.

ㄱ. 반례 오른쪽 그림과 같이 $\vec{x}\cdot\vec{y}=0$이지만 $|\vec{x}|=\sqrt{2}$, $|\vec{y}|=\sqrt{2}$인 경우가 있다. (거짓)

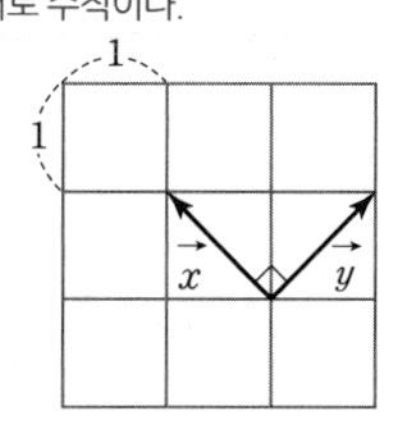

ㄴ. $|\vec{x}|=\sqrt{5}$, $|\vec{y}|=\sqrt{2}$이면 두 벡터 $\vec{x}$, $\vec{y}$는 수직이 될 수 없다.

$\therefore \vec{x}\cdot\vec{y}\neq0$ (참)

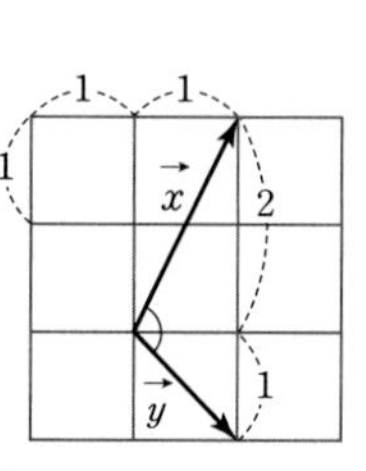

ㄷ. 주어진 도형을 좌표평면에서 생각하여 $\vec{x}=(a, b)$, $\vec{y}=(c, d)$ (a, b, c, d는 정수)라 하면 $\vec{x}\cdot\vec{y}=ac+bd$는 항상 정수이다. (참)

따라서 옳은 것은 ㄴ, ㄷ이다. 중요

06 [정답률 51%]

정답 ①

→ 초점 F의 좌표는 $F\left(\frac{1}{4n}, 0\right)$이다.

자연수 n에 대하여 포물선 $y^2=\frac{x}{n}$의 초점 F를 지나는 직선이 포물선과 만나는 두 점을 각각 P, Q라 하자. $\overline{PF}=1$이고 $\overline{FQ}=a_n$이라 할 때, $\sum_{n=1}^{10}\frac{1}{a_n}$의 값은? (4점)

→ 포물선의 정의를 이용하여 a_n을 n으로 나타낸다.

① 210 ② 205 ③ 200

④ 195 ⑤ 190

Step 1 포물선의 정의를 이용하여 필요한 선분의 길이를 n 또는 a_n으로 나타낸다.

두 점 P, Q에서 준선에 내린 수선의 발을 각각 P′, Q′이라 하고, 준선과 x축과의 교점을 F′이라 하자. 또, 두 점 P, Q에서 x축에 내린 수선의 발을 각각 R, S라 하자.

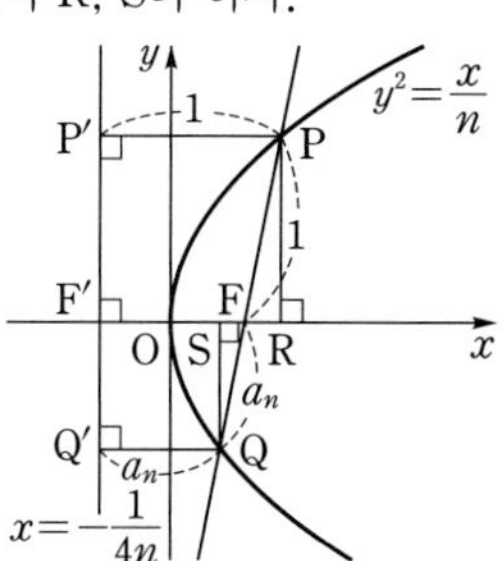

포물선 $y^2=\frac{x}{n}=4\times\frac{1}{4n}x$의 초점은 $F\left(\frac{1}{4n}, 0\right)$이고,

준선의 방정식은 $x=-\frac{1}{4n}$이다. 포물선의 정의에 의하여

$\overline{PF}=\overline{PP'}=1$, $\overline{QF}=\overline{QQ'}=a_n$

$\therefore \overline{FR}=\overline{F'R}-\overline{F'F}=1-2\times\frac{1}{4n}=1-\frac{1}{2n}$

→ $\overline{F'R}=\overline{P'P}=1$

$\overline{FS}=\overline{F'F}-\overline{F'S}=2\times\frac{1}{4n}-a_n=\frac{1}{2n}-a_n$

→ $\overline{F'S}=\overline{Q'Q}=a_n$

Step 2 삼각형의 닮음을 이용하여 선분 FQ의 길이 a_n을 n에 대하여 나타낸다.

한편, $\triangle PRF \backsim \triangle QSF$(AA 닮음)이므로

$\overline{PF} : \overline{QF} = \overline{FR} : \overline{FS}$ → **암기** 두 쌍의 대응각의 크기가 각각 같으면 두 삼각형은 AA 닮음이다.

$1 : a_n = \left(1-\dfrac{1}{2n}\right) : \left(\dfrac{1}{2n}-a_n\right)$

$a_n\left(1-\dfrac{1}{2n}\right)=\dfrac{1}{2n}-a_n$

$a_n\left(2-\dfrac{1}{2n}\right)=\dfrac{1}{2n}$

$\therefore a_n=\dfrac{\frac{1}{2n}}{2-\frac{1}{2n}}=\dfrac{1}{4n-1}$

Step 3 $\displaystyle\sum_{n=1}^{10}\frac{1}{a_n}$의 값을 구한다.

$\therefore \displaystyle\sum_{n=1}^{10}\frac{1}{a_n}=\sum_{n=1}^{10}(4n-1)$ → **암기** $\displaystyle\sum_{k=1}^{n}k=\frac{n(n+1)}{2}$

$=4\times\dfrac{10\times11}{2}-10=210$

✪ 다른 풀이 포물선의 초점을 지나는 직선이 포물선과 만나는 점 사이의 관계를 이용한 풀이

Step 1 포물선의 초점을 지나는 직선이 포물선과 만나는 점을 P, Q라 할 때, $\dfrac{1}{\overline{PF}}+\dfrac{1}{\overline{QF}}=\dfrac{1}{p}$임을 이용한다.

일반적으로 오른쪽 그림과 같이 포물선 $y^2=4px\ (p>0)$의 초점 $F(p,\ 0)$을 지나는 직선이 포물선과 만나는 두 점을 각각 P, Q라 하면 다음과 같은 관계식이 성립한다.

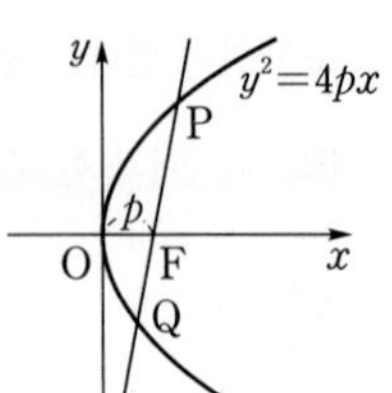

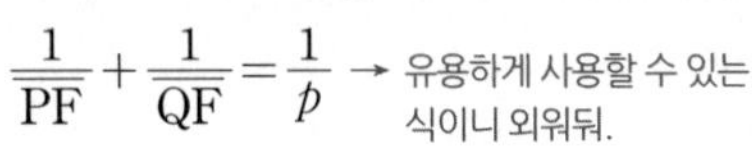

$\dfrac{1}{\overline{PF}}+\dfrac{1}{\overline{QF}}=\dfrac{1}{p}$ → 유용하게 사용할 수 있는 식이니 외워둬.

따라서 포물선 $y^2=\dfrac{x}{n}$의 초점은 $F\left(\dfrac{1}{4n},\ 0\right)$이고, 다음과 같은 식이 성립한다.

$\dfrac{1}{1}+\dfrac{1}{a_n}=4n$ → $\overline{PF}=1,\ \overline{QF}=a_n$

$\dfrac{1}{a_n}=4n-1$

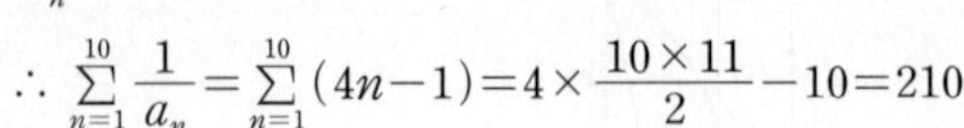

$\therefore \displaystyle\sum_{n=1}^{10}\frac{1}{a_n}=\sum_{n=1}^{10}(4n-1)=4\times\frac{10\times11}{2}-10=210$

참고

$\dfrac{1}{\overline{PF}}+\dfrac{1}{\overline{QF}}=\dfrac{1}{p}$의 증명

그림과 같이 포물선 $y^2=4px$의 초점 $F(p,\ 0)$을 지나는 직선이 포물선과 만나는 두 점을 각각 P, Q라 하자.

두 점 P, Q에서 포물선 $y^2=4px$의 준선 $x=-p$에 내린 수선의 발을 P′, Q′이라 하고 $\overline{PP'}=\overline{PF}=a$, $\overline{QQ'}=\overline{QF}=b$라 하자. (단, $a>b$)

점 P에서 x축에 내린 수선의 발을 A, 점 Q에서 직선 PA에 내린 수선의 발을 B라 할 때,

$\triangle PQB \backsim \triangle PFA$ (AA 닮음)이므로 → $\angle FPA(\angle QPB)$는 공통, $\angle FAP=\angle QBP=90°$

$\overline{PF} : \overline{PQ} = \overline{FA} : \overline{QB}$

$a : (a+b)=(a-2p) : (a-b)$

$(a+b)(a-2p)=a(a-b)$

$a^2-2ap+ab-2bp=a^2-ab$

$2ap+2bp=2ab,\ p(a+b)=ab$

$\therefore \dfrac{1}{p}=\dfrac{a+b}{ab}=\dfrac{1}{a}+\dfrac{1}{b}$

이때 $a=\overline{PF}$, $b=\overline{QF}$이므로 $\dfrac{1}{\overline{PF}}+\dfrac{1}{\overline{QF}}=\dfrac{1}{p}$이 성립한다.

07 [정답률 49%]

정답 19

그림과 같이 선분 AB 위에 $\overline{AE}=\overline{DB}=2$인 두 점 D, E가 있다. 두 선분 AE, DB를 각각 지름으로 하는 두 반원의 호 AE, DB가 만나는 점을 C라 하고, 선분 AB 위에 $\overline{O_1A}=\overline{O_2B}=1$인 두 점을 O_1, O_2라 하자. 호 AC 위를 움직이는 점 P와 호 DC 위를 움직이는 점 Q에 대하여 $|\overrightarrow{O_1P}+\overrightarrow{O_2Q}|$의 최솟값이 $\dfrac{1}{2}$일 때, 선분 AB의 길이는 $\dfrac{q}{p}$이다. $p+q$의 값을 구하시오.

(단, $1<\overline{O_1O_2}<2$이고, p와 q는 서로소인 자연수이다.) (4점)

- 반지름의 길이가 1인 반원
- 점 P의 위치에 따라 벡터 $\overrightarrow{O_1P}$의 방향은 계속 변하지만 벡터 $\overrightarrow{O_1P}$의 크기는 변하지 않아.
- $\overline{AB}=\overline{AO_1}+\overline{O_1O_2}+\overline{O_2B}=1+\overline{O_1O_2}+1=\overline{O_1O_2}+2$

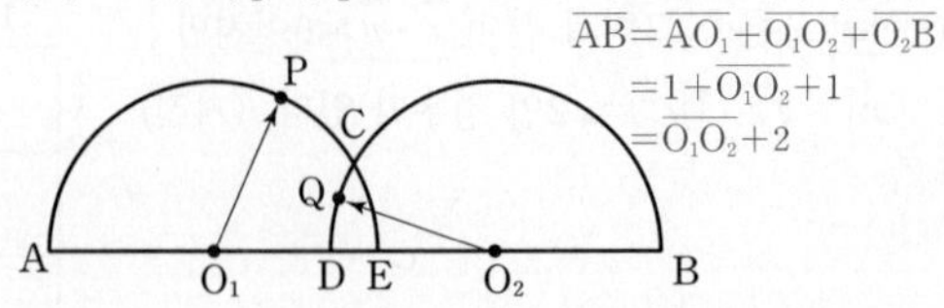

Step 1 구하는 식의 두 벡터의 시점을 일치시킨다.

점 C를 지나고 직선 AB에 평행한 직선이 호 AC와 만나는 점을 F라 하자. 이때 벡터 $\overrightarrow{O_2Q}$를 시점이 점 O_1과 일치하도록 평행이동하고, 평행이동한 벡터의 종점을 Q′이라 하면 점 Q′은 호 AF 위에 있게 된다.

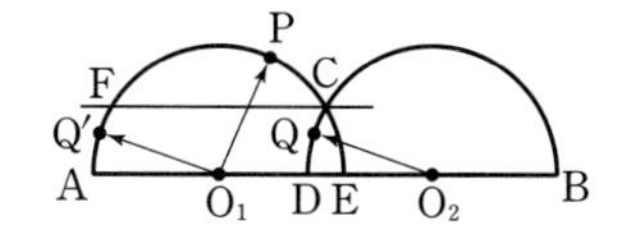

$\therefore \overrightarrow{O_1P}+\overrightarrow{O_2Q}=\overrightarrow{O_1P}+\overrightarrow{O_1Q'}$ → 한 벡터를 평행이동하여 일치하는 벡터는 모두 같은 벡터야.

Step 2 벡터의 덧셈의 성질을 이용한다.

벡터의 덧셈의 성질에 의하여 $\overrightarrow{O_1P}+\overrightarrow{O_1Q'}$의 값이 최소일 때는 $\angle PO_1Q'$의 각이 최대일 때이며, 이때 점 Q′은 점 A와, 점 P는 점 C와 각각 일치한다. 따라서 $\angle AO_1C=\theta$라 하면

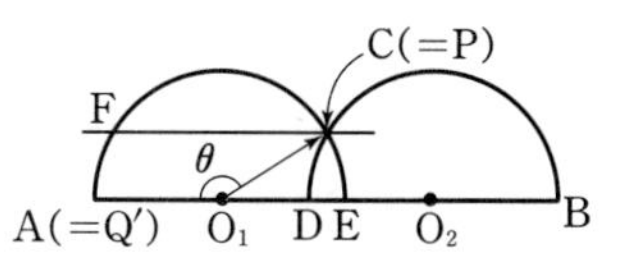

$|\overrightarrow{O_1P}+\overrightarrow{O_2Q}|\ge|\overrightarrow{O_1C}+\overrightarrow{O_1A}|=\frac{1}{2}$에서

$$|\overrightarrow{O_1C}+\overrightarrow{O_1A}|^2=|\overrightarrow{O_1C}|^2+2\overrightarrow{O_1C}\cdot\overrightarrow{O_1A}+|\overrightarrow{O_1A}|^2$$
$$=1+2|\overrightarrow{O_1C}||\overrightarrow{O_1A}|\cos\theta+1$$
$$=2+2\times1\times1\times\cos\theta=\frac{1}{4}$$

→ $|\vec{a}|^2=\vec{a}\cdot\vec{a}$가 성립하는 것을 이용하면 $|\vec{a}+\vec{b}|^2=|\vec{a}|^2+2\vec{a}\cdot\vec{b}+|\vec{b}|^2$임을 알 수 있어.

$\therefore \cos\theta=-\frac{7}{8}$

Step 3 코사인함수와 이등변삼각형의 성질을 이용하여 선분 AB의 길이를 구한다.

점 C에서 선분 AB에 내린 수선의 발을 H라 하면

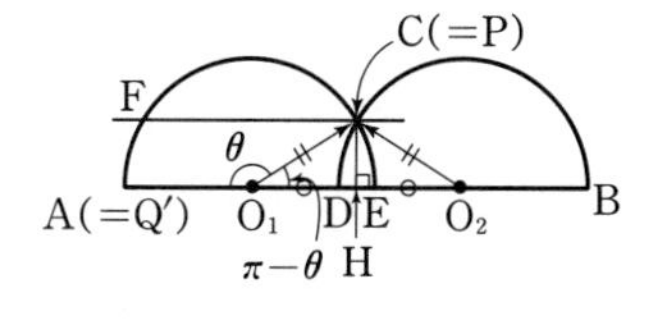

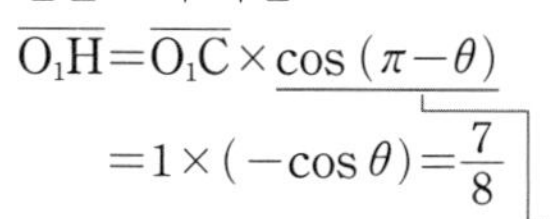

$\overline{O_1H}=\overline{O_1C}\times\cos(\pi-\theta)$
$=1\times(-\cos\theta)=\frac{7}{8}$

이때 삼각형 CO_1O_2는 $\overline{CO_1}=\overline{CO_2}$인 이등변삼각형이므로 이등변삼각형의 성질에 의하여 $\overline{O_1H}=\overline{HO_2}$

$\therefore \overline{AB}=\overline{AO_1}+\overline{O_1H}+\overline{HO_2}+\overline{O_2B}$
$=1+\frac{7}{8}+\frac{7}{8}+1$
$=\frac{15}{4}$

$\pi\pm\theta$의 삼각함수
(i) $\sin(\pi\pm\theta)=\mp\sin\theta$
(ii) $\cos(\pi\pm\theta)=-\cos\theta$
(iii) $\tan(\pi\pm\theta)=\pm\tan\theta$
(복호동순)

따라서 $p=4$, $q=15$이므로 $p+q=19$

✪ 다른 풀이 삼각함수를 이용한 풀이

Step 1 동일

Step 2 벡터의 덧셈의 성질을 이용한다.

벡터의 덧셈의 성질에 의하여 $\overrightarrow{O_1P}+\overrightarrow{O_1Q'}$의 값이 최소일 때는 $\angle PO_1Q'$의 각이 최대일 때이며 이때 점 Q′은 점 A와, 점 P는 점 C와 각각 일치한다. 따라서

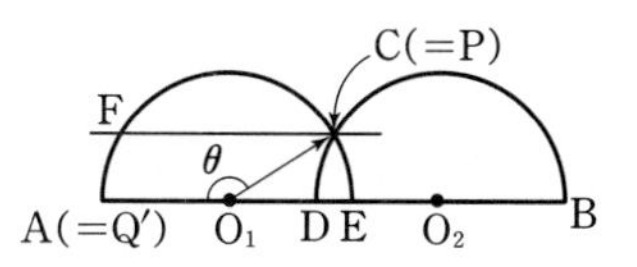

$|\overrightarrow{O_1P}+\overrightarrow{O_1Q'}|\ge|\overrightarrow{O_1C}+\overrightarrow{O_1A}|=\frac{1}{2}$

이때 $\overrightarrow{O_1A}+\overrightarrow{O_1C}$의 종점을 M이라 하면 사각형 O_1AMC는 마름모이므로 $\overline{MA}=\overline{AO_1}$에서 삼각형 AO_1M은 이등변삼각형이다.

→ $\overline{AO_1}=\overline{O_1C}$이고 사각형 MAO_1C가 평행사변형이기 때문이야.

점 A에서 선분 MO_1에 내린 수선의 발을 H, $\angle MO_1A=\theta'$이라 하면 $\overline{MO_1}=|\overrightarrow{O_1C}+\overrightarrow{O_1A}|=\frac{1}{2}$이므로 $\overline{O_1A}=1$, $\overline{O_1H}=\frac{1}{4}$, $\overline{HM}=\frac{1}{4}$

→ 이등변삼각형의 성질

따라서 직각삼각형 AO_1H에서 $\cos\theta'=\frac{1}{4}$

$\angle AO_1C=2\angle AO_1H=2\theta'$이므로

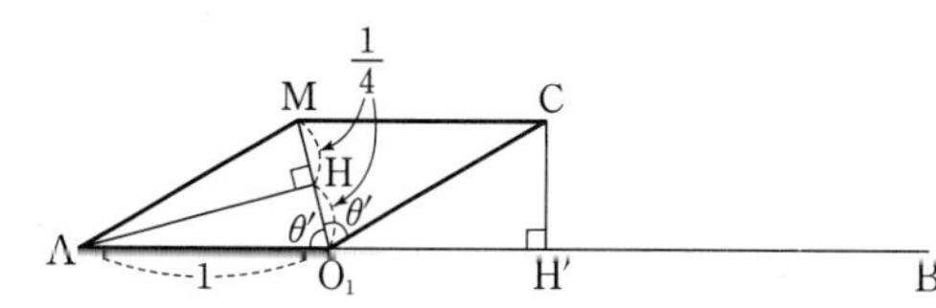

$\cos(\angle AO_1C)=\cos2\theta'=2\cos^2\theta'-1=2\times\left(\frac{1}{4}\right)^2-1=-\frac{7}{8}$

이때 점 C에서 선분 AB에 내린 수선의 발을 H′이라 하면 $\angle CO_1H'=\pi-\angle AO_1C=\pi-2\theta'$이므로

계산 주의!

$\overline{O_1H'}=\overline{CO_1}\cos(\pi-2\theta')=1\times(-\cos2\theta')=\frac{7}{8}$

$\therefore \overline{AB}=\overline{AO_1}+\overline{O_1H'}+\overline{H'O_2}+\overline{O_2B}=1+\frac{7}{8}+\frac{7}{8}+1=\frac{15}{4}$

$\therefore p+q=4+15=19$

참고

벡터의 연산과 관련된 문제는 벡터의 성분을 어떻게 나누는지에 따라 다양한 방법으로 풀 수 있다.

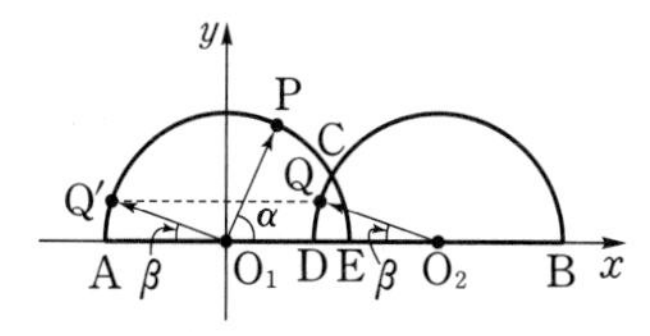

점 O_1이 원점, 두 점 A, B가 x축에 위치하도록 좌표평면 위에 놓고, $\angle PO_1E=\alpha$, $\angle QO_2D=\beta$라 하면

$\overrightarrow{O_1P}=(\cos\alpha,\ \sin\alpha)$,

$\overrightarrow{O_2Q}=\overrightarrow{O_1Q'}=(\cos(\pi-\beta),\ \sin(\pi-\beta))=(-\cos\beta,\ \sin\beta)$

이므로

$|\overrightarrow{O_1P}+\overrightarrow{O_2Q}|$
$=\sqrt{(\cos\alpha-\cos\beta)^2+(\sin\alpha+\sin\beta)^2}$
$=\sqrt{\cos^2\alpha-2\cos\alpha\cos\beta+\cos^2\beta+\sin^2\alpha+2\sin\alpha\sin\beta+\sin^2\beta}$
$=\sqrt{(\cos^2\alpha+\sin^2\alpha)+(\cos^2\beta+\sin^2\beta)-2\cos(\alpha+\beta)}$
$=\sqrt{2-2\cos(\alpha+\beta)}$

따라서 $\cos(\alpha+\beta)$가 최댓값을 가질 때 $|\overrightarrow{O_1P}+\overrightarrow{O_2Q}|$가 최솟값을 갖는 것을 알 수 있다.

수능포인트

벡터의 크기의 최솟값을 구하는 문제입니다.
두 점 P, Q를 움직여 가면서 벡터의 크기가 언제 최소가 될지 파악해야 합니다. 벡터의 내적의 크기를 구하는 과정에서도 점을 움직여 가며 경우를 생각할 수 있어야 합니다.

본문 207쪽

08 [정답률 17%] 정답 60

그림과 같이 반지름의 길이가 2인 구 S와 서로 다른 두 직선 l, m이 있다. 구 S와 직선 l이 만나는 서로 다른 두 점을 각각 A, B, 구 S와 직선 m이 만나는 서로 다른 두 점을 각각 P, Q라 하자. 삼각형 APQ는 한 변의 길이가 $2\sqrt{3}$인 정삼각형이고 $\overline{AB}=2\sqrt{2}$, $\angle ABQ=\frac{\pi}{2}$일 때 평면 APB와 평면 APQ가 이루는 각의 크기 θ에 대하여 $100\cos^2\theta$의 값을 구하시오. (4점)

→ 정사영을 이용한다.

긴 글로 된 문제는 그림을 그려 표현하면 답을 쉽게 찾을 수 있어!

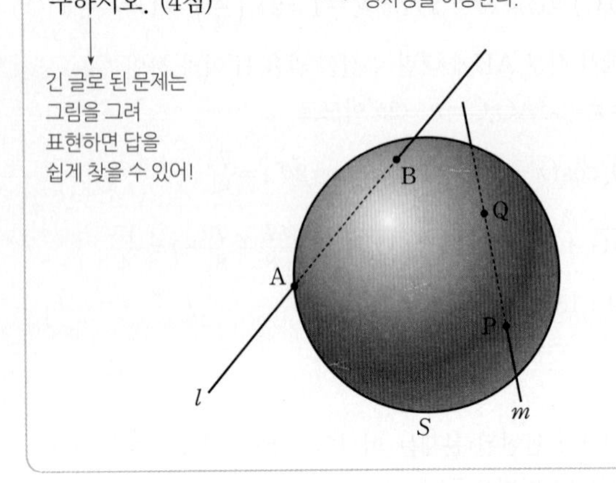

Step 1 삼각형 APB의 평면 APQ 위로의 정사영은 어떤 도형인지 찾는다.

참고 내용을 보면 알 수 있어!

구 S의 중심을 O라 하면 한 변의 길이가 $2\sqrt{3}$인 정삼각형 APQ의 무게중심은 점 O와 같다. 점 P에서 선분 AQ에 내린 수선의 발을 O′이라 하면 점 O′은 선분 AQ의 중점이고, 문제에서 $\angle ABQ=\frac{\pi}{2}$라 하였으므로 점 B는 점 O′을 중심으로 하고 선분 AQ를 지름으로 하는 원 위의 점이다.

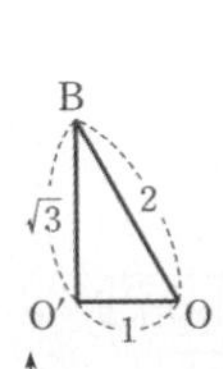

$2^2=1^2+(\sqrt{3})^2$을 만족하므로 피타고라스 정리에 의하여 $\angle BO'O=\frac{\pi}{2}$

$\overline{AQ}=2\sqrt{3}$이므로 $\overline{AO'}=\overline{O'B}=\sqrt{3}$

삼각형 BO′O에서 $\overline{OB}=2$ (∵ 구의 반지름의 길이는 2),

$\overline{OO'}=\frac{\sqrt{3}}{2}\times2\sqrt{3}\times\frac{1}{3}=1$이므로 ← 점 O는 정삼각형 APQ의 무게중심이므로 $\overline{PO}:\overline{OO'}=2:1$

→ (정삼각형 APQ의 높이)$=\overline{PO'}$

$\angle BO'O=\frac{\pi}{2}$

→ $\overline{OO'}\perp\overline{O'B}$에서, $\overline{OO'}$과 $\overline{PO'}$은 같은 직선 위의 선분이므로

따라서 $\overline{OO'}\perp\overline{O'B}$, $\overline{AO'}\perp\overline{PO'}$, $\overline{PO'}\perp\overline{O'B}$이므로

직선 PO′은 평면 ABQ와 수직이고, 평면 ABQ와 평면 APQ는 수직이다. ← 평면 APQ는 선분 PO′을 포함하므로

→ 직선 PO′은 $\overline{OO'}$, $\overline{PO'}$을 모두 포함하고, 평면 ABQ 위의 두 선분 $\overline{O'B}$, $\overline{AO'}$과 수직이야.

그러므로 점 B에서 선분 AQ에 내린 수선의 발을 H라 하면 삼각형 APB의 평면 APQ 위로의 정사영은 삼각형 APH이다.

→ 점 H는 점 B의 평면 APQ 위로의 정사영이야.

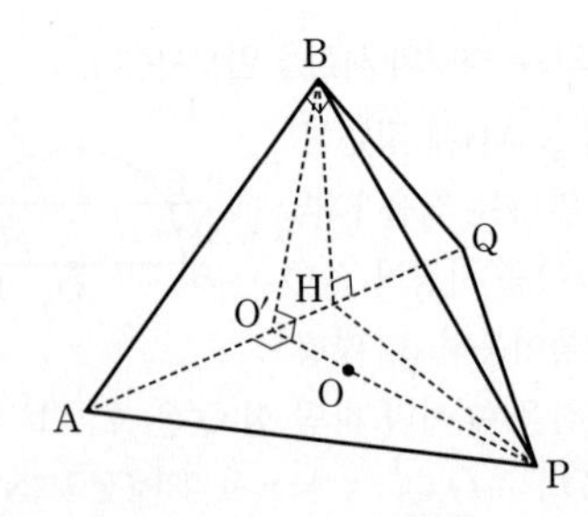

Step 2 삼각형 APB의 넓이와 삼각형 APH의 넓이를 이용하여 $\cos\theta$의 값을 구한다.

삼각형 BO′P는 직각삼각형이고 $\overline{O'B}=\sqrt{3}$, $\overline{O'P}=\frac{\sqrt{3}}{2}\times2\sqrt{3}=3$이므로

→ $\overline{PO'}\perp\overline{O'B}$ → 정삼각형 APQ의 높이

$\overline{PB}=\sqrt{3^2+(\sqrt{3})^2}=\sqrt{12}=2\sqrt{3}$ 피타고라스 정리

삼각형 APB는 $\overline{PA}=\overline{PB}=2\sqrt{3}$인 이등변삼각형이고, $\overline{AB}=2\sqrt{2}$이므로 점 P에서 선분 AB에 내린 수선의 발을 H′이라 하면

$\overline{PH'}=\sqrt{(2\sqrt{3})^2-(\sqrt{2})^2}=\sqrt{10}$ 피타고라스 정리

따라서 삼각형 APB의 넓이는

→ $\overline{BH'}=\overline{AH'}=\frac{1}{2}\overline{AB}=\sqrt{2}$

$\frac{1}{2}\times2\sqrt{2}\times\sqrt{10}=2\sqrt{5}$

삼각형 ABQ와 삼각형 AHB는 닮음이므로 → AA 닮음

$\overline{AB}:\overline{AQ}=\overline{AH}:\overline{AB}$에서

$2\sqrt{2}:2\sqrt{3}=\overline{AH}:2\sqrt{2}$

$2\sqrt{3}\,\overline{AH}=8$

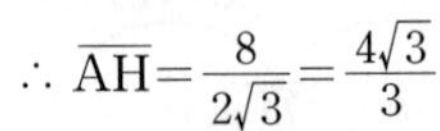

$\therefore \overline{AH}=\frac{8}{2\sqrt{3}}=\frac{4\sqrt{3}}{3}$

그러므로 삼각형 APH의 넓이는

$\frac{1}{2}\times\overline{AH}\times\overline{O'P}=\frac{1}{2}\times\frac{4\sqrt{3}}{3}\times3=2\sqrt{3}$

평면 APB와 평면 APQ가 이루는 각의 크기가 θ이므로

$\cos\theta=\frac{(\text{삼각형 APH의 넓이})}{(\text{삼각형 APB의 넓이})}=\frac{2\sqrt{3}}{2\sqrt{5}}=\frac{\sqrt{15}}{5}$

$\therefore 100\cos^2\theta=100\times\frac{15}{25}=60$

알아야 할 기본개념

정사영의 길이

선분 AB의 평면 α 위로의 정사영을 선분 A′B′, 직선 AB와 평면 α가 이루는 각의 크기를 θ $\left(0\le\theta\le\frac{\pi}{2}\right)$라 하면

$\overline{A'B'}=\overline{AB}\cos\theta$

정사영의 넓이

평면 α 위에 있는 도형의 넓이를 S, 이 도형의 평면 β 위로의 정사영의 넓이를 S'이라 할 때, 두 평면 α, β가 이루는 각의 크기를 θ $\left(0\le\theta\le\frac{\pi}{2}\right)$라 하면 $S'=S\cos\theta$

본문 207쪽

참고

정삼각형 APQ의 외접원의 중심을 C,
점 A에서 선분 PQ에 내린 수선의 발을
C′이라 하자.

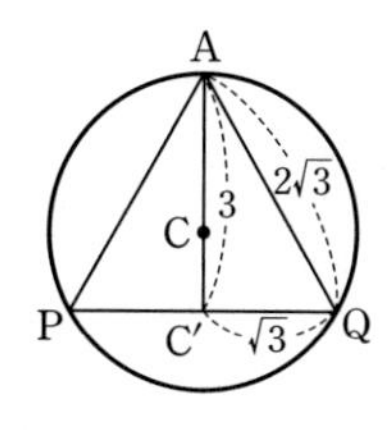

정삼각형의 외접원의 중심과 무게중심은 일치하므로 $\overline{AC} : \overline{CC'} = 2 : 1$이고, 삼각비에 의하여 $\overline{AC'} = 3$이므로 $\overline{AC} = 2$

즉, 정삼각형 APQ의 외접원의 반지름의 길이가 구 S의 반지름의 길이와 같으므로, 정삼각형 APQ를 지나는 평면이 구 S의 중심 O를 지난다. 따라서 구 S의 중심 O는 정삼각형 APQ의 무게중심과 같다.

정답표

Ⅰ. 이차곡선

1. 이차곡선

001	②	002	③	003	③	004	③	005	①
006	③	007	①	008	③	009	⑤	010	⑤
011	40	012	②	013	②	014	18	015	③
016	②	017	①	018	④	019	⑤	020	①
021	①	022	8	023	④	024	13	025	③
026	③	027	③	028	⑤	029	25	030	90
031	①	032	①	033	③	034	136	035	③
036	14	037	50	038	①	039	④	040	③
041	8	042	①	043	①	044	③	045	⑤
046	23	047	③	048	③	049	⑤	050	①
051	④	052	③	053	①	054	②	055	③
056	128	057	13	058	80	059	②	060	④
061	④	062	96	063	④	064	⑤	065	③
066	32	067	6	068	①	069	⑤	070	45
071	⑤	072	⑤	073	④	074	50	075	17
076	⑤	077	③	078	④	079	⑤	080	②
081	②	082	8	083	104	084	④	085	③
086	③	087	180	088	②	089	②	090	32
091	③	092	④	093	①	094	39	095	④
096	②	097	105	098	14	099	22	100	④
101	12	102	③	103	①	104	90	105	③
106	④	107	①	108	②	109	12	110	14
111	②	112	41	113	51	114	11	115	④
116	③	117	②	118	④	119	26	120	32
121	17	122	④	123	⑤	124	⑤	125	④
126	③	127	①	128	103	129	29	130	15
131	③	132	①	133	①	134	①	135	⑤
136	②	137	③	138	5	139	⑤	140	③
141	8	142	13	143	④	144	④	145	①
146	80	147	③	148	64	149	②	150	11
151	④	152	④	153	⑤	154	④	155	128
156	32	157	④	158	②	159	①	160	②
161	③	162	①	163	18	164	②	165	②
166	④	167	②	168	④	169	④	170	⑤
171	③	172	100	173	12	174	19	175	②
176	④	177	②	178	④	179	⑤	180	②
181	8	182	⑤	183	①	184	②	185	16
186	④	187	④	188	②	189	①	190	②
191	12	192	④	193	⑤	194	②	195	160
196	③	197	②	198	③	199	④	200	④
201	⑤	202	③	203	6	204	⑤	205	384
206	63	207	③	208	54	209	④	210	23
211	④	212	⑤	213	④	214	12	215	192
216	⑤	217	36	218	66	219	①	220	②
221	22	222	40	223	②	224	⑤	225	④
226	②								

2. 이차곡선과 직선

001	③	002	④	003	⑤	004	①	005	12
006	②	007	②	008	③	009	②	010	④
011	10	012	②	013	①	014	④	015	①
016	32	017	③	018	④	019	55	020	64
021	⑤	022	16	023	21	024	①	025	③
026	⑤	027	①	028	54	029	⑤	030	④
031	③	032	③	033	25	034	⑤	035	①
036	②	037	③	038	⑤	039	②	040	③
041	32	042	⑤	043	18	044	⑤	045	17
046	④	047	⑤	048	①	049	⑤	050	①
051	①	052	③	053	②	054	①	055	④
056	32	057	②	058	②	059	171	060	③
061	④	062	③	063	④	064	②	065	③
066	③	067	52	068	①	069	①	070	①
071	③	072	⑤	073	13	074	③	075	14
076	⑤	077	128	078	16	079	④	080	③
081	①	082	①	083	③	084	①		

Ⅱ. 평면벡터

1. 평면벡터

001	③	002	②	003	①	004	9	005	④
006	②	007	①	008	④	009	③	010	②
011	③	012	①	013	④	014	④	015	③
016	④	017	④	018	6	019	⑤	020	④
021	②	022	147	023	②	024	②	025	③
026	③	027	⑤	028	③	029	④	030	④
031	④	032	5	033	①	034	①	035	④
036	①	037	③	038	③	039	①	040	24
041	13	042	⑤	043	30	044	④	045	④
046	⑤	047	⑤	048	⑤	049	⑤	050	14
051	⑤	052	⑤	053	④	054	⑤	055	⑤
056	⑤	057	⑤	058	③	059	32	060	2
061	③	062	⑤	063	②	064	③	065	①
066	①	067	⑤	068	④	069	④	070	⑤
071	24	072	⑤	073	10	074	④	075	②
076	③	077	⑤	078	③	079	③	080	②
081	②	082	120	083	12	084	④	085	①
086	⑤	087	50	088	15	089	27	090	⑤
091	⑤	092	8	093	①	094	17	095	⑤
096	5	097	10	098	③	099	⑤	100	④
101	②	102	①	103	②	104	②	105	④
106	①	107	④	108	20	109	⑤	110	③
111	③	112	⑤	113	③	114	⑤	115	⑤
116	③	117	②	118	①	119	②	120	①
121	246	122	①	123	⑤	124	④	125	108
126	③	127	15	128	27	129	⑤	130	486
131	7	132	60	133	③	134	①	135	①
136	③	137	52	138	②	139	⑤	140	⑤
141	③	142	⑤	143	①	144	⑤	145	②
146	⑤	147	④	148	②	149	③	150	23
151	48	152	①	153	②	154	⑤	155	①
156	②	157	②	158	②	159	⑤	160	①
161	③	162	③	163	③	164	10	165	④
166	12	167	115	168	37	169	③	170	17
171	8	172	100	173	7	174	31	175	128
176	⑤	177	45	178	48	179	16	180	③
181	①	182	④	183	④	184	⑤	185	②
186	⑤	187	37	188	180	189	80	190	7

Ⅲ. 공간도형

1. 공간도형

001	④	002	②	003	①	004	③	005	③
006	③	007	826	008	⑤	009	⑤	010	①
011	⑤	012	④	013	③	014	7	015	⑤
016	①	017	①	018	⑤	019	④	020	②
021	④	022	②	023	②	024	③	025	12
026	15	027	60	028	③	029	④	030	④
031	62	032	②	033	②	034	③	035	③
036	②	037	②	038	②	039	④	040	20
041	④	042	①	043	②	044	④	045	16
046	⑤	047	④	048	③	049	25	050	④
051	③	052	④	053	④	054	④	055	162
056	8	057	②	058	27	059	15	060	①
061	⑤	062	④	063	③	064	27	065	③
066	13	067	45	068	⑤	069	③	070	②
071	47	072	①	073	②	074	②	075	10
076	40	077	12	078	⑤	079	30	080	34
081	⑤	082	②	083	40	084	12	085	28
086	31	087	⑤	088	7	089	15	090	48
091	50	092	24	093	④	094	⑤	095	⑤
096	②	097	④	098	⑤	099	⑤	100	450
101	⑤	102	②	103	17	104	②	105	⑤

2. 공간좌표

001	④	002	③	003	③	004	③	005	②
006	①	007	①	008	②	009	⑤	010	⑤
011	②	012	②	013	④	014	④	015	④
016	⑤	017	③	018	②	019	⑤	020	④
021	④	022	①	023	②	024	③	025	②
026	②	027	①	028	10	029	①	030	②
031	①	032	④	033	③	034	350	035	②
036	⑤	037	①	038	⑤	039	①	040	②
041	①	042	①	043	③	044	50	045	⑤
046	②	047	①	048	13	049	56	050	④
051	④	052	170	053	③	054	②	055	②
056	②	057	20	058	④	059	④	060	24
061	②	062	⑤	063	26	064	④	065	①
066	④	067	11	068	④	069	⑤	070	192
071	④	072	①	073	15	074	①	075	9
076	⑤	077	23	078	127	079	45	080	9
081	④	082	④	083	①	084	⑤	085	③
086	③	087	④	088	14	089	17	090	261

미니모의고사

1회

01	①	02	①	03	③	04	③	05	⑤
06	⑤	07	15	08	11				

2회

01	②	02	④	03	①	04	⑤	05	②
06	②	07	13	08	53				

3회

01	②	02	③	03	③	04	③	05	③
06	⑤	07	17	08	32				

4회

01	⑤	02	④	03	③	04	⑤	05	④
06	②	07	116	08	24				

5회

01	③	02	①	03	⑤	04	④	05	⑤
06	①	07	19	08	60				